Strasburger – Lehrbuch der Pflanzenwissenschaften

Joachim W. Kadereit · Christian Körner · Peter Nick
Uwe Sonnewald

Strasburger — Lehrbuch der Pflanzenwissenschaften

38. Auflage

Begründet von
Eduard Strasburger, F. Noll, H. Schenk, A.F.W. Schimper

Springer Spektrum

Joachim W. Kadereit
Institut für Organismische und Molekulare
Evolutionsbiologie
Univ. Mainz
Mainz, Deutschland

Peter Nick
Molekulare Zellbiologie
Karlsruher Institut für Technologie (KIT)
Karlsruhe, Deutschland

Christian Körner
Botanisches Institut
Universität Basel
Basel, Switzerland

Uwe Sonnewald
Institut für Biologie
Universität Erlangen-Nürnberg
Erlangen, Deutschland

ISBN 978-3-662-61942-1   ISBN 978-3-662-61943-8   (eBook)
https://doi.org/10.1007/978-3-662-61943-8

Die Deutsche Nationalbibliothek verzeichnet diese Publikation in der Deutschen Nationalbibliografie;
detaillierte bibliografische Daten sind im Internet über http://dnb.d-nb.de abrufbar.

Springer Spektrum

Einbandabbildung: *Victoria cruziana*; © Karlheinz Knoch, Karlsruhe
Planung und Lektorat: Sarah Koch, Bettina Saglio
Redaktion: Birgit Jarosch
Grafiken: Martin Lay, Breisach
Einbandentwurf: deblik, Berlin

Springer Spektrum ist ein Imprint der eingetragenen Gesellschaft Springer-Verlag GmbH, DE und ist ein
Teil von Springer Nature.
Die Anschrift der Gesellschaft ist: Heidelberger Platz 3, 14197 Berlin, Germany

Vorwort zur 38. Auflage

Dieses Buch handelt von einer Lebensform, die sich so grundlegend von uns Menschen unterscheidet, dass sie unserer Intuition weit weniger zugänglich ist als die uns ähnlicheren Tiere – den Pflanzen. Dabei liefern Pflanzen die Grundlage für fast alles Leben auf diesem Planeten, die Menschen und ihre technische Zivilisation eingeschlossen. Die Nutzung von Licht als dominante Energiequelle des Lebens begann vor mehr als 3 Mrd. Jahren und führte zu Pflanzen als Lebensform, deren gesamte Organisation und Funktion auf die Photosynthese hin ausgerichtet ist, der wir auch die Entstehung der Erdatmosphäre verdanken. Durch die photosynthetische Erzeugung von energiereichen organischen Molekülen prägen und formen Pflanzen die Lebensbedingungen für fast alle anderen Organismen. Landpflanzen sind zudem ortsgebunden und können den Widrigkeiten des Lebens nicht dadurch begegnen, dass sie vor ihnen davonlaufen, so wie es Tiere und wir Menschen in der Regel tun. Diese Lebensweise hat zu Anpassungen geführt, die sich in den feinsten Verästelungen ihrer Organisation und ihres Stoffwechsels widerspiegeln. Beispielsweise können Pflanzen zahllose Sekundärstoffe bilden, womit sie in subtiler und hoch komplexer Weise andere Organismen für ihre Zwecke manipulieren. Viele dieser Stoffe entfalten auch bei uns spezifische Wirkungen und werden für medizinische, technologische oder soziale Zwecke (man denke nur an Gewürze oder Parfüms) genutzt.

In nur wenigen Jahrhunderten hat der Mensch dieses von Pflanzen getragene Zusammenspiel aus dem Gleichgewicht gebracht, mit bisher unabsehbaren Folgen für Klima und Vegetation. Eine intakte Pflanzendecke und die einzigartigen Stoffwechselleistungen der Pflanzen sind für die menschliche Zivilisation essenziell. Ein besseres Verständnis der Pflanzen und eine Wertschätzung ihrer Vielfältigkeit können uns dabei helfen, unseren Planeten lebenswert zu erhalten.

Pflanzen und Menschen sind seit Urzeiten eng miteinander verwoben: Die Domestizierung von Gräsern und Leguminosen (Weizen und Gerste sowie Linsen im Nahen Osten, Reis und Soja in Südostasien, Mais und Bohnen in der Neuen Welt) bildete jeweils den Anfang für die Entwicklung von Hochkulturen und damit den Übergang zu einer durch den Menschen beherrschten Welt (im Guten wie im Schlechten). Nach wie vor sind weltweit drei Viertel unserer Nahrung unmittelbar pflanzlichen Ursprungs und das restliche Viertel wird dadurch erzeugt, dass pflanzliche Biomasse in tierisches Protein umgewandelt wird. Die sogenannte Grüne Revolution konnte seit der Mitte des vergangenen Jahrhunderts durch Vergrößerung der Acker- und Weideflächen und den Einsatz von Kunstdünger, aber auch durch Fortschritte in Züchtung, Pflanzenschutz und Technisierung die Nahrungsmittelversorgung einer ständig stark wachsenden Weltbevölkerung sicherstellen (dass es auf unserer Erde immer noch Hunger gibt, hat nicht landwirtschaftliche, sondern politische und ökonomische Gründe). Damit dieser von den meisten Verbrauchern als selbstverständlich wahrgenommene, in Wirklichkeit jedoch höchst fragile Standard gesichert werden kann, stehen wir nun vor der Aufgabe, die Grüne Revolution nachhaltig zu machen. Dies ist nur dann zu schaffen, wenn es uns gelingt, die Stoffkreisläufe zu schließen, die Bodenfruchtbarkeit durch nachhaltige Bewirtschaftung zu erhalten, den Einsatz von Pestiziden durch Anwendung biologischen Basiswissens zu reduzieren, geeignete Sorten an den richtigen Standorten einzusetzen und den Einsatz von Pestiziden zu vermindern, beispielsweise indem man Pflanzen mit besserer Resistenz gegenüber Stress und Pathogenen züchtet. Außerdem müssen wir unsere bisher auf fossilen Brenn- und Rohstoffen beruhende Wirtschaft so umbauen, dass sie Stoff- und Energiekreisläufe nutzt, die sich selbst regenerieren, wozu auch der Einsatz pflanzlicher Ressourcen zählt. Diese gesellschaftlichen Herausforderungen weisen den Pflanzenwissenschaften eine Schlüsselrolle zu. Nur wenn wir etwas wirklich verstehen, können wir unser Wissen gezielt und nachhaltig einsetzen, um unseren Planeten lebenswert zu erhalten und die Zukunft der Menschheit zu sichern.

Dies erfordert eine ganzheitliche Betrachtung. Wir müssen wissen, wie Pflanzen aufgebaut und organisiert sind, wie sie funktionieren und sich entwickeln, auf welchen molekularen Vorgängen dies beruht, wie sie sich an verschiedene Lebensräume anpassen und welche mannigfachen Formen im Laufe ihrer Evolution entstanden sind. Seit mehr als einem Jahrhundert verfolgt der *Strasburger* den Weg, die Lebensform Pflanze als Ganzes darzustellen und dabei sehr unterschiedliche Sichtweisen zu verbinden. Vermutlich zählt der *Strasburger* zu den Lehrbüchern mit der längsten Geschichte überhaupt und im Laufe dieser Geschichte wurde das darin über mehrere Generationen entstandene Wissensgebäude fortwährend erneuert und umgebaut. Die nun vorliegende 38. Auflage führt die Tradition fort, dieses Buch etwa alle fünf Jahre zu aktualisieren und so sicherzustellen, dass das über Jahrzehnte gereifte Destillat immer auf dem neuesten Stand der Forschung bleibt. Zu keiner Zeit war es so leicht, sich Informationen zu beschaffen, doch war es zugleich auch noch nie so schwer, diese Informationen nach „wichtig" oder „unwichtig", oft auch nach „richtig" oder „falsch" zu ordnen. Der *Strasburger* richtet sich nicht nur an die Studierenden der Biologie, sondern auch an alle, die einen verlässlichen und durchdachten Ein- und Überblick in die faszinierende, fremde und für uns überlebensnotwendige Lebensform „Pflanze" suchen. Daher ist dieses Buch wichtig.

In der vorliegenden 38. Auflage dieses Lehrbuchs der Pflanzenwissenschaften hat es im Vergleich zur 37. Auflage zwei größere Veränderungen gegeben. Zum einen hat ein Autorenwechsel stattgefunden und Peter Nick hat den Teil „Struktur" von Benedikt Kost übernommen. Zum anderen wurden in den Teilen „Genetik" und „Entwicklung" teilweise sehr kurze Kapitel ohne Verlust von Inhalten zusammengeführt und teilweise umgeordnet, sodass sich die Zahl der Kapitel von 29 auf 24 reduziert hat.

Mit diesen Veränderungen und der Aktualisierung des gesamten Textes hoffen wir, den hohen Erwartungen an den *Strasburger – Lehrbuch der Pflanzenwissenschaften* gerecht zu werden und ein Buch vorzulegen, das den aktuellen Kenntnisstand der Pflanzenwissenschaften in ihrer ganzen Breite zusammenfasst und verständlich erklärt. Der *Strasburger* steht nun schon in der zweiten Auflage nicht nur als gedrucktes Buch, sondern auch als eBook zur Verfügung, wodurch sich die Art und Häufigkeit seiner Nutzung verändert hat und weiter verändern wird.

Die Autoren müssen vielen danken, was sie zu Beginn der einzelnen Teile zum Ausdruck gebracht haben. Hier sei all denen gedankt – Kollegen und Kolleginnen, Doktoranden und Doktorandinnen und Studierenden – die sich mit Anregungen oder mit Hinweisen auf Fehler und Ungereimtheiten an die einzelnen Autoren gewandt haben. Wir hoffen, keine der Anmerkungen außer Acht gelassen zu haben und bitten auch weiterhin um kritische Kommentierung unseres Buchs im Dienste seiner stetigen Verbesserung. Unser besonderer Dank gilt Herrn Dr. Markus S. Dillenberger (Mainz), der die schwierige Aufgabe hatte, die Aktualität von Gattungs- und Artnamen (außer in den Kapiteln von Joachim Kadereit) zu überprüfen.

Der Verlag und seine Mitarbeiter haben sich in hohem Maße mit dem Lehrbuch identifiziert und keine Mühe gescheut, es in konstruktiver Zusammenarbeit mit den Autoren fortzuentwickeln. Wir danken Frau Sarah Koch als Leiterin des Programmbereichs Biologie, Frau Bettina Saglio als Koordinatorin, Frau Katrin Petermann als Herstellerin sowie Herrn Dr. Martin Lay für die Gestaltung vieler Abbildungen. Besonderes Lob verdient Frau Dr. Birgit Jarosch, die sich als Redakteurin der mühevollen Arbeit unterzogen hat, unsere Textdateien immer schnell und effektiv zu bearbeiten und zu harmonisieren und die Autoren auf Unstimmigkeiten hinzuweisen. Sie hat ungeachtet mancher Widrigkeiten auch für den geregelten Ablauf der erforderlichen Arbeitsschritte gesorgt.

Joachim W. Kadereit, Christian Körner, Peter Nick, Uwe Sonnewald
Mainz, Basel, Karlsruhe und Erlangen im Sommer 2020

Vorwort zur 1. Auflage

Die Verfasser dieses Lehrbuchs wirken seit Jahren als Docenten der Botanik an der Universität Bonn zusammen. Sie haben dauernd in wissenschaftlichem Gedankenaustausch gestanden und sich in ihrer Lehraufgabe vielfach unterstützt. Sie versuchen es jetzt gemeinschaftlich, ihre im Leben gesammelten Erfahrungen in diesem Buche niederzulegen. Den Stoff haben sie so untereinander verteilt, daß Eduard Strasburger die Einleitung und die Morphologie, Fritz Noll die Physiologie, Heinrich Schenck die Cryptogamen, A. F. W. Schimper die Phanerogamen übernahm.

Trägt auch jeder Verfasser die wissenschaftliche Verantwortung nur für den von ihm bearbeiteten Teil, so war doch das einheitliche Zusammenwirken Aller durch anhaltende Verständigung gewahrt. Es darf daher das Buch, ungeachtet es mehrere Verfasser zählt, Anspruch auf eine einheitliche Leistung erheben.

Dieses Lehrbuch ist für die Studierenden der Hochschulen bestimmt und soll vor Allem wissenschaftliches Interesse bei ihnen erwecken, wissenschaftliche Kenntnisse und Erkenntnisse bei ihnen fördern. Zugleich nimmt aber es auch Rücksicht auf die praktischen Anforderungen des Studiums und sucht den Bedürfnissen des Mediciners und Pharmaceuten gerecht zu werden. So wird der Mediciner aus den farbigen Bildern die Kenntnisse derjenigen Giftpflanzen erlangen können, die für ihn in Betracht kommen, der Pharmaceut die nötigen Hinweise auf officinelle Pflanzen und Droguen in dem Buche finden.

Die zahlreichen Abbildungen wurden, wo nicht andere Autoren angegeben sind, von den Verfassern selbst angefertigt.

Nicht genug ist das Entgegenkommen des Herrn Verlegers zu rühmen, der die Kosten der farbigen Darstellungen im Texte nicht scheute, und der überhaupt Alles aufgeboten hat, um dem Buche eine vollendete Ausstattung zu geben.

Die Verfasser
Bonn, im Juli 1894

Eduard Strasburger

* 1.2.1844 Warschau – † 19.5.1912 Bonn, Begründer des *Lehrbuchs der Botanik für Hochschulen*

Nach dem Studium der Naturwissenschaften in Paris, Bonn und Jena sowie Promotion in Jena habilitierte sich Eduard Strasburger 1867 in Warschau und wurde 1869 im Alter von 25 Jahren als Professor der Botanik an die Universität Jena und 1881 nach Bonn berufen. Unter seiner Leitung gehörte das Botanische Institut im Poppelsdorfer Schloss zu den internationalen Zentren der Botanik. Hier begründete er zusammen mit seinen Mitarbeitern F. Noll, H. Schenck und A. F. W. Schimper 1894 das *Lehrbuch der Botanik für Hochschulen* (früher meist kurz „*Bonner Lehrbuch*" genannt). Das ebenfalls in vielen Auflagen erschienene *Kleine Botanische Praktikum* und das umfangreichere *Botanische Praktikum* prägten bis zur Gegenwart die botanisch-mikroskopischen Praktika an den Hochschulen. Strasburgers Forschungsarbeit galt in erster Linie der Entwicklungsgeschichte und der Cytologie. Er erkannte, dass die Vorgänge der Kernteilung (Bildung, Spaltung und Bewegung der Chromosomen) bei den Pflanzen ebenso wie bei den Tieren, also bei allen Organismen in gleicher Weise, ablaufen (1875). Er beobachtete erstmals bei den Blütenpflanzen den Vorgang der Befruchtung und die Verschmelzung des männlichen Kerns mit dem Eikern und folgerte hieraus, dass der Zellkern der wichtigste Träger der Erbanlagen ist (1884).

Autoren des Lehrbuchs der Botanik

Dieses Lehrbuch der Botanik wurde im Jahre 1894 begründet durch die damals in Bonn zusammenwirkenden Botaniker

    Eduard Strasburger,

    Fritz Noll,

    Heinrich Schenck,

    A.F. Wilhelm Schimper

und in der Folgezeit von ihnen sowie den nachstehend Genannten fortgeführt. Obgleich alle Mitarbeiter stets teil am ganzen Buch hatten, wurden insbesondere bearbeitet

Einleitung und Morphologie bzw. Struktur:

1.–11. Auflage 1894–1911 – von Eduard Strasburger

12.–26. Auflage 1913–1954 – von Hans Fitting

27.–32. Auflage 1958–1983 – von Dietrich von Denffer

33.–35. Auflage 1991–2002 – von Peter Sitte

36. Auflage 2008 – von Gunther Neuhaus

37. Auflage 2014 – von Benedikt Kost und Joachim W. Kadereit

38. Auflage 2021 – von Peter Nick und Joachim W. Kadereit

Genetik:

37. Auflage 2014 – von Benedikt Kost, Uwe Sonnewald und Joachim W. Kadereit

38. Auflage 2021 – von Peter Nick, Uwe Sonnewald und Joachim W. Kadereit

Entwicklung:

37. Auflage 2014 – von Benedikt Kost, Uwe Sonnewald und Joachim W. Kadereit

38. Auflage 2021 – von Peter Nick, Uwe Sonnewald und Joachim W. Kadereit

Physiologie:

1.–9. Auflage 1894–1908 – von Fritz Noll

10.–16. Auflage 1909–1923 – von Ludwig Jost

17.–21. Auflage 1928–1939 – von Hermann Sierp

22.–30. Auflage 1944–1971 – von Walter Schumacher

31.–34. Auflage 1978–1998 – von Hubert Ziegler

35. Auflage 2002 - von Elmar W. Weiler

36.–38. Auflage 2008–2021 – von Uwe Sonnewald

Evolution und Systematik, allgemeine Grundlagen:

30.–34. Auflage 1971–1998 – von Friedrich Ehrendorfer

35.–38. Auflage 2002–2021 – von Joachim W. Kadereit

Niedere Pflanzen:

1.–16. Auflage 1894–1923 – von Heinrich Schenck

17.–28. Auflage 1928–1962 – von Richard Harder

29.–31. Auflage 1967–1978 – von Karl Mägdefrau

32.–36. Auflage 1983–2008 – von Andreas Bresinsky

37.–38. Auflage 2014–2021 – von Joachim W. Kadereit

Samenpflanzen:

1.–5. Auflage 1894–1901 – von A.F.W. Schimper

6.–19. Auflage 1904–1936 – von George Karsten

20.–29. Auflage 1939–1967 – von Franz Firbas

30.–34. Auflage 1971–1998 – von Friedrich Ehrendorfer

35.–38. Auflage 2002–2021 – von Joachim W. Kadereit, inkl. Vegetationsgeschichte

Pflanzengeographie, Geobotanik bzw. Ökologie:

20.–29. Auflage 1939–1967 – von Franz Firbas

30.–34. Auflage 1971–1998 – von Friedrich Ehrendorfer

35.–38. Auflage 2002–2021 – von Christian Körner

Fremdsprachige Ausgaben

Englisch:
London: 1896, 1902, 1907, 1911, 1920, 1930, 1965, 1971, 1975, 2013

Italienisch:
Mailand: 1896, 1913, 1921, 1928, 1954, 1965, 1982, 1995, 2004; Rom: 2007

Polnisch:
Warschau: 1960, Nachdruck 1962, 1967, 1971, Nachdruck 1973

Spanisch:
Barcelona: 1923, 1935, 1943, 1953, 1960, 1974, 1986, 1994, 2004, 2007

Serbokroatisch:
Zagreb: 1980, 1982, 1988, Nachdruck 1991

Türkisch:
Istanbul: 1998

Russisch:
Moskau: 2007

Zeittafel

ca. 300 v. Chr.	Chr. *Naturgeschichte der Gewächse*: Theophrastos Eresios
1151–58	*De plantis, De arboribus*: Beschreibung von 300 Heil- und Nutzpflanzen, Gewürzen und Drogen: Hildegard von Bingen
ab 1530	Älteste Kräuterbücher: Otto Brunfels, Hieronymus Bock, Leonhart Fuchs
1533	Erste Professur für Botanik in Padua
1583	Erstes allgemeines Lehrbuch der Botanik: Andrea Cesalpino, De Plantis
1590	Erfindung des Mikroskops: Johannes und Zacharias Janssen
1665	Entdeckung des zellulären Aufbaus von Geweben: Robert Hooke, *Micrographia*
1675	*Anatome plantarum*: Marcello Malpighi
1682	*Anatomy of plants*: Nehemiah Grew
1683	Erste Abbildung von Bakterien: Antonius van Leeuwenhoek
1694	Pflanzliche Sexualität: Rudolph Jacob Camerarius
1735	*Systema naturae*; 1753: *Species plantarum*. Binäre Nomenklatur: Carl von Linné (Carolus Linnaeus)
1779	Entdeckung der Photosynthese: Jan Ingenhousz
1790	*Die Metamorphose der Pflanzen*: Johann Wolfgang von Goethe
1793	Begründung der Blütenökologie: Christian Konrad Sprengel
1804	Entdeckung des pflanzlichen Gaswechsels: Nicolas Théodore de Saussure
1805	Begründung der Pflanzengeografie: Alexander von Humboldt
1809	*Philosophie zoologique*, Abstammungslehre: Jean Baptiste de Lamarck
1820–1838	Begründung der Paläobotanik: Ernst Friedrich von Schlotheim, Kaspar Maria von Sternberg, Adolphe-Théodor Brongniart
1822	Entdeckung der Osmose: Henri Dutrochet
1831	Entdeckung des Zellkerns: Robert Brown
1835	Zellteilung bei Pflanzen: Hugo von Mohl
1838	Begründung der Zellenlehre (Cytologie): Matthias Jacob Schleiden gemeinsam mit dem Anatom und Physiologen Theodor Schwann
1839	Mineralstoffernährung der Pflanzen, Widerlegung der Humustheorie: Justus von Liebig
1846	Begriff „Protoplasma": Hugo von Mohl
1851	Homologien im pflanzlichen Generationswechsel: Wilhelm Hofmeister
1855	*„omnis cellula e cellula"*: Rudolf Virchow
1858	Micellartheorie: Carl Nägeli
1859	*On the origin of species*: Charles Darwin
1860	Wasserkultur: Julius Sachs
1860	Widerlegung der Urzeugungslehre: Hermann Hoffmann, Louis Pasteur
1862	Stärke als Photosyntheseprodukt: Julius Sachs
1866	Versuche über Pflanzenhybriden, Vererbungsregeln: Gregor Mendel
1866	Konzeption der Ökologie: Ernst Haeckel
1867–69	Doppelnatur der Flechten: Simon Schwendener

1869	Entdeckung der DNA: Friedrich Miescher, phosphorhaltiges „Nuclein"
1875	Entdeckung der pflanzlichen Kernteilung: Eduard Strasburger
1877	*Osmotische Untersuchungen*: Wilhelm Pfeffer
1883	Plastiden als selbstreplizierende Organellen, mögliche Abkömmlinge intrazellulärer Symbionten (Endosymbionten): Andreas F. W. Schimper; F. Schmitz
1884	*Physiologische Pflanzenanatomie*: Gottlieb Haberlandt
1884	*Vergleichende Morphologie und Biologie der Pilze, Mycetozoen und Bacterien*: Anton de Bary
1884	Entdeckung der Kernverschmelzung bei der Befruchtung der Blütenpflanzen: Eduard Strasburger
1887	Meiose: Theodor Boveri
1888	Funktion der Leguminosen, Wurzelknöllchen: H. Hellriegel und H. Wilfahrt, M. W. Beijerinck, A. Prazmowski
1894	Erste Auflage dieses Lehrbuchs, begründet von Eduard Strasburger
1897	Gärung durch zellfreie Hefeextrakte: Eduard Buchner
ab 1898	Organographie der Pflanzen: Karl von Goebel
1900	Wiederentdeckung der Vererbungsregeln von Mendel: Erich Tschermak von Seysenegg, Carl Correns und Hugo de Vries
1901	*Die Mutationstheorie*: Hugo de Vries
1902	Symbiogenese, Plastiden als Abkömmlinge von Cyanobakterien: Constantin Mereschkowsky
1907	*Agrobacterium tumefaciens* als Erreger von Tumoren an der Strauchmargerite: Erwin F. Smith, C. O. Townsend
1909	Plastiden als Träger von Erbfaktoren: Carl Correns und Erwin Baur
1910	Polyploidie: EduArd Strasburger
1913	Aufklärung der Chlorophyllstruktur: Richard Willstätter
1913	*Mikrochemie der Pflanzen*: Hans Molisch
1916	Experimentelle Herstellung einer polyploiden Tomate: H. Winkler
1917	Mathematik der Formbildung, Allometrie: *On growth and form*: D'Arcy W. Thompson
1920	Erste systematische Untersuchungen über Photoperiodismus: W. Garner und H. A. Allard
ab 1920	Makromolekulare Chemie: H. Staudinger
1922	Ökotypenkonzept der pflanzlichen Anpassung: G. Turesson
1925	Doppelschichtmodell der Biomembranen: E. Gorter, F. Grendel
1926	Nachweis der Bildung eines Wachstumsfaktors (Gibberellin) durch *Gibberella fujikuroi*: E. Kurosawa
1928	Entdeckung des Penicillins: A. Fleming
1928	Transformation bei Pneumokokken: F. Griffith
1928	Eu- und Heterochromatin: E. Heitz
1930	Theorie des Phloemtransports: E. Münch
1930	Experimentelle Resynthese der allotetraploiden Hybridart *Galeopsis tetrahit*: A. Müntzing
1930–34	Physikalische Analyse der Transpiration, Transpirationswiderstände: A. Seybold
1930–50	Synthese von Genetik und Evolutionstheorie: R. A. Fisher, J. B. S. Haldane, T. G. Dobzhansky, E. Mayr, J. S. Huxley, G. G. Simpson, G. L. Stebbins

1931	Photosynthese-O2 stammt aus dem Wasser: C. van Niel
1931	Erstes Elektronenmikroskop: E. Ruska; ab 1939 kommerzielle Fertigung von „Übermikroskopen" nach E. Ruska und B. von Borries bei Siemens, nach H. Mahl u. a. bei AEG
1933	Theorie der zellulären Atmung: Heinrich O. Wieland
1934	Nischenkonzept organismischer Coexistenz: G. F. Gause
1935	Ökosystemkonzept: T. A. Tansley
1935	Physiologische Grundlagen der Produktion der Wälder: P. Boysen-Jensen
1935	Kristallisation des Tabakmosaikvirus: W. M. Stanley
1935	Erste Verwendung von Isotopen für Stoffwechseluntersuchungen: R. Schoenheimer und D. Rittenberg
1935	Entdeckung des Phytohormons Auxin: F. W. Went
1937	Citratzyklus: H. A. Krebs
1937	Photolyse des Wassers mithilfe isolierter Chloroplasten: R. Hill
1937–43	*Vergleichende Morphologie der höheren Pflanzen*: W. Troll
1938	*Submikroskopische Morphologie des Protoplasmas und seiner Derivate*: A. Frey-Wyssling
1938–47	Cytogenetisch ausgerichtete Biosystematik und Evolutionsforschung bei Gefäßpflanzen: E. B. Babcock, G. L. Stebbins
1939–41	Zentrale Rolle des ATP im Energiehaushalt der Zelle: Fritz Lipmann
1939–53	13C-Diskriminierung bei Pflanzen: A. Nier und E. A. Gulbranson, H. C. Urey, M. Calvin, J. W. Weigel, P. Baertschi
1941	Hinweise auf lebende Exemplare von *Metasequoia*, die vorher nur fossil bekannt war: T. Kan, W. Wang, Ch. Wu; Beschreibung als *M. glyptostroboides* 1948 durch H. H. Hu und W. C. Cheng
1943	Nachweis der genetischen Wirksamkeit der DNA: O. T. Avery, C. M. McLeod, M. McCarty
1947–49	CAM-Stoffwechsel: W. und J. Bonner, M. Thomas
1950	Springende Gene beim Mais: Barbara McClintock
1950	Kladistische Methoden der Systematik: W. Hennig
1950	*Variation and evolution in plants*: G. Ledyard Stebbins
1952	9+2-Muster der Flagellen: Irene Manton
1952	Nachweis der Transduktion von Erbanlagen bei Bakterien: Joshua Lederberg
1952/53	Fixierungs- und Dünnschnittmethoden für die Elektronenmikroskopie: K. R. Porter, F. S. Sjöstrand, G. E. Palade
1952–54	Phytochromsystem: H. A. Borthwick, S. B. Hendricks
1953	Erzeugung von Aminosäuren unter den Bedingungen der Urerde: S. Miller
1953	Doppelhelixmodell der DNA: J. D. Watson und F. H. C. Crick
1953	Gesetzmäßigkeiten der Lichtausnutzung in Pflanzenbeständen: M. Monsi, T. Saeki
1954	Photophosphorylierung: D. Arnon
1954	Infrarot-Gasanalysator zur kontinuierlichen Photosynthesemessung: K. Egle und A. Ernst
1954	Isolierung von Substanzen mit Cytokininwirkung: F. Skoog, C. O. Miller
1954–66	Entdeckung der C4-Photosynthese: H. P. Kortschak, Y. S. Karpilov, M. D. Hatch, C. R. Slack

1955	Erster Nachweis eines *self-assembly* (bei TMV): H. Fraenkel-Conrat und R. Williams
1957	Photosynthesezyklus: M. Calvin
1958	Experimentelle Bestätigung der semikonservativen Replikation der DNA: M. Meselson und F. W. Stahl
1960	Identifikation der Peroxisomen: C. de Duve
1960	Protoplastenisolierung: E. C. Cocking
1960/61	Zwei Lichtreaktionen in eukaryotischen phototrophen Organismen: R. Hill, L. N. M. Duysens, H. T. Witt, B. Kok
1961	Chemiosmotische Theorie der ATP-Bildung: P. D. Mitchell
1961	Aufklärung des genetischer Codes: M. W. Nirenberg, J. H. Matthaei u. a.; Universalität des Codes: F. H. C. Crick, L. Barnett, S. Brenner, R. J. Watts-Tobin
1961	Modell zur Regelung der Genaktivität: F. Jacob und J. Monod
1961	*Life, its nature, origin and development*: A. I. Oparin
1961	DNA-Hybridisierung: S. Spiegelman
1962	Photorespiration: N. E. Tolbert
1962	Chemotaxonomie der Pflanzen: R. Hegnauer
1963/64	Entdeckung der Abscisinsäure: P. F. Wareing und F. T. Addicott
1964	Gesetzmäßigkeiten der Kompartimentierung bei Eucyten: E. Schnepf
1964–66	Haplontenkulturen: S. Gupta und S. C. MAheswari
1965	Erstes kommerzielles Rasterelektronenmikroskop: C. Oates, Cambridge Instr.
1968	Repetitive Sequenzen im Genbestand der Eukaryoten: R. J. Britten und D. E. Kohne
1970	Pro- und Eukaryoten als getrennte Organismenreiche: R. Y. Stanier
1970	Moderne Formulierung der Endosymbiontentheorie: Lynn Margulis
1970	Erste Sequenzstammbäume: Margaret O. Dayhoff
1971	Oxygenierungsreaktion der Rubisco als Ausgangpunkt der Photorespiration: G. Bowes, W. L. Ogren, R. H. Hageman
1971	Aufzucht Höherer Pflanzen aus Blattprotoplasten: I. Takebe und G. Melchers
1971/72	Signalsequenzen beim Transport von Proteinen durch Membranen: G. Blobel und B. Dobberstein, C. Milstein
1972	Fluidmosaikmodell der Biomembran: S. J. Singer und G. L. Nicholson
1974	Restriktionsendonucleasen als Werkzeuge für DNA-Analyse: Werner Arber
1974	Nachweis eines tumorinduzierenden Plasmids in *Agrobacterium tumefaciens*: Ivo Zaenen, Jeff Schell, Marc van Montagu
1976	Patch-Clamp-Technik zum Studium der Ionenkanäle im Membranen: Erwin Neher, Bert Sakmann
1977	DNA-Sequenzierung: Walter Gilbert und Frederick Sanger
1977	Sonderstellung der Archaea(Archaebakterien): C. R. Woese und O. Kandler
1977	Mosaikgene, Intron/Exon-Struktur von Genen: S. Hogness, J. L. Mandel, P. Chambon
1977–79	*Agrobacterium tumefaciens* als Genfähre: Mary-Dell Chilton, Jeff Schell, Marc van Montagu u. a.
1979f	*Arabidopsis thaliana* als Versuchspflanze für Molekularbiologie („pflanzliche *Drosophila*"): C. R. Somerville, E. M. Meyerowitz u. a.
1980	Rekonstruktion eines Gametophyten der Psilophyten: W. Remy

1982	Strukturaufklärung eines bakteriellen photosynthetischen Reaktionszentrums: J. Deisenhofer, H. Michel, R. Huber
1982	Ribozyme, RNAs als Enzyme: T. R. Cech, S. Altman
1983	Herstellung der ersten transgenen Tabakpflanze: Jeff Schell
1985	Polymerasekettenreaktion: K. Mullis
1985	Erste Freisetzungsexperimente mit insektenresistenten Tomaten und herbizidtoleranten Tabakpfanzen (USA)
1986	Erste Komplettsequenzierungen von Chloroplasten-DNA (*Nicotiana*: M. Sugiura et al.; *Marchantia*: K. Ohyama et al.)
1987	Markteinführung des ersten kommerziellen konfokalen Laserscanningmikroskops (BioRad MRC500, entwickelt auf der Basis des 1957 von M. Minsky patentierten Prinzips): W. B. Amos und J. G. White
1988	Erster Bericht zur epigenetischen Regulation der Rubisco durch Expression eines antisense-Gens in transgenen Tabakpflanzen: S. R. Rodermel et al.
1990	Stilllegung des Chalcon-Synthase-Gens durch Cosuppression: C. Napoli et al.
1990–93	Aufklärung der molekularen Kontrolle des intrazellulären Vesikeltransports (Nobelpreis 2013): J. E. Rothman, R. W. Schekman, T. C. Südhof
1991	Genetische Programmierung der Blütenbildung durch homöotische Gene, ABC-Modell: E. M. Meyerowitz, E. S. Coen, H. Saedler
1993	Molekularer Stammbaum der Angiospermen aufgrund der DNA-Sequenzen des Chloroplastengens *rbcL*: M. Chase et al.
1994	Erstmalige Expression des grün fluoreszierenden Proteins (GFP) außerhalb der Qualle, Beginn der Nutzung fluoreszierender Proteine als Marker in der Zellbiologie: Martin Chalfie
1995	Erste vollständige DNA-Sequenzen der Genome von Bakterien (*Haemophilus influenzae* und *Mycoplasma genitalium*): J. C. Venter et al.
1995	Beschreibung des 1-Desoxy-D-xylulose-5-phosphat-Wegs zur Herstellung von Isoprenoiden in Pflanzen: H. Lichtenthaler, M. Rohmer
1996	Erste vollständige DNA-Sequenzen der Genome eines Archaebakteriums (*Methanococcus jannaschii*): J. C. Venter; und eines Eukaryoten (Hefe, *Saccharomyces cerevisiae*): über 100 Labors beteiligt
1998	Entdeckung der RNA-Interferenz (RNAi) in C. elegans: A. Fire und C. Mello
1999	Identifizierung der Amborellaceae als basale Entwicklungslinie der Angiospermen: S. MAthews und M. Donoghue; P. S. Soltis et al.; Y.-L. Qiu et al.
2000	Erste vollständige DNA-Sequenz einer Höheren Pflanze, der Acker-Schmalwand *Arabidopsis thaliana*: The Arabidopsis Genome Initiative; 27 Labors in den USA, Europa und Japan beteiligt
2001	„Goldener Reis": Erste Einführung eines Biosynthesewegs (für Provitamin A) in ein für die menschliche Ernährung besonders wichtiges Pflanzengewebe, das Reisendosperm, durch Transformation: I. Potrykus und P. Beyer
2002	Vollständige DNA-Sequenzierung einer Kulturpflanze (Reis, *Oryza*): Chinese Academy of Sciences, Syngenta
2004	Einführung der ersten Next-Generation-DNA-Sequenzierer (NGS)
2005	Millennium Ecosystem Assessment: Zustandsbericht zu den Ökosystemen der Erde: internationales Autorenteam
2006	Vollständige DNA-Sequenzierung einer Baumart, *Populus trichocarpa*, durch ein internationales Wissenschaftskonsortium
2007	Vollständige DNA-Sequenzierung einer mehrjährigen Kulturpflanze (Weinrebe, *Vitis*) durch ein europäisches Wissenschaftskonsortium
2007	Nobelpreis für das Intergovernmental Panel on Climate Change (IPCC): Wirkung globaler Veränderungen auf die Biosphäre

2007	Markteinführung des ersten kommerziellen, hoch auflösenden STED-(*stimulated emission depletion*-)Mikroskops (Leica TCS STED): Prinzip und Entwicklung eines Prototyps durch S. Hell 1994–1999
2008	Nobelpreis für die Entwicklung der GFP-Technologie an O. Shimomura, M. Chalfie und R. Tsien
2008	Rekonstruktion der atmosphärischen CO_2 Konzentration der vergangenen 800.000 Jahre aus antarktischen Eisbohrkernen als Matrix der evolutiven Anpassung der pflanzlichen Photosynthese: Oeschger Zentrum, Bern
2008	Vollständige DNA-Sequenzierung des Mooses *Physcomitrella patens* (Gen-Knock-out durch homologe Rekombination) durch ein internationales Wissenschaftskonsortium
2009	Vollständige DNA-Sequenzierung der C4-Pflanze Mais durch ein internationales Wissenschaftskonsortium
2011	Etablierung der Erkenntnis, dass alle Samenpflanzen ein (teilweise vielfach) polyploides Genom haben
2013	Die Geschwindigkeit des CO2-Anstiegs in der Atmosphäre erreicht die höchste Rate der letzten 20.000 Jahre und die atmosphärische CO_2 Konzentration überschreitet im Mai 2013 am Mauna Loa Observatorium (Hawaii) erstmals die 400-ppm-Grenze
2019	Molekularer Stammbaum der grünen Pflanzen auf der Grundlage von 1000 Transkriptomen: One Thousand Plant Transcriptomes Initiative

Inhaltsverzeichnis

II   Genetik

III Entwicklung

IV Physiologie

V   Evolution und Systematik

VI   Ökologie

Serviceteil

Über die Autoren

Joachim W. Kadereit

geb. 1956 in Hannover. Studium der Biologie in Hamburg und Cambridge/UK. 1991 Berufung auf einen Lehrstuhl für Botanik an der Universität Mainz. Leitung des Botanischen Gartens. Forschungsschwerpunkte: Systematik, Evolution und Biogeografie der Blütenpflanzen, Evolution der Alpenflora Homepage: ▶ https://plants1.iome.uni-mainz.de/plant-evolution/

Christian Körner

geb. 1949 in Salzburg. Studium der Biologie und der Erdwissenschaften in Innsbruck. 1989 Ordinarius für Botanik an der Universität Basel. Forschungsgebiet: Experimentelle Ökologie der Pflanzen mit Schwerpunkten im Hochgebirge und im Forstbereich; globale Vergleiche Homepage: ▶ https://duw.unibas.ch/cn/koerner/

Peter Nick

geb. 1962 in Leutkirch im Allgäu. Studium der Biologie in Freiburg und St. Andrews. Seit 2003 Inhaber des Lehrstuhls Molekulare Zellbiologie an der TU Karlsruhe (seit 2009 Karlsruher Institut für Technologie). Forschungsschwerpunkte: Zellbiologie, Cytoskelett, Selbstorganisation, Biotechnologie, Pflanzenstress, Evolution von Nutzpflanzen Homepage: ▶ http://www.botanik.kit.edu/botzell/

Uwe Sonnewald

geb. 1959 in Köln. Studium der Biologie in Köln und Berlin. 1998–2004 Leiter der Abt. Molekulare Zellbiologie des Leibniz-Instituts für Pflanzengenetik und Kulturpflanzenforschung in Gatersleben. 2004 Berufung auf den Lehrstuhl Biochemie der Friedrich-Alexander-Universität Erlangen-Nürnberg. Forschungsschwerpunkte: Molekularbiologie und Physiologie der Pflanze, molekulare Mechanismen der Pflanzen-Umwelt-Wechselwirkung, Pflanzenbiotechnologie. Homepage: ▶ http://www.biochemie.biologie.uni-erlangen.de/index.shtml

Eduard Strasburger

geb. 1844 in Warschau. Nach dem Studium in Warschau, Bonn und Jena 1867 Habilitation an der Universität Warschau. 1869 Ruf an das Extraordinariat für Botanik in Jena einschließlich Leitung des Phytophysiologischen Instituts und des Botanischen Gartens. 1880 bis 1912 Ordinariat für Botanik in Bonn. 1894 Herausgabe der 1. Auflage des *Lehrbuchs der Botanik für Hochschulen* zusammen mit drei anderen Botanikdozenten aus Bonn.

Abkürzungen

A	Adenin
ABA	Abscisinsäure
ADP	Adenosindiphosphat
AFS	apparent freier Raum (engl. apparent free space)
agg.	Aggregat, Sammelart
Amax	maximale Assimilation (CO_2)
AMP	Adenosinmonophosphat
APG	Angiosperm Phylogeny Group
ATP	Adenosintriphosphat
bp	Basenpaare
BPP	Bruttoprimärproduktion
C	Cytosin
CA	engl. correspondence analysis
CAM	Crassulaceen-Säuremetabolismus (engl. crassulacean acid metabolism)
cAMP CCA	zyklisches Adenosinmonophosphat engl. *canonical correlation analysis*
cDNA	copy-DNA
cM	CentiMorgan
cpDNA	Chloroplasten-DNA
CS	Caspary-Streifen
CUE	CO2-Aufnahmeeffizienz (engl. CO2 uptake efficiency)
d	2-Desoxy(ribo)-
Da	Dalton
DFS	Donnan-Freiraum (engl. Donnan free space)
DIC	Differenzialinterferenzkontrast (engl. differential interference contrast)
DNA	Desoxyribonucleinsäure
DNase	Desoxyribonuclease
dNTP	Desoxynucleosidtriphosphat
DOC	gelöster organischer Kohlenstoff (engl. dissolved organic carbon)
DOM	gelöste organische Substanz (engl. dissolved organic matter)
DR	Dunkelrot
dsDNA	doppelsträngige DNA
EM	Elektronenmikroskop
EMS	Ethylmethansulfonat
ER	endoplasmatisches Reticulum
ET	Evapotranspiration
FAD	Flavinadenindinucleotid (oxidiert)
FADH2	Flavinadenindinucleotid (reduziert)
g	Diffusionsleitfähigkeit
G	Guanin
GA	Gibberellin
GFP	grün fluoreszierendes Protein (engl. green fluorescent protein)
GOGAT	Glutamin-2-Oxoglutarat-Aminotransferase
GSI	gametophytische Selbstinkompatibilität
GTP	Guanosintriphosphat
GUS	β-Glucuronidase
HIR	Hochintensitätsreaktion (engl. *high irradiance response*)
HIR-DR	Hochintensitäts-Dunkelrot-Reaktion
HIR-HR	Hochintensitäts-Hellrot-Reaktion
hnRNA	heteronucleäre RNA
HPLC	Hochleistungsflüssigchromatographie (engl. *high pressure liquid chromatography*)
HR	Hellrot
IAA	Indolessigsäure (engl. *indole-3-acetic acid*)
kb, kbp	Kilobasen, Kilobasenpaare
kDa	Kilodalton
KTP	Kurztagpflanze
LAD	Blattflächendichte (engl. *leaf area density*)
LAI	Blattflächenindex (engl. *leaf area index*)
LAR	engl. *leaf area ratio*
LFR	Niedrigfluenzreaktion (engl. *low fluence response*)
LHC	Lichtsammelkomplex (engl. *light harvesting complex*)

LKP	Lichtkompensationspunkt	PAI	engl. *plant area index*
LMA	engl. leaf mass per area	PAR (PhAR)	photosynthetisch aktive Strahlung (engl. *photosynthetically active radiation*)
LMF	engl. lea*f mass fraction*		
LRR-RLK	engl. *leucine rich repec-tor like kinase*	PAUP	engl. phylogenetic analysis using parsimony
LTP	Langtagpflanze	PCA analysis	engl. principal component
M	Molarität		
MAP	engl. mitogen-activated protein	PCO analysis	engl. principal coordinates
miRNA	engl. microRNA	PCR	Polymerasekettenreaktion (engl. polymerase chain reaction)
ML	engl. maximum likelyhood		
MP	engl. maximum parsimony		
Mr	relative Molekülmasse	PEP	Phosphoenolpyruvat
mRNA	Messenger-RNA	PFD	Photonenflussdichte (engl. photon flux density)
mtDNA	mitochondriale DNA		
MTOC	mikrotubuliorganisierendes Zentrum (engl. microtubule organizing center)	PFT	engl. plant functional types
		pmf	protonenmotorische Kraft (engl. *proton motive force*)
NAD+	Nicotinamidadenindinucleotid (oxidiert)	PPFD (PFD)	Photonenflussdichte (engl. *photosynthetically active photon flux density*)
NADH	Nicotinamidadenindinucleotid (reduziert)		
NADP+	Nicotinamidadenindinucleotidphosphat (oxidiert)	PR-Gen	pathogenresponsives Gen (engl. pathogenesis related)
NADPH	Nicotinamidadenindinucleotidphosphat (reduziert)	PS	Photosystem
		ptDNA	Plastiden-DNA
NAR	Nettoassimilationsrate (engl. net assimilation rate)	PTI immunity	engl. PAMP-triggered
NDVI	engl. normalized differential vegetation index	PTS	engl. pe*roxisomal targeting signal*
NHPr	Nichthistonproteine	QUE	Quantenausnutzungseffizienz (engl. *quantum use efficiency*)
NJ	engl. neighbor joining		
NLS	Kernlokalisationssignal (engl. nuclear localization signal)		
NMR	Kernmagnetresonanz (engl. nuclear magnetic resonance)	R	Respiration
		REM	Rasterelektronenmikroskop
NOR	Nucleolusorganisatorregion	rER	raues endoplasmatisches Reticulum
NPC	Kernporenkomplex (engl. nuclear pore complex)	RGR	relative Wachstumsrate (engl. relative growth rate)
NPP	Nettoprimärproduktion	RMF	engl. root mass fraction
NTP	Nucleosidtriphosphat	RNA	Ribonucleinsäure
NUE	Stickstoffausnutzungseffizienz (engl. nitrogen use *efficiency*)	RNase	Ribonuclease
		RNP	Ribonucleoproteinkomplex
PAGE	Polyacrylamidgelelektrophorese	RQ	respiratorischer Quotient
		rRNA	ribosomale RNA

Rubisco	Ribulose-1,5-bisphosphat-Carboxylase/Oxygenase
RubP	Ribulose-1,5-bisphosphat
S	Svedberg-Einheit
SAM	apikales Sprossmeristem (engl. *shoot apical meristem*)
sER	glattes endoplasmatisches Reticulum (engl. *smooth endoplasmatic reticulum*)
SI	Selbstinkompatibilität
siRNA	engl. *small interfering RNA*
SLA	spezifische Blattfläche (engl. *specific leaf area*)
SMF	engl. *stem mass fraction*
snRNA	kleine nucleäre RNA (engl. *small nuclear RNA*)
SOM	engl. *soil organic matter*
sp	Species
SRL	spezifische Wurzellänge (engl. *specific root length*)
SRP	Signalerkennungspartikel (engl. *signal recognition particle*)
ssDNA	einzelsträngige DNA (engl. *single-stranded DNA*)
SSI	sporophytische Selbstinkompatibilität
T	Thymin (teilweise auch Temperatur)
TEM	Transmissionselektronenmikroskop
TF	Transkriptionsfaktor
Tr	Transpiration
tRNA	Transfer-RNA
U	Uracil
ULR	engl. *unit leaf rate*
UPGMA	engl. *unweighted pair group method using arithmetic averages*
VAM	vesikulär-arbuskuläre Mykorrhiza
VLFR	Niedrigstfluenzreaktion (engl. *very low fluence response*)
VP	Vegetationspunkt
WFS	Wasserfreiraum (engl. *water free space*)
WSD	Wassersättigungsdefizit
WUE	Wasserausnutzungseffizienz (engl. *water use efficiency*)
WUK	Wasserausnutzungskoeffizient

Wie sind Pflanzen aufgebaut?

Was ist Leben? Diese Grundfrage der Biologie lässt sich auch heute noch nicht abschließend beantworten. Ein Merkmal lebendiger Organismen ist jedoch sicherlich, dass sie sich zielgerichtet verhalten (Teleonomie). Das Ziel, nach dem sie sich ausrichten, ist die Fortpflanzung – schlicht und ergreifend, weil alle Lebensformen, die dieses Ziel weniger gut erreichten als ihre Konkurrenten, wieder verschwunden sind. Schon mikroskopisch kleine Bakterien sind ebenso teleonom wie die größten Vielzeller. Das ist beeindruckend; denn die Körpermaße verschiedener Organismen umspannen einen Bereich von 20 Zehnerpotenzen: Ein Mammutbaum ist etwa 10^8 (100 Mio) mal größer als eine Zelle der Grünalge *Chlorococcus*. Neben solchen quantitativen Unterschieden zeigen die verschiedenen Organismen auch eine überwältigende Vielfalt ihrer Gestalt. Dennoch gibt es zahlreiche grundsätzliche Gemeinsamkeiten zwischen den uns bekannten Organismen, die auf ihre Abstammung aus einer einzigen, urtümlichen Lebensform hinweisen.

Wir kennen teleonome Systeme nicht nur von lebenden Organismen: auch technische Maschinen (Autos, Motoren, aber auch Rechner) erfüllen einen Zweck, sind also teleonom. Der zentrale Unterschied ist freilich, dass dieser Zweck von uns Menschen bestimmt wird – ein Auto ist zum Fahren da, ein Smartphone zum Kommunizieren. Demgegenüber sind lebende Organismen autonom, sie bestimmen ihr Ziel (die Fortpflanzung) selbst. Davon unabhängig finden wir in beiden Fällen eine enge Beziehung zwischen Struktur und Funktion. Die Form eines Lenkrads hat damit zu tun, dass man es greifen und drehen können muss. Die Struktur einer pflanzlichen Zellwand hat damit zu tun, dass sie dem Druck des sich ausdehnenden Zellinneren standhalten muss.

Wenn wir also verstehen wollen, wie lebende Organismen funktionieren, müssen wir verstehen, wie sie aufgebaut sind. Die Struktur ist demnach eine Voraussetzung für die Funktion. Ein zentrales Ziel der Biologie ist es, den Zusammenhang von Struktur und Funktion in verschiedenen lebenden Organismen zu verstehen.

Teil I dieses Buchs gibt daher einen Überblick über den grundlegenden strukturellen Aufbau von Pflanzen. In ▶ Kap. 1 wird die Struktur einzelner Zellen, den elementaren Untereinheiten aller lebenden Organismen, behandelt. Wie einzelne Zellen bei den vielzelligen Pflanzen zu verschiedenen Geweben verbunden sind, wird in ▶ Kap. 2 beschrieben. In ▶ Kap. 3 folgt dann der Übergang zur nächsten Stufe, wo Gewebe zu funktionellen Einheiten, den Organen, verknüpft sind. Dies lässt sich am besten an den Gefäßpflanzen (Kormophyten) darstellen, zu denen auch die wichtigsten Nutz- und Kulturpflanzen gehören. Aus didaktischen und praktischen Gründen stehen daher die Farn- und Samenpflanzen im Brennpunkt, wenn es in ▶ Kap. 3 um die Morphologie der Organe geht.

Danksagung

Der erste Teil der aktuellen Auflage dieses Lehrbuchs geht von der vorangegangenen Auflage aus und wurde stellenweise durch neue Erkenntnisse, etwa hinsichtlich der Dynamik der Organellen erweitert. Wesentliche Neuerungen sind im Abschnitt zu den zellbiologischen Methoden zu finden, wo die Gewichtung auf die neuen fluoreszenzbasierten Techniken und molekularen Zugänge zu Modellorganismen hin verschoben wurde. Auch ▶ Kap. 3 wurde um einen Abschnitt erweitert, wo die verschiedenen Wege zur pflanzlichen Vielzelligkeit dargestellt sind.

Der Strasburger blickt auf eine mehr als hundertjährige Geschichte zurück, seit seinem ersten Erscheinen 1894 haben zahllose Autoren zugefügt, was neueste Erkenntnisse waren, verworfen, was sich als fehlerhaft herausgestellt hatte und immer wieder herausgearbeitet, was zentral und wichtig ist. Diese „Bibel der Botanik" ist also ein Gemeinschaftswerk, das über einen sehr langen Zeitraum gereift ist. Das Wissen in diesem Buch ist also von vielen immer wieder geprüft und gefiltert worden – ein Wert, den selbst ein noch so schnelles Internet wird nie ersetzen können.

Meine Arbeit fußt also auf der hohen Qualität der Arbeit aller Autoren, die zu diesem Teil beigetragen haben. Dieses Erbe weiterzuführen und für die Studierenden unserer Zeit fruchtbar zu machen, ist mir ein großes Anliegen.

Peter Nick

Karlsruhe, im Frühjahr 2020

Inhaltsverzeichnis

Struktur und Funktion der Zelle

Peter Nick

Inhaltsverzeichnis

Nick, P. 2021 Struktur und Funktion der Zelle. In: Kadereit JW, Körner C, Nick P, Sonnewald U. Strasburger – Lehrbuch der Pflanzenwissenschaften. Springer Berlin Heidelberg, p. 3–98.
▶ https://doi.org/10.1007/978-3-662-61943-8_1

1.1 Zellbiologie – Konzepte und Methoden

Woher kommt „Leben"? Diese Frage beschäftigt die Menschen seit Jahrtausenden. Viele Religionen leiteten „Leben" von einem göttlichen Schöpfungsakt ab. In einem ersten Versuch, „Leben" auf rationale Weise zu erklären, schlug Aristoteles (384–322 v. Chr.) vor, dass „Leben" von selbst aus Unbelebtem entstehe (**Theorie der Urzeugung** oder **Abiogenese**). Auch wenn manche seiner Aussagen, wie etwa jene, dass aus Exkrementen nach einiger Zeit durch Urzeugung Insekten entstehen, uns heute schmunzeln lassen, war die Idee der Urzeugung bis zu ihrer experimentellen Widerlegung durch Redi (1668) der einzige Versuch, die Entstehung von „Leben" ohne Zuhilfenahme göttlicher Kräfte zu verstehen. „Leben" war hier eher etwas wie ein physikalisches „Feld", das sich unter geeigneten Bedingungen in „Lebensformen" manifestierte, ähnlich wie ein Magnetfeld sichtbar wird, wenn man Eisenfeilspäne ausstreut.

Die Erkenntnis, dass alle Lebensformen in Zellen organisiert sind und dass diese Zellen nur aus ihresgleichen hervorgehen, steht der Vorstellung von „Leben" als „Feld" diametral entgegen. Von ihren ersten Anfängen an war **Zellbiologie** daher weit mehr als nur die Beobachtung und Beschreibung von Zellen, auch wenn sie bisweilen auf diese Weise missverstanden wird. Von ihren ersten Anfängen an geht es darum, zu verstehen, wie Zellen in der Lage sind, die ganzen, unglaublich vielgestaltigen Erscheinungen von „Leben" hervorzubringen. Die **Bedeutung der Zellbiologie** lag und liegt darin, dass sie die Biologie auf eine allgemeine konzeptionelle Grundlage stellt. Während über Jahrhunderte hinweg die Verschiedenheit der Lebensformen und deren Beschreibung im Mittelpunkt standen, gelang es in der ersten Hälfte des 19. Jahrhunderts Gemeinsamkeiten zu finden, die bei aller Verschiedenheit für alle Lebensformen gültig sind. Diese eindrucksvolle Leistung der Zellbiologie war die Voraussetzung dafür, dass sich ab Mitte des vergangenen Jahrhunderts die Molekularbiologie entwickeln konnte.

Wie aber gelang dieser große Wurf, die Mannigfalt des Lebendigen auf eine gemeinsame konzeptionelle Grundlage, die Zelltheorie, zu stellen?

1.1.1 Einheit in Vielfalt – die Zelltheorie

Die **Entwicklung der zellbiologischen Forschung** zeigt eindrucksvoll, wie naturwissenschaftlicher Fortschritt von den methodischen Möglichkeiten, aber auch von theoretischen Überlegungen abhängt. Die Zelltheorie geht auf zwei parallele Forschungslinien zurück, die zunächst gar nicht miteinander verbunden waren:

Die erste Linie war die Entdeckung der Zelle durch Hooke (1665) und zunächst einmal eine von den Zeitgenossen als kurios empfundene Beschreibung. Von seinem älteren Kollegen Sir Christopher Wren hatte er den königlichen Auftrag übernommen zu erkunden, was man mit diesem vor Kurzem in Holland neu erfundenen Gerät namens Mikroskop so alles anstellen könne. Hooke machte sich erst einmal daran, dieses Gerät hinsichtlich Beleuchtung, Winkel und Distanz zu optimieren, bevor er alle möglichen und unmöglichen Dinge damit betrachtete, unter anderem eine Laus, die er an seiner Hand saugen ließ, oder eben das berühmte Stück Flaschenkork, der unter dem Mikroskop aus kleinen Waben aufgebaut schien, die durch dicke Wände voneinander getrennt waren und ihn daher an Mönchszellen in einem Kloster erinnerten. Große Fortschritte in der Präzision bei der Herstellung von Glaslinsen ermöglichten dann im 19. Jahrhundert, diesen „Zellen" viele wichtige Details zu entlocken. Nach der Wiederentdeckung der ursprünglich von Gregor Mendel erkannten Vererbungsregeln zu Beginn des 20. Jahrhunderts verlagerte sich der Forschungsschwerpunkt für vier Jahrzehnte auf Zellkern und Chromosomen (Karyologie, Cytogenetik). Vor 1950, noch bevor die modernen Methoden der Zellforschung etabliert waren, wurde die Zellbiologie als **Cytologie** bezeichnet (griech. *kýtos*, Blase, Zelle) und war weitgehend auf die Lichtmikroskopie von Zellen beschränkt. Nach Ende des Zweiten Weltkriegs setzte eine methodische Neuentwicklung ein: Elektronenmikroskopie, Fluoreszenzmikroskopie, Zellfraktionierung und Röntgenstrukturanalyse von Biomakromolekülen ergänzten die eher beschreibend vorgehende Cytologie zu einer neuen Form von Wissenschaft, der modernen Zellbiologie, die sich nicht damit begnügte, Phänomene zu beschreiben, sondern diese auch zu erklären.

Methodische Fortschritte allein führen jedoch nicht zu neuer Erkenntnis, wenn sie nicht von Fragen und theoretischen Überlegungen begleitet werden. Solche Überlegungen bilden die zweite Forschungslinie. Redi (1668) hatte bereits gezeigt, dass die von Aristoteles behauptete Abiogenese nicht stattfindet, indem er Substrat wie Exkremente oder Fleisch mit einem Glassturz abdeckte und sich darunter keine Fliegen entwickelten. Er schloss daraus, dass alles Leben aus einem Ei stammt. Dennoch führte die mikroskopische Entdeckung von Einzellern (sog. Infusorien oder Aufgusstierchen) noch einmal zu einer Renaissance der Abiogenesetheorie. Spallanzani (1768) und Louis Pasteur (1861) widerlegten dann endgültig die Idee einer spontanen Entstehung von Leben, als sie zeigten, dass eine abgekochte Fleischbrühe keine Infusorien bildete, wenn sie die Verbindung zur Außenluft unterbrachen. Auch Mikroorganismen stammen also von anderen lebenden Organismen ab und entstehen nicht neu.

Die uns heute offensichtliche Schlussfolgerung, dass Zellen nur von anderen Zellen abstammen können, „*omnis cellula e cellula*" (Rudolf Virchow 1855), lag dagegen zunächst noch nicht auf der Hand. Zwar hatte der Botaniker Matthias Schleiden gemeinsam mit dem Zoologen Theodor Schwann schon erkannt, dass die Zellen von Tieren und Pflanzen viele Gemeinsamkeiten aufweisen, was Schleiden (1838) für die Pflanzen, Schwann dann ein Jahr später in seiner epochalen Schrift *Mikroskopische Untersuchungen über die Übereinstimmung in der Struktur und dem Wachstum der Thiere und Pflanzen* auf allgemeiner Ebene formulierte. Jedoch waren beide noch der Ansicht, dass Zellen aus unstrukturiertem Material, teilweise im Inneren anderer Zellen, entstehen. Gleichwohl kamen sie zum Schluss, dass die Zelle der eigentliche Elementarorganismus des Lebens sci.

Durch die Verbindung der sich schnell entwickelnden Mikroskopie mit physiologischen Untersuchungen (wie etwa zur Osmose) kristallisierten sich dann in der zweiten Hälfte des 19. Jahrhunderts die **Hauptsätze der Zelltheorie** immer deutlicher heraus, die auch heute noch gültig sind:

- Alle Lebewesen sind zellulär organisiert.
- Zellen entstehen nur aus Zellen.
- Viele Organismen sind während ihrer ganzen Lebenszcit einzellig. Hier ist dic Aussage der Zelltheorie also offensichtlich. Aber auch bei Vielzellern beginnt der Lebenszyklus immer mit einem einzelligen Stadium.
- Zellen enthalten alles, was zur Bildung des Lebewesens notwendig ist (**Autonomie**).

Der experimentelle Beweis des letzten Hauptsatzes wurde für Pflanzen freilich erst über ein Jahrhundert später erbracht. Zwar war es **Gottlieb Haberlandt** schon 1898 gelungen, isolierte Pflanzenzellen unter sterilen Bedingungen in Kultur am Leben zu erhalten und einige Funktionen wie Zellwachstum und Stärkebildung zu beobachten, aber erst nach Entdeckung der Pflanzenhormone (Auxine, Cytokinine) konnten diese Zellen ab der Mitte des vergangenen Jahrhunderts zur Teilung angeregt und schließlich zur Regeneration eines ganzen pflanzlichen Organismus gebracht werden. Für Tierzellen dauerte dieser Weg sogar noch länger: Obwohl Ross Granville Harrison schon 1907 Tierzellen erfolgreich kultivierte, dauerte es bis 1962, bis **John Gurdon** (der dafür 2012 mit dem Nobelpreis geehrt wurde) beweisen konnte, dass auch bei Tierzellen „alles enthalten, was zur Bildung des Lebewesens notwendig ist". Aus einer Darmepithelzelle des Krallenfroschs entnahm er den Zellkern und brachte ihn in eine zuvor kernlos gemachte Eizelle ein, wodurch ein Klon (also eine genetisch identische Kopie) des Spenderfroschs entstand. Gurdon musste also immer noch den Umweg über die Eizelle gehen. Erst im ersten Jahrzehnt dieses Jahrtausends fand dann **Shinya Yamanaka** (der sich den Nobelpreis 2012 mit Gurdon teilte) einen Weg, durch genetische Transformation von Körperzellen mit Genen für vier Transkriptionsfaktoren eine **induzierte pluri-**

potente Stammzelle zu erzeugen, die in der Lage war, ähnlich wie eine Eizelle, andere Zelltypen hervorzubringen. Damit war die grundsätzliche Autonomie der Zelle auch für Tiere bewiesen (etwa ein halbes Jahrhundert später als für Pflanzen).

Viele Organismen sind **Einzeller**. Individuum und Zelle entsprechen sich hier also. Das gilt für die meisten Prokaryoten und auch für viele ursprüngliche Formen der Eukaryoten. Zu diesen sogenannten Protisten gehören die begeißelten Formen aus den unterschiedlichen Algengruppen, aber auch die Kieselalgen. Für Einzeller ist der letzte Hauptsatz der Zelltheorie unmittelbar sichtbar: Ist ein Organismus autonom, muss dies zwangsläufig auch für die Zelle gelten, die mit diesem Organismus identisch ist.

Die meisten Eukaryoten sind allerdings **Vielzeller**. Da Zellen in den allermeisten Fällen mikroskopisch klein sind, werden hier oft unvorstellbar hohe Zellzahlen erreicht. Ein Baum kann mehr als 10.000 Mrd. Zellen enthalten. Schon ein Laubblatt mittlerer Größe ist aus etwa 20 Mio. Zellen aufgebaut. Unter diesen Bedingungen ist die Autonomie der einzelnen Zelle nicht mehr so klar und bedingungslos erkennbar wie im Falle der erdgeschichtlich älteren Einzeller.

Dennoch sind auch bei Vielzellern wesentliche Lebensprozcssc auf dem Niveau der einzelnen Zelle erhalten geblieben. Das gilt vor allem für die Speicherung, Vermehrung, Ausprägung und Rekombination der genetischen Information. Fast jede Körperzelle cnthält einen Zellkern mit der kompletten, meist sogar zweifach (diploid) vorhandenen Gen- bzw. Chromosomenausstattung. Die Zelle kann diesen Genbestand durch Rcplikation der DNA verdoppeln und zu identischen Teilen an Tochterzellen weitergeben (**Mitose**, ▶ Abschn. 1.2.4.5). Die Körperzellen cines Vielzellers verfügen daher in dcr Regel alle über denselben Genbestand, sie gehören cinem Zellklon an. Dennoch werden die Zellen in gesetzmäßiger Weise während der Entwicklung eines Individuums (**Ontogenese**) unterschiedlich und üben auch unterschiedliche Funktionen aus. Diese **Zelldifferenzierung** scheint der Behauptung zu widersprechen, dass alle Zellen eines Vielzellers den gleichen Genbestand haben. Daher war der experimentelle Beweis des letzten Hauptsatzes der Zelltheorie so wichtig – damit konnte nämlich gezeigt werden, dass auch eine differenzierte Zelle noch über alle Gene verfügt. Die Differenzierung kommt daher, dass nur ein (für jede Zelle unterschiedlicher) Teil dieser Gene aktiv wird. Wie diese **differenzielle Genexpression** in Raum und Zeit gesteuert wird, gehört zu den wichtigsten Fragen der **Entwicklungsbiologie**. Aber auch hier gilt, dass die steuernden Signale (soweit sie nicht aus der Umwelt kommen) im vielzelligen System letztlich wieder von Zellen ausgehen und von anderen Zellen beantwortet werden. Ein wirkliches Verständnis der Entwicklung ist also nur auf der Grundlage der Zellbiologie möglich. Auch Vererbung und sexuelle Fortpflanzung können auch bei Vielzellern nicht anders als an einzelnen Zellen ablaufen. Dazu werden in der Regel besondere **Keimzellen (Gameten)** gebildet, die dann miteinander verschmelzen (▶ Abschn. 1.2.4.7, 1.2.4.8 und 1.2.4.9).

Zellen sind also für die Biologie das, was Atome für die Chemie sind. Die Zelle ist gleichsam ein **Elementarorganismus.**

1.1.2 Zugang zur Mikrowelt – Lichtmikroskopie

Um 1880 konnte mit technologischen Fortschritten der mikroskopischen Optik und der Glasbearbeitung durch Ernst Abbe erstmals die theoretische **Auflösungsgrenze** erreicht werden. Zugleich hatte sich die Präparationstechnik entscheidend weiterentwickelt. Bis 1900 waren alle im Lichtmikroskop überhaupt sichtbaren Zellorganellen beschrieben (◻ Abb. 1.1). Viele der damals angefertigten Zeichnungen haben bis heute ihre Gültigkeit behalten, was in der Biologie nicht eben häufig vorkommt. Das liegt daran, dass die Auflösungsgrenze physikalisch bedingt ist und daher auch in den etwa 120 Jahren, die seither vergangen sind, in lebenden Zellen nach wie vor nur die Mikrowelt beobachtet werden kann. Vor allem jedoch ist es Intuition, geschulter Beobachtung und Wissenschaftlichkeit der Forschenden zuzuschreiben, dass die von ihnen hervorgebrachten **Modelle der Zelle** auch heute noch Bestand haben – wohlgemerkt: Eine Zeichnung ist weit mehr als eine möglichst fotografische Wiedergabe, sondern immer auch eine Deutung dessen, was man unter dem Mikroskop sieht. Auch im Zeitalter der Digitalisierung sind Zeichnungen daher wichtige Elemente der zellbiologischen Forschung. Nur wenn man etwas zeichnen kann, hat man es wirklich begriffen.

Die Erschließung der Mikrowelt durch die Lichtmikroskopie wird durch zwei Faktoren physikalischer Natur begrenzt.

Die eine Limitierung ist die **Auflösungsgrenze** d. Sie hängt von der Wellenlänge des sichtbaren Lichts ab. Zwei Punkte lassen sich auflösen, wenn man sie noch als getrennt erkennen kann. Diese Auflösungsgrenze lässt sich nicht über 250 nm (also 0,25 μm) hinaus verbessern. Dies hat Ernst Abbe mit seiner berühmten Formel

$$d = \lambda \,/\, \text{N.A., mit N.A.} = n \sin \alpha$$

ausgedrückt, wobei λ für die Wellenlänge des Lichts und N.A. für die numerische Apertur des Objektivs stehen (N.A. ist das Produkt aus dem halben Öffnungswinkel der Linse α und dem Brechungsindex des Mediums n). Selbst unter Verwendung von Immersionsöl, mit dessen Hilfe man einen möglichst hohen Brechungsindex erreicht, kann α einen Wert von etwa 1,4 nicht überschreiten (weil α nicht größer sein kann als 90°). Die Auflösungsgrenze hängt also selbst unter technisch optimalen Bedingungen (Objektive mit großem Öffnungswinkel, Ölimmersion) vor allem von der Wellenlänge ab. Da die Wellenlänge des sichtbaren Lichts nicht kleiner als etwa 400 nm sein kann (Strahlung kleinerer Wellenlängen können wir nicht mehr als Licht wahrnehmen), lässt sich mithilfe der Gleichung von Abbe berechnen, dass Punkte, die enger als 200 nm beieinanderliegen, lichtmikroskopisch nicht mehr aufgelöst werden können.

Eine weitere Limitierung rührt daher, dass die meisten Zellstrukturen farblos sind und sich auch in ihrem Brechungsindex nur wenig voneinander unterscheiden. Sie bleiben daher oft auch dann unsichtbar, wenn ihre Dimensionen über der Auflösungsgrenze liegen. Für dieses Problem gibt es verschiedene Lösungsmöglichkeiten. In der **Histochemie** werden Farbstoffe eingesetzt, die an bestimmte Zielmoleküle in der Zelle binden und diese anfärben. So kann man Stärke mit einer Jod-Kaliumjodid-Lösung (Lugol'sche Lösung) anfärben, Lignin in der Zellwand mit Phloroglucin-Salzsäure, die Vakuole mit Neutralrot oder die DNA im Zellkern mit Giemsa-Lösung. Da viele dieser Farbstoffe nicht membrangängig sind, muss man die Zellen häufig fixieren (also unter Strukturerhaltung abtöten). Untersuchungen lebender Zellen sind dadurch nicht möglich, was vermutlich ein Grund dafür ist, dass das Wissen um histochemische Färbungen teilweise in Vergessenheit geraten ist. Seit einigen Jahren erfahren einige dieser Methoden jedoch eine Renaissance, da vor allem die chemische Untersuchung der pflanzlichen Zellwand oder die Charakterisierung von Exkretionszellen durch eine histochemische Kartierung deutlich erleichtert wird. Hat man es mit optisch anisotropen (doppelbrechenden) Zellstrukturen wie Zellwänden, Stärkekörnern, aber auch Kernteilungsspindeln zu tun, lassen sich diese auch in lebenden Zellen durch das **Polarisationsmikroskop** darstellen und in ihrem makromolekularen Aufbau analysieren. Die zugrundeliegenden physikalischen Phänomene sind komplex, die Anwendung ist jedoch sehr einfach: Mithilfe eines Farbumschlags kann man die Ausrichtung von Makromolekülen bestimmen, obwohl diese Moleküle wesentlich kleiner sind als die Auflösungsgrenze. Betrachtet man doppelbrechende Strukturen mit Licht aus zwei senkrecht zueinander polarisierten Komponenten, werden diese Komponenten die Struktur mit unterschiedlicher Verzögerung durchlaufen. Dies muss sehr dünnen Interferenzplättchens aus Gips als Farbumschlag sichtbar gemacht werden. (Das Plättchen erzeugt eine Phasenverschiebung, die zu einer roten Interferenzfarbe führt. Zur dieser addiert sich dann die Interferenz der Doppelbrechung, wodurch die leicht unterscheidbaren Farben Blau und Gelb entstehen. Der Farbumschlag hängt davon ab, wie das doppelbrechende Molekül orientiert ist.) Inzwischen gibt es mikroskopische Techniken, die selbst kleine Unterschiede im Brechungsindex biologischer Strukturen mithilfe von Interferenzphänomenen in Kontrastunterschiede oder Reliefserscheinungen umwandeln und so die Sichtbarkeit selbst kleiner Organellen in lebenden Zellen deutlich verbessern. Neben dem klassischen Phasenkontrast wird dafür vor allem der **Differenzialinterferenzkontrast** (DIC, engl. *differential interference contrast*) eingesetzt (◻ Abb. 1.1c, d).

Um diese optischen Werkzeuge nutzen zu können, muss der Strahlengang extrem präzise eingestellt werden. Dafür ist unterhalb des Objekttischs ein eigenes Linsensystem, der Kondensor, montiert, der in der Höhe verstellt und dessen Blende zentriert werden kann, um eine

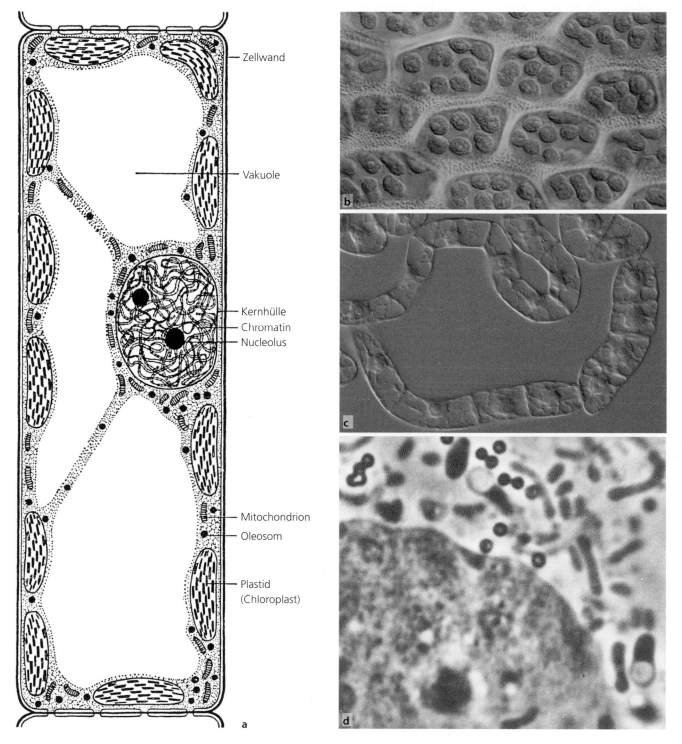

Abb. 1.1 Pflanzenzelle im Lichtmikroskop (LM). **a** Modell einer Zelle aus dem Assimilationsparenchym eines Laubblatts. **b** Chloroplasten in Zellen eines Blatts im Interferenzkontrast (*Catharinea undulata*, 300 ×). **c** Zellen einer Suspensionskultur (Tabak; Bright Yellow 2) (350 ×). Die großen Zellen sind fast ganz von der Zentralvakuole ausgefüllt; abhängig von der jeweiligen Phase des Zellzyklus liegt der Zellkern im wandnahen Cytoplasma oder in der Zellmitte, der Zellkern wird durch zahlreiche Cytoplasmastränge verankert, die durch die Zentralvakuole verlaufen. Durch den Einsatz des Differenzialinterferenzkontrasts tritt der Nucleolus deutlich hervor. **d** Kernbereich einer *Allium*-Zelle, Phasenkontrast (3100 ×); im Kern Chromatin und ein Nucleolus, im Cytoplasma Leukoplasten (zwei davon mit stärkeartigen, hellen Einschlüssen), wurstförmige Mitochondrien und kugelige Oleosomen. (a nach D. von Denffer; b Aufnahme: P. Sitte; c Aufnahme: J.Maisch)

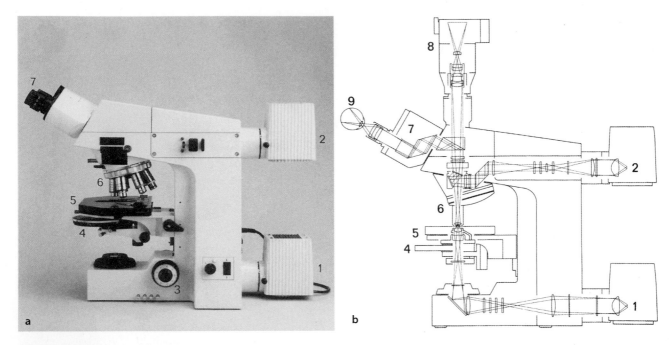

◘ Abb. 1.2   Forschungsmikroskop (Axioplan von Carl Zeiss) für die Lichtmikroskopie (LM). **a** Seitenansicht. **b** Strahlengang. – 1, 2 Leuchten für Durch- und Auflicht; 3 Mikrometerschraube zum Scharfstellen durch Heben/Senken des Objekttischs 5; 4 Kondensor für Hellfeldbeleuchtung, Phasenkontrast und Differenzialinterferenzkontrast (DIC); 6 Objektivrevolver, darüber Einschübe für Farb- und Polarisationsfilter unter anderem optische Zusätze; 7 binokularer Einblicktubus; 8 automatische Mikroskopkamera; 9 Auge. (Zeiss, Jena)

gleichmäßige Ausleuchtung des Beobachtungsfelds zu erzielen (◘ Abb. 1.2). Es zählt zu den Grundfertigkeiten der Lichtmikroskopie, dass man diese Einstellungen (das Köhlern) beherrscht. Die Qualität der mikroskopischen Beobachtung hängt entscheidend von der korrekten Handhabung des Mikroskops ab.

Eine fehlerhafte Einstellung des Strahlengangs hat nicht nur zur Folge, dass die Auflösung feiner Strukturen eines Präparats mißlingt, sondern kann auch Strukturen vorgaukeln, die gar nicht existieren. Man spricht von optischen **Artefakten** (lat. *ars*, Kunst, hier im Sinne von künstlich; lat. *factum*, gemacht). Gemeint sind hier nicht Kunstwerke, sondern künstlich erzeugte Beobachtungen, die ihre Ursache in methodischen Fehlern haben. An diesem Beispiel tritt ein zentrales Thema der modernen Biologie zutage – um wissenschaftlich arbeiten zu können, muss man die angewandte Methode (und deren Begrenzung) genau kennen.

1.1.3 Zugang zur Nanowelt – Elektronenmikroskopie

Wie oben bereits erwähnt, lässt sich die Auflösungsgrenze um Größenordnungen verschieben, wenn man anstelle des sichtbaren Lichts elektromagnetische Strahlung kleinerer Wellenlänge verwendet. Dieser Ansatz

wird in der Elektronenmikroskopie verfolgt und erlaubt seit etwa Mitte des vergangenen Jahrhunderts auch die Beobachtung biologischer Präparate mit einer Auflösung die im Nanometerbereich liegt (1 nm = 0,001 μm = 10^{-6} mm = 10^{-9} m).

Im **Elektronenmikroskop** (**EM**, ◘ Abb. 1.3) erfolgen Beleuchtung und Abbildung der Objekte mithilfe schneller Elektronen, die in den Feldern elektromagnetischer Linsen gebrochen werden. Das vergrößerte Bild wird auf einem fluoreszierenden Leuchtschirm sichtbar gemacht und fotografisch (in der Regel digital) gespeichert. Die Wellenlänge von Elektronenstrahlen hängt von der Beschleunigung der Elektronen und damit von der angelegten Hochspannung ab. Mit 100.000 V (= 100 kV) lassen sich 1/100.000 der Wellenlänge sichtbaren Lichts erzielen, was die Auflösungsgrenze theoretisch um fünf Zehnerpotenzen verbessert. Bei biologischen Präparaten lässt sich dies nicht vollständig ausschöpfen, aber dennoch wird die Auflösung nun um zwei sehr wichtige Größenordnungen gesteigert. In Lösung gelang es sogar schon, Makromoleküle wie Myosinmotoren strukturell zu untersuchen. Es gibt bei der Elektronenmikroskopie zwei Methoden: Bei der **Transmissionselektronenmikroskopie** (**TEM**) werden die Elektronen durch das Präparat geschickt und das Bild entsteht durch Unterschiede in der Absorption. Diese Methode ist also der Durchlichtmikro-

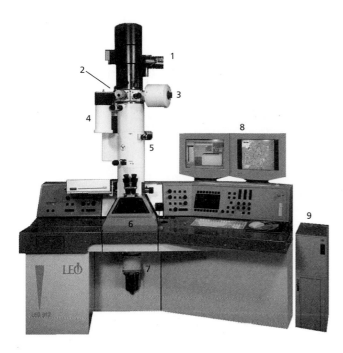

◘ Abb. 1.3 Elektronenmikroskop (EM). Die Elektronenstrahlen gehen vom Strahlerzeuger (1) aus und durchlaufen im Tubus (Vertikalröhre, 5) von oben nach unten ein Kondensorlinsensystem. Dann gehen sie durch das in das Hochvakuum des Tubus eingeschleuste Objekt (Präparatschleuse, 2) mit seitlichem Dewargefäß (4) für flüssigen Stickstoff zur Objektraumkühlung ([3] motorisierte Kippvorrichtung für das Präparat), weiter durch die Felder der abbildenden elektromagnetischen Objektiv- und Projektivlinsen (in 5), bis sie schließlich auf einen fluoreszierenden Leuchtschirm treffen. Das hier erscheinende Endbild kann durch ein Einblickfenster (6) oder auf Monitoren (8) beobachtet oder digital gespeichert werden (Digitalkamera, 7). Der Restgasdruck im Tubus wird durch Hochvakuumpumpen auf Werten unter ein Millionstel des Atmosphärendrucks gehalten. (9) Computertower für Bildakquisition und -verarbeitung. Der Preis solcher Transmissionselektronenmikroskope (TEM) liegt bei mehreren 100.000 Euro. (Zeiss, Jena)

skopie vergleichbar. Bei der **Rasterelektronenmikroskopie** (**REM**, engl. *scanning electron microscopy*, SEM) werden die von der Oberfläche des Präparats gestreuten Elektronen dazu genutzt, ein sehr plastisches Reliefbild dieser Oberfläche zu erzeugen, was also der Auflichtmikroskopie entspräche.

Der Preis für die verbesserte Auflösung ist jedoch eine sehr aufwendige Präparation der Proben (► Exkurs 1.1), was besonders für die TEM zutrifft. Der letztendliche Grund liegt daran, dass Elektronen nur eine sehr schwache Durchdringungskraft haben und daher im Gegensatz zum sichtbaren Licht von Luft absorbiert werden. Man muss daher in einem extremen Vakuum arbeiten. Da unter diesen Bedingungen das in biologischen Präparaten enthaltene Wasser sofort sieden würde, müssen die Proben vollständig entwässert werden. Weiterhin müssen die Präparate extrem dünn geschnitten werden, damit die Elektronen sie durchdringen können, und die Präparate müssen mit Schwermetallsalzen angefärbt werden, um trotz ihrer geringen Dicke noch ausreichende Absorptionsunterschiede für die Bildgebung zu erreichen. Eine Darstellung von lebenden Zellen ist aufgrund dieser Behandlung natürlich unmöglich. Die Präparate müssen daher unter Strukturerhalt chemisch fixiert werden. Inzwischen gilt die extrem schnelle Abkühlung (Kryofixierung) als Standard, der eine natürliche Darstellung zellulärer Struktur am besten gewährleisten kann. Doch selbst bei diesem Verfahren muss man sich vergegenwärtigen, dass das Präparat extremen Bedingungen ausgesetzt war. Um von elektronenmikroskopischen Bildern auf die Feinstruktur der Zelle schließen zu können, sind daher viel Erfahrung und auch eine kritische Betrachtung vonnöten.

Exkurs 1.1 Präparation für Elektronenmikroskopie

Um biologische Präparate mit dem Elektronenmikroskop untersuchen zu können, müssen sie zuvor sehr aufwendig präpariert werden. Dies bedeutet, dass die gewonnenen Bilder „eingefrorene" Momentaufnahmen eines in der Wirklichkeit sehr dynamischen Geschehens sind. Die Zelle erscheint uns dadurch statischer als sie ist. Diese methodisch bedingten Limitierungen der Methodik muss man bei der Deutung von EM-Bildern also immer berücksichtigen:

Für die TEM-Untersuchung sollten Biopräparate nicht dicker als 80 nm sein, das ist weniger als 1/1000 der Dicke eines Papierblatts. Es gibt mehrere Verfahren, Präparate für das TEM herzustellen. Durchstrahlbare Partikel (Makromoleküle, Multienzymkomplexe, DNA-Stränge, Ribosomen, Viren, Cellulosefibrillen oder Membranfraktionen) werden auf dünnste Plastik- oder Kohlefolien aufgetrock-

net und direkt beobachtet. Zur Kontrasterhöhung werden häufig Schwermetalle eingelagert (Positivkontrast), angelagert (Negativkontrast) oder schräg aufgedampft (Beschattung mit Reliefeffekt). Zellen und Gewebe werden nach chemischer Fixierung durch Glutaraldehyd und Osmiumtetroxid in Hartplastik einpolymerisiert und auf **Ultramikrotomen** mit besonders geschliffenen Diamantklingen geschnitten. Alternativ kann lebendes Gewebe auch durch sehr rasche Abkühlung auf unter −150 °C kryofixiert werden, wobei das Wasser in den Zellen erstarrt, ohne zu kristallisieren. Dann wird das durchgefrorene Präparat aufgebrochen und von der Bruchfläche ein dünner Aufdampfabdruck hergestellt, der dann im TEM beobachtet wird (**Gefrierbruch**, Gefrierätzung). Inzwischen lassen sich auch relativ dicke Schnitte bei Beschleunigungsspannungen zwi-

1

schen 300 und 700 kV durchstrahlen und Bilder entsprechender Präparatstellen bei verschiedenen, genau definierten Kippwinkeln digital speichern, wodurch dann eine dreidimensionale Darstellung des Objekts errechnet werden kann.

Für die REM-Untersuchung muss die Probe ebenfalls entwässert werden. Da es hier nur die Oberfläche von Interesse ist, entfällt die Ultramikrotomie und damit auch die Einbettung. Die Oberfläche muss jedoch durch Bedampfen mit Gold (das sog. Sputtern) leitfähig gemacht werden. Bei sehr fragilen Präparaten würde die Oberflächenspannung des Wassers dazu führen, dass das Präparat beim Trocknen kollabiert. Hier wird die Kritische-Punkt-Trocknung angewandt, bei der Wasser durch eine besondere Kombination von Temperatur und Vakuum direkt vom festen in den gasförmigen Aggregatzustand übergeht (Sublimation), sodass Oberflächenspannungen der flüssigen Phase vermieden werden. Auch hier ist die Präparation sehr aufwendig und erfolgt unter Bedingungen, die von jenen in der lebenden Zelle sehr stark abweichen.

1.1.4 Zugang zur Molekülwelt – biochemische Methoden

Selbst die Möglichkeit, mit fortgeschrittener Kryoelektronenmikroskopie die Strukturen von Makromolekülen sichtbar machen zu können, erlaubt keinen unmittelbaren Zugang zur stofflichen Natur zellulärer Strukturen. Dafür müssen Zellen auf biochemischer Ebene untersucht werden. Während Zellen in der Frühzeit der Biochemie häufig als (engl.) *bag of enzymes* angesehen wurden, wurde seit den 1960er-Jahren vor allem auch durch die Arbeiten von Paul Srere klar, dass die biochemischen Aktivitäten in Zellen und Geweben in hohem Maße geordnet und gegliedert ablaufen. Diese Erkenntnis führte zur Entwicklung von Methoden, womit sich Zellen schonend aufschließen und die Zellorganellen in möglichst intakter Form aufreinigen lassen. Wichtiges Werkzeug für diese **subzelluläre Fraktionierung** sind **Ultrazentrifugen**, mit denen man subzelluläre Partikel für biochemische oder analytische Untersuchungen aus dem Zellaufschluss abtrennen kann: Bei der **differenziellen Zentrifugation** werden zunächst grobe Zelltrümmer, aber auch Zellkerne und Plastiden, bei niedrigen Drehzahlen (<10.000 rpm; engl. *rounds per minute*, Umdrehungen pro Minute) sedimentiert. Den Überstand zentrifugiert man dann zunehmend hochtourig. Abhängig von Teilchenmasse und -größe kann man so mehr oder weniger reine Fraktionen gewinnen, die je nach Beschleunigung etwa Zellkerne, Plastiden, Mitochondrien (◨ Abb. 1.4) oder Mikrosomen (Vesikel aller Art) enthalten. Der Überstand wird bei höheren Umdrehungszahlen erneut zentrifugiert. Die Zentrifugalbeschleunigung kann dabei bis zum über 100.000-Fachen der Erdbeschleunigung *g* ansteigen. Bei der **Dichtegradientenzentrifugation** werden die Teilchen gemäß ihrer Dichte sortiert. Hierzu wird das Zentrifugenröhrchen mit einem Gradienten von Saccharose (seltener auch CsCl) befüllt, sodass die Konzentration (und damit die Dichte) von oben nach unten zunimmt. Jedes Teilchen ordnet sich unabhängig von Größe und Masse dort in dem Gradienten an, wo die Dichte des umgebenden Mediums seiner eigenen entspricht (isopyknische oder Gleichgewichtszentrifugation). In den Anfängen der molekularen Zellbiologie war die Sedimentationsgeschwindigkeit, die als **S-Zahl** (S nach Theodor Svedberg, dem Erfinder der Ultrazentrifuge) angegeben wurde, eine wichtige Größe. Die S-Zahl gibt für eine bestimmte Partikelsorte die Sedimentationsgeschwindigkeit pro Zentrifugalbeschleunigung in Svedberg-Einheiten an

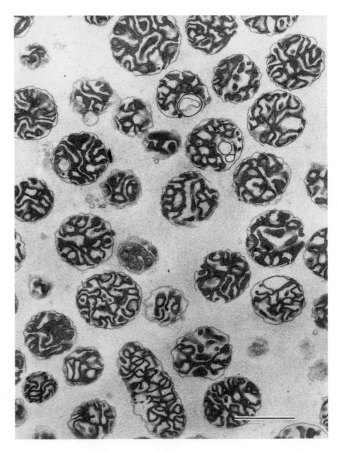

◨ **Abb. 1.4** Mitochondrienfraktion, gewonnen durch isopyknische Zentrifugation eines Gewebehomogenats von Spinat. Die Mitochondrienmatrix ist geschrumpft, die Kompartimentierung aber weitgehend erhalten. Verunreinigungen durch andere Zellorganellen sind vernachlässigbar gering (Maßstab 1 μm). (Präparat: B. Liedvogel; EM-Aufnahme: H. Falk)

(1 S = 10^{-13} s). Besonders Ribosomen und ihre Untereinheiten werden durch ihre S-Zahlen charakterisiert.

1.1.5 Zugang zur Dynamik – Fluoreszenzmikroskopie und GFP-Technologie

Die Notwendigkeit, Zellen für die elektronenmikroskopische Präparation chemisch oder durch schnelles Gefrieren zu fixieren, macht es unmöglich, die Dynamik lebender Zellen zu beobachten. Dies führte zu einem relativ statischen Bild der Zelle. Zum Beispiel ist der Begriff des Cytoskeletts von Bildern geprägt, die Mikrotubuli oder Actinfilamente elektronenmikroskopisch als Gerüst aus Stangen oder Fäden zeigen. Wiederum waren es zwei technische Entwicklungen, die unser heutiges Bild der Zelle als ausgesprochen dynamisches System geprägt haben: **Fluoreszenzmikroskopie** und **GFP-Technologie**.

Während das Licht bei der gewöhnlichen Hellfeldlichtmikroskopie durch das Präparat geschickt wird, sodass Unterschiede in der Absorption zur Bildentstehung genutzt werden können, beruht die Fluoreszenzmikroskopie auf der Fähigkeit vieler Moleküle, Lichtenergie zunächst zu absorbieren und in einen angeregten Zustand überzugehen, von dem sie später unter Abstrahlung der aufgenommenen Energie wieder zum Grundzustand zurückkehren (**Fluoreszenz**). Da ein Teil der aufgenommenen Energie durch Abstrahlung von Wärme verlorengeht, ist das abgegebene (emittierte) Fluoreszenzlicht etwas langwelliger als das Anregungslicht (**Stokes-Shift**). Mit welcher Wellenlänge angeregt werden kann und welche Wellenlänge dann emittiert wird, hängt von den molekularen Eigenschaften des fluoreszierenden Moleküls ab und stellt eine Art Fingerabdruck des Moleküls dar. Bei der **Fluoreszenzmikroskopie** wird das Präparat im Auflicht betrachtet – der Anregungsstrahl wird also durch das Objektiv auf das Präparat gestrahlt und das zurückgeworfene Fluoreszenzlicht durch dasselbe Objektiv betrachtet. Um zu verhindern, dass reflektiertes Anregungslicht das in der Regel schwache Fluoreszenzsignal überstrahlt, wird ein Farbteiler in den Strahlengang eingeführt. Das ist ein Filter, der Licht kurzer Wellenlänge (also das Anregungslicht) reflektiert, Licht längerer Wellenlänge (also das emittierte Fluoreszenzlicht) transmittiert. Man erhält also ein schwaches, aber sehr spezifisches Signal.

Der Einsatzbereich der Fluoreszenzmikroskopie war zunächst dadurch eingeschränkt, dass nur wenige biologische Moleküle von sich aus fluoreszieren. Beispielsweise fluoresziert das Chlorophyll nach Anregung durch Blaulicht rot, was man zur spezifischen Darstellung von Chloroplasten nutzen kann und damit zu tun hat, dass der Porphyrinring des Chlorophylls zahlreiche konjugierte Doppelbindungen enthält, sodass das so gebildete π-Orbital durch elektromagnetische Strahlung geringer Energie leicht angeregt werden kann. Für die meisten Moleküle reicht die Energie des sichtbaren Lichts jedoch nicht aus, um eine Fluoreszenz auszulösen. Man behilft sich durch Anfärben mit **Fluorochromen** (fluoreszierende Farbstoffe). Einige Fluorochrome binden spezifisch an bestimmte zelluläre Strukturen – Propidiumiodid oder Höchst 33258 interkalieren z. B. zwischen die Nucleotidbasen der DNS und können daher zum Anfärben von Zellkernen verwendet werden. In der Regel stammt die Spezifität jedoch von anderen Molekülen, die mit dem Fluorochrom gekoppelt werden. So lassen sich mit dem actinbindenden Wirkstoff **Phalloidin** aus dem Grünen Knollenblätterpilz (*Amanita phalloides*) die Actinfilamente sichtbar machen, wenn das Phalloidin zuvor an das rot fluoreszierende Rhodamin gekoppelt wurde. Der Durchbruch der Fluoreszenzmikroskopie wurde vor allem durch die Entwicklung der **Immunfluoreszenz** stark befördert. Hierbei werden Fluorochrome an Antikörper gekoppelt, sodass sich letztlich alle Moleküle, gegen die Antikörper zur Verfügung stehen, in der Zelle oder im Gewebe (*in situ*) sichtbar machen lassen. Bei der **direkten Immunfluoreszenz** wird das Fluorochrom direkt an den Antikörper gekoppelt, der die Zielstruktur erkennen soll. Bei der häufiger eingesetzten **indirekten Immunfluoreszenz** wird hingegen ein fluoreszenzmarkierter sekundärer Antikörper verwendet, der gegen den an die Zielstruktur bindenden primären Antikörper gerichtet ist.

Die Bedeutung der Immunfluoreszenz liegt darin, dass man nicht nur strukturelle Information gewinnt, sondern gleichzeitig ein ganz bestimmtes Molekül (die Zielstruktur des Antikörpers) nachweisen kann. Die Fluoreszenzmikroskopie wird damit also zu einer Art Biochemie unter dem Mikroskop. Bei einem ähnlichen Ansatz, der Fluoreszenz-*in situ*-Hybridisierung (FISH), wird die durch die komplementäre Basenpaarung bedingte Spezifität von fluoreszenzmarkierten Nucleotiden genutzt, um bestimmte Transkripte oder bestimmte DNA-Bereiche (z. B. interessierende aktive Gene im Gewebeschnitt) sichtbar zu machen. Diese Technik hat die früher oft eingesetzte Markierung mithilfe radioaktiver Sonden (Mikroautoradiografie) weitgehend ersetzt. Hierzu werden radioaktive Isotope (^{3}H oder ^{32}P für Nucleinsäuren, ^{35}S für Proteine) genutzt, um bestimmte Zielstrukturen zu markieren. In einer fotografischen Emulsion, mit der die Dünnschnitte der markierten Zellen/Gewebe überzogen wurden, treten nach entsprechend langer Dunkelexposition und Entwicklung über den Präparatstellen, die radioaktiv markierte Nucleotide enthalten, gehäuft Silberkörner auf.

Die Fluoreszenzmikroskopie erlaubte also einen Zugang zur molekularen Ebene und dies *in situ*, also im räumlichen Kontext von Zellen und Geweben. Dennoch blieb das so gewonnene Bild der Zelle noch relativ sta-

1

tisch, da auch hier die Präparation eine Fixierung verlangt, weil die meisten fluoreszierenden Sonden die Plasmamembran lebender Zellen nicht passieren. Erst die Entwicklung der GFP-Technologie (► Exkurs 1.2) erlaubte es, die Zelle mithilfe der Fluoreszenzmikroskopie als dynamisches System zu erkennen. Diese Dynamik war gerade bei den statisch wirkenden Pflanzenzellen so nicht erwartet worden.

Exkurs 1.2 GFP – der Schlüssel für die Untersuchung zellulärer Dynamik

Das **grün fluoreszierende Protein** (**GFP**) hat sich zu einem der wichtigsten Werkzeuge für die Zellbiologie entwickelt, weil damit molekulare Dynamik in lebenden Zellen verfolgt werden kann. Im Verbund mit den Fortschritten der Fluoreszenzmikroskopie hat dies unser Bild von der Zelle entscheidend verändert. Die Bedeutung dieser Technologie wird auch dadurch unterstrichen, dass ihre Erfinder Osamu Shiromura, Martin Chalfie und Roger Tsien 2008 dafür mit dem Nobelpreis geehrt wurden. Die Untersuchung von GFP war ursprünglich durch reine Grundlagenforschung motiviert: Es ging darum, die Ursache für das von Meeresquallen der Art *Victorea aequorea* verursachte Meeresleuchten zu verstehen. Der japanische Forscher Osamu Shimomura konnte 1962 zeigen, dass hierfür zwei Proteine verantwortlich sind: In Gegenwart von Calciumionen wird **Aequorin** dazu angeregt, über eine **Chemilumineszenz** blaues Licht abzustrahlen. Dieses blaue Licht regt wiederum das **grün fluoreszierende Protein** zu einer grünlichen Fluoreszenz an. Aus dieser ursprünglich exotischen Entdeckung entwickelte sich später, als die Gensequenz von GFP aufgeklärt war, ein zentrales Werkzeug für die Beobachtung lebender Zellen und Gewebe. Die Fluoreszenz beruht darauf, dass GFP aus mehreren Aminosäuren spontan ein konjugiertes Doppelbindungssystem ausbildet, um das sich in einem zweiten Schritt eine sehr robuste β-Faltblattstruktur faltet. Das Protein benötigt daher keinen Chromophor, um zu fluoreszieren, sondern es handelt sich um ein genetisch codiertes Fluorochrom, das nun auf gentechnischem Wege in die Zelle oder den Organismus eingeführt werden kann. Hierbei gibt es zwei zentrale Anwendungen:

GFP wird als nichtinvasiver **Reporter** für die Aktivität eines Promotors von Interesse genutzt. Dazu wird die codierende Sequenz von GFP hinter den Promotor kloniert und die Zielzelle oder den Zielorganismus mit dem Konstrukt transformiert (bei Pflanzen geschieht dies z. B. mithilfe des Bakteriums *Agrobacterium tumefaciens*). Immer dann, wenn der Promotor abhängig von Zelltyp, Entwicklung oder als Reaktion auf Signale aktiviert wird, entsteht GFP und lässt sich mikroskopisch über seine grüne Fluoreszenz sichtbar machen. Hierfür ist sehr wichtig, dass GFP keinerlei toxische Wirkung hat, also selbst in hohen Konzentrationen die physiologischen Vorgänge oder die Entwicklung nicht stört. Dieses Verfahren wurde erstmals von Martin Chalfie am Fa-

denwurm *Caenorhabditis elegans* angewandt, um die Entwicklung einzelner Neuronen verfolgen zu können, die für die Wahrnehmung von Berührungsreizen verantwortlich sind. Zwar gab es bereits solche Promotor-Reporter-Konstrukte, diese erforderten aber eine chemische Fixierung und Permeabilisierung, erlaubten also im Gegensatz zu GFP keine Lebendbeobachtung. Auch bei Pflanzen kann man die Präzision dieser Strategie bis auf die Ebene einzelner Zellen verfeinern (◘ Abb. 1.5).

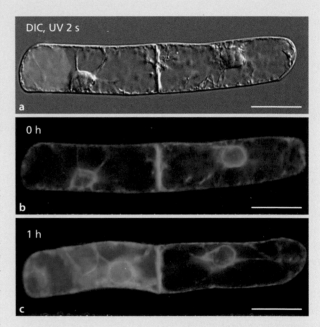

◘ **Abb. 1.5** Nutzung des grün fluoreszierenden Proteins (GFP) als nichtinvasives Reportersystem auf der Ebene von Einzelzellen. Der durch das Pflanzenhormon Auxin (Indolessigsäure) aktivierbare, synthetische Promotor DR5 wurde vor die codierende Sequenz von GFP kloniert und die Tabakzelllinie Bright Yellow-2 (BY-2) mithilfe von *Agrobacterium tumefaciens* stabil mit dem Konstrukt transformiert. Der Promotor wird in Gegenwart von Auxin aktiviert, sodass die durch GFP verursachte grüne Fluoreszenz zunimmt. In dem gezeigten Experiment wurde ein chemisches Derivat von Auxin (engl. *caged auxin*) appliziert, das durch eine Käfigstruktur keine Hormonaktivität besitzt. Durch einen Lichtpuls wurde der Käfig abgespalten und das Auxin aktiviert. Rechte Zelle: Nach Belichtung der Zelle wurde der DR5-Promotor stark aktiviert und die Fluoreszenz stieg eine Stunde nach Belichtung deutlich sichtbar an. Linke Zelle: Die Zelle wurde nicht belichtet. Der Grund für die schwache GFP-Fluoreszenz ist das natürlicherweise vorhandene Auxin, das zu einer basalen Promotoraktivität führt (Maßstäbe 10 μm). (Aufnahmen: J. Maisch)

GFP kann jedoch auch dazu eingesetzt werden, die **subzelluläre Lokalisation** eines Proteins von Interesse im lebenden System (also auch in seiner Dynamik) sichtbar zu machen. Dafür wird die codierende Sequenz des Proteins mit der codierenden Sequenz für GFP fusioniert und dann unter die Kontrolle eines starken Promotors gestellt. Häufig wird dazu der 35S-Promotor des Blumenkohlmosaikvirus (engl. *cauliflower mosaic virus*) eingesetzt. Nachdem dieses Fusionskonstrukt ins Genom der Zielzelle oder des Zielorganismus eingeführt wurde, entsteht bei der Translation ein Produkt, bei dem GFP als fluoreszierende Markierung an das Protein von Interesse geheftet ist, sodass sich Verhalten und Lokalisation mittels Fluoreszenzmikroskopie in lebenden Zellen verfolgen lassen. Dieses Verfahren ermöglichte es, die große Dynamik vieler zellulärer Organellen sichtbar zu machen und sogar zu messen. Diese Dynamik ist weit größer als zuvor angenommen – beispielsweise zeigte sich das Cytoskelett nun als eine sich ständig in Wandlung befindliche Struktur; die Lebensdauer einzelner Mikrotubuli wurde auf weniger als 1 min geschätzt. Die im Elektronenmikroskop sichtbaren, gerüstartigen Bilder sind also nur Schnappschüsse eines an sich brodelnden Geschehens, was aber nur mithilfe der GFP-Technologie sichtbar gemacht werden kann.

Durch die Arbeiten von Roger Tsien wurden aus dem natürlich in der Qualle vorkommenden GFP zahlreiche künstliche Varianten erzeugt, die z. B. in verschiedenen Farben fluoreszieren können oder eine bessere Löslichkeit aufweisen. Da eine Aminosäure von verschiedenen Basentripletts codiert werden kann und sich die bevorzugten Triplets bei verschiedenen Organismen unterscheiden (engl. *codon usage*), wurden die Triplets für die Expression in verschiedenen Zielsystemen angepasst. Damit wurde es auch möglich, mehrere Zielproteine gleichzeitig in verschiedenen Farben zu markieren, um die dynamische Wechselwirkung von Proteinen zu verfolgen. Inzwischen sind auch neue fluoreszierende Proteine (wie mEOS) entwickelt worden, die abhängig von einer Bestrahlung ihre Farbe ändern können. Damit lässt sich nicht nur die Wanderung von Proteinen in der Zelle noch genauer verfolgen, sondern vor allem auch mithilfe neuer Technologien wie **Der photoaktiverten Lokalisationsmikroskopie (PALM)** die bis vor wenigen Jahren als unverrückbar angesehene Auflösungsgrenze um den Faktor 10 verbessern (engl. *superresolution microscopy*).

Während die GFP-Technologie einen Zugang zur Zeitlichkeit der Zelle ermöglichte, wurde die Räumlichkeit der Zelle mithilfe der Konfokalmikroskopie erschlossen. Dabei wird eine sehr enge Lochblende (engl. *pinhole*) in den Emissionsstrahlengang eingeführt, sodass nichtfokussiertes Licht ausgeblendet wird. Man erhält also ein stark abgeschwächtes, dafür aber vollkommen **konfokales** Bild, das mithilfe von Photomultiplikatoren digital amplifiziert wird. Während in der konventionellen Fluoreszenzmikroskopie Licht von den Bereichen außerhalb der Fokusebene als diffuser Hintergrund die Bildgebung stört, kann man ein Präparat mithilfe des Konfokalmikroskops optisch in Scheiben schneiden, ohne dass die Räumlichkeit des Präparats zerstört wird. Man bekommt damit Stapel konfokaler Bilder, die anschließend zu einem räumlichen Modell des Präparats zusammengesetzt werden können (**Tomographie**). Da bei diesem Verfahren sehr viel Licht herausgefiltert werden muss, wird zur Anregung der Fluoreszenz ein Laser eingesetzt, der dann die Oberfläche des Präparats zeilenweise abrastert (konfokale Laserrastermikroskopie, engl. *confocal laser scanning microscopy*, CLSM). Da dieses Rastern eine gewisse Zeit benötigt, was vor allem bei dynamischen Präparaten limitierend wird, wurden in den letzten Jahren andere Möglichkeiten der Anregung gesucht. Bei der *selective plane illumination*-Mikroskopie (SPIM) wird nicht ein einzelner Laserstrahl genutzt, sondern ein breites Lichtband, während bei der *spinning disc*-Mikroskopie Anregung, Emission und konfokale Filterung mithilfe schnell rotierender Lochscheiben (daher der Name) erzielt wird, sodass die Oberfläche durch zahlreiche Strahlen abgetastet wird.

1.1.6 Methoden formen und begrenzen unser Bild von der Zelle

Während für die moderne Physik spätestens seit Beginn des 20. Jahrhunderts klar zutagetrat, dass der Beobachter Teil des Systems ist (man denke nur an Heisenbergs Unschärferelation), wurde in der Biologie lange Zeit nur selten hinterfragt, inwiefern ihre Konzepte durch die methodische Herangehensweise begrenzt seien. So sehr Zellen als Elementarbausteine des Lebendigen angesehen werden, so groß die Rolle ist, die bereits Haeckel ihnen im Zusammenhang der Evolution zusprach, so wenig gibt es eine kanonische Definition dessen, was Zellen sind. Das Bild der Zelle als Grundeinheit des Lebens hat sich in den letzten Jahrzehnten mehrfach von Grund auf gewandelt. Dies hängt zunächst mit den Formen der Präparation zusammen, wobei Auslöser jeweils methodische Neuerungen waren, die den Schwerpunkt der Betrachtung jeweils in eine andere Richtung lenkten.

Ausgehend von Fortschritten der Biochemie erschien die Zelle zunächst als einheitlicher chemischer Reaktionsraum. Nachdem es gelungen war, typische Reaktio-

1

nen des Lebens mithilfe von Enzymen in wässriger Lösung nachzustellen, sah man die Zelle (und für Bakterienzellen trifft man auf diese Sichtweise noch heute) vor allem als *bag full of enzymes*. Als ab 1950 mit der Elektronenmikroskopie das Innenleben von Zellen in hoher Auflösung zugänglich wurde, traten strukturelle Aspekte in den Vordergrund – selbst für bakterielle Zellen wandelte sich das „Cytosol" (ein Begriff, der in der Biochemie noch heute verwendet wird) zum „Cytoplasma", die Zelle wurde zum strukturierten Raum. Dabei führte die der elektronenmikroskopischen Präparation innewohnende Statik (Präparatfixierung, Einbettung, Mikrotomie, Schwermetallbedampfung) zu einem eher strukturell-statischen Konzept der Zelle. Ob man für Mikrotubuli und Actinfilamente heute noch den Begriff „Cytoskelett" geprägt hätte, darf bezweifelt werden. Diese statische Sichtweise wurde erst Ende der 1980er-Jahre aufgebrochen, als technologische Fortschritte der Fluoreszenzmikroskopie in Verbindung mit molekular spezifizierbaren Vitalfärbungen über fluoreszierende Proteine unser Konzept der Zelle radikal änderten: Nun zeigte sich die Zelle als strukturierte Aktivität im Raum. Dieses Konzept der Zelle hängt wiederum von experimentellen Begrenzungen ab, denn um die Dynamik der Proteine und Organellen sehen zu können, muss man zuerst Fusionskonstrukte aus der codierenden Sequenz des jeweiligen Proteins und des fluoreszierenden Proteins herstellen und das zu beobachtende System mit den Konstrukten transformieren. Wir sehen also nicht die Dynamik nativer Proteine, sondern die Dynamik der von uns generierten fluoreszierenden Fusionen. Trotz dieser (wichtigen) Begrenzung führte diese Technologie zu einem neuen Blick auf die Zelle: Sie zeigt sich nun als zeitliche Strukturierung von Aktivitäten auf den verschiedensten Ebenen. Die Zelle wird zur zeitlichen Superstruktur.

1.2 Die Pflanzenzelle

1.2.1 Übersicht

Ein Blick durch das Lichtmikroskop auf eine typische Pflanzenzelle (◘ Abb. 1.1) zeigt, dass diese nicht amorph erscheint, sondern zahlreiche innere Strukturen aufweist. Diese **Organellen** (von lat. *organellum*, kleines Gerät, daher Singular korrekt „das Organell") sind gleichsam die Organe der Zellen, also subzelluläre Funktionseinheiten. Viele dieser Strukturen sind sehr klein, an der Grenze der Auflösung, lassen sich aber mithilfe des Elektronenmikroskops in ihrer Ultrastruktur darstellen (◘ Abb. 1.6 und 1.7). Manche dieser Organellen, sind strukturell nicht klar abgegrenzt, andere jedoch sind von durchgängigen Membranen umgeben,

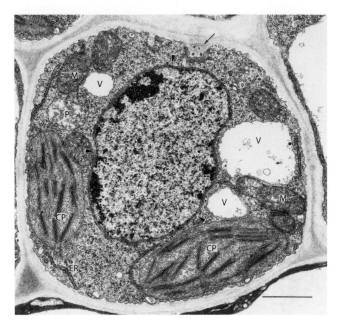

◘ **Abb. 1.6** Pflanzenzelle im EM (Ultradünnschnitt, Phloemparenchymzelle der Bohne *Phaseolus vulgaris*) mit Merkmalen junger, stoffwechselaktiver Zellen (mehrere kleine Vakuolen, viele Ribosomen/Polysomen), aber auch mit Chloroplasten, Mitochondrien und Peroxisomen. Der Kern liegt außerhalb der Schnittebene; Pfeilköpfe: Kernporen. Pfeil: Plasmodesmen, quer. Nahe des Dictyosoms vier Coated Vesicles. Im Zentrum des Zellkerns lockeres Euchromatin, nahe der Kernhülle dichtes Heterochromatin (Maßstab 1 μm). – CP Chloroplasten, CV Coated Vesicles, D Dictyosomen, ER endoplasmatisches Reticulum, M Mitochondrien, P Peroxisom, S Stärke, V Vakuole. (Präparat und EM-Aufnahme: H. Falk)

sodass ein abgeteilter Raum entsteht, der in der Regel auch ein eigenes chemisches Milieu aufweist. Solche durch Membranen umschlossene Reaktionsräume heißen **Kompartimente** und sind sehr wichtig, weil dadurch unterschiedliche oder sich gar ausschließende chemische Reaktionen in ein- und derselben Zelle ablaufen können. **Kompartimentierung** macht es z. B. möglich, dass an einer Stelle der Zelle Proteine in einem sauren Milieu zu Aminosäuren abgebaut werden, während an anderer Stelle Aminosäuren in einem leicht basischen Milieu zu Proteinen zusammengefügt werden. Wie diese Zellkomponenten aufgebaut sind, welche Funktionen sie erfüllen und wie sie entstehen, wird in den folgenden Abschnitten detailliert behandelt. Zunächst jedoch sollen sie durch stichwortartige Definitionen charakterisiert werden. Da Organellen Einheiten sind, die eine bestimmte Funktion ausüben, ist es sinnvoll, diese Liste, ebenso wie die nachfolgenden Einzeldarstellungen, nach den jeweiligen Funktionen zu gliedern (◘ Abb. 1.8).

Cytoplasma – Ort des Stoffwechsels Die viskose bis gallertige Grundmasse der Zelle, in der die verschiedenen Organellen liegen, wird Cytoplasma genannt (griech.

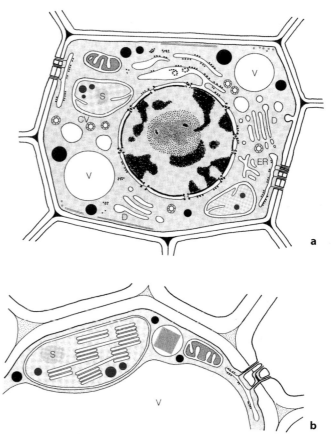

a

b

◘ **Abb. 1.7** Embryonale Pflanzenzellen aus einer Sprossknospe des Blumenkohls (*Brassica oleracea*) im EM, Gefrierbruchpräparat. Kryofixierte Zellen brechen vor allem entlang von Membranen parallel zur Bruchfläche; solche Membranen erscheinen daher in Flächenansicht (hier: die Hüllmembranen der beiden Zellkerne mit zahlreichen Kernporen). Mitochondrien und Proplastiden sind teils in Außenansicht als plastisches Relief sichtbar. Auch Plasmamembran und Tonoplast teils im Querbruch (Schnitt), teils in Flächenansicht sichtbar, ebenso, Zisternen des ER, sowie ein Dictyosom. In der Zellwand sind stellenweise Cellulosefibrillen erkennbar (Pfeile; Maßstab 1 μm). – ER endoplasmatisches Reticulum, D Dictyosom, M Mitochondrien, N Zellkerne, PM Plasmamembran, PP Proplastiden, V Vakuolen, Z Zellwand. (K.A. Platt-Aloia und W.W. Thomson; mit freundlicher Erlaubnis des J. Electron Micr.Techn. John Wiley & Sons, New York)

◘ **Abb. 1.8** Schematische Darstellung des Feinbaus von Pflanzenzellen. **a** Embryonale Zelle. Zellwand mit Mittellamelle und Plasmodesmen; im Cytoplasma zwei Dictyosomen, glattes und raues ER, Ribosomen und Polysomen, verschiedene Vesikel (darunter auch Coated Vesicles) und Lipidtröpfchen (Oleosomen, schwarz). Unter der Zellmembran stellenweise Mikrotubuli, längs und quer; Vakuolen; im zentralen Zellkern ein Nucleolus und dichtes Chromatin; zwei Proplastiden (hellrot, mit Plastoglobuli und Stärke) und ein Mitochondrion (dunkelrot, mit Cristae). Die rot getönten Organellen enthalten eigene DNA; nichtplasmatische Kompartimente sind weiß. **b** Ausschnitt aus Gewebezelle mit stark vergrößerter Vakuole, Beispiel: Blattzelle. Ausgewachsene Primärwand (Sakkoderm), an den Zellecken Interzellularräume (punktiert); im Cytoplasma neben einem Mitochondrion, rER und Oleosomen ein Peroxisom mit Katalasekristall, sowie ein Chloroplast mit Thylakoiden, Plastoglobuli und Stärkekorn. Ebenfalls gezeigt die zu Tüpfeln zusammengefassten Plasmodesmen. Abkürzungen wie in ◘ Abb. 1.6

kýtos, Blase, Zelle; *plásma*, Gebilde; engl. *cytoplasm*). Das Cytoplasma ist der Ort vieler Stoffwechselreaktionen und fällt bei Zellfraktionierung als Cytosol („lösliche Fraktion") an.

Cytoskelett – Werkzeug für Bewegung und Strukturierung Obwohl Pflanzenzellen sich im Gegensatz zu Tierzellen nicht fortbewegen, sind sie im Inneren sehr dynamisch. Die inneren Bewegungen werden durch das Cytoskelett (engl. *cytoskeleton*) vermittelt. Es ermöglicht mithilfe von **Motorproteinen**, aber auch durch Ab- und Aufbau, Bewegungsvorgänge innerhalb der Zelle, was als Plasmaströmung, Transport von Vesikeln oder Organellen oder der Wanderung der Chromosomen bei der Kern-

teilung sichtbar wird. Zusätzlich können cytoplasmatische Enzyme am Cytoskelett verankert sein. Das Cytoskelett untergliedert also das Cytoplasma in metabolisch unterschiedliche Reaktionsräume. Bisweilen wird diese Untergliederung sogar lichtmikroskopisch als lokale Verfestigung sichtbar (der sog. Sol-Gel-Übergang). Bei Pflanzen fehlen die bei Tieren wichtigen Intermediärfilamente, als Polymere kommen nur **Mikrotubuli** (lat. *túbulus*, Röhrchen; *filum*, Faden) und **Actinmikrofilamente** vor. Außerdem besitzen Pflanzenzellen in ihren Plastiden **FtsZ-Proteine** (► Abschn. 19.1.1). Dieses bei Tierzellen fehlende Element des Cytoskeletts ist prokaryotischen

1

Ursprungs und für die Teilung der Plastiden notwendig. Die Gene für diese Cytoskelettproteine sind jedoch im Zellkern codiert, sodass die FtsZ-Protcine in die Plastiden importiert werden müssen.

Zellkern – Werkzeug für Vererbung und Steuerung Wie Tiere und Pilze gehören Pflanzen den Eukaryoten an und verfügen über einen Zellkern (Nucleus, Karyon; engl. *nucleus*; lat. *núcleus* und griech. *káryon*, Kern), der häufig das größte plasmatische Organell darstellt. Gewöhnlich hat eine Zelle nur einen Zellkern, der von einer **Kernhülle** umwickelt, aber nicht umschlossen ist. Damit soll ausgedrückt werden, dass der Zellkern kein echtes Kompartiment darstellt. Sie ist eigentlich ein Teil des **endoplasmatischen Reticulums** (**ER**), das den Kerninhalt in einer doppelten Lage (zwei eng aneinanderliegende Biomembranen) umhüllt, aber eben nicht durchgängig vom Cytoplasma abtrennt. In dieser Doppelmembran befinden sich charakteristische **Kernporen** (engl. *nuclear pores*), sodass Moleküle zwischen Cytoplasma und Kerninnerem (**Karyoplasma**) hin- und herwandern können, ohne eine Membran passieren zu müssen. Der Zellkern enthält den größten Teil des Erbguts der Zelle, die **genetische Information**, verschlüsselt in Basensequenzen langer **DNA**-Doppelhelices. DNA-Moleküle sind als zentrale Struktur- und Funktionselemente der **Chromosomen** mit basischen Proteinen, den Histonen, und weiteren Proteinen zum **Chromatin** (Chromosomensubstanz) organisiert. Der Zellkern enthält ein oder mehrere **Nucleoli** (Kernkörperchen), wo Vorstufen der cytoplasmatischen Ribosomen gebildet werden. Der Zellkern kann sich durch Kernteilung (**Mitose**) vermehren. Im Normalfall zerfallen dabei Kernhülle und Nucleoli. Die physiologisch aktive, dekondensierte „Arbeitsform" des Chromatins geht durch Kondensation der einzelnen Chromosomen in die „Transportform" über – für die stab- bis fadenförmigen, stark färbbaren Gebilde, die während der Mitose das Chromatin repräsentieren, war ursprünglich der Begriff „Chromosom" geprägt worden. Chromosomen werden durch den **Spindelapparat** (engl. *mitotic spindle*; eine vor allem aus Mikrotubuli bestehende Struktur des Cytoskeletts) gleichmäßig auf Tochterzellen verteilt; in diesen werden dann Kernhülle und Nucleoli neu gebildet und ein Teil des Chromatins dekondensiert. In diesem dekondensierten **Euchromatin** werden dann die je nach Zelltyp unterschiedlichen DNA-Sequenzen in RNA **transkribiert**. Ein Teil des Chromatins bleibt jedoch nach der Mitose in kondensierter Form bestehen. Dieses **Heterochromatin** wird nicht transkribiert. Die Zellteilung ist in eine gesetzmäßige Folge von Stadien, den **Zellzyklus** (engl. *cell cycle*), eingebunden. Die Replikation der DNA (Verdopplung der Chromosomen) erfolgt in der S-Phase des Zellzyklus.

Ribosomen – Werkzeug der Proteinbiosynthese Ribosomen sind kleine (30 nm), dichte Partikel, an denen die im Kern abgelesene mRNA in die entsprechenden Proteine „übersetzt" wird (**Translation**). Ribosomen (griech. *sóma*, Körper, Teilchen) kommen entweder im Cytoplasma oder gebunden an das ER vor und sind meistens perlschnurartig zu **Polysomen** vereinigt.

Plasmamembran – Werkzeug der Integrität Die Plasmamembran (Zellmembran, Plasmalemma; engl. *plasma membrane*) ist bei allen lebenden Zellen die Grenze zwischen Innen und Außen. Diese „Haut der Zelle" (lat. *membrána*, Haut) ist eine Lipiddoppelschicht, 6–11 nm dick und zähflüssig. Sie wird von integralen Membranproteinen quer durchspannt, während periphere Membranproteine mit der Oberfläche assoziiert sind. Die Plasmamembran ist, wie die meisten Biomembranen, selektiv permeabel: Sie lässt Wasser und ungeladene Moleküle passieren, Ionen und größere polare Teilchen (etwa Glucose) dagegen nur dann, wenn für sie spezifische Translokatoren in der Membran vorhanden sind. Man darf sich die Plasmamembran nicht als statisches Gebilde vorstellen, das den Innenraum der Zelle begrenzt. Vielmehr knospen sich ständig kleine Vesikel nach innen ab (**Endocytose**), während gleichzeitig andere Vesikel von innen an die Plasmamembran andocken und durch Verschmelzen ihren Inhalt nach außen freigeben (**Exocytose**). Messungen dieser Dynamik legen nahe, dass sich die Plasmamembran binnen weniger Stunden komplett austauscht.

Endomembransystem – Werkzeug der Kompartimentierung Auch im Inneren der Zelle finden sich zahlreiche Biomembranen. Sie bilden **Kompartimente** (engl. *compartments*). Diese von einer Membran umschlossenen Räume erlauben es der Zelle, sich eigentlich ausschließende Stoffwechselvorgänge nebeneinander ablaufen zu lassen. Im Gegensatz zu der von den Kernporen durchbrochenen Kernhülle sind diese Kompartimente von der Membran lückenlos in Innen von Außen getrennt. Das **endoplasmatische Reticulum** (**ER**) durchzieht als verzweigtes Membransystem das Cytoplasma (lat. *retículum*, Netzwerk). Aufgrund von elektronenemikroskopischen Befunden werden traditionell zwei Formen unterschieden: das **raue ER** (**rER**) ist auf der Außenseite mit Polysomen besetzt, während das **glatte ER** (**sER**, s von engl. *smooth*, glatt) keine Polysomen trägt. Das rER liegt meistens in Form flacher Membranstapel vor, die als **Zisternen** bezeichnet werden. Eine solche Zisterne wird also von zwei Doppelmembranen gebildet. Ein typisches Beispiel ist die Kernhülle (engl. *nuclear envelope*), die als großflächige ER-Zisterne ausgebildet wird. Mithilfe der GFP-Technologie konnte gezeigt werden, dass das glatte ER in unterschiedlichen Formen vorkommt – die langen transvakuolären ER-Röhren sind relativ statisch, während das ER-Netzwerk in der Nähe der Plasmamembran extrem dynamisch ist. Vom rER werden fortwährend mit hoher Geschwindigkeit kleine Vesikel abgegliedert, die zu kleinen Stapeln ribosomfreier Zisternen wandern, den **Dictyosomen** (griech. *díktyon*, Netz). In diesen Zisternen werden am rER gebildete Proteine mit Zuckerresten gekoppelt (Glykosylierung), aber auch andere Moleküle, die sezerniert werden, synthetisiert. Die Dictyosomen gliedern an ihrer Außenseite **Golgi-Vesikel** ab, die dann über das Actincytoskelett zur Plasmamembran transportiert werden und dort durch **Exocytose** ihren Inhalt nach außen abgeben. Die Summe der Dictyosomen einer Zelle wird als **Golgi-Apparat** bezeichnet, nach Camillo Golgi (sprich Góldschi), dem Entdecker des Organells. Im allgemeinen Sprachgebrauch wird darunter jedoch zunehmend auch das einzelne Dictyosom verstanden. Das Endomembransystem ist also, ebenso wie die Plasmamembran, außerordentlich dynamisch. Es wandern zahlreiche **Vesikel** (lat. *vesíca*, Blase; Verkleinerungsform *vesícula*) vom ER über den Golgi-Apparat zur Plasmamembran (**anterograder Transport**), gleichzeitig aber auch in Gegenrichtung (**retrograder Transport**). Vesikel sind kleine, runde Kompartimente, die der Verlagerung von Stoffen innerhalb der Zelle dienen. Sie entstehen an größeren Kompartimenten durch Abschnürung und vergehen an anderen Kompartimenten durch Verschmelzen. Eine Sonderform der Vesikel sind die nur 100 nm großen *Coated Vesicles*, die eine dichte Proteinhülle tragen und an der Endocytose beteiligt sind. Durch diese intensiven Vesikelströme (**Cytosen**) stehen Endomembransystem und Plasmamembran in einem fließenden Austausch (engl. *membrane flow*). Eine Besonderheit von Pflanzenzellen sind die großen **Vakuolen** (lat. *vácuus*, leer), große Kompartimente mit sehr saurem Milieu. Sie bilden in ausgewachsenen Pflanzenzellen die **Zentralvakuole**, die oft über 90 % des Zellvolumens ausmacht (◻ Abb. 1.8). Ihr Inhalt, der **Zellsaft**, wird durch die Vakuolenmembran (**Tonoplast**) gegen das Cytoplasma abgegrenzt (griech. *tónos*, Spannung, Druck; *plásis*, Erzeugung). Vakuolen enthalten häufig Speicher- und Abfallstoffe wie auch Farbstoffe und andere sekundäre Pflanzenstoffe, darunter auch Abwehrstoffe, die gegen pathogene Mikroorganismen, aber auch Fressfeinde gerichtet sind.

Zellwand – Werkzeug der Morphogenese   Eine Besonderheit von Pflanzenzellen ist die ausgeprägte Zellwand (engl. *cell wall*), die den von der Plasmamembran umschlossenen, lebenden Zellkörper (**Protoplast**) als formgebendes Exoskelett umgibt. Die Zellwand enthält reißfeste Fibrillen aus Cellulose und ist von feinen Kanälen (Plasmodesmen) – plasmatische Verbindungen zwischen Nachbarzellen (griech. *désmos*, Fessel, Verbindung) – durchsetzt, die oft zu Feldern, den auch lichtmikroskopisch sichtbaren Tüpfeln, zusammengefasst sind. Die Zellen unseres Körpers befinden sich in einem über unsere Nieren osmotisch streng kontrollierten Milieu, wo außen und innen ähnliche Konzentrationen von Ionen oder anderen Stoffen ge-

löst sind (**isotonische Bedingungen**). Im Gegensatz dazu sind Pflanzenzellen in der Regel einer wässrigen Umgebung ausgesetzt, wo nur wenige Ionen oder andere Moleküle gelöst sind (**hypotonische Bedingungen** im äußeren Milieu). Dadurch dringt durch die semipermeable Plasmamembran ständig Wasser in die Zelle ein, während die im Cytoplasma gelösten Stoffe nicht hinausgelangen. Der Protoplast sollte daher anschwellen und schließlich platzen. Dies wird durch die Zellwand verhindert, die den durch den Protoplasten erzeugten Druck (**Turgor**) auffängt. Die Zellwand ist jedoch ebenfalls ein dynamisches System und kann dem Druck des eindringenden Wassers zu einem gewissen Grad nachgeben, wodurch die Zelle durch Aufnahme von Wasser wächst. Das aufgenommene Wasser sammelt sich zu einem großen Teil in der Vakuole – im Gegensatz zu Tierzellen können Pflanzenzellen ihr Volumen leicht um mehrere Größenordnungen steigern. Dabei wird die Richtung dieser Ausdehnung gesteuert: Die Orientierung der Cellulosefibrillen kann über eine spezielle Struktur des pflanzlichen Cytoskeletts, die **cortikalen Mikrotubuli**, reguliert werden. Dadurch entsteht eine Vorzugsrichtung für die Dehnbarkeit der Zellwand. Neben ihrer stützenden Funktion als Exoskelett ist die Zellwand also vor allem ein Werkzeug der Gestaltbildung von Pflanzen (**Morphogenese**).

Plastiden – Werkzeuge der Photosynthese   Das Organell, welches Pflanzen zu Pflanzen werden lässt, sind die Plastiden (engl. *plastids*), die verschiedene Formen annehmen können. In grünen Zellen von Algen, Moosen und Gefäßpflanzen kommen sie als chlorophyllhaltige **Chloroplasten** vor (engl. *chloroplasts*; griech. *chlorós*, gelbgrün) und sind die Organellen der Photosynthese. Die Umwandlung der Lichtenergie (griech. *phos*, Sonnenlicht) in chemische Energie erfolgt an komplexen Membransystemen, die von chlorophyllhaltigen Membranzisternen (**Thylakoide**, griech. *thýlakos*, Sack) gebildet werden. Hier entsteht unter anderem Adenosintriphosphat (**ATP**; chemische Energie wird durch Abspaltung des endständigen, dritten Phosphatrests frei und kann für energieverbrauchende Reaktionen – Synthesen, Bewegung, oder aktiven Transport an Membranen – eingesetzt werden). In Zellen nichtgrüner Pflanzengewebe nehmen die Plastiden andere Formen an: Als **Amyloplasten** dienen sie der Speicherung von Stärke, als gelb bis rot gefärbte **Chromoplasten** (griech. *chróma*, Farbe) dienen sie dazu, Tiere zur Bestäubung von Blüten oder zur Verbreitung von Früchten anzulocken. Diese Plastidenformen können sich abhängig von den Bedingungen ineinander umwandeln, leiten sich jedoch alle von kleinen, nichtpigmentierten **Proplastiden** ab, die man in Bildungsgeweben (**Meristemen**) findet. Alle Plastiden sind stets von einer doppelten Membranhülle umgeben und enthalten eigene DNA und Ribosomen, die sich in

1

Größe und Funktion von denen des Cytoplasmas unterscheiden (Plastoribosomen). Plastiden bilden sich ausschließlich durch Teilung aus anderen Plastiden und können nicht von der Zelle neu gebildet werden. Alle Plastidenformen sind zur Bildung von **Stärkekörnern** und Öltröpfchen (**Plastoglobuli**) befähigt.

Mitochondrien, Peroxisomen, Oleosomen – Werkzeuge der Energiewandlung   Während die Plastiden nur bei Pflanzen vorkommen, sind die Mitochondrien (engl. *Mitochondria*; griech. *Mitos*, Faden; *chóndros*, Korn – wegen der fädigen, in anderen Fällen kurz-ovalen Umrissform) Organellen, die auch bei allen anderen Eukaryoten vorkommen. So wie die Plastiden sind sie mit eigener DNA und eigenen Ribosomen ausgestattet. Diese Mitoribosomen sind, ähnlich wie die Plastoribosomen, mit 20 nm deutlich kleiner als die etwa 25 nm großen Ribosomen im Cytoplasma und ähneln denen der Bakterien. Mitochondrien entstehen ebenfalls nur aus ihresgleichen durch Teilung und sind auch wieder von einer doppelten Membranhülle umgeben. Mitochondrien sind die Organellen der Zellatmung, bei der ATP gebildet wird. Die Bildung von ATP und Teile der **Zellatmung** erfolgen an der inneren Hüllmembran, deren Fläche durch Einfaltungen in den Organellkörper vergrößert ist (**Cristae**, lat. *crista*, Kamm). Die **Peroxisomen** wurden früher als Sonderform von Vesikeln gedeutet, in denen oxidative Prozesse stattfinden können. Sie sind jedoch relativ groß (etwa 1 μm Durchmesser) und dicht und können sowohl mit den Plastiden als auch mit den Mitochondrien enge Verbindungen eingehen (es wird derzeit intensiv diskutiert, inwiefern hier sogar ein Membranfluss zwischen diesen Organellen auftritt). Sie spielen eine wichtige Rolle beim oxidativen Abbau von Lipiden, bei der Entgiftung reaktiver Sauerstoffspezies (engl. *reactive oxygen species*, ROS), aber auch bei der Bildung des Pflanzenhormons Jasmonsäure. Sie reichern große Mengen des Enzyms Katalase an, das Wasserstoffperoxid (H_2O_2) zu Wasser und molekularem Sauerstoff umsetzt. In Geweben, wo rasch Speicherfett mobilisiert werden muss, treten sie als sogenannte **Glyoxysomen** auf, häufig im Verbund mit **Oleosomen**, kugelförmigen Organellen, die im Cytoplasma Öl speichern (lat. *óleum*, Öl). Ähnlich wie die Plastiden, sind die Peroxisomen also zu einem gewissen Formwandel befähigt, was sie deutlich von den anderen Vesikeln abhebt.

Wenn Zellen in einem Organismus unterschiedliche Aufgaben übernehmen, sich also differenzieren, behalten manche Organellen – beispielsweise der Golgi-Apparat – ihre Gestalt und Funktion bei, während andere starke Veränderungen durchlaufen. Vor allem bei Plastiden, Vakuolen und Zellwände, zu einem geringeren Grad auch bei Mitochondrien und Peroxisomen, ist die Differenzierung der Zelle von einer Veränderung auf der Ebene des Organells begleitet.

1.2.2 Cytoplasma – Ort des Stoffwechsels

Als **Cytoplasma** wird die zähflüssige oder gallertige Masse bezeichnet, in der die Ribosomen, die Elemente des Cytoskeletts, die Plastiden und Mitochondrien, der Zellkern und oft auch Aggregate von Speicherstoffen (Oleosomen) eingebettet sind. Das Cytoplasma ist reich an Enzymen: Die Gesamtkonzentration an Protein liegt zwischen 10 und 30 %. Im Cytoplasma ist ein erheblicher Teil des Wassers als Hydratwasser an Proteine gebunden. Über aktive Ionenpumpen (also unter Aufwendung von ATP) an den begrenzenden Membranen wird im Cytoplasma ein besonderes **Ionenmilieu** aufrechterhalten. Im Vergleich zum Außenmedium ist das Cytoplasma reich an K^+, arm an Na^+ und enthält nur sehr wenig Ca^{2+}. Der pH liegt knapp über 7. In diesem Bereich haben die Enzyme des Cytoplasmas ihr pH-Optimum.

Im Cytoplasma laufen viele wichtige **Reaktionen und Reaktionswege des Stoffwechsels** ab (Glykolyse, die Bildung von Speicherlipiden, die Synthese von Saccharose, Nucleotiden und Aminosäuren, sowie – an den Ribosomen – die Proteinbiosynthese; ▸ Abschn. 19.8, 19.9, 19.10, 19.11, 19.12, 19.13, 19.14 und 14.8). Im Cytoplasma vieler Pflanzenzellen werden wichtige Sekundärmetaboliten gebildet (darunter viele Wirkstoffe mit medizinischer Wirkung), die dann in Vakuolen oder Zellwände verlagert und dort gespeichert werden. Während bei Pilzen und Tieren auch die Fettsäuren im Cytoplasma synthetisiert werden, ist dieser Stoffwechselweg bei Pflanzen in den Plastiden lokalisiert.

Das Cytoplasma kann seine Viskosität verändern: Der flüssige Zustand wird als **Sol**, der verfestigte Zustand wird als **Gel** bezeichnet. Für diese Veränderung ist vor allem das Cytoskelett verantwortlich. Während globuläre Makromoleküle (wie etwa die Enzymproteine) auch bei hoher Konzentration niedrig viskos bleiben, bilden lang gestreckte Teilchen wie Actinfilamente und Mikrotubuli schon bei geringen Konzentrationen Gallerte. In der lebenden Zelle können diese Cytoskelettelemente schnell auf- und abgebaut werden, was sich in den als Sol-Gel-Übergang bezeichneten Änderungen der Viskosität des Cytoplasmas sichtbar macht (und damit den Begriff Cytoskelett relativiert). Im Vergleich zu Tierzellen, Einzellern oder Pilzen ist das Cytoplasma von Pflanzenzellen häufiger im Solzustand. Der Gelzustand ist vor allem direkt unterhalb der Plasmamembran, in den außen liegenden **corticalen** Plasmapartien (von lat. *cortex*, Rinde) zu beobachten, während das innenliegende **Endoplasma** eher flüssig ist. In manchen Zellen (vor allem in besonders großen Zellen) lässt sich häufig eine auffällige Plasmaströmung beobachten, die durch das Actinskelett im Verbund mit Myosinmotoren aktiv verursacht wird und sich auf das Endoplasma beschränkt. Sie dient vermutlich dem schnellen intrazellulären Stofftransport, für den bloße Diffusion nicht ausreicht. Im Fall der Plasmarotation umrundet das Endoplasma in konstanter, einheitlicher Bewegung die Zentralvakuole in einfachen Umläufen oder auf Achterbahnen. Diese Art der Plasmaströmung wird in den außergewöhnlich großen Internodialzellen von *Chara* und *Nitella* beobachtet (◻ Abb. 19.80), aber auch in Blattzellen der bekannten Aquariumpflanzen *Elodea* und *Vallisneria* oder im Staubfadenhaar von *Tradescantia*. In Zellen mit Spitzenwachstum (Wurzelhaare, Pollenschläuche), in Haarzellen (wie den Brennhaaren der Brennnessel) und vielen Epidermiszellen erfolgt die Plasmaströmung in zahlreichen, teilweise gegenläufigen Strömungen, bevorzugt auch in Plasmasträngen, die die Zentralvakuole durchspannen (◘ Abb. 1.56c; zur Physiologie intrazellulärer Bewegungen ▶ Abschn. 15.2.2). Angetrieben wird diese Bewegung durch das an den Grenzflächen zwischen Endoplasma und dem cortikalen Plasma angesiedelten Actomyosinsystem (▶ Abschn. 1.2.3.2), das durch Verschiebung von Organellen (vor allem Plastiden) Scherkräfte erzeugt, die wiederum das flüssigere Endoplasma verschieben.

1.2.3 Cytoskelett – Werkzeug für Bewegung und Strukturierung

1.2.3.1 Bausteine des pflanzlichen Cytoskeletts

Wegen der an der Plasmamembran wirkenden Grenzflächenkräfte sollten sich Zellen eigentlich abkugeln, da dann das Verhältnis Oberfläche zu Volumen minimal und damit energetisch günstig ist. In der Tat nehmen Pflanzen- und Bakterienzellen, deren Zellwand entfernt wurde, eine Kugelgestalt an (den **Protoplasten**, vgl. ◘ Abb. 1.45), ihre Form wird also vor allem durch die

Zellwand aufrechterhalten. Bei Tierzellen und wandlosen Einzellern werden Abweichungen von der Kugelgestalt durch das **Cytoskelett** ermöglicht. Im Gegensatz zu den Zellwänden, die nur langsam durch Anlagerung neuer Schichten verändert werden können und daher nur langsame Änderungen der Zellgestalt erlauben, kann das Cytoskelett rasch auf- und abgebaut werden, was für die schnellen Formänderungen, aber auch für die Fortbewegung von Tierzellen wichtig ist. Für die von einer Zellwand umgebenen Pflanzenzellen ist die formgebende Funktion des Cytoskeletts natürlich irrelevant.

Das Cytoskelett der Algen und Pflanzen besteht aus Actinmikrofilamenten und Mikrotubuli und den mit ihnen verknüpften Proteinen (◘ Abb. 1.9). Dagegen fehlen die bei Tierzellen wichtigen Intermediärfilamente.

Actin wurde zunächst aus Muskelfasern isoliert, erst später hat man seine allgemeine Verbreitung in Zellen von Eukaryoten nachgewiesen. Das globuläre Actinmolekül (**G-Actin**) hat einen Durchmesser von 4 nm und eine Masse von 42 kDa. Zwischen der größeren C-terminalen und der kleineren N-terminalen Domäne liegt eine Bindungsstelle für ATP. In Lösungen von G-Actin können sich spontan Actinfilamente bilden

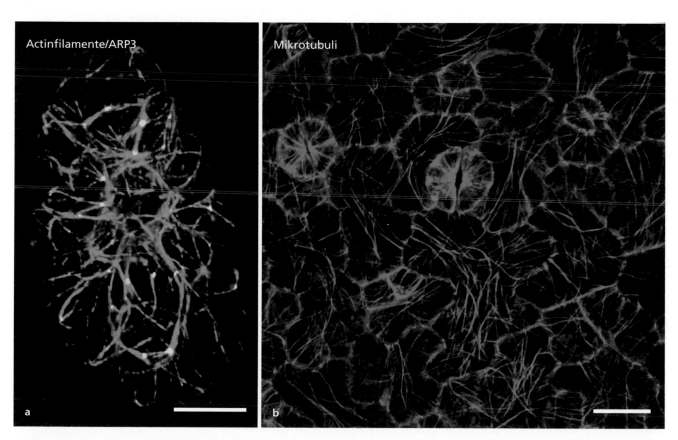

◘ Abb. 1.9 Cytoskelett in Pflanzenzellen. **a** Actinfilamente in einer lebenden Tabakzelle, mithilfe des Markers GFP-FABD2 (Fimbrin-Actin-Bindungsdomäne 2) sichtbar gemacht. Gleichzeitig wurde ARP3 (engl. *actin related protein 3*), ein Bestandteil des Nucleationskomplexes, mithilfe des rot fluoreszierenden Proteins (RFP) sichtbar gemacht (Maßstab 20 μm). **b** Mikrotubuli in Epidermiszellen eines Keimblatts von *Arabidopsis thaliana* (Ackerschmalwand), mithilfe des Markers GFP-Tubulin β6 und *spinning disc*-Mikroskopie sichtbar gemacht (Maßstab 50 μm). (a von J. Maisch; b von V. Sahi)

20 nm

◘ **Abb. 1.10**   Actinmikrofilament. Die globulären (genauer: ellipsoiden) Actinmonomere aggregieren zu Schrauben mit ungefähr zwei Molekülen pro Umlauf. Das verleiht dem Mikrofilament das Aussehen einer steilen Doppelschraube mit einer Periode von knapp 40 nm

(**Mikrofilamente**; **F-Actin**; ◘ Abb. 1.10), wodurch die Spaltung der an die G-Actin-Untereinheiten (**Protomere**) gebundenen ATP-Moleküle stimuliert wird. G-Actin-Protomere in Actinmikrofilamenten liegen deshalb mehrheitlich in der ADP-gebundenen Form vor.

Mikrofilamente weisen eine ausgeprägte dynamische **Polarität** auf. Damit ist gemeint, dass G-Actin-Untereinheiten vor allem an einem Ende (dem Plus-Ende) eingebaut werden. In der lebenden Pflanzenzelle wachsen Actinfilamente von bestimmten Punkten im cortikalen Plasma, aber auch von der Kernhülle aus. Hier finden sich actinbindende Proteine wie der ARP2/3-Komplex (ARP für *actin related protein*), der die Nucleation neuer Actinfilamente fördert (◘ Abb. 1.9).

Geschwindigkeit und Ausmaß des Wachstums von Mikrofilamenten, ebenso wie ihre Lage und Orientierung werden durch **actinbindende Proteine** gesteuert, von denen es auch bei Pflanzenzellen zahlreiche Arten gibt, die etwa den Aufbau oder Zerfall von F-Actin fördern oder hemmen, Actinfilamente vernetzen, verzweigen oder bündeln, am weiteren Wachstum hindern oder gar zerschneiden können. So führt **Profilin** dazu, dass G-Actin am wachsenden Ende beschleunigt polymerisiert, während die **actindepolymerisierenden Faktoren** die Freisetzung von G-Actin-Monomeren fördern, sodass sich die Actinfilamente verkürzen. Dort wo sich die Zelloberfläche lokal verändert, sind Actinfilamente häufig angereichert, etwa bei Zellen, die vor allem an der Spitze wachsen (Wurzelhaare, Pollenschläuche), aber auch bei der Zellteilung, wenn sich die Zellplatte bildet und hier die primären Plasmodesmen ausgespart werden (▶ Abschn. 1.2.4.6 bzw. ▶ Abschn. 1.2.8.3). Um die Funktion von Actinfilamenten zu untersuchen, sind spezifische Hemmstoffe von großem Nutzen. Beispielsweise lässt sich G-Actin durch den Wirkstoff **Latrunculin B** aus dem Rotmeerschwamm *Negombata magnifica* (früher *Latrunculia*) unumkehrbar komplexieren. Dadurch wird die Polymerisation von G-Actin am Plus-Ende unterbrochen, während die Freisetzung von G-Actin andauert. Die Actinfilamente werden also infolge der ihnen innewohnenden Dynamik immer kürzer und verschwinden schließlich ganz. Intrazelluläre Bewegungsvorgänge, an denen Mikrofilamente beteiligt sind, werden durch Latrunculin B (ähnlich wie durch die Pilzgifte Cytochalasin B und Cytochalasin D) blockiert. So ließ

sich zeigen, dass die Plasmaströmung, die Chloroplastenverlagerung als Reaktion auf starkes Licht, aber auch das Streckungswachstum von Epidermiszellen von Actinfilamenten abhängen. Es gibt aber auch Wirkstoffe, die Actinfilamente stabilisieren und bündeln: Ein Gift des Grünen Knollenblätterpilzes *Amanita phalloides*, **Phalloidin**, lässt das Actin zu nicht mehr abbaubaren Filamenten aggregieren und hebt damit die lebenswichtige Dynamik des Cytoskeletts auf. Actin ist eines der am höchsten konservierten Proteine der Eukaryoten; seine Aminosäuresequenz ist während der stammesgeschichtlichen Entwicklung kaum verändert worden. Allerdings gibt es im Genom der meisten Eukaryoten mehrere Actingene, deren Produkte nicht völlig identisch sind. Man spricht von Isotypen oder Isovarianten.

Im Gegensatz zu Actinmikrofilamenten bestehen die **Mikrotubuli** (◘ Abb. 1.11) aus Bausteinen, die α- und β-Tubulin enthalten. Die strukturelle Ähnlichkeit zwischen den Tubulinen ist sehr hoch, obwohl nur etwa 40 % der Aminosäuresequenz übereinstimmen. Diese beiden Proteine sind zu einem Paar (Heterodimer) von etwas mehr als 100 kDa verknüpft und können sich in Gegenwart von GTP und in Abwesenheit von Calciumionen spontan zu Mikrotubuli (lat. *túbulus*, Röhrchen) zusammenlagern. In der Regel besteht die Wand eines solchen Mikrotubulus aus 13 Längsreihen (Protofilamenten) gleich orientierter Tubulinheterodimere. Die auf diese Weise entstehende röhrenförmige Quartärstruktur ist mit etwa 25 nm Durchmesser viel größer als die nur 7 nm dünnen Actinmikrofilamente. Mikrotubuli sind daher vergleichsweise starre Gebilde, die daher Druckkräfte übertragen können, während die elastischen Actinfilamente vor allem Zugkräfte aufnehmen. In der Zelle sind beide Systeme miteinander verbunden, wodurch eine Struktur entsteht, die in der Lage ist, mechanische Kräfte über die gesamte Zelle hinweg zu bündeln (**Tensegrität**). Ähnlich wie wir aufgrund unserer Muskelspannung auch mit geschlossenen Augen eine genaue Vorstellung von unserem Körper gewinnen, kann die Zelle die Tensegrität nutzen, um ihre räumliche Ordnung festzustellen und zu steuern. Das spielt für die Verarbeitung von mechanischen Reizen (Schwerkraft, osmotischer Stress, aber auch Verwundung oder Angriff von Schadorganismen) eine wichtige Rolle.

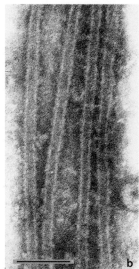

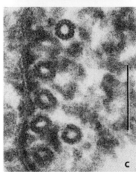

☐ **Abb. 1.11** Tubulin und Mikrotubuli. **a** Heterodimere aus globulärem α- und β-Tubulin (hell/dunkel; je ca. 50 kDa, 4 nm Durchmesser) sind in Längsreihen, den Protofilamenten, gleich ausgerichtet. Dreizehn Protofilamente bilden den hohlzylindrischen Mikrotubulus. Die Heterodimere benachbarter Protofilamente sind dabei leicht gegeneinander versetzt, sodass eine flache Schraubenstruktur entsteht. Am Saum (im Schema vorne) liegen nicht wie sonst jeweils α-neben α- und β- neben β-Tubulin-Einheiten, sondern α- neben β-Tubulin. **b** Mikrotubuli der Banane (*Musa × paradisiaca*) im Negativkontrast. **c** Quergeschnittene Mikrotubuli eines Präprophasebands (☐ Abb. 1.13b) in einer embryonalen Zelle der Wurzelhaube einer Küchenzwiebel; stellenweise sind 13 Protofilamente erkennbar. (Maßstäbe in B, C 0,1 µm.) (EM-Aufnahmen: B I. Dörr; C H. Falk)

Ähnlich wie bei Actin werden die α- und β-Tubuline bei den Landpflanzen von mehreren Genen codiert. Bei den synthetisierten Proteinen handelt es sich um **Isotypen**, die sich vor allem im C-Terminus unterscheiden. Bei vielen Algen und Pilzen liegt dagegen nur ein Gen für α-Tubulin und ein Gen für β-Tubulin vor. Wie die Actinfilamente sind auch die Mikrotubuli polar, besitzen also ein Plus-Ende, an dem die Tubulinheterodimere eingebaut werden, und ein Minus-Ende, an dem die Freisetzung von Heterodimeren überwiegt. Während Actin ATP bindet, besitzt das β-Tubulin eine Bindungsstelle für GTP, das zu GDP hydrolysiert werden kann, wo-

durch das Heterodimer von einer gestreckten in eine leicht abgeknickte Konformation übergeht. An freie Tubulinheterodimere, wie sie in den meisten Zellen reichlich vorhanden sind, ist GTP gebunden. Am Plus-Ende ist der Mikrotubulus also vorzugsweise mit GTP dekoriert. Befindet sich ein Heterodimer aber weiter vom Plus-Ende entfernt (wurde es also schon vor längerer Zeit eingebaut), steigt die Wahrscheinlichkeit, dass das GTP schon zu GDP hydrolysiert wurde. Damit steigt auch der Anteil von abgeknickten Heterodimeren, sodass sich in längeren Mikrotubuli eine innere Spannung aufbaut, die sich schlagartig entladen kann, indem die Protofilamente auseinanderweichen, das Plus-Ende also zerfasert und der Mikrotubulus zerfällt (**Mikrotubulikatastrophe**). Während man lange annahm, dass die Tubuline eine Entwicklung der Eukaryoten sind, zeigte sich in den 1990er-Jahren, dass es prokaryotische Vorläufer gibt, die ebenfalls GTP spalten und auch polymerisieren können. Diese **FtsZ**-Proteine finden sich in vielen Bakterien und sind für die Bildung des Teilungsrings verantwortlich, der die Tochterzellen bei der Zellteilung voneinander trennt. Interessanterweise findet man enge Verwandte bakterieller FtsZ-Gene im Kerngenom von Pflanzen, nicht aber im Kerngenom von Tieren. Der Grund ist die wichtige Rolle dieser FtsZ-Proteine für die Teilung der Plastiden.

Ähnlich wie die Actinfilamente, gehen die Mikrotubuli von bestimmten Nucleationsstellen, den **mikrotubuliorganisierenden Zentren** (engl. *microtubule organising centres*, **MTOCs**) aus. Bei Tierzellen sind dies vor allem die Centriolen, die bei den Pflanzen fehlen. Bei begeißelten Zellen (viele einzellige Algen oder Spermazellen von Moosen, Farnen und einigen urtümlichen Nacktsamern) können die mit den Centriolen verwandten Basalkörper der Geißeln als MTOCs fungieren. Bei allen anderen Pflanzenzellen ist die Kernhülle das wichtigste MTOC, weitere Nucleationsstellen finden sich punktförmig im cortikalen Plasma verteilt, während der Zellteilung auch im Polbereich der Teilungsspindel (▶ Exkurs 1.3). Die als kurze Linksschrauben geformten Bildungsorte (Nucleationsstellen) neuer Mikrotubuli am MTOC bestehen aus einem ringförmigen Komplex aus mehreren spezifischen Proteinen und enthalten einen dritten Isotyp des Tubulins, das γ-Tubulin. Daran lagern sich die Heterodimere so an, dass das α-Tubulin zum MTOC (zum Minus-Ende des Mikrotubulus) zeigt, während das β-Tubulin in Richtung Plus-Ende des Mikrotubulus orientiert ist. Im Gegensatz zu Tierzellen, ist γ-Tubulin nicht nur in den MTOC-assoziierten γ-Tubulin-Ringkomplexen zu finden, sondern auch entlang der gesamten Mikrotubuli und an bestimmten Endomembranen (z. B. besonders an der äußeren Kernmembran).

1

Die Chromosomenbewegungen während der Mitose und der Meiose werden überwiegend vom Spindelapparat bewirkt. Er wird für jede Kernteilung neu auf- und nach ihrem Ende wieder abgebaut. Im Lichtmikroskop lassen sich unter günstigen Bedingungen Spindelfasern erkennen, die aus außerordentlich dynamischen Mikrotubuli bestehen. Der Spindelapparat ist aus zwei spiegelbildlichen Hälften aufgebaut. Obwohl die Teilungsspindeln von Tier- und Pflanzenzellen ähnlich sind, gibt es doch entscheidende Unterschiede, die in ▢ Abb. 1.12 vergleichend dargestellt sind:

- Bei der Teilungsspindel von Tierzellen werden die Mikrotubuli von Centriolen organisiert. Bei Pflanzenzellen fehlen diese Centriolen. Vielmehr fungieren die beiden Polregionen der Spindel als Mikrotubuliorganisationszentren (MTOCs).
- Bei der Teilungsspindel von Tierzellen ziehen Astermikrotubuli vom Pol nach außen. Bei Pflanzenzellen fehlen diese Astermikrotubuli.
- Die Teilungsspindel von Tierzellen läuft spitz auf ein klar definiertes Areal um das Centriol herum zu. Bei Pflanzenzellen fehlt diese klare Ausrichtung. Die Spindel beginnt in einer breiten und diffusen Zone, erscheint also viel flacher.

Die Spindel ist aus den folgenden Komponenten aufgebaut: Die **Kinetochormikrotubuli** wachsen von der Polregion aus zu den **Kinetochoren**, dreischichtigen Anheftungsplatten an den Centromeren der Chromosomen. Sie verkürzen sich, während die Chromosomen von der Zellmitte in Richtung der **Polregion** wandern. So entsteht der Eindruck, sie zögen die Chromosomen zum Pol (daher wurden sie früher als Chromosomen- oder Zugfasern be-

zeichnet), doch sind Mikrotubuli nicht in der Lage, Zugkräfte zu übertragen. Die **Polmikrotubuli** (früher auch kontinuierliche Fasern oder Polfasern genannt) ziehen zum **Spindeläquator** und überlappen dort, in der Symmetrieebene der Spindel, mit den Polmikrotubuli der Gegenseite. In dieser Region entsteht in der Telophase der Phragmoplast (▶ Abschn. 1.2.4.6). Die Polmikrotubuli verschieben sich gegeneinander und stemmen so die Spindel auseinander. Die bei Tierzellen gebildeten **Astermikrotubuli** strahlen von den Polen nach außen. Bei den Teilungsspindeln der höheren Pflanzen fehlen sie zumeist. Der Spindelapparat ist von Actinfilamenten umgeben, die als Matrix auf noch nicht ganz verstandene Weise am Teilungsgeschehen teilnehmen. Ebenso ist die Spindel von ER umgeben, dessen Fortsätze bis zwischen die Spindelmikrotubuli hineinreichen (**mitotisches Reticulum**).

Während der Prophase formieren sich die Spindelmikrotubuli rund um den Zellkern. Lichtmikroskopisch werden unmittelbar außerhalb der Kernhülle flache, doppelbrechende Bereiche sichtbar, aus denen alle größeren Zellorganellen ausgeschlossen sind (**Polkappen**). Hier entstehen verdichtete Plasmazonen ohne scharfe Begrenzung, die als MTOCs fungieren.

In der Anaphase laufen mehr oder weniger synchron zwei Bewegungen ab. Einerseits wandern die Centromere der Tochterchromosomen unter Verkürzung der Kinetochormikrotubuli polwärts (Anaphase A), andererseits entfernen sich die Pole, vermittelt durch die gegenseitige Verschiebung der Polmikrotubuli in der Überlappungszone, immer mehr voneinander (Anaphase B). Beide Bewegungsvorgänge laufen stetig und langsam ab mit einer Geschwindigkeit in der Größenordnung von 1 µm min^{-1}. Als Folge dieser Bewegung werden die beiden Tochterchromosomensätze vollständig voneinander getrennt.

Da im Spindelapparat nur die Spindelpole als MTOCs fungieren, befinden sich die Minus-Enden aller Mikrotubuli an den Polen und die Plus-Enden in der **äquatorialen Überlappungszone** und an den Kinetochoren. In der Überlappungszone sind die Mikrotubuli der beiden Halbspindeln also antiparallel orientiert. **Kinesinmotoren**, die zum Plus-Ende wandern und über Bindungspartner mit den antiparallelen Mikrotubuli der anderen Halbspindel verbunden sind, stemmen die Polmikrotubuli unter Verbrauch von ATP in Richtung Pol, sodass die Halbspindeln auseinandergeschoben werden (Wirkung der Polmikrotubuli als Stemmkörper, Anaphase B). Der Mechanismus von Anaphase A ist weniger gut geklärt. Überraschenderweise verlagern sich die Kinetochormikrotubuli während der Anaphase nicht, sie verkürzen sich nicht am Pol, sondern am

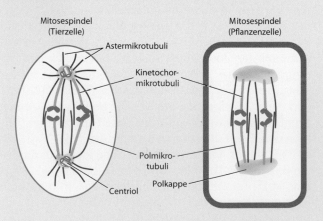

▢ **Abb. 1.12** Kernteilungsspindel von Tieren und Pflanzen im Vergleich

Kinetochor, also an ihrem Plus-Ende, wobei die Verbindung zu den Chromosomen stets erhalten bleibt. Bei Spindeln in Tierzellen ist an dieser Stelle cytoplasmatisches **Dynein** konzentriert, also ein Mikrotubulimotor, der zum Minus-Ende wandert. Höhere Pflanzen haben im Laufe der Evolution ihre Dyneine jedoch verloren (nur in den Spermatozoiden von Moosen, Farnen und primitiven Gymnospermen kommen sie im Zusammenhang mit der Begeißelung noch vor). Stattdessen wurden neuartige **Kinesine** entwickelt, die zum Minus-Ende wandern und möglicherweise die Funktion der Dyneinmotoren übernommen haben.

Geschwindigkeit und Ausmaß der Verlängerung von Mikrotubuli hängen nicht nur von der Verfügbarkeit von Tubulinheterodimeren und GTP ab, sondern können von verschiedenen anderen Faktoren gesteuert werden. So wird die Polymerisation der Mikrotubuli durch Ausschüttung von Calcium (Schwellenkonzentration 0,1 µM) gehemmt. Im Vergleich zur Situation *in vitro* (im Reagenzglas) bilden sich Mikrotubuli *in vivo* (in der lebenden Zelle) bei etwa zehnfach niedrigeren Tubulinkonzentrationen. Dies geht auf verschiedene **mikrotubuliassoziierte Proteine** (**MAPs**) zurück, die Nucleation, Verlängerung, Verkürzung, Bündelung, Bindung an Organellen und Membranen oder Verschiebung von Mikrotubuli gegeneinander bewirken können. Die MAPs von Tieren und Pflanzen besitzen nur wenige strukturelle Gemeinsamkeiten und sind evolutionär nur sehr entfernt miteinander verwandt. Das für die Mikrotubulibündel im neuronalen Axon wichtige MAPτ (dessen durch Hyperphosphorylierung verursachte Ablösung von den Mikrotubuli als eine der Ursachen für die Alzheimer-Demenz identifiziert wurde) fehlt z. B. bei Pflanzen vollkommen. Einige pflanzliche MAPs wirken auch als Signalproteine (z. B. die membranassoziierte Phospholipase D) oder werden durch Signalketten (etwa über Phosphorylierung) aktiviert. Eine Sondergruppe der MAPs sind die Dynein- und Kinesinmotoren (vgl. ► Abschn. 1.2.3.2), wobei die Dyneinmotoren während der Evolution der Landpflanzen immer mehr an Bedeutung verloren und bei den Samenpflanzen vollständig verschwunden sind (bei ursprünglichen Gymnospermen wie *Ginkgo biloba* werden sie für den begeißelten Spermatozoiden benötigt – diese Funktion wurde durch die Entwicklung des Pollenschlauchs obsolet).

Wie bei den Mikrofilamenten kann auch der Auf- und Abbau von Mikrotubuli durch spezifische Drogen beeinflusst werden. Am längsten bekannt ist das **Colchicin**, ein Alkaloid der Herbstzeitlosen (*Colchicum autumnale*). Es bindet an das β-Tubulin freier Tubulinheterodimere und blockiert ihren Einbau in Mikrotubuli. Heute werden zum experimentellen Abbau pflanzlicher Mikrotubuli vor allem die stärker und spezifischer wirkenden Herbizide Oryzalin und Amiprophosmethyl (APM) eingesetzt. Die umgekehrte Wirkung hat **Taxol**, ein Alkaloid der Eibe (*Taxus*, ► Abb. 14.102). Es unterdrückt die Depolymerisation der Mikrotubuli und stabilisiert sie dadurch.

Mikrotubuli ein und derselben Zelle unterscheiden sich in der Dynamik des Dimeraustauschs, sodass man stabile und labile Mikrotubuli unterscheiden kann. Diese unterschiedliche Dynamik führt auch zu biochemischen Unterschieden. Die stabilen Mikrotubuli werden oft posttranslational modifiziert. So wird am α-Tubulin ein bei allen Eukaryoten konserviertes Tyrosin enzymatisch abgespalten. Wird dieses detyrosinierte Tubulin später aus dem Mikrotubulus freigesetzt, kann es von einem anderen Enzym, der Tubulintyrosin-Ligase, wieder angeheftet werden. Da das detyrosinierende Enzym bevorzugt an Mikrotubuli bindet, werden stabile Mikrotubuli stärker modifiziert als dynamische. Diese erhöhte Detyrosinierung fungiert als Signal für die Bindung von Kinesinmotoren, die bevorzugt entlang von stabilen Mikrotubuli wandern. Unter Colchicineinfluss depolymerisieren die labilen Mikrotubuli zuerst, während die stabilen Mikrotubuli beständiger sind.

Während des Zellzyklus organisieren die Mikrotubuli in hoch dynamischer Weise verschiedene Strukturen: Während die Mikrotubuli in der Interphase in parallelen Bündeln das cortikale Cytoplasma auskleiden (◘ Abb. 1.13a), verschwinden diese cortikalen Mikrotubuli in der späten G_2-Phase des Zellzyklus, wenn sich die Zelle auf die Mitose vorbereitet. Hier tritt eine kurzlebige, aber auffällige Struktur auf, das Präprophaseband, das den Zellkern in Form eines Gürtels umgibt (◘ Abb. 1.13b). Kurz darauf bilden sich an den Polen des Zellkerns kappenförmige Mikrotubulistrukturen (◘ Abb. 1.13c), aus denen dann, senkrecht zur Ebene des zu diesem Zeitpunkt schon wieder verschwundenen Präprophasebands, die Teilungsspindel entsteht, während sich gleichzeitig die Kernhülle auflöst. Diese Mikrotubulistrukturen legen Achse und Symmetrie der Zellteilung fest. Asymmetrische oder gedrehte Zellteilungen (etwa bei der Entstehung des Spaltöffnungsapparats) werden durch entsprechend veränderte Positionierung oder Lokalisierung des Präprophasebands vorhergesagt.

Die pflanzlichen Mikrotubuli sind also für die Entstehung und Aufrechterhaltung einer Zellachse verantwortlich: Die parallel angeordneten cortikalen Mikrotubuli (◘ Abb. 1.14A) organisieren während der Interphase die Orientierung der Cellulosemikrofibrillen in der Zellwand und bestimmen so die Richtung des Zellwachstums, das immer senkrecht zur Richtung dieser Mikrotubuli abläuft. Ebenso sind sie für lokale Verdickungen der Zellwand (Differenzierung von Schraubengefäßen im Xylem, vgl. ◘ Abb. 1.70c und 2.26e) verantwortlich. Während der G_2-Phase des Zellzyklus

1

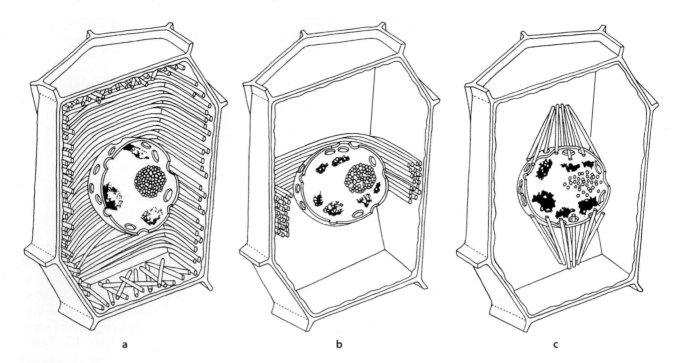

a   b   c

◼ Abb. 1.13 Veränderungen der Mikrotubulianordnung vor Beginn der Mitose in Pflanzenzellen bei einer symmetrischen Zellteilung. **a** Interphase mit corticalen Mikrotubuli. **b** Bildung des Präprophasebands vor Eintritt in die Prophase; seine Lage markiert den späteren Spindeläquator und die Zellteilungsebene. **c** Späte Prophase. (Nach M.C. Ledbetter)

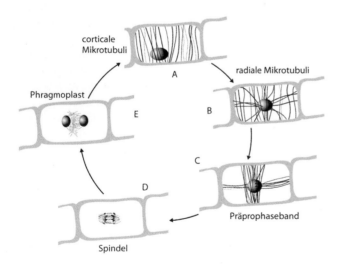

◼ Abb. 1.14 Dynamik der Mikrotubuli während des Zellzyklus von Pflanzen. Erläuterungen siehe Text

wandert der Zellkern in die Mitte der Zelle und wird dabei von speichenartig nach außen ziehenden radialen Mikrotubuli transportiert und verankert (◼ Abb. 1.14B). Gewöhnlich kommt der Zellkern in der Zellmitte zur Ruhe, bei einer asymmetrischen Teilung ist diese Ruheposition entsprechend verschoben. Am Ende der G_2-Phase ziehen sich die cortikalen Mikrotubuli zu einem Band zusammen, das den Zellkern wie ein Gürtel einschließt (◼ Abb. 1.14C). Die Richtung dieses Präprophasebands sagt die Richtung der späteren Querwand voraus. In der Regel wird das Präprophaseband senkrecht zur längeren Zellachse angelegt, in Fällen, wo sich eine Zelle längs in zwei schmale Tochterzellen teilt (etwa im Cambium oder bei der Bildung der Schließzellen des Spaltöffnungsapparats), liegt das Präprophaseband längs. Senkrecht zum Präprophaseband ziehen Mikrotubuli von den Polen des Zellkerns zur Zellwand, sodass das Bild eines Malteserkreuzes entsteht. Das Präprophaseband existiert nur sehr kurze Zeit, oft nur wenige Minuten, und verschwindet schlagartig, wenn sich die Kernhülle auflöst. Es bleibt jedoch ein Ring von endosomalen Vesikeln zurück. Diese Spur wird nach der Mitose bei der Bildung des **Phragmoplasten** „abgelesen". Von den Polkappen aus entsteht dann der Spindelapparat, der immer senkrecht zur Richtung des Präprophasebands angelegt wird (◼ Abb. 1.14D). Nachdem die Tochterkerne gebildet sind entsteht dort, wo vor der Mitose das Präprophaseband war, eine neue Mikrotubulistruktur, der Phragmoplast, der die Zellplatte organisiert (◼ Abb. 1.14E). Diese Mikrotubuli werden zunächst von den MTOCs der Polkappen gebildet, später gehen sie von der Kernhülle der beiden Tochterkerne aus. Sie entstehen anfangs ungerichtet und „erkunden" den gesamten Raum. Diejenigen Mikrotubuli, die auf die während der späten G_2-Phase am Präprophaseband lokalisierten endosomalen Vesikel treffen, werden stabilisiert, während die anderen „explorativen" Mikrotubuli rasch wieder eingeschmolzen werden. So entsteht eine ringförmige Struktur im Äquator zwischen den Tochterkernen, welche die Zellplatte organisiert. Dieser Ring ist zunächst klein und liegt in der Zellmitte. Durch die Zuführung von Vesikeln mit Zellwandmaterial entlang der Mikrotubuli des Phragmoplasten wird die Zellplatte jedoch schnell größer und wächst zentrifugal (genau entgegengesetzt zur Situation während der Teilung einer Tierzelle, wo sich die Tochterzellen von außen nach innen abschnüren).

Weitere auffällige Mikrotubulistrukturen sind bei unbewandeten Protisten und Spermatozoiden verbreitet, wo stabile Mikrotubuli für die Aussteifung charakteristischer Zellformen und/oder der Verankerung des Geißelapparats verantwortlich sind.

In Zellen von Wirbeltieren werden Actinfilamente und Mikrotubuli noch durch die **Intermediärfilamente** ergänzt. Der Name rührt daher, dass sie mit 10 nm dünner als Mikrotubuli (25 nm), aber dicker als Mikrofilamente (6 nm) sind. Diese Filamente können in Säugerzellen sehr dichte und ausgedehnte Netzwerke ausbilden und sind – außer in konzentrierter Harnstofflösung – unlöslich. Im Gegensatz zu den anderen Cytoskelettelementen sind sie weder dynamisch noch besitzen sie eine Polarität. Durch ihre hohe Zugfestigkeit sind sie für epidermale Gewebe (Horn, Haut und Haar) prädestiniert. Die Untergruppe der Lamine bildet innerhalb der Kernhülle eine formgebende Schicht, die **Kernlamina**. Intermediärfilamente wie auch Kernlamina fehlen bei Pflanzen.

1.2.3.2 Motorproteine und zelluläre Bewegungsvorgänge

Das Cytoskelett ist an zellulären Bewegungsprozessen (Kontraktilität, Motilität) entscheidend beteiligt. Einerseits gibt es wie ein Schienen- oder Straßennetz Bewegungsrichtungen vor. Andererseits bedarf nach dem Prinzip von Newton – numerische Gleichheit von Kraft und Gegenkraft – jedes krafterzeugende Element eines Widerlagers (vgl. Muskulatur und Skelett), eine Funktion, die das Cytoskelett ebenfalls übernimmt. In der Zelle setzen bestimmte ATPasen als chemomechanische Energiewandler (**Motormoleküle**) die durch ATP-Spaltung freigesetzte Energie in Konformationsänderungen um, die gerichtete Bewegungen dieser ATPasen entlang von Elementen des Cytoskeletts bewirken. Bei Eukaryoten sind entsprechend den beiden hauptsächlichen Cytoskelettkomponenten zwei derartige Systeme allgemein verbreitet, das Actomyosinsystem und das Mikrotubuli-Dynein/Kinesin-System.

Partner des Actins bei der Erzeugung von Zug- und Scherkräften im Grundplasma sind **Myosine** (griech. *myon*, Muskel), komplexe ATPasen, die durch Interaktion mit Actin aktiviert werden. Sie bestehen aus einer Kopfregion, wo die ATPase-Aktivität und die Actinbindungsstelle lokalisiert sind, und einer langen Schwanzregion, über die jeweils zwei Moleküle miteinander verknüpft sind und wo auch verschiedene Frachten angehängt sein können. Am besten untersucht wurden die Myosine in den Muskeln von Wirbeltieren und Insekten, diese unterscheiden sich jedoch deutlich von pflanzlichen Myosinen. So fehlen Letzteren die leichten Ketten des Muskelmyosins (Myosin II), die für die Calciumbindung verantwortlich sind. Übernommen wird diese Funktion vermutlich von spezifischen Calmodulinen. Auch die auffälligen Myosinfilamente in quergestreiften Muskelfasern sind in Pflanzenzellen nicht zu beobachten. Durch die Spaltung von ATP kommt es zu einer drastischen Konformationsänderung des Myosins: Das Köpfchen klappt um und verschiebt das Mikrofilament um etwa 10 nm. Durch erneute Anlagerung von ATP wird die Bindung zum Actinfilament gelöst und das Köpfchen unter ATP-Spaltung wieder aufgerichtet. Die zyklische Wiederholung dieses Prozesses während der Muskelkontraktion führt dazu, dass sich das Myosin am Actin entlang bewegt. Im Muskel werden die Myosinfilamente so zwischen die Actinfilamente geschoben, sodass sich der Muskel verkürzt (**Gleitfasermodell**, engl. *sliding filament model*). In Pflanzenzellen werden hingegen Frachten wie Vesikel oder Organellen (Mitochondrien, Peroxisomen, aber auch Plastiden) an Actin entlang bewegt. Auch molekular unterscheiden sich die Myosine der Pflanzen stark von ihren tierischen Verwandten und werden aufgrund ihrer Sequenzunterschiede in eigene Klassen eingeteilt.

Im Gegensatz zur Situation beim Actomyosinsystem basieren mikrotubuliabhängige Bewegungen auf zwei verschiedenen Klassen von Motorproteinen: den Dyneinen und den Kinesinen (griech. *dýnamis*, Kraft, und *kínesis*, Bewegung). Hoch molekulare, komplexe **Dyneine** sind vor allem in Geißeln und Cilien zu finden (vgl. ▶ Abschn. 1.2.3.3). Im Verlauf der pflanzlichen Evolution sind die Dyneine jedoch verloren gegangen, was damit zusammenhängt, dass die Fortpflanzung über begeißelte Spermatozoide durch eine Befruchtung mithilfe eines Pollenschlauchs ersetzt wurde. Dyneine bewegen sich immer zum Minus-Ende eines Mikrotubulus. Dagegen sind die meisten **Kinesine** Plus-Motoren. Kinesine wurden zunächst in den Achsenfortsätzen von Nervenzellen entdeckt, ihr Vorkommen ist inzwischen aber auch in Pflanzen gut belegt. Parallel zum Verlust der Dyneine diversifizierten sich bei den Pflanzen spezielle Kinesinklassen (Klasse-XIV-Kinesine). Bei diesen Kinesinen befindet sich die Motordomäne am Carboxyl- statt am Aminoterminus und sie bewegen sich (so wie die Dyneine) als Minus-Motoren. Innerhalb dieser Klasse sind die KCH-Kinesine besonders auffällig – sie können Actinfilamente und Mikrotubuli verknüpfen und kommen nur bei den Landpflanzen vor.

Zelluläre Bewegungen kommen in manchen Fällen ohne die beschriebenen Systeme unabhängig von Motorproteinen zustande. So kann schon die bloße Verlängerung bzw. Verkürzung von Mikrofilamenten oder Mikrotubuli Bewegungsvorgänge bzw. eine Veränderung der Zellgestalt bewirken. Dieser Mechanismus ist etwa für die Funktion der mitotischen Spindel während der Zellteilung von zentraler Bedeutung.

1.2.3.3 Geißeln und Centriolen

Wo immer in Eukaryoten **Geißeln** (auch **Flagellen** von lat. *flagéllum*, Peitsche) vorkommen, ist ihre innere Struktur im Wesentlichen identisch. Es handelt sich um eine der am höchsten konservierten zellulären Strukturen überhaupt. Bei Pflanzen findet man Geißeln bei vielen Grünalgen (*Chlamydomonas*, *Volvox*), aber auch bei Gameten vielzelliger Algen oder den Spermatozoiden von Moosen, Farnen und primitiven Gymnospermen.

Auch die bei Tieren weit verbreiteten **Cilien** sind grundsätzlich wie Geißeln aufgebaut. Cilien sind aber kürzer als Geißeln und werden von einzelnen Zellen stets in großer Zahl gebildet (Flimmerepithelzellen; Einzeller: Ciliaten). Die Fortbewegungsorganellen der Bakterien werden ebenfalls als Geißeln bezeichnet. Dies ist aber irreführend, da sie völlig anders aufgebaut sind als eukaryotische Geißeln und sich aufgrund ganz anderer molekularer Mechanismen bewegen – während sich eukaryotische Geißeln innerhalb der Plasmamembran befinden und sich durch die Verschiebung von Mikrotubuli bewegen, sitzen die bakteriellen Geißeln außerhalb und werden als Ganzes durch Rotation bewegt (▶ Abschn. 19.1.1).

Im Geißelquerschnitt erkennt man eine charakteristische Anordnung von 20 Mikrotubuli (◘ Abb. 1.15), die als **9×2+2-Muster** bezeichnet wird. Zwei zentrale Einzeltubuli (Singuletts) sind von einem Kranz von neun Doppeltubuli (Dupletts) symmetrisch umgeben. Man unterscheidet zwei Tubulustypen – den A- und den B-Tubulus. Der B-Tubulus, der einen größeren Durchmesser hat als der A-Tubulus, sitzt mit elf Protofilamenten dem A-Tubulus seitlich an und benutzt vier von dessen Protofilamenten mit, wodurch auch er zur kompletten (allerdings nicht runden) Röhre wird. Singuletts und Dupletts bilden mit zahlreichen weiteren Proteinen das komplexe Cytoskelett der Geißeln (◘ Abb. 1.16), das zusammen mit Dyneinmotormolekülen auch für den Geißelschlag verantwortlich ist. Die motile Gesamtstruktur, die die Geißel mit einem Durchmesser von 200 nm längs durchzieht, wird als **Axonem(a)** bezeichnet (griech. *áxon*, Achse, und *néma*, Faden).

Geißeldyneine sind komplexe, tubulinaktivierte ATPasen. Dyneine der äußeren Arme besitzen z. B. eine Masse von knapp 2 MDa und bestehen aus ca. zwölf verschiedenen Untereinheiten (Protomeren). Die Dyneinarme, die von den A-Tubuli ausgehen und zu benachbar-

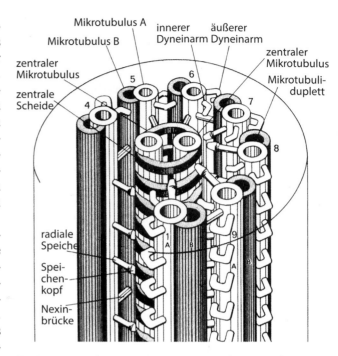

◘ **Abb. 1.16**   Schema der Feinstruktur einer Eukaryotengeißel. Die beiden zentralen Mikrotubuli (Singuletts) sind von einer helikalen Scheide umgeben, mit der die peripheren Dupletts über elastische Radialspeichen verbunden sind. Jeweils ein A-Tubulus (hell) jedes Dupletts ist durch elastische Proteinarme (Nexin) locker mit dem B-Tubulus (dunkel) des benachbarten Dupletts verbunden. Jeder A-Tubulus trägt außerdem innere und äußere Dyneinarme. Die Zählung der Dupletts beginnt in der Symmetrieebene der Singuletts mit 1 und läuft in Richtung der Dyneinarme um (beim Blick von der Geißelbasis zum freien Ende im Uhrzeigersinn). Zur besseren Übersichtlichkeit wurden nur sieben Dupletts gezeichnet; die Lücke – Duplett 2 und 3 – ist durch die Unterbrechung des Kreises gekennzeichnet, der die Lage der Plasmamembran markiert. (Nach P. Satir)

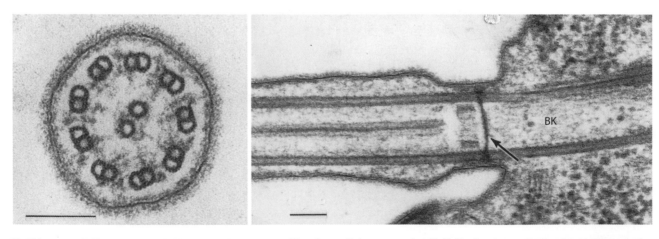

◘ **Abb. 1.15**   Geißel von *Scourfieldia caeca*, einem grünen Flagellaten; links quer, rechts Geißelbasis mit Basalkörper längs. Die zentralen Singuletts, die dem Basalkörper fehlen, beginnen erst 100 nm außerhalb dieser Platte. Im Querschnitt sind Dyneinarme und Radialspeichen andeutungsweise zu erkennen (Maßstäbe 0,1 μm). – BK Basalkörper; Pfeil: Basalplatte am Übergang vom BK zur Geißel. (EM-Aufnahmen: M. Melkonian)

ten B-Tubuli reichen, können benachbarte Dupletts gegeneinander verschieben, analog zu dem oben beschriebenen Gleitfasermodell (▶ Abschn. 1.2.3.2). Radialspeichen und Nexinbrücken wandeln die daraus resultierenden Längsverschiebungen innerhalb des Axonems in die charakteristischen Krümmungsbewegungen der Geißel um.

Die Oberfläche von Geißeln ist vielen organismusspezifischen Modifikationen unterworfen. **Flimmergeißeln** z. B. sind dicht mit seitlich abstehenden, filamentösen **Mastigonemen** besetzt, wodurch sich ihr Reibungswiderstand erhöht (◘ Abb. 19.26a, b und 19.54f; griech. *mástix*, Geißel). Die Mastigonemen werden im Golgi-Apparat als geformtes Sekret gebildet und gelangen durch gerichtete Exocytose an die Geißeloberflächen. **Peitschengeißeln** sind durch eine verlängerte, dünne Spitzenzone ausgezeichnet, in die nur die beiden Singulettmikrotubuli ragen. Jede Geißel ist mit einem **Basalkörper** im corticalen Cytoplasma verankert, der einen kurzen Zylinder aus neun Mikrotubulitripletts (Tubuli A, B und C) ohne zentrale Singuletts enthält (◘ Abb. 1.15 und 1.16). Der Basalkörper ist senkrecht zur Zelloberfläche orientiert, übernimmt MTOC-Funktion (▶ Abschn. 1.2.3.2) und fungiert auch als Bildungszentrum, von dem die Geißel auswächst. Die Plus-Enden der Mikrotubuli befinden sich dementsprechend an der Geißelspitze. In der Übergangszone zwischen Basalkörper und Geißelschaft enden die C-Tubuli und beginnen die beiden Singuletts. A- und B-Tubuli des Basalkörpers setzen sich in den neun Dupletts des Axonems fort.

Die Struktur der Basalkörper ist identisch mit der von **Centriolen**, die in vielen eukaryotischen Zellen in der Regel paarweise und rechtwinklig angeordnet vorliegen, in Pflanzenzellen aber fehlen (◘ Abb. 1.12). Basalkörper und Centriolen entstehen nicht durch Teilung aus ihresgleichen, sondern werden bei Bedarf neu gebildet. Das geschieht interessanterweise häufig in unmittelbarer Nachbarschaft bereits existierender Basalkörper/Centriolen, von denen offenbar eine Induktionswirkung ausgeht. Die Basalkörper hoch entwickelter Farnpflanzen und von Gymnospermen, die begeißelte Spermatozoide ausbilden (in manchen Fällen mit über 1000 Geißeln pro Zelle), entstehen in einem sphärischen Bereich von verdichtetem Cytoplasma, dem **Blepharoplasten** (griech. *blépharon*, Wimper; ◘ Abb. 1.17 und 1.18).

1.2.4 Zellkern – Werkzeug für Vererbung und Steuerung

Die genetische Information aller pro- und eukaryotischen Zellen ist in der Nucleotidsequenz von DNA-Molekülen verschlüsselt. In eukaryotischen Zellen findet man DNA vor allem im Zellkern, doch auch Mitochondrien und Plastiden enthalten kleinere DNA-Mengen. Der Zellkern ist das wichtigste Kompartiment für die Speicherung und Vermehrung (Replikation) von DNA sowie für die Synthese (Transkription) und die Reifung

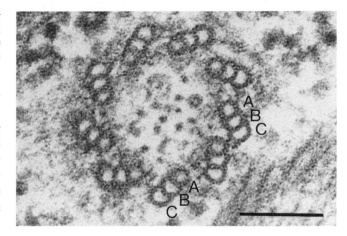

◘ **Abb. 1.17** Basalkörper von *Scourfieldia*, quer. In den Mikrotubulitripletts sind stellenweise Protofilamente im Querschnitt erkennbar. Nur die innersten Mikrotubuli der Tripletts (A) sind komplett; die beiden schräg nach außen angesetzten Mikrotubuli (B und C) sind rinnenförmig, sie haben einige Protofilamente mit dem jeweils nächst-inneren Mikrotubulus gemein. Die C-Mikrotubuli enden an der Basalplatte, A und B setzen sich in den Dupletts des Geißelaxonems fort (Maßstab 0,1 μm). (EM-Aufnahme: M. Melkonian)

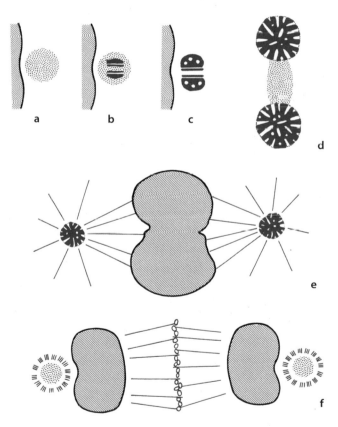

◘ **Abb. 1.18** Neuentstehung von Centriolen/Basalkörpern während der Mikrosporogenese des Wasserfarns *Marsilea*. **a–c** In einer verdichteten Plasmapartie nahe der Kernhülle bildet sich eine bisymmetrische Struktur, aus der zwei Blepharoplasten (farbig) entstehen. Diese trennen sich vor der nächsten Kernteilung (**d**) und besetzen die beiden Spindelpole (**e, f**). Aus jedem Blepharoplasten gehen schließlich etwa 150 Basalkörper des begeißelten Spermatozoids hervor. Der Gesamtvorgang zeigt, dass die komplexe, charakteristische Struktur von Centriolen bzw. Basalkörpern *de novo* entstehen kann. (Nach P.K. Hepler)

(Prozessierung) von RNA. Alle diese Prozesse finden im **Karyoplasma** (**Nucleoplasma**) statt, das vom umgebenden Cytoplasma durch die doppelschichtige **Kernhülle** (engl. *nuclear envelope*) abgegrenzt ist. Sie entspricht einer hohlkugeligen ER-Zisterne und wird durch zahlreiche **Porenkomplexe** unterbrochen, die den Austausch von Makromolekülen zwischen Karyoplasma und Cytoplasma ermöglichen. Der Zellkern ist also kein Kompartiment, auf keinen Fall sollte man ihn als membranumschlossene Blase auffassen, da mRNAs, tRNAs und Präribosomen, die im Kern in Nucleoli (Singular: Nucleolus) gebildet werden, den Kernraum durch diese Porenkomplexe verlassen können, ohne eine einzige Membranpassage absolvieren zu müssen. Umgekehrt gelangen die im Cytoplasma gebildeten Kernproteine ebenfalls ohne Membranpassage durch die Kernporen in das Karyoplasma (□ Abb. 1.19 und 6.11). Der Kernraum ist frei von Membranen und enthält, eingebettet in die **Kernmatrix** (ein Gel aus Strukturproteinen), mehrere DNA-Riesenmoleküle mit Längen im Zentimeter- bis Dezimeterbereich (10–100 Mrd. Da). Während der Zellteilung werden die einzelnen DNA-Stränge als einzelne Chromosomen lichtmikroskopisch sichtbar. Die im Zellkern enthaltene DNA liegt zusammen mit einer Vielzahl von Proteinen in einem Komplex

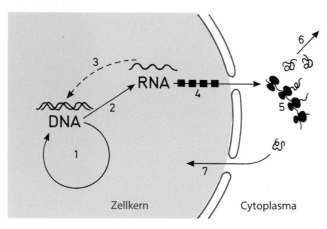

□ Abb. 1.19 Das zentrale Dogma der Molekularbiologie wurde von Francis Crick formuliert und besagt, dass der Informationsfluss in der Zelle von DNA über RNA zu Proteinen erfolgt: „DNA macht RNA macht Protein". DNA dient aber nicht nur als Matrize für die RNA-Synthese (Transkription, 2), sondern instruiert auch ihre eigene Vermehrung (Replikation, 1). Inzwischen wurde gezeigt, dass RNA auch in DNA-Sequenzen rückübersetzt werden kann (reverse Transkription 3, unter anderem praktiziert von RNA-Viren, die ihr Genom in die DNA der Wirtszelle einbauen), wodurch das zentrale Dogma etwas relativiert wird. In Eucyten laufen diese Vorgänge und die Prozessierung neu gebildeter RNA (4) innerhalb der von Porenkomplexen durchsetzten Kernhülle ab. Ausgehend von den im Kern gebildeten und prozessierten RNAs werden im Cytoplasma an Ribosomen Proteine synthetisiert (Translation, 5). Viele Proteine steuern als Enzyme den Stoff und Energiewechsel der Zelle (6), andere wandern in den Zellkern (7), wo sie beispielsweise an der Replikation und der Transkription mitwirken oder als DNA-Begleitproteine wichtige Funktionen im Chromatin übernehmen

vor, der **Chromatin** genannt wird. Chromatin ist reich an basischen Histonproteinen, die DNA-Moleküle in unterschiedlich kompakte, dreidimensionale Strukturen verpacken können und dafür verantwortlich sind, dass Chromatin in unterschiedlich verdichteten (kondensierten) Formen vorliegt: Die DNA im aufgelockerte **Euchromatin** ist aktiv – sie wird entweder gerade in RNA übersetzt (**Transkription**) oder in Vorbereitung auf die nächste Kernteilung kopiert (**Replikation**). Im Gegensatz dazu ist das genetisch inaktive Chromatin stark kondensiert (**Heterochromatin**). Im Verlauf der Kernteilung verdichtet sich das Chromatin besonders stark zu einer kompakten Transportform, den **Chromosomen**. Wenn ein Gen aktiviert wird, muss die DNA zunächst von der Histonhülle befreit werden, das Chromatin wird also dekondensiert. Danach binden **Transkriptionsfaktoren** an spezifische DNA-Sequenzen und regulieren die Bindung von RNA-Polymerasen, die dann mRNA bilden. In verschiedenen Zellen eines Organismus werden unterschiedliche Gene aktiviert, wodurch sich diese Zellen während der Entwicklung immer stärker voneinander unterscheiden (**Zelldifferenzierung**). Diese Zelldifferenzierung wird also vor allem auf eine **differenzielle Genexpression** zurückgeführt.

Die meisten der molekularen und übermolekularen Strukturkomponenten des Zellkerns bilden sich neu, wenn sie benötigt werden, und verschwinden dann wieder, wenn ihre Funktion erfüllt ist. Beispielsweise zerfallen Kernhülle und Nucleoli in den Anfangsstadien der Kernteilung und werden erst in deren Endphase neu gebildet. Auch die Kernmatrix verändert ihren molekularen Aufbau während der charakteristischen Abfolge von Zuständen im Verlauf von Interphase und Zellteilung, die man als des **Zellzyklus** bezeichnet. Die einzige Kernkomponente, die – einmal durch Replikation entstanden – unter normalen Umständen keinem Um- oder Abbau unterliegt, ist die DNA selbst.

1.2.4.1 Chromatin

Der größte Teil der nucleären DNA ist mit Histonen komplexiert. **Histone** sind bei Eukaryoten allgemein verbreitet. Eine Ausnahme machen nur die Dinoflagellaten (□ Abb. 19.39), deren Chromatin abweichend organisiert ist (diese Einzeller sind auch in anderer Hinsicht atypische Eukaryoten). Das Massenverhältnis Histon/DNA ist ungefähr 1:1. Histone kommen in der lebenden Zelle nur in Verbindung mit DNA vor. Sie werden synchron mit der DNA in der Replikationsphase des Zellzyklus (**S-Phase**) im Cytoplasma synthetisiert und sofort in den Zellkern verlagert. Durch die zahlreichen Phosphatreste ist die DNA stark negativ geladen und zieht die durch zahlreiche Lysin- und Argininreste positiv geladenen Histone elektrostatisch an (□ Tab. 1.1). Die Histone wurden während der Evolution nur wenig verändert und werden in verschiedene Typen (H1–4)

□ Tab. 1.1 Übersicht über die fünf Grundtypen der Histone		
Bezeichnung	**Molekülmasse (kDa)**	**Molekülform**
H1	>24	mit zwei positiv geladenen Fortsätzen (C- u. N-Terminus) und globulärer Zentraldomäne
H2A H2B H3 H4	~18,5 ~17 15,5 11,5	globulär, N-terminale Domäne mit Häufung basischer Aminosäurereste; seitlich abstehend

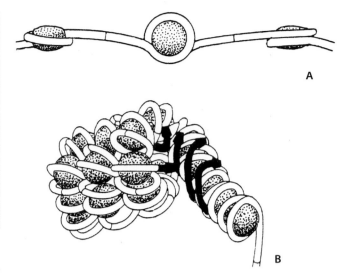

□ Abb. 1.20 Nucleosomen, schematisch. **A** Perlenkettenmuster. Drei Histonoktamere (punktiert) von DNA-Doppelhelix in Linksschrauben umwunden, über DNA-Linker verbunden; Querstriche: Schnittpunkte von Nucleasen aus *Micrococcus*. **B** Supranucleosomale Strukturen, die sich unter Vermittlung von H1 (schwarz) bilden; rechts Nucleofilament, links Chromatinfibrille (hier H1 nicht eingezeichnet). (Nach A. Worcel und C. Benyajati)

eingeteilt: Je höher die Nummer, umso geringer der Lysin-, aber umso höher der Argininanteil. Vor allem die Histone H3 und H4 sind evolutionär hoch konserviert. Allerdings können können Histone in verschiedenen Zellen oder Zuständen einer Zelle unterschiedlich modifiziert sein. Diese posttranslationalen, reversiblen Modifikationen wie Acetylierung oder Phosphorylierung spielen für die differenzielle Genexpression eine wichtige Rolle (▶ Abschn. 9.1). Die verschiedenen Histonklassen sind in der Regel in kleinen Genfamilien organisiert; von einem Histon gibt es leicht unterschiedliche Isotypen, die abhängig vom Differenzierungszustand der Zelle ebenfalls unterschiedlich aktiviert sein können.

Die vier strukturell und hinsichtlich ihrer Größe sehr ähnlichen **Core-Histone** (engl. *core*, Kern) H2A, H2B, H3 und H4 aggregieren auch in Abwesenheit von DNA zu flach-elliptischen Quartärstrukturen oder Komplexen. In diesen Komplexen mit einem Durchmesser von 10 nm und einer Dicke von 5 nm sind von jeder beteiligten Histonsorte zwei Moleküle vorhanden. Insgesamt besteht der Komplex also aus acht Bausteinen und wird daher als **Histonoktamer** bezeichnet. Jeweils ein 145 bp langer DNA-Sequenzabschnitt ist flach um den Rand eines Histonoktamers gewunden, der besonders reich an positiv geladenen Aminosäurenresten ist (□ Abb. 1.20). Die DNA-Doppelhelix legt sich in knapp zwei Windungen um das Histonoktamer. Der etwa 60 bp lange, freie DNA-Sequenzabschnitt zwischen zwei benachbarten Histonoktameren, der als Linker (Verbindungsstück) bezeichnet wird, ist bevorzugter Angriffsort für Endonucleasen. Endonucleasen setzen daher Nucleohistonkomplexe mit einheitlicher Partikelmasse frei, die **Nucleosomen**. Stark aufgelockertes, H1-freies Chromatin zeigt auf EM-Aufnahmen ein typisches Perlenkettenmuster (□ Abb. 1.21a), das durch Linker verbundene Nucleosomen repräsentiert.

Das Bild ändert sich, wenn H1 zugegeben wird. Dieses Histon ist deutlich größer (□ Tab. 1.1) und phylogenetisch weniger stark konserviert. Es ist nicht am Aufbau der Histonoktamere beteiligt, also nicht Teil

des Nucleosoms selbst. H1 wird auch als **Linkerhiston** bezeichnet und vermag Nucleosomen durch Bindung an Linker-DNA und an DNA-besetzte Histonoktamere eng zu verknüpfen. Diese Bindung ist nicht von der DNA-Sequenz abhängig und bewirkt eine Kondensation des Chromatins, das mit zunehmendem H1-Gehalt immer kompakter wird (□ Abb. 1.21b–d). Dabei bilden sich zunächst Nucleofilamente (Elementar- oder Basisfibrillen) mit einem Querdurchmesser von 10 nm. Durch eine weitere Verdichtung entstehen verschiedene Überstrukturen wie Solenoide (Helixstrukturen mit sechs Nucleosomen pro Windung; griech. *solén*, Röhre), weniger regelmäßige Zickzackstrukturen oder gar supranucleosomale Granula (Nucleomere). Die maximale H1-abhängige Kondensation führt zu Ausbildung einer etwa 35 nm dicken Fadenstruktur, der Chromatinfibrille. Die in einer Chromatinfibrille enthaltene DNA-Doppelhelix wäre in ausgespannter Form mehr als 20-mal länger.

Noch höhere Grade der Chromatinkompaktierung treten vor allem während der Kernteilung auf. Verschiedene Nicht-Histon-Proteine bilden dann ein fadenförmiges Chromosomenskelett, von dem die Chromatinfibrillen als seitliche Schleifen nach allen Richtungen abstehen. So entstehen die bereits im Lichtmikroskop sichtbaren **Chromonemen** mit Querdurchmessern von 0,2 µm (▶ Abschn. 1.2.4.5). Das Extrem der Chromatinkompaktierung wird schließlich durch immer weitergehende Verdrillung während der Bildung von Metaphasechromosomen im Verlauf der Mitose und, noch ausgeprägter, während der Meiose erreicht (□ Abb. 1.22, 1.23, 1.28d, und 1.33F–H).

Im Gegensatz zum inaktiven, kondensierten Chromatin ist **aktives Chromatin** maximal aufgelockert. Hier sind die Histone durch Methylierung, Acetylierung oder Phosphorylierung modifiziert, was ihre Affinität zu DNA vermindert. Die DNA selbst wird dadurch leichter zugänglich für Transkriptionsfaktoren und die für

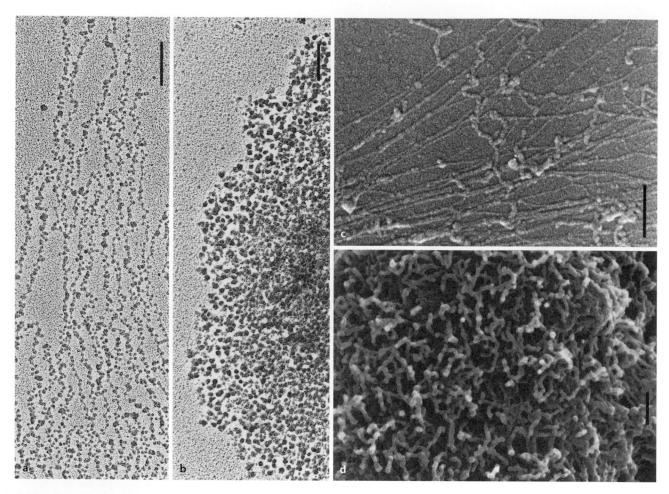

Abb. 1.21 Isoliertes Chromatin aus Kernen der Küchenzwiebel *Allium cepa* (**a**, **b**) und der Gerste *Hordeum vulgare* (**c**, **d**; im Raster-EM). **a** Perlenkettenmuster von expandiertem Chromatin bei niedriger Ionenstärke. **b** Supranucleosomale Strukturen bei physiologischer Salzkonzentration (100 mM NaCl). **c** Chromatin nach Behandlung mit Proteinase K; neben nackter DNA sind Nucleofilamente und Chromatinfibrillen sichtbar. **d** Nach kurzer Proteinase-K-Behandlung treten an einem Chromosom vor allem Chromatinfibrillen hervor. (Maßstäbe 0,2 μm.) (a, b EM-Aufnahmen: H. Zentgraf; c, d REM-Bilder: G. Wanner)

Replikation und Transkription benötigten Enzyme. Die **Transkriptionsfaktoren (TF)** binden hier sequenzspezifisch an DNA-Bereiche und leiten deren Transkription ein (► Abschn. 5.2). Gleichzeitig ist das aktive Chromatin besonders empfindlich für DNase I.

1.2.4.2 Chromosomen und Karyotyp

Die Bezeichnung Chromosom (abgeleitet von griech. *chróma*, Farbe, wegen der guten Färbbarkeit kondensierter Chromosomen) wurde vor über 100 Jahren von dem Anatom Heinrich Wilhelm Waldeyer eingeführt. Seit die DNA als Träger der genetischen Information erkannt ist, wird der Begriff häufig auf alle gentragenden Strukturen angewandt, sodass auch bei Plastiden und Mitochondrien, bei Bakterien und sogar bei Viren von Chromosomen gesprochen wird, obwohl hier keine Histone beteiligt sind und die charakteristischen Zyklen aus Kondensation und Dekondensation fehlen. Die Gesamtheit aller Gene bzw. gentragenden Strukturen von Organismen wird als deren **Genom**

bezeichnet (griech. *génos*, Herkunft, Gattung). Neben dem Kerngenom gibt es in Pflanzenzellen noch die deutlich kleineren Genome in den Plastiden und den Mitochondrien (► Abschn. 4.6, 4.7, und 4.8, Abb. 4.9). Genomgrößen werden heute meist durch die Gesamtzahl der DNA-Basenpaare angegeben (Tab. 4.1).

Der in den Zellkernen enthaltene Chromosomenbestand von Vertretern einer Art wird als **Karyotyp** bezeichnet. Er lässt sich cytologisch als Muster seiner Chromosomen darstellen, die in Größe, Gestalt und Anzahl für einen Organismus charakteristisch sind (**Karyogramm**). Die Zahl gleichartiger Chromosomensätze in einem Zellkern bestimmt seinen **Ploidiegrad n**. Zellkerne mit nur einem Chromosomensatz sind haploid (1n; griech. *haplós*, einfach). Die Kerne somatischer (Gewebe-) Zellen von Farn- und Samenpflanzen sind überwiegend diploid (2n). Kerne außergewöhnlicher Größe sind meistens polyploid und enthalten mehrere bis viele Kopien des Gen- und Chromosomenbestands der be-

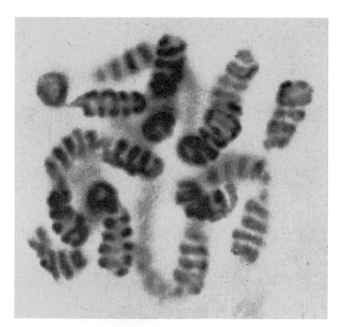

◘ **Abb. 1.22** Schraubenstruktur von Meiosechromosomen bei *Tradescantia virginiana* (4050 ×). (Nach C.D. Darlington und L.F. La Cour)

treffenden Art. Auch künstlich polyploid gemachte Zellkerne sind in der Regel vergrößert. Die DNA-Gesamtmenge des haploiden Genoms, angegeben in Pikogramm (1 pg = 10^{-12} g), wird als **C-Wert** bezeichnet. Folgende C-Werte wurden für verschiedene Organismen gemessen: *Escherichia coli* (Bakterium) 0,004; Tabak 1,6; Mais 7,5; manche Lilienarten, die freilich polyploid sind >30 (zum Vergleich: *Homo sapiens* 3,5).

Um ein Karyogramm zu erstellen, wird die Metaphase als Kernteilungsstadium, in dem die Chromosomen maximal kondensiert sind, zugrunde gelegt (▶ Abschn. 1.2.4.5), wobei vor allem Länge der Chromosomenarme, Lage des Centromers, Vorhandensein oder Fehlen einer Nucleolusorganisatorregion und heterochromatische Abschnitte im Zentrum stehen (◘ Abb. 1.23). Das **Centromer** (primäre Einschnürung; griech. *kéntron*, Mittelpunkt, und *méros*, Teil) ist die dünnste Stelle eines Chromosoms. Dort setzen die Mikrotubuli der Kernteilungsspindel an (◘ Abb. 10.1), sodass das Chromosom hier während der Chromosomenverschiebung im Verlauf der Kernteilung abgewinkelt wird. Diese Mikrotubuli enden in einer abgeflachten oder halbkugeligen, mehrschichtigen Struktur, die dem Centromer seitlich angelagert ist und als **Kinetochor** bezeichnet wird (griech. *kinesis*, Bewegung; *chóros*, Ort). Das Centromer gliedert das Chromosom in zwei Arme, deren relative Länge ähnlich bis sehr verschieden sein kann. Das Verhältnis des kurzen Chromosomenarms zur Gesamtlänge (**Centromerindex**) ist eine wichtige Kenngröße für die korrekte Zuordnung eines Chromosoms bei der Erstellung eines Karyogramms.

Die Chromosomenenden werden als **Telomere** bezeichnet. Sie vermitteln die Anheftung von Chromosomen an die Kernhülle und enthalten hochrepetitive Sequenzen, die im Verlauf der Replikationen verkürzt werden und durch die Aktivität eines besonderen Enzyms, der

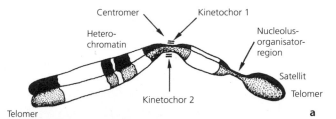

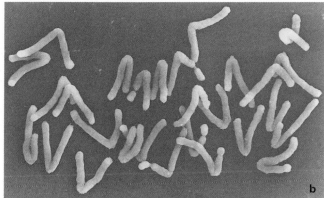

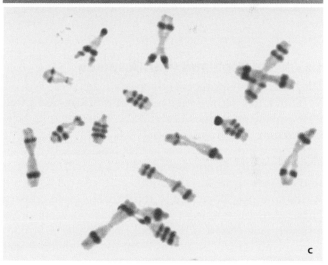

◘ **Abb. 1.23** Chromosomen treten während der Kernteilungen (z. B. in der Meta- und Anaphase der Mitose) als kompakte Einheiten hervor. Für diese wurde ursprünglich der Begriff „Chromosom" geprägt. **a** Schema eines SAT-Chromosoms mit den beiden Telomeren, dem Centromer mit den beiden Kinetochoren (Ansatzstellen der Mikrotubuli des Spindelapparats), Bändern von Heterochromatin (zusätzlich Regionen an den Telomeren und im Centromerbereich) sowie der für SAT-Chromosomen charakteristischen Nucleolusorganisatorregion (NOR) und einem heterochromatischen Satelliten. Das Chromosom ist längs in zwei Chromatiden gespalten, die später zu Tochterchromosomen werden. **b** Anaphasechromosomen der Gerste *Hordeum vulgare*, doppelte Chromosomenzahl 2n = 28, pro Satz zwei SAT-Chromosomen, die vier NOR und vier Satelliten der beiden Sätze von Tochterchromosomen sind gut erkennbar (1880 ×). **c** Chromosomensatz von *Anemone blanda* (2n = 16); heterochromatische Banden (außer am Centromer) durch Färbung hervorgehoben (600 ×). (b Präparat: R. Martin; REM-Bild: G. Wanner; c LM-Aufnahme: D. Schweizer)

RNA-haltigen Telomerase, in einigen Zelltypen erhalten bleiben. Chromosomen können leicht miteinander fusionieren, was etwa nach Chromosomenbrüchen oft beobachtet wird (▶ Abschn. 8.2). Solche Fusionen werden unter Normalbedingungen durch die Telomere verhindert. Bei Tierzellen spielt die Länge der Telomere eine Rolle für die Alterung.

Mikroverdauungsversuche bestätigen die These, dass jedes Chromosom einen einzelnen durchgehenden DNA-Strang (nach der Replikation in der S-Phase des Zellzyklus zwei Stränge) enthält (**Einstrangmodell**).

Die Fortschritte der DNA-Sequenzierung erlauben es, in immer höherer Geschwindigkeit Nucleotidsequenzen ganzer Chromosomen und Genome zu ermitteln und in öffentlichen Datenbanken verfügbar zu machen. Dadurch konnten viele Details der **Sequenzorganisation** von Chromatin aufgeklärt werden, wie die relative Lage und besondere Struktur von Startstellen (Origins) der DNA-Replikation oder die Verteilung von codierenden und nichtcodierenden Sequenzabschnitten, von Exons und Introns, sowie von regulatorischen und repetitiven Sequenzen. Darauf wird in ▶ Kap. 4 und 5 in Teil II (Genetik) genauer eingegangen.

1.2.4.3 Nucleoli und Präribosomen

Die **Nucleoli** (Kernkörperchen) sind die Orte, wo die Vorläufer der Ribosomen gebildet werden. Aufgrund ihres hohen Proteingehalts sind die Nucleoli in Zellkernen schon lichtmikroskopisch als kompakte, dichte Strukturen gut zu erkennen. Jeder Nucleolus ist von einem Abschnitt chromosomaler DNA durchzogen. Hier sind die verschiedenen ribosomalen RNAs (rRNAs) mit Ausnahme der 5S-rRNA in repetitiven Genen codiert. Dieser Abschnitt auf der DNA wird als **Nucleolusorganisatorregion** (**NOR** oder rDNA) bezeichnet. Chromosomen mit einer NOR werden als Satelliten- oder SAT-Chromosomen bezeichnet. Während der Metaphase ist die NOR als dünne Stelle eines Chromosomenarms lichtmikroskopisch erkennbar (◨ Abb. 1.23a, b), die gelegentlich als sekundäre Einschnürung von der primären (dem Centromer) unterschieden wird. In jedem haploiden Chromosomensatz ist mindestens ein SAT-Chromosom vorhanden. Bei Pflanzen entspricht der Ploidiegrad von Zellkernen normalerweise der Anzahl der Nucleoli. Kerne diploider Pflanzenzellen enthalten also typischerweise zwei Nucleoli, während in triploiden Kernen des Samennährgewebes von Angiospermen drei dieser Strukturen zu finden sind.

Die NOR ist ein Beispiel für einen moderat repetitiven Abschnitt der DNA-Sequenz. Zahlreiche weitgehend identische Transkriptionseinheiten liegen tandemartig angeordnet hintereinander und sind durch kürzere, nichtcodierende Regionen (Spacer) voneinander getrennt. Jede Transkriptionseinheit enthält die Gene für die großen rRNAs in immer gleicher Reihenfolge und wird als Ganzes transkribiert. Das Primärtranskript, die prä-rRNA, wird nachträglich in die einzelnen rRNAs zerlegt und von flankierenden Sequenzen befreit. Ribosereste und Basen werden stellenweise methyliert. Alle diese Modifikationen werden im Nucleolus vorgenommen, der zu diesem Zweck über eine eigene RNA-Prozessierungsmaschinerie verfügt, die von derjenigen im restlichen Kernlumens abweicht.

Die NOR ist frei von Nucleosomen. Die Transkription der Gene in dieser Region erfolgt durch die nucleolusständige **RNA-Polymerase I**. Im Gegensatz zur gewöhnlichen RNA-Polymerase II ist dieser Typ für das Pilzgift Amanitin nicht sensitiv. An den Transkriptionseinheiten in der NOR sind die RNA-Polymerase-I-Moleküle so dicht aufgereiht, dass jede einzelne dieser Einheiten gleichzeitig etwa 100-mal transkribiert werden kann. Außerdem sind rRNA-Gene hoch repetitiv, vor allem bei Pflanzen: Bei Weizen können 15.000, bei Kürbis unter 20.000, bei Mais sogar über 23.000 rRNA Gene hintereinander aufgereiht sein. Gerade in wachsenden Zellen, die große Proteinmengen herstellen müssen, sind sehr viele Ribosomen notwendig, umso mehr, da Ribosomen gewöhnlich nur wenige Stunden existieren und daher ständig ersetzt werden müssen. Das Ausmaß der Proteinbiosyntheseaktivität einer Zelle korreliert daher mit der Größe der Nucleoli in ihrem Kern. In Zellen, die keine Proteine synthetisieren, wie die generativen Zellen von Pollenschläuchen, enthalten die Kerne nur kleine oder überhaupt keine Nucleoli.

Mit fortschreitendem Reifungsgrad verbinden sich rRNA-Transkripte zunehmend mit aus Cytoplasma in den Kern importierten ribosomalen Proteinen und bilden schließlich fertige **Präribosomen**, die sich als unmittelbare Vorläufer der großen und kleinen Ribosomenuntereinheiten vom Nucleolus ablösen und durch die Porenkomplexe in das Cytoplasma transportiert werden. Die zeitliche Abfolge dieser Vorgänge spiegelt sich in der Struktur des **Nucleolus** (◨ Abb. 1.24) wider. Auf EM-Aufnahmen von Nucleoli sind drei strukturell verschiedene Zonen unterscheidbar: Die von lockerem, feinfädigem Material umgebene NOR durchzieht den Nucleolus mäanderartig und bildet **fibrilläre Zentren**, in denen die rRNA transkribiert wird. Nach außen hin verdichtet sich das filamentöse Material dieser Zentren zu **dichten fibrillären Zonen**, in denen diese rRNA prozessiert wird. Die Peripherie des Nucleolus schließlich wird von einer **granulären Zone** gebildet, in der die Präribosomen akkumulieren.

1.2.4.4 Kernmatrix und Kernhülle

Nach der Zerstörung der Hülle von isolierten Zellkernen durch Detergenzien und der vorsichtigen Extraktion löslicher Proteine bleibt selbst nach Nucleasebehandlung eine gelartige, lockere Struktur zurück, die in Form und Größe dem ursprünglichen Kern entspricht. Diese **Kernmatrix** (Nuclearmatrix) besteht aus einem Gemisch verschiedener Proteine. An die Kernmatrix sind DNA-Replikationsenzyme und RNA-Polymerasen gebunden und ziehen die DNA an sich entlang. Durch Antikörpermarkierung konnte gezeigt werden, dass so-

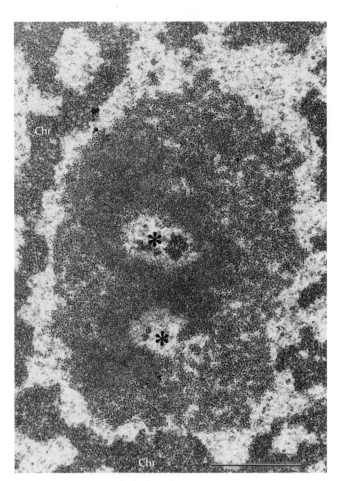

Abb. 1.24 Nucleolus im Kern einer Zelle aus dem Wurzelmeristem von *Allium cepa* (Küchenzwiebel). Die Durchtrittsstellen der Nucleolusorganisatorregion des SAT-Chromosoms (*) sind von dicht gepacktem, fibrillärem Material umgeben. Es enthält die Primärtranskripte, während in der äußeren, granulären Zone Präribosomen angehäuft sind (Maßstab 1 µm). – Chr Chromatin. (EM-Aufnahme: H. Falk)

wohl Transkription als auch RNA-Prozessierung lokal begrenzt in bestimmten Bereichen des Kernlumens stattfinden. Lineare nucleäre DNA-Moleküle enthalten in bestimmten Abständen Anheftungssequenzen für die Kernmatrix und bilden zwischen diesen Fixpunkten Schleifen aus. In jeder dieser Schleifen werden Transkription und Replikation unabhängig von benachbarten Schleifen desselben DNA-Moleküls reguliert.

In Tierzellen befindet sich unmittelbar innerhalb der Kernhülle die aus Intermediärfilamenten bestehende **Kern- oder Nuclearlamina**. Diese wird von Laminen gebildet, die unmittelbar vor Zusammenbruch der Kernhülle stark phosphoryliert werden. Umgekehrt ist die Neuformierung der Kernhülle während der Neubildung der Tochterkerne verbunden mit einer Dephosphorylierung der Lamine. Auch die Kernmatrix wird während der Kernteilungen teilweise aufgelöst. Bei Pflanzenzellen konnte man jedoch weder Intermediärfilamente noch Laminin oder eine Kernlamina nachweisen.

Die **Kernhülle** leitet sich vom endoplasmatischen Reticulum ab und hängt an mehreren Stellen direkt mit ER-Zisternen zusammen. Auch trägt sie auf ihrer Außenseite Ribosomen. Durch ihre besondere Lage zwischen Karyo- und Cytoplasma, sowie durch den Besitz von **Kernporenkomplexen** (**NPC**, von engl. *nuclear pore complexes*; Abb. 1.25) lässt sie sich jedoch von anderen ER-Bereichen unterscheiden. Durch die Kernporen werden mRNAs, tRNAs und Präribosomen (die Vorläufer der großen und kleinen Ribosomenuntereinheiten) aus dem Nucleus exportiert. In Gegenrichtung werden Kernproteine (z. B. Histone, DNA- und RNA-Polymerasen) in den Nucleus importiert. Die mit dem Transport durch die Kernporen befassten Proteine und Komplexe wie Importine und Exportine pendeln zwischen Karyo- und Cytoplasma hin und her (Abb. 6.11). Der Transport wird durch kleine GTPasen aus der Ran-Familie reguliert (▸ Abschn. 6.5), wobei die Richtung durch einen Gradienten von Ran-GDP (Cytoplasma) und Ran-GTP (Karyoplasma) bestimmt wird. Kleine Proteine (die Schwelle liegt bei etwa 40 kDa) können sich auch frei durch die Kernporen bewegen. Die Kernporen können sehr zahlreich auftreten (bis zu 80 Komplexe pro Quadratmikrometer).

Die Kernporen aller Eukaryoten sind sich strukturell sehr ähnlich und zeichnen sich durch eine enorme Komplexität aus (Abb. 1.25b). Mit mehr als 100 MDa übertrifft die Gesamtmasse eines Kernporenkomplexes die eines Ribosoms um das 10- bis 30-Fache. Kernporen bestehen aus 30 Core-Proteinen (**Nucleoporine**) und über 100 weiteren Proteinen. Viele Nucleoporine enthalten die Zweiersequenz Phenylalanin-Glycin in mehrfacher Wiederholung, ein Hinweis darauf, dass diese Proteine phylogenetisch miteinander verwandt sind.

1.2.4.5 Mitose und Zellzyklus

Als Mitose wird die mit Abstand häufigste Form der Kernteilung bezeichnet, die aus einem Zellkern zwei genetisch identische Tochterkerne entstehen lässt. Die Benennung geht auf das mit diesem Prozess verbundene Auftreten kondensierter Chromosomen zurück (griech. *mitos*, Faden). Die ersten eingehenden Untersuchungen der Mitose wurden von Eduard Strasburger, dem Begründer dieses Lehrbuchs, und dem Anatomen Walther Flemming an Pflanzen bzw. Tieren mit besonders langen Chromosomen durchgeführt (Abb. 1.26). Vor jeder Mitose wird in der **Interphase** (Phase zwischen zwei aufeinanderfolgenden Mitosen) die im Zellkern gespeicherte genetische Information repliziert. Während der Mitose werden dann mithilfe der **Kernteilungsspindel** (Mitosespindel, Spindelapparat) die zwei dadurch entstandenen identischen Chromosomensätze gleichmäßig auf die beiden neu entstehenden Tochterkerne verteilt, sodass jeder dieser Kerne einen vollständigen Chromo-

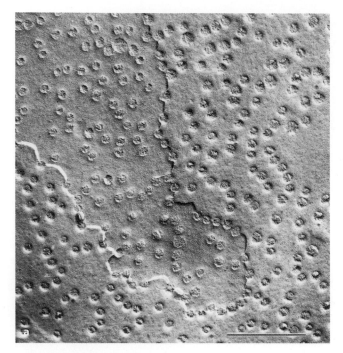

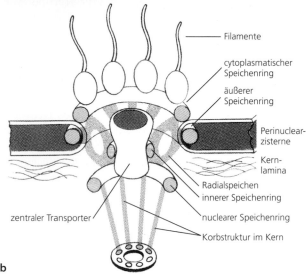

Filamente

cytoplasmatischer
Speichenring

äußerer
Speichenring

Perinuclear-
zisterne

Kern-
lamina

Radialspeichen
innerer Speichenring

nuclearer Speichenring

Korbstruktur im Kern

zentraler Transporter

b

■ **Abb. 1.25** Porenkomplexe der Kernhülle. **a** Kernhülle von *Allium cepa* (Küchenzwiebel), Gefrierbruch (Maßstab 1 μm). **b** Feinbaumodell eines Porenkomplexes. In der Perinuclearzisterne liegt der äußere Speichenring, der zusammen mit dem nucleären und dem cytoplasmatischen Speichenring die Radialspeichen trägt. Die Bereiche zwischen den Speichen sind durch amorphes Material abgedichtet. Der cytoplasmatische Speichenring trägt acht Partikel, von denen aus Filamente ins Cytoplasma ragen. Die Speichen halten über den inneren Speichenring einen röhrenförmigen Zentralpfropfen (Zentralgranulum). Durch ihn werden die verschiedenen Partikel geschleust, die zwischen Kern und Cytoplasma ausgetauscht werden. (a EM-Aufnahme: V. Speth)

somensatz erhält. Alle durch Mitosen aus einer Zelle hervorgegangenen Zellen sind daher genetisch identisch Zellen und bilden eine klonale Linie (griech. *klon*, Zweig, Trieb). Durch Mutationen kann die anfängliche Erb-

gleichheit innerhalb eines Klons allerdings verlorengehen. Die Mitose ist gewöhnlich mit einer **Zellteilung (Cytokinese)** verbunden. Das ist jedoch nicht immer der Fall (wie bei der Bildung polyenergider Zellen). Auch kann die Zellteilung durchaus asymmetrisch sein, sodass zwei ungleich große Tochterzellen entstehen, auch wenn beide genetisch gleich sind. Solche **inäquale Zellteilungen** stehen stets am Beginn von Differenzierungsprozessen.

Bei Prokaryoten gibt es keinen Zellkern und damit keine Mitose, obwohl sich auch diese Zellen natürlich teilen können (▶ Abschn. 19.1.1). Ablauf und Mechanismen der prokaryotischen Zellteilung unterscheiden sich jedoch. Dennoch entstehen genetisch gleiche Tochterzellen (Klone). Das Klonieren von DNA, also die identische Vervielfachung beliebiger DNA-Sequenzen in rasch wachsenden Bakterienkulturen ist eine zentrale Methode der modernen Molekularbiologie.

Der Prozess der Mitose ist seit Ende des 19. Jahrhunderts bekannt und wird üblicherweise in fünf Phasen gegliedert (■ Abb. 1.26 und 1.27). In einer relativ langen Vorbereitungsphase, der **Prophase**, kondensieren die Chromosomen langsam, sodass das empfindliche genetische Material aus einer lockeren „Arbeitsform" in eine kompakte „Transportform" überführt wird (■ Abb. 1.28). Lichtmikroskopisch äußert sich das in einer Vergröberung der Chromatinstruktur, sodass die Chromosomen einzeln hervortreten. Da die DNA zu diesem Zeitpunkt schon repliziert wurde, erscheinen die Chromosomenarme stellenweise längs gespalten. An der Chromatinkondensation sind verschiedene Proteine beteiligt, insbesondere Linkerhistone der H1-Gruppe (▶ Abschn. 1.2.4.1) und die SMC-Proteine (nach einem bei der Hefe *Saccharomyces* entdeckten Gen, das für die Stabilität von Minichromosomen notwendig ist).

Während der Prophase wird im Cytoplasma die Bildung des Spindelapparats vorbereitet. Schon vor der Chromatinkondensation rücken bei den Landpflanzen die peripheren Mikrotubuli zu einem **Präprophaseband** zusammen, das den künftigen Zelläquator in der Pflanzenzelle markiert (■ Abb. 1.13 und 1.14). Später ordnen sich die Mikrotubuli zur charakteristischen **Mitosespindel** um (▶ Exkurs 1.3, ■ Abb. 1.12). Alle größeren cytoplasmatischen Organellen werden aus dem Spindelbereich verdrängt. Am Ende der Prophase zerfällt die Kernhülle in Vesikel und kleine Zisternen, die an die Spindelpole verlagert und später zur Neubildung der Hüllen der Tochterkerne wieder herangezogen werden.

Der Prophase folgt eine Übergangsphase, die **Prometaphase**, in der zunächst die Mikrotubuli des Spindelapparats mit den Kinetochoren in Kontakt treten, wodurch sich die Chromosomen dann in den Zelläquator, die Symmetrieebene zwischen den Spindelpolen, verlagern. Unmittelbar nach dem Fragmentieren der Kernhülle trennt sich Nucleolimaterial teilweise von den sekundären Einschnürungen der SAT-Chromosomen, wandert aus dem Spindelbereich heraus und löst sich

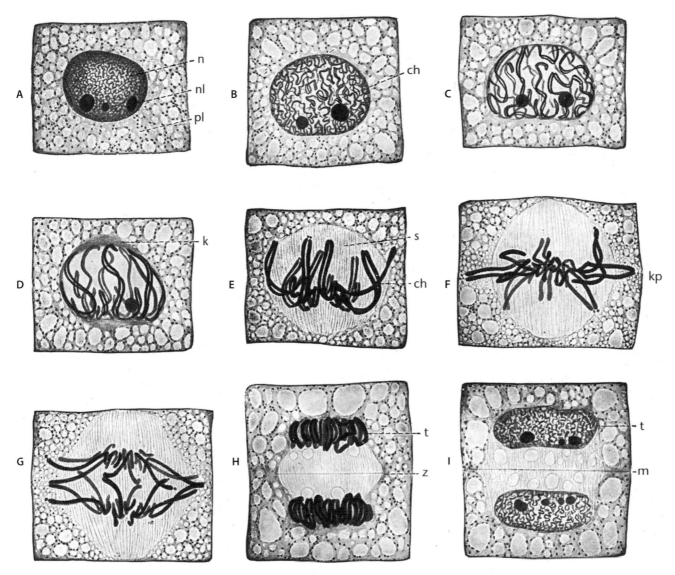

◘ Abb. 1.26 Mitose und Teilung einer embryonalen Zelle (Wurzelspitze von *Aloe thraskii*). **A** Interphase. **B–D** Prophase. **E** Prometaphase. **F** Metaphase. **G** Anaphase. **H, I** Telophase und Zellteilung (1000 ×). – n Kern, nl Nucleolus, ch Chromosomen, pl Cytoplasma, s Spindel, k Polkappen, kp Äquatorialplatte, t Tochterkerne, z wachsende Zellplatte im Phragmoplasten; m Zellplatte, die später zur Mittellamelle der neuen Zellwand wird. (Nach G. Schaffstein)

dann meistens im Cytoplasma auf. Ein Teil des Nucleolimaterials bleibt allerdings an der Oberfläche der SAT-Chromosomen zurück und wird später mit diesen zusammen zu den Tochterkernen transportiert.

Die **Centromere** (▶ Abschn. 1.2.4.2) sind durch besondere, oft hoch repetitive DNA-Sequenzen ausgezeichnet, die nie transkribiert werden. Mit ihnen sind viele spezifische Proteine (**CENP**, Centromerproteine) assoziiert, die unter anderem die plattenförmigen Kinetochoren aufbauen und sie an der Centromer-DNA verankern. Die äußere Kinetochorenplatte hat eine hohe Affinität zu den Plus-Enden von Spindelmikrotubuli, die innere zum Centromerchromatin.

Nachdem die Centromere aller jetzt maximal kondensierten Chromosomen am Zelläquator angelangt

sind, ist die **Metaphase** erreicht (griech. *metá*, inmitten). In dieser Phase kann der gesamte Chromosomensatz lichtmikroskopisch am besten beobachtet werden (◘ Abb. 1.23b, c). Die Arme der Metaphasechromosomen hängen in der Regel polwärts aus der Äquatorialplatte heraus. Mit dem Alkaloid Colchicin, das den Abbau der labilen Spindelmikrotubuli bewirkt, kann die Mitose in der Metaphase arretiert werden.

Die Metaphase dauert relative lange, vermutlich, weil die korrekte Anordnung der sich weiterhin leicht pendelnd bewegenden Chromosomen in der Äquatorialplatte des Spindelapparats Zeit benötigt. Zugleich schreitet die endgültige Teilung der replizierten Chromosomen weiter voran, sodass die künftigen Tochter-

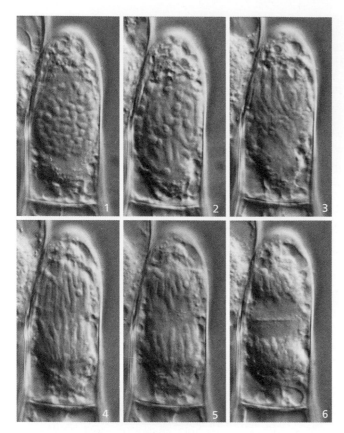

Abb. 1.27 Mitose und Zellteilung in der Endzelle eines Staubfadenhaars von *Tradescantia virginiana*, Lebendpräparat (680 ×). 1 Ende der Prophase, Polkappen ober- und unterhalb der kondensierten Chromosomen deutlich. 2 Prometaphase (Metakinese, Dauer 15 min). 3 Metaphase (15 min). 4, 5 Anaphase (10 min). 6 Beginnende Telophase und Zellteilung durch Zellplattenbildung. (Differenzialinterferenzkontrastaufnahmen: Hepler 1985, mit Erlaubnis der Rockefeller University Press)

chromosomen als Längsspalthälften der Chromosomen (**Chromatiden**) immer deutlicher sichtbar werden.

Am Ende der Metaphase hängen die Chromatiden oft nur noch am Centromer zusammen. Der Zusammenhalt wird durch **Cohesin**, einen multimeren Proteinkomplex, gewährleistet. Cohesin wird dann infolge der Aktivierung des Anaphase-Promoting-Komplexes, einer Ubiquitin-E3-Ligase, proteolytisch abgebaut, wodurch die **Anaphase** schlagartig eingeleitet wird, in der sich die jetzt vollständig getrennten Tochterchromosomen mithilfe des Spindelapparats (▶ Exkurs 1.3) auf die Spindelpole zu bewegen (griech. *aná*, hinauf, entlang). Dabei wandert jeweils eines der beiden Tochterchromosomen zum nächstgelegenen Spindelpol. Während der Anaphase wird also das genetische Material gleichmäßig auf die beiden künftigen Tochterkerne bzw. -zellen verteilt. In dieser Phase befinden sich in der noch ungeteilten Zelle vier Chromosomensätze, die Zelle ist jetzt vorübergehend tetraploid (4n).

Das kann zur Herstellung polyploider Pflanzen ausgenutzt werden. Durch Colchicinbehandlung (Blockierung der Anaphase) von Vegeta-

tionspunkten an Sprossspitzen entstehen im Bildungsgewebe (Meristem) tetraploide Zellen. Die soeben getrennten Tochterchromosomen werden infolge der andauernden Störung des Spindelapparats schließlich in einem einzigen Restitutionskern vereinigt, der entsprechend größer ist und bei nachfolgenden Mitosen den verdoppelten Ploidiegrad beibehält. Weil das Verhältnis Kerngröße/Zellgröße tendenziell aufrechterhalten wird, können dadurch auch die Zellgröße und bei Nutzpflanzen damit letztlich auch der Ertrag entsprechend zunehmen.

Das Ende der Anaphase, der kürzesten Mitosephase, ist erreicht, wenn die beiden Tochterchromosomensätze in der immer noch ungeteilten Mutterzelle so weit wie möglich auseinandergerückt sind und die Chromosomenverschiebung zum Stillstand kommt.

In der Schlussphase der Mitose (**Telophase**, griech. *télos*, Ende, Ziel) laufen die wesentlichen Teilprozesse der Prophase in umgekehrter Reihenfolge und Richtung ab. Der Spindelapparat löst sich auf. Um die in den Polregionen dicht gedrängten Chromosomen bildet sich durch Verschmelzen von ER-Zisternen wieder eine geschlossene Kernhülle mit neuen Kernporen. Die Chromosomen lockern sich auf. Euchromatische Chromosomenregionen bilden das typische, physiologisch aktive Chromatin der Interphasekerne. Sehr rasch werden neue Nucleoli gebildet, einerseits aus dem Material, das an den Chromosomenoberflächen mitgeführt worden ist, und andererseits durch die Wiederaufnahme der Synthese und Prozessierung von rRNA-Vorstufen an den NORs der SAT-Chromosomen. Die Proteinsynthese im Cytoplasma, die während der Mitose stillgelegt war, setzt wieder ein. Nach der Telophase/Kernteilung beginnt in der Regel die Zellteilung (▶ Abschn. 1.2.4.6).

Mit Abschluss der Mitose ist die **Interphase** erneut erreicht, die eigentliche Arbeitsphase des Chromatins. Sie dauert wesentlich länger als die gesamte Mitose. Die regelmäßige Abfolge von Mitose und Interphase wird als **Zellzyklus** bezeichnet (▪ Abb. 1.29 und 11.4). Zellen von Bildungsgeweben durchlaufen den Zellzyklus ständig. Im Gegensatz dazu wird der Zellzyklus in Zellen, die Bildungsgewebe verlassen und sich zu differenzieren beginnen, unmittelbar nach der letzten Mitose angehalten.

Isotopenversuche haben gezeigt, dass die Replikation der chromosomalen DNA während des Zellkyklus in einem mittleren Zeitabschnitt der Interphase erfolgt, der als **S-Phase** bezeichnet wird (S für Synthese neuer DNA). Der zwischen Mitose (**M-Phase**) und S-Phase liegende Zeitabschnitt wird G_1-Phase genannt (G von engl. *gap*, Lücke). Dementsprechend liegt die G_2-Phase zwischen der S-Phase und der nächsten Mitose. In aufeinanderfolgenden Zellzyklen wechseln also ständig Vermehrung (Replikation) und Verteilung (Segregation) des genetischen Materials ab. Die zwischengeschalteten G-Phasen dienen dem Wachstum der Zelle (vor allem G_1) und der Vorbereitung der nächsten Mitose (G_2). Ein entscheidender Kontrollpunkt liegt vor dem Beginn der S-Phase; wird er über-

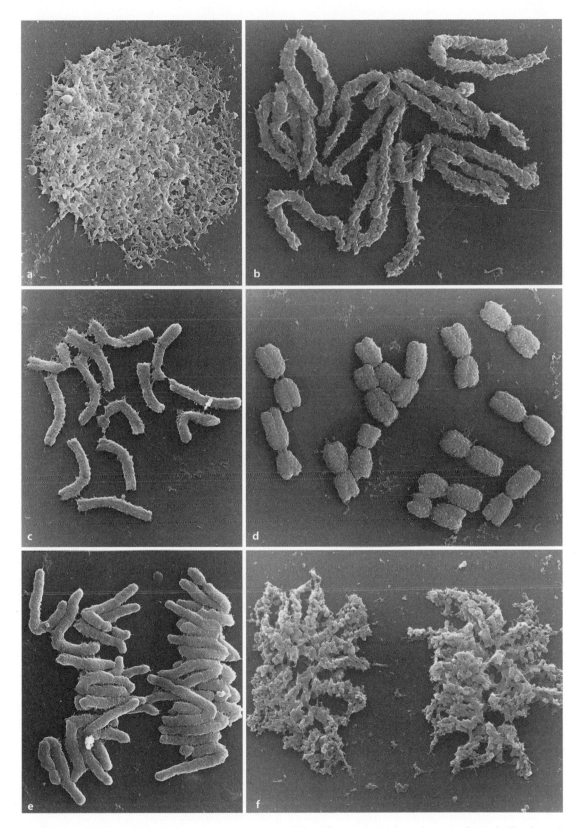

◨ Abb. 1.28 Chromatinkondensation und -dekondensation während der Mitose. **a** Interphase. **b, c** zunehmende Kondensation während Prophase und Metakinese. **d** Metaphase (arretiert durch Amiprophosmethyl, das eine besonders starke Kondensation bewirkt). **e** Anaphase. **f** Dekondensation in der Telophase. Zur Präparation wurden von fixierten Wurzelspitzen der Gerste *Hordeum vulgare* durch enzymatischen Verdau der Zellwände Zellsuspensionen hergestellt. Die Protoplasten platzen beim Auftropfen auf gekühlte Objektträger. Nach Abdecken mit Deckgläsern werden die Präparate tiefgefroren, nach Entfernen der Deckgläser vorsichtig entwässert und im REM untersucht. (Nach G. Wanner)

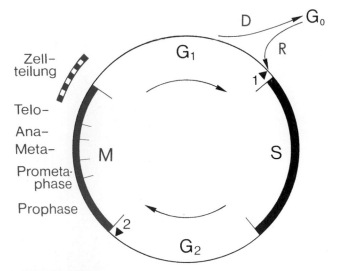

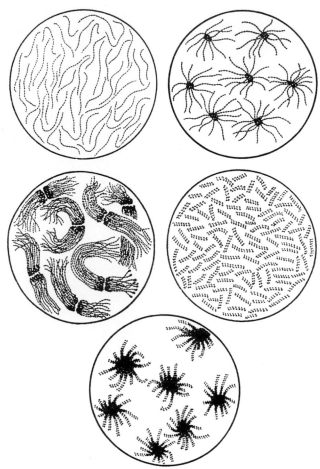

Abb. 1.29 Phasenfolge im Zellzyklus. – M Mitose; G_1 postmitotische Wachstumsphase; D Differenzierung zu Gewebezellen, deren DNA unrepliziert bleibt (G_0); R Reembryonalisierung, z. B. bei der Regeneration; S Replikation der DNA; G_2 prämitotische Phase; Pfeilköpfe 1 u. 2: Kontrollpunkte. Über die komplexe Regulation des Zellzyklus informiert ■ Abb. 11.3

schritten, erfolgt unweigerlich eine weitere Mitose und der gesamte Zellzyklus wird ein weiteres Mal durchlaufen. Wird der Kontrollpunkt dagegen nicht überschritten, finden keine weiteren Kern- oder Zellteilungen statt. Zellen treten dann in die **G_0-Phase** ein und differenzieren sich zu Gewebe oder Dauerzellen. Die Regulation des Zellzyklus (**Zellzykluskontrolle**) wird in ▶ Teil III (Entwicklung) behandelt (▶ Abschn. 11.2.1).

In manchen Fällen kommt es zu starken Abweichungen vom normalen Ablauf des Zellzyklus. Ein Beispiel dafür stellt die Entstehung von endopolyploiden Zellen dar, während der S-Phasen wiederholt ohne zwischengeschaltete M-Phasen durchlaufen werden (Polytänie). Bei Pflanzen geschieht dies häufig im Embryosack und im Endosperm der Angiospermen (■ Abb. 1.30), aber auch bei der Bildung von Haaren (Trichomen). Die für die Aufklärung der Genregulation bedeutsamen polytänen Riesenchromosomen, wie sie bei Speicheldrüsenkernen von Dipteren (wie Zuckmücken) auftreten, sind bei Pflanzen selten.

1.2.4.6 Zellteilung

Im Anschluss an die Mitose/Kernteilung findet normalerweise eine Zellteilung (**Cytokinese**) statt. In vielen sich teilenden Pflanzenzellen werden gleichzeitig mit dem Abbau des Spindelapparats in der Telophase am Zelläquator in großer Zahl neue, relativ kurze und senkrecht zur Äquatorebene orientierte Mikrotubuli synthetisiert (■ Abb. 1.14). Durch die regelmäßige Ausrichtung der Mikrotubuli wird die gesamte Plasmazone zwischen den Tochterkernen doppelbrechend. Sie wird **Phragmoplast** genannt („Wandbildner": griech. *phrágma*, Abgrenzung; *plástes*, Bildner, Former). Die Ränder des Phragmoplasten sind über Actin-

Abb. 1.30 Verschiedene Chromatinstrukturen endopolyploider Kerne in Antipodenzellen (Embryosack) des Klatsch-Mohns *Papaver rhoeas*, halbschematisch. (Nach G. Hasitschka.)

filamente mit der Plasmamembran verbunden. In der Umgebung des Phragmoplasten reichern sich aktive Dictyosomen an. Von ihnen wandern mit Zellwandmatrix gefüllte Golgi-Vesikel in den Phragmoplasten ein, akkumulieren in der Äquatorebene und verschmelzen durch die Ausbildung besonderer Fusionstubuli miteinander. So entsteht eine neue Zellwand zwischen den Tochterzellen: die **Zellplatte**. Der Bildungsprozess beginnt in der Regel in der Mitte der ehemaligen Mutterzelle. Die Zellplatte wächst dann unter fortwährender Inkorporation weiterer Golgi-Vesikel an ihren Rändern bis zur Mutterzellwand. Die Trennung der beiden Tochterzellen erfolgt also von innen nach außen, genau umgekehrt wie bei der Cytokinese von Tierzellen, bei denen die Tochterzellen zunehmend eingeschnürt werden. Die Trennung der Tochterzellen dauert oft nur Minuten. Bei großen Zellen, z. B. in den Initialen in Cambien, die sich in zwei sehr lange Hälften spalten müssen (■ Abb. 1.31, ▶ Abschn. 2.2.2), kann es freilich viel länger dauern, bis die zentrifugal wachsende Zellplatte die Trennung der Tochterzellen vollzogen hat. Bereits

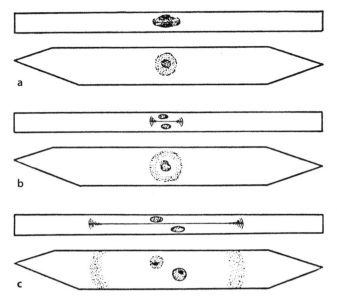

■ Abb. 1.31   Bildung der Zellplatte in einer Cambiumzelle. **a** Telophase, Formierung des Phragmoplasten. **b**, **c** Der Phragmoplast wächst zentrifugal und erreicht zunächst die Seitenwände der gestreckten Zelle; die Zellenden sind noch ungeteilt. (Nach I.W. Bailey)

während ihrer Entstehung bildet die Zellplatte erste Plasmodesmen um ER-Elemente herum, von denen sie durchzogen wird. Während sich die Zellplatte nach außen erweitert, reift sie durch die Deposition erster Lamellen der eigentlichen, primären Zellwand, die bereits wenige Cellulosefibrillen enthält, zunehmend in derselben Richtung.

Nicht immer folgt auf die Kernteilung eine Cytokinese. Das Ergebnis „freier" Kernteilungen ohne anschließende Cytokinese sind mehrkernige Zellen, polyenergide **Plasmodien**. Bei Algen (z. B. siphonalen Grünalgen oder Xanthophyceae [Gelbgrünalgen]) sind Plasmodien häufig, während sie bei phylogenetisch weiterentwickelten Pflanzen nur gelegentlich vorkommen. Beispielsweise ist das nucleäre Endosperm mancher Samen ein Plasmodium (bekanntestes Beispiel: Kokosmilch), genauso wie die vielkernigen, ungegliederten Milchröhren der Wolfsmilcharten. Nucleäres Endosperm kann sich durch freie Zellbildung in zelluläres umwandeln (■ Abb. 1.32) Mehrkernige Zellen können alternativ durch Verschmelzen (Fusion) einkerniger Zellen zustande kommen. In solchen Fällen spricht man von **Syncytien**. Beispiele für Syncytien sind die gegliederten Milchröhren des Löwenzahns (*Taraxacum*) und das Tapetum der Pollensäcke.

Wie die Mitose, so kann auch auch die Zellteilung von den oben beschriebenen Abläufen erheblich abweichen. Bei Flagellaten und manchen Algen wird z. B. die für Tierzellen typische Furchungsteilung beobachtet, die auf der Durchschnürung der Mutterzelle mithilfe eines äquatorialen Actomyosinrings beruht.

1.2.4.7   Meiose

Bei der Mitose erhalten die beiden Tochterkerne die genau gleiche Ausstattung an genetischer Information, die auch mit der des Mutterzellkerns identisch ist. Dagegen

■ Abb. 1.32   Polyenergides Endosperm von *Reseda* mit nach rechts fortschreitender Zellwandbildung (240 ×). (Nach E. Strasburger)

entstehen bei der Meiose aus einer diploiden Mutterzelle in zwei aufeinanderfolgenden Teilungsschritten vier haploide Tochterzellen, die in genetischer Hinsicht weder miteinander sind noch genau mit der Mutterzelle übereinstimmen. Durch **Syngamie**, die Fusion zweier haploider, zwar artgleicher, aber genetisch verschiedener **Gameten** (Keimzellen; griech. *gamétes*, Gatte), entsteht umgekehrt eine diploide Zelle mit zwei ähnlichen, aber nicht identischen Chromosomensätzen, die **Zygote** (griech. *zýgios*, vereinigt). Die Syngamie ist der zentrale zelluläre Vorgang der Befruchtung. Meiose und Syngamie sind die Basis der Sexualität im biologischen Sinn.

Durch die **Sexualität** können durch Mutationen im Lauf der Zeit entstandene Allele beliebig miteinander kombiniert werden. Neben nachteiligen oder neutralen Kombinationen entstehen so immer wieder auch Kombinationen, die unter den herrschenden Bedingungen vorteilhaft sind und daher positiv selektiert werden. Vor allem in evolutionären Situationen, wo sich die Bedingungen verändern, sind sexuelle Fortpflanzungszyklen von Vorteil, besonders dann, wenn die Genome umfangreich sind, also bei allen komplexen Vielzellern.

Die Präzision der DNA-Verdopplung und der Chromosomenverteilung durch den Spindelapparat schließen bei Mitosen störende Zufälligkeiten aus. Durch sexuelle Vorgänge wird umgekehrt dem Zufall jede nur mögliche Chance gegeben. Im kompletten Fortpflanzungszyklus mit Sexualität sind an drei Stellen Zufallsgeneratoren eingebaut:

In der unten genauer beschriebenen meiotischen Prophase werden zahlreiche Abschnitte zwischen homologen väterlichen und mütterlichen Chromosomen des diploiden Chromosomensatzes ausgetauscht (**intrachromosomale Rekombination**); Ort und Ausmaß dieser reziproken Austauschereignisse sind weitgehend zufällig.

Bei der ersten meiotischen Teilung werden mütterliche und väterliche Chromosomen zufällig auf die beiden Tochterzellen verteilt (**interchromosomale Rekombination**).

Bei der Gametenfusion ist es wieder dem Zufall überlassen, welche Gameten im konkreten Fall zu einer Zygote verschmelzen.

Früher hat man die Meiose als **Reduktionsteilung** bezeichnet, weil durch sie der diploide Chromosomenbestand (2n) auf den haploiden (n) reduziert wird. Doch trifft dieser Begriff nicht das Wesen der Meiose, ein Reduktion von 2n auf n könnte ja durch Wegfall der S-Phase in einem einzigen Teilungsschritt erreicht werden. Tatsächlich sind schon nach der ersten meiotischen Teilung (Meiose I) beide Tochterzellen haploid. Aber wo immer im gesamten Organismenreich die Meiose vorkommt, folgt der **Meiose I** noch eine **Meiose II**. Es entstehen damit vier **Gonen**. Diese können entweder als Gameten fungieren oder durch nachfolgende mitotische Vermehrung Gameten bilden. Erst durch die Aneinanderreihung der beiden mitotischen Teilungen kann die Neukombination des Erbguts (**Rekombination**) voll wirksam werden (s. u.). Die Meiose ist daher nicht nur eine Reduktionsteilung, sondern vor allem auch eine **Rekombinationsteilung**.

Meiose und Syngamie ergänzen sich, sind einander entgegengesetzt und sind notwendige Komponenten jeder sexuellen Fortpflanzung. Sie ermöglichen die ständige Durchmischung des Gen- bzw. Allelbestands (**Genpool**) einer Spezies. **Allele** sind unterschiedliche Ausbildungsformen eines Gens, die in homologen Chromosomen gleiche Positionen einnehmen und unter deren Einfluss das entsprechende Merkmal aber unterschiedlich ausgebildet wird (griech. *alloios*, verschieden.)

Die Meiose beginnt mit einer komplexen, zeitlich ausgedehnten **Prophase**. In ihr lassen sich mehrere Stadien unterscheiden, weil die Chromosomen innerhalb der intakten Kernhülle lichtmikroskopisch sichtbar werden und eine Serie charakteristischer Veränderungen durchlaufen (◘ Abb. 1.33A–E):

Leptotän Im Leptotän werden die Chromosomen (nach einer verlängerten prämeiotischen S-Phase und Kernvergrößerung) als zarte **Chromonemen** sichtbar (griech. *leptós*, dünn; *tainía*, Band; *néma*, Faden). An vielen Stellen, die für jedes Chromosom charakteristisch sind, ist das Chromonema zu Chromomeren geknäult (◘ Abb. 1.34). Die Telomere der einzelnen Chromosomen sind an der Kernhülle (bei Tierzellen an der Kernlamina) fixiert.

Zygotän Im Zygotän lagern sich homologe Chromosomen – die einander entsprechenden Chromosomen des mütterlichen und des väterlichen Chromosomensatzes – in ihrer vollen Länge paarweise zusammen (Syndese, **Synapsis**). Normalerweise beginnt die Synapsis an den Telomeren und läuft reißverschlussartig bis zu den Centromeren (dass dabei ein anderes Chromosom zwischen den Paarungspartnern eingeklemmt wird [engl. *interlocking*]), geschieht nur äußerst selten). Der Vorgang setzt eine entsprechende Anordnung der Chromosomen im Interphasekern voraus, die durch Anheftung der Telomere an die Innenseite der Kernhülle und nachfolgendes Zusammenschieben entsprechender Anheftungsstellen erreicht wird. Zwischen den gepaarten Homologen bildet sich der im EM leicht erkennbare **synaptonemale Komplex** aus, eine Proteinstuktur, die den Zusammenhalt stabilisiert (◘ Abb. 1.35).

Pachytän Im Pachytän ist die Homologenpaarung abgeschlossen (◘ Abb. 1.36). Die Zahl der Chromosomenpaare (Bivalente) im Kernraum entspricht der haploiden Chromosomenzahl n der betreffenden Organismenart. In dieser Phase findet die intrachromosomale Rekombination statt. Das äußert sich in einem vorübergehenden Anstieg einer reparativen DNA-Synthese und wird morphologisch im Auftreten von **Rekombinationsknötchen** sichtbar, dichter kugeliger Strukturen mit ca. 100 nm Durchmesser, die dem synaptonemalen Komplex seitlich anliegen. Der eigentliche molekulare Austauschvorgang, das **Crossing over** (Überkreuzung), bleibt unsichtbar. Nach und nach verkürzen sich die Chromosomen durch weitere Kondensation, wobei sie dicker werden (griech. *pachýs*, dick). Damit bereitet sich das nächste Stadium, das Diplotän, vor.

Diplotän Sein Beginn ist durch das Ende der Synapsis markiert, die synaptonemalen Komplexe verschwinden, und die Homologen beginnen auseinanderzuweichen. Sie haften allerdings an den Stellen, wo Crossing over stattgefunden hat, weiterhin aneinander. Die jetzt auch im Lichtmikroskop gut sichtbaren Überkreuzungen werden nach dem griechischen Buchstaben χ (Chi) als Chiasmen bezeichnet. Jedes **Chiasma** ist ein Ausdruck der molekularen Überkreuzung, die der intrachromosomalen Rekombination zugrunde liegt (► Abschn. 1.2.4.8). Die Chromosomen verkürzen sich weiter und jetzt zeigt sich auch, dass sie bereits repliziert waren. Jedes Chromosom ist längs in zwei Chromatiden gespalten; aus den Bivalenten sind Tetraden geworden (Vierstrangstadium). Genauere Beobachtungen zeigen, dass von den vier Chromatiden eines Homologenpaars an einem Chiasma jeweils nur zwei Chromatiden tatsächlich überkreuzt sind (◘ Abb. 1.37D, F).

Diakinese Die Diakinese ist das letzte Stadium der meiotischen Prophase. Die Chromosomen sind nun maximal kondensiert und damit noch kürzer und dicker als in der mitotischen Metaphase. Die ungeteilten Centromere eines jeden Homologenpaars entfernen sich so weit wie möglich voneinander. Dieses Auseinanderdriften wird begrenzt durch die nächstliegenden Chiasmen. Aber vielfach werden die Chiasmen jetzt in Richtung der nicht länger an der Kernhülle fixierten Telomere verschoben und ihre Zahl wird dabei schrittweise vermindert (Terminalisierung der Chiasmen, ◘ Abb. 1.38). Die

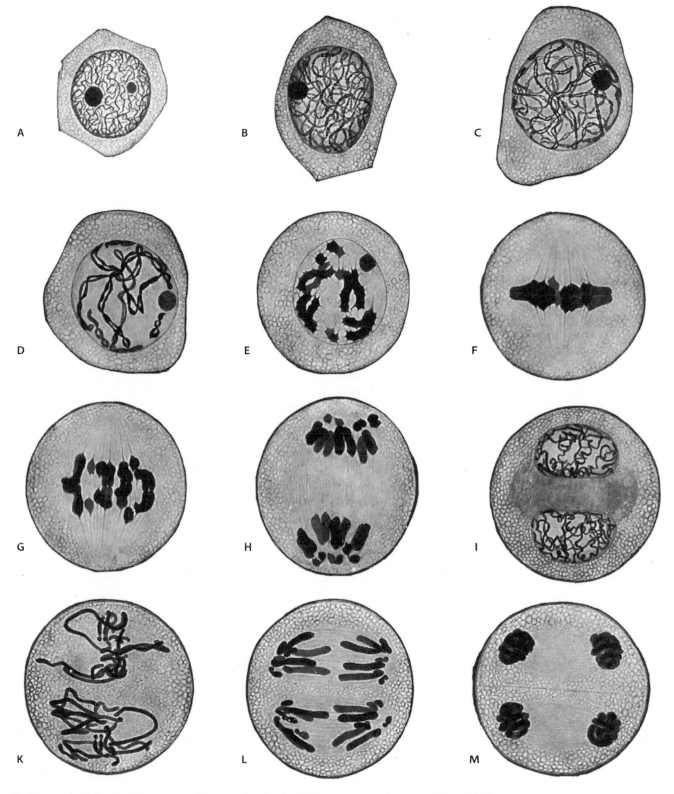

▣ **Abb. 1.33** Meiose in Pollenmutterzellen von *Aloe thraskii* (1000 ×). **A–E** Prophase von Meiose I (A Leptotän, B Zygotän, C Pachytän, D Diplotän, E Diakinese). **F** Metaphase I. **G** Anaphase I. **H** Telophase I. **I** Interkinese. **K–M** Meiose II, Bildung der vier Gonenkerne. (Nach G. Schaffstein)

1

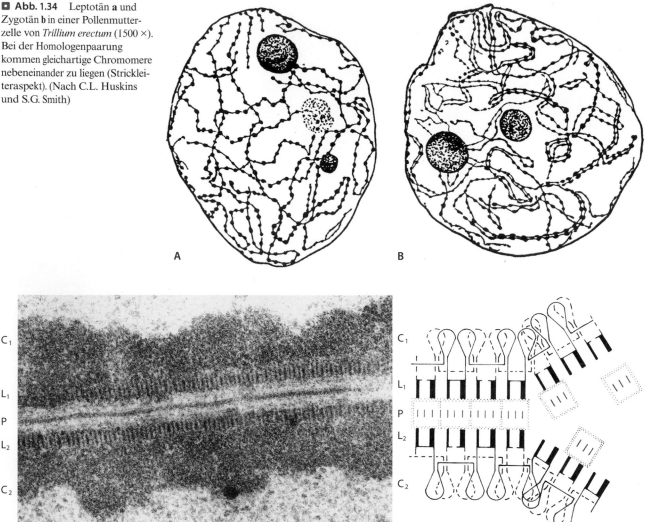

■ **Abb. 1.34**   Leptotän **a** und Zygotän **b** in einer Pollenmutterzelle von *Trillium erectum* (1500 ×). Bei der Homologenpaarung kommen gleichartige Chromomere nebeneinander zu liegen (Strickleiteraspekt). (Nach C.L. Huskins und S.G. Smith)

■ **Abb. 1.35**   Synaptonemaler Komplex (SC) zwischen gepaarten Chromosomen C_1 und C_2 beim Schlauchpilz *Neottiella*. **a** Längsschnitt im EM. **b** Schema. Bereits vor Paarungsbeginn werden die replizierten Chromosomen einseitig mit querstehenden Synaptomeren besetzt, die in regelmäßiger Aufeinanderfolge ein bandförmiges Lateralelement L bilden. Die Lateralelemente homologer Chromosomen werden im Zygotän durch Proteinkomplexe mit starker Aggregationstendenz aneinandergeheftet; es entsteht ein dichtes, von undeutlichen Transversalelementen flankiertes Zentralelement P. Im SC kommt es stellenweise zu molekularer Paarung homologer DNA-Sequenzen von jeweils zwei der vier Chromatiden. Das ist Voraussetzung für intrachromosomale Rekombination durch Crossing over. (Nach D. von Wettstein)

Diakinese (und damit die meiotische Prophase insgesamt) endet in dem Augenblick, an dem die Kernhülle zusammenbricht und damit die **Metaphase I** eingeleitet wird. Hier ordnen sich die Homologenpaare (!) am Spindeläquator an. Es liegen also vier Chromatiden nebeneinander. Dies ist ein entscheidender Unterschied zur Mitose, bei der ja nur die zwei replizierten Chromatiden nebeneinander angeordnet sind, die väterlichen und mütterlichen Chromosomen aber voneinander unabhängig sind. Die homologen Chromosomen sind in der Metaphase I immer noch über Chiasmen verbunden, oft jedoch nur noch an den Telomeren. An den Centromeren eines jeden Chromosoms befindet sich nur ein Kinetochor. Welches der beiden Chromosomen eines Homo-logenpaars zu welchem Spindelpol hin orientiert ist, ist zufällig und bildet die Grundlage der interchromosomalen Rekombination.

Anaphase I   In der Anaphase I werden die Chiasmen endgültig aufgelöst, die homologen Chromosomen hängen nicht mehr zusammen und wandern in der Teilungsspindel auseinander. Wesentlich ist, dass im Gegensatz zur mitotischen Anaphase nicht Chromatiden bzw. Tochterchromosomen in die Tochterkerne gelangen, sondern bereits replizierte Chromosomen mit noch nicht geteiltem Centromer und nicht verdoppeltem Kinetochor. Diese Chromosomen entsprechen nicht telophasischen, sondern prophasischen Chromosomen einer normalen Mitose. Die Tochterzellen, die Meiocyten I, haben also in ihren Kernen zwar den haploiden Chromosomensatz, aber gegenüber dem haploiden und nichtreplizierten Ge-

nom mit der DNA-Menge C (C-Wert) noch die doppelte DNA-Menge (2 C).

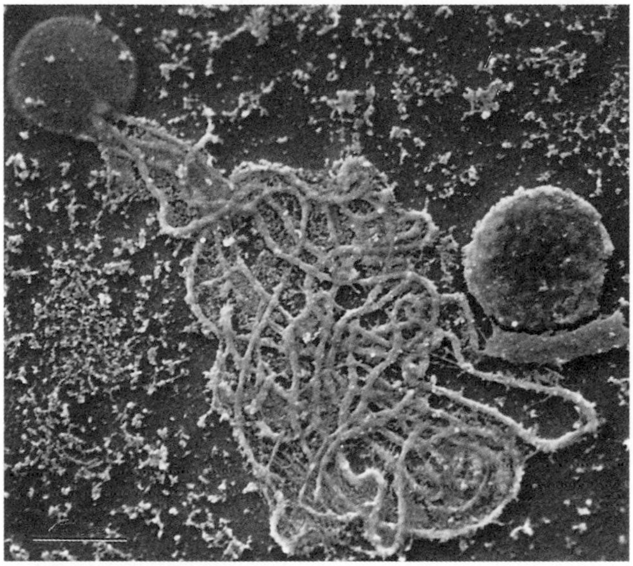

Meiose II In der Meiose II wird nun 2 C auf 1 C reduziert. In der Interphase zwischen der ersten und zweiten meiotischen Teilung, der **Interkinese**, findet keine DNA-Replikation statt, die S-Phase entfällt. Dementsprechend ist die Interkinese oft kurz und kann sogar ganz fehlen. Nur die Kinetochoren werden verdoppelt. Im Verlauf der Meiose II werden die während der prämeiotischen S-Phase entstandenen und im Pachytän durch Austausch (Crossing over) teilweise veränderten Chromatiden voneinander getrennt und jeweils in verschiedene Gonenkerne eingeschlossen. Äußerlich gleicht die Meiose II damit einer haploiden Mitose, aber die Schwesterchromatiden der einzelnen Chromosomen sind hier bezüglich ihres Allelbestands nicht identisch, denn infolge der intrachromosomalen Rekombination während des Pachytäns in der meiotischen Prophase sind in den Chromatiden immer wieder serienweise entsprechende Genorte mit unterschiedlichen (väterlichen bzw. mütterlichen) Allelen besetzt. Das ist überall dort der Fall, wo sich zwischen Centromer und der gerade betrachteten Stelle eine ungerade Zahl von Crossing over ereignet hat. Diese oft nicht identischen Sequenzen werden jetzt, zusammen mit den identischen Sequenzen

Abb. 1.36 Gepaarte homologe Chromosomen (Bivalente) des Roggens *Secale cereale* (Anthere, frühes Pachytän). Die Bivalente sind aus dem aufgerissenen Prophasekern links oben ausgetreten; rechts ein intakter Kern (Maßstab 20 µm). (REM-Aufnahme: G. Wanner)

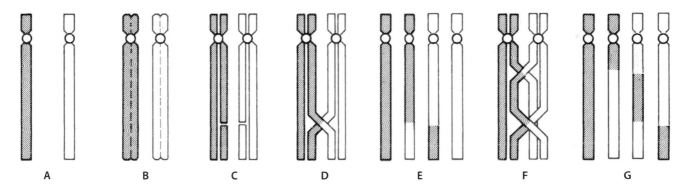

A   B   C   D   E   F   G

Abb. 1.37 Chiasmaentstehung während der ersten meiotischen Prophase. **A, B** Homologenpaarung. **C** Entstehung von korrespondierenden Chromatidenbrüchen und **D** kreuzweises Verknüpfen zweier homologer Chromatidenabschnitte. **E** Präreduktion für die dem Centromer benachbarten (proximalen) Chromosomenabschnitte; für die distalen Abschnitte (jenseits des Chiasmas) Postreduktion. **F, G** Doppel-Crossing-over mit Dreistrangaustausch, wobei der zweite Austausch zwischen einer Chromatide, die schon am ersten Austausch beteiligt war, und einer bisher unbeteiligten erfolgt. An einem Crossing over sind immer nur zwei der vier Chromatiden beteiligt, und zwar stets eine mütterliche und eine väterliche Chromatide. (Nach R. Rieger und A. Michaelis)

Abb. 1.38 Verminderung der Chiasmenzahl durch Terminalisierung vom Pachytän **a** bis Metaphase I **e**. (*Anemone baicalensis*, 1000 ×.) (Nach A.A. Moffett)

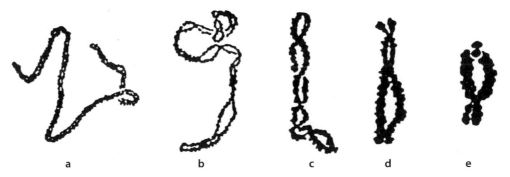

a   b   c   d   e

der ursprünglichen Schwesterchromatiden, voneinander getrennt (**Postreduktion**, ◘ Abb. 1.38). Die haploiden Gameten enthalten von jedem Gen nur noch ein Allel.

Die Zahl möglicher Verteilungsmuster für die mütterlichen und väterlichen Chromosomen in den Tochterzellen in der Anaphase I ist 2^n. Bei einem Organismus mit n = 10 Chromosomen im haploiden Satz gibt es also bereits über 1000 verschiedene Kombinationen, bei n = 23 (z. B. Mensch) fast 8,4 Mio. und bei n = 50 mehr als eine Trillion (>10^{15}). Die Chance, dass Gameten mit ausschließlich väterlichem bzw. mütterlichem Erbgut entstehen, ist also schon wegen der Zufallsverteilung der väterlichen und mütterlichen Chromosomen extrem gering, im Hinblick auf den zusätzlich immer gegebenen Segmentaustausch praktisch Null. Die Durchmischung des Allelbestands ist schon allein in der Meiose, noch ohne Berücksichtigung der Syngamie, extrem effektiv. Durch Erhöhung der Chromosomenzahl kann ein Organismus also die Zahl möglicher Kombinationen und damit die Effizienz der genetischen Durchmischung steigern. Andererseits wird der Aufbau des Spindelapparats bei hohen Chromosomenzahlen zunehmend komplexer und fehleranfälliger. Daher liegen die Chromosomenzahlen bei den meisten obligat sexuellen Organismen im Bereich von 10–50.

1.2.4.8 Crossing over

DNA-Sequenzen, die bestimmten Genen entsprechen, werden durch kovalente und andere starke Bindungen entlang der DNA-Doppelhelix in einem Chromosom bzw. einer Chromatide zusammengehalten. In der Genetik werden daher alle Gene, die auf einem bestimmten Chromosom lokalisiert sind, als gekoppelt bezeichnet. Ein Chromosom ist die strukturelle Entsprechung dessen, was in der Genetik als **Kopplungsgruppe** bezeichnet wird. Der Zusammenhalt der Gene in einer Kopplungsgruppe wird durch Crossing over durchbrochen: Nichtschwesterchromatiden gepaarter, homologer Chromosomen tauschen untereinander Teilstücke aus. Dieser Vorgang wird im Pachytän dadurch induziert, dass Endonucleasen in den DNA-Doppelhelices von zwei benachbarten Nichtschwesterchromatiden an entsprechenden Stellen Einzel- oder Doppelstrangbrüche verursachen, die kreuzweise durch Ligation repariert werden (◘ Abb. 1.39). Der Vorgang wird oft dadurch kompliziert, dass Einzelstrangbrüche nicht auf genau gleicher Höhe erfolgen, sodass eine zusätzliche Reparatursynthese von DNA-Sequenzen und/oder der Abbau überstehender Sequenzenden erforderlich wird. Diese Prozesse laufen in den Rekombinationsknötchen am synaptonemalen Komplex ab, in denen alle erforderlichen Enzyme konzentriert sind.

1.2.4.9 Syngamie

Bei der Syngamie verschmelzen zwei Gameten zur Zygote. Damit wird die während der Meiose erzielte Reduktion des Chromosomenbestands wieder ausgeglichen. Es kommt zunächst zu einer Plasmogamie, also zur Entstehung einer zweikernigen Zelle. Meistens folgt der **Plasmogamie** unmittelbar die **Karyogamie**, entweder durch die Fusion der Kernhüllen der beiden Game-

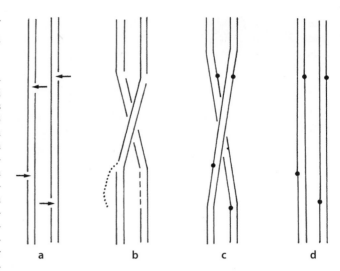

◘ **Abb. 1.39** Molekulare Vorgänge bei der intrachromosomalen Rekombination. **a** In den DNA-Doppelhelices von zwei (der insgesamt vier) gepaarten Nichtschwesterchromatiden werden enzymatisch Einzelstrangbrüche auf ungefähr gleicher Höhe induziert (Pfeile; Helixstruktur der DNA nicht dargestellt). **b** Überkreuzung nach Alternativpaarung, überstehende Einzelstränge (punktiert) werden abgebaut, fehlende Abschnitte (gestrichelt) durch Reparatursynthese ergänzt. **c** Ligation der freien Enden. **d** Durch Crossing over ist eine Neukombination mütterlicher und väterlicher Gene (Rekombination) eingetreten

tenkerne (Vorkerne) oder durch die Auflösen der Kernhüllen, unmittelbar gefolgt von der Anordnung der väterlichen und mütterlichen Chromosomen in einem gemeinsamen Spindelapparat und der ersten diploiden Mitose. Plasmogamie und Karyogamie können aber auch zeitlich weit voneinander getrennt erfolgen. Zwischen die beiden Teilprozesse der Syngamie ist dann eine **Dikaryophase** geschaltet, die betreffenden Zellen sind zweikernig. Dies kommt vor allem bei Pilzen vor (Ascomycota und Basidiomycota). Überhaupt sind die unterschiedlichsten Formen der Syngamie zu beobachten. In einigen Fällen werden überhaupt keine Gameten gebildet, weil beliebige Körperzellen des Paarungspartners miteinander verschmelzen können (**Somatogamie**, z. B. bei der haploiden Schraubenalge *Spirogyra*). In anderen Fällen sind die Gameten extrem differenzierte Zellen, deren Fusion durch ganz spezielle, oft geradezu skurril anmutende Anpassungen begünstigt wird. Man vergleiche dazu die detaillierten Darstellungen für die einzelnen systematischen Gruppen in ▶ Kap. 19.

1.2.5 Ribosomen – Werkzeuge der Proteinbiosynthese

Ribosomen sind Ribonucleoproteinkomplexe, an denen mRNA in lange Ketten aus Aminosäuren übersetzt werden (**Translation**, ▶ Abschn. 6.3). Die Genauigkeit dieses Vorgangs entscheidet letztendlich über die Lebensfähigkeit einer Zelle und muss daher sehr präzise und fehlerfrei ab-

◻ Tab. 1.2 Einige Ribosomendaten. Die Einheit S (Svedberg; gibt die Sedimentationsgeschwindigkeit pro Zentrifugalbeschleunigung an; 1 S = 10^{-13} s)

Eigenschaft	Cytoribosomen		Plastoribosomen		*E. coli*-Ribosomen	
Durchmesser (nm)	25		20		20	
Masse (kDa)	4200		2500		2500	
Sedimentation	80S		70S		70S	
Proteinanteil (% Trockenmasse)	50		47		40	
Untereinheiten	**60S**	**40S**	**50S**	**30S**	**50S**	**30S**
Anzahl, rProteine	49	33	30	23	34	21
rRNA	28S 5,8S 5S	18S	23S 5S 4,5S	16S	23S 5S	16S

laufen. Daher sind die Ribosomen sehr komplex und auch sehr groß –für die cytoplasmatischen Ribosomen der Eukaryoten wird die Molekülmasse auf etwa 4 MDa (4 Megadalton = 4 Mio. Da; ◻ Tab. 1.2) geschätzt. Vor allem rasch wachsende Zellen in Bildungsgeweben sind besonders reich an Ribosomen.

Die Ribosomen der Prokaryoten sind kleiner als die der Eukaryoten. Nach ihrem Sedimentationsverhalten in der Ultrazentrifuge (► Abschn. 1.1.4) werden die beiden Ribosomentypen als 70S- bzw. 80S-Ribosomen bezeichnet. Sie unterscheiden sich nicht nur strukturell, sondern auch funktionell. So wird die Translation bei 70S-Ribosomen durch die Antibiotika Chloramphenicol, Streptomycin, Lincomycin und Erythromycin blockiert, während gleiche Konzentrationen dieser Antibiotika bei 80S-Ribosomen wirkungslos sind. Umgekehrt hemmt Cycloheximid nur die Funktion von 80S-Ribosomen. Die Organellenribosomen der Plastiden und Mitochondrien sind in vielem den bakteriellen 70S-Ribosomen (◻ Abb. 1.40) ähnlicher als den eukaryotischen 80S-Cytoribosomen. Jedes Ribosom enthält genau einen Satz von rRNAs, ebenso tragen fast alle ribosomalen Proteine jeweils in einfacher Ausführung zum Komplex bei. Die Ribosomen der Mitochondrien sind bei verschiedenen Organismen teilweise sehr unterschiedlich ausgebildet.

Ganz gleich, ob die Ribosomen aus Prokaryoten, Mitochondrien, Plastiden oder aus dem eukaryotischen Cytoplasma stammen, sind sie aus zwei ungleich großen Untereinheiten aufgebaut. Diese Untereinheiten sind in der Regel nur während der Translation miteinander verbunden, genauer: während der Elongation einer gerade entstehenden Polypeptidkette. Mit der Freisetzung des fertigen Polypeptids (Termination) trennen sich die ribosomalen Untereinheiten voneinander. Die kleinere kann sich nun wieder mit 5′-terminalen Sequenzen einer neuen mRNA verbinden (Initiation). Nach Anheftung einer großen Untereinheit beginnt dann erneut die repetitive Reaktionsabfolge der Elongation.

Beide Ribosomenuntereinheiten sind Komplexe, bestehend aus vielen unterschiedlichen, zum Teil basischen, **ribosomalen Proteinen** und verschiedenen **rRNAs**:

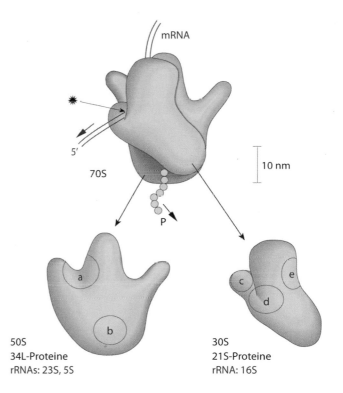

◻ Abb. 1.40 Ribosomenstruktur, Beispiel 70S-Ribosom von *Escherichia coli*. Die große und die kleine Untereinheit liegen im aktiven Ribosom gepaart vor. Der Translationsvorgang findet an der durch den Pfeil mit Stern bezeichneten Stelle zwischen den Untereinheiten statt, die wachsende Polypeptidkette P tritt am unteren Ende der großen Untereinheit aus. Die rProteine der großen Untereinheit werden mit L1, L2 usw. bezeichnet, die der kleinen mit S1, S2 usw. (engl. *large* bzw. *small*). Cytoribosomen von Eukaryoten (80S-Typ) weisen ähnliche Umrissformen auf, sind aber größer. Funktionelle Orte an den Untereinheiten: a Polypeptidsynthese (Peptidyltransferasezentrum), b Austritt der Polypeptidkette und Membrananheftung, c mRNA-Anheftung, Codon-Anticodon-Erkennung, d tRNA-Anheftung, e Interaktion mit Elongationsfaktoren

1

Das 80S-Ribosom im Cytoplasma eukaryotischer Zellen enthält eine 40S-Untereinheit (18S-rRNA; 33 Proteine) und eine größere 60S-Untereinheit (5S, 5,8S und 28S-rRNAs; 49 Proteine). Das 70S-Ribosom der Prokaryoten und der eukaryotischen Organellen ist dagegen au seiner 30S-Untereinheit (16S-rRNA; 21 Proteine) und einer 50S-Untereinheit (5S- und 23S-rRNA; 32 Proteine) aufgebaut.

Die molekulare Struktur der Ribosomenuntereinheiten konnte zuerst für Bakterienribosomen bis in die atomaren Details ermittelt werden. Die Interaktion von mRNA und tRNAs findet dort statt, wo sich der „Kopf" der kleinen Untereinheit und die „Krone" der großen Untereinheit gegenüberstehen (◘ Abb. 1.40). Von hier aus wandert die wachsende Polypeptidkette durch die große Untereinheit hindurch und tritt erst am gegenüberliegenden, stumpfen Ende dieser Untereinheit hervor. Das cytoplasmatische Ribosom überdeckt etwa 40 Aminosäurereste der wachsenden Polypeptidkette, was man dadurch herausgefunden hat, dass diese Reste nicht von Peptidasen/Proteinasen attackiert werden können.

An der Translation sind drei Typen von RNA beteiligt: die mRNA als Informationsträger, die strukturellen rRNAs im Ribosom und die **Transfer-RNAs (tRNAs)**, wobei Letztere aktivierte Aminosäurereste an das Ribosom heranführen und deren Einbau in die wachsende Polypeptidkette vermitteln. Dabei greifen sie die in den Codons der mRNA verschlüsselte Information mithilfe von komplementären Anticodons unter vorübergehender Basenpaarung ab.

Die tRNAs sind vergleichsweise kleine Moleküle, die aus nur etwa 80 Nucleotiden (etwa 25 kDa) bestehen. Ihre Sequenz erlaubt weitgehende intramolekulare Basenpaarungen, wobei eine für alle tRNAs charakteristische Kleeblattstruktur mit vier Armen und drei Schleifen entsteht (◘ Abb. 1.41a). Der Akzeptorarm mit 3′- und

5′-Ende trägt keine Schleife. An das 3′-Ende bindet der aktivierte Aminosäurerest. Das Anticodon, das dieser Aminosäure entspricht, kann an das basenkomplementäre Triplett (Codon) der mRNA binden und liegt gegenüber. In Wirklichkeit hat die tRNA jedoch nicht die zweidimensionale Kleeblattstruktur, sondern nimmt im Raum eine L-förmige Gestalt an. Das Ende des Aminosäureakzeptors und die Anticodonschleife befinden sich dann etwa 9 nm voneinander entfernt an den beiden Enden des L (◘ Abb. 1.41b). Die beiden Seitenarme des Kleeblatts mit ihren Schleifen sind an der Knickstelle des Moleküls nach außen geklappt und enthalten Erkennungssignale für jene Enzyme, die jede einzelne tRNA hoch spezifisch mit ihrer Aminosäure beladen. Die Zuverlässigkeit dieser Enzyme, der **Aminoacyl-tRNA-Synthetasen**, gewährleistet die selbst für Standards moderner Technik außergewöhnlich hohe Präzision der Translation, ohne die ein Überleben von Zellen und Organismen nicht möglich wäre. Von den kleinsten Bakterien bis zu den größten Vielzellern sind Struktur von rRNAs und tRNAs grundsätzlich ähnlich. Auch ihre Funktion unterscheidet sich nicht. Ihre Sequenzen sind während der stammesgeschichtlichen Entwicklung der Lebewesen extrem stark konserviert worden. Sie sind daher besonders zuverlässige Zeugen der Evolution und gestatten die Rekonstruktion auch sehr weit zurückliegender phylogenetischer Prozesse. Beispielsweise ist die Sonderstellung und die große Heterogenität der Archaeen unter den Prokaryoten vor allem mithilfe von Sequenzvergleichen an rRNAs aufgedeckt worden.

Während der Translation werden mehrere bis viele Ribosomen (Monosomen) durch einen mRNA-Strang zusammengehalten und bilden dann ein **Polysom**

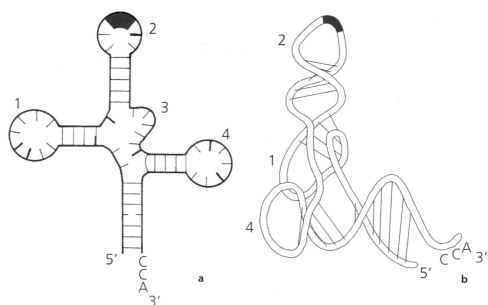

◘ **Abb. 1.41** Transfer-RNA (tRNA). **a** Kleeblattform mit vier Armen und drei Schleifen. 1 TΨC-Schleife (Ribothymidin-Pseudouridin-Cytidin; mit ihr bindet tRNA locker an die 5S-rRNA bzw. 5,8S-rRNA); 2 Anticodonschleife mit Anticodon (rot); 3 variable Schleife, bei verschiedenen tRNAs unterschiedlich groß bis fehlend; 4 DHU-Schleife (Dihydrouridin). Die voraktivierte Aminosäure wird an die CCA-Sequenz am 3′-Ende angehängt. Seltene Basen sind durch dickere Striche symbolisiert. **b** Räumliches Modell, L-Form

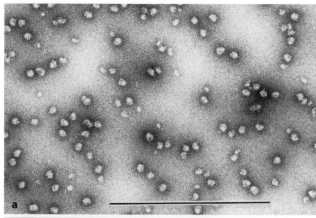

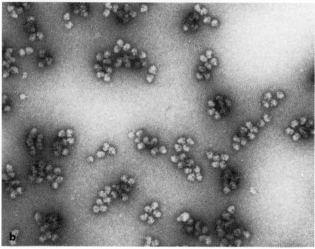

Abb. 1.42 Ribosomen und Polysomen, isoliert aus Blütenknospen von *Narcissus pseudonarcissus*, Negativkontrast. **a** Monosomen. **b** Polysomen; stellenweise Aufbau der Ribosomen aus zwei ungleich großen Untereinheiten erkennbar (Maßstab 0,5 μm). (Präparate: R. Junker; EM-Aufnahmen: H. Falk)

(■ Abb. 1.42a, b). Polysomen sind also die eigentlichen Translationsorganellen. Sie kommen in zwei Formen vor:

Frei im Cytoplasma liegend sind sie schraubenförmig. Freie Polysomen synthetisieren vor allem die löslichen cytoplasmatischen Proteine. Hier werden aber auch mitochondriale, plastidäre und alle nucleären Proteine sowie die charakteristischen Enzyme von Peroxisomen translatiert, bevor sie später (posttranslational) an ihren Bestimmungsort transportiert werden (▶ Abschn. 6.5).

Zusätzlich kommen die Ribosomen an den Membranen des ER vor, wo sie zweidimensionale Figuren bilden, vorwiegend flache Spiralen (vgl. ■ Abb. 1.48b). Die Membrananheftung erfolgt hier an der großen Ribosomenuntereinheit, nahe der Austrittsstelle für die wachsende Polypeptidkette. Diese wird oft schon während ihrer Synthese durch die Membran hindurchgeschoben (**cotranslationaler Transport**). Auf diese Weise gelangen etwa Sekretproteine und lysosomale Enzyme in das Innere von ER-Zisternen. In anderen Fällen

bleibt die naszierende Polypeptidkette mit einer Serie von wenigstens 20 aufeinanderfolgenden hydrophoben Aminosäureresten in der Membran selbst dauerhaft verankert und wird so zu einem integralen Membranprotein (▶ Abschn. 1.2.6.2).

1.2.6 Plasmamembran – Werkzeug der Integrität

1.2.6.1 Biomembranen bilden fließende Grenzen

Biomembranen sind 4–5 nm dünne, flächige **Lipoproteinstrukturen**, die manche Moleküle hindurchlassen, andere jedoch nicht (**Semipermeabilität**, ▶ Abschn. 1.2.6.3). Gleichzeitig bilden sie in wässriger Umgebung lückenlos umschlossene Räume aus, da dieser Zustand energetisch günstiger ist (hydrophober Effekt). Trotz ihrer Flächigkeit sind sie also keine zweidimensionalen, sondern dreidimensionale Gebilde. Biomembranen sind zähflüssig. Werden sie aufgerissen, schließen sie sich als Konsequenz des hydrophoben Effekts sofort wieder, sie sind also mit der Fähigkeit zur Selbstheilung ausgestattet. Wird die Membran durch technische Eingriffe (z. B. eine Mikroinjektion) oder natürliche Faktoren (etwa durch Angriff eines Pathogens) durchstoßen, stellt sie ihre Integrität selbst wieder her. Diese molekularen Eigenschaften bedingen auch die Funktion von Biomembranen: Sie sind die fließende Grenze der gesamten Zelle (**Plasmamembran**, Zellmembran) und trennen innerhalb der Zelle verschiedenartige **Kompartimente** gegeneinander ab.

Membranen entstehen in der Zelle nicht neu (*de novo*), sondern leiten sich stets von bereits vorhandenen Membranen ab. Die Membranbiogenese beruht auf Flächenwachstum vorhandener Membranen durch Einbau neuer Moleküle. Die beiden wichtigsten Bausteine von Biomembranen, Strukturlipide und Membranproteine, werden vor allem am ER synthetisiert. Von hier aus können sie über Vesikelströme in Golgi- und Vakuolenmembranen oder zur Plasmamembran gelangen. Ebenso gibt es einen **Membranfluss** zu den äußeren Hüllmembranen von Plastiden und Mitochondrien, während die inneren Membranen dieser Organellen immer abgetrennt bleiben (die inneren Membranen von Mitochondrien und Plastiden unterscheiden sich deutlich in ihrer stofflichen Zusammensetzung von allen anderen Membranen der Zelle).

1.2.6.2 Die molekularen Komponenten von Biomembranen

Man kann viele Aspekte von Biomembranen mit künstlich hergestellten bimolekularen Filmen aus **Strukturlipiden** simulieren. Solche künstlichen Membranen sind in Bezug auf Dicke, Fluidität und Semipermeabilität sehr ähnlich, ermöglichen aber keinen spezifischen und aktiven Membrantransport. Auch sind Außen- und Innenseite von bimolekularen Lipidfilmen identisch, während sie sich bei Biomembranen unterscheiden. Diese Unterschiede gehen darauf zurück, dass Biomembranen mit besonderen **Membranproteinen** ausgestattet sind, die für die unterschiedlichen Leistungen der einzelnen Membranen einer Zelle verantwortlich sind. Das Massenverhältnis Protein/Lipid liegt im Normalfall bei 3:2, obwohl deutliche Abweichungen von dieser Zahl möglich sind. In proteindominierten Membranen wie der inneren Mitochondrienmembran kann der Proteinanteil 70 % übersteigen, während er in lipiddominierten Membranen wie denen von membranösen Chromoplasten (▶ Abschn. 1.2.9.2) bei weniger als 20 % liegt.

Es gibt zwei Sorten von Membranproteinen: **Periphere** (extrinsische) **Membranproteine** sitzen der Lipiddoppelschicht nur oberflächlich auf und werden durch elektrostatische Wechselwirkungen mit den polaren Köpfen der Membranlipide festgehalten. Mit den unpolaren Kohlenwasserstoffketten der Lipide kommen diese Proteine nicht in Berührung. Daher können sie leicht, etwa durch Erhöhung der Ionenkonzentration, von der Membran abgelöst werden. Manche dieser peripheren Membranproteine sind allerdings über die Kohlenwasserstoffketten kovalent gebundener Fettsäuren oder Prenyllipide fest in Membranen verankert. **Integrale** (intrinsische) **Membranproteine** erstrecken sich durch das polare Innere der Lipiddoppelschicht von Biomembranen hindurch und werden deshalb auch als Transmembranproteine bezeichnet. Sie können aus Membranen nur unter Zerstörung der Lipiddoppelschicht, in der Regel mithilfe von Detergenzien, isoliert werden. Die Transmembranregionen solcher Proteinmoleküle sind hydrophob. Oft handelt es sich dabei um α-helikale Abschnitte aus 20–25 Aminosäuren mit unpolaren Seitenketten wie Leucin, Isoleucin, Valin oder Alanin. Es gibt integrale Membranproteine mit mehreren Membrandurchgängen und entsprechend vielen hydrophoben α-Helix-Domänen (Bakteriorhodopsin: 7, manche Ionenkanäle: bis 24). Die integralen Membranproteine sind durch den hydrophoben Effekt in der Lipiddoppelschicht der Membran verankert, der auf unmittelbaren Wechselwirkungen der Proteine mit den unpolaren Kohlenwasserstoffketten der Lipidmoleküle beruht. Die Domänen der Transmembranproteine, die zu beiden Seiten aus der Membran ragen, weisen eine hydrophile Oberfläche auf. Viele auf der Membranaußenseite liegende Domänen von Transmembranproteinen sind glykosyliert, tragen also kovalent gebundene Zuckerreste oder Oligosaccharidketten.

Im EM erscheinen quergeschnittene Biomembranen als feine Doppellinien (◼ Abb. 1.43A, B), ein Ausdruck ihrer Doppelschichtigkeit. Integrale Membranproteine werden in Gefrierbruchpräparaten als **Innermembranpartikel** sichtbar.

1.2.6.3 Fluidmosaikmodell

Das von Singer und Nicholson entwickelte **Fluidmosaikmodell** beschreibt die Biomembran als ein sich ständig veränderndes Mosaik von Transmembranproteinen, die in einem flüssigen Doppelfilm aus Strukturlipiden mehr oder minder beweglich sind (◼ Abb. 1.44). Obwohl sich wegen des fluiden Zustands von Biomembranen integrale Membranproteine, genauso wie Lipidmoleküle, in der Membranfläche um ihre senkrecht zur Membranfläche stehende Achse drehen und seitlich verschieben können (**laterale Diffusion**), ist ein Umklappen der Moleküle auf die andere Membranseite (Flip-Flop) wegen der hydrophoben Wechselwirkungen im Inneren der Membran energetisch sehr ungünstig. Es kann also weder ein Lipidmolekül, das sich in einer der beiden Schichten der Lipiddoppelschicht befindet, ohne Hilfe von Carrierproteinen (**Lipid-Transfer-Proteine**) in die andere Schicht gelangen, noch können die hydrophilen Domänen eines integralen Membranproteins beidseits der Transmembrandomäne ihre Position vertauschen. Biomembranen sind daher asymmetrisch – Zusammensetzung und Eigenschaften der äußeren und inneren Oberfläche sind unterschiedlich.

Wenn die Fluidität einer Membran zurückgeht, weil etwa die Temperatur absinkt, besteht die Gefahr, dass in dem flüssigen Mosaik Lücken entstehen und damit die Fähigkeit der Membran, einen Raum lückenlos zu umschließen, beeinträchtigt wird. Daher wird der fluide Zustand der zellulären Membranen bei Temperaturänderungen aktiv erhalten. Dies lässt sich z. B. durch vermehrte Einlagerung von Sterollipiden oder ungesättigter Fettsäuren erreichen. Beide Komponenten verhindern aufgrund ihrer sterischen Sperrigkeit, dass die Kohlenwasserstoffketten der Lipidfettsäuren zu dicht gepackt werden, und halten damit die Membran flüssig. Bei Organismen, die in kalter Umgebung leben, werden daher vermehrt ungesättigte Fettsäuren in Membranlipide eingebaut. So werden statt der gesättigten (doppelbindungsfreien) Stearinsäure die einfach ungesättigte Ölsäure mit einer Doppelbindung, die zweifach ungesättigte Linolsäure, die Linolensäure mit drei oder die Arachidonsäure mit vier Doppelbindungen im Fettsäurerest zur Lipidsynthese herangezogen. Das wertvollste Leinöl (mit vielen Doppelbindungen) stammt dementsprechend aus Anbaugebieten mit kühlem Klima.

1.2.6.4 Struktur und Funktion der Plasmamembran

Die **Plasmamembran** (Zellmembran, Plasmalemma) ist wegen ihres Glykoproteinanteils dicker und dichter als die übrigen zellulären Membranen und unterscheidet sich auch durch ihre Ladung von ihnen, was es erlaubt, Plasmamembranen über ein Phasensystem aus Dextran und Polyethylenglykol von anderen Membranen abzutrennen. Sie erhält die Integrität der Zelle und erlaubt es, im Cytoplasma ein chemisches Milieu aufrechtzuerhalten, das sich von dem der Umwelt deutlich unterschei-

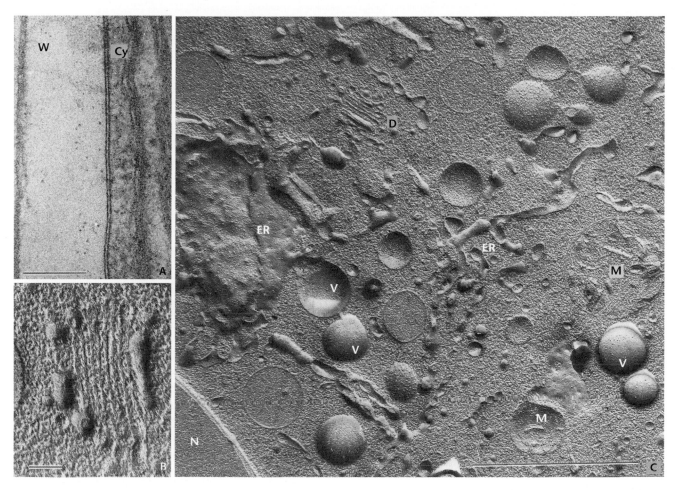

◻ Abb. 1.43 Biomembranen im EM. **A** Trilaminare Zellmembran zwischen Zellwand und Cytoplasma der Alge *Botrydium granulatum* nach Glutaraldehyd-OsO₄-Fixierung. **B** Trilaminarer Aspekt nichtfixierter Membranen eines Dictyosoms nach Gefrierbruch (quer, embryonale Zelle der Zwiebelwurzelspitze). (Maßstäbe in A, B 0,1 µm.) **C** Teilansicht einer Wurzelmeristemzelle der Küchenzwiebel im Gefrierbruchpräparat: zahlreiche Membranen im Querbruch, sowie in Flächenansicht mit Innermembranpartikeln, deren Zahl pro Flächeneinheit ein Charakteristikum der jeweiligen Membransorte ist. (Maßstab 1 µm.) – Cy Cytoplasma, D Dictyosom, ER endoplasmatisches Reticulum, M Mitochondrien, N Zellkern, V Vakuolen, W Zellwand. (a EM-Aufnahme: H. Falk; b, c Präparate und EM-Aufnahmen: V. Speth)

det. Wird die Plasmamembran dauerhaft durchstoßen oder chemisch aufgelöst, stirbt die Zelle schnell ab.

Man darf sich die Plasmamembran nicht als statisches Gebilde vorstellen. Vielmehr steht sie in fortwährendem Membranfluss mit den inneren Membranen (► Abschn. 1.2.7.5). Es werden ständig Vesikel zur cytoplasmatischen Seite hin abgeschnürt (**Endocytose**), während andere Vesikel auf der Innenseite mit der Plasmamembran verschmelzen und so ihren Inhalt nach außen freigeben (**Exocytose**). Bei Epidermiszellen von Hafercoleoptilen wird die Plasmamembran alle 3 h komplett ausgetauscht. Die Integrität der Zelle muss also unter erheblichem Energieaufwand erhalten werden. Beispielsweise werden manche Ionen (etwa Protonen) unter ATP-Verbrauch durch spezifische Pumpen aus der Zelle hinaus- und andere hineingepumpt und dadurch eine kontrollierte Membranspannung aufrechterhalten.

Die Plasmamembran ist auch der Ort, wo zahlreiche Signalübertragungsvorgänge beginnen. Zahlreiche **Rezeptorproteine** sind in der Lage, nach Bindung eines spezifischen **Liganden** Konformationsänderungen zu vollziehen, die auf der Innenseite der Zelle spezifische Signalleitungsvorgänge auslösen. So können Pflanzenzellen über einen spezifischen Rezeptor **Flagellin** (den Baustein bakterieller Geißeln) wahrnehmen, wodurch ein **Calciumkanal** in der Plasmamembran aktiviert wird. Der Calciumeinstrom schaltet über mehrere Zwischenschritte eine MAP-Kinase-Kaskade an, die eine Pathogenattacke signalisiert und im Zellkern die Aktivierung von **Abwehrgenen** hervorruft. Ein weiterer wichtiger Signalgeber für die Stressabwehr bei Pflanzen ist die Aktivierung einer membranständigen **NADPH-Oxidase**, die auf der Außenseite von Pflanzenzellen zur Bildung von Superoxidanionen führt, was über mehrere Zwischenschritte und unter Beteiligung von membranständigem

1

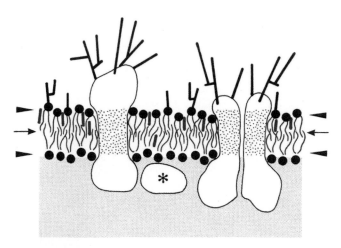

Abb. 1.44 Querschnitt durch eine Zellmembran nach dem Fluidmosaikmodell (schematisch). Die zähflüssige Lipiddoppelschicht ist von integralen Membranproteinen durchsetzt (rechts ein Dimer), deren extraplasmatische Domänen unverzweigte und/oder verzweigte Glykanketten tragen. Auch die Glykanketten von Glykolipiden stehen von der extraplasmatischen Seite der Membran nach außen ab. An der cytoplasmatischen Seite sind weder Lipide noch Proteine glykosyliert. In die unpolaren Bereiche der Lipiddoppelschicht (rot) sind Sterollipide eingelagert; die Transmembrandomänen der integralen Membranproteine sind an ihrer Außenseite hier ebenfalls hydrophob. * peripheres Membranprotein; Pfeile: Spaltfläche bei Gefrierbruch. Pfeilköpfe: bevorzugte Einlagerung kontrastgebender Osmiumatome, wodurch der trilaminare Aspekt quergeschnittener Biomembranen im EM entsteht (vgl. Abb. 1.43A). Alle beteiligten Moleküle sind in thermischer Bewegung, in der Membranebene wechseln sie ständig ihren Platz und rotieren senkrecht zur Membranebene um ihre Achse. Dagegen ist das Umklappen von Lipid- oder Proteinmolekülen auf die andere Membranseite (Flip-Flop) ein sehr seltenes Ereignis

Actin ebenfalls die Expression spezifischer Gene induziert. Auch im Zusammenhang mit Wachstum und Entwicklung ist die Plasmamembran von Pflanzenzellen ein wichtiger Ort für die Signalwahrnehmung. So wird das zentrale Pflanzenhormon **Auxin** über einen Effluxcarrier bevorzugt an einem Pol der Zelle ausgeschleust, wodurch ein gerichteter Hormonstrom entsteht, der die Pflanze von oben nach unten durchzieht und zahlreichen Entwicklungsvorgängen eine räumliche Ausrichtung verleiht.

Über einen Verdau der Zellwände mit Pektinasen und Cellulasen lassen sich wandlose **Protoplasten** herstellen (Abb. 1.45). Obwohl diese Protoplasten nach außen nur durch die dünne Plasmamembran umgrenzt sind, bleiben sie voll lebensfähig, wenn man dafür sorgt, dass innen und außen dieselben osmotischen Verhältnisse herrschen, was man experimentell durch die Zugabe von Mannitol erreichen kann. Wenn man die zellwandverdauenden Enzyme auswäscht, können Protoplasten nach einigen Tagen eine neue Zellwand bilden und es lässt sich sogar eine ganze Pflanze daraus regenerieren. Protoplasten können zur **Zellfusion** angeregt werden, indem man die Plasmamembran durch

Polyethylenglykol oder durch elektrische Spannungsstöße für kurze Zeit perforiert, sodass die Plasmamembranen der beiden Zellen bei Berührung verschmelzen (Abb. 1.46). Auf diese Weise können **Zellhybride** **(Cybride)** unterschiedlicher Pflanzen erzeugt werden. Aus diesen Zellhybriden können Pflanzen regeneriert werden, die auf natürliche Weise nie entstanden wären. Bekanntestes Beispiel ist die Tomoffel, die durch Fusion von Protoplasten aus Tomate und Kartoffel (beides Vertreter der Nachtschattengewächse und sehr regenerationsfreudig) entstanden ist.

1.2.7 Endomembransystem – Werkzeug der Kompartimentierung

1.2.7.1 Membranen als Kompartimentgrenzen

Die Existenz von Zellen und zellulären Kompartimenten wäre ohne die **Barrierewirkung** von Membranen undenkbar. Biomembranen haben daher vor allem die Funktion, die freie Diffusion zu unterbinden und so Reaktionsräume mit unterschiedlicher chemischer Zusammensetzung zu schaffen. Andererseits ist Leben aber nur in offenen Systemen möglich, weil bestimmte Stoffe aus der Umgebung aufgenommen und andere abgegeben werden müssen. Die Barrierewirkung von Biomembranen beruht vor allem auf der Lipiddoppelschicht, die selektive Durchlässigkeit für ausgewählte Ionen oder Moleküle wird durch integrale Membranproteine bewerkstelligt, die entweder **Kanäle**, **Carrier** oder **Pumpen** sein können. Kanäle bilden mithilfe hydrophober Aminosäuren Poren durch die Membran; durch ihren Durchmesser, bestimmte Ladungen oder spezielle Deckelstrukturen sind sie häufig für bestimmte Frachten selektiv. Vor allem Ionenkanäle sichern ein kontrolliertes zelluläres Milieu und tragen auch zu einer ausgeprägten Membranspannung bei. **Carrier** (auch als Translokatoren oder Permeasen bezeichnet) erkennen und binden ihre Substrate mithilfe sterischer Passformen (analog der spezifischen Bildung von Enzym-Substrat-Komplexen) und verlagern sie unter Konformationsänderung durch die Membran (Abb. 14.6). Der Transport folgt dem Konzentrationsgefälle der Fracht oder nutzt den Konzentrationsgradienten eines anderen Moleküls. Im Gegensatz dazu sind **Pumpen** in der Lage, eine Fracht unter Energieaufwand (Spaltung von ATP) „stromaufwärts", also entgegen dem Konzentrationsgefälle, zu transportieren (energieabhängiger, **aktiver Transport**). Jede zelluläre Membran trägt eine unterschiedliche Ausstattung solcher Kanäle, Carrier und Pumpen und stellt so ein chemisches Milieu des entsprechenden Kompartiments sicher, das zur Charakterisierung genutzt werden kann (Tab. 1.3).

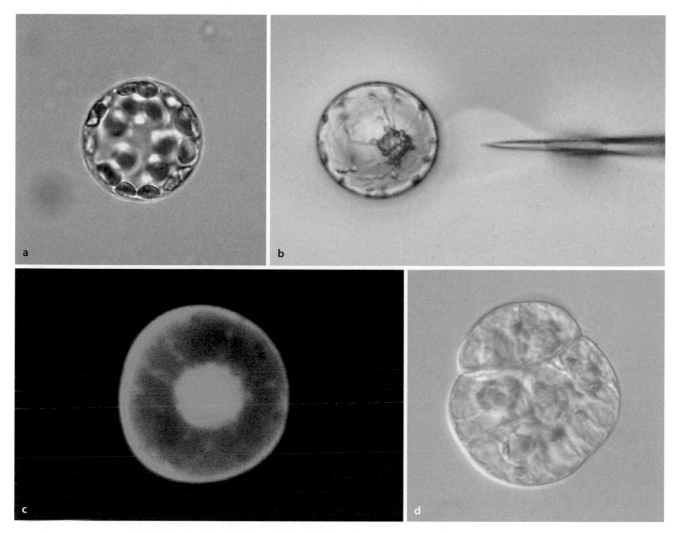

◨ Abb. 1.45 Protoplasten, künstlich hergestellt durch enzymatischen Verdau der Zellwände. **a** Protoplast aus dem Mesophyllgewebe (mit Chloroplasten) von *Nicotiana tabacum* nach Abkugelung des Protoplasten in 0,6 M Sorbitol (200 ×). **b, c** Mikroinjektion in einen Protoplasten von *Nicotiana tabacum*; **b** vor und **c** nach der Injektion von Dextran-FITC in das Cytoplasma des Protoplasten; deutlich sichtbar gefärbtes Cytoplasma (C Fluoreszenzmikroskopie). **c** Aus Protoplast in Zellkultur durch Teilung entstehende Zellklone (Regeneration) (B, C 200 ×)

Werden die oft sehr hohen Konzentrationsunterschiede an Kompartimentgrenzen (z. B. durch Gifte, Ionophoren oder bestimmte Antibiotika) nivelliert, hat das häufig den Zelltod zur Folge. Auch **Membranpotenziale**, die im Leben aller Zellen eine wichtige Rolle spielen, beruhen auf der unterschiedlichen Ionenausstattung benachbarter Kompartimente. Aus den Membranpotenzialen (Größenordnung 100 mV) resultieren wegen der geringen Dicke der Lipiddoppelschicht (4 nm) elektrische Feldstärken um 100.000 V cm^{-1}. Das Membranpotenzial liegt damit an der Grenze der Durchschlagsspannung für Lipiddoppelschichten.

Biomembranen sind allerdings keine perfekten Diffusionsbarrieren. Viele lipophile Gifte, Narkotika und dergleichen können sich in der Lipiddoppelschicht lösen und sogar konzentrieren, sodass die Membran für die Wirkstoffe kein Diffusionshindernis darstellt. Selbst polare Teilchen können passieren, wenn sie klein genug sind (<70 Da). Die

Membran wirkt wie ein Filter mit einer mittleren Porenweite von 0,3 nm. Als Poren fungieren dabei kurzlebige Störstellen, wie sie sich bei den thermischen Bewegungen der Lipidmoleküle in den fluiden Membranen immer wieder von selbst ergeben. Die vergleichsweise hohe Durchlässigkeit für Wasser beruht allerdings in vielen Fällen auf dem Vorhandensein von **Aquaporinen**, die 0,4 nm weite Transmembrankanäle für Wassermoleküle bilden (◨ Abb. 14.10). Durch einen solchen Kanal können, wenn er durch Phosphorylierung des Aquaporins geöffnet wurde, weder Ionen noch Metaboliten hindurchtreten, wohl aber bis zu 4 Mrd. Wassermoleküle in der Sekunde.

Wenn sich der pH-Wert zweier benachbarter Kompartimente unterscheidet, kann es vorkommen, dass ungeladene und wenig polare Moleküle, die in das Zielkompartiment gelangen, dort aufgrund der geänderten Protonenkonzentration eine Ladung annehmen und das Zielkompartiment nicht mehr verlassen können – sie bleiben in diesem Kompartiment gefangen (**Ionenfalle**). Dieses Phänomen ist als Sonderfall

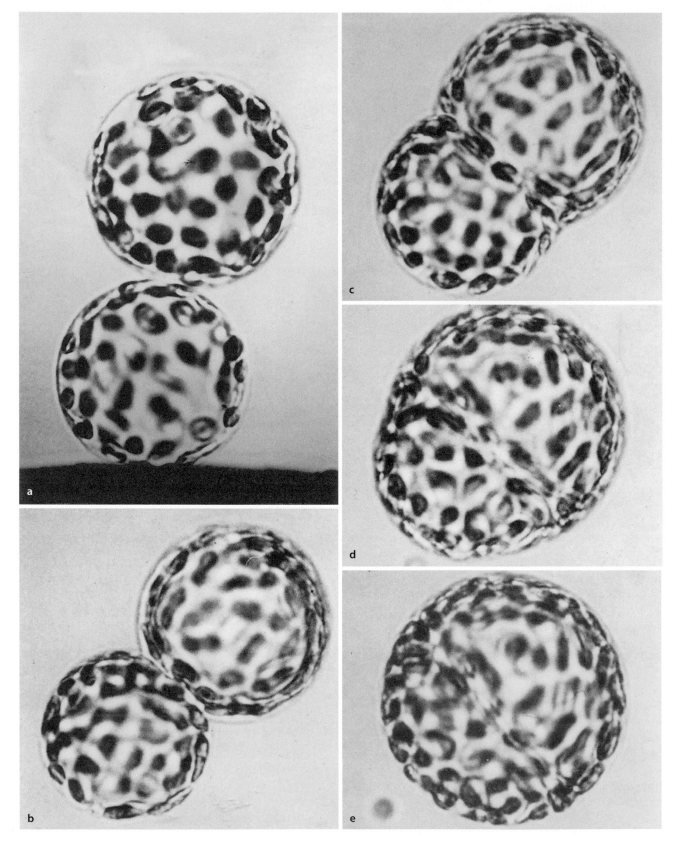

◘ **Abb. 1.46**   Elektrofusion von Protoplasten des Laubmooses *Funaria hygrometrica* (640 ×). Zwei sich an einer Elektrode berührende Protoplasten **a** werden durch einen Spannungsstoß (Feldstärke 1 kV cm^{-1}, 70 µs) fusioniert **b–e**. Aus einer so entstandenen Hybridzelle kann in einigen Wochen ein neues Moospflänzchen heranwachsen. (Präparate und Mikroaufnahmen: A. Mejía; G. Spangenberg; H.-U. Koop; M. Bopp)

Tab. 1.3 Leitenzyme bzw. charakteristische Verbindungen zellulärer Membranen und Kompartimente

Zellkomponente	Leitenzym bzw. charakteristische Verbindung
Zellmembran	Cellulose-Synthase; Na⁺/K⁺-Pumpe
Cytoplasma	Nitrat-Reduktase; 80S-Ribosomen
Zellkern	Chromatin (lineare nucleäre DNA, Histone); nucleäre DNA- u. RNA-Polymerasen
Plasma und Kern	Actin, Myosin, Tubulin
Plastiden	Stärke u. Stärke-Synthase; zirkuläre ptDNA; Plastoribosomen (70S); Nitrit-Reduktase; in Chloroplasten: Ribulosebisphosphat-Carboxylase (Rubisco), Chlorophylle, Plastochinon, plastidäre ATP-Synthase
Mitochondrien	Fumarase, Succinat-Dehydrogenase, Cytochrom-Oxidase; Ubichinon; mitochondriale ATP-Synthase; zirkuläre mtDNA; Mitoribosomen (70S-Typ)
rER	SRP-Rezeptor; Ribophorine
Dictyosomen	Glykosyltransferasen
Vakuolen bzw. Lysosomen	saure Phosphatase, α-Mannosidase; verschiedene Speicher-, Gift- u. Farbstoffe (Proteine, Zucker, Säuren; Alkaloide, Glykoside, Ca-Oxalat; Flavonoide u. a. Chymochrome)
Oleosomen	Triacylglycerine

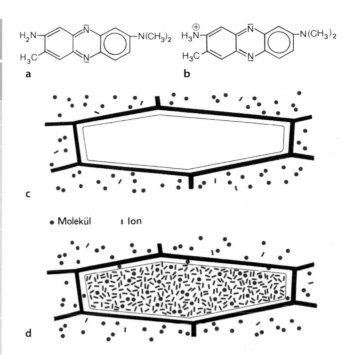

a b

• Molekül   ı Ion

c

d

Abb. 1.47 Ionenfalle, Anreicherung von Neutralrot in der Vakuole einer Pflanzenzelle. Neutralrot liegt in alkalischer Lösung als lipophiles Molekül vor **a**, in saurer Lösung durch Anlagerung eines Protons dagegen als Farbkation **b**. **c** Ausgangssituation. Lebende Zelle in verdünnter Neutralrotlösung, pH 8 (Farbmoleküle als Punkte dargestellt, Farbkationen als Striche). **d** Endzustand. Farbmoleküle sind in die Vakuole (pH 5) eingedrungen, die sie als hydrophile Ionen nicht mehr verlassen können. Ein Gleichgewicht stellt sich erst ein, wenn das chemische Potenzial (das unter anderem von der Konzentration der Neutralrotmoleküle abhängt) innen und außen gleich ist. Das ist z. B. dann der Fall, wenn ein osmotisches Gleichgewicht erreicht ist oder der pH-Wert in der Vakuole so weit angestiegen ist, dass keine Protonierung der Neutralrotmoleküle mehr stattfinden kann. Dies ist bei einer mehr als 1000-fachen Anreicherung des Neutralrots (Ionenform) in der Vakuole der Fall

der **Lipidfiltertheorie** beschrieben. Diese besagt, dass polare Moleküle in Abhängigkeit von ihrer Größe durch hydrophile Poren der Membran diffundieren können (Siebwirkung), während unpolare Moleküle Membranen passieren können, indem sie sich in ihnen lösen. Abgesehen von den beiden Parametern Teilchengröße und Lipophilie sind diese beiden Formen der passiven Permeation unspezifisch und benötigen keine Erkennungsstrukturen (Rezeptoren) für bestimmte Moleküle. Ein Beispiel für eine Ionenfalle wäre die Anfärbung der sauren Zentralvakuole mit Neutralrot (❑ Abb. 1.47, vgl. dazu auch ▶ Abb. 12.13). Dasselbe Prinzip spielt für den Transport des wichtigen Pflanzenhormons Indolessigsäure (ein Auxin) eine bedeutsame Rolle und ist für die Selbstorganisation von Leitgewebe wichtig.

Die verschiedenen Membransysteme der Zelle hängen zwar nicht unmittelbar zusammen, können aber indirekt über Vesikelströme, durch **Membranfluss (Cytosen)**, miteinander kommunizieren. Basis für den Membranfluss ist eine strikt regulierte Fusion von Kompartimenten, die auf der Fusion von Membranen beruht. Da Biomembranen an der Grenzfläche zur wässrigen Umgebung polare Reste tragen, können sie nicht spontan fusionieren. Unter Energieaufwand müssen Abstoßungskräfte überwunden werden, wodurch der Prozess regulierbar ist. Vesikel tragen eine Erkennungsstruktur (vSNARES, v für *vesicle*), die an eine passende Bindungsstelle der jeweiligen Zielmembran (tSNARES, t für *target*) bindet. So wird sichergestellt, dass der Membranfluss in geordneten Bahnen verläuft und Kompartimente nicht unkontrolliert miteinander verschmelzen können (▶ Abschn. 1.2.7.5 und 1.2.7.6). Bei der Bildung von Vesikeln und deren Transport spielt das Actincytoskelett eine bedeutende Rolle (❑ Abb. 1.54a).

Da die meisten intrazellulären Membranen (**Endomembranen**) und die Zellmembran über einen Membranfluss miteinander in Verbindung stehen, gehören sie letztlich einem übergeordneten Membransystem an, zu dem auch die äußeren Membranen von Mitochondrien und Plastiden zählen. Im Gegensatz dazu bleiben die inneren Mitochondrienmembranen sowie die inneren Hüllmembranen und Thylakoide der Plastiden von diesem Membranfluss ausgeschlossen (sie werden später besprochen, ▶ Abschn. 1.2.9.2 und 1.2.10.1). Die Pflanzenzelle enthält demnach drei stets separierte Typen von Plasma: Cytoplasma (das Karyoplasma steht über die Kernporen damit in Verbindung, bildet also kein eigenes Kompartiment), die Mitochondrienmatrix und das Plastidenstroma. Diese Plasmatypen werden von drei Membransystemen umgrenzt, die nicht durch einen Membranfluss miteinander verbunden sind und deren Lipidzusammensetzung und Proteinausstattung charakteristische Unterschiede aufweisen. Auch die großen Vakuolen sind durch den Membranfluss mit dem Endomembransystem verbunden. Ähnlich wie die Plasmamembran trennen sie das Cytoplasma von einem chemisch stark abweichenden (stark sauren und proteasereichen) Reaktionsraum ab, der in dieser Hinsicht den **Lysosomen** in Tierzellen entspricht. Über Endocytose aufgenommene Moleküle können über Vesikelfluss in die Vakuole gelangen, ohne auch nur eine einzige Membran passieren zu müssen. Die Vakuolen lassen sich also gewissermaßen als internalisierter Außenraum der Zelle auffassen.

Vieles, was wir über die chemische Ausstattung der Kompartimente wissen, beruht auf der Möglichkeit, verschiedene Zellbestandteile chemisch über subzelluläre Fraktionierung aufzureinigen und danach biochemisch zu untersuchen (▶ Abschn. 1.1.4).

1.2.7.2 Endoplasmatisches Reticulum (ER)

Das ER tritt in zwei strukturell und funktionell verschiedenen Formen auf: als **raues** (**rER**) oder **glattes ER** (**sER**; s von engl. *smooth*, glatt). Das mit Polysomen besetzte rER bildet ausgedehnte, flache Zisternen, die sich durch rasche Formveränderungen auszeichnen (◘ Abb. 1.48 und 1.49). Dagegen ist das ribosomenfreie, glatte sER häufig ein Netzwerk verzweigter Membranröhren (◘ Abb. 1.50).

Am **rER** findet eine massive Proteinsynthese statt. Bei den von den membrangebundenen Polysomen gebildeten Proteinen handelt es sich entweder um integrale Membranproteine, um Proteine, die für das Lumen von Endomembrankompartimenten (z. B. Vakuolen) bestimmt sind, oder solche, die nach außen abgegeben werden sollen (Sekretproteine = Exportproteine, z. B. Zellwandproteine). Die Membranen des rER sind die einzigen, die über Rezeptoren für Cytoribosomen verfügen und an ihrer cytoplasmatischen Seite Polysomen binden können.

Die Funktionen des **sER** sind vielfältiger. Es ist vor allem an der Lipid-, Flavonoid- und Terpenoidsynthese beteiligt (▶ Abschn. 14.14.1 und 14.14.2). Fettsäuren werden in Pflanzenzellen (im Gegensatz zu Tierzellen) vor allem in den Plastiden gebildet. Auch die Umformung der zunächst gesättigten Fettsäuren in ungesät-

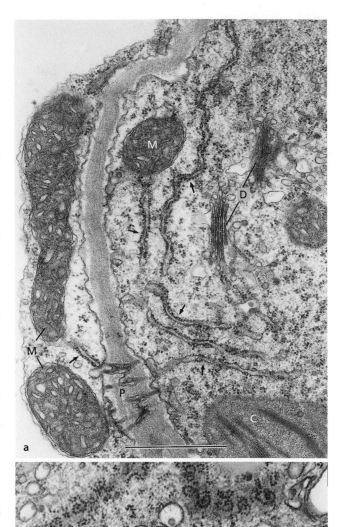

◘ **Abb. 1.48** Ribosomenbesetztes (raues) endoplasmatisches Reticulum. **a** Zisternen quer (Pfeile), neben Mitochondrien, Dictyosomen und Chloroplast; Plasmodesmen in einem primären Tüpfelfeld der Zellwand; Blattzelle der Garten-Bohne. **b** Flachgeschnittene rER-Zisternen mit spiraligen Polysomen im Pollenschlauch des Tabaks *Nicotiana tabacum*. (Maßstäbe 1 μm.) – C Chloroplast, D Dictyosomen, M Mitochondrien, P Plasmodesmen. (EM-Aufnahmen: A H. Falk; B U. Kristen)

tigte und der Einbau neu gebildeter Lipide in die Membranen ist in der Pflanzenzelle, wie in allen Eucyten, eine Funktion des sER. Synthetisiert werden Membranlipide, indem die Vorstufen (Acyl-CoA und Glycerin-3-phosphat) in die dem Cytoplasma zugewandte Schicht der ER-Membran inseriert und dort verestert werden. Diese Membranen enthalten spezielle Proteine, beispielsweise **Flippasen**, die das sonst praktisch ausgeschlossene Umklappen (Flip-Flop) von Lipidmolekülen aus der cytoplasmatischen Schicht der Membran in die extraplasmatische katalysieren.

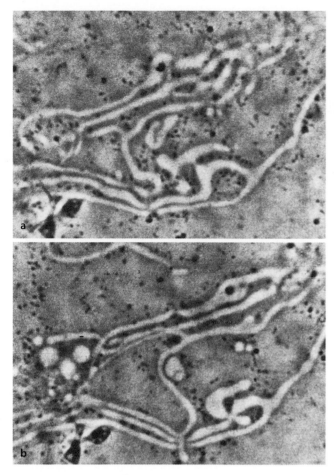

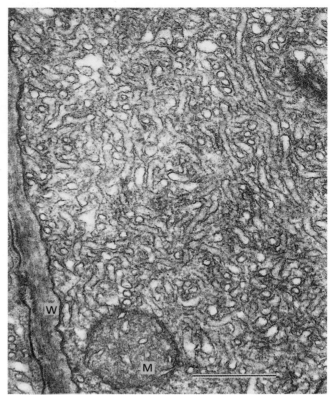

◪ **Abb. 1.50** Glattes ER einer Öldrüsenzelle der Klette *Arctium lappa* mit zahlreichen Quer- und Längsschnitten durch die gewundenen und verzweigten ER-Tubuli (Maßstab 0,5 μm). – M Mitochondrion, W Zellwand. (EM-Aufnahme: E. Schnepf)

1.2.7.3 Der Weg nach außen: Exocytose

Exocytose kann auf mehreren Wegen erfolgen – vor allem bei Pflanzen zeigte sich in den letzten Jahren, dass es neben dem klassischen Weg noch andere Systeme gibt, etwa das EXPO-System (engl. *exocyst positive organelle*) oder das bei allen Eukaryoten vorhandene ESCRT-System (engl. *endosomal sorting complex required for transport*). Im Folgenden wird der klassische Weg geschildert, der für den Hauptteil der Exocytose verantwortlich ist.

In den Dictyosomen werden vor allem integrale Membranproteine und sekretorische Proteine modifiziert, sortiert und schließlich über Sekretvesikel (**Golgi-Vesikel**) entweder aus der Zelle geschleust oder in Vakuolen verlagert. Die Gesamtheit der Dictyosomen wird als Golgi-Apparat bezeichnet. Kleine Einzeller besitzen oft nur ein einziges Dictyosom. In größeren Zellen, vor allem von bestimmten Algen und Schleimpilzen, sind jedoch immer zahlreiche (in manchen Fällen bis über 1000) Dictyosomen vorhanden, die meist über das gesamte Cytoplasma verstreut sind. Dies unterscheidet

sich von der Situation in den meisten Tierzellen. Man spricht daher von einem dispersen Golgi-Apparat.

Das typische **Dictyosom** wird von einem Stapel von **Golgi-Zisternen** gebildet. Es befindet sich oft in unmittelbarer Nachbarschaft zu einer ER-Zisterne oder der Kernhülle und ist parallel zu ihr orientiert (◪ Abb. 1.51b und 1.52). Die dem ER zugewandte Seite des Dictyosoms wird als *cis*-Seite oder proximale Seite bezeichnet, die von ihm abgewandte als *trans*-Seite oder distale Seite. An der *cis*-Seite bilden sich durch Zusammenfluss von Vesikeln neue Golgi-Zisternen, während an der *trans*-Seite Golgi-Vesikel gebildet und freigesetzt werden. In vielen Fällen ist die Randzone der distalen Golgi-Zisternen netzartig ausgebildet und bildet das **Trans-Golgi-Netzwerk** (**TGN**). Gelegentlich werden nicht einzelne Vesikel abgegliedert, sondern ganze Zisternen blähen sich auf und wandern als Ganzes zur Zelloberfläche (◪ Abb. 1.52d).

Dictyosomen sind keine dauerhaften Gebilde. Sie können bei Bedarf vom ER aus neu gebildet werden. **Die Struktur der Dictyosomen** variiert bei verschiedenen Organismen und bei unterschiedlich differenzierten Zellen ein und desselben Vielzellers erheblich. In den Zellen trockener Samen finden sich im Cytoplasma anstelle von Dictyosomen Ansammlungen kleiner Membranve-

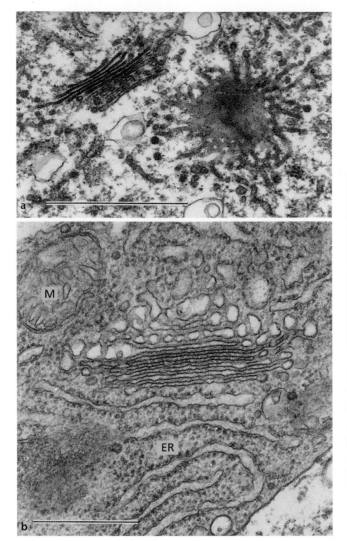

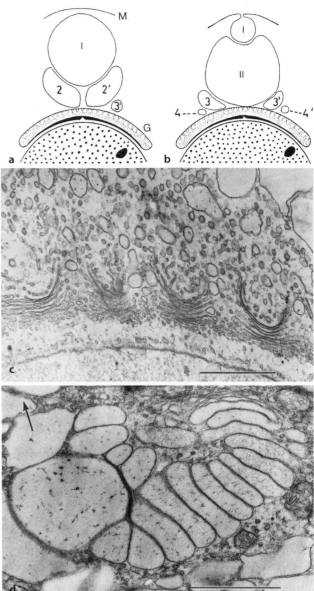

◻ **Abb. 1.51**   Dictyosomen. **a** Je ein Dictyosom quer und flach geschnitten in einer Ligulazelle des Brachsenkrauts *Isoetes lacustris*;
netzig-tubuläre Peripherie der Golgi-Zisternen und viele kleine Vesikel (Maßstab 1 μm). **b** Dictyosom quer in Drüsenzelle von *Veronica
beccabunga*; *cis*-Seite unten, dem rER zugewandt; auf der *trans*-Seite
zarte Golgi-Filamente zwischen den Zisternen erkennbar; äußere
Zisternen der *trans*-Seite dilatiert und fenestriert (Trans-Golgi-Netzwerk) (Maßstab 0,5 μm). – M Mitochondrion. (EM-Aufnahmen: A
U. Kristen; B J. Lockhausen; U. Kristen)

◻ **Abb. 1.52**   Sekretion über den Golgi-Apparat. **a–c** *Vacuolaria vi-
rescens*. **a**, **b** Schema der Bildung und Exocytose wasserreicher Golgi-Vesikel (Vakuolen) in aufeinanderfolgenden Stadien; der komplexe Golgi-Apparat (fein punktiert, aus ca. 50 Dictyosomen aufgebaut) liegt dem Kern an (grob punktiert); römische Ziffern bezeichnen die durch Fusion kleinerer Vakuolen (arabische Ziffern)
entstandenen, großen, pulsierenden Vakuolen. In 30 min wird so viel
Wasser sezerniert, wie dem Volumen der Zelle entspricht. **c** Vier Dictyosomen des Golgi-Apparats, nach außen (oben) hin immer größer
werdende Golgi-Vakuolen. **d** Bei der ebenfalls einzelligen Alge *Glaucocystis nostochinearum* blähen sich ganze Golgi-Zisternen unter
Wasserabsorption auf und entleeren sich rhythmisch in Pfeilrichtung
nach außen. (Maßstabe in C, D 1 μm.) – G Golgi-Apparat, M Zellmembran. (a, b nach R. Poisson und A. Hollande c, d EM-
Aufnahmen: E. Schnepf u. W. Koch)

sikel oder -tubuli. Während bei den für die meisten
Pflanzen typischen Dictyosomen die Zahl der Golgi-
Zisternen zwischen vier und zehn schwankt, kann sie bei
Protisten auf über 30 ansteigen.

In den Golgi-Zisternen werden **Oligo- und Polysaccharide** synthetisiert. Bei der subzellulären Fraktionierung gelten daher bestimmte Glykosyltransferasen (etwa
die Galactosyltransferase; sie überträgt Galactoseeinhei-
ten, sodass eine wachsende Glykankette entsteht) als
Leitenzyme für den Golgi-Apparat. Diese Glykosyltransferasen wirken am Aufbau von Polysaccharide der Zellwandmatrix mit. Im Gegensatz dazu existieren für die
Synthese von Reservepolysacchariden wie Stärke (Pflan-

zen) und Glykogen (Pilze, Tiere) eigene cytoplasmatische, plastidäre oder mitochondriale Enzymsysteme
(► Abschn. 14.15.1). In den Golgi-Zisternen werden außerdem extraplasmatische Domänen integraler Memb-

ranproteine glykosyliert. Dieser Vorgang beginnt für die N-Glykosylierung bereits im Lumen des rER, während die O-Glykoslierung posttranslational im Dictyosom erfolgt. Exportproteine und integrale Proteine der Plasmamembran sind in der Regel Glykoproteine.

Durch die Abschnürung von Sekretvesikeln verliert das Dictyosom Membranmaterial. Da in Dictyosomen weder Lipide noch Proteine synthetisiert werden, muss neues Membranmaterial vom ER nachgeliefert werden. Das geschieht über **Transitvesikel** in genau reguliertem Ausmaß, sodass das Aussehen des Dictyosoms trotz ständiger Zu- und Abfuhr von Material unverändert bleibt. Dictyosomen sind dementsprechend dynamische Strukturen im Fließgleichgewicht und zeigen strukturelle sowie funktionelle Polarität: An der dem ER zugewandten *cis*-Bildungsseite werden aus Transitvesikeln neue Golgi-Zisternen aufgebaut, während an der *trans*-Sekretionsseite Golgi-Membranen durch die Abschnürung von Sekretvesikeln verloren gehen. Golgi-Membranen wandern also mit den von ihnen umschlossenen Sekretvorstufen durch den Zisternenstapel von *cis* nach *trans*, entweder als ganze Zisternen oder über Vesikelströme am Rand des Dictyosoms. Dabei nehmen die Höhe der Zisternen ab und die Membranendicke zu. Die membrangebundenen Enzymaktivitäten sind proximal (auf der dem Zellkern zugewandten Seite) und distal (auf der Außenseite) unterschiedlich. Durch die schrittweise Modifikation und Verlängerung von Oligo- und Polysaccharidketten steigt der Glykananteil des Prosekrets, während das Zisterneninnere gleichzeitig angesäuert wird. Die Reihenfolge der Zuckerreste in den Oligosaccharidketten von Glykoproteinen wird durch zeitlich und räumlich aufeinanderfolgende enzymatische Reaktionen, analog den Montageschritten entlang eines Fließbands, festgelegt.

Auch die im Golgi-Apparat gebildeten Sekrete sind sehr unterschiedlich und können über molekulare **Selbstorganisation** komplexe Formen ausbilden. Vor allem bei den einzelligen Protisten gibt es hier eine große Vielfalt: Zellwandschuppen (◨ Abb. 19.38 und 19.46g), Mastigonemen von Flimmergeißeln (◨ Abb. 19.26a, b und 19.47f) oder gar explosionsartig nach außen abschleuderbare, manchmal giftige „Geschosse" zur Feindabwehr oder Beutebetäubung, wie die Ejectosomen oder Trichocysten einzelliger Cryptophyten und Dinophyten. Oft werden im Golgi-Apparat besonders wasserreiche Polysaccharidschleime zur Sekretion hergestellt.

Ein eigenartiger Sonderfall von Golgi-Sekretion ist die **aktive Wasserausscheidung**. Alle im Süßwasser lebenden Protisten ohne feste Zellwand nehmen ständig osmotisch Wasser auf. Da ihnen der Gegendruck einer Zellwand fehlt, müssten sie eigentlich anschwellen und schließlich platzen. Bei diesen Organismen hat sich daher der bei allen Zellen vorhandene Vesikelfluss zu einer eigenartigen Organelle verdichtet. Diese pulsierende Vakuole (engl. *contractile vacuole*) nimmt aus sternartig zusammenlaufenden Kanälen unter Energieverbrauch (mithilfe des Actomyosinsystems) Wasser auf und gibt es periodisch durch einen kurzzeitig geöffneten Kanal unter Kontraktion nach außen ab. Bei marinen Einzellern fehlt dieses Organell – hier besteht

auch keine Notwendigkeit dazu, da das osmotische Potenzial der Umgebung aufgrund des gelösten Salzes negativer ist als im Zellinneren.

Bei der einzelligen Alge *Vacuolaria* übernehmen zahllose Dictyosomen die Funktion der Wasserabscheidung. Sie bilden unmittelbar außerhalb der Kernhülle einen ausgeprägten perinucleären Golgi-Apparat. Ständig in großer Zahl gebildete Golgi-Vesikel, die einen extrem wasserreichen Schleim enthalten, verschmelzen in rascher Folge zu immer größeren Sekretvakuolen, die schließlich exocytiert werden (◨ Abb. 1.52).

1.2.7.4 Der Weg nach innen: Endocytose

Durch **Endocytose** kann die Zelle Moleküle aus ihrer Umgebung durch Einstülpung von Membranvesikeln aufnehmen. So können Moleküle, die an der Außenseite der Zellmembran durch spezifische Rezeptoren gebunden wurden, über **Coated Vesicles** (**CV**) aufgenommen und entweder zum ER oder zur Vakuole transportiert, oder aber wieder in einem Kreislauf zur Plasmamembran zurückgebracht werden. Coated Vesicles finden sich in Pflanzenzellen daher häufig im Bereich der Zellmembran, aber auch in der Umgebung der Dictyosomen (◨ Abb. 1.53d). Sie spielen eine wichtige Rolle beim Recycling von Membranen und Rezeptoren (beispielsweise bei dem oben erwähnten Effluxcarrier für Auxin) oder dienen der intrazellulären Membran- und Stoffverschiebung. Viele Einzeller und die meisten Tierzellen können sogar mikroskopische Nahrungspartikel endocytotisch aufnehmen und im Zellinneren verdauen. Diese Phagocytose kommt bei den bewandten Pflanzenzellen nicht vor, obwohl sie ansonsten eine sehr intensive Endocytose aufweisen.

Coated Vesicles (◨ Abb. 1.53) gehören mit Durchmessern um 0,1 μm zu den kleinsten Zellkompartimenten überhaupt. Sie besitzen ein plasmaseitiges Membranskelett, die Hülle (engl. *coat*). Je nach Proteinzusammensetzung der Hülle werden verschiedene CV-Klassen unterschieden. Für die pflanzliche Endocytose und den Vesikelverkehr zwischen Dictyosomen und Vakuolen sind vor allem die **Clathrin-Coated-Vesicles** (**CCV**) relevant. Die wabenartige Käfigstruktur, die das Hüllprotein **Clathrin** (griech. *kláthron*, Gitter) um ein CCV bildet, wird aus Clathrintrimeren (Triscelions) aufgebaut (◨ Abb. 1.53b). Aufbau und Abbau werden durch Begleitproteine gesteuert. Die Bildung von CCV während der Endocytose wird durch Anlage eines Wabenmusters aus Clathrin an der Innenseite der Zellmembran eingeleitet. An diesem Prozess sind Adaptine beteiligt. Dabei wird eine Region der Plasmamembran definiert und senkt sich dann grubenartig nach innen ein (Coated Pits, von engl. *pit*, Grube). In Pflanzenzellen können über 7 % der Zellmembranfläche mit solchen Clathrinpolygonen besetzt sein. Die Bildung von Coated Pits und ihre Abschnürung als CCV erfordert insbesondere in Pflanzenzellen viel Energie, weil gegen den Turgordruck Arbeit geleistet werden muss (vergleichbar mit einem lokalen

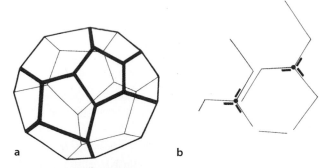

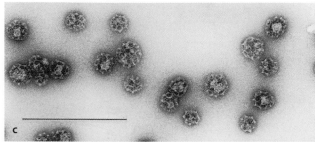

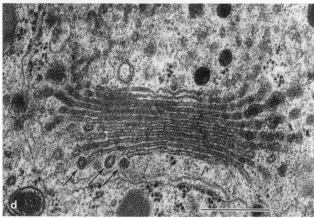

◘ Abb. 1.53 Coated Vesicles (CV) und Clathrin. **a** Schema eines Clathrinvesikels. **b** Drei Triscelions (eines davon in Farbe) als Bauelemente der fünf- und sechseckigen Gitterstruktur. Jedes Triscelion besteht aus drei schweren Ketten (je 180 kDa, 50 % α-Helix: geknickte Arme) und drei leichten (je 35 kDa); an jeder Kante des Clathrinkäfigs laufen vier schwere Ketten entlang, die leichten Ketten befinden sich in den Ecken. **c** Aus dem Hypokotyl von Zucchini (einer Kulturform des Kürbis *Cucurbita pepo*) isolierte CV im Negativkontrast. **d** CV (Pfeile) an einem Dictyosom der Zieralge *Micrasterias* (beachte auch den einseitigen Ribosomenbesatz der ER-Zisterne gegenüber der *cis*-Seite des Dictyosoms). (Maßstäbe in C, D 0,5 μm.) (c Präparat und EM-Aufnahme: D.G. Robinson; d EM-Aufnahme: O. Kiermayer)

Eindrücken eines voll aufgepumpten Fahrradschlauchs). Dementsprechend wird die Endocytose vor allem in Pflanzenzellen mit niedrigem Turgor beobachtet (Wurzelhaare, Endospermzellen, künstlich hergestellte Protoplasten). An der Abschnürung von CCV ist die GTPase **Dynamin** beteiligt. Viele Aspekte der Endocytose bei Pflanzen stimmen mit dem überein, was man von anderen Organismen weiß (der Vesikeltransport wurde vor allem an Hefezellen untersucht, die sehr gut für genetische Ana-

lysen geeignet sind, aber auch an Nervenzellen von Säugern, wo man mithilfe elektrischer Impulse die Massenfreisetzung von Neurotransmittervesikeln auslösen kann). Dennoch sind viele Fragen noch nicht geklärt, da es offenbar auch molekulare und zelluläre Unterschiede gibt. Neben der clathrinvermittelten Endocytose gibt es auch noch einen endocytotischen Weg, der von Clathrin unabhängig ist, über den man jedoch noch sehr wenig weiß. Beide Wege scheinen am TGN zusammenzulaufen. Diese Erkenntnis geht darauf zurück, dass sich durch Ikarugamycin (ein Hemmstoff, der spezifisch die Bildung der CCV blockiert) nur ein Teil der Endocytose hemmen lässt, während der weiter stromab wirkende Inhibitor Wortmannin eine vollständigere Hemmung hervorruft (◘ Abb. 1.54a).

1.2.7.5 Alles fließt – Membranfluss und unser Bild von der Zelle

Im Gegensatz zum Membrantransport (Verlagerung von Stoffen durch Biomembranen) bedeutet Membranfluss (**vesikulärer Transport**) den Transport von ganzen Kompartimenten. Durch den Membranfluss können sich kleine Teilkompartimente von größeren abtrennen, in der Zelle mithilfe des Cytoskeletts und seiner Motorproteine gerichtet verschoben werden und schließlich mit anderen Kompartimenten verschmelzen. Diese Prozesse (**Cytosen**) laufen gleichzeitig in verschiedenen Richtungen ab (◘ Abb. 1.54a, vgl. auch ◘ Abb. 6.10), wobei Aufnahme und Abgabe von Vesikeln trotz der hohen Dynamik streng reguliert werden, sodass ein Fließgleichgewicht erhalten bleibt.

Neben Exo- und Endocytose, die in den vorangegangenen Abschnitten beschrieben wurden, gibt es zahlreiche Verzweigungen und Umkehrungen. Beispielsweise können die über die clathrinabhängige oder -unabhängige Endocytose aufgenommenen Moleküle wieder in den exocytotischen Weg eingeschleust werden, wodurch Rezeptoren oder Pumpen wieder zur Plasmamembran zurückgelangen können. Dies konnte etwa für den an der pflanzlichen Abwehr beteiligten Flagellinrezeptor gezeigt werden, aber auch für das am Auxintransport beteiligte Transmembranprotein PIN1. Ebenso können vom TGN Vesikel in Richtung Vakuole gelangen, wobei eine charakteristische Struktur, der multivesikuläre Körper (◘ Abb. 1.54c), gebildet wird. In ihm sind kleinere Vesikel in einem größeren Kompartiment zusammengeschlossen. In der Vakuole können daher Moleküle, die über Endocytose aufgenommen wurden, mit Molekülen coexistieren, die ursprünglich vom ER stammen und auf dem exocytotischen Weg über den Golgi-Apparat zum TGN gelangt sind. Auch zwischen Dictyosom und ER können Vesikeln in zwei Richtungen wandern: Neben Vesikeln, die am ER abknospen (◘ Abb. 1.54b), ein Vorgang, der durch das Pilztoxin Brefeldin A gehemmt werden kann (◘ Abb. 1.54a),

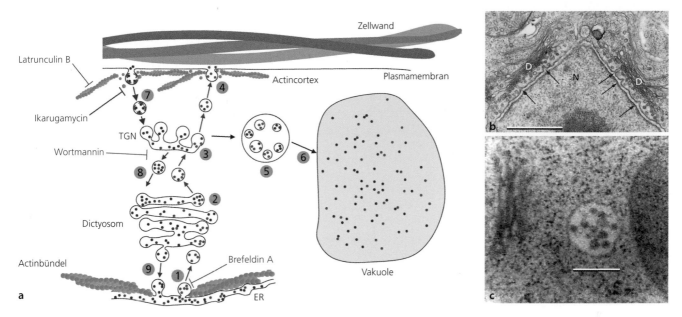

◘ Abb. 1.54 Membranfluss, Exo- und Endocytose. **a** Exocytose: am ER synthetisierte Moleküle, am rER gebildete Proteine oder im sER akkumulierte Sekretstoffe (rote Punkte) werden in sich abknospende Transitvesikel verschoben (1) und wandern dann zum nächstgelegenen Dictyosom. Die Vesikelknospung kann durch Brefeldin A gehemmt werden. Nach Passage durch das Dictyosom werden Transitvesikel an das Trans-Golgi-Netzwerk (TGN) abgegeben (2), von wo exocytotische Vesikel (3) zur Plasmamembran wandern und dort verschmelzen (4). Alternativ können Vesikel vom TGN über den multivesikulären Körper (5) zur Vakuole gelangen und dort über die Fusion mit dem Tonoplasten (6) ihren Inhalt in die Vakuole abgeben. Endocytose: Über clathrinvermittelte oder (hier nicht gezeigt) von Clathrin unabhängige Einstülpung der Plasmamembran (7) werden Moleküle (blaue Punkte) aus der Zellumgebung in Endosomen verfrachtet, die zum TGN wandern. Von dort wandern retrograde Transitvesikel zum Dictyosom (8) und setzen ihren Inhalt an der *trans*-Seite frei. Nach Passage zur *cis*-Seite können weitere Transitvesikel zum ER wandern und mit diesem verschmelzen (9). Ursprünglich endocytotisch aufgenommene Frachten können über die Seitenroute TGN – multivesikulärer Körper – Tonoplast (3, 5, 6) in die Vakuole gelangen. Angegeben sind die Wirkorte wichtiger Hemmstoffe für die Exocytose (rot) und die Endocytose (blau). **b** Abknospung von Transitvesikeln vom rER (hier repräsentiert durch die Kernhülle der Alge *Botrydium granulatum*) zu benachbarten Dictyosomen; Pfeile: Abschnürung von Transitvesikeln (Maßstab 1 µm). **c** Multivesikulärer Körper zwischen einem Dictyosom (links) und der Zentralvakuole (rechts) aus einer Suspensionszelle von *Arabidopsis* (Maßstab 200 nm). (b EM-Aufnahme: H. Falk; c TEM-Aufnahme: L. Jiang)

können sich Vesikel vom Dictyosom in auch Gegenrichtung bewegen und mit dem ER verschmelzen (retrograder **Transport**). Actinfilamente sind nicht nur für die Dynamik des Vesikeltransports verantwortlich, sondern erhalten auch die Struktur des ER und dessen Kontakt zu wichtigen Organellen wie Mitochondrien, Plastiden und Peroxisomen. Diese räumliche Strukturierung ist auch für die funktionelle Untergliederung vieler Stoffwechselwege von großer Bedeutung.

Die Untersuchung der subzellulären Details mithilfe der Elektronenmikroskopie führt zum Eindruck von klar umrissenen, membranumschlossenen Strukturen. Man muss sich jedoch immer im Klaren darüber sein, dass die Aufnahmen nur Schnappschüsse eines dynamischen Geschehens sind. Wie dynamisch die Membranflüsse sind, tritt zutage, wenn man einzelne Schritte der Cytosen mithilfe von spezifischen Hemmstoffen blockiert (◘ Abb. 1.54a) – hier kommt es oft innerhalb weniger Minuten zu dramatischen Veränderungen, in denen sich einzelne Kompartimente aufblähen, verschwinden oder miteinander verschmelzen. Aus den Artefakten kann man auf die Dynamik der hier gestörten Prozesse schließen – unmittelbar beobachten lassen sie sich jedoch nicht. Auch die Markierung einzelner Leitmoleküle mit GFP erlaubt zwar die Beobachtung *in vivo*, aber auch hier ändert sich die Dynamik häufig dadurch, dass das markierte Protein mithilfe der Gentechnologie überexprimiert werden muss. Aufgrund seiner hohen Dynamik gehört der Membranfluss in Pflanzenzellen daher zu den Phänomenen, an denen die zellbiologische Methodik an ihre Grenzen stößt, da die Beobachtung des Prozesses den zu beobachtenden Prozess stark verändert (► Abschn. 1.1.6).

1.2.7.6 Vakuolen und Tonoplast

Eine **Zentralvakuole**, die fast das gesamte Zellinnere ausfüllt, ist ein charakteristisches Merkmal der meisten Pflanzenzellen. Schon in primären Bildungsgeweben macht sie etwa 20 % des Zellvolumens aus und kann in differenzierten Zellen Anteile von mehr als 90 % erreichen (vgl. ◘ Abb. 1.1a, c, 1.47b–c, und 1.55). Vakuolen sind nichtplasmatische Kompartimente. Der pH-Wert ihres Inhalts liegt meistens 5,5–5,0, in einigen Fällen sogar darunter. Gegen das schwach alkalische Cytoplasma sind die

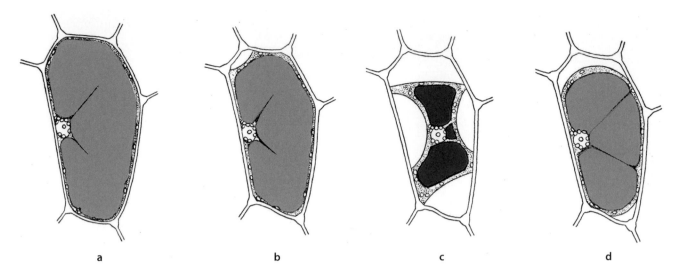

◼ Abb. 1.55   Zellen der unteren Blattepidermis von *Tradescantia spathacea*. **a** In Wasser. **b** Beginnende Plasmolyse in 0,5 M KNO₃. **c** Vollendete Plasmolyse, Zellsaft konzentriert. **d** Deplasmolyse nach Einlegen in Wasser. (Nach W. Schumacher)

Vakuolen durch die Tonoplastenmembran abgegrenzt, die meist einfach als **Tonoplast** bezeichnet wird.

Unter Normalbedingungen ist das osmotische Potenzial des Vakuoleninhalts (Zellsaft) weit negativer als die Umgebung der Zelle, wo gewöhnlich nur wenig Ionen oder andere gelöste Stoffe zu finden sind. Das Medium ist also im Vergleich zum **Zellsaft** stark **hypotonisch**, sodass durch Plasmamembran und Tonoplast Wasser in die Vakuole eindringt und diese dadurch anschwillt (**Osmose**, ▶ Abschn. 14.2.2). Da sich Vakuole und Cytoplasma im osmotischen Gleichgewicht befinden, entsteht ein hydrostatischer Druck, der als **Turgordruck** auf die Zellwand wirkt und von einer entgegengerichteten Wandspannung aufgefangen wird. Da der Zellsaft als Flüssigkeit nicht komprimierbar ist, verleiht das Zusammenspiel von Turgor und dem entgegenwirkenden Wanddruck krautigen, unverholzten Pflanzenteilen Festigkeit. In Drüsengeweben von Pflanzen kommen Zellwände mit Durchbrechungen oder Lockerstellen vor, durch die mithilfe des Turgors Sekrete ausgepresst werden können. Wird nun das Wasserpotenzial des umgebenden Mediums beispielsweise durch Zugabe von Salzen oder von Zucker abgesenkt, sodass das Medium gegenüber dem dem Zellsaft **hypertonisch** ist, verliert die Vakuole so lange Wasser, bis die molare Gesamtkonzentration des Zellsafts der des Außenmediums entspricht. Durch die daraus folgende Volumenminderung der Vakuole entspannt sich die Zellwand, bis sich schließlich der Protoplast von ihr ablöst (**Plasmolyse**; ◼ Abb. 1.55 und 1.56b). Vor allem an den Stellen, an denen das Cytoplasma über Plasmodesmen mit den Nachbarzellen verbunden ist, kann sich die Plasmamembran auch bei Plasmolyse nicht ablösen, sodass der zurückweichende Protoplast fadenartige Verbindungen zurücklässt, die als Hecht'sche Fäden bezeichnet werden. Auch am Ca-

spary-Streifen der Endodermis wird dies beobachtet; man vermutet, dass hier integrale Membranproteine fest in der Zellwand verankert sind (▶ Abschn. 2.3.2.3).

Die Plasmolyse war für die Aufklärung der Semipermeabilität von Biomembranen sehr wichtig. Das Ende des 19. Jahrhunderts von Wilhelm Pfeffer beschriebene und durch ein experimentelles Modell, das Pfeffer'sche Osmometer, biophysikalisch erklärte Phänomen, wurde um 1900 von Ernst Overton aufgegriffen, der daran erste Vorstellungen über die chemischen und molekularen Eigenschaften von Biomembranen entwickeln konnte.

Auf der beträchtlichen **Dynamik von Vakuolen** beruht unter anderem auch das Streckungswachstum der Pflanzenorgane (▶ Abschn. 14.2). Die **Zentralvakuole** entsteht meistens durch Fusion kleiner **Provakuolen** (engl. *prevacuolar compartments*) im Verlauf der Zelldifferenzierung, wird aber auch später über den fortwährenden sowohl über den exocytotischen also auch den endocytotischen Membranfluss weiter vergrößert (◼ Abb. 1.54a). In Cambiumzellen von Holzgewächsen (▶ Abschn. 2.2.2) kann während des Winters der umgekehrte Vorgang beobachtet werden: Die Zentralvakuole teilt sich in zahlreiche kleinere Vakuolen auf, die im nächsten Frühjahr wieder miteinander verschmelzen. In einigen Fällen konnte eine alternative Entstehungsweise von Vakuolen nachgewiesen werden: Hier wird ein organellfreier Plasmabezirk von ER-Zisternen umstellt, die dann miteinander zu einer einzigen hohlkugeligen Zisterne fusionieren. Aus dieser Zisterne entsteht über Autolyse (Selbstverdauung) im Binnenraum eine Vakuole, bei der die Tonoplastenmembran aus der außenliegenden Membran der ER-Zisterne hervorgeht. Über Actinfilamente wird die Vakuole oft in zahlreiche Lagunen untergliedert und kann so deutlich komplexere Formen annehmen als die auf Zeichnungen oft dargestellte Kugelgestalt.

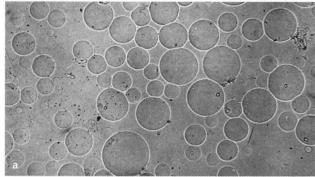

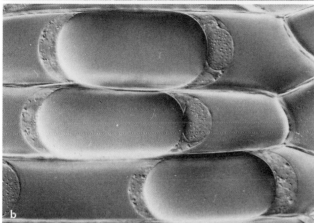

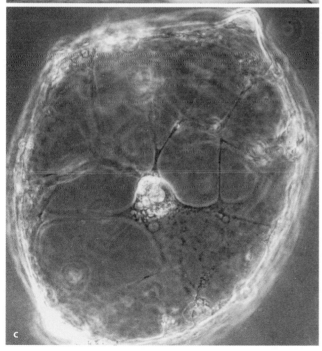

Abb. 1.56 Vakuolen. **a** Isoliert aus Protoplasten vom Speicherwurzelparenchym der Zuckerrübe *Beta vulgaris* ssp. *vulgaris* (320 ×). **b** In plasmolysierten Zellen der Zwiebelschuppenepidermis der Küchenzwiebel *Allium cepa*; Plasmaschläuche durch das verwendete Plasmolytikum (1 M KSCN) aufgequollen (210 ×). **c** Fruchtfleischzelle der Schneebeere *Symphoricarpos albus*. Der Zellkern ist im Zentrum der großen Vakuole an Plasmafäden aufgehängt; diese sind reich an Actinfilamenten (320 ×). (a Präparat u. Aufnahme: J. Willenbrink; b Interferenzkontrastaufnahme: H. Falk; c Phasenkontrastaufnahme: W. Url)

Vakuolen sind häufig **Speicherkompartimente**. Bei den im Zellsaft gelösten Stoffen handelt es sich in solchen Fällen neben anorganischen Ionen (K^+, Cl^-, Na^+) vor allem um organische Metaboliten wie Zucker und organische Säuren (Äpfel-, Zitronen- und Oxalsäure, aber auch Aminosäuren). Häufig dient die Vakuole auch als Speicherort für vorübergehende Überschüsse an Metaboliten. Beispiele sind die Akkumulation von Saccharose in den Vakuolen von Zuckerrohr und Zuckerrübe oder die nächtliche Anhäufung von Malat bei CAM-Pflanzen (▶ Abschn. 14.4.9). In den Vakuolen vieler Zellen finden sich auch unterschiedlich geformte Kristalle aus unlöslichem Calciumoxalat (◻ Abb. 1.57), die überschüssiges Calcium auffangen.

Viele Metaboliten aus dem **Sekundärstoffwechsel der Pflanzen** (▶ Abschn. 14.14) werden nach ihrer Synthese im Cytoplasma (oft in Form von Glykosiden) aktiv in die Vakule transportiert und dort aufkonzentriert. Ein beträchtlicher Teil dieser als **Pflanzen- oder Naturstoffe** zusammengefassten Verbindungen hat pharmazeutische Bedeutung und/oder ermöglicht die Verwendung der betreffenden Pflanzen für die Gewinnung von Aroma-, Genuss- oder Arzneimitteln. Für die menschliche Ernährung besonders wichtig ist die Speicherung von Proteinen in den Samen der Hülsenfrüchtler (wie Erbse, Bohne, Linse oder Soja) oder Getreidekörnern. Samen sind wegen ihres geringen Wassergehalts und ihrer Haltbarkeit für Transport und Lagerung besonders geeignet. Bei der Samenreife werden in peripheren Zellen von Getreidekörnern und in den Keimblättern von Hülsenfrüchtlern Proteinspeichervakuolen gebildet, die als **Aleuronkörner** bezeichnet werden (griech. *áleuron*, Weizenmehl, ◻ Abb. 1.58). Speicherproteine werden am rER synthetisiert. Die Aleuronkörner entstehen entweder direkt aus aufgeblähten rER-Zisternen oder durch die Fusion von Golgi-Vesikeln (◻ Abb. 1.59). Speicherproteine bilden häufig große multimere Komplexe (z. B. bei Leguminosen trimere Viceline mit 150–210 kDa, hexameres Legumin mit >300 kDa). Bei der Samenkeimung werden diese Proteine rasch hydrolysiert und die anfallenden Aminosäuren in den wachsenden Embryo transferiert. Die Aleuronvakuolen fungieren hier also als Kompartimente des intrazellulären Stoffabbaus.

In vielen Fällen hat der Zellsaft lytische Eigenschaften und enthält saure Phosphatasen sowie andere lytische Enzyme wie Proteinasen, RNasen, Amylase und Glykosidasen. Alle vorhin besprochenen Leistungen der Vakuole beruhen auf der Barrierefunktion des Tonoplasten bzw. auf spezifischen Transportvorgängen durch diese Membran. Mithilfe isolierter Vakuolen (◻ Abb. 1.56a) lässt sich das gesamte Spektrum von Mechanismen der Stoffverschiebung durch Biomembranen demonstrieren und untersuchen. Die Markierung intrinsischer Tonoplastenproteine durch verschiedene

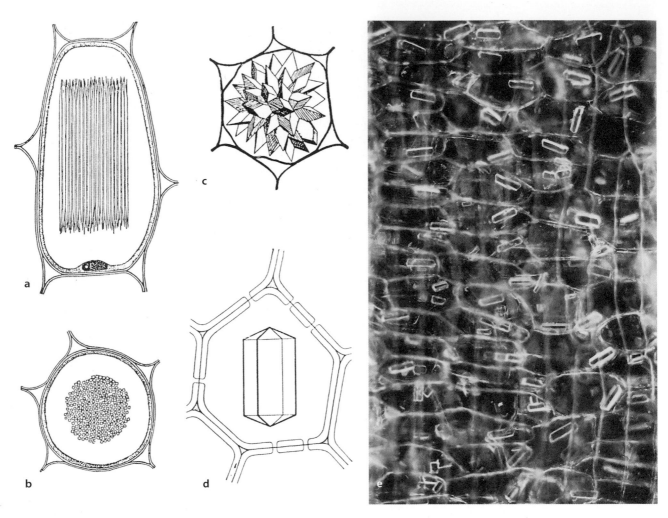

◘ Abb. 1.57 Verschiedene Formen von Calciumoxalatkristallen. **a, b** Raphiden (Bündel von Kristallnadeln, Monohydrat) bei *Impatiens*, längs und quer (200 ×). **c** Druse, Monohydrat (*Opuntia*, 200 ×). **d** Tetragonaler Solitärkristall in einer Blattepidermiszelle von *Vanilla* (Dihydrat, 150 ×). **e** Oxalatstyloide in eingetrockneten, braunen Hüllschuppen der Küchenzwiebel *Allium cepa* (Dihydrat; Dunkelfeldaufnahme, 65 ×). (a–d nach D. von Denffer)

Antikörper weist darauf hin, dass in ein und derselben Zelle oft unterschiedliche vakuoläre Kompartimente vorliegen.

1.2.8 Zellwand – Werkzeug der Morphogenese

Die Wand der Pflanzenzelle als formgebendes **Exoskelett** bietet dem Turgor Widerstand, der den Protoplasten mit etwa 5–10 bar (0,5–1 MPa) gegen die Zellwand drückt, und hält so die vakuolenhaltigen Zellen in einem mechanisch-osmotischen Gleichgewicht. Die Wand ist ein Abscheidungsprodukt der lebenden Zellen, befindet sich also außerhalb der Plasmamembran. Dennoch ist sie ein wichtiger funktioneller Bestandteil von Pflanzenzellen. Die Zellwand ist aus vielen verschiedener Polysaccharide und Proteinen nach Art eines Verbundmaterials zusammengesetzt: Faserige Anteile, die Zugkräfte

auffangen können, sind in eine amorphe **Grundsubstanz** (**Matrix**) eingebettet, wodurch eine hohe Dehnbarkeit gewährleistet wird. Zellwände von Pflanzenzellen bieten also eine sehr hohe Festigkeit bei geringem Gewicht. In pflanzlichen Geweben stehen die einzelnen Zellen über zahlreiche Plasmodesmen miteinander in Verbindung, die gelegentlich auch lichtmikroskopisch sichtbar sind.

Die Zellwand gehört zu den besonders charakteristischen Komponenten der Pflanzenzelle. Ihre Entstehung beginnt nach Abschluss der Mitose, wenn eine erste Wandlage, die Zellplatte, sezerniert wird, die dann von innen nach außen größer wird, bis sie die beiden Tochterzellen voneinander trennt. Da Pflanzenzellen von einer Wand umschlossen sind, können sie sich weder fortbewegen noch größere Partikel aufnehmen (Phagotrophie). Im Inneren bleiben sie jedoch sehr dynamisch, was bei vielen Zellen als Plasmaströmung auch lichtmikroskopisch in Erscheinung tritt. Einmal gebildete Pflanzenzellen werden nur selten wieder aufgelöst – Zellwanderungen, wie

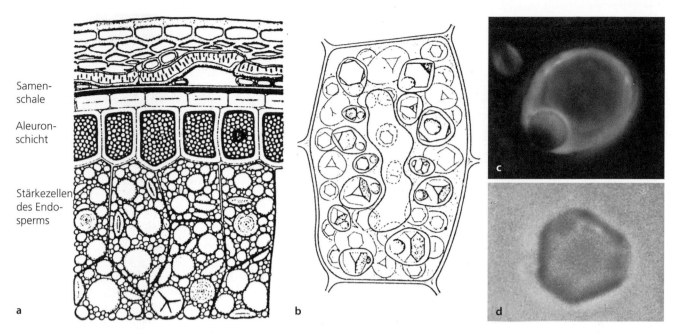

Samen-
schale

Aleuron-
schicht

Stärkezellen
des Endo-
sperms

◘ Abb. 1.58 Aleuron. **a** Querschnitt durch Außenschichten eines Roggenkorns (135 ×). Außen sind noch Reste der Fruchtwand erkennbar (die Samenwand ist als dicke schwarze Linie dargestellt). Die getüpfelten Zellen sind Querzellen, die Kringel darunter Längszellen. Zwischen Samenschale und Aleuronschicht sind noch Nucellusreste erkennbar. **b–d** Endosperm von *Ricinus communis*. **b** Zelle mit zentraler Ölvakuole (Ricinusöl!) und zahlreichen Aleuronkörnern, jedes mit tetraedrischem Proteinkristalloid und amorphem Globoid (400 ×). **c, d** Isoliertes Aleuronkorn bzw. Kristalloid (670 ×). (a nach Gassner; b nach D. von Denffer)

sie für die Entwicklung tierischer Vielzeller typisch sind, werden bei Pflanzen also nicht beobachtet. Bei ausdauernden Holzgewächsen bestehen erhebliche Teile des Pflanzenkörpers aus den Zellwänden abgestorbener Gewebe (Holz, Korkgewebe des Phellems, eine Teilschicht des Periderms), in denen jedoch noch oft lebende Zellen (etwa Holzparenchymzellen) eingelagert sind.

1.2.8.1 Entwicklung und Differenzierung der Zellwand

Die Entwicklung der Pflanzenzellwand beginnt während der Zellteilung mit der Bildung der **Zellplatte** durch die Fusion von Golgi-Vesikeln im Phragmoplasten (▶ Abschn. 1.2.4.6). Mitten im Zellinneren entsteht eine neue Membran, an die sich Pektine mit einem geringen Proteinanteil anlagern. Die Zellplatte ist also amorph organisiert. Sie bleibt weiterhin als **Mittellamelle** erhalten, sodass im Gewebeverbund die Wand zwischen benachbarten Zellen dreischichtig erscheint und zeichnerisch so traditionell auch dargestellt wird (Dreistrichtechnik). Da die Mittellamelle kein Fibrillengerüst enthält, kann sie besonders leicht abgebaut werden. Das Gewebe zerfällt dann in seine einzelnen Zellen, ein Vorgang, der als **Mazeration** (von lat. *maceráre*, mürbe machen) bezeichnet wird und z. B. beim Reifen von Früchten zu beobachten ist.

Unmittelbar nach der Zellteilung beginnen die Tochterzellen damit, lamellenartig Wandmaterial abzuscheiden, das nun auch Gerüstfibrillen enthält. Dadurch entsteht die zunächst verformbare (plastische) **Primärwand**.

Sie macht das langsame embryonale und das raschere postembryonale Wachstum der Zelle mit, wobei sie durch den Turgor gedehnt wird. Gleichzeitig wird sie dicker, die Trockenmasse nimmt also zu. Aus biomechanischen Messungen weiß man, dass während des Zellwachstums nicht etwa der Turgor ansteigt, sondern vielmehr die Plastizität der Primärwand durch Anlagerung von neuem Wandmaterial, vor allem von Grundsubstanz. Allerdings steigt auch der Anteil an Gerüstfibrillen, bis diese etwa ein Viertel der Trockenmasse der Zellwand ausmachen. Die Gerüstfibrillen (sie bestehen bei vielen Pflanzen aus Cellulose) sind flexibel, aber sehr reißfest. Die Zelle schnürt sich letztlich selbst in ein Korsett ein, das zwar noch elastisch, aber nicht mehr plastisch dehnbar ist. Damit ist ein stabiler Endzustand der primären Zellwand erreicht.

Bei vielzelligen Pflanzen werden später von innen noch weitere Wandschichten aufgelagert (**Apposition**). Gleichzeitig kann die Primärwand nachträglich chemisch verändert werden. Man spricht in solchen Fällen von einer **sekundären Zellwand**, die zur Verfestigung und der Abdichtung (Isolierung) beiträgt. „Mechanische" Sekundärwände (▶ Abschn. 1.2.8.4) sind für Festigungsgewebe, isolierende für Abschlussgewebe charakteristisch (▶ Abschn. 1.2.8.6).

1.2.8.2 Primäre Zellwand

In Primärwänden überwiegen die verschiedenen Komponenten der **Zellwandmatrix** – Pektine, Hemicellulosen und Wandproteine. Die Matrixsubstanzen werden

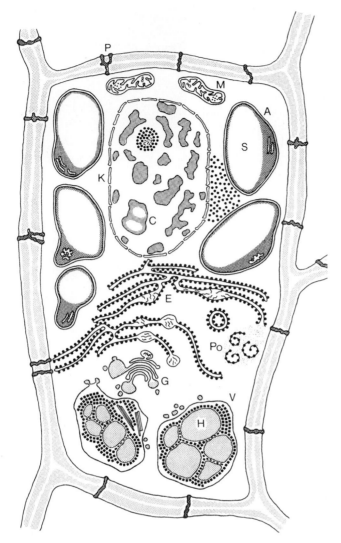

◻ Abb. 1.59 Bildung und Lagerung von Speicherproteinen bei der Gerste (*Hordeum vulgare*). Zellkern mit Chromatin und Nucleolus, Amyloplast mit Stärke, rER mit Polyribosomen, Dictyosom mit abgegliederten Proteinvesikeln, Proteinvakuole mit amorphem Hordein und granulärem Globulin. – A Amyloplast, C Chromatin, E rER, G Dictyosom, H Hordein, K Zellkern, M Mitochondrien, P Plasmodesmos, Po Polyribosomen, S Stärke, V Proteinvakuole. (Nach D. von Wettstein)

über Golgi-Vesikel sezerniert. Ihre mechanische Festigkeit ist gering; es handelt sich bei der Zellwandmatrix um eine leicht quellbare, isotrope Gallerte von komplexer Zusammensetzung.

Pektine Pektine sind chemisch heterogen und werden zunächst als stark negativ geladene, saure Polysaccharide wie Galacturon- und Rhamnogalacturonsäuren gebildet (Protopektin), die später mit Methanol verestert werden (Pektin). Diese Veresterung wird enzymatisch gesteuert und ist einer der Vorgänge, die es der Pflanzenzelle erlauben, die Dehnbarkeit der Zellwand zu kontrollieren. Inzwischen werden auch verschiedene nur schwach saure,

aber ebenfalls stark hydrophile und vergleichsweise kurzkettige Polysaccharide – Arabinane, Galactane, Arabinogalactane – den Pektinen zugeordnet. Insgesamt zeichnen sich Pektine durch ihre hohe Wasserlöslichkeit und ein extremes Quellungsvermögen aus. Vor allem in der Mittellamelle sind die einzelnen Moleküle über zweiwertige Kationen (Ca^{2+}, Mg^{2+}) miteinander vernetzt. Werden diese Ionen entfernt, z. B. durch Oxalat oder Chelatoren wie EDTA (Ethylendiamintetraessigsäure), gehen die Pektine in Lösung. Sie machen die Zellwände zu wirksamen Kationenaustauschern. In manchen Pflanzenorganen (besonders häufig z. B. in Samenschalen) kommt es zu einer Massenproduktion von Pektinstoffen, die als Pflanzenschleime bzw. Gummen (z. B. Quittenschleim; Gummiarabikum) bekannt sind.

Hemicellulosen Hemicellulosen sind weniger hydrophile und im Allgemeinen größere Moleküle. Um sie in Lösung zu bringen, ist die Anwendung von Laugen erforderlich. Hauptvertreter der Hemicellulosen sind die **Glucane** mit β(1→3)- und β(1→4)-Verknüpfungen sowie die **Xyloglucane** (bei Gräsern ersetzt durch Xylane mit anhängenden Arabinose- und anderen Resten). Xyloglucane bestehen aus β(1→4)-verknüpften Glucoseeinheiten, von denen die meisten α(1→6)-gebundene Xyloseketten tragen. Hemicellulosen hüllen Cellulosefibrillen ein und verleihen den Zellwänden dadurch Festigkeit. In „mechanischen" Sekundärwänden ist ihr Mengenanteil daher besonders hoch.

Zellwandproteine Zellwandproteine sind zumeist Glykoproteine mit einem ungewöhnlich hohen Anteil an hydroxyliertem Prolin. Fast alle Hydroxyprolinreste sind glykosyliert, sie tragen Tri-, vor allem Tetra-L-Arabinosidketten. Bei diesen knapp 90 kDa großen **hydroxyprolinreichen Glykoproteinen** (**HRGPs**) trägt der Zuckeranteil fast doppelt so viel zur Molekülmasse bei wie der Proteinanteil. Es entsteht eine steife Stabstruktur von 80 nm Länge, die von einer Arabinosidhülle umgeben ist und sich leicht vernetzt. Man nimmt daher an, dass die Funktion der HRGPs in der Verfestigung der Zellwandmatrix besteht. Darauf deutet auch hin, dass sie bei Stress, Verwundung oder Parasitenbefall vermehrt gebildet werden. Es gibt allerdings, insbesondere unter den Monokotyledonen, auch Pflanzen, deren Zellwände nur wenig Strukturprotein enthalten. In „mechanischen" Sekundärwänden fehlen sie meist ganz.

Bezüglich der Aminosäuresequenz der HRGPs gibt es auffällige Entsprechungen zu jener von Kollagenen, den wichtigsten Strukturproteinen der interzellularen Matrix bei Tier und Mensch. Das lässt auf einen gemeinsamen phylogenetischen Ursprung der Gene für diese hydroxyprolinreichen, extrazellulären Strukturproteine schließen. Bei bestimmten Algen (z. B. *Chlamydomonas*) besteht die Zellwand fast zur Gänze aus einer kristallinen HRGP-Schicht. Zu den HRGPs zählt das am weitesten verbreitete Strukturprotein primärer Zellwände, **Extensin**. Eine wichtige Untergruppe der HPRGs sind die **Arabinogalactanproteine (AGPs)**. Bei diesen Proteoglykanen liegt der Proteinanteil meist unter 10 % der Gesamtmasse. Neben den HRGPs treten häufig noch zwei weitere Klassen von Zellwandglykoproteinen auf: prolinreiche (PRPs) und glycinreiche (GRPs).

Warum die Polysaccharide der Matrix so heterogen sind, war lange unklar, gerade auch bei den Komponenten, die zur Festigkeit der Wand nur wenig beitragen. Inzwischen zeigt sich immer mehr, dass diese zuckerhaltigen Moleküle etwas mit Kommunikation zwischen Zellen zu tun haben, ähnlich wie die Glykokalyx von Säugerzellen. Solche Signalfunktionen konnten für die Erkennung von Gameten, für die Unterdrückung der Selbstbefruchtung (**Selbstinkompatibilität**) oder für die Auslösung einer Immunreaktion gegen Pilze nachgewiesen werden. Lösen Enzyme des Pilzes die Zellwand auf, können dadurch Oligosaccharidfragmente freigesetzt werden, was es der Pflanzenzelle erlaubt, die Pathogenattacke zu erkennen und darauf mit der Bildung antibiotischer Abwehrstoffe (**Phytoalexine**) zu reagieren (▶ Abschn. 16.3.4).

Das **Zellwandgerüst** besteht bei den Landpflanzen in der Regel aus **Cellulose**, wobei mehrere Tausend Glucoseeinheiten β-glykosidisch verknüpft sind (◘ Abb. 1.60). Dadurch ist jeder zweite Glucoserest um 180° gedreht, sodass eine gerade gestreckte Kette entsteht, die natürlich sehr gut geeignet ist, Zugkräfte aufzunehmen. Im Gegensatz dazu sind die α-D-Glucanketten der Speicherpolysaccharide Stärke und Glykogen schraubig gewunden – diese Polymere würden sich daher nicht als Baustoffe für die Zellwand eignen. Es können 2000–10.000 Glucosereste verknüpft sein, sodass bis über 8 μm lange Cellulosebänder entstehen. Aufgrund der zahlreichen Hydroxylgruppen bilden sich zwischen benachbarten Ketten leicht Wasserstoffbrücken aus, sodass zunächst Elementarfibrillen (Durchmesser um 3 nm) entstehen, die – besonders in Sekundärwänden – zu den wesentlich dickeren Mikrofibrillen mit 5–30 nm Durchmesser zusammengeschlossen sind (◘ Abb. 1.61). Diese ebenfalls bandförmigen Gerüstfibrillen können kristallgitterartig geordnet sein, sodass sie nur noch begrenzt flexibel sind und bei zu starker Biegung wie Kristallnadeln abknicken. Für ihre Funktion ist wichtig, dass Gerüstfibrillen sehr reißfest sind. Ein 1 mm dicker,

kompakter Cellulosefaden könnte 60 kg tragen (d. h. eine Zugspannung von 600 N aushalten); das liegt sogar etwas höher als die Zugfestigkeit von Stahl!

Da die Cellulose aus polaren Bausteinen besteht und in lang gestreckten Faserbündeln angeordnet ist, ergibt sich im polarisierten Licht eine auffällige Doppelbrechung cellulosereicher Wandschichten. Dadurch lässt sich mithilfe eines Interferenzplättchens (Gipsplättchen: rot) einen Farbumschlag erzeugen, der es erlaubt, die Vorzugsrichtung von Cellulose in einer Zellwand zu bestimmen. Außerdem liefert Cellulose aufgrund der Kristallinität der Fibrillen in Röntgendiagrammen ausgeprägte Beugungsreflexe. Beide Phänomene werden an der isotrop-amorphen Zellwandmatrix nicht beobachtet.

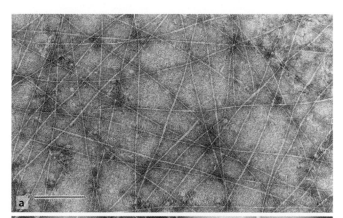

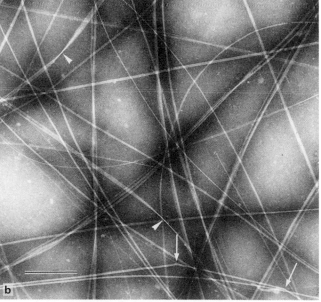

◘ **Abb. 1.61** Isolierte Cellulosefibrillen im Negativkontrast. **a** Elementarfibrillen aus Quittenschleim (Maßstab 0,2 μm). **b** Mikrofibrillen der siphonalen Grünalge *Valonia*; die unterschiedlichen Querdurchmesser erklären sich zum Teil aus der Bandform dieser derben Gerüstfibrillen (Pfeilköpfe); bei zu starker Verbiegung knicken sie ab wie Kristallnadeln (Pfeile; Maßstab 0,4 μm). (EM-Aufnahmen: W.W. Franke)

◘ **Abb. 1.60** Cellulose. Ausschnitt aus der β-1,4-Glucankette; zwei Cellobioseeinheiten (= vier Glucosylreste). Wasserstoffbrücken seitlich der Hauptvalenzkette gestrichelt

1

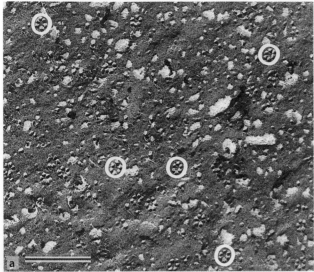

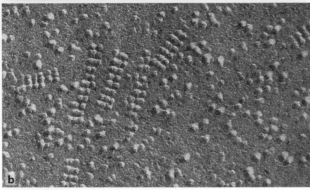

■ **Abb. 1.62** Cellulose-Synthase-Komplexe. **a** In der Zellmembran des Laubmooses *Funaria hygrometrica* (Protonema). Von den 20 im Bild sichtbaren Rosetten sind fünf markiert. **b** Lineare Komplexe bei der Rotalge *Pyropia yezoensis*. (Maßstäbe 0,1 μm.) (Gefrierbruchpräparate und EM-Aufnahmen: A U. Rudolph; B I. Tsekos; H.-D. Reiss)

Cellulose wird an rosettenförmigen **Cellulose-Synthase**-Komplexen, die in die Plasmamembran eingelagert sind (■ Abb. 1.62), synthetisiert. Diese sind gewöhnlich rosettenförmig organisiert, nur bei manchen Algen kommen lineare Komplexe vor. Jeder dieser Komplexe bildet mehrere Celluloseketten, die unmittelbar nach ihrer Synthese zu einer Elementarfibrille kristallisieren. Dickere Mikrofibrillen entstehen durch die konzertierte Aktivität mehrerer benachbarter Synthasekomplexe.

Unter natürlichen Bedingungen sind Synthese und Fibrillenbildung streng gekoppelt. Sie können aber durch Farbstoffe, die besonders fest an Cellulosemolekülen binden (Kongorot oder Calcofluor-Weiß), voneinander getrennt werden. Hier wird die Kristallisation verhindert, während die Cellulose weiter voranschreitet, ohne dass sich Fibrillen bilden können. Cellulose kommt fast nur bei Pflanzen vor, neben einigen Bakterien können die Tunicaten (Manteltiere) als einzige Tiergruppe Mikrofibrillen aus Cellulose (Tunicin) bilden; bei ihnen befinden sich in den äußeren Zellmembranen ihrer Epidermiszellen lineare Cellulose-Synthase-Komplexe.

Die Cellulosemoleküle nativer Elementar- und Mikrofibrillen entstehen gleichzeitig und sind daher parallel ausgerichtet (die C1-Atome der einzelnen Glucoseeinheiten entlang der Molekülachse weisen alle in dieselbe Richtung). Die parallele Orientierung dieser Cellulose I entspricht aber nicht dem energetisch günstigsten Zustand. Bei der technisch vielfach verwendeten Ausfällung von Cellulose aus Lösungen, z. B. bei der Herstellung von Kupferseide aus Celluloselösungen in ammoniakalischem Kupfer(II)-hydroxid (Schweizers Reagenz), bilden sich Fibrillen, deren Moleküle antiparallel liegen; diese Cellulose II ist stabiler, da sie energieärmer ist als die native Cellulose I.

Cellulose ist das häufigste organische Makromolekül in der Biosphäre, jährlich werden über 10^{11} t Cellulose synthetisiert (zum Vergleich, die Gesamtmenge des als Kohlendioxid vorliegenden Kohlenstoffs in der Atmosphäre liegt mit knapp 10^{12} t nur um den Faktor zehn darüber). Die wirtschaftliche Bedeutung der Cellulose und ihrer zahlreichen Derivate ist enorm, insbesondere in der Textilindustrie, vor allem aber als Rohstoff für Biokraftstoffe (engl. *biofuels*). Reine Cellulose wird vor allem aus den Samenhaaren der Baumwolle gewonnen, mit besonderen Aufschlussverfahren aber auch aus Holz. Für den Menschen ist Cellulose ohne Nährwert, da ihm Enzyme fehlen, die β-glykosidische Bindungen spalten können. Cellulosereiche Nahrung gilt daher als sehr ballaststoffreich. Pflanzenfresser, besonders die Wiederkäuer, können Cellulose nur nutzen, weil sie die Hilfe endosymbiotischer Bakterien und Ciliaten in Anspruch nehmen, die in ihrem Magen-Darm-Trakt leben und Cellulasen produzieren.

Vor allem im Tierreich (Arthropoden), aber auch bei vielen Pilzen und manchen Algen tritt als extrazelluläre Gerüstsubstanz **Chitin** auf, ein lineares Polymer aus N-Acetylglucosamin. Chitinfibrillen sind trotz der anderen Monomere ähnlich gebaut wie die der Cellulose. Ihre Festigkeit ist wegen der intensiveren Verzahnung benachbarter Kettenmoleküle noch größer als bei Cellulose. Da Pflanzen autotroph sind und bioverfügbarer (reduzierter) Stickstoff daher nur begrenzt zur Verfügung steht, ist Acetylglucosamin als Baustein für die Zellwand nicht geeignet. Arthropoden und Pilze nehmen dagegen Proteine anderer Organismen mit der Nahrung auf, sodass die Nutzung aminierter Zucker als Gerüstbaustein keine Limitierung darstellt.

Bei den durch polyenergide Riesenzellen ausgezeichneten siphonalen Meeresalgen wird die Gerüstfunktion nicht von Cellulose, sondern von Xylanen oder Mannanen ausgeübt. Diese Polysaccharide vermögen kristalline Aggregate zu bilden, aber die Formierung von Fibrillen ist bei ihnen nicht so ausgeprägt wie bei Cellulose oder Chitin.

Die chemische Struktur der Primärwand ist komplex (■ Abb. 1.63). Die Cellulosefibrillen werden von besonders widerstandsfähigen Xyloglucanen vernetzt. In den Maschen dieses Netzwerks bilden Pektinstoffe ein zweites, die Matrix verdichtendes Maschenwerk. Während die mittlere Maschenweite (Porosität) der nativen Primärwand bei 5–10 nm liegt (Maximalwerte 20 nm; globuläre Proteine bis etwa 50 kDa können also passieren), wird die Wand nach Extraktion der Pektine für Partikel bis 40 nm Durchmesser durchlässig.

Abb. 1.63 Vereinfachtes Schema der molekularen Struktur der primären Zellwand. Von den vielen Zellwandkomponenten sind hier nur Cellulosemikrofibrillen, die an ihnen über Wasserstoffbrücken befestigten und sie vernetzenden Xyloglucanketten (Hemicellulose, grün), Pektine (vernetzt über Ca^{2+}-Ionen, rot) und Zellwandproteine eingezeichnet. (C. Brett und K. Waldron, aus Taiz und Zeiger, verändert)

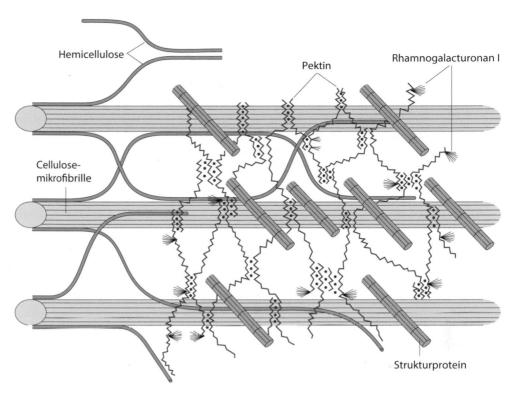

Hemicellulose

Pektin

Rhamnogalacturonan I

Cellulose-mikrofibrille

Strukturprotein

Diese komplexe Verbundstruktur hat große Auswirkungen auf die mechanischen Eigenschaften der Zellwand. Die überwiegend kristallinen Cellulose- oder Chitinfibrillen vermögen praktisch kein Wasser aufzunehmen. Dagegen können die amorphen, hydrophilen Matrixsubstanzen je nach Verfügbarkeit von Wasser aufquellen oder eintrocknen. Ohne Wasser schrumpfen sie zu dichten, hornigen Massen zusammen, mit Wasser bilden sie puddingartige Gallerte, deren Trockenmasse oft nicht einmal 3 % der Frischmasse erreicht (das macht man sich bekanntlich bei der Herstellung von Nährböden aus Agar oder Alginat sowie für Marmeladen zunutze). Da die Länge von Gerüstfibrillen bei quellfähiger Matrix unveränderlich ist, können Pflanzen die Unterschiede in der Quellfähigkeit nutzen, um **hygroskopische Bewegungen** hervorzubringen. Diese treten vor allem dann auf, wenn sich Gerüst und Matrix nicht gegenseitig durchdringen, sondern geschichtet sind. Besonders eindrücklich sind die Bewegungen der Hapteren der Schachtelhalmsporen (■ Abb. 19.121h, j). Hier ist auf einer inneren Schicht aus Cellulose eine zweite aus quellfähigem Arabinoglucan aufgelagert, sodass es beim Trocknen oder Befeuchten zu sehr markanten hygroskopischen Bewegungen kommt.

Beim **Flächenwachstum** der primären Zellwand werden die sukzessive abgeschiedenen Wandlamellen nach und nach immer stärker plastisch gedehnt. Zugleich werden von der Zelle laufend neue Lamellen aufgelagert, wodurch jede einzelne Lamelle innerhalb der Zellwand immer weiter nach außen gedrängt und durch Dehnung immer dünner wird; das Maschenwerk des Wandgerüsts wird immer lockerer. Die **Plastizität** von Zellwänden wird von Wuchsstoffen (Hormonen) gesteuert (▸ Abschn. 12.3.4). Sie ist für deren Flächenwachstum entscheidend und beruht letztlich auf einer Verminderung der Quervernetzung der Gerüstfibrillen, sodass diese aneinander vorbeigleiten und auseinanderweichen können. Dies kann sehr eindrücklich gezeigt

werden, indem man die Zellwand künstlich ansäuert und so die Wasserstoffbrücken zwischen den Celluloseketten schwächt. Im Ergebnis wird die Zellwand dehnbarer und die Zelle wächst. Ob dieses sogenannte Säurewachstum für die wachstumsfördernde Rolle des Pflanzenhormons Auxin maßgeblich ist, wird kontrovers diskutiert. Unbezweifelt ist jedoch, dass einige parasitische Pilze diesen Kniff anwenden, um die pflanzliche Zellwand zu lockern und so besser eindringen zu können.

Primäre Zellwände enthalten verschiedene Enzyme, die solche Auflockerungen bewirken können. Glucanasen können Matrixglucane abbauen, während **Expansine** Wasserstoffbrückenbindungen zwischen Cellulosefibrillen und Xyloglucanen auflösen. Andere Enzyme können wiederum Xyloglucanketten durch Einbau neuer Monomere verlängern. Verschiedene Komponenten der Zellwand sind über integrale Proteine der Plasmamembran mit dem Cytoskelett verbunden. Diese (noch nicht identifizierten) Transmembranproteine binden auf der Außenseite an Proteine der extrazellulären Matrix, die das Heptapeptidmotiv -YGRGDSP- tragen (nach dem zentralen Triplett -Arg-Gly-Asn als RGD bezeichnet). Wird dieses Peptid im Überschuss angeboten, wird diese Verbindung gespalten und das Cytoskelett löst sich von der Membran. Die betroffenen Zellen verlieren dann die Fähigeit zu regelmäßigen Teilungen und zur korrekten Einordnung in Gewebe.

Die endgültige Form von Pflanzenzellen hängt davon ab, ob die primäre Zellwand überall gleichmäßig (**diffuses Wachstum**) oder nur an begrenzten Orten wächst (**Spitzenwachstum**). Beim Spitzenwachstum werden mit Matrixmaterial beladene Golgi-Vesikel abhängig vom Cytoskelett gezielt an einem Punkt eingebaut, sodass die Zelle stark polarisiert ist und sich röhrenartig verlängert. Im Gegensatz zur üblichen **Apposition** von Zellwandmaterial erfolgt hier also eine **Intussuszeption**. Während Spitzenwachstum bei Pilzen den üblichen Wachstumsmodus darstellt, wachsen Pflanzenzellen im Gewebeverband zumeist diffusiv. Spitzenwachstum kommt jedoch bei Wurzelhaaren, Pollenschläuchen, aber auch Milchröhren vor.

Dennoch gibt es auch bei diffus wachsenden Zellen in der Regel eine klare Achse des Wachstums. Diese wird durch die Verlaufsrichtung der Gerüstfibrillen in den sich gerade bildenden Wandlamellen bestimmt. Diese hängt mit den an der Innenseite der Plasmamembran in parallelen Bündeln angeordneten **corticalen Mikrotubuli** (🔲 Abb. 1.13) zusammen, an denen die Cellulose-Synthase-Komplexe entlanggezogen werden. Für diese Bewegung sind, neben der Kraft, die aus der Cellulosekistallisation in der flüssigen Membran entsteht, eigene Kinesinmotoren verantwortlich, die über Zwischenproteine mit den Cellulose-Synthasen verknüpft sind. Als Reaktion auf Licht, Schwerkraft, mechanische Reizung oder Pflanzenhormone kann sich die Richtung der Mikrotubuli (in sich streckenden Zellen quer zur Zellachse) ändern, was in der Regel von entsprechenden Richtungsänderungen der Cellulosefibrillen begleitet wird. Umgekehrt können mechanische Kräfte, die auf die Cellulosefibrillen ausgeübt werden, dazu führen, dass sich die corticalen Mikrotubuli entsprechend ausrichten. Aufgrund biophysikalischer Erwägungen (in einem Zylinder ist die Wandspannung in Querrichtung doppelt so groß wie in Längsrichtung) sollte sich eine turgeszente Pflanzenzelle vor allem in Querrichtung ausdehnen, obwohl der Turgor allseitig wirkt. Sind die Gerüstfibrillen in der sich gerade bildenden Wandlamelle wie Fassdauben quer orientiert, wird diese Querexpansion unterbunden und die Zelle streckt sich. Die Suche nach einem Mechanismus, der die Querorientierung der Cellulosefasern erklären könnte, führte Paul Green (1962) dazu, die Existenz von „*micro-tubules*" (Mikrotubuli) vorherzusagen, die bei Pflanzenzellen an der Innenseite der Plasmamembran zu finden sein sollten. Angeregt durch diese Vorhersage konnten Myron Ledbetter und Keith Roberts Porter (1963) diese Mikrotubuli mithilfe der Elektronenmikroskopie sichtbar machen und fanden auch heraus, dass die bereits lichtmikroskopisch nachgewiesenen Fasern der Teilungsspindel ebenfalls aus diesen Mikrotubuli bestand. Werden die Mikrotubuli durch Colchicin eliminiert, geht die regelmäßige Anordnung der Gerüstfibrillen verloren (🔲 Abb. 1.64). Damit gibt die Zellwand dem ungerichteten Turgor in allen Richtung gleichartig nach und die Zelle rundet

sich ab. Bei vielen wachsenden Zellen hat man gefunden, dass die Orientierung der Gerüstfibrillen in aufeinanderfolgenden Lamellen der Primärwand jeweils um einen bestimmten konstanten Winkel gedreht ist. Verfolgt man die Apposition über 24 h, werden in der Regel 360°, also eine volle Umdrehung, erreicht – ein eindrucksvoller Ausdruck der circadianen Rhythmik (► Abschn. 13.2.3).

1.2.8.3 Plasmodesmen und Tüpfelfelder

Plasmodesmen sind plasmatische Verbindungen zwischen benachbarten Zellen durch die trennenden Zellwände hindurch. Sie vernetzen die Einzelzellen von Geweben zu einem symplastischen Kontinuum. Häufig treten Plasmodesmen in Gruppen auf, die als **primäre Tüpfelfelder** bezeichnet werden (► Abschn. 1.2.8.5). In ihrem Bereich sind die Zellwände oft dünner (🔲 Abb. 1.65c). Jeder Plasmodesmos ist in der Zellwand von einem Callosemantel umgeben. Da Callose (► Abschn. 1.2.8.6) nach Färbung mit Anilinblau fluoreszenzmikroskopisch leicht nachgewiesen werden kann, lassen sich Plasmodesmen trotz ihrer geringen Querdurchmesser von nur 30–60 nm auch im Lichtmikroskop gut lokalisieren (🔲 Abb. 1.65a). Im Elektronenmikroskop erweisen sie sich als einfache oder verzweigte Röhren (🔲 Abb. 1.65d–g und 1.66), die von der Zellmembran umgrenzt sind. Die Plasmamembranen der verbundenen Zellen gehen hier ineinander über. Jeder Plasmodesmos wird von einem ER-Tubulus durchzogen, dem **Desmotubulus** (🔲 Abb. 1.65e und 1.66), sodass das ER der beiden angrenzenden Zellen in einer kontinuierlichen Verbindung steht, wobei die Pforte durch angelagerte Strukturproteine massiv eingeengt und in ihrer Durchlässigkeit beschränkt wird. Der hohlzylindrische Raum zwischen Desmotubulus und Zellmembran gehört dagegen dem cytoplasmatischen Kompartiment an und sollte nach seinen Dimensionen selbst für große Proteinmoleküle passierbar sein. Dieser Raum wird jedoch von spangenartigen Verbindungen zwischen Desmotubulus und Plasmamembran durchquert, die den Hohlzylinder in eine Vielzahl enger Mikrokanäle unterteilen. Außerdem laufen Actinfasern durch diesen Raum von Zelle und Zelle. Über pflanzliche Myosine der Klasse VIII können die Plasmodesmen auch aktiv verengt werden. Daher ist die Durchlässigkeit der Plasmodesmen auf Partikel mit Molekülmassen unter 1 kDa (Durchmesser 2 nm) beschränkt. Einige Pflanzenviren, z. B. das Tabakmosaikvirus, können die Durchlässigkeit mithilfe besonderer Transportproteine (engl. *movement proteins*) stark erhöhen, sodass die Viruspartikel über die Plasmodesmen von Zelle zu Zelle wandern können (► Abschn. 11.4.2 und 🔲 Abb. 11.20).

Viele Plasmodesmen werden schon bei der Zellteilung als Aussparungen in der Zellplatte angelegt (**primäre Plasmodesmen**). Doch werden Plasmodesmen auch später laufend neu gebildet, sodass ihre Zahl pro

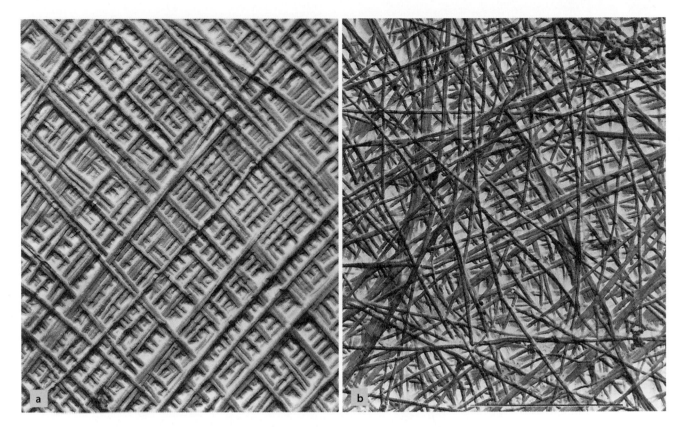

◘ Abb. 1.64   Parallel- und Streutextur von Cellulosemikrofibrillen. Die Zellwand der Alge *Neglectella solitaria* besteht aus vielen übereinanderliegenden Lamellen. **a** Unter Normalbedingungen verlaufen die Gerüstfibrillen in jeder Lamelle parallel, von Lamelle zu Lamelle erfolgt Richtungswechsel um 90° (gekreuzte Textur). **b** Colchicin, unter dessen Einfluss sich die corticalen Mikrotubuli an der Innenseite der Zellmembran auflösen, bewirkt eine Streutextur (Maßstab 1 μm). (EM-Aufnahmen: D.G. Robinson)

Fläche auch in wachsenden Wänden oft etwa konstant bleibt (**sekundäre Plasmodesmen**), obwohl sich die Wandfläche während der postembryonalen Zellvergrößerung oft auf das über 100-Fache der Ausgangsfläche ausdehnt. Bei Pfropfungen oder Parasitenbefall (z. B. durch *Cuscuta*, ◘ Abb. 3.37A, 3.38, und 19.237d) können sogar über die Grenzen sorten- oder artverschiedener Individuen Plasmodesmen gebildet werden. Die Bildung der häufig verzweigten sekundären Plasmodesmen beginnt damit, dass ER an den gegenüberliegenden Seiten über Proteinbrücken mit der Plasmamembran verbunden wird (◘ Abb. 1.67). In den beiden Nachbarzellen werden die Vorgänge bei der Bildung der sekundären Plasmodesmen durch Signale koordiniert.

Auf 100 μm² Wandfläche kommen in Parenchymgewebe 5–50 Plasmodesmen. Kooperieren benachbarte Zellen eng miteinander, wie Geleitzellen und Siebröhrenglieder im Phloem (► Abschn. 2.3.4.1) oder Mesophyll- und Bündelscheidenzellen bei C₄-Pflanzen (► Abschn. 14.4.8), können auch wesentlich höhere Plasmodesmendichten vorkommen. In Meristemen finden sich über 1200 pro 100 μm². Umgekehrt sind diese bei physiologisch isolierten Zellen, z. B. von den Schließzellen der Spaltöffnungen zu den Nebenzellen (► Abschn. 2.3.2.1), besonders selten.

Sollen zwischen Zellen Massenströme möglich sein, werden Plasmodesmen sekundär stark erweitert. Das be-

kannteste Beispiel dafür sind die **Siebporen** in den Siebplatten der Phloemleitungsbahnen (► Abschn. 2.3.4.1). Die Größe dieser Wanddurchbrechungen liegt gewöhnlich zwischen 0,5 und 3 μm, kann in Extremfällen jedoch 15 μm erreichen. Umgekehrt können Plasmodesmen auch versiegelt oder unter Beteiligung von ubiquitinvermittelter Proteolyse ganz abgebaut werden. Stirbt beispielsweise eine Zelle im Gewebe ab, werden ihre Plasmodesmen durch eine sehr rasch erfolgende Verdickung ihres Callosemantels zugedrückt und verschlossen, sodass die Nachbarzellen ungestört überleben können. Gelegentlich können ursprünglich vorhandene Plasmodesmen auch ganz verschwinden, wenn ursprünglich symplastisch verbundene Zellen im Zuge morphogenetischer Prozesse von ihrer Nachbarschaft isoliert werden sollen. Entgegen älteren Vorstellungen sind Plasmodesmen keine statischen, sondern hoch dynamische Gebilde, deren Häufigkeit und Durchlässigkeit besonderen lokalen Bedürfnissen rasch angepasst werden können.

In Geweben von Tieren kommen Plasmodesmen nicht vor. Allerdings können benachbarte Zellen dort über Gap Junctions – besondere Plasmamembranregionen mit vielen, von jeweils sechs Proteinmolekülen (Connexinen) gebildeten Kanälen (Connexonen) – phy-

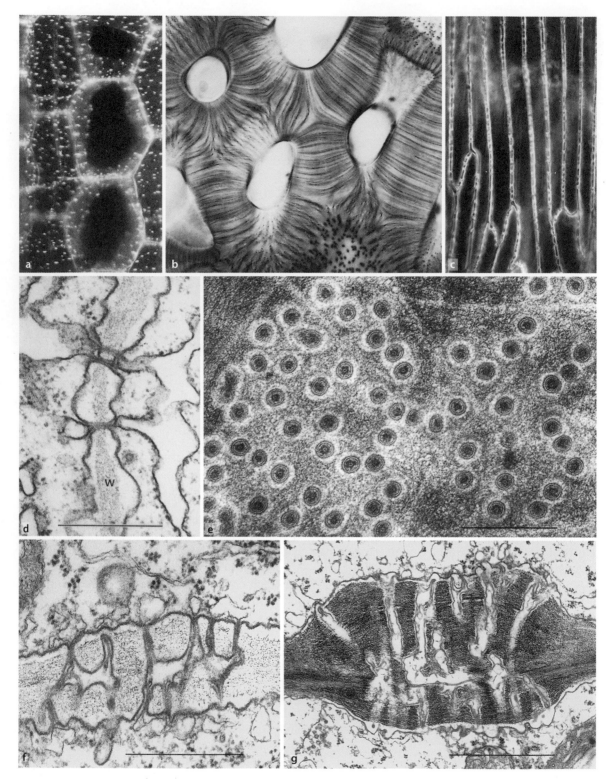

◻ **Abb. 1.65** Plasmodesmen und primäre Tüpfelfelder im LM und im EM. **a** Durch Anilinblaufluoreszenz der Callose sichtbar gemacht im Sprossparenchym des Kürbis *Cucurbita pepo* (220 ×). **b** Durch Jod-Silber-Imprägnierung kontrastiert in verdickten Zellwänden des Endosperms von *Diospyros villosa* (770 ×). **c** Zellwände in der Scheidewand der Schote des Silberblatts *Lunaria rediviva*; die scheinbaren Wanddurchbrechungen sind Dünnstellen, die primären Tüpfelfeldern entsprechen (300 ×). **d** Plasmodesmen mit rER-Kontakt in der Wand zwischen Kalluszellen von *Vicia faba* (Maßstab 0,5 μm). **e** Quergeschnittene Plasmodesmen eines primären Tüpfelfeldes bei *Metasequoia glyptostroboides*; jeder Plasmodesmos von trilaminarer Zellmembran gegen hellen Callosemantel in der Zellwand abgegrenzt, mit zentralem Desmotubulus. **f, g** Modifikationen primärer Plasmodesmen zwischen Strasburger-Zellen in den Nadeln von *Metasequoia glyptostroboides*, frühes Entwicklungsstadium und Endstadium. (Maßstäbe 0,2 μm.) – W Wand. (a LM-Aufnahme: I. Dörr; b LM-Aufnahme: I. Dörr u. B. von Cleve; c Dunkelfeldaufnahme; d–g EM-Aufnahmen: R. Kollmann; C. Glockmann)

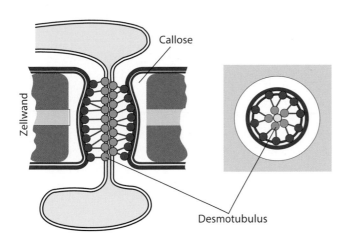

Abb. 1.66 Modell des Feinbaus eines Plasmodesmos, links Längs-, rechts Querschnitt. Zellmembran rot. (Nach W.J. Lukas)

siologisch gekoppelt sein. Plasmodesmen und Connexone sind analog, üben also ähnliche Funktionen aus, nämlich den Austausch von Ionen und Signalmolekülen zwischen Zellen. Sie sind jedoch unterschiedlich gebaut, also nicht homolog.

1.2.8.4 Sekundärwände von Faser- und Holzzellen

Bei Wasserpflanzen wird das Gewicht des Vegetationskörpers durch den Auftrieb kompensiert. Landpflanzen müssen dagegen ihr Gewicht selbst tragen können (Ausnahme sind Kletterpflanzen, wobei diese oft erheblichen Zugkräfte, beispielsweise durch Wind, bewältigen müssen; ☐ Tab. 3.1). Pflanzen ohne besondere Festigungsgewebe (▶ Abschn. 2.3.3) sind zum Zwergenwuchs verdammt und in der Konkurrenz um Licht im Nachteil. Die Entwicklung von Festigungsgewebe brachte daher große Vorteile und setzte sich schon früh in der Evolution der Landpflanzen durch – die Moosartigen (Bryophyten), denen diese Eigenschaft fehlt, führen als lebende Fossilien eher ein Nischendasein. **Festigungsgewebe** können aus zwei Zelltypen aufgebaut sein, die den Holzstoff Lignin enthalten: Faserzellen (bei Zugbeanspruchung) und verholzte Zellen mit starren Wänden (wenn einem äußeren Druck widerstanden werden soll, wie es für Steinzellen, Tracheiden oder Tracheen zutrifft).

Die massiven, sekundären Verdickungsschichten der Wände von **Faserzellen** und manchen Pflanzenhaaren (z. B. der Baumwolle) bestehen überwiegend aus dicht gepackten Cellulosemikrofibrillen. Der Trockenmasseanteil kann in diesen Wandlagen 90 % erreichen. Solche Faserzellen (ebenso wie manche dickwandigen Haarzellen) reißen auch bei starker Zugbeanspruchung nicht, sind aber dennoch flexibel. Was für die Gerüstmikrofibrille auf einer makromolekularen Ebene gilt, spiegelt sich hier auf einem höheren Dimensions- und Strukturniveau wider. Auf diesen Eigenschaften pflanzlicher Faserstoffe beruht auch ihre große wirtschaftliche Bedeutung.

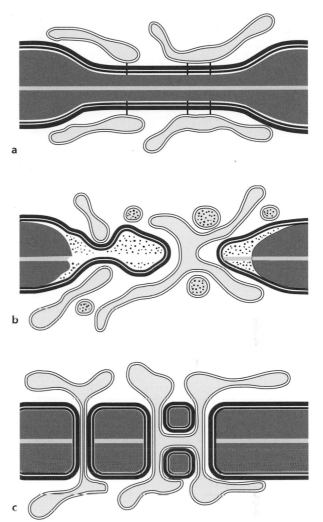

Abb. 1.67 Entstehung sekundärer Plasmodesmen. **a** ER-Elemente zweier Nachbarzellen haben sich der Zellmembran (rot) genähert und werden über Proteinbrücken fixiert; die Zellwand (grün) wird an dieser Stelle abgebaut. **b** Die ER-Elemente beider Zellen fusionieren; Golgi-Vesikel liefern neues Wandmaterial. **c** Die wieder komplettierte Zellwand ist teilweise von verzweigten sekundären Plasmodesmen durchsetzt (Mittelknoten im Bereich der Mittellamelle). (Nach R. Kollmann und C. Glockmann)

Da die sekundären Wandschichten erst nach Abschluss des Flächenwachstums der primären Zellwand von innen her aufgelagert werden, verengt sich das Zellinnere zunehmend. Oft ist der Raum für den lebenden Protoplasten zuletzt auf weniger als 5 % des Ausgangsvolumens reduziert, bevor die Zelle abstirbt. In solchen Fällen wird die Funktion also nicht von der lebenden Zelle selbst ausgeübt, sondern durch die von ihr zurückgelassene Wandhülle. Cellulosemikrofibrillen liegen immer parallel zur Zellmembran. In der dadurch vorgegebenen Fläche sind aber verschiedene Anordnungen möglich (**Texturen**; lat. *textúra*, Gewebe, Geflecht; ☐ Abb. 1.64 und 1.68). Während primäre Wände meistens Streu-(Folien-)textur aufweisen (häufig allerdings mit einer Vorzugsrichtung, (▶ Abschn. 1.2.8.2), sind die Lamellen se-

Abb. 1.68 Anordnung der Cellulosemikrofibrillen in Zellwänden. **a** Eine Streutextur ist typisch für die Primärwände isodiametrischer Zellen. Sekundäre Wandlamellen weisen dagegen Paralleltextur auf: **b** Fasertextur, **c** Schraubentextur (die häufigste Form), **d** Röhrentextur

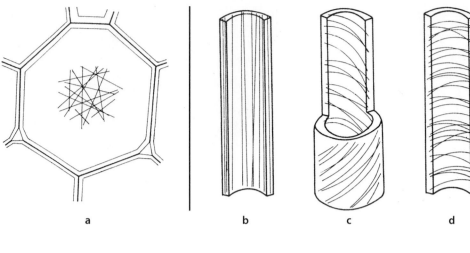

a   b   c   d

Abb. 1.69 Sekundäre Wandverdickungen in der Tracheidenwand einer Konifere. **a** Querschnitt (800 ×). **b** Schichten der Zellwand . **c** Schraubentracheen beim Kürbis mit charakteristischen Verdickungsleisten, die der S2-Schicht angehören (vgl. ▪ Abb. 2.26E); links Parenchymzellen. – M Mittellamelle, P Primärwand (Sakkoderm); S1 Übergangslamelle; S2 eigentliche, aus vielen Lamellen aufgebaute Sekundärwand, S3 Tertiärwand. (a, b nach I.W. Bailey)

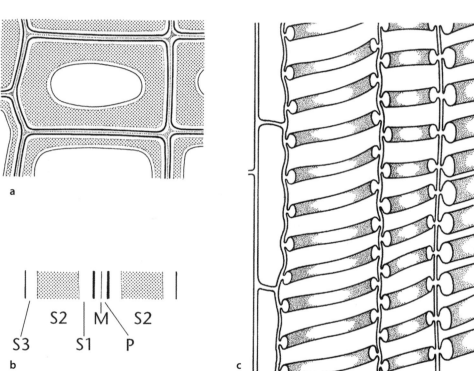

kundärer Wandlagen durch **Paralleltextur** ausgezeichnet. Bei lang gestreckten Zellen, wie es vor allem auch die Faserzellen sind, herrschen Schraubentexturen vor. Dabei können die Fasern unterschiedliche Ausrichtungen zwischen quer (Röhrentextur) und längs (Fasertextur) einnehmen. Die Texturrichtung entspricht der Richtung größter Zugbelastung, die so abgefedert werden kann. Der Drehsinn der Schraubentextur kann entweder nach rechts (Z-Schraube, weil der Gewindeverlauf in Blickrichtung so wie die Mittelpartie des Buchstabens Z aussieht) oder nach links (S-Schraube) orientiert sein. Die Fasern von Hanf und Jute sind Z-Schrauben, während die von Flachs und Nessel S-Schrauben sind. In Pflanzenhaaren mit verdickten Wänden kann der Windungssinn mehrfach wechseln, bei den mehrere Zentimeter langen Baumwollhaaren bis 150 Mal. Die Röhrentextur wäre

denkbar schlecht geeignet, Zugspannungen aufzufangen und kommt bei Faserzellen daher nicht vor. Sie ist aber typisch für die Milchröhren vieler Pflanzen, von denen sich diese Bezeichnung ableitet (▶ Abschn. 2.3.5.1). Die Milchröhren stehen unter einem Binnendruck. Ähnlich wie bei turgeszenten Einzelzellen sollte der isotrope Flüssigkeitsdruck zu einer Aufweitung führen, was aber aufgrund der Wandstruktur nicht geschieht.

Die Apposition sekundärer Wandschichten erfolgt schubweise, sodass sich Lamellen bilden. Eine Lamelle entspricht häufig einem Tageszuwachs, mehrere Lamellen können wiederum zu Stapeln verbunden sein, die als **Sekundärwandschichten** bezeichnet werden. Das allgemeine Bauschema und die übliche Benennung der Schichten sind in ▪ Abb. 1.69 dargestellt. Auf die Primärwand (Sakkoderm) folgt zunächst eine vergleichsweise dünne Sekundärwandschicht, die S1-Schicht (Übergangsschicht), mit flacher Schraubentextur. Ihr folgt nach innen (also später angelegt) die dicke S2-Schicht, die aus über 50 Wandlamellen bestehen kann. Diese Schicht ist in funktioneller Hinsicht entscheidend. Die dicht gepackten Gerüstmikrofibrillen weisen hier eine Schrauben- oder eine Fasertextur auf. Zum Zelllumen hin wird als letzte Lage eine dünne S3-Schicht (Tertiärwand) mit wieder abweichender Textur aufgelagert. Sie kann ihrerseits noch einmal von einer strukturell und stofflich stark abweichenden Schicht bedeckt sein, die isotrop homogen ist und aufgrund ihrer körnigen Oberfläche als Warzenschicht bezeichnet wird.

In druckfesten Zellwänden sind die Gerüstfibrillen in formfeste Materialien eingepackt (inkrustiert). Bei Süß- und Sauergräsern (Poaceae und Cyperaceae) können diese **Inkrusten** Silikate enthalten, bei den Dasycladales kommt auch Calciumcarbonat vor. Am wichtigsten sind jedoch als **Verholzung** (lat. *lignum*, Holz) bezeichnete Inkrustierungen mit **Ligninen**, die Zellwände durchziehen. Lignine entstehen in der verholzenden Zellwand durch Polymerisation aus Phenolkörpern (Monolignole, ▶ Abschn. 14.14.1), ◘ Abb. 14.115, 14.116 und 14.117), die in Form löslicher Glucoside über Golgi-Vesikel exocytiert werden. Die Lignine von Nadelhölzern (die zu den Gymnospermen gehören) unterscheiden sich von denen der Laubhölzer (die zu den Angiospermen gehören), das Lignin der Monokotyledonen bildet wiederum eine dritte Form. Die in alle Raumrichtungen wachsenden Riesenmoleküle des Lignins durchwuchern das Mikrofibrillengerüst der Zellwände. Da Ligninmakromoleküle miteinander sekundär zu größeren Einheiten verwachsen und sich über die (oft besonders stark lignifizierten) Mittellamellen hinweg ausdehnen können, entspricht die Ligninmasse eines Baumstamms zuletzt vermutlich einem einzigen gigantischen Polymermolekül, dessen Masse in Tonnen auszudrücken ist. Die ursprüngliche Zellwandmatrix wird bei der Lignifizierung durch das kompakte Ligninpolymerisat zunächst zusammengedrückt und letztlich nach außen verdrängt. Verholzte Zellwände bestehen im typischen Fall zu etwa 2/3 aus Cellulose und resistenten Hemicellulosen (überwiegend Xylane; griech. *xylon*, Holz) und zu 1/3 aus Lignin.

Die Cellulosefibrillen sind schließlich so dicht in Lignin eingepackt, dass sie sich nicht mehr gegeneinander verschieben können und ihre an sich schon sehr begrenzte Quellungsfähigkeit ganz verlieren. Diese Eigenschaft kann dazu genutzt werden, Primärwände und verholzte Sekundärwände histochemisch zu unterscheiden: Während die Cellulose in Primärwänden durch eine konzentrierte Chlorzinkjodlösung so weit aufgelockert wird, dass sie Jod einlagern kann und sich dabei tiefviolett färbt, bleibt diese Reaktion in verholzten Wänden aus. Eine weitere Nachweismethode nutzt den Farbstoff Astrablau. Die hervorragenden Festigkeitseigenschaften

von Holz beruhen letztendlich auf der gegenseitigen Durchdringung reißfester, biegsamer Gerüstfibrillen mit dem dichten, starren Füllmaterial Lignin.

Im Holzteil (Xylem) von Leitbündeln und im Holz mehrjähriger Sprossachsen oder Wurzeln müssen in Zusammenhang mit dem Wassertransport beträchtliche Kräfte aufgefangen werden. Zwar leiten sich die wasserleitenden Xylemelemente (Tracheiden und Tracheen, ▶ Abschn. 2.3.4.2) von lebenden Zellen ab, sind aber im funktionellen Zustand nur noch tote, durch Lignifizierung ausgesteifte Zellwandröhren. Dank ihrer Lignifizierung sind Xylemstränge und Holz nicht nur Leitungsbahnen für den Ferntransport von Wasser, sondern gleichzeitig auch oft die wichtigsten tragenden Strukturen im Vegetationskörper von Landpflanzen.

1.2.8.5 Tüpfel

Lignifizierung macht Zellwände nicht nur starr, sondern auch weniger durchlässig. Während unverholzte Primärwände Teilchen mit Durchmessern bis 5 nm noch passieren lassen, ist in verholzten Wänden sogar die Wasserpermeabilität stark herabgesetzt. Dies ist für die Wasserleitungsbahnen in Wurzeln, Sprossen und Blättern wichtig: Durch die Verholzung wird verhindert, dass das Wasser seitlich auslecken kann. Wo allerdings Wasserdurchtritt (oder allgemein Stoffaustausch) erforderlich ist, werden **Tüpfelkanäle**, Wandkanäle lichtmikroskopischer Dimensionen, angelegt (◘ Abb. 1.70). Diese Tüpfelkanäle müssen in benachbarten Zellen korrespondieren. Sie treffen sich an primären Tüpfelfeldern, wobei die noch vorhandene Primärwand und die Mittellamelle als Schließhäute der Tüpfel fungieren. Für Wasserleitungsbahnen sind **Hoftüpfel** (engl. *bordered pits*) charakteristisch. Bei ihnen sind die sekundären Wandschichten rund um den Tüpfelkanal (Porus) von der Schließhaut abgehoben, sodass ein trichterförmiger Hof entsteht. Vor allem die Tracheiden mancher Nadelhölzer zeichnen sich durch besonders große, kreisrunde Hoftüpfel aus, durch die das im Stamm aufsteigende Wasser strömt. Die Schließhäute sind in der Mitte zu einem Ring (**Torus**) verdickt, der an radialen Haltefäden aus Cellulose locker aufgehängt ist. Das Wasser kann zwischen den Haltefäden aus einer Tracheide in die nächste fließen. Bei Luftembolien wirken Hoftüpfel als Rückschlagventile, indem der Torus an den unterdruckseitigen Porus angepresst wird und ihn verschließt (◘ Abb. 1.70c).

1.2.8.6 Isolierende Sekundärwände

Zu den wichtigsten Voraussetzungen für das Pflanzenleben (und aktives Leben überhaupt) gehört die ständige Verfügbarkeit von Wasser (▶ Abschn. 14.2). Landpflanzen, die ein Austrocknen an der Luft verhindern können, wurden evolutionär begünstigt. Wasserundurchlässige

■ **Abb. 1.70** Tüpfel. **a** Ausschnitt aus dem Steinendosperm der Elfenbeinpalme *Phytelephas*; die stark verdickten Zellwände dienen hier als Depot für Reservepolysaccharide; die Zellen stehen über Plasmodesmen in Verbindung, besonders auch zwischen Tüpfelkanälen (230 ×). **b** Steinzelle (Sklereide) aus der Walnussschale mit verzweigten Tüpfelkanälen; Kanäle, die scheinbar nicht alle Sekundärwandlamellen durchsetzen, verlaufen schräg aus der Schnittebene heraus (670 ×). **c–f** Hoftüpfel von Koniferen. **c** Schematisch, links Aufsicht, Mitte Längsschnitt; rechts dsgl., Ventilwirkung bei einseitigem Druck. **d, e** Hoftüpfel der Kiefer *Pinus sylvestris* im radialen Längsschnitt, im Phasenkontrast und im Polarisationsmikroskop (die Cellulosefibrillen umlaufen den schwarzen Porus zirkulär; die konzentrische Gesamtstruktur zeigt daher das Sphäritenkreuz) (330 ×). **f** Hoftüpfel der Legföhre *Pinus mugo*, tangentialer Längsschnitt: Hofbildung durch Abheben der Sekundärwände, Porus und Schließhaut mit Torus erkennbar (600 ×). **g, h** Hoftüpfel bei Laubhölzern. **g** Mit schlitzförmigem Porus (Katzenaugen) in Gefäßwänden der Eiche *Quercus robur*, rechts auch im Wandquerschnitt (Pfeil; 530 ×). **h** Tüpfelgefäß im Holz einer Weide (*Salix*) (1000 ×). – M Mittellamelle, TK Tüpfelkanäle. (a nach W. Halbsguth; b nach Rothert und Reinke; F LM-Aufnahme: H. Falk; h REM-Aufnahme: A. Resch)

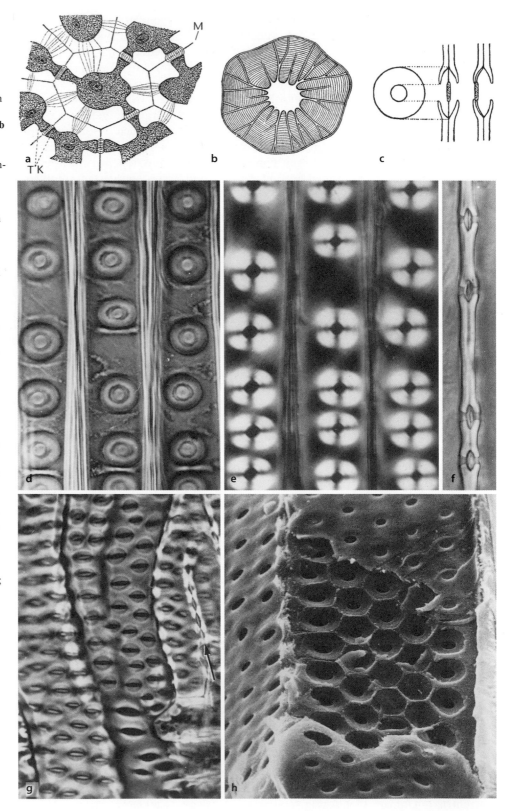

Sekundärwandschichten auf der Außenfläche sind hier zentral. Im Gegensatz zu den Sekundärwänden, die der mechanischen Festigkeit dienen und daher immer viel Cellulose enthalten, bestehen die abdichtenden Sekun-

därwandschichten aus wasserundurchlässigem, hydrophobem Material und enthalten im typischen Fall keine Cellulose. Die Wasserundurchlässigkeit wird durch Anlagerung (**Akkrustierung**) lipophiler Massen an die Primärwand erreicht, die als Matrize für die Akkrustierung dient und die erforderliche mechanische Festigkeit gewährleistet. Als Akkruste fungiert im Fall der Epidermen das **Cutin** (lat. *cutis*, Haut, Oberfläche) und bei Korkzellen ist es das chemisch verwandte **Suberin** (lat. *suber*, Kork; ▶ Abschn. 14.15.3). Cutin und Suberin bilden eine Polymermatrix, in die zusätzlich als besonders hydrophobe Komponenten verschiedene Wachse eingelagert sind.

Die **verkorkte Zellwand** besteht aus einer innerhalb der Primärwand liegenden cellulosefreien **Suberinschicht** (◨ Abb. 1.71), die meistens auf der dem Zelllumen zugewandten Seite von einer dünnen weiteren Tertiärwand bedeckt wird, die Cellulose enthält. Für die Funktion ist aber die wasserabweisende Suberinschicht entscheidend, die eingelagerte Wachslamellen von 3 nm Dicke enthält (◨ Abb. 1.72a). Die stabförmigen Wachsmoleküle (überwiegend Ester von Fettsäuren mit Wachsalkoholen) sind dabei senkrecht zur Lamellenebene orientiert. Nach dem Entfernen der Wachse bleibt die unlösliche, amorph-isotrope Polymermatrix zurück, das eigentliche Suberin. Diese Matrix stellt ein dreidimensionales, vernetztes Kondensat aus langkettigen Fettsäuren, Fettalkoholen und verwandten Verbindungen dar, das nur mäßig hydrophob (für Wasser durchlässig) ist. An diesem stabilen Träger sind die eigentlichen Wasserbarrieren verankert, die zarten Wachsfilme. Durch die Lamellenbauweise der Sekundärwände wird sichergestellt, dass selbst bei Defekten in einzelnen Lagen insgesamt eine sehr wirksame Barriere erhalten bleibt.

Die molekularen Bausteine von Suberin und Wachslamellen werden nicht exocytotisch mithilfe von Golgi-Vesikeln sezerniert, sondern durch Diffusion. Sie müssen also von ihrem Bildungsort im glatten ER durch das Cytoplasma zur Plasmamembran gelangen und diese passieren. Sowohl Transport als auch Membranpassage erfolgen mithilfe von amphiphilen **Lipid-Transfer-Proteinen** (LTPs). Eine Suberinschicht kann sich recht rasch bilden, beim Wundverschluss sind nur wenige Stunden nötig, bis die Wunde abgedichtet ist.

Die **Cuticula** (▶ Abschn. 2.3.2.1) ist im Prinzip ähnlich gebaut wie die Suberinschicht verkorkter Zellen. Auch sie ist der primären Zellwand aufgelagert, lipophil und frei von Cellulose. Die Cuticula wird aus einer Cutinpolymermatrix mit oberflächenparallelen Wachsfilmen gebildet, die ebenfalls in Lamellen organisiert sind (◨ Abb. 1.72b). Die molekularen Bausteine müssen hierfür von den Epidermiszellen durch die Plasmamembran und dann noch durch die Primärwand transportiert werden, damit die Akkrustierung auf der Außenseite der Primärwand erfolgen kann. Auf diese Weise entsteht eine alle Epidermiszellen überspannende akkrustierte Wandlage, die Cu-

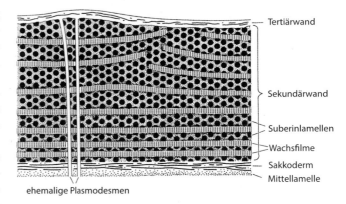

◨ Abb. 1.71 Feinbaumodell der verkorkten Zellwand. Die lipophile Suberinschicht enthält keine Cellulose. In der Tertiärwand treten wieder Gerüstfibrillen auf

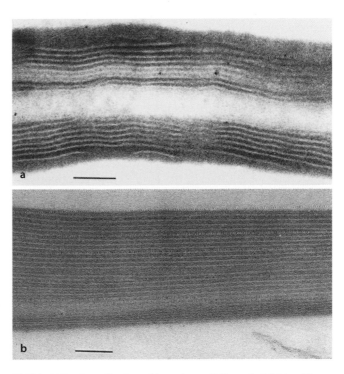

◨ Abb. 1.72 Lamellenbau akkrustierter Zellwandschichten (Querschnitte); Wachsfilme unkontrastiert, Polymermatrix (Suberin, Cutin) dunkel. **a** Zellwand aus Wundkork der Kartoffel; Wände zweier benachbarter Korkzellen mit lamellierten Suberinschichten. **b** Abgelöste Cuticula von *Agave americana*. (Maßstäbe 0,1 μm.) (EM-Aufnahmen: A H. Falk; B J. Wattendorff)

ticula. Die Cuticularwachse enthalten längere Kohlenwasserstoffketten als die Korkwachse, sie sind dementsprechend noch stärker hydrophob (die Zahl der C-Atome liegt bei ihnen bei 25–33 gegenüber 18–28 bei Korkwachsen).

Besonders bei Pflanzen trockener Standorte finden sich Wachskristalle auf der Oberfläche der Cuticula (**epicuticulares Wachs**, vgl. ◨ Abb. 2.13), wodurch die Cuticula unbenetzbar wird. Oft kommt es auch zur Einlagerung von Cutinmassen in die äußeren Lamellen der Primärwand von Epidermiszellen, also unterhalb der eigentlichen Cuticula. Hier bilden Cutin und Begleitwachse die Inkrusten. Da sich die hydrophoben Wandstoffe nur schlecht mit den hydrophilen Komponenten der Primärwand mischen, wird die Feinstruktur in solchen Bereichen gestört. Derartige Wachsfilme sind daher häufig unterbrochen, sie liegen nicht mehr oberflächenparallel und selbst bei dicken Cuticularschichten ist der zusätzliche Transpirationsschutz nur mäßig. Entsprechende Phänomene gibt es bei Korkzellen nicht; im mehrschichtigen Korkgewebe kann eine verbesserte Abdichtung durch die Bildung weiterer Korkzelllagen erreicht werden, während die Cuticula auf die an die Luft grenzenden Epidermisaußenflächen beschränkt bleibt und daher grundsätzlich einschichtig ist.

Auch die Körperoberfläche von Arthropoden ist mit einer Cuticula bedeckt. Während die massiv ausgebildeten inneren Schichten etwa der Insektencuticula (Endo- und Exocuticula) als chitinhaltiges Exoskelett vor allem eine mechanische Festigkeit vermitteln, ist die außen akkrustierte Epicuticula durch ihren hohen Wachsgehalt ein ausgezeichneter Transpirationsschutz. Die Epicuticula weist sowohl in chemischer wie feinbaulicher Hinsicht viele Parallelen zur Pflanzencuticula auf: ein eindrucksvolles Beispiel konvergenter Evolution bei Tier und Pflanze.

Auch die in der Regel mikroskopisch kleinen Sporen und Pollenkörner besitzen akkrustierte Zellwände (**Sporodermen**, ◼ Abb. 3.91 und 3.93). Als Akkrusten treten hier die besonders widerstandsfähigen **Sporopollenine** auf. Ihre Funktion besteht nicht in der Rückhaltung von Wasser; sowohl die Sporen als auch die Pollenkörner können völlig austrocknen, ohne ihre Lebensfähigkeit zu verlieren. Neben dem Schutz vor schädlicher UV-Strahlung sind die Sporopollenine beim Pollen auch für die Erkennung von Eigenpollen auf der Narbe wichtig. Sporodermen weichen nicht nur funktionell, sondern auch in ihrer chemischen Zusammensetzung, ihrem Feinbau und ihrer Entwicklung völlig von den Cutinwänden der Epidermen und den Suberinschichten der Korkzellen ab. Ihre oft komplex ausgestaltete Oberfläche ist für die Systematik und die Rekonstruktion von Vegetationsentwicklungen (Pollenanalyse, **Palynologie**) bedeutsam.

Ein Abdichtungsmaterial besonderer Art ist die **Callose**, ein Glucan mit 1→3-verknüpften Monomeren, das schraubenförmige Moleküle bildet und stets in sehr kompakter Form ohne Beimengung anderer Stoffe auftritt. Durch Callose können Plasmodesmen und Siebporen (▶ Abschn. 1.2.8.3) verschlossen werden, aber auch eindringende Pilzhyphen abgeschottet werden. Callose kann an der Plasmamembran rasch in beträchtlicher Menge synthetisiert und auch rasch wieder abgebaut werden; vielfach spielt sie die Rolle eines schützenden Verbands auf zellulärer Ebene.

1.2.9 Plastiden – Werkzeuge der Photosynthese

Plastiden treten in ein und derselben Pflanze in verschiedenen Formen auf. Das ist schon äußerlich-makroskopisch an unterschiedlichen **Pigmentierungen** erkennbar: Die Proplastiden der Bildungsgewebe und die Leukoplasten des Grund- und Speichergewebes sind farblos, Chloroplasten sind aufgrund des in ihnen enthaltenen Chlorophylls grün gefärbt, die Gerontoplasten des Herbstlaubs und die Chromoplasten in Blüten- und Fruchtblättern werden durch Carotinoide gelb bis rot gefärbt. Alle Plastidenformen sind ineinander umwandelbar, nur Gerontoplasten sind Endstufen einer irreversiblen Entwicklung. Plastiden werden von einer doppelten **Membranhülle** (engl. *plastid envelope*) gegen das Cytoplasma abgegrenzt. Die äußere Membran ist aufgrund relativ großer Poren viel durchlässiger als die innere, die mit vielen spezifischen Translokatoren ausgestattet ist. Auch steht die äußere Membran durch Membranfluss mit dem übrigen Endomembransystem im Austausch (▶ Abschn. 1.2.7). Die innere Plastidenhülle ist hingegen abgetrennt. Hier liegt der hauptsächliche Ort der Lipidsynthese in Pflanzenzellen.

Plastiden vermehren sich ausschließlich durch **Teilung**. Wie bei Bakterien kommt es dabei zu einer Durchschnürung des Organells mithilfe einer zentralen, kontraktilen Ringzone. Sie enthält das Protein **FtsZ**, das in gleicher Funktion bei Bakterien vorkommt und nach Struktur und Sequenz ein Tubulinhomolog ist (▶ Abschn. 19.1.1). Plastiden besitzen eigene **plastidäre DNA** (ptDNA = ctDNA; ◼ Abb. 1.76 und 4.11; s. ▶ Abschn. 4.7). Hier ist aber nur ein Teil der in Plastiden vorkommenden Proteine codiert. Der Großteil der plastidären Proteine ist dagegen in der DNA des Zellkerns codiert, wird im Cytoplasma an freien Polysomen synthetisiert und muss durch die Plastidenhülle zum Zielort transportiert werden. Das geschieht mithilfe von Transitpeptiden am N-Terminus des Proteins. Dieses Signalpeptid fungiert wie eine Empfängeradresse und bindet an spezielle Transportkomplexe – in der äußeren Plastidenmembran TOC (engl. *translocon of the outer chloroplast membrane*) und in der inneren TIC (engl. *translocon of the inner chloroplast membrane*) (◼ Abb. 6.12). Beim Transport wird das Signalpeptid abgespalten, das reife Protein ist also kürzer als das an den cytoplasmatischen Ribosomen gebildete Vorläuferprotein. Proteine, die innerhalb der Plastiden in die Thylakoide gelangen müssen, besitzen noch ein zweites Signalpeptid, das dann auf ähnliche Weise bei der Passage durch die Thylakoidmembran abgespalten wird.

Untersuchungen zur Vererbung von Panaschierungen (Teile des Blatts sind weiß) zeigten, dass diese ausschließlich maternal (also von der Mutter) vererbt werden, und bereits um 1910 schlossen Erwin Baur und Carl Correns auf eine eigene plastidäre Erbsubstanz (▶ Abschn. 7.2). Bei den von ihnen untersuchten Arten *Antirrhinum* und *Mirabilis* werden die Plastiden der männlichen Keimzelle bei der Befruchtung ausgeschlossen. Dies ist der Regelfall, es gibt jedoch auch Pflanzen (z. B. Pelargonien und Oenotheren), bei denen die Plastiden von beiden Elternteilen an die nächste Generation weitergegeben werden. Erst in den 1960er-Jahren konnte ptDNA nachgewiesen und schließlich als zirkuläre Doppelhelix isoliert und näher charakterisiert werden. Zwei japanischen Arbeitsgruppen gelang dann 1986 die erste vollständige Sequenzierung der ptDNA von Tabak (■ Abb. 4.11) und des Lebermooses *Marchantia*. Inzwischen sind die ptDNA-Sequenzen vieler weiterer Pflanzen sequenziert worden (▶ Abschn. 4.7). Aufgrund der zumeist maternalen Vererbung werden plastidäre Gene gerne für die molekulare Phylogenie eingesetzt. Je nach taxonomischer Ebene kommen hier stark konservierte (z. B. die große Untereinheit der Ribulose-1,5-bisphosphat-Carboxylase/Oxygenase, Rubisco) oder eher variable Bereiche (z. B. der intergenische Spacer des *trnH*-Gens, das die tRNA für Phenylalanin codiert) zum Einsatz.

1.2.9.1 Feinbau von Chloroplasten, Chloroplastenformen

Chloroplasten sind die charakteristischen Organellen aller photoautotrophen Eukaryoten. Durch die Lichtreaktionen der Photosynthese (▶ Abschn. 14.3) wandeln sie Strahlungsenergie der Sonne in chemische Energie um und legen damit die energetische Basis für alle heterotrophen Lebensformen. Zugleich werden Kohlenstoff, Wasserstoff und Phosphor assimiliert, Nitrat und Sulfat reduziert sowie Sauerstoff aus Wasser freigesetzt. Der Sauerstoff in der Erdatmosphäre, eine Voraussetzung für die aerobe Energiegewinnung aus organischer Nahrung und die Bildung eines Ozonschildes in der oberen Erdatmosphäre, stammt fast ausschließlich aus der Photosynthese.

Die internen Membranen typischer Chloroplasten (■ Abb. 1.73), die **Thylakoide**, enthalten verschiedene Carotinoide und an Proteine gebundene Chlorophylle. Die Thylakoide sind nicht unmittelbar mit der inneren Hüllmembran des Organells verbunden. Das Innere der Thylakoiden stellt daher ein echtes Kompartiment dar. An den Thylakoiden laufen die Lichtreaktionen der Photosynthese ab. Die Thylakoide sind häufig lokal pfennigartig gestapelt. Die Stapel sind auch lichtmikroskopisch als dunkelgrüne Körnchen (**Grana** von lat. *granum* = das Korn) sichtbar. Diese Granathylakoide sind untereinander durch die Stromathylakoide verbunden (■ Abb. 1.73). Die Thylakoidmembran ist dicht mit Proteinen besetzt, die im Gefrierbruch elektronenmikroskopisch als Membranpartikel zu sehen sind (■ Abb. 1.74 und 14.34). Die präzise Anordnung

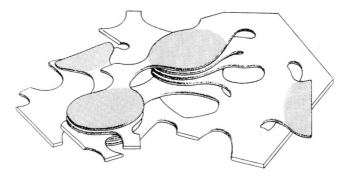

■ **Abb. 1.73** Grana- und Stromathylakoide sind keine gesonderten Kompartimente, sondern stellen ein räumliches Kontinuum mit zahlreichen Membranüberschiebungen dar. Grana blau. (Nach W. Wehrmeyer)

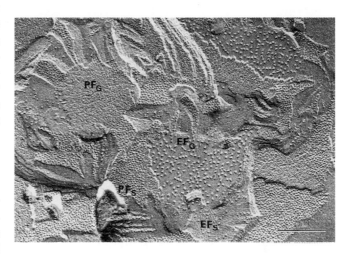

■ **Abb. 1.74** Thylakoidmembranen sind Träger von Proteinkomplexen, die an den Lichtreaktionen der Photosynthese beteiligt sind (vgl. ■ Abb. 14.34). Im Gefrierbruchpräparat (Chloroplast der Erbse) treten die Komplexe als Membranpartikel deutlich hervor. Die funktionellen Unterschiede der Grana- und Stromabereiche (G und S) sind auch im Partikelmuster ausgeprägt (Maßstab 0,3 µm). (Präparat und EM-Aufnahme: L.A. Stachelin)

dieser Proteinkomplexe erscheint beinahe kristallin, auch kommen sie nur auf einer Membranseite vor (■ Abb. 1.74). Diese streng regulierte Struktur ist notwendig, um den gerichteten Elektronenfluss während der photosynthetischen Lichtreaktion zu gewährleisten. Die Bildung von ATP erfolgt an plastidären ATP-Synthase-Komplexen (vgl. ■ Abb. 14.41), die auf Stromathylakoiden lokalisiert sind.

Die Thylakoide sind vom „Plasma der Plastiden", dem **Stroma**, umgeben. Ähnlich wie das Cytoplasma von einem Cytoskelett dynamisch strukturiert wird, wird im Stroma ein Plastoskelett sichtbar, wenn man das plastidäre Teilungsprotein FtsZ in Fusion mit GFP überexprimiert (■ Abb. 1.75c). Ob dieses Skelett in dieser Form auch natürlicherweise vorkommt oder eine Manifestation der Überexpression darstellt, ist noch nicht geklärt. Neben den Enzymen für die Dunkelreak-

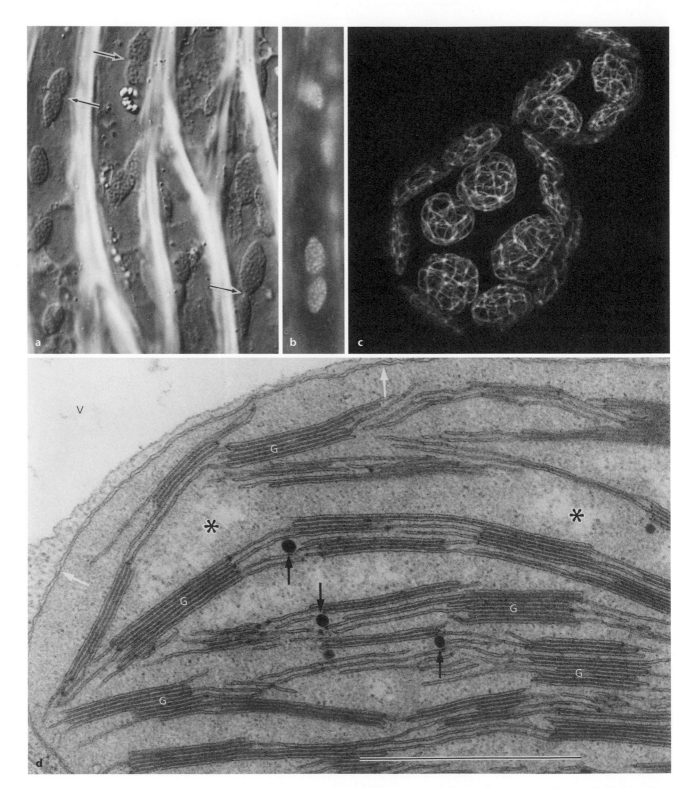

◘ Abb. 1.75   Chloroplasten im Licht- und Elektronenmikroskop. **a, b** Granuläre Chloroplasten in lebenden Blättchenzellen des Quellmooses *Fontinalis antipyretica* (1230 ×). **a** Chloroplastenteilung durch mediane Einschnürung (Pfeile). **b** Chlorophyllfluoreszenz der Grana. **c** Plastoskelett in Chloroplasten des Blasenmützenmooses *Physcomitrella patens* (regenerierender Protoplast, lebend, FtsZ1 durch GFP fluoreszierend; ▶ Abschn. 1.1.5) (2050 ×). **d** Granulärer Chloroplast aus Laubblatt der Garten-Bohne im EM. Die zahlreichen Thylakoide sind als flache Doppelmembranen erkennbar; in den Grana (einige mit G bezeichnet) sind sie dicht aufeinandergestapelt; zwischen den Grana ungestapelte Stromathylakoide. Schwarze Pfeile: Plastoglobuli; aufgelockerte Bereiche der Stromamatrix (*) enthalten ptDNA (Nucleoide); weiße Pfeile: doppelte Plastidenhülle (Maßstab 1 µm). – G Grana, V Vakuole. (c CLSM-Aufnahme: J. Kiessling, R. Reski; d EM-Aufnahme: H. Falk)

tion der Photosynthese (▶ Abschn. 14.4) findet man im Stroma auch Stärkekörner (**transitorische Stärke**) sowie andere Speicherstrukturen wie Plastoglobuli als Lipid-speicher, gelegentlich sind auch Proteinkristalle vorhanden (z. B. des eisenspeichernden Proteins Phytoferritin). Als Träger des **Plastoms** befinden sich in der Stromamatrix auch mehrere bis viele Nucleoide, aufgelockerte Bereiche mit Ansammlungen von ptDNA-Molekülen (◘ Abb. 1.76, ▶ Abschn. 4.7), sowie Ribosomen vom prokaryotischen 70S-Typ.

Von diesem üblichen Aufbau gibt es zahlreiche Abweichungen, besonders bei Algen. Das gilt unter anderem für die äußere Form des Organells. Während Laubblattchloroplasten linsenförmig sind, einen Durchmesser zwischen 4 und 10 μm haben und zu mehreren bis sehr vielen in den Zellen vorliegen, kommen bei manchen Grünalgen besonders große und mitunter eigenartig geformte **Megaplasten** vor, oft nur in Einzahl pro Zelle (◘ Abb. 1.77). Die Chloroplasten vieler Algen und der Hornmoose enthalten scharf begrenzte Verdichtungen der Stromamatrix, die häufig von Stärkekörnern umgeben sind und nur wenige oder überhaupt keine Thylakoide enthalten. Diese Matrixbezirke werden als **Pyrenoide** bezeichnet (griech. *pyrén*, Kern). Hier finden sich besonders hohe Konzentrationen des Schlüsselenzyms der CO_2-Fixierung, der Ribulose-1,5-bisphosphat-Carboxylase/Oxygenase (**Rubisco**). Dieses Enzym, ein Komplex aus je acht größeren und kleineren Untereinheiten, kann in grünem Blattgewebe oft über 60 % aller löslichen Proteine ausmachen und gilt als eines der häufigsten Proteine auf diesem Planeten (zur Funktion ▶ Abschn. 14.4.1).

Die übliche Gliederung in Grana- und Stromathylakoide kann auch fehlen, wie bei den granalosen Plastiden der Rotalgen. Bei den homogenen Chloroplasten mancher Algen durchziehen Zweier- oder Dreierstapel von Thylakoiden den gesamten Innenraum der Plastiden (◘ Abb. 1.78). Bei den Plastiden der Rotalgen liegen die Thylakoide nicht nur einzeln vor, sondern sind mit **Phycobilisomen** ausgestattet, die in Gefrierbruchpräparaten als aus der Thylakoidfläche herausragende Proteinkomplexe sichtbar werden (◘ Abb. 1.79b und 14.30a). Diese Lichtsammelkomplexe enthalten Phycobilin, ein Pigment, das grünes Licht absorbieren und die Anregungsenergie auf Chlorophyll übertragen kann. Dies erlaubt es den Rotalgen, das von den anderen Pflanzen nicht verwertete grüne Licht zu nutzen und dadurch in größere Wassertiefen vorzudringen. Der Phycobilingehalt ist auch für die rote Färbung der Rotalgen verantwortlich. Die Phycobilisomen enthalten neben einem Kern aus Allophycocyanin weitere, hoch geordnete Komplexe aus Pigmenten wie Phycocyaninen und rot gefärbten Phycoerythrinen ◘ Abb. 1.79c). Auch die photosynthetischen Membranen der prokaryotischen Cyanobakterien sind mit Phycobilisomen ausgestattet ◘ Abb. 1.79a). Auch bei anderen Algengruppen kann das Chlorophyll von solchen akzessorischen Pigmenten begleitet sein, sodass die eigentlich grüne Färbung der Chloroplasten überdeckt wird. Beispiele sind die bräunlich gefärbten Phäoplasten der Braunalgen oder die gelben bis braunroten Plastiden der Dinoflagellaten und vieler Goldalgen (Chrysophyten).

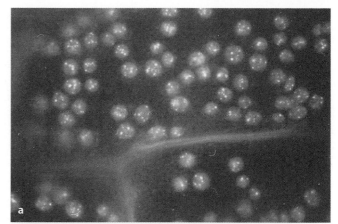

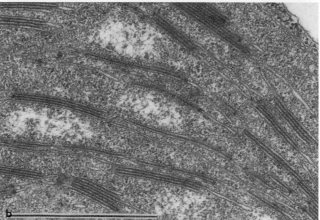

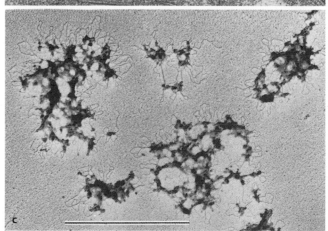

◘ **Abb. 1.76** Plastidennucleoide. **a** Chloroplasten in Blattzellen der Wasserpest *Elodea canadensis* nach Fluoreszenzfärbung der ptDNA mit DAPI (4–5-Diamidino-2-phenylindol). Jeder Chloroplast enthält mehrere Nucleoide, jedes Nucleoid mehrere zirkuläre ptDNA-Moleküle (1000 ×). **b** Fünf Nucleoide als aufgelockerte Bereiche in der Stromamatrix eines Bohnenchloroplasten. **c** Aus Spinatchloroplasten isolierte Nucleoide; ptDNA bildet Schleifen um lockere Proteingerüste. (Maßstäbe in B, C 1 μm). (a Epifluoreszenzfoto: H. Dörle; b EM-Aufnahme: H. Falk; c Präparat und EM-Aufnahme: P. Hansmann)

Bei vielen begeißelten pflanzlichen Einzellern lässt sich ein durch besondere Carotinoide tiefrot gefärbter Augenfleck (das **Stigma**) beobachten, der einer dichten Ansammlung pigmentierter Lipidtröpfchen (Plastoglobuli) entspricht (◘ Abb. 19.46a und 19.68a). Diese caroti-

1

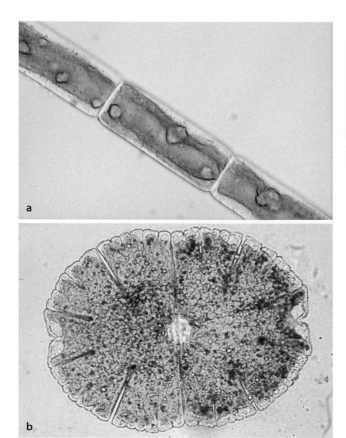

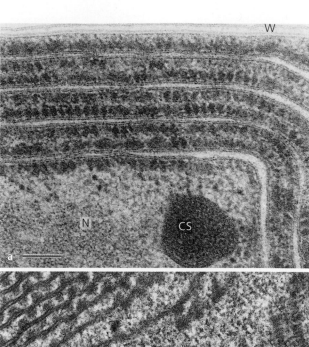

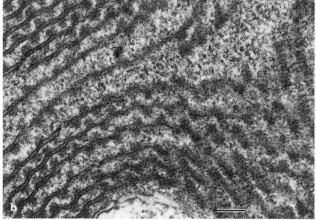

■ **Abb. 1.77** Megaplasten in Zellen der Alge *Mougeotia* mit Stärke-herden (Pyrenoiden) (**a**; 380 ×) und der Zieralge *Micrasterias denticulata* (**b**; 260 ×). Beide Arten gehören zu den Zygnemophyceae, einer Klasse der Grünalgen, aus denen die Landpflanzen hervorgingen

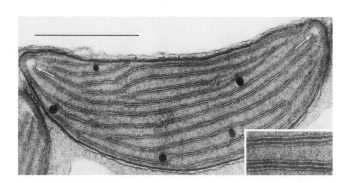

■ **Abb. 1.78** Homogener Chloroplast der Alge *Tribonema viride*, eine Xanthophyceae (vgl. ■ Abb. 19.47e). Die Thylakoide, zu je dreien gestapelt (Ausschnitt), durchziehen den gesamten Plastiden, Stromathylakoide werden nicht gebildet. Die ptDNA-haltigen Bereiche befinden sich peripher um das gesamte Organell herum (Pfeile) (Maßstab 1 μm). (EM-Aufnahme: H. Falk)

noidhaltigen Lipidtröpfchen sind häufig im Chloroplasten lokalisiert. Gelegentlich scheinen sie im Cytoplasma lokalisiert. Man vermutet jedoch, dass auch diese scheinbar cytoplasmatischen Plastoglobuli Rudimente einer im Laufe der Phylogenie stark reduzierten Form eines Plastiden darstellen.

Chloroplasten, aber auch andere Plastidenformen, kön-nen gelegentlich Ausläufer bilden. Diese **Stromuli** sind

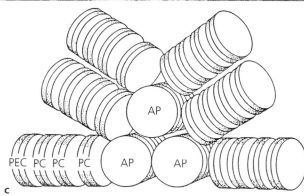

■ **Abb. 1.79** Phycobilisomen. **a** Bei dem Cyanobakterium *Pseudanabaena persicina*. **b** Bei der Rotalge *Rhodella violacea*, rechts in Flä-chen-, links in Profilansicht (Maßstäbe in A, B 0,1 μm). **c** Molekula-res Modell der halbkreis-scheibenförmigen Phycobilisomen aus Rotalgen mit Kernstruktur aus Allophycocyanin und davon aus-strahlnden Reihen von Phycocyanin und Phycoerythrocyanin. Zur Rolle der Phycobilisomen bei der Photosynthese vgl. ■ Abb. 14.41. – AP Allophycocyanin, CS Carboxysom, PC Phycocyanin, PEC Phy-coerythrocyanin (vgl. ■ Abb. 19.3a), N DNA-haltiges Zentroplasma, W Zellwand. (EM-Aufnahmen: W. Wehrmeyer)

schon Ende des 19. Jahrhunderts beschrieben worden (■ Abb. 1.80a) und scheinen die Chloroplasten unter-einander zu vernetzen. Das Phänomen wurde Ende des

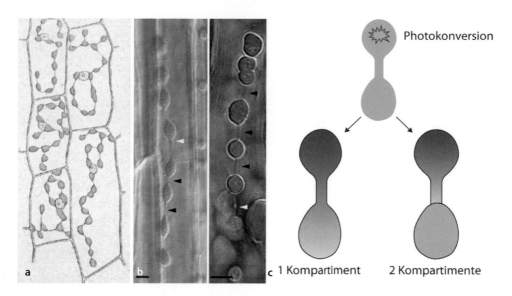

◘ Abb. 1.80 Stromuli. **a** Erste Darstellung von Verbindungen zwischen Chloroplasten in Stammparenchymzellen des Moosfarns *Selaginella kraussiana*. **b.** Bestätigung von Haberlandts Beobachtung mithilfe des Differenzialinterferenzkontrasts (links). Die Anregung der Chlorophyllfluoreszenz zeigt, dass die Stromuli frei von Chlorophyll sind (Maßstäbe 10 µm). **c** Die Annahme einer durch Stromuli vermittelten plastidären Kontinuität wurde mithilfe des photokonvertiblen fluoreszenten Proteins mEOS bei der Modellpflanze *Arabidopsis thaliana* widerlegt. Links: Wären die Plastiden tatsächlich durch Stromuli verbunden, sollte sich das in einem der Plastiden photokonvertierte mEOS, zu verfolgen mithilfe der roten Fluoreszenz, in den benachbarten Plastiden ausbreiten. Rechts: Beobachtet wurde, dass die Ausbreitung des photokonvertierten mEOS an der Grenze zum zweiten Plastiden innehält. Die beiden Plastiden bilden also zwei getrennte Kompartimente. (a aus Haberlandt 1969, b aus Schattat et al. 2015, c nach Schattat et al. 2015)

vergangenen Jahrhunderts wiederentdeckt und führte dann zu der Vorstellung, Chloroplasten seien untereinander zu einem einzigen Kompartiment verbunden. Diese Vorstellung verbreitete sich rasch, da damit auch einige molekulargenetische Beobachtungen erklärt werden konnten, etwa die, dass bei der genetischen Transformation von Plastiden das aufgenommene Transgen nach kurzer Zeit in allen Plastiden zu finden ist. Um die Annahme zu prüfen, wurde das mEOS-Protein, dessen grüne Fluoreszenz sich bei Belichtung mit UV-Licht nach rot ändert, in das Stroma eingeführt (► Exkurs 1.2). Dann wurde einer der scheinbar durch Stromuli verbundenen Chloroplasten lokal belichtet und dadurch ein Farbumschlag von grün nach rot erzeugt. Diese rote Fluoreszenz wanderte wie erwartet in den Stromulus ein, dieser war also in der Tat von Stroma gefüllt, doch stoppte die Ausbreitung der roten Fluoreszenz an der Grenze der benachbarten Plastiden. Es besteht also keine Kontinuität (◘ Abb. 1.80b). Auch wenn die Stromuli benachbarte Plastiden berühren, bleiben diese doch klar getrennte Kompartimente und bilden kein Kontinuum.

Da die Bildung von Chlorophyll aus dem Vorläufer Protochlorophyllid bei den meisten Blütenpflanzen lichtabhängig ist, beobachtet man Keimlingen, die (z. B. auf dem Weg zur Erdoberfläche) im Dunkeln wachsen, eine abgewandelte Form der Chloroplasten, die **Etioplasten**. Die Vorstufen des Chlorophylls sind zwar bereits gebildet, doch sie sind noch nicht in funktionellen Thylakoiden organisiert, sondern in einer kristallin anmutenden Struktur, dem Prolamellarkörper (◘ Abb. 1.81). Der Name Etioplast leitet sich von den etiolierten Keimlingen (von franz. *étioler* = vergeilen) ab, in denen er zu finden ist. Da bei der Photosynthese Sauerstoff und freie Elektronen entstehen, die, wenn sie nicht effizient abgeleitet werden, zur Bildung von **reaktiven Sauerstoffspezies** (engl. *reactive oxygen species*, ROS) führen, ist es sehr wichtig, dass die Proteinkomplexe in der Thylakoidmembran mit Beginn der Photosynthese korrekt angeordnet sind. Da die Bildung von Membransystemen und die Assemblierung der Proteinkomplexe relativ langsam vonstatten gehen, werden diese Prozesse schon im Dunkeln vorbereitet. Auch die Carotinoide sind schon vorhanden, was den Etioplasten eine blassgelbe Färbung verleiht (dies ist der Grund, warum die Triebe dunkelgelagerter Kartoffeln gelb sind). Die Umwandlung des Etioplasten in den reifen Chloroplasten erfolgt dann sehr schnell. Wird umgekehrt grünen Teilen von Blütenpflanzen dauerhaft Licht entzogen, entstehen nach Abbau zunächst der Stroma- und später auch der Granathylakoide wieder Prolamellarkörper. Die Chloroplasten werden als wieder zu Etioplasten.

1.2.9.2 Andere Plastidenformen, Stärke

Plastiden zeigen eine beträchtliche strukturelle und funktionelle Variabilität, was mit der Funktion der jeweiligen Zelle, also ihrem Differenzierungszustand, zusammenhängt: In den vergleichsweise kleinen, teilungsaktiven

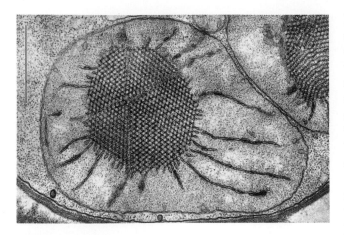

Abb. 1.81 Etioplast(en) in junger Blattzelle der Garten-Bohne *Phaseolus vulgaris*. Vom parakristallinen Prolamellarkörper gehen einzelne Thylakoide aus; Plastoribosomen deutlich kleiner als Cytoribosomen; im Plastoplasma mehrere Nucleoide (Maßstab 1 μm). (EM-Aufnahme: M. Wrischer)

Zellen von Bildungsgeweben (Meristemen) finden sich vor allem **Proplastiden**, bei denen das innere Membransystem nur ansatzweise zu erkennen ist. Aus diesen Proplastiden gehen die anderen Plastidenformen hervor. Zum Teil können sich diese aber auch direkt ineinander umwandeln. Neben den schon erwähnten Etioplasten in etiolierten Keimlingen gibt es **Leukoplasten**. Diese sind typisch für nichtphotosynthetische Zellen, die nicht mehr wachsen und keine besondere Pigmentierung aufweisen. Sie übernehmen in der Regel Speicherfunktion und können beispielsweise als Elaioplasten vorliegen. Elaioplasten enthalten Öl in zahlreichen Plastoglobuli, während Proteinoplasten große Proteinkristalle beherbergen. Durch Verringerung der Chlorophyllbildung und Aktivierung der Carotinoidbiosynthese können sich Chloroplasten in **Chromoplasten** umwandeln. Dadurch entsteht die gelbe, orangerote oder rote Färbung vieler Blüten und Früchte. Für die menschliche Ernährung von zentraler Bedeutung ist die massive Stärkespeicherung durch die pigmentfreien **Amyloplasten** der Speichergewebe wie Getreidekaryopsen und Kartoffelknollen. Im Grunde lassen sich die verschiedenen Plastidenformen von den metabolisch sehr flexiblen Chloroplasten ableiten: Jeweils eine bestimmte metabolische Funktion wird aktiviert, andere Funktionen werden reduziert.

Stärke ist das Speicherpolysaccharid der grünen Pflanzen und vieler Algen. Das Polymer aus Glucoseresten ist das wichtigste Grundnahrungsmittel der Menschheit. Stärkehaltige Weizen-, Reis-, Mais- und Kartoffelprodukte decken 70 % des Ernährungsbedarfs der Weltbevölkerung. Heterotrophe Organismen, also Pilze, Bakterien oder Tiere speichern stattdessen Glykogen, das in Flockenform im Cytoplasma abgelagert wird. Chemisch ist Stärke, wie auch Glykogen, ein Polymer aus Glucoseeinheiten. Die Bausteine sind also die gleichen wie die der Cellulose. Im Gegensatz zur Cellulose sind die Glucosereste jedoch in α-Stellung verknüpft, sodass aufeinanderfolgende Glucoseringe zueinander abgeknickt sind, wodurch letztlich eine Schraube entsteht. Während **Amylose** aus Glucosebausteinen besteht, die α-1,4-glykosidisch miteinander verknüpft sind und unverzweigte Ketten bilden, treten bei **Amylopektin** neben den α-1,4- gelegentlich auch α-1,6-glykosidische Bindungen auf, die zu verzweigten Ketten führen. Glykogenmoleküle sind im Vergleich zum Amylopektin noch stärker verzweigt. Amylose und Amylopektin werden in Form sehr dichter, doppelbrechender **Stärkekörner** im Inneren der Plastiden oder bei manchen Algen in ihrer unmittelbaren Nachbarschaft im Cytoplasma abgelagert. Form und Größe der Stärkekörner im Speichergewebe sind in der Regel artspezifisch (Abb. 1.82).

Die **Chromoplasten** speichern vor allem die lipophilen Carotinoide (Carotine und Xanthophylle; Abb. 14.27). Diese können in verschiedenen Strukturen gespeichert werden (Abb. 1.83):

— Am häufigsten sind **globulöse Chromoplasten** mit zahlreichen Plastoglobuli, in denen die Pigmentmoleküle konzentriert sind.

— **Tubulöse Chromoplasten** enthalten parakristalline Bündel von Filamenten mit 20 nm Durchmesser, die in elektronenmikroskopischen Querschnittbildern wie Röhren (Tubuli) aussehen. In Wirklichkeit handelt es sich aber um fädige Flüssigkristalle der unpolaren Pigmente, die von einem Mantel aus amphipolaren Strukturlipiden und Fibrillin (ein Strukturprotein von 32 kDa) umhüllt sind. Tubulöse Chromoplasten sind stark doppelbrechend (Abb. 1.83E) und oft bizarr geformt.

— Auch **kristallöse Chromoplasten**, in denen β-Carotin im Inneren flacher Membransäcke auskristallisiert, sind doppelbrechend.

— Eher selten sind **membranösen Chromoplasten**. Hier sind die Pigmentmoleküle in Membranen eingebaut, die sich von der inneren Hüllmembran ableiten und in Form vieler ineinandergeschachtelter Membranzisternen vorliegen. Diese Membranen enthalten nur sehr wenig Protein, sind also ein Beispiel für lipiddominierte Biomembranen.

Die internen Strukturen der Chromoplasten bilden sich durch molekulare Selbstorganisationsprozesse. Das letztlich beobachtete Muster hängt also von der Mischung der vorhandenen Molekülarten ab.

Chromoplasten entstehen in der Regel aus jungen Chloroplasten, was sich sehr schön an reifenden Paprika beobachten lässt, wo man alle Übergänge von grün bis rot verfolgen kann. Ähnlich wie Chloroplas-

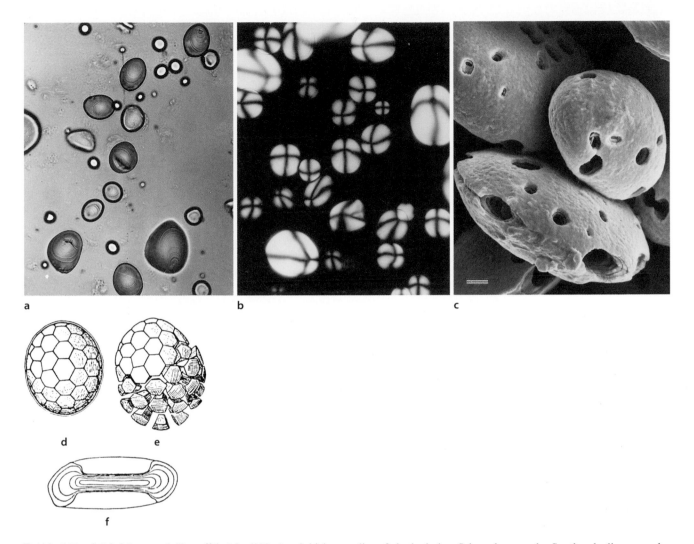

◘ Abb. 1.82 Stärkekörner. **a, b** Kartoffelstärke (330 ×): **a** Schichtung, die auf rhythmischen Schwankungen der Synthesebedingungen beruht; Stärkekörner wachsen allgemein von einem Bildungszentrum aus (Hilum, bei Kartoffelstärke exzentrisch liegend) durch schichtweise Auflagerung neuen Materials. **b** Im Polarisationsmikroskop erweisen sich Stärkekörner als doppelbrechend, wobei wegen des konzentrischen Aufbaus charakteristische Sphäritenkreuze auftreten. **c** Stärke der Gerste nach Amylasebehandlung. Das Enzym baut Stärke ab, in den Abbaukratern ist die Schichtung sichtbar (Maßstab 1 μm). **d, e** Zusammengesetzte Stärkekörner des Hafers. **f** Hantelförmiges Stärkekorn mit deutlicher Schichtung in einem Amyloplasten aus dem Milchsaft der Wolfsmilch *Euphorbia milii*. (c Präparat: H.-C. Bartscherer, Raster-EM-Aufnahme: Fa. Kontron, JEOL-EM JSM-840; d–f nach D. von Denffer)

ten können sich Chromoplasten aber auch durch Teilung in Form einer Durchschnürung vermehren. Dabei wird die Zahl der Nucleoide pro Organell verringert, oft bis auf ein einziges. Zugleich werden die plastidären Ribosomen abgebaut und die ptDNAs durch Kompaktierung inaktiviert. Chromoplastenspezifische Proteine wie das Fibrillin der tubulösen Chromoplasten sind stets kerncodiert. Die Herbstlaubplastiden, die als **Gerontoplasten** bezeichnet werden (griech. *géron*, Greis), haben mit eigentlichen Chromoplasten nur wenig gemein (◘ Tab. 1.4). Sie sind in den Zellen seneszenter Laubblätter zu finden, in denen ein massiver Stoffabbau, vor allem der Photosysteme und der chlorophyllbindenden Proteine, stattfindet.

1.2.10 Mitochondrien, Peroxisomen, Oleosomen – Werkzeuge der Energiewandlung

Während die Chloroplasten als Organellen der Photosynthese ein Alleinstellungsmerkmal von Pflanzenzellen darstellen, sind Mitochondrien, Peroxisomen und Oleosomen allen eukaryotischen Zellen gemeinsam. Ihre Funktion besteht darin, die letztlich aus der Photosynthese stammende chemische Energie in vielfältiger Form umzuwandeln: Zwei dieser Organellen, Mitochondrien und Peroxisomen, haben oxidative Funktion; die Oleosomen sind dagegen Strukturen der Energiespeicherung. Unter diesen Organellen sind die Mitochondrien am

1

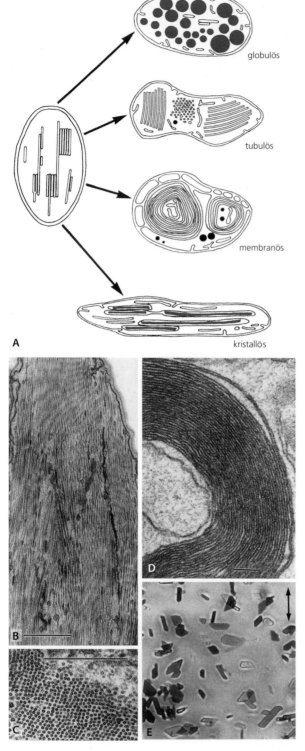

A

globulös

tubulös

membranös

kristallös

◘ Abb. 1.83 Chromoplasten. **A** Typen der Feinstruktur; die Entwicklung geht häufig von (jungen) Chloroplasten aus. **B, C** Tubulöse Chromoplasten längs und quer (Hagebutte bzw. Blütenblatt von *Impatiens noli-tangere*; Maßstäbe 0,5 μm). **D** Membranöser Chromoplast von *Narcissus pseudonarcissus*, Ausschnitt (Maßstab 0,1 μm). **E** Isolierte kristallöse Chromoplasten aus der Wurzel der Kulturmöhre im polarisierten Licht (750 ×); die plattenförmigen β-Carotinkristalle sind dichroitisch, d. h. die Lichtabsorption ist von der Lichtschwingungsrichtung (Tensor) abhängig. (a nach H. Mohr und P. Schopfer; E Präparat: D. Kühnen)

◘ Tab. 1.4   Chromoplasten und Gerontoplasten

Eigenschaft	Chromoplasten	Gerontoplasten
Vorkommen	Blüten, Früchte	Herbstlaub
Funktion	Tieranlockung	–
Entstehung	durch Um- oder Aufbau aus verschiedene Plastidentypen	durch Abbau aus Chloroplasten
Vermehrung (Teilung)	+	–
Feinbau (Typ)	globulös, tubulös, membranös, kristallös	ausschließlich globulös
Neusynthese von Carotinoiden	+	–
Zellstatus	nichtseneszent, anabolisch	seneszent, katabolisch

größten und weisen den komplexesten Aufbau auf (◘ Abb. 1.84):

— Ähnlich wie die Plastiden besitzen Mitochondrien eine **doppelte Hülle** aus zwei unterschiedlichen Membranen, die zwischen sich ein nichtplasmatisches Kompartiment, den **Intermembranraum**, einschließen. Die innere Mitochondrienmembran bildet charakteristische Einfaltungen (**Cristae**), die an ihrer Basis gewöhnlich schmal, im Mitochondrieninneren aber verbreitert und schwach aufgebläht sind (◘ Abb. 1.85). In manchen Fällen bilden die Cristae ein räumliches Netzwerk.

— Die innere Membran umgibt die **Matrix** mit **Ribosomen**, die aber kleiner sind als die Ribosomen des Cytoplasmas (70S statt 80S), und mehreren, oft sogar vielen, Ringen **mitochondrialer DNA (mtDNA)**. Im Gegensatz zur DNA im Kern ist die mtDNA nackt – weder gibt es Histone noch Nucleosomen. Diese Organisation, ebenso wie die kleinen Ribosomen, ähnelt den Verhältnissen bei Bakterien. Analog zu den Bakterien werden die mtDNA-Ringe auch als **Nucleoide** bezeichnet.

— An der Innenseite der inneren Mitochondrienmembran lassen sich im EM kleine, kornartige Strukturen erkennen. Diese früher Elementarpartikel genannten, perlschnurartig aufgereihten Strukturen gehören zum mitochondrialen **ATP-Synthase-Komplex** (◘ Abb. 1.86). Der Komplex ist aus zwei Untereinheiten aufgebaut, dem F_0- und dem F_1-Teil. Der F_0-Teil besteht aus einem Ring, der in die innere Mitochondrienmembran eingebettet ist, und einem Stiel, der den F_1-Teil trägt. Beide bilden den Rotor, der sich beim Durchtritt von Protonen vom Intermembranraum in die Matrix dreht. Der F_1-Teil, der in die Matrix ragt, enthält drei katalytische Zentren, die, angetrieben durch die Rotation von F_0, ATP synthetisieren. Jedes Mal, wenn ein Proton durch den Komplex tritt, dreht sich diese Struktur ähnlich wie ein Elektromotor, nur dass als Ergebnis ADP und Phosphat zu ATP verknüpft werden.

— Gelegentlich finden sich in der Matrix körnige Strukturen (Matrixgranula), in denen unter anderem Calcium- und Magnesiumionen gespeichert sind.

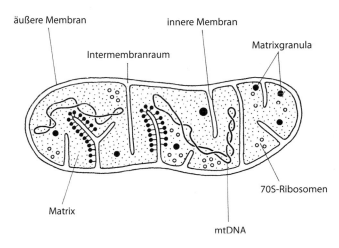

Abb. 1.84 Schematischer Aufbau eines Mitochondrions. Innere und äußere Membran unterscheiden sich nicht nur in Gestaltung und Enzymausstattung, sondern auch in ihrer Lipidzusammensetzung (Cardiolipin/Cholesterin, vgl. ☐ Abb. 1.93). Die innere Membran bildet durch Einfaltungen Cristae. An der Grenzfläche zwischen Cristae und Matrix sind die ATP-Synthase-Komplexe lokalisiert. (Nach H. Ziegler)

1.2.10.1 Gestaltdynamik und Vermehrung

In Dünnschnitten (☐ Abb. 1.85) und nach Isolierung (☐ Abb. 1.4) erscheinen Mitochondrien gewöhnlich als kugelige oder elliptische Körper von etwa 1 µm Durchmesser. In lebenden Zellen sind sie dagegen meist viel größer und können sich sogar verzweigen (☐ Abb. 1.87).

Mitochondrien besitzen die Fähigkeit, ihre Gestalt rasch zu verändern. Bei manchen Algen verschmelzen die zahlreichen Mitochondrien einer Zelle in bestimmten Entwicklungsstadien oder unter besonderen Außenbedingungen zu einem einzigen, netzförmigen Riesenmitochondrion, das später wieder in kleine Einzelmitochondrien zerfällt. Auch bei anderen Pflanzen sind Verschmelzen und Vielfachteilung von Mitochondrien nicht selten.

Mitochondrien können nur aus ihresgleichen entstehen. Ihre **Vermehrung** erfolgt vor allem in den Zellen der Bildungsgewebe (Meristeme). Dabei wird der Intermembranraum von einem Septum durchschnürt (☐ Abb. 1.88). Die mtDNA scheint dabei nicht auf kontrollierte Weise verteilt zu werden. Durch die Vielzahl von mtDNA-Molekülen ist sichergestellt, dass Tochtermitochondrien genetische Information erhalten. Bei rascher Zellvermehrung bleibt die Enzymausstattung der Mitochondrien jedoch zunächst oft unvollständig, sodass die entstehenden Promitochondrien keine Zellatmung durchführen können.

Obwohl der Genbestand pflanzlicher mtDNAs sehr ähnlich ist, können die Ringe sehr unterschiedlich groß werden. Die Konturlänge kann 20 bis mehr als 800 µm betragen! Diese Unterschiede gehen auf einen zwischen verschiedenen Arten stark variierenden Anteil nichtcodierender Sequenzen zurück (▶ Abschn. 4.8). Sogar innerhalb einer Pflanze können die mtDNAs unterschiedlich groß sein, etwa weil bei intramolekularen Rekombinati-

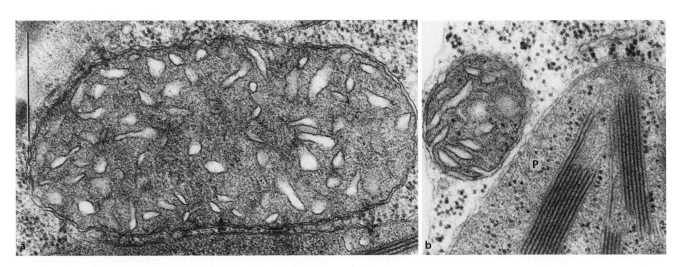

Abb. 1.85 Mitochondrien im EM. **a** In Laubblattzelle des Spinats; zahlreiche Anschnitte von Cristae sichtbar, deren nichtplasmatisches Inneres mit dem Intermembranraum der doppelten Membranhülle in Verbindung steht; die Verbindungen sind hier nicht sichtbar, da sie außerhalb der Schnittebene liegen. In **b** sind sie dagegen deutlich erkennbar. Die mitochondrialen Ribosomen sind (ebenso wie die Plastoribosomen im Chloroplasten P) deutlich kleiner als die Cytoribosomen. (Maßstab 0,5 µm.) (EM-Aufnahmen: H. Falk)

1

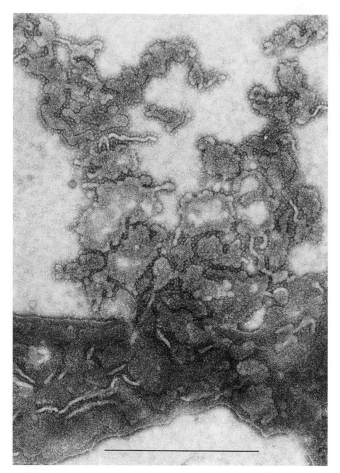

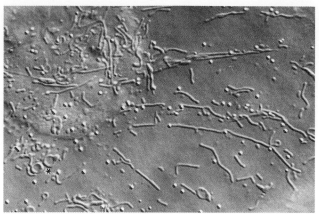

■ **Abb. 1.87**   Mitochondrien sind in der lebenden Zelle zu raschen Formveränderungen fähig. Meistens treten sie als faden- oder wurstförmige Gebilde auf, wie hier in der oberen (inneren) Zwiebelschuppenepidermis von *Allium cepa*. Neben zahlreichen „Spaghettimitochondrien" auch kurze Mitochondrien sowie kugelige Oleosomen und mehrere Leukoplasten mit stärkeähnlichen Einschlüssen (z. B. bei *) erkennbar; links oben undeutlich der Zellkern (670 ×). (Interferenzkontrastaufnahme: W. Url)

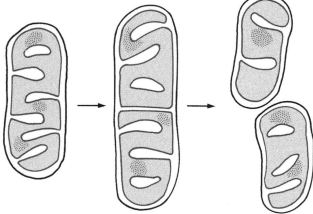

■ **Abb. 1.88**   Teilung eines Mitochondrions, Nucleoide punktiert

onsvorgängen neben kompletten Kopien auch unvollständige auftreten (■ Abb. 4.13).

1.2.10.2   Membranen und Kompartimentierung der Mitochondrien

Mitochondrien sind vor allem die Organellen der **Zellatmung**. Ihre wichtigste Funktion ist die Bereitstellung von chemischer Energie in Form von ATP (► Abschn. 14.8.3).

ATP wird in einer energieverbrauchenden Reaktion aus ADP und Phosphat gewonnen. Ort dieser **oxidativen Phosphorylierung** sind die ATP-Synthase-Komplexe der inneren Mitochondrienmembran. Die erforderliche Energie entstammt einem in der inneren Mitochondrienmembran ablaufenden **Elektronentransport** von energiereichen Atmungssubstraten (Reduktionsäquivalente) zum Sauerstoff als Endelektronenakzeptor (**Atmungskette**,

► Abschn. 14.8.3.3). Im Zusammenhang mit dem Elektronentransport entsteht ein Protonengradient an der inneren Mitochondrienmembran: Im Intermembranraum sinkt der pH-Wert. Zugleich bildet sich über der inneren Membran ein Membranpotenzial (innen negativ gegen außen). Protonengradient und Membranpotenzial werden über die rotierenden ATP-Synthase-Komplexe unter ATP-Bildung entladen. Dass beim Stoffwechsel nicht nur energiereiche Moleküle entstehen, sondern Energie auch in Form von Ionengradienten und Membranpotenzialen (also letztlich als elektrische Energie) gespeichert werden kann, ist die zentrale Aussage der **chemiosmotischen Theorie** von Peter Mitchell, die auch für die Photophosphorylierung in Chloroplasten gilt (► Abschn. 14.3.9 und 14.8.3.3). Ohne Energiegewinnung wären diese Formen der zellulären Energie gar nicht möglich.

Die Elektronen für den Elektronentransport der Atmungskette stammen vor allem aus der Oxidation von organischen Säuren im **Citratzyklus** (▶ Abschn. 14.8.3.2), ◘ Abb. 19.73). Fast alle Enzyme für diesen Zyklus sind in der Mitochondrienmatrix lokalisiert.

Außer an der Zellatmung sind Mitochondrien in Pflanzenzellen auch an mehreren anderen Stoffwechselaktivitäten beteiligt, so vor allem an der Photorespiration oder Lichtatmung (▶ Abschn. 14.4.6) und dem programmierten Zelltod (Apoptose, ▶ Abschn. 11.2.4).

Äußere und innere Mitochondrienmembran unterscheiden sich hinsichtlich ihrer integralen Proteine deutlich voneinander. Auch ihre Lipidausstattung ist verschieden. Während die äußere Membran das in Eukaryotenmembranen allgemein vorkommende Cholesterin enthält, ist die innere Membran frei davon und weist stattdessen einen erheblichen Gehalt an Cardiolipin auf, ein Phospholipid, das sonst nur in Bakterienmembranen vorkommt (◘ Abb. 1.92). Dieser rätselhafte Befund lässt sich mithilfe der Endosymbiontentheorie erklären (▶ Abschn. 1.3).

Die Durchlässigkeit der äußeren Mitochondrienmembran ist hoch. Sie enthält röhrenförmige Komplexe integraler Membranproteine (**Porine**), die hydrophile Teilchen, sogar geladene Ionen mit einer Molekülmasse über 1 kDa passieren lassen (zum Vergleich: ATP hat eine Molekülmasse von 0,5 kDa). Dagegen ist die innere Hüllmembran sogar für Protonen undurchlässig, eine Voraussetzung für die Energetisierung der ATP-Synthasen. Um diese geringe Durchlässigkeit mit den Erfordernissen des Stoffaustauschs in Einklang zu bringen, ist die innere Mitomembran mit zahlreichen spezifischen Translokatoren ausgestattet. Diese gewährleisten z. B. den Austausch von ATP und ADP (**Adenylattranslokator**), von Phosphat sowie von organischen Säuren.

Nur ein kleiner Teil der mehr als 3000 mitochondrialen Proteine wird von mtDNA codiert. Die überwältigende Mehrheit der Proteine und sogar einige der tRNAs werden nicht in den Mitochondrien selbst synthetisiert, sondern müssen aus dem Cytoplasma importiert werden. Dies geschieht auf ähnliche Weise wie beim Import der plastidären Proteine (▶ Abschn. 1.2.9). Die kerncodierten mitochondrialen Proteine tragen an ihrem Aminoende ein **Transitpeptid**. Dieses dient gleichsam als Adresse für eine mitochondriale Lokalisierung und ermöglicht die posttranslationale Anheftung der Vorstufe an integrale **Translokatorkomplexe** – in der äußeren Membran TOM (engl. *translocator of the outer membrane*), in der inneren TIM (engl. *translocator of the inner membrane*). Der Transit erfolgt an Stellen, an denen sich innere und äußere Hüllmembran vorübergehend berühren. Hat das Protein seinen Funktionsort erreicht, wird das Transitpeptid abgespalten, womit die endgültige Konformation und Aktivität des Proteins hergestellt wird (▶ Abschn. 6.5).

1.2.10.3 Peroxisomen

Bei den früher als Microbodies bezeichneten **Peroxisomen** handelt es sich um etwa 0,3–1,5 µm große Vesikel mit dichtem Inhalt, die mithilfe der Elektronenmikroskopie entdeckt wurden. Peroxisomen vollbringen spezielle Stoffwechselleistungen und enthalten charakteristische Enzyme in hohen Konzentrationen. Besonders häufig bewerkstelligen sie oxidative Stoffumwandlungen, bei denen als Nebenprodukt das Zellgift Wasserstoffperoxid (H_2O_2) entsteht, worauf ihr Name zurückgeht. Wasserstoffperoxid wird von dem Enzym Katalase in Wasser und Sauerstoff gespalten und damit entgiftet. Während Peroxisomen in Tierzellen vor allem katabolisch aktiv sind, also am Abbau von Stoffen beteiligt sind, spielen Peroxisomen in Pflanzenzellen auch eine wichtige Rolle für die Synthese, etwa bei der Bildung des zentralen pflanzlichen Stresshormons Jasmonsäure, das im Peroxisom durch mehrere β-Oxidationen aus plastidären Vorstufen gebildet wird. Bei Pflanzen kommen die Peroxisomen in zwei auch morphologisch unterscheidbaren Formen vor: In photosynthetisch aktiven Zellen finden sich die **Blattperoxisomen** (◘ Abb. 1.89a), die vor allem für die Entgiftung des bei der Photorespiration entstehenden Phosphoglykolats wichtig sind (▶ Abschn. 14.4.6). Bei der Keimung ölspeichernder Samen sind dagegen **Glyoxysomen** von Bedeutung, die bei der Mobilisierung von Fettreserven eine entscheidende Rolle spielen (▶ Abschn. 14.10). Der enge Zusammenhang der Peroxisomen mit dem oxidativen Stoffwechsel von Plastiden und Mitochondrien zeigt sich auch dadurch, dass die Peroxisomen oft an diese Organellen angelagert sind. Vor wenigen Jahren gelang es sogar, fingerartige Ausstülpungen der Peroxisomenhülle sichtbar zu machen, die als Peroxuli bezeichnet werden (◘ Abb. 1.89b).

Während man lange annahm, dass Peroxisomen nur aus ihresgleichen hervorgehen, mehren sich inzwischen die Hinweise, dass sich ihre Membran vom endoplasmatischen Reticulum ableitet. Im Gegensatz zu Mitochondrien und Plastiden enthalten Peroxisomen keine Nucleinsäuren. Alle in den Peroxisomen aktiven Enzyme werden also an freien Polysomen des Cytoplasmas synthetisiert und danach importiert. Ähnlich wie für den Import in Plastiden und Mitochondrien tragen solche Proteine ein Transitpeptid, das die Bindung an und den Transport durch die Membran des Peroxisoms vermittelt und danach abgespalten wird (▶ Abschn. 1.2.9 und 1.2.10.2).

1.2.10.4 Oleosomen

Oleosomen sind vor allem in fettreichen Samen zu finden und dienen der Speicherung von Fetten, als Triacylglycerinen: Als Trägerstruktur dient Glycerin, ein C_3-Körper mit drei Hydroxylgruppen, die mit jeweils einer Fettsäure verestert werden. Verglichen mit Kohlen-

1

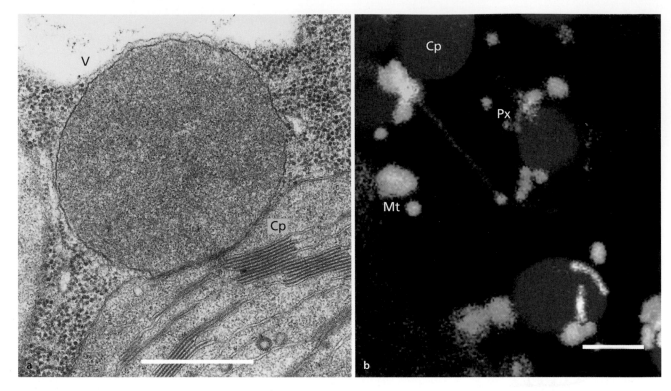

◘ Abb. 1.89   Peroxisomen. **a** Blattperoxisom des Spinats, eng angelagert an einen Chloroplasten (mit Grana); im Cytoplasma zahlreiche Ribosomen. **b** Peroxisomen im Blatt von *Arabidopsis* mit elongiertem Peroxulus, im Verbund mit Chloroplasten und Mitochondrien. (Maßstäbe 5 μm.) – Cp Chloroplast, Mt Mitochondrium, Px Peroxulus, V Vakuole. (a EM-Aufnahme: H. Falk, b Fluoreszenzaufnahme: J. Mathur)

hydraten lassen sich mit Fetten auf demselben Raum deutlich größere Energiemengen speichern (anders als bei den sehr sauerstoffreichen Zuckern, aus denen Kohlenhydrate aufgebaut sind, liegt der Kohlenstoff bei den Speicherfetten in fast vollständig reduzierter Form vor). Daher nutzen Pflanzen die Fettspeicherung vor allem dann, wenn auf begrenztem Raum viel Energie vorrätig gehalten werden soll. Die Speicherung pflanzlicher Öle in den Speicherkeimblättern von Samen trägt entscheidend zur menschlichen Ernährung bei. Daher ist die Untersuchung von Oleosomen für die Lebensmittelindustrie von großer Bedeutung.

Als extrem lipophile Moleküle müssten sich die im ER synthetisierten Speicherfette eigentlich im Cytoplasma abscheiden und zu einem großen Öltropfen fusionieren. Da ein solcher Öltropfen ein sehr ungünstiges Verhältnis von Oberfläche zu Volumen hätte, würde die Mobilisierung der Speicherfette dadurch weitgehend unmöglich. Die Speicherung in zahlreichen, weitaus kleineren Oleosomen erlaubt eine wirksamere Mobilisierung mithilfe der Glyoxysomen, die aktivierte C_2-Körper an den Citratzyklus der Mitochondrien weitergeben. Aus diesem Grund findet man die Oleosomen, Glyoxysomen und Mitochondrien (als „Endverbraucher") häufig in unmittelbarer Nachbarschaft zueinander.

Wie wird verhindert, dass die Speicherfette im Cytoplasma in Form kleiner Tröpfchen voneinander getrennt bleiben (also letztlich als Emulsion vorliegen)? Die Verknüpfung der (aus dem Plastiden stammenden) Fettsäuren mit Glycerin findet in der Membran des ER statt (◘ Abb. 1.90). Die entstehenden Triacylglycerine sind stark lipophil und sammeln sich daher im lipophilen Raum zwischen den beiden Phospholipidschichten, sodass sich die ER-Membran verdickt und ausbeult, bis sich eine Knospe bildet, die sich schließlich abschnürt. Gleichzeitig werden amphiphile Proteine gebildet, die Oleosine, die in die äußere, sich ausbeulende Schicht der ER-Membran integriert werden und so dem Oleosom eine hydrophile äußere Oberfläche verleihen. Das reife Oleosom zeichnet sich also nicht wie andere Kompartimente durch eine Doppelmembran aus, sondern es besitzt eine einfache Phospholipidschicht, in die Oleosine integriert sind. Die Begrenzung eines Oleosoms ist also eine Monolayerstruktur.

Die Oleosine sind – analog zu den Phospholipiden – amphiphile Moleküle. Die hydrophile Seite ist nach außen, zum Cytoplasma hin, gewandt, während die lipophile Seite ins Innere des Oleosoms ragt. Als biologische Emulgatoren sind die Oleosine für die Lebensmittelindustrie interessant, weil sich damit fett- oder ölreiche Nahrungsmittel zu homogenen Emulsionen verarbeiten lassen. Vor allem die Oleosine der Sojabohne werden in diesem Zusammenhang biotechnologisch genutzt.

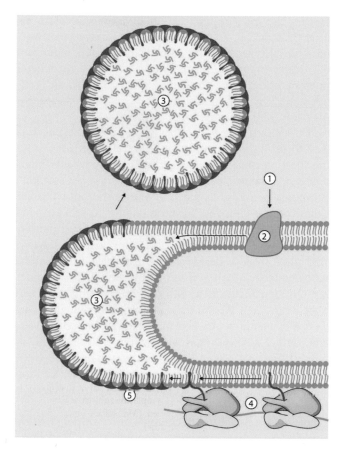

◘ Abb. 1.90 Entstehung der Oleosomen. Durch CoA aktivierte Acylreste (die von Chloroplasten stammen) (1) werden in der Membran des rauen ER mit Glycerin verestert (2) und dann als lipophile Speicherlipide im ebenfalls lipophilen Zwischenraum zwischen den beiden Phospholipidschichten abgelagert (3), wodurch sich die ER-Membran verdickt. Gleichzeitig synthetisieren die Ribosomen (4) das amphiphile Protein Oleosin (5), das in die äußere einfache Phospholipidschicht (Monolayer) integriert wird. Durch die Speicherlipide entsteht eine Ausbeulung, die schließlich als reifes Oleosom abgeschnürt wird. Dieses besitzt also nur eine einfache Phospholipidschicht mit eingelagerten Oleosinen und enthält im Inneren die lipophilen Speicherlipide

1.3 Evolutionäre Entstehung der Pflanzenzelle

1.3.1 Von präbiotischen Molekülen bis zur ersten Zelle

Wie am Anfang des Kapitels dargestellt, war die Widerlegung der Urzeugung (Abiogenese) ein wichtiger Schritt bei der Entwicklung einer modernen Zellbiologie (**Zelltheorie**, ► Abschn. 1.2.2). Zellen können dieser Auffassung nach nur von anderen Zellen abstammen (Virchows „*omnis cellula e cellula*") und die Zelle wird damit zur kleinsten Einheit, die wir als lebendig bezeichnen können. Obwohl Leben also in der Jetztzeit nur über Zellen weitergegeben werden kann, muss irgendwann

einmal die erste Zelle aus unbelebten Bestandteilen entstanden sein. Da es von diesem Vorgang, der vermutlich mehr als 3,5 Mrd. Jahre vor unserer Zeit stattgefunden hat, keine Zeugen gibt, lässt sich die Urzeugung der Zelle nur über mehr oder minder plausible, ihrem Wesen nach aber spekulative, Arbeitshypothesen nachvollziehen. Auch wenn sich die Lebensentstehung in ihrer Ganzheit zum gegenwärtigen Zeitpunkt (noch) nicht im Labor wiederholen lässt, können doch einzelne der aus diesen Arbeitshypothesen abgeleiteten Aussagen experimentell überprüft und bestätigt werden. Als wissenschaftlicher Zugang zum schwierigen Problem der Lebensentstehung bleibt also derzeit nur der Weg, eine schlüssige Geschichte zu erzählen und einzelne Etappen dieser Geschichte im Experiment nachzustellen.

Wenn ein Phänomen in seiner Komplexität und Ganzheit schwer zu untersuchen ist, geht die Biologie häufig den Weg, diese Komplexität auf einzelne Fragen herunterzubrechen und diese isoliert voneinander zu betrachten (**Reduktionismus**). Dieses Vorgehen wurde und wird auch für das Problem der Lebensentstehung erfolgreich angewendet. Es lassen sich dabei folgende Fragen herauslösen:

- **Bausteine des Lebens.** Leben hängt eng mit komplexen Makromolekülen zusammen, die aus wenigen, gleichartigen Bausteinen unter Abspaltung von Wasser durch Kondensation zu langen Ketten (DNA, RNA, Protein) zusammengefügt werden. Wie sind diese Bausteine ohne die Gegenwart von Zellen entstanden?

- **Kontrolle chemischer Bindungen.** Um zu einer langen Kette verknüpft werden zu können, müssen die Bausteine nicht nur aufeinandertreffen, sondern unter Überwindung einer Aktivierungsenergie miteinander kovalente Bindungen eingehen. In einer Zelle werden diese Aufgaben durch gezielte Zusammenlagerung (etwa mithilfe der Ribosomen als Orte der Peptidsynthese) und spezifische Enzyme gelöst. Wie wurde in einer Welt vor Ribosomen und Enzymen gewährleistet, dass diese molekularen Begegnungen in hinreichender Häufigkeit stattfinden, und wie wurde dann unter Überwindung einer Aktivierungsenergie eine Bindung geknüpft?

- **Kompartimentierung.** Eine Zelle muss einen chemisch abweichenden Binnenraum von einer in der Regel sehr dünnen wässrigen Lösung abtrennen. Diese Aufgabe wird in der heutigen Zelle von Biomembranen übernommen. Wie konnten sich vor Entstehung der Zelle überhaupt biologisch relevante Moleküle lokal anreichern und die Konzentrationen erhalten bleiben?

- **Selbstorganisation und Vererbung.** Eine Zelle ist in der Lage, ihre Eigenart gegen zufällige Schwankungen der Umgebung zu behaupten und diese Eigenschaften an ihre Tochterzellen weiterzugeben (Vererbung). Wie lässt sich erklären, dass sich mehr oder minder kontrollierte Zustände auf abiotischem Wege von selbst einstellen (Homöostase) und dass diese Fähigkeit zur Homöostase nach Massenzunahme (Wachstum) an die Tochtersysteme weitergegeben werden kann?

1.3.1.1 Bausteine des Lebens

Die Synthese der „typischen" organischen Verbindung Harnstoff aus den anorganischen Molekülen Cyanat und Ammoniumchlorid durch Friedrich Wöhler (1828) gilt als Meilenstein bei der Entwicklung der Organischen Chemie. Auch die chemischen Bausteine des Lebens – Nucleotide, Aminosäuren, ATP, Lipide, organische Säuren und Zucker – müssen irgendwann einmal aus einfachen Vorläufern wie Ammoniak, Kohlendioxid oder Methan entstanden sein, damit „Leben" überhaupt möglich wurde. Durch die in der Frühzeit der Erdgeschichte deutlich höhere Temperatur lässt sich zwar leicht verstehen, dass für die entsprechenden chemischen Reaktionen genügend Energie vorhanden war, unter den gegenwärtigen Bedingungen würden solche Biomoleküle bei hohen Temperaturen allerdings sofort wieder oxidiert, sie wären also nicht stabil. In der Frühzeit der Erdgeschichte war die Atmosphäre jedoch **reduzierend** – nennenswerte Mengen an Sauerstoff gab es noch nicht (seine Konzentration in der Atmosphäre ist erst infolge der photosynthetischen Wasserspaltung auf die heutigen 20 % angestiegen). Inspiriert durch die Theorien des sowjetischen Biochemikers Oparin und des britischen Genetikers und Evolutionstheoretikers Haldane versuchte **Stanley Miller** (1952) in einem bahnbrechenden Experiment die reduzierenden Bedingungen auf der Urerde nachzustellen. Aus einfachen Vorläufern wie Wasser, Methan, Ammoniak, Wasserstoff und Kohlenmonoxid bildeten sich unter dem Einfluss erhöhter Temperaturen und elektrischer Entladungen (womit Gewitter auf der Urerde simuliert werden sollten) zahlreiche Biomoleküle, darunter mehrere Aminosäuren wie Glycin, Alanin, Glutamin- und Asparaginsäure, aber auch Harnstoff, Acetat und organische Säuren. Das Experiment wurde unter zahlreichen Abwandlungen (etwa Hinzufügen von Schwefelwasserstoff, Kohlendioxid, UV-Licht oder Stickstoff) wiederholt, wobei weitere wichtige Bausteine des Lebens wie Zucker, Desoxyribose, Ribose, organische Basen (Adenin) und sogar ATP gefunden wurden. Vor Kurzem wieder aufgetauchte und dann analysierte Proben aus dem Nachlass von Miller zeigten, dass noch zahlreiche weitere Aminosäuren, darunter auch nichtproteinigene (sie kommen nicht in Proteinen vor), auf diese Weise entstanden waren. Die Frage, wie die chemischen Bausteine von Biomolekülen auf rein chemischem Wege, also ohne die Gegenwart von Zellen, gebildet werden können, ist durch das Miller-Experiment also schlüssig beantwortet. Ein weiterer Hinweis stammt aus Untersuchungen, bei denen man evolutionär alte Proteine vergleichend untersucht hat. Hier zeigte sich, dass vor allem die Aminosäuren, die auf präbiotischem Wege leicht entstehen, überrepräsentiert sind.

Es sei an dieser Stelle aber nicht verschwiegen, dass das Miller-Experiment immer zu Racematen führt – Gemischen, in denen bei chiralen Molekülen beide Händigkeiten (**Enantiomere**) gleich häufig sind. Bei „echten" Biomolekülen wird dagegen immer bevorzugt eines der Enantiomere gebildet. So sind alle Proteine aus den L-Formen der Aminosäuren aufgebaut. Beide Enantiomere weisen dieselben physikalischen Eigenschaften auf, sind also unter anderem energetisch gleich. Sie unterscheiden sich jedoch in ihrer Wechselwirkung mit anderen chiralen Molekülen, worauf ihre unterschiedlichen physiologischen Wirkungen zurückgehen. Die Tatsache, dass alle Proteine aus L-Aminosäuren aufgebaut werden, deutet also an, dass sie sich historisch von einem oder wenigen primären Peptidbindungen aus L-Aminosäuren ableiten. Wenn man, so wie Miller, die Bildung chemischer Bausteine in Lösung untersucht, spielt Chiralität keine Rolle. Erst wenn die Bausteine (an einer ebenfalls chiralen) Oberfläche verknüpft werden, tritt sie zutage und führt zu einer asymmetrischen Verteilung der beiden Enantiomere.

1.3.1.2 Kontrolle chemischer Bindungen

In der Zelle wird das Knüpfen chemischer Bindungen durch Enzyme erleichtert. Über elektrostatische und hydrophobe Wechselwirkungen mit den Aminosäureresten des aktiven Zentrums werden die Substrate in eine günstige räumliche Anordnung gebracht, sodass alte Bindungen gelöst und/oder neue geknüpft werden können. Die Katalyse beruht also auf der selektiven Wechselwirkung von chemischen Strukturen auf der Oberfläche des Substrats mit funktionellen Gruppen im aktiven Zentrum des Enzyms. Die ursprüngliche, von Oparin und unabhängig davon von Haldane formulierte Idee ging davon aus, dass sich die präbiotischen Bausteine im Meer zu einer sogenannten Ursuppe angereichert hatten. Laut dieser Hypothese lagen die Moleküle in der Ursuppe in so hohen Konzentrationen vor, dass Kondensationen und damit die Bildung von Ketten sehr wahrscheinlich waren. Die Ursuppentheorie ist in der Öffentlichkeit nach wie vor verbreitet, doch ist sie wissenschaftlich nicht haltbar. Die Ursuppe war vermutlich eine sehr dünne Brühe und die Wahrscheinlichkeit, dass die Bausteine von Makromolekülen durch Diffusion aufeinandergetroffen sind und sich dann auch noch verknüpft haben, dürfte sehr gering gewesen sein.

Nach der Biofilmtheorie, an deren Entwicklung der Chemiker Günter Wächtershäuser federführend mitgewirkt hat, hat die Entstehung präbiotischer Makromolekülen an Oberflächen aus Pyrit (mineralischen Eisen-Schwefel-Komplexen) stattgefunden, die aufgrund ihrer leicht verschiebbaren positiven Ladung für die elektrostatische Bindung und Ablösung der (negativ geladenen) präbiotischen Moleküle besonders günstig sind. Nachdem diese Überlegungen lange Zeit vor allem theoretischer Natur waren – beispielsweise spielen Eisen-Schwefel-Cluster bei vielen evolutionär alten Enzymkomplexen eine große Rolle –, gelang kurz vor der Jahrtausendwende der experimentelle Nachweis, dass an Pyritoberflächen aus Kohlenmonoxid und Schwefelwasserstoff Acetat gebildet werden kann (noch heute werden Fettsäuren aus Acetatresten aufgebaut, die über Schwefel mit Coenzym A verknüpft sind). Wenig später konnte die Bildung von Glycin an den Oberflächen gezeigt werden. Damit verschob sich die Entstehung von großen Biomolekülen von der Ursuppe in Richtung Pyritoberflächen, die vor allem im Umfeld von heißen Quellen zu finden sind, wie sie entlang der Kontinentalplatten, etwa dem Mittelatlantischen Rücken, sehr häufig vorkommen.

Diese auf den ersten Blick exotisch anmutende Theorie wurde in den letzten Jahren eindrucksvoll bestätigt: Bei der Erforschung heißer Tiefseequellen stieß man auf eigenartige Lebensgemeinschaften, die innerhalb von kurzer Zeit entstehen und deren Stoffwechsel auf der Chemosynthese beruht. Bei dieser Abwandlung (oder möglicherweise auch Vorform) der Photosynthese dient der aus den Tiefseequellen austretende Schwefelwasserstoff als Elektronendonor. Mithilfe der Elektronen wird das ebenfalls freigesetzte Kohlendioxid zu Kohlenhydraten reduziert, die den chemosynthetischen Bakterien (und indirekt den von diesen Bakterien lebenden Lebensformen) als Energiequelle dienen. Die Analogie zur Photosynthese ist offensichtlich, man ersetze nur den Schwefel durch den im Periodensystem oberhalb platzierten Sauerstoff und die Parallelen zur photosynthetischen Wasserspaltung werden deutlich. Die Ferredoxine, zentrale Proteine des photosynthetischen aber auch des mitochondrialen Elektronentransports, enthalten Eisen-Schwefel-Cluster, die man, ähnlich wie das oben schon erwähnte Coenzym A, inzwischen als Überbleibsel einer präbiotischen Welt deutet.

Durch die Anreicherung von Molekülen an geladenen und elektrostatisch flexiblen Pyritoberflächen bietet mit einem Mechanismus Lösungsansätze für gleich zwei Probleme der Lebensentstehung: Die lokale Anreicherung von präbiotisch entstandenen Bausteinen löst das Diffusionsproblem der Ursuppentheorie und die chemischen Eigenschaften (genauer: die leicht verschiebbaren Elektronen) des Übergangselements Eisen erklären elegant, wie die Aktivierungsenergie für die Neuknüpfung von Bindungen bei der Kondensation von Monomeren der Biomakromoleküle auch ohne die Existenz von Enzymen überwunden werden können. Letztlich wird hier ansatzweise sogar schon ein Erklärungsmodell für das Problem der Kompartimentierung geliefert – durch elektrostatische Wechselwirkungen kann an der Oberfläche ein chemisch von der Lösung stark abweichendes Milieu lokal aufrechterhalten werden, auch wenn dieses nicht durch eine Membran abgeschirmt ist.

1.3.1.3 Kompartimentierung

Alle Zellen sind von semipermeablen Biomembranen umschlossen. Dies erlaubt es, ein inneres Milieu gegen eine Umgebung abweichender chemischen Zusammensetzung abzugrenzen, aufrechtzuerhalten und so unter Energieverbrauch chemische Gradienten aufzubauen, die sonst aufgrund der Diffusion sofort wieder verschwänden. Wie oben erwähnt, könnten lokale Aggregationen von Molekülen, die an Pyritoberflächen gebunden sind, als evolutionäre Vorstufen der Kompartimentierung gelten (◨ Abb. 1.91). Diese Annahme gewann stark an Glaubwürdigkeit, als man heiße Tiefseequellen entlang der Grenze tektonischer Platten näher erforschte. Von diesen hydrothermalen Tiefseequellen gibt es unterschiedliche Typen: die extrem (mehr als 300 °C) heißen und sauren Schwarzen Raucher und die etwas weiter von der Plattengrenze entfernt gelegenen und darum mit 50–80 °C etwas kühleren Weißen Raucher, die oft gigantische Sintergebirge (mit einer Höhe von ca. 100 m) hervorbringen. In den Weißen Rauchern bilden sich häufig Kompartimente, deren Wand mit Eisensulfid (Pyrit) ausgekleidet ist und die mit etwa 50–100 μm Durchmesser in etwa die Dimensionen großer Zellen besitzen. Spannend ist nun, dass sich an dieser Pyritwand ein Protonengradient ausbildet, ganz ähnlich wie der Gradient an der Thylakoidmembran oder der inneren Mitochondrienmembran. Der Gradient wird dadurch verursacht, dass im Inneren der Weißen Raucher stark basisches Magma nachfließt, während außen dreiwertiges Eisen (Fe[III]) als Elektronenakzeptor angereichert ist. Fe(III) wird zu zweiwertigem Eisen (Fe[II]) reduziert, wodurch weitere Protonen freigesetzt werden und das Milieu noch saurer wird. Wenn Protonen von dem sauren Seewasser ins Innere des durch geochemische Prozesse sehr basischen Weißen Rauchers strömen und sich der Protonengradient zwischen beiden Seiten der Pyritwand ausgleicht, können chemische Bindungen neu geknüpft werden, sodass an der Membran durch Kondensationsreaktionen Makromoleküle entstehen. Man hat es hier also mit einer präbiotischen Version der Chemiosmose zu tun, mit der in Chloroplasten und Mitochondrien elektrische Energie in chemische Energie überführt wird. Es könnte daher sein, dass die erste Membran anorganischer Natur war und aus Pyriten bestand. Erst später lagerten sich an der Innenseite dieser Membran, die man in den Kämmerchen der Weißen Raucher auch tat-

1

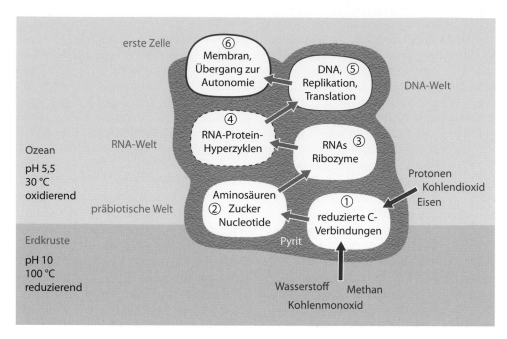

◻ Abb. 1.91   Entstehung von ersten Lebensformen in Sinterkompartimenten eines Weißen Rauchers. Angetrieben durch Gradienten von Temperatur, pH-Wert und Redoxpotenzial zwischen Erdkruste und dem Ozean entstanden reduzierte Kohlenstoffverbindungen (1). Nach chemischen Prozessen, die jenen des Miller-Experiments ähneln, bildeten sich daraus präbiotische Moleküle wie Aminosäuren, Nucleotidbasen und Zucker (2). Auf der Oberfläche der Pyritwände kondensierten diese zu einfachen Oligomeren, etwa RNA. Später kam es zur Bildung von Ribozymen, die sich (mit einer hohen Fehlerrate) replizieren konnten. Durch Konkurrenz um freie Nucleotidbasen fand in diesem Stadium der erste (noch präbiotische) Evolutionsprozess statt, der zu Ribozymen mit höherer Kopiergenauigkeit führte (3). Durch Komplexbildung mit Oligopeptiden an der Pyritoberfläche stieg die Kopiergenauigkeit weiter. Es entstanden selbstreplizierende Hyperzyklen. Aus Lipiden, die sich an der Pyritoberfläche ansammelten, bildeten sich durch Selbstorganisation vesikuläre Strukturen, die zu größeren Tröpfchen verschmolzen, welche elektrostatisch auf der Kompartimentwand hafteten (4). Durch Einbinden der stabileren DNA (vermutlich über RNA-DNA-Hybride als Vorstufen) stieg die Kopiergenauigkeit weiter an (5). Aus den Lipidstrukturen war inzwischen eine durchgängige Doppelmembran entstanden, die immer unabhängiger von der stabilisierenden Pyritwand unabhängig wirde. Übergang zu frei lebenden Zellen (6)

sächlich nachgewiesen hat, lipophile Moleküle, etwa langkettige Kohlenwasserstoffe oder hydrophobe Aminosäuren, und schließlich auch amphiphile Moleküle an, wie die heute dominierenden Phospholipide. Damit wäre schrittweise die organische Membran, wie wir sie heute kennen, entstanden. Die erste, freilich hypothetische Vorstufe der ersten Zelle ist entstanden, indem sich diese hitzestabile Mischmembran von der Wand des Kämmerchens abgelöst und durch Abkugeln einen Zustand minimaler Energie angenommen hat. Diese Zelle war ausgestattet mit einem durch Protonengradienten angetriebenen, einfachen Metabolismus wie auch der Fähigkeit, an ihrer geladenen Membran präbiotisch entstandene Bausteine zu Polymeren zu kondensieren und bestimmte Bausteine selektiv zu akkumulieren. Durch die Akkumulation von Makromolekülen hatte sie sogar die Möglichkeit, Volumen und Oberfläche zu vergrößern, also zu wachsen. Was dieser Vorform der ersten Zelle jedoch noch fehlte, war die Fähigkeit zur Vererbung dieser metabolischen Fähigkeiten.

1.3.1.4 Selbstorganisation und Vererbung

Selbstorganisation setzt voraus, dass sich ein System innerhalb einer gewissen Schwankungsbreite von Bedingungen auf eine festgelegte Weise zu organisieren ver-

mag, also einen gewissen Grad an Autonomie aufweist. Diese Eigenschaft ist verbreiteter als gemeinhin angenommen und kommt durchaus nicht nur bei lebenden Systemen vor. Im Grunde ist jedes System, bei dem das Ergebnis eines Vorgangs auf den Vorgang selbst zurückwirkt, zur Selbstorganisation befähigt. Der britische Mathematiker Alan Turing (1912–1954) konnte zeigen, dass chemische Vorgänge, die sich selbst verstärken, aber in ihrer Nachbarschaft die Entstehung gleichartiger Vorgänge unterdrücken, zur Selbstorganisation befähigt sind. Diese Unterdrückung kann dabei recht einfach dadurch zustandekommen, dass ein Faktor, der für den chemischen Vorgang notwendig ist, verbraucht wird. Ein berühmtes Beispiel ist die Belousov-Zhabotinsky-Reaktion, in der ein Redoxsystem aus mehreren einfachen Verbindungen ein oszillierendes Muster hervorbringt. Wie könnte nun eine Selbstverstärkung bei einem präbiotischen Prozess aussehen? Beispielsweise würde sich ein metabolischer Vorgang, dessen Produkt diesen Vorgang als Substrat oder Cofaktor fördert, selbst verstärken. Wächtershäuser betont, dass es schon auf diese Weise, ohne jegliche Form von Vererbung, zu einer allmählichen Verwandlung der an einer Pyritoberfläche stattfindenden Prozesse kommen würde, indem manche Prozesse sich aufgrund der Selbstverstärkung durchsetzen, während andere, denen diese Selbstverstärkung fehlt, immer mehr verlorengehen.

Wenn ein solches System die Selbstorganisation nicht nur erhalten, sondern kopieren und damit weitergeben kann, entsteht eine völlig neue Situation. Jene Systeme, die sich erfolgreich selbst verstärken können, würden sich dann durchsetzen und jede zufällige Veränderung, die die Selbstverstärkung verbessert, würde das System weiter vervollkommnen. Letztendlich müsste ein bestimmtes Molekül die Entstehung gleichartiger Moleküle hervorrufen (dies wäre eine erste einfache Form von Vererbung).

In der modernen Zelle ist eine solche Selbstverstärkung offensichtlich: Die DNA ist ja in der Lage, sich selbst zu kopieren. Freilich benötigt sie dafür eine komplexe Maschinerie aus RNA (mRNA, tRNA, rRNA) und zahlreichen Proteine mit struktureller und enzymatischer Funktion, die ihrerseits wieder in der DNA codiert sind und erst über Transkription und Translation erzeugt werden müssen. Hier scheint sich die Katze in den Schwanz zu beißen, weil man ein sehr komplexes Geschehen voraussetzen muss, um das Phänomen der Vererbung zu erzeugen. Wie sollte dieses komplexe Geschehen schlagartig entstanden sein? Handelt es sich hier um einen Fall von nichtreduzierbarer Komplexität? Die Frage der Vererbung wird zur schwierigsten Nuss, die es bei der wissenschaftlichen Behandlung der Lebensentstehung zu knacken gilt.

Der Durchbruch kam, wie so oft in der Wissenschaft, durch eine überraschende Entdeckung: Bei der Suche nach dem Enzym RNase P, das die reifen tRNAs aus den inaktiven prä-tRNAs freisetzt, gelang Sidney Altman, der für diese Arbeiten 1989 den Nobelpreis erhielt, der Nachweis, dass RNase P kein Protein ist, sondern ein RNA-Molekül. Innerhalb kurzer Zeit konnte man eine ganze Reihe solcher RNAs mit enzymatischer Aktivität (Ribozyme) identifizieren, darunter auch solche, die (mit einer großen Fehlerrate) in der Lage waren, sich selbst zu kopieren. Dies führte Walter Gilbert (1986) dazu, auf der Grundlage dieser Ergebnisse eine **RNA-Welt-Hypothese** vorzuschlagen: Diese besagt, dass vor der Aufgabenteilung in Informationsspeicherung (durch DNA) und Ausprägung dieser Information (durch Proteine) in der modernen Zelle ein System existiert hat, bei dem ein Molekül, die RNA, beide Funktionen übernommen hat. Spuren dieser RNA-Welt sind auch in der modernen Zelle noch vorhanden, nämlich bei der Übertragung der in der DNA gespeicherten Information in Proteine, an der verschiedene RNA-Formen (mRNA, tRNA und rRNA) beteiligt sind.

Die RNA-Welt-Hypothese vereinfachte die Frage einer präbiotischen Vererbung ungemein, da man nun nicht mehr ein dreischichtiges Gebilde dreier Makromoleküle benötigte, sondern die Vererbung und Ausprägung der Erbinformation auf der Ebene eines einzigen Molekültyps erklären konnte. Wenn ein RNA-Oligomer die Entstehung weiterer RNA-Oligomere begünstigte und aufgrund der komplementären Basenpaarung bestimmte Oligomere wirkungsvoller gefördert wurden als andere, entstand damit ein System, das sich, wenn auch mit hohem Ausschuss abweichender Varianten, selbst reproduzierte. Manfred Eigen (Nobelpreis 1967) führte hierfür den Begriff der Quasispezies ein, wonach ein Urribozym einen ganzen Schwarm mehr oder minder ähnlicher, aber eben nicht gleicher Kopien erzeugen konnte. Wenn unter diesen Varianten eine war, die eine geringere Fehleranfälligkeit oder eine höhere Kopienzahl hervorbrachte, würde sich diese schnell durchsetzen und immer vollkommener werden. In der Tat gelang es in einer Art Evolution im Reagenzglas aus sehr fehlerhaften Ribozymen binnen weniger Wochen neue Varianten zu produzieren, die viel präziser und effizienter waren – ein Prozess, der auf ähnliche Weise vielleicht auch in dem präbiotischen Pyritkompartiment eines Weißes Rauchers abgelaufen ist. Dieses System von sich selbst verstärkenden Ribozymen (Manfred Eigen führte für solche Systeme den Begriff **Hyperzyklus** ein) wäre stabil und würde sich daher erfolgreicher reproduzieren. Wenn nun in der Nachbarschaft solcher Ribozyme aufgrund der elektrostatischen Ladung an der Pyritmembran einfache Oligopeptide gebunden wären, würden diese Hyperzyklen deutlich effizienter, weil die vielfältigeren und geschmeidigeren Funktionalitäten von Peptidoberflächen den Vorgang schneller und auch präziser werden lassen. In dem Moment, in dem die Ribozyme auch auf die Bildung von Oligopeptiden einwirkten (und sei dies noch so vage), entstünde ein zur Vererbung befähigtes, sich selbst organisierendes System aus Peptiden und Ribozymen. Jede Veränderung, die zur Effizienz („Reproduktion") dieses Hyperzyklus beitrüge, würde damit positiv selektiert. Ob solche Hyperzyklen tatsächlich vor 3,5–4 Mrd. Jahren für die Entstehung der ersten Urzellen Pate standen, lässt sich natürlich nicht beweisen. Die autonome Evolution von künstlichen, im Reagenzglas erzeugten Hyperzyklen konnte jedoch experimentell gezeigt werden und dient hier als Indizienbeweis für eine präbiotische Entstehung von Vererbung als zentraler Fähigkeit lebender Systeme.

Das komplexe Problem der Lebensentstehung lässt sich also durchaus auf einzelne Teilprobleme reduzieren, für die sich rationale, plausible und teilweise auch experimentell überprüfbare Erklärungen finden lassen. Man sollte sich jedoch in Erinnerung rufen, dass hier eine Reduktion vorgenommen wurde. Wie und aus welchen präbiotischen Vorläufern die erste Zelle genau entstanden ist, lässt sich nur vermuten. Gab es erst die Hyperzyklen und danach die Kompartimentierung oder war es umgekehrt? Die ausgeprägte Chiralität vieler biologischer Moleküle und die einheitliche Ausgestaltung vieler Phänomene (man denke etwa an den universell gültigen genetischen Code) deuten darauf hin, dass die Schwelle von präbiotischen Vorläufern zu lebenden Zellen nicht allzu oft überschritten wurde. Auch wenn sich die genaue Historie der Lebensentstehung vermutlich nie ganz wird aufklären lässt, hat die Forschung der letzten Jahrzehnte plausibel machen können, dass präbiotische Vorstufen lebender Zellen zwangsläufig entstehen mussten und man daher nicht die Metaphysik bemühen muss, um die Entstehung von Leben zu erklären. Gleichzeitig erlaubt diese Erklärung, zahlreiche Rätsel der modernen Zelle (die Rolle der RNA für die Genexpression, die Bedeutung von FeS-Clustern bei der Energiegewinnung in Mitochondrien und Plastiden, die enzymatische Rolle der RNA bei der Translation) zu verstehen.

Diese erste Urzelle war also von einer (vermutlich pyritreichen) Membran umschlossen, an der durch Protonentransport chemische Energie zum Aufbau von elektrostatisch an diese Membran gebundenen Oligopeptiden und Oligonucleotiden genutzt werden konnte, womit ein sich zwar fehlerbehaftetes, aber evolutionsfähiges Hyperzyklussystem reproduzieren konnte. Auch wenn man sich plausibel machen kann, dass sich diese Urzelle im Laufe der unvorstellbaren Zeiträume langsam und dann immer schneller durch Evolution vervollkommnen konnte, ist sie dennoch weit von der modernen eukaryotischen Zelle entfernt, deren Inneres in zahlreiche Kompartimente gegliedert ist. Die Funktionen dieser Kompartimente erfordern sehr unterschiedliche chemische Bedingungen und konnten daher wohl kaum gemeinsam durch dieselben Bedingungen selektiert werden.

1.3.2 Symbiogenese ermöglicht die Entstehung der modernen Zelle

Das recht ausgeprägte Eigenleben der Chloroplasten (▶ Abschn. 1.2.9) war noch im ausgehenden 19. Jahrhundert von Andreas Schimper (1856–1901) bemerkt worden. Beispielsweise beschrieb er erstmals die als Stromuli bezeichneten, fadenartigen Verbindungen zwischen benachbarten Chloroplasten (◻ Abb. 1.80) und äußerte schon die vorsichtige Vermutung, dass die Chloroplasten so etwas wie eigenständige Organismen seien. Angeregt von diesen Ideen formulierte Konstantin Sergejewitsch Mereschkowski (1855–1921) seine Hypothese, dass die Chloroplasten ursprünglich frei lebende „Blaualgen" (Cyanobakterien) gewesen seien, die später von anderen Zellen aufgenommen wurden und sich in die heutigen Chloroplasten verwandelt hätten. Seine erstmals 1905 publizierte Hypothese geriet jedoch bald wieder in Vergessenheit, was vermutlich auch mit der exzentrischen Persönlichkeit Mereschkowskis zu tun hatte. Seine damals noch sehr kühne Spekulation erwies sich später jedoch als ausgesprochen fruchtbar und wurde von Lynn Margulis (1938–2011) mit einer Vielzahl auch molekularer Befunde unterstützt. Ihre Schlussfolgerung, dass Mitochondrien und Plastiden aus prokaryotischen Vorläufern über Endosymbiose zu den heutigen Organellen wurden, ist inzwischen allgemein anerkannt. Die endosymbiotische Entstehung anderer Organellen wie der eukaryotischen Geißel, die spirillenartigen Bakterien zugeschrieben werden, ist umstrittener. Hingegen zeichnet sich immer mehr ab, dass die schon von Mereschkowski behauptete Entstehung des Zellkerns aus einem frei lebenden Prokaryoten im Wesentlichen zutrifft.

Die Symbiogenesetheorie bietet eine einfache und elegante Lösung für zahlreiche, vorher unverstandene Beobachtungen an (▶ Abschn. 1.3.3). Warum in Mitochondrien und Chloroplasten ringförmige DNA und kleine Ribosomen des prokaryotischen Typs zu finden sind, wird durch sie ebenso verständlich wie die Tatsache, dass beide Organellen über zwei chemisch deutlich unterschiedliche Membranen verfügen. Vor allem lässt sich mit dieser Theorie ein Paradoxon der evolutionären Entstehung von Eukaryoten auflösen: Um die Entstehung eines Organells wie das Mitochondrion erklären zu können, müssen ganz andere Selektionsfaktoren gewirkt haben wie jene, die man zur Erklärung des cytoplasmatischen Metabolismus annehmen muss. Wie in ein und derselben Zelle unterschiedliche und sich teilweise widersprechende Bedingungen geherrscht haben sollen, ist schwer nachzuvollziehen. Nimmt man jedoch an, dass sich zwei unterschiedliche Organismen unter verschiedenen Bedingungen entwickelt haben und sich später über Symbiogenese zusammengeschlossen haben, wird die evolutionäre Erklärung deutlich einfacher. Man kommt so zu einem Modell, das unterschiedliche Kompartimente der eukaryotischen Zelle modular (also nach Art von Legobausteinen) kombiniert.

Eine nach wie vor kontrovers diskutierte Frage ist die nach der Natur der ersten Wirtszelle. Handelte es sich um einen Urkaryoten mit einem Zellkern, der sich prokaryotische Endosymbionten einverleibt hat, oder war die Wirtszelle prokaryotischer Natur, entstand also der Zellkern erst nach Aufnahme der Endosymbionten oder war er gar selbst einer?

Inzwischen wird alternativ zur klassischen Hypothese eines Urkaryoten eine alternative Hypothese diskutiert, die **Hydrogenhypothese**. Ihre Basisaussage ist, dass es Urkaryoten als eigene Entwicklungslinie in der Frühevolution des Lebens überhaupt nicht gegeben hat, sondern die ersten Eucyten bereits Produkt einer zellulären Symbiose von methanogenen Archaeen und α-Proteobakterien waren. Die Bakterien bilden bei Sauerstoffmangel Wasserstoff, den die Archaeen für die Produktion von Methan benötigen. Die Symbiose hätte die Archaeen also unabhängig von abiotischen H_2-Quellen gemacht. Durch Umwachsen könnten sich dann die Archaeen ihre Partner völlig einverleibt haben, die sich ihrerseits in der weiteren Evolution entweder zu **Hydrogenosomen** entwickelten (diese Organellen findet man bei anaeroben eukaryotischen Einzellern anstelle der Mitochondrien, sie enthalten jedoch keine eigene DNA) oder – bei Verfügbarkeit von O_2 – zu Mitochondrien. Nach dieser Hypothese hätten also schon die urtümlichsten Eucyten bereits α-Proteobakterien enthalten und mussten sie sich, entgegen der entsprechenden Aussage der Endosymbiontentheorie, nicht erst nachträglich durch Phagocytose einverleiben. Die Hydrogenhypothese wird unter anderem dadurch gestützt, dass gerade die methanogenen Archaeen – wie sonst nur Eukaryoten – Histone besitzen und Nucleosomen bilden. Auch molekulare Stammbäume belegen eine nahe Verwandtschaft von Archaeen und Eukaryoten, die beide deutlich später als die Prokaryoten entstanden sind und inzwischen zu einer als Neomura bezeichneten Gruppe zusammengefasst werden. Es gibt jedoch auch Argumente gegen die Hydrogenhypothese: Anhand der durch Sequenzierung identifizierten Genomfragmente, die man aus untermeerischen Geysiren vor Island gewonnen hat, gelang der Nachweis einer neuen Organismengruppe mit typisch eukaryotischen Sequenzen, darunter Gene für Actin oder für das ESCRT-System, das an der Exocytose beteiligt ist. Jedoch waren diese Genome eindeutig den Archaeen zuzuordnen, sodass man diese Organismen (die man wohlgemerkt noch nie *in natura* gesehen hat, bei den Genen handelte sich lediglich um Rekonstruktionen von DNA-Fragmenten) als Lokiarchaeota bezeichnete. Sie gelten als die Lebensform, die dem gemeinsamen Vorfahren von Eukaryoten und Archaeen am nächsten kommt. Laut Hydrogenhypothese können die Lokiarchaeota Methan synthetisieren, die entsprechenden Gene konnten jedoch nicht gefunden werden. Da man es hier wieder mit zum Teil sehr indirekten Indizienbeweisen zu tun hat, die auf Untersuchungen schwer zugänglicher Biotope (heißen Quellen der Tiefsee) zurückgehen, muss man damit rechnen, dass neue Funde die bisherigen Vorstellungen jederzeit umwerfen können. Dieses Feld ist also ebenso spannend wie schwierig. Trotz aller zum Teil heftig ausgetragenen Kontroversen wird die Symbiogenese jedoch allgemein als zentrale Triebfeder für die Entstehung der Eukaryoten gesehen.

Der Prozess der Symbiogenese endete jedoch nicht mit der Entstehung der eukaryotischen Zelle, sondern setzte sich auch danach noch fort, wofür es zahlreiche, teilweise sehr spektakuläre Beispiele gibt:

Beispielsweise können Leguminosen (Hülsenfrüchte) eine Symbiose mit Bakterien der Gattungen *Rhizobium* und *Bradyrhizobium* eingehen. Der prokaryotische Endosymbiont kehrt die Polarität des Actinskeletts in den Wurzelhaaren um, sodass sich die Haarspitze vergleichbar mit einem Handschuhfinger umstülpt, sich ins Wurzelinnere bohrt und den Bakterien so ermöglicht, in die Zellen des corticalen Gewebes einzudringen. Da die Endosymbionten über eine Nitrogenase verfügen, können sie Luftstickstoff unter Aufwand von ATP zu Ammonium reduzieren, den sie dann an die Wirtszelle abgeben, wofür sie im Gegenzug Zucker erhalten. Dadurch erschließen sich die Wirtspflanzen bioverfügbaren Stickstoff, für Pflanzen in der Regel ein Mangelfaktor (▶ Abschn. 16.2.1). Bei Steinkorallen bewirken endocytische Dinoflagellaten (**Zooxanthellen**, ◻ Abb. 19.40) durch ihre Photosynthese ein bis zu zehnfach beschleunigtes Wachstum. Bei Amöben, verschiedenen Ciliaten und manchen Pilzen sowie beim Süßwasserpolypen *Hydra* gibt es Formen, die durch endocytobiontische einzellige Grünalgen (**Zoochlorellen**) Photosynthese betreiben können und dadurch teilweise oder ganz photoautotroph geworden sind. Die Bildung stabiler Endocytobiosen ist jedenfalls bei rezenten Organismen ein weit verbreitetes und auch ökologisch bedeutsames Phänomen (▶ Abschn. 16.2). Ein besonders skurriler Fall ist die marine Nacktschnecke *Elysia chlorotica*, die sipho-

nalen Xanthophyceae (Gelbgrünalgen) der Gattung *Vaucheria*, die Chloroplasten entnimmt und diese dann in seiner lichtdurchlässigen Darmwand förmlich kultiviert (ein Vorgang, der als Kleptoplastie bezeichnet wird). Wird dieser Mollusk bei Licht gehalten, kann er mehr als acht Monate ohne Nahrung auskommen, was deutlich macht, dass die photosynthetische Aktivität der übernommenen Chloroplasten in der Tat zum Energiehaushalt des Wirts beiträgt. Da hier der Endosymbiont selbst schon aus einer Endosymbiose (die Plastiden entstanden ja selbst aus eigenständigen Organismen) hervorgegangen ist, spricht man hier von einer **sekundären Endosymbiose**.

Solche sekundären Endosymbiosen zwischen eukaryotischen Zellen waren, wie man inzwischen weiß, sehr häufig und haben zur Entstehung zahlreicher Algen (Rotalgen, Braunalgen, Kieselalgen, aber auch Dinoflagellaten oder Euglenophyten) beigetragen. Häufig lassen sich zusätzliche Membranen, Enzymkomplexe oder gar Gene des Endosymbionten nachweisen, die sich durch sekundäre Endosymbiose erklären lassen. Sogar früher als Tiere aufgefasste Flagellaten gelten inzwischen als Produkt von solchen sekundären Endosymbiosen. Prominentes Beispiel ist der Erreger der Malaria, *Plasmodium falciparum*, der in einem rätselhaften Organell, dem Hohlzylinder, ein rudimentäres Plastidengenom trägt. Man muss davon ausgehen, dass zahlreiche dieser symbiotischen Vorgänge noch gar nicht erkannt als solche erkannt wurden, sodass für die Taxonomie der Protisten und Algen in den kommenden Jahren noch zahlreiche Revisionen zu erwarten sind.

1.3.3 Domestizierung von Cyanobakterien und die erste Pflanzenzelle

Die Plastiden ähneln in vielerlei Hinsicht den Mitochondrien: Sie sind ständig durch ihre doppelte Membranhülle vom Cytoplasma getrennt, besitzen eigene, ringförmige DNA ohne Histone und Nucleosomen und zeigen bei Transkription und Translation Merkmale der Bakterien. Weiterhin entstehen sie nicht *de novo*, sondern ausschließlich durch Teilung aus ihresgleichen. Dieses Eigenleben lässt sich erklären, wenn man annimmt, dass beide Organellen ursprünglich prokaryotische Organismen waren, die sich in intrazelluläre Symbionten (**Endocytobionten**) verwandelt haben, indem sie in urtümliche Eucyten inkorporiert wurden. An rezenten Endocytobiosen lassen sich die Postulate der Endosymbiontentheorie prüfen. Wie im vorangegangenen Abschnitt ausgeführt, wird die Antwort die Frage, wie die Mitochondrien in die eukaryotische Zelle gelangt sind, durchaus noch diskutiert. Nur wenig Zweifel gibt es dagegen daran, dass zu einem späteren Zeitpunkt die

1

in vielerlei Hinsicht autonomeren Plastiden durch Phagocytose von Cyanobakterien in eine echte eukaryotische Zelle gelangt sind, wodurch die erste Pflanzenzelle entstanden ist. Die Cyanobakterien wurden dann zunehmend in den Wirtsorganismus integriert. Beispielsweise wurde ein Großteil der Gene vom ringförmigen Genom des Endosymbionten in den Zellkern übertragen, sodass die entsprechenden Proteine mithilfe von Signalpeptiden in den Plastiden importiert werden müssen (▶ Abschn. 1.2.9.1). Durch diesen Gentransfer verlor der Endocytobiont seine Autonomie und wurde gleichsam „domestiziert". Interessanterweise lassen sich Übergangsformen dieser Domestizierung auch noch an rezenten Lebensformen nachweisen:

Manche Endocytobionten können (im Gegensatz zu Chloroplasten und Mitochondrien) unabhängig von ihren Wirten überleben. In anderen Fällen ist die gegenseitige Abhängigkeit der Symbiosepartner so ausgeprägt, dass sie in der Natur nur noch gemeinsam vorkommen. Extreme Beispiele dafür stellen die **Endocyanome** dar, Einzeller, in denen Cyanobakterien als permanente intrazelluläre Symbionten leben (◘ Abb. 1.92). Die endocytischen Cyanobakterien spielen die Rolle von Chloroplasten. Sie werden als **Cyanellen** bezeichnet (griech. *kýanos*, blau), in manchen Fällen (z. B. bei der Gattung *Paulinella*) auch als Chromatophoren. Cyanellen können außerhalb ihrer Wirte nicht am Leben erhalten werden. Ihre DNA hat nur noch 1/10 der Konturlänge bzw. der Informationskapazität des Genoms frei lebender Cyanobakterien. Die Mehrzahl der cyanellenspezifischen Proteine wird nicht von dieser DNA codiert, sondern von der Kern-DNA der Wirtszellen. Damit ist bei den Cyanellen, die noch über Reste einer prokaryotischen Zellwand verfügen, eine Situation erreicht, die auch in genetischer Hinsicht jener bei Plastiden entspricht.

Die Endosymbiontentheorie stützt sich, wie erwähnt, vor allem auf eine Reihe besonderer Merkmale von Plastiden und Mitochondrien, die auch bei Bakterien beobachtet werden:

- ringförmige DNA ohne höherrepetitive Sequenzen, mit Membrananheftung, in Nucleoiden konzentriert, keine Histone und damit auch keine Nucleosomen
- Replikation und Teilung vom Zellzyklus der Wirtszelle entkoppelt
- Sequenzverwandtschaft bei Mitochondrien mit α-Proteobakterien, bei Plastiden mit Cyanobakterien
- nur eine RNA-Polymerase, die sich molekular von den (drei) RNA-Polymerasen des Zellkerns unterscheidet, beispielsweise wird die Organellen-RNA-Polymerase durch Rifampicin gehemmt, die Kern-RNA-Polymerasen dagegen durch Amanitin
- Enden der mRNAs ohne Cap-Struktur am 5′-Ende und ohne Poly(A)-Extension am 3′-Ende (▶ Abschn. 5.2)

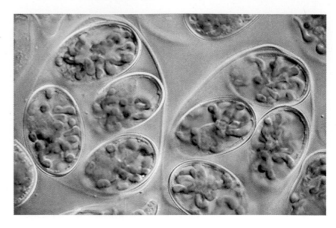

◘ **Abb. 1.92** Endocyanome. *Glaucocystis nostochinearum* mit wurstförmigen Cyanellen. (LM-Aufnahme: P. Sitte)

- Ribosomen, die (unter anderem) in Größe und Empfindlichkeit gegen Hemmstoffe dem 70S-Typ der Bakterien entsprechen
- Translationsbeginn mit Formylmethionin (statt Methionin wie bei den cytoplasmatischen 80S-Ribosomen)
- funktionelle Komplementierung von mitochondrialen bzw. plastidären Ribosomenuntereinheiten durch die entsprechende Untereinheit bakterieller Ribosomen

Auch sonst bestehen auffällige Verwandtschaften der Organellen mit Bakterien. Die innere Mitochondrienmembran enthält z. B. das sonst nur bei Bakterien vorkommende Cardiolipin, während ihr die für Eucytenmembranen typischen Sterollipide fehlen (◘ Abb. 1.93). Den Thylakoiden der Chloroplasten fehlen die Cardiolipine, hier sind vor allem Galactolipide häufig, die in anderen Membranen von Pflanzenzellen selten sind. Dafür kommt in der Thylakoidmembran der Chloroplasten das Protein VIPP1 vor, das sonst nur aus Cyanobakterien bekannt ist.

Die von der Endosymbiontentheorie postulierte Inkorporation der Endocytobionten muss durch Phagocytose erfolgt sein, dem bei Protozoen (aber z. B. auch bei den Granulocyten und Makrophagen der Säuger und des Menschen) verbreiteten Mechanismus zur Aufnahme partikulärer Nahrung (◘ Abb. 1.94). Bei der Phagocytose entsteht zwangsläufig die von Plastiden und Mitochondrien bekannte Kompartimentierung: Phagocytierte Zellen sind in der Fresszelle von einer doppelten Membranhülle umgeben, wobei die innere Membran der Plasmamembran der aufgenommenen Zelle entspricht, die äußere dagegen der Phagosomen-(Endosomen-)membran, die ihrerseits aus der Plasmamembran der aufnehmenden Zelle hervorgegangen ist. Inzwischen häufen sich

a

b

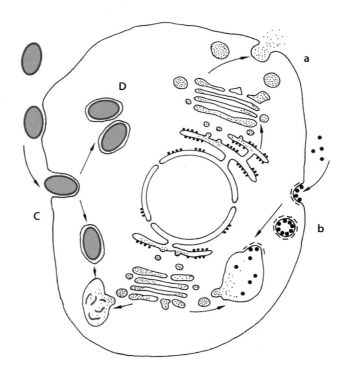

Abb. 1.93 **a** Cardiolipin, ein Phospholipid, ist bei Bakterien weit verbreitet. Es kommt in Eucyten aber nur in der inneren Mitochondrienmembran vor. **b** Sterollipide (als Beispiel hier Cholesterin) fehlen dagegen in den Membranen frei lebender Prokaryoten und in der inneren Mitochondrienmembran, sind aber häufiger Membranbestandteil bei Eukaryoten

Abb. 1.94 Phagocytose und Endocytobiose. Eine eukaryotische Zelle, die zur Formänderung befähigt ist (so wie es bei Amöben zu beobachten ist), kann neben der Exo- und Endocytose molekularer Partikel (A, B) unter Einfaltung der Zellmembran durch Phagocytose (C) auch ganze Beutezellen (blau) in eine Nahrungsvakuole (ein Phagosom) aufnehmen. Bei Fusion mit primären Lysosomen entstehen daraus Verdauungsvakuolen. Das unterbleibt bei der Bildung stabiler Endocytobiosen (D); die Beutezelle überlebt in der Wirtszelle als Symbiont (oder Parasit) und kann sich in ihr vermehren

jedoch die Hinweise, dass die äußere Membran der Mitochondrien, möglicherweise auch der Plastiden, Komponenten enthält, die vermutlich der äußeren Membran von Prokaryoten entstammen. Dies gilt beispielsweise für Proteintransportkomplexe. Unabhängig davon, welches der beiden Modelle zutrifft, sind eigentlich drei Membranen zu erwarten. Möglicherweise sind die äußere Membran des Endosymbionten und die Plasmamembran des phagocytierenden Wirts miteinander fusioniert. In Tierzellen werden aufgenommene (Nahrungs-)Partikel normalerweise in Lysosomen verdaut. Das unterbleibt jedoch bei der Etablierung von Endocytobiosen. Stattdessen überleben die endocytierten Einzeller in der Wirtszelle als Symbionten bzw. Parasiten. So einleuchtend die phagocytotische Aufnahme von Organellen auf den ersten Blick erscheint, gibt es doch zwei kritische Fragen: 1) Für eine phagocytotische Aufnahme von α-Proteobakterien (den mutmaßlichen Vorläufern der Mitochondrien) benötigt man eine komplexe zelluläre Maschinerie, die unter anderem einen Membranfluss, molekulare Motoren und Cytoskelett umfasst. Bei Prokaryoten fehlen diese Komponenten. Die erste Wirtszelle müsste daher also schon ein echter Eukaryot gewesen sein (**** Abb. 1.94). Zwar gibt es einige Protisten, bei denen man weder Hydrogenosomen noch Mitochondrien findet und die daher als Kandidaten

für einen solchen Ureukaryoten ohne Mitochondrien infrage kommen könnten, allerdings zeigen neuere Forschungen, dass diese Organismen Spuren mitochondrialer Gene enthalten und die Mitochondrien sekundär verloren haben. 2) Für eine phagocytotische Aufnahme von Cyanobakterien (den mutmaßlichen Vorläufern der Plastiden) muss man eine Zelle annehmen, die noch keine Zellwand besitzt. Die von einer Zellwand umgebenen Pflanzenzellen verfügen zwar über eine bisweilen intensive Endocytose, können aber nur kleine Vesikel abschnüren. Es wäre jedoch denkbar, dass unbewandte Flagellaten, ähnlich dem heute noch existierenden Zooflagellaten *Cyanophora paradoxa* oder den photosynthetisch aktiven, „echt pflanzlichen" Flagellaten wie die Euglenophyten, Cryptomonaden oder Dinoflagellaten auch ganze Cyanobakterien phagocytieren konnten. Jedoch zeigte sich, dass diese „pflanzlichen" Flagellaten aus sekundären Endosymbiosen anderer Organismen (Grün- und Rotalgen) hervorgegangen sind.

Auch wenn viele Detailfragen der Endocytobiose von Mitochondrien und Plastiden noch ungeklärt sind und auf diesem Gebiet aufgrund der Fortschritte der Genomik in den nächsten Jahren noch mit einigen Über-

1

raschungen zu rechnen ist, zählt die Endosymbiontentheorie doch zu den erklärungsmächtigsten Theorien
der modernen Biologie, da sie viele Probleme auf elegante Weise zu lösen vermag. Auch hat sie unseren Blick
auf die Evolution entscheidend erweitert: Neben Mutation, genetischer Rekombination oder horizontalem
Gentransfer können neue Lebensformen auch durch die
Bildung stabiler intrazellulärer Symbiosen entstehen.
Die eukaryotische Zelle stellt eigentlich eine **intertaxoni-
sche Kombination** dar, ein Mosaik aus Zellen verschiedener Organismenreiche. Während der sehr lange dauernden Coevolution von Wirtszellen und
Endocytobionten haben sich die Symbionten nach und
nach zu den Organellen entwickelt, wie sie in rezenten
Eucyten vorkommen. Die in der Evolutionsbiologie üblichen Stammbäume müssten daher an ihrer Basis, wo
solche Symbiogenesen häufig auftraten, durch Abstam-
mungsnetze ersetzt werden. Die fortschreitende Domestizierung des Endocytobionten betraf unter anderem
die eigene Zellwand, die verloren ging, die Abstimmung
von Vermehrung und Differenzierung auf die speziellen
Bedürfnisse der Wirtszellen, die Entwicklung von Trans-
lokatorsystemen in den Hüllmembranen für intensiven
Stoffaustausch, die Abgabe energiereicher Metaboliten
wie ATP oder Triosephosphate ins Cytoplasma und
schließlich die Verlagerung von genetischer Information
aus den Symbionten/Organellen in die Wirtszellkerne,
kombiniert mit dem spezifischen Import von Proteinen
und tRNAs aus dem Cytoplasma in die Organellen.

Verglichen mit den Mitochondrien sind die Plastiden
auf diesem Weg der Domestizierung noch nicht so weit
vorangeschritten. Dies zeigt sich nicht nur in ihrer ausgeprägten metabolischen und morphologischen Flexibilität, sondern auch darin, dass sie noch ein eigenes Tei-
lungssystem besitzen, welches aus dem bakteriellen
Tubulinvorläufer FtsZ aufgebaut ist und den sich teilenden Plastiden als sich verengender Ring einschnürt.
Zwar wird FtsZ im Kerngenom codiert, aber mithilfe
seines Signalpeptids in den Plastiden importiert. Da bei
den schon vor längerer Zeit domestizierten Mitochondrien die Abschnürung vollständig von außen über einen
Dynaminring vollzogen wird, gibt es in Tierzellen keine
Gene für FtsZ. Selbst dieses überraschende Detail lässt
sich mit der Endosymbiontentheorie erklären.

Die Struktur von Pflanzenzellen ist erstaunlich komplex und die evolutionäre Basis für diese Komplexität
liegt in dem Zusammenschluss von drei ursprünglich
unabhängig voneinander existierenden Lebensformen
zu einem Superorganismus.

Quellenverzeichnis

Green PB (1962) Mechanism for plant cellular morphogenesis. Science 138:1401–1405
Haberlandt C (1969) Experiments on the culture of isolated plant
cells. Bot Rev 35:68–88. https://doi.org/10.1007/BF02859889
Hepler PK (1985) Calcium restriction prolongs metaphase in divi-
ding Tradescantia stamen hair cells. J Cell Biol 100:1363–1368
Ledbetter MC, Porter KR (1963) A „microtubule" in plant cell fine
structure. J Cell Biol 19:239–250
Schattat M, Barton K, Mathur J (2015) The myth of interconnected
plastids and related phenomena. Protoplasma 252:359–371

Weiterführende Literatur

Alberts B, Johnson AD, Lewis J, Morgan D, Raff M, Roberts K,
Peter W (2017) Molekularbiologie der Zelle, 6. Aufl. Wiley-
VCH, Weinheim
Buchanan BB, Gruissem W, Jones RL (2015) Biochemistry and mo-
lecular biology of plants. Elsevier, New York
Grosche C, Rensing SA (2017) Three rings for the evolution of plas-
tid shape: a tale of land plant FtsZ. Protoplasma 254:1879–1885
Hussey PJ, Ketelaar T, Deeks MJ (2006) Control of the actin cyto-
skeleton in plant cell growth. Annu Rev Plant Biol 57:109–125
Jones RL, Ougham H, Thomas H, Waaland S (2013) The molecular
life of plants. Wiley, New York
Maple J, Moller SG (2007) Plastid division: evolution, mechanism
and complexity. Ann Bot 99:565–579
Martin WF, Zimorski V, Weiss MC (2017) Wo lebten die ersten Zellen – und wovon? Frühe Evolution. Biol in uns Zeit 47. https://
doi.org/10.1002/biuz.201710622
Mathur J (2007) The illuminated plant cell. Trends Plant Sci 12:506–
513
Meier I (2007) Composition of the plant nuclear envelope: theme
and variations. J Exp Bot 58:27–34
Nick P (2013) Microtubules, and signaling in abiotic stress. Plant J
75:309–323
Pollard TD, Earnshaw WC (2007) Cell biology. Spektrum Akademi-
scher Verlag, Heidelberg
Zhong R, Ye Z-H (2007) Regulation of cell wall biosynthesis. Curr
Opin Plant Biol 10:564–572

Die Gewebe der Gefäßpflanzen

Peter Nick

Inhaltsverzeichnis

Nick, P. 2021 Die Gewebe der Gefäßpflanzen. In: Kadereit JW, Körner C, Nick P, Sonnewald U. Strasburger – Lehrbuch der Pflanzenwissenschaften. Springer Berlin Heidelberg, p. 99–136.
▶ https://doi.org/10.1007/978-3-662-61943-8_2

2

2.1 Gewebe: Begriffe und evolutionärer Ursprung

Ein Verband gleichartiger Zellen wird als **Gewebe** bezeichnet. Die Gleichartigkeit bezieht sich in erster Linie auf das Aussehen der Zellen, aber auch auf ihre physiologischen Leistungen. Gewebe sind also primär morphologische Einheiten, die zusammenwirken, um bestimmte Funktionen zu erfüllen. Die so gebildeten funktionellen Einheiten werden als **Organe** bezeichnet; diese sind demnach nicht nur aus mehreren Zellen, sondern häufig auch aus mehreren Geweben aufgebaut. Während sich die **Cytologie** mit der Struktur von Lebensformen auf der Ebene der Zellen befasst, wird das Studium der Gewebe als **Histologie** (griech. *histós*, Gewebe) bezeichnet. Da beide Ebenen der Organisation jedoch eng miteinander verbunden sind, verliert die früher streng gehandhabte Abgrenzung von Cytologie und Histologie immer mehr an Bedeutung.

Da die Histologie vor allem durch die Fortschritte von Lichtmikroskopie und Färbetechniken begründet wurde (▶ Abschn. 1.1.2), stand am Anfang die Gestalt gewebebildender Zellen, also ihre Umrissform, im Brennpunkt: Ungefähr isodiametrische Zellen und Gewebe aus solchen werden als **parenchymatisch**, besonders lang gestreckte Zellen und Fasergewebe als **prosenchymatisch** bezeichnet. Während in parenchymatischen Geweben keine Raumrichtung hervorgehoben ist (**Isotropie**), besitzen prosenchymatische Gewebe z. B. hinsichtlich ihrer mechanischen Festigkeit eine Vorzugsrichtung, eben die Längsrichtung ihrer parallel gelagerten Zellen (**Anisotropie**). Neben diesen beiden Basisformen gibt es noch die flächige Plattenform, die vor allem in Hautgeweben auftritt (epidermale Zellform). Hinsichtlich Gestalt und Leistung abweichende Zellen in sonst einheitlichen Geweben werden **Idioblasten** genannt (◘ Abb. 2.11).

Je reichhaltiger die Gewebegliederung eines Organismus ist, desto höher ist der von ihm erreichte Differenzierungsgrad seiner Zellverbände, was sich auf der funktionellen Ebene in einer besonders ausgeprägten Arbeitsteilung widerspiegelt. Die **Organisationshöhe** eines Organismus entspricht damit der Zahl der beteiligten Zell- und Gewebearten. Die stammesgeschichtliche Entwicklung des Pflanzenreichs ist im Allgemeinen von einfacheren zu immer höher organisierten, häufig auch größeren Formen fortgeschritten: Viele Algen erreichen nur geringe Differenzierungsgrade. Im einfachsten Fall können alle Zellen des Vegetationskörpers sämtliche Lebensfunktionen einschließlich der Fortpflanzung ausführen. Bei komplexer gebauten Algen und den Moosen lassen sich bereits mehrere verschiedene Gewebe unterscheiden. Die größte Gewebevielfalt im Pflanzenreich wird bei den Gefäßpflanzen erreicht. Daher ist die allgemeine Übersicht über Pflanzengewebe in diesem Ka-

pitel auf die Gewebe der Gefäßpflanzen beschränkt. Diese in der Gesamtheit klar heraustretende Gesetzmäßigkeit darf jedoch nicht unbesehen auf die Details übertragen werden. Auch während der Evolution der Pflanzen hat es immer wieder Fälle einer sekundären Vereinfachung gegeben. Ähnlich wie bei Tieren sollte man daher mit der Gleichsetzung von „einfach organisiert" und „ursprünglich" vorsichtig sein.

Ein Charakteristikum der am höchsten organisierten und phylogenetisch am höchsten entwickelten, erdgeschichtlich jüngsten Gefäßpflanzen, der Samenpflanzen (Spermatophyten), ist eine klare Trennung von Bildungsgeweben (Meristemen) und Dauergeweben. Die Funktion der **Meristeme** (griech. *merízein*, teilen) besteht in der Produktion von Somazellen (griech. *sóma*, Körper). Die Zellen der **Dauergewebe** sind dagegen teilungsinaktiv und auf bestimmte Leistungen spezialisiert. Meristemzellen durchlaufen den Zellzyklus in rascher Folge (▶ Abschn. 1.2.4.5 und ▶ Abschn. 11.2.1), wogegen die Zellen von Dauergeweben normalerweise in der G_1-Phase arretiert sind (G_0-Phase). Außerdem sind die meristematischen Zellen an Spross- und Wurzelspitzen noch ohne Zentralvakuolen, klein und zartwandig. Dauergewebezellen sind viel größer. Ihr Volumen kann das embryonaler Zellen um mehr als das 1000-Fache übertreffen. In ihnen sind Zentralvakuolen aber auch schon Primärwände fertig ausgebildet. Während die Meristemzellen durch Vermehrung der Trockensubstanz wachsen (**embryonales** oder **Plasmawachstum**), beruht die Zellvergrößerung beim Übergang zu Dauerzellen vor allem auf Vakuolenvergrößerung (**postembryonales** oder **Streckungswachstum**; vgl. ▶ Abschn. 11.2.2). Die embryonalen Zellen der Spitzenmeristeme von Sprossen und Wurzeln (**apikale Meristeme**) und ihre unmittelbaren Abkömmlinge in den **Primärmeristemen** haben also das Streckungswachstum noch vor sich, die Zellen der Dauergewebe dagegen hinter sich. Streckungswachstum ist typisch für Pflanzenzellen, bei Tieren gibt es keine direkt vergleichbare Form der Zellexpansion. Da die Phase des postembryonalen Wachstums im Allgemeinen rasch durchlaufen wird, können Pflanzen („Gewächse") bei gleichem Energieverbrauch viel schneller wachsen als Tiere. Die Differenzierung von meristematischen in Dauerzellen ist keine Einbahnstraße. Dauerzellen können reembryonalisiert werden und **sekundäre Meristeme** (**Folgemeristeme**) bilden. Das geschieht nicht nur während der Wundheilung (Regeneration), sondern auch im Zuge normaler Entwicklungsvorgänge. Diese Reembryonalisierung wurde früher als Dedifferenzierung bezeichnet. Dieser Ausdruck ist aber irreführend, da solche sekundär entstandenen meristematischen Zellen hinsichtlich der Genexpression, der metabolischen Leistungen und auch ihrer Feinstrukturen noch Spuren ihres einstigen Differenzierungszustands beibehalten. Selbst für primäre Meristeme ist die Aussage, sie seien nicht differenziert, schlichtweg falsch – verschiedene Regionen eines Wurzelmeristems unterscheiden sich deutlich bezüglich Morphologie, Genaktivität und vor allem auch der Zelltypen, die sie hervorzubringen vermögen.

Auch wenn Pflanzenzellen während der meisten Zeit ihrer Existenz differenziert sind, selbst wenn sich diese Differenzierung erst auf den zweiten Blick erschließt, fällt doch auf, dass sie im Vergleich zu den Zellen der Metazoen (vielzellige Tiere) viel flexibler sind. Im Grunde ist jede beliebige Pflanzenzelle in der Lage, wieder einen gesamten Organismus hervorzubringen. Diese **Totipotenz** ist bei den Metazoen auf die befruchtete Eizelle beschränkt. Erst in jüngster Zeit gelang es durch gentechnische Manipulation **induzierte pluripotente Stammzellen** zu erzeugen, die wenigstens teilweise die flexible Differenzierung von Pflanzenzellen nachzuahmen vermögen – ein wichtiger Schritt für die Bestätigung der **Zelltheorie** auch für die vielzelligen Tiere (vgl. ▶ Abschn. 1.1.1).

Der umfassendste Differenzierungsschritt bei der Entstehung eines vielzelligen Tiers ist die Trennung von Keimbahn und Soma. Schon bei der ersten Teilung entstehen zwei unterschiedliche Tochterzellen. Aus der einen Zelle (der Keimbahnmutterzelle) werden viele Teilungen später die Keimzellen entstehen, während die andere Tochterzelle keine Keimzellen bildet. Solche asymmetrischen Entscheidungen treten auch später immer wieder in der Nachkommenschaft der Keimbahnmutterzelle auf. Letztendlich gibt es also eine Abstammungslinie, die von der befruchteten Eizelle zur Keimzelle führt. Diese Abstammungslinie wird als **Keimbahn** bezeichnet und sichert so die Kontinuität („Unsterblichkeit") der Fortpflanzungslinie, während alle abzweigenden Zellen den vielzelligen, aber sterblichen Körper (Soma) bilden.

Diese von dem Entwicklungsbiologen und Genetiker **August Weismann** (1834–1914) entdeckte Keimbahn-Soma-Differenzierung fehlt bei den vielzelligen Pflanzen fast vollkommen. Bei ihnen ist also völlig offen, welche Zellen des frühen Embryos später einmal die Keimbahn hervorbringen werden. Aufgrund ihrer photosynthetischen Lebensweise müssen Pflanzen ihre Oberfläche nach außen hin vergrößern, was zur Folge hat, dass sie schon früh in der Evolution die Fähigkeit zur Fortbewegung verloren haben. Auf widrige Umweltbedingungen vermögen sie daher nur mit Anpassungen, etwa Änderungen ihrer Gestalt, zu reagieren (ein aus dem Alltag bekanntes Beispiel sind die in die Länge schießenden, vergeilenden, Grashalme, die sich nach einigen Tagen unter einem Zeltboden bilden). Eine strikte Festlegung von Keimbahn und Somazellen hätte hier in der Evolution keinen Bestand gehabt. Dennoch gibt es zwei Beispiele, die gewisse Ähnlichkeiten mit der Keimbahn-Soma-Differenzierung aufweisen und daher als Rudi-

mente eines ursprünglichen Zustands angesehen werden könnten:

- Bei der einfachen Kugelalge *Volvox* findet sich eine Trennung zwischen zwei Zelltypen, von denen nur einer in der Lage ist, über eine Teilung Tochterkugeln zu bilden, während der andere Zelltyp bei der Freisetzung der Tochterkugeln abstirbt (Ernst Häckel nannte *Volvox* daher scherzhaft „die erste Leiche der Evolution").
- Bei der ersten Teilung der Zygote der Samenpflanzen wird eine große, basale und stark vakuolisierte Zelle von einer kleinen, mit dichtem Cytoplasma ausgestatteten, apikalen Tochterzelle getrennt. Die vakuolisierte, basale Zelle bildet später den Suspensor, eine embryonale Nährstruktur, die schließlich abstirbt, während die kleine, apikale Zelle den eigentlichen Embryo hervorbringt.

Auch wenn es naheliegt, diese Fälle als Reste einer usprünglichen Keimbahn-Soma- Differenzierung zu deuten, zeigt eine genauere Betrachtung, dass es sich hier um sekundär entstandene, also abgeleitete Strukturen handelt. Dies hat damit zu tun, wie Vielzelligkeit bei Pflanzen als Voraussetzung für die Bildung von Geweben entstanden ist (▶ Exkurs 2.1).

Zwischen der funktionellen Differenzierung einzelner Zellen in einer Kolonie und einem komplex gestalteten Vielzeller scheint ein weiter Weg zu liegen. Aufgrund der durch die Vielzelligkeit erleichterte Modularität (jede Zelle ist quasi ein Legobaustein, der wiederholt und abgewandelt wird, wodurch auf einfache Weise eine Vielzahl von Formen möglich werden) wurde dieser Weg verhältnismäßig rasch durchschritten:

Schon früh entstanden fädige Kulturen, bei denen sich die Einzelzellen entlang einer vorgegebenen Achse teilen. Diese festgelegte Teilungsrichtung folgt vermutlich mechanischen Gegebenheiten, wie eine gemeinsame Gallerthülle, die Teilungen in Querrichtung energetisch ungünstiger werden lassen, wie es schon bei den Kolonien der fädigen Cyanobakterien zu beobachten ist. Bei eukaryotischen Pflanzen wird die Teilungsachse jedoch von den cortikalen Mikrotubuli aktiv gesteuert (◻ Abb. 1.14A), die über die Steuerung der Cellulosetextur in der Zellwand das Zellwachstum ausrichten (und zwar senkrecht zur Richtung der Mikrotubuli), was zur Folge hat, dass auch die neue Querwand in Querrichtung eingezogen wird. Die fädige Organisation gleichartiger Zellen ist bei vielen Chlorophyceen weit verbreitet und wird als **trichale Organisationsstufe** (griech. *thrix* Faden) bezeichnet. Ein klassisches Beispiel ist der Wasserfaden *Ulothrix*, bei dem die Teilungsaktivität in der Regel diffus über die ganze Kolonie verteilt ist. Infolge einer funktionellen Differenzierung kann sie jedoch auf die Spitze des Fadens begrenzt sein, sodass eine **einschneidige Scheitelzelle** entsteht, die nach Art einer Stammzelle asymmetrische Teilungen durchläuft. Die basal gelegene Tochterzelle verliert die Teilungsfähigkeit, während die apikal gelegene Tochterzelle die Stammzellhaftigkeit beibehält. Solche einschneidigen Scheitelzellen sind nicht nur bei vielen trichalen Chlorophyceen zu finden, sondern auch in den frühen Phasen der Entwicklung von Moosen oder auch Farnen.

Im nächsten Schritt werden die Mikrotubuli in regelmäßiger Weise umorganisiert oder bisweilen zeitweilig aufgelöst, sodass die Teilungsachse um 90° kippt. Aus einer fädigen Kolonie entstehen so verzweigte Gebilde. Wiederholt sich dieser Vorgang in der jeweiligen Verzweigung, bilden sich auf diese Weise rasch sehr komplexe Strukturen mit Zweigen erster und zweiter Ordnung (◘ Abb. 2.1). Die so gebildeten Formen erinnern an den komplexen Aufbau von Bäumen, obwohl sie durch einen sehr einfachen Mechanismus (rhythmisches Kippen der Teilungsachse einer einschneidigen Scheitelzelle infolge regelmäßiger Auflösung der cortikalen Mikrotubuli) entstanden sind.

Folgen solche Änderungen der Teilungsachse unmittelbar aufeinander, entsteht keine Verzweigung, sondern eine flächige Struktur. Die Scheitelzelle ist nun also zweischneidig und gliedert jeweils nach links und nach rechts Tochterzellen ab, sodass ein flächiges Gewebe entsteht. Solche zweischneidigen Scheitelzellen finden sich etwa bei der Braunalge *Dictyota dichotoma*, aber auch in vielen Prothallien (Gametophyten) von Farnpflanzen. Wenn nun, in einem weiteren Schritt, die Teilungsebene räumlich in Schritten von jeweils 60° um die Hauptachse der Scheitelzelle herumwandert, entsteht nicht mehr eine Fläche, sondern ein echter dreidimensionaler Körper. Solche dreischneidigen Scheitelzellen finden sich z. B. in den Gametophyten der Moose, aber auch im Apikalmeristem von Farnpflanzen

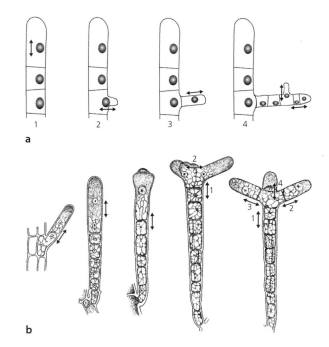

◘ **Abb. 2.1** Entstehung komplexer Verzweigungsmuster durch einfache rhythmische Änderungen im Verhalten von Scheitelzellen. **a** Schematische Folge der (vermutlich durch Mikrotubuli bestimmten) Teilungsebene. (1) Eine einschneidige Scheitelzelle führt zu fädigem Wachstum. (2) und (3) Die transiente Stammzellaktivität in der subapikalen Zelle führt zu Verzweigung. (4) Die Aktivierung eines Stammzellverhaltens in einer subapikalen Zelle einer Verzweigung führt zu einer Verzweigung zweiter Ordnung und damit zu einer dreidimensionalen Architektur. **b** Hierarchische Verzweigung bei der Braunalge *Sphacelaria fusca*. (Aus Schmit und Nick 2008)

(◘ Abb. 2.4). Wenn sich solche dreischneidigen Scheitelzellen vervielfachen, so dass sich die Zahl der gebildeten Tochterzellen ebenfalls vervielfacht, ist der Schritt zu einem echten Bildungsgewebe (Meristem) vollzogen.

Exkurs 2.1 Wege zur Vielzelligkeit

Die Zelltheorie besagt im Grunde, dass Zellen notwendig, aber auch hinreichend sind, um das hervorzubringen, was wir „Leben" nennen. In der Tat sind zahlreiche Lebensformen einzellig und außerordentlich erfolgreich, was sich auch daran erkennen lässt, dass es keine Region auf diesem Planeten gibt, die nicht von solchen Einzellern besiedelt wäre. Vielzelligkeit ist also keine Notwendigkeit, dennoch ist sie nach heutigen Erkenntnissen mehr als 20 Mal unabhängig voneinander entstanden. Dies deutet darauf hin, dass Vielzelligkeit große selektive Vorteile mit sich bringt, von denen zwei auf der Hand liegen:

— Wer vielzellig ist, kann groß werden. Wer groß ist, wird weniger leicht gefressen.
— Wer vielzellig ist, kann eine Arbeitsteilung entwickeln.

Diese beiden Vorteile der Vielzelligkeit sind nicht notwendigerweise miteinander gekoppelt. Es gibt, vor allem bei den Algen, sehr viele Beispiele für Kolonien gleichartiger und in keinster Weise voneinander differenzierter Zellen, die zudem problemlos aus der Kolonie herausgelöst und als Einzelzellen weiterkultiviert werden können. Solche Zellkolonien entstehen in der Regel dadurch, dass die Tochterzellen einer Teilung sich nicht voneinander trennen, sondern durch eine gallertartige Hülle miteinander verbunden bleiben. Trotz fehlender Arbeitsteilung bringt diese „koloniale" Lebensweise große Vorteile, wovon man sich leicht überzeugen kann, wenn man einem Rädertierchen (Rotatorium) dabei zusieht, wie es einzellige Grünalgen mühelos verschlingt, die mehrzelligen Kolonien aber verschmäht. Ein weiterer Vorteil großer Organismen liegt darin, dass sie Schwankungen der Umweltbedingungen leichter auffangen können als kleine Lebensformen.

Wenn Größe mit besseren Überlebenschancen verknüpft ist, gäbe es jedoch noch einen zweiten Weg zum Ziel: das Heranwachsen von einzelnen Zellen zu Riesenzellen. In der Tat können Pflanzenzellen durch die Aufnahme von Wasser in ihre Vakuole eine beachtliche Größen erreichen. Die Stielzellen der den Wirtelalgen (Polyphysaceae) zugehörigen Schirmalge *Acetabularia acetabulum* können etwa 5 cm Länge erreichen, die Internodialzellen der Armleuchteralge (*Chara*) gar 15 cm. Die Länge der meisten Pflanzenzellen liegt jedoch im Bereich von 50 bis 100 μm. Diese offensichtliche Begrenzung der Zellgröße ist in der Geometrie begründet. Betrachten wir der Einfachheit halber eine Zelle als Kugel, dann gilt für die Oberfläche O und das Volumen V:

$$O = 4\,\pi\,r^2 \text{ und } V = \frac{4}{3}\,\pi\,r^3$$

Verdoppelt sich also der Radius der Kugel, dann nimmt die Oberfläche dieser Kugel um den Faktor 4 zu und das Volumen wächst gleichzeitig um den Faktor 8. Da die Versorgung einer Zelle mit Wasser und Nährstoffen über die Oberfläche erfolgt, der Verbrauch einer Zelle jedoch mit dem Volumen korreliert, wird das Verhältnis der Oberfläche zum Volumen immer ungünstiger, je größer die Zelle ist. Durch die Teilung pflanzt sich eine Zelle also nicht nur fort, sondern sie stellt auch wieder ein günstigeres Verhältnis von Versorgung und Verbrauch her. Mit wenigen Ausnahmen (die wiederum besondere Anpassungen erforderten) wurde also die evolutionär vorteilhafte Größenzunahme nicht durch Groß-, sondern durch Vielzelligkeit erreicht.

Gelegentlich wird eine solche Kolonienbildung als einfache Vielzelligkeit bezeichnet und einer komplexen Vielzelligkeit gegenübergestellt, bei der auch der zweite Selektionsvorteil, die **funktionelle Differenzierung**, zum Tragen kommt. Diese klassische Zweiteilung wird aber seit einigen Jahren zunehmend infrage gestellt, weil Übergangsformen bekannt geworden sind, bei denen die funktionelle Differenzierung nur unvollständig oder nur zu bestimmten Zeiten auftritt. Funktionelle Differenzierung bedeutet, dass eine Zelle bestimmte Funktionen verstärkt (**hyperzelluläre Funktionen**), was zur Folge hat, dass andere Funktionen (**hypozelluläre Funktionen**) abgeschwächt werden. Eine Einzelzelle mit derartigen Veränderungen wäre gegenüber anderen Zellen, die diese Veränderungen nicht aufweisen, im Nachteil und würde daher durch Selektion ausgemerzt. In einer Zellkolonie jedoch können die Veränderungen einer einzelnen Zelle nicht nur aufgefangen werden, indem sich eine Nachbarzelle in genau entgegengesetzter Richtung verändert, vielmehr ist die Zellkolonie als Ganzes im Vorteil, weil nun jede der beiden Zellen ihre hyperzelluläre

Funktion mit großer Effizienz ausüben kann. Genetische Veränderungen, die solche abgestimmten Differenzierungen begünstigen, würden daher positiv verstärkt und sich daher schnell durchsetzen. Dieses Gedankenexperiment, das durch vielzählige Beispiele aus den verschiedenen „Algen" unterstützt wird, zeigt gleichzeitig eine wichtige Voraussetzung für die funktionelle Differenzierung auf: die Kommunikation der Zellen untereinander über Signale. Dies zeigt sich auch dadurch, dass in den meisten echten pflanzlichen Vielzellern das Cytoplasma der Einzelzellen durch Plasmodesmen verbunden ist. Im Grunde stellen pflanzliche Vielzeller also einen gigantischen Symplasten dar, der durch Zellwände untergliedert, aber eben nicht vollständig in einzelne Zellen abgetrennt wird. Die symplastische Kopplung ist jedoch nicht der einzige Weg, wie bei vielzelligen Pflanzen die Kommunikation zwischen den sich differenzierenden Zellen gewährleistet wird. Ein Großteil der Zell-Zell-Kommunikation vollzieht sich durch chemische Botenstoffe, die in Anlehnung an das Hormonkonzept der Tiere häufig als Phytohormone bezeichnet und in ▶ Abschn. 12. besprochen werden.

Eindrückliche Beispiele solcher durch chemische Kommunikation gesteuerter Arbeitsteilung finden sich schon bei den Cyanobakterien, also den prokaryotischen Vorläufern der Chloroplasten (▶ Abschn. 1.2.9). Hier lässt sich sehr klar die Koordination von hyper- und hypozellulären Funktionen aufzeigen. Übrigens zeigt das folgende Beispiel auch, dass komplexe Vielzelligkeit kein Privileg der Eukaryoten ist:

In vielen fädigen Cyanobakterien (früher aufgrund ihrer Färbung durch das Pigment Phycocyanin als Blaualgen bezeichnet) wird als Reaktion auf Nitratmangel das Enzym **Nitrogenase** gebildet, das in der Lage ist, Luftstickstoff zu Ammonium zu reduzieren (eine Art zellulärer Haber-Bosch-Reaktion, die bei Raumtemperatur und normalem Druck ablaufen kann). Dies befähigt diese als Kolonien von Einzelzellen organisierten Organismen dazu, trotz der Mangelbedingungen weiterhin Aminosäuren bilden zu können. Die Nitrogenase ist in der Evolution sehr früh entstanden, zu einer Zeit, als die Atmosphäre noch reduzierend war, also kein Sauerstoff enthielt. Zur Zeit ihrer Entstehung fehlte demnach der Selektionsdruck, sie vor der oxidativen Wirkung von Sauerstoff zu schützen. Nach der Entstehung der Photosynthese bildete das Photosystem II durch die Spaltung von Wasser als Elektronendonator jedoch nennenswerte Mengen an molekularem Sauerstoff, der das Enzym inaktiviert. Es ist daher chemisch unmöglich, die Stickstoffbindung und die Photosynthese in ein und derselben Zelle ablaufen zu lassen. Die hyperzelluläre Funktion der Nitrogenaseexpression hat also zur Folge, dass die Photosynthese als hypozelluläre Funktion herunterreguliert wird, sodass die Heterocyste, in der die Stickstofffixierung erfolgt, über Assimilate der Nachbarzellen ernährt werden muss und im Gegenzug

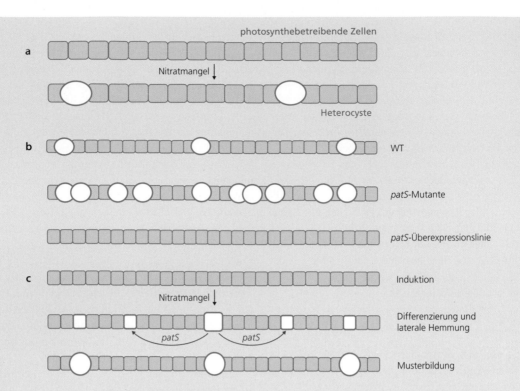

◘ Abb. 2.2 Musterbildung der Heterocysten bei dem Cyanobakterium *Anabaena*. **a** Entstehung von Heterocysten als Reaktion auf Nitratmangel. In den Heterocysten wird die Nitrogenase exprimiert und die Photosynthese herunterreguliert. Zwei Heterocysten besitzen einen Mindestabstand von etwa zehn Zellen. **b** Veränderung der Musterbildung infolge der veränderten Expression des Signalpeptids patS. Bei einem Ausfall der Genfunktion infolge einer Mutation werden zusätzliche Heterocysten gebildet, oft in unmittelbarer Nachbarschaft. Nach der Überexpression des Gens *patS* entstehen selbst bei Nitratmangel keine Heterocysten. **c** Modell der Heterocystenmusterung. Durch Nitratmangel wird die Differenzierung zu Heterocysten aktiviert. Dies erfolgt zufällig und ist anfangs auch reversibel. Manche Zellen differenzieren sich früher, andere später. Ist die Differenzierung fortgeschritten, wird das hemmende Peptid patS gebildet und sezerniert. Dies unterdrückt die Differenzierung der benachbarten Zellen durch laterale Hemmung, die sich mit zunehmender Entfernung abschwächt. Differenzierungsereignisse, die weniger als zehn Zellen entfernt sind, werden auf diese Weise gestoppt und sogar revertiert. Differenzierungsereignisse, die mehr als zehn Zellen entfernt sind, schreiten aufgrund einer zu geringen patS-Konzentration voran, sodass eine weitere Heterocyste entsteht, die ihrerseits patS zu synthetisieren beginnt. (Nach Yoon und Golden 1998)

Ammonium an die Nachbarzellen abgibt. Hier entsteht ein Dilemma: Würden in einer Kolonie alle Zellen Nitrogenase synthetisieren und keine Photosynthese betreiben, würde die Kolonie sehr schnell verhungern. Erhielten jedoch alle Zellen die Photosynthese aufrecht und bildeten sie daher keine Nitrogenase, wäre diese Kolonie nicht zur Stickstofffixierung in der Lage und die Bildung von Aminosäuren und damit das Wachstum kämen rasch zum Erliegen. Der Ausweg aus diesem Dilemma ist Arbeitsteilung: In der Tat beobachtet man bei diesen fädigen Cyanobakterien (etwa der Gattung *Anabaena*), dass etwa jede zehnte Zelle der Kolonie Nitrogenase bildet und infolgedessen die Synthese der photosynthetischen Pigmente heruntergeregelt wird. Diese Zellen erscheinen also blasser und sind auch von einer derberen Wand umgeben. Sie lassen sich von den photosynthetischen Zellen als **Heterocysten** (griech. *heterós*, unterschiedlich) unterscheiden. Die Differenzierung einer gewöhnlichen Zelle zu einer Heterocyste erfolgt in einem geregelten Muster: Zwei Heterocys-

ten grenzen nie direkt aneinander, sondern sind stets durch etwa zehn photosynthetische Zellen voneinander getrennt (◘ Abb. 2.2a). Rücken die Heterocysten durch weitere Teilungen auseinander, differenziert sich etwa in der Mitte zwischen ihnen eine weitere Zelle zu einer Heterocyste um. Bedeutet dies, dass diese einfachen, prokaryotischen Organismen in der Lage sind, auf zehn zu zählen? Des Rätsels Lösung liegt in Signalen, die zwischen den Zellen ausgetauscht werden. Um diese Signale zu identifizieren, wurden *Anabaena*-Mutanten mit gestörter Musterbildung gesucht. Durch Aufklärung des Genorts für die Mutation entdeckte man das patS-Peptid (pat für engl. *patterning*), das offensichtlich für die Musterbildung notwendig ist. Der Ausfall der patS-Funktion führt dazu, dass die Heterocysten wild durcheinander, oft auch in unmittelbarer Nachbarschaft zueinander auftreten (◘ Abb. 2.2b). Transformiert man *Anabaena* mit einem Genkonstrukt, bei dem die codierende Nucleotidsequenz von patS hinter einen sehr starken und immer aktiven Promotor kloniert wurde (Überexpression), sind diese gentechnisch veränderten Kolonien nicht mehr in der Lage, mit Bildung von Heterocysten auf Stickstoffmangel zu reagieren (◘ Abb. 2.2b), da dies offenbar durch die erhöhte patS-Konzentration verhindert wird. Mithilfe ähnlicher Mutanten gelang es dann, weitere Signale zu finden, die entweder für das Anschalten der Heterocystenbildung oder für die Unterdrückung dieser Reaktion in der Nachbarschaft einer schon differenzierten Heterocyste verantwortlich sind. Das Heterocystenmuster lässt sich also durch **Selbstorganisation** erklären, die durch eine wechselseitige Hemmung (**laterale Inhibition**) entsteht (◘ Abb. 2.2c). Solche selbstorganisierenden Systeme erlauben es, mit sehr wenigen Signalen robuste und von der Größe unabhängige Muster zu erzeugen – ein Prinzip, das von dem britischen Mathematiker Alan Turing (1952) entdeckt und mathematisch analysiert wurde und mit dem sich zahlreiche morphogenetische Phänomene der Biologie erklären lassen.

Die Vielzelligkeit von Pflanzen entstand mehrfach unabhängig voneinander, häufig dadurch, dass die Tochterzellen einer Teilung physisch verbunden geblieben sind (in der Regel durch Einbetten in einer gemeinsam gebildeten Gallerthülle). Während die Einzelzellen ursprünglich ihre volle Entwicklungspotenz beibehalten, sich also nicht differenzieren, kam es bei der Entwicklung der Vielzelligkeit in einem nächsten Schritt zu einer funktionellen Spezialisierung, indem die Zellen bestimmte (hyperzelluläre) Funktionen hoch-, andere (hypozelluläre) Funktionen dagegen heruntergeregelten. Es entstand also eine zunehmende funktionelle Abhängigkeit. Die Differenzierungen werden über Signale gesteuert, die zwischen den Zellen ausgetauscht werden, also hormonartig wirken (Hormone im klassischen Sinne sind Signalstoffe, bei denen Bildungsort und der Ort ihrer Wirkung räumlich getrennt sind). Durch hemmende Signale wird verhindert, dass in der Nachbarschaft einer differenzierten Zelle weiter Differenzierungen auftreten. Erst wenn mit zunehmender Entfernung die Konzentration des hemmenden Signals abnimmt, kann die Zelldifferenzierung stattfinden. Dieses Gestaltungsprinzip entstand schon sehr früh in der pflanzlichen Evolution und ging, wie das Beispiel der Heterocysten zeigt, der Entstehung eukaryotischer Pflanzen sogar voraus.

Es sei an dieser Stelle jedoch auch erwähnt, dass Vielzelligkeit bisweilen auch dadurch entstehen kann, dass sich frei lebende, einzelne Zellen sammeln und zu einem Ganzen organisieren. Das vielzellige Gitter des Wassernetzes (*Hydrodictyon*) bildet sich durch Aggregation von Einzelzellen, wobei sich diese Zellen nicht differenzieren. Ein besonders spektakulärer Fall von Aggregation liegt beim Schleimpilz *Dictyostelium discoideum* vor, bei dem amöboide Einzelzellen unter Mangelbedingungen mit der Freisetzung von cAMP beginnen. cAMP fungiert als chemotaktisches Signal für andere Zellen, sodass ein mehrere Millimeter großer Zellhaufen entsteht, der sich dann in unterschiedliche Bereiche untergliedert, die gemeinsam einen Sporangiophor bilden. Einige Zellen bilden eine Wand aus und stemmen die anderen Zellen, die sich in Sporen umwandeln, in die Höhe, wobei sie einen programmierten Zelltod durchlaufen. Dieses Beispiel von Vielzelligkeit durch Aggregation ursprünglich einzeln lebender Zellen ist besonders bemerkenswert, weil hier die einzelnen Zellen, die vorher miteinander um Nahrungsquellen konkurriert haben, im Zuge der Selbstorganisation nunmehr kooperieren, bis hin zu einer „Aufopferung" einzelner Zellen für die Fortpflanzung der anderen. Solche Fälle von Vielzelligkeit durch Aggregation scheinen jedoch seltener aufzutreten als die durch eine fortdauernde Verbindung von Tochterzellen nach der Teilung.

2.2 Bildungsgewebe (Meristeme)

Die befruchtete Eizelle (Zygote) der Samenpflanzen entwickelt sich zunächst zu einem **Embryo** (◘ Abb. 2.3; vgl. auch ► Abschn. 11.2.3.3 und ◘ Abb. 11.17). Schon mit der ersten, bezeichnenderweise inäqualen Teilung der Zygote wird dabei die zukünftige Polaritätsachse festgelegt: Aus Abkömmlingen der kleineren und wenig vakuolisierten apikalen Zelle geht später der Spross hervor, während die größere basale und stark vakuolisierte Zelle den **Suspensor** (lat. *suspéndere*, aufhängen) bildet. Über diesen Suspensor wird der Embryo von der Mutterpflanze ernährt. Dieser Suspensor stirbt jedoch während der späteren Embryogenese fast vollständig ab. Nur die oberste Zelle, die **Hypophyse**, wird später die **Wurzelkappe** (**Kalyptra**) hervorbringen.

Sobald der Embryo größer geworden ist, beschränkt sich die Teilungsaktivität auf die Spitzen des Sprosspols (Sprossscheitel) und des Wurzelpols (Wurzelscheitel). Sprosse und Wurzeln bilden neue Zellen also vor allem an ihren Spitzen. Die Zellen, aus denen sie schließlich bestehen, sind weitgehend Abkömmlinge ihrer **Apikalmeristeme** (lat. *apex*, Spitze). Seitensprosse und -wurzeln besitzen eigene Apikalmeristeme. Die unmittelbar von den Apikalmeristemen abgegliederten Zellen sind oft besonders teilungsaktiv. Ihre Verbände besitzen also noch Meristemcharakter, doch lässt sich bei ihnen nach Lage und Aussehen oft schon das weitere Schicksal der Nachfolgezellen vorhersagen. Man bezeichnet diese scheitelnahen Bildungsgewebe als **Primärmeristeme** und unterscheidet in ihnen das **Protoderm**, aus dem später das äußere Abschlussgewebe hervorgeht (die Epider-

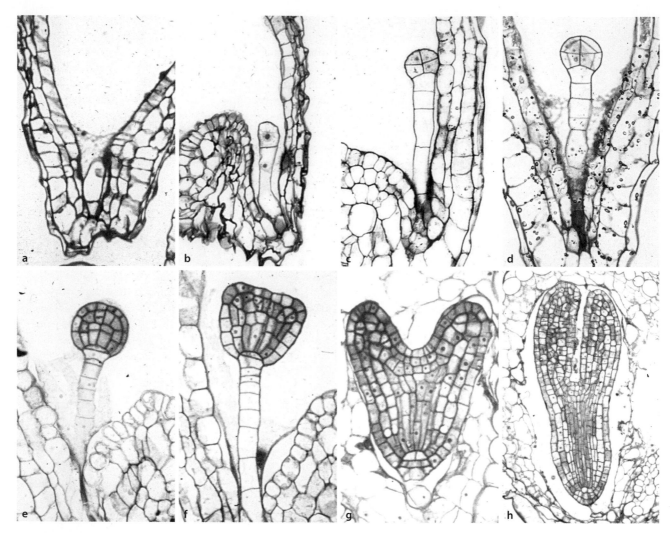

◨ **Abb. 2.3** Embryonalentwicklung bei der Acker-Schmalwand, *Arabidopsis thaliana*. **a** Zygote. **b** Zweizellstadium nach asymmetrischer Teilung der Zygote. Aus der kleineren (apikalen) Zelle entsteht der eigentliche Embryo, aus der größeren (basalen) Zelle der Suspensor, eine Art Nabelschnur des Embryos, die mit Ausnahme der obersten Zelle später abstirbt. **c** Oktant; aus der oberen Hälfte der achtzelligen Kugelstruktur bilden sich später Sprossmeristem und Keimblätter (Kotyledonen), aus der unteren die Achse und wesentliche Teile der Keimlingswurzel. Die oberste, trapezförmig erscheinende Zelle des Suspensors, die Hypophyse, überlebt als einzige Zelle des Suspensors und erzeugt nach der Keimung die Wurzelkappe (Kalyptra). **d** Dermatogenstadium. Peripher haben sich Vorläufer von Epidermiszellen abgegliedert. **e** Globularstadium; gegen die Zellreihe des Suspensors hin hat sich die Hypophyse gebildet, aus der zentrale Bereiche des Wurzelmeristems und der Wurzelhaube hervorgehen werden. **f** Triangularstadium. Herausbildung der Bilateralsymmetrie, die im Herzstadium **g** und im nachfolgenden Torpedostadium **h** durch die fortschreitende Ausformung der beiden Kotyledonen immer deutlicher hervortritt. Man beachte das fast vollständige Verschwinden des anfangs dominierenden Suspensors. (Nach U. Mayer und G. Jürgens)

mis), das **Grundmeristem** als Lieferant des Grundgewebes (Parenchym) und das **Procambium**, von dem sich das Leitgewebe herleitet.

Mit zunehmender Entfernung von den Primärmeristemen setzt die Umwandlung der abgegliederten Zellen in Dauerzellen und die Differenzierung zu Geweben ein. Bleiben in einer Umgebung, die bereits in Dauergewebe übergegangen ist, größere Zellkomplexe meristematisch, werden sie als **Restmeristeme** von den Apikalmeristemen unterschieden. Ein Sonderfall sind die **interkalaren Meristeme**, die vor allem an Sprossachsen zwischen bereits differenzierten Bereichen liegen und lokales Längenwachstum weit hinter dem Scheitel bewirken können. Bisweilen können einzelne Zellen oder kleine Zellgruppen inmitten be-

reits differenzierter Gewebe noch einmal eine zumeist festgelegte und sehr begrenzte Zahl von Teilungen durchlaufen. Diese „Minimeristeme" werden als **Meristemoide** bezeichnet (▸ Exkurs 2.2).

Durch die Zellbildung in den Apikal- und Primärmeristemen und die ihnen nachfolgenden histo- und morphogenetische Prozesse bildet sich der Pflanzenkörper in seinem primären Zustand aus. Bei krautigen, ein- oder zweijährigen Pflanzen ist das zugleich der Endzustand. Diese Gewächse sterben nach der Samenbildung ab, soweit sie sich nicht durch Ausläufer oder Ähnliches vegetativ vermehren. Bei ausdauernden Holzpflanzen (Sträuchern, Bäumen) kommt es dagegen zu einem sekundären Dickenwachstum, durch das sich Sprossachsen in massiv verholzte Stämme, Seitentriebe in verholzte Äste verwandeln und auch Wurzeln zu dicken, überwiegend aus Holz bestehenden Gebilden werden. An der Oberfläche mehrjähriger Stämme, Äste und Wurzeln bildet sich die schützende Borke aus. Das sekundäre Dickenwachstum, bei dem die Durchmesser der Sprossachsen schließlich bis zum 10.000-Fachen des primären Durchmessers vergrößert werden können, beruht auf der Tätigkeit lateraler Meristeme (**Folgemeristeme** oder **Cambien**). Das sind flächige Meristeme, die im Inneren von Organen parallel zur Organoberfläche angelegt werden. Sie stehen also nicht an den Spitzen der Längsachse von Spross oder Wurzel, wie die apikalen Meristeme, sondern bilden unterhalb der Organoberfläche einen seitlichen Mantel um diese Achse (lat. *laterális*, seitlich). Es gibt zwei Arten lateraler Meristeme: das **Spross- bzw. Wurzelcambium** (oft einfach Cambium genannt), das den Holzkörper und das sekundäre Phloem (Bast) verdickter Sprosse und Wurzeln ausbildet, und das Korkcambium oder **Phellogen**, welches das sekundäre Abschlussgewebe (Periderm) mit seinen drei Gewebeschichten (von außen nach innen: Phellem oder Kork, Phellogen und Phelloderm) hervorbringt.

Alle Apikalmeristeme und Cambien zeichnen sich durch den Besitz von **Stammzellen** aus. Diese Zellen teilen sich inäqual (☐ Abb. 3.44a und 11.16a, b): Eine Tochterzelle ist wieder eine Stammzelle. Sie wird also selbst wieder eine inäquale Teilung durchlaufen, sodass sich die Stammzellen trotz fortgeschrittener Teilung nicht verbrauchen. Die andere Tochter verliert dagegen ihre Stammzellartigkeit und teilt sich, so wie alle ihre Nachkommen, symmetrisch, wobei die Schwestern einer Abstammungslinie (als **Initialen** bezeichnet) in der Regel einen bestimmten Gewebetyp hervorbringen. Letztendlich ist die gesamte Abstammungslinie, die aus dieser zweiten Tochterzelle hervorgeht, dazu bestimmt, sich zu Dauerzellen zu differenzieren. Da im Meristem immer Stammzellen erhalten bleiben, behalten die Pflanzen die Möglichkeit zu fortgesetztem Wachstum und zur Neubildung von Organen während ihrer gesamten Lebensdauer bei. Pflanzen sind also offene Systeme, die im Prinzip unbegrenzt wachsen können und daher grundsätzlich indeterminiert bleiben, wodurch sie sich grundsätzlich von Tieren unterscheiden.

Die Stammzellen müssen sich natürlich seltener teilen als die aus ihnen hervorgegangenen Initialen. Wie das ruhende Auge des Sturms erkennt man sie als begrenzte Regionen eher geringer Teilungsaktivität im Zentrum der Meristeme (**ruhende Zentren**, engl. *quiescent centres*). Natürlich muss die gelegentliche Teilung dieser Stammzellen abhängig von der Differenzierung reguliert sein: Würden zu wenige Stammzellen nachgebildet, würde sich das Meristem im Laufe seiner Entwicklung verbrauchen, wären es zu viele, würden die Initialen immer größer und das Meristem würde kugelartig anschwellen. Ähnlich wie bei der Selbstorganisation der Heterocysten (☐ Abb. 2.2) geschieht diese Abstimmung über fördernde und hemmende Signale, die von den sich differenzierenden Zellen ober- und unterhalb der Stammzellen ausgehen und die Teilungsaktivität des ruhenden Zentrums bestimmen. Mithilfe von Mutanten bei der Modellpflanze *Arabidopsis thaliana* gelang es, diese Signale zu identifizieren. Analog zu patS des fädigen Cyanobakteriums *Anabaena* wird auch hier die Hemmung über ein Peptid erzielt.

Exkurs 2.2 Restmeristeme und Meristemoide

Hinter der gewebebildenden (histogenetischen) Zone, also weit hinter den Vegetationskegeln, behalten Meristemreste in Form begrenzter Zellschichten, -gruppen oder -stränge oftmals ihre Teilungsfähigkeit noch eine Zeit lang bei. Bei vielen Monokotyledonen bleiben z. B. die basalen Abschnitte der Achsenglieder über längere Zeit als interkalare Wachstumszonen meristematisch. Die bündelförmigen faszikulären (lat. *fasces*, Bündel) Cambien in den Leitbündeln der Dikotyledonen vermitteln später das sekundäre Dickenwachstum der Sprossachsen (▶ Abschn. 3.2.8.2). Das Pericambium der Wurzeln (Perizykel) dient in entsprechender Weise als Ausgangsbasis für die Entstehung von Seitenwurzeln (▶ Abschn. 3.4.2.2).

Viele Monokotyledonenblätter wachsen für längere Zeit an ihrer Basis weiter, während die Blattspitzen schon voll ausdifferenziert sind. Ein Extremfall dieses Phänomens kann bei der südwestafrikanischen Gymnosperme *Welwitschia* (☐ Abb. 19.152a) beobachtet werden, deren zwei bandförmige Blätter unbegrenztes basales Wachstum aufweisen, während sich die Spitzenzonen durch Absterben ständig verkürzen.

In den Differenzierungszonen von Sprossen und Blättern werden häufig kleine Nester von teilungsaktiven Zellen gefunden, die aber keine Stammzellen enthalten. Die Zellen solcher Meristemoide werden daher letztlich alle zu Dauerzellen, die allerdings gestaltlich und funktionell von den übrigen Zellen des Gewebes abweichen (**Idioblasten**). Aus Meristemoiden gehen z. B. Spaltöffnungsapparate und mehrzellige Haare hervor (☐ Abb. 2.15 und 2.16). Auch die Blattanlagen (Blattprimordien) am Sprossscheitel sind letztlich als Meristemoide aufzufassen, da das Wachstum der aus ihnen hervorgehenden Blätter begrenzt ist, also offenbar nicht durch Stammzellen aufrechterhalten wird (die oben erwähnten *Welwitschia*-Blätter stellen eine Ausnahme dar).

Meristemoide leiten sich oft von Einzelzellen ab, die aus einer asymmetrischen Teilung hervorgegangen sind. Analog zur ersten Teilung der Zygoten, bildet in solchen Fällen eine Mutterzelle eine größere, stark vakuolisierte, sich nicht weiter teilende Zelle und eine kleinere, plasmareiche Zelle, die durch begrenzt fortgesetzte Teilungen das Meristemoid bildet. Solche Teilungen sind also nicht nur hinsichtlich der Größe asymmetrisch, sondern auch hinsichtlich des Entwicklungsschicksals der beiden Tochterzellen, und werden daher als **formative Teilungen** bezeichnet. So wie am Beispiel der Heterocysten schon dargelegt (▶ Exkurs 2.1), muss die Entstehung der Meristemoide räumlich kontrolliert ablaufen, da die aus ihnen hervorgehenden Gebilde andere Funktionen ausüben als die umgebenden Zellen. Meristemoide werden daher zumeist in regelmäßigen Mustern angelegt (◻ Abb. 2.15). An der Entstehung solcher Muster sind in der Regel Hemmfelder (Sperrzonen) beteiligt, die jedes einmal entstandene Meristemoid um sich herum ausbildet und innerhalb derer die Entstehung weiterer Meristemoide

unterdrückt wird. Auf solchen Hemmfeldern beruhen beispielsweise die Blattstellungsmuster (▶ Abschn. 3.2.2 und 11.1).

Auch die Spaltöffnungen in einem wachsenden Blatt halten einen Mindestabstand ein. Mithilfe von Musterbildungsmutanten gelang es, die hier beteiligten Moleküle zu identifizieren. Interessanterweise geht das Hemmfeld auf ein Peptid (den *epidermal patterning factor*) zurück, das von sich differenzierenden Schließzellen ausgeschüttet wird und weitere Differenzierungen in der Umgebung unterdrückt. Auch wenn sich die beteiligten Moleküle unterscheiden, ist die funktionelle Ähnlichkeit zur Musterbildung der Heterocysten offensichtlich (▶ Exkurs 2.1).

2.2.1 Apikale (Scheitel-)Meristeme und Primärmeristeme

Die Meristemzellen der Sprosse und Wurzeln sind isodiametrisch und klein (Durchmesser 10–20 μm). Ihre Wände sind sehr zart und enthalten nur wenig Cellulose. Alle Zellen schließen lückenlos aneinander. Der Zellraum ist von ribosomenreichem Cytoplasma und einem großen, zentral gelegenen Zellkern ausgefüllt. Große Zentralvakuolen und Reservestoffspeicher fehlen, die Plastiden liegen als Proplastiden vor.

Die meisten Apikalmeristeme, einschließlich der Primärmeristeme (**Vegetationspunkte**) von Spross- und Wurzelspitzen, erscheinen annähernd kegelförmig (**Vegetationskegel**, ◻ Abb. 2.4, 2.5 und 2.7), doch können sie an den Sprossenden auch abgeflacht oder sogar eingedellt sein, wie bei Rosettenpflanzen und in den tellerförmigen, großen Scheitelgruben vieler Palmen.

Die eigentliche Zellvermehrung findet in den Primärmeristemen statt, deren Teilungsaktivität jedoch zeitlich begrenzt ist. Diese meristematischen Zellen müssen daher immer wieder von Stammzellen in den Apikalmeristemen neu erzeugt werden, die sich nur vergleichsweise selten teilen: In Maiswurzeln dauert der komplette Zellzyklus der Initialzellen (**Zentralmutterzellen**) über sieben Tage und damit fast 14-mal so lang wie bei den teilungsaktiven Abkömmlingen. Bei den Stammzellen, die stärker vakuolisiert sind als die übrigen und kleinere, dichtere Kerne haben, ist die G_1-Phase verlängert. Die Initialenkomplexe werden daher oft als **ruhende Zentren** (engl. *quiescent centres*) charakterisiert.

Vegetationskegel von Sprossen und Wurzeln weisen grundsätzliche Unterschiede auf. Der Vegetationskegel des Sprosses bringt bereits unmittelbar hinter dem Scheitel seitliche Auswüchse hervor (◻ Abb. 2.4 und 2.5), die zu Blättern, in manchen Fällen auch zu Seitensprossen heranwachsen. Blätter und Seitensprosse gehen dabei aus oberflächlichen Zellwucherungen mit

Meristemcharakter hervor, sie entstehen **exogen**. Die Blätter wachsen zunächst schneller als der Sprossscheitel, sie umhüllen und schützen ihn. Doch ist ihr Wachstum im Gegensatz zu dem des Scheitels begrenzt.

Wurzeln tragen dagegen niemals Blätter. Der Vegetationskegel der Wurzel ist aber von einer **Wurzelhaube** bedeckt, die unmittelbar vom Apikalmeristem gebildet wird. Seitenwurzeln entstehen nicht exo- sondern endogen und wachsen zunächst durch Rinden- und Ab-

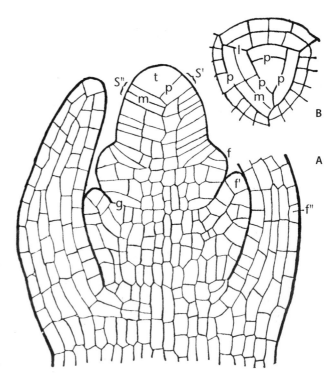

◻ **Abb. 2.4** Sprossscheitel eines Schachtelhalms als Beispiel für den Vorläufer eines Apikalmeristems. **A** Längsschnitt. **B** Scheitelansicht (180 ×). Die Scheitelzelle gliedert durch schräge Wände (p) Segmente (S′, S″) ab. Diese werden später durch zusätzliche Wände (m) weiter aufgeteilt. – f, f′, f″ Blattanlagen; g Ursprungszellen einer Seitenknospe; l Seitenwand eines Segments. (Nach E. Strasburger)

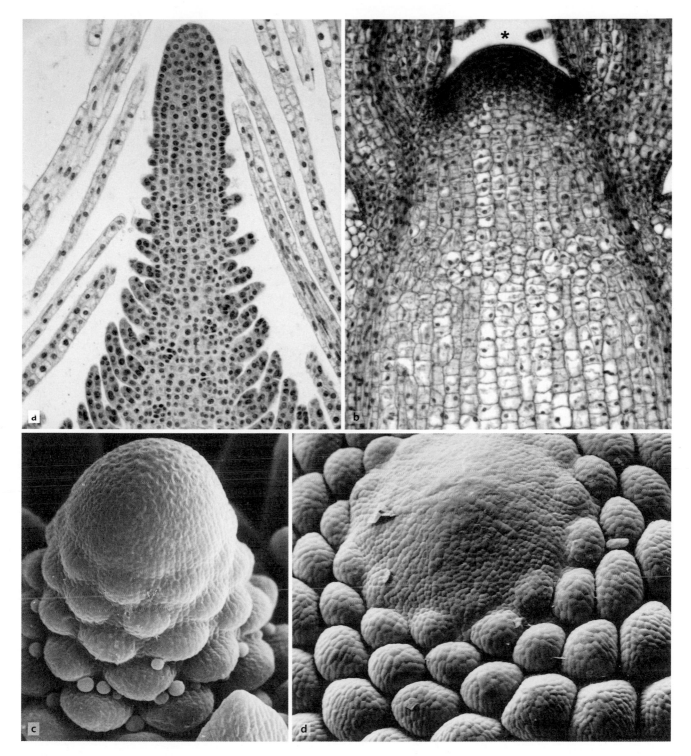

◘ Abb. 2.5 Sprossvegetationskegel. **a** Hochkegeliger Vegetationspunkt (VP) der Wasserpest *Egeria densa* mit zwei Tunicaschichten; die nur aus zwei Zellschichten gebildeten Blätter überragen den Sprossscheitel; auffällig der Größenunterschied zwischen den embryonalen Zellen im VP und den ausdifferenzierten, vakuolisierten Blattzellen (140 ×). **b** Sprossscheitel der Buntnessel *Plectranthus*; die Meristeme (*) des terminalen und eines axillären VP fallen durch ihr Dichte (fehlende Vakuolisierung, ribosomenreiches Plasma, große Kerne) auf; in den beiden Blättern des jüngsten Knotens hat sich bereits Procambium bzw. Leitgewebe differenziert, das in die Achse hineinreicht (85 ×). **c** Hochkegeliger VP des Tannenwedels *Hippuris vulgaris* (wirtelige Blattstellung; vgl. ◘ Abb. 3.12a) (280 ×). **d** Sprossscheitel der Fichte *Picea abies* (disperse Blattstellung, ◘ Abb. 3.12d) (100 ×). – VP Vegetationspunkt. (d REM-Aufnahme: W. Barthlott)

schlussgewebe nach außen. Die Anlage einer Seitenwurzel erfolgt nicht in der Apikalregion, sondern in den bereits ausdifferenzierten Bereichen basal des Meristems. Hier muss also das Apikalmeristem der Seitenwurzel neu gebildet werden. Im Gegensatz dazu leiten sich die Meristeme von Seitensprossen und Blattanlagen am Sprossscheitel unmittelbar aus dem Apikalmeristem ab (**Meristemfraktionierung**).

2.2.1.1 Sprossscheitel

Bei vielen Meeresalgen, den Moosen und Schachtelhalmen, sowie bei der Mehrzahl der Farne besteht das Apikalmeristem nur aus einer einzigen, besonders großen Initiale, der **Scheitelzelle**. Sie hat die Form eines Tetraeders, dessen vorgewölbte Grundfläche an der Außenseite des Meristems liegt. Von den drei übrigen Flächen werden in immer gleichem Umlaufsinn sukzessiv Zellen abgegliedert (dreischneidige Scheitelzelle, ◻ Abb. 2.4 und ▶ 19.86). Die dabei entstehenden Segmente werden durch weitere, zunächst sehr regelmäßige Teilungsschritte zerlegt. Bei Farnen mit Scheitelzellwachstum beginnen auch die Blattanlagen ihre Entwicklung mit einer keilförmigen, zweischneidigen Scheitelzelle. Diese Scheitelzelle ist also die Stammzelle und entspricht daher dem ruhenden Zentrum im Apikalmeristem der Angiospermen.

Bei vielen Farnpflanzen, besonders bei den Bärlappgewächsen, und bei den meisten Gymnospermen ist die Scheitelzelle schon durch eine Gruppe gleichwertiger Initialzellen ersetzt, die Zahl der Stammzellen ist also vermehrt. In diesem **Initialenkomplex** können sich die Zellen sowohl antiklin wie periklin teilen (senkrecht bzw. parallel zur Oberfläche). Bei einigen hoch entwickelten Gymnospermen und allen Angiospermen sind die Initialen schließlich stockwerkartig angeordnet. Nur die innerste Gruppe teilt sich periklin und antiklin und liefert damit die Grundmasse des Vegetationskegels – das **Corpus**. In den darüberliegenden Initialenstockwerken werden dagegen nur antikline Zellwände eingezogen. Diese Zellschichten bilden die **Tunica** (lat. *tunica*, Hemd, Haut; ◻ Abb. 2.5A, 2.6, und 2.7). Die Gesamtzahl der Initialenstockwerke entspricht jener der Tunicaschichten plus eins.

Die Begriffe Tunica und Corpus sind nur beschreibend, sie sagen über die weitere Entwicklung der aus ihnen hervorgehenden Zellen nichts Verbindliches aus. Das Tunica-Corpus-Konzept hat das ältere Histogenkonzept abgelöst, wonach schon im Apikalmeristem das künftige Schicksal aller abgegliederten Zellen festgelegt sein sollte. Vor allem Untersuchungen mit Mutanten haben aber gezeigt, dass die Rolle ausgefallener Zellen von anderen Zellen übernommen werden kann. Apikale Sprossmeristeme erweisen sich (im Gegensatz zu den klarer gegliederten Wurzelmeristemen) als wandelbare, Beschädigungen korrigierende Strukturkomplexe mit erheblichem Regulationspotenzial, ohne eine starre Festlegung späterer Zellschicksale. Die Gesamtgröße apikaler Sprossmeristeme liegt meist zwischen 50 und 150 μm. Ausnehmend große Apikalmeristeme mit Durchmessern im

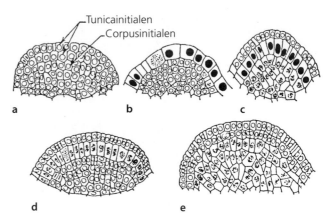

◻ **Abb. 2.6** Sprossscheitel beim Stechapfel *Datura* (80 ×). **a** Normale diploide Pflanze (n = 2). **b–e** Durch Behandlung mit Colchicin erzeugte Periklinalchimären. **b** Äußere Tunicaschicht (Protoderm) = 8n. **c** Zweite Tunicaschicht = 8n, Corpus = 4n. **d** Zweite Tunicaschicht = 4n. **e** Corpus = 4n. (Nach Satina, Blakeslee und Avery)

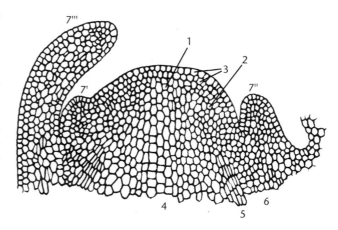

◻ **Abb. 2.7** Sprossvegetationspunkt bei Samenpflanzen (Längsschnitt). 1 Apikale Initialengruppe mit Stammzellen (Zentralmutterzellen, bei Gymnospermen als ruhendes Zentrum oft deutlich ausgeprägt). Zum seitlichen Flankenmeristem (2) gehört das oberflächlich liegende Dermatogen (3); es erscheint hier als Protoderm, aus dem die Achsen- und Blattepidermen hervorgehen, und als Subprotoderm, aus dem durch antikline Teilungen Blattanlagen (7′–7″) entstehen. In der nach unten anschließenden histogenetischen Zone lassen sich Markmeristem (4), Procambiumstränge (5) und Rindenmeristem (6) unterscheiden. Aus den Procambiumsträngen werden später die Leitbündel. Die Grenzen zwischen den genannten Meristembereichen sind selten scharf, und entwicklungsbiologische Untersuchungen zeigen, dass sie sich (z. B. nach Teilverlusten) oft gegenseitig ersetzen können

Millimeterbereich werden bei Palmfarnen und sich entwickelnden Blütenkörbchen der Sonnenblume gefunden.

Im Normalfall stellt sich das **apikale Sprossmeristem** (abgekürzt **SAM**, von engl. *shoot apical meristem*) von Angiospermen so dar, wie in ◻ Abb. 2.7 gezeigt. Der zentrale **Initialenkomplex** ist umgeben von den besonders teilungsaktiven Primärmeristemen, einem ringförmigen **Flankenmeristem** und dem tiefer liegenden **Markmeristem**. Die äußerste Zelllage des Flankenmeristems bringt die Außenhaut des Sprosses hervor und wird daher als Protoderm oder Dermatogen bezeichnet (griech. *protos*, der Ursprüngliche, *dérma* Haut). Zur Basis hin gliedert das Flankenmeristem ein peripheres Rindenmeristem und einen (oft aus einzelnen Längsstreifen aufgebauten) Hohlzylinder von Zellen ab, die sich in Längsrichtung der Achse zu strecken beginnen. Dieses **Procambium** entspricht jenem Teil des Primärmeristems, der am längsten nach Art eines Restmeristems meristematisch bleibt. Aus ihm geht später der Leitbündelring der Sprossachse hervor, in ihn münden dementsprechend auch die Leitbündelanlagen der jungen Blätter ein, die spä ter zu Blattspursträngen werden. Mark- und Rindenmeristem bilden gemeinsam das Grundmeristem.

Noch bevor aber diese Gewebegliederung deutlich wird, sind an der Oberfläche des Vegetationskegels schon die Blattanlagen (**Blattprimordien**) als seitliche Vorwölbungen aufgetreten. Als Orte vermehrter antikliner Mitosen markieren sie die vorhin erwähnte Meristemfraktionierung. Als frühestes Anzeichen einer solchen Vorwölbung ändern die cortikalen Mikrotubuli (◻ Abb. 1.13) ihre Ausrichtung und stehen dann senkrecht zu den Mikrotubuli der Nachbarzellen. Dies hat zur Folge, dass diese Zellen sich nicht mit den anderen Zellen strecken, sondern dreidimensional aus der Ebene des Protoderms herauswachsen. Danach treten die Zellen der Blattanlagen früher als die Achsenzellen in die Streckungsphase ein, sodass die jungen Blätter den Vegetationskegel übergipfeln. Dabei wirkt sich zusätzlich der Gradient zunehmender Zellstreckung (postembryonales Wachstum) aus, der sich vom Sprossscheitel zur in Richtung der Basis gelegenen Differenzierungszone hin erstreckt. Die Außenseite der Knospenschuppen (ihre abaxiale, spätere Unterseite) ist gegenüber der weiter Richtung Scheitel liegenden adaxialen (der Achse zugewandten, also oberen) Seite im Streckungswachstum voraus, sodass sich die jungen Blätter gegen den Scheitel hin krümmen, ihn kuppelartig überwölben und so mit ihm zusammen eine **Knospe** bilden.

Schon in den Blattprimordien wird der Unterschied von Ober- und Unterseiten der künftigen Blätter (ihre Dorsoventralstruktur) angelegt. Das äußert sich z. B. in asymmetrischer Genexpression. Aus dem adaxialen Primordienbereich gehen später obere Epidermis, Palisadenparenchym und Xylemstränge des Blatts hervor, aus dem abaxialen entsprechend Phloem, Schwammparenchym und untere Epidermis (▸ Abschn. 3.3.1.3). Bildung und Positionierung der Blattprimordien werden durch das Auxin Indol-3-essigsäure bestimmt, ein Phytohormon, das auch im Meristembereich streng polar Richtung Basis transportiert wird (▸ Abschn. 12.3.3).

Am Vegetationskegel können, abgesehen von der Meristemgliederung, drei aufeinanderfolgende Zonen unterschieden werden: die **Initialenzone** (10–50 µm lang), dann die morphogenetische oder **Differenzierungszone** (20–80 µm lang), in der sich die Blattanlagen bilden und die spätere Blattstellung festgelegt wird, und schließlich die **histogenetische Zone**, in der der Übergang zu Dauerzellen und -geweben erfolgt. Sie vor allem entspricht der Streckungszone der Achse.

Um die verschiedenen Typen apikaler Sprossmeristeme beschreiben zu können, werden sie gemäß ihrer Geometrie in **Blockmeristeme** (räumliche Meristeme mit Teilungen in allen Richtungen), **Plattenmeristeme** (flächig, Teilungen nur in einer Ebene, eingezogene Zellwände bezüglich dieser Ebene antiklin) und **Rippenmeristeme** (eindimensional, Entstehung von Zellreihen durch Querteilungen) eingeteilt. In Apikal-

und Primärmeristemen entspricht das Corpus einem Blockmeristem, die Tunica einem Plattenmeristem und das Procambium einem Rippenmeristem.

2.2.1.2 Wurzelscheitel

Der Wurzelscheitel ist von einer Wurzelhaube (**Kalyptra**, griech. für Schleier) bedeckt. Die Wände der äußersten, ältesten Haubenzellen verschleimen durch massive Pektinausscheidung (Mucigel), ein Vorgang, der mit programmiertem Zelltod (die Ausprägung der Apoptose bei Pflanzen) einhergeht. Die Zellen der Kalyptra sind also kurzlebig; sie lösen sich nach wenigen Tagen ab und werden vom Wurzelmeristem her ersetzt. Der programmierte Zelltod ist Ausdruck einer raschen, terminalen Differenzierung, wie sie auch sonst bei Pflanzen häufig vorkommt (z. B. beim sekundären Dickenwachstum, ▸ Abschn. 3.2.8.2, und der Korkbildung, ▸ Abschn. 2.3.2.2). Die Wurzelhaube erleichtert das Eindringen des zarten Wurzelscheitels in den Boden.

Bei den meisten Farnpflanzen steht im Zentrum des Wurzelvegetationspunkts (wie bei den Sprossen) eine tetraedrische Scheitelzelle (◻ Abb. 2.8a). Als vierschneidige Scheitelzelle gliedert sie an allen vier Flächen Zellen ab. Die nach außen hin abgegebenen Zellen bauen durch weitere Teilungen die Wurzelhaube auf. Bei Gymno- und Angiospermen besitzt dagegen auch der Wurzelscheitel keine apikale Scheitelzelle. An ihrer Stelle finden sich bei den Gymnospermen zwei Gruppen von Initialzellen. Die innere bildet durch abwechselnd antikline und perikline Teilungen die Hauptmasse des Wurzelkörpers, während die äußere Rindengewebe und die hier nicht deutlich abgegrenzte Wurzelhaube liefert. Bei den Angiospermen schließlich findet sich häufig an der Scheitelkuppe der Wurzel ein aus mehreren unabhängigen Gruppen von Initialen zusammengesetztes, geschichtetes Bildungszentrum, aus dem die verschiedenen Dauergewebe (Haube, Epidermis, Rinde und Zentralzylinder) hervorgehen (◻ Abb. 2.8b, s. auch ▸ Abschn. 3.4.2.1). Dabei ist die Zuordnung der Initialen zu ihren Abkömmlingen in der Wurzel viel rigoroser als im Spross, sodass hier von Histogenen mit nachgeordneten Zelllinien gesprochen werden kann. Bei der Modellpflanze *Arabidopsis thaliana* (Ackerschmalwand) finden sich sogar festgelegte Zahlen von Initialen für die einzelnen Wurzelgewebe, die sich bis ins frühe Embryonalstadium zurückverfolgen lassen. Dies führte zur Vorstellung, dass die Histogene durch das räumliche Muster der Zellteilung während der Embryogenese festgelegt würden. Untersucht wurde dies durch künstliche Ausschaltung bestimmter Initialen mithilfe einer lokalen Zellzerstörung (Laserablation). In die durch die Zerstörung der Initiale entstandene Lücke wandert aufgrund der Gewebespannung eine benachbarte Zelle ein und es stellte sich die Frage, ob diese Zelle ihr bisheriges histogenetisches Programm fortführt, sich also

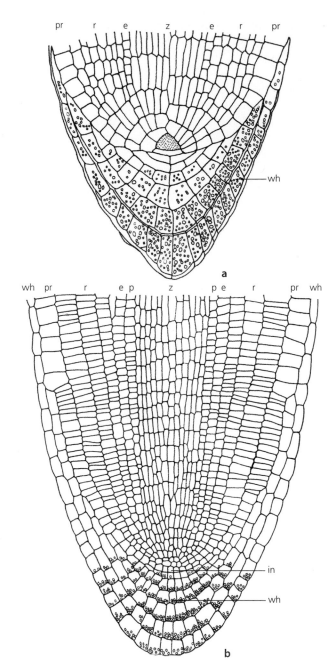

gemäß ihrer Herkunft verhält, oder ob sie das Verhalten der von ihr ersetzten Zelle übernimmt, sich also gemäß ihrer Lokalisierung entwickelt. Mithilfe von Markern für die zelluläre Differenzierung ließ sich zeigen, dass für die eingewanderte Zelle die Umgebung entscheidend ist und sie ihr histogenetisches Potenzial an den neuen Ort anpasst (◘ Abb. 11.16).

Die Struktur der Initialenzone unterscheidet sich bei verschiedenen Angiospermen durchaus. Zum Beispiel ist im Scheitel der Graswurzel die äußerste Urmeristemschicht (das **Protoderm**), die das Hautgewebe der Wurzel (die Rhizodermis) liefert, mit der darunter gelegenen Meristemschicht, aus der das Rindengewebe hervorgeht, in einer einzigen Initialengruppe vereinigt. Außerhalb davon liegt das **Kalyptrogen**, die Meristemschicht für die Wurzelhaube. Bei der Mehrzahl der Eudikotyledonen wird die Wurzelhaube jedoch durch antikline Teilungen von der gleichen Initialengruppe geliefert, die auch das Protoderm bildet (**Dermatokalyptrogen**, ◘ Abb. 2.8b). Darunter liegt ein zweites Stockwerk aus Initialzellen, das die Rinde mit ihrem inneren Abschlussgewebe (der Endodermis) bildet. Schließlich liefert ein drittes Stockwerk, das **Plerom**, den Zentralzylinder mit dem Pericambium.

Derartigen geschlossenen Wurzelscheiteln, deren drei klar erkennbare Initialenstockwerke als echte Histogene für Wurzelhaube, primäre Rinde und Zentralzylinder zeitlebens erhalten bleiben (z. B. bei *Arabidopsis*, ◘ Abb. 11.16), stehen bei manchen Angiospermen offene Typen gegenüber (z. B. bei der Zwiebel). Bei ihnen wird die ursprüngliche Abgrenzung der Histogene schon bald durch einen ungeordnet wuchernden Initialzellenkomplex gesprengt, sodass alle Dauergewebe aus einer meristematischen Zellgruppe hervorgehen und sich sekundär ähnliche Verhältnisse wie bei den Gymnospermen einstellen.

2.2.2 Laterale Meristeme (Cambien)

Die Initialen der Cambien unterscheiden sich von den entsprechenden Zellen apikaler Meristeme durch ihre größeren Ausmaße und ihre starke Vakuolisierung. Die **Fusiforminitialen** des Spross- bzw. Wurzelcambiums (▸ Abschn. 3.2.8.2), aus denen sich die Zellen der sekundären Leitgewebe ableiten, sind sehr lang (oft mehrere Millimeter). Dies führt im Verbund mit ihrer starken Vakuolisierung zu einer Sonderform der Zellteilung: Der Kern teilt sich in einer dünnen Schicht Cytoplasma, das die lang gestreckte Vakuole längs durchzieht, der Phragmoplast wächst in dieser Plasmaschicht zentrifugal (◘ Abb. 1.31), was aufgrund der Länge dieser extrem prosenchymatischen Zellen ungewöhnlich lange Zeit beansprucht.

Meist handelt es sich bei den Cambien um Meristeme, deren Initialen sich nicht unmittelbar von Apikal- oder Primärmeristemen herleiten, sondern durch Reembryonalisierung aus Dauerzellen entstanden sind. So ist es bei den Korkcambien (▸ Abschn. 2.3.2.2) und meist auch bei den interfaszikulären (zwischen den Leitbündeln gelegenen) Bereichen der Sprosscambien (◘ Abb. 3.45).

Struktur und Funktion der Cambien lassen sich nur vor dem Hintergrund morphologischer und anatomischer

◘ Abb. 2.8 Wurzelscheitel und Wurzelhaube. **a** Längsschnitt durch die Wurzelspitze des Farns *Pteris cretica*. Vierschneidige Scheitelzelle farbig punktiert (160 ×). **b** Längsschnitt durch die Wurzelspitze von *Brassica napus*, einer eudikotylen Pflanze. Die äußerste der drei Initialenschichten (Dermatokalyptrogen) liefert das Dermatogen, aus dem die Rhizodermis wird, und die Kalyptra, deren Zellen zahlreiche Amyloplasten enthalten, die bei Änderungen der Orientierung neu sedimentieren und so zur Wahrnehmung der Schwerkraft beitragen (Graviperzeption Abschn. 20.3.1.2). Das darüber liegende zweite Initialenstockwerk liefert die Zellen der Wurzelrinde mit der Endodermis. Das dritte Stockwerk schließlich stellt den Zentralzylinder mit Pericambium bereit (50 ×); (vgl. auch ◘ Abb. 11.16). – e Endodermis, in Initialbereich, p Pericambium, pr Protoderm bzw. Rhizodermis, r Rinde, wh Wurzelhaube, z Zentralzylinder. (a nach E. Strasburger; b nach L. Kny)

Daten verstehen, ihre Besprechung kann daher erst später erfolgen (▶ Abschn. 3.2.8.2 und 3.4.2.3).

2.3 Dauergewebe

Nachdem eine Zelle aus dem Meristem herausgewandert ist, stellt sie ihre Teilungsaktivität ein, vergrößert sich jedoch noch beträchtlich durch Aufnahme von Wasser in die Vakuole. Hat sie schließlich ihre endgültige Größe erreicht, differenziert sie sich aus. Die Gewebe, die aus solchen ausdifferenzierten, nicht mehr wachstumsfähigen Zellen bestehen, werden als Dauergewebe bezeichnet und von den Meristemen unterschieden. Nicht selten enthalten sie sogar durch programmierten Zelltod abgestorbene Zellen, die wasser- oder lufthaltig sind. Die offene Organisation des Pflanzenkörpers bringt es mit sich, dass große, ausdauernde Pflanzen viele tote Zellen enthalten. Beispielsweise ist im Stamm eines älteren Baums der Anteil lebender Zellen minimal – Holz, sekundäres Phloem (Bast) und Abschlussgewebe bestehen überwiegend aus toten Zellen.

Meristemzellen schließen lückenlos aneinander, häufig haben sie die Form unregelmäßiger 14-Flächner. Beim Übergang zu Dauergewebe vergrößern sich die Zellen gewöhnlich durch den postembryonalen Wachstumsschub: Die Zellwand gibt dem Turgor vorübergehend nach und dehnt sich irreversibel (plastisch). Daraus resultiert eine Abrundungstendenz der Zelle. Besonders an Ecken und Kanten von Zellen lösen sich benachbarte Zellwände entlang der weniger festen Mittellamelle voneinander, gaserfüllte Interzellularräume (**Interzellularen**) entstehen (◻ Abb. 2.9 und 2.10). Diese zunächst nur schmalen Spalten erweitern sich, bekommen zueinander Kontakt und bilden schließlich ein zusammenhängendes Interzellularensystem. Dieses steht über Spaltöffnungen bzw. Lenticellen (▶ Abschn. 2.3.2.2) mit der Außenluft in Verbindung und dient dem Gasaustausch. Interzellularräume entstehen entweder **schizogen** (◻ Abb. 2.30), durch Spaltung von Zellwänden entlang der Mittellamelle (griech. *schízein*, spalten), durch Auflösung von Zellen oder Zellkomplexen (**lysigen**; ◻ Abb. 2.31d, e) oder schließlich durch Zerreißen des Gewebes (**rhexigen**) infolge ungleichen Wachstums (z. B. hohle Sprosse vieler Pflanzen mit Markhöhlen, ◻ Abb. 3.40A). Je nach dem Volumenanteil der Interzellularen spricht man von dichten oder lockeren Geweben. Beispiele für dichte Gewebe sind Abschluss- und Festigungsgewebe, für lockere die meisten Chlorenchyme.

2.3.1 Parenchym

Das aus lebenden Zellen gebildete **Grundgewebe** oder Parenchym (griech. *pará énchyma*, dazwischengegossene

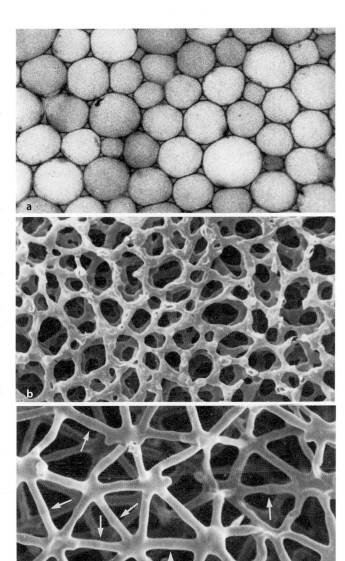

◻ **Abb. 2.9** Interzellularen. **a** Parenchym in Luftwurzel der epiphytischen Orchidee *Vanda* mit engen Interzellularen zwischen den abgerundeten Zellen (90 ×). **b** Schwammparenchym (▶ Abschn. 3.3.1.3) im Blatt der Jungfernrebe *Parthenocissus tricuspidata*, zwischen sternförmigen Zellen große Interzellularräume (REM, 160 ×). **c** Sternparenchym, weißes Markgewebe der Binse *Juncus*, einige Zellgrenzen durch Pfeile markiert; die Interzellularen übertreffen volumenmäßig das sehr lockere Zellgewebe bei Weitem (REM, 230 ×)

Masse) ist das am wenigsten spezialisierte Gewebe des Pflanzenkörpers. Wenn man sich aus Wurzel, Spross oder Blatt alle spezialisierten Gewebe wie Leit-, Abschluss- und Festigungsgewebe wegdenkt, bleibt das Parenchym als Grundmasse (Füllgewebe) dieser Organe zurück. Bei krautigen Pflanzen bildet es die Hauptmasse

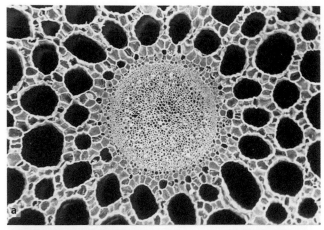

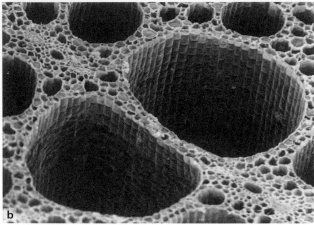

Abb. 2.10 Durchlüftungsgewebe (Aerenchym, REM-Bilder). **a** Luftschächte in der Sprossachse des Tannenwedels *Hippuris vulgaris*; die Pflanze wurzelt unter Wasser und ragt in die Luft empor (53 ×). **b** Durchlüftungsgewebe im Blattstiel der Seerose *Nymphaea alba* (55 ×)

des Vegetationskörpers. Turgorverlust im Parenchym durch Wassermangel führt zum Welken solcher Pflanzen. Das Parenchym besteht im Allgemeinen aus großen, isodiametrischen (parenchymatischen) und dünnwandigen Zellen. Ein erheblicher Volumenanteil des Grundgewebes entfällt auf Interzellularen (☐ Abb. 2.9).

Mit der Aussage, das Parenchym sei wenig spezialisiert, ist zugleich die funktionelle Vielseitigkeit des Grundgewebes angesprochen. Allerdings können einzelne Funktionen je nach Bedarf besonders betont sein.

Speicherparenchym Speicherparenchyme dienen der Speicherung von organischen Reservestoffen (Polysaccharide: Stärkekörner; Polypeptide: Proteinkristalle; Lipide: fette Öle in Oleosomen). Solche Parenchyme dominieren in fleischigen Speicherorganen wie Rüben, Knollen und Zwiebeln, sowie im Nährgewebe von Samen. Oft finden sich auch im Mark- und Rindenparenchym Reservestoffe angehäuft. Im Stamm von Holzpflanzen übernimmt das Holzparenchym, das den sonst toten Holzkörper als zusammenhängendes Netzwerk durchzieht, die Speicherfunktion.

Hydrenchym Pflanzen sehr trockener Standorte, die auch bei länger dauerndem Wassermangel aktiv bleiben, legen Wasservorräte in den Vakuolen extrem vergrößerter Parenchymzellen an (Durchmesser bis 0,5 mm). Die betreffenden Organe schwellen auch äußerlich sichtbar an und ihr Oberfläche/Volumen Verhältnis vermindert sich. Im Extremfall erreicht ihre Gestalt Kugelform. Diese Erscheinung wird als **Sukkulenz** bezeichnet (lat. *súccus*, Saft). Bekannte Beispiele dafür sind die Blätter des Mauerpfeffers (☐ Abb. 3.63) und die Sprossachsen der Kakteen (☐ Abb. 3.32 und 3.33).

Aerenchym Im Aerenchym (= Durchlüftungsgewebe; griech. *aérios*, luftig) ist das Interzellularensystem massiv entwickelt: Bis über 70 % des Gewebevolumens entfallen auf zwischenzellige Gasräume. Bei Sumpf- und Wasserpflanzen ermöglicht das den Gasaustausch der untergetauchten Organe, da das Interzellularensystem bis zu den Spaltöffnungen schwimmender oder über das Wasser hinausragender Blätter bzw. Sprosse reicht (☐ Abb. 2.10).

Chlorenchyme Chlorenchyme (Assimilationsparenchyme) sind als chloroplastenreiche Blattgewebe (Mesophyll) auf Photosynthese spezialisiert. In der **Palisadenschicht** des Mesophylls sind die Zellen senkrecht zur Blattfläche gestreckt (☐ Abb. 3.65). Das **Schwammparenchym** ist zugleich Chlorenchym und Aerenchym. Die Zellen dieses sehr lockeren Gewebes sind unregelmäßig sternförmig (☐ Abb. 2.9b). Der Reichtum an großen Interzellularen befähigt das Schwammparenchym in besonderem Maß, Wasserdampf abzugeben, aber auch das durch die Spaltöffnungen aufgenommene Kohlendioxid weiterzuleiten. Dieses Gewebe spielt also eine wichtige Rolle für Transpiration und Photosynthese.

Trotz dieser funktionellen Anpassungen bleibt das Parenchym weniger stark differenziert als die anderen Dauergewebe, die teilweise auf unumkehrbare Weise auf eine bestimmte Funktion zugeschnitten sind. Sowohl die Bezeichnung „Grundgewebe" als auch die griechische Wurzel des Worts Parenchym erwecken möglicherweise den Eindruck, dass es sich hier um eine eigentlich wenig interessante Grundmasse des Pflanzenkörpers handelt, doch dieser Eindruck trügt. Gerade die Unbestimmtheit des Parenchyms erlaubt es Pflanzen, die ja ortsgebunden sind, sich durch Veränderungen ihrer Form, etwa die Anlage neuer Organe, an die Bedingungen ihres Standorts anzupassen. Diese Fähigkeit wird nur dadurch möglich, dass sich parenchymatische Zellen bei Bedarf in Leitgewebe (▶ Abschn. 2.3.3) umwandeln können, welches das neugebildete Organ (etwa ein neues Blatt oder eine Knospe) an das Leitungssystem in der Hauptachse anschließt. Ebenso kann bei Verwundung durch Umdifferenzierung der umliegenden Parenchymzellen in Leitgewebe nach Art eines Stents eine Umleitung um die betroffene Stelle gebildet werden, sodass ein Transport wieder möglich wird. Die Frage, welche parenchymatischen Zellen sich zu Leitbündeln differenzieren, ist also für die plastische Gestaltung der Gefäßpflanzen zentral und ein Fall von Musterbildung, ähnlich wie die geordnete Bildung von Heterocysten bei den fädigen Cyanobakterien (▸ Exkurs 2.1). Im Fall der Leitbündelmuster scheint es jedoch keinen Hemmstoff zu geben, der verhindert, dass sich alle parenchymatischen Zellen in Leitbündel umwandeln. Vielmehr findet die Differenzierung entlang der Transportrouten des Pflanzenhormons Auxin statt, das nur in begrenzter Menge zur Verfügung steht. An die Stelle eines Hemmstoffs tritt hier also die Konkurrenz der parenchymatischen Zellen um ein für die Differenzierung notwendiges Signal (▸ Exkurs 12.1, ▸ Abschn. 11.3).

2.3.2 Abschlussgewebe

Bei krautigen Pflanzen und den krautigen Teilen von Holzpflanzen ist es meistens eine einzige Zellschicht, die als **primäres Abschlussgewebe** die Außenseite der Organe überzieht: die **Epidermis** (griech. *epí dérma*, Oberhaut). Wenn sie beim Dickenwachstum von Sprossen und Wurzeln oder durch Verletzung aufreißt, wird sie durch ein mehrschichtiges **sekundäres Abschlussgewebe (Periderm)** ersetzt. Dieses wird von einem eigenen Cambium gebildet, dem Phellogen oder Korkcambium. Die von diesem nach außen abgegebenen Korkzellen sterben nach Bildung der Suberinschichten ab und bilden den toten Kork (**Phellem**, griech. *phellós*, Kork) (▸ Abschn. 2.3.2.2). An Baumstämmen oder dicken, mehrjährigen Ästen sowie an Wurzeln führt das wiederholte Aufreißen von Korklagen zur vielfachen Neubildung von Korkcambien und Korklagen und damit letzt-

lich zur Bildung dicker, abgestorbener Zellmassen, die als **Borke** bezeichnet wird (▸ Abschn. 3.2.8.9).

Bei allen Abschlussgeweben grenzen die Zellen lückenlos aneinander; Interzellularen fehlen völlig. Die dadurch erreichte Festigkeit ist für die Funktion der Epidermis von entscheidender Bedeutung: zum einen wird, ähnlich wie bei der menschlichen Haut, ein Innenraum von der Umwelt abgegrenzt und chemisch wie auch mechanisch isoliert. Zum anderen begrenzt und steuert das Abschlussgewebe das Wachstum pflanzlicher Organe und bestimmt dadurch ihre Gestalt (▸ Exkurs 2.3). Der seitliche Zusammenhalt der Epidermis- und Korkzellen ist sehr fest, während diese Zellen mit den darunterliegenden Zellen nur wenige Plasmodesmen ausbilden. Häufig können daher Blattepidermen oder Korklagen als Häutchen vom darunterliegenden Gewebe abgezogen werden (◘ Abb. 2.11). Der lebenswichtige Gasaustausch mit der Außenluft wird in Epidermen über regulierbare **Spaltöffnungen** erreicht und im Korkgewebe durch den Einbau von **Lenticellen**.

Die Plastiden der meisten Epidermiszellen (mit Ausnahme der Schließzellen der Spaltöffnungen) sind Leukoplasten oder wenig entwickelte Chloroplasten, die kaum Grana aufweisen. In vielen Blütenblättern ist das Cytoplasma der Epidermiszellen jedoch mit Chromoplasten ausgefüllt, die für bestäubende Insekten attraktiv sind. Auch die in reifenden Früchten gebildeten Chromoplasten dienen der Anlockung von Tieren, hier zum Zweck der Ausbreitung von Früchten. Dieselbe Signalwirkung wird in anderen Fällen durch Vakuolenfarbstoffe (Chymochrome: Anthocyane, Betacyane, Flavonoide) erzielt. Oft treten beide Formen der Pigmentierung kombiniert auf, etwa in den Kronblättern (Petalen) des Stiefmütterchens (*Viola tricolor*).

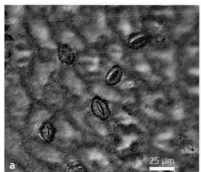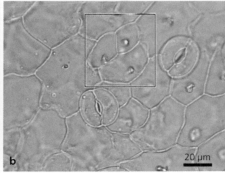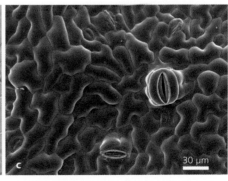

◘ **Abb. 2.11** **a** Einschichtige Epidermis des Meerrettichbaums *Moringa oleifera* von der Laubblattunterseite. Die Zellen haften fest aneinander und sind lückenlos miteinander verzahnt. Die mit zahlreichen Chloroplasten ausgestatteten Schließzellen der Spaltöffnungen sind typische Idioblasten in diesem sonst einheitlichen Gewebe (vgl. auch ◘ Abb. 2.15e, f). Die Umrisse der darunterliegenden Zellen des Schwammparenchyms sind als dunkle Linien erkennbar. **b** Epidermis von der Unterseite des Eisbergsalats (*Lactuca sativa*). Hier sind die Zellen weniger stark verzahnt. In einem Mindestabstand zu bestehenden Spaltöffnungen wird ein neuer Spaltöffnungsapparat angelegt (weißer Rahmen). Man erkennt die größere Nebenzelle und die beiden kleineren, soeben geteilten Schließzellen. Der Spalt ist noch nicht angelegt. **c** Untere Epidermis eines Blatts der Weinrebe (*Vitis vinifera* cv. Müller-Thurgau). Die Spaltöffnungen treten hier deutlich aus der Epidermis hervor, auch sind einige Epidermiszellen infolge des Turgors kissenartig gewölbt. (a DIC-Aufnahme: V. Sahi; b DIC-Aufnahme: A. Häser; c Kryo-REM-Aufnahme: H.-H. Kassemeyer und M. Dürrenberger)

2

Abschlussgewebe können auch im Inneren des Pflanzenkörpers auftreten. Diese in der Regel einschichtigen

Endodermen grenzen als **Gewebescheiden** Leitgewebe physiologisch vom umgebenden Grundgewebe ab.

Exkurs 2.3 Epidermis und Steuerung des Wachstums

Die Epidermis der oberirdischen Organe (Spross, Blätter) spielt für die räumliche Organisation des Wachstums eine entscheidende Rolle. Dies hat damit zu tun, dass Pflanzenzellen in der Regel turgeszent sind, da im Zellinnern mehr osmotisch wirksame Substanzen (Ionen, Zucker, Proteine) gelöst sind als in ihrer Umgebung. Aufgrund der Semipermeabilität der Plasmamembran (▶ Abschn. 1.2.6.3) strömt Wasser in die Zelle hinein, während die Osmolyte von der Membran zurückgehalten werden. Die daraus resultierende Ausdehnung des Protoplasten wird durch die Zellwand (▶ Abschn. 1.2.8) aufgefangen, wodurch ein Turgordruck entsteht. Auf der Ebene eines Zellverbands verbinden sich die mechanischen Kräfte der einzelnen Zellen zu einem Gesamtdruck, der letztendlich die Ausdehnung des Organs (Wachstum) zur Folge hat.

So wie für die einzelne Zelle die Zellwand das Ausmaß und die Ausrichtung der Ausdehnung bestimmt (▶ Abschn. 1.2.8.2), werden diese Funktionen auf der Ebene des gesamten Organs durch die Epidermis ausgeübt. Aus physikalischer Sicht lässt sich ein wachsender Stengel als praller Luftballon beschreiben, über den Strumpf gespannt ist. Eine solche Struktur kann auf zweierlei Weise wachsen: entweder dadurch, dass der Luftballon noch praller aufgeblasen wird – dies entspräche der Zunahme des Turgordrucks, etwa durch Erzeugung osmotisch aktiver Substanzen etwa infolge des Abbaus von Stärke in Zucker – oder dadurch, dass die straffe Außenhaut gelockert wird, der Strumpf also ausleiert – bei einem wachsenden Pflanzenorgan entspräche dies einer Lockerung der Epidermis. In der Tat lässt sich mithilfe biophysikalischer Messungen zeigen, dass die Dehnbarkeit der Epidermis deutlich geringer ist als die des darunterliegenden Gewebes.

Das Pflanzenhormon Auxin (▶ Abschn. 12.3.4) übt seine wachstumssteigernde Funktion vor allem dadurch

aus, dass die Epidermis des Sprosses gelockert wird. Ein einfacher Versuch zeigt unmittelbar, dass in wachsenden Stengeln die inneren Gewebe durch eine straffe Epidermis in ihrer Ausdehnung begrenzt werden: Wenn man, etwa aus dem Blütenschaft des Gewöhnlichen Löwenzahns (*Taraxacum officinale*), kurze Stücke aus einem unverholzten Spross herausschneidet und diese in Längsrichtung einkerbt, rollen diese sich nach Art eines Bimetallstreifens nach außen auf, wenn man sie in Wasser legt. Dieses Phänomen erklärt sich dadurch, dass sich die inneren Gewebe, von der straffen Begrenzung der Epidermis befreit, stärker ausdehnen als die zuvor straff gespannte Epidermis, die nun sogar leicht zusammenschnurrt. Der zelluläre Mechanismus hinter der geringen Dehnbarkeit der Epidermis ist inzwischen gut verstanden: Die nach außen gewandte (zumeist deutlich dickere) Zellwand weist in ihren inneren (also jüngeren) Schichten eine besonders geordnete Textur von Cellulosemikrofibrillen auf. In schnell elongierenden Sprossen sind diese überwiegend quer orientiert. In Sprossen, die ihr Längenwachstum eingestellt haben oder sich sogar in Querrichtung ausdehnen (etwa dann, wenn ein Keimling auf dem Weg zur Erdoberfläche auf ein Hindernis stößt), ist die Cellulose in diesen Wandschichten dagegen schräg oder längs orientiert, wodurch die Dehnbarkeit der Epidermis abnimmt. Diesen Änderungen in der Ausrichtung der Cellulosemikrofibrillen gehen entsprechende Richtungsänderungen der corticalen Mikrotubuli voraus (▶ Abschn. 1.2.3.1). Über die corticalen Mikrotubuli lassen sich also gezielte und sogar lokal begrenzte Änderungen der Zellwanddehnbarkeit erzielen, was dann entsprechende Änderungen des Wachstums zur Folge hat. Die Epidermis wird damit zum wichtigsten Werkzeug für die Steuerung der pflanzlichen Morphogenese.

2.3.2.1 Epidermis und Cuticula

Der molekulare Bau der **Cuticula** (lat. *cutis*, Haut) ist darauf ausgerichtet, den Durchtritt von Wasser zu unterbinden (▶ Abschn. 1.2.8.6). Bei Pflanzen trockener Standorte kann die durch die Cuticula hindurch erfolgende Wasserverdunstung auf weniger als 0,01 % von der einer flächengleichen freien Wasserfläche reduziert sein. An Stellen, an denen die Epidermis durchlässig sein muss (beispielsweise über Drüsenzellen), kann die Cuticula porös oder rissig sein. Die Epidermen resorbierender Organe tragen überhaupt keine Cuticula. Das

gilt allgemein für die **Rhizodermis**, das primäre Abschlussgewebe junger Wurzeln.

Die Cuticula hat die Fähigkeit zu unbegrenztem Flächenwachstum. Im Gegensatz zu Insekten, deren Cuticula analog zur Pflanzencuticula die Verdunstung vermindert, kommt es bei wachsenden Pflanzenteilen zu keiner Häutung. Vielmehr wächst die Cuticula mit der wachsenden Epidermis ständig mit. Extrazelluläre Cutinasen machen die molekular vernetzte Cutinmatrix plastisch dehnbar und befähigen sie zur Einlagerung von neuem Cutin und Wachs.

Nicht selten geht das Flächenwachstum der Cuticula über das der Epidermis hinaus, es entstehen Cuticularfalten, die über Zellgrenzen hinwegreichen (■ Abb. 2.12). Die **Cuticularfältelung** vermindert die Benetzbarkeit. Wassertropfen können wegen ihrer hohen Oberflächenspannung nur die äußersten Grate der Cuticularleisten berühren und rollen ab. Dieser Effekt wird oft durch eine Vorwölbung der Epidermiszellen verstärkt (**Papillenbildung**). Bei Regen haben ständig abrollende Wassertropfen eine stark reinigende Wirkung. Dabei werden auch mögliche pathogene Pilzsporen weggewaschen, die ebenfalls nur locker auf den Cuticularfalten liegen. Dieselbe Reinigungsfunktion der Oberflächen kann alternativ auch durch ein **epicuticulares Wachs** wahrgenommen werden. Solche Oberflächenüberzüge aus Wachskristallen sind schon mit bloßem Auge als blaugrauer Wachsreif erkennbar (z. B. glauke Kohlsorten, Pflaumen, Weinbeeren; extrem bei der Wachspalme *Copernicia*, deren stabförmige Wachskristalle bis 20 μm lang und als Carnaubawachs verwendet werden). Im Rasterelektronenmikroskop zeigen sich die epicuticularen Wachse als sehr vielgestaltig (■ Abb. 2.13). Die Form dieser Oberflächenstrukturen hängt mit der

chemischen Zusammensetzung der Wachse zusammen (natürlich organisieren sich diese Wachse *in vitro* in anderen Strukturen). Die Selbstorganisation der Wachsmuster lässt sich also nicht vollständig auf molekulare Parameter zurückführen, sondern man muss davon ausgehen, dass geometrische Strukturen der Zellwand für das entstehende Muster von Bedeutung sind. Wachsüberzüge treten nie gleichzeitig mit einer Cuticularfältelung auf. Die Oberflächen vieler Pflanzenorgane kann durch solche Wachsüberzüge völlig unbenetzbar werden (z. B. die Blattoberseite der Kapuzinerkresse oder der Lotosblume *Nelumbo nucifera*). Die technische Nachbildung dieses Prinzips in der **Bionik** führte zur Entwicklung spezieller Farben, die eine raue Mikrostruktur vermitteln und dazu führen, dass Schmutzpartikel und Wassertropfen leicht von Oberflächen wie Wänden und Fensterscheiben abperlen (**Lotuseffekt**). Wird die Wachsschicht der Pflanzen beschädigt, etwa durch Berührung oder Abwischen, wird sie innerhalb kurzer Zeit regeneriert, indem Wachse durch die Cuticula sezerniert werden. Die Wachsmoleküle gelangen dabei vermutlich mit dem durch die Cuticula diffundierenden Wasser an die Oberfläche der Epidermis.

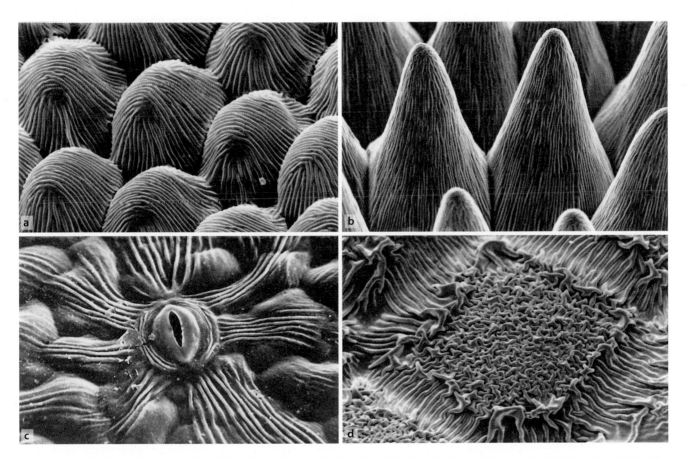

■ **Abb. 2.12** Cuticularfältelung. **a** Obere Blütenblattepidermis der Hundskamille *Cota* (= *Anthemis*) *tinctoria* (140 ×). **b** Das gleiche Gewebe bei *Viola tricolor*; hier sind die Epidermiszellen noch stärker vorgewölbt als bei *Cota*, „papillös" (95 ×). **c** Laubblattunterseite von *Parthenocissus tricuspidata*, mit Spaltöffnung (700 ×). **d** Samenkornoberfläche der Cactacee *Eriosyce islayensis* (120 ×). (REM-Aufnahmen a, W. Barthlott und N. Ehler; b, d W. Barthlott)

2

⬛ Abb. 2.13   Epicuticulare Wachse. **a** Nadelunterseite der Eibe *Taxus baccata*, Übersichtsbild; die vorgewölbten Epidermiszellen sind von einem dichten Wachsreif überzogen, der aus Wachsröhrchen besteht (vgl. F); die Spaltöffnungen sind zwischen 4–6 Nachbarzellen eingesenkt (230 ×). **b** Blattoberfläche des Johanniskrauts *Hypericum buckleyi*, zum Teil aggregierte Wachsplättchen (1360 ×). **c** Für viele Monokotylen (hier als Beispiel *Heliconia collinsiana*) sind lange Wachshaare typisch; rund um die Spaltöffnung eine Wachsmanschette (1280 ×). **d** Wachsplättchen bei *Lecythis chartacea* (5400 ×). **e** Quergeriefte Wachsstäbchen bei *Williamodendron quadrilocellatum*; solche Wachstürmchen sind typisch z. B. für Magnoliaceen, Lauraceen und Aristolochiaceen (6200 ×). **f** Wachsröhrchen, hier beim Geißblatt *Lonicera tatarica*, bilden sich, wenn als Hauptkomponenten β-Diketone oder 10-Nonacosanol auftreten (23 000 ×). (REM Aufnahmen: W. Barthlott)

Die Sekretion von Cutinmonomeren und Wachs wird immer dann stimuliert, wenn Zellen an nicht mit Wasserdampf gesättigte Luft grenzen. Sogar die Interzellularen des Mesophylls sind mit einer sehr zarten, nur bei Benetzungsversuchen und im EM bemerkbaren Cutinschicht ausgekleidet (**Innencuticula**). Extrem dicke Cuticulae mit zusätzlichen Cuticularschichten lassen sich an ausdauernden Blättern und Sprossachsen von Pflanzen sehr trockener Standorte finden, z. B. bei Kakteen und Agaven. Die Spaltöffnungen sind in diese mächtige Außenschicht eingesenkt, sodass der Wasserverlust durch Transpiration vollständig verhindert wird (**Xeromorphosen**, griech. *xeros*, trocken). Solche Oberflächenschichten sind chemisch und mechanisch sehr widerstandfähig und können den Kauwerkzeugen kleinerer Tiere widerstehen. In anderen Fällen kommt es zur

Verkalkung oder häufiger zur Verkieselung der Epidermisaußenwände, die dadurch starr werden. Eine besonders starke Verkieselung findet sich z. B. bei Gräsern und Riedgräsern. Schachtelhalme wurden früher aufgrund dieser Eigenschaft zum Polieren von Zinngeschirr benutzt (Zinnkraut).

Die Zellwände der Epidermen von Früchten und Samen weisen eine besonders reiche strukturelle und stoffliche Vielfalt auf. Häufig sind solche Epidermen im trockenen Zustand fest oder gar hornartig, quellen aber in Wasser stark auf und werden dabei weich und schleimig.

Bei manchen Blättern übernehmen die Epidermen die Funktion eines Hydrenchyms. Ihre Zellen sind dann besonders groß und können infolge perikliner Teilungen der Protodermzellen auch in mehreren (bis zu 15) Lagen übereinander liegen. In anderen Fällen, z. B. in den Blättern hartlaubiger Gewächse, dienen mehrschichtige Epidermen der Verfestigung (◻ Abb. 3.72).

Spaltöffnungen (Stomata, griech. *stoma*, Mund) sind charakteristisch für cutinisierte Epidermen. Gehäuft finden sie sich meistens an Laubblattunterseiten, doch kommen sie auch in den meisten Epidermen von Sprossachsen und Blütenblättern vor, nie jedoch im Abschlussgewebe von Wurzeln.

Jedes Stoma besteht aus zwei länglichen **Schließzellen** (mit Chloroplasten), die nur an ihren Enden fest miteinander verbunden sind, während die mittleren Bereiche durch einen schizogen gebildeten Interzellularspalt, den Porus, voneinander getrennt sind. Der Porus stellt durch Epidermis und Cuticula hindurch die Verbindung zwischen Außenluft und dem besonders großen Interzellularraum des Mesophyll- bzw. Rindengewebes her. Die Weite des Porus kann kurzfristig durch Verformungen der Schließzellen reguliert werden. Der Spalt, der von den Bauchwänden der Schließzellen begrenzt wird, ist umso weiter geöffnet, je höher der Turgor der Schließzellen ist (◻ Abb. 2.14, ▶ Abschn. 15.3.2.5). Die Stomata sind die

entscheidenden Regulatoren des Gasstoffwechsels und der Transpiration (▶ Abschn. 14.2.4.1 und 14.4.7).

Selbst an Laubblattunterseiten, die in der Regel zwischen 100 und 500 Stomata pro Quadratmillimeter aufweisen, macht das Porenareal auch bei voll geöffneten Spalten nur 0,5–2 % der Blattfläche aus. Dennoch kann die stomatäre Transpiration das bis über 23-Fache der Evaporation (Verdunstung einer freien Wasseroberfläche) erreichen, andererseits allerdings auch bis auf fast null gedrosselt werden.

Die Schließzellen sind typische Idioblasten der Epidermen, sie weichen nach Form und Größe sowie in der Regel durch den Besitz stärkehaltiger Chloroplasten von den übrigen Epidermiszellen ab. Manchmal gilt das bis zu einem gewissen Grad auch für ihre unmittelbaren Nachbarzellen, die dann als **Nebenzellen** bezeichnet werden und gemeinsam mit den Schließzellen aus einem Meristemoid hervorgegangen sind (◻ Abb. 2.11). Spaltöffnungen und Nebenzellen bilden gemeinsam den Spaltöffnungsapparat, der aus dem Blickwinkel der Blattentwicklung dem Endzustand eines Meristemoids entspricht (◻ Abb. 2.14 und 2.15b, c, e).

Bei den Gräsern haben die Schließzellen hantelförmige Gestalt. Da sie durch starke Wandverdickung in der Mitte eingeschnürt sind, blähen sich die dünnwandigen Zellenden blasenförmig auf bei Aufnahme von Wasser. Die maximal erreichbaren Spaltweiten sind bei diesem Poaceen- oder Gramineentyp jedoch gering (bei Weizen 7 μm).

Es gibt zahlreiche Typen von Spaltöffnungen, unter denen der Koniferentyp durch besondere Komplexität hervorsticht. Die Spaltöffnungen sind bei den Nadeln der Koniferen tief eingesenkt (◻ Abb. 3.66). An ihren Turgorbewegungen nehmen Nebenzellen mit ebenfalls sehr ungleichmäßig verdickten und partiell verholzten Wänden aktiv teil.

Den als Luftspalten fungierenden Stomata sind die bei manchen Pflanzen ausgebildeten Wasserspalten oder

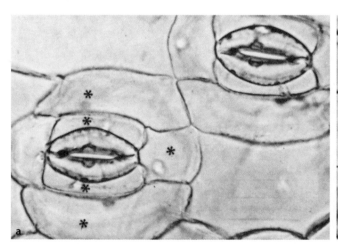
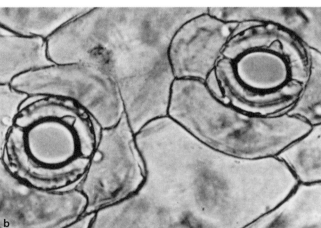

◻ **Abb. 2.14**   Stomata von *Commelina communis*, links **a** in 200 mM Saccharoselösung entspannt, rechts **b** in Wasser prall turgeszent mit weit geöffnetem Porus; in diesem Zustand sind die Schließzellen verlängert und die Nebenzellen (*) verformt. (400 ×). (Nach K. Raschke)

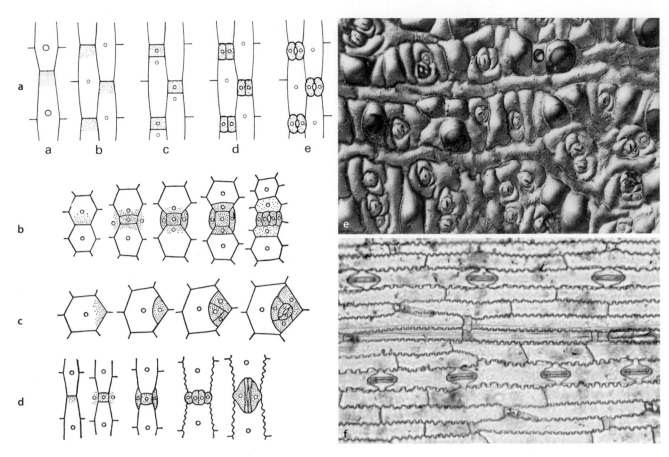

▣ Abb. 2.15   Entwicklung der Stomata bei Schwertlilie (*Iris*, **a**), Dreimasterblume (*Tradescantia*, **b**), der Fetthenne (*Hylotelephium*, **c**) und Mais (*Zea mays*, **d**); Meristemoide und Spaltenapparate punktiert. **e** Aufsicht auf untere Blattepidermis von *Hylotelephium telephium* ssp. *maximum* (vgl. C) mit Gruppen von Spaltöffnungen und Nebenzellen zwischen zum Teil papillösen Epidermiszellen (60 ×). **f** Untere Blattepidermis von Mais (vgl. D; 75 ×). (a–d nach E. Strasburger und A. de Bary)

Hydathoden homolog, die der Abscheidung von flüssigem Wasser dienen (Guttation, lat. *gútta*, Tropfen; ► Abschn. 14.2.4.2). Sie sind z. B. verantwortlich für die scheinbaren Tauperlen an den Blättern der Kapuzinerkresse. Enthält das ausgeschiedene Wasser viel Calciumhydrogencarbonat, wie bei kalkbewohnenden Steinbrech-(*Saxifraga*-)Arten, bilden sich an den Hydathoden weiße Schüppchen aus Calciumcarbonat. Eine weitere homologe Struktur sind die Nektarspalten, die bei vielen Nektardrüsen (Nektarien) für die Abscheidung zuckerhaltiger Sekrete verantwortlich sind.

Viele Epidermen sind behaart. Häufig wachsen einzelne Epidermiszellen zu Haaren aus oder sie werden Initialzellen eines Meristemoids, aus dem sich mehrzellige Haare bilden können. Die Vielgestaltigkeit der **Pflanzenhaare (Trichome)** ist außerordentlich. In ▣ Abb. 2.16 sind einige Beispiele wiedergegeben. Entsprechend vielseitig ist auch ihre Funktion. Durch Haarzellen, die von den anderen Epidermiszellen abweichen und daher als Idioblasten zu definieren sind, können Epidermen weit über ihre primäre Funktion als Abschlussgewebe hinaus auch Absorptions- oder Sekretionsaufgaben übernehmen.

Epidermale Haare können sehr verschiedene Längen erreichen und manchmal nur als papillöse Vorwölbungen ausgebildet sein. Solche lokalen Vorwölbungen von Epidermiszellen haben Linsenwirkung. Sie lassen Oberflächen glänzen, was bei Blütenblättern der Anlockung von Insekten dienen kann. Dagegen dienen die **Wurzelhaare** (▣ Abb. 3.76) der Stoffaufnahme. Frucht- und Samenhaare können die Ausbreitung durch den Wind fördern. Zu den Samenhaaren zählt auch das wirtschaftlich sehr bedeutende **Baumwollhaar**. Baumwollhaare werden trotz ihrer Einzelligkeit bis über 5 cm lang und bilden vergleichsweise dicke, aus fast reiner Cellulose bestehende Sekundärwände mit charakteristischer Schraubentextur, bevor sie schließlich durch programmierten Zelltod absterben.

Eine dichte, wollige Behaarung kann die Transpiration stark reduzieren und tritt daher oft bei Pflanzen auf, die an Trockenheit angepasst sind (Xerophyten). Hingegen nutzen viele in Nebelgebieten wachsende Pflanzen ihre Behaarung, um Wasser aus durchziehenden Nebelschwaden aufzunehmen. Ähnlich wie Wurzelhaare sind diese Haare also als Absorptionsstrukturen zu klassifizieren. Tote, lufterfüllte Haare streuen Licht. Sie erscheinen deshalb schneeweiß und können als Strahlenschutz fungieren. In anderen Fällen werden hakige **Klimmhaare** zum Festhalten windender oder klimmender Sprosse gebildet. Beispiele dafür wären der Hopfen und das Kletten-Labkraut (*Galium aparine*). Ähnliche Haarbildungen können die Frucht- und Samenausbreitung fördern. Dem Schutz zarter Blattorgane vor Tierfraß dienen derbe, oft zusätzlich verzweigte **Borstenhaare** mit verkieselten, harten Zellwänden. Einen raffinierten Sonderfall stellen **Brennhaare** dar. Das

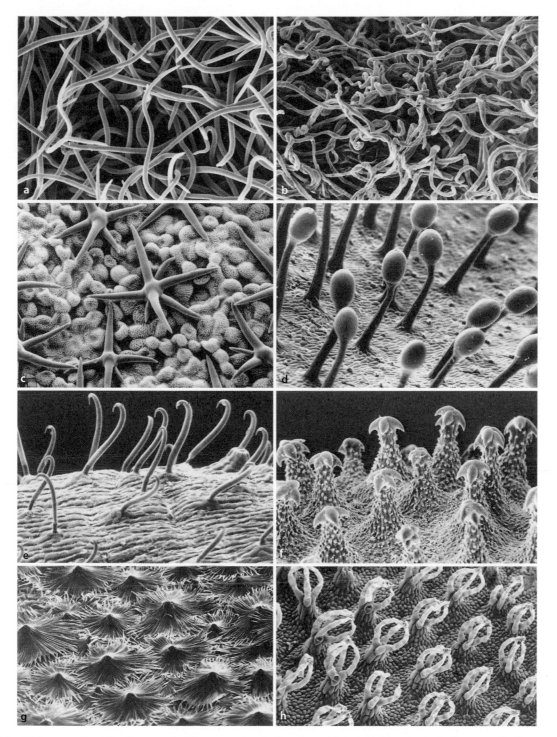

Abb. 2.16 Trichome. **a** Einzellige Haare an der Blattunterseite der Brombeere (400 ×). **b** Hygroskopische Haare an der Blattunterseite der Silberwurz *Dryas octopetala* (350 ×). **c** Sternhaare von *Virola surinamensis* (Myristicaceae), einem Baum des Regenwalds; die papillösen Epidermiszellen sind mit Wachsreif ausgestattet, die Haare ohne epicuticulares Wachs (285 ×). **d** Drüsententakel des Sonnentaus *Drosera capensis* (65 ×). **e** Kletthaare von Bohnenblättern; Bohnenstroh wurde früher oft Matratzenfüllungen zugesetzt als Mittel gegen Läuse und Wanzen (220 ×). **f** Klettwirkung haben auch die widerhakigen Gebilde auf der Samenschale der Hundszunge *Cynoglossum officinale*, einem Raublattgewächs (60 ×). Hier handelt es sich allerdings eigentlich nicht um Haare, sondern um Emergenzen, da auch subepidermales Gewebe am Aufbau dieser vielzelligen Gebilde beteiligt ist; ähnliche Bildungen werden bei anderen Pflanzen aber auch durch (z. T. sogar einzellige) Haare realisiert. **g** Vielzellige, konzentrisch gebaute Schülferhaare des Sanddorns *Hippophae rhamnoides*, die über der eigentlichen Epidermis eine transpirationsmindernde Lage bilden (160 ×). **h** Haarkrönchen auf Schwimmblättern des Wasserfarns *Salvinia natans* (50 ×). Da diese Haare mit epicuticularem Wachs überzogen sind, machen sie die Blattoberfläche unbenetzbar und reißen beim gewaltsamen Untertauchen Luftblasen mit, die das Blatt wieder an die Oberfläche ziehen. (REM-Aufnahmen: c–f nach W. Barthlott; g nach C. Grünfelder)

Brennhaar der Brennnesseln (*Urtica*-Arten, ■ Abb. 2.17) ist eine große Zelle mit polyploidem Kern, die durch einen vielzelligen Sockel (eine Emergenz, siehe nächsten Absatz) aus der Epidermis von Blättern und Sprossen herausgehoben ist. Ihr kopfartig verdicktes Vorderende bricht bei Berührung an einer verkieselten Dünnstelle der Wand ab. Das Brennhaar wirkt in diesem Zustand wie eine Injektionsspritze: Der Zellsaft wird ausgedrückt und kann durch seinen Gehalt an Ameisensäure, Acetylcholin und Histamin schmerzhafte Entzündungen auslösen. Wie in allen großen Zellen, so ist auch in Wurzelhaaren, wachsenden Baumwollhaaren und eben auch in den Brennhaaren von *Urtica* eine kräftige Plasmaströmung zu beobachten. An den Brennhaaren der Brennnessel wurde dieses Phänomen vor über 300 Jahren entdeckt (Robert Hooke, *Micrographia*, 1665). Haare können schließlich auch die Aufnahme von Reizen vermitteln (**Fühlhaare**, z. B. bei der Venusfliegenfalle *Dionaea*). Besonders häufig sind **Drüsenhaare**, die fast immer eine vergrößerte Terminalzelle oder ein mehrzelliges Köpfchen tragen (■ Abb. 2.16d, 2.32c, d, und 11.3).

Als **Emergenzen** werden vielzellige Auswüchse bezeichnet, an deren Entstehung sich auch subepidermales Gewebe beteiligt. Ähnlich wie Trichome sind Emergenzen in Struktur und Funktion sehr vielfältig. Sie können aber wesentlich größer werden. Beispielsweise werden Drüsenhaare in vielen Fällen durch funktionsgleiche, makroskopische Drüsenzotten vertreten (■ Abb. 2.33). Das Fruchtfleisch der *Citrus*-Früchte wird von inneren Emergenzen gebildet, die als Saftschläuche in die Fächer des Fruchtknotens hineinwachsen. Auch die Stacheln der Rosen und Brombeeren sind Emergenzen und keine Dornen. Wirkliche Dornen im botanischen Sinn entsprechen entweder abgewandelten Blattorganen (z. B. bei Sauerdorn, Kakteen) oder gar ganzen Kurzsprossen (z. B. Schlehe, Feuerdorn).

2.3.2.2 Periderm

Werden die direkt aus den Meristemen entstandenen **primären Abschlussgewebe** unterbrochen, etwa durch Verletzung oder wenn die Oberfläche infolge des Wachstums aufreißt, entsteht aus den darunterliegenden Gewebeschichten ein **sekundäres Abschlussgewebe**. Hierbei gliedert ein periklines, d. h. parallel zur Organoberfläche orientiertes Korkcambium (**Phellogen**) nach innen eine dünne, oft chloroplastenhaltige Schicht parenchymatischer Zellen ab, das **Phelloderm**. Es wird z. B. beim Abschälen von Holunderzweigen oder Buchenstämmen als grüne Gewebeschicht sichtbar. Nach außen wird Korkgewebe (**Phellem**) gebildet. Der gesamte Gewebekomplex (Phellogen, Phelloderm und Phellem) wird als **Periderm** oder auch Korkgewebe bezeichnet (■ Abb. 2.19c).

Oft ist Korkgewebe nur wenige Zelllagen dick (z. B. Kartoffelschalen, die weißen Korkfahnen junger Birkenstämme). Doch können Korkcambien auch länger aktiv bleiben und zentimeterdickes Korkgewebe bilden. Das bekannteste, auch wirtschaftlich bedeutende Beispiel ist die Kork-Eiche, *Quercus suber*. Etwa 15 Jahre alte Stämme dieses mediterranen Baumes werden geschält, d. h. ihr Periderm wird entfernt. Einige Zelllagen unter der Schälfläche entsteht ein neues, besonders aktives Phellogen, das jahrelang tätig bleibt und den technisch verwertbaren Flaschenkork liefert. Nach etwa zehn Jahren kann der gebildete Kork geerntet und der Vorgang wiederholt werden. Spindelsträucher (*Euonymus*) sowie bestimmte Rassen der Feld-Ulme und des Feld-Ahorns bilden auffällige Korkleisten an jüngeren Zweigen (■ Abb. 3.54a). Bei der Buche bleibt das Korkcambium ständig aktiv, sodass sich eine einheitliche, dicke Korklage rund um Stämme und Äste bildet.

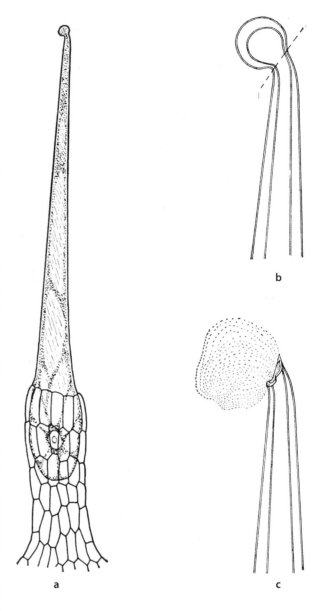

■ **Abb. 2.17** Brennhaar der Brennnessel *Urtica dioica* (**a**, 60 ×). **b** Verkieseltes Ende mit präformierter Abbruchstelle (400 ×). **c** Nach Abbrechen des Köpfchens tritt der giftige Zellsaft aus (400 ×). (Nach D. von Denffer)

Auf zellulärer Ebene zeigt sich die Verkorkung als Akkrustierung einer wasserundurchlässigen, an das Sakkoderm angelagerten Suberinschicht (▶ Abschn. 1.2.8.6). Ist die Wandbildung beendet, sterben die Korkzellen ab und füllen sich mit Gas. Deshalb ist Korkgewebe sehr leicht, elastisch (gekammertes Luftpolster!) und isoliert hervorragend gegen Wärme und Strahlung. Gewerblich kann es zur Schalldämpfung und -isolierung benützt werden. Die Braunfärbung der meisten Korke beruht auf der Einlagerung von Gerbstoffen, die gegen das Eindringen von Parasiten (Insekten, Pilze) schützen.

Schon dünne Korkhäute vermindern die Transpiration stärker als cutinisierte Epidermen. Wie jedes Abschlussgewebe ist auch Kork frei von Interzellularen. Das ist im Hinblick auf die Entstehungsweise nicht selbstverständlich, denn das Phellogen bildet sich als sekundäres Meristem in einem Parenchym (z. B. dem Rindenparenchym einer Sprossachse), das von einem zusammenhängenden Interzellularensystem durchzogen ist. Bei der Reembryonalisierung werden aber die Interzellularen in der Ebene des künftigen Korkcambiums durch lokales Wachstum der einzelnen Zellen verschlossen. Die Teilungen im einschichtigen Phellogen erfolgen ausschließlich so, dass die neuen Zellwände periklin (also parallel zur Oberfläche) orientiert sind. Die im Querschnitt erkennbare, regelmäßige Zellanordnung beruht auf synchronen Zellteilungen im Phellogen. Dagegen sind im tangentialen Längsschnitt noch die Umrissformen der ursprünglichen Parenchymzellen erkennbar (◘ Abb. 2.18).

Wäre die Oberfläche von Sprossachsen von einer durchgängigen Korkschicht bedeckt, wäre der Gasaustausch unterbrochen, sodass die Atmung der Zellen im Inneren der Stämme und Zweige unmöglich wäre. Der notwendige Gasaustausch wird jedoch durch **Korkporen** (**Lenticellen**; lat. *lenticula*, kleine Linse; ◘ Abb. 2.19) gewährleistet. Hier entstehen aus dem Phellogen keine dicht zusammenschließenden Zellen, sondern abgerun-

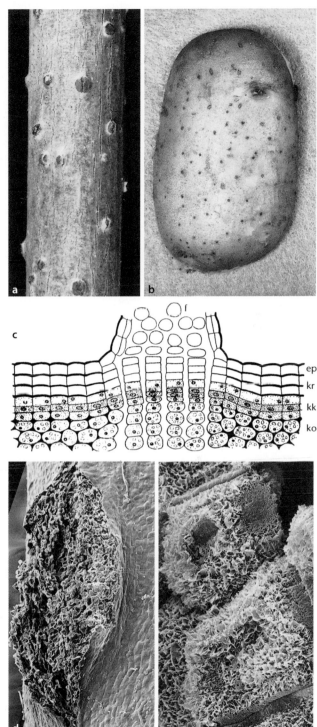

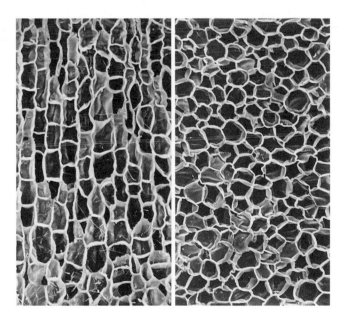

◘ **Abb. 2.18** Korkgewebe. Flaschenkork, gewonnen von der Kork-Eiche *Quercus suber*. Links Querschnitt, vom Phellogen abgegliederte Zellreihen ohne Interzellularen; rechts tangential, Umrissformen der zu Phellogeninitialen umfunktionierten Zellen des ursprünglichen Rindenparenchyms noch erkennbar (210 ×). (REM-Aufnahmen: C. Grünfelder)

◘ **Abb. 2.19** Korkporen. **a** Zweijähriger Holunderzweig mit Lenticellen (1,7 ×). **b** Korkhaut der Kartoffelknolle mit zahlreichen Lenticellen. **c** Histologie von Kork und Lenticelle (120 ×). **d** Lenticelle von *Akebia quinata* (50 ×). **e** Füllzellen vom gleichen Objekt mit Oberflächenwachs (1640 ×). – ep Epidermis, f Füllzellen der Korkpore, kr Kork, kk Korkcambium, kol Kollenchym. (c nach K. Mägdefrau; d, e REM-Aufnahmen: C. Neinhuis und W. Barthlott)

dete, nur lose zusammenhängende Korkzellen, zwischen denen Wasserdampf, Sauerstoff und CO_2 diffundieren können. Häufig bilden sich diese Lenticellen, dort, wo sich im primären Abschlussgewebe Schließzellen befunden haben. Die Zellen der Korkporen, die insgesamt eine mehlige Masse bilden, sind auf ihrer Oberfläche dicht mit kleinen Wachskristallen besetzt und dadurch nicht mit Wasser benetzbar. Auch bei Dauerregen laufen die Lenticellen daher nicht mit Wasser voll, sondern bleiben für den Gasaustausch offen. In Korkstopfen müssen die Korkporen quer orientiert sein, sonst wäre der Flaschenverschluss nicht dicht.

Als **Cutisgewebe** bezeichnet man ein Abschlussgewebe mit schwach suberinisierten, lebenden Zellen. Manchmal handelt es sich dabei um Epidermen, häufiger um eine interzellularenlose Zellschicht unmittelbar unter der Epidermis, die als Hypodermis bezeichnet wird. Cutisgewebe bildet sich häufig auch bei der Vernarbung von Blattbasen nach dem Laubfall oder nach dem Abwurf von Früchten und dergleichen. Dem programmierten Abfallen solcher Organe (**Abscission**) geht die Bildung eines zartwandigen, cambiumähnlichen Trenngewebes voraus, was hormonell durch ein Wechselspiel aus Auxintransport und die Synthese von Abscisinsäure gesteuert wird.

2.3.2.3 Endodermis

Auch im Inneren des Pflanzenkörpers kommen Abschlussgewebe (Endodermen, griech. *endo-*, innen) vor. In allen Wurzeln trennen sie das zentral gelegene Leitgewebe, den Zentralzylinder, vom umgebenden Rindenparenchym (◘ Abb. 3.83, 3.84, und 3.85), doch auch in Sprossachsen und Blättern sind sie nicht selten. Ihre Funktion besteht darin, zwei Gewebe chemisch voneinander zu separieren. Daher unterscheiden sie sich auffällig von den angrenzenden Geweben.

Im primären Zustand sind die radialen Zellwände der Wurzelendodermis in einem rings um jede Zelle laufenden, bandförmigen Bereich chemisch verändert. Dieser Bereich wird nach seinem Entdecker als **Caspary-Streifen (CS)** bezeichnet (◘ Abb. 2.20). Er ist frei von Plasmodesmen. Die Plasmamembran haftet so fest an ihm, dass sie sich selbst bei Plasmolyse nicht vom CS ablöst. Im CS ist die Zellwand selbst mit Lignin und lipophilen Substanzen, später auch mit Suberinen inkrustiert und impermeabel, worauf die physiologische Wirkung des CS und der Endodermis insgesamt beruht: In der Absorptionszone von Wurzeln können einströmendes Wasser und darin gelöste Mineralionen durch die lockeren Zellwände des Rindenparenchyms durch den gesamten Apoplasten außerhalb der Endodermis gelangen. Die Gesamtoberfläche aller Zellen des Rindenparenchyms stellt eine enorme Absorptionsfläche dar. Der extrazelluläre, apoplastische Diffusionsweg wird nun an der Endodermis durch den CS versperrt. Wasser und Ionen können daher nur symplastisch in den Zentralzylinder gelangen (◘ Abb. 14.8). Die Spezifität der Membrantransporter/kanäle sorgt dabei für eine Selektion der aufzunehmenden Ionen. Die Endodermiszellen sezer-

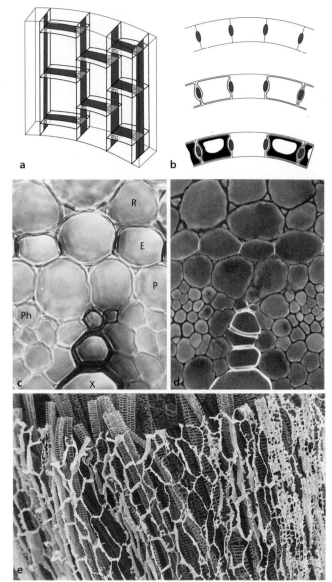

◘ **Abb. 2.20** Endodermis und Caspary-Streifen (CS). **a, b** Schema, räumlich (CS schwarz) und im Querschnitt, primärer, sekundärer und tertiärer Zustand (eine Durchlasszelle). **c, d** Wurzelendodermis (E) von *Clivia nobilis* im primären Zustand (350 ×). Wurzelquerschnitte; in der Abbildung unterhalb (in der Wurzel innerhalb) davon Leitgewebe. **c** Nach Behandlung mit Phloroglucin-Salzsäure färben sich verholzte Zellwände bzw. Wandpartien (CS in Radialwänden der Endodermis) dunkel. **d** Nach Färbung mit Acridinorange treten diese Zellwände in der Auflichtfluoreszenz aufgrund eines hohen Anteils saurer Wandbestandteile hell hervor. **e** Nach enzymatischer Entfernung aller nichtverholzten Zellwände bzw. Wandpartien einer *Clivia*-Wurzel (längs, von außen gesehen) bleiben die Leitungsbahnen des Xylems und die CS der Endodermis erhalten; das lückenlose Netzwerk von CS umgibt die Xylemelemente des Zentralzylinders (110 ×). – E Endodermis, P Perizykel, Ph Phloem, R Rinde, X Xylemelemente. (c, d LMAufnahmen I. Dörr; e REM-Aufnahme: L. Schreiber und R. Guggenheim)

nieren die Ionen überwiegend aktiv durch die Plasmamembran in den Zentralzylinder, wo sie dann wieder im Apoplasten (d. h. in den toten Gefäßen des Zentralzylinders) weitergeleitet werden. Das Austreten von Wasser und Mineralstoffen aus dem Zentralzylinder wird ebenfalls durch die Endodermis verhindert. Es sei hier angemerkt, dass Wasser und Mineralien neben diesem apoplastischen Weg der Wasseraufnahme auch symplastisch aufgenommen werden können. In diesem Fall findet die Membranpassage schon in den Wurzelhaaren statt; anschließend bewegen sich Wasser und Ionen durch die Plasmodesmen des Parenchyms zur Endodermis. An der Grenze zwischen Endodermis und Zentralzylinder muss jedoch auch hier ein zweites Mal (auf dem Weg in den Apoplasten des Zentralzylinders) eine Membran durchquert werden. Diese Membran ist also für das Ionengleichgewicht der Pflanze ähnlich bedeutsam wie die Niere für die osmotische Homöostase des Menschen.

Die Situation entspricht der in Epithelien und Endothelien von Tieren. Dem CS ist dabei die Tight Junction (Zonula occludens) analog, in der die eng aneinander liegenden Plasmamembranen benachbarter Tierzellen durch besondere Versiegelungsproteine miteinander verklebt sind. Diese Ähnlichkeit ist jedoch rein funktioneller Natur. Beide Strukturen sind völlig unabhängig in der Evolution entstanden, also nicht homolog.

Hinter der Absorptionszone, in älteren Wurzelabschnitten, sind Endodermiszellen häufig dünn suberinisiert (sekundärer Zustand der Endodermis). Schließlich kann es noch zusätzlich zur Anlagerung massiver, oft asymmetrischer Wandverdickungen kommen. Man spricht dann von einer tertiären Endodermis (■ Abb. 3.84b). Sekundär- und Tertiärendodermen besitzen über dem Xylem der von ihnen umschlossenen Leitgewebe Durchlasszellen, die im primären Zustand verbleiben.

2.3.3 Festigungsgewebe

Landpflanzen sind auf Zellen mit reißfesten und mit starren Wänden angewiesen (▶ Abschn. 1.2.8.4). Kleine krautige Pflanzen und zarte Organe größerer Pflanzen (Blätter, Blüten, fleischige Früchte) verdanken ihre beschränkte Festigkeit letztlich dem Zusammenspiel von Turgor und Wanddruck (Turgeszenz), was deutlich wird, wenn sie beim Austrocknen ihre Festigkeit verlieren (**Welken**). Auch Gewebespannungen, die auf etwas stärkerem Wachstum des Organinneren gegenüber der Organoberfläche beruhen, können zum steifen, prallen Zustand etwa von Beerenfrüchten beitragen. Diese krautigen oder fleischigen Organe sind nicht wirklich fest, man kann sie verbiegen, zerquetschen und zerreiben. Tatsächlich genügt diese Art von Festigkeit bei Pflanzen trockener Standorte nicht und schon gar nicht bei größeren, ausdauernden Gewächsen. Beispielsweise gehen die Zug- und Druckbelastungen, denen die Wurzeln und Stämme hoher Bäume bei Sturm ausgesetzt sind, weit über das hinaus, was Parenchyme und Ab-

schlussgewebe auffangen können. Diese Funktion muss daher von besonderen Festigungsgeweben übernommen werden. Es handelt sich um dichte, teilweise tote Gewebe, deren Zellwände lokal oder generell durch Anlagerung besonders cellulosereicher Wandschichten verdickt sind. Durch Inkrustation (meistens Verholzung) können diese Zellwände zusätzlich starr und druckfest werden, was etwa zur Panzerung von Früchten und Samen (Nüsse, Steinfrüchte) beiträgt.

Festigungsgewebe kann entweder aus lebenden oder aus abgestorbenen Zellen aufgebaut werden. Die Festigung wird hierbei auf unterschiedlichem Wege erzielt:

Das **Kollenchym** (griech. *kólla*, Leim) ist das Festigungsgewebe wachsender und krautiger Pflanzenteile. Es besteht aus lebenden prosenchymatischen Zellen, die wachstums- und sogar teilungsfähig sind. Wandverdickungen beschränken sich auf bestimmte Zonen: auf Zellkanten beim Ecken- oder Kantenkollenchym (■ Abb. 2.21) und auf einzelne (meist perikline) Längswände beim Plattenkollenchym. Diese Wandverdickungen bestehen aus abwechselnden Primärwandlamellen aus Cellulose und Pektinstoffen. Ihre Festigkeit ist nur mäßig, wird jedoch dadurch erhöht, dass die Verdickungen im Stengel zumeist außen liegen (besonders ausgeprägt bei den vierkantigen Sprossen der Lippenblütler), sodass Biegekräfte wirksam aufgefangen werden. Lignifizierung findet in diesen Zellen nicht statt.

Das **Sklerenchym** (griech. *sklerós*, hart, spröde) ist ein totes Gewebe aus sehr dickwandigen, englumigen Zellen, das nur in ausgewachsenen Pflanzenteilen auftritt. Es gibt zwei Formen, nämlich prosenchymatische (lang gestreckte) Sklerenchymfasern und isodiametrische oder palisadenförmige Steinzellen (Sklereiden).

Verbände von **Steinzellen** (■ Abb. 1.70b) haben schützende und stützende Funktionen. Ihre dicken, auffällig geschichteten Sekundärwände sind verholzt und

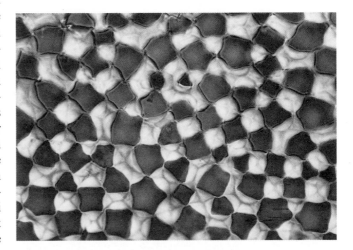

■ **Abb. 2.21** Eckenkollenchym aus dem Spross der Weißen Taubnessel *Lamium album*, quer; Wandverdickungen hell (420 ×). (LM-Aufnahme: I. Dörr)

von verzweigten Tüpfeln durchzogen. Sklereiden finden sich in den harten Schalen vieler Früchte und im Rindengewebe von Holzgewächsen.

Vielseitiger sind die Funktionen der **Sklerenchymfasern** (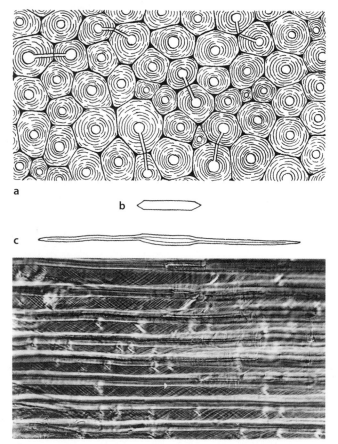 Abb. 2.22). An Orten mit Zugbeanspruchung bleiben die Faserzellen gewöhnlich unverholzt (Weichfasern), während bei zusätzlicher Druckbelastung lignifizierte Hartfasern gebildet werden. Sklerenchymfasern finden sich vor allem in Sprossen, oft auch in großen Blättern von Monokotyledonen. Sie sind meistens 1–2 mm lang.

Bestimmte Pflanzen enthalten wesentlich längere Fasern, die gewerblich verwertbar sind. Seit alters werden vor allem Phloemfasern von Faserpflanzen zur Herstellung von Stoffen, Bindfäden und Seilen verwendet. Die wichtigsten Sprossfaserpflanzen sind Flachs (Lein, *Linum*, Faserlängen bis 7 cm), Hanf (*Cannabis*), Ramie (Brennnesselgewächs *Boehmeria* mit über 50 cm langen Faserzellen) und Jute (von *Corchorus*). Bei Sisal (aus Agaven) und Manilahanf (aus *Musa textilis*) handelt es sich um Blattfasern.

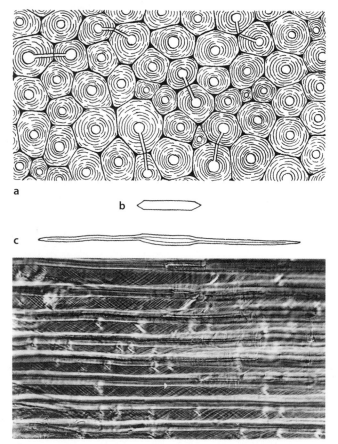

◨ Abb. 2.22 Sklerenchymfasern. **a** Querschnitt durch Faserbündel im Blatt des Neuseeländischen Hanfs *Phormium tenax* (360 ×). **b, c** Bildung einer Holzfaser der Robinie *Robinia pseudoacacia* aus einer Cambiuminitiale **b** durch beidseitiges Spitzenwachstum, wobei sich die Zellenden zwischen benachbarte Zellen drängen (Interposition) (150 ×). **d** Fasertracheiden in Kiefernholz mit Schraubentextur der Sekundärwände (380 ×). (a nach H. Fitting; b, c nach Eames und McDaniels)

Die Länge von Sklerenchymfasern übertrifft immer die Ausmaße der benachbarten Zellen um ein Vielfaches. Junge Faserzellen weisen Spitzenwachstum auf: Ihre zugespitzten Enden schieben sich zwischen anderen Zellen hindurch (**intrusives Wachstum**). Dabei bleiben allerdings einmal hergestellte Kontaktzonen zwischen den Faserzellen und ihren neuen Nachbarzellen auch weiterhin erhalten (Interpositionswachstum). Hier können sich Sekundärplasmodesmen (◨ Abb. 1.67) und schließlich Tüpfel ausbilden. Wegen der Paralleltextur der Sekundärwände von Faserzellen sind die Tüpfel schlitzförmig. Sie lassen die Verlaufsrichtung der Cellulosemikrofibrillen erkennen. Da die meisten Sklerenchymfasern Schraubentextur aufweisen (und dadurch zusätzliche Elastizität gewinnen), stehen die Schlitztüpfel schräg zur Faserachse (◨ Abb. 2.22d).

Nicht nur die Faserzellen des Sklerenchyms, sondern auch die Holzteile der Leitbündel tragen zur Festigung von Sprossen, Blättern und Wurzeln bei. Die Festigkeit von Baumstämmen, älteren Ästen und Wurzeln beruht ganz auf ihrem Holzkörper. Zwischen Tracheiden (echten Leitelementen des Holzteils) und Faserzellen gibt es viele Übergangsformen (Fasertracheiden, ◨ Abb. 2.22d und 3.48e).

Die Anordnung von Festigungsgeweben ist für die **Biomechanik** von Pflanzenorganen und ganzen Pflanzen von entscheidender Bedeutung (◨ Abb. 2.23). Das ist besonders deutlich bei aufrechten, selbsttragenden Sprossachsen. Für sie wird schon bei geringen Windgeschwindigkeiten die Biegebelastung zur kritischen Größe. Die Biegesteifigkeit einer Pflanzenachse ist umso größer, je peripherer die Gewebe liegen, deren Widerstand gegen abbiegende Kräfte (das Biegeelastizitätsmodul) groß ist, und je besser diese Gewebe untereinander verbunden sind (**Verbundbauweise**). Nun zielen Selektionsprozesse während der Evolution auf eine funktionelle ökonomische Optimierung. Unter beiden Gesichtspunkten erscheinen hohlzylindrische Strukturen für Achsenorgane besonders günstig. Sie sind vor allem bei Grashalmen realisiert, die bei Längen/Durchmesser-Verhältnissen von bis zu 500 : 1 zu den bemerkenswertesten natürlichen Konstruktionen gehören. Außer bei Gras- und Getreidehalmen sind allerdings hohlzylindrische Achsen nur bei relativ niedrig wachsenden, krautigen Pflanzen verwirklicht, weil die Gefahr des Abknickens besteht (die bei Gräsern durch die massiven Knoten reduziert wird) und stärkere Verzweigungen nicht möglich wären (außer im Blütenstand sind Grashalme meist unverzweigt). Außerdem wäre das Energieabsorptionsvermögen, das vor allem bei Bäumen wichtig ist und von zentralen Achsenbereichen abhängt, nur gering. Bei Baumstämmen hat man außerdem gefunden, dass in den peripheren Bereichen eine Zugvorspannung besteht, die durch Druckspannung im Stammzentrum kompensiert wird. Dadurch wird die im Vergleich zur

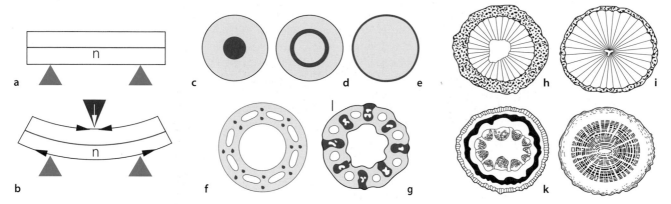

Abb. 2.23 Zweckmäßige Anordnung von Festigungselementen. **a, b** Beanspruchung eines Balkens beim Durchbiegen. Dehnung der konvexen Seite, Stauchung der konkaven; die neutrale Faser n wird zwar gebogen, erfährt aber keine Längenänderung. Erhöhte Biegefestigkeit wird vor allem durch Verfestigung der konkaven und konvexen Außenseiten erreicht. **c–e** Schematische Querschnitte mit unterschiedlicher Lagerung von Festigungsgewebe (schwarz) bei immer gleichem Flächenanteil (11,1 %) am Gesamtquerschnitt. **c** Zentrale Lage, z. B. Zentralzylinder in Wurzeln. **d** Mittlere Lage, z. B. Sklerenchymring mit Leitbündeln in Eudikotylenachsen. **e** Periphere Lage, z. B. Grashalme; da das Festigungsgewebe etwa 100-mal steifer ist als parenchymatisches Gewebe, stehen die Biegefestigkeiten bei gleichem Materialaufwand im Verhältnis 1 : 2,5 : 8. **f** Industrieschornstein in materialsparender Verbundbauweise, Armierung auf 16 Stahlschienen beschränkt. **g** Zum Vergleich Querschnitt durch Stengel der Haarsimse *Trichophorum cespitosum*. **h, i** Schwarz-Erle (*Alnus glutinosa*), einjährige Achse (H, ⌀ 4 mm) mit großem Mark- und Rindenanteil (punktiert) ist leicht verbiegbar; eine achtjährige Achse (I, ⌀ 37 mm) ist durch stark vermehrten Holzanteil wesentlich biegefester. **k, l** Bei Lianen (als Beispiel hier *Aristolochia macrophylla*) ist eine gegenläufige Entwicklungstendenz zu beobachten. Junge Achsen (K, einjähriger, selbsttragender Suchtrieb, ⌀ 5 mm) sind durch peripheres Kollenchym und darunter liegenden, geschlossenen Sklerenchymring (schwarz) biegefest, während ältere Achsen (L, 14-jährig, ⌀ 30 mm) durch Fragmentierung des peripheren Festigungsgewebes und Ausbildung eines weichen Holzkorpers mit breiten Markstrahlen und großkalibrigen Tracheen flexibel sind. (f, g nach W. Rasdorski; h–l nach T. Speck)

Zugfestigkeit geringere Druckfestigkeit des Holzes ausgeglichen, was bei hohlzylindrischen Stämmen nur in eingeschränktem Maß möglich wäre. Bei Lianen, deren alte Achsen nicht biegefest dafür aber flexibel sein müssen, geht der Anteil biegesteifer Gewebe in der Achsenperipherie während des Dickenwachstums der Achse signifikant zurück. Bei Wurzeln, wo es nicht auf Biege-, wohl aber auf Zugfestigkeit ankommt, ist von vornherein die **Kabelbauweise** verwirklicht: Alle festigenden Elemente sind in einem Zentralzylinder zusammengefasst, der von Parenchym umgeben ist (■ Abb. 3.83).

Es liegt nahe, in der Evolution von Organismen realisierte Problemlösungen auch in der Technik einzusetzen (**Bionik**). Tatsächlich können wichtige Anregungen gewonnen werden. Doch bleibt zu berücksichtigen, dass biologische Konstruktionen im Allgemeinen strukturoptimiert sind, technische dagegen materialoptimiert. Das heißt, dass bei lebenden Organismen die Materialien (z. B. Cellulose, Lignin) vorgegeben sind und eine Verbesserung der mechanischen Eigenschaften daher vor allem durch die Optimierung der Form oder der Anordnung von Stützelementen erzielt wird. Bei technischen Konstruktionen hängen entscheidende Verbesserungen häufig mit der Verwendung neuer Materialien zusammen.

2.3.4 Leitgewebe

Jede lebende Zelle muss fortwährend mit gelösten Stoffen versorgt werden, um ihren Energiestoffwechsel aufrechterhalten zu können. Über kleine Strecken kann dies durch Diffusion erfolgen, die auf der thermischen Bewegung gelöster Teilchen beruht. Die Effizienz der Diffusion nimmt aber mit dem Quadrat der Diffusionsstrecke ab (2. Ficksches Gesetz, s. ▶ Abschn. 14.2.1.1 und 14.2.1.1). Schon innerhalb besonders großer Zellen wie Wurzelhaaren oder Internodialzellen von Characeen (■ Abb. 19.80 und 19.81a) reicht Diffusion allein nicht mehr aus und wird durch eine intensive Plasmaströmung ergänzt. Bei größeren Vielzellern, Pflanzen wie Tieren, werden schließlich besondere Leitsysteme ausgebildet, in denen konvektive Massenströmungen aufrechterhalten werden. Während bei Tieren die Strömung in zwischenzelligen Räumen erfolgt (Körperhöhlen, Adern), wird diese Funktion bei vielen Pflanzen von besonderen Zellen erfüllt, in denen Flüssigkeiten strömen. Diese extrem und daher terminal differenzierten Zellen sind zu Leitbündeln vereinigt. An Blättern kann man die **Leitbündel** als Blattnerven oder Blattadern schon mit freiem Auge sehen. In Wurzeln ist das Leitgewebe in einem Zentralzylinder zusammengefasst.

Die Leitbündel werden ausgehend von zwei unterschiedlichen Gewebe organisiert: Im **Siebteil (Phloem,** griech. *phlóios,* Bast, Rinde) dienen lebende, aber kernlose Zellen (Siebzellen, Siebröhrenglieder) mit dünnen, unverholzten Wänden der Fernleitung organischer Verbindungen. Im **Holzteil (Xylem,** griech. *xýlon,* Holz) strömt Wasser mit gelösten, überwiegend anorganischen Molekülen von den Absorptionszonen der Wurzeln durch abgestorbene, leere Zellröhren mit derben, verholzten Wänden in die Blätter, wo das Wasser durch Transpiration oder Guttation wieder abgegeben wird (Transpirationsstrom, ▶ Abschn. 14.2.5). Sowohl im Phloem wie im Xylem sind die Zellen prosenchymatisch (lang gestreckt) und im Leitbündel längs orientiert, sodass als Leitungsbahnen längs zusammenhängende Zellreihen entstehen.

2.3.4.1 Phloem

Die evolutionäre Entstehung des Phloems ist sehr gut dokumentiert (◻ Abb. 2.24a–d). Phylogenetisch ursprünglich und in ihrer Transportleistung nur begrenzt effizient sind **Siebzellen.** Sie sind englumig und schließen über spitzwinklig-schrägstehende Endwände an die jeweils nächsten Siebzellen der Zellreihe an. Diese Wände (bei direktem Kontakt mit anderen Siebzellen auch die Seitenwände) sind von vergrößerten Plasmodesmen durchbrochen, die hier als **Siebporen** bezeichnet werden. Sie sind gruppenweise zu Siebfeldern vereinigt, deren Aussehen in Aufsicht zur Namensgebung geführt hat. Bei vielen Angiospermen ist dieses primitive Leitungssystem weiterentwickelt zu einem kontinuierlichen Siebröhrensystem aus lang gestreckten Zellen mit größerem Durchmesser und siebartig durchbrochenen Schräg- oder Querwänden, den **Siebröhrengliedern.** Bei den am höchsten entwickelten Formen des Phloems, wie sie bei Schling- und Kletterpflanzen auftreten, entsprechen die querstehenden Endwände einer einzigen Siebplatte mit besonders großen Siebporen.

Im Gegensatz zu den Zellen des Xylems enthalten Siebzellen und Siebröhrenglieder lebende Protoplasten, die jedoch stark reduziert sind. In den Protoplasten gibt es nur wenige Mitochondrien und stärke- bzw. proteinspeichernde Plastiden. Besonders eindrucksvoll ist die völlige Auflösung des Zellkerns. Auch Tonoplast, Dictyosomen und Ribosomen werden frühzeitig abgebaut, sodass sich Cytoplasma und Zellsaft vermischen. Das ER wandelt sich zu einem aus verzweigten Tubuli und glatten, gestapelten Zisternen bestehenden Siebelementreticulum. Eine charakteristische Komponente reifer Siebelemente sind Filamente oder Tubuli. Diese noch nicht endgültig verstandenen Strukturen enthalten vor allem zwei **P-Proteine** (Phloemproteine): das etwa

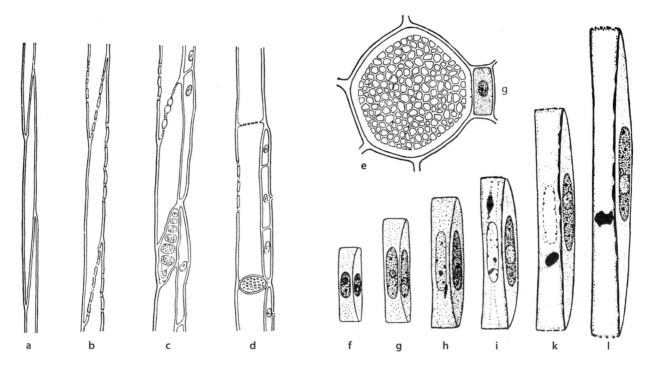

◻ **Abb. 2.24** Siebelemente. In evolutiver Hinsicht besonders urtümlich sind prosenchymatische Zellen ohne besondere Wandstruktur (z. B. *Rhynia,* **a**). Bei den Bärlappgewächsen kommt es zur Ausbildung primitiver Siebfelder **b**, in der weiteren Phylogenese zur Bildung von Siebzellen mit Siebfeldern (z. B. Nachtschattengewächse, **c**), bis schließlich Siebplatten mit Siebporen auftreten (z. B. Kürbisgewächse, **d**). **e** *Cucurbita pepo.* Siebröhre quer mit Siebplatte und Geleitzelle g (600 ×). **f–l** Entwicklung eines Siebröhrenglieds und Geleitzelle bei der Puff-Bohne *Vicia faba* (F inäquale Teilung; I–L Auflösung des Siebröhrenkerns und des Tonoplasten). (a–d nach W. Zimmermann; e nach H. Fitting; f–l nach A. Resch)

100 kDa große PP1 und das etwa halb so große, als Dimer organisierte Lectin PP2. Beide Bausteine lagern sich zu langen, im Elektronenmikroskop deutlich sichtbaren Filamenten zusammen, die sich aber auch auflösen und im Phloem über größere Distanzen wandern können. Als kernlose, zarte Zellen sind die Siebelemente kurzlebig, meistens kollabieren sie am Ende einer Vegetationsperiode und werden bei mehrjährigen Pflanzen durch neue ersetzt. Bei ausdauernden Monokotyledonen wie den Palmen können sie allerdings auch Jahre überleben. Wie Plasmodesmen werden auch Siebporen bei Stilllegung durch Callose verschlossen. In angeschnittenen oder auf andere Weise verletzten Siebröhren von Eudikotyledonen und einigen Monokotyledonen findet man die Siebporen verstopft mit Pfropfen aus P-Protein oder Bruchstücken geplatzter Plastiden.

Bei Angiospermen ist jedes Siebröhrenglied von einer (selten mehreren) kleineren, kernhaltigen und mitochondrienreichen **Geleitzelle** flankiert (◻ Abb. 2.24e-l und 2.25). Diese drüsenartigen Zellen sind mit den Siebröhrengliedern durch zahlreiche Plasmodesmen verbunden, über die sie den Stoffwechsel der kernlosen Leitelemente versorgen. So werden etwa beide P-Proteine in den Geleitzellen synthetisiert und sofort in die Siebröhrenglieder transportiert, wo sich zunächst hoch geordnete PP-Bodies bilden, die später in die einzelnen Filamente zerfallen. Zweite Hauptfunktion der Geleitzellen ist das kontrollierte Be- und Entladen der Siebröhren mit Nährstoffen. Auch das prägt sich in besonderen Strukturmerkmalen aus: Beim symplastischen Typ sind zwischen Geleitzellen und Siebröhrengliedern besonders viele Plasmodesmen ausgebildet (vor allem bei tropischen und subtropischen Pflanzen). Dagegen sind beim apoplastischen Typ die Zelloberflächen durch labyrinthartige Einstülpungen entlang der Zellwand vergrößert (vor allem bei Pflanzen gemäßigter und kalter Zonen).

Bei den Angiospermen entsteht der Siebröhrenglied/Geleitzellen-Komplex aus einer Mutterzelle durch inäquale Teilung (◻ Abb. 2.24f-l). Die Siebzellen der Nacktsamer und Farnpflanzen sind nicht mit Geleitzellen ausgestattet. Allerdings gibt es bei diesen Gewächsen proteinreiche Parenchymzellen, die mit den Siebzellen ähnlich eng verbunden sind wie Geleitzellen mit Siebröhrengliedern (obwohl sie im Gegensatz zu diesen nicht aus derselben Mutterzelle hervorgehen). Diese Zellen werden als Eiweiß- oder **Strasburger-Zellen** bezeichnet.

2.3.4.2 Xylem

Der Transpirationsstrom (▶ Abschn. 14.2.5) bewegt sich durch Röhrenzellen, deren Protoplasten mit Erreichen der Funktionstüchtigkeit absterben und durch Selbstauflösung (Autolyse) verschwinden – ein klassisches Beispiel für **programmierten Zelltod** bei Pflanzen, der sich in vielerlei Hinsicht von dem analogen Phänomen bei Tieren, der Apoptose, unterscheidet. Beispielsweise wird der

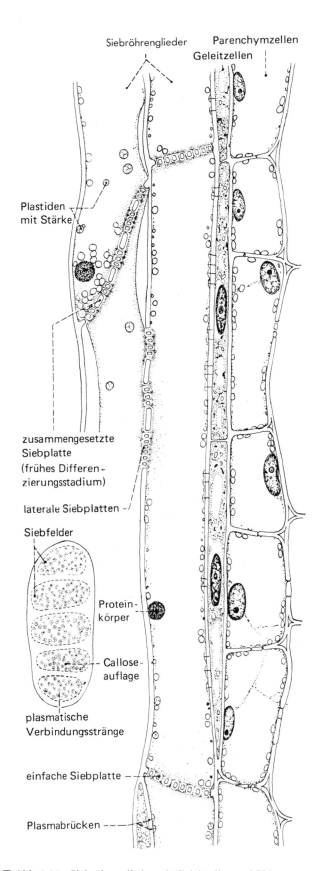

◻ **Abb. 2.25** Siebröhrenglieder mit Geleitzellen und Phloemparenchym bei *Passiflora caerulea*. Links: zusammengesetzte Siebplatte mit fünf Siebfeldern (750 ×). (Nach R. Kollmann)

gezielte Proteinabbau nicht durch Caspasen bewerkstelligt, sondern durch die vermutlich unabhängig entstandenen **Metacaspasen**. Noch vor der Aktivierung des programmierten Zelltods streckt sich die Zelle stark und es werden charakteristische Zellwandverdickungen angelegt und danach mit Lignin versteift. Die Vakuole bleibt bis zu diesem Zeitpunkt intakt. Nachdem die Zelle abgestorben ist, bleiben nur die verholzten, von Hoftüpfeln durchbrochenen Zellwände übrig.

Es gibt zwei Formen wasserleitender, trachealer Elemente: Tracheiden und Tracheen (Gefäße). Die **Tracheiden** sind lang gestreckte, englumige Einzelzellen mit spitzwinklig-schrägstehenden, reich getüpfelten Endwänden, über die sie mit den in Längsrichtung benachbarten Tracheiden verbunden sind. Der Strömungswiderstand in tracheidalen Zellreihen ist relativ hoch. Wesentlich kleiner ist er in den weitlumigen, kürzeren **Tracheengliedern**, bei denen die Endwände massiv durchbrochen oder komplett aufgelöst sind (◘ Abb. 2.26). Der größere Durchmesser der Gefäße (60 bis >700 μm), die meist schon mit bloßem Auge als Holzporen erkennbar sind, wird dadurch erreicht, dass junge Gefäßglieder unter Polyploidisierung ihrer Zellkerne (8–16n) in die Breite wachsen, bevor ihre Zellwände durch die Anlagerung sekundärer Wandverdickungen ihre Wachstumsfähigkeit verlieren.

Die **Lignifizierung** der Wände von Tracheiden und Tracheengliedern verhindert den Kollaps dieser Röhrenzellen, in denen bei kräftiger Transpiration Unterdruck herrscht. Beim Abschneiden von Sprossen wird daher Luft in die Gefäße gesaugt. Da Schraubentracheen strukturell den atemluftführenden Tracheen von Insekten ähneln, kam es zur irreführenden Benennung der wasserleitenden Xylemgefäße als Tracheen (Marcello Malpighi, 1628–1694, Mitbegründer der Pflanzenanatomie; griech. *tráchelos*, Luftröhre).

Besonders einfache Wasserleitungsbahnen finden sich bei Laubmoosen, deren Stämmchen zentrale Stränge längsgestreckter, inhaltsloser Zellen mit verdickten Wänden enthalten (Hydroiden). Diese Wände sind jedoch nicht verholzt. Bei Farnpflanzen und Nacktsamern herrschen Tracheiden vor. Die Röhrenquerschnitte sind hier größer und die Strömungswiderstände der Endwände durch Schrägstellung und Tüpfelung vermindert. Die Trennung von Leitungs- und Stützfunktion ist stammesgeschichtlich erst spät vollzogen worden. Noch bei den Gymnospermen wird der Stamm überwiegend von Tracheiden gebildet. Tracheen haben sich mehrfach unabhängig entwickelt. Sie treten vereinzelt bereits bei Farnpflanzen und Gymnospermen auf, sind aber erst bei den Angiospermen weit verbreitet. Ihnen kommt nur noch Leitfunktion zu, die Stützfunktion wird von einem speziellen Festigungsgewebe aus Holz-(Libriform-)fasern übernommen. Allerdings kommen auch im Angiospermenholz, also bei Laubhölzern, neben den Tracheen noch Tracheiden vor: Bei der ontogenetischen Entwicklung der Leitbündel in diesem Holz wird die stammesgeschichtliche Evolution in groben Zügen wiederholt. Die hinsichtlich der Förderleistung für Wasser am höchsten entwickelten Gefäße findet man bei Lianen. Ihre Tracheen weisen die größten Durchmesser auf und sind zu einer Länge von 10 m sind alle Querwände beseitigt, während andere Tracheen in der Regel Querwände mit Abständen von einigen Zentimetern bis zu 1 m enthalten, möglicherweise um die Gefahr massiver Luftembolien zu verringern. Ein weiterer Mechanismus zur Vermeidung von Embolien sind Nanostrukturen der Oberfläche,

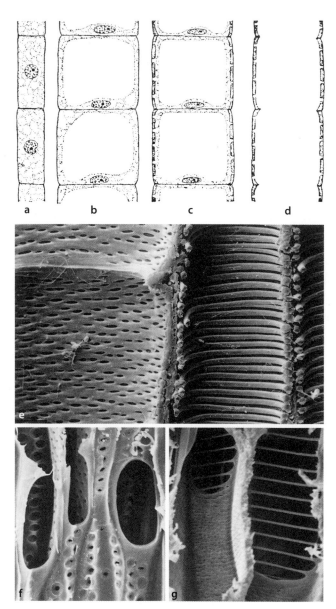

◘ **Abb. 2.26** Tracheen (Gefäße). **a–d** Entwicklung einer vielgliedrigen Trachee aus einer Zellreihe durch Vergrößerung der Zellen (Polyploidisierung, Vakuolisierung), Bildung verholzter Wandverdickungen, Auflösung der Querwände und Absterben der Protoplasten (150 ×). **e** Nach Art der Wandverdickungen werden Netzgefäße (links) und Schraubengefäße (rechts) unterschieden; Längsschnitt durch Leitbündel des Kürbis (360 ×). **f** Weitlumige Poren zwischen Tracheengliedern; Tüpfelgefäße im Holz des Holunders *Sambucus nigra* (500 ×). **g** Leiterförmige Durchbrechung der Schrägwand in Netzgefäßen des Birkenholzes (1300 ×). (a–d nach E.W. Sinnott; e REM-Aufnahme: W. Barthlott; g REM-Aufnahme: S. Gombert)

die im transportierten Wasser zu Mikrowirbeln führen, was die Entstehung größerer Turbulenzen verhindert – ein Prinzip, das inzwischen bionisch für den Schiffsbau genutzt wird. Die besondere Leistungsfähigkeit des Leitgewebes von Lianen erklärt sich damit, dass sie als Kletterpflanzen auf die Ausbildung tragender Stämme verzichten (dafür nutzen sie Trägerpflanzen, Felsen oder Mauern), aber durch ihre dünnen Sprossachsen hindurch doch ein Laubwerk von baumkronenartigem Ausmaß mit Wasser versorgen müssen.

2.3.4.3 Leitbündel

In Wurzeln, Sprossachsen und Blättern ist das Leitgewebe in Leitbündeln (Faszikeln; lat. *fasciculi*, Bündelchen) konzentriert. Das eigentliche Leitgewebe ist dabei häufig von Sklerenchymfaserbündeln flankiert und von Endodermen eingefasst. Die Leitbündel sind in Sprossachsen und Blättern als Netzwerk organisiert, während jede Wurzel im Zentralzylinder ein einziges, radiales Leitbündel besitzt, das eigentlich aber ein Sammelbündel ist. Nach der Anordnung von Phloem und Xylem lassen sich konzentrische und kollaterale Bündel unterscheiden (◘ Abb. 2.27). **Konzentrische Bündel** mit Innenxylem sind bei Farnen verbreitet, solche mit Außenxylem in unterirdischen Sprossen (Rhizomen) und Achsen von Monokotyledonen. Der mit Abstand häufigste Typ sind die **kollateralen Leitbündel** (Schachtelhalme, Gymno- und Angiospermen, ◘ Abb. 2.28; lat. *collaterális*, Seite an Seite). In Achsen ist dabei der Holzteil stets nach innen, in Blättern bei Horizontallage nach oben gerichtet. Eine Sonderform ist das bikollaterale Leitbündel mit zwei Siebteilen. Solche Bündel finden sich z. B. bei Nachtschatten- und Kürbisgewächsen. Grenzen Holz- und Siebteil unmittelbar aneinander, spricht man von einem **geschlossenen Leitbündel** (◘ Abb. 2.28a). Es besteht vollständig aus Dauergewebe. Dieser Bündeltyp ist für die Monokotyledonen

charakteristisch, was wichtige Konsequenzen für das Wachstum dieser Pflanzen hat (► Exkurs 3.3). Die meisten Leitbündel von Gymnospermen und Dikotyledonen sind dagegen **offen**, d. h. zwischen Phloem und Xylem ist eine Meristemlage eingeschoben, das **faszikuläre Cambium**. In Querschnitten fällt es durch regelmäßige Anordnung der besonders dünnwandigen Zellen auf (◘ Abb. 2.28b, c). Dieses Cambium spielt beim sekundären Dickenwachstum der Sprossachsen eine entscheidende Rolle.

Die Ausbildung der kollateralen Bündel erfolgt im Allgemeinen im Siebteil von außen her, im Holzteil vom Innenrand des Bündels aus zu dessen Mitte hin. Daher liegen die ältesten Leitelemente des Holzteils (die vergleichsweise wenig differenzierten Xylemprimanen bzw. das aus ihnen gebildete Protoxylem) am Innenrand des Holzteils, die Primanen des Siebteils bzw. das Protophloem dagegen am Außenrand des Siebteils. Die später gebildeten, voll ausdifferenzierten und funktionstüchtigen Leitgewebe des Metaxylems bzw. Metaphloems liegen zur Bündelmitte bzw. zum Bündelcambium hin.

2.3.5 Drüsenzellen und -gewebe

Drüsenzellen bilden bestimmte Stoffe (**Sekrete**, lat. *secérnere*, absondern, ausscheiden), die nach außen abgegeben werden. Alternativ sondern sie Stoffwechselschlacken, Ballast- oder Schadstoffe als **Exkrete** ab (► Abschn. 14.16). Als Sekrete werden traditionell Abscheidungen bezeichnet, die für den Erzeuger nützlich sind, während Exkrete schaden würden, wenn sie nicht entfernt werden könnten. Diese Unterscheidung lässt sich jedoch oft nicht genau treffen, da Exkrete vor allem im Zusammenhang mit der Abwehr von Krankheitserregern auch nützlich sein können – vielfach werden toxische Substanzen in der Vakuole gespeichert und bei Bedarf in einer hypersensitiven Reaktion freigesetzt. Dies hat zwar den Tod der Zelle zur Folge, tötet aber auch den Eindringling und schützt so die Nachbarzellen. Sekrete bzw. Exkrete werden im Cytoplasma der Drüsenzellen gebildet, in denen ER und/oder Golgi-Apparat meist massiv entwickelt sind. Die Kerne von Drüsenzellen sind relativ groß. Dagegen ist die Vakuole nur schwach ausgebildet, außer wenn sie als Speicherplatz für das Sekret bzw. Exkret dient. Wenn die Produkte von Drüsenzellen in nichtplasmatischen Innenräumen (meistens Vakuolen) akkumulieren, spricht man von intrazellulärer Sekretion bzw. Exkretion (Absonderungszellen, z. B. Milchröhren und Oxalatidioblasten, s. u.). Häufiger wird allerdings das Sekret bzw. Exkret in den Apoplasten abgegeben, was oft durch spektakuläre Oberflächenvergrößerungen unterstützt wird (◘ Abb. 2.29). Die ausgeschiedenen Produkte werden dann entweder im Inneren der Pflanze gespeichert (in Sekretbehältern oder Harzgängen) oder an die Umwelt abgegeben (Duftstoffe, Nektar).

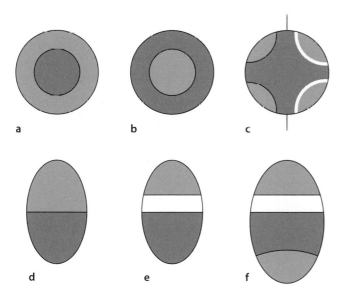

◘ Abb. 2.27 Leitbündeltypen. Verteilung von Xylem (blau), Phloem (grün) und Cambium (weiß) auf Querschnitten. **a** Konzentrisches Leitbündel mit Innenxylem (hadrozentrisches oder periphloematisches Bündel). **b** Konzentrisches Leitbündel mit Außenxylem (leptozentrisches oder perixylematisches Bündel). **c** Radiäres Leitbündel mit Innenxylem und vier Xylempolen (im gezeigten Fall: tetrarches Bündel), realisiert im Zentralzylinder von Wurzeln; linke Hälfte geschlossen (Monokotyledonen), rechts offen (Magnoliiden und Eudikotyledonen). **d–f** Kollaterale Leitbündel. **d** Geschlossen (Monokotyledonen). **e** Offen (meiste Eudikotyledonen). **f** Bikollateral-offen (z. B. beim Kürbis)

2

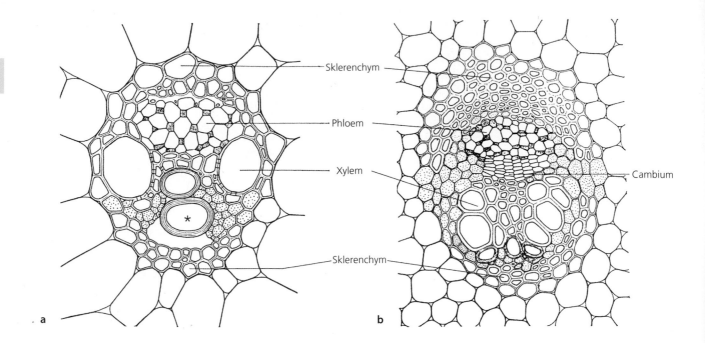

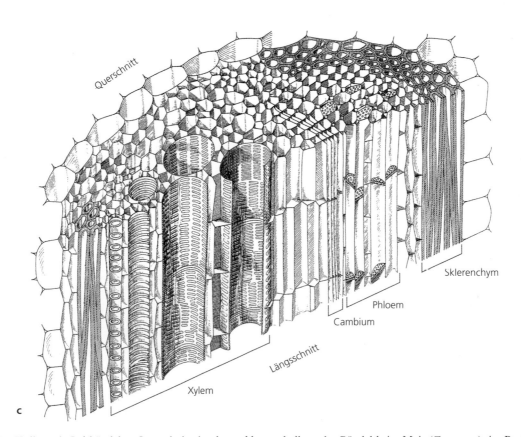

◻ Abb. 2.28 Kollaterale Leitbündel. **a** Querschnitt durch geschlossen-kollaterales Bündel beim Mais (*Zea mays*); im Protoxylemringge-fäß*, das beim Streckungswachstum benachbartes Xylemparenchym zerrissen hat (vgl. ◻ Abb. 3.41). **b** Querschnitt durch offen-kollaterales Bündel des Hahnenfußes *Ranunculus repens*. **c** 3D-Bild eines offen-kollateralen Bündels. (Alle ca. 200 ×). (a, b nach D. von Denffer; c nach K. Mägdefrau)

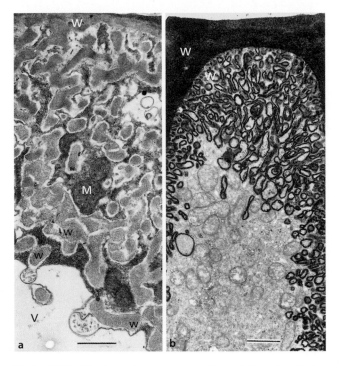

◘ Abb. 2.29 Wandprotuberanzen und apikales Labyrinth in Zellen von Nektarien. Für viele Drüsenzellen sind Oberflächenvergrößerungen in dem Bereich, in dem die Stoffausscheidung erfolgt, typisch. **a** Wandlabyrinth einer Nektardrüse am Kelch von *Gasteria*. Von der apikalen Zellwand, wo die Sekretausscheidung erfolgt, reichen zahlreiche Wandprotuberanzen bis fast zur Vakuole; im Wandlabyrinth Mitochondrien, die Energie für aktive Transportprozesse liefern. In ähnlicher Weise vergrößern auch Transferzellen (Übergangszellen, ► Abschn. 14.16) die Flächenausdehnung der Zellmembran durch Wandlabyrinthe. **b** Apikale Region eines Nektariums von *Asclepias curassavica* mit zahlreichen Einfaltungen der Zellmembran, die durch spezifische Kontrastierung der Sekretkohlenhydrate verdeutlicht sind. (Maßstäbe 1 μm.). – M Mitochondrien, V Vakuole, W Zellwand, w Wandprotuberanzen. (EM-Aufnahmen: E. Schnepf und P. Christ)

Drüsenzellen treten bei Pflanzen oft einzeln auf. Seltener sind mehrere bis viele Drüsenzellen zu begrenzten Drüsengeweben zusammengeschlossen (◘ Abb. 2.32 und 2.31). Große Körperdrüsen, die mit jenen von Tieren vergleichbar wären, kommen bei Pflanzen allerdings nicht vor. Dagegen spiegelt die funktionelle Vielfalt der Pflanzendrüsen das gewaltige Ausmaß des Sekundärstoffwechsels bei Pflanzen wider. Der Mannigfaltigkeit der Sekrete bzw. Exkrete entspricht die Vielfalt der Funktionen, denen sie dienen können. Wichtige Beispiele sind:

- **Schutz** der Pflanze: Viele Sekrete sind giftig (Alkaloide, Steroidglykoside), schmecken bitter oder wirken als Allergene. Das Wachstum von Pilzen oder Bakterien wird durch phenolische Gerbstoffe und Terpenoide gehemmt. Tierische Fraßschädlinge werden abgestoßen oder in Stoffwechsel bzw. Entwicklung geschädigt (► Abschn. 14.14 und 16.4.1). Durch Milchsäfte, Gummen und Harze, die bei Verletzung ausfließen, können Wunden desinfiziert und rasch verschlossen werden.

- **Tieranlockung:** Etherische Öle und andere Duftstoffe werden oft im Drüsengewebe besonderer Osmophoren gebildet. Sie stehen im Dienste von Bestäubung und Samenausbreitung. Nektardrüsen (Nektarien) belohnen Tiere, die der Pflanze nützlich sind. Nektarien sind meistens in Blüten lokalisiert, doch gibt es auch extraflorale Nektarien. Ihr zuckerhaltiges Sekret nährt z. B. Insekten, die (wie Ameisen oder Termiten) biologische Feinde von Schadinsekten sind. Bei manchen Insektivoren (► Exkurs 3.4; ► Abschn. 16.1.2) werden die Beutetiere durch glitzernde Absonderungen von klebrigem Schleim angelockt und festgehalten. Daraufhin werden sie durch die Produkte von Verdauungsdrüsen chemisch abgebaut und die freigesetzten Aminosäuren über die Membran aufgenommen (◘ Abb. 2.33).

- **Exkretion:** Spezialisierte Absonderungszellen oder Drüsengewebe dienen der Exkretion. Bekanntestes Beispiel dafür sind die Oxalatzellen, die überschüssiges Calcium aus dem Stoffwechsel entfernen und in ihren Vakuolen als Calciumoxalatkristalle anhäufen (◘ Abb. 1.57). Pflanzen salzreicher Standorte, z. B. Meeresküsten, verfügen (ähnlich wie Seevögel) über Salzdrüsen zur aktiven Absonderung überschüssigen Salzes nach außen.

- Eine extreme Form der Drüsenfunktion ist der massive **Weitertransport** körpereigener Stoffe: Zellen mit dieser Funktion sind häufig im Abschlussgewebe zu finden. Beispiele sind die Durchlasszellen von Endodermen (◘ Abb. 2.20b und 3.84b), die Transferzellen in Bündelscheiden, aber auch die Zellen des Epithems (griech. *epithēma*, Deckel), kleinen, chlorophyllarmen Parenchymzellen, die aktiv Wasser abscheiden, das dann durch Wasserspalten (Hydathoden) abgegeben wird, um bei hoher Luftfeuchtigkeit die fehlende Transpiration zu ersetzen. Auch Geleitzellen im Phloem des Angiospermenleitgewebes haben eine solche Funktion. Viele dieser Zellen erzeugen zwar die Stoffe, die sie in einer Richtung sezernieren, nicht selbst und unterscheiden sich insofern von den meisten Drüsenzellen (außer z. B von den oben erwähnten Salzdrüsen), sie besitzen aber in cytologischer Hinsicht die Merkmale von Drüsenzellen (große Kerne, dichtes Plasma, unter Umständen Oberflächenvergrößerungen durch Wandprotuberanzen).

Einige ausgewählte Beispiele sollen im Folgenden einen Eindruck von den vielfältigen Drüsenstrukturen und -funktionen bei Pflanzen geben.

2.3.5.1 Milchröhren

Manche Pflanzen lassen bei Verletzung Milchsaft austreten. Bekannte Beispiele sind Wolfsmilch-Arten, Löwenzahn, Gummibaum, Schöllkraut und Mohn. Der Milchsaft entspricht dem Zellsaft oder dem dünnflüssigen Plasma weitverzweigter Röhrensysteme im Pflanzenkörper. Diese Systeme bestehen aus typischen, meist großen Absonderungszellen. Ihre ungewöhnlichen Ausmaße beruhen zum Teil auf der Vielkernigkeit (Polyenergidie) von Riesenzellen, die als **ungegliederte Milchröhren** das Parenchym durchwuchern. Solche plasmodialen Milchröhren, die mehrere Meter lang werden können und zu den größten Zellen überhaupt gehören, finden sich bei vielen Euphorbien, beim Oleander und beim Gummibaum (*Ficus elastica*). **Gegliederte Milchröhren** sind dagegen Syncytien. Sie entstehen durch Zellverschmelzung unter Auflösung ursprünglich vorhandener Querwände. Milchröhren dieser Art sind

2

bei den Mohngewächsen verbreitet (z. B. Schöllkraut, *Chelidonium*, mit gelbem Milchsaft und Schlaf-Mohn, *Papaver somniferum*, dem Lieferanten von Opium, einem morphinhaltigen Alkaloidgemisch), sowie bei den ligulifloren Asteraceen (z. B. *Taraxacum*, *Podospermum*; ◪ Abb. 2.32a, b; und Lattich [*Lactuca*] dessen Namen auf seinem Milchsaft beruht; lat. *lac*, Milch) und bei vielen Wolfsmilchgewächsen (z. B. Kautschukbaum, *Hevea brasiliensis*).

2.3.5.2 Harzgänge und Sekretbehälter

Während sich Milchsaft in den Milchröhren selbst sammelt, also im Zellinneren, wird das als Harz bzw. Balsam bezeichnete, zähflüssige Gemisch von Terpenoiden (etherischen Ölen) in schizogenen (durch Auseinanderweichen von Zellen entstandenen) Interzellularräumen akkumuliert (◪ Abb. 2.30). Diese Harzgänge (-kanäle) sind von Drüsenepithel ausgekleidet. Wie bei Milchröhren handelt es sich auch bei Harzgängen um sehr ausgedehnte, verzweigte Röhrensysteme, die bei Verletzung auslaufen. An der Luft erstarrt Harz zu einem desinfizierenden Wundverschluss.

Harzgänge sind vor allem bei Nadelhölzern verbreitet. Die Harze mancher Arten werden gewerblich verwertet (z. B. Terpentin bzw. Terpentinöl; Kanadabalsam). Bernstein ist fossiles Harz. Bei Angiospermen ist Harzbildung selten.

Etherische Öle werden von vielen Pflanzen gebildet. Oft ist die Produktion aber so gering oder die flüchtigen Sekrete werden so rasch nach außen abgegeben, dass keine besonderen Speicher ausgebildet werden. So enthalten viele Blütenblätter im Cytoplasma ihrer Epidermis- und Mesophyllzellen Tröpfchen etherischer Öle, die bei entsprechender Temperatur durch Verdampfen nach außen entweichen (Blütendüfte von Rosen, Veilchen, Jasmin). Wie sie durch die Plasmamembran gelangen ist jedoch noch nicht wirklich verstanden. Bei manchen Arten kommt es aber doch zu einer Speicherung von dünnflüssigem etherischem Öl in schizogenen oder lysigenen (durch Auflösung von Zellwänden entstandenen) **Ölbehältern** (◪ Abb. 2.31). Bekannte Beispiele sind Johanniskraut-(*Hypericum*-) und *Eucalyptus*-Arten mit schizogenen Sekretbehältern sowie die lysigenen Ölbehälter in den Schalen von *Citrus*-Früchten.

2.3.5.3 Köpfchenhaare und Drüsenemergenzen

Am freien Ende von Pflanzenhaaren und Emergenzen sitzen oft einzelne oder mehrere Drüsenzellen (◪ Abb. 2.32c, d und 2.16d). Da die Drüsenzellen (bzw. Drüsengewebe) im Allgemeinen kugelig und dicker sind

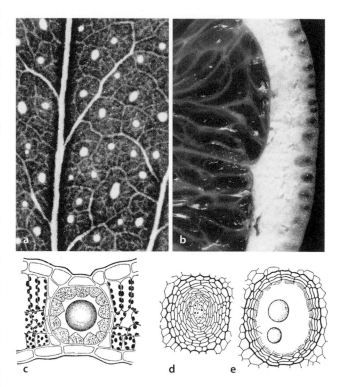

◪ **Abb. 2.31**   Ölbehälter. **a**, **c** Schizogene Ölbehälter von *Hypericum perforatum*, Aufsicht (A, 2 ×) und Blattquerschnitt (C, 50 ×). **b**, **d**, **e** Ölbehälter in der Außenschicht der Orangenschale (B, 2 ×) und lysigene Entstehung bei *Citrus limon* (D, E, 25 ×). (b nach G. Haberlandt; d, e nach A. Tschirch)

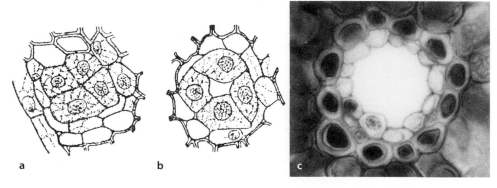

◪ **Abb. 2.30**   Harzkanäle. **a**, **b** Schizogene Entstehung eines Harzkanals mit großkernigem Drüsenepithel im Holz der Kiefer. **c** Harzkanal in der Kiefernnadel; das Drüsenepithel ist von einer Gewebescheide gegen das Mesophyll abgegrenzt (alle 250 ×.) (a, b nach W.H. Brown)

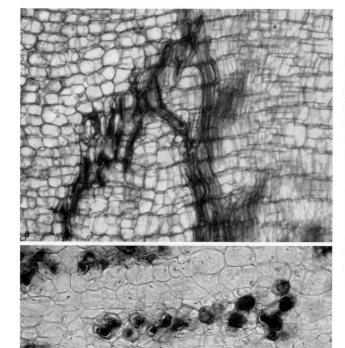

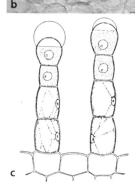

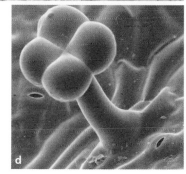

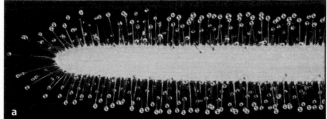

☐ **Abb. 2.33** Abscheidung von Fangschleim an den Köpfchen von Drüsenemergenzen beim Sonnentau *Drosera cuneifolia*, einer insektivoren Pflanze (▶ Exkurs 3.4). Das bilateralsymmetrisch-dorsiventrale Blatt von oben **a** und in Seitenansicht **b** (2,5 ×) (Aufnahmen: P. Sitte)

☐ **Abb. 2.32** Drüsengewebe und Drüsenhaare. **a, b** Gegliederte Milchröhren der Schwarzwurzel *Podospermum purpureum* im Wurzellängs- und -querschnitt (25 ×). **c** Drüsenhaare vom Blattstiel der Becher-Primel *Primula obconica*; das zwischen Zellwand und Cuticula angesammelte Sekret kann juckende Ekzeme verursachen (80 ×). **d** Drüsenhaar der Pedaliacee *Uncarina* mit vierzelligem Köpfchen (250 ×). (c nach D. von Denffer; d REM-Aufnahme: W. Barthlott)

durch Berührung auf, gelangen die Sekrete nach außen und die etherischen Öle verdunsten aufgrund ihres niedrigen Siedepunkts. Daher duften aromatische Pflanzen bei höheren Temperaturen stärker als bei niedrigeren. Es kommen jedoch auch hydrophile Sekrete vor, wie der polysaccharidhaltige Fangschleim beim Sonnentau, *Drosera* (☐ Abb. 2.33) oder die proteinasehaltige Sekrete von Verdauungsdrüsen bei Insektivoren.

Quellenverzeichnis

Schmit AC, Nick P (2008) Microtubules and the evolution of mitosis. Plant Cell Monogr 143:233–266

Turing A (1952) The chemical basis of morphogenesis. Philosoph Trans Royal Soc London, Series B 237:37–72

Yoon HS, Golden JW (1998) Heterocyst pattern formation controlled by a diffusible peptide. Science 282:935–938

Weiterführende Literatur

Barlow PW, Lück J (2006) Patterned cell development in the secondary phloem of dicotyledonous trees: a review and a hypothesis. J Plant Res 119:271–291

Bowes BG (2001) Farbatlas Pflanzenanatomie. Parey, Berlin

Braune W, Leman A, Taubert H (2007) Pflanzenanatomisches Praktikum I. Spektrum Akademischer Verlag, Heidelberg

De Smet I, Jürgens G (2007) Patterning the axis in plants – auxin in control. Curr Opin Genet Dev 17:337–343

Kaussmann B, Schiewer U (1989) Funktionelle Morphologie und Anatomie der Pflanzen. Gustav Fischer, Stuttgart

als der Schaft der Haare/Emergenzen, entsteht der Eindruck von Köpfchen auf schlanken Hälsen, was zur Namensgebung führte. Sitzenden Oberflächendrüsen fehlen die Stielzellen. Das Sekret (häufig ein etherisches Öl) sammelt sich zwischen Zellwand und Cuticula, also außerhalb der Plasmamembran. Die Cuticula hebt sich ab, sodass ein **Sekretraum** entsteht. Reißt die Cuticula

2

Long TA, Benfey PN (2006) Transcription factors and hormones: new insights into plant cell differentiation. Curr Opin Cell Biol 18:710–714

Nardmann J, Werr W (2007) The evolution of plant regulatory networks: what *Arabidopsis* cannot say for itself. Curr Opin Plant Biol 10:653–639

Tucker MR, Laux T (2007) Connecting the paths in plant stem cell regulation. Trends Cell Biol 17:403–410

Turner S, Gallois P, Brown D (2007) Tracheary element differentiation. Annu Rev Plant Biol 58:407–433

Funktionelle Morphologie und Anatomie der Gefäßpflanzen

Peter Nick und Joachim W. Kadereit

Inhaltsverzeichnis

Nick, P und Kadereit, J.W. 2021 Funktionelle Morphologie und Anatomie der Gefäßpflanzen. In: Kadereit JW, Körner C, Nick P, Sonnewald U. Strasburger – Lehrbuch der Pflanzenwissenschaften. Springer Berlin Heidelberg, p. 137–244.
▶ https://doi.org/10.1007/978-3-662-61943-8_3

In den vorangehenden Kapiteln wurden Zellen als elementare Lebenseinheiten und Bauelemente von Geweben behandelt. Auch im Vielzeller ist jede einzelne Zelle tatsächlich eine elementare Lebenseinheit, aber sie repräsentiert hier nicht den Organismus, dessen makroskopische Gestaltung vom zellulären Bau genauso unabhängig ist wie die Architektur eines Bauwerks aus Ziegeln und anderen Bauelementen. Man kann (und konnte ja tatsächlich lange Zeit) sinnvoll Morphologie betreiben, ohne von Zellen etwas zu wissen. Komplexe Gestaltbildungen sind auch ohne Zellengliederung möglich (◩ Abb. 3.1, ◩ Abb. 19.48d und 19.76, ▶ Abschn. 1.2.4.6). Freilich zeigen die Seltenheit echter Großzeller und die enorme Vielfalt der Vielzeller, dass **Vielzelligkeit** eine günstigere Grundlage für die Evolution großer Organismen bot als die Vergrößerung und Komplizierung einer einzigen Zelle. Dies hat unter anderem mit einem günstigeren Verhältnis Oberfläche zu Volumen zu tun (▶ Exkurs 2.1). Damit ein vielzelliger Organismus entstehen kann, müssen nicht nur gleichartige Zellen vervielfacht werden, sondern sich auch auf geordnete Weise differenzieren. Die funktionelle Spezialisierung erbgleicher Körperzellen (**Somazellen**; griech. *sóma*, Körper) beruht auf **differenzieller Genaktivierung** (▶ Abschn. 1.2.4 und 5.2).

Es ist eine zentrale Frage der Entwicklungsbiologie, wie den einzelnen Zellen abhängig von ihrer Lokalisierung unterschiedliche Schicksale zugewiesen werden. Es wäre denkbar, dass dies abhängig von der Abstammungslinie geschieht, etwa dadurch, dass bei der Zellteilung den Tochterzellen verschiedene Entwicklungsfaktoren zugewiesen werden. Während dieser Weg bei der Entwicklung von Insekten oder dem Fadenwurm *Caenorhabditis* nachgewiesen wurde, scheint dies bei Pflanzen aufgrund ihrer offenen Entwicklung eher unwahrscheinlich zu sein. Allerdings wurde in 1990er-Jahren ein solches Abstammungsmodell der Zelldifferenzierung (engl. *cell-lineage model*) für die Wurzelentwicklung der Modellpflanze *Arabidopis thaliana* vorgeschlagen, da hier die Zelldifferenzierung sehr stereotyp verläuft. Mithilfe von Laserablationsexperimenten konnte dies jedoch widerlegt werden: Über einen Zweiphotonenlaser wurden einzelne Zellen des Wurzelmeristems ohne Beschädigung der Nachbarzellen zerstört. Die Nachbarzellen wanderten dann in die entstandene Lücke ein, sodass man untersuchen konnte, ob sie sich gemäß ihrer Zellabstammung oder gemäß ihrer neuen Position ausdifferenzieren würden. Die Zellen übernahmen vollständig das Verhalten der Zelle, die sie ersetzt hatten. Diese ortsgemäße Entwicklung zeigt, dass selbst in diesem Fall die Differenzierung der einzelnen Zellen von Signalen ihrer Umgebung gesteuert wird, so wie es schon bei der Entstehung pflanzlicher Vielzelligkeit angelegt war (▶ Exkurs 2.1).

Der vielzellige pflanzliche Organismus kommt also nur durch das richtige Zusammenspiel all seiner Zellen und der interzellulären Signale zustande (▶ Kap. 11). Als biologische Einheit tritt damit nicht mehr die einzelne Zelle auf, sondern der Funktionsverbund des vielzelligen Vegetationskörpers. Dieser ganzheitliche Systemcharakter unterscheidet den echten Vielzeller bzw. das Blastem grundsätzlich von einem bloßen Zellverband (**Coenobium**).

Die Somazellen erscheinen in der lebenden Ganzheit des Blastems als Bausteine, Glieder, Werkzeuge mit jeweils begrenzter Funktion. Erst nach ihrer Isolierung aus dem Blastem können sie sich als Elementarorganismen manifestieren. Störungen zellulärer Kommunikation im vielzelligen System führen zu abnormen Wachstums- und Differenzierungsleistungen, z. B. zu Tumorbildung.

◩ **Abb. 3.1** Komplexe Strukturbildung bei Einzellern: Auswüchse an Riesenzellen von Dasycladaceen (vgl. ◩ Abb. 19.75). **a** Haarwirtel am Stiel von *Chloroclados australasicus*. **b** Hutbildende, einzellige Formen von Dasycladaceen in ihrer natürlichen Umgebung (*Acetabularia crenulata*)

3.1 Morphologie und Anatomie

Die **Makromorphologie** der festgewachsenen und daher besonders leicht beobachtbaren Gefäßpflanzen war lange Zeit die alleinige Grundlage für Systematik und Taxonomie. Nun erscheint allerdings das Alltägliche leicht selbstverständlich, sodass es intellektuellen Einsatz erfordert, die damit verbundenen Probleme zu erkennen. (A. Schopenhauer: „Daher ist die Aufgabe nicht, sowohl zu sehen, was noch keiner gesehen hat, als bei dem, was jeder sieht, zu denken, was noch keiner gedacht hat." J.W. von Goethe, Mitbegründer der vergleichenden Morphologie [Entdecker des Zwischenkieferknochens beim Menschen, 1784: *Die Metamorphose der Pflanzen*, 1790]: „Was ist das Schwerste von allem? Was Dir am leichtesten dünkt: / Mit den Augen zu sehen, was vor den Augen Dir liegt.")

Zurzeit schreitet die Erforschung der ursächlichen Zusammenhänge bei der artgemäßen Entwicklung von Vielzellern (s. Teil III: Entwicklung) explosiv voran, angetrieben unter anderem durch Fortschritte in der Molekularbiologie. Früher hatte man nur beschränkte Einsicht in die **kausale Morphologie** gewinnen können, da die entscheidenden Signalstoffe und Rezeptoren meist nur vorübergehend und in äußerst geringen Konzentrationen gebildet werden und daher nicht experimentell bearbeitet werden konnten. Leichter zugänglich waren Veränderungen der Struktur-/Funktionsbeziehungen und der Gestalt, wenn sie abhängig von Umwelt- und besonderen Lebensbedingungen erfolgten: Durch teleonomische (finale) Betrachtung können Organismengestalten von ihrer biologischen Bedeutung, ihrer Zweckmäßigkeit her verstanden werden.

Dieses Prinzip ist in der Botanik vor etwas mehr als 100 Jahren durch zwei epochale und zunächst entsprechend umstrittene Werke auf breiter Front eröffnet worden: *Das mechanische Princip im anatomischen Bau der Monocotylen* von S. Schwendener (1874) und die umfassende *Physiologische Pflanzenanatomie* von G. Haberlandt (1884). Seither werden z. B. die Gewebe der Pflanzen nicht mehr nur gemäß ihrer Gestalt, sondern auch funktionell definiert (Benennung der Gewebe, ▶ Kap. 2). Schon früher hatte die Frage nach der funktionellen Bedeutung bestimmter Gestaltungen von Organismen erfolgreich als Leitlinie für Beobachtungen gedient, besonders eindrucksvoll etwa bei

C.K. Sprengel (*Das entdeckte Geheimnis der Natur im Bau und in der Befruchtung der Blumen*, 1793). Aber erst durch Darwins Selektionstheorie gelang es, diese funktionelle Anpassung auf die in den Naturwissenschaften übliche kausale Betrachtung zurückzuführen. Freilich wurde das Prinzip der ökonomischen Zweckmäßigkeit bei der Deutung des Körperbaus von Organismen oft überstrapaziert. Besonders häufig erwuchsen Missverständnisse aus dem Irrtum, die natürliche Selektion lasse nur Zweckmäßiges überleben, alles in der Welt des Lebens sei daher in höchstem Grade sinnvoll und zweckmäßig eingerichtet. In Wirklichkeit lässt die Selektion auch scheinbar Unzweckmäßiges überleben, weil biologische Strukturen in der Regel in mehrere funktionelle Kontexte eingebunden sind und die daraus resultierenden Zustände daher häufig Kompromisse darstellen. Diese Kompromisse balancieren unterschiedliche Anforderungen auf komplexe (und für die Wissenschaft nicht immer einfach zu durchschauende) Weise aus und sind somit sehr wohl zweckmäßig. Die Selektion wählt aus, stellt also ein restriktives Prinzip dar. Damit sie wirken kann, muss zunächst eine Variation zur Verfügung stehen. Diese entsteht durch zufällige Veränderungen des Erbguts (Mutation, Rekombination, horizontaler Gentransfer) aber auch durch Symbiogenese. Der enorme Artenreichtum und die vielen physiologischen, ökologischen und eben auch morphologischen Problemlösungen in der Organismenwelt konnten nur entstehen, weil durch diese Mechanismen eine große Variationsbreite entsteht.

Die Morphologie arbeitet typologisch, d. h., sie nutzt Vergleiche. Im Grunde legt man die verschiedenen Formen nebeneinander und versucht, den individuellen Unterschieden übergeordnete Gemeinsamkeiten zu finden, um so Gestaltungstypen aufzudecken. Auch bei größeren systematischen Gruppen lassen sich so – bei aller Variation und Proportionsverschiebungen innerhalb der Gattungen, Familien, aber selbst innerhalb der Arten – gleichbleibende, grundsätzliche Organisationsmerkmale definieren, die jeweils den **Typus** der betreffenden systematischen Einheit ausmachen. „Vergleichen" ist eine hohe wissenschaftliche Kunst und erfordert nicht nur eine sehr gute Kenntnis dessen, was verglichen wird, sondern auch die Fähigkeit, die allgemeinen Gesichtspunkte des Typus von den individuellen Besonderheiten des jeweiligen Exemplars zu abstrahieren (▶ Exkurs 3.1).

Exkurs 3.1 Vergleichen – eine Schlüsseltechnik der Biologie

Lebensformen sind sehr vielfältig und diese Vielfalt stellt bei der Beschreibung von Lebewesen eine große Herausforderung dar. Selbst Individuen einer Art können sehr unterschiedlich aussehen. Bei Pflanzen kommt noch hinzu, dass die Gestalt stark von der Umwelt abhängt. Ein im Dunkeln herangewachsener Keimling unterscheidet sich von einem belichteten so sehr, dass es schwierig ist, beide als Angehörige derselben Art zu erkennen – die manchmal schon weltanschauliche Ausmaße annehmenden Debatten in der Taxonomie legen dafür beredtes Zeugnis ab. Trotz dieser Grenzfälle gelingt es in der Regel jedoch erstaunlich gut, selbst sehr unterschiedlich aussehende Individuen einer baumartigen Lebensform auf einer Streuobstwiese als Angehörige der Art *Malus domestica* zu erkennen. Das hier (in der Regel unbewusst) angewandte Verfahren ist der Vergleich. Wie geht man bei einem Vergleich vor?

Man stellt sich einen Baum, der potenziell der Art *Malus domestica* angehört, gedanklich neben anderen Apfelbäumen vor, die man bereits kennt und als Apfelbäume eingeordnet hat. Im nächsten Schritt beobachtet man, was von dem Baum mit diesem abstrahierten Bild eines Apfelbaums übereinstimmt und was nicht. So wird man etwa aufgrund der fünfzähligen Blüte eine Ähnlichkeit mit Rosen und deren Verwandten bemerken oder beim Öffnen der sich entwickelnden Früchte feststellen, dass es keine Steinfrüchte sind und sie daher nichts mit Kirsche oder Pflaume zu tun haben, und man wird den Baum aufgrund der rundlichen Gesamtform der Krone von einem Birnbaum abgrenzen. Hingegen ist der von einem Blitz getroffene Ast, der verdorrt nach unten hängt, für die Zuordnung des Baums als Apfelbaum unerheblich. Das Merkmal wird also ausgeklammert und als Teil der Individualität dieses Baums und nicht als typologisches Merkmal gewertet. Von bestimmten Merkmalen sieht man also ab, man abstrahiert (lat. *ab-strahere*, abziehen; die allgemeinen Merkmale werden vom konkreten Fall wie eine Haut abgezogen, d. h. es geht darum, die Außenhülle eine Phänomens abzuziehen und auf ein anderes Phänomen zu übertragen). Um diese Abstraktion vornehmen zu können, muss man jedoch Wesentliches erkennen. Es ist also Vorwissen nötig, das hilfreich ist, um die Vielzahl der wahrgenommenen Merkmale des Baums zu ordnen. Dieses Wissen erlaubt es, nicht nur die Lebensform als Vertreter einer bestimmten taxonomischen Gruppe zu erkennen, sondern ermöglicht gleichzeitig einen Zugang zu Wissen, das nicht unmittelbar an der zu vergleichenden Lebensform gewonnen wurde. Handelt es sich um einen Vertreter von *Malus domestica*, dann ist klar, dass man beim Aufschneiden der Frucht im Inneren einen fünfzähligen Stern vorfinden wird, der den fünf Fruchtblättern entspricht. Weiterhin ist bekannt, dass aus den Samen dieser Frucht Keimlinge mit zwei Keimblättern wachsen werden. Dieses Wissen wurde nicht durch konkrete Erfahrung an dem Baum erlangt, sondern durch Folgern aus dem Wissen, dass der Baum ein Apfelbaum ist.

Vergleichen ist also ein Verfahren, um auf der Basis von Vorwissen ohne die Notwendigkeit der unmittelbaren Erfahrung neues Wissen gewinnen zu können. Hier können jedoch sehr leicht fatale Fehler auftreten, wenn nämlich Dinge miteinander verglichen werden, die nicht vergleichbar sind. Bevor also typologisch gearbeitet werden kann, muss erst einmal festgestellt werden, ob die vorliegenden Strukturen überhaupt für einen Vergleich geeignet sind. Vor allem im Laufe des 18. und 19. Jahrhunderts hat sich ein Kriterienkatalog entwickelt, mit dem sich das systematisch feststellen lässt (▶ Abschn. 3.1.1).

von Goethe sprach in diesem Sinn von einem „Urbild", entsprechend von einer „Urpflanze". Später ist dafür oft der Begriff „Bauplan" benutzt worden. Dieser Begriff ist jedoch der menschlichen Technik entlehnt und damit stark anthropomorph, was leicht zu Missverständnissen Anlass gibt. Wenn es einen Bauplan gibt, dann muss es auch einen Architekten geben. Den gibt es jedoch nicht: Die zweckmäßige Organisation lebender Organismen ist das Ergebnis natürlicher Selektion und nicht das Produkt einer absichtsvollen (finalen) Konstruktion. Dennoch ist der Begriff „bauplan" in der angelsächsischen Literatur noch gebräuchlich. Nach W. Troll, dem Altmeister der typologischen Morphologie im vorigen Jahrhundert, kann man den Typus einer Organismengruppe „zwar aufzeigen, aber nicht vorzeigen". Der Typus ist ein intellektuelles Konstrukt, eine Abstraktion, die auf dem Herausstellen von Gemeinsamkeiten beruht: Es geht um die Ähnlichkeit ungleicher Lebewesen. Die **typologische Morphologie** ist zunächst einmal von kausalen oder finalen Betrachtungen unabhängig, bietet jedoch Anlass für solche Betrachtungen. Man kann typologische Morphologie auch sehr erfolgreich ohne die Vorstellung einer Evolution betreiben – George Cuvier (1769–1832) oder Carl v. Linné (1707–1778) sind bekannte Beispiele dafür. Inzwischen werden Morphotypen als Ausdruck hierarchischer phylogenetischer Entwicklungen (Abstammung) verstanden. Die allgemeinen Merkmale einer taxonomischen Gruppe sind dabei früher entstanden und daher in allen Vertretern dieser Gruppe vorhanden. Die während der Evolution dieser Gruppe später entstandenen Merkmale finden sich dann nur in manchen Taxa. Bezeichnenderweise war es Darwin, der äußerte, Morphologie bedeute immer die Frage nach dem Typus.

Für die gewaltige Aufgabe, alle rezenten und fossil erhaltenen Organismenarten möglichst genau zu beschreiben, schon um sie systematisch einordnen und korrekt benennen zu können, wurde eine umfangreiche Terminologie entwickelt. ◻ Abb. 3.2 ruft exemplarisch einige Begriffe in Erinnerung, die bei der Beschreibung von Blatt- und Blattrandformen üblich sind. Pflanzenbestimmungsbücher enthalten kurze, ballastarme Zusammenfassungen dieser „Gebrauchsmorphologie".

Der Begriff **Anatomie** (griech. *anatémnein*, aufschneiden, sezieren) hat in der Botanik eine andere Bedeutung als in der Medizin und Zoologie. Während der geschlossen organisierte Menschen- und Tierkörper buchstäblich aufgeschnitten werden muss, um die inneren Organe sichtbar werden zu lassen, ist das bei den meisten pflanzlichen Vegetationskörpern wegen ihrer offenen Bauweise nicht erforderlich. Unter **Pflanzenanatomie** wird dementsprechend die mikroskopische Untersuchung von Gewebeanordnungen in den Grundorganen verstanden. Anatomie und Makromorphologie bzw. Organografie der Pflanzen hängen eng zusammen, sie werden in diesem Kapitel gemeinsam behandelt.

3.1.1 Homologie und Analogie

Ähnlichkeit bedeutet nicht in jedem Fall auch anlagemäßige bzw. stammesgeschichtliche Verwandtschaft. Neben Ähnlichkeiten, die aus Verwandtschaft resultieren (**Homologie**), gibt es auch Ähnlichkeiten, die auf der Anpassung an gleiche Funktionen beruhen (**Analogie**). Homologie bedeutet Anlagengleichheit, Ausdruck ähnlicher genetischer Information. Analogie bedeutet dagegen Funktionsgleichheit.

Beispielsweise haben sich Flugeinrichtungen im Tier- und Pflanzenreich mehrfach unabhängig voneinander entwickelt. Soweit es sich nicht einfach um Schwebevorrichtungen handelt, basieren sie alle auf der Ausnutzung des aerodynamischen Paradoxons und damit auf der Bildung von Flügeln. Alle Flügel von Insekten, Fliegenden Fischen, Vögeln, Fledermäusen, Ahornfrüchten und *Zanonia*-Samen (◻ Abb. 3.111d), wie auch die Flügel und Propellerblätter von Flugzeugen, weisen daher grundsätzliche Ähnlichkeiten auf, ohne homolog zu sein. Auch die Stromlinienform von Organismen (und Schiffen), die sich im Wasser

3

■ **Abb. 3.2**   Einige Blatt- und Blattrandformen. **a–g** Blattränder. **a** Ganzrandig (Mais). Wie bei fast allen Monokotyledonen ist Ganzrandig-keit verbunden mit Parallelnervatur: Die Blattleitbündel verlaufen parallel zum Blattrand (2,8×); **b** Ganzrandigkeit beim eudikotylen Stau-den-Knöterich *Reynoutria japonica* mit netznervigen Blättern. Parallelnervatur ist keine Voraussetzung für Ganzrandigkeit (2,8×). **c** Gekerbt (Meerrettich; 2,8×). **d** Gezähnt (Edelkastanie; 1×). **e** Gesägt (Brennnessel; 1,7×). **f** Doppeltgesägt (Kerrie; 1,5×). **g** Schrotsägeförmig (Löwen-zahn, *Taraxacum officinale;* 0,7×). **h–l** Einige Blatt- und Blattrandformen. **h–l** Blattformen. **h** Gebuchtet (Eiche *Quercus robur;* 1×). **i** Gefiedert (Eberesche *Sorbus aucuparia;* 1×); **k** Handförmig gelappt (Feld-Ahorn *Acer campestre;* 0,75×). **l** Gefingert (Fingerkraut *Potentilla reptans;* 0,75×). (Aufnahmen: P. Sitte)

Abb. 3.3 Phyllokladien. Flachsprosse als „Blätter". Zweig des Mäusedorns *Ruscus aculeatus* mit blattähnlichen, blütentragenden Seitensprossen, die aus Achselknospen von Schuppenblättern hervorgegangen sind (vgl. auch **Abb.** 3.32; 1×). (Aufnahme: W. Barthlott)

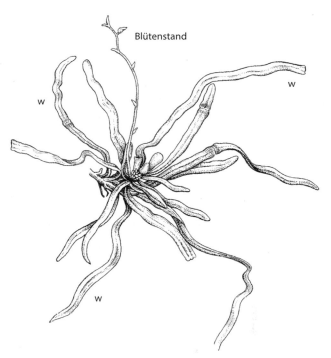

Blütenstand

Abb. 3.4 *Taeniophyllum pusillum*, eine auf Bäumen lebende (epiphytische) Orchidee mit grünen, bandartigen Luftwurzeln, die als Assimilationsorgane dienen (0,5×). – w Luftwurzel. (Nach K. Goebel)

schnell fortbewegen, dient stets demselben Zweck: der Minimierung des Reibungswiderstands. Das gilt für einzellige Schwärmer und Gameten ebenso wie für den Riesenwal (dessen analogiebedingte äußere Ähnlichkeit mit Fischen ihn dennoch nicht zu einem Walfisch macht). Die auf Funktionsgleichheit beruhende Ähnlichkeit von Stacheln und Dornen (**Abb.** 3.7) hat zu dem in ▶ Abschn. 2.3.2.1 erwähnten Durcheinander in der umgangssprachlichen Bezeichnung geführt.

So, wie gleiche Zweckerfordernisse das Ähnlichwerden ungleicher Organe bedingen können, können umgekehrt homologe Strukturen durch unterschiedliche Funktions- und Anpassungszwänge einander unähnlich werden. Beispiele dafür liefert schon die verschiedene Ausbildung gleicher Organe an ein und demselben Organismus, z. B. die Gestaltvariation der Blätter in verschiedenen Regionen des Pflanzenkörpers (**Abb.** 3.5 und 3.6, ▶ Abschn. 3.3.2 und 3.3.3). Es kann aber auch zu arttypischer Verwendung oder Verformung von Organen kommen. So übernehmen bei manchen Pflanzen Seitensprosse mit begrenztem Wachstum die Funktion von Laubblättern (**Phyllokladien**, griech. *phýllon*, Blatt, und *kládos*, Zweig; **Abb.** 3.3). Sie gleichen Blättern, sind in Wirklichkeit aber Kurzsprosse (sprosshomolog). Die Ähnlichkeit zu Blättern, etwa die ausgeprägte Spreite, ist funktionell bedingt, also analog. Das äußert sich unter anderem darin, dass Phyllokladien in den Achseln von schuppenartigen oder verdornten Blättern

stehen und Blüten tragen können, was bei Blättern nicht vorkommt. Bei anderen Pflanzen übernehmen Luftwurzeln die Rolle von Blättern (**Abb.** 3.4). Sie sind dann flächig gestaltet, durch Chloroplasten grün und ähneln Blättern statt Wurzeln. Solche durch Anpassung an besondere Funktionen bedingte Abwandlungen von Organen werden in der Pflanzenmorphologie als **Metamorphosen** bezeichnet (griech. *metá* und *morphosis*, Umgestaltung; Der Begriff wird auch in der Zoologie benutzt, bedeutet hier aber die Umgestaltung eines ganzen Organismus, etwa der Raupe zum Schmetterling oder der Kaulquappe zum Frosch).

Für die Verwandtschaftsforschung (▶ Abschn. 18.3) ist die verlässliche Unterscheidung von Homologie und Analogie besonders wichtig. Stammesgeschichtliche (phylogenetische, griech. *phylon*, Stamm) Verwandtschaft wird nur durch homologiebedingte Ähnlichkeit angezeigt. Es gibt verschiedene **Homologiekriterien**, die sich auf molekularer, karyologischer, morphologischer oder physiologischer Ebene aufzeigen lassen (▶ Exkurs 3.2).

Exkurs 3.2 Homologiekriterien

Homologien gelten inzwischen als zentraler Pfeiler der Evolutionstheorie. Es ist eine Ironie der Wissenschaftsgeschichte, dass das Konzept der Homologie ursprünglich einer nichtevolutionären Anschauung entsprang. Die vermutlich älteste Verwendung des Begriffs geht auf Owen (1843) zurück „*the same organ under every variety of form and function*". Die zentrale Frage der Homologie ist, wie man feststellen kann, dass es sich um das gleiche Organ handelt, obwohl Form und Funktion variieren. Erst später wurde der Begriff der Homologie evolutionär aufgefasst.

Als **Homologie** bezeichnet man inzwischen Ähnlichkeiten im Aufbau von Organismen, die nicht auf eine gleiche Nutzung, sondern auf die Abstammung von gemeinsamen Vorfahren zurückzuführen sind. Um Homologien von Analogien unterscheiden zu können, verwendet die Biologie einen Katalog von Kriterien. Diese Homologiekriterien wurden auf sehr griffige Weise von Remane (1952) formuliert:

- Das **Kriterium der Lage**: Arme und Vogelflügel sehen zwar unterschiedlich aus, befinden sich jedoch an entsprechenden Stellen des Wirbeltierkörpers und sind daher homolog. Mit demselben Kriterium lässt sich der äußere Kronblattkreis der Liliengewächse mit den Kelchblättern anderer Angiospermen homologisieren.

- Das **Kriterium der spezifischen Qualität** (auch als Kriterium der Struktur bezeichnet): Wirbeltierzahn und Haifischschuppe erfüllen zwar unterschiedliche Funktionen, sind aber hinsichtlich ihrer Feinstruktur und vieler zellulärer und chemischer Details so ähnlich, dass es schwer vorstellbar ist, dass sie unabhängig voneinander genau auf dieselbe Weise entstanden sein könnten. Ebenso zeigen viele Details der Antheren wie ein rudimentäres Leitbündelsystem oder die Existenz von Spaltöffnungen, dass sie mit Laubblättern homolog sind, was durch den Begriff „Staubblätter" ausgedrückt wird.

- Das **Kriterium der Kontinuität** (auch als Kriterium der Stetigkeit bezeichnet): Der Huf eines Pferdes lässt sich auf den ersten Blick nicht mit der fünffingrigen Hand der Wirbeltiere in Beziehung bringen, aber fossile Funde im Pariser Becken erlaubten es Georges Cuvier, zahlreiche Zwischenformen zu identifizieren. Diese belegen, dass moderne Pferde auf ihrem Mittelfinger gehen, während die anderen Finger zunehmend reduziert wurden. Mit demselben Argument zeigte von Goethe an den fließenden Übergängen zwischen Niederblatt, Laubblatt, Hochblatt und Blütenorganen, die er an der Stinkenden Nieswurz (*Helleborus foetidus*) beobachten konnte, dass die Blütenorgane den Blättern homolog sind.

Diese drei Kriterien können nicht nur auf Formen angewandt werden, sondern ebenso auf physiologische Prozesse, Entwicklungsvorgänge und auch auf molekulare Merkmale wie die Nucleotidsequenzen der DNA oder die Aminosäuresequenzen der Proteine. Um einen molekularen Stammbaum erstellen zu können, werden verschiedene Sequenzen zunächst so nebeneinandergelegt, dass die entsprechenden Nucleotide (oder Aminosäuren) übereinander liegen (engl. *alignment*). Das ist im Grunde der gleiche Vorgang wie beim Vergleich von Angiospermenfamilien anhand ihrer Blütenformen. So, wie sich das geschlossene Schiffchen in der Blüte des Klees aufgrund seiner Position dem Kronblatt einer Rosenblüte zuordnen lässt, kann man Nucleotide oder Aminosäuren aufgrund der übereinstimmenden Lage innerhalb der Sequenz als homolog bezeichnen, selbst wenn sie sich in ihrer chemischen Qualität vollkommen unterscheiden. Um zwei Sequenzen als *„the same sequence under every variety of form and function"* erkennen zu können, benötigt man jedoch noch das Kriterium der spezifischen Qualität, um die örtliche Zuordnung vornehmen zu können. Beispielsweise lassen sich die sehr zahlreichen und diversen Vertreter der Cytochrom-P450-Monooxygenasen, die für den pflanzlichen Sekundärmetabolismus außerordentlich wichtig sind, aufgrund konservierter Motive (etwa definierte Abfolgen von Cysteinresten, die für die Bindung einer Hämgruppe wichtig sind) als solche erkennen, auch wenn sie sich in Länge, Funktion und vielen Sequenzbereichen sehr deutliche unterscheiden. Auch das Kriterium der Kontinuität kommt nach wie vor zu seinem Recht. Häufig sind homologe Sequenzen im Laufe der Evolution so unterschiedlich geworden, dass es sehr schwierig ist, das Kriterium der spezifischen Qualität noch sinnvoll anzuwenden, weil die entsprechenden Muster kaum noch von zufälligen Änderungen zu unterscheiden sind. Hier sind es dann oft Zwischenformen dieser Sequenzen von Organismen, die evolutionär zwischen den zu vergleichenden Arten vermitteln und die Homologie erkennen lassen.

Bei der Konstruktion von Homologien wird also sehr intensiv auf das typisch biologische Verfahren des Vergleichens zurückgegriffen. Vergleichen lässt sich jedoch nur, was vergleichbar ist. Ob das der Fall ist hängt davon ab, ob man zwei Strukturen überhaupt als homolog ansehen will. Eigentlich handelt es sich also um einen Zirkelschluss. Werden jedoch viele Merkmale von Organismen auf diese Weise verglichen und sind die dabei gezogenen Schlüsse über die Verwandtschaft untereinander konsistent, erreicht man dennoch einen hohen Grad an Verlässlichkeit (auf einer Metaebene wendet man hier also wieder das Kriterium der spezifischen Qualität an).

■ **Abb. 3.5** Blattfolge bei der Nieswurz *Helleborus foetidus* (0,25×). **a** Keimblatt. **b, c** Jugendblätter. **d** Laubblatt des 1. Entwicklungsjahres. **e** Fußförmig geteiltes Laubblatt des 2. Jahres. **f** Übergangsblatt. **g–i** Hochblätter des 3. Entwicklungsjahres. **k** Blütenhüllblatt. (Nach D. von Denffer)

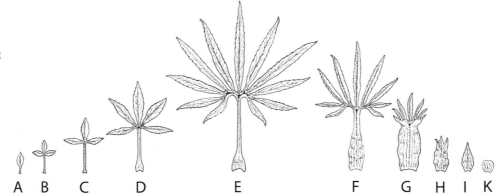

A   B   C   D   E   F   G   H   I   K

Für die morphologische Homologisierung spielt das Kriterium der Lage die bedeutendste Rolle. Ein Organ ist dann zu einem anderen homolog, wenn es in vergleichbare Strukturgefüge gleich eingeordnet ist, also dieselbe relative Lage einnimmt. So stehen Phyllokladien, wie erwähnt, in den Achseln von Deckblättern, wie das für Seitensprosse typisch ist (■ Abb. 3.3). Auch das Stetigkeitskriterium wird in der Morphologie häufig angewandt. Hier werden unähnliche Gestalten durch Zwischenformen verknüpft. So weisen etwa Übergangsformen zwischen Nieder-, Laub-, Hoch- und Blütenblättern (■ Abb. 3.5), zwischen Blütenblättern und Staubblättern (■ Abb. 3.6) und schließlich zwischen Laubblättern und Blattdornen (■ Abb. 3.7) alle diese recht verschieden aussehenden Bildungen als Blätter aus. In der Phylogenetik spielen fossile Zwischenformen diese Rolle: Sie stehen morphologisch zwischen Vertretern systematischer Einheiten, die in der weiteren Evolution einander unähnlich geworden sind. Besonders wichtig für den Nachweis von Homologie ist schließlich die Untersuchung früher Entwicklungsstadien in der Individualentwicklung (**Ontogenese**). Die meisten Organe üben nur im fertigen Zustand ihre speziellen Funktionen aus und weisen dann die entsprechenden Anpassungen auf, während ihre frühen Anlagen die auf Homologie hinweisende Anlagegleichheit noch erkennen lassen. Dieses Phänomen wurde von Ernst Haeckel in seinem berühmten Biogenetischen Grundgesetz (1866) zusammengefasst: „Die Ontogenese ist die Rekapitulation der Phylogenese."

Häufig führt die Evolution dazu, dass Formen divergieren, vor allem dann, wenn dies eine verbesserte Anpassung an unterschiedliche Umweltbedingungen mit sich bringt. Dabei können manchmal in kurzer Zeit viele neue Arten entstehen (**adaptive Radiation**). Divergente Evolution kann aber auch einfach infolge geografischer Trennung unter ansonsten vergleichbaren Umweltbedingungen erfolgen. Umgekehrt können ähn-

■ **Abb. 3.6** Übergangsformen zwischen unterschiedlichen Blattorganen bei einer Hecken-Rose, *Rosa canina*. **a** Die äußeren Kelchblätter (1 und 2) weisen noch Fiederung auf (ein Anklang an die Gestalt der Laubblätter), die inneren (4 und 5) nicht mehr; Kelchblatt 3 ist bezeichnenderweise nur einseitig gefiedert und zwar auf der 2 zugewandten Flanke (1×). **b** Zwischenformen zwischen Kron- und Staubblättern; Pfeile: Staubbeutel am Rand von Kronblättern (1,3×). (Aufnahme: P. Sitte)

Abb. 3.7 Umwandlung von Blättern in Blattdornen. **a, b** Sauerdorn *Berberis vulgaris*. **a** Fortschreitende Reduktion von Laubblättern zu Blattdornen an einer Zweigbasis (0,6×). **b** Aus der Achsel komplett verdornter Blätter wachsen Kurztriebe aus, die im 1. Jahr gezähnte Laubblätter bilden, im 2. Jahr Blüten (0,9×). **c** Bei den meisten Kakteen (als Beispiel hier *Parodia mueller-melchersii*) sind die Blätter, auch die an achselständigen Kurztrieben (Areolen) stehenden, in verholzte Dornen umgewandelt. Die Blattfunktion wird von der grünen, sukkulenten Sprossachse übernommen (1,9×). (Aufnahmen: P. Sitte)

liche Selektionsbedingungen den umgekehrten Effekt haben (konvergente Evolution). Abstammung und Anpassung können daher in unterschiedlichen Richtungen auf ein Organ einwirken und sich bisweilen sogar überlagern. Da die moderne Systematik den Anspruch hat, „natürlich" zu sein, also die Abstammungsverhältnisse korrekt widerzuspiegeln (**Kladistik**), ist es wichtig, die unterschiedlichen Wege, die zu einer Ähnlichkeit führen, auch begrifflich zu unterscheiden (▶ Abschn. 18.1). Die vor allem vom Zoologen Willi Hennig entwickelte und international gebräuchliche kladistische Terminologie verwendet für eine Analogie (also nicht in gemeinsamer Herkunft begründete Ähnlichkeit) die Bezeichnung **Homoplasie**. Homoplasien (als Gegenbegriff zu Homologien) werden dann noch einmal in Konvergenz und Parallelismus unterschieden. **Konvergenz** in Hennigs Sinn bedeutet eine ähnliche Gestaltung nichthomologer Organe. Beispiele dafür liefern Dornen (**■** Abb. 3.7 und 3.34) oder Ranken (**■** Abb. 3.36), also Organe, die umgewandelten Blättern aber auch metamorphosierten Sprossen entsprechen können. Unter **Parallelismus** ist dagegen ein phylogenetisch unabhängiges Zustandekommen ähnlicher Umgestaltungen homologer Strukturen in verschiedenen systematischen Gruppen zu verstehen. Ein Beispiel dafür bietet die Entwicklung von Stammsukkulenz in verschiedenen Pflanzenfamilien (**■** Abb. 3.33).

3.1.2 Kormus und Thallus

Bei allen Farn- und Samenpflanzen lässt sich ein gemeinsamer grundlegender Aufbau erkennen, der durch die drei **Grundorgane** Sprossachse, Blatt und Wurzel charakterisiert ist und als **Kormus** bezeichnet wird (griech. *kormós*, Stamm, Spross). Die Farn- und Samenpflanzen werden daher auch unter dem Begriff **Kormophyten** zusammengefasst und damit auch von den Moospflanzen (Bryophyten) unterschieden, die zwar auch wurzel-, blatt- und stammartige Organe tragen, aber keine Leitgewebe besitzen (▶ Abschn. 2.3.4). Die Kormophyten werden daher auch als **Gefäßpflanzen** (engl. *vascular plants*) bezeichnet. Sie sind in modularer Weise aus gleichartig aufgebauten Bausteinen, den **Telomen**, zusammengesetzt, die aus einem von Parenchym (▶ Abschn. 2.3.1) umgebenen Leitbündel bestehen, das von Abschlussgewebe (▶ Abschn. 2.3.2) umschlossen ist. Diese Telome sind nicht mit den modularen Bausteinen der Sprossachse, den Phytomeren, gleichzusetzen, die aus einem Achsenabschnitt und einem anhängenden Blatt bestehen. In einem Phytomer sind nämlich mehrere bis viele Telome verbaut. Telome können nach Art von Legobausteinen über fünf Elementarprozesse (**■** Abb. 19.143) miteinander kombiniert werden: Sie können flächig miteinander verschmelzen, einander übergipfeln oder sich sogar zu räumlichen Gebilden verbinden, wie von Zimmermann (1965) in seiner Telomtheorie über fossile Belege nachgewiesen wurde. Auch die Individualentwicklung rezenter Kormophyten, vor allem die durch einen gerichteten Auxinstrom ausgerichtete Bildung von Leitbündeln, lässt sich im Rahmen der Telomtheorie als Rekapitulation der Phylogenese (biogenetisches Grundgesetz) deuten. Die gegenseitige Zuordnung der Grundorgane ist bei den Gefäßpflanzen stets gleich: Blätter stehen immer an Sprossachsen, niemals an Wurzeln. Wurzeln bilden endogen Seitenwurzeln, während Sprosse auf völlig andere Weise Seitensprosse (Verzweigung) hervorbringen. Wurzeln können auch an Sprossen entstehen (sprossbürtige Wurzeln) sowie umgekehrt Sprosse an Wurzeln (Wurzelsprosse). Dabei gilt es zu beachten, dass die **Blüte** der Blütenpflanzen *kein* echtes Grundorgan ist, sondern ein Kurzspross, der Sporophylle (also umgewandelte Blätter) trägt und der Fortpflanzung dient.

Die unterschiedlichen Vegetationskörper vielzelliger Algen und Flechten sowie der Lebermoose sind nicht mit einem Kormus homologisierbar. Sie werden summarisch als Thalli bezeichnet (Einzahl **Thallus**; griech. *thallós*, Laub). Dieses Kapitel beschränkt sich auf die Morphologie und Anatomie der Gefäßpflanzen als der bekanntesten und bestuntersuchten, artenmäßig zahlreichsten, wirtschaftlich bedeutendsten, erd- und lebensgeschichtlich jüngsten und am höchsten entwickelten Pflanzengruppe.

3.2 Sprossachse

Der Kormus baut sich aus **drei Grundorganen** auf: **Spross**, **Blatt** und **Wurzel**. Diese Grundorgane üben verschiedene Basisfunktionen aus und werden häufig als nicht untereinander homologisierbar dargestellt. Diese Aussage ist jedoch fragwürdig und ignoriert den bei allen Grundorganen feststellbaren modularen Aufbau. Beispielsweise sind Blätter evolutiv aus gabelig verzweigten Seitenachsen urtümlicher Landpflanzen entstanden (◻ Abb. 19.143). Im typischen Fall sind die zylindrischen Sprossachsen und Wurzeln **unifacial** (mit ringsum ähnlicher Oberfläche; lat. *facies*, Aussehen), im Querschnitt radiärsymmetrisch und durch apikale Scheitelzellen bzw. Vegetationspunkte zu theoretisch unbegrenztem Längenwachstum befähigt. Blattorgane sind dagegen in der Regel flächig **bifacial** gestaltet, Ober- und Unterseite unterscheiden sich oft (aber eben nicht immer) in der Häufigkeit von Spaltöffnungen und/oder in der Behaarung. Außerdem wachsen viele Blattorgane nur begrenzt, etwa durch zweischneidige Scheitelzellen oder lineare Randmeristeme. Der äußeren Bifacialität des Blatts entspricht normalerweise eine Dorsiventralität der Gewebeanordnung im In-

neren. Trotz dieser typischen Unterschiede gibt es zahlreiche Übergänge und Ausnahmen – etwa Sprosse, die ebenfalls dorsiventral gestaltet sind, oder aber Blätter, die vollkommen radiärsymmetrisch sind. Ob ein Organ begrenzt oder unbegrenzt wächst, hat mit dem Verhältnis der Nachbildung von Stammzellen zur Differenzierung meristematischer Zellen zu tun. Auch hier gibt es viele Übergänge. Die klassische Unterscheidung zwischen Sprossen und Blättern ist zwar sinnvoll und praktisch, aus entwicklungsbiologischer Sicht ist eine klare Abgrenzung zwischen beiden oberirdischen Organen der Pflanze jedoch nicht überzeugend darstellbar.

Die grundsätzlichen Entsprechungen im Körperbau aller Kormophyten treten an jungen Sporophyten besonders klar hervor (als Sporophyt wird der aus der Zygote auswachsende, diploide Vegetationskörper verstanden). Das soll hier am Beispiel des Embryos dargelegt werden, wie er sich in den Samen der Spermatophyten (Samenpflanzen) findet (◻ Abb. 3.8; vgl. auch ◻ Abb. 2.3). Der

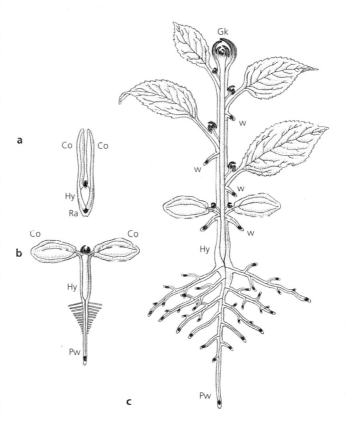

◻ **Abb. 3.8** Typischer Aufbau einer zweikeimblättrigen Pflanze. **a** Reifer Embryo mit Kotyledonen, Radicula und Hypokotyl. **b** Keimpflanze mit Primärwurzel. **c** Pflanze im vegetativen Stadium mit Seitenwurzeln, sprossbürtigen Wurzeln, Laubblättern und Gipfelknospe. – Ko Kotyledonen, Gk Gipfelknospe, Hy Hypokotyl, Pw Primärwurzel, Ra Radicula, w sprossbürtige Wurzeln. (Nach J. Sachs und W. Troll)

typische **Embryo** besteht aus der Keimwurzel (**Radicula**) und einem Achsenstück, das ein Keimblatt bzw. zwei oder mehrere **Keimblätter (Kotyledonen)** trägt (griech. *kotylédon*, Vorwölbung). Durch die Ausbildung von Spross- und Wurzelpol ist eine Bipolarität vorgegeben, die für die weitere Entwicklung der Pflanze bestimmend bleibt. Die Zone, in der sich Spross und Wurzel treffen, wird als Wurzelhals bezeichnet. Zwischen Wurzelhals und der Ansatzstelle der Kotyledone(n) befindet sich das **Hypokotyl**; den Abschnitt darüber bis zum Ansatz des ersten Primärblatts nennt man **Epikotyl**. Das Achsenstück endet am Sprosspol mit einer terminalen Knospe (Plumula). Die Kotyledonen sind wie alle Blattorgane seitliche Auswüchse der Achsenoberfläche, sie entstehen an dieser exogen (Abb. 2.5). Wie alle Blätter, die sich später an der auswachsenden Sprossachse bilden, stehen auch die Keimblätter von der Achse schräg in Richtung zum Sprossscheitel ab, sie übergipfeln ihn und schützen ihn so vor widrigen Umweltbedingungen. Zwischen Blattoberseite und Achse wird an der Blattbasis in der Regel ein spitzer Winkel ausgebildet. In dieser **Blattachsel** steht (mindestens) eine **Achselknospe (Axillärknospe)**, die später zu einem Seitentrieb auswachsen kann. Diese Lagebeziehung zwischen Blattansatzstellen und Seitenknospen ist bei Blütenpflanzen, vor allem bei Bedecktsamern (Angiospermen), überall gegeben. Daher spiegelt sich in der Verzweigung von Sprosssystemen häufig die Blattstellung der Mutterachse wider (**axilläre Verzweigung**). Viele Farnpflanzen verhalten sich in dieser Hinsicht allerdings abweichend. Auch bei Samenpflanzen können unter besonderen Umständen, z. B. bei Regenerationsleistungen nach Verstümmelung, an fast beliebiger Stelle in jedem Grundorgan durch Reembryonalisierung neue Spross- oder Wurzelvegetationspunkte entstehen und zu Adventivsprossen bzw. Adventivwurzeln auswachsen.

Die typischen Ausbreitungseinheiten der Spermatophyten sind die **Samen**, der im Inneren des Samens liegende Embryo ist im Grunde ein junger Sporophyt, der durch das Hormon **Abscisinsäure** ruhiggestellt wurde. Erst nach der Samenkeimung beginnen sich Spross- und Wurzelsystem weiterzuentwickeln. Die Blätter werden entlang der fortwachsenden Sprossachse in verschiedenen Formen ausgebildet (**Blattfolge**). Auf die besonders einfach gebauten Kotyledonen folgen Übergangsblätter (Primärblätter) und schließlich **Laubblätter**, die Hauptorgane für die Photosynthese und die Transpiration der Pflanze. In den Blütenständen werden einfachere **Hochblätter** gebildet, aus deren Achseln Blüten oder blütentragende Seitentriebe des Blütenstands entspringen können. In der Blüte selbst kommt es zu besonders starken Veränderungen der Blattform und -funktion, die in der Bildung von Staub- und Fruchtblättern gipfeln. Mit der Blütenbildung verbraucht sich der Vegetationspunkt eines Triebs: Blüten terminieren die Sprossachsen. Die

Stammzellen des Apikalmeristems werden also nach Umstellung auf die Blütenbildung nicht mehr nachgebildet.

Beim Keimling wachsen Spross und Wurzel nicht nur in die Länge, sondern durch Zellteilungen des Rindengewebes (also nicht durch Verdickung des Leitgewebes) auch in die Dicke (primäres Dickenwachstum). Längenund Dickenwachstum kommen bei ein- und zweijährigen Pflanzen (Kräutern), die nach Fruchtreife und Samenbildung gemäß einem inneren Entwicklungsprogramm absterben, während der späteren Entwicklung wieder zum Erliegen. Bei ausdauernden Gewächsen (Sträucher, Bäume) wird dagegen das Wachstum in beiden Richtungen über viele Jahre oder sogar Jahrhunderte fortgesetzt. Das betrifft vor allem die terminalen Vegetationspunkte an Wurzeln bzw. Sprossachsen und ihren Seitentrieben (bei großen Bäumen allein im Kronenbereich mehr als 100.000). Daneben bleibt bei Holzpflanzen eine noch wesentlich größere Zahl von Axillärknospen inaktiv. Diese als schlafende Augen bezeichneten Knospen bleiben inaktiv, solange der terminale Vegetationspunkt aktiv ist (**Apikaldominanz**), Fällt der terminale Vegetationspunkt aus (etwa durch Verwundung) werden sie aktiv und bilden ein eigenes Apikalmeristem. Dieses Phänomen wird im Obst- und Weinbau aktiv genutzt, um die Architektur der Pflanze und damit die Fruchtbildung gezielt zu steuern (Obstschnitt, Rebschnitt). Das Längenwachstum von Achsenorganen ist vor allem bei ausdauernden Gewächsen begleitet von sekundärem Dickenwachstum, das auf der Tätigkeit lateraler Meristeme (Cambien) beruht (▶ Abschn. 2.2.2). Der morphologische und anatomische Status, den eine Pflanze vor dem Einsetzen der Cambiumaktivität erreicht hat (und in dem krautige Pflanzen zeitlebens verharren), wird als **primärer Zustand** bezeichnet. Werden die Kambien aktiv, bildet sich zunehmend ein **sekundärer Zustand** heraus.

3.2.1 Längsgliederung

Alle Formen von Sprossachsen – auch Erdsprosse (Rhizome) – tragen grundsätzlich Blätter. Diese können allerdings unauffällig sein, wie die schuppenartigen Niederblätter vieler Erdsprosse. Bei ausdauernden Holzgewächsen fehlen Blätter an älteren Achsensegmenten, weil die Phyllome im Vergleich zur Achse kurzlebig sind. Seneszente Blätter fallen nach Ausbildung besonderer Trenngewebe ab (Abb. 12.33), bei laubwerfenden Holzgewächsen am Ende jeder Vegetationsperiode.

Die Insertionsstellen von Blättern, an denen die Sprossachsen vieler Pflanzen verdickt sind, werden als **Knoten (Nodi)** bezeichnet (oft auch Nodien; Singular: Nodus), die Achsenbereiche zwischen den Knoten als **Internodien** (Singular: Internodium). Die Sprossachse ist also aus modularen Bausteinen aufgebaut, die jeweils aus einem Internodium und dem nach oben abschließenden Knoten bestehen. Diese Bausteine werden als **Phytomere** bezeichnet.

Im Normalfall liegen die Internodienlängen im Zentimeterbereich. An der Plumula stehen die jungen Blattanlagen, die Blattprimordien, aber dicht an dicht. Die Internodien wachsen also erst nachträglich durch Zellstreckung in die Länge, häufig zusätzlich durch interkalares Wachstum. Dieses beruht auf der zeitlich begrenzten Tätigkeit von Interkalarmeristemen, typischen Restmeristemen (► Exkurs 2.2).

Häufig variiert die Internodienlänge im Sprosssystem ein und derselben Pflanze erheblich. Gegenüber dem typischen **Langtrieb** bilden sich dabei durch Stauchung Kurztriebe, Blattrosetten oder Zwiebeln. Durch Streckung können aber auch Schäfte oder Ausläufer entstehen.

Bei **Kurztrieben** folgen die Nodi und daher auch die Blätter unmittelbar aufeinander. Meist handelt es sich um Seitentriebe. Ein bekanntes Beispiel sind die Nadelbüschel an zwei- bis mehrjährigen Zweigsegmenten der Lärche (◘ Abb. 3.9b und 3.20). Bei ausgewachsenen Kiefern stehen grüne Nadeln überhaupt nur an Kurztrieben, bei der heimischen Wald-Kiefer (*Pinus sylvestris*) zu je zweien, bei der Zirbel-Kiefer (*P. cembra*) zu fünft. In funktioneller Hinsicht vertreten diese Kurztriebe Blätter, was sich auch darin zeigt, dass sie zuletzt komplett abgeworfen werden. Kurztriebe treten auch im Kronenbereich vieler Laubbäume auf, z. B. bei der Buche und verschiedenen Obstbäumen. Bei der Kirsche

tragen die Kurztriebe zunächst nur Blätter, aus deren Achselknospen aber erneut Kurztriebe entstehen, die nunmehr Blüten tragen (Infloreszenzkurztriebe, Fruchtholz; ◘ Abb. 3.9). Diese sterben nach dem Fruchten ab, während die Laubkurztriebe über viele Jahre hinweg langsam weiterwachsen (wie bei der Lärche).

Extrem kurze Internodien sind schließlich charakteristisch für manche Blütenstände (z. B. die der Korbblütler, Asteraceae) und die meisten Blüten – sie sind aus morphologischer Sicht typische Kurztriebe.

Blattrosetten (◘ Abb. 3.14a und 3.16b) werden von manchen Rhizompflanzen gebildet (z. B. vielen Primel-Arten) vor allem aber von Polsterpflanzen (◘ Abb. 3.21), sowie von vielen ein- und zweijährigen Kräutern. Dabei entstehen in einem ersten Schritt nach dem Auskeimen zunächst das Wurzelsystem und eine dem Boden flach aufliegende, grundständige Rosette von Laubblättern. Erst in einem zweiten Schritt (der bei zweijährigen Kräutern erst in der nächsten Vegetationsperiode folgt) wächst dann ein blütentragender Langtrieb aus (so z. B. bei der Königskerze und dem Fingerhut).

Unterirdische Achsenorgane (Erdsprosse, **Rhizome**) erfüllen oft eine Speicherfunktion und können dementsprechend knollig verdickt sein (z. B. Aronstab, *Arum*). Häufig erfolgt die Stoffspeicherung aber nicht in der Sprossachse selbst, sondern in nichtgrünen, verdickten (fleischigen) Niederblättern. Unterbleibt in solchen Fällen die Internodienstreckung, entsteht eine **Zwiebel**. Dies ist typisch für viele Lauchgewächse wie Küchenzwiebel (◘ Abb. 3.10) und Knoblauch, aber auch für

◘ **Abb. 3.9** Lang- und Kurztriebe. Bei der Lärche *Larix decidua* sind die diesjährigen Zweige Langtriebe **a**, während an älteren Zweigen aus den Axillärknospen dicht benadelte Kurztriebe erwachsen sind **b**. Bei der Kirsche stehen die Ringelzonen, die Jahreszuwachsgrenzen markieren, an Kurztrieben (**c**, 0,9×) nahe beisammen (vgl. dazu Abb. 3.20). (Aufnahmen: P. Sitte)

3

Blumenzwiebeln, unter anderem Hyazinthen, Narzissen und *Amaryllis*-Arten.

Während die Blattorgane an Kurztrieben sehr eng benachbart bleiben, können die Organe durch Internodienverlängerung auch weit auseinander gerückt werden. Bei den einheimischen Primeln wächst z. B. aus der bodennahen Blattrosette ein unverzweigter, scheinbar unbeblätterter Vertikaltrieb aus, der erst an seinem oberen Ende Hochblätter und Blüten trägt. Bei diesem **Blütenschaft** handelt es sich um ein stark verlängertes Internodium. Von vielen anderen Pflanzen (z. B. Erdbeere, Kriechender Günsel [*Ajuga reptans*], Kriechender Hahnenfuß [*Ranunculus repens*], Schilfrohr usw.) werden **Sprossausläufer (Stolonen)** gebildet, dünne Seitentriebe mit stark verlängerten Internodien. Sie wachsen entweder von vornherein dem Boden entlang oder biegen sich unter ihrem eigenen Gewicht zur Erde zurück, bewurzeln sich in einiger Entfernung von der Mutterpflanze an einem Knoten und können dort, oft nach Bildung einer Blattrosette, zu neuen Pflanzen auswachsen. Da die Ausläufersegmente zwischen Mutter- und Tochterpflanze schließlich absterben, handelt es sich dabei um eine Form der vegetativen, nichtsexuellen Vermehrung, die in der gärtnerischen Praxis eine wichtige Rolle spielt. Solche vegetativ entstandenen (also klonalen) Tochterpflanzen werden in der gärtnerischen Fachsprache als Absenker bezeichnet und sind von großer praktischer Bedeutung. Beispielsweise werden Erdbeeren ausschließlich über solche Absenker vermehrt. Die Enden von Stolonen können sich auch verdicken und Speicherfunktion übernehmen. Das bekannteste Beispiel dafür ist die Kartoffel (○ Abb. 3.11): Die im Boden liegenden, stärke-

speichernden Enden der Ausläufer schwellen zu Knollen an, deren Augen Sprossknospen entsprechen und nach dem Austreiben zu neuen Pflanzen heranwachsen können (vegetative Vermehrung durch Setzkartoffeln).

Bei einigen Pflanzen wechseln verlängerte und kurz bleibende Internodien entlang der Achse regelmäßig miteinander ab. Das führt hinsichtlich der Blätter zur Bildung von Scheinwirteln, wie sie z. B. bei der Türkenbund-Lilie (*Lilium martagon*) zu beobachten sind.

3.2.2 Blattstellungen

Die Stellung der Blattorgane entlang der Sprossachse ist für viele Arten charakteristisch und dient daher als wichtiges taxonomisches Merkmal. Es gibt also genetische Faktoren, die an der Ausbildung der Blattstellung (**Phyllotaxis**; griech. *táxis*, Anordnung) beteiligt sind. Traditionell wird zwischen wirteliger, zweizeiliger (disticher) und schraubiger (zerstreuter; disperser) Blattstellung unterschieden. Bei der wirteligen Blattstellung trägt jeder Knoten mehr als ein Phyllom, im einfachsten und häufigsten Fall sind es zwei (gegenständige Blattstellung). Bei disticher und disperser Blattstellung steht dagegen nur ein Blatt an einem Knoten. Entwicklungsgeschichtlich bedeutet das, dass bei wirteliger Blattstellung am Sprossvegetationspunkt jeweils zwei oder mehr Blattprimordien gleichzeitig entstehen, bei disticher und disperser Phyllotaxis dagegen alle Blattanlagen sukzedan (einzeln nacheinander) gebildet werden. Zur übersichtlichen schematischen Darstellung der Phyllotaxis

Funktionelle Morphologie und Anatomie der Gefäßpflanzen

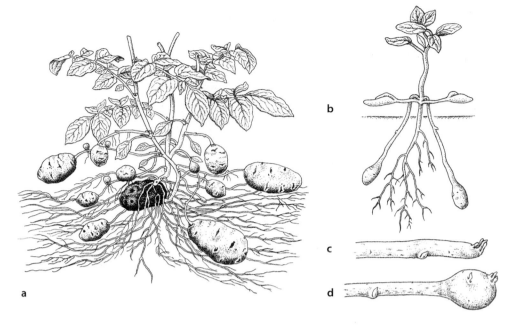

Abb. 3.11 Kartoffelpflanze
Solanum tuberosum. **a**
Ausgewachsenes Exemplar
(dunkel die Mutterknolle, aus
der sich die Pflanze entwickelt
hat). An den Ausläuferknollen
(Kartoffeln) sind Niederblätter
mit Axillärknospen (Augen)
sichtbar. **b** Keimpflanze.
Achselsprosse der Keimblätter
bereits mit kleinen Endknollen.
c, d Beginnende Knollenbildung an Ausläuferenden.
(a nach H. Schenck; b nach
Percival; c, d nach W. Troll)

werden gewöhnlich Blattstellungsdiagramme benutzt
(■ Abb. 3.12). Es handelt sich dabei um Grundrisse
der Sprossachse, in denen aufeinanderfolgende Nodi als
konzentrische Ringe dargestellt werden, der älteste mit
dem größten Durchmesser. Die Ringe entsprechen ge-
dachten Querschnitten durch die Achsenknoten.

- Die **wirtelige Blattstellung** folgt zwei Gesetzmäßigkeiten:
- **Äquidistanzregel:** Die Winkel zwischen den
  Blattansatzstellen, meist auch zwischen den Blättern
  selbst, sind an einem Knoten stets gleich, die Blätter
  stehen äquidistant.
- **Alternanzregel**: An aufeinanderfolgenden Knoten
  stehen die Blätter auf Lücke zwischen den nächstälteren
  und nächstjüngeren. Erst an jedem zweiten Knoten
  stehen die Blätter übereinander. Daraus ergeben sich
  an der Achse charakteristische Längsreihen von
  Blattorganen, die als **Orthostichen** (Geradzeilen;
  griech. *orthós*, gerade; *stíchos*, Reihe) bezeichnet
  werden. Die Zahl der Orthostichen ist doppelt so groß
  wie die Zahl der Blätter an einem Knoten.

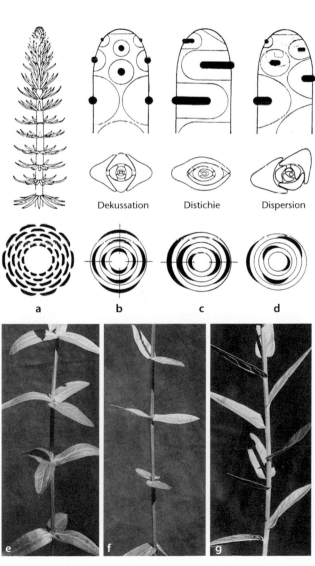

Abb. 3.12 Blattstellungstypen. **a** Vielzählig-wirtelige Blattstellung beim Tannenwedel *Hippuris vulgaris* (Spross und Diagramm). **b**,
c und **d** Anordnung der Blattanlagen (schwarz) mit Hemmfeldern, in
denen sich keine weiteren Blattanlagen bilden können; darunter
Knospenquerschnitte und Diagramme. **b** Dekussation (Flieder). **c**
Distichie (*Bupleurum rotundifolium*, Doldenblütler). **d** Dispersion
(*Centaurea benedicta*, Körbchenblütler). **e–g** Bei manchen Pflanzen
kommen am selben Individuum Achsen mit unterschiedlicher
Blattstellung vor. Als Beispiel hier dreizählig-wirtelig, dekussiert und
dispers beblätterte Achsen des Blut-Weiderich *Lythrum salicaria*. Die
Durchbrechung der Alternanzregel in **e** und **f** ist nur scheinbar. Die
Sprossachse ist in einzelnen Internodien leicht tordiert (0,5×)

3

◘ **Abb. 3.13** Kreuzgegenstandige Blattstellung (Dekussation). Strauchveronica *Veronica pinguifolia* (2×)

Äquidistanz- und Alternanzregel gelten unabhängig von der Zahl der Phyllome pro Knoten. Bei gegenständiger Blattstellung ergibt sich **Kreuzgegenständigkeit (Dekussation,** ◘ Abb. 3.13), wie sie z. B. für alle Lippenblütler (Lamiaceen) charakteristisch ist, aber auch für Brennnessel, Ahorn, Esche und Rosskastanie. Bei der Dekussation gibt es vier Orthostichen.

Auch bei der **distichen Blattstellung** gibt es Orthostichen, hier aber nur zwei, denn die Blätter (je eines pro Nodus) stehen an aufeinanderfolgenden Knoten abwechselnd, z. B. rechts/links (◘ Abb. 3.14). Der Divergenzwinkel zwischen den Blättern benachbarter Knoten ist also 180°. Distiche Beblätterung ist für viele Monokotyledonen (Gräser, *Iris*, *Gasteria*), viele Fabaceen (z. B. *Vicia*) und für die Ulmen typisch. Außerdem ist sie häufig bei waagrecht wachsenden Zweigen vieler sonst dispers beblätterter Holzgewächse (z. B. Hasel, Linde, Buche). Beim Efeu sind die an Baumstämmen oder Mauern emporwachsenden, mit Haftwurzeln in ihrer Unterlage verankerten Sprosse (► Exkurs 3.5, ◘ Abb. 3.77) distich beblättert, die später gebildeten, frei in den Luftraum hinausragenden und blütentragenden Äste dagegen dispers.

Bei **disperser Blattstellung** gibt es keine eindeutigen Orthostichen. Die Blattansatzstellen aufeinanderfolgender Nodi bilden vielmehr eine Schraubenlinie, die bei Internodienstauchung (Blattrosetten, Zapfen, Blütenstände von Korbblütlern usw.) als Spirale erscheint (◘ Abb. 3.15 und 3.16). Der Divergenzwinkel beträgt meistens etwas mehr als 130°, oft ca. 135°. Auch an dispers beblätterten Achsen stehen Blätter entfernter Knoten immer wieder ungefähr übereinander, was man

◘ **Abb. 3.14** Beispiele für Distichie. **a** Vielblütige Weißwurz *Polygonatum multiflorum* (0,4×). **b** *Aloe plicatilis*. Die Sprossachse wird erst nach Abfall der fleischigen Blätter sichtbar (0,4×). Bei anderen *Aloe*-Arten, auch bei vielen Lilien, Gräsern, Orchideen usw. werden die beiden Orthostichen durch Drehwuchs der Achse zu Schraubenlinien (Spirodistichie). **c** Gerstenähre (2×). (Aufnahmen: P. Sitte)

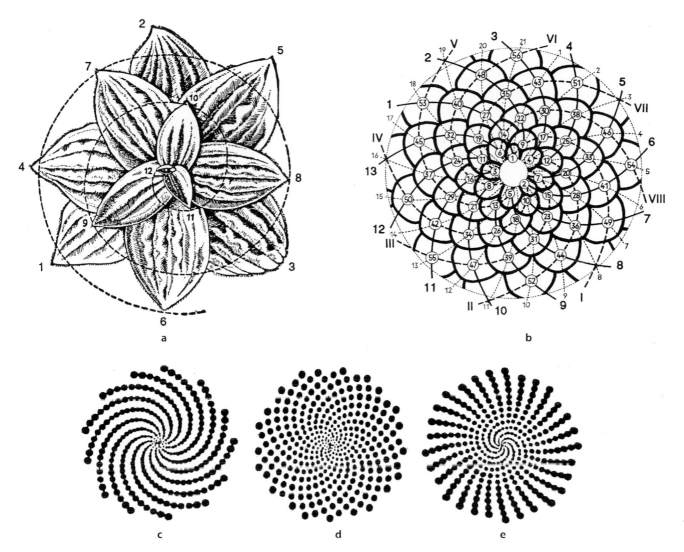

a

○ **Abb. 3.15**   Disperse Blattstellung. **a** Blattrosette des Wegerichs *Plantago media*. Aufeinanderfolge der Blätter entlang der Grundspirale (Divergenzwinkel ca. 135°, entsprechend etwa 38-Stellung; 0,7×). **b** Schuppen eines Kiefernzapfens in Reihenfolge ihrer Entstehung numme-riert (1–56). Ausgezogene Linien 1–13 und gestrichelte Linien I–VIII: die für disperse Blattstellungen charakteristischen, zahlreichen Para-stichen (Schrägzeilen, nicht zu verwechseln mit der einen Grundspirale = Spirostiche). Orthostichen werden nicht gebildet, die dünnen ge-strichelten Linien 1–21 sind deutlich gekrümmt. **c–e** Computersimulierte Blütenböden. Zwei aufeinanderfolgende Blätter sind jeweils durch den gewählten Divergenzwinkel getrennt, der in D dem Goldenen Winkel von 137,5° entspricht, in C 136,5°, in E 138°. Ein Vergleich mit B oder Abb. 3.16a zeigt, dass bei ungestörter disperser Blatt- bzw. Blütenstellung der dem Goldenen Schnitt entsprechende Winkel genau ein-gehalten wird. (a nach W. Troll; c–e nach P.H. Richter und H. Dullin)

traditionell mit dem Begriff **Spirostichen** (Schraubenzei-len) bezeichnet und den Orthostichen gegenübergestellt. Freilich sind die Übergänge nicht so klar abgegrenzt, wie diese Begrifflichkeit nahelegt. Häufig kommen bei ein- und derselben Pflanze, abhängig vom Durchmesser der Sprossachse, unterschiedliche Blattstellungen vor. Auch der Windungssinn der Spirale kann selbst bei Trie-ben ein und derselben Pflanze unterschiedlich sein.

Welche Blattstellungstypen ausgebildet werden, hängt letztendlich von den geometrischen Verhältnis-sen im Vegetationspunkt ab. Hier entstehen neue Blatt-primordien abhängig von der Position der zuvor ange-legten, älteren Blattanlagen. Das entstehende Muster wird also von der jeweiligen Größe der entstehenden Blattanlage, aber auch von der Größe des gesamten

Vegetationspunkts bestimmt. Auch wenn die Primor-dien auf der Oberfläche des Vegetationskegels, die in der morphogenetischen Zone verfügbar ist, so eng wie möglich beisammenliegen und daher häufig hexagonale Muster (hexagonale Dichtestpackung; ○ Abb. 3.17, 1) ausbilden, wird doch ein Mindestabstand eingehal-ten. Ein neues Primordium entsteht also „auf Lücke" zwischen den bereits angelegten Primordien, nachdem der Vegetationskegel zuvor durch weiteres Wachstum größer geworden ist. Es gibt eine intensive Debatte darüber, worauf das Hemmfeld in der Nachbarschaft eines Primordiums zurückgeht. Ein Modell geht von mechanischen Spannungen in dem durch die straffe Epidermis begrenzten Vegetationskegel als ordnendes Prinzip aus. In der Tat konnte man durch Auftragen

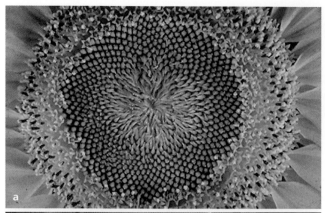

Abb. 3.16 Beispiele für disperse Blattstellung. **a** Blütenkorb der Sonnenblume *Helianthus annuus*. Die über 1000 Röhrenblüten des scheibenförmigen Blütenstands blühen nacheinander von außen nach innen (morphologisch: von „unten" nach „oben"). Sie stehen in den Achseln von Spreublättern und geben daher deren disperse Stellung mit zahlreichen Parastichen wieder (0,25×). **b** Blattrosette von *Aeonium manriqueorum* (1,2×). **c** Zweige der Tanne (von unten gesehen. Charakteristische Wachsstreifen an den Nadelblättern) sind zweizeilig benadelt (gescheitelt). Das erscheint auf den ersten Blick als Distichie, ein genauer Blick auf die Ansatzstellen zeigt jedoch die disperse Stellung, die nur später durch entsprechende Wachstumsbewegungen in zwei Reihen angeordnet wird (2×). (Aufnahmen: P. Sitte)

von expansinbeschichteten Mikropartikeln Primordien auch ektopisch (also außerhalb des natürlichen Orts) erzeugen (Expansin ist ein Protein, dass die Wasserstoffbrücken zwischen den Cellulosemikrofibrillen

auflöst und so die Dehnbarkeit der Zellwand erhöht). Inzwischen ließ sich jedoch zeigen, dass die jungen Primordien untereinander um das Pflanzenhormon Auxin konkurrieren, sodass in der Nachbarschaft eines bereits gebildeten Primordium keine neue Blattanlage entstehen kann. Welche Blattstellung aus dieser **iterativen Musterbildung** hervorgeht, hängt damit ab vom Größenverhältnis zwischen Blattanlage und Umfang des Vegetationskegels, der Größe des Hemmfelds und vom zeitlichen Verhältnis zwischen Zellteilung und Zelldifferenzierung (das durch die Aktivität der Stammzellen gesteuert wird). Je nach Verhältnis dieser drei Parameter können mehrere Primordien gleichzeitig angelegt werden, was sich später in der Bildung von Orthostichen niederschlägt. Gibt es dagegen einen deutlichen zeitlichen Unterschied, entstehen dagegen spiralige Anordnungen.

Musterbildungen der hier beschriebenen Art sind bei Pflanzen (und Tieren) häufig. Bekannte Beispiele auf Ebene der Gewebe sind die Anordnung von Spaltöffnungen oder von Haaren an Blattepidermen. Meistens berühren sich dabei allerdings die Musterelemente nicht unmittelbar und Anordnungen ähnlich hoher Regelmäßigkeit und Symmetrie wie bei den Blattprimordien kommen nur selten zustande. Dennoch liegt solchen Mustern stets das gleiche Bildungsprinzip zugrunde: Jedes einmal entstandene Musterelement verhindert in seiner unmittelbaren Umgebung (innerhalb eines begrenzten **Hemmfeldes**) die Entstehung weiterer gleichartiger Elemente. Solche können sich also nur außerhalb vorhandener Hemmfelder bilden, was bei gegebener Bildungstendenz auch tatsächlich im kleinstmöglichen Abstand geschieht. So entsteht schließlich eine Dichtestlage von Hemmfeldern und damit ein Muster, das sich durch annähernd gleiche Abstände zwischen benachbarten Elementen als regelmäßiges Muster (**Sperreffektmuster**) ausweist und von Zufallsmustern (z. B. ausgestreute Körner) leicht unterschieden werden kann (▶ Abschn. 15.2).

3.2.3 Rhizome

Viele krautige Pflanzen besitzen unterirdische Sprossachsen, die als Rhizome (Erdsprosse, Wurzelstöcke) bezeichnet werden. Diese wachsen im Boden vorwiegend horizontal und können von Wurzeln durch ihre Genese und den Bau ihres Vegetationspunkts unterschieden werden. Außerdem sind die Leitbündel im Gegensatz zu Wurzeln peripher angeordnet. Als weiteren Unterschied weisen Rhizome Blattorgane bzw. Blattnarben auf. Die Blätter von Rhizomen sind meistens schuppenartige und/oder vergängliche **Niederblätter**. Rhizome ermöglichen eine sichere Überwinterung im schützenden Boden und dienen deshalb oft der Stoffspeicherung (Weißwurz, Schwertlilie: Abb. 3.18b, c, e). Rhizome bilden sprossbürtige Wurzeln und verzweigen sich von Zeit zu Zeit. Da ältere Rhizomsegmente nach und nach absterben, führt das zu vegetativer Vermehrung: Von einer Rhizompflanze ausgehend kann sich ein weit verzweigtes Netzwerk von Tochterrhizomen bilden, das schließlich große Bodenflächen durchwuchert und unter Umständen sehr alt wird,

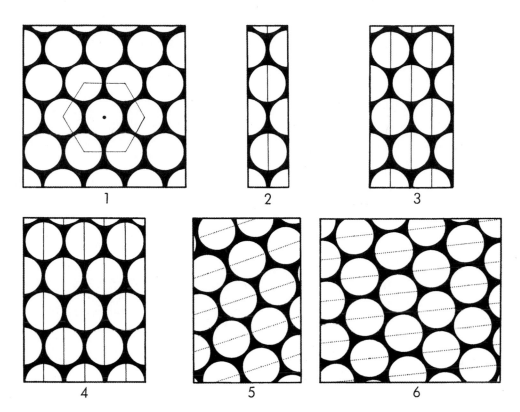

◘ **Abb. 3.17** Blattstellungen können auf hexagonale Dichtestlage der Blattanlagen am Vegetationskegel zurückgeführt werden. Wird vereinfachend angenommen, dass alle Blattprimordien gleich groß und kreisrund sind, während der Vegetationskegel ein Zylinder ist, dessen Oberfläche längs aufgeschnitten und flach ausgebreitet wird, dann stellen die Teilbilder folgende Situationen dar: 1 hexagonales Muster bzw. vierzählige Wirtel an fünf aufeinanderfolgenden Knoten; 2 Distichie; 3 Dekussation; 4 dreizählige Wirtel (z. B. Oleander, Balsamine); 5, 6 Dispersion: 38- bzw. 25-Stellung. Orthostichen (durchgezogene Linien) treten bei wirteligen Blattstellungen und Distichie auf (1–4), nicht aber bei Dispersion, wo das hexagonale Primordienmuster schräg zur Sprossachse steht (punktierte Linien in 5 und 6: Grundspirale). (Nach P. Sitte)

obwohl die oberirdischen Pflanzenteile alljährlich absterben (z. B. Einbeere, Maiglöckchen, Schilf; Busch-Windröschen, Wald-Bingelkraut, viele Primeln; Adlerfarn). Hier zeigt sich, dass sich die Definition des Begriffs „Individuum" bei Pflanzen grundsätzlich von der bei Tieren unterscheidet, was auch evolutionäre Folgen hat (▶ Abschn. 17.1.3.3).

3.2.4 Lebensformen

Die Rolle der Rhizome als Überwinterungsorgane weist auf ein ökomorphologisches Problem aller Pflanzen in Zonen mit ausgeprägten Jahreszeiten hin: die Anpassung an sich regelmäßig ändernde Umweltbedingungen. Je nach geografischen Gegebenheiten stehen dabei unterschiedliche Umweltfaktoren im Vordergrund. Besonders wichtig sind in der Regel die Verfügbarkeit von Wasser (▶ Abschn. 22.5) und/oder die Temperatur (▶ Abschn. 22.3). Für die mitteleuropäische Flora und andere Floren in entsprechenden Klimaten hat der Temperaturwechsel zwischen Winter- und Sommermonaten zu einer Reihe besonderer Anpassungsstrategien geführt, die unter dem Begriff Lebensformen zusammengefasst werden. Diese Lebensformen haben nichts mit taxonomischen Einheiten zu tun und spiegeln daher auch nicht die Verwandtschaftsverhältnisse wider. Es handelt sich letztlich um rein konvergente Formen. Entscheidend ist dabei, in welcher Weise die empfindlichen Sprossvegetationspunkte winterliche Frostperioden überstehen können. Folgende Lebensformen werden unterschieden (◘ Abb. 3.19):

– **Phanerophyten** sind Bäume und Sträucher (Holzgewächse), deren Sprossknospen nicht nur oberhalb des Bodens, sondern auch noch über der schützenden Schneedecke überwintern (griech. *phanerós*, offen sichtbar). Die Apikalmeristeme sind frostresistent. Vor dem Vertrocknen sind sie durch fest zusammenschließende Knospenschuppen geschützt. Diese trockenen, derben und besonders einfach gebauten Blattorgane sind häufig durch Harze bzw. gummiartige oder schleimige Ausscheidungen von Drüsenhaaren verklebt und fallen im Frühjahr ab. Die dadurch entstehenden dichtstehenden Narben bilden an den fortwachsenden Trieben charakteristische Ringelzonen, die die Grenzen der jährlichen Zuwächse markieren (◘ Abb. 3.20). Je nachdem, ob auch die Blattorgane frostfest sind oder nicht, wer-

3

□ **Abb. 3.18** Rhizome. **a** Bei der Einbeere *Paris quadrifolia* sind die oberirdischen, grünen Triebe Seitenachsen des Rhizoms. *Paris* ist eine monopodiale Rhizomstaude (▸ Abschn. 3.2.4). a–c: Blütentriebe von drei aufeinanderfolgenden Jahrgängen. **b, c** Bei der Vielblütigen Weißwurz *Polygonatum multiflorum* bildet dagegen die Terminalknospe des Rhizoms alljährlich einen oberirdischen, blühenden Trieb, der zuletzt abstirbt und die charakteristischen Narben hinterlässt (C, 1,5×), denen die Pflanze ihren volkstümlichen Namen (Salomonssiegel) verdankt. Das Rhizom wächst sympodial weiter, d. h. durch Austreiben einer Seitenknospe. **d** Rhizom von *Viola odorata* mit dunklen Resten von Niederblättern und deutlicher Metamerie von Knoten und Internodien (2×). **e** Verzweigtes Speicherrhizom von *Iris* mit dichtstehenden, queren Blattnarben und darin noch erkennbaren Leitbündelstümpfen (0,6×). (a nach A. Braun; Aufnahmen: P. Sitte)

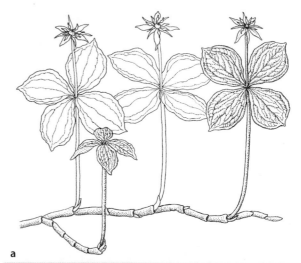

a

b

c

d

e

den immergrüne und sommergrüne Phanerophyten unterschieden. Bei ausdauernden Pflanzen mit Verbreitungsgebieten außerhalb frostgefährdeter Zonen, z. B. am Mittelmeer, überwiegen immergrüne Gewächse.

- **Chamaephyten**, die Halb- und Zwergsträucher, tragen ihre Erneuerungsknospen knapp über dem Boden (griech. *chamaiphyés*, niedrig wachsend). Sie genießen so einen wirksamen Frostschutz durch die winterliche Schneedecke (Schnee ist wegen seines hohen Luftgehalts ein sehr schlechter Wärmeleiter). In diese Gruppe gehören viele niederliegende und kriechende Holzpflanzen (**Spaliersträucher**) sowie die **Polsterpflanzen** (□ Abb. 3.21, □ Abb. 24.12g und 24.28a) der nordischen Tundra und des Hochgebirges, aber auch z. B. *Erica carnea* und das Heidekraut *Calluna*.

- **Kryptophyten** (griech. *kryptós*, verborgen; **Geophyten** oder Staudengewächse) besitzen unterirdische Achsenorgane, d. h. ihre Erneuerungsknospen liegen im Boden. Nach den häufigsten Formen werden Rhizom- und Zwiebelgeophyten unterschieden. Die oberirdischen Triebe (Schäfte) mit Laubblättern und Blüten werden jedes Jahr neu gebildet (wofür die Speicherstoffe der Rhizome/Zwiebeln benötigt werden) und gehen spätestens bei Winteranbruch wieder zugrunde. Oft überlebt allerdings eine grundständige Blattrosette.

- **Hemikryptophyten** nehmen eine Zwischenstellung zwischen Chamae- und Kryptophyten ein. Ihre Erneuerungsknospen liegen unmittelbar an der Bodenoberfläche und sind durch Schnee, abgefallenes Laub oder Grasbüschel im Winter geschützt. Zu ihnen zählen viele Gräser (auch das Wintergetreide), Rosettenpflanzen (Wegerich, Löwenzahn) und Ausläufergewächse (Erdbeere, Kriechender Hahnenfuß), sowie hochwüchsige Stauden, deren Erneuerungsknospen an der Basis absterbender oberirdischer Achsen liegen (Schaftpflanzen wie die Brennnessel, Gewöhnlicher Gilbweiderich *Lysimachia vulgaris*).

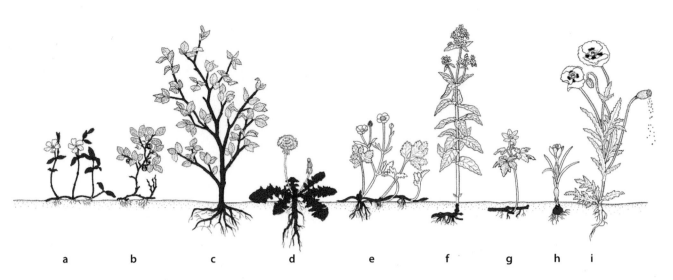

Abb. 3.19 Lebensformen. Die rot gezeichneten Pflanzenteile überwintern, während die übrigen im Herbst absterben. **a, b** Chamaephyten: Immergrün *Vinca* und Heidelbeere *Vaccinium*. **c** Phanerophyt: Buche. **d–f** Hemikryptophyten. **d** Rosettenpflanze: Löwenzahn *Taraxacum*. **e** Ausläuferstaude: *Ranunculus repens*. **f** Schaftpflanze: *Lysimachia*. **g, h** Kryptophyten. **g** Rhizomgeophyt: *Anemone*. **h** Knollengeophyt: *Crocus*. **i** Therophyt: Klatsch-Mohn *Papaver rhoeas*. (Nach H. Walter)

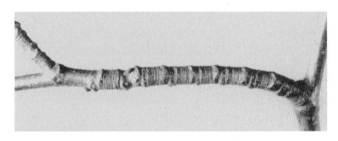

Abb. 3.20 Ringelzonen an einem Buchenzweig, der sieben Jahre lang als Kurztrieb gewachsen war, dann aber als Langtrieb weiterwuchs (mit seitlichem Kurztrieb; 2,4×; vgl. auch ☐ Abb. 3.9c). (Aufnahme: P. Sitte)

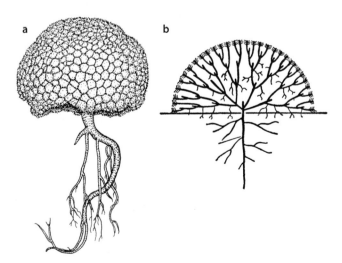

Abb. 3.21 Polsterwuchs. **a** *Azorella selago*, ein Doldenblütler der Kerguelen-Inseln im stürmischen südlichen Indischen Ozean (0,2×). **b** Sympodiales Sprosssystem bei Polsterpflanzen. (a nach A.F.W. Schimper; b nach W. Rauh)

— **Therophyten** (griech. *théros*, Sommer) verzichten auf ausdauernde Achsenorgane und überwintern als Samen. Diese sind durch ihren geringen Wassergehalt besonders kälteresistent. Zugleich enthalten sie die für das Auskeimen erforderlichen Nährstoffe im Embryo selbst (Kotyledonen) oder in einem besonderen Nährgewebe, dem Endosperm bzw. Perisperm. Die Therophyten sind die eigentlichen **Kräuter**: Sie sterben nach der Samenreife gemäß einem internen Entwicklungsprogramm ganz ab. Unter ihnen gibt es einjährige (**Annuelle**) und zweijährige (**Bienne**; lat. *ánnus*, Jahr) Pflanzen. Während die einjährigen Kräuter vor allem als Ruderalpflanzen in Erscheinung treten, d. h. als Pflanzen, die unbebaute Äcker, Schuttplätze oder ähnliche Habitate rasch besiedeln (lat. *rudus*, Schutt), finden sich zweijährige Rosettenpflanzen auch in stabileren Pflanzengesellschaften. Viele unserer Kulturpflanzen stammen von therophytischen Vorfahren ab, die daher mit diesen Kulturpflanzen als sogenannte Unkräuter um dasselbe Habitat, die vom Menschen geschaffenen, baumfreien Äcker, konkurrieren.

3.2.5 Verzweigung der Sprossachse

3.2.5.1 Dichotome und axilläre Verzweigung

Im Gegensatz zu den Samenpflanzen kommt bei Farnen eine axilläre Verzweigung nur selten vor. Auch bei Farnen zeichnen sich solche Verzweigungen aber meist durch eine feste Lagebeziehungen zwischen Blattbasen und Seitenknospen aus (**phyllomkonjunkt**): Knospen befinden sich z. B. schräg unterhalb der Blattansatzstellen.

◘ Abb. 3.22 Seriale Beiknospen stehen an der Achse übereinander, wobei entweder die obersten am größten sind (absteigend: **a** Forsythie, 3,5×; **b** Brombeere, 2×) oder die untersten (aufsteigend: **c** *Lonicera xylosteum*, 5×). Nebeneinanderstehende Beiknospen (wie sie z. B. als „Hände" des Bananenfruchtstands hervortreten oder an Knoblauchzwiebeln beobachtet werden können, wo die „Zehen" aus ihnen hervorgehen) werden als laterale Beiknospen bezeichnet. (Aufnahmen: P. Sitte)

Eine grundsätzlich andere Verzweigungsart ist die **Dichotomie**, die auf einer Teilung des Scheitelmeristems beruht (◘ Abb. 19.51). Während die phyllomkonjunkte Verzweigung in der Zone der Blattprimordien und damit seitlich am Vegetationskegel angelegt wird, erfolgt die Dichotomie direkt in der Initialenzone des Scheitelmeristems. Dichotomie kommt häufig bei den Bärlappgewächsen vor (◘ Abb. 19.112g), ist aber gelegentlich auch bei Farnen anzutreffen. Durch Dichotomie entstehende Verzweigungssysteme heißen **Dichokladien** (griech. *dichós*, zweifach, und *kládion*, Zweig).

3.2.5.2 Axilläre Verzweigungssysteme

Bei Samenpflanzen ist **axilläre** (achselständige) **Verzweigung** die Regel: Seitentriebe wachsen aus den Achseln von Blättern hervor. Die betreffenden Blätter werden im vegetativen Bereich als Trag- oder Deckblätter bezeichnet, in Blütenständen als Hochblätter. Während sich Achselknospen bei Nadelhölzern

nur über den Ansatzstellen relativ weniger Nadeln befinden, sind bei Angiospermen im vegetativen Bereich alle Blattachseln mit Seitenknospen besetzt. Manchmal werden in einer Blattachsel sogar mehrere Knospen angelegt, man spricht dann von **Beiknospen** (◘ Abb. 3.22).

Welche Achselknospen austreiben und wie stark sich die dabei entstehenden Seitenachsen entwickeln und ihrerseits verzweigen, ist bei allen Gefäßpflanzen in artgemäßer Weise umweltabhängig reguliert und steht unter hormoneller Kontrolle (▶ Kap. 17). Solche systemisch kontrollierten Entwicklungsprozesse, sogenannte **Korrelationen** (▶ Kap. 16), entscheiden auch über aufrechtes (**orthotropes**), schräges oder waagrechtes (horizontales, **plagiotropes**) **Wachstum** von Trieben. Aus der Gesamtheit dieser Entwicklungsprozesse ergeben sich charakteristische, artgemäße Verzweigungssysteme, die den Gesamteindruck einer Pflanze, ihren **Habitus** (lat. Aussehen, Gestalt), wesentlich prägen.

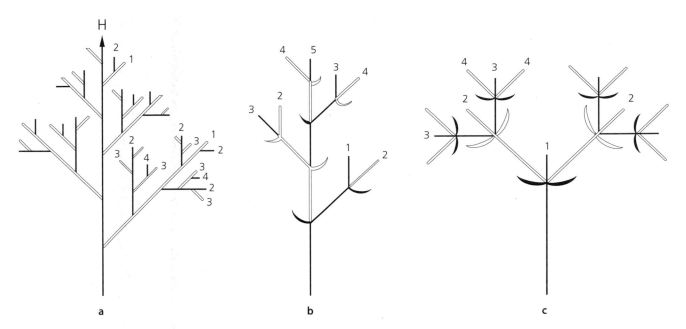

Abb. 3.23 Verzweigungstypen. **a** Monopodialer Sprossachsenaufbau mit seitlicher (racemöser) Verzweigung: H Hauptachse, 1–4 Seitenachsen 1.–4. Ordnung. Sympodiale Verzweigung. **b** Monochasium. **c** Dichasium: 1 Primärachse, 2–5 Seitenachsen

Bei vielen Verzweigungssystemen bleiben die Seitentriebe in ihrem Wachstum gegenüber der Mutterachse zurück. Solche Verzweigungssysteme sind hierarchisch aufgebaut (Hauptachse, Seiten- oder Nebenachsen 1., 2., …, *n*. Ordnung) und werden als **monopodiale Systeme** bezeichnet (Abb. 3.23a). Physiologisch geht diese Hierarchie auf eine Unterdrückung der Seitenachsen durch das Apikalmeristem der Hauptachse zurück (**Apikaldominanz**). Diese hängt mit dem gerichteten Transport des Phytohormons Auxin zusammen. Besonders eindrücklich lässt sich das bei der Fichte beobachten: Der orthotrope, radiärsymmetrische Stamm ist die beherrschende Hauptachse (das Monopodium) während die Seitentriebe (als Äste und Zweige ihrerseits wieder monopodial verzweigt) plagiotrop (also in einem bestimmten Winkel zur Schwerkraft) wachsen. Der Gesamtumriss des Baumes ist wegen der Dominanz der Apikalknospe spitz-kegelförmig. Die meisten Nadelhölzer sind im Grunde ähnlich gestaltet (und monopodial verzweigt). Auch in den Kronen vieler Laubbäume herrscht trotz des anderen Habitus monopodiale Verzweigung (z. B. bei Pappel, Esche, Ahorn).

In anderen Fällen wachsen die Seitenachsen stärker als die Mutterachse. Häufig verkümmert in solchen Fällen die Terminalknospe oder sie bildet eine Blüte, einen Blütenstand oder eine endständige Ranke, sodass kein weiteres Längenwachstum möglich ist. Die Fortsetzung des Achsensystems wird dann von Seitenknospen bzw. ihren Trieben übernommen: Es bildet sich ein **sympodiales System** aus (Abb. 3.23b, c).

Das griechisch-lateinische Wort Podium (Ständer) hat in diesem Zusammenhang die Bedeutung „Achsenglied". Bei Sympodien ist das Verzweigungssystem aus gleich kräftigen Achsengliedern (Phytomere) unterschiedlicher Ordnung zusammengesetzt, während es bei Mono-

podien eine dominierende Hauptachse gibt und die Seitenachsen ihrem abnehmenden Rang (ihrer zunehmenden Ordnungszahl) entsprechend immer schwächer ausgebildet werden. Dieser Zustand bleibt auch bei fortgesetztem Wachstum des Gesamtsystems erhalten.

Der häufigste Fall eines Sympodiums ist das **Monochasium**, bei dem ein einziger Seitentrieb die blockierte Hauptachse übergipfelt und so das Wachstum des Gesamtsystems fortsetzt. Nach begrenztem Längenwachstum bleibt aber auch dieses Achsenglied aus gleichen Gründen stecken wie die ursprüngliche Hauptachse. Es kommt erneut zur Übergipfelung durch eine Seitenachse der Seitenachse usw. (Abb. 3.23b). Meist stellen sich die Übergipfelungstriebe in die Wachstumsrichtung der Mutterachse, sodass Monochasien oft nur durch genauere Untersuchung von Monopodien unterschieden werden können.

Stämme und Äste vieler Laubbäume sind Sympodien. Das gilt z. B. für Linde, Buche, Hainbuche, Ulme, Edelkastanie und Hasel. Die an den Triebenden winterlicher Zweige dieser Holzgewächse kräftig ausgebildete, vermeintliche Terminalknospe ist in Wirklichkeit eine (fast) terminal stehende Seitenknospe. Die Endknospe ist verkümmert und meist abgefallen. Ein weiteres Beispiel für sympodial-monochasiale Sprosssysteme liefert die Weinrebe (Abb. 3.24). Natürlich können nicht nur oberirdische Sprossachsen, sondern auch Rhizome monopodial oder sympodial-monochasial verzweigt sein (Abb. 3.18a–c).

Seltener als Monochasien sind **Dichasien** und **Pleiochasien**, bei denen zwei bzw. mehrere gleichrangige Seitentriebe die blockierte Mutterachse übergipfeln (Abb. 3.23c). Bekannte Beispiele für Dichasien sind die Achsensysteme von Flieder und Mistel (Abb. 19.214), sowie die Verzweigungssysteme vieler Nelkengewächse, bei denen Terminalknospen regelmäßig mit der Bildung von Blüten verbraucht werden (Abb. 19.217d). Der enge Zusammenhang, der bei axillärer Verzweigung zwi-

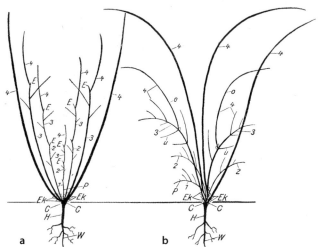

◘ Abb. 3.24 Monochasium der Weinrebe *Vitis vinifera*. Aufeinanderfolgende Sympodialglieder, abwechselnd hell und dunkel gezeichnet, enden als Ranken. Die in den Achseln terminaler Blätter von Sympodialgliedern stehenden Knospen sind seriale Beiknospen – die Geizen der Winzer, deren Entfernung, das Ausgeizen, eine wichtige, arbeitsintensive Maßnahme der Rebpflege darstellt. (Nach A.W. Eichler, verändert)

schen Phyllotaxis und Achsenverzweigung besteht, wird hier dadurch unterstrichen, dass Dichasien bei Pflanzen mit dekussierter Blattstellung auftreten.

Wird bei Monopodien die Terminalknospe durch äußere Einflüsse zerstört, übernimmt gewöhnlich die nächstliegende Seitenknospe deren Rolle. Das weitere Wachstum erfolgt danach an dieser Stelle zwangs- und ausnahmsweise monochasial. Viele Pflanzen wechseln aber auch unter normalen Umständen in Abhängigkeit von inneren Faktoren zwischen mono- und sympodialer Verzweigung. Besonders häufig kommt das beim Übergang von der vegetativen in die florale Entwicklungsphase vor.

Dass die primäre Achse eines Keimlings monopodial bis zur Bildung einer terminalen Blüte fortwächst, ist selten (z. B. beim Mohn). Viel häufiger werden Blüten erst von Seitentrieben höherer Ordnung gebildet, sodass sich charakteristische **Sprossfolgen** ergeben. Beispielsweise trägt der Breitwegerich, *Plantago major*, an seiner ersten Achse nur eine grundständige Blattrosette, an den Seitenachsen 1. Ordnung unscheinbare Hochblätter und erst an den Enden der in den Hochblättern entstehenden kurzen Axillärtriebe die Blüten. Der Wegerich ist eine dreiachsige Pflanze. Bei vielen Bäumen können erst Achsen sehr viel höherer Ordnung Blüten bilden. Es dauert daher oft mehrere Jahre, bis Holzgewächse zur Blühreife herangewachsen sind.

3.2.5.3 Wuchsformen bei Holzgewächsen: Strauch und Baum

Der Habitus von **Sträuchern**, die Buschform, ergibt sich dadurch, dass die an der Basis von Trieben stehenden Knospen bzw. Seitentriebe in ihrem Wachstum stärker gefördert sind als die weiter oben sitzenden (**Basitonie**) (◘ Abb. 3.25). Sträucher können sich daher in jeder Vegetationsperiode von unten her durch kräftige Neutriebe (Schösslinge) verjüngen: Sie verfügen über eine basale Erneuerungs- oder Innovationszone. Die Äste verzweigen sich besonders gegen ihre Enden hin nur schwach. Sie haben in den meisten Fällen eine begrenzte Lebensdauer und Wuchshöhe. Die holzige Strauchbasis (der Schoss), aus dem alljährlich neue Schösslinge austreiben, wächst nach und nach zu einem zwar kurzen, aber dickknorrigen **Xylopodium** (griech. Holzständer) heran. Das Verzweigungssystem der Sträucher ist grundsätzlich sympodial.

◘ Abb. 3.25 Wuchsform und Verzweigung bei Sträuchern. **a** Hasel *Corylus avellana*. **b** Holunder *Sambucus nigra*. Wurzelsystem mit Hauptwurzel nur angedeutet. – P Primärsprosse, 1–4 einzelne Jahrestriebe, o geförderte oberseitige Äste, u gehemmte unterseitige Äste, E abgestorbene Triebenden der Sprossgenerationen, Ek Knospen in der Erneuerungszone des Xylopodiums, C Kotyledonarknoten, H Hypokotyl, W Hauptwurzel. (Nach W. Rauh)

Monopodiale oder monochasiale Achsensysteme der **Bäume** zeigen **Akrotonie**. Hier werden im Gegensatz zu den Verhältnissen bei Sträuchern die Terminalknospen und die ihnen nächst stehenden oberen bzw. äußeren Seitenknospen am stärksten gefördert (◘ Abb. 3.26; griech. *ákros*, oberst, äußerst; *tónos*, Spannung, Betonung). Der jährliche Zuwachs erfolgt also überwiegend in den peripheren Bereichen der Krone, die von einem einheitlichen Stamm getragen wird.

Der unterschiedliche Habitus der Nadelbäume (Gymnospermenbäume) und der Laubbäume (Angiospermen-, genauer Eudikotyledonenbäume) beruht darauf, dass sich bei Laubbäumen die ältesten Seitentriebe bzw. Äste aus frühen Wachstumsperioden (die am Stamm unten stehen) nur schwach entwickeln. Sie verdorren schließlich und werden abgestoßen. Durch eine solche übergreifende Akrotonie kommt ein weitgehend astloser Stamm zustande, der meistens nach einigen Jahren/Jahrzehnten das weitere Höhenwachstum einstellt und eine breite Krone mit rundem Umriss trägt. Dagegen wachsen bei den monopodialen Nadelbäumen auch tief stehende, ältere Seitenäste ständig weiter, sodass die bekannte pyramidale Kronenform entsteht. In zu dichten Nadelholzbeständen bekommen allerdings die unteren Äste nicht genug Licht und sterben aus diesem Grund ab. Sie werden aber nicht abgeworfen, sondern bleiben als nadelloses, starres Ästegewirr erhalten. Dieser Zustand wird heute in vielen Forsten durch Dichtpflanzung ohne spätere Durchforstung bewusst provoziert, um eine bessere industrielle Verwertbarkeit der schlank aufgeschossenen Stämme und damit höhere Erlöse zu erzielen.

Eine eigenartige Zwischenstellung zwischen Strauch und Baum nimmt der Flieder (*Syringa*) ein. Sein Achsensystem ist akroton, seine Verzweigung aber sympodial und entsprechend der dekussierten Blattstellung dichasial. Daher kommt es an den Enden der Jahrestriebe stets zu einer Gabelung in zwei gleich starke Fortsetzungstriebe, sodass sich ein einheitlicher Stamm nicht ausbilden kann.

Abb. 3.26 Wuchsform und Verzweigung eines monopodialen **a** und eines sympodialen **b** Baumes. **c** Zweijähriger Zweig der Feld-Ulme *Ulmus minor* mit ausgeprägter Akrotonie: Der oberste Seitentrieb setzt als neues Sympodialglied die Hauptachse fort, während an den basalen Abschnitten der unteren und mittleren Seitentriebe Blüten gebildet werden (0,1×). – S oberster Seitentrieb. (a, b nach W. Rauh; c nach W. Troll)

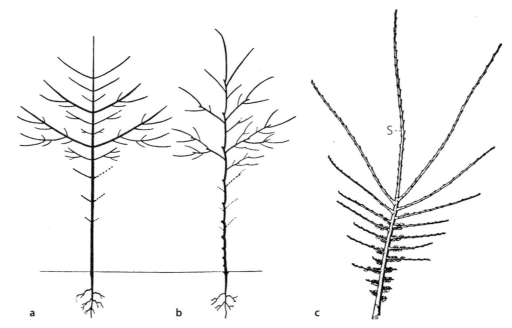

3.2.5.4 Metatopie, Cauliflorie, Brutknospen, Adventivsprosse

Bei einigen Blütenpflanzen wird das Prinzip der axillären Verzweigung scheinbar verlassen, indem Achselknospen bzw. die Ansatzstellen von Seitentrieben infolge von Verwachsungen entweder entlang der Mutterachse verschoben werden (Concauleszenz; griech. *kaulós*, Stengel) oder auf dem Tragblatt zu liegen kommen (Recauleszenz). In solchen Fällen spricht man von **Metatopie** (griech. Verlagerung; ▢ Abb. 3.27). Concauleszenz ist bei den Nachtschattengewächsen verbreitet, zu denen auch die Kartoffel zählt.

Auch bei der Stammblütigkeit (**Cauliflorie**) wird die axilläre Verzweigung scheinbar aufgegeben. Aus Ästen oder kräftigen Stämmen brechen unvermittelt blüten- bzw. fruchttragende Kurztriebe hervor, die ihre Entstehung dem Austrieb zunächst ruhender Knospen verdanken (▢ Abb. 3.28 und ▢ Abb. 19.213d).

Bei manchen Pflanzen werden entsprechend ausgebildete Achselknospen als **Brutknospen** abgeworfen (▢ Abb. 3.29), die sich im Boden bewurzeln und zu neuen Pflanzen austreiben.

Es gibt allerdings auch bei Blütenpflanzen Knospen/Sprosse, die tatsächlich nicht in Blattachseln angelegt wurden. Das gilt einmal für die Bildung von Embryonen, aber auch für **Adventivknospen** und **-sprosse**, die an Wurzeln (Wurzelbrut) oder Blättern entstehen (▢ Abb. 3.30). Oft steht die Bildung von Adventivsprossen in Zusammenhang mit Verletzungen des Pflanzenkörpers. Das gilt z. B. für die bekannten Stockausschläge an Baumstümpfen oder für die Neubildung

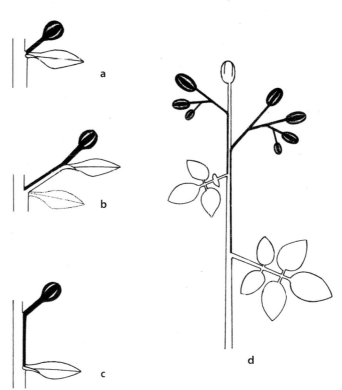

Abb. 3.27 Metatopie. **a** Zum Vergleich der Normalfall: Seitentrieb in der Achsel des Tragblatts. **b** Recauleszenz. **c** Concauleszenz. **d** Blütenstand der Kartoffelpflanze *Solanum tuberosum*. Concauleszenz zweier Seitentriebe mit Schraubeln. (Nach W. Troll, verändert)

von Sprossvegetationspunkten im Kallusgewebe, die bei der Anzucht von Pflanzen aus Zellkulturen ausgenutzt wird (▢ Abb. 12.4).

3

◨ Abb. 3.28 Cauliflorie. **a** Bei *Pavonia cauliflora*, einem Malvengewächs, stehen die Blüten in den Achseln bereits abgefallener Blätter, deren Stellung an der Achse durch die Blattnarben noch erkennbar ist. **b** Bei dem rund um das Mittelmeer häufigen Judasbaum *Cercis siliquastrum* stehen Blüten an älteren Achsen, die bereits Borke ausgebildet haben, sodass keine Blattnarben mehr zu sehen sind. (Aufnahmen: A W. Barthlott, B D. Zissler)

3.2.6 Besondere Funktionen und Anpassungsformen

◨ Abb. 3.29 Zu Brutknospen umgebildete Axillärknospen bei der Zahnwurz *Cardamine bulbifera*. (Aufnahme: P. Sitte)

Als Metamorphosen der Sprossachse wurden die Ausläufer als Mittel der vegetativen Vermehrung und Ausbreitung sowie die Ausläuferknollen der Kartoffel (◨ Abb. 3.11) schon erwähnt.

Durch ungewöhnliche Lebensweise und/oder Anpassung an besondere Lebensbedingungen kommt es zu einer Reihe weiterer Metamorphosierungen von Sprossachsen. Die häufigsten sind:

- **Speicherachsen:** In allen Sprossachsen kommt dem parenchymatischen Füllgewebe Speicherfunktion zu. Bei bestimmten Pflanzen wird diese Funktion besonders betont. Durch die Ausdehnung und Vermehrung des Grundgewebes verdicken sich Achsen lokal mehr oder weniger stark, sodass **Sprossknollen** entstehen.

Vor allem das Hypokotyl ist davon nicht selten betroffen (Hypokotylknollen; z. B. *Cyclamen*, Radieschen, Rote Rübe). Von **Rüben** wird in der Pflanzenmorphologie üblicherweise dann gesprochen, wenn die Speicherung vor allem über die Wurzel erfolgt, wobei Teile des Sprosses mit einbezogen werden können (◨ Abb. 3.31; ▶ Exkurs 3.5, ◨ Abb. 3.80 und 3.81). Manchmal werden beblätterte Sprossabschnitte zu Knollen umgewandelt (z. B. beim Kohlrabi). Bei Stauden

◨ Abb. 3.30 Brutknospen bei *Kalanchoe daigremontiana*, einer sukkulenten Crassulacee. An den Zähnen des Blattrandes gebildete Adventivknospen wachsen zu jungen Pflänzchen aus, die schließlich abfallen. Axillärknospen sind bei *K. daigremontiana* zwar vorhanden, aber bei dieser Pflanze äußerlich nicht sichtbar

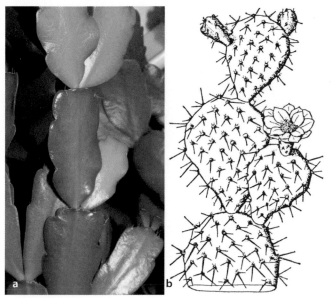

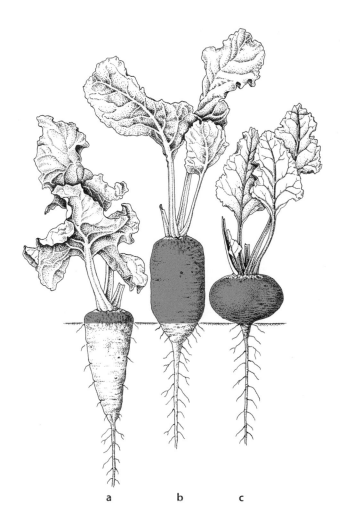

Abb. 3.31 Beteiligung von Primärwurzel und Hypokotyl (blau) an der Bildung von Rüben bei verschiedenen Rassen von *Beta vulgaris*. **a** Zuckerrübe. **b** Futterrübe. **c** Rote Bete. (Nach W. Rauh)

mit einjährigen Erdknollen (z. B. Herbstzeitlose und Krokus) schwillt die in der Erde verborgene Sprossbasis zur überwinternden Knolle an. Im nächsten Frühjahr treibt eine Seitenknospe zum Erneuerungsspross aus, dessen Basis dann zur neuen Knolle wird.

- **Sprossachsen mit Blattfunktion:** Im durch Chloroplasten grün gefärbten Rindenparenchym krautiger Sprosse findet auch Photosynthese statt. Diese Funktion, kann bei manchen Schmetterlingsblütlern (z. B. dem Ginster) hervortreten und so weit verstärkt werden, dass ein blättriger Flachspross, ein **Platykladium** (griech. *platýs*, flach), entsteht. Diese zu Blättern umgeformten Sprossachsen können entweder aus Kurzsprossen hervorgehen (**Phyllokladien**, ◻ Abb. 3.3) oder aber Langsprossen entsprechen (**Kladodien**, ◻ Abb. 3.32). Die eigentlichen Blätter sind in beiden Fällen auf Schuppen oder Dornen reduziert oder fallen frühzeitig ab.
- **Stammsukkulenz:** Pflanzen sehr trockener Standorte (Xerophyten) sind stark darauf angewiesen, ihre Transpiration einzuschränken. Da Laubblätter nicht nur Photosynthese-, sondern auch Transpirations-

Abb. 3.32 Flachsprosse von Kakteen als Beispiele für Kladodien. **a** Weihnachtskaktus *Schlumbergera truncata* (0,5×). **b** Feigenkaktus *Opuntia* mit Blüte und zwei Früchten. Die disperse Blattstellung prägt sich im regelmäßigen Parastichenmuster der Areolen aus (0,3×). (b nach Schumann, verändert)

organe sind, geschieht das bevorzugt durch Umwandlung der Blätter zu Dornen, die zugleich vor Tierfraß schützen. Die Photosynthese muss dann in die Sprossachse verlagert werden. Bei aktiv dürreresistenten Gewächsen wird die grüne Sprossachse zusätzlich sukkulent (lat. *succus*, Saft), d. h. zu einem Wasserspeicher mit großem Volumen und geringer Oberfläche metamorphosiert.

Für Stammsukkulenz sind vor allem Kakteen bekannt. Ihre Keimlinge sehen denen anderer eudikotyler Pflanzen sehr ähnlich, wie schon von Goethe erstaunt festgestellt hat. Bei der weiteren Entwicklung schwillt das Rindenparenchym zu einem Hydrenchym an, die Blätter werden zu Dornen und die Seitenknospen zu Haar- oder Dornenbüscheln, den Areolen. Kugel- und Säulenkakteen bilden prominente Längsrippen aus, deren Flanken wegen ihrer unterschiedlichen Sonnenexposition deutliche Temperaturunterschiede aufweisen und mit diesem thermischen Potenzial kühlende Luftströme in Gang halten.

Stammsukkulenz ist nicht auf Kakteen beschränkt. Sie tritt als konvergente Anpassung bei Pflanzen aus ganz verschiedenen Ordnungen auf (◻ Abb. 3.33). Bei aller äußeren Ähnlichkeit kann dabei der innere Bau variieren. Anstelle der Rinde kann z. B. das Mark zum Hydrenchym werden, sodass die Leitbündel im sukkulenten Stamm nicht zentral liegen wie bei den Kakteen, sondern peripher.

- **Sprossdornen:** Nicht nur Blätter können zu Dornen werden (◻ Abb. 3.7), sondern auch verholzte Kurztriebe (◻ Abb. 3.34). Bekannte Beispiele sind die unverzweigten Dornen von Schlehe, Weißdorn und Feuerdorn oder die verzweigten Sprossdornen der Gleditschie. Den Dornen analog, aber nicht

3

Abb. 3.33 Stammsukkulenz als Beispiel für phylogenetischen Parallelismus unter dem Einfluss trockener Klimate mit kurzen, aber ergiebigen Regenperioden. **a** *Eulychnia iquiquensis* (Cactaceae). **b** *Euphorbia mammillaris* (Euphorbiaceae). **c** *Huernia verekeri* (Apocynaceae). **d** *Kleinia stapeliiformis* (Asteraceae). **e** *Cissus cactiformis* (!) (Vitaceae). (Alle 0,5×.) (Nach D. von Denffer)

homolog, sind die Stacheln der Rosen und Brombeeren, bei denen es sich um Emergenzen handelt (▶ Abschn. 2.3.2.1, ◧ Abb. 3.35). Die stechende/verletzende Wirkung von Dornen und Stacheln beruht (wie bei Krallen, Zähnen) darauf, dass an harten Spitzen schon bei minimalen Kräften ein hoher Druck entsteht (Druck = Kraft/Fläche).

‒ **Sprossranken:** Sprosse können, wie Blätter (◧ Abb. 3.36), zu Ranken umgestaltet sein und damit Haltefunktion bei Kletterpflanzen übernehmen. Spross- und Blattranken wachsen unter ständigen Suchbewegungen und reagieren sehr empfindlich auf Berührungsreize (Thigmonastie, ▶ Abschn. 15.3.2.4). Sprossranken sind ausnahmslos umgeformte Enden von Seitentrieben, entweder von Axillärtrieben eines Monopodiums (z. B. *Passiflora*) oder Monochasialglieder wie bei der Weinrebe (◧ Abb. 3.24). Bei der Jungfernrebe (*Parthenocissus*) bilden sich die Enden der Ranken zu Haftscheiben um (◧ Abb. 3.36c).

Kletterpflanzen wurzeln im Boden und klimmen mit dünnen Achsen an anderen Gewächsen, Felsen oder Mauern empor. Sie verbessern so die Lichtausbeute ihrer Blätter, ohne tragende Stämme entwickeln zu müssen. In Anbetracht der zentralen Bedeutung des Lichts (neben Wasserversorgung und Temperatur) für das Leben der Pflanzen überrascht es nicht, dass im Lauf der Evolution zahlreiche analoge Formen von Ranken entstanden sind (◧ Tab. 3.1).

‒ **Haustorien:** Haustorien sind Saugorgane (lat. *haurere*, einsaugen), mit denen z. B. parasitische Gefäßpflanzen Anschluss an die Leitungsbahnen von Wirtspflanzen finden. Unter den kormophytischen **Parasiten** überwiegen Wurzelparasiten, welche die Wurzeln des Opfers anzapfen. Ihre Haustorien sind umgebildete Parasitenwurzeln. Auch manche Sprossparasiten (z. B. die Mistel) zapfen ihre Wirte mit ihrem Wurzelsystem an (◧ Abb. 3.37). Allerdings gibt

es auch Parasiten mit sprossbürtigen Haustorien. Zu ihnen zählen die als Teufelszwirn, Flachs- oder Kleeseide bekannten *Cuscuta*-Arten (◧ Abb. 3.38 und ◧ Abb. 19.237d).

Cuscuta gehört zu den Vollparasiten (= Holoparasiten; griech. *hólos*, ganz). Ihre bleichgelben bis roten Sprosse enthalten bei den meisten Arten fast kein Chlorophyll und sind daher unfähig zur Photosynthese. Die Blätter sind dementsprechend auf winzige Blattschuppen reduziert. Die Keimlingswurzel stirbt früh ab und wird nicht ersetzt. Der Keimspross wächst unter kreisenden Bewegungen ausschließlich in die Länge, bis er (durch Wahrnehmung von flüchtigen Substanzen, die die jeweilige Wirtspflanze im Zuge ihres Wachstums abgibt) ein geeignetes Opfer erspürt hat und dessen Spross umwinden kann. An Berührungsstellen wächst das Rindenparenchym des Parasiten papillenartig aus und dringt schließlich mithilfe der eigentlichen Haustorien in das Wirtsgewebe ein. Über „suchhyphen" wird der Kontakt mit Siebröhren des Opfers hergestellt (◧ Abb. 3.37a).

3.2.7 Anatomie der Sprossachse im primären Zustand

3.2.7.1 Entwicklung

Am Vegetationskegel des Sprossscheitels folgt auf die apikale, nur 10–50 μm hohe **Initialenzone** und den organogenetischen Bereich (**Differenzierungs-, Determinationszone**), in dem die Blattprimordien entstehen, die **histogenetische Zone** (▶ Abschn. 2.2.1.1). Sie beginnt 50–150 μm hinter dem Scheitel. In ihr gliedert sich das Flankenmeristem, das seinerseits das zentrale Markmeristem rings umschließt, in Procambium und Rindenmeristem. Die Zellen im **Procambium** werden rasch prosenchymatisch. Sie unterscheiden sich als schlanke, längsorientierte und plasmareiche Zellen von den isodiametrischen, bereits deutlich vakuolisierten Zellen der benachbarten Grundmeristeme (◧ Abb. 3.39). Besonders in Richtung der Blattanlagen entstehen schon sehr frühzeitig Procambiumstränge, die sich später zu Blattspuren entwickeln. (Als **Blattspuren** werden jene Leibündelstränge bezeichnet, die vom Bündelsystem der Achse abzweigen und es mit dem Bündelsystem von Blättern verbinden.) Analoges gilt für **Zweigspuren**, über die Seitenknospen bzw. Seitentriebe an das Leitgewebe der Achsen angeschlossen sind.

Ab der Determinationszone ist das weitere Schicksal der Zellen und damit die künftige Gewebegliederung der Achse festgelegt: Das außen liegende Dermatogen liefert die Epidermis, das Rindenmeristem die primäre Rinde, vom Procambium stammt das Leitgewebe und vom Markmeristem das Mark. Die histogenetische Zone geht basal in die **Streckungszone** über, in der die Teilungstätigkeit nach und nach erlischt und die Zellen ihre endgültigen Formen und Abmessungen ausdifferenzieren. Aus Abkömmlingen des Procambiums bil-

◻ **Abb. 3.34**   Sprossdornen und Stacheln. **a** Verholzte Kurztriebe beim Feuerdorn *Pyracantha coccinea*. **b** Beblätterte neben verdornten Kurztrieben beim Sanddorn *Hippophae rhamnoides*. **c** Verdornte Kurztriebe der Schlehe *Prunus spinosa* (lat. *spina*, Dorn) mit Blütenknospen. **d** Total verholzte, verzweigte Seitentriebdornen am Stamm von *Gleditsia triacanthos*. Von diesem Baum gibt es eine Rasse (*inermis*) ohne Dornen, die entsprechende Seitentriebe nicht ausbildet. **e–h** Stacheln. **e** Emergenzen am Stamm von *Ceiba*, deren sehr scharfe, verholzte Spitzen ein Beklettern des Baumes ausschließen. **f** Rose; die Stellung der Stacheln ist ohne Bezug zu den Nodi der Achse (Pfeile). **g** Himbeere (1,5×). **h** Karde *Dipsacus fullonum* (1,5×). (Aufnahmen: P. Sitte)

den sich hier die ersten Phloem- und (meist etwas später) Xylemelemente: das **Protophloem** und **Protoxylem**. Die Leitelemente in diesen Geweben, die Phloem- und Xylemprimanen, machen das Streckungswachstum der jungen Achse nicht mit – sie werden zunächst passiv gedehnt und später häufig zerrissen oder eingedrückt. Sobald Längenwachstum und primäres Dickenwachstum abgeschlossen sind, treten die dauerhaften, größeren und effektiveren Leitelemente des **Metaxylems** und **Metaphloems** in Funktion.

3.2.7.2 Der primäre Zustand

◘ Abb. 3.40 zeigt Querschnitte durch einen Eudikotyledonenstengel. Er ist etwa radiärsymmetrisch. Von innen nach außen lassen sich folgende Gewebe erkennen:

- **Markparenchym** füllt das Zentrum. Es fungiert als Speichergewebe oder ist abgestorben und enthält gasgefüllte Zellen (z. B. bei Sonnenblume und Holunder). In manchen Fällen entsteht durch Zerreißen oder Auflösen von Gewebe eine **Markhöhle**.
- **Leitgewebe** (▶ Abschn. 2.3.4). Bei krautigen Eudikotyledonen sind die einzelnen Leitbündel rund um das Mark angeordnet. Die offen-kollateralen Leitbündel (Xylem innen, Phloem außen) sind dabei durch parenchymatische **Markstrahlen** voneinander

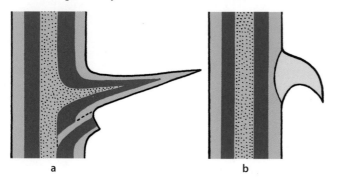

◘ **Abb. 3.35** Schematische Längsschnitte von Dorn **a** und Stachel **b**. Der Holzkörper eines Dorns, der in der Achsel eines Tragblatts bzw. dessen Blattnarbe steht, entspringt aus dem Holzkörper des Tragastes. Im Gegensatz dazu wird ein Stachel als Emergenz ausschließlich von Rindengewebe gebildet und lässt sich meist leicht abbrechen

getrennt (interfaszikuläres Parenchym). Die Siebteile sind nach außen hin oft von dicht gepackten Phloemfasern umstellt. Wegen der charakteristischen Umrissform dieses Festigungs- und Schutzgewebes im Sprossquerschnitt wird vielfach von **Sklerenchymsicheln** gesprochen.

- Der Leitbündelkranz ist oft von einer Gewebescheide, der **Sprossendodermis**, umgeben. Die Zellen dieses einschichtigen, inneren Abschlussgewebes (▶ Abschn. 2.3.2.3) schließen lückenlos aneinander und enthalten oft viele Amyloplasten (Stärkescheide). Bei manchen Pflanzen (z. B. Primeln, Korbblütler) lassen sich in den antiklinen Zellwänden der Sprossendodermen Caspary-Streifen nachweisen. Bei anderen ist dagegen die Sprossendodermis schwer erkennbar.
- **Rindenparenchym** ist das Füllgewebe zwischen Leitbündelkranz und Epidermis. Es ist häufig ein Chlorenchym. Die peripheren Zonen der primären Rinde sind oft als Kollenchym ausgebildet.
- **Epidermis** mit Cuticula bildet den Abschluss nach außen (▶ Abschn. 2.3.2.1). Sie enthält fast immer Idioblasten. In der Regel finden sich auch auf diesen Achsenepidermen Spaltöffnungen und Trichome (oft mit Drüsencharakter).
- Primäre Rinde und Epidermis bilden den **Cortex** (lat. Rinde).

Dieses Querschnittschema kann erheblich variieren. Bei eudikotylen Holzgewächsen und Gymnospermen, bei denen der primäre Zustand der Sprossachse später durch sekundäres Dickenwachstum massiv verändert

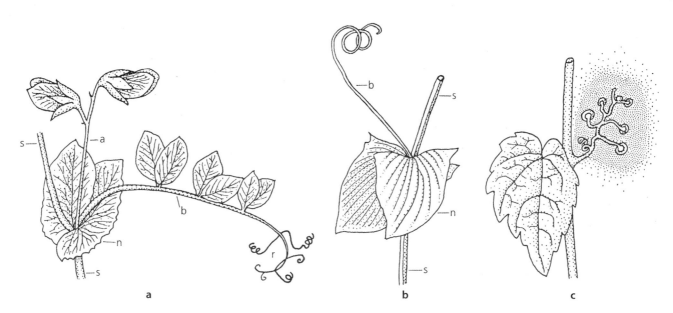

◘ **Abb. 3.36** Ranken. **a** Fiederblattranke der Erbse *Pisum sativum*. **b** Blattranke von *Lathyrus aphaca*. **c** Sprossranke mit Haftscheiben der Jungfernrebe *Parthenocissus tricuspidata*. (Alle 0,6:1.) – a blütentragender Achselspross, b Rhachis, n Nebenblätter, r zu Ranken umgewandelte Blattfiedern, s Sprossachse. (a, b nach H. Schenck; c nach F. Noll)

◘ Tab. 3.1   Kletterpflanzen (Lianen) und ihre Halteorgane

Klassifikation	Halteorgan	ausgewählte Beispiele
Schlingpflanzen	Sprossachse mit verlängerten Internodien, um Stützen windend	– Rechtsschrauben: viele Hülsenfrüchtler (Bohne, *Wisteria* = Blauregen) und Kürbisgewächse (Kürbis, Gurke usw.), Windengewächse (Acker-Winde usw.), *Cuscuta* (◘ Abb. 3.38)
		– Linksschrauben: Hopfen, Geißblatt, Schmerwurz *Dioscorea communis*
Rankenkletterer	Ranken: fadenförmige Organe	– Sprossranken: Wein (◘ Abb. 3.24 und 3.36c), *Passiflora*
		– Blattranken: viele Kürbisgewächse (Kürbis, Zaunrübe *Bryonia*, ◘ Abb. 19.201a)
		– Fliederblattranken: viele Fabaceen (Erbse, Wicke usw., ◘ Abb. 3.36a, b), Waldrebe *Clematis*; verlängerte Blattspitzen: Gloriosa, Blattstielranken: *Nepenthes* (► Exkurs 3.4, ◘ Abb. 3.70)
		– Wurzelranken: *Vanilla*
Wurzelkletterer	mit kurzen Haftwurzeln	– Efeu (► Exkurs 3.5, ◘ Abb. 3.77)
Spreizklimmer	durchwachsen vorhandenes Geäst, verhindern Zurückrutschen durch Kletthaare, Stacheln, Dornen oder Seitensprosse	– Kletthaare: Klebkraut *Galium aparine*
		– Stacheln: Kletterrosen, Brombeeren
		– Dornen: Bougainvillea
		– Seitensprosse: Nachtschatten *Solanum dulcamara*

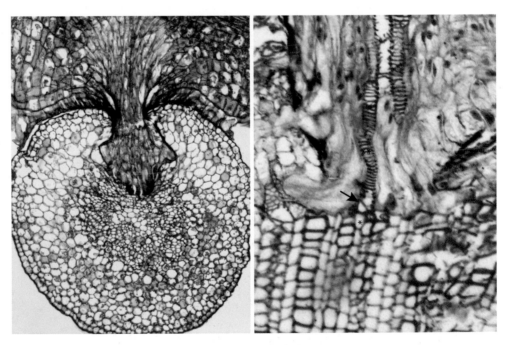

◘ Abb. 3.37   **a** *Cuscuta europaea* auf einer Wirtspflanze. Der Parasit (oben) hat ein Haustorium in einen Blattstiel des Wirts getrieben und in dessen Parenchym „Suchhyphen" entwickelt (40×). **b** Detailaufnahme. Zwischen einer Trachee des Wirts (*) und den aus Parenchymzellen hervorgegangenen Kurztracheen im Haustorium (**) besteht eine leistungsfähige Verbindung (Pfeil) (200×). H Haustorium, S Suchhyphen

wird, ist der Leitbündelkranz durch einen Ring (Hohlzylinder) von Leitgewebe ersetzt, der nur stellenweise von schmalen Markstrahlen geringer Höhe durchbrochen wird (◘ Abb. 3.46c).

Stärker sind die Abweichungen bei den Monokotyledonen. Ihre geschlossen-kollateralen Leitbündel sind meist nicht ringförmig angeordnet, sondern über den gesamten Sprossquerschnitt verteilt (◘ Abb. 3.41), sodass weder Mark noch Cortex als abgegrenzte Gewebebereiche erkennbar sind.

Die Leitbündel von Achsen und Wurzeln einer Pflanze bilden anatomisch und funktionell ein zusammenhängendes System, das als **Stele** bezeichnet wird (► Exkurs 3.3).

3

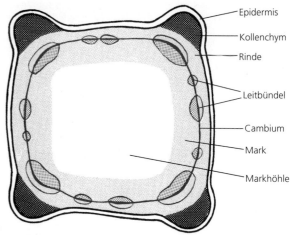

Epidermis
Kollenchym
Rinde
Leitbündel
Cambium
Mark
Markhöhle

a

◼ Abb. 3.38 *Cuscuta europaea* (0,5×). **a** Keimlinge, der längste dem Boden entlangwachsend und am Hinterende absterbend. **b** Von blühender *Cuscuta* umwundener Weidenzweig. (Nach F. Noll)

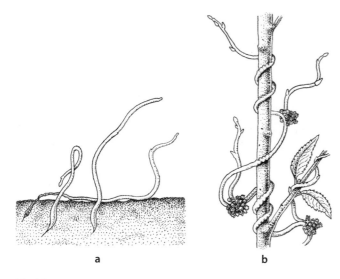

Blatt-anlage

Procambium

a   **b**

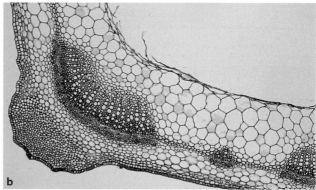

b

◼ Abb. 3.40 Sprossachse einer krautigen eudikotylen Pflanze im Querschnitt. **a** Schema. Zwischen den Leitbündeln parenchymatische Markstrahlen; in den Leitbündeln vom Cambium nach innen Xylem, nach außen Phloem. **b** Ausschnitt aus Achsenquerschnitt der Weißen Taubnessel *Lamium album* (60×)

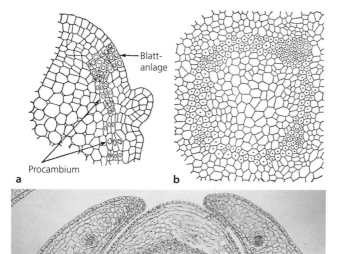

c

◼ Abb. 3.39 Procambium. **a** Längsschnitt durch Sprossscheitel des Leins *Linum*. Unter der Blattanlage differenziert sich ein Procambiumstrang (107×). **b** Querschnitt durch den Vegetationskegel des Hahnenfußes *Ranunculus acris* dicht unter dem Scheitel. Zellen des Procambiumrings sind durch Punkte gekennzeichnet; an vier Stellen Beginn der Leitbündeldifferenzierung (90×). **c** Querschnitt durch den Vegetationskegel von *Veronica traversii* mit deutlich sichtbarem Procambiumring zwischen Mark und Rinde (60×). (a nach K. Esau; b nach Helm)

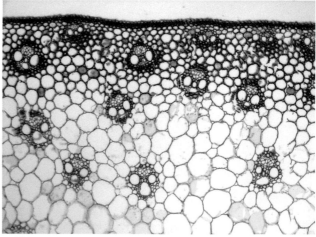

◼ Abb. 3.41 Bei Monokotyledonen sind die Leitbündel über den gesamten Achsenquerschnitt verteilt. Teil eines Querschnitts durch eine Maisachse (50×; vgl. ◼ Abb. 2.28a). Die Xylempole sind ausnahmslos nach innen (im Bild unten) orientiert, das Protoxylem ist vielfach durch Verdehnung zerrissen

Exkurs 3.3 Ausbildungsformen der Stele

Als Stele (griech. Säule) wird das gesamte Leitbündelsystem von Achsenorganen und Wurzeln im primären Zustand bezeichnet. Die Stele ist bei verschiedenen Kormophytengruppen unterschiedlich ausgebildet. Insbesondere bei den Farnpflanzen variiert sie stark. Dennoch konnte schon im 19. Jahrhundert eine systematische Typisierung aller Stelenformen durchgeführt werden, deren spätere phylogenetische Interpretation Hinweise auf einen einheitlichen stammesgeschichtlichen Ursprung der verschiedenen Stelentypen lieferte (Stelärtheorie). Folgende Stelentypen werden üblicherweise unterschieden (◨ Abb. 3.42):

- **Protostele:** ein zentrales, konzentrisches Leitsystem, oft (aber nicht immer) mit Innenxylem. Die Protostele gilt als besonders urtümlich. Sie war typisch für die ältesten Landpflanzen (◨ Abb. 19.142c) und findet sich heute noch z. B. bei Jugendformen vieler Farne.

- **Aktinostele:** kräftiges, zentral liegendes Bündel, dessen (Innen-)Xylem im Querschnitt sternförmig ist und zwischen seinen Strahlen Phloem birgt (griech. *aktinotós*, von Strahlen umgeben). Die Aktinostele kam schon bei Urfarnen vor und ist heute besonders bei den Psilotophytina (◨ Abb. 19.125b) und den Bärlappgewächsen verbreitet. Auch der Zentralzylinder von Wurzeln entspricht diesem Stelärtyp (▶ Abschn. 3.4.2.1).

Bei beiden oben genannten Stelentypen wird das Achsenzentrum von Leitgewebe eingenommen, es gibt daher normalerweise kein Mark. Bei allen weiteren Formen ist dagegen das Zentrum des Achsenorgans nicht von Leitgewebe besetzt, sodass ein Markgewebe bzw. Markhöhlen entstehen.

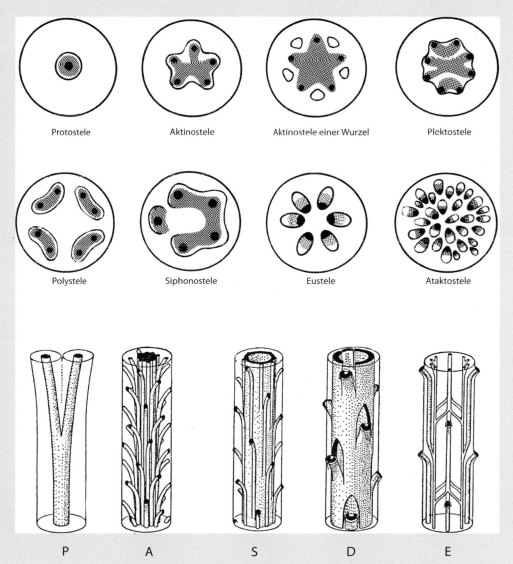

◨ **Abb. 3.42** Typen der Leitgewebeanordnung in Sprossachsen. Oben Querschnitte, Xylem grau, Protoxylem schwarz; unten räumliche Darstellung. – A Aktinostele, D von Blattlücken durchbrochenes Leitbündelrohr (Dictyostele, vgl. ◨ Abb. 3.43), E Eustele, P Protostele, S Siphonostele. (Nach D. von Denffer)

3

- **Polystele:** ein System von achsenparallelen, meist konzentrischen Leitbündeln, die über den gesamten Sprossquerschnitt verteilt sind. Die Polystele ist von der Aktinostele durch fortschreitende Längszerklüftung abzuleiten. Als Zwischenform kann die Plektostele aufgefasst werden.
- **Plektostele:** die häufigste Stelenform bei den Bärlapp-Arten (■ Abb. 19.112l; griech. *plektós*, geflochten)
- **Siphonostele:** röhrenförmiger Leitbündelstrang mit zentralem Mark, wie er bei bestimmten Farnfamilien auftritt (■ Abb. 19.140a; griech. *síphon*, Schlauch). Der Hohlzylinder aus Leitgewebe weist überall dort begrenzte Lücken auf, wo Leitgewebestränge (**Blattspuren**) aus der Stele in die Blätter hinein abzweigen.
- **Dictyostele:** steht der Siphonostele sehr nahe. Dictyostele bezeichnet das typische Bündelrohr der meisten Farne (■ Abb. 3.43). Dieses netzförmige Bündelsystem (griech. *díktyon*, Netz) wird von konzentrischen Leitbündeln mit umhüllender Gewebescheide aus Perizykel und Endodermis gebildet. Dadurch unterscheidet sich die Dictyostele von der Eustele.
- **Eustele:** typischer Stelärtyp der basalen Angiospermenordnungen und der Eudikotyledonen (■ Abb. 3.40). Die Eustele entspricht in ihrer Gesamtheit einem einzigen konzentrischen Leitsystem mit eingeschlossenem Mark, wobei das Leitgewebe aber durch Markstrahlen in mehrere scheinbar unabhängige Leitbündel aufgespalten ist. Jedes dieser Leitbündel ist dann verständlicherweise nicht konzentrisch, sondern kollateral. Die gesamte Stele ist aber von einer gemeinsamen Endodermis umhüllt. Bei den Holzgewächsen unter den Eudikotyledonen ist die Zerteilung des einen konzentrischen Leitsystems in mehrere bis viele kollaterale Teilbündel noch nicht so weit fortgeschritten.

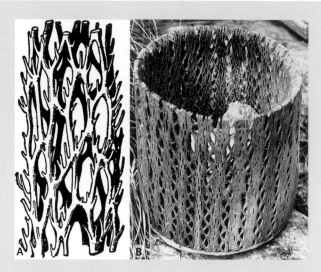

■ **Abb. 3.43** Bündelrohr **a** des Wurmfarns *Dryopteris filix-mas* (durch künstliche Mazeration isoliert) als Beispiel einer Dictyostele (die schräg abstehenden Blattspurstränge gekappt), **b** des Kaktus *Echinopsis atacamensis* subsp. *pasacana* als Abfallkorb. (a nach J. Reinke; b Aufnahme: W. Barthlott)

- **Ataktostele:** bei Monokotyledonen (■ Abb. 3.41; griech. *átaktos*, ungeordnet). Sie kann letztlich ebenfalls auf ein einziges konzentrisches Leitsystem zurückgeführt werden, denn auch hier sind die Einzelbündel kollateral, ihre Xylempole sind nach innen orientiert und eine gemeinsame Gewebescheide für die gesamte Stele ist manchmal angedeutet. Die Ähnlichkeit mit einer Polystele ist also nur äußerlich und zeugt daher nicht von enger phylogenetischer Verwandtschaft. Übrigens erschöpft sich hier (wie auch bei den Farnleitbündeln) das Procambium ganz in der Bildung von Phloem und Xylem, sodass geschlossene Einzelbündel entstehen.

3.2.7.3 Primäres Dickenwachstum und Erstarkungswachstum

Durch Zellvermehrung und postembryonale Zellvergrößerung wächst die Sprossachse nicht nur in die Länge, sondern auch im Durchmesser. Man spricht von **primärem Dickenwachstum**. Dem Zusammenwirken von axialem (Verlängerung) und transversalem (Umfangzunahme) Wachstum verdankt der Vegetationskegel seine Gestalt. Diese kann stark variieren. Überwiegt das Längenwachstum, wird der Vegetationskegel schmal und spitz (■ Abb. 2.5a, c), bei überwiegendem Dickenwachstum dagegen stumpf oder flach. In Extremfällen (z. B. Palmen, Kakteen, Rosettenpflanzen) bilden sich sogar **Scheitelgruben**.

Bei großen Palmen, die ohne sekundäres Dickenwachstum immerhin Stammhöhen bis über 50 m erreichen, führt das primäre Dickenwachstum mithilfe eines lange Zeit aktiven Meristemmantels zu teller-förmigen Scheitelgruben, deren Durchmesser über 30 cm betragen kann. Dadurch ist auch der Stammdurchmesser festgelegt, der während des weiteren Längenwachstums unverändert bleibt. Der Palmenstamm ist deshalb überall gleich dick. Er bleibt in der Regel unverzweigt und muss keine Laubkrone tragen, sondern nur ein endständiges Büschel großer Blätter (Wedel).

Auch bei verschiedenen Eudikotyledonen kommt es zu massivem primärem Dickenwachstum, das schwerpunktmäßig entweder die Rinde betrifft (cortikale Form: Kakteen) oder das Mark (medulläre Form: Sellerie, Kohlrabi, Kartoffelknolle). In beiden Fällen wird dadurch eine massive Vermehrung von Speicherparenchym bewirkt.

Während der Entwicklung einer Gefäßpflanze ändert auch der Vegetationspunkt seine Größe. Am Embryo ist die Initialenzone des Sprossscheitels meist winzig. Sie vergrößert sich aber im Keimling nach und nach durch Vermehrung der Zellenzahl im ursprünglichen Meristem. Dadurch nimmt (bei konstantem primärem

Dickenwachstum) der Achsenumfang entsprechend zu. Man spricht von **Erstarkungswachstum**. Der Querdurchmesser des Vegetationspunkts durchläuft schließlich ein Maximum und schrumpft dann wieder beim Übergang in die Blühphase. Die primäre Sprossachse erhält durch diese Veränderungen eine doppelkegelförmige Gestalt, die besonders bei einjährigen Monokotyledonen deutlich erkennbar ist, weil sie bei ihnen nicht nachträglich durch sekundäres Dickenwachstum maskiert wird.

3.2.8 Sprossachsen im sekundären Zustand

3.2.8.1 Funktionelle Bedeutung des sekundären Dickenwachstums

Alte Nadel- und Laubbäume sind die größten Landlebewesen. Die Wipfel von Mammut- und Eukalyptusbäumen können mehr als 100 m vom Erdboden entfernt sein. Baumstämme tragen in vielen Fällen ein Kronengewicht von mehr als einer Tonne und müssen darüber hinaus bei starkem Wind enormen Hebelkräften standhalten. Genauso wie sich das Sprosssystem im Luftraum verzweigt, verzweigt sich auch das Wurzelsystem im Boden: ein Ausdruck der bipolaren Organisation aller Gefäßpflanzen. Der gesamte Stoffaustausch zwischen Spross- und Wurzelsystem muss durch den Stamm erfolgen, der die beiden Verzweigungssysteme miteinander verbindet und ein echtes Zentralorgan darstellt (meist das einzige in ansonsten offen, dezentral organisierten Pflanzen). Die Doppelfunktion als Stütze und Transportbahn erfordert eine Verdickung des Stammes, die auf das Ausmaß von Wurzelsystem und Blatt- bzw. Nadelmasse abgestimmt ist. Die Stammverdickung wird durch **sekundäres Dickenwachstum** erreicht, das auf der Tätigkeit des Sprosscambiums beruht (▶ Abschn. 2.2.2). Bei diesem Dickenwachstum wird überwiegend sekundäres Xylem (**Holz**) gebildet. Es macht in späteren Stadien volumenmäßig mehr als 45 % des sekundären Zuwachses und damit des Stammes aus.

Die größeren Seitenachsen im Verzweigungssystem des Sprosses wachsen ebenfalls wie oben beschrieben durch sekundäres Dickenwachstum zu kräftigen Ästen heran. Auch bei Wurzeln/Seitenwurzeln gibt es sekundäres Dickenwachstum (▶ Abschn. 3.4.2.3).

3.2.8.2 Cambium, Holz und sekundäres Phloem

Im vollständig entwickelten Baumstamm bildet das Sprosscambium eine hohlzylindrische, einlagige Stammzellschicht. Sie entwickelt sich aus dem Procambium des Sprossvegetationskegels. Im Sprosscambium gibt es zwei verschieden gestaltete Arten von Stammzellen (**Cambiuminitialen**): isodiametrische Strahlinitialen und lang gestreckte Fusiforminitialen. Die **Strahlinitialen**

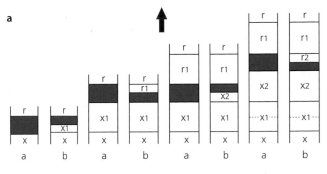

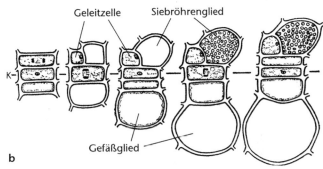

☐ Abb. 3.44 Cambiuminitialen als Stammzellen. **a** Schema der Teilungsfolge (Querschnitt). Initiale blau: a vor einer Teilung, b danach. Pfeil: weist zur Sprossperipherie. **b** Unterschiedliche Differenzierung der von der Initiale abgegliederten Zellen. – V Holzzellen, r Bastzellen, K Initiale. (a nach L. Jost; b nach Holman und Robbins)

liefern das Parenchym der Holz- und Markstrahlen und damit das transversale (horizontale) Leitsystem verholzter Achsen. Die **Fusiforminitialen** (lat. *fusus*, Spindel, wegen der Umrissform der Initialen) bilden durch ihre Teilungstätigkeit das axilläre (vertikale) Leitsystem. Bei den Fusiforminitialen handelt es sich um lang gestreckte, an den Enden zugespitzte, insgesamt jedoch flache Zellen, die im Spross längs ausgerichtet sind und deren Flachseiten tangential (periklin) liegen. Sie sind vakuolisiert und relativ groß. Bei Nadelbäumen erreichen sie Längen bis 5 mm.

Die Cambiuminitialen teilen sich überwiegend so, dass die neu gebildete Wand periklin orientiert ist. Das bedeutet, dass vom Cambium (das in Querschnitten als Ringzone erscheint) in radialer Richtung neue Zellen abgegliedert werden, und zwar abwechselnd nach innen und nach außen (☐ Abb. 3.44). Es entstehen radiale Zellreihen, wie sie allgemein für Gewebe charakteristisch sind, die ihre Entstehung der Aktivität von Cambien verdanken. Die Gesamtheit der nach innen abgegebenen Zellen bildet das **Holz**, das histologisch einem **sekundären Xylem** entspricht, welches von Mark- bzw. Holzstrahlen durchzogen ist. Die nach außen abgegliederten Zellen entwickeln sich zum **sekundären Phloem**. Die Differenzierung der Abkömmlinge von Cambiuminitialen erfolgt sehr schnell. Das ist deshalb möglich, weil die Fusiforminitialen des Cambiums bereits massiv vakuolisiert sind, sodass ein postembryonales Streckungswachstum entfällt. Im Gegensatz zu der Situation in primären Meristemen zeigen im Sprosscambium die Stammzellen selbst die höchste Teilungsfrequenz, während sich ihre Abkömmlinge nur selten überhaupt noch einmal teilen. Sprosskambien enthalten das Hormon Auxin in hohen Konzentrationen (◻ Abb. 12.14), insbesondere am Beginn jeder neuen Vegetationsperiode, wenn die Bildung von Frühholz einsetzt (▸ Abschn. 3.2.8.5).

Der Umfang des Cambiumzylinders (Cambiummantel) wird infolge des sekundären Dickenwachstums nach und nach größer. Man spricht von **Dilatationswachstum**. Bei den meisten Bäumen wächst der Cambienumfang auf etwa das 1000-Fache des primären Ausgangszustands an, während bei Baumriesen sogar noch höhere Werte erreicht werden. Da die Größe der Cambiuminitialen dabei im Wesentlichen konstant bleibt, muss die Zahl dieser Zellen entsprechend zunehmen.

Die erforderliche Zellvermehrung kann durch antikline Längsteilungen erreicht werden, bei denen radial und längs ausgerichtete Trennwände eingezogen werden. In diesem Fall entstehen **Etagencambien**, wie sie für viele tropische Bäume typisch sind. Bei den Bäumen gemäßigter und kalter Zonen erfolgt dagegen zunächst eine Querteilung von Cambiuminitialen. Die entlang der Längsachse oberen und unteren Tochterzellen wachsen dann mit ihren Enden in axialer Richtung zwischen die Nachbarinitialen hinein – ein Beispiel für intrusives Wachstum (▸ Abschn. 2.2.2). Dadurch entstehen Cambien, deren Zellmuster in Flächenansicht weniger geordnet erscheint als bei Etagencambien. Man spricht von nicht etagierten oder **Fusiformcambien**.

Obwohl das ursprünglich angelegte Procambium einem ringsum geschlossenen Zylinder entspricht, ist das Cambium im primären Zustand von Sprossachsen oft als **faszikuläres Cambium** auf die Leitbündel beschränkt, die durch parenchymatische Markstrahlen voneinander getrennt sind. Setzt in so organisierten Sprossen sekundäres Dickenwachstum ein, wird zunächst durch Induktion von **interfaszikulärem Cambium** ein geschlossener Cambiummantel gebildet (◻ Abb. 3.45). Dieser Prozess ist mit der Reembryonalisierung bereits ausdifferenzierter Parenchymzellen in den Markstrahlen verbunden. Der so entstehende, geschlossene Zylinder ähnelt auf den ersten Blick dem geschlossenen Zylinder des ursprünglichen Procambiums, wurde jedoch sekundär gebildet. Dies ist entwicklungsbiologische interessant, weil bereits differenzierte Zellen wieder in den Stammzellzustand zurückkehren.

Bei Lianen, deren verholzte Sprosse (die ja keine Stützfunktion haben) nur mäßig verdickt sind, bilden sekundär entstehende Markstrahlinitialen auch weiterhin parenchymatisches Markstrahlgewebe. Die primären Markstrahlen bleiben also prominent und trennen in jedem Internodium gut definierte Leitbündel voneinander (*Aristolochia*-Typ, ◻ Abb. 3.46a; vgl. auch ◻ Abb. 3.50c und ◻ Abb. 2.23l). Die einzeln von elastischem Grundgewebe umfassten Leitbündel wirken hier wie die Faserstränge eines Seils: Lianenachsen sind reißfest, aber zugleich flexibel. In vielen verholzten Sprossachsen werden allerdings die meisten in Markstrahlen neu entstandenen Cambiuminitialen zu Fusiforminitialen, die prosenchymatische Zellen des Leit- und Festigungsgewebes abgliedern. Die Markstrahlen werden in diesem Fall auf schmale Parenchymstreifen eingeschränkt (*Ricinus*-Typ, ◻ Abb. 3.46b). Bei den Bäumen schließlich geht das Procambium direkt in einen dichten Leitbündelzylinder mit geschlossenem Cambiummantel über (*Ti-*

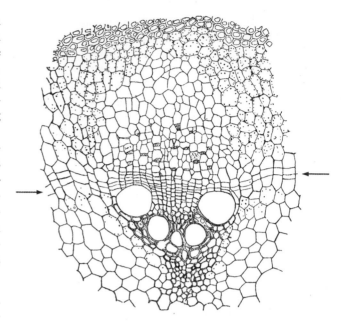

◻ **Abb. 3.45** Entstehung von interfaszikulärem Cambium (Pfeile) beidseits des Leitbündelcambiums durch Reembryonalisierung und erneute Teilungsaktivität von Parenchymzellen in Markstrahlen bei der Liane *Aristolochia macrophylla* (80×). (Nach E. Strasburger)

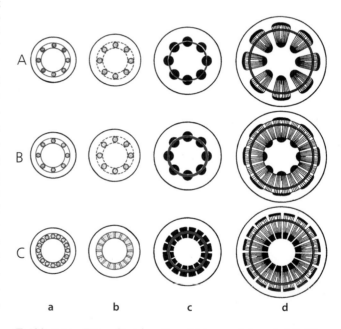

◻ **Abb. 3.46** Typen des sekundären Dickenwachstums bei Eudikotyledonen. **a** *Aristolochia*-Typ. **b** *Ricinus*-Typ. **c** *Tilia*-Typ. a–c Ausbildung des primären Zustands, **d** sekundäres Dickenwachstum. Cambium vollblau. (Nach D. von Denffer)

lia-Typ, ◻ Abb. 3.46c). Lediglich über Abzweigungen von Blatt- und Zweigspursträngen sind zunächst begrenzte Blatt- bzw. Zweiglücken ausgebildet, die später geschlossen werden.

Die **primären Markstrahlen**, die vom Mark bis zur Rinde reichen, rücken mit fortschreitendem sekundärem Dickenwachstum in der Peripherie des Holzkörpers, am Cambiummantel und besonders im sekundären Phloem immer weiter auseinander und können schließlich ihre Funktionen als transversales (radiales) Transport- und

Speichersystem nicht mehr erfüllen. Unter diesen Umständen kommt es zur Bildung von **Holzstrahlen**, die sich ins sekundäre Phloem fortsetzen, indem sich im Cambiummantel lokal begrenzt Fusiforminitialen in Markstrahlinitialen umwandeln. Die von diesen Markstrahlinitialen gebildeten Parenchymstrahlen wurden früher irreführend als sekundäre Markstrahlen bezeichnet, obwohl sie nicht vom Mark bis zur Rinde reichen, sondern blind im Holz bzw. sekundären Phloem beginnen. Sie sind umso kürzer, je später die Initialenumwandlung erfolgte. Die Orte solcher Umwandlungen liegen so, dass die Markstrahlen bei Tangentialansicht regelmäßige Muster bilden (◨ Abb. 3.51). Überall dort, wo der Abstand von Markstrahlen infolge des sekundären Dickenwachstums einen bestimmten Wert überschreitet, wird ein neuer Parenchymstrahl angelegt. Auch hier muss man also, wie bei anderen pflanzlichen Phänomenen der **Musterbildung**, davon ausgehen, dass von den bereits gebildeten Markstrahlen eine hemmende Wirkung ausgeht, die sich mit zunehmender Distanz abschwächt (▸ Abschn. 3.2.2).

Bei Nadelhölzern ist dieses Strahlengewebe gewöhnlich einige Zellen hoch, aber nur eine Zellreihe breit. Der Volumenanteil des Strahlengewebes im Holz liegt unter 1/10. Bei Laubhölzern sind parenchymatische Strahlen oft viele Zellen breit und über 100 Zellen hoch. Ihr Volumenanteil liegt deutlich über 10 % und kann 1/5 des Holzvolumens erreichen (◨ Abb. 3.51d).

3.2.8.3 Sekundäres Dickenwachstum bei Monokotyledonen

Einkeimblättrige Pflanzen sind eigentlich nicht zu sekundärem Dickenwachstum in der Lage: Ihre Leitbündel sind ungleichmäßig über den Sprossquerschnitt verteilt (Ataktostelen), sodass kein Cambiumring entstehen kann. Vor allem jedoch sind ihre Leitbündel geschlossen, zwischen Xylem und Phloem fehlt also die Zellschicht, aus der das Cambium hervorgehen könnte. Tatsächlich gehören fast alle Baum- und Straucharten den Gymnospermen oder den basalen Ordnungen und Eudikotyledonen an. Wie oben beschrieben erreichen Palmen ihren endgültigen Stammdurchmesser durch primäres Dickenwachstum (▸ Abschn. 3.2.7.3). Nur bei einigen baumartigen Liliengewächsen (u. a. beim Drachenbaum *Dracaena* sowie bei bestimmten *Yucca*- und *Aloe*-Arten) gibt es ein sekundäres Dickenwachstum, das allerdings ganz anders verläuft als bei Gymnospermen und Eudikotylen (◨ Abb. 3.47): In diesen Pflanzen wird als Cambium ein sekundäres Verdickungsmeristem aktiv, das die gesamte Stele umfasst und vor allem nach innen Parenchym mit sekundären Leitbündeln bildet. Diese Form des Wachstums ist also dem sekundären Dickenwachstum der Eudikotylen nicht homolog, sondern muss konvergent entstanden sein.

3.2.8.4 Holzkörper

Holz erfüllt im lebenden Baum und Strauch drei Basisfunktionen, die überwiegend, aber nicht ausschließlich, von bestimmten Zell- und Gewebetypen vermittelt wer-

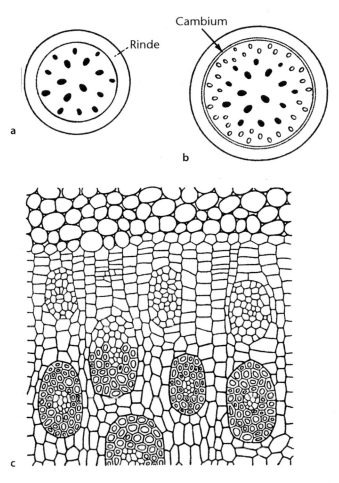

◨ **Abb. 3.47** Sekundäres Dickenwachstum beim Monokotylenbaum *Dracaena* (Drachenbaum). **a** Primärer Bau der Achse im Querschnitt (Leitbündel schwarz). **b** Sekundärer Bau. Der Cambiumring hat nach innen Parenchym mit sekundären Leitbündeln (hell) gebildet. **c** Vergrößerter Ausschnitt im Bereich des Cambiums; im sekundären Parenchym konzentrische Leitbündel in verschiedenen Reifungsstadien (90×). (a, b nach W. Troll; c nach G. Haberlandt)

den: die **mechanische Festigung**, da bei Landpflanzen der Auftrieb des Wassers entfällt und so die durch Schwerkraft, aber auch durch Wind ausgelöste Belastung aufgefangen werden muss, den **Transport** von Wasser- und Nährsalzen und die **Speicherung** von Assimilaten. Unter den zellulären Elementen des Holzes (◨ Abb. 3.48) lassen sich vier Formen unterscheiden und diesen drei Funktionen zuordnen:

- **Tracheiden** sind 1–5 mm (extrem bis 8 mm) lange, tote Röhrenzellen mit stark verdickten, lignifizierten Wänden und spitz-keilförmigen Enden, an denen gehäuft Hoftüpfel auftreten (◨ Abb. 1.70c–h). Sie sind vor allem für die Festigung und den Transport verantwortlich. Die maximale Strömungsgeschwindigkeit in Tracheiden liegt bei $0{,}4$ mm s^{-1}.
- **Tracheenglieder** sind ebenfalls tote, wassergefüllte Röhrenzellen mit Hoftüpfeln, die aber wesentlich kürzer und weiterlumiger sind als Tracheiden. Ihre verholzten Wände sind nur mäßig verdickt und die zwischen übereinanderstehenden Tracheengliedern

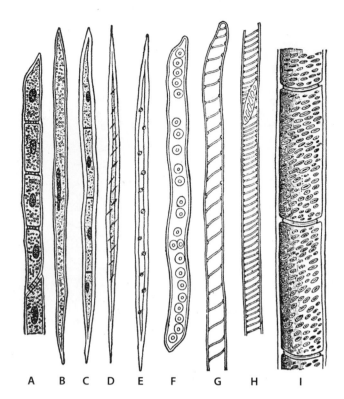

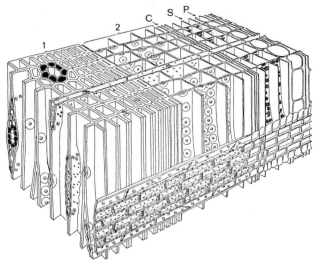

◘ Abb. 3.48 Zelltypen im Holz von Laubbäumen (150×). **a** Holzparenchym. **b, c** ungeteilte bzw. unterteilte Ersatzfaser. **d** Holz-(Libriform-)faser. **e** Fasertracheide. **f, g** Hoftüpfel- bzw. Schraubentracheide. **h, i** Gefäße. **h** Leitertrachee. **i** Tüpfelgefäß mit aufgelösten Querwänden zwischen den Tracheengliedern (vgl. ◘ Abb. 2.26). (Nach E. Strasburger)

◘ Abb. 3.49 Blockschema eines Nadelholzstamms im Cambiumbereich. Schnittrichtung bei Blick von oben: quer; von rechts vorne: radial; von links vorne: tangential. **1** Spätholz mit vertikalem und (im Holzstrahl) horizontalem Harzgang (Drüsenzellen schwarz). **2** Frühholz. Die großen Hoftüpfel zwischen den Tracheiden erscheinen nur im Radialschnitt in Aufsicht (vgl. ◘ Abb. 1.70c–f). Unten im Radialschnitt: längs aufgeschlitzter Markstrahl, oben und unten von je einer Reihe Holzstrahltracheiden begrenzt, die sich im sekundären Phloem als Reihen von Strasburger-Zellen fortsetzen. Dazwischen: vier Reihen von Holz-(Bast-)strahlparenchymzellen (250×). – **C** Cambium, **S** aktives sekundäres Phloem mit Siebparenchym, **P** nach außen kollabierte Siebelemente. (Nach K. Mägdefrau)

zunächst vorhandenen schrägen Querwände sind aufgelöst (in manchen Fällen porös oder leiterartig durchbrochen, ◘ Abb. 2.26). Axial in Serie aufeinanderfolgende Tracheenglieder bilden also lange Röhrensysteme, die **Tracheen** oder (besser) **Gefäße**. Ihre Bedeutung für die Festigung ist daher eher untergeordnet, sie sind fast ausschließlich mit dem Wassertransport betraut. Ihre Querdurchmesser können Werte über 0,7 mm erreichen. Der Strömungswiderstand ist entsprechend gering: Es werden Strömungsgeschwindigkeiten bis 15 mm s^{-1} (in Extremfällen über 40 mm s^{-1}) erreicht (► Abschn. 19.2.5, ◘ Tab. 14.10).

- **Holzfasern** ähneln nach Form und Größe den Tracheiden, aber ihre Wände sind noch dicker und frei von Hoftüpfeln. Die Cellulose der Sekundärwand liegt in steiler Schraubentextur vor (◘ Abb. 2.22d). Zwischen Tracheiden und Holzfasern gibt es Übergänge in Gestalt von **Fasertracheiden**. Auch zwischen Holzfasern und Holzparenchym lassen sich Zwischenformen finden: lebende, ein- oder mehrzellige „Ersatzfasern".

Holzfasern sind in der Regel tot und gehören dann ausschließlich dem Festigungssystem an. Gelegentlich vorkommende lebende Holzfasern sind zusätzlich auch Teil des Speichersystems. Tracheiden, Tracheen und Holzfasern sind in Stämmen und Zweigen normalerweise längsorientiert (axial). Eine Ausnahme stellen die Holzstrahltracheiden der Nadelhölzer dar (s. u.).

- **Holzparenchymzellen** sind die lebenden Zellen des Holzes. Sie dienen der Speicherung von Stärke und/oder Öl, bei Bedarf auch dem Transport organischer Nährstoffe, und spielen eine Schlüsselrolle bei der Reparatur von Luftembolien in Xylemgefäßen.

3.2.8.5 Gymnospermenholz

Das **Holz der Nadelbäume** ist ein relativ einfach aufgebautes, im Wesentlichen aus Tracheiden bestehendes Gewebe (◘ Abb. 3.49). Die bei den Angiospermen zu beobachtende Differenzierung in verschiedene Zelltypen, die auf verschiedene Funktionen spezialisiert sind, fehlt noch weitgehend. Dicht gepackte Tracheiden übernehmen gleichermaßen Festigungs- und Leitungsfunktion. Tracheen fehlen und das Parenchym ist beschränkt auf Holzstrahlen und das Drüsenepithel der Harzgänge (soweit vorhanden).

Zwischen den Tracheiden und den Parenchymzellen von Holzstrahlen sind einseitig behöfte Tüpfel ausgebildet. Bei der Kiefer findet man besonders große solcher Tüpfel (dafür jeweils nur einen pro Zellkontakt), die Fenstertüpfel genannt werden (◨ Abb. 3.51c). An der oberen und unteren Grenze von Holzstrahlen verlaufen vielfach Holzstrahltracheiden. Dabei handelt es sich um lang gestreckte und tote, mit Hoftüpfeln ausgestattete Zellen, die radialen Wassertransport vermitteln.

Harzkanäle (◨ Abb. 2.30) verlaufen teils axial, teils radial in Holzstrahlen und bilden insgesamt ein zusammenhängendes Röhrensystem im Nadelholzstamm. Sie entstehen schizogen, also durch das Auseinanderrücken von Zellen. Das Harz muss also durch die Plasmamembran hindurch transportiert werden und bildet bei Verwundung aseptische Wundverschlüsse. Bei Verletzung werden dementsprechend zusätzliche Harzgänge gebildet. Auch bei der Tanne, in deren Holz sich normalerweise keine Harzkanäle befinden, treten nach Verletzungen solche Kanäle auf.

Das sekundäre Dickenwachstum beschränkt sich bei Holzgewächsen der gemäßigten Breiten mit ausgesprochenen Jahreszeiten auf die Zeitspanne von Ende April bis Anfang September, d. h. es erfolgt in diskreten Jahresschüben. Dabei wird bis Juli **Frühholz** gebildet, danach bei auslaufender Cambiumaktivität **Spätholz**. Die Tracheiden des Spätholzes haben dickere Wände und sind entsprechend englumiger als die des Frühholzes. Der Übergang von Frühholz- zu Spätholztracheiden erfolgt jedoch allmählich. Die schon mit freiem Auge erkennbaren, scharfen Grenzen der **Jahresringe**, auf denen die Maserung von geschnittenem oder gedrechseltem Holz beruht, ergeben sich dadurch, dass die zuletzt gebildeten Spätholztracheiden besonders dickwandig und englumig sind, die in der nächsten Vegetationsperiode zuerst gebildeten Frühholztracheiden dagegen extrem dünnwandig und weitlumig.

Auch außerhalb der gemäßigten Breiten werden in Baumstämmen Jahresringe gebildet, wenn es z. B. saisonale Schwankungen der Niederschläge gibt (Regenzeiten). In den immerfeuchten Tropengebieten entstehen dagegen keine Jahresringe.

3.2.8.6 Angiospermenholz

Das **Holz der Laubbäume und -sträucher** ist viel komplizierter gebaut als das der Nadelbäume. Es enthält zusätzlich zu Tracheiden auch Holzfasern und Tracheen, die jeweils für die Festigung und die Wasserleitung zuständig sind.

Die fortschreitende Evolution des Angiospermenholzes kann an heute lebenden Vertretern rekonstruiert werden. Neben relativ „primitiven" Holzsorten, deren Hauptgewebe noch weitgehend Tracheidengewebe ist (z. B. Edelkastanie), gibt es Übergänge zu Holzformen, in denen das Tracheidengewebe teilweise (z. B. Eiche, Ulme, Walnussbaum, Rosskastanie) oder ganz durch Holzfasergewebe mit eingeschlossenem Speicherparenchym (Faserparenchym, interfibrilläres Parenchym) ersetzt ist (z. B. Esche, Ahorn).

Gefäße verlaufen nicht streng parallel zur Stammachse, sondern folgen leichten Schlangenlinien und nähern sich dadurch innerhalb eines Jahreszuwachses immer wieder

gegenseitig an. In Berührungszonen sind Hoftüpfel (bei den Laubhölzern meistens mit schlitzförmigem Porus und ovalem Hof, ◨ Abb. 1.70g, h) besonders zahlreich, sodass ein funktionelles **Gefäßnetz** entsteht.

Im Holz vieler europäischer Laubbäume sind mikropore Gefäße (Durchmesser bis 100 μm) in großer Zahl über die jährlichen Zuwachszonen verteilt: **zerstreutporiges Holz** (z. B. bei Buche, Birke, Erle, Weide, Pappel, Ahorn, Rosskastanie, Sommer-Linde; ◨ Abb. 3.50a, b). In anderen Fällen (z. B. bei Eiche, Ulme, Esche, Edelkastanie) werden dagegen im Frühholz wenige, eher makropore Gefäße gebildet (Querdurchmesser >100 μm: schon mit bloßem Auge erkennbar): **ringporiges (zyklopores) Holz** (◨ Abb. 3.50c, d). Die Gefäße werden (besonders bei ringporigen Hölzern) von paratrachealem Parenchym begleitet, das wegen der vielen Tüpfelverbindungen zu den Tracheengliedern **Kontaktparenchym** genannt wird. Die Zellen dieses Parenchyms haben den Charakter von Drüsenzellen.

Tatsächlich können die Zellen Zucker und andere organische Stoffe in die Gefäße sezernieren, wenn bei hoher Luftfeuchtigkeit der Transpirationssog ausbleibt und die Versorgung rasch wachsender Triebe mit Nährsalzen stockt. Die ins Xylem sezernierten Stoffe saugen osmotisch Wasser nach, das in den Gefäßen nur nach oben steigen kann (ein Absinken der Wassersäule wird durch die Wurzelendodermen verhindert). Im Kronenbereich kann das zuckerhaltige Wasser über Hydathoden durch Guttation (▶ Abschn. 14.2.4.2) ausgepresst werden, nachdem sich die Blattzellen mit den erforderlichen Nährsalzen versorgt haben. Aufgrund dieser Funktionsbeziehungen wird verständlich, dass besonders in den Stämmen großer Bäume des tropischen Regenwalds das paratracheale Kontaktparenchym massiv entwickelt ist und die einzelnen Gefäße als vielschichtiger Mantel umgibt. Auch die makroporen Gefäße der ringporigen Holzarten sind von Kontaktparenchymscheiden umhüllt (◨ Abb. 3.51d). Die entsprechenden Baum- und Straucharten sind an das mediterrane Klima mit seinen kurzen Wachstumszeiten zwischen mild-feuchten Wintern und trockenheißen Sommern besonders angepasst. Bei zerstreutporigem Holz ist das Kontaktparenchym nur schwach entwickelt. Solches Holz ist für Baumarten jener Gebiete typisch, in denen die Böden feucht sind, während die Luft nur selten dampfgesättigt ist. Aber auch bei diesen (z. B. den mitteleuropäischen) Baumarten wird im Frühjahr, unmittelbar vor dem Laubaustrieb, das paratracheale Kontaktparenchym aktiv. In dieser Zeit „kommen die Bäume in Saft": Organische Speicherstoffe (vor allem Zucker und Aminosäuren) im Holzparenchym werden mobilisiert und noch vor dem Einsetzen der Blatttranspiration in die Gefäße verlagert, in denen dadurch Überdruck entsteht. Bei Verletzung tritt die Gefäßflüssigkeit mitunter in erheblichen Mengen als **Blutungssaft** aus. Während der später einsetzenden eigentlichen Vegetationszeit liefert dann die Transpiration der inzwischen entfalteten Blätter die Energie für das Aufsteigen des Gefäßinhalts gegen Schwerkraft und Reibung. In den Gefäßen herrscht dann Unterdruck. Die **Mark-** und **Holzstrahlen** des Angiospermenholzes sind meistens umfangreicher (d. h. höher und breiter) als die der Gymnospermen und aus mehreren Zelllagen aufgebaut (◨ Abb. 3.51d). Das Strahlparenchym nimmt über besondere Kontaktstellen Verbindung mit den Gefäßen auf. Außerdem bildet es zusammen mit paratrachealem und (wo vorhanden) interfibrillärem Parenchym ein lockeres, lebendes Maschenwerk, das das Holzgewebe in alle Richtungen durchzieht und volumenmäßig 1/4 bis 1/3 des gesamten Holzkörpers ausmachen kann.

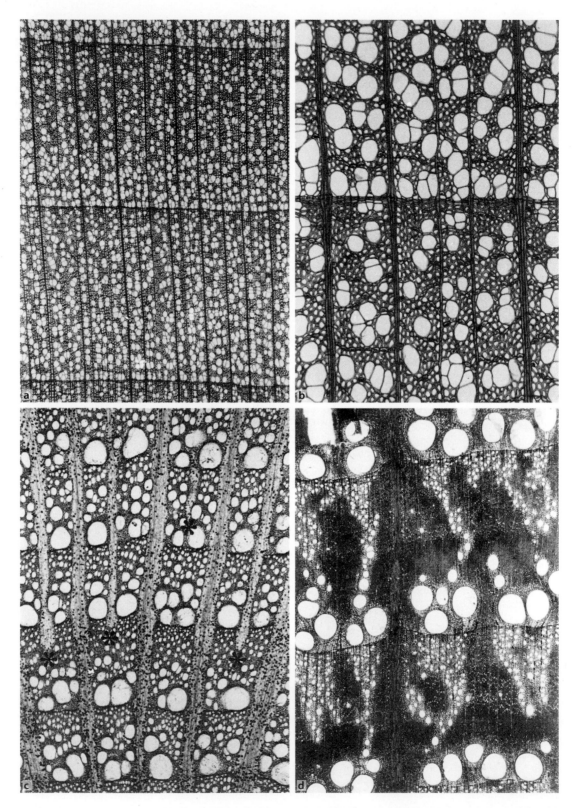

▣ Abb. 3.50 Zerstreut- und ringporige Hölzer im Querschnitt. **a, b** Die Linde *Tilia platyphyllos* besitzt zerstreutporiges Holz mit relativ engen Gefäßen (Durchmesser 100 μm). Jahresringgrenzen: **a** drei (25×), **b** eine (70×). Zyklopore Hölzer: **c** *Aristolochia macrophylla*, eine Liane; Holzporen nur im Frühholz jedes Jahreszuwachses, breite Mark- und Holzstrahlen (die dunklen Punkte darin sind Oxalatdrusen), * Startstellen neuer Holzstrahlen (25×). **d** Drei Jahresringgrenzen bei der Eiche *Quercus robur*. Die großen Gefäße des Frühholzes (Durchmesser bis 500 μm) sind von Kontaktparenchym umgeben, die mikroporen Gefäße des Spätholzes liegen in Tracheidengewebe eingebettet. Die dunklen Zonen entsprechen dichtgepackten Holzfasern (25×). Eichenholz ist histologisch durch seine hohe Dichte an Wandmaterial als typisches Hartholz ausgewiesen

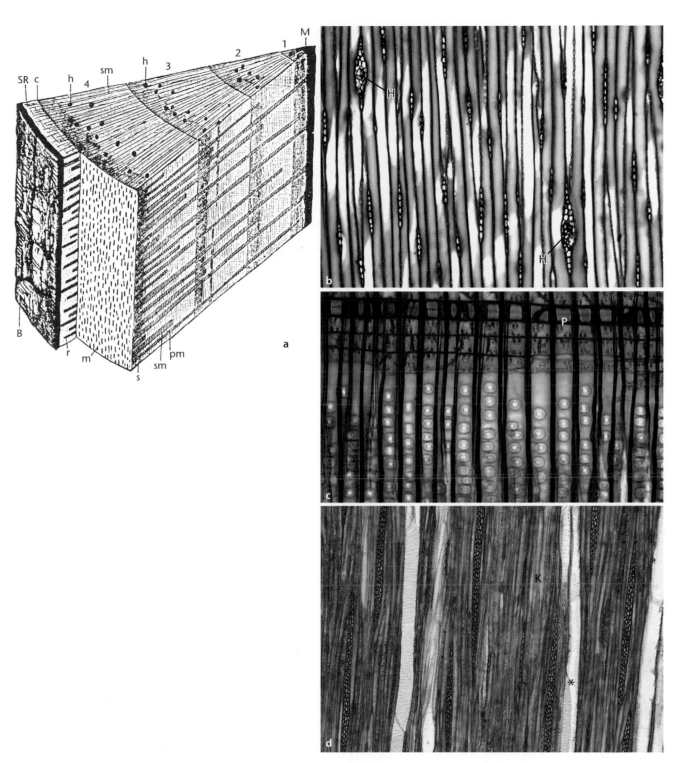

□ **Abb. 3.51** Markstrahlen und Holzstrahlen. **a–c** Kiefer *Pinus sylvestris*. **a** Stück eines vierjährigen Zweiges. Oben Querschnitt (Hirn-schnitt, rechts Längsschnitt radial (Spiegel- oder Riftschnitt), links tangentiale Längsansicht (Flader- oder Herzschnitt; 6×). **b** Tangential-schnitt. Zahlreiche einreihige Holzstrahlen (quer) zwischen längsgeschnittenen Tracheiden; in den steilen Schrägwänden zwischen diesen Hoftüpfelreihen; zwei dickere Holzstrahlen führen Harzkanäle (75×). **c** Radialschnitt durch Holz. Tracheiden mit großen Hoftüpfeln; unten Markstrahl längs mit zentraler Reihe von parenchymatischen Kontaktzellen, die über große quadratische Fenstertüpfel mit Tracheiden ver-bunden sind; darüber und darunter horizontale Holzstrahltracheiden mit kleinen Hoftüpfeln (150×). **d** Tangentialschnitt durch Eichenholz (*Quercus robur*) mit einem Gefäß (*), einer Zone von paratrachealem Kontaktparenchym und zahlreichen einreihigen Holzstrahlen in dich-tem Holzfasergewebe; rechts mehrere dicke „zusammengesetzte" Holzstrahlen, die dadurch zustande kommen, dass im Cambium zwischen benachbarten Holzstrahlen Fusiforminitialen ausfallen. Dieser Prozess geht gerade bei der Eiche sehr weit, wodurch außergewöhnlich hohe und breite Holzstrahlen entstehen (75×). – B Borke, c Cambium, h und H Harzkanäle, K paratracheales Kontaktparenchym, M Mark, m Holzstrahlen quer; P parenchymatische Kontaktzellen, pm (primäre) Markstrahlen, r Phloemstrahlen, SP sekundäres Phloem mit Periderm, sm Holzstrahlen längs, SR sekundäre Rinde, 1–4 aufeinanderfolgende Jahresringe. (a nach E. Strasburger)

Auch im Holz jener Angiospermen, die in Gegenden mit ausgeprägten Jahreszeiten wachsen, bilden sich wie in Nadelhölzern auffällige **Jahresringe** aus, die den jährlichen Zuwachszonen entsprechen. Auch mit Laubholzstämmen kann daher **Dendrochronologie** betrieben werden.

Koniferen und dikotyle Angiospermen mit sekundärem Dickenwachstum bilden in saisonalen Klimaten jährlich abgegrenzte, auf ökologische Bedingungen reagierende radiale Zuwächse. Dendrochronologisch auswertbar sind Bäume, Sträucher, Zwergsträucher und Kräuter mit einem Alter von 1–5000 Jahren. Auf der Basis von Jahresringbreiten und Dichten ermöglicht die Technik des *crossdating* die globale Synchronisierung und Rekonstruktion von Keimungs- und Absterbedaten von Pflanzen und den herrschenden Umweltbedingungen in den letzten 14.000 Jahren. Aus Verteilung, Anzahl und Durchmesser von Gefäßen, Fasern und Parenchymzellen sowie Dicke, Struktur, Isotopenverhältnisse und chemische Zusammensetzung von Zellwänden lassen sich wertvolle Informationen über ökologische Schwankungen zwischen verschiedenen Jahren und sogar innerhalb von Jahren ableiten. Voraussetzung zur Erfassung der Jahresringdaten sind Jahresringbreitenmessgeräte, röntgendensitometrische Anlagen, Mikrotome, elektronische Bilderfassungsanlagen sowie chemische Analyseverfahren und Massenspektrometer. Auswertungen basieren auf Chronologien, d. h. auf Mittelwerten mehrerer synchroner individueller Zeitreihen. Langfristige ökologische Einflüsse können mit Korrelationsanalysen (Hauptkomponentenanalyse) ermittelt werden. Kurzfristige Ereignisse finden ihren Ausdruck in extremen Strukturwechseln, den positiven und negativen abrupten Zuwachsveränderungen und der Weiserjahre (klimatisch besonders markante Jahre, die in den meisten Bäumen einer Region charakteristische Jahresringe hinterlassen haben). Dank der nahezu globalen Präsenz und Nützlichkeit von Gehölzen in terrestrischen Biomen bilden Jahresringe ein fast unerschöpfliches Archiv zur Rekonstruktion menschlicher Aktivitäten und ökologischer Dynamik. Der Vergleich früherer Umweltveränderungen mit denen der heutigen Zeit steht im Fokus der dendrochronologischen Forschung. Da sich in Mitteleuropa die Eichen-Kiefern-Chronologie mehr als 12.000 Jahre kontinuierlich zurückverfolgen lässt, kann anhand dieser Chronologie auch die relative Skala der Radiocarbonmethode geeicht und in absolute Zahlen überführt werden, vorausgesetzt, man berücksichtigt variable Sonnenwindaktivitäten, Veränderungen des Erddachs, variable Emissionen von fossilem CO_2 oder Atomexplosionen, die zu Verschiebungen führen. Sogar geodynamische Prozesse wie Erosionsprozesse an Flüssen, Felsstürze, Küstenverschiebungen und Permafrostdynamik sind anhand von Stammverletzungen, der Bildung von Reaktionsholz und abrupten Strukturänderungen in Stämmen und Wurzeln lokal rekonstruierbar. Aus solchen Untersuchungen weiß man, dass es um das Jahr 1000 v. Chr schon einmal eine globale Wärmephase gegeben hat, die der heutigen klimatisch ähnelt. Aus den heutigen eisfreien alpinen Gletschervorfeldern konnte man Baumstämme ausgraben, die belegen, dass die Gletscher im Atlantikum (6000–8000 v. Chr.) weit geringere Ausmaße hatten als heute. Die Ursachen für diese früheren Wärmephasen waren jedoch ganz anderer Natur, da die Freisetzung von Kohlendioxid aus fossilen Brennstoffen damals natürlich noch keine Rolle spielte. Die Kenntnis absoluter Jahresringdaten spielt natürlich auch für die Datierung und daher letztlich für die Erhaltung historischer Bausubstanz eine große Rolle. Daher wird kaum eine Renovierung historischer Gebäude ohne dendrochronologisches Gutachten durchgeführt.

3.2.8.7 Splintholz und Kernholz

Holz ist ein Gewebe, das überwiegend aus toten Zellen (Tracheiden, Tracheengliedern, zum Teil Holzfasern) besteht. Auch die Lebensdauer des Holzparenchyms ist begrenzt: Es stirbt in älteren Jahresringen ab. Bei fortgesetztem sekundärem Dickenwachstum finden sich im Zentralbereich von Baumstämmen, dem **Kernholz**, überhaupt keine lebenden Zellen mehr. Demgegenüber wird das „lebende" Holz der äußeren Stammpartien als **Splintholz** bezeichnet. Während bei vielen zerstreutporigen Hölzern die Wasserleitfähigkeit der Gefäße bis über 20 Jahre lang erhalten bleibt, ist sie bei ringporigen Hölzern (Esche, Edelkastanie, Ulme, Robinie) auf wenige Jahre beschränkt (z. B. bei der Eiche auf zwei Jahre). Verkernung tritt aber auch bei diesen Bäumen erst später ein, sodass zwischen einem äußeren **Leitsplint**, der noch aktiv Wasser leitet, und einem inneren, auf Speicher- und Stützaufgaben beschränkten **Speichersplint** unterschieden werden muss.

Bäume mit schmalem Leitsplint sind gegen äußere Störungen (z. B. starke Temperaturerhöhung des Stammes bei langer Sonneneinstrahlung), sowie gegen mechanische Beschädigung oder Pilzbefall besonders empfindlich. Das äußert sich immer wieder in verheerenden Epidemien von kontinentalem Ausmaß (Eichen- und Kastaniensterben in Nordamerika; Ulmensterben, hervorgerufen durch einen Ascomyceten, der von Borkenkäfern verbreitet wird).

Die **Verkernung** von Holz ist kein passives Absterben, sondern ein aktiver Vorgang. Vielfach füllen sich dabei die Gefäße mit Luft und verstopfen zusätzlich, indem benachbarte Holzparenchymzellen durch Tüpfel in sie einwachsen (**Thyllenbildung**, ◨ Abb. 3.52; griech. *thýllis*, Beutel). Im Parenchym noch vorhandene Reservestoffe werden mobilisiert und abtransportiert oder aber zur Bildung von Thyllen und Kernholzstoffen (vor allem Gerbstoffe, Harze) verbraucht. Ebenso werden wertvolle Nährelemente (P, K, S) in den Splint verlagert, während überschüssiges Calcium oder Silicium im Kern deponiert werden.

Das Teakholz verdankt seine außergewöhnliche Festigkeit und Widerstandsfähigkeit einer massiven Verkieselung (Siliciumeinlagerung). Generell ist das Kernholz vieler Nadel- und Laubhölzer der technisch wertvollste Teil des Holzes. Durch die Luftfüllung der Gefäße können die eingelagerten Gerbstoffe, die Schädlingsresistenz vermitteln, nach und nach zu kräftig gefärbten Phlobaphenen oxidiert werden. Das ergibt mitunter prächtige, natürlich gefärbte und imprägnierte Hölzer, die sich durch hohe Beständigkeit auszeichnen. Besonders wertvolle ausländische Kernhölzer sind Mahagoni (*Swietenia mahagoni*), Palisander (*Dalbergia*), Teakholz (*Tectona grandis*) und das tiefschwarze Ebenholz (verschiedene *Diospyros*-Arten).

3.2.8.8 Sekundäres Phloem

Wie das Holz ist auch das **sekundäre Phloem** (**Bast**) aus verschiedenen Zell- und Gewebetypen aufgebaut (◨ Abb. 3.53), die unterschiedliche Funktionen wahrnehmen: axialer Ferntransport von Assimilaten (Siebelemente: Siebzellen bzw. Siebröhrenglieder, ▶ Abschn. 2.3.4.1), Assimilatspeicherung und radialer Nahtransport (Phloemparenchym und Phloemstrahlen) oder Festigung bzw. mechanischer Schutz (Sklerenchym: Phloemfasern und Steinzellen; Kristallzellen).

━ Die **Siebelemente** des sekundären Phloems setzen jene des primären Phloems fort, sodass von Triebspitzen und Blättern ununterbrochene Leitungsbahnen bis in die Wurzeln führen. Die kernlosen Sieb-

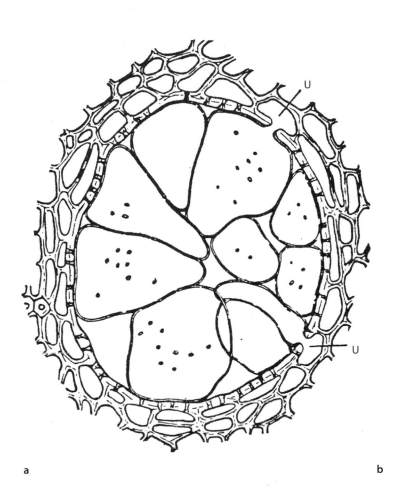

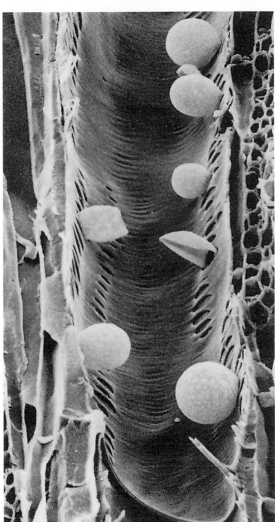

a

b

◘ **Abb. 3.52** Gefäßverschluss durch Thyllen. **a** Holzparenchymzellen sind durch Tüpfel in das Lumen eines Gefäßes eingewachsen und verschließen es weitgehend (Querschnitt, Kernholz der Robinie, 250×). **b** In Gefäß einwachsende Thyllen beim tropischen Laubbaum *Nectandra pichurim*, einer Lauracee (170×). – U Holzparenchymzellen. (a nach H. Schenck; b REM-Aufnahme: S. Fink)

elemente werden durch reich getüpfelte Zellwände hindurch von Parenchymzellen mit Drüsencharakter am Leben erhalten und durch Be- bzw. Entladung in ihrer Funktion als Leitungsbahnen unterstützt (Laubhölzer: Geleitzellen; Gymnospermen: Strasburger-Zellen).

— Die **Phloemstrahlen** sind die Fortsetzung der Holzstrahlen nach außen. Sie stellen über das Cambium hinweg Querverbindungen zwischen Holz und sekundärem Phloem her. Die Parenchymzellen der Phloemstrahlen sind meistens mit Stoffreserven (Stärke, Öl) angefüllt. Dasselbe gilt für axial orientierte Verbände von Zellen des Phloemparenchyms.

— **Phloemfasern** werden oft extrem lang (▶ Abschn. 2.3.3). Diese Zellen schieben sich während ihrer Entwicklung durch intrusives Spitzenwachstum zwischen Hunderte von anderen Zellen. Ihnen verdankt der gesamte Gewebekomplex seinen Namen. Phloemfa-

serstreifen aus Weiden- und Lindenzweigen lieferten einst den Bindebast der Gärtner.

Gemäß der Lage des Cambiums zwischen Holz und sekundärem Phloem wächst der Holzkörper an seiner äußeren Peripherie, das sekundäre Phloem dagegen an seiner Innenseite in die Dicke. Während sich beim Holz die ältesten Teile innen und die jüngsten außen befinden, ist es beim sekundären Phloem umgekehrt.

Die Siebelemente sind normalerweise nur für ein Jahr funktionstüchtig. Das bedeutet, dass der gesamte Assimilattransport auch in einem mächtigen Baumstamm auf eine nur ca. 1 mm dünne Lage von **leitendem sekundärem Phloem** unmittelbar außerhalb des Cambiummantels beschränkt ist, die volumenmäßig nicht einmal 5 ‰ des Stammes ausmacht. In älteren Phloembereichen, dem **speichernden sekundären Phloem**, sterben die Siebelemente zusammen mit ihren unmittelbaren Begleitzellen ab und werden vom Nachbarge-

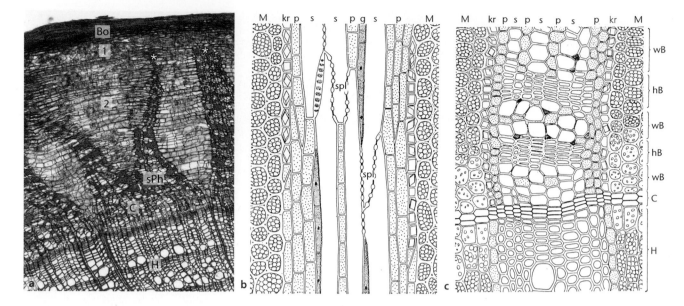

☐ **Abb. 3.53** Sekundäres Dickenwachstum. **a** Querschnitt durch mehrjährigen Zweig der Linde *Tilia platyphyllos*. 1 Primäre Rinde und primäres Phloem (an zwei Stellen durch * bezeichnet); 2 sekundäres Dickenwachstum mit sekundärem Phloem, dieses mit tangentialen Lagen von Hartbast (dunkel) und Weichbast (hell); zwischen sekundärem Phloem keilförmige helle Parenchymzonen (Baststrahlen), deren Breite sich erst in der letzten Saison auf jene der Holzstrahlen verringert hat. Im Rindenparenchym zahlreiche schwarze Kristallzellen, ausgefüllt von Calciumoxalatdrusen (23×). **b, c** Sekundäre Rinde des Weinstocks *Vitis vinifera* im Längs- und Querschnitt (200×). – Bo Borke, C Cambium, H Holz, hB Hartbast (Bastfasern), g Geleitzellen, kr Kristallzellen, M Rindenstrahlparenchym mit Reservestärke, p Parenchym, sPh sekundäres Phloem, s Siebröhren, spl Siebplatten, wB Weichbast (Siebröhren + Geleitzellen). (b, c nach D. von Denffer)

webe zerdrückt. Benachbarte, einzelne Parenchymzellen vergrößern sich dagegen beträchtlich (Parenchymzelleninflation) und füllen nicht nur den vorher von den Siebelementen eingenommenen Raum aus, sondern bewirken auch eine Dilatation dieses Gewebes, das dadurch dem weiteren sekundären Dickenwachstums der Sprossachse einigermaßen folgen kann, ohne zu reißen. Bei den meisten Holzgewächsen findet nicht nur eine Inflation, sondern auch eine Vermehrung der Phloemparenchymzellen statt. Viele Parenchymzellen entwickeln sich außerdem zu Steinzellen und übernehmen dadurch Schutzfunktionen.

3.2.8.9 Periderm

Die Vergrößerung des Sprossumfangs bei sekundärem Dickenwachstum wird von manchen peripheren Geweben durch ein entsprechendes Dilatationswachstum aufgefangen. Das gilt z. B. für die Sprossepidermen bestimmter Pflanzen (z. B. *Ilex*, *Cornus*, Kerrie, Rosen und Kakteen), deren Äste über längere Zeit grün bleiben. Normalerweise nimmt aber die Epidermis an der Dilatation nicht teil. Sie reißt auf und wird durch **Periderm** (das sekundäres Abschlussgewebe) ersetzt (▶ Abschn. 2.3.2.2). Es besteht aus drei Gewebeschichten (von außen nach innen): dem toten Phellem (Kork), dem cambialen Phellogen und dem parenchymatischen Phelloderm. Da Kork (**Phellem**) sehr undurchlässig ist, sind Gewebe, die außerhalb von Peridermen liegen, von der Wasser- und Nährstoffzufuhr aus dem Spross abgeschnitten. Sie sterben ab und trocknen aus. Das macht

sich äußerlich durch eine braune oder graue Verfärbung der Sprossoberfläche bemerkbar.

Das erste Periderm, das funktionell die Epidermis ersetzt, entsteht in der äußersten Rinde und wird als **Oberflächenperiderm** bezeichnet. Bei einigen Bäumen bleibt das Phellogen dieses ersten Periderms über viele Jahre aktiv und expandiert durch Dilatationswachstum zusammen mit der Vergrößerung der Achsenoberfläche. Auf diese Weise entstehen die glatten Stammoberflächen der Buchen und Hainbuchen sowie junger Birken. Bei den meisten Bäumen wird aber auch das Oberflächenperiderm infolge der andauernden Stammverdickung aufgerissen. Das geschieht überwiegend in Längsrichtung, weil Stämme und Astpartien ihr Längenwachstum einstellen, sobald das sekundäre Dickenwachstum begonnen hat. Die so entstehenden Risse werden abgedichtet durch die Bildung neuer Peridermen (**Tiefenperidermen**) in tieferen, noch lebenden Zonen der Rinde oder (in älteren Bäumen) des sekundären Phloems. Das Phellogen von Tiefenperidermen ist gewöhnlich nur für kurze Zeit aktiv, sodass ständig weitere und noch tiefer innen liegende Peridermen angelegt werden müssen. An der Achsenoberfläche entsteht so nach und nach ein immer dickerer Mantel aus totem Gewebe, das von vielen dünnen, periklinen Korklagen durchzogen ist und in das von außen her immer tiefere Risse einschneiden. Dieser tote, sich von innen her aber ständig ergänzende Gewebekomplex (☐ Abb. 3.54) wird als **tertiäres Abschlussgewebe** oder **Borke** bezeichnet. Die jüngsten Peridermen werden bei alten Bäumen knapp außerhalb des Cam-

■ **Abb. 3.54** Borkenbildung. **a** Korkleisten an Zweig des Feld-Ahorns *Acer campestre* (1,6×). **b** Querschnitt durch 96-jährigen Stamm einer Douglasie; zwischen den ******: Cambium und eine sehr dünne Lage aus lebendem sekundärem Phloem; außerhalb dunkle Borke, von hellen konvexen Korklagen durchsetzt (Schuppenborke; 0,2×). **c** Korklagen (dunkel) zwischen totem Rindengewebe in der Schuppenborke der Kiefer *Pinus ponderosa* (2,6×)

3

◻ Abb. 3.55   Borke. **a** Streifenborke bei *Vitis vinifera*. **b, c** Typische Schuppenborke bei Platanen (Platanaceae) und Kiefer *Pinus sylvestris*. **d** Eiche *Quercus robur*. **e** Korkbaum *Phellodendron amurense*. (Aufnahmen: P. Sitte)

biums im lebenden sekundären Phloem angelegt und schränken dieses auf eine sehr schmale pericambiale Zone ein.

An größeren Baumstämmen erreicht die Borke oft eine Dicke von mehreren Zentimetern. Sie ist elastisch und kann dadurch mechanischen Beschädigungen des empfindlichen und lebenswichtigen sekundären Phloems entgegenwirken. Die Borke ist wasserarm und daher besonders leicht. Durch ihre Dicke und die eingelagerten Gerbstoffe bzw. Phlobaphene, denen die Borke ihre dunkle Färbung verdankt, bietet sie hervorragenden Schutz gegen Pilze und parasitische Insekten. Beispielsweise ist ein Befall verborkter Stämme durch phloemsaugende Läuse vollkommen ausgeschlossen. Borken sind auch in trockenem Zustand schwer entflamm- und

kaum brennbar (vgl. ◻ Abb. 22.7a und 22.9) und bieten außerdem Strahlungsschutz und thermische Isolation, die auf ihrem hohen Luftgehalt und ihrer Pigmentierung beruhen.

Bäume die keine Borke bilden, sondern ihre Stämme zeitlebens nur durch ein Oberflächenperiderm schützen, sind besonders empfindlich. Das trifft vor allem auf die Buche zu. Buchen, deren Stämme infolge von Durchforstungsmaßnahmen, Straßenbauten oder anderen Einwirkungen plötzlich frei stehen, können dem Sonnenrindenbrand zum Opfer fallen. Im Gegensatz dazu sind die „Lichthölzer" sonnenexponierter Hänge (z. B. Eichen) durch dicke Borken und schattenspendende Zweige auf verschiedenen Stammniveaus besonders gut vor Strahlung geschützt (◻ Abb. 3.55d). An Borkenrissen bilden sich durch die unterschiedliche Sonnenexposition deutliche Temperaturunterschiede auf kleinstem Raum, die eine kühlende Luftzirkulationen aufrechterhalten.

Die meisten Borken (◨ Abb. 3.55) werden von relativ kleinflächigen, konkaven Tiefenperidermen gebildet, die zwischen älteren Korklagen liegen (◨ Abb. 3.54c und 3.55b, c). Durch solche Periderme entstehen **Schuppenborken**. Ältere Borkenschuppen blättern ab, was bei Kiefer, Platane und Berg-Ahorn durch besondere Trennschichten gefördert wird. Tiefenperiderme sind in manchen Fällen konvex und strikt oberflächenparallel angelegt, sodass geschlossene Peridermzylinder und **Ringelborken** entstehen (junge Wacholder- und Zypressenstämme/-äste). Bei vielen Kletterpflanzen (Geißblatt, *Clematis*, Weinrebe) geht die ursprünglich gebildete Ringelborke durch Längsrisse in **Streifenborke** über.

Verletzungen an verholzten Stämmen und dicken Ästen sind auch in ungestörter Natur nicht selten, weil diese (im Gegensatz zu flexiblen Zweigen oder krautigen Sprossachsen) der Wucht eines Anpralls nicht ausweichen können. Wenn entstandene Wunden bis zum Holzkörper reichen, bilden sich am Wundrand Zellwucherungen, die ungeordnetes **Kallusgewebe** produzieren (lat. *callus*, Schwiele, Schwarte). Der langsam wachsende, nach und nach verholzende Wundkallus, dessen Oberfläche durch ein Periderm geschützt ist, überwächst schließlich die Wunde und kann sie ganz verschließen, wenn sie nicht zu groß war. An solchen von Kallusgewebe verschlossenen Wunden wird später meistens wieder normales Holz, sekundäres Phloem und Borkengewebe gebildet.

3.3 Blattorgane und deren Metamorphosen

Die Vielfalt der Blattformen ist enorm. Sie reicht von unscheinbaren Schuppenblättern bis zu meterlangen, vielfach gefiederten Wedeln von Baumfarnen und Palmen, von grünen Nadel- und Laubblättern verschiedenster Form bis zu leuchtend gefärbten Blumenkronblättern, und von Blattdornen bis zu den raffinierten Kannenfallen insektenfangender Pflanzen. Dennoch handelt es sich in allen Fällen um unterschiedliche Ausbildungen eines einzigen Organtyps, des **Phylloms**. Seine ursprünglichen Funktionen sind Photosynthese und Transpiration, die vor allem von seiner wichtigsten Erscheinungsform, dem **Laubblatt**, ausgeführt werden. In morphologischer Hinsicht stellt das Laubblatt die am weitesten entwickelte Blattform dar. Die übrigen Blattformen lassen sich durch Reduktion vom Laubblatt ableiten.

3.3.1 Laubblatt

3.3.1.1 Gliederung und Symmetrie

◨ Abb. 3.56 zeigt die morphologische, sich aus der Entwicklungsgeschichte ergebende Längsgliederung eines typischen Laubblatts mit ungeteilter Spreite.

Das **Unterblatt** umfasst den Blattgrund und (soweit vorhanden) die Nebenblätter (**Stipulae**, Sing. Stipula, eingedeutscht Stipel(n); lat. *stipula*, Stoppel). Der **Blattgrund** tritt oft nur als eine Verbreiterung der Blattstielbasis in Erscheinung. Besonders bei Monokotyledonen ist er jedoch häufig so breit, dass er die Sprossachse an einem Knoten ganz umfasst. In solchen Fällen ist das Unterblatt oft zu einer röhrenförmigen **Blattscheide** verlängert, wie sie z. B. bei den meisten Gräsern zu beobachten ist.

Solche Blattscheiden fungieren als Stützorgane für den Halm, die schlanke Sprossachse der Gräser. Verdickte Blattscheiden bilden auch die Speicherblätter der Zwiebeln. In anderen Fällen entsteht aus verlängerten, ineinandergeschachtelten Blattscheiden ein **Scheinstamm** (◨ Abb. 3.57a), wie er z. B. bei Bananen typisch ausgeprägt ist, aber auch bei einheimischen Monokotyledonen in der Frühphase der vegetativen Entwicklung beobachtet werden kann (z. B. Germer, *Veratrum*; oder Pfeifengras, *Molinia*). Die eigentliche, blütentragende Achse wächst durch den röhrenförmigen Scheinstamm nach oben durch. Bei vielen Nadelhölzern ist der Blattgrund zwar nicht achsenumfassend ausgebildet, aber entlang der Sprossachse verlängert und mit ihr verwachsen. Wenn sich zudem diese Blattbasen ringsum gegenseitig be-

◨ **Abb. 3.56**   Laubblatt der Weide *Salix caprea* als Beispiel für ein typisches Laubblatt. Es sitzt mit verbreitertem Blattgrund an der Achse. Dieser ist beidseits von Nebenblättern (Stipeln) flankiert, unmittelbar über ihm befindet sich die Axillärknospe (Pfeil). Blattgrund und Stipeln bilden das Unterblatt. Das Oberblatt setzt sich aus Blattstiel und Blattspreite zusammen (1,2×). Bei Fiederblättern (vgl. Abb. 3.21) setzt sich der Blattstiel als Blattspindel (Rhachis) in den Spreitenbereich hinein fort und trägt die einander gegenüberstehenden Fiederblättchen und eine Endfieder

■ **Abb. 3.57**   Scheinsprosse und Sprossberindung. **a** Aus hohlzylindrischen Blattscheiden gebildeter Scheinspross der Küchenzwiebel *Allium cepa* (0,6×). **b, c** Ein achsenumfassender Blattgrund ist für viele Monokotyledonen typisch. Die eigentliche Sprossachse bleibt oft unsichtbar (als Beispiele hier die beliebten Zimmerpflanzen *Aloe × spinosissima* und *Dracaena reflexa*; 0,6×). **d, e** Sprossberindung durch Blattbasen bei Nadelhölzern. **d** *Platycladus orientalis* (dekussierte Blattstellung; 2,1×). **e** Vertikaltrieb der Fichte *Picea abies* mit disperser Blattstellung, links benadelt, rechts nach Abfall der Nadeln. Die verlängerten Blattbasen schließen lückenlos aneinander. Im Gegensatz dazu berinden bei der Tanne die kreisrunden Blattbasen die Achse nicht (vgl. Abb. 3.16c). (Aufnahmen: P. Sitte)

rühren und so ein dichtes Flächenmuster auf der Achsenoberfläche bilden, spricht man von **Sprossberindung** durch Blattbasen (◻ Abb. 3.57d, e).

Stipeln werden bei vielen Pflanzen überhaupt nicht ausgebildet oder sind kurzlebig und fallen frühzeitig ab (wie bei Hasel und Hainbuche, wo sie auch die Rolle von Knospenschuppen spielen). Sie können aber auch sehr prominent werden und die Laubblattfunktionen übernehmen (◻ Abb. 3.58). Nicht selten sind sie in Stipulardornen umgewandelt (z. B. Robinie).

Das **Oberblatt** umfasst Blattstiel (**Petiolus**) und Blattspreite (**Lamina**). Der **Blattstiel** hält die Blattspreite, die das eigentliche Assimilation-/Transpirationsorgan darstellt, auf Distanz zur Sprossachse und kann die Blattspreite durch Wachstums- bzw. Turgorbewegungen in optimale Stellung zum Lichteinfall bringen. Als Träger besitzt der Blattstiel oft einen mehr oder weniger rundlichen Querschnitt und gleicht daher einem Spross. Der Blattstiel kann aber auch flächig verbreitert sein und Spreitenfunktion übernehmen (◻ Abb. 3.59). Man spricht in solchen Fällen von **Phyllodien**. Wenn der Blattstiel fehlt, werden die Blätter als sitzend bezeichnet.

Die Mannigfaltigkeit der Phyllome manifestiert sich vor allem in der Gestaltenvielfalt der **Blattspreiten** (**Lamina**, lat. Scheibe; ◻ Abb. 3.2). Abgesehen von der Form ist auch die Größe der Blätter extrem variabel. Sie reicht von millimeterkleinen Blattspreiten bis zu den fast 20 m langen Fiederblättern der Palme *Raphia farinifera*.

Morphologisch besonders interessant sind die **Fiederblätter**. Bei ihnen setzt sich der Blattstiel in eine Blattspindel (**Rhachis**) fort, die mehrere Paare von seitlich abstehenden Fiedern und (meistens) eine Endfieder trägt. Besonders bei Farnwedeln kommt mehrfache Fiederung vor, indem die Fiedern 1. Ordnung, in einigen Fällen sogar 2. oder 3. Ordnung, ihrerseits noch einmal gefiedert sind. Wenn bei einfach gefiederten Blättern das Längenwachstum der Rhachis unterdrückt ist, scheinen die Fiederblättchen alle vom Ende des Blattstiels auszugehen und es ergeben sich fingerförmig gefiederte Blätter.

Das typische Blatt ist **bilateralsymmetrisch**: Es besitzt eine Symmetrieachse in der Richtung des Blattstiels bzw. der Rhachis, in der auch die kräftigste Blattrippe verläuft. Abweichungen von der Bilateralsymmetrie sind selten und fallen daher besonders auf (z. B. Begonie, auch Schiefblatt genannt). Laubblätter sind meistens auch **dorsiventral**. Ihre (wenigstens ursprünglich) der Sprossachse zugewandte (adaxiale) Oberseite unterscheidet sich in vielen Eigenschaften von der abaxialen Unterseite. Unterschiede zwischen den beiden Blattseiten gibt es z. B. in der Häufigkeit von Spaltöffnungen (die meisten Blätter sind hypostomatisch: >90 % der Stomata sind in der unteren Epidermis zu finden), der Behaarung und der Farbstoffeinlagerung in den Vakuolen der Epidermiszellen. Deutlich sind auch anatomische Unterschiede: Das kompakte, sehr chloroplastenreiche Palisadenparenchym ist überwiegend adaxial, während das lockere Schwammparenchym vor allem

abaxial lokalisiert ist. In den Blattleitbündeln weist das Xylem nach oben und das Phloem nach unten.

Schon bei Betrachtung mit bloßem Auge fällt an vielen Blättern ihre **Nervatur** auf, das Muster der Leitbündel in den Blattspreiten (◻ Abb. 3.60). Die stärkeren Bündel (**Hauptadern**, engl. *major veins*) dienen der Anlieferung von Wasser in die Blätter bzw. dem Abtransport von Photosyntheseprodukten aus den Blättern. Sie sind von **Bündelscheiden** umhüllt, die den Kontakt mit dem Interzellularensystem des Mesophyllgewebes unterbinden und den Stoffaustausch zwischen Leitbündeln und Mesophyllzellen kontrollieren. Solche Bündelscheiden reichen mitunter an die Epidermen heran und übernehmen damit auch Stützfunktion. Hauptadern sind oft an der Blattunterseite als **Blattrippen** vorgewölbt, die der Aussteifung der Lamina dienen. Ein extremes Beispiel dafür sind die riesigen Schwimmblätter von *Victoria amazonica* (◻ Abb. 3.61). Die Hauptfunktion der Gefäßbündel des Blatts bleibt aber die Versorgung der photosynthetisch bzw. transpirativ besonders aktiven Mesophyllzellen mit Wasser und Nährsalzen sowie der effektive Abtransport von Photosyntheseprodukten. Während sich in den Leitbündeln Massenströme bewegen, ist der Stofftransport außerhalb der Bündel auf Diffusion beschränkt. Da die Effizienz der Diffusion mit dem Quadrat der zu überwindenden Strecke abnimmt, reicht sie nur wenige Zellen weit. Selbst Wasser strömt etwa eine Million Mal leichter durch Gefäße als durch lebendes Gewebe. Dementsprechend bilden die zarten Leitbündel, die *minor veins*, die den unmittelbaren Kontakt mit dem Mesophyllgewebe vermitteln, in der Blattspreite so dichte Muster aus, dass in den zwischen ihnen liegenden **Areolen** (**Intercostalfelder**; lat. *costa*, Rippe) keine Zelle mehr als sieben weitere Zellen vom nächsten Leitbündel entfernt ist (zu beachten: der Begriff Areole wird auch noch mit völlig anderer Bedeutung verwendet, vgl. ◻ Abb. 3.7c). Die Gesamtlänge der Leitbündel eines Buchenblatts beträgt rund 30 m.

Laubblätter können sehr unterschiedliche Nervaturen aufweisen, was ein wichtiges taxonomisches Merkmal darstellt. Bei Monokotyledonen überwiegt **Parallelnervatur**: Alle Hauptleitbündel verlaufen längs. Besonders ausgeprägt ist diese Leitbündelanordnung in den Blättern der Gräser. In den Lanzettblättern der meisten anderen Monokotyledonen verlaufen die Hauptbündel in glatten Bögen, in klarer Beziehung zum ebenfalls glatten Blattrand, wie er für Monokotyledonenblätter typisch ist (◻ Abb. 3.14a). Die Hauptbündel sind bei Parallelnervatur durch schwächere Querbündel miteinander verbunden, sodass in Wirklichkeit ein regelmäßiges Adernetz vorliegt (das ist z. B. bei *Clivia*-Blättern makroskopisch gut sichtbar).

Bei Eudikotyledonen sind kompliziertere Leitbündelnetze ausgebildet: die **Netznervatur**. Diese lässt eine fast beliebige Gestaltung der Blattspreiten und insbesondere ihrer Randpartien zu. Unterschiedliche Nervaturen korrelieren bezeichnenderweise mit speziellen Anordnungen der Stomata, die bei monokotylen Pflanzen meistens parallel orientiert vorliegen, während sie bei basalen Ordnungen und Eudikotyledonen unregelmäßig angeordnet sind (◻ Abb. 2.15). Ein dritter Typ

3

◪ **Abb. 3.58**   Blattgrund und Nebenblätter. **a** Blättchenartige Nebenblätter der Nelkenwurz *Geum urbanum* (1,6×). Bei manchen Pflanzen übernehmen Nebenblätter die Blattfunktionen vollständig (z. B. Ranken-Platterbse; vgl. Abb. 3.36). **b** Das Labkraut *Galium mollugo* scheint wirtelständige Blätter zu haben. Allerdings ist die Sprossachse vierkantig und nur aus zwei der gegenüberstehenden Blattachseln wachsen Axillärtriebe aus. Nur diese Blätter sind wirklich solche, die übrigen ihnen gleichgestaltete Nebenblätter. Alternativ könnte man auch von sitzenden, d. h. stiellosen gefingerten Blättern sprechen (2,1×). **c** Blattgrund ohne Nebenblätter beim Nussbaum *Juglans regia* (1,6×). **d, e** Holzig-verdornte Nebenblätter (Stipulardornen) der Robinie (D 0,3×; E 1,7×)

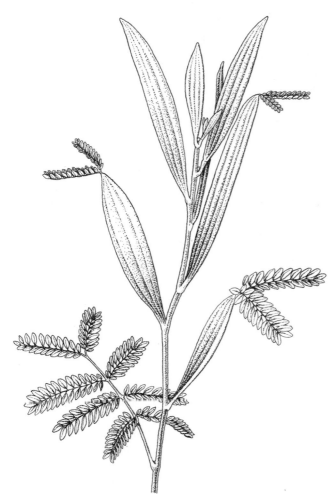

Abb. 3.59 Phyllodien bei *Acacia heterophylla*. Nach doppelt gefiederten Primärblättern wurden zunächst Fiederblätter mit geflügelten Blattstielen gebildet und danach Folgeblätter, deren Blattstiele als Phyllodien die Blattfunktionen übernehmen. (Nach J. Reinke)

der Nervatur (Aderung), die **Gabel-** oder **Fächeraderung**, findet sich bei Farnen und bei dem zu den Gymnospermen zählenden Ginkgo. Hier sind die kräftigeren Leitbündel dichotom verzweigt und enden blind am vorderen Blattrand. Deshalb wurde diese Aderung früher als offene Nervatur der vermeintlich geschlossenen bei Mono- und Eudikotylen gegenübergestellt. Allerdings enden die feinsten Verästelungen des Bündelnetzes auch bei Netznervatur blind im Mesophyll.

3.3.1.2 Entwicklung und Sonderformen

Die Blattanlagen (**Blattprimordien**) werden durch Meristemaufteilung am Vegetationskegel exogen als seitliche Höcker gebildet (Abb. 2.5 und 2.7).

Bei Farnen entstehen dabei zunächst in einer kleinzelligen Zone des Flankenmeristems zweischneidige Scheitelzellen. Diese entwickeln eine Initialenkante, d. h. ein lineares Randmeristem, in dem die ursprüngliche Scheitelzelle nicht weiter hervortritt. Die meisten Farnblätter wachsen an der Spitzenregion noch weiter, wenn die Zellen an der Blattbasis schon ausdifferenziert sind. Die Fiederung von Farnblättern beruht auf Meristemaufteilung im Randmeristem durch stellenweise Einstellung der Teilungsaktivität.

Bei den Angiospermen zeigen frisch gebildete Blattprimordien eine ausgeprägte Tendenz zur Verbreiterung ihrer Basis senkrecht zur Sprossachse. So entsteht der breite Blattgrund, der die Achse ganz umfassen und zur Bildung von Blattscheiden führen kann. Das wulstförmige Randmeristem bildet dann weiterhin die Blattspreite. Im Gegensatz zu den Farnen erlischt die Aktivität des Randmeristems zuerst an der Spitze und zuletzt an der Spreitenbasis. Fiederblätter entstehen wie bei den Farnen meistens durch Aufteilung des Randmeristems. Während sich die Hauptleitbündel von der Basis her differenzieren, werden die zarten *minor veins* zunächst in den distalen Bereichen der Lamina voll ausgebildet.

Blattstiele kommen durch **interkalares Wachstum** zustande, also durch ein Meristem, das zwischen bereits ausdifferenzierten Bereichen aktiv wird. In entsprechender Weise verdanken die paralleladrigen, ganzrandigen Blattspreiten der meisten Monokotyledonen, z. B. der Gräser, ihre Entstehung einem basalen, interkalaren Meristem. Das gilt auch für die von ihren Enden her kontinuierlich langsam absterbenden, an der Basis aber über 500 Jahre weiterwachsenden Blätter der eigenartigen Gymnosperme *Welwitschia* (Abb. 19.152a).

Die Dorsiventralität der Blattspreite äußert sich darin, dass die meisten Blätter **bifacial** sind: Ober- und Unterseite sind unterschiedlich ausgebildet (lat. *facies*, Aussehen; Abb. 3.62a–d). Besonders bei Pflanzen sehr sonniger Standorte finden sich aber auch **äquifaciale** Blätter, deren beide Seiten gleich beschaffen sind (gleiche Besetzungsdichte mit Spaltöffnungen, Palisadenschicht auch unter der abaxialen Epidermis; Abb. 3.62f, i). Solche Blätter sind oft verdickt oder nadelförmig. Bei zusätzlicher Sukkulenz entstehen äquifaciale Rundblätter wie die Blätter des Mauerpfeffers *Sedum* (Abb. 3.63a). Eine weitere Form der Rundblattbildung besteht darin, dass die Blattunterseite stärker wächst als die Oberseite, bis diese schließlich verschwindet. Auf diese Weise entstehen **unifaciale Blätter**. Blattstiele nähern sich vielfach der Unifacialität und kommen so zu ihren rundlichen, achsenähnlichen Querschnittformen. Aber auch die Blattspreiten mancher Monokotyledonen (Binsen; bestimmte Lauch-Arten, z. B. Schnittlauch) sind unifacial und radiärsymmetrisch. Einen Sonderfall stellen die Blätter der Schwertlilie (*Iris*) dar, die zum unifacialen Typ gehören, sekundär aber wieder zu Flachblättern geworden sind (Abb. 3.62e).

Bei peltaten Blättern (**Schildblätter**; griech. *pélte*, Schild) setzt der Blattstiel nicht am unteren Ende, sondern etwa in der Mitte der Blattspreite an (Abb. 3.64). Das kommt dadurch zustande, dass das Randmeristem der Spreite unmittelbar am Stielansatz stark wächst, wobei rechter und linker Blattrand hier wegen der Unifacialität des Blattstiels unmittelbar nebeneinander zu liegen kommen und miteinander verwachsen. Entsprechend entstehen die Schlauchblätter einiger tierfangender Ernährungsspezialisten aus den Familien der Sarraceniaceen und Nepenthaceen (▶ Exkurs 3.4, Abb. 3.70). Bei einigen

3

☐ **Abb. 3.60** Blattaderung (Nervatur). Leitbündelmuster in Blattspreiten. **a** Gabeladerung in Farnblättern (*Adiantum pedatum*; 4×). **b** Kombination von Parallel- und Netzaderung beim Gitterblatt *Maranta*. Das gesamte Blatt (hier ein Ausschnitt) ahmt einen beblätterten Spross nach (vermutlich Mimikry zur Vermeidung einer Eiablage von Schadinsekten; 2×). **c** Paralleladerung bei der Palme *Sabal bermudana* (0,7×). **d** Netznervatur bei der Jungfernrebe *Parthenocissus tricuspidata* (3,5×). (Aufnahmen: P. Sitte)

Pflanzen verwachsen nicht die Blattränder ein und desselben Blatts, sondern die Blattränder verschiedener Blätter eines Knotens (**Gamophyllie**). Diese Erscheinung, die gelegentlich auch im vegetativen Bereich vorkommt, ist bei Blüten weit verbreitet. Verwachsene Kelch- und Kronblätter sowie coenokarpe Fruchtknoten sind bekannte Beispiele dafür.

3.3.1.3 Anatomie

☐ Abb. 3.65 zeigt das typische Querschnittbild eines bifacialen Laubblatts. Die einschichtigen Epidermen umfassen das Chlorenchym des Mesophylls, das sich in Palisaden- und Schwammparenchym gliedert. Das dichtere, ein- bis dreischichtige **Palisadenparenchym** enthält etwa 45 % aller Blattchloroplasten und ist daher für den Großteil der Assimilation verantwortlich, während das sehr lockere **Schwammparenchym** (☐ Abb. 2.9b) vor allem die Zufuhr von Kohlendioxid und die Abgabe von Wasserdampf vermittelt, also als Transpirationsgewebe funktioniert. Durch die zahlreichen, teilweise sehr großen Interzellularräume, die bis zu 90 % des

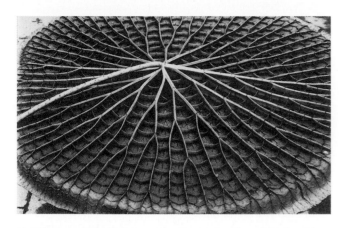

◪ **Abb. 3.61**   Blattrippen an der Unterseite eines Schwimmblatts von *Victoria amazonica* (= *regia*); das Blatt hat einen Durchmesser von fast 2 m. (Aufnahme: W. Barthlott)

Mesophyllvolumens ausmachen, ist die Gesamtoberfläche aller Mesophyllzellen oft fast 40-mal größer als die Blattfläche. Die Epidermiszellen enthalten Leukoplasten, manchmal mit einigen wenigen Thylakoiden und geringem Chlorophyllgehalt. Die größeren Leitbündel sind von Endodermen umgeben, die als **Bündelscheiden** bezeichnet werden. Nach innen schließt sich häufig ein Ring von Transferzellen an, der einem Perizykel entspricht (▶ Abschn. 3.4.2.1). Diese Zellschicht hat, wie auch die Bündelscheide selbst, Drüsencharakter und dient dem kontrollierten Stoffaustausch zwischen Bündel und Mesophyll. Oft werden Bündel von Sklerenchymfasern begleitet.

Eine besondere Anatomie zeigen die Blätter von C$_4$-Pflanzen, deren Photosynthese an die Bedingungen trockener Standorte mit starker Sonneneinstrahlung besonders angepasst ist (▶ Abschn. 14.4.8). Bei

◪ **Abb. 3.62**   Querschnitte durch verschiedene Blatttypen. Palisadenparenchym punktiert; Blattunterseite als dicke Linie; Holzteile der Leitbündel schwarz. **a** Normales bifaciales Flachblatt (vgl. ◪ Abb. 3.65). **b** Invers bifaciales Flachblatt (z. B. Bärlauch *Allium ursinum*). **c, d** Ableitung des unifacialen Rundblatts (z. B. *Allium sativum, Juncus effusus*). **e** Unifaciales Schwertblatt (*Iris*). **f** Äquifaciales Flachblatt. **g** Äquifaciales Nadelblatt (◪ Abb. 3.66a). **h** Aquifaciales Rundblatt (z. B. *Sedum*, ◪ Abb. 3.63a). **i** Querschnitt durch äquifaciales Blatt der Wüstenpflanze *Reaumuria hirtella*, einer Tamaricacee (30×). (Schemata a–h in Anlehnung an W. Troll und W. Rauh; i nach Volkens)

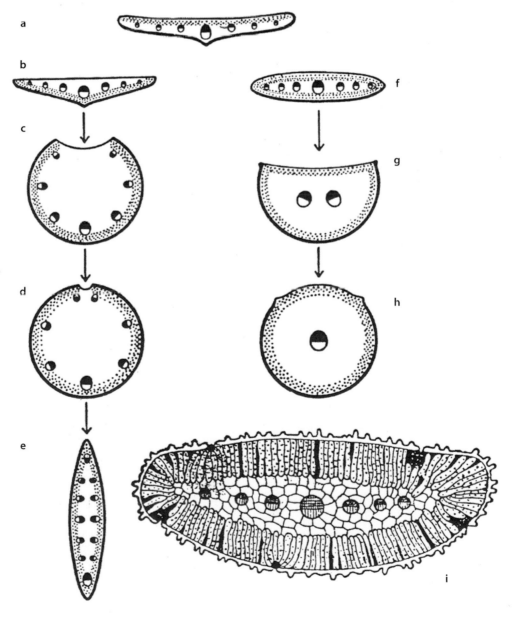

3

◙ **Abb. 3.63** Blattsukkulenz **a** beim Mauerpfeffer *Sedum rubrotinctum* und **b** bei der Hauswurz *Sempervivum fauconnettii* (B Rosetten mit disperser Blattstellung). (Alle 0,75×)

diesen Pflanzen erfolgt die endgültige Fixierung von CO_2 in den Bündelscheidenzellen, die dementsprechend besonders groß und reich an Plastiden sind (**Kranztyp** der Blattleitbündel, ◙ Abb. 14.57). Die Bündelscheidenplastiden bilden keine Grana aus, enthalten aber viel Assimilationsstärke, während die Mesophyllchloroplasten auch der C_4-Pflanzen Grana besitzen, aber keine Stärke enthalten (Chloroplastendimorphismus, ◙ Abb. 14.58). Bündelscheiden- und Mesophyllzellen sind über zahlreiche Plasmodesmen miteinander verbunden. Der gesamte Gewebekomplex wirkt wie eine CO_2-Pumpe: Die Bündelscheidenplastiden werden auch dann optimal mit CO_2 versorgt, wenn die Stomata zur Transpirationsminderung verengt werden und daher die CO_2-Konzentration in den Interzellularen absinkt. Die C_4-Photosynthese ist während der Evolution der Angiospermen vermutlich 30-mal unabhängig voneinander entstanden. Sogar innerhalb derselben Gattung kann es vorkommen, dass nur einige Arten diesen Photosynthesetyp aufweisen. Durch einen einfachen Blattquerschnitt lässt sich bei nichtsukkulenten Pflanzen anhand der Kranzanatomie unmittelbar feststellen, ob es sich um eine C_4-Pflanze handelt.

Bei manchen Pflanzen weicht die Gewebeanordnung in der Lamina von der in ◙ Abb. 3.65 gezeigten mehr oder weniger stark ab (◙ Abb. 3.62b–i). Nicht selten findet sich auch im Anschluss an die untere Epidermis ein Palisadenparenchym (◙ Abb. 3.72a). In den steil stehenden Blättern von Gräsern ist das Mesophyll einheitlich, also nicht in Palisaden- und Schwammparenchym unterteilt, und Spaltöffnungen sind an Ober- und Unterseite gleich häufig. Die Blätter von Wasserpflanzen (z. B. Wasserpest *Elodea*) bestehen oft nur aus einer zweizelligen Schicht. Bei Pflanzen extrem feuchter Standorte kommen sogar Blätter vor, die nur aus einer Zellschicht bestehen (*Hymenophyllum*).

Der innere Bau eines äquifacialen Blatts wird in ◙ Abb. 3.66 am Beispiel eines **Nadelblatts** illustriert. Bei äquifacialen Blättern ist im Allgemeinen die Gliederung in Schwamm- und Palisadenparenchym nur undeutlich oder fehlt sogar ganz (wie im dargestellten Fall). Im Nadelquerschnitt zeigen die Mesophyllzellen einen polygonalen Umriss. Die Zelloberfläche wird durch leistenförmige Wandverdickungen vergrößert, die gegen das Zellinnere vorspringen (Armpalisadenparenchym). Interzellularen scheinen zu fehlen. Scheibenförmige Lagen von Assimilationsgewebe, die senkrecht zur Nadellängsachse orientiert und nur eine Zellschicht dick sind, werden durch Interzellularspalten voneinander getrennt. Zwischen dem Assimilationsgewebe und der Epidermis, deren Zellen nach extremer Wandverdickung abgestorben sind, befindet sich totes sklerotisches Festigungsgewebe (**Hypoderm**). Die Spaltöffnungen, deren Schließzellen Anschluss an lebendes Gewebe brauchen, sind bis zum Assimilationsgewebe eingesenkt. Im Mesophyll verlaufen in Längsrichtung der Nadel mehrere schizogen entstandene Harzkanäle. Die ein bis zwei unverzweigten Leitbündel des Nadelblatts sind von einer gemeinsamen Endodermis locker umfasst. Den Stofftransport zwischen Leitelementen und Mesophyll vermittelt ein **Transfusionsgewebe** aus lebenden Parenchymzellen (u. a. direkt am Phloem liegende typische Strasburger-Zellen mit ausgeprägtem Drüsencharakter) und toten, kurzen Tracheiden.

3.3.2 Blattfolge

Wie bereits oben dargestellt (◙ Abb. 3.5 und 3.6), können die Phyllome abhängig von der Entwicklung sehr unterschiedliche Formen annehmen. Dies bedeutet, dass während der Anlage des Blattprimordiums unterschiedliche Gene aktiviert werden. Dieses Phänomen der unterschiedlichen Blattformen war von von Goethe am Beispiel der Nieswurz (*Helleborus foetidus*), einer ursprünglichen Eudikotylen, in seinem *Versuch die Meta-*

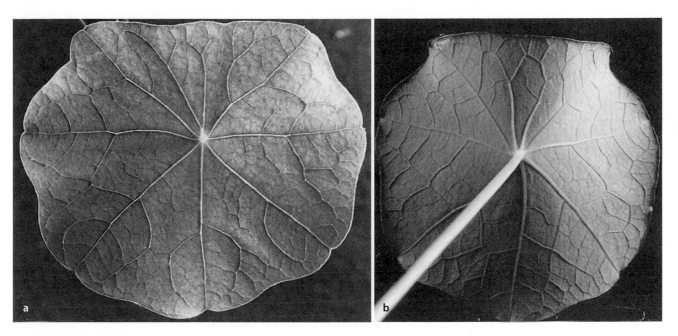

Abb. 3.64 Schildblatt der Kapuzinerkresse *Tropaeolum majus* (0,7×) von oben **a** und unten **b**

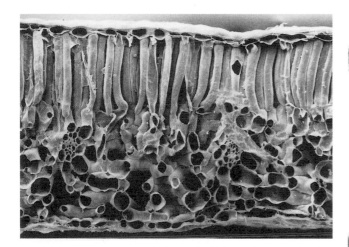

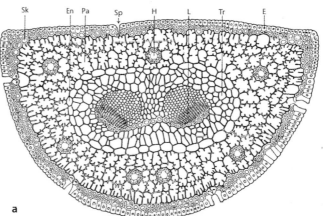

Abb. 3.65 Anatomie des bifacialen Laubblatts. Querschnitt durch Blatt der Nieswurz *Helleborus foetidus* (100×). Unter der oberen Epidermis das Palisadenparenchym, darunter das lockere Schwammparenchym mit zwei quergeschnittenen Leitbündeln, unten begrenzt von der unterern Epidermis. Volumenmäßig entfallen in solchen Blättern auf die Epidermen rund 12 %, auf Leitgewebe 5 %, auf das gesamte Mesophyll-, Palisaden- und Schwammparenchym 68 % und auf Interzellularen ca. 16 %. (REM-Aufnahme: H.D. Ihlenfeldt)

morphose von Pflanzen zu erklären (1790) beschrieben worden. Mit dem Begriff „Metamorphose" versuchte er auszudrücken, dass dieselbe Grundform (ein Blatt) sich zu unterschiedlichen Gestalten umbilden kann. Entwicklungsgenetisch durchlaufen alle Blattformen ein ähnliches Entwicklungsprogramm, jedoch durch jeweils differenziell exprimierte Gene (die in der Regel Transkriptionsfaktoren codieren) abgewandelt. Die unterschiedlichen Formen korrelieren hierbei mit Verschiebungen im zeitlichen Verlauf der Expression dieser steuernden Gene

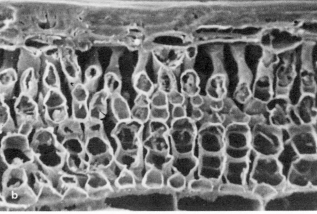

Abb. 3.66 **a** Querschnitt durch das äquifaciale Nadelblatt der Schwarz-Kiefer *Pinus nigra* (40×). **b** Ein Längsschnitt zeigt im Assimilationsparenchym Luftspalten zwischen den vorhangartig angeordneten Assimilationszellen (REM-Aufnahme, 285×). – E Epidermis, En Endodermis, H Harzkanal, L Leitbündel, Xylem oben, Pa Assimilationsparenchym, Sk hypodermales Sklerenchym, Sp Spaltöffnung, Tr Transfusionsgewebe. (a nach R. von Wettstein)

3

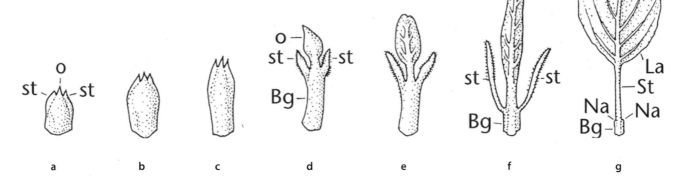

◨ Abb. 3.67 Zunehmende Entwicklung des Oberblatts beim Übergang von Knospenschuppen **a–c** zum Laubblatt **g** bei *Malus baccata*. **d, e** Übergangsblätter. **f** Laubblatt vor der Entfaltung. (**a–f** fast 1×; **g** 0,2×). – Bg Blattgrund, La Lamina, Na Narben abgefallener Stipeln, o Oberblatt, st Stipeln, St Blattstiel. (Nach W. Troll)

Ein Vergleich der verschiedenen Blätter in der Blattfolge (◨ Abb. 3.67) zeigt, dass einfachere Blattformen wie Niederblätter, Tegmente, Hoch- und Blütenblätter durch Hemmung des Oberblatts und Förderung des Unterblatts entstehen können. Die Blattfolge ist demnach eine eindrucksvolle Demonstration der Wandlungsfähigkeit eines Organtyps durch Verschiebung von Proportionen.

Dienen **Keimblätter** im Samen als fleischige Reservestoffbehälter, bleiben sie während der Keimung gewöhnlich innerhalb der aufreißenden Samenschale und damit an oder unter der Erdoberfläche: **hypogäische Keimung** (z. B. Eiche, Rosskastanie, Erbse, Feuer-Bohne; griech. *hypó*, unten; *gaia*, Erde). Weit häufiger ist die Keimung aber **epigäisch**. Die Kotyledonen gelangen durch Hypokotylstreckung ans Licht und ergrünen (z. B. Fichte, Buche, Senf, Ahorn, Sonnenblume, Garten-Bohne).

Die Komplexität von Blattfolgen kann zunehmen, wenn sich Jugend- und Altersformen von Laubblättern unterscheiden, wie z. B. beim Efeu. Von **Anisophyllie** wird gesprochen, wenn benachbarte Blätter oder sogar solche desselben Knotens aufgrund einer Dorsiventralität plagiotroper Sprossachsen verschieden groß bzw. kräftig entwickelt sind (◨ Abb. 3.68). Unter **Heterophyllie** ist dagegen die Erscheinung zu verstehen, dass in Abhängigkeit von äußeren oder inneren Bedingungen vollkommen unterschiedlich gestaltete Laubblätter mit verschiedenen Funktionen gebildet werden (◨ Abb. 3.69; vgl. dazu die besonderen Verhältnisse beim Schwimmfarn *Salvinia*; ◨ Abb. 19.137). Heterophyllie findet sich häufig bei amphibisch lebenden Pflanzen, wo abhängig davon, ob das Blatt innerhalb oder außerhalb des Wassers auswächst, unterschiedliche Formen mit unterschiedlicher Anatomie entstehen. Inzwischen zeigte sich, dass gar nicht das Wasser selbst relevant ist. Vielmehr wird mithilfe des Phytochromsystems das je nach Wassertiefe vorherrschende Verhältnis von dunkelrotem zu hellrotem Licht gemessen und dann das neu angelegte Primordium entsprechend ausgebildet. Dabei können in klaren Gewässern auch innerhalb des Wassers Luftblätter entstehen.

Die einzelnen Blattorgane einer Blattfolge weichen nicht nur in Gestalt und Funktion voneinander ab, sondern auch in ihrer **Lebensdauer**. Besonders kurzlebig sind im Allgemeinen Keimblätter und die Blätter der Blütenhülle. Stark reduzierte, meist bald abfallende Hochblätter werden als Brakteen bezeichnet (lat. *bractéa*, Blättchen). Laubblätter ausdauernder, aber sommergrüner Gewächse (Laubbäume, Lärche) fallen am Ende einer Vegetationsperiode ab. Vor dem Laubfall werden vor allem stickstoffhaltige Verbindungen abgebaut und abtransportiert. Im Zuge dieser dramatischen Veränderungen werden aus Chloroplasten Gerontoplasten, die durch zurückbleibende, häufig mit Fettsäuren veresterte Carotinoide gelb gefärbt sind. Dieser Vorgang ist der Grund für die gelbe Herbstfärbung unserer Wälder. Die gleichzeitig auftretende Rotfärbung rührt daher, dass der für Pflanzen sehr kostbare, bioverfügbare Stickstoff mobilisiert und in den Stamm transferiert wird. Dies geschieht unter anderem durch Desaminierung der Aminosäure Phenylalanin, wodurch ein Sekundärstoffwechsel aktiviert wird, der in der Bildung der rot gefärbten Anthocyane mündet. Die Blätter bzw. Nadeln immergrüner Bäume und Sträucher überdauern dagegen mehrere Jahre (Kiefer 2 Jahre; Tanne 5–6 Jahre; Araukarie bis 15 Jahre). Der Blattfall erfolgt durch Vermittlung eines besonderen Trenngewebes (◨ Abb. 12.33).

3.3.3 Gestaltabwandlungen bei Blättern

3.3.3.1 Metamorphosen

Organe sind aus verschiedenen Geweben zusammengesetzte, funktionelle Einheiten. Umwandlungen eines Organs (wie in diesem Fall des Blatts), die mit einem Funktionswechsel verbunden sind, werden in Anlehnung an den von von Goethe geprägten Begriff der **Metamorphose** bezeichnet (der Begriff wurde von ihm allerdings viel allgemeiner verwendet). Gerade bei Blättern sind solche Metamorphosen sehr ausgeprägt und eindrucksvoll. Es wurde bereits erwähnt, dass Blätter wie auch

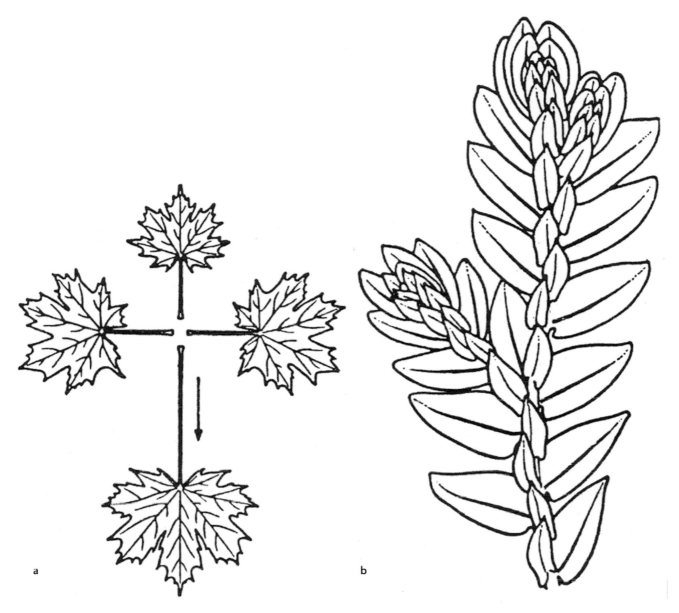

⊡ Abb. 3.68   Anisophyllie. **a** Durch die Schwerkraft hervorgerufene Anisophyllie beim Spitz-Ahorn, *Acer platanoides*. Blätter von zwei benachbarten Wirteln eines schrägwachsenden Zweiges; Pfeil: Schwerkraftvektor (0,25×). **b** Endogen erzeugte Anisophyllie bei einem Moosfarn, *Selaginella douglasii*. Jeder Knoten trägt ein großes Ventralund ein kleines Dorsalblatt (5×). (a nach W. Troll; b nach K. Goebel)

Sprossachsen zu **Dornen** (▸ Abschn. 3.1.1) oder **Ranken** (▸ Abschn. 3.2.6) werden können. Oft fungieren Blätter auch als **Speicherorgane**: Neben Stammsukkulenz kommt auch **Blattsukkulenz** vor. Große Wasserspeicherzellen treten dabei entweder in subepidermalen Zellschichten auf oder im Blattinneren (z. B. *Lithops*, die Lebenden Steine der südafrikanischen Wüsten, ▸ Abschn. 24.2.6).

Bei manchen Pflanzen sind Mesophyllzellen durch ungewöhnlich voluminöse Vakuolen vergrößert. Dabei handelt es sich um die morphologische Ausprägung einer besonderen Anpassung der Photosynthese an sonnenreiche, heiße und trockene Standorte, die als Crassulaceen-Säuremetabolismus bekannt geworden ist (CAM, ▸ Abschn. 14.4.9) und

mit dessen Hilfe, ähnlich wie mit der C_4-Photosynthese, die Photorespiration verhindert werden kann. Erreicht wird dies bei der C_4-Photosynthese durch räumliche Trennung von Lichtreaktion und Kohlenstofffixierung und bei der CAM-Photosynthese durch eine zeitliche Trennung der beiden Prozesse. Crassulaceen sind Dickblattgewächse (lat. *crassus*, dick), zu denen unter anderem Hauswurz (*Sempervivum*) und Fetthenne (*Sedum*, ⊡ Abb. 3.63) zählen. CAM-Pflanzen gibt es nicht nur bei den Crassulaceen, sondern auch in 27 weiteren Familien (sogar bei sukkulenten Farnen). Sie speichern in der Nacht bei geöffneten Stomata CO_2 in vorläufiger Form. Dabei entsteht Äpfelsäure, die in den großen Vakuolen der Mesophyllzellen gespeichert wird. Am Tag werden die Spalten wegen der Gefahr zu hoher Wasserverluste geschlossen. Mithilfe von Lichtenergie wird dann das aus Äpfelsäure wieder freigesetzte CO_2 endgültig assimiliert.

■ **Abb. 3.69** Modifikatorische Heterophyllie beim Wasser-Hahnenfuß *Ranunculus aquatilis*. **a** Blühender, sympodial verzweigter Spross mit Schwimmblättern und fein fiederteiligen Unterwasserblättern. **b** Übergangsform. – w Unterwasserblätter. (Nach W. Troll)

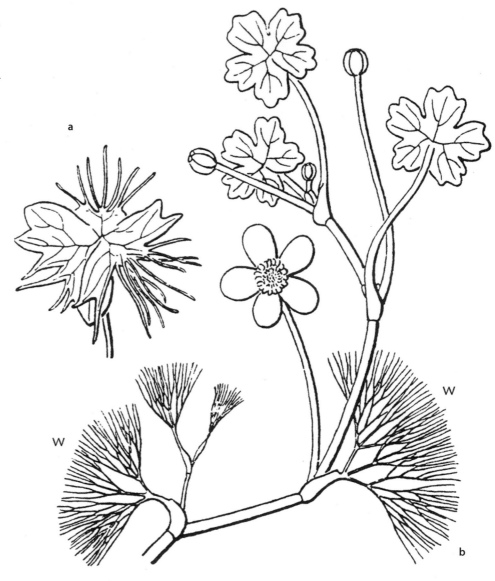

Metamorphosierte Blätter finden sich vor allem bei Pflanzen, die sich an außergewöhnliche Standortbedingungen oder spezielle Lebensweisen angepasst haben. Meistens sind in diesen Fällen nicht nur die Blattorgane besonders ausgebildet, sondern die ganze Pflanze weist

Veränderungen auf, d. h., es liegt ein **Anpassungssyndrom** vor. Drei solcher Syndrome, die wesentlich auch den Blattbau betreffen, werden in den beiden folgenden Abschnitten und in ▶ Exkurs 3.4 aus morphologischer Sicht kurz vorgestellt (**Ökomorphologie**).

Exkurs 3.4 Blätter tierfangender Pflanzen

Auf nährstoffarmen, insbesondere stickstoffarmen Substraten (z. B. in Hochmooren) kommen Ernährungsspezialisten vor, die zwar photoautotroph leben können, zusätzlich aber mit Einrichtungen zum Fangen und Festhalten kleiner Tiere (vor allem Insekten) ausgestattet sind. Gefangene Insekten werden von diesen **Insektivoren** (**Carnivoren**, lat. *vorere*, verschlingen, fressen) extrazellulär verdaut und als zusätzliche Stickstoffquelle ausgebeutet

(▶ Abschn. 16.1.2). Für den Tierfang sind die Blätter in verschiedenster, oft geradezu skurriler Weise umgestaltet.

Vergleichsweise einfach funktionieren die **Klebfallen** des Sonnentaus *Drosera*. Auf seinen Blättern stehen von einem Tracheidenstrang durchzogene Emergenzen, die Tentakel (vgl. ■ Abb. 2.33). Ihre Drüsenköpfchen sondern glitzernde Tropfen eines klebrigen Sekrets ab, das kleine Tiere anlockt. Diese bleiben an den Drüsen hängen, kommen bei ihren Befreiungsversuchen mit weiteren Drüsen in Berührung und werden dadurch umso fester gehalten. Veranlasst durch den Berührungsreiz werden an der Plasmamembran über Ionenkanäle Veränderungen des elektrischen Potenzials ausgelöst und weitergeleitet (allerdings deutlich langsamer als die Aktionspotenziale in Nervenzellen), wodurch Wasser zwischen den Flanken der Tentakel verschoben wird, sodass sich die Tentakel krümmen und das gefangene Insekt gegen die Blattfläche drücken. Dort wird es durch sezernierte Proteasen chemisch aufgeschlossen und in gelöster Form resorbiert, sodass nur noch die chitinhaltige Außenhülle übrigbleibt.

Sekundenschnell kann die Venusfliegenfalle *Dionaea* (◘ Abb. 15.24e, f) die **Klappfalle** ihrer Spreitenhälften schließen. Die Bewegung wird durch ein osmotisch gesteuertes Scharniergelenk an der Hauptrippe bewerkstelligt. Sie erfolgt, sobald ein Insekt, das auf dem offenen Blatt gelandet ist, eine der Fühlborsten berührt (▶ Abschn. 15.3.2.4). Auch in diesem Fall erfolgt die Reizleitung elektrisch, wobei ein echtes Aktionspotenzial ausgelöst wird. Von den wie Tellereisen gezähnten Spreitenhälften werden selbst kräftige Insekten wie Wespen und Hummeln festgehalten und durch sezernierte Enzyme verdaut.

Bei *Nepenthes, Cephalotus, Sarracenia* und *Darlingtonia* dienen kannen- oder tütenförmige Schlauchblätter als **Gleitfallen**. Die *Nepenthes*-Kannen (◘ Abb. 3.70) enthalten eine von wandständigen Drüsen abgeschiedene wässrige, saure Verdauungsflüssigkeit. Angelockte Tiere rutschen am glatten, mit Wachsplättchen besetzten Kannenrand ab, ertrinken in der Kanne und werden enzymatisch abgebaut. Erst in den letzten Jahren gelang es, den Mechanismus der Anlockung aufzuklären: Die Pflanze bildet einen Cocktail von flüchtigen Komponenten, die

Pheromone des Opfers nachahmen und oft sogar effizienter sind als das Original. Häufig handelt es sich dabei um Sexuallockstoffe. Besonders kurios sind die Riesenfallen der erst 2005 im Regenwald von Borneo entdeckten *N. raja*, die mit einer am Deckel der Kanne abgesonderten Paste Spitzhörnchen anlockt, die sich, um an den begehrten Köder zu gelangen, auf die Kanne setzen müssen. Trotz ihrer gewaltigen Größe (manche Kannen fassen ein Volumen von mehreren Litern) verzichtet die Pflanze darauf, die Spitzhörnchen zu fangen und zu verspeisen. Vielmehr wirkt die Paste als extrem starkes Abführmittel, das seine Wirkung unmittelbar entfaltet, noch während das Spitzhörnchen auf der Kanne sitzt. Aus den in die explosionsartig in die Kanne entleerten Exkrementen kann die Pflanze für einige Wochen ihren Stickstoffbedarf decken. Dieses Beispiel zeigt eindrücklich, dass Metamorphosen nicht nur morphologische, sondern auch metabolische Veränderungen umfassen.

Die in mitteleuropäischen, stehenden Gewässern untergetaucht lebenden Arten des Wasserschlauchs (*Utricularia*) tragen an zerschlitzten Blättern kleine, grüne Blasen (◘ Abb. 3.71), die mit Wasser gefüllte **Schluck-(Saug-)fallen** darstellen. Ihr „Mund" ist mit einer Ventilklappe zunächst wasserdicht verschlossen. Stoßen kleine Wassertiere gegen eine der hebelartig wirkenden Borsten auf der Außenseite der Klappe, öffnet sich diese und die Beutetiere (vor allem Kleinkrebse, Insektenlarven, Rädertiere und Protozoen) werden mit einem Wasserschwall in die etwa 2 mm große Blase hineingesaugt. Der Schluckvorgang kommt durch Entspannung der zunächst elastisch eingedellten Blasenwände zustande. Darauf springt die Klappe in ihre Ausgangsstellung zurück und verschließt die Falle wieder.

3

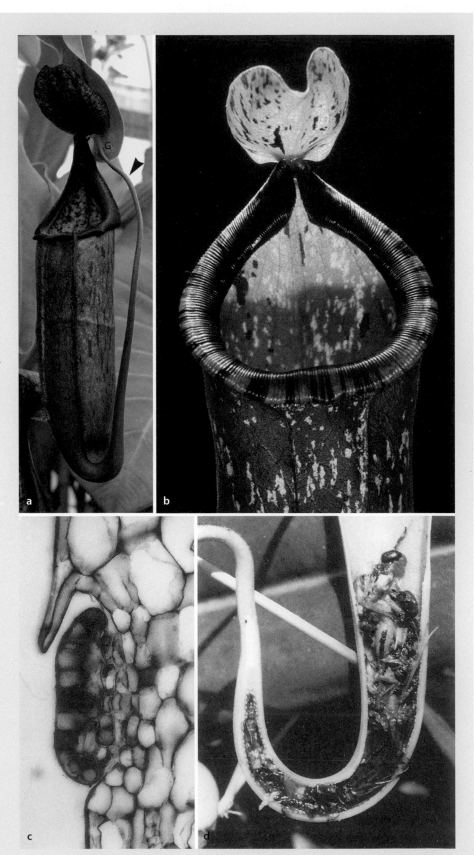

☐ **Abb. 3.70** Die Kannenfalle von *Nepenthes* wird von der zu einem Schlauch umgestalteten Blattspreite gebildet. In der viele Zentimeter hohen Kanne (**a**, 0,3×) sammeln sich einige Milliliter Verdauungssekret, das von schildförmigen Drüsen (**c**, 260×) abgeschieden wird. In ihm ertrinken die Opfer (**d**, 1×). Die Beutetiere (meistens Insekten) fliegen den auffällig gefärbten, durch epicuticulare Wachsplättchen glatten Rand der Kanne (**b**, 1,2×) an, unter dem sich Nektardrüsen befinden, und stürzen in die Falle ab. Der Kannendeckel ist während der Entwicklung der Falle geschlossen und verhindert das Eindringen von Regenwasser. Später bleibt er ständig geöffnet. Der Blattstiel kann als Ranke fungieren (Pfeil in 1) und die schwere Kanne im Geäst aufhängen. Der verlängerte Blattgrund übernimmt die Funktionen der Blattspreite. – G Blattgrund. (d Aufnahme: W. Barthlott)

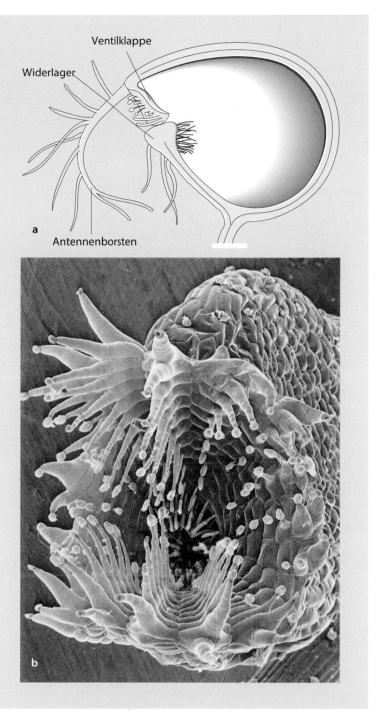

Abb. 3.71   Schluckfallen von *Utricularia*. **a** Fangblase von *U. vulgaris* im Längsschnitt (10×). **b** Komplexer Antennenborstenapparat von *U. sandersonii* (100×). (b REM-Aufnahme: W. Barthlott)

3.3.3.2 Skleromorphe Blätter

Der Überbegriff für Hartlaubigkeit ist Sklerophyllie, die vielen Zwecken dienen kann. Sie ist immer mit Langlebigkeit der Blätter assoziiert und tritt häufig unter nährstoffarmen Bedingungen auf. Sind diese Bedingungen eindeutiger mit Trockenheit verbunden, spricht man auch von Xeromorphie (griech. *xerós*, trocken).

Für Pflanzen trockener (arider) Gebiete (Steppen, Wüsten) oder Standorte (Felsen, Sandböden) ist der Wasserhaushalt kritisch. Da er nicht durch Vermehrung der Wasseraufnahme stabilisiert werden kann, bleibt nur eine Einschränkung der Wasserabgabe, d. h. der Transpiration. Wie oben besprochen, sind die Blätter vieler Xerophyten als Dornen oder kleine Schuppen ausgebildet, während die Photosynthese in Platykladien abläuft, die kein Transpirationsgewebe enthalten und eine wesentlich kleinere spezifische (auf das Volumen bezogene)

3

Oberfläche haben. Die cuticuläre Transpiration wird extrem eingeschränkt, in vielen Fällen werden Wasserspeicher angelegt (Stammsukkulenz; ◘ Abb. 3.33).

Zahlreiche Sklerophyten behalten Blätter als Assimilationsorgane bei. Diese Blätter unterscheiden sich allerdings sehr deutlich von denen der Mesophyten und Hygrophyten, den Bewohnern mittelfeuchter bzw. feuchter Standorte. Die Blätter von Hygrophyten (übrigens auch die Schattenblätter etwa der Buche, ◘ Abb. 13.7) sind

besonders dünn, meistens unbehaart und besitzen nicht eingesenkte, manchmal sogar über Epidermisniveau erhobene Spaltöffnungen. Im Gegensatz dazu sind skleromorphe Blätter im Allgemeinen derb-lederig, saftarm (**Hartlaubgewächse** wie Lorbeer, Myrte, Ölbaum) und bilden eingesenkte Stomata aus (◘ Abb. 3.72). Blätter von manchen Pflanzen rollen sich bei Trockenheit ein und etablieren so ein feuchteres Mikroklima für ihre Stomata. Die Wasserabgabe kann auch durch stark

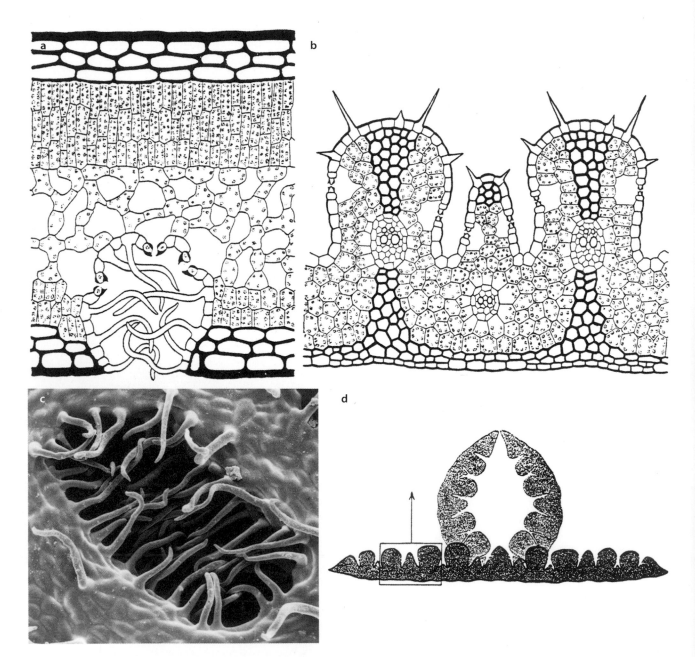

◘ **Abb. 3.72**   Anatomie xeromorpher Blätter. **a** Oleander, mit mehrschichtiger Epidermis (schwarz), dreischichtigem Palisadenparenchym und tief eingesenkten Spaltöffnungen; in den Vertiefungen (Krypten) werden Luftkonvektionen durch Haare verhindert (80×). **b** Außenansicht einer Krypte (170×). **c, d** Die Blätter des Pfriemgrases *Stipa capillata* sind epistomatisch, d. h. Spaltöffnungen sind auf die Oberseite beschränkt. Bei Trockenheit rollen sie sich nach oben ein und schließen damit die Stomata von der Außenluft ab. Bei guter Wasserversorgung sind die Spreiten flach ausgebreitet. Eine Differenzierung des Mesophylls in Palisaden- und Schwammparenchym fehlt, wie bei Gräsern allgemein (C 80×, D 10×). (a, c, d nach O. Stocker; b REM-Aufnahme: W. Barthlott)

verdickte Cuticulae mit massiver Wachseinlagerung und durch dichte Behaarung (Schaffung konvektionsfreier Räume unmittelbar an der Blattoberfläche, in denen sich feuchtere Luft staut) eingeschränkt werden. Die Derbheit von Sklerophytenblättern, die verhindert, dass sie bei Wasserverlust welken, beruht auf der Einlagerung von Sklerenchymfasern oder einzeln liegenden, sternförmigen Sklereiden.

Das äquifaciale Nadelblatt (◻ Abb. 3.66) ist typisch hartlaubig (skleromorph) mit spezifischen Anpassungen an Xeromorphie, so z. B. die Ausbildung einer Endodermis, die die zentralen Leitbündel vom umgebenden Mesophyllgewebe trennt. Die massive sklerotisierte Hypodermis ist typisch für skleromorphe Blätter.

Durch die Drosselung der Transpiration wird zwar der Wasserhaushalt stabilisiert, aber die Gefahr einer Überhitzung des Blatt-(Stamm-)parenchyms vergrößert. Transpiration hat wegen der relativ hohen Verdunstungskälte des Wassers von 41 kJ mol^{-1} einen starken Kühleffekt. Übermäßige Erwärmung von Blattspreiten wird bei manchen Pflanzen durch Profilstellung vermieden. Bekannt sind die schattenlosen Wälder australischer Eukalyptusbäume, deren sichelförmige Blätter lotrecht abwärts hängen. Kühlend wirken an Stämmen vorspringende Rippen und tiefrissige Borken (◻ Abb. 3.54a und 3.55d, e).

3.3.3.3 Blätter von Epiphyten

Im Gegensatz zu den Kletterpflanzen, die stets im Erdboden wurzeln, siedeln sich die Epiphyten (Aufsitzerpflanzen) von vornherein in Baumkronen an, um sich einen Platz an der Sonne zu sichern. Die Bäume dienen ihnen lediglich als Unterlage – sie können durch Felsen, Dächer, selbst Telefonleitungen ersetzt werden. Die meisten Epiphyten sind also keine Parasiten. Allenfalls können sie ihre Unterlage bei üppiger Entwicklung erdrücken. Nur wenige Epiphyten sind Parasiten wie die Mistel.

Für größere, kormophytisch organisierte Epiphyten stellt die Beschaffung von Wasser und Nährsalzen das entscheidende Problem dar. Deshalb finden sie günstige Lebensbedingungen nur in Gebieten mit häufigen ergiebigen Regenfällen und hoher Luftfeuchtigkeit, insbesondere also in tropischen Regenwäldern. Epiphyten weisen einen umso stärker xeromorphen Bau auf, je trockener die Luft ist, in der sie wachsen.

An frei herabhängenden, oft grünen Luftwurzeln ist häufig ein besonderes Wasserabsorptionsgewebe entwickelt, das **Velamen** (◻ Abb. 3.73a, b). Bei anderen Epiphyten bilden aufwärts wachsende Luftwurzeln ein reich verzweigtes Gespinst, in dem sich Humus und Feuchtigkeit anreichern. Der Vogelnestfarn, *Asplenium nidus*, formt aus großen Wedeln dichte Rosetten, deren trichterförmiger Innenraum sich nach und nach mit Humus füllt. Beim Geweihfarn *Platycerium* werden in regelmäßigen Zeitabständen besondere Mantel- oder Nischenblätter ausgebildet, hinter denen sich Wasser und Humus ansammeln kön-

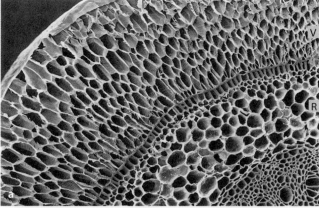

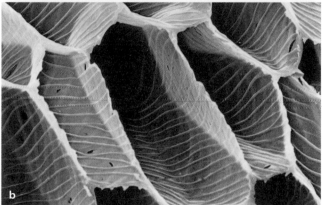

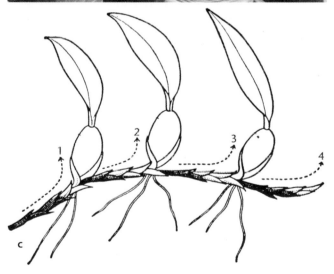

◻ **Abb. 3.73** Anpassungen epiphytischer Orchideen des tropischen Regenwalds. **a** Querschnitt durch Luftwurzel von *Dendrobium nobile*. Zwischen dem Velamen (lat. Hülle) aus toten, bei Regen wassergefüllten Zellen und der Rinde befindet sich eine einschichtige Exodermis mit Durchlasszellen. Das Rindenparenchym wird gegen das zentrale Leitgewebe (im Bild rechts unten) durch eine einschichtige Endodermis abgegrenzt (60×). **b** Zellen des Velamens mit Wandaussteifungen (460×). (Analoge Hyalinzellen in Torfmoosblättchen, vgl. ◻ Abb. 19.94g). **c** *Coelogyne* sp. Sympodialsystem der mit Knollen abschließenden Sprossgenerationen 1–4 (0,2×). – V Velamen, R Rinde. (a, b, REM-Aufnahmen: S. Porembski und W. Barthlott; c nach W. Troll)

3

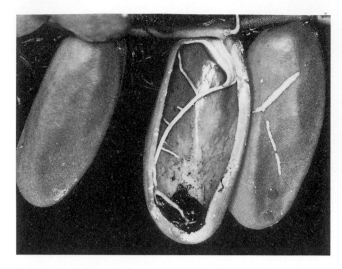

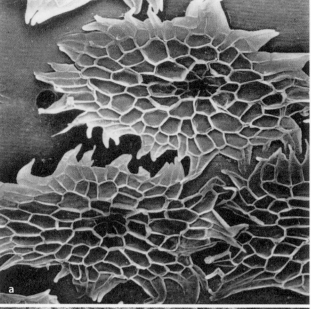

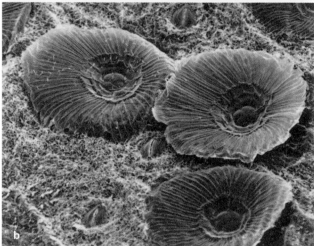

◘ **Abb. 3.74** Urnenblätter der Urnenpflanze (*Dischidia major*). Das mittlere längs aufgeschnitten mit sprossbürtiger Wurzel, die durch die obere Öffnung der Urne in diese hineinwächst (0,8×). (Aufnahme: W. Barthlott)

nen – ein Fall von Heterophyllie (◘ Abb. 19.111). Noch weiter ist ein Teil der Blätter der Apocynacee *Dischidia* umgebildet: Durch extrem verstärktes Flächenwachstum bei gleichzeitiger Hemmung des Randwachstums wandeln sich einzelne Blätter in engmündige Schläuche um (◘ Abb. 3.74). In ihnen leben Kolonien von Ameisen, die Erde einschleppen. Auch Feuchtigkeit kann sich hier durch Kondensation von Wasserdampf ansammeln. In jede Urne wächst eine dem zugehörigen Achsenknoten entspringende Adventivwurzel hinein. Die Pflanze schafft sich so gewissermaßen eigene Blumentöpfe.

In anderen Fällen werden Sprossknollen als Wasserspeicher angelegt, die bei Regenfällen gefüllt werden (◘ Abb. 3.73c). Besondere Einrichtungen, um Niederschläge effektiv aufzufangen, sind weit verbreitet. Bei den Bromeliaceen stellen die Wurzeln nur noch kurze, drahtige Haftorgane dar, die bei manchen Arten sogar ganz fehlen (z. B. bei den oft von Telefonleitungen herabhängenden *Tillandsia*-Arten). Das Wasser wird von diesen Epiphyten ausschließlich durch Absorptionshaare der Blätter aufgenommen (◘ Abb. 3.75). Außerdem bilden bei diesen Pflanzen häufig die dicht aneinanderschließenden Blattbasen der Rosettensprosse Zisternen, in denen sich Regenwasser ansammelt.

Allgemein stellen Wasseransammlungen an Epiphyten Lebensräume für Mikroorganismen, aber auch Schnecken, Insekten und Frösche dar. In den von der jamaikanischen Bromelic gebildeten kleinen Wasserbehältern lebt sogar eine Süßwasserkrabbe (*Metopaulias depressus*).

3.4 Wurzeln

Das Wurzelsystem hat im Normalfall eine doppelte Funktion zu erfüllen: **Verankerung** der Pflanze im Boden und **Aufnahme** von Wasser und mineralischen Nährstoffen.

Dieser zweiten Aufgabe entspricht eine oft enorme Vergrößerung der resorbierenden Oberfläche von Wur-

◘ **Abb. 3.75** Schildförmige Absorptionshaare (Saugschuppen) von epiphytischen Bromeliaceen (170×). **a** *Tillandsia rauhii*. **b** *Acanthostachys*. Die toten Zellen der Haare füllen sich bei Regen mit Wasser, das von lebenden Stielzellen ins Blatt geleitet wird. (REM-Aufnahmen: W. Barthlott)

zeln. Viele Zellen der nichtcutinisierten äußersten Zellschicht, der **Rhizodermis** (Wurzelepidermis), wachsen zu einigen Millimeter langen **Wurzelhaaren** aus (◘ Abb. 3.76). Wurzelhaare zeigen Spitzenwachstum und können daher gut zwischen Bodenteilchen vordringen. Sie sind kurzlebig (3–9 Tage), die Wurzelhaarzone wachsender Wurzeln ist deshalb nur 1–2 cm lang. Man hat errechnet, dass eine ausgewachsene Roggenpflanze dennoch über 10 Mrd. Wurzelhaare aufweist, deren Gesamtlänge 10.000 km erreicht, und deren Gesamt-

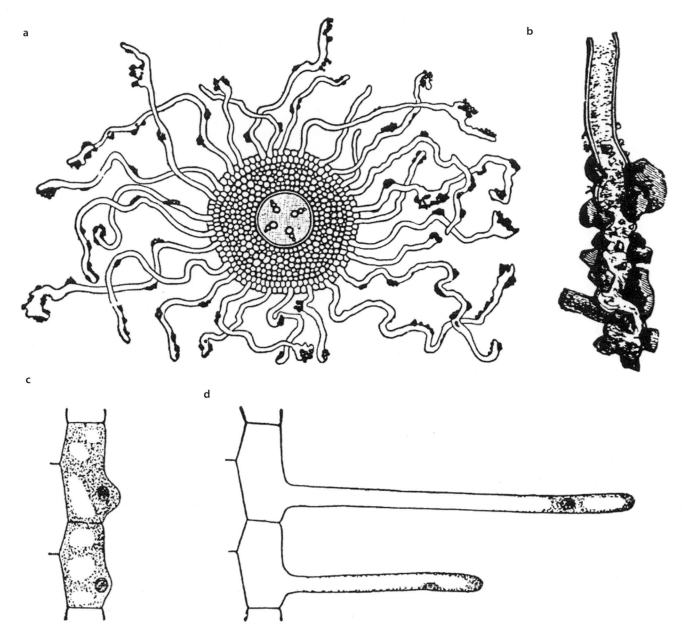

◘ Abb. 3.76 Wurzelhaare. **a** Querschnitt durch die Resorptionszone einer Wurzel mit tetrarchem Zentralzylinder (Wurzelhaare mit Boden-partikeln; 10×). **b** Spitze eines Wurzelhaars stärker vergrößert (50×). **c, d** Rhizodermis längs, mit beginnender Wurzelhaarbildung (zu be-achten ist die Position der Zellkerne) und später (50×). (a nach Frank; b nach F. Noll; c, d nach Rothert)

oberfläche einem Quadrat von 20 m Seitenlänge gleich-kommt. Das entspricht etwa dem 50-Fachen der Ober-fläche des gesamten, doppelt so schweren Sprosssystems einschließlich der Blätter.

Neben Verankerung und Nährstoffaufnahme übernehmen Wurzeln oft noch andere Funktionen. Sie sind beispielsweise Syntheseorte wichtiger Pflanzenstoffe, unter anderem von Hormonen (Cytokinine, Gibberelline, ► Abschn. 12.2 und 12.4). Häufig fungieren sie auch als Speicherorgane (► Exkurs 3.5).

Exkurs 3.5 Metamorphosen der Wurzeln

Auch von Wurzeln sind zahlreiche Anpassungen an besondere Funktionen bekannt. Schon die Aufgabe der Verankerung einer Pflanze kann unter besonderen Umständen abweichende Wurzelformen bedingen. Bekannte Beispiele sind die sprossbürtigen **Haftwurzeln** bei Kletterpflanzen (◘ Abb. 3.77) und Epiphyten. Die **Stelzwurzeln** der Mangrove-Pflanzen verleihen diesen Pflanzen im Treibschlick der Gezeitenzonen tropischer Meeresküsten

Halt (◘ Abb. 3.78). Eine ähnliche Funktion üben auch die Adventivwurzeln bei hochwachsenden Gräsern aus, allerdings unter ganz anderen Standortbedingungen. **Brettwurzeln** entstehen durch exzessives sekundäres Dickenwachstum der Oberseite von unmittelbar unter der Erdoberfläche horizontal wachsenden Wurzeln. Sie sind bei bestimmten großen Tropenbäumen in Stammnähe als meterhohe Stützstreben ausgebildet (◘ Abb. 24.8e).

◘ **Abb. 3.77**   Sprossbürtige Haftwurzeln. **a** Beim Efeu dienen die Haftwurzeln nicht der Wasser- und Nährionenaufnahme, sondern ausschließlich der Befestigung an einer beliebigen Unterlage (hier Beton; 0,7×). Die distiche Beblätterung des Triebs ist typisch für die Jugendform des Efeus. **b** Bei der Klettertrompete *Campsis radicans* entspringen Haftwurzeln nur an den Knoten (2,6×)

Abb. 3.78 Stelzwurzeln **a** bei *Rhizophora mucronata*, einer eudikotylen Mangrove-Pflanze, am überfluteten Meeresstrand (Tonga-Inseln, SüdwestPolynesien), und **b** dem zu den Monokotyledonen gehörenden westafrikanischen Schraubenbaum *Pandanus candelabrum*. (Aufnahmen: a D. Lüpnitz, b W. Barthlott)

Eine eigenartige Funktion üben **Zugwurzeln** aus, die Erdsprosse (Rhizome, Knollen oder Zwiebeln) tiefer in den Boden verlagern (Abb. 3.79). Die Kontraktion dieser Wurzeln beruht darauf, dass die Wände der axial gestreckten Rindenzellen Längstextur aufweisen, sodass sich die Zellen über eine Erhöhung des Turgors muskelartig verkürzen und gleichzeitig verdicken.

Nicht wenige Pflanzen bilden besondere **Speicherwurzeln** aus (Abb. 3.80). Auch die Speichergewebe vieler Rüben gehören überwiegend der Wurzelregion an (Abb. 3.81). Durch anomales sekundäres Dickenwachstum entstehen verdickte, aber nur schwach verzweigte Wurzelbereiche. In manchen Fällen bilden sich kugelige Wurzelknollen, die überhaupt keine Seitenwurzeln tragen. Als Speicherstoffe treten überwiegend Di-, Oligo- und Polysaccharide auf (Saccharose; Stärke, Inulin).

Wurzeldornen sind kurze, total verholzte und spitz endende Seitenwurzeln an sprossbürtigen Luftwurzeln. Sie dienen bei bestimmten Palmen dem Schutz der Stammbasis.

Luftwurzeln übernehmen oft die Funktion der Stabilisierung von Sprosssystemen. Aber auch die Wasseraufnahme bei Epiphyten, die ja nicht das Wasserreservoir des Bodens anzapfen können, wird in vielen Fällen durch Luftwurzeln gewährleistet (in anderen freilich durch Blätter). Solche Wurzeln sind mit einer besonderen Außenschicht ausgestattet, dem **Velamen** (vgl. Abb. 3.73a, b). Dieses entsteht aus dem Protoderm durch perikline Zellteilungen. Das Velamen enthält zahlreiche frühzeitig absterbende, große Zellen mit Wandaussteifungen und -öffnungen. Ähnlich den Wasserzellen in den Blättchen der Torfmoose laufen diese leeren Zellen bei Befeuchtung mit Wasser voll, sodass Regenwasser vom Velamen wie von einem Schwamm aufgesogen und festgehalten werden kann. In ständig durchnässtem Erdreich wird für größere Wurzelsysteme wegen der geringen Löslichkeit von Sauerstoff in

Wasser die O_2-Versorgung der Wurzelzellen problematisch. Besonders von Bäumen und Großsträuchern tropischer Sumpfwälder sowie von der Mangrove werden daher nach oben wachsende (negativ gravitrope) **Atemwurzeln** gebildet, die bis über die Boden-(Wasser-)Oberfläche reichen, sodass das Interzellularensystem des Rindengewebes Luftkontakt bekommt. Eine Sonderform sind die **Wurzelknie**, an denen sich Wurzeln, die zunächst aufwärts gewachsen sind, nach Erreichen der Bodenoberfläche wieder abwärts krümmen. An solchen Wurzelknien werden häufig durch einseitiges Dickenwachstum (wie bei Brettwurzeln) in die Luft aufragende Wucherungen gebildet, die als Wurzelknorren bezeichnet werden.

Wurzeln von epiphytischen Orchideen können sogar Blattfunktion übernehmen (Abb. 3.4). Wurzeln können sich auch abhängig von anderen Lebewesen morphologisch stark verändern (s. auch ▶ Abschn. 16.2 und 16.3):

Halbschmarotzer (Hemiparasiten) sind grüne Pflanzen, die selbst Photosynthese treiben, sich aber Wasser und Nährsalze von Wirtspflanzen beschaffen, deren Xylem sie mit **Wurzelhaustorien** anzapfen. In diese Kategorie gehören z. B. die Orobanchaceen Augentrost, Klappertopf, Wachtelweizen und Läusekraut sowie die immergrüne Mistel. Sie keimt als schmarotzender Epiphyt auf den Ästen bestimmter Bäume. Ihr Wurzelsystem breitet sich in Form von Rindenwurzeln im Bast des befallenen Astes aus, von denen dann Senker in das Splintholz vordringen, wo sie über charakteristische Kurztracheen direkten Anschluss an das Wasserleitsystem des Astes bekommen (Abb. 3.37b).

Als **Vollschmarotzer (Holoparasiten)** gelten parasitische Pflanzen, die keine Chloroplasten ausbilden, sondern sich auf Kosten ihrer Wirtspflanzen von organischen Stoffen ernähren. Die Schuppen-

3

wurz *Lathraea* versorgt sich über Wurzelhaustorien mit Blutungssaft aus dem Xylem von Baumwurzeln. Die als Würger bekannten *Orobanche*-Arten zapfen dagegen das Phloem in den Wurzeln ihrer Opfer an. Die Haustorien dieser gelblich, rötlich oder lila gefärbten Holoparasiten brechen seitlich in die Wirtswurzeln ein, bringen aber deren distale Abschnitte durch massive Ausbeutung zum Absterben und sitzen daher zuletzt scheinbar an Wurzelenden. Da eine solche Lebeweise voraussetzt, dass Abwehrreaktionen des Wirts mithilfe chemischer Signale unterdrückt werden, sind die *Orobanche*-Arten häufig an bestimmte Wirtsarten angepasst. Die Spezifität der Wirtsbeziehung hat daher eine umfangreiche Artaufspaltung des Parasiten bewirkt.

Für die menschliche Zivilisation von entscheidender Bedeutung ist die Symbiose der Leguminosen mit stickstofffixierenden Bakterien (Rhizobien, ▶ Exkurs 19.9). Dabei kommt es zur Bildung von **Wurzelknöllchen**, lokalen Wucherungen des Rindengewebes (▶ Abschn. 16.2.1). In vergrößerten, polyploiden Parenchymzellen überleben die prokaryotischen Symbionten als Bakteroide in besonderen Vakuolen und versorgen ihren Wirt mit Ammonium,

den sie mithilfe des Enzyms Nitrogenase aus dem Luftstickstoff gewinnen. Im Gegenzug werden die Bakterien von der Wirtspflanze mit Zucker versorgt. Die Leguminosen werden daher, im Gegensatz zu anderen Pflanzen, gut mit Ammonium versorgt, sodass sogar der Embryo in den Speicherkeimblättern Proteine als Vorrat einlagern kann. Die Domestizierung von Leguminosen erlaubte den Menschen daher, ihren Proteinbedarf unabhängig von tierischen Quellen zu decken – eine entscheidende Voraussetzung für den Übergang zu einer sesshaften Lebensweise.

Viel weiter verbreitet als die nur bei den Leguminosen vorkommenden Wurzelknöllchen ist die als **Mykorrhiza** (Pilzwurzel) bezeichnete Symbiose mit dem Hyphengeflecht von Bodenpilzen (▶ Abschn. 16.2.3), die bei 80 % aller Landpflanzen vorkommt. Dabei wird vor allem die enorme Absorptionsfähigkeit der Pilzhyphen zur Versorgung mit Nährionen (vor allem Phosphat) ausgenutzt. Bezeichnenderweise werden von Wurzeln mit Hyphenkontakt keine Wurzelhaare ausgebildet.

3.4.1 Wurzelsysteme

Wie die Achsensysteme sind auch die Wurzelsysteme verschiedener Pflanzen in Abhängigkeit von ihren bevorzugten Standorten recht unterschiedlich ausgebildet. Bei jungen oder sich durch Ausläufer rasch ausbreitenden Pflanzen ist das Wurzelsystem oft umfangreicher als das Sprosssystem (◻ Abb. 3.82). Besonders schwach ist das Wurzelsystem dagegen bei vielen Kakteen entwickelt, die an trockenen, heißen Standorten wachsen, an denen der Boden immer wieder (zumindest tagsüber) völlig austrocknet. Hinsichtlich der vertikalen Ausdehnung der Wurzeln können **Flachwurzler** und **Tiefwurzler** unterschieden werden. Extreme Tiefwurzler finden sich an Orten mit oberflächlich trockenen Böden, die über tiefen Grundwasseradern liegen (z. B. *Welwitschia*, ◻ Abb. 19.152a). Die Pfahlwurzeln von Tamarisken reichen angeblich bis 30 m tief, die des nordamerikanischen Wüstenbaums *Prosopis juliflora* sogar über 50 m. Bei Bäumen ist allgemein die Ausbreitung des Wurzelsystems auf das Kronenwachstum abgestimmt: Die äußersten Zonen des Wurzelsystems reichen in der Regel in horizontaler Ausdehnung etwas über die von der Krone überdachte Bodenfläche hinaus. Dieser Aspekt wird erst seit wenigen Jahren in der Stadtbegrünung berücksichtigt, indem man mehr als früher versucht, die Fläche unterhalb der Krone nicht zu versiegeln.

Gemäß ihrer Architektur werden Wurzelsysteme in allorrhize oder in homorrhize Systeme eingeteilt. Kriterium für die Einteilung ist das Vorhandensein einer Hauptachse (Allorrhizie) bzw. das Auswachsen von vielen gleichartigen Wurzeln ohne Hierarchie (Homorrhizie)

Allorrhize Wurzelsysteme Allorrhize Wurzelsysteme (griech. *állos*, andersartig, verschieden; *rhiza*, bzw. lat. *rádix*, Wurzel; ◻ Abb. 3.82a). Bei vielen Pflanzen wächst die Keimwurzel (Radicula) zur Hauptwurzel (Primärwurzel) heran und bildet eine vertikal in den Boden vordringende **Pfahlwurzel**. Diese trägt Sekundärwurzeln (Seitenwurzeln 1. Ordnung), die im Erdreich schräg oder horizontal fortwachsen und sich dabei weiter verzweigen (Seitenwurzeln 2., 3. oder höherer Ordnung). Spätestens die Seitenwurzeln höherer Ordnung wachsen ohne bestimmte Beziehung zum Schwerkraftvektor und können daher den Boden in alle Richtungen durchdringen. Allorrhize Systeme sind also hierarchisch organisiert. Man spricht daher manchmal auch von heterogener Radication.

Die meisten Bäume sind allorrhiz. Manche behalten das zunächst entwickelte Pfahlwurzelsystem auch später bei (z. B. Tanne, Kiefer, Eiche). Bei anderen Baumarten (z. B. Lärche, Birke, Linde) werden nach und nach zusätzlich zur ursprünglichen Hauptwurzel ähnlich kräftige, schräg im Boden stehende Wurzeln ausgebildet, sodass unter der Stammbasis ein halbkugeliges Wurzelsystem entsteht, das als **Herzwurzelsystem** bezeichnet wird. Die Flachwurzler unter den Bäumen (z. B. Fichte und Esche) besitzen ein Senkerwurzelsystem: Von kräftigen, knapp unter der Bodenoberfläche horizontal wachsenden Sekundärwurzeln dringen wesentlich schwächere und kürzere **Senkerwurzeln** vertikal in den Boden vor.

Homorrhize Wurzelsysteme Homorrhize Systeme sind ganz oder überwiegend aus gleichrangigen und ähnlich gestalteten, nicht oder nur mäßig verzweigten Wurzeln aufgebaut (homogene Radication; griech. *homós*, gleich, ähnlich; ◻ Abb. 3.82b, c). Alle Farnpflanzen besitzen derartige Wurzelsysteme. Als Sporenpflanzen bilden sie keine Samen und damit auch keine Radicula. Ihr Achsenkörper besitzt keinen Wurzelpol und ist unipolar ange-

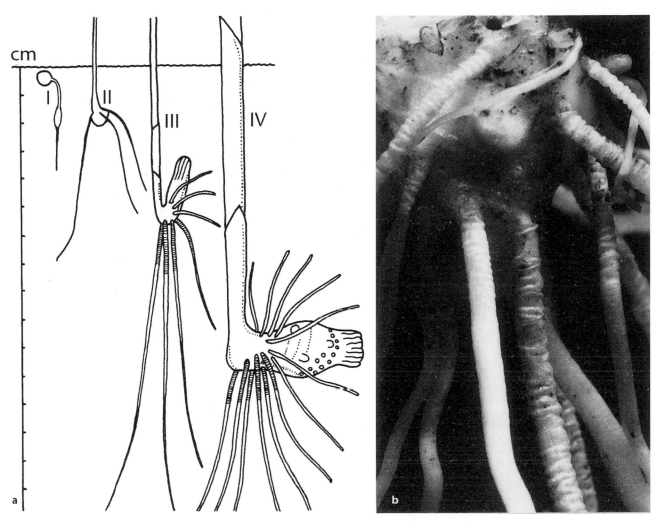

Abb. 3.79 Zugwurzeln beim Aronstab *Arum maculatum*. **a** Zunehmende Tiefenverlagerung der Knolle durch Wurzelkontraktion: I Keimung; II Beginn des 2. Jahres, III Ende dieses Jahres; IV erwachsene Pflanze: Knolle 10 cm unter Bodenoberfläche (0,4×). **b** Knolle und Zugwurzeln, deren Oberfläche die Verkürzung des Wurzelkörpers nicht mitmacht und passiv in Querfalten gelegt wird (1,8×). (a nach Rimbach)

legt. Bei Farnpflanzen sind daher alle Wurzeln grundsätzlich sprossbürtig (**primäre Homorrhizie**). Außerdem sind die Wurzeln einzelnen Blättern lagemäßig präzise zugeordnet: Unmittelbar unter jeder Blattbasis entspringt mindestens eine Wurzel (bei großen Baumfarnen über 100). Bei den Gametophyten der Farne gibt es gar keine Wurzeln, sondern es bilden sich, wie bei den Moospflanzen, Rhizoide aus. Inzwischen hat man herausgefunden, dass die Bildung dieser Rhizoide von besonderen Kinesinmotoren abhängt, den ARKs (engl. *Armadillo repeatkinesins*), die bei den Gefäßpflanzen für die Bildung von Wurzelhaaren verantwortlich sind.

Primäre Homorrhizie ist typisch für Farnpflanzen. Bei Samenpflanzen mit ihren bipolaren Embryonen gibt es keine primäre, wohl aber **sekundäre Homorrhizie**. Bei den Monokotyledonen kommt sie dadurch zustande, dass aus den unteren Sprossknoten zahlreiche gleichrangige Wurzeln auswachsen. Sie ergänzen funktionell das schwach entwickelte primäre Wurzelsystem, das (wie auch die Sprossbasis) Erstarkungs- bzw. primäres Dickenwachstum der Achse aufweist. Diese sekundär angelegten Wurzeln, die oft wesentliche Stützfunktionen wahrnehmen (z. B. beim Mais; s. auch ▶ Exkurs 3.5, ◘ Abb. 3.78), entstehen also auf der Basis von Umdifferenzierungen und sind damit ein Beispiel für **Adventivwurzeln** (◘ Abb. 11.13 und 11.15). Auch bei Eudikotyledonen finden sich häufig sprossbürtige Adventivwurzeln, z. B. an Ausläufern, und bei allen Rhizompflanzen. Spektakuläre Sonderfälle stellen Mangrovepflanzen (*Rhizophora*, ▶ Exkurs 3.5, ◘ Abb. 3.78) dar sowie der tropische Feigenbaum *Ficus benghalensis*, dessen breit ausladende Krone mit einem Durchmesser von 170 m bis zu 2 ha überdeckt und von Hunderten sprossbürtigen, säulenartigen Luftwurzeln abgestützt wird.

3

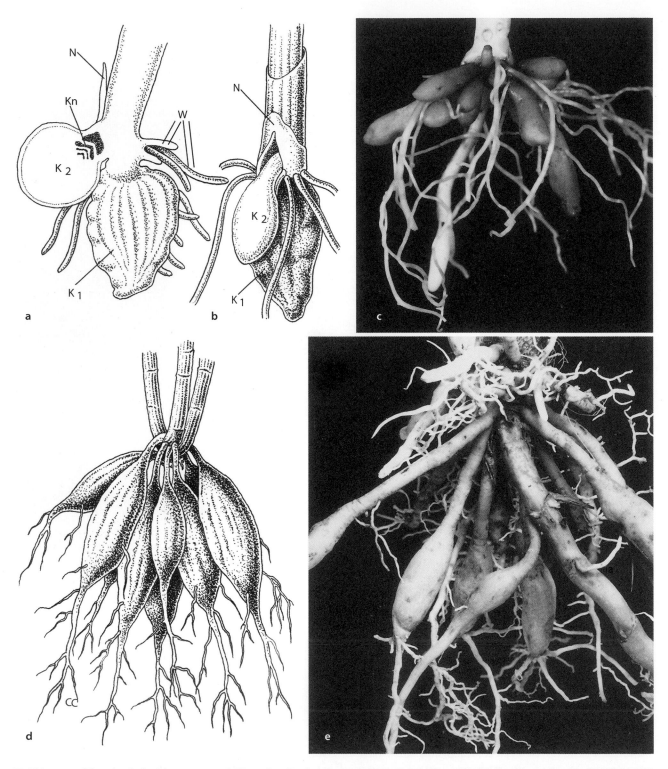

■ **Abb. 3.80**   Wurzeln als Speicherorgane. **a, b** Wurzelknollen bei *Orchis militaris* (0,7×). K_1 vorjährige Knolle, aus der der diesjährige Blütenspross entspringt. In der Achsel des untersten, schuppenförmigen Niederblatts entwickelt sich am Achseltrieb eine neue Wurzelknolle K_2.
c Sprossbürtige Speicherwurzeln einer Dahlie (0,15×). **d** Sprossbürtige Wurzelknollen im homorrhizen Wurzelsystem des Scharbockskrauts
Ficaria verna. Die Knollen brechen an der Basis leicht ab und wachsen dann wieder zu ganzen Pflanzen aus (2×). **e** Weniger ausgeprägt als
bei der Dahlie sind die Wurzelknollen bei *Hemerocallis*. Auch hier werden aber Seitenwurzeln nur im nichtspeichernden distalen Bereich gebildet (0,5×). – a Rhizomausläufer, Kn Sprossknospe des Achseltriebs für die nächste Vegetationsperiode, N Niederblatt, W normale Nebenwurzeln. (a, b nach R. von Wettstein; c nach Weber)

☐ Abb. 3.81 Anatomie von
Rüben (Querschnitte). **a** Bei
Holzrüben wird vor allem das
Xylem massiv entwickelt, das
aber überwiegend aus Holzparenchym besteht (Beispiel:
Rettich). **b** Bei anderen Rüben
wird umgekehrt das sekundäre
Phloem zum Speichergewebe
(Beispiel: Möhre). **c** Bei den
Beta-Rüben (Kulturformen von
Beta vulgaris: Zucker-, Futter-
und Rote Rübe) bilden sich
konzentrische Ringe aus Xylem
(hell) und Phloem bzw.
Parenchym (dunkel), die durch
anomales sekundäres Dickenwachstum mit wiederholter
Cambiumbildung in der Rinde
zustande kommen. Wie das im
LM aussieht, zeigt **d** (unten:
ursprünglicher Zentralzylinder;
48×)

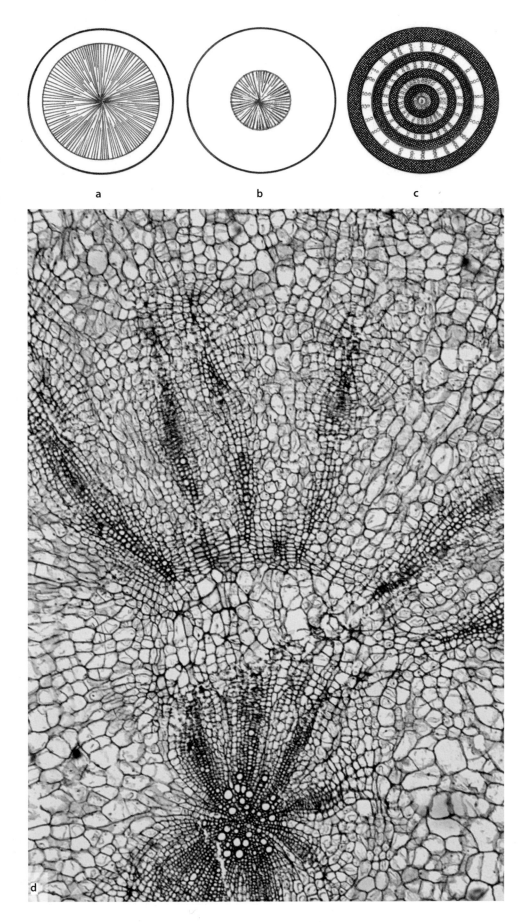

a   b   c

d

3

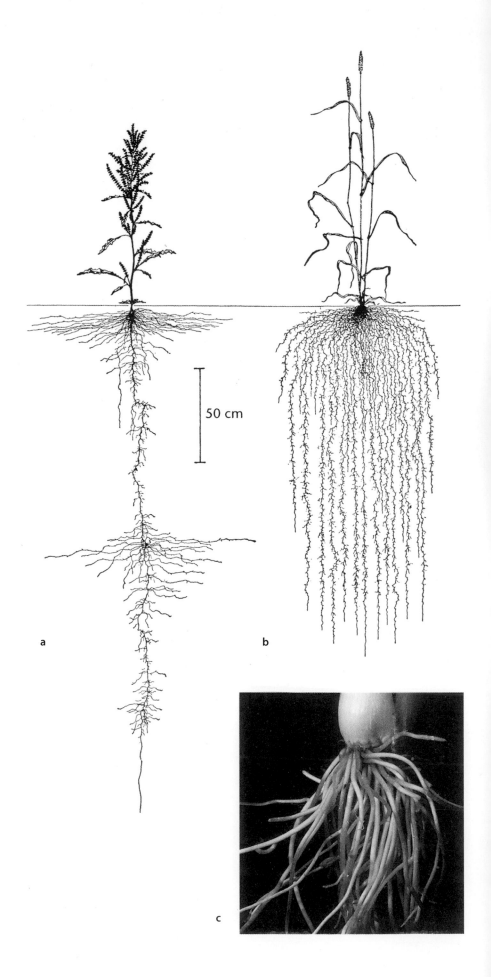

◘ Abb. 3.82 Allorrhizie und Homorrhizie. **a** *Rumex crispus*, eine eudikotyle Pflanze, bildet ein heterogenes (allorrhizes) Wurzelsystem, dessen Primärwurzel über 3 m tief in den Boden eindringt. **b** Sekundär homorrhizes Wurzelsystem des Weizens mit den für viele Gräser charakteristischen Büschelwurzeln. **c** Ausgeprägte Homorrhizie findet sich bei Zwiebelpflanzen (als Beispiel hier eine junge Lauchzwiebel *Allium fistulosum*). Die zahlreichen, etwas fleischigen Wurzeln sind alle gleich dick und weitgehend unverzweigt (0,7×). (a, b nach L. Kutschera)

50 cm

a

b

c

Eine ähnlich strenge Zuordnung von Wurzeln zu Blättern, wie sie bei den Farnpflanzen zu beobachten ist, kommt bei Samenpflanzen selten vor. Allerdings entspringen auch bei den Samenpflanzen sprossbürtige Wurzeln oft bevorzugt den Knoten der Sprossachse. Von dieser Regel gibt es aber viele Ausnahmen, vgl. z. B. ▶ Exkurs 3.5, ◘ Abb. 3.77.

3.4.2 Anatomie der Wurzel

3.4.2.1 Der primäre Bau

Das Querschnittschema in ◘ Abb. 3.83 gibt die radiär-symmetrische Anordnung der Gewebe einer Wurzel im primären Zustand wieder. Die zarte **Rhizodermis** wird nach innen zu von einer derberen, längerlebigen und oft schwach verkorkten Zellschicht gefolgt, der **Hypodermis**. In dieser Zellschicht sind oft Caspary-Streifen ausgebildet, wodurch sie zur **Exodermis** wird. Sie umschließt das massiv entwickelte Rindenparenchym, das innen von der **Endodermis** begrenzt wird (▶ Abschn. 2.3.2.3). Diese umkleidet als morphologische und physiologische Scheide den **Zentralzylinder**, in dem die Festigungs- und Leitelemente der Wurzeln zusammengefasst sind. Die zentrale Lage dieser Gewebe in einer weniger festen Hülle gewährleistet Biegsamkeit bei hoher Zugfestigkeit (**Kabelbauweise**, ▶ Abschn. 2.3.3).

Die äußerste Zelllage des Zentralzylinders, der **Perizykel**, besteht aus zartwandigen, plasmareichen Zellen, die über lange Zeit teilungsfähig bleiben. Daher wird diese röhrenförmige Zellschicht, in der es ebenso wenig wie in Rhizo-, Exo- und Endodermis Interzellularen gibt, auch als **Pericambium** bezeichnet (▶ Abschn. 3.4.2.2). Die Mitte des Zentralzylinders, der als Aktinostele (ein einzelnes, zentrales Leitbündel mit sternförmigem Querschnitt) organisiert ist, ist normalerweise von Xylem besetzt. Dieses reicht mit zwei bis vielen radiär angeordneten Leisten (**Xylempole**) bis an das Pericambium heran. Nach der Zahl solcher Xylempole sind zwei-, drei- bis vielstrahlige (di-, tri- bis polyarche) Zentralzylinder zu unterscheiden. Bei Farnpflanzen, basalen Ordnungen und Eudikotyledonen überwiegen zwei- bis vierstrahlige Zentralzylinder (◘ Abb. 3.84a und 3.85a), während

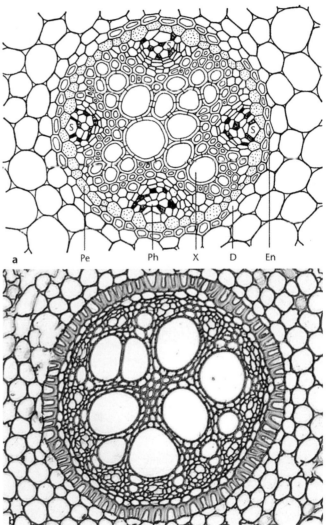

a | Pe | Ph | X | D | En

◘ **Abb. 3.84** Zentralzylinder. **a** Querschnitt durch tetrarches Leitbündel der Wurzel des Hahnenfußes *Ranunculus acris* (160×). **b** Querschnitt durch dodekarchen Zentralzylinder einer Wurzel von *Iris germanica*. Die in **a** beschrifteten Gewebe können leicht wiedererkannt werden. Ausnahme: Phloempartien, die mit zarten Zellwänden zwischen den zwölf Xylempolen unmittelbar unter dem Pericambium liegen. – En Endodermis mit Durchlasszellen D; X Holzteil mit Tracheen, Ph Siebteil mit Siebröhren S und dunkel gezeichneten Geleitzellen, Pe Pericambium. (a nach d. von Denffer; b LM-Aufnahme: G. Neuhaus)

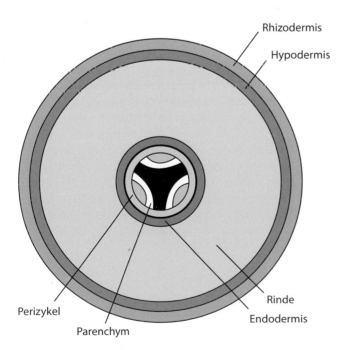

Rhizodermis

Hypodermis

Rinde

Endodermis

Perizykel

Parenchym

◘ **Abb. 3.83** Gewebeanordnung im Wurzelquerschnitt. Zentralzylinder vom Perizykel (Pericambium) umschlossen, Xylem schwarz, Phloem blau, dazwischen Parenchymrinnen. Das Xylem ist hier dreistrahlig, der Zentralzylinder triarch

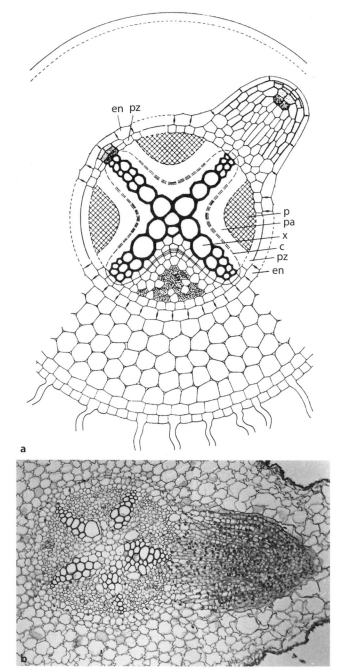

◘ Abb. 3.85 Endogene Entstehung von Seitenwurzeln. **a** Querschnitt durch Eudikotylenwurzel. Über einem Xylempol des Zentralzylinders (links oben) bildet sich aus einer Zellwucherung des Pericambiums der Vegetationspunkt einer Seitenwurzel, die später (rechts oben) durch das Rindengewebe nach außen wächst (120×). **b** Querschnitt durch die Wurzel von *Vicia faba* mit pentarchem Zentralzylinder und auswachsender Seitenwurzel. Die embryonalen Zellen weisen im Vergleich zu den stark vakuolisierten Dauergewebszellen eine dichte Struktur auf (75×). – c Cambium in Parenchym pa, en Endodermis, p Phloem, pz Perizykel, V Xylem. (a nach O. Stocker)

Monokotylen oft polyarche besitzen (◘ Abb. 3.84b). In den Bereichen zwischen den Xylemleisten liegt Phloem. Xylem und Phloem sind durch Parenchymlagen vonein-

ander getrennt, die beidseits der Xylempole an das Pericambium heranreichen.

Bei der Bildung des Zentralzylinders schreitet die Differenzierung (im Gegensatz zur Situation in Sprossachsen) von außen nach innen fort. Protophloem und Protoxylem liegen daher unmittelbar unter dem Pericambium, während die größten Gefäße des Metaxylems im Zentrum entstehen. Manchmal kommt die Ausbildung des Metaxylems vor Erreichen des in ◘ Abb. 3.83 und 3.84 gezeigten Zustands zum Erliegen. In solchen Fällen findet sich auch bei Eudikotylenwurzeln in der Mitte des Zentralzylinders ein parenchymatisches Wurzelmark, wie es bei Monokotyledonen häufig anzutreffen ist. In den besonders kräftigen Wurzeln hochwüchsiger Monokotyledonen enthält der Zentralzylinder auch Sklerenchym.

Im Hypokotyl, der Grenzzone zwischen Wurzel und Sprossachse, geht die Aktinostele des Zentralzylinders der Wurzel über in die Eustele bzw. Ataktostele der Sprossachse (► Exkurs 3.3). Diese **Übergangszone** ist bei verschiedenen Angiospermen unterschiedlich strukturiert. Häufig wird folgende Situation beobachtet: Von der Wurzel her aufsteigend kommt es zunehmend zu einer Zerklüftung des Zentralzylinders in einzelne Leitgewebesektoren mit je einem Xylempol und zwei benachbarten Phloemhälften, die sich seitlich über dem Xylempol zusammenschließen. Diese Sektoren werden gegen die Peripherie des Achsenorgans hin verschoben, wobei zwischen ihnen Parenchym (Markstrahlen und zentrales Mark) zu liegen kommt. Das Xylem jedes der so individualisierten Leitbündel wird zusätzlich so gedreht, dass die im Zentralzylinder peripher gelegenen Protoxylembereiche schließlich nach innen weisen (zum Mark hin), während das Metaxylem entsprechend nach außen verschoben wird.

Der Längsgliederung von Wurzeln, die keine Blätter tragen, fehlt die für Sprossachsen charakteristische Metamerie (Segmentierung) in Knoten und Internodien. Hinter dem von der **Wurzelhaube** (**Kalyptra**, ► Abschn. 2.2.1.2) umhüllten, also subapikalen Vegetationspunkt mit dem ruhenden Zentrum folgt zunächst eine Zellteilungs- und dann eine Zellstreckungszone (Länge der Streckungszone: 3–10 mm). Die Häufigkeitsmaxima der Zellteilungen liegen in der sich herausbildenden Wurzelrinde (dem **Periblem**) nahe am Vegetationspunkt, im entstehenden Zentralzylinder (**Plerom**) weiter hinten und in der jungen Rhizodermis (**Dermatogen** oder Epiblem) am weitesten von den Initialen entfernt. Auch in der Streckungszone finden noch viele Zellteilungen statt. An sie schließt sich die **Wurzelhaarzone** an und dahinter der Bereich der Seitenwurzelbildung, die **Verzweigungszone**. In der Wurzelhaarzone ist der primäre Endzustand erreicht und das Längenwachstum abgeschlossen. Wurzeln wachsen also nur an ihren äußersten Enden (◘ Abb. 11.5).

3.4.2.2 Seitenwurzeln

Seitenwurzeln entstehen im Gegensatz zu Seitensprossen **endogen**, d. h. im Inneren des Wurzelkörpers genau an der Grenze zwischen Zentralzylinder und Rinde (◘ Abb. 3.85). Dabei werden Zellen des Pericambiums (Perizykels) reembryonalisiert und bilden durch peri- und antikline Teilungen einen neuen Wurzelvegetationspunkt. Das geschieht immer hinter der Wurzelhaarzone. Es handelt sich also um eine echte Neubildung von Vegetationspunkten: Eine Meristemfraktionierung wie im Sprosssystem findet hier nicht statt. Vielmehr werden bereits differenzierte Zellen in den Stammzellzustand zurückgeführt. Als einer der ersten zellulären Vorgänge bei der Anlage einer künftigen Seitenwurzel wird der Längstransport von Auxin so umgelenkt, dass die betreffende Zelle des Pericambiums von ihren Nachbarzellen Auxin aufnimmt. Das so entstehende Auxinmaximum scheint (ähnlich wie im Cambium des Sprosses) für den Übergang zu einem Stammzellschicksal notwendig zu sein. Auch sprossbürtige Wurzeln werden innerhalb der Sprossrinde angelegt. Das Leitgewebe der Seitenwurzeln hat dadurch frühzeitig Anschluss an das Leitgewebe des Mutterorgans, dessen Rindengewebe allerdings von der neuen Wurzel beim Auswachsen durchbrochen werden muss. An ihrer Austrittsstelle sind Seitenwurzeln oft von dem vorgestülpten Rand der durchbrochenen Wurzel- oder Sprossrinde wie von einem Kragen umgeben.

Seitenwurzeln stehen an Primärwurzeln oft in auffälligen Längsreihen, den **Rhizostichen** (◩ Abb. 3.86), weil die Neubildung von Wurzelvegetationspunkten durch das Pericambium meistens über den Xylempolen des Zentralzylinders erfolgt. Aus der Zahl der Rhizostichen kann daher oft schon von außen auf die Zahl der Xylempole im Zentralzylinder einer Wurzel geschlossen werden.

3.4.2.3 Der sekundäre Bau

Bei ausdauernden Holzgewächsen weisen die Hauptwurzeln ein ähnlich massives sekundäres Dickenwachstum auf wie die Stämme (◩ Abb. 3.87). Zunächst bilden sich in den konkaven Parenchymrinnen zwischen primärem Phloem und Xylem durch Reembryonalisierung Cambiumstreifen aus, die nach innen Holzgewebe liefern. Ein ringsum geschlossenes Cambium kommt dadurch zustande, dass die Cambiumstreifen durch teilungsaktive Pericambiumbereiche über den Xylempolen seitlich miteinander verbunden werden. Das ursprünglich nur aus

◩ **Abb. 3.86** Rhizostichen beim Rettich (**a** quer, 1,2×; **b, c** Außenansichten, 0,8×). Jede der beiden Wurzelzeilen, die einen diarchen Zentralzylinder anzeigen, ist in Wirklichkeit doppelt, da bei den Brassicaceen (zu denen der Rettich gehört) über jedem Xylempol des Zentralzylinders zwei eng benachbarte Wurzelzeilen gebildet werden. Der Durchmesser der als Holzrübe ausgebildeten Hauptwurzel ist 100-mal größer als der der Seitenwurzeln. (Aufnahmen: P. Sitte)

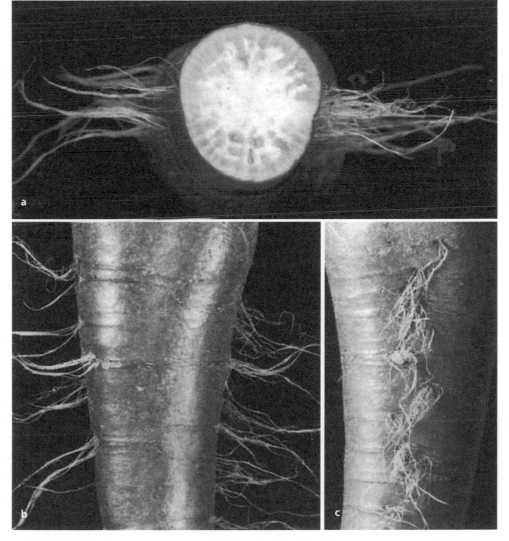

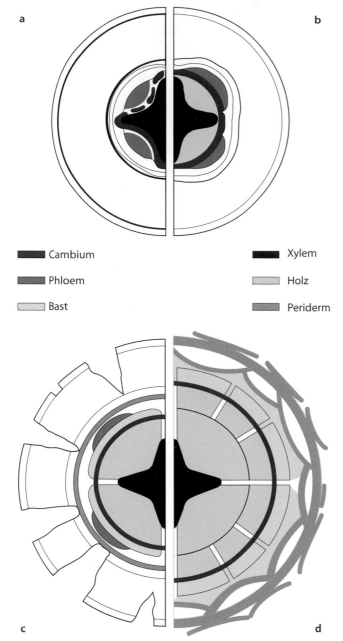

Cambium

Phloem

Bast

Xylem

Holz

Periderm

nächst sternförmig, doch rundet es sich bald dadurch ab, dass unter den Phloemsträngen verstärkt Holzgewebe gebildet wird. Über den Xylempolen werden erste Holzstrahlen angelegt (echte Markstrahlen gibt es in der Wurzel nicht). Die zarte Rhizodermis ist meist schon vor Einsetzen des sekundären Dickenwachstums abgestorben und durch die Hypodermis ersetzt worden, aber weder diese noch die Wurzelrinde oder die Endodermis machen das sekundäre Dickenwachstum mit: Nacheinander reißen alle diese Gewebe auf und werden nach dem Absterben ihrer Zellen abgestoßen. Borkenbildung, wie sie an stark verdickten, älteren Wurzeln zu beobachten ist, geht also nicht wie in der Sprossachse von Peridermbildung im Rindengewebe aus, sondern vom Pericambium, das als geschlossener Gewebering auch nach dem Einsetzen des Dickenwachstums erhalten bleibt.

Sekundäres Xylem und Phloem der Wurzel zeigen einen ähnlichen histologischen Bau wie in der Sprossachse. Das gilt auch für die Holzstrahlen. Der Querschnitt durch eine Wurzel, die jahrelang in die Dicke gewachsen ist, unterscheidet sich kaum noch von einem entsprechenden Stammquerschnitt. Nur im Zentrum, wo der Primärzustand konserviert ist, bleiben die anatomischen Differenzen deutlich.

3.5   Reproduktionsorgane der Samenpflanzen

3.5.1   Blüten

Blüten sind Sporophyllstände, also mit Mikro- und/oder Megasporophyllen besetzte Kurzsprosse begrenzten Wachstums. Unter den rezenten Samenpflanzen hat nur *Cycas* im weiblichen Bereich Strukturen, die man nicht als Kurzsprosse begrenzten Wachstums bezeichnen kann. Hier werden nach Ausbildung zahlreicher Megasporophylle entlang der Achse wieder normale Laubblätter ausgebildet. Blüten können entweder eingeschlechtig (**unisexuell**) mit nur Mikro- oder Megasporophyllen sein oder zwittrig (**bisexuell/hermaphroditisch**) mit Mikro- und Megasporophyllen. Eingeschlechtige Blüten können auf getrennten Individuen vorkommen (**Zweihäusigkeit/Diözie**), aber auch auf einem Individuum (**Einhäusigkeit/Monözie**). Es besteht auch die Möglichkeit, dass zwittrige und eingeschlechtige Blüten in unterschiedlicher Verteilung auftreten (z. B. **Gynomonözie**, **Andromonözie**: zwittrige und weibliche bzw. männliche Blüten auf derselben Pflanze; **Gynodiözie**: zwittrige und weibliche Blüten auf unterschiedlichen Pflanzen).

Die Blüten der Samenpflanzen dienen der geschlechtlichen Fortpflanzung. Dazu gehört die Bildung der männlichen und weiblichen Gametophyten, die Beteiligung am Transport der Pollenkörner zu den Sa-

◘ **Abb. 3.87** Sekundäres Dickenwachstum bei Wurzeln (Querschnitte). **a** Bildung eines geschlossenen Cambiummantels durch Reembryonalisierungen im Parenchym zwischen Xylem und Phloem, sowie über den Xylempolen des tetrarchen Zentralzylinders. **b** Abrundung des Cambiums durch Holzbildung unter den Phloemstreifen. **c** Beginnende Bastbildung. Über den Xylempolen entstehen Holz- und Baststrahlen. Rinde und Endodermis sterben ab und reißen auf. Im jetzt mehrschichtigen Pericambium sind Phellogene entstanden und gliedern nach außen Korklagen ab. **d** In weiteren Jahresringen werden sekundäre Holz- und Baststrahlen angelegt, durch Folgephellogene entstehen Borkenschuppen im Bast

einer Zelllage bestehende Pericambium ist inzwischen mehrschichtig geworden. An der Cambiumbildung beteiligen sich aber nur seine innersten Zellschichten. Das komplettierte Cambium erscheint im Querschnitt zu-

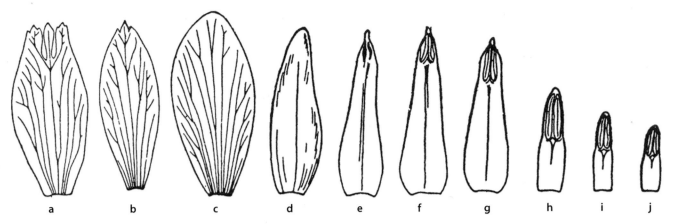

◘ Abb. 3.88 Übergang von Hochblättern **a**, **b** zu Perigonblättern **c** bei *Helleborus niger*. Übergang von Staubblättern **j–f** zu Perianthblättern **e**, **d** bei *Nymphaea*. (Nach W. Troll)

menanlagen oder Karpellen (Bestäubung), der Befruchtungsvorgang selbst sowie die Versorgung der Entwicklung der Zygote zum Embryo, der Samenanlage zum Samen, und, bei den Angiospermen, des Fruchtknotens zur Frucht.

3.5.1.1 Blütenhülle

Eine außerhalb der Sporophylle angeordnete aber funktionell eindeutig zur Blüte gehörende Hülle steriler Blattorgane haben nur die Gnetales und Angiospermen. Die Funktion der Blütenhülle der Angiospermen liegt einerseits im Schutz der übrigen Blütenorgane im Knospenstadium. Andererseits kann sie im Blütenstadium eine wichtige Funktion in der Attraktion von Bestäubern haben, in Zusammenhang mit der Bestäubung noch weitere Funktionen übernehmen und nach der Blüte auch an der Fruchtausbreitung beteiligt sein.

Bei den Gnetales besteht die Hülle der männlichen und weiblichen Blüten aus ein oder zwei Paaren meist wenigstens basal miteinander verwachsener Brakteen. Die Blütenhülle ist durch Verwachsung der Brakteen manchmal röhrig ausgebildet (◘ Abb. 19.152).

Die Blütenhülle der Angiospermen wird allgemein als **Perianth** bezeichnet und ist in unterschiedlichster Form ausgebildet. Sind alle Blütenhüllblätter gleichartig, wird die Blütenhülle **Perigon** genannt und die einzelnen Blütenhüllblätter **Perigonblätter** oder **Tepalen**. Ein Perigon besteht aus nur einem Kreis von Tepalen (monochlamydeisch), aus zwei oder mehr Kreisen oder (bei schraubiger Anordnung der Tepalen) aus zwei oder mehr Schraubenumläufen (homoiochlamydeisch). Bei Blüten mit ungleichartigen Blütenhüllblättern (**doppeltes Perianth**, Blüten heterochlamydeisch) werden die äußeren, meist grünen Blütenhüllblätter als **Kelchblätter** oder **Sepalen** bezeichnet, sie bilden den **Kelch** (**Calyx**). Die inneren, meist anders als grün gefärbten Blütenhüllblätter sind die **Kronblätter** oder **Petalen** und bilden

die **Krone** (**Corolla**). Die Unterscheidbarkeit von Kelch- und Kronblättern ist nicht immer eindeutig. Übergänge zwischen Hoch- und Perigonblättern lassen sich z. B. bei *Helleborus* beobachten und zwischen Staub- und Perianthblättern bei *Nymphaea* (◘ Abb. 3.88).

Die Organe des Perianths der Angiospermen können schraubig und/oder in Kreisen angeordnet sein. Die Platzierung in Kreisen ermöglicht die kongenitale (während ihrer Entwicklung erfolgte) Verwachsung von Blütenhüllorganen. Beispiele für **Syntepalie** (miteinander verwachsene Tepalen) sind *Polygonatum*, für **Synsepalie** ein Teil der Caryophyllaceae oder die Fabaceae und für **Sympetalie** die allermeisten Asteriden. Blütenhüllorgane können auch postgenital (nach ihrer Entwicklung) z. B. durch Verzahnung oder Verkleben der Epidermen miteinander „verwachsen".

Neben der Schutzfunktion im Knospenstadium und der Attraktion von Bestäubern durch auffällige Färbung im Blühstadium kann die Blütenhülle sowohl mit dem Kelch als auch mit der Krone z. B. durch die Bildung und/oder Speicherung von Nektar, durch die Ausbildung von Landeplätzen für Bestäuber z. B. in Lippenblüten oder die sekundäre Präsentation von Pollen am Funktionieren des Bestäubungsvorgangs beteiligt sein. An der Frucht verbleibende und manchmal vergrößerte Kelchblätter können auch zur Fruchtausbreitung beitragen.

Besonders in Zusammenhang mit Blütenverkleinerung (z. B. bei Autogamie oder bei Pseudanthienbildung) und Windbestäubung kann die Blütenhülle aber auch sehr vereinfacht oder völlig reduziert sein (achlamydeisch).

3.5.1.2 Mikrosporophylle (Staubblätter)

Die Mikrosporophylle der einzelnen Samenpflanzengruppen sind sehr unterschiedlich gebaut und angeordnet. Auf der Unterseite der meist schuppenförmigen Mikrosporophylle der Cycadopsida (◘ Abb. 19.146) findet man zwischen fünf und 1000 meist in deutlichen Gruppen von je drei bis fünf angeordnete Pollensäcke (Mikrosporangien). Die zahlreichen Mikrosporophylle der männlichen Blüte haben eine schraubige Stellung entlang einer gestauchten Achse. Bei den Ginkgopsida besteht ein Mikrosporophyll aus einem Stiel mit zwei an der Spitze hängenden Pollensäcken (■ Abb. 19.147). In der männlichen Blüte sind zahlreiche Mikrosporophylle schraubig an einer gestreckten Achse angeordnet. Die männlichen Blüten der rezenten Coniferopsida (exkl. Gnetales) sind zapfenartig und bestehen aus einer meist großen Zahl von entweder schraubig oder seltener dekussiert angeordneten Mikrosporophyllen. Das einzelne Mikrosporophyll trägt auf seiner Unterseite 2–20 häufig miteinander verwachsene Pollensäcke (■ Abb. 19.148). Nur bei *Taxus* (■ Abb. 19.151) sind die Pollensäcke am Ende eines Stiels radiär angeordnet. Bei den Gnetales stehen die Mikrosporophylle entweder wirtelig oder endständig. Wirtelig ist die Stellung bei *Welwitschia*, wo die sechs an der Basis miteinander verwachsenen Mikrosporophylle an der Spitze eines Stiels je drei miteinander verwachsene Pollensäcke tragen (■ Abb. 19.152). In der männlichen Blüte von *Gnetum* ist nur ein endständiges Mikrosporophyll mit stielförmiger Basis und einem oder zwei endständigen Pollensäcken vorhanden (■ Abb. 19.152) und bei *Ephedra* findet man in endständiger Position einen an der Spitze häufig gegabelten Stiel mit zwei bis acht Gruppen aus fast immer zwei miteinander verwachsenen Pollensäcken (■ Abb. 19.152).

Die Mikrosporophylle (**Staubblätter/Stamina**) der Angiospermen (■ Abb. 3.89) sind meist in einen stielförmigen **Staubfaden**, das **Filament**, und den häufig terminal stehenden **Staubbeutel**, die **Anthere**, gegliedert. Die Anthere besteht aus zwei durch das **Konnektiv** miteinander verbundenen Hälften (**Theka/Theken**), die aus je zwei miteinander verwachsenen Pollensäcken bestehen.

Diese Grundstruktur des Angiospermenstaubblatts wird relativ selten abgewandelt. Das Mikrosporophyll kann blattartig abgeflacht sein

und keine deutliche Gliederung in Filament und Anthere erkennen lassen. Aber auch hier ist meist die Anordnung von je zwei miteinander verwachsenen Pollensäcken in zwei Gruppen deutlich erkennbar. Das Filament kann nicht nur an der Basis der Anthere (basifix), sondern auch auf seiner Dorsal- (dorsifix) oder Ventralseite (ventrifix) ansetzen. Gelegentlich kann die Zahl der Pollensäcke pro Theka auf einen reduziert sein oder die Pollensäcke können in mehrere, durch steriles Gewebe voneinander getrennte Kammern untergliedert sein (z. B. *Viscum*).

Auch wenn üblicherweise, so auch in diesem Buch, die Begriffe „Mikrosporangium" und „Pollensack" synonym benutzt werden, erfordert nach Ansicht mancher Autoren z. B. das eben beschriebene Vorkommen gekammerter Pollensäcke eine differenziertere Terminologie. Danach würde der Begriff „Pollensack" nur bei Angiospermen verwendet und die Hälfte einer Theka bezeichnen. Gymnospermen hätten Mikrosporangien, die als ein von einem Tapetum umgebenen Bereich sporogenen Gewebes definiert wären. Ist bei den Angiospermen ein Pollensack gefächert, enthielte er nach dieser Definition mehrere Mikrosporangien.

Die Zahl der Staubblätter in einer Blüte variiert bei den Angiospermen zwischen 1 und ca. 2000. Die Gesamtheit der Staubblätter wird als **Androeceum** bezeichnet. Die Staubblätter können entweder schraubig oder wirtelig angeordnet sein, oder seltener in komplizierteren Mustern oder ungeordnet stehen (■ Abb. 3.90). Während bei schraubiger Anordnung häufig die Zahl der dann meist zahlreich vorhandenen Staubblätter nicht genau fixiert ist (**primäre Polyandrie**), ist eine wirtelige Anordnung der Staubblätter meist mit Verringerung (Oligomerisierung) und Festlegung der Zahl der Staubblätter verbunden. Die Zahl der Wirtel ist unterschiedlich. Eine Blüte mit zwei Staubblattkreisen ist **diplostemon**, eine mit einem Staubblattkreis **haplostemon**. Ausgehend von solchen Blüten mit einer festgelegten Zahl von Staubblättern in einem oder wenigen Kreisen kann es aber auch durch Aufgliederung der Staubblattprimordien zur Vermehrung von Staubblättern kommen (**sekundäre Polyandrie/Dédoublement**). Dabei können anfänglich

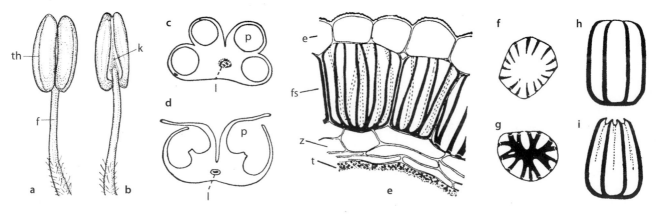

■ **Abb. 3.89** Staubblatt der Angiospermen und sein Bau. Gesamtansicht von *Hyoscyamus niger* von vorne (adaxial, **a**) und hinten (abaxial, **b**) (vergrößert). Querschnitte durch Antheren von *Hemerocallis fulva* mit noch geschlossenen **c** und bereits geöffneten **d** Pollensäcken sowie Leitbündel. **e–g** *Lilium pyrenaicum*. **e** Querschnitt durch die Antherenwand mit Epidermis, Faserschicht, Zwischenschichten und Resten des Tapetums; einzelne Faserzelle von außen **f** und von innen **g** (150×). **h, i** Schema einer Faserzelle vor und während des Schrumpfens. – e Epidermis, f Filament, fs Faserschicht, k Konnektiv, l Leitbündel, p Pollensack, t Tapetum, th Theken, z Zwischenschicht. (a, b nach A.F.W. Schimper; c, d nach E. Strasburger; e–j nach F. Firbas)

Funktionelle Morphologie und Anatomie der Gefäßpflanzen

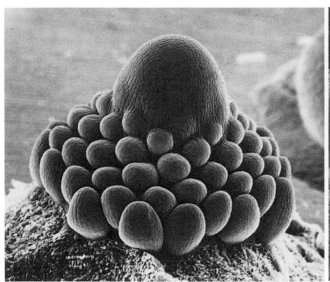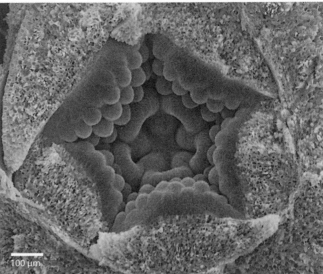

◘ Abb. 3.90 Frühe Entwicklungsstadien von Angiospermenblüten (Blütenhülle entfernt) mit zahlreichen Staubblattanlagen. Links: Primäre Polyandrie bei *Magnolia denudata* (Magnoliaceae). Anlagen schraubig an der kegelförmigen Blütenachse. Rechts: Sekundäre Polyandrie bei *Stewartia pseudocamellia* (Theaceae). Zentrifugale Ausgliederung zahlreicher Staubblattanlagen aus fünf zwischen Kron- und Karpellanlagen liegenden Sektoren an der schüsselförmig eingesenkten Blütenachse. (REM-Aufnahmen C. Erbar; P. Leins)

deutlich erkennbare Primordien entweder von innen nach außen (**zentrifugal**; ◘ Abb. 3.90) oder von außen nach innen (**zentripetal**) in zahlreiche Staubblattanlagen aufgetrennt werden, oder ein Ringprimordium gliedert sich zentrifugal oder zentripetal. Durch Spaltung von Staubblättern während der Entwicklung können auch Staubblatthälften entstehen. Schließlich können Staubblätter auch als sterile **Staminodien** ausgebildet sein, die z. B. als Nektarblätter die Nektarbildung zur Aufgabe haben oder kronblattartig (petaloid) optisch Bestäuber anlocken. Es besteht auch die Möglichkeit der morphologischen Differenzierung von Staubblättern einer Blüte (**Heterantherie**). Wirtelig angeordnete Staubblätter können besonders im Bereich der Filamente, teilweise aber auch im Bereich der Antheren lateral miteinander verwachsen (**Synandrie**) oder postgenital miteinander verkleben. Verwachsungen zwischen Organen unterschiedlicher Organkreise (**seriale Verwachsungen**) sind z. B. zwischen Kronblättern und Staubblättern oder Staubblättern und Fruchtblättern ebenfalls möglich.

Die das **Archespor** als pollenbildendes Gewebe umschließenden Pollensackwände sind immer mehrschichtig. Bei den Cycadopsida und Coniferopsida einschließlich der Gnetales ist die äußerste Wandschicht der Pollensäcke als **Exothecium** (◘ Abb. 19.146) für die Öffnung verantwortlich. Bei den Ginkgopsida und Angiospermen ist es das unmittelbar unter der Epidermis liegende **Endothecium** (= Faserschicht, ◘ Abb. 3.89), das aber z. B. bei den Ericaceae auch fehlen kann. Sowohl beim Exo- als auch beim Endothecium führt Wasserverlust durch die ungleichmäßige Verdickung der Zellwände ganz ähnlich wie beim Anulus der Farnspor-

angien (◘ Abb. 15.33) zu einer tangentialen Verkürzung der Außenwände. Dadurch reißen die Pollensäcke meist mit einem Längsschlitz (**Stomium**) an einer fast immer präformierten Stelle auf. Beim Endothecium (Faserschicht) der Angiospermen besitzen die Zellen in den Antiklinalwänden Verdickungsleisten, die oft zur Innenwand hin dicker werden und dort miteinander verschmelzen. Bei den Angiospermen öffnen sich die zwei Pollensäcke einer Theka meist mit einem gemeinsamen Längsschlitz. Dieser entsteht, nachdem sich die Zellschicht, die die beiden Pollensäcke voneinander trennt, aufgelöst hat (◘ Abb. 3.89).

Abhängig von der Orientierung der Öffnungsschlitze in Bezug auf das Blütenzentrum unterscheidet man zwischen **introrsen** (nach innen öffnend), **extrorsen** (nach außen öffnend) und **latrorsen** (zur Seite öffnend) Antheren. Es gibt aber auch Pollensäcke, die sich mit Poren (z. B. Ericaceae) oder Klappen (z. B. Lauraceae) öffnen. Manchmal sind die Verdickungen der Faserzellen auch umgekehrt orientiert, sodass sich der Pollensack beim Austrocknen zusammenzieht (z. B. *Welwitschia* und Araceae) und den Pollen aus der Öffnung herausquetscht.

Exothecium oder Endothecium sind durch eine mindestens einzellschichtige, bei den Angiospermen (◘ Abb. 3.89) vergängliche Zwischenschicht vom **Tapetum** als innerster Schicht der Pollensackwand getrennt. Das Tapetum besteht aus meist plasmareichen Zellen mit häufig endopolyploiden Zellkernen und ist an der Ernährung der Pollenkörner, der Bildung von Teilen der Pollenkornwand und der Bildung von der Pollenkornwand aufgelagerten oder eingelagerten Substanzen (z. B. Pollenkitt; für Selbstinkompatibilität wichtige Substanzen) beteiligt. Als **Sekretionstapetum** bleibt das Tapetum als Gewebe lange intakt, während ein **Peri-**

3

plasmodialtapetum nach Auflösen der Zellwände und Fusion der Protoplasten amöboid zwischen die sich entwickelnden Pollenkörner eindringen kann.

Auch wenn die Hauptfunktion der Mikrosporophylle in der Pollenbildung liegt, haben sie vor allem in Zusammenhang mit der Bestäubung weitere Funktionen. Sie tragen zur optischen Attraktivität der Blüten bei oder sind sogar als einzige Organe hierfür verantwortlich, produzieren Düfte und unterstützen damit die olfaktorische Anlockung von Bestäubern, bilden Nektar oder beeinflussen durch ihre räumliche Anordnung die Bewegungsmöglichkeiten von Bestäubern in der Blüte und beeinflussen damit den Bestäubungsvorgang. Mikrosporophylle sind schließlich auch wichtige Komponenten unterschiedlicher Mechanismen der sekundären Pollenpräsentation.

Aus dem Archespor entstehen in größerer Zahl Pollenmutterzellen, aus deren Meiose je vier einkernige Pollenkörner hervorgehen. Bei **simultaner Pollenbildung** entstehen bei dieser Meiose alle Zellwände zur selben Zeit, bei **sukzedaner Pollenbildung** bildet sich die erste Zellwand schon nach der Meiose I.

■ Pollen

Die Pollenkörner sind beim Transport zu den weiblichen Blütenorganen durch die Luft oft längere Zeit extremen Bedingungen ausgesetzt. Der Schutz ihres Inhalts ist aber für die Fortpflanzung überaus wichtig. Er wird im Wesentlichen durch die Pollenkornwand, das **Sporoderm**, gewährleistet, das aus zwei Schichtkomplexen, der äußeren **Exine** und der inneren **Intine** besteht (◨ Abb. 3.91). Die Exine wird im Wesentlichen von den chemisch sehr widerstandsfähigen **Sporopolleninen** gebildet.

Bei den Gymnospermen ist die Exine in eine innere **Endexine** mit lamellärer Struktur und eine äußere **Ektexine** gegliedert. Die Endexine der Angiospermen ist vielfältig: lamellär, kompakt oder porös. Die Endexine zusammen mit der innersten Schicht der Ektexine, der dichten und homogenen footlayer, wird bei den Angiospermen (◨ Abb. 3.91) auch **Nexine** genannt. Die als **Sexine** bezeichneten äußeren Bereiche der Ektexine der Angiospermen sind meist stark strukturiert. Bei **intectaten Pollenkörnern** sitzt die Sexine nur in Form von Stäbchen, Keulen, Kegeln, Warzen oder als Netz der Nexine auf. Die säulchenförmigen Bauelemente (**Columellae**, **Bacula**) können jedoch am äußeren Ende verbunden sein und so eine zusätzliche äußere Schicht, das **Tectum**, aufbauen (**tectate Pollenkörner**). Das Tectum kann von Poren verschiedenster Form durchbrochen und selbst wieder mehrschichtig und außen (supratectat) skulpturiert sein. In den Tectumhohlräumen können Inkompatibilitätsproteine, Pollenkitt usw. eingelagert sein. Sehr selten, z. B. bei der submarin bestäubten *Zostera*, fehlt eine Exine völlig. Bei den Pinaceae können durch lokales Abheben der äußeren von den inneren Exineschichten auch Luftsäcke (◨ Abb. 19.148) entstehen.

Pollenkörner unterscheiden sich hinsichtlich Form, Lage und Zahl der Keimöffnungen (**Aperturen**; ◨ Abb. 3.92). Pollenkörner ohne Aperturen sind **in-**

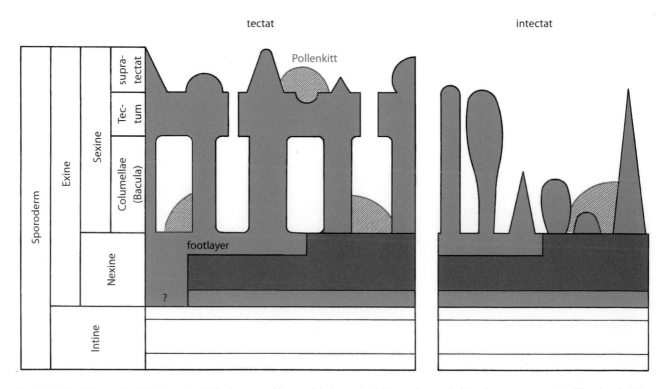

◨ **Abb. 3.91**   Schema des Feinbaus der Pollenkornwand in verschiedenen Ausbildungsformen bei Angiospermen. – grün: Ektexine, hellblau: Endexine, weiß: Intine, orange: Pollenkitt. (Entwurf: H. Teppner, nach G. Erdtman, K. Faegri u. a)

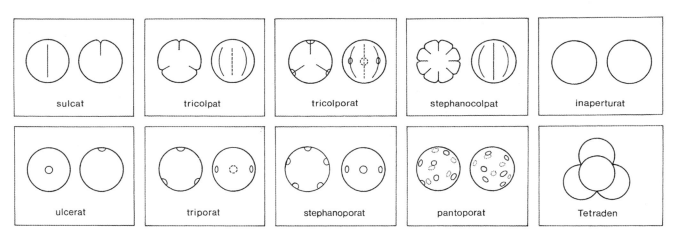

Abb. 3.92 Übersicht über einige häufige Pollentypen mitteleuropäischer Samenpflanzen. Links jeweils distale Polansicht, rechts Äquatoransicht. Monaden (Einzelkörner): sulcat (monocolpat; viele basale Ordnungen), ulcerat (monoporat; Poaceae), tricolpat (Ranunculaceae z. T., *Quercus, Acer,* Brassicaceae, *Salix,* Lamiaceae z. T.), triporat (*Betula, Corylus,* Urticaceae, Onagraceae), tricolporat (*Fagus,* Rosaceae z. T., Apiaceae, *Tilia,* Asteraceae), stephanocolpat (Rubiaceae, Lamiaceae z. T.), stephanoporat (*Alnus, Ulmus*), pantoporat (*Juglans,* Großteil der Caryophyllaceae, Amaranthaceae, Plantaginaceae), inaperturat in sonst äquatorial-aperturaten Formenkreisen (*Populus, Callitriche*). Tetraden: in Formenkreisen, wo sonst Monaden vorkommen (Orchidaceae z. T., *Typha z.* T., Ericaceae.) (Nach K. Faegri, I. Iversen, G. Erdtman, zusammengestellt von H. Teppner bzw. M. Hesse)

aperturat. Den zum Zentrum einer tetraedrischen Pollentetrade weisenden Pol eines Pollenkorns bezeichnet man als **proximal**, den nach außen gerichteten als **distal**. Senkrecht zur Achse, die die beiden Pole verbindet, steht die **Äquatorebene**. Bei den Pollenkörnern der Samenpflanzen gibt es distale, äquatoriale oder über die gesamte Oberfläche verteilte Aperturen. Die bei Farnpflanzen vorkommenden proximalen Aperturen sind hier unbekannt. Lang gestreckte (Länge:Breite >2:1) Aperturen (**Keimfalten**) werden als **Sulcus** (distal) oder **Colpus** (äquatorial, senkrecht zur Äquatorebene) bezeichnet (manche Autoren unterscheiden Sulcus und Colpus nicht, sondern verwenden nur den Begriff Colpus) und rundliche (Länge:Breite <2:1) **Keimporen** als **Ulcus** (distal) bzw. **Porus** (äquatorial oder auf der gesamten Oberfläche).

Bei den Gymnospermen sind die Pollenkörner meist **sulcat** mit einer Keimfalte am distalen Ende. Solche Pollenkörner findet man unter den Angiospermen auch bei den meisten basalen Ordnungen und Einkeimblättrigen, wo es aber auch **ulcerate** oder inaperturate Pollenkörner gibt. Die große Teilgruppe der Eudikotyledonen der Angiospermen ist primär durch **tricolpate** Pollenkörner mit drei Keimfalten senkrecht zur Äquatorebene gekennzeichnet. Sulcate Pollenkörner sind also bei den Angiospermen ursprünglich. Keimfalten können dabei durch Keimporen (z. B. triporat) ersetzt werden. Sind mehr als drei Keimfalten oder -poren in der Äquatorebene anzutreffen, spricht man von **stephanocolpaten** bzw. **stephanoporaten** (= zonocolpaten, zonoporaten) Pollenkörnern. Aperturen, die über die gesamte Pollenoberfläche verteilt sind (**pantotrem**, z. B. **pantoporat**) findet man z. B. bei den Cactaceae oder Caryophyllaceae. Dabei kann die Aperturzahl auf bis zu 100 erhöht

sein (z. B. Amaranthaceae). Pollenkörner, bei denen die Colpi im Zentrum porenartig differenziert sind, werden als **colporat** bezeichnet. Infolge z. B. der Variation des Aperturrandes oder der Ausbildung deckelartiger Verschlüsse können hoch komplizierte Keimöffnungen entstehen.

Zusätzlich zur Variation der Aperturen gibt es noch viele Unterschiede in der Symmetrie, Form und Größe von Pollenkörnern sowie in der Feinstruktur ihrer Exine. Die Struktur von Pollenkörnern kann in Palynogrammen bzw. durch elektronenmikroskopische Bilder deutlich gemacht werden (Abb. 3.93).

Während die Pollenkörner heranwachsen, bildet sich aus dem Tapetum eine besonders lipid- und carotinoidhaltige, klebrige Substanz, der **Pollenkitt**. Bei tierbestäubten Arten wird er vor allem auf der Pollenoberfläche abgelagert und ermöglicht das Zusammenkleben mehrerer Pollenkörner und ihr Anhaften am Bestäuber.

Eine Funktion im Zusammenhalt von Pollenkörnern haben auch die **Viscinfäden**, die meist innerhalb des Pollensacks gebildet werden und Sporopollenin, Cellulose oder Proteine enthalten. Auch Sekrete anderer Blütenorgane können für das Zusammenkleben von Pollenkörnern verantwortlich sein. Einrichtungen für das Zusammenkleben von Pollenkörnern fehlen z. B. bei windbestäubten Samenpflanzen zum Teil ganz.

Die Pollenkörner einer Tetrade werden nicht immer nur als **Monaden**, d. h. einzeln, ausgebreitet. Neben der Möglichkeit des Zusammenklebens durch Pollenkitt oder Viscinfäden können die Tochterzellen einer Pollenmutterzelle auch dauerhaft als **Tetrade** zusammenbleiben und so ausgebreitet werden (z. B. Ericaceae, *Drosera* u. a.). Durch fehlende Zellteilung bei der Meiose und Eliminierung von drei der vier Zellkerne können auch **Pseudomonaden** entstehen (z. B. Cyperaceae). Bleiben aus mehreren Pollenmutterzellen hervorgegangene Pollenkörner miteinander vereinigt, so entstehen **Polyaden**,

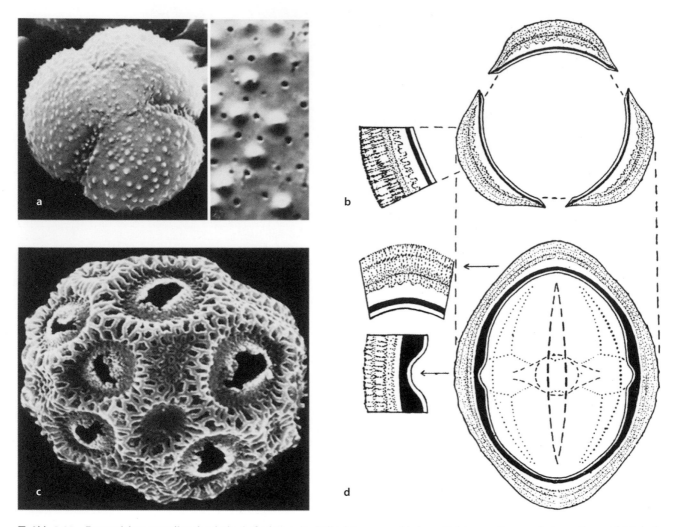

■ **Abb. 3.93**   Rasterelektronenmikroskopische Aufnahmen der Pollenkörner verschiedener Kakteen. **a** *Gymnocalycium mihanovichii* (tricol-pat, Übersicht: 500×; Detail des spitzwarzigen und porendurchsetzten Tectums: 5000×). **c** *Opuntia* sp. (pantoporat: 1000×). **b, d** Palyno-gramm der Pollenkörner von *Centaurea scabiosa* (tricolporat): Äquatoransicht, optischer Querschnitt und Details der Wandstruktur (Licht-mikroskop, 1500× bzw. 3000×). (a, c nach W. Klaus; b, d nach G. Erdtman)

die aus 8, 16 oder 32 Pollenkörnern bestehen (z. B. bei einigen Fabaceae-Caesalpinioideae). Schließlich kann auch der gesamte Inhalt eines Pollensacks zu einem **Pollinium** vereinigt bleiben. Von einem **Pollinarium** spricht man, wenn zwei oder mehr Pollinien, die durch ein Sekret des Gynoeceums oder Gewebe der Anthere miteinander verbunden sind, zu einer Transporteinheit für die

Pollenübertragung werden (z. B. bei einigen Apocynaceae, Orchidaceae; ■ Abb. 19.169 und 19.227).

■   **Männlicher Gametophyt**
Der männliche Gametophyt der Samenpflanzen besteht aus nur wenigen Zellen (maximal ca. 50, meist fünf oder weniger) und hat keine Antheridien. Seine Entwicklung

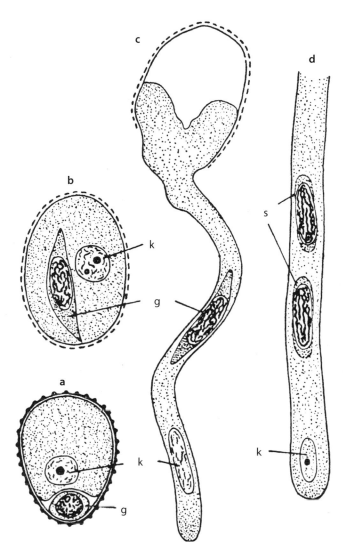

◘ Abb. 3.94 Entwicklung des ♂ Gametophyten bei den Angiospermen (*Lilium martagon*). Vegetative Zelle mit Kern und generative Zelle im Pollenkorn **a–b** bzw. Pollenschlauch **c**. Im Vorderende des Pollenschlauchs **d** hat sich die generative Zelle in die beiden Spermazellen geteilt. – g generative Zelle, k Kern der vegetativen Zelle, s Spermazelle. (Nach E. Strasburger, in Anlehnung an I.L.L. Guignard)

findet weitestgehend innerhalb des Pollenkorns und nur manchmal nach der Pollenkeimung statt.

Der männliche Gametophyt der Angiospermen besteht nur aus der Pollenschlauchzelle, die hier auch als **vegetative Zelle** bezeichnet wird, und einer zweiten, als **generative Zelle** bezeichneten Zelle, aus der die zwei Spermazellen hervorgehen (◘ Abb. 3.94). Die Teilung der generativen Zelle kann vor oder nach der Pollenkeimung stattfinden, und dieser Zeitpunkt ist mit dem Selbstinkompatibilitätssystem korreliert (▶ Abschn. 17.1.3.1).

Pollenkörner keimen in jedem Fall mit einem Pollenschlauch, an dessen Bildung nur die Intine beteiligt ist. Dieser hat einerseits die Funktion, die männlichen Keimzellen in die Nähe der Eizellen zu transportieren. Andererseits besitzt er aber auch eine Verankerungsfunktion und nimmt als Haustorium Nährstoffe für seine Entwicklung und sein Wachstum auf (◘ Abb. 3.95). Bei den Cycadopsida und Ginkgopsida werden als Keimzellen Spermatozoide gebildet, die durch Geißeln eigenbeweglich sind (◘ Abb. 3.95, 3.96 und 19.147), bei den Coniferopsida inkl. Gnetales und Angiospermen sind es unbewegliche Spermazellen (◘ Abb. 3.94).

3.5.1.3 Megasporophylle

Die Samenanlagen der Samenpflanzen sind in der Blüte auf sehr unterschiedliche Art angeordnet. Die Strukturen, welche die Samenanlagen tragen, werden **Megasporophylle** genannt, auch wenn sie keineswegs immer blattartig sind. Der Begriff **Karpell** bzw. Fruchtblatt wird für die Megasporophylle der Angiospermen benutzt.

Eindeutig blattständig (phyllospor) sind Samenanlagen bei den Cycadopsida (◘ Abb. 19.145). Hier befinden sich meist zwei Samenanlagen am unteren Rand der Spreite eines Megasporophylls. Ein an der Spitze deutlich gefiedertes oder wenigstens gezähntes Megasporophyll mit bis zu acht Samenanlagen findet man in der Gattung *Cycas*. Die nur zwei Samenanlagen von *Ginkgo* stehen an den Spitzen eines sich apikal gabeln-

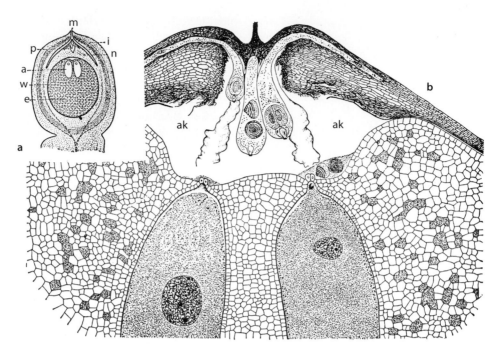

Abb. 3.95 Samenanlage und Befruchtung bei den Cycadopsida. **a** Längsschnitt einer Samenanlage von *Ceratozamia* mit Mikropyle, Integument, Nucellus und Pollenkammer mit auskeimenden Pollenkörnern; gekeimte Megaspore: ♀ Gametophyt (= Embryosack) mit Wand und zwei Archegonien (mit je zwei Halswandzellen und Eikern; 2,5×). **b** Oberer Teil des Nucellus zur Zeit der Befruchtung bei *Dioon edule*. Pollenschläuche im Nucellusgewebe verankert, in die Archegonienkammer vorgedrungen, Spermatozoide bereits teilweise entlassen, das linke der beiden Archegonien schon befruchtet (etwa 100×). – a Archegonien, ak Archegonienkammer, i Integument, m Mikropyle, e Embryosack, n Nucellus, p Pollenkammer, w Wand. (a nach F. Firbas, b nach Ch. Chamberlain)

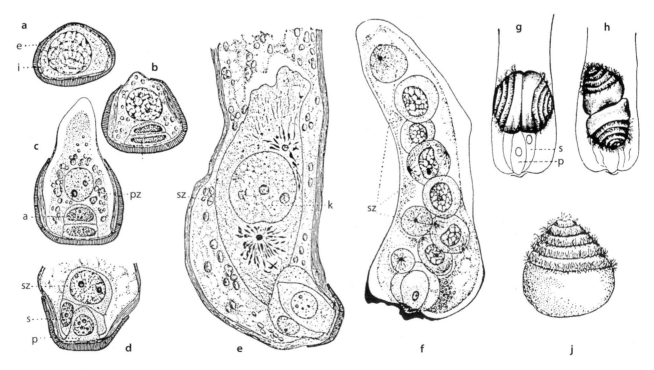

Abb. 3.96 Entwicklung des ♂ Gametophyten bei den Cycadopsida. **a–e** Keimung des Pollenkorns bei *Dioon edule* (A–C 840×, D 667×, E 420×). **f** Gekeimtes Pollenkorn von *Microcycas calocoma* mit neun spermatogenen Zellen (etwa 200×). **g–i** Pollenschlauch und Spermatozoid von *Zamia floridana*. (G, H 50×, J 75×). – a Antheridiumzelle, e Exine, i Intine, k Kern, p Prothalliumzelle, pz Pollenschlauchzelle, s Stielzelle, sz spermatogene Zelle. (a–e nach Ch. Chamberlain; f nach O.W. Caldwell; g–j nach H.J. Weber)

den Stiels (■ Abb. 19.147). Bei den rezenten Coniferopsida (exkl. Gnetales) findet man zwischen einer und ca. 20 Samenanlagen auf der Oberseite einer flächigen **Samenschuppe** (■ Abb. 19.149). Selten scheinen Samenanlagen endständig an Kurztrieben zu stehen (z. B. *Taxus*; ■ Abb. 19.151). Sowohl angesichts der Stellung der Samenschuppe in der Achsel einer **Deckschuppe** als auch der morphologischen Verhältnisse in der fossilen Verwandtschaft der rezenten Coniferopsida ist klar, dass die Samenschuppe ein modifizierter Kurztrieb ist. Bei den Gattungen der Gnetales hat jede Blüte nur eine Samenanlage in endständiger Stellung (■ Abb. 19.152).

Während bei den Gymnospermen (Nacktsamer) die Samenanlagen für den Pollen direkt zugänglich sind, sind sie bei den Angiospermen (Bedecktsamer) in ein **Karpell** eingeschlossen. Die Gesamtheit der Karpelle einer Angiospermenblüte einschließlich der in ihnen enthaltenen Samenanlagen bildet das **Gynoeceum**.

Die Struktur eines einzelnen Karpells lässt sich aus seiner Entwicklung heraus verstehen. Dabei entsteht in der frühen Entwicklung meist ein sesselförmiges Stadium (■ Abb. 3.97), dessen niedrigerer, auch als **Querzone** bezeichneter Rand zum Blütenzentrum orientiert ist. Die Ränder des Karpells wachsen eine gewisse Zeit gemeinsam in die Höhe, wodurch ein schlauchförmiger (**ascidiater**) Bereich entsteht (■ Abb. 3.98). Stellt das Karpell sein Wachstum auf der Innenseite ein und wachsen weiterhin nur seine Flanken und Rückenseiten, so entsteht ein durch den **Ventralspalt** (Bauchnaht) zur Blütenmitte hin offener, als **plicat** oder **conduplicat** bezeichneter Bereich, an dem sich als häufig stielartiger Endabschnitt der **Griffel** und an unterschiedlicher Stelle des Griffels eine meist papillöse **Narbe** als Empfängnisfläche für die Pollenkörner entwickelt. Der Griffel ist gewöhnlich kein massives Gewebe, sondern enthält einen **Transmissionskanal**, durch den auf unterschiedliche Art die Pollenschläuche zu den Samenanlagen gelangen. In einem sich so entwickelnden Karpell findet man also von unten nach oben eine **Stielzone**, eine von Anfang an geschlossene **Schlauchzone** (ascidiate Zone) und eine durch den Ventralspalt anfangs offene und erst postgenital entweder durch Sekrete und/oder durch Epidermisverzahnung geschlossene plicate Zone. Der Bereich eines einzelnen Karpells oder des gesamten Gynoeceums, der hohl ist und die Samenanlagen enthält, wird auch als **Ovar** bezeichnet.

Der relative Umfang von Schlauchzone und plicater Zone kann sehr unterschiedlich sein. Ist im Extremfall oberhalb der Stielzone nur eine Schlauchzone ausgebildet, ist das Karpell vollständig ascidiat, fehlt eine Schlauchzone und ist nur eine plicate Zone ausgebildet, ist das Karpell vollständig plicat (conduplicat).

Placenten sind die Bereiche der inneren Oberfläche eines Karpells, an denen Samenanlagen stehen. Dabei liegen die flachen oder aufgewölbten Placenten meist nahe dem Rand des Ventralspalts (**submarginal**). Samenanlagen können aber auch auf der gesamten Innenfläche des Ovars (**laminal**; ■ Abb. 3.99) angeordnet sein. Die Zahl der Samenanlagen pro Karpell kann von einer bis einige Millionen variieren.

Die Zahl der Karpelle in einer Blüte reicht von 1 bis ca. 2000. Dabei können die Karpelle entweder schraubig oder wirtelig angeordnet sein. Wie für die Mikrosporophylle gilt auch hier, dass bei schraubiger Anordnung die Zahl der dann meist zahlreich vorhandenen Karpelle häufig nicht genau fixiert und die wirtlige Anordnung meist mit einer Verringerung (Oligomerisierung) und Festlegung der Zahl der Karpelle verbunden ist.

Sind die Karpelle voneinander frei, so ist das Gynoeceum **chorikarp** (apokarp). Sind die Karpelle miteinander verwachsen – dies setzt in der Regel ihre wirtlige Stellung voraus – ist das Gynoeceum **synkarp** (coenokarp). Das Ausmaß der Verwachsung kann unterschiedlich sein und z. B. nur die Basis der Ovarien der einzel-

■ **Abb. 3.97** Schema der Ontogenese typischer Karpelle der Angiospermen. Vorderansichten und Längsschnitte (grau)

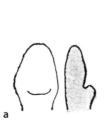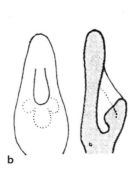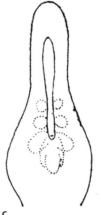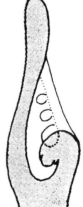

a   b   c

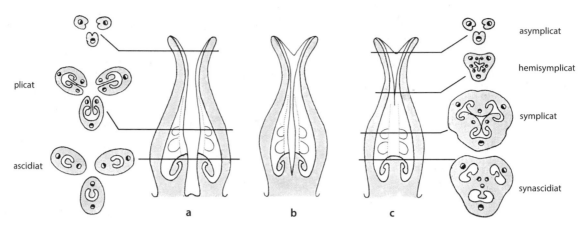

◘ **Abb. 3.98**   Schema des Baues von Gynoeceen. Längs- (a, b, c) und Querschnitte (a, c) eines **a** chorikarpen, **b** hemisynkarpen, **c** synkarpen Gynoeceums mit ascidiaten, plicaten bzw. synascidiaten, symplicaten, hemisymplicaten und asymplicaten Zonen. (Nach W. Leinfellner)

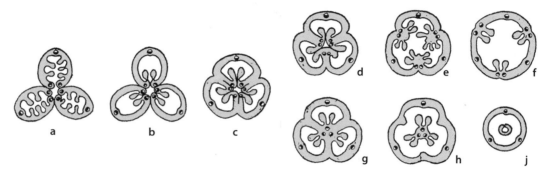

◘ **Abb. 3.99**   Verschiedene Typen des Gynoeceums, Querschnitte aus der fertilen Hauptzone ausgewachsener Fruchtknoten. **a** Chorikarp, laminale Placentation. **b** Chorikarp, submarginale Placentation. **c** Hemisynkarp, zentralwinkelständige Placentation. **d, g** Synkarp, zentralwinkelständige Placentation. **d** Karpelle plicat. **g** Karpelle ascidiat. **e, f** Synkarp, parietale Placentation. **h, j** Synkarp, Zentralplazenta, zahlreiche bzw. eine basale Samenanlage. (Teilweise nach A.L. Takhtajan und Englers Syllabus)

nen Fruchtblätter, die gesamten Ovarien oder auch die Griffel umfassen (◘ Abb. 3.100). Häufig ist die Zahl der an einem synkarpen Gynoeceum beteiligten Karpelle äusserlich nur noch an der Zahl der Narben erkennbar und selbst die Narbe kann eine einheitliche Struktur sein. Beträchtliche Variation gibt es in der inneren Struktur synkarper Gynoeceen (◘ Abb. 3.99). Sind die einzelnen Karpelle vollständig mit Rücken- und Flankenbereich ausgebildet, so ist das Gynoeceum dementsprechend durch die Flanken der einzelnen Karpelle (**Scheidewände**, **Septen**) septiert (synkarp septiert = synkarp im engeren Sinne). Sind die Karpellränder im Zentrum des Gynoeceums voneinander frei, ist das Gynoeceum unvollständig septiert (**hemisynkarp**). Die Placentation nahe dem Rand der einzelnen Karpelle wird als **zentralwinkelständig** bezeichnet. Sind die Flankenbereiche der einzelnen Karpelle in ihrer Entwicklung gehemmt, entsteht ein Gynoeceum ohne Scheidewände (synkarp unseptiert = **parakarp**). Die Placenten liegen dabei entweder **parietal**, d. h. dort, wo die Ränder benachbarter Karpelle aneinanderstoßen, oder man findet

an der Basis des Ovars eine **freie Zentralplacenta**, bei der die Samenanlagen an einer mehr oder weniger großen Gewebesäule ohne Kontakt zur Ovarwand sitzen. In unseptierten Gynoeceen können aber auch nur einzelne, an der Basis stehende oder von der Spitze herabhängende Samenanlagen ausgebildet sein.

In synkarpen Gynoeceen kann es auch zur Bildung zusätzlicher, „falscher" Scheidewände (◘ Abb. 19.211, 19.226 und 19.231) kommen. Als pseudomonomer werden bei oberflächlicher Betrachtung scheinbar einkarpellige Gynoeceen bezeichnet, die aber tatsächlich mehrkarpellig sind.

Eine funktionell wichtige Struktur von synkarpen Gynoeceen ist das **Compitum**. Darunter versteht man das allen Karpellen im Griffel- bzw. symplicaten Bereich gemeinsame Transmissionsgewebe, das z. B. bei Gynoeceen mit getrennten Narben die Verteilung von nur auf einer Narbe angelangten Pollenkörner bzw. ihrer Pollenschläuche auf alle Karpelle ermöglicht.

Karpelle können wie auch die Blütenhülle und die Mikrosporophylle z. B. durch die Bildung von Nektar oder als Organe sekundärer Pollenpräsentation am Bestäubungsvorgang beteiligt sein.

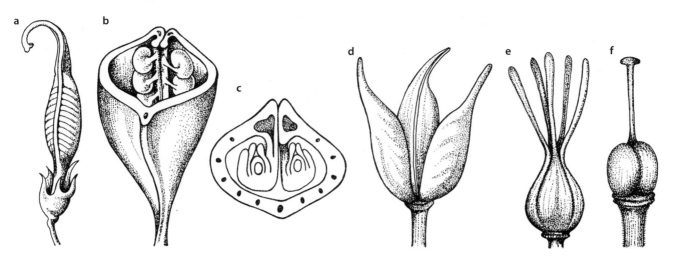

◻ **Abb. 3.100**   Bau der Karpelle **a–c** und unterschiedliche Verwachsung **d–f. a** Gesamtansicht eines heranreifenden, einzelnen und freien Karpells von der Ventralseite mit geschlossener Bauchnaht (an der Basis der Kelch; etwa 3×), **b, c** im Querschnitt, mit Dorsal- und zwei Ventralbündeln, zweiteiliger Placenta und Samenanlagen (etwa 10×). **d** Chorikarpes, **e, f** synkarpes Gynoeceum mit freien bzw. verwachsenen Griffeln (vergrößert). (a, b *Colutea arborescens*, c, d *Delphinium elatum*, e *Linum usitatissimum*, f *Nicotiana rustica*). (a–d nach W. Troll, e, f nach O.L. Berg und L.F. Schmidt)

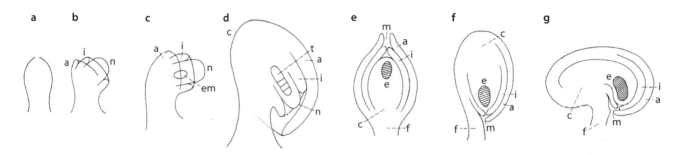

◻ **Abb. 3.101**   Entwicklung und Position von Samenanlagen bei Angiospermen. **a–d** Entwicklung. **e** Orthotrope, **f** anatrope, **g** campylotrope Samenanlage. – a äußeres, i inneres Integument, c Chalaza, e Embryosack (schraffiert), em Embryosackmutterzelle, f Funiculus, m Mikropyle, n Nucellus, t Megasporentetrade. (a–d nach W. Troll, schematisch; e–g nach G. Karsten)

Die ursprünglichsten Angiospermen haben meist ein chorikarpes Gynoeceum mit einer nicht genau festgelegten Zahl aber meist mehr als fünf schraubig angeordneter Karpelle. Der Verschluss des Ventralspalts erfolgt hier durch Sekrete.

■ **Samenanlagen**

Samenanlagen (Ovula, Singular: Ovulum) sind die von einer Hülle eingeschlossenen Megasporangien der Samenpflanzen (◻ Abb. 3.101). Sie bestehen aus einem Stiel, dem **Funiculus**, aus meist einer oder zwei (selten drei) Hüllen, den **Integumenten** (Samenanlagen **uni-** oder **bitegmisch**) sowie dem von den Integumenten umhüllten Megasporangium, dem **Nucellus**. Der Übergangsbereich von Funiculus zu Nucellus wird als **Chalaza** bezeichnet und die Integumente lassen am der Chalaza gegenüberliegenden Ende der Samenanlage eine Öffnung, die **Mikropyle**, frei.

Bei den Gymnospermen ist grundsätzlich nur ein Integument vorhanden, bei den Angiospermen ein oder zwei. Nucellus und Integumente fehlen bei einigen parasitischen Angiospermen (z. B. Loranthaceae). Bei ihnen wird der Embryosack direkt im kompakten, undifferenzierten Ovar ausgebildet.

Samenanlagen lassen sich auch hinsichtlich der Orientierung ihrer Längsachse unterscheiden (◻ Abb. 3.101). Liegen Funiculus und Mikropyle in einer geraden Linie, sind die Samenanlagen ungekrümmt (**orthotrop** oder auch atrop). In **anatropen** Samenanlagen kommt die Mikropyle durch Umbiegen des Chalaza-, Integument- und Nucellusbereichs um 180° in die Nähe des Funiculus zu liegen. Dabei bleibt der Nucellus gerade. **Campylotrope** Samenanlagen sind dagegen nierenförmig um das obere Ende des Funiculus gekrümmt. Bei den Gymnospermen findet man ausschließlich orthotrope Samenanlagen.

Im Bereich des apikalen Pols des Nucellus entsteht meist eine Megasporenmutterzelle (Embryosackmutterzelle). Aus der Meiose dieser Zelle geht eine meist lineare

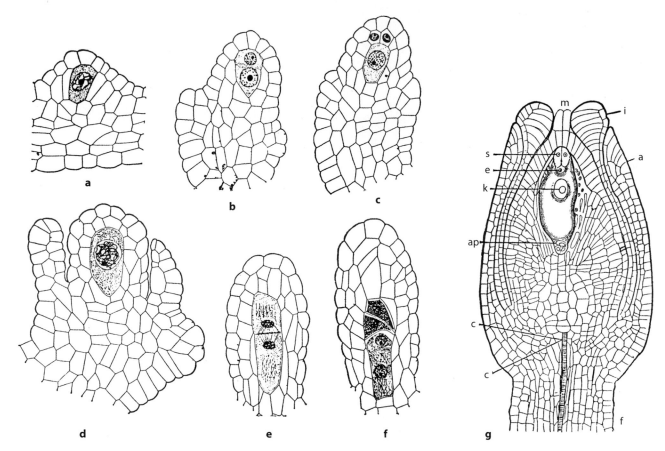

Abb. 3.102 Entwicklung des ♀ Gametophyten der Angiospermen. **a–f** *Hydrilla verticillata*, Hydrocharitaceae. Im heranwachsenden Nucellus der Samenanlage differenziert sich eine hypodermale Zelle **a**, gliedert eine sich weiter teilende Deckzelle ab **b**, **c**, vergrößert sich zur Embryosackmutterzelle **d** und bildet nach der Meiose **e**, **f** vier Embryosackzellen, von denen sich nur die unterste zu einem Embryosack weiterentwickelt. **g** *Polygonum divaricatum*. Reife Samenanlage mit Mikropyle, äußerem und innerem Integument, Chalaza und Funiculus. Der Embryosack enthält die Synergiden, die darunter hervorragende Eizelle, den sekundären Embryosackkern und die drei Antipoden (200×). – ap Antipoden, a äußeres, i inneres Integument, c Chalaza, e Eizelle, f Funiculus, k sekundärer Embryosackkern, m Mikropyle, s Synergiden. (a–f nach P. Maheshwari; g nach E. Strasburger)

Tetrade von Megasporen (Embryosackzellen) hervor. Die Megasporen der Gymnospermen haben eine Zellwand, in der Sporopollenin nachgewiesen werden kann. Das ist bei den Megasporen der Angiospermen nicht der Fall.

Liegt die Megasporenmutterzelle direkt unter der Epidermis des Nucellus (subepidermal), ist eine Samenanlage **tenuinucellat**. Ist dagegen die Megasporenmutterzelle durch mindestens eine Zelle von der Epidermis des Nucellus getrennt, ist eine Samenanlage **crassinucellat** (◼ Abb. 3.102). Bei spermatozoidbefruchteten Samenpflanzen (Cycadopsida, Ginkgopsida) ist am apikalen Ende des Nucellus eine als **Pollenkammer** bezeichnete Vertiefung ausgebildet (◼ Abb. 3.95).

■ **Weiblicher Gametophyt**

An der Entwicklung des weiblichen Gametophyten (Embryosack) sind meist nur eine Megaspore (**monosporischer Embryosack**), seltener zwei (**disporischer Embryosack**; einige Angiospermen) oder alle vier Megasporen (**tetrasporischer Embryosack**; *Gnetum*, *Welwitschia*, einige Angiospermen) beteiligt. Der weibliche Gametophyt der unterschiedlichen Samenpflanzengruppen ist in unterschiedlichem Maß reduziert. Bei den Gymnospermen gibt es weibliche Gametophyten mit bis zu einigen Tausend Zellen (◼ Abb. 3.95) und (außer bei *Gnetum* und *Welwitschia*) einer unterschiedlich großen Zahl von **Archegonien** (◼ Abb. 3.95). Bei den spermatozoidbefruchteten Samenpflanzen (*Ginkgo*, Cycadopsida) ist das obere Ende des Embryosacks vom umgebenden Nucellus durch eine (unter der Pollenkammer liegende) **Archegonienkammer** (◼ Abb. 3.95) getrennt.

Am häufigsten entstehen bei den Angiospermen aus der einkernigen Megaspore in drei aufeinanderfolgenden freien Kernteilungen zwei, vier und schließlich acht Zellkerne (◼ Abb. 3.103). Je drei umgeben sich am oberen und unteren Ende des Embryosacks mit eigenem Plasma und bilden so selbstständige, erst nur mit einer Membran, später auch mit einer dünnen Zellwand um-

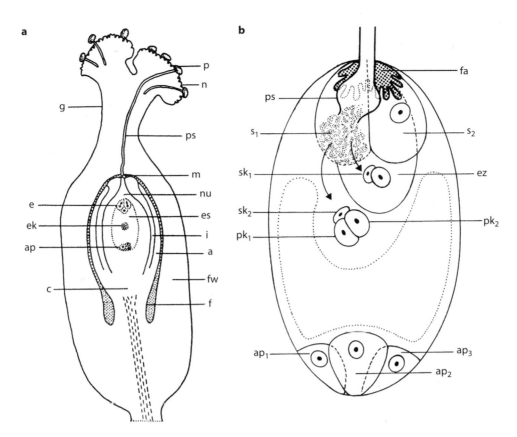

Abb. 3.103   Bestäubung und Befruchtung bei den Angiospermen. **a** Fruchtknoten von *Fallopia (Polygonum) convolvulus* mit orthotroper Samenanlage (schematischer Längsschnitt, 48×). Fruchtknotenwand, Griffel, Narbe mit keimenden und pollenschläuchetreibenden Pollenkörnern, Samenanlage mit Funiculus, Chalaza, äußerem und innerem Integument, Mikropyle und Nucellus sowie Embryosack mit Eiapparat, sekundärem Embryosackkern und Antipoden. **b** Schema des Embryosacks während der Befruchtung. Beim Eindringen des Pollenschlauchs im Bereich des Filiformapparats wird eine der beiden Synergiden zerstört; von den beiden Spermakernen verschmilzt einer (sk_1) mit dem Kern der Eizelle, der andere (sk_2) mit den beiden fusionierenden Polkernen; an der Basis die drei Antipoden. – a äußeres, i inneres Integument, ap_1, ap_2, ap_3 Antipoden, c Chalaza, e Eiapparat, ek sekundärer Embryosackkern, es Embryosack, ez Eizelle, f Funiculus, fa Filiformapparat, fw Fruchtknotenwand, g Griffel, m Mikropyle, n Narbe, nu Nucellus, p Pollenkorn, pk_1, pk_2 Polkerne, ps Pollenschlauch, s_1, s_2 Synergiden, sk_1, sk_2 Spermakerne. (a nach H. Schenck; b nach A. Jensen, stark verändert)

hüllte Zellen. Die drei oberen bezeichnet man als den **Eiapparat**. Von ihnen wird die mittlere zur oft deutlich größeren **Eizelle**, die beiden anderen zu den **Synergiden** (Hilfszellen). Die drei unteren Zellen bilden die **Antipoden**. Die beiden in der großen Zentralzelle verbleibenden Kerne sind die **Polkerne**. Sie verschmelzen vor oder nach Eindringen des Pollenschlauchs zum **sekundären Embryosackkern**, der dann diploid ist.

Von diesem Entwicklungsmodus bei den Angiospermen gibt es zahlreiche Abweichungen, sodass ausgewachsene Embryosäcke aus 4–16 Zellen bzw. Kernen bestehen können.

3.5.1.4 Nektarien

Nektar ist eine wichtige Möglichkeit der Belohnung von Blütenbestäubern. Während bei tierbestäubten Gymnospermen ein an der Mikropyle abgeschiedener Bestäubungstropfen diese Funktion übernehmen kann, findet man bei den Angiospermen nektarabsondernde Drüsen, die **Nektarien**. Diese können zu mehreren vorliegen und voneinander getrennt sein (■ Abb. 19.207) oder als Bildungen der Blütenbasis meist zwischen Androeceum und Gynoeceum einen ringförmigen **Diskus** bilden (■ Abb. 19.209). Sepalen und Petalen können manchmal auch in lokalisierten Bereichen Nektar bilden. Staubblätter können z. B. am Filament Nektarien besitzen oder sind **staminodial** ausgebildet und dienen als Nektarien oder Nektarblätter (■ Abb. 19.180). Im Gynoeceum können die Sekrete der Narben Nektarfunktion übernehmen, und in einem synkarpen Gynoeceum können zwischen den Karpellen kanalartige **Septalnektarien** (■ Abb. 19.171) mit Verbindung nach außen ausgebildet sein. Auch Nektarbildung an der Außenseite des Fruchtknotens ist möglich.

Nektarien außerhalb von Blüten werden als **extraflorale Nektarien** bezeichnet und dienen z. B. der Verköstigung von Ameisen, die eine Pflanze beschützen.

3.5.1.5 Anordnung der Blütenorgane

Die Stellung der Blütenorgane zueinander bietet in den Angiospermen verschiedene Variationsmöglichkeiten. In einer vollständigen Angiospermenblüte ist die Reihenfolge der Organe von außen nach innen fast immer Blütenhülle, Androeceum und Gynoeceum. Abhängig von der Zahl und Stellung der Blütenorgane kann die Blütenbasis (**Receptaculum**) mehr oder weniger gestreckt sein. Die Blütenbasis ist gelegentlich aber auch scheibenartig verbreitert bzw. werden Blütenbecher oder Blütenröhren (**Hypanthien**) ausgebildet. Es besteht auch die Möglichkeit, dass sich die Internodien innerhalb der Blüte strecken. Ist das Internodium zwischen Androeceum und Gynoeceum gestreckt, liegt ein **Gynophor** (◘ Abb. 19.211) vor, bei Streckung des Internodiums zwischen Blütenhülle und Androeceum/Gynoeceum ein **Androgynophor**. Durch die unterschiedliche Lokalisation der Wachstumsaktivität des Gynoeceums kann dessen relative Lage in der Blüte verändert sein (◘ Abb. 3.104). Wachsen vor allem die freien Rückenseiten (und Flanken), entsteht ein **oberständiger** Fruchtknoten. Da Perianth- und Staubblätter dann an der Basis des Gynoeceums ansetzen, werden solche Blüten auch als **hypogyn** bezeichnet. Wachstum in der Blütenbasis unterhalb des peripheren Gynoeceumansatzes führt zu einem **unterständigen** Fruchtknoten. Wegen des Ansatzes der Perianth- und Staubblätter oberhalb des Fruchtknotens werden solche Blüten auch als **epigyn** bezeichnet. In einer intermediären Ausprägung ist der Fruchtknoten **halbunterständig**. Steht der Fruchtknoten frei in einem Blütenbecher, ist er **mittelständig (perigyn)**.

In wirtelig aufgebauten Blüten stehen die Organe eines Wirtels meist in den Lücken zwischen den Organen des vorangegangenen Wirtels und die Organe aufeinanderfolgender Wirtel alternieren miteinander (**Alternanz**). Abweichend davon können die Organe aufeinanderfolgender Organwirtel auf den gleichen Radien stehen und sind damit superponiert (**Superposition**). In einer Angiospermenblüte mit fünf Organkreisen (Peri-anth mit Kelch und Krone, zwei Staubblattkreise, Gynoeceum) stehen bei Alternanz z. B. die Staubblätter des äußeren Staubblattkreises auf Radien, die mit den Kronblättern alternieren, und über den Kelchblättern (**antesepal**); die Staubblätter des inneren Staubblattkreises stehen auf Radien, die mit den äußeren Staubblättern alternieren (**antepetal**). Diese Alternanz kann dadurch gestört werden, dass Kreise ausfallen. Betrifft das z. B. den äußeren von zwei Staubblattkreisen, steht der einzige Staubblattkreis antepetal. Durch Alternanzstörung im Gynoeceum können die inneren Staubblätter in einer Blüte mit zwei Staubblattkreisen durch die sich ausdehnenden antepetal angeordneten Karpelle nach außen rücken. In der fertigen Blüte liegt dann der scheinbar äußere Staubblattkreis antepetal und der scheinbar innere antesepal. Dieses Phänomen wird als **Obdiplostemonie** bezeichnet.

In den Blüten der Angiospermen ist wirtelige (zyklische) Stellung der Blütenorgane bei Weitem am häufigsten. Dabei kann die Zahl der Wirtel pro Blüte verschieden sein. Besonders häufig (bei Eudikotyledonen) sind **pentazyklische** Blüten mit fünf Wirteln (zwei Perianthkreise, z. B. Kelch und Krone, zwei Staubblattkreise, ein meist nichtalternierender Karpellkreis) und, durch Ausfall eines Staubblattkreises, **tetrazyklische** Blüten. Es gibt aber auch **di**- oder **monozyklische** Blüten mit nur zwei oder einem Organkreis.

Aus der Stellung der Blütenorgane und ihrer Ausbildung in der fertigen Blüte resultieren unterschiedliche Möglichkeiten der **Blütensymmetrie** (◘ Abb. 3.105). Blüten mit schraubiger Stellung der Organe sind primär **asymmetrisch**. Bei Blüten mit wirteliger Stellung der Organe unterscheidet man **radiärsymmetrische** (polysymmetrische, aktinomorphe, strahlige) Blüten mit mehr als zwei Symmetrieebenen von **disymmetrischen** Blüten mit zwei Symmetrieebenen und **zygomorphen** (monosymmetrischen) Blüten mit nur einer Symmetrieebene. Wirtelig gebaute Blüten können sekundär auch asymmetrisch sein.

Bei der genaueren Betrachtung der Symmetrieverhältnisse wird die Ebene, die sich durch Abstammungsachse, Blütenachse und Tragblatt

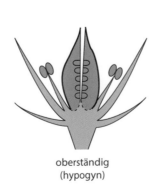
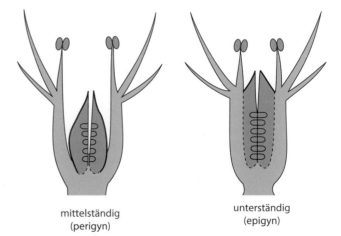

◘ **Abb. 3.104** Lage des Fruchtknotens in der Blüte der Angiospermen. (Nach Leins 2000)

oberständig (hypogyn)   mittelständig (perigyn)   unterständig (epigyn)

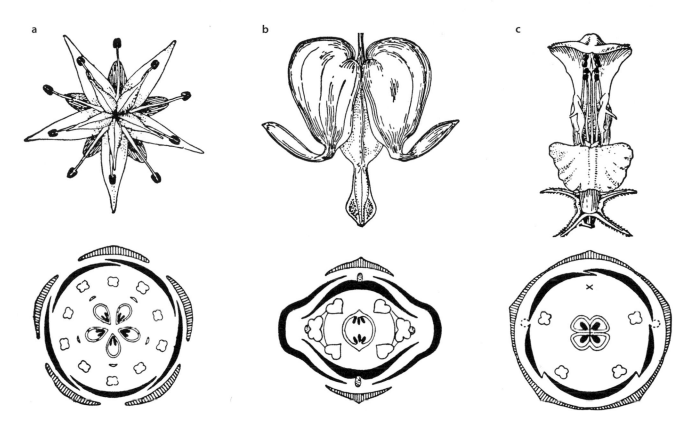

□ **Abb. 3.105** Blütensymmetrie und Blütendiagramme (Grundrisse). **a** *Sedum sexangulare*: polysymmetrisch (radiär). **b** *Dicentra spectabilis*: disymmetrisch. **c** *Lamium album*: monosymmetrisch (dorsiventral). (Teilweise nach A.W. Eichler sowie G. Hegi)

der Blüte legen lässt, als **Mediane** bezeichnet. Darauf senkrecht steht die **Transversale** und andere Ebenen sind schräg. Danach lassen sich z. B. median-, transversal- oder schräg-zygomorphe Blüten unterscheiden.

Der Bau von Blüten lässt sich am besten durch Grundrisse (**Blütendiagramme**; □ Abb. 3.105) darstellen. Empirische Diagramme stellen tatsächliche Gegebenheiten dar, theoretische enthalten Interpretationen und geben z. B. an, dass bestimmte zu erwartende Organe nicht ausgebildet sind. **Blütenformeln** enthalten Information zur Blütensymmetrie (((Spirale)) = schraubig, * = radiär, ((Strich)) bzw. $+$ = disymmetrisch, ↓ bzw. → oder ∕ = zygomorph, ((Blitz)) = wirteligasymmetrisch), zu den vorhandenen Blütenorganen (P = Perigon, K = Kelch, C = Corolla/Krone, A = Androeceum, G = Gynoeceum), zur Zahl der Blütenorgane pro Wirtel (z. B. A5 + 5 = zwei Staubblattkreise mit je fünf Staubblättern; ∞ = zahlreich und unbestimmt), zur Veränderung einzelner Organe (z. B. A3st = Staminodien, 3° = ausgefallen, 5$^{\infty}$ = sekundär vermehrt), zur Verwachsung von Organen (Zahlen in Klammer, z. B. C(5) = Kronblätter verwachsen), zur Stellung des Fruchtknotens (z. B. G(5) = ober-, G-(5)- = mittel-, G($\underline{5}$) = unterständig), zur Bildung falscher Scheidewände im Gynoeceum (z. B. G (2) oder zu unterschiedlichen Ausprägungen (z. B. */((Spirale)) = radiärsymmetrisch oder schraubig). Einige Beispiele für Blütenformeln sind

Adonis: */((Spirale)) K5 C6–10 A ∞ G ∞

Sedum: * K5 C5 A5 + 5 G 5

Dicentra: ((Strich)) K2 C2 + 2 A2 + 2 bzw. (gespaltene und verwachsende Staubblätter!) (½–1–½) + (½–1–½) G(2)

Lamium: ↓ K(5) [C(5) A1° :4] G($\frac{1}{2}$)

Iris: * P3 + 3 A3 + 3° G($\overline{3}$).

3.5.2 Blütenstände

Ein Individuum hat meist mehrere bis viele Blüten, die in einem Blütenstand (**Infloreszenz**) stehen. Die genaue Definition eines Blütenstands ist deshalb schwierig, weil vielfach keine klar erkennbare Grenze zwischen dem vegetativen und reproduktiven Teil einer Pflanze erkennbar ist. Hier soll der Blütenstand als reproduktives Achsensystem verstanden werden, das nach Abschluss der Blüte und Fruchtbildung nicht weiter wächst und meist abgeworfen wird.

In Blütenständen sind die Blätter häufig nicht als Laubblätter, sondern als mehr oder weniger unscheinbare Hochblätter (**Trag-** und **Vorblätter**) ausgebildet oder fehlen ganz. Blütenstände sind **brakteos**, wenn die Blätter des Blütenstands im Vergleich zu den normalen Laubblättern klein und einfach sind. Sind sie, was viel seltener ist, den normalen Laubblättern ähnlich, wird ein Blütenstand als **frondos** bezeichnet.

Im Folgenden sollen einige Blütenstände im Wesentlichen auf der Grundlage ihrer Verzweigung (Blütenstandsachse unverzweigt oder verzweigt, Verzweigung monopodial oder sympodial) und der Beschaffenheit der Blütenstandsachse beschrieben werden.

Bei **einfachen Infloreszenzen** (◧ Abb. 3.106) ist die Blütenstandsachse unverzweigt. Bei der **Traube** sind die entlang der Blütenstandsachse meist in der Achsel von Tragblättern sitzenden Blüten gestielt. Rücken alle Blüten einer Traube durch entsprechende Verlängerung der Stiele der unteren Blüten in eine Ebene, spricht man von einer Doldentraube. Bei der **Ähre** sind die Blüten ungestielt. Ist die lang gestreckte Achse eines unverzweigten Blütenstands mit sitzenden Blüten stark verdickt, spricht man von einem **Kolben**. Ist sie darüberhinaus auch verkürzt, liegt ein **Köpfchen** vor. Als **Dolde** bezeichnet man einen Blütenstand, in dem die Stiele aller Blüten von einem Punkt ausgehen.

In **zusammengesetzten Infloreszenzen** (◧ Abb. 3.107) kommen mehr als zwei Verzweigungsgrade vor und es können z. B. **Doppeltrauben** und **Doppeldolden** ausgebildet werden. Bei der **Rispe** sind die Seitenachsen monopodial (**racemös**) verzweigt, wobei der Verzweigungsgrad der Seitenachen der Rispe häufig von oben nach unten zunimmt. Rücken alle Blüten infolge entsprechender Verlängerung der Seitenachsen in eine Ebene, entsteht eine **Schirm-** oder **Doldenrispe** (Ebenstrauss). Sind die Blüten unterer Seitenachsen höher positioniert als die Blüten oberer Seitenachsen, entsteht eine **Spirre**.

Beim **Thyrsus** sind die Seitenachsen der monopodialen Hauptachse nicht monopodial (racemös) sondern sympodial (**zymös**) verzweigt (◧ Abb. 3.107). Zymöse Verzweigung ist eine Verzweigung aus den Achseln der Vorblätter, die als letzte Blattorgane unterhalb der Blüte

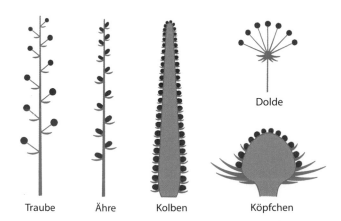

Dolde

Traube   Ähre   Kolben   Köpfchen

◧ **Abb. 3.106** Einfache Blütenstände. Bekannte Beispiele für traubige Blütenstände finden sich bei vielen Liliengewächsen (Liliaceen) und Kreuzblütlern (Brassicaceen) sowie bei den Weidenröschen und beim Sauerdorn. In Ähren stehen die Blüten der Nachtkerzen, Wegerich-Arten, Rapunzeln und der meisten Orchideen. Kolben finden sich bei Mais und Aronstab. Dolden werden von der Sterndolde *Astrantia*, dem Efeu und den Primeln gebildet. Köpfchen und die ihnen entsprechenden, aber flach geformten Körbchen gibt es bei Skabiosen und Knautien, sowie bei den Korbblütlern (Asteraceen). (Nach F. Weberling und H.O. Schwantes)

gebildet werden und bei den Eudikotyledonen meist in Zweizahl und in transversaler Stellung auftreten, bei den Monokotyledonen meist in Einzahl und der Abstammungsachse zugewandt (adossiert). Erfolgt die Verzweigung aus den Achseln zweier transversaler Vorblätter, so entsteht ein **Dichasium** (◧ Abb. 3.107 und 3.108), bei dem sich die in den Achseln der Vorblätter gebildeten Achsen wiederholt in zwei die Mutterachse übergipfelnde Seitenäste weiterverzweigen können. Statt dieser dichasialen Verzweigung ergibt sich eine monochasiale Verzweigung, wenn jeweils eine Vorblattachsel keine Seitenachse hervorbringt. Entwickeln sich dabei an den auseinander hervorgehenden Ästen abwechselnd die Anlagen in den linken und rechten Vorblattachseln, so entsteht eine **Wickel** (◧ Abb. 3.108), bringt immer nur das linke oder das rechte Vorblatt (jeweils bezogen auf die durch das zugehörige Tragblatt und die Abstammungsachse verlaufende Mediane) eine Seitenachse hervor, so resultiert eine **Schraubel** ◧ Abb. 3.108). Geschieht dies an beiden Ästen eines anfänglich dichasial verzweigten Teilblütenstands, so spricht man von einer **Doppelwickel** bzw. einer **Doppelschraubel**. Ist, wie bei vielen Monokotyledonen, nur ein adossiertes Vorblatt vorhanden, resultiert eine dem Wickel entsprechende Verzweigung in einem **Fächel** (z. B. bei *Iris*-Arten), bei dem alle Achsen und Blüten in einer Ebene angeordnet sind.

Vielfach wird für die Klassifikation von Blütenständen das Vorhandensein oder Fehlen einer die Achse (oder die Achsen) abschließenden Blüte herangezogen. Bei den **monotelen** Infloreszenzen schließen Haupt- und Seitenachsen mit Endblüten ab, während bei den **polytelen** Infloreszenzen diese Endblüten fehlen. Dementsprechend gibt es z. B. Trauben, Ähren oder Dolden mit oder ohne Endblüte.

Die Schauwirkung kleiner Einzelblüten einer Infloreszenz kann durch deren enges Zusammenrücken, die Vergrößerung (z. B. *Iberis*) dann oft steriler (z. B. *Hydrangea*, *Viburnum opulus*) Randblüten oder durch hinzutretende, gefärbte Hochblätter (z. B. *Astrantia*, *Cornus suecica*) erhöht werden. So können durch Arbeitsteilung der Einzelblüten und Hinzutreten akzessorischer Achsen- und Blattgebilde blütenbiologisch funktionelle Einheiten (**Blumen**) entstehen, die Einzelblüten analog sind und als **Pseudanthien** bezeichnet werden. Beispiele hierfür sind die Cyathien von *Euphorbia*, die Köpfchen der Dipsacaceae und Asteraceae oder die Kesselfallenblumen des Aaronstabs (*Arum*). Umgekehrt können allerdings auch Teilblüten (**Meranthien**) eine blütenbiologisch-funktionelle Einheit darstellen (z. B. *Iris*).

3.5.3 Bestäubung

Bei der **Bestäubung** (engl. *pollination*) werden die Pollenkörner auf die Mikropyle der Samenanlagen von Gym-

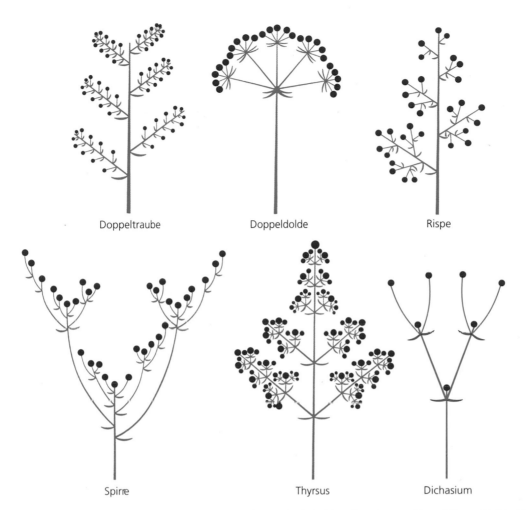

Doppeltraube   Doppeldolde   Rispe

Spirre   Thyrsus   Dichasium

Abb. 3.107 Zusammengesetzte Infloreszenzen. Doppeltrauben finden sich bei vielen Klee-Arten, während Doppeldolden für die meisten Doldengewächse typisch sind (Apiaceen). Beispiele für Rispen liefern Flieder, Liguster und Weinrebe. Eine Schirmrispe (Ebenstrauß, Corymbus) entsteht, wenn die Blüten einer Rispe durch Verlängerung der tieferstehenden Seitenachsen ungefähr in eine Ebene zu stehen kommen (Holunder, Eberesche, Hortensie). Bei den Rispengräsern stehen die als Ährchen bezeichneten, kleinen Teilblütenstände in Rispen (z. B. Hafer, Wiesen-Rispengras). Analoges gilt für Ährengräser, deren Ährchen in Ähren stehen (Weizen, Gerste, Roggen; *Lolium*, *Agropyrum*). Spirren (= Trichterrispen) werden am besten veranschaulicht durch *Filipendula*, das Mädesüß. Dem Thyrsus entsprechen die Blütenstände der Rosskastanie, der großen Königskerzen und des Boretsch sowie vieler Lippenblütler (z. B. Salbei). Dichasien sind typisch für die Nelkengewächse (besonders ausgeprägt z. B. bei Sternmiere, Hornkraut und Sandkraut; vgl. Abb. 19.217d) sowie für die Erdbeere und die Linde. (Nach W. Troll und F. Weberling)

nospermen bzw. auf die Narbe der Karpelle von Angiospermen transportiert.

Grundsätzlich kann man zwischen Selbstbestäubung (**Autogamie**) als Bestäubung innerhalb einer Blüte oder zwischen zwei Blüten eines Individuums (**Geitonogamie**) und Fremdbestäubung (**Allogamie**) als Bestäubung zwischen Blüten zweier Individuen unterscheiden. Allogamie ist die einzige Möglichkeit der Bestäubung, wenn sich die männlichen und weiblichen reproduktiven Strukturen wie bei den Cycadopsida, *Ginkgo*, vielen Coniferopsida und einem kleinen Prozentsatz der Angiospermen auf unterschiedlichen Individuen befinden (**Diözie**). Befinden sich eingeschlechtige Blüten auf der gleichen Pflanze (**Monözie**) oder sind wenigstens einige Blüten hermaphrodit, ist Autogamie im Prinzip möglich. Die wichtigsten Mechanismen für die Unterbindung der aus einer evolutionsbiologischen Perspektive meist nachteiligen Autogamie und Selbstbefruchtung sind **Selbstinkompatibilität**, **Heteromorphie**, **Dichogamie** und **Herkogamie** (▶ Abschn. 17.1.3.1 und 17.1.3.2). Eine extreme Möglichkeit der Autogamie ist die **Kleistogamie** als Selbstbestäubung und -befruchtung schon in der (sich dann häufig nicht öffnenden) Blütenknospe. Beispielsweise bildet ein Individuum bei einigen *Viola*-Arten und bei *Oxalis acetosella* sowohl kleistogame als auch sich öffnende (**chasmogame**) Blüten aus. Bei *Lamium amplexicaule* findet man kleistogame Blüten besonders am Anfang und Ende der Vegetationsperiode.

Die wichtigsten Vektoren der Bestäubung sind Wind, Wasser und unterschiedliche Tiere.

Windblütigkeit (**Anemophilie**) erfordert, dass eine genügend große Pollenmenge erzeugt und ausgestreut wird, dass sich die Pollenkörner in der Luft rasch und möglichst gleichmäßig verteilen und möglichst lange schweben und dass die Narben so frei liegen und so groß sind, dass eine Bestäubung häufig genug zustande kommt. Windbestäubte Blüten sind optisch meist unauf-

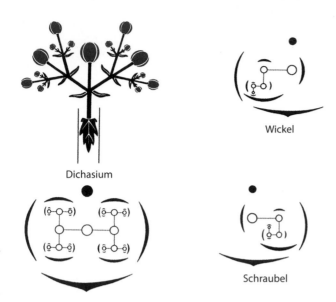

Dichasium

Wickel

Schraubel

◘ **Abb. 3.108** Einige Formen zymöser Verzweigung bei Infloreszenzen. Dichasium in Seitenansicht und Diagramm. Wickel: z. B. Natternkopf, Petunie. Schraubel: z. B. Johanniskraut. (Nach W. Troll und F. Weberling)

fällig und duft- und nektarlos und häufig eingeschlechtig. Die männlichen Blüten (bzw. Staubblätter) sind im Vergleich zu den weiblichen Blüten (bzw. Samenanlagen) stark in der Überzahl, die Pollenkörner sind oberflächlich mehr oder weniger glatt und infolge fehlenden oder schnell austrocknenden Pollenkitts pulvrig.

Angesichts dieser Anforderungen ist bei windbestäubten Arten ein Komplex typischer Merkmale (Syndrom) entstanden. Die Pollenkörner vereinzeln sich leicht und haben entweder wegen ihrer geringen Größe oder wegen des Besitzes von Luftsäcken (einige Coniferopsida) eine gute Schwebfähigkeit. Ihre Massenproduktion kann durch Vergrößerung der Antheren und/oder starke Vermehrung von männlichen Blüten bzw. Staubblättern zustande kommen. Bei *Corylus* z. B. stehen einer Samenanlage 2,5 Mio. Pollenkörner gegenüber. Das Verhältnis von der Zahl der Pollenkörner zur Zahl der Samenanlagen in einer Blüte wird auch als **P/O-Ratio** (engl. *pollen/ovule-ratio*) bezeichnet. Das Ausschütten des Pollens wird durch die Beweglichkeit der Filamente (z. B. Poaceae; ◘ Abb. 19.175), Blütenstiele (z. B. Hanf: *Cannabis*; ◘ Abb. 19.199) oder Blütenstandsachsen (z. B. männliche Kätzchen von Hasel: *Corylus*, Erle: *Alnus*, Eiche: *Quercus*; ◘ Abb. 19.203 und 19.204) erleichtert. Die männlichen Blüten von *Urtica* (◘ Abb. 15.30) und *Pilea* entlassen ihren Pollen explosionsartig durch elastisch gespannte Filamente. Die Dauer des Aufenthalts von Pollen in der Luft und damit auch die von ihnen zurücklegbare Entfernung ist in starkem Maß von der Höhe der männlichen Blüten über dem Erdboden sowie der Struktur der umgebenden Vegetation abhängig. Die Griffel und Narben der weiblichen Blüten windbestäubter Angiospermen sind meist stark vergrößert, um die Wahrscheinlichkeit der Bestäubung zu erhöhen. Die Zahl der Samenanlagen im Fruchtknoten ist meist stark reduziert und die Blüten stehen in exponierter Lage. Die die Bestäubung letztlich nur behindernde Blütenhülle ist reduziert oder fehlt. Schließlich wird die Bestäubung durch die frühe, in einem temperaten Klima vielfach vor der Blattentfaltung liegende Blütezeit erleichtert (z. B. Erle, Hasel, Ulme, Pappel, Esche).

Wasserblütigkeit (**Hydrophilie**) als Transport des Pollens oder männlicher Blüten durch Wasser findet man nur bei wenigen Angiospermen.

Bei aufrechten Blüten kann etwa Regenwasser Selbstbestäubung, seltener vermutlich auch Fremdbestäubung verursachen. Bei Wasserpflanzen ist Hydrophilie nicht allgemein verbreitet. Meist tauchen ihre Blüten über die Wasseroberfläche auf und werden tier- oder windbestäubt (z. B. *Potamogeton*; ◘ Abb. 19.163). Bei *Vallisneria* (◘ Abb. 19.163) und *Elodea* erreichen losgelöste männliche Blüten, bei *Callitriche* schwimmender Pollen die zeitweise an der Wasseroberfläche befindlichen Narben. Unter Wasser und durch das Wasser übertragen wird der Pollen z. B. bei *Ceratophyllum*, *Najas* und *Zostera* (◘ Abb. 19.163). *Zostera* hat fädige, bis über 0,5 mm lange Pollenkörner ohne Exine. Bei vielen wasserbestäubten Arten ist in der Ausbildung der Blütenmerkmale eine gewisse Parallelität zur Windbestäubung erkennbar.

Die enorme Vielfalt der Blüten von Angiospermen lässt sich nur in Zusammenhang mit Tierbestäubung (**Zoophilie**) verstehen. Zoophilie kann nur dann funktionieren, wenn ein Bestäuber auf die Blüten aufmerksam wird und die Blüten regelmäßig und ausreichend lange besucht, und wenn die Blüten so konstruiert sind, dass der Bestäuber Pollen und Narbe berührt und dabei auch Pollen transportiert. Um die Aufmerksamkeit eines potenziellen Bestäubers zu erregen, verfügen Blüten über **Reizmittel** (engl. *advertisement*) und die Regelmäßigkeit des Besuchs wird meist über **Lockmittel** (engl. *reward*) erreicht.

Die Reizmittel der Blüten sind vor allem optischer und chemischer Natur: Farbe und Duft. **Blütenfarbe** wird vor allem durch in den Vakuolen (Anthocyane: blau, violett, rot; Anthoxanthine: gelblich, weiß, UV; Betalaine: rot-violett, gelb; Chalcone und Aurone: gelb, UV) oder Plastiden (Carotinoide: orangefarbene Carotine, gelbe Xanthophylle) lokalisierte Farbstoffe erreicht. Diese Farben können durch die relative Lage der farbstoffführenden Zellschichten im Organ, durch die Überlagerung von Schichten unterschiedlicher Farbe, durch die Häufigkeit und Größe von Interzellularen und durch die Oberflächenstruktur der Epidermis modifiziert werden. Während z. B. glatte Epidermiszellen glänzende Oberflächen hervorrufen, erzeugen papillöse Epidermiszellen samtige Oberflächen. Weiße Blütenfarbe entsteht durch die Totalreflexion von Licht vor allem durch Interzellularen.

Die Blütenfarbe kann sich im Lauf der Alterung der Blüten verändern. Beispielsweise verfärben sich nach der Bestäubung Farbmale in den Blüten von *Aesculus* von Gelb zu Rot. Das ist so interpretiert worden, dass potenzielle Bestäuber durch das viel weniger auffällige Rot von dem „unnützen" Besuch einer schon bestäubten Blüte abgehalten werden.

Das Verständnis der optischen Wirkung von Blüten setzt die Kenntnis der Sinnesphysiologie der Bestäuber voraus. Honigbiene und Hummeln nehmen reines Rot nicht gut wahr, wohl aber das für den Menschen nicht sichtbare Ultraviolett von 310–400 nm und unter den übrigen Blütenfarben nur eine Gelbgruppe von 520–650 nm, eine Blau-Violett-Gruppe (mit Purpur) von 400–480 nm und Weiß, das wie Blaugrün wahrgenommen wird. Die optische Wahrnehmung von Vögeln ist der des Menschen ähnlicher. Für sie ist vor allem Rot sehr auffällig. Dressurversuche mit bestäubenden Insekten haben gezeigt, dass auch verschiedene Sättigungs- und Helligkeitswerte, Helligkeits- und Farbkontraste und die Form von Blütenteilen die Wirksamkeit der optischen Attraktion mitbestimmen können. Damit konnte auch die Bedeutung von Blütenzeichnungen und Farbflecken bewiesen werden, die als Saftmale schon lange für Wegweiser zum Nektar gehalten wurden, wie der orangegelbe Gaumen in den sonst zitronengelben Blüten von *Linaria vulgaris*. Von Saftmalen nimmt man vielfach an, dass sie z. B. Antheren oder Pollen imitieren. Häufig sind Saftmale auch nur für UV-empfindliche Insekten erkennbar (z. B. an den uns einheitlich gelb erscheinenden Perigonblättern von *Caltha palustris*).

Blütenduft entsteht durch unterschiedlichste Substanzen. Vom Menschen meist als angenehm empfundene Düfte gehen meist auf Terpene und Benzenoide, aber auch auf einfache Alkohole, Ketone, Ester z. B. organischer Säuren, Phenylpropane und viele andere Substanzen zurück. Einige dieser Verbindungen können z. B. bei *Ophrys* auch Pheromone weiblicher Insekten imitieren und so männliche Insekten zu Kopulationsversuchen anregen. Unangenehme Düfte vieler von z. B. Aas- oder Kotfliegen bestäubter Blüten oder Blütenstände entstehen beispielsweise durch Amine, Ammoniak oder Indole.

Duft kann im Prinzip von allen Blütenorganen gebildet werden. Viele Blüten besitzen den Saftmalen ähnliche und zum Teil denselben Bereich einnehmende Duftmale. Beispiele hierfür sind die Nebenkrone von *Narcissus* (◘ Abb. 19.171) und die Schuppen an der Basis der Platte von Kronblättern einiger *Silene*-Arten (◘ Abb. 19.217).

Belohnung von Bestäubern kann durch unterschiedlichste Mittel erfolgen. Pollen und Nektar als Nahrung für den Bestäuber haben die größte Bedeutung. In **Pollenblumen** wird der an Protein, Fett, Kohlenhydraten und Vitaminen reiche Pollen im Überschuss gebildet. Pollenblumen, die vielfach auch primitiven Insekten mit beißenden Mundwerkzeugen offenstehen, finden sich bei vielen Vertretern der basalen Ordnungen (z. B. Winteraceae, *Victoria*) und Ranunculales (*Anemone*), aber auch bei Taxa mit sekundär vermehrtem Androeceum (z. B. *Papaver*, *Rosa*). Bestimmte Pollenblumen haben meist nur wenige Stamina und poricide Antheren (z. B. *Solanum dulcamara*), aus denen der Pollen z. B. durch Vibration des besuchenden Insektes (engl. *buzz pollination*) herausgeholt wird.

Der Nektar von **Nektarblumen** ist im Wesentlichen eine wässrige Zuckerlösung (Saccharose, Fructose, Glucose), enthält meist aber auch Aminosäuren. Das Angebot von Nektar ist für die Pflanze weniger aufwendig als das Angebot von stickstoff- und phosphorreichem Pollen. Nektar kann von unterschiedlichen Teilen der Blüten gebildet werden und ist dem bestäubenden Tier unterschiedlich leicht zugänglich. Er kann offen – z. B. am Blütenboden bei vielen Rosaceae – liegen, wird

aber auch tief in einer Kronröhre oder in Blütensporen (z. B. *Viola*, *Linaria*, *Corydalis*) gespeichert, wo er nur bestimmten Tieren mit entsprechend langen Mundwerkzeugen zugänglich ist.

Die Ölblumen mancher Angiospermen (z. B. *Lysimachia*; *Calceolaria*; viele Malpighiaceae) bieten dem Bestäuber in besonderen Drüsen Öl als Nahrung und eventuell auch als Baumaterial an. Harze als Nestbaumaterial werden z. B. von *Dalechampia* (Euphorbiaceae) und *Clusia* (Clusiaceae) gebildet (**Harzblumen**). Bei **Parfümblumen** (z. B. *Stanhopea*: Orchidaceae; *Gloxinia*: Gesneriaceae) sammeln Männchen euglossiner Bienen von den Blüten gebildete Düfte, die Pheromone der Bestäuber imitieren, und nutzen sie möglicherweise für Paarungszwecke.

Blüten können auch den Fortpflanzungstrieb von Tieren auf unterschiedliche Weise ausnutzen. Die Blütenstände von *Ficus* und die Blüten von *Zamia* (Cycadopsida), *Yucca* oder *Siparuna* dienen bestäubenden Insekten als **Brutplatz**.

Bei *Ficus carica* findet man in den ganzjährig vorhandenen krugförmigen Blütenständen dreierlei Blüten in unterschiedlicher Kombination (◘ Abb. 3.109). Neben den männlichen gibt es noch weibliche Blüten mit langem oder kurzem Griffel. Während die langgriffeligen Blüten Samen bilden, dienen die kurzgriffeligen der Eiablage und Larvenentwicklung der Gallwespe (*Blastophaga psenes*). Die Aufblühfolge der Blüten im Lauf des Jahres und in der Infloreszenz stellt sicher, dass einerseits Bestäubung und Befruchtung stattfindet und sich andererseits die Gallwespen fortpflanzen können.

In der Gattung *Ophrys* (Orchidaceae) imitieren die Lippen der Blüten durch Form, Duft und Behaarung die Weibchen z. B. bestimmter Bienen und Grabwespen und veranlassen die Männchen zu Kopulationsversuchen, die zu einer Bestäubung führen können. Für einige Arten konnte man zeigen, dass der Duft der Blüten die Pheromone der entsprechenden Insekten imitiert. Da *Ophrys* den Bestäuber letztlich nicht belohnt, hat man es hier mit einer **Täuschblume** zu tun.

Die Konstruktion (Gestalt) einer Blüte muss gewährleisten, dass der Bestäuber seinem Körperbau entsprechend mit Pollen und Narbe in Berührung kommt. Dabei kann Pollen auch durch bestimmte Hebel-, Klebe-, Klemm- oder Schleudermechanismen auf den Bestäuber aufgebracht werden.

Die protandrischen Blüten von *Salvia pratensis* sind wegen ihres wirkungsvollen, schon 1793 von C.K. Sprengel beschriebenen Hebelmechanismus bekannt (◘ Abb. 3.109). Sie besitzen nur zwei Staubblätter. Jedes trägt ein zu einem langen, der Oberlippe der Blüte anliegenden Hebel ausgezogenes Konnektiv, das mit dem kurzen Filament durch ein Gelenk verbunden ist. Nur am vorderen, längeren Arm des Hebels befindet sich eine fertile Theka. Die andere, sterile Theka bildet den hinteren, kürzeren Arm, der mit dem entsprechenden Teil des zweiten Staubblatts zu einer Platte verbunden ist, die den Zugang zum Nektar am Grund der Kronröhre verdeckt. Drückt eine Hummel gegen diese Platte, werden die längeren Enden des Hebels herabgebogen und ihre Theken mit dem Pollen dem Rücken der Tiere angedrückt. In der gleichen Position, in die die Theken geraten, befindet sich in älteren Blüten die Narbe, die dann bestäubt werden kann.

Ein Beispiel für einen besonders komplizierten Bestäubungsmechanismus sind die als **Gleitfallenblumen** funktionierenden Blütenstände ver-

3

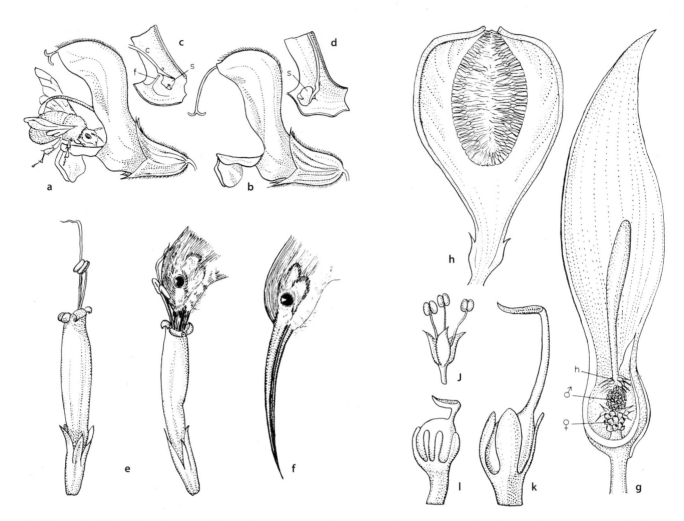

◧ Abb. 3.109 Tierblütigkeit bei verschiedenen Angiospermen. **a** Hummel als Blütenbesucher und **b** Blüte von *Salvia pratensis* (violettblau, leicht vergrößert). **c, d** Hebelmechanismus bei *Salvia pratensis*. Jedes der zwei Staubblätter trägt ein zu einem langen Hebel ausgezogenes Konnektiv, das mit dem kurzen Filament durch ein Gelenk verbunden ist. Nur am vorderen, längeren Arm des Hebels befindet sich eine fertile Theka. Die andere, sterile Theka bildet den kürzeren Arm, der mit dem entsprechenden Teil des zweiten Staubblatts zu einer Platte verbunden ist. **e, f** Der Honigvogel *Arachnothera longirostris* als Bestäuber bei *Sanchezia nobilis* (Acanthaceae, Blüten gelb, Brakteen purpurn, etwa 0,75×). **g** Aufgeschnittener Blütenstand (Gleitfallenblume) von *Arum maculatum* mit hellgrüner Spatha und unscheinbaren ♂, ♀ und Hindernisblüten im weiblichen Entwicklungszustand (0,67×). **h** Blütenstand von *Ficus carica* im Längsschnitt (leicht vergrößert) mit **j** ♂ und **k** langgriffeligen ♀ fertilen Blüten sowie **l** kurzgriffeligen ♀ Gallenblüten (vergrößert). – f Filament, h Hindernisblüten, k Konnektiv, s sterile Theka

schiedener *Arum*-Arten (◧ Abb. 3.109). Die eingeschlechtigen Blüten stehen am unteren Ende eines dicken Kolbens (Spadix), der von einem hellen Hochblatt (Spatha) umhüllt wird, das unten zu einem bauchigen Kessel erweitert ist. Im Kessel stehen zuunterst weibliche Blüten, darüber männliche Blüten, und dann sterile, in dicke Borsten auslaufende Hindernisblüten. Beispielsweise bei *A. nigrum* entwickelt sich schon am ersten Morgen nach Öffnen der Spatha ein kotähnlicher Duft. Die Freisetzung der Duftstoffe aus dem Kolben wird durch Wärmeentwicklung im Kolben gefördert. Durch den Duft werden verschiedene kotliebende, zum Teil schon mit Pollen aus anderen Blütenständen beladene Fliegen und Käfer angelockt. Versuchen diese, sich auf der Innenfläche der Spatha oder auf der Keule niederzulassen und festzuhalten, rutschen sie an der glatten und mit Öl überzogenen Epidermis leicht ab und fallen in den Kessel. Ein Entkommen ist zunächst nicht möglich, da die in die Kesselverengung hineinragenden Hindernisblüten den Ausgang weiter verengen und wie der obere Teil der Kesselwand ebenfalls glatt sind. Nun werden die weiblichen Blüten mit

dem mitgebrachten Pollen bestäubt. Während der folgenden Nacht entlassen die oben stehenden männlichen Blüten ihren Pollen und beladen so die Insekten. Gleichzeitig hört die Geruchsentwicklung auf. Schließlich wird der Ausgang aus dem Kessel durch Welken der Hindernisblüten frei, sodass die pollenbeladenen Tiere die Falle am folgenden Tag wieder verlassen und eine neue Infloreszenz aufsuchen können. Auch die Blüten verschiedener *Aristolochia*-Arten sind Gleitfallen.

Der Bestäuber nimmt Pollen nicht nur aus den Antheren auf. Bei **sekundärer Pollenpräsentation** können vielmehr andere Blütenorgane den Pollen von den Antheren übernehmen und dem Bestäuber präsentieren. Ein Beispiel hierfür sind die proterandrischen Asteraceae (▸ Exkurs 19.11), bei denen der Pollen in eine von den miteinander verklebten Antheren gebildete Röhre entleert und aus dieser durch den sich verlängernden Griffel herausgeschoben wird. Der Bestäuber nimmt den Pollen dann von der Spitze des Griffels auf.

Dem Anhaften von Pollen an die Oberfläche des Bestäubers dienen vor allem Pollenkitt und Viscinfäden, teilweise aber sicher auch die z. B. mit Stacheln und ähnlichen Strukturen versehene Oberfläche der Exine.

Hinsichtlich der eng mit dem Bestäuber verbundenen Form von Blumen lassen sich verschiedene **Blumentypen** unterscheiden. Diese können durch Teilblüten, Blüten oder Blütenstände realisiert sein. Bei flachen **Scheiben-** und **Napf(Schalen-)blumen** (z. B. *Anemone*: Einzelblüte, *Matricaria*: Blütenstand) ist der Zugang zur Blütenmitte und zu der vorhandenen Belohnung mehr oder weniger unbeschränkt. Dieser Zugang verengt sich zunehmend bei **Becher-** und **Glockenblumen** (z. B. *Hyoscyamus*, *Crocus*) und **Röhren-** und **Stieltellerblumen** (z. B. *Silene*, *Nicotiana*). Bei **Spornblumen** ist Nektar in einem Sporn verborgen (z. B. *Linaria*, *Viola*) und bei **Revolverblumen** gibt es mehrere Zugänge zu den Nektarbehältnissen (z. B. *Gentiana acaulis*). Zygomorph gebaut sind **Fahnen-**, **Rachen-**, **Masken-** und **Lippenblumen**. Bei den Fahnenblumen (z. B. *Pisum*, *Polygala*) ist die adaxiale Seite der Blüte stark vergrößert, bei den Rachenblumen (z. B. *Digitalis*) kriecht der Bestäuber in den Schlund der Blüte hinein, bei den Maskenblumen (z. B. *Antirrhinum*) ist dieser Schlund durch eine Aufwölbung des abaxialen Teils der Krone verschlossen, die der Bestäuber überwinden muss, und bei den Lippenblumen (z. B. *Lamium*) dient die Unterlippe der Krone dem Bestäuber als Lande- und Sitzfläche. In **Pinselblumen** (Bürstenblumen) werden meist zahlreiche Staubblätter weit aus der Blume herausgestreckt (*Syzygium*, *Acacia* und *Salix*: Blütenstände) und **Fallenblumen** schließlich fangen Insekten vorübergehend (z. B. *Asclepias*: Klemmfallen; *Arum*: Gleit-/Kesselfallen).

Diese Klassifikation lässt sich noch verfeinern und manche Blumen haben Elemente unterschiedlicher Blumentypen. Dementsprechend ist die Zuordnung einer Blume zu einem Typ nicht immer leicht möglich.

Viele der blütenbestäubenden Tiere stellen mit ihrem Körperbau, ihren Mundwerkzeugen, ihrem Verhalten und ihren Nahrungsbedürfnissen spezifische Anforderungen an die von ihnen besuchten Blumen und haben diese besonders bei den Angiospermen auch selektiv verändert. So lassen sich durch bestimmte Merkmalskomplexe (Syndrome) gekennzeichnete **Blumenstile** voneinander unterscheiden.

Die Richtigkeit der Ansicht, dass Blumenstile das Ergebnis von Selektion durch Bestäuber sind, wird untermauert durch die experimentelle Analyse der großen Unterscheidungsfähigkeit vieler Blumenbesucher und der Tatsache, dass funktionell sehr ähnliche Stiltypen aus völlig verschiedenen Blütenorganen von Einzelblüten (Euanthien) bzw. aus Teilblüten (Meranthien) oder Blütenständen (Pseudanthien) entstanden sind. Vielfach konnten auch aus dem Blumenstil abgeleitete Vorhersagen über Bestäuber durch spätere Beobachtungen bestätigt werden. Bei der Analyse der selektiven Beeinflussung des Blumenbaus durch die Blumenbesucher ist zu berücksichtigen, dass die meisten Blumen von einer größeren Zahl verschiedener Bestäuberarten be-

stäubt werden und damit **polyphil** sind. Um einen selektiven Einfluss auf den Blumenstil haben zu können, müssen diese verschiedenen Bestäuberarten zu einer funktionellen Gruppe gehören. Zunehmende Spezialisierung hat aber auch zur Entstehung **oligo-** oder **monophiler** Blumen mit nur wenigen oder einer Bestäuberart geführt. Unter der Voraussetzung gegenseitiger selektiver Beeinflussung kann man von **Coevolution** zwischen Pflanze und Tier sprechen.

Unter den **Insektenblumen** (**Entomophile**; Bestäubung durch Insekten ist dementsprechend die Entomophilie) sind die **Käferblumen** (**Cantharophile**) meist leicht zugängliche, robuste Scheiben- und Napfblumen mit weißen, gelblichen, bräunlichen oder roten Farben ohne Saftmale, meist mit starkem fruchtigen Duft und viel Pollen. Das entspricht dem Verhalten von Käfern als relativ unbeholfenen Blumentieren mit beißenden Mundwerkzeugen, die die Blütenorgane vielfach zerstören. Käferblumen finden sich bei vielen Vertretern der basalen Ordnungen, aber auch bei Scheibenblumen abgeleiteter Taxa (z. B. *Cornus*, *Viburnum*: Pseudanthien). Heterogen sind die **Fliegenblumen** (**Myiophile**). Zu ihnen gehören einerseits kleine, mehr oder weniger geruchlose Scheibenblumen mit frei zugänglichem Nektar (z. B. Apiaceae, *Ruta*), andererseits aber auch Aasfliegenblumen (**Sapromyiophile**), die besonders mit grün-purpurn gefleckten Farben und Aasgeruch (aber auch z. B. Zitronenduft) Futterquellen und Brutplätze der Bestäuber nachahmen. Meist sind Aasfliegenblumen Täusch- und/oder Fallenblumen und nutzen den Bestäuber aus (z. B. *Aristolochia*: Blüte; *Arum*: Blütenstand). Besonders vielfältig und häufig sind **Bienenblumen** (**Melittophile**). Ihr Stil ist häufig durch zygomorphe Fahnen-, Rachen- und Lippenblumen mit Landeplatz (aber auch Glocken-, Stielteller- und Pinselblumen), häufig gelben, violetten oder blauen Farben, angenehmem Duft, Saftmalen und mäßig tief verborgenem Nektar geprägt (z. B. *Salvia*). Meist wird der Bestäuber auch mit Pollen versorgt. **Tagfalterblumen** (**Psychophile**) fallen besonders durch aufrechte Stellung, engen Röhrenbau, häufig intensiv rosa oder rote (manchmal blaue oder violette) Farben und tief verborgenen Nektar sowie süßen aber meist nicht starken Duft auf (z. B. *Dianthus carthusianorum*, *Nicotiana tabacum*). Im Gegensatz zu den tagsüber offenen Blumen von Psychophilen entfalten sich die **Nachtschwärmer-** und **Mottenblumen** (**Sphingo-** und **Phalaenophile**) am Abend. Sie umfassen waagerechte oder hängende, enge Röhrenblüten mit bleichen Farben und tief verborgenem Nektar (z. B. *Oenothera*, *Silene*) und manchmal auch mit starkem Parfümgeruch (*Lonicera periclymenum*). Bemerkenswert ist die Orchidee *Angraecum sesquipedale* aus Madagaskar mit einem bis zu 43 cm langen Sporn. Für sie wurde schon von Darwin ein Nachtschwärmer als Bestäuber vorausgesagt und dann auch tatsächlich beobachtet. Darauf geht der Name des Nachtschwärmers (*Xanthopan morgani praedicta*) zurück.

Die genannten Blumenstile sind Beispiele und in sich so heterogen wie auch die genannten Bestäubergruppen (z. B. Fliegen, Bienen) heterogen sind. Unter den Insekten können auch Orthopteren, Hemipteren, Thysanopteren und Vertreter anderer Taxa als Bestäuber tätig sein.

Vogelblumen (Ornithophile) heben sich deutlich von Insektenblumen ab. Landeplätze in den tagblütigen Blüten selbst fehlen meist, denn die weitaus schwereren Vögel müssen den Besuch entweder frei schwebend (Kolibris) oder von einem festeren Sitz außerhalb der Blüte aus vornehmen. Häufig gehören die großen Blüten dem Becher-, Röhren- oder Bürstentyp an, die Farben und Farbkontraste sind vielfach grelles Rot, daneben auch Blau, Gelb oder Grün („Papageienfarben"). Duft fehlt wegen des schlecht ausgebildeten Geruchssinns der Blumenvögel, dafür ist aber reichlich dünnflüssiger, meist tief liegender Nektar vorhanden, der durch Röhren- oder Pinselzungen aufgenommen wird. Der Pollen wird manchmal am Schnabel, aber häufiger an anderen Teilen des Kopfes und selten an den Füßen haftend übertragen (◼ Abb. 3.109). Vogelblumen finden sich in fast allen tierblütigen Familien der Tropen (z. B. *Erythrina*, *Fuchsia*, *Hibiscus tiliaceus*, *Tropaeolum majus*, *Salvia splendens*, *Aloe* als auch in Mitteleuropa kultivierte Taxa). Wichtige Blumenvögel sind die Kolibris in den Neotropen und Nektar- und Honigvögel in den Paläotropen. In beiden Gebieten sind aber auch Vögel aus zahlreichen anderen Familien als Bestäuber aktiv.

Fledermausblumen (Chiropterophile) sind auf die Tropen beschränkt und werden besonders durch alt- und neuweltliche Langzungen-Flughunde und -Vampire besucht. Ihr Stil ist durch exponierte Blumenposition, robusten, meist becher-, breit rachen- oder bürstenförmigen Bau, nächtliche Anthese, die Farben Weiß, Cremefarben, Ocker-gelblich, schmutziges Grün oder schmutziges Violett, starken Frucht- oder Gärungsgeruch und sehr viel Nektar sowie Pollen gekennzeichnet (z. B. *Carnegiea*, Arten von *Adansonia*, *Cobaea*, *Musa* und *Agave*).

Andere kleine Säuger, z. B. Nager, und vor allem Beuteltiere können ebenfalls Bestäuber sein.

Bei den heute lebenden Gymnospermen findet man neben Windbestäubung in den meisten Gruppen auch gelegentlich Insektenbestäubung durch z. B. Rüsselkäfer (*Zamia furfuracea*: Cycadopsida) oder Motten (*Gnetum gnemon*). Die ersten Angiospermen wurden möglicherweise von Käfern, Motten, Wespen und kurzrüsseligen Fliegen bestäubt. Bestäuber wie viele Lepidopteren (Tagfalter, Nachtschwärmer), Vögel, Fledermäuse und höher entwickelte Bienen sind erst in der späten Kreide oder im Känozoikum entstanden bzw. haben sich erst dann gemeinsam mit den von ihnen bestäubten Angiospermen diversifiziert.

3.5.4 Befruchtung

Nachdem ein Pollenkorn durch die Bestäubung entweder in die Pollenkammer am oberen Ende des Nucellus (Cycadopsida, *Ginkgo*), in die Mikropyle (Coniferopsida inkl. Gnetales) oder auf die Narbe (Angiospermen) gelangt ist, beginnt der Befruchtungsvorgang mit der Pollenkeimung. Bestäubung und Befruchtung können besonders bei einigen Gymnospermengruppen bis zu mehrere Monate voneinander getrennt sein. Bei der Pollenkeimung wächst der Pollenschlauch durch eine Keimöffnung der Pollenkornwand aus.

Die Funktion des Pollenschlauchs besteht bei den Samenpflanzengruppen mit Spermatozoiden (Cycadopsida, *Ginkgo*) im Wesentlichen darin, durch sein Eindringen in den Nucellus den männlichen Gametophyten zu verankern und als Haustorium Nährstoffe aufzunehmen (◼ Abb. 3.95). Allerdings wächst der Pollenschlauch auch unter Auflösung des Nucellus auf die Archegonien zu. Nach Eindringen der Spermatozoide in die Archegonien kommt es schließlich zur Befruchtung mit Zellverschmelzung (**Plasmogamie**) und Kernverschmelzung (**Karyogamie**). Die Befruchtung durch Spermatozoide bei den Cycadopsida und *Ginkgo* wird als **Zoidiogamie** bezeichnet.

Bei Pollenschlauchbefruchtung ohne eigenbewegliche Spermatozoide (**Siphonogamie**; Coniferopsida inkl. Gnetales, Angiospermen) muss der Pollenschlauch die Spermazellen bis zu den Eizellen transportieren (◼ Abb. 3.103).

Bei den Angiospermen muss der Pollenschlauch nach Ankunft auf der Narbe Karpellgewebe wie den Griffel durchwachsen, um zu den Samenanlagen zu gelangen. Dieses Wachstum findet auf der Oberfläche oder in den oberen Zellschichten des Pollenschlauchtransmissionskanals statt.

Bei den Coniferopsida inkl. *Welwitschia* kommt nur eine der zwei Spermazellen zur Befruchtung. **Doppelte Befruchtung** findet man bei den Angiospermen.

Ist der Pollenschlauch der Angiospermen bis an den Eiapparat des weiblichen Gametophyten vorgedrungen (◼ Abb. 3.103), entleert er seinen Inhalt in eine der beiden Synergiden, die dabei zerstört wird. Während nun der Pollenschlauchkern zugrunde geht, wandern die beiden Spermazellen bzw. ihre Kerne wahrscheinlich durch amöboide Bewegung weiter. Aus der Fusion eines Spermazellkerns mit der Eizelle entsteht die Zygote. Der andere Spermazellkern dringt in die Zentralzelle des Embryosacks ein und verschmilzt hier normalerweise mit dem sekundären Embryosackkern bzw. mit den beiden Polkernen. Daraus resultiert der triploide **Endospermkern**, der Ausgangspunkt des typischen Nährgewebes, dem triploiden Endosperm, der Samen der Angiospermen ist. Die seltenere Verschmelzung des zweiten Spermakerns mit nur einem haploiden Kern in einem vierkernigen Embryosack führt zur Entstehung eines diploiden Endosperms. Da ein diploides Endosperm bei den Nymphaeales und Austrobaileyales, nicht aber bei *Amborella* vorkommt, ist unklar, ob das Endosperm der

Angiospermen ursprünglich diploid oder triploid war. Ein Endosperm fehlt z. B. den Orchideen und bei den Onagraceae ist das Endosperm durch Vorhandensein nur eines Polkerns diploid.

Bei *Ephedra* und *Gnetum* entstehen durch doppelte Befruchtung zwei Zygoten, von denen sich aber meist nur eine weiterentwickelt.

3.5.5 Samen

Nach der Befruchtung entwickelt sich eine Samenanlage zum Samen, der meist aus der Samenschale, einem Nährgewebe und dem Embryo besteht. Die **Samenschale** (**Testa**) entsteht aus der Samenoberfläche unter Beteiligung der Integumente und kann sehr unterschiedlich ausgebildet sein. Am reifen Samen lässt sich äußerlich meist die Abrissstelle vom Funiculus, das **Hilum** (Samennabel), und bei Samen, die aus ana- oder campylotropen Samenanlagen hervorgehen, der das Leitbündel enthaltende Teil, die **Raphe**, erkennen (◘ Abb. 3.110).

Bei den Cycadopsida und *Ginkgo* entwickeln sich die äußeren Bereiche der Samenschale zu einer fleischigen und häufig auffällig gefärbten **Sarcotesta** und die inneren Teile zu einer harten **Sclerotesta**. Die Samenschale der Coniferopsida exkl. Gnetales ist hart. Bei Angiospermen mit zwei Integumenten sind entweder beide oder nur ein Integument an der Bildung der Samenschale beteiligt. In beiden Fällen besteht wieder die Möglichkeit der Differenzierung der Samenschale in eine fleischige Sarcotesta und eine harte Sclerotesta (z. B. Magnoliaceae, Paeoniaceae, *Punica granatum*).

Die Samenschale kann zusätzlich zur Differenzierung in Sarco- und Sclerotesta besonders bei den Angiospermen vielfältig variieren. So können z. B. nur einige Bereiche einer sonst harten Samenschale fleischig sein. Entstehen diese Bereiche aus dem Übergang von Funiculus zu Integument, liegt ein **Arillus** vor, der den Samen entweder fast vollständig einschließt (z. B. *Euonymus*), zerschlitzt ist (z. B. *Myristica*; ◘ Abb. 19.158) oder als lufthaltiger Schwimmsack ausgebildet ist (z. B. *Nymphaea*; ◘ Abb. 3.111). Ist die Samenschale im Bereich der Mikropyle fleischig, spricht man von einer **Caruncula** (◘ Abb. 3.110), ist sie im Bereich der Raphe fleischig, von einer **Strophiole**. Solche Anhangsgebilde sind als fett-, protein- bzw. zuckerreiche **Elaiosomen** (◘ Abb. 3.111) für die Ausbreitung von Samen durch Ameisen wichtig (z. B. *Corydalis*, *Chelidonium*). Vielfach verschleimt die Samenschale (z. B. verschiedene Brassicaceae, *Linum*, Tomate, *Plantago*) und ist als **Myxotesta** ausgebildet. Aus einer trockenen Testa können auch Haare (z. B. *Epilobium*, Baumwolle) oder flügelartige Fortsätze (z. B. *Zanonia*) auswachsen (◘ Abb. 3.111). In Schließfrüchten, wo die Schutzfunktion der Samenschale vielfach durch die Fruchtwand übernommen wird (z. B. Apiaceae, Asteraceae, Poaceae), ist die Samenschale häufig nur sehr dünn.

Die Größe von Samen schwankt beträchtlich. So wiegen die Samen der Seychellen-Nuss (*Lodoicea*: Arecaceae) mehrere Kilogramm, während die winzigen Samen z. B. der Orchidaceae nur ein Gewicht von einigen Tausendstel Milligramm haben. Samengröße, -form und -oberfläche sind nur in Zusammenhang mit Samenausbreitung, Samenkeimung und Keimlingsetablierung zu verstehen.

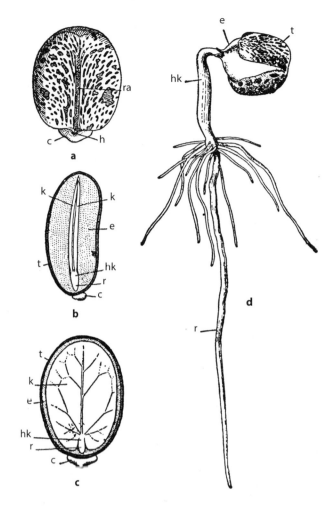

◘ **Abb. 3.110** Same und Keimung (*Ricinus communis*). **a** Ventralansicht. **b** Medianer, **c** transversaler Längsschnitt des Samens (A–C 2×). **d** Keimling (1×). – c Caruncula (Elaiosom), e Endosperm, h Hilum, hk Hypokotyl, k Kotyledonen, r Radicula, ra Raphe, t Testa. (Nach W. Troll)

Das Nährgewebe der Samen ist meist ein Endosperm. Bei den Gymnospermen entsteht das **primäre Endosperm** aus dem haploiden Gewebe des weiblichen Gametophyten. Das Nucellusgewebe ist im reifen Samen nur noch sehr zusammengepresst erkennbar. Bei den Angiospermen entsteht das **sekundäre Endosperm** meist durch die Befruchtung des sekundären Embryosackkerns durch eine der zwei Spermazellen und ist damit triploid. Seltener entsteht ein diploides sekundäres Endosperm durch Befruchtung nur eines haploiden Kerns in vierkernigen Embryosäcken (s. Befruchtung). Der Nucellus ist entweder kaum noch oder überhaupt nicht mehr erkennbar.

Die Bildung des sekundären Endosperms der Angiospermen erfolgt entweder **nucleär** (zuerst freie Kernteilungen), **zellulär** (Zellwandbildung von Anfang an) oder **helobial** (oberer Teil des Embryosacks nucleär, unterer Teil zellulär). Bei manchen Samen, z. B. der Muskatnuss

3

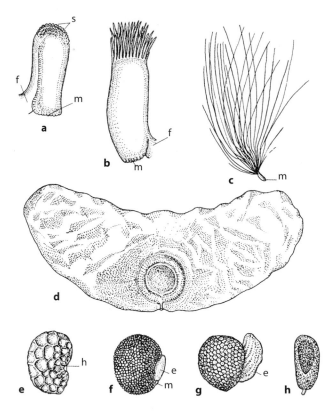

◻ Abb. 3.111 Samen und ihre Entwicklung. **a, b** Samenanlagen unterschiedlichen Alters (70×). **c** Reifer Same (9×) von *Epilobium angustifolium*. Samen von **d** *Zanonia javanica* (Cucurbitaceae, geflügelt, 0,5×), **e** *Papaver rhoeas*, **f** *Pseudofumaria alba* und **g** *Chelidonium majus* mit Elaiosom sowie **h** *Nymphaea alba* mit sackartigem Arillus (vergrößert). – e Elaiosom, f Funiculus, h Hilum, m Mikropyle, s Anlage der Samenhaare. (a–c nach K. v. Goebel; d nach F. Firbas; e–h nach P.E. Duchartre)

und der *Areca*-Palme, wachsen vom Nucellus, und bei einigen Annonaceae von den Integumenten faltenartige Gewebewucherungen in das Endosperm hinein und zerfurchen es. Dadurch entsteht ein **ruminiertes Endosperm** (◻ Abb. 19.158).

Außer dem sekundären Endosperm kann bei den Angiospermen auch der Nucellus als Nährgewebe dienen. Ein derartiges **Perisperm** findet sich zusätzlich zum Endosperm z. B. bei den Nymphaeaceae, Piperaceae (◻ Abb. 19.160), Zingiberales und als alleiniges Nährgewebe bei den Caryophyllales im engeren Sinne. Schließlich besteht auch die Möglichkeit, dass die Nährstoffspeicherung vom Embryo selbst z. B. in den Keimblättern (Speicherkotyledonen) übernommen wird (z. B. Fabaceae, *Quercus*, *Juglans*, *Aesculus*) oder dass die Samen überhaupt kein Endosperm enthalten (z. B. Orchidaceae).

Die Nährstoffe der Samen sind entweder Stärke, Protein oder Öl im Zellinneren oder Reservecellulose in den Zellwänden. Demnach sind das Endosperm oder andere Speichergewebe eher mehlig wie bei den Gräsern, fettig wie bei *Cocos* oder hornartig bis steinig wie bei vielen Liliales und bei manchen Palmen (z. B. *Phytelephas*: „vegetabilisches Elfenbein“).

Die Entwicklung des **Embryos** aus der Zygote kann sehr unterschiedlich verlaufen (◻ Abb. 2.3 und Abb. 3.112). Der fertige Embryo besteht meist aus dem **Suspensor** und dem Embryo im engeren Sinne. Dieser besteht aus der Wurzelanlage (**Radicula**), einem unterhalb der Keimblätter gelegenen Achsenabschnitt (**Hypokotyl**), den in unterschiedlicher Zahl vorhandenen Keimblättern (**Kotyledonen**) und dem Sprossmeristem (**Plumula**). Während der Entwicklung wird der eigentliche Embryo durch den Suspensor in das Nährgewebe hineingeschoben und der Suspensor ist im reifen Samen meist nicht mehr sichtbar.

Die fertigen Embryonen der Angiospermen können sehr unterschiedlich groß und differenziert sein. So sind die Embryonen z. B. bei den Orchidaceae nur wenigzellig und völlig ungegliedert. Schließlich kann die Embryobildung bei den Angiospermen auch ohne Befruchtung stattfinden (Agamospermie; ▶ Abschn. 17.1.3.3). Bei agamospermen Arten kann es selten auch zur Polyembryonie mit mehreren auskeimenden Embryonen pro Same kommen.

3.5.6 Früchte

Bei den Angiospermen sind die Samenanlagen in Karpelle eingeschlossen. So wie sich nach der Befruchtung die Samenanlagen zu den Samen entwickeln, entsteht aus den Karpellen sowie manchmal anderen Teilen der Blüte und der Blütenachse die **Frucht**, die einerseits die Samen bis zur Reife einschließt und andererseits deren Ausbreitung dient. Die Struktur der reifen Frucht hängt von der Struktur des Gynoeceums, der Anatomie der Fruchtwand und dem Öffnungsverhalten der Frucht bei der Reife ab. Gehen Früchte aus dem einzigen Karpell einer Blüte hervor, handelt es sich um **Einblattfrüchte**. **Chorikarpe Früchte** entstehen aus mehreren Karpellen eines chorikarpen Gynoeceums. Aus synkarpen Gynoeceen können unterschiedliche **synkarpe Früchte** entstehen. Die Fruchtwand (**Perikarp**) ist bei der Fruchtreife in die äußere Epidermis und ihre Abkömmlinge (**Exokarp**), die innere Epidermis und ihre Abkömmlinge (**Endokarp**) und dazwischenliegende Zellschichten unterschiedlicher Zahl (**Mesokarp**) gegliedert. Das Endokarp kann in Form von fleischigen Haaren als **Pulpa** auch in die Ovarhöhle hineinwachsen (z. B. *Citrus*). Die unterschiedlichen Schichten der Fruchtwand werden allerdings vielfach auch anders definiert. Liegt z. B. bei Steinfrüchten ein mehrzellschichtiger Steinkern vor, wird dieser Teil der Fruchtwand häufig als Endokarp und der fleischige äußere Teil als Exokarp bezeichnet. Abhängig von fehlender bzw. wenigstens teilweise vorhandener Fleischigkeit des Perikarps kann zwischen **Trocken-** und **Saftfrüchten** unterschieden werden. Weiterhin ist zwischen Öffnungs- und Schließfrüchten zu differenzieren. **Öffnungsfrüchte** liegen vor, wenn sich

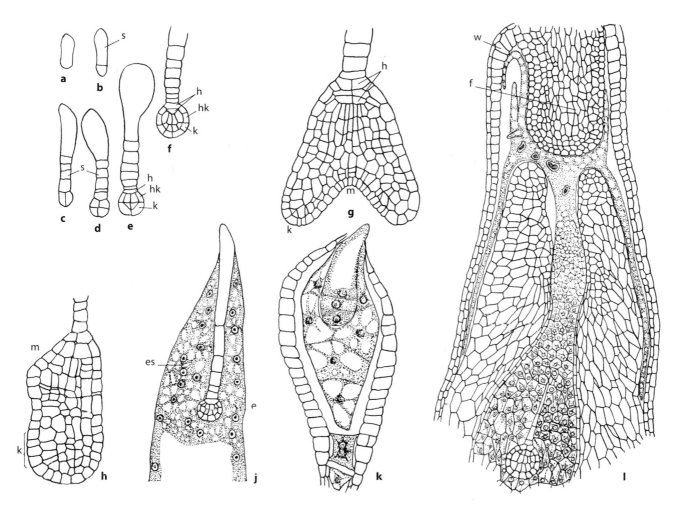

Abb. 3.112 Entwicklung von Embryo und sekundärem Endosperm bei den Angiospermen. **a–g** *Capsella bursa-pastoris*. **a** Zygote. **b–f** Entwicklung des Suspensors und jungen Embryos mit Hypophyse sowie den Anlagen von Hypokotyl und Kotyledonen. **g** Embryo mit Hypophyse, Keimblattanlagen und Apikalmeristem des Sprosses. **h** *Alisma plantago-aquatica*. Embryo mit Hypophyse, Keimblattanlagen und Apikalmeristem des Sprosses (etwa 200×). **j, k** Junger Embryo mit Suspensor im nucleären bzw. zellulären Endosperm (*Lepidium* sp. bzw. *Ageratum mexicanum*). **l** Längsschnitt eines jungen Samens von *Globularia cordifolia*. Aus dem Endosperm hat sich durch die Mikropyle ein schlauchförmig verzweigtes Haustorium entwickelt, das teils der Fruchtknotenwand, teils dem Funiculus anliegt. Im Embryosack ist auch der Embryo mit Suspensor erkennbar. – e Embryo, es Endosperm, f Funiculus, h Hypophyse, hk Hypokotyl, k Keimblattanlagen, m Apikalmeristem des Sprosses, s Suspensor, w Fruchtknotenwand. (a–h nach I. Hanstein und R. Souèges; j nach I.L.L. Guignard; k nach R.M.T. Dahlgren; l nach I.H. Billings)

die Frucht bei der Reife öffnet und die Samen entlässt. **Schließfrüchte** öffnen sich nicht.

Die Vielfalt von Früchten als Ausbreitungseinheiten erhöht sich durch die mögliche Beteiligung anderer Organe oder Organteile als dem Gynoeceum an ihrem Aufbau sowie durch die Bildung von Fruchtständen. Bei vielen Rosaceae kann der Blütenbecher (*Rosa*) oder die Blütenbasis (*Fragaria*) fleischig werden. An der Fruchtbildung beteiligt sein können das Perigon (z. B. fleischig im Fruchtstand von *Morus*; haarig bei *Eriophorum*), der Kelch (z. B. stark vergrößert und gefärbt bei *Physalis alkekengi*; als Pappus bei Valerianaceae und Asteraceae), Vor- und Tragblätter (z. B. flügelartig bei *Carpinus* oder *Humulus*, schlauchförmig bei *Carex*), Fruchtstiele (z. B. fleischig bei *Anacardium occidentale*) sowie Achsen- und Blattorgane der Fruchtstände (z. B. Cupula der Fagaceae, Fleischigkeit von Achse und Tragblättern bei *Ananas*).

Im Folgenden werden unterschiedliche Früchte im Wesentlichen funktionell nach ihrem Öffnungsverhalten und der anatomischen Struktur der Fruchtwand geordnet (■ Abb. 3.113).

3.5.6.1 Öffnungsfrüchte

Bei **Balgfrüchten** ist das einzelne Karpell eines chorikarpen Gynoeceums bei der Reife meist trocken und öffnet sich entlang der Bauchnaht (**ventrizid**). Bei *Consolida* z. B. ist in der Blüte nur ein Karpell und dementsprechend ein Balg vorhanden. Bei z. B. *Paeonia, Delphinium, Trollius* oder *Spiraea* (■ Abb. 19.198) entstehen in der Blüte zahlreiche Bälge, sodass man die Frucht auch als Sammelbalgfrucht bezeichnen kann.

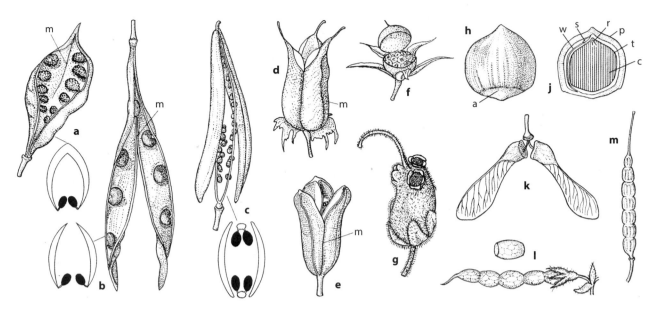

Abb. 3.113 Trockene Öffnungs- und Schließfrüchte. **a, b** Einblattfrüchte. **a** Balgfrucht (*Consolida regalis*; 4×). **b** Hülse (*Laburnum anagyroides*). **c–j** Synkarpe Früchte. **c** Schote (*Chelidonium majus*) (B, C 1×). **d** Septizide Kapsel (*Hypericum perforatum*). **e** Dorsizide Kapsel (*Iris sibirica*) (D, E 3×). **f** Deckelkapsel (*Anagallis arvensis*; 2×). **g** Porenkapsel (*Antirrhinum majus*; 0,75×). **h, j** Nuss von *Corylus avellana*. **h** Gesamtansicht, **j** Längsschnitt (H, J 1×). **k–m** Zerfallfrüchte. **k** Spaltfrucht (*Acer pseudoplatanus*, mit zwei einsamigen Teilfrüchten; 1×). **l** Gliederhülse (*Ornithopus sativus*, Einblattfrucht, mit einsamigen Bruchfrüchtchen). **m** Gliederschote (*Raphanus raphanistrum;* synkarpe Bruchfrucht). (L, M 0,67×.) – a Abbruchstelle, k Keimblatt, l Leitbündel zu den Samenanlagen, m dorsale Mittellinie der Karpelle, r Radicula, s verkümmerte Samenanlage, t Testa, w Fruchtwand. (a nach G. Beck-Mannagetta; b, d, e, h–m nach F. Firbas; c nach R. v. Wettstein; f, g nach A.F.W. Schimper)

Hülsen sind ebenfalls meist trocken und entstehen aus einem Karpell, öffnen sich aber an Bauch- und Rückenseite (**dorsizid**). Hülsen findet man z. B. bei den Leguminosen.

Kapselfrüchte sind meist trocken und entwickeln sich aus synkarpen Gynoeceen. Bei Öffnung der Früchte an den Grenzen benachbarter Karpelle liegen **septizide** (scheidewandspaltige) Kapseln vor. **Dorsizide** (**lokulizide**; rücken-, fachspaltige) Kapseln öffnen sich entlang des Karpellrückens. Bei **poriziden** Kapseln entstehen Poren als relativ kleine Öffnungen, und Querbrüche über eine gesamte synkarpe Frucht hinweg resultieren in **Deckelkapseln**. Je nach Mehr- oder Einfächrigkeit und der Art des Öffnens unterscheidet man dementsprechend verschiedene Kapselformen (◘ Abb. 3.113). Zu den Kapseln gehört auch die **Schote** der Brassicaceae (◘ Abb. 19.211). Sie besteht aus zwei miteinander verwachsenen Karpellen, die sich klappig von ihren placententragenden Rändern ablösen, zwischen die eine „falsche" Scheidewand gespannt ist. Auch die Katapultfrucht von *Geranium* (◘ Abb. 19.206) ist eine Kapsel. Fleischige Kapselfrüchte sind besonders in den Tropen häufig. Mitteleuropäische Beispiele sind *Euonymus* und die Explosionsfrüchte von *Impatiens*.

3.5.6.2 Schließfrüchte

Nüsse bzw. Nüsschen mit vollständig holzigem Perikarp und ohne Öffnung können sowohl aus den einzelnen Karpellen eines chorikarpen Gynoeceums (Nüsschen, z. B. *Anemone, Ranunculus*) als auch aus einem synkarpen Gynoeceum entstehen (Nüsse, z. B. *Betula, Ulmus, Fraxinus*). Bei den Nüsschen von *Clematis* und *Pulsatilla* ist der sich verlängernde fedrige Griffel und bei *Geum* ein widerhakiger Griffel an der Ausbreitung beteiligt. Diese Funktion wird bei vielen Dipsacaceae vom Außenkelch übernommen (◘ Abb. 19.245). Eng aneinandergepresst sind die Samenschale und die Fruchtwand bei den **Karyopsen** der Poaceae (◘ Abb. 19.176) und den **Achänen** der Asteraceae (◘ Abb. 19.238), die ebenfalls Nüsse sind. In Sammelnussfrüchten können mehrere Nüsschen eines chorikarpen Gynoeceums z. B. durch eine fleischige Blütenbasis (*Fragaria*) oder einen fleischigen Blütenbecher (*Rosa*) zusammengehalten werden (◘ Abb. 19.198).

Zu den trockenen Schließfrüchten gehören auch die **Zerfallfrüchte**. Bei den aus einem synkarpen Gynoeceum entstehenden **Spaltfrüchten** lösen sich die vielen (z. B. *Malva*) oder nur zwei (z. B. *Acer*; ◘ Abb. 3.113) Teilfrüchte (**Merikarpien**) septizid voneinander. Bei den meisten Apiaceae (◘ Abb. 19.244) bleiben die zwei Teilfrüchte an einem zentralen Fruchthalter (Karpophor) stehen. Quer oder längs zerbrechende Karpelle kennzeichnen die **Bruchfrüchte**. Diese können entweder aus synkarpen Gynoeceen (z. B. die quer zerbrechenden **Gliederschoten** einiger Brassicaceae, ◘ Abb. 3.113, und die längs zerbrechenden und senkrecht dazu spaltenden **Klausenfrüchte** vieler Lamiaceae und Boraginaceae, ◘ Abb. 19.226 und 19.231) oder aus dem einzigen oder den einzelnen Karpellen eines chorikarpen Gynoeceums (z. B. quer zerbrechende **Gliederhülsen** einiger Leguminosen; ◘ Abb. 3.113) entstehen.

Steinfrüchte sind dadurch charakterisiert, dass die äußeren Teile des Perikarps fleischig und die inneren holzig werden. Aus nur einem Karpell entsteht z. B. die Steinfrucht von *Prunus* (Kirsche, Pflaume usw.; ◘ Abb. 19.198). Synkarpe Steinfrüchte bilden z. B. *Olea* oder *Sambucus*. Bei *Cocos* ist das Mesokarp faserig und lufthaltig (◘ Abb. 19.172) und ermöglicht den Früchten effektive Ausbreitung durch Wasser. Brombeere und Himbeere haben Sammelsteinfrüchte.

Apfelfrüchte (z. B. *Malus*; ◘ Abb. 19.198) gehen aus einem unterständigen synkarpen Gynoeceum hervor. Die Außenteile ihres Perikarps sind fleischig, die Innenteile papierartig oder ledrig.

Fleischigkeit des gesamten Perikarps kennzeichnet **Beeren**. Viele Annonaceae, *Actaea* oder die Dattel haben Einblattbeeren. Synkarpe Beerenfrüchte findet man z. B. bei *Ribes*, *Vitis*, *Vaccinium*, *Atropa* oder *Convallaria*. Die Zitrusfrüchte haben eine fleischige Pulpa. Ist die Außenwand der Beere wie bei Gurke und Kürbis (Cucurbitaceae; ◘ Abb. 19.201) ziemlich hart, wird manchmal auch von Panzerbeeren gesprochen.

3.5.6.3 Fruchtstände

Auch ganze Fruchtstände können Ausbreitungseinheiten sein. Beispiele hierfür sind Maulbeere und Feige (letztere mit krugförmigen Blüten- und Fruchtständen) sowie andere Gattungen der Moraceae (◘ Abb. 19.199) oder *Ananas* mit fleischigem Perianth, Blütenachsen und Früchten. Bei *Tilia* werden mehrere Nüsse durch ein als Flügel dienendes Vorblatt zusammengehalten (◘ Abb. 19.213), bei *Arctium* dient ein sich nichtöffnendes Köpfchen mit widerhakigen Involucralblättern als Ausbreitungseinheit. Schließlich kann auch das gesamte oberirdische Sprosssystem einer Pflanze als Steppenroller zur Ausbreitungseinheit werden, wenn es sich an der Basis löst, durch den Wind bewegt wird und dabei die Früchte verliert. Hierbei hilft eine steif-kugelige Form der Pflanze.

3.5.7 Samen- und Fruchtausbreitung

Die räumliche Verteilung von Ausbreitungseinheiten (**Diasporen**) erfüllt verschiedene Funktionen. Bei der Kolonisierung neuer, d. h. vom Mutterindividuum

nicht besiedelter Standorte ist die Ausbreitung über kurze Entfernungen für den Erhalt einer Population und die Ausbreitung über größere Entfernungen für die Gründung neuer Populationen wichtig. Durch die Ausbreitung vom Mutterindividuum weg wird intraspezifische Konkurrenz mit dem Mutterindividuum und mit den Geschwisterindividuen verringert. Allerdings gelangt die Mehrheit der Ausbreitungseinheiten fast immer in die unmittelbare Nähe der Mutterpflanze (▸ Abschn. 17.1.3.4). Die Ausbreitung von Diasporen kann auch als Strategie der Vermeidung von Herbivoren und Pathogenen betrachtet werden, deren Verhalten dichteabhängig ist, und schließlich ist Diasporenausbreitung auch eine Komponente des Genflusses innerhalb und zwischen Populationen.

In der folgenden Übersicht verschiedener Ausbreitungsmechanismen ist zu berücksichtigen, dass Spezialisierung in diesem Bereich vielfach geringer ist als bei der Bestäubung. Dementsprechend sind viele Diasporen **polychor** und werden auf verschiedene Weise ausgebreitet. Verschiedene Möglichkeiten der Ausbreitung werden auch durch die Differenzierung der Diasporen innerhalb eines Individuums (**Heterospermie**, **Heterokarpie**) erreicht. So gibt es in den Köpfchen mancher *Leontodon*-Arten Achänen mit und ohne Pappus und bei verschiedenen Asteraceae haben die äußersten Achänen keinen Pappus und werden zusätzlich von den sie umschließenden Involucralblättern in den reifen Köpfchen zurückgehalten. Manche Pflanzen deponieren viele oder alle ihre Früchte in ihrer unmittelbaren Nachbarschaft, z. B. durch aktives Wachstum in Felsspalten (*Cymbalaria muralis*) oder durch Versenken in den Boden (z. B. Erdnuss, *Arachis hypogaea*, *Trifolium subterraneum*). Die Früchte bzw. Teilfrüchte von *Stipa* und *Erodium* (◘ Abb. 15.32) bohren sich nach der Ausbreitung in den Boden. Der Ausbreitung über größere Entfernungen entgegenstehende Mechanismen findet man gehäuft bei Pflanzen arider Gebiete.

Die Beobachtung von Ausbreitungsphänomenen ergibt meist, dass die von der Mehrheit der Diasporen eines Individuums überwundenen Distanzen eher gering sind und vielfach nur im Bereich weniger Meter liegen. Eine ausnahmsweise stattfindende Ausbreitung von Diasporen über wirklich große Entfernungen ist jedoch von großer evolutionarer Bedeutung. Dieses zeigt sich z. B. in der relativ schnellen Besiedlung auch abgelegener ozeanischer Inseln durch viele Arten. Molekulare Methoden der Verwandtschaftsanalyse zeigen darüber hinaus zunehmend häufig, dass geografisch weit voneinander entfernt lebende Pflanzentaxa sehr eng miteinander verwandt sein können und ihre Verbreitungsgebiete durch Fernausbreitung (engl. *long distance dispersal*) erreicht haben.

Tier-, Wind-, Wasser- und Selbstausbreitung sind die wichtigsten Ausbreitungsmechanismen. Die Ausbreitung durch Tiere (**Zoochorie**) kann unterschiedliche Formen annehmen. Bei der **Endozoochorie** werden Diasporen gefressen und wieder ausgeschieden und dadurch ausgebreitet.

Voraussetzung für Endozoochorie ist, dass die Diasporen über Lockmittel (Nahrungsstoffe wie Kohlenhydrate, Proteine, Fette und Öle wie auch Vitamine, organische Säuren, Mineralstoffe), Reizmittel (z. B. Farbe und Duft) und Schutzeinrichtungen (Sclerotesta, harte Perikarpteile) gegen die Zerstörung der Samen im Kauapparat oder Darm des ausbreitenden Tiers verfügen. Sowohl Samen als auch Früchte können diesen Bedingungen entsprechen. Während fleischige Samen oder Früchte meist rasch gefressen werden, eignen sich trockene auch zur Vorratsbildung. Ursprünglich waren wohl Fische und Reptilien wichtige Samen- (und Frucht-)ausbreiter (Ichthyo-, Saurochorie), später kamen dann Vögel (Ornithochorie) und Säugetiere hinzu. Ähnlich wie bei der Bestäubung ist es auch bei der Endozoochorie vielfach zu einer engen Bindung zwischen Pflanze und Tier gekommen. Dementsprechend lassen sich bei fleischigen Diasporen je nach Hauptausbreiter charakteristische Merkmalssyndrome erkennen. Bei Vogelausbreitung sind die Diasporen meist grell- bzw. kontrastfarbig (rot, gelb, glänzend schwarz), duftlos, mäßig groß bis klein, weichschalig und nicht abfallend. Beispiele hierfür sind fleischige Samen (*Magnolia*, *Paeonia*), Steinfrüchte (*Prunus avium*, *Ligustrum*, *Olea*, *Sambucus*), Beeren (*Ribes*, *Vitis*, *Vaccinium*), Sammelfrüchte (*Rosa*, *Rubus*) und Fruchtstände (*Morus*). Säugetiere sind besonders in den Tropen für die Endozoochorie wichtig. Wegen ihrer andersartigen Sinnesleistungen und Mundwerkzeuge sind die Diasporen bei Säugetierausbreitung meist nicht so auffällig gefärbt, dafür aber stark duftend, oft größer, hartschaliger und von der Pflanze abfallend. Hierher gehören z. B. die Steinfrüchte von *Prunus persica*, viele Apfelfrüchte, vielfach relativ hartschalige Beeren (Kakao, *Citrus*, Kaki, Cucurbitaceae, Banane) und Fruchtstände (*Ficus*, *Artocarpus*). Fledermausfrüchte sind ähnlich, bleiben aber in exponierter Lage an der Pflanze hängen (Mango).

Auch bei trockenen Diasporen findet man kleinere, die besonders von körnerfressenden Vögeln ausgebreitet werden, und größere (z. B. *Quercus*, *Fagus*, *Corylus*, *Juglans*), die vor allem von Nagetieren gesammelt und gehortet werden, wobei immer ein Teil dem Verzehr entgeht.

Ameisenausbreitung (**Myrmekochorie**) beruht darauf, dass verschiedene Ameisenarten solche Samen und Früchte aufnehmen und verschleppen, an denen Lock- und Nährstoffe enthaltende Anhängsel (Elaiosomen) ausgebildet sind.

Die Elaiosomen können aus verschiedenen Samenteilen (z. B. *Asarum*, *Chelidonium*, *Corydalis*, *Viola*-Arten, *Cyclamen purpurascens*, *Melampyrum*, *Allium ursinum*, *Galanthus nivalis*) oder an Nussfrüchten oder Klausen entstehen (z. B. *Anemone nemorosa*, *Hepatica*, *Lamium*, *Knautia*). Myrmekochore sind hauptsächlich in temperaten Laubwäldern und in australischen und anderen Trockengebieten anzutreffen. Wie ein Vergleich nahe verwandter Arten ohne und mit Myrmekochorie zeigt, sind auch andere Merkmale mit dieser Ausbreitungsform verbunden. So hat *Primula elatior* ohne Elaiosomen eine langsame Samenreifung in steif aufrechten Schüttelkapseln mit vertrockneten Kelchen auf langen Schäften, und *P. vulgaris* mit Elaiosomen hat eine schnelle Samenreifung in schlaff am Boden liegenden Kapseln mit einem grünen, assimilierenden Kelch auf kurzen Schäften.

Die Samen einiger tropischer Fabaceae mit rot-schwarz kontrastierender Farbe scheinen Arillen zu imitieren und könnten somit als Täuschdiasporen interpretiert werden.

Epizoochorie liegt vor, wenn sich Diasporen auf unterschiedlichste Art an die Oberfläche von Tieren anheften.

Während die Samen vieler Sumpf- und Wasserpflanzen wegen ihrer geringen Größe zusammen mit Schlamm z. B. an Wasservögeln haften und weltweit verschleppt werden können, ist diese Möglichkeit bei Samen oder Früchten, die in feuchtem Zustand klebrig-schleimig werden (z. B. *Plantago*, *Juncus*) noch verbessert. Vielfach bleiben Diasporen mit Drüsenhaaren (z. B. *Salvia glutinosa*), besonders aber mit Wider-

haken an Tieren hängen. Kletteinrichtungen können als Haare oder Emergenzen der Karpelle auftreten (z. B. *Medicago*, *Circaea*, *Galium aparine*) oder aus Griffeln (z. B. *Geum urbanum*), Kelch- (und Außenkelch) bzw. Köpfchenhüllblättern (z. B. *Arctium*, *Xanthium*) entstehen. Während die zarter gebauten Klettfrüchte besonders im Fell kleiner Tiere ausgebreitet werden, sind die besonders robusten Trampelkletten (z. B. *Tribulus*, viele Pedaliaceae) an Anheftung und Transport an den Füßen großer Huftiere angepasst. Eine besondere Form der Ausbreitung durch Tiere findet man bei Tierballisten. Ihre elastischen Sprossachsen bleiben an vorbeistreifenden Tieren hängen und katapultieren beim Zurückschnellen Samen und Früchte (z. B. verschiedene Kapselträger, Lamiaceae, *Dipsacus*).

In der jüngsten Erdgeschichte ist der Mensch als wichtiger Faktor der Diasporenausbreitung in Erscheinung getreten (**Anthropochorie**). Viele Unkräuter wurden besonders mit Saatgut, Wolle und Viehfutter unabsichtlich verschleppt und Kulturpflanzen wurden absichtlich weltweit verbreitet. Als Ergebnis dominieren Anthropochore in manchen Gegenden (z. B. in Teilen Neuseelands oder Kaliforniens) die dortige Flora.

Windausbreitung (**Anemochorie**) kann mittelbar sein, indem Diasporen aus Früchten an beweglichen Achsen ausgeschüttelt werden (z. B. Samen aus Kapseln: *Papaver*; Achänen aus Köpfchen: *Bellis*), oder unmittelbar, indem die Diasporen verblasen werden.

In der zweiten Gruppe findet man winzige und leichte Körnchenflieger (z. B. *Orobanche*, Orchideen), Blasenflieger (z. B. ballonartige Kelche bei *Trifolium fragiferum*), Haarflieger (z. B. Samenhaare, Federschwänze aus Griffeln: *Clematis*; Grannen: *Stipa*; Pappushaare: Asteraceae), Flügelflieger (Samen, geflügelte Nüsse, Spaltfrüchte: *Acer*; Fruchtstände: *Tilia*; Außenkelchschirme: *Scabiosa*) und Steppenroller.

Wasserausbreitung (**Hydrochorie**) besteht meist im Transport von Diasporen durch Wasser. Bei Regenballisten wird die Kraft fallender Regentropfen beispielsweise durch schaufelartig geformte und an federnden Stielen sitzende Früchte in eine Schleuderbewegung übertragen, wobei Samen aus Schötchen (z. B. *Iberis*, *Thlaspi*) oder Klausen aus Kelchen (z. B. *Prunella*, *Scutellaria*) ausgeworfen werden. Die Samen werden durch Regentropfen allerdings auch direkt aus entsprechend gebauten Früchten herausgeschleudert.

Feuchtigkeit kann z. B. bei *Sedum acre* und vielen Aizoaceae zur hygrochastischen Öffnung von Kapseln führen. Bei eigentlichen Schwimmern wird die Schwimmfähigkeit dadurch erreicht, dass die Diasporen unbenetzbar sind oder Luftsäcke (z. B. an den Samen von *Nymphaea*, Schläuche verschiedener *Carex*-Arten) oder ein Schwimmgewebe bilden (z. B. *Cocos*, *Iris pseudacorus*, *Potamogeton*, *Cakile maritima*).

Bei Selbstausbreitung (**Autochorie**) sind keine von außen einwirkenden Kräfte am Ausbreitungsvorgang beteiligt.

Während viele Diasporen einfach zu Boden fallen (**Barochorie**), werden sie von Selbststreuern aktiv ausgeschleudert. Die Mechanismen beruhen auf Turgor (z. B. bei den Explosionskapseln von *Impatiens*, Rückstoßschleudern von *Oxalis* und der ihre Samen bis über 12 m weit herausschießenden Spritzgurke, *Ecballium*; ◪ Abb. 15.31) oder hygroskopischen Bewegungen (z. B. Torsion bei Kapseln: *Dictamnus*; Katapultkapseln bei *Geranium*; Quetschschleudern bei verschiedenen *Viola*-Arten). Autochor bzw. achor sind auch solche Arten, bei denen Diasporen direkt neben der Mutterpflanze im Boden versenkt werden (*Cymbalaria muralis*, *Arachis hypogaea*).

Alle genannten samen- und fruchtbiologischen Differenzierungen können am besten in Zusammenhang mit dem Lebensraum der Arten verstanden werden. Dies wird z. B. daran deutlich, dass in mitteleuropäischen Laubwäldern in der niedrigen Krautschicht Myrmekochorie dominiert, bei höheren Stauden Epizoochorie, in der Strauchschicht Endozoochorie und in der Baumschicht Anemochorie, was der vertikalen Verteilung der Ausbreitungsmedien (Ameisen, Säugetiere, Vögel, Wind) entspricht.

Auch wenn die Gymnospermen keine Früchte bilden, können bei den Coniferopsida inkl. Gnetales nicht vom Samen gebildete Strukturen an dessen Ausbreitung durch Wind oder Tiere beteiligt sein. Die z. B. bei *Pinus* vorhandenen Samenflügel sind keine Bildungen der Samenschale, sondern der Samenschuppe (◪ Abb. 19.148). Fleischige Strukturen entstehen bei den Coniferopsida dadurch, dass entweder fast der gesamte weibliche Zapfen außer den Samen fleischig wird (z. B. *Juniperus*; ◪ Abb. 19.150), dass eine fleischige Samenschuppe als Epimatium den Samen einhüllt oder Teile der Zapfenachse fleischig werden (Podocarpaceae), oder dass Auswüchse der Achse unterhalb des Samens den Samen einhüllen (z. B. *Taxus*; ◪ Abb. 19.151). Bei den Gnetales wird die Funktion der Samenschale von dem Brakteenpaar, das die Samenanlage direkt umgibt und in jedem Fall hart wird, übernommen. Das äußere Brakteenpaar kann fleischig werden (*Gnetum*) bzw. zu Flügeln auswachsen (*Welwitschia*). Bei *Ephedra* mit nur einem die Samenanlagen umgebenden Brakteenpaar können andere Brakteen des Blütenstands fleischig werden und Teil der Ausbreitungseinheiten sein.

3.5.8 Samenkeimung

Durch die Ausbreitung gelangen Samen, nackt oder von der Fruchtwand umhüllt, auf oder in die obersten Bodenschichten. Hier erfolgt unter geeigneten Bedingungen (▶ Kap. 13) und nach Überwindung einer eventuell vorhandenen **Samenruhe** (Dormanz) die Keimung wenigstens einiger Samen. Ein Teil der Samen, insbesondere von Arten früher Sukzessionsstadien, kann aber auch ungekeimt im Boden verbleiben und seine Keimfähigkeit über teilweise beträchtlich lange Zeiträume (nachgewiesenermaßen bis 1700 Jahre z. B. bei *Chenopodium album* und *Spergula arvensis*) beibehalten. So entstehen teilweise sehr große **Bodensamenbanken**. Bei der Keimung nimmt der Same Wasser auf und quillt und die inneren Gewebe sprengen die Samenschale (oder auch Fruchtwand). Gleichzeitig beginnt der Embryo zu wachsen und das Nährgewebe abzubauen. Dabei scheiden besonders die Keimblätter Enzyme ab und bleiben wenigstens eine Zeit lang innerhalb der Samenschale. Da der Embryo immer so im Samen liegt, dass die Radicula der Mikropyle zugewandt ist, tritt bei der Keimung immer zuerst die Keimwurzel mit dem Hypokotyl durch die Mikropyle aus dem Samen aus (◪ Abb. 3.110 und 3.114). Bei der **epigäischen** Keimung werden danach die Keimblätter aus der Samenschale herausgezogen und durch Streckung des Hypokotyls über den Boden gehoben. Bei der **hypogäischen** Keimung bleiben die großen, oft nährstoffspeichernden Keimblätter innerhalb der Samenschale und nur das Epikotyl tritt aus dem Boden heraus (z. B. *Vicia faba*, *Pisum*, *Quercus*, *Juglans*). Viele Einkeimblättrige verhalten sich ähnlich. Ihr einziges Keimblatt ist häufig als Saugorgan ausgebildet und baut innerhalb des Samens die Nährstoffe ab.

Die Ausbreitungs- und Keimungsbiologie vieler Arten weist Besonderheiten auf. So müssen z. B. die endospermlosen Samen der Orchidaceae bei der Keimung Kontakt mit Mykorrhizapilzen haben, bei Wurzelparasiten mit ebenfalls häufig sehr kleinen Samen (z. B. *Orobanche*) müssen die Samen zur Keimung an die Oberfläche von Wirtswurzeln gelangen und bei Sprossparasiten müssen die Samen bzw. Früchte über Eigenschaften wie Klebrigkeit (z. B. *Viscum*) verfügen, die es ihnen ermöglicht, an den Achsen ihres Wirts zu haften. Ähnliches gilt auch für Epiphyten, die entweder durch Kleinheit der Samen (z. B. Bromeliaceae) oder Klebrigkeit der Samen und Früchte (z. B. *Rhipsalis*) haften.

Ungewöhnlich ist die Samenkeimung bei viviparen Vertretern der als Mangrove bezeichneten tropischen Küstengehölze wie die Gattung *Rhizophora* (◪ Abb. 19.189). In ihren einsamigen Früchten keimt der Same bereits auf der Mutterpflanze und der Embryo wächst mit der Radicula und dem mächtig entwickelten, bis 1 m langen, keulenförmigen Hypokotyl aus der Frucht heraus. Bei der Reife lösen sich Radicula, Hypokotyl und Plumula von den Keimblättern und der Frucht und fallen herab. Dabei verankert sich der Embryo dank seines beträchtlichen Gewichts im Boden oder wird verspült und wurzelt, wenn der Standort trockenfällt.

3

◪ **Abb. 3.114** Same und Samenkeimung bei Coniferopsida (*Pinus pinea*). **a** Same (Längsschnitt). **b–d** Samenkeimung. Embryo bzw. Keimling mit Kotyledonen, Hypokotyl, Haupt- und Nebenwurzeln. – e primäres Endosperm, k Kotyledonen, s Samenschale, w Haupt- und Nebenwurzeln, x ausgestülpter und zerrissener Embryosack. (Nach I. Sachs)

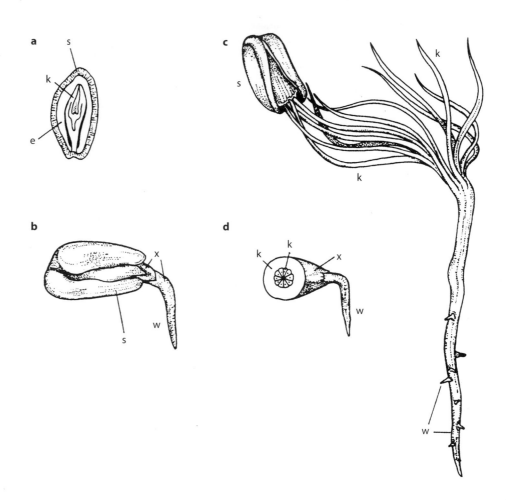

Quellenverzeichnis

von Goethe JW (1790) Versuch die Metamorphose der Pflanzen zu erklären. Ettingersche Buchhandlung, Gotha

Haberlandt G (1884) Physiologische Pflanzenanatomie. Engelmann, Leipzig

Häckel E (1866) Generelle Morphologie der Organismen, Bd 2. Reimer, Berlin.

Leins P (2000) Blüte und Frucht – Aspekte der Morphologie, Entwicklungsgeschichte, Phylogenie, Funktion und Ökologie. Schweizerbart'sche Verlagsbuchhandlung, Stuttgart

Owen R (1848) On the archetype and homologies of the vertebrate skeleton. John van Voorst, London

Remane A (1952) Die Grundlagen des natürlichen Systems, der vergleichenden Anatomie und der Phylogenetik. Geest & Portig, Leipzig

Schwendener S (1874) Das mechanische Princip im anatomischen Bau der Monocotylen. Engelmann, Leipzig

Sprengel CK (1793) Das entdeckte Geheimnis der Natur im Bau und in der Befruchtung der Blumen. Vieweg sen., Berlin

Zimmerman W (1965) Die Telomtheorie. Gustav Fischer, Stuttgart

Weiterführende Literatur

Barkoulas M, Galinha C, Grigg SP, Tsiantis M (2007) From genes to shape: regulatory interactions in leaf development. Curr Opin Plant Biol 10:660–666

Barnett JR, Bonham VA (2004) Cellulose microfibril angle in the cell wall of wood fibres. Biol Rev Camb Philos Soc 79:461–472

Barthélémy D, Caraglio Y (2007) Plant architecture: a dynamic, multilevel and comprehensive approach to plant form, structure and ontogeny. Ann Bot (Lond) 99:375–407

Bell AD (1991) Plant form. Oxford University Press, Oxford

Carlquist S (2001) Comparative wood anatomy, 2. Aufl. Springer, Berlin

Carlsbecker A, Helariutta Y (2005) Phloem and xylem specification: pieces of the puzzle emerge. Curr Opin Plant Biol 8:512–517

Corner EJH (1976) The seeds of the dicotyledons. Cambridge University Press, Cambridge

Davis GL (1966) Systematic embryology of the angiosperms. Wiley, New York

Endress PK (1996) Diversity and evolutionary biology of tropical flowers. Cambridge University Press, Cambridge (paperback ed. with corrections)

Erdtman G (1966) Pollen morphology and plant taxonomy: angiosperms. Almqvist & Wiksell, Stockholm

Eschrich W (1995) Funktionelle Pflanzenanatomie. Springer, Berlin

Evert RF, Eichhorn SE (2006) Esau's plant anatomy. Wiley & Sons, New York

Gifford EM, Foster AS (1989) Morphology and evolution of vascular plants, 3. Aufl. Freeman, New York

Groover A, Robischon M (2006) Developmental mechanisms regulating secondary growth in woody plants. Curr Opin Plant Biol 9:55–58

Harder LD, Barrett SCH (2006) Ecology and evolution of flowers. Oxford University Press, Oxford

Johri BM, Ambegaokar KB, Srivastava PS (1992) Comparative embryology of angiosperms. Springer, Berlin

Leins P, Erbar C (2010) Flower and fruit. Morphology, ontogeny, phylogeny, function and ecology, 2. Aufl. Schweizerbart, Stuttgart

Metcalfe CR, Chalk L (1979ff) Anatomy of the dicotyledons, 2. Aufl. Clarendon, Oxford

Nogueira FT, Sarkar AK, Chitwood DH, Timmermans MC (2006) Organ polarity in plants is specified through the opposing activity of two distinct small regulatory RNAs. Cold Spring Harb Symp Quant Biol 71:157–164

Owen R (1848) On the archetype and homologies of the vertebrate skeleton. Van Voors, London

Proctor M, Yeo P, Lack A (1996) The natural history of pollination. Timber, Portland

Punt W, Blackmore S, Nilsson S, Le Thomas A (1994) Glossary of pollen and spore terminology. LPP Foundation, Utrecht

Remane A (1952) Die Grundlagen des natürlichen Systems, der vergleichenden Anatomie und der Phylogenetik. Geest & Portig, Leipzig

Richards AJ (1997) Plant breeding systems, 2. Aufl. Chapman & Hall, London

Schweingruber FH, Börner A, Schulze E-D (2008) Atlas of woody plant stems. Springer, Heidelberg

Sieburth LE, Deyholos MK (2006) Vascular development: the long and winding road. Curr Opin Plant Biol 9:48–54

Sporne KR (1974a) The morphology of gymnosperms, 2. Aufl. Hutchinson, London

Sporne KR (1974b) The morphology of angiosperms. Hutchinson, London

Troll W (1937–1943) Vergleichende Morphologie der höheren Pflanzen. Borntraeger, Berlin

Van der Pijl L (1982) Principles of dispersal in higher plants, 3. Aufl. Springer, Berlin

Weberling F (1981) Morphologie der Blüten und der Blütenstände. Ulmer, Stuttgart

Zimmermann W (1965) Die Telomtheorie. Fischer, Stuttgart

Internetadresse

Farabee MJ (1992–2007) On-line biology book. http://www2.estrellamountain.edu/faculty/farabee/biobk/biobooktoc.html. Zugegriffen am 26.03.2019

Genetik

Als Teildisziplin der Biologie beschäftigt sich die Genetik (Vererbungslehre oder Vererbungswissenschaft) mit den Grundlagen der Ausprägung von Merkmalen und deren Weitergabe von einer Generation zur nächsten. Der Begriff wurde durch den englischen Botaniker William Bateson geprägt (Bateson et al. 1905)[1]. Heute kann die Genetik in drei Bereiche eingeteilt werden: die klassische Genetik, die Molekulargenetik und die angewandte Genetik. Die klassische Genetik geht auf Gregor Mendel zurück, der Kreuzungsexperimente mit Erbsen durchführte und die Vererbung einzelner Merkmale in den folgenden Generationen statistisch auswertete. Hierbei stellte er Gesetzmäßigkeiten fest, die nach langjährigen Forschungsarbeiten zur Formulierung der Mendel'schen Regeln (▶ Kap. 7) führten. Seitdem beschäftigt sich die klassische Genetik mit den Regeln der Vererbung von Merkmalen an Folgegenerationen. Die Molekulargenetik versucht, die Grundlagen und Prozesse der Vererbung auf molekularer Ebene zu erfassen und zu erklären. Dabei wird die Organisation der Genome (die Gesamtheit der in einer Zelle vorliegenden Erbinformationen) wie auch deren Vervielfältigung, Ausprägung und Veränderung auf molekularer Ebene studiert. In der angewandten Genetik werden die Erkenntnisse der klassischen und molekularen Genetik genutzt, um z. B. erblich bedingte Erkrankungen bzw. Veranlagungen zu diagnostizieren, Gentherapien zu entwickeln oder gentechnisch veränderte Organismen zu erschaffen. Durch die Weiterentwicklung der Gentechnik ist es heute möglich, gezielt in Genomsequenzen einzugreifen. Dieser Aspekt wird unter dem Begriff "Genomeditierung" zusammengefasst (▶ Kap. 10).

Nucleinsäuren, meist Desoxyribonucleinsäure (DNA) und seltener Ribonucleinsäure (RNA) bei einigen Viren, sind die Träger der Erbinformation (▶ Kap. 4). Sie legt die Gesamtheit der biochemischen Eigenschaften einer Zelle fest und sorgt für die Weitergabe dieser Eigenschaften an die Tochterzellen oder nachfolgende Generationen. Dies erfordert die Vervielfältigung (Replikation) der Erbinformation. Die Grundlagen der Replikation blieben trotz der Formulierung der Mendel'schen Regeln lange unverstanden. Erst durch die Entdeckung der DNA-Doppelhelix durch James Watson und Francis Crick im Jahr 1953 kam Bewegung in das Forschungsgebiet. Inspiriert von dem Modell der Doppelhelix und einem von Crick vorhergesagten Replikationsweg veröffentlichten Matthew Meselson und Franklin Stahl 1958 die Ergebnisse eines Markierungsexperiments, das sie in *Escherichia coli* durchgeführt hatten (Meselson und Stahl 1958)[2] und legten damit die Grundlagen zur Aufklärung der semikonservativen Replikation des Erbguts (▶ Kap. 4). Das Erbgut selbst enthält u. a. die Baupläne zur Herstellung von Proteinen, die als Enzyme, Strukturproteine, Rezeptoren, Motorproteine

1   Bateson W, Saunders ER, Punnett RC (1905) Experimental studies in the physiology of heredity – reports to the Evolution Committee of the Royal Society 2:1–55, 80–99.
2   Meselson M, Stahl FW (1958) The replication of DNA in *Escherichia coli*. PNAS 44:671–682.

oder Speicherproteine essenzielle zelluläre Funktionen übernehmen. Proteine bestehen aus einer linearen Kette aneinandergereihter Aminosäuren, die über Peptidbindungen miteinander verbunden sind (▶ Kap. 6). Die Information zur Bildung dieser sogenannten Primärsequenz ist im Genom codiert. Nach der Synthese der linearen Ketten bilden sich meist spezifische räumliche Strukturen (Sekundär-, Tertiär -und Quartärstrukturen), die von der Aminosäuresequenz und der jeweiligen Umgebung bestimmt werden. In Pflanzenzellen verteilt sich die Gesamt-DNA auf drei Subgenome, das Kerngenom (Nucleom), das Mitochondriengenom (Chondrom) und das Plastidengenom (Plastom), die das Genom der Pflanzen ausmachen (▶ Kap. 4). Das Kerngenom ist in Chromosomen organisiert, die die Träger der Gene sind. Der Genbegriff selbst geht auf den Botaniker Wilhelm Johannsen zurück, der in seinem Buch *Elemente der exakten Erblichkeitslehre* (Johannsen 1909)[3] eine Beschreibung für unabhängig vererbbare Eigenschaften eines Organismus suchte. Mit Abstand die meisten Gene befinden sich im Kerngenom, deshalb wird in ▶ Kap. 5 ausführlich über die Grundlagen der Genaktivität (Transkription) kerncodierter Gene berichtet. Am Ende der Transkription steht die Bildung einer mRNA, die als Matrize der Synthese von Proteinen dient. Dieser Prozess läuft an Ribosomen ab und wird als Translation bezeichnet (▶ Kap. 6). Die Menge und Zusammensetzung von Proteinen ist entscheidend für die Funktionsfähigkeit von Zellen und Organismen. Daher ist sowohl die Steuerung der Synthese (im Rahmen der Translation) als auch der Stabilität der Proteine von großer Bedeutung. Hierbei unterliegt der Proteinabbau einer ähnlich komplexen Regulation wie deren Synthese.

Ein wesentliches Merkmal der Genome ist, dass sie dynamisch und ständigen Sequenzveränderungen ausgesetzt sind. Hierdurch entsteht Variation, die die Grundlage für evolutionäre Veränderung und damit für die Vielfalt des Lebens ist. Eine Hauptquelle für diese Variation sind Mutationen und Rekombination. Mutationen (▶ Kap. 8) führen zu einer physikalischen Veränderung in der Abfolge der Basenpaare im Genom und damit zu veränderten Eigenschaften, die an die nächste Generation vererbt werden. Auch die Struktur von ganzen Chromosomen und Genomen kann durch Mutationen verändert werden. Rekombination (▶ Kap. 7) ist die Durchmischung des Erbguts zweier Zellen (meist unterschiedlicher Individuen). Untersuchungen der letzten Jahre haben gezeigt, dass die Erbinformation nicht nur durch Mutation und Rekombination verändert werden kann. Sowohl die DNA als auch die in den Chromosomen strukturgebenden Histone werden nach ihrer Synthese reversiblen Modifikationen unterworfen. Hierdurch kommt es zu einer strukturellen Veränderung der Chromatiden und damit einhergehend zu einer veränderten Regulation der Genaktivität. Die Veränderungen sind meist nicht zufällig, sondern folgen einem Entwicklungsplan, der erblich ist. Durch diese als Epigenetik bezeichneten Prozesse können Eigenschaften auf Tochterzellen übertragen werden, die nicht auf

---

3 Johannsen W (1909) Elemente der exakten Erblichkeitslehre: Deutsche wesentlich erweiterte Ausgabe in fünfundzwanzig Vorlesungen. Gustav Fischer, Jena.

Änderungen der DNA-Sequenz beruhen (► Kap. 9). Dieses Teilgebiet der Genetik ist sehr jung und die Bedeutung epigenetischer Modifikationen für evolutionäre Prozesse oder die Anpassung an Umweltveränderungen werden noch kontrovers diskutiert, wie auch Anwendung der Genetik in der Gentechnik. In ► Kap. 10 wird die Geschichte, Methodik und Anwendung der Gentechnik von den Anfängen der Erforschung des Bodenbakteriums *Agrobacterium tumefaciens* bis zur Genomeditierung besprochen.

Danksagung

Teil II der 38. Auflage des *Strasburgers* geht auf Beiträge unterschiedlicher Autoren, deren Namen zu Beginn der jeweiligen Kapitel genannt sind, zurück. Die Autoren haben sich bemüht, diese Teile übersichtlich zusammenzuführen und durch neuere Erkenntnisse, besonders in der Epigenetik, der Gentechnik und der Genomeditierung, zu erweitern. Deshalb gilt mein besonderer Dank den Kollegen, die über die Jahre Beiträge zu den einzelnen Abschnitten geleistet haben und bei der Zusammenstellung und Aktualisierung behilflich waren.

Uwe Sonnewald

Erlangen, im Frühjahr 2020

Inhaltsverzeichnis

Die genetischen Systeme der Pflanzenzelle

Uwe Sonnewald

Inhaltsverzeichnis

Sonnewald, U. 2021 Die genetischen Systeme der Pflanzenzelle. In: Kadereit JW, Körner C, Nick P, Sonnewald U. Strasburger – Lehrbuch der Pflanzenwissenschaften. Springer Berlin Heidelberg, p. 249–266.
▶ https://doi.org/10.1007/978-3-662-61943-8_4

Nucleinsäuren sind heteropolymere Moleküle, die entweder der **Speicherung von Information** (Desoxyribonucleinsäure, DNA) oder der **Informationsübertragung und -realisierung** (Ribonucleinsäure, RNA) dienen (▶ Abschn. 4.2 und 4.3). Darüber hinaus besitzen bestimmte RNAs eine Strukturfunktion beim Aufbau der Ribosomen (ribosomale RNA, rRNA; ▶ Abschn. 4.6) oder wirken regulatorisch (siRNAs; ▶ Abschn. 4.9). Bei allen Organismen – Pro- wie Eukaryoten – dient doppelsträngige DNA (dsDNA) der Speicherung der Erbinformation und ihrer Vermehrung durch **Replikation** (▶ Abschn. 4.4). Außer bei RNA-Viren und Viroiden weist nur DNA eine solche **autokatalytische Funktion** auf. Da Fortpflanzung, Vermehrung und Vererbung die grundlegenden Kriterien für Leben schlechthin sind, steht die autokatalytische Funktion der DNA im Zentrum aller Lebensvorgänge. DNA-Moleküle vermögen aber auch die Sequenzen von RNA und über diese schließlich die Aminosäuresequenzen der Proteine festzulegen. Durch diese **heterokatalytische Funktion** der DNA kann sich die Erbinformation manifestieren: Erbfaktoren (**Gene**, griech. *génos*, Herkunft, Erbe) werden als Phäne (äußerlich erkennbare Merkmale von Organismen, griech. *pháinein*, sichtbar machen) sichtbar. Die gesamte DNA-Menge einer Zelle (sie umfasst alle Gene einschließlich aller intergenischen Regionen) wird **Genom** genannt. Prokaryoten besitzen ein einziges, in der Regel zirkuläres DNA-Molekül, das in der Zelle als **Nucleoid** an der Zellmembran angeheftet vorliegt und das gesamte oder den überwiegenden Teil des Genoms repräsentiert. Daneben kommen oft zusätzliche zirkuläre DNA-Moleküle, die **Plasmide**, vor. Plasmide codieren Spezialfunktionen. So können Plasmide Gene tragen, die Antibiotikaresistenz bzw. den Abbau von toxischen Chemikalien vermitteln oder die beim Austausch genetischen Materials eine Rolle spielen. Mit Ausnahme einiger spezialisierter Einzeller besitzen alle Eukaryoten als **Subgenome** das **Kerngenom (Nucleom)** und das **Mitochondriengenom (Chondrom**, auch als **Chondriom** bezeichnet), die plastidentragenden Pflanzen (Algen und Embryophyten) besitzen als drittes Subgenom zusätzlich noch ein **Plastidengenom (Plastom)**, das Pilzen und Tieren demnach fehlt.

Der Genombegriff wird in der Literatur nicht einheitlich gehandhabt und bisweilen synonym mit Kerngenom verwendet. In diesem Fall werden Plastom und Chondrom, zusammengefasst zum Plasmon, dem Genom gegenübergestellt.

Kern-, Plastiden- und Mitochondriengenom (▶ Abschn. 4.6, 4.7, und 4.8) sind durch jeweils unterschiedliche Strukturen und charakteristische Genbestände gekennzeichnet; sie interagieren in der Zelle auf vielfältige, allerdings im Detail weitgehend unverstandene Weise.

4.1 Bausteine der Nucleinsäuren

Nucleinsäuren sind Polynucleotide, unverzweigte Polykondensate aus monomeren Bausteinen, den **Nucleotiden.** Ein Nucleotid besteht aus drei Bestandteilen: 1) einer Base, die N-glykosidisch an einen 2) Zucker gebunden vorliegt (zusammen bilden sie das **Nucleosid**) und ein bis drei an den Zucker gebundenen 3) Phosphatresten, sodass sich Nucleosidmono-, -di- und -triphosphate unterscheiden lassen (◨ Abb. 4.1).

Als Basen treten in der DNA die **Purine** Adenin (A) und Guanin (G) sowie die **Pyrimidine** Cytosin (C) und Thymin (T) auf. In der RNA ist Thymin durch Uracil (U) ersetzt. Der Begriff „Base" (oder „**Nucleobase**") weist auf die basische Natur dieser heterozyklischen, stickstoffhaltigen Aromaten hin. Die Bindung zum Zucker erfolgt über N1 bei den Pyrimidinen bzw. über N9 bei den Purinen. Als Zucker dienen die Pentosen Ribose (bei RNA) bzw. 2-Desoxyribose (bei DNA) jeweils in der β-D-Furanoseform. Die Nucleoside werden Adenosin, Guanosin, Uridin bzw. Cytidin genannt, sofern sie Ribose enthalten, und Desoxyadenosin, Desoxyguanosin, Desoxythymidin und Desoxycytidin, sofern sie 2-Desoxyribose enthalten. Durch Veresterung der primären Hydroxylgruppe am C5 der Pentose mit Phosphorsäure entstehen die Nucleosidmonophosphate. Ein oder zwei weitere Phosphorsäuremoleküle können an diese α-Phosphatgruppe angehängt werden, wodurch sich energiereiche Anhydride bilden, die Nucleosiddi- bzw. -triphosphate. Nucleosidtriphosphate dienen als Vorstufen der DNA- bzw. RNA-Biosynthese. Darüber hinaus besitzen diese Verbindungen mit hohem Gruppenübertragungspotenzial vielfältige weitere Funktionen im Stoffwechsel. Beispielsweise ist Adenosintriphosphat (ATP) der wichtigste Energielieferant für enzymatische Reaktionen.

Über den α-Phosphorsäurerest kann ein Nucleotid mit der Pentose eines zweiten Nucleotids unter Wasseraustritt kovalent verbunden werden, sodass zunächst ein Dinucleotid entsteht. Aus diesem können Oligo- und schließlich **Polynucleotide** gebildet werden. In Nucleinsäuren bilden sich dabei **Phosphodiesterbrücken** zwischen den C-Atomen 5′ und 3′ benachbarter Pentosen aus (um zwischen den Atomen der Nucleobasen und der Zucker unterscheiden zu können, werden die C-Atome der Zucker von Nucleosiden nummeriert). Wie aus ◨ Abb. 4.2 hervorgeht, weist eine Nucleinsäure demnach ein Rückgrat auf, das aus Ribosen (bzw. Desoxyribosen) besteht, die über 5′–3′-Phosphodiesterbrücken verknüpft sind. An einem Ende des Moleküls liegt eine freie 5′-OH-Gruppe vor (5′-Ende der Nucleinsäure), am anderen Ende eine freie 3′-OH-Gruppe (3′-Ende). Die Nucleobasen sind glykosidisch an dieses Zucker-Phosphat-Rückgrat gebunden.

Diese **Primärstruktur** der Nucleinsäuren ist durch eine lineare, charakteristische Basenabfolge gekennzeichnet, welche stets in 5′→3′-Richtung gelesen wird;

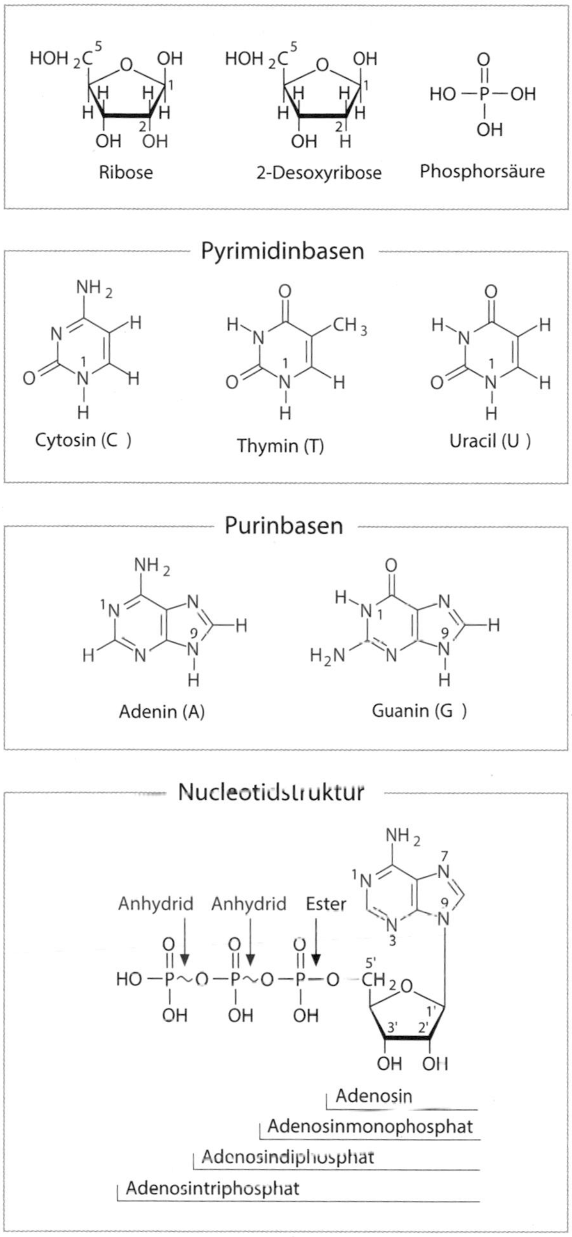

Ribose   2-Desoxyribose   Phosphorsäure

Pyrimidinbasen

Cytosin (C)   Thymin (T)   Uracil (U)

Purinbasen

Adenin (A)   Guanin (G)

Nucleotidstruktur

Anhydrid Anhydrid Ester

Adenosin
Adenosinmonophosphat
Adenosindiphosphat
Adenosintriphosphat

◘ Abb. 4.1 Nucleotide bestehen aus drei Bausteinen: einer Pyrimidin- oder Purinbase, einer Pentose und Phosphorsäure. Die Base ist N-β-glykosidisch mit der Pentose verbunden, und zwar über N1 des Pyrimidins oder N9 des Purins. Die Phosphorsäure bildet einen Ester mit der primären Alkoholgruppe der Pentose. An diesen α-Phosphorsäurerest können bis zu zwei weitere Phosphorsäurereste in Anhydridbindung geknüpft sein. Das Glykosid aus Base und Ribose wird Nucleosid genannt, das aus Base und 2-Desoxyribose Desoxynucleosid (dNucleosid). Nucleotide sind demnach Nucleosidmono-, -di- oder -triphosphate, wie unten am Beispiel des Adenosins und seiner Nucleotide gezeigt. Desoxynucleotide sind entsprechend Desoxynucleosidmono-, -di- oder -triphosphate. Als Zucker tritt in Ribonucleinsäure (RNA) Ribose, in Desoxyribonucleinsäure (DNA) 2-Desoxyribose auf. Die Kohlenstoffatome des Zuckers werden in Nucleosiden und Nucleotiden nummeriert (1, 2, …, 5). C1 bildet die glykosidische Bindung. Um das Formelbild zu vereinfachen, lässt man bei komplizierteren Formeln häufig (z. B. bei Ringen) an Kohlenstoffatomen stehende Wasserstoffe weg (vgl. die untere Formel mit den darüberstehenden). Dieses Verfahren wird bei den folgenden Abbildungen dieses Buchs zur Verbesserung der Übersichtlichkeit häufig angewandt

dies entspricht auch der Syntheserichtung. Die **Basensequenz (Triplettcode,** ▶ Abschn. 6.1) enthält die Informationen. Als Maß für die Größe einer Nucleinsäure wird die Anzahl der Basenpaare (bp, DNA) bzw. der Basen (b, RNA) angegeben.

4.2 Struktur der Desoxyribonucleinsäure (DNA)

DNA kommt nur bei einigen Phagen und Viren als Einzelstrangmolekül vor (ssDNA, engl. *single-stranded DNA*). Bei der Mehrzahl der Viren und Phagen und in allen Zellen liegt DNA in Form von Doppelsträngen aus zwei antiparallel und helikal angeordneten DNA-Molekülen vor (dsDNA, engl. *double-stranded DNA*). Diese Struktur wird als **DNA-Doppelhelix** bezeichnet. Die Zuckerphosphatketten sind in der Helix nach außen gerichtet, die planaren Ringsysteme der Basen stehen ungefähr quer zur Längsachse der Doppelhelix nach innen (◘ Abb. 4.3).

Gegenüberliegende Basen der beiden Stränge stehen auf gleicher Höhe und bilden im Bereich der Helixachse Wasserstoffbrücken aus. Dies setzt allerdings das sterische Zusammenpassen der einander zugewandten Bereiche der Heterozyklen voraus (◘ Abb. 4.4). Einer Purinbase (A oder G) steht immer eine Pyrimidinbase (T oder C) gegenüber und sterisch komplementär sind nur die Basenpaare AT und GC.

Demnach sind auch die Basensequenzen der beiden DNA-Stränge einer Doppelhelix zueinander komplementär: Mit der Sequenz des einen Stranges steht auch die Sequenz des anderen Stranges fest. Die zur Basenabfolge 5′-GATTACA-3′ komplementäre Sequenz des Gegenstrangs wäre somit 3′-CTAATGT-5′. Dieses Bauprinzip hat zur Folge, dass das molare Mengenverhältnis von Purin- und Pyrimidinbasen in der Doppelhelix 1 beträgt, es gibt gleich viele C wie G und A wie T. Dagegen kann das Basenverhältnis (A + T) : (G + C) variieren. Das Basenverhältnis schwankt bei Prokaryoten in weiten Grenzen (0,3–3,5), bei Eukaryoten liegt es bei oder über 1. Vom Basenverhältnis hängt auch die Schmelztemperatur (T_m) der DNA ab. Unter **Schmelzen** oder **Denaturierung** der DNA versteht man die – z. B. thermisch herbeigeführte – Trennung der beiden DNA-Stränge. Dabei lösen sich die Wasserstoffbrücken zwischen gegenüberliegenden Basen. GC-Paare mit ihren drei Wasserstoffbrücken sind stabiler als AT-Paare mit nur zwei Wasserstoffbrücken. AT-reiche Sequenzen schmelzen daher schon bei tieferen Temperaturen als GC-reiche Sequenzen.

Die Basensequenz eines DNA-Moleküls wird als dessen **Primärstruktur**, die helikale Struktur des DNA Doppelstrangs als **Sekundärstruktur** bezeichnet. DNA-bindende Proteine erkennen oft die Sekundärstruktur

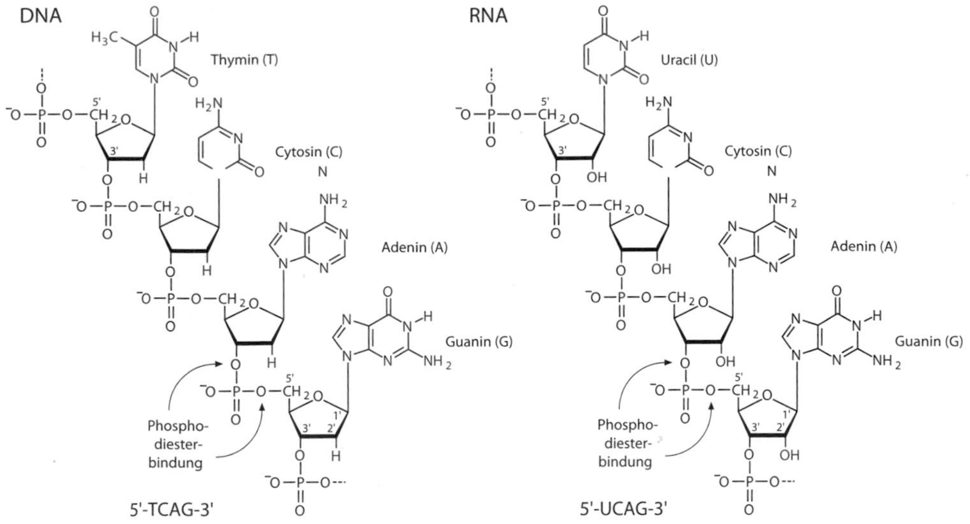

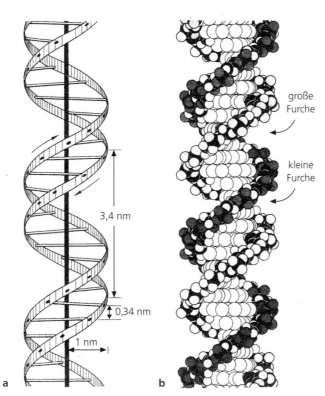

Abb. 4.2 Kurze Ausschnitte aus DNA- und RNA-Molekülen. Thymin kommt in RNA nicht vor und ist dort durch Uracil ersetzt. Die Synthese- und Leserichtung ist jeweils von links nach rechts, vom 5'- zum 3'-Ende der Moleküle (siehe Sequenzen unter den Molekülen)

4

Abb. 4.3 Das Watson-Crick-Modell der DNA-Doppelhelix (B-Form). **a** Schema. **b** Kalottenmodell

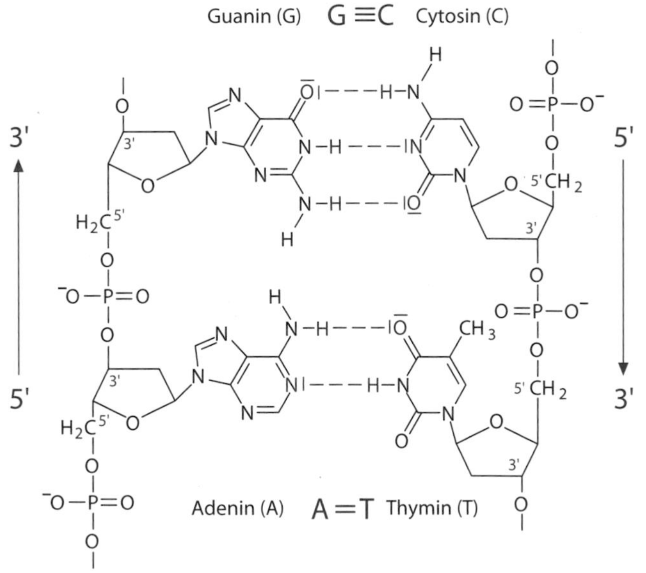

Abb. 4.4 Spezifische Basenpaarung durch Bildung von Wasserstoffbrücken zwischen zwei antiparallelen DNA-Strängen. Die Molekülstruktur der Basen lässt nur die Paarungen AT und GC zu. Ein AT-Paar bildet zwei, ein GC-Paar drei Wasserstoffbrücken

an bestimmten Stellen der DNA-Doppelhelix (▶ Abschn. 5.3). Das in ◘ Abb. 4.3 dargestellte, von J.D. Watson und F.H.C. Crick 1953 vorgeschlagene Modell der Doppelhelix, das auf Röntgenstrukturdaten von M.H.F. Wilkins und R. Franklin zurückgeht, zeigt die vorherrschende B-Form der DNA – eine rechtsgängige Helix. Die DNA-Doppelhelix hat einen Durchmesser von 2 nm (20 Å). Auf eine volle Windung (3,6 nm in Achsenrichtung) entfallen 10,5 bp. Neben der B-Form existiert die ebenfalls rechtsgängige

A-Form der DNA, die sich in der Zuckerkonformation von der B-Form unterscheidet. Unter speziellen Bedingungen *in vitro* (hohe Salzkonzentrationen) kann eine linksgängige Z-Form der DNA existieren. Sie setzt einen Strang alternierender Purin- und Pyrimidinbasen voraus. Die DNA-Doppelhelix ist flexibel, d. h. sie kann leicht bis zu einem minimalen Krümmungsradius von knapp 5 nm verbogen werden (z. B. in Nucleosomen, ◘ Abb. 1.20). In der Zelle liegt die DNA-Doppelhelix nicht ungeordnet vor, sondern sie bildet **Tertiärstrukturen** aus, die bis zu den hoch kompakten, unter Beteiligung von zahlreichen Proteinen zustande kommenden Suprastrukturen der Chromosomen eukaryotischer Zellen reichen (▶ Abschn. 1.2.3.2).

4.3 Ribonucleinsäuren (RNAs)

Im Gegensatz zur DNA, die nur bei einigen Viren und Phagen ausnahmsweise einzelsträngig, sonst aber stets als DNA-Doppelstrang vorkommt, liegen RNA-Moleküle im Allgemeinen einzelsträngig vor. Durch intramolekulare Basenpaarung (◘ Abb. 4.5a, c) bilden sich stabilisierende **Sekundärstrukturen** aus und, oft infolge einer Assoziation mit Proteinen, weiterhin **Tertiärstrukturen**. Daher liegen RNA-Moleküle – im Gegensatz zur DNA – in vielfältigen Strukturen und teilweise als Ribonucleoproteinkomplexe (RNPs) vor. Da einzelsträngige RNA enzyma-

tisch sehr leicht durch Nucleasen abgebaut wird, erhöhen intramolekulare Basenpaarung und Proteinassoziation die Stabilität der RNA-Moleküle. Zudem sind die Sekundär- und Tertiärstrukturen für die Funktionen der RNAs wichtig. Grundsätzlich werden codierende und nichtcodierende RNAs unterschieden.

Codierende RNAs (**Messenger-RNA**, mRNA) stellen Abschriften der für die Proteinsynthese relevanten Abschnitte eines Gens dar (► Abschn. 5.1). Sie sind kurzlebig, 100 bis über 10.000 Basen lang und machen ca. 4 % der Geamt-RNA einer Zelle aus. Nichtcodierende RNAs werden nicht in Proteine translatiert, be-

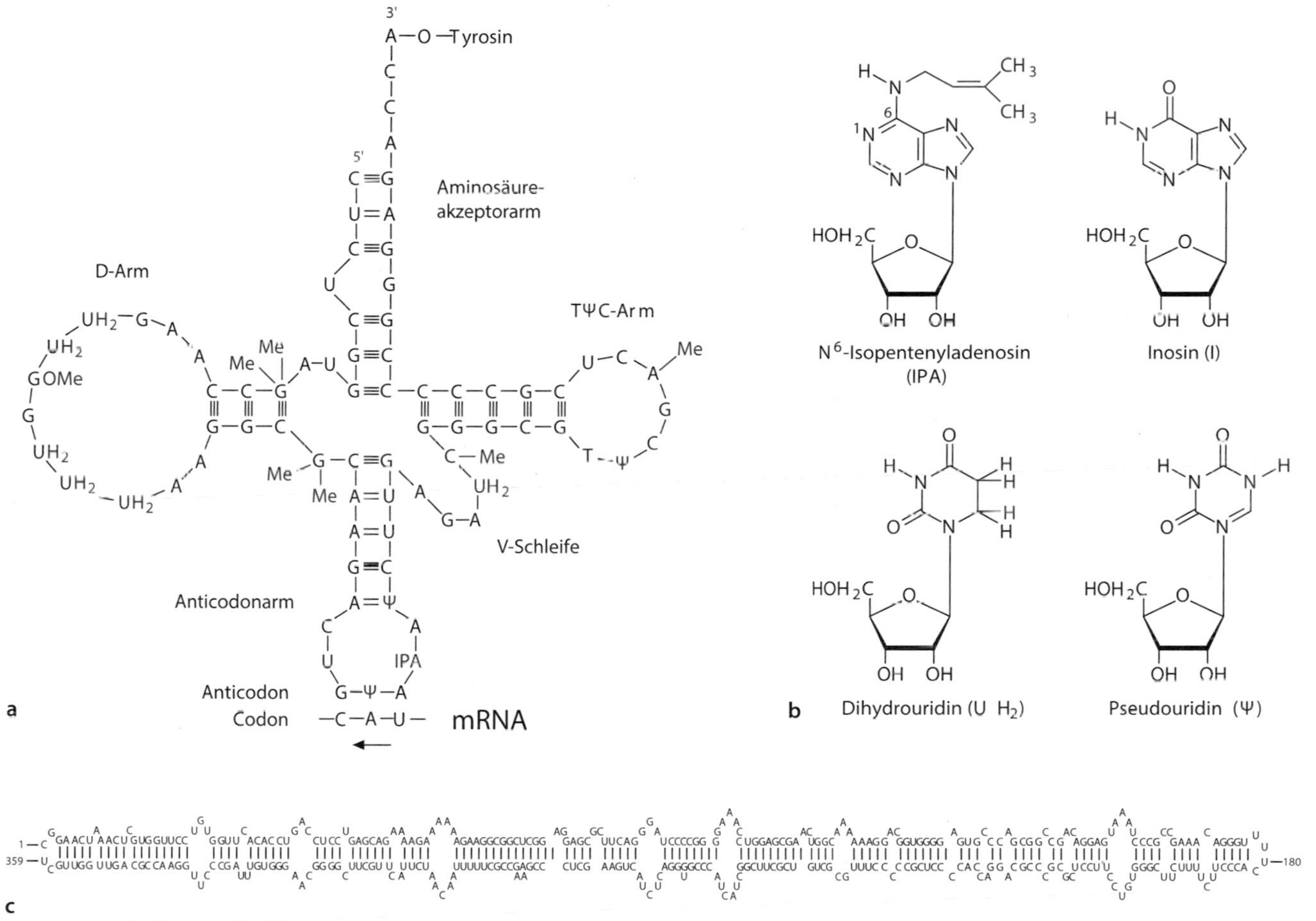

◘ **Abb. 4.5** Ribonucleinsäuren. **a** Kleeblattstruktur eines tRNA-Moleküls am Beispiel der tyrosintragenden tRNA (tRNA^{Tyr}) der Hefe. Die Struktur wird durch Bereiche innerhalb des einzelsträngigen Moleküls stabilisiert, die untereinander Basenpaarungen eingehen können; daneben finden sich ungepaarte Bereiche. Zahlreiche Basen von tRNAs (rot hervorgehoben) sind modifiziert, einige wichtige Beispiele modifizierter Basen sind in **b** dargestellt. Daneben finden sich methylierte Basen (mit Me [rot] gekennzeichnet). Ein Basentriplett, das Anticodon, geht mit einem komplementären Basentriplett der mRNA, dem Codon, Basenpaarungen ein. Die Abfolge der Tripletts auf der mRNA spezifiziert über die Codon-Anticodon-Paarung somit die Reihenfolge der Aminosäuren in einem Protein (genetischer Code, ► Abschn. 9.1; Proteinsynthese, ► Abschn. 6.3). Der D-Arm ist nach dem gehäuften Vorkommen von Dihydrouracil (UH$_2$), der TΨC-Arm nach der stets auftretenden Basenfolge 5'-T-Ψ-C-3' benannt. Die V-Schleife besitzt bei unterschiedlichen tRNAs eine variable Größe. Der Aminosäureakzeptorarm und der Anticodonarm sind wichtig für die Erkennung passender tRNAs und ihrer zugehörigen Aminosäuren durch die Aminoacyl-tRNA-Synthetasen, der Anticodonarm präsentiert das Anticodon zugleich so, dass es am Ribosom mit dem Codon der mRNA eine Basenpaarung eingehen kann. Für die Bindung der tRNA an das Ribosom sind vermutlich der TΨC-Arm und der D-Arm besonders bedeutsam. **c** Beispiel für ein ringförmig geschlossenes RNA-Molekül. Das Spindelknollenviroid der Kartoffel (PSTV, *potato spindle tuber viroid*) besteht aus einem kovalent geschlossenen Ring von 359 Nucleotiden. Die Struktur wird durch intramolekulare Basenpaarungen stabilisiert, die aus Gründen der Übersichtlichkeit als einfache Striche dargestellt sind

sitzen aber vielfältige regulatorische und strukturelle Funktionen. Die wichtigsten sind:

– **Ribosomale RNAs** (rRNAs): Sie sind Bestandteile der Ribosomen und dort für die Sicherstellung von Struktur und Funktion verantwortlich. In eukaryotischen Zellen gibt es vier Arten von rRNAs (28S, 18S, 5,8S und 5S). Zusammen machen sie den Hauptanteil aller zellulären RNAs aus.

– **Transfer-RNAs** (tRNAs): Sie sind 80–90 Basen lang und in die Translation eingebunden. Dort sorgen sie für den Transfer von Aminosäuren zu den Ribosomen und stellen sicher, dass die Aminosäureabfolge neusynthetisierter Proteine der in der Nucleinsäuresequenz codierten Reihenfolge entspricht.

– **Kleine nucleäre RNAs** (snRNAs, engl. *small nuclear RNAs*): Sie wirken an der Prozessierung (**Spleißen**) der Primärtranskripte für mRNAs und tRNAs mit (▶ Abschn. 5.2).

– **Kleine nucleoläre RNAs** (snoRNAs, engl. *small nucleolar RNAs*): Sie dienen als *guide*-RNA und dirigieren Enzyme zu anderen RNAs, vorrangig rRNAs, wodurch diese modifiziert werden.

– **MikroRNAs (miRNAs)** und **kleine interferierende RNAs** (engl. **small interfering RNAs**, siRNAs): Sie sind kleine, typischerweise 21–24 Nucleotide lange RNAs, die eine wichtige Rolle bei der transkriptionellen und posttranskriptionellen Steuerung der Genexpression spielen. Die kleinen regulatorischen RNAs an der epigenetischen Regulation beteiligt (▶ Kap. 9).

– **Lange nichtcodierende RNAs** (engl. *long non-coding RNAs*, lncRNA): Es handelt sich um Transkripte mit einer Länge von über 200 Nucleotiden, die ähnlich wie mi- und siRNAs an der Regulation der Genexpression beteiligt sind.

4.4 Replikation

Die beiden Stränge einer DNA-Doppelhelix stehen wegen der Basenkomplementarität in einem Positiv/Negativ-Verhältnis zueinander. Mit der DNA-Doppelhelix liegt also eine Struktur vor, die zur identischen Verdopplung, zur Replikation des Erbguts prädestiniert erscheint: Die beiden Stränge trennen sich voneinander und an jedem wird ein basenkomplementärer Partnerstrang neu gebildet (◻ Abb. 4.6). Dieses Modell der **semikonservativen Replikation** ist in seiner grundsätzlichen Aussage vielfach bestätigt worden. Es hat sich gezeigt, dass ganze Chromosomen von Eukaryoten semikonservativ repliziert werden. Seit feststeht, dass unreplizierte Chromosomen nur eine DNA-Doppelhelix enthalten (Einstrangmodell, ▶ Abschn. 1.2.3.2), ist dieser Befund ohne Weiteres verständlich.

In Wirklichkeit ist der Replikationsvorgang allerdings viel komplizierter als in ◻ Abb. 4.6 dargestellt, denn einerseits erzwingt die Strangtrennung an der Replikationsgabel wegen der helikalen Verdrillung des DNA-Doppelstrangs (plektonemische Struktur) rasche Rotationen um deren Achse (bis 300 Drehungen pro Sekunde). Chaotische Verknäuelungen und das Zerreißen der Doppelhelix werden aber durch die Wirkung besonderer **Relaxationsenzyme** (**Topoisomerasen I**) vermieden: Sie setzen Einzelstrangbrüche, die gleich darauf wieder geschlossen werden. Dadurch entstehen vorübergehend Orte freier Drehbarkeit, an denen Torsionsspannungen ausgeglichen bzw. gefährliche Scherkräfte vermieden werden, ohne dass benachbarte Regionen die Drehungen mitmachen müssen.

Andererseits sind die beiden Stränge der Doppelhelix antiparallel, an der Replikationsgabel befindet sich also jeweils ein 3'- und ein 5'-Ende zur Verlänge-

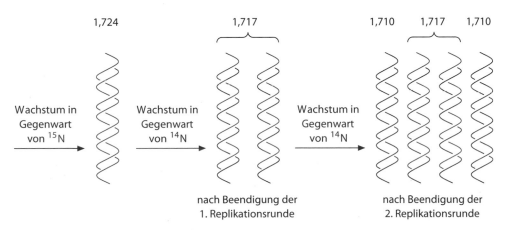

1,724   1,717   1,710   1,717   1,710

Wachstum in Gegenwart von ^{15}N →   Wachstum in Gegenwart von ^{14}N →   Wachstum in Gegenwart von ^{14}N →

nach Beendigung der 1. Replikationsrunde   nach Beendigung der 2. Replikationsrunde

◻ **Abb. 4.6** Nachweis der semikonservativen DNA-Replikation durch das Meselson-Stahl-Experiment. In Gegenwart des schweren Stickstoffisotops ^{15}N gewachsene *Escherichia coli*-Zellen bilden ^{15}N-haltige DNA mit einer Dichte von 1,724 g cm^{-3} (bestimmbar durch Gleichgewichtsdichtegradientenzentrifugation). Lässt man die Zellen danach in Abwesenheit von ^{15}N bzw. in Anwesenheit des leichten Stickstoffisotops ^{14}N synchron weiterwachsen, treten nach Beendigung der ersten bzw. zweiten Replikationsrunde DNA-Moleküle der angegebenen Dichten (s. Zahlen oberhalb der Zeichnungen) jeweils im Verhältnis 1 : 1 auf. Die Aufspaltung in beiden DNA-Spezies mittlerer Dichte am Ende der zweiten Replikationsrunde (je ein Strang ist nicht markiert) bzw. geringer Dichte (beide DNA-Stränge sind nicht markiert) belegt das Modell der semikonservativen DNA-Replikation

rung. DNA-Polymerasen (auch RNA-Polymerasen) können aber wegen des Reaktionsmechanismus der Kettenverlängerung ausschließlich 3′-Enden verlängern. Tatsächlich wird nur der Strang mit dem 3′-Ende (der Vorwärtsstrang, engl. *leading strand*) kontinuierlich verlängert, der Rückwärtsstrang (engl. *lagging strand*) wird dagegen stückweise – diskontinuierlich – rückwärts synthetisiert und die dabei entstehenden Abschnitte nachträglich durch eine Ligase kovalent verbunden (**semidiskontinuierliche Replikation**). **Ligasen** sind Enzyme, die freie 3′-Enden mit freien 5′-Enden kovalent verknüpfen können. Sie spielen bei Reparaturreaktionen an geschädigten DNA-Strängen eine wichtige Rolle (◘ Abb. 4.7), aber eben auch bei der Replikation. Bei ligasedefekten Organismen werden die Teilsequenzen am Rückwärtsstrang nicht verbunden und können als (nach ihrem Entdecker benannte) Okazaki-Fragmente isoliert werden.

DNA-Polymerasen können im Gegensatz zu **RNA-Polymerasen** nur bereits vorhandene 3′-Enden verlängern. Sie bedürfen daher – außer einer Matrize in Gestalt einer vorgegebenen ssDNA – auch eines **Primers** (Starter), um mit der DNA-Synthese beginnen zu können. Als Primer werden am Rückwärtsstrang in regelmäßigen Abständen – entsprechend der Länge der Okazaki-Fragmente – von einer RNA-Polymerase, der **Primase**, kurze RNA-Sequenzen gebildet, deren 3′-Enden die DNA-Polymerase dann zur weiteren Synthese nutzen kann. Die Primer werden nachträglich abgebaut und die entstehenden Sequenzlücken durch Reparaturpolymerasen und Ligasen geschlossen.

Die **molekulare Struktur der Replikationsgabel** stellt sich heute etwa so dar, wie in ◘ Abb. 4.8 schematisch gezeigt. Dieses Modell gilt im Prinzip für die DNA-Replikation bei Prokaryoten, in Mitochondrien und Plastiden, sowie im Zellkern der Eukaryoten – wo immer dsDNA in Zellen vorkommt. Aber während die vergleichsweise kurzen, ringförmigen DNAs der Organellen und der Prokaryoten (▶ Abschn. 4.7 und 4.8) nur einen Startpunkt der Replikation – **Origin** oder **Replikator** genannt – besitzen, von dem aus zwei Replikationsgabeln in entgegengesetzter Richtung rund um den gesamten DNA-Ring wandern, gibt es in den zentimeter- und dezimeterlangen linearen DNA-Molekülen der Eukaryotenchromosomen viele Startpunkte; sonst würde die komplette Replikation eines Chromosoms trotz der hohen Leistungsfähigkeit der Polymerasen Wochen oder Monate dauern. Der von einem Replikator aus replizierte Sequenzbereich wird als **Replikon** bezeichnet. Die zirkulären Bakterien- und Organellen-DNAs sind **monoreplikonisch**, die lineare DNA der eukaryotischen Chromoso-

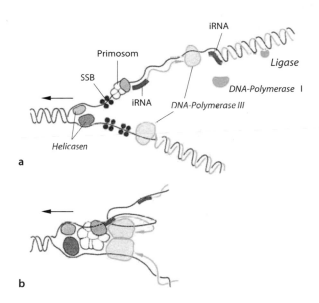

a

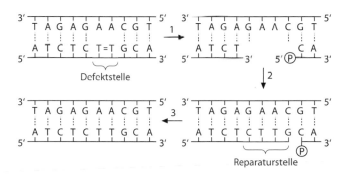

◘ Abb. 4.7 Nucleotidexcisionsreparatur einer UV-induzierten Schadstelle (Thymidindimer) in einem DNA-Doppelstrang. 1 Erkennen der defekten Stelle, Trennen der DNA-Stränge (Schmelzen) im Bereich der defekten Stelle und Herausschneiden (Excision) des DNA-Abschnitts. Daran beteiligt sind zahlreiche Proteine, unter anderem bei Eukaryoten der allgemeine Transkriptionsfaktor TFIIH (▶ Abschn. 5.2), der auch eine Rolle bei der mRNA-Synthese spielt. Dies erklärt, warum DNA-Schäden im Bereich transkribierter (in RNA umgeschriebener) DNA schneller repariert werden als im Bereich nichttranskribierter Gene. 2 Auffüllen der Fehlstelle vom freien 3′-Ende aus durch die DNA-Polymerase. 3 Verknüpfen des freien 3′-Endes mit dem 5′-Phosphat an der ursprünglichen Kette durch die DNA-Ligase erzeugt wieder einen fehlerfreien DNA-Doppelstrang

◘ Abb. 4.8 DNA-Replikation bei *Escherichia coli*; Replikationsgabel in Pfeilrichtung fortschreitend. **a** Entwindung der DNA-Doppelhelix durch strangspezifische Helicasen, vorübergehende Stabilisierung durch einzelstrangbindende Proteine (SSBs); am Vorwärtsstrang (unten) kontinuierliche Synthese des neuen Partnerstrangs (farbig, Pfeilspitze: wachsendes 3′-Ende) durch die DNA-Polymerase III. Am Rückwärtsstrang (oben) entfernt sich die Polymerase dagegen von der Replikationsgabel (jedoch ebenfalls 5′→3′); sie verlängert die 3′-Enden von RNA-Primern (iRNAs), die ihrerseits von Primasen – Teilenzymen von Primosomen – in regelmäßigen Abständen synthetisiert werden (diskontinuierliche Replikation). Die RNA-Primer werden schließlich abgebaut, die Fehlstellen durch Reparatursynthese aufgefüllt (DNA-Polymerase I) und die übrigbleibenden Einzelstrangbrüche durch eine Ligase kovalent verbunden. **b** Hypothetisches Modell eines Replisoms, in dem alle Enzyme und Proteinfaktoren des Replikationsapparats zu einem Komplex zusammengefasst sind. Die Antiparallelität der parentalen DNA-Stränge wird durch Schleifenbildung am Rückwärtsstrang lokal aufgehoben. (Nach A. Kornberg aus Kleinig und Maier 1999)

men ist dagegen **polyreplikonisch**. Weitere Unterschiede bei der Replikation der eukaryotischen Chromosomen im Vergleich zur bakteriellen Replikation (◘ Abb. 4.8) betreffen die DNA-Polymerase: Die anstelle der prokaryotischen DNA-Polymerase III bei Eukaryoten arbeitende DNA-Polymerase α besitzt eine eigene Primaseaktivität, die sowohl am Vorwärtsstrang als auch am Rückwärtsstrang die RNA-Primer synthetisiert. Die DNA-Polymerase α ist jedoch nicht zur Synthese langer DNA-Abschnitte befähigt, sondern wird, wenn der Primer um etwa 30 Nucleotide verlängert wurde, durch die Hauptreplikationsenzyme, DNA-Polymerase δ am Folgestrang und DNA-Polymerase ε am Leitstrang, ersetzt.

4.5 Konventionen zur Benennung von Genen, Proteinen und Phänotypen

Es hat sich bewährt, zur Bezeichnung von Genen und Proteinen eine ökonomische Schreibweise zu wählen. Dabei haben sich mit der Zeit für verschiedene Organismen unterschiedliche Konventionen eingebürgert. Soweit es sich nicht um historisch etablierte Bezeichnungen handelt, wird in diesem Buch für alle **eukaryoten Organismen** eine einheitliche Terminologie verwendet, wie sie für *Arabidopsis thaliana* (▶ Abschn. 4.9) festgelegt wurde.

Nichtmutierte Gene (auch Wildtypgene genannt) werden mit drei schräggestellten Großbuchstaben bezeichnet, mutierte Gene mit drei schräggestellten Kleinbuchstaben. Die von den Genen codierten Proteine werden mit drei aufrechtgestellten Großbuchstaben bezeichnet (für Proteine mutierter Gene verwendet man keine Konvention). Handelt es sich um ein Holoprotein, so verwendet man nur für das Apoprotein Großbuchstaben, das Holoprotein wird mit drei aufrechtgestellten Kleinbuchstaben bezeichnet. Liegt eine Genfamilie vor, so werden deren Mitglieder entweder durch arabische Zahlen (1, 2, 3, ...) unterschieden oder aber durch Großbuchstaben (A, B, C). Diese werden nicht schräggestellt. Beispiel Phytochrom (▶ Abschn. 13.2.4):

PHYA	bezeichnet das Gen für Phytochrom A
phyA	bezeichnet ein mutiertes Phytochrom-A-Gen
PHYA	bezeichnet das Phytochrom-A-Apoprotein
phyA	bezeichnet das Phytochrom-A-Holoprotein (= Apoprotein + gebundene Gruppe, in diesem Fall die lichtabsorbierende Gruppe des Phytochroms, Phytochromobilin)

Häufig werden Gene nach den Phänotypen von Mutanten benannt, die zu ihrer Entdeckung Anlass gaben. Die Bezeichnung des Phänotyps einer Mutante wird mit schräggestellten Kleinbuchstaben ausgeschrieben. Beispiel: Das bei der Mutante *non phototropic hypocotyl* betroffene (mutierte) Gen wird *nph*1 genannt, das nichtmutierte Gen *NPH*1. Es codiert das Apoprotein NPH1 des Photorezeptors nph1, für den später der Name Phototropin vorgeschlagen wurde (▶ Abschn. 15.3.1.1).

Bei **Prokaryoten** wird auch zur Bezeichnung von Wildtypgenen ein Dreibuchstabencode mit schräggestellten Kleinbuchstaben verwendet, dabei werden Gene eines Operons oft mit demselben Code und angehängten Großbuchstaben zur Unterscheidung der verschiedenen Gene versehen (z. B. *lac*-Gene, das sind die Gene des Lactoseoperons von *Escherichia coli*; *lac*Z codiert das Enzym β-Galactosidase, *lac*I codiert ein Repressorprotein für *lac*Z; *lac*-Operon, vgl. auch ◘ Abb. 10.8 und Lehrbücher der Mikrobiologie oder Molekularen Genetik). Wildtypgene werden mit einem hoch gestellten Pluszeichen versehen (z. B. *lac*$^+$); zur Bezeichnung eines mutierten Gens wird jedoch kein Minuszeichen verwendet. Auch die Bezeichnung der Proteine folgt bei Prokaryoten in der Regel einer anderen Konvention: dem Drei-Buchstaben-Code, aber nur der erste Buchstabe wird großgeschrieben (Beispiel: VirA ist das von *vir*A codierte Protein). Phänotypen werden ebenfalls mit einem Drei-Buchstaben-Code, aber mit einem großen Anfangsbuchstaben und ohne Schrägstellung versehen (z. B. His$^+$ für einen Stamm, der zur Histidinbiosynthese befähigt ist). Mutantenphänotypen können mit einem hoch gestellten Minuszeichen versehen werden (z. B. His$^-$ für eine Mutante, die kein Histidin mehr bilden kann).

Die Bezeichnung mutierter bzw. nichtmutierter Gene des **Plastoms** und **Chondroms** folgt der Konvention für Prokaryoten.

4.6 Das Kerngenom

Die im Zellkern vorhandene DNA besteht aus mehreren verschiedenen linearen Molekülen doppelsträngiger DNA, genau eines ist in jedem Chromosom (▶ Abschn. 1.2.4.2) im nichtreplizierten Zustand enthalten (zwei identische Moleküle nach der Replikation, je eines pro Tochterchromatide, ◘ Abb. 4.8). Im haploiden (1n) Chromosomensatz liegt jedes Chromosom einmal vor, im diploiden (2n) Chromosomensatz zweimal (3n, triploid, dreimal usw.). Die DNA-Moleküle homologer Chromosomen diploider (triploider usw.) Zellen sind nur bei obligaten Selbstbefruchtern (bzw. bei fortgesetzter Selbstung durch den Züchter) praktisch identisch (**Homozygotie**); bei Fremdbefruchtern sind sie im Grundaufbau und Genbestand gleich, in der Basenabfolge gibt es jedoch zahlreiche Abweichungen (**Heterozygotie**).

Die Menge an Gesamt-DNA (◘ Abb. 4.9) in den Kerngenomen von Samenpflanzen verschiedener Arten –

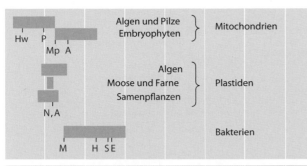

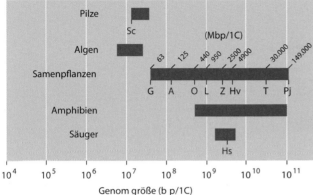

■ **Abb. 4.9** Genomgrößen von Chondromen, Plastomen und Nucleomen verschiedener Organismen. Die Angaben in Basenpaaren (bp) beziehen sich immer auf das nichtreplizierte haploide Genom (1 C, 1n). Der C-Wert gibt normalerweise die DNA-Menge in Picogramm (pg) an, lässt sich aber auch in Basenpaaren (bp) ausdrücken (1 pg DNA = 0,96 × 10^9 bp). Die mit roten Buchstaben gekennzeichneten Genome liegen vollständig sequenziert vor (■ Tab. 4.1). *A Arabidopsis thaliana, E Escherichia coli, G Genlisea, H Haemophilus influenzae, Hs Homo sapiens, Hv Hordeum vulgare, Hw Wickerhamomyces canadensis, L Solanum lycopersicum, M Mycoplasma, Mp Marchantia polymorpha, N Nicotiana tabacum, O Oryza sativa, P Podospora pauciseta, Pj Paris japonica, S Synechocystis, Sc Saccharomyces cerevisiae, T Tulipa, Z Zea mays*. Gelbe Balken: Organellengenome und Prokaryoten, blaue Balken: Nucleome (1 Mbp = 10^6 bp). (Grafik: E. Weiler)

die Angaben beziehen sich definitionsgemäß immer auf den haploiden Chromosomensatz im nichtreplizierten Zustand (DNA-Gehalt: 1 C) – kann um mehr als den Faktor 2400 unterschiedlich sein: Sie reicht von ca. 63,4 Megabasenpaaren (1 C = 0,0648 pg; 1 Mbp = 1.000.000 Basenpaare) bei *Genlisea* (Reusenfalle) bis zu über 149.000 Mbp (1 C = 152,23 pg) bei *Paris japonica* (Japanische Einbeere). Die Kerngenome der Algen und Pilze sind deutlich kleiner, die Größen der kleinsten überlappen mit denen der größten Genome der Prokaryoten. Zahlreiche Genome von Prokaryoten und von Eukaryoten wurden bereits komplett sequenziert (■ Tab. 4.1) und sind in ihrem Aufbau und Genbestand daher sehr genau bekannt. Die Anzahl vollständig sequenzierter Pflanzengenome steigt kontinuierlich. Informationen zu sequenzierten Pflanzen stehen in Datenbanken wie Ensembl Plants (Kersey et al. 2018) oder Phytozome (Goodstein et al. 2012) zur Verfügung.

Die Ursachen für die sehr unterschiedlichen Genomgrößen bei Pflanzen sind vielfältig:

■ **Tab. 4.1** Größen einiger vollständig sequenzierter Genome. (Plastome und Chondrome nach U. Kück)

Spezies	bp/1 C	Anzahl der Gene
Chondrome		
Prototheca wickerhamii	55.328	63
Saccharomyces cerevisiae	85.779	35
Podospora pauciseta	94.192	43
Marchantia polymorpha	186.608	66
Arabidopsis thaliana	366.924	58
Plastome		
Nicotiana tabacum	155.939	127
Arabidopsis thaliana	154.478	128
Bacteriengenome		
Mycoplasma pneumoniae	816.394	677
Haemophilus influenzae	1.830.138	1709
Synechocystis PCC 6803	3.573.470	3169
Escherichia coli K 12	4.639.221	4397
Nucleome		
Saccharomyces cerevisiae	ca. 13.469.000	6327
Arabidopsis thaliana	ca. 140.000.000	27.655
Oryza sativa	ca. 430.000.000	39.045
Populus trichocarpa	ca. 410.000.000	45.555
Solanum tuberosum	ca. 844.000.000	39.031

— Sie liegen nur zum Teil in der Anzahl oder in der Größe der Gene. Die Genomgröße korreliert nicht notwendigerweise mit der Anzahl an Genen (■ Abb. 4.10). Selbst die größten Kerngenome dürften im Vergleich zu den kleinsten nur zwei- bis dreimal mehr Gene aufweisen, hauptsächlich bedingt durch größere Genfamilien, nicht so sehr durch eine größere Anzahl verschiedener Codierungsfunktionen. Auch die durchschnittliche Gengröße übertrifft bei großen Genomen nicht wesentlich diejenige der kleineren Genome.

— Durch Auto- bzw. Allopolyploidisierung (▶ Abschn. 17.3.3.4) kann die Genomgröße zunehmen. So ist Tabak (*Nicotiana tabacum*) allotetraploid und Weizen (*Triticum aestivum*) allohexaploid.

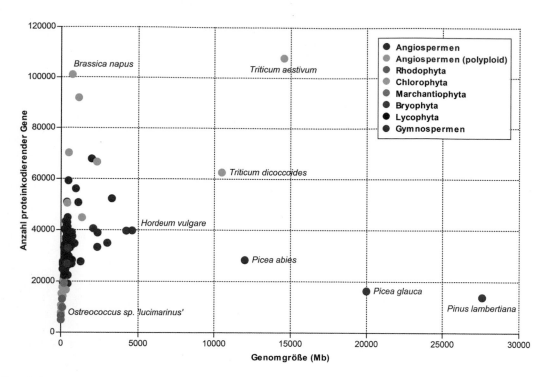

◻ Abb. 4.10   Korrelation der Anzahl proteincodierender Gene mit der Genomgröße. Im Plot sind von 107 Arten die Größen assemblierter Genome gegen die Anzahl proteincodierender Gene aufgetragen. Die meisten sequenzierten diploiden Pflanzen weisen Genomgrößen zwischen 200 und 5000 Mb auf. In Gegensatz hierzu sind die Genome von rhodophytischen und chlorophytischen Algen sehr klein und enthalten nur wenige proteincodierende Gene. Arten wie Raps (*Brassica napus*) und Weizen (*Triticum aestivum*) entstammen jüngeren Polyploidisierungsereignissen und enthalten eine hohe Anzahl proteincodierender Gene. Die Genome von Gymnospermen sind dagegen sehr groß, enthalten aber relativ wenig proteincodierende Gene. Die großen Genome sind reich an transponierbaren Elementen. (Daten der Gymnospermen aus Nystedt et al. 2013, Stevens et al. 2016 bzw. Warren et al. 2015; übrige Daten aus Goodstein et al. 2012 [Ensembl Plants, Release 44] bzw. Kersey et al. 2018 [Phytozome, v12.1]; Grafik: José María Corral García, verändert nach Kersey 2019)

Auch Duplikationen innerhalb eines Genoms haben in der Evolution zur Vergrößerung der DNA-Menge (und der Genzahl) geführt. Genau untersucht ist dies bei der Acker-Schmalwand. Hier machen duplizierte Segmente, die oft mehrere Megabasenpaare große Chromosomenabschnitte betreffen, fast 60 % des Kerngenoms aus. Dies erklärt den weitaus höheren Genbestand der Acker-Schmalwand (27.655 Gene, ◻ Tab. 4.1) im Vergleich zu Tieren vergleichbarer Komplexität, denen derart umfangreiche Duplikationen im Genom fehlen (die Taufliege *Drosophila melanogaster* hat 13.601 Gene, der Fadenwurm *Caenorhabditis elegans* 19.099 Gene).

— Der Hauptgrund für die unterschiedlichen Größen der Kerngenome liegt jedoch im Anteil an teilweise hoch repetitiver und größtenteils nichtcodierender DNA, der bei sehr großen Genomen weit mehr als 90 % ausmachen kann. Die Gene liegen also in den kleinen Kerngenomen dichter beieinander als in den großen. Sie sind auf dem DNA-Molekül eines Chromosoms jedoch nicht gleichmäßig verteilt, sondern treten in bestimmten Regionen gehäuft auf, zwischen denen mehr oder weniger ausgedehnte Bereiche nichtcodierender DNA liegen.

Die repetitiven Sequenzen liegen zum einen als Blöcke vielfacher, tandemartiger Sequenzwiederholungen kurzer monomerer Sequenzabschnitte vor oder aber in einzelnen bis wenigen Kopien, dafür aber an zahlreichen verschiedenen Stellen auf dem Chromosom verteilt (disperse repetitive Sequenzen). Tandemartige, nichtcodierende Sequenzwiederholungen finden sich in der **Centromerregion** und im Bereich der **Telomere** (▶ Abschn. 1.2.4.2). Die Telomere bilden die Chromosomenenden. Das 3′-Ende des DNA-Doppelstrangmoleküls ist etwas länger als das 5′-Ende (3′-Überhang) und hybridisiert unter lokalem Aufschmelzen der Doppelhelix des Telomerendes mit einer komplementären Sequenz des Gegenstrangs. Dadurch bildet sich am Chromosomenende eine Schleifenstruktur aus, an die wahrscheinlich spezifische Proteine binden, die diese Struktur stabilisieren. Dies ermöglicht der Zelle die Unterscheidung „echter" Chromosomenenden von unnatürlichen, die infolge eines DNA-Doppelstrangbruchs entstanden sind, und verhindert das Fusionieren von Chromosomen während der DNA-Reparatur. Außerdem haben Telomere eine Bedeutung für die korrekte Replikation der Chromosomenenden. Spezifische Proteine verankern im Interphasekern die Telomere an der Kernhülle. An den Centromeren bilden sich bei der Zellteilung die Kinetochoren, an denen die Mikrotubuli der Teilungsspindel ansetzen (▶ Exkurs 1.3). Bei den Chromosomen einiger weniger Arten (z. B. *Luzula*, ▶ Abschn. 19.4.3.2, ◻ Abb. 19.174) lassen sich keine Centromere lokalisieren, hier können die Spindelfasern an vielen Stellen der Chromosomen ansetzen: Man spricht von diffusen Centromeren. Tandemartig angeordnete Sequenzwiederholungen charakterisieren des Weiteren die nichtcodierende und in ihrer Funktion unbekannte **Satelliten-DNA** – so genannt, weil sie bei der Dichtegradientenzentrifugation von DNA-Fragmenten aufgrund ihrer Nucleobasenzusammensetzung und die dadurch bedingte etwas andere Gleichgewichtsdichte in Form von Nebenbanden (Satelliten) in der Nähe der DNA-Hauptbande anfällt – nicht zu verwechseln mit den morphologisch definierten Satelliten in der Nachbarschaft der **Nucleolusorganisatorregionen** (▶ Abschn. 1.2.4.3, ◪ Abb. 1.2.4). Die in diesen Nucleolusorganisatorregionen liegenden Gene für die ribosomalen RNAs (rRNAs) kommen ebenfalls in Vielzahl (bis zu über 20.000 Kopien pro Genom) als tandemartige Sequenzwiederholungen praktisch identischer Gene und ebenfalls identischer intergenischer Regionen vor, sind jedoch auf ein oder wenige Chromosomen beschränkt (▶ Abschn. 4.9).

Alle Angaben beziehen sich auf das haploide, nichtreplizierte Genom (1 C, vgl. ◪ Abb. 4.9). Die Anzahl der Basenpaare (bp) für Kerngenome (Nucleome) von Eukaryoten lässt sich wegen der repetitiven Sequenzen und der Telomerstrukturen nicht exakt angeben. Die angegebene Anzahl der Gene der Chondrome und Plastome bezieht sich nur auf identifizierte, proteincodierende Gene sowie rRNA- und tRNA-Gene, sie umfasst keine lediglich aufgrund von allgemeinen Strukturkriterien vorhergesagten potenziellen Gene oder proteincodierende Intronbereiche. Für die Bakteriengenome und Nucleome wurden jedoch sämtliche bekannten und potenziellen Gene addiert. Die Anzahl der Gene in diesen Fällen ist demnach als eine ungefähre, jedoch zu Vergleichszwecken anschauliche, Angabe zu verstehen.

Unter den im Kerngenom verstreut liegenden, dispersiven repetitiven DNA-Abschnitten sind insbesondere die **Transposons** und **Retrotransposons** wesentlich. Bei beiden handelt es sich um **mobile genetische Elemente**, die ihren Platz im Genom mit vergleichsweise hoher Frequenz ändern bzw. unter Replikation an zusätzlichen Stellen im Genom integrieren. Transposons sind gekennzeichnet durch kurze inverse Sequenzwiederholungen an ihren Grenzen, die für die Transposition erforderlich sind. Autonome Transposons (z. B. das Transposon Ac des Mais) tragen zusätzlich zumindest ein Gen, das für die Transposition erforderlich ist und eine **Transposase** codiert; andere Transposons (z. B. Ds-Elemente des Mais) benötigen zur Transposition ein autonomes Transposon, da sie keinen vollständigen inneren Codierungsbereich mehr besitzen. Die Ac/Ds-Elemente des Mais waren die ersten, von B. McClintock in den Jahren 1940–1955 entdeckten, mobilen genetischen Elemente. Im Unterschied zu Transposons transponieren **Retrotransposons** über ein RNA-Intermediat, das durch eine vom Transposon selbst codierte **Reverse Transkriptase** in eine DNA-Kopie (engl. *co-py-DNA*, **cDNA**) transkribiert wird. Diese cDNA kann an anderer Stelle in das Genom integrieren. Dazu dienen lange direkte Sequenzwiederholungen (LTR, engl. *long terminal repeats*), die an den Enden des Retrotransposons (bzw. der cDNA) lokalisiert sind. Der Transpositionsmechanismus weist große Ähnlichkeiten zu dem von Retroviren auf. Retrotransposons können einen erheblichen Teil des Kerngenoms umfassen, beim Mais fast 50 %.

4.7 Das Plastidengenom

Im Unterschied zum Kerngenom liegt das Subgenom der Plastiden, das Plastom, in Form eines zirkulär geschlossenen DNA-Moleküls (ptDNA) vor, das – je nach Entwicklungszustand – bei Chloroplasten in ca. 20–200 identischen Kopien pro Organell vorhanden ist. Wie bei Prokaryoten liegen die DNA-Moleküle in **Nucleoiden** vor. Chloroplasten enthalten 10–20 an die Thylakoidmembran oder die innere Hüllmembran angeheftete Nucleoide, die jeweils 2–20 ptDNA-Moleküle enthalten. Plastiden sind also polyploid und polyenergid. Da die Zellen im Assimilationsgewebe von Laubblättern über 100 Chloroplasten enthalten können, liegen in einer solchen Zelle etwa 10.000 Plastomkopien vor. Die Plastome Niederer und Höherer Pflanzen sind von ähnlichem Umfang. Sie umfassen zumeist 130–150 kbp (◪ Abb. 4.9 und 4.11) mit unteren und oberen Grenzen von 70 kbp (*Epifagus virginiana*) bzw. 400 kbp (*Acetabularia*); zahlreiche wurden komplett sequenziert. Plastome enthalten bei den Embryophyten einen einheitlichen Bestand von ca. 120–130 Genen, 90 davon codieren Proteine. Das in dieser Hinsicht repräsentative Tabakplastom umfasst beispielsweise 155.939 bp und trägt 97 Gene bekannter Funktion sowie ca. 30 weitere, möglicherweise proteincodierende Regionen, sogenannte **offene Leseraster** (ORFs, ▶ Abschn. 5.1) noch unbekannter Funktion (◪ Abb. 4.11).

Das Plastom der meisten Pflanzen besteht aus zwei großen, inversen Sequenzwiederholungen von 10–28 kbp, die eine kleine und eine große singuläre Region voneinander trennen. Bei den Koniferen, einigen Vertretern der Leguminosen (insbesondere aus den Gruppen der Carmichaelieae, Cicereae, Hedysareae, Trifolieae, Vicieae und Galegeae) und vereinzelt bei Arten anderer Familien treten sie jedoch nicht auf.

Das ungewöhnlich kleine Plastom des Dinoflagellaten *Kryptoperidinium triquetrum* enthält lediglich neun Gene, von denen jedes auf einem eigenen, minizirkulären Chromosom lokalisiert ist.

Hinsichtlich ihrer genetischen Organisation weicht die ptDNA stark von der Kern-DNA ab, sie weist aber viele Ähnlichkeiten mit den zirkulären Genomen von Bakte-

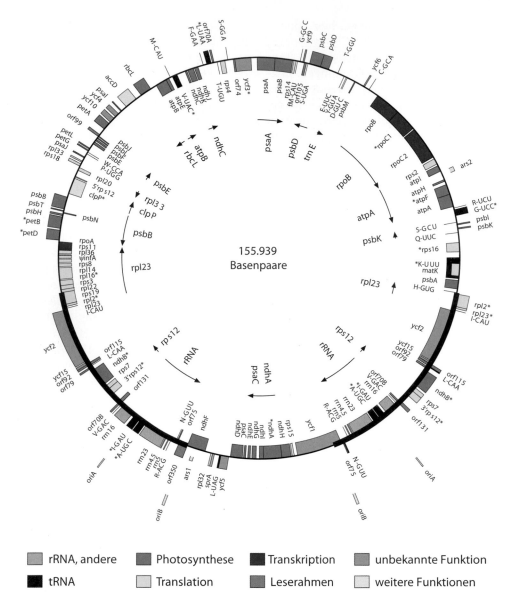

◙ Abb. 4.11 Genkarte der Plastiden-DNA des Tabaks (*Nicotiana tabacum*). Lage und Ausdehnung der Gene sind durch die Kästchen gekennzeichnet; die nach innen gezeichneten Gene werden im Uhrzeigersinn transkribiert, die nach außen gezeichneten gegen den Uhrzeigersinn. Die Pfeile markieren polycistronische Transkriptionseinheiten und deren Transkriptionsrichtung. Mit * gekennzeichnete Gene enthalten Introns. Die mit einer dicken schwarzen Linie dargestellten Abschnitte des DNA-Zirkels stellen die beiden großen, inversen Sequenzwiederholungen dar, die auch die Replikationsursprünge (oriA, oriB) enthalten; die mit einer dünnen Linie dargestellten Abschnitte des Zirkels repräsentieren die beiden singulären Regionen. Die Nomenklatur für Plastidengene folgt der für Prokaryoten (▶ Abschn. 4.5). Einige wichtige Gene bzw. Gengruppen: *psa* Photosystem I, *psb* Photosystem II, *pet* photosynthetischer Elektronentransport, *atp* ATP-Synthase, *rbc*L große (engl. *large*) Untereinheit der Ribulose-1,5-bisphosphat-Carboxylase/Oxygenase. Ferner: Gene für ribosomale Proteine der kleinen (*rps*) bzw. der großen (*rpl*) Ribosomenuntereinheit; plastidencodierte RNA-Polymerase (*rpo*), ribosomale RNAs (*rrn*). Die Gene der tRNAs sind mit dem Ein-Buchstaben-Code (◙ Abb. 6.1) der transferierten Aminosäure sowie der 5′→3′-Sequenz ihres Anticodons angegeben, z. B. H-GUG: tRNA[HIS], Anticodon 5′-GUG-3′, aber: fMet-CAU = Gen für die das Startcodon 5′-AUG-3′ über ihr Anticodon 5′-CAU-3′ bindende, N-Formylmethionin (fMet) übertragende tRNA. Offene Leseraster (ORFs) erscheinen unter Angabe ihrer Codonanzahl, z. B. ORF 350. (Nach P. Westhoff und einer Vorlage von G. Link, mit freundlicher Genehmigung)

rien (Endosymbiontentheorie, ▶ Abschn. 1.3) auf. Charakteristisch für prokaryotische Genome ist unter anderem das Fehlen von repetitiven Sequenzen. Solche fehlen auch in der ptDNA, abgesehen von den doppelt vorhandenen Genen in der duplizierten Genregion, zu denen die rRNA-Gene gehören.

Das Plastom enthält einen vollständigen Satz von tRNA- und rRNA-Genen, 20 Gene für ribosomale Proteine sowie die vier Gene für eine der beiden plastidären RNA-Polymerasen (die zweite ist kerncodiert). Weiterhin codiert das Plastom einige der für die Lichtreaktionen der Photosynthese benötigten Proteine. Nur ein einziges Enzym des Calvin-Zyklus, die Ribulose-1,5-bisphosphat-Carboxylase/Oxygenase (Rubisco), wird unter Beteiligung des Plastoms gebildet, das das Gen für die acht großen Untereinheiten (Genbezeichnung *rbc*L, engl. *large*, groß) besitzt. Die acht kleinen Untereinheiten (▶ Abschn. 14.4.1) sind im Kerngenom codiert.

Die Gene der weitaus meisten Plastidenproteine befinden sich im Kerngenom. Schätzungen ergaben, dass Plastiden ca. 1900–2300 verschiedene Proteine enthalten, von denen, wie erwähnt, nur etwa 90 auch plastomcodiert sind. Obwohl Plastiden – wie Mitochondrien – über einen eigenen Translations- und Transkriptionsapparat verfügen, hängen sie in ihrer Funktion somit stark vom genetischen Material des Zellkerns ab. Plastiden und Mitochondrien werden daher auch als **semiautonome Organellen** bezeichnet (Endosymbiontentheorie, ▶ Abschn. 1.3). Heutige Prokaryoten besitzen ca. 2000–4000 Gene, nur selten weniger oder mehr (◼ Abb. 4.9, ◼ Tab. 4.1). Im Verlauf der **Evolution von Plastiden** (Vergleichbares gilt für die Mitochondrien, ▶ Abschn. 4.8) wurden die meisten Gene des ursprünglichen Endosymbionten in den Zellkern verlagert, den Plastiden blieb nur ein Restbestand. Man nimmt heute an, dass sich im Plastom im Wesentlichen nur solche Gene erhalten haben, die Grundfunktionen (Transkription, Translation) codieren sowie solche, die einer schnellen, direkten Kontrolle durch den Plastidenstoffwechsel unterliegen. So kontrolliert z. B. der Redoxzustand des Plastochinonsystems (▶ Abschn. 14.3.5) die Transkription der plastidären Gene für das D1-Protein des Reaktionszentrums von Photosystem II (*psb*A-Gen, ◼ Abb. 14.37 und 4.12) sowie für die beiden Proteine des Reaktionszentrums von Photosystem I (*psa*A-Gen, *psa*B-Gen, ◼ Abb. 14.39 und 4.12), und reduziertes Ferredoxin kontrolliert über eine direkte Dithiol/Disulfid-Redoxregulation die Translationsinitiation der *psb*A-mRNA (◼ Abb. 4.12).

Aber auch die Aktivitäten des Nucleoms und des Plastoms müssen fein aufeinander abgestimmt werden. So enthalten nicht nur die Rubisco, sondern auch alle Komplexe des photosynthetischen Elektronentransports ebenso wie die ATP-Synthase sowohl kern- als auch plastidencodierte Untereinheiten. Über die Mechanismen der Kooperation von Nucleom und Plastom herrscht keine Klarheit. Jedoch steht die plastidäre Genexpression unter der Kontrolle nucleärer Regulatorgene, umgekehrt werden auch die Aktivitäten von Kerngenen, z. B. der Gene für die Chlorophyll-a/b-Bindungsproteine des Lichtsammelkomplexes LHCII (▶ Abschn. 14.3.3) oder des im Nucleom befindlichen Gens für die kleine Untereinheit der Ribulose-1,5-bisphosphat-Carboxylase/Oxygenase, durch den Funktionszustand des Chloroplasten beeinflusst.

4.8 Das Mitochondriengenom

Die Mitochondriengenome (Chondrome) der Pflanzen sind in Größe und Struktur sehr variabel und zumeist sehr viel größer als die von Tieren (Vertebraten: ca.

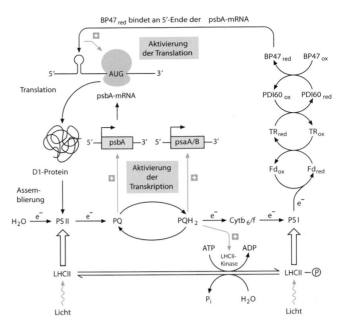

◼ **Abb. 4.12** Redoxkontrolle der Photosynthese. Neben der in ▶ Abschn. 14.3.8 besprochenen Regulation der Energieverteilung über die Zuordnung des Lichtsammelkomplexes LHCII zu Photosystem II oder Photosystem I, die von der LHCII-Phosphorylierung durch eine von reduziertem Plastochinon (PQH_2) aktivierte LHCII-Kinase abhängt (unterer Teil der Abbildung), greifen weitere Redoxkontrollmechanismen auf der Transkriptions- und der Translationsebene. Oxidiertes Plastochinon (PQ) induziert die Transkription des Gens für das D1-Protein von PS II (*psb*A), reduziertes Plastochinon (PQH_2) die der Gene für die Reaktionszentrumproteine A und B von PS I (*psa*A, *psa*B). Reduziertes Ferredoxin bewirkt durch Thiol/Disulfid-Konversion über Thioredoxin (TR) und eine 60-kDa-Proteindisulfidisomerase (PDI60) die Aktivierung eines RNA-Bindeproteins (BP47), das in reduzierter Form spezifisch an das 5′-Ende der *psb*A-mRNA bindet. Das 5′-Ende dieser mRNA bildet eine besondere Sekundärstruktur aus (Stamm-Schleife-Struktur), die durch interne Basenpaarung im Stammbereich entsteht. Die Bindung von BP47$_{red}$ an die mRNA aktiviert deren Translation. Man nimmt an, dass die komplexe Steuerung der Transkription und Translation der Gene für die Proteine der photosynthetischen Reaktionszentren ein Grund dafür war, dass sie nicht, wie die meisten Gene, im Verlauf der Evolution der Plastiden aus dem Genom des ursprünglichen Endosymbionten in den Zellkern verlagert werden konnten. (Grafik: E. Weiler)

16 kbp). Die variable Größe geht nur zum Teil mit einer entsprechenden Vergrößerung des Genbestands einher; im Wesentlichen beruht sie auf unterschiedlich großen Anteilen nichtcodierender Sequenzen, von denen zahlreiche aus repetitiven Sequenzelementen aufgebaut sind. Darunter befinden sich sogar Abschnitte von Fremd-DNA, die aus dem Plastom oder dem Nucleom stammen. Die erhebliche Größe pflanzlicher Chondrome ist demnach Ergebnis einer sekundären, pflanzentypischen Expansion und nicht Resultat eines geringeren Genverlusts im Verlauf der Mitochondrienevolution. Auch die Chondrome sind – vergleichbar den Plastomen – polyploid und polyenergid strukturiert. Bei der Bäckerhefe

befinden sich ca. 100 Chondromkopien in mehreren Nucleoiden pro Mitochond-rion, pro Zelle etwa 6500.

Das Chondrom der Grünalge *Chlamydomonas reinhardtii* umfasst 16 kbp mitochondrialer DNA (mtDNA) und besteht aus einem linearen, doppelsträngigen DNA-Molekül, die Chondrome der Pilze besitzen einen Umfang von ca. 18–180 kbp (*Saccharomyces cerevisiae*: 78 kbp) und die der Embryophyten von 180 kbp (*Brassica oleracea*) bis zu 2400 kbp (*Cucumis melo*; ◘ Abb. 4.9). Die Embryophytenchondrome bestehen meist aus mehreren, durch Rekombinationsvorgänge im Bereich der Sequenzwiederholungen ineinander überführbaren, zirkulären, doppelsträngigen DNA-Molekülen unterschiedlicher Größe (◘ Abb. 4.13) und nur vereinzelt (z. B. *Sinapis alba*) aus einem einzigen, zirkulären DNA-Molekül. Im Fall fragmentierender Chondrome wird das größte mtDNA-Molekül als Standardring (engl. *master circle*) bezeichnet. Aus einem einzigen Ring doppelsträngiger mtDNA besteht auch das Chondrom des Lebermooses *Marchantia polymorpha*, eines der Mitochondriengenome mit vollständig ermittelter Basensequenz (186.608 bp).

Wie im Fall der Plastiden, so reicht auch die Kapazität des Mitochondriengenoms bei Weitem nicht aus, um sämtliche benötigte Proteine selbst zu codieren; die meisten werden im Kerngenom codiert und in das Organell importiert (▶ Abschn. 6.5). Im Unterschied zu Plastiden müssen Mitochondrien sogar bestimmte RNAs importieren.

Der Genbestand der Chondrome verschiedener Arten ist etwas unterschiedlich und reicht von zwölf (*Chlamydomonas reinhardtii*) bis zu über 60 Genen (z. B. *Arabidopsis thaliana*: 58, *Marchantia polymorpha*: 66). Aufgrund von Rekombinationsereignissen differiert darüber hinaus – im Unterschied zum Plastom – auch die Anordnung der Gene im Chondrom von Spezies zu Spezies. Neben Komponenten der Atmungskette und der ATP-Synthase handelt es sich um Gene für einige ribosomale Proteine (die jedoch den kleinsten Chondromen fehlen) und zwei bis drei der vier rRNAs. Jedoch codiert keines der bekannten Chondrome

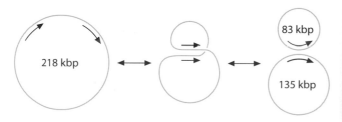

◘ Abb. 4.13 Intramolekulare Rekombination von Mitochondrien-DNA bei Höheren Pflanzen. Beim Rübsen *Brassica rapa* kommen in den Mitochondrien drei verschieden große zirkuläre mtDNA-Moleküle vor; im Hauptzirkel (218 kbp) ist eine Sequenzwiederholung enthalten (Pfeile), sodass durch Rekombinationsprozesse zwei unvollständige kleinere DNA-Zirkel entstehen können; der Vorgang ist reversibel. (Grafik: E. Weiler)

sämtliche der für die mitochondriale Translation erforderlichen tRNAs (*Marchantia*: 29, *Arabidopsis*: 22, *Chlamydomonas*: 3), sodass die kerncodierten mitochondrialen tRNAs in die Mitochondrien importiert werden müssen. Der Importmechanismus ist unbekannt. Auch die zur Transkription der mitochondrialen Gene benötigte RNA-Polymerase wird bei Pflanzen vollständig im Kerngenom codiert.

Eine Folge der häufigen Rekombinationsereignisse, die auch vor Gengrenzen nicht haltmachen, ist das Vorliegen defekter Genkopien in vielen Mitochondriengenomen. Dadurch können bisweilen fehlerhafte Proteine entstehen. Solche werden für die **cytoplasmatisch vererbte männliche Sterilität** (CMS) verantwortlich gemacht, die sich bei vielen Angiospermen, darunter wichtigen Kulturpflanzen (Mais, Hirse, Weizen, Zuckerrübe) findet und auf Pollensterilität beruht. Der CMS-Phänotyp wird maternal vererbt, da die männlichen Gameten (Spermazellen) der meisten Angiospermen keine Mitochondrien (übrigens auch keine Plastiden) besitzen. Pollensterilität ist bei der Züchtung von Kulturpflanzen von großer Bedeutung. Beispielsweise kann bei der Hybridzüchtung von Mais, die auf strikter Ausschaltung der Selbstbefruchtung beruht, auf das sehr

0,5 mm

◘ Abb. 4.14 Blüte der Acker-Schmalwand (*Arabidopsis thaliana*). (Original: A. Müller, mit freundlicher Genehmigung)

arbeitsintensive Entfahnen – manuelles Entfernen der männlichen Blütenstände – verzichtet werden.

4.9　Die Acker-Schmalwand (*Arabidopsis thaliana*) als Modellpflanze

Es gibt wohl keine Pflanze, die molekulargentisch besser untersucht wurde, als die Acker-Schmalwand. Daher nimmt sie eine Sonderstellung ein und wird im Folgenden ausführlicher beschrieben.

Die Acker-Schmalwand (*Arabidopsis thaliana* [L.] Heynh., Brassicaceae, Brassicales; engl. *Thal's Cress*; ◻ Abb. 4.14) wurde erstmals im 16. Jahrhundert von Johannes Thal (deshalb *thaliana*) im Harz beschrieben. *Arabidopsis thaliana* ist eine annuelle, krautige Pflanze; sie bildet zunächst eine flache Blattrosette, die nach etwa 6–8 Wochen mit dem Schossen und darauf mit der Blütenbildung beginnt. Der Blühzeitpunkt dieser fakultativen Langtagpflanze (▶ Abschn. 13.2.2, ◻ Tab. 13.1) kann bei entsprechender Dauer der Photoperiode (üblich sind ≥16 h Belichtung) noch weiter vorverlegt werden. Selbstbestäubung ist die Regel. Die zahlreichen gebildeten Samen keimen im Licht. Sie weisen zunächst eine milde Dormanz auf, die durch Stratifikation (üblicherweise 5 Tage bei 4–6 C) aufgehoben werden kann (▶ Abschn. 13.1.2). Der gesamte Lebenszyklus der Acker-Schmalwand beträgt am natürlichen Standort ca. 10–12 Wochen; er lässt sich experimentell auf ca. 6 Wochen reduzieren, was besonders für genetische Studien Vorteile bringt. In Klimakammern wird *Arabidopsis thaliana* optimal bei einer Nachttemperatur von 16–18 C, einer Tagtemperatur von 22–24 C, einer relativen Luftfeuchte von 50–70 % und einer Beleuchtungsstärke (PAR) von 100–200 μE m^{-2} s^{-1} kultiviert; als Lichtquelle reichen neutralweiße Neonröhren aus.

Bis heute wurden mehr als 750 geografische Herkünfte (Ökotypen, engl. *ecotypes*) beschrieben. Die Arealkarte (◻ Abb. 4.15) lässt einen eurasischen/nordafrikanischen Verbreitungsschwerpunkt, des Weiteren disjunkte Vorkommen in Patagonien, Nordwest- und Nordostamerika, Japan sowie in Küstengebieten Südostafrikas und Südostaustraliens erkennen, die auf eine anthropogene Ausbreitung im Zuge der Kolonisierung hindeuten. Im Rahmen einer internationalen Initiative wurden die Genome von 1135 natürlich vorkommenden *Arabidopsis thaliana*-Inzuchtlinien entschlüsselt. Die Daten sind auf ▶ https://1001genomes.org einsehbar. Die weltweit größten Kollektionen von *Arabidopsis thaliana*-Ökotypen und -Mutanten befinden sich im Arabidopsis Biological Research Center (ABRC), Ohio State University (▶ https://abrc.osu.edu) und im Nottingham Arabidopsis Stock Center (NASC), Nottingham University (▶ http://arabidopsis.info). Die umfangreichsten Datenbanken zu *Arabidopsis thaliana* finden sich bei TAIR, The Arabidopsis Information Ressource (▶ https://www.arabidopsis.org/index.jsp). Die TAIR-Internetseite ist mit allen wichtigen *Arabidopsis*-Internetseiten verlinkt.

Arabidopsis thaliana weist ein für Angiospermen typisches Plastom (154.478 bp) und Chondrom (366.924 bp) auf (◻ Tab. 4.1), besitzt hingegen ein außergewöhnlich kleines, auf fünf Chromosomen (1n, haploider Satz) verteiltes Kerngenom. Die Nucleotidsequenzen der drei genetischen Systeme sind vollständig bekannt, die Nucleomsequenz (Ende 2000 veröffentlicht) war die erste einer Höheren Pflanze, die komplett bestimmt werden konnte. Sie umfasst im haploiden,

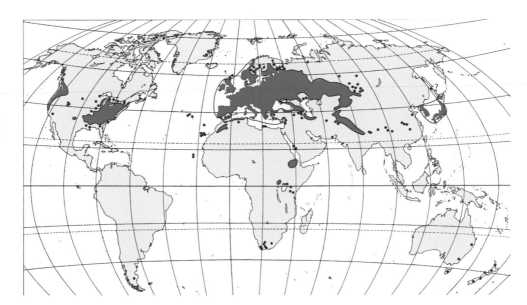

◻ **Abb. 4.15**　Geografische Verbreitung der Acker-Schmalwand. Das Hauptverbreitungsgebiet ist grün dargestellt. Die roten Punkte stellen einzelne Fundorte dar. (Nach der Originalkarte von M.H. Hoffmann und E.J. Jäger, mit freundlicher Genehmigung)

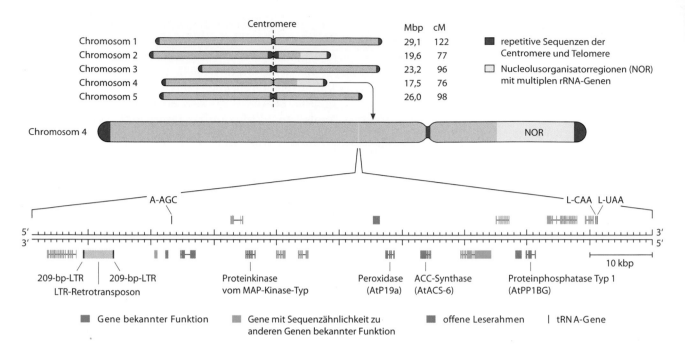

⬛ Abb. 4.16 Oben: Kerngenom der Acker-Schmalwand. Karyotyp der fünf Chromosomen des haploiden Chromosomensatzes. Die Größe der einzelnen Chromosomen ist in Mbp des jeweils enthaltenen DNA-Moleküls (1 C, nichtreplizierter Zustand) angegeben. Die genetischen Einheiten (cM = centiMorgan) geben die maximale Rekombinationsfrequenz von Genloci in Prozent an, die sich durch Addition von Rekombinationsfrequenzen zwischen benachbarten Genloci entlang des Chromosoms ergibt. Unten: Ausschnitt aus dem Chromosom 4 der Acker-Schmalwand. Der dargestellte Ausschnitt umfasst 100 kbp und entspricht der auf Chromosom 4 gelb gezeichneten Region. Auf beiden Strängen des DNA-Moleküls werden Gene codiert; Exons sind farbig, Introns durch schwarze Querstriche dargestellt. Die tRNA-Gene sind, wie in ⬛ Abb. 4.11, mit dem Ein-Buchstaben-Code der von der jeweiligen tRNA übertragenen Aminosäure sowie mit der 5′→3′-Basensequenz ihres Anticodons beschriftet. In dem ausgewählten DNA-Abschnitt liegt ein Retrotransposon. Bei Transposons handelt es sich um mobile genetische Elemente. Retrotransposons wechseln ihren Platz im Genom unter Beteiligung einer RNA-Zwischenstufe, die einer Reversen Transkriptase als Matrize zur Synthese der DNA-Form des Retrotransposons dient, die schließlich in die chromosomale DNA integriert wird. An der Integration sind lange Sequenzwiederholungen an den Enden des Retrotransposons (LTR, engl. *long terminal repeat*) beteiligt. Es liegt bei Retrotransposons (wie auch bei den ähnlichen Retroviren) eine Umkehrung des Flusses genetischer Information (RNA→DNA) vor (lat. *retro*, rückwärts, zurück). (Nach K. Lemcke und H.W. Mewes, mit freundlicher Genehmigung)

nichtreplizierten Chromosomensatz 140 Mbp und enthält etwa 27.655 proteincodierende Gene, 4827 Pseudogene oder Transposons sowie 1359 codierende Bereiche für ncRNAs (nichtcodierende RNAs). Da etwa die Hälfte aller Gene lediglich aufgrund allgemeiner Kriterien des Genaufbaus (► Abschn. 5.1, ⬛ Abb. 5.1) vorhergesagt, aber funktionell bisher nicht zugeordnet werden konnten, ist nur eine ungefähre Angabe möglich. Dies gilt ebenfalls für den Basengehalt des Nucleoms, da sich Bereiche mit hoch repetitiven Sequenzen, z. B. im Telomerbereich (► Abschn. 4.6), nicht exakt sequenzieren lassen. Die genau ermittelte Sequenz (119.146.348 bp) umfasst sämtliche gencodierenden Bereiche bis auf je eine Region auf Chromosom 2 und 4, die hoch repetitive rRNA-codierende Gene enthält, sowie die ebenfalls hoch repetitiven Telomer- und Centromerregionen aller Chromosomen (⬛ Abb. 4.16).

Die geringe Nucleomgröße hat eine hohe Gendichte auf den Chromosomen zur Folge (⬛ Abb. 4.16). Etwa 80 % der Kern-DNA der Acker-Schmalwand bestehen aus singulären Sequenzen, die überwiegend Gensequenzen darstellen, nur 20 % stellen mittel- bis hochrepetitive

⬛ Abb. 4.17 Chemische Mutagenese mit Ethylmethansulfonat (EMS). Rote Punkte: Angriffspunkte von alkylierenden Mutagenen an den DNA-Basen, im Fall von EMS treten Ethylierungen auf. Aufbau von DNA: ⬛ Abb. 4.2

Sequenzen dar (► Abschn. 1.2.4.2; z. B. Telomer- und Centromersequenzen sowie die rDNA-Regionen der Chromosomen 2 und 4). Die durchschnittliche Genggröße (einschließlich der Promotoren, ⬛ Abb. 5.1) beträgt etwa 4 kbp. Würde man die DNA-Sequenz des

Kerngenoms in diesem Buch mit der normalen Buchstabengröße abdrucken, so würde sie 2000 Seiten füllen.

Die hohe Gendichte erlaubt eine effektive Mutagenese. Häufig wurden zur Ausschaltung von Genen T-DNA-Insertionen (▶ Abschn. 10.2) verwendet. Die Integration der T-DNA in ein Gen unterbricht oft dessen Leseraster. Dies führt in der Regel zur Bildung von verkürzten mRNAs (Auftreten von Stoppcodons), die entweder nicht translatiert werden oder funktionslose Proteine ergeben. Daneben ist eine chemische Mutagenese mit Ethylmethansulfonat (EMS) (◻ Abb. 4.17) gebräuchlich und insbesondere dann vorteilhaft, wenn der vollständige Ausfall der Funktion des mutierten Gens, wie er in der Regel infolge einer T-DNA-Insertion zu beobachten ist, bei Homozygotie einen letalen Phänotyp ergäbe. Durch Punkt-

mutationen, wie sie bei chemischer Mutagenese durch Alkylierungsmittel auftreten, wird die Genfunktion hingegen oft nicht völlig ausgeschaltet, sodass auch Gene untersucht werden können, deren Totalausfall letale Folgen hätte.

Die chemische Mutagenese wird meist an Saatgut durchgeführt, die T-DNA-Insertionsmutagenese durch Eintauchen (oft in Verbindung mit Vakuuminfiltration) von Blütenständen in eine Kultur von *Agrobacterium tumefaciens*, welche geeignete Ti-Plasmide enthalten (▶ Abschn. 10.2 und 10.3). Die Transformation pflanzlicher Zellen (u. a. im Meristembereich) erfolgt durch den natürlichen Prozess der Einschleusung von T-DNA in das pflanzliche Nucleom durch die Bakterien (▶ Abschn. 10.2); allerdings wird durch die Verwendung spezieller Ti-Plasmide, denen die *onc*-Gene fehlen

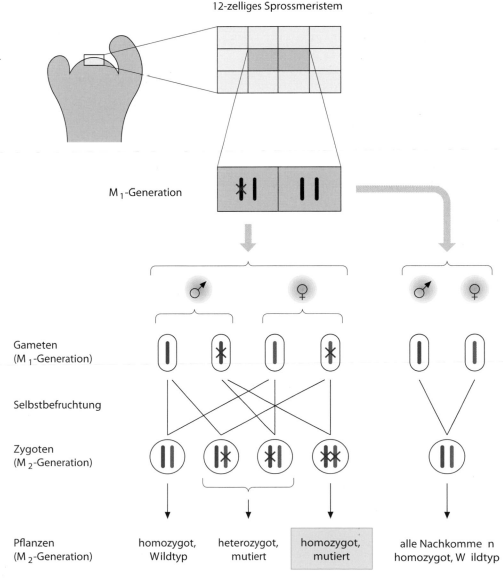

◻ **Abb. 4.18** Segregation von Mutationen im Sprossmeristem der Acker-Schmalwand. Die beiden dunkelgelb gezeichneten Zellen des zwölfzelligen Sprossmeristems bilden später die Infloreszenz. Rote Kreuze: mutiertes Allel

12-zelliges Sprossmeristem

M$_1$-Generation

Gameten (M$_1$-Generation)

Selbstbefruchtung

Zygoten (M$_2$-Generation)

Pflanzen (M$_2$-Generation)

homozygot, Wildtyp

heterozygot, mutiert

homozygot, mutiert

alle Nachkommen homozygot, Wildtyp

(▶ Abschn. 10.3), sichergestellt, dass sich keine Tumoren bilden. Da das nur zwölfzellige Sprossmeristem von *Arabidopsis thaliana* lediglich zwei Zellen enthält, die die Infloreszenz bilden, führt eine Mutation in einem Gen einer dieser beiden Zellen – selbst im Fall von Rezessivität des mutierten Merkmals – in der spaltenden Generation (M_2) zu einer Segregation von 7 : 1 (phänotypisch Wildtyp : homozygot mutiert), also zu einem sehr praktikablen Prozentsatz an Mutanten (◼ Abb. 4.18). Dies hat die Erzeugung umfangreicher Mutantensammlungen ermöglicht. Heute werden die zufallsgerichteten Mutagenesen zunehmend durch eine gezielte Genomeditierung ersetzt. Unter Verwendung sequenzspezifischer, DNA-modifizierender Enzyme können Genfunktionen ausgeschaltet oder verändert werden (▶ Kap. 10).

An mehreren Stellen dieses Buchs finden sich Darstellungen, die auf Untersuchungen an *Arabidopsis thaliana* beruhen oder die Pflanze selbst zeigen:

- Habitus (◼ Abb. 12.39, im Vergleich zu einer brassinoliddefizienten Mutante; ◼ Abb. 19.211a, b, Habitus, Blütendiagramm)
- Genomgrößenvergleich (◼ Abb. 4.9)
- Zellzykluskontrolle (◼ Abb. 11.3)
- Aufbau der Wurzel (◼ Abb. 11.16 und 16.2c)
- Zelldetermination in der Wurzel (◼ Abb. 11.16)
- Embryogenese (◼ Abb. 2.3 und 11.17)
- Musterbildung (◼ Abb. 11.18)
- Festlegung der Organidentität im Blütenmeristem und Blütendiagramm (◼ Abb. 11.19)
- Ethylensignalweg (◼ Abb. 12.35), Ethylenmutanten (◼ Abb. 12.34)
- brassinoliddefiziente Mutante *cbb3* (◼ Abb. 12.39)
- endogene circadiane Rhythmik (◼ Abb. 13.13)
- Phytochromfamilie (◼ Abb. 13.18) und –wirkungsspektren (◼ Abb. 13.19a, b)
- Phytochromkontrolle der Genaktivität (◼ Abb. 13.21)

Quellenverzeichnis

Goodstein DM, Shu S, Howson R, Neupane R et al (2012) Phytozome: a comparative platform for green plant genomics. Nucleic Acids Res 40:D1178–D1186

Kersey PJ (2019) Plant genome sequences: past, present, future. Curr Opin Plant Biol 48:1–8

Kersey PJ, Allen JE, Allot A et al (2018) Ensembl Genomes 2018: an integrated omics infrastructure for non-vertebrate species. Nucleic Acids Res 46:D802–D808

Kleinig H, Maier U (1999) Zellbiologie, 4. Aufl. Gustav Fischer, Stuttgart

Nystedt B, Street NR, Wetterbom A et al (2013) The Norway spruce genome sequence and conifer genome evolution. Nature 497:579–584

Stevens KA, Wegrzyn JL, Zimin A et al (2016) Sequence of the sugar pine megagenome. Genetics 204:1613–1626

Warren RL, Keeling CI, Yuen MM et al (2015) Improved white spruce (*Picea glauca*) genome assemblies and annotation of large gene families of conifer terpenoid and phenolic defense metabolism. Plant J 83:189–212

Weiterführende Literatur

Alberts B, Johnson AD, Lewis J, Morgan D, Raff M, Roberts KJ, Walter P (2017) Molekularbiologie der Zelle, 6. Aufl. Wiley-VCH, Weinheim

Berg JM, Tymoczko JL, Gatto GJ Jr, Stryer L (2017) Biochemie, 8. Aufl. Springer Spektrum, Heidelberg

Brown B (2007) Genome und Gene. Lehrbuch der molekularen Genetik, 3. Aufl. Spektrum Akademischer, Heidelberg

Goodstein DM, Shu S, Howson R, Neupane R et al. (2012) Phytozome: a comparative platform for green plant genomics. Nucleic Acids Res 40:D1178–D1186

Kersey PJ (2019) Plant genome sequences: past, present, future. Curr Opin Plant Biol 48:1–8

Kersey PJ, Allen JE, Allot A et al. (2018) Ensembl Genomes 2018: an integrated omics infrastructure for non-vertebrate species. Nucleic Acids Res 46:D802–D808

Seyffert W, Balling R, Bunse A, de Couet H-G (2003) Lehrbuch der Genetik. Spektrum Akademischer, Heidelberg

The 1001 genomes Consortium (2016) 1,135 Genomes reveal the global pattern of polymorphism in *Arabidopsis thaliana*. Cell 166:481–491

Grundlagen der Genaktivität

Uwe Sonnewald

Inhaltsverzeichnis

Sonnewald, U. 2021 Grundlagen der Genaktivität. In: Kadereit JW, Körner C, Nick P, Sonnewald
U. Strasburger – Lehrbuch der Pflanzenwissenschaften. Springer Berlin Heidelberg, p. 267–276.
► https://doi.org/10.1007/978-3-662-61943-8_5

Das vorangegangene Kapitel hat gezeigt, dass die weit-aus meisten, und darunter praktisch alle entwicklungs-relevanten Gene einer Pflanzenzelle im Zellkern lokalisiert sind. Auch sämtliche die Genaktivität des Plastoms und des Chondroms steuernden Proteine sind kerncodiert, ebenso alle Proteine, die an der Regulation der Proteinbiosynthese dieser Organellen beteiligt sind. Die folgende Besprechung der Genstruktur und der Kontrolle der Genaktivität beschränkt sich daher auf nucleäre Gene, insbesondere auf solche, die Proteine codieren. Wo erforderlich, werden die Verhältnisse bei plastidären Genen kurz erläutert.

5.1 Genstruktur

Ein **Gen** ist ein Abschnitt des Genoms, der in eine RNA transkribiert wird. Dabei kann es sich um eine proteincodierende RNA handeln, die dann Messenger-RNA (mRNA) genannt wird, oder aber um eine nichtcodierende RNA (rRNA, tRNA und andere RNA-Spezies, ▶ Abschn. 4.3). Der Bereich eines proteincodierenden Gens, der in ein Protein translatiert wird, heißt **offenes Leseraster** (auch offener Leserahmen; engl. *open reading frame*, ORF). Der prinzipielle Aufbau eines Gens ist bei den Eukaryoten gleich; die typische Struktur, von der es in Einzelheiten gleichwohl Abweichungen geben kann, ist in ◘ Abb. 5.1 dargestellt.

Bei den meisten eukaryotischen Genen wird das offene Leseraster durch nichtcodierende DNA-Sequenzen, die **Introns** (engl. *intervening regions*), unterbrochen. Die proteincodierenden Sequenzabschnitte nennt man **Exons** (engl. *expressed regions*), die Gene werden als **Mosaik-gene** bezeichnet. Die Transkription (▶ Abschn. 5.2) beginnt an einem Transkriptionsstartpunkt (die erste transkribierte Base wird mit +1 nummeriert) oft mehrere Hundert Basen vor dem Beginn des offenen Leserasters, sie endet – bisweilen ebenfalls weit – hinter dem Ende des offenen Leserasters und schließt die Exon- und Intronregionen ein. Die entstehende mRNA wird als **Primärtranskript** bezeichnet und sowohl einer cotranskriptionellen (d. h. während des Transkriptionsvorgangs stattfindenden) als auch einer posttranskriptionellen **Prozessierung** unterworfen. Die Region in 5′-Richtung vor dem Translationsstart wird 5′-nichttranslatierte Region (engl. *5′-untranslated region*) der mRNA, der 3′-Abschnitt nach dem Translationsstopp wird 3′-nichttranslatierte Region (engl. *3′-untranslated region*) der mRNA genannt. Beide haben verschiedene, teilweise regulatorische Funktionen.

Ein vereinfachter Sprachgebrauch bezeichnet alle Sequenzabschnitte in 5′-Richtung von einer betrachteten Stelle einer Nucleinsäuresequenz – z. B. dem Transkriptionsstart eines Gens – als stromaufwärts gelegen (engl. *upstream*) alle in 3′-Richtung von dieser Stelle als stromabwärts gelegen (engl. *downstream*).

Die gebildete mRNA eines eukaryotischen Gens ist **monocistronisch**, da sie nur ein einziges Protein codiert. Der die Transkription eines Gens kontrollierende DNA-Abschnitt wird als Promotor bezeichnet. Promotoren liegen unmittelbar vor dem Transkriptionsstart stromaufwärts und können wenige Hundert bis mehrere Tausend Basenpaare umfassen. Sie können jedoch in die transkribierte Region des Gens hineinreichen und Introns und unter Umständen sogar DNA-Abschnitte stromabwärts des offenen Leserasters einbeziehen. Aus diesen Gründen wird oft der transkribierte Abschnitt eines DNA-Moleküls zusammen mit seinem **Promotor** als Gen bezeichnet (◘ Abb. 5.1). Schließlich finden sich für viele Gene DNA-Abschnitte, die oft weit vom eigentlichen Gen entfernt liegen, jedoch dessen Transkription fördern oder hemmen. Diese DNA-Abschnitte werden **Enhancer** (engl. *to enhance*, verstärken) oder **Silencer** (engl. *to silence*, stillegen) genannt. Während Promotoren jeweils nur einem Gen zugeordnet sind, wirken Enhancer oder Silencer in der Regel auf mehrere Gene und – im Gegensatz zu regulatorischen Elementen eines Promotors – positions-und orientierungsunabhängig.

Im Unterschied zum Kerngenom werden zahlreiche Gene der ptDNA, ähnlich wie bei Bakterien, jeweils in Gruppen zu mehreren Genen von einem gemeinsamen Promotor kontrolliert und zu polycistronischen mRNAs transkribiert (◘ Abb. 4.11). Die polycistronische mRNA kann auf unterschiedliche Weise prozessiert werden. Dabei kommen in einigen Plastidengenen Introns vor – eine Seltenheit bei Bakterien, jedoch bei Archaeen zu finden.

5.2 Ablauf der Transkription

Die Umsetzung der genetischen Information in Struktur und Funktion der lebenden Zelle bedingt einen Informationsfluss DNA → mRNA → Protein. Dabei wird zunächst der DNA-Code in den colinearen mRNA-Code umgeschrieben (**Transkription**), dieser RNA-Code wird dann in einen ebenfalls colinearen Aminosäurecode eines Polypeptids übersetzt (**Translation**, ▶ Abschn. 6.2). Soweit bekannt ist, enthält die Primärsequenz eines Polypeptids sämtliche Informationen zur Bildung des funktionsfähigen Proteins (Ausbildung der Sekundär-, Tertiär- und unter Umständen Quartärstrukturen, ▶ Abschn. 6.3), obwohl nicht selten die Ausbildung der nativen Konformation die Tätigkeit anderer Proteine (der Faltungshelfer, Chaperone und Chaperonine genannt, ▶ Abschn. 6.2 und 6.5) erfordert.

Der Gesamtprozess der Realisierung der genetischen Information (vom Gen zum Protein) ist vielstufig (◘ Abb. 5.1) und kann hier nur in seinen wesentlichen Aspekten dargestellt werden, wobei der Schwerpunkt der Darstellung bei den wichtigsten Kontrollpunkten liegen soll.

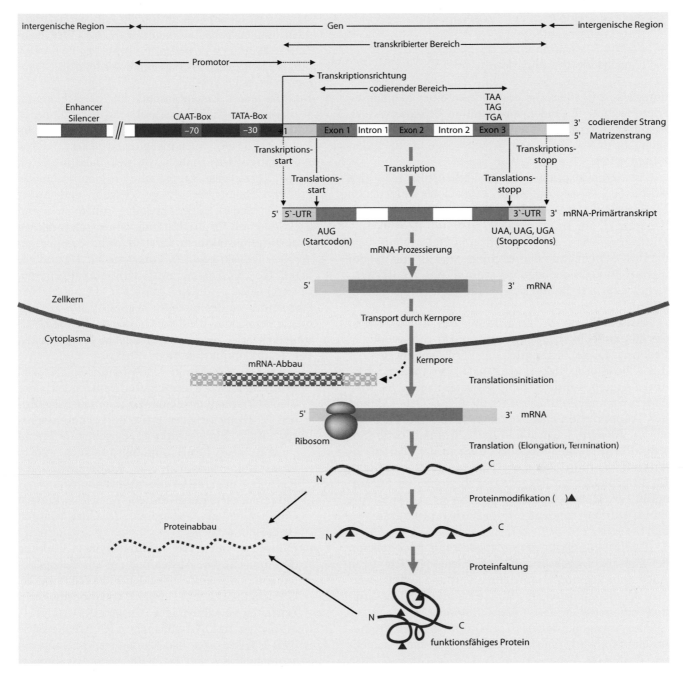

Abb. 5.1 Allgemeiner Aufbau eines Mosaikgens des Zellkerns und der Informationsfluss vom Gen zum funktionsfähigen Protein. Einzelne Schritte laufen in der Zelle teilweise parallel ab (s. Text) und sind lediglich zur besseren Übersicht sequenziell dargestellt. Die einzelnen Strukturelemente werden im Text erläutert. – A Adenin, C Cytosin, G Guanin, T Thymin, U Uracil, UTR, engl. untranslated region

Die Intensität der **Genexpression (Genaktivität)** wird durch die Häufigkeit bestimmt, mit der eine erfolgreiche mRNA-Synthese am Transkriptionsstartpunkt des Gens initiiert wird. Die Synthesegeschwindigkeit der mRNA wird bestimmt durch die Prozessivität der DNA-abhängige RNA-Polymerase, sie ist praktisch konstant. Proteincodierende Gene werden von der DNA-abhängige RNA-Polymerase II transkribiert. Die RNA-Polymerase I transkribiert die Gene für die großen rRNAs (28S-, 18S- und 5,8S-rRNA) und die RNA-Polymerase III transkribiert die Gene für die kleine 5S-rRNA, für die tRNAs und weitere kleine RNAs. Darüber hinaus verfügen Pflanzen über die RNA-Polymerasen IV und V, die eine wichtige Rolle bei der epigenetischen Regulation der Genaktivität spielen (**Epigenetik**, ▶ Abschn. 9.1). Im Folgenden werden nur die von Polymerase II transkribierten Gene weiter betrachtet.

Von den drei Phasen der Transkription
- Transkriptionsinitiation,
- mRNA-Elongation und
- Transkriptionstermination

unterliegt vor allem die erste Phase einer Regulation. Die zugrunde liegenden molekularen Prozesse wurden besonders intensiv bei Tieren und der Bäckerhefe untersucht, sie dürften jedoch im Wesentlichen für alle Eukaryoten gelten.

Als **Transkriptionsinitiation** bezeichnet man den Aufbau des **Transkriptosoms**, eines hoch molekularen Multiproteinkomplexes unter Beteiligung der RNA-Polymerase II, am Transkriptionsstartpunkt (◘ Abb. 5.2). Diese erste Phase der Transkription endet damit, dass die RNA-Polymerase den Komplex verlässt und mit der mRNA-Elongation beginnt, worauf das Transkriptosom wieder zerfällt, um sich ggf. anschließend erneut zu bilden.

Entscheidend für die Bildung des Komplexes ist die Zugänglichkeit des Promotors für die beteiligten Proteine. Diese Zugänglichkeit wird genomweit über die Chromatinstruktur reguliert (▶ Abschn. 9.1), hinzu treten genspezifische Mechanismen. Es wird allgemein angenommen, dass die Gene auch während der Transkription eine Nucleosomenstruktur aufweisen (▶ Abschn. 1.2.4.1) und das Chromatin in der Solenoidform (30 nm-Struktur) oder in der „Perlenkettenkonformation" (◘ Abb. 1.20 und 1.21a) vorliegt. Im Interphasekern liegen diese Regionen im **Euchromatin**; im **Heterochromatin** (▶ Abschn. 1.2.4) ist die DNA stärker kondensiert und wird nicht transkribiert.

Es darf angenommen werden, dass durch Modulation der Chromatinstruktur zahlreiche Gene des Genoms in einen transkriptionskompetenten Zustand versetzt werden, der die Voraussetzung für die Bildung des **Transkriptionsinitiationskomplexes (Transkriptosom)** ist.

Die Assemblierung des Transkriptosoms am Promotor eines transkriptionskompetenten Gens umfasst mehrere Stufen (◘ Abb. 5.2):
1. Bildung einer Plattform für die Bindung der RNA-Polymerase II am Promotor in der Nähe des Transkriptionsstarts: Diese Funktion wird durch den allgemeinen Transkriptionsfaktor TFIID, ein Proteinkomplex aus einem TATA-Box-Bindungsprotein (TBP) und mehreren TBP-assoziierten Faktoren (TAFs, alle sind Proteine) ausgeübt. Die TATA-Box (benannt nach der Basensequenz Thymin-Adenin-Thymin-Adenin) dient als Assemblierungspunkt für allgemeine Transkriptionsfaktorkomplexe. Da mehrere der TAFs histonähnliche Proteindomänen aufweisen, wird vermutet, dass die Plattform eine nucleosomenähnliche Struktur darstellt. Der Bereich vom Transkriptionsstart stromaufwärts bis zur Region −70, der ggf. die – nicht in allen Fällen vorhandene – CAAT-Box beinhaltet (◘ Abb. 5.1) und vor allem die TATA-Box umfasst, wird auch als **Basispromotor** (engl. *core promoter*) bezeichnet.
2. Bildung eines **Enhanceosoms** im Bereich weiter stromaufwärts gelegener Abschnitte des Promotors, unter Umständen unter Einbeziehung von Enhancer- bzw. Silencerregionen: Diese DNA-Abschnitte sind, ähnlich wie der Basispromotor, durch kurze, charakteristische Sequenzabschnitte gekennzeichnet, die oft in Vielzahl und hoher Dichte, sogar überlappend, auftreten und Zielsequenzen für die Bindung von **regulatorischen Transkriptionsfaktoren** darstellen (die von den generellen Transkriptionsfaktoren wie TFIID und anderen, die zum Polymerase-II-Holoenzym gehören, unterschieden werden müssen). Diese DNA-Abschnitte werden auch als regulatorische *cis*-Elemente bezeichnet, die daran bindenden Proteine als *trans*-Faktoren. Man unterscheidet mehrere Klassen von Transkriptionsfaktoren:
   - Faktoren, die sowohl DNA-bindende als auch proteinbindende Eigenschaften besitzen und über die DNA-Bindungsdomänen mit den zugehörigen *cis*-Elementen des Promotors eine sequenzspezifische Wechselwirkung eingehen, während sie mit ihren Proteinbindungsdomänen andere Transkriptionsfaktoren oder Komponenten des RNA-Polymerase-II-Holoenzyms binden,
   - Faktoren, die Protein-Protein-Wechselwirkungen eingehen und als Mediatoren oder Coaktivatoren bezeichnet werden,
   - Faktoren mit DNA-krümmender Wirkung (◘ Abb. 5.2). Die Ausbildung des aus vielen Proteinkomponenten bestehenden Enhanceosoms erlaubt zahlreiche und subtile Regulationsmöglichkeiten der Genaktivität (▶ Abschn. 5.3).
3. Rekrutierung der DNA-abhängigen RNA-Polymerase II: Das Enhanceosom bildet zusammen mit weiteren Mediatorproteinen und der Plattform am Basispromotor eine Struktur, an der das RNA-Polymerase-II-Holoenzym bindet. Das Holoenzym besteht aus der eigentlichen DNA-abhängigen RNA-Polymerase II (bei der Hefe aus 14 Untereinheiten bestehend) und weiteren allgemeinen Transkriptionsfaktoren (TFIIA, B, E, F, H) sowie zahlreichen Mediatorproteinen. Damit ist der Transkriptionsinitiationskomplex vollständig zusammengesetzt.

Der Beginn der Transkription wird eingeleitet durch ein lokales Öffnen der komplementären DNA-Stränge im Bereich des Transkriptionsstartpunkts. Dies dürfte durch den allgemeinen Transkriptionsfaktor TFIIH, der

◪ Abb. 5.2 Teilschritte der Transkriptionsinitiation für ein proteincodierendes Gen im Zellkern. Nach dieser Vorstellung bindet im Bereich der TATA-Box ein vorgebildeter RNA-Polymerase-II-Holoenzymkomplex an den allgemeinen Transkriptionsfaktor D der Polymerase II (TFIID) bei gleichzeitiger Interaktion mit dem ebenfalls bereits gebildeten Enhanceosomkomplex. Nach einer anderen Vorstellung erfolgt die Assemblierung des RNA-Polymerase-II-Holoenzymkomplexes am TFIID sequenziell durch Anlagerung der einzelnen Komponenten, gefolgt von einem ebenfalls sukzessiven Aufbau des Enhanceosoms. Weitere Erläuterungen im Text. – DBD DNA-Bindungsdomäne, AD Aktivierungsdomäne eines regulatorischen Transkriptionsfaktors, TBP TATA-Box-Bindungsprotein, TAF TBP-assoziierter Faktor. (Grafik: E. Weiler)

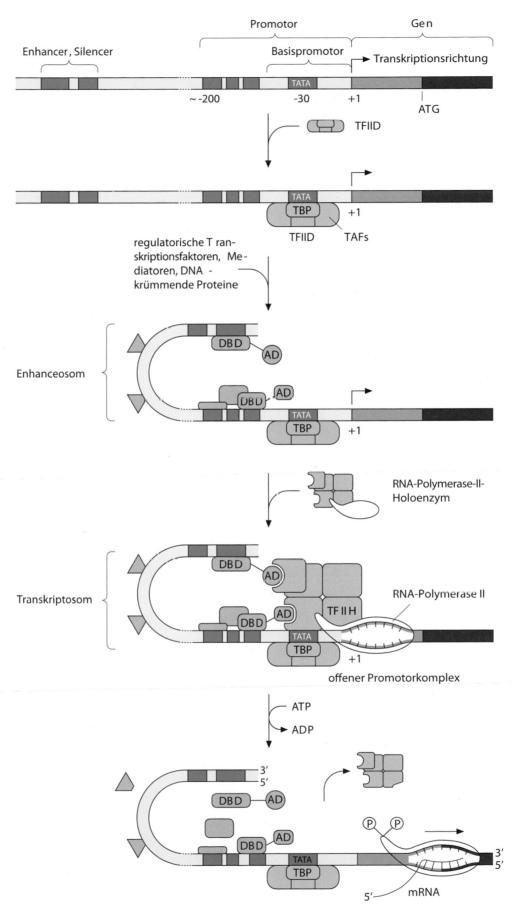

eine DNA-entwindende **Helicaseaktivität** besitzt, erleichtert werden. Es bildet sich der offene Promotorkomplex. TFIIH besitzt zusätzlich eine Kinaseaktivität und phosphoryliert Aminosäurereste am C-Terminus der RNA-Polymerase II. Das phosphorylierte Enzym beginnt nun mit der mRNA-Synthese, verlässt den (in der Folge zerfallenden) Initiationskomplex, wandert in 3′→5′-Richtung am **Matrizenstrang** entlang und synthetisiert mRNA mit einer zum Matrizenstrang komplementärer Basenabfolge in 5′→3′-Richtung. Der zu der gebildeten mRNA sequenzidentische DNA-Strang (mit der Besonderheit, dass anstelle von Thymin (T) in der DNA Uracil (U) in der mRNA steht, ► Abschn. 4.3) wird als **codierender Strang** bezeichnet. Die Sequenzangaben für Promotorelemente und Gene erfolgen definitionsgemäß immer für den codierenden Strang in 5′→3′-Richtung (■ Abb. 5.3).

Feinstrukturanalysen von Interphasekernen mithilfe von Antikörpern gegen Proteinkomponenten des Transkriptionsapparats (z. B. gegen die RNA-Polymerase II gerichtet) haben ergeben, dass die Transkriptionsaktivität im Zellkern nicht gleichmäßig verteilt, sondern in bestimmten Regionen verstärkt auftritt. In diesen als Transkriptionsfabriken bezeichneten Regionen sollen sich die Transkriptionsinitiationskomplexe bilden und die Polymerase während der Transkription verbleiben, vermutlich unter Bindung an die Kernmatrix. Das Enzym würde nach dieser Vorstellung also nicht an der DNA entlanglaufen, sondern die DNA bei gleichzeitiger Polymerisation der RNA durchfädeln. In ähnlicher Weise soll auch die DNA-Replikation von verankerten Enzymen („Replikationsfabriken") durchgeführt werden, während sich das DNA-Molekül bewegt.

Während die transkribierte mRNA bei Bakterien direkt in reifer Form anfällt und sogar die Bindung der Ribosomen und die Translation, d. h. die Proteinsynthese, bereits während der laufenden Transkription an der sich bildenden mRNA beginnen, liefert die Transkription eukaryotischer Gene zunächst Primärtranskripte (zusammen als **heteronucleäre RNA**, hnRNA bezeichnet), die noch im Zellkern prozessiert werden. Die **Prozessierung** umfasst:

- die **Bildung einer Kappe** (engl. *cap*) am 5′-Ende der mRNA (engl. *capping*)
- die **Entfernung der Introns** in einem Prozess, der **Spleißen** (engl. *splicing*) genannt wird
- das **Hinzufügen eines polyA-Schwanzes** am 3′-Ende der meisten mRNAs

Die prozessierte, reife mRNA verlässt den Zellkern durch die Kernporen und wird im Cytoplasma translatiert (► Abschn. 6.2).

Die Prozessierungsreaktionen verlaufen cotranskriptionell, also bereits während der Elongation des Primärtranskriptes durch die RNA-Polymerase II.

Die Kappenstruktur wird gebildet, sobald das 5′-Ende der entstehenden RNA die RNA-Polymerase verlässt. **Guanylyltransferase** überträgt aus GTP einen GMP-Rest auf die end- ständige Triphosphatstruktur der RNA unter Abspaltung des γ-Phosphatrests der mRNA und Bildung einer 5′-5′-Triphosphatbrücke (■ Abb. 5.4). Eine **Guanin-Methyltransferase** methyliert sodann das Stickstoffatom 7 des angefügten Guanins. Diese Grundstruktur kann durch weitere Methylierungen (an der ersten Base der RNA, an die der GMP-Rest angefügt wurde, sowie an den 2′-OH-Gruppen der Ribosen der ersten und/oder zweiten RNA-Base) modifiziert werden. Man nimmt an, dass die Kappe sowohl für den Export der reifen mRNA aus dem Zellkern als auch für die Initiation der Translation (► Abschn. 6.2) und unter Umständen für die mRNA-Stabilität bedeutsam ist.

Die Entfernung von Introns, auf die hier aus Platzgründen nicht näher eingegangen werden kann, geschieht sehr präzise an Spleißstellen, die durch konservierte Basenabfolgen (d. h. Basenabfolgen, die bei nahezu allen Genen identisch sind) gekennzeichnet sind. Die Introngrenzen fast sämtlicher nucleärer, proteincodierender Gene werden durch die Basenabfolge:

$$5'-\downarrow \text{GU}\ldots\text{AG} \downarrow -3'$$

bestimmt (die Pfeile markieren die Spleißstellen). Die Basenzusammensetzung der Introns ist im Allgemeinen AT-reicher als die der Exons, die DNA-Doppelhelix kann im Bereich der Introns demnach leichter geöffnet werden. Am Spleißvorgang sind neben Proteinfaktoren mehrere kleine nucleäre RNAs (engl. *small nuclear RNAs,* snRNAs) beteiligt.

Die Introns von rRNA- bzw. tRNA-Genen sowie die im Plastom und Chondrom vorkommenden haben andere Strukturen und andere Spleißmechanismen. So sind einige dieser Introns selbstspleißend: Sie bewirken ihren Spleißvorgang autokatalytisch. Enzymatisch aktive Ribonucleinsäuren nennt man **Ribozyme**. Man nimmt an, dass Ribozyme Überreste einer RNA-Welt darstellen, einer sehr frühen Stufe der Evolution des Lebens, deren Chemismus überwiegend Reaktionen von Ribonucleinsäuren enthielt. Auch die **Peptidyltransferaseaktivität** bei der Erzeugung der Peptidbindungen im Verlauf der Proteinsynthese (► Abschn. 6.2) wird nach heutigem Wissen von einem Ribozym bewirkt, der 23S-rRNA der großen Untereinheit des 70S-Ribosoms (bzw. der 28S-rRNA bei den 80S-Ribosomen, ► Abschn. 1.2.5).

Die Polyadenylierung des 3′-Endes der mRNA, typisch für eukaryotische mRNAs (aber mitunter auch fehlend), steht im Zusammenhang mit der Termination der Transkription dieser Gene und wird von einer von dem Matrizenstrang unabhängigen RNA-Polymerase, der Poly(A)-Polymerase, katalysiert. Der Reaktion geht die Hydrolyse der mRNA nahe dem Transkriptionsende voraus, die ein neues 3′-Ende erzeugt, an das der Poly(A)-Schwanz angeheftet wird (sukzessive Addition

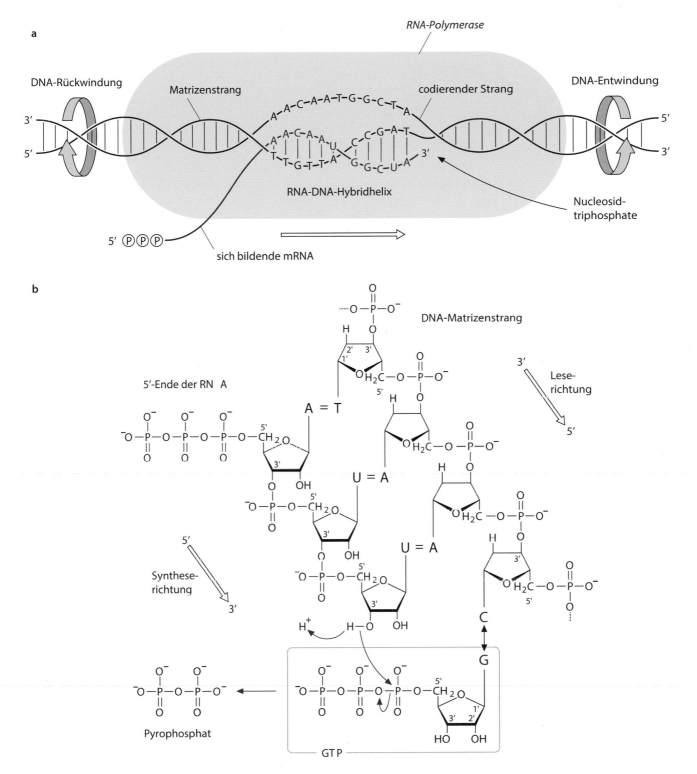

a DNA-Rückwindung · *RNA-Polymerase* · Matrizenstrang · codierender Strang · DNA-Entwindung · RNA-DNA-Hybridhelix · Nucleosidtriphosphate · sich bildende mRNA

3′ — 5′ — A–A–C–A–A–T–G–G–C–T–A — A–A–C–A–A–U · C–C–G–A–T · T–T–G–T–T–A · G–G–C–U–A–3′ — 5′ — 3′

5′ Ⓟ Ⓟ Ⓟ

b DNA-Matrizenstrang · 5′-Ende der RNA · Leserichtung · Synthese-richtung · A = T · U = A · U = A · C ↔ G · GTP · Pyrophosphat

◨ **Abb. 5.3** Elongationsphase der Synthese einer mRNA. **a** Die DNA-abhängige RNA-Polymerase II trennt die Stränge der DNA-Doppelhelix unter Entwindung lokal voneinander und synthetisiert im Bereich dieser Transkriptionsblase in 5′→3′-Richtung die mRNA. Diese mRNA besitzt eine Matrizenstrang komplementäre und zum codierenden Strang identische Basenabfolge, wobei anstelle von T in der DNA in der mRNA U eingebaut ist (◨ Abb. 4.1 und 4.2). Im Bereich der Transkriptionsblase bildet sich eine ca. 10–12 bp umfassende DNA-RNA-Hybridhelix, an welcher der zur mRNA komplementäre Matrizenstrang beteiligt ist. Bei der ausgeschriebenen Nucleotidabfolge handelt es sich um ein Methionincodon (AUG, ◨ Tab. 6.1), das durch seine Umgebung (5′-AACAAUGGC-3′) als Translationsstartpunkt ausgewiesen ist. Diese und ähnliche Sequenzen im Bereich des Translationsstartcodons werden auch Kozak-Sequenzen genannt. **b** Ablauf der mRNA-Synthese. (a nach Berg et al. 2017, verändert)

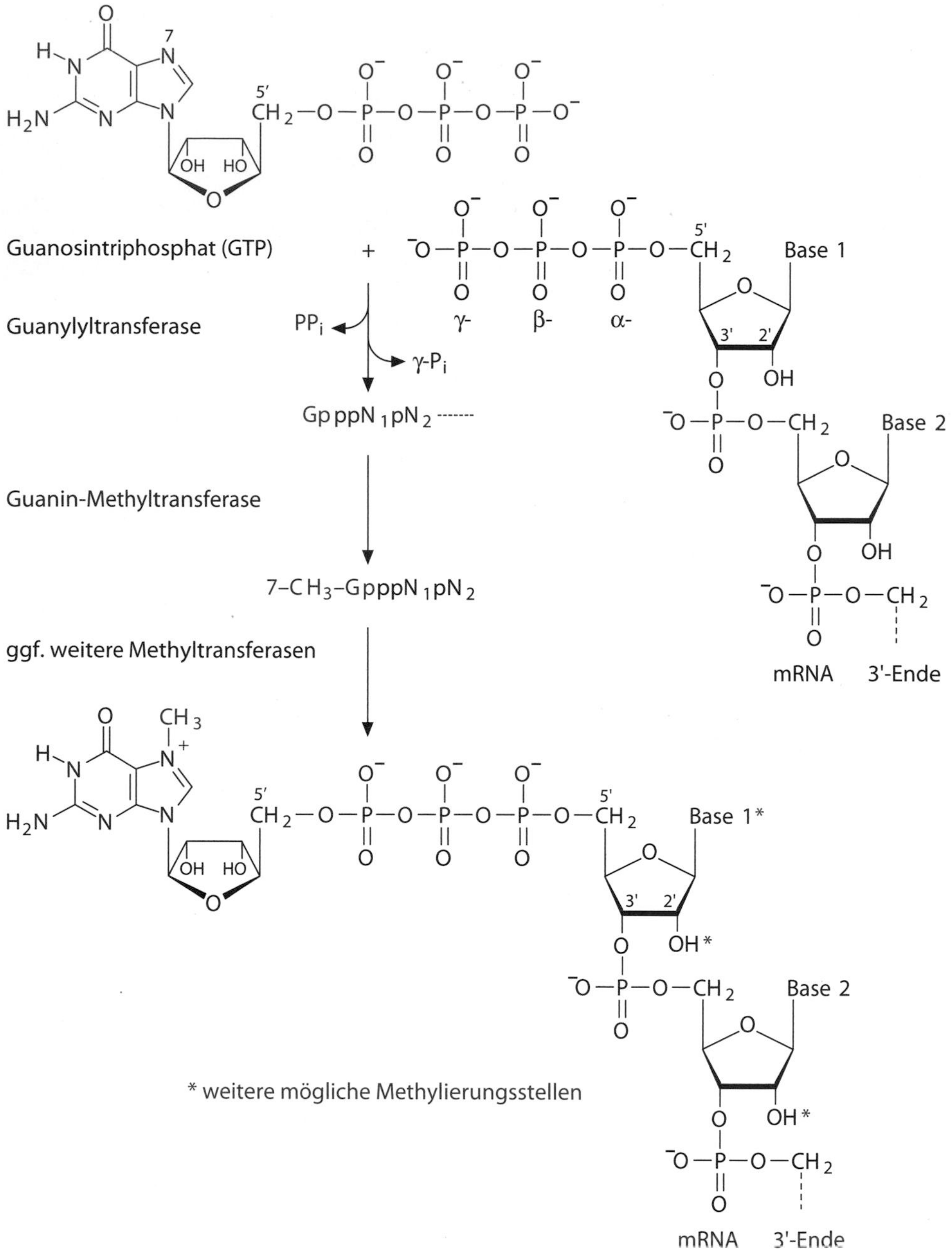

Abb. 5.4 Bildung der 5′-Kappenstruktur am Primärtranskript kerncodierter Gene. Die Synthese verläuft cotranskriptionell, sobald das 5′-Ende der entstehenden mRNA an der RNA-Polymerase frei wird. – N_1, N_2 beliebige Nucleotide; P Phosphat (diese Schreibweise weicht von der biochemischen Konvention ab, ist aber bei Nucleinsäuren allgemein gebräuchlich). (Grafik: E. Weiler)

von AMP aus ATP, bis zu mehreren Hundert Resten). Die Prozessierungsstelle wird oft, aber nicht immer, durch eine kurze RNA-Sequenz markiert, die jedoch bei Pflanzen recht variabel sein kann. Außer ihrer Beteiligung an der Termination der Transkription scheint die Polyadenylierung auch die mRNA-Stabilität zu beeinflussen. Ob sie auch – wie vermutet wurde – für die Translationsinitiation bedeutsam ist, muss noch geklärt werden.

Äußerst selten bei kerncodierten mRNAs, bisweilen bei plastidären mRNAs und häufiger bei mitochondrialen mRNAs, wird die Basensequenz an bestimmten Stellen posttranskriptionell verändert. Der Prozess wird **RNA-Editierung** genannt. Dabei werden Cytosine in Uracil (und seltener umgekehrt Uracil in Cytosin) umgewandelt und so erst die korrekte mRNA-Matrize für die Translation erzeugt. Die Editierung mitochondrialer RNAs wurde bei Algen und Moosen bislang nicht gefunden, sie ist typisch für die Kormophyten (Angiospermen und Gymnospermen). Über die Mechanismen des Editierens ist wenig bekannt. Auch die Bildung seltener Basen in der rRNA und insbesondere in der tRNA (■ Abb. 4.5) erfolgt posttranskriptionell.

Von der Initiation der Transkription eines Gens bis zum Vorliegen der reifen mRNA können mehrere Minuten vergehen. Legt man eine Prozessivität der RNA-Polymerase II von ca. 2000 Basen pro Minute zugrunde, dauert allein die Elongation der mRNA bei einem Gen durchschnittlicher Größe (3,5–5 kbp) ca. 2–3 Minuten.

Die Transkription plastidärer Gene wird von zwei DNA-abhängigen RNA-Polymerasen bewerkstelligt, einem plastidencodierten Enzym, das im Aufbau große Ähnlichkeiten mit der bakteriellen RNA-Polymerase besitzt und ebenfalls über verschiedene, promotorspezifische σ-(Sigma-)Faktoren verfügen kann (diese sind sämtlich kerncodiert) und einer abweichend gebauten, kerncodierten RNA-Polymerase, die im Aufbau den beiden kerncodierten RNA-Polymerasen der Mitochondrien ähnelt. Dieser zweite Polymerasetyp besitzt Verwandtschaft zu RNA-Polymerasen von Bakteriophagen, zeichnet sich vermutlich durch eine sehr hohe Synthesegeschwindigkeit aus und wird in Plastiden zur Synthese der längeren Transkripte verwendet. Es ist denkbar, dass die Endosymbionten der Protoeucyte (Endosymbiontentheorie, ▶ Abschn. 1.3) krank waren, nämlich von Phagen infizierte Prokaryoten.

Mit bestimmten Antibiotika und Toxinen lassen sich Prozesse der Transkription stark hemmen. So hemmen die Rifamycine aus *Streptomyces* (bzw. das halbsynthetische Derivat **Rifampicin**) die Initiation der RNA-Synthese durch Inhibierung der prokaryotischen, nicht aber der eukaryotischen RNA-Polymerase. **Actinomycin D** aus einem anderen *Streptomyces*-Stamm hemmt die Transkription in Pro- und Eukaryoten durch Bindung an DNA-Doppelstränge, die dadurch nicht mehr als Matrize für die RNA-Synthese dienen können. Das Pilztoxin **α-Amanitin** aus *Amanita phalloides* hemmt die DNA-abhängige RNA-Polymerase II stark (die RNA-Polymerase III schwach und die RNA-Polymerase I gar nicht) und blockiert so die Elongationsphase der mRNA-Synthese insbesondere proteincodierender Gene im Zellkern.

Die Konzentration einer bestimmten mRNA in der Zelle hängt nicht allein von der Häufigkeit der Transkriptionsinitiation an dem betreffenden Genpromotor und der Effektivität der Prozessierungsschritte ab, sondern auch von der **Stabilität der mRNA** in der Zelle, also vom weiteren Metabolismus des Moleküls, wobei die biologische Halbwertszeit (die Zeit, die bei einem Stopp der Synthese für den Abbau von 50 % der Moleküle benötigt wird) einige Minuten bis zu mehreren Jahren (mRNA in Samen) betragen kann. Über den Abbau pflanzlicher mRNAs ist sehr wenig bekannt. Er scheint häufig, wie bei anderen Eukaryoten, durch die Entfernung des Poly(A)-Schwanzes und der 5′-Kappenstruktur eingeleitet und von **5′-Exonucleasen**, Enzymen, die vom 5′-Ende Mononucleotide hydrolytisch freisetzen, katalysiert zu werden. Es gibt Hinweise dafür, dass der mRNA-Abbau einer Regulation unterliegt, jedoch keine konkreten Vorstellungen über die Regulationsmechanismen.

5.3 Kontrolle der Transkription

Obwohl auf dem Weg vom Gen zum Protein zahlreiche Kontrollpunkte durchlaufen werden (◨ Abb. 5.1), die in ihrer Gesamtheit über die Menge des jeweiligen Proteins in einer Zelle entscheiden, wird die den Entwicklungsvorgängen zugrunde liegende differenzielle Genaktivität maßgeblich über den Prozess der Transkriptionsinitiation reguliert. Hier wird bestimmt, welche Gene überhaupt und in welchem Ausmaß transkribiert werden. Hinzu kommen genübergreifende Kontrollmechanismen, die die Chromatinstruktur betreffen (▶ Abschn. 9.1). Die Kont-

rolle der Aktivität einzelner Gene wird im Wesentlichen über die Bildung des Enhanceosoms (◨ Abb. 5.2) gesteuert. Hierfür sind einerseits die jeweiligen *cis*-Elemente und ihre Kombination im Bereich des Promotors bedeutsam, darüber hinaus oft zusätzliche Enhancer und Silencer (◨ Abb. 5.1 und 5.2) und andererseits die in einer bestimmten Zelle vorhandenen (bzw. je nach Bedarf gebildeten) Transkriptionsfaktoren und ihr Aktivitätszustand. Das Kerngenom von *Arabidopsis thaliana* (▶ Abschn. 4.9) enthält mehr als 1700 Gene, die verschiedene Transkriptionsfaktoren codieren; dies sind mehr als 5 % aller Gene. Sowohl die Transkription der Gene für die Bildung bestimmter regulatorischer Transkriptionsfaktoren, als auch der Aktivitätszustand dieser Proteine, unterliegen der Kontrolle durch endogene und exogene Faktoren. Auf diese Weise werden häufig mehrstufige Kaskaden von Genregulationsprozessen durchlaufen: Ein räumlich und zeitlich hoch strukturiertes Aktivitätsmuster von Transkriptionsregulatorgenen bewirkt am Ende des Regulationswegs eine differenzierte Steuerung der Aktivitäten vieler Zielgene, die Strukturproteine und Enzyme codieren, welche letztlich die phänotypische Ausprägung des Entwicklungsmerkmals bewerkstelligen.

So kennt man *cis*-Elemente, an die bei Einwirken eines Phytohormons auf die Zelle spezifische transkriptionsaktivierende Proteine binden, oder lichtresponsive *cis*-Elemente, welche die Lichtregulation bestimmter Gene vermitteln (◨ Abb. 13.21). Die Induktion der *de novo*-Bildung von Enzymen durch Substrate (Beispiel: Nitrat-Reduktase, Induktor: Nitrat) oder die Repression der *de novo*-Bildung von Enzymen durch Produkte (Beispiel: Die Repression der Nitrat-Reduktase durch Ammoniumionen und Glutamin oder der Glutamin-Synthetase durch Glutamin) wird in ▶ Abschn. 14.5.1 (Stoffwechselphysiologie) erwähnt; sie sind Beispiele für eine Metabolitkontrolle der Transkription. Diese Prozesse sind bei Prokaryoten gut untersucht (s. Lehrbücher der Mikrobiologie). Viele molekulare Vorgänge der Transkriptionskontrolle sind jedoch bei Eukaryoten und insbesondere bei Höheren Pflanzen noch unbekannt.

Neben solchen spezifischen *cis*-Elementen und ihren zugehörigen Transkriptionsfaktoren finden sich in Promotoren regulierbarer Gene auch *cis*-Elemente, die in vielen verschiedenen Genen vorkommen und entsprechend weit verbreitete Transkriptionsfaktoren binden. Dies führt zu einer allgemeinen, jedoch unselektiven Förderung der Transkriptionsaktivität dieser Gene, die erst durch Kopplung mit spezifischen *cis*-Elementen und deren Transkriptionsfaktoren einer selektiven Kontrolle unterworfen wird. Zwei gut charakterisierte cis-Elemente, die in den Promotoren zahlreicher regulierter Gene in typischer oder abgewandelter Form vorkommen, sind die **G-Box** (5′-CACGTG-3′) und die **GT-1-Box** (5′-GGTTAA-3′), deren zugehörige Bindungsproteine identifiziert werden konnten. Durch die genspezifische Kombination von Basispromotor mit allgemeinen regulatorischen *cis*-Elementen wie auch spezifitätsgebenden *cis*-Elementen ist eine außerordentlich vielfältige Kontrolle der Genexpression möglich. Das Spektrum der Möglichkeiten wird noch gesteigert durch die Evolution von Genfamilien, deren Mitglieder durch die Kombination mit einem jeweils eigenen Promotor einer unterschiedlichen Transkriptionsregulation unterworfen werden können. So besitzt der Tabak neun Gene für die dem Aufbau der protonenmotorischen Kraft an der Plasmamembran dienende P-Typ-ATPase (▶ Abschn. 14.1.3.2, ◱ Abb. 14.6). Jedes dieser Gene wird durch einen anders aufgebauten Promotor kontrolliert.

Gene, deren codierender Bereich eine deutliche Sequenzverwandtschaft erkennen lässt, werden als **homolog** bezeichnet. Homologe Gene sind **ortholog**, wenn sie bei verschiedenen Organismen gefunden werden und von einem gemeinsamen Vorläufer abstammen; sie sind **paralog**, wenn sie innerhalb eines Genoms durch Genduplikation(en) entstanden sind.

Im Unterschied zu Prokaryoten, deren DNA-abhängige RNA-Polymerase direkt und sehr stark an ihre Promotoren bindet, bindet die DNA-abhängige RNA-Polymerase II der Eukaryoten nur sehr schwach an den Basispromotor. Die Grundaktivität eines bakteriellen Promotors ist daher sehr hoch, die eines eukaryotischen Promotors sehr niedrig. Dies ist der Grund dafür, dass Repressionsmechanismen zur Absenkung der Genaktivität bei Prokaryoten weit verbreitet, bei Eukaryoten aber eher selten sind. Bei Eukaryoten wirken die Mechanismen der Transkriptionsinitiation überwiegend im Sinne einer Erhöhung der Initiationsrate durch Transkriptionsaktivatoren.

Quellenverzeichnis

Berg JM, Tymoczko JL, Gatto GJ Jr, Stryer L (2017) Stryer Biochemie, 8. Aufl. Springer Spektrum, Heidelberg

Weiterführende Literatur

Brown B (2007) Genome und Gene. Lehrbuch der molekularen Genetik. Spektrum Akademischer Verlag, Heidelberg
Buchanan BB, Gruissem W, Jones RL (2015) Biochemistry and molecular biology of plants, 2. Aufl. Wiley, Chichester
Seyffert W, Balling R, Bunse A, de Couet H-G (2003) Lehrbuch der Genetik. Spektrum Akademischer Verlag, Heidelberg

Grundlagen der Biosynthese und des Abbaus von Proteinen

Uwe Sonnewald

Inhaltsverzeichnis

Sonnewald, U. 2021 Grundlagen der Biosynthese und des Abbaus von Proteinen . In: Kadereit JW, Körner C, Nick P, Sonnewald U. Strasburger – Lehrbuch der Pflanzenwissenschaften. Springer Berlin Heidelberg, p. 277–294.
► https://doi.org/10.1007/978-3-662-61943-8_6

Auf dem Weg der Realisierung der genetischen Information wird nach erfolgter Transkription die in der mRNA enthaltene Information zur Bildung von Proteinen verwendet. Dieser Prozess läuft an den Ribosomen ab und wird als **Translation** bezeichnet. Dabei wird der genetische Code (▶ Abschn. 6.1) in eine colineare Aminosäuresequenz umgeschrieben. Proteinfaltung und unter Umständen Proteinmodifikationen, beides Prozesse, die bereits während der Proteinsynthese (cotranslational) oder nach Abschluss der Proteinsynthese (posttranslational) stattfinden können, schließen die Bildung funktionsfähiger Proteine ab (▶ Abschn. 6.2 und 6.3). Die Proteinausstattung einer Zelle entsteht durch ein geregeltes Nebeneinander von Synthese und Abbau (▶ Abschn. 6.4). Die Proteinsynthese findet in bei Eukaryoten im Cytoplasma, in Plastiden (sofern vorhanden) und in Mitochondrien statt. Die in den Plastiden bzw. Mitochondrien gebildeten Proteine verbleiben im jeweiligen Organell, wohingegen die im Cytoplasma synthetisierten Proteine an viele verschiedene zelluläre Bestimmungsorte verfrachtet oder von der Zelle sezerniert werden. Die korrekte Proteinverteilung innerhalb der Zelle ist entscheidend für das Zustandekommen und die Aufrechterhaltung der Kompartimentierung der Eucyte (▶ Abschn. 6.5).

6.1 Der genetische Code

Proteine sind **Polypeptide**, heteropolymere Makromoleküle, die aus linear verknüpften α-Aminocarbonsäuren, vereinfacht **Aminosäuren** genannt, zusammengesetzt sind. In ◻ Abb. 6.1 wurden die 20 kanonischen Aminosäuren, die in der Regel während der Translation zur

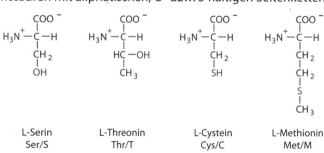

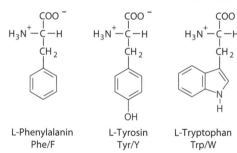

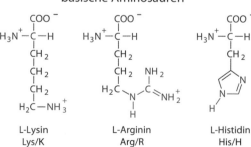

◻ **Abb. 6.1**   Die 20 kanonischen Aminosäuren. Die sterische Anordnung der Substituenten am C_α-Atom ist bei den kanonischen Aminosäuren gleich (Kasten); bis auf Glycin, das nicht asymmetrisch substituiert ist, gehören sie bezüglich der Stellung der Aminogruppe der L-Reihe an. Zur Vereinfachung wird neben den Trivialnamen der Aminosäuren oft ein Drei-Buchstaben-Code und bei Aminosäuresequenzangaben für Polypeptide ein Ein-Buchstaben-Code verwendet

Proteinsynthese verwendet werden, anhand charakteristischer Merkmale in Gruppen zusammengefasst. Ihre Abfolge in einem Protein ist in der Sequenz der Basen in der DNA bzw. der mRNA festgelegt. Darüber hinaus gibt es drei weitere, nichtkanonische Aminosäuren – Selenocystein, Pyrrolysin und Selenomethionin – die in Proteine eingebaut werden können. Insgesamt gibt es also 23 proteinogene Aminosäuren.

Der mit vier Zeichen (Codebuchstaben) ausgedrückte Informationsgehalt der DNA bzw. der mRNA muss bei der Proteinsynthese in die 20 Zeichen des – ebenfalls informativen – Polypeptids übersetzt werden. Es versteht sich, dass die vier Zeichen der Nucleinsäuren die 20 Zeichen der Proteine nur in Kombination codieren können. Würde jeweils ein Basenduplett von insgesamt vier verschiedenen Basen ein Codewort des **genetischen Codes** darstellen, also eine bestimmte Aminosäure spezifizieren, ließen sich maximal $4^2 = 16$ verschiedene Aminosäuren codieren. Bilden drei aufeinanderfolgende Nucleotide (Triplett) ein Codewort, so können $4^3 = 64$ verschiedene Aminosäuren codiert werden. Es ist bewiesen, dass der genetische Code aus sequenziellen, nichtüberlappenden Basentripletts, den **Codons**, besteht, die jeweils einzelnen Aminosäuren zugeordnet sind (◻ Tab. 6.1). Der genetische Code ist all-

gemein, d. h. er gilt bei Viren, Bakterien, Pflanzen, Tieren und dem Menschen, aber er ist nicht universell und wird daher als Standardcode bezeichnet. Ausnahmen (◻ Tab. 6.2) werden später besprochen. Die Codons werden in $5' \rightarrow 3'$-Richtung angegeben, der Leserichtung der mRNA bei der Translation entsprechend.

Während für Tryptophan und Methionin jeweils nur ein einziges Codon existiert, werden die übrigen Aminosäuren durch zwei bis sechs Codons repräsentiert: Der genetische Code ist **degeneriert**. Die Degeneration betrifft insbesondere die dritte Basenposition der Codons. Dies ist unter Umständen von evolutionärem Vorteil, da nicht jede Punktmutation (Austausch einer Base durch eine andere) zu einer Veränderung der Aminosäuresequenz des betreffenden Proteins führt. Es fällt auf, dass die mehrfach codierten Aminosäuren entsprechend häufiger in den Proteinen zu finden sind und dass UC-haltige Tripletts hydrophobe, AG-haltige dagegen hydrophile Aminosäuren codieren; erstere sind daher auf der linken/oberen Seite, letztere auf der rechten/unteren Seite der Codontabelle (◻ Tab. 6.1) zu finden. Schließlich definieren die Basentriplettfamilien (gemeinsame erste Base) Aminosäuren, die Gemeinsamkeiten in ihrer Biosynthese und damit ihrer Struktur aufweisen.

◻ **Tab. 6.1** Der genetische Standardcode

Codon Aminosäure (Drei-Buchsta-ben-Code)	Codon	Aminosäure (Drei-Buchsta-ben-Code)	Codon	Aminosäure (Drei-Buchsta-ben-Code)	Codon	Aminosäure (Drei-Buchstaben-Code)
UUU Phe	UCU	Ser	UAU	Tyr	UGU	Cys
UUC Phe	UCC	Ser	UAC	Tyr	UGC	Cys
UUA Leu	UCA	Ser	UAA	Stopp	UGA	Stopp
UUG Leu	UCG	Ser	UAG	Stopp	UGG	Trp
CUU Leu	CCU	Pro	CAU	His	CGU	Arg
CUC Leu	CCC	Pro	CAC	His	CGC	Arg
CUA Leu	CCA	Pro	CAA	Gln	CGA	Arg
CUG Leu	CCG	Pro	CAG	Gln	CGG	Arg
AUU Ile	ACU	Thr	AAU	Asn	AGU	Ser
AUC Ile	ACC	Thr	AAC	Asn	AGC	Ser
AUA Ile	ACA	Thr	AAA	Lys	AGA	Arg
AUG Met	ACG	Thr	AAG	Lys	AGG	Arg
GUU Val	GCU	Ala	GAU	Asp	GGU	Gly
GUC Val	GCC	Ala	GAC	Asp	GGC	Gly
GUA Val	GCA	Ala	GAA	Glu	GGA	Gly
GUG Val	GCG	Ala	GAG	Glu	GGG	Gly

Die Tripletts sind in $5' \rightarrow 3'$ Richtung angegeben. Die Aminosäuren sind im Drei-Buchstaben-Code angegeben (◻ Abb. 6.1). Rot: Stoppcodons bzw. Methionincodon, welches in geeigneter Sequenzumgebung (◻ Abb. 5.3) den Translationsstart markiert

□ Tab. 6.2 Einige Abweichungen vom genetischen Standardcode

Codon 5′→3′	steht im Standardcode für	codiert abweichend	Organismus
Chondrome			
UGA	Stopp	Trp	Pilze
AUA	Ile	Met	*Saccharomyces cerevisiae*
CGG	Arg	Trp	*Zea mays*
Plastome			
AUA	Ile	Start	*Kryptoperidinium triquetrum* (Dinoflagellat)
UUG	Leu	Start	*Kryptoperidinium triquetrum* (Dinoflagellat)
prokaryotische Genome			
UGA	Stopp	Trp	*Mycoplasma* sp.
Nucleome			
CUG	Leu	Ser	*Candida cylindracea*
UAA, UAG	Stopp	Gln	einige Protozoen, *Acetabularia*
UGA	Stopp	Selenocystein	je nach Sequenzkontext bei einigen Pro- und Eukaryoten (z. B. *Chlamydomonas*)

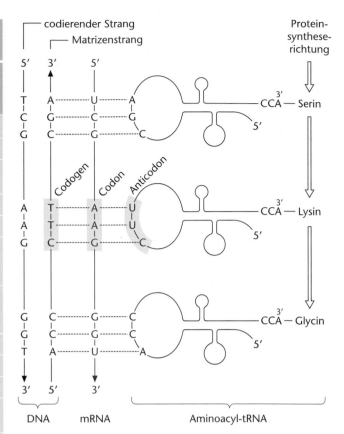

□ Abb. 6.2 Zusammenhänge zwischen der Codierung der Aminosäure-information auf DNA, mRNA und tRNA. Die Codons der mRNA haben eine zu den entsprechenden Tripletts des codierenden DNA-Stranges identische Basenabfolge (jedoch steht in der mRNA U anstelle von T). Die komplementären Tripletts des zur mRNA-Synthese verwendeten Matrizenstrangs werden Codogene genannt, sie haben prinzipiell eine zu den Anticodons der tRNA identische Basenabfolge (wieder steht in der RNA U anstelle von T). Allerdings befinden sich in den Anticodons bisweilen seltene Basen, die durch sekundäre Modifikation der ursprünglichen Basen entstehen, schließlich treten Nichtstandard-Basenpaarungen (s. Text) auf. (Grafik: E. Weiler)

Die Zuordnung der Codons zu den Aminosäuren ist also nicht zufällig; dies lässt auf eine Coevolution der Codons und der Aminosäuren schließen. Als molekularer Mechanismus wird eine strukturelle Komplementarität bestimmter Ribonucleinsäuren zu bestimmten Aminosäuremolekülen in der RNA-Welt diskutiert.

Neben aminosäurenspezifizierenden Codons enthält der Code auch „Interpunktionszeichen": das gleichzeitig methionincodierende Startcodon 5′-AUG-3′ sowie drei Stoppcodons: 5′-UAA-3′, 5′-UAG-3′ und 5′-UGA-3′, die auch als *ochre*, *amber* und *opal* bezeichnet werden. Sie markieren den Startpunkt bzw. das Ende des translatierten Bereiches einer mRNA.

Im Lauf der Zeit wurden Abweichungen im Gebrauch des Standardtriplettcodes entdeckt (□ Tab. 6.2). Besonders auffällig ist, dass bei manchen Prokaryoten und Eukaryoten das Stoppcodon 5′-UGA-3′ Selenocystein codiert, die 21. proteinogene Aminosäure, die sich bei Pflanzen jedoch bisher nur in dem Enzym Glutathion-

Peroxidase bei *Chlamydomonas reinhardtii* nachweisen ließ. Diese Umcodierung hängt von der Ausbildung einer durch interne Basenpaarung entstehenden Haarnadelstruktur in der mRNA ab, die sich bei Prokaryoten in 3′-Richtung unmittelbar nach dem UGA-Triplett und bei Eukaryoten im 3′-nichttranslatierten Bereich der mRNA findet.

Als Adaptormoleküle, die schließlich die Überführung der Triplettabfolge der mRNA in eine Aminosäuresequenz erlauben, dienen die 74–94 Nucleotide umfassenden tRNAs (□ Abb. 4.5a und 6.2), von denen Bakterien 30–45, Eukaryoten bis zu 50 verschiedene besitzen. Jede tRNA führt im Anticodonarm (□ Abb. 4.5a) ein zum Codon komplementäres Triplett, das **Anticodon**, das am Ribosom eine spezifische Basenpaarung mit dem Codon eingeht und so die durch das Codon spezifizierte Aminosäure an den Proteinsyntheseapparat des Ribosoms heranführt. Alle

Grundlagen der Biosynthese und des Abbaus von Proteinen

tRNAs sind durch die Basenfolge 5′-CCA-3′ an ihrem überhängenden 3′-Ende charakterisiert und tragen in der beladenen Form jeweils immer nur eine charakteristische Aminosäure, die mit ihrer Carboxylgruppe in Esterbindung an die 2′- oder 3′-Hydroxylgruppe der endständigen Ribose gebunden vorliegt. Die tRNA-Beladung wird durch **Aminoacyl-tRNA-Synthetasen** katalysiert (◘ Abb. 6.3), von denen je ein Enzym für jede Aminosäure existiert. Durch zahlreiche Kontakte zwischen der jeweiligen Synthetase, der Aminosäure und der Akzeptor-tRNA, die das Anticodon und viele weitere Strukturelemente der tRNA (Rolle der seltenen Basen, ◘ Abb. 4.5a, b) einschließt, wird sichergestellt, dass nur zueinander passende tRNAs und Aminosäuren zur Aminoacyl-tRNA reagieren. Zusätzlich besitzen Aminoacyl-tRNA-Synthetasen als Korrekturfunktion (engl. *proofreading function*) eine Esteraseaktivität, die falsche Aminoacylreste hydrolytisch eliminiert. Die Esteraseaktivität gegen die korrekte Aminosäure ist wesentlich schwächer. Experimente ergaben, dass die Fehlerrate bei der Translation bei *Escherichia coli* etwa einer auf 10^4 eingebaute Aminosäuren beträgt. Da mehr verschiedene tRNAs als proteinogene Aminosäuren existieren, gibt es für manche Aminosäuren mehrere isoakzeptierende tRNAs.

Die Synthese der seltenen Basen der tRNAs, die bis zu 10 % der Basen einer tRNA ausmachen können und vor allem in den ungepaarten Schleifenregionen vorkommen (◘ Abb. 4.5a), erfolgt durch posttranskriptionelle Modifikation vor allem im Cytoplasma und umfasst Methylierungen, Reduktionen oder die Anheftung eines Dimethylallylrests an einen Adeninrest durch die cytoplasmatische Dimethylallyltransferase. Im letzten Fall entsteht als Bestandteil der tRNA, in der Regel in 3′-Position neben dem Anticodon, $N^6(\Delta^2$-Isopentenyl)-Adenin (IPA), eine Verbindung, die in freier Form als Cytokinin tiefgreifende Wirkungen auf die pflanzliche Entwicklung ausübt (► Abschn. 12.2).

Die Selenocystein-tRNA wird durch sekundäre Modifikation gebildet, indem an die tRNA zuerst Serin gebunden wird, das durch das Enzym Selenocystein-Synthase an der tRNA in Selenocystein umgewandelt wird; Selendonator ist Selenophosphat. Durch sekundäre Modifikation entsteht bei Bakterien aus der Methionin-tRNA auch die N-Formylmethionin-tRNA, die statt Methionin als erste Aminosäure bei der Translationsinitiation am Startcodon 5′-AUG-3′ verwendet wird.

Die durch die Schleifenbildung bedingte Krümmung des Anticodons führt dazu, dass die erste Base des Anticodons und die dritte Base des Codons der mRNA keine ganz exakte Basenpaarung eingehen (◘ Abb. 6.2). Dadurch ist auch die Bildung anderer als der üblichen Basenpaarungen (G mit C bzw. A mit U, ◘ Abb. 4.4) möglich. Dies wird als **Wobble** bezeichnet. Beispielsweise sind G-U-Paare (zwei Wasserstoffbrücken) möglich. Das Guaninderivat Inosin (I) an dieser Stelle des Anti-

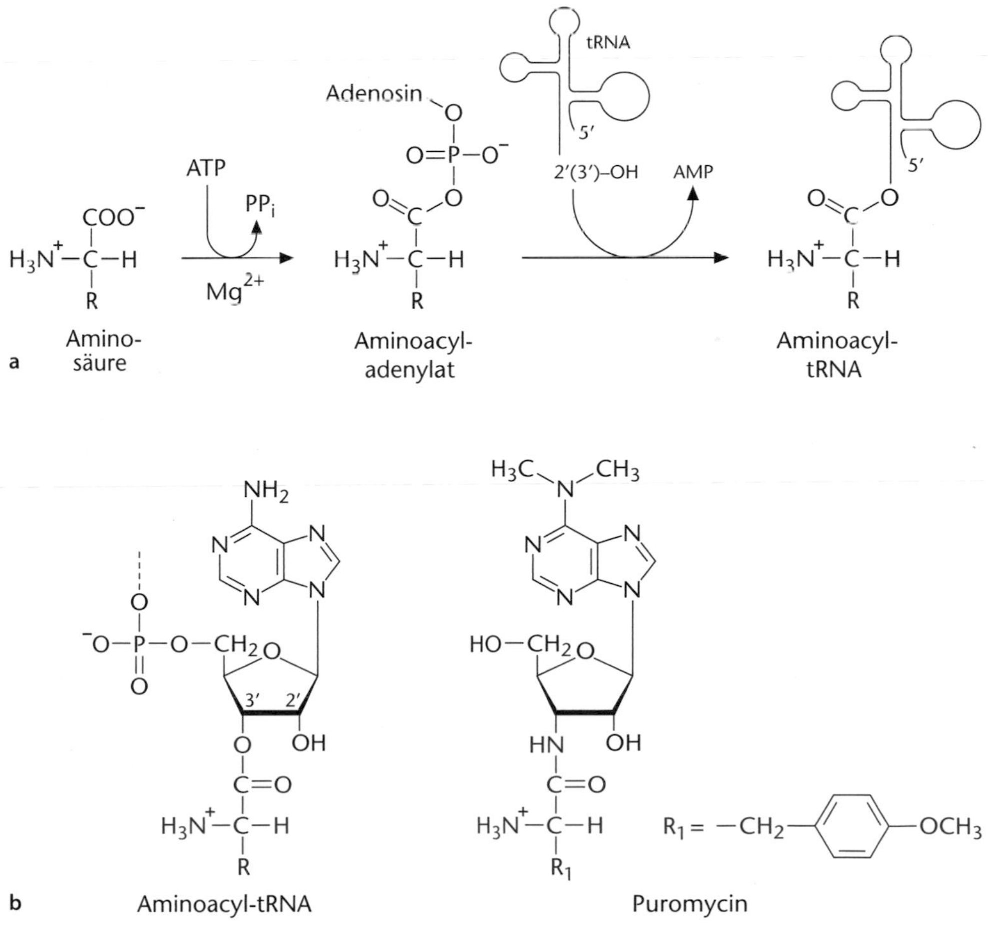

◘ **Abb. 6.3** Aminoacyl-tRNA. **a** Synthese der Aminoacyl-tRNA. Die Aminosäure wird zuerst mit ATP unter Bildung eines Aminoacyladenylats aktiviert. Aminoacyl-tRNA-Synthetasen der Klasse II übertragen die aktivierte Aminosäure unter Freisetzung von AMP auf die 3′-OH-Gruppe der Ribose am 3′-Ende der tRNA. Klasse-I-Enzyme übertragen sie auf die 2′-OH-Gruppe. **b** 3′-Ende einer Aminoacyl-tRNA, deren Bildung von einer Klasse-II-Aminoacyl-tRNA-Synthetase katalysiert wurde. Puromycin ist ein Strukturanalogon des 3′-Endes einer mit Tyrosin oder Phenylalanin beladenen tRNA. Die Amidbindung des Puromycins kann durch die Peptidyltransferase nicht gespalten werden, sodass die Anlagerung von Puromycin an die Akzeptorstelle des Ribosoms zum Abbruch der Proteinsynthese führt. (Grafik: E. Weiler)

codons kann sogar mit drei Basen (A, U, C) paaren (zwei Wasserstoffbrücken). In seltenen Fällen tritt sogar in der mittleren Position des Anticodontripletts eine seltene Base auf (z. B. Pseudouridin, Ψ, das ein Basenpaar mit A ausbildet, ▣ Abb. 4.5). Durch den Wobble reduziert sich die Anzahl der tRNAs, die zur Decodierung aller Tripletts erforderlich ist. Mitochondriale tRNAs können oft mit allen vier Basen der dritten Position eines Codons Paare bilden. Durch diesen Superwobble wird die benötigte Zahl von tRNAs in Mitochondrien weiter reduziert.

6.2 Translation

Die Proteinsynthese lässt sich einteilen in folgende Phasen:
- Initiationsphase
- Elongationsphase
- Terminationsphase

Die folgende Darstellung beschränkt sich auf die Translation an den 80S-Ribosomen (▶ Abschn. 1.2.5) der Eucyte, auf wesentliche Unterschiede zu Prokaryoten (70S-Ribosomen) wird verwiesen.

Die **Initiationsphase** der Translation beginnt an der 5′-Cap-Struktur der mRNA (▣ Abb. 5.4) mit der Bildung des Präinitiationskomplexes, bestehend aus der kleinen (40S) Ribosomenuntereinheit, der mit Methionin beladenen Initiator-tRNA (die nicht der Methionin-tRNA, die die im Inneren eines offenen Leserasters liegenden 5′-AUG-3′-Codons erkennt, entspricht) und weiteren Proteinen, den **Initiationsfaktoren**. An der Translationsinitiation ist bei Pflanzen auch der Poly(A)-Schwanz am 3′-Ende der mRNA sowie ein Poly(A)-Bindungsprotein beteiligt; je länger der Poly(A)-Rest, desto häufiger tritt eine Translationsinitiation ein. Der gebildete **Initiationskomplex** sucht nun die mRNA in 5′→3′-Richtung nach einem Startcodon ab. Dieses ist durch seine Sequenzumgebung (**Kozak-Sequenz**, ▣ Abb. 5.3) von Methionincodons, die sich innerhalb der Sequenz befinden, unterscheidbar. Sobald der Initiationskomplex diese Position erreicht hat, bindet die große (60S-)Untereinheit der Ribosomen und die Proteinsynthese beginnt. Im Unterschied dazu beginnt die Translationsinitiation bei Prokaryoten mit der Bildung des Initiationskomplexes an einer drei bis zehn Basen in 5′-Richtung vor dem Startcodon gelegenen Ribosomenbindungsstelle (**Shine-Dalgarno-Sequenz**: 5′-AGGAGGU-3′ oder Varianten dieser Sequenz). Auch bei Prokaryoten wird eine eigene Initiator-tRNA verwendet. Sie trägt jedoch nicht Methionin, sondern N-Formylmethionin.

Die **Elongationsphase** verläuft bei Pro- und Eukaryoten sehr ähnlich (▣ Abb. 6.4) und benötigt weitere Proteine, die **Elongationsfaktoren**. Mit Bindung der 60S-Un-

tereinheit stehen am Ribosom drei tRNA-Bindungsstellen zur Verfügung, die P-(Peptidyl-)Stelle, welche zuerst mit der Initiator-tRNA besetzt ist, die A-(Aminoacyl-)Stelle, an die sich die zweite, durch das dem Startcodon folgende Basentriplett spezifizierte Aminoacyl-tRNA anlagert, und die E-(Exit-)Stelle, an der die frei tRNA die Ribosomen verlässt. Die Codon-Anticodon-Interaktion findet an der 40S-Untereinheit, die Peptidsynthese an der 60S-Untereinheit durch das **Ribozym Peptidyltransferase** (eine Funktion der 28S- bzw. bei Prokaryoten der 23S-rRNA) statt. Dabei reagiert die Carboxylgruppe der ersten mit der Aminogruppe der zweiten, noch tRNA-gebundenen Aminosäure unter Freisetzung der tRNA. Das Protein besitzt an seinem Anfang demnach eine freie Aminogruppe (bzw. bei Prokaryoten eine N-Formylaminogruppe). Der Beginn eines Polypeptids wird daher auch Aminoterminus oder N-Terminus, das Ende des Proteins mit der freien Carboxylgruppe Carboxyterminus oder C-Terminus genannt. Nach Abschluss der Peptidyltransferasereaktion dissoziiert die erste tRNA vom Ribosom, die folgende wandert mit dem gebundenen Dipeptid zur P-Stelle, wobei die mit dem Anticodon gepaarte mRNA mitwandert (**Translokation**). An der freigewordenen A-Stelle ist nun ein weiteres Triplett exponiert, und die zugehörige Aminoacyl-tRNA lagert sich an, worauf die nächste Peptidyltransferasereaktion eintritt usw. Die Elongation der Aminosäurekette verläuft bei Eukaryoten mit einer Geschwindigkeit von ca. 25 Aminosäuren pro Sekunde, bei Bakterien sind es etwa 50 Aminosäuren pro Sekunde. Aufgrund der Größe des Ribosoms verlässt der Aminoterminus der entstehenden Proteinkette das Ribosom erst, wenn ca. 35–40 Aminosäuren miteinander verknüpft sind.

Wird eines der drei Stoppcodons erreicht, wird die A-Stelle des Ribosoms durch ein als **Terminationsfaktor** bezeichnetes Protein besetzt, das synthetisierte Polypeptid wird unter Ablösung von der tRNA an der P-Stelle freigesetzt, worauf der Translationskomplex zerfällt. Bei Eukaryoten ist sowohl die Initiationsphase als auch die Elongation und die Termination der Translation energieabhängig, als Energiequelle dient GTP. Bei Prokaryoten benötigen die Initiation und Elongation, nicht aber die Termination, GTP.

Auch die Translation wird, wie die Transkription, reguliert. Die Expression kerncodierter Gene unterliegt überwiegend der Transkriptionskontrolle, weniger häufig wurde eine Translationskontrolle nachgewiesen. Diese soll z. B. bei Sauerstoffmangel oder Verwundung eine Rolle spielen. Hingegen ist die Kontrolle der Translation ein bedeutsamer Mechanismus der Regulation der Expression plastidärer Gene (▣ Abb. 4.12). Daran beteiligt sind kerncodierte RNA-Bindungsproteine und in 5′-Richtung vor dem translatierten Bereich gelegene Sequenzabschnitte auf der mRNA, an die diese regulatorischen Proteine binden.

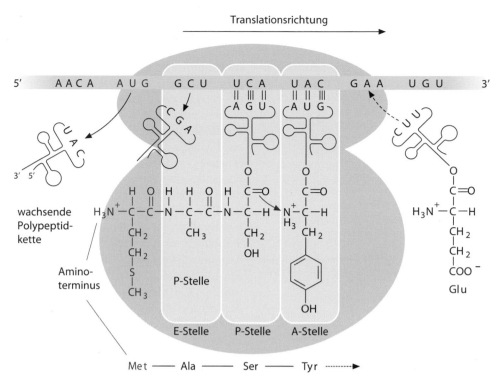

◘ Abb. 6.4 Schematische Darstellung der Translation am Ribosom. Dargestellt ist der Beginn einer Polypeptidsynthese an einem 80S-Ribosom. Das Startcodon (rot) wird aufgrund seiner Sequenzumgebung (Kozak-Sequenz, ◘ Abb. 5.3) erkannt und paart mit dem Anticodon der Initiator-tRNA^MET. Die mRNA wird Triplett für Triplett in 5′→3′-Richtung gelesen. Zwei Peptidbindungen wurden bereits geknüpft, die entsprechenden freien tRNAs haben das Ribosom an der E-(Exit-)Stelle verlassen. Die dritte tRNA mit der gebundenen Peptidkette besetzt die P-(Peptidyl-)Stelle, die vierte Aminoacyl-tRNA – im gezeigten Beispiel mit Tyrosin beladen – hat an der A-(Aminoacyl-)Stelle gebunden und die Anticodon-Codon-Paarung vollzogen: Die Peptidyltransferasereaktion läuft ab (roter Pfeil). Aus Gründen der Übersichtlichkeit wurde die Peptidkette ohne Berücksichtigung der sterischen Verhältnisse gezeichnet (Grafik: E. Weiler)

Die Translation lässt sich durch verschiedene Inhibitoren spezifisch blockieren. Das Antibiotikum **Puromycin** (◘ Abb. 6.3) konkurriert wegen seiner Struktur-ähnlichkeit mit der Phenylalanin- oder Tyrosin-tRNA um deren Bindungsstellen am Ribosom und bewirkt den Abbruch der sich bildenden Proteinketten, die als Peptidylpuromycin freigesetzt werden. **Chloramphenicol** hemmt die Peptidyltransferase-aktivität der 50S-Untereinheit der 70S-Ribosomen, nicht aber die der 60S-Untereinheit der 80S-Ribosomen, und hemmt daher die Translation nur bei Bakterien, Plastiden und Mitochondrien, nicht aber die im Cytoplasma. **Cycloheximid** hingegen hemmt die Peptidyltransferase der 60S-Untereinheit, nicht die der 50S-Untereinheit, und damit die cytoplasmatische Proteinsynthese.

Die vom Ribosom freigesetzte Polypeptidkette ist noch nicht biologisch aktiv, sondern wird erst durch weitere Prozesse in die aktive Form überführt. Dazu zählen stets die **Proteinfaltung**, oft **chemische Modifikationen** und **proteolytische Prozessierung** sowie in seltenen Fällen **Proteinspleißen**.

Obwohl die endgültige (native) Konformation eines Proteins durch seine Aminosäuresequenz bestimmt wird, falten sich nur kleine Proteine spontan (aber langsam) im Reagenzglas. In der Zelle dürften die meisten Proteine unter der Einwirkung von Hilfsproteinen, den Faltungshelfern oder **Chaperonen** in ihre native Konformation übergehen. Kleine Proteine bis ca. 60 kDa Molekülmasse, die im gefalteten Zustand nur eine einzige Domäne bilden, werden durch die **Chaperonine** – hoch molekulare Proteinkomplexe, die in Pro- und Eukaryoten, hier auch in Plastiden und Mitochondrien, vorkommen – gefaltet. Chapero-

nine schließen einzelne Polypeptidketten in ihrem zentralen Hohlraum ein und entlassen sie erst nach Abschluss des Faltungsvorganges (◘ Abb. 6.12). Der Faltungsprozess benötigt ATP. In Plastiden und Mitochondrien ist das Chaperonin Hsp60, ein hoch molekularer, zylindrischer Komplex aus 14 Untereinheiten des Hsp60-Proteins, die in zwei Ringen zu je sieben Untereinheiten übereinander angeordnet sind, an der Proteinfaltung beteiligt. Hsp60 ist ein Hitzeschockprotein, die Zahl 60 steht für die Molekülmasse des Protomers in kDa. Es wird verstärkt nach einem Hitzeschock (= rasche Temperaturerhöhung auf über 32 °C) gebildet, um thermisch denaturierte Proteine wieder zu falten. Größere Proteine und Proteine, die aus mehreren Domänen bestehen, welche sich unabhängig voneinander falten, benutzen **Chaperone** als Faltungshelfer. Das verbreitetste Chaperon ist ebenfalls ein Hitzeschockprotein, Hsp70. Es bindet in monomerer Form an hydrophobe Segmente von entfalteten oder nur teilweise gefalteten Proteinen. Man nimmt an, dass nach (ATP-abhängiger) Ablösung der Polypeptidkette vom Chaperon die eigentliche Faltung spontan abläuft. Chaperone binden Polypeptidketten bereits während deren Synthese, also cotranslational. Sie verhindern so z. B. eine Aggregation von Proteinen, die an Polysomen (► Abschn. 1.2.5) synthetisiert werden, also durch benachbarte Ribosomen, die in einem Abstand von lediglich ca. 80 Nucleotiden an demselben mRNA-Molekül entlanglaufen. Chaperone und Chaperonine kooperieren in der Zelle häufig. So werden beim Proteinimport in Plastiden und Mitochondrien (► Abschn. 6.5) die Polypeptidketten durch Bindung an cytoplasmatische Hsp70-Chaperone an einer vorzeitigen Faltung gehindert. Nach dem Durchtritt durch die Organellenmembranen werden sie von plastidären bzw. mitochondrialen Hsp70-Isoformen in Empfang genommen und an im Stroma bzw. in der Matrix befindliche Chaperonine des Hsp60-Typs zur endgültigen Faltung weitergeleitet (◘ Abb. 6.12).

Die Prozessierung von Proteinen durch chemische Modifikation und/oder Proteolyse kann ebenfalls co- bzw. posttranslational stattfinden. Beispiele werden in ▶ Abschn. 6.5 vorgestellt, auf chemische Modifikationen zur Regulation der Enzymaktivität wurde bereits hingewiesen (◘ Abb. 14.44 und 14.46).

Erst kürzlich wurde entdeckt, dass (in seltenen Fällen) Proteine durch Spleißprozesse (▶ Abschn. 5.2) in ihre endgültige Form überführt werden. Dabei wird aus dem Präprotein eine interne Proteinsequenz (**Intein**) eliminiert und die externen Proteinabschnitte (die **Exteine**) werden zum reifen Protein zusammengefügt. Oft ist dieser Prozess autokatalytisch, wird also von dem Präprotein selbst ausgeführt. Im Fall der 69-kDa-Untereinheit der vakuolären wasserstoffionentranslozierenden V-Typ-ATPase (◘ Abb. 14.6) der Hefe wird beim autokatalytischen Spleißvorgang aus einer 119-kDa-Vorstufe ein 50-kDa-Intein entfernt, das seinerseits enzymatisch aktiv ist. Es ist als sequenzspezifische Endonuclease an der Integration der inteincodierenden DNA in spezielle Stellen des Genoms beteiligt. Das Intein und seine DNA stellen also ein mobiles genetisches Element (▶ Abschn. 4.6) dar.

6.3 Aufbau von Proteinen

6.3.1 Primärstruktur

Die lineare Abfolge der Aminosäuren in einem Protein ergibt dessen **Primärstruktur**. Die **Aminosäuresequenz** wird ausgehend von der Aminosäure, welche eine freie NH_2-Gruppe am C_α-Atom trägt (dem **Aminoterminus, N-Terminus**), gelesen und endet mit einer Aminosäure, die eine freie Carboxylgruppe trägt (**Carboxyterminus, C-Terminus**). Die Leserichtung entspricht auch der Syntheserichtung.

Die Anzahl möglicher Aminosäuresequenzen ist unvorstellbar groß. Da an jeder Position n einer Aminosäurekette jede der 20 Aminosäuren vorkommen kann, beträgt die Anzahl möglicher Sequenzen 20^n. Selbst bei einem kleinen Protein mit nur 100 Aminosäuren ergeben sich $20^{100} = 1,26 \times 10^{130}$ mögliche Sequenzen. In der Natur kommen schätzungsweise 10^{10}–10^{20} verschiedene Proteine vor, bei einer Pflanze sind es ca. 20.000–60.000. Zum Vergleich: Die Anzahl der Wassermoleküle in den Weltmeeren liegt bei nur 4×10^{46} Molekülen.

Die Aminosäuresequenz ist für jedes Protein typisch, jedoch für das Verständnis seiner Funktion allein nicht hinreichend. Allerdings lassen sich verwandte Proteine aufgrund ihrer **Sequenzähnlichkeiten** identifizieren, ja sogar Verwandtschaftsverhältnisse von Organismen aus der Kenntnis von Sequenzvergleichen zahlreicher Proteine (oder der Gene) ermitteln (molekulare Systematik, ▶ Abschn. 18.3.1).

Ein Beispiel: Cytochrom c kommt als essenzieller Elektronenüberträger bei Prokaryoten und in den Mitochondrien aller Eukaryoten vor. Es handelt sich um ein Protein mit rund 110 Aminosäuren und einer kovalent gebundenen Hämgruppe. Seine Aminosäuresequenz (◘ Abb. 6.5)

ist für weit über 100 Organismen bekannt. Ein Sequenzvergleich zeigt, dass in bestimmten Positionen selbst bei entfernt verwandten Organismen stets die gleiche Aminosäure auftaucht, in anderen Positionen stets ähnliche Aminosäuren zu finden sind, während in wieder anderen Positionen sehr verschiedene Aminosäuren auftreten können. Hoch konservierte Aminosäuren haben oft eine wesentliche Bedeutung für die Struktur und/oder die Funktion eines Proteins. Die Anzahl der in gleichen Positionen auftauchenden identischen bzw. ähnlichen Aminosäuren wird bei einem Sequenzvergleich prozentual ermittelt. Liegen diese Sequenzähnlichkeiten deutlich (!) über dem Ausmaß zufälliger Übereinstimmungen (ca. 5 %; zudem ist bei nichthomologen Proteinen das Auftreten auch kurzer Teilsequenzen mit vollkommener Übereinstimmung extrem unwahrscheinlich), so gelten die verglichenen Sequenzen als **homolog**, d. h. auch stammesgeschichtlich verwandt. Alle bisher sequenzierten Proteine können auf weniger als 150 untereinander nicht homologisierbare Sequenzfamilien verteilt werden. Jede Sequenzfamilie umfasst dabei auch viele nicht funktionsgleiche Proteine. Die Evolution der Proteine (und folglich der Gene) ist offenbar von erstaunlich wenigen Ursequenzen ausgegangen.

6.3.2 Räumliche Struktur von Proteinen

Die Struktur der Proteinmoleküle wird durch den räumlichen Verlauf der Polypeptidkette bestimmt und letztlich durch die Primärsequenz festgelegt. Die Gesetzmäßigkeiten, nach denen sich Polypeptidketten zu Gebilden höherer Ordnung falten, versteht man jedoch nur unzureichend. Begrenzte Bereiche einer Polypeptidkette von ca. 5–20 Aminosäuren bilden lokale **Sekundärstrukturen** aus, die durch Wasserstoffbrücken zwischen den C=O− und den NH-Gruppen der Peptidbindungen voneinander in der Primärsequenz entfernter Aminosäuren stabilisiert werden. Die Peptidbindung selbst ist wegen ihres partiellen Doppelbindungscharakters planar und starr, jedoch sind die Bindungen zu den benachbarten C_α-Atomen frei drehbar. Die Kette aus alternierenden Peptidbindungen und C_α-Atomen kann daher mehrere sterische Konformationen einnehmen. Man unterscheidet als häufige Sekundärstrukturelemente die rechtsgängige **α-Helix** und das **β-Faltblatt** (engl. *β-sheet*); daneben kommen **β-Schleifen** (engl. *β-turns*) sowie **Zufallsknäuel** (engl. *random coils*) vor. Zufallsknäuel verbinden in der Regel α-Helices und/oder β-Faltblätter untereinander.

In der α-Helix liegen Wasserstoffbrücken zwischen der C=O-Gruppe einer Aminosäure und der NH-Gruppe der jeweils viertnächsten Aminosäure in der fortlaufenden Sequenz vor (◘ Abb. 6.6). Dadurch entsteht eine rechtsgängige Helix, die 3,6 Aminosäuren pro vollständiger Drehung enthält. Die nicht an der Bildung

```
Hom_sa   --------GDVEKGKKIFIMKCSQCHTVEKGGKHKTGPNLHGLFGRKTGQAPGYSYTAAN--
Dro_me   ----GVPAGDVEKGKKLFVQRCAQCHTVEAGGKHKVGPNLHGLIGRKTGQAAGFAYTDAN--
Sac_ce   ---TEFKAGSAKKGATLFKTRCLQCHTVEKGGPHKVGPNLHGIFGRHSGQAEGYSYTDAN--
Neu_cr   ----GFSAGDSKKGANLFKTRCAQCHTLEEGGGNKIGPALHGLFGRKTGSVDGYAYTDAN--
Cuc_ma   ASFDEAPPGNSKAGEKIFKTKCAQCHTVDKGAGHKQGPNLNGLFGRQSGTTPGYSYSAAN--
Vig_ra   ASFDEAPPGNSKSGEKIFKTKCAQCHTVDKGAGHKQGPNLNGLFGRQSGTTAGYSYSTAN--
Tri_ae   ASFSEAPPGNPDAGAKIFKTKCAQCHTVDAGAGHKQGPNLHGLFGRQSGTTAGYSYSAAN--
Gin_bi   ATFSEAPPGDPKAGEKIFKTKCAZCHTVZKGAGHKQGPNLHGLFGRQSGTTAGYSYSTGN--
Chl_re   STFAEAPAGDLARGEKIFKTKCAQCHVAEKGGGHKQGPNLGGLFGRVSGTAAGFAYSKAN--
Rho_ru   -------EGDAAAGEKVSK-KCLACHTFDQGGANKVGPNLFGVFENTAAHKDDYAYSESYTE


Hom_sa   -KNKGIIWGEDTLMEYLENPKKYIP---G-----TKMIFVGIKKKEERADLIAYLKKATNE-
Dro_me   -KAKGITWNEDTLFEYLENPKKYIP---G-----TKMIFAGLKKPNERGDLIAYLKSATK--
Sac_ce   -IKKNVLWDENNMSEYLTNPKKYIP---G-----TKMAFGGLKKEKDRNDLITYLKKACE--
Neu_cr   -KQKGITWDENTLFEYLENPKKYIP---G-----TKMAFGGLKKDKDRNDIITFMKEATA--
Cuc_ma   -KNRAVIWEEKTLYDYLLNPKKYIP---G-----TKMVFPGLKKPQDRADLIAYLKEATA--
Vig_ra   -KNMAVIWEEKTLYDYLLNPKKYIP---G-----TKMVFPGLKKPQDRADLIAYLKESTA--
Tri_ae   -KNKAVEWEENTLYDYLLNPKKYIP---G-----TKMVFPGLKKPQDRADLIAYLKKATSS-
Gin_bi   -KNKAVNWGZZTLYEYLLNPKKYIP---G-----TKMVFPGLKKPZZRADLISYLKQATSQE
Chl_re   -KEAAVTWGESTLYEYLLNPKKYMP---G-----NKMVFAGLKKPEERADLIAYLKQATA--
Rho_ru   MKAKGLTWTEANLAAYVKDPKAFVLEKSGDPKAKSKMTFK-LTKDDEIENVIAYLKTLK---
```

◘ **Abb. 6.5** Sequenzvergleich von Cytochrom c. Zehn ausgewählte Aminosäuresequenzen (Ein-Buchstaben-Code) verschiedenster Organismen sind so angeordnet, dass einander entsprechende Positionen in Spalten übereinanderstehen. Übereinstimmungen im gesamten System sind rot markiert, Positionen von ähnlichen Aminosäureresten (z. B. I/L/V: Isoleucin/Leucin/Valin) gelb hinterlegt. Dargestellt sind die Cytochrom-c-Sequenzen des Menschen (*Homo sapiens*, *Hom_sa*), der Taufliege (*Drosophila melanogaster*, *Dro_me*), der Ascomyceten *Saccharomyces cerevisiae* (*Sac_ce*) und *Neurospora crassa* (*Neu_cr*), der Dikotyledonen Kürbis (*Cucurbita maxima*, *Cuc_ma*) und Bohne (*Vigna radiata*, *Pha_au*), des Weizens (*Triticum aestivum*, *Tri_ae*), des Ginkgobaums (*Ginkgo biloba*, *Gin_bi*), der Grünalge *Chlamydomonas reinhardtii* (*Chl_re*) sowie schließlich des Bakteriums *Rhodospirillum rubrum* (*Rho_ru*) als Vertreter der Prokaryoten. (Zusammenstellung von S. Rensing)

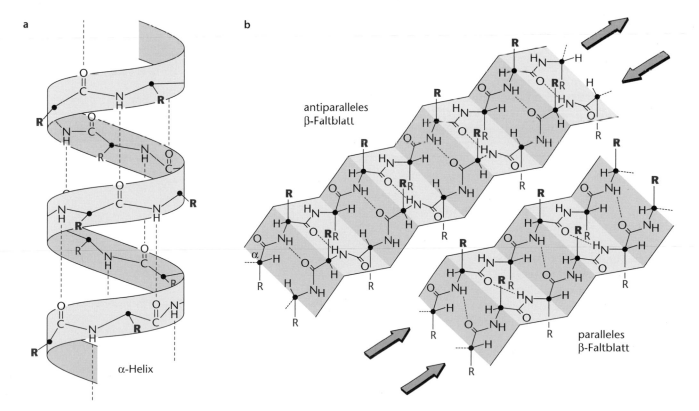

◘ **Abb. 6.6** Sekundärstrukturen von Polypeptiden. **a** α-Helix. **b** Antiparalleles und paralleles β-Faltblatt: Bei einem parallelen β-Faltblatt liegen sich die C=O- bzw. NH-Elemente der Peptidbindung jeweils direkt gegenüber, bei einem antiparallelen β-Faltblatt liegt einer C=O-Gruppe jeweils eine NH-Gruppe (und umgekehrt) gegenüber. Die C_α-Atome sind durch schwarze Punkte dargestellt, mit R sind die Seitenketten der Aminosäuren bezeichnet. Rot gestrichelt: Wasserstoffbrückenbindungen. (Nach Doenecke et al. 2005)

des Rückgrats aus Peptidbindungs- und C$_\alpha$-Atomen beteiligten Reste der Aminosäuren stehen von der Helix nach außen ab. Häufig in α-helikalen Sekundärstrukturen sind die Aminosäuren Alanin, Glutaminsäure, Leucin und Methionin, selten sind Asparagin, Tyrosin, Glycin und vor allem Prolin zu finden.

Bei einem β-Faltblatt kommt es zur Ausbildung von Wasserstoffbrücken zwischen den C=O- bzw. NH-Funktionen von Peptidbindungen verschiedener Abschnitte einer Polypeptidkette, den β-Strängen (engl. *β-strands*). Die β-Stränge können sich entweder **parallel** oder **antiparallel** aneinanderlagern, d. h., nebeneinanderliegende β-Stränge verlaufen parallel vom N-Terminus zum C-Terminus oder es liegt sich ein vom N- zum C-Terminus verlaufender β-Strang und ein vom C- zum N-Terminus verlaufender antiparalleler Strang gegenüber (◘ Abb. 6.6). Die Aminosäurereste stehen bei β-Strängen alternierend oberhalb bzw. unterhalb der Strangebene. Häufig in β-Strängen sind die Aminosäuren Valin, Isoleucin sowie die aromatischen Aminosäuren zu finden, selten sind die sauren und basischen Aminosäuren. Benachbarte Sekundärstrukturelemente, insbesondere β-Stränge, sind oft durch β-Schleifen von vier bis acht Aminosäuren, die in der Regel durch Wasserstoffbrücken stabilisiert werden, miteinander verbunden. Die Polypeptidkette ändert an einer β-Schleife abrupt die Richtung. Man spricht daher auch von Haarnadelschleifen (engl. *hairpin turns*). Dadurch tragen β-Schleifen zur Erzeugung kompakter Proteinstrukturen bei. In β-Schleifen finden sich häufig die Aminosäuren Prolin und Glycin, aber auch Asparagin und Asparaginsäure.

Der Proteinfaltungsprozess endet mit der Ausbildung der **Tertiärstruktur**. Darunter versteht man die kompakte, dreidimensionale Struktur, die das Ensemble der Sekundärstrukturelemente einer Polypeptidkette schließlich einnimmt. Kleine Proteine mit bis zu 200 Aminosäuren falten sich dabei zu einer einzelnen **Domäne**, bei größeren Proteinen mit mehr als 200 Aminosäuren können zwei und mehr Domänen ausgebildet sein, die sich jeweils unabhängig voneinander falten. Oft sind bei der Proteinfaltung Hilfsproteine beteiligt, die bereits erwähnten **Chaperone** bzw. **Chaperonine** (▶ Abschn. 6.2 und 6.5). Die Stabilisierung der Tertiärstruktur verläuft oft unter
— Ausbildung zusätzlicher Wasserstoffbrücken,
— Ausbildung von Disulfidbrücken,
— Ausbildung apolarer Wechselwirkungen, besonders im Inneren eines Proteins,
— weiteren, komplexen Modifikationen wie Glykosylierungen,
— Isomerisierung von X-Pro-Peptidbindungen, die im Gegensatz zur üblichen Peptidbindung, welche stets eine *trans*-Isomerie aufweist, sowohl in *cis*- als auch in *trans*-Isomerie auftreten können (X = beliebige Aminosäure).

Bis auf die Ausbildung der Wasserstoffbrücken und der apolaren Wechselwirkungen laufen diese Prozesse enzymkatalysiert ab.

Durch Röntgenkristallografie oder Kernresonanzspektroskopie (NMR-Spektroskopie) konnten die Raumstrukturen vieler, auch komplexer Proteine in atomaren Dimensionen aufgeklärt werden (◘ Abb. 6.7). Dabei zeichnet sich ab, dass auch hinsichtlich der dreidimensionalen Tertiärstruktur lediglich eine begrenzte Anzahl von Proteinfamilien existiert. Man schätzt deren Zahl auf etwas mehr als 1100. Innerhalb einer Strukturfamilie können Vertreter vorkommen, deren Aminosäuresequenzen nicht homolog sind.

Je nach Anteil der einzelnen Sekundärstrukturelemente bilden sich **globuläre Proteine** oder **faserförmige Proteine** aus. Erstere sind charakteristisch für Enzyme, Letztere finden sich bei vielen Strukturproteinen. Zahlreiche Proteine tragen nichtpeptidische **prosthetische Gruppen** (griech. *prosthetos*, hinzugefügt). Sie werden je nach Art der zusätzlichen Gruppe als Glyko-, Lipo-, Chromo-, Phospho- oder Metalloproteine bezeichnet.

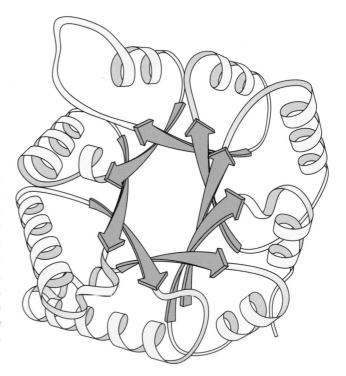

◘ **Abb. 6.7** Tertiärstruktur der Triosephosphat-Isomerase der Bäckerhefe (*Saccharomyces cerevisiae*). Schema eines Monomers des in aktiver Form als Dimer vorliegenden Enzyms. Zur besseren Übersicht wurden die Sekundärstrukturelemente schematisch und unter Weglassung der Reste (R) gezeichnet, berücksichtigt wurde also lediglich die Konformation des Rückgrats der Aminosäurekette (vgl. ◘ Abb. 6.6). Die Struktur besteht aus acht parallelen β-Strängen (gelbe Pfeile) im Zentrum des Proteins und acht peripher angeordneten α-Helices, die durch Schleifen miteinander verbunden sind. Faltblätter sind durch Pfeile in der Richtung vom Amino- zum Carboxyterminus und Helices durch Zylinder oder auch Schraubenbänder dargestellt. (Nach Berg et al. 2007)

Das oben erwähnte Cytochrom c ist ein Chromoprotein, es trägt Häm als prosthetische Gruppe.

Die dreidimensionale Proteinstruktur vereinigt **Stabilität** mit **Dynamik**. So sind die aktiven Zentren von Enzymen in der Regel sehr klein, bezogen auf die Gesamtgröße des Proteins. Der überwiegende Anteil der Tertiärstruktur dient dazu, eine hoch präzise Ausbildung und Stabilisierung der Struktur des aktiven Zentrums zu ermöglichen. Viele Proteine zeigen funktionelle **Konformationsänderungen**, so z. B. Rezeptoren oder Enzyme nach Bindung ihrer Liganden. Man spricht von **induzierter Passform** (engl. *induced fit*). Konformationsänderungen werden ebenfalls von Motorproteinen im Verlauf eines Reaktionszyklus (z. B. Myosin, Dynein, Kinesin, ▶ Abschn. 1.2.3.1) oder von Translokatoren im Verlauf eines Transportzyklus (▶ Abschn. 14.1.3.2) durchlaufen. Reversible chemische Modifikationen von speziellen Aminosäuren wie Phosphorylierungen wirken häufig über Konformationsänderungen auf die Aktivität der Proteine. Entsprechendes gilt für die Anlagerung allosterischer Effektoren an Enzyme. Struktur und Funktion von Proteinen unterliegen somit vielfältigen Regulationsprozessen. In ihrer Wirkweise können Proteine am zutreffendsten als die molekularen Maschinen der Zellen bezeichnet werden.

Struktur und Funktion der meisten Proteine hängen von einem geeigneten zellulären Milieu (u. a. pH-Wert, Ionenstärke der Umgebung) ab. Lösliche Proteine sind, bedingt durch die gehäuft vorkommenden polaren oder geladenen Aminosäurereste auf ihrer Oberfläche, stark hydratisiert. Hingegen werden die im Inneren des Proteins gelegenen Aminosäuren durch apolare Wechselwirkungen stabilisiert.

Starke Veränderungen des pH-Wertes oder Erhitzen führen zur **Denaturierung** der Proteine. Dabei werden die Tertiärstruktur und unter Umständen auch die Sekundärstruktur zerstört. Durch Wechselwirkung verschiedener Proteine untereinander, z. B. infolge der Freilegung unpolarer Reste bei der Denaturierung, kommt es zu Aggregatbildungen und schließlich zur Ausfällung (Präzipitation) der Proteine. Dieser Zustand kann häufig nicht mehr rückgängig gemacht werden und wird dann als irreversible Denaturierung bezeichnet.

6.3.3 Proteinkomplexe

Viele Proteine können ihre Funktion nur im supramolekularen Verbund mit ihresgleichen oder mit anderen Proteinen ausüben. Solche Proteinkomplexe werden als **Quartärstrukturen** bezeichnet, deren Untereinheiten als **Protomere** (griech. *méros*, Teil). Liegt nur eine einzige Sorte von Untereinheiten vor, so spricht man von

einem homooligomeren Proteinkomplex; heterooligomere Proteinkomplexe setzen sich dagegen aus zwei oder mehreren verschiedenen Untereinheiten zusammen. Quartärstrukturen werden im Allgemeinen nicht durch Haupt-, sondern durch Nebenvalenzen (Wasserstoffbrückenbindungen, Ionenbindungen, hydrophobe Interaktionen) zusammengehalten. Bei Strukturproteinen können Quartärstrukturen beträchtliche Größen erreichen: Mikrotubuli und Actinfilamente sind oft viele Mikrometer lang, während ihre globulären Protomere Durchmesser von nur 4 nm haben.

Als Beispiele für Proteinkomplexe zeigt ◘ Abb. 6.8 das **Proteasom**. Proteasomen sind bei fast allen Organismen – und bei allen Eukaryoten – verbreitet und dienen dem Abbau regulatorischer und fehlgefalteter Proteine. Sie sorgen damit für den Proteinumsatz (engl. *protein turnover*), d. h. der ständigen Erneuerung der Proteinausstattung der Zelle durch Abbau und Neusynthese (▶ Abschn. 6.4). Das Proteasom besitzt eine röhrenförmige Quartärstruktur (◘ Abb. 6.8b), wobei die aktiven Zentren der verschiedenen, am Aufbau des Proteasoms beteiligten Proteasen an der Innenseite der Röhre liegen. Dies hat zur Folge, dass nur solche Polypeptide gespalten werden, die in das Innere des Proteasoms geschleust wurden. Dieser gezielte Abbau von Proteinen wird von Zellen als regulatorische Funktion gezielt genutzt (z. B. **Ubiquitinierung** von Proteinen und deren gerichteter Abbau; z. B. im Zellzyklus ▶ Abschn. 1.2.4.5). Weitere Beispiele für Proteinkomplexe sind die Chaperonine, zu denen das aus 14 identischen Protomeren gebildete Hsp60-Chaperonin der Plastiden (▶ Abschn. 6.5 und ◘ Abb. 6.12) gehört.

Ein **Multienzymkomplex** liegt vor, wenn verschiedene Enzyme in einer Quartärstruktur zusammengefasst sind. Manche dieser Komplexe, die ganze Reaktionsfolgen katalysieren können, weisen extrem hohe Partikelmassen auf – der aus fast 100 Protomeren zusammengesetzte Pyruvat-Dehydrogenase-Komplex (▶ Abschn. 14.8.3.1) z. B. über 7×10^6 Da (Dalton). Oft sind katalytisch wirkende Proteine mit regulatorisch wirkenden verbunden. Überhaupt können sich Protomere in Quartärstrukturen gegenseitig beeinflussen, z. B. dahingehend, dass der Übergang eines Protomers aus der inaktiven in die aktive Konformation den entsprechenden Übergang bei allen übrigen Protomeren begünstigt (**Kooperativität**).

Nucleinsäuren treten im Allgemeinen assoziiert mit Proteinkomplexen auf. So liegt die DNA der Chromosomen im Zellkern zum größten Teil mit oktameren Histonkomplexen zu Nucleosomen (◘ Abb. 1.20) komplexiert vor, die ribosomalen RNAs aggregieren mit einer Vielzahl verschiedener Proteine zu Ribosomen (▶ Abschn. 1.2.5). Viele Viren sind letztlich ebenfalls Ribonucleoproteinpartikel (◘ Abb. 6.9).

6

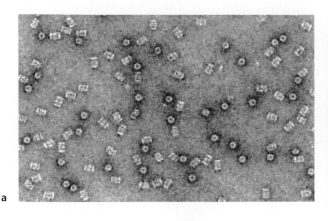

a

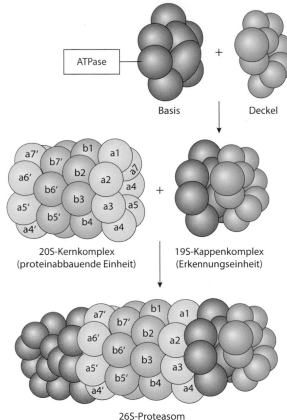

ATPase

Basis   +   Deckel

20S-Kernkomplex
(proteinabbauende Einheit)

+

19S-Kappenkomplex
(Erkennungseinheit)

b   26S-Proteasom

◨ **Abb. 6.8** Das 26S-Proteasom als Beispiel für einen multimeren Proteinkomplex. **a** Darstellung der Komplexe (nur die katalytische 20S-Einheit) durch hoch auflösende Elektronenmikroskopie (Negativ-kontrastverfahren). **b** Schematischer Aufbau des 26S-Proteasoms. Ein Proteasom besteht aus einer zentralen, zylinderförmigen „Tonne" (20S-Kernstück) und zwei 19S-Kappenkomplexen. Diese sitzen asym-metrisch an den beiden Stirnseiten der Tonne und übernehmen eine re-gulatorische Funktion. Nur bei Eukaryoten konnten bislang 19S-Kap-penkomplexe nachgewiesen werden. Bei Archaea und Bacteria fand man lediglich den 20S-Kernkomplex. (a Original: H. Zühl)

6.4 Proteinabbau

Die Menge eines Proteins in der Zelle wird nicht allein durch die Rate seiner Synthese, sondern auch durch die Abbaurate bestimmt. Vieles spricht dafür, dass auch der

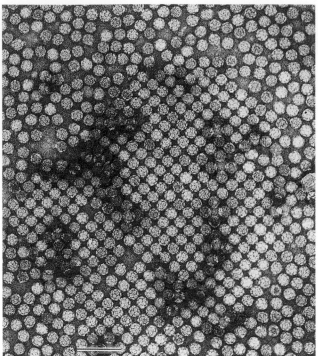

◨ **Abb. 6.9** Viruspartikel des Gelbrübenmosaikvirus (TYMV, engl. *turnip yellow mosaic virus*) im Negativkontrast. Das Capsid – die aus 32 Capsomeren regelmäßig aufgebaute Proteinhülle des Virus – um-schließt das RNA-haltige Zentrum. Jedes Capsomer besteht seiner-seits aus fünf oder sechs globulären Proteinmolekülen als den Proto-meren der Quartärstruktur (Maßstab 0,1 µm). (EM-Aufnahme: P. Klengler, Siemens AG)

Proteinabbau ein kontrollierter zellulärer Prozess ist. In Eukaryotenzellen (und Archaeen) findet man eine sehr große, 600–900 kDa Molekülmasse umfassende Protease, das **Proteasom** (▶ Abschn. 6.3.3, ◨ Abb. 6.8), das in der Eucyte im Cytoplasma und im Zellkern vorkommt und Proteine recht unspezifisch zu kleinen Peptiden von ca. sechs bis neun Aminosäuren abbaut. Allerdings werden nur solche Proteine abgebaut, die zum Abbau vorgesehen sind und vorher durch kovalente Bindung mehrerer (mehr als vier) Moleküle **Ubiquitin** markiert wurden. Ubiquitin ist ein in allen Eukaryoten verbreitetes (ubiquitäres) Pro-tein aus 76 Aminosäuren. Spezifische Enzyme übertragen Ubiquitin in einer ATP-abhängigen Reaktion kovalent auf Lysinreste der Proteinsubstrate (die Reaktionsfolge ist in ◨ Abb. 12.20 schematisch dargestellt). Die Ubiqui-tinierung kann induziert verlaufen, also vom Zustand des Proteins abhängen (z. B. phosphoryliert/dephosphor-yliert, ferner werden falsch gefaltete Proteine rasch ubi-quitiniert) oder aber konstitutiv sein. Dann bestimmt die N-terminale Aminosäure, zusammen mit internen Lysin-resten (diese Strukturelemente werden zusammengefasst auch als **N-Degron** bezeichnet) die biologische Halbwerts-zeit des Proteins. Beispielsweise unterliegen Proteine mit Arginin oder Lysin als N-terminaler Aminosäure einem beschleunigten Abbau durch das Proteasom.

Neben dem Ubiquitin/Proteasom-System wird dem – ebenfalls ATP-abhängigen – Proteinabbau durch Clp-Proteasen – so benannt nach ihrer Entdeckung als casein-abbauende Protease in *Escherichia coli* (engl. *caseinolytic protease*) Bedeutung beigemessen. Clp-Proteasen kommen in Bakterien, Tieren und Pflanzen, bei Letzteren im Cytoplasma, Zellkern, in den Plastiden und Mitochondrien vor.

Über den Proteinabbau in Mitochondrien und Plastiden ist erst wenig bekannt. Bei Pflanzen dürften auch vakuoläre Proteasen, die oft in großen Mengen vorliegen, am Abbau zelleigener Proteine beteiligt sein. Auch über diese Vorgänge ist wenig bekannt. Vakuoläre Proteasen haben jedoch darüber hinaus vermutlich Schutzfunktionen, indem sie bei Pathogenbefall aus der zerstörten Zelle freigesetzt werden und den eindringenden Mikroorganismus schädigen (▶ Abschn. 16.3.4).

6.5 Sortierung der Proteine in der Zelle: Biogenese der Zellorganellen

Die in Mitochondrien oder Plastiden gebildeten Proteine verbleiben im jeweiligen Organell, während kerncodierte und demnach im Cytoplasma synthetisierte Proteine entweder sezerniert werden oder aber an unterschiedlichste zelluläre Bestimmungsorte gelangen müssen, um ihre Funktion auszuüben. Die korrekte Verteilung der kerncodierten Proteine ist demnach für die Biogenese der Zellorganellen und für die Aufrechterhaltung der Kompartimentierung ein entscheidender Prozess (◻ Abb. 6.10).

Die Information über den zellulären Zielort ist im Protein selbst – und damit letztlich in der Nucleotidsequenz seines Gens – enthalten. Es handelt sich bei diesen topogenen Signalen um Proteinabschnitte am N- oder C-Terminus oder im Inneren der Aminosäurekette, die mit spezifischen Rezeptoren in Wechselwirkung treten. Dabei kommt es auf die Struktur und die Zugänglichkeit und nicht in erster Linie auf die Aminosäuresequenz des topogenen Signals an. Dies erklärt, warum in vielen Fällen allein anhand der Aminosäuresequenz ein topogenes Signal nicht erkannt werden kann bzw. Proteine, die den gleichen Zielort in der Zelle haben, über ganz unterschiedliche Aminosäuresequenzen im Bereich ihrer topogenen Signale verfügen können.

Die Translation sämtlicher mRNAs aus dem Zellkern beginnt zunächst im Cytoplasma. Proteine, deren Translation am ER abgeschlossen wird, besitzen ein etwa 16–30 Aminosäuren umfassendes, aminoterminales **Signalpeptid**, das im Zentrum 4–12 hydrophobe Aminosäuren aufweist. Sobald ein solches Signalpeptid das Ribosom verlassen hat (wenn die wachsende Peptidkette ca. 70 Aminosäuren lang ist), bindet daran der Ri-

bonucleoproteinkomplex SRP (Signalerkennungspartikel, engl. *signal recognition particle*) und arretiert die Translation. Der Komplex aus SRP, Ribosom, entstehender Proteinkette und mRNA bindet nun an einen SRP-Rezeptor auf der Oberfläche der ER-Membran, wo unter Ablösung des SRP und Hydrolyse von GTP der Anfang der Proteinkette an einen Translokationskomplex (**Translokon**) übergeben und die Elongation des Polypeptids fortgesetzt wird, wobei die Polypeptidkette gleichzeitig (cotranslational) durch eine hydrophile Pore des Translokationskomplexes in das ER-Lumen geschleust wird. Der Prozess verläuft unter Abspaltung der Signalsequenz. Ebenfalls cotranslational falten sich bereits Proteindomänen, bilden sich unter Umständen Disulfidbrücken aus und werden Oligoglykanketten auf bestimmte Asparaginreste N-glykosidisch übertragen. Membranproteine des ER werden in gleicher Weise gebildet. Aminosäurebereiche von ca. 20 hydrophoben Resten, welche eine α-Helix-(oder bisweilen auch eine β-Faltblatt-)Struktur einnehmen, werden jedoch vom Translokon in die Membran entlassen und verankern als transmembrane Domänen das Protein in der ER-Membran. Die Details der gut untersuchten Proteinsynthese am ER können hier aus Platzgründen nicht dargestellt werden.

Am ER synthetisierte Proteine werden mit dem Membran-(Vesikel-)fluss (◻ Abb. 6.10) über die Dictyosomen zur Plasmamembran oder zur Vakuole transportiert bzw. verbleiben im ER. Liegen keine weiteren topogenen Strukturen vor, so wird ein in das Lumen des ER abgegebenes Protein über den Golgi-Apparat sezerniert. Membranproteine ohne weitere topogene Strukturen gelangen auf diesem Weg in die Plasmamembran. Für alle übrigen Zielorte konnten zusätzliche topogene Signale identifiziert werden. So sind Proteine, die im ER verbleiben, durch ein C-terminales Retentionssignal – die Aminosäureabfolge -Lys-Asp-Glu-Leu(COOH) oder eine ähnliche Sequenz – charakterisiert. Für die Vakuolen bzw. den Tonoplasten bestimmte Proteine tragen ebenfalls Signalsequenzen. Im Allgemeinen sind dies N-terminale Sequenzen von 12–16 Aminosäuren Länge, die fast immer das Sequenzmotiv -Asn-Pro-Ile-Arg- aufweisen. Dagegen tragen Proteine, die in Proteinspeichervakuolen (typisch für Samen) abgelagert werden, C-terminale oder, seltener, interne Sequenzmotive. In allen bekannten Fällen werden vakuoläre Signalsequenzen am Zielort proteolytisch abgespalten. Im Fall des toxischen Ricins bei *Ricinus communis* werden durch die Entfernung der inneren Signalsequenz zwei Polypeptide gebildet, die anschließend über Disulfidbrücken wieder kovalent miteinander verbunden werden und die A- bzw. B-Kette des reifen Ricins ergeben. Die Bildung der Proteinspeichervakuolen geschieht nur teilweise über Vesikel des Golgi-Apparats, daneben werden Speicherpro-

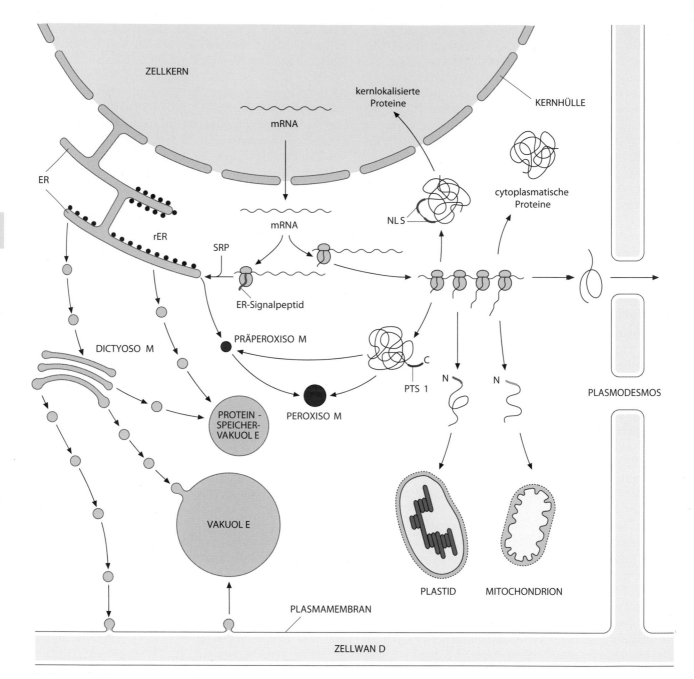

Abb. 6.10 Schematische Darstellung der wichtigsten Prozesse zur Verteilung kerncodierter Proteine in der Zelle. Die Vorgänge werden im Text näher erläutert. C bzw. N bezeichnen den C- bzw. N-Terminus des Proteins. – NLS Kernlokalisationssignal, PTS engl. *peroxisomal targeting signal*, SRP Signalerkennungspartikel. (Grafik: E. Weiler)

teine enthaltende Vesikel auch direkt vom ER abgeschnürt.

Falls zu Beginn der Translation kein ER-Signalpeptid gebildet wird, schreitet die Proteinsynthese im Cytoplasma unter Bildung von Polysomen fort, und die gebildete Polypeptidkette wird in das Cytoplasma entlassen. Die weitere subzelluläre Verteilung dieser Proteine, die zu Plastiden, Mitochondrien, Peroxisomen (bzw. Glyoxysomen) oder zum Zellkern transportiert werden oder die Zelle über die Plasmodesmen verlassen können,

erfolgt wiederum über spezifische topogene Proteinbereiche, deren Entschlüsselung in jüngster Zeit rasch vorangeschritten ist. Fehlen diese, so verbleibt das Protein im Cytoplasma der Zelle, in der es gebildet wurde. Aus Platzgründen können jeweils nur die typischen Abläufe kurz dargestellt werden, im Einzelfall sind zahlreiche Varianten möglich (s. Lehrbücher der Zellbiologie).

Die Biogenese von Peroxisomen ist bei der Bäckerhefe besonders gut untersucht. Die Verhältnisse dürften bei den Peroxisomen und Glyoxysomen Höherer Pflanzen ähnlich sein. Peroxisomen entstehen durch den posttranslationalen Import von bereits vollständig gefalteten Proteinen in Präperoxisomen, die sich als Vesikel vom ER abschnüren und infolge der Proteineinlagerung an Volumen zunehmen. Für den Import in diese Organellen bestimmte Proteine besitzen zwei Typen von Aminosäuresequenzen, PTS1 (C-terminal; engl. *peroxisomal targeting signal*) oder PTS2 (N-terminal) (engl. *peroxisomal targeting sequence*). PTS2 besteht aus neun, PTS1 lediglich aus drei Aminosäuren. Im typischen Fall handelt es sich um das Tripeptid -Ser-Lys-Leu(COOH), das nach dem Transport nicht abgespalten wird. Details des Importmechanismus, für den eine große Pore oder ein endocytoseähnlicher Prozess vermutet wird, sind noch nicht bekannt. Jedenfalls werden sogar an peroxisomale Proteine adsorbierte kolloidale Goldpartikel von bis zu 9 nm Durchmesser mit dem Protein zusammen in das Organell importiert.

Während der Keimung werden bei fettspeichernden Samen zunächst große Mengen an Glyoxysomen (Mobilisierung der Speicherlipide, ▶ Abschn. 14.10) gebildet, die mit Aufnahme der Photosynthese verschwinden und durch Peroxisomen (Photorespiration, ▶ Abschn. 14.4.6) ersetzt werden. Es ließ sich zeigen, dass es während dieses Übergangs zu einem Umbau von Glyoxysomen in Peroxisomen kommt. So ließen sich immunologisch Organellen nachweisen, die sowohl glyoxysomale als auch peroxisomale Leitenzyme (Enzyme, deren Vorkommen typisch für ein bestimmtes Kompartiment ist) enthielten. Da Glyoxysomen und Peroxisomen zahlreiche Enzyme gemeinsam haben (z. B. Katalase und die Enzyme der β-Oxidation von Fettsäuren) ist der Umbau von Glyoxysomen in Peroxisomen besonders ökonomisch. Wie er vonstatten geht, ist noch nicht verstanden.

Die für den Zellkern bestimmten Proteine (z. B. Histone, Transkriptionsfaktoren, Zellzyklusproteine) werden ebenfalls in einem gefalteten Zustand transportiert. Im Cytoplasma wird eine interne Signalsequenz aus 10–18 oft basischen Aminosäuren, das NLS (engl. *nuclear localization signal*), das einfach oder zweiteilig sein kann, von einem NLS-Rezeptor, dem Importin-β, gebunden (◻ Abb. 6.11). An Importin-α bindet Importin-β, das seinerseits mit Proteinen der Kernporen (Struktur, ▶ Abschn. 1.2.4.4, ◻ Abb. 1.25) in Wechselwirkung tritt und so das zu importierende Protein zu den Kernporen lenkt. Hier erfolgt unter ATP-Hydrolyse der Durchtritt des Protein-Importin-α/β-Komplexes in die Kernmatrix, wo er zerfällt. Importin-α und -β werden zur Wiederverwendung in das Cytoplasma zurücktransportiert. Der Durchtritt des Importin-Protein-Komplexes durch die Kernpore erfolgt unter Beteiligung der GDP-Form des GTP-bindenden Proteins Ran (Ran-GDP), der Rücktransport von Importin-α und -β ins Cytoplasma erfolgt unter Beteiligung der GTP-Form von Ran (Ran-GTP) (Ran, engl. *Ras nuclear*, da es sich um das erste kernlokalisierte Ras-Protein handelt; Ras steht für engl. *rat adenosarcoma*, ein Tumorgewebe der Ratte, in dem das erste GTP-Bindungsprotein dieser Familie entdeckt wurde).

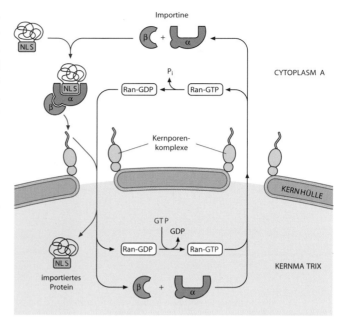

◻ **Abb. 6.11** Schematische, stark vereinfachte Darstellung des importabhängigen Transports von Proteinen aus dem Cytoplasma durch die Kernporen in den Zellkern. Der Importkomplex bindet an den Kernporenkomplex (◻ Abb. 1.25) und wird unter Beteiligung des Ran-GDP-Proteins und von ATP durch die Kernpore geschleust. Die Importine werden durch Ran-Proteine in der GTP-Form wieder in das Cytoplasma exportiert. Weitere Einzelheiten s. Text. – NLS Kernlokalisationssignal. (Nach Smith und Raikhel 1999, verändert)

Durch kovalente Modifikation (z. B. Phosphorylierung) eines NLS-haltigen Proteins kann dessen Erkennung durch den NLS-Rezeptor verändert werden. Dies ist ein Mechanismus zur Regulation des Kernimports bestimmter Transkriptionsfaktoren, deren Phosphorylierungszustand sich unter dem Einfluss von Signalen, z. B. aus der Umwelt, ändert. Auch soll der Rotlichtrezeptor Phytochrom (▶ Abschn. 14.2.4) im inaktiven Zustand im Cytoplasma lokalisiert sein und nach Belichtung – die zu einer veränderten Phosphorylierung des Proteins führt – in den Zellkern einwandern (◻ Abb. 13.21).

Auch der Proteinimport in die Mitochondrien und in die Plastiden ist recht gut verstanden. Die Darstellung beschränkt sich im Folgenden auf Chloroplasten; auf Unterschiede zu dem – ähnlich ablaufenden – Proteinimport in Mitochondrien wird verwiesen. Hier kann jedoch nur der Haupttransportweg betrachtet werden (◻ Abb. 6.12).

Für den Import in Chloroplasten und Mitochondrien bestimmte Proteine tragen am N-Terminus einen im Fall der Chloroplasten als **Transitpeptid**, im Fall der Mitochondrien als **Präsequenz** bezeichneten Abschnitt, der nach dem Import proteolytisch abgespalten wird. Mitochondriale Präsequenzen sind 15–35 Aminosäuren lang, stets positiv geladen und bilden eine amphipathische α-Helix: Die hydrophoben Reste stehen auf einer, die hy-

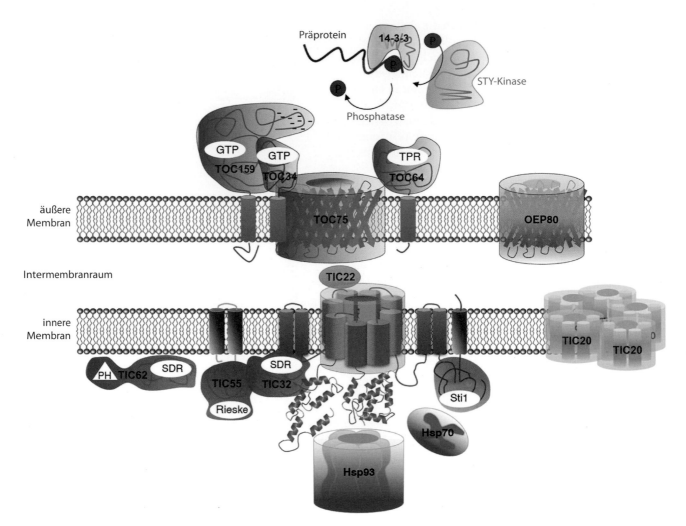

□ Abb. 6.12 Schematische Darstellung des Proteinimports in Chloroplasten. An Kontaktstellen treten die Hüllmembranen über Protein-komponenten des vereinfacht dargestellten Translokationsapparats (TOC- und TIC-Komplex) in Wechselwirkung. Proteine werden – in entfaltetem Zustand – importiert, wenn sie über eine N-terminale Signalsequenz, das Transitpeptid (rot), verfügen. Das phosphorylierte Transitpeptid wird zunächst dephosphoryliert und an der Chloroplastenoberfläche von den GTPasen TOC34 und TOC159 gebunden. Vermittelt durch TOC64 gelangen die Proteine an die von TOC75 gebildete Translokationspore und werden in den Intermembranraum trans-portiert. Weitere Erläuterungen im Text. (Nach Bölter 2018)

drophilen Reste auf der gegenüberliegenden Seite der Helix. Dagegen sind plastidäre Transitpeptide länger (30–100 Aminosäuren, EPSP-Synthase z. B. 77 Aminosäuren). Sie enthalten viele polare, jedoch keine oder wenige positiv geladene Aminosäuren, und bilden keine amphipathische α-Helix aus. Dagegen werden sie, im Unterschied zu mitochondrialen Präsequenzen, an Serin- und/oder Threoninresten phosphoryliert. Auf diesen markanten Unterschieden beruht die korrekte Sortierung der Proteine in Chloroplasten bzw. Mitochondrien, obwohl der eigentliche Translokationsvorgang – in jedem Fall posttranslational – recht ähnlich verläuft und die zu importierenden Proteine in beiden Fällen entfaltet vorliegen, also vergleichsweise wenige charakteristische Strukturmerkmale aufweisen dürften.

Beim Import eines Proteins in die Matrix bzw. das Stroma des Organells müssen zwei Membranen über-

wunden werden. Der Transport erfolgt an **Kontaktstellen**. Hier sind die Signalsequenzrezeptoren und Translokationskomplexe zu finden. Man unterscheidet das Translokon der äußeren Chloroplastenhülle (TOC, engl. *translocon of the outer chloroplast membrane*) und das der inneren Chloroplastenhülle (TIC, engl. *translocon of the inner chloroplast membrane*). Analog gibt es bei Mitochondrien das TOM- und TIM-System, dessen Proteine jedoch zu TOC und TIC nicht homolog sind.

Nach der heutigen Vorstellung wird der posttranslationale Import von Präproteinen aus dem Cytosol in Chloroplasten von speziellen Proteinkomplexen im Cytosol sowie in der äußeren (TOC) und inneren (TIC) Hüllmembran der Chloroplasten vermittelt (□ Abb. 6.12). Nach Translation wird der entfaltete Zustand der zu importierenden Proteine durch cytoplasmatische Chaperone (▶ Abschn. 6.2), insbesondere Hsp70, aufrechterhalten.

Anschließend phosphorylieren spezifische STY-Kinasen (STY für Serin, Threonin und Tyrosin) gemeinsam mit 14-3-3-Proteinen das Transitpeptid, wodurch die Zielsteuerungseffizienz erhöht wird. Vor dem eigentlichen Transport muss der Phosphatrest durch eine bislang unbekannte Phosphatase entfernt werden. Die Erkennung der Proteine erfolgt durch Rezeptoren an der Chloroplastenoberfläche: TOC34 und TOC159 sind aktive GTPasen. Ihre Aktivität reguliert den Eintritt der Proteine in den Transportkomplex. Bei TOC64 ist ein Protein mit TPR-Domäne (TPR für engl. *tetratricopeptide repeat*), das nichtphosphorylierte Proteine erkennt. Von den Rezeptoren werden die Präproteine weitergereicht an das Kanalprotein TOC75, das den Transport durch die äußere Hüllmembran vermittelt. Zwischen den beiden Hüllmembranen (im Intermembranraum) übernimmt das chaperonähnliche Protein TIC22 die Präproteine und übergibt sie an den Kanal in der inneren Hüllmembran (TIC110). Mithilfe des Cochaperons TIC40 sorgt TIC110 für den Transport durch die innere Membran. Dort sind weitere Chaperone wie Hsp93 und Hsp70 lokalisiert, die für die vollständige Translokation ins Stroma sorgen. Regulatorische Komponenten, z. B. die Kurzkettendehydrogenasen (SDR, engl. *short-chain dehydrogenases/reductases*) TIC62 und TIC32 sowie das Rieske-Protein TIC55, passen den Import an den stromalen Redoxstatus an. Ein zweites Kanalprotein in der inneren Hüllmembran ist TIC20. TIC20 bildet große homomere Komplexe. Der gesamte Vorgang des Imports eines Stromaproteins aus dem Cytoplasma benötigt sowohl im Cytoplasma als auch im Intermembranraum und im Stroma ATP. Beim mitochondrialen Proteinimport ist außerdem eine elektrische Potenzialdifferenz an der inneren Mitochondrienmembran erforderlich.

Einige Proteine der Chloroplasten, z. B. das Plastocyanin (► Abschn. 19.3.4), die im Lumen der Thylakoide lokalisiert sind, müssen aus dem Cytoplasma über drei Membranen transportiert werden. Das Präplastocyanin besitzt eine doppelte N-terminale Signalsequenz: ein 38 Aminosäuren umfassendes Transitpeptid, welches im Stroma abgespalten wird, und ein sich daran anschließendes, 28 Aminosäuren langes, zweites Signalpeptid, welches nach Abspaltung des Transitpeptides freiliegt und für den Transport über die Thylakoidmembran erforderlich ist. Bei einigen Proteinen ist der Transport über die Thylakoidmembran von einem pH-Gradienten zwischen Stroma und Thylakoidlumen abhängig.

Quellenverzeichnis

Berg JM, Tymoczko JL, Stryer L (2007) Styer Biochemie, 6. Aufl. Spektrum Akademischer Verlag, Heidelberg

Bölter B (2018) En route into chloroplasts: preproteins' way home. Photosynth Res 138:263 275. https://doi.org/10.1007/s11120-018-0542-8

Doenecke D, Koolman J, Fuchs G, Gerok W (2005) Karlsons Biochemie und Pathobiochemie, 15. Aufl. Thieme, Stuttgart

Smith HMS, Raikhel NV (1999) Protein targeting to the nuclear pore. What can we learn from plants? Plant Physiol 119:1157–1163

Weiterführende Literatur

Berg JM, Tymoczko JL, Gatto GJ Jr, Stryer L (2017) Styer Biochemie, 8. Aufl. Springer Spektrum, Heidelberg

Brown B (2007) Genome und Gene. Lehrbuch der molekularen Genetik. Spektrum Akademischer Verlag, Heidelberg

Buchanan BB, Gruissem W, Jones RL (2002) Biochemistry and molecular biology of plants. Wiley, Chichester

Seyffert W, Balling R, Bunse A, de Couet H-G (2003) Lehrbuch der Genetik. Spektrum Akademischer Verlag, Heidelberg

Grundlagen der Vererbung

Joachim W. Kadereit

Inhaltsverzeichnis

Kadereit, J.W. 2021 Grundlagen der Vererbung. In: Kadereit JW, Körner C, Nick P, Sonnewald U. Strasburger – Lehrbuch der Pflanzenwissenschaften. Springer Berlin Heidelberg, p. 295–300.
▶ https://doi.org/10.1007/978-3-662-61943-8_7

Genetische Variation entsteht durch Mutation, aber auch durch die Durchmischung des Erbguts unterschiedlicher Individuen. Dieser als Rekombination bezeichnete Prozess ist bei eukaryotischen Organismen an die sexuelle Fortpflanzung gebunden. Die Rekombination des elterlichen Erbguts wird einerseits durch die Zufälligkeit der Verschmelzung von Keimzellen (Syngamie) und andererseits durch die Vorgänge der meiotischen Zellteilung bei der Entstehung der Gameten der nächsten Generation bewirkt. Die Erzeugung genetischer Variation ist eine, aber möglicherweise nicht die einzige, wichtige Funktion der Sexualität.

Ungeachtet des Fehlens von Sexualität bei Bacteria und Archaea besteht auch hier die Möglichkeit des Austauschs und damit der Rekombination von Erbinformation. DNA-Austausch kann durch direkten zellulären Kontakt (**Konjugation**), Übertragung über Bakteriophagen (**Transduktion**) oder Übertragung freier DNA (**Transformation**) stattfinden. Diese Prozesse werden auch als **Parasexualität** zusammengefasst.

Die Prozesse der Rekombination bei der sexuellen Fortpflanzung lassen sich in Erbgängen erkennen.

7.1 Mendel'sche Regeln

Erbgänge sind quantitativ erstmals 1866 von G. Mendel (*Versuche über Pflanzen-Hybriden*) erfasst worden. Mendels für die Genetik, aber auch für die Evolutionsbiologie außerordentlich wichtige Erkenntnisse wurden zum Zeitpunkt ihrer Veröffentlichung kaum gewürdigt. Erst nach der Wiederentdeckung seiner Vererbungsregeln durch H.M. de Vries, C.E. Correns und A. Edler v. Tschermak-Seysenegg im Jahr 1900 erlaubten sie die explosive Entwicklung der Genetik. Ein Hauptuntersuchungsobjekt von Mendel war die Erbse (*Pisum sativum*) mit ihren zahlreichen, durch fortgesetzte Selbstbefruchtung homozygoten (reinerbigen) und in vielen Merkmalen deutlich unterscheidbaren Sorten – die Basis für übersichtliche und quantitativ interpretierbare Ergebnisse.

Folgende Experimente veranlassten Mendel zur Postulierung gewisser Gesetzmäßigkeiten, die heute als Mendel'sche Regeln bekannt sind.

Werden zwei Individuen, die sich in nur einem Merkmal voneinander unterscheiden, als Parentalgeneration (P) miteinander gekreuzt (Ein-Faktor-Kreuzung), so resultiert eine im betrachteten Merkmal einheitliche erste Filialgeneration (F_1). In dem in ◘ Abb. 7.1 dargestellten Beispiel der Wunderblume (*Mirabilis jalapa*) haben die Elternindividuen rote bzw. weiße Blüten und die F_1 ist mit rosa Blüten intermediär. Ob die F_1 intermediär ist oder einem Elternteil entspricht wie in der Kreuzung zwischen zwei Individuen der Pillen-Brennnessel (*Urtica pilulifera*) mit entweder gezähnten oder ganzrandigen Blättern (◘ Abb. 7.2) hängt von der Expression der Allele des betrachteten Merkmals ab. Im Fall von Dominanz/Rezessivität der Allele entspricht die F_1 dem Elternteil mit dem dominanten Allel, im Fall von unvollständiger Dominanz kann die F_1 intermediär sein. Die Beobachtung der Einheitlichkeit der F_1 ist in der **1. Mendel'schen Regel** „Uni-

formität der F_1" beschrieben. Uniformität der F_1 wird allerdings nur dann beobachtet, wenn die Elternindividuen im betrachteten Gen homozygot (reinerbig) sind. Wird diese Voraussetzung erfüllt, ist die Uniformität der F_1 (bei Betrachtung von Kerngenen) von der Richtung der Kreuzung unabhängig. Es hat also keinen Einfluss auf das Ergebnis, ob der eine oder andere Genotyp als männlicher oder weiblicher Elternteil verwendet wird. Werden bei der Wunderblume nun zwei Individuen der F_1 miteinander gekreuzt, so resultiert eine zweite Filialgeneration (F_2), in der weiß, rosa und rot blühende Individuen im Zahlenverhältnis 1 : 2 : 1 auftreten. Aus der Kreuzung zweier F_1-Individuen von *Urtica pilulifera* entsteht eine F_2, in der Individuen mit gezähnten oder ganzrandigen Blättern im Verhältnis 3 : 1 auftreten. In beiden Fällen kann eine Aufspaltung (Segregation) in der F_2 beobachtet werden, weswegen diese Regel auch als **2. Mendel'sche Regel** „Aufspaltung der F_2" bekannt ist (umgangssprachlich oft als das „Herausmendeln" von Merkmalen bezeichnet). Zur Erklärung entsprechender Ergebnisse in der Kreuzung unterschiedlicher Erbsensorten mit z. B. glatten und runzeligen oder grünen und gelben Samen postulierte Mendel, dass jedes der untersuchten Merkmale durch zwei Erbfaktoren bestimmt wird, die heute als Allele eines Gens bezeichnet werden. Im Fall der Wunderblume resultiert die Kreuzung RR (rot; jedes diploide Individuum enthält zwei Allele eines Gens, die haploiden Gameten enthalten das Allel R) × rr (weiß; die haploiden Gameten enthalten das Allel r) in einer einheitlichen F_1 der allelischen Zusammensetzung Rr. Jedes Individuum der F_1 bildet in gleicher Zahl Gameten mit entweder R oder r. Zufällige Befruchtungsvorgänge führen dann zu einer F_2 mit drei unterschiedlichen Genotypen (RR, Rr, rr), die im Verhältnis 1 : 2 : 1 vorliegen. Bei *Urtica* ergibt die Kreuzung ZZ × zz eine F_1 mit Zz, und die F_2 enthält die Genotypen ZZ, Zz und zz im Verhältnis 1 : 2 : 1, aber wegen der Dominanz von Z Phänotypen im Verhältnis 3 (gezähnte Blätter) : 1 (ganzrandige Blätter). Das Auftreten elterlicher Geno- und Phänotypen in der F_2 macht deutlich, dass Erbfaktoren partikulär sind, also in der F_1 zwar kombiniert, aber nicht gemischt werden.

Die Erkenntnis, dass Erbfaktoren partikulär sind, war ein bedeutender Fortschritt gegenüber Darwins Vorstellungen von Vererbung. Dessen Annahme, dass sich Erbfaktoren wie Flüssigkeiten vermischen (engl. *blending inheritance*), war unter anderem deswegen die größte und auch schon von seinen Zeitgenossen erkannte Schwäche seiner Evolutionstheorie, weil es vorteilhaften Mutationen in Kreuzungen mit nichtmutierten Individuen wegen ständiger „Verdünnung" kaum möglich wäre, sich durchzusetzen.

In den genannten Beispielen wurden die Erbgänge in der diploiden Sporophytengeneration der Untersuchungsobjekte beobachtet. Solche Vererbung wird als **diplogenotypisch** bezeichnet. Bei Organismen wie der Grünalge *Chlamydomonas*, bei der Mitosen, vegetative Vermehrung und Merkmalsdifferenzierung in der Haplophase erfolgen und nur die Zygote diploid ist, spricht man dagegen von **haplogenotypischer** Vererbung.

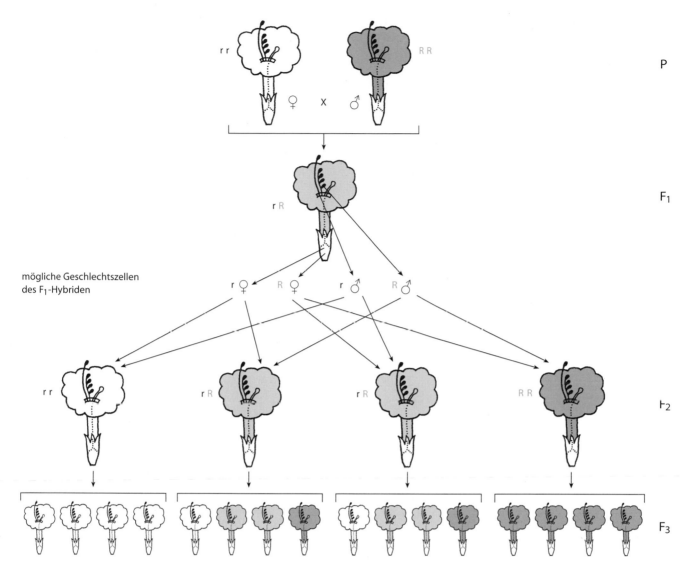

⬛ Abb. 7.1 Diplogenotypische Vererbung der Blütenfarbe bei *Mirabilis jalapa*. Ein-Faktor-Kreuzung von Elternpflanzen (P) mit weißen bzw. roten Blüten, ihre Nachkommen in drei Generationen (F_1, F_2, F_3), heterozygote Individuen mit intermediärer, rosa Blütenfarbe. Die allelische Konstitution (r = weiß, R = rot) der diploiden Pflanzen und haploiden Gameten ist angegeben. (Nach C.E. Correns)

Die genotypische Verschiedenheit der im Phänotyp identischen F_2-Individuen mit gezähnten Blättern aus der *Urtica*-Kreuzung ($ZZ{:}Zz$ im Verhältnis 1 : 2) lässt sich erkennen, wenn entweder von jedem F_2-Individuum eine F_3 generiert wird oder wenn jedes F_2-Individuum mit dem homozygot rezessiven Elternindividuum (zz) rückgekreuzt wird. Im Falle von $Zz \times zz$ enthält die Rückkreuzungsgeneration (R) Individuen mit gezähnten (Zz) oder ganzrandigen Blättern (zz) im Verhältnis 1 : 1, während bei der Kreuzung $ZZ \times zz$ alle Individuen gezähnte Blätter (Zz) haben.

Unterscheiden sich Individuen in nicht nur einem, sondern in zwei oder mehr Merkmalen (Zwei-, Mehr-Faktoren-Kreuzungen) voneinander, so lässt sich vielfach eine weitere Gesetzmäßigkeit beobachten. Die Kreuzung einer rot und radiärsymmetrisch ($RRzz$) mit einer weiß und zygomorph ($rrZZ$) blühenden Sorte des Löwenmäulchens (*Antirrhinum majus*; ⬛ Abb. 7.3) resultiert der auch hier gültigen 1. Mendel'schen Regel entsprechend in einer uniformen F_1 mit roten und zygomorphen Blüten. Werden zwei F_1-Individuen miteinander gekreuzt, so erhält man eine F_2, in der rot-zygomorphe, rot-radiäre, weiß-zygomorphe und weiß-radiäre Individuen im Zahlenverhältnis 9 : 3 : 3 : 1 auftreten. Dieser Befund lässt sich dadurch erklären, dass rot (R) und zygomorph (Z) dominant sind, und dass die uniforme F_1-Generation mit dem Genotyp $RrZz$ vier unterschiedliche Gametentypen hervorbringt. Die zufällige Kombination dieser vier Gameten RZ, Rz, rZ und rz resultiert in 16 möglichen Kombinationen (die Zahl der möglichen Kombinationen lässt sich als Kombinationszahl = 4^n errechnen, wobei n die Zahl der untersuchten

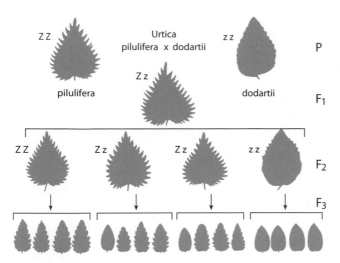

◘ Abb. 7.2 Vererbung der Blattzähnung bei *Urtica pilulifera*. Ein-Faktor-Kreuzung von Elternpflanzen (P) mit scharfzähnigen („*pilulifera*") bzw. fast ganzrandigen Blättern („*dodartii*"); ihre Nachkommen in drei Generationen (F₁, F₂, F₃). Die allelische Konstitution (Z = scharfzähnig, z = fast ganzrandig) der diploiden Pflanzen ist angegeben. (Nach C.E. Correns)

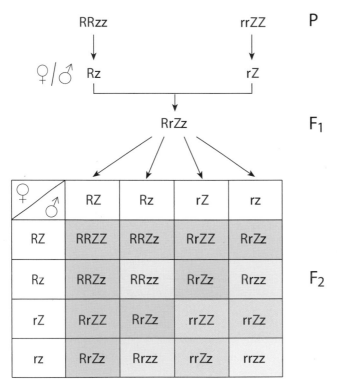

◘ Abb. 7.3 Schema einer Zwei-Faktoren-Kreuzung bei *Antirrhinum majus*. Elternpflanzen mit roten und radiären bzw. weißen und zygomorphen Blüten; ihre Nachkommen in F₁ und F₂; ♂/♀ Gameten. Die Gene (jeweils mit zwei Allelen, dominant: Großbuchstaben, rezessiv: Kleinbuchstaben) für Blütenfarbe (*R* = rot, *r* = weiß) und Blütenform (*Z* = zygomorph, *z* = radiär) liegen auf verschiedenen Chromosomen (nicht gekoppelt). Die neun Genotypen der F₂ (*RRZZ, RRZz, RrZZ, RrZz, RRzz, Rrzz, rrZZ, rrZz, rrzz*) fallen in vier Phänotypklassen (*RRZZ, RRZz, RrZZ, RrZz*: rot-zygomorph; *RRzz, Rrzz*: rot-radiär; *rrZZ, rrZz*: weiß-zygomorph; *rrzz*: weiß-radiär)

Gene ist) unter denen sich neun Genotypen (1 × *RRZZ*, 2 × *RRZz*, 2 × *RrZZ*, 4 × *RrZz*, 1 × *RRzz*, 2 × *Rrzz*, 1 × *rrZZ*, 2 × *rrZz*, 1 × *rrzz*) finden. Aufgrund der Dominanzverhältnisse im untersuchten Beispiel fallen diese neun Genotypen in vier Phänotypklassen (*RRZZ*, *RRZz*, *RrZZ*, *RrZz*: rot-zygomorph; *RRzz*, *Rrzz*: rot-radiär; *rrZZ*, *rrZz*: weiß-zygomorph; *rrzz*: weiß-radiär). Bemerkenswert an diesem Erbgang ist die Beobachtung, dass in der F₂-Generation aus der Elterngeneration und der F₁-Generation bis dahin unbekannte Merkmalskombinationen auftreten. Auf der Ebene des Phänotyps sind dies rot-zygomorphe und weiß-radiäre Blüten, und auf der Ebene des Genotyps alle von *RRzz*, *rrZZ* und *RrZz* abweichenden Kombinationen. Hier wird deutlich, dass genetische Rekombination zur Entstehung genetischer Variation beiträgt. Die Erbanlagen der zwei analysierten Merkmale bleiben also nicht in ihrer elterlichen Kombination zusammen, sondern sind voneinander unabhängig. Dieser Befund entspricht der **3. Mendel'schen Regel** der „freien Kombinierbarkeit der Erbanlagen".

Die eben beschriebene freie Kombinierbarkeit der Erbanlagen wird in vielen Fällen allerdings nicht gefunden. In der Kreuzung von Erbsen mit geraden und grünen Hülsen bzw. gekrümmten und wachsgelben Hülsen findet man in einer segregierenden F₂-Generation nicht die erwartete 9 : 3 : 3 : 1-Segregation, sondern die an den Elternpflanzen beobachteten Merkmalskombinationen sind viel häufiger als Neukombinationen. Die zwei betrachteten Gene für Hülsenform und Hülsenfarbe sind also nicht unabhängig voneinander, sondern gekoppelt.

Alle bisher beschriebenen Erbgänge und auch die zuletzt genannte Abweichung von der 3. Mendel'schen Regel finden ihre Erklärung in den Vorgängen der Syngamie und Meiose und in der Organisation der Gene im Zellkern. Die Uniformität der F₁ entsteht, da in einem diploiden Organismus jedes Chromosom zweifach und damit jedes Gen mit zwei Allelen vorliegt. Eine F₁-Generation als Nachkommenschaft homozygoter Eltern ist dann einheitlich heterozygot. Da in der Meiose eine Halbierung der Chromosomenzahl stattfindet, haben die entstehenden Gameten nur ein Allel. Ihre zufällige Paarung in der Syngamie resultiert in einer Ein-Faktor-Kreuzung in der F₂-Generation in drei unterschiedlichen Genotypen im Verhältnis 1 : 2 : 1, d. h., man beobachtet eine Aufspaltung der F₂. Die mit der 3. Mendel'schen Regel beschriebene freie Kombinierbarkeit der Erbanlagen ist gegeben, wenn sich zwei analysierte Gene auf unterschiedlichen Chromosomen befinden. Ihre Unabhängigkeit kommt dadurch zustande, dass in der Meiose I die als Bivalente zusammengelagerten homologen Chromosomen der Eltern in der Regel zufällig orientiert sind, sodass nicht alle Chromosomen des einen Elternteils in die eine Tochterzelle gelangen und alle Chromosomen des anderen Elternteils in die andere. Durch die zufällige Orientierung der Bivalente findet also eine Durchmischung der elterlichen Chromosomen statt. Dieser Vorgang wird auch als **interchromosomale Rekombination** bezeichnet, weil zwar eine Durchmischung der elterlichen Chromosomen stattfindet, diese aber intakt bleiben. Abweichungen von der freien Kombinierbarkeit der Erbanlagen treten auf, wenn die analysierten Gene nicht auf unterschiedlichen, sondern auf dem gleichen Chromosom vorliegen und damit physisch miteinander verbunden sind. Die oben dargestellte Beobachtung, dass solche Gene nicht immer zusammenbleiben, sondern in unterschiedlicher Frequenz voneinander getrennt werden, ist dadurch erklärbar, dass elterliche Chromosomen in der Meiose durch **Crossing over** Stücke austauschen können. So entstehen Chromosomen, die aus väterlichen und mütterlichen Teilen zusammengesetzt sind und deren Gene dementsprechend entweder vom Vater oder von der Mutter stammen können. Diesen zweiten Prozess der Rekombination bezeichnet man auch als **intrachromosomale Rekombination**.

Die Häufigkeit, mit der unterschiedliche auf einem Chromosom liegende Gene voneinander getrennt werden, hängt von der Entfernung der Gene voneinander ab. Eine große Entfernung führt zu häufiger Trennung, weil die Wahrscheinlichkeit des Crossing over für die zwischen den Genen liegenden Chromosomenabschnitte groß ist. Liegen zwei Gene eng benachbart, werden sie nur selten voneinander getrennt, weil nur ein Crossing over in einem sehr kurzen Chromosomenabschnitt zu ihrer Trennung führt und ein solches Crossing over eine geringe Wahrscheinlichkeit hat.

Rekombinationshäufigkeiten lassen sich zur Erstellung von **genetischen Kopplungskarten** verwenden (◨ Abb. 7.4), in denen die lineare Anordnung der Gene im Chromosom dargestellt wird. Der Ort eines Gens in einer genetischen Kopplungskarte wird als **Locus** bezeichnet.

Die bisherige Darstellung hat Beispiele benutzt, in denen ein Merkmal von einem Gen mit zwei Allelen codiert wird. Die Beobachtung, dass sehr viele und insbesondere kontinuierlich variierende Merkmale wie die Höhe der Pflanze oder Blattlänge in einer F_2 nicht in diskreten Merkmalsklassen segregieren, sondern vielmehr kontinuierliche Variation zeigen, führt zu dem Schluss, dass diese Merkmale eventuell polygen, d. h. durch zahlreiche Gene codiert werden. Das Erkennen von diskreten Merkmalsklassen in einer segregierenden Generation kann zusätzlich auch dadurch erschwert werden, dass die Merkmalsexpression von der Umwelt beeinflusst wird und eventuell vorhandene diskrete Merkmalsklassen auf diese Weise verwischt werden.

In jüngerer Zeit hat die leichte Verfügbarkeit molekularer Methoden neue Ansätze in der genetischen Analyse quantitativer Merkmale ermöglicht. Dabei wird in einem ersten Schritt eine genetische Kopplungskarte molekularer Merkmale erstellt. Im zweiten Schritt wird nach Cosegregation molekularer und phänotypischer Merkmale gesucht. Ist z. B. in den Individuen einer segregierenden F_2 ein phänotypisches Merkmal statistisch signifikant mit einem molekularen Merkmal korreliert (Cosegregation), so lässt sich daraus schließen, dass ein den Phänotyp beeinflussendes Gen in der Nachbarschaft des molekularen Merkmals vorliegt. Aus den Ergebnissen kann man die Zahl der an einem Merkmal beteiligten Gene, ihre Lage im Genom und ihren relativen Effekt abschätzen. Diese Methode ist als QTL-Kartierung (engl. *quantitative trait loci*) bekannt.

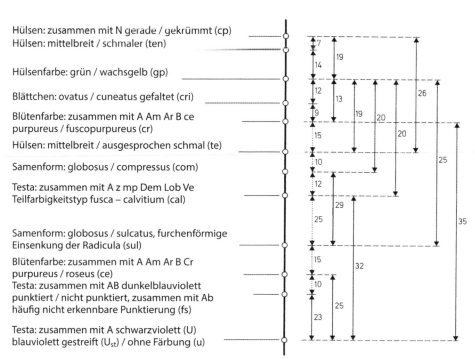

◨ **Abb. 7.4** Lage einiger Gene (*cp, ten, gp* usw.) auf Chromosom V der Erbse (*Pisum sativum*). Links: Phänotyp bei normalem/mutiertem Zustand der Gene; Auswirkung teilweise nur zusammen mit anderen Genen (z. B. mit *A*, einem Grundgen für die Anthocyanbildung). Rechts: Rekombinationsraten (%). (Nach H. Lamprecht aus E. Günther)

Hülsen: zusammen mit N gerade / gekrümmt (cp)
Hülsen: mittelbreit / schmaler (ten)

Hülsenfarbe: grün / wachsgelb (gp)

Blättchen: ovatus / cuneatus gefaltet (cri)

Blütenfarbe: zusammen mit A Am Ar B ce purpureus / fuscopurpureus (cr)
Hülsen: mittelbreit / ausgesprochen schmal (te)

Samenform: globosus / compressus (com)

Testa: zusammen mit A z mp Dem Lob Ve Teilfarbigkeitstyp fusca – calvitium (cal)

Samenform: globosus / sulcatus, furchenförmige Einsenkung der Radicula (sul)

Blütenfarbe: zusammen mit A Am Ar B Cr purpureus / roseus (ce)
Testa: zusammen mit AB dunkelblauviolett punktiert / nicht punktiert, zusammen mit Ab häufig nicht erkennbare Punktierung (fs)

Testa: zusammen mit A schwarzviolett (U) blauviolett gestreift (Ust) / ohne Färbung (u)

Genetische Rekombination führt potenziell zur Entstehung einer extrem großen Zahl neuer Genotypen. Die Zahl der Genotypen (g) in einer F_2 ergibt sich aus $g = 3^n$, wenn n die Zahl der unabhängig segregierenden Gene ist und jedes Gen zwei Allele hat. In einer Gruppe von Individuen, in der nicht nur zwei, sondern mehrere Allele vorhanden sein können, errechnet sich die Zahl neuer Genotypen in einer F_2 aus

$$g = \left(\frac{r(r+1)}{2} \right)^n \tag{7.1}$$

wenn r die Zahl der Allele pro Gen und n wieder die Zahl der unabhängig segregierenden Gene ist. Bei nur fünf Genen mit je vier Allelen sind schon 100.000 Kombinationen möglich. Allerdings berücksichtigt diese Gleichung nicht, dass nicht alle Gene frei kombiniert werden können, da sie in jeweils großen Gruppen auf dem gleichen Chromosom liegen. Dennoch macht diese quantitative Betrachtung deutlich, in welch großem Umfang Rekombination zur Entstehung neuer Genotypen führt.

7.2 Extranucleäre Vererbung

Bedingt durch ihre endocytobiotische Herkunft verfügen Plastiden und Mitochondrien als Organellen der Pflanzenzelle über ein eigenes Genom, das Plastom bzw. Chondrom. Die durch diese Genome codierten Merkmale haben Erbgänge, die sich nicht mit den Mendel'schen Regeln erklären lassen. Die Besonderheiten dieser extranucleären (extrachromosomalen) Vererbung kommen dadurch zustande, dass die Zygote ihre Organellen meist nicht von beiden Eltern (biparentale Vererbung), sondern meist nur von einem Elternteil (uniparentale Vererbung), häufig vom mütterlichen, erhält (maternale Vererbung), und dass die Fusion von Organellen als erste Voraussetzung einer Rekombination des Erbguts von Organellen unterschiedlicher Herkunft sehr selten ist. Eine Fusion von Plastiden wurde bei *Chlamydomonas*, von Mitochondrien bei der Hefe beobachtet.

Ein für Plastiden typischer Erbgang lässt sich an der Wunderblume (*Mirabilis jalapa*) beobachten (▢ Abb. 7.5). Hier gibt es einerseits Individuen mit normal grünen Blättern und andererseits solche mit grün-weiß gefleckten, sogenannten panaschierten Blättern. Die weißen Gewebebereiche entstehen dadurch, dass die Zellen hier farblose Plastiden mit einem Defekt in der Chlorophyllbildung haben. Die Kreuzung eines normal grünen Individuums mit einem panaschierten Individuum führt bei der Wunderblume in Abhängigkeit von der Richtung der Kreuzung, und deutlich abweichend von den Mendel'schen Regeln, zu unterschiedlichen Ergebnissen. Dient die grüne Pflanze als weiblicher Elternteil, so sind alle Nachkommen grün. Dient dagegen die panaschierte Pflanze als weiblicher Elternteil, sind

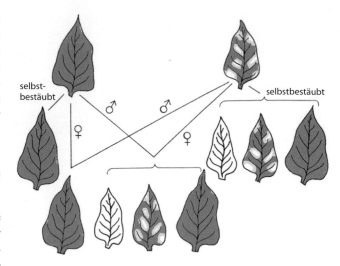

▢ **Abb. 7.5** Extrachromosomale Vererbung der grün-weißen Blattscheckung. Mütterliche Vererbung bei *Mirabilis jalapa*. (Nach C.E. Correns)

die meisten Nachkommen panaschiert. Diese Beobachtung findet ihre Erklärung darin, dass die Plastiden bei der Wunderblume nur über die Eizelle vererbt werden und die Nachkommen damit nur die Plastidenmerkmale des weiblichen Elternteils haben. Bei Verwendung einer panaschierten Pflanze als weiblichem Elternteil oder auch bei der Selbstbefruchtung einer panaschierten Pflanze können jedoch auch normal grüne Nachkommen auftreten. Hierfür kann es zwei Ursachen geben – entweder enthält die Eizelle zufällig nur intakte Plastiden oder während der Entwicklung des Embryos aus einer Zygote mit intakten und defekten Plastiden entmischen sich die Plastiden zufällig, was zu Zellen mit ausschließlich intakten Plastiden führen kann.

Bei maternaler Vererbung von Plastiden werden diese während der Pollenentwicklung, der Reifung der Spermazellen oder erst bei der Befruchtung aus den männlichen Keimzellen ausgeschlossen, oder die Plastiden der männlichen Keimzellen degenerieren. Zwar ist die maternale Vererbung von Plastiden bei Blütenpflanzen die Regel, aber z. B. von *Pelargonium* und *Hypericum* ist auch eine biparentale Vererbung von Plastiden bekannt. Paternale Vererbung ist für einige Nadelhölzer wie Kiefer (*Pinus*) und Lärche (*Larix*), aber auch für Kiwi (*Actinidia*) beschrieben worden. Auch Mitochondrien werden meist maternal vererbt, und auch hier sind Fälle von biparentaler und paternaler Vererbung bekannt.

Die meist uniparentale Vererbung besonders von Plastiden kann auch dazu benutzt werden, den männlichen und weiblichen Elternteil von Hybridindividuen oder Hybridarten zu identifizieren (▶ Abschn. 17.3.3).

Weiterführende Literatur

Graw J (2015) Genetik, 6. Aufl. Springer, Heidelberg

Klug WS, Cummings MR, Spencer CA (2007) Genetik. Pearson Studium, München

Mutationen

Joachim W. Kadereit

Inhaltsverzeichnis

Kadereit, J.W. 2021 Mutationen. In: Kadereit JW, Körner C, Nick P, Sonnewald U. Strasburger – Lehrbuch der Pflanzenwissenschaften. Springer Berlin Heidelberg, p. 301–310.
► https://doi.org/10.1007/978-3-662-61943-8_8

Die Hauptquellen genetischer Variation sind Mutation und Rekombination. Eine Mutation als eine spontane (oder experimentell induzierte) Veränderung des Erbguts kann auf sehr unterschiedlicher Ebene und in allen Genomen der Pflanzenzelle stattfinden. Es kann zur Veränderung der Nucleotidsequenz in einem Gen kommen (Genmutation), die Struktur der Chromosomen kann sich verändern (Chromosomenmutation), und schließlich kann das gesamte Genom verändert werden (Genommutation). Für alle Mutationen gilt, dass sie zufällig sind, d. h., es gibt keinerlei Möglichkeit, Art und Ort einer Mutation vorherzusagen, und dass sie ungerichtet sind und in keinem Zusammenhang mit den Selektionsbedingungen stehen, denen ein Individuum ausgesetzt ist. Für den evolutionären Prozess sind hauptsächlich solche Mutationen relevant, die in den Keimzellen auftreten.

8.1 Genmutation

Genmutationen sind entweder Punkt- oder Leserastermutationen oder sie werden durch die Aktivität beweglicher genetischer Elemente, sogenannter Transposons, verursacht (◘ Abb. 8.1). Bei **Punktmutationen** wird ein Nucleotid gegen ein anderes ausgetauscht. Handelt es sich dabei um den Austausch zwischen zwei Purin- oder zwei Pyrimidinnucleotiden, spricht man von einer **Transition**, beim Austausch eines Purins gegen ein Pyrimidin oder umgekehrt dagegen von einer **Transversion**. Bei **Leserastermutationen** werden ein oder mehrere Nucleotide in die existierende Sequenz eingefügt (Insertion) oder gehen aus der Sequenz verloren (Deletion). Das hat zur Folge, dass die der Insertion oder Deletion folgende DNA-Sequenz wegen des verschobenen Triplettrasters anders gelesen wird. Die Ursache für Punkt- und Leserastermutationen sind zufällige Fehler in der DNA-Replikation im Zuge der mitotischen oder meiotischen Zellteilung.

Transitionen können dadurch zustande kommen, dass statt der häufigen Aminoform eines Adenins oder Cytosins die viel seltenere tautomere Iminoform, oder statt der Ketoform des Guanins und Thymins die ebenfalls seltenere Enolform in die Sequenz eingebaut werden (◘ Abb. 8.2). Die Iminoform des Adenins kann mit Cytosin statt mit Thymin paaren und die Enolform des Guanins mit Thymin statt mit Cytosin. Transversionen können auftreten, wenn durch Verlust von Nucleotiden (Depurinierung, Depyrimidierung) Sequenzlücken entstehen. Bei einer durch Guaninverlust entstehenden Sequenzlücke wird dieser Lücke gegenüber bevorzugt Adenin eingebaut. Wird nun die Lücke im Strang mit dem Guaninverlust mit Thymin als Paarungspartner von Adenin ausgefüllt, ist das Ergebnis eine Transversion von GC zu AT. Leserastermutationen häufen sich in solchen Sequenzbereichen, in denen mehrere gleichartige Nucleotide aufeinanderfolgen. Ein Verrutschen der DNA-Polymerase kann dann dazu führen, dass während der DNA-Synthese ein Nucleotid im Matrizenstrang übersprungen wird. Dies resultiert in der nächsten Replikationsrunde in einem Verlust des entsprechenden Nucleotids, also in einer Deletion. Ebenso kann im neusynthetisierten Strang ein zusätzliches Nucleotid

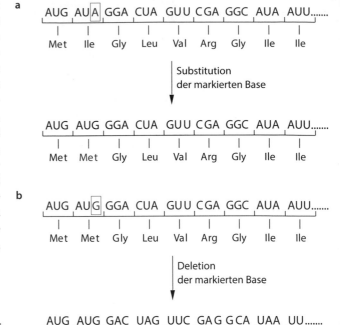

◘ **Abb. 8.1** Punkt- und Leserastermutation. **a** Punktmutation. Die Substitution des markierten Nucleotids (G statt A) resultiert im Einbau einer anderen Aminosäure (Met statt Ile). **b** Leserastermutation. Die Deletion des markierten Nucleotids verändert den Leseraster und damit die Aminosäuresequenz. Das Auftreten eines Stoppcodons im neuen Leseraster verursacht den Abbruch der Proteinsynthese. (Nach Fischbach 1998)

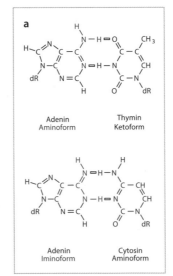

◘ **Abb. 8.2** Amino- und Iminoform des Adenins **a** und Keto- und Enolform des Guanins **b**. Die seltene Iminoform des Adenins paart mit Cytosin statt Thymin, die seltene Enolform des Guanins mit Thymin statt mit Cytosin. (Nach Fischbach 1998)

eingefügt werden, was zu einer Insertion führt. **Transposons** sind genetische Elemente, die sich autonom vermehren und über die Fähigkeit zum Ortswechsel im Genom verfügen. Transposons besitzen diese Fähigkeit, da sie die genetische Information für ein Enzym enthalten (Transposase), das sowohl die Zielsequenzen im Genom als auch die Enden des Transposons erkennen und schneiden kann. Zusätzlich sind Transposons in der Lage, sich die für die Replikation erforderlichen Enzyme der Zelle zunutze zu machen. Werden Transposons in Gene eingefügt, kann es zur Störung der Genfunktion und somit zu einer Mutation kommen.

Durch die Mutation von Genen entstehen **Allele**, die somit als auseinander hervorgegangene, unterschiedliche Formen eines Gens definiert werden können. Enthält ein diploides Individuum (mit je zwei homologen Chromosomen) zwei gleiche Allele, so ist es für das betrachtete Gen homozygot. Sind die zwei Allele ungleich, ist es heterozygot. Während in einem diploiden Individuum nur zwei Allele eines Gens vorkommen können, kann eine Population mehrere Allele enthalten (multiple Allelie). Allele eines Gens können nicht nur vollständig dominant (das Allel bestimmt den Phänotyp) oder rezessiv (das Allel ist phänotypisch nicht erkennbar) sein, sondern es gibt auch die Möglichkeit der unvollständigen Dominanz (Erkennbarkeit eines unterschiedlich großen Teiles beider Allele im Phänotyp), wobei ein intermediärer Phänotyp im betrachteten Merkmal ein Sonderfall der unvollständigen Dominanz ist. Codominanz (vollständige Erkennbarkeit beider Allele im Phänotyp) lässt sich meist auf Proteinebene nachweisen.

Für eukaryotische Gene wird eine durchschnittliche Mutationsrate von 10^{-5}–10^{-6} Mutationen pro Gen angenommen (d. h. 1 von 100.000–1.000.000 Kopien eines Gens ist mutiert). Bei genauerer Betrachtung einzelner Merkmale lässt sich aber eine Variation der Mutationsraten feststellen. Beim Mais (*Zea mays*) findet man in der Anthocyanbiosynthese eine Mutationsrate von $4{,}92 \cdot 10^{-4}$, in der Ausbildung runzliger statt glatter Früchte aber eine Mutationsrate von $1{,}2 \cdot 10^{-6}$. Dabei sind phänotypisch gleiche Mutationen nicht notwendigerweise genetisch homolog, haben also den gleichen DNA-Sequenzabschnitt auf gleiche Weise verändert. Diese Angaben für Mutationsraten beziehen sich auf spontane Mutationen, für deren Auftreten keine äußere Ursache erkannt werden kann. Höhere Mutationsraten lassen sich z. B. durch ionisierende Strahlung, UV-Licht und verschiedene mutagene Chemikalien induzieren.

Die Rate phänotypisch erkennbarer Mutationen lässt sich bestimmen, indem man für ein Gen homozygot dominante Individuen mit am gleichen Gen homozygot rezessiven Individuen kreuzt ($AA \times aa$). Ohne Mutation ist zu erwarten, dass alle Hybridindividuen die genetische Konstitution Aa haben und somit im Phänotyp dem homozygot dominanten Elternteil gleichen. Solche Individuen, die den Phänotyp des rezessiv homozygoten Elternteils haben, müssen durch die Fusion eines mutierten Gameten ($A \rightarrow a$) des homozygot dominanten Elternteils mit einem Gameten des homozygot rezessiven Elternteils entstanden sein. Die Häufigkeit rezessiver Phänotypen erlaubt also die Bestimmung von Mutationsraten.

Geht man von einer mittleren Mutationsrate von $1 \cdot 10^{-5}$ aus und berücksichtigt, dass Höhere Pflanzen den besten

verfügbaren Schätzungen für die Acker-Schmalwand (*Arabidopsis thaliana*) folgend über ca. 27.600 Gene verfügen (► Abschn. 4.6), so kommt man zu dem Ergebnis, dass ca. 25 % der Gameten Träger von Mutationen sind. Mit diesem Wert, so sehr er für unterschiedliche Gene auch schwanken mag, wird deutlich, dass genetische Veränderung durch Mutation ein häufiges Phänomen ist. Die Mutationswahrscheinlichkeit ist nicht gleichmäßig über die DNA verteilt, sondern es gibt Abschnitte mit größerer und geringerer Mutationshäufigkeit.

Da die Punkt- und Leserastermutationen im Wesentlichen von der Genauigkeit der DNA-Replikation und der Effizienz der DNA-Reparaturmechanismen abhängen, unterliegt die Mutationsrate auch einer genetischen Kontrolle. Mutationen in Enzymen der DNA-Replikation und DNA-Reparatur können die Mutationsrate beeinflussen. Dementsprechend bezeichnet man die Gene dieser Enzyme auch als Mutatorgene.

Im Vergleich zum Kerngenom sind Mutationsraten im plastidären und mitochondrialen Genom niedriger. Nucleotidaustausch, gemessen als Substitution pro Sequenzposition und Jahr, hat im Kerngenom eine durchschnittliche Häufigkeit von 5–$30 \cdot 10^{-9}$, im plastidären Genom von 1–$3 \cdot 10^{-9}$ und im mitochondrialen Genom von $0{,}2$–$1 \cdot 10^{-9}$.

Der Effekt von Mutationen kann sehr unterschiedlich sein. Bei **stillen Mutationen** wird, als Folge des degenerierten genetischen Codes, durch die Mutation keine Aminosäure ausgetauscht und sie haben somit auch keinen Effekt. Das ist auch bei neutralen Mutationen der Fall, bei denen es als Folge der Mutation zwar zu einem Aminosäureaustausch kommt, der aber die Funktion des betroffenen Proteins nicht erkennbar verändert. Beeinflusst ein Aminosäureaustausch die Funktion des Genprodukts, so spricht man von **Missense-Mutationen**. Eine starke Auswirkung auf das Genprodukt haben z. B. solche Mutationen, in denen ein Triplett, das eine Aminosäure codiert, zu einem Stoppcodon mutiert (**Nonsense-Mutation**), oder Leserastermutationen, bei denen auf die Mutation folgend ein völlig andersartiges Genprodukt entsteht. In den beiden letzten Fällen wird kein funktionierendes Genprodukt gebildet.

Ob Mutationen über ihre Wirkung auf das Genprodukt hinaus auch den Phänotyp einer Pflanze beeinflussen (◘ Abb. 8.3) hängt davon ab, ob die mutierten Gene in der haploiden oder diploiden Phase exprimiert werden. In der diploiden sporophytischen Generation sind viele Mutationen phänotypisch nicht erkennbar, weil sie rezessiv sind. Diese Beobachtung findet ihre Erklärung darin, dass in einem diploiden Organismus jedes Gen mit zwei Allelen vorliegt. Nach Mutation eines Allels kann das unveränderte Genprodukt vom nichtmutierten Allel dennoch gebildet werden.

Die Auswirkung von Mutationen hängt auch davon ab, welche Funktion ein Gen in der hierarchischen Organisation z. B. von Stoffwechsel- oder Entwicklungs-

◻ Abb. 8.3   Genmutanten beim Löwenmäulchen (*Antirrhinum majus*). **A–C** Gesamtentwicklung: **A** normal, **B** zwergwüchsig, **C** frühblühend. **D–F** Blütenform: **D** normal zygomorph, **E** radiär, **F** gespornt. (Nach H. Stubbe)

vorgängen hat. Hat ein Gen eine übergeordnete regulatorische Funktion, so kann der Effekt einer Mutation dramatisch sein.

Ein in den letzten Jahren hauptsächlich an der Acker-Schmalwand (*Arabidopsis thaliana*) und dem Löwenmäulchen (*Antirrhinum majus*) gut untersuchtes Beispiel hierfür sind die Gene, die die Identität der Blütenorgane bestimmen. Die Mutation dieser Gene, die Transkriptionsfaktoren codieren und damit in die Funktion hierarchisch untergeordneter Gene eingreifen, kann dazu führen, dass statt der normalen Organfolge in der Blüte (Sepalen, Petalen, Stamina, Karpelle) Blüten mit der Organfolge z. B. Karpelle, Stamina, Stamina, Karpelle oder Sepalen, Sepalen, Karpelle, Karpelle entstehen (▸ Abschn. 11.4).

Sowohl durch die hierarchische Organisation von Genen und die damit verbundene Existenz von Genwirk- und Biosyntheseketten, als auch durch die Beteiligung eines Genprodukts an verschiedenen Strukturen der Pflanze kommt es auch dazu, dass ein Gen mehrere Merkmale des Phänotyps beeinflussen kann (Pleiotropie). Beispiele hierfür sind die Wirkung von Blütenfarbgenen der Levkoje (*Matthiola incana*) auf die Behaarung der Pflanzen (Homozygotie der zum Ausfall der Farbstoffbiosynthese führenden rezessiven Allele führt auch zu unbehaarten Pflanzen) sowie Anthocyangene der Erbse, die die Farbe der Blüten, Hülsen, Samen und Nebenblätter beeinflussen. Umgekehrt werden Merkmale meist von mehreren Genen beeinflusst (Polygenie). Schließlich werden auch Wechselwirkungen unterschiedlichster Art zwischen nichthomologen Genen beobachtet, die unter dem Begriff der Epistasis zusammengefasst werden.

Die größte Zahl der Mutationen hat einen negativen Effekt, d. h., die Fitness des betroffenen Individuums wird reduziert. Das ist verständlich, weil Gene das Ergebnis langer adaptiver Evolution sind, sodass die Wahrscheinlichkeit einer Verbesserung durch eine zufällige und ungerichtete Mutation gering ist.

Eine gut bekannte Mutation des plastidären Genoms mit starkem phänotypischem Effekt ist ein bestimmter Mechanismus der Herbizidresistenz. Triazinherbizide entfalten ihre Wirkung, indem sie an ein Protein des Photosystems II binden und damit den photosynthetischen Elektronentransport unterbrechen. Herbizidresistenz z. B. beim Weißen Gänsefuß (*Chenopodium album*) und Einjährigen Rispengras (*Poa annua*) ist durch eine Punktmutation im plastidären *psb*A-Gen und einen daraus resultierenden Aminosäureaustausch (Glycin statt Serin) in Position 264 des von *psb*A codierten Proteins entstanden, wodurch die Bindung des Herbizids an das Protein sehr stark reduziert wird.

Mutation des mitochondrialen Genoms kann eine Ursache der häufig spontan auftretenden Pollensterilität von Pflanzen sein. Bei diesen Mutationen handelt es sich allerdings nicht um Genmutationen, sondern um Umbauten des mitochondrialen Genoms.

Eine Transposonmutation ist für den von G. Mendel beobachteten und genetisch analysierten Unterschied zwischen glatten und runzligen Samen der Erbse (*Pisum sativum*) verantwortlich. Hier wird durch das Einfügen eines Transposons ein für die Verzweigung der Stärke und damit für den Wassergehalt der Samen verantwortliches Gen gestört. Höherer Wassergehalt der Samen mutierter Individuen führt zum stärkeren Eintrocknen und zur runzeligen Oberfläche bei der Samenreife. Ebenfalls das Ergebnis einer Transposonmutation sind beim Löwenmäulchen helle Blüten mit roten Sektoren. Die roten Sektoren entstehen, wenn die sonst durch das *Tam*3-Transposon gestörte Anthocyanbiosynthese in der Blüte durch den Verlust dieses Transposons in einigen Abschnitten der Blütenkrone wiederhergestellt wird. Dieses letzte Beispiel macht deutlich, dass Transposonmutationen zu einer genetischen Variation von Geweben eines Individuums führen können. Die Unveränderlichkeit des Genotyps innerhalb eines Individuums muss hier also relativiert werden.

Erbliche Unterschiede können auch ohne Veränderung der DNA-Sequenz entstehen (▸ Kap. 9, Epigenetik, und ▸ Abschn. 17.1.1.2). Interessanterweise ist eine Blütenmutante des Gewöhnlichen Leinkrauts (*Linaria vulgaris*), bei der die im Wildtyp zygomorphe Blüte mit nur einem Sporn zu einer radiärsymmetrischen Blüte mit fünf Spornen mutiert ist (diese auch als Peloria bezeichnete Mutante war bereits Linné bekannt), das Ergebnis einer epigenetischen Veränderung (Methylierung) eines für die Blütensymmetrie wichtigen Gens. Beim eng verwandten Löwenmäulchen sind Mutanten mit radiärsymmetrischen Blüten (◻ Abb. 8.3E) dagegen das Ergebnis einer Mutation in einem als *CYCLOIDEA* (*CYC*) bekannten Gen. Das in *Linaria* methylierte Gen ist *CYC* homolog.

8.2 Chromosomenmutation

Die Grundlage von Chromosomenmutationen sind Chromosomenbrüche, die entweder spontan auftreten oder durch die Aktivität von Transposons verursacht werden. Wie für Genmutationen gilt auch hier, dass man die Häufigkeit von Chromosomenmutationen experimentell erhöhen kann. Abhängig von der Zahl der auftretenden Brüche und vom Verhalten der entstehenden Chromosomenfragmente lassen sich folgende Chromosomenmutationen unterscheiden (◘ Abb. 8.4).

Deletion Als Deletion wird der Verlust eines terminalen Chromosomenstücks bezeichnet. Der hiermit verbundene Verlust des Telomers hat zur Folge, dass die nach Replikation des mutierten Chromosoms entstan-

denen Schwesterchromatiden an den mutierten Enden miteinander verschmelzen. Daraus resultiert ein Chromosom mit zwei Centromeren, das in der nächsten Zellteilung zerrissen wird. Die Fortsetzung dieses Prozesses von Verschmelzen und Zerreißen ist als Bruch-Fusions-Brücken-Zyklus bekannt. Im Ergebnis führen Deletionen meist nicht zu einer stabilen Veränderung der Struktur von Chromosomen.

Defizienz Finden innerhalb eines Chromosoms zwei Brüche statt und geht das Mittelstück verloren, liegt eine Defizienz vor. Ist ein Individuum für ein defizientes Chromosom heterozygot, d. h., enthält es ein mutiertes und ein nichtmutiertes Chromosom, lässt sich eine Defizienz ab einer bestimmten Größe des verloren gegangenen Chromosomenstücks in den Bivalenten der Meiose durch die Bildung einer schleifenartigen Vorwölbung er-

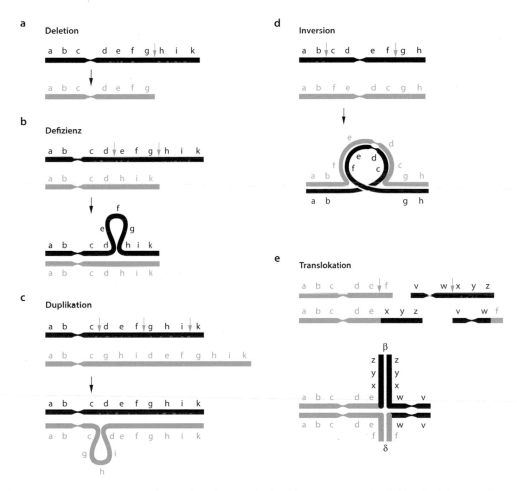

◘ **Abb. 8.4** Chromosomenmutationen. **a** Deletion. Verlust eines terminalen Chromosomenstücks (h–k). **b** Defizienz. Verlust eines interkalaren Chromosomenstücks (e–g). In einem für eine Defizienz heterozygoten Individuum ist eine Defizienz an der Bildung einer schleifenartigen Vorwölbung im nichtmutierten Chromosom zu erkennen. **c** Duplikation. Verdopplung eines interkalaren Chromosomenstücks (g–i). In einem für eine Duplikation heterozygoten Individuum ist eine Duplikation an der Bildung einer schleifenartigen Vorwölbung im mutierten Chromosom zu erkennen. **d** Inversion. Einbau eines interkalaren Chromosomenstücks (c–f) in umgekehrter Orientierung. In einem für eine Inversion heterozygoten Individuum führt eine Inversion zur Bildung einer Inversionsschleife. **e** Translokation. Reziproke Übertragung von terminalen Chromosomenstücken (f bzw. x–z) auf nichthomologe Chromosomen. In einem für eine reziproke Translokation heterozygoten Individuum entstehen in der Meiose kreuzförmige Chromosomenpaarungsfiguren. (Nach Hess 1998)

kennen. Diese Schleife enthält die Abschnitte des nicht-mutierten Chromosoms, die im mutierten Chromosom verloren gegangen sind und somit nicht paaren können.

Duplikation Geht ein durch zwei Brüche entstandenes Chromosomenfragment nicht wie im Fall einer Defizienz verloren, sondern wird es in ein anderes Chromosom mit einer Bruchstelle wieder eingebaut, ist das Ergebnis eine **Duplikation**. Dabei kann das Fragment in das homologe Chromosom eingebaut werden, aber auch in ein nichthomologes. Folgen die duplizierten Bereiche beim Einbau im homologen Chromosom unmittelbar aufeinander, können sie entweder die gleiche (**Tandemduplikation**) oder umgekehrte Orientierung (**invertierte Duplikation**) haben. Auch Duplikationen lassen sich in heterozygoten Individuen (bei Einbau im homologen Chromosom) in der Bildung einer schleifenartigen Vorwölbung in der meiotischen Paarung erkennen.

Inversion Als Inversion wird eine Chromosomenmutation bezeichnet, bei der ein durch zwei Brüche entstandenes Chromosomenfragment an gleicher Stelle, aber in umgekehrter Orientierung wieder eingebaut wird. Im Falle einer **perizentrischen Inversion** ist das Centromer Teil des invertierten Bereichs, bei einer **parazentrischen Inversion** dagegen nicht. Für eine Inversion heterozygote Individuen sind in der Meiose an der Bildung charakteristischer Inversionsschleifen erkennbar.

Translokation Bei Translokationen schließlich wird ein Chromosomenfragment auf ein anderes Chromosom übertragen. Sind solche Translokationen reziprok und findet ein Fragmentaustausch zwischen zwei nichthomologen Chromosomen statt, kommt es in für diese reziproke Translokation heterozygoten Individuen zur Bildung von kreuzförmigen Paarungsfiguren unter Beteiligung von vier Chromosomen. Ein besonderer Fall der Translokation ist die Verschmelzung von zwei akrozentrischen Chromosomen (**Robertson-Translokation**/Fusion).

Der unmittelbare phänotypische Effekt von Chromosomenmutationen kann sehr unterschiedlich sein. Insbesondere Deletionen und Defizienzen können abhängig von der Funktion der betroffenen Gene im verloren gegangenen Chromosomenfragment entweder in der Bildung letaler Gameten resultieren oder bei Homozygotie des mutierten Chromosoms im diploiden Organismus letal sein. Bei Heterozygotie des mutierten Chromosoms können Deletion und Defizienz, aber auch die Duplikation genetischer Information zur Störung der Genbalance führen.

Die Expressionsraten der Gene eines Genoms sind fein aufeinander abgestimmt. Da die Menge eines Genproduktes proportional zur Zahl der Genkopien und Allele ist, hat deren Verminderung oder Vermehrung eine Störung dieser Abstimmung zur Folge.

Die Expression eines Gens hängt auch von seiner Position im Genom ab. Eine Veränderung der Position durch Chromosomenmutation kann als **Positionseffekt** den Phänotyp dann beeinflussen, wenn die Expression eines Gens z. B. durch seine neue Nachbarschaft zu heterochromatischen Chromosomenabschnitten beeinträchtigt ist.

Über den unmittelbaren phänotypischen Effekt auf den mutierten Organismus hinaus haben Chromosomenmutationen weitere evolutionäre Konsequenzen. Die Duplikation von Genen kann zur Entstehung von **Genfamilien** führen. Genfamilien können einerseits z. B. die Synthese großer Genproduktmengen erleichtern und andererseits eine Diversifizierung der Proteinfunktion ermöglichen.

Ein Beispiel für großen Produktbedarf sind Samenspeicherproteine. Ungefähr die Hälfte dieser Proteine wird beim Mais (*Zea mays*) vom Zein gebildet. Zein besteht unter anderem aus Polypeptiden mit einer Molekülmasse von 19.000 bzw. 22.000. Insgesamt codieren mindestens 54 Genkopien das kleinere und 24 Genkopien das größere Genprodukt. Diese Gene sind auf mindestens drei Chromosomen verteilt. In der zahlreiche Gene umfassenden Familie der Chlorophyll-a/b-Bindungsproteine ist eine starke Diversifizierung in der Funktion der Pigmentbindung gefunden worden. Die Sequenzdivergenz in codierenden Abschnitten dieser Gene kann mehr als 55 % betragen.

Die Veränderung der räumlichen Anordnung von Genen durch Chromosomenmutationen beeinflusst weiterhin die Rekombinierbarkeit der Gene auf unterschiedliche Art und Weise. So können funktionell zusammenwirkende Gene durch Chromosomenmutationen in unmittelbare räumliche Nachbarschaft gebracht werden, was die Wahrscheinlichkeit ihrer Rekombination herabsetzt. Ein Beispiel hierfür ist der Selbstinkompatibilitätslocus heteromorpher Primeln, der tatsächlich mehrere Gene enthält (▶ Abschn. 17.1.3.1).

Rekombinationsmöglichkeiten sind z. B. dann eingeschränkt, wenn ein Individuum für eine parazentrische Inversion heterozygot ist. Kommt es hier im Bereich der Inversionsschleife zum Crossing over, entsteht ein azentrisches und ein dizentrisches Chromosom, die beide im weiteren Verlauf der Meiose verloren gehen. Da so chromosomal nichtbalancierte und wahrscheinlich nicht lebensfähige Gameten entstehen, ist der invertierte Chromosomenabschnitt folglich vor Rekombination geschützt (◘ Abb. 8.5).

Schließlich können Chromosomenmutationen (insbesondere Translokationen) auch die Chromosomenzahl verändern (◘ Abb. 8.6). Die Veränderung der Chromosomenzahl durch eine Chromosomenmutation bezeichnet man auch als Dysploidie.

Die Häufigkeit von Chromosomenmutationen scheint in verschiedenen Verwandtschaftskreisen sehr unterschiedlich hoch zu sein. Der Vergleich mittels molekularer Merkmale erstellter genetischer Kopplungskarten zeigt, dass die Chromosomen von Weizen, Gerste und Roggen weitestgehend colinear sind, d. h. die lineare Anordnung der Gene wenig verändert ist. Im Gegensatz dazu unterscheiden sich zwei eng verwandte Arten der Sonnenblume schon durch zehn Chromosomenmutationen.

Chromosomenmutationen sind nicht nur im Kerngenom, sondern auch in den Genomen der Organellen bekannt. Während sie im plastidären Genom relativ selten sind und auch deswegen Verwandtschaftskreise oft zuverlässig anzeigen, sind Umbauten im mitochondrialen Genom außerordentlich häufig. Der Grund für diesen Unterschied liegt wohl darin, dass das mitochondriale Genom im Gegensatz zum plastidären sehr viele Sequenzen in mehreren Kopien enthält. Dies erlaubt Paarung und damit Rekombination innerhalb des mitochondrialen Genoms.

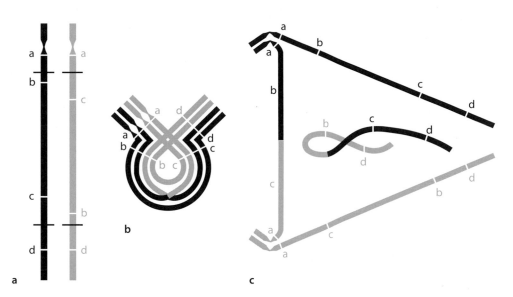

Abb. 8.5 Einschränkung der Rekombination durch eine parazentrische Inversion. **a** Schema des veränderten Chromosomenpaars bei Ausgangsform (schwarz) und Mutante (gelb), eingetragen sind einige Markierungsgene (a, b, c, d), Bruchstellen und die Drehung des betroffenen Chromosomenabschnitts. **b** Meiose der F$_1$: Paarung der strukturverschiedenen Chromosomen und Crossing over im invertierten Abschnitt. **c** Dadurch entsteht in der Anaphase I ein Chromosom mit zwei Centromeren (dizentrisch) und ein Chromosom ohne Centromer (azentrisch): Beide werden eliminiert, nur Gameten mit den unveränderten Chromosomen von Ausgangsform bzw. Mutante sind lebensfähig. (Nach G.L. Stebbins)

Abb. 8.6 Veränderung der Chromosomenzahl durch Chromosomenmutation. **a** Haploide Karyogramme zweier nah verwandter Arten von *Chaenactis* (Asteraceae) mit 2n = 12 und 2n = 10. **b** Schema der differenzierenden reziproken Translokation und des Fragmentausfalls. **c** Meiotische Chromosomenpaarung in der F$_1$. (a nach D.W. Kyhos, b, c nach F. Ehrendorfer)

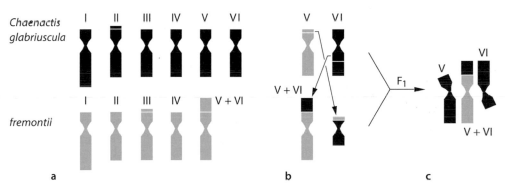

8.3 Genommutation

Veränderungen der Chromosomenzahl durch andere Mechanismen als die oben beschriebene Dysploidie werden als Genommutationen bezeichnet. Sie entstehen meist bei der mitotischen oder meiotischen Kernteilung, wenn die Verteilung der Chromatiden bzw. Chromosomen auf die Tochterzellen gestört ist. Ist davon nicht das gesamte Genom, sondern nur ein einzelnes oder wenige Chromosomen betroffen, spricht man von Aneuploidie. Unterbleibt z. B. in der Meiose II die Trennung der Chromatiden eines Chromosoms (Nondisjunktion), so enthält eine der resultierenden haploiden Zellen ein überzähliges Chromosom, das einer zweiten haploiden Zelle fehlt.

Ist das gesamte Genom einer Zelle von den Zellteilungsfehlern betroffen, kommt es zu euploiden Veränderungen der Chromosomenzahl. Die häufigste Form der euploiden Genommutation ist die Polyploidie.

Die haploide Chromosomenzahl eines Organismus kennzeichnet man formelhaft mit x. Diploide Individuen haben dann 2x Chromosomen, und polyploide 4x (tetraploid), 6x (hexaploid), 8x (oktoploid) usw. Geradzahlige Vielfache des haploiden Genoms sind **orthoploid**. Natürlich besteht auch die Möglichkeit der Entstehung **anorthoploider** Genome mit 3x (triploid), 5x (pentaploid) usw. Chromosomen. Das Genom eines tetraploiden Organismus mit einer haploiden Grundzahl von x = 7 wird üblicherweise mit 2n = 4x = 28 bezeichnet. Mit der Bezeichnung 2n wird zum Ausdruck gebracht, dass die Meiose dieses Organismus ungeachtet des Besitzes eines vierfachen Chromosomensatzes normal verläuft und nur Bivalente beobachtet werden können.

Somatische Polyploidie liegt vor, wenn in einer mitotischen Zellteilung zwar die Replikation der Chromosomen stattfindet, Kern- und Zellteilung aber ausbleiben und es somit zur Bildung von Restitutionskernen mit verdoppelter Chromosomenzahl kommt.

Dieses Phänomen kann durch Anwendung z. B. des Herbstzeitlosenalkaloids Colchicin auch experimentell hervorgebracht werden. Colchicin hemmt die Ausbildung des Spindelapparats, aber nicht die Chromosomenteilung. Somatische Polyploidie kann in einem Individuum auch zur Bildung **endopolyploider Gewebe** führen. Ein Beispiel hierfür ist das Tapetum der Antheren, das häufig endopolyploid ist und dessen Zellen zahlreiche Chromosomensätze enthalten können. Trennen sich die Chromatiden eines Chromosoms nicht voneinander, entstehen **Riesenchromosomen.** Solche z. B. bei Dipteren häufigen Strukturen findet man bei Pflanzen gelegentlich in einigen Zellen des Embryosacks.

Von evolutionärer Bedeutung ist die somatische Polyploidie dann, wenn die polyploidisierten Gewebe an der Bildung der Reproduktionsorgane beteiligt sind und es damit zur Bildung von Gameten mit doppelter Chromosomenzahl kommt.

Dies wurde für *Primula × kewensis*, die sterile Hybride aus *P. verticillata* und *P. floribunda*, dokumentiert. Die spontane Bildung einer fertilen Infloreszenz an einem sonst sterilen Individuum dieser Hybride hatte ihre Ursache in somatischer Polyploidisierung.

Im Falle generativer Polyploidie kommt es zur Fusion nichtreduzierter Gameten. Nichtreduzierte und damit diploide Gameten werden von allen Pflanzen mit einer durchschnittlichen Häufigkeit von 0,57 % (die Häufigkeit nichtreduzierter Pollenkörner und Eizellen scheint sich nicht zu unterscheiden) durch fehlerhafte Meiose gebildet. Die Frequenz der Bildung nichtreduzierter Gameten ist dabei sowohl genetisch kontrolliert als auch von den Umweltverhältnissen abhängig. Hohe oder niedrige Temperaturen oder auch Nährstoffmangel resultieren z. B. in der Erhöhung dieser Frequenz. Fusionieren zwei nichtreduzierte Gameten miteinander, so entsteht ein tetraploider Organismus in einem Schritt. Wegen der meist geringen Häufigkeit nichtreduzierter Gameten ist es aber wahrscheinlicher, dass generative Polyploidisierung in einem zweistufigen Prozess stattfindet. In einem ersten Schritt entsteht durch Fusion eines normal reduzierten (x) mit einem nichtreduzierten (2x) Gameten ein triploides (3x) Individuum. Hierbei scheint häufiger die Eizelle als nichtreduzierter Gamet zu fungieren. Fusioniert ein nichtreduzierter triploider Gamet dieses Individuums mit einem normal reduzierten Gamet, entsteht ein tetraploides (4x) Individuum.

Die Frequenz nichtreduzierter triploider Gameten ist bei triploiden Pflanzen deutlich höher (ca. 5 %) als die Häufigkeit der Bildung nichtreduzierter Gameten in diploiden Individuen.

Bei Polyploiden werden abhängig vom Grad der Homologie der im polyploiden Individuum kombinierten Genome unterschiedliche Formen der Polyploidie unterschieden. Sind die kombinierten Genome homolog, spricht man von Autopolyploidie, sind sie nicht homolog, liegt Allopolyploidie vor (▶ Abschn. 17.3.3.4).

Auto- und Allopolyploidie sind keine objektiven Kategorien, sondern Extremformen kontinuierlicher Genomähnlichkeit. Während die Entstehung polyploider Nachkommen durch somatische Polyploidie, Selbstbefruchtung eines Individuums oder Kreuzung zweier Individuen einer Population eindeutig in die Kategorie der Autopolyploidie fallen, ist eine gewisse Divergenz der Genome schon beim Vergleich artgleicher Individuen unterschiedlicher Populationen, noch deutlicher in zwei Individuen unterschiedlicher Unterarten usw. zu beobachten. Angesichts der fehlenden Möglichkeit, eine objektive Grenze zwischen Auto- und Allopolyploidie zu ziehen, ist es sinnvoll, diese Unterscheidung an den Artgrenzen festzumachen. Polyploidisierung innerhalb einer Art ist dann Autopolyploidie, Polyploidisierung in Verbindung mit der Kreuzung artungleicher Individuen Allopolyploidie. Da aber Arten nicht objektiv definierbar und keineswegs biologisch äquivalent sind (▶ Abschn. 17.3.1), ist das Problem damit nicht gelöst. Teilweise wird der Begriff „**segmentelle Allopolyploidie**" als intermediäre Kategorie zwischen Auto- und Allopolyploidie verwendet.

Im Prinzip ist nicht nur eine Vervielfachung, sondern auch eine Halbierung des Genoms möglich. Dies kann geschehen, indem sich Eizellen parthenogenetisch, d. h. ohne Befruchtung entwickeln. Geschieht das in einer diploiden Pflanze, entstehen haploide Nachkommen. Ist eine polyploide Pflanze Ausgangspunkt, entstehen polyhaploide Nachkommen. Auch wenn bei normalerweise sich sexuell fortpflanzenden Arten vielfach haploide oder polyhaploide Nachkommen beobachtet worden sind, ist nicht klar, welche Bedeutung diese Möglichkeit der Genommutation für die Evolution von Pflanzen hat.

Von großer evolutionärer Bedeutung ist die Tatsache, dass autopolyploide Pflanzen häufig eine in unterschiedlich starkem Maß gestörte Meiose haben. Meiosestörungen entstehen, wenn homologe Chromosomen nicht mehr nur zweifach, sondern in z. B. einer tetraploiden Pflanze vierfach vorliegen. Das führt dazu, dass in der Meiose nicht nur Bivalente gebildet werden, sondern mehrere homologe Chromosomen Multivalente hervorbringen können oder auch einzelne Chromosomen als Univalente ungepaart bleiben (◘ Abb. 8.7). Das Ergebnis der Verteilung der Chromosomen in der Meiose sind dann häufig Gameten mit überzähligen oder fehlenden Chromosomen, die häufig in ihrer Vitalität beeinträchtigt oder sogar vollkommen steril sind. Autopolyploide Pflanzen zeigen in frühen Generationen also häufig reduzierte Fertilität.

Das Vorhandensein von je vier homologen Chromosomen in einer autopolyploiden Pflanze hat auch zur Folge, dass Erbgänge anders als in diploiden Individuen verlaufen. Die Beobachtung solcher **tetrasomischen** (statt **disomischen**) Vererbung ist häufig auch als Kriterium für die Interpretation einer Art als auto- oder allopolyploid verwendet worden.

Die Verhältnisse bei Allopolyploiden sind anders. Diploide Hybriden zwischen zwei Arten zeigen mangels ausreichender Homologie der von den Elternarten stammenden Genome häufig reduzierte Fertilität. Durch Polyploidisierung entstehen jedoch homologe Chromosomen und die Fertilität ist wiederhergestellt (▶ Abschn. 17.3.3.4).

Abhängig davon, welche Chromosomenzahl als polyploid interpretiert wird, liefert die Schätzung der Häufigkeit von Polyploidie unterschiedliche Ergebnisse. Werden nur solche Arten als polyploid betrachtet, die ein Vielfaches der niedrigsten Chromosomenzahl in ih-

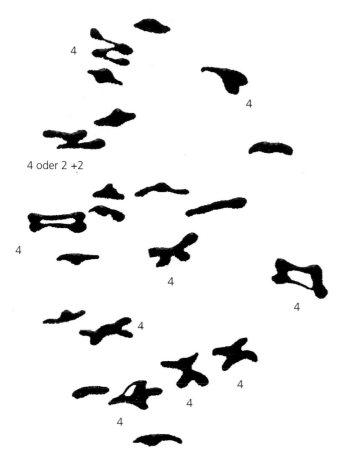

Abb. 8.7 Tetravalentbildung (mit 4 gekennzeichnet) in autotetraploidem *Nasturtium officinale*. (Nach I. Manton aus Briggs und Walters 1997)

rer Gattung aufweisen, so sind zwischen 30 und 35 der Blütenpflanzen polyploid. Wird dagegen angenommen, dass auch die niedrigste in einer Gattung vorkommende Zahl selbst schon polyploid sein könnte, und geht man davon aus, dass alle haploiden Zahlen × > 9 polyploid sind, liegt der Anteil polyploider Blütenpflanzen zwischen 70–80 %. Bedenkt man schließlich, dass schon das Genom von *Arabidopsis thaliana* mit 2n = 10 Chromosomen mehrfach polyploid ist – entlang der im Stammbaum der Angiospermen zu *A. thaliana* führenden Äste haben mindestens vier Polyploidisierungsereignisse (auf Englisch heute vielfach als *whole genome duplication* [WGD] bezeichnet) stattgefunden (■ Abb. 8.8) – wird deutlich, dass Polyploidie bei Blütenpflanzen (und auch anderen Landpflanzen) ein weit verbreitetes Phänomen ist und Polyploidisierung damit einen wichtigen evolutionären Prozess darstellt. *A. thaliana* mit 2n = 10 Chromosomen (und einer geringen Genomgröße – ein Grund, warum diese Art sich als Modellpflanze etabliert hat) und einer evolutionären Vergangenheit mit mehrfacher Polyploidisierung macht deutlich, dass auf Genomvergrößerung durch Polyploidisierung fast immer auch, in der weiteren Evolution, eine Genomverkleinerung folgt. Dieser Prozess wird als Diploidisierung bezeichnet (► Abschn. 17.3.3.4).

Es ist nicht genau bekannt, welcher Anteil polyploider Pflanzen auto- bzw. allopolyploid ist. Auch wenn autopolyploide Individuen offenbar häufiger entstehen als allopolyploide, scheinen sich autopolyploide Individuen ange-

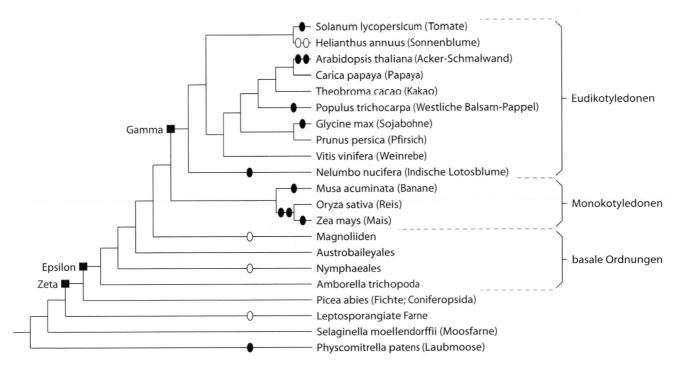

Abb. 8.8 Polyploidisierung (*whole genome duplication*, WGD) in der Evolution der Samenpflanzen. Mit Zeta, Epsilon und Gamma werden Polyploidisierungsereignisse im letzten gemeinsamen Vorfahren der Samenpflanzen, Blütenpflanzen bzw. Eudikotyledonen bezeichnet. Ellipsen bezeichnen weitere Polyploidisierungsereignisse (ausgefüllt: aus Genomsequenzen geschlossen; offen: aus der Zahl paraloger Genpaare geschlossen). (Nach *Amborella* Genome Project 2013)

sichts der häufigen Unregelmäßigkeit ihrer Meiose nur schlecht etablieren zu können. Da Allopolyploide durch ihren Hybridursprung unter anderem auch über größere genetische Variation verfügen (▶ Abschn. 17.3.3.4), wurde in der Vergangenheit meist angenommen, dass der weitaus größte Teil polyploider Pflanzen durch Allopolyploidie entstanden ist bzw. auf allopolyploide Vorfahren zurückgeht und Autopolyploidie relativ selten ist. Diese Ansicht muss vor allem deswegen geprüft werden, weil viele der bekannten intraspezifischen polyploiden Cytotypen nicht als Arten beschrieben wurden. Würden diese als Arten beschrieben, was für jeden Einzelfall geprüft werden muss, würde sich die Häufigkeit autopolyploider Arten deutlich erhöhen. Autopolyploidie ist z. B. für *Plantago media*, *Dactylis glomerata*, *Heuchera grossulariifolia*, *Epilobium* (= *Chamerion*) *angustifolium* oder *Galax urceolata* gut dokumentiert.

8

Quellenverzeichnis

Amborella Genome Project (2013) The *Amborella* genome and the evolution of flowering plants. Science 342:1241089

Briggs D, Walters M (1997) Plant variation and evolution, 3. Aufl. Cambridge University Press, Cambridge

Fischbach KF (1998) Spontane Mutationsmechanismen. In: Seyffert W (Hrsg) Lehrbuch der Genetik. Gustav Fischer, Stuttgart

Hess O (1998) Chromosomenmutationen. In: Seyffert W (Hrsg) Lehrbuch der Genetik. Gustav Fischer, Stuttgart

Weiterführende Literatur

Graw J (2015) Genetik, 6. Aufl. Springer, Heidelberg

Levin DA (2002) The role of chromosomal change in plant evolution. Oxford University Press, Oxford

Soltis DE, Visger CJ, Marchant DB, Soltis PS (2016) Polyploidy: pitfalls and paths to a paradigm. Am J Bot 103:1146–1166

Stebbins GL (1971) Chromosomal evolution in higher plants. Arnold, London

Epigenetische Regulation

Uwe Sonnewald

Inhaltsverzeichnis

Sonnewald, U. 2021 Epigenetische Regulation. In: Kadereit JW, Körner C, Nick P, Sonnewald U. Strasburger – Lehrbuch der Pflanzenwissenschaften. Springer Berlin Heidelberg, p. 311–318.
▶ https://doi.org/10.1007/978-3-662-61943-8_9

Der Begriff Epigenetik beschreibt zelluläre Prozesse, die auf Tochterzellen übertragen werden können, aber nicht auf Modifikationen der Nucleotidsequenz der DNA selbst beruhen. Diese Prozesse können transkriptioneller oder posttranskriptioneller Natur sein. Transkriptionelle Prozesse beruhen im Wesentlichen auf DNA-Methylierungen oder der Methylierung und Acetylierung von Histonen (▶ Abschn. 9.1). Hierdurch werden die Chromatinstruktur und dadurch die Transkribierbarkeit der Zielgene beeinflusst. Posttranskriptionelle Prozesse führen zu einer verminderten Translatierbarkeit oder dem Abbau von mRNAs (▶ Abschn. 9.2). Epigenetische Veränderungen spielen eine große Rolle bei Entwicklungsprozessen und der Anpassung an wechselnde Umweltbedingungen. Darüber hinaus wird diskutiert, ob sie evolutionäre Prozesse maßgeblich beeinflussen.

9.1 Epigenetische Regulation der Chromatinstruktur

In Eukaryoten werden die Chromatinstruktur und die Genexpression maßgeblich durch epigenetische Mechanismen beeinflusst, die DNA-Methylierungen und Histonmodifikationen umfassen. Die DNA-Methylierung erfolgt durch die Übertragung einer Methylgruppe auf Cytosin, wodurch 5-Methylcytosin entsteht. Die Methylgruppenübertragung wird durch DNA-Methyltransfera-

sen katalysiert, von denen es in Pflanzen mehrere Vertreter gibt. In Säugerzellen haben die Methyltransferasen eine Präferenz für Cytosine, die von einem Guanin gefolgt werden (CpG-Folgen). In Pflanzen stellt neben der CpG-Folge auch Cp-NpG ein gutes Substrat der DNA-Methyltransferasen dar. Bei Pflanzen können bis zu 30 % der Cytosine des Genoms methyliert vorliegen. Bei der Replikation (▶ Abschn. 4.4) wird das Methylierungsmuster des DNA-Elternstrangs auf den Tochterstrang übertragen: Die DNA-Methylierung dient im Wesentlichen dem Schutz des Genoms, indem die Aktivität von transponierbaren Elementen (Transposons) und anderen repetitiven Sequenzen unterdrückt wird. Stark methylierte DNA-Bereiche sind in der Regel, anders als wenig methylierte, transkriptionell wenig aktiv. Die Hemmung der Genaktivität kommt dadurch zustande, dass spezielle Proteine an stark methylierte Bereiche binden und dadurch die Anlagerung der Polymerasen behindern, sodass eine Transkription ausbleibt. Unter bestimmten Bedingungen können die Methylierungen durch die Aktivität von DNA-Glykosylasen (beschriebene DNA-Glykosylasen sind DME [DEMETER], ROS1 [engl. *repressor of silencing 1*], DML2 [DEMETER-like 2] und DML3) aufgehoben werden. Eine zentrale Frage zum Verständnis der epigenetischen Regulation ist, wie bestimmte Sequenzen ausgewählt bzw. ausgeschlossen werden. In diesem Zusammenhang scheinen kleine RNAs (**siRNAs**) eine zentrale Rolle zu spielen (◻ Abb. 9.1). Die Biogenese der siRNAs beginnt mit der Aktivität der Polymerase IV, die

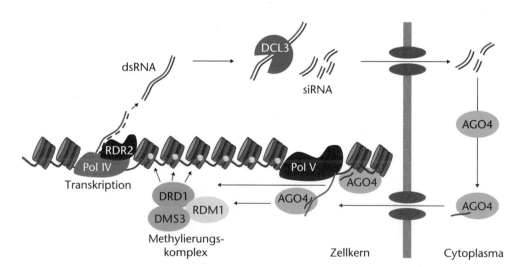

◻ **Abb. 9.1** Epigenetische Regulation durch RNA-vermittelte DNA-Methylierung. Im ersten Schritt transkribiert die RNA-Polymerase IV (Pol IV) Einzelstrang-RNA (ssRNA) von Transposons oder repetitiven Sequenzen. Die RNA-abhängige RNA-Polymerase (RDR2) überführt die ssRNA in Doppelstrang-RNA (dsRNA). Diese dsRNA dient dem Enzym DCL3 als Substrat und wird in ca. 24 Nucleotide lange, doppelsträngige siRNAs gespalten. Die siRNAs werden in das Cytoplasma transportiert, wo sie an AGO4 binden. Anschließend wird das mit einem Einzelstrang beladene AGO4-Protein wieder in den Zellkern transportiert, wo es an wachsende Transkripte der DNA-abhängigen RNA-Polymerase V (Pol V) bindet. Anschließend wird ein RNA-abhängiger DNA-Methylierungskomplex (bestehend aus mehreren Proteinen, unter anderem DDRD1, DMS3, RDM1) rekrutiert, der zur Methylierung der Ziel-DNA führt. Weitere Veränderungen können Histonmodifikationen sein, die zur Ausbildung von Heterochromatin führen. – AGO4 Argonaut 4, DCL3 Dicer-like 3, DRD1 engl. *defective in RNA directed DNA methylation 1*, DMS3 engl. *defective in meristem silencing 3*, RDM1 RNA-abhängige DNA-Methyltransferase 1. (Nach Castel und Martienssen 2013)

zusammen mit CLASSY1 (CLSY), einem SNF2-ähnlichen Chromatin-Remodelling-Faktor, Sequenzen transponierbarer Elemente (Transposons) und anderer repetitiver Sequenzen in heterochromatischen Bereichen des Genoms in einzelsträngige RNAs (ssRNAs, engl. *single stranded RNA*) transkribiert. Diese ssRNAs dienen der RNA-abhängigen RNA-Polymerase 2 (RDR2) als Substrat, wodurch doppelsträngige RNA-Moleküle (dsRNAs, engl. *double stranded RNA*) entstehen. Diese werden durch die dsRNA-Endonuclease DCL3 (Dicer-like 3) in 24 Nucleotide lange siRNAs (engl. *small interfering RNA*) geschnitten. Einzelstränge dieser siRNAs werden von AGO4 (Argonaut 4) gebunden und dirigieren den Proteinkomplex entweder zur DNA oder zur wachsenden, von der Polymerase V synthetisierten RNA-Kette des genomischen Zielorts. Durch Hinzuziehung RNA-abhängiger DNA-Methyltransferasen und weiterer Proteine werden anschließend Methylgruppen an Cytosin angeheftet, wodurch die Aktivität der betroffenen Genomabschnitte inhibiert wird (◘ Abb. 9.1).

In Eukaryotenzellen liegt die DNA nicht als freies Molekül im Zellkern vor, sondern ist als DNA-Protein-Komplex im Chromatin organisiert. Hierbei ist die DNA um Histone gewunden, die sich als Oktamere, bestehend aus je zwei Untereinheiten der Histone H2A, H2B, H3 und H4, zu flachen Scheiben zusammenfügen. Diesen Komplex aus DNA und Histonen bezeichnet man als Nucleosom. Je nach Packungsdichte unterscheidet man heterochromatische und euchromatische Bereiche. Im Heterochromatin sind die Nucleosomen dicht gepackt, sodass es zu einer Stilllegung der betroffenen Genomregion kommt (◘ Abb. 9.2). Hierbei unterscheidet man konstitutives und fakultatives Heterochromatin. Beim **konstitutiven Heterochromatin** handelt es sich meist um DNA-Bereiche, die keine Gene enthalten, wie die Centromer- und Telomerregion. Das **fakultative Heterochromatin** enthält Gene, die nur in bestimmten Phasen des Zellzyklus, in bestimmten Zelltypen oder in Abhängigkeit bestimmter Umweltreize aktiv sind. Euchromatin ist durch eine lockere Verpackung charakterisiert, d. h. der Abstand zwischen den Nucleosomen ist größer als beim Heterochromatin. Diese Bereiche sind transkriptionell aktiv. Die genaue Organisation des Euchromatins ist unklar, allerdings kann man elektronen-mikroskopisch DNA-Schleifen erkennen, die über matrixassoziierte Regionen (engl. *matrix-associated regions*, MARs) oder Gerüstanheftungsregionen (engl. *scaffold attachment regions*, SARs) an Proteine der Matrix des Zellkerns gebunden sind. Die DNA-Schleifen enthalten Gene, die überwiegend aktiv sind. Der Anteil an Euchromatin und Heterochromatin kann variieren, sodass die Genaktivität durch die Steuerung der Verpackungsdichte reguliert werden kann.

Die Verpackungsdichte der Nucleosomen wird im Wesentlichen durch chemische Modifikationen einzel-

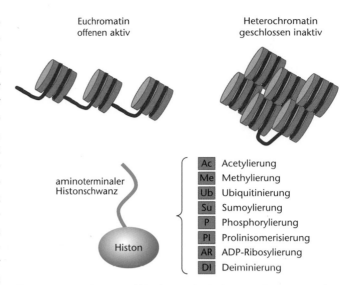

◘ **Abb. 9.2** Histonmodifikationen beeinflussen die Chromatinstruktur. Chromatin kann in einer offenen, aktiven Form (Euchromatin) oder in einer geschlossenen, inaktiven Form (Heterochromatin) vorliegen. Die Steuerung zwischen den beiden Formen erfolgt durch reversible posttranslationale Modifikationen der Histone

ner Aminosäuren der Histone bewirkt (◘ Abb. 9.2). Bisher wurden acht posttranslationale Modifikationen an Histonen nachgewiesen. Diese beinhalten die Acetylierung, Methylierung (Mono-, Di- und Trimethylierungen), Ubiquitinierung, Sumoylierung, Phosphorylierung, Prolinisomerisierung, ADP-Ribosylierung und die Desiminierung bestimmter Aminosäuren am Histonschwanz. Durch diese Modifikationen entsteht der Histoncode, der den Aktivitätszustand der jeweiligen Genomabschnitte bestimmt. Hierbei haben die unterschiedlichen Modifikationen sehr unterschiedliche Auswirkungen. So findet man dimethyliertes Lysin 9 von Histon 3 (H3K9m^2) meist in heterochromatischen Bereichen, wohingegen die Acetylierung des Lysinrests (H3L9ac) in euchromatischen Bereichen dominiert. Das heißt die Methylierung bzw. Acetylierung der Lysinreste steuert wesentlich die Zugänglichkeit von Promotorregionen und damit die Genaktivität. Durch die Lysinacetylierung reduziert sich die Anzahl der positiven Ladungen der Histone. Dadurch wird deren Wechselwirkung mit der negativ geladenen DNA schwächer. **Histon-Deacetylasen** sind für den umgekehrten Prozess der Chromatinkondensation, die mit einer teilweisen bis vollständigen Reduktion der Transkriptionsaktivität einhergeht, verantwortlich. Die Histondeacetylierung tritt bevorzugt in Regionen methylierter DNA auf.

Histonmethylierungen spielen eine wichtige Rolle bei der Anpassung an wechselnde Umweltbedingungen wie z. B. bei der Vernalisation (s. auch ► Abschn. 13.1.3). Um den besten Blühzeitpunkt zu ermitteln, messen Pflanzen kontinuierlich die Tageslänge und den Jahreszyklus. Unter günstigen Bedingungen wird in Geleitzellen des Phloems der Blätter ein Protein, das FLOWERING LOCUS T (FT, ein Bestandteil des Florigens), gebildet und über die Siebelemente des Phloems in die Sprossspitze transportiert. Dort angekommen induziert FT die Blütenbildung. Die Regulation von FT ist am besten in *Arabidopsis thaliana* untersucht. In *Arabidopsis* wird die Expression von FT u. a. durch die circadiane Uhr und einen Temperatursensor kontrolliert. Hierbei stellt der Temperatursensor sicher, dass die Blühinduktion zur richtigen Jahreszeit erfolgt. Als Temperatursensor dient der MADS-Box-Transkriptionsfaktor FLOWERING LOCUS C (FLC), der die Expression von FT unterdrückt (◘ Abb. 9.3). Unter nichtinduktiven Bedingungen wird die Expression von FLC durch FRIGIDA (FRI) aktiviert, wodurch die Blühinduktion gehemmt wird. FRI ist ein Bestandteil eines größeren Proteinkomplexes, dessen Aktivität zur Trimethylierung bestimmter Lysinreste von Histon H3 führt. Die Methylierung der Lysine H3K4 (H3K4me3) und Lysin H3K36 (H3K36me3) scheinen hierbei von zentraler Bedeutung zu sein. Bei anhaltender Kälte wird die Methylierung dieser Lysinreste vermutlich durch die Aktivität der Demethylase FLOWERING LOCUS D (FLD) aufgehoben. Gleichzeitig wird durch die Kälteinduktion von Bestandteilen des PRC2-Komplexes (engl. *polycomb repressive complex 2*) die Lysinreste H3K9 und H3K14 deacetyliert und die Lysinreste H3K9 und H3K27 methyliert. Diese Modifikationen haben eine Umstrukturierung des Chromatins zur Folge, die zur Abschaltung der FLC-Expression führen. In der Folge kann FT exprimiert werden und die Blühinduktion starten. Für die Aktivität von PRC2 wird die lange, nichtcodierende RNA (engl. *long non-coding RNA*, ncRNA) COLDAIR benötigt. Der Genlocus für COLDAIR befindet sich im ersten Intron des FLC-Gens. Bei länger anhaltender Kälte wird die Expression von COLDAIR induziert und der aktive Protein-RNA-Komplex gebildet. Die Histonmodifikation bleibt auch bei Zellteilung stabil, sodass der induktive Zustand nach Vernalisation während der gesamten Wachstumsperiode aufrechterhalten bleibt. Zurückgesetzt wird die epigenetische Markierung erst bei der Gametogenese, sodass die neue Generation vor Blühinduktion erneut eine Kältephase durchlaufen muss.

9.2 Epigenetische Regulation der mRNA-Stabilität und Translatierbarkeit

Neben den bereits beschriebenen transkriptionellen können auch postranskriptionelle Prozesse zur Genstilllegung führen. Beiden gemeinsam ist, dass der Regulation kleine regulatorische RNA Moleküle zugrunde liegen. Die regulatorischen RNAs lassen sich in zwei Gruppen einteilen: microRNAs (miRNAs) und siRNAs (engl. *small interfering RNAs*) (◘ Abb. 9.4). Je nach Biosyntheseweg werden siRNAs in mindestens drei Klassen unterteilt: ta-siRNAs (engl. *transacting siRNAs*), natsiRNAs (engl. *natural cis transcript siRNAs*) und rasiRNAs (engl. *repeat-associated siRNAs*). Letztere sind verantwortlich für die Kontrolle repetitiver Sequenzen, werden von der DNA-abhängigen RNA-Polymerase IV synthetisiert und wirken vorwiegend transkriptionell. Die übrigen regulatorischen RNAs werden durch die Polymerase II gebildet. miRNAs sind endogene, einzelsträngige, nichtcodierende RNA-Moleküle von ca. 21 Nucleotiden Länge. Sie kommen in allen Eukaryoten vor und sind evolutionär konserviert. Die erste miRNA, lin-4, wurde in *C. elegans* 1993 entdeckt. In der Zwischenzeit wurden mehrere Hundert miRNA-codierende Gene beschrieben.

Die Biogenese der miRNAs (◘ Abb. 9.4a) erfolgt über die Bildung eines Vorläufertranskripts (primiRNA, engl. *primary microRNA*), das eine charakteristische Schleifenstruktur bildet. Die pri-miRNAs besitzen am 5′-Ende eine Cap-Struktur und am 3′-Ende einen Poly(A)-Schwanz. Im Zellkern wird die pri-miRNA von einem Proteinkomplex erkannt und durch die endonucleolytische Aktivität des Komplexes zur pre-miRNA prozessiert. Dies erfolgt in den Cajal-Körperchen (engl. *Cajal bodies*). Der Proteinkomplex setzt sich aus mindestens drei Proteinen zusammen, DCL1, HYL1 und SERRATE. Im zweiten Prozessierungsschritt wird die

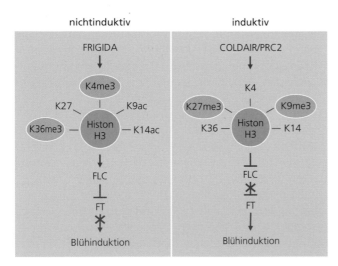

◘ **Abb. 9.3** Schematische Darstellung der Prozesse, die zur Hemmung (nichtinduktiv) bzw. Stimulation (induktiv) der Blühinduktion bei *Arabidopsis thaliana* führen. Vor der Kältebehandlung führt die Expression von FRIGIDA zur Histonmodifikation und zur Expression von FLC. FLC fungiert als Inhibitor von FT, wodurch die Blühinduktion unterbunden wird. Nach Kältebehandlung (Vernalisation) wird eine lange, nichtcodierende RNA gebildet (COLDAIR), die zusammen mit PRC2 ebenfalls zu einer Histonmodifikation führt. Die neueingeführten Veränderungen resultieren in einer Änderung der Chromatinstruktur und in einer Hemmung der FLC-Expression. Hierdurch wird die Expression von FT möglich, wodurch die Blühinduktion erfolgen kann

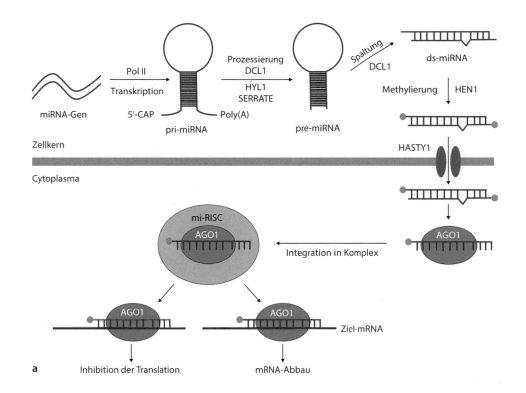

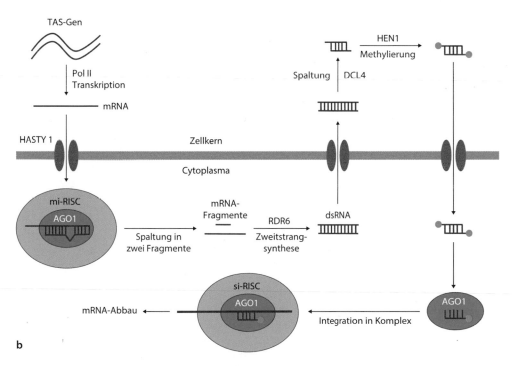

◘ Abb. 9.4   a Biogenese von microRNAs (miRNAs). miRNAs entstehen durch die Polymerase-II-(PoII-)abhängige Transkription von pri-miR-NA-Genen. Diese Transkripte tragen eine 5′-Cap-Struktur und einen Poly(A)-Schwanz am 3′-Ende. Die charakteristische Haarnadelschleife der pri-miRNA wird von den Proteinen DCL1, HYL1 und SERRATE erkannt und zur pre-miRNA prozessiert. Anschließend spaltet DCL1 die pre-miRNA in doppelsträngige miRNA (ds-miRNA), die von HEN1 methyliert wird. Die methylierte ds-miRNA verlässt den Zellkern und bindet an AGO1. Der Kernexport ist abhängig von HASTY1. AGO1, mit gebundener einzelsträngiger miRNA, bildet daraufhin einen Proteinkomplex, den mi-RISC. Die-ser Komplex bindet an Ziel-mRNAs und kann entweder zum Abbau der mRNA oder zur Inhibition der Translation führen. **b** Biogenese von ta-siR-NAs. Gene der ta-siRNAs (TAS-Gene) werden von der RNA-Polymerase II transkribiert. Die mRNA der TAS-Gene verlässt, vermittelt von HASTY1, den Zellkern. Im Cytoplasma werden die mRNAs der TAS-Gene durch den mi-RISC-Komplex erkannt und in zwei Fragmente gespalten. Eines dieser Fragmente dient der RNA-abhängigen RNA-Polymerase 6 (RDR6) als Matrize und wird in einer Zweitstrangsynthese in eine doppelsträngige RNA (dsRNA) überführt. Die dsRNA wird wieder in den Zellkern transportiert, wo sie von DCL4 in kleine dsRNAs gespalten wird. Diese dsRNAs werden von HEN1 methyliert und zurück in das Cytoplasma transportiert. Hier können sie über AGO1 in einen RISC-Komplex integriert werden und zum Abbau der Ziel-mRNA führen

pre-miRNA durch DCL1 in die ds-miRNA gespalten, welche durch die Methyltransferase HEN1 methyliert wird. Die methylierte ds-miRNA wird anschließend durch HASTY, einem zu Exportin-5 homologen Protein, aus dem Zellkern in das Cytoplasma transportiert. Im Cytoplasma wird die miRNA von AGO1 gebunden und in den RISC-Komplex eingebaut. Der RISC:miRNA-Komplex (mi-RISC, engl. *miRNA-induced silencing complex*) kann nun Ziel-mRNA-Moleküle binden, woraufhin entweder die Translation inhibiert wird (in Pflanzen selten) oder die mRNA nach endonucleolytischer Spaltung abgebaut wird (in Pflanzen häufig).

Ta-siRNAs sind sekundäre siRNAs, die nicht die RNA, aus der sie gebildet wurden, als Zielsequenz haben, sondern andere Transkripte, daher die Bezeichnung *trans acting*. Die Biogenese der ta-siRNAs verläuft in einem zweistufigen Prozess. Nach dem Export des primären ta-siRNA-Moleküls aus dem Kern in das Cytoplasma bindet eine miRNA, woraufhin das primäre Transkript durch den mi-RISC-Komplex gespalten wird. Eines der Spaltprodukte dient der RNA-abhängigen RNA-Polymerase 6 (RDR6) als Substrat, woraufhin eine doppelsträngige RNA entsteht. Diese dsRNA wird in den Kern zurücktransportiert, wo sie von DCL4 und weiteren Proteinen in aktive siRNA-Moleküle überführt werden. Diese doppelsträngigen siRNAs verlassen den Zellkern und können von AGO1 gebunden werden. Hierdurch entsteht ein aktiver si-RISC-Komplex, der zum Abbau von Ziel RNAs führen kann. Die nat-siRNAs werden durch die Transkription zweier sich überlappender Transkripte gebildet. Die weitere Prozessierung erfolgt vermutlich analog zur Entstehung von ta-siRNAs.

9.3 RNA-Interferenz als Werkzeug der Molekularbiologie

Die **Absenkung der Expressionsstärke** arteigener Gene wird z. B. durch die *antisense*-**Technik** erreicht. Hierbei wird eine Kopie des zu untersuchenden Gens (bzw. dessen cDNA) in umgekehrter Richtung mit einem geeigneten Promotor (z. B. dem 35S-Promotor des Blumenkohlmosaikvirus) verbunden und dieses Konstrukt in das Genom integriert, sodass bei Transkription des Gens von der DNA-abhängigen RNA-Polymerase II der codierende Strang und nicht der Matrizenstrang abgelesen wird (Transkription, ◘ Abb. 5.3a). Dadurch wird eine mRNA gebildet, die zur Basenabfolge auf dem Matrizenstrang komplementär ist. Diese ist aber zugleich auch basenkomplementär zu der mRNA, die infolge der Transkription des richtig orientierten Gens in der Zelle entsteht und wird daher auch als *antisense*-mRNA (Gegensinn-mRNA) bezeichnet. Die komplementären mRNA-Moleküle bilden wahrscheinlich RNA-Doppelstrangmoleküle. Diese sind das Substrat für RNase-III-ähnliche Enzyme (Di-

cer), die die doppelsträngige RNA zu kleinen (21–26 Nucleotide langen) siRNAs (engl. *small interfering RNAs*) abbauen. Die doppelsträngigen siRNAs initiieren den RISC-Komplex (engl. *RNA-induced silencing complex*). Die Aktivierung des RISC-Komplexes erfolgt in zwei Stufen. Zunächst wird die doppelsträngige siRNA durch Helicasen unter ATP-Verbrauch entwunden, anschließend leitet die Endonucleaseaktivität des Komplexes den Abbau der mRNA, die komplementär zur entstandenen siRNA ist, ein (◘ Abb. 9.5a). Dieser als **Gene Silencing** bezeichnete Prozess ist ein natürlicher Abwehrmechanismus der Pflanze gegenüber Virusbefall. Initial wird das Silencing durch die Anwesenheit doppelsträngiger RNA

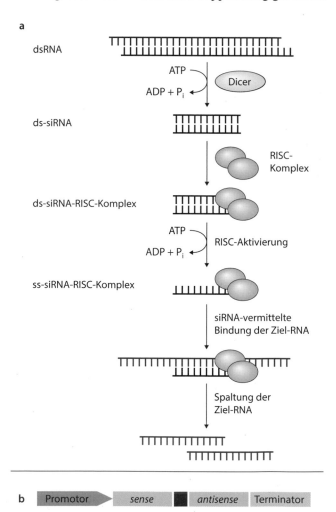

◘ **Abb. 9.5   a** Gene Silencing. Ausgehend von einer doppelsträngigen RNA (dsRNA) werden durch Dicer kleine dsRNA-Moleküle gebildet. Die 21–26 Nucleotide langen dsRNA-Moleküle werden vom RISC-Komplex gebunden. Die Aktivierung des RISC-Komplexes erfordert die Entwindung der dsRNA durch Helicasen. Die am RISC-Komplex gebundene einzelsträngige RNA (engl. *guidance-RNA*) ermöglicht den Sequenzspezifischen Abbau der Ziel-RNA. **b** Darstellung eines chimären RNAi-Vektors. Zwischen Promotor und Terminator werden identische Teilsequenzen eines Zielgens in *sense*- und *antisense*-Orientierung kloniert. Beide Fragmente werden durch ein weiteres Genfragment (häufig ein Intron) getrennt, sodass sich nach Transkription eine Haarnadelstruktur ausbilden kann

ausgelöst. Deshalb verwenden heutige Vektoren zur Absenkung der Expression endogener Gene sogenannte Haarnadel-Genkonstrukte, die intramolekulare doppelsträngige RNAs bilden können und damit sehr effizient das Silencing induzieren (◨ Abb. 9.5b).

Quellenverzeichnis

Castel SE, Martienssen RA (2013) RNA interference in the nucleus: roles for small RNAs in transcription, epigenetics and beyond. Nat Genet 14:100–112

Weiterführende Literatur

Baulcombe DC, Dean C (2014) Epigenetic regulation in plant responses to the environment. Cold Spring Harb Perspect Biol. https://doi.org/10.1101/cshperspect.a019471

Castel SE, Martienssen RA (2013) RNA interference in the nucleus: roles for small RNAs in transcription, epigenetics and beyond. Nat Genet 14:100–112

Knippers R (2012) Eine kurze Geschichte der Genetik. Springer Spektrum, Heidelberg

Pikaard CS, Mittelsten Scheid O (2014) Epigenetic regulation in plants. Cold Spring Harb Perspect Biol. https://doi.org/10.1101/cshperspect.a019315

Simon SA, Meyers BC (2011) Small RNA-mediated epigenetic modifications in plants. Curr Opin Plant Biol 14:148–155

Tamiru M, Hardcastle HJ, Lewsey MG (2017) Regulation of genome-wide DNA methylation by mobile small RNAs. New Phytol 217:540–546

Gentechnik

Uwe Sonnewald

Inhaltsverzeichnis

Sonnewald, U. 2021 Gentechnik. In: Kadereit JW, Körner C, Nick P, Sonnewald U. Strasburger – Lehrbuch der Pflanzenwissenschaften. Springer Berlin Heidelberg, p. 319–338.
▶ https://doi.org/10.1007/978-3-662-61943-8_10

10.1 Geschichte der Grünen Gentechnik

Die Geschichte der Grünen Gentechnik ist eng mit der Entdeckung des Bodenbakteriums *Agrobacterium tumefaciens* und der Entschlüsselung der Biologie der Wurzelhalstumoren verbunden (▶ Abschn. 10.2). Bereits im Jahr 1907 konnten die amerikanischen Forscher Smith und Townsend nachweisen, dass *A. tumefaciens* der Verursacher der Wurzelhalstumoren ist. Da *A. tumefaciens* im Gegensatz zu vielen anderen phytopathogenen Bakterien, die meist ein Absterben des infizierten Wirts zur Folge haben, ein unkontrolliertes Zellwachstum und damit eine Tumorbildung induziert, wurde das Bakterium in den 1940er-Jahren intensiv studiert. Hierbei hat man beobachtet, dass *A. tumefaciens* zwar nicht in die Wirtszelle eindringt, aber den infizierten Pflanzenzellen dennoch die Fähigkeit verleiht, in Sterilkultur ohne Zusatz von Phytohormonen zu wachsen. Da das Wachstum der Pflanzenzellen auch ohne nachweisbare Bakterien über mehrere Jahre erfolgte, formulierte Braun (1947) die Hypothese des tumorinduzierenden Prinzips (engl. *tumor-inducing principle*, TIP). Entsprechend dieser Hypothese nahm Braun an, dass die Bakterien in der Lage seien, tumorinduzierende Faktoren in die Wirtszelle zu injizieren, die sich anschließend in den Zellen replizieren, da ein Verdünnungseffekt auch über Jahre nicht beobachtet wurde. Zwanzig Jahre später gelang Schilperoort (1967) der Nachweis bakterieller DNA im Genom der Wirtspflanze. Spätere vergleichende Analysen von onkogenen und nichtonkogenen *A. tumefaciens*-Stämmen zeigten, dass die tumorinduzierende Eigenschaft an die Anwesenheit eines extrachromosomalen Plasmids gekoppelt ist (Zaenen et al. 1974). Durch den Transfer des Plasmids ließen sich nichtonkogene Bakterien in onkogene Bakterien überführen; woraufhin es als Ti-(tumorinduzierendes) Plasmid bezeichnet wurde (Van Larebeke et al. 1975). Einige Jahre später (1977) wurde die Struktur des Ti-Plasmids aufgeklärt und man konnte zeigen, dass ein bestimmter Teil des Plasmids, die Transfer-DNA oder T-DNA, in das Wirtsgenom integriert wird. Damit war der Weg zur Nutzung von *A. tumefaciens* als natürliche Genfähre zur Erzeugung transgener Pflanzen geebnet. Die Etablierung des Ti-Plasmids oder sogenannter entwaffneter (engl. *disarmed*) Varianten des Ti-Plasmids als Werkzeug der Grünen Gentechnik verlief über mehrere Stufen. Zunächst zeigten Hernalsteens et al. (1980), dass sich das Ti-Plasmid zur Übertragung von Fremd-DNA in das Wirtsgenom eignet und die eingebrachte DNA nach den Mendel'schen Regeln auf die Nachkommen vererbt wird (1981). Im Jahr 1983 publizierten drei Labors – Monsanto (Fraley et al. 1983; USA), Chilton (Bevan et al. 1983; USA) und Schell, Van Montagu (Koncz et al. 1983; Belgien, Deutschland) – mehr oder weniger gleichzeitig die erfolgreiche Transformation und Regeneration normal wachsender Tabakpflanzen, womit das Zeitalter der transgenen Pflanzen eingeläutet wurde. Hierfür waren die Entwicklung selektiver Markergene und die Entfernung der tumorinduzierenden Eigenschaften erforderlich. Galt in den frühen Jahren des Gentransfers *A. tumefaciens* nur zur Transformation von zweikeimblättrigen Pflanzen als geeignet, so zeigten Arbeiten in den frühen 1990er-Jahren, dass auch einkeimblättrige Pflanzen mittels *A. tumefaciens* transformiert werden können (Chilton, 1993). Mittlerweile gilt der *Agrobacterium*-vermittelte Gentransfer als Standard für alle Kulturpflanzen (▶ Abschn. 10.3). Über Risiken und Chancen des Einsatzes gentechnisch veränderter Nutzpflanzen wird kontrovers diskutiert. Vor allem ökologische und evolutionsbiologische Konsequenzen ihres weltweiten Einsatzes verdienen eine sorgfältige Untersuchung. Die ersten kommerziellen transgenen Pflanzen wurden im Jahr 1996 in den USA angebaut. Seitdem steigt die weltweite Anbaufläche kontinuierlich und erreichte im Jahr 2019 eine Fläche von 190,4 Mio. Hektar. Dies entspricht ca. 13,6 % der weltweit genutzten Ackerfläche und ca. dem 16-Fachen der deutschen Ackerfläche von 11,8 Mio. Hektar. Die Statistik des weltweiten Anbaus von gentechnisch veränderten Pflanzen wird in 2019 durch Nordamerika (84,0 Mio. Hektar) und Süd- und Mittelamerika (80,9 Mio Hektar) dominiert, Indien folgt mit 11,9 Mio. Hektar. Die wichtigsten gentechnisch veränderten Kulturpflanzen sind Sojabohnen, Mais, Baumwolle und Raps. Im Jahr 2019 machte die Sojabohne alleine ca. die Hälfte der angebauten gentechnisch veränderten Pflanzen aus. Die Zahl weiterer Nutzpflanzen steigt jedoch und umfasst u. a. Zuckerrüben, Luzerne, Kartoffeln, Zucchini, Aubergine, Ananas, Papaya und Apfelbäume. Die vorrangig eingeführten Veränderungen umfassen die Herbizidtoleranz, die Insektenresistenz bzw. Kombinationen aus beiden (▶ Abschn. 10.4).

10.2 Biologie der Wurzelhalstumoren

Wurzelhalstumoren finden sich weltweit in der Natur nach Befall mit dem stäbchenförmigen, peritrich begeißelten Bodenbakterium *Agrobacterium tumefaciens* (wie die verwandte Gattung *Rhizobium* ein Vertreter der Familie Rhizobiaceae), vor allem an Gehölzen, z. B. bei Rosaceen, Weiden und beim Wein. Experimentell lässt sich die Tumorbildung bei zahlreichen Arten aus über 60 Familien auslösen, in ◫ Abb. 10.1 ist die Tumorbildung bei Tomaten gezeigt. Die Infektion erfolgt in Wunden im Übergangsbereich zwischen Spross und Wurzel (Wurzelhals) und ist an das Vorhandensein des bereits erwähnten Ti-Plasmids (◫ Abb. 10.2) gebunden.

Im Verlauf der Pathogenese kommt es zur Übertragung eines Teils der Plasmid-DNA, der T-(Transfer-)DNA-Region in die Pflanzenzelle und zu einer stabilen Integration dieser T-DNA in einer bis zu mehreren

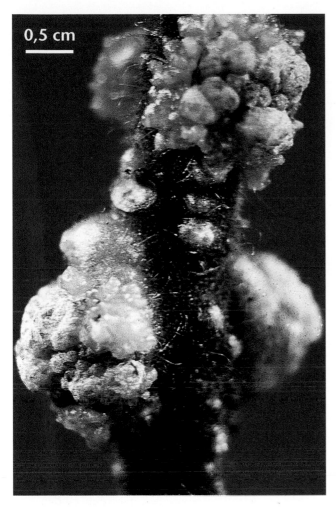

◻ Abb. 10.1 Mehrere Wochen alter, experimentell am Spross erzeugter Tumor bei *Solanum lycopersicum*. (Original: M.H. Zenk, mit freundlicher Genehmigung)

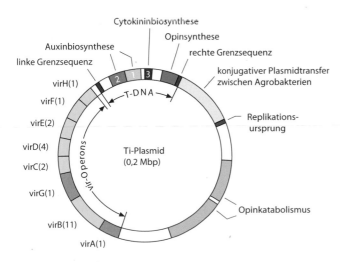

◻ Abb. 10.2 Aufbau eines Ti-Plasmids. Im gezeigten Beispiel existiert eine zusammenhängende T-Region. Diese kann auch in bis zu drei getrennte Abschnitte geteilt sein. Die einzelnen Operons der *vir*-Region sind mit der Anzahl der Gene pro Operon (in Klammern) aufgeführt

$$\underset{R_1}{\overset{COO^-}{\underset{|}{\overset{|}{C=O}}}} + \underset{R_2}{\overset{COO^-}{\underset{|}{\overset{|}{H_3N^+-C-H}}}} \xrightarrow[\substack{Opin-\\Synthasen}]{\overset{NADPH}{\overset{+H^+}{} \overset{NADP^+}{}}} \underset{R_1}{\overset{COO^-}{\underset{|}{\overset{|}{H-C-^+NH_2}}}} \underset{R_2}{\overset{COO^-}{\underset{|}{\overset{|}{-C-H}}}}$$

$$\downarrow H_2O$$

α-Ketosäure	+	Aminosäure	→	Opin
Pyruvat	+	Arginin	→	Octopin
Pyruvat	+	Lysin	→	Lysopin
α-Ketoglutarat	+	Arginin	→	Nopalin

◻ Abb. 10.3 Biosynthese der Opine durch bakterielle Opin-Synthasen

(ca. 20) Kopien in das Kerngenom. Die transformierte Pflanzenzelle beginnt mit dem Tumorwachstum, also mit einer unkontrollierten Zellteilungsaktivität, die zu einer weitgehend undifferenzierten und unstrukturierten Kallusbildung, dem Wurzelhalstumor, führt. In steriler Kultur lässt sich ein – bakterienfreier – Wurzelhalstumor ohne Auxin-und Cytokininzufuhr über das Nährmedium (wie sie für nichttransformiertes Gewebe unerlässlich ist, vgl. ▶ Abschn. 12.2.3, ◻ Abb. 12.4) unbegrenzt vermehren. Er wächst hormonautotroph. Das Tumorgewebe bildet zudem ein Opin. Opine (◻ Abb. 10.3) sind Kondensationsprodukte von α-Ketosäuren (Pyruvat, α-Ketoglutarat) mit Aminosäuren (z. B. Lysin, Arginin), die von der Pflanze nicht weiter im Stoffwechsel umgesetzt werden können, jedoch den im Tumorgewebe und in der Umgebung des Tumors im Boden lebenden Agrobakterien als einzige C-und N-Quelle dienen können. Jeder Tumor bildet ein bestimmtes Opin, abhängig vom infizierenden Agrobakterienstamm.

Die Gene zur Gewährleistung der Auxin- und Cytokininautotrophie wie auch für die Opinsynthese befinden sich auf der T-DNA, die Gene für den Opinabbau, für die Virulenz und Transformation befinden sich auf dem nicht in die Pflanze transferierten Teil des Ti-Plasmids (◻ Abb. 10.2). Die Hormonautotrophie wird durch drei Gene (als *onc*-Gene bezeichnet) bewirkt, deren Produkte aufgeklärt wurden. Gen 1 codiert eine Tryptophan-Monooxygenase, Gen 2 eine Indolacetamid-Amidohydrolase und Gen 3 eine Isopentenyltransferase. Diese Enzyme sorgen für die Synthese des Auxins IAA (▶ Abschn. 12.3.2) und der ersten Zwischenstufe der pflanzlichen Cytokininbiosynthese, Isopentenyladenosin-5′-monophosphat (▶ Abschn. 12.2.2, ◻ Abb. 10.4). Ihre Bildung und Aktivität werden nicht von der Pflanzenzelle kontrolliert. Dadurch produzieren Wurzelhalstumorzellen große Mengen an Auxin und Cytokinin und verhalten sich wie Pflanzenzellen, denen man diese Hormone in Kultur von außen zuführt (◻ Abb. 12.4). Deletiert man jeweils eine der Funktionen, so bilden sich **Teratome** (= organisiert wachsende Tumoren). Bei Fehlen von Gen 1 (und/oder Gen 2) fällt die

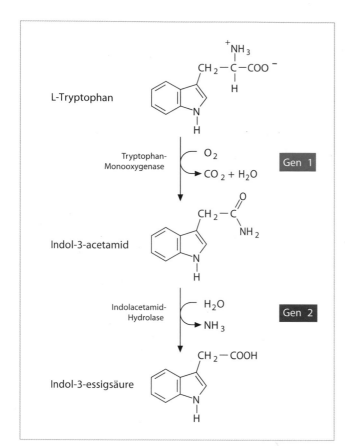

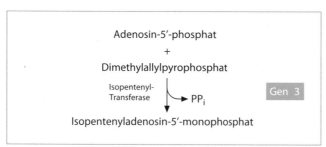

◘ Abb. 10.4 Von den *onc*-Genen codierte Enzyme der Auxin- und Cytokininbiosynthese (Strukturformeln für die Isopentenyltransferasereaktion, ◘ Abb. 12.3)

zusätzliche IAA-Synthese aus, es wird lediglich das zusätzliche Cytokinin produziert: Der Tumor wächst als Sprossteratom. Deletiert man Gen 3, sodass lediglich die Cytokininproduktion unterbleibt, so wachsen die Tumoren als Wurzelteratome. Diese Organbildung ist vergleichbar mit derjenigen, die eintritt, wenn man zur Regeneration von Pflanzen aus Kallusgewebe die Auxin/Cytokinin-Verhältnisse im Nährmedium verändert (◘ Abb. 12.4).

Die Wechselwirkung von *Agrobacterium tumefaciens* mit der Wirtspflanze konnte in vielen Einzelheiten – aber noch nicht vollständig – aufgeklärt werden. Von besonderer Bedeutung sind hierbei die Gene der *vir*-Region des Ti-Plasmids (*vir* steht für Virulenz). Das Bakterium wird von einer verwundeten Region einer Wirtspflanze chemotaktisch angelockt. Als Wundfaktoren konnten Phenole,

z. B. Flavonoide (wie bei *Rhizobium*), aber auch Abbauprodukte von Phenylpropanen (▶ Abschn. 14.15.2), darunter insbesondere Acetosyringon (◘ Abb. 10.5) identifiziert werden. Acetosyringon bindet an eines der beiden konstitutiv exprimierten *vir*-Genprodukte, das VirA-Protein. Dabei handelt es sich um das Rezeptorprotein eines typischen bakteriellen Zweikomponentenregulationssystems (vgl. ▶ Abschn. 12.6.4, ◘ Abb. 12.35). Die Bindung bewirkt eine Phosphorylierung des VirA-Proteins, das den Phosphatrest auf das zweite konstitutiv exprimierte Vir-Protein, VirG, überträgt. VirG ist das Regulatorprotein des Zweikomponentensystems, welches in phosphorylierter Form einen aktiven Transkriptionsfaktor darstellt, der nun die Transkription aller übrigen *vir*-Gene aktiviert. Die Aktivität von VirA wird durch einen niedrigen pH-Wert (pH5–6), eine niedrige Phosphatkonznetration und Monosaccharide verstärkt. Monosaccharide werden durch das periplasmatische Protein ChvE gebunden, das mit VirA interagiert. Unter Mitwirkung der VirD1-, VirD2- und VirC1-Proteine wird am 5′-Ende vor der rechten flankierenden Sequenz ein DNA-Einzelstrangbruch eingefügt, wobei VirD2 und VirD1 als sequenz- und DNA-Strang-spezifische Endonucleasen fungieren. VirD2 bindet das neu gebildete 5′-Ende kovalent. Nun wird der T-Strang an der linken flankierenden Sequenz hydrolysiert und vom Gegenstrang abgelöst, während gleichzeitig in 5′→3′-Richtung die entstehende Lücke am Ti-Plasmid durch Reparatursynthese aufgefüllt wird, sodass wieder ein vollständig doppelsträngiges, geschlossenes Plasmid entsteht.

An den herausgeschnittenen T-Strang binden nun zahlreiche (etwa 600) VirE2-Proteine, sodass sich ein filamentöser, ca. 3,6 μm langer Komplex (T-Komplex) aus der einzelsträngigen DNA (ssDNA), dem am 5′-Ende kovalent gebundenen VirD2-Protein und der VirE2-Hülle bildet, der eine Molekülmasse von etwa 50.000 kDa aufweist und Ähnlichkeiten mit einem einfachen ssDNA-Virus besitzt.

Der T-Komplex wird nun durch einen von zahlreichen verschiedenen VirB-Proteinen gebildeten Pilus, dem sogenannten Typ-IV-Sekretionsapparat, aus der Bakterienzelle ausgeschleust. Der Transportpilus weist deutliche Ähnlichkeiten einerseits zu den F-Pili auf, die den DNA-Transport während der bakteriellen Konjugation durchführen, andererseits zu den Typ-III-Sekretionsapparaten anderer pathogener Bakterien, die dem Einschleusen von Toxinen in Wirtszellen dienen (z. B. bei *Bordetella pertussis*, *Yersinia pestis* oder dem Phytopathogen *Xanthomonas campestris*). Das VirE2-Protein erfüllt eine weitere Aufgabe beim Durchtritt des T-Komplexes in die Pflanzenzelle: Es integriert in die Plasmamembran der Wirtszelle und bildet (vermutlich unter Oligomerisierung) eine Pore, durch die der T-Strang in die Pflanzenzelle einwandert. Einzelheiten dieses Vorgangs sind noch nicht bekannt.

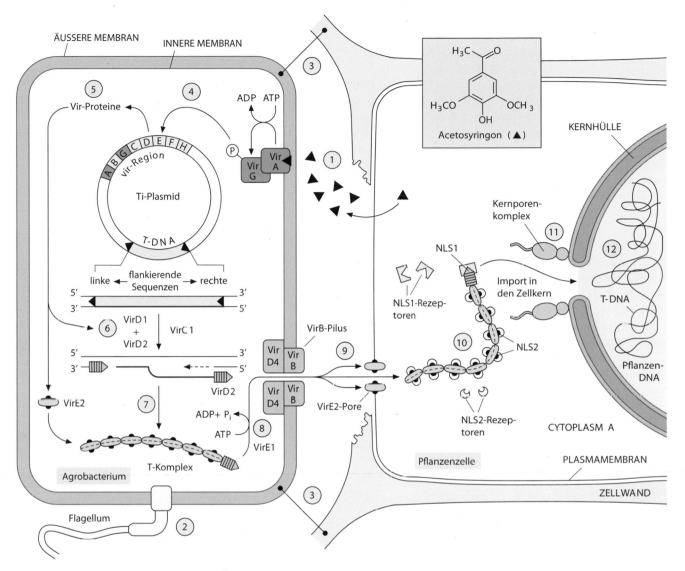

Abb. 10.5 Wechselwirkungen von *Agrobacterium tumefaciens* mit einer (verletzten) Wirtszelle. ① Bildung der Wundsubstanz Acetosyringon und Aktivierung des Acetosyringonrezeptors (VirA, VirG); ② Chemotaxis der Bakterien; ③ Kontaktaufnahme mit der Pflanzenzelle (der Verlauf ist im einzelnen unbekannt, Agrobakterien können jedoch Cellulose synthetisieren und so sehr fest an Zellwände binden); ④ Aktivierung der induzierbaren *vir*-Operons (gelb) durch phosphoryliertes VirG-Protein; ⑤ Biosynthese der induzierbaren Vir-Proteine; ⑥ Excision des T-Stranges; ⑦ Bildung und ⑧ Export des T-Komplexes; ⑨ Übertritt des T-Komplexes in das pflanzliche Cytoplasma; ⑩ Bindung der pflanzlichen NLS-Rezeptoren an NLS1 und NLS2; ⑪ Kernimport. Die weiteren Schritte bis zur Integration der T-DNA in das Kerngenom sind unbekannt (⑫). – NLS Kernlokalisationssignal

In der Pflanzenzelle wird die T-DNA durch die sie bedeckenden Proteine vor dem Angriff pflanzlicher Nucleasen geschützt. Darüber hinaus weisen sowohl das VirD2- als auch das VirE2-Protein (verschiedene) Kernlokalisationssignalsequenzen (NLS1, NLS2; NLS für engl. *nuclear localization signal*) für den Proteinimport in den Zellkern auf (Kernimport, ■ Abb. 6.11): Der T-Komplex wird von den pflanzlichen Importinen gebunden und in den Zellkern eingeführt. Die hier stattfindende Integration der T-DNA in das Kerngenom wird noch nicht vollständig verstanden. Sie erfolgt offenbar an beliebiger Stelle und erfordert ein funktionierendes DNA-Reparatursystem. Deshalb kann man geeig-

nete T-DNA-Konstrukte (▶ Abschn. 10.3) auch zur Insertionsmutagenese bei Pflanzen verwenden. Nach Integration in das Genom werden die T-DNA-Gene effektiv durch die pflanzliche DNA-abhängige RNA-Polymerase II transkribiert. Nachdem die IAA- und Cytokininproduktion den zellulären Spiegel dieser Hormone genügend angehoben hat, treten die transformierten Zellen aus der G_0-Phase wieder in die G_1-Phase und damit in den aktiven Zellzyklus (▶ Abschn. 11.2.1) ein. Durch abgegebene Hormone werden auch nichttransformierte Zellen in der Nachbarschaft zur erneuten Teilung angeregt, sodass Tumoren in der Regel Mischgebilde aus transformierten und normalen Zellen darstellen.

10.3 Methoden des Gentransfers

Mitte der 1970er-Jahre brach mit der Entdeckung der **Restriktionsendonucleasen** (■ Abb. 10.6 und 10.7) in den Biowissenschaften die Phase der **Gentechnik** an. Darunter versteht man das Methodenspektrum zur Neukombination von Erbinformation. Wird **rekombinierte DNA** in eine lebende Zelle eingeschleust und dort stabil in das Genom integriert (in der Regel in das Kerngenom, bei eukaryoten Pflanzen jedoch unter Umständen auch in das Plastom), so entsteht eine gentechnisch veränderte Zelle, bei Prokaryoten bzw. Einzellern direkt ein gentechnisch veränderter Organismus. Bei Vielzellern muss aus der ursprünglichen, gentechnisch veränderten Zelle zunächst ein Organismus regeneriert werden, dessen Zellen alle die gentechnische Veränderung tragen. Unabhängig davon, ob es sich dabei um ein arteigenes, artfremdes, ein Hybriden (aus Abschnitten verschiedener Organismen zusammengesetztes Gen) oder um ein synthetisches Gen handelt, spricht man von einem **transgenen Organismus.**

Transgene Pflanzen sind in der Botanik seit ihrer Einführung Mitte der 1980er-Jahre zu sehr wichtigen

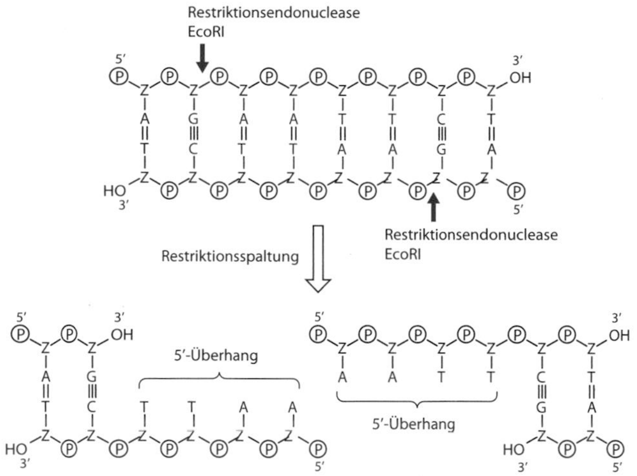

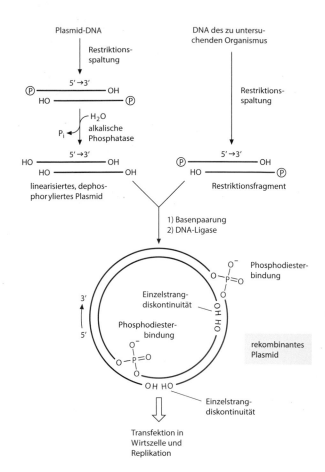

■ **Abb. 10.7** Prinzip der Klonierung einer gewünschten DNA unter Verwendung eines Plasmidvektors. Der zirkuläre DNA-Doppelstrang des Plasmids wird mit der gleichen Restriktionsendonuclease hydrolysiert, die auch zur Gewinnung des zu klonierenden DNA-Fragments (Restriktionsfragment) verwendet wurde. In dem gewählten Beispiel entstehen an den gebildeten 5′-Enden kurze phosphorylierte Nucleotidüberhänge (■ Abb. 10.6). Während der geöffnete (linearisierte) Plasmidvektor dephosphoryliert wird, belässt man am Restriktionsfragment die 5′-Phosphatgruppen. Wenn linearisierter Vektor und Restriktionsfragment gemischt werden, kommt es (neben Paarungen innerhalb der Plasmid-DNA und der DNA des Restriktionsfragments) auch zur Basenpaarung (engl. *annealing*) zwischen dem Plasmidvektor und dem Restriktionsfragment. Durch das Enzym DNA-Ligase werden unter Wasseraustritt die Phosphatgruppen mit benachbarten 3′-OH Gruppen unter Ausbildung von Phosphodiesterbindungen (■ Abb. 4.2) verknüpft (Ligation). Dort, wo sich zwei OH-Gruppen gegenüberstehen, erfolgt keine Ligation. Dennoch ist das gebildete, rekombinante, Plasmid stabil genug, um die Einschleusung in eine bakterielle Wirtszelle (Transfektion, meist durch Elektroporation) zu überstehen. In den nachfolgenden Replikationszyklen bildet die Wirtszelle vollständige, geschlossene Plasmidmoleküle ohne Einzelstrangbrüche. Als Plasmidvektoren werden Abkömmlinge bakterieller Resistenzplasmide benutzt, die neben einem Replikationsursprung auch ein Antibiotikaresistenzgen tragen. Daher können diejenigen Bakterienzellen, die rekombinante Plasmide enthalten, in Gegenwart des Antibiotikums wachsen, während nichttransfizierte Zellen abgetötet werden. Das gezeigte, sehr einfache, System erlaubt es nicht, die Orientierung des Restriktionsfragments in dem Plasmidvektor festzulegen. Verwendet man jedoch zur Öffnung des Plasmids und zur Gewinnung des Restriktionsfragments nacheinander jeweils zwei verschiedene Restriktionsendonucleasen, sodass unterschiedliche Sequenzüberhänge an beiden Enden entstehen, dann lässt sich eine gerichtete Insertion des Restriktionsfragments in den Klonierungsvektor erzielen

■ **Abb. 10.6** Enzymatische Hydrolyse von DNA. Typ-II-Restriktionsendonucleasen erkennen kurze Sequenzabschnitte in doppelsträngigen DNA-Molekülen und hydrolysieren (schneiden) beide DNA-Moleküle, meist innerhalb der Erkennungssequenz, an ganz bestimmter Stelle. Die Restriktionsendonuclease *Eco*RI (*Eco* steht für *Escherichia coli*) erkennt die palindrome (d. h. auf beiden DNA-Strängen, jeweils in 5′→3′-Richtung gelesen, identische) Sequenz 5′-GAATTC-3′ (rot) und hydrolysiert spezifisch in beiden Strängen zwischen Guanosin und Adenosin (Pfeile) die Bindung zwischen der 3′-OH-Gruppe der Ribose und der Phosphatgruppe. Durch diese symmetrisch versetzte Spaltung der DNA erzeugt das Enzym *Eco*RI zwei einzelsträngige, komplementäre Schnittenden, die durch je einen vier Nucleotide umfassenden Überhang an den beiden gebildeten 5′-Enden gekennzeichnet sind. Solche überstehenden Enden lassen sich z. B. zur Hybridisierung mit anderen, ebenfalls mit *Eco*RI-geschnittenen DNA-Molekülen verwenden (■ Abb. 10.7)

Untersuchungsobjekten geworden, an denen sich insbesondere stoffwechsel- und entwicklungsphysiologische Fragestellungen untersuchen und Genfunktionen aufklären lassen. An zahlreichen Stellen in diesem Lehrbuch wird auf die an transgenen Pflanzen gewonnenen Erkenntnisse zurückgegriffen. Gleichzeitig sind transgene Pflanzen von erheblicher Bedeutung für die Landwirtschaft und Nutzpflanzenzüchtung. Die **Herstellung transgener Pflanzen** ist ein vielstufiger Prozess. Er beginnt mit der Isolierung und genauen Charakterisierung des zu übertragenden DNA-Moleküls. Dabei kann es sich um einen Genomabschnitt, ein einzelnes Gen oder eine cDNA (engl. *copy DNA*) handeln. Eine cDNA wird von dem Enzym Reverse Transkriptase in Anwesenheit einer mRNA-Matrize und von 2′-Desoxynucleotiden synthetisiert (◘ Abb. 4.2). Anschließend wird das zu übertragende Gen in einen Klonierungsvektor übertragen, der die Vervielfältigung (Replikation) des DNA-Abschnitts in einem geeigneten Rezipienten, in der Regel ein bakterieller Wirtsstamm, erlaubt. Als **Klonierungsvektoren** werden in der Regel Abkömmlinge bakterieller Resistenzplasmide (R-Plasmide, s. Lehrbücher der Mikrobiologie) verwendet. Die Wirtsstämme sind **Sicherheitsstämme** – zumeist von *Escherichia coli* – die wegen zahlreicher Mutationen nur noch auf speziell zusammengesetzten Nährböden, jedoch nicht mehr außerhalb des Labors wachsen können.

Zur Transformation in Pflanzenzellen muss die zu übertragende DNA in einen Transformationsvektor überführt werden. Heute wird zur Pflanzentransformation fast ausnahmslos *Agrobacterium tumefaciens* eingesetzt (▶ Abschn. 10.2). Als Transformationsvektoren werden Abkömmlinge des **Ti-Plasmids** dieses Bakteriums benutzt. Meist verwendet man Plasmide, die sowohl in *Escherichia coli* als auch in *Agrobacterium tumefaciens* repliziert werden, die also gleichzeitig als Klonierungs- und als Transformationsvektoren dienen (◘ Abb. 10.8). Ein definierter Bereich des Ti-Plasmids, die **T-DNA**, wird in die Pflanzenzelle übertragen und an einer beliebigen Stelle in das pflanzliche Kerngenom stabil integriert (▶ Abschn. 10.2). Um morphologisch normal wachsende Pflanzen zu regenerieren, werden die auf der T-DNA befindlichen *onc*-Gene entfernt und durch die Zielgene ersetzt. Zum Schluss kommt es zur Transformation der Wirtspflanze. Sie erfolgt bei Verwendung von *Agrobacterium tumefaciens* entweder durch Cokultivierung von pflanzlichen Explantaten (z. B. Blattstückchen bei Tabak) mit den Agrobakterien oder durch Vakuuminfiltration der Bakterien in Samen bzw. Blütenmeristeme (insbesondere bei *Arabidopsis thaliana* verwendet, ▶ Abschn. 4.9). Die bei der Übertragung der T-DNA ablaufenden Prozesse wurden in ▶ Abschn. 10.2 bereits näher besprochen. Neben der *Agrobacterium*-vermittelten Transformation stehen weitere Verfahren (Bioliostik, Elektroporation,

Mikroinjektion, Liposomen) zur Transformation zur Verfügung. Der biolistische Gentransfer (engl. *particle bombardment*) beruht auf dem Beschuss von Zellen mit DNA, die zum Durchdringen der starren Zellwände pflanzlicher Zellen an Gold- oder Wolframpartikel gekoppelt werden. Diese beladenen Mikroprojektile werden mit hohem Druck in die Zielzellen geschossen (daher der Name **Genkanone**), wo sie, dem Zufallsprinzip folgend, in das Genom der Zielzelle integriert werden können. Nach Integration der DNA in das Erbgut der Zielzelle können mittels geeigneter Zell- und Gewebekulturverfahren transformierte Pflanzen selektiert und regeneriert werden. Nachteilig bei diesem Verfahren ist, dass häufig multiple Insertionen von Volllängen und fragmentierten Genabschnitten auftreten, die zu unerwünschten Mutationen und instabiler Expression des Fremdgens führen können.

Da die Effizienz der Transformation in der Regel recht gering ist, werden konventioneller Weise die Zielgene zusammen mit einem Selektionsmarker in die Pflanzenzelle eingeführt. Derzeit sind ca. 50 Markergene bekannt, die zur Selektion oder Identifikation transformierter Zellen herangezogen werden können. Die verwendeten Selektionsmarker lassen sich in unterschiedliche Kategorien einteilen, die visuelle sowie positive Marker beinhalten. Bei den visuellen Markern handelt es sich um fluoreszierende Proteine (GFP, grün fluoreszierendes Protein) oder Proteine, die in Anwesenheit geeigneter Substrate nachweisbare Farbstoffe freisetzen (GUS, β-D-Glucuronidase), die im Mikroskop beobachtet werden können. Positive Selektionsmarker ermöglichen der transformierten Zelle Wachstum auf Medien, die für nichttransformierte Zellen keine hinreichende Nährstoffversorgung bieten (z. B. nutritive Marker) oder toxische Substanzen enthalten (z. B. Antibiotika, Herbizide usw.). Weit verbreitet sind antibiotika- und herbizidresistenzvermittelnde positive Markergene, wobei das Neomycin-Phosphotransferase-II-codierende *npt*II-Gen mit Abstand die größte Bedeutung hat (◘ Abb. 10.8). Das Enzym inaktiviert das für Pflanzenzellen toxische Antibiotikum Kanamycin durch Phosphorylierung. Neben dem *npt*II-Gen werden die Hygromycin-B-Phosphotransferase, die Phosphinothricin-N-Acetyltransferase und die 5-Enolpyruvylshikimat-3-phosphat-Synthase häufig zur Selektion verwendet.

Transformierte und selektierte Zellen werden im letzten Schritt, der Regeneration zu vollständigen Pflanzen, differenziert. Wenn zur Transfektion Protoplasten verwendet wurden, können die in Gegenwart des Selektionsprinzips (im Beispiel Kanamycin) überlebenden Zellen auf einem geeigneten Zellkulturmedium, das ein Auxin und ein Cytokinin enthält, zu Kallusgewebe heranwachsen (▶ Abschn. 12.2.3). Aus diesen Kalli lassen sich durch eine geeignete Veränderung des Auxin/ Cytokinin-Verhältnisses

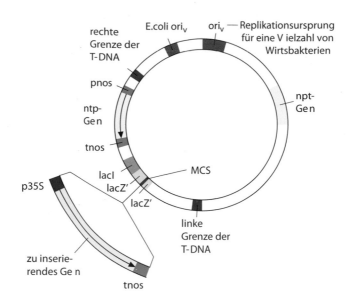

◻ Abb. 10.8 Aufbau eines Transformationsvektors, der sowohl in *Escherichia coli* vermehrt, als auch in *Agrobacterium tumefaciens* eingeschleust und zur Übertragung der T-DNA (▶ Abschn. 10.2) auf Pflanzen verwendet werden kann. Der Vektor trägt Merkmale bakterieller Resistenzplasmide und enthält zugleich alle für die Integration in das Nucleom erforderlichen T-DNA-Elemente eines Ti-Plasmids von *Agrobacterium tumefaciens* (▶ Abschn. 10.2), kann jedoch allein die Transformation der Pflanzenzelle nicht bewirken, da essenzielle Genfunktionen eines kompletten Ti-Plasmids (z. B. die *vir*-Region) fehlen. Um zur Pflanzentransformation befähigt zu sein, müssen Agrobakterienstämme daher noch ein Helferplasmid (im Prinzip ein Ti-Plasmid ohne T-DNA-Region) besitzen, das die dem Transformationsvektor fehlenden Genfunktionen bereitstellt. Der beispielhaft gezeigte Vektor trägt die folgenden Elemente: einen Replikationsursprung zur Replikation des Plasmids in *Escherichia coli* (*E. coli ori*ᵥ) und einen Replikationsursprung zur Plasmidreplikation in einer großen Zahl von Wirtsbakterien (u. a. *Agrobacterium*); ein Resistenzgen für die Selektion in den Wirtsbakterien (z. B. das *npt*-Gen, es codiert eine Neomycin-Phosphotransferase und vermittelt Resistenz gegenüber den Antibiotika Neomycin und Kanamycin); die rechte und linke flankierende Region der T-DNA eines Ti-Plasmids (zur Struktur und Funktion dieser DNA-Abschnitte, ▶ Abschn. 10.2). Diese flankierenden Regionen sowie alle DNA-Abschnitte innerhalb dieser beiden Bereiche werden in das pflanzliche Kerngenom übertragen. Innerhalb der T-DNA-Region befinden sich: 1) Ein Resistenzgen zur Selektion der transformierten Pflanzenzellen. Oft wird das gezeigte *npt*-Gen unter der Kontrolle des *A. tumefaciens*-Nopalin-Synthase-Promotors (*pnos*) mit dem die Transkriptionstermination bewirkenden Abschnitt des Nopalin-Synthase-Gens (*tnos*) verwendet. Der Nopalin-Synthase-Promotor wird von der pflanzlichen RNA-Polymerase II erkannt und enthält die Transkription stark fördernde *cis*-Elemente (▶ Abschn. 5.3). 2) Eine multiple Klonierungsstelle (MCS, engl. *multiple cloning site*, auch Polylinker genannt). Dabei handelt es sich um einen DNA-Abschnitt, der eng beieinanderliegende und sogar teilweise überlappende Erkennungssequenzen für eine Vielzahl von Restriktionsendonucleasen besitzt und daher zur Aufnahme verschiedener Restriktionsfragmente geeignet ist. Im gezeigten Beispiel wird in die MCS ein Zielgen, das durch den Transkriptionsterminatorabschnitt der Nopalin-Synthase einerseits und den Promotor der 35S-mRNA des Blumenkohlmosaikvirus (p35S, ▶ Exkurs 16.1) andererseits flankiert wird, eingebracht. Der 35S-Promotor ist ein sehr starker, in nahezu sämtlichen Pflanzenzellen aktiver Promotor. Im gezeigten Beispiel liegt die MCS innerhalb des codierenden Bereichs des bakteriellen *lacZ′*-Gens, dem das *lac*I-Gen vorgeschaltet ist. Diese Anordnung wird auch in vielen anderen Plasmiden zur Klonierung von Fremd-DNA verwendet, da sich in geeigneten bakteriellen Wirtszellen ein sehr einfacher Nachweis der erfolgreichen DNA-Insertion führen lässt (Blau-Weiß-Selektion). Dem liegt folgendes Prinzip zugrunde: Beim *lacZ′*-Gen handelt es sich um den 5′-Abschnitt des das Enzym β-Galactosidase codierenden bakteriellen *lacZ′*-Gens. Geeignete Wirtsbakterien enthalten den 3′-Abschnitt dieses Gens chromosomal codiert, jedoch kein vollständiges *lacZ′*-Gen. Bei Anwesenheit des plasmidcodierten *lacZ′*-Gens in der Zelle werden die beiden β-Galactosidase-„Teilenzyme" getrennt gebildet. Sie können sich jedoch zu einer funktionsfähigen β-Galactosidase zusammenlagern, die histochemisch ganz ähnlich wie die β-Glucuronidase (▶ Abschn. 10.4) unter Verwendung des Substrats 5-Brom-4-chlor-3-indolyl-β-D-galactopyranosid nachgewiesen werden kann (Blaufärbung der Bakterienkolonien). Die eingefügte MCS wurde so gewählt, dass sie das Leseraster des *lacZ′*-Gens nicht unterbricht und die Enzymfunktion nicht stört. Wird jedoch durch einen inserierten DNA-Abschnitt das Leseraster des *lacZ′*-Gens zerstört, so wird kein funktionsfähiges aminoterminales β-Galactosidase-Teilenzym mehr von den Wirtsbakterien gebildet und die fehlende β-Galactosidase-Aktivität äußert sich in farblosen Kolonien. Auf einer Agarplatte mit zahlreichen Kolonien lassen sich solche mit DNA-Insert (weiße Kolonien) von denen ohne DNA-Insert (blaue Kolonien) sehr einfach unterscheiden. Zudem ist das *lacZ′*-Gen (und damit die β-Galactosidase-Aktivität) induzierbar, vermittelt durch *lac*I. Dieses Gen codiert ein Repressorprotein, das durch Bindung an die Promotor-Operator-Region des *lacZ′*-Gens die *lacZ′*-Transkription so lange unterbindet, bis den Zellen Isopropylthiogalactosid (IPTG) zugeführt wird. IPTG bindet an das Repressorprotein, worauf dieses die Promotor-Operator-Region des *lacZ′*-Gens verlässt und die Transkription von *lacZ′* einsetzen kann (zur Struktur und Funktion des *lac*-Operons von *Escherichia coli*, s. Lehrbücher der Molekularen Genetik oder Mikrobiologie)

in großer Zahl vollständige Pflanzen regenerieren (◻ Abb. 12.4). Zur Transformation unter Verwendung von *Agrobacterium tumefaciens* wird eine Cokultur pflanzlicher Gewebe (z. B. Blattscheiben) mit den Bakterien vorgenommen (◻ Abb. 10.9a).

Transformierte Zellen lassen sich, ähnlich wie Protoplasten, in Gegenwart des Selektionsprinzips auf hormonhaltigen Nährböden zu Kalli heranziehen, während das nichttransformierte Gewebe abstirbt. Aus den Kalli werden wieder intakte Pflanzen rege-

Abb. 10.9 Regeneration von Tomatensprossen aus Blattscheiben. **a** Cokultivierung von *Agrobacterium tumefaciens* und Blattsegmenten aus Tomatenkotyledonen. **b**, **c** Sprossentwicklung nach Kallusbildung durch Kultivierung der Blattsegmente auf geeignetem Nährmedium. **d** Bewurzelte Tomatenpflanze nach vollständiger Regeneration

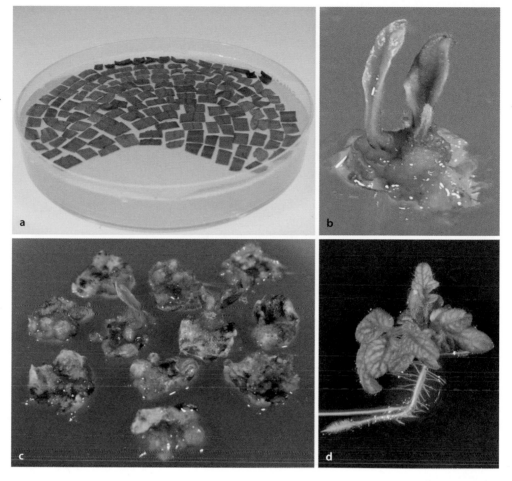

neriert (■ Abb. 10.9b–d). Oft (z. B. bei *Arabidopsis thaliana*) genügt es sogar, gerade mit der Blüte beginnende Sprosse unter Anlegen eines Vakuums für kurze Zeit in die Bakterienlösung zu tauchen, um die Zelltransformation durch *Agrobacterium* einzuleiten. Werden dabei diejenigen Zellen der Blütenmeristeme transformiert, die für die Bildung der Samenanlagen zuständig sind, so entstehen nach Bestäubung und Befruchtung neben nichttransformierten auch transformierte Samen, die sich in Gegenwart des Selektionsprinzips (in unserem Beispiel Kanamycin) entwickeln, während nichttransformierte Samen absterben. Durch Selbstung (*Arabidopsis thaliana* ist Selbstbefruchter) erhält man reinerbige (homozygote) transformierte Pflanzen. Die so erhaltenen transgenen Pflanzen werden genetisch, biochemisch und physiologisch charakterisiert und unter Umständen schließt sich eine weitere züchterische Bearbeitung an. Nur wenige technische Details dieses Prozesses konnten hier besprochen werden. Einzelheiten müssen den Lehrbüchern der Molekularen Genetik oder Molekularen Biotechnologie entnommen werden.

10.4 Merkmale und Anwendungsbeispiele

Transgene Pflanzen sind seit vielen Jahren von großer grundlagenwissenschaftlicher Bedeutung. Sie haben in den letzten Jahren darüber hinaus zunehmend Anwendung in der Landwirtschaft gefunden, nachdem transgene Nutzpflanzen erstmals im Jahre 1996 in den USA in den Handel gebracht wurden. Die vielfältigen Anwendungsgebiete transgener Pflanzen können hier nur anhand weniger Beispiele vorgestellt werden.

Im Wesentlichen werden transgene Pflanzen zur **Erhöhung der Expressionsstärke** arteigener Gene, z. B. durch Verwendung von stärker aktiven Promotoren (insbesondere des Blumenkohlmosaikvirus-35S-Promotors, ▶ Abschn. 16.3.2, ▶ Exkurs 16.1), zur **Absenkung der Expressionsstärke** arteigener Gene, z. B. durch Gene Silencing (▶ Abschn. 9.3) und zur **Expression artfremder Gene** in der Pflanze, z. B. zur Einführung einer Krankheitsresistenz oder zum Erreichen einer veränderten oder neuen Stoffwechselleistung, hergestellt.

In der Grundlagenforschung werden transgene Pflanzen unter anderem zur Untersuchung der Transkriptionskontrolle pflanzlicher Gene, zur Funktionsaufklärung einzelner Stoffwechselenzyme und zur Untersuchung molekularer Prozesse in lebenden Zellen eingesetzt. Um die Transkriptionskontrolle pflanzlicher Gene zu analysieren, wird der zu untersuchende Promotor mit einem leicht nachzuweisenden Indikatorgen, auch **Reportergen** genannt (bzw. mit einer cDNA, die den codierenden Bereich eines solchen Gens umfasst), verbunden und dieses Genkonstrukt in das Genom der zu untersuchenden Pflanze integriert. Die Aktivität des Promotors und seine Regulation in der transgenen Pflanze können dann analysiert werden, indem das gebildete Genprodukt nachgewiesen wird. Häufig wird als Reportergen das β-Glucuronidase-Gen *uid*A aus *Escherichia coli* verwendet, das histochemisch nachgewiesen werden kann (◘ Abb. 10.10, 10.11, und 10.12) oder das Gen für das grün fluoreszierende Protein (GFP) der Meeresqualle *Aequorea victoria*, welches, durch Bestrahlung mit kurzwelligem Blaulicht angeregt, grünes Fluoreszenzlicht aussendet. GFP ist daher zur Untersuchung von Genaktivitäten in lebenden Zellen besonders geeignet. Mittlerweile gibt es eine Vielzahl fluoreszierender Proteine, die Fluoreszenzlicht unterschiedlicher Wellenlängen emittieren, sodass unterschiedliche Promotoraktivitäten gleichzeitig untersucht werden können.

Die Untersuchung molekularer Prozesse in lebenden Zellen wird ebenfalls stark durch die Expression fluoreszierender Proteine unterstützt. Zur **Untersuchung der subzellulären Lokalisation** von Proteinen werden **chimäre Gene** zur Expression gebracht, bei denen dem Codierungsbereich des zu untersuchenden Gens die Codierungssequenz für GFP derart voran- bzw. nachgestellt wurde, dass ein durchgehendes Leseraster entsteht. Dessen Transkription ergibt eine einzige mRNA und deren Translation ein **Fusionsprotein** mit einem an den N- oder C-Terminus des zu untersuchenden Proteins angefügten GFP. Die intrazelluläre Verteilung des Fusionsproteins lässt sich über die GFP-Fluoreszenz mikroskopisch in der lebenden Zelle beobachten, sogar Videoaufnahmen in Echtzeit sind möglich. Auf diese Weise kann z. B. die Cytoskelettdynamik oder der Vesikelfluss in einer Zelle direkt lichtmikroskopisch verfolgt werden. Besonders ausgefeilt ist die Verwendung transgener Pflanzen, die aus mehreren Domänen bestehende, modular aufgebaute Detektorproteine bilden (genetische Biosensoren), mit denen sich selektiv und sehr empfindlich dynamische Veränderungen der Konzentration von bestimmten Ionen – z. B. von Ca^{2+}-Ionen –, aber auch der Konzentration von Metaboliten in der Zelle sichtbar machen und sogar quantitativ ermitteln lassen. Ca^{2+} ist ein zentraler Regulator des Zellstoffwechsels. Die cytoplasmatische Ca^{2+}-Konzentration beträgt lediglich etwa 0,1 μM, kann jedoch als Reaktion auf einen Stimulus vorübergehend auf wenige Mikromol pro Liter ansteigen, in Schließzellen beispielsweise nach Einwirkung des Phytohormons

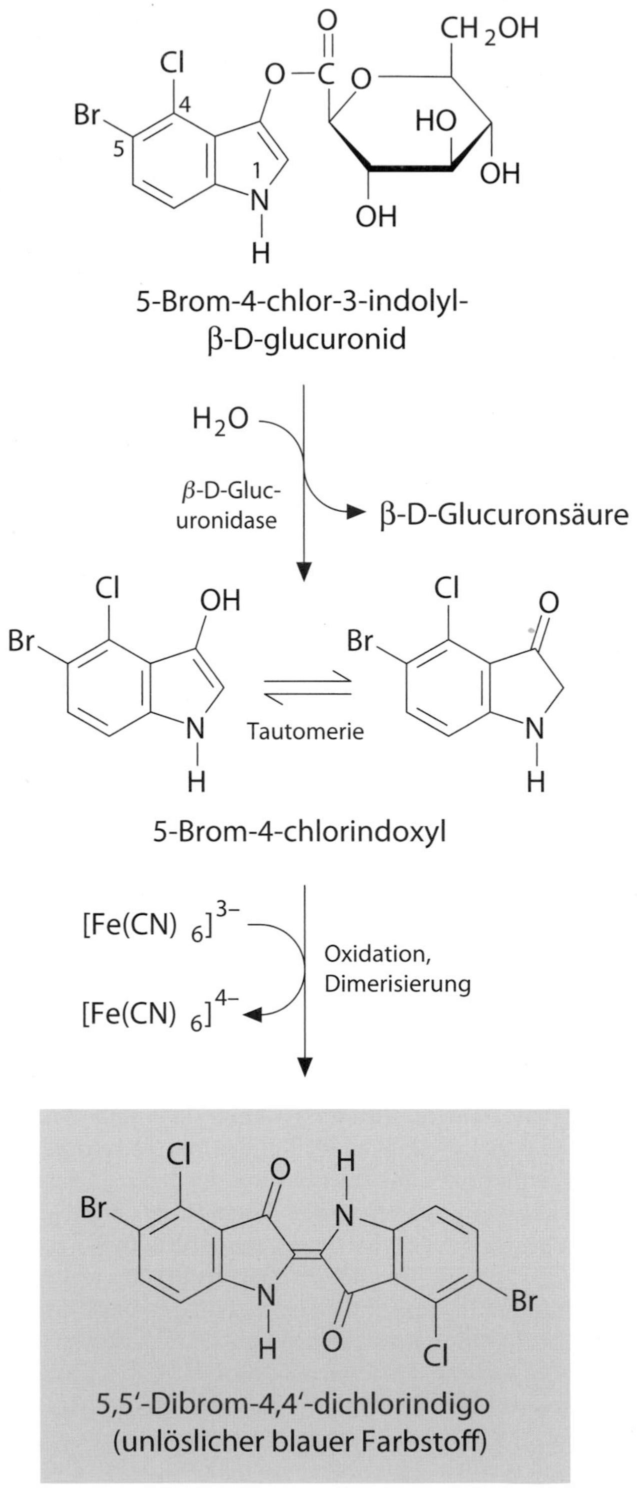

5-Brom-4-chlor-3-indolyl-
β-D-glucuronid

H_2O

β-D-Glucuronidase → β-D-Glucuronsäure

5-Brom-4-chlorindoxyl

Tautomerie

$[Fe(CN)_6]^{3-}$

$[Fe(CN)_6]^{4-}$

Oxidation, Dimerisierung

5,5'-Dibrom-4,4'-dichlorindigo
(unlöslicher blauer Farbstoff)

◘ **Abb. 10.10** Histochemischer Nachweis der β-Glucuronidase-Aktivität. Die Anwesenheit von Hexacyanoferrat-(III), $[Fe(CN)_6]^{3-}$, beschleunigt die in Gegenwart von O_2 auch spontan ablaufende Oxidation und Dimerisierung des gebildeten Indoxyls zum Indigofarbstoff. Der 5-Brom-4-chlor-3-indolylrest findet auch im histochemischen Nachweis anderer Hydrolasen Verwendung – z. B. β-Galactosidase (gekoppelt an β-D-Galactose) und Phosphatase (gekoppelt an Phosphat)

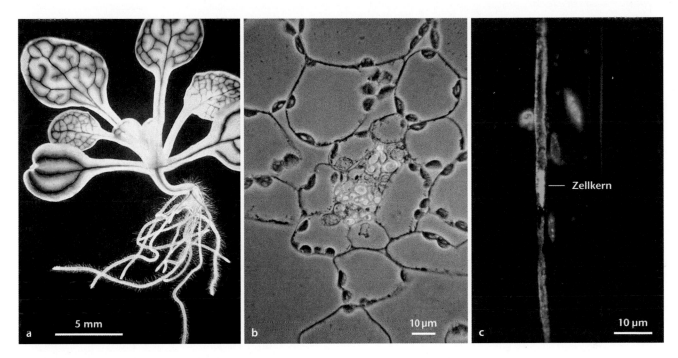

◻ Abb. 10.11   Analyse der Gewebespezifität eines Promotors. **a** Der histochemische β-Glucuronidase-Nachweis (Blaufärbung, Reaktion: ◻ Abb. 10.10) zeigt die Aktivität des Promotors des geleitzellenspezifischen Saccharosetransporters SUC2 (Saccharose engl. *sucrose*) in *Arabidopsis thaliana*-Leitbündeln an. In den jüngsten Blättern, die Sinks darstellen, ist keine Aktivität zu verzeichnen; in den Blättern, die sowohl Sink- als auch Source-Regionen enthalten, ist der SUC2-Promotor an der Blattspitze (Source-Region) aktiv, in den Source-Blättern findet sich Aktivität im Bereich aller Leitbündel des Blatts. Dieses Expressionsmuster legt nahe, dass SUC2 an der Phloembeladung beteiligt ist. Promotor-Reportergen-Analysen sagen zwar über die Genaktivität einiges aus, erlauben jedoch keine Aussage, ob das entsprechende Protein in dem Gewebe, das die Genaktivität zeigt, auch tatsächlich gebildet wird. **b** Die Lokalisation des SUC2-Proteins in Geleitzellen wurde daher durch Markierung des Proteins mit spezifischen, fluoreszenzmarkierten Antikörpern, gefolgt von mikroskopischer Analyse, gezeigt (Überlagerung eines Hellfeldmikroskopfotos eines Blattquerschnitts mit einer Aufnahme desselben Präparats im Fluoreszenzlicht). Die intensiv grün leuchtenden Bereiche zeigen die Immunfluoreszenzmarkierung des SUC2-Proteins in Phloemzellen. Zusätzlich tritt eine schwächere, gelbe Autofluoreszenz lignifizierter Zellwände im Bereich des Xylems auf. Im Längsschnitt durch eine Blütenstandsachse (**c**) lässt sich die Geleitzelle anhand ihrer lang gestreckten Form und ihres Zellkerns von den kernlosen Siebelementen unterscheiden (die DNA wurde mit dem blau fluoreszierenden Farbstoff 4,6-Diamidino-2-phenylindol, DAPI, markiert). Das SUC2-Protein, erkennbar an der grünen Antikörperfluoreszenz, ist in der Geleitzelle nachweisbar. (Phloemtransport: ▶ Abschn. 14.7, ◻ Abb. 14.47) (Originale: N. Sauer, mit freundlicher Genehmigung)

Abscisinsäure (▶ Abschn. 15.3.2.5, ◻ Abb. 15.29). Dieser Prozess lässt sich durch die in ◻ Abb. 10.13 erläuterte **FRET-Technik** (FRET für Förster-Resonanzenergietransfer oder Fluoreszenzresonanzenergietransfer) direkt verfolgen. **Versuche zur Umsteuerung des Stoffwechsels** wurden ebenfalls mithilfe gentechnischer Verfahren unternommen. Ein aktuelles Beispiel sind Ansätze zur Vermeidung photorespiratorischer Verluste (▶ Abschn. 14.4.6). Die Photorespiration geht auf die Unfähigkeit der Ribulose-1,5-bisphosphat-Carboylase/Oxygenase zwischen O_2 und CO_2 effizient zu unterscheiden. Hierdurch kommt es neben der gewünschten CO_2-Fixierung auch zur Oxygenierung, wodurch das toxische Zwischenprodukt 2-Phosphoglykolat entsteht. 2-Phosphoglykolat muss aufwendig entgiftet und in 3-Phosphoglycerat überführt werden, wobei CO_2 und NH_4 freigesetzt und refixiert werden müssen. An diesem Prozess sind drei Kompartimente und viele Enzyme beteiligt (◻ Abb. 14.52). Schätzungen zur Folge gehen durch die Photorespiration ca. 1/3 der photosynthetischen Energie bei C_3-Pflanzen verloren. Da die Photorespiration aufgrund der unterschiedlichen Löslichkeit von CO_2 und O_2 in wässrigen Lösungen mit steigender Temperatur zunimmt, stellen photorespiratorische Verluste insbesondere in Anbetracht der globalen Erderwärmung ein zunehmendes Problem für die Produktivität heutiger C_3-Kulturpflanzen (z. B. Weizen, Reis, Raps und Kartoffeln) dar. Aus diesem Grund wurde bereits vor einigen Jahren versucht, den Stoffwechsel umzusteuern, sodass 2-Phosphoglykolat direkt am Ort der Entstehung, den Chloroplasten, entgiftet wird. Hierdurch entfällt die Refixierung von NH_4, der CO_2-Verlust wird minimiert und der aufwendige Transport der Stoffwechselintermediate kann vermieden werden. Versuche, die Oxygenasereaktion der Rubisco zu unterdrücken, blieben bisher mehr oder weniger erfolglos, obwohl dies der direktere Weg zur Vermeidung der Photorespiration wäre.

Zwei Beispiele für eine effiziente Umsteuerung sind in ◻ Abb. 10.14 dargestellt. Im ersten Beispiel (◻ Abb. 10.14a) wurden drei fremde, nicht im Genom

0,5 cm

Abb. 10.12 Analyse der Regulation der Aktivität eines Promotors durch äußere Einflüsse. Das eine frühe Reaktion der Jasmonsäurebiosynthese katalysierende Enzym Allenoxid-Synthase wird durch zahlreiche Faktoren reguliert (► Abschn. 12.5.2, ◘ Abb. 12.30), die auf die Transkriptionsstärke des Allenoxid-Synthase-Gens Einfluss nehmen. Die Aktivierung des Allenoxid-Synthase-Promotors durch Verwundung lässt sich in transgenen Pflanzen zeigen, die β-Glucuronidase unter der Kontrolle des Promotors der Allenoxid-Synthase exprimieren. Verwundung (Pfeil) bewirkt nach wenigen Stunden eine starke, lokale Aktivierung des Promotors, sichtbar an der starken β-Glucuronidase-Aktivität (die gezeigte Tabakpflanze wurde 4 h nach der Verwundung dem histochemischen Enzymnachweis unterzogen). Gleichzeitig wird der Promotor entlang der Leitungsbahnen aktiviert; diese Aktivierung breitet sich im Leitgewebe der Pflanze rasch auch in die nichtverletzten Gewebe hinein aus. Man spricht dabei von systemischer Induktion. Sie ist Ausdruck der Ausbreitung eines die Aktivität zahlreicher Abwehrgene (► Abschn. 16.4.1) induzierenden Wundfaktors in der Pflanze. Bei Tomaten handelt es sich um das Peptid Systemin (◘ Abb. 16.22), bei anderen Spezies konnte die Struktur des Wundfaktors noch nicht geklärt werden. (Original: I. Kubigsteltig, mit freundlicher Genehmigung)

der Pflanzen codierte Enzyme in Chloroplasten eingeschleust – die Glykolat-Dehydrogenase, die Glyoxylat-Carboxyligase und die Tartronsäuresemialdehyd-Reduktase – im zweiten Beispiel (◘ Abb. 10.14b) waren es zwei neue Enzymaktivitäten – die Glykolat-Dehydrogenase und die Malat-Synthase. Zusätzlich zur Überexpression wurde die Expression eines Glykolattransport-

ers gehemmt, wodurch der Export von Glykolat aus Chloroplasten reduziert wurde. Berichten zufolge konnte insbesondere durch den zweiten Ansatz der Biomasseertrag von transgenen Tabakpflanzen im Feld um bis zu 40 % gesteigert werden (South et al. 2019).

Die erste vermarktete transgene Nutzpflanze, eine Tomate mit festeren Früchten, erhielt ihre spezielle Eigenschaft durch die *antisense*-Technik. Durch die Expression eines Polygalacturonase-*antisense*-Gens in den Früchten wird die Bildung dieses Enzyms stark vermindert und dadurch die Auflösung der größtenteils aus Polygalacturonsäure (Pektin) bestehenden Mittellamellen, die während der Fruchtreifung erfolgt und zum Weichwerden der Früchte beiträgt, stark reduziert.

Im Gegensatz zu dieser Eigenschaft, die sich auf dem Markt nicht durchsetzen konnte, werden transgene Nutzpflanzen weltweit auf immer mehr Flächen angebaut (International Service for the Acquisition of Agribiotech Applications 2017). Im Jahr 2018 wurden in 24 Ländern, insbesondere den USA, Brasilien, Argentinien, Kanada, Indien, Paraguay, Pakistan, China und Südafrika transgene Pflanzen angebaut. Hierbei dominieren vier Kulturarten: Sojabohne, Baumwolle, Mais und Raps. Weltweit betrachtet waren im Jahr 2017 77 % der Sojabohnenernte, 80 % der Baumwollernte, 32 % der Maisernte und 30 % der Rapsernte transgen. Bei den eingeführten Eigenschaften dominieren **Insektenresistenz** und **Herbizidtoleranz**. Einen guten Überblick über gentechnisch veränderte Kulturpflanzen vermittelt die Internetseite ► https://www.transgen.de.

Herbizide werden eingesetzt, um Wildpflanzen von Feldern fern zu halten und damit das Wachstum der Kulturpflanzen zu unterstützen. Da Herbizide häufig allerdings nicht nur das Wachstum der Wildpflanzen einschränken, sondern auch das der Kulturpflanzen, ist ihr Einsatz nur begrenzt möglich. Dies gilt insbesondere für Totalherbizide, die zwar häufig relativ umweltverträglich sind, aber nicht zwischen Pflanzenarten differenzieren. Um dennoch diese nicht selektiven Herbizide einsetzen zu können, wurden transgene Pflanzen erzeugt. Hierbei wurden zwei Strategien verfolgt: Entgiftung durch die Überführung der toxischen Wirkstoffe in ungiftige Metaboliten und die Expression von Enzymen, die nicht durch das Herbizid geschädigt werden. Ein Beispiel für die erste Strategie ist die Expression der Phosphinothricin-N-Acetyltransferase (PAT). Die aus *Streptomyces* sp. stammende PAT acetyliert das Totalherbizid Glufosinat und überführt es in einen nichttoxischen Metaboliten, der anschließend im Stoffwechsel abgebaut wird. In Pflanzen, die keine PAT enthalten, hemmt das Herbizid die Glutamin-Synthetase, wodurch der N-Stoffwechsel gestört wird und toxische Mengen an Ammoniak akkumulieren. Die am weitesten verbreitete Herbizidtoleranz wird durch die Expression eines

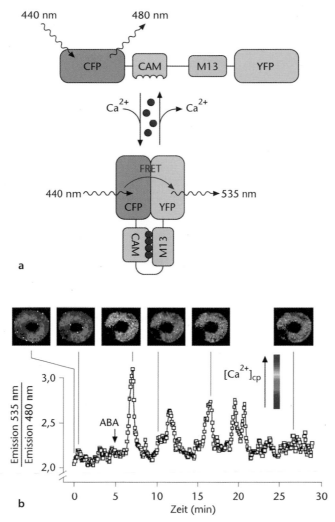

Abb. 10.13 Fluoreszenzresonanzenergietransfer-(FRET-)Technik zum Nachweis von Veränderungen des cytoplasmatischen Calciumspiegels in Schließzellen nach Behandlung mit dem Phytohormon Abscisinsäure (ABA). **a** Prinzip des Verfahrens. Transgene *Arabidopsis thaliana*-Pflanzen exprimieren ein chimäres Gen, dessen offenes Leseraster aus vier verschiedenen Teilen besteht, die ein Protein mit vier aufeinander bezogenen Funktionsmodulen codieren, das in der Zelle als Calciumdetektor wirkt: CFP (engl. *cyan fluorescing protein*), CAM (Calmodulin), M13 (ein in Anwesenheit von Ca^{2+}-Ionen an Calmodulin bindendes Peptid), YFP (engl. *yellow fluorescing protein*). CFP und YFP sind durch Genmutationen erzeugte Abkömmlinge des in *Aequorea* vorkommenden GFP (s. Text) mit veränderten Absorptions- und Emissionseigenschaften, Calmodulin ist ein Ca^{2+}-Bindungsprotein mit vier Bindungsstellen für Ca^{2+}-Ionen. Bei niedrigen Ca^{2+}-Konzentrationen in der Zelle liegt das Calmodulin in der calciumfreien Form vor und das chimäre Detektorprotein besitzt eine offene Struktur. Belichtet man die Zelle mit Blaulicht der Wellenlänge 440 nm, so wird lediglich CFP angeregt und es erfolgt eine Emission von Fluoreszenzlicht der Wellenlänge 480 nm (Cyan). Steigt in der Zelle die Calciumionenkonzentration an, bindet Ca^{2+} an Calmodulin und das M13-Peptid assoziiert mit dem Ca^{2+}-CAM-Komplex. Dadurch wird die YFP-Domäne in unmittelbare Nachbarschaft zur CFP-Domäne gebracht. In dieser Form emittiert CFP bei Anregung mit Licht der Wellenlänge 440 nm kein Fluoreszenzlicht mehr, sondern überträgt seine Anregungsenergie strahlungslos auf YFP, das sie seinerseits als Fluoreszenzlicht der Wellenlänge 535 nm (Gelb) emittiert; man spricht von Fluoreszenzresonanzenergietransfer (FRET). Durch Ermittlung des Verhältnisses der Fluoreszenzemissionen 535/480 nm lässt sich auf die Konzentration der Ca^{2+}-Ionen im Cytoplasma zurückrechnen; durch hochauflösende Mikrospektralphotometrie lässt sich die Verteilung der Ca^{2+}-Ionen in der Zelle sichtbar machen. **b** FRET-Analyse der cytoplasmatischen Ca^{2+}-Konzentration ($[Ca^{2+}]_{cp}$) in Schließzellen transgener *Arabidopsis thaliana*-Pflanzen nach Zusatz von Abscisinsäure (10 µM). Die Bilder geben die Verteilung der Ca^{2+}-Ionen in den Zellen zu den markierten Zeitpunkten in Falschfarbencodierung an, der Graph zeigt das Intensitätsverhältnis der Lichtemission 535/480 nm, aufgetragen gegen die Zeit und gemittelt für eine der beiden gezeigten Schließzellen. Die Analyse zeigt, dass die Induktion des Stomaverschlusses durch ABA mit einer periodischen Erhöhung des intrazellulären Calciumspiegels in den Schließzellen einhergeht (Schließzellbewegung: ◻ Abb. 15.28). – ABA Abscisinsäure. (a nach R. Tsien, verändert; b nach G. Allen und J. Schroeder, mit freundlicher Genehmigung)

glyphosatunempfindlichen Enzyms (◻ Abb. 14.87) erreicht. Der Wirkstoff hemmt den Shikimatweg und führt zu einer Hemmung der Bildung aromatischer Aminosäuren und weiterer phenolischer Verbindungen. Da der Shikimatstoffwechsel auf Pflanzen, einige Bakterien und Pilze beschränkt ist, gilt der Wirkstoff für Menschen und Tiere als ungefährlich.

Kulturpflanzen müssen sich jedoch nicht nur gegen die Konkurrenz von Wildpflanzen durchsetzen, sondern sind ständig weiteren Umweltfaktoren ausgesetzt, die

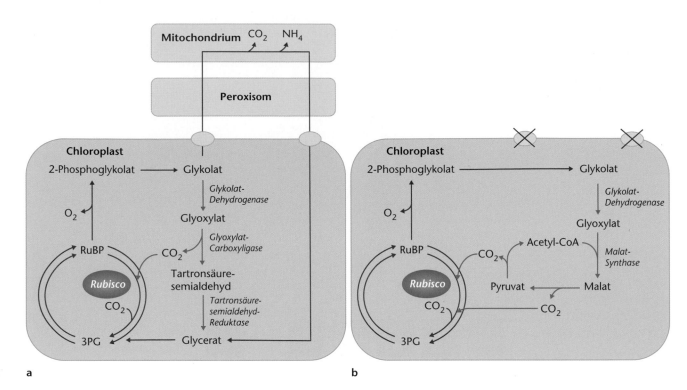

Abb. 10.14 Schematische Darstellung zweier Ansätze zur Unterdrückung photorespiratorischer Verluste. **a** Durch das Einschleusen von drei Enzymaktivitäten (Glykolat-Dehydrogenase, Glyoxylat-Carboxyligase und Tartronsäuresemialdehyd-Reduktase) wird Glykolat im Chloroplasten direkt in Glycerat überführt. Dieses wird nach Phosphorylierung durch die pflanzeneigene Phosphoglyceratkinase in 3-Phosphoglycerat umgewandelt und dem reduktiven Pentosephosphatweg zugeführt. Hierdurch wird der Transport von Glykolat und dessen Umsetzung in Peroxisomen und Mitochondrien minimiert. **b** Durch die Aktivität der Enzyme Glykolat-Dehydrogenase und Malat-Synthase wird Glykolat in Malat überführt. Malat kann durch pflanzeneigene Enzyme zu Pyruvat decarboxyliert und durch eine Pyruvat-Dehydrogenase in Acetyl-CoA umgewandelt werden. Das freiwerdende CO_2 wird in Chloroplasten durch die Rubisco direkt refixiert. Durch die Hemmung der Expression des Glykolattransporters wird der Export von Glykolat reduziert, sodass die enzymatische Umsetzung bevorzugt in Chloroplasten abläuft. Blaue Pfeile repräsentieren den metabolischen Fluss nach Carboxylierung von RuBP durch die Rubisco. Rote Pfeile zeigen den Weg der Photorespiration nach Oxygenierung von RuBP durch die Rubisco. Ab 3-Phosphoglycerat unterscheiden sich beide Wege nicht. Grüne Pfeile repräsentieren den neuen metabolischen Weg nach Einführung der oben genannten Enzyme. – 3PG 3-Phosphoglycerat, RuBP Ribulose-1,5-bisphosphat (Nach Daten aus South et al. 2019)

die Produktivität begrenzen können. Hierzu zählen biotische und abiotische Faktoren. Zu den biotischen Faktoren zählen im Wesentlichen Insekten, Viren, Pilze, Nematoden und Bakterien.

Insektenresistenz wird durch die Expression von *Bacillus thuringiensis*-Toxinen (Bt-Toxin) erreicht. Bt-Toxine haben ein begrenztes Wirkspektrum. Bisher wurden mehr als 200 Bt-Toxine isoliert, die jeweils eine unterschiedliche Spezifität aufweisen. Im Bakterium akkumulieren die Toxine in Form unlöslicher Kristalle, weshalb die Proteine auch Cry-Proteine (engl. *crystal proteins*) genannt werden. Ihre Wirkung entfalten die Bt-Toxine im Insektendarm, nachdem die Proteinkristalle zunächst im alkalischen Milieu des Darms aufgelöst und anschließend die Proteine durch Proteasen prozessiert wurden. Die so aktivierten Bt-Toxine binden an Rezeptoren auf den Epithelzellen, wodurch sich in der Plasmamembran der Zellen Poren bilden. Hierdurch verlieren die Zellen ihre Integrität und sterben ab. Da die Wirkung der unterschiedlichen Bt-Toxine auf die An-

wesenheit insektenspezifischer Rezeptoren beruht, sind die Bt-Toxine hoch spezifisch und besitzen eine sehr geringe Toxizität gegenüber Nicht-Zielorganismen. In transgenen Pflanzen werden im Unterschied zu den Bakterien keine Bt-Kristalle gebildet, d. h. die Prozessierung und Solubilisierung des Toxins ist für dessen Wirkung nicht erforderlich.

Zur Erzeugung von **Virusresistenzen** werden häufig subgenomische Bereiche des viralen Genoms in transgenen Pflanzen exprimiert. Dies führt dazu, dass die Virus-RNA erkannt und letztlich durch Gene Silencing der Wirtszelle abgebaut wird. Ein Beispiel hierfür sind transgene Papayapflanzen, die gegenüber dem Papayaringfleckenvirus (engl. *papaya ringspot virus*, PRSV) resistent sind. Das Virus führte Mitte der 1990er-Jahre fast zum Erliegen des gesamten Papayaanbaus in Hawaii. Dieser konnte durch die Einführung virusresistenter transgener Papayapflanzen im Jahr 1998 erhalten werden. Heute sind nahezu 100 % der in Hawaii produzierten Papayafrüchte transgen.

War die Erzeugung von insekten- und virusresistenten Pflanzen recht erfolgreich, so erwiesen sich Versuche zum Einschleusen von **Pilzresistenzen** oder zur Herstellung von Pflanzen, die abiotischem Stress widerstehen können, als schwieriger. Erst in den letzten Jahren konnten hier Erfolge erzielt werden. So wurden zwei Gene, die in der Wildkartoffel *Solanum bulbocastanum* Resistenz gegenüber *Phytophthora infestans* vermitteln, isoliert (BLB1 und BLB2). *P. infestans* gehört zur Gruppe der Oomycota und verursacht die Krautfäule an Kartoffelpflanzen. In den Jahren 1845/46 verursachte *P. infestans* eine große Hungersnot in Irland, der 1 Mio. Menschen zum Opfer fielen. Auch heutzutage ist *P. infestans* ein großes Problem, welches nur durch intensive Fungizidbehandlungen eingedämmt werden kann. Durch den Transfer der isolierten Resistenzgene BLB1 und BLB2 in Kartoffelpflanzen konnten transgene Kartoffelpflanzen erzeugt werden, die gegenüber *P. infestans* resistent sind (◘ Abb. 10.15).

Abiotischer Stress in Form von Hitze, Kälte, Trockenheit oder geringer Nährstoffversorgung begrenzt neben die biotischen Stressfaktoren maßgeblich die Produktivität heutiger Kulturpflanzen. Insbesondere die Wasserverfügbarkeit beeinträchtigt in vielen Regionen der Welt die Landwirtschaft. Natürlicherweise besitzen Pflanzen eine Reihe von Schutzmechanismen, um widrigen Umweltbedingungen widerstehen zu können. Da dies allerdings mit einer Einbuße der Produktivität einhergeht, gingen viele dieser Mechanismen im Laufe der Züchtung verloren und befinden sich nicht mehr im Genpool heutiger Hochleistungssorten. Um dem entgegenzuwirken wurde ein bakterielles Gen, welches ein Kälteschockprotein codiert, in Mais exprimiert und die transgenen Maispflanzen unter Wassermangel getestet. Interessanterweise zeigte sich hierbei, dass die transgen Pflanzen tatsächlich ein besseres Wachstum unter Wassermangel aufwiesen. Inwieweit die Pflanzen helfen, den Wasserverbrauch in der Landwirtschaft zu senken, bzw. höhere Erträge bei geringer Wasserverfügbarkeit erlauben, wird sich zeigen

Die derzeit im Anbau befindlichen gentechnischen Sorten dienen vorrangig dem Landwirt, da er weniger bzw. effektivere Pflanzenschutzmittel einsetzen kann. Diese Eigenschaften haben für den Endverbraucher keinen direkten Nutzen, weshalb die Akzeptanz dieser Produkte in Deutschland und Europa sehr gering ist. Im Fall des Bt-Toxins ergeben sich allerdings auch Vorteile für den Verbraucher, da durch Reduktion des Insektenbefalls ebenfalls ein verminderter Pilzbefall (Pilze treten häufig durch Verwundungsstellen in die Pflanze ein, die durch Insektenfraß hervorgerufen werden können) und damit eine geringere Belastung an Mykotoxinen beobachtet wurde.

Transgene Pflanzen, deren Eigenschaften direkt den Verbrauchern zugutekommen, beinhalten Pflanzen mit erhöhtem Vitamin- oder Aminosäuregehalt, mit veränderter Fettsäurezusammensetzung oder Pflanzen mit vermindertem Allergengehalt.

Die Einführung der Gene für den kompletten Biosyntheseweg für β-Carotin in Reispflanzen (◘ Abb. 10.16) und ihre Expression im sonst carotinoidfreien Reisendosperm könnte ein Meilenstein bei der Bekämpfung des insbesondere bei Kindern verbreiteten Vitamin-A-Mangels in der

◘ **Abb. 10.15** Transgene (links) und konventionelle Kartoffelpflanzen nach Infektion mit *Phytophthora infestans*. Ein *P. infestans*-Befall von Kartoffel- und Tomatenpflanzen führt zu drastischen Ertragseinbußen. Durch Übertragung zweier Resistenzgene aus der Wildkartoffel *Solanum bulbocastanum* gelang es, eine gentechnisch veränderte Kartoffelsorte herzustellen, die gegen *P. infestans*-Infektionen resistent ist. (BASF, mit freundlicher Genehmigung)

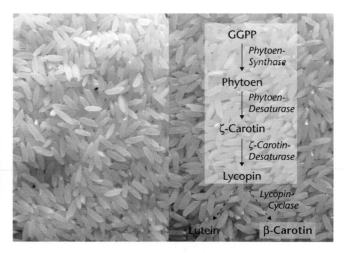

◘ **Abb. 10.16** Produktion von β-Carotin im Endosperm transgener Reiskaryopsen. Durch die Überexpression einer Phytoen-Synthase aus Pflanzen und einer bifunktionellen bakteriellen Desaturase (Phytoen- und ζ-Carotin-Desaturase) wird in transgenen Reiskaryopsen β-Carotin gebildet. Dieser Stoffwechselweg ist in nichttransformierten Reiskaryopsen nicht aktiviert. Die Gelbfärbung (daher der Name Golden Rice) wird durch die Akkumulation von bis zu 20 mg kg^{-1} β-Carotin hervorgerufen. (Golden Rice Humanitarian Board, mit freundlicher Genehmigung)

Bevölkerung solcher Länder darstellen, in denen Reis die hauptsächliche pflanzliche Nahrungsquelle darstellt (β-Carotin = Provitamin A).

Neben der Erhöhung des Nährwerts bzw. der Steigerung der Produktqualität und -sicherheit, werden transgene Pflanzen auch zur Herstellung pharmazeutisch relevanter Proteine eingesetzt. Hierbei zeichnen sich Pflanzen gegenüber herkömmlichen Produktionssystemen wie Mikroorganismen oder Insektenzellen durch einige Vorteile aus. Photosynthetisch aktive Pflanzen können aus Licht, Wasser und Mineralien organische Verbindungen aufbauen und damit kostengünstig produzieren. Die Produktionshöhe ist flexibel, eukaryotische Proteine werden korrekt synthetisiert und gefaltet, humane Pathogene oder Onkogene sind in Pflanzen nicht enthalten und in Pflanzen produzierte Impfstoffe könnten ohne Aufreinigung oral appliziert werden, wodurch Impfungen ohne Injektionen möglich würden. Bevor essbare Impfstoffe aus Pflanzen allerdings vermarktet werden können, müssen sie eine Reihe von Bedingungen erfüllen. Sie müssen in ausreichender Menge und reproduzierbar produziert und dürfen nicht im Magen-Darm-Trakt hydrolysiert werden. Darüber hinaus müssen sie eine Immunantwort auslösen. Für eine Reihe von Impfstoffen wie einem Hepatitis-B-Virus-Oberflächenantigen oder einem Hüllprotein des humanen Papillomvirus (HPV-L1) konnte gezeigt werden, dass die Proteine stabil in Pflanzen hergestellt werden und eine Immunantwort auslösen können. Derzeit werden unterschiedliche Strategien zur Produktion pharmazeutisch relevanter Proteine erprobt.

10.5 Genomeditierung

Die Entwicklung der Pflanzenzucht ist eng mit der Anpassung des Menschen an die sesshafte Lebensweise geknüpft. Als die Menschen vor ca. 12.000 Jahren begannen sesshaft zu werden und Pflanzen anzubauen, begann die Domestizierung von Wildpflanzen, allen voran der Gerste. Durch Auslese wurden Wildpflanzen an die Nutzung durch den Menschen angepasst und sogenannte Domstizierungsmerkmale wie Spindelfestigkeit (sie verhindert, dass reife Samen herabfallen) selektiert. Hierbei entstanden nicht nur ertragreichere Getreidearten, sondern auch die Fülle unterschiedlicher Kohlarten. Die meisten der heute angebauten Kohlarten gehen auf den Wildkohl (*Brassica oleracea*) zurück und sind durch die Selektion unterschiedlicher Mutationen entstanden. Durch die kontinuierliche Selektion wurden nicht nur bestehende Arten verändert, sondern es entstanden auch neue, z. B. der Weizen. Der hexaploide Weizen geht aus einer Kreuzung von drei Arten zurück und existiert in dieser Form nur als Kulturpflanze. Die Auslesezüchtung bestimmte die Selektion der Kulturpflanzen bis zur Entdeckung der Mendel'schen Regeln Ende des 19. Jahrhunderts (▶ Abschn. 7.1). Mit dem Wissen der Gesetzmäßigkeiten der Vererbung konnten nun gezielte Kreuzungen durchgeführt und vorteilhafte Eigenschaften der Eltern in ihren Nachkommen kombiniert werden (Kombinationszüchtung). Hierdurch gelang nicht nur die Züchtung von Sorten mit hohen Erträgen, sondern auch mit verbesserten Qualitätseigenschaften. Zu den Qualitätsmerkmalen zählte auch die Verminderung der Gehalte an unbekömmlichen sekundären Pflanzeninhaltsstoffen (z. B. an Glykoalkaloiden in Kartoffelknollen). Da viele der sekundären Inhaltstoffe Abwehrfunktionen in der Pflanze übernehmen, wurde die verbesserte Verträglichkeit mit einer erhöhten Empfindlichkeit der Kulturpflanzen für biotischen und abiotischen Stress erkauft. Da parallel zur Pflanzenzucht die landwirtschaftlichen Praktiken verbessert und Pflanzenschutzmaßnahmen sowie Pflanzendüngung eingeführt wurden, konnten Kulturpflanzen gezüchtet werden, die optimal an das Agrarökosystem angepasst, aber in natürlichen Ökosystemen nicht konkurrenzfähig sind. Die Kombination aus Kreuzungszüchtung und verbesserter Anbaupraxis führte zu deutlichen Ertragssteigerungen und mit der Einführung der Hybridzüchtung sogar zu Sprüngen im Ertragspotenzial. Allerdings wurden die Ertragszuwächse über die Jahrtausende mit einem eingeschränkten Genpool heutiger Hochleistungssorten erkauft, d. h., die Züchtung wurde abhängig von wenigen Allelen (▶ Kap. 8) und spontanen Mutationen.

Um die Rate der spontanen Mutationen (▶ Kap. 8) zu erhöhen, begann man in den 1930er-Jahren mit der **Strahlenmutagenese**. Hierbei wurden Pflanzen Röntgenstrahlung oder radioaktiver Gammastrahlung ausgesetzt, die die Mutationsrate drastisch erhöhen. Der Grund sind strahleninduzierte DNA-Doppelstrangbrüche, die durch natürliche Mechanismen repariert werden. Bei dieser Reparatur entstehen sehr häufig Fehler wie Insertionen oder Deletionen, die zu veränderten Genfunktionen führen können. Heute gibt es über 3000 verschiedene Pflanzensorten, die auf Strahlenmutagenese zurückgehen. Zu nennen sind hier die mehltauresistente Braugerste (erzeugt durch eine Mutation im *Mlo*-Gen) oder der für die Pastaherstellung wichtige Hartweizen. Neben der Strahlenmutagenese, die durch umfangreiche Insertionen oder Deletionen häufig zum Funktionsverlust betroffener Genombereiche führt, wurde auch die **chemische Mutagenese** (▶ Abschn. 4.9, ◘ Abb. 4.18) eingesetzt. Sie löst im Wesentlichen Punktmutationen aus, die oft in Funktionsveränderungen einzelner Gene resultieren. Durch die künstliche Steigerung der Mutationsrate wurde der Genpool der Kulturpflanzen erweitert. Problematisch bei dieser Technik ist allerdings, dass die Mutationen nur ungerichtet erfolgen und neben der eigentlich vorteilhaften viele, meist unerwünschte Mutationen entstehen. Eine weitere Möglichkeit der Erweiterung des Genpools bot die in den 1980er-Jahren entwickelte **Gentechnik** (▶ Abschn. 10.1), mit deren Hilfe sich einzelne Gene aus unterschiedlichsten Organismen über Kreuzungsbarrieren hinweg in das Pflanzengenom integrieren lassen. Mit der Gentechnik wurde der erste Schritt weg von der zufälligen Mutagenese hin zur gerichteten Veränderung gemacht. Allerdings konnten aufgrund der zufälligen Integration der Fremdgene in das Genom unerwünschte Mutationen nicht ausgeschlossen werden.

Durch die Entwicklung der **Genomeditierung** wurden die Methoden der Züchtung um ein Werkzeug bereichert, das die zielgerichtete Veränderung von Genomen erlaubt. Grundlage hierfür sind molekularbiologische Verfahren, mit deren Hilfe sich DNA sequenzspezifisch modifizieren lässt. Hierzu zählen die oligonucleotidgesteuerte Mutagenese (engl. *oligonucleotide directed mutagenesis*, ODM), Meganucleasen, Zinkfingernucleasen, TALEN und CRISPR-Cas9. Gemeinsam ist den genannten Verfahren, das sie an bestimmten Genorten DNA-Doppelstrangbrüche induzieren. Diese werden durch homologe Rekombination (engl. *homology directed repair*, HDR) oder nichthomologes Verbinden von DNA-Enden (engl. *non-homologous end joining*, NHEJ) repariert. Das NHEJ führt in der Regel zur Inaktivierung von Genfunktionen, wohingegen die HDR der Einführung gezielter Mutationen oder neuer DNA-Sequenzen dient (◻ Abb. 10.17). Bei der ODM-Technologie, die in Pflanzen erstmals 1999 erfolgreich an Tabakzellen durchgeführt wurde, werden chemisch modifizierte Oligonucleotide in Pflanzenzellen eingeführt, die mit der Zielsequenz eine Triplehelix ausbilden. Die zur Mutation führenden Mechanismen sind noch nicht völlig verstanden, aber man nimmt an, dass die Triplehelix die zelleigenen Reparaturprozesse induziert, wodurch ein Doppelstrangbruch entsteht. Dieser wird anschließend durch das NHEJ reparariert. Hierbei können die Oligonucleotide als Matrize dienen, wodurch von ihnen codierte Mutationen in das Genom eingefügt werden.

Im Falle der ODM dirigieren Oligonucleotide die zelleigenen Reparatursysteme an die zu modifizierende DNA-Sequenz, wodurch der Doppelstrangbruch mit anschließender Reparatur induziert wird. Die übrigen Verfahren beruhen auf Nucleasen, die bestimmte DNA-Sequenzen erkennen und schneiden. Hierbei können beide Aktiväten (DNA-Bindung und Nuclease) von einem Polypeptid vermittelt werden (Meganucleasen, Zinkfinger-[ZF]nucleasen und TALEN [transkriptionsaktivatorähnlicher Effektor, engl. *transcription activator-like effector*]) oder auch durch die Kombination eines Proteins mit einer RNA (CRISPR-Cas) ausgeführt werden (◻ Abb. 10.18). Meganucleasen (MN) sind die ersten Systeme, die erfolgreich in Pflanzen getestet wurden. Sie kommen häufig in Mikroorganismen vor und erkennen längere DNA-Sequenzen (>14 bp). Durch Mutagenese und Herstellung chimärer Meganucleasen kann das Spektrum der Ekennungssequenzen der Nucleasen erweitert werden. Dennoch sind die durch Meganucleasen addressierbaren Gensequenzen begrenzt. Ein wichtiger Schritt bei der Entwicklung sogenannter Designernucleasen war der Nachweis, dass die Nucleasedomäne des Restriktionsenzyms *Fok*I ohne die DNA-Bindungsdomäne enzymatisch aktiv ist. Diese Experimente ermöglichten, mehr oder weniger jede DNA-Bindungsdomäne (z. B. von Transkriptionsfaktoren) mit der Nucleasedomäne von *Fok*I zu fusionieren, wodurch chimäre sequenzspezifische Nucleasen entstanden. Ein weiterer wichtiger Schritt war die Entdeckung, dass sich die Bindungsspezifität von Transkriptionsfaktoren, die mittels Zinkfingerdomänen an ihre Zielsequenz binden, durch Mutagenese der Zinkfinger verändern lässt. Durch auf-

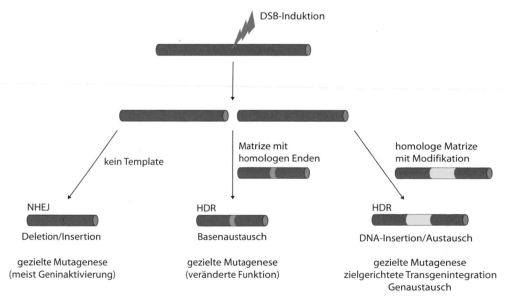

◻ **Abb. 10.17** DNA-Doppelstrangbrüche (DSB) können durch zelleigene Prozesse repariert werden. Hierbei führt die nichthomologe Verbindung von DNA-Enden (NHEJ) durch kleinere Deletionen bzw. Insertionen in der Regel zur Geninaktivierung. Mithilfe der homologen Rekombination (HDR) lassen sich unter Verwendung homologer Matrizen gezielt Basen austauschen oder ganze DNA-Abschnitte inserieren

DSB-Induktion

kein Template

Matrize mit homologen Enden

homologe Matrize mit Modifikation

NHEJ
Deletion/Insertion
gezielte Mutagenese (meist Geninaktivierung)

HDR
Basenaustausch
gezielte Mutagenese (veränderte Funktion)

HDR
DNA-Insertion/Austausch
gezielte Mutagenese zielgerichtete Transgenintegration Genaustausch

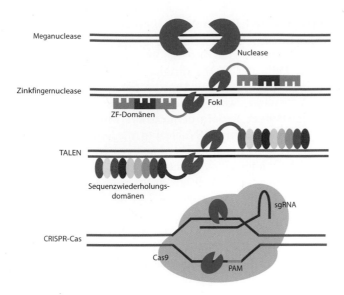

■ Abb. 10.18 Schematische Darstellung der wesentlichen nucleasebasierten Systeme zur Genomeditierung

wendige Mutageneseverfahren konnten so DNA-Bindungsdomänen erzeugt werden, die an nahezu jede gewünschte Stelle im Genom binden. Durch die Fusion der Zinkfingerdomänen mit der *Fok*I-Nuclease-Domäne enstanden die ersten sequenzspezifischen Zinkfingernucleasen, die erfolgreich in Pflanzen eingesetzt wurden. Aufgrund der aufwendigen Mutagenese ist ihr Ensatz allerdings begrenzt.

Ein erster Durchbruch zur breiteren Anwendung von Genomeditierungsverfahren gelang durch die Entschlüsselung der Wirkweise von transkriptionsfaktorähnlichen Effektoren (engl. *transcription activator-like effectors*, **TAL-Effektoren**) aus dem phytopathogenen Bakterium *Xanthomonas campestris*. TAL-Effektoren werden über das Typ-III-Sekretionssystem in das Cytoplasma der Wirtszellen injiziert und gelangen über Kernlokalisationssignale in den Zellkern, wo sie bestimmte Wirtsgene aktivieren. TAL-Effektor-Proteine besitzten hochkonservierte, 33–34 Aminosäuren lange Sequenzwiederholungen (engl. *repeats*), wobei die Aminosäuren 12 und 13 der Sequenzwiederholungen variabel sind. Diese Aminosäuren werden als RVDs (engl. *repeat variable diresidues*) bezeichnet. Jede dieser Sequenzwiederholungen ist spezifisch für eine Base in der DNA, wobei die variablen Aminosäuren die Spezifität bedingen. Die Reihenfolge der unterschiedlichen Sequenzwiederholungen gibt damit die DNA-Sequenz vor, an die das Protein bindet. Nachdem das Prinzip der Sequenzspezifität aufgeklärt war, konnten künstliche TAL-Proteine mit beliebiger DNA-Bindungsspezifität mithilfe einfacher PCR-gestützter Verfahren erzeugt werden. Durch Fusion dieser künstlichen TAL-Domä-

nen mit *Fok*I entstanden die ersten sequenzspezifischen Nucleasen für eine breitere Anwendung.

Der Durchbruch der Technologie gelang allerdings kurze Zeit später, nachdem die Funktionsweise des **CRIPR-Cas9-Systems** aufgeklärt worden war. Bereits 1987 wurden von einer japanischen Arbeitsgruppe kurze direkte Sequenzwiederholungen im Genom von *E. coli* beschrieben. Die Funktion dieser CRISPR-Sequenzen (engl. *clustered regularly interspaced palindromic repeats*) war zu diesem Zeitpunkt völlig unbekannt. Im Jahr 2005 beobachtete man, dass die Sequenzwiederholungen durch Plasmid oder Phagen DNA unterbrochen sind und transkribiert werden. Darüber hinaus fand man das CRISPR-assoziierte (Cas) Protein, welches eine Helikase- und zwei Nucleasedomänen (HNH und RuvC-ähnlich) besitzt. Daraufhin wurde die Hypothese formuliert, dass CRISPR-Cas eine Art adaptives Immunsystem der Bakterien darstellen könnte. Im Jahr 2007 konnte diese Hypothese experimentell für *Streptococcus thermophilus* bewiesen werden und 2008 wurde gezeigt, dass reife CRISPR-RNAs (crRNA) als *guide*-RNAs fungieren und das Cas-Protein zur Zielsequenz dirigieren. Als wichtig für die Erkennung der Zielsequenz erwies sich die PAM-Sequenz (engl. *protospacer adjacent motif*), die in einem bestimmten Abstand zur Zielsequenz vorhanden sein muss. Später (2012) wurde klar, dass zwei kleine RNAs, die crRNA und eine *trans acting*-crRNA (tacrRNA), ein Duplexmolekül ausbilden und zusammen für die Aktivität des Cas-Proteins erforderlich sind. Im selben Jahr wurden beide RNAs in einem Transkript fusioniert, sodass eine einzelne künstliche *guide*-RNA (sgRNA, engl. *single guide RNA*) entstand, die für die Funktion des Cas-Proteins ausreichend ist. Hierdurch entstand ein Zweikomponentensystem, dass durch einfache Änderungen der Erkennungssequenz in der sgRNA so programmiert werden kann, dass nahezu jede DNA-Sequenz addressiert werden kann. Einzige Vorraussetzung ist, dass in der Nähe der Zielsequenz eine PAM-Sequenz vorhanden ist. Da die PAM-Sequenz im Fall der Cas9-Nuclease aus *Streptococcus pyogenes* nur drei Nucleotide (5′-NGG-3′) umfasst, schränkt die Notwendigkeit des Vorhandenseins einer PAM-Sequenz den Einsatz der Technologie kaum ein. Sollte sich dennoch keine Cas9-spezifische PAM-Sequenz in der Nähe der gewünschten Zielsequenz befinden, so kann auf alternative Cas-Proteine wie Cas12 aus *Francisella novicida* (PAM-Sequenz 5′-TTTN-3′) zurückgegriffen werden. Seit 2012 wird das CRISPR-Cas-System zur Genomeditierung in vielen Eukaryoten einschließlich Pflanzen eingesetzt und ständig verbessert. Heute sind über 100 Anwendungen in vielen Kulturpflanzen marktreif und in den USA zugelassen. Hierzu gehören z. B. nicht bräunende Kartoffeln mit verbesserten Verarbeitungseigenschaften, Mais mit ver-

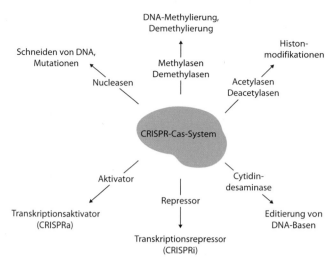

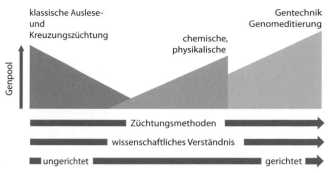

Abb. 10.19 Unterschiedliche Verwendungsmöglichkeiten des CRISPR-Cas-Systems. Neben der ursprünglichen Nucleaseaktivität (Schneiden von DNA, Mutationen) wurden nucleasedefiziente Cas-Proteine mit verschiedenen Enzymaktivitäten ausgestattet. Durch DNA- oder Histonmodifikationen kann in die epigenetische Regulation von Genaktivitäten eingegriffen werden. Cytidindesaminasen erlauben die Editierung von DNA-Basen und durch die Fusion mit Transkriptionsaktivatoren oder -repressoren ist eine Steuerung von Genen auf der Ebene der Transkription möglich

Abb. 10.20 Schematische Darstellung der Entwicklung der Züchtungsmethoden mit zunehmenden wissenschaftlichen Verständnis

änderter Stärkequalität, geringerem Phytingehalt, erhöhter Pilzresistenz oder verbesserer Photosynthese, trocken- und salztolerante Sojabohnen, mehltauresistenter Reis und Weizen sowie herbizidtoleranter Raps. Um die Spezifität des CRISPR-Cas-Systems zu erhöhen, wurden Varianten entwickelt, die anstelle eines Doppelstrangbruchs nur einen Einzelstrangbruch einführen (sog. Nickasen). Hierfür wurde jeweils eine der beiden Nucleasedomänen durch Mutation ausgeschaltet. Um dennoch einen Doppelstrangbruch im Zielgen zu induzieren, werden zwei sgRNAs, deren Zielsequenzen im Genom nahe beieinanderliegen, mit dem Cas-Protein coexprimiert. Da die Wahrscheinlichkeit, dass zwei Zielsequenzen von ca. 20 Nucleotiden Länge zufällig nebeneinader vorkommen sehr gering ist, wird durch die Verwendung der Nickasen die Spezifität des Systems drastisch erhöht. Neben der Verwendung von Nickasen wurden auch andere Cas-Varianten entwickelt, denen eine Nucleaseaktivität fehlt. Diese Cas-Proteine binden sgRNA-vermittelt ihre Ziel-DNA und werden eingesetzt, um DNA oder histonmodifizierende Enzyme oder Transkriptionsaktivatoren bzw. -repressoren an den gewünschten Ort im Genom zu dirigieren (Abb. 10.19).

Zusammenfassend lässt sich sagen, dass sich die Pflanzenzüchtung stets mit dem Stand der Wissenschaft weiterentwickelt hat und ungerichtete Methoden (Auslese-, Kreuzungs- und Mutationszüchtung) durch gerichtete Methoden der Molekularbiologie (Gentechnik,

Genomeditierung) ergänzt werden. Auf diese Weise kann der Genpool der Kulturpflanzen erweitert werden – eine Voraussetzung für die effiziente Züchtung umweltangepasster Pflanzen (Abb. 10.20).

Quellenverzeichnis

Bevan MW, Flavell RB, Chilton M-D (1983) A chimaeric antibiotic resistance gene as a selectable marker for plant cell transformation. Nature 304:184–187

Braun AC (1947) Thermal studies on the factors responsible for tumor initiation in crown gall. Am J Bot 34:234–240

Chilton M-D (1993) Agrobacterium gene transfer: Progress on a „poor man's vector" for maize. Proc Natl Acad Sci USA 90:3119–3120

Fraley RT, Rogers SG, Horsch RB, Sanders PR, Flick JS, Adams SP et al (1983) Expression of bacterial genes in plant cells. Proc Natl Acad Sci USA 80:4803–4807

Hernalsteens J-P, van Vliet F, De Beuckeleer M, Depicker A, Engler G, Lemmers M et al (1980) The *Agrobacterium tumefaciens* Ti plasmid as a host vector system for introducing foreign DNA in plant cells. Nature 287:654–656

International Service for the Acquisition of Agri-biotech Applications (ISAAA) (2017) Global status of commercialized biotech/GM crops in 2017: biotech crop adoption surges as economic benefits accumulate in 22 years. ISAAA Brief Nr. 53. ISAAA, Ithaca

Koncz C, Greve De H, André D, Deboeck F, Van Montagu MCE, Schell J (1983) The opine synthase genes carried by Ti plasmids contain all signals necessary for expression in plants. EMBO J 2:1597–1603

Schilperoort RA, Veldstra H, Warnaar SO, Mulder G, Cohen JA (1967) Formation of complexes between DNA isolated from tobacco crown gall tumours and RNA complementary to *Agrobacterium tumefaciens* DNA. Biochim Biophys Acta 145:523–525

South PF, Cavanagh AP, Liu HW, Ort DR (2019) Synthetic glycolate metabolism pathways stimulate crop growth and productivity in the field. Science 363. https://doi.org/10.1126/science.aat9077

Van Larebeke N, Genetello C, Schell J, Schilperoort RA, Hermans AK et al (1975) Acquisition of tumour-inducing ability by non-oncogenic agrobacteria as a result of plasmid transfer. Nature 255:742–743

Zaenen I, Van Larebeke N, Van Montagu M, Schell J (1974) Super-coiled circular DNA in crown-gall inducing Agrobacterium strains. J Mol Biol 86:109–127

Weiterführende Literatur

Beetham PR, Kipp PB, SawyckyXL ACJ, May GD (1999) A tool for functional plant genomics: chimeric RNA/DNA oligonucleotides cause in vivo gene-specific mutations. PNAS 96:8774–8778

Doundna JA, Charpentier E (2014) The new frontier of genome engineering with CRISPR-Cas9. Science 346. https://doi.org/10.1126/science.1258096

Kempken F, Kempken R (2012) Gentechnik bei Pflanzen. Springer Spektrum, Heidelberg

Lacroix B, Citovsky V (2019) Pathways of DNA transfer to plants from *Agrobacterium tumefaciens* and related bacterial species. Annu Rev Phytopathol 57:11.1–11.21

South PF, Cavanagh AP, Liu HW, Ort DR (2019) Synthetic glycolate metabolism pathways stimulate crop growth and productivity in the field. Science 363. https://doi.org/10.1126/science.aat9077

Van Montagu M (2011) It is a long way to GM agriculture. Annu Rev Plant Biol 62:1–23

10

Entwicklung

Die Entwicklungsbiologie beschäftigt sich mit der Frage, wie aus einer einzelnen Zelle durch Wachstum (Zellteilung und -expansion) und Differenzierung ein vielzelliger Organismus entsteht. Pflanzen entwickeln sich in engem Wechselspiel mit ihrer Umwelt und daher eng verzahnt mit ihren physiologischen Funktionen. Der Teil III sollte daher im Zusammenhang mit Teil IV („Physiologie") dieses Lehrbuchs gelesen werden. Die beschreibende und vergleichende Untersuchung der morphologischen und anatomischen Veränderungen während der Entstehung eines reifen Organismus, die in Teil I („Struktur") beschrieben werden, bilden einen wichtigen Zugang zum Verständnis der pflanzlichen Entwicklung. Den Schlüssel bilden jedoch die Konzepte und Modelle von Entwicklungsvorgänge, die nur vor dem Hintergrund der in Teil II („Genetik") behandelten Funktionsweise des Genoms verstanden werden können und die in diesem Teil im Mittelpunkt stehen sollen. Die Entwicklungsbiologie versucht also zu verstehen, wie molekulare und zelluläre Prozesse genetische Informationen mit Umwelteinflüssen verbinden und zur Entstehung eines funktionellen und an die jeweilige Umwelt angepassten Organismus führen. So wie im Teil I von der Zelle ausgehend Gewebe und Organe beschrieben werden, wird in ▶ Kap. 11 die Mechanismen pflanzlicher Entwicklung zunächst auf zellulärer Ebene erklärt, bevor dann die Integration in höhere Systemebenen (Gewebe, Organe, Organismus) dargestellt wird. Zentrales Werkzeug der Steuerung pflanzlichen Entwicklung sind Phytohormone, denen ▶ Kap. 12 gewidmet ist. Wie molekulare und zelluläre Prozesse und ihre hormonelle Steuerung in die Wahrnehmung von Umweltbedingungen integriert sind, wird dann an in ▶ Kap. 13 behandelt.

Danksagung

In der aktuellen Auflage dieses Lehrbuchs wurden mehrere sehr kurze Kapitel der vorherigen Auflage neu gruppiert und gegliedert, um so den Bezug zum Teil I transparenter zu machen. Während es in Teil I um das „Sein" geht (von der zellulären Ebene beginnend bis hin zum Aufbau des gesamten Pflanzenkörpers), geht es in Teil III um das „Werden". Die von Benedikt Kost, auf der Arbeit früherer Autoren fußende vorangegangene Version beinhaltete schon eine beträchtliche Aktualisierungsleistung dieses sehr dynamisch voranschreitenden Forschungsgebiets. Besonderen Dank möchte ich Joachim W. Kadereit und Markus Dillenberger aussprechen, die alle drei Kapitel gegengelesen und auf korrekte taxonomische Begriffe überprüft haben.

Peter Nick

Karlsruhe, im Frühjahr 2020

Inhaltsverzeichnis

Von der Zelle zum Organismus – Prinzipien der pflanzlichen Entwicklung

Peter Nick

Inhaltsverzeichnis

Nick, P. 2021 Von der Zelle zum Organismus – Prinzipien der pflanzlichen Entwicklung. In: Kadereit JW, Körner C, Nick P, Sonnewald U. Strasburger – Lehrbuch der Pflanzenwissenschaften. Springer Berlin Heidelberg, p. 341–376.
► https://doi.org/10.1007/978-3-662-61943-8_11

In den ersten drei Kapiteln des Buches wurde der Aufbau pflanzlicher Organismen auf der Ebene von Zellen (▶ Kap. 1), Geweben (▶ Kap. 2) und Organen (▶ Kap. 3) dargestellt. In diesem Kapitel geht es nun darum, wie sich dieser komplexe Aufbau über mehrere Systemebenen (Zelle, Gewebe, Organ) entwickelt. Während sich also ▶ Kap. 1, 2 und 3 mit dem Sein befassten, geht es nun um das Werden. Die Grundfrage der Entwicklung ist also, wie aus einer einzigen Zelle ein vielzelliger, komplex aufgebauter und sich auf dynamische Weise regulierender Organismus entsteht. Unter **Entwicklung** versteht man also die Gesamtheit aller Prozesse des Form- und Funktionswechsels im Lebenszyklus eines vielzelligen Organismus (im weiteren Sinne lassen sich auch Veränderungsprozesse einzelliger Organismen als Entwicklung auffassen). Entwicklungsprozesse können auf der Ebene von Molekülen, Kompartimenten, Zellen, Geweben und Organen ablaufen. Die Entwicklungsbiologie befasst sich mit der Kausalanalyse der Entwicklungsvorgänge. Ziel ist es, die molekularen und physiologischen Abläufe zu verstehen, durch welche die genetische Information (der **Genotyp**) unter Einwirken der Umwelt als **Phänotyp** (griech. *phaino*, ich erscheine; *týpos*, Gestalt) sichtbar wird. Der Phänotyp reproduziert die **charakteristischen Eigenschaften der Art**, ist jedoch, vor allem bei Pflanzen, stark von den herrschenden **Umweltbedingungen**, abhängig. Diese **Plastizität der Entwicklung** dient bei Pflanzen vor allem der Anpassung des Organismus an unterschiedliche Standortgegebenheiten. Darüberhinaus zeigt sich auch eine deutliche **individuelle Variabilität**. Die Ausprägung des Phänotyps vollzieht sich jedoch immer im Rahmen der durch den Genotyp festgelegten Grenzen: Vergleicht man unterschiedliche Weinblätter, wird man feststellen, dass sich das Muster der Blattnervatur im Detail, ähnlich wie der Fingerabdruck des Menschen, von Blatt zu Blatt unterscheidet, aber dennoch für die Weinrebe typisch ist. Eine beschreibende Darstellung der Entwicklungszyklen von Pflanzen unterschiedlicher systematischer Stellung findet sich in ▶ Kap. 19. In diesem und den beiden folgenden Kapiteln geht es nun darum, die Prinzipien der Entwicklung darzustellen. Um diese Prinzipien verstehen zu können, muss man sich zunächst einmal klarmachen, inwiefern sich die Entwicklung von Pflanzen und Tieren unterscheidet. Danach werden, so wie dies in den ersten drei Kapiteln für die pflanzliche Struktur umgesetzt wurde, die Mechanismen der Entwicklung über die verschiedenen Systemebenen (Zelle, Gewebe, Organ, Organismus) hinweg beispielhaft vorgestellt.

11.1 Grundsätzliche Unterschiede der pflanzlichen Entwicklung

Die meisten Konzepte der Entwicklungsbiologie sind an vielzelligen Tieren (Metazoen) gewonnen und zumeist unbesehen auf die pflanzliche Entwicklung übertragen worden. Auch wenn sich gewisse Ähnlichkeiten nachweisen lassen, muss man bei einer solchen Übertragung sehr vorsichtig sein, da es sich allenfalls um konvergente Entwicklungen handeln kann. Um Trugschlüsse zu vermeiden, ist es wichtig, sich zunächst mit den grundsätzlichen Rahmenbedingungen auseinanderzusetzen, innerhalb derer sich die pflanzliche Entwicklung vollzieht. Das Projekt einer genuin pflanzlichen Entwicklungsbiologie ist nicht nur dadurch gerechtfertigt, dass Pflanzen die Grundlage für fast alles Leben auf diesem Planeten darstellen, den Menschen und seine technische Zivilisation eingeschlossen, sondern lässt sich auch damit begründen, dass sich die Organisation von Pflanzen jenseits der zellulären und molekularen Ebene grundsätzlich unterscheidet. Die vor mehr als 3. Mrd. Jahren begonnene Nutzung von Licht als Energiequelle führte zu Lebensformen, deren gesamte Organisation und Funktion auf die Photosynthese hin ausgerichtet wurde. Diese grundsätzliche Andersartigkeit der Organisation bedingt eine grundsätzliche Andersartigkeit der Entwicklung. Drei Aspekte dieser offensichtlichen Andersartigkeit seien hier kurz ausgeführt:

— Pflanzliche Organe sind funktionell wenig spezialisiert. Während bei vielzelligen Tieren verschiedene Körperfunktionen auf unterschiedlich spezialisierte Organe verteilt sind, sucht man solche Spezialisierungen bei Pflanzen vergebens: Selbst die landläufigen „Organe" der Pflanze – Wurzel, Spross und Blatt – zeigen vielfältige Übergänge und können sich über Metamorphosen sogar ineinander umwandeln (▶ Abschn. 3.1.1). Die verschiedenen Funktionen (wie die Aufnahme von Nährstoffen, Wahrnehmung von Signalen, Wachstum, Sekretion) sind häufig in diffuser Weise über größere Regionen der Pflanze verteilt. So gibt es etwa keine Augen, sondern alle oberirdischen Zellen einer Pflanze sind mehr oder minder in der Lage, Licht wahrzunehmen, und es gibt keine Nieren, sondern alle Zellen müssen ihre osmotische Balance selbst aufrechterhalten. Diese Unterschiede in der Organisation sind so grundsätzlich, dass es nur selten möglich ist, Schlussfolgerungen aus Tiermodellen auf Pflanzen zu übertragen.

— Pflanzen vergrößern ihre Oberfläche nach außen. Leben heißt wachsen. Im Laufe des Wachstums nimmt die Oberfläche in der zweiten Potenz des Radius zu, das Volumen jedoch in der dritten Potenz.

Dadurch klaffen Stoffzufuhr und -verbrauch immer weiter auseinander, je größer die Pflanze ist. Alle Lebewesen erweitern daher ihre Oberfläche durch Einstülpungen oder Auffaltungen, ein Phänomen, das sich schon bei Einzellern beobachten lässt. Groß zu werden bringt einen Selektionsvorteil mit sich, da größere Organismen nicht nur besser gegen Schwankungen der Umweltbedingungen gewappnet sind, sondern auch weniger leicht gefressen werden können. Als Folge ihrer photosynthetischen Lebensweise müssen Pflanzen ihre Oberfläche nach außen vergrößern, was bei mehrzelligen Organismen eine beträchtliche mechanische Belastung mit sich bringt. Diese hat die Architektur der Pflanzen bis auf die Ebene der einzelnen Zelle hinab geprägt: Pflanzen sind zur Bewegungslosigkeit verdammt. Damit ändert sich auch die Strategie, wie Pflanzen den Widrigkeiten des Lebens begegnen müssen: Tiere laufen davon, Pflanzen passen sich an.

— Pflanzen müssen ihre Entwicklung an die Umwelt anpassen. Da Pflanzen ihre Oberfläche nach außen vergrößern, entstehen aufgrund der Schwerkraft beträchtliche Hebelkräfte (das Drehmoment einer Struktur steigt quadratisch zur Länge). Bei Wasserpflanzen werden diese teilweise durch den Auftrieb kompensiert, sodass mitunter recht filigrane Strukturen entstehen, wie sie für viele planktisch (im Wasser schwebende) Algen charakteristisch sind. Bei einer planktischen Lebensweise ist jedoch die erreichbare Größe begrenzt, da größere Strukturen leicht absinken und damit den Zugang zum Sonnenlicht verlieren. Größere Wasserpflanzen, die durch ihre Größe besser vor Fressfeinden geschützt sind, finden sich daher nur als festsitzende Organismen entlang der Uferlinie (benthische Lebensweise). Bei landlebenden Pflanzen ist die Sesshaftigkeit noch ausgeprägter. Da hier die Hebelkräfte der nach außen verlängerten photosynthetisch aktiven Organe nicht mehr vom Auftrieb aufgefangen werden, sind erheblich ausgedehntere mechanische Widerlager notwendig – die Wurzelsysteme von Landpflanzen können bisweilen größer werden als die oberirdischen Teile. Da Pflanzen auf ungünstige Umweltbedingungen nicht mit Fortbewegung reagieren können, ist die gesamte pflanzliche Entwicklung in weit höherem Maße abhängig von Signalen aus der Umwelt gesteuert und damit insgesamt viel weniger festgelegt und weit flexibler als die von Tieren. Dies wird sehr eindrücklich in der Totipotenz von Pflanzenzellen sichtbar: Selbst differenzierte Zellen einer Pflanze sind imstande, in Antwort auf bestimmte Signale (Pflanzenhormone) noch einmal die gesamte Entwicklung zu durchlaufen und aus einer einzigen Zelle eine komplette, neue Pflanze zu bilden, eine Fähigkeit, die bei vielzelligen Tieren nur den Stammzellen zukommt.

Diese Unterschiede haben weitreichende Folgen, sodass sich an tierischen Modellorganismen gewonnene Entwicklungsmodelle nicht ohne Weiteres auf Pflanzen übertragen lassen. Dennoch gilt natürlich auch für Pflanzen, dass alle Entwicklungsvorgänge mit entsprechenden Veränderungen auf der Ebene der einzelnen Zellen einhergehen müssen. Bei allen Unterschieden zwischen Pflanzen- und Tierzellen (▶ Kap. 3) gilt natürlich nach wie vor die Aussage der Zelltheorie (▶ Abschn. 1.1.1), wonach alle Zellen nach ähnlichen Prinzipien aufgebaut sind. Daher ist es sinnvoll, zunächst die zellulären Grundlagen der pflanzlichen Entwicklung zu betrachten (▶ Abschn. 11.1 bis ▶ Abschn. 11.2.4), bevor dann fortschreitend die höheren Systemebenen, also Gewebe (▶ Abschn. 11.3), Organe (▶ Abschn. 11.4) und schließlich gesamte Organismen (▶ Abschn. 11.5) mit den auf der jeweiligen Ebene wirkenden Entwicklungsmechanismen dargestellt werden.

Um Entwicklungsvorgänge beschreiben zu können, wurde eine Reihe von Begriffen eingeführt, die sich unabhängig von der betrachteten Systemebene anwenden lassen und im Folgenden noch einmal kurz eingeführt seien.

Die Entwicklung eines jeden Lebewesens umfasst Wachstums- und Differenzierungsprozesse. Unter **Wachstum** versteht man eine irreversible Volumenzunahme, unter **Differenzierung** eine qualitative Veränderung der Form bzw. Funktion einer Zelle, eines Gewebes oder Organs.

So zählt die Entwicklung einer Kartoffelknolle vom Anschwellen des Stolonendes bis zum Erreichen der endgültigen Größe wie auch die Längenzunahme einer Coleoptile (die nach der Keimung ausschließlich durch Zellstreckung erfolgt, ohne dass die Zellzahl zunimmt) zum Wachstum. Auch die Gewebevermehrung in einer Zellkultur wird gerne als Wachstum bezeichnet, obwohl hier im Gegensatz zur Coleoptile vor allem die Zellzahl durch Teilung zunimmt, während sich die Größe der einzelnen Zellen nicht wesentlich vom Anfangszustand unterscheidet. Der Begriff Wachstum ist hier also missverständlich, es wäre korrekter, von Zellproliferation zu sprechen. Nicht alle Entwicklungsvorgänge sind notwendigerweise von einem Wachstum begleitet. So erfolgen die Entwicklung einer Epidermiszelle zu einer Schließzelle (◻ Abb. 2.15) und die Entstehung der verschiedenen Elemente der Leitbündel aus Procambiumsträngen (▶ Abschn. 2.3.4, ◻ Abb. 2.24f–l) überwiegend durch Differenzierung ab, ohne dass man hier eine nennenswerte Volumenzunahme beobachten könnte.

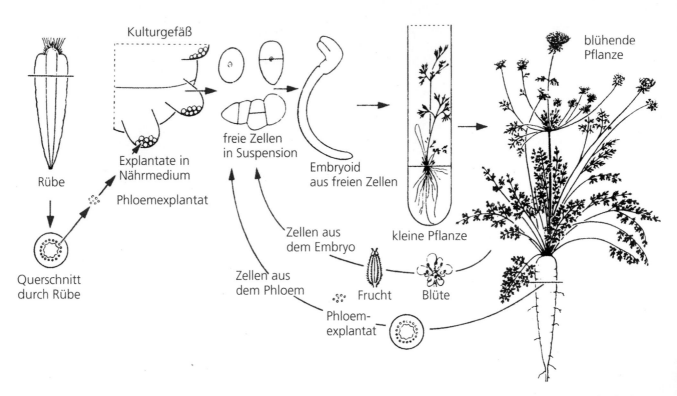

Abb. 11.1 Entwicklung von fortpflanzungsfähigen Pflanzen aus isolierten Einzelzellen am Beispiel von *Daucus carota*. Einzelzellen sowohl aus Phloemexplantaten als auch aus unreifen Embryonen entwickeln sich über embryoähnliche Gebilde (Embryoide, auch somatische Embryonen genannt) zu Jungpflanzen, die zu großen, blühenden und früchtebildenden Pflanzen heranwachsen. Das Wachstum als Zellsuspension sowie die Regeneration intakter Pflanzen aus einzelnen Zellen einer Zellkultur werden durch die Phytohormonzusammensetzung des Nährmediums reguliert (▶ Abschn. 12.2.3). Auf ähnliche Weise lassen sich viele Spezies vegetativ vermehren. (Nach F.C. Stewart, aus D. Heß, verändert)

11

Auch die **Regeneration** von Pflanzen aus Zellkulturen (◻ Abb. 11.1) zeigt, dass Wachstums- und Differenzierungsprozesse bei Pflanzen experimentell weitgehend getrennt werden können. In der Regel laufen Wachstum und Differenzierung jedoch nebeneinander ab. Die Möglichkeit, aus einer differenzierten Zelle (z. B. einer Mesophyllzelle oder einer Markzelle des Sprosses) eine intakte Pflanze zu regenerieren, belegt die **Totipotenz** lebender Pflanzenzellen. Voraussetzung dafür ist nicht nur, dass auch nach Abschluss der Zelldifferenzierung die gesamte genetische Information noch vorhanden ist (das trifft auch für die differenzierten Zellen der Metazoen zu), sondern auch, dass diese genetische Information auch vollständig exprimiert werden kann (dies ist bei den differenzierten Zellen der Metazoen nicht der Fall). Die von August Weismann vorgeschlagene Trennung zwischen Keimbahn und Soma ist bei den Pflanzen also deutlich durchlässiger. Voraussetzung für die Totipotenz ist natürlich, dass sämtliche Organellen, die Erbinformation tragen (▶ Abschn. 4.7 und 4.8), erhalten bleiben. Bei Siebzellen geht im Verlauf der Differenzierung unter anderem der Zellkern verloren. Eine Regeneration ganzer Pflanzen aus diesen Zellen ist daher ausgeschlossen.

Im Verlauf der Ontogenese (Entwicklung) eines vielzelligen Organismus werden unterschiedliche Differenzierungsphasen durchlaufen, wie in ◻ Abb. 11.2 am Beispiel der Entwicklung einer Blütenpflanze dargestellt ist. Während der Embryogenese werden außer der Embryonalachse (Hypokotyl und Keimwurzel) und den ein bis zwei Keimblättern die beiden primären Meristeme (das Spross- und das Wurzelapikalmeristem) angelegt, aus denen später alle weiteren Organe der Pflanze hervorgehen. Die Blütenpflanzenentwicklung lässt sich als hierarchischer Prozess auffassen, in dessen Verlauf zunächst die Meristemidentität, dann innerhalb der Meristeme Organidentität, -anzahl und -position und schließlich innerhalb der Organanlagen (z. B. Blattanlagen) die Anzahl, Anordnung und Differenzierung der Zellen, die zur Gewebebildung führt und die Organform sowie -größe bestimmt, festgelegt werden.

Bereits die erste zygotische Teilung ist in der Regel inäqual und führt damit zur Entstehung von zwei unterschiedlichen Zellen: einerseits der Basalzelle, aus der der Embryosuspensor, das ruhende Zentrum des Wurzelapikalmeristems und das Statenchym der Wurzelhaube hervorgehen, und andererseits der Apikalzelle, aus der sich der übrige Embryo bildet. Die Zygoten der meisten Pflanzen wie auch viele andere Pflanzenzellen zeigen eine ausgeprägte **Polarität** (▶ Abschn. 11.2.3). Zellpolarität wird häufig auf intrazelluläre stoffliche Gradien-

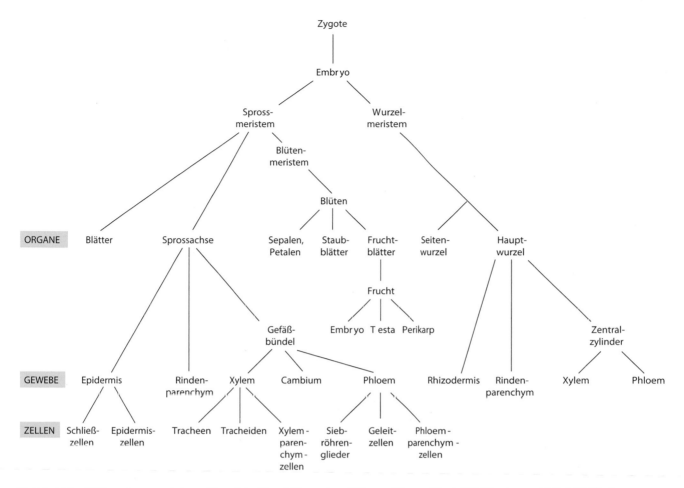

◘ Abb. 11.2 Differenzierungsschritte während der Entwicklung einer Höheren Pflanze. (Nach P.F. Wareing und I.D.J. Phillips)

ten zurückgeführt, scheint bei Pflanzen jedoch eher durch den gerichteten Fluss von Signalen (vor allem dem Phytohormon Auxin) verursacht zu werden, ist also ein zeitliches Phänomen. Auf überzellulärer Ebene können über den polaren Transport von Auxin jedoch stoffliche Gradienten erzeugt werden, sodass die Differenzierung einer Zelle von der **Positionsinformation** entlang dieses Gradienten abhängen kann (▶ Abschn. 12.3). Die Festlegung des Differenzierungsschicksals (die **Determination**) einer Pflanzenzelle folgt nur zu einem geringen Anteil einem zellautonomen (= ausschließlich genetisch gesteuerten) Programm. Ein solches Abstammungsmodell der Zelldifferenzierung (engl. *cell-lineage model*) wurde für die Meristeminitialen in der Wurzel der Modellpflanze *Arabidopsis thaliana* vorgeschlagen. Die bei dieser Modellpflanze ungewöhnlich stereotype Abstammungslinie führte zu der Idee, dass die weitere Differenzierung der von diesen Initialen abstammenden Tochterzellen ausschließlich durch die während der Zellteilung weitergegebenen Entwicklungsdeterminanten bestimmt sei. Mithilfe von Experimenten, in denen man einzelne Zellen im Meristem mittels eines starken Lasers zerstört hat, sodass die Nachbarzellen in die Lücke ein-

wandern konnten, konnte man zeigen, dass nicht die Abstammung, sondern die Position über das weitere Entwicklungsschicksal entscheidet. Solche stereotypen Zellteilungsmuster finden sich außer in der (in dieser Hinsicht nicht besonders repräsentativen) Modellpflanze *Arabidopsis thaliana* nur noch im Schwimmfarn *Azolla filiculoides*. In der Regel hängt die Differenzierung einer Zelle maßgeblich von ihrer Umgebung ab. Demnach entwickelt sich ein vielzelliger Organismus nicht durch ein Nebeneinander vieler zellautonomer Einzelprozesse. Die pflanzliche Entwicklung muss flexibel auf Änderungen der Umwelt reagieren. Im Falle einer Zellautonomie würden daher selbst kleinste Verschiebungen in der Antwort benachbarter Zellen zu instabilen Entwicklungsprogrammen führen. Ein Verbund miteinander in Wechselwirkung stehender Zellen, die in Pflanzen oft zu symplastischen Verbänden zusammengeschlossen sind und die gegenseitig ihre Aktivitäten über Signale koordinieren und kontrollieren, kann dagegen viel flexibler reagieren und fehlerhafte Reaktionen einzelner Zellen wieder korrigieren.

Die Differenzierung der einzelnen Zellen in einem Gewebe erfolgt im Allgemeinen nicht zufällig, sondern wird räumlich und zeitlich koordiniert, sodass überzelluläre **Muster** entstehen. Musterbildung bedeutet demnach die Entstehung einer Gestalt auf einer überzellulären Ebene –in den Worten des berühmten Pflanzenphysiologen Erwin Bünning (1965) ausgedrückt: „Das gemeinsame Hauptkennzeichen solcher Muster besteht in der Tatsache, daß die räumliche Verteilung gleichartiger Gebilde keine Zufallsverteilung ist." An welchem Ort, in welcher Zahl und in welchem Abstand zueinander sich Zellen differenzieren, wird in zumeist iterativer Weise reguliert, indem die bereits differenzierten Strukturen die Neubildung steuern. Diese für Pflanzen typische **iterative Musterbildung** stellt sicher, dass sich die Zahl der differenzierten Strukturen und die (flexible, also genetisch nur teilweise determinierte) Größe eines Organs im Gleichgewicht befinden. So werden die Entstehung von Stomata in Epidermen, die Bildung von Trichomen, die Anlage von Wurzelhaaren oder Seitenwurzeln ebenso wie Anzahl und Stellung der Blätter an der Sprossachse (Phyllotaxis) über iterative Musterbildungsprozesse bestimmt. Die molekulare Natur der steuernden Signale ist inzwischen für einige Fälle mithilfe von Musterbildungsmutanten aufgeklärt worden. Neben Phytohormonen, insbesondere Auxin (Indol-3-essigsäure, ▶ Abschn. 12.3) spielen hier auch sezernierte Peptide eine Rolle (▶ Abschn. 11.3) – ein evolutionär altes Prinzip, das bereits für die Heterocystenmusterung der Cyanobakterien genutzt wird (◘ Abb. 2.2). Selten wird thematisiert, dass Musterbildung auch ein zeitliches Phänomen ist. Viele Entwicklungsvorgänge lassen sich darauf zurückführen, dass unterschiedliche Differenzierungsprozesse in einem festgelegten Bezug zueinander ablaufen. Zeitliche Verschiebungen (**Heterochronie**), z. B. infolge von Mutationen, haben daher oft drastische Änderungen der Entwicklung zur Folge.

Ähnlich wie viele Tiere (man denke nur an die Segmentierung der Arthropoden) sind vielzellige Pflanzen „modular" aufgebaut, bestehen also aus sich regelmäßig wiederholenden, jedoch häufig unterschiedlich ausgestalteten Bausteinen. Bei den Gefäßpflanzen (Farn- und Samenpflanzen) sind das die **Phytomere**. Phytomere werden von den **Apikalmeristemen** (Spross- und Wurzelapikalmeristem) angelegt. Ein Sprossphytomer besteht aus Nodium, Internodium, Achselknospe und Blatt, während sich ein Wurzelphytomer aus einem Abschnitt der Wurzelachse und einer Seitenwurzelanlage zusammensetzt. Auch die sich entwickelnden Seitenwurzeln und -sprosse (die aus Achselknospen auswachsen) besitzen an der Spitze ein Apikalmeristem, aus dem ebenfalls Phytomere hervorgehen. Solche Phytomere können unter bestimmten Umständen eine vollständige, neue Pflanze hervorbringen, was seit vielen Jahrtausenden zur vegetativen Vermehrung von Kulturpflanzen über Stecklinge genutzt wird. Damit wird auch klar, dass eine vielzellige Pflanze, im Gegensatz zu einem vielzelligen Tier, eigentlich kein Individuum (lat. *in-dividuum*, das

Unteilbare) ist, sondern ein aus Phytomeren aufgebautes Kollektivwesen. Die Phytomere existieren jedoch nicht völlig unabhängig voneinander, sondern gestalten sich im Verbund des Gesamtorganismus unterschiedlich und aufeinander bezogen aus. Dieser Prozess der **systemischen Entwicklungskontrolle**, **Korrelation** genannt, beeinflusst das Muster der Organe innerhalb des Gesamtorganismus (▶ Abschn. 11.5). Ein Beispiel dafür ist die Inhibition des Austreibens von Achselknospen durch die Endknospe im apikalen Sprossbereich (Apikaldominanz, ▶ Abschn. 11.5, ▶ Abschn. 12.3.4). Eine systemische Kontrolle ist auch bei der Induktion der Blütenbildung, bei der Fruchtentwicklung und bei der Bildung von Überdauerungsorganen zu beobachten.

Die oben geschilderten Entwicklungsvorgänge laufen auf den verschiedenen Ebenen des pflanzlichen Systems (Zelle, Gewebe, Organ, Organismus) gleichzeitig und oft ineinander verschränkt ab. Um diese Komplexität zugänglicher zu machen, werden diese Systemebenen im Folgenden voneinander getrennt betrachtet. Ähnlich wie die Darstellung des pflanzlichen Aufbaus von der Zelle (▶ Kap. 1) über die Gewebe (▶ Kap. 2) zu den Organen und dem gesamten pflanzlichen Organismus (▶ Kap. 3) führte, sollen auch die Entwicklungsvorgänge ausgehend von der zellulären Ebene dargestellt werden. Diese Darstellung folgt dem Lebenszyklus einer Zelle und beginnt daher mit der Geburt einer Zelle infolge der Zellteilung (▶ Abschn. 11.2.1), ihrem Wachstum (▶ Abschn. 11.2.2), der Entstehung einer zellulären Richtung als Grundlage für die weitere Differenzierung (▶ Abschn. 11.2.3) und der Differenzierung selbst, die für manche Zelltypen bis zum programmierten Zelltod führen kann (▶ Abschn. 11.2.4).

Die pflanzliche Entwicklung wird überwiegend durch zelluläre Prozesse gestaltet, die überzellulären Vorgänge treten im Vergleich zu denen in Tieren eher in den Hintergrund. Zellteilung, Zellwachstum und Zelldifferenzierung sind also die Prozesse, die für die pflanzliche Entwicklung im Mittelpunkt stehen. Die bei Tieren hinzukommende Zellmigration spielt bei Pflanzen keine Rolle, da sich Pflanzenzellen aufgrund ihrer Zellwände nicht fortbewegen können. Hingegen ist der **programmierte Zelltod**, dessen Bedeutung für die pflanzliche Entwicklung früher unterbewertet wurde, ähnlich bedeutsam wie sein tierisches Gegenstück, die **Apoptose** (▶ Abschn. 11.2.4).

11.2 Zelluläre Grundlagen

11.2.1 Teilung

Die Zelldifferenzierung erfolgt erst nach Abschluss der Zellteilungstätigkeit. Differenzierte Zellen teilen sich nicht mehr, können jedoch unter geeigneten Bedingungen (z. B. Gewebeverletzung, experimentelle Induktion in

Zell- der Gewebekulturen, ◘ Abb. 11.1) reembryonalisieren, d. h. ihre Zellteilungstätigkeit wieder aufnehmen. Der **Kontrolle des Zellzyklus**, also der geordneten Abfolge von Mitosen und Interphasen (▶ Abschn. 1.2.4.5, ◘ Abb. 1.29), kommt daher in der Entwicklung eine wesentliche Bedeutung zu. Mitose (Kernteilung) und die darauffolgende Zellteilung werden zusammen als M-Phase des Zellzyklus bezeichnet. Der Abschnitt zwischen zwei Mitosen, die Interphase, ist die eigentliche Phase der Genaktivität. Die Replikation des genetischen Materials (▶ Kap. 4, ◘ Abb. 4.6 und 4.8) findet in der S-Phase statt. S- und M-Phase sind durch zwei Abschnitte, die G_1- bzw. G_2-Phase, voneinander getrennt. Transkription erfolgt während der gesamten Interphase, also auch während der Replikation der DNA.

Die einzelnen Abschnitte des Zellzyklus (◘ Abb. 1.29 und ◘ Abb. 11.3) können sehr unterschiedlich lang sein. So dauert beim Mais ein Zyklus in Zellen des ruhenden Zentrums des Wurzelmeristems im Mittel 170 h (auf die G_1-Phase entfallen dabei 135 h). Wurzelhaubeninitialzellen teilen sich im Mittel innerhalb von 14 h ein Mal. Dem Zellzyklus in diesen Zellen fehlt eine G_1-Phase, sodass die DNA Replikation unmittelbar nach erfolgter Zellteilung wieder einsetzen kann. Ein Zellzyklus dauert im zentralen Sprossapikalmeristem zwischen 20 (*Eudianthe coeli-rosa*) und 288 h (*Sinapis alba*), in Blütenmeristemen zwischen 10 (*Eudianthe*) und 47 h (*Ranunculus*) und in Cambiuminitialzellen von *Tsuga canadensis* zwischen 10 und 28 Tagen.

Die Hauptkontrollpunkte (engl. *check points*) liegen jeweils kurz vor den entscheidenden Übergängen zwischen den einzelnen Abschnitten des Zellzyklus (◘ Abb. 11.4):

- vor dem $G_1 \rightarrow$S-Übergang (Restriktionspunkt R, bei Hefen auch START genannt): Hier wird der Eintritt in die DNA-Replikation und damit der Eintritt in einen neuen Zellteilungszyklus kontrolliert. Wenn sich Zellen differenzieren, wird dieser Übergang unterdrückt, die Zelle bleibt dann dauerhaft in der G_1-Phase. Solche dauerhaften G_1-Phasen werden auch als G_0 bezeichnet.

- vor dem $G_2 \rightarrow$M-Übergang: Hier erfolgt die Kontrolle über den Beginn der Mitose. Bei unvollständiger Replikation des Kerngenoms bzw. bei DNA-Schäden (während der S-Phase kommt es durch die nebeneinanderliegenden DNA-Stränge häufig zu Strangbrüchen) erfolgt eine Arretierung des Zellzyklus an diesem Punkt.

- vor dem M$\rightarrow G_1$-Übergang: Bei Störungen der Chromosomenanordnung in der Mitosespindel wird der Zellzyklus in der Metaphase der Mitose (▶ Abschn. 1.2.4.5) angehalten (engl. *mitotic arrest* oder *mitotic catastrophe*). Dies hat zur Folge, dass die Cytokinese unterbleibt. Häufig leitet die arretierte Zelle den programmierten Zelltod ein.

Die molekularen Vorgänge der Zellzykluskontrolle wurden insbesondere an Säugerzellen und an Hefen untersucht, scheinen aber bei Pflanzen (und vermutlich allen Eukaryoten) sehr ähnlich abzulaufen. Eine Schlüsselrolle spielen **cyclinabhängige Proteinkinasen** (Cdk, engl. *cyclin-dependent kinase*), von denen die Bäckerhefe nur eine einzige (Cdc2, engl. *cell division cycle*), weiter entwickelte Eukaryoten jedoch typischerweise mehrere besitzen (*Arabidopsis thaliana* z. B. zwei, Cdc2a und Cdc2b, ◘ Abb. 11.3). **Cycline** sind stadienspezifisch im Zellzyklus auftretende Proteine, die cyclinabhängige Proteinkinasen aktivieren können. Ihre Synthese sowie ihr Abbau durch das Ubiquitin/Proteasom-System (▶ Abschn. 6.4) werden streng kontrolliert. Man nimmt an, dass die einzelnen Übergänge im Zellzyklus durch die Gegenwart bestimmter Cycline und cyclinabhängiger Proteinkinasen in unterschiedlichen Kombinationen kontrolliert werden. Die Komplexe aus Cyclinen und steuernden Kinase regulieren dann durch Phosphorylierung verschiedene Gruppen von Zielproteinen. Dazu zählen vor allem Transkriptionsfaktoren, Histone und bei Tieren auch Proteine der Kernlamina. Pflanzen fehlt eine Kernlamina. Hier werden durch Komplexe aus Cyclinen und Kinasen verschiedene Proteine der Kernhülle reguliert, etwa die RanGAP-Proteine, Aktivatoren der kleinen GTPase Ran, die den Transport durch die Kernporen steuert. Der die Zellteilung auslösende Faktor MPF (engl. *maturation promoting factor*) beispielsweise ist ein Komplex, bestehend aus der Cdc2-Kinase und Cyclin B, wobei Letzteres während des $G_2 \rightarrow$M-Übergangs exprimiert wird. Die Cycline werden nach dem von ihnen vermittelten Schritt des Zyklus jeweils proteolytisch abgebaut. Dadurch ist sichergestellt, dass ein Übergang im Zellzyklus nur einmal abläuft. Cyclinabhängige Proteinkinasen werden nicht nur durch die Assoziation mit Cyclinen reguliert, sondern auch durch Phosphorylierung. Sie sind in hyperphosphorylierter Form inaktiv und können durch spezifische Phosphatasen (z. B. Cdc25) aktiviert werden. Zusätzlich kann ihre Aktivität durch die Assoziation mit inhibitorischen Proteinen (ICK, engl. *inhibitor of cyclin-dependent kinase*) gehemmt werden, sodass insgesamt also eine Vielzahl wirksamer Regulationsmechanismen zur Kontrolle der cyclinabhängigen Proteinkinasen zur Verfügung steht. Insgesamt wurden bei der Hefe bisher über 50 verschiedene Cdc-Gene gefunden.

Außenfaktoren spielen eine wichtige Rolle bei der Regulation des Zellzyklus. Der $G_1 \rightarrow$S-Übergang in Hefezellen (Startpunkt) wird durch das Nährstoffangebot, die Zellgröße und durch Pheromone reguliert. Wachstumsfaktoren kontrollieren den gleichen Übergang in Tierzellen (Restriktionspunkt). In Pflanzen sind Phytohormone an der Regulation der Zellzykluskontrolle beteiligt (◘ Abb. 11.3). Die zellteilungsfördernden Cytokinine induzieren die Expression des $G_1 \rightarrow$S-Cyclins CycD3 und sind an der Aktivierung von cyclinabhängigen Proteinkinasen beim $G_2 \rightarrow$M-Übergang beteiligt. Ihre Syn-

Abb. 11.3 Regulation des pflanzlichen Zellzyklus. **A** Das Fortschreiten des Zellzyklus wird entscheidend durch Zellzykluskinasen (Cdks, bei *Arabidopsis thaliana* Cdc2a und Cdc2b) und ihre Aktivatoren, die stadienspezifisch auftretenden Cycline, kontrolliert (in Pflanzen drei Typen: A-, B- und D-Typ-Cycline, bei *Arabidopsis thaliana*: CycA2, CycB1 und B2, CycD1, D2 und D3). Phytohormone nehmen an den Kontrollpunkten (rote Dreiecke) Einfluss auf das Zellteilungsgeschehen. Weitere Erläuterung im Text. **B** Bildung und Abbau des den $G_2 \rightarrow M$-Übergang kontrollierenden Komplexes aus der Cdc2-Kinase und einem $G_2 \rightarrow M$-spezifischen B-Typ-Cyclin. Der aktive Komplex (MPF, engl. *maturation promoting factor*) bildet sich nach Assoziation der beiden Proteine, gefolgt von Hyperphosphorylierung und teilweiser Dephosphorylierung von Cdc2 bis zum Vorliegen einer einfach phosphorylierten Form. MPF induziert den Eintritt in die Mitose u. a. durch Phosphorylierung von Histon H1 (Einleitung der Chromatinkondensation, ▶ Abschn. 5.2). Bei Tierzellen werden auch die Lamine phosphoryliert und so der Abbau der Kernhülle induziert. Bei Pflanzen fehlen die Lamine. Hier fungieren Komponenten der Kernporen (z. B. RanGAP) oder der Kernhülle als Ziel der Phosphorylierung. Einfach phosphoryliertes Cdc2 induziert gleichzeitig die Ubiquitinierung und damit den proteolytischen Abbau seines assoziierten Cyclins. Synthese und Abbau des Cyclins bestimmen damit die Menge an MPF, die während des $G_2 \rightarrow M$-Übergangs einen charakteristischen Verlauf aufweist. (Grafik: E. Weiler)

these wiederum steht unter der Kontrolle von Auxinen (▶ Abschn. 12.3). Abscisinsäure (▶ Abschn. 12.7) induziert die Bildung des Kinaseinhibitors ICK1 und wirkt so hemmend auf den $G_1 \rightarrow S$-Übergang.

In Sonderfällen kann der Zellzyklus an verschiedenen Stellen unterbrochen werden (■ Abb. 11.4). Beispielsweise wird eine **Polytänie** durch DNA-Verdoppelung ohne nachfolgende Chromosomenteilung erreicht. In manchen Samen wird nach der Phase der DNA-Replikation (S-Phase) in der G_2-Phase eine Ruheperiode zwischengeschaltet. Endopolyploide Zellen entstehen, wenn sich Chromosomen innerhalb der erhalten gebliebenen Kernhülle vermehren (aber nicht kondensieren), ohne dass es anschließend zur Kernteilung kommt (■ Abb. 1.30).

In Zellen, die nur eine Plastide (viele Algen, das Moos *Anthoceros*, ▶ Abschn. 19.4.1.3 und 19.4.1) oder nur ein Mitochondrion (die Alge *Micromonas*) besitzen, teilen sich diese Organellen streng synchron mit dem Zellkern. Wodurch diese Harmonisierung erreicht wird, ist unbekannt.

In Zellen vieler Algen sowie im nucleären Endosperm (■ Abb. 1.32) kann es zu vielfacher DNA-Replikation sowie zu Chromosomen- und Kernteilungen kommen, ohne dass eine Zellteilung erfolgt. Bei der nachträglichen Zellwandbildung im nucleären Endosperm (z. B. bei *Scadoxus multiflorus* subsp. *katherinae*) werden Zellwände auch zwischen solchen Kernen eingezogen, die keine Schwesterkerne sind und zwischen denen deshalb keine Kernteilungsspindel vorhanden war. Hier hat demnach die Zellwandbildung ihre normale Anknüpfung an die Kernteilung verloren. Zellteilungen, bei denen eine der Tochterzellen keinen Kern erhält, treten bei Pflanzen normalerweise nicht auf.

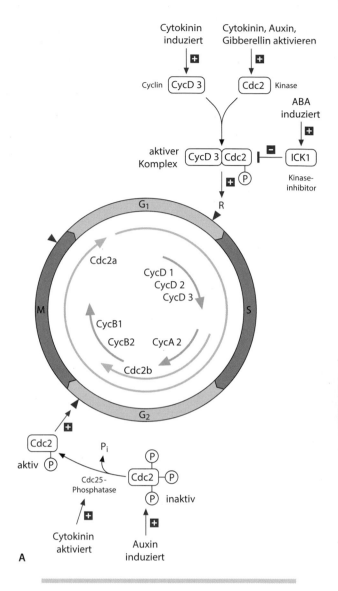

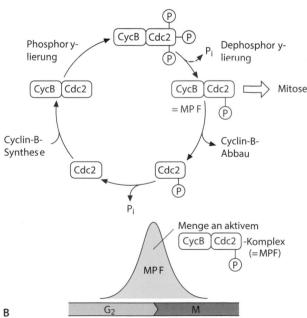

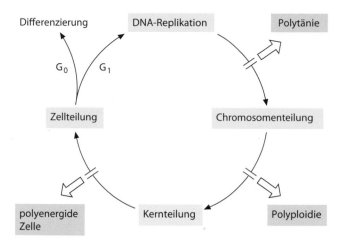

Abb. 11.4 Vorgänge während des Zellzyklus und ihre möglichen Abweichungen

Kernlose Zellen, z. B. reife Siebröhrenglieder, verlieren ihren Zellkern im Laufe der Differenzierung. Über die physiologische Bedeutung von rhythmisch regulierten Zellteilungen ist nur sehr wenig bekannt. Solche Zellteilungen können tagesperiodisch gesteuert sein (Zwiebelwurzel, Zoosporenbildung bei Algen) oder auch innerhalb von 24 h während mehrerer Perioden vorkommen. Bei vielen Algen erfolgen Mitosen bevorzugt nachts: *Spirogyra* z. B. teilt sich gewöhnlich gegen Mitternacht. In vielkernigen Zellen setzen Kernteilungen oft gleichzeitig ein oder schreiten wellenförmig von einem Ende der Zelle zum anderen fort (▶ Abschn.19.4.3), Embryosack). Wie viele physiologische Vorgänge finden Zellteilungen nur innerhalb bestimmter, artspezifischer Temperaturgrenzen statt und zeigen oft ein ausgeprägtes Temperaturoptimum (bei der Erbse z. B. zwischen 0 und 45 °C, mit einem Optimum bei 28–30 °C). Dabei können Keimlinge an niedrigere Temperaturen angepasst sein als ältere Pflanzen.

11.2.2　Wachstum

Bereits das **Wachstum** einer Einzelzelle ist ein komplizierter Vorgang. Während der Entwicklung vielzelliger Lebewesen muss darüber hinaus das Wachstum jeder einzelnen Zelle mit dem der Nachbarzellen und aller übrigen Zellen des Organismus räumlich und zeitlich in Einklang gebracht werden.

Das **Zellwachstum** umfasst einerseits die Vermehrung von Zellbestandteilen (**Plasmawachstum**), die mit einer moderaten Zellvergrößerung einhergehen kann (z. B. das Wachstum meristematischer Zellen zwischen Zellteilungen, ◻ Abb. 2.7), und andererseits das **Streckungswachstum**, das in der Regel mit einer erheblichen Vergrößerung des Zellvolumens verbunden ist und als Differenzierungsprozess aufzufassen ist. Im Verlauf des Streckenwachstums kann eine Zelle sich entweder in alle Raumrichtungen mehr oder minder gleichmäßig ausdehnen (**isodiametrisches Wachstum**, z. B. bei vielen Parenchymzellen; ◻ Abb. 2.9a) oder aber in bestimmte Vorzugsrichtungen expandieren (**axiales Wachstum**). Das axiale Wachstum kann zur Ausbildung extrem lang

gestreckter Zellen führen (z. B. in Grascoleoptilen, Siebzellen oder Sklerenchymfasern, ◻ Abb. 2.22). Die Volumenvergrößerung wird beim Streckungswachstum überwiegend durch Wasseraufnahme bewirkt. Das Streckungswachstum ist daher stets mit einer Vergrößerung der Vakuolen und der Bildung einer Zentralvakuole verknüpft, während die Gesamtproteinmenge im Verlauf dieses Prozesses nicht zunehmen muss.

Das Streckungswachstum kann die ganze Zelloberfläche umfassen oder aber auf bestimmte Abschnitte der Zellwand beschränkt sein. Ein ausgesprochenes **Spitzenwachstum** zeigen z. B. die Apikalzellen mancher Algen, Pilzhyphen, Wurzelhaare, Pollenschläuche und manche lang gestreckte, prosenchymatische Zellen im Gewebeverband. Ungleich starkes Wachstum an mehreren Stellen der Zelloberfläche ist die Grundlage für die Bildung komplizierterer Zellformen (z. B. bei Schwamm- und Sternparenchymzellen (◻ Abb. 2.9b, c), manchen Idioblasten und Haaren und bei der einzelligen Alge *Micrasterias*).

Unter dem Begriff Wachstum wird neben dem Zellwachstum häufig auch die Zellvermehrung (das sog. Teilungswachstum) verstanden. Streng genommen ist das irreführend, denn durch die Zellteilung nimmt das Volumen nicht zu. Der Organismus wird nicht größer, indem er mehr Zellen bildet (die Tochterzellen sind zunächst nur halb so groß wie die Mutterzelle), sondern indem sich diese Zellen im Anschluss an die Teilung vergrößern. Bei Pflanzenzellen ist diese Volumenzunahme sehr ausgeprägt, sodass man auch makroskopisch erkennen kann, dass bestimmte Regionen eines Organs unterschiedlich stark expandieren. Besonders bei Wurzeln lässt sich die Zone des Streckungswachstums als distale Elongationszone (engl. *distal elongation zone*) deutlich von der meristematischen Teilungszone (in der natürlich auch Zellwachstum stattfindet, jedoch in weit geringerem Maße) unterscheiden, während in Sprossspitzen die Zonen nicht so scharf voneinander getrennt sind. Auf den Abschluss der Zellstreckung folgen oftmals weitere Differenzierungsprozesse.

In vielen Fällen geht das Wachstum von Pflanzenorganen ausschließlich auf eine Zellstreckung zurück, ohne dass Zellteilungen beteiligt sind. Dies gilt z. B. für
- das Wachstum von Grascoleoptilen,
- das Austreiben der Knospen und das Aufblühen vieler Bäume innerhalb weniger Tage im Frühjahr,
- die erste Phase des Wachstums von Keimwurzeln,
- die rasche Streckung mancher Sprosse (z. B. Bambus),
- die Verlängerung von Staubfäden (z. B. bei Gräsern),
- das Strecken des Kapselstiels (Seta) bei Moossporogonen.

Einzelne Organe können beeindruckende Streckungsgeschwindigkeiten erreichen (◻ Tab. 11.1). Bei den Erdwurzeln liegt die Zone des Streckungswachstums direkt hinter der Spitze und ist nur wenige Millimeter lang (◻ Abb. 11.5). Das Wurzelapikalmeristem von Mais bildet pro Tag nicht nur ca. 10.000 Kalyptrazellen und erneuert somit die Wurzelhaube täglich vollständig, sondern auch ca. 170.000 Zellen für den Längenzuwachs der Wurzel. In der Region der Wurzelhaarbildung haben die Zellen meist schon ihre maximale Größe erreicht und beginnen mit der abschließenden Differenzierung. Bei Luftwurzeln ist die Zone des Streckungswachstums länger. Besonders lang ist diese Zone im Spross, wo sie sich z. B. beim Spargel (*Asparagus officinalis*) über 50 cm oder mehr ausdehnen kann. Bei Sprossachsen, die in Nodien und Internodien unterteilt sind, bleibt die Basis des Internodiums am längsten wachstumsfähig. Bei den Gräsern wird das **interkalare Wachstum** dieses Sprossabschnitts besonders lange Zeit beibehalten, und umfasst neben Streckungs- auch Plasma- und Teilungswachstum. Auch bei den Blättern (besonders deutlich bei den Koniferen und einkeimblättrigen, aber auch bei zweikeimblättrigen Pflanzen) sind solche basalen interkalaren Wachstumszonen ausgebildet und sind unter anderem für das Wachstum des Blattstiels verantwortlich.

Misst man die lokale Wachstumsgeschwindigkeit an verschiedenen Stellen entlang einer Wachstumszone, z. B. in der Streckungszone einer Wurzel (◘ Abb. 11.5a), so kann man einen allmählichen Anstieg der Wachstumsgeschwindigkeit bis zu einem Maximum und danach ein Nachlassen bis zum Stillstand feststellen. Eine derartige Zu- und Abnahme der Wachstumsgeschwindigkeit zeigt natürlich auch jede einzelne Zelle, die im Verlauf ihrer Differenzie-

rung die Streckungszone „durchläuft". Die Produktion frischer Zellen im Apikalmeristem, ihr Eintritt in das Streckungswachstum und das Nachlassen der Wachstumsrate in älteren Organbereichen sind so miteinander koordiniert, dass die Wurzel als Ganzes gleichmäßig wächst und dabei ihre typische Gestalt beibehält. Sprosse zeigen oft ein tagesperiodisches An- und Abschwellen der Wachstumsgeschwindigkeit und wachsen in der Dunkelheit etwas rascher als während des Tages. Dieses Phänomen ist lichtgesteuert (► Abschn. 13.2). Periodische Veränderungen der Wachstumsrate können (z. B. bei Poaceae) auch dadurch zustande kommen, dass neu gebildete Internodien ihr Streckungswachstum erst aufnehmen, nachdem das Wachstum älterer Internodien bereits weitgehend abgeschlossen ist. Bei der Gerste wurde ein periodischer Anstieg der Konzentration des die Internodienstreckung fördernden Phytohormons Gibberellin A_1 (► Abschn. 12.4) jeweils vor einer Zunahme der Wachstumsgeschwindigkeit eines Internodiums gemessen.

11

◘ **Tab. 11.1**   Dauer und Geschwindigkeit des Streckungswachstums einiger Pflanzenorgane. (Nach A. Frey-Wyssling.)

Organ	Streckungsdauer	Streckungsgeschwindigkeit
Keimwurzel der Saubohne	3 d	0,012 mm min^{-1} = 1,7 cm d^{-1}
Hafercoleoptile	2 d	0,025 mm min^{-1} = 3,6 cm d^{-1}
Bambussprossen	mehrere Tage	0,4 mm min^{-1} = 58 cm d^{-1}
Staubfäden des Roggens	10 min	2,5 mm min^{-1}
Fruchtkörper der Stinkmorcheln (*Phallus*)	15 min	5 mm min^{-1}

◘ **Abb. 11.5** Wurzelwachstum. **a** Verteilung der Wachstumsgeschwindigkeiten entlang einer Primärwurzel des Maiskeimlings. Ermittelt wurde der relative Längenzuwachs pro Stunde (0,1 = 10 %) aus kurzzeitigen Messungen an verschiedenen Stellen der Wurzel. **b** Verteilung des Zuwachses an der Wurzelspitze von *Vicia faba*. Die Striche geben die Position von Tuschemarken, die zu Beginn des Experiments im Abstand von 1 mm auf der Wurzel angebracht wurden (links), nach 22 h (rechts) an. Die Tuschestriche sind durch das ungleiche Wachstum der einzelnen Zonen verschieden weit auseinandergerückt. (**a** nach W.K. Silk, **b** nach J. Sachs)

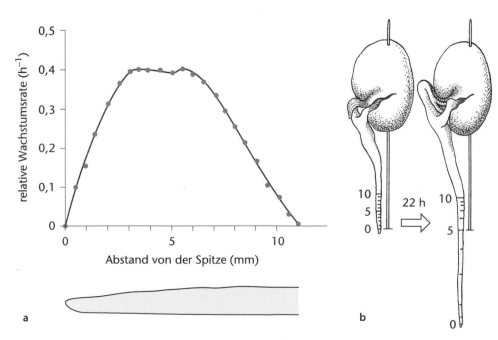

11.2.2.1 Biophysik des Zellwachstums und dessen Steuerung

Pflanzenzellen wachsen überwiegend durch Zunahme des Vakuolenvolumens infolge von Wasseraufnahme. In differenzierten Zellen macht die Vakuole mehr als 90 % des Zellvolumens aus. Die Volumenzunahme des Cytoplasmas – bei Tierzellen der einzige Mechanismus des Zellwachstums – spielt dagegen nur eine untergeordnete Rolle. Die Triebkraft für die Aufnahme des Wassers ist ein Wasserpotenzialgradient zwischen Apoplast, Cytoplasma und Vakuole, in der das **Wasserpotenzial** (die „Wasserkonzentration") aufgrund der zahlreichen gelösten Stoffe, die die Membran nicht nach außen passieren können (etwa Zucker, Ionen oder Proteine), negativer ist als außen. In wandlosen Protoplasten strömt daher Wasser in die Zelle (◘ Abb. 11.6a). Da die Plasmamembran nur eine geringe Dehnbarkeit von geschätzt 2 % aufweist, schwellen wandlose Protoplasten sofort an und platzen, wenn sie in ein hypotonisches Medium gebracht werden (wenn also außen weniger Ionen gelöst sind als innen). In intakten Zellen wird dies durch die Zellwand verhindert, die den aus der Wasseraufnahme ins Zellinnere aufgebauten **Turgor** auffängt und so dem osmotischen Gradienten entgegenwirkt, sodass das Wasserpotenzial innen und außen gleich groß ist (◘ Abb. 11.6b). Zellwachstum kann auf zwei Wegen stimuliert werden (◘ Abb. 11.6c): Wird das Wasserpotenzial im Zellinneren negativer, weil mehr osmotisch wirksame Substanzen freigesetzt werden (etwa durch Depolymerisation von Stärke in Zucker), nimmt der Wassereinstrom zu und die Zelle wächst. Ebenso wird das Wachstum stimuliert, wenn die Zellwand dehnbarer und so die Ausdehnung erleichtert wird. In den meisten Fällen wird das Wachstum auf diesem zweiten Wege gesteuert.

Die Zunahme des Volumens ist ein wichtiger Aspekt des Wachstums, der von der Pflanze gesteuert werden muss, aber nicht der einzige. Ebenso von Bedeutung ist die Ausrichtung des Zellwachstums. Der Turgordruck ist ungerichtet, wachsende Zellen sollten daher eine runde Form annehmen, was bei Protoplasten tatsächlich zu beobachten ist. Auch meristematische Zellen sind weitgehend isodiametrisch, zeigen also keine Vorzugsrichtung. In wachsenden Organen wie Hypokotylen, Coleoptilen, Internodien oder Blattstielen finden sich jedoch zylindrisch geformte Zellen mit einer klaren Vorzugsrichtung (**Zellachse**). Auch diese Zellen runden sich ab, wenn man sie protoplastiert, woraus folgt, dass die Zellachse durch die Zellwand bestimmt wird.

Wachsende Pflanzenzellen entsprechen physikalisch einem Zylinder, der sich durch einen Binnendruck ausdehnt. Obwohl der Druck allseitig und ungerichtet wirkt, lässt sich berechnen, dass die mechanische Belastung in Querrichtung doppelt so hoch ist wie in Längsrichtung. Dies ist ausschließlich eine Folge der Form und von der Größe des Zylinders unabhängig. Aufgrund physikalischer Erwägungen wäre also zu erwarten, dass sich wachsende Pflanzenzellen vor allem in Querrichtung aus-

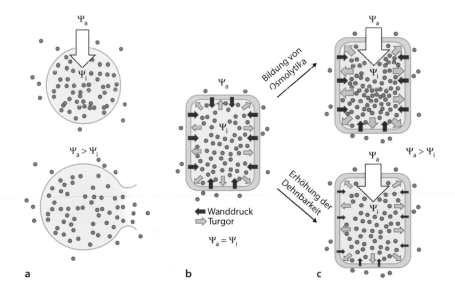

◘ **Abb. 11.6** Biophysik des pflanzlichen Wachstums. Triebkraft für das Wachstum ist der Gradient des Wasserpotenzials Ψ zwischen dem Zellinneren und ihrer Umgebung. **a** In wandlosen Protoplasten wird das Wasserpotenzial in der Zelle durch die Konzentration osmotischer Stoffe bestimmt. Je höher diese Konzentration im Verhältnis zur Konzentration im Außenmedium ist, umso negativer ist das Wasserpotenzial im Inneren der Zelle (Ψ_i). In hypotonischem Medium strömt Wasser in den Protoplasten und bringt ihn zum Platzen. **b** In bewandten Zellen wird der durch den osmotischen Gradienten aufgebaute Turgor durch einen entgegengerichteten Wanddruck ausgeglichen. Wenn das Wasserpotenzial innen (Ψ_i) und außen (Ψ_a) gleich groß sind, befindet sich die Zelle im Gleichgewicht. **c** Wachsende Zellen weisen dagegen einen Wasserpotenzialgradienten auf. Dieser kann entweder dadurch entstehen, dass Osmolytika gebildet werden, etwa durch Abbau von Stärke zu osmotisch aktiven Zuckern (oben), oder aber dadurch, dass der Wanddruck verringert wird (unten)

dehen, also dicker werden und nicht länger. Im Umkehrschluss muss man für sich streckende Zellen fordern, dass es bei ihnen einen Mechanismus gibt, der die Ausdehnung in Querrichtung unterdrückt und eine Ausdehnung in Längsrichtung erzwingt. Dieser von Paul Green (1962) als *reinforcement* bezeichnete Mechanismus beruht darauf, dass die Cellulosemikrofibrillen in sich streckenden Zellen vorzugsweise quer ausgerichtet sind. Feststellen lässt sich die Ausrichtung mithilfe der Polarisationsmikroskopie (Ziegenspeck 1948; ▶ Abschn. 1.1.2), da Cellulose durch ihren Aufbau aus polarisierbaren Glucoseresten eine Achse bildet und stark **doppelbrechend** ist. Man kann also die Vorzugsrichtung der Cellulosemikrofibrillen in einer Zellwand feststellen, ohne die Mikrofibrillen optisch auflösen zu müssen (die tatsächliche Auflösung der Cellulose gelang erst erst einige Jahre später, als die Elektronenmikroskopie zur Verfügung stand). Nach Ende des Elongationswachstums verschwindet auch die Vorzugsrichtung der Mikrofibrillen.

Auf der Ebene intakter Organe sind in der Regel nicht alle Zellen an der Steuerung des Wachstums beteiligt, sondern vor allem die Zellen des Abschlussgewebes. Diese Zellen geben also vor, in welchem Maße und auch in welcher Richtung ein Organ wächst, und sie bestimmen auf diese Weise auch die Gestalt, die dieses Organ letztendlich annimmt. Die Bedeutung der Epidermis für das Wachstum von Sprossen kann über zwei sehr einfache Experimente gezeigt werden (❏ Abb. 11.7): Wenn man ein Sprosssegment mittels einer Rasierklinge längs spaltet und die beiden Hälften in Wasser taucht, rollt es sich nach außen, da sich die inneren Gewebe stärker ausdehnen als die Epidermis. Fügt man jedoch das Phytohormon Auxin hinzu, das das Längenwachstum von Sprossen stimuliert, rollen sich die Hälften

nach innen, weil nun das Wachstum der Epidermis überwiegt. Diese Antwort ist so sensitiv, dass sie sogar als **Biotest** für den Nachweis von Auxinen eingesetzt werden kann (Schlenker 1937).

Ebenso lässt sich bei vielen Sprossen die Epidermis mit einer feinen Pinzette von den inneren Geweben abziehen. Wenn man die so voneinander getrennten Gewebe in Wasser inkubiert, dehnen sich die inneren Gewebe stark aus, während die Epidermis schrumpft. Daraus folgt, dass die Epidermis im intakten Spross straff über das innere Gewebe gespannt ist und so das Wachstum begrenzt. Durch das Abtrennen entfällt diese Begrenzung und das innere Gewebe kann sich ausdehnen bzw. die Epidermis kann sich verkleinern. Die Steuerung des Wachstums erfolgt also überwiegend dadurch, dass die Dehnbarkeit der Epidermis stimuliert wird. Demnach spielt die Epidermis für das gesamte Organ dieselbe Rolle wie die Zellwand für die einzelne Zelle.

11.2.2.2 Rolle der Mikrotubuli für das Zellwachstum

Die Frage, wie das Zellwachstum gesteuert wird, lässt sich also reduzieren auf die Frage, wie die Dehnbarkeit der epidermalen Zellwände gesteuert wird. Wie oben beschrieben, sind in sich elongierenden Zellen die Cellulosemikrofibrillen in den inneren (jüngeren) Schichten der Zellwand quer orientiert. Durch die mechanische Belastung während des Zellwachstums geht diese Vorzugsrichtung zunehmend verloren. Für die Axialität der Zelle sind jedoch nur die Wandschichten von Belang, die den Turgordruck auffangen müssen (❏ Abb. 11.6b). Die mechanischen Eigenschaften dieser Wandschichten hängen von der Ausrichtung der Mikrofibrillen ab. Wenn man also verstehen will, wie das Zellwachstum gesteuert wird, muss man verstehen, wie das Wachstum der Cellulose räumlich gesteuert wird.

Die rosettenartigen Enzymkomplexe in der Plasmamembran, die aus UDP-Glucose Cellulose synthetisieren, können sich in der flüssigen Membran bewegen. Jede Untereinheit stößt dabei 6 Celluloseketten aus, die sich über Wasserstoffbrücken zu den langen und relativ steifen Mikrofibrillen verdrillen. Bei ihrer Bahn durch die Plasmamembran hinterlassen die Cellulose-Synthasen also eine Spur aus kristallisierender Cellulose. Würden sich diese Enzymkomplexe ungerichtet bewegen, wäre die geordnete Textur der inneren Zellwandschichten nicht zu erklären. In der Tat wird diese Bewegung durch die cortikalen Mikrotubuli bestimmt, die in wachsenden Zellen ebenfalls quer ausgerichtet sind. Paul Green (1962) sagte bereits vorher, dass es längliche, röhrenförmige Strukturen (engl. *„micro-tubules“*) geben müsse, die für die gerichtete Synthese von Cellulose verantwortlich seien. Diese Vorhersage führte ein Jahr später zur Entdeckung dieser *„micro-tubules“* durch Ledbetter und Porter (1963). Erst im zweiten Schritt wurde übri-

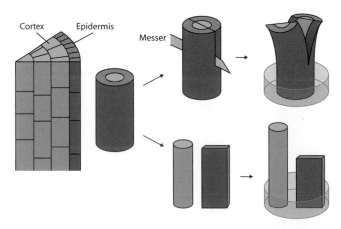

❏ **Abb. 11.7** Die Epidermis begrenzt und steuert das Wachstum von Sprossen. Spaltet man einen Spross längs und taucht ihn dann in Wasser (oben), dehnt sich das innere Gewebe stärker aus als die Epidermis, sodass sich die Hälften nach außen krümmen. Zieht man die Epidermis vom inneren Gewebe ab und taucht beide Teile in Wasser (unten), verlängert sich das innere Gewebe, während sich die Epidermis verkürzt

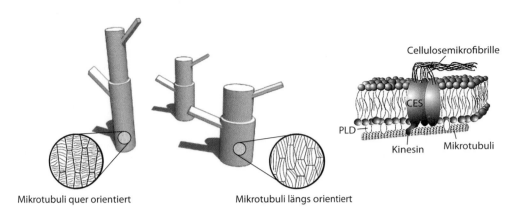

Mikrotubuli quer orientiert   Mikrotubuli längs orientiert

◻ Abb. 11.8   Steuerung der Wachstumsachse durch die cortikalen Mikrotubuli. **a** Das Verhältnis von Länge zu Dicke eines Sprosses hängt mit der Ausrichtung der Mikrotubuli in der Epidermis zusammen. Quer orientierte Mikrotubuli erzwingen eine stärkere Elongation, längs orientierte Mikrotubuli unterbinden die Elongation, sodass sich der Spross verdickt. **b** Modell der Ausrichtung von Cellulose durch die Mikrotubuli. Die Cellulose-Synthase-Komplexe (CES) wandern, gezogen durch Kinesinmotoren, an den cortikalen Mikrotubuli entlang, sodass die auf der apoplastischen Seite abgegebene Mikrofibrille parallel zu den Mikrotubuli deponiert wird. Das wichtige Signalprotein Phospholipase D verbindet Membran und Mikrotubuli und erlaubt eine Steuerung der Ausrichtung über verschiedene Signale (Hormone, Umweltreize). CES Cellulose-Synthase, PLD Phospholipase D aus Nick 2014

gens erkannt, dass die gleichen "*micro-tubules*" auch die Mitosespindel aufbauen. Die Frage, wie das Zellwachstum ausgerichtet werden kann, lässt sich damit um einen weiteren Schritt auf die Frage reduzieren, wie sich die cortikalen Mikrotubuli ausrichten (◻ Abb. 11.8a): Sind sie quer orientiert, überwiegt das Wachstum in Längsrichtung, sind sie längs orientiert, wird sich das Organ vor allem in Querrichtung ausdehnen.

Die Art und Weise, wie die Mikrotubuli die Ausrichtung der Cellulosemikrofibrillen bestimmen können, war Gegenstand einer jahrzehntelangen Auseinandersetzung. Das ursprüngliche Modell (◻ Abb. 11.8b) nahm an, dass die cortikalen Mikrotubuli als Leitschienen dienen, an denen die Cellulose-Synthase-Komplexe entlanggezogen würden (*monorail*-Modell). Die Triebkraft für die Bewegung wäre ein aktiver Transport durch Kinesinmotoren. Dass eine Mikrofibrille deutlich länger wird als ein einzelner Mikrotubulus, wurde dadurch erklärt, dass die Mikrotubuli in Bündeln organisiert sind, wobei sich die einzelnen Mikrotubuli überlappen. Als Gegenmodell wurde vorgeschlagen, dass die Mikrotubuli nur indirekt auf die Bewegung der Cellulose-Synthase-Komplexe einwirken. Vielmehr würden die Komplexe in der flüssigen Membran durch die sich kristallisierende Cellulose vorwärtsgeschoben. Die Mikrotubuli spielten in diesem *guardrail*-Hypothese nur die Rolle begrenzender Leitplanken.

Beide Modelle experimentell zu unterscheiden, ist nicht trivial, da die direkte Beobachtung der Mikrotubuli mittels Elektronenmikroskopie für Fixierungsartefakte anfällig ist und die entscheidenden Details nur mit viel Glück in einzelnen Schnitten zu sehen sind. Vor allem Beobachtungen, bei denen die Cellulose-Synthase-Komplexe scheinbar auf Lücke mit den darunterliegenden Mikrotubuli zu sehen waren, wurden als Beleg für die

guardrail-Hypothese interpretiert. Derzeit muss jedoch das *monorail*-Modell als rehabilitiert gelten, da man in neuerer Zeit die Bewegung der Cellulose-Synthasen entlang den Mikrotubuli mithilfe von fluoreszenten Proteinen *in vivo* beobachten konnte. Außerdem ließ sich auf biochemischem Wege zeigen, dass bestimmte Untereinheiten der Synthasen an Mikrotubuli gebunden sind, und der postulierte Kinesinmotor wurde mithilfe der *Arabidopsis*-Mutante *fragile fibre 1* identifiziert. Bei dieser Mutante ist ein Gen betroffen, welches das Protein Kinesin 4 codiert. Weil durch die Mutation die Bewegung der Synthasekomplexe gestört ist, können die Mikrofibrillen nicht korrekt gebildet werden. Von dieser Mutante hatte man daher ursprünglich angenommen, dass Enzyme der Cellulosesynthese beeinträchtigt seien. Auch dieser Befund spricht für das *monorail*-Modell, das derzeit als das gültige angesehen wird.

Es sei hier noch erwähnt, dass die für die Achse des Zellwachstums entscheidende Ausrichtung der Mikrotubuli mit Veränderungen der Actinfilamente einhergeht (◻ Abb. 11.9). Während in elongierenden Zellen Actin in feinen Filamenten organisiert ist, finden sich in Zellen, die sich nicht mehr strecken und bei denen die Mikrotubuli vorwiegend längs orientiert sind, dicke Bündel von Actinfilamenten.

Die funktionelle Verbindung zwischen beiden Phänomenen scheinen besondere, nur bei Landpflanzen vorkommende Kinesinmotoren zu sein. Diese KCH-Motoren wandern zum Minusende des Mikrotubulus (also so, wie die bei höheren Pflanzen Dyneine) und können über eine Calponin-Homologie-Domäne Mikrotubuli und Actinfilamente miteinander auf dynamische und regulierbare Weise vernetzen. Möglicherweise wird den Mikrotubuli dadurch abhängig von ihrer Ausrichtung eine bestimmte Lebensdauer zugewiesen, wodurch sich

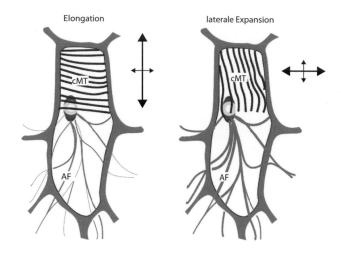

Elongation   laterale Expansion

◘ Abb. 11.9 Reorganisation von Actinfilamenten (AF) und cortikalen Mikrotubuli (cMT) im Zusammenhang mit der Wachstumsachse in einer Zelle, die von Elongation zur lateralen Expansion
übergeht. (Nach Nick 2012)

die Umorientierung im Zuge der Wachstumssteuerung
erklären ließe.

11.2.3   Polarität

Unter **Polarität** versteht man in der Biologie die physiologische oder morphologische Ungleichheit zweier Pole
oder zweier Oberflächen in einem lebenden System, z. B.
in einer Zelle. Morphologische Polarität drückt sich beispielsweise im grundlegenden Bauplan von Thallo- und
Kormophyten aus. Dieser Bauplan wird bereits sehr
früh während der Embryogenese (◘ Abb. 2.3) sichtbar
etabliert und lässt sich auf eine schon in der Zygote ausgeprägte stoffliche (physiologische) Polarität zurückführen. Auch inäquale Zellteilungen, aus denen in der Regel
Tochterzellen mit sehr unterschiedlichem Entwicklungs-
potenzial hervorgehen (z. B. bei *Volvox* die Entwicklung
reproduktiver Zellen), setzen physiologische Polarität
voraus, die sich später durch die Lage der Zellteilungsspindel und der neu gebildeten Zellwand manifestiert.
Zellpolarität spielt damit offensichtlich eine zentrale
Rolle in der Entwicklung der charakteristischen dreidimensionalen Form eines Pflanzenkörpers.

11.2.3.1 Symmetriebruch – Unterschiede der Entwicklung bei Pflanzen und Tieren

Bei den meisten vielzelligen Organismen beginnt die
Entwicklung mit einer befruchteten, mehr oder minder
symmetrischen Eizelle. Diese bildet später definierte
Körperachsen wie oben-unten, vorne-hinten, links-
rechts. Dieses Phänomen wird als **Symmetriebruch** oder
Achsenbildung bezeichnet. Bei Pflanzen spielt vor allem
die Spross-Wurzel-Achse eine zentrale Rolle für die Entwicklung und später für die Funktion des entstandenen

Organismus. Auf der Basis dieser Längsachse werden in
manchen Organen der Pflanze auch dorsiventrale Asymmetrien angelegt. Beispiele für dorsiventrale Strukturen
sind die bifacialen Laubblätter, aber auch die zygomorphen Blüten vieler Angiospermen. Woher stammen
diese Asymmetrien? Entstehen sie neu, werden sie von
der mütterlichen Pflanze übernommen oder folgen sie
passiv bestimmten Umweltgradienten (etwa der Schwerkraft)? Bei einigen Organismen lassen sich bereits in der
Eizelle Asymmetrien erkennen. So liegt z. B. der Zellkern in der Oocyte des Krallenfroschs *Xenopus* an der
animalen Seite und nicht in der gegenüberliegenden,
dotterreichen, vegetalen Hälfte. Auch in der Oocyte der
Angiospermen lässt sich schon vor der Befruchtung eine
ausgeprägte Asymmetrie feststellen, etwa hinsichtlich
der Position des Zellkerns (Zhang und Laux 2011).
Diese Polarität kehrt sich nach der Befruchtung um,
möglicherweise abhängig von der Verteilung der mRNA
der Spermazelle. Prinzipiell gilt, dass die Rotationssy-
metrie des Keims bereits in sehr frühen Entwicklungsstadien gebrochen wird. Dies setzt sich bei Pflanzen
auch während der späteren Entwicklung fort – beispielsweise wachsen bei Maiskeimlingen nach einer durch
seitliches Blaulicht ausgelösten phototropen Krümmung die Kronwurzeln auf der beschatteten Seite stärker aus als auf der Lichtseite (Nick 1997). Bei Tieren
wird dagegen die sehr früh festgelegte Achsenbildung
für das gesamte weitere Leben beibehalten.

Letztendlich muss man davon ausgehen, dass diese
Asymmetrien mit Gradienten der Genaktivität zusammenhängen. Um die prinzipiellen Unterschiede zwischen der Achsenbildung bei Pflanzen und Tieren verdeutlichen zu können, ist es sinnvoll, sich erst einmal
eine Art Typologie des Symmetriebruchs anzuschauen
(◘ Abb. 11.10).

Systemischer oder zellbasierter Symmetriebruch   Bei vielzelligen Tieren wird zumeist infolge des **systemischen
Symmetriebruchs** (◘ Abb. 11.10a) ein Gradient eines
Morphogens über eine Gruppe von Zellen hinweg gebildet. Klassische Beispiele sind die Embryonalentwicklung
von *Drosophila*, wo am Vorderende der Oocyte aus dem
mütterlichen Follikel aufgenommene mRNA nach der
Befruchtung translatiert wird und dadurch ein Gefälle des
BICOID-Proteins von anterior nach posterior entsteht,
oder die die Entwicklung der Kopf-Fuß-Achse des Süßwasserpolypen *Hydra*, die auf Gradienten eines Aktiva-
tormoleküls für die Entstehung der Fußplatte beruht.
Neben dieser systemischen Form nutzen jedoch zahlreiche
Organismen den **zellbasierten Symmetriebruch**
(◘ Abb. 11.10a): Ähnlich wie das Magnetfeld eines Körpers aus zahlreichen Elementarmagneten entsteht, können einzelne Zellen eine Asymmetrie bilden, die dann über
einen entsprechend ausgerichteten Transport eines interzellulären Signals zu einer Asymmetrie des gesamten Or-

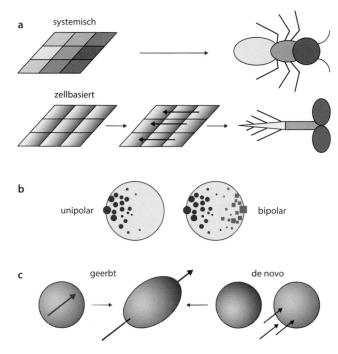

◘ Abb. 11.10 Typologie des Symmetriebruchs. **a** Beim systemischen Symmetriebruch wird über mehrere Zellen hinweg ein Gradient aufgebaut, während beim zellbasierten Symmetriebruch jede Zelle polarisiert ist und diese Polarität dann über ein gerichtet transportiertes Signal zu einer Asymmetrie des gesamten Organismus führt. **b** Beim unipolaren Symmetriebruch wird nur ein Pol positiv definiert, der Gegenpol entsteht durch Abwesenheit des polarisierenden Signals (schwarze Kreise). Beim bipolaren Symmetriebruch werden beide Pole gleichwertig angelegt (schwarze Kreise und graue Quadrate), sodass jeder Pol aus sich selbst heraus bestimmt ist. **c** Beim geerbten Symmetriebruch ist eine kryptische Asymmetrie bereits angelegt und muss nur noch ausgeprägt werden. Beim *de novo*-Symmetriebruch wird die Asymmetrie in Antwort auf ein richtendes Signal (Pfeile) erzeugt

ganismus führt. Diese Form des Symmetriebruchs ist das vorherrschende Modell bei den Pflanzen. Bereits die erste, asymmetrische Teilung der Zygote trennt bei den Angiospermen zwei Tochterzellen, die unterschiedliche Entwicklungswege einschlagen: Die apikale Zelle wird zum Embryo, die basale Zelle wird zum Suspensor, einem embryonalen Organ, das den Embryo ernährt, später jedoch abstirbt. Die apikale Zelle polarisiert sich und gibt diese Polarität an die Tochterzellen weiter. Schon nach wenigen Teilungen lässt sich ein gerichteter Fluss des Pflanzenhormons Auxin von apikal nach basal (also in den Suspensor hinein) nachweisen. Dieser Fluss organisiert und erhält die Spross-Wurzel-Achse, an der dann die gesamte folgende Entwicklung der Pflanze ausgerichtet wird.

Bipolarität oder Unipolarität Häufig werden beide Pole einer Asymmetrie angelegt. So wird beim *Drosophila*-Embryo gleichzeitig mit der Anreicherung von *bicoid*-mRNA am künftigen Kopfpol auch mRNA für die Transkriptionsfaktoren *oskar* und *nanos* zum entgegengesetzten Pol der Eizelle transportiert (dies geschieht übrigens durch

polaren Transport entlang der Mikrotubuli), die später die Bildung des Hinterleibs initiieren. Auch bei anderen Metazoen wie Seeigeln oder Amphibien konnte man solche zueinander gegenläufigen Gradienten feststellen. Bei Pflanzen erfolgt der Symmetriebruch hingegen unipolar. Nur ein Pol wird aktiv bestimmt, der gegenüberliegende Pol definiert sich durch die Abwesenheit dieser Determinante (◘ Abb. 11.10b). So wird bei der Anlage der Thallus-Rhizoid-Asymmetrie von Braunalgen abhängig von der Richtung des einfallenden Lichts die Position des auswachsenden Rhizoids festgelegt. Die so entstandene Zellpolarität führt zu einer asymmetrischen Zellteilung, wobei die Nicht-Rhizoid-Zelle den Entwicklungsweg in Richtung Thallusbildung einschlägt. Entfernt man mithilfe starker Laserstrahlung Teile dieses zweizelligen Embryos, kann eine Thalluszelle zu einem zweiten Rhizoid werden, wenn sie mit der Zellwand einer Rhizoidzelle in Kontakt tritt. Das Schicksal einer Rhizoidzelle ändert sich bei Kontakt mit der Zellwand einer Thalluszelle jedoch nicht. Eine genauere Untersuchung zeigte, dass in der Zellwand der Rhizoidzelle (noch unbekannte) Faktoren lokalisiert sind, die das Schicksal als Rhizoid bestimmen, während man keine thallusinduzierenden Faktoren findet. Auch bei der Embryonalentwicklung der Angiospermen entsteht der polare Auxintransport dadurch, dass ein Effluxtransporter für Auxin an der basalen Seite der Zellen angelegt wird. Der durch einen Sog des Suspensors ausgelöste Auxinstrom ist letztendlich der Grund für die unterschiedliche Differenzierung der apikal oder basal gelegenen Zellen.

Geerbte Asymmetrie oder *de novo*-**Symmetriebruch** Jeder Symmetriebruch setzt eine gerichtete Anfangsinformation voraus. Dies kann etwa ein vektorieller Umweltfaktor sein (etwa die Richtung der Schwerkraft oder ein Gradient der Lichtintensität), ein Konzentrationsgradient eines von Zellen erzeugten oder in Zellen importierten Moleküls oder einfach nur der Kontakt mit bestimmten Zellen. Hier wird tatsächlich eine vorher nicht vorhandene Richtung neu hervorgebracht (Erzeugung *de novo*), die es ermöglicht, morphogenetische Vorgänge flexibel so auszurichten, dass das Ergebnis möglichst gut mit den Gegebenheiten harmoniert (◘ Abb. 11.10c). Der *de novo*-Symmetriebruch birgt jedoch auch gewisse Gefahren: Was geschieht, wenn das richtende Signal nicht oder zur falschen Zeit eintrifft, und was, wenn dieses Signal nicht eindeutig interpretierbar ist? Schwerwiegende Entwicklungsstörungen wären die Folge. Viele Organismen umgehen dieses Risiko dadurch, dass ihnen vom mütterlichen Organismus eine Richtung „vererbt" wird und sie diese Richtung nur noch ausprägen müssen (◘ Abb. 11.10c). Streng genommen ist hier der Symmetriebruch bereits erfolgt, er ist nur nicht direkt als solcher sichtbar – der Schein einer Symmetrie trügt also.

Eine Vererbung kryptischer Asymmetrien ist vor allem bei Organismen zu finden, deren Entwicklung nach stereotypen Mustern verläuft. Dies ist beispielsweise bei vielen Insekten der Fall. Der anterior-posteriore Symmetriebruch von *Drosophila* geht letztendlich auf eine Asymmetrie des mütterlichen Ovars zurück: Die zunächst innerhalb des Follikels zentral positionierte Oocyte wandert zum hinteren Pol und verleibt sich dann die nun vor ihr liegenden Zellen des Dotters ein. Dabei nimmt sie die vom mütterlichen Gewebe stammende, aber noch nicht translatierte mRNA, die den Kopffaktor *bicoid* codiert, am vorderen Pol auf, wo die mRNA verankert wird. Wirksam wird diese kryptische Asymmetrie erst nach der Befruchtung, wenn die mRNA translatiert wird und sich dann als Gradient des BICOID-Proteins manifestiert.

Als Faustregel gilt, dass *de novo*-Symmetriebruch vor allem in solchen Organismen zu finden ist, für die eine Flexibilität der Entwicklung in Abhängigkeit von Umweltfaktoren ein wichtiges Element ihrer Überlebensstrategie darstellt. Auch hier liefert die Zygote der Braunalge *Fucus* ein gutes Beispiel, an dem sofort verständlich wird, warum es sich um eine wirkungsvolle Strategie handelt: Da nicht vorherbestimmt ist, in welcher Orientierung die durch die Brandung transportierte Zygote am Ufer angespült wird, ist es nicht sinnvoll, die Rhizoid-Thallus-Achse vorher zu definieren. Die Kopplung dieses Symmetriebruchs an ein Gefälle des eintreffenden Lichts stellt sicher, dass das Rhizoid zum Substrat hin gebildet wird, während der photosynthetisch aktive Thallus zum Licht hin ausgerichtet wird. Bewiesen wurde die *de novo*-Polarisierung durch eine Bestrahlung mit polarisiertem, sehr starkem Blaulicht. Dadurch konnte man nicht nur wie üblich die Photorezeptoren auf der dem Licht zugewandten Seite anregen, sondern auch die auf der gegenüberliegenden Seite, während die seitlichen Rezeptoren nur wenig angeregt wurden. Dies führte zur Anlage von zwei Rhizoiden. Dieser Befund spricht eindeutig gegen eine bereits bestehende, aber noch nicht ausgeprägte Asymmetrie.

Bei Angiospermen scheint die Polarität der Zygote hingegen eher geerbt zu sein – schon die unbefruchtete Eizelle zeigt eine klare Polarisierung (Zhang und Laux 2011). Auch ein Einfluss nichttranslatierter mRNA wird vermutet, die hier aber, anders als beim *Drosophila*-Embryo, von der väterlichen Keimzelle stammt.

11.2.3.2 Polaritätsinduktion bei Zygoten und Sporen von Thallophyten

Bei Eizellen oder Sporen von Thallophyten erfolgt die Polarisierung in der Regel *de novo*. Nur in Ausnahmefällen (z. B. den Eizellen der Braunalgen *Sargassum* und *Coccophora*) sind diese Keimzellen bereits durch die Mutterpflanze polarisiert. In der Regel erfolgt ihre Polarisierung durch Außeneinflüsse (Licht, Schwerkraft) und im Fall von Eizellen erst nach der Befruchtung.

Werden Sporen von *Equisetum* bzw. Zygoten von *Fucus* oder *Pelvetia* (Phaeophyceae) einseitig belichtet, wird das Cytoplasma polarisiert und anschließend eine inäquale Zellteilung induziert. Die kleinere Tochterzelle auf der Schattenseite entwickelt sich zum Rhizoidpol, während die größere Zelle auf der lichtzugewandten Seite zur Ausgangszelle des übrigen Thallus wird (◘ Abb. 11.11). Bei den *Pelvetia*- bzw. *Fucus*-Zygoten keimt das Rhizoid schon vor der Zellteilung aus: Die Teilung ist also nicht Ursache, sondern Folge einer vorher in der Zelle erfolgten Polarisierung. Bestimmend für die induzierte Polarität ist der Intensitätsabfall des Lichts in der Zelle, nicht dessen Einfallsrichtung, wie Halbseitenbeleuchtungen zeigen (◘ Abb. 11.12b).

Die Polaritätsinduktion hängt von der Menge der eingestrahlten Quanten (der Fluenz) ab, ganz gleich, wie diese erreicht wird (Reziprozität oder Bunsen-Roscoe-Regel). Ob bei *Equisetum*-Sporen diese Fluenz durch Bestrahlung mit niedriger Intensität über einen längeren Zeitraum oder über einen sehr starken Lichtblitz eingestellt wird, spielt keine Rolle. Die wirksamen Wellenlängen liegen bei Eiern und Zygoten von Braunalgen sowie bei *Equisetum*-Sporen meist im blauen und ultravioletten Bereich. Bei Braunalgen scheint ein Retinalprotein, ähnlich dem Sensorrhodopsin der Grünalgen (▶ Abschn. 15.2.1.2), als Photorezeptor zu dienen. Der früheste Ausdruck einer erfolgten Polarisierung von *Equisetum*-Sporen ist eine Verlagerung der Plastiden auf die lichtzugewandte Seite der Zelle, also in die künftige Prothalliumzelle. Ähnlich wie bei den Braunalgen, hängt die Polarisierung

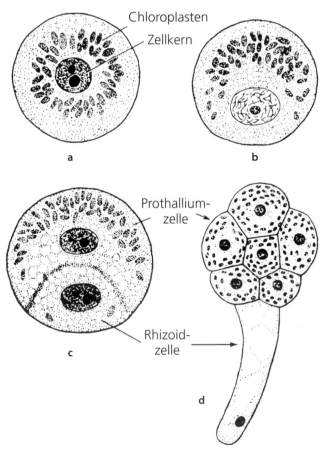

◘ **Abb. 11.11**   Polarisierung der *Equisetum*-Spore. **a** Unpolarisierte Spore. **b** Beginn der Polarisierung. **c** Abgrenzung von Rhizoid- und Prothalliumzelle. **d** Frühes Mehrzellstadium. (Nach W. Nienburg)

der *Equisetum*-Sporen mit einer Umstrukturierung des Actinskeletts zusammen. Gleichzeitig wandert der Zellkern in die entgegengesetzte Richtung (◻ Abb. 11.11b). Diese Bewegungen werden auch dann induziert, wenn weder die Plastiden noch der Zellkern, sondern ausschließlich das Cytoplasma belichtet wird.

Was geschieht mit Sporen oder Zygoten, die im Dunkeln auskeimen? Auch diese bilden eine Polarität aus. Ohne den induzierenden Einfluss einseitiger Belichtung, wird in der Regel die Schwerkraft wirksam und der Rhizoidpol entwickelt sich auf der zum Erdmittelpunkt gerichteten Seite. Gibt es keine richtenden Außenfaktoren (eine sehr künstliche Situation, die nur im Experiment erzeugt werden kann), entstehen die Rhizoide bei *Pelvetia*- bzw. *Fucus*-Zygoten am zufälligen Ort des Eindringens der Spermazelle und bei *Equisetum*-Sporen an einem definierten Ort, dem Rhizoidpunkt, der unter normalen Bedingungen nicht in Erscheinung tritt. Auch Einflüsse benachbarter Zellen auf die Polaritätsinduktion wurden nachgewiesen. Liegen mindestens zehn *Fucus*-Zygoten dicht beieinander, so bilden die inneren Zellen oft keine Rhizoide aus, während aus den äußeren Zellen zum Inneren der Gruppe hin orientierte Rhizoide auswachsen. Kurz nach der Induktion ist die Polarisierung von *Fucus*-Zygoten durch Veränderung der äußeren Einflüsse (z. B. Belichtung aus anderer Richtung) noch aufhebbar oder sogar umkehrbar. Nach einiger Zeit wird sie jedoch irreversibel fixiert, woran ebenfalls das Actinskelett beteiligt ist.

Die molekularen Vorgänge bei der **Zellpolarisierung** versteht man bei *Pelvetia*- und *Fucus*-Zygoten besonders gut (◻ Abb. 11.12). Bei einseitiger Belichtung wird zunächst ein Calciumstrom durch die Zelle erzeugt. Dieser kommt dadurch zustande, dass Calcium-Influxkanäle zur Schattenseite hin verlagert werden, wodurch letztlich ein Strom von Calciumionen durch die Zelle entsteht. Im nächsten Schritt entsteht auf dieser Seite der Zygote im cortikalen Cytoplasma eine Cytoskelettkappe aus F-Actin (► Abschn. 1.2.3.1). In Abwesenheit jeglicher äußerer Einflüsse bildet sich diese Struktur am Ort des Eindringens der Spermazelle in die Eizelle. Die Actinkappe markiert den sich bildenden Rhizoidpol der Zelle und bewirkt, dass bestimmte Populationen von Golgi-Vesikeln in Richtung des Rhizoidpols geleitet werden und dort mit der Plasmamembran verschmelzen. Diese Golgi-Vesikel enthalten spezielle Membranproteine wie weitere Calcium-Influxkanäle und Ankerproteine für Mikrotubuli, wodurch sich der Calciumstrom selbst verstärkt. Andere Vesikel transportieren Zellwandbausteine (darunter ein spezifisches sulfatiertes Fucan) und Enzyme, die für den Ein- und Umbau dieser Bausteine notwendig sind. All diese Inhaltsstoffe werden durch Sekretion lokal in die Plasmamembran bzw. in die Zellwand integriert. Da Calcium auf die Organisation von Actin und die Aktivität von Myosinmotoren positiv wirkt, entsteht eine weitere Selbstverstärkung. Dies lässt sich elektrophysiologisch als ein immer stärker werdender Calciumstrom durch die Zelle hindurch nachweisen, ein Phänomen, für das der Begriff Selbstelektrophorese geprägt wurde. Dieser Gradient ist zunächst noch instabil und kann verschoben und sogar

umgekehrt werden, wenn sich die Lichtrichtung ändert. Nach einigen Stunden wird der Gradient jedoch fixiert, indem die Calcium-Influx-Kanäle durch Actin verankert werden und so nicht mehr wandern können. Kurz darauf ist der Gradient auch morphologisch durch die Ausbeulung des künftigen Rhizoids sichtbar. Diese lokale Vorwölbung geht auf die lokale Sekretion von Enzymen und Zellwandmaterial zurück.

Die auf diese Weise axial polarisierte Zelle durchläuft nun die erste, inäquale Zellteilung, deren Ebene genau senkrecht zur Polaritätsachse der Zelle verläuft. Aus der basalen Tochterzelle entsteht das Rhizoid, während die apikale Tochterzelle den Thallus bildet. An der Ausrichtung des Zellkerns und der Teilungsspindel ist der Rhizoidpol ebenfalls maßgeblich beteiligt. Ausgehend von einem der beiden Centrosomen, die die zukünftigen Spindelpole bilden (► Exkurs 1.3), nehmen Mikrotubuli mit ihrem freien Ende mit Ankerproteinen am Rhizoidpol Kontakt auf. Das führt zur Ausrichtung der beiden Spindelpole entlang der zellulären Polaritätsachse (◻ Abb. 11.12a). Die Zellplatte wird quer dazu, also senkrecht zur Längsachse der polarisierten Zygote angelegt.

Das weitere Differenzierungsschicksal der beiden Tochterzellen wird entscheidend durch die unterschiedliche Zusammensetzung der Zellwände bestimmt. Entnimmt man diesen Zellen die Protoplasten, unterbleibt deren weitere spezifische Differenzierung. Trennt man die beiden Zellen, differenzieren sie unabhängig voneinander Thallus- bzw. Rhizoidzellen. Bringt man den Protoplasten jeweils einer Tochterzelle mit der Zellwand der jeweils anderen Tochterzelle in Kontakt, ändert sich in beiden Fällen die Determination. Der Protoplast der Rhizoidtochterzelle, in Kontakt mit der Zellwand der Thallustochterzelle, differenziert Thalluszellen, und umgekehrt bildet die Thallustochterzelle bei Kontakt mit der Zellwand der Rhizoidtochterzelle Rhizoidzellen aus.

11.2.3.3 Polaritätsinduktion bei höheren Pflanzen

Auch bei höheren Pflanzen spielt die Polarisierung der ersten Zelle einer Generation eine entscheidende Rolle für das weitere Schicksal. Die erste zygotische Zellteilung trennt eine kleinere, mit dichtem Plasma gefüllte, apikale Zelle von einer größeren basalen Zelle, die stärker vakuolisiert ist. Die apikale Zelle bringt den eigentlichen Embryo hervor, die basale Zelle dagegen den Suspensor. Bei der *Arabidopsis*-Mutante *gnom* wird diese erste Teilung symmetrisch angelegt. Dies hat eine stark gestörte Embryogenese zur Folge, sodass am Ende keine Apikalmeristeme entstehen und der Keimling zu einer ungegliederten Kugel wird, die der Mutante ihren Na-

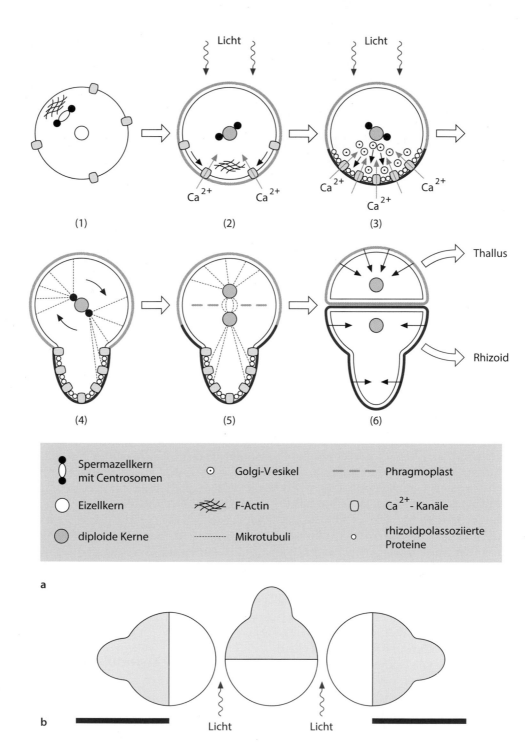

Abb. 11.12 Polaritätsinduktion bei der *Fucus*-Zygote. **a** In Abwesenheit von Richtungssignalen wird in der befruchteten Eizelle an der Stelle des Eindringens der Spermazelle mit dem Aufbau einer Polaritätsachse begonnen (1). In der Regel wird durch ein Lichtintensitätsgefälle eine Polarität induziert, die letztlich dazu führt, dass Calcium-Influx-Kanäle in der Zellmembran zur Schattenseite der Zygote verlagert werden. Auf dieser Seite strömen mehr Calciumionen in die Zelle, als die Zelle über nicht umverteilte Effluxkanäle verlassen. Auf der Gegenseite strömen hingegen weniger Calciumionen ein, als hinausgepumpt werden. Dadurch entsteht ein Strom von Calciumionen durch die Zelle. Dieser legt die Position für den Aufbau der Actinkappe am künftigen Rhizoidpol fest (2). Am sich bildenden Rhizoidpol werden Plasmamembran und Zellwand in spezifischer Weise modifiziert und das Auswachsen des Rhizoids setzt ein (3, 4), begleitet von einer Ausrichtung der Centrosomen parallel zur Polaritätsachse (4, 5). Dadurch wird die Zellteilungsebene und Lage der neuen Zellwand senkrecht zur Achse der Zellpolarisierung festgelegt (5, 6). Die beiden Tochterzellen differenzieren unter dem determinierenden Einfluss der Zellwand den Thallus bzw. das Rhizoid. Rot, modifizierter Zellwandbereich. Weitere Erläuterungen im Text. **b** Entstehung der Rhizoide bei der *Fucus*-Zygote an der jeweils dunkelsten Stelle. (a nach D.L. Kropf und R.S. Quatrano)

men verleiht. Die erste Teilung des männlichen Gametophyten ist bei Angiospermen ebenso wie die erste zygotische Teilung asymmetrisch und legt auf vergleichbare Weise das Entwicklungsschicksal fest: Während bei dieser ersten Teilung des männlichen Gametophyten gewöhnlich Keimbahn (Spermazelle) und Soma (vegetative Zelle) voneinander getrennt werden, kann man durch Behandlung mit Hitzeschock oder mikrotubulispezifische Wirkstoffe eine symmetrische Teilung induzieren. Diese löst die Bildung eines (haploiden) Embryos (Androgenese) aus, der später durch spontane Endoreplikation oder Spindelgifte wie Colchicin induziert wieder diploidisiert wird. Diese Androgenese ist ein für die Züchtung wichtiges Verfahren, weil hierdurch aus Organismen mit an einem bestimmten Locus heterozygot vorliegenden Allelen rasch Organismen hergestellt werden können, die an dem betreffenden Locus homozygot sind. Selbst wenn somatische Zellen, entweder spontan oder induziert durch Phytohormone zur somatischen Embryogenese veranlasst werden, ist die erste Zellteilung asymmetrisch und trennt, ähnlich wie bei der zygotischen Embryogenese, eine Suspensorzelle von der eigentlichen Embryomutterzelle ab.

Diese schon früh angelegte Polarität wird schon nach wenigen Zellteilungen als ein gerichteter Fluss des Phytohormons Auxin sichtbar, der alle nachfolgenden Entwicklungsvorgänge ausrichtet. Die einmal ausgeprägte Polarität wird also in der Regel nachhaltig fixiert und irreversibel. Dies wurde in einem klassischen Experiment eindrucksvoll belegt: An abgeschnittenen Weidenzweigen in feuchter Atmosphäre treiben am apikalen Ende in distaler Richtung Knospen aus, während sich am basalen Ende Wurzeln bilden, die ebenfalls distal auswachsen (■ Abb. 11.13). Hängt man den Zweig umgekehrt auf, wachsen die Wurzeln dennoch dort aus, wo sie vorher ausgewachsen sind, obwohl dieser Pol des Zweigs nun nach oben weist. Auch die Zweige treiben dort aus, wo sie vorher ausgetrieben sind. Die ursprüngliche Polarität bleibt also erhalten und folgt nicht der veränderten Richtung des Schwerereizes. Die Schwerkraft wurde dabei durchaus wahrgenommen. Das lässt sich daran erkennen, dass Wurzeln und Zweige der Schwerkraft folgend in proximaler Richtung auswachsen. Ebenso treiben Wurzelstücke z. B. des Löwenzahns oder der Zichorie in feuchter Erde Knospen an der proximalen (gegen den Spross gerichteten) und Wurzeln an der distalen Seite (■ Abb. 11.14). Auch bei Pfropfungen offenbart sich die Polarität der Pfropfpartner, die nur miteinander verwachsen können, wenn die Polarität von Unterlage und Pfropfreis dieselbe Richtung aufweist. Diese Polarität von Pflanzenorganen ist endogen festgelegt und kann nicht durch Außenfaktoren verändert werden, auch nicht durch Änderungen in Wirkrichtung der Schwerkraft (■ Abb. 11.13 und 11.14). Sie ist in je

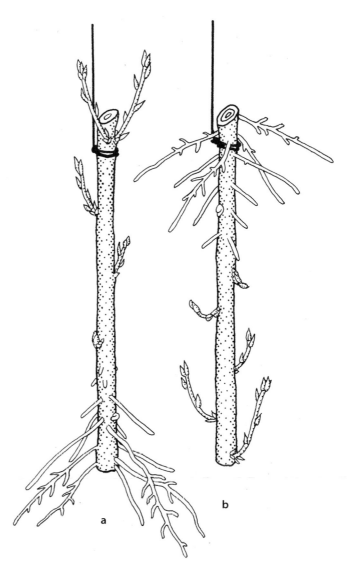

■ **Abb. 11.13** Polare Regeneration und Austrieb bei Zweigstücken einer Weide **a** in normaler, **b** in umgekehrter Lage in feuchter Umgebung. (Nach W. Pfeffer)

dem noch so kleinen Spross- und Wurzelstück ausgeprägt und erinnert an das Verhalten von Elementarmagneten, deren Bruchstücke auch stets wieder Plus- und Minuspole aufweisen. Der Schluss erscheint deshalb naheliegend, dass jede einzelne Pflanzenzelle polarisiert ist und die Polarität eines Organs von seinen Einzelzellen bestimmt wird.

Während die zelluläre Polarität bei der Oocyte von *Drosophila* über einen durch Motorproteine getriebenen, gerichteten Transport nichttranslatierter mRNA-Moleküle entlang der Mikrotubuli bewerkstelligt wird, steht für Pflanzen der gerichtete Transport von Auxin im Mittelpunkt. Dieser wird durch einen Gradienten von an der Effluxtransportern in der Plasmamembran in selbstverstärkender Weise aufrechterhalten, wobei diese Transporter dynamisch und asymmetrisch zwischen ih

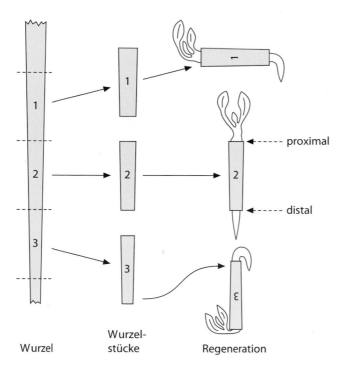

Wurzel   Wurzel-   Regeneration
          stücke

▣ Abb. 11.14 Polare Regeneration bei Wurzelstücken. Spross-knospen entstehen immer am proximalen (dem Wurzelhals am nächsten liegenden) Ende, unabhängig von der Lage im Raum. (Nach H.E. Warmke und G.L. Warmke)

rem Wirkort an der Plasmamembran und einer Ruhe-form im Zellinneren zirkulieren. Dieser Kreislauf wird durch Actinfilamente angetrieben, wobei die Organisa-tion des Actinskeletts wiederum von der aufgenomme-nen Auxinmenge abhängt.

11.2.4 Differenzierung, Kommunikation, Programmierter Zelltod

Embryonale Zellen (z. B. Scheitelzellen, meristemale In-itialzellen, ▶ Abschn. 2.2.1) bilden Tochterzellen, die sich entweder weiter teilen oder aber unter Aufgabe ih-rer Teilungsfähigkeit direkt mit der Differenzierung (z. B. mit dem Streckungswachstum) beginnen. In den Differenzierungsprozess eintretende Zellen unterbre-chen den Zellzyklus in der G_1-Phase, sie replizieren ihre DNA also nicht mehr (▣ Abb. 11.4). Für den Zustand eines auf Dauer unterbrochenen Zellzyklus hat sich der Begriff G_0-Phase eingebürgert, auch wenn er im Grunde irreführend ist, da es sich nicht um einen völlig neuen Zustand handelt. Die Regulation des Übergangs wird unter anderem durch Phytohormone beeinflusst, erfolgt aber auch abhängig von der Entwicklung und von Um-weltbedingungen. Die zugrundeliegende Signalverarbei-tung ist erst teilweise aufgeklärt.

Unter geeigneten Bedingungen können bereits aus-differenzierte Zellen erneut in den Zellzyklus eintreten

$(G_0{\rightarrow}G_1)$. Auch dieser Prozess kann durch Phytohor-mone ausgelöst werden, was man sich für die Regene-ration von Pflanzen aus Zellkulturen zunutze macht (▣ Abb. 11.1, ▶ Abschn. 12.2). Dabei entstehen kom-plette Pflanzen mit allen artspezifischen Merkmalen (Reembryonalisierung). Diese **Totipotenz** von Pflan-zenzellen gilt als zentraler Beleg für die Aussagen der **Zelltheorie** (▶ Abschn. 1.1.1). Oft wird bei der Rege-neration einer Pflanze aus einer kultivierten Zelle zu-nächst über eine asymmetrische Zellteilung ein **somati-scher Embryo** gebildet, der bis in seine zellulären Details einem **zygotischen Embryo** gleicht und dessen Apikalmeristeme später für die Entwicklung von Spross und Wurzel der regenerierten Pflanze verant-wortlich sind (z. B. *Daucus carota*, ▣ Abb. 11.1). Die Regeneration von Pflanzen aus einzelnen Zellen ist in verschiedener Hinsicht von wirtschaftlicher Bedeu-tung. Sie ermöglicht unter anderem die Vermehrung bestimmter Zierpflanzen (z. B. der aus Samen schwer anzuziehenden Orchideen), die als Klonkulturen aus mechanisch isolierten Blattmesophyllzellen oder aus Meristemgeweben herangezogen werden. Eine beson-dere Bedeutung hat die somatische Embryogenese für die Forstwirtschaft. Da die Züchtung neuer Forst-baumsorten aufgrund der langen Generationsdauer sehr langwierig ist, induziert man aus zygotischen Em-bryonen Kallusgewebe und gewinnt daraus zahlreiche somatische Embryonen, die nach den gewünschten Eigenschaften (häufig Resistenz gegen Umweltstress) selektiert und zu Bäumchen regeneriert werden kön-nen. Die somatische Embryogenese ist eine zentrale Voraussetzung für die Herstellung transgener Pflanzen und trug dazu bei, dass Grüne Gentechnik schon deut-lich früher eine wirtschaftliche Bedeutung erlangte als die gentechnische Manipulation von Nutztieren (▶ Abschn. 10.4).

Eine solche Reembryonalisierung kommt jedoch auch als wichtiger Schritt der natürlichen Entwicklung vor, etwa bei der Bildung von sekundären Meristemen (z. B. Korkcambien und interfaszikuläre Cambien), wo-bei bereits differenzierte Zellen wieder in den Zellzyklus eintreten und dann ein anderes Entwicklungsschicksal erfahren können. In manchen Fällen kann sogar eine vollständige Embryogenese durchlaufen werden. Bei-spielsweise entstehen nach Verletzung aus abgetrennten Begonienblättern nicht nur am unteren (basalen) Ende des Blattstiels Wurzeln, sondern auch am Ansatz der Blattspreite. Besonders leicht bilden sich am unteren Schnittrand abgetrennter Blattadern Adventivknospen, aus denen ganze Begonienpflanzen hervorgehen kön-nen. Diese Adventivsprosse entstehen aus einer einzi-gen, wieder embryonal gewordenen Epidermiszelle (▣ Abb. 11.15), während Adventivwurzeln aus sich tei-lenden Zellen in der Nähe der Leitbündelphloeme her-vorgehen.

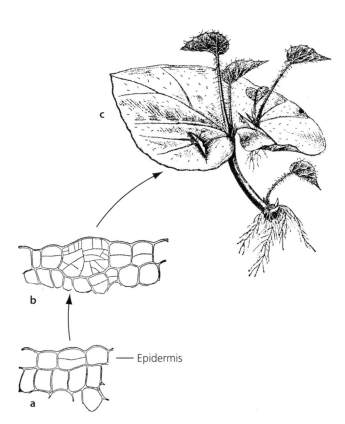

Epidermis

⬛ Abb. 11.15 Regeneration von Sprossen und Wurzeln an Blattstecklingen von *Begonia*. **a, b** Bildung eines Adventivsprosses aus einer Epidermiszelle (Ausschnitte aus Blattquerschnitt, 150 ×). In **a** hat sich die Epidermiszelle einmal geteilt. In **b** ist aus der Epidermiszelle ein vielzelliges sekundäres Meristem geworden, aus dem zunächst eine Adventivknospe und aus dieser wiederum ein Spross **c** entsteht. (**a, b** nach A. Hansen; **c** nach R. Stoppel)

Auch diese Fähigkeit spielt eine große Rolle für die Landwirtschaft, vor allem im Wein- und Obstbau, wenn unterschiedliche Pflanzen aufeinandergepfropft werden. Dies ist deshalb erfolgreich, weil zunächst parenchymatische Zellen der Kontaktfläche zu einem Wundkallus auswachsen. Durch den Auxinstrom aus den unterbrochenen Leitbündeln gesteuert, können sich die parenchymatischen Zellen zu neuen Leitungsbahnen differenzieren, die den Anschluss an die schon bestehenden Leitbündel beider Partner herstellen und so den Saftstrom wieder gewährleisten.

Bei einer **Pfropfung** werden abgeschnittene, knospentragende Teile einer Pflanze (**Pfropfreiser**) mit entsprechend zugeschnittenen Teilen derselben oder einer kompatiblen, nahe verwandten Art (**Unterlagen**) durch einen sich an den Wundstellen entwickelnden Kallus zum Verwachsen gebracht. In diesem Kallus differenzieren Phloem- und Xylemelemente, die bei erfolgreichem Verlauf der Pfropfung die entsprechenden Gewebe in den Leitbündeln von Pfropfreis und Unterlage miteinander verbinden. Pfropfungen sind besonders für die gärtnerische und landwirtschaftliche Praxis bedeutsam, weil so auf gut wachsenden Unterlagen z. B. nicht fortpflanzungsfähige Züchtungen (Obst- und Weinbau, Rosenzucht) erhalten und vermehrt werden können.

Nachdem die Pfropfpartner miteinander verwachsen sind, gleichen sie sich häufig aneinander an. Dies ist eigentlich erstaunlich, da sich ihr Erbgut ja voneinander unterscheiden sollte. Diese Angleichung ist besonders eindrucksvoll bei solchen Pfropfungen, bei denen aus dem Kallus der Pfropfstelle Adventivsprosse entstehen, die aus den miteinander verwachsenen Geweben beider Partner zusammengesetzt sind (**Chimären**). Bei **Sektorialchimären** stammt ein Sektor eines Sprosses oder Blatts vom Pfropfreis, der Rest dagegen von der Unterlage. Besonders merkwürdig sind die **Periklinalchimären**, bei denen die Epidermis und eventuell einige äußere Zellschichten von dem einen Partner, die inneren Gewebe dagegen vom anderen Partner gebildet werden (Beispiele sind Pfropfungen von *Cytisus*-Arten oder Mispeln mit anderen Arten der Gattung *Crataegus*). Derartige **Pfropfbastarde** können äußerlich den Eindruck echter, geschlechtlich entstandener Bastarde erwecken. Während man früher davon ausging, dass selbst bei diesen engsten Verwachsungen jede Zelle bzw. Zellschicht das Erbgut ihrer Herkunft und damit ihren erblichen Artcharakter bewahrt, konnte vor Kurzem gezeigt werden, dass es auch zu horizontalem (also nicht sexuellem) Genfluss kommen kann. Der zugrundeliegende Mechanismus ist unverstanden, das Ausmaß genetischer Veränderungen kann jedoch signifikante Ausmaße annehmen.

Eine zentrale, aber bislang unzureichend geklärte Frage der Entwicklungsbiologie betrifft die **Determination**, also die Festlegung des Differenzierungsschicksals einer Zelle, eines Gewebes oder Organs. Im Zuge der Determination muss die Genaktivität so umgesteuert werden, dass die für den Differenzierungsprozess erforderlichen Genprodukte erzeugt werden. Diese Umsteuerung könnte von der Zelle selbst ausgelöst werden (**zellautonom**). Sie könnte aber auch durch **Reize** aus der Umwelt oder durch Signale der benachbarten Zellen bedingt sein (**induktive Kontrolle**). Unter den **endogenen Signalen** spielen die Phytohormone (▸ Kap. 12) eine zentrale Rolle. Bei den **exogenen Reizen** unterscheidet man **biotische** (von anderen Lebewesen ausgehend, etwa von Pathogenen, Herbivoren oder Symbionten, z. B. bei Gallbildung, Wurzelknöllchenbildung von Bedeutung; ▸ Kap. 16) und **abiotische** Einflüsse (physikalische oder chemische Reize, z. B. Licht [▸ Kap. 13] oder Stressfaktoren wie Trockenheit, Bodenversalzung, Hitze oder Kälte). Als **Reiz** wird jedes physikalische oder chemische Signal bezeichnet, das im Organismus eine spezifische Reaktion auslöst, deren Energiebedarf vom Organismus selbst gedeckt wird. Ein unabhängig von den Außenfaktoren immer gleich ablaufender Entwicklungsvorgang wird als **endonom** bezeichnet.

Endonom ist z. B. die Determination und die dadurch festgelegte Entwicklung der von den Cambiuminitialen abgegebenen Bastelemente bei den Taxaceae und Cupressaceae („Viertakt": Siebzelle-Bastfaser-Siebzelle-Parenchymzelle). Endonom determiniert ist auch die Zelldifferenzierung bei *Volvox carteri* (▸ Abschn. 19.3.3). Diese Alge besteht aus 2000–4000 somatischen und genau 16 reproduktiven Zellen, die an exakt definierten Positionen im Zellverband sitzen. Bei der Embryogenese erfolgt exakt während der sechsten Zellteilung (beim Übergang vom 32- zum 64-Zell-Stadium) bei 16 Zellen des 32-zelligen Embryos eine inäquale Zellteilung. Die entstandenen kleineren Zellen (Durchmesser <6 µm) entwickeln sich zu somatischen Zellen, die größeren (>9 µm) zu reproduktiven Zellen. Diese asymmetrische Teilung geht mit der unterschiedlichen Aktivierung zweier Transkriptionsfaktoren einher. Der Faktor *lag* (engl. *late gonidia*) wird nur in den reproduktiven Zellen exprimiert, während der Faktor *regA* (engl. *somatic regenerator A*) nur in den kleineren somatischen Zellen aktiv ist. Die asymmetrische Teilung tritt nur dann auf, wenn zuvor der Faktor *gls* (engl. *gonidialess*) aktiviert wurde. Die Zelldifferenzierung hängt also eng mit der **Polarität** der sich teilenden Mutterzelle zusammen.

Auch die Embryogenese vielzelliger Pflanzen verläuft weitgehend endonom und geht ebenfalls von einer Zellpolarität der Zygote aus (◘ Abb. 2.1, ▸ Abschn. 11.2.3.3). Ein Beispiel für nichtendonome (aitionome) Entwicklungsprozesse, bei denen neben endogenen Faktoren Außenfaktoren maßgeblich das Zellschicksal determinieren, ist der photoperiodisch gesteuerte Übergang eines Sprossmeristems in ein Blütenmeristem.

Stoffliche Gradienten innerhalb einer Zelle definieren **Polarität**. Im Verlauf von Zellteilungen können sie die Differenzierung der Tochterzellen beeinflussen und dadurch die Polarität ganzer Organe festlegen. Stoffliche Gradienten innerhalb von Geweben (Zellverbänden) sind wichtig für Determinationsprozesse, während denen das Schicksal einer Zelle durch ihre **Position** im Organ bzw. Gewebe festgelegt wird. Solche Determinationsprozesse bewirken eine **Musterbildung** (▸ Abschn. 11.3). Schließlich tragen stoffliche Gradienten zwischen Organen zu korrelativen Entwicklungsvorgängen bei (▸ Abschn. 11.4 und ▸ Abschn. 11.5).

Die Bedeutung der Position im Zellverband für die Differenzierung einer Zelle ist schon bei arbeitsteiligen prokaryotischen Zellverbänden wie den Heterocysten N_2-fixierender Cyanobakterien (◘ Abb. 2.2) nachweisbar. Auch bei vielzelligen Pflanzen wird die Differenzierung einer Zelle abhängig von ihrer Position im Zellverband gesteuert. So entwickeln sich z. B. die Leitbündel im Spross einer Pflanze immer in einem bestimmten Abstand von der Oberfläche, während die Epidermis normalerweise direkt an der Oberfläche entsteht. In Spross- und Wurzelachsen von Kormophyten weist die Schichtung der Gewebe von außen nach innen stets eine charakteristische Abfolge auf, die das Vorhandensein **radialer Positionsinformation** in diesen Achsen belegt (◘ Abb. 11.16). Dagegen geht beispielsweise die Differenzierung von regelmäßig verteilten Schließzellen und Trichomen in Epidermen bzw. von Wurzelhaaren in Rhizodermen auf charakteristische Musterbildungsprozesse zurück, die Ausdruck einer in der Fläche wirkenden **tangentialen Positionsinformation** ist. Mikrochirurgische Experimente an Wurzeln von *Arabidopsis thaliana* belegen außerdem das Vorhandensein einer entlang der Organlängsachse ausgebildeten, **longitudinalen Positionsinformation**, die die Zelldifferenzierung der von den Meristeminitialen abgegebenen Tochterzellen determiniert (◘ Abb. 11.16). Die korrekte positionsabhängige Differenzierung jeder einzelnen Pflanzenzelle hängt also von ihrer Fähigkeit ab, die unterschiedlichen sich überlagernden Positionsinformationen wahrnehmen und interpretieren zu können.

Wenn die Differenzierung von der Position abhängt, stellt sich die Frage, auf welche Weise die einzelne Zelle ihre Position bestimmen kann. Eine Möglichkeit ist, dass sie abhängig von ihrer Abstammungslinie (engl. *cell lineage*) ein vorbestimmtes Entwicklungsschicksal einschlägt (**Mosaikentwicklung**). Alternativ dazu könnte die Position abhängig von Signalen bestimmt werden (**Regulationsentwicklung**). Die sehr stereotype Abfolge von Zellteilungen während der Embryogenese des Modellorganismus *Arabidopsis thaliana* führte zur Vorstellung, die Zellen des Wurzelmeristems seien durch ihre Abstammungslinie determiniert. Ein ähnliches Modell wurde für die Zelldifferenzierung in den Wurzeln des Farns *Azolla filiculoides* vorgeschlagen. Solche stereotypen Zellteilungsmuster sind bei Pflanzen jedoch eher die Ausnahme, was eher für eine Regulationsentwicklung spricht. Vergleichbare Diskussionen bestimmten zu Beginn des 20. Jahrhunderts die Embryologie von Wirbeltieren. Mithilfe von Transplantationsversuchen von Hans Spemann und Inge Mangold an Amphibienembryonen konnte gezeigt werden, dass sich die verpflanzten Gewebe abhängig vom Zielort und unabhängig von der Herkunft differenzieren, wodurch das Modell der Mosaikentwicklung klar widerlegt war. Bei Pflanzen sind ähnliche Versuche aufgrund der starren Zellwände nicht durchführbar. Erst in den 1990er-Jahren gelang mithilfe der neuen Technik der Laserablation der Nachweis, dass auch bei *Arabidopsis thaliana* die Determination von Signalen der Nachbarzellen abhängt und nicht von der Zellabstammung bestimmt wird.

In den in ◘ Abb. 11.16 dargestellten Experimenten wurden einzelne Zellen in der Wurzel von *Arabidopsis thaliana* durch punktfokussierte, energiereiche Laserstrahlen abgetötet. Da in einem turgeszenten Gewebe beträchtliche Gewebsspannungen aufgebaut werden (▸ Abschn. 11.2.2.1), werden benachbarte Zellen in die entstandene Lücke hineingedrückt. Anschließend lässt sich die Differenzierung der in diese Bereiche eingewachsenen Zellen verfolgen. Im Falle einer Mosaikentwicklung sollten sie sich herkunftsgemäß entwickeln, im Falle einer Regulationsentwicklung sollten sie das Schicksal der zerstörten Zelle annehmen. Um zwischen diesen beiden Formen der Entwicklung unterscheiden zu können, wurden die Laserexperimente mit Markerpflanzen durchgeführt, bei denen verschiedene Gewebe der Wurzel durch gewebeabhängig aktivierte Promotoren vor einem GFP-Reporter-Gen fluoreszenzmarkiert sind (*enhancer trap*-Linien). In der Tat zeigte sich, dass die eingewanderte Zelle das Schicksal der zerstörten Zelle übernimmt, was sich z. B. dadurch ausdrückt, dass sich die Fluoreszenz so verändert, wie es für eine ortsabhängige Differenzierung zu erwarten ist. Beispielsweise werden Perizykelzellen, die in den Bereich abgetöteter Wurzelrindeninitialen einwachsen, zu Wurzelrindeninitialen und produzieren Tochterzellen, aus denen durch perikline Teilungen Endodermis- und Rindenzellen hervorgehen. Es gelang sogar, die Transportwege der steuernden Signale mithilfe von Mehrfachablationen aufzuklären. Werden die Tochterzellen der Wurzelrindeninitialen abgetötet, so unterbleibt die Differenzierung der nachfolgend gebildeten Tochterzellen in Endodermis- und Rindenzellen. Dies zeigt, dass von den differenzierten Zellen in longitudinaler Richtung auf die darunter befindlichen jüngeren Zellen, unabhängig von deren Herkunft, ein determinierender Reiz ausgeht, der die Differenzierung dieser Zellen bestimmt (◘ Abb. 11.16).

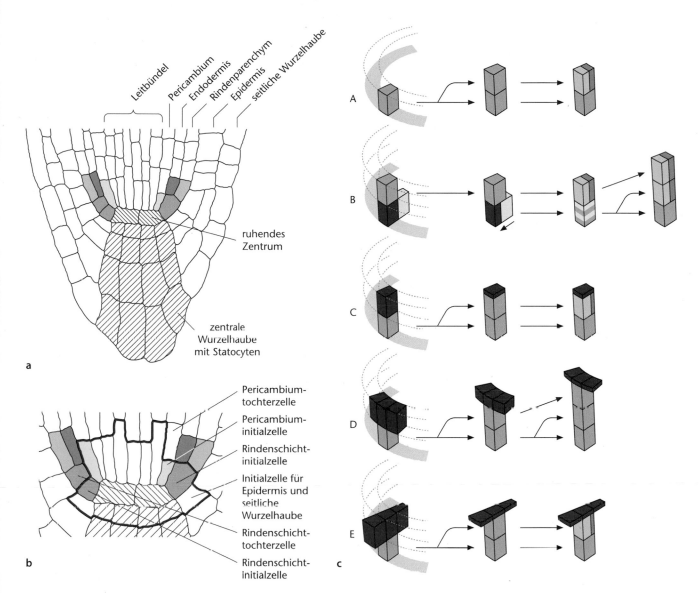

□ **Abb. 11.16** Zelldetermination in der Wurzelspitze von *Arabidopsis thaliana*. Aufbau **a** der Wurzelspitze **a** und des Wurzelmeristems (**b**; rot umrandet) im radialen Längsschnitt. **a** Eine Serie von Laserablationsexperimenten (a–e) belegt die Determination der Zelldifferenzierung durch die Zellposition im Gewebeverband. Rot: Durch Bestrahlung mit UV-Laserlicht zerstörte (ablatierte) Zelle(n); übrige Farben wie in A bzw. B. a) Normales Geschehen. Aus der Rindenschichtinitialzelle geht durch Querteilung eine Tochterzelle hervor, die durch perikline Längsteilung eine Rindenparenchym- und eine Endodermiszelle bildet. b) Zerstörung der Rindenschichtinitialzelle. Die Position der zerstörten Zelle nimmt eine Pericambiuminitialzelle ein. Diese wechselt ihr Differenzierungsschicksal und bildet nach Querteilung und perikliner Längsteilung eine Rindenparenchym- und eine Endodermiszelle. Dies spricht dafür, dass die bereits differenzierten Tochterzellen den darunterliegenden, jüngeren Zellen, unabhängig von deren Herkunft, das Differenzierungsschicksal aufprägen. Dem scheint das Ergebnis nach Ablation der Rindenschichttochterzelle (c) zu widersprechen. Das Experiment d belegt jedoch, dass die Hypothese stimmt. Offenbar wird die Positionsinformation nicht nur innerhalb eines „Zellfadens" in Richtung der direkt darunterliegenden Initialzelle geleitet, sondern die Information erreicht sie auch von den beiden benachbarten Tochterzellen. Dass es sich nicht um ein Artefakt infolge der Zerstörung dreier Zellen handelt, beweist e: Werden durch UV-Laserablation drei Zellen in radialer Richtung zerstört (eine Epidermisinitialzelle, eine Rindenschichtinitialzelle und eine Pericambiuminitialzelle), ist die Differenzierung korrekt wie in a bzw. c. (Nach C. van den Berg und B. Scheres, mit freundlicher Genehmigung)

Die chemische Natur der Substanzen und die Mechanismen, mit denen Pflanzen Positionsinformationen erzeugen, wahrnehmen und in Differenzierung umsetzen, sind noch nicht im Einzelnen aufgeklärt. Allerdings hat insbesondere die Untersuchung von Entwicklungsmutanten bei *Arabidopsis thaliana* viele Einblicke erlaubt.

Beispielsweise konnte einer der Faktoren, der für die Differenzierung der Endodermis verantwortlich ist, mithilfe von Mutanten der radialen Musterbildung aufgeklärt werden. Bei der Mutante *shortroot* fehlt die Endodermis, während eine normale Wurzelrinde ausgebildet wird, bei der Mutante *scarecrow* findet sich anstelle von

Endodermis und Wurzelrinde ein Mischgewebe, das Merkmale von beiden trägt. Die mutierten Gene codieren Transkriptionsfaktoren, deren räumliche Muster mithilfe von GFP-Konstrukten untersucht werden konnten. Dabei zeigte sich, dass das *SHORTROOT*-Gen im Zentralzylinder aktiviert wird, das gebildete SHORTROOT-Protein wandert in die sich nach außen anschließende Zellschicht und aktiviert dort den Promotor des *SCARECROW*-Gens. Das gebildete SCARECROW-Protein bewirkt eine tangentiale Teilung und Differenzierung dieser Zellschicht in eine nach innen gerichtete Endodermis und eine nach außen gerichtete Wurzelrinde. Wenn man *SHORTROOT* mithilfe eines konstitutiven (in allen Zellen aktiven) Promotors auch außerhalb des Zentralzylinders exprimiert, wandert das SHORTROOT-Protein ebenfalls in die jeweils nach außen angrenzende Zellschicht und bewirkt dort eine tangentiale Teilung und Differenzierung einer weiteren Endodermis. Dieser Vorgang kann sich mehrfach wiederholen, sodass eine Wurzel mit zahlreichen zusätzlichen Endodermisschichten entsteht. Mithilfe der *shortroot*-Mutante gelang es erstmals, eines der differenzierenden Signale molekular zu identifizieren.

Da die Zelldifferenzierung durch Signale aus der Umgebung gesteuert werden kann, sind solche Signale natürlich wichtige Ansatzpunkte für andere Organismen, um die pflanzliche Entwicklung für ihre Zwecke zu manipulieren. Dieser Eingriff geht in einigen Fällen über eine reine Stimulation der Zellteilung (Tumorbildung) weit hinaus. Bei der durch Insekten ausgelösten Gallenbildung entstehen komplexe Gebilde aus mehreren Geweben und auch bei symbiotischen Interaktionen (z. B. Wurzelknöllchen, ▶ Kap. 16) werden durch den Endosymbionten über raffinierte Signalwege sehr komplexe Differenzierungsvorgänge ausgelöst.

11.2.4.1 Zelluläre Kommunikation während der Embryogenese

Die Embryobildung nach der Befruchtung folgt einem charakteristischen Ablauf (▶ Abschn. 2.2, ◘ Abb. 2.3). Die reife Eizelle ist bereits deutlich polarisiert, aller Wahrscheinlichkeit nach unter dem Einfluss der Mutterpflanze bzw. der ebenfalls polar organisierten Samenanlage. Bei *Arabidopsis* wird die Polarisierung der Zygote (◘ Abb. 11.17a) von der Eizelle übernommen, bei anderen Pflanzen (etwa Mais) wird sie dagegen infolge der Befruchtung umgekehrt. Unabhängig davon befindet sich die Vakuole im basalen Teil der Zygote, der Zellkern und der Großteil des Cytoplasmas sind im apikalen Teil lokalisiert. Die Zellwand auf der basalen Seite der Zygote enthält ein Arabinogalactanprotein, das in der apikalen Hälfte fehlt. Wie bei der Braunalge *Fucus* teilt sich die Zygote asymmetrisch, sodass die beiden Tochterzellen biochemisch unterschiedliche Zellwände auf-

weisen (◘ Abb. 11.17b), was für die weitere Determination der Tochterzellen von Bedeutung ist. Aus der Basalzelle gehen Suspensor und Hypophyse hervor. Der Suspensor wird gegen Ende der Embryonalentwicklung durch programmierten Zelltod abgebaut. Nur die an den eigentlichen Embryo angrenzende, apikale Zelle des Suspensors, die **Hypophyse**, bleibt übrig und bringt später das ruhende Zentrum des Wurzelapikalmeristems und die zentralen Wurzelhaube (Statenchym, Columella) hervor. Aus der kleineren Apikalzelle der ersten zygotischen Teilung entstehen der eigentliche Embryo und später die reife Pflanze. Die Basalzelle bildet durch transversale Zellteilungen den bei *Arabidopsis* sechs- bis neunzelligen Suspensor (◘ Abb. 11.17c, d).

Aus der Apikalzelle entsteht zunächst ein globulärer Embryo, der bereits im 8-Zell-Stadium (Oktantstadium) entlang der bestehenden Längsachse untergliedert ist, was zunächst noch nicht sichtbar wird. Erst später, im etwa 100-zelligen, globulären Embryo vor dem Übergang zum Herzstadium, zeigt sich diese apikobasale Musterung in der Bildung der Embryonalorgane (Keimblätter, Hypokotyl und Keimwurzel). Kurz darauf entstehen das Wurzelapikalmeristem am basalen Ende der Keimwurzel und das Sprossapikalmeristem zwischen den Kotyledonen (◘ Abb. 2.3). Die apikal-basale Organisation der späteren Entwicklungsstadien lässt sich auf drei Abschnitte im jungen globulären Embryo zurückführen (◘ Abb. 11.17c, d), die sich unterschiedlich differenzieren: Der apikale Abschnitt bildet das Sprossmeristem und die Kotyledonen, der mittlere Abschnitt die Achsenorgane (Hypokotyl und Keimwurzel) und die basal gelegenen, von der Hypophyse abstammenden Zellen bilden das ruhende Zentrum und die zentrale Wurzelhaube (◘ Abb. 11.16a und 11.17f). Die Etablierung der Polaritätsachse im mehrzelligen, globulären Embryo bedingt den Aufbau von Positionsinformation über Zellgrenzen hinweg. Es ist sehr wahrscheinlich, dass es sich bei diesem Positionssignal um das Phytohormon Indol-3-essigsäure (IAA) aus der Gruppe der Auxine (▶ Abschn. 12.3) handelt (◘ Abb. 11.17d–f). Dieses Phytohormon scheint schon in der Zygote polar (in apikaler Richtung) transportiert zu werden. Die Richtung kehrt sich dann im späten globulären Embryo und, besonders ausgeprägt, ab dem Herzstadium um, sodass Indol-3-essigsäure nun in basaler Richtung transportiert wird und sich daher am Wurzelpol massiv anreichert. Weitere Maxima der Auxinkonzentration entstehen ab dem Herzstadium auch an der Spitze der künftigen Kotyledonen. Diesen Veränderungen in der Richtung des Auxintransports gehen entsprechende Veränderungen in der Lokalisation der PIN-Proteine voraus. Diese Proteine spielen für den gerichteten Efflux von Auxin eine Rolle und finden sich jeweils an der Zellseite, aus der Auxin aus der Zelle gepumpt wird.

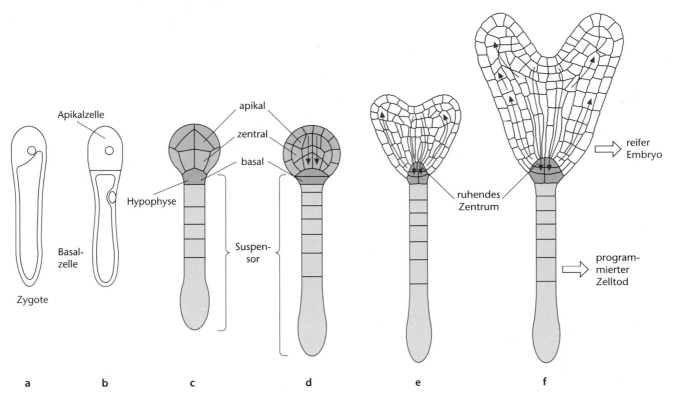

Apikalzelle

apikal

zentral

basal

Hypophyse

Basal-
zelle

Suspen-
sor

Zygote

ruhendes
Zentrum

reifer
Embryo

program-
mierter
Zelltod

a   b   c   d   e   f

◘ **Abb. 11.17**   Polaritätsausprägung während der Embryogenese von *Arabidopsis thaliana*. Die bereits polarisierte Zygote **a** teilt sich asymmetrisch **b**. Aus der vakuolisierten Basalzelle differenziert der Suspensor, dessen oberste Zelle, die Hypophyse, später in den Embryo integriert wird und das ruhende Zentrum sowie die zentrale Wurzelhaube bildet. Der übrige Suspensor stirbt während der Embryoreifung durch programmierten Zelltod ab. Diese Suspensorzellen sind durch das Vorkommen von bereits in der Zygote nachweisbaren Arabinogalactanproteinen in ihren Zellwänden gekennzeichnet (rot). Der globuläre Embryo (**c**, 16-zellig; **d**, späteres Stadium) ist bereits im 8-Zell-Stadium ebenfalls apikal→basal polarisiert und untergliedert sich entlang dieser Achse in drei Abschnitte mit unterschiedlichem Differenzierungsschicksal. Die weitere Differenzierung (**D→E→F**) wird durch polare Auxinverteilung (rote Pfeile) maßgeblich gesteuert. Der Auxinstrom scheint durch Umverteilung von Auxin-Effluxcarriern in den Zellmembranen der Embryozellen kontrolliert zu werden. Es gibt Hinweise darauf, dass der Auxintransport im Bereich der beiden Apikalmeristeme auch in der späteren Entwicklung der Pflanze nach der Keimung ähnlich verläuft (Wurzelspitze: ◘ Abb. 15.20). Weitere Erläuterungen im Text. (Embryogenesestadien nach R.A. Torres Ruiz, mit freundlicher Genehmigung)

In der *gnom*-Mutante von *Arabidopsis thaliana* unterbleibt die korrekte Ausrichtung der PIN-Proteine und die erste Teilung der Zygote erfolgt symmetrisch. In der Folge entsteht ein Embryo, der keine apikobasale Musterung aufweist. Auch die Entwicklung des Suspensors wird massiv gestört. Am Ende entsteht anstelle eines wohlproportionierten Embryos ein kleiner, mehr oder minder ungegliederter Gewebeklumpen, der der Mutante ihren Namen verliehen hat. Bei der *gnom*-Mutante ist ein Signalprotein mutiert, das für die Abknospung von Vesikeln am ER notwendig ist. Das deutet darauf hin, dass die Polarisierung von Zygote und Embryo mit dem Vesikeltransport zusammenhängt.

Der sich im Embryo ausbildende Gradient der Indol-3-essigsäurekonzentration (◘ Abb. 11.17d–f) bewirkt je nach Konzentration und Auxinempfindlichkeit der Zellen unterschiedliche Genaktivierungen, eines der Beispiele für **Positionsinformationen** in Pflanzen: Am Ort der geringsten Auxinkonzentration differenziert sich das Sprossapikalmeristem. Eine erhöhte Auxinkonzentration seitlich davon ist für die Ausbildung und das Auswachsen der Kotyledonenanlagen erforderlich.

Höchste Auxinkonzentrationen an der Basis des Embryos bewirken die Differenzierung von Geweben der Wurzelspitze. Auch im späteren Verlauf der Pflanzenentwicklung scheint die durch polaren Auxintransport (▶ Abschn. 12.3.3) hervorgerufene Auxinverteilung im Meristembereich für die Aufrechterhaltung des Meristemcharakters und für die Organdifferenzierung wichtig zu sein. Im unmittelbaren Bereich des Sprossmeristems wird die Auxinkonzentration sehr niedrig gehalten, während Auxin in die sich zu Blattanlagen differenzierenden Regionen unterhalb des eigentlichen Meristems verlagert wird.

Im Bereich des Zentralzylinders der Wurzelspitze reichert sich Auxin dagegen durch polaren Transport im ruhenden Zentrum an und erreicht seine höchste Konzentration in der Zellschicht direkt unterhalb des ruhenden Zentrums, in der sich die Initialzellen für die Bildung des Statenchyms befinden (◘ Abb. 11.16a und ◘ Abb. 11.17d–f). Im Gegensatz zum Sprossmeristem scheinen hier hohe Auxinkonzentrationen zur Aufrechterhaltung der Meristemfunktion erforderlich zu sein. Auch wenn Auxin für für die Steuerung der Differenzierung durch Zell-Zell-Kommunikation sicherlich eine zentrale Rolle spielt, tragen vermutlich auch andere Phytohormone zur Positionsinformation bei. Dies gilt vor allem für die Cytokinine (▶ Abschn. 12.2), die, abhängig von ihrer chemischen Natur, gegenläufig oder parallel zum Auxin transportiert werden.

Es gibt Hinweise darauf, dass sich der gerichtete Auxintransport in frühen Entwicklungsstadien eines Organs teilweise selbst organisiert. Dieser Vorstellung zufolge exprimieren Zellen umso mehr Auxintransporter, je mehr Auxin sie enthalten. Auf diese Weise können sich anfänglich kleine Unterschiede in der Auxinkonzentration und im Auxinfluss autokatalytisch verstärken und stabilisieren, sodass sich schließlich deutliche Hormongradienten in Transportrichtung ausbilden. Solche Auxinkanalisierungsprozesse vermutet man z. B. bei der Gefäßbildung während der Blattentwicklung (die auxinreichen Regionen differenzieren sich zu Leitbündeln), in Cambien (◘ Abb. 12.14), während der Embryogenese, bei der Aufrechterhaltung des Differenzierungsmusters von Spross- und Wurzelapikalmeristemen sowie bei der Induktion von Seitenwurzelanlagen durch Auxin im Perizykel.

11.2.4.2 Terminale Differenzierung – programmierter Zelltod

Unter **Apoptose** versteht man das kontrollierte Absterben und nachfolgende Auflösen von Zellen als Teil eines Entwicklungsprogramms (z. B. während der Fingerbildung beim Menschen). Dabei wird die Zelle in geordneter Weise abgebaut, sodass die dabei freigesetzten Moleküle mobilisiert und den Nachbarzellen einverleibt werden können. Beispielsweise wird die DNA zwischen den Nucleosomen durch Endonucleasen geschnitten (▶ Abschn. 1.2.4.1), was sich nach gelelektrophoretischer Auftrennung als leiterartige Fragmentierung (engl. *DNA laddering*) nachweisen lässt. Eine solche DNA-Fragmentierung wurde bei der Karpellseneszenz beobachtet. Unter Karpellseneszenz versteht man das Altern (▶ Abschn. 12.2.3) und Absterben der Karpelle vieler Blüten, wenn die Befruchtung ausbleibt. Während man früher auch regulierte Absterbeprozesse bei Pflanzen als Apoptose bezeichnete, zeigte sich inzwischen, dass sich diese Prozesse sowohl hinsichtlich der beteiligten molekularen Faktoren als auch der zellulären Vorgänge stark unterscheiden. Während bei der Apoptose bei Tieren spezifische Proteasen, die Caspasen, eine zentrale Rolle spielen, fehlen bei Pflanzen echte Homologe dieser Proteasen. Allerdings verfügen Pflanzen über funktionell analoge (aber nicht sequenzverwandte) Proteasen, die als **Metacaspasen** bezeichnet werden. Aufgrund solcher Unterschiede werden apoptoseähnliche Prozesse bei Pflanzen inzwischen als **programmierter Zelltod** bezeichnet. Inzwischen hat sich herausgestellt, dass auch dieser Begriff weiter präzisiert werden muss, da es mindestens zwei Arten gibt. Bei der entwicklungsabhängigen Form bleibt die Vakuole sehr lange erhalten. Diese Form des programmierten Zelltods tritt z. B. bei der Bildung von Durchlüftungsgeweben (**Aerenchyme**, ◘ Abb. 2.10) durch das Auflösen von Zellen im Rindenparenchym der Wurzeln (z. B. bei Sauerstoffmangel in der Maiswurzel, ▶ Abschn. 12.6.3) auf. Bei den meisten Angiospermen werden drei der vier durch **Meiose** aus der Embryosackmutterzelle hervorgehende Tochterzellen durch programmierten Zelltod eliminiert (die überlebende vierte Zelle, die Embryosackzelle, bildet den weiblichen Gametophyten, ▶ Abschn. 19.4.3). Auch das Absterben des Suspensors während der Embryogenese (◘ Abb. 2.3) zählt zu dieser Form des programmierten Zelltods, genauso wie das Absterben bestimmter Zellen im Verlauf der Leitbündelentwicklung (z. B. Tracheen, Tracheiden). Der **hypersensitive Zelltod** ist hingegen eine Form des programmierten Zelltods, die an der Pathogenabwehr beteiligt ist. Hier werden, induziert durch Erkennung von Molekülen des Pathogens, in einer spezifische, rezeptorvermittelten Reaktion zunächst Abwehrstoffe gebildet und zumeist in der Vakuole gespeichert, bevor sich die attackierte Pflanzenzelle durch schlagartiges Auflösen des Tonoplasten selbst tötet und damit die Abwehrstoffe freisetzt (▶ Abschn. 16.3.1 und 16.3.4).

Der programmierte Zelltod ist kein zufälliger Zerfall einer stark geschädigten Zelle, sondern ein genau reguliertes aktives Geschehen, das abhängig von Umweltbedingungen (z. B. angreifende Pathogene), aber auch abhängig von der Entwicklung eingeleitet wird. Er lässt sich daher als eine extreme und unumkehrbare **terminale Differenzierung** der Zelle beschreiben. Wie bei anderen Differenzierungsvorgängen wird der programmierte Zelltod von Signalen der umliegenden Zellen gesteuert. Einige dieser Signale konnten identifiziert werden. So wurden bei Untersuchungen zur somatischen Embryogenese von Karottenzellkulturen (◘ Abb. 11.1) von Karottenzellkulturen verschiedene Zelltypen definiert, die von A bis G durchnummeriert wurden. Dabei hat man beobachtet, dass sich Typ-B-Zellen asymmetrisch teilen (McCabe et al. 1997). Die kleinere, mit dichtem Plasma gefüllte C-Zelle bringt den Embryo hervor, während die größere, überwiegend durch eine Vakuole ausgefüllte F-Zelle den programmierten Zelltod einleitet. Diese F-Zellen lassen sich durch den spezifischen Antikörper JIM8 markieren. Über einen zweiten Antikörper, der mithilfe von Ferritin magnetisiert wurde, können so alle F-Zellen mit gebundenem JIM8 mittels eines starken Magneten aus der Zellkultur entfernt werden. Dies führt dazu, dass die somatische Embryogenese unterbleibt. Fügt man nun zu einer solchen, von F-Zellen depletierten Karottenzellkultur das Filtrat einer unbehandelten Kultur hinzu, setzt die somatische Embryogenese wieder ein (**Komplementierung**). Die F-Zellen bilden also einen löslichen Faktor, der für die Embryogenese notwendig und hinreichend ist. Über eine Fraktionierung des Kulturfiltrats und Prüfung, welche Fraktion für die Komplementierung verantwortlich ist, gelang es schließlich, diesen Faktor zu identifizieren. Es handelt sich um ein Arabinogalactanprotein, vermutlich um das Homolog des Proteins, das bei der ersten Teilung der *Arabidopsis*-Zygote asymmetrisch verteilt wird und dann ausschließlich in der Zelllinie des Suspensors zu finden ist (► Abschn. 11.2.4.1). Der programmierte Zelltod der F-Zellen liefert also das Signal, das den C-Zellen den Eintritt in die Embryogenese ermöglicht.

11.3 Von der Zelle zum Gewebe – Musterbildung

Leben vollzog sich ursprünglich in einzelliger Form. Die Tatsache, dass die letzten Winkel unseres Planeten von Bakterien und anderen Mikroben besiedelt sind, beweist eindrücklich, dass eine einzellige Lebensweise eine sehr erfolgreiche Strategie sein kann. Dennoch entstand Vielzelligkeit verhältnismäßig früh in der Evolution und dies sogar mehrmals unabhängig voneinander (◘ Abb. 2.2). Eine vielzellige Organisation muss sich also in irgendeiner Form auszahlen. Zunächst bot Vielzelligkeit wohl vor allem die Möglichkeit, größer zu werden und so weniger leicht gefressen zu werden. Das volle Potenzial der Vielzelligkeit entfaltet sich jedoch erst, wenn sich die einzelnen Zellen des neugebildeten Organismus selbst organisieren und damit beginnen, einander unterschiedliche Funktionen zuzuweisen, also eine Arbeitsteilung aufzubauen. Für die einzelne Zelle ist eine solche Arbeitsteilung riskant, denn sie muss dafür bestimmte Funktionen verstärken und dafür andere abschwächen. Mit anderen Worten: Die einzelne Zelle gibt einen Teil ihrer ursprünglichen **Autonomie** auf, was dann von den anderen Zellen des Organismus kompensiert werden muss. Das kann so weit gehen, dass die Einzelzelle außerhalb des Organismus nicht überleben kann. Es liegt auf der Hand, dass solche tiefgreifenden Veränderungen durch einen intensiven Informationsfluss zwischen den Zellen eines werdenden Organismus gesteuert sein müssen, um die subtile Balance zwischen Geben und Nehmen immer wieder neu auszutarieren.

Unter **Musterbildung** versteht man, wie die Differenzierung von Zellen organisiert wird. Der berühmte Pflanzenphysiologe Bünning (1965) lieferte eine klassische Definition eines Musters als „nicht-zufällige Verteilung gleichartiger Gebilde im Raum". Die „gleichartigen Gebilde" können Zellen eines Gewebes sein, aber auch Organe eines Organismus. Die Verteilung von Haaren auf dem Flügel einer Fliege sind damit ebenso Ausdruck von Musterbildung wie die Anordnung der Blätter im apikalen Sprossmeristem einer Pflanze. Die Präzisierung, dass diese Verteilung „nicht-zufällig" sei, bringt zum Ausdruck, dass man von irgendeiner Art von Gesetzmäßigkeit ausgeht; eine Situation, in der die Gebilde zufällig im Raum entstünden, wäre damit keine Musterbildung.

Wie in den Beispielen dieses Abschnitts noch deutlich werden wird, ist es jedoch fruchtbarer, wenn man die Definition etwas dynamischer fasst. Das sichtbare Muster (also die „nicht-zufällige Verteilung") ist nämlich nichts anderes als das Ergebnis des Vorgangs, um den es eigentlich geht. Das Spannende ist also die Musterbildung, weniger das am Ende sichtbare Muster selbst. Damit wird auch klar, dass es nicht genügt, Musterbildung nur als räumliche Ordnung verstehen zu wollen. Musterbildung erfolgt in erster Linie über die zeitliche Ordnung von Differenzierung. Eine erweiterte Definition lautet damit: Musterbildung beschreibt den Vorgang, bei dem einzelnen Elementen eines Systems in gesetzmäßiger Weise unterschiedliche Funktionen zugewiesen werden.

Musterbildung beruht also darauf, dass Zellen unterschiedliche Entwicklungsschicksale einschlagen. Man unterscheidet zwei Wege der Musterbildung: Bei der **intrinsischen** Musterbildung unterscheiden sich die Zellen bereits vor Beginn der Musterbildung voneinander und diese Unterschiede werden später einfach nur sichtbar. Sie wird also von in den Zellen bereits angelegten Faktoren bestimmt. Bei der **extrinsischen Musterbildung** sind die Zellen zunächst einmal für alle Entwicklungswege offen, differenzieren sich aber abhängig von Signalen ihrer Umwelt (vor allem Signalen von den Nachbarzellen).

In der Realität greifen häufig beide Wege ineinander, auch wenn bei pflanzlichen Organismen, im Gegensatz zu vielzelligen Tieren, die extrinsische Musterbildung weit überwiegt. Pflanzenzellen, die grundsätzlich totipotent sind, , sind besonders kommunikativ. Hier wird das Zellschicksal überwiegend extrinsisch, durch Signale und nicht durch die Abstammung, bestimmt. Dennoch findet man auch bei Pflanzen Spuren einer intrinsischen Musterbildung. Beispiele sind die erste, asymmetrische Teilung von befruchteten Eizellen, aber auch die von haploiden Sporen (sie erzeugt zwei Tochterzellen mit unterschiedlichem Entwicklungsschicksal) und die Determination somatischen und Keimbahnzellen bei den Volvocales.

Auch der Musterbildung liegen vermutlich selbstorganisierende Prozesse zugrunde. In einer bahnbrechenden Arbeit schlug der britische Mathematiker Alan Turing (1952) vor, dass die Verbindung eines sich selbst verstärkenden, ortsgebundenen Aktivators und eines durch diesen Aktivator erzeugten, sich lateral ausbreitenden Inhibitors zu Mustern führt, die unabhängig von der Größe und robust gegen Umweltschwankungen sind. Dieses Modell wurde später von dem Biologen Alfred Gierer und den Mathematiker Hans Meinhardt auf zahlreiche Beispiele biologischer Musterbildungsvorgänge erfolgreich angewandt. Die formale Beschreibung

◘ Abb. 11.18 Grundlagen der Musterbildung in Gewebeschichten. **a** Modell eines selbstorganisierenden Musterbildungsprozesses. Ein seine Bildung autokatalytisch verstärkender
Aktivator geringer Beweglichkeit induziert zugleich die Bildung
eines rascher beweglichen Inhibitors, der im Umfeld der
aktivatorbildenden Zelle die weitere Aktivatorbildung unterdrückt. Realisiert sind solche Systeme bei der Trichomentwick-
lung in der Epidermis **b** und bei der Wurzelhaarbildung in der
Rhizodermis **c** von *Arabidopsis thaliana*. **b** Die Aktivierung von
Trichoblasten (violett = Vorläuferzellen der Trichome) geschieht
unter Beteiligung des zellautonomen Transkriptionsfaktors GL1
und seines Regulators TTG, die sich beide in ihrer Bildung
autokatalytisch verstärken und zugleich die Bildung des
Transkriptionsfaktors TRY induzieren, der als nichtzellautono-
mer Inhibitor der Bildung von GL1 die Aktivierung der
Nachbarzellen unterdrückt. **c** Ein vergleichbares Regulationsge-
schehen liegt der Wurzelhaardifferenzierung zugrunde. Hier
führt die autokatalytische Aktivierung des Transkriptionsfaktors WER und des bereits erwähnten Regulators TTG zur
Unterdrückung der Wurzelhaardifferenzierung (violett
umrandete Zellen) und Induktion der Bildung des nichtzellauto-
nomen WER-Inhibitors CPC, der vermutlich ebenfalls ein
Transkriptionsfaktor ist. Zellen, die WER nicht exprimieren,
differenzieren zu Wurzelhaarzellen. Da sich diese stets über
Regionen bilden, in denen zwei darunterliegende Rindenparenchymzellen aneinandergrenzen, muss ein (noch unbekannter)
Einfluss des Rindenparenchyms auf die Musterbildung der
Rhizodermis bestehen. Die Bezeichnung der beteiligten Proteine
ist von Phänotypen der Mutanten abgeleitet, die zu ihrer
Entdeckung geführt haben. (**a** nach A. Gierer; **b** nach M. Hül-
skamp und B. Scheres; **c** nach B. Scheres)

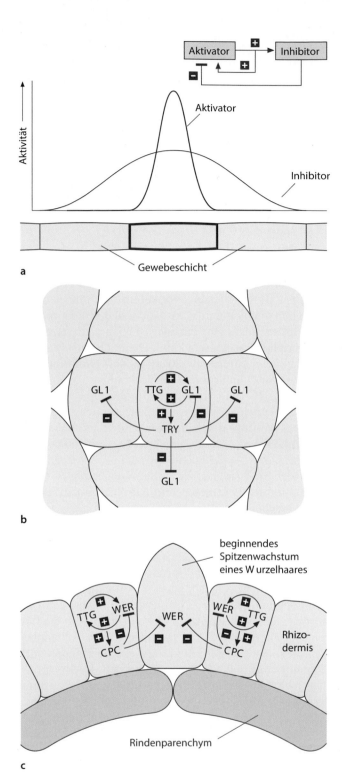

und Modellierung der Musterbildung scheint damit
weitgehend gelöst – die molekularen Wirkmechanismen
von Aktivator und Inhibitor sind jedoch weitgehend
unterschiedlich und in vielen Fällen noch nicht aufgeklärt. Dieses Modell lässt sich auch auf die Gewebedifferenzierung in Pflanzen anwenden (◘ Abb. 11.18a).
Man nimmt an, dass der langsam oder gar nicht diffundierende Aktivator eines Differenzierungsprozesses zu-

nächst stochastisch (zufällig) in bestimmten Zellen einer
Gewebeschicht gebildet wird, seine eigene Bildung autokatalytisch verstärkt und gleichzeitig die Bildung eines
rascher diffundierenden Inhibitors induziert, der aufgrund seiner größeren Reichweite die Aktivatorbildung
in der Umgebung der „aktivierten" Zelle verhindert.

Untersuchungen an Musterbildungsmutanten von
Arabidopsis thaliana haben zumindest genetische Hin-

weise dafür erbracht, dass Aktivator/Inhibitor-Systeme tatsächlich der Musterbildung in Epidermen (Trichomdifferenzierung) und Rhizodermen (Wurzelhaardifferenzierung) zugrunde liegen (◘ Abb. 11.18b, c). Da sich Wurzelhaare bei *Arabidopsis* jedoch nur aus Rhizodermiszellen differenzieren, die über mehr als einer Rindenparenchymzelle liegen, dürfte auch noch ein bisher unbekanntes, von den Rindenparenchymzellen ausgehendes Signal beteiligt sein. In beiden Fällen (◘ Abb. 11.18b, c) wirken die Aktivatoren strikt intrazellulär, während die Inhibitoren auch auf Nachbarzellen einwirken.

Auch die Bildung von Spaltöffnungsmustern verläuft über solche Aktivator/Inhibitor-Systeme. Damit ist gewährleistet, dass unabhängig von der letztendlichen Größe eines Blatts (die sich, abhängig von den Lichtbedingungen, innerhalb einer großen Bandbreite bewegt) die Dichte der Spaltöffnungen konstant bleibt. Würden zu viele Spaltöffnungen angelegt, wäre der Wasserhaushalt nicht mehr zu kontrollieren, wären es zu wenige, würden aufgrund des unzulänglichen Gasaustauschs im photosynthetischen Elektronentransport überschüssige Ladungen auf den bei der Wasserspaltung entstehenden Sauerstoff übertragen, sodass sich das sehr reaktive Superoxid anhäufen und zu massiven Schäden führen würde. Mithilfe von Mutanten mit einer Störung dieser Musterbildung gelang es, die molekularen Komponenten des Musterbildungsprozesses zu identifizieren und deren Wirkweise aufzuklären. Eine zentrale Rolle spielt die Rezeptorkinase *too many mouths* (der Name leitet sich davon ab, dass bei Ausfall dieser Kinase zu viele Spaltöffnungen angelegt werden), die nach Aktivierung durch einen Liganden den Zellzyklus anhält und so verhindert, dass sich epidermale Zellen in ein Meristemoid umwandeln. Der Ligand der Rezeptorkinase ist ein Peptid (*epidermal patterning factor*), das von sich differenzierenden Spaltöffnungen abgegeben wird und so ein Hemmfeld erzeugt, innerhalb dessen die Entstehung weiterer Meristemoide unterdrückt wird. Wenn das Blatt wächst und damit auch der Abstand zwischen den Spaltöffnungen, sinkt die Konzentration dieses Liganden. Dies führt dazu, dass immer mehr Rezeptorkinasen nicht mehr besetzt und damit nicht mehr aktiviert werden können. Dies hat zur Folge, dass in der Mitte zwischen zwei Spaltöffnungen ein weiteres Meristemoid entsteht, welches jedoch seinerseits den Inhibitor erzeugt.

11.4 Vom Gewebe zum Organ – Organidentität im Sprossmeristem

In den vorangegangenen Abschnitten wurde beschrieben, wie die Differenzierung einzelner Zellen auf der Ebene der Gewebe in Musterbildungsprozesse eingebunden wird. Auch auf der nächsthöheren Systemebene lassen sich ähnliche Prinzipien und Mechanismen wiederfinden, denn auch Organe können sich in unterschiedlicher Gestalt und mit unterschiedlicher Funktion ausdifferenzieren und auch diese Differenzierungsvorgänge unterliegen einer Musterbildung. Für die Entwicklung von Blütenmeristemen sind diese Prozesse am besten verstanden. Mithilfe zahlreicher Entwicklungsmutanten der Modellpflanzen Löwenmaul (*Antirrhinum majus*, Plantaginaceae) und Ackerschmalwand (*Arabidopsis thaliana*, Brassicaceae) konnten sehr detaillierte Modelle entwickelt werden, die untereinander einen hohen Grad an Übereinstimmung aufweisen. Es ist daher wahrscheinlich, dass diese Modelle für die Angiospermen insgesamt repräsentativ sind.

Im vegetativen Stadium wird ein Fließgleichgewicht zwischen Zelldifferenzierung und Neubildung meristematischer Zellen aus den Stammzellen des ruhenden Zentrums aufrechterhalten. Da die endgültige Größe einer Pflanze nicht genetisch determiniert ist, da sie an die Umweltbedingungen angepasst werden muss, kann auch die Zahl und Teilungsaktivität der Stammzellen nicht genetisch festgelegt sein, sondern muss abhängig von den Bedingungen fortwährend angepasst werden. Dies wurde sehr eindrücklich für die Blattbildung im Sprossmeristem der Modellpflanze *Arabidopsis thaliana* gezeigt. Teilen sich die Stammzellen zu selten, können nicht genügend Blätter gebildet werden, teilen sie sich zu häufig, würde der Sprosskegel zu abnormer Größe anschwellen, sodass die neu angelegten Blätter keinen Anschluss an das Gefäßsystem erhalten werden. Die Balance wird mithilfe von Zell-Zell-Kommunikation gewährleistet, wie man mithilfe entsprechender Mutanten aufklären konnte. Bei der Mutante *wuschel* hält die Teilung der Stammzellen nicht mit der Differenzierung Schritt, sodass sich der Sprosskegel in einer Vielzahl eng stehender Blattanlagen verbraucht und das Wachstum schließlich zum Erliegen kommt. Bei anderen Mutanten teilen sich die Stammzellen dagegen zu häufig und die Differenzierung zu Blättern kann nicht Schritt halten. Es entsteht ein übergroßer, nackt erscheinender Sprosskegel, der diesen Mutanten den Namen *clavata* (lat. keulenförmig) eingetragen hat. Beide Mutationen konnten genetisch kartiert und die mutierten Gene identifiziert werden, sodass es gelang, mithilfe der *in situ*-Hybridisierung (▶ Abschn. 1.1.5) die räumlichen Muster ihrer Expression sichtbar zu machen. Dabei stellte sich heraus, dass beide Gene gar nicht in den Stammzellen exprimiert werden, sondern in den benachbarten (also schon für die Differenzierung bestimmten) Zellen, wobei *WUSCHEL* basal von den Stammzellen exprimiert wird, *CLAVATA* hingegen apikal von ihnen. Die Proteine werden in die Stammzellen transportiert, wobei *WUSCHEL* den Stammzellzustand unterstützt, während *CLAVATA* den Übergang zur Differenzierung fördert. Das Verhältnis der beiden Faktoren hängt davon ab, welcher Anteil der Zellpopulation bereits differenziert ist und wie viele Zellen noch auf ihre Differenzierung warten. Ändern sich diese Anteile, ändert sich also auch das Verhältnis der beiden Genprodukte zueinander, sodass die Teilung der Stammzellen entweder gesteigert oder vermindert wird. Wie bei einer Art chemischem Thermostaten wird also über eine Rückkopplung durch zwei antagonistische Signale ein dynamisches Gleichgewicht der Teilungsaktivität erhalten. Für die Stammzellen der Wurzel hat man übrigens nahe verwandte Gene identifiziert, die auf ähnliche Weise zusammenwirken. Der Sollwert dieses Regelkreises wird durch Pflanzenhormone, vor allem Auxine und Cytokinine, eingestellt und kann daher an die jeweiligen Umweltbedingungen angepasst werden.

Dieses robuste, flexible Gleichgewicht wird grundsätzlich umstrukturiert, wenn ein Meristem von der vegetativen zur generativen Entwicklung wechselt. Während das vegetative Meristem im Grunde unbegrenzt weiterwachsen kann und je nach Bedigungen eine unterschiedliche Zahl von Blättern hervorbringt, weist das Blütenmeristem als generatives Meristem eine geschlossene Entwicklung auf. Es geht also in der Bildung der Fortpflanzungsorgane auf und ist daher in seiner Entwicklung genetisch hochgradig determiniert. Das ist der tiefere Grund dafür, warum für die Taxonomie und die Systematik vor allem Blütenmerkmale herangezogen werden. Schon Carl von Linné hatte erkannt, dass sich Zahl und Gestalt von Blütenorganen zwar zwischen Arten unterscheiden, aber innerhalb einer Art in hohem Maße konstant sind.

Bei der vegetativen, offenen Entwicklung werden die Stammzellen immer wieder, gesteuert durch den oben bechriebenen Rückkopplungskreislauf, nachgeliefert. Beim Übergang zur geschlossenen Blütenentwicklung werden die Stammzellen jedoch nicht mehr regeneriert. Dieser Übergang wird durch verschiedene Signale aus der Umwelt (vor allem Tageslänge, ▶ Abschn. 13.2.2), aber auch abhängig von der Entwicklung der Pflanze (der Blühkompetenz) reguliert. Hat das Meristem jedoch einmal zur generativen Entwicklung gewechselt, verläuft die weitere Entwicklung in vorhersehbarer, genetisch bestimmter Weise.

Intuitiv geht man davon aus, dass die offene, vegetative Entwicklung der Grundzustand des Meristems ist, sodass der Übergang zur generativen Entwicklung in Antwort auf einen induzierenden Reiz eigens aktiviert werden muss. Das ist jedoch nicht der Fall. Die *Arabidopsis*-Mutante *embryonic flower* (*emf*) bildet sogleich nach der Keimung eine einzige Blüte, sie bildet also nur die beiden Kotyledonen und keine Laubblätter. Der Ausfall der Genfunktion hat zur Folge, dass der Blühprozess ohne die Wirkung von Außenfaktoren induziert wird. Das ausgefallene EMF-Genprodukt wirkt als Repressor und unterdrückt den generativen Zustand des Meristems. Sinkt, ausgelöst durch induzierende Umweltfaktoren, die EMF-Konzentration im Sprossmeristem unter einen kritischen Schwellenwert, wird die Meristemidentität umgesteuert und das Blütenentwicklungsprogramm wird aktiviert. Dieses Modell kann auch erklären, warum die Induktion der Blütenbildung bei *Arabidopsis* graduell verläuft: *Arabidopsis* ist eine quantitative Langtagpflanze (◘ Tab. 13.1), d. h., sie kommt unter Langtagbedingungen lediglich rascher zur Blüte als unter Kurztagbedingungen (▶ Abschn. 13.2.2).

In seinem Buch *Versuch die Metamorphose der Pflanzen zu erklären* (1809) beschreibt Johann Wolfgang von Goethe die Blütenorgane als umgewandelte Blätter und weist darauf hin, dass sie in einer zeitlichen Folge angelegt werden: Die äußeren Wirtel, also Kelch- und Kronblätter, entstehen zuerst, die inneren Wirtel, also Staub- und Fruchtblätter, zuletzt. Weiterhin erklärt er die als gärtnerisch attraktiven, aber sterilen, gefüllten Blüten durch ein Modell, nach dem diese zeitliche Abfolge geändert ist und sich die Bildung von Kronblättern damit auch in den später angelegten Wirteln fortsetzt, sodass anstelle der geschlechtlichen Blütenorgane ungeschlechtliche entstehen. Die anstelle von Staub- und Fruchtblättern gebildeten Kronblätter sind völlig normal ausgebildet, sie entstehen nur am falschen Ort. In der heutigen Terminologie spricht man von einer **homöotischen Mutation** (von griech. *homoiōsis*, Angleichung). Ein berühmtes Beispiel für eine homöotische Mutation ist die Mutante *antennapedia* der Taufliege *Drosophila melanogaster*, bei der anstelle einer Antenne ein Bein gebildet wird, das aber ansonsten aussieht wie ein ganz gewöhnliches Bein. In den 1970er- und 1980er-Jahren wurden zahlreiche homöotische Blütenmutanten bei den Modellpflanzen *Antirrhinum majus* und *Arabidopsis thaliana* gefunden und hinsichtlich ihrer Entwicklungsstörungen charakterisiert.

Diese Untersuchungen zeigten, dass die homöotischen Mutationen verschiedene Klassen von Transkriptionsfaktoren betreffen, die als Komplexe aus unterschiedlichen Komponenten aktiv sind und abhängig von der Zusammensetzung des Komplexes unterschiedliche Zielgene aktivieren und somit die Ausgestaltung des Primordiums bestimmen (ABC-Modell). Die A-Gene sind in den beiden als erste angelegten Blattkreisen aktiv, die B-Gene folgen um genau einen Blattkreis versetzt und die C-Gene werden in den beiden letzten Blattkreisen aktiviert. Dieses Zeitmuster führt dazu, dass in den vier Wirteln unterschiedliche Gene aktiviert sind. Je nachdem, welche Kombination dieser drei Gengruppen in der jeweiligen Blattanlage exprimiert wird, entstehen Kelch-, Kron-, Staub- oder Fruchtblätter.

Das ursprüngliche ABC-Modell ist inzwischen für *Arabidopsis* etwas erweitert worden – beispielsweise ergab sich eine D-Funktion, die innerhalb der Fruchtblätter für die Entstehung von Samenanlagen notwendig ist

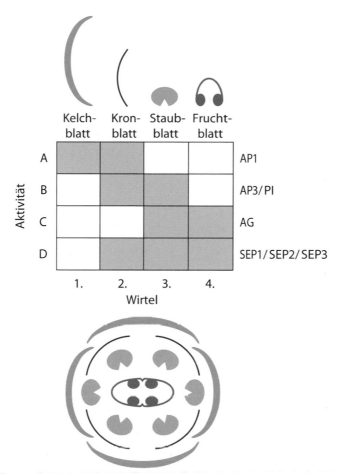

□ **Abb. 11.19**   Die genetische Festlegung der Organidentität während der Blütenentwicklung von *Arabidopsis thaliana*. Vier Gengruppen (Aktivität A, B, C und D) steuern die Organidentität im Blütenmeristem. Die Genprodukte dieser Blütenorganidentitätsgene finden sich an unterschiedlichen Orten im Meristem, wobei sich Gene der A- und B-Aktivität einerseits, sowie der B- und C-Aktivität andererseits, in ihren Expressionsdomänen teilweise überlappen und eine D-Aktivität im 2., 3. und 4. Wirtel auftritt. Die A-Aktivität wird von dem Gen *APE-TALA1* (*AP1*) gestellt. Zellen, die nur A-Aktivität enthalten, differenzieren sich zu Kelchblättern (Sepalen). Liegt sowohl A- als auch B-Aktivität vor, entstehen Kronblätter (Petalen). Die B-Aktivität wird von den Genen *APETALA3* (*AP3*) und *PISTILLATA* (*PI*) gestellt. Die C-Aktivität wird von dem Gen *AGAMOUS* (*AG*) gebildet. Treten B- und C-Aktivität zusammen auf, differenzieren sich Staubblätter (Stamina), tritt nur C-Aktivität auf, entstehen Fruchtblätter (Karpelle). Im 2., 3. und 4. Wirtel wird allerdings zusätzlich eine D-Aktivität benötigt, die von den Genen *SEPALLATA1*, *2* und *3* (*SEP1*, *SEP2*, *SEP3*) codiert wird. Bei einem Defekt der Blütenorganidentitätsgene kommt es zu charakteristischen homöotischen Mutationen: Fällt die A-Aktivität aus, so tritt die C-Aktivität in allen vier Wirteln auf (die A-Aktivität hemmt die Expression des Gens für die C-Aktivität); es bilden sich im 1. und 4. Wirtel Fruchtblätter, im 2. und 3. Wirtel Staubblätter. Da die Mutanten durch das Fehlen von Petalen aufgefallen sind, wurden sie *apetala* genannt. Fällt die C-Aktivität aus, so tritt A-Aktivität in allen Wirteln auf (die C-Aktivität hemmt die Expression der A-Gene). Die Mutanten bilden im 1. und 4. Wirtel Kelchblätter und im 2. und 3. Wirtel Kronblätter, besitzen also sterile Blüten und wurden daher *agamous* genannt. Fällt die B-Aktivität aus, so hat dies keinen Einfluss auf die A- und C-Aktivität; es bilden sich im 1. und 2. Wirtel Kelchblätter und im 3. und 4. Wirtel Fruchtblätter. Da die Mutanten durch das Fehlen von Petalen bzw. das Auftreten pistillater Blüten (Fehlen von Staubblättern) gekennzeichnet sind, wurden sie *apetala* oder *pistillata* genannt. Fehlt die D-Aktivität, so bilden sich in allen vier Wirteln Kelchblätter; daher werden diese Mutanten *sepallata* genannt. Die D-Aktivität ist also zur Realisierung der A-, B- und C-Aktivität im Blütenmeristem bei der Festlegung der Identität der Blütenorgane des 2., 3. und 4. Wirtels unerlässlich. (Nach E. Meyerowitz, T. Honma und K. Goto, verändert)

(□ Abb. 11.19). Ebenso konnte eine E-Funktion identifiziert werden, die an der Umsteuerung des Meristems von einer vegetativen (unbegrenzten) zu einer generativen (begrenzten) Entwicklung beteiligt ist und durch eine Genverdopplung aus der die A-Funktion hervorgegangen ist. Inwiefern *Arabidopsis* hinsichtlich dieser beiden zusätzlichen Genklassen als Modell für die Angiospermenblüte im Allgemeinen fungieren kann, ist

noch nicht geklärt. Während das ursprüngliche Modell annahm, dass die drei Typen von Transkriptionsfaktoren abhängig vom Blattwirtel als Homo- oder Heterodimere vorliegen und dann die im jeweiligen Wirtel spezifischen Zielgene aktivieren, geht man inzwischen von Tetrameren aus. Dieses Tetramermodell gilt nach derzeitigem Wissensstand für alle Angiospermen. Trotz dieser Erweiterungen von Details liefert das ABC-

Modell nach wie vor die fundamentale Erklärung für die Festlegung der Blütenorgane und lässt sich auch evolutionär schlüssig mit homologen Identitätsgenen von Gymnospermen verknüpfen.

Das ABC-Modell kann auch auf die dorsiventralen (bilateral-symmetrischen) Blüte von *Antirrhinum majus* anwenden. Da beim Löwenmaul die Ausbildung der Blütenorgane jedoch nicht nur von der Position des jeweiligen Wirtels abhängig ist, sondern innerhalb der Wirtelposition auch von der Lage bezüglich der Längsachse, müssen hier noch weitere genetische Faktoren beteiligt sein. In der Tat geht die Dorsiventralität dieser Blüte auf die Aktivität eines zusätzlichen Gens (*CYCLOIDEA*) zurück. Wird die Funktion dieses Gens gestört (wie es bei *cycloidea*-Mutanten der Fall ist), bildet das Löwenmaul radiärsymmetrische Blüten, die im Prinzip so aufgebaut sind wie die Blüten von *Arabidopsis*.

11.4.1 Mechanismen der Zellkommunikation

Da Muster bei Pflanzen, im Unterschied zu Tieren, nicht durch Zellwanderung entstehen können, müssen entwicklungssteuernde Moleküle gezielt über Zellgrenzen hinweg transportiert werden. Dies wird über verschiedene zelluläre Mechanismen erreicht:

— gezielte Sekretion von regulatorischen Makromolekülen in definierte Bereiche der Zellwand; Beispiele sind die Polarisierung der *Fucus*-Zygote vor der Teilung in Thallus und Rhizoidzellen (▶ Abschn. 11.2.3.2) oder die Deposition von Arabinogalactanproteinen in der basalen Hälfte der *Arabidopsis*-Zygote (▶ Abschn. 11.2.4.1)

— polarer Transport niedermolekularer Regulatoren, vor allem des Auxins Indolessigsäure (▶ Abschn. 17.1), der unter anderem während der *Arabidopsis thaliana*-Embryogenese eine zentrale Rolle spielt (◘ Abb. 11.17)

— lokale Synthese und Diffusion niedermolekularer Regulatoren (symplastisch und/oder apoplastisch) vom Syntheseort in umliegende Gewebe, z. B. apoplastische Diffusion von Gibberellinen vom Embryo in die Aleuronschicht von Karyopsen (▶ Abschn. 17.3.3)

— Ferntransport in den Leitungsbahnen, womit auch die systemische Regulation der Organbildung auf der Ebene des Gesamtorganismus bewerkstelligt wird; neben echten Signalen können solche **Korrelationen** jedoch auch einfach durch eine Umleitung des Assimilatflusses bewerkstelligt werden

— Transport regulatorischer Makromoleküle von Zelle zu Zelle durch Plasmodesmen (▶ Abschn. 11.4.2).

11.4.2 Rolle der Plasmodesmen bei der Zellkommunikation

Die pflanzliche Zellwand ist für Ionen, kleine wasserlösliche Moleküle und kleine Proteine bis zu einer Molekülmasse von ca. 5 kDa permeabel, verhindert jedoch die freie Diffusion größerer Makromoleküle. Auch die Plasmodesmen (Struktur ▶ Abschn. 1.2.8.3, ◘ Abb. 1.66), die zu symplastischen Verbänden zusammengeschlossene Zellen miteinander verbinden, wurden lange Zeit lediglich als Poren für niedermolekulare Metaboliten mit Ausschlussgrößen unterhalb von 1 kDa angesehen. Überraschend war daher die Entdeckung, dass Plasmodesmen auch dem interzellulären Austausch von Makromolekülen dienen. Man weiß mittlerweile, dass sie als regulierte Poren funktionieren, die den Transport bestimmter Makromoleküle, Proteine oder sogar Ribonucleoproteinkomplexe von Zelle zu Zelle erlauben können.

Dies wurde zuerst bei phytopathogenen Viren (z. B. dem Tabakmosaikvirus) entdeckt. In virusinfizierten Pflanzen liegt die Größenausschlussgrenze der Plasmodesmen von Mesophyllzellen weit oberhalb von 10 kDa, während sie in nichtinfizierten Pflanzen weniger als 1 kDa beträgt. Dafür verantwortlich sind virale **Transportproteine** (engl. *movement proteins*) mit einer Molekülmasse von ca. 30 kDa. Diese Proteine bilden mit der viralen Nucleinsäure (beim Tabakmosaikvirus einzelsträngige RNA) einen Ribonucleoproteinkomplex, der entlang von Mikrotubuli und Actinfilamenten durch erweiterte Plasmodesmen von Zelle zu Zelle wandert. Dadurch kann sich das Virus in der Pflanze ausbreiten und die typischen mosaikartigen Krankheitssymptome (vergilbte Intercostalfelder) verursachen. Später erkannte man, dass sich Viren einen Transportmechanismus zunutze machen, der auch in nichtinfizierten Pflanzen eine wichtige Rolle für den Transport von Proteinen (◘ Abb. 6.10) und Ribonucleoproteinkomplexen spielt. Im Phloem von Angiospermen z. B. werden in Geleitzellen synthetisierte Proteine durch Plasmodesmen in die kernlosen und ribosomenfreien Siebzellen importiert. Der Mechanismus des plasmodesmalen Makromolekültransports ist nicht gut verstanden. Derzeit geht man davon aus, dass es einen selektiven und einen nichtselektiven Transportweg gibt. Für den selektiven Transportweg gibt es verschiedene Modellvorstellungen (◘ Abb. 11.20). Selektiv transportierte Proteine könnten Strukturelemente tragen, die mit spezifischen Exportrezeptoren auf der Seite der exportierenden Zelle und mit Importrezeptoren auf der Seite der importierenden Zelle in Wechselwirkung treten. Diese Rezeptoren würden dann selektiv Proteine in den Transportweg durch Protoplasmen schleusen bzw. wieder aus diesem

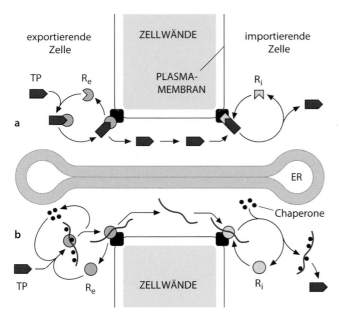

Abb. 11.20 Modellvorstellungen zur Proteintranslokation durch Plasmodesmen. Das zu transportierende Protein (TP) bindet nach dieser Vorstellung entweder im gefalteten (**a**, Modell I) oder ungefalteten Zustand (**b**, Modell II) an Exportrezeptoren (R_e) der exportierenden Zelle und wird über Importrezeptoren (R_i) der importierenden Zelle in deren Cytoplasma entlassen. An der Entfaltung und Rückfaltung der Proteine im Modell II dürften Chaperone beteiligt sein. (Nach B. Ding, verändert)

entfernen. Es gibt Hinweise darauf, dass kleine Proteine gefaltet (Modell I) durch Plasmodesmen transportiert werden können, während sich größere Proteine zu diesem Zweck ganz oder teilweise entfalten müssen (Modell II). Neben selektiven Transportmechanismen scheinen auch nichtselektive zu existieren. Es ist gezeigt worden, dass das grünfluoreszierende Protein GFP durch Plasmodesmen von Zelle zu Zelle transportiert werden kann. Da GFP kein pflanzliches Protein ist, muss man davon ausgehen, dass es nicht selektiv transportiert wird.

Unter den Proteinen, für die ein interzellulärer Transport nachgewiesen wurde, befinden sich mehrere entwicklungsregulierende Transkriptionsfaktoren, die aus tiefer gelegenen Schichten des Sprossapikalmeristems, in denen sie synthetisiert werden, in die äußerste Zellschicht (das Protoderm) einwandern (▶ Abschn. 2.2.1.1, ◻ Abb. 2.7). Einer dieser Transkriptionsfaktoren ist das KN1-Protein aus Mais, das Produkt des *KNOTTED*-Gens, das spezifisch in Meristemzellen exprimiert wird und für die Aufrechterhaltung des undifferenzierten Zustands dieser Zellen sorgt. In der Mais-*knotted*-Mutante wird dieser Transkriptionsfaktor ektopisch in der Blattspreite außerhalb der normalen Wachstumszone exprimiert. Dadurch bilden sich abnormale, knotige Strukturen an der Blattfläche, die durch übermäßige Zellvermehrung zustande kommen und der Mutante ihren Namen gegeben haben (*knotted*

engl. für knotig). Das KN1-Protein wandert möglicherweise in bestimmten Zellen sogar in einem Komplex mit seiner eigenen mRNA durch Plasmodesmen. Es gibt ebenfalls Hinweise darauf, dass mRNA-Moleküle aus Geleitzellen in Siebzellen verfrachtet werden und damit potenziell Informationen über weite Entfernungen im Phloem verbreiten können. Interzellulär transportierte Makromoleküle können also potenziell nicht nur Positionsinformation tragen und damit eine wichtige Rolle bei der Musterbildung spielen (ein Beispiel dafür wäre das SHORTROOT-Protein, ▶ Abschn. 11.2.4), sondern auch an der systemischen Korrelation von Entwicklungsprozessen beteiligt sein.

Es hat sich herausgestellt, dass das Durchlassvermögen von Plasmodesmen entwicklungsabhängigen Veränderungen unterworfen ist. Nur die komplexen, verzweigten Plasmodesmen ausdifferenzierter Gewebe (insbesondere von Source-Geweben, ▶ Abschn. 14.7.3) scheinen regulierbare Poren darzustellen, die Makromolekülen nur dann den Durchtritt erlauben, wenn sie den Transportmechanismus aktivieren können. Hingegen scheinen die einfachen, unverzweigten Plasmodesmen wachsender Sink-Gewebe Makromolekülen bis zu 50–70 kDa Molekülmasse einen ungehinderten Durchtritt zu erlauben. Auch die komplexen Plasmodesmen zwischen Geleit- und Siebzellen scheinen für Makromoleküle bis mindestens 25–30 kDa permanent passierbar zu sein. Kleinere Proteine können daher nach Eintritt in die Siebzellen über weite Distanzen transportiert und symplasmatisch in Sink-Geweben verteilt werden. Unklar ist allerdings noch, wie die in diesem Fall beobachtete Selektivität des Proteintransports durch Plasmodesmen gewährleistet wird. Thioredoxin wird z. B. sehr effektiv aus Geleitzellen in Siebzellen verfrachtet, während dieser Transportweg Ubiquitin trotz seiner unterhalb der Ausschlussgröße liegenden Molekülmasse nicht offen steht.

11.5 Integration von Organen zum Organismus

Unter dem Begriff der **Korrelationen** werden Wechselwirkungen zusammengefasst, die der Koordinierung von Entwicklungsprozessen über die Grenzen eines Phytomers (▶ Abschn. 11.1) hinweg dienen. Obwohl solche systemische Prozesse bereits bei relativ einfach aufgebauten Pflanzen beobachtet werden können, sind sie doch in weiter entwickelten, komplexen Pflanzen besonders auffällig. Korrelative Wechselwirkungen können einfach über Konkurrenz um limitierte Assimilate entstehen, häufig beruhen sie jedoch auf dem Austausch von Signalen. Am besten verstanden sind Korrelationen, die durch Phytohormone (▶ Kap. 12) vermittelt werden, welche durch Leitungsbahnen des Xylems und des Phloems transportiert werden. In einigen Fällen scheinen aber auch Makromoleküle als Signalmoleküle über weite Distanzen in Pflanzen transportiert zu werden und an der korrelativen Regulation beteiligt zu sein. Das vermutlich berühmteste Beispiel für ein über große

Distanzen wirkendes korrelatives Signal ist das **Florigen** (▶ Exkurs 11.1).

Es gibt Hinweise darauf, dass regulatorische Proteine (z. B. Transkriptionsfaktoren, ▶ Abschn. 5.3) oder mRNA-Moleküle, die solche Proteine codieren, nicht nur durch Plasmodesmen von Zelle zu Zelle wandern (◘ Abb. 11.20), sondern in einigen Fällen sogar in Siebzellen des Phloems transportiert und damit in der ganzen Pflanze verteilt werden können.

Korrelationen können als **korrelative Hemmungen** oder als **korrelative Förderungen** auftreten. Letztere können auf der Belieferung mit Nährstoffen, Vitaminen und wachstumsfördernden Hormonen beruhen. Ein photosynthetisch aktiver Spross fördert durch reichliche Assimilatanlieferung die Entwicklung des mit ihm verbundenen Wurzelsystems, das seinerseits den Spross optimal mit Wasser und Mineralsalzen versorgen kann. Der Spross beliefert die Wurzel aber auch mit Vitaminen und bestimmten Phytohormonen, z. B. Auxinen, die das Längenwachstum der Wurzel und die Bildung von Seitenwurzelanlagen fördern (▶ Abschn. 12.3). Umgekehrt scheint das Wurzelsystem den Spross mit Cytokininen (▶ Abschn. 12.2) zu versorgen.

Eine Ringelung, das Einschneiden des Basts einschließlich des Cambiums um den gesamten Stammumfang herum, bewirkt oberhalb der Ringelungsstelle ein Anschwellen des verletzten Gewebes und häufig die Bildung von Adventivwurzeln. An dieser Stelle stauen sich Assimilate und basipetal transportiertes Auxin (▶ Abschn. 12.3.3), wodurch Dickenwachstum und die Bildung von Adventivwurzelanlagen gefördert werden. Diese in der gärtnerischen Praxis schon seit Langem bekannte Erscheinung führte Duhamel du Monceau (1764) schon früh zur Annahme eines „wurzelinduzierenden Safts", welcher der Schwerkraft folgend zum unteren Pol der Pflanze sinke und dort die Bildung von Wurzeln induziere. Dieses Modell regte dann im 19. Jahrhundert zahlreiche Experimente an, mit denen man diesen Saft zu identifizieren suchte. Die Arbeiten mündeten letztlich in der Entdeckung der Auxine (▶ Abschn. 12.3).

Korrelationen sind auch von kommerzieller Bedeutung, vor allem im Obstbau. Fruchtansatz und Fruchtwachstum wurden in dieser Hinsicht besonders intensiv untersucht. Viele Obstbäume (z. B. Apfel, Birne, Pfirsich, Pflaume) setzen zunächst viel mehr Früchte an, als später reifen. In einer frühen Phase der Fruchtentwicklung werden zahlreiche Früchte abgeworfen. Dabei handelt es sich um ein über den Auxintransport korrelativ reguliertes Phänomen. In der Regel hemmt die mit der Entwicklung zuerst beginnende Frucht (die „Königsfrucht") die Entwicklung der Nebenfrüchte, deren Ansatz später erfolgt. Hierbei wird abhängig von der Intensität des Auxintransports eine Abscissionszone eingefügt, wodurch der Fruchtstiel vom ernährenden Zweig durch eine Korkschicht abgetrennt wird, sodass nach Abwurf dieser Frucht keine Wunde zurückbleibt. Durch das Entfernen der Königsfrucht kann diese Hemmung aufgehoben werden. Durch Besprühen mit Hemmstoffen

des Auxintransports kann man die Dominanz der Königsfrucht in einem frühen Stadium erhöhen, um zwar weniger, dafür aber größere Früchte zu erhalten, die einen höheren Marktpreis erzielen (▶ Abschn. 12.3.4).

Neben solchen hormonellen Wechselwirkungen kann auch die Konkurrenz um limitierte Nährstoffe eine korrelative Hemmung verursachen. Einzelne Früchte bleiben kleiner, wenn sich zahlreiche Früchte entwickeln. Das Gleiche gilt für einzelne Samen in Früchten, in denen mehrere Samen heranreifen (z. B. Rosskastanie). Zudem wird das vegetative Wachstum meist drastisch eingeschränkt, wenn eine Pflanze Früchte und Samen ausbildet. Dies spielt etwa im Getreideanbau eine Rolle, wenn durch eine gezielte Stickstoffdüngung die Mobilisierung von Nährstoffen aus den Blättern in die reifenden Karyopsen verzögert und damit eine höhere photosynthetische Energiebindung erzielt wird.

Ein Beispiel hormonvermittelter korrelativer Hemmung ist die **Apikaldominanz**. Darunter versteht man das bevorzugte Wachstum der Endknospe an der Spitze einer Pflanze im Vergleich zu den Seitenknospen, die aufgrund ihrer Position eigentlich weder in der Assimilatversorgung durch Blätter noch in der Nährsalzversorgung durch die Wurzel benachteiligt sein sollten. Apikaldominanz ist bei verschiedenen Arten unterschiedlich stark ausgeprägt. Während sich bei der kultivierten Sonnenblume ausschließlich die Endknospe entwickelt, verzweigt sich die Tomate schon in geringem Abstand von der Endknospe. Oft lässt die Dominanz der Endknospe im Lauf der Entwicklung einer Pflanze nach: So wachsen z. B. viele Bäume zunächst ausschließlich in die Länge, bevor sie sich nach einigen Jahren verzweigen.

Wird die Endknospe entfernt, was unter natürlichen Bedingungen z. B. durch Windbruch oder Tierfraß geschehen kann, treiben eine oder mehrere der bisher gehemmten Seitenknospen aus. Dabei übernimmt in der Regel die sich am schnellsten entwickelnde und in die Vertikallage einrückende Seitenknospe die Dominanz und unterdrückt das weitere Wachstum der übrigen Seitenknospen.

Die Dominanz der Endknospe beruht auf ihrer Fähigkeit, Auxin zu produzieren und an den Rest der Pflanze abzugeben (▶ Abschn. 12.3). Wird die Hauptknospe entfernt und durch eine auxinhaltige Paste (Konzentration im mikromolaren Bereich) ersetzt, bleiben Seitenknospen weiter unterdrückt. Der Mechanismus dieser Auxinwirkung ist noch nicht komplett verstanden. Neben Auxin spielen hier noch Strigolactone eine Rolle. Der von der Hauptknospe abhängige hohe Auxingehalt in der Sprossachse scheint die Ausbildung von Leitbündelbrücken zwischen der Sprossachse und Seitenknospen und damit deren Versorgung mit Nährstoffen zu blockieren. Nach dem Entfernen der Endknospe werden solche Verbindungen sehr rasch ausgebildet.

Cytokinine fördern das Wachstum von Seitenknospen (▶ Abschn. 12.2.3) und können dadurch der Apikaldominanz begrenzt entgegenwirken.

Unter komplizierter korrelativer Kontrolle steht auch das Wachstum der Stolonen von Kartoffeln (◼ Abb. 3.11). Diese horizontal im Boden wachsenden Organe bilden rudimentäre Blätter und stark verlängerte Internodien. Nach dem Entfernen der Endknospe und aller Seitentriebe richten sich Stolone allerdings auf und entwickeln sich zu beblätterten Sprossen mit typischer Morphologie. Apikaldominanz findet sich auch bei phylogenetisch älteren, einfach aufgebauten Pflanzen. Isolierte Thallusstücke des Lebermooses *Lunularia cruciata* regenerieren ganze Pflanzen aus einzelnen Thalluszellen. Enthalten diese Stücke allerdings die Thallusspitze (Scheitel), wachsen sie nur dort weiter. Auch in diesem Fall kann das Auxin Indol-3-essigsäure (▶ Abschn. 12.3.1) die Pflanzenregeneration aus Thalluszellen unterdrücken und damit die Thallusspitze ersetzen.

Zwei wichtige Entwicklungsprozesse mit korrelativem Charakter werden im folgenden Kapitel behandelt:

- **Abscission** (▶ Abschn. 12.6.3): das Abwerfen von Blättern, Blüten, Früchten oder Zweigen (z. B. bei Pappeln) in Verlauf der normalen Pflanzenentwicklung
- **Seneszenz** (▶ Abschn. 12.6.3): das Altern und Absterben einer Pflanze

Exkurs 11.1 Die Jagd nach dem Florigen

Bei vielen Blütenpflanzen unterliegt die Umsteuerung des Apikalmeristems in Richtung einer für die Blüte typischen, determinierten Entwicklung einem lange Zeit unbekannten Signal, das abhängig von der Tageslänge entsteht (Photoperiodismus, ▶ Abschn. 13.2.2). Durch Pfropfexperimente, bei denen Blätter blühkkompetenter Pflanzen in der Lage waren, ein an sich nicht zur Blüte bereites Sprossmeristem umzustimmen, kam man zum Schluss, dass das Florigen (von lat. *flor*, Blüte, und lat. *genere*, hervorbringen) in den Blättern erzeugt wird und dann über eine längere Strecke bis zum Apikalmeristem transportiert wird (Chailakhyan 1936). Trotz jahrzehntelanger Bemühungen gelang es nicht, das Florigen molekular zu identifizieren. Erst mithilfe von im Photoperiodismus betroffenen Mutanten der Kurztagpflanze *Arabidopsis thaliana* konnte man Genprodukte identifizieren, die für die Bildung des Florigens notwendig sind. Unter diesen Genprodukten suchte man nach solchen, deren Konzentration in den Blättern rhythmisch gesteuert wird. Dieses Kriterium führte zum Gen *CONSTANS*, das etwa 12 h nach Tagesanbruch exprimiert wird. Das CONSTANS-Protein ist jedoch nur im Licht stabil, nach Einbruch der Dunkelheit wird es proteolytisch abgebaut. Da es im Kurztag bereits wieder dunkel ist, wenn *CONSTANS* exprimiert wird, wird das synthetisierte Protein unmittelbar nach seiner Synthese wieder abgebaut, sodass nur die Transkripte des Gens nachweisbar sind. Im Langtag wird das Protein jedoch vor Sonnenuntergang gebildet und unter Einfluss von Phytochrom (und des Blaulichtrezeptors Cryptochrom) bleibt das CONSTANS-Protein stabil. Man findet dieses Protein nur im Phloem von Blättern, trotz intensiver Suche konnten weder das Protein noch seine Transkripte im Apikalmeristem nachgewiesen werden. Obgleich sein Regulationsmuster durchaus interessant ist, kommt CONSTANS daher nicht als Florigen infrage.

CONSTANS ist ein Transkriptionsfaktor, der in den Kern einwandert und dort die Aktivität anderer Gene steuert. Unter den Zielgenen ist auch das Gen *FLOWERING LOCUS T* (*FT*), das man wie CONSTANS schon einige Jahre zuvor entdeckt hatte, welches aber seinerzeit nicht als besonders interessant erachtet worden war. Erst als man sich anschaute, welche Gene durch *FT* (auch dies ein Transkriptionsfaktor), gesteuert werden, änderte sich das: Eines der Ziele des FT-Proteins ist nämlich ein Gen mit dem Kürzel *FD*, das die Stammzellen im Meristem so umsteuern kann, dass sie sich nicht mehr als Stammzellen erhalten, sondern zu Blütenorganen differenzieren. Folglich ist das FD-Protein auch nicht in Blättern, sondern nur in den Spitzen der Sprosse zu finden, wo die Blüten entstehen. Wenn das *FD* Gen ein Ziel für das FT-Protein darstellt, muss FT, dessen Gen in den Blättern exprimiert wird, in das Apikalmeristem gelangen. Zunächst nahm man an, dass die in den Blättern gebildeten Transkripte von *FT* in die Spitze des Sprosses transportiert und dort translatiert würden. Dies stellate sich als falsch heraus. Mithilfe einer GFP-Fusion konnte gezeigt werden, dass das FT-Protein selbst ins Apikalmeristem wandert und dort über FD die Umsteuerung zur Blütenentwicklung einleitet. Die mehr als sieben Jahrzehnte währende Jagd nach dem Florigen war also am Ziel und die Gruppe von G. Coupland am Max-Planck-Institut für Züchtungsforschung in Köln wurde für diese bahnbrechende Entdeckung 2008 mit dem Nobelpreis für Chemie ausgezeichnet (Überblick in Corbesier und Coupland 2006).

Quellenverzeichnis

Bünning E (1965) Die Entstehung von Mustern in der Entwicklung von Pflanzen. In: Ruhland W (Hrsg) Handbuch der Pflanzenphysiologie, Bd 15/1. Springer, Berlin, S 383–408

Chailakhyan MK (1936) Nowye fakty za gormonnoy teori rastitel'nowo razwiwenja (Russisch, Neue Fakten für eine Hormontheorie der pflanzlichen Entwicklung). CR Akad Nauk SSSR 13:79–83

Corbesier L, Coupland G (2006) The quest for florigen: a review of recent progress. J Exp Bot 57:3395–3403

von Goethe JW (1809) Versuch die Metamorphose der Pflanzen zu erklären. Etringersche Buchhandlung, Gotha

Green PB (1962) Mechanism for plant cellular morphogenesis. Science 138:1401–1405

Ledbetter MC, Porter KR (1963) A „microtubule" in plant cell fine structure. J Cell Biol 19:239–250

McCabe PF, Valentine TA, Forsberg LS, Pennell RI (1997) Soluble signals from cells Identified at the cell wall establish a developmental pathway in carrot. Plant Cell 9:2225–2241

du Monceau D (1764) La physique des arbres. Winterschmidt, Nürnberg, S 87–93

Nick P (1997) Phototropic induction can shift the gradient of crown-root emergence in maize. Botanica Acta 110:291–297

Nick P (2012) Microtubules and the tax payer. Protoplasma 249(suppl 2):S81–S94

Nick P (2014) Why to spent tax money on plant microtubules? Plant Cell Monogr 22:39–67

Schlenker G (1937) Die Wuchsstoffe der Pflanzen. Lehmanns, München, S 18–19

Turing AM (1952) The chemical basis of morphogenesis. Philos Trans R Soc Lond B 237:37–72

Zhang ZJ, Laux T (2011) The asymmetric division of the *Arabidopsis* zygote: from cell polarity to an embryo axis. Sex Plant Reprod 24:161–169

Ziegenspeck H (1948) Die Bedeutung des Feinbaus der pflanzlichen Zellwand für die physiologische Anatomie. Mikroskopie 3:72–85

Weiterführende Literatur

Fosket DE (1994) Plant growth and development: a molecular approach. Academic, San Diego

Howell SH (1998) Molecular genetics of plant development. Cambridge University Press, Cambridge

Leyser O, Day S (2003) Mechanisms in plant development. Blackwell, Oxford

Nick P (2019) *Arabidopsis thaliana* (Ackerschmalwand. In: Nick P, Fischer R, Gradl D, Gutmann M, Kämper J, Lamparter T, Riemann M (Hrsg) Modellorganismen. Springer, Berlin, S 117–149

Oparka K (2005) Annual plant reviews Bd 18: Plasmodesmata. Blackwell, Oxford

Raghavan V (2000) Developmental biology of flowering plants. Springer, Berlin

Wareing PF, Phillips IDJ (1986) Growth and differentiation in plants. Pergamon, Oxford

Westhoff P, Jeske H, Jürgens G (2001) Molecular plant development. Oxford University Press, Oxford

Wolpert L, Jessell T, Lawrence P (2007) Principles of development: das Original mit Übersetzungshilfen. Spektrum Akademischer Verlag, Heidelberg

11

Kontrolle der Entwicklung durch Phytohormone

Peter Nick

Inhaltsverzeichnis

Nick, P. 2021 Kontrolle der Entwicklung durch Phytohormone. In: Kadereit JW, Körner C, Nick P, Sonnewald
U. Strasburger – Lehrbuch der Pflanzenwissenschaften. Springer Berlin Heidelberg, p. 377–422.
▶ https://doi.org/10.1007/978-3-662-61943-8_12

Während tierische Organismen auf ihre Umwelt vor allem mit Bewegungen reagieren, vollzieht sich die Anpassung der ortssteten Pflanzen überwiegend durch Änderungen von Wachstum und Differenzierung. Die sehr unterschiedliche Zeitskala dieser Reaktionen hat zur Folge, dass während der Evolution von Pflanzen und Tieren unterschiedliche Steuerungsmechanismen in den Vordergrund rückten: Tierische Bewegungen müssen im Bereich von Millisekunden bis Sekunden koordiniert werden, während pflanzliche Entwicklungsprozesse mehrere Größenordnungen langsamer sind, sodass eine elektrische Steuerung zugunsten einer chemischen Koordination in den Hintergrund tritt. Aus diesem Grund sind **Phytohormone** für die Regulation der pflanzlichen Entwicklung von zentraler Bedeutung.

Zu den fünf seit Langem bekannten Gruppen von Phytohormonen (Auxine, Cytokinine, Gibberelline, Abscisinsäure und Ethylen) sind in jüngerer Zeit weitere Substanzklassen hinzugekommen. Dazu gehören neben den Brassinoliden vor allem auch die Jasmonate, die für die Koordination pflanzlicher Stressantworten wichtig sind. Zusätzlich existiert eine Fülle von Wirkstoffen, die nur in gewissen Pflanzenarten vorkommen und oft sehr spezifische Funktionen haben. Synthetische Analoga vieler Phytohormone finden Anwendung im Anbau von Zier- und Nutzpflanzen sowie in der pflanzlichen Zellkultur.

12.1 Phytohormone – konzeptionelle Besonderheiten

Der Begriff Hormon (griech. ὁρμᾶν, *hormān*, antreiben) wurde von Ernest Starling und anderen ursprünglich für die Humanbiologie geprägt. Das klassische Hormonkonzept beschreibt körpereigene Stoffe, die von einer Drüse in den Blutkreislauf abgegeben werden und dann als chemische Signale an anderen Stellen des Körpers eine spezifische Antwort hervorrufen. Häufig wird die Ausschüttung von Hormonen durch das Zentralnervensystem gesteuert. Das ursprünglich sehr streng ausgelegte Kriterium der räumlichen Trennung von Ausschüttung und Antwort ist inzwischen selbst für die Metazoen aufgeweicht worden. Beispielsweise wirken Neurotransmitter dort, wo sie auch erzeugt werden. Dennoch ist das klassische Hormonkonzept für vielzellige Tiere im Wesentlichen gültig geblieben.

Auch wenn Phytohormone auf den ersten Blick ähnlich erscheinen, gibt es einige grundsätzliche Unterschiede: Weder sind Ausschüttung und Antwort räumlich getrennt noch gibt es ein dem Blutkreislauf vergleichbares System von Stofftransport und auch ein dem Zentralnervensystem entsprechendes Kontrollorgan sucht man bei Pflanzen vergebens. Aus diesem

Grund wird gelegentlich auch von Wachstumsregulatoren gesprochen, wobei auch dies nicht zutreffend ist – Phytohormone können sehr unterschiedliche Wirkungen auslösen und das Wachstum ist nur eine davon. Wenn man also im Blick behält, dass man das klassische Hormonkonzept nicht unbesehen auf Pflanzen übertragen kann, ist es vertretbar, den Begriff "Phytohormone" zu verwenden.

Phytohormone sind niedermolekulare Signalstoffe, die in allen oder fast allen Pflanzen vorkommen, in niedrigen Konzentrationen ($\leq 10^{-6}$ M) charakteristische physiologische Reaktionen auslösen und die häufig (aber nicht immer) von ihrem Bildungs- zu ihrem Wirkort transportiert werden. Phytohormone dienen also der interzellulären Kommunikation und Regulation in vielzelligen Pflanzen und haben damit im Prinzip die gleiche Funktion wie Hormone von Tieren und so auch des Menschen. Sie spielen eine wichtige Rolle während des gesamten Lebenszyklus der Pflanze: In der jungen Pflanze werden Keimung, Wachstum und Differenzierung hormonell gesteuert, aber auch in der adulten Pflanze organisieren Hormone die Antwort auf die Umwelt, vor allem die Anpassung an die zahlreichen Stressbedingungen, denen Pflanzen ausgesetzt sind, und am Ende des Lebens sind auch Altern und Absterben (Seneszenz) über Hormone in den Lebenszyklus der Pflanze eingebunden. Phytohormone treten dabei häufig auf komplexe und erst teilweise verstandene Weise miteinander in Wechselwirkung. Nicht selten fällt die Antwort auf ein bestimmtes Hormon abhängig von der Gegenwart eines anderen Phytohormons qualitativ unterschiedlich aus.

12.1.1 Sensitivität und Responsivität

Die Bildung aktiver Phytohormone kann sehr nahe oder sogar direkt am Ort ihrer Wirkung erfolgen, sodass sie gar nicht oder nur über sehr kurze Strecken transportiert werden müssen, die durch Diffusion überwunden werden können. Während tierische Hormone zumeist eine sehr strikte Gewebe- und Organspezifität aufweisen, wirken Phytohormone sehr viel diffuser. Häufig lösen sie in verschiedenen Entwicklungsstadien und Pflanzenteilen sehr unterschiedliche Reaktionen aus und zeichnen sich dementsprechend durch ein breites Wirkungsspektrum aus. Phytohormone funktionieren also im Wesentlichen als Auslöser, wobei die Natur des ausgelösten Prozesses vom Differenzierungszustand der Zielzelle abhängig ist, also vom Muster der aktiven, aktivierbaren und inaktivierbaren Gene in dieser Zelle.

Die Konzentration jedes Phytohormons am Ort seiner Wirkung wird strikt reguliert. Sie ist das Ergebnis von Synthese, Abbau, Konjugation (zumeist an Zucker, was in der Regel zu einer Inaktivierung führt), Speicherung und An- bzw. Abtransport. Eine Unterversorgung mit Phytohormonen (z. B. in Mutanten mit Biosynthesedefekten) aber auch eine Überversorgung (z. B. in Abbau- oder Transportmutanten, externe Applikation) führen in der Regel zu charakteristischen Entwicklungsstörungen. Dies führte, in Abwandlung des Hormonkonzepts bei Tieren, zur Auffassung, dass die Regelwirkung vor allem über die Menge des in der Zielzelle vorhandenen, aktiven Hormons erfolgt.

Diese Auffassung wird inzwischen nur noch sehr eingeschränkt vertreten. Sicherlich ist es richtig, dass über Veränderungen des Hormonspiegels spezifische Veränderungen des Zielgewebes hervorgerufen werden, aber als wichtigster Faktor für die spezifische Wirkung hat sich die Empfindlichkeit des Zielgewebes herausgestellt. Diese hängt von zwei Faktoren ab: 1) der Zahl und der Aktivierbarkeit der zumeist auf der Zelloberfläche lokalisierten Rezeptoren, die nach Bindung des jeweiligen Liganden eine Konformationsänderung durchlaufen, wodurch im Zellinnern eine spezifische Signalkette aktiviert wird, und 2) dem Grad, mit dem diese Signalkette bereitgestellt wird. Selbst benachbarte Zellen können daher auf ein bestimmtes Hormon sehr unterschiedlich reagieren. Über das räumliche Muster von Hormonempfindlichkeiten erzeugen also Pflanzen jene Spezifität der Wirkung, die bei Hormonen von Tieren durch einen sehr gezielten Transport erreicht wird.

Selbst für die wenigen Fälle, in denen ein Hormon über längere Strecken transportiert wird, sodass Bildungs- und Wirkort klar getrennt sind, ist inzwischen die Hormonempfindlichkeit als wichtiger Faktor von Spezifität erkannt worden. Das Hormon Indolessigsäure (Auxin) war aufgrund eines ausgeprägten Transports entdeckt worden (◘ Abb. 12.12). Beispielsweise wird Auxin bei der durch seitliches Blaulicht ausgelösten Krümmung von Coleoptilen oder Sprossen in Richtung des Lichts (**Phototropismus**) von der dem Licht zugewandten Flanke des Organs zur Schattenseite hin verlagert. Gleichzeitig beobachtet man, dass sich die Wachstumsgeschwindigkeit auf der beschatteten Flanke verdoppelt, während das Wachstum auf der belichteten Seite zum Erliegen kommt. Daher nahm man an, dieser Wachstumsunterschied werde ausschließlich durch die Verlagerung des Auxins bewirkt. Misst man jedoch in Organsegmenten das durch verschiedene Auxinkonzentrationen ausgelöste Wachstum, erhält man keine lineare, sondern eine logarithmische Beziehung. Eine Verdopplung der Auxinmenge erzeugt also keine Verdopplung des Wachstums, sondern nur eine Steigerung um etwa 10 %. Selbst wenn das Auxin vollständig aus der belichteten Flanke eines phototropisch gereizten Organs auf die beschattete Seite hin verlagert würde, wäre das nicht annähernd ausreichend, um die beobachtete Verdopplung der Wachstumsgeschwindigkeit auf

der beschatteten Seite zu erklären. Man muss daher fordern, dass gleichzeitig mit der Verlagerung des Hormons die Empfindlichkeit der Zellen auf der beschatteten Seite stark erhöht wird. Auch für andere Phytohormone konnte man zeigen, dass sich die Hormonempfindlichkeit abhängig von der lokalen Menge des jeweiligen Hormons verändern kann.

Um solche Veränderungen der Empfindlichkeit nachweisen und ihre Ursache bestimmen zu können, wird eine **Dosis-Wirkungs-Kurve** erstellt. Dafür werden steigende Konzentrationen des jeweiligen Hormons zugesetzt und die entsprechende Reaktion gemessen (◘ Abb. 12.7). An dieser Dosis-Wirkungs-Kurve lässt sich dann erkennen, wovon die Empfindlichkeit abhängt. Die von einer bestimmten Hormonmenge ausgelöste Wirkung hängt einerseits von der Menge und der Aktivität des Hormonrezeptors ab, an den das Hormon als Ligand gebunden ist, andererseits von der Intensität der durch diese Bindung ausgelösten Signalleitung (◘ Abb. 12.1a). Wird die Menge oder die Aktivität des Hormonrezeptors heruntergeregelt, muss mehr Hormon eingesetzt werden, um dieselbe Wirkung zu erzeugen. Die Dosis-Wirkungs-Kurve verschiebt sich also nach rechts. In diesem Fall spricht von man von einer verringerten **Hormonsensitivität** (◘ Abb. 12.1b). Häufig bleibt jedoch die Menge des Rezeptors unverändert, während die nach Bindung des Liganden aktivierte Signalleitung gedämpft wird. Die Dosis-Wirkungs-Kurve wird dann zwar nicht verschoben, aber ihre Amplitude ist verringert. Hier hat man es dann mit einer verringerten **Hormonresponsivität** zu tun (◘ Abb. 12.1c). Durch solche formalphysiologischen Untersuchungen lässt sich also rasch feststellen, welche Art von Mechanismus für die Änderung der Empfindlichkeit verantwortlich ist, wodurch ein molekularer Zugang stark erleichtert wird.

12.1.2 Signal und Kontext

Pflanzenhormone steuern in der Regel sehr vielfältige und sehr unterschiedliche Vorgänge. In diesem Zusammenhang stellt sich die Frage nach der Spezifität. Diese liegt offensichtlich nicht in der molekularen Natur dieser kleinen und zumeist einfach gebauten Moleküle, sondern entsteht dadurch, dass ein Hormon in unterschiedlichen Zielzellen unterschiedliche Reaktionen hervorruft. Hormone wirken also als **Signale**die je nach Kontext unterschiedliche Bedeutung haben können. Hormonwirkungen lassen sich sehr gut als Teile einer chemischen Kommunikation beschreiben und operationalisieren.

Die von Karl Bühler (1934) formulierte Organontheorie modelliert Kommunikation als dreigliedrigen Vorgang, in dem ein Sender einem Empfänger ein Zei-

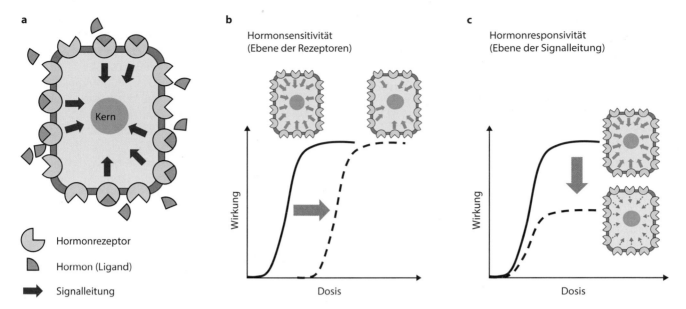

a

Kern

◖   Hormonrezeptor

◖   Hormon (Ligand)

➡   Signalleitung

b

Hormonsensitivität
(Ebene der Rezeptoren)

Wirkung

Dosis

c

Hormonresponsivität
(Ebene der Signalleitung)

Wirkung

Dosis

☐ **Abb. 12.1** Abgrenzung von Hormonsensitivität und Hormonresponsivität. **a** Vereinfachtes Modell der Hormonwirkung. Das Hormon bindet als Ligand an einen spezifischen Rezeptor, der danach eine Signalleitung auslöst, die letztendlich zu einer veränderten Genexpression führt. **b** Wird die Zahl der Rezeptoren verringert, verschiebt sich die Dosis-Wirkungs-Kurve nach rechts, weil die Hormondosis erhöht werden muss, um eine bestimmte physiologische Wirkung zu erzielen. **c** Wird die Intensität der Signalleitung verringert, verändert sich die Amplitude der physiologischen Wirkung, die durch eine bestimmte Hormondosis hervorgerufen wird

chen (Signal) sendet, das einen bestimmten Inhalt repräsentiert. Diese Kommunikation gründet auf einer Vereinbarung zwischen Sender und Empfänger (den Code der Kommunikation), wofür dieses Zeichen steht. Ohne diese Vereinbarung ist das Zeichen bar jeder Bedeutung. Analog kann jedes beliebige Molekül oder jeder beliebige molekulare Vorgang als Signal fungieren, wenn die Codes von Sender und Empfänger übereinstimmen. Die Bedeutung eines hormonellen Signals wird also dadurch bestimmt, wie die Empfängerzelle das Hormon wahrnimmt (**Perzeption**) und welche Vorgänge durch diese Perzeption ausgelöst werden. Die Perzeption eines Signals wird auf molekularer Ebene dadurch bewirkt, dass das Hormon an einen Rezeptor bindet, wodurch dieser dann eine Konformationsänderung erfährt. Diese Konformationsänderung führt im Inneren der Zelle dann zu spezifischen biochemischen Reaktionen (**Transduktion**), die letztendlich in Änderungen der Genexpression mündet. Perzeption und Transduktion sind nicht unwandelbar, sondern ändern sich abhängig von vorangegangenen Signalen.

Dies ermöglicht eine komplexe und sehr spezifische Steuerung der Hormonantwort. So können Zahl oder Aktivität von Rezeptoren für ein bestimmtes Hormon herauf- oder heruntergeregelt werden, wenn zuvor ein anderes Hormon perzipiert wurde. Die Sensitivität für ein Hormon kann also durch andere Hormone gesteuert werden. Ebenso kann die nach dem Perzeptionsschritt ausgelöste Signaltransduktion unterschiedlich ausfal-

len, indem z. B. zuvor einzelne an der Signalkette beteiligte Proteine durch andere Hormonegebildet oder abgebaut wurden. In diesem Fall wird also die Responsivität für ein Hormon von anderen Hormonen gesteuert. Diese häufig als *hormonal crosstalk* bezeichnete Vernetzung verschiedener Hormonreaktionen bewirkt, dass unterschiedliche Zielzellen aufgrund ihrer unterschiedlichen Geschichte ein hormonelles Signal unterschiedlich interpretieren. Diese spezifische und abhängig von der Zielzelle unterschiedliche Antwort auf ein Signal wird in der Entwicklungsbiologie häufig als **Kompetenz** bezeichnet.

Die Komplexität dieser chemischen Kommunikation ist erst ansatzweise verstanden, was vor allem auch daran liegt, dass sich der Kontext eines Signals nur dann erschließt, wenn man die Reaktionen der Zielzelle über die Zeit hinweg verfolgt, was experimentell anspruchsvoll ist.

In der folgenden Darstellung der wichtigsten Pflanzenhormone wird daher der Zeitlichkeit besondere Aufmerksamkeit geschenkt. Der Kontext hängt vor allem vom Entwicklungszustand der Zelle ab – die durch Teilung entstehende junge Zelle unterscheidet sich in ihrer hormonellen Steuerung grundsätzlich von einer etwas älteren Zelle, die vor allem mit Zellwachstum befasst ist, und die ausgewachsene, sich nun differenzierende Zelle weist wiederum eine andere hormonelle Kompetenz auf als die reife Zelle, die im Zuge einer terminalen Differenzierung den programmierten Zelltod einleitet.

12.2   Cytokinine

Cytokinine sind N^6-substituierte Purine (◧ Abb. 12.2), die entdeckt wurden, weil sie die Zellteilung fördern (Cytokinese = Zellteilung).

12.2.1   Vorkommen und zelluläre Funktion

Die Entdeckung der Cytokinine hängt mit den Fortschritten auf dem Gebiet der pflanzlichen Gewebskultur zusammen. In den 1950er-Jahren gelang es erstmals, aus Gewebe isolierte pflanzliche Zellen in komplexen, aber völlig synthetischen Medien am Leben zu halten. Zuvor hatte man mit aus Pflanzen gewonnenen Medien gearbeitet, z. B. mit Kokoswasser, wobei völlig unklar war, welche chemischen Faktoren für Zellwachstum und -teilung verantwortlich waren. Mit der Entwicklung der synthetischen Medien konnte man nun die Wirkung von Wachstumsregulatoren auf das Verhalten einzelner Zellen zu untersuchen. In Kulturversuchen mit Tabakmarkgewebe auf Medien definierter Zusammensetzung war beobachtet worden,

◧ Abb. 12.2   Beispiele natürlich vorkommender und synthetischer Cytokinine. Die natürlichen Cytokinine liegen nicht nur, wie gezeigt, als freie Basen, sondern auch als Riboside und Ribosyl-5-monophosphate in der Zelle vor (s. auch ◧ Abb. 12.3). (Grafik: E. Weiler)

dass die Zugabe des natürlichen Auxins Indol-3-essigsäure zum Medium eine Zellexpansion bewirkt. Im Gegensatz zu den aus Pflanzen gewonnenen Medien konnten jedoch keine Teilungen festgestellt werden. Die systematische Suche nach zellteilungsfördernden Faktoren ergab zunächst, dass autoklavierte DNA-Lösungen eine starke Aktivität zeigen. Als aktive Verbindung in diesen Lösungen wurde N^6-Furfurylaminopurin (◧ Abb. 12.2) identifiziert, das beim Autoklavieren von DNA entsteht – durch Hydrolyse, Phosphatabspaltung und Umlagerung der Desoxyribose unter Wasserabspaltung von der ursprünglichen $(1' \rightarrow 9)$-Stellung (vgl. ◧ Abb. 4.2) in die $(5' \rightarrow 6)$-Stellung. Zwar kommt diese auch Kinetin genannte Substanz in Pflanzen nicht vor, dafür aber natürliche Cytokinine, die ebenfalls zu den N^6-substituierten Derivaten des Adenins gehören. Die wichtigsten natürlichen Cytokinine sind N^6-Isopentenyladenin (IPA) und *trans*-Zeatin (tZ), die als freie Basen, Riboside oder Ribosyl-5-monophosphate in Pflanzen zu finden sind. Die freien Basen dieser Cytokinine wirken als Phytohormone, vor allem das *trans*-Zeatin, das in den meisten Geweben das vorherrschende Cytokinin ist. Wegen ihrer größeren Stabilität werden für experimentelle Arbeiten (etwa in Zell- und Gewebekulturen) synthetische Cytokinine (◧ Abb. 12.2) bevorzugt.

N^6-substituiertes Adenin, z. B. IPA, kommt auch als seltene Base in bestimmten tRNAs vor (◧ Abb. 4.5). In Geweben mit hohem RNA-Umsatz könnten Cytokinine deshalb möglicherweise auch beim Abbau der tRNA entstehen. Die physiologische Bedeutung dieses Prozesses ist aber unklar. Bestimmte tRNAs enthalten auch Zeatin als seltene Base, allerdings als *cis*-Isomer, während in freier Form ausschließlich das *trans*-Zeatin vorkommt. Auf keinen Fall kann die stimulierende Wirkung der Cytokinine auf den mRNA- und Proteinstoffwechsel auf ihrem Einbau in die tRNA beruhen, weil N^6-substituiertes Adenin in der tRNA erst durch nachträgliche Prenylierung eines Adenins entsteht (▶ Abschn. 4.1).

N^6-substituierte Adenine finden sich auch bei Bakterien und Pilzen und können während Interaktionen von Phytopathogenen (z. B. *Agrobacterium tumefaciens*, ▶ Abschn. 10.2), symbiotischen Bakterien (z. B. *Phyllobacterium myrsinacearum*) oder Mykorrhizapilzen (▶ Abschn. 16.2.3) mit Pflanzen eine Rolle spielen. So geht z. B. eine durch *Rhodococcus fascians* hervorgerufene Verbänderung des Sprosses auf Cytokinine zurück, die von diesen Actinomyceten ausgeschieden werden.

Cytokinine und ihre physiologischen Auswirkungen wurden in allen Landpflanzen einschließlich der Moose untersucht, am besten allerdings in Blütenpflanzen.

☐ **Abb. 12.3** Wichtige Reaktionen des Cytokininmetabolismus. (Grafik: E. Weiler)

12.2.2 Stoffwechsel und Transport

Abgesehen von einer möglichen Freisetzung von Cytokininen beim Abbau von tRNA, deren Beitrag zur Cytokininversorgung der Gewebe zweifelhaft ist, entstehen Cytokinine durch die Übertragung eines Dimethylallylrests von Dimethylallylpyrophosphat auf Adenosin-5'-monophosphat und weitere nachfolgende Reaktionen (Hydroxylierung, Sättigung der Seitenkette, möglicherweise eine Entfernung von Phosphatresten und Ribose; ☐ Abb. 12.3). Neben Isopentenyladenin, Zeatin und Dihydrozeatin kommen in Pflanzen auch deren Riboside und Ribotide vor. Allerdings scheinen nur die freien Basen Cytokininaktivität zu haben und als Phytohormone zu wirken.

Cytokinine werden vermutlich vor allem in den Wurzelspitzen gebildet und von dort aus mit dem Xylemstrom in der Pflanze verteilt. Die Haupttransportform ist *trans*-Zeatinribosid (tZR). Im Blutungssaft des Weinstocks z. B. wurden 50–100 µg l^{-1} Cytokinin nachgewiesen. Außerhalb des Xylems konnte kein gerichteter Cytokinintransport gefunden werden. Man vermutet daher, dass Cytokinine über kurze Distanzen nur durch Diffusion transportiert werden.

Neben Wurzeln scheinen auch sehr junge Blätter und sich entwickelnde Samen Orte der Cytokininbildung zu sein. In den Achselknospen kann der Cytokiningehalt stark ansteigen, wenn der Hauptspross gekappt wird und dadurch die Apikaldominanz entfällt, was zum Austreiben von Seitensprossen führt. Ersetzt man die Endknospe durch ein Agarblöckchen mit Auxin, bleibt die Apikaldominanz bestehen und die Cytokininakkumulation unterbleibt.

Cytokinine können in verschiedene Zuckerkonjugate (Glykoside) überführt werden, die Speicher-, Transport- oder Inaktivierungsformen darstellen. Ein verbreiteter Inaktivierungsmechanismus ist die oxidative Entfernung des Prenylrests von der Cytokininbase (Cytokinin-Oxidase-Reaktion). Aus Isopentenyladenin (IPA) werden dabei Adenin und 3-Methyl-2-butenal freigesetzt, während *trans*-Zeatin zu Adenin und 3-Hydroxymethyl-2-butenal umgesetzt wird.

12.2.3 Wirkungen von Cytokininen

Wie alle Phytohormone, beeinflussen auch Cytokinine zahlreiche physiologische Prozesse und wirken dabei mit anderen Phytohormonen zusammen.

Die wichtigste Wirkung der Cytokinine ist die Förderung der Zellteilung. Auf ihr beruht auch der klassische Biotest für Cytokininaktivität, der Tabakmarkkallustest. Auf definierten Kulturmedien ist die Gewichtszunahme steril gezogener Kallusgewebe proportional zur Cytokininkonzentration. Allerdings entfalten Cytokinine diese zellteilungsfördernde Wirkung nur in Gegenwart von Auxinen im Kulturmedium. Sowohl Cytokinine als auch Auxin sind für das Fortschreiten des Zellzyklus notwendig, weil sie gemeinsam den Start der DNA-Replikation und der Mitose auslösen (► Abschn. 11.2.1, ☐ Abb. 11.3a).

Die Wachstumsstimulation von Zellkulturen durch Auxin und Cytokinin hängt nicht von den absoluten Konzentrationen der beiden Phytohormone ab, sondern von deren Verhältnis. Erhöht man die Auxin- relativ zur Cytokininkonzentration, kommt es zur **Regeneration** von Wurzeln. Umgekehrt führt die Erhöhung der Cytokinin- relativ zur Auxinkonzentration zur Regeneration von Sprossen (☐ Abb. 12.4). Bei der Regeneration intakter Pflanzen aus Zellkulturen wird in der Regel zunächst die Sprossbildung induziert, bevor neu gebildete Sprosse auf Wurzelinduktionsmedium transferiert werden. Das Verhältnis von Auxin zu Cytokinin hat vermutlich bereits während der Embryogenese einen entscheidenden Einfluss auf die Festlegung der Organidentität.

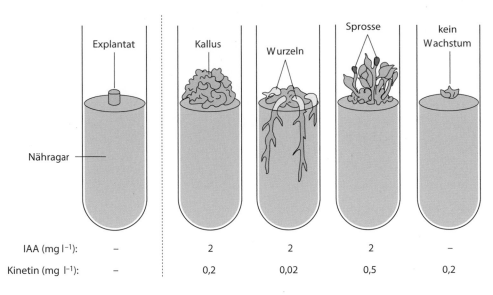

◻ Abb. 12.4 Abhängigkeit des Wachstums und der Organbildung eines Gewebestücks (Explantat) aus dem Sprossmark einer Tabakpflanze von IAA- und Kinetingehalt des Nährmediums. Links: Zustand bei Versuchsbeginn; rechts: Zustand nach mehrwöchiger Kultur. Die Organbildung wird wesentlich durch das Konzentrationsverhältnis der beiden Wuchsstoffe bestimmt. (Nach P. Ray, aus H. Mohr, verändert)

	Explantat	Kallus	Wurzeln	Sprosse	kein Wachstum
IAA (mg l^{-1}):	–	2	2	2	–
Kinetin (mg l^{-1}):	–	0,2	0,02	0,5	0,2

Tumore differenzierter Pflanzen zeigen meistens gestörte Auxin/Cytokinin-Verhältnisse und stark gesteigerte absolute Konzentrationen dieser beiden Phytohormone. Das gilt auch für die durch *Agrobacterium tumefaciens* hervorgerufenen Wurzelhalstumore (▶ Abschn. 10.2). Unter den Genen von *A. tumefaciens*, die in das Kerngenom der Pflanze integriert werden, um die Tumorentstehung auszulösen, befindet sich *ipt*, das eine Isopentenyltransferase (IPT) codiert. Dieses Enzym katalysiert den zentralen ersten Schritt der Cytokininbiosynthese, wie sie auch normalerweise in der Pflanze abläuft (◻ Abb. 12.3). Wurzelhalstumore produzieren also ihre für die Zellproliferation notwendigen Auxine und Cytokinine selbst, sind also auxin- und cytokininautotroph und lassen sich in Kultur unbegrenzt vermehren, ohne dass diese Phytohormone zugegeben werden müssen. Verliert *A. tumefaciens* das *ipt*-Gen, kommt es zu einem Auxinüberschuss. Anstelle eines normalen Tumors entsteht dann ein wurzelbildendes **Teratom** (ein Tumor, der eine Gewebe- und/oder Organdifferenzierung erkennen lässt). Wird umgekehrt eines der beiden (oder beide) Auxingene deletiert, entwickelt sich ein Cytokininüberschuss, sodass ein sprossbildendes Teratom entsteht. Die hier beschriebenen Beobachtungen sind im Einklang mit den Ergebnissen von Zellkulturexperimenten, bei denen des Auxin/Cytokinin-Verhältnis verändert wird, um aus Kallusmaterial Pflanzen zu regenerieren (◻ Abb. 12.4).

Genetisch bedingte Tumore entstehen bei verschiedenen Artbastarden, vor allem innerhalb der Gattung *Nicotiana* und *Brassica*. Diese Tumore sind nicht infektiös, sondern gehen auf die Kombination von zwei nicht vollständig kompatiblen Genomen zurück, deren Mischung zu Störungen des normalen Entwicklungsprogramms führen kann. Auch genetisch bedingte Tumore sind oft auxin- und cytokininautotroph und enthalten hohe Mengen beider Phytohormone. Das lässt den Schluss zu, dass sie auf eine hormonell bedingte Störung der Zellzykluskontrolle zurückzuführen sein könnten.

Cytokinine sind bei der Brechung der Apikaldominanz **Gegenspieler der Auxine**. Die Bildung von Hexenbesen, d. h. das Auswachsen vieler Seitenknospen (z. B. bei Chrysanthemen, Petunien, Weiden, Lärchen) nach Befall mit *Rhodococcus fascians* (früher *Corynebacterium fascians*), wird vermutlich durch Cytokinine hervorgerufen, die von diesen Bakterien ins Wirtsgewebe sezerniert werden. Die Bildung bandförmiger, abgeflachter Sprosse aus mehreren verwachsenen Seitensprossen in den Hexenbesen ist ebenfalls ein Symptom gestörter Apikaldominanz. Der Artname *fascians* (lat. *fascis*, Bündel) geht auf diese als Fasziation bezeichneten Verbänderungen zurück.

Cytokinine fördern
- die **Zellexpansion** während der Blattentwicklung,
- die **Chloroplastenentwicklung** bei Angiospermen, die unter Cytokinineinfluss weitgehend auch im Dunkeln stattfindet, und
- die **Induktion von Knospen am Caulonema von Laubmoosen** (▶ Abschn. 19.4.1), aus denen sich der Gametophyt entwickelt.

Die **Verzögerung von Alterungsprozessen**, insbesondere in Blättern, ist eine weitere sehr wichtige Funktion von Cytokininen. Das **Altern (Seneszenz)** ist definitionsgemäß ein Entwicklungsprozess, der zum Tod des gesamten Organismus oder zum Absterben einzelner Organe führt, wenn er nicht angehalten wird (▶ Abschn. 11.5).

Bezüglich der Seneszenz der ganzen Pflanze unterscheidet man **hapaxanthe Arten**, die nur einmal blühen und fruchten, und **pollakanthe Arten**, die wiederholt Blüten und Früchte bilden.

Hapaxanth sind neben allen ein- und zweijährigen Arten auch eine begrenzte Zahl von mehrjährigen Pflanzen, die viele Jahre vegetativ wachsen können, nach der Bildung von Blüten und Früchten aber absterben (z. B. Agave, Bambus, die über 300 Jahre alt werdende Talipot-Palme *Corypha umbraculifera*). Bei diesen hapaxanthen Arten sind Seneszenz und Tod eng mit der Bildung der Fortpflanzungsorgane verknüpft. Verhindert man bei diesen Pflanzen die Blütenbildung, können sie viele Jahre leben (z. B. Zuckerrübe).

12

Die korrelative Kopplung der Seneszenz mit der Bildung von Fortpflanzungsorganen lässt sich nicht nur auf den erheblichen Nährstoffbedarf der sich entwickelnden Blüten und Früchte zurückführen, der die Versorgung der übrigen Pflanzenteile beeinträchtigen kann. Beim diözischen Spinat z. B. wird die Blattalterung nicht nur durch die Bildung von Früchten durch weibliche Pflanzen ausgelöst, sondern auch durch das viel weniger nährstoffabhängige Blühen männlicher Pflanzen. Bisher unbekannte, von Blüten und Früchten abgegebene Seneszenzfaktoren scheinen also in anderen Pflanzenteilen Altern und Absterben auszulösen. Möglicherweise spielt auch die Unterversorgung dieser Pflanzenteile mit in der Wurzel produziertem Cytokinin eine Rolle, das sich in Blüten, Früchten und Samen stark anreichert. Auf jeden Fall handelt es sich um ein von Signalen gesteuertes, programmiertes Entwicklungsgeschehen und nicht um einen unkontrolliert ablaufenden Verschleiß.

Bei den **pollakanthen** Arten beruht der normale Tod wahrscheinlich nicht auf einem Entwicklungsprogramm, sondern vielmehr auf der immer schwieriger werdenden Versorgung der Meristeme mit Wasser, Salzen, Nähr- und Wirkstoffen. Es ist oft möglich, Apikalmeristeme solcher Pflanzen durch fortgesetzte vegetative Stecklingsvermehrung (z. B. Pyramiden-Pappel, Kulturpflanzen wie Erdbeeren, Bananen und Rosen) praktisch unbegrenzt am Leben zu halten. Auch hier ist der Tod korrelativ bedingt, hängt also vom Zusammenwirken verschiedener Organe ab.

Viele Bäume können ein sehr hohes **Alter** erreichen. Nach verbürgten Jahresringzählungen können z. B. Pappeln und Ulmen bis 600 Jahre, Eichen bis 1000 Jahre, Linden 800–1000 Jahre, Wacholder (*Juniperus tibetica*) über 1200 Jahre, Alerce (*Fitzroya cupressoides*) in Chile über 2000 Jahre, Mammutbäume (*Sequoiadendron giganteum*) bis 4000 und *Pinus longaeva* (= *P. aristata p.p.*) bis zu 4800 Jahre alt werden. Dabei ist allerdings zu beachten, dass in langlebigen Pflanzen dauernd Zellerneuerung stattfindet. Neue Zellen entstehen in Bäumen z. B. nicht nur in den Apikalmeristemen, sondern vor allem auch im Cambium. Die Lebensdauer einzelner Pflanzenzellen, etwa der Markstrahlzellen in Bäumen oder der Markzellen im Inneren von sukkulenten Kakteen, dürfte 100 Jahre nur selten übersteigen. Die meisten Zellen erreichen allerdings ein weit weniger hohes Alter. Selbst im Ruhezustand, der bei Samen und Sporen durch weitgehende Austrocknung erreicht wird und in dem der Stoffwechsel fast völlig stillgelegt ist, scheint in der Regel eine zwar langsame, aber unaufhaltsame Alterung zu erfolgen. Erfahrungsgemäß ist die Keimfähigkeit der meisten Samen auf 100–200 Jahren begrenzt. Speziell langlebige Samen findet man allerdings bei Leguminosen, Malvaceen und bei der Lotosblume (*Nelumbo nucifera*), deren Samen eine Lebensdauer von bis zu 1000 Jahren erreichen können. Auch die Samen vieler Unkrautarten (z. B. *Spergula arvensis*, *Chenopodium album*) sollen unter völligem Sauerstoffabschluss Hunderte von Jahren lebensfähig bleiben. Oft zitierte Angaben über die Keimfähigkeit des sogenannten Mumienweizens aus ägyptischen Gräbern haben sich als falsch erwiesen: Weizen bleibt höchstens zehn Jahre keimfähig. Samen von Tropenpflanzen, die an die Überdauerung ungünstiger Klimaperioden nicht angepasst sind, verlieren ihre Keimfähigkeit oft schon innerhalb eines Jahres.

Einzelorgane mehrjähriger Pflanze haben oft eine viel kürzere Lebensdauer als die Gesamtpflanze. Dies gilt insbesondere für Blätter, Blüten und Früchte. Bei den Schaftpflanzen unter den Hemikryptophyten und bei den Geophyten (▶ Abschn. 3.2.4) sterben im Herbst regelmäßig alle oberirdischen Pflanzenteile ab.

Bei den **Blättern** unterscheidet man eine **sequenzielle Seneszenz** und eine **synchrone Seneszenz**. Im ersten Fall altern (und sterben) nur die jeweils ältesten Blätter, während im zweiten Fall (z. B. herbstlicher Laubfall sommergrüner Pflanzen) alle Blätter gleichzeitig die Seneszenz durchlaufen. Die Blattseneszenz ist ein organisiertes Entwicklungsprogramm, in dessen Verlauf aus dem Abbau organischer Substanz stammender Phosphor, Stickstoff und Schwefel zusammen mit anderen Mineralien in geeignete Transportformen überführt und über das Phloem Speichergeweben zugeführt werden (Phloemtransport, ▶ Abschn. 14.7.3).

Die Seneszenz geht einher mit verringerter Atmungs- und Photosyntheseaktivität, einer Verlangsamung aller anabolen Stoffwechselprozesse einschließlich der RNA- und der Proteinsynthese und einer Beschleunigung des Abbaus z. B. von Chlorophyll, RNA und Proteinen. Als Folge des verstärkten Anfallens von Abbauprodukten und der Blockierung von Syntheseaktivität werden alternde Blätter zu Lieferanten von z. B. Aminosäuren und im Phloem transportierten Ionen. Diese Nährstoffe werden in sommergrünen Pflanzen im Herbst vor allem in Speicherparenchyme im Stamm und in der Wurzel eingelagert oder im Fall von sequenzieller Blattalterung jungen, noch nicht voll entwickelten Blättern zur Verfügung gestellt.

Der herbstliche Chlorophyllabbau durch sommergrüne Pflanzen geschieht sehr rasch. Eine Welle der Blattverfärbung schreitet in Westeuropa vom Polarbereich mit einer Geschwindigkeit von 60–70 Kilometern pro Tag südwärts voran und verweilt nur 2–3 Tage an einem einzelnen Ort. Auch in den Tropen sind Laubverfärbung und Blattfall zu Beginn der Trockenzeit innerhalb weniger Tage abgeschlossen. Der schnelle Abbau des Chlorophylls zu farblosen Produkten ist physiologisch notwendig, weil gefärbte Zwischenprodukte phototoxische Wirkungen ausüben könnten. Man schätzt, dass auf dem Festland jährlich etwa 300 Mio. Tonnen Chlorophyll von Pflanzen gezielt abgebaut werden. Dazu kommen noch ca. 900 Mio. Tonnen in den Ozeanen durch die Seneszenz kurzlebiger Algen. Weiter werden etwa 200 Mio. Tonnen Carotinoide jährlich zu farblosen Produkten abgebaut. Da das Chlorophyll in der Regel einige Tage vor den Carotinoiden verschwindet, tritt oft ein Umfärben der Blätter von Grün nach Gelb ein. Bei einzelnen Arten werden außerdem noch Anthocyane synthetisiert (Indian Summer im Osten der USA).

Im Fall der sequenziellen Blattseneszenz verläuft das Altern weitgehend ungeregelt und geht mit der Anhäufung von Zellschäden einher, die nicht mehr repariert werden können. Im Gegensatz dazu wird die synchrone Blattseneszenz photoperiodisch gesteuert (▶ Abschn. 13.2.2) und durch tiefe Temperaturen beschleunigt. In beiden Fällen beobachtet man jedoch einen steigenden Gehalt an seneszenzfördernden Phytohormonen (Abscisinsäure, ▶ Abschn. 12.7, und besonders Ethylen, ▶ Abschn. 12.6) einher. Gleichzeitig nimmt in der Regel der Gehalt an Cytokininen, Auxinen und Gibberellinen ab.

Bei einigen Pflanzen (z. B. *Rumex*, *Tropaeolum*, *Taraxacum*) wirken vor allem Gibberelline (▶ Abschn. 12.4) seneszenzhemmend, während in den Blättern von Holzgewächsen auch Auxine (▶ Abschn. 12.3) diese Wirkung zeigen.

Im Allgemeinen sind Cytokinine die wichtigsten Phytohormone, die die Blattseneszenz hemmen. Dies lässt sich besonders deutlich an abgeschnittenen Blättern zeigen, die nach dem Verlust ihrer Verbindung zu Cytokininquellen, insbesondere der Wurzel, sehr schnell altern. Durch die exogene Applikation von Cytokininen kann die Seneszenz solcher Blätter drastisch verlangsamt werden. Lokale Cytokininbehandlung (z. B. Aufbringen auf eine Blatthälfte) verzögert den Alterungsprozess spezifisch am Applikationsort, während sich die Seneszenz unbehandelter Blattteile (z. B. die nichtbehandelte andere Blatthälfte) gleichzeitig korrelativ massiv beschleunigt (◘ Abb. 12.5).

Durch die Applikation verschiedener Kombinationen von Cytokininen und im Phloem transportierten Metaboliten (z. B. der Aminosäure Glycin) konnte gezeigt werden, dass Nährstoffe in der Pflanze von Orten mit niedriger Cytokininkonzentration zu Orten mit höherer Cytokininkonzentration verlagert werden (**Attraktionswirkung** des Cytokinins). Zusätzlich werden Nähr-

stoffe in stark vermindertem Ausmaß aus gut cytokininversorgten Geweben abtransportiert (**Retentionswirkung** des Cytokinins; ◘ Abb. 12.6). Offenbar spielt die Cytokininkonzentration eine wichtige Rolle in der Regulation der Source-Sink-Verhältnisse in Pflanzen und beeinflusst dadurch auch die Richtung des Phloemtransports. Reichlich mit Cytokininen versorgte Gewebe werden zu Sink-Geweben und importieren Nährstoffe aus ihrer weniger gut mit Cytokinin versorgten Umgebung. Cytokinin bewirkt auch die Akkumulation von

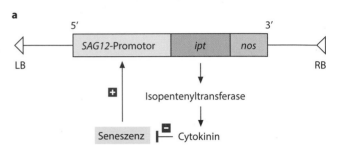

◘ Abb. 12.5 Attraktions- und Retentionswirkung der Cytokinine bei der Verzögerung der Blattseneszenz. **a–c** Autoradiogramme von Fiederblättern von *Vicia faba* nach Applikation von radioaktiv markiertem Glycin (Kohlenstoffisotop ^{14}C); **b, c** zusätzlich mit dem Cytokinin Kinetin behandelt. Die Autoradiogramme zeigen die Verteilung der Radioaktivität in den Blättern. Hinweisstriche: Applikationsorte der jeweils aufgeführten Substanzen. **a** Nicht mit Kinetin behandelte Kontrolle. Die Radioaktivität verteilt sich über die mit ^{14}C-Glycin behandelte Blattfieder und wird über den Petiolus exportiert. Nur wenig Radioaktivität findet sich in der nicht mit ^{14}C-Glycin behandelten Fieder. **b** Attraktionswirkung des Cytokinins. Es kommt zu einer massiven Akkumulation der Radioaktivität in der mit Kinetin behandelten Blattfieder. **c** Retentionswirkung des Cytokinins. Werden Kinetin und ^{14}C-Glycin auf dieselbe Stelle des Blatts aufgetragen, wird Radioaktivität weder in die andere Blattfieder noch in den Blattstiel exportiert. (Nach K. Mothes)

◘ Abb. 12.6 Verzögerung der Blattseneszenz durch regulierte Cytokininproduktion in transgenen Tabakpflanzen. **a** Schema des Regelsystems. Das in Tabakpflanzen über *Agrobacterium tumefaciens* eingeführte chimäre Gen (▶ Abschn. 10.2) besteht aus dem seneszenzaktivierten Promotor des *SAG12*-Gens des Tabaks, der codierenden Region des Isopentenyltransferasegens (*ipt*) von *A. tumefaciens* und einem an das 3′-Ende des *ipt*-Gens angefügten, nichtcodierenden Bereich zur Termination der Transkription aus dem Nopalin-Synthase-(*nos*-)Gen von *A. tumefaciens*. **c** Mit dem oben dargestellten chimären Gen transformierte Tabakpflanzen (links) zeigen im Gegensatz zu nichttransformierten Pflanzen (rechts) eine stark verzögerte Blattseneszenz. – LB, RB Linke bzw. rechte flankierende Sequenz des Ti-Plasmids von *A. tumefaciens*. (Nach R.M. Amasino, mit freundlicher Genehmigung)

Zellwandinvertasen. Dies fördert einerseits die Saccharosespaltung und verbessert damit die Hexoseversorgung cytokininreicher Gewebe und führt andererseits zu verstärkter Saccharoseentladung aus dem Phloem (▸ Abschn. 14.7.4). Diese Mechanismen sind vermutlich für die cytokinininduzierte Erzeugung metabolischer Sinks von zentraler Bedeutung.

Die Bedeutung der Cytokinine für die Blattseneszenz auch im Kontext einer intakten Pflanze ließ sich mit einem eleganten Experiment an transgenen Tabakpflanzen (Methodik ▸ Abschn. 10.3) zeigen (◘ Abb. 12.6). Diese Pflanzen exprimieren das bereits erwähnte *ipt*-Gen von *Agrobacterium tumefaciens* unter der Kontrolle des Promotors eines der seneszenzaktivierten Gene des Tabaks (engl. *senescence activated gene 12, SAG12*). Die beginnende Seneszenz führt zur Aktivierung des Promotors und damit in der transgenen Pflanze zur Expression der Isopentenyltransferase, wodurch eine erhöhte Cytokininproduktion erreicht wird. Dadurch verzögert sich der Seneszenzprozess und die Promotoraktivität wird wieder reduziert. Wie ◘ Abb. 12.6 deutlich macht, kann dieses selbstregulierende System zu einer drastischen Verzögerung der sequenziellen Blattseneszenz des Tabaks führen.

Bisweilen beobachtet man an seneszenten (evtl. sogar bereits abgeworfenen) Blättern grüne Inseln, also begrenzte Bereiche, in denen die Seneszenz offensichtlich stark verzögert abläuft. Dies geht auf die lokale Ausschüttung von Cytokininen durch parasitische Bakterien, Pilze (z. B. *Blumeria graminis*, *Pyricularia oryzae* oder *Uromyces appendiculatus*) oder Insektenlarven (z. B. *Ectoedemia occultella*) zurück. Bei Letzteren scheinen die Labialdrüsen die Orte der Cytokininbiosynthese sein. Die Parasiten generieren auf diesem Weg eine lokale Sink-Region und erhalten sich so einen gut mit Nährstoffen versorgten „gedeckten Tisch".

Ein praktisch wichtiger und daher gut untersuchter Seneszenzvorgang ist die **Fruchtreifung**, die mit der Blattalterung einiges gemeinsam hat, aber von zusätzlichen spezifischen Prozessen abhängt und deshalb später im Zusammenhang mit dem Reifehormon Ethylen behandelt wird (▸ Abschn. 12.6.2).

12.2.4 Molekulare Mechanismen der Cytokininwirkung

Wie Cytokininwirkungen molekular vermittelt werden, ist erst in Ansätzen bekannt. Viele dieser Wirkungen scheinen aber auf der Regulation von Genaktivität zu beruhen. Da Cytokinine die Zellteilung stimulieren ist es nicht verwunderlich, dass sie die Expression von Genen der Zellzykluskontrolle aktivieren (◘ Abb. 11.3a). Außerdem regulieren Cytokinine die Transkription von Nitrat-Reduktase-Genen. Die Cytokininrezeptoren aktivieren, so wie die Ethylenrezeptoren (▸ Abschn. 12.6.4, ◘ Abb. 12.35) ein Zweikomponentensystem der Signalleitung, wie es sonst vor allem aus Bakterien bekannt ist. Bei diesen Systemen wird nach Bindung des Liganden an den in der Plasmamembran lokalisierten Rezeptor ein Phosphatrest auf einen beweglichen Response-Re-

gulator übertragen, der das Signal weiterleitet. Da es verschiedene Response-Regulatoren gibt und ein aktivierter Rezeptor mehrere dieser Regulatoren aktivieren kann, bietet diese Form der Signalleitung die Möglichkeit einer Signalverstärkung wie auch der Vernetzung mit anderen Signalketten. Bei *Arabidopsis thaliana* kommen zwei Cytokininrezeptoren vor (CKI1 und CRE1), die zueinander, aber auch zu den Ethylenrezeptoren homolog sind. Die Bezeichnungen der beiden Rezeptoren gehen auf die Phänotypen der Mutanten zurück, denen ihre Aktivität fehlt (CKI für engl. *cytokinin insensitive*; CRE für engl. *cytokininresistant*). Die Bindung von Cytokinin an diese Rezeptoren bewirkt die Phosphorylierung eines in Zweikomponentenregulatoren konservierten Histidinrests. Von dort wird die Phosphatgruppe zunächst auf einen Aspartylrest desselben Rezeptors (wie beim Ethylenrezeptor) und von diesem weiter auf cytoplasmatische Proteine der AHP-Familie übertragen (AHP für engl. *Arabidopsis histidine-phosphorelay protein*). Die phosphorylierten AHP-Proteine wandern schließlich in den Zellkern und aktivieren dort (wiederum durch Phosphorylierung) eine Gruppe von Transkriptionsfaktoren, die an die Promotoren verschiedener Zielgene binden und deren Transkription initiieren

12.3 Auxine

Auxine (griech. *auxein*, wachsen) sind natürliche oder synthetische Verbindungen, die für niedrigere Konzentrationen (◘ Abb. 12.7) das Streckungswachstum von Zellen und damit das Längenwachstum von Spross und Wurzel fördern, während sie diese Prozesse in erhöhten Konzentrationen hemmen. Um Auxine nachzuweisen, wird diese Wachstumsförderung klassisch über Biotests

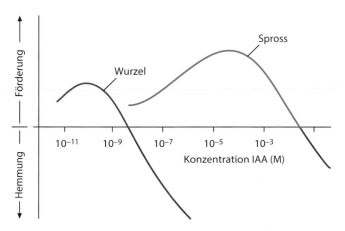

◘ **Abb. 12.7** Längenwachstum bei Spross und Wurzel in Abhängigkeit von der Konzentration des natürlichen Auxins Indol-3-essigsäure (IAA) im Medium (schematisch). Die Versuche wurden an Coleoptilensegmenten durchgeführt, deren zelleigenes Auxin zuvor ausgewaschen worden ist. (Nach K.V. Thimann)

nachgewiesen. Beispielsweise benutzt man Explantate (in der Regel Segmente von Süßgrascoleoptilen), deren zelleigenes Auxin zuvor ausgespült wurde, sodass sie nicht mehr wachsen. Durch Zugabe bekannter Mengen exogenen Auxins (oder einer Probe, deren Auxingehalt bestimmt werden soll) lässt sich das Wachstum wieder in Gang bringen. In einem ebenfalls häufig angewandten, weit sensitiveren Biotest wird ein mit der Probe beladenes Agarblöckchen asymmetrisch auf den Stumpf einer dekapitierten Coleoptile aufgesetzt. Die entstehende Krümmung fällt umso größer aus, je mehr Auxin in der Probe enthalten war. Auxine sind also nicht nach ihrer chemischen Struktur, sondern anhand ihrer charakteristischen Wirkung definiert.

12.3.1 Vorkommen und zelluläre Funktion

Das wichtigste natürlich in Pflanzen vorkommende Auxin ist die **Indol-3-essigsäure** (β-Indolylessigsäure, engl. *indoleacetic acid*, **IAA**, ◘ Abb. 12.8). Zwar kommt dieses Molekül in vielen Pro- und Eukaryoten vor, als Signalstoff dient es jedoch nur in den Landpflanzen und

einigen Gruppen der Algen. In bestimmten Angiospermen können auch andere Auxine von Bedeutung sein, etwa die bei vielen Nachtschattengewächsen vorkommende Phenylessigsäure (Tabak) oder Indolacrylsäure und halogenierte Derivate der Indolessigsäure bei Leguminosen (◘ Abb. 12.8). Da diese natürlichen Auxine nicht sehr stabil sind, werden in der Praxis zumeist **synthetische Auxine** eingesetzt. Am wichtigsten ist hier die 2,4-Dichlorphenoxyessigsäure (2,4-D), die auch als Herbizid verwendet wird. Im Vietnam-Krieg kam diese Substanz in einem Gemisch mit 2,4,5-Trichlorphenoxyessigsäure (2,4,5-T) als Agent Orange zum Einsatz und wurde großflächig aus der Luft versprüht, um nach dem dadurch ausgelösten Blattabwurf die Vietcong aus der Luft beschießen zu können (▶ Abschn. 12.6.3). Die bei der Herstellung von 2,4-D als Kontamination entstandenen Dioxine führen in Vietnam auch heute noch, nach mehr als einem halben Jahrhundert, zu Missbildungen bei Neugeborenen. Weitere künstliche Auxine sind 1-Naphthylessigsäure und Indolbuttersäure, aus der in der Pflanze durch β-Oxidation IAA gebildet werden kann. Indolbuttersäure spielt vor allem für die Bewurzelung von Stecklingen im Obstbau eine große Rolle. Allen aktiven Auxinen gemeinsam ist das Vorliegen einer Carboxylgruppe, die bei physiologischem pH-Wert dissoziiert vorliegt, sowie einer positiven Partialladung im Abstand von 0,55 nm von der negativen Ladung der dissoziierten Carboxylgruppe (0,55-nm-Regel).

Hinsichtlich ihrer zellulären Wirkung stehen die Auxine zwischen den Cytokininen und den Gibberellinen, da sie sowohl Zellteilung als auch Zellwachstum stimulieren können. Die synthetischen Auxine unterscheiden sich jedoch bezüglich ihrer physiologischen Eigenschaften: Im Gegensatz zu IAA, 1-Naphthylessigsäure und Indolbuttersäure wird 2,4-D nicht von Zelle zu Zelle transportiert und stimuliert eher die Zellteilung und weniger das Zellwachstum, während NAA fast ausschließlich das Zellwachstum aktiviert. Die natürlich vorkommende IAA kann hingegen beide zelluläre Wirkungen hervorrufen. Wenn sich zwei zelluläre Prozesse hinsichtlich ihres chemischen Wirkungsmusters derart unterscheiden, muss man davon ausgehen, dass hier zwei unterschiedliche Rezeptorsysteme vorliegen. In der Tat konnte gezeigt werden, dass die Aktivierung der Zellteilung durch Auxine von G-Proteinen abhängt, während die Aktivierung des Zellwachstums von G-Proteinen unabhängig ist.

12.3.2 Stoffwechsel

IAA wird vermutlich in embryonalen Geweben (Meristemen, Embryonen), photosynthetisch aktiven Organen (insbesondere in jungen Blättern) und im Wurzelsystem gebildet.

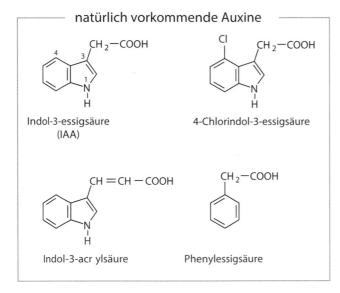

natürlich vorkommende Auxine

Indol-3-essigsäure (IAA)

4-Chlorindol-3-essigsäure

Indol-3-acrylsäure

Phenylessigsäure

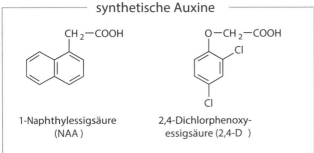

synthetische Auxine

1-Naphthylessigsäure (NAA)

2,4-Dichlorphenoxyessigsäure (2,4-D)

◘ **Abb. 12.8** Natürlich vorkommende und synthetische Auxine. (Grafik: E. Weiler)

Die Aufklärung der IAA-Biosyntheseorte hat sich als schwierig erwiesen und gilt noch nicht als abgeschlossen. Die aus Geweben extrahierbaren Mengen an IAA sind äußerst gering (z. B. 24 µg kg^{-1} in der Maiscoleoptile, 69 µg kg^{-1} in Rosettenblättern von *Arabidopsis thaliana*, etwa 350 µg kg^{-1} in der Wurzelspitze von Mais). Entsprechend gering ist die Aktivität der Enzyme der IAA-Biosynthese. Um ihre Gegenwart nachweisen zu können, müssen Geweben isotopenmarkierte Vorstufen in Konzentrationen zugeführt werden, welche die der endogen vorhandenen Metaboliten bei Weitem übersteigen. Solche Experimente können unphysiologische Ergebnisse liefern. Ein weiteres Problem sind Bakterien, die häufig als Kontamination auf solchen Geweben vorkommen und ebenfalls Auxin bilden oder verstoffwechseln können.

IAA wird aus L-Tryptophan gebildet. Die Biosynthese kann in verschiedenen Pflanzen und Geweben auf unterschiedlichen Wegen erfolgen (◻ Abb. 12.9). Die beteiligten Enzyme und Regulationsmechanismen sind nicht vollständig bekannt. Selbst innerhalb eines Gewebes können die Synthesewege abhängig vom physiologischen Zustand unterschiedlich sein. Beispielsweise konnte vor wenigen Jahren gezeigt werden, dass der Weg von Tryptophan über Indol-3-pyruvat vor allem im Zusammenhang mit der Schattenmeidereaktion aktiviert wird. Diese Reaktion wird ausgelöst, wenn eine Pflanze

◻ **Abb. 12.9** Biosynthese der Indol-3-essigsäure (IAA) aus L-Tryptophan. Der Hauptweg führt über Indol-3-pyruvat, der Weg über Tryptamin ist in den meisten Fällen von untergeordneter Bedeutung. Indol-3-ethanol gilt als eine temporäre Speicherform für die IAA-Vorstufe Indol-3-acetaldehyd. In Brassicaceen wird Indol-3-essigsäure über Indol-3-acetonitril gebildet. Die Freisetzung von Indol-3-acetonitril aus dem in Brassicaceen verbreiteten Glucosinolat Glucobrassicin trägt möglicherweise ebenfalls zur IAA-Bildung bei. Im Cytoplasma liegt IAA praktisch vollständig dissoziiert, als Indol-3-acetat-Anion, vor (pK$_a$-Wert für IAA ≈ 4,8), im sauren Apoplasten ist es dagegen weitgehend protoniert und damit ungeladen. (Grafik: E. Weiler)

mithilfe des Photorezeptors Phytochrom feststellt, dass sie von einer Nachbarpflanze beschattet wird. Das gebildete Auxin aktiviert ein schnelleres Wachstum, sodass die beschattete Pflanze ihre Konkurrentin überholen kann.

Ein nicht zu vernachlässigender Teil der IAA-Versorgung einer Pflanze kann aus der Produktion epiphytischer Bakterien stammen. Mikroorganismen (Bakterien und Pilzen) der Rhizosphäre können ebenfalls dazu beitragen, indem sie vermutlich von Pflanzen ausgeschiedenes Tryptophan zu IAA verarbeiten.

Wurzelhalstumore (▶ Abschn. 10.2) entstehen als Folge der Übertragung mehrerer Gene des verursachenden Bodenbakteriums *Agrobacterium tumefaciens* in das Kerngenom der Wirtszelle. Zwei der übertragenen Gene codieren Enzyme, die in den transformierten Zellen einen zusätzlichen, von der Pflanze nicht kontrollierbaren Biosyntheseweg etablieren, durch den IAA über die Zwischenstufe Indol-3-acetamid aus Tryptophan hergestellt wird (▶ Abschn. 10.2). Wurzelhalstumore weisen dementsprechend meist stark erhöhte Gehalte an freier oder konjugierter IAA auf.

Die Versorgung der Gewebe mit IAA wird nicht nur über die Synthese, sondern auch über den Abbau dieses Hormons reguliert. Verschiedene IAA-Abbauprodukte werden nach Konjugation mit Zuckern (insbesondere Glucose) in Vakuolen eingelagert. IAA kann alternativ auch intakt als Aminosäure oder Zuckerkonjugat in inaktiver Form gespeichert werden. In Pflanzen kommen hauptsächlich IAA-Amide vor: Aspartat- (▣ Abb. 12.10) oder Glutamatkonjugate. Exogen zugeführte IAA wird von pflanzlichen Zellen überwiegend in Zuckerkonjugate (v. a. Glucosekonjugate) überführt. Hochmolekulare Speicherformen wurden ebenfalls nachgewiesen (z. B. in Samen). IAA-Konjugate können der irreversiblen Entfernung überschüssigen Wirkstoffs zur Aufrecht-

erhaltung der Homöostase, der temporären Speicherung von IAA oder als Transportform des Phytohormons dienen. Während der Keimung von Gräsern wird IAA z. B. als 2′-O-(Indol-3-acetyl)-*myo*-inositol (▣ Abb. 12.10) in die Coleoptilenspitze transportiert, wo das aktive Phytohormon hydrolytisch freigesetzt wird. In kultivierten Zellen wird aus dem Medium aufgenommenes Auxin (IAA oder stabilere synthetische Auxine, ▣ Abb. 12.8) rasch in Zuckerkonjugate umgewandelt. Solche Konjugate dienen wahrscheinlich als Speicherformen der langfristigen Auxinversorgung von Pflanzen.

Der Abbau von IAA (▣ Abb. 12.11) geschieht auf oxidativem Weg, wobei in verschiedenen Pflanzen unterschiedliche Reaktionswege nachgewiesen wurden. Verbreitet ist der Katabolismus zu 3-Methylen-2-oxoindol, 3-Methyl-2-oxoindol und Indol-3-carbonsäure, der durch eine relativ unspezifische Peroxidase (IAA-Oxidase) katalysiert wird. Die Aktivität dieser Peroxidase wird durch Monophenole (z. B. Tyrosin, *p*-Hydroxybenzoesäure) sowie durch Mn^{2+} stimuliert und durch Diphenole (z. B. Kaffeesäure) inhibiert. Bei einigen Arten (*Pinus sylvestris*, *Vicia faba*, *Zea mays*) wird IAA unter Erhalt der Acetylseitenkette in 7-Hydroxy-2-oxo-IAA überführt, die in Form des leicht wasserlöslichen O-β-D-Glucopyranosids abgelagert wird. Diese Verbindung kommt in größeren Mengen z. B. im Maisendosperm vor. IAA-Katabolite sind physiologisch inaktiv und gehorchen nicht mehr der 0,55-nm-Regel.

12.3.3 Transport der Indol-3-essigsäure

Der gerichtete Transport natürlicher Auxine ist für die Entstehung der pflanzlichen Polarität von großer Bedeutung (▶ Abschn. 11.2.3) und stand daher schon früh im Zentrum des Interesses. Im Grunde war es dieser gerichtete Transport, der zur Entdeckung von Auxin führte. Schon Charles Darwin und sein Sohn Francis (1880) postulierten ein Signal, das in phototropisch stimulierten Coleoptilen die Information über die Lichtrichtung von der bestrahlten Spitze zur nicht bestrahlten Basis des Organs, wo das Wachstum stattfindet, überträgt. Die Suche nach diesem Signal führte F. Went (Phototropismus, 1926) und N. Cholodny (Gravitropismus, 1927) unabhängig voneinander zum Modell eines transportierten Wuchsstoffs. Dieser Wuchsstoff konnte dann mithilfe des *Avena*-Biotests (Kögl et al. 1934; Thimann 1935) als Indolessigsäure identifiziert werden.

Über größere Entfernungen kann IAA mit dem Assimilatstrom im Phloem (▶ Abschn. 14.7) transportiert werden. Darüber hinaus ist ein parenchymatischer Auxintransport, der stark gerichtet verläuft (**polarer Auxintransport**), von großer Bedeutung für die Pflanze. Durch Zugabe von radioaktiv markierter IAA lässt sich

▣ **Abb. 12.10** Strukturbeispiele für Konjugate der Indol-3-essigsäure. (Grafik: E. Weiler)

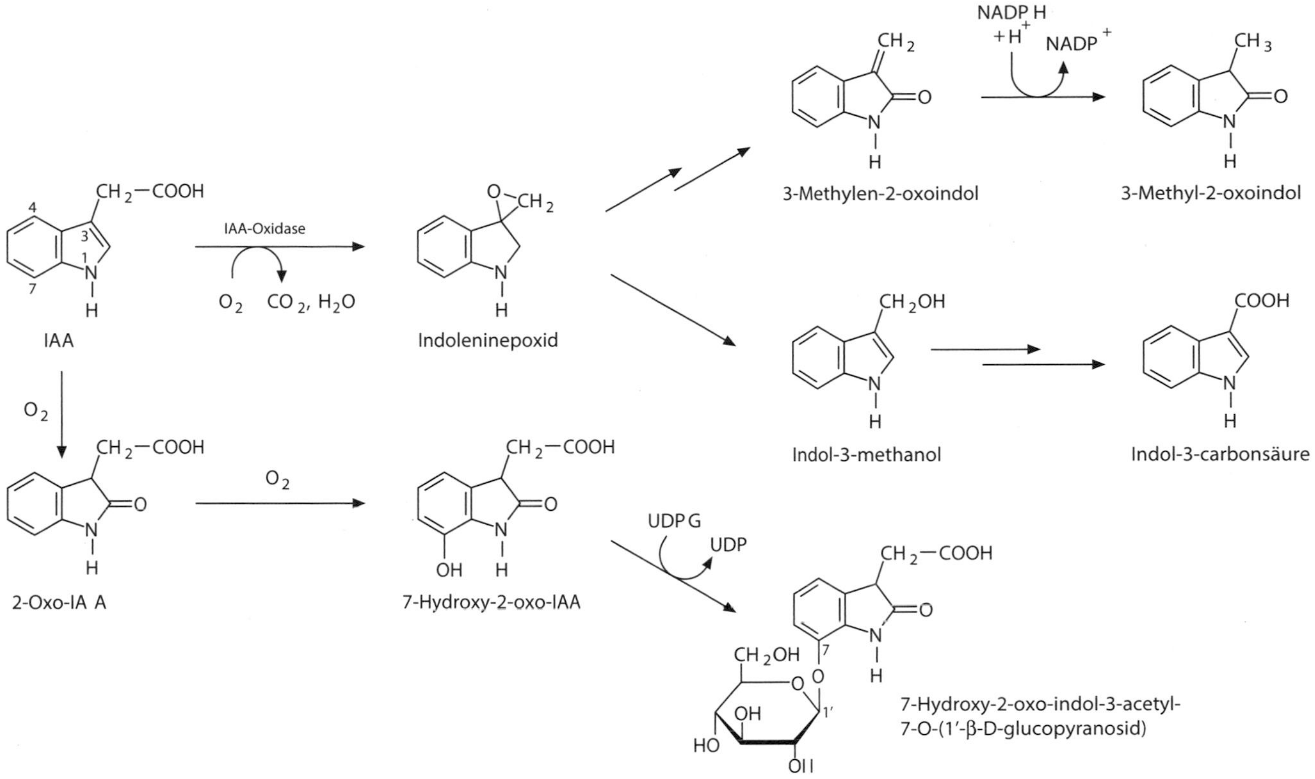

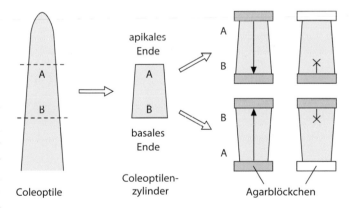

Abb. 12.11 Oxidativer Katabolismus der Indol-3-essigsäure. Der durch die IAA-Oxidase eingeleitete Reaktionsweg ist in Pflanzen weit verbreitet: Der 2-Oxo-IAA-Weg kommt z. B. bei *Pinus sylvestris, Zea mays* und *Vicia faba* vor. (Grafik: E. Weiler)

der Transport in verschiedenen isolierten Teilen des Sprosses (Coleoptilen, Sprossachse, Blatt- und Fruchtstiel) messen. Abhängig von der jeweiligen Pflanze und dem untersuchten Gewebe können Geschwindigkeiten von $2–14$ mm h^{-1} polar basipetal (in Richtung Wurzel) beobachtet werden. Dieser Transport verändert seine Geschwindigkeit nicht, wenn man die Präparate auf den Kopf stellt. Die Richtung des Transports kommt also nicht einfach dadurch zustande, dass Auxin der Richtung der Schwerkraft folgt (▢ Abb. 12.12). Der polare basipetale Auxintransport ist stoffwechsel- und damit energieabhängig und kann durch spezifische Hemmstoffe (z. B. 1-Naphthylphthalamsäure oder 2,3,5-Trijodbenzoesäure) blockiert werden. Im Gegensatz dazu beruht der viel weniger ausgeprägte akropetale (zur Sprossspitze gerichtete) Transport auf reiner Diffusion.

In der Wurzel wird IAA im Zentralzylinder zur Wurzelspitze hin (akropetal) transportiert, wo sie dann quer nach außen wandert und dann zum Teil in Gegenrichtung also von der Spitze in Richtung Wurzelbasis (basipetal) transportiert wird (Springbrunnenmodell). Die Transportgeschwindigkeiten sind denen im Spross sehr ähnlich ($4–10$ mm h^{-1}). Auf die Bedeutung des polaren Auxintransports bei der Achsenausprägung während der Embryogenese wurde bereits eingegangen (▶ Abschn. 11.2.4.1).

Abb. 12.12 Nachweis des basipetalen, polaren IAA-Transports in Coleoptilenzylindern. Unabhängig von der Orientierung der Zylinder (normal oder invers) wird aus applizierten Agarblöckchen in die Zylinder diffundierendes, mit Tritium radioaktiv markierte IAA im Gewebe nur vom apikalen zum basalen Ende transportiert (Pfeile) und lässt sich im „Empfängerblock" als Radioaktivität messen. Über das basale Ende applizierte IAA dringt durch Diffusion etwas in das Gewebe ein, wird aber nicht transportiert. Agarblöckchen, in denen keine Radioaktivität nachweisbar war, sind weiß dargestellt

Der Mechanismus des polaren Auxintransports wird seit mehreren Jahrzehnten kontrovers diskutiert. Dem chemiosmotischen Modell (▢ Abb. 12.13) zufolge liegt IAA im sauren Apoplasten (pH 5,5) weitgehend undissoziiert vor, ist damit also ungeladen.

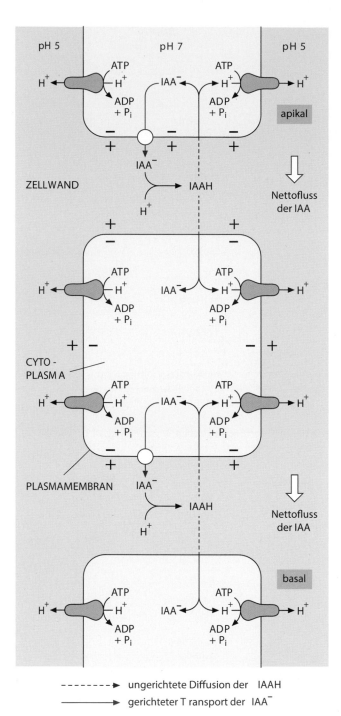

◘ Abb. 12.13 Chemiosmotisches Modell des polaren IAA-Transports. (Grafik: E. Weiler)

(Ionenfallenmechanismus). Am basalen Zellende sind jedoch in der Plasmamembran IAA-Effluxcarrier konzentriert, die Indol-3-acetat (IAA⁻) entlang des elektrochemischen Potenzialgefälles, welches an der Plasmamembran durch die wasserstoffionentransportierende ATPase ständig aufrechterhalten wird (◘ Abb. 14.6), aus der Zelle ausschleusen. Neben den PIN-Proteinen, die nach einer *Arabidopsis*-Mutante mit nadelförmigen (engl. *pin*) Sprossspitzen benannt sind, werden inzwischen auch ABC-Transporter (ABC für engl. *ATP-binding cassette*) als Effluxcarrier diskutiert. Im Apoplasten wird das Anion wieder protoniert und kann damit in die nächste Zelle eindringen. Da dieser Diffusionsprozess ungerichtet verläuft, kann eine Zelle also von allen Richtungen Auxin aufnehmen, es aber nur an dem Pol ausschleusen, wo die IAA-Effluxcarrier lokalisiert sind. Im Gegensatz zur natürlich vorkommenden IAA kann das künstliche Auxinanalogon NAA nicht durch die Membran diffundieren, weil es weniger lipophil ist. Dennoch gelangt NAA in die Zelle hinein, was zunächst unverstanden war, bis man eigene Auxininfluxkanäle (das AUX1-Protein) entdeckte, die an der apikalen Seite der Zelle lokalisiert sind, also gegenüber den Effluxcarriern. Welche Rolle diese Influxkanäle für den polaren Auxintransport spielen, ist umstritten. Unter bestimmten Bedingungen (Schwerkrafteinflüsse, einseitige Belichtung im sich entwickelnden Embryo; ► Abschn. 11.4.2.1) kann sich die Richtung des polaren Auxintransports ändern. Solche Richtungsänderungen korrelieren mit entsprechenden Veränderungen in der Verteilung von Komponenten der IAA-Effluxcarrier in der Plasmamembran. Diese kommen dadurch zustande, dass diese Carrier einem sehr dynamischen Recycling unterliegen und nach wenigen Minuten über Endocytose ins Zellinnere zurückwandern und von dort über Exocytose wieder in die Plasmamembran zurückkehren. Wenn man die Exocytose über das Pilzgift Brefeldin A blockiert, häufen sich diese Transporter innerhalb weniger Minuten im Zellinneren an und der basipetale Auxintransport kommt zum Erliegen. Das Carrierrecycling hängt von Actin ab. Wenn sich durch die Umorganisation des Actinskeletts auch die Richtung der Exocytose ändert, ändert sich damit auch die Lokalisation der IAA-Effluxcarriers und damit die Richtung des Auxintransports. Neben ihrer Funktion als Transporter scheinen die IAA-Effluxcarrier auch als Signalkomponenten zu wirken und die Menge des transportierten Auxins messen zu können. Diese Eigenschaft spielt für die Selbstorganisation des Gefäßsystems eine entscheidende Rolle (► Exkurs 12.1).

Als sehr lipophiles Molekül kann sie daher frei durch die Zellmembran diffundieren. Im mehr oder minder neutralen Cytoplasma (pH 7,0–7,2) gibt sie ihr Proton ab, liegt also als negativ geladenes Indol-3-acetat-Anion vor und kann daher die Zelle nicht mehr verlassen

Exkurs 12.1 Auxinkanalisierung

Die Fähigkeit parenchymatischer Zellen, Indolessigsäure allseitig über den Ionenfallenmechanismus aufzunehmen, aber das Indolyl-3-acetat-Anion gerichtet an der basalen Seite über die IAA-Effluxcarrier auszuschleusen, war für die Evolution der Landpflanzen von großer Bedeutung. Da die photosynthetische Lebensweise von Pflanzen erfordert, dass sie ihre Oberfläche nach außen vergrößern, müssen Landpflanzen mit beträchtlichen Hebelkräften zurechtkommen (bei Wasserpflanzen werden diese durch den Auftrieb kompensiert). Der Übergang zum Landleben führte also zur Selektion von flexiblen und gleichzeitig robusten Gerüstelementen, die die durch die Schwerkraft verursachten Belastungen auffangen können. In der Tat lassen sich bei allen Kormophyten, beginnend mit den Urfarnen (*Rhynia*), modulare Bauelemente, Telome, nachweisen, die einem Leitbündel bestehen, welches von parenchymatischem Gewebe umgeben und von einer Epidermis mit Spaltöffnungen abgegrenzt ist. Diese röhrenförmigen Bausteine wurden dann über Verzweigung, Übergipfelung oder Verschmelzung zu größeren Gebilden kombiniert (▶ Abschn. 3.1.2). Diese Telomtheorie ist auch fossil gut belegt (Zimmermann 1965) und führt das schwierige Problem, wie die komplexen, flexiblen und durch Umweltbedingungen veränderbaren Formen der Gefäßpflanzen evolviert sind, auf eine einfachere entwicklungsbiologische Frage zurück: Wie wird das Muster der Differenzierung von Leitbündeln aus parenchymatischen Zellen räumlich reguliert? Die Antwort auf diese Frage ist auch von großer praktischer Bedeutung, da der Erfolg der im Obst- und Weinbau praktizierten Pfropfung entscheidend davon abhängt, ob sich die unterbrochenen Gefäßsysteme von Pfropfunterlage und Edelreis miteinander verbinden können (Priestley und Swingle 1929). Schon im 18. Jahrhundert hatte Duhamel du Monceau (1764) vorgeschlagen, dass die Bewurzelung von Obstbäumen durch einen "wurzelinduzierenden Saft" hervorgerufen werden, welcher, der Schwerkraft folgend, zum nach unten gewandten Pol eines Stecklings wandere und sich dort anhäufe. In der Tat konnte durch elegante Ringelungsexperimente gezeigt werden, dass ein wurzelinduzierender, morphogenetischer Faktor im Phloem nach unten transportiert wird (Hanstein 1860). Wenn dieser Fluss unterbrochen oder umgekehrt wird, lässt sich sogar die übliche Spross-Wurzel-Polarität (❑ Abb. 11.14) umkehren, was dann in der Regeneration von ektopischen (vom üblichen Ort abweichenden) Wurzeln oder Sprossen nachweisbar wird (Goebel 1908). Später konnte dann gezeigt werden, dass sich Parenchymzellen basal von neuangelegten Blättern oder austreibenden Knospen zu Leitbündeln umdifferenzieren und so eine Verbindung des neuen Organs mit

dem zentralen Leitgewebe des Sprosses herstellen. Dieses Phänomen inspirierte Tsvi Sachs (1968) zu einer Reihe von einfachen, aber sehr eleganten Experimenten, die zum Auxinkanalisierungsmodell führten (Sachs 1981). Er konnte zeigen, dass bereits differenzierte Leitbündel eine Anziehung auf die Differenzierung weiterer Leitbündel ausüben. Die Lage der künftigen Leitbündel lässt sich dadurch schon aus den Transportwegen von Auxin durch das parenchymatische Gewebe vorhersagen: Wenn in einem Verband ursprünglich gleichartiger Parenchymzellen lokal der polare Auxinfluss erhöht wird (etwa dadurch, dass andere Wege unterbrochen werden, wie es etwa bei einer Verwundung geschieht, oder durch eine stärkere Polarität in der Lokalisation der Auxin-Effluxcarrier), hat dies eine Beschleunigung der Zelldifferenzierung an dieser Stelle zur Folge. Die dadurch verstärkte Polarisierung dieser "Schrittmacherzellen" führt nicht nur zu einer effizienteren Ausrichtung des Transports (weil die Auxin-Effluxcarrier bevorzugt im basalen Zellpol lokalisiert werden), sondern auch zu einer Drainage der benachbarten Zellen, da die sich differenzierende "Schrittmacherzelle" einen größeren Anteil des im Apoplasten frei diffundierenden Auxin aufnimmt als ihre Nachbarzellen (die Aufnahme erfolgt ja allseitig). Diese Drainage führt dazu, dass insgesamt mehr Auxin durch die "Schrittmacherzelle" fließt. Die Auxin-Effluxcarrier können die Menge des von ihnen transportierten Auxins messen und abhängig davon eine weitere Polarisierung auslösen, sodass ein sich selbst verstärkender Kreislauf entsteht – "Wer hat, dem wird gegeben" und "Wer nicht hat, dem wird genommen". Aus kleinen, oft zufälligen Schwankungen in der Intensität des Auxintransports entsteht durch diese Selbstverstärkung der "Schrittmacherzellen" im Verbund mit der Drainage in den benachbarten Zellen eine klare Bahn, in der Auxin durch das parenchymatische Gewebe fließt. Die Zellen innerhalb dieser Bahn differenzieren sich zu Leitbündeln. Auch die Bildung des Blattvenenmusters lässt sich durch dieses Modell erklären und sogar mathematisch vorhersagen. Da der anfängliche Zustand immer auch von zufälligen Schwankungen abhängt, entsteht zwar bei jedem Blatt das für die jeweilige Pflanze charakteristische Muster, die Details sind jedoch immer individuell, ähnlich wie sich die Fingerabdrücke zweier Menschen nie vollkommen gleichen. Eine Vorhersage des Auxinkanalisierungsmodells ist, dass Hemmstoffe des Auxintransports zu zusätzlichen Blattvenen und auch zu Bündeln von Blattvenen führen. Dies konnte in der Tat experimentell bestätigt werden (Mattsson et al. 1999). Ebenso konnte gezeigt werden, dass sich die PIN-Transporter in einem frühen Stadium der Blattvenenbildung polar ausrichten und so das später beobachtete Muster vorhersagen. Evolutionär ist der polare Auxintransport schon vor den Kormophyten entstanden: Er ist sowohl in Moosen und sogar schon in einigen Gruppen der Algen nachweisbar (Cooke et al. 2002) und scheint dann über die Auxinkanalisierung für die Differenzierung von Leitbündelmustern rekrutiert worden zu sein (Stein 1993). Als einer der spektakulärsten Belege für diese Theorie gilt der Fund des fossilen Pro-

gymnospermen *Archaeopteris* aus dem Oberen Devon, der charakteristische Wirbelbildungen seiner Leitbündel aufwies, wie sie auch heute noch auftreten, wenn der axiale Auxinfluss durch einen von Knospen oder Verzweigungen ausgehenden seitlichen Auxinfluss gestört wird (Rothwell und Lev-Yadun 2005). Offenbar wurden also schon vor 375 Mio. Jahren Telome durch Auxinkanalisierung räumlich geordnet.

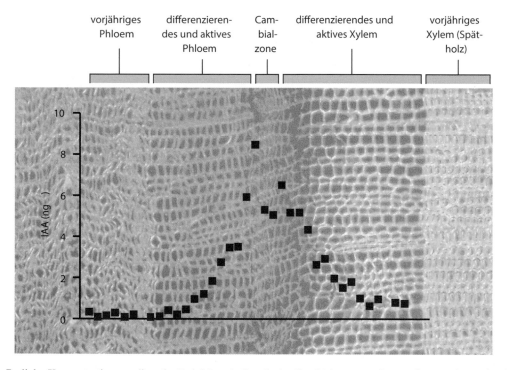

Abb. 12.14 Radialer Konzentrationsgradient der Indol-3-essigsäure in der Cambialzone von *Pinus sylvestris*. Angegeben ist die jeweilige Menge des Phytohormons in einer Gewebescheibe mit einer Fläche von 1 cm² und einer Dicke von 30 µm. Die Scheibe wurde mit einem Gefriermikrotom tangential längs aus dem Gewebeblock geschnitten. Weitere Untersuchungen haben gezeigt, dass nicht so sehr die absolute IAA-Konzentration im Cambium, sondern der relative Gradient des Phytohormons in radialer Richtung dafür verantwortlich ist, ob Phloem oder Xylem entsteht. Zur Seite der Xylemdifferenzierung verläuft der IAA-Gradient in radialer Richtung flacher als in Richtung des Phloems. Der unterlegte Querschnitt erleichtert die Zuordnung der IAA-Gehalte zu den jeweiligen Gewebeschichten. (Nach C. Uggla, T. Moritz, G. Sandberg und B. Sundberg, mit freundlicher Genehmigung)

12.3.4 Wirkungen des Auxins

Das natürliche Auxin IAA hat zahlreiche und sehr unterschiedliche Wirkungen, die teilweise die Zellteilung, teilweise aber auch die Zellexpansion betreffen.

Förderung der Cambiumtätigkeit unter vermehrter Produktion von Xylemelementen Mit sehr empfindlichen massenspektrometrischen Methoden ließ sich zeigen, dass die Cambialzone im Vergleich zum umliegenden Gewebe hohe IAA-Konzentrationen aufweist (■ Abb. 12.14). Man nimmt an, dass Auxingradienten zur Positionsinformation beitragen, die das Differenzierungsschicksal der

vom Cambium abgegebenen Phloem- bzw. Xyleminitialen beeinflusst. IAA wirkt in diesem Zusammenhang eher als Morphogen und nicht als klassisches Phytohormon (► Abschn. 11.2.3, ► Kap. 15).

Förderung des Ansatzes und der Entwicklung von Samen und Früchten IAA wird zunächst vom Pollen angeliefert und später von den sich entwickelnden Samenanlagen gebildet. Von Samenanlagen in die Umgebung abgegebene IAA wirkt insbesondere wachstumsstimulierend. Die erste Phase des Fruchtknotenwachstums (vor der Blütenöffnung) ist meist durch starkes Teilungswachstum bei nur geringer Zellstreckung charakterisiert. Zellteilungen werden bei vielen Arten (z. B. bei der Tomate und der Johannisbeere) nach der Blütenöffnung weitgehend eingestellt, sodass das Wachstum danach allein auf Zellstreckung zurückzuführen ist. Diese Zellstreckung wird allerdings nur ausgelöst, wenn eine Bestäubung erfolgt ist (◪ Abb. 12.15), und kann zu sehr großen Zellen führen, die mit dem bloßen Auge erkennbar sind (z. B. bei *Citrullus lanatus*).

Bleibt die Bestäubung aus, werden die ganzen Blüten in der Regel abgestoßen. Nach erfolgter Bestäubung welken Blüten- und Staubblätter, während im Zentrum der Blüte die Fruchtentwicklung einsetzt. Für die erste Phase des Fruchtwachstums (Fruchtansatz) ist eine Befruchtung normalerweise keine Voraussetzung. In den meisten Fällen wird dieser Prozess durch die Bestäubung ausgelöst, oft sogar durch artfremden Pollen, der keine Befruchtung durchführen kann. Grundlage dafür ist die Abgabe von IAA durch den sehr auxinreichen Pollen. Die Wirkung einer Bestäubung kann oft durch Applikation von IAA (oder anderen Auxinen) auf die Narbe ersetzt werden. Bei den meisten Früchten löst die Bestäubung zwar den Fruchtansatz aus, aber kein fortdauerndes Wachstum der Früchte. Dieser Vorgang setzt erst nach erfolgter Befruchtung ein und wird wiederum durch Auxin gesteuert, das in diesem Fall von den sich entwickelnden Samenanlagen stammt. Bei vielen Früchten (z. B. Weinbeeren, Äpfeln, Birnen, Tomaten, Johannisbeeren) ist deshalb die Größe der ausgewachsenen Frucht normalerweise zur Zahl der sich in ihr entwickelnden Samen proportional. Bei einigen Spezies (z. B. Tomate, Johannisbeere, Tabak, Feige) können Fruchtansatz und -wachstum ohne vorhergehende Bestäubung (**Parthenokarpie**) durch eine Behandlung der Narben mit IAA (oder synthetischen Auxinen) hervorgerufen werden. Dadurch können sich samenlose Früchte bilden. Das macht man sich bei Gewächshaustomaten zunutze: Durch Anwendung synthetischer Auxinanaloga wie Picloram erreicht man einen gleichzeitigen Fruchtansatz und ermöglicht eine synchronisierte Ernte.

Bei parthenokarp entstehenden und daher samenlosen Früchten (z. B. Varietäten von Tomaten, Gurken, Feigen, Orangen, Bananen und Ananas) erfolgt die Fruchtentwicklung entweder vollkommen ohne Bestäubung, nach Bestäubung oder sogar nach Befruchtung und anschließender Abstoßung desEmbryos. Die für das Fruchtwachstum notwendige Auxinproduktion der Samenanlagen bzw. anderer Teile des Fruchtknotens bedarf es bei diesen Pflanzen offensichtlich keiner oder nur geringer korrelativer Einflüsse von außen.

Experimentell lässt sich die wachstumsstimulierende Wirkung der IAA besonders deutlich bei Erdbeeren zeigen. Entfernt man nach der Bestäubung sich entwickelnde Nussfrüchtchen, unterbleibt an diesen Stellen das Fleischigwerden der Blütenachse (◪ Abb. 12.16). Werden sämtliche Früchtchen entfernt, wird dieser Prozess sogar vollständig gehemmt, kann aber durch Behandlung des Blütenbodens mit Auxinlösung wieder hergestellt werden. Die Kopplung des Fruchtwachstums an die Befruchtung und die beginnende Samenentwicklung gewährleistet, dass die oft erhebliche Stoffzufuhr für die Fruchtentwicklung nur dann erfolgt, wenn sie biologisch sinnvoll ist. Auxine sind, wie bei anderen Wachstumsvorgängen, auch beim Fruchtwachstum nicht die einzigen wirksamen Hormone. Es gibt Hin-

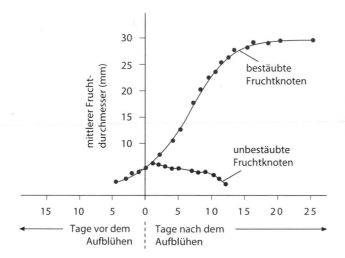

◪ **Abb. 12.15** Wachstum des Fruchtknotens von *Cucumis anguria*. In unbestäubten Blüten kommt es gleich nach dem Aufblühen zum Stillstand des Wachstums (die Abnahme beruht auf Schrumpfung), während die bestäubten Fruchtknoten eine typische sigmoide Wachstumskurve zeigen. (Nach J.P. Nitsch)

◪ **Abb. 12.16** Entwicklung der Sammelnussfrucht der Erdbeere. Das Fleischigwerden des Blütenbodens unterbleibt in Regionen, in denen infolge fehlender Bestäubung keine Fruchtentwicklung einsetzt. Im Zentrum der gezeigten Erdbeere entwickeln sich nur drei Nüsschen (Pfeile). Nur in unmittelbarer Umgebung dieser Früchte schwillt der Blütenboden an. Bei dem von den Nussfrüchtchen freigesetzten Faktor handelt es sich um Indol-3-essigsäure, die das Zellwachstum im Blütenboden stark stimuliert. (Aufnahme: E. Weiler)

weise darauf, dass sich entwickelnde Samen neben Auxinen auch Gibberelline an ihre Umgebung abgeben, die ebenfalls an der Kontrolle der Fruchtentwicklung beteiligt sind. Bei einigen Arten kann durch Gibberellin-, nicht aber durch Auxinapplikation Parthenokarpie ausgelöst werden (z. B. bei *Prunus*-Arten). Außerdem zeigen Früchte, deren Wachstums teilweise auf Zellteilungen beruht, während den aktivsten Phasen des Teilungswachstums auch den höchsten Cytokiningehalt (z. B. Apfel, Tomate, Banane).

Förderung der Anlage von Seitenwurzeln und Adventivwurzeln Ähnlich wie die Stimulation der Cambiumtätigkeit durch IAA, entsteht diese Auxinwirkung durch eine Förderung der Zellteilungstätigkeit (◘ Abb. 12.17).

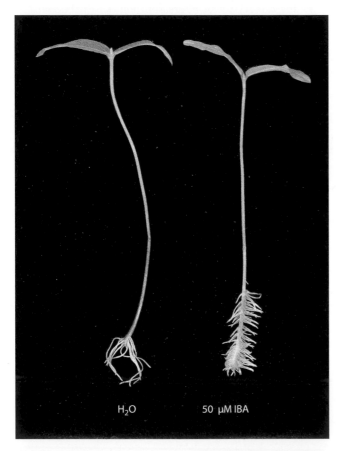

◘ Abb. 12.17 Förderung der Adventivbewurzelung von Mungbohnenstecklingen durch Auxin. Die Stecklinge wurden über 7 Tage in 50 µM Indol-3-buttersäure-(IBA-)Lösung (rechts) oder Wasser (links) gestellt. IBA wird nach Aufnahme in die Zelle in Indol-3-essigsäure, das aktive Phytohormon, überführt. Kontrollpflänzchen bilden wenige, lange Adventivwurzeln, während die IBA-Behandlung die Entstehung vieler kurzer Wurzeln verursacht. Die vom Gewebe zusätzlich aus IBA gebildete IAA erhöht die gesamte IAA-Konzentration, wodurch die Anlage neuer Adventivwurzeln gefördert, deren Längenwachstum aber gehemmt wird. (E. Weiler)

Induktion der Regeneration in Zellkulturen Dieser im Zusammenspiel mit Cytokinin ablaufende Prozess wurde schon in ► Abschn. 12.2.3 behandelt.

Hemmung des Austreibens von Seitenknospen Dieser Prozess wird durch das von der Endknospe freigesetzte Auxin vermittelt (**Apikaldominanz**; ► Abschn. 11.5). Cytokinin wirkt hier als Gegenspieler (Antagonist) des Auxins und fördert das Austreiben der Seitenknospen.

Hemmung des Blatt-, Blüten- und Fruchtfalls Der herbstliche Blattfall, aber auch der Abwurf von Blüten- oder Fruchtanlagen, ist ein aktiver Entwicklungsprozess, der über ein Trenngewebe (Abscissionszone) an der Stielbasis eingeleitet wird. Dieser Vorgang wird durch Auxin gesteuert. Solange ausreichend IAA aus der Blattspreite, der Blüte oder der sich entwickelnden Frucht durch den Blatt- bzw. Blütenstiel transportiert wird, unterbleibt die Ausdifferenzierung der Abscissionszone. Bei mangelnder Auxinversorgung (z. B. nach Abschluss der Blattentwicklung, bei fehlender Bestäubung bzw. Befruchtung) induzieren zunächst Ethylen (► Abschn. 12.6) und nachfolgend Abscisinsäure (► Abschn. 12.7) die Ausdifferenzierung des Trenngewebes und damit das Abfallen des betreffenden Organs. Dies wird im Obstbau genutzt, um weniger, aber größere Früchte zu erzeugen. Dabei werden in einem frühen Stadium der Fruchtentwicklung Hemmstoffe des Auxineffluxes gesprüht, wodurch an jedem Zweig die kleineren Fruchtanlagen an der Seite abgeworfen werden. Folge ist, dass der Endfrucht (der Königsfrucht) alle Assimilate zugeteilt werden und sie besonders groß auswächst.

Auxingefördertes Streckungswachstum Das auxingeförderte Streckungswachstum wurde besonders eingehend untersucht. Wird Auxin auf intakte Pflanzen aufgetragen, wird das Wachstum im Sprossbereich in der Regel nur geringfügig oder gar nicht gefördert. In der Wurzel wirkt exogenes Auxin sogar hemmend. Dies wird so erklärt, dass intakte Pflanzengewebe bereits ausreichend mit Auxin versorgt sind, sodass das Optimum der Dosis-Wirkungs-Kurve schon beinahe erreicht ist (◘ Abb. 12.7). In der Wurzel ist die Auxinsensitivität höher, was dazu führt, dass die endogenen Auxinkonzentrationen bereits höher sind als das Optimum. Jede weitere Zufuhr von Auxin wirkt daher hemmend. Im Gegensatz zu intakten Pflanzen zeigen auxinarme isolierte Spross- oder Coleoptilensegmente nach IAA-Applikation typischerweise eine starke und von der Konzentration des Phytohormons abhängige Zunahme ihres Streckungswachstums (◘ Abb. 12.18). Dieses IAA-induzierte Streckenwachstum beginnt nach einer Latenzzeit (*lag*-Phase) von ca. 10 min und hält über mehrere Stunden an. In der Gegenwart von Osmotika,

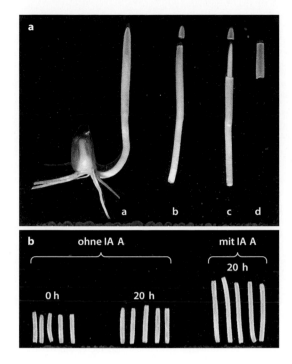

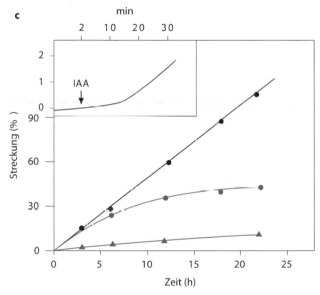

■ **Abb. 12.18** Förderung des Streckungswachstums von Coleoptilensegementen durch IAA. **a** Präparation von Coleoptilenzylindern von Mais. Die Coleoptilenspitze versorgt das Organ mit IAA. **b** Coleoptilenzylinder verarmen daher an IAA und zeigen nur noch begrenztes Streckungswachstum, das auf Reste endogener IAA zurückgeführt wird. Die Gegenwart von IAA im Inkubationsmedium fördert das Streckungswachstum der Zylinder deutlich. **c** Zeitabhängigkeit der IAA-induzierten Streckung von Coleoptilenzylindern des Hafers (10 μM IAA, pH 6) in Abwesenheit (orangefarbene Kurve) bzw. Anwesenheit (violette Kurve) von 2 % Saccharose im Inkubationsmedium (grüne Kurve, Saccharose ohne IAA). Das auxinstimulierte Streckungswachstum beginnt nach einer *lag*-Phase von ca. 8–10 min (s. Grafik oben links). (a, b Originale M.H. Zenk; c nach R.E. Cleland)

die in die Zellen aufgenommen werden (z. B. Saccharose, KCl), kann dieses Wachstum noch länger andauern (≥24 h).

Dieses Zellwachstum wird vor allem durch die Dehnbarkeit der epidermalen Zellwände begrenzt und gesteuert (▶ Abschn. 11.2.2.1).

In der Regel ist Zellwachstum, das nur Zellen mit Primärwand zeigen können (▶ Abschn. 1.2.8.2), mit einer ständigen Neusynthese von Wandmaterial (Cellulose und Matrixkomponenten) verknüpft. Dadurch wird auch das Schwellenpotenzial für die plastische Verformbarkeit angepasst, sodass die Zellwand nicht reißt.

Bei isodiametrischem Wachstum expandiert die gesamte Zelloberfläche gleichmäßig, während sich Zellen beim Längenwachstum entlang einer Längsachse strecken, die durch die Ausrichtung der Cellulosemikrofibrillen in der Zellwand senkrecht zu dieser Längsachse festgelegt wird, die durch die cortikalen Mikrotubuli bestimmt wird (▶ Abschn. 11.2.2.2). Die auxininduzierte Erhöhung der Wachstumsgeschwindigkeit bedingt eine Erhöhung des Wassereinstroms, die im Prinzip durch eine Erhöhung des osmotischen Potenzials oder der plastischen Zellwandverformbarkeit erreicht werden kann. Alle bekannten Befunde sprechen dafür, dass Auxin tatsächlich die plastische Verformbarkeit der Primärwand erhöht, allerdings sind die diesem Vorgang zugrunde liegenden molekularen Mechanismen noch nicht vollständig verstanden und werden sehr kontrovers diskutiert (■ Abb. 12.19).

Nach der **Säure-Wachstums-Hypothese** induziert von außen zugeführte IAA in isolierten, auxinarmen Coleoptilen- bzw. Sprosssegmenten eine starke Ansäuerung des Apoplasten (bei Coleoptilen lässt sich eine Reduktion des pH-Werts von ca. 5,5 auf ≤4,5 beobachten), die auf eine vermehrte Protonenabgabe durch die Zellen zurückzuführen ist. Dadurch sollen Wasserstoffbrücken in der Zellwand gelöst werden. Diese bestehen hauptsächlich zwischen Cellulosemikrofibrillen und aufgelagerten Hemicellulosemolekülen (Xyloglucane bei den zweikeimblättrigen Pflanzen). In der Tat benutzt der phytopathogene Pilz *Fusicoccum amygdali* diesen Mechanismus, um mithilfe seines Toxins **Fusicoccin** die Zellwand weicher zu machen und so besser in die Zellen eindringen zu können. Inwiefern diese Ansäuerung unter physiologischen Bedingungen relevant ist, wurde durch Versuche stark infrage gestellt, bei denen der pH-Wert der Zellwand gepuffert wurde, sodass die Ansäuerung als Reaktion auf Auxin unterblieb, und dennoch das Streckungswachstum einsetzte. Neben dem Auflösen von Wasserstoffbrücken spielen auch Zellwandproteine eine Rolle, die vor allem im sauren Milieu aktiv sind und die Trennung der Wasserstoffbrücken zwischen

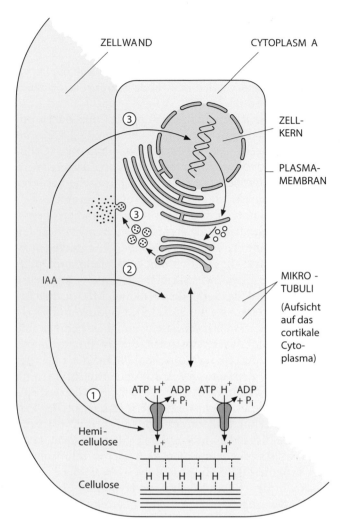

ZELLWAND   **CYTOPLASM A**

ZELL-
KERN

PLASMA-
MEMBRAN

IAA

MIKRO -
TUBULI

(Aufsicht
auf das
cortikale
Cyto-
plasma)

ATP H⁺ ADP   ATP H⁺ ADP
+ Pᵢ   + Pᵢ

Hemi-
cellulose

Cellulose

◻ Abb. 12.19 Mechanismen, die für die IAA-stimulierte Zellstreckung diskutiert werden. Die Stimulation der Protonenabgabe in den Apoplasten löst Wasserstoffbrückenbindungen, besonders zwischen Cellulose und Hemicellulose. Dies führt zu einer Erhöhung der plastischen Dehnbarkeit der Zellwand (Säure-Wachstums-Hypothese) ①. Die Ansäuerung aktiviert vermutlich zugleich Enzyme in der Zellwand, die für eine De- und Repolymerisation von polymeren Komponenten der Zellwandmatrix benötigt werden. Die Reorientierung der cortikalen Mikrotubuli in der Zelle und damit der Cellulosefibrillen (◻ Abb. 11.9) in der Zellwand trägt zur Ausprägung der Längsachse der Zellstreckung (Doppelpfeil) bei ②. Unter IAA-Einwirkung wird schließlich vermehrt neues Zellwandmaterial gebildet ③. (Grafik: E. Weiler)

Cellulose und Xyloglucanen katalysieren. Die Zugabe dieses **Expansin** genannten Proteins erhöht im Experiment an isolierten Zellwänden pH-abhängig sehr deutlich deren plastische Verformbarkeit. Auch Enzyme, die kovalente, intramolekulare Bindungen von Zellwandpolymeren lösen und erneut knüpfen, sodass sich unter dem Einfluss des Turgors Zellwandkomponenten gegeneinander verschieben können, tragen zum Streckungswachstum bei. Zu diesen Enzymen scheint eine Xyloglucanendotransglykosidase zu gehören, die Bindungen

in Hemicellulosepolymeren löst und erneut knüpft. Durch die De- und Repolymerisation der miteinander verwobenen Matrixkomponenten (Strukturmodell: ◻ Abb. 1.63) wird sowohl die plastische Verformbarkeit der Zellwand erhöht, als auch die Integration neuer Zellwandkomponenten erleichtert.

Der genaue Mechanismus der auxinbedingten Ansäuerung des Apoplasten ist unklar. Protonentranslozierende P-Typ-ATPasen (◻ Abb. 14.6) scheinen beteiligt zu sein, die über einen noch unbekannten Mechanismus von IAA aktiviert werden. Das oben schon erwähnte Fusicoccin kann die Aktivität dieser ATPasen dadurch stimulieren (◻ Abb. 16.18), dass es die Wechselwirkung dieser Protonenpumpen mit Gerüstproteinen, sogenannten 14-3-3-Proteinen, moduliert. Dieses Toxin beeinflusst auch weitere Prozesse, an denen H⁺-ATPasen beteiligt sind (z. B. Spaltöffnungsbewegung, ▶ Abschn. 15.3.2.5). Es gibt bislang jedoch keinen Nachweis, dass Auxin über denselben Mechanismus auf die H⁺-ATPase einwirkt.

Auch wenn die Säure-Wachstums-Hypothese durch einige Befunde unterstützt wird, hat sie für die Erklärung der Auxinwirkung an Bedeutung verloren.

Die Kapazität der Zelle zum Längenwachstum kommt schließlich dadurch zum Erliegen, dass die Cellulosemikrofibrillen infolge der Zellstreckung eine zunehmend zur Längsachse parallele Ausrichtung annehmen und die Bildung der Sekundärwand durch Apposition (▶ Abschn. 1.2.8.4) von Celluloseschichten in Paralleltextur eingeleitet wird. Die Zelle verliert dadurch weitgehend ihre plastische Verformbarkeit. Sie behält lediglich elastische Eigenschaften, die nur beschränkte und reversible Dehnung zulassen.

12.3.5 Molekulare Mechanismen der Auxinwirkung

Neben Auxinantworten, die auf der Ebene von Ionenkanälen und Phosphorylierung gesteuert sind, werden zahlreiche auxinregulierte physiologische Vorgänge durch Veränderungen der Genexpression eingeleitet. Diese Aktivierung kann teilweise sehr schnell (im Zeitraum von Minuten) erfolgen, was daran liegt, dass reprimierende Transkriptionsfaktoren abgebaut und zuvor unterdrückte Promotoren rasch aktiviert werden. Dieses Prinzip ("Anschalten durch Abschalten des Abschalters") findet sich auch bei anderen Phytohormonen, etwa den Jasmonaten (▶ Abschn. 12.5). Die von der Zelle aufgenommene IAA kann an das Protein TIR1 (engl. *transport inhibitor response 1*) bilden, das mit dem Aktivatorprotein AXR1 (engl. *auxin resistant*, bezeichnet nach dem Phänotyp einer entsprechenden Mutante) einen Komplex bildet, der dazu führt, dass AUX/IAA-Proteine ubiquitiniert und proteolytisch abgebaut werden (◻ Abb. 12.20). Diese AUX/IAA-Proteine sind Repressoren für aktivierende Transkriptionsfaktoren (sogenannte Auxin-Response-Factors, ARFs).

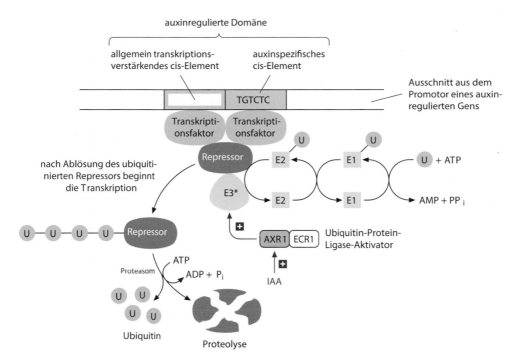

◘ Abb. 12.20   Vereinfachtes Modell der Genaktivierung durch Indol-3-essigsäure (IAA). IAA aktiviert einen im Zellkern lokalisierten, heterodimeren Komplex der Proteine AXR1 und ECR1, der seinerseits eine Ubiquitin-Protein-Ligase aktiviert. Die aktivierte Ligase (E3*) vermittelt die Ubiquitinierung spezifischer Repressorproteine, die die Transkription der auxinregulierten Gene unterbinden, und induziert damit den Abbau der Repressoren durch das Proteasom (▶ Abschn. 6.4). Das Ablösen der ubiquitinierten Repressoren hat den Beginn der Transkription dieser Gene zur Folge. Das Ubiquitinkonjugationssystem besteht generell aus einem ubiquitinaktivierenden Enzym (E1), das Ubiquitin auf ein ubiquitinkonjugierendes Protein (E2) überträgt, von dem das Ubiquitin unter Vermittlung einer substratspezifischen Ubiquitin-Protein-Ligase (E3) auf das Proteinsubstrat überführt wird. Es bilden sich mehrfach ubiquitinierte Proteine, die vom Proteasom unter Freisetzung des Ubiquitins rasch abgebaut werden, falls sie vier oder mehr Ubiquitinmoleküle tragen. In der Zelle liegen mehrere Enzyme des E3-Typs vor. Oft handelt es sich dabei um heterooligomere Proteinkomplexe, die einer Aktivierung durch einen heterodimeren Aktivator bedürfen. Dieser Aktivator hat Ähnlichkeit mit einem E1-Enzym: Eine Komponente entspricht der N-terminalen, die zweite der C-terminalen Hälfte eines E1-Enzyms. Im Fall der auxinregulierten Gene handelt es sich um den AXR1/ECR1-Komplex. Ein Funktionsausfall von AXR1, z. B. infolge einer Mutation im *AXR1*-Gen, bewirkt einen Verlust der Fähigkeit, auf Auxin reagieren zu können. Das Protein wurde nach einer Mutante, *axr1*, benannt (engl. *auxin resistant*). ECR1 steht für das Protein *E1-C-terminus-related*; das aufgrund einer Sequenzähnlichkeit entdeckt wurde. (Grafik: E. Weiler)

In Gegenwart von Auxin werden diese Repressoren schnell abgebaut, sodass die Transkription auxinabhängiger Gene einsetzt. Solche Gene (dazu zählen auch die AUX/IAA-codierenden Gene selbst) besitzen in ihren Promotoren mehrere auxinresponsive Elemente (AREs), die als Bindungsstellen für diese Transkriptionsfaktoren wirken. Diese AREs sind kurze Sequenzabschnitte von ca. 25–30 bp Länge, die aus jeweils einem auxinspezifischen und einem allgemein transkriptionsaktivierenden Element bestehen. Ubiquitinierung (▶ Abschn. 6.4) und damit der proteolytische Abbau eines Repressorproteins sind also für die auxininduzierte Genexpression essenziell. Wenn man durch chemische Inhibitoren den proteolytischen Abbau blockiert, kann Auxin keine Genexpression mehr auslösen. Von den künstlichen Auxinanaloga ist vor allem 2,4-D in der Lage, diesen TIR1-abhängigen Weg zu aktivieren, während NAA weniger wirksam ist. Man muss also davon ausgehen, dass Auxin seine Wirkungen über mehrere Signalwege erzielt.

12.4   Gibberelline

Die sehr große Gruppe der Gibberelline umfasst Diterpene (▶ Abschn. 14.14.2), deren gemeinsames Strukturmerkmal das tetrazyklische *ent*-Gibberellan-Skelett darstellt (◘ Abb. 12.21). Weit über 100 Strukturen wurden bisher beschrieben, von denen allerdings nur wenige physiologisch wirksam sind. Exogen applizierte, aktive Gibberelline fördern das Internodienwachstum insbesondere von Zwergsorten mit gestörter Gibberellinbiosynthese und von Rosettenpflanzen. Auf dieser Basis können sehr sensitive Biotests durchgeführt werden (▶ Abschn. 12.4.3).

12.4.1   Vorkommen und zelluläre Funktion

Gibberelline wurden zunächst im Zusammenhang mit der Untersuchungen der Infektion von Reispflanzen durch den Pilz *Fusarium fujikuroi* (früher *Gibberella fuji-*

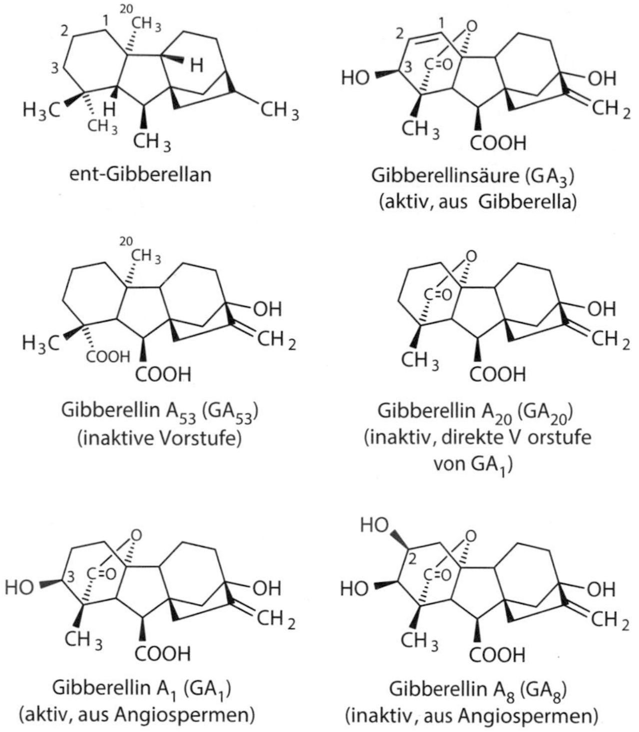

Abb. 12.21 Strukturen des Gibberellingrundgerüsts *ent*-Gibberellan und einiger häufig vorkommender Gibberelline. Die Vorsilbe „ent" steht für *enantio* und bezeichnet eine Struktur, bei der sämtliche Asymmetriezentren invertiert sind. Das *ent*-Gibberellan ist also das Spiegelbild des Gibberellans. Die Einführung dieser scheinbar unnötig komplizierten Nomenklatur wurde erforderlich, nachdem sich die Struktur des in der Gibberellinbiosynthese auftretenden Kaurens als Spiegelbild des bereits zuvor in anderem Zusammenhang beschriebenen Kaurens herausgestellt hatte, also als *ent*-Kauren. (Grafik: E. Weiler)

kuroi, eine imperfekte Form von *Fusarium moniliforme*) entdeckt. Befallene Pflanzen wachsen übermäßig stark in die Länge und neigen wegen zu schwacher Festigungsgewebe zum Umfallen. In Japan wird diese Krankheit deshalb *Bakanae* genannt, was „Krankheit der verrückten Keimlinge" bedeutet. Gibberellinsäure wurde als der Pilzfaktor identifiziert, der dieser Krankheitssymptome auslöst. Später wurden in Pflanzen zahlreiche endogene Gibberelline mit verwandten Strukturen nachgewiesen, die gemäß eines einfachen Nomenklatursystems benannt werden: Gibberellin + A (für engl. *acid*, Säure) + Nummer. Derzeit bekannt sind die Gibberelline A_1–A_{116} (GA_1– GA_{116}). Gibberellinsäure wird nach dieser Nomenklatur als GA_3 bezeichnet. Wie *Fusarium fujikuroi* bildet auch der Pilz *Elsinoe brasiliensis*, der Riesenwuchs bei der Cassavapflanze hervorruft, ebenfalls Gibberelline. Die Gibberellinsynthese von diesen Pilzen unterscheidet sich jedoch deutlich vom Stoffwechselweg in der Pflanze und ist vermutlich konvergent entstanden. Die endogene Gibberellinproduktion ist vor allem bei den Angiospermen weit verbreitet, wobei die

Gibberellinzusammensetzung in verschiedenen Arten, und sogar in unterschiedlichen Organen der gleichen Art, stark variieren kann. In der Regel kommen mehrere Gibberelline nebeneinander vor (z. B. 14 im Reis, 24 in unreifen Apfelsamen), von denen die meisten allerdings entweder inaktive Vorstufen oder Kataboliten aktiver Gibberelline sind. Die am weitesten verbreiteten und wichtigsten physiologisch aktiven Gibberelline der Angiospermen sind Gibberellin A_1 (GA_1) und Gibberellin A_4 (GA_4). Die Gibberellinsäure (GA_3) kann von Pflanzen selbst gar nicht gebildet werden, vermag aber nach exogener Applikation viele gibberellinregulierte Prozesse auszulösen. Gibberellinsäure kann relativ einfach und in großen Mengen aus dem Kulturfiltrat von *Fusarium fujikuroi* gewonnenen werden und kommt deshalb bei vielen Experimenten zum Einsatz.

Die zelluläre Funktion der Gibberelline besteht eindeutig in der Aktivierung der Zellexpansion, während Effekte auf die Zellteilung, verglichen mit der Wirkung von Auxinen, eine deutlich untergeordnete Rolle spielen. Daher sind vor allem Zellen, die die meristematische Zone bereits verlassen haben, für Gibberelline besonders empfindlich.

12.4.2 Stoffwechsel und Transport

Die Biosynthese der Gibberelline ist vielstufig und verläuft in drei Abschnitten in unterschiedlichen Zellkompartimenten, hängt aber von der Beteiligung nur weniger verschiedener Enzymklassen ab (☐ Abb. 12.22).

1. Abschnitt Die Synthese beginnt im Plastiden mit der Bildung von *ent*-Kauren aus der allgemeinen Diterpenvorstufe Geranylgeranylpyrophosphat (▸ Abschn. 14.14.2). Der Gibberellinstoffwechsel zweigt also vom Carotinoidstoffwechsel ab und konkurriert mit diesem um gemeinsame Vorstufen. Diese Reaktion verläuft in zwei Schritten über die Zwischenstufe *ent*-Copalylpyrophosphat. Sie wird von zwei Enzymen katalysiert, der Copalylpyrophosphat-Synthase und der *ent*-Kauren-Synthase. Beide Enzyme gehören zur Gruppe der Terpen-Cyclasen und sind in der äußeren Membran des Plastiden lokalisiert, die *ent*-Kauren-Synthase möglicherweise auch im endoplasmatischen Reticulum (ER). Dieser Abschnitt der Gibberellinbiosynthese wird durch Hemmstoffe wie Chlorcholinchlorid (Cyclocel, CCC) inhibiert (☐ Abb. 12.23). Diese Substanz hat praktische Bedeutung im Getreideanbau (vor allem Weizen), wo sie als Halmstabilisator zur Verringerung des Lagerns (landwirtschaftlicher Fachausdruck für das Abknicken von Halmen durch Wind- oder Niederschlagseinwirkung, engl. *lodging*) eingesetzt wird. Durch die Hemmung der Gibberellinsynthese werden die Internodien kürzer und so die an den Ähren angreifenden Hebelkräfte geringer.

12

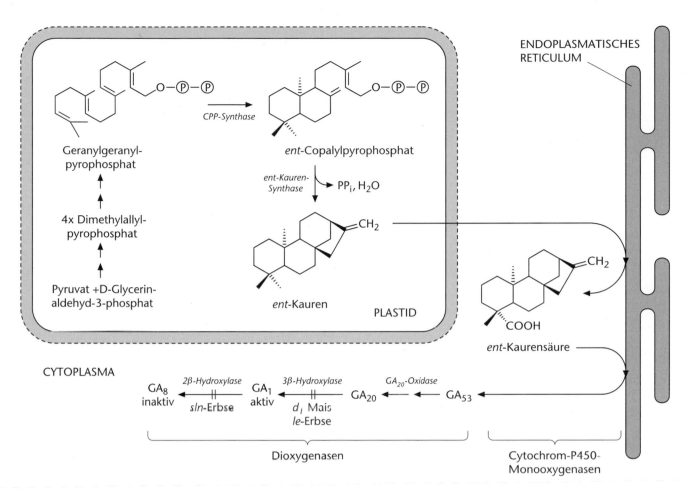

Abb. 12.22 Ablauf und Kompartimentierung der Gibberellinbiosynthese. Zwei aufeinanderfolgende Pfeile geben Reaktionsfolgen an, die vier C_5-Einheiten des Geranylgeranylpyrophosphats sind farbig hervorgehoben. Weitere Erläuterung im Text. (Grafik: E. Weiler)

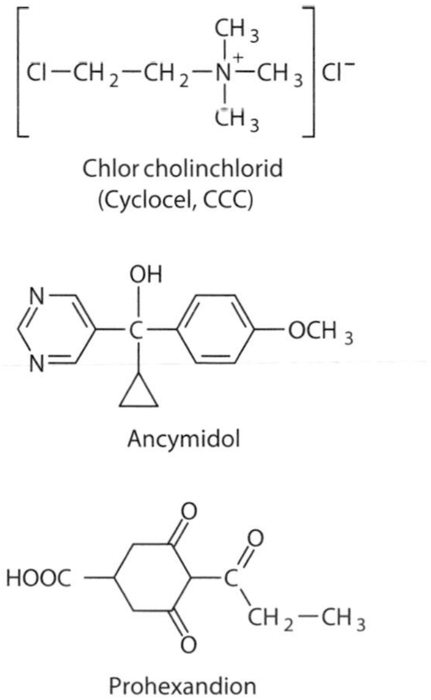

Abb. 12.23 Hemmstoffe der Gibberellinbiosynthese

2. Abschnitt Der wasserunlösliche, reine Kohlenwasserstoff *ent*-Kauren verlässt den Plastiden möglicherweise an Kontaktstellen zwischen ER und äußerer Plastidenmembran und wird am ER stufenweise zu *ent*-Kaurensäure und weiter zu Gibberellin A_{53} (GA_{53}) oxidiert. Die gesamte Reaktionsfolge wird durch Häm-Eisen-haltige Enzyme aus der Gruppe der Cytochrom-P450-Monooxygenasen katalysiert (allgemeines Reaktionsschema, Abb. 12.24). Ein Hemmstoff dieses Abschnitts der Gibberellinbiosynthese ist Ancymidol (Abb. 12.23), das wie Chlorcholinchlorid zur Erzeugung von Pflanzen mit gestauchten Internodien verwendet werden kann.

3. Abschnitt Die Bildung aktiver Gibberelline (zumeist GA_1) aus GA_{53} und deren spätere Inaktivierung (nicht notwendigerweise in derselben Zelle) verläuft im Cytoplasma und wird durch Nicht-Häm-Eisen-haltige Dioxygenasen katalysiert, die als zweites Substrat α-Ketoglutarat (2-Oxoglutarat)oxidieren (allgemeines Reaktionsschema, Abb. 12.24). Zunächst wird C20 oxidiert und schließ-

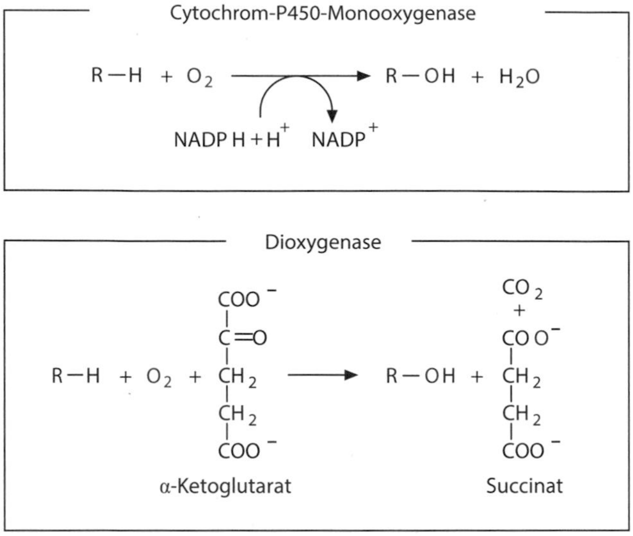

Cytochrom-P450-Monooxygenase

$$R-H + O_2 \longrightarrow R-OH + H_2O$$

$$NADP\,H + H^+ \quad NADP^+$$

Dioxygenase

$$R-H + O_2 + \underset{\substack{| \\ COO^- \\ | \\ C=O \\ | \\ CH_2 \\ | \\ CH_2 \\ | \\ COO^-}}{} \longrightarrow R-OH + \underset{\substack{CO_2 \\ + \\ COO^- \\ | \\ CH_2 \\ | \\ CH_2 \\ | \\ COO^-}}{}$$

α-Ketoglutarat   Succinat

Abb. 12.24 Allgemeine Reaktionsgleichungen von Mono- und Dioxygenasen. Beide Typen von Enzymen sind an der Gibberellinbiosynthese und an vielen anderen Stoffwechselreaktionen beteiligt. (Grafik: E. Weiler)

lich als CO_2 entfernt, worauf sich spontan der für aktive Gibberelline, die alle exakt 19 C-Atome besitzen, charakteristische Lactonring bildet (GA_{20}). Die eigentliche Gibberellinaktivierung erfolgt dann durch 3β-Hydroxylierung der inaktiven Vorstufe GA_{20} zu GA_1 durch das Enzym GA_{20}-3β-Hydroxylase. Inaktiviert wird Gibberellin durch eine GA_1-2β-Hydroxylase, die aktives Gibberellin A_1 in GA_8 überführt, das keine physiologischen Wirkungen zeigt. Die 3β- und 2β-Hydroxylasen sind entscheidend für die Gibberellinaktivität in einer Zelle. Dementsprechend unterliegt die Transkription der Gene, die diese beiden Enzyme codieren, einer strikten Kontrolle. Substituierte Cyclohexandione (z. B. Prohexandion, ▪ Abb. 12.23) hemmen spezifisch 3β-Hydroxylasen und können das Wachstum von Internodien sehr effizient hemmen. Der Effekt dieser Inhibitoren lässt sich durch exogen applizierte GA_1 aufheben, nicht aber durch GA_{20} oder GA_8. Cyclohexandione funktionieren als kompetitive Inhibitoren der 3β-Hydroxylasen, die die Bindung des Cosubstrats α-Ketoglutarat an das katalytische Zentrum dieser Enzyme behindern.

Die d_1-Mutante von Mais (engl. *dwarf*, Zwerg) und die *le*-Mutante der Erbse (engl. *length*, Länge) belegen, dass nur ein einzelnes Gibberellin der Biosynthesekette physiologische Aktivität besitzt. Beide Mutanten haben keine 3β-Hydroxylase-Aktivität und zeigen Zwergwuchs, der nur durch exogen appliziertes GA_1, aber nicht durch GA_{20} oder GA_8 komplementiert werden kann. Auch in diesen Experimenten kann GA_1 ersetzt werden, allerdings durch das Pilzgibberellin GA_3, das weder vom Mais noch von der Erbse hergestellt wird. Der *sln*-Mutante der Erbse (engl. *slender*, schlank) fehlt die 2β-Hydroxylase-Aktivität. Diese Mutante kann akti-

ves Gibberellin nicht inaktivieren und zeichnet sich dementsprechend durch übermäßiges Längenwachstum aus.

Neben dem oben beschriebenen Hauptweg der Gibberellinbiosynthese gibt es (z. B. bei den Gymnospermen) Varianten, die zu unterschiedlich substituierten Gibberellinen führen. Im Prinzip läuft aber die Gibberellinbiosynthese vermutlich in allen Pflanzen ähnlich ab, wobei es bei der von der *ent*-Kauren-Synthase katalysierten Reaktion eine Verzweigung gibt. Bei vielen Einkeimblättrigen steht hier der Zweig im Vordergrund, der zu GA_4 als aktiver Form führt, während bei Zweikeimblättrigen GA_1 als aktives Molekül dominiert.

Die Gene für zahlreiche Enzyme der Gibberellinbiosynthese wurden kloniert und ihre Expression in der Pflanze untersucht. Dadurch konnten Hinweise auf die Orte der Gibberellinbiosynthese gewonnen werden. Diese läuft offensichtlich in vielen rasch wachsenden Geweben (Sprossmeristeme und -wachstumszonen, expandierende Blätter, Wurzelspitzen) und während früher Stadien der Samenbildung ab. In vielen Fällen sind die Bildungs- und Wirkorte der Gibberelline räumlich nicht deutlich voneinander getrennt.

Gibberelline können über Phloem und Xylem in der Pflanze verteilt werden. Außerdem gibt es, ähnlich wie bei Auxin, einen polaren Transport über kurze Strecken. In Wurzeln können schwache polare Verlagerungen dieser Hormone von der Spitze zur Basis mit Geschwindigkeiten von 5–30 mm h^{-1} beobachtet werden. Vermutlich werden nicht die aktiven Gibberelline transportiert, sondern ihre inaktiven Vorstufen. Dabei werden die Transportformen der Gibberelline über einen Ionenfallenmechanismus in die Zelle aufgenommen und müssen dann über einen Effluxcarrier exportiert werden. Hier scheinen Zuckertransporter, sogenannte SWEET-Proteine, genutzt zu werden. Insgesamt ist der Gibberellintransport jedoch nicht annähernd so intensiv untersucht wie der Auxintransport.

12.4.3 Wirkungen von Gibberellinen

Auch Gibberelline kontrollieren eine Vielzahl von physiologischen Prozessen. Sie regulieren nicht nur die Elongation der Sprossachse (Internodienstreckung) während der vegetativen Entwicklung, sondern auch die Aufhebung der Dormanz (▶ Abschn. 13.1.2) und die Mobilisierung von Speicherstoffen während der Samenkeimung (insbesondere in Karyopsen). Im Verlauf der generativen Entwicklung können Gibberelline die Blütenbildung, das Geschlecht der Blüten und den Fruchtansatz beeinflussen. Dabei wirken sie teilweise ähnlich wie Auxine und können wie diese z. B. Parthenokarpie bei Apfel und Tomate auslösen. Allerdings gibt es viele andere Prozesse, die von Gibberellinen und Auxinen in

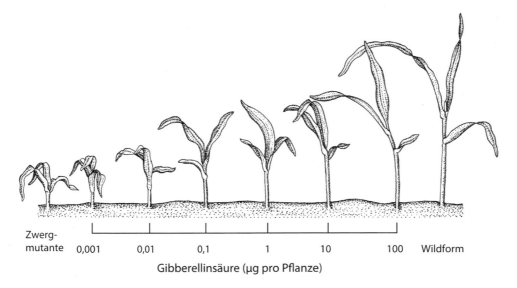

Zwerg-
mutante 0,001 0,01 0,1 1 10 100 Wildform

Gibberellinsäure (µg pro Pflanze)

● **Abb. 12.25** Wachstumsreaktion der Keimpflanzen einer Zwergmutante (*dwarf1*) von Mais auf eine einmalige Behandlung mit verschiedenen Mengen von Gibberellinsäure (GA₃, als wässrige Lösung in die Achsel des Primärblatts appliziert). Links: Zwergpflanze ohne GA₃-Behandlung, rechts: gleichalte Normalpflanze. (Nach B.O. Phinney und C.A. West)

entgegengesetzter Richtung gesteuert werden. Gibberelline stimulieren z. B. das Austreiben von Kartoffeln (das von Auxin gehemmt wird), hemmen die Anlage von Seitenwurzeln (die von Auxin gefördert wird) und aktivieren das Wurzelwachstum (das von Auxin in physiologischen Konzentrationen gehemmt wird). Gibberelline und Auxine unterscheiden sich auch dadurch, dass nur Auxine das Coleoptilenwachstum beeinflussen, während nur Gibberelline die Internodienstreckung fördern. Ebenfalls können Gibberelline die Streckung des Mesokotyls von Süßgräsern stimulieren (bei dem Auxin keine Wirkung entfaltet). Die Kontrolle der Internodienstreckung bietet sich deshalb für die Entwicklung spezifischer Biotests der Gibberellinaktivität an. Besonders geeignet für solche Tests sind Zwergsorten (z. B. die *d₁*-Mutante aus Mais), die keine oder nur eine reduzierte Gibberellinproduktion zeigen (● Abb. 12.25).

Die Genaktivierung durch Gibberelline folgt einem ähnlichen Mechanismus wie oben für Auxine beschrieben (▶ Abschn. 12.3.5). Die Funktion des Repressors wird hier von DELLA-Proteinen übernommen. Diese gehören zur Familie der pflanzenspezifischen GRAS-Domänen-Proteine und wirken als Transkriptionsrepressoren, wodurch das Pflanzenwachstum begrenzt wird. In Anwesenheit von Gibberellin bindet der lösliche Gibberellinrezeptor (GID1) an die DELLA-Proteine und leitet ihren ubiquitinvermittelten Abbau ein. Durch den Abbau der DELLA-Proteine wird dann die Repression des Wachstums aufgehoben (● Abb. 12.26).

Die **Förderung der Internodienstreckung** durch Gibberelline geht vor allem auf Stimulation des Zellwachstums zurück und nur zu einem geringen Teil auf eine verstärkte Zellteilung. Die dieser Regulation zugrundeliegenden molekularen Mechanismen sind weitgehend unbekannt. Immerhin weiß man, dass Gibberelline die Bildung einer Xyloglucanendotransglykosidase induzieren (▶ Abschn. 12.3.4) und dadurch, wie

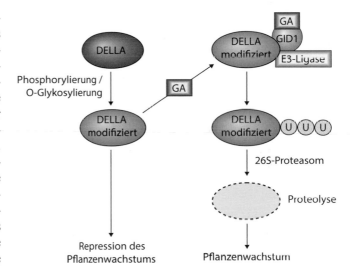

● **Abb. 12.26** Aktivierung der Gibberellinwirkung durch proteolytischen Abbau der DELLA-Proteine. DELLA-Proteine wirken als Transkriptionsrepressoren und unterdrücken das Zellwachstum. Sie können phosphoryliert oder O-glykosyliert vorliegen. In Anwesenheit von Gibberellin (GA) bindet der GA-Rezeptor GID1 zusammen mit einer E3-Ubiquitin-Ligase an diese modifizierten DELLA-Proteine und leitet deren 26S-Proteasom-vermittelten Abbau ein. Dadurch wird die Hemmung des Pflanzenwachstums aufgehoben

Auxin, das Schwellenpotenzial für die plastische Verformbarkeit der Zellwand senken können. Die teilweise Hydrolyse des Hemicellulosenetzwerks der Primärwände durch Xyloglucanendotransglykosidasen erleichtert den Zugang von Expansinen zu Hemicellulose-Cellulose-Wasserstoffbrücken, die von diesen Proteinen gelöst werden können. Im Unterschied zu Auxin säuern Gibberelline den Apoplasten jedoch nicht an. Die unterschiedliche Wirkungsweise von Gibberellin und Auxin zeigt sich auch daran, dass die Beiträge beider Phytohormone zur Wachstumsstimulation additiv und nicht multiplikativ sind.

Eine exogene Gibberellinzufuhr kann in vielen Fällen (insbesondere bei Rosettenpflanzen) die Wirkung eines normalerweise zur **Auslösung oder Förderung der Blütenbildung** notwendigen **Außenfaktors** ersetzen. Zu diesen Außenfaktoren gehören niedrige Temperatur (▶ Abschn. 13.1.2 und 13.1.3) und, bei Langtagpflanzen ohne Kältebedürfnis (z. B. *Hyoscyamus niger*, *Spinacia oleracea*), die induktive **Photoperiode** (▶ Abschn. 13.2.2). Diese Außenfaktoren wirken beide über eine Erhöhung des endogenen Gibberellinspiegels: Beispielsweise steigt beim Spinat unter Bedingungen, die Blütenbildung induzieren (Langtag, ▶ Abschn. 13.2.2), der Gehalt an allen Gibberellinvorstufen, an aktivem GA_1 und am Inaktivierungsprodukt GA_8 (◻ Abb. 12.21) über mehrere Tage kontinuierlich an. Licht bewirkt über den Photorezeptor Phytochrom (▶ Abschn. 13.2.4) unter anderem eine Aktivierung der Gene für die GA_{20}-Oxidase und die Gibberellin-3β-Hydroxylase.

Die **Geschlechtsausprägung monözischer Pflanzen** (▶ Kap. 19, z. B. bei der Gurke) wird von Gibberellinen und Auxinen in entgegengesetzter Richtung beeinflusst. Während Auxine die Bildung von Fruchtblättern fördern, aber die Entwicklung von Staubblättern unterdrücken und so weibliche (pistillate) Blüten hervorbringen, wodurch der Fruchtansatz gefördert wird, wirken Gibberelline antagonistisch, sodass männliche (staminate) Blüten gebildet werden. Hemmstoffe der Gibberellinbiosynthese (◻ Abb. 12.23) wirken daher wie Auxine und bewirken die Entstehung pistillater Blüten. Aus diesem Grund werden Gibberellininhibitoren in der Landwirtschaft zur Förderung des Fruchtansatzes z. B. von Gurken verwendet. Beim Mais dagegen erfordert die Umprogrammierung des Meristems zum weiblichen Blütenstandsmeristem einen höheren endogenen Gibberellinspiegel als die Induktion der männlichen Blütenentwicklung. Gibberellin aktiviert in diesem Fall Gene, deren Produkte die Entwicklung des Androeceums blockieren. Daher beobachtet man bei manchen Mutanten der Gibberellinsynthese eine Feminisierung des apikalen, sonst männlichen Blütenstands (der *tasselseed*-Phänotyp). Gibberelline sind hier jedoch nicht der einzige Faktor: Die *tasselseed1*-Mutante hat sich inzwischen als Mutante der Jasmonatsynthese erwiesen. Diese komplexe Regulation der Geschlechtsausprägung ist weiteres Beispiel dafür, dass die meisten Entwicklungsprozesse nicht durch einzelne Phytohormone, sondern ein kompliziertes Wechselspiel verschiedener Phytohormone im Zusammenwirken mit Außenfaktoren (▶ Kap. 13) gesteuert werden.

Die Rolle der **Gibberelline bei der Samenkeimung** insbesondere der Poaceae wurde besonders intensiv untersucht. Die meisten Untersuchungen wurden an der Gerste durchgeführt, was damit zusammenhängt, dass die Gerstenkeimung für die Bierherstellung von großer Bedeutung ist (ein Großteil der Forschungen wurde seinerzeit von einer großen dänischen Brauerei finanziert). Die Karyopse der Poaceae ist eine Nussfrucht, bei der Testa und Perikarp miteinander verwachsen sind (▶ Abschn. 19.4.3). Diese Gewebe umschließen die übrigen Gewebe des Samens: den Embryo und das triploide Nährgewebe (Endosperm). Das zentrale Stärkeendosperm (dessen Zellen im reifen Zustand abgestorben sind) ist von einer einschichtigen (z. B. beim Weizen) bis dreischichtigen (z. B. bei der Gerste) Aleuronschicht aus lebenden Zellen umgeben. Das als Resorptionsorgan ausgebildete Keimblatt der Embryos (Scutellum) steht in direktem Kontakt mit dem Endosperm.

Im Verlauf der Keimung werden Stärkereserven durch hydrolytischen Abbau mobilisiert (▶ Abschn. 14.15.1.2). Die dazu erforderlichen Enzyme (Amylasen) werden nur zu einem geringen Anteil vom Scutellum abgegeben (β-Amylase), hauptsächlich aber als Reaktion auf ein Signal aus dem Embryo in der Aleuronschicht gebildet und in das Stärkeendosperm sezerniert (α-Amylase). Bei dem Signal aus dem Embryo handelt es sich um Gibberelline (vorwiegend GA_1), die vom Scutellum abgegeben werden und in das Endosperm diffundieren. Entfernt man den Embryo, wird keine α-Amylase produziert. Der Embryo kann aber durch geringe Konzentrationen eines aktiven Gibberellins (z. B. GA_3) funktionell ersetzt werden. Selbst isolierte Aleuronschichten bilden und sezernieren α-Amylase, wenn Sie mit GA_3-Lösungen behandelt werden.

Gibberelline haben komplexe Auswirkungen auf die Aleuronschichten, die über die Induktion der α-Amylase-Sekretion hinausgehen (◻ Abb. 12.27). Neben α-Amylase werden viele weitere hydrolytische Enzyme (z. B. Glucanasen, Proteasen und RNasen) produziert, die dem Abbau von Zellwänden, Speicherproteinen und Nucleinsäuren dienen. Gibberelline können dabei entweder sowohl die Bildung als auch die Sekretion einzelner Enzyme (wie im Fall der α-Amylase) fördern oder nur ihre Sekretion. Im zweiten Fall wird die Enyzmbildung unabhängig von Gibberellinen stimuliert (z. B. bestimmte Glucanasen, RNasen).

Die molekularen Mechanismen, die der α-Amylase-Expression durch Gibberellininduktion zugrundeliegen, sind teilweise aufgeklärt (◻ Abb. 12.28). Gibberelline bewirken die Aktivierung verschiedener α-Amylase-Gene, die eine Familie von Isoenzymen codieren, was zu einer *de novo*-Biosynthese von α-Amylasen führt. Sowohl der beteiligte Transkriptionsfaktor als auch die für die Gibberellinresponsivität verantwortlichen *cis*-Elemente in den Promotoren der α-Amylase-Gene sind bekannt. Der Gibberellinrezeptor wird in der Plasmamembran der Aleuronzellen vermutet.

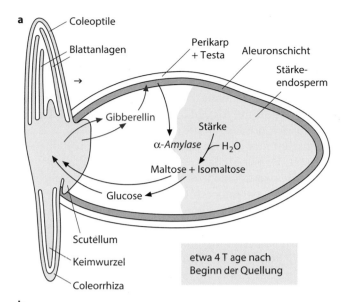

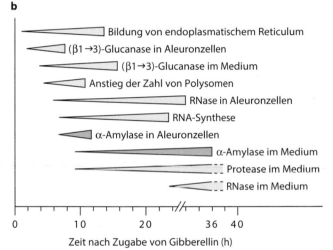

Abb. 12.27 Gibberellininduzierte Prozesse bei der Keimung von Karyopsen. **a** Zustand etwa vier Tage nach Beginn der Quellung. Die Gibberellinabgabe durch den Embryo beginnt etwa 12 h nach Beginn der Quellung, die Sekretion der α-Amylase ca. 8–10 h später. Die Hydrolyse der Stärke beginnt in der Nähe des Scutellums und schreitet über mehrere Tage in Richtung des distalen Pols fort. **b** Abfolge gibberellininduzierter Ereignisse in isolierten Aleuronschichten der Gerste. (Grafik: E. Weiler)

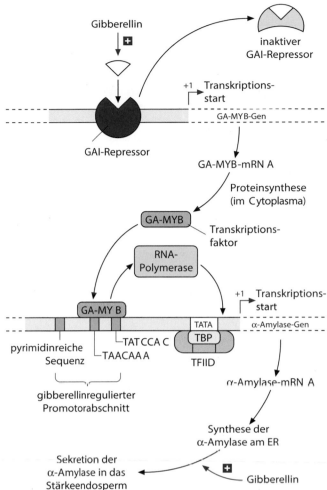

Abb. 12.28 Modell der Regulation der α-Amylase-Bildung durch Gibberelline. Die Bindung des Gibberellins an seinen Rezeptor (Abb. 12.26) bewirkt die Inaktivierung des DELLA-Proteins GAI (engl. *gibberellin A insensitive*). Dies führt zur Initiation der Transkription des *GA-MYB*-Gens, das einen speziellen Transkriptionsfaktor der MYB-Familie codiert. Der GA-MYB-Transkriptionsfaktor bindet an Sequenzelemente (wahrscheinlich an die TAA-CAAA-Sequenz) im Promotor der α-Amylase-Gene, wodurch deren Transkription (Abb. 5.2) gestartet wird. Die am endoplasmatischen Reticulum synthetisierte α-Amylase wird über den Golgi-Apparat sezerniert. Der Sekretionsprozess ist ebenfalls von Gibberellin abhängig und wird über einen zweiten, noch wenig untersuchten Signalweg reguliert. (Grafik: E. Weiler.)

Auch bei diesem Prozess wirken Gibberelline nicht isoliert. Die Stimulation der α-Amylase-Expression durch diese Hormone kann durch gleichzeitige Behandlung mit exogener Abscisinsäure (▶ Abschn. 12.7) aufgehoben werden. Dazu passt die Beobachtung, dass der anfänglich hohe Gehalt an Abscisinsäure in Karyopsen nach der Keimung rasch abnimmt, während der Gibberellinspiegel ansteigt. Abscisinsäure ist daher vermutlich auch *in vivo* an der Kontrolle des Keimungsprozesses in Karyopsen beteiligt.

Die Förderung der Samenkeimung durch Gibberelline ist nicht auf Gräser beschränkt. Bei Dikotyledonensamen bzw. -früchten kann exogen zugeführte Gibberellinsäure nicht nur die Keimung beschleunigen, sondern sie in vielen Fällen auch dann ermöglichen, wenn sonst unerlässliche äußere Bedingungen fehlen. So braucht die Haselnuss (*Corylus avellana*) normalerweise eine Kälteperiode (etwa zwölf Wochen bei 5 °C), um keimfähig zu werden (▶ Abschn. 13.1.2). Diese **Stratifikation** kann durch Gibberellinsäurezufuhr ersetzt werden. Samen, die normalerweise Licht zur Keimung benötigen (**Lichtkeimer**, ▶ Abschn. 13.2.2), können teilweise im Dunkeln keimen, wenn sie mit Gibberellinsäure versorgt werden.

12.5   Jasmonate

Wie Tiere verfügen Pflanzen über Signalstoffe, deren Biosynthese sich von oxidierten Fettsäuren ableitet und die daher zusammenfassend **Oxylipine** genannt werden. Bei Tieren sind das die aus der Arachidonsäure gebildeten Eicosanoide (z. B. Prostaglandine). Bei Pflanzen kommen insbesondere von der α-Linolensäure abstammende Octadecanoide vor, deren wichtigste Vertreter die Jasmonsäure und ihre Derivate sind, die als **Jasmonate** bezeichnet werden. Methyljasmonat, der Methylester der Jasmonsäure, konnte 1962 als Hauptkomponente des Jasmindufts identifiziert werden und kann, ähnlich wie Ethylen, als gasförmiges Signal schnell über große Strecken transportiert werden. Inzwischen wurde erkannt, dass die Jasmonate, gemeinsam mit Ethylen (▶ Abschn. 12.6), als zentrale Hormone die pflanzliche Antwort auf sehr unterschiedliche abiotische und biotische Stressfaktoren koordinieren, aber auch während der Entwicklung eine integrierende Rolle spielen.

12.5.1   Vorkommen und zelluläre Funktion

Jasmonsäure wurde in Prokaryoten bisher nicht gefunden, kommt aber in einigen Pilzen (z. B. *Lasiodiplodia theobromae*), Moosen und Farnen sowie bei allen Samenpflanzen vor. Auch bei verschiedenen Gruppen von Grünalgen gibt es erste Hinweise auf Stressreaktionen, die von Jasmonaten reguliert werden. Störungen der Membranintegrität, wie sie etwa bei Verwundungen oder mechanischen Belastungen auftreten, stimulieren die Oxidation von Membranlipiden und damit die Bildung von Jasmonaten. Daher lassen sich die Jasmonate als Signal auffassen, das zunächst einmal Störungen der zellulären Homöostase anzeigt. Dieser Signalweg ist jedoch in zahlreiche weitere Stressreaktionen integriert, vor allem solche, bei denen reaktive Sauerstoffspezies (ROS) gebildet werden (◖ Abb. 12.29). Vor allem das flüchtiges Derivat Methyljasmonat fungiert jedoch auch als systemisches Signal, das Entwicklungsvorgänge in der Pflanze zeitlich koordiniert. Jasmonate spielen daher auch eine wichtige Rolle für die pflanzliche Tagesrhythmik und die Antwort des pflanzlichen Wachstums auf Lichtsignale. Hinsichtlich ihrer zellulären Wirkung stehen sie daher zwischen den Gibberellinen (die ebenfalls als Reaktion auf Lichtreize das Zellwachstum steuern) und dem Ethylen (das als gasförmiges Signal ebenfalls koordinierend wirkt und auch in die Stressantwort integriert ist). Die zelluläre Wirkung der Jasmonate besteht darin, Differenzierungen in Antwort auf stress- oder entwicklungsbedingte Signale zu regulieren.

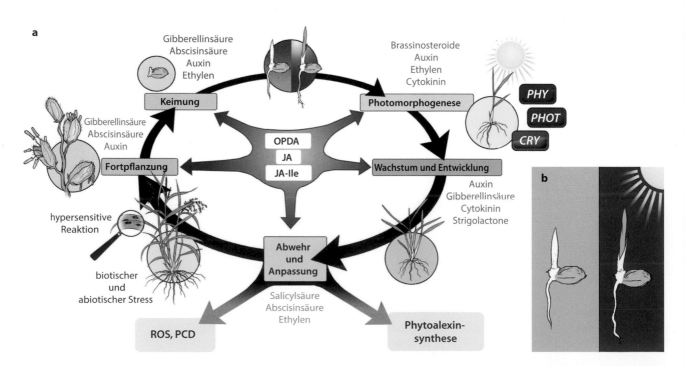

◖ **Abb. 12.29** Funktion von Jasmonaten während der pflanzlichen Entwicklung. **a** Schematischer Überblick der bisher entdeckten Funktionen von Jasmonaten während der pflanzlichen Entwicklung und in Antwort auf Stressfaktoren. Jasmonate wirken hier mit zahlreichen anderen Pflanzenhormonen zusammen. **b** Rolle der Jasmonsäure bei der Entwicklung von Reiskeimlingen. Hier sind Jasmonate für die Lichtreaktion der Coleoptile (Hemmung des Streckungswachstums durch Phytochrom und Induktion von programmiertem Zelltod entlang der Bauchnaht) verantwortlich, sodass sich die embryonal angelegten ersten Laubblätter entfalten können. *CRY* Cryptochromgene, *JA* Jasmonsäure, *JA-Ile* Jasmonsäure-Isoleucin-Konjugat, *OPDA* 12-Oxophytodiensäure, *PCD* programmierter Zelltod, *PHY* Phytochromgene, *PHOT* Phototropingene, *ROS* reaktive Sauerstoffspezies. (Nach Svyatyna und Riemann 2012)

12.5.2 Stoffwechsel und Transport

Die Biosynthese der Jasmonate (◘ Abb. 12.30) beginnt in Plastiden mit der Oxidation von α-Linolensäure, die aus Membranlipiden freigesetzt wird, und der Bildung des ersten zyklischen Metaboliten, der 12-Oxophytodiensäure (*12-oxophytodienoic acid*, OPDA). Durch Reduktion des Cyclopentenonrings und Verkürzung der Seitenkette durch drei β-Oxidationszyklen wird 12-Oxophytodiensäure in den Glyoxysomen bzw. Peroxisomen in Jasmonsäure umgewandelt. Diese wird dann mit Isoleucin konjugiert, wodurch die aktive Form des Hormons, JA-Ile, entsteht. Auch die Vorstufe OPDA kann konjugiert werden und wirkt dann als eigenes Signal mit teilweise abweichenden Wirkungen. Die Jasmonatsynthese wurde vor allem an der Modellpflanze *Arabidopsis thaliana* untersucht, scheint aber in den Grundzügen in anderen Pflanzen ähnlich abzulaufen, wobei sich manche Details, etwa die Regulation der beteiligten Gene, unterscheiden.

Ausgangspunkt für die Jasmonatbiosynthese α-Linolensäure, die von spezifischen Lipasen aus Lipiden der Chloroplastenmembran freigesetzt wird. α-Linolensäure wird von einer 13-Lipoxygenase (13-LOX) und einer Allenoxid-Synthase (AOS) oxidiert und von der Allenoxid-Cyclase (AOC) zu einem Ring geschlossen. Das Produkt, 12-Oxophytodiensäure (OPDA), wird aus dem Plastiden in die Peroxisomen transportiert. Eine der physiologischen Funktionen der vor allem unter Stress auftretenden Peroxuli (◘ Abb. 1.89) könnte darin bestehen, die für das Einschleusen wichtige räumliche Nähe zwischen Plastiden- und Peroxisomenmembran zu gewährleisten. Während die äußere Plastidenmembran durch Porine für Moleküle bis zu einer Größe von 4 kDa durchlässig ist, muss die Peroxisomenmembran mithilfe des Membrantransporters (COMATOSE1, ein Vertreter der ABC-Transporter) passiert werden. Ähnlich wie für den Auxinimport wird jedoch auch hier ein Ionenfallenmechanismus als weiterer Transportweg diskutiert. Im Peroxisom wird über das Enzym OPDA-Reduktase und drei weitere β-Oxidationen *cis*-Jasmonsäure gebildet, die spontan zu der stabileren, aber weniger aktiven *trans*-Jasmonsäure isomerisiert. Jasmonsäure selbst ist nicht aktiv und wird daher inzwischen als Prohormon bezeichnet. Um ihre biologische Aktivität zu erlangen, muss sie mit der Aminosäure Isoleucin zu JA-Ile konjugiert werden. Diese Konjugation erfolgt bevorzugt mit der *trans*-Jasmonsäure und wird von dem Enzym JASMONATE RESISTANT 1 (JAR1) katalysiert. Dieses Enzym ist ein Vertreter der großen GH3-Familie (benannt nach der Entdeckerin Gretchen Hagen), deren Mitglieder neben Jasmonsäure auch Auxine konjugieren können (die Enzyme stellen auch eine der Ebenen dar, in denen beide Hormone miteinander in Wechselwirkung treten).

Alternativ kann Jasmonsäure auch durch eine Methyltransferase methyliert werden. Methyljasmonsäure ist flüchtig und kann sich sowohl innerhalb der Pflanze als auch zwischen Pflanzen schnell ausbreiten. Bevor Methyljasmonsäure in der Zielzelle jedoch ihre hormonelle Aktivität entfalten kann, muss sie demethyliert und zu JA-Ile konjugiert werden.

Während die Synthese von JA-Ile inzwischen aufgeklärt ist, steht seit einigen Jahren die Inaktivierung von Jasmonaten im Brennpunkt. Ein Stresssignal wie JA-Ile muss, nachdem es seine Botschaft übermittelt hat, rasch und effizient entfernt werden, um eine Schädigung durch dauerhafte Stressreaktionen zu vermeiden. Dieses Abschalten der stressassoziierten Signaltransduktion erfolgt auf mehreren Ebenen. Zum einen kann die mit Isoleucin konjugierte Jasmonsäure durch Isomerisierung ihre Aktivität verlieren, zum anderen kann sie enzymatisch durch Cytochrom-P450-Enzyme der CYP94-Familie hydroxyliert und durch eine weitere Oxidation inaktiviert werden. Ein weiterer Mechanismus der Inaktivierung betrifft nicht das Signalmolekül JA-Ile selbst, sondern die Antwort der Zelle auf dieses Signal (▶ Abschn. 12.5.4).

12.5.3 Wirkungen der Jasmonate

Jasmonate werden nach Verwundung (z. B. durch Tierfraß) und oft nach Befall mit Pathogenen vermehrt gebildet und sind an der Auslösung pflanzlicher Abwehrreaktionen gegen Pathogene (▶ Abschn. 16.3) und Herbivore (▶ Abschn. 16.4) beteiligt. Von außen zugeführte Jasmonsäure wirkt als Wachstumsinhibitor und fördert die Blattseneszenz. Auch die Jasmonatvorstufe 12-Oxophytodiensäure (OPDA) kann als Signal wirken, oft im Zusammenhang mit programmiertem Zelltod (etwa bei Salzstress). Weiterhin sind Jasmonate an der Steuerung der Blütenentwicklung beteiligt, können in Antwort auf Licht und Schwerkraft Sensitivität und Responsivität von wachsenden Zellen auf Auxin modulieren und koordinieren zeitlicher Muster circadianer Rhythmen. Ähnlich wie Ethylen spielen Jasmonate eine wichtige Rolle für die pflanzliche Reaktion auf mechanische Reize, etwa für die Suchbewegungen von Ranken.

Da Methyljasmonat über große Strecken transportiert werden kann, dient es häufig als Signal, um die **Information über eine lokale Schädigung** schnell an die anderen Organe der Pflanze zu übermitteln, sodass dort vorbeugend entsprechende Anpassungsreaktionen eingeleitet werden können. Inzwischen gibt es zahlreiche Beispiele, dass auch Nachbarpflanzen, sogar über Artgrenzen hinweg, auf diese Weise gewarnt werden können. Ein auch ökologisch interessantes, gut untersuchtes Beispiel ist die durch Jasmonate geprägte Wechselwirkung der in Arizona vorkommenden wilden

◻ Abb. 12.30 Biosynthese, Modifikation und
Abbau der Jasmonsäure und molekularer
Mechanismus der Jasmonatwirkung. Lipasen
setzen in Antwort auf ein entsprechendes Signal
α-Linolensäure aus der Chloroplastenmembran
frei. Die ersten Schritte der Biosynthese – katalysiert durch die 13-Lipoxygenase, die 13-Allen-
oxid-Synthase (13-AOS) und die Allenoxid-Cyclase (AOC) – sind im Plastiden lokalisiert. Die
von der AOC gebildete 12-Oxophytodiensäure
(OPDA) wird in die Peroxisomen transferiert
und dort von der OPDA-Reduktase und über
drei β-Oxidationsschritte in (3R,7S)-(+)-Jasmon-
säure (*cis*-Jasmonsäure) umgewandelt, das zur
weniger aktiven (3R,7R)-(−)-Jasmonsäure
(*trans*-Jasmonsäure) isomerisieren kann. Dieses
Isomer ist ein Prohormon und kann entweder
glykosyliert und in dieser inaktiven Form
gespeichert, zum flüchtigen Methyljasmonat
methyliert oder über das Enzym Jasmonate
Resistant 1 zum aktiven Hormon JA-Ile
konjugiert werden. Diese aktive Form des
Hormons kann durch Cytochrom P450
(CYP94B3) hydroxyliert und dadurch inaktiviert
werden. Das aktive Konjugat JA-Ile bindet
seinen Rezeptor SCF^COI1 im Kern. Dies hat zur
Folge, dass die JAZ-Proteine (aus den Domänen
D1, Zim [Z] und Jas [J] aufgebaute transkriptionelle Repressoren des JA-Signalwegs),
polyubiquitiniert und über das 26S-Proteasom
abgebaut werden. Über die Jas-Domäne blockie-
ren JAZ-Proteine die Aktivität des Transkrip-
tionsfaktors MYC, über die ZIM-Domäne wird
eine Verbindung zum Brückenprotein Ninja
hergestellt, das wiederum das Protein Topless
(TPL) rekrutiert, das die Aktivität der
RNA-Polymerase blockiert. Nach Bindung von
JA-Ile an seinen Rezeptor werden diese
Blockierungen durch den Abbau der JAZ-
Proteine aufgehoben und die Expression von
JA-Ile-responsiven Genen kann einsetzen.
Darunter sind auch Gene der Jasmonsäurebiosynthese selbst. Hier gibt es also eine positive
Rückkopplung der Jasmonsäuresignalverant-
wortung auf die Erzeugung des Signals selbst
(grüne Pfeile). Allerdings wird auch die
Transkription der JAZ-Repressoren aktiviert,
wodurch es zu einer negativen Rückkopplung
(roter Blockierungspfeil) kommt. – 13-AOS
13-Allenoxid-Synthase, AOC Allenoxid-Cyclase,
OPC-8 3-Oxo-2-(2′-pentenyl)-
cyclopentanoctansäure, OPC-6 3-Oxo-2-(2′-
pentenyl)-cyclopentanhexansäure, OPC-4
3-Oxo-2-(2′-pentenyl)-cyclopentanbutansäure,
CYP94B3 Cytochrome-P450-Monooxygenase
94B3, MYC Transkriptionsfaktor MYC, TPL
Topless, D1 Domäne 1 des JAZ-Repressors, Z
ZIM-Domäne des JAZ-Repressors, J Jas-Domäne des JAZ Repressors, NINJA Ninja-
Adaptorprotein, SCF^COI1 *SCF coronatine
insensitive 1 complex*

12

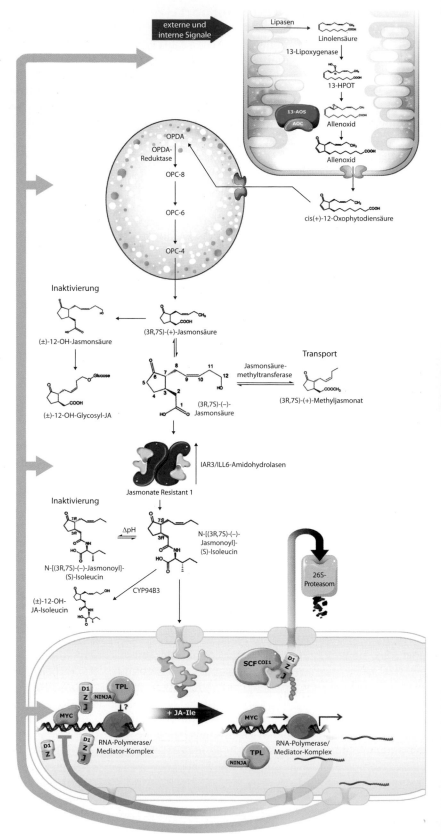

Tabakart *Nicotiana attenuata* mit dem Tabakschwärmer (*Manduca sexta*). Die Wechselwirkung zwischen beiden Organismen ist ambivalent – einerseits benötigt *N. attenuata* den Tabakschwärmer als effizienten und spezifischen Bestäuber und sichert diese Spezifität auch dadurch, dass die Blüten nachts geöffnet werden. Andererseits legt der Tabakschwärmer seine Eier auf dem bestäubten Wildtabak ab. Wenn die danach schlüpfenden Raupen damit beginnen, die Blätter zu fressen, wird durch diese Verwundung Methyljasmonat gebildet, das sich in der ganzen Pflanze verteilt und in den Wurzeln die Bildung des Alkaloids Nicotin aktiviert, das mit dem Transpirationsstrom in die Blätter transportiert wird. Nicotin ist ein Fraßgift, das auf viele Fressfeinde tödlich wirkt und auch die Raupen des Tabakschwärmers beeinträchtigt. Sie können Nicotin jedoch abbauen und überleben daher die Abwehrreaktion der Wirtspflanze. Ist die Zahl der Raupen sehr hoch, führt der dadurch ausgelöste Methyljasmonatschub zu einer Veränderung der circadianen Rhythmik der Pflanze. Die Blüten öffnen sich nun tagsüber, sodass sie vom Tabakschwärmer nicht mehr angeflogen werden. Stattdessen werden sie von Kolibris bestäubt, die zwar weniger effiziente Bestäuber, aber keine Herbivoren sind. Der Jasmonatweg wird hier also zur Balancierung unterschiedlicher Selektionsfaktoren (Notwendigkeit der Bestäubung, Verminderung von Fraßschäden) eingesetzt. Inzwischen häufen sich Hinweise darauf, dass Methyljasmonat auch dazu eingesetzt wird, das Verhalten von Insekten auf komplexe Weise zu manipulieren. Beispielsweise konnte gezeigt werden, dass saprotrope (von totem Material lebende) Asseln an dem durch Verwundung freigesetzten Methyljasmonat feststellen können, ob sie es mit einer noch lebenden Pflanze zu tun haben, die unter Umständen Fraßgifte bilden wird. Reispflanzen, bei denen die Allenoxid-Cyclase durch eine Mutation funktionsuntüchtig ist, sodass keine Jasmonate gebildet werden können, werden von Asseln attackiert, Wildtyppflanzen hingegen nicht. Tomatenpflanzen, die von Raupen von *Spodoptera exigua* angefressen werden, reagieren darauf mit der Freisetzung von Methyljasmonat, was Nachbarpflanzen dazu anregt, ebenfalls Methyljasmonat zu bilden. Die so erzeugten sehr hohen Methyljasmonatkonzentrationen rufen bei den Raupen eine Verhaltensänderung hervor: Sie werden zu Kannibalen und fressen sich gegenseitig auf, sodass die Pflanzen mit weniger Fraßschäden zu kämpfen haben.

Die Bedeutung von Jasmonaten für die **Steuerung des Wachstums** wurde schon sehr früh entdeckt, allerdings in ihrer Bedeutung nicht sofort erkannt. Schon in den 1980er-Jahren war man bei der Suche nach dem Signal, das die Bildung von Kartoffelknollen auslöst, auf 12-OH-Jasmonsäure gestoßen, die daher auch als

Tuberonsäure (*tuberonic acid,* von engl. *tuber*, Knolle) bezeichnet wird. Die Akkumulation dieses Jasmonsäureabbauprodukts scheint jedoch nur eine Begleiterscheinung der Knollenbildung zu sein. Die Knollenbildung wird durch das abhängig von der Tageslänge in den Blättern freigesetzte Florigen Flowering Locus T (▶ Exkurs 11.1) ausgelöst und stimuliert in den Stolonen den Promoter der GA_{20}-Oxidase 1. Das führt zu einer Erhöhung der Gibberellinkonzentration und zu einem Auswachsen der Stolonen. Die in Antwort darauf gebildeten Jasmonate bewirken eine Umorientierung der zunächst quer zur Achse der epidermalen Zellen ausgerichteten cortikalen Mikrotubuli in Längsrichtung, sodass die Zellen nun in Querrichtung expandieren und so die Kartoffelknolle entsteht. Auch beim Wachstum von Coleoptilen spielen Jasmonate eine wichtige Rolle. Die Funktion der Coleoptile besteht darin, die embryonal angelegten Blätter im Inneren möglichst rasch und schonend zur Erdoberfläche zu geleiten. Daher steht das Wachstum der Coleoptile (z. B. von Reis) unter Kontrolle von Licht und Schwerkraft. Erreicht die Coleoptile die Erdoberfläche, wird durch Aktivierung des Photorezeptors Phytochrom das Wachstum gehemmt und entlang der Bauchnaht der Coleoptile ein programmierter Zelltod eingeleitet, der dazu führt, dass sich die Coleoptile öffnet und sich die Blätter entfalten können. Beide Vorgänge stehen unter strikter Kontrolle von Jasmonaten und fallen bei Reismutanten der Jasmonsäurebiosynthese oder der Konjugation von Jasmonsäure an Isoleucin aus. Auch die gravitropische Krümmung horizontal orientierter Coleoptilen ist abhängig von Jasmonaten. Zwar hängt die Krümmungsbewegung mit einer Umorientierung des Auxintransports von der oberen zur unteren Flanke zusammen (▶ Abschn. 12.3.3), aber die Verdopplung der Auxinkonzentration in der unteren Flanke kann die beobachtete Steigerung des Wachstums nicht erklären. Gleichzeitig werden Jasmonate jedoch in Gegenrichtung zum Auxin verlagert. In der unteren Flanke sinkt also die Jasmonatkonzentration, in der oberen Flanke steigt er. Da Jasmonate die Auxinresponsivität vermindern, reagieren die Zellen der unteren Flanke nun empfindlicher auf Auxin als die Zellen der oberen Flanke. Dieser jasmonatbedingte Gradient der Auxinresponsivität kann die beobachteten starken Unterschiede des Wachstums und damit die schnelle Krümmung der Coleoptile erklären.

Jasmonate sind ebenfalls für die **Entwicklung der männlichen Sexualorgane** von zentraler Bedeutung. Reismutanten, bei denen Enzyme der Jasmonatbiosynthese betroffen sind, sind männlich steril und können daher nur durch Selbstbefruchtung heterozygoter Pflanzen vermehrt werden. Der Pollen solcher Mutanten ist durchaus vital, wird jedoch nicht freigesetzt, weil sich die Pollensäcke nicht öffnen. Gleichzeitig ist die Faserschicht mit ihren charakteristischen Zellwandverdickungen (◻ Abb. 3.89) nicht richtig ausgebildet und es fehlt die Naht, entlang derer die Pollensäcke aufreißen, um den Pollen freizusetzen. Ähnlich wie bei der Öffnung der Coleoptilennaht ist hier vermutlich ein durch Jasmonat eingeleiteter, programmierter Zelltod betroffen. Noch grundlegender ist die Rolle der Jasmonate für die Geschlechtsfestlegung von Mais. Hier werden aus dem apikalen, ursprünglich zweigeschlechtlichen Blütenmeristem durch programmierten Zelltod der weiblichen Blattprimordien männliche Blüten gebildet. Bei der Mutante *tasselseed1* ist eine 13-Lipoxygenase ausgefallen, sodass im Blütenstand kein Jasmonat gebildet werden kann. Dies hat zur Folge, dass die Abstoßung der weiblichen Primordien unterbleibt, der Blütenstand daher sein Geschlecht ändert und Samenanlagen bildet.

Besonders wichtig sind Jasmonate für die **Steuerung der pflanzlichen Antwort auf abiotische Stressfaktoren**. Salz-, Trocken- und Kältestress führen zu einer starken Akkumulation von Jasmonaten, wobei hier neben JA-Ile auch die Vorstufe OPDA als Signal wichtig ist. Hier gibt es häufig zwei unterschiedliche Stressantworten: Neben zellulären Anpassungen, die durch den Stress gestörte physiologische Gleichgewichte wieder herstellen, kann unter bestimmten Bedingungen auch ein programmierter Zelltod eingeleitet werden. Dieser programmierte Zelltod ist zwar für die "sich opfernde" Zelle selbst fatal, für das Überleben des Gesamtorganismus jedoch förderlich. So kann Reis in Antwort auf starken Salzstress das aufgenommene Natrium in die älteren Blätter umleiten und so das empfindliche Meristem schützen. Die älteren Blätter werden, nachdem die Proteine mobilisiert und in den zentralen Teil des Sprosses verlagert wurden, abgeworfen und so ein Teil der schädlichen Ionen entfernt. Diese Zelltodreaktionen scheinen durch OPDA ausgelöst zu werden, während JA-Ile vor allem zelluläre Anpassungen an Salzstress aktiviert. Diese komplexe Steuerung führt wieder einmal zu der Frage, wie Spezifität erreicht wird. Für Salzstress scheinen unterschiedliche zeitliche Muster ausschlaggebend zu sein. Während eine stark und dauerhaft erhöhte jasmonatvermittelte Signaltransduktion den programmierten Zelltod einleitet, hängt die zelluläre Anpassung mit einer raschen Aktivierung und Deaktivierung des Signals zusammen. Die durch Jasmonate ausgelöste Signaltransduktion ist also vorübergehend (transient). Neben dem seit einigen Jahren bekannten Abbau von Jasmonaten (▶ Abschn. 12.5.2) spielt hier eine wichtige Rolle, dass die durch JA-Ile ausgelöste Signaltransduktion eine negative Rückkopplung auf ihre eigene Aktivierung aufweist (▶ Abschn. 12.5.4).

12.5.4 Molekulare Mechanismen der Jasmonatwirkung

Jasmonate aktivieren die Genexpression dadurch, dass nach Bindung des Hormons (genauer: des JA-Ile-Konjugats) an einen Rezeptor ein Repressor ubiquitiniert und danach proteolytisch abgebaut wird, sodass die zuvor inaktivierten Gene transkribiert werden können. Die Genaktivierung folgt also demselben Schema wie bei Auxinen (◻ Abb. 12.20) und Gibberellinen (◻ Abb. 12.26). Der Rezeptor für JA-Ile, das F-Box-Protein COI1 (engl. *coronatine insensitive 1*) kann nach Bindung seines Liganden einen Komplex mit sogenannten JAZ-Proteinen eingehen, die dadurch ubiquitiniert und proteolytisch abgebaut werden (◻ Abb. 12.30). Da die JAZ-Proteine den aktivierenden Transkriptionsfaktor MYC2 (aber auch andere Transkriptionsfaktoren) daran hindern, die Transkription zu initiieren, führt ihr proteolytischer Abbau dazu, dass MYC2 aktiv wird und so jasmonatinduzierte Gene aktiviert werden. Unter diesen Genen sind auch die *JAZ*-Gene selbst. Die Aktivierung der Jasmonatwirkung hat also ihre eigene Hemmung zur Folge, weil die neu gebildeten JAZ-Proteine dann wieder als Repressoren wirken. Diese negative Rückkopplung spielt eine wichtige Rolle für die Entstehung zeitlicher Jasmonatsignaturen (▶ Abschn. 12.5.3), weil so ein starkes, aber transientes Signal entsteht, das dann zelluläre Anpassungsreaktionen auslösen kann.

12.6 Ethylen

Die Entdeckung, dass Ethylen ($H_2C=CH_2$) spezifische Wirkungen auf Pflanzen entfaltet, wurde eigentlich schon Ende des 19. Jahrhunderts von Dimitry Neljubov in St. Petersburg gemacht. Auf dem täglichen Fußweg zum Institut war ihm aufgefallen, dass die in der Nähe der mit Rauchgas betriebenen Laternen zu beobachtenden Deformationen von Pflanzen plötzlich verschwanden. Eine Nachforschung ergab, dass man den Betrieb auf Erdgas umgestellt hatte. Dies brachte Neljubov auf die Idee, die Reaktionen der Pflanzen auf die im Erdgas im Vergleich zum Rauchgas fehlenden Komponenten zu prüfen, und er entdeckte sehr schnell, dass die Deformationen durch das im Rauchgas vorhandene Ethylen ausgelöst wurden. Es dauerte dann jedoch bis in die 1930er-Jahre, bis klar wurde, dass Pflanzen selbst Ethylen bilden können. Erst durch die Möglichkeit, die Ethylenmenge mittels Gaschromatographie zu messen, konnte man ermitteln, unter welchen physiologischen Bedingungen es gebildet wird und diesem einfachen Molekül dann in den 1960er-Jahren eine Rolle als Phytohormon zuschreiben. Ähnlich wie Methyljasmonat (▶ Abschn. 12.5.2) kann Ethylen wegen seiner Flüchtigkeit nicht nur als

12

Hormon (Botenstoff innerhalb eines Individuums), sondern auch als **Pheromon** (von griech. *phérein*, tragen; Botenstoff zwischen Individuen einer Art) und sogar als **Kairomon** (von griech. *kairós*, Gelegenheit, opportunistisch; Botenstoff zwischen Individuen verschiedener Arten) wirken.

Die dauernde Produktion geringer Mengen von Ethylen scheint für das normale Wachstum von Pflanzen erforderlich zu sein, beispielsweise für die Ausrichtung des Wachstums entlang der Schwerkraft. Die Tomatenmutante *diageotropica* kann kein Ethylen bilden. Sie wächst diagravitrop (▶ Abschn. 15.3.1.2) statt orthotrop, zeigt aber normales Wachstum, wenn sie in einer Atmosphäre mit 0,005 µl Ethylen pro Liter Luft gehalten wird.

12.6.1 Vorkommen und zelluläre Funktion

Ethylen kann von Bakterien, Pilzen und Pflanzen aus Methionin gebildet werden (◻ Abb. 12.31). Die unmittelbare Ethylenvorstufe, 1-Aminocyclopropan-1-carbonsäure (ACC), entsteht aus S-Adenosylmethionin. Diese Reaktion wird von dem Enzym ACC-Synthase katalysiert und ist geschwindigkeitsbestimmend für die Ethylenbildung. Die ACC-Synthase unterliegt einem hohen metabolischen Umsatz und ist auch aus diesem Grund als Ansatzpunkt für die Regulation der Ethylenbiosynthese besonders gut geeignet. Die Bildung der ACC-Synthase wird durch abiotische aber auch biotische Stressfaktoren induziert: Verwundung, mechanische Beanspruchung, Überflutung, Trockenheit, Kälte,

◻ **Abb. 12.31** Biosynthese des Ethylens aus L-Methionin und Reaktionsfolge zur Regeneration von Methionin (Yang-Zyklus). (Grafik: E. Weiler)

Befall mit Pathogenen oder Fraßschäden. Die zelluläre Wirkung von Ethylen ist also mit denen der Jasmonate (▶ Abschn. 12.5.1) vergleichbar und in der Tat gibt es viele Wechselwirkungen zwischen diesen beiden Hormonen.

Auch wenn Ethylen in allen Pflanzenorganen vorkommt, lassen sich besonders hohe Konzentrationen der ACC-Synthase in Blüten und Früchten im Zusammenhang mit Seneszenz und Fruchtreifung beobachten. Diese hängen eng mit dem Auxintransport zusammen, da die Anhäufung von Indol-3-essigsäure die Expression der ACC-Synthase induzieren kann. Es ist anzunehmen, dass zahlreiche Auxinwirkungen, die nach Applikation von hoch konzentrierten Auxinen beobachtet wurden, eigentlich auf eine IAA-induzierte Ethylenproduktion zurückzuführen sind. Das gilt vermutlich z. B. für die IAA-induzierte Blütenbildung bei Bromeliaceen (z. B. Ananas), aber möglicherweise auch für die durch hohe Auxinkonzentrationen bewirkte Wachstumshemmung. Ethylen wird also abhängig von Auxin gebildet, wirkt jedoch negativ auf die Auxinresponsivität zurück (◻ Abb. 12.1). Auch in dieser Hinsicht ähneln sich Ethylen und Jasmonate sehr (▶ Abschn. 12.5.1). Als Cofaktor der ACC-Synthase fungiert Pyridoxalphosphat. Mit Hemmstoffen pyridoxalphosphatabhängiger Enzyme wie Aminooxyessigsäure und Aminoethoxyvinylglycin können daher die ACC-Bildung und damit die Ethylenproduktion gehemmt werden.

12.6.2 Stoffwechsel und Transport

ACC wird durch das Enzym ACC-Oxidase (eine Dioxygenase, ◻ Abb. 12.24) in einer sauerstoffabhängigen Reaktion zu Ethylen und Cyanoameisensäure gespalten, die spontan in CO_2 und HCN zerfällt. Cyanid (CN^-) wird über β-Cyanoalanin entgiftet, das in Asparagin und Asparaginsäure überführt wird. ACC kann durch Konjugation an Malonsäure in N-Malonyl-ACC umgewandelt und in der Vakuole abgelagert werden. Die für diesen Vorgang verantwortliche Malonyltransferase wird über das Phytochromsystem (▶ Abschn. 13.2.4) lichtreguliert. Da N-Malonyl-ACC nicht mehr gespalten werden kann, handelt es sich hierbei um eine irreversible Konjugation, die vermutlich der Begrenzung des ACC-Spiegels und damit auch der Ethylenbildung dient.

Charakteristisch für die Ethylenbiosynthese aus Methionin ist die Regeneration des Methionins aus dem zweiten Reaktionsprodukt der ACC-Synthase-Reaktion, dem Methylthioadenosin (◻ Abb. 12.31). Dieser nach seinem Entdecker **Yang-Zyklus** genannte Kreisprozess bewirkt, dass Pflanzen über lange Zeiträume Ethylen bilden können, ohne dabei ständig Methionin de novo synthetisieren zu müssen. Dies ist z. B.

bedeutsam in Früchten nach ihrer Trennung von der Mutterpflanze.

Ethylen entweicht als gasförmige und membrangängige Verbindung ständig durch Diffusion aus der Pflanze, sodass Abbaureaktionen zur Entfernung des aktiven Phytohormons keine Rolle spielen. Seine Vorstufe ACC wird hingegen in stark regulierter Weise transportiert. Der Ferntransport erfolgt über das Gefäßsystem (sowohl Xylem als auch Phloem). Zusätzlich gibt es noch einen Transport von Zelle zu Zelle, der durch den Membrantransporter Lysin-Histidin-Transporter 1 vermittelt wird. Protoplasten aus einer Arabidopsis-Mutante, bei der dieser Transporter inaktiviert ist, können im Gegensatz zum Wildtyp kein radioaktiv markiertes ACC aufnehmen. Hingegen ist der Transporter, der N-Malonyl-ACC in die Vakuole verfrachtet, noch nicht identifiziert worden.

12.6.3 Physiologische Wirkungen des Ethylens

Wie alle Phytohormone beeinflusst auch Ethylen eine Vielzahl physiologischer Prozesse in verschiedenen Stadien der pflanzlichen Entwicklung. Für die Entdeckung des Hormons und die Aufklärung seines Signalwegs war die sogenannte triple response etiolierter (unter Ausschluss von Licht heranwachsender) Keimlinge bedeutsam: Bereits geringe Ethylenmengen (0,1–1 μl Ethylen pro Liter Luft) lösen im etiolierten Spross eine starke Reduktion des Streckungswachstums aus, die mit einer Verdickung und der Aufhebung des negativen Gravitropismus einhergeht, sodass sich der Plumulahaken nicht auf normale Weise ausbildet (◻ Abb. 12.34). Ethylenbehandelte Keimlinge bilden außerdem einen starken Plumulahaken aus. Mechanische Belastung, z. B. hervorgerufen durch Bodenwiderstand, verstärkt die Ethylenproduktion in etiolierten Keimlingen. Die triple response kann demnach als Prozess verstanden werden, der es den Keimlingen erlaubt, Hindernisse im Boden zu umwachsen oder durch Erhöhung des Widerstands beiseite zu schieben. Bei Belichtung wird die Ethylenbildung über den Photorezeptor Phytochrom (▶ Abschn. 13.2.4) gehemmt. Dadurch wird die ethylenbedingte Hemmung des Streckungswachstums der Zellen der innenliegenden Flanke des Plumulahakens aufgehoben, sodass sich der Plumulahaken öffnet und schließlich ganz verschwindet.

Die im belichteten Spross verringerte Ethylenentwicklung kann durch eine Reihe von Faktoren wie Verwundung (Abwehr, ▶ Abschn. 16.4.1) oder mechanische Belastung (Windeinwirkung) zeitweise wieder erhöht werden. Die ethylenabhängige Hemmung des Längenwachstums, Förderung des radialen Wachstums und vermehrte Bildung von Festigungselementen kann zu verbesserter mechanischer Widerstandsfähigkeit führen. Hier wirkt Ethylen synergistisch zu den Jasmonaten (▶ Abschn. 12.5.3).

Die ethylenabhängige Hemmung des Längenwachstums der Sprossachse bei gleichzeitiger Verstärkung des Radialwachstums geht auf zellulärer Ebene mit einer Umorganisation der cortikalen Mikrotubuli von einer transversalen in eine longitudinale Anordnung einher. Weil sich Cellulose-Synthase-Komplexe in der Plasmamembran entlang von cortikalen Mikrotubuli bewegen (▶ Abschn. 11.2.2.2), bewirkt diese Umorganisation der Mikrotubuli eine entsprechende Veränderung der Anordnung neu synthetisierter Cellulosefibrillen in den Zellwänden. Der mechanische Widerstand der Zellwand während der Zellexpansion ist senkrecht zur vorherrschenden Ausrichtung der Cellulosefibrillen am geringsten. Die ethyleninduzierte Deposition von Cellulosemikrofibrillen vorzugsweise in longitudinaler Richtung in der Zellwand führt deshalb zu einer verstärkten radialen Zellexpansion.

Bei vielen Sumpf- und Wasserpflanzen, die neben überfluteten (submersen) Organen auch Organe im Luftraum tragen (z. B. Blüten, Laubblätter einschließlich Schwimmblätter), stimuliert Ethylen das Längenwachstum der Sprossachse und die Ausbildung von Durchlüftungsgeweben (Aerenchyme, ◻ Abb. 2.10). Dies führt zu einer besseren Sauerstoffversorgung der submersen Organe. Bestimmte Reissorten (Tiefwasserreis) wachsen bei Überflutung bis zu 25 cm am Tag und erreichen eine Länge von 5 m. Sie sind so in der Lage, auch bei lang anhaltender Überflutung zu blühen und Früchte zu bilden. Man nimmt an, dass die Ethylenkonzentration in den überfluteten Organen ansteigt, weil weniger Ethylen durch Diffusion aus den Geweben entweicht. Auch die Keimlinge einiger Mesophyten (z. B. der Getreide) zeigen in überfluteten Böden ein verstärktes Längenwachstum.

Ethylen hemmt das **Wurzelwachstum**, scheint aber für die Entwicklung von Seiten- und Adventivwurzeln wichtig zu sein, die Bildung von Wurzelhaaren zu stimulieren und auch in Wurzeln (z. B. beim Mais) die Aerenchymbildung zu fördern.

Bei Cucurbitaceen wird unter Ethyleneinfluss die Anzahl von männlichen im Vergleich zu der Zahl weiblicher Blüten stark erhöht, während dieses Phytohormon bei Bromeliaceen die **Blütenbildung** induziert. Das macht man sich im Pflanzenanbau z. B. zur Synchronisierung des Blütenansatzes auf Ananasplantagen zunutze. Da sich gasförmiges Ethylen nicht kontrolliert applizieren lässt, wird zu diesem Zweck 2-Chlorethylphosphonsäure (Ethephon) eingesetzt, die in wässriger Lösung langsam zu Ethylen, Phosphat und Chlorid zerfällt (◻ Abb. 12.32).

Bei zahlreichen Pflanzenarten kann eine Ethylenbehandlung die physiologisch bedingte **Dormanz** aufheben, wirkt also antagonistisch zur Abscisinsäure (▶ Abschn. 12.7.3). Dieser Effekt kann nicht nur bei den Karyopsen der Poaceae beobachtet werden, sondern auch bei der Erdnuss, den Zwiebeln oder Rhizomen vieler Liliaceae (z. B. Tulpe), Iridaceae (z. B. *Iris*, *Gladiolus*) oder

$$Cl-CH_2-CH_2-\overset{\overset{\displaystyle O}{\|}}{\underset{\underset{\displaystyle O^-}{|}}{P}}-O^- \xrightarrow{\;H_2O\;} CH_2{=}CH_2 + Cl^- + H_2PO_4^-$$

◻ **Abb. 12.32** Freisetzung von Ethylen aus Ethephon (2-Chlorethylphosphonsäure) in wässriger Lösung

Amaryllidaceae (z. B. *Narcissus*) und den Achselknospen verschiedener Arten (z. B. Kartoffel).

Ethylen ist ein sehr wichtiger Regulator der **Seneszenz** und der **Abscission** von Blättern, Blüten und Früchten. Viele Früchte durchlaufen während ihres Reifeprozesses, der als Seneszenz von maternalem Gewebe verstanden werden kann, eine Phase stark gesteigerter Atmung (**Respirationsklimakterium**). Zu diesen Früchten gehören Apfel, Birne, Banane, Avocado, Cherimoya, Pfirsich und Tomate. Es gibt allerdings auch Früchte (z. B. Kirsche, Weinbeere, Erdbeere und Citrus), bei denen ein solches Klimakterium fehlt. Bei klimakterischen Früchten bewirkt Ethylen eine Beschleunigung der Reifung. Ungefähr zeitgleich mit dem Respirationsklimakterium erreicht die endogene Ethylenproduktion ein Maximum. Die physiologische Bedeutung des Ethylens für die Fruchtreifung konnte eindrücklich an transgenen Tomaten gezeigt werden, in denen durch *antisense*-Technik (▶ Abschn. 10.4) entweder die Menge an ACC-Synthase oder an ACC-Oxidase (◻ Abb. 12.31) stark reduziert wurde. Dadurch konnte die Ethylenproduktion drastisch gesenkt und die Fruchtreifung weitgehend unterdrückt werden. Durch Begasung mit Ethylen konnten die transgenen Früchten auf technisch kontrollierte Weise zur Reifung gebracht werden.

Bei den essbaren zoochoren Früchten (▶ Abschn. 19.4.3, Samen- und Fruchtausbreitung) kommt es im Verlauf des Reifungsprozesses zu einem Abbau der Stärke zu Zucker, zur Veratmung organischer Säuren und zu einer Umpigmentierung durch die Synthese von Anthocyanen und/oder die Umwandlung von Chloroplasten zu Chromoplasten, wobei Chlorophyll abgebaut und Carotinoide vermehrt gebildet werden. Schließlich wird durch eine partielle Verdauung der Zellwände und Mittellamellen das Fruchtfleisch weich. Alle diese Prozesse erhöhen die Attraktivität und Essbarkeit von Früchten. Die Bildung vieler der an diesen Prozessen beteiligten Enzyme (z. B. Chlorophyllase, Polygalacturonidase) wird durch Ethylen induziert. Die Hemmung der Polygalacturonidasen durch ein gentechnisch eingebrachtes *antisense*-Konstrukt durch die US-amerikanische Firma Calgene führte zur "Antimatschtomate" FlavrSavr und bildete den Startschuss für die Einführung der Gentechnologie in die Landwirtschaft.

Durch eine Behandlung von Tomatenpflanzen mit Ethephon wird eine einheitliche Reifung der Früchte erzielt, die die Ernte erleichtert. Viele Früchte (z. B. Bananen) werden in noch nicht ausgereiftem Zustand geerntet und während des Transports in Kühlschiffen in einer Atmosphäre gelagert, deren Ethylengehalt durch Filterung über bromierte Holzkohlefilter geringgehalten wird. Zugleich wird der Luft CO_2 (das als Ethylenantagonist wirkt) beigemischt. Durch Erhöhung der Temperatur, Entfernung des CO_2 und Ethylenbegasung wird rechtzeitig vor Erreichen der Märkte der Reifungsprozess in Gang gesetzt.

Die Seneszenz von Blütenorganen wird in der Regel ebenfalls durch Ethylen gefördert. Die Perianthorgane vieler Blüten (z. B. der Orchideen) durchlaufen nach der Bestäubung eine rasche, ethyleninduzierte Seneszenz. Nach der Abtrennung von der Mutterpflanze zeigen viele Blüten eine verstärkte, ethylenabhängige Seneszenz. Daher werden Schnittblumen oft mit Hemmstoffen der Ethylenwirkung (z. B. Silberthiosulfat: Ag^+-Ion) behandelt, um ihre Haltbarkeit zu erhöhen. Wie bei Früchten führt die Hemmung der Ethylenbiosynthese durch *antisense*-Technik auch bei Blüten (z. B. Nelken) zu stark verzögerter Seneszenz. Im Gegensatz zu den Blüten und Blütenorganen, werden Laubblätter durch Ethylen nur in begrenztem Maß zur Seneszenz angeregt. Ethyleninsensitive Mutanten von *Arabidopsis thaliana* (▶ Abschn. 12.6.4) zeigten vollständige Blattseneszenz, die allerdings etwas verzögert verläuft.

Das Abwerfen (**Abscission**) von Blättern, Blüten, Früchten und manchmal Zweigen (z. B. Pappel) gehört zur normalen Entwicklung ausdauernder Pflanzen. Die Pflanze kann damit einerseits überflüssige, nicht funktionsfähige Organe (z. B. funktionsuntüchtige Blätter, unbestäubte/-befruchtete Blüten oder Früchte nach vorzeitigem Abbruch der Samenentwicklung) beseitigen und andererseits die Ausbreitung reifer Früchte unterstützen. Die strukturellen und physiologischen Vorgänge, die zum Blatt-, Blüten- und Fruchtfall führen, sind sich sehr ähnlich. Am besten untersucht ist der Blattfall.

Blätter fallen in der Regel nicht einfach infolge unspezifischer Schädigung ab, sondern werden in einem sorgfältig koordinierten Entwicklungsprozess abgeworfen, an dem Ethylen im Verbund mit Abscisinsäure eine regulierende Rolle spielt. Sommergrüne Holzpflanzen verlieren ihre Blätter synchronisiert im Herbst, während der Blattfall bei immergrünen und Tropenpflanzen während des ganzen Jahres auftritt. Der Blattfall kann unter bestimmten klimatischen Bedingungen (Dürre, frostverursachte Trockenheit: Frosttrocknis, ▶ Abschn. 14.2.3) notwendig sein, um übermäßige Wasserverluste zu vermeiden. Außerdem reichern alle Blätter mit der Zeit infolge der Transpiration Ballastionen an (z. B. Ca^{2+}, das nicht in ausreichendem Maß im Phloem zurücktransportiert werden kann, ◻ Tab. 14.7) und werden dadurch funktionsuntüchtig. Der Abwurf solcher Blätter kommt einer Entschlackung gleich.

Der **Blattfall** (genauso wie der Blüten- und Fruchtfall) wird durch die Bildung eines **Trennungsgewebes** an der Basis des Stiels (◻ Abb. 12.33) ermöglicht. Es besteht aus kleinen Parenchymzellen mit wenigen Interzellularen und wird bereits früh während der Organentwicklung angelegt, bleibt jedoch zunächst undifferenziert. Die Differenzierung erfolgt nur unter besonderen Bedingungen und ist ein aktiver Prozess, der die Synthese spe-

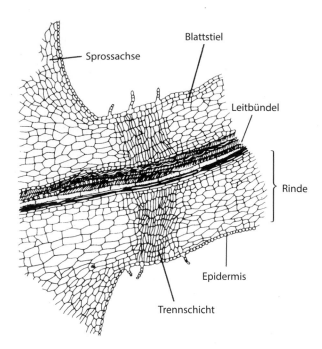

◻ **Abb. 12.33** Längsschnitt durch die basale Region eines Dikotylenblattstiels mit entwickelter, jedoch noch nicht ausdifferenzierter Trennschicht. (Nach J.G. Torrey)

zieller Enzyme erfordert (z. B. Cellulasen und Polygalacturonasen). Je nach Pflanzenart leiten die Zellen des Trenngewebes den programmierten Zelltod ein, sodass das Organ abgetrennt wird. Häufig bleiben diese Zellen am Leben, geben aber Polygalacturonidase in die Zellwand ab. Dies führt dazu, dass sich wie beim Reifen der Früchte die Mittellamellen auflösen.

Die Ausdifferenzierung der Trennschicht unterliegt der Kontrolle durch verschiedene Phytohormone, wobei Auxin (IAA), Ethylen und am Ende Abscisinsäure die Hauptrolle spielen. Der Prozess lässt sich in drei Phasen einteilen:

1. Phase Solange ein Organ seinen Stiel ausreichend mit IAA versorgt, sind die Zellen der Trennschicht insensitiv für Ethylen und reagieren nicht auf dieses Phytohormon. Die Ausdifferenzierung des Trennungsgewebes unterbleibt.

2. Phase Bei nachlassender IAA-Versorgung (z. B. infolge einsetzender Blattseneszenz, künstlich ausgelöst durch Hemmstoffe des Auxintransports) werden die Zellen der Trennungsgewebe sensitiv gegenüber Ethylen.

3. Phase Die Zellen des Trennungsgewebes reagieren auf das endogene Ethylen mit der Bildung von Polygalacturonase und anderen hydrolytischen Enzymen oder programmiertem Zelltod, was zum Blattfall führt.

Die hormonelle Steuerung des Trennungsgewebes spielt in der Praxis eine wichtige Rolle. Durch Besprühen mit Picloram, einem künstlichen Auxin mit milder Wirkung, kann man die Differenzierung der Trennschicht blockieren und so das Abwerfen von Früchten oder anderen Organen verhindern (z. B. „Lagerung am Baum" bei *Citrus*-Früchten). Eine besonders kuriose Anwendung ist die in Israel praktizierte künstliche Erhaltung des Griffels beim Anbau der *Ethróg*-Frucht. Diese besonders bizarr geformten Varietäten der Medizinalzitrone (*Citrus medica*) spielen für das traditionelle Laubhüttenfests (*Sukkót*) eine wichtige Rolle. Ein besonderes Qualitätsmerkmal einer *Ethróg*-Frucht sind Gestalt, Größe und Vollkommenheit des *Pitám* (Griffel). Normalerweise würde der Griffel nach erfolgter Befruchtung über einen durch Ethylen ausgelösten Vorgang abgeworfen. Die Ausbildung eines Trenngewebes wird jedoch durch die Behandlung der noch kleinen *Ethróg*-Früchte mit Picloram verhindert. Der Aufwand lohnt sich, da für diese rituellen Früchte sehr hohe Preise bezahlt werden.

Auch die gegenteilige Anwendung ist von praktischer Bedeutung. Durch eine Überdosis von Auxin kann man (über die Induktion der Ethylenbiosynthese) die Ausbildung eines Trenngewebes beschleunigen und so künstlich einen Blattabwurf auslösen. Das ist der biologische Hintergrund für die Wirkung des von der US-Armee im Vietnamkrieg eingesetzten Entlaubungsmittels Agent Orange (▶ Abschn. 12.3.1).

Wegen der Vielfalt der agronomisch wichtigen Prozesse, die durch Ethylen reguliert werden, finden Ethylenquellen (z. B. Ethephon) und Ethylenantagonisten (z. B. Ag⁺) viele kommerzielle Anwendungen. Dazu gehört die Stimulation des Latexflusses durch Ethylen bei *Hevea brasiliensis*, dem Hauptlieferanten von Naturkautschuk, für den nach wie vor die Nachfrage das Angebot übersteigt. Die Ethephonbehandlung von Schnittflächen mit angeschnittenen Milchröhren erhöht der Ertrag an austretendem Latex auf das Dreifache.

12.6.4 Molekulare Mechanismen der Ethylenwirkung

Der Ethylenrezeptor war der erste Hormonrezeptor, der für Pflanzen identifiziert werden konnte. Ausgangspunkt waren Mutanten des Ethylensignalwegs bei Tomaten und *Arabidopsis thaliana*, bei denen typische Ethylenwirkungen wie Fruchtreife (etwa bei der Tomatenmutante *never ripe*) oder die *triple response* etiolierter Keimlinge (▶ Abb. 12.34) verändert waren. Während man bei Mutanten der Hormonbiosynthese durch Zugabe des Hormons den Mutantenphänotyp heilen kann (ein berühmtes Beispiel ist die *dwarf1*-Mutante von Mais, ▶ Abb. 12.25), behalten Mutanten, bei denen der Hormonrezeptor oder Schritte der Signalverarbeitung betroffen sind, ihren Phänotyp bei, wenn man sie mit exogenem Hormon behandelt. Auf diese Weise wurden einerseits Mutanten gefunden, die in Anwesenheit keine *triple response* zeigten (*etr*, für *ethylene triple response*), andererseits Mutanten, die auch in Abwesenheit von

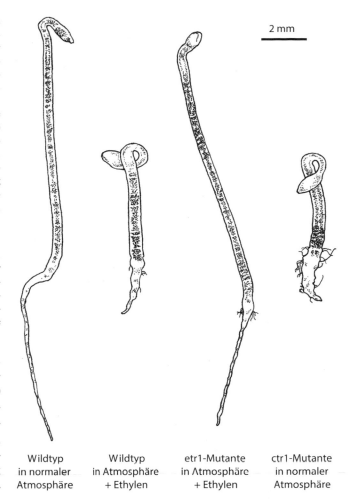

2 mm

| Wildtyp in normaler Atmosphäre | Wildtyp in Atmosphäre + Ethylen | etr1-Mutante in Atmosphäre + Ethylen | ctr1-Mutante in normaler Atmosphäre |

▣ Abb. 12.34 Phänotypen von etwa drei Tage alten Keimlingen von *Arabidopsis thaliana* nach Anzucht im Dunkeln unter den jeweils angegebenen Bedingungen. Im Gegensatz zum Wildtyp zeigt die *etr1*-Mutante bei Behandlung mit zusätzlichem Ethylen keine *triple response*, wohingegen die *ctr1*-Mutante dieses Entwicklungsprogramm in Abwesenheit von Ethylen durchläuft. Abkürzungen ▣ Abb. 12.35

Ethylen eine *triple response* aufweisen (*ctr*, für *constitutive triple response*). Durch genetische Kartierung konnte dann das bei der *etr1*-Mutante betroffene Gen identifiziert werden. Ob es sich hier tatsächlich um den Rezeptor oder einfach ein vom Rezeptor aktiviertes Signalprotein handelte, war zunächst noch unklar. Mithilfe von radioaktiv markiertem Ethylen konnte jedoch gezeigt werden, dass Plasmamembranen aus dieser Mutante im Gegensatz zum Wildtyp kein Ethylen mehr binden können. Die Bindung des Liganden ist jedoch das operationale Kriterium, um ein Kandidatenprotein als Hormonrezeptor definieren zu können. Inzwischen konnte durch die Untersuchung zahlreicher Mutanten ein recht detailliertes Bild des Ethylensignalwegs gewonnen werden.

Ethylen bindet an homodimere (d. h. aus zwei gleichen Untereinheiten aufgebaute) Rezeptoren, die große Ähnlichkeit mit bakteriellen Zweikomponentenregulatoren besitzen und in der Plasmamembran lokalisiert sind. Neben dem Ethylensignalweg wird diese Art von Signalleitung noch von den Cytokininen genutzt (▶ Abschn. 12.2.4). Bei *Arabidopsis thaliana* wurden bislang fünf verschiedene Ethylenrezeptoren identifiziert, die in unterschiedlichen Geweben vorkommen und auf komplexe Weise zusammenwirken. Die Ethylenbindungsstellen befinden sich in den membrandurchspannenden Domänen in der Nähe der N-Termini der Rezeptorproteine und enthalten Cu$^+$-Ionen, die direkt mit Ethylen interagieren.

In Abwesenheit von Ethylen aktivieren diese Rezeptoren die Proteinkinase CTR1, die den Ethylensignalweg blockiert. Die Bindung von Ethylen hemmt die Interaktion der Rezeptoren mit der Kinase, die dadurch inaktiviert wird. Ethylen hebt also die Hemmung des Ethylensignalwegs durch CTR1 auf und aktiviert ihn auf diese Weise. In *ctr1*-Mutanten, denen CTR1-Kinase-Aktivität fehlt, ist der Ethylensignalweg auch in Abwesenheit von Ethylen permanent aktiviert. Dementsprechend zeigen diese Mutanten eine konstitutive *triple response*. Die Aktivierung eines Signalwegs durch Inaktivierung eines hemmenden Proteins kommt auch bei Auxinen, Gibberellinen und Jasmonaten vor, wird dort jedoch durch proteolytischen Abbau des Repressors bewirkt. Die Ethylensignalleitung unterscheidet sich dadurch, dass eine Enzymaktivität des Repressors (Phosphorylierung) unterbrochen wird.

Die CTR1-Kinase moduliert indirekt, über weitere, dazwischengeschaltete Kinasen, die Aktivität des Membranproteins EIN2 (engl. *ethylene insensitive*), das nach Aktivierung in der Membran des ER gespalten wird, wodurch seine C-terminale Domäne (◘ Abb. 12.35) in den Zellkern transportiert wird und dort den Transkriptionsfaktor EIN3 aktiviert. Dieser induziert seinerseits die Expression des Transkriptionsfaktors ERF1 (engl. *ethylene response factor*). ERF1 bindet direkt an GCC-Motive in den Promotoren ethylenregulierter Gene und aktiviert deren Transkription im Zusammenspiel mit allgemeinen Transkriptionsfaktoren (▶ Abschn. 5.2). EIN2 kann jedoch gleichzeitig die Aktivität der Aminosäureligase JAR1 (◘ Abb. 12.30) modulieren, die Jasmonsäure durch Kopplung an Isoleucin zum aktiven JA-Ile konjugiert. Dies erlaubt eine Verrechnung von Ethylen- und Jasmonatsignalweg.

12.7   Abscisinsäure

Neben den bisher behandelten Phytohormonen mit überwiegend fördernder Wirkung auf Stoffwechsel und Entwicklung enthalten Pflanzen auch Wirkstoffe, die überwiegend hemmend wirken. Dazu gehört die Abscisinsäure (engl. *abscisic acid*, ABA). Strukturaufklärungen ergaben, dass die zunächst unabhängig beschriebe-

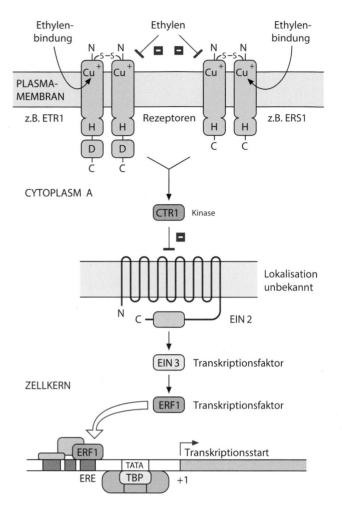

◘ **Abb. 12.35** Der Ethylensignalweg. Die Ethylenrezeptoren (z. B. ETR1, ERS1) sind Homodimere mit deutlicher Verwandtschaft zu bakteriellen Zweikomponentenregulatoren. Ethylen bindet an Cu$^+$-Ionen in den transmembranen Bereichen der Rezeptoren und inhibiert dadurch ihre Interaktion mit der CTR1-Kinase. An dieser Interaktion können zwei Rezeptordomänen beteiligt sein: die Histidin-Kinase-Domäne (H) und die Aspartylphosphatdomäne (D), die jedoch einigen Rezeptoren fehlt (z. B. ERS1). Im aktiven Zustand (in Abwesenheit von Ethylen) hemmt die CTR1-Kinase den unten beschriebenen Signalweg. Die ethyleninduzierte Inhibition der Interaktion mit den Ethylenrezeptoren inaktiviert die CTR1-Kinase. Durch den Wegfall der CTR1-vermittelten Hemmung wird der nachfolgende Ethylensignalweg aktiviert: Das EIN2-Protein (dessen Funktionsweise noch unbekannt ist) aktiviert den Transkriptionsfaktor EIN3, der seinerseits die Transkription des Gens für den ERF1-Transkriptionsfaktor induziert. ERF1 wird im Cytoplasma gebildet, in den Zellkern transportiert, bindet dort an ethylenspezifische *cis*-Elemente (EREs, engl. *ethylene response element*) in den Promotoren ethylenregulierter Gene und aktiviert so deren Transkription. – ERF (engl. *ethylene response factor*); die übrigen Proteine tragen Namen, die sich von Mutantenphänotypen ableiten (vgl. Text, ◘ Abb. 12.34): *etr* (engl. *ethylene resistant*); *ein* (engl. *ethylene insensitive*), *ctr* (engl. *constitutive triple response*), D Aspartylphosphatdomäne, H Histidin-Kinase-Domäne. (Nach C. Chang, verändert)

nen Entwicklungsfaktoren Abscisin II, das bei Baumwolle einen vorzeitigen Fruchtabwurf bewirkt, und Dormin, das die Dormanz von Ruheknospen auslöst, mit der Abscisinsäure identisch sind.

12.7.1 Vorkommen und zelluläre Funktion

Abscisinsäure kann nicht nur in allen Pflanzen einschließlich der Algen nachgewiesen werden, sondern auch in Pilzen und Cyanobakterien. Andere Bakterien und Archaeen synthetisieren dieses Phytohormon nicht. Der Pilz *Cercospora rosicola*, ein Pathogen von Rosen, bildet ABA in besonders großen Mengen. In Gefäßpflanzen sind vermutlich alle plastidenhaltigen Zellen zur ABA-Biosynthese befähigt. Hinsichtlich seiner zellulären Funktion ist Abscisinsäure der Gegenspieler der Gibberelline. ABA hemmt das Expansionswachstum und induziert Veränderungen der Zellwand, die zur Stabilisierung und Festigung beitragen. Obwohl sie generell die metabolische Aktivität herunterregelt, in manchen Fällen bis zu einem Ausmaß, dass kaum noch ein Stoffwechsel nachweisbar ist (**Anabiose**), kann sie selektiv die Bildung bestimmter Sekundärmetaboliten (etwa der Anthocyane) aktivieren. Häufig sind diese zellulären Funktionen der Abscisinsäure in die Anpassungsreaktion der Pflanze an osmotischen Stress (Trockenheit, Salzstress, Kältestress) eingebunden. In vielen Fällen erfolgt die Bildung von Abscisinsäure im Anschluss an eine vorangegangene Aktivierung der gasförmigen Stresssignale Methyljasmonat und Ethylen.

12.7.2 Stoffwechsel und Transport

Die Bildung der Abscisinsäure beginnt mit der oxidativen Spaltung von 9-*cis*-Neoxanthin, einem in Plastiden vorkommenden Abkömmling des Xanthophylls Violaxanthin. Das aus dieser Reaktion hervorgehende Spaltprodukt Xanthoxin wird im Cytoplasma über Abscisinaldehyd in Abscisinsäure überführt (◘ Abb. 12.36). Die in Gefäßpflanzen gebildete ABA ist demnach als Apocarotinoid (ein durch oxidative Spaltung aus Carotinoiden hervorgegangenes Molekül) aufzufassen. Von Pilzen gebildete ABA entsteht auf vollkommen andere Weise durch die Zyklisierung von Farnesylpyrophosphat (▶ Abschn. 14.14.2) und ist deshalb als Sesquiterpen zu bezeichnen. Eine ältere Vorstellung, wonach dieser Biosyntheseweg auch in Pflanzen für die ABA-Produktion zuständig ist, konnte nicht bestätigt werden. Für die Bedeutung des Apocarotinoidbiosynthesewegs in Pflanzen spricht z. B. die Beobachtung, dass in Maismutanten, deren Carotinoidbiosynthese gestört ist, auch die ABA-Konzentration erheblich reduziert ist (▶ Abschn. 12.7.3). Ebenso können Herbizide, die die Carotinoidsynthese hemmen (z. B. Norflurazon), dazu eingesetzt werden, um die Bildung von Abscisinsäure zu unterdrücken. Inaktiviert werden kann ABA kann durch oxidativen Abbau zu Dihydrophaseinsäure oder durch Überführung in die Glucosylesterform.

ABA findet sich in allen Pflanzenorganen und akkumuliert zu besonders hohen Konzentration in Samen,

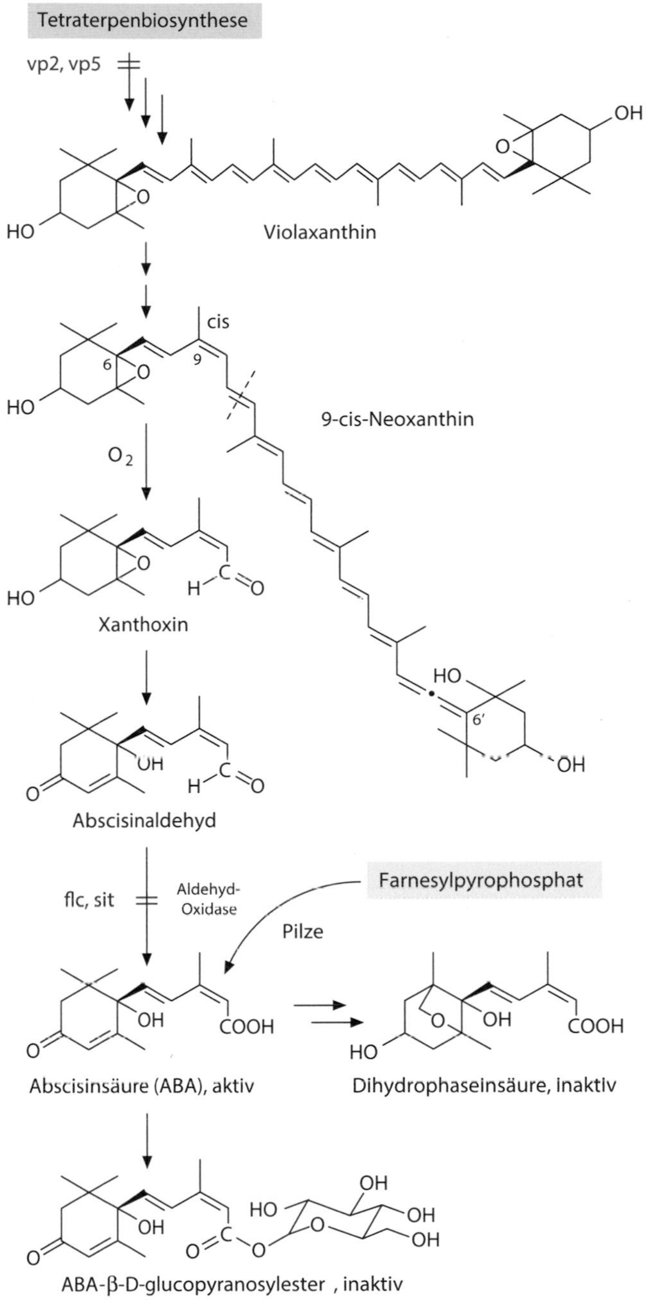

◘ **Abb. 12.36** Stoffwechsel der Abscisinsäure (ABA). Dieses Phytohormon wird in Pflanzen über den Abbau des Xanthophylls 9-*cis*-Neoxanthin, in Pilzen über die Zyklisierung von Farnesylpyrophosphat gebildet. In den Tomatenmutanten *flacca* (*flc*) und *sitiens* (*sit*) ist die Umsetzung von Abscisinaldehyd in ABA gestört. Beide Mutanten welken sehr rasch, da sie bei Wassermangel ihre Stomata nicht mehr schließen können. Der Defekt kann durch Besprühen der Pflanzen mit ABA-Lösung behoben werden. Bei den *viviparous*-Mutanten *vp2* und *vp5* von Mais liegen in frühen Schritten der Carotinoidbiosynthese Störungen vor, die zu einem ABA-Mangel und infolgedessen zu Viviparie führen. (Grafik: E. Weiler)

im Fruchtgewebe und im Herbst in Ruheknospen. Unter bestimmten Umweltbedingungen, insbesondere bei Wassermangel, bilden gestresste Gewebe innerhalb weniger Stunden große Mengen an ABA, häufig im Anschluss an eine Akkumulation von Jasmonaten. Bei Wassermangel wird die ABA-Biosynthese durch den Abfall des Turgors unter einen Schwellenwert und nicht durch das absinkende Wasserpotenzial Ψ (Gl. 14.2), stimuliert. In Blättern kann der ABA-Gehalt bei Wassermangel um das mehr als 40-Fache steigen. Auch Bereiche des Wurzelsystems bilden bei Turgorabsenkung infolge von Wasserknappheit zusätzliche ABA. Von dort kann das Phytohormon über das Xylem in den Spross und mit dem Transpirationsstrom weiter bis zu den Schließzellen transportiert werden, wo es den Verschluss der Stomata induziert (► Abschn. 12.7.3 und 15.3.2.5). In Blättern bei Wassermangel gebildete und freigesetzte ABA kann im Phloem transportiert werden und auf diese Weise in die Wurzel gelangen. Dort ist ABA an einer Erhöhung der hydraulischen Wasserleitfähigkeit beteiligt, die die Wasseraufnahmekapazität der Wurzel steigert. Der Phloem- und Xylemtransport der Abscisinsäure dient damit der Koordination des Wasserhaushalts von Spross und Wurzel. Über kurze Distanzen wird ABA vermutlich durch Diffusion von Zelle zu Zelle transportiert. In den Apoplasten ausgeschüttete ABA wird dabei mit dem Wasserstrom (◘ Abb. 14.16) verteilt. In jungen Blattstielen und Internodien ist der parenchymatische Transport der ABA basipetal polarisiert und erfolgt mit einer Geschwindigkeit von ca. 3 cm h^{-1} doppelt so rasch wie der von IAA (► Abschn. 12.3.3). Über den Mechanismus dieses Transportsystems war lange Zeit nichts bekannt. Vor Kurzem wurden jedoch bei *Arabidopsis thaliana* vier ABC-Transporter entdeckt, die für den ABA-Transport vom Endosperm des ruhenden Samens zum Embryo verantwortlich sind. Zwei davon sind Importer, zwei Exporter.

12.7.3 Wirkungen der Abscisinsäure

Der Name Abscisinsäure rührt vom Phänomen der Abscission her, also dem Abwurf von Pflanzenorganen wie Blätter, Blüten oder Früchte. In der Tat wurden ABA in hohen Konzentrationen in vorzeitig abgeworfenen, unreifen Baumwollkapseln nachgewiesen, sodass man annahm, es sei für die Abscission ursächlich verantwortlich. Inzwischen hat sich gezeigt, dass die Förderung der Abscission keine primäre Wirkung der ABA darstellt, sondern durch die aufgrund des reduzierten Auxintransports ausgelöste Freisetzung von Ethylen ausgelöst wird (► Abschn. 12.3.1 und 12.6.3). Der Name Abscisinsäure ist daher zwar unglücklich gewählt, hat sich aber allgemein durchgesetzt.

Die physiologischen Wirkungen der ABA lassen sich in zwei Kategorien unterteilen:
— Auslösung von Ruhezuständen (**Dormanz**)
— Regulation des **Wasserhaushalts**

Darüber hinaus funktioniert ABA oft als Gegenspieler (Antagonist) anderer Phytohormone. Von außen zugeführte ABA hemmt z. B. die Förderung des Streckungswachstums durch Auxine und Gibberelline, ebenso die Induktion der α-Amylase-Synthese in Aleuronschichten durch Gibberelline, die auch als Gegenspieler der ABA beim Zustandekommen bzw. der Aufhebung von Ruhezuständen in Erscheinung treten. Umgekehrt fördert eine ABA-Applikation die durch Cytokinine gehemmte Blattseneszenz.

Die Anreicherung von ABA in Samen und Fruchtfleisch ist wegen ihrer Hemmwirkung auf die Keimung wichtig für die Samenruhe. Die Dormanz von Samen kann strukturell bedingt sein. In diesem Fall wird sie durch die Testa bewirkt, die im reifen Samen unter anderem die Aufnahme von Wasser und Sauerstoff verhindert. Nach Entfernen der Testa kommt es bei strukturell bedingter Dormanz zur Keimung. Oft ist die Dormanz jedoch physiologisch bedingt. Selbst nach Entfernen der Samenschale kommt es, trotz an sich günstiger Bedingungen, nicht zur Keimung. Umgekehrt keimen Samen von Mutanten mit gestörter ABA-Bildung (z. B. die Maismutanten *vp2* und *vp5*, ◘ Abb. 12.36) oft vorzeitig bereits auf der Mutterpflanze aus (**Viviparie**, Mutantenbezeichnung: *viviparous*). ABA ist also essenziell für die Samendormanz. Wenn man eine solche Mutante mit dem Wildtyp kreuzt, behält der heterozygote Embryo die Dormanz bei. Entsteht hingegen in einer heterozygoten Mutterpflanze ein homozygot mutierter Embryo, verliert dieser die Dormanz. Daraus lässt sich schließen, dass der Genotyp des Embryos und nicht derjenige der Mutterpflanze für die ABA-abhängige Samendormanz verantwortlich ist. Allerdings trägt bei fleischigen Früchten wie Beeren vermutlich auch der hohe ABA-Spiegel im Fruchtfleisch dazu bei, eine vorzeitige Samenkeimung zu verhindern. In manchen Samen (z. B. von Walnuss, Apfel, Rose) lässt sich der ABA-Gehalt durch eine Kältebehandlung reduzieren, sodass die Keimung ausgelöst werden kann (**Stratifikation**, ► Abschn. 13.1.2). Stratifikation fördert in vielen Fällen gleichzeitig die Gibberellinsynthese. Ebenso kann die ABA-vermittelte Hemmung der Samenkeimung häufig durch exogene Applikation von Gibberellinen aufgehoben werden. Ähnlich wie für die Steuerung der Organbildung durch das Verhältnis von Cytokininen und Auxinen (◘ Abb. 12.4) scheint auch für die Förderung bzw. die Aufhebung der Samendormanz nicht so sehr der absolute Gehalt an ABA und Gibberellinen entscheidend zu sein, sondern vielmehr das Verhältnis der Konzentrationen der beiden Phytohormone.

ABA ist nicht nur für die Samendormanz verantwortlich, sondern induziert auch die Bildung von Speicherproteinen im sich entwickelnden Samen. Im Verlauf der Embryogenese steigt die Abscisinsäurekonzentration im

Samen nach Abschluss der Zellteilungen und vor Beginn der Zellexpansion vorübergehend stark an. Die Phase der Zellexpansion wird dadurch mit der Einlagerung von Speicherstoffen in Gewebe des Embryos oder Endosperms verbunden. Man geht davon aus, dass der Anstieg der ABA-Konzentration während der Embryogenese neben der Expression von Speicherproteinen auch die Produktion weiterer Proteine (z. B. von Dehydrinen oder LEA-Proteinen, LEA von engl. *late embryogenesis abundant*) induziert, die dem strukturellen Schutz der Zellen im Verlauf der Austrocknungsphase der Samenentwicklung dienen. In dieser Phase geht der Wassergehalt der Samengewebe auf 10 % und weniger zurück.

Der Beginn der Knospenruhe ist häufig, aber nicht immer, mit einem Anstieg der ABA-Konzentration und oft mit einem gleichzeitigen Abfall der Cytokinin- und Gibberellinkonzentration verbunden. Umgekehrt sinkt der ABA-Gehalt im Verlauf der **Vernalisation** (▶ Abschn. 13.1.3) wieder, während zugleich die Gibberellin- und Cytokininkonzentrationen ansteigen. Vernalisiert man Reiser in Gegenwart von exogen zugefügter Abscisinsäure, bleibt die Dormanz der Ruheknospen erhalten (z. B. Esche).

Von besonderer Wichtigkeit ist ABA für die **Regulation des Wasserhaushalts**. Bei Wassermangel bewirkt ABA einen Stomataverschluss, eine Erhöhung der hydraulischen Wasserleitfähigkeit der Wurzel und eine Förderung des Wurzelwachstums, während gleichzeitig das Sprosswachstum gehemmt wird. Die Wirkung von ABA auf das Spross- und Wurzelwachstum ist als langfristige Adaption an chronischen Wassermangel zu verstehen: Die resorbierende Oberfläche wird relativ zur transpirierenden Oberfläche vergrößert. Die Erhöhung der hydraulischen Leitfähigkeit im Wurzelbereich tritt bei Wassermangel im Spross nach einigen Stunden ein und wird wahrscheinlich durch im Spross gebildete und über das Phloem in die Wurzel transportierte ABA induziert. Die Kontrolle der Porenweite der Stomata durch ABA geschieht schon innerhalb von Minuten und erlaubt eine effektive, kurzfristige und reversible regulatorische Anpassung der Transpiration an den Turgor entweder im gesamten Blatt (▶ Abb. 14.54) oder in einzelnen Bereichen eines Blatts. Dabei scheint es bei Wassermangel schon vor einsetzender ABA-Neusynthese zu einer lokalen Ausschüttung des Phytohormons durch Mesophyllzellen zu kommen, sodass der Signalstoff mit dem Transpirationsstrom in kürzester Zeit zu den Schließzellen geführt werden kann. Die der Schließzellbewegung zugrunde liegenden Prozesse werden in ▶ Abschn. 15.3.2.5 näher erläutert (▶ Abb. 15.28 und 15.29).

Mithilfe äußerst empfindlicher Analyseverfahren konnten die ABA-Mengen in einzeln präparierten Schließzellen aus turgeszenten (geöffneten) und über osmotischen Stress zum Schließen gebrachten Stomata aus Blättern von *Vicia faba* ermittelt werden. Bei geschlossenen

Stomata war der ABA-Gehalt in Schließzellen 20- bis 25-fach höher als bei geöffneten Stomata (▶ Abb. 12.37). Die Bedeutung der ABA für die Regulation der stomatären Transpiration wird durch ABA-defiziente Mutanten zusätzlich belegt, die ihre Stomata nicht schließen können und deshalb äußerst rasch welken. Die rasch welkenden Tomatenmutanten *flacca* (*flc*) und *sitiens* (*sit*) können die Vorstufe Abscisinaldehyd nicht zu aktiver Abscisinsäure umwandeln (▶ Abb. 12.36) und enthalten nur etwa 10 % der ABA-Menge von Wildtyppflanzen. Diese Mutanten können daher nur in wasserdampfgesättigter Atmosphäre am Leben gehalten werden. Durch eine Behandlung mit exogener ABA lässt sich jedoch der Phänotyp dieser Mutanten heilen.

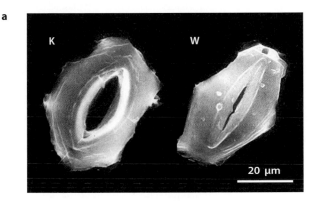

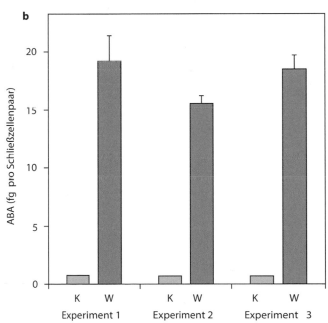

▶ Abb. 12.37 Abscisinsäuregehalt in Schließzellen von *Vicia faba* bei geöffneten bzw. geschlossenen Stomata. Die Analyse wurde an einzeln präparierten Schließzellpaaren **a** unter Einsatz eines hochempfindlichen immunologischen Verfahrens durchgeführt, wobei in den gezeigten Experimenten 1, 2 und 3 **b** 10, 20 bzw. 50 Schließzellpräparate aus Epidermen von Pflanzen unter Wassermangel (W, Stomata geschlossen, dunkle Balken mit Standardabweichungen) bzw. 100 Schließzellpräparate aus Epidermen von gut wasserversorgten Pflanzen (K, Kontrollen, Stomata geöffnet) zur Analyse verwendet wurden. – 1 Femtogramm (fg) = 10^{-15} g. (Aufnahme: W.H. Outlaw, Jr, mit freundlicher Genehmigung)

12.7.4 Molekulare Mechanismen der Abscisinsäurewirkung

Drei verschiedene Klassen von ABA-bindenden Proteinen, die als ABA-Rezeptoren dienen können, wurden bisher identifiziert. Dazu gehören plasmamembranassoziierte G-Proteine (GTG1/2), ein in Plastiden lokalisiertes Enzym, das die Kommunikation zwischen dem Kern und diesen Organellen koordiniert, sowie cytoplasmatische, ligandenbindende START-Domänen-Proteine. Lösliche START-Domänen-Proteine scheinen die wichtigsten ABA-Rezeptoren zu sein. Sie spielen eine zentrale Rolle bei der ABA-vermittelten Regulation von Stomataschließung, Samenkeimung und abiotisch ausgelösten Stressreaktionen.

ABA-Rezeptoren mit START-Domänen wurden durch die Suche nach *Arabidopsis*-Mutanten identifiziert, die insensitiv auf Behandlung mit dem ABA-Analogon Pyrabactin (PY) reagieren. Solche Mutanten tragen Defekte in Genen, die die START-Domänen-Proteine PYR1 (engl. *pyrabactin resistance 1*) oder PRL (engl. *PYR like*) codieren. Die Proteine PYR1 und PRL können ABA binden und bilden dann einen Komplex mit den Typ-2C-Proteinphosphatasen (PP2C) ABI1 und ABI2 (nach den entsprechenden Mutanten benannt, engl. *ABA insensitive*) gehören. Diese Phosphatasen werden dadurch inaktiviert. Mutanten mit Defekten in ABI1- und ABI2-codierenden Genen reagieren nicht auf ABA, sodass sie, ähnlich wie die *viviparous*-Mutanten, nicht zur Dormanz befähigt sind. Im Gegensatz zu den Mutanten der ABA-Synthese lässt sich die Dormanz aber auch nicht durch Zugabe von exogenem ABA wiederherstellen.

Im aktiven Zustand dephosphorylieren und inaktivieren die ABA-regulierte PP2C-Phosphatasen Proteinkinasen der SNRK2-Klasse (SNRK für engl. *SNF1-related protein kinase*). Die Inaktivierung der PP2C-Phosphatasen durch PYR1/PRL-Rezeptoren in Gegenwart von ABA führt also zur Aktivierung der SNRK2-Proteinkinasen. Diese phosphorylieren und aktivieren einerseits Ionenkanäle wie den Kaliumkanal Kat1 aus *Arabidopsis* und andererseits ABA-regulierte Transkriptionsfaktoren der ABF-Klasse (ABF für engl. *ABA responsive transcription factor*). Aktivierte ABF-Transkriptionsfaktoren induzieren schließlich die Expression von ABA-abhängigen Genen, indem sie an ABREs (engl. *ABA responsive elements*) – spezifische Sequenzmotive in den Promotoren dieser Gene – binden. Ähnlich wie bei den anderen Phytohormonen erfolgt also die Aktivierung der ABA-Wirkung durch Inaktivierung von Repressoren.

12.8 Weitere Phytohormone

Die Liste von physiologisch hoch aktiven Signalstoffen erweitert sich ständig. Viele von ihnen erfüllen die operationalen Kriterien eines Phytohormons (▶ Abschn. 12.1), wurden aber nur in bestimmten Pflanzen nachgewiesen, weshalb sie häufig unter dem eigentlich nicht sehr präzisen Begriff "Wachstumsregulatoren" (engl. *growth regulators*) kursieren. Häufig zeigte sich aufgrund einer feineren chemischen Analytik später, dass sie doch allgemein verbreitet sind, sodass sie zu "echten" Phytohormonen "aufgewertet" wurden. Auf zwei dieser "neuen" Phytohormone, die Brassinolide und die Strigolactone sei hier noch kurz eingegangen.

12.8.1 Brassinolide

Diese erstmals aus *Brassica*-Pollen (daher der Name) isolierten Triterpene werden ausgehend vom dem aus Squalen (◻ Abb. 14.101) gebildeten Phytosteroid Cycloartenol biosynthetisiert (◻ Abb. 12.38). Mutanten von *Arabidopsis thaliana*, bei denen einzelne Schritte der Brassinolidbiosynthese gestört sind (z. B. *dwf1*, *cbb1*, *cbb3*; *dw* für engl. *dwarf*, Zwerg; *ccb* für engl. *cabbage*, Kohl), zeigen extremen Zwergwuchs und ähneln im Aussehen winzigen Kohlpflanzen. Diese Phänotypen lassen sich durch Behandlung mit sehr geringen Brassinolidmengen vollständig komplementieren (◻ Abb. 12.39). Brassinolidinsensitive Mutanten (*dwf2*, *cbb2*) zeigen einen ähnlichen Phänotyp wie die brassinoliddefizienten Mutanten, können aber durch Brassinolidapplikation nicht komplementiert werden. Lange Zeit suchte man vergeblich nach Hinweisen auf einen Transport von Brassinoliden – nach Zugabe von außen bleiben Brassinolide weitgehend an Ort und Stelle und Pfropfungen von Mutanten der Brassinolidbiosynthese auf eine Wildtypunterlage gaben keine Hinweise auf eine Komplementierung. Daher wurden die Brassinolide eher als lokal wirkende Wachstumsregulatoren und nicht als Phytohormone im engeren Sinn angesehen. Inzwischen konnte man jedoch zeigen, dass Brassinolide bei der Aufrechterhaltung von Stammzellen in den ruhenden Zentren eine Rolle spielen und dabei von den äußeren Gewebsschichten nach innen transportiert werden. Auch zellbiologische Argumente sprechen dafür, dass es zumindest einen Kurzstreckentransport gibt: Der Brassinolidrezeptor (BRI1, benannt nach der entsprechenden Mutante *brassinolid insensitive*) ist eine in der Plasmamembran lokalisierte Proteinkinase aus der Gruppe der autophosphorylierenden Serin-Threo-

12

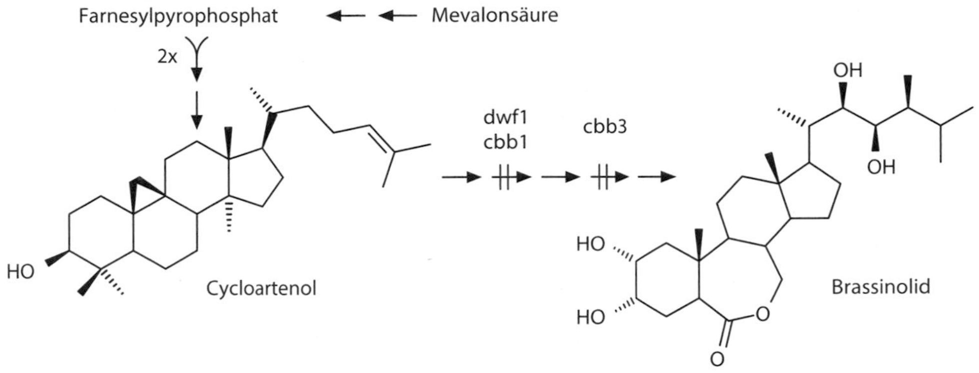

Farnesylpyrophosphat ← ← Mevalonsäure

dwf1
cbb1   cbb3

Cycloartenol

OH

OH

HO

HO

O

O

Brassinolid

■ **Abb. 12.38** Bildung von Brassinolid aus Cycloartenol. In der Brassinolidbiosynthese gestörte Mutanten (*dwf1*, *cbb1*, *cbb3*) von *Arabidopsis thaliana* weisen deutliche Entwicklungsstörungen auf (*dwf*, engl. *dwarf*, Zwerg; *cbb*, engl. *cabbage*, Kohl)

normaler Wuchs

gestörter Wuchs
einer brassinolid-
defizienten
Mutante
(cbb3)

■ **Abb. 12.39** Mutanten von *Arabidopsis thaliana* mit gestörter Brassinolidbiosynthese (*cbb3*) weisen im Vergleich zum Wildtyp einen extremen Zwergwuchs auf. Dieser Defekt lässt sich durch Applikation von Brassinolid komplementieren. (Original T. Altmann, mit freundlicher Genehmigung)

nin-Kinasen, während die Synthese am ER erfolgt. Die Brassinolide müssen also sezerniert und von den Zellen der Nachbarschaft erkannt werden. Die durch die Brassinolidbindung an den Rezeptor ausgelöste Signalkaskade ist inzwischen teilweise aufgeklärt worden. Der eigentliche Rezeptor BRI1 geht einen Komplex mit dem Corezeptor BAK1 ein. BAK1 kann selbst kein Signal auslösen, ist aber notwendig, damit BRI1 nach Bindung des Liganden ein Signal ins Zellinnere abgeben kann. Dies führt dort zur Aktivierung des Signalproteins BIN2, das eine Kinasekaskade auslöst (wobei an dieser Stelle noch andere Signale, etwa reaktive Sauerstoffspezies, eingebunden sind), die das Signal zum Zellkern leitet. Dort wird, ähnlich wie für Auxine, Gibberelline und Jasmonate, ein transkriptioneller Repressor proteolytisch abgebaut und so die Transkription zuvor reprimierter Gene aktiviert. Da BAK1 auch als Corezeptor für den mit der pflanzlichen Immunität gegenüber Bakterien wichtigen Rezeptor FLS2 (der das bakterielle Geißelprotein Flagellin erkennt und so eine Pathogenattacke wahrnehmen kann) fungiert, entsteht eine antagonistische Wechselwirkung zwischen Wachstum (über die Brassinolidsignalleitung) und Immunreaktion (über die FLS2-Signalleitung). Der (in seiner Menge begrenzte) Corezeptor BAK1 fungiert hier also als "molekularer Entscheidungsmechanismus", sodass im Falle einer Pathogenattacke Ressourcen vom Wachstum hin zur Abwehr verlagert werden. Vor Kurzem wurden Brassinolide als wichtige Faktoren erkannt, die beim Wurzelwachstum das Ausweichen vor Hindernissen steuern. Hierbei konnte eine Wechselwirkung mit dem Auxintransport gezeigt werden.

12.8.2 Strigolactone

Strigolactone wurden ursprünglich als Signale entdeckt, die das Auskeimen parasitischer "Unkräuter" der Gattung *Cuscuta* (Teufelszwirn) auslösen. Um die Jahrtausendwende wurde dann erkannt, dass diese Komponenten auch für die Induktion der Mykorrhizasymbiose wichtig sind und eine wichtige Rolle für die Steuerung der Verzweigung von Angiospermen spielen. Strigolactone hemmen einerseits das Austreiben von Seitenknospen und induzieren andererseits die Bildung von Seitenwur-

12

zeln. Sie wirken hier also ähnlich wie die Auxine. In der Tat konnte inzwischen gezeigt werden, dass sie den Auxintransport regulieren können. Die Bildung der Strigolactone zweigt vom Carotinoidweg ab, aus Pfropfexperimenten konnte man schließen, dass sie von der Wurzel in den Spross transportiert werden. Mutanten der Biosynthese oder des Signalwegs (*max*, von engl. *more axillary meristem*) zeigen eine stärkere Verzweigung und eine reduzierte Apikaldominanz wurden zunächst in Erbsen, später in *Arabidopsis thaliana* identifiziert. Ihre Untersuchung führte zu einem partiellen Verständnis des Signalwegs. Im Zentrum steht das F-Box-Protein MAX2, das nach Bindung von Strigolactonliganden mit der α/β-Hydrolase D14 einen Komplex bildet und dadurch eine Signalkaskade auslöst. Diese Hydrolase baut den gebundenen Liganden in einem zweiten Schritt ab, ein bislang einmaliger Fall, wo Perzeption und Signalinaktivierung von ein- und demselben Protein übernommen werden. Auch ein Transporter, PDR1 (engl. *pleiotropic drug resistance*), ist mithilfe entsprechender Mutanten identifiziert worden und ist für die Sekretion von Strigolactonen zur Anlockung von Mykorrhizapilzen verantwortlich. Die aktivierende Wirkung von Strigolactonen auf die Keimung dormanter Samen ist auch ökologisch bedeutsam: Nach Waldbränden beobachtet man häufig, dass kurze Zeit danach viele einjährige, therophytische Pflanzen auskeimen. Dies wird durch eine im Holzrauch vorkommende Gruppe von Molekülen verursacht, die als **Karrikine** bezeichnet werden (von *karrik*, dem Wort der Aborigines für Rauch). Inzwischen konnte man zeigen, dass diese Karrikine ebenfalls in der Lage sind, D14 zu aktivieren und so eine Strigolactonantwort auszulösen.

Quellenverzeichnis

Bühler K (1934) Sprachtheorie: die Darstellungsfunktion der Sprache. Gustav Fischer, Stuttgart

Cholodny N (1927) Wuchshormone und Tropismen bei den Pflanzen. Biol Zentralbl 47:604–626

Cooke TJ, Poli DB, Sztein AE, Cohen JD (2002) Evolutionary patterns in auxin action. Plant Mol Biol 49:319–338

Darwin C, Darwin F (1880) Sensitiveness of plants to light: it's transmitted effect. In: The power of movement in plants. Murray, London, S 574–592

Goebel K (1908) Einleitung in die experimentelle Morphologie der Pflanzen. Teubner, Leipzig, S 218–251

Hanstein J (1860) Versuche über die Leitung des Saftes durch die Rinde. Jahrb Wiss Bot 2:392

Kögl F, Hagen-Smit J, Erxleben H (1934) Über ein neues Auxin ("Hetero-Auxin") aus Harn. Hoppe Seylers Z Physiol Chem 228:104–112

Mattsson J, Sung ZR, Berleth T (1999) Responses of plant vascular systems to auxin transport inhibition. Development 126:2979–2991

du Monceau D (1764) La physique des arbres. Winterschmidt, Nürnberg, S 87–93

Neljubov D (1901) Über die horizontale Nutation der Stengel von *Pisum sativum* und einiger anderer Pflanzen. Beih Bot Zentralbl 10:128–138

Priestley JH, Swingle CF (1929) Vegetative propagation from the standpoint of plant anatomy. USDA Tech Bull 151:1–98

Rothwell GW, Lev-Yadun S (2005) Evidence of polar auxin flow in 375 million-year-old fossil wood. Am J Bot 92:903–906

Sachs T (1968) On the determination of the pattern of vascular tissue in peas. Ann Bot 33:781–790

Sachs T (1981) The control of the patterned differentiation of vascular tissues. Adv Bot Res 9:152–262

Stein W (1993) Modeling the evolution of stelar architecture in vascular plants. Int J Plant Sci 154:229–263

Svyatyna K, Riemann M (2012) Light-dependent regulation of the jasmonate pathway. Protoplasma 249:S137–S145

Thimann KV (1935) On the plant growth hormone produced by *Rhizopus suinus*. J Biol Chem 109:279–291

Went F (1926) Concerning the difference in sensibility of the tip and base of *Avena* to light. In: On growth-accelerating substances in the coleoptile of *Avena sativa*. Proc Kon Akad Wetensch Amst 30:10–19

Zimmermann W (1965) Die Telomtheorie. Gustav Fischer, Stuttgart

Weiterführende Literatur

Buchanan BB, Gruissem W, Jones RL (2015) Biochemistry and molecular biology of plants, 2. Aufl. Wiley-Blackwell, Oxford, S769–S982

Jones R, Ougham H, Thomas H, Waaland S (2013) The molecular life of plants. Wiley-Blackwell, Oxford

Leyser O, Day S (2003) Mechanisms in plant development. Blackwell Publishing, Oxford

Schopfer P, Brennicke A (2016) Pflanzenphysiologie, 7. Aufl. Spektrum Springer, Heidelberg, S S407–S444

Kontrolle der Entwicklung durch Außenfaktoren

Peter Nick

Inhaltsverzeichnis

Nick, P. 2021 Kontrolle der Entwicklung durch Außenfaktoren. In: Kadereit JW, Körner C, Nick P, Sonnewald
U. Strasburger – Lehrbuch der Pflanzenwissenschaften. Springer Berlin Heidelberg, p. 423–446.
▶ https://doi.org/10.1007/978-3-662-61943-8_13

Wachstum und Differenzierung, also die **Morphogenese**, werden nicht allein durch endogene Prozesse gesteuert. Im Rahmen der genetisch festgelegten Grenzen wird die Pflanzenentwicklung maßgeblich von **Außenfaktoren** beeinflusst. Die standortgebundenen Pflanzen sind im Unterschied zu frei beweglichen Organismen den oft erheblich schwankenden äußeren Bedingungen an ihrem Standort ausgesetzt und müssen in angemessener Weise darauf reagieren können (▶ Abschn. 11.1).

Zwar entwickelt sich die artspezifische Gestalt, d. h. die Ausprägung der arttypischen Organisations- und Anpassungsmerkmale abhängig von genetischen Faktoren. Durch die jeweils auf das Individuum einwirkenden Umgebungsbedingungen werden diese Merkmale jedoch in großem Maße abgewandelt. Wie groß und wie alt z. B. eine Blütenpflanze wird, wann die irreversible Umsteuerung von der vegetativen zur reproduktiven Entwicklung erfolgt oder wie viele Blüten, Pollen und Samen sie bildet, hängt maßgeblich von Umweltfaktoren ab, zu denen die Wasser- und Nährstoffversorgung, die Temperatur und die Lichtverhältnisse gehören. Je nach einwirkendem Faktor spricht man bei den ausgelösten Entwicklungsprozessen von Hygromorphosen (Faktor Feuchtigkeit), Trophomorphosen (Nährstoffe), Thermomorphosen (Temperatur), Photomorphosen (Licht) und photoperiodisch bedingten Morphosen, die in den folgenden Abschnitten näher erläutert werden.

Im Folgenden besprochen werden ausschließlich Entwicklungsprozesse, die von Außenfaktoren verursacht werden, die nicht als Stoff- und/oder Energiequelle dienen, sondern lediglich als auslösende **Signale**. Solche Signale liefern Energie für das Auslösen, nicht aber für die Umsetzung der induzierten Entwicklungsprozesse. Signale, die Bewegungsmechanismen in Gang setzen, werden separat erläutert (▶ Abschn. 15.1).

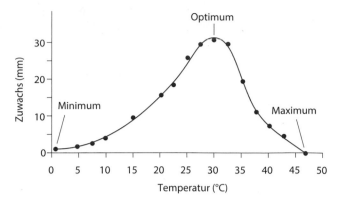

◻ **Abb. 13.1** Längenzuwachs der Wurzeln von *Lupinus luteus* in 24 h bei verschiedenen Temperaturen

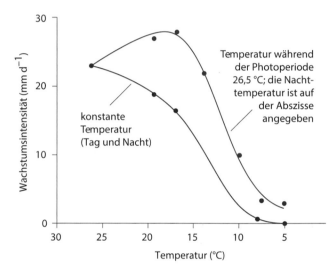

◻ **Abb. 13.2** Täglicher Längenzuwachs von Tomatensprossen bei unterschiedlichem Temperaturverlauf. Die Temperatur wurde entweder am Tag und in der Nacht konstantgehalten (schwarze Kurve) oder betrug tagsüber 26,5 °C und war nachts unterschiedlich (rot). (Grafik: E. Weiler)

13.1 Wirkung der Temperatur

Wie alle chemischen Reaktionen sind auch Stoffwechselvorgänge temperaturabhängig. Die Temperaturabhängigkeit ist für verschiedene Prozessen unterschiedlich. Dies hat zur Folge, dass ein physiologisches Gleichgewicht für verschiedene Organismen bei unterschiedlichen Temperaturen erreicht wird. Das lässt sich durch den Parameter Q_{10} ausdrücken. Der Quotient beschreibt das Verhältnis der Geschwindigkeiten für einen Prozess, wenn die Temperatur um 10 °C erhöht wird. Während biochemische Prozesse wie Enzymreaktionen Q_{10}-Werte von 2,5–3 aufweisen, sind diffusionsgetriebene Prozesse mit einem Wert von 1–1,5 weniger stark von der Temperatur abhängig. Die Temperaturbereiche, innerhalb derer ein Organismus wachsen kann, werden

durch biochemische, physiologische und morphologische Gegebenheiten bestimmt (▶ Abschn. 22.3). Die Temperaturabhängigkeit des Wachstums folgt in der Regel einer charakteristischen Optimumkurve (◻ Abb. 13.1).

13.1.1 Thermoperiodismus und Thermomorphosen

Die Temperaturoptima für das Sprosswachstum ändern sich bei vielen Pflanzen oft tagesperiodisch. Diese Pflanzen sind an einen Temperaturwechsel zwischen Tag und Nacht angepasst, der für ihre optimale Entwicklung notwendig ist (◻ Abb. 13.2 und 13.3). Diese Erscheinung wird als **Thermoperiodismus** bezeichnet.

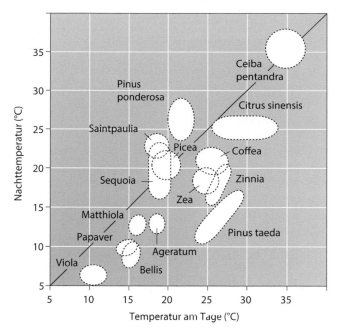

Abb. 13.3 Optimale Temperaturbereiche für das Sprosswachstum unterschiedlicher Pflanzen. (Nach verschiedenen Autoren, nach W. Larcher)

Durch Einwirken bestimmter Temperaturen ausgelöste Entwicklungsprozesse werden **Thermomorphosen** genannt. Ein Beispiel dafür ist die **Heterophyllie** beim Wasser-Hahnenfuß (*Ranunculus aquatilis*). Bei tiefen Wassertemperaturen um 8–18 °C bildet diese Pflanze fiederteilige Unterwasserblätter. Nach einer Erhöhung der Wassertemperatur auf 23–28 °C (Lufttemperatur) entwickeln sich Unterwasserblätter mit der Morphologie der im Luftraum gebildeten Blätter (gelappte Blattspreite). Diese Veränderung kann auch durch Applikation von Abscisinsäure ausgelöst werden. Neben der erhöhten Temperatur spielen also möglicherweise auch Turgeszenzverluste im Luftraum, die die Produktion von Abscisinsäure hervorrufen (▶ Abschn. 12.7.2), eine Rolle bei der Induktion der Bildung von „Luftblättern".

Häufig treten während der Pflanzenentwicklung temperaturempfindliche Phasen auf. Bei Petunien z. B. wird das Farbmuster der reifen Blüte von der Temperatur bestimmt, die während einer bestimmten kurzen Phase der Blütenknospenentwicklung herrscht. Das in den Tropen oft beobachtete gleichzeitige massenhafte Blühen von Orchideen und anderen Pflanzen (z. B. Kaffee) scheint ebenfalls auf einen kurz andauernden Kältereiz zurückzuführen zu sein (Abkühlung durch starke Gewitterregen), der die Weiterentwicklung von Blütenknospen synchronisiert. Wichtige durch Temperaturänderungen ausgelöste pflanzliche Entwicklungsprozesse sind außerdem das Brechen der Samen- und Sprossknospenruhe sowie die Induktion der Blütenbildung.

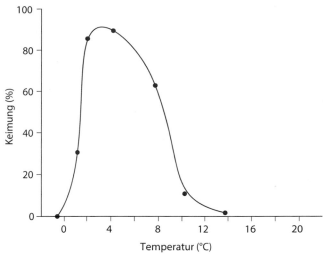

Abb. 13.4 Einfluss einer 85-tägigen Kältebehandlung bei den angegebenen Temperaturen auf die Keimung von Apfelsamen. (Nach P.G. de Haas und H. Scharder)

13.1.2 Aufhebung von Ruhezuständen durch Einwirken bestimmter Temperaturen

Das Brechen der **Samen- und Knospenruhe** durch Einwirken bestimmter (in der Regel niedriger) Temperaturen wird als **Stratifikation** bezeichnet. Eine Stratifikation ist die Voraussetzung für die synchrone Keimung der Samen vieler Kräuter und Holzgewächse. In der Regel reichen dazu Temperaturen knapp über dem Gefrierpunkt aus (0–5 °C, ▪ Abb. 13.4), während in einigen Fällen (z. B. Hochgebirgspflanzen) Frost notwendig ist (**Frostkeimer**). Manche Samen (z. B. Baumwolle, Soja, Hirse) brauchen hohe Temperaturen, um keimen zu können, während bei anderen ein Temperaturwechsel im Tagesverlauf die Keimung fördert (z. B. bei *Poa pratensis*).

Stratifizierbar sind ausschließlich gequollene (nicht trockene) Samen. Voraussetzung für die Stratifikation scheint also ein aktiver Stoffwechsel zu sein.

Das Einwirken tiefer Temperaturen ist absolute Voraussetzung für die Keimung mancher Samen (z. B. *Fraxinus excelsior*), während eine Kälteperiode die Samenkeimung bei anderen Arten lediglich beschleunigt (z. B. bei *Pinus*-Arten). Die Dauer der notwendigen Kälteeinwirkung ist ebenfalls artspezifisch und beträgt zwischen wenigen Tagen und einigen Wochen. Bei manchen Arten ist nur der intakte Samen kältebedürftig, während der isolierte Embryo auch ohne Stratifikation keimt (z. B. bei *Acer pseudoplatanus*). Bei anderen Arten wird der Embryo selbst stratifiziert (z. B. bei *Sorbus aucuparia*). Manche Samen oder Früchte keimen erst im zweiten Frühjahr nach der Aussaat (z. B. *Crataegus* oder *Cotoneaster*). Ihre harten, nur wenig durchlässigen Schalen verhindern während der ersten Kälteperiode das Quellen des Embryos, der erst im zweiten Winter, nach Abbau der Schale durch Mikroorganismen im Sommer, stratifiziert werden kann. Bei manchen

Asparagaceae (z. B. *Convallaria, Polygonatum*) und bei *Trillium* sind aus anderen Gründen zwei Kälteperioden für die Samenkeimung erforderlich. Die erste Kälteperiode bricht nur die Ruhe der Keimwurzeln. Erst eine zweite, nachfolgende Kälteperiode ermöglicht schließlich auch das Epikotylwachstum. In anderen Fällen (z. B. Aprikose, *Paeonia suffruticosa*) kann die embryonale Wurzel auch ohne Kälteeinwirkung keimen, während das Epikotylwachstum erst nach der Stratifikation einsetzt.

Niedere Temperaturen beenden die Samenruhe auf verschiedene, oft komplexe Weise. Sie können die Samenschale durchlässiger machen, die Samennachreife beschleunigen, Hormon- oder Enzymwirkungen auslösen und/oder den Gehalt eines Hemmstoffs (z. B. Abscisinsäure) reduzieren. In vielen Fällen kann Gibberellinzufuhr die Kältewirkung ersetzen (▶ Abschn. 12.4.3). Es ist allerdings unklar, ob tiefe Temperaturen tatsächlich primär eine Erhöhung des endogenen Gibberellinsgehalts bewirken oder eine Verminderung der Konzentration von Gibberellinantagonisten (z. B. Abscisinsäure). Die nach der Stratifikation einsetzende Samenkeimung und Keimlingsentwicklung zeichnet sich in der Regel durch denselben optimalen Temperaturbereich aus, wie das vegetative Wachstum der entsprechenden Pflanzenart (▶ Abschn. 22.3).

Niedere Temperaturen wirken nicht nur bei vielen Samen, sondern auch bei vielen Knospen als Signal für die Beendigung der endonomen (durch innere Faktoren bedingten) Ruhe. Auch Knospen müssen in der Regel für einige Wochen Temperaturen von etwa 0–5 °C ausgesetzt sein, damit sie auswachsen können. Für das Brechen der Ruhe von Blütenknospen (nicht zu verwechseln mit der im nächsten Abschnitt beschriebenen Induktion ihrer Anlage) ist oft sogar eine etwas längere Kälteeinwirkung nötig. In Gegenden mit warmen Wintern (z. B. Kalifornien, Südafrika) kann es wegen der ungenügenden Kälteeinwirkung auf die Knospen zu Schwierigkeiten mit der Kultur bestimmter Obstsorten (z. B. Pfirsich) kommen.

Empfänglich für die Kälteeinwirkung sind die Knospen selbst, die auf tiefe Temperaturen häufig durch die Verringerung ihres Gehalts an hemmenden Signalen (z. B. Abscisinsäure) und die Steigerung der Konzentration anderer Hormone reagieren. Eine Behandlung mit Gibberellinsäure reicht allerdings nicht aus, um ruhende Knospen zum Treiben zu bringen. Das Brechen der Knospenruhe durch Kälte kann also nicht nur auf eine verstärkte Bereitstellung dieses Hormons zurückgeführt werden.

Bei vielen Pilzen, deren Lebenszyklus mit demjenigen von Pflanzen verknüpft ist (z. B. Mykorrhizapilze und phytopathogene Pilze, ▶ Abschn. 16.2.3 und 16.3.2), wird die Sporenruhe ebenfalls durch Kälte gebrochen. Dadurch wird sichergestellt, dass die Sporen nicht im Herbst, sondern erst im Frühjahr keimen.

13.1.3 Blühinduktion durch Einwirken bestimmter Temperatur

Die Induktion der Blütenbildung durch Einwirken bestimmter Temperaturen wird **Vernalisation** (von lat. *ver*, Frühling) genannt. Während bei der Stratifikation der Temperaturreiz stets lokal wirkt und damit ausschließlich die Entwicklung der diesem Reiz direkt ausgesetzten Pflanzenteile beeinflusst, führt die Vernalisation zur Bildung eines unbekannten Faktors (Vernalin), der sich systemisch im Spross ausbreitet, wie durch Pfropfungsexperimente gezeigt werden konnte. Es reicht also aus, einzelne Blätter dem vernalisierenden Temperaturreiz auszusetzen, um in der ganzen Pflanze Blühinduktion auszulösen. Es gibt einen engen Zusammenhang mit dem Florigen (▶ Exkurs 11.1).

Alle Arten, die zur Blühinduktion Kälte benötigen, scheinen im entwickelten, beblätterten Zustand vernalisierbar zu sein. Bei einigen Arten können bereits Embryonen im Samen vernalisiert werden. In diesen Fällen fördert eine Kälteeinwirkung in der Regel zwar die Blütenbildung, ist für diesen Prozess aber nicht unbedingt notwendig. Zu diesen fakultativ kältebedürftigen Arten gehören der Weiße Senf (*Sinapis alba*), die Beta-Rübe (*Beta vulgaris*) und die Wintergetreide (Winter-Roggen, -Weizen und -Gerste), bei denen dieses Phänomen besonders eingehend untersucht worden sind (◻ Abb. 13.5).

Beim Getreide unterscheidet man Sommervarietäten, die im Frühjahr ausgesät werden und gleich danach im Sommer reifen, von Wintersorten, die zur Blüten- und Fruchtbildung zunächst eine Kälteperiode und anschließend lange Tage benötigen. Wintergetreide werden deshalb im Herbst ausgesät und reifen erst im darauffolgenden Sommer. Sie sind in der Regel ertragreicher und können früher geerntet werden, womit die bis zur Neuzeit regelmäßig auftretende Hungersnöte im Frühjahr (wenn die Wintervorräte aufgebraucht waren und noch keine neue Ernte zur Verfügung stand) verhindert werden konnten. Die Entwicklung solcher Wintersorten gilt inzwischen als Schlüsselfaktor für die industrielle Revolution, weil damit erstmals eine jahreszeitlich unabhängige Versorgung von Arbeitskräften mit Lebensmitteln bewerkstelligt werden konnte. Die Unterschiede zwischen Sommer- und Wintergetreiden sind genetisch festgelegt. Dies wurde in der Sowjetunion der Stalin-Zeit mit einem physiologischen Phänomen, der Kälteakklimatisierung, vermengt und ideologisch aufgeladen. Durch die im Herbst allmählich sinkenden Temperaturen wird in vielen Pflanzen eine

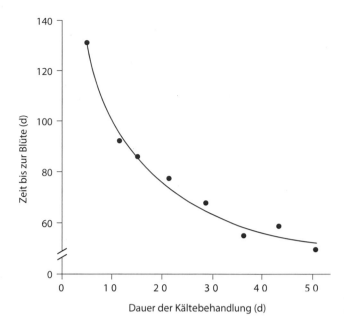

⬛ Abb. 13.5 Abhängigkeit des Blühverhaltens von Winter-Roggen (Petkuser-Roggen) von der Dauer der Kältebehandlung (1–2 °C) der Karyopsen. Die Zeit bis zur Blüte im Anschluss an die Vernalisation ist auf der Ordinate angegeben. (Nach O.N. Purvis und F.G. Gregory)

Abhärtungsreaktion ausgelöst, die beispielsweise zur Akkumulation von Abscisinsäure führt. Solche akklimatisierten Pflanzen kommen daher besser mit der Frostperiode im Winter zurecht und zeigen im zeitigen Frühjahr größere Blätter. Da der Q_{10}-Wert des Blattwachstums weit höher liegt als jener der Photosynthese, wird die weitere Entwicklung im Frühjahr vor allem durch die Temperatur begrenzt. Die akklimatisierten Getreide können also das schon reichlich vorhandene Sonnenlicht effizienter nutzen und entwickeln sich so schnell, dass sie zu einem ähnlichen Zeitpunkt geerntet werden können wie die Wintergetreide. Dies führte den sowjetischen Agrarwissenschaftler Trofim Denissowitsch Lyssenko zu der Behauptung, durch eine Kältebehandlung (die **Jarowisierung**, von altslawisch *jaro*, Frühling) könne man Sommer- in Winter-Weizen umwandeln. Dies sei ein Beleg dafür, dass genetische Unterschiede eine reaktionäre Erfindung der Bourgeoisie seien, Unterschiede zwischen Sorten seien durch die Umstände bedingt. Dieser **Lyssenkoismus** lag auf der Parteilinie und führte zur Unterdrückung der Genetik als Forschungsrichtung und zur Ermordung des berühmten Genetikers Nikolai Iwanowitsch Wawilow. Erst nach Stalins Sturz konnte diese im Grunde neolamarckistische Strömung überwunden und die Genetik wieder etabliert werden.

Die Vernalisation des Winter-Roggens erfolgt bei Temperaturen zwischen +1 und +9 °C, ist sauerstoffabhängig und kann im Fall von kultivierten Embryonen durch Zuckerzufuhr verstärkt werden. Vernalisation ist also offensichtlich ein stoffwechsel- und energieabhängiger Prozess. Beim Winter-Roggen muss der Embryo vernalisiert werden, der schon fünf Tage nach der Befruchtung der Eizelle auf eine Kältebehandlung anspricht. Bei bereits gekeimten Roggenpflanzen ist das Apikalmeristem der Rezeptionsort für Kältereize. Bis zu einer Dauer von etwa 20 Tagen hat eine Verlängerung der Kälteeinwirkung eine Verkürzung der Zeit zwischen Aussaat und Blühen zur Folge. Der vernalisierte Zustand scheint sich demnach beim fakultativ kältebedürftigen Roggen schrittweise bis zum Erreichen eines Maximums zu verstärken. Dafür spricht auch der Befund, dass sich der Vernalisationseffekt durch Behandlung mit hohen Temperaturen (beim Petkuser-Roggen z. B. zwei Tage bei 40 °C) umso leichter rückgängig machen lässt (Devernalisation), je kürzer die vorhergegangene Vernalisationsdauer war. Maximal vernalisierte Pflanzen können nicht mehr devernalisiert werden. Eine vernalisierte Roggenpflanze kann diesen Zustand ohne Anzeichen von Abschwächung an alle neu gebildeten Gewebe einschließlich der Meristeme weitergeben.

Arten, deren Blütenbildung von einer Vernalisation abhängt, finden sich unter winterannuellen, zweijährigen und ausdauernden Pflanzen. Zu den winterannuellen Vertretern dieser Arten gehören neben den Wintergetreiden auch *Erophila verna*, *Veronica agrestis* und *Myosotis discolor*. Die **zweijährigen** Vertreter bilden meist im ersten Jahr eine bodenständige Rosette und entwickeln erst im zweiten Jahr, nach Einwirken von Kälte, einen Blütenstand, und zwar in der Regel nur unter Langtagbedingungen (▶ Abschn. 13.2.2). Folgende Arten zeigen dieses Verhalten: Beta-Rübe (*Beta vulgaris*), Echter Sellerie (*Apium graveolens*), Gemüse-Kohl und andere *Brassica*-Arten, zweijährige Varietäten des Schwarzen Bilsenkrautes (*Hyoscyamus niger*) und Fingerhut (*Digitalis purpurea*). In warmen Treibhäusern oder Klimazonen können diese Arten jahrelang vegetativ bleiben. Näher untersucht wurden vor allem zweijährige *Hyoscyamus niger*-Varietäten, die eine Kälteperiode gefolgt von Langtagbedingungen benötigen, um blühen zu können. Der vernalisierte Zustand (Blühstimulus) kann vom Pfropfreis einer zweijährigen Bilsenkraut-Varietät auf eine nichtvernalisierte Unterlage der gleichen Varietät übergehen und diese zum Blühen bringen. Pfropfreiser einer durch Langtag blühinduzierten, einjährigen Varietät von *Hyoscyamus niger* und Reiser anderer vernalisierter oder photoperiodisch blühinduzierter Solanaceen-Arten haben ebenfalls die Fähigkeit, nichtinduzierte Unterlagen zum Blühen zu bringen. Der bei der Vernalisation entstehende, offensichtlich über Pfropfung übertragbare, also transportierte stoffliche Faktor wird als **Vernalin** bezeichnet. Es ist unklar, zu welchem Grad Vernalin mit dem Blühhormon **Florigen** (▶ Abschn. 13.2.2) funktionell überlappt. Gibberelline können bei vielen kältebedürftigen Arten die Kältewirkung ersetzen, und könnten deshalb möglicherweise Funktionen von Vernalin übernehmen (▶ Abschn. 12.4.3). Es steht allerdings fest, dass Gibberelline Florigen nicht ersetzten können (▶ Abschn. 13.2.2).

Zu den **ausdauernden Arten**, die nur nach Kälteperioden blühen, gehören Primeln, Veilchen, Goldlack-Arten und Varietäten von Chrysanthemen, Astern, Nelken und *Lolium perenne* (Englisches Raygras). Diese Arten müssen jeden Winter neu vernalisiert werden. Bei *Lolium perenne* werden nach der Vernalisation bereits im Winter Blüten angelegt, die sich allerdings erst im Langtag (>12 h, im März; Abschn. 13.2.2) entfalten. Im Frühling oder Sommer neu gebildete Ausläufer dieser Pflanze sind daher zunächst nicht blühfähig und werden erst im nachfolgenden Winter vernalisiert. Bei bestimmten ausdauernden Gartenchrysanthemen ist eine Kälteperiode gefolgt von Kurztagbedingungen Voraussetzung für das Blühen. Diese Pflanzen blühen daher erst im Herbst. Interessanterweise kann bei diesen Chrysanthemen der vernalisierte Zustand nicht von einem Pfropfreis auf eine nichtinduzierte Unterlage übertragen werden. Ebenso wenig wird der vernalisierte Zustand von einem selektiv kältebehandelten Vegetationskegel auf einen anderen, nichtbehandelten Vegetationskegel derselben Pflanze übertragen.

Über die molekularen Mechanismen, die der Vernalisation zugrunde liegen, ist noch wenig bekannt. Die genetische Analyse der Blühinduktion (▶ Exkurs 11.1) zeigt jedoch zahlreiche Gene auf, die bei beiden Vorgängen eine Rolle spielen.

13.2 Wirkung des Lichts

Licht ist Auslöser vieler Entwicklungsprozesse und physiologischer Vorgänge bei allen photosynthetisch aktiven und inaktiven Pflanzen. Die Orientierung von frei beweglichen Pflanzen (z. B. einzellige Algen), von Organen festgewachsener Pflanzen (▶ Abschn. 15.3.1.1) und sogar von Organellen innerhalb von Zellen (Chloroplastendrehung, ▶ Abschn. 15.2.2) im Raum wird in der Regel maßgeblich durch Licht gesteuert. In den folgenden Abschnitten steht die Steuerung der pflanzlichen Entwicklung durch Licht im Mittelpunkt.

13.2.1 Photomorphogenese und Skotomorphogenese

Einzelne lichtinduzierte Entwicklungsprozesse werden **Photomorphosen** genannt, die lichtgesteuerte Entwicklung insgesamt ist die **Photomorphogenese** (griech. *phos*, Licht). Während z. B. Farne und viele Gymnospermen im Dunkeln eine ähnliche Entwicklung durchlaufen wie im Licht (z. B. findet die Chlorophyllbiosynthese auch im Dunkeln statt), entwickeln sich Angiospermen im Licht und im Dunkeln sehr unterschiedlich. Angiospermenkeimlinge, die im Dunkeln wachsen oder denen das Licht entzogen wird, aktivieren die Zellstreckung, bleiben jedoch sehr dünn, bilden nur sehr reduzierte Blattorgane aus und erscheinen bleich. Dieses Erscheinungsbild wird als **Etiolierung** (franz. *étiolement*, Vergeilung) bezeichnet und ermöglicht, dass alle Ressourcen in das Längenwachstum des Sprosses fließen. Die biologische Funktion besteht darin, das Meristem so schnell wie möglich (bevor die Ressourcen erschöpft sind) ans Licht zu bringen. Schon nach sehr kurzer Belichtung etiolierter Pflanzen setzt die Photomorphogenese ein (**Deetiolierung**).

Die Angiospermenentwicklung im Dunkeln wird als **Skotomorphogenese** (griech. *skotos*, Dunkelheit) bezeichnet. Es war lange Zeit strittig, ob sie tatsächlich ein eigenes Entwicklungsprogramm darstellt oder einfach nur aus dem Fehlen der Photomorphogenese resultiert. Im Wesentlichen gibt es zwei Argumente für die Skotomorphogenese als Entwicklungsweg: Zum einen ist sie evolutionär erst spät entstanden und leitet sich demnach von der Photomorphogenese ab und nicht umgekehrt. Zum anderen gibt es Gene, die Skotomorphogenese aktiv einleiten. Wie Versuche an Mutanten gezeigt haben, geht die Skotomorphogenese auf eine aktive Unterdrückung der Photomorphogenese im Dunkeln zurück. *Arabidopsis thaliana*-Mutanten mit Defekten in COP- oder DET-Genen (*cop*, engl. *constitutive photomorphogenesis*; *det*, engl. *deetiolated*) durchlaufen auch im Dunkeln eine Photomorphogenese und wachsen deetioliert. Diese Mutanten zeigen also eine konstitutive Photomorphogenese, woraus sich schließen lässt, dass die Photomorphogenese der Grundzustand ist, während die Skotomorphogenese aktiv ausgelöst werden muss.

Photomorphosen können bei den meisten Pflanzen beobachtet werden. Bei dem Flagellaten *Chlamydomonas* wird die Bildung der Geschlechtszellen durch Licht gesteuert. Keimende Farnsporen bilden im Dunkeln oder Rotlicht einen fädigen Zellschlauch mit einer einschneidigen Scheitelzelle (**Protonema**, wie Moose), während im Weiß- oder Blaulicht eine zweischneidige Scheitelzelle entsteht, die zu einem flächigen **Prothallium** auswächst (▶ Abschn. 2.1). Die vielfältigen Skoto- und Photomorphosen der Angiospermen lassen besonders gut durch den Vergleich von gleichaltrigen etiolierten und lichtgewachsenen Keimlingen beobachten und untersuchen (◨ Abb. 13.6).

Einige Photomorphosen des Keimlings des Weißen Senfs (*Sinapis alba*) sind: (nach H. Mohr):

- Hemmung des Hypokotyllängenwachstums
- Hemmung des Transports aus den Kotyledonen
- Flächenwachstum der Kotyledonen
- Entfaltung der Kotyledonenlamina
- Haarbildung am Hypokotyl
- Öffnung des Plumulahakens
- Entwicklung der Primärblätter
- Bildung von Folgeblattprimordien
- Steigerung der negativ gravitropischen Reaktionsfähigkeit des Hypokotyls
- Bildung von Xylemelementen
- Differenzierung der Stomata in der Kotyledonenepidermis
- Differenzierung von „Plastiden" im Kotyledonenmesophyll

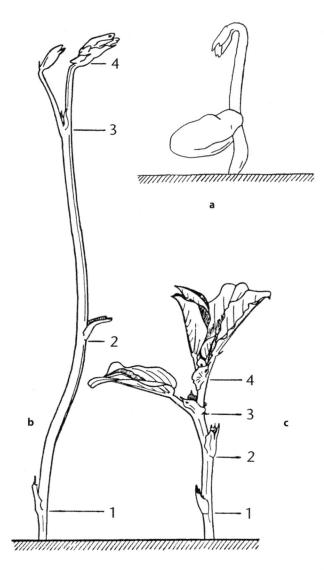

besonders ausgeprägt und schützt das Apikalmeristem während des Wachstums im Boden. Etiolierte Keimlinge zeigen außerdem einen reduzierten negativen Gravitropismus, eine verstärkte positiv phototropische Empfindlichkeit (▶ Abschn. 15.3.1.1) und bilden nur wenig Festigungselemente, Leitbündel und Pigmente (Chlorophylle, Carotinoide, Anthocyane). Dementsprechend sind etiolierte Sprosse und Blätter vieler Arten als „zarte" Nahrungsmittel beliebt (z. B. Spargel: *Asparagus*, Kopfsalat: *Lactuca* und Endiviensalat: *Cichorium*). Etiolierte Sprosse mancher Monokotyledonen zeigen eine Verlängerung vor allem der Blätter und weniger der Sprossachsen und Internodien.

Für die Pflanze besteht der Nutzen der Skotomorphogenese bzw. der Etiolierung darin, dass im Dunkeln (z. B. im Boden, in Felsritzen) alle verfügbaren Nährstoffe dazu verwendet werden, die Assimilationsorgane schnell ans Licht zu bringen. Umgekehrt haben die Photomorphosen den Zweck, die Standfestigkeit des Sprosses im Luftraum zu erhöhen, die Photosynthese zu ermöglichen und den Spross vor dem Einfluss kurzwelliger Strahlung zu schützen (Bildung von UV-Schutzpigmenten, z. B. Anthocyanen).

Eine spezielle Photomorphose ist die Entstehung von Zellpolarität und der Dorsiventralität von Geweben oder Organen in Abhängigkeit von Unterschieden in der Lichtintensität. Die Bedeutung der Polarität für die Pflanzenentwicklung wurde bereits behandelt (▶ Abschn. 11.2.3).

Bei vielen Algen und ursprünglichen Landpflanzen werden Zygoten durch Lichtgradienten polarisiert, was die spätere Trennung von photosynthetischen und wurzelartigen Organen bestimmt (▶ Abschn. 11.2.3.2). Aber auch in späteren Stadien der Entwicklung übt Licht eine richtende Wirkung aus. Während der Entwicklung von Brutkörpern des Lebermooses *Marchantia* (▶ Abschn. 19.4.1.1) bestimmt in erster Linie das Licht, welche Seite des Thallus zur Oberseite und welche zur Unterseite determiniert wird. Ebenso werden bei vielen Farnprothallien nur auf der vom Licht abgewandten Seite Geschlechtsorgane und Rhizoide gebildet (▶ Abschn. 19.4.2). Bei zahlreichen Bäumen wird der ganze Verzweigungshabitus dadurch bestimmt, dass nur die Knospen auf der Lichtseite austreiben. Auch die Dorsiventralität der Seitenzweige wird bei manchen Koniferen (z. B. *Thuja*, *Thujopsis*) durch einseitig einfallendes Licht induziert, während sie in anderen Fällen (*Taxus*, *Picea*) in Abhängigkeit von der Schwerkraft entsteht (▶ Abschn. 13.3).

Während Schattenpflanzen auf eine Beschattung kaum reagieren, weil sie schon daran angepasst sind, beobachtet man bei Sonnenpflanzen (auch schattenmeidende Pflanzen genannt) deutliche Reaktionen, die als partielle Etiolierung gedeutet werden können. Dabei spielt nicht nur die reine Verminderung der Lichtintensität eine Rolle, sondern auch die Ursache der Beschattung. Die stärkste Reaktion erfolgt auf eine Beschattung durch andere Pflanzen. Zu diesen Anpassungen gehört insbesondere die Steigerung des Streckungswachstums, die bei zunehmender Bestandsdichte oft bereits einsetzt, be-

Abb. 13.6 Keimpflanzen von *Vicia faba* nach fünf Tagen im Dunkeln (**a**) bzw. nach drei Wochen **b** im Dunkeln, **c** im Licht. Die Zahlen bezeichnen einander entsprechende Knoten. Der Plumulahaken ist nur an ganz jungen etiolierten Keimlingen zu beobachten und bei dem in B gezeigten Stadium verschwunden (ca. 0,33 ×). (Nach W. Schumacher)

- Änderungen der Zellatmungsintensität
- Synthese von Anthocyan
- Steigerung der Ascorbinsäuresynthese
- Steigerung der Chlorophyll-a-Akkumulation
- Steigerung der RNA-Synthese in den Kotyledonen
- Steigerung der Proteinsynthese in den Kotyledonen
- Intensivierung des Speicherfettabbaus
- Intensivierung des Speicherproteinabbaus

Sprosse etiolierter Keimlinge von Dikotyledonen besitzen stark verlängerte Internodien und oft auch Blattstiele, rudimentäre Blattspreiten und einen Plumulahaken (Hypokotyl-, Epikotylhaken). Diese Krümmung der Spitze des Keimsprosses ist bei jungen Keimlingen

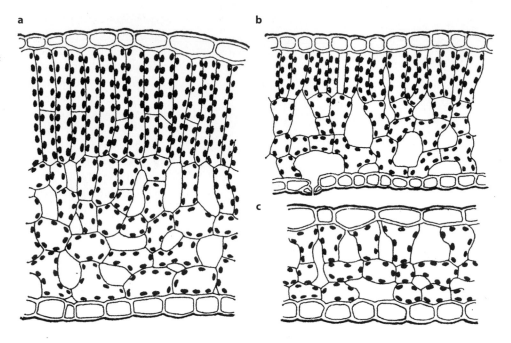

Abb. 13.7 Querschnitt durch Laubblätter von *Fagus sylvatica*. **a** Sonnenblatt. **b** Blatt nach mittlerer Lichtexposition. **c** Schattenblatt (ca. 340 ×). (Nach F. Kienitz-Gerloff)

vor es zu einer direkten Beschattung kommt. Der Effekt wird in diesem Fall durch Licht ausgelöst, das von den Nachbarpflanzen reflektiert wird und über einen eigenen Syntheseweg die Bildung von Auxin auslöst (▶ Abschn. 12.3.2). Dieses als **Schattenvermeidungsreaktion** bekannte Entwicklungsprogramm dient wie die Etiolierung dazu, die Assimilationsorgane möglichst effektiver Belichtung auszusetzen.

Auch viele Laubbäume zeigen eine starke Abhängigkeit ihrer Blattanatomie von der Menge einfallenden Lichts. Die **Sonnenblätter** der äußeren Laubkrone, besonders auf der stärker besonnten Südseite, sind dicker als die **Schattenblätter** im Inneren der Krone oder auf der Nordseite und enthalten höhere, manchmal sogar mehrere Schichten von Palisadenzellen (■ Abb. 13.7). Schattenblätter enthalten eine geringere Chlorophyllmenge und auch geringere Konzentrationen und veränderte Mengenverhältnisse von an der Photosynthese beteiligten Proteinen als Sonnenblätter und sie zeigen eine Reihe weiterer Anpassungen des Photosyntheseapparats an den Lichtmangel (▶ Abschn. 14.4.11.1). Die Form von Blättern und Sprossen kann ebenfalls stark durch Licht beeinflusst werden. *Campanula rotundifolia* bildet in schwachem Licht rundliche, bei höherer Lichtintensität jedoch schmale Blätter. *Opuntia* und *Nopalxochia* entwickeln im Starklicht Flachsprosse, während diese Pflanzen bei schwächerem Licht radiäre Sprosse bilden (■ Abb. 3.32).

13.2.2 Photoperiodisch induzierte Morphosen

Als **Photoperiode** wird die Dauer der Belichtungsphase innerhalb eines 24-Stunden-Tags bezeichnet, am natürlichen Standort also die Tageslänge. Sie kann je nach

geografischer Breite und Jahreszeit erheblich variieren und ist auf der Erde nur am Äquator während des ganzen Jahres gleich. Mit zunehmender geografischer Breite werden nicht nur die Jahreszeiten ausgeprägter, auch die Tageslänge schwankt im Lauf des Jahres immer stärker: Bei 30° nördlicher Breite (Kairo, Delhi) zwischen 14 und 10 h, bei 45° nördlicher Breite (Freiburg, Minneapolis) zwischen 15,5 und 9 h, bei 60° nördlicher Breite (Stockholm, St. Petersburg) zwischen 19 und 6 h.

Als **Photoperiodismus** wird die Gesamtheit der Morphosen bezeichnet, die durch die Dauer der Photoperiode ausgelöst werden. Da Licht hier als Signal und nicht als Energiequelle wirkt, spielt die zugeführte Lichtenergie keine Rolle, solange sie oberhalb der durch die Pflanzen wahrnehmbaren Schwellenintensität von 10^{-3} bis 10^{-2} W m^{-2} liegt. Vollmondlicht (Beleuchtungsstärke 5×10^{-3} W m^{-2}) kann deshalb durchaus photoperiodisch wirksam sein.

Von der relativen Tages- bzw. Nachtlänge können beeinflusst werden:

- die Blühinduktion
- der Beginn und das Ende von Ruheperioden
- die Cambiumaktivität
- die Wachstumsrate
- die Bildung von Speicherorganen (z. B. Kartoffelknolle)
- die Ausbildung von Frostresistenz
- der Blattfall
- die Verzweigung
- die Adventivbewurzelung
- die Blattgestalt und -sukkulenz
- die Pigmentbildung

Bei **Langtagpflanzen (LTP)** wird eine photoperiodisch gesteuerte Morphose nur dann ausgelöst, wenn die Photoperiode eine artspezifische Minimaldauer, die **kritische Ta-**

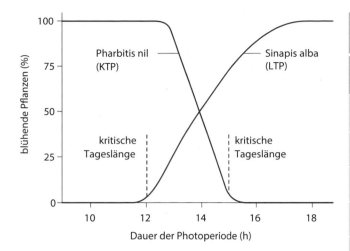

Abb. 13.8 Abhängigkeit der Blütenbildung einer Kurztagpflanze (Prachtwinde, japanischer Name *Asagao*; Morgenlob, *Ipomoea nil*) und einer Langtagpflanze (Weißer Senf, *Sinapis alba*) von der Dauer der täglichen Belichtung. (Nach M. Wilkins)

geslänge, überschreitet. Umgekehrt muss bei **Kurztagpflanzen** (**KTP**) eine artspezifische kritische Tageslänge unterschritten werden, damit eine photoperiodisch induzierte Morphose ausgelöst wird. Pflanzen, die keine derartigen Abhängigkeiten von der Photoperiode zeigen, werden als **tagneutral** bezeichnet. Bei Weitem am besten untersucht ist die photoperiodische Steuerung der **Blühinduktion**, auf die sich die folgende Darstellung beschränkt.

Die **kritische Tageslänge** einer Kurztagpflanze kann durchaus länger sein als die einer Langtagpflanze (■ Abb. 13.8). Die kritische Tageslänge beträgt für die Blühinduktion der KTP *Xanthium pensylvanicum* 15,5 h (die Blüte wird induziert, wenn diese Tageslänge unterschritten wird). Bei der LTP *Hyoscyamus niger* beträgt die kritische Tageslänge etwa 11 h (hier muss die Tageslänge überschritten werden, um die Blütenbildung auszulösen). Bei einer Tageslänge von 13 h blühen also beide Arten.

Wie die Zusammenstellung in ■ Tab. 13.1 zeigt, ist die Einteilung in KTP, LTP und tagneutrale Arten nicht absolut. Es gibt **quantitative** KTP bzw. LTP, die bei der „falschen" Tageslänge zwar länger benötigen, aber irgendwann doch zu blühen beginnen. Auch innerhalb einer Art können verschiedene Genotypen hinsichtlich ihrer photoperiodischen Blühinduktion sehr unterschiedlich reagieren. Viele ursprünglich als tagneutral angesehene Arten oder Sorten blühen zwar bei jeder Photoperiode (im Experiment häufig auch im Dauerlicht und in einigen Fällen bei entsprechender Ernährung sogar im Dauerdunkel, z. B. *Hordeum*, *Raphanus*, *Cuscuta*), stellten sich später als **quantitative LTP** oder **quantitative KTP** heraus.

Neben den KTP und den LTP gibt es auch **Langkurztagpflanzen** (z. B. *Kalanchoe daigremontianum*, *Cestrum nocturnum*) und **Kurzlangtagpflanzen** (z. B. *Campanula medium*, *Trifolium repens*), die nacheinander zwei verschiedene Photoperioden benötigen, um zum Blühen zu kommen. Eine Langkurztagpflanze wird in Europa unter natürlichen Bedingungen nur im Herbstkurztag, nicht aber im Frühlingskurztag blühen.

Offensichtlich besteht ein Zusammenhang zwischen dem Verbreitungsareal einer Pflanze und ihrem photo-

Tab. 13.1 Abhängigkeit der Blühinduktion von der Photoperiode bei verschiedenen Pflanzen

Langtagpflanzen (LTP)	tagneutrale Pflanzen	Kurztagpflanzen (KTP)
Avena sativa	*Agrimonia eupatoria*	*Cannabis sativa*
Triticum aestivum	*Cardamine amara*	*Chrysanthemum indicum*
Secale cereale	*Cucumis sativus*	*Chrysanthemum morifolium*
Anthoxanthum odoratum	*Euphorbia lathyris*	*Coffea arabica*
Festuca pratensis	*Fagopyrum esculentum*	*Dahlia pinnata*
Lemna gibba	*Helianthus tuberosus*	*Glycine max*
Lolium temulentum	*Pastinaca sativa*	*Kalanchoe blossfeldiana*
Phleum pratense	*Poa annua*	*Lemna perpusilla*
Poa pratensis	*Senecio vulgaris*	*Perilla frutescens*
Lysimachia (syn. *Anagallis*) *arvensis*	*Stellaria media*	*Xanthium pungens*
Arabidopsis thaliana	*Taraxacum officinale*	*Saccharum offici-narum*
Begonia cucullata	*Thlaspi arvense*	*Setaria viridis*
Beta vulgaris		*Euphorbia pulcherrima*
Vicia sativa		*Amaranthus cau-datus*
Trifolium pratense		*Ipomoea nil*
Sinapis alba		
Hyoscyamus niger		
Nicotiana tabacum[S]	*Nicotiana tabacum*[S]	*Nicotiana tabacum*[S]
Digitalis purpurea[S]	*Digitalis purpurea*[S]	
Hordeum vulgare[S]	*Hordeum vulgare*[S]	
Lactuca sativa[S]	*Lactuca sativa*[S]	
	Oryza sativa[S]	*Oryza sativa*[S]
	Phaseolus vulgaris[S]	*Phaseolus vulgaris*[S]
	Glycine max[S]	*Glycine max*[S]

(Fortsetzung)

◻ **Tab. 13.1**   (Fortsetzung)

Langtagpflanzen (LTP)	tagneutrale Pflanzen	Kurztagpflanzen (KTP)
*Solanum tuberosum	Solanum tuberosum[S]	Solanum tuberosum[S]
	Zea mays[S]	*Zea mays[S]

[S]= einzelne Sorten
*= qualitative (absolute) LTP bzw. KTP; alle übrigen reagieren quantitativ

periodischen Verhalten. Tropenpflanzen müssen KTP oder tagneutral sein, weil es in den Tropen keinen Langtag (Tageslängen über 12–14 h) gibt. Pflanzen hoher Breiten sind dagegen oft LTP und blühen im Sommer, sodass sie vor Beginn des Winters ihre Frucht- und Samenentwicklung abschließen können. In mittleren Breiten (etwa 35–40°), aus denen zahlreiche Kulturpflanzen stammen, gibt es sowohl LTP als auch KTP. In diesen Breiten ist oft das regelmäßige Auftreten einer Trockenperiode während einer bestimmten Phase im Jahresverlauf für das photoperiodische Verhalten entscheidend. Pflanzen aus Gebieten mit Wintertrockenheit (bestimmte Regionen Indiens, Chinas und Mittelamerikas) sind meist KTP, während Pflanzen aus Gebieten mit Sommertrockenheit (bestimmte Teile des Mittelmeergebiets, Vorderasiens, Mittelasiens) typischerweise LTP sind. In ihrer jeweiligen Heimat blühen also die KTP vor dem Winter und die LTP vor dem Sommer, sodass sie die jeweilige Trockenperiode als Samen überstehen können.

Die Zahl der für die Blühinduktion erforderlichen induktiven Zyklen (Tage mir der passenden Photoperiode) ist bei verschiedenen Arten sehr unterschiedlich. Bei den KTP *Xanthium pensylvanicum* und *Pharbitis nil* sowie bei der LTP *Lolium temulentum*, genügt ein einziger induktiver Zyklus für die Blühinduktion. Bei *Pharbitis nil* lässt sich die Blüte sogar schon wenige Tage nach der Keimung auslösen, sodass man eine Pflanze mit zwei Keimblättern, aber einer voll ausgebildeten Blüte erhält. Im Gegensatz dazu sind bei *Salvia occidentalis* 17 Kurztage und bei *Plantago lanceolata* sogar 25 Langtage nötig, um die Blüte hervorzurufen. LTP blühen natürlich auch im Dauerlicht. Dementsprechend würden KTP vermutlich auch im Dauerdunkel blühen, müssen aber täglich mindestens 2–5 h belichtet werden, um die ausreichende Ernährung der Pflanzen durch Photosynthese zu ermöglichen. Die Photoperiode wird in der Regel von den Blättern perzipiert. Oft genügt schon die Wahrnehmung der passenden Photoperiode durch ein einzelnes Blatt (oder Teilen davon) für die Blühinduktion der ganzen Pflanze: Beispielsweise kann durch Verdunkeln eines Blatts einer im Langtag gehalte-

nen KTP eine Blühinduktion herbeigeführt werden. Da die Blühinduktion im Sprossapikalmeristem geschieht (zur molekularen Kontrolle der Blütenbildung, ▶ Exkurs 11.1), muss ein Blühstimulus, das **Florigen**, vom perzipierenden Blatt zur Sprossspitze transportiert werden. Dieser Stimulus, das Protein Flowering Locus T, wird sehr langsam mit einer Geschwindigkeit von 2–4 mm h^{-1} weitergeleitet, was darauf hinweist, dass es sich bei dem Florigen um einen von Zelle zu Zelle weitergegebenen Faktor oder Faktorenkomplex handelt.

Pfropfungsexperimente haben ergeben, dass der Blühstimulus bei KTP, LTP und tagneutralen Pflanzen funktionell austauschbar ist. Eine induzierte KTP kann z. B. einen LTP-Pfropfpartner zum Blühen bringen. Werden LTP oder KTP mit tagneutralen Pflanzen gepfropft, blühen sie auch unter normalerweise für sie nichtinduzierenden Bedingungen. Interessanterweise blüht der tagneutrale Parasit *Cuscuta* nach Befall der LTP *Calendula* im Langtag und nach Befall der KTP *Cosmos* im Kurztag. Der molekulare Träger des Signals ist unabhängig vom photoperiodischen Typ das Protein Flowering Locus T. Dieses löst in jedem Fall die Blüte aus, es hängt jedoch vom Blühtyp der jeweiligen Pflanze ab, bei welcher Tageslänge das Protein gebildet wird.

Bei einigen LTP kann den blühinduzierenden Langtag ersetzen. Das ist insbesondere bei LTP der Fall, die unter nichtinduzierenden Bedingungen (im Kurztag) Rosetten bilden. Die im Langtag gebildeten oder von außen zugeführten Gibberelline bewirken direkt jedoch lediglich das Auswachsen des Blütenstands, das bei diesen Pflanzen eine Voraussetzung für die Blütenbildung ist. Durch Mutantenanalysen bei der Modellpflanze *Arabidopsis thaliana* konnte gezeigt werden, dass die Gibberelline unabhängig von *Flowering Locus T* wirken. Bei den KTP scheint der Gibberellingehalt nicht begrenzend für die Blütenbildung zu sein. Diese Pflanzen können durch Gibberellinzufuhr unter nichtinduktiven Bedingungen nicht zur Blüte veranlasst werden. Auch dies zeigt, dass die Gibberelline nicht, wie ursprünglich angenommen, das Florigen sein können.

Unterbricht man eine Dunkelperiode, die an sich ausreichen würde, um eine KTP zum Blühen zu bringen bzw. eine LTP am Blühen zu hindern, durch eine kurze Lichtperiode (Störlicht), so bleibt die KTP vegetativ, während die LTP zu blühen beginnt (◻ Abb. 13.9). Hingegen hat die Unterbrechung einer Lichtperiode, durch die eine LTP zur Blüte induziert wird und eine KTP vegetativ bleibt, durch eine eingeschaltete Dunkelphase kaum eine Wirkung. Entscheidend für die photoperiodische Blühinduktion ist also nicht die Dauer des ununterbrochenen Tags, sondern die Dauer der ununterbrochenen Nacht. Bei sehr empfindlichen KTP reicht bereits eine Minute Störlicht, um die Blühinduktion zu verhindern. Umgekehrt brauchen LTP oft mehrere Stunden Störlicht während einer zu langen Dunkelperiode

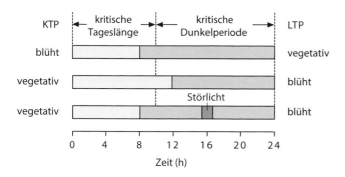

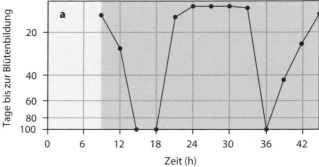

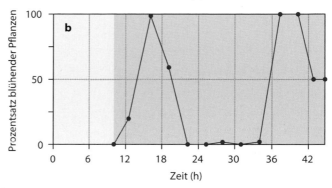

Abb. 13.9 Die Wirkung von Störlicht während der Dunkelperiode auf die Blütenbildung von Kurztagpflanzen (KTP) und Langtagpflanzen (LTP). (Nach D. Heß)

(z. B. Gewächshauspflanzen im Winter), um blühen zu können.

Sowohl bei KTP als auch bei LTP hat der genaue Zeitpunkt der Störlichtbehandlung während der Dunkelphase großen Einfluss auf die Wirkung dieser Behandlung. Störlichtversuche mit stark verlängerten Dunkelperioden haben gezeigt, dass die Wirksamkeit des Störlichts einer deutlichen Periodizität unterliegt (◻ Abb. 13.10).

Da eine einzelne Periode dieser Schwankung in der Störlichtwirksamkeit ziemlich genau einen Tag (24 h) dauert, spricht man von einer **circadianen Rhythmik** (lat. *circa*, ungefähr; *dies*, Tag). Diese wird von einer endogenen, autonom oszillierenden **physiologischen Uhr** gesteuert, die bei verschiedenen Organismen zwar nach denselben Mechanismen funktioniert, sich aber hinsichtlich der molekularen Komponenten stark unterscheidet (▶ Abschn. 13.2.3). Nicht nur photoperiodisch induzierte Entwicklungsvorgänge, sondern viele andere tagesperiodische Prozesse (◻ Tab. 13.2) werden von dieser physiologischen Uhr kontrolliert.

13.2.3 Circadiane Rhythmik und physiologische Uhren

Circadiane Rhythmen kommen bei Pro- und Eukaryoten vor und können bei Pflanzen in vielen verschiedenen Ausprägungen beobachtet werden (◻ Tab. 13.2, ◻ Abb. 13.11). Dazu gehören tagesperiodische Veränderungen von Stoffwechselaktivitäten, Organstellungen und Wachstums- sowie Differenzierungsprozesse, genauso wie die im vorhergehenden Abschnitt besprochene Steuerung photoperiodisch regulierter Entwicklungsvorgänge (▶ Abschn. 13.2.2). Circadiane Rhythmen sind offensichtlich eine Form der Anpassung von Organismen an den regelmäßigen Tag/Nacht-Wechsel und an die damit zusammenhängenden jahreszeitlichen Veränderungen. Inzwischen sind zahlreiche Gene bekannt, deren Aktivität einen circadianen Rhythmus aufweist. Dazu ge-

Abb. 13.10 Periodisch veränderte Empfindlichkeit der Blühinduktion für Störlicht während der Dunkelphase als Nachweis einer circadianen Rhythmik. **a** Die Kurztagpflanze *Kalanchoe blossfeldiana* wurde 9 h im Licht und darauf in einer verlängerten Dunkelperiode gehalten. Zu verschiedenen Zeiten der Dunkelphase (Abszisse) wurde ein Teil der Pflanzen für je 2 h Störlicht ausgesetzt und die Zeit bis zum Sichtbarwerden der Blütenstandsanlagen bestimmt (Ordinate). Phasen unterschiedlicher Lichtempfindlichkeit kehren periodisch wieder. **b** Die Langtagpflanze *Hyoscyamus niger* wurde zu verschiedenen Zeiten einer verlängerten Dunkelperiode für 2 h belichtet, bevor der Prozentsatz der zur Blüte kommenden Pflanzen ermittelt wurde. Auch hier schwankt die Lichtempfindlichkeit periodisch. (a Nach R. Bünsow, b nach H. Claes und A. Lang)

hören die Gene für die Carboanhydrase (*Chlamydomonas*), die Nitrat-Reduktase (Tabak, *Arabidopsis thaliana*), die Katalase (Mais, *Arabidopsis*), die ACC-Oxidase (*Stellaria longipes*), die Rubisco-Aktivase (Tomate, Apfel, *Arabidopsis*) und Chlorophyll-a/b-Bindungsproteine des Lichtsammelkomplexes LHCII (Weizen, Tomate, *Arabidopsis*, *Chlamydomonas*). Solche rhythmischen Schwankungen der Genaktivität sind kein Beleg dafür, dass das entsprechende Gen an der physiologischen Uhr beteiligt sind. Angesichts der zahlreichen physiologischen Vorgänge, die sich tagesrhythmisch ändern, ist es keine Überraschung, dass die zahlreichen Gene, die für diese Vorgänge benötigt werden, ebenfalls tagesrhythmisch ihre Aktivität ändern. Die Rhythmik solcher Genaktivitäten ist also nur der Ausdruck der physiologischen Uhr, nicht ihre Ursache. Um Faktoren zu finden, die an der Uhr selbst beteiligt sind, muss man, wie so oft in den Pflanzenwissenschaften, nach Mutanten suchen, bei denen circadiane Rhythmen betroffen sind, und

Tab. 13.2 Beispiele für circadiane Rhythmen bei photosynthetischen Prokaryoten, Pilzen und Pflanzen. (Nach M. Wilkins, ergänzt)

Pflanzengruppe	Organismus	Rhythmus
Cyanobakterien	*Synechococcus*	Stoffwechsel
photosynthetisierende Flagellaten	*Lingulodinium polyedra*	Lumineszenz, Photosyntheserate, Wachstum
Algen	*Euglena gracilis*	Phototaxis
	Hydrodictyon reticulatum	Photosynthese, Atmung
	Oedogonium cardiacum	Sporenbildung
	Acetabularia major	Photosyntheserate
Pilze	*Monilinia fructigena*	Konidienbildung
	Daldinia concentrica	Sporenausschleuderung
	Pilobolus lentiger	Sporangienabschuss
	Neurospora crassa	Wachstum, Sporulation
Farngewächse	*Selaginella serpens*	Plastidengestalt
Samenpflanzen	*Phaseolus coccineus*	Blattbewegung
	Kalanchoe blossfeldiana	Blütenblattbewegung
	Avena sativa	Wachstum der Coleoptile
	Kalanchoe fedtschenkoi	CO_2-Freisetzung im Dunkeln

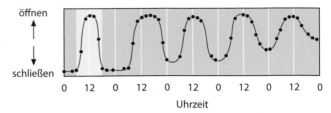

Abb. 13.11 Circadiane Rhythmik. Fortlaufende rhythmische Bewegung der Blütenblätter von *Kalanchoe blossfeldiana* im Dunkeln, mit abnehmender Amplitude der Schwingung; Dunkelperioden sind violett unterlegt. (Nach R. Bünsow)

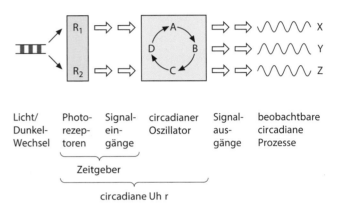

Abb. 13.12 Schematischer Aufbau einer circadianen Uhr. Bei den Signalein- bzw. -ausgängen handelt es sich vermutlich um komplexe, miteinander in Verbindung stehende Signalwege. Viele Komponenten circadianer Oszillatoren konnten inzwischen molekular identifiziert werden und unterscheiden sich bei verschiedenen Lebensformen, obwohl alle über eine zeitverzögerte negative Rückkopplung eines durch Licht gesteuerten Aktivators erklärt werden können (vgl. Text und Abb. 13.14). (Grafik: E. Weiler)

Circadiane Rhythmen sind durch folgende drei Merkmale charakterisiert:
– Sie laufen auch unter konstanten Außenbedingungen (Dauerlicht oder -dunkel bei konstanter Temperatur und Feuchtigkeit) wochen- bis monatelang weiter (bei Pflanzen meist 1–2 Wochen, die circadiane Rhythmizität der Sauerstoffproduktion durch die Alge *Acetabularia* bis zu acht Monate). Dabei nimmt allerdings die Schwingungsamplitude in der Regel langsam ab (Abb. 13.11), vermutlich weil die Kopplung zwischen der physiologischen Uhr und dem durch sie gesteuerten Prozess in Abwesenheit eines Zeitgebers schwächer wird. Die normale Amplitude kann jedoch oft bereits durch ein einziges Zeitgebersignal wieder hergestellt werden.

Bei dem einzelligen Dinoflagellaten *Gonyaulax polyedra*, einer der Organismen, die für das Meeresleuchten verantwortlich sind, genügt nach drei Jahren arrhythmischer Kultur im Dauerlicht ein einziger Wechsel der Lichtintensität, um den circadianen Rhythmus des Leuchtens wieder anzustoßen. Hält man z. B. Bohnenkeimlinge von der Keimung an im Dauerdunkel oder im Dauerlicht, setzt die tagesperiodische Blattbewegung erst dann ein, wenn die Pflanzen aus dem Dauerlicht ins Dunkel (bzw. aus dem Dauerdunkel ins Licht) gestellt werden.

zwar nicht nur in einem spezifischen physiologischen Prozess, sondern in mehreren. Bei solchen Mutanten ist die Wahrscheinlichkeit höher, dass nicht die Wirkung der Uhr, sondern ihr Mechanismus selbst betroffen ist.

Ein wesentliches Merkmal circadianer Rhythmen ist ihre Kontrolle durch einen endogenen Oszillator, der seinerseits durch den Tag/Nacht-Wechsel synchronisiert wird. In einigen Fällen wird der Oszillator zusätzlich durch Temperaturwechsel oder andere Reize beeinflusst. Die Signalwege, worüber solche zeitgebenden Einflüsse (Tag/Nacht- oder Temperaturwechsel) verarbeitet werden, bilden im Verbund mit dem endogenen Oszillator zusammen die physiologische Uhr (Abb. 13.12).

13

– Unter konstanten Umweltbedingungen beträgt die Periodenlänge weiterlaufender (freilaufender) Rhythmik in der Regel nicht genau bei 24 h (◨ Abb. 13.10), selbst wenn diese Rhythmik unter natürlichen Bedingungen durch Zeitgeber auf genau 24 h synchronisiert wird. Bei solchen konstantgehaltenen Bedingungen beträgt die Periodenlänge für die Rhythmik der Blattbewegung von *Phaseolus coccineus* 27 h, für die CO_2-Abgabe von *Kalanchoe*-Blättern 22,4 h und für die Expression des *CAB*-Gens von *Arabidopsis thaliana* (welches das Chlorophyll-a/b-Bindungsprotein des Lichtsammelkomplexes LHCII codiert, ▶ Abschn. 14.3.3) 30 h (im Dauerdunkel) oder 24,5 h (im Dauerlicht). Diese freilaufenden Rhythmen spiegeln direkt die Periodizität des endogenen Oszillationsmechanismus wider, der unter normalen Bedingungen durch externe Zeitgeber (z. B. durch den Licht/Dunkel-Wechsel eines 24-Stunden-Tags) synchronisiert wird. Dies zeigt sich auch daran, dass die physiologische Uhr durch entsprechende experimentelle Bedingungen auf anormale Periodenlängen (ca. 6–36 h) synchronisiert werden kann (z. B. auf 20 h durch einen 10-Stunden-Licht/10-Stunden-Dunkel-Zyklus).

Äußere Zeitgeber (z. B. Licht/Dunkel- oder Temperaturwechsel, periodische Konzentrationsänderungen im Kulturmedium) kann man nutzen, um in Kulturen einzelliger Organismen (z. B. Algen) den Wachstums- und Entwicklungsrhythmus aller Zellen zu synchronisieren. Da sich alle Zellen in diesen Synchronkulturen gleichzeitig teilen, gleichzeitig ihre DNA verdoppeln, gleichzeitig sporulieren usw., sind diese Kulturen vorzüglich geeignet, physiologische Prozesse an Zellpopulationen statt an Einzelzellen zu untersuchen.

– Circadiane Rhythmen laufen temperaturkompensiert ab. Während sich die Reaktionsgeschwindigkeit einzelner enzymatischer Prozesse bei Erhöhung der Temperatur um 10 °C verdoppelt bis verdreifacht (Q_{10} = 2–3, Abschn. 13.1), liegen die Q_{10}-Werte circadianer Rhythmen im Bereich von nur 0,8–1,4 (*Arabidopsis thaliana*: 1,0–1,1). Nachdem die an der physiologischen Uhr beteiligten Einzelreaktionen nicht temperaturunabhängig sein können, nimmt man an, dass die Kompensation dadurch entsteht, dass verschiedene, gegenläufig auf Temperaturschwankungen reagierende Einzelreaktionen miteinander gekoppelt sind.

Die molekularen Komponenten der physiologischen Uhr können durch Mutantenanalysen untersucht werden und wurden daher vor allem in genetisch gut zugänglichen Modellorganismen (die Fruchtfliege *Drosophila melanogaster* und der Pilz *Neurospora crassa*) identifiziert. Bei diesen Organismen scheinen die endogenen Oszillatoren nach demselben Prinzip zu funktionieren: Sie bestehen aus rückgekoppelten Systemen von Transkriptionsfaktorgenen, deren Aktivität durch ihre eigenen Genprodukte reguliert wird (Genregulation, ▶ Abschn. 5.3). Auch wenn dies für die physiologische Uhr der höheren Pflanzen gilt, zeigten genetische Analysen an der Modellpflanze *Arabidopsis thaliana*, dass die Uhr ungleich komplexer aufgebaut ist, wobei mehrere solcher Rückkopplungsschleifen zusammenwirken. Inzwischen zeichnet es sich ab, dass zum Tagesbeginn eine andere physiologische Uhr aktiv ist als am Tagesende. Obwohl das Prinzip der negativen Rückkopplung offenbar bei allen bisher untersuchten physiologischen Uhren eingesetzt wird, sind die an der physiologischen Uhr beteiligten Gene in Cyanobakterien, Pilzen, Grünen Pflanzen und Tieren nicht homolog. Unterschiedliche physiologische Uhren, die nach dem gleichen Prinzip funktionieren, scheinen also im Verlauf der Evolution mehrfach unabhängig voneinander entstanden zu sein, ein typischer Fall von Konvergenz (▶ Abschn. 3.1.1).

Am besten untersucht sind die circadianen Oszillatoren bei *Drosophila* (dort unterliegt z. B. das Schlüpfen der Imagines einem circadianen Rhythmus), bei dem Ascomyceten *Neurospora crassa* (dort wird die Sporulation circadian geregelt) und bei dem Cyanobakterium *Synechococcus*.

Die aktuellen Vorstellungen von der Funktionsweise eines circadianen Oszillators können in einem verallgemeinerten und vereinfachten Schema verdeutlicht werden, das auf Ergebnissen der Untersuchung von *Neurospora* beruht (◨ Abb. 13.13) und zu einem Modell geführt haben, wonach das Gen *FRQ* (engl. *frequency*, nach dem Mutantenphänotyp benannt) durch Hemmung seines eigenen Aktivators (die Genprodukte WC-1 und WC-2) (engl. *white collar*, nach dem Mutantenphänotyp benannt: Die Mutante bildet im Licht keine Carotinoide und bleibt farblos) seine eigene Transkription hemmt. Diese Hemmung erfolgt jedoch nicht sofort, sondern mit einer zeitlichen Verzögerung, weil die *FRQ*-Transkripte aus dem Zellkern hinaus und das im Cytoplasma phosphorylierte FRQ-Protein wieder in den Zellkern hineinwandern muss. Diese Verzögerungen sind letztendlich der Grund, warum die Aktivität des *FRQ*-Gens rhythmisch schwankt.

Um die physiologische Uhr von Pflanzen verstehen zu können, wurde ein Mutantenansatz gewählt. Hierfür benötigte man ein experimentelles System, das den Zustand der Uhr anzeigt. Es wurden transgene Pflanzen hergestellt (▶ Abschn. 10.3), die ein bakterielles Luciferasegen unter der Kontrolle des circadian kontrollierten Promotors des oben erwähnten *CAB*-Gens exprimieren. In Anwesenheit des von außen zugeführten Luciferasesubstrats Luciferin zeigen diese Pflanzen, bedingt durch

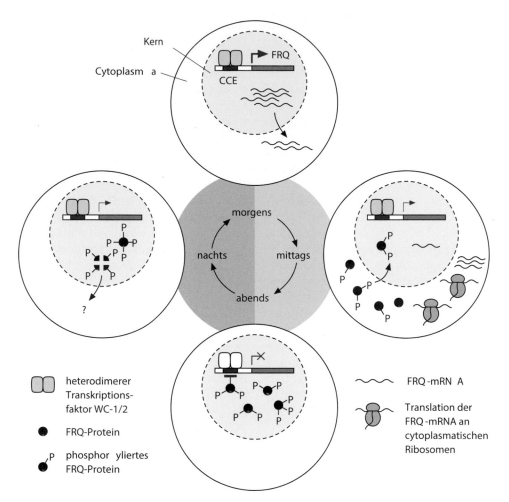

Abb. 13.13 Vereinfachtes Funktionsmodell des circadianen Oszillators des Pilzes *Neurospora crassa*. Die beiden Transkriptionsfaktoren WC-1 und WC-2 bilden ein Heterodimer und aktivieren die Transkription des „Uhr-Gens" *FRQ*. Dessen Genprodukt, das FRQ-Protein, ist ein negativer Regulator von WC-1 und WC-2 und hemmt somit seine eigene Bildung. In den Promotoren von Uhr-Genen (engl. *clock genes*) wurden für die rhythmische Expression essenzielle *cis*-Elemente, die CC-Elemente gefunden. Das Modell postuliert eine negative Rückkopplungsschleife, deren Periodenlänge maßgeblich durch langsam verlaufende intrazelluläre Transportprozesse bestimmt wird: durch den Transport der *FRQ*-mRNA aus dem Kern in das Cytoplasma sowie den Transport des phosphorylierten FRQ-Proteins aus dem Cytoplasma zurück in den Kern. Zu Beginn eines Zyklus (im Bild oben) setzt die durch WC-1/2 aktivierte Transkription des *FRQ*-Gens ein. Die *FRQ*-mRNA akkumuliert zunächst im Zellkern und wird dann in steigendem Maß in das Cytoplasma transportiert. Dort wird das FRQ-Protein synthetisiert und phosphoryliert (rechts). Phosphoryliertes FRQ wandert in den Zellkern ein und reprimiert dort zunehmend die Transkription seines Gens, sodass diese schließlich zum Erliegen kommt (unten). Das FRQ-Protein wird mit der Zeit zunehmend stärker phosphoryliert. Stark phosphoryliertes FRQ ist instabil und wird proteolytisch abgebaut. Mit der Abnahme der Konzentration an aktivem FRQ-Protein im Zellkern unter den für eine Transkriptionshemmung notwendigen Schwellenwert läuft die Transkription des *FRQ*-Gens wieder an (links). Unter konstanten Umgebungsbedingungen besitzt der Gesamtprozess eine circadiane Periode. Im inneren Kreis ist die ungefähre Zuordnung der Teilprozesse bei Synchronisierung des Oszillators durch einen Licht/Dunkel-Wechsel von 12 h + 12 h innerhalb eines 24-Stunden-Tags veranschaulicht. Man nimmt an, dass im Licht die Hyperphosphorylierung des FRQ-Proteins und damit dessen proteolytischer Abbau gehemmt werden. – CCE, engl. *circadian clock elements*, FRQ engl. *frequency*, WC engl. *white collar*. (Nach D.E. Somers und C.B. Green, verändert und ergänzt)

die rhythmisch sich verändernde Luciferaseexpression, eine rhythmische Lumineszenz, die durch Aufnahmen mit sehr empfindlichen Videokameras nachgewiesen werden kann (Abb. 13.14). Tatsächlich gelang es mit diesem Ansatz, sogenannte *toc*-Mutanten (engl. *timing of cab expression*) zu finden und mithilfe genetischer Kartierungen und Komplementierungsanalysen mit anderen Mutanten der Photomorphogenese in Beziehung zu setzen.

Das auf diese Weise aufgedeckte regulatorische Netzwerk ist deutlich komplexer als bei anderen Organismen. Das hat möglicherweise damit zu tun, dass Pflanzen viel stärker von jahreszeitlichen Änderungen der Tageszeit abhängig sind, so dass die Selektion eines besonders robusten und präzisen Systems besonders ausgeprägt war. In der Morgendämmerung werden Transkriptionsfaktoren der Myb-Familie (*CIRCADIAN CLOCK ASSOCIATED 1, LONG ELONGA-*

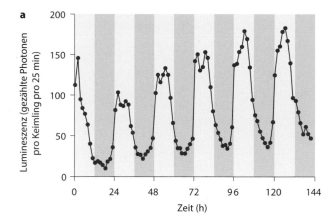

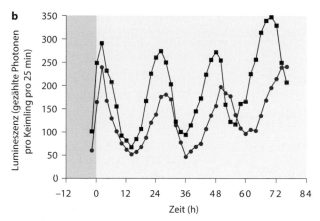

◙ Abb. 13.14 Endogene circadiane Rhythmik der Transkription des Reportergens für die bakterielle Luciferase unter der Kontrolle des *CAB*-Promotors in transgenen *Arabidopsis thaliana*-Pflanzen. Obwohl die Lumineszenz ein Maß für die Enzymaktivität der Luciferase darstellt, gibt sie doch ein recht exaktes Bild der jeweiligen Transkriptionsaktivität des Luciferasegens, da das Enzymprotein instabil ist und sehr schnell abgebaut wird. Der pflanzliche Promotor stammt aus dem *CAB*-Gen, das das Chlorophyll-a/b-Bindungsprotein des Lichtsammelkomplexes LHCII (◙ Abb. 14.31) codiert. Das *CAB*-Gen unterliegt einer strikten Transkriptionskontrolle durch die circadiane Uhr. **a** Lumineszenz von fünf Tage alten Keimlingen bei konstanter Temperatur (22 °C) und einem Wechsel zwischen 12 h Belichtung (Photonenfluss 50–60 µmol m^{-2} s^{-1}, beigefarbene Balken) und 12 h Dunkelheit (violette Balken). Die Periode der Rhythmik beträgt 24 h, bedingt durch die Synchronisierung durch das Belichtungsprogramm. Interessanterweise beginnt die Luciferaseaktivität bereits 3–4 h vor dem Beginn der Photoperiode anzusteigen und fällt bereits vor dem Ende der Photoperiode wieder. Die circadiane Uhr antizipiert also den Beginn von Beleuchtungs- bzw. Dunkelphase. Die Pflanze bereitet sich demnach auf vorhersehbare Stoffwechselleistungen (z. B. Photosynthese während der Belichtung) vor, was z. B. bei Proteinen, die aufgrund geringer biologischer Halbwertszeiten ständig neu gebildet werden müssen, effektiver ist als eine ständige Synthese oder ein Start der Synthese erst bei Einsetzen der Belichtung. **b** Freilaufende circadiane Rhythmik der Luciferaseaktivität in Pflanzen, die nach einem Hell/Dunkel-Wechsel (12 h + 12 h) ab *t* = 0 h in Dauerlicht gehalten wurden. Wildtyppflanzen (rote Symbole) zeigen eine Periode der endogenen Rhythmik von 24,5 h, während die photoperiodische Mutante *toc1* (engl. *timing of cab expression*, schwarze Symbole) eine verkürzte Periode von 21 h aufweist. (Nach A.J. Mullar und S.A. Kay)

TED HYPOCOTYL) gebildet und binden an ein spezifisches *cis*-Element (*evening element*) im Promotor von *TOC*-Genen, die ihrerseits die Expression von *CIRCADIAN CLOCK ASSOCIATED 1* und *LONG ELONGATED HYPOCOTYL* hemmen. Am Nachmittag werden sogenannte *REVEILLE*-Gene (von franz. *se reveiller*, aufwachen) aktiv, die ebenfalls das *evening element* erkennen, aber aktivierend wirken. Diese *REVEILLE*-Gene werden ebenfalls von TOC-Genprodukten gehemmt. Es gibt also zwei Uhrwerke, die morgens und abends aktiv und über die *TOC*-Gene miteinander verknüpft sind. Beide Uhrwerke sind in noch nicht vollständig verstandener Weise mit verschiedenen Lichtsignalen als Taktgebern verbunden. Immerhin kennt man einige der auslösenden Photorezeptoren.

13.2.4 Photorezeptoren und Signalwege der lichtgesteuerten Entwicklung

Pflanzen nutzen Licht nicht nur als primäre Energiequelle, sondern auch als primäre Informationsquelle, um ihre Entwicklung an die jeweiligen Bedingungen anpassen zu können. Dabei spielt nicht nur die Dosis der aufgenommenen Quanten (die **Fluenz**) eine wichtige Rolle, sondern auch die Wellenlänge des Lichts. Mithilfe verschiedener, inzwischen auch molekular identifizierter **Photorezeptoren** können alle Landpflanzen, aber auch viele Algen, dunkelrotes, rotes, blaues und UV-B-Licht unterscheiden. Rotes und dunkelrotes Licht wird über **Phytochrome** wahrgenommen, blaues und UV-A-Licht (>315 nm) vor allem von **Cryptochromen** und **Phototropinen**, unter bestimmten Bedingungen auch von besonderen Phytochromen. Die Bezeichnung "Cryptochrome" spiegelt die Tatsache wider, dass diese Photorezeptoren lange erfolglos mit biochemischen Methoden gesucht wurden, bevor sie schließlich durch Mutantenanalysen identifiziert werden konnten. Erst vor Kurzem konnten die UVR8-Rezeptoren entdeckt werden, die kurzwelliges UV-B-Licht (280–315 nm) wahrnehmen können, was dem menschlichen Auge verborgen, aber für die zellschädigende Wirkung starker Sonneneinstrahlung verantwortlich ist.

Photorezeptoren steuern einerseits lichtabhängige Entwicklungsprozesse, die ab einem bestimmten Zeitpunkt irreversibel sind und zusammengefasst auch als **Photodifferenzierung** bezeichnet werden. Darüber hinaus regulieren sie aber viele reversible Prozesse, die kollektiv als **Photomodulation** der Photodifferenzierung gegenübergestellt werden. Neben den Phytochromen und Cryptochromen tragen weitere Photorezeptoren (◙ Tab. 13.3) zur Steuerung des **Phototropismus** (▸ Abschn. 15.3.1.1), der **Stomataöffnung** (▸ Abschn. 15.3.2.5 und 14.4.7) und der **Phototaxis**

◘ Tab. 13.3 Beispiele für Photorezeptoren und durch sie vermittelte lichtregulierte Vorgänge bei Niederen und Höheren Pflanzen

Photorezeptortyp	chromophore Gruppe(n)	spektrale Empfindlichkeit	Beispiel[1]	Beispiele für regulierte Prozesse
Phytochrom Klasse I	Phytochromobilin	R, (B)	phyA (*At*)	– DR-induzierbare Photomorphosen etiolierter Keimlinge (VLFR[2]) – HIR[2]-Antworten der Photomorphogenese etiolierter Keimlinge (mit cry1)
Phytochrom Klasse II	Phytochromobilin	R	phyB, C, D, E (*At*)	– HIR[2]-Antworten der Photomorphogenese im Licht – photoperiodisch gesteuerte Morphosen (z. B. Blühinduktion) (mit cry2) – photoreversible HR/DR-Antworten bei niedrigen Lichtintensitäten (LFR[2]) (z. B. Samenkeimung bei Lichtkeimern) – Schattenvermeidungsreaktion – Photomodulation (z. B. Tag/Nacht-Stellungen von Blattorganen)
Cytochrom	Pterin, Flavin	B, UV-A	cry1 (*At*)	– HIR[2]-Antworten der Photomorphogenese etiolierter Keimlinge (mit phyA)
	Pterin, Flavin	B, UV-A	cry2 (*At*)	– photoperiodisch gesteuerte Morphosen (mit phyB)
Phototropin	Flavin	B	phot1, phot2 (*At*)	– Phototropismus Höherer Pflanzen – Stomataöffnung bei Höheren Pflanzen
Sensorrhodopsin	Retinal	G	Chlamyopsin	– Phototaxis bei *Chlamydomonas* und anderen Chlorophyceen
direkt licht-empfindlicher Transkriptionsfaktor	Flavin	B	WC-1	– Carotinoidsynthese und Sporulation bei *Neurospora crassa*
unbekannt	Flavin	B	–	– Phototropismus von *Phycomyces*
unbekannt	Flavin	B	–	– Phototaxis von *Euglena*

[1]*At Arabidopsis thaliana*; der für diese Art gültigen Konvention folgend, werden die Apoproteine mit Großbuchstaben, die Holoproteine (= Apoprotein + Chromophor) mit Kleinbuchstaben bezeichnet (Beispiel: PHYA = Apoprotein des Phytochrom A, phyA = Holoprotein des Phytochrom A)
[2]VLFR, LFR und HIR, ◘ Tab. 13.5, R Rot, B Blau, G Grün, UV-A langwelliges Ultraviolett (320–390 nm)

(► Abschn. 15.2.1.2) bei. Die folgende Darstellung behandelt Phytochrome und Cryptochrome. Weitere Photorezeptoren werden im Anschluss zusammen mit den von ihnen vermittelten speziellen, lichtabhängigen physiologischen Prozessen besprochen.

Typische **Phytochrome** kommen in allen Grünen Pflanzen einschließlich der Algen vor. Es handelt sich dabei um homodimere Chromoproteide. Jedes Monomer besteht aus einem 120–129 kDa schweren Apoprotein, welches über die Thiolgruppe eines Cysteinrests ein Molekül **Phytochromobilin** kovalent gebunden trägt. Die Synthese des Phytochromobilins, ein offenkettiges Tetrapyrrol mit großer Strukturähnlichkeit zum Phycocyanobilin der Cyanobakterien (◘ Abb. 14.28) läuft im Chloroplasten ab (◘ Abb. 14.91). Das Apoprotein wird dagegen im Cytoplasma translatiert. Apoprotein und Chromophor (aus dem Chloroplasten exportiertes Phytochromobilin) verbinden sich im Cytoplasma zum Ho-

loprotein (◘ Abb. 13.15), das daraufhin dimerisiert. Die Apoproteine wirken dabei als **Bilin-Lyasen**, die autokatalytisch die kovalente Bindung des Chromophors stimulieren. Unterschiedliche Phytochrome unterscheiden sich im Apoprotein, tragen aber alle den gleichen Chromophor und zeigen deshalb identische spektrale Eigenschaften.

Phytochromähnliche Photorezeptoren wurden auch in Prokaryoten gefunden. Sie sind in allen photoautotrophen Prokaryoten (z. B. Cyanobakterien und Purpurbakterien) verbreitet und kommen darüber hinaus auch in wenigen nichtphotoautotrophen Bakterien (z. B. *Pseudomonas aeruginosa*, *Deinococcus radiourans*, aber auch mit Pflanzen assoziierten Bakterien wie *Agrobacterium fabri* oder verschiedenen *Rhizobium*-Arten) vor. Diese Bakteriophytochrome binden *in vivo* ein aus dem Hämabbau stammendes Biliverdin. Dieser Chromophor wird kovalent – bei den Phototrophen über ein Cystein, bei den Nicht-Phototrophen über ein Histidin – an das Protein gebunden. Die Bakteriophytochromholoproteine absorbieren ebenfalls HR bzw. DR und zeigen, so wie ihre pflanzlichen Homologe, Photoreversibilität (s. u.),

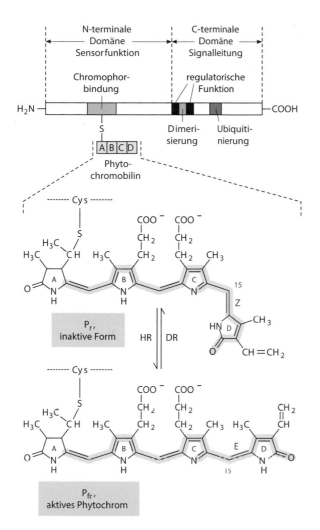

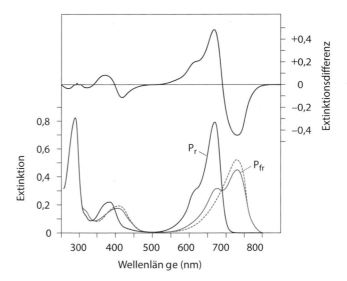

◼ **Abb. 13.16** Extinktionsspektren von P_r und P_{fr} (unten) sowie Differenzspektrum beider Pigmente ($E[P_{fr}] - E[P_r]$, oben). Die gezeigten Spektren wurden für das Phytochrom des etiolierten Haferkeimlings, ein Klasse-I-Phytochrom wie phyA von *Arabidopsis thaliana* (s. Text), ermittelt. Die Spektren anderer Phytochrome, auch denen der Klasse II (z. B. phyB), sind von denen der Klasse-I-Phytochrome spektroskopisch nicht zu unterscheiden. Die gepunktete Linie gibt das P_{fr}-Spektrum wieder, wenn man für den im Photogleichgewicht (nach saturierender Bestrahlung mit hellrotem Licht) noch vorliegenden Anteil an P_{fr} (20 %) korrigiert. (Grafik: E. Weiler)

rest in einem zweiten Protein, dem **Regulatorprotein**, übertragen, das in phosphorylierter Form einen aktiven Transkriptionsfaktor darstellt, der direkt mit den Zielgenen (im Fall des Bakteriophytochroms den lichtregulierten Genen der Pigmentbiosynthese) in Wechselwirkung tritt und deren Transkription aktiviert. Die Phytochrome der eukaryotischen Pflanzen funktionieren vermutlich ebenfalls als lichtaktivierte Proteinkinasen, verfügen aber nicht über Histidin-Kinase-Aktivität, sondern sind Serin-Threonin-Kinasen.

Der primäre photochemische Prozess bei Lichtabsorption des Phytochroms hat eine Isomerisierung der Doppelbindung zwischen den Pyrrolringen C und D des Chromophors zur Folge (◼ Abb. 13.15). Dieser Übergang (Z-E-Isomerisierung) ist reversibel. Versuche an etiolierten Keimlingen haben gezeigt, dass unter Lichtausschluss gebildetes Phytochrom die Z-Isomerie der C/D-Ringverknüpfung aufweist. Dieses Phytochrom besitzt im Hellroten (HR, 650–680 nm, λ_{max} = 667 nm) ein Absorptionsmaximum (◼ Abb. 13.16) und wird daher als P_r (r für *red*) bezeichnet. P_{fr} ist die physiologisch inaktive Form des Phytochroms. Bei Belichtung mit hellrotem Licht (im Experiment z. B. mit monochromatischem Licht der Wellenlänge 660 nm) isomerisiert der Chromophor in die E-Form. Phytochrom P_{fr} geht dabei in die aktive Form über, die nach ihrem Absorptionsmaximum im Dunkelroten (DR, 710–740 nm, λ_{max} = 730 nm) auch P_{fr} (fr für *far red*) genannt wird (◼ Abb. 13.16). Durch Belichtung mit Dunkelrot (im Experiment z. B. mit monochromatischem Licht der Wellenlänge 730 nm) kann P_{fr} reversibel wieder in die in-

◼ **Abb. 13.15** Schema des Aufbaus des pflanzlichen Phytochromholoproteins und der lichtabhängigen Isomerisierung des Phytochromobilinchromophors. Die aminoterminale Domäne des Apoproteins trägt, kovalent über eine Thioetherbrücke an ein Cystein gebunden, den Chromophor Phytochromobilin. Die carboxyterminale Domäne ist für die Signalleitung bedeutsam und weist Proteinkinaseaktivität auf. Mutationen im Bereich der regulatorischen Funktionen führen zur Inaktivität des Phytochroms. In der C-terminalen Domäne liegen auch die für die Dimerisierung und für den proteolytischen Abbau nach Ubiquitinierung verantwortlichen Bereiche des Proteins. Beim reversiblen Übergang von $P_r \rightleftharpoons P_{fr}$ isomerisiert der Chromophor an der Methinbrücke (C15) zwischen dem C- und dem D-Ring. An der Doppelbindung liegt im P_r eine Z- und im P_{fr} eine E-Konformation vor (Z-, E-Nomenklatur, s. Lehrbücher der Chemie). – DR Dunkelrot, HR Hellrot. (Grafik: E. Weiler)

allerdings teilweise in genau entgegengesetzter Weise. Bakterielle Phytochrome sind an der Regulation der bakteriellen Pigmentsynthese, insbesondere der Carotinoide, beteiligt, die als Schutzpigmente vor zu intensiver Bestrahlung in hellem Licht gebildet werden. Mutanten mit gestörter Bakteriophytochrombildung wachsen im Licht schlecht. Bei *Agrobacterium* scheinen sie auch bei der Wahrnehmung von Temperaturen und bei der Steuerung der bakteriellen Konjugation eine Rolle zu spielen. Die Bakteriophytochrome sind **Rezeptorkomponenten** typischer **bakterieller Zweikomponentenregulatoren**. Sie autophosphorylieren bei Belichtung in einer ATP-abhängigen Reaktion an einem Histidinrest. Die Phosphatgruppe wird von dort auf einen Aspartyl-

aktive P_r-Form überführt werden. Zur Aktivierung bzw. Inaktivierung des Phytochroms genügen bereits kurze Lichtpulse. Bei unmittelbar aufeinanderfolgend gegebenen Pulsen von HR bzw. DR bestimmt jeweils die zuletzt applizierte Lichtqualität, ob ein Prozess ausgelöst wird oder nicht. Diese **Photoreversibilität** ist ein wichtiges Kriterium für den physiologischen Nachweis des Phytochromsystems (Abb. 13.9 und 13.17, Tab. 13.4), gilt aber nicht für alle phytochromkontrollierten Prozesse (Tab. 13.5).

Da die Absorptionsspektren von P_r und P_{fr} deutlich überlappen (Abb. 13.16), liegt bei Belichtung selbst mit monochromatischem Licht der Wellenlänge 660 oder 730 nm stets ein **Photogleichgewicht** von P_r und P_{fr} vor, das je nach Anteil von HR zu DR zwischen 2,5 % P_{fr} und 97,5 % P_r (nach Bestrahlung mit monochromatischem Licht der Wellenlänge 730 nm) und 80 % P_{fr} und 20 % P_r (nach Bestrahlung mit monochromatischem Licht der Wellenlänge 660 nm) variiert. Einige physiologische Prozesse (z. B. die Induktion der Samenkeimung mancher Lichtkeimer bei Verwendung extrem niedriger Photonenflüsse), VLFR-Prozesse (VLFL für engl. *very low fluence response*; Tab. 13.5) werden bereits durch die nach Bestrahlung mit DR vorliegende geringe Menge an P_{fr} (2,5 %) ausgelöst. Solche Prozesse lassen sich demnach durch DR-Bestrahlung nicht revertieren, sondern werden vielmehr durch diese Bestrahlung induziert.

An natürlichen Standorten liegt, anders als im Experiment, kein monochromatisches Licht vor, sondern stets ein spektrales Kontinuum mit Anteilen von HR und DR. Allerdings variieren diese je nach Situation beträchtlich. Das Verhältnis

$$\frac{\text{HR}}{\text{DR}} = \frac{\text{Photonenfluss bei } 660 \pm 5 \text{ nm}}{\text{Photonenfluss bei } 730 \pm 5 \text{ nm}}$$

beträgt in vollem Sonnenlicht (mittags) etwa 1,13, sinkt jedoch in der Morgen- und Abenddämmerung auf unter 1 ab (0,9–0,8) und nimmt auch im Boden, z. B. unter einer Laub- oder Mulchschicht, einen niedrigen Wert (<0,9) an. Sehr viel niedriger liegt das HR/DR-Verhältnis im Schatten unter einem Laubdach ($\leq$0,2). Bedingt durch die starke Absorption des Chlorophylls (Abb. 14.23) im Hellroten ist der DR-Anteil dort besonders hoch. Auch das von Grünen Pflanzen reflektierte Licht besitzt daher einen hohen Anteil an DR. Wegen der erheblichen Überlappung der Absorptionsspektren von P_r und P_{fr} ändert sich der Aktivitätszustand des Phytochroms bei Verschiebung des HR/DR-Verhältnisses sehr stark (Abb. 13.16). Phytochrom ist daher ein idealer Photorezeptor zur Ermittlung der Dämmerung (wichtig für photoperiodische Reaktionen und tagesperiodische Prozesse), zur Ermittlung einer Beschattung im Boden (z. B. bei Keimlingen) und für die Laubschattenperzeption (Schattenvermeidungsreaktion, engl.

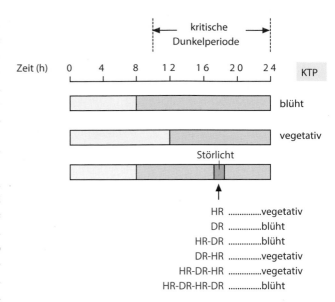

Abb. 13.17 Physiologischer Nachweis der Beteiligung des Phytochromsystems an der Blühinduktion bei der Kurztagpflanze *Xanthium strumarium*. Die Versuche belegen, dass nicht die Dauer der ununterbrochenen Belichtung, sondern die Dauer der ununterbrochenen Dunkelperiode photoperiodisch wirksam ist. Ein Störlichtimpuls innerhalb der Dunkelperiode wirkt wie ein ununterbrochener Langtag. Die Beteiligung des Phytochromsystems erschließt sich aus der Aktivität von hellrotem Licht und der Photoreversibilität des Prozesses durch eine nachfolgende Dunkelrotbestrahlung. – DR Dunkelrot, HR Hellrot, KTP Kurztagpflanze. (Nach A.W. Galston.) (Grafik: E. Weiler)

Tab. 13.4 Revertierbarkeit der Keiminduktion bei Salatachänen (*Lactuca sativa* cv. Grand Rapids) durch Verschiebung des P_r/P_{fr}-Verhältnisses im Phytochromsystem durch Hellrot- bzw. Dunkelrotbestrahlung. (Nach H.A. Borthwick et al.)

Bestrahlungsfolge	Keimungsrate in %
HR	70
HR+DR	6
HR+DR+HR	74
HR+DR+HR+DR	6
HR+DR+HR+DR+HR	76
HR+DR+HR+DR+HR+DR	7
HR+DR+HR+DR+HR+DR+HR	81
HR+DR+HR+DR+HR+DR+HR+DR	7

Bestrahlung jeweils 5 min mit Bestrahlungsstärken von 1 W m^{-2} HR bzw. 5 W m^{-2} DR. Photoinduktion und -reversion erfordern eine wässrige Umgebung. Im trockenen Samen lässt sich Phytochrom daher nicht revertieren. Die Achänen müssen im gequollenen Zustand belichtet werden. Dagegen bleibt der vor der Samenreifung eingestellte jeweilige Induktionszustand des Phytochroms über Austrocknungsphasen hinweg erhalten

□ Tab. 13.5 Klassifikation der Phytochromantworten nach Dosis (Fluenz) und Lichtqualität (Wellenlänge). (Nach J. Silverthorne, ergänzt)

	Niedrigstfluenzreaktionen (VLFR[1])	Niedrigfluenzreaktionen (LFR[1])	Hochintensitätsreaktionen etiolierte Pflanzen	(HIR[1]) im Licht gewachsene Pflanzen
Photoreversibilität	Nein	Ja	nein	Nein
Reziprozität	Ja	Ja	nein	nein
Absorptionsmaxima der Wirkungsspektren	HR, B	HR, DR	DR, B, UV-A	HR
Photorezeptor	phyA	phyB	phyA + cry1	phyB
Beispiele	– Förderung der Samenkeimung bei einigen Lichtkeimern (z. B. *Arabidopsis*[W]) – Förderung des Coleoptilenwachstums und Hemmung des Mesokotylwachstums etiolierter Haferkeimlinge	– Förderung der Samenkeimung bei Lichtkeimern (z. B. *Lactuca, Arabidopsis*[W]) – Schattenvermeidungsreaktion – photoperiodisch ausgelöste Morphosen (phyB + cry2 beteiligt) – tagesperiodische Reaktionen (z. B. Blattbewegungen)	– Hemmung der Hypokotylstreckung[W] – Kotyledonenexpansion – Induktion der Anthocyansynthese bei Dikotylenkeimlingen – Aufhebung der Bildung des Plumulahakens	– Hemmung der Hypokotylstreckung[W]

[1]VLFR (engl. *very low fluence response*); LFR (engl. *low fluence response*); HIR (engl. *high irradiance response*)
[W]Wirkungsspektren dazu sind in □ Abb. 13.19 angegeben. Zur Bezeichnung der Photorezeptoren wurde durchgängig die für *Arabidopsis* geltende Konvention verwendet (□ Tab. 13.3)

shade avoidance). Neutralschatten, z. B. einer Steinmauer, ist hingegen unwirksam. Im Sonnenlicht, bei einem HR/DR-Verhältnis von >1, liegen 50 % und mehr des Phytochroms in der aktiven P_{fr}-Form vor. Sonnenlicht wirkt daher wie HR. In besonderen Fällen (z. B. bei phylogenetisch älteren Pflanzen, ▶ Abschn. 15.3.1.1) sind die Phytochrommolekül in der Zelle räumlich ausgerichtet und registrieren wegen ihrer dichroitischen Eigenschaften die Schwingungsebene polarisierten Lichts.

Anhand ihrer Stabilität im Licht lassen sich die Phytochrome in zwei Klassen unterteilen: die für Angiospermen typischen und den Nicht-Gefäßpflanzen fehlenden **Klasse-I-Phytochrome** und die bei allen photoautotrophen Pro- und Eukaryoten vorkommenden **Klasse-II-Phytochrome** (□ Abb. 13.18).

Klasse-I-Phytochrome sind im Licht instabil und werden unter Beteiligung des Ubiquitinsystems proteolytisch rasch abgebaut (und zwar in der P_{fr}-Form; ▶ Abschn. 6.3), ähnlich wie es auch bei der Verarbeitung von Auxinsignalen geschieht (□ Abb. 12.20). Gleichzeitig wird seine Neusynthese durch Repression der Transkription im Licht gehemmt. Klasse-I-Phytochrom dominiert im etiolierten Keimling, liegt bei Dikotylen insbesondere in der Plumularegion vor und akkumuliert im Gramineenkeimling in der Coleoptile und in den Blattanlagen. Es ist für die erste Phase der Photomorphogenese

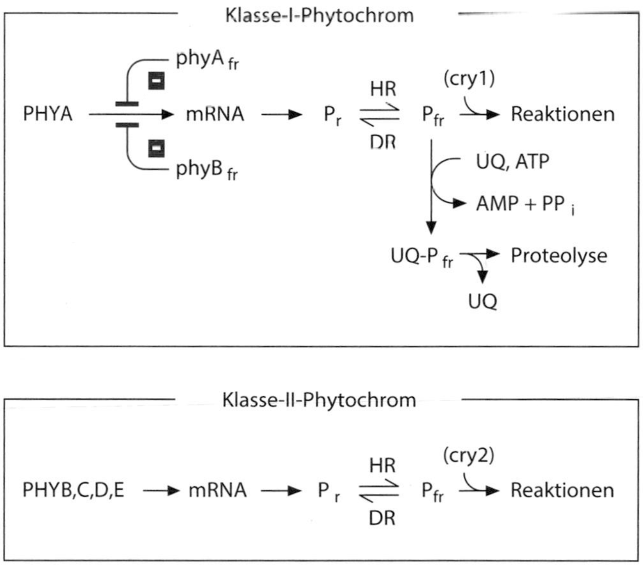

□ Abb. 13.18 Unterschiede zwischen den Phytochromen der Klasse I und II am Beispiel der Phytochrome A–E von *Arabidopsis thaliana*. In einigen Fällen wirkt Phytochrom A mit dem Blaulichtrezeptor Cryptochrom 1 (cry1) zusammen (Photomorphogenese-Hochintensitätsreaktionen, s. Text), das Klasse-II-Phytochrom phyB dagegen mit Cryptochrom 2 (cry2, Photoperiodismus, s. Text). Sowohl aktives Phytochrom A (phyA$_{fr}$) als auch aktives Phytochrom B (phyB$_{fr}$) sind an der Hemmung der *PHYA*-Transkription im Licht beteiligt (rot). – UQ Ubiquitin. (Grafik: E. Weiler)

◻ Abb. 13.19 Wirkungsspektren pflanzlicher Photomorphosen. Wirkungsspektren photobiologischer Prozesse, die von der Photonenfluenz abhängen, erhält man durch Bestrahlung der Untersuchungsobjekte mit monochromatischem Licht unterschiedlicher Wellenlängen bei gleicher Photonenfluenz (Dosis: mol Photonen m^{-2}) und Ermittlung des physiologischen Parameters (z. B. Keimrate). Wirkungsspektren für Reaktionen, die von der Intensität des Lichts abhängen, erhält man analog durch Variation der Wellenlänge bei konstanter Lichtintensität (mol Photonen m^{-2} s^{-1}). **a** Niedrigstfluenzreaktion (VLFR) der Keimung von Samen einer phyB-defizienten Mutante von *Arabidopsis thaliana*. Die phyA-Antwort wird durch hellrotes Licht ausgelöst und kann durch eine nachfolgende Bestrahlung mit Dunkelrot (z. B. 730 nm) nicht mehr rückgängig gemacht werden. Die VLFR-Antwort von phyA weist eine schwache, allerdings charakteristische Aktivität auch im blauen Spektralbereich auf. **b** Niedrigfluenzreaktion (LFR) der Keimung von Samen einer phyA-defizienten Mutante von *Arabidopsis thaliana*. Die phyB-Antwort ist photoreversibel, blaues Licht ist völlig unwirksam. **c** Hochintensitätsdunkelrotreaktion (HIR-DR) der Hemmung der Hypokotylstreckung etiolierter Salatkeimlinge. Das Wirkungsspektrum weist neben Gipfeln im Blau- und UV-A-Bereich, die von Cryptochrom herrühren, einen Dunkelrotabsorptionsgipfel auf, der auf ein Klasse-I-Phytochrom (entsprechend phyA bei *Arabidopsis thaliana*) hinweist. **d** Hochintensitätshellrotreaktion (HIR-HR) der Hemmung des Hypokotylwachstums bei im Licht gewachsenen Keimlingen von *Sinapis alba*. Blaulicht ist unwirksam, der Aktivitätsgipfel im Hellroten geht auf ein Klasse-II-Phytochrom (entsprechend phyB bei *Arabidopsis thaliana*) zurück. (a, b nach Daten von T. Shinomura und M. Furuya, mit freundlicher Genehmigung; c nach K.M. Hartmann; d nach C.J. Beggs und E. Schäfer)

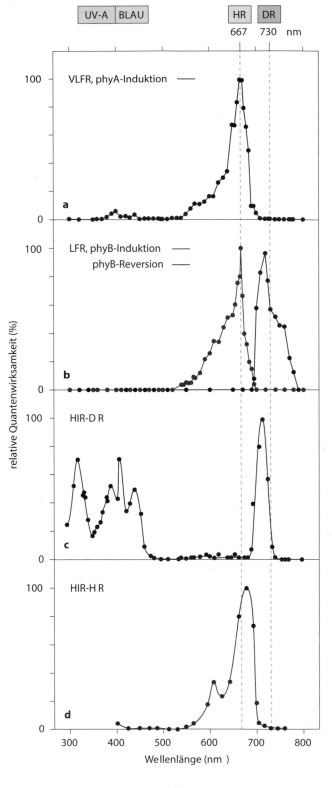

etiolierter Keimlinge verantwortlich und wirkt hier in einer Hochintensitätsreaktion (HIR, ◻ Tab. 13.5) mit dem Blaulicht/UV-A-Rezeptor Cryptochrom 1 zusammen (◻ Abb. 13.19, ▸ Exkurs 13.1). Im Verlauf dieser Reaktion wird das P_{fr} allerdings rasch abgebaut und ist in der ergrünten Pflanze im Licht nicht mehr nachzuweisen. Klasse-I-Phytochrome sind darüber hinaus für die durch

Dunkelrot sehr geringer Intensität ausgelöste Samenkeimung verantwortlich, spielen also für den ersten Kontakt eines etiolierten Keimlings oder gequollenen Samens mit dem Licht eine wichtige Rolle (◻ Tab. 13.5). Bei *Arabidopsis thaliana*, die in Bezug auf die Genetik von Photorezeptoren besonders intensiv untersucht ist, existiert lediglich ein einziges Klasse-I-Phytochrom: Phytochrom A (phyA,

Nomenklatur ◻ Tab. 13.3, ▶ Abschn. 4.5), dessen Apoprotein (PHYA) das *PHYA*-Gen codiert. Dies lässt sich jedoch nicht unbesehen auf alle Pflanzen übertragen. Beispielsweise verfügt das Süßgras Reis (*Oryza sativa*) über drei Phytochromgene, von denen zwei (*PHYA*, *PHYC*) der Klasse I angehören, also im Licht abgebaut werden.

Alle Landpflanzen besitzen **Klasse-II-Phytochrome**. Bei *Arabidopsis* findet man vier Gene: *PHYB*, *PHYC*, *PHYD* und *PHYE*. Gut untersucht ist bislang lediglich *PHYB*, das dominierende Klasse-II-Phytochrom. Andere Pflanzen, z. B. Reis, verfügen jedoch nur über ein Gen (*PHYB*). Klasse-II-Phytochrome sind im Licht stabil und liegen in der Pflanze im Licht und im Dunkeln vor. Sie stellen die Photorezeptoren der „klassischen" photoreversiblen Phytochromantworten dar (◻ Abb. 13.17 und 13.18, ◻ Tab. 13.3 und 13.5) und sind für die phytochromvermittelten Reaktionen der im Licht wachsenden Pflanze verantwortlich (photoperiodische Steuerung; tagesperiodische Prozesse, z. B. Blattstellungen; Schattenvermeidungsreaktionen; Chloroplastenbewegungen bei Algen, ▶ Abschn. 15.2.2).

Wirkungsspektren (auch Aktionsspektren genannt, ◻ Abb. 14.23) ergeben oft erste Anhaltspunkte auf die Beteiligung bestimmter Photorezeptoren an einem lichtinduzierten Vorgang (◻ Abb. 13.19). Präzisere Informationen kann man aus der Untersuchung von Mutanten ableiten, denen bestimmte Photorezeptoren (oder Kombinationen von Photorezeptoren) fehlen oder die Photorezeptoren anders als Wildtyppflanzen exprimieren.

Phytochromgesteuerte Prozesse lassen sich anhand der zur Auslösung erforderlichen Photonenfluenzen in drei Klassen einteilen: **VLFR-Antworten** (engl. *very low fluence responses*, 0,1–100 nmol m^{-2}), **LFR-Antworten** (engl. *low fluence responses*, 1–1000 µmol m^{-2}) und **HIR-Antworten** (engl. *high irradiance responses*, die durch lange oder kontinuierliche Bestrahlung mit Licht hoher Intensität ausgelöst werden). Für die VLFR- und die LFR-Antworten gilt innerhalb bestimmter Grenzen (Proportionalitätsbereich) die Reziprozitätsregel (**Bunsen-Roscoe-Gesetz**), nach der das Produkt aus der Bestrahlungsintensität I (Photonenfluss in mol m^{-2} s^{-1}) und der Zeit (in s), also die Photonenfluenz (mol m^{-2}), ausschlaggebend für die Stärke der physiologischen Antwort ist. Im Proportionalitätsbereich kann man also entweder mit geringen Bestrahlungsintensitäten und langen Bestrahlungszeiten oder aber bei höheren Intensitäten mit entsprechend kürzeren Zeiten arbeiten. Hingegen sind die HIR-Antworten, entsprechend ihrer Bezeichnung eher zur Lichtintensität proportional und werden bei hohen Intensitäten ausgelöst, aber nicht durch Langzeitbestrahlung mit Schwachlicht. Eine systematische Aufstellung der Zusammenhänge findet sich in ◻ Tab. 13.5.

Die Blaulicht- und UV-A-absorbierenden **Cryptochrome** (390–500 nm bzw. 315–390 nm) sind Chromopro-teide, die Photolyasen ähneln, jedoch keine Photolyaseaktivität besitzen. Photolyasen kommen in Bakterien, Archaeen und Eukaryoten vor. Sie funktionieren als DNA-Reparaturenzyme und katalysieren in einer durch Blaulicht/UV-A induzierten Reaktion die Spaltung von Pyrimidindimeren, die in DNA-Molekülen infolge von schädlicher UV-B-Bestrahlung (280–315 nm) entstehen können. Photolyasen besitzen zwei lichtabsorbierende Chromophore, ein Pterin und ein Flavin. Das Flavin liegt teilreduziert als Flavosemichinonradikal (FADH) vor. Das Pterin ist für die primäre Lichtabsorption verantwortlich und überträgt seine Anregungsenergie auf das Flavin, dessen Redoxpotenzial dadurch negativer wird und das in diesem angeregten Zustand die reduktive Spaltung des Pyrimidindimers katalysiert. Auch die Cryptochrome tragen ein Pterin und ein halbreduziertes Flavin. Es wird daher angenommen, dass sie nach Lichtabsorption einen noch unbekannten Redoxprozess in Gang setzen.

Bei der Acker-Schmalwand wurden zwei Cryptochromgene entdeckt. Aus der Analyse von Mutanten konnte abgeleitet werden, dass Cryptochrom 1 (cry1) zusammen mit Klasse-I-Phytochrom (phyA) für die Photomorphogenese des etiolierten Keimlings relevant ist, während Cryptochrom 2 (cry2), zusammen mit Phytochrom B, über die physiologische Uhr an der Steuerung des Photoperiodismus beteiligt zu sein scheint. Cry2-ähnliche Photorezeptoren wurden kürzlich auch bei Tieren und beim Menschen entdeckt, wo sie offenbar ebenfalls für die circadiane Rhythmik wichtig sind.

Die von aktivierten Photorezeptoren ausgelösten Signalwege setzen lichtgesteuerte Entwicklungsprozesse in Gang, sind jedoch erst teilweise aufgeklärt worden. Nach Belichtung werden sowohl phyA als auch phyB aus dem Cytoplasma in den Zellkern transportiert. Der Photorezeptor cry2 scheint ständig im Zellkern vorzuliegen, während die Lokalisation von cry1 in unbelichteten Zellen nicht bekannt ist. Cry1 interagiert allerdings direkt mit phyA und wandert entweder bei Belichtung im Komplex mit phyA in den Zellkern oder liegt bereits vorher dort vor (wie cry2). Phytochrome enthalten eine C-terminale Domäne (vgl. ◻ Abb. 13.15), die Proteinkinaseaktivität aufweist. Diese Aktivität könnte zusammen mit Redoxreaktionen, die von aktivierten Cryptochromen ausgelöst werden, enzymatische Folgereaktionen im Zellkern in Gang setzen, an deren Ende die Veränderung der Aktivität lichtregulierter Gene steht. Zahlreiche solcher Gene, deren Transkription durch Licht reguliert wird, sind bekannt. Besonders intensiv untersucht wurden die Gene für die (kerncodierte) kleine Untereinheit der Ribulose-1,5-bisphosphat-Carboxylase/Oxygenase (*RBCS*, S für engl. *small*, klein) und für die Chlorophyll-a/b-Bindungsproteine (*CAB*-Gene). In den Promotoren dieser und anderer lichtregulierten Gene konnten *cis*-Elemente identifiziert werden, die für die Lichtregulation zwar erforderlich, aber nicht ausreichend sind. Zu diesen Elementen, die auch in den Promotoren einiger nicht durch Licht regulierter Gene zu finden sind, gehören GT-1-Regionen (5′-GGTTAA-3′), G-Boxen (5′-CACGTG-3′) und I-Boxen (5′-GATAA-3′). Auch am Beispiel lichtregulierter Gene zeigt sich also, dass die Spezifität der Transkriptionskontrolle über komplexe Kombinationen von *cis*-Elementen und daran bindenden Transkriptionsfaktoren sichergestellt wird (▶ Abschn. 5.3).

Der Funktionsmechanismus von phyB konnte prinzipiell aufgeklärt werden. Nach Belichtung wird die aktive P_fr-Form von phyB aus dem Cytoplasma durch die Kernporen in den Zellkern transportiert und aktiviert dort auf die in ◻ Abb. 13.21 gezeigte Weise die Transkription phyB-regulierter Gene. Auch die übrigen Phytochrome und eventuell die Cryptochrome funktionieren vermutlich im Prinzip basierend auf vergleichbaren molekularen Mechanismen.

Exkurs 13.1   Evolution pflanzlicher Rezeptoren

Pflanzen reagieren auf eine Vielzahl von endogenen (▶ Kap. 12) und exogenen (▶ Abschn. 15.2 und 15.3) Reizen. Die molekulare Identität einiger Pflanzenrezeptoren, die diese Reize wahrnehmen, ist bekannt. Während Photorezeptoren recht gut charakterisiert sind, weiß man über Chemorezeptoren noch wenig. Alle bekannten, funktionell charakterisierte Pflanzenrezeptoren scheinen im Verlauf der Evolution aus prokaryotischen Vorläufern entstanden zu sein, die in heute lebenden Prokaryoten noch nachgewiesen werden können (◻ Abb. 13.20). Die sensorischen Domänen pflanzlicher Rezeptoren scheinen demnach prokaryotischen Ursprungs zu sein. Auch für einige tierische Rezeptoren konnten prokaryotische Vorläufer identifiziert werden (Rhodopsin, Cryptochrom).

13.3 Sonstige Außenfaktoren

Neben der Temperatur und dem Licht (◻ Abschn. 13.1 und 13.2) bewirken auch Wasserversorgung, Schwerkraft, Berührungsreize und Nährstoffversorgung morphologische Anpassungen von Pflanzen.

Die **Wasserversorgung** führt zu oft auffälligen Anpassungen der Gestalt und Struktur von Pflanzen. Auf trockenen Böden beobachtet man oft typischen Kümmerwuchs (**Nanismus**). In trockener Luft zeigen Pflanzen oft eine Verdickung der Cuticula, eine Verringerung der Zahl der Spaltöffnungen pro Fläche, stärkere Behaarung und eine stärkere Ausbildung der Gefäße und Festigungselemente (**Xeromorphosen**). In feuchter Atmosphäre entwickeln Pflanzen dagegen oft verlängerte Internodien und Blattstiele sowie große, dünne und fast ganzrandige Blätter mit spärlicher Behaarung und erhöhter Anzahl Stomata pro Fläche (**Hygromorphosen**).

Nicht alle bei Trockenheit anzutreffenden xeromorphen Merkmale sind allerdings eine direkte Folge des Wassermangels. An trockenen Standorten besteht oft auch ein Mangel an Nährstoffen (v. a. Stickstoff), der ähnliche Morphosen hervorrufen kann.

Auswirkungen der Nährstoffversorgung auf die Pflanzenentwicklung werden als **Trophomorphosen** bezeichnet. Bei vielen, vor allem phylogenetisch älteren, Pflanzen kann die Umprogrammierung von der vegetativen Entwicklung auf die Ausbildung von Fortpflanzungsorganen durch die Ernährungsverhältnisse gesteuert werden. Bei phylogenetisch jüngeren Pflanzen hat vor allem in dichten Beständen die gegenseitige Konkurrenz um Licht, Wasser und Nährstoffe starken Einfluss auf Wachstum und Entwicklung.

In vielen Fällen hat der direkte Kontakt von Pflanzenteilen mit organischen oder nichtorganischen Umweltsubstraten morphogenetische Wirkungen (**Thigmomorphosen**). Bei Berührung mit festen Unterlagen bilden manche Algen Rhizoide, die Ranken von *Parthenocissus* Haftscheiben (◻ Abb. 3.36c) und *Cuscuta*-Sprosse Vorstufen von Haustorien (Appressorien). Ranken, die eine Stütze umwachsen, verdicken sich an den Berührungsstellen. Zunächst frei herabhängende, dünne Luftwurzeln epiphytischer *Ficus*-Arten beginnen bei Berührung der Wurzelspitze mit dem Boden sekundär in die Dicke zu wachsen und stammartige Stützen zu bilden. In all diesen Fällen gehen vermutlich von den berührten Substraten keine chemischen Signale aus.

Die Schwerkraft kann wie das Licht nicht nur Orientierungsbewegungen von Pflanzen im Raum ausrichten (▶ Abschn. 15.3.1.2), sondern auch essenzielle morphogenetische Prozesse steuern (**Gravimorphosen**). Nicht nur die Polarität (▶ Abschn. 11.2.3), sondern auch die Dorsiventralität mancher Organe wird durch die Schwerkraft mitbestimmt, wobei allerdings gleichzeitige Licht-einwirkung den Schwerkrafteinfluss in der Regel übersteuert (**Anisophyllie**: ◻ Abb. 3.68). Die Dorsiventralität von Eiben- und Tannenzweigen entwickelt sich unter dem Einfluss der Schwerkraft. Manche normalerweise dorsiventralen Blüten (z. B. *Epilobium*, *Gladiolus* und *Hemerocallis*) entwickeln sich radiärsymmetrisch, wenn ihre Knospen einer radial gleichmäßigen Beschleunigung, etwa auf einem Klinostaten (◻ Abb. 15.15), ausgesetzt werden. Unter solchen Bedingungen unterbleibt auch die Torsion (Resupination) der Orchideenfruchtknoten. Die Ausbildung von Zug- und Druckholz ist ebenfalls eine Gravimorphose.

Andere Lebewesen beeinflussen die Entwicklung und den Stoffwechsel von Pflanzen auf vielfältige Art und Weise. Solche **biotischen Wechselwirkungen** werden separat besprochen (**Allelophysiologie**, ▶ Kap. 16).

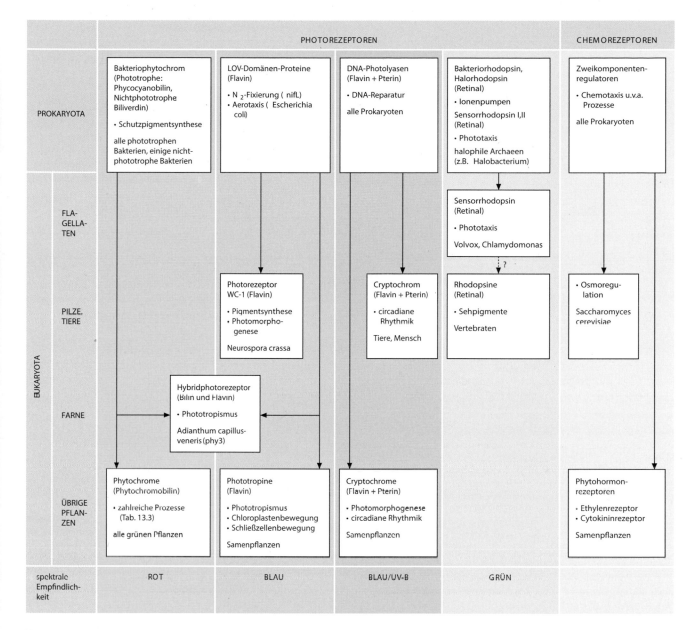

Abb. 13.20 Evolutionäre Beziehungen pflanzlicher Photo- und Chemorezeptoren. Die folgenden Begriffe werden im Haupttext nicht im Einzelnen erläutert. LOV-Domänen-Proteine – eine Gruppe von Proteinen aus Prokaryoten, deren Aktivität durch Umweltfaktoren (Licht, Sauerstoff, Redoxzustand; LOV, engl. *light, oxygen, voltage*) reguliert werden. Alle diese Proteine enthalten nichtkovalent gebundenes Flavin (FAD), das durch Lichtabsorption oder Redoxprozesse angeregt werden kann. Im angeregten Zustand erfolgt bei dem Phototropismusrezeptor Phototropin die Phosphorylierung eines Aminosäurerests seiner eigenen Polypeptidkette (Autophosphorylierung). WC-1 ist die Bezeichnung einer Mutante des Ascomyceten *Neurospora crassa* (Brotschimmel). Diese Albinomutante trägt einen Defekt in der flavinbindenden LOV-Domäne des Apoproteins. Bei der Mutante fallen alle blaulichtregulierten Prozesse aus (z. B. die Carotinoidbiogenese, der Phototropismus der Perithecien, der circadiane Rhythmus der Konidienbildung). WC-1 ist ein direkt lichtregulierter Transkriptionsfaktor. (Grafik: E. Weiler)

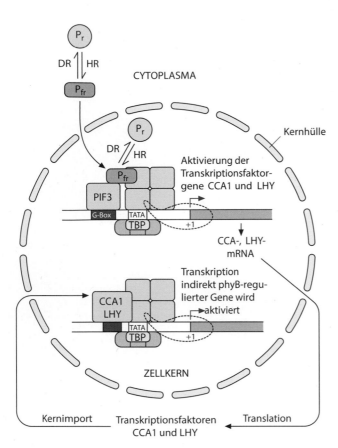

Abb. 13.21 Modell zur Kontrolle der Genaktivität durch Phytochrom B. Aktives Phytochrom B (P_fr) wandert in den Zellkern und aktiviert dort die Transkription durch Bindung an den G-Box-bindenden Transkriptionsfaktor PIF3 (engl. *phytochrome interacting factor*) und an das RNA-Polymerase-II-Holoenzym, wodurch die Transkription der Gene von zwei direkt durch phyB regulierten Transkriptionsfaktoren vom MYB-Typ beginnt (*CCA1*, *LHY*). Deren Genprodukte aktivieren schließlich ihrerseits zahlreiche indirekt lichtabhängige Gene, deren Genprodukte für die Antwort der Pflanze auf den Lichtreiz benötigt werden. Die P_r-Form von Phytochrom B ist nicht in der Lage, mit PIF3 einen Komplex zu bilden. (Grafik: E. Weiler)

13

Weiterführende Literatur

Doolittle WF (2000) Stammbaum des Lebens. Spektrum der Wissenschaft 4:52–57

Fosket DE (1994) Plant growth and development. A molecular approach. Academic, San Diego

Howell SH (1998) Molecular genetics of plant development. Cambridge University Press, Cambridge

Leyser O, Day S (2003) Mechanisms in plant development. Blackwell, Oxford

Mohr H (1972) Lectures on photomorphogenesis. Springer, Berlin

Raghavan V (2000) Developmental biology of flowering plants. Springer, Berlin

Sage LC (1992) Pigment of the imagination – a history of phytochrome research. Academic, San Diego

Wareing PF, Phillips IDJ (1986) Growth and differentiation in plants. Pergamon, Oxford

Westhoff P, Jeske H, Jürgens G (2001) Molecular plant development. Oxford University Press, Oxford

Wolpert L, Jessell T, Lawrence P (2007) Principles of development: das Original mit Übersetzungshilfen. Spektrum Akademischer Verlag, Heidelberg

Physiologie

Befasst sich die Morphologie mit dem Bau eines Organismus, angefangen von der molekularen Architektur der charakteristischen Zellbausteine bis zur äußeren Gestalt des Lebewesens, so ist es die Aufgabe der Physiologie (griech. *physis*, Wesen; *logos*, Aussage), die Lebensäußerungen, d. h. das Entstehen und Funktionieren dieser Strukturen, nicht nur zu beschreiben, sondern deren Ursache-Wirkungs-Zusammenhänge zu klären. Es genügt dabei nicht, ihre Zweckmäßigkeit, d. h. ihren Nutzen bei der Auseinandersetzung mit der Umwelt, zu erfassen. Es ist vielmehr das Ziel der Physiologie, die Vorgänge in einem Organismus nach den bekannten physikalischen und chemischen Gesetzen schlüssig und lückenlos zu erklären. Dies erfordert den Einsatz physikalischer und chemischer Methoden, aber auch in zunehmendem Maß die Verwendung genetischer und bioinformatischer Verfahren. Es ist dabei gerechtfertigt, von einer angepassten Konstruktion und Funktion der Teile wie des ganzen Organismus auszugehen, weil sich in der Regel nur vorteilhafte Merkmale, d. h. Merkmale mit positivem Selektionswert, phylogenetisch durchsetzen konnten. Ob allerdings das genannte Ziel, das Rätsel des Lebens in ein vollständig kausal erklärtes physikalisch-chemisches System aufzulösen, jemals erreicht werden wird, ist offen. Der experimentierende Physiologe zweifelt daran jedoch nicht aus grundsätzlichen Erwägungen, sondern höchstens in Anbetracht der ungeheuren Kompliziertheit selbst relativ einfacher Organismen.

Die Grenze zwischen Morphologie und Physiologie beginnt, zumindest im Bereich der Molekularbiologie, zu verschwinden. Man könnte das Gebiet der Molekularbiologie so umschreiben, dass hier der kausale Zusammenhang zwischen Form und Funktion auf molekularer Ebene mit atomarer Auflösung verständlich wird. So ist z. B. in der Basensequenz der DNA nicht nur die Molekularstruktur aller an der Proteinsynthese beteiligten RNA-Moleküle, sondern auch die Aminosäuresequenz der Proteine und dadurch wiederum deren molekulare Architektur und schließlich ihre Funktion festgelegt.

Die Pflanzenphysiologie lässt sich zweckmäßig in fünf Teilbereiche untergliedern: die Stoffwechselphysiologie, die Entwicklungsphysiologie (einschließlich der Zellphysiologie), die Bewegungs- bzw. Reizphysiologie, die Allelophysiologie und die Ökophysiologie.

▶ Kap. 14 betrachtet die chemischen und physikalischen Vorgänge des Stoff- und Energiewechsels, die ablaufen müssen, damit der Organismus sich stofflich und energetisch von der unbelebten Umgebung abzusetzen, mit ihr in einen Stoff- und Energieaustausch einzutreten und ein metabolisches Fließgleichgewicht weit entfernt vom thermodynamischen Gleichgewicht aufrechtzuerhalten vermag. Gegenstände der Stoffwechselphysiologie sind mithin die physikalischen und chemischen Grundlagen von Lebensvorgängen.

Jeder lebende Organismus ist außer durch einen Stoffwechsel und eine Entwicklung auch dadurch gekennzeichnet, dass er mit seiner Umgebung interagiert, d. h. Reize aufnimmt und auf diese zweckmäßig reagiert. Reize können physikalischer oder chemischer Natur sein und aus der unbelebten (abiotischen) oder aus der belebten (biotischen) Umgebung stammen. Die Reaktionen der Pflanze auf abiotische und bisweilen auch auf biotische Reize dienen oft der Orientierung des Organismus oder aber einzelner seiner Organe, Zellen oder sogar Zellorganellen im Raum. Diese Reaktionen sind Gegenstand von ▶ Kap. 15. Zudem interagieren Pflanzen auf vielfältige Weise mit anderen Organismen ihrer Umgebung, seien es Konkurrenten, Parasiten, Pathogene, Herbivore oder Symbionten. Die molekulare Basis dieser biotischen Interaktionen wird oft erst seit kurzer Zeit besser verstanden. Dieses sich rasch entwickelnde Forschungsgebiet wird in ▶ Kap. 16 behandelt.

Die Entwicklungsphysiologie (Teil III, ▶ Kap. 11, 12 und 13) beschäftigt sich mit den Erscheinungen des Wachstums, der Differenzierung und der Fortpflanzung. Ihr Ziel ist, die in der Morphologie beschreibend und vergleichend behandelten Formprobleme kausal zu lösen. Letztlich gilt es, die molekularen Abläufe zu verstehen, mit der die in den Genen festgelegte Information in Struktur und Funktion umgesetzt und an die Nachkommen weitergegeben (vererbt) wird. Allerdings bildet die Vererbungslehre (Genetik) heute eine eigene biologische Wissenschaft (Teil II, ▶ Kap. 4, 5, 6, 7, 8, 9 und 10).

Diese allgemeine und molekulare Physiologie wird ergänzt durch ▶ Kap. 22 mit der ökologischen Physiologie. Hier wird der Organismus Pflanze in seiner Gesamtheit und Einbettung in die komplexe, aus abiotischen und biotischen Faktoren zusammengesetzte Umgebung betrachtet.

Die Teilgebiete, in die die Physiologie hier der Übersichtlichkeit halber eingeteilt wurde, überschneiden sich allerdings vielfach. Beispielsweise sind alle pflanzlichen Bewegungen (sofern es sich nicht um passive Bewegungen abgestorbener Organe handelt) von einem Stoffwechsel begleitet, und die Reizbarkeit, d. h. die Aufnahme und Verarbeitung von Signalen aus der Umwelt, spielt auch in der Stoffwechsel- und Entwicklungsphysiologie eine wichtige Rolle.

Danksagung

Für den Abschnitt Physiologie haben in die letzten Jahrzehnte unterschiedliche Autoren Beiträge verfasst. Besonders hervorheben möchte ich die Leistungen von Elmar W. Weiler, der die 35. Auflage des *Strasburgers* umfassend überarbeitet hat. Aufbauend auf diesen grundlegenden Änderungen wurde der Text dem Stand der Forschung angepasst und im Bereich des Assimilattransports und Primärstoffwechsel ergänzt. Bedanken möchte ich mich auch bei Rüdiger Hell und Nico von Wiren, die mir wichtige Hinweise zur Verbesserung des Abschnitts über den Mineralstoffhaushalt geliefert haben. Darüber hinaus möchte ich den anderen *Strasburger*-Autoren für die kollegiale und freundschaftliche Unterstützung bei der Überarbeitung von ► Kap. 14 danken. Ohne die moralische und fachliche Unterstützung hätte ich das Manuskript wohl kaum fertigstellen können.

Uwe Sonnewald

Erlangen, im Frühjahr 2020

Inhaltsverzeichnis

Stoffwechselphysiologie

Uwe Sonnewald

Inhaltsverzeichnis

Sonnewald, U. 2021 Stoffwechselphysiologie. In: Kadereit JW, Körner C, Nick P, Sonnewald
U. Strasburger – Lehrbuch der Pflanzenwissenschaften. Springer Berlin Heidelberg, p. 451–580.
▶ https://doi.org/10.1007/978-3-662-61943-8_14

Die Lebensvorgänge sind an einen ständigen Stoff- und Energieumsatz gebunden. Lebewesen nehmen bestimmte Stoffe und Energie aus der Umgebung auf und geben andere Stoffe und Energie (insbesondere Wärme) an die Umgebung ab. Letztlich stammt die Energie, die der Biosphäre zugeführt wird, überwiegend aus dem Sonnenlicht und wird von den grünen Pflanzen im Prozess der Photosynthese in chemische Energie überführt. Dabei werden aus anorganischen Substanzen organische Verbindungen aufgebaut. Organismen, die aus anorganischen Verbindungen und Energie organische Substanzen aufbauen, bezeichnet man als **autotrophe Organismen (Primärproduzenten)**. Pflanzen nutzen die Lichtenergie, sie sind **photoautotroph**. Einige Mikroorganismen leben **chemoautotroph**, d. h. sie nutzen sowohl die Materie als auch die Energie anorganischer Verbindungen. Von den Primärproduzenten leben die **heterotrophen Organismen (Konsumenten)**. Sie sind demnach auf organische Verbindungen, die die Primärproduzenten synthetisieren, angewiesen und decken ihren Energiebedarf ebenfalls aus der aufgenommenen organischen Substanz. **Saprophyten** unter den Heterotrophen ernähren sich von nicht mehr lebenden Nahrungsquellen, **Parasiten** von lebenden Organismen (◘ Tab. 14.1, ▶ Abschn. 16.1.1), wobei **biotrophe** Parasiten auf den lebenden Wirt angewiesen sind, wohingegen **nekrotrophe** den Wirt abtöten.

Der Stoff- und Energieumsatz der Zelle, der **Metabolismus** (griech. *metabole*, Veränderung), lässt sich in **anabole** (aufbauende) und in **katabole** (abbauende) **Reaktionswege** einteilen. Für die Lebensfunktionen grundsätzlich wichtige Stoffwechselwege bilden den **Primärstoffwechsel**. Gerade Pflanzen zeichnen sich darüber hinaus durch einen reich differenzierten **Sekundärstoffwechsel** aus. Zum Sekundärstoffwechsel zählen die speziellen Stoffwechselwege, die von Metaboliten des Primärstoffwechsels ausgehen und zu Produkten mit zusätzlichen Funktionen, häufig ökochemischer Art wie Fraßschutzstoffe, führen. Einige Sekundärmetabolite sind auf bestimmte Pflanzengruppen beschränkt und daher auch von taxonomischem Wert.

Dieses Kapitel beginnt mit der Aufnahme und Verwertung von Mineralstoffen (▶ Abschn. 14.1), die eng mit dem Wasserhaushalt (▶ Abschn. 14.2) verbunden ist. Die Synthese von organischen Verbindungen aus den aufgenommenen anorganischen Vorstufen und Lichtenergie (Photosynthese) und die Verteilung der Photosyntheseprodukte (Assimilate) in der Pflanze bilden die ersten beiden Abschnitte (▶ Abschn. 14.3 und 14.4) der Darstellung des Primärstoffwechsels (▶ Abschn. 14.3, 14.4, 14.5, 14.6, 14.7, 14.8, 14.9, 14.10, 14.11, 14.12 und 14.13), an die sich eine exemplarische Übersicht über wichtige Aspekte des Sekundärstoffwechsels (▶ Abschn. 14.14) und des Metabolismus pflanzentypischer Polymere (▶ Abschn. 14.15) anschließen. Den Abschluss bildet eine kurze Darstellung der auch bei Pflanzen vorkommenden Ausscheidungsprozesse (▶ Abschn. 14.16).

Zum besseren Verständnis der diskutieren Prozesse wird empfohlen, die Grundlagen der Bioenergetik und der enzymatischen Katalyse in einschlägigen Biochemiebüchern nachzuschlagen.

14.1 Mineralstoffhaushalt

14.1.1 Stoffliche Zusammensetzung des Pflanzenkörpers

Die photoautotrophe Pflanze nimmt neben der Lichtenergie die verschiedensten anorganischen Stoffe aus der Umgebung auf: CO_2 aus der Atmosphäre und eine Reihe weiterer Elemente in ionischer Form sowie Wasser aus dem Boden. Eine Analyse der stofflichen Zusammensetzung einer Pflanze zeigt eine charakteristische Elementverteilung, die weder der Elementverteilung der Atmosphäre, der in der Hydrosphäre noch der der Lithosphäre entspricht und somit die chemische Eigenständigkeit der Biosphäre deutlich macht (◘ Abb. 14.1).

14.1.1.1 Wassergehalt
Der größte Teil des Frischgewichts lebender Pflanzenteile besteht wie bei allen Organismen aus Wasser. Das Protoplasma enthält im Durchschnitt 85–90 % Wasser, selbst bei lipidreichen Organellen wie Mitochondrien und Chloroplasten sind es noch um 50 %. Zu den wasserärmsten Pflanzenorganen gehören Samen, insbesondere fettspeichernde (◘ Tab. 14.2).

14.1.1.2 Trockensubstanz und Aschengehalt
Die Trockensubstanz des Pflanzenkörpers wird durch Trocknung bei 65–70 °C bis zur Gewichtskonstanz ermittelt. Sie enthält eine Fülle von anorganischen und vor allem organischen Bestandteilen, die z. T. als lebenswichtig, z. T. aber auch als Abfallprodukt des Stoffwechsels betrachtet werden müssen. Hinsichtlich der Mannigfaltigkeit der organischen Verbindungen übertrifft die autotrophe Pflanze den tierischen Organismus bei Weitem.

Die organischen Verbindungen sind nur aus wenigen Elementen aufgebaut, im Wesentlichen aus den sechs Grundbausteinen C, O, H, N, S, P. Quantitativ überwiegt der Gewichtsanteil des Kohlenstoffs (um 50 % der organischen Trockensubstanz), während z. B. der Gewichtsanteil des Wasserstoffs nur zwischen 5 und 7 % beträgt (die molaren Anteile von C und H sind dennoch nicht sehr verschieden, ◘ Abb. 14.1).

Tab. 14.1 Verschiedene Wege der Kohlenstoffassimilation bei den Organismen

Ernährungstyp	Autotrophie			Heterotrophie		
	Photohydrotrophie	Photolithotrophie	Chemolithotrophie	Photoorganotrophie	Saprophytismus	Parasitismus
Energiequelle	Licht	Licht	Oxidation	Licht	Dissimilation	Dissimilation
Kohlenstoffquelle	CO_2	CO_2	CO_2	CO_2 oder organische Stoffe	organische Stoffe (von nicht mehr lebenden Quellen)	organische Stoffe (von lebenden Quellen)
Elektronendonator	H_2O	anorganische Stoffe (z. B. H_2S)	anorganische Stoffe (z. B. H_2S, NH_3, Fe^{2+}, E_2)	organische Stoffe	falls nötig, Dissimilation	falls nötig, Dissimilation
Vorkommen	Grüne Pflanzen Cyanobakterien Prochlorobakterien	Schwefelpurpurbakterien (Chromatiaceae) Grüne Schwefelbakterien (Chlorobiaceae)	einige farblose Prokaryoten Grüne Nicht-Schwefelbakterien (Chloroflexaceae)	Purpurbakterien (Rhodospirillaceae)	Bakterien, Pilze, Tiere	Bakterien, Pilze, einige Angiospermen und Rotalgen, Tiere

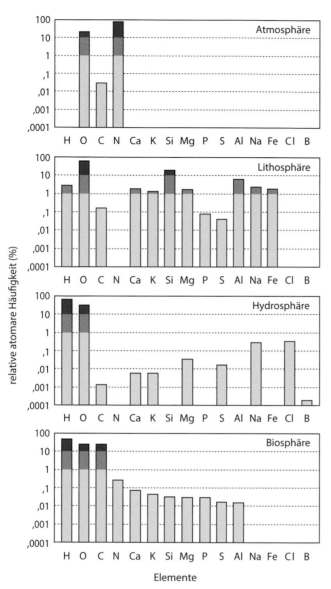

relative atomare Häufigkeit (%)

Abb. 14.1 Relative Elementhäufigkeit, bezogen auf die Anzahl der Atome in der Biosphäre, Hydrosphäre, Lithosphäre (= Erdkruste; griech. *lithos*, Stein) und Atmosphäre der Erde. Der Wassergehalt der Atmosphäre wurde nicht berücksichtigt. (Nach E.S. Deevey Jr)

Erhitzt man die Trockensubstanz unter Luftzutritt auf hohe Temperaturen, so entweicht ein Teil der Grundelemente in Form von Verbrennungsgasen (CO_2, H_2O, NH_3, SO_2), während in der Asche die Oxide bzw. Carbonate zahlreicher anderer Elemente zurückbleiben. Der Anteil der Asche an der Trockensubstanz ist je nach Pflanzenart und -organ sowie nach Standort sehr verschieden. Niedrig ist er z. B. bei Flechten (0,4–7 %) sowie bei Samen und Früchten (1–5 %), sehr hoch in manchen Blättern (z. B. *Zygophyllum stapfii* aus Südwestafrika 56,8 %). ▪ Tab. 14.3 zeigt weitere Werte für den Gehalt an Gesamtasche und einzelner Elemente verschiedener Pflanzenteile.

▪ Tab. 14.2 Wassergehalte

Pflanze	Wassergehalt (% des Frischgewichts)
Kopfsalat (innere Blätter)	94,8
Tomate (reife Frucht)	94,1
Rettich (Hauptwurzel)	93,6
Wassermelone (Fruchtfleisch)	92,1
Apfel (Fruchtfleisch)	84,1
Kartoffelknolle	77,8
Holz (frisch)	ca. 50
Mais (trockene Körner)	11,0
Bohnen (Samen)	10,5
Erdnuss (rohe Frucht, mit Schale)	5,1
Pleurococcus (Luftalge), im trockenen, aber noch lebensfähigen Zustand	5,0

Prozentual überwiegen demnach K, Ca, Mg und P in der Asche. Daneben finden sich stets auch Na, Fe, Si, Cl, S, oft auch Al, Mn, B, Cu, Zn und weitere Elemente in mehr oder weniger großen Anteilen. Es gibt wohl kaum ein chemisches Element, das nicht in irgendeiner Pflanze gefunden worden wäre.

Aus den Aschenanalysen allein ist kein Urteil darüber zu gewinnen, ob ein nachgewiesenes Element für die Pflanze überhaupt oder in der vorhandenen Menge lebensnotwendig ist oder einen von der Pflanze nur zufällig aufgenommenen Bestandteil darstellt. Hierüber können nur Ernährungsversuche mit Medien bekannter Zusammensetzung Auskunft geben.

14.1.2 Nährelemente

Die erstmals von Julius Sachs erprobte Kultur von Gefäßpflanzen in **Nährlösungen** definierter Zusammensetzung, die auch in die gärtnerische Praxis übernommen wurde, wird als **Hydroponik** (griech. *hydor*, Wasser; lat. *ponere*, setzen, stellen) bezeichnet. Durch gezielte Variation der Zusammensetzung dieser Nährlösungen lässt sich auf die Notwendigkeit der verschiedenen Nährelemente für die Pflanze schließen: Bei Versorgung mit allen essenziellen Elementen entwickeln sich die Pflanzen vollkommen normal, während sie bei Fehlen oder Unterversorgung mit notwendigen Elementen **Mangelerscheinungen** zeigen (▪ Abb. 14.2).

◻ Tab. 14.3 Aschengehalt und -bestandteile bei verschiedenen Pflanzenteilen

Pflanzenteil	Asche (% der Trockensubstanz)	in 100 Anteilen Asche gefunden								
		K_2O	Na_2O	CaO	MgO	Fe_2O_3	P_2O_5	SO_3	SiO_2	Cl_2
Steinpilze, Fruchtkörper	6,39	57,8	0,9	5,9	2,4	1,0	26,1	8,1	–	3,5
Roggenkörner	2,09	32,1	1,5	2,9	11,2	1,2	47,7	1,3	1,4	0,5
Apfelfrüchte	1,44	35,7	26,2	4,1	8,7	1,4	13,7	6,1	4,3	–
Möhrenwurzeln	5,47	36,9	21,2	11,3	4,4	1,0	12,8	6,4	2,4	4,6
Kartoffelknollen	3,79	60,1	2,9	2,6	4,9	1,1	16,9	6,5	2,0	3,5
Tabakstengel	7,89	43,6	10,3	19,1	0,8	1,9	14,2	3,5	2,4	3,6
Tabakblätter	17,16	29,1	3,2	36,0	7,4	1,9	4,7	3,1	5,8	6,7
Weißkraut, äußere Blätter	20,82	23,1	8,9	28,5	4,1	1,2	3,7	17,4	1,9	12,6

◻ Abb. 14.2 Mangelsymptome bei hydroponisch angezogenen, zwölf Wochen alten Tabakpflanzen bei Fehlen einzelner Nährelemente. (Mit freundlicher Genehmigung von M.H. Zenk)

Neben den drei organischen Elementen,
C, O, H,
die hauptsächlich in Form von O_2, CO_2 und H_2O aufgenommen werden, sind folgende sechs mineralischen Elemente in größeren Mengen (>200 µg g^{-1}) notwendig, die deshalb als Makronährelemente bezeichnet werden:
N, S, P, Mg, K, Ca.
Diese Elemente müssen im Nährmedium zugeführt werden. Neben den Makronährelemeten gibt es Elemente, die in weit geringeren Mengen benötigt werden und die man daher als Mikronährelemente oder Spurenelemente bezeichnet. In geringen Mengen (<2 µg g^{-1}) unentbehrlich sind stets
Fe, Mn, Zn, Cu, Ni, B, Mo, Cl.
Spurenelemente, die nur von bestimmten Gefäßpflanzen benötigt werden oder wachstumsfördernd wirken können, sind Na, Se, Co und Si (▶ Abschn. 14.1.2.3).

Die Nährelementbedürfnisse der Nicht-Gefäßpflanzen weichen etwas ab (◻ Tab. 14.4). Bei den Algen haben die Chlorophyta im Allgemeinen die gleichen Bedürfnisse wie die Gefäßpflanzen; allerdings ist bei ihnen

◻ Tab. 14.4 Notwendigkeit von mineralischen Elementen für verschiedene Organismen

Elemente	Höhere Pflanzen	Algen	Pilze	Bakterien
N, P, S, K, Mg, Fe, Mn, Zn, Cu	+	+	+	+
Ca	+	+	±	±
B	+	±	–	–
Cl	+	+	–	±
Na	±	±	–	±
Mo	+	+	+	+
Se	±	–	–	+
Si	±	±	–	–
Co	–	±	–	±
J	–	±	–	–
V	–	±	–	–
Ni	±			±

+ notwendig; – Notwendigkeit bisher nicht nachgewiesen; ± Notwendigkeit bisher nur für einige Arten nachgewiesen

Calcium eher ein Spuren- als ein Makronährelement. Viele marine und Brackwasseralgen benötigen – ähnlich wie manche Süßwasser-Cyanobakterien – Natrium und oft größere Mengen an Chlorid (das bei einigen durch Bromid ersetzt werden kann). Die Grünalge *Scenedesmus obliquus* soll Vanadium benötigen. Eine Reihe von Algen gedeiht nur bei Versorgung mit Vitamin B_{12} (das Cobalt enthält); diese Arten (z. B. *Poterioochromonas malhamensis*) werden auch zur biologischen Bestimmung des Vitamins herangezogen.

14.1.2.1 Bedeutung der mineralischen Nährelemente für die Pflanze

Die mineralischen Nährelemente haben in der Zelle einerseits Funktionen, die nicht elementspezifisch sind, andererseits solche, die nur von bestimmten Elementen bzw. Ionen (allenfalls noch chemisch nahe verwandten) ausgeübt werden können. Zu den unspezifischen Funktionen zählen z. B. ihr **Beitrag zum osmotischen Potenzial** der Zelle und ihre Rolle bei der **Aufrechterhaltung der Elektroneutralität**.

Spezifischer sind schon die Wirkungen von anorganischen Ionen auf die **Hydratation von Proteinen**. In der Regel weisen die Proteine bei den in der Zelle vorherrschenden pH-Werten eine elektrische Nettoladung auf. Die geladenen Gruppen ziehen die Wasserdipole an und bilden Hydrathüllen aus. In Gegenwart hoher Konzentrationen anorganischer Ionen, die ebenfalls Hydrathüllen bilden, setzt eine Konkurrenz um das verfügbare Wasser ein, die unter Umständen zur Denaturierung der Proteine führen kann. Dies macht man sich bei der Proteinreinigung zunutze (Salzfällung, z. B. mit $[NH_4]_2SO_4$, Ammoniumsulfat). Bei negativ geladenen Proteinen, wie sie überwiegend im Cytoplasma bei dem dort herrschenden pH-Wert (pH 7,2–7,4) vorliegen, wirken Kationen entladend und daher auf Proteine dehydratisierend (entquellend). Die entquellende Wirkung eines Kations steigt mit zunehmender Ladung und nimmt, bei gleicher Ladung, mit zunehmender Größe der eigenen Hydrathülle ab. Ca^{2+} entlädt daher relativ stärker als Mg^{2+}, K^+ relativ stärker als Na^+ (◘ Abb. 14.3). Derartige Einflüsse auf die Ladung und Hydratation der Proteinmoleküle können sich auf die Konformation und katalytische Wirksamkeit auswirken. Darauf beruht ein Teil der Ionenwirkungen, z. B. von K^+, Ca^{2+} und Mg^{2+}, auf die Enzymaktivität. In der lebenden Zelle sorgen jedoch Homöostasemechanismen für eine weitgehende Konstanz der intrazellulären Ionenzusammensetzung, sodass erhebliche Veränderungen des allgemeinen Hydratationszustands von Proteinen in der Regel nicht auftreten dürften. Unter **Homöostase** (griech. *homos*, gleich; *stasis*, Zustand) versteht man generell den geregelten Zustand einer Zelle oder eines Organismus, der für ein stabiles inneres Milieu sorgt.

Die **Regulation von Stoffwechselprozessen** durch anorganische Ionen, insbesondere Metallionen, beruht vielfach auf hoch spezifischen Interaktionen des Ions mit speziellen Gruppen im Protein.

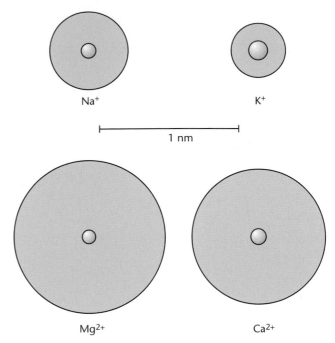

◘ Abb. 14.3 Durchmesser einiger Ionen und ihrer Hydrathüllen

— So beruht die Mg^{2+}-Aktivierung der Ribulose-1,5-bisphosphat-Carboxylase auf der Ausbildung eines Mg^{2+}-Carbamat-Komplexes an der ε-Aminogruppe eines speziellen Lysins der großen Untereinheit des Enzyms (► Abschn. 14.4.1). Im Licht steigt die Mg^{2+}-Konzentration im Stroma an und trägt so in Gegenwart von CO_2 zur Aktivierung des Enzyms bei.

— ATP reagiert meist nicht in freier Form, sondern als Mg^{2+}-ATP-Komplex.

— In lebenden Zellen wird der cytoplasmatische Ca^{2+}-Spiegel üblicherweise im Bereich um 50–150 nM konstantgehalten. In bestimmten Situationen erhöht sich die Konzentration auf etwa den zehnfachen Wert. Möglich ist die Erhöhung durch den Einstrom von Ca^{2+} aus umgebenden Organellen wie dem endoplasmatischen Reticulum und der Vakuole oder aus der Zellwand. Diese Ca^{2+}-Speicher können Ca^{2+} in Konzentrationen zwischen 0,1 und 10 mM akkumulieren. Der Ca^{2+} Einstrom führt zur Aktivierung z. B. von Ca^{2+}-abhängigen Proteinkinasen und – über calciumbindende Proteine wie Calmodulin oder Calcineurin-B-ähnliche Proteine (CBL) – zur Veränderung des Aktivierungszustands vieler zellulärer Proteine (darunter zahlreicher weiterer Proteinkinasen). Ca^{2+} wirkt auf diese Weise als Second Messenger in zellulären Signalketten.

Hoch spezifisch wirken die Metalle als Bestandteile prosthetischer Gruppen. So enthalten Cytochrome, Ferredoxin und Lipoxygenasen Eisen; Plastocyanin, Ascorbinsäure-Oxidase und Phenol-Oxidasen enthalten Kupfer; Nitrat-Reduktase, Nitrogenase und Aldehyd-Oxidasen enthalten Molybdän. Metallionen erleichtern die Bindung von Substraten an Enzymen und ihre Aktivierung und spielen eine wichtige Rolle beim Elektronentransfer und bei der Übertragung von Atomen oder Molekülgruppen.

14

Mineralische Nährelemente sind schließlich für die Biosynthese organischer Verbindungen essenziell. Stickstoff, Schwefel und Phosphor finden sich in zahlreichen Biomolekülen. Die Pflanze nimmt sie überwiegend in Form ihrer Oxoanionen (NO_3^-, SO_4^{2-}, $H_2PO_4^-$) auf. Im Folgenden werden die einzelnen mineralischen Makro- und Mikronährelemente genauer betrachtet.

14.1.2.2 Makronährelemente

Stickstoff wird meist als Nitrat (NO_3^-) aus dem Medium aufgenommen, daneben auch als NH_4^+, je nach Angebot. In den organischen Verbindungen (Aminosäuren, Proteinen, Nucleinsäuren, Coenzymen und Ähnliche) liegt er in reduzierter Form vor. In einer grünen Pflanze befinden sich etwa die Hälfte des Stickstoffs der Gesamtpflanze und etwa 70 % des Blattstickstoffs in den Chloroplasten der Pflanze bzw. der Blätter. Normalerweise treten in der Pflanze nur 10–20 % oder weniger des Stickstoffs in Form von freien Nitrat- oder Ammoniumionen auf (Einzelheiten über den Stickstoffmetabolismus, ▶ Abschn. 14.5). Bei einigen Pflanzen wird Nitrat auch im Zellsaft angereichert („Nitrophile", z. B. *Chenopodium album* und *Urtica dioica*) und spielt dann eine wesentliche Rolle für die Ionenbilanz und die Osmoregulation.

Phosphor wird meist als Dihydrogenphosphat ($H_2PO_4^-$) aufgenommen und in der Zelle nicht reduziert, sondern liegt als anorganisches Phosphat in Ester- oder Anhydridbindung vor, z. B. als Bestandteil von Nucleotiden und deren Derivaten, Nucleinsäuren, Zuckerphosphaten, Phospholipiden, Coenzymen, Phytat. Phytat (**Phytinsäure**), ein Hexaphosphorsäureester des *myo*-Inositols, dient in Pflanzen als Speicher für Phosphat und komplexiert weitere Ionen (z. B. K, Mg, Ca, Mn, Fe). Die Bedeutung von Phosphor liegt in seinem Vorkommen in wichtigen Strukturkomponenten und in seiner Mitwirkung am Energiehaushalt der Zelle.

Schwefel wird von den Pflanzen überwiegend in Form von Sulfat (SO_4^{2-}) aufgenommen und vor Einbau in organische Verbindungen zumeist reduziert (▶ Abschn. 14.6); wird Sulfat an organische Substanzen gebunden, z. B. bei Sulfolipiden oder manchen sekundären Pflanzenstoffen (▶ Abschn. 14.14.4), so wird durch Einführung der stabilen Säuregruppe die Wasserlöslichkeit bzw. Polarität der Substanzen erhöht. Wie der Stickstoff, so macht auch der Schwefel bei den Zellproteinen einen recht konstanten Anteil aus: Auf etwa 36 Atome Stickstoff kommt jeweils ein Atom Schwefel. Übersteigt die Aufnahme des Sulfats den Bedarf an reduziertem Schwefel, kann sich freies Sulfat in der Pflanze anreichern. Diese Anreicherung erreicht häufig größere Werte als beim Nitrat. Im Gegensatz zum Stickstoff kann reduzierter Schwefel in der Gefäßpflanze auch wieder oxidiert und dann als Sulfat gespeichert werden.

Kalium. K^+ ist das einzige monovalente Kation, das für alle Pflanzen essenziell ist. Es dient als Cofaktor bei Enzymreaktionen und – wegen des hohen Anteils an den mineralischen Komponenten der Zelle (◻ Tab. 14.3) – als Osmotikum. Auch für seine Wirkung als Cofaktor ist die hohe Konzentration bedeutsam, da K^+ eine relativ geringe Affinität zu organischen Liganden (also auch zu Enzymen, Coenzymen und Enzymsubstraten) hat. Die Konzentration des K^+ in der Pflanze erreicht im Cytoplasma 100–120 mM, in den Chloroplasten zwischen 20 und 200 mM. Als osmotisch wirksame Komponente kommt dem K^+ eine Schlüsselrolle bei der Osmoregulation im Zusammenhang mit nastischen Bewegungen zu, z. B. Spaltöffnungs- (▶ Abschn. 15.3.2.5) und Gelenkbewegungen

(▶ Abschn. 15.3.2.4). Auch beim Phloemtransport übernimmt das K^+ eine wichtige Funktion (▶ Abschn. 14.7). Bedeutsam sind K^+-Ionen weiterhin für die Bindung der mRNA an die Ribosomen. In organische Verbindungen wird Kalium in der Zelle nicht eingebaut.

Magnesium ist im Erdboden meist als Carbonat vorhanden und als Bestandteil der Chlorophylle (▶ Abschn. 14.3.2) und des Protopektins sowie von Zellwandkomponenten bei verschiedenen Algen (z. B. Braunalgen) unentbehrlich. Das Magnesium der Chlorophylle macht etwa 10 % des Blattmagnesiums aus, das Gesamtmagnesium der Chloroplasten oft mehr als die Hälfte. Es wird z. T. im Phytat gespeichert. Magnesium ist weiter Cofaktor bei sehr vielen Enzymreaktionen, vor allem solchen, bei denen ATP (als Mg^{2+}-Komplex) beteiligt ist. Magnesium wirkt in reinen Lösungen stark giftig und hindert z. B. in hohen Konzentrationen die Kaliumaufnahme aus dem Medium. Auf der anderen Seite wird die Mg^{2+}-Aufnahme durch andere Kationen, z. B. K^+, NH_4^+, Ca^{2+}, Mn^{2+} und H^+ behindert. Magnesiummangel infolge Versauerung des Bodens wird als Ursache für Schäden an Waldbäumen an bestimmten Standorten diskutiert. Dies unterstreicht erneut die Bedeutung einer ausgewogenen Nährelementzusammensetzung des Mediums für das Pflanzenwachstum.

Calcium liegt im Erdboden als Carbonat, Sulfat oder Phosphat vor. In der Zelle kann es als zweiwertiges Kation (ähnlich dem Mg^{2+}) Salze mit sauren Zellwandbestandteilen (z. B. Protopektin in den Mittellamellen, den Wänden von Wurzelhaaren und Pollenschläuchen, oder Alginsäure in Algenzellwänden) bilden und daher als wesentlicher Baustoff dienen. Calciummangel hemmt z. B. die Pollenkeimung und das Pollenschlauchwachstum und führt zur Schädigung der Meristeme, vor allem der Wurzelmeristeme. Monokotyledonen benötigen für optimales Wachstum wesentlich weniger Ca^{2+} als Eudikotyledonen. Eine wesentliche Bedeutung des Ca^{2+} besteht in der Aufrechterhaltung der Struktur und Funktion aller Zellmembranen. Die Konzentration an freiem Ca^{2+} ist im Cytoplasma und in den Chloroplasten niedrig (ca. 10^{-7} M), hoch dagegen im Apoplasten, dem endoplasmatischen Reticulum und z. T. auch in der Vakuole. Der geringe Gehalt an Ca^{2+} im Cytoplasma wird bedingt durch die geringe Ca^{2+}-Permeabilität der Plasmamembran und durch energieabhängige Pumpen (ATPasen) und Ca^{2+}/H^+-Antiporter, die in der Plasmamembran und dem endoplasmatischen Reticulum Ca^{2+} gegen einen enormen Konzentrationsgradienten (Konzentration im Apoplasten gegenüber dem Cytoplasma ca. 10.000fach höher) transportieren. Überschüssiges Ca^{2+} wird in der Zelle als Phytat, Oxalat, Citrat, Malat, Carbonat oder (seltener) als Sulfat oder Phosphat festgelegt und in Form dieser schwerlöslichen Salze weitgehend biologisch inaktiv. (Zur Bedeutung von Ca^{2+} in zellulären Signalketten, ▶ Abschn. 11.2.3.2 und ▶ Abschn. 15.3.2.5; zur Calciumbestimmung ▶ Abschn. 10.4).

14.1.2.3 Mikronährelemente

Eisen ist ebenfalls in einer Reihe von wichtigen Zellbestandteilen eingebaut. Dazu gehören verschiedene Porphyrinverbindungen, z. B. die Hämgruppen der Cytochrome und weiterer Enzyme wie Katalase und Peroxidase, sowie des Leghämoglobins (▶ Abschn. 14.13, ◻ Abb. 14.33). Weiterhin seien die Nicht-Häm-Eisen-Verbindungen, z. B. das Ferredoxin, erwähnt (◻ Abb. 14.33). Eisen ist zwar kein Bestandteil des Chlorophylls (◻ Abb. 14.22), wohl aber als Cofaktor zu seiner Synthese notwendig; Eisenmangel führt daher zu Chlorophyllmangelerscheinungen (**Chlorosen**). In Anbetracht der bedeutenden Rolle des Eisens für die Chlorophyllbiosynthese und von Eisenverbindungen im photosynthetischen Elektronentransport ist es nicht verwunderlich, dass sich der größte Teil des Blatteisens in den Chloroplasten befindet. Eisenmangel tritt nicht selten auf Kalkböden auf, wenn das Eisen schwerlösliche Hydroxide bzw. Oxoverbindungen bildet und festgelegt wird (Kalkchlorose). Auch Überschuss von Mangan oder anderen Schwermetallen kann zu Eisenmangel führen, weil diese Ionen mit dem Eisen um Aufnahme- und Wirkort konkurrieren. Im Boden liegen Fe^{3+} und gelegentlich Fe^{2+} zumeist als Komplexe vor. Da vorwiegend Fe^{2+} von den Wurzeln aufgenommen wird (Ausnahme: Gräser), muss das Fe^{3+} an der Wurzeloberfläche reduziert werden (▶ Abschn. 14.1.3).

Mangan spielt eine wichtige Rolle als Cofaktor vieler Enzyme, z. B. der Isocitrat-Dehydrogenase (NAD), als Bestandteil der manganhaltigen Superoxid-Dismutase und ist schließlich an der photosynthetischen Wasserspaltung beteiligt (▶ Abschn. 14.3.5). Auch Manganmangel kann Chlorose hervorrufen. Die **Dörrfleckenkrankheit** des Hafers und anderer Pflanzen, die vor allem auf Sand- oder Moorböden auftritt, ist eine Folge von Manganmangel.

Bor (als $B(OH)_3$) ist in niedrigen Konzentrationen für Gefäßpflanzen und einige Algen (nicht jedoch für viele Mikroorganismen oder für die Tierzelle) ein lebensnotwendiges Spurenelement, wirkt aber in nur wenig höheren Konzentrationen bereits toxisch. Bormangelerscheinungen äußern sich in Verformungen bzw. dem Absterben junger Blätter und des Sprossapikalmeristems (z. B. **Herzfäule** bei Futter- und Zuckerrüben). Dies hängt mit der Rolle von Bor im Zellwandaufbau zusammen, wo Bor Hemicellulosen (Rhamongalacturonanbausteine) miteinander verknüpft. Unter Bormangel kommt es auch zur gehemmten Blütenbildung, Unregelmäßigkeiten im Wasserhaushalt und blockiertem Zuckerexport der Blätter über das Phloem. Pollen von Tomaten, Seerosen und vielen anderen Pflanzen keimen bzw. verlängern die Keimschläuche nur in Anwesenheit von geringen Mengen Borat im Narbensekret. Borat soll außerdem durch Komplexbildung mit 6-Phosphogluconat den oxidativen Pentosephosphatzyklus (▶ Abschn. 14.8.3.5) beeinflussen; bei Bormangel soll der Zyklus besonders intensiv ablaufen und so zu dem Überschuss von phenolischen Substanzen führen, der für Bormangelpflanzen charakteristisch ist. Auch Reaktionen von Bor mit Membranen werden diskutiert, die ATP-abhängige Transporte und Hormonwirkungen beeinflussen könnten. Darüber hinaus ist ein Zusammenhang mit der Ligninbildung und der Xylemdifferenzierung im Gespräch.

Zink kommt in Pflanzen in etwa der zehnfach höheren Konzentration von Kupfer und in etwa ein Zehntel der Konzentration von Eisen vor. Es wird im Xylem und im Phloem transportiert. Es ist Bestandteil von mehr als 70 Enzymen, z. B. der Alkohol-Dehydrogenase, der Carboanhydrase und der zinkhaltigen Superoxid-Dismutase. Zinkmangel bewirkt bei Gefäßpflanzen starke Wachstumsstörungen, z. B. Verzwergung der Blätter und Hemmung des Internodienwachstums. Dies wird auf eine Störung des Phytohormonhaushalts bei Fehlen von Zink zurückgeführt. Auch für viele Nicht-Gefäßpflanzen ist Zink ein unentbehrlicher Mikronährstoff. Da Zink eine Strukturkomponente der Ribosomen ist, bewirkt sein Mangel Störungen in der Proteinbiosynthese. Es ist auch notwendig für die Erhaltung der Struktur von Biomembranen und schließlich Bestandteil einiger Transkriptionsfaktoren (Zinkfingerproteine; Transkriptionsfaktoren ▶ Abschn. 10.4).

Kupfer ist im Boden fest an Humin- und Fulvosäuren gebunden. Es kommt in Pflanzen in einer Konzentration von etwa 3–10 µg g^{-1} Trockengewicht vor und ist ebenfalls Bestandteil verschiedener Enzyme (z. B. Ascorbinsäure-Oxidase, Superoxid-Dismutase, Cytochrom-Oxidase, Phenolase, Laccase, Phenol-Oxidase) und Redoxsubstanzen (Plastocyanin). In den Leitungsbahnen der Pflanzen ist das Kupfer ganz überwiegend komplex gebunden (z. B. an Aminosäuren). Kupfermangel bewirkt unter anderem die **Heidemoorkrankheit** auf

sauren Moorböden mit einem sehr geringen Kornertrag des Getreides. Auch die Ligninsynthese wird bei Kupfermangel gestört; immerhin ist Diamin-Oxidase, die H_2O_2 für die Oxidation von Ligninvorstufen liefert, ein Cu-Enzym. Pollen von Kupfermangelpflanzen ist nicht lebensfähig. Die Kupfertoxizität beginnt bei den meisten Nutzpflanzen bei 20–30 µg g^{-1} Trockenmasse.

Molybdän ist ein Bestandteil von Enzymen der N_2-Fixierung (Nitrogenase, ▶ Abschn. 16.2.1), der Nitrat-Reduktase (▶ Abschn. 14.5.1), auch der Sulfit-Oxidase, der Aldehyd-Oxidase und der Xanthin-Dehydrogenase. Sein Fehlen wirkt sich daher bei Nitratversorgung der Pflanzen viel stärker aus als bei Ammoniumernährung. Mit Ausnahme der Nitrogenase ist das Molybdän bei allen anderen Molybdoenzymen an ein spezielles Pterin (Molybdopterin, ◘ Abb. 14.65) gebunden. Dieser Molybdäncofaktor bildet mit verschiedenen Apoproteinen Holoenzyme und positioniert das Molybdän im aktiven Zentrum der Enzyme.

Chlor findet sich bei Pflanzen in einer Konzentration von ca. 2–20 mg g^{-1} Trockenmasse (in einer weit höheren bei Halophyten) und ist (als Cl$^-$) vor allem in den Chloroplasten und im Zellsaft angereichert. Es dient als Effektor des wasserspaltenden Enzymkomplexes bei der Photosynthese. Bisher sind zwar 130 chlorhaltige organische Substanzen in Pflanzen beschrieben, doch keine von wesentlicher Bedeutung für den Stoffwechsel. Mengenmäßig am wichtigsten scheint derzeit das Methylchlorid (CH_3Cl) zu sein, das von Meeresalgen, holzzerstörenden Pilzen und einigen Landpflanzen produziert wird. Bei bestimmten Pflanzen, z. B. dem Mais, der Kokospalme und der Küchenzwiebel, ist Cl$^-$ an der Osmoregulation der Stomata beteiligt (▶ Abschn. 15.3.2.5), bei vielen Pflanzen auch allgemein bei der Osmoregulation. Einen Chloridmangel am natürlichen Standort gibt es nicht, wohl aber überoptimale Chloridkonzentrationen.

Nickel ist ein Bestandteil der Urease bei Gefäßpflanzen und wird auch von einigen Prokaryoten (z. B. als Bestandteil von Hydrogenasen) benötigt. Nickelmangel führt z. B. bei Sojabohnen zu Blattnekrosen infolge der lokalen Anhäufung von Harnstoff (bis 2,5 %). Weitere Folgen sind verringertes Keimlingswachstum und verminderte Knöllchenbildung. Der Nickelgehalt in den vegetativen Teilen der Gefäßpflanzen liegt meist zwischen 1 und 10 µg g^{-1} Trockensubstanz.

Cobalt als Bestandteil des Vitamin B_{12} wird von vielen Bakterien, Algen und der Tierzelle benötigt, von Gefäßpflanzen nur indirekt, falls sie symbiotische N_2-Fixierung (▶ Abschn. 16.2.2) betreiben.

Natrium kommt in gemäßigten Breiten in der Bodenlösung in einer Konzentration von 0,1–1 mM (ähnlich dem K$^+$) vor, in semiariden oder ariden Regionen aber von 50–100 mM (vorwiegend als NaCl). Wie erwähnt, wird es bei den meisten Pflanzen in der Aufnahme stark gegenüber K$^+$ diskriminiert. Na$^+$ wird als Spurenelement von einigen C$_4$- und CAM-, gewöhnlich aber nicht von C$_3$-Pflanzen benötigt. Die lichtabhängige Aufnahme von Pyruvat in die Mesophyllchloroplasten bei einigen C$_4$-Pflanzen (▶ Abschn. 14.4.8) (nicht bei solchen des NADP-Malatenzym-Typs, wie *Zea mays* und *Sorghum bicolor*) soll durch einen Pyruvat/Na$^+$-Symport erfolgen. Wenn Halophyten, ob C$_3$- oder C$_4$-Pflanzen, eine Wachstumsförderung durch hohe Na$^+$-Konzentrationen im Substrat (10–100 mM) erfahren, beruht dies nicht auf einem spezifischen Bedürfnis für einen bestimmten Stoffwechselprozess, sondern auf ihrem hohen Bedarf an osmotisch wirksamen Ionen.

Silicium kommt im Boden überwiegend als $Si(OH)_4$ vor. Seine Konzentration in der Bodenlösung bewegt sich meist zwischen 30 und 40 mg SiO$_2$-Äquivalenten pro Liter. Die globale Durchschnittskonzentration von SiO$_2$ in den Flüssen liegt bei

150 μM. Diatomeen brauchen Silicium nicht nur für ihre Zellwand, sondern auch als Spurenelement für ihren Stoffwechsel, vor allem für die Zellteilung. Bei Gefäßpflanzen unterscheidet man Siliciumakkumulatoren (wie manche Poaceae und *Equisetum*) und Nicht-Akkumulatoren (wie die meisten Eudikotyledonen). Bei ersteren ist Silicium – wie bei den Diatomeen – ein besonders wachstumsförderndes Element.

Selen ist in manchen Archaeen-, Bakterien- und Säugerzellen als **Selenocystein** (SeC) enthalten. Das einzige bisher bekannte Selenoprotein einer Pflanze ist die Glutathion-Peroxidase der Grünalge *Chlamydomonas reinhardtii*. Gefäßpflanzen scheinen keine Selenoproteine zu besitzen. SO_4^{2-} und SeO_4^{2-} (Selenat) konkurrieren um dieselben Aufnahmesysteme in die Wurzel. Bestimmte Arten der Gattung *Astragalus*, *Xylorhiza* und *Stanleya* sind Se-Akkumulatoren (▶ Abschn. 14.1.2.4), in geringerem Maße auch einige Brassicaceen wie *Sinapis arvensis* und *Brassica oleracea* var. *italica* (Brokkoli). Selen kann von Pflanzen auch in Gasform, als Dimethylselenid, an die Atmosphäre abgegeben werden.

14.1.2.4 Mineralsalze als Standortfaktoren

Sowohl die Zusammensetzung als auch die Mengen verfügbarer Mineralsalze können im Medium (bei den Landpflanzen der Boden, bei den Wasserpflanzen das Wasser) recht unterschiedlich sein. Nicht selten kommen am Standort neben benötigten mineralischen Nährstoffen Begleitstoffe hinzu, die toxisch wirken, insbesondere bestimmte Schwermetalle. Auch ein Überangebot essenzieller Elemente kann schädliche Nebenwirkungen haben. Nur selten liegen alle Mineralien im Substrat in einer ausgewogenen Mischung vor, wie sie z. B. durch hydroponische Anzucht in optimierten Nährlösungen (◻ Tab. 14.5) eingestellt werden kann. Vielmehr ist die Nährelementversorgung der Pflanze am natürlichen Standort, aber vor allem auch auf Kulturböden, häufig für das Pflanzenwachstum begrenzend. Während sich an vom Menschen unbeeinflussten Standorten ein Gleichgewicht der Nähr-

stoffbalance einstellt, indem die von den Organismen aufgenommenen Nährelemente nach dem Absterben wieder in den Boden zurückkehren, wird landwirtschaftlich genutztem Boden mit jeder Ernte eine beträchtliche Menge an Mineralstoffen entzogen. Es muss daher für Ersatz durch entsprechende **Düngung** gesorgt werden, zumal auch das Wachstum der Bodenmikroflora davon abhängt.

Sowohl am natürlichen Standort als auch am Kulturstandort wirkt das – von Justus Liebig, dem Begründer der „mineralischen" Düngung entdeckte – **Gesetz des Minimums**, nach dem jeweils derjenige Faktor das Wachstum begrenzt, der in der relativ geringsten Menge vorliegt. Auf landwirtschaftlich genutzten Flächen müssen vor allem Stickstoff, Phosphor und Kalium immer wieder in den Boden eingetragen werden, um gleichbleibend hohe Ernteerträge sicherzustellen. Die Kalkung des Bodens führt nicht nur Calcium zu, sondern regelt auch den pH-Wert und erhält seine Krümelstruktur, die für die Durchlüftung, Wasserführung und Nährstoffverfügbarkeit (▶ Abschn. 14.1.3.1) wichtig ist.

Die beträchtlichen Unterschiede im Vorkommen und in der Verfügbarkeit der mineralischen Nährstoffe haben erheblich zu den Anpassungen der Pflanzen an Standortgegebenheiten (▶ Abschn. 22.6.6) beigetragen. Dies kann hier nur beispielhaft erwähnt werden.

Pflanzen auf Salzstandorten

Höhere Salzkonzentrationen wirken einerseits unspezifisch osmotisch, andererseits treten spezifische Wirkungen je nach Art der beteiligten Ionen auf. Dem stark negativen Wasserpotenzial salzreicher Lösungen (Meerwasser: $\Psi \approx -2$ MPa, in abgeschlossenen Lagunen infolge der Wasserverdunstung oft noch erheblich negativer) können angepasste Pflanzen (Halophyten) durch die Ausbildung entsprechend negativerer Wasserpotenziale begegnen, sodass eine Wasseraufnahme aus der Umgebung in die Pflanze möglich ist. Dies wird oft durch Akkumulation von Na^+- und Cl^--Ionen in der Zelle erreicht. Überschüssiges Salz kann durch Drüsen (▶ Abschn. 14.16) oder durch den Abwurf von Pflanzenteilen (z. B. Blasenhaare bei der Melde, *Atriplex*) ausgeschieden oder durch Speicherung des Salzes in großen Vakuolen (Salzsukkulenz, z. B. beim Queller, *Salicornia*) entsorgt werden.

Da Salzböden in humiden Gebieten, wie Salzwasser, meist NaCl enthalten, gehen spezifische Salzwirkungen auf Na^+ bzw. Cl^- zurück. Die Empfindlichkeit der verschiedenen Pflanzen gegen diese Ionen ist sehr unterschiedlich. Halophile Bakterien und Algen leben in konzentrierten Kochsalzlösungen. Relativ NaCl-resistente Kulturpflanzen sind Gerste, Rübe, Spinat, Baumwolle, Tabak, Küchenzwiebel und Rettich, ferner Weinrebe, Ölbaum, Dattelpalme, verschiedene Kiefern, Eiche, Platane und Robinie (weshalb diese Bäume auch weniger unter Streusalzschäden leiden). Empfindlich sind dagegen Rosskastanie und Linden, ferner Weizen, Kartoffel, Kernobst, Zitrone und viele Leguminosen.

Kalk- und Kieselpflanzen

Unter den Farnen (▶ Abschn. 19.4.2) und Angiospermen (▶ Abschn. 19.4.3.2) gibt es Arten, die kalkmeidend sind, und andere, oft nah verwandte Arten, deren Vorkommen auf Kalkböden beschränkt ist. Kalkpflanzen sind an hohe Ca^{2+}- und HCO_3^--Konzentrationen, einen relativ hohen pH-Wert und warme und trockene Böden angepasst. Diese sind schwermetall- und phosphatarm.

◻ **Tab. 14.5** Zusammensetzung der Nährlösung nach Knop. Die Gesamtkonzentration an Mineralien beträgt 0,22 %, der pH-Wert 4,2

Substanz	Stoffmenge (mg l^{-1})	Substanz	Stoffmenge (mg l^{-1})
$Ca(NO_3)_2$	1,00	H_3PO_4	3,00
KNO_3	0,25	$MnSO_4 \times H_2O$	3,00
KH_2PO_4	0,25	$ZnSO_4 \times 7\,H_2O$	4,40
KCl	0,12	$(NH_4)_6Mo_7SO_{24} \times 4\,H_2O$	1,80
$MgSO_4 \times 7\,H_2O$	0,50	Fe-EDTA	2,75 ml[1]

[1]enthält 24,9 g $FeSO_4 \times 7\,H_2O$ und 26,1 g Ethylendiamintetraessigsäure pro Liter

Akkumulatorpflanzen

Akkumulatorpflanzen reichern bestimmte Elemente an. Dazu gehören die Proteacee *Orites excelsus* mit bis zu 79 % Al_2O_3 in der Asche des Holzes, die Symplocacee *Symplocos cochinchinensis* subsp. *laurina* mit 72 g Aluminium pro kg Trockensubstanz und die Melastomatacee *Miconia acinodendron* (66 g Al kg^{-1}). Auch die Teepflanze *Camellia sinensis* hat bis zu 27 % Aluminium in der Trockensubstanz der Blätter. Aluminium gelangt über einen relativ spezifischen Al^{3+}-Transporter durch die Plasmamembran, bei Pflanzen, die Aluminium normalerweise ausschließen, gelangt es möglicherweise auch über Calciumkanäle in die Pflanze. Akkumulatorpflanzen sind ferner die afrikanische Lamiacee *Aeollanthus subacaulis* mit bis zu 1,3 % Kupfer in der Trockensubstanz oder die Sapotacee *Pycnandra acuminata* aus Neukaledonien mit 1–2 % Nickel in der Trockensubstanz. Der blaugrüne Milchsaft dieser Art besteht aus einer 1 M Nickelcitratlösung (26 % Nickel in der Trockensubstanz). Die ebenfalls in Neukaledonien heimische Rubiacee *Psychotria* sp. enthält 4,7 % Nickel, die ebenfalls dort heimische Celastracee *Denhamia fournieri* 3,2 % Mangan in der Trockensubstanz der Blätter. Akkumulatorpflanzen sind auch bestimmte nordamerikanische Tragant-(*Astragalus*-)Arten, die Selen, Uran und Vanadium anreichern. *Astragalus pattersoni* kann bis zu 1,2 g Selen pro kg Aschensubstanz enthalten. Selentolerante *Astragalus*-Arten synthetisieren die nichtproteinogene Aminosäure Methylselenocystein und lagern diese in die Vakuolen ein.

Indikatorpflanzen

Pflanzen, deren Aschezusammensetzung die des Untergrunds widerspiegelt, können als Indikatorpflanzen benutzt werden. Einige bodenzeigende Pflanzen wachsen nur auf bestimmten Böden, so z. B. das Galmei-Veilchen (*Viola lutea* subsp. *calaminaria*) nur auf Zn-haltigem, die Flechte *Lecanora vinetorum* nur auf Cu-reichem Untergrund (z. B. auf Weinberggerüsten in Südtirol). Auch Pflanzengesellschaften können das Vorkommen bestimmter Elemente oder Elementkombinationen anzeigen. So wächst eine bestimmte Flechtengesellschaft (*Acarosporetum sinopicae*) nur auf schwermetall-, vor allem Fe-haltigem Untergrund (z. B. auf den mittelalterlichen Erzschlackenhalden im Harz). Die Brassicacee *Malcolmia maritima* zeigt auf Cu-, Zn- und Pb-haltigen Böden einen Wechsel der Blütenfarbe von Rosa nach Gelbgrün (Komplexe der Metalle mit Anthocyanen). Einen ähnlichen Blütenfarbwechsel findet man auch bei *Papaver commutatum* (durch Kupfer oder Molybdän) oder bei der Myrtacee *Leptospermum* (durch Chrom). Die Berücksichtigung dieser Zusammenhänge kann für das Prospektieren von Bodenschätzen, die Beurteilung des Düngerbedürfnisses von Böden, für die landwirtschaftliche und forstliche Standortlehre, für die geologische Kartierung usw. von praktischer Bedeutung sein.

Sogar die Phytoextraktion von Edelmetallen mit Pflanzen ist vorgeschlagen worden. So soll *Brassica juncea* aus goldhaltigen Erzen oder Sand bis zu 50 mg Gold pro kg Trockensubstanz aufnehmen. Als Phytosanierung wird die Extraktion von – für Mensch und Tier toxischen – Schwermetallen wie Cadmium oder Blei aus belasteten Böden durch den Einsatz von Akkumulatorpflanzen bezeichnet. So reduziert Anbau von *Brassica juncea* den Bleigehalt kontaminierter Böden, und *Noccaea caerulescens* eignet sich zur Reduktion des Zink- und Cadmiumgehalts im Boden.

Bei den bereits erwähnten **Schwermetallen** handelt es sich um Metalle, deren Dichte 5 gcm^{-3} übersteigt. Hierzu zählen für die Pflanze essenzielle Nährelemente wie Zink und Kupfer, aber auch Cadmium, Blei, Quecksilber, Uran und die Edelmetalle. In höheren Konzentrationen wirken viele Schwermetalle auf Pflanze, Mensch und Tier toxisch, da ihre Ionen stabile Komplexe mit Thiolgruppen (−SH) eingehen und so viele Enzyme vergiften. Die Mechanismen, die eine Versorgung der Pflanze mit essenziellen Schwermetallen sicherstellen,

◻ Abb. 14.4 Struktur der Phytochelatine und Homophytochelatine. Die Chelatbindung des Metalls erfolgt über die SH-Gruppen unter Thiolatbildung. (Mit freundlicher Genehmigung von M.H. Zenk)

dienen zugleich dazu, bei Überschreiten optimaler Konzentrationen toxische Wirkungen zu begrenzen.

Bei allen untersuchten Pflanzengruppen (Algen, Moose, Gefäßpflanzen) wird durch Angebot von Schwermetallen die Synthese von komplexierenden Peptiden, den **Phytochelatinen**, induziert. Sie haben die Struktur von (γ-Glutaminsäure-Cystein)$_n$-Glycin (n = 2–11) (◻ Abb. 14.4) und entstehen aus Glutathion (also nicht durch Translation an Ribosomen). Bei den Fabales kommen anstelle der Phytochelatine die **Homophytochelatine** vor; hier ist der Glycinrest durch β-Alanin ersetzt.

Eine andere schwermetallbindende Substanzgruppe sind die **Metallothioneine**. Es handelt sich um cysteinreiche, kleine Proteine (Molekülmasse ca. 10 kDa), deren Synthese (an Ribosomen) in der Pflanze ebenfalls durch Schwermetalle ausgelöst wird und die, ebenso wie die Phytochelatine und Homophytochelatine, Schwermetallionen über ihre Thiolgruppen komplexieren. So werden diese einerseits aus dem Verkehr gezogen, andererseits können sie bei Bedarf (z. B. als Cofaktoren) wieder in den Zellstoffwechsel eingeschleust werden. Unerwünschte Nebenwirkung dieser Mechanismen ist, dass über die pflanzliche Nahrung Schwermetalle auf Mensch und Tier übergehen können. Es wird geschätzt, dass etwa die Hälfte der menschlichen Cadmiumbelastung über die pflanzliche Nahrung zustande kommt.

14.1.3 Aufnahme und Verteilung mineralischer Nährelemente

14.1.3.1 Verfügbarkeit der Nährelemente

Außer Kohlenstoff, Sauerstoff und Wasserstoff, die in Form von CO_2, O_2 und H_2O aufgenommen werden, werden die meisten benötigten Elemente in Ionenform angeliefert und aufgenommen. Ausnahmen bilden Bor, das als Borsäure (H_3BO_3) oder Silicium, das als Kie-

Tab. 14.6 Übersicht über in ionischer Form aufgenommene Nährelemente

Anionen		Kationen	
Element	Aufnahmeform	Element	Aufnahmeform
N	Nitrat (NO_3^-)	K	K^+
S	Sulfat (SO_4^{2-})	Mg	Mg^{2+}
P	Phosphate (PO_4^{3-}, $H_2PO_4^-$)	Ca	Ca^{2+}
Cl	Chlorid (Cl^-)	Fe	Fe^{2+} (Fe^{3+})
B	Borat (BO_3^{3-})	Mn	Mn^{2+}
Mo	Molybdat (MoO_4^{2-})	Zn	Zn^{2+}
		Cu	Cu^{2+}

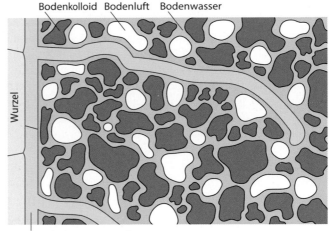

Bodenkolloid Bodenluft Bodenwasser

Wurzel

Rhizodermis mit Wurzelhaaren

Abb. 14.5 Wurzelhaare im Boden. (Grafik: E. Weiler)

selsäure ($Si(OH)_4$) aufgenommen wird (**Tab. 14.6**). Deren Aufnahme erfolgt bei den Wurzelpflanzen in der Regel durch die Wurzel, während die Blätter (von einigen epiphytischen Spezialisten wie *Tillandsia* (▶ Abschn. 19.4.3.2) abgesehen) nur in sehr begrenztem Umfang zur Aufnahme von Ionen befähigt sind. Jedoch können Wasserpflanzen mit ihren submersen (= untergetauchten) Organen oder mit Schwimmblättern ionische Nährelemente aus dem Wasser aufnehmen, da sie keine oder eine sehr durchlässige Cuticula besitzen. Daneben erfolgt auch bei diesen Pflanzen eine Ionenaufnahme durch Wurzeln (falls vorhanden) aus dem Boden.

Der **Boden** (**Abb. 14.5**, ▶ Abschn. 21.5.4) ist ein komplexes, mehrphasiges System, das dauernden physikalischen, chemischen und biologischen Veränderungen unterliegt. Die feste Phase besteht hauptsächlich aus Verwitterungsprodukten der gesteinsbildenden Mineralien (Silikate, Tonmineralien, Kalk) und aus Zersetzungsprodukten organischen Materials, dem **Humus**. Die Hohlräume zwischen diesen Teilchen sind teils mit wässriger Lösung (flüssige Phase, Bodenwasser, Bodenlösung), teils mit Gas gefüllt, das oft eine andere Zusammensetzung hat als die atmosphärische Luft (Bodenluft). Für das Pflanzenwachstum ist es optimal, wenn etwa die Hälfte dieser Hohlräume mit Lösung, die andere – zur Aufrechterhaltung der Wurzelatmung – mit Luft gefüllt ist. Die für dieses richtige Verhältnis günstige Krümelstruktur erhält der Boden durch Ausfällung der negativ geladenen Tonmineralien durch Kalk, der zudem Huminsäuren neutralisiert und so die Versauerung des Bodens verhindert.

Humus besteht aus schwer zersetzbarem organischem Material, lebenden Mikroorganismen und aus Humussäuren (auch Huminsäuren genannt), Fulvosäuren und dem alkaliunlöslichen Humin. Humus- und Fulvosäuren stellen komplizierte Makromoleküle aus Phenolcarbonsäuren und aliphatischen Carbonsäuren dar und sind chemisch sehr stabil (Existenzdauer in der Natur bis zu 1400 Jahre). Sie besitzen eine hohe Kationenaustausch- und Redoxkapazität.

Die mineralischen Nährelemente kommen im Boden in gelöster oder in gebundener Form vor. Gelöst ist nur ein unbedeutender Anteil (<0,2 % in Form einer <0,01 %igen wässrigen Lösung). Etwa 98 % sind in Mineralien, schwerlöslichen Verbindungen (Sulfaten, Phosphaten, Carbonaten), Humus und sonstigem organischem

Material festgelegt; sie werden nur sehr langsam durch Verwitterung und Zersetzung freigesetzt. Der Rest von etwa 2 % ist adsorptiv an kolloidale Bodenteilchen mit überschüssigen Ladungen gebunden. Diese Ionen sind – im Gegensatz zu den gelösten – nicht ohne Weiteres auswaschbar. Sie können von der Pflanze durch Austauschadsorption gegen von ihr abgeschiedene Ionen (z. B. H^+) freigesetzt und dann verwertet werden. Als Träger für diese adsorptiv gebundenen Ionen kommen vor allem Tonmineralien und Humussubstanzen infrage. Ihre Austauschkapazität hängt von der Ladungsdichte und der aktiven Oberfläche ab. Die Ladung ist bei Tonmineralien und Humusstoffen meist überwiegend negativ, sodass hauptsächlich Kationen gebunden werden. In geringerem Umfang können Tonmineralien auch Anionen binden. Die Festigkeit der adsorptiven Bindung nimmt bei den Kationen in der Reihenfolge Al^{3+}, Ca^{2+}, Mg^{2+}, NH_4^+, K^+, Na^+ ab; bei den Anionen ist die entsprechende Reihenfolge: PO_4^{3-}, SO_4^{2-}, NO_3^-, Cl^-. NO_3^- ist im Boden leicht, K^+ und vor allem PO_4^{3-} viel weniger beweglich. Die adsorptive Bindung der Ionen im Boden ist für die Nährelementversorgung der Pflanzen insofern von Bedeutung, als dadurch ihre Auswaschung verhindert wird, die Bodenlösung aber mit einem Reservoir in Verbindung steht, das verbrauchte Ionen laufend und dosiert nachliefert (▶ Abschn. 22.6.1).

Schließlich verändern die mannigfaltigen von der Wurzel abgegebenen Substanzen (neben organischen Säuren und Aminosäuren Zucker, Phenole usw.) auch die Lebensbedingungen für die Mikroorganismen (Pilze, Bakterien) in der unmittelbaren Wurzelumgebung, der **Rhizosphäre**, und damit verändern sich auch das Ausmaß der Verwitterung der Bodenmineralien und des Abbaus organischen Materials durch diese Mikroorganismen.

Wesentlichen Einfluss auf die Nährstoffverfügbarkeit im Boden hat der **pH-Wert**, der auf kleinstem Raum stark schwanken kann. Die Wirkung erstreckt sich einmal auf das Ausmaß der Verwitterung und der Mineralisierung organischen Materials (in sauren Böden ist der Abbau durch säureempfindliche Bakterien gestört), weiter auf die Bodenstruktur und schließlich auf die Ionenadsorption und den Ionenaustausch. Die verschiedenen Pflanzenarten sind an unterschiedliche pH-Bereiche des Bodens angepasst und konkurrenzfähig. So können z. B. manche Torfmoose nur in saurem Boden gedeihen (**acidophile Arten** mit geringer Toleranzbreite); die Besenheide

(*Calluna vulgaris*) wächst optimal im sauren Bereich, verträgt aber auch noch neutrale und schwach alkalische Böden (**acidophil-basitolerant**). Als **basiphil-acidotolerant** ist z. B. der Huflattich (*Tussilago farfara*) einzustufen. Die meisten Gefäßpflanzen vertragen in Einzelkultur pH-Werte des Bodens zwischen etwa pH 2,5 und 8,5, mit verschiedener Lage des Optimums. Dieses physiologische Entwicklungsoptimum stimmt häufig nicht mit dem ökologischen Verbreitungsoptimum überein, weil viele Arten durch die Konkurrenz auf Standorte außerhalb ihres physiologischen Optimums gedrängt werden. Arten mit breitem Toleranzbereich sind dabei naturgemäß anpassungsfähiger.

14.1.3.2 Aufnahme der Nährelemente durch die Wurzel

Das Wurzelsystem einer Pflanze, und hier besonders die Wurzelspitze bis einschließlich der Wurzelhaarzone (▶ Abschn. 3.4.2.1), tritt in sehr engen Kontakt zum Boden (◘ Abb. 14.5). Die Durchwurzelung des Bodens erreicht erstaunliche Werte. Pro 1 m² Fläche in einem Bestand von Weidelgras (*Lolium perenne*) und einer Wurzeltiefe von 70 cm beträgt die Wurzelmasse 35 kg, die gesamte Wurzellänge 55,5 km und die Wurzeloberfläche 50 m². Hinzu kommen bei den meisten Landpflanzen noch die Hyphen der Mykorrhizapilze, die die nährstoffaufnehmende Oberfläche massiv erweitern können (▶ Abschn. 16.2.3).

Der Gesamtprozess der Mineralstoffaufnahme durch die Wurzel kann in vier Abschnitte unterteilt werden:

- die Überführung der Ionen in die Bodenlösung durch Austauschadsorption oder Komplexierung (Mobilisierung)
- den Transport (über Diffusion oder Massenfluss) der gelösten Nährelemente in den frei zugänglichen Wurzelraum in der Zellwand
- den Durchtritt durch die Plasmamembran und damit die Aufnahme in die Zelle
- die Translokation der in die Zelle aufgenommenen Nährelemente ins Xylem des Zentralzylinders

Da Nährelemente nur in gelöster Form in die Wurzel aufgenommen werden können und ein nennenswerter Anteil an Bodenkolloide gebunden vorliegt (▶ Abschn. 14.1.3.1), hat der Prozess der Überführung von Ionen in die Bodenlösung durch **Austauschadsorption** für die Pflanze eine erhebliche Bedeutung. Als Austauschionen liefert die Wurzel hauptsächlich H^+ und HCO_3^-. Letzteres stammt aus dem CO_2 der Zellatmung und reagiert im Bodenwasser nach $CO_2 + H_2O \rightleftharpoons H^+ + HCO_3^-$. Die H^+-Ionen stammen teils aus diesem Prozess, teils aus den von der Wurzel ausgeschiedenen organischen Säuren oder werden durch die H^+-ATPase (◘ Abb. 14.6) aus der Zelle geschleust.

Durch den sauren pH-Wert im Bereich der Wurzeln wird auch die Löslichkeit von Phosphaten und Carbonaten erhöht.

Aus der Bodenlösung gelangen die Ionen durch Diffusion oder mit dem strömenden Wasser zunächst in den frei zugänglichen Apoplasten der Wurzel, d. h. in die Zellwände der Wurzelhaare, der Rhizodermis und der Wurzelrindenzellen. Dieser Prozess ist passiv. Im Bereich der Zellwände kommen adsorptive Prozesse hinzu. Als **Apoplast** oder apoplastischer Raum wird allgemein der Anteil des Extrazellularraums bezeichnet, in dem Wassermoleküle und darin gelöste niedermolekulare Substanzen (z. B. Ionen, Metaboliten, Phytohormone) ungehindert diffundieren können. Demgegenüber wird die Gesamtheit des cytoplasmatischen Raums von Zellen, die durch Plasmodesmen miteinander verbunden sind, **Symplast** oder symplastischer Raum genannt.

Der Apoplast wird mit Blick auf die in ihm befindliche wässrige Lösung auch „apparent freier Raum" (engl. *apparent free space*, AFS) genannt. Er macht zwischen 8 und 25 % des gesamten Gewebevolumens aus. Die Aufnahme in den AFS kann als nichtmetabolischer Prozess durch niedrige Temperaturen oder Stoffwechselgifte nicht wesentlich beeinträchtigt werden; sie ist zudem nicht selektiv und reversibel, d. h. Substanzen im AFS können leicht wieder ausgewaschen werden.

Für geladene Teilchen ist der AFS in zwei Teilräume unterteilt: Im Wasserfreiraum (engl. *water free space*, WFS) diffundieren die Ionen in der Lösung, die sich im Apoplasten befindet; im **Donnan-Freiraum** (engl. *Donnan free space*, DFS) werden sie von festgelegten Ladungen des Apoplasten festgehalten. Es gilt folgende Beziehung: AFS = WFS + DFS (◘ Abb. 14.7).

„Festionen" des Apoplasten sind außer in den Carboxylionen des Protopektins möglicherweise auch anionische Protein- und Phosphatidgruppen der Plasmamembranaußenseite. Jedenfalls überwiegen im AFS stets die negativen Ladungen, sodass Kationen festgehalten werden. Neu hinzukommende, z. B. aus der Außenlösung aufgenommene Kationen verschieben in der Regel das Donnan-Gleichgewicht nicht, sondern verdrängen nur vorher adsorbierte Kationen, d. h. es kommt zur Austauschadsorption. So verliert z. B. eine in Ca^{2+}-Lösung gehaltene Wurzel bei Übertragung in K^+-haltige das adsorbierte Ca^{2+} Lösung, nicht aber in reinem Wasser, d. h., sie verhält sich wie ein Ionenaustauscher.

Im Bereich der Wurzel kann die unspezifische Diffusion und Adsorption der Ionen aus der Bodenlösung in radialer Richtung bis maximal zur Endodermis (▶ Abschn. 2.3.2.3) stattfinden. Hier verhindert die Sperre des überwiegend aus Lignin- und Suberineinlagerungen (Strukturen, ▶ Abschn. 14.15.2 und 14.15.3) bestehenden **Caspary-Streifens** (▶ Abb. 2.18) in den radialen Zellwänden den ungehinderten Durchtritt von Wasser und darin gelösten Bestandteilen. Spätestens hier, aber auch schon auf dem gesamten Weg von den Wurzelhaaren über die Rhizodermis und die Wurzelrinde, erfolgt

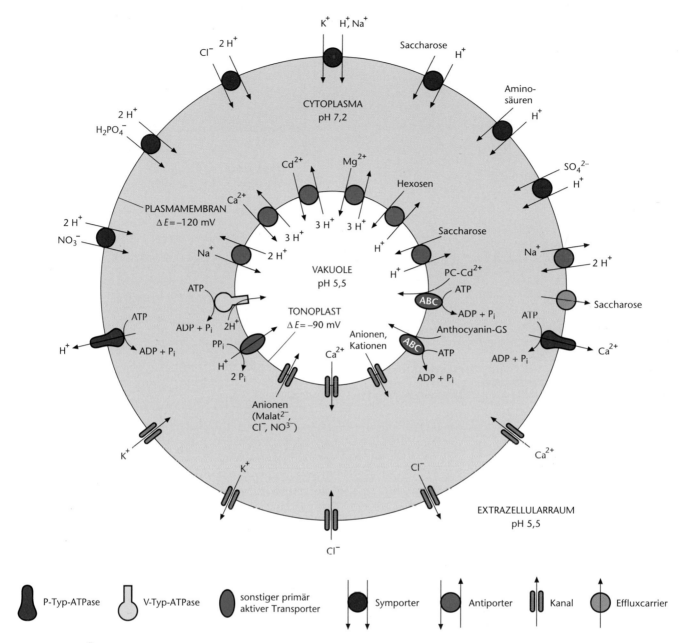

Abb. 14.6 Überblick über verschiedene primär aktive (blau, gelb, grün) und passive bzw. sekundär aktive (rot, orange, grau) Transport-prozesse an der Plasmamembran und am Tonoplasten von Pflanzenzellen. Die Stöchiometrie der Symporter und Antiporter ist nicht in allen Fällen bekannt, die Darstellung gibt lediglich die Art der transportierten Teilchen und die Richtung des Transports an. P-Typ-ATPasen bilden ein phosphoryliertes Intermediat während des Transportzyklus aus (P = Phosphointermediat); V-Typ-ATPasen ähneln im Aufbau den ATP-Synthasen der Mitochondrien (F_1/F_0-ATPase) bzw. der Chloroplasten (CF_1/CF_0-ATPase) (V = vakuolär). ABC-Transporter verwenden die Energie des ATP zur Translokation größerer organischer Verbindungen und Komplexe wie dem Phytochelatin-Cd^{2+}-(PC-Cd^{2+}-)Komplex bzw. von Anthocyanin-Glutathion-Konjugaten (Anthocyanin-GS). ABC-Transporter sind durch das Vorhandensein einer speziellen Aminosäuresequenz gekennzeichnet, die für die ATP-Bindung benötigt wird. – ABC *ATP-binding cassette*. (Nach L. Taiz und E. Zeiger, mit freundlicher Genehmigung)

eine Aufnahme der Ionen in den Symplasten (Abb. 14.8). Dabei stellt die Plasmamembran die entscheidende Selektivitätsbarriere dar.

Die Transporteigenschaften einer Biomembran werden überwiegend durch in sie eingelagerten Membranproteine bestimmt, die als Pumpen, Translokatoren (Carrier) oder Kanäle fungieren können. Beispiele für

gut charakterisierte Ionenaufnahmesysteme, die in der Wurzel eine Rolle spielen, sind – neben anderen, die später von Interesse sein werden – in Abb. 14.6 zusammengestellt. Es handelt sich dabei um sekundär aktive Transporter oder Ionenkanäle, da die Aufnahme der ionischen Nährelemente aus dem Apoplasten in die Wurzelzellen, mit Ausnahme des Calciums, mit Konzen-

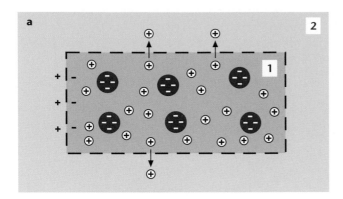

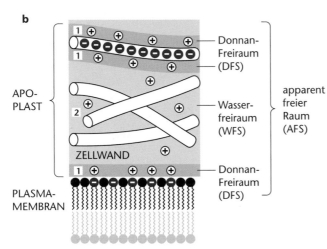

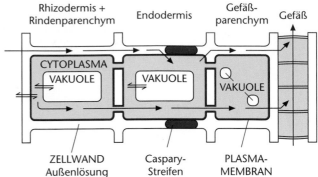

◘ Abb. 14.8 Stark vereinfachtes Schema eines Wurzellängs-schnitts zur Darstellung der in der Wurzel stattfindenden Transportprozesse bei der Aufnahme mineralischer Nährstoffe (Ionen). (Grafik: E. Weiler)

Bislang wurden an der Plasmamembran Symportcarrier zur Aufnahme von Nitrat, Ammonium, Harnstoff, Sulfat und Phosphat und Ionenkanäle zum Transport von K^+-, Cl^-- und Ca^{2+}-Ionen molekular charakterisiert.

Durch das Zusammenspiel von passiven und aktiven Transportprozessen kommt es zu einer selektiven und sättigbaren Anreicherung von Nährstoffen in der Wurzel.

Das Auswahlvermögen der Zelle, bestimmte Stoffe gegenüber anderen bevorzugt aufzunehmen (z. B. K^+ gegenüber Na^+), ist groß, jedoch nicht absolut. Zum einen findet ständig in gewissem Ausmaß eine passive, nichtselektive Stoffaufnahme statt, zum anderen sind die Transporter und Ionenkanäle nicht streng spezifisch. So passieren z. B. Rubidiumionen (Rb^+) die Kaliumkanäle, Calciumkanäle leiten in gewissem Umfang neben Calcium auch andere zweiwertige und einwertige Kationen. Vermutlich ließen sich mit genügend empfindlichen Nachweismethoden in den Pflanzen wohl alle natürlich vorkommenden Elemente finden. Schließlich kommen neben hochaffinen, spezifischen auch niedrigaffine, unspezifischere Aufnahmesysteme vor. Folge ist eine über einen weiten Bereich an Außenkonzentrationen biphasische Aufnahmekinetik (s. u.).

Verfolgt man die Ionenaufnahme durch eine Pflanzenwurzel (oder anderes Pflanzengewebe) bei ansteigender Ionenkonzentration im Außenmedium, so erhält man Kurven, die formal der Michaelis-Menten-Beziehung gehorchen. So erreicht die Aufnahmerate für K^+ durch eine Gerstenwurzel ein Maximum bei etwa 0,2 mM KCl in der Außenlösung, das auch bei Erhöhung der Konzentration auf 0,5 mM nicht überschritten wird. Bietet man aber sehr hohe Konzentrationen (1–50 mM) KCl an, so steigert sich die Aufnahmegeschwindigkeit erneut. Der Kurvenverlauf deutet auf zwei verschiedene Aufnahmemechanismen für K^+-Ionen hin. Mechanismus 1 arbeitet bei niedrigen Ionenkonzentrationen (<1 mM, wie sie den natürlichen Konzentrationen im Boden entsprechen), ist spezifisch für K^+ (und Rb^+) und bleibt unbeeinflusst von der Natur und Aufnahmerate des jeweiligen Anions: Eigenschaften, die darauf hindeuten, dass für diesen Transport ein kaliumleitender Carrier oder Ionenkanal verantwortlich ist. Der Mechanismus 2 hat eine geringe Substrataffinität, arbeitet also nur bei hohen Ionenkonzentrationen effektiv, ist relativ

◘ Abb. 14.7 Donnan-Verteilung. **a** Zustandekommen eines Donnan-Potenzials. Für die Kationen sind Kompartiment 1 und 2 zugänglich, die Anionen (rot) jedoch sind impermeabel und liegen ausschließlich in Kompartiment 1 vor. Kationen diffundieren entlang ihres Konzentrationsgradienten solange von 1 nach 2, bis das sich aufbauende elektrische Potenzial das Konzentrationspotenzial kompensiert und kein Nettofluss von Kationen mehr beobachtet wird. Das sich an der selektiv permeablen Membran bildende Potenzial wird Donnan-Potenzial genannt. **b** Schematische Darstellung des apparent freien Raums, bestehend aus dem Donnan-Freiraum und dem Wasserfreiraum im Apoplasten von Pflanzenzellen. Die Grafik veranschaulicht, dass sich im Wasser gelöste Ionen im Apoplasten einmal in dem der freien Diffusion zugänglichen Raum (WFS) aufhalten können und auch an Oberflächenstrukturen der Plasmamembran bzw. an geladenen Zellwandpolymeren (DFS), wobei sich Donnan-Verteilungen aufbauen. Beide Kompartimente bilden den für Ionen apparent zugänglichen Raum des Apoplasten (AFS). (Grafik: E. Weiler)

trierungsarbeit verbunden ist. Die Triebkraft dafür liefert die – in der Plasmamembran aller Pflanzenzellen vorkommende – primär aktive H^+-ATPase. Das verhältnismäßig große, aus einer einzigen Polypeptidkette bestehende Enzym (ca. 100–110 kDa Molekülmasse) macht unter ATP-Hydrolyse Konformationsveränderungen durch, in deren Verlauf H^+-Ionen stöchiometrisch zum ATP-Verbrauch aus dem Cytoplasma in den Apoplasten transportiert werden. Dieser elektrogene Transportprozess erzeugt eine protonenmotorische Kraft.

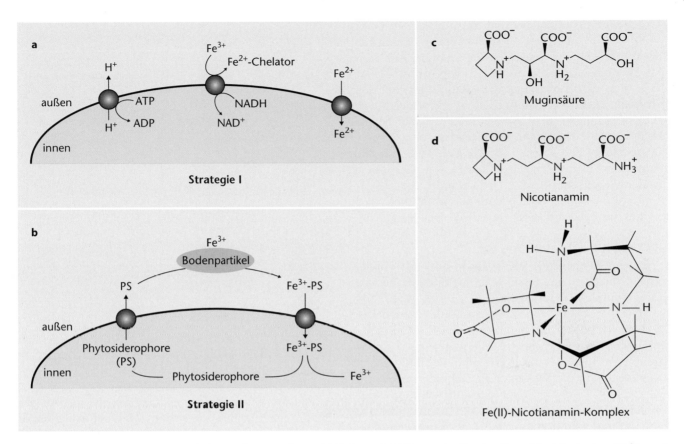

Abb. 14.9 Eisenaufnahmesysteme höherer Pflanzen. **a** Strategie I. **b** Strategie II (Poaceae). **c** Strukturformel der Muginsäure (Fe^{3+}-spezifisch). **d** Formel des freien Nicotianamins (Fe^{2+}-spezifisch) und des Fe(II)-Nicotianamin-Komplexes (an der Eisenbindung beteiligte Atome rot). (b nach K. Schreiber)

unspezifisch (mit K^+ konkurrieren z. B. Na^+ und Ca^{2+}) und wird vom Begleition beeinflusst. Diesem Prozess liegt demnach ein anderes Transportsystem zugrunde.

Ähnliche biphasische Aufnahmekinetiken wurden auch für andere Kationen und Anionen beobachtet. So liegt z. B. bei hohem Sulfatangebot in der Wurzel nur ein niedrigaffines und konstitutives (d. h. ständig vorhandenes) Aufnahmesystem vor. Sinkt der Sulfatgehalt im Medium unter einen kritischen Schwellenwert, wird die Bildung eines zweiten, hochaffinen Sulfatcarriers induziert, der noch bei mikromolaren Sulfatkonzentrationen effektiv arbeitet und ein Sulfatanion mit drei Protonen cotransportiert.

Ein spezielles Problem stellt sich der Pflanze, da die aufgenommenen Anionen NO_3^- und SO_4^{2-} reduziert (▶ Abschn. 14.5 und 14.6) und damit aus dem elektrochemischen Gleichgewicht entfernt werden. Zur Wahrung der Elektroneutralität müssen die nicht mehr balancierten Kationen (z. B. K^+ bei Aufnahme von K_2SO_4 bzw. KNO_3) durch andere Anionen neutralisiert werden. Die Pflanze synthetisiert dazu organische Anionen, insbesondere Malat und Oxalat.

Die selektive Ionenaufnahme aus dem Boden kann zu physiologisch bedeutsamen pH-Verschiebungen führen. Wird z. B. mit NH_4Cl gedüngt, nimmt die Pflanze durch Austauschadsorption gegen H^+ bevorzugt NH_4^+ auf, sodass sich die Protonen in der Rhizosphäre, d. h. dem von der Wurzel beeinflussten Bodenvolumen, anreichern, der Boden versauert. Ammoniumhaltige Salze werden daher als physiologisch saure Düngemittel bezeichnet.

Obwohl **Eisen** in den meisten Böden in ausreichenden Mengen vorkommt, ist es für Pflanzen doch – insbesondere in alkalischen Böden – oft ein Mangelfaktor, da nur wenig gelöstes Eisen (als Fe^{3+}) vorkommt. Im Alkalischen bildet sich aus $2\ Fe(OH)_3 \rightarrow Fe_2O_3 \times 3\ H_2O$ nämlich unlösliches Eisen(III)-oxid. Zudem nehmen Wurzelzellen Eisen hauptsächlich als Fe^{2+} auf. Die Konzentration gelösten Eisens (Fe^{3+}) wird allerdings durch die Ausscheidung von organischen Substanzen mit Fe(III)-komplexierenden Eigenschaften, **Siderophoren** (griech. *sideros*, Eisen; *pherein*, tragen) durch Bodenbakterien und -pilze erheblich erhöht. Eudikotyle und Monokotyle (bis auf die Poaceen) scheiden zur Verbesserung der Löslichkeit von Fe^{3+} H^+-Ionen, Phenole und organische Säuren zur Absenkung des pH-Wertes in der Rhizosphäre aus. Sie reduzieren das über den Apoplasten an die Zelloberfläche diffundierende Fe^{3+} an der Plasmamembran von Wurzelparenchymzellen zu Fe^{2+}, das über ein Transportprotein in die Zelle aufgenommen wird (**Strategie I**, ◻ Abb. 14.9a). Die Reduktion von Fe^{3+} zu Fe^{2+} erfolgt durch eine membrangebundene NAD(P)H-abhängige Reduktase.

Die Eisenaufnahme bei den Poaceae geschieht über die von den Wurzeln ausgeschiedene Muginsäure (◻ Abb. 14.9c), die präferenziell mit Fe^{3+} Chelatkomplexe bildet. Muginsäure und verwandte Substanzen werden daher auch als **Phytosiderophore** bezeichnet. Die Wurzelzellen nehmen den Fe^{3+}-Muginsäure-Komplex über ein relativ spezifisches Transportprotein in die Zelle auf. Dort erfolgt die Reduktion zu Fe^{2+} (**Strategie II**; ◘ Abb. 14.9b). Die Synthese der Muginsäure wird nur bei Eisenmangel induziert und bei ausreichender Eisenversorgung wieder abgestellt.

Innerhalb der Pflanze erfolgt der Fe^{2+}-Transport ebenfalls in Form von Chelatkomplexen. Chelator ist das der Muginsäure strukturell verwandte, ebenfalls aus Methionin synthetisierte, Nicotianamin (◘ Abb. 14.9), welches weniger mit Fe^{3+}, aber mit Fe^{2+} (und Cu^{2+}, Zn^{2+}, Co^{2+}, Ni^{2+}) stabile Komplexe bildet. Nicotianamin kommt in allen Pflanzen vor.

Die im Bereich der Wurzelhaare oder der Rindenparenchymzellen, spätestens aber der Endodermiszellen in den Symplasten aufgenommenen Ionen werden über die Plasmodesmen von Zelle zu Zelle weitergeleitet (◘ Abb. 14.8). Der Transport von den Endodermiszellen in den Zentralzylinder kann wegen des Caspary-Streifens nur symplastisch erfolgen. Die Prozesse der Ionenabgabe in die Wasserleitungsbahnen des Zentralzylinders sind nicht in allen Einzelheiten klar. Wahrscheinlich sind überwiegend aktive und selektive Prozesse in der Endodermis bzw. im Perizykel und teilweise auch im Gefäßparenchym am Übertritt der Ionen aus dem Symplasten in den Apoplasten des Zentralzylinders beteiligt (◘ Abb. 14.8). Diese Transportvorgänge werden hauptsächlich von Exportern, d. h. auswärtsgerichteten Kanälen oder Carriern, vermittelt.

Das Wurzelrindenparenchym speichert in seinen großen Vakuolen Nährelemente in unterschiedlichen Bindungsformen, die damit zwar dem unmittelbaren parenchymatischen Transport entzogen werden, jedoch bei Bedarf wieder freigesetzt werden können. Dies trägt wie die Adsorption von Ionen (vor allem Kationen) an geladene Gruppen der Wände der wasserleitenden Xylemgefäße zur Dämpfung von Schwankungen in der Mineralstoffversorgung der Pflanze ebenso bei (Wassertransport, ▸ Abschn. 14.2).

Über die ganze Länge der Wasserleitungsbahnen können die Nährsalze aus dem Transpirationsstrom wieder in den Apoplasten oder den Symplasten (und schließlich auch die Vakuolen) der benachbarten Gewebe übertreten, wofür grundsätzlich die gleichen Gesetzmäßigkeiten gelten, wie für die Wurzel beschrieben. An Orten hoher Transpiration (z. B. den Cuticularleisten der Stomata) können sich Mineralstoffe anhäufen.

Ein Teil der mineralischen Elemente oder organischen Stoffwechselprodukte aus Nährelementen (z. B. Aminosäuren) kann vom Xylem oder dem Parenchym auch in die Assimilatleitungsbahnen des Phloems

◘ **Tab. 14.7** Beweglichkeit mineralischer Elemente im Phloem

phloemmobil	mäßig phloemmobil	nicht phloemmobil
Kalium	Eisen	Lithium
Rubidium	Mangan	Calcium
Caesium	Zink	Strontium
Natrium	Kupfer	Barium
Magnesium	Molybdän	Aluminium
Phosphor	Cobalt	Blei
Schwefel	Bor	Polonium
Chlor		Silber
		Fluor

(▸ Abschn. 14.7.4) eintreten und mit den Assimilaten verteilt werden. Andere Ionen sind nur beschränkt im Phloem wanderfähig, wieder andere sind schließlich praktisch phloemimmobil (◘ Tab. 14.7).

Zu den Ionen der ersten Gruppe, die also in der Pflanze nach Bedarf umverteilt, z. B. auch von alten in junge Blätter und die übrigen Organe transportiert werden können, gehört als wichtigstes Kation K^+, von dem nachgewiesen ist, dass es Membranpotenziale bei der Phloembeladung stabilisiert (▸ Abschn. 14.7). Während Stickstoff und Schwefel im Phloem überwiegend als Teil organischer Verbindungen wandern, werden Chlorid und vor allem Phosphat in größeren Mengen als freie Anionen transportiert. Die relativ hohen Konzentrationen freien Phosphats in den Siebröhren (ca. 2–4 mM) bedingen, dass Kationen, die schwerlösliche Phosphate bilden (z. B. Calcium, Barium, Blei), im Phloem praktisch immobil sind.

Dies hat vor allem beim Calcium eine Reihe von weit reichenden Folgen. So wird daran gedacht, dass der Mangel an Ca^{2+}, das für die Aufrechterhaltung der Membranstrukturen in der Zelle eine bedeutende Rolle spielt, ein wesentlicher Grund für die tief greifenden cytologischen Besonderheiten der Siebelemente sein könnte (z. B. Degeneration des Tonoplasten und des Zellkerns, z. T. starke Strukturänderungen der Organellen, ▸ Abschn. 2.3.4.1). Die einzige Biomembran in den Siebelementen, die für deren Funktion essenziell ist, die Plasmamembran, könnte das benötigte Ca^{2+} aus dem angrenzenden Apoplasten beziehen. Eine weitere Konsequenz der Immobilität des Ca^{2+} im Phloem einerseits und seiner Wanderfähigkeit mit dem Transpirationsstrom andererseits ist die Tatsache, dass das Ca/K-Verhältnis in der Asche eines Organs umso niedriger ist, je mehr seine Phloemversorgung die durch das Xylem übersteigt. Sehr niedrig ist es z. B. bei der Kartoffelknolle und der Erdnussfrucht, die beide praktisch ausschließlich durch das Phloem versorgt werden. (Da sie im Boden wachsen, kommt es zu keinem Wasserpotenzialgefälle zwischen Wurzel und Organ und daher zu keiner Versorgung über den Transpirationsstrom.) An ihrem Ca/K-Verhältnis kann man auch die pflanzlichen (und tierischen) Xylem- und Phloemparasiten unterscheiden; bei ersteren (z. B. *Viscum*) ist es hoch (z. T. >3 : 1), bei letzteren (z. B. *Cuscuta*) niedrig (ca. 1 : 17).

Schließlich führt das Fehlen eines Phloemtransports von Calcium (und den anderen immobilen Elementen) dazu, dass sie sich in den Transpirationsorganen, vor allem in den Blättern, kontinuierlich anreichern und – im Gegensatz z. B. zum K^+ und Phosphat – auch vor dem Blattfall nicht mehr in die anderen Organe (z. B. den Stamm) zurückgeführt werden. Die ständige, irreversible Anreicherung von Calcium und anderen phloemimmobilen Elementen ist vermutlich der Grund dafür, dass auch sogenannte Immergrüne ihre Belaubung von Zeit zu Zeit erneuern müssen. So werden die Nadelblätter der Kiefer nur 2–3 Jahre alt, die der Fichte am Ast bei niedriger Seehöhe (<300 m) 5–7 Jahre, bei hoher (1600–2000 m) 11–12 Jahre, die der Tanne 5–7 Jahre und die der Bergkiefer 6–8 Jahre. Auch die Blätter des immergrünen Lorbeers werden nicht älter als 6 Jahre, die des Efeus oder der Stechpalme selten mehr als 2 Jahre alt.

14.2 Wasserhaushalt

Wasser ist nicht nur das universelle Lösungsmittel lebender Zellen, es dient auch als Substrat im Zellstoffwechsel, z. B. als Elektronen- und Protonenspender der Photosynthese. Wasser hat als Hauptbestandteil der lebenden Zelle auch eine strukturelle Funktion, und die wachsende Pflanze deckt einen Großteil ihres Volumenzuwachses durch Wasser (**Wachstumswasser**). Da Pflanzen zur Photosynthese gasförmiges CO_2 aus der Atmosphäre aufnehmen müssen (► Abschn. 14.4) und in der Evolution kein Oberflächenbelag gefunden wurde, der zwar CO_2 durchlässt, Wasser jedoch nicht, geht der Pflanze durch Verdunstung (Transpiration) ständig Wasser verloren (► Abschn. 14.2.4.1) (**Transpirationswasser**), das nachgeliefert werden muss, soll es nicht zu einem Verlust der Turgeszenz kommen. Bei den Landpflanzen dient die Verdunstung von Wasser zusätzlich einer gewissen Kühlung des Organismus. Lebensnotwendig ist diese Funktion jedoch nicht. Dies wird bei vielen Pflanzen heißer, arider Gebiete, den CAM-Pflanzen (► Abschn. 14.4.9), deutlich, die gerade tagsüber ihre Stomata geschlossen halten, wodurch die Transpiration stark zurückgeht. Bei hohen Temperaturen setzen Pflanzen in aller Regel ihre Transpiration herab.

Da die Aufnahme von Wasser im Allgemeinen von denjenigen Organen bewerkstelligt wird, die auch für die Aufnahme mineralischer Nährstoffe sorgen, und energetisch mit dieser zusammenhängt, schließt sich die Darstellung des Wasserhaushalts an die Diskussion des Mineralstoffhaushalts an. Im Zentrum der Überlegungen werden dabei die landlebenden Gefäßpflanzen (Farne und Samenpflanzen) stehen. Für diese ist ein geregelter Wasserhaushalt von besonderer Bedeutung, denn sie leben an Standorten, die regelmäßig durch Wasserknappheit (relativ trockene Böden, trockene Luft) gekennzeichnet sind.

Da Pflanzen Wasser nicht aktiv transportieren können, bewegt sich das Wasser sowohl in zellulären als auch in makroskopischen Dimensionen stets passiv entlang seines chemischen Potenzialgradienten, also vom Ort positiveren zum Ort negativeren Wasserpotenzials. Die Triebkräfte und Transportmechanismen sind auf den verschiedenen Abschnitten des Transportwegs im Einzelnen unterschiedlich, was eine genauere Betrachtung erforderlich macht. Aus Gründen der Übersichtlichkeit sind die Abschnitte Wasseraufnahme, Wasserabgabe und Wasserleitung unterteilt. Zuvor werden die prinzipiellen Transportmechanismen und der zelluläre Wasserhaushalt behandelt.

14.2.1 Transportmechanismen

Der Bewegung von Wasser liegen zwei wesentliche Mechanismen zugrunde: Diffusion und Massenströmung.

14.2.1.1 Diffusion

Unter **Diffusion** versteht man die durch thermische Bewegung zustande kommende, bezüglich des einzelnen Teilchens ungerichtete, passive Durchmischung von Teilchen. Durch Diffusion findet (bei Betrachtung vieler Teilchen) ein Nettofluss einer Substanz in eine bestimmte Richtung statt, wenn das chemische Potenzial dieser Substanz im Diffusionsraum eine Differenz aufweist. In den meisten Fällen geht die Differenz im chemischen Potenzial, die einen Diffusionsprozess treibt, auf einen Konzentrationsgradienten der Substanz zurück.

Als **Fluss** (**Diffusionsgeschwindigkeit**, J_j) wird die pro Flächeneinheit und Zeitintervall diffundierende Menge einer Substanz bezeichnet. Die Diffusionsgeschwindigkeit ist direkt proportional zum Konzentrationsgradienten der diffundierenden Substanz. Da die Geschwindigkeit der Molekülbewegung mit steigender Temperatur zunimmt, ist die Diffusionsgeschwindigkeit der Temperatur proportional (und am absoluten Nullpunkt, 0 K, null). Diffusion ist also nur bei sehr kleinen Wegstrecken ein effektiver Transportmechanismus und scheidet zur Überwindung größerer Entfernungen aus.

Dies verdeutlichen einige Zahlen: So diffundiert der Farbstoff Fluorescein in Wasser (bei einer gegebenen Temperatur und einem gegebenen Konzentrationsgefälle) in einer Sekunde 87 µm, in einer Minute etwa 675 µm, in einer Stunde etwa 5 mm und in einem Jahr nur etwa 50 cm. In den Dimensionen pflanzlicher Zellen ist demnach die Diffusion sehr effektiv. Bei den herrschenden Konzentrationsgradienten und sonstigen Bedingungen würde jedoch z. B. ein Zuckermolekül, das im Blatt einer Baumkrone in 30 m Höhe gebildet wird, allein durch Diffusion zu Lebzeiten des Baumes die Wurzel niemals erreichen und ein über die Wurzel aufgenommenes Nährelement nie das Blatt.

Diffusion ist als Mechanismus der Wasserbewegung bedeutsam:

- teilweise für den Wassertransport zwischen der Bodenlösung und dem Apoplasten
- für den Wassertransport zwischen dem Apoplasten und dem Symplasten
- für den Wassertransport über Zellmembranen
- für den Übertritt des Wassers aus dem Apoplasten in die Interzellularenluft, z. B. der Blätter
- für den Übertritt der Wassermoleküle aus der Interzellularenluft in die Atmosphäre

Die rasche Diffusion des Wassers durch Zellmembranen war lange Zeit unverstanden. Heute geht man davon aus, dass der geringe Diffusionswiderstand von Zellmembranen gegenüber dem Wasser (Wasser diffundiert durch eine Zellmembran beinahe so gut, wie durch eine gleich dicke Wasserschicht) darauf zurückzuführen ist, dass Wassermoleküle einerseits durch „Lücken" in der fluiden Lipiddoppelschicht, andererseits aber auch durch wasserspezifische Kanalproteine, die **Aquaporine**, diffundieren, die in die Zellmembranen eingelagert sind (Abb. 14.10). Die Wasserpermeabilität der Membranen wird durch die Regulation der Aquaporinmenge und durch reversible Modifikationen des Proteins den Erfordernissen angepasst. Unter normalen Wachstumsbedingungen ist das Protein phosphoryliert, bei Trockenstress wird das Protein dephosphoryliert und inaktiviert. Bei Überflutung wird ein konservierter Histindinrest protoniert, wodurch die phosphorylierte Pore verschlossen wird.

14.2.1.2 Massenströmung

Für den **Wasserferntransport** scheidet die Diffusion aus. Hier treten Massenströmungen des Wassers auf. Diese sind charakteristisch:

- für den Wassertransport in den Xylemgefäßen
- für den Wassertransport im Boden
- unter Umständen für den Wassertransport im Apoplasten, z. B. im Blatt und in der Wurzel
- für den Phloemtransport (▶ Abschn. 14.7.3)

Während als Triebkraft der Diffusion Differenzen im Konzentrationspotenzial des Wassers bestimmend sind, wird die Massenströmung hauptsächlich durch Differenzen im Druckpotenzial zwischen zwei Orten getrieben (▶ Abschn. 14.2.5 und 14.7.3). Innerhalb des chemischen Potenzials (bzw. des Wasserpotenzials) liefern also die verschiedenen Teilpotenziale unterschiedliche Beitrwäge zur Triebkraft für den Wassertransport durch Diffusion oder Massenströmung.

Die Abhängigkeit einer Massenströmung von einer Differenz im Druckpotenzial wird durch das **Hagen-Poiseuille-Gesetz**, das streng nur für ideale Kapillaren gilt, beschrieben:

$$\frac{\Delta V}{\Delta t} = -\frac{\pi r^4}{8\eta}\frac{\Delta p}{\Delta x} \qquad (14.1)$$

Der Volumenfluss $\Delta V/\Delta t$ (angegeben z. B. in $m^3\ s^{-1}$) ist demnach bei konstantem Radius r der Kapillare und für eine Flüssigkeit mit konstanter Viskosität η direkt

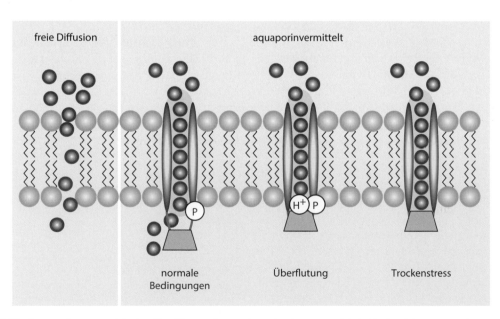

freie Diffusion   aquaporinvermittelt

normale   Überflutung   Trockenstress
Bedingungen

 Abb. 14.10 Diffusion von Wassermolekülen über Biomembranen bzw. durch wasserselektive Poren des transmembranen Proteins Aquaporin. Aquaporin wird durch reversible Phosphorylierung aktiviert. Bei Überflutung wird die Pore durch Protonierung eines konservierten Histidinrests geschlossen. Bei Trockenheit wird die Pore dephosphorliert und dadurch verschlossen. (Nach Törnroth-Horsefield et al. 2006, verändert)

14

proportional zur anliegenden Druckdifferenz $\Delta p/\Delta x$, sie hängt andererseits bei gegebenem $\Delta p/\Delta x$ und η sehr stark vom Radius der Kapillare ab: Bei Verdoppelung des Radius nimmt der Volumenfluss pro Zeit um den Faktor $2^4 = 16$ zu! Das negative Vorzeichen ist notwendig, da ein positiver Fluss in Richtung eines abnehmenden hydrostatischen Drucks ($\Delta p/\Delta x < 0$) resultiert.

14.2.2 Zellulärer Wasserhaushalt

14.2.2.1 Osmose

Die Aufnahme bzw. Abgabe von Wasser durch Zellen geschieht überwiegend auf osmotischem Weg, der Transportmechanismus ist die Diffusion. Unter **Osmose** versteht man die Diffusion von Teilchen durch eine selektiv permeable Membran, wie sie eine biologische Membran darstellt (▶ Abschn. 1.2.6). Diese ist für das Lösungsmittel (Wasser) gut, für die darin gelösten Stoffe dagegen (im Idealfall) nicht oder doch nur schwer durchlässig. Trennt eine selektiv permeable Membran zwei Flüssigkeiten unterschiedlicher Konzentration an gelösten Teilchen, so besteht zu beiden Seiten der Membran folglich auch eine Wasserpotenzialdifferenz ($\Delta\Psi$, Ψ ist negativer auf der Seite der höheren Teilchenkonzentration). Wassermoleküle diffundieren entlang ihres Konzentrationsgradienten von der verdünnten in die weniger verdünnte Lösung ein, wie experimentell an einem **Osmometer (Pfeffersche Zelle**, ◘ Abb. 14.11) gezeigt werden kann. Dadurch nimmt das Volumen der konzentrierten Lösung (unter Verdünnung) zu und es baut sich ein hydrostatischer Druck auf. Die Wasseraufnahme in das Kompartiment mit dem negativeren Wasserpotenzial findet so lange statt, bis der durch den Wassereinstrom verursachte hydrostatische Druck die Wasserpotenzialdifferenz beider Kompartimente kompensiert hat ($\Delta\Psi = 0$).

Die lebende Zelle ist ein solches Osmometer. Die selektiv permeablen Membranen sind die Plasmamembran und, da die Osmotika überwiegend im Zellsaft akkumuliert werden, der Tonoplast. Die Zelle nimmt bei genügender Wasserverfügbarkeit osmotisch maximal solange Wasser auf, bis gilt: $\Delta\Psi = 0$. Da die wenig elastischen Zellwände einer Volumenvergrößerung enge Grenzen setzen, baut sich infolge eines osmotischen Wassereinstroms in einer Zelle rasch der hydrostatische Druck – auch **Turgor** oder Turgordruck genannt – auf. Ein zusätzlicher Beitrag zum Druckpotenzial wird in einem Gewebeverband von umgebenden turgeszenten Zellen geliefert, die einer Expansion wasseraufnehmender Zellen Widerstand entgegensetzen.

Da auf zellulärer Ebene Gravitationspotenziale zu vernachlässigen sind, kann das Wasserpotenzial Ψ einer Zelle (oder eines Gewebes) geschrieben werden als:

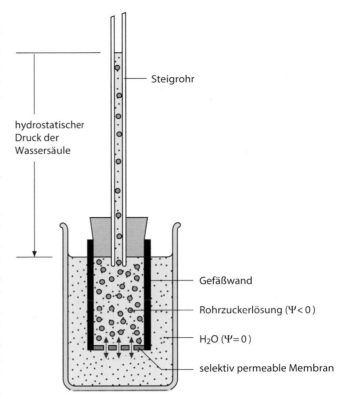

◘ **Abb. 14.11** Schema eines Osmometers (Pfeffer'sche Zelle)

$$\Psi = p - \Pi \tag{14.2}$$

(p = hydrostatischer Druck, Turgor; $-\Pi$ = osmotisches Potenzial)

Ψ einer Zelle (eines Gewebes) schwankt dabei in den Grenzen $\Psi = 0$ (wenn $p = \Pi$) und $\Psi = -\Pi$ (wenn $p = 0$). Das Wasserpotenzial hat den Wert Null, wenn der Zellturgor das osmotische Potenzial vollständig kompensiert (völlige Turgeszenz); bei fehlendem Turgor ($p = 0$, Zustand der Welke) entwickelt die Zelle (das Gewebe) ein maximal negatives Wasserpotenzial, dessen Betrag durch Π, also die Summenkonzentration aller Osmotika in der Zelle (im Gewebe) gegeben ist. Die Zusammenhänge zwischen Ψ, p, Π und Zellvolumen sind aus ◘ Abb. 14.12 ersichtlich.

Als zelluläre Osmotika dienen neben organischen Verbindungen wie Zuckern und organischen Säuren insbesondere anorganische Salze, die im Cytoplasma, überwiegend jedoch in der Vakuole, also im Zellsaft, akkumuliert werden (▶ Abschn. 14.1.3). Mengenmäßig besonders bedeutsame Osmotika sind K^+ und seine Gegenionen (Cl^- und/oder organische Säuren wie Malat). Die Gesamtkonzentration an Osmotika im Zellsaft beträgt meist 0,2–0,8 M. Sie kann in bestimmten Zellen (z. B. Schließzellen, ▶ Abschn. 15.3.2.5) starken und reversiblen Veränderungen unterworfen sein. Das osmotische Potenzial kann nicht nur zwischen den einzelnen Pflanzenarten und Individuen einer Pflanzenart, sondern auch innerhalb einer Pflanze in den einzelnen Organen und Geweben sehr verschieden sein. In den Parenchymzellen der Wurzelrinde liegen die Werte für das osmotische Potenzial zwischen −0,5 und −1,5 MPa, in Sprossen werden sie in der Regel mit

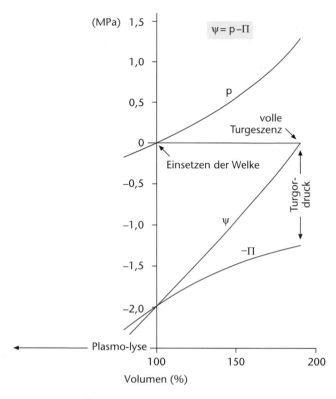

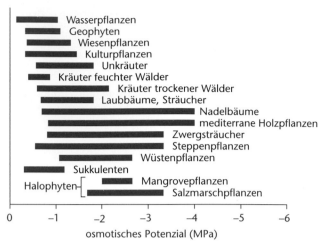

Abb. 14.13 Schwankungsbreite des osmotischen Potenzials von Blattpresssäften ökologisch verschiedener Pflanzentypen. Die angegebene Amplitude ergibt sich aus der Differenz zwischen dem niedrigsten und dem höchsten Wert, der bei Arten gefunden wurde, die zur jeweiligen ökologischen Gruppe gehören. (Nach H. Walter)

Abb. 14.12 Änderung der Zustandsgrößen bei der osmotischen Wasseraufnahme und -abgabe einer Zelle

der Entfernung von der Wurzel negativer und erreichen in den Zellen des Blattgewebes Werte von −3 bis −4 MPa. Pflanzen, die große Schwankungen des osmotischen Potenzials ohne Schaden vertragen, werden als **euryhydrisch** bezeichnet. **Stenohydrische** Arten tolerieren nur eine geringe osmotische Amplitude (■ Abb. 14.13).

Am natürlichen Standort einer Pflanze erreichen die meisten Zellen und Gewebe nur selten den Punkt völliger Turgeszenz ($p = \Pi$, $\Psi = 0$), sondern besitzen ein mehr oder weniger stark negatives Wasserpotenzial.

Das osmotische Potenzial einer Zelle lässt sich durch unterschiedliche Verfahren bestimmen:

Plasmolyse Unter Plasmolyse (▶ Abb. 1.55) versteht man die Ablösung des Protoplasten einer Zelle von der Zellwand infolge Zellschrumpfung in einem hypertonischen Medium (ein Medium, für das gilt: $\Psi_M < \Psi_Z$; M Medium, Z Zelle). Unter diesen Bedingungen verliert die Zelle solange Wasser, bis $\Psi_M = \Psi_Z$ (durch den Wasserausstrom baut sich erst das Druckpotenzial, der Turgor, ab, schließlich steigt Π infolge weiteren Wasserverlusts an; durch diese Prozesse wird Ψ_Z negativer, bis der Wert von Ψ_M erreicht ist). Der Vorgang der Plasmolyse lässt sich in einem **hypotonischen** Medium ($\Psi_M > \Psi_Z$) wieder umkehren, man spricht von **Deplasmolyse**. Auch in einem **hypertonischen** Medium tritt mit der Zeit Deplasmolyse ein, da sich ein langsamer Konzentrationsausgleich der extrazellulären Osmotika durch Diffusion über die Zellmembra-

nen einstellt und die Zellen die Konzentrationen der endogenen Osmotika anpassen.

Bringt man nun eine Zelle (oder Zellen in einem Gewebeverband) in Lösungen unterschiedlicher Konzentrationen an Osmotika und ermittelt diejenige (= **isotonische**) Lösung, bei der Grenzplasmolyse (= der Zustand, in dem infolge Wasserausstroms aus der Zelle der Protoplast gerade beginnt, sich von der Zellwand abzulösen) stattfindet und demnach der Turgor den Wert Null erreicht hat ($p = 0$), so gilt:

$$\Psi_Z = -\Pi_Z = \Psi_M. \tag{14.3}$$

Ψ_M ist aber gleich $-\Pi_M$, da eine Lösung im Gleichgewicht mit ihrer Umgebung keinen hydrostatischen Druck aufweist, und somit gilt: $\Pi_M = \Pi_Z$.

Kryoskopie Eine weitere Methode, das osmotische Potenzial von Zellsäften zu bestimmen, ist die Kryoskopie (griech. *kryos*, Frost) von Zellpresssäften, also die Bestimmung der Gefrierpunktserniedrigung.

Bei dieser Methode wird ausgenutzt, dass der Gefrierpunkt eines Lösungsmittels durch Zugabe löslicher Substanzen erniedrigt wird. Hierbei korreliert die Erniedrigung des Gefrierpunkts linear mit der Konzentration des zugesetzten Stoffes, woraus sich dessen Konzentration ableiten lässt.

Kompensationsmethode Bei der Kompensationsmethode werden Gewebesegmente bekannten Gewichts in Medien (z. B. Saccharoselösungen) mit unterschiedlichen Wasserpotenzialen äquilibriert und dann erneut gewogen (■ Abb. 14.14).

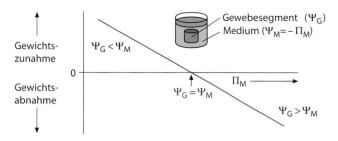

14.2.2.2 Matrixeffekte

Neben der osmotischen Bewegung von Wassermolekülen zwischen Bereichen unterschiedlicher Konzentration an gelösten Stoffen spielen Matrixeffekte im Protoplasten und insbesondere in den Zellwänden eine Rolle im Wasserhaushalt. Diese rein physikalischen Prozesse werden insgesamt als **Quellung** bezeichnet. Es handelt sich einerseits um die Ausbildung von Hydrathüllen (**Hydratation**) um polare Makromoleküle wie Polysaccharide und Proteine, andererseits um **Kapillarwirkungen** wie kapillare Wassereinlagerungen zwischen den Mikrofibrillen der Zellwand. In beiden Fällen können die Auswirkungen auf das Wasserpotenzial aus der Ausbildung lokal sehr negativer hydrostatischer Drücke in dünnen (wenige Molekülschichten dicken), stark gekrümmten Wasserfilmen verstanden werden. Ursache ist die hohe Oberflächenspannung des Wassers ($\gamma = 7{,}28 \times 10^{-8}$ MPa m). Die Beziehung zwischen dem Druckpotenzial p der Wasserpotenzialgleichung (Gl. 14.4) und der Oberflächenspannung γ ist:

$$p = -2\gamma r^{-1} \qquad (14.4)$$

(r = Radius der Krümmung des Meniskus)

Wird r sehr klein, wird der lokale hydrostatische Druck sehr negativ und das Wasserpotenzial entsprechend stark negativ. Dies tritt z. B. dann ein, wenn Zellwände und Protoplasten austrocknen (etwa bei trockenen Samen oder den Thalli von Flechten). Es spielt aber auch eine Rolle bei Zellwänden von Wurzeln in trockenen Böden, in transpirierenden Blättern und bedingt die stark negativen Wasserpotenziale trockener Böden. Andererseits tragen hydratisierte Strukturen in wässriger Umgebung (also z. B. Proteine in wässriger Lösung, Strukturpolysaccharide in wassergesättigten Zellwänden) nur wenig zum Gesamtwasserpotenzial bei, da r vergleichsweise groß wird (□ Abb. 14.15).

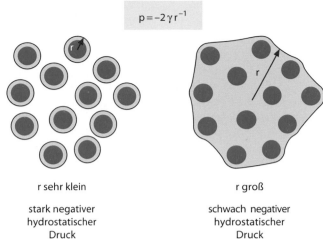

$$p = -2\gamma r^{-1}$$

r sehr klein

stark negativer
hydrostatischer
Druck

r groß

schwach negativer
hydrostatischer
Druck

14.2.3 Aufnahme des Wassers durch die Pflanze

Thallophyten, die noch keinen Transpirationsschutz entwickelt haben, können Wasser aus feuchten Unterlagen oder nach Benetzung mit Regentropfen oder Tau über die gesamte Oberfläche aufnehmen. Manche Algen, Flechten und einige Moose entwickeln bei Austrocknung derart stark negative Wasserpotenziale (<-100 MPa), dass sie noch aus feuchter Luft Wasserdampf in solchem Umfang absorbieren können, um ohne Zufuhr flüssigen Wassers zu einer positiven Netto-photosynthese zu kommen. Quellung ist für die Wasseraufnahme durch trockene Samen verantwortlich.

Submerse Wasserpflanzen, die keine oder eine besonders durchlässige Cuticula besitzen, nehmen Wasser mit ihrer gesamten Oberfläche (osmotisch) auf. Bei manchen Landpflanzen sind an den oberirdischen Teilen bestimmte Durchtrittsstellen für Wasser ausgebildet, z. B. die Ansatzstellen benetzbarer Haare oder auch spezielle, quellbare Saugschuppen (z. B. bei epiphytischen Bromeliaceen, ▶ Abschn. 19.4.3.2, □ Abb. 3.75). Diese Durchtrittsstellen sind nicht oder nur schwach cutinisiert und nehmen Wasser im Wesentlichen über Kapillarwirkung auf. Sie werden meist bei Trockenheit durch entsprechende Lageveränderung vor zu starkem Wasserverlust bewahrt. Die Luftwurzeln mancher Epiphyten, z. B. der Orchideen der Gattung *Dendrobium*, weisen ein wasserabsorbierendes Gewebe, das Velamen (▶ Abschn. 3.3.3.3, □ Abb. 3.74), auf, welches Wasser kapillar zurückhält. Aus diesem Wasserreservoir erfolgt die Aufnahme des Wassers in die Wurzel osmotisch.

Die landlebenden Gefäßpflanzen (Farne, Samenpflanzen) nehmen jedoch Wasser (mit Ausnahme der soeben erwähnten Spezialisierungen im Sprossbereich) überwiegend über die Wurzel auf, da die Cuticula bzw. das Korkgewebe des Sprosses dem Wasser starke Diffusionswiderstände entgegensetzen. Dies hat zur Folge, dass die Aufnahme von Wasser durch die oberirdischen Teile, selbst nach Benetzung durch Tau oder Regen, kaum eine Rolle spielt. Wegen der hohen Oberflächenspannung des Wassers dringt es auch nicht durch geöffnete Stomata in den Spross ein; ähnliches gilt vermutlich für die Lenticellen (▶ Abb. 2.19)

Der Prozess der Wasseraufnahme durch die Wurzel lässt sich in mehrere Abschnitte einteilen:

— die Wasseraufnahme aus dem Apoplasten in die Zelle
— die Nachlieferung des absorbierten Wassers aus der Bodenlösung in den Apoplasten
— den Transport des Wassers innerhalb der Wurzel bis zu den Xylemgefäßen

Eine Wasseraufnahme durch die Wurzel aus dem Boden ist nur möglich, wenn ein entsprechendes Wasserpotenzialgefälle ($\Delta\Psi$) besteht. Das Wasserpotenzial des Bodens wird nur zum geringen Teil osmotisch bestimmt, da die Bodenlösung sehr verdünnt ist (typische Werte für Ψ liegen bei $-0,02$ MPa, in Salzböden aber bei $\leq -0,2$ MPa): Zum erheblicheren Teil geht das je nach Bodenfeuchtigkeit stark schwankende Druckpotenzial (Matrixpotenzial) ein (Zustandekommen, Gl. 14.4). In wassergesättigten Böden nach einem Niederschlag oder in tieferen Bodenschichten in der Nähe des Grundwasserspiegels liegt es bei nahe null; somit ist $\Psi \approx 0$.

Ein Teil des durch Niederschläge in den Boden gelangenden Wassers wird als Haftwasser adsorptiv und kapillar festgehalten, ein Teil sinkt als Senkwasser bis zum Grundwasserspiegel ab. Im Allgemeinen steht dem Wurzelsystem nur ein mehr oder weniger großer Teil des Haftwassers zur Verfügung. Das Fassungsvermögen eines Bodens für Haftwasser (g H_2O pro 100 ml Bodenvolumen) wird als seine **Wasserkapazität** bezeichnet. Sie steigt mit zunehmendem Gehalt des Bodens an feindispersem und organischem Material und nimmt daher von Sand über Lehm, Ton zum Moorboden zu.

Mit sinkendem Wassergehalt des Bodens wird dessen Wasserpotenzial negativer. Es kann leicht Werte von -2 MPa und darunter erreichen. Die Wasserpotenziale der Wurzel werden, wie besprochen, im Wesentlichen durch die osmotischen Potenziale des Zellsafts bestimmt. Diese können in gewissen Grenzen durch Veränderung der Konzentration an Osmotika den Erfordernissen angepasst werden, sie schwanken auch je nach Art erheblich. So fand man bei *Phaseolus* osmotische Potenziale in Wurzelzellen zwischen $-0,2$ und $-0,35$ MPa, bei *Pelargonium* $-0,5$ MPa, bei Halophyten (Salzpflanzen)

< -2 MPa und bei Wüstenpflanzen sogar Werte < -10 MPa. Diese reichen aus, um den jeweiligen Böden den größten Teil ihres Haftwassers zu entziehen.

Die Wasseraufnahme über die Wurzel lässt sich durch folgende Formel charakterisieren:

$$W_a = A \frac{\Psi_{\text{Wurzel}} - \Psi_{\text{Boden}}}{\Sigma r}. \tag{14.5}$$

Danach ist die vom Wurzelsystem pro Zeiteinheit absorbierte Wassermenge W_a proportional der zur Wasseraufnahme befähigten Wurzeloberfläche A (im Wesentlichen die Oberflächen der Wurzelhaare) und der Wasserpotenzialdifferenz zwischen Wurzel (Ψ_{Wurzel}) und Boden (Ψ_{Boden}) und umgekehrt proportional der Summe aller Transportwiderstände (Σr) für das Wasser im Boden und beim Übergang vom Boden in die Pflanze.

Die für die Wasseraufnahme geeignete Oberfläche der Wurzelhaare ist oft sehr groß. So wurden bei einer einzigen Roggenpflanze, die ein Bodenvolumen von 56 l durchwurzelte, eine Gesamtzahl an lebenden Wurzelhaaren von $1,43 \times 10^{10}$ ermittelt, die eine Oberfläche von 400 m^2 bildeten und damit die für die Transpiration relevante gesamte Kontaktfläche von Blattmesophyllzellen zu den Interzellularen (▶ Abschn. 14.2.4.1) um mehr als das Zehnfache übertrafen.

Die Wurzelhaarzonen der Wurzelspitzen sind damit die überwiegenden Orte der Wasser- wie auch der Ionenaufnahme. Wurzelhaare fehlen allerdings den Pflanzen mit **Ektomykorrhiza** (▶ Abschn. 16.2.3). Hier übernimmt der symbiotische Mykorrhizapilz die Aufgaben der Wurzelhaare. Wurzelhaare treten in sehr engen Kontakt zum Boden (◻ Abb. 14.5). Aus dem Apoplasten, der mit der Bodenlösung äquilibriert ist, tritt Wasser osmotisch in die Wurzelhaare ein. Das dabei dem Apoplasten entnommene Wasser führt dort zu einem Abfall des hydrostatischen Drucks. Der sich zur Bodenlösung aufbauende Druckgradient liefert dem Apoplasten Wasser über eine Massenströmung (kapillarer Fluss) nach. Die Entnahme des Bodenwassers in der Wurzelhaarzone senkt den hydrostatischen Druck und damit das Wasserpotenzial des Bodens der Wurzelhaarzone gegenüber den tieferen bzw. nicht durchwurzelten Nachbarzonen. Wasser strömt durch Massenfluss entlang des Druckgradienten nach.

Allerdings ist diese Nachleitfähigkeit des Bodens je nach Bodentyp sehr verschieden und erfolgt selbst bei feinporigen Böden (z. B. Ton) mit relativ guter Nachleitung nur sehr langsam und über sehr kurze Strecken (höchstens einige Zentimeter). Die Pflanze begegnet dieser Schwierigkeit dadurch, dass die Wurzeln dem Wasser nachwachsen. Dabei können Teile des Wurzelsystems absterben, während andere in wasserreicheren Bodenregionen lebhaft wachsen, sodass sich das gesamte Wurzelsystem stark asymmetrisch entwickeln kann. Bei entsprechenden Wasserpotenzialgradienten können Wurzeln auch Wasser an den Boden abgeben. Es kann daher über den Weg durch die Wurzeln zu einem Wassertransport von feuchteren, meist tieferen Bodenschichten zu trockneren, meist höheren kommen (engl. *hydraulic lift*, ◻ Abb. 22.26).

Die starke Erniedrigung der Wasseraufnahme bei niedrigeren Temperaturen (bei vielen Pflanzen schon einige Grad über 0 °C) ist neben der Erhöhung des Transportwiderstands im Boden und der Erniedrigung der Wasserpermeabilität der Plasmamembran vor allem auch der Verringerung des Wurzelwachstums zuzuschreiben. Bei Temperaturen <−1 °C gefriert das Haftwasser im Boden, sodass keine Wasseraufnahme mehr möglich ist (**Frosttrocknis**, die Folgen werden oft fälschlich als Erfrieren gedeutet).

Trocknet der Boden so stark aus, dass das gesamte Wurzelsystem kein oder nicht mehr ausreichend Wasser aufnehmen kann oder sogar wegen der Umkehr der Wasserpotenzialdifferenzen Wasser an den Boden verliert, so kommt es zum **Welken** der Pflanze, das von einem bestimmten Wasserpotenzial des Bodens an irreversibel wird (permanenter Welkepunkt). Feuchtigkeitsangepasste Kräuter erreichen diesen Zustand bei etwa −0,7 bis −0,8 MPa Bodenwasserpotenzial, die meisten landwirtschaftlichen Nutzpflanzen bei −1 bis −2 MPa, Pflanzen mäßig trockener Standorte und verschiedene Holzpflanzen bei etwa −2 bis −3 MPa. In der landwirtschaftlichen Praxis nimmt man einen permanenten Welkepunkt des Bodens bei −1,5 MPa an.

In der Wurzel dürfte das Wasser überwiegend symplastisch entlang eines osmotischen Potenzialgradienten – negativer werdend in Richtung Endodermis – diffundieren. Da Wasser in der Wurzelrinde bis zur Sperre des Caspary-Streifens ebenfalls osmotisch aus dem Apoplasten in die Zellen aufgenommen werden kann, dürfte die Nachlieferung im Apoplasten auch über einen radialen Massenstrom aus der Wurzelperipherie erfolgen. In den Zentralzylinder der Wurzel gelangt das Wasser, insbesondere bei guter Wasserversorgung der Pflanze und geringer bis fehlender Transpiration (z. B. nachts), auf osmotischem Weg. Die Ionenabgabe aus der Endodermis und dem Gefäßparenchym in den Apoplasten des Zentralzylinders führt dort zu einem Abfall des Wasserpotenzials, der den Wasserübertritt aus den Zellen in den Apoplasten bewirkt.

Unter diesen Bedingungen – gute Wasserversorgung, geringe Transpiration – kann im Xylem der Wurzeln auf diese Weise ein positiver hydrostatischer Druck aufgebaut werden, der **Wurzeldruck**. Eine wesentliche zweite Funktion des Caspary-Streifens bzw. der Endodermis besteht also, neben der Sperrfunktion für über den Apoplasten in Richtung Zentralzylinder eindiffundierende, gelöste Bestandteile der Bodenlösung, in der Abdichtung des Zentralzylinders, sodass sich ein Wurzeldruck aufbauen kann. Dieser lässt sich etwa durch Aufsetzen eines Manometers auf einen Sprossstumpf – der Spross wird knapp oberhalb der Wurzel entfernt – bestimmen und beträgt gewöhnlich <0,1 MPa, kann aber bei Birken bis über 0,2 MPa, bei Tomatenpflanzen bis über 0,6 MPa erreichen.

Der Wurzeldruck kann daher unter bestimmten Bedingungen (s. o.) einen Beitrag zum Antrieb des Wasserferntransports leisten.

Bei schlechter Wasserversorgung oder hoher Transpiration (▶ Abschn. 14.2.4) wird dem Xylem jedoch ständig soviel Wasser entnommen, dass sich im Xylem kein positiver hydrostatischer Druck aufbaut und auch im Wurzelbereich ein negativer hydrostatischer Druck (und entsprechend ein negatives Wasserpotenzial) herrscht. Dieses negative Wasserpotenzial dürfte zu einer Entnahme von Wasser aus dem Protoplasten von Endodermis- und Gefäßparenchymzellen führen, deren osmotisches Potenzial (und damit deren Wasserpotenzial) dadurch negativer wird: Wasser diffundiert entweder symplastisch aus der Wurzelperipherie nach oder wird aus dem Apoplasten des Wurzelrindenparenchyms nachströmen. In dieser physiologischen Situation ist der Caspary-Streifen als Sperre ebenfalls von großer Wichtigkeit, da er ein unkontrolliertes Durchsaugen von Bodenlösung bzw. -luft verhindert.

14.2.4 Abgabe von Wasser durch die Pflanze

Die Pflanze gibt den Großteil des aufgenommenen Wassers als Wasserdampf ab (**Transpirationswasser**, Transpiration, ▶ Abschn. 14.2.4.1), ein Teil dient als **Wachstumswasser** der Volumenvergrößerung der wachsenden Pflanze. In besonderen Fällen wird auch Wasser in flüssiger Form abgeschieden (Guttation, ▶ Abschn. 14.2.4.1).

Bei rasch wachsenden krautigen Pflanzen kann das Wachstumswasser einen erheblichen Teil der gesamten Wasserbilanz ausmachen, bei Mais sind es z. B. 10–20 % des Transpirationswassers. Die Transpiration stellt die wesentliche Triebkraft für den Wasserferntransport im Xylem bei geöffneten Stomata dar. Bei geschlossenen Stomata (z. B. nachts) oder bei infolge hoher relativer Luftfeuchte reduzierter – bzw. bei experimentell in wasserdampfgesättigter Luft nahezu völlig unterdrückter – Transpiration wird dennoch ein Wasserstrom im Xylem aufrechterhalten. Dieser kommt zustande (bzw. wird aufrechterhalten) durch

- den Aufbau des Wurzeldrucks (▶ Abschn. 14.2.3)
- die stark negativen osmotischen Potenziale der stoffwechselaktiven peripheren Organe, insbesondere der photosynthetisch aktiven Blätter, die im Spross auch den überwiegenden Teil des Wachstumswassers „binden",
- den Wasserfluss im Phloem, der durch Xylemwasser an den Orten der Phloembeladung (▶ Abschn. 14.7.2) ausgeglichen wird; dieser interne Wasserkreislauf lässt sich durch bildgebende Kernresonanzspektroskopie direkt an der lebenden Pflanze nachweisen; er wird bei Bäumen auf ca. 1–3 %, beim Mais auf ca. 5–10 % des Transpirationswassers geschätzt.

In solchen Situationen reduzierter Transpiration strömt der Xyleminhalt zwar viel langsamer als bei starker Transpiration, jedoch wird dies durch die höhere Ionenkonzentration im Xylem kompensiert, sodass es, unabhängig von der Stärke der Transpiration, zu einer ausreichenden Mineralversorgung der Pflanze kommt. Dies zeigt auch das gleich rasche Wachstum von Pflanzen im Experiment bei niedriger im Vergleich zu hoher relativer Luftfeuchte und bis zu 15-fach reduzierter Transpiration. Ein akropetaler (von der Basis zur Spitze gerichteter) Wassertransport ließ sich auch im Spross der submersen und daher nichttranspirierenden Wasserpflanze *Ranunculus trichophyllus* nachweisen. Seine Geschwindigkeit (>80 cm h^{-1}) reicht zur Unterstützung des maximalen Wachstums und der Nährstoffversorgung völlig aus.

Die Transpiration ist demnach wohl als ein unvermeidliches Übel und nicht als ein lebensnotwendiger Transportmechanismus der Landpflanzen zu betrachten.

14.2.4.1 Transpiration

Der Übertritt von Wassermolekülen aus der flüssigen Phase in die Gasphase (**Transpiration**, Verdunstung) erfolgt an allen Grenzflächen einer Pflanze gegen nicht mit Wasserdampf gesättigte Luft. Bei Thallophyten oder Lagerpflanzen sind dies die Außenflächen des Thallus, bei Kormophyten oder Gefäßpflanzen zum einen die äußeren Sprossoberflächen, die zur Reduktion der Transpiration in der Regel cutinisiert oder verkorkt sind, zum anderen die Grenzflächen der Zellen im Kormusinneren zu den Interzellularen. Aus den Interzellularen diffundiert der Wasserdampf durch die Stomata aus der Pflanze heraus, wobei er zunächst die Grenzschicht (eine dünne Schicht unbewegter Luft an der unmittelbaren Oberfläche der Pflanze) überwinden muss, bevor er in die freie Atmosphäre gelangt, wo er über Verwirbelung (Konvektion) rasch abtransportiert wird (◘ Abb. 14.16).

Die treibende Kraft der Transpiration ist ebenfalls wieder ein Gradient im Wasserpotenzial, wobei der kritische Bereich die Wasserpotenzialdifferenz zwischen der Außenluft und der Interzellularenluft ist.

Wie ◘ Tab. 14.8 zeigt, sinkt das Wasserpotenzial mit abnehmendem Sättigungsgrad der Luft an gasförmigem Wasser sehr rasch auf stark negative Werte. Die relative Luftfeuchte der Interzellularenluft dürfte etwa 99 % ($\Psi = -1{,}35$ MPa) betragen, im substomatären Hohlraum bei geöffneten Poren ca. 95 % ($\Psi = -6{,}9$ MPa) und bei durchschnittlicher Luftfeuchtigkeit der Atmosphärenluft direkt oberhalb der stomatären Pore ca. 50 % ($\Psi = -93{,}3$ MPa).

Wurzelpflanzen sind demnach zwischen das vergleichsweise hohe Wasserpotenzial des Bodens und das niedrige der Luft eingespannt (◘ Abb. 14.17). Die treibende Kraft der Transpiration ist das extreme Wasser-

potenzialgefälle zwischen nichtwasserdampfgesättigter Außenluft und Interzellularenluft (bzw. der nicht gemischten Grenzschicht). Wassermoleküle diffundieren in Gasen sehr viel rascher als in flüssigem Wasser. Der Wasserverlust aus den Interzellularen (bzw. der Grenzschicht) bewirkt eine Nachdiffusion von Wassermolekülen aus dem Apoplasten in die Interzellularenluft. Im Apoplasten entwickeln sich dadurch stark negative hydrostatische Drücke (Gl. 14.4), die eine Nachleitung aus den Xylemgefäßen bzw. Nachdiffusion aus den lebenden Zellen der Blattgewebe bewirken. Die Leitungsbahnen in Blättern sind an ihren Enden stark verästelt, sodass die meisten Zellen des Blatts maximal 0,5 mm Abstand zum nächsten Xylemgefäß besitzen.

Eine Vergrößerung der transpirierenden Oberfläche hat ebenso eine Verstärkung der Transpiration zur Folge wie alle Faktoren, die das Wasserpotenzialgefälle zwischen Pflanze und Luft steiler machen. Hierzu gehört eine Temperaturerhöhung der Luft oder auch der transpirierenden Organe sowie Wind.

Die Haupttranspirationsorgane der Kormophyten sind die Blätter. Wegen der großen Oberfläche beblätterter Pflanzen sind die Wasserverluste durch die Transpiration oft sehr bedeutend. Soll die Pflanze zur Zeit der maximalen Transpiration keinen Schaden nehmen, muss zumindest der größte Teil dieses Wasserverlusts laufend durch die Wasseraufnahme aus dem Boden ersetzt werden.

Die Gefäßpflanze steht in ihrem Wasserpotenzial auch der oberirdischen Teile (◘ Abb. 14.17) viel näher dem des Bodens als dem der Atmosphäre. Dies hängt mit den erheblichen Diffusionswiderständen für den Wasserdampf zusammen, die sie zum **Transpirationsschutz** an ihren transpirierenden Oberflächen, vor allem den äußeren, aufgebaut hat. Dem Transpirationsschutz dient besonders die **Cuticula** (Bestandteile, ▶ Abschn. 14.15.3), die erstmalig bei den Moosen auftritt und – wie das Suberin und Lignin – eine unentbehrliche Voraussetzung für die Entwicklung größerer Landpflanzen mit geregeltem Wasserhaushalt (sog. homoiohydrische Pflanzen) ist (▶ Abschn. 22.5). Isolierte, lückenlose Blattcuticulae haben eine extrem geringe Durchlässigkeit für Wasser (Permeabilitätskoeffizient: 10^{-7}–10^{-8} cm s^{-1}); dies geht hauptsächlich auf ihren Wachsgehalt zurück. Beim intakten Blatt wird die Wasserdurchlässigkeit durch Auflagerung weiterer Wachsschichten auf die Cuticula (◘ Abb. 2.13) und durch die Cutineinlagerung in die Epidermisaußenwände noch erheblich gesenkt. Auch der Deckmantel toter Haare, den man auf manchen Blättern findet (z. B. Edelweiß), wirkt durch die Schaffung windstiller, wasserdampfgesättigter Räume transpirationshemmend (◘ Abb. 2.16), desgleichen die Versenkung der Spaltöffnungen in windgeschützte Räume.

Die **cuticuläre Transpiration** macht daher auch bei den zarten Blättern feuchter Standorte weniger als 10 % der Verdunstung einer freien Wasseroberfläche gleicher Flä-

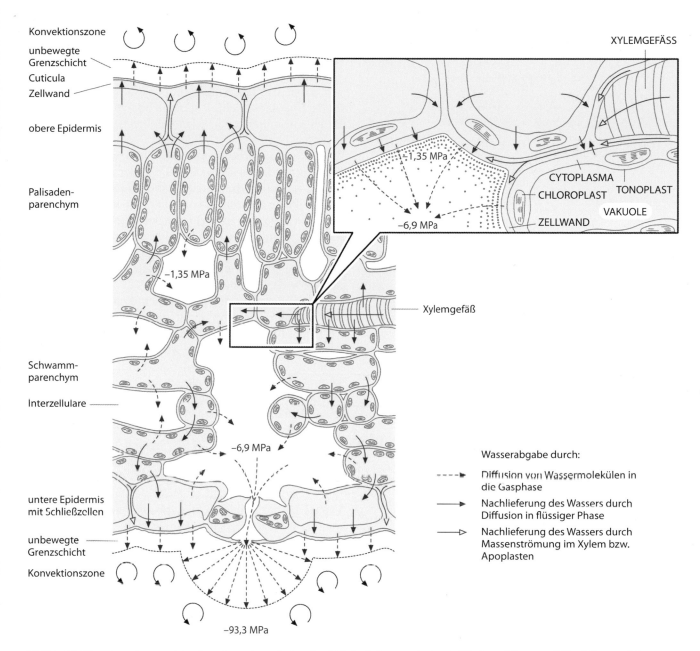

□ Abb. 14.16 Wassertransport in einem hypostomatischen Laubblatt. Grün unterlegt: mit flüssigem Wasser gefüllte Räume, nicht unterlegt: Gasräume (Interzellularenluft, Außenluft). Die Zahlenwerte geben Wasserpotenziale an. Es entsprechen: −1,35 MPa 99 % relativer Luftfeuchte, −6,9 MPa 95 % und −93,3 MPa 50 % (jeweils bei 20 °C, Tab. 14.8). (Nach einer Originalvorlage von H.-J. Rathke)

che (der **Evaporation**, d. h. einer Verdunstung ohne Diffusionswiderstände und bei ungehinderter Wassernachfuhr) aus. Bei Koniferennadeln und Hartlaub beträgt sie nur 0,5 %, bei Kakteen nur 0,05 % der Evaporation.

Ähnlich wirksam wie der Abschluss durch Cutin ist der durch Suberinschichten, z. B. im Cutisgewebe, Kork und Borke (▶ Abschn. 2.3.2.1 und 2.3.2.2). Auch die Lagerfähigkeit der Kartoffelknolle ist durch ihre dünne Korkhülle bedingt; geschälte Kartoffeln trocknen schnell aus.

Da ein lückenloser Abschluss der Pflanzenorgane mit Cutin oder Suberin (Struktur und Biosynthese, ▶ Abschn. 14.15.3) nicht nur den Wasserdampfaustritt,

sondern auch die Diffusion anderer für die Pflanze lebenswichtiger Gase (vor allem von CO_2 für die Photosynthese, ▶ Abschn. 14.4.7) behindern würde, hat die Pflanze bei ihren wichtigsten Gasaustauschorganen regulierbare Poren, die **Stomata** (▶ Abschn. 2.3.2.1) entwickelt, während verkorkte Gewebe durch nichtregulierbare Porensysteme, die **Lenticellen** (▶ Abschn. 2.3.2.2), den Diffusionswiderstand lokal herabsetzen.

Die Stomata haben die Aufgabe, einerseits die Nachlieferung des bei der Photosynthese (oder bei der CO_2-Dunkelfixierung der CAM-Pflanzen, ▶ Abschn. 14.4.9) benötigten CO_2 durch Verringerung des Diffusionswiderstands (Stomataöffnung) zu erleichtern, anderer-

◻ Tab. 14.8 Relative Wasserdampfkonzentration (% rel. Feuchte) der Luft, die sich mit einer Lösung bestimmten osmotischen Potenzials (−Π, in MPa) bei 20 °C im geschlossenen System im Gleichgewicht befindet. (Nach H. Walter)

relative Luftfeuchte (%)	−Π (MPa)	relative Luftfeuchte (%)	−Π (MPa)
100	0	94,0	−8,32
99,5	−0,67	93,0	−9,79
99,0	−1,35	92,0	−11,2
98,5	−2,03	91,0	−12,6
98,0	−2,72	90,0	−14,1
97,5	−3,41	80,0	−30,1
97,0	−4,10	70,0	−48,1
96,0	−5,50	60,0	−68,7
95,0	−6,91	50,0	−93,3

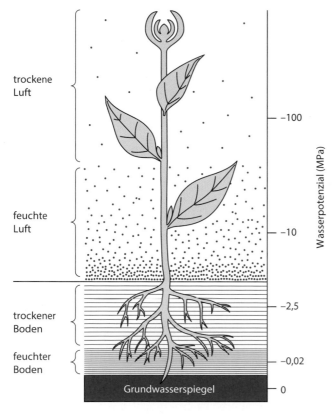

◻ Abb. 14.17 Wasserpotenzialgefälle zwischen Boden, Pflanze und Luft. Der größte Potenzialsprung liegt nicht zwischen Boden und Pflanze, sondern zwischen Pflanze und Luft (◻ Abb. 14.16). (Nach D. Gradmann)

seits bei angespanntem Wasserhaushalt oder auch bei Wegfall der Photosynthesebedingungen (im Dunkeln) durch Erhöhung des Diffusionswiderstands (Stomataschluss) die **stomatäre Transpiration** zu drosseln.

Voll geöffnete Stomata verringern den Diffusionswiderstand drastisch gegenüber den Werten der cuticulären Transpiration (◻ Tab. 14.9). Die Unterschiede bei den verschiedenen Arten und Standortformen hängen dabei von der Anordnung (hypo- oder amphistomatisch), der Dichte, der Größe und auch den Baueigentümlichkeiten (der Geometrie) der Stomata ab.

Bei voll geöffneten Stomata kann ein Blatt durch Transpiration maximal 50–70 % der Wasserdampfmenge verlieren, die durch Evaporation einer gleichen Wasserfläche abgegeben wird. Dies ist erstaunlich, weil die Stomata zwar zu mehreren Hundert pro Quadratmillimeter auftreten können, ihre gesamte Porenfläche bei maximaler Öffnung aber wegen der geringen Weite des Spaltes von wenigen Mikrometern nur selten mehr als 1–2 % der Blattfläche erreicht.

Der **Tagesgang der pflanzlichen Transpiration** zeigt bei den Kormophyten meist einen charakteristischen Verlauf: Morgens steigt die Transpiration mit Einsetzen der Belichtung infolge der photoaktiven Öffnung der Stomata (▶ Abschn. 15.3.2.5) und mit zunehmendem Dampfdruckdefizit der Luft an, bis eine für die Xylembahnen kritische Flussrate erreicht ist (Kavitationsgrenze) und die Stomata den Fluss einregulieren und damit das weitere Absinken des Wasserpotenzials verhindern (▶ Abschn. 22.5.1, 22.5.2 und 22.5.3). Bei Einbruch der Dämmerung werden die Stomata wieder geschlossen. Wenn während des Tages die Wasserzufuhr den Wasserverlust nicht mehr voll ersetzt, kann dieses Defizit in der kühleren und relativ feuchteren Nacht meist wieder ausgeglichen werden.

Wegen der Bedeutung der Stomata für den gesamten Gaswechsel der Pflanzen bei allen Arten, die funktionierende Stomata besitzen, spielen die Faktoren, die die Spaltenweite regulieren, für die physiologische Steuerung des Gaswechsels eine wichtige Rolle. Sie werden später eingehend behandelt (▶ Abschn. 14.4.7; Mechanismus der Reaktion, ▶ Abschn. 15.3.2.5).

Auch die **Lenticellen** sind Orte geringeren Diffusionswiderstands für den Wasserdampf – beim Birkenperiderm ist ihr Permeabilitätskoeffizient um etwa eine Zehnerpotenz höher als der des geschlossenen Periderms – allerdings sind sie im Gegensatz zu den Stomata nicht physiologisch regulierbar.

Der **Transpirationskoeffizient** (k_T) gibt an, wieviel Gramm (g) Wasser transpiriert werden, wenn 1 g CO_2 fixiert wird, ist also ein Maß für die Wasserökonomie. Der reziproke Wert k_T^{-1} wird ebenfalls oft verwendet und als **Wassernutzungseffizienz** (engl. *water use efficiency*) bezeichnet:

$$k_T = \frac{g_{H_2O} \text{ transpiriert}}{g_{CO_2} \text{ fixiert}} \tag{14.6}$$

Tab. 14.9 Transpiration von Blättern verschiedener Pflanzen (mg H_2O pro m^2 beiderseitige Blattoberfläche und Sekunde) bei einer Evaporation (im Piche-Evaporimeter) von 3360 mg H_2O $m^{-2}s^{-1}$. (Aus W. Larcher)

Pflanze	Gesamt-transpiration bei geöffneten Spalten	cuticuläre Transpiration nach Spalten-schluss	cuticuläre Transpiration (% der Gesamttranspiration)
krautige Pflanzen sonniger Standorte			
Securigera varia	5,56	0,53	9,5
Stachys recta	5,00	0,50	10
Oxytropis pilosa	7,72	0,28	6
Schattenkräuter			
Pulmonaria officinalis	2,78	0,69	25
Impatiens noli-tangere	2,08	0,67	32
Asarum europaeum	1,94	0,22	11,5
Oxalis acetosella	1,11	0,14	12,5
Bäume			
Betula pendula	2,17	0,26	12
Fagus sylvatica	1,17	0,25	21
Picea abies	1,33	0,04	3
Pinus sylvestris	1,50	0,03	2,5
immergrüne Ericaceen			
Rhododendron ferrugineum	1,67	0,17	10
Arctostaphylos uva-ursi	1,61	0,13	8

Gebräuchlich sind auch Angaben auf molarer Basis. Der Transpirationskoeffizient ist art- bzw. sortenspezifisch und sehr unterschiedlich bei den einzelnen Photosynthesetypen: 200–800 bei C_3-, 200–350 bei C_4-, 30–150 bei CAM-Pflanzen mit CO_2-Fixierung bei Nacht und 150–600 bei solchen mit CO_2-Fixierung bei Tag (C_4- bzw. CAM-Stoffwechsel, ▶ Abschn. 14.4.8 und 14.4.9).

14.2.4.2 Guttation

Die Notwendigkeit, auch bei Wegfall der Transpiration einen Wasserstrom in der Pflanze aufrechtzuerhalten, liegt wohl dem Phänomen der Guttation zugrunde, d. h. der Abscheidung flüssigen Wassers in Tropfenform. Sie tritt dementsprechend vor allem zu Zeiten hoher relativer Luftfeuchtigkeit, bei uns z. B. nachts, sowie im tropischen Regenwald auf. Die an bestimmten Stellen des Pflanzenkörpers, meist der Blätter, durch **Hydathoden** (▶ Abschn. 2.3.2.1) oder durch Drüsenhaare (Trichomhydathoden) austretenden Tropfen werden oft fälschlich für Tautropfen gehalten.

Die Triebkraft für die Abscheidung der Guttationsflüssigkeit liegt bei den passiven Hydathoden, z. B. bei den Grasblättern, im Wurzeldruck (▶ Abschn. 14.2.3). Hydathoden stellen Porensysteme dar, durch die der Xyleminhalt unter seinem Eigendruck nach außen tritt, wobei häufig Wasserspalten passiert werden. Diese Art von Guttation fällt demnach weg, wenn die Hydathoden von der Wurzel abgetrennt werden. Bei den aktiven Hydathoden (wohl die meisten Wasserdrüsen (Epithemhydathoden), z. B. *Tropaeolum, Saxifraga,* und alle Trichomhydathoden, z. B. *Cicer, Phaseolus*) liegen Wasserdrüsen vor, die unabhängig vom Wurzeldruck arbeiten. Der Abscheidungsmechanismus ist hier, wie bei allen anderen Drüsen, noch nicht im Detail geklärt.

Man geht davon aus, dass osmotisch wirksame Substanzen aktiv nach außen abgeschieden werden, die dann das Wasser passiv nach sich ziehen. Die aktiven Hydathoden wären somit funktionell den Salz- und Nektardrüsen (▶ Abschn. 14.16) verwandt; tatsächlich liefert die Guttation kein reines Wasser, sondern eine verdünnte wässrige Lösung anorganischer und auch organischer Substanzen.

14.2.5 Leitung des Wassers

Der Wasserferntransport erfolgt in den Elementen des Xylems (▶ Abschn. 2.3.4.2), die speziell für diese Aufgabe eingerichtet sind. Die treibende Kraft ist bei der wachsenden und transpirierenden Pflanze ganz überwiegend der **Transpirationssog**, wohingegen der **Wurzeldruck** insbesondere bei krautigen Pflanzen oder Sämlingen in Phasen stark reduzierter bzw. fehlender Transpiration eine Möglichkeit bietet, mit einer Massenströmung des Wassers im Xylem eine Verteilung von in der Xylemflüssigkeit gelösten Stoffen, vor allem mineralischen Nährstoffen, zu gewährleisten. Das Wasser wird in diesen Fällen durch Guttation (▶ Abschn. 14.2.4.2) ausgeschieden, sofern es nicht im Phloem zurückgeführt wird bzw. der Resttranspiration unterliegt.

Das Zustandekommen des negativen hydrostatischen Drucks (= Transpirationssog) im Apoplasten der transpirierenden Blätter wurde bereits in ▶ Abschn. 14.2.4.1 erläutert. Von den Blättern aus besteht über die Wasserleitungsbahnen des Xylems bis in die Wurzel ein durchgängiger, kohärenter Wasserkörper, der infolge des Transpirationssogs durch die Pflanze gezogen wird (**Transpirationsstrom**). Die Wasserleitungsbahnen selbst, Tracheiden und/oder Tracheen (▶ Abschn. 2.3.4.2), setzen dem strömenden Wasser einen relativ geringen Strömungswiderstand entgegen, begünstigt durch die fehlenden Protoplasten dieser abgestorbenen Leitungselemente.

Die Transportgeschwindigkeiten im Xylem sind für die einzelnen Arten sehr unterschiedlich, wobei sich die drei großen, im Holzbau unterschiedenen Typen (Gymnospermen, zerstreut- und ringporige Angiospermen) in ihren Höchst- und Durchschnittswerten erheblich voneinander unterscheiden (◻ Tab. 14.10).

Mithilfe des Hagen-Poiseuille-Gesetzes (Gl. 14.1) lässt sich aus den gemessenen Strömungsgeschwindigkeiten der Sog (negativer hydrostatischer Druck) abschätzen, der bei gegebener Geometrie des Xylemgefäßes und Viskosität des Xyleminhalts (annähernd die von Wasser, 10^{-3} Pa s) erforderlich ist, um die Flüssigkeitssäule mit der entsprechenden Strömungsgeschwindigkeit zu bewegen. Für eine mittlere Geschwindigkeit von 16 m h^{-1} und einen mittleren Gefäßradius von 30 μm (Durchmesser 60 μm) ergibt sich ein Wert von $-0{,}02$ MPa m^{-1} (◻ Abb. 14.18). Da sich Tracheen und Tracheiden nicht wie ideale Kapillaren verhalten, dürfte es sich um einen Mindestwert handeln. Die Abweichungen der tatsächlichen hydraulischen Leitfähigkeiten des Xylems vom idealen Wert gehen für verschiedene Pflanzen aus ◻ Tab. 14.11 hervor. Die realen Werte für die benötigten Unterdrücke dürften also je nach Spezies erheblich höher liegen. Die ringporigen Hölzer (Eiche, Lianen in ◻ Tab. 14.11) kommen jedoch in ihren hydraulischen Leitfähigkeiten idealen Kapillaren erstaunlich nahe. Hinzurechnen muss man noch die Hubarbeit gegen die Schwerkraft. Für die höchsten Bäume (die nordamerikanischen *Sequoiadendron*- bzw. australischen *Eucalyptus*-Arten, die Höhen von 100–120 m erreichen) ergibt sich ein negativer hydraulischer Min-

destdruck von -3 bis -4 MPa, um das Wasser von der Wurzel bis in die Baumspitze zu saugen. Diese Unterdrücke werden zwar leicht durch die infolge der Verdunstung entstehenden Matrixpotenziale erreicht (◻ Abb. 14.16). Aber auch das osmotische Potenzial in den Zellen des Blattgewebes erreicht Werte von -3 bis -4 MPa (▶ Abschn. 14.2.2.1, ◻ Abb. 14.13) und ist damit völlig ausreichend, um Wasser selbst bei fehlender Transpiration auch bei den höchsten Bäumen von der Wurzel in die Triebspitzen zu befördern.

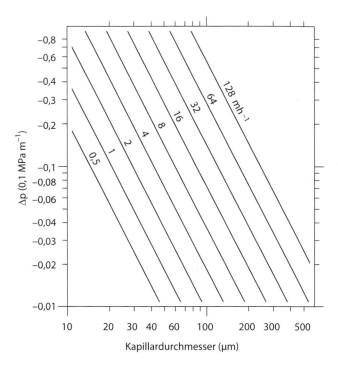

◻ **Abb. 14.18** Abhängigkeit der benötigten Gradienten des hydrostatischen Drucks (Δp) von den Kapillardurchmessern bei verschiedenen Strömungsgeschwindigkeiten nach Hagen-Poiseuille (Gl. 14.1). (Nach M.H. Zimmermann und C.L. Brown)

14

◻ **Tab. 14.10** Mittägliche Spitzengeschwindigkeiten des Transpirationsstroms verschiedener Pflanzentypen, gemessen mit der thermoelektrischen Methode. (Nach B. Huber)

Objekt	Geschwindigkeit (m h^{-1})
Moose	1,2–2,0
immergrüne Nadelhölzer	1,2
Lärche	1,4
mediterrane Hartlaubgewächse	0,4–1,5
sommergrüne zerstreutporige Laubhölzer	1–6
ringporige Laubhölzer	4–44
krautige Pflanzen	10–60
Lianen	150

◻ **Tab. 14.11** Hydraulische Leitfähigkeit des Xylems verschiedener Pflanzen in Prozent des theoretischen Wertes für ideale Kapillaren des gleichen Durchmessers. (Aus M.H. Zimmermann und C.L. Brown)

Pflanze	Anteil am theoretischen Wert (%)
Weinstock (Liane)	100
Eiche (Wurzelholz)	53–84
Tanne	26–43
Birke (Wurzelholz)	34,8
Pappel (Stammholz)	21,7
verschiedene Kräuter und Sträucher	12–22

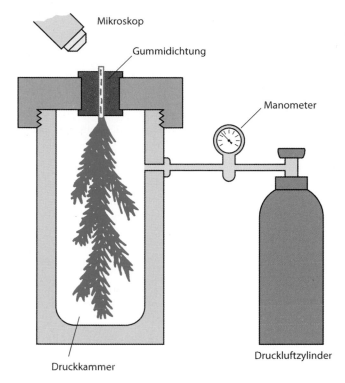

Mikroskop

Gummidichtung

Manometer

Druckkammer

Druckluftzylinder

◘ **Abb. 14.19** Druckkammer zur Messung negativer hydrostatischer Drücke im Xylem von Pflanzenteilen. (Nach P. Scholander)

Der experimentelle Nachweis des Unterdrucks im Xylem lässt sich mit der Druckkammer nach Scholander führen. Dazu wird der Überdruck ermittelt, der benötigt wird, um in abgeschnittenen Pflanzenteilen die Menisci der beim Abschneiden durch den herrschenden Sog in das Innere der Wasserleitungsbahnen gezogenen Wasserfäden gerade wieder an der Schnittfläche erscheinen zu lassen (◘ Abb. 14.19).

Die Wasserfäden in den Leitungsbahnen können der hohen Zugspannung nur widerstehen, wenn die Adhäsion an die Gefäßwandungen und die Kohäsion der Wassermoleküle dieser Beanspruchung standhalten (**Kohäsionstheorie** der Wasserleitung).

Die Gefahr für eine Unterbrechung der kohärenten Wasserfäden unter Zugspannung besteht mehr darin, dass **Gasembolien** in den Leitungsbahnen auftreten, wobei bei den herrschenden Druckverhältnissen auch kleinste Gasblasen große Volumina einnehmen (fehlende Kohäsion der Gasmoleküle).

Vor allem bei den weitlumigen Leitelementen scheint es nur eine Frage der Zeit zu sein, wann sie durch Embolien – meist irreversibel – außer Funktion gesetzt werden. Bei den ringporigen Bäumen, z. B. der Eiche, sind die großen Tracheen in der Regel nur während einer Vegetationsperiode funktionsfähig, und zu Beginn einer neuen Wachstumsperiode muss das ganze Wasserleitungssystem vom Cambium neu aufgebaut werden. Dies ist einer der Gründe, warum die Eichen im Frühjahr so spät austreiben. Noch ungeklärt ist, auf welche Weise Lianen die weitlumigen Tracheen über viele Jahre funktionsfähig halten.

Lebende Zellen in der Nachbarschaft der Wasserleitungsbahnen, vor allem der großen Tracheen (paratracheales Parenchym), könnten eine Reparaturfunktion gegen das Eindringen von Gasembolien (Kaviation) in die Leitelemente haben. Es ist erwiesen, dass sie vorhandene Gasblasen wieder zu beseitigen vermögen.

14.2.6 **Wasserbilanz**

Die Differenz zwischen Wasseraufnahme und Wasserabgabe wird als **Wasserbilanz** bezeichnet. Eine negative Wasserbilanz liegt bei Überwiegen der Transpiration gegenüber der Wasseraufnahme vor, im umgekehrten Fall spricht man von positiver Wasserbilanz. Bei starker Transpiration am Tag kann es zu einer negativen Wasserbilanz kommen, während in der Nacht das Defizit wieder ausgeglichen wird. In Dürrezeiten ist die Erholung nicht mehr vollständig, sodass die Bilanz immer negativer wird. Damit werden auch das osmotische Potenzial und das Wasserpotenzial negativer. Verschiedene Arten bzw. auch verschiedene Ökotypen innerhalb einer Art vertragen ein unterschiedliches Ausmaß und verschiedene Dauer eines solchen Defizits, sie haben verschiedene Dürreresistenz.

Die Wasserbilanz einer Pflanze (eines Organs) wird häufig als prozentuales **Wassersättigungsdefizit** (WSD) angegeben, das besagt, wieviel Wasser einem Gewebe für eine volle Sättigung fehlt:

$$\mathrm{WSD} = \frac{W_\mathrm{S} - W_\mathrm{a}}{W_\mathrm{S}} 100 \, (\%) \tag{14.7}$$

(W_S = Sättigungswassergehalt, W_a = aktueller Wassergehalt [zur Ökologie des Wasserhaushalts, ▶ Abschn. 22.5]).

Im englischen Sprachraum wird häufig der Begriff RWC (engl. *relative water content*) verwendet. Der RWC-Wert ist ein Maß für den Wassergehalt einer Pflanze bzw. eines Organs bezogen auf den Wassergehalt bei voller Sättigung, d. h.:

$$\mathrm{RWC} = 100 - \mathrm{WSD} \, (\%)$$

14.3 **Photosynthese: Lichtreaktion**

Die Fähigkeit, mithilfe von Lichtenergie und anorganischen Vorstufen organische Verbindungen zu synthetisieren, kennzeichnet die photoautotrophen Organismen (◘ Tab. 14.1); der Gesamtprozess wird **Photosynthese** genannt. Die Photosynthese stellt die Grundlage für das heutige Leben auf der Erde dar. In diesem Prozess werden einerseits aus dem CO_2 der Atmosphäre Kohlenhydrate gebildet (**Kohlenstoffassimilation**, ▶ Abschn. 14.4). Lichtenergie dient andererseits der Bildung von Ammoniumstickstoff aus dem aufgenommenen Nitrat (**Nitratassimilation**, ▶ Abschn. 14.5) und der Umwandlung von Sulfat in Sulfid (**Sulfatassimilation**, ▶ Abschn. 14.6). Kohlenstoff, Stickstoff und Schwefel werden dabei reduziert, die dazu benötigten Elektronen stammen bei grünen Pflanzen, Cyanobakterien und Prochlorobakterien aus dem Wasser (◘ Tab. 14.1). In der **Lichtreaktion** der Photosynthese werden Elektronen in membrangebundenen photosynthetischen Reaktionszentren nach Absorption von Lichtquanten aus dem Photosynthesepigment Chlorophyll freigesetzt und über eine Elektronentransportkette auf Ferredoxin übertragen. Reduziertes Ferredoxin dient als Elektronendonor für die Stickstoff- und Schwefelassimilation oder der Reduktion von NADP unter Bildung des Reduktionsmittels NADPH+H$^+$. Der photosynthetische Elektronentransport ist mit einem gerichteten Protonentransport durch die Photosynthesemembran gekoppelt, der zur ATP-Synthese genutzt wird. Das Elektronendefizit der Reaktionszentren von photosynthetisch aktiven Pflanzen, Cyanobakterien und Prochlorobakterien wird, wie bereits erwähnt, durch den Elektronendonor Wasser ausgeglichen. Das in der Lichtreaktion gebildete ATP und das Reduktionsmittel NADPH werden zur Assimilation des Kohlenstoffs genutzt. Die Synthese von Kohlenhydraten aus CO_2 (▶ Abschn. 14.4) wird oft auch als **Dunkelreaktion** bezeichnet, weil sie nicht direkt lichtabhängig ist, sondern bei Verfügbarkeit von ATP und NADPH prinzipiell auch im Dunkeln ablaufen könnte. Allerdings werden einige Enzyme der Dunkelreaktion im Licht durch Thioredoxin aktiviert (▶ Abschn. 14.4.2). Die Lichtreaktion der photosynthetisch aktiven Pflanzen und Cyanobakterien läuft an den Thylakoidmembranen ab. Diese befinden sich bei den Pflanzen im Stroma der Chloroplasten (▶ Abschn. 1.2.9.1, ◘ Abb. 1.75).

14.3.1 Licht und Lichtenergie

Grundlage aller photosynthetischen Prozesse ist die Absorption der Strahlungsenergie von Lichtquanten durch die Photosynthesepigmente. In der Natur hängt damit die Photosynthese vom Sonnenlicht ab. Die elektromagnetische Strahlung der Sonne stammt aus der Fusion von Wasserstoffatomen zu Heliumatomen.

Die bei der Kernfusion auftretende Massendifferenz wird als Energie ΔE in Form elektromagnetischer Strahlung frei.

Die Sonne strahlt pro Tag etwa 3×10^{31} kJ Energie ab, davon erreichen ungefähr $1,5 \times 10^{19}$ kJ die Erde. Die Hälfte dieser Strahlungsenergie erreicht die Erdoberfläche, nur ein kleiner Teil davon (etwa 0,01 %) wird von den Pflanzen zur Photosynthese beansprucht, insgesamt pro Jahr etwa $3,6 \times 10^{18}$ kJ. Mit dieser Energie synthetisieren die Pflanzen jährlich global etwa 2×10^{11} t Biomasse.

Elektromagnetische Strahlung weist eine Doppelnatur auf und lässt sich sowohl als Welle als auch als Teilchenstrom, bestehend aus Quanten, auffassen. Die Energie eines Quants (ΔE_q) lässt sich aus der Formel berechnen:

$$\Delta E_q = h\,\nu = h\,c\,\lambda^{-1} \tag{14.8}$$

($h = 6,626 \times 10^{-34}$ J s, Planck'sches Wirkungsquantum; $c = 3 \times 10^8$ m s^{-1}, Lichtgeschwindigkeit; λ = Wellenlänge in nm; ν = Frequenz in s^{-1})

Nach Gl. 14.8 nimmt die Energie der elektromagnetischen Strahlung proportional zur Frequenz der Strahlung zu; sie ist umgekehrt proportional zur Wellenlänge, d. h., die Quantenenergie nimmt mit zunehmender Wellenlänge der Strahlung ab. Der für das menschliche Auge sichtbare Bereich des elektromagnetischen Spektrums wird als **Licht** bezeichnet, die Lichtquanten heißen **Photonen** (griech. *phos*, Licht). Licht umfasst den Wellenlängenbereich von ca. 400–700 nm (◘ Abb. 14.20), das ursprüngliche Sonnenspektrum Wellenlängen von 225–3200 nm, es reicht also vom ultravioletten (UV) bis zum infraroten (IR) Bereich des elektromagnetischen Spektrums.

Durch die Absorption der Wellenlängen im UV-Bereich durch atmosphärisches Ozon und denen im Infrarotbereich durch CO_2 und Wasser in der Atmosphäre

◘ **Abb. 14.20** Spektrum der elektromagnetischen Strahlung. Sichtbares Licht umfasst die Wellenlängen 400–700 nm und kann durch Beugung mithilfe eines Prismas in einzelne Farbkomponenten zerlegt werden

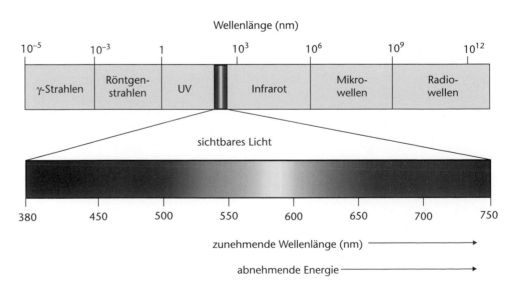

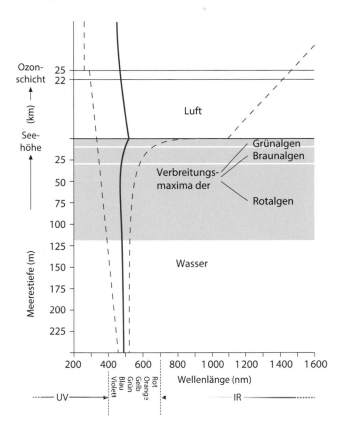

Abb. 14.21 Änderung des Sonnenstrahlungsspektrums beim Durchgang der Strahlung durch die Atmosphäre und Wasser. Durchgezogene Linie: maximale Intensität der Strahlung; unterbrochene Linie: kurz- und langwellige Begrenzung des Spektrums (die angegebene Begrenzung ist als unscharfer mittlerer Wert zu betrachten). Grün-, Braun- und Rotalgen weisen ein Verbreitungsmaximum in unterschiedlichen Meerestiefen auf. (Nach H. Ziegler)

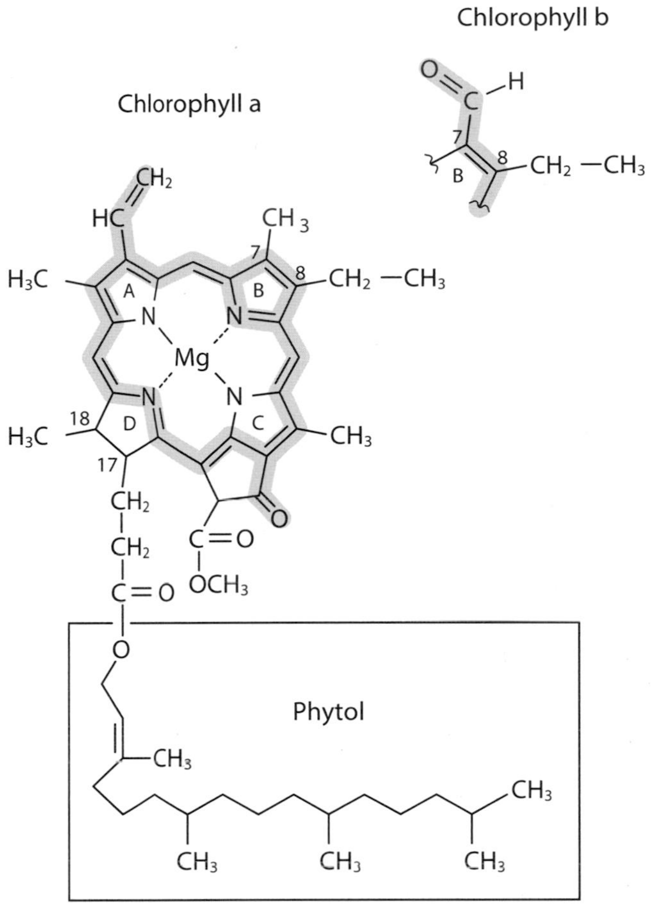

Abb. 14.22 Struktur der Chlorophylle a und b. Unterlegt: delokalisiertes π-Elektronen-System

wird das auf die Erdoberfläche auftreffende Spektrum auf den Bereich zwischen ca. 340 und 1100 nm eingeengt, im Wasser verengt sich mit zunehmender Wassertiefe insbesondere zunächst der Infrarotbereich sehr rasch weiter, dann werden in der Reihenfolge Rot, Orange, Gelb und Grün absorbiert sowie der Blaubereich eingeengt, sodass schließlich nur noch ein schmales Fenster im Blaubereich übrig bleibt (Abb. 14.21). Die Wasserpflanzen müssen sich mit den mit zunehmender Wassertiefe verändernden Lichtqualitäten auseinandersetzen.

Die durch die Ozonschicht in ca. 22–25 km Höhe bewirkte Absorption ultravioletter Strahlung mit einer Wellenlänge von unter 290 nm ist von entscheidender Bedeutung für das Leben auf der Erde, denn diese Strahlung ist photochemisch sehr aktiv und wirkt zerstörend auf Nucleinsäuren und Proteine; sie kann sogar zum Abtöten von Keimen verwendet werden. Die Ozonschicht schützt daher die Biosphäre vor photochemischer Schädigung der Nucleinsäuren und Proteine.

14.3.2 Photosynthesepigmente

Der Photosyntheseprozess beginnt mit der Absorption von Photonen durch Photosynthesepigmente, die dabei in einen angeregten Zustand übergehen. Von zentraler Bedeutung für alle photoautotrophen Organismen sind die **Chlorophylle**. Die Hauptrolle bei allen Organismen mit oxygener Photosynthese (bei denen aus dem Elektronendonator Wasser unter Elektronenentzug Sauerstoff entsteht) spielt das Chlorophyll a (Abb. 14.22). Bei den Gefäßpflanzen und einigen Algengruppen (Tab. 19.2) kommt daneben noch Chlorophyll b vor; das Verhältnis Chlorophyll a : Chlorophyll b beträgt etwa 3 : 1. Bei einigen Algengruppen ist Chlorophyll c anstelle von Chlorophyll b zu finden. Cyanobakterien und Rotalgen verfügen ausschließlich über Chlorophyll a.

Chlorophyll a hat bei Organismen mit oxygener Photosynthese eine besondere Bedeutung, da es in den **Reaktionszentren**, den Orten der photosynthetischen Primärprozesse, vorkommt. Die meisten Chlorophyllmoleküle sind jedoch Bestandteil der **Lichtsammelkomplexe**, die die Reaktionszentren als Antennen umgeben und für eine viel effektivere Lichtabsorption sorgen (◻ Abb. 14.30). Zusätzliche Antennenpigmente sind die **Carotinoide**. In ihrer Gesamtheit werden die **Antennenpigmente** auch **akzessorische Photosynthesepigmente** genannt. Die lichtabsorbierenden Photosynthesepigmente sind an Proteine gebunden. Diese Bindungen sind im Fall der Chlorophylle und Carotinoide nicht kovalent. Hingegen sind die akzessorischen Photosynthesepigmente der Cyanobakterien und Rotalgen, die **Phycobiline**, Chromoproteide mit kovalent gebundener chromophorer Gruppe.

14.3.2.1 Chlorophylle

Chlorophylle bestehen aus einem Tetrapyrrolringsystem, dem Porphyrin, mit Magnesium als Zentralatom und charakteristischen Substituenten an den Ringen (◻ Abb. 14.22). Das Magnesium ist mit zwei Stickstoffatomen kovalent verbunden und bildet mit den anderen beiden Stickstoffatomen eine koordinative Bindung aus. Chlorophyll a und b unterscheiden sich im Substituenten am C7-Atom: In Chlorophyll a trägt es eine Methylgruppe, Chlorophyll b dagegen eine Formylgruppe. An C17 besitzen alle Chlorophylle einen Propionylrest, an den in der Regel ein lipophiler Alkohol, im Fall von Chlorophyll a und b der Alkohol Phytol, in Esterbindung geknüpft ist. Dieser Substituent dient der Verankerung des Chlorophyllmoleküls im lipophilen Innenbereich der Chlorophyllbindungsproteine der Antennen bzw. der Reaktionszentren. Phytol ist ein Diterpen und besitzt demnach 20 C-Atome (Terpenbiosynthese, ▶ Abschn. 14.14.2).

Chlorophyll ohne den Phytolrest wird als Chlorophyllid bezeichnet, das Chlorophyllid ohne Zentralatom als Phäophorbid. Entfernt man das Zentralatom aus Chlorophyllen (durch milde Säurebehandlung), so erhält man **Phäophytine**. Diese sind als Elektronenüberträger ebenfalls Bestandteile der Reaktionszentren (Photosystem II, ▶ Abschn. 14.3.5). Die Porphyrinbiosynthese wird in ▶ Abschn. 14.14 besprochen.

Die meisten Chlorophylle (z. B. a und b) absorbieren Licht im Bereich von 400–480 nm (Blau) und 550–700 nm (Gelb bis Rot). Zwischen 480 und 550 nm, dem Bereich des grünen Lichts, ist die Chlorophyllabsorption sehr gering (**Grünlücke**, ◻ Abb. 14.23). Daher erscheinen dem menschlichen Auge Lösungen des Chlorophylls und chlorophyllhaltige Pflanzenteile grün. Die Grünlücke von Chlorophyll a wird teilweise durch die Absorption der akzessorischen Photosynthesepigmente Chlorophyll b und Carotinoide geschlossen. Cyanobakterien und Rotalgen schließen die durch die Lichtabsorption der Grünalgen offen gelassene Grünlücke mit ihren akzessorischen Pigmenten, die **Phycobiline**, zu denen **Phycoerythrin** und **Phycocyanin** gehören. Daher finden Cyanobakterien und Rotalgen in tieferen Gewässerzonen unterhalb eines Grünalgenbewuchses noch Licht für

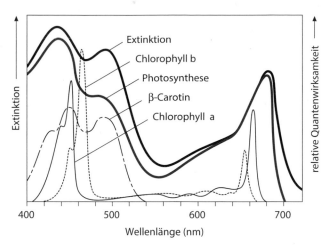

◻ **Abb. 14.23** Extinktionsspektrum (schwarz) und Wirkungsspektrum (rot) der Photosynthese von *Chlorella* im Vergleich zu den Extinktionsspektren der wichtigsten Photosynthesepigmente (in organischen Lösungsmitteln). Ein Wirkungsspektrum erhält man durch Bestrahlung der Zellen mit monochromatischem Licht unterschiedlicher Wellenlängen, aber gleicher Photonenfluenz (mol Photonen m^{-2}) und Ermittlung eines geeigneten Photosyntheseparameters (z. B. Sauerstoffentwicklung). Oft setzt man die maximal beobachtete Wirkung gleich 100 % und gibt das Wirkungsspektrum als relative Quantenwirksamkeit, aufgetragen gegen die Wellenlänge, an. (Nach E. Libbert)

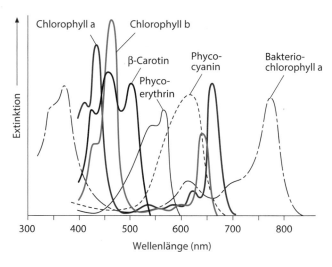

◻ **Abb. 14.24** Extinktionsspektren einiger wichtiger Photosynthesepigmente (Chlorophylle und β-Carotin in organischen Lösungsmitteln, Phycobiliproteide in wässriger Lösung). (Nach E. Libbert)

ihre Photosynthese. Bakterien, die über Bakteriochlorophyll a oder b verfügen, vermögen ihrerseits Energiebereiche zu nutzen (z. B. Infrarot), die von den übrigen photosynthetisch aktiven Organismen nicht verwertet werden können (◻ Abb. 14.24).

Obwohl die Ausnutzung des Sonnenlichts durch Chlorophylle nicht optimal ist (Grünlücke), haben sich Chlorophylle schon früh in der Evolution gebildet (das Bakteriochlorophyll a der Purpurbakterien schon vor

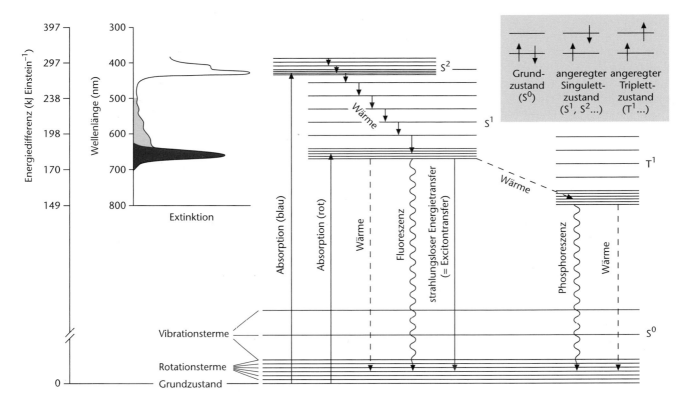

Abb. 14.25 Anregungszustände von Chlorophyll am Beispiel von Chlorophyll a. Die Hauptenergieniveaus weisen eine Aufspaltung als Folge von Molekülvibrationen auf und diese Niveaus ihrerseits eine Feinaufspaltung, die durch Rotationen im Molekül zustande kommt. Diese Prozesse führen bei organischen Molekülen zum Auftreten mehr oder weniger breiter Absorptionsbanden anstelle von Linienspektren, wie sie für Atome charakteristisch sind. Blau unterlegt: Elektronenspins angeregter Singulett- und Triplettzustände im Vergleich zum Grundzustand. rot unterlegt, durch $S^0 \rightarrow S^1$-Übergänge hervorgerufene Extinktion des Chlorophyll a. (Nach H. Mohr und P. Schopfer)

mehr als 3 Mrd. Jahren) und sich seither sehr wenig verändert. Dass sie sich im Lauf der Evolution als zentrale Photosynthesepigmente durchgesetzt haben, hängt mit speziellen Eigenschaften dieser Moleküle zusammen:

Das Porphyrinringsystem und einige seiner Substituenten bilden ein System konjugierter Doppelbindungen. Die daran beteiligten π-Elektronen bilden so ein einheitliches Molekülorbital aus, in dem die Elektronen nicht nur oszillieren, sondern auch im Ringsystem zirkulieren können. Dieses Phänomen ist eine der Ursachen für die Stabilität dieser Verbindungsklasse. Tatsächlich gehören Porphyrine zu den stabilsten chemischen Verbindungen, die man kennt, und finden sich z. B. in Erdölen und Kohlen (bis zu 400 Mio. Jahre alt) in chemisch nahezu unveränderter Form.

Die stark delokalisierten π-Elektronen des Porphyrinringsystems lassen sich durch Zufuhr einer nur geringen Energiemenge auf ein höheres Energieniveau heben, z. B. durch Absorption relativ langwelliger Photonen (Abb. 14.25). Dabei geht das Molekül in einen **angeregten Zustand** über, der in charakteristischer Weise weiterreagieren kann.

In Molekülen mit gerader Anzahl von Elektronen sind alle Orbitale paarweise besetzt (Singulettgrundzustand, S^0). Nach Absorption eines Photons geeigneter Energie nimmt ein Elektron unter Beibehaltung seiner Spinrichtung ein höheres Energieniveau ein (angeregter Singulettzustand, S^1, S^2 usw., je nach absorbierter Energiemenge). Diese angeregten Zustände gehen nach kurzer Zeit unter Abgabe der Anregungsenergie wieder in den Grundzustand über oder aber es erfolgt eine Spinumkehr des angeregten Elektrons (Triplettzustand), sodass zwei ungepaarte Elektronen mit parallelem Spin vorliegen (Abb. 14.25). Die Spinumkehr kann dann ablaufen, wenn der nächsthöhere angeregte Singulettzustand eine längere Lebensdauer besitzt, als der Prozess der Spinumkehr benötigt (etwa 10^{-9} s).

Die für das Chlorophyll bedeutsamen angeregten Zustände (Abb. 14.25) sind der erste Singulettzustand (entspricht der Rotabsorption), der zweite Singulettzustand (entspricht der Blauabsorption) und der erste Triplettzustand, der nur aus dem S^1-Zustand erreicht wird, da dessen Lebensdauer für eine Spinumkehr ausreichend lang (ca. 15×10^{-6} s) ist; der S^2-Zustand ist zu kurzlebig (10^{-12} s).

Wie Abb. 14.25 zeigt, kann die aufgenommene Energie des angeregten Chlorophylls auf verschiedene Weise abgegeben werden. Nur ein Teil dieser Prozesse lässt sich zur Leistung chemischer Arbeit nutzen. Diese sind mit dem $S^1 \rightarrow S^0$-Übergang verbunden. Dabei kann es zu einem strahlungslosen Energietransfer (**Excitonentransfer**) zwischen benachbarten Chlorophyllmolekülen kommen, wenn sie ausreichend nahe beieinander liegen (Abstand <10 nm) und wenn die Absorption des energieaufnehmenden Pigmentmoleküls niederenergetischer (längerwellig) ist als die des energieabgebenden Pigmentmoleküls. Dieser Mechanismus ist besonders bedeutsam für die Leitung der absorbierten Strahlungsenergie innerhalb der Antennenkomplexe und für den Übergang der Energie auf das Chlorophyll a des Reaktionszentrums. Die Absorptionsspektren eines Pigmentmoleküls hängen von seiner Umgebung, im Fall der Chlorophylle also von der Proteinumgebung, ab. In einem Antennenkomplex mit unterschiedlich absorbierenden Chlorophyllen werden die Excitonen daher in Richtung des Pigmentmoleküls mit der langwelligsten Absorption geleitet, also zum einen von Chlorophyll-b- auf Chlorophyll-a-Moleküle und innerhalb dieser Gruppe wieder auf immer längerwelliger absorbierende Chlorophyll-a-Moleküle. Schließlich erreichen die Excitonen das Chlorophyll a des Reaktionszentrums, das sich, vermittelt durch eine besondere Proteinumgebung und seine Anordnung als eng benachbartes Dimer (engl. *special pair*, Chla$_2$), durch die niedrigste Energieabsorption des gesamten Ensembles auszeichnet (◻ Abb. 14.26).

Im Unterschied zu den Chlorophyllen der Antennen gibt das Chlorophyll-a-Dimer des Reaktionszentrums seine Anregungsenergie nicht unmittelbar wieder ab, sondern es verliert im angeregten Zustand zunächst ein Elektron unter Bildung eines positiv geladenen Radikals (Chla$_2$$^{+\bullet}$). Dieses kehrt unter Aufnahme eines Elektrons schließlich wieder in den Grundzustand zurück (◻ Abb. 14.26). Bei optimaler Belichtung läuft dieser Prozess ca. 100–200 Mal pro Sekunde ab. Die **Ladungstrennung**:

$$Chla_2 \xrightarrow{\Delta E \,oder\, h\,\nu} Chla_2^{+\bullet} + e^-$$

ist der entscheidende Schritt der Photosynthese. Die kurzlebige Anregungsenergie der Photonen ist in ein wesentlich längerlebiges elektrisches Potenzial überführt worden und dieses kann in chemische Arbeit umgesetzt werden.

Bei einem Teil der Anregungsereignisse geht die aufgenommene Energie als Wärme verloren. Dies ist stets für den $S^2 \rightarrow S^1$-Übergang der Fall, da dieser für einen Excitonentransfer zu kurzlebig ist. Es genügt daher, bei experimenteller Untersuchung der Photosynthese mit Rotlicht zu belichten, um den $S^0 \rightarrow S^1$-Übergang zu erzeugen. Auch die Energie des angeregten S^1-Zustands kann vollständig als Wärme verloren gehen oder aber als Fluoreszenzlicht abgestrahlt werden. Der Triplettzustand des Chlorophylls ist für die Photosynthese nicht von Bedeutung. Nur etwa eines von 10 Mio. Chlorophyllmolekülen befindet sich in der belichteten Pflanze im Triplettzustand. Beim Übergang in den Grundzustand, der wegen der erneut erforderlichen Spinumkehr sehr langsam verläuft (Halbwertszeit des T^1-Zustands 10^{-4}–10^{-2} s), kann Phosphoreszenzlicht ausgesendet werden. Allerdings kann Chlorophyll im Triplettzustand Sauerstoff zu einem Singulettzustand anregen. Singulettsauerstoff ist chemisch sehr reaktiv und wirkt zellschädigend; die Zelle hat dagegen jedoch Schutzmechanismen entwickelt (Carotinoide, s. u.; weitere ▶ Abschn. 14.3.8).

14.3.2.2 Carotinoide

Carotinoide sind zusätzliche akzessorische Photosynthesepigmente, deren Absorption im Blau- bis Blaugrünbereich (◻ Abb. 14.23 und 14.24) die Grünlücke weiter einengt. Zwei Gruppen von Carotinoiden kommen vor:

- **Carotine**: reine Kohlenwasserstoffe mit **β-Carotin** als Hauptvertreter
- **Xanthophylle**: oxidierte Carotine mit **Lutein** als Hauptvertreter bei den Gefäßpflanzen und Grünalgen

Die charakteristische Färbung der Braunalgen und Diatomeen rührt von dem Xanthophyll Fucoxanthin her; Lycopin ist bei den Purpurbakterien anzutreffen (◻ Abb. 14.27). Carotinoide sind relativ schlechte Ener-

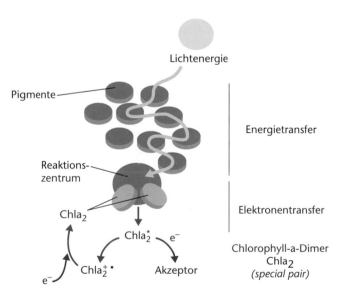

◻ **Abb. 14.26** Energietransfer innerhalb des Antennenkomplexes. Lichtenergie wird von Pigmenten des Antennenkomplexes absorbiert und durch Energietransfer auf benachbarte (niederenergetische) Pigmentmoleküle übertragen, bis zwei spezielle Chlorophyll-a-Moleküle (engl. *special pair*) im Reaktionszentrum erreicht werden. Das angeregte Chlorophyll-a-Dimer gibt ein Elektron an einen Elektronenakzeptor ab, es entsteht ein positiv geladenes Radikal, das durch Aufnahme eines Elektrons wieder in den Grundzustand zurückkehrt. Bei sättigender Belichtung läuft der Anregungszyklus 100- bis 200-mal pro Sekunde ab.

14

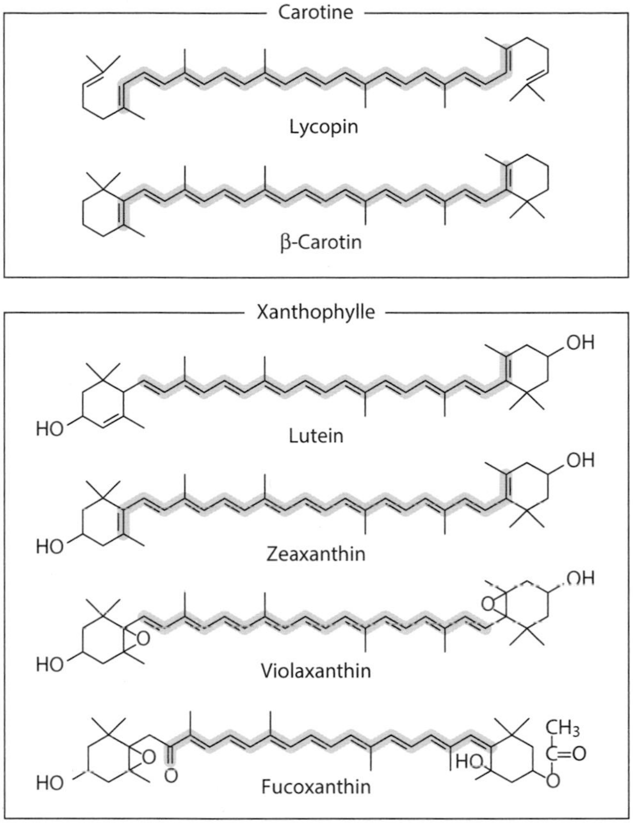

Abb. 14.27 Strukturen photosynthetisch bedeutsamer Carotinoide aus der Gruppe der sauerstofffreien Carotine und der sauerstoffhaltigen Xanthophylle. Unterlegt: delokalisierte π-Elektronen-Systeme

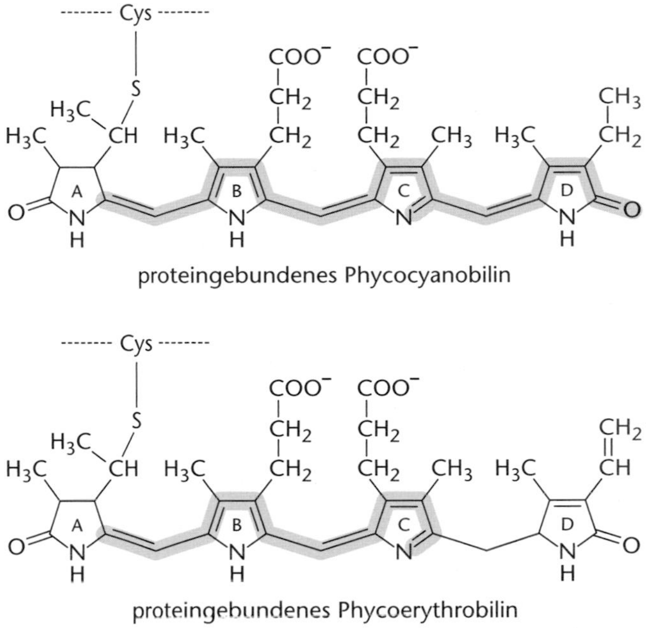

Abb. 14.28 Strukturen von Phycocyanobilin und Phycoerythrobilin. Die Chromophoren sind kovalent an einen Cysteinrest der Apoproteine gebunden. Unterlegt: delokalisierte π-Elektronen-Systeme. (Nach G. Richter)

gieüberträger und erreichen nur ca. 20–50 % der Effektivität von Chlorophyll. Aus diesem Grund besteht im Bereich der Carotinoidabsorption (bei ca. 460–500 nm) auch eine deutliche Diskrepanz zwischen der Lichtabsorption und dem Wirkungsspektrum der Photosynthese (■ Abb. 14.23). Xanthophylle der Grünalgen und Gefäßpflanzen übertragen offenbar gar keine Anregungsenergie auf Chlorophyll a. Ihre Hauptfunktion im Antennenkomplex besteht im Schutz gegen die Ausbildung des Triplettzustands des Chlorophylls und damit der Unterdrückung der Bildung von schädlichem Singulettsauerstoff.

Carotinoide sind Terpenoide wie das Phytol, sie besitzen jedoch 40 C-Atome und gehören damit zur Gruppe der Tetraterpene (Biosynthese, ▶ Abschn. 14.14.2). Die Lichtabsorption beruht auf der hohen Anzahl konjugierter Doppelbindungen, deren π-Elektronen ein Molekülorbital ausbilden, in dem die Elektronen stark delokalisiert und leicht anzuregen sind.

14.3.2.3 Phycobiliproteide

Phycobiliproteide sind die akzessorischen Photosynthesepigmente der Cyanobakterien, Rotalgen und Cryptophyten. Die **Phycocyane** (blaue Pigmente) und **Phycoerythrine** (rote Pigmente) kommen in diesen Gruppen in wechselnden Mengenverhältnissen vor und

überdecken das Chlorophyll. Die lichtabsorbierenden Strukturen (**Chromophore**) der Phycobiline sind offenkettige Tetrapyrrole (■ Abb. 14.28). Über die Vinylgruppe am A-Ring des Tetrapyrrols sind die Chromophore kovalent mit einem Cysteinrest des Trägerproteins (Thioetherbindung) verknüpft – **Phycocyanobilin** als Bestandteil des **Phycocyanins** und **Allophycocyanins**, **Phycoerythrobilin** als Bestandteil des **Phycoerythrins**. Phycobiliproteide lagern sich zu hochgeordneten Strukturen, den **Phycobilisomen**, zusammen (■ Abb. 1.79 und ■ Abb. 14.30), die der cytoplasmatischen Seite der Thylakoidmembran aufgelagert sind und als Antennen sehr effektiv Licht absorbieren. Die absorbierte Anregungsenergie wird zu mehr als 95 % über Excitonentransfer an das Chlorophyll a der Reaktionszentren weitergeleitet. Aufgrund dieser Effizienz und der Absorptionseigenschaften der Phycobiliproteide (■ Abb. 14.24) können die Blau- und Rotalgen noch in größeren Wassertiefen und unterhalb einer Grünalgenmatte Photosynthese treiben.

Bei Anzucht einiger Cyanobakterien und Rotalgen in Licht unterschiedlicher spektraler Qualitäten wurde eine Anpassung der Phycobilinausstattung an die Lichtqualitäten beobachtet (**chromatische Adaptation**).

Die Effizienz der Lichtnutzung in den verschiedenen Spektralbereichen und damit der Beitrag der verschiedenen Pigmente zur Photosynthese kann durch einen Vergleich des Absorptionsspektrums des photosynthetisch aktiven Organismus oder Organs mit dem Wirkungsspektrum der Photosynthese ermittelt werden. Bei den grünen Pflanzen (■ Abb. 14.23) ist die Abweichung zwischen Absorptions- und Wirkungsspektrum im Bereich

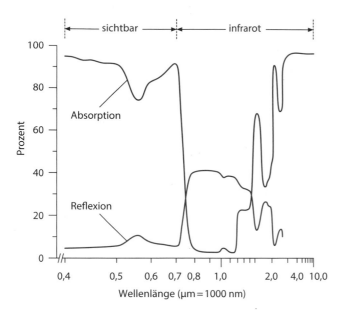

Abb. 14.29 Spektrum der Absorption (rot) und Reflexion (blau) von Pappelblättern (*Populus deltoides*). Die Absorption ist auch im grünen Bereich immer noch erheblich. Zu beachten ist die starke Reflexion im Infrarot („kühler Waldschatten"). (Nach D.M. Gates)

der Carotinoidabsorption erheblich, da die Carotinoide – wie erwähnt – nur begrenzte Effizienz bei der Energieübertragung auf Chlorophylle besitzen. Dass die Absorptionsspektren intakter Zellen bzw. Gewebe breitere Absorptionsbanden aufweisen als die isolierten Pigmente (□ Abb. 14.23) erklärt sich aus der Veränderung der Absorptionseigenschaften der Pigmente infolge ihrer Assoziation mit den Proteinen der Lichtsammelkomplexe. Auch dadurch wird die Grünlücke enger. Zugleich sind die je nach Proteinumgebung etwas unterschiedlichen Absorptionsbereiche der Photosynthesepigmente (s. o.) die Grundlage für den Excitonentransfer innerhalb der Antennen.

Beim Vergleich des Absorptions- und Reflexionsspektrums von Laubblättern (□ Abb. 14.29) zeigt sich, dass die Absorption neben der (relativ schwachen) Depression im Grünbereich eine starke Verminderung im Infrarot zwischen etwa 700 und 2000 nm aufweist, während hier die Reflexion maximal ist.

Behaarung der Blätter kann die Reflexion auch im sichtbaren Bereich erheblich steigern und dadurch die Absorption reduzieren. Die stark behaarten Blätter der Wüstenpflanze *Encelia farinosa* absorbieren z. B. nur 30 % der Strahlung zwischen 400 und 700 nm, unbehaarte Blätter anderer *Encelia*-Arten mit gleichem Chlorophyllgehalt dagegen 84 %.

14.3.3 Aufbau der lichtsammelnden Antennenkomplexe

Bei allen photosynthetisch aktiven Organismen wird die Lichtenergie von hoch strukturierten Antennenkomplexen, in denen die Photosynthesepigmente kovalent oder nichtkovalent an Proteine gebunden sind, gesammelt. Die präzise Ausrichtung der Pigmentmoleküle erlaubt einen strahlungslosen Energieübergang (Excitonentransfer, auch als Förster-Resonanzenergietransfer oder Fluoreszenzresonanzenergietransfer [FRET] bezeichnet) innerhalb der Antenne. Die strukturelle Anbindung der Komplexe an die photosynthetischen Reaktionszentren macht den Transfer der Anregungsenergie von der Antenne auf das Reaktionszentrum möglich, der ebenfalls in Form eines Excitonentransfers abläuft. Die lichtsammelnden Antennenkomplexe erhöhen damit die Effizienz der Reaktionszentren, denn nur selten dürfte ein Pigmentmolekül im Reaktionszentrum direkt durch die Absorption eines Photons angeregt werden.

Die Struktur der Antennen ist bei den verschiedenen photosynthetisch aktiven Organismengruppen unterschiedlich, oft jedoch noch nicht im Detail bekannt (□ Abb. 14.30). Antennen können, wie bei den Purpurbakterien und Grünen Pflanzen, in die photosynthetisch aktive Membran eingelagert sein, oder, wie bei den Cyanobakterien und den Grünen Schwefelbakterien, aus kleineren, membranintegralen und großen, der Membran auf der cytoplasmatischen Seite aufgelagerten Komponenten bestehen. Diese großen Antennen sind vermutlich Anpassungen, die es den Cyanobakterien und Grünen Schwefelbakterien erlauben, Licht sehr geringer Intensität, z. B. in großen Wassertiefen, noch für ihre Photosynthese zu nutzen.

Phycobilisomen Phycobilisomen (□ Abb. 14.30a) sind der Thylakoidmembran der Cyanobakterien, die sich von der Plasmamembran abschnürt, auf der cytoplasmatischen Seite in großer Dichte (ca. 400 pro μm²) aufgelagert (□ Abb. 1.79) und über Verankerungsproteine mit den in die Thylakoidmembran integrierten Reaktionszentren verbunden, sodass ein Excitonentransfer vom Phycoerythrin (absorbiert bei 480–570 nm) über Phycocyanin (absorbiert bei 550–650 nm) auf Allophycocyanin (absorbiert bei 600–680 nm) und von dort auf das Chlorophyll-a-Dimer im Reaktionszentrum von Photosystem II (▶ Abschn. 14.3.55) stattfinden kann.

Antennenkomplexe Bei den Grünen Pflanzen sind den beiden Typen von Reaktionszentren (Photosystem II und Photosystem I, ▶ Abschn. 14.3.4) jeweils eng assoziierte Antennen (sog. Core-Antennen) zugeordnet, die im Fall von Photosystem I aus ca. 100 Chlorophyll-a-Molekülen je Photosystem bestehen und integraler Bestandteil des Reaktionszentrums selbst sind (□ Abb. 14.39). Die **Core-Antenne** von Photosystem II besteht aus zwei Proteinen (CP43 und CP47) mit jeweils etwa 15 assoziierten Chlorophyll-a-Molekülen (□ Abb. 14.37). Mit dieser Core-Antenne stehen die **peripheren Lichtsammelkomplexe** – die ebenfalls membranintegralen Protein-Pigmentmolekül-Komplexe CP26, CP29 und LHCII – in

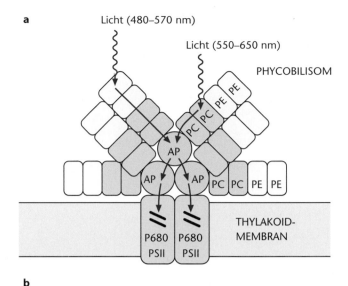

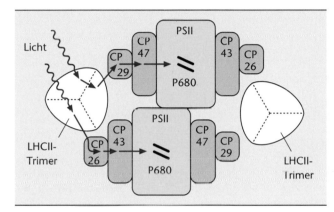

Aufsicht auf die Thylakoidmembran

□ Abb. 14.30 Schematisierte Darstellung verschiedener Antennen photosynthetisch aktiver Organismen. **a** Phycobilisom der Cyanobakterien und Rhodophyceen. Die Phycobilisomen binden jeweils an ein Dimeres von Photosystem II. Die Zusammensetzung der Antennenpigmente kann von Art zu Art schwanken. **b** Antennenaufbau der Grünen Pflanzen in Aufsicht auf die Thylakoidmembran. CP43 und CP47 bilden die innere Antenne, CP26, CP29 und LHCII die periphere Antenne, wobei als Hauptantenne LHCII dient. Wahrscheinlich sind vier trimere LHCII-Antennenkomplexe pro dimerem Photosystem II vorhanden (nur zwei gezeigt). – AP Allophycocyanin, CP Chloroplastenprotein (die Zahl gibt die Molekülmasse in kDa an), PC Phycocyanin, PE Phycoerythrin, LH1 zentrale Antenne, LH2 periphere Antenne, LHC *light harvesting complex*. (a nach G. Richter; b nach M. Rögner; c nach W. Kühlbrandt; d nach E.J. Boekema und J.P. Dekker)

Kontakt. Die **Hauptantenne** bildet **LHCII** (LHC, engl. light harvesting complex) (□ Abb. 14.30b). Die Strukturaufklärung von LHCII hat ergeben, dass jedes Chlorophyllbindungsprotein sieben Moleküle Chlorophyll a, fünf Moleküle Chlorophyll b und zwei Moleküle Lutein aufweist. Chlorophyll b befindet sich in der Peripherie, Chlorophyll a im Zentrum des Proteins (□ Abb. 14.31). Die Chlorophyllmoleküle haben einen Abstand von nur

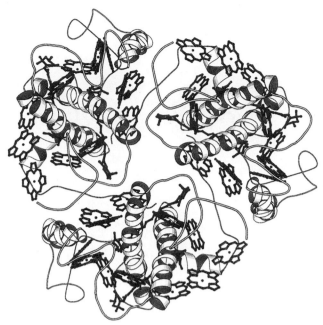

□ Abb.14.31 Strukturmodell des Chlorophyll a/b-Bindungsproteins und der Anordnung der Photosynthesepigmente des trimeren Lichtsammelkomplexes von Photosystem II (LHCII, □ Abb. 14.30b). (Mit freundlicher Genehmigung von W. Kühlbrandt)

0,5–3 nm zueinander, wodurch ein effektiver Excitonentransfer gewährleistet ist. LHCII liegt in der Thylakoidmembran als Trimer vor. Es wird diskutiert, dass LHCII auch mit der prinzipiell ähnlich gebauten Core-Antenne von Photosystem I interagieren kann und so die Energieverteilung zwischen beiden Photosystemen reguliert wird (► Abschn. 14.3.4). Jedem Reaktionszentrum von Photosystem II sind ca. 300 Antennenpigmentmoleküle zugeordnet. Der Excitonentransfer verläuft vom peripheren Chlorophyll b über Chlorophyll-a-Moleküle des LHCII auf Chlorophyll a der inneren Antenne und der Core-Antenne schließlich zum Reaktionszentrum von Photosystem II (Chlorophyll-a-Dimer, P680). In ähnlicher Weise dürfte das Lichtsammelsystem von Photosystem I funktionieren. Eine photosynthetische Einheit, also eine komplette Elektronentransportkette von Photosystem II bis zum Photosystem I (► Abschn. 14.3.4, □ Abb. 14.32) dürfte ca. 500 Pigmentmoleküle (Chlorophyll a und b, Carotinoide) besitzen.

14.3.4 Übersicht über den photosynthetischen Elektronen- und Protonentransport

Zur besseren Übersicht wird in der folgenden Darstellung von den Antennen abgesehen und lediglich die Excitonenaufnahme aus den Antennen angegeben. Die Darstellung konzentriert sich auf die grünen Pflanzen

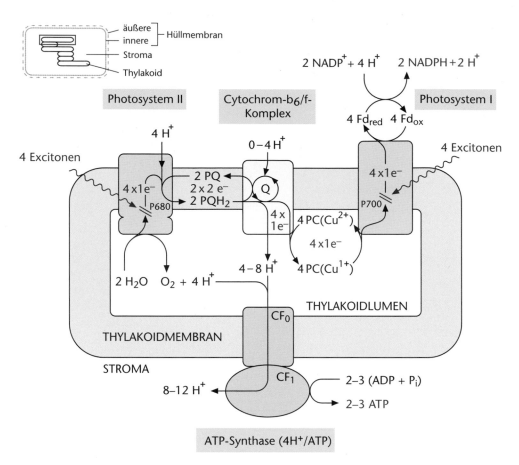

Abb. 14.32 Übersichtsschema über den photosynthetischen Elektronen- und Protonentransport sowie über die Photophosphorylierung der Grünen Pflanzen. Weitere Erläuterungen im Text; Lokalisation der Photosynthesekomplexe und der ATP-Synthase im Bereich von Grana- bzw. Stromathylakoiden s. ● Abb. 14.35. Die beteiligten Systeme und die Reaktionsfolge sind bei den Cyanobakterien gleich. Allerdings ist bei diesen Organismen Plastocyanin durch ein Cytochrom c ersetzt. – Fd Ferredoxin, PC Plastocyanin, PQ Plastochinon, Q Q-Zyklus (● Abb. 14.38). (Grafik: E. Weiler)

14

(die Verhältnisse bei den Cyanobakterien und Prochlorobakterien sind sehr ähnlich).

R. Hill beobachtete bereits 1937, dass belichtete Blattextrakte (bzw. isolierte Thylakoidmembranen) in Gegenwart von künstlichen Elektronenakzeptoren (A), wie Fe^{3+} oder reduzierbare Farbstoffe, O_2 entwickelten. In der sogenannten **Hill-Reaktion** wird ausschließlich H_2O als Elektronendonator benötigt; CO_2 ist nicht beteiligt:

$$2H_2O + 4A \xrightarrow{Licht} 4A^- + 4H^+ + O_2 \qquad (14.9)$$

Das bedeutet, dass der bei der Photosynthese entwickelte Sauerstoff aus dem Wasser stammt und dass belichtete Thylakoidmembranen lösliche Elektronenakzeptoren, nicht aber CO_2 reduzieren und dazu dem Wasser Elektronen entziehen. Die Reduktion von CO_2 zur Bildung von Kohlenhydrat ist demnach ein von der Lichtreaktion zu trennender Prozess, die Dunkelreaktion (▶ Abschn. 14.4.1, 14.4.2 und 14.4.3).

Der natürliche Elektronenakzeptor der Hill-Reaktion in den Chloroplasten ist $NADP^+$:

$$2H_2O + 4NADP^+ \xrightarrow{Licht} 2NADPH + 2H^+ + O_2 \qquad (14.10)$$

Die molare freie Standardenthalpie (pH 7) für diese Redoxreaktion beträgt $\Delta G^{0\prime} = +218$ kJ mol^{-1}, es werden in einer endergonen Reaktion 2 mol Elektronen von einem System mit stark positivem Redoxpotenzial ($H_2O/\frac{1}{2}$ O_2: $E^{0\prime} = +0{,}82$ V) auf ein System mit stark negativem Redoxpotenzial ($NADPH+H^+/NADP^+$: $E^{0\prime} = -0{,}32$ V) übertragen.

Zur Reduktion von $NADP^+$ mit Elektronen des Wassers werden zwei in Serie geschaltete Lichtreaktionen benötigt, die in den beiden Photosystemen II und I (nummeriert nach der Reihenfolge ihrer Entdeckung), mit jeweils einem Chlorophyll-a-Dimer im Reaktionszentrum, ablaufen. Diese Chlorophyll-a-Dimere der beiden Reaktionszentren lassen sich anhand ihres Absorptionsverhaltens unterscheiden: Das von Photosystem II (PSII) absorbiert maximal bei 680 nm und wird als P680 bezeichnet, das von Photosystem I (PSI) absorbiert maximal bei 700 nm und wird P700 genannt.

Die Existenz zweier Photosysteme wurde erstmals bei Bestimmungen der **Quantenausbeute** (Mol O_2 produziert pro Mol Quanten absorbiert) in Abhängigkeit von der Wellenlänge erkennbar. Es ergab sich ein starker Abfall der Quantenausbeute im längerwelligen Rotbereich >680 nm (engl. *red drop*), der aus dem starken Unterschied zwischen Absorptions- und Wirkungsspektrum der Photosynthese in diesem Wellenlängenbereich ersichtlich wird (◻ Abb. 14.23). Belichtete man hingegen gleichzeitig mit kürzerwelligem Rot (650 nm), ergab sich eine synergistische Steigerung der Quantenausbeute (die Quantenausbeute bei gleichzeitiger Einstrahlung von 650 und 700 nm Licht ist wesentlich höher als die Summe der Quantenausbeuten bei Bestrahlung mit entweder Wellenlängen von 650 oder 700 nm). Nach seinem Entdecker wird dieser Effekt **Emerson-Effekt** genannt. Er belegte erstmals die Kooperativität zweier Photosysteme mit leicht unterschiedlichem Absorptionsverhalten.

Eine vereinfachte Übersicht über die Abfolge der Lichtreaktion vom Wasser bis zur Bildung von NADPH+H$^+$ ist in ◻ Abb. 14.32 gezeigt. Es wird deutlich, dass die Lichtenergie nicht nur zu einem Elektronentransport, sondern auch zu einem daran gekoppelten gerichteten Protonentransport ins Lumen der Thylakoide genutzt wird und dass das chemische Potenzial des Protons der ATP-Synthese dient. Zunächst wird ein Überblick über die komplexe Reaktionssequenz gegeben, danach werden die beteiligten Reaktionssysteme genauer behandelt. Die Strukturen der an der Lichtreaktion beteiligten Redoxsysteme sind in ◻ Abb. 14.33 dargestellt.

Das durch Excitonentransfer angeregte P680 (P680*) gibt ein Elektron ab, das über eine interne Elektronentransportkette im Photosystem II (▶ Abschn. 14.3.5, ◻ Abb. 14.37) schließlich auf ein locker gebundenes Molekül Plastochinon (PQ, engl. *plastoquinone*) übertragen wird. Unter Aufnahme eines weiteren Elektrons von einem zweiten angeregten P680 sowie von zwei Protonen aus dem Stroma entsteht Plastohydrochinon (PQH$_2$, ◻ Abb. 14.32). Das oxidierte P680 wird unter Aufnahme von Elektronen aus dem Wasser reduziert und gelangt so wieder in den Grundzustand. Die **Photolyse des Wassers** wird vom Wasserspaltungs-komplex, der Bestandteil von Photosystem II ist, durchgeführt (◻ Abb. 14.37). Plastohydrochinon verlässt Photosystem II und diffundiert in der Thylakoidmembran, die einen Pool von gelösten Plastochinonmolekülen enthält (ca. sieben pro Photosystem II, von denen im Licht bis zu vier als PQH$_2$ vorliegen), zu dem zweiten integralen Membrankomplex, dem Cytochrom-b$_6$/f-Komplex (◻ Abb. 14.38), wo PQH$_2$ zu PQ reoxidiert wird. Die dabei frei werdenden Elektronen werden in zwei nach-

◻ **Abb. 14.33** Strukturen der wichtigsten Redoxsysteme des photosynthetischen Elektronentransports grüner Pflanzen

einander ablaufenden Transferreaktionen über eine endogene Elektronentransportkette (▶ Abschn. 14.3.6, ◘ Abb. 14.38) auf zwei Moleküle des Cu^{2+}-haltigen Proteins Plastocyanin unter Bildung von reduziertem Cu^+-Plastocyanin übertragen. Plastocyanin ist ein im Lumen der Thylakoidvesikel lokalisiertes, lösliches Protein. Die bei der Reoxidation des Plastohydrochinons frei werdenden Protonen werden über den Cytochrom-b_6/f-Komplex in das Thylakoidlumen abgegeben. Es wird diskutiert, dass am Cytochrom-b_6/f-Komplex ein interner Plastochinon-Plastohydrochinon-Redoxzyklus (**Q-Zyklus**) abläuft, bei dem die einem Molekül Plastohydrochinon entzogenen Elektronen auf Plastochinon zurückübertragen werden. Dabei werden nochmals Protonen aus dem Stroma aufgenommen und bei der sich anschließenden erneuten Oxidation von Plastohydrochinon ins Thylakoidlumen abgegeben. Im Q-Zyklus arbeitet der Cytochrom-b_6/f-Komplex als Protonenpumpe und verstärkt den Gradienten der Protonenkonzentration zwischen Stroma und Thylakoidlumen. Bei vollständig operierendem Q-Zyklus würden pro Elektron zwei Protonen in das Thylakoidlumen transportiert, ohne Beitrag des Q-Zyklus wäre das Verhältnis 1 : 1.

Das angeregte Chlorophyll-a-Dimer des Photosystems I (P700*) gibt 1 Elektron über eine intramolekulare Elektronentransportkette (▶ Abschn. 14.3.7, ◘ Abb. 14.39) an das lösliche Eisen-Schwefel-Protein Ferredoxin (Fd) ab, das sich im Stroma befindet und seinerseits den Elektronendonator für $NADP^+$ darstellt. $NADP^+$ nimmt unter Bildung von $NADPH+H^+$ (◘ Abb. 14.33) sequenziell insgesamt 2 Elektronen auf. Das Elektronendefizit des oxidierten P700 wird durch reduziertes Plastocyanin (Cu^+-Form) wieder aufgefüllt.

Die Elektronentransportkette enthält demnach Ein-Elektronen-und Zwei-Elektronen-Überträger. Pro gebildetem O_2-Molekül werden 4 Elektronen zur Bildung von insgesamt 2 Molekülen $NADPH+H^+$ transportiert, wozu insgesamt 8 Excitonen erforderlich sind. Die Einschaltung mobiler, löslicher Redoxsysteme (in der Thylakoidmembran gelöstes Plastochinon/-hydrochinon zwischen PSII und dem Cytochrom-b_6/f-Komplex, im Thylakoidlumen gelöstes Plastocyanin zwischen dem Cytochrom-b_6/f-Komplex und PSI) ist aus mehreren Gründen vorteilhaft:

— Sie entkoppelt die Anregungszustände der beiden Photosysteme, die auf diese Weise nicht synchron arbeiten müssen, was wegen der sehr schnellen photochemischen Primärprozesse sehr schwierig wäre.

— Sie erlaubt die Überwindung der räumlichen Distanzen zwischen den drei transmembranen Proteinkomplexen. Diese sind in der Thylakoidmembran nicht statistisch verteilt. Photosystem II liegt in den gestapelten Granathylakoidmembranen zusammen mit seinen Antennen vor, Photosystem I und der Cyto-

chrom-b_6/f-Komplex dagegen vorwiegend in den Stromathylakoiden (◘ Abb. 14.34). Die Stapelung der Thylakoidmembran zu den Grana (▶ Abb. 1.75) wird durch reversible Phosphorylierung von LHCII reguliert. Bei Starklicht absorbiert PSII mehr Licht als PSI und produziert einen Überschuss PQH_2. PQH_2 aktiviert eine Proteinkinase, die LHCII phosphoryliert. Dadurch wird die elektrostatische Bindung von LHCII an die benachbarte Thylakoidmembran aufgehoben. Dies führt zur Entstapelung der Granathylakoide. In den Stromathylakoiden erhöht Phospho-LHCII die Photonenausbeute von PSI und gleicht damit das Ungleichgewicht zwischen PSII und PSI aus. Bei Schwachlicht wird der Prozess umgekehrt (◘ Abb. 14.35).

Der gerichtete Elektronentransport während der Lichtreaktion ist mit einem ebenfalls gerichteten, vom Stroma in das Thylakoidlumen stattfindenden Protonentransport am Cytochrom-b_6/f-Komplex verbunden. Zusätzlich setzt die Wasserspaltung H^+-Ionen im Thylakoidlumen frei. Pro gebildetem Molekül O_2 werden mindestens 8 H^+-Ionen im Thylakoidlumen akkumuliert (4 aus der Wasserspaltung, 4 über PQH_2 angelieferte Protonen aus dem Stroma). Ein vollständiger Q-Zyklus würde nochmals 4 H^+ liefern, sodass pro gebildetem O_2 8–12 H^+-Ionen im Thylakoidlumen akkumulieren. Der sich bei Belichtung rasch einstellende Gradient der Protonenkonzentration lässt sich am pH-Wert ablesen: Im Stroma belichteter Chloroplasten misst man einen Wert von ca. pH 8, im Thylakoidlumen von pH 4,5–5. Der ΔpH-Wert von ca. 3–3,5 Einheiten entspricht einer Konzentrationsdifferenz der Protonen zwischen Stroma und Lumen von ca. 1:1000–1:3000. Da zum Ladungsausgleich gleichzeitig mit den Protonen Chloridionen in das Thylakoidlumen transportiert werden (vermutlich über einen Chloridkanal), wird an der Thylakoidmembran keine elektrische Potenzialdifferenz aufgebaut.

Mit der Energie dieses Protonengradienten (protonenmotorische Kraft) wird die photosynthetische ATP-Synthese betrieben (chemiosmotisches Modell der **Photophosphorylierung** von P. Mitchell). Die ATP-Synthase ist im Bereich der Stromathylakoide lokalisiert (▶ Abschn. 14.3.9, ◘ Abb. 14.41) und benötigt den Transport von 4 H^+-Ionen zur Bildung eines ATP. Je nach Beitrag des Q-Zyklus erhält man pro gebildetem O_2 8–12 H^+-Ionen im Thylakoidlumen. Diese reichen zur Synthese von 2 (ohne Q-Zyklus) bis maximal 3 (bei vollständigem Q-Zyklus) Molekülen ATP. Das Verhältnis von NADPH:ATP in der Lichtreaktion errechnet sich dann zu etwa 1:1–1:1,5. Für die Dunkelreaktion (CO_2-Fixierung im Calvin-Zyklus, ▶ Abschn. 14.4) werden NADPH und ATP im Verhältnis 1 : 1,5 benötigt.

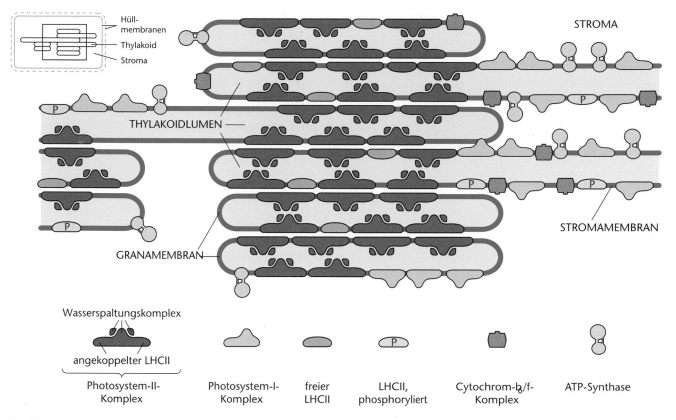

Abb. 14.34 Laterale Heterogenität in der Verteilung der Photosynthesekomplexe und der ATP-Synthase in der Thylakoidmembran. Die Darstellung der Proteinkomplexe ist zueinander größenproportional und gibt die Seitenansichten halbschematisch so wieder, wie sie sich in hoch aufgelösten elektronenmikroskopischen Bildern zeigen (ATP-Synthase, Abb. 14.41). (Nach J.P. Dekker, mit freundlicher Genehmigung)

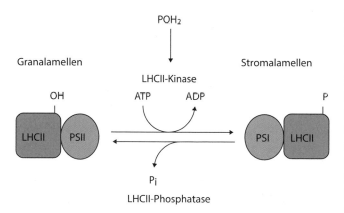

Abb. 14.35 Reversible Phosphorylierung von LHCII. Bei Starklicht wird ein Überschuss an PQH$_2$ durch PSII gebildet. Dies führt zu einer Aktivierung der LHCII-Kinase, woraufhin LHCII phosphoryliert wird. Die Phosphorylierung von LHCII führt zur Aufhebung der Granastapel und zu einer Assoziation von LHCII mit PSI, hierdurch wird die Photonenausbeute von PSI erhöht. Bei Schwachlicht wird LHCII durch die LHCII-Phosphatase dephosphoryliert, wodurch sich der Prozess umkehrt

Wie ist die Energieausbeute der Lichtreaktion? Die molare freie Standardenthalpie der NADPH+H$^+$-Bildung beträgt $\Delta G^{0\prime} = +218$ kJ mol^{-1}, die der ATP-Bildung aus ADP + P$_i$ beträgt $\Delta G^{0\prime} = +30{,}5$ kJ mol^{-1}. Demnach ist der Ertrag der endergonischen Lichtreaktion mindestens 2 mol × 218 kJ mol^{-1} + 2 mol × 30,5 kJ mol^{-1} = 497 kJ pro Mol gebildetem O$_2$. Dafür müssen 8 mol Excitonen Anregungsenergie aufgewendet, also mindestens 8 mol Photonen einer Wellenlänge von 700 nm absorbiert werden. Dies entspricht einer Energie von 8 mol × 170 kJ mol^{-1} = 1360 kJ absorbierter Lichtenergie. Die Energieausbeute (= der Wirkungsgrad der Lichtreaktion) beträgt demnach 497 : 1360 = 0,36 (36 %). Die restliche Energie geht in Form von Wärme verloren. Dieser Verlust ist unvermeidlich, da er eine Folge der Prozesse der Ladungstrennung in den Photosystemen ist (► Abschn. 14.3.5), die sicherstellen, dass es nicht zu einer Rekombination des vom angeregten Chlorophyll-a-Dimer abgegebenen Elektrons mit dem oxidierten Dimer (Chla$_2$$^{+\bullet}$) kommt. Aufgrund dieser unvermeidlichen Energieverluste in Form von Wärme benötigt die oxygene Photosynthese zwei in Serie geschaltete Photosysteme, um Elektronen aus dem Wasser zur Reduktion von NADP$^+$ verwenden zu können. Photosynthetisierende Bakterien, die Elektronen aus Substraten mit wesentlich negativerem Standardredoxpotenzial (z. B. H$_2$S, $E^{0\prime} = -0{,}24$ V) entnehmen, benötigen lediglich ein einziges Photosystem zur Reduktion von NAD$^+$ und können zudem noch langwelligeres Licht nutzen.

◘ Tab. 14.12 Bestandteile der photosynthetischen Elektronentransportkette bei Pflanzen, nach Standardredoxpotenzialen geordnet

Redoxpaar	$E^{0'}$ (Volt)
P700*	negativer als −1,10
A^0	~ −1,10
A^1	−0,88
FeS_X	0,70
FeS_B	0,59
FeS_A	−0,53
Ferredoxin (Fd)	−0,43
Fd-NADP⁺-Reduktase (FNR)	−0,35
$NADP^+ + 2\,H^+ \rightleftharpoons NADPH + H^+$	−0,32
Cytochrom b_6	−0,02
P680*	negativer als −0,6
Phäophytin*	−0,66 bis −0,45
Plastochinon, gebunden	−0,25 bis 0,05
Plastochinon, frei	+0,11
FeS_R (Rieske-Protein)	+0,29
Cytochrom f	+0,35
Plastocyanin (PC)	+0,37
$P700^* + e^- \rightleftharpoons P700$	+0,45
$O_2 + 4\,H^+ + 4\,e^- \rightleftharpoons 2\,H_2O$	+0,82
$P680^+ + e^- \rightleftharpoons P680$	positiver als +0,82

Falls nicht angegeben, gelten die $E^{0'}$-Werte für die reduzierte Form im Gleichgewicht mit der oxidierten oder für die angeregte Form (*) im Gleichgewicht mit dem Grundzustand

14

Zusätzlich zu dem in ◘ Abb. 14.32 dargestellten **nichtzyklischen Elektronentransport** vom Wasser bis zum NADPH ist unter bestimmten Bedingungen auch ein **zyklischer Elektronentransport** verwirklicht, bei dem Lichtenergie über Photosystem I nur zur ATP-Synthese genutzt wird (◘ Abb. 14.39b), bzw. ein **pseudozyklischer Elektronentransport**, bei dem Elektronen von Photosystem I auf Sauerstoff zurückübertragen werden (Mehler-Reaktion, ▶ Abschn. 14.3.7, (◘ Abb. 14.40a).

Ordnet man die am nichtzyklischen Elektronentransport beteiligten Redoxsysteme anhand ihrer Standardredoxpotenziale (◘ Tab. 14.12) und Zugehörigkeit zu den Komplexen, so ergibt sich das nach dem Verlauf bezeichnete **Z-Schema** (◘ Abb. 14.36). Die einzelnen

Schritte werden im Folgenden besprochen, wobei auch auf die Struktur der Photosysteme näher eingegangen wird. Das angeregte P700* ist mit einem Standardredoxpotenzial negativer als −1,1 V das stärkste bekannte Reduktionsmittel einer lebenden Zelle.

14.3.5 Photosystem II

Das Photosystem II (◘ Abb. 14.37) ist ein Multiproteinsuperkomplex. Es besteht aus mindestens 16 verschiedenen Proteinen, von denen zwei – das D_1- und das D_2-Protein – als Heterodimer das eigentliche Reaktionszentrum bilden und zwei weitere (CP43 und CP47) die Core-Antenne (◘ Abb. 14.30b). Die Proteine D_1 und D_2 sind untereinander und zum Reaktionszentrum der Purpurbakterien homolog, d. h., sie sind in der Evolution aus einem gemeinsamen Vorläufer entstanden. Je Heterodimer sind 4–5 Chlorophyll-a-Moleküle, 2 Phäophytine, 2 Plastochinone und 1–2 Carotinoide gebunden. Ferner wird durch den D_1/D_2-Proteinkomplex eine Gruppe (engl. *cluster*) von wahrscheinlich 4 Manganionen (**Mangancluster**) zusammengehalten. Diese Manganionen sind zum Thylakoidlumen orientiert und werden durch ein stabilisierendes Protein (MSP33; manganstabilisierendes Protein, 33 kDa) nach außen abgeschirmt. Das Chlorophyll-a-Dimer (P680) wird sowohl vom D_1- als auch vom D_2-Protein gebunden.

Die Elektronenleitung erfolgt nach Anregung von P680 über das Phäophytin des D_1-Proteins auf Q_A. Dies ist ein fest am D_2-Protein gebundenes Plastochinon, das in ein Semichinonradikal ($Q_A^{-\bullet}$) übergeht (◘ Abb. 14.33) und das Elektron auf Q_B, ein zweites Molekül Plastochinon, das locker an das D_1-Protein gebunden ist, überträgt. $Q_B^{-\bullet}$ nimmt in einem zweiten Transferschritt ein weiteres Elektron von zwischenzeitlich erneut zum Semichinonradikal reduziertem Q_A sowie 2 H⁺-Ionen auf, dissoziiert als PQH₂ vom Reaktionszentrum ab und tritt in den in der Thylakoidmembran gelösten **Plastochinonpool** über. Die Lipidlöslichkeit wird dabei durch die unpolare, terpenoide Seitenkette (Prenylrest) des Plastochinons vermittelt.

Das oxidierte P680 ist mit einem Normalpotenzial positiver als +1,1 V ein sehr starkes Oxidationsmittel. Es deckt sein Elektronendefizit durch Oxidation eines speziellen Tyrosinrests (Z) am D_1-Protein. Das gebildete Tyrosinradikal entnimmt seinerseits 1 Elektron aus dem bereits oben erwähnten Mangancluster. Dies ist ein Vier-Elektronen-Speicher, dessen 4 Manganatome in den Oxidationsstufen Mn^{2+}, Mn^{3+} oder Mn^{4+} vorliegen sollen. Durch sequenzielle Entnahme von 4 Elektronen wird der Mangancluster (auch als System S bezeichnet) schrittweise oxidiert:

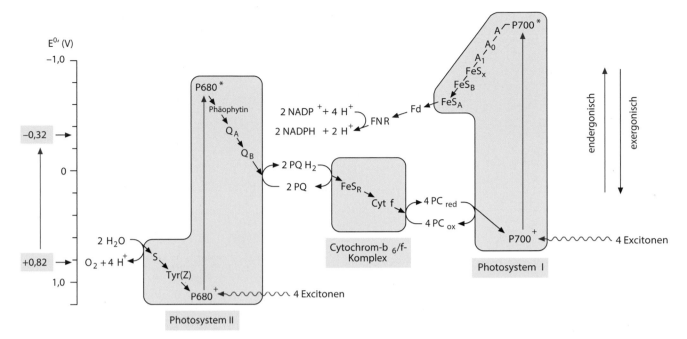

Abb. 14.36 Anordnung der an der photosynthetischen Lichtreaktion beteiligten Redoxsysteme anhand ihrer Standardredoxpotenziale. Aus diesem Z-Schema wird die Änderung der freien Reaktionsenthalpie der einzelnen Schritte unter Standardbedingungen ersichtlich, jedoch weichen die tatsächlichen Bedingungen (Konzentrationen, Temperatur, pH-Werte) im Chloroplasten von den Standardbedingungen ab. Ferner geht aus dem Schema zwar die Zuordnung der Redoxkomponenten zu den Membrankomplexen hervor, nicht aber deren tatsächliche Anordnung in den Komplexen. –P680*, P700*: angeregte Zustände der Chlorophyll-a-Dimere in den Reaktionszentren von Photosystem II bzw. I. (Grafik: E. Weiler)

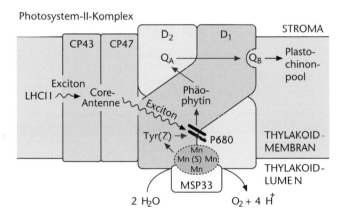

Abb. 14.37 Schematische Darstellung des Aufbaus und des Elektronenflusses in Photosystem II. Die tatsächliche Anordnung der Core-Antenne ist anders als hier aus Gründen der Übersichtlichkeit gezeigt (Abb. 14.30b). – MSP33 manganstabilisierendes Protein, übrige Abkürzungen ▶ Abschn. 14.3.5. (Nach H.W. Heldt)

$$S^0 \rightarrow S^1\,(+1) \rightarrow S^2\,(+2) \rightarrow S^3\,(+3) \rightarrow S^4\,(+4).$$

Der S^4-Zustand kehrt unter Oxidation von 2 Molekülen Wasser und gleichzeitiger Aufnahme von 4 Elektronen wieder in den Grundzustand (S^0) zurück:

$$S^4\,(+4) + 2H_2O \rightarrow O_2 + 4H^+ + S^0.$$

Auf diese Weise wird das Auftreten sehr reaktiver und zellschädigender Sauerstoffradikale bei der Wasserspaltung vermieden.

Durch bestimmte Inhibitoren kann man den Elektronentransport im PSII unterbinden. Triazine (z. B. Atrazin) verdrängen Q_B aus seiner Bindenische am D_1-Protein. Ähnlich wirkt auch DCMU (Dichlorphenyldimethylharnstoff = Diuron). Diese Substanzen wurden als Herbizide eingesetzt.

14.3.6 Cytochrom-b6/f-Komplex

Der Cytochrom-b_6/f-Komplex funktioniert im photosynthetischen Elektronentransport als Plastohydrochinon-Plastochinon-Oxidoreduktase und zugleich als Protonenpumpe. Der dem Cytochrom-b/c_1-Komplex der mitochondrialen Elektronentransportkette (▶ Abschn. 14.8.3.3) homologe transmembrane Komplex besteht aus zahlreichen Untereinheiten, von denen ein Cytochrom f, ein Cytochrom b_6 und ein Eisen-Schwefel-Protein (nach seinem Entdecker **Rieske-Protein** genannt) als Redoxsysteme fungieren (Abb. 14.38).

Cytochrome leiten sich wie die Chlorophylle vom Porphyrinringsystem ab, besitzen jedoch kein Magnesium, sondern Eisen als Zentralatom des Tetrapyrrolrings. Der Porphyrinring mit Eisen als Zentralatom wird als **Häm** bezeichnet, das zentrale Eisenatom auch als

Abb. 14.38 Hypothetisches Modell der Anordnung der Hauptkomponenten des Cytochrom-b₆/f-Komplexes in der Thylakoidmembran. Der Elektronen- und Protonenfluss (rote Pfeile) bei laufendem Q-Zyklus ist stufenweise dargestellt. Pro Elektron, das auf Plastocyanin übertragen wird, werden bei Beteiligung des Q-Zyklus zwei Protonen in das Thylakoidlumen transportiert, ohne Q-Zyklus wäre das Verhältnis 1 : 1. – PC Plastocyanin. (Grafik: E. Weiler)

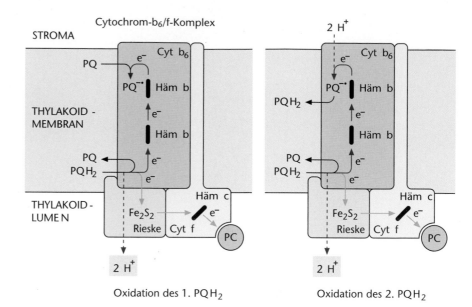

Häm-Eisen (■ Abb. 14.33). Bei der Elektronenübertragung durchläuft das Zentralatom einen Wertigkeitswechsel (Fe^{3+}/Fe^{2+}). Nach der Struktur des gebundenen Häms teilt man die Cytochrome in drei Hauptgruppen ein: Cytochrom a, b und c (entsprechend Häm a, b und c). In der Photosynthese spielen Cytochrome des b- und c-Typs eine Rolle. In c-Typ-Cytochromen liegt Häm c kovalent gebunden (über seine beiden Vinylgruppen an SH-Gruppen von Cysteinen addiert) vor. Cytochrom f trägt seine Bezeichnung aufgrund seines Vorkommens im Chloroplasten (f steht für lat. *frons*, Laub), es gehört chemisch zur c-Gruppe (Cytochrom c_{555}). Cytochrom f ist überwiegend zum Lumen der Thylakoide orientiert. Dort befindet sich auch das Häm c. Das Protein ist mit einer Aminosäurekette in der Membran verankert. Cytochrom b_6 ist ein integrales Membranprotein. Es enthält zwei übereinander angeordnete Häm-b-Moleküle, die senkrecht zur Membranebene stehen.

Das Rieske-Protein ist ein peripheres, nur leicht in die Membran eingebettetes Protein, dessen Redoxsystem ein Fe_2S_2-Zentrum ist, das lediglich aus zwei Eisenatomen und zwei Schwefelatomen besteht, die über die Eisenatome gebunden sind (■ Abb. 14.33). Da der Schwefel leicht (z. B. durch eine schwache Säure) aus der Struktur gelöst werden kann, spricht man von (säure)labilem Schwefel (im Gegensatz zum Cysteinschwefel, der sich durch Säurebehandlung nicht entfernen lässt). In Eisen-Schwefel-Zentren gebundenes Eisen wird oft als Nicht-Häm-Eisen bezeichnet. Cytochrome sowie Eisen-Schwefel-Zentren sind Ein-Elektronen-Überträger.

Die vom Plastohydrochinon (PQH_2), das an den Cytochrom-b₆/f-Komplex bindet, angelieferten Elektronen werden über das Fe_2S_2-Zentrum des Rieske-Proteins und Cytochrom f auf oxidiertes Plastocyanin im Thylakoidlumen übertragen. **Plastocyanin** ist ein kleines Protein von ca. 10,5 kDa Molekülmasse, welches ein

Cu-Atom an ein Cystein-, ein Methionin- und zwei Histidinresten gebunden enthält (■ Abb. 14.33). Unter reversiblem Valenzwechsel von Cu^{2+} zu Cu^{+} nimmt Plastocyanin ein Elektron auf bzw. gibt es wieder ab.

Die bei der PQH_2-Oxidation frei werdenden H^+-Ionen werden vom Cytochrom-b₆/f-Komplex in das Thylakoidlumen entlassen. Der im Detail noch ungeklärte interne Q-Zyklus fördert unter Beteiligung von Cytochrom b_6 vermutlich weitere H^+-Ionen aus dem Stroma in das Thylakoidlumen (■ Abb. 14.38).

14.3.7 Photosystem I

Der dritte transmembrane Komplex der photosynthetischen Lichtreaktion, Photosystem I, erhält seine Elektronen von reduziertem Plastocyanin (PC) und überträgt sie auf Ferredoxin (Fd), von wo aus sie über das Enzym Ferredoxin-NADP⁺-Reduktase (FNR) auf NADP⁺ unter Bildung von NADPH+H⁺ übergehen. Das Photosystem I (PSI) ist dem Reaktionszentrum der Grünen Schwefelbakterien homolog und besteht aus zwölf oder mehr verschiedenen Untereinheiten. PSI (■ Abb. 14.39) ist ein Heterodimer der Proteine A und B, die neben den Redoxsystemen und dem Chlorophyll-a-Dimer P700 zugleich die Core-Antenne enthalten. A ist dabei dem D_1 + CP43 des PSII homolog und B dem D_2 + CP47. Die Untereinheit F interagiert mit Plastocyanin, D mit Ferredoxin und C ist für die Elektronenübertragung vom Reaktionszentrum auf Ferredoxin verantwortlich.

Auch die nach Anregung von P700 ablaufende Ladungstrennung weist Ähnlichkeiten zu den Prozessen im PSII auf. Das vom angeregten P700 emittierte Elektron wird über zwei monomere Chlorophyll-a-Moleküle (A, A_0) auf **Phyllochinon** (■ Abb. 14.33), das wie Chlorophyll über einen Phytolrest verfügt, übertragen. Die-

Stoffwechselphysiologie

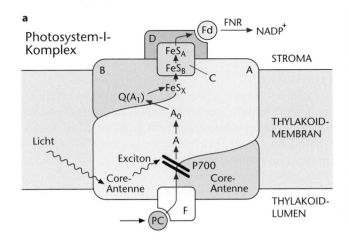

a

Photosystem-I-Komplex

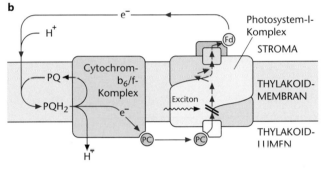

b

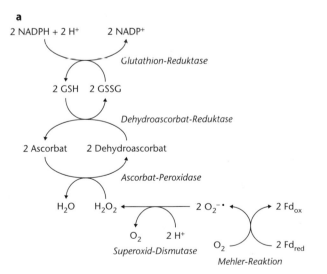

Abb. 14.39 Schematische Darstellung **a** des Aufbaus und des Elektronenflusses durch den Photosystem-I-Komplex und **b** des zyklischen Elektronentransports. Beim zyklischen Elektronentransport arbeiten Cytochrom-b₆/f-Komplex und Photosystem I unter Einbeziehung des Plastochinonpools als lichtgetriebene Protonenpumpe zur ATP-Erzeugung, ohne dass NADPH+H⁺ gebildet wird (vgl. Abb. 14.32). Zur Erläuterung s. Text. (Nach H.W. Heldt)

ses Phyllochinon (Q, auch A₁ genannt, ◙ Abb. 14.39a) ist an die B-Untereinheit des Reaktionszentrums gebunden und entspricht dem Q_A des PSII. Es nimmt, wie dieses, unter Ausbildung der Semichinonradikalform ein Elektron auf. Die weiteren Schritte des Elektronentransfers unterscheiden sich von den Prozessen im PSII. Das angeregte Elektron wird vom Phyllochinonsemiradikal über drei Fe₄S₄-Zentren (◙ Abb. 14.33), die Redoxsysteme FeS_X, FeS_B und FeS_A, auf das an der Stromaseite von PSI über die D-Untereinheit bindende **Ferredoxin** übertragen. Ferredoxin ist ein lösliches, kleines Protein (11 kDa Molekülmasse), das ein Fe₂S₂-Zentrum (◙ Abb. 14.33) besitzt und ebenfalls ein Ein-Elektronen-Redoxsystem darstellt.

Vom reduzierten Ferredoxin kann eine Elektronenübertragung statt auf NADP⁺ auch über den Cytochrom-b₆/f-Komplex und Plastocyanin zurück auf P700⁺ erfolgen. Dieser **zyklische Elektronentransport** (◙ Abb. 14.39b) führt unter Beteiligung des Cytochrom-b₆/f-Komplexes zur Translokation von Protonen aus dem Stroma in das Thylakoidlumen und liefert damit einen Beitrag zur ATP-Synthese (**zyklische Photophosphorylierung**), ohne dass gleichzeitig NADPH entsteht. Der zyklische Elektronentransport kommt vor allem dann zum Tragen, wenn das NADPH+H⁺/NADP⁺-Verhältnis hoch ist und somit ein Substratmangel für die Ferredoxin-NADP⁺-Reduktase besteht.

Bei übermäßiger Reduktion des Ferredoxinpools werden Elektronen des Ferredoxins unter Bildung von H₂O auf O₂ übertragen (Mehler-Reaktion, ◙ Abb. 14.40a). Dieser Prozess wird **pseudozyklischer Elektronentransport** genannt, da er dem zyklischen Elektronen-

a

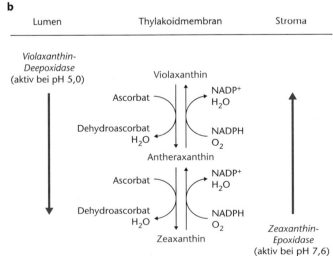

b

| Lumen | Thylakoidmembran | Stroma |

Abb. 14.40 a Umsetzung des Superoxidanions (O₂⁻•) im Ascorbat-Glutathion-System der Chloroplasten. **b** Xanthophyllzyklus zur Dissipation (= Abgabe) von Anregungsenergie des Photosystems II in Form von Wärme. Der Xanthophyllzyklus ist ebenfalls an das Ascorbat-Glutathion-System gekoppelt. – GSH reduziertes Glutathion, GSSG oxidiertes Glutathion aus zwei über eine Disulfidbrücke verbundenen Glutathionmolekülen (2 GSH ⇌ GSSG + 2 H⁺ + 2 e⁻)

transport darin ähnelt, dass kein NADPH+H$^+$ wohl aber ATP entsteht. Häufig ist jedoch unter den Bedingungen der Mehler-Reaktion auch das ATP/ADP-Verhältnis hoch, sodass zur ATP-Synthese kaum ADP verfügbar ist. Dann baut sich bei der Mehler-Reaktion ein sehr starker Protonengradient über der Thylakoidmembran auf.

Bei der Oxidation des Ferredoxins in der Mehler-Reaktion entsteht zunächst das Superoxidradikalanion ($O_2^{-\bullet}$). Dieses wird durch das Enzym **Superoxid-Dismutase** zu O_2 und H_2O_2 dismutiert. H_2O_2 wird sodann unter Beteiligung mehrerer Enzyme zu Wasser reduziert (◘ Abb. 14.40a), wodurch die Bildung extrem reaktiver Hydroxylradikale (OH•) unterdrückt wird. Diese entstehen in Gegenwart von Metallionen und $O_2^{-\bullet}$ spontan aus H_2O_2 (Fenton-Chemie) und schädigen Lipide, Proteine und Nucleinsäuren.

Superoxid-Dismutasen (SOD) sind Metalloenzyme. Chloroplasten enthalten eine FeSOD, eine MnSOD und eine CuZnSOD. Die Enzyme kommen auch im Cytoplasma (CuZnSOD), den Mitochondrien (CuZnSOD, MnSOD) und Peroxisomen (MnSOD) vor.

14.3.8 Regulations- und Schutzmechanismen der Lichtreaktion

Die räumliche Trennung von PSII und PSI und ihrer Antennen (◘ Abb. 14.35) verhindert ein unkontrolliertes Abfließen von Excitonen von PSII zu PSI und erlaubt gleichzeitig eine dynamische Verteilung der Anregungsenergie auf die beiden Photosysteme. Steht zu wenig Anregungsenergie bei PSI zur Verfügung, staut sich PQH$_2$ im Plastochinonpool. Dies hat die Aktivierung einer Proteinkinase zur Folge, die den Lichtsammelkomplex LHCII phosphoryliert. LHCII diffundiert aus den entstapelten Bezirken in den Bereich der Stromathylakoide, um an PSI zu binden. Auf diese Weise soll die Excitonenenergie von PSII auf PSI umgeleitet werden (◘ Abb. 14.35).

Bei hohen Lichtintensitäten und gleichzeitig geringem Bedarf an ATP und NADPH (z. B. wenn bei hohen Temperaturen zur Begrenzung von Wasserverlusten die Stomata geschlossen werden und kaum CO_2 zur Assimilation verfügbar ist) kann es zu einer übermäßigen Aktivierung der Pigmentsysteme kommen, ohne dass Excitonen abfließen. Damit besteht die Gefahr der vermehrten Bildung von Triplettchlorophyll und damit von Singulettsauerstoff (▶ Abschn. 14.3.2). Sowohl Carotinoide als auch das in der Thylakoidmembran reichlich vorhandene α-Tocopherol überführen Triplettchlorophyll und Singulettsauerstoff wieder in den Grundzustand. Bei sehr hohen Lichtintensitäten scheint dieser Schutz nicht auszureichen. Das Photosystem II (**Photo-inhibierung**) wird wahrscheinlich durch vermehrten Abbau des ohnehin recht kurzlebigen D$_1$-Proteins geschädigt. So lässt sich das Ausbleichen der Nadeln bei bestimmten Waldschäden auf photooxidative Vorgänge zurückführen.

Überschüssige Excitonenenergie wird zur Verminderung von Lichtschäden in Wärme überführt. Daran ist das Xanthophyll Zeaxanthin (◘ Abb. 14.27) beteiligt. Es wird aus dem in den Antennen vorkommenden Xanthophyll Violaxanthin durch Deepoxidierung gebildet, wenn ein starker Protonengradient zwischen Thylakoidlumen (sauer) und Stroma (alkalisch) besteht, ein Kennzeichen für hohen Reduktionspegel der Lichtreaktion (◘ Abb. 14.40b). Da das die Rückreaktion katalysierende epoxidierende Enzym sein pH-Optimum im schwach Alkalischen (pH 7,6) hat, die Deepoxidase jedoch im Sauren (pH 5,0), wird Zeaxanthin bei einer Verringerung des Protonengradienten an der Thylakoidmembran wieder in Violaxanthin überführt (**Xanthophyllzyklus**).

14.3.9 Photophosphorylierung

Der sich bei Belichtung an der Thylakoidmembran ausbildende Protonengradient von etwa drei pH-Einheiten stellt eine protonenmotorische Kraft dar, die zur ATP-Synthese genutzt wird. Dieser Prozess wird **Photophosphorylierung** genannt. Die Änderung der molaren freien Standardenthalpie für die Synthese von ATP aus ADP + P$_i$, beträgt $\Delta G^{0\prime}$ = 30,5 kJ mol^{-1}. Unter Berücksichtigung der tatsächlichen Konzentrationsverhältnisse der Reaktionspartner in der Zelle dürfte $\Delta G \approx$ 45–50 kJ mol^{-1} jedoch betragen. Die freie Enthalpie eines Protonengradienten (ΔpH = 3 bei 25 °C) beträgt ΔG = −17 kJ mol^{-1}. Zur Synthese eines Moleküls ATP wären demnach zumindest drei H$^+$-Ionen entlang ihres elektrochemischen Potenzialgefälles zu bewegen.

Da Thylakoidvesikel in Anwesenheit von ADP und anorganischem Phosphat auch im Dunkeln ATP synthetisieren, wenn durch geeignete Puffersysteme ein Protonengradient über der Thylakoidmembran vorgegeben wird, gilt das chemiosmotische Modell der Photophosphorylierung als bewiesen.

Die **ATP-Synthase** ist im Bereich der Stromathylakoide angesiedelt und ähnlich aufgebaut wie das bakterielle und mito chondriale Enzym (▶ Abschn. 14.8.3.3). Es besteht aus einem ins Stroma gerichteten heterooligomeren Kopf, der CF$_1$ genannt wird (CF, engl. *coupling factor*) und einem ebenfalls heterooligomeren transmembranen Teil. (CF$_0$; Statt der Null wird auch ein o verwendet. Das o steht für "oligomycinsensitiv" und bezieht sich auf die Hemmbarkeit des F$_0$-Teils der mitochondrialen ATP-Synthase. Die Terminologie wurde für das Chloroplastenenzym übernommen, obwohl CF$_0$

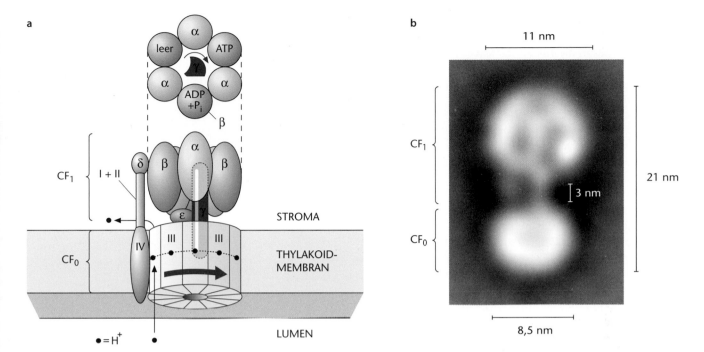

a

b

☐ Abb. 14.41 ATP-Synthase. **a** Strukturmodell des Rotationsmotors. Die Untereinheit III des CF_0-Teils bildet ein Dodecamer und zusammen mit den Untereinheiten γ und ε des CF_1-Teils den Rotor (rot), der $α_3β_3$-Kopf bildet zusammen mit der Untereinheit δ des CF_1-Teils und den Untereinheiten I, II und IV des CF_0-Teils den Stator. Der Rotor dreht sich (s. rote Pfeile) im unbeweglichen Stator, wobei 12 H^+-Ionen (eines pro Untereinheit III) durch den Protonenkanal geleitet werden, der vermutlich zwischen den Untereinheiten III und IV ausgebildet wird. Die Interaktion der rotierenden asymmetrischen Untereinheit γ mit den α- und β-Untereinheiten des Kopfes der ATP-Synthase induziert über Konformationsveränderungen die drei Zustände der β-Untereinheiten, die in der Reihenfolge leer → ADP+P_i-gebunden → ATP-gebunden durchlaufen werden. **b** Rekonstruktion der ATP-Synthase in Seitenansicht. Das Bild wurde aus zahlreichen stark vergrößerten elektronenmikroskopischen Aufnahmen durch Bildverarbeitungsverfahren erstellt. (Mit freundlicher Genehmigung von B. Böttcher)

nicht oligomycinsensitiv ist. Daher wird heute meist auch, wie hier, als Index die Zahl Null verwendet.) CF_0 bildet einen protonenleitenden Kanal, während CF_1 die ATP-Synthese bewerkstelligt (☐ Abb. 14.41).

Die ATP-Synthase stellt einen von H^+-Ionen getriebenen Rotationsmotor dar, bei Abmessungen von ca. 10×20 nm ist es der kleinste derartige Motor, der bekannt ist. Dabei soll die asymmetrische γ-Untereinheit des CF_1-Kopfes zusammen mit den ringförmig angeordneten 12 Untereinheiten III des CF_0-Teils als Rotor in dem aus je drei alternierenden α- und β-Untereinheiten zusammengesetzten CF_1-Teil mit bis zu 100 Umdrehungen pro Sekunde rotieren, während H^+-Ionen durch den CF_0-Kanal strömen. Pro Umdrehung treten 12 H^+-Ionen durch den Kanal (eines pro Untereinheit III). Durch den Kontakt mit der rotierenden γ-Untereinheit sollen Konformationsänderungen in den α- und β-Untereinheiten induziert werden, sodass bei jeder Umdrehung jedes der drei katalytischen Zentren, die auf den β-Untereinheiten lokalisiert sind, drei Zustände durchläuft (☐ Abb. 14.41a): einen nucleotidfreien Zustand, einen zweiten Zustand, in dem ADP und anorganisches Phosphat gebunden sind und einen dritten Zustand, in dem die Reaktion ADP + P_i → ATP abläuft und schließlich ATP

vom Enzym entlassen wird. Es ist anzunehmen, dass der dritte Zustand unter Ausschluss von Wasser aus dem katalytischen Zentrum eingenommen wird, um den Phosphattransfer ohne die Konkurrenz der Rückreaktion (Hydrolyse) zu ermöglichen. Pro Umdrehung des Rotors werden demnach 3 Moleküle ATP synthetisiert, wodurch sich ein H^+/ATP-Verhältnis von 4 : 1 ergibt. Viele Details des Mechanismus der ATP-Synthase-Reaktion sind noch unbekannt.

Durch eine Disulfid-Dithiol-Konversion (☐ Abb. 14.46) wird an der γ-Untereinheit der Rotormechanismus im Licht ein- und im Dunkeln ausgeschaltet. Im Licht reduziert Ferredoxin eine Disulfidbrücke dieser Untereinheit über **Thioredoxin** zum Dithiol, im Dunkeln wird wieder die Disulfidform gebildet. Dieser Mechanismus verhindert, dass die ATP-Synthase im Dunkeln die Rückreaktion katalysiert, also unter ATP-Spaltung Protonen in das Thylakoidlumen befördert.

Bestimmte Substanzen entkoppeln den photosynthetischen Elektronentransport und die ATP-Bildung: Die Hill-Reaktion läuft weiter, aber die Photophosphorylierung unterbleibt. Zu diesen **Entkopplern** gehören z. B. NH_4^+-Ionen und Carbonylcyanid-p-trifluoromethoxyphenylhydrazon, die sowohl in protonierter als auch in deprotonierter Form membranpermeabel sind und so den Protonengradienten an der Thylakoidmembran abbauen.

14.4 Photosynthese: Weg des Kohlenstoffs

Bei der Kohlenstoffassimilation wird CO_2 in Kohlenhydrat, $(CH_2O)_n$, umgewandelt. Für die Bildung einer Hexose lautet die Grundgleichung der Photosynthese:

$$6\,CO_2 + 12\,H_2O \rightarrow C_6H_{12}O_6 + 6\,H_2O + 6\,O_2.$$

Die Reaktion ist stark endergonisch ($\Delta G^{0\prime} = 2862$ kJ mol^{-1}, entsprechend 477 kJ mol^{-1} pro fixiertem Molekül CO_2). Der gebildete Sauerstoff entstammt dem Wasser (**Photolyse des Wassers**, ▶ Abschn. 14.3.4). Der Kohlenstoff wird dabei reduziert: von der Oxidationsstufe +IV im CO_2 auf die Oxidationsstufe 0 im $(CH_2O)_n$. Pro C-Atom müssen demnach 4 Elektronen aufgewendet werden. Diese stehen über das in der Lichtreaktion gebildete NADPH+H^+ bereit. Zusätzlich benötigt die Umsetzung Energie in Form von ATP, das ebenfalls in der Lichtreaktion bereitgestellt wird (▶ Abschn. 14.3.4). Für die Bildung einer Hexose aus 6 CO_2 lässt sich die Reaktion allgemein daher auch so formulieren:

$$6\,CO_2 + 12\,NADPH + 12\,H^+ + 18\,ATP \rightarrow$$
$$C_6H_{12}O_6 + 12\,NADP^+ + 18\,ADP + 18\,P_i + 6\,H_2O$$

Sie läuft im Stroma der Chloroplasten ab und wird oft als **Dunkelreaktion** bezeichnet, da die Reaktion nicht *per se* lichtabhängig ist. Prinzipiell würde die Reaktionsfolge bei Vorliegen von NADPH und ATP auch ohne Licht ablaufen. In der Zelle findet die CO_2-Assimilation jedoch ausschließlich im Licht statt, da nur dann NADPH und ATP gebildet werden. Zudem werden Enzyme der Dunkelreaktion (Fructose-1,6-bisphosphat-1-Phosphatase [FBPase], Sedoheptulose-1,7-bisphosphat-1-Phosphatase [SBPase], Phosphoribulokinase [PRK]) durch Thioredoxin im Licht aktiviert und im Dunkeln inaktiviert (▣ Abb. 14.46). Durch Thioredoxin werden nicht nur Enzyme der Dunkelreaktion im Licht reduziert und aktiviert, sondern auch zwei wichtige Enzyme des oxidativen Pentosephosphatwegs (Glucose-6-phosphat-Dehydrogenase [G6P-DH], Gluconat-6-phosphat-Dehydrogenase [Gluconat-6P-DH]; ▶ Abschn. 14.8.3.5 und ▣ Abb. 14.78). Diese beiden Enzyme werden durch die Reduktion gehemmt, wodurch sichergestellt wird, dass die beiden Stoffwechselwege nicht gleichzeitig ablaufen. Im Dunkeln werden die Enzyme beider Wege oxidiert, wodurch die Dunkelreaktion inaktiviert und der oxidative Pentosephosphatweg aktiviert wird. Dadurch können Reduktionsäquivalente für Biosynthesewege auch im Dunkeln zur Verfügung gestellt werden.

Die Reaktionsfolge der Dunkelreaktion ist komplex und umfasst eine größere Zahl von enzymatisch katalysierten Schritten, welche einen Kreisprozess bilden, der nach einem der Entdecker **Calvin-Zyklus** genannt wird.

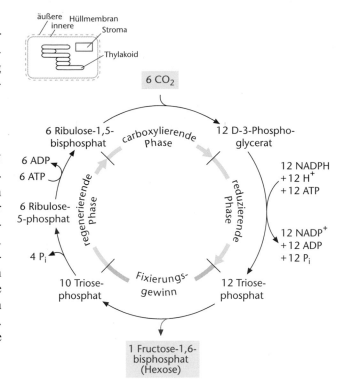

● **Abb. 14.42** Übersicht über die drei Abschnitte des Calvin-Zyklus, bilanziert für die Bildung einer Hexose aus 6 Molekülen fixierten Kohlendioxids (CO_2). (Grafik: E. Weiler)

Der Calvin-Zyklus (Übersicht: ▣ Abb. 14.42) lässt sich in drei Abschnitte unterteilen: die carboxylierende Phase, die reduzierende Phase und die regenerierende Phase.

Die Reaktionsfolge kann auch als **reduktiver Pentosephosphatzyklus** bezeichnet werden, da sie weitgehend eine Umkehr des oxidativen Pentosephosphatwegs (▶ Abschn. 14.8.3.5) darstellt. Nicht alle Enzyme des Calvin-Zyklus sind daher für die Photosynthese charakteristisch.

14.4.1 Carboxylierende Phase des Calvin-Zyklus

Das erste fassbare Reaktionsprodukt im Calvin-Zyklus ist D-3-Phosphoglycerat. Daher werden Pflanzen ohne vorgeschaltete Carboxylierungsmechanismen (▶ Abschn. 14.4.8 und 14.4.9) als **C3-Pflanzen** bezeichnet. Es entsteht nach Carboxylierung des CO_2-Akzeptors Ribulose-1,5-bisphosphat (RuBP) in der in ▣ Abb. 14.43 gezeigten Reaktion, die von dem Enzym **Ribulose-1,5-bisphosphat-Carboxylase/Oxygenase (Rubisco)** katalysiert wird (die Oxygenasefunktion des Enzyms wird uns später beschäftigen: Photorespiration, ▶ Abschn. 14.4.6).

Die Reaktion ist stark exergonisch ($\Delta G^{0\prime} = -35$ kJ mol^{-1}) und läuft daher freiwillig ab, Ribulose-1,5-bisphosphat reagiert aus seiner Endiolform heraus unter Anlagerung von CO_2, das gasförmig im Wasser gelöst vorliegt.

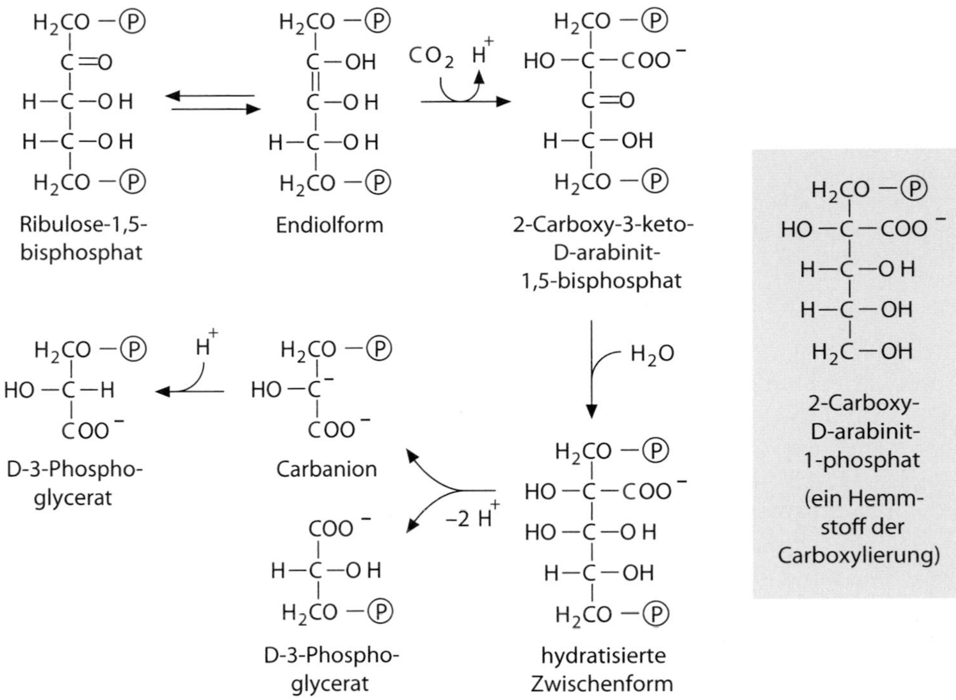

Abb. 14.43 Ablauf der CO_2-Fixierungsreaktion des Calvin-Zyklus. Die Reaktion wird durch das Enzym Ribulose-1,5-bisphosphat-Carboxylase/Oxygenase katalysiert. Ein starker Hemmstoff des Enzyms ist 2-Carboxy-D-arabinit-1-phosphat, ein Analogon der hydratisierten Form des 2-Carboxy-3-keto-D-arabinit-1,5-bisphosphats. (Nach G. Zubay)

Das unmittelbare Reaktionsprodukt, 2-Carboxy-3-keto-D-arabinit-1,5-bisphosphat ist extrem instabil und zerfällt nach Anlagerung von Wasser spontan in 2 Moleküle D-3-Phosphoglycerat. **2-Carboxy-D-arabinit-1-phosphat (CA1P)**, das in 5-Stellung dephosphorylierte Hydrierungsprodukt des CO_2-Addukts, ist ein effektiver Inhibitor der Carboxylierungsreaktion. Es soll *in vivo* an der Regulation der Rubiscoaktivität beteiligt sein. Der neu fixierte Kohlenstoff taucht in einer der Carboxylgruppen der beiden D-3-Phosphoglycerat-moleküle auf (■ Abb. 14.43).

CA1P akkumuliert in einigen Pflanzen (z. B. Leguminosen) in der Nacht und bindet mit sehr hoher Affinität an die RuBP-Bindungsstelle der Rubisco, wodurch das Enzym inaktiviert wird. Am Morgen wird CA1P abgebaut, wodurch die Aktivierung der Rubisco ermöglicht wird. Der Abbau wird durch eine CA1P-spezifische Phosphatase initiiert. Rubisco lagert CO_2 und nicht das in wässriger Lösung überwiegend vorkommende HCO_3^--Ion an. Im alkalischen Milieu des Stromas belichteter Chloroplasten (pH ≈ 8) ist das Gleichgewicht noch weiter auf die Seite des Hydrogencarbonats verschoben. Die Einstellung des Gleichgewichts $CO_2 + H_2O \rightleftharpoons HCO_3^- + H^+$ wird durch das Enzym Carboanhydrase katalysiert.

Die Ribulose-1,5-bisphosphat-Carboxylase/Oxygenase ist eines der für die Photosynthese spezifischen Enzyme. Das Enzym der Chloroplasten ist ein Hexadecamer aus acht großen und acht kleinen Untereinheiten und nur in dieser Form aktiv. Die große Untereinheit (51–58 kDa) ist plastidencodiert, wohingegen die kleine Untereinheit (12–18 kDa) kerncodiert ist und nach Synthese in die Chloroplasten importiert werden muss (▶ Abschn. 6.5). Die Assemblierung der Untereinheiten zum Holoenzym verläuft unter Beteiligung von Chaperonen (▶ Abschn. 6.2). Das katalytische Zentrum ist Bestandteil der großen Untereinheit.

Obwohl der K_m-Wert der Rubisco für CO_2 etwa 10–15 μM beträgt und somit ungefähr der Konzentration von gasförmig in Wasser gelöstem CO_2 entspricht, verläuft die Katalyse nicht sehr rasch: Die Wechselzahl des Enzyms beträgt pro katalytischer Untereinheit lediglich 3,3 s^{-1}. Daher sind für eine effiziente Katalyse sehr große Mengen an Enzym erforderlich: Rubisco kann bis zu 50 % des gesamten Blattproteins ausmachen und ist das häufigste Enzym der Biosphäre.

Neben seiner Rolle als Substrat wirkt CO_2 als allosterischer Aktivator der Rubisco: Es bildet zunächst mit einem speziellen Lysin der großen Untereinheit einen Carbamatkomplex, der nach Bindung eines Mg^{2+}-Ions zum aktiven Enzym führt (■ Abb. 14.44). Die Carbamoylierung des Lysins wird durch die Aktivität des Enzyms **Rubisco-Aktivase** unterstützt, indem das Enzym die Bindung von RuBP an die Rubisco in einer ATP-abhängigen Weise aufhebt, wodurch eine Carbamoylierung erst ermöglicht wird. Da die Mg^{2+}-Konzentration im Stroma bei Belichtung steigt, sind ATP-abhängige Carbamoylierung und Mg^{2+}-Komplexierung effektive Mechanismen, die sicherstellen, dass die CO_2-Fixierung erst bei Vorliegen aller Voraussetzungen anläuft.

14.4.2 Reduzierende Phase des Calvin-Zyklus

Das primäre CO_2-Fixierungsprodukt D-3-Phosphoglycerat wird im zweiten Abschnitt des Calvin-Zyklus zu D-3-Phosphoglycerinaldehyd reduziert. Die stark endergonische Reaktion benötigt als Energielieferant ATP und

◘ **Abb. 14.44** Aktivierung der Rubisco durch Carbamoylierung eines Lysinrests. RuBP-Bindung an die nichtcarbamoylierte Rubisco verhindert eine Aktivierung. Diese Bindung wird durch die Rubisco-Aktivase unter ATP-Verbrauch aufgehoben

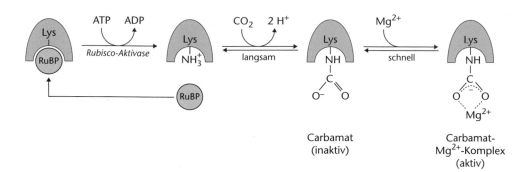

14

als Reduktionsmittel NADPH+H$^+$, die beiden Produkte der photosynthetischen Lichtreaktion (◘ Abb. 14.45). Im Verlauf der Reaktion wird D-3-Phosphoglycerat zunächst durch das Enzym Phosphoglycerat-Kinase in 1,3-Bisphosphoglycerat überführt, das dann durch Glycerinaldehydphosphat-Dehydrogenase (GAPDH) unter Phosphatabspaltung zu D-3-Phosphoglycerinaldehyd reduziert wird. Isoformen der beiden Enzyme kommen auch im Cytoplasma (Glykolyse/Gluconeogenese) vor, jedoch ist die plastidäre GAPDH NADPH/NADP$^+$-spezifisch, während das cytoplasmatische Isoenzym NADH/NAD$^+$ benötigt. Die NADP-Glycerinaldehydphosphat-Dehydrogenase wird über das Ferredoxin-Thioredoxin-System (◘ Abb. 14.46) in die Dithiolform überführt und so im Licht aktiviert. Eine vergleichbare Lichtaktivierung hatten wir am Beispiel der ATP-Synthase kennengelernt (► Abschn. 14.3.9). Dieses Regulationsprinzip betrifft auch noch weitere Enzyme des Calvin-Zyklus (► Abschn. 14.4.3).

D-3-Phosphoglycerinaldehyd steht im Gleichgewicht mit Dihydroxyacetonphosphat. Die Gleichgewichtseinstellung katalysiert das Enzym Triosephosphat-Isomerase. D-3-Phosphoglycerinaldehyd und Dihydroxyacetonphosphat werden auch als **Triosephosphate** bezeichnet und stellen bereits Kohlenhydrate (Triosen) dar. Die sich anschließenden Reaktionsfolgen dienen

- der Synthese weiterer Kohlenhydrate (z. B. Saccharose und Stärke) aus Triosephosphaten als Nettogewinn der Photosynthese und
- der Regeneration des CO_2-Akzeptors Ribulose-1,5-bisphosphat.

14.4.3 Regenerierende Phase des Calvin-Zyklus

Damit die CO_2-Fixierung und -Reduktion kontinuierlich ablaufen können, muss der Akzeptor für das CO_2, Ribulose-1,5-bisphosphat (RuBP), laufend regeneriert werden. Aus 6 RuBP-Molekülen und 6 Molekülen CO_2 fallen 12 Moleküle Triosephosphate an (◘ Abb. 14.42). Davon können 2 Moleküle Triosephosphate zur Synthese weiterer Stoffwechselprodukte abgezweigt werden,

die übrigen 10 Moleküle Triosephosphat werden zur Regeneration von 6 Molekülen RuBP verwendet, sodass sich ein Zyklus ergibt (◘ Abb. 14.42). Die einzelnen Reaktionen dieses Kreislaufs werden in ◘ Abb. 14.45 dargestellt. Die Regeneration des CO_2-Akzeptors aus der unmittelbaren Vorstufe Ribulose-5-phosphat benötigt ATP, sodass pro fixiertem Molekül CO_2 im Calvin-Zyklus insgesamt 2 NADPH +2 H$^+$ und 3 ATP (zwei bei der Phosphoglycerat-Kinase-Reaktion, eines bei der Ribulose-5-phosphat-1-Kinase-Reaktion) umgesetzt werden.

Die Enzyme der regenerierenden Phase, Ribulose-5-phosphat-1-Kinase, Fructose-1,6-bisphosphat-1-Phosphatase und Sedoheptulose-1,7-bisphosphat-1-Phosphatase, die eine irreversible Reaktion katalysieren, werden im Licht durch das Ferredoxin-Thioredoxin-System (◘ Abb. 14.46) aktiviert, ebenso wie die NADP-abhängige Glycerinaldehydphosphat-Dehydrogenase (► Abschn. 14.4.2). Zudem weisen beide Phosphatasen, vergleichbar dem Verhalten der Rubisco, eine Stimulation ihrer Aktivität durch Mg^{2+} auf und haben ein scharfes pH-Optimum bei 8,0. Da – bedingt durch den Protonentransport in das Thylakoidlumen – im Stroma der Chloroplasten bei Belichtung der pH-Wert von ca. 7,2 auf 8,0 steigt und die Konzentration an Mg^{2+}-Ionen und reduziertem Thioredoxin ebenfalls zunimmt, stellt die pH-, Mg^{2+}- und Thioredoxinabhängigkeit dieser Schlüsselenzyme des Calvin-Zyklus ein äußerst effektives System der Lichtaktivierung (und Dunkelhemmung) des Gesamtprozesses dar.

14.4.4 Verarbeitung der Primärprodukte der Kohlenstoffassimilation

Als Nettogewinn der CO_2-Fixierung und -Reduktion fällt zunächst Triosephosphat an (◘ Abb. 14.45 und 14.47). Dieses wird einerseits aus dem Chloroplasten exportiert und dient im Cytoplasma der Synthese von Hexosen. Aus diesen wird der wichtigste **Transportzucker** hergestellt, die **Saccharose** (Rohrzucker). Nicht für die Saccharosesynthese oder die Regeneration von RuBP benötigtes, „überschüssiges" Triosephosphat, bis zu 30 % der Photosyntheseprodukte, wird andererseits im Chloroplasten

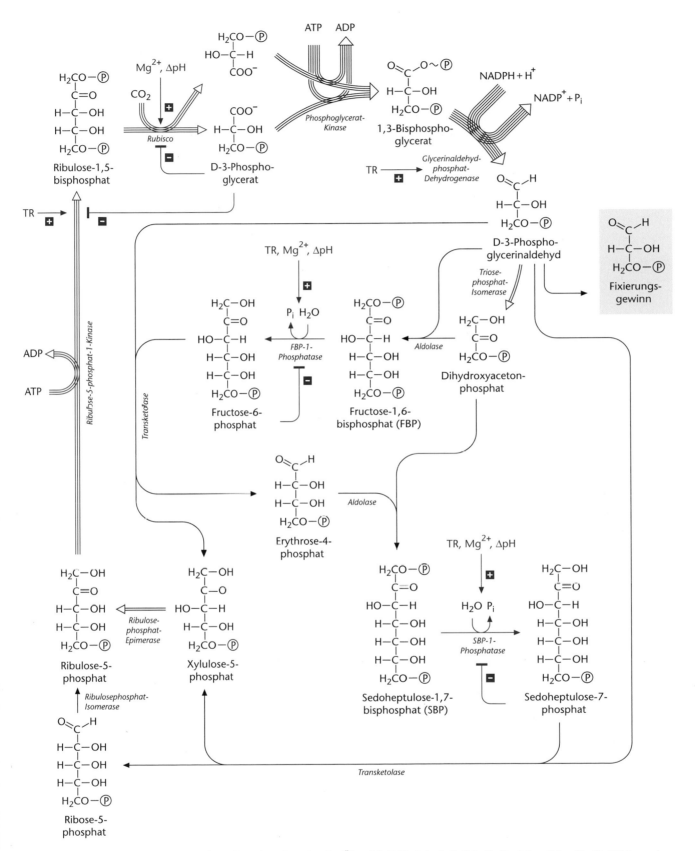

◻ Abb. 14.45 Gesamtablauf des Calvin-Zyklus. Aus Gründen der Übersichtlichkeit ist lediglich die Reaktionsfolge für die Bildung eines Moleküls Triosephosphat aus drei Molekülen CO_2 dargestellt. Rote Reaktionspfeile kennzeichnen die irreversiblen Reaktionen. Sie sind die Hauptangriffsstellen für Regulationsmechanismen (ebenfalls rot dargestellt). Die Mehrfachpfeile geben an, wie viele Moleküle jeweils reagieren, um aus 3 Molekülen CO_2 1 Molekül Triosephosphat als Fixierungsgewinn zu bilden. Zur Bildung eines Moleküls Hexose aus 6 CO_2 (Abb. 14.42) muss der hier dargestellte Prozess insgesamt zweimal durchlaufen werden. – TR Thioredoxin. (Nach G. Zubay, mit freundlicher Genehmigung; ergänzt)

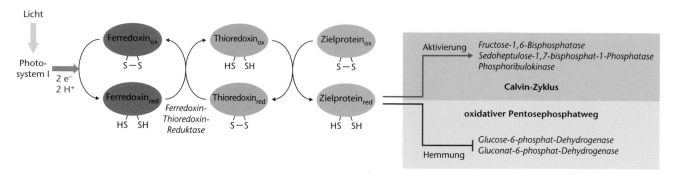

⬛ Abb. 14.46 Lichtabhängige Regulation der Enzymaktivität durch thioredoxinvermittelte Disulfid-Dithiol-Konversion. Im Dunkeln erfolgt die Reoxidation der Thiolgruppen unter Bildung von Disulfidbrücken durch molekularen Sauerstoff

⬛ Abb. 14.47 Kohlenhydratflüsse im Blatt bei Belichtung **a** und im Dunkeln **b**. Im Licht wird im Verlauf der Lichtreaktion ATP und NADPH gebildet, mit deren Hilfe in der Dunkelreaktion (Calvin-Zyklus) CO_2 fixiert wird. Eines der ersten nachweisbaren Photosyntheseprodukte in C_3-Pflanzen sind Triosephosphate, die entweder zum Aufbau transitorischer Stärke in Chloroplasten verwendet werden oder im Cytoplasma der Bildung von Saccharose dienen. Die gebildete Saccharose wird aus den Mesophyllzellen in das Phloem transportiert und innerhalb der Pflanze verteilt und in Sink-Geweben entweder direkt oder als Hexosen aufgenommen

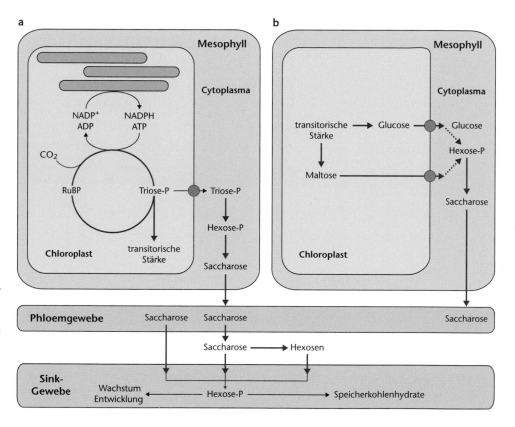

zur Stärkebiosynthese verwendet (⬛ Abb. 14.47). Auf diese Weise wird reduzierter Kohlenstoff in osmotisch inaktiver Form gespeichert. Die **Assimilationsstärke** (auch **transitorische Stärke** genannt) wird im Dunkeln zu Glucose und zu Maltose abgebaut; letztere werden in das Cytoplasma exportiert und dort zur Saccharosesynthese verwendet (⬛ Abb. 14.47). Neben Saccharose entstehen als Produkte der Photosynthese rasch auch andere organische Verbindungen, insbesondere weitere Kohlenhydrate und Aminosäuren. Diese Assimilate werden aus der Zelle abtransportiert und über das Phloem zu Bedarfsorganen der Pflanze gebracht.

Den Austausch von Triosephosphaten zwischen Chloroplast und Cytoplasma im Licht katalysiert ein passiver Transporter, der **Triosephosphattranslokator**, der im Gegentausch ein Phosphation transportiert, also als Antiporter (⬛ Abb. 14.6) arbeitet. Auf diese Weise wird verhindert, dass der Export von Triosephosphaten zur Phosphatverarmung des Chloroplasten führt, und gewährleistet, dass die ATP-Synthese aufrechterhalten werden kann. Der Triosephosphattranslokator, wahrscheinlich ein Homodimer, dessen Monomer eine Molekülmasse von ca. 30 kDa aufweist, stellt das häufigste Protein der inneren Chloroplastenhüllmembran dar (15 % der Proteine dieser Membran). Es wird im Zellkern codiert. Das Monomer durchspannt die innere

Abb. 14.48 Modell für die Einordnung der Polypeptidkette des monomeren Triosephosphattranslokators in die innere Hüllmembran der Chloroplasten. Die rot gekennzeichneten Aminosäuren Lysin(K)-273 und Arginin(R)-274 sollen an der Substratbindung beteiligt sein (Ein-Buchstaben-Code, **Abb. 6.1**). Der native Translokator liegt in der Membran vermutlich als Dimer vor. (Nach U.I. Flügge)

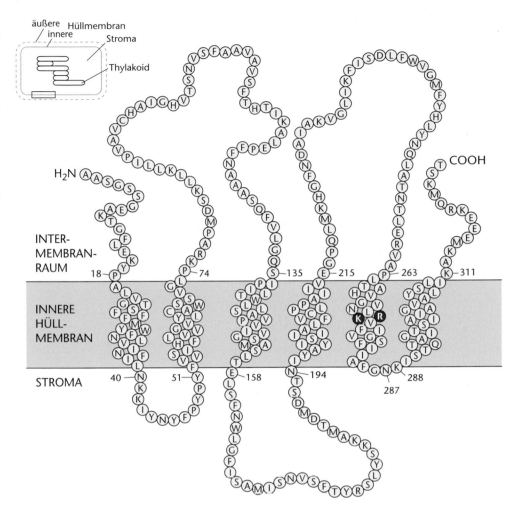

Hüllmembran wahrscheinlich sechsmal mittels hydrophober α-Helices. Zwei positiv geladene Aminosäuren der fünften Helix, ein Arginin (R) und ein Lysin (K), sollen die Bindungsstellen für die anionischen Substrate darstellen (**Abb. 14.48**).

Der Saccharosebiosyntheseweg verläuft im Cytoplasma (**Abb. 14.49**) und beginnt entweder mit Triosephosphat (im Licht) oder Glucose (im Dunkeln). Im Licht wird ausgehend von zwei Molekülen Triosephosphat zunächst Fructose-1,6-bisphosphat (FBP) gebildet (**Aldolasereaktion**). Im zweiten Schritt wird ein Phosphatrest von FBP abgespalten wodurch Fructose-6-phosphat (F6P) entsteht. An der Konversion zwischen FBP und F6P sind drei Enzyme beteiligt, die **Fructose-1,6-Bisphosphatase** (FBPase), die zur Bildung von F6P führt, die **ATP-Fructose-6-phosphat-Kinase** (ATP-PFK), die die Rückreaktion katalysiert und die **PP$_i$-Fructose-6-phosphat-Kinase** (PP$_i$-PFK), die je nach PP$_i$-Gehalt beide Reaktionen ausführen kann. Ein Teil des F6P wird anschließend zu Glucose-6-phosphat (G6P) isomerisiert (**Phosphoglucoisomerase**, PGI). Das gebildete G6P wird über Glucose-1-phosphat (Reaktion der **Phosphogluco-**

mutase) in Uridindiphosphoglucose (UDPG) durch die **UDP-Glucose-Pyrophosphorylase** (UGPase) überführt. Ausgehend von F6P und UDPG wird Saccharosephosphat gebildet (**Saccharosephosphat-Synthase**-Reaktion), das von der **Saccharosephosphat-Phosphatase** unter Bildung von Saccharose dephosphoryliert wird. Dieser letzte Schritt ist irreversibel und stellt eine effiziente Synthese der Saccharose sicher. Im Dunkeln startet die Saccharosesynthese durch die beim Stärkeabbau gebildete Glucose. Hierzu wird die Glucose durch die Hexokinase phosphoryliert und G6P gebildet. G6P wird wie oben beschrieben in Saccharose überführt (**Abb. 14.49**). Die gebildete Saccharose wird im Phloem zu Verbrauchs-und Speicherorten transportiert (Assimilattransport, ▶ Abschn. 14.7). Saccharose besitzt als Zucker vom Trehalosetyp kein reduzierendes Ende und ist chemisch inert. Saccharose ist daher ein geeigneter Transportmetabolit im Unterschied zu den freien Hexosen, die aufgrund ihrer Carbonylfunktion chemisch reaktiv sind und deren Halbacetalformen in wässriger Lösung isomerisieren.

Neben der Saccharose wird Stärke als primäres Photo-

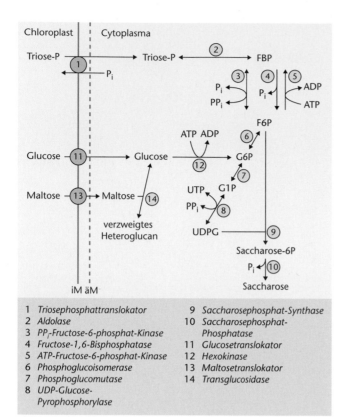

□ Abb. 14.49 Enzymatische Schritte der Saccharosebiosynthese in Mesophyllzellen des Blatts. – iM innere Membran, äM äußere Membran

1 *Triosephosphattranslokator*	9 *Saccharosephosphat-Synthase*
2 *Aldolase*	10 *Saccharosephosphat-*
3 *PP$_i$-Fructose-6-phosphat-Kinase*	*Phosphatase*
4 *Fructose-1,6-Bisphosphatase*	11 *Glucosetranslokator*
5 *ATP-Fructose-6-phosphat-Kinase*	12 *Hexokinase*
6 *Phosphoglucoisomerase*	13 *Maltosetranslokator*
7 *Phosphoglucomutase*	14 *Transglucosidase*
8 *UDP-Glucose-*	
Pyrophosphorylase	

syntheseprodukt im Blatt gebildet. Hierzu werden Triosephosphat über plastidäre Isoformen der cytoplasmatischen Enzyme Aldolase, FBPase, Phosphoglucoisomerase und -mutase im Stroma der Chloroplasten die Bildung in G1P überführt (□ Abb. 14.50). G1P und ATP dienen der **ADP-Glucose-Pyrophosphorylase** (AGPase) als Substrat, die **Adenosindiphosphoglucose** (ADPG) und Pyrophosphat (PP$_i$) bildet. Im Prinzip ist die Reaktion der AGPase reversibel, allerdings wird die Reaktion durch die Hydrolyse des PP$_i$ irreversibel. Diese Reaktion wird von einer plastidären anorganischen **Pyrophosphatase** katalysiert. Die gebildete ADPG dient Stärke-Synthasen als Substrat. Stärke besteht aus zwei Glucosepolymeren, Amylose und Amylopektin.

Die Bildung von Amylose und Amylopektin wird durch das Zusammenspiel mehrerer Stärke-Synthase-Isoenzyme, Verzweigungsenzyme und Isoamylasen katalysiert. Die Stärke-Synthase überträgt aus ADP-Glucose unter Bildung einer (α1→6)-glykosidischen Bindung α-D-Glucopyranose auf das nichtreduzierende Ende einer (α1→4)-Glucankette; das Verzweigungsenzym ist eine Transglucosidase, die am nichtreduzierenden Ende einer (α1→4)-Glucankette ein fünf bis sieben Glucosen umfassendes Oligomer abspaltet und weiter im Inneren der

Kette in (α1→6)-glykosidischer Bindung wieder anfügt. Durch die gemeinsame Aktivität beider Enzyme entsteht das vom reduzierenden Ende nach außen sich zunehmend verzweigende Amylopektinmolekül. Kettenlängen und die Häufigkeit der Verzweigungsstellen werden durch **Isoamylasen** (Entzweigungsenzyme) angepasst, sodass sich charakteristische Stärkegranula bilden (▶ Abschn. 1.2.9.2, □ Abb. 1.82).

Darüber hinaus wird die Stärke durch Phosphorylierung weniger C3- oder C6-Kohlenstoffe modifiziert. Hierfür verantwortlich sind die Enzyme **α-Glucan-Wasser-Dikinase** und die **α-Phosphoglucan-Wasser-Dikinase**. Beide Enzyme übertragen einen Phosphatrest von ATP auf Glucane, wobei zusätzlich AMP und P$_i$ gebildet werden. Als Substrat dient im Wesentlichen entweder unphosphoryliertes Amylopektin (α-Glucan-Wasser-Dikinase) oder phosphoryliertes Amylopektin (α-Phosphoglucan-Wasser-Dikinase). Die Stärkephosphorylierung ist eine Voraussetzung für den Stärkeabbau.

Die Stärkemobilisierung erfolgt entweder phosphorolytisch oder hydrolytisch (□ Abb. 14.50), wobei der phosphorolytische Abbau im Blatt vermutlich eine untergeordnete Rolle spielt. Die **Stärke-Phosphorylase** spaltet unter Einlagerung von Phosphat die glykosidische Bindung vom nichtreduzierenden Ende einer (α1→4)-Glucankette ab, wobei Glucose-1-phosphat gebildet wird. Amylose kann ganz abgebaut werden, Amylopektin nur bis an die Verzweigungsstellen unter Bildung eines sogenannten **Grenzdextrins**. Der hydrolytische Stärkeabbau wird von **Amylasen** katalysiert. **α-Amylasen** sind Endoamylasen, die im Inneren von Amylose- und Amylopektinmolekülen angreifen und unter Umgehung der (α1→6)-glykosidischen Bindungen Stärke bis zu den Disacchariden Maltose bzw. Isomaltose – Glcp(α1→6)Glcp – abbauen können. Im Gegensatz zu diesen ubiquitär vorkommenden Amylasen findet man **β-Amylasen** nur bei Pflanzen. Diese Exoamylasen spalten vom nichtreduzierenden Ende Maltosen ab und können Amylose völlig, Amylopektin bis zum Grenzdextrin abbauen. Phosphorylierte Zucker stellen keine Substrate für die Amylasen dar. Deshalb müssen die eingeführten Phosphatgruppen durch Phosphoglucan-Phosphatasen abgespalten werden. In geringem Maß entsteht durch die β-Amylase das Trisaccharid Maltotriose, das kein weiteres Substrat für die Amylasen ist. Zwei Glucosereste der Maltotriose werden durch das Disproportionierungsenzym (D-Enzym) auf kurzkettige lineare Glucane übertragen, wodurch neue Substrate für den weiteren amylolytischen Abbau entstehen. Der dritte Glucoserest wird als Glucose freigesetzt. Die (α1→6)-glykosidischen Bindungen der Grenzdextrine werden von Isoamylasen gespalten.

Maltose und Glucose werden aus den Plastiden in das

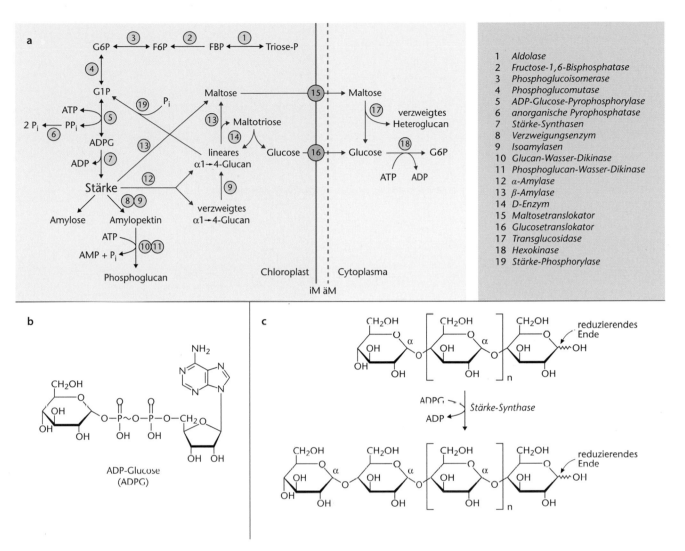

Abb. 14.50 Stärkemetabolismus im Blattmesophyll. **a** Schematische Darstellung der Stärkesynthese und des Stärkeabbaus im Blatt. Die dargestellte Metabolisierung der Stärke ist auf andere Organe nicht übertragbar und wurde im Detail bisher nur an der Modellpflanze *Arabidopsis thaliana* belegt. Im Getreidekorn verläuft die Mobilisierung der Speicherstärke gibberellingesteuert (Abb. 14.38). **b** Strukturformel der ADP-Glucose. **c** Stärke-Synthase-Reaktion. – iM innere Membran, äM äußere Membran

Cytoplasma exportiert. Hierfür befinden sich spezifische Transporter, Glucose- und Maltosetranslokatoren in der inneren Membran der Plastiden (Abb. 14.50). Im Cytoplasma wird die Glucose durch Hexokinasen unter ATP-Verbrauch phosphoryliert und dem Stoffwechsel zugeführt. Die gebildete Maltose wird nicht im Stroma metabolisiert, wie lange Zeit angenommen. Die hierfür erforderlichen Enzyme, Maltose-Phosphorylase oder Maltase, konnten bisher nicht in Plastiden nachgewiesen werden. Die Verwertung der Maltose verläuft über eine cytosolische Transglucosidase, die einen Zuckerrest der Maltose auf ein verzweigtes Heteroglucan überträgt und ein Molekül Glucose freisetzt, das anschließend über Hexokinasen phosphoryliert und in den Stoffwechsel eingeführt wird. Der weitere Umsatz des Heteroglucans im Stoffwechsel ist derzeit unklar. Wie oben beschrieben dient die cytosolische Glucose in der Dun-

kelheit unter anderem der Saccharosesynthese.

Der beschriebene Weg des Stärkeabbaus ist nicht auf alle Pflanzengewebe übertragbar. Der Abbau der Stärke im Stärkeendosperm der Graskaryopsen während der Keimung weicht deutlich von dem beschriebenen Schema ab. Hier erfolgt die Bildung der α-Amylasen in der Aleuronschicht auf ein hormonelles Signal (Gibberellin, Abb. 14.38) des Embryos hin.

Die im Blatt produzierte Saccharose dient in den meisten Pflanzen der Versorgung photosynthetisch nicht ausreichend aktiver oder inaktiver Organe. Pflanzengewebe können aufgrund ihrer Primärstoffwechselleistung in Source- und Sink-Organe eingeteilt werden. Source-Organe wie ausgewachsene Blätter produzieren einen Überschuss an Assimilaten und sind deshalb Nettoexporter von Assimilaten. Sink-Organe wie junge Blätter, Wurzeln oder sich entwickelnde Samen hinge-

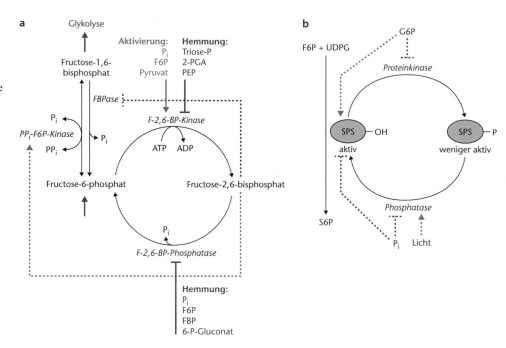

Abb. 14.51 **a** Regulation der Umwandlung von Fructose-1,6-bisphosphat und Fructose-6-phosphat durch den Signalmetaboliten Fructose-2,6-bisphosphat. **b** Allosterische und posttranslationale Regulation der Saccharosephosphat-Synthase (SPS) durch Glucose-6-phosphat und Phosphat bzw. reversible Proteinphosphorylierung

gen produzieren keine ausreichenden Mengen an Assimilaten und sind daher auf den Import angewiesen. Der Transport der Assimilate erfolgt im Phloem. Hierzu wird die Saccharose in das Phloem geladen und über das Leitungsbahnsystem innerhalb der Pflanze verteilt (Assimilattransport ▶ Abschn. 14.7). Im Zielgewebe angekommen wird die Saccharose entweder symplastisch oder apoplastisch entladen und in den Stoffwechsel eingeführt (▶ Abschn. 14.7.4, Phloementladung).

14.4.5 Regulationsmechanismen bei der photosynthetischen Kohlenhydratproduktion und -verteilung

Einige Regulationsvorgänge, insbesondere im Zusammenhang mit der Lichtregulation des Calvin-Zyklus, wurden bereits erwähnt. Zusätzlich unterliegen die Enzyme, die die irreversiblen Reaktionen des Calvin-Zyklus katalysieren, einer Regulation durch Endprodukthemmung (□ Abb. 14.45). Durch diese Feinregulation wird die Akkumulation nicht unmittelbar benötigter Stoffwechselintermediate vermieden. Die Abstimmung der Stoffwechselaktivitäten von Chloroplast und Cytoplasma während der Licht- und Dunkelphase bedarf jedoch einer weitergehenden Kontrolle. Diese dient insbesondere dazu, die Verteilung der Triosephosphate dem Bedarf optimal anzupassen. So würde eine übermäßige Entnahme von Triosephosphat aus dem Calvin-Zyklus zur Synthese von Stärke bzw. Saccharose die Regeneration des CO_2-Akzeptors Ribulose-1,5-bisphosphat gefährden und damit den Zyklus zusammen-

brechen lassen. Angriffspunkte der Regulation sind für die Saccharosesynthese die cytoplasmatische Fructose-1,6-bisphosphat-Phosphatase und die Saccharosephosphat-Synthase und für die Stärkesynthese die plastidäre ADP-Glucose-Pyrophosphorylase (AGPase).

Bei Belichtung steigt der Triosephosphatgehalt in den Chloroplasten an, wohingegen der Phosphatgehalt sinkt. Zur Aufrechterhaltung der ATP-Synthese ist es wichtig, das Phosphat wieder aufzufüllen. Dies geschieht teilweise durch den Export von Triosephosphaten in das Cytoplasma im Austausch gegen anorganisches Phosphat. Ein Absinken des cytoplasmatischen Phosphatgehalts und ein Anstieg an Triosephosphaten führt zu einer Aktivierung der Saccharosebiosynthese durch die Erhöhung der Fructose-1,6-bisphosphat-Phosphatase-(FBPase-) und der Saccharosephosphat-Synthase-(SPS-)Aktivitäten. Die Aktivität der FBPase wird durch den Signalmetaboliten **Fructose-2,6-bisphosphat** (F2,6BP) negativ reguliert. Die Menge an F2,6BP wird durch die relativen Aktivitäten der **Fructose-2,6-bisphosphat-Kinase-**(PFK2-) und der **Fructose-2,6-bisphosphat-Phosphatase**-(FBPase2-) Domänen eines ca. 80 kDa großen, bifunktionellen Enzyms bestimmt, deren Aktivitäten eng an den Metabolitgehalt im Cytoplasma angepasst werden (□ Abb. 14.51a). Die Aktivität der PFK2 wird durch Triosephosphate, PEP, 2-PGA und PP_i gehemmt, wohingegen sie durch P_i, Fructose-6-phosphat und Pyruvat aktiviert wird. Dies stellt sicher, dass bei Belichtung (hoher Triosephosphatgehalt und niedriger Phosphatgehalt) kein F2,6BP gebildet wird. Zusätzlich unterliegt die FBPase2 auch einer metabolischen Regulation und wird durch P_i, Fructose-6-phosphat, Fructose-1,6-bisphosphat sowie 6-Phosphogluconat gehemmt, sodass die Phosphatase bei Belichtung aktiviert und das vorhandene F2,6BP zu F6P abbaut wird (◨ Abb. 14.51a). Dies führt zu einer erhöhten Produktion von F6P, das zur Synthese von Saccharose verwendet werden kann.

Neben seiner hemmenden Wirkung auf die FBPase aktiviert F2,6BP die PP_i-Fructose-6-phosphat-Kinase. Da die PP_i-Fructose-6-phosphat-Kinase *in vivo* im Wesentlichen ein glykolytisches Enzym ist, führt das Absenken des F2,6BP-Gehalts zu einer Hemmung der Glykolyse wodurch im Licht mehr Triosephosphate in die Saccharosesynthese eingespeist werden. Im Dunkeln kehrt sich der Prozess um, sodass der F2,6BP-Gehalt durch steigende PFK2- und gehemmte FBPase2-Aktivität zunimmt, wodurch die FBPase-Aktivität sinkt und die PP_i-Fructose-6-phosphat-Kinase-Aktivität steigt. Auf diese Weise kommt eine sehr fein abgestimmte metabolische Kontrolle der Triosephosphatverwertung zustande (◨ Abb. 14.51a).

Hinzu kommt, dass die Saccharosephosphat-Synthase-Aktivität einer posttranslationalen und metabolischen Regulation unterliegt (◨ Abb. 14.51b). Hierbei wird die Aktivität durch Glucose-6-phosphat (ein Indikator für ausreichende Hexoseversorgung des Cytoplasmas) erhöht und durch ansteigenden Phosphatgehalt gehemmt. Da G6P im Gleichgewicht mit F6P steht wird sichergestellt, dass sich die SPS-Aktivität dem Substratangebot anpasst. Zusätzlich wird sie durch reversible Proteinphosphorylierung eines spezifischen Serinrests reguliert. Das Enzym wird durch eine SPS-Kinase phosphoryliert und damit in eine wenig aktive Form überführt. Die Kinase wird durch G6P gehemmt, sodass bei ausreichender Substratversorgung keine Phosphorylierung stattfindet. Die Dephosphorylierung wird durch eine SPS-Phosphatase katalysiert, deren Aktivität durch Phosphat gehemmt und durch Licht erhöht wird (◨ Abb. 14.51b). Dies führt dazu, dass SPS bei Belichtung von der phosphorylierten (wenig aktiven) in die dephosphorylierte Form überführt wird, sofern durch die Photosynthese in Chloroplasten genügend Triosephosphat produziert und im Austausch gegen Phosphat in das Cytoplasma transportiert wurde. Hierdurch wird sichergestellt, dass die SPS- und die FBPase-Aktivität bei Belichtung im Gleichschritt laufen können. Ein scheinbarer Widerspruch ist, dass auch bei Dunkelheit Saccharosesynthese stattfindet, obwohl sowohl die FBPase als auch die SPS in der Dunkelheit inaktiviert werden sollten. Dieser scheinbare Widerspruch lässt sich dadurch auflösen, dass für die Synthese der Saccharose bei Dunkelheit nicht Triosephosphate, sondern Hexosephosphat eingesetzt wird, wodurch der lichtregulierte FBPase-Schritt umgangen wird. Die Aktivität der SPS wird vornehmlich durch Metabolite gesteuert und ist deshalb weniger lichtreguliert. Dies wird in zweikeimblättrigen Pflanzen wahrscheinlich durch unterschiedliche SPS-Isoenzyme bewerkstelligt, von denen vermutlich eines nicht der Dunkelinaktivierung durch Phosphory-

lierung unterliegt und für die Enzymaktivität in der Dunkelheit verantwortlich ist.

Weniger gut verstanden ist die Regulation der Stärkebildung im Chloroplasten. Die Aktivität der ADP-Glucose-Pyrophosphorylase wird durch D-3-Phosphoglycerat gesteigert. Ein Anstieg des Phosphoglyceratspiegels im Stroma ist ein Anzeichen dafür, dass mehr CO_2 fixiert wird als in Form des Reaktionsproduktes D-3-Phosphoglycerat zum Export in das Cytoplasma und zur Aufrechterhaltung des Calvin-Zyklus erforderlich ist. Durch Phosphat wird die ADP-Glucose-Pyrophosphorylase gehemmt. Ein Anstieg des Phosphats tritt insbesondere während der Dunkelphase auf, wenn keine Photophosphorylierung stattfindet. Dann fehlt auch der Aktivator D-3-Phosphoglycerat. Darüber hinaus gibt es Berichte, dass die AGPase einer Redoxregulation, ähnlich der Enzyme des Calvin-Zyklus, unterliegt. Das reduzierte Enzym (Licht) wird gegenüber dem oxidierten Enzym (Dunkel) bei geringeren D-3-Phosphoglycerat-Konzentrationen aktiviert und besitzt eine geringere Empfindlichkeit für Phosphat.

14.4.6 Photorespiration

In einer allerdings sehr signifikanten Nebenreaktion katalysiert die Rubisco die Fixierung eines O_2-Moleküls anstelle von CO_2, wobei ebenfalls Ribulose-1,5-bisphosphat als Akzeptor dient. Diese Oxygenasereaktion liefert im Unterschied zur Carboxylasereaktion nur ein Molekül D-3-Phosphoglycerat und einen C_2-Körper, 2-Phosphoglykolat (◨ Abb. 14.52). Bei intensiver Belichtung dürften ca. 20–30 % aller Reaktionen der Rubisco als Oxygenierungen ablaufen, bei hohen Temperaturen sogar bis zu 50 %. Der Grund für diese Temperaturabhängigkeit liegt darin, dass die Affinität der Rubisco für CO_2 mit steigender Temperatur sinkt und die Löslichkeit von CO_2 in wässriger Lösung zugleich stärker abnimmt als die von O_2. Die Pflanze betreibt einen erheblichen Aufwand, um den dem Calvin-Zyklus in Form von 2-Phosphoglykolat entzogenen Kohlenstoff zurückzugewinnen (◨ Abb. 14.52). Da dabei Sauerstoff verbraucht wird und CO_2 entsteht, wird der Prozess – wegen der formalen Ähnlichkeit zur Zellatmung – auch als **Lichtatmung** oder **Photorespiration** bezeichnet.

Offenbar handelt es sich bei der Oxygenasereaktion der Rubisco um eine Unzulänglichkeit in der Substratdiskriminierung, die bei der Evolution des Enzyms wegen der Abwesenheit von molekularem Sauerstoff in der Atmosphäre bedeutungslos und daher nicht der Selektion unterworfen war. Erst mit Auftreten der oxygenen Photosynthese reicherte sich der Sauerstoff allmählich in der Atmosphäre an. Obwohl seither ca. 1,5 Mrd. Jahre vergangen sind, ist eine evolutive Optimierung des katalytischen Zentrums der Rubisco offensichtlich nicht möglich gewesen, sodass ein komplexer biochemischer Mechanismus unter Beteiligung von drei Zellkompartimenten zur „Reparatur" des

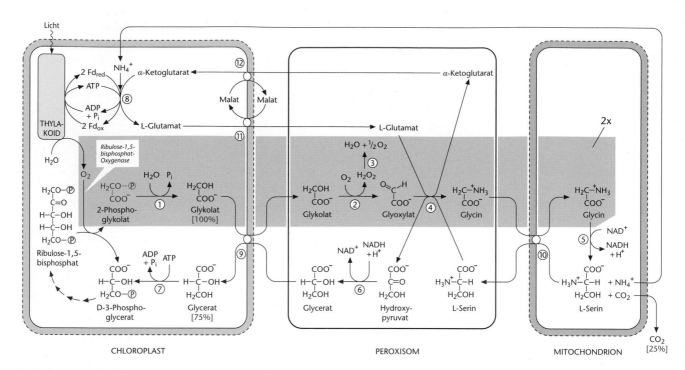

Abb. 14.52 Reaktionssequenz und Kompartimentierung der Photorespiration. Zur Bildung von Serin werden 2 Moleküle Glycin benötigt: Die Ribulose-1,5-bisphosphat-Oxygenase-Reaktion und die Bildung von Glycin aus 2-Phosphoglykolat werden also zweimal durchlaufen (orange unterlegt). – ① Phosphoglykolat-Phosphatase, ② Glykolat-Oxidase, ③ Katalase, ④ Serin-Glyoxylat-Aminotransferase und Glutamat-Glyoxylat-Aminotransferase, ⑤ Glycin-Decarboxylase-Komplex, ⑥ Hydroxypyruvat-Reduktase, ⑦ Glycerat-Kinase, ⑧ Glutamat-Synthase/Glutamin-Synthetase-Zyklus (Enzyme ▶ Abschn. 14.5.1), ⑨ Glycerat-Glykolat-Translokator, ⑩ Aminosäuretranslokator, ⑪ Malat-Glutamat-Translokator, ⑫ Malat-α-Ketoglutarat-Translokator. (Grafik: E. Weiler)

durch die Oxygenasereaktion der Rubisco entstehenden Schadens (Kohlenstoffverlusts) entwickelt werden musste. Daneben wird diskutiert, dass die Photorespiration ein zusätzlicher Schutzmechanismus vor oxidativer Schädigung der Photosysteme sein könnte. Dies dürfte dann bedeutsam sein, wenn bei Wassermangel und somit geschlossenen Stomata wenig CO_2 verfügbar ist, aber bei hoher Lichteinstrahlung dennoch viel ATP und NADPH gebildet wird und der O_2-Partialdruck (Photolyse!) hoch ist. Die Photorespiration dient dann der Beseitigung von O_2, ATP und NADPH und der internen Freisetzung von CO_2, sodass der Calvin-Zyklus aufrechterhalten werden kann.

Die Reaktionen der Photorespiration finden im Chloroplasten, Peroxisom und Mitochondrion statt. In Mesophyllzellen liegen Peroxisomen, Chloroplasten und Mitochondrien häufig sehr dicht beieinander (◻ Abb. 14.53).

Die Reaktionsfolge der Photorespiration kann ◻ Abb. 14.52 entnommen werden. In der Bilanz werden 2 Moleküle Phosphoglykolat (2 × 2 C-Atome) in 1 Molekül D-3-Phosphoglycerat überführt und dieses zur Auffüllung des Calvin-Zyklus verwendet. Demnach werden 75 % des in Form von 2-Phosphoglykolat dem Zyklus entzogenen Kohlenstoffs (3 von 4 C-Atomen) zurückgewonnen, ein Viertel des Kohlenstoffs wird bei der Bildung von L-Serin aus 2 Glycin in den Mitochondrien als CO_2 freigesetzt. Das in der **Glycin-Decarboxylase**-Reaktion ebenfalls gebildete NH_4^+-Ion wird mit großer Effizienz im Chloroplasten unter Bil-

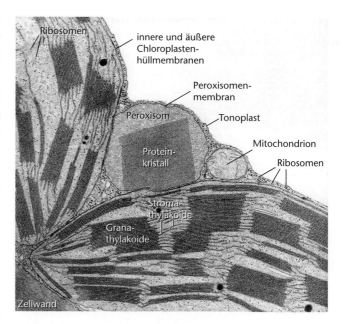

Abb. 14.53 Organellen in der Mesophyllzelle eines Tabakblatts (Ausschnitt, 17.000 ×). (Nach B.E.S. Gunning und M.W. Steer)

dung von Glutamat refixiert. Diese Reaktion wird in ▶ Abschn. 14.5 genauer besprochen. Die Glycin-Decarboxylase ist ein Multienzymkomplex mit Ähnlichkeit zur mitochondrialen Pyruvat-Dehydrogenase und

14

kann bis zu 30–50 % des gesamten mitochondrialen Matrixproteins in grünen Pflanzenteilen ausmachen, wohingegen das Enzym in nichtgrünen Geweben nicht oder nur in geringen Mengen vorkommt. Dies verdeutlicht den großen Aufwand, den die Pflanze zur Durchführung der Photorespiration treibt. In erheblicher Menge kommt in den Peroxisomen das Enzym **Katalase** vor. Die bisweilen in den Peroxisomen elektronenmikroskopisch sichtbaren kristallinen Einschlüsse bestehen aus Katalase. Das Enzym katalysiert die Disproportionierung des in der **Glykolat-Oxidase**-Reaktion anfallenden Wasserstoffperoxids (H_2O_2) zu H_2O und $\frac{1}{2}$ O_2 und verhindert so Zellschädigungen durch das starke Oxidationsmittel.

Der Metabolitaustausch zwischen den an der Photorespiration beteiligten Kompartimenten wird durch Translokatoren der inneren Chloroplasten- bzw. Mitochondrienmembran bewerkstelligt. Der Stoffaustausch über die – einfache – Peroxisomenmembran soll über **Porine** erfolgen, die relativ unselektiv den Durchtritt niedermolekularer Verbindungen ermöglichen.

Die Photorespiration ist erheblich energieaufwendiger als die CO_2-Fixierung. Pro CO_2 werden im Calvin-Zyklus insgesamt 3 ATP und 2 NADPH aufgewendet (► Abschn. 14.4.3). Um eine ausgeglichene Kohlenstoffbilanz zu erzielen (also infolge der Oxygenasereaktion keinen Kohlenstoffverlust zu erleiden), müssten die in zwei Oxygenasezyklen anfallenden Metaboliten (zweimal 2-Phosphoglykolat und zweimal D-3-Phosphoglycerat) verarbeitet und das entstehende CO_2 über die Rubisco refixiert werden. Da aus 2 Molekülen 2-Phosphoglykolat 1 Molekül D-3-Phosphoglycerat gebildet wird, wären also insgesamt (im Calvin-Zyklus) 3 Phosphoglycerat in 3 Triosephosphat zu überführen, 3 RuBP zu regenerieren, 1 CO_2 zu fixieren sowie die Extrakosten der Photorespiration zu begleichen (1 ATP: Glycerat-Kinase; 1 ATP und 2 Fd_{red} entsprechend 1 NADPH: zur Refixierung des NH_4^+). Zusammen ergibt sich pro 2 O_2 ein Bedarf von 10,5 ATP und 6 NADPH (pro O_2 also etwas mehr als 5 ATP und 3 NADPH) nur, um die Kohlenstoffbilanz ausgeglichen zu halten. Da das Verhältnis Carboxylierung/Oxygenierung im Blatt zwischen 2 : 1 und 4 : 1 liegt, ergibt sich durch die Photorespiration ein Mehrbedarf an ATP und NADPH von ca. 50 %. Etwa ein Drittel der von den Antennen bereitgestellten Excitonenenergie geht also zu Lasten dieser Nebenreaktion.

14.4.7 Aufnahme von CO_2 in die Pflanze

Die natürliche CO_2-Konzentration in der Atmosphäre beträgt zurzeit ca. 0,041 Volumenprozent (400 ppm). Mitte der 1960er-Jahre waren es ca. 320 ppm. Seither ist die mittlere CO_2-Konzentration der Atmosphäre nahezu linear auf den heutigen Wert angestiegen. Zwischen der Umgebungsluft und der Interzellularenluft besteht nur ein sehr flacher Konzentrationsgradient; er genügt nicht, um das CO_2 bei geschlossenen **Stomata** durch die Diffusionsbarrieren der Cuticula und der Epidermis zu treiben. Dies ist anders bei der O_2-Aufnahme bei der Atmung: Der steile Konzentrationsgradient zwischen der Außenluft (ca. 21 Volumenprozent, 210.000 ppm) und den atmenden Mitochondrien (nahe 0 %) ermöglicht eine Diffusionsrate, die ausreicht, den O_2-Bedarf nicht zu voluminöser Organe auch bei geschlossenen Stomata zu decken. CO_2 gelangt somit nur über die geöffneten Stomata in die Pflanze und der Öffnungszustand der Stomata beeinflusst die Photosynthese entscheidend. Da wegen der nicht sehr hohen Affinität der Rubisco für CO_2 (10–15 µM, ► Abschn. 14.4.1) die natürliche CO_2-Konzentration (und die Konzentration des damit im Gleichgewicht stehenden, im Wasser gelösten CO_2, bei 25 °C ca. 10 µM) suboptimal für das Enzym sind, ist ein möglichst geringer Diffusionswiderstand der Stomata (eine möglichst große Porenweite) während laufender Photosynthese zur effektiven CO_2-Versorgung der Chloroplasten erforderlich. Da dies zu einem gleichzeitigen, erheblichen Wasserverlust durch stomatäre Transpiration führt, ist die Wasserversorgung für die Photosyntheseleistung der Pflanze ebenfalls entscheidend. Pro Molekül fixiertem CO_2 gehen 500–2000 Moleküle Wasser verloren. Der Öffnungszustand der Stomata wird außer von der Wasserversorgung und von der CO_2-Konzentration im Blatt auch vom Licht und von der Temperatur reguliert. Stomata (► Abschn. 2.3.2.1, ► Abschn. 14.2.4 und ► Abschn. 15.3.2.5) fungieren als regulierbare, turgorgesteuerte Ventile (◘ Abb. 14.54). Die unmittelbare Ursache der Spaltöffnungsbewegung ist in jedem Fall eine Differenz des Turgors in den **Schließzellen** und den angrenzenden Zellen, die **Nebenzellen** genannt werden, wenn sie morphologisch besonders ausgebildet sind (► Abschn. 2.3.2.1). Eine Turgorerhöhung in den Schließzellen gegenüber den umliegenden Zellen führt zu einer Stomaöffnung, eine Turgorerniedrigung zum Spaltenschluss. Die regulierten Turgoränderungen in den Schließzellen gehen auf Veränderungen des osmotischen Potenzials in den Zellen zurück, die insbesondere auf Veränderungen der Konzentrationen an Kaliumionen (K^+) und Chloridionen (Cl^-) und/oder

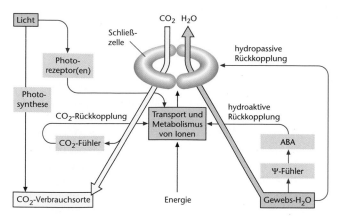

◘ Abb. 14.54 Vereinfachtes Schema des Rückkopplungssystems der Stomata. Nicht gezeigt ist die Temperatursteuerung. Weitere Erläuterungen im Text. – Ψ Wasserpotenzial; ABA Abscisinsäure. (Nach K. Raschke, ergänzt)

Malationen (Malat^{2-}) als Gegenionen beruhen. Sie werden durch mehrere miteinander in Wechselwirkung stehende Regelkreise kontrolliert, in denen die Schließzellen als Stellglieder funktionieren.

Das osmotische Potenzial der Schließzellen wird zum einen über das verfügbare Gewebewasser reguliert. Die Natur des Wasserpotenzialsensors (Ψ-Fühler) ist unbekannt. Bei Unterschreiten bestimmter Schwellenwerte des Wasserpotenzials (−0,7 bis −1,8 MPa im Blatt) wird das Phytohormon Abscisinsäure (ABA, engl. *abscisic acid*, ▶ Abschn. 12.7) ausgeschüttet, das den Spaltenschluss innerhalb weniger Minuten induziert. Neben dieser hydroaktiven Rückkopplung reagieren Stomata bisweilen hydropassiv, d. h. ohne Veränderungen ihres osmotischen Potenzials. Dies ist dann der Fall, wenn Schließzellen und benachbarte Zellen in unterschiedlichem Ausmaß Wasser verlieren bzw. aufnehmen. So nehmen z. B. die Epidermiszellen einer unter Wassermangel leidenden Pflanze bei Beregnung schneller Wasser auf als die Schließzellen. Der dadurch gegenüber den Schließzellen verstärkte Turgor der Epidermiszellen bewirkt einen hydropassiven Spaltenschluss.

Schließzellen reagieren auf die CO_2-Konzentration innerhalb des Blatts. Der Sensormechanismus ist wahrscheinlich in den Schließzellen lokalisiert, seine genaue Natur ist noch ungeklärt. Ein Abfall der CO_2-Konzentration in den Schließzellen führt zu einer Erhöhung des osmotischen Potenzials der Schließzellen, nachfolgendem Wassereinstrom unter Volumenzunahme der Zellen und Öffnung der Stomata. Bei ansteigender CO_2-Konzentration in den Schließzellen wird das osmotische Potenzial der Schließzellen erneut abgesenkt, die Spalten schließen sich.

Licht wirkt einerseits direkt über Blaulichtrezeptoren auf die Schließzellen und bewirkt eine Erhöhung des osmotischen Potenzials der Schließzellen und damit die Öffnung der Poren. Licht wirkt jedoch zusätzlich indirekt öffnend, da im Licht die einsetzende Photosynthese zu einer Absenkung der CO_2-Konzentration in den Interzellularen und damit auch in den Schließzellen führt.

Im Allgemeinen entspricht die Temperaturabhängigkeit der Spaltenöffnung derjenigen der Photosynthese. Bei gut mit Wasser versorgten Pflanzen kann die CO_2-Abhängigkeit der Spaltenbewegung bei hohen Temperaturen verloren gehen. Dies ist ökologisch zweckmäßig, weil die Transpirationskühlung dadurch bei hohen Temperaturen eine Überhitzung des Blatts verhindert und die Blattemperatur möglichst nahe an der für die Photosynthese optimalen Temperatur gehalten werden kann.

Der Öffnungszustand der Stomata kann selbst an ein und demselben Blatt schwanken. Die Schließzellen antworten auf die lokalen Gegebenheiten. Dies ermöglicht der Pflanze eine äußerst ökonomische Optimierung des Gaswechsels.

Der Mechanismus der Stomatabewegung und seine Kontrolle sowie Abweichungen von den allgemeinen Gegebenheiten bei Pflanzen mit Zusatzmechanismen zur Photosynthese (▶ Abschn. 14.4.8 und 14.4.9) werden später behandelt (▶ Abschn. 15.3.2.5).

Die Aufnahme von CO_2 in die Pflanze lässt sich durch eine abgeleitete Form des 1. Fickschen Diffusionsgesetzes beschreiben:

$$J_{CO_2} = \frac{\Delta c_{CO_2}}{\Sigma r} \tag{14.11}$$

Die Diffusionsrate für CO_2 (J_{CO_2}) ist demnach proportional zu seinem Konzentrationsgefälle (Δc_{CO_2}) und umgekehrt proportional zum Diffusionswiderstand (r), der sich aus einer Summe einzelner Diffusionswiderstände ergibt (◘ Abb. 14.55). In Luft kann CO_2 (wie auch O_2) etwa 10^5-mal so schnell diffundieren wie in Wasser (CO_2 in der Gasphase 1 cm s^{-1}, in wässriger Phase 10^{-5} cm s^{-1}). Es ist für die Pflanze deshalb von Vorteil, mit der Umgebung auszutauschende Gase möglichst bis unmittelbar zu den Reaktionsorten in der Gasphase zu halten. Dazu dient das Interzellularensystem (▶ Abschn. 2.3.1, ◘ Abb. 2.9).

Zu den Widerständen, die das CO_2 auf seinem Weg zu den photosynthetisierenden Chloroplasten in Kormophyten zu überwinden hat (◘ Abb. 14.55), zählt der Grenzschichtwiderstand, der proportional der Dicke der Grenzschicht ist, d. h. der blattnahen Luftschicht bzw. der ruhenden Wasserschicht bei Wasserpflanzen, in der keine konvektiven Transporte vonstatten gehen. Bei ruhender Luft kann sie einige Millimeter dick sein, bei starkem Wind bzw. starker Strömung völlig verschwinden. Die Dicke und Beständigkeit der Grenzschicht hängen auch vom Blattbau (z. B. von der Behaarung) ab. Bei hohem Grenzschichtwiderstand kann das CO_2 aus dieser Schicht schneller in das Blattinnere gelangen als es von außen ersetzt wird, sodass die blattnächste

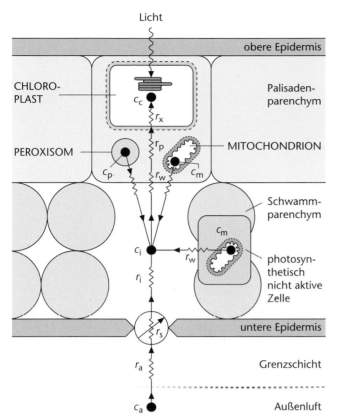

Abb. 14.55 CO_2-Konzentrationsgefälle und Transportwiderstände in einem Laubblatt einer hypostomatischen C_3-Pflanze bei der Photosynthese. Es stellt sich ein CO_2-Konzentrationsgefälle von der Außenluft (c_a) über die Interzellularenluft (c_i) zum Minimum am Ort der Carboxylierung (c_c) ein. In das Interzellularensystem wird CO_2 nicht nur von außen, sondern auch durch die Atmung in den Mitochondrien (c_m) und die Photorespiration in den Peroxisomen (c_p) zugeführt. Als Transportwiderstände sind eingeschaltet: der Grenzschichtwiderstand r_a, der regulierbare stomatäre Widerstand r_s, Diffusionswiderstände in den Interzellularen r_i, Widerstände beim Lösungsvorgang und Transport des CO_2 in der flüssigen Phase der Zellwand r_w und im Protoplasma r_p – r_x Carboxylierungswiderstand. (Nach W. Larcher)

Luftschicht an CO_2 verarmt. Der praktisch unüberwindliche cuticuläre Widerstand wird bei der CO_2-Diffusion dadurch umgangen, dass das Gas durch die Stomata eindringt. Der stomatäre Diffusionswiderstand ist von der Pflanze physiologisch regulierbar und schwankt in weiten Grenzen. Bei weit geöffneten Stomata ist er vier- bis fünfmal geringer als der Mesophyllwiderstand, der sich aus dem Diffusionswiderstand im Interzellularensystem, dem Grenzflächenwiderstand beim Übertritt in die flüssige Phase in den Zellwänden (z. B. der Palisadenzellen) und dem Diffusionswiderstand innerhalb des Cytoplasmas und der Chloroplasten zusammensetzt. Da die Steilheit des CO_2-Gradienten letztlich durch die Leistungsfähigkeit des Carboxylierungssystems bestimmt wird, spricht man schließlich auch noch von einem Carboxylierungswiderstand (der kein Diffusionswiderstand ist).

Die Pflanze vermag die CO_2-Konzentration in den Interzellularen durch Änderung des stomatären Diffusionswiderstands weitgehend konstant zu halten, sofern diese Regulierung nicht durch Störgrößen (z. B. Wassermangel) beeinträchtigt wird (▶ Abschn. 15.3.2.5).

C_4-Pflanzen (▶ Abschn. 14.4.8) und CAM-Pflanzen (▶ Abschn. 14.4.9), Pflanzen arider und warmer Gebiete, haben Zusatzmechanismen entwickelt, die eine bessere Effizienz der Wassernutzung erlauben und Transpirationskoeffizienten von bis hinab zu etwa 200 (C_4-Pflanzen) bzw. 30 (einige CAM-Pflanzen) (▶ Abschn. 14.2.4.1) erzielen. Dies wird erreicht durch einen CO_2-Vorfixierungsmechanismus, der so kompartimentiert ist, dass er als „CO_2-Pumpe" für den Calvin-Zyklus dient. Die Kompartimentierung erfolgt bei den C_4-Pflanzen räumlich und bei den CAM-Pflanzen zeitlich. Als Ergebnis können C_4-Pflanzen ihre Stomata während der Lichtphase enger geschlossen halten als C_3-Pflanzen und so ihren Wasserverbrauch reduzieren. CAM-Pflanzen verlegen die CO_2-Vorfixierung in die kühlere Dunkelphase und reduzieren dadurch ihre Transpiration. Diese Prozesse werden in den beiden folgenden Kapiteln näher betrachtet.

14.4.8 Vorgeschaltete CO_2-Fixierung bei C_4-Pflanzen

Im Gegensatz zu C_3-Pflanzen ist das erste fassbare Photosyntheseprodukt bei den C_4-Pflanzen nicht der C_3-Körper D-3-Phosphoglycerat, sondern ein C_4-Körper. Primär entsteht Oxalacetat und aus diesem rasch entweder Malat oder Aspartat (▶ Abb. 14.56); Phosphoglycerat tritt erst zu einem etwas späteren Zeitpunkt auf.

Die meisten C_4-Pflanzen zeichnen sich durch eine besondere Blattanatomie aus (**Kranzanatomie**): Die Leitbündel sind kranzförmig von einer Scheide aus großen Zellen (**Bündelscheidenzellen**) umgeben, deren Chloroplasten sich von denen der **Mesophyllzellen** durch ihre Größe, bei den Malatbildnern durch das Fehlen von Grana und durch reichliche Stärkebildung unterscheiden (**Chloroplastendimorphismus**) (▶ Abb. 14.57 und 14.58). Das Mesophyll umgibt die Bündelscheiden und ist nicht in Schwamm- bzw. Palisadenparenchym differenziert. Bei Mesophyll- und Bündelscheidenzellen besteht ein hohes Maß an funktionaler Spezialisierung, was an dem unterschiedlichen Vorkommen wichtiger Enzyme in den beiden Zelltypen deutlich wird (▶ Tab. 14.13). Beide Zelltypen sind durch zahlreiche Plasmodesmen miteinander verbunden. Oft, jedoch nicht immer, ist der apoplastische Stoffaustausch zwischen beiden Zelltypen durch eine undurchlässige Suberinschicht in der Zellwand, die Mesophyllzellen von Bündelscheidenzellen trennt, unterbunden.

Der C_4-Körper wird im Mesophyll gebildet. Aus Phosphoenolpyruvat und HCO_3^- entsteht zunächst Oxalacetat (▶ Abb. 14.56). Die Reaktion wird von dem Enzym **Phosphoenolpyruvat-Carboxylase** (**PEP-Carboxylase**) katalysiert. In seiner Affinität zum HCO_3^- ($K_m \approx 10$ µM)

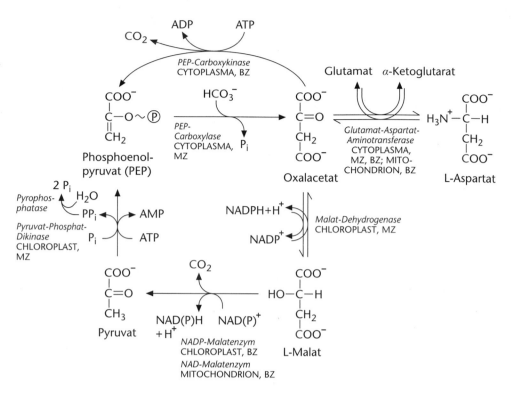

Abb. 14.56 Reaktionen im Zusammenhang mit der Carboxylierung von Phosphoenolpyruvat bei der Photosynthese von C$_4$-Pflanzen. Zur Beteiligung der einzelnen Reaktionen bei den verschiedenen Typen von C$_4$-Photosynthese: Tab. 14.14 und Text. – BZ Bündelscheidenzelle, MZ Mesophyllzelle. (Grafik: E. Weiler)

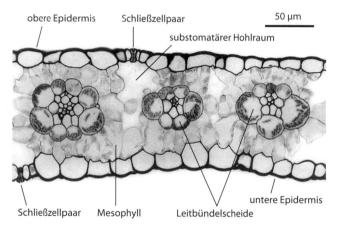

Abb. 14.57 Kranzanatomie bei einer C$_4$-Pflanze (*Zea mays*). Die Zellen der Leitbündelscheide umgeben im Blattquerschnitt kranzartig die Leitbündel und heben sich deutlich von den Mesophyllzellen ab. Die Chloroplasten der Bündelscheidenzellen sind deutlich größer als die der Mesophyllzellen. (Mit freundlicher Genehmigung von I. Dörr)

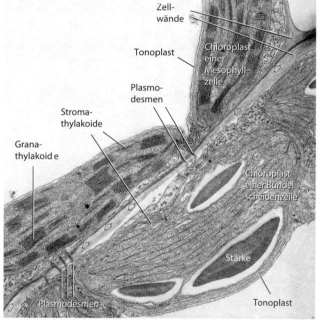

Abb. 14.58 Schnitt durch eine Mesophyll- und eine Leitbündelscheidenzelle (Ausschnitte) in einem Maisblatt. Die schräg durch das Bild verlaufende Zellwand enthält eine Korkschicht, die jede Bündelscheidenzelle umgibt und die unter anderem die CO$_2$-Diffusion aus der Bündelscheidenzelle stark reduziert. Stoffaustausch zwischen den beiden Zellen ist nur über die Plasmodesmen möglich (12.000 ×). (Nach B.E.S. Gunning und M.W. Steer)

unterscheidet es sich nicht sehr von der Affinität der Rubisco für CO$_2$ ($K_m \approx 10$–$15\ \mu M$). Da Rubisco jedoch in Chloroplasten von Mesophyllzellen nicht vorkommt, wird eine Konkurrenz beider Enzyme um das Substrat CO$_2$ vermieden.

Bei den **Malatbildnern** (Abb. 14.59) unter den C$_4$-Pflanzen, zu denen wichtige Kulturpflanzen, wie Mais, Zuckerrohr und Hirse zählen, erfolgt sofort die Weiterverarbeitung des gebildeten Oxalacetats zu L-Malat. Diese Reaktion katalysiert die im Chloroplasten vorliegende **NADP-spezifische Malat-Dehydrogenase**. Malat

wird über einen Translokator aus den Mesophyllzellchloroplasten exportiert und diffundiert über die Plasmodesmen in die Bündelscheidenzelle. Dort erfolgt, wieder über

Tab. 14.13 Bevorzugte Lokalisation einiger Enzyme in den beiden Chloroplastentypen von C4-Pflanzen. (Nach H. Kindl und G. Wöber; ergänzt)

Mesophyllchloroplasten	Bündelscheidenchloroplasten
PEP-Carboxylase	RubP-Carboxylase
NADP-Malat-Dehydrogenase	Malatenzym
Glutamat-Aspartat-Aminotransferase[1]	Aldolase
Pyruvat-Phosphat-Dikinase	Stärke-Synthase
NADP-Glycerinaldehydphosphat-Dehydrogenase	RubP-KinaseNADP-Glycerinaldehydphosphat-Dehydrogenase

[1]Chloroplasten mit hohem Spiegel an Malat-Dehydrogenase enthalten geringe Aminotransferaseaktivität und umgekehrt

einen spezifischen Translokator, die Aufnahme in die Chloroplasten und die Zerlegung in Pyruvat und CO_2. Diese Reaktion katalysiert unter Bildung von $NADPH+H^+$ das **Malatenzym** (■ Abb. 14.56 und 14.59). Bedingt durch die hohe Malatkonzentration im Stroma der Bündelscheidenzellen erreicht die Konzentration des freigesetzten CO_2 im Stroma Werte von ca. 70 µM. Dies gewährleistet eine effektive Fixierung durch die Ribulose-1,5-bisphosphat-Carboxylase. Das anfallende Pyruvat wird zurück in die Mesophyllzellen transportiert und dort im Chloroplasten durch **Pyruvat-Phosphat-Dikinase** (■ Abb. 14.56 und 14.59) in Phosphoenolpyruvat überführt, das durch den Triosephosphattranslokator im Austausch gegen Phosphat in das Cytoplasma transportiert wird und dort für eine erneute Fixierungsreaktion als Substrat bereitsteht (■ Abb. 14.59).

Im Gegensatz zu den Mesophyllzellen läuft in den Chloroplasten der Bündelscheidenzellen ein vollständiger Calvin-Zyklus ab. Da diesen Chloroplasten jedoch die Grana fehlen, ist die Aktivität von Photosystem II sehr gering, und die belichteten Thylakoide betreiben zyklischen Elektronentransport am Photosystem I und Cytochrom-b_6/f-Komplex. Dies führt zur ATP-Bildung, ohne dass $NADPH+H^+$ entsteht (► Abschn. 14.3.7). Die Hälfte des NADPH-Bedarfs des Calvin-Zyklus wird über das Malatenzym gedeckt. Malat transportiert demnach sowohl CO_2 als auch Reduktionsäquivalente (pro CO_2 ein NADPH-Äquivalent) vom Mesophyllchloroplasten in die Bündelscheidenchloroplasten. Pro fixiertem CO_2 werden jedoch 2 NADPH + 2 H^+ benötigt (► Abschn. 14.4.2). Man nimmt an, dass die Hälfte des gebildeten D-3-Phosphoglycerats die Bündelscheidenchloroplasten verlässt und in den Mesophyllchloroplasten zu Triosephosphat

reduziert wird, das unter Beteiligung des Triosephosphattranslokators in die Bündelscheidenchloroplasten reexportiert wird (■ Abb. 14.59).

Eine Konsequenz der fehlenden Photosystem-II-Aktivität in den Bündelscheidenchloroplasten ist die stark reduzierte bis fehlende Photolyse des Wassers. Die geringe Sauerstoffkonzentration im Stroma in Verbindung mit der erhöhten CO_2-Konzentration verhindert praktisch die Oxygenasereaktion der Rubisco. Dadurch wird die Photorespiration weitgehend unterdrückt. C_4-Pflanzen zeichnen sich daher gegenüber C_3-Pflanzen durch eine erhöhte Nettophotosyntheseleistung aus.

Die malatbildenden C_4-Pflanzen brauchen bei der Photosynthese nicht wie die C_3-Pflanzen 3 ATP und 2 NADPH + 2 H^+ pro CO_2, sondern 4 ATP und 3 NADPH + 3 H^+, und zwar 2 ATP + 2 NADPH + 2 H^+ in den Mesophyllchloroplasten und 2 ATP + 1 NADPH+H^+ in den Bündelscheidenchloroplasten. Dafür entfällt jedoch der Mehraufwand an Energie für die Photorespiration, sodass insgesamt C_3- und C_4-Pflanzen einen vergleichbaren Photosyntheseaufwand treiben. Bei niedrigeren Temperaturen und dann niedriger Photorespiration (► Abschn. 14.4.6) dürften C_3-Pflanzen gegenüber C_4-Pflanzen im Vorteil sein, bei hohen Temperaturen (>25 °C) sind wegen der zunehmenden Oxygenasereaktion der Rubisco jedoch C_4-Pflanzen im Vorteil. Hinzu kommt, dass die Rubisco wegen des CO_2-Konzentrierungsmechanismus noch mit Substrat versorgt werden kann, wenn bei Wasserknappheit die Öffnungsweite der Stomata zur Reduktion der Transpiration verringert werden muss oder wenn bei Lichtsättigung der Photosynthese auch bei völlig geöffneten Stomata CO_2-Mangel herrscht. Die Effektivität des CO_2-Vorfixierungsmechanismus durch die PEP-Carboxylase liegt nicht in der größeren Affinität des Enzyms für sein Substrat, sondern darin, dass im Stroma belichteter Chloroplasten (pH ≈ 8) das HCO_3^-/CO_2-Verhältnis etwa 50 : 1 beträgt. PEP-Carboxylase kann also – anders als die Rubisco – auf die in diesem Gleichgewicht dominante Molekülspezies zurückgreifen und noch eine positive Nettofixierung durchführen, wenn die Konzentration von wassergelöstem CO_2 bei engen Stomata unter den von Rubisco verwertbaren Spiegel absinkt.

Aus dem Gesagten wird deutlich, dass C_4-Pflanzen bei Wassermangel, hohen Temperaturen und hoher Sonneneinstrahlung gegenüber C_3-Pflanzen Vorteile besitzen. Sie kommen daher vor allem in warmen, trockenen und stark besonnten Gebieten vor. Im kalifornischen Death Valley sind 70 % aller Spezies C_4-Pflanzen. Es wurde errechnet, dass ca. 17 % der gesamten Landoberfläche von C_4-Pflanzen besiedelt sind und etwa 30 % der globalen Photosynthese von C_4-Pflanzen bestritten wird.

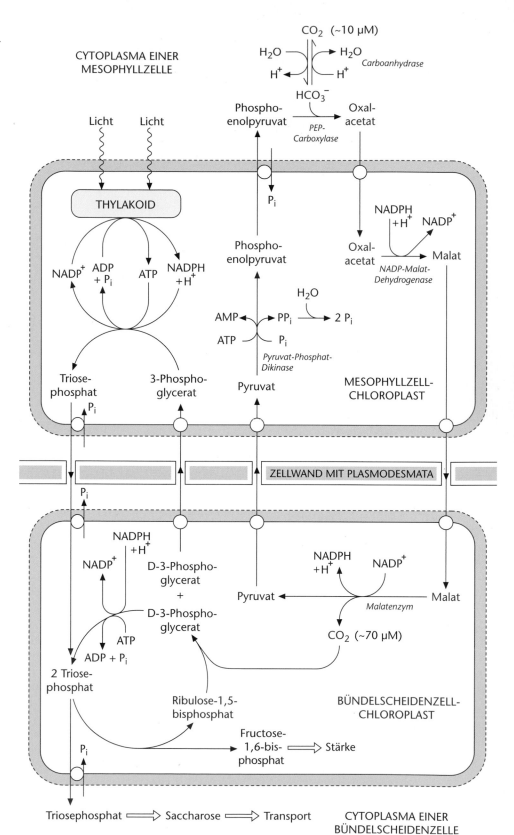

Abb. 14.59 Umsetzungen in den Mesophyll- und Bündelscheidenzellen und Substanzflüsse zwischen diesen Zellen im Blatt einer C$_4$-Pflanze vom Malattyp. (Grafik: E. Weiler)

□ Tab. 14.14 Untergruppen der C4-Arten hinsichtlich der Art und des Schicksals des primären CO_2-Fixierungsprodukts

primäres CO_2-Fixierungsprodukt (in MZ gebildet, zu BZ wandernd)	decarboxylie-rendes Enyzm	Reduktionsäquiva-lente bzw. ATP bei Decarboxylierung	Hauptwander-substanz BZ → MZ	cytologische Besonderheiten der BZ (bei Gräsern)	Art (Beispiele)
Malat	NADP-Malatenzym	Bildung von 1 NADPH pro CO_2	Pyruvat	Suberinlamelle vorhanden Chloroplasten mit reduzierten Grana, zentrifugal angeordnet	*Zea mays, Saccharum officinarum, Sorghum bicolor, Digitaria sanguinalis*
Aspartat	NAD-Malatenzym	Bildung von 1 NADPH pro CO_2	Alanin/Pyruvat	Suberinlamelle fehlt Chloroplasten mit Grana zentripetal angeordnet	*Amaranthus retroflexus, Portulaca oleracea, Panicum miliaceum*
Aspartat	PEP-Carboxykinase	Verbrauch von 1 ATP pro CO_2	PEP/Alanin	Suberinlamelle vorhanden Chloroplasten mit Grana, zerstreut o. zentrifugal	*Megathyrsus maximus, Chloris gayana*

MZ Mesophyllzellen, BZ Bündelscheidenzellen

Das Prinzip der „CO_2-Pumpe" und die damit verbundenen öko-physiologischen Vorteile gelten auch für die **Aspartatbildner** unter den C_4-Pflanzen. Diese unterscheiden sich strukturell und in eini-gen beteiligten Enzymen von den Malatbildnern (□ Tab. 14.14). Nach den CO_2-freisetzenden Reaktionen unterscheidet man Aspartatbildner des NAD-Malatenzym-Typs und solche des PEP-Carboxykinase-Typs. In beiden Fällen erfolgt die Aspartatbildung durch eine Glutamat-Aspartat-Aminotransferase im Cytoplasma der Mesophyllzellen. Dieses gelangt symplastisch über die Plasmodesmen in die Bündelscheidenzellen. Bei C_4-Pflanzen vom NAD-Malatenzym-Typ wird das Aspartat über einen Aminosäuretranslokator in die Mitochondrien transportiert und dort von einer Isoform der Glutamat-Aspartat-Aminotransferase in Oxalacetat umgewandelt, das dann über Malat in Pyruvat und CO_2 überführt wird. Malat-Dehydrogenase und Malatenzym sind NAD-spezifisch. Das freige-setzte CO_2 diffundiert aus den Mitochondrien in die Chloroplasten und wird durch die Rubisco fixiert. Pyruvat wird zunächst in Alanin überführt, aus den Mitochondrien der Bündelscheidenzelle exportiert (Aminosäuretranslokator) und im Cytoplasma der Mesophyllzelle erneut in Pyruvat umgewandelt. An der reversiblen Umwandlung von Pyruvat in Alanin sind zwei Isoformen der Alanin-Glutamat-Aminotransferase beteiligt. Das Pyruvat wird wie bei den Malatbildnern wieder in Phosphoenolpyruvat überführt.

Beim PEP-Carboxykinase-Typ der C_4-Pflanzen wird ein Teil des in den Bündelscheidenzellen freigesetzten CO_2 über Oxalacetat angeliefert, das durch PEP-Carboxykinase unter ATP-Verbrauch und CO_2-Freisetzung in Phosphoenolpyruvat umgewandelt wird. Das Oxalacetat wird bei diesen Pflanzen aus L-Aspartat gebil-det (□ Abb. 14.56). Die Reaktionen verlaufen im Cytoplasma der Bündelscheidenzellen. Ein kleinerer Teil des CO_2 wird durch die mitochondriale Isoform des NAD-Malatenzyms freigesetzt. Das Malat wird von den Mesophyllzellen in gleicher Weise synthetisiert und bereitgestellt, wie bei den Malatbildnern (□ Abb. 14.59). Ein Translokator sorgt für die Malataufnahme in das Mitochondrion.

Ein weiterer C_4-Typ findet sich in der Familie der Chenopodiaceae. Hier wird die C_4-Photosynthese innerhalb eines Zelltyps durchge-führt (engl. *single-cell C_4*). Dies gelingt durch die polare Anordnung spezialisierter Chloroplasten in den sogenannten Chlorenchymzellen (► Exkurs 19.10).

Der C_4-Stoffwechsel wird im Licht angeschaltet. Die PEP-Carboxylase wird bei Belichtung an einem Serin-rest phosphoryliert und so aktiviert. In dieser Form wird das Enzym erst durch hohe Malatkonzentratio-nen gehemmt. Das im Dunkeln vorliegende, dephos-phorylierte Enzym ist katalytisch nur wenig aktiv und wird bereits durch sehr geringe Konzentrationen an Malat stark inhibiert. Die NADP-spezifische Malat-De-hydrogenase wird im Licht durch Thioredoxin (□ Abb. 14.46) aktiviert, die Pyruvat-Phosphat-Diki-nase wird im Licht an einem Threoninrest dephos-phoryliert und dadurch in die katalytisch aktive Form überführt.

Arten des C_4-Typs der Photosynthese sind an ver-schiedenen Stellen des Pflanzensystems anzutreffen, wobei sie in einigen Taxa vermehrt auftreten, z. B. bei den Poaceae. Dazu zählen wichtige Kulturpflanzen wie Mais, Zuckerrohr und Hirse aber auch bedeutsame Wildkräuter wie Bermudagras. Viele C_4-Arten finden sich auch bei den Chenopodiaceae (► Exkurs 19.10). Innerhalb dieser Familie kommen bei der Gattung *Atri-plex* C_3-neben C_4-Arten vor. Die C_4-Arten sind Halo-phyten und leiden am salzhaltigen Standort ebenfalls unter einem (physiologischen) Wassermangel.

C_4-Pflanzen lassen sich anhand des $^{13}C/^{12}C$-Isotopenverhältnisses im Kohlenstoff der Pflanze identifizieren. Die Methode beruht auf der Tatsache, dass die Pflanzen bei der Photosynthese die natürlich vorkommenden Isotope des Kohlenstoffs (im CO_2 der Atmosphäre sind 98,89 % ^{12}C und 1,11 % ^{13}C) nicht gleich gut aufnehmen: $^{12}CO_2$ wird gegenüber dem $^{13}CO_2$ bevorzugt. Die Diskriminierung des $^{13}CO_2$ ist bei der CO_2-Fixierung durch die RuBP-Carboxylase größer als bei der Fixierung durch die PEP-Carboxylase. Da die Rubisco bei den C_4-Pflanzen praktisch das gesamte von der PEP-Carboxylase vorfixierte CO_2 verwertet, entspricht der ^{13}C-Anteil in C_4-Pflanzen dem der Produkte der PEP-Carboxylase-Reaktion, während der Anteil in C_3-Pflanzen durch die RuBPCarboxylase bestimmt wird. C_4-Pflanzen haben demnach einen relativ höheren ^{13}C-Anteil; sie sind hinsichtlich des Kohlenstoffs schwerer als C_3-Pflanzen.

14.4.9 Vorgeschaltete CO₂-Fixierung bei Pflanzen mit Crassulaceen-Säuremetabolismus (CAM)

Bei vielen Sukkulenten, d. h. Pflanzen mit Wasserspeichergeweben, erfolgt eine den malatbildenden C_4-Pflanzen ähnliche Reaktionsfolge zur CO_2-Vorfixierung mit davon getrennter Endfixierung durch die Rubisco. Allerdings laufen beide Prozesse nicht räumlich, sondern zeitlich getrennt ab. Charakteristisch für diese Reaktionsfolge (◨ Abb. 14.60) ist eine nächtliche

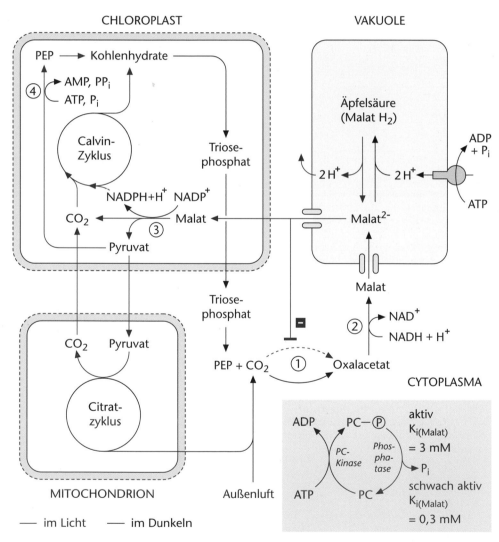

◨ **Abb. 14.60**   Für den Crassulaceen-Säuremetabolismus (CAM) charakteristische Dunkelreaktionen (schwarze Pfeile) und Lichtreaktionen (rote Pfeile) und ihre Kompartimentierung. Gekennzeichnete Enzyme: ① PEP-Carboxylase, ② NAD-Malat-Dehydrogenase, ③ Malatenzym, ④ Pyruvat-Phosphat-Dikinase. Kasten: PEP-Carboxylase liegt nachts in aktiver Form (phosphoryliert, PC-P) vor. Diese Form wird durch Malat nur schwach gehemmt. Am Tag liegt das sehr malatempfindliche, dephosphorylierte Enzym (PC) vor. Die Aktivierung wird durch eine spezifische PEP-Carboxylase-Kinase (PC-Kinase) bewerkstelligt, die nur nachts nachweisbar ist. – K_i Inhibitorkonstante (gibt diejenige Konzentration an Inhibitor an, die zu 50 %iger Hemmung eines Enzyms führt). (Nach H. Ziegler)

Speicherung großer Mengen des primären CO_2-Fixierungsprodukts, Malat, in den Vakuolen (daher die Sukkulenz). Malat wird am Tag wieder freigesetzt und verarbeitet. Der Säuregehalt der Zellen schwankt daher im Tag/Nacht-Rhythmus, weshalb auch von **diurnalem Säurerhythmus** gesprochen wird. Da der Prozess zuerst bei Crassulaceen entdeckt wurde, hat sich auch die Bezeichnung **Crassulaceen-Säuremetabolismus** oder **CAM** eingebürgert (CAM, engl. *crassulacean acid metabolism*).

Bei allen CAM-Pflanzen wird nachts auf glykolytischem Weg aus Stärke über Triosephosphat PEP gebildet und daraus durch die PEP-Carboxylase unter Fixierung von CO_2 (Substrat ist HCO_3^-) Oxalacetat hergestellt. Das daraus von der cytoplasmatischen, NAD-abhängigen Malat-Dehydrogenase gebildete Malat wird über einen Malatkanal (◘ Abb. 14.6) in die Vakuole transportiert. Getrieben werden dürfte die Reaktion durch die transmembrane protonenmotorische Kraft, die durch die protonentranslozierende ATPase am Tonoplasten erzeugt wird und die zugleich die Gegenionen zum Malatanion liefert. Aufgrund des mit der Zeit sinkenden pH-Wertes des Vakuoleninhalts dürfte Malat in der Dunkelperiode zunehmend als protonierte Äpfelsäure vorliegen. Da diese im Vergleich zum Malat^{2-}-Anion besser durch die Tonoplastenmembran permeiert, begrenzt die steigende Protonenkonzentration die Speicherkapazität der Vakuole für Malat. Ein Anstieg des cytoplasmatischen Malatgehalts hemmt jedoch die PEP-Carboxylase. Diese Rückkopplung dürfte die CO_2-Vorfixierung schließlich mit zunehmender Dauer der Dunkelperiode limitieren.

Am Tag wird das nachts gespeicherte Malat auf nicht näher verstandene Weise über den Malatkanal aus der Vakuole entlassen. Bei der Decarboxylierung am Tag gibt es wie bei den C_4-Pflanzen drei Typen: den NADP-Malatenzym-Typ (z. B. Cactaceae, Asparagaceae), den NAD-Malatenzym-Typ (z. B. Crassulaceae) und den PEP-Carboxykinase-Typ (z. B. Apocynaceae, Bromeliaceae, Liliaceae). Eine erneute Fixierung des im Licht durch eines dieser drei Enzyme freigesetzten CO_2 durch die PEP-Carboxylase statt durch die Rubisco muss verhindert werden. Dieses wird dadurch bewerkstelligt, dass PEP-Carboxylase im Licht aus der aktiven (= phosphorylierten) „Nacht"-Form mit geringer Hemmbarkeit durch Malat (50 % Hemmung bei ca. 3 mM Malat) in eine sehr schwach aktive (dephosphorylierte) „Tag"-Form mit großer Malatempfindlichkeit (50 % Hemmung bei 0,3 mM Malat) überführt wird. Das aus der Vakuole austretende Malat hemmt also das ohnehin nur schwach katalytisch aktive Enzym am Tag so stark, dass es keine CO_2-Fixierung durchführen kann – das aus dem Malat freigesetzte CO_2 steht also für die Rubisco zur Verfügung.

Die Phosphorylierung der PEP-Carboxylase findet, wie bei den C_4-Pflanzen (▶ Abschn. 14.4.8), an einem Serinrest statt. Das verantwortliche Enzym, die **PEP-Carboxylase-Kinase**, unterliegt einer strikten Kontrolle durch die physiologische Uhr und weist eine **circadiane Rhythmik** (▶ Abschn. 13.2.3) auf. Da PEP-Carboxylase-Kinase einem raschen Abbau unterliegt, wird die Enzymmenge in der Zelle hauptsächlich durch die Intensität bestimmt, mit der das Gen transkribiert wird (Transkriptionskontrolle, ▶ Abschn. 5.3). Diese Intensität ist nachts hoch, am Tag aber verschwindend gering. Auch bei konstanten Lichtverhältnissen (bzw. im Dauerdunkel) wird diese Rhythmik beibehalten, ein Zeichen für deren endogene Natur (vgl. ▶ Abschn. 13.2.3).

Der ökologische Vorteil des CAM besteht darin, dass die CO_2-Aufnahme durch die in der Nacht geöffneten Stomata wegen der zu dieser Zeit am Standort sehr viel tieferen Temperatur und dementsprechend höheren relativen Luftfeuchtigkeit viel geringere Wasserverluste zur Folge hat als am Tag. Bei guter Wasserversorgung verwerten CAM-Pflanzen im Licht nicht nur das beim Malatabbau frei werdende CO_2, sondern sie öffnen nach Erschöpfung des Malatspeichers auch die Stomata, um externes CO_2 über die RuBP-Carboxylase zu fixieren. Bei Dürrebelastung dagegen, an die diese Pflanzen eigentlich besonders angepasst sind, schränken sie die Stomataöffnung und damit die Fixierung von externem CO_2 in der Lichtphase viel schneller ein als im Dunkeln. CAM-Pflanzen haben also nur wenige Prozent des Wasserbedarfs einer C_3-Pflanze. Allerdings ist wegen der begrenzten Speicherkapazität der Vakuole für Malat der tägliche Zuwachs an organischer Substanz bei ausschließlicher CO_2-Fixierung im Dunkeln sehr gering. CAM-Pflanzen sind daher vor allem auf trockenen Standorten konkurrenzfähig, bei denen kühle Nächte die Malatbildung und -speicherung fördern und gelegentliche, wenn auch sehr seltene, dann aber ausgiebige Niederschläge die Auffüllung der Wasserspeicher ermöglichen. Einige CAM-Pflanzen – z. B. Arten der Gattung *Mesembryanthemum* – führen bei ausreichender Wasserversorgung eine normale C_3-Photosynthese durch. Wassermangel oder auch Salzstress induziert die Bildung der CAM-Enzyme. Im Extremfall halten Wüstenpflanzen mit CAM (z. B. Kakteen) bei großer Wasserknappheit ihre Stomata auch nachts geschlossen und refixieren das durch Atmung freigesetzte CO_2.

Die Fähigkeit zum CAM ist nicht auf mehr oder weniger sukkulente Pflanzenarten beschränkt. Man kennt über 300 Spezies, die diese vorgeschaltete CO_2-Fixierung nutzen, z. B. der Aizoaceae, Apocynaceae (ehemals Asclepiadaceae), Asteraceae, Cactaceae, Crassulaceae, Didiereaceae, Euphorbiaceae, Portulacaceae, Vitaceae, Asparagaceae, Bromeliaceae (z. B. Ananas), Liliaceae, Orchidaceae (z. B. Vanille); CAM findet sich z. B. bei der flechtenartig reduzierten epiphytischen Bromeliacee *Tillandsia usneoides* und bei einigen tropischen, epiphytischen Farnen (z. B. *Pyrrosia piloselloides* und *Pyrrosia longifolia*). Wesentlich ist, neben der Enzymausstattung, nicht die Organ-, sondern die Zellstruktur – das Vorhandensein großvolumiger Vakuolen in chloroplastenführenden Zellen („Sukkulenz auf Zellebene").

Hinsichtlich der Isotopendiskriminierung verhalten sich die CAM-Pflanzen bei der Dunkelfixierung und der Verwertung des vorfixierten CO_2 im Licht wie die C_4-Pflanzen (geringere Diskriminierung von $^{13}CO_2$ gegenüber $^{12}CO_2$), im Licht bei Fixierung von externem CO_2 dagegen wie C_3-Pflanzen. Da der Anteil der Dunkelfixierung an der Gesamtfixierung bei zunehmender Dürrebelastung zunimmt, werden die CAM-Pflanzen unter diesen Bedingungen reicher an ^{13}C (und den C_4-Pflanzen in dieser Hinsicht ähnlicher). Durch Bestimmung des $\delta^{13}C$-Wertes kann man bei CAM-Pflanzen daher die Dürrebelastung am natürlichen Standort feststellen.

14.4.10 Vorgeschaltete CO_2-Konzentrierung durch Hydrogencarbonatpumpen

Alle Cyanobakterien besitzen membrangebundene Hydrogencarbonat-(HCO_3^--)Pumpen, um die CO_2-Konzentration in den **Carboxysomen**, den Orten, an denen die Rubisco lokalisiert ist, zu erhöhen und so die geringe Affinität des Enzyms für CO_2 zu kompensieren und die Photorespiration zu unterdrücken. Bei dem funktionell ähnlichen CO_2-Konzentrierungsmechanismus von Algen (auch Flechtenphytobionten) scheinen die Pyrenoide (▶ Abschn. 1.2.9.1) eine Rolle zu spielen.

14.4.11 Abhängigkeit der Kohlenstoffassimilation von Außenfaktoren

Die Photosynthese wird – wie alle Lebensvorgänge – von den sehr unterschiedlichen Faktoren beeinflusst. Zu ihnen gehören neben dem allgemeinen Entwicklungszustand der Pflanze die Wasser- und Mineralsalzversorgung, die Qualität und Intensität der Belichtung, die Temperatur und die CO_2-Versorgung. Wie bei allen physiologischen Vorgängen, die von einer Vielzahl von Faktoren beeinflusst werden, gilt auch für die Photosynthese das Gesetz des Minimums, d. h. der jeweils im Minimum vorhandene Wirkungsfaktor begrenzt den Gesamtprozess. Unter allgemein günstigen Umständen kann als Anhaltspunkt angenommen werden, dass ein Quadratmeter grüner Blattfläche 0,5–1,5 g Glucoseäquivalente pro Stunde bildet. Das entspricht ungefähr dem Verbrauch der in 3 m³ Luft vorhandenen CO_2-Menge.

Im Folgenden werden die einzelnen Faktoren in ihrer allgemeinen Wirkung auf die pflanzliche Photosynthese einzeln besprochen. Zur Ökophysiologie der Photosynthese ▶ Abschn. 22.7.1.

14.4.11.1 Einfluss der Strahlung

Die Struktur eines typischen Laubblatts (▶ Abschn. 3.3.1.1, ◻ Abb. 3.65) erlaubt eine optimale Lichtabsorption. Die Epidermiszellen fokussieren mit ihrem linsenförmigen Querschnitt Licht auf die darunterliegenden Zellen des Palisadenparenchyms, das ca. 80 % der Photosynthese

des Blatts erbringt. Nichtabsorbierte Photonen werden an den keine Vorzugsrichtung aufweisenden Grenzflächen der Zellen des Schwammparenchyms gestreut. Dadurch ergibt sich ein längerer Lichtweg durch das Blatt und eine erhöhte Absorptionswahrscheinlichkeit.

Die auf ein Blatt auftreffende Strahlungsintensität kann kurzfristigen Schwankungen unterliegen (z. B. infolge einer Beschattung bei bewölktem Himmel). Die Chloroplasten vieler Pflanzen begegnen solchen Intensitätsschwankungen durch eine Veränderung ihrer Lage relativ zum einfallenden Licht. In der **Schwachlichtstellung** wenden die linsenförmigen Organellen ihre Breitseite dem Licht zu, in der **Starklichtstellung** ihre Schmalseite. An der Reorientierung der Organellen (▶ Abschn. 15.2.2) ist das Cytoskelett, vermutlich Actin, in einer calciumabhängigen Reaktion beteiligt. Durch diese Veränderung des Einfangquerschnitts lässt sich die Lichtabsorption der Antennen trotz variabler Eingangsintensitäten in gewissen Grenzen stabilisieren.

Dem Tagesgang der Sonne folgen die Blätter oder Sprosse vieler Pflanzen (z. B. Lupine, Luzerne, Bohne, Soja, Baumwolle) derart, dass die Blattspreiten senkrecht zur Einfallsrichtung der Strahlung gehalten werden (engl. *sun tracking*). Dieser positive Phototropismus (▶ Abschn. 15.3.1.1) stellt eine Belichtung der Blätter mit maximaler Intensität sicher und minimiert Reflexionsverluste.

Unter natürlichen Bedingungen stellt der Chlorophyllgehalt keinen begrenzenden Faktor für die Photosyntheseintensität dar, da bei niederen Lichtintensitäten die Blätter vermehrt Chlorophyll bilden. Eine Rolle kann der hohe Chlorophyllgehalt der Blätter jedoch spielen, wenn es gilt, die geringen Anteile der photosynthetisch nutzbaren Spektralbereiche des Lichts, das bereits andere Blätter passiert hat, noch möglichst vollständig zu absorbieren (◻ Abb. 14.61). **Schattenblätter** weisen deshalb in der Regel höhere Chlorophyllkonzentrationen pro Blattfläche auf als **Sonnenblätter**. Auch zeigen sie besonders große Grana, in denen bis zu 100 Thylakoide übereinandergestapelt sein können. Schattenpflanzen besitzen pro Elektronentransportkette (photosynthetische Einheit) mehr Pigmentmoleküle, also größere Antennen, und zeigen ein verringertes Chlorophyll-a/b-Verhältnis (also relativ mehr Chlorophyll b zur besseren Ausnutzung der Grünlücke) und einen gegenüber Photosystem I erhöhten Anteil an Photosystem II. Dadurch wird der durch den höheren Dunkelrotanteil im Schatten (◻ Abb. 14.61) verstärkten Anregung von Photosystem I (das längerwelligeres Licht als Photosystem II absorbiert, ▶ Abschn. 14.3.7) entgegengewirkt. Schattenblätter sind oft dünner als Sonnenblätter, wodurch die gegenseitige Beschattung von Chloroplasten verringert wird (◻ Abb. 13.7). An der Steuerung der Entwicklung von Sonnen- bzw. Schattenblättern ist ein rotempfindliches Photorezeptorsystem, das **Phytochrom**, beteiligt (▶ Abschn. 13.2.4).

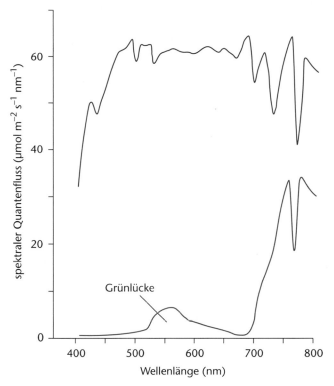

Abb. 14.61 Spektrale Energieverteilung im Sonnenlicht über einem Bestand an Weizenpflanzen (rote Kurve) und im Laubschatten innerhalb des Bestands (gemessen in 80 cm Abstand vom Boden, blaue Kurve; Bestandshöhe 90–95 cm). (Nach M.G. Holmes und H. Smith)

Bei geringen Bestrahlungsstärken ist die Photosyntheseintensität dem Photonenfluss proportional (□ Abb. 14.62), solange nicht andere Faktoren begrenzend wirken. Dies ist bei höheren Lichtintensitäten zunehmend der Fall, bis schließlich die Photosyntheseintensität nicht mehr durch eine weitere Erhöhung der Lichtintensität gesteigert werden kann (**Lichtsättigung**). In der Regel ist in dieser Situation der CO_2-Nachschub limitierend geworden. Der Lichtsättigungsbereich von an sonnige Standorte angepassten Pflanzen liegt bei 500–1500 µmol m^{-2} s^{-1}, der von Schattenpflanzen bei 100–500 µmol m^{-2} s^{-1} (Anhaltswerte). Wegen der viel effizienteren CO_2-Versorgung des Calvin-Zyklus bei C_4-Pflanzen (▶ Abschn. 14.4.8) erreichen diese, anders als C_3-Pflanzen, selbst bei den höchsten in der Natur vorkommenden Lichtintensitäten die Lichtsättigung nicht. C_4-Pflanzen sind also in der Regel über den gesamten Photosynthesebereich lichtlimitiert, sofern starker Wassermangel nicht eine CO_2-Limitierung infolge weitgehend oder völlig geschlossener Stomata herbeiführt.

Bei Bestrahlungsstärken an die ein Blatt nicht optimal angepasst ist, kann schließlich der Photosyntheseapparat beschädigt werden, sodass die Photosyntheseintensität absinkt. Unter natürlichen Bedingungen kann dies dann eintreten, wenn an Schatten angepasste Pflanzen plötzlich

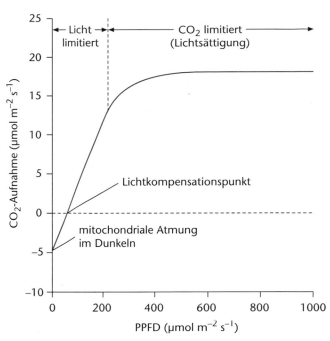

Abb. 14.62 Lichtabhängigkeit der Nettophotosynthese einer C_3-Pflanze. Schematische Darstellung anhand typischer Werte in Abhängigkeit von der photosynthetisch aktiven Strahlung (400–700 nm, PAR, engl. *photosynthetically active radiation*) bei natürlichem CO_2-Angebot und optimaler Temperatur. (Grafik: E. Weiler)

vollem Sonnenlicht ausgesetzt werden, vor allem bei niedriger Temperatur, wenn die enzymatischen Reaktionen der CO_2-Fixierung verlangsamt ablaufen (Schutzmechanismen vor Lichtschädigung der Photosynthese, ▶ Abschn. 14.3.8 und 14.4.6).

Diejenige Lichtintensität, bei der der CO_2-Verbrauch (bzw. die O_2-Produktion) gerade die durch die mitochondriale Atmung verursachte CO_2-Produktion (bzw. den O_2-Verbrauch) kompensiert, kennzeichnet den **Lichtkompensationspunkt** der Photosynthese (□ Abb. 14.62); hier ist die Nettophotosynthese null. In Sonnenblättern (bzw. bei Sonnenpflanzen) liegt der Lichtkompensationspunkt bei ca. 10–50 µmol m^{-2} s^{-1}, in Schattenblättern (bzw. bei Schattenpflanzen) bei etwa 1–10 µmol m^{-2} s^{-1} (Anhaltswerte). Sonnenpflanzen können daher unterhalb eines dichten Blätterdachs nicht mehr gedeihen, wohingegen Schattenpflanzen selbst in dichtem Vegetationsschatten noch eine positive Kohlenstoffbilanz zeigen (▶ Abschn. 22.7.1).

14.4.11.2 Einfluss der Kohlendioxidkonzentration

Bei C_3-Pflanzen dürfte bei voller Sonneneinstrahlung stets die Menge an verfügbarem CO_2 die Photosynthese begrenzen (□ Abb. 14.62). Durch Erhöhung der CO_2-Konzentration in der Umgebung ist bei diesen Pflanzen unter sonst gleichen Umständen eine Steigerung der Photosynthese zu erzielen. Dies macht man sich bei der „CO_2-Düngung" von Gewächshauskulturen zunutze. So gelingt es, bei Tomaten und Gurken durch eine Erhöhung der CO_2-Konzentration im Gewächshaus auf 0,1 %, den Ernteertrag pro Saison um gut ein Drittel zu steigern, falls alle übrigen Nährstoffe und Licht in ausreichendem Maß vorhanden sind (zur Ökologie des Nährstoffhaushalts, ▶ Abschn. 22.7.6).

Wasserpflanzen haben im Vergleich zu den Landpflanzen keine größeren Schwierigkeiten mit der CO_2-Versorgung, weil sich das CO_2 im Wasser bei üblicher Temperatur (15 °C) etwa im gleichen Prozentsatz löst, wie es in der Luft vorhanden ist (ca. 10 µM) und weil die langsamere Diffusion von CO_2 in Wasser durch Wasserbewegung (Konvektion) ausgeglichen wird. Bei untergetaucht lebenden Wasserpflanzen, denen Spaltöffnungen und eine ausgeprägte Cuticula fehlen, wird durch die gesamte Blattoberfläche gelöstes CO_2, bei einigen Arten zusätzlich auch $Ca(HCO_3)_2$ aufgenommen.

14.4.11.3 Einfluss der Temperatur

Die photochemischen Primärreaktionen der Photosynthese verlaufen weitgehend temperaturunabhängig. Die enzymatischen Prozesse unterliegen jedoch einer starken Temperaturabhängigkeit, für die die Van't-Hoff-Reaktionsgeschwindigkeits-Temperatur-Regel (**RGT-Regel**) gilt. Nach ihr verdoppelt sich die Reaktionsgeschwindigkeit bei einer Temperaturerhöhung um 10 °C (**Q_{10}-Wert**):

Daher ist die Temperaturabhängigkeit der Photosynthese einer C_3-Pflanze bei geringen Lichtintensitäten (Licht ist limitierend) geringer als bei hohen Intensitäten (CO_2 ist limitierend). Bei ansteigender Temperatur spiegelt die sich erhöhende Photosyntheseintensität zunächst die erhöhte Reaktionsgeschwindigkeit der Enzyme wider. Die jenseits des Temperaturoptimums bei weiterer Erhöhung der Temperatur nachlassende Photosyntheseintensität hat komplexe Ursachen: Zum einen erhöht sich zwar mit der Temperatur die Enzymaktivität des geschwindigkeitsbestimmenden Enzyms Rubisco noch weiter, doch nimmt seine Affinität für CO_2 ab; zugleich löst sich CO_2 mit steigender Temperatur relativ schlechter in Wasser als O_2; mit der Temperatur nimmt also die Photorespiration zu (▶ Abschn. 14.4.6). Damit sinkt die Nettophotosyntheserate. Bei noch höheren Temperaturen bricht der Photosyntheseapparat jedoch durch Inaktivierung von Enzymen und Beschädigung von Membranen zusammen. Für Pflanzen unterschiedlicher Lebensräume liegen die Grenztemperaturen und Temperaturoptima in jeweils charakteristischen Bereichen (zur Ökophysiologie ▶ Abschn. 22.7.1).

14.4.11.4 Einfluss des Wassers

Die Pflanzen der Erde setzen zusammen pro Jahr etwa 1875 km³ Wasser photolytisch unter Bildung von Sauerstoff um. Demnach werden die gesamten Vorräte an flüssigem Wasser (ca. $1,5 \times 10^9$ km³) in 8 Mio. Jahren einmal photolysiert. Seit es die oxygene Photosynthese gibt, wurden die Wasservorräte der Erde also bereits

mehrere Hundert Mal der Wasserspaltung unterworfen. Dennoch dient nur ein sehr geringer Teil des Wasserdurchsatzes durch eine Pflanze als Substrat für die Photosynthese in der Wasserspaltung (▶ Abschn. 14.3.4).

Wassermangel wirkt sich also nicht direkt als Substratmangel aus, sondern indirekt: Einerseits schädigt eine starke Dehydratisierung der Zelle Enzyme und Funktionsstrukturen (z. B. Membranen), andererseits führt der durch Wassermangel bewirkte Stomataverschluss zu einer Behinderung der CO_2-Zufuhr.

14.5 Assimilation von Nitrat

Pflanzen nehmen Stickstoff überwiegend als Nitrat (NO_3^-) über die Wurzeln auf (▶ Abschn. 14.1.3.2). Bei Verfügbarkeit kann auch Ammonium (NH_4^+) aufgenommen werden, das dann direkt in der Wurzel in Aminosäuren eingebaut wird. Ammonium wird im Boden aus organischen Verbindungen abgestorbener Organismen freigesetzt oder aber durch luftstickstofffixierende Prokaryoten aus N_2 gebildet (▶ Abschn. 16.2.1). Durch die Tätigkeit nitrifizierender Mikroorganismen wird NH_4^+ über Nitrit (NO_2^-) zu Nitrat (NO_3^-) oxidiert. Durch Denitrifikation („Nitratatmung") wird NO_3^- über NO_2^- → NO → N_2O zu N_2 reduziert, welches der Biosphäre entzogen wird. Jährlich werden ca. 80–120 × 10⁶ t N_2 durch Luftstickstofffixierer in NH_4^+ umgewandelt, etwa ebensoviel geht durch Denitrifikation verloren. Diesem Stickstoffkreislauf (☐ Abb. 14.63) fügt der Mensch jährlich ca. 30 × 10⁶ t Luftstickstoff hinzu, der im Haber-Bosch-Prozess in Ammoniak umgewandelt wird

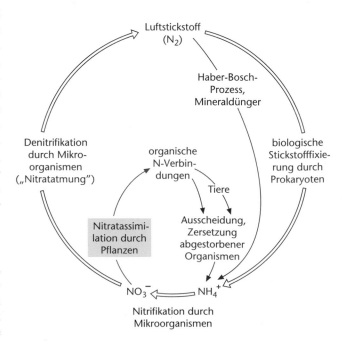

☐ **Abb. 14.63** Kreisläufe des Stickstoffs in der Natur

◙ Tab. 14.15 Das Stickstoffgleichgewicht auf der Erde. (Nach A. Quispel)

Beitrag	Fläche (10^6 ha)	fixierter Luftstickstoff	
		(kg ha^{-1} a^{-1})	(10^6 t a^{-1})
biologische Fixierung			
Leguminosen	250	55–140	14–35
Nichtleguminosen	1015	5	5
Reisfelder	135	30	4
andere Böden und Pflanzengesellschaften	12.000	2,5–3,0	30–36
Meer	36.100	0,3–1,0	10–36
industrielle Fixierung			30
atmosphärische Fixierung			7,6
juveniler Beitrag (Vulkane)			0,2
Denitrifikation			
Land	13.400	3	40
Meer	36.100	1	36
Ablagerung in Sedimenten			0,2

und der Kunstdüngerproduktion für die Landwirtschaft dient (◙ Tab. 14.15).

Stickstoff ist Bestandteil vieler organischer Verbindungen (▶ Abschn. 6.1, 4.1, ▶ Abschn. 14.1.2.2 und 14.11– 14.14.1), er wird ausschließlich in reduzierter Form (Oxidationsstufe −III, Ammoniumstickstoff) zur Synthese organischer Substanzen verwendet und kann allenfalls sekundär wieder oxidiert werden (z. B. die Nitrogruppe von Aristolochiasäure entsteht durch Oxidation einer Aminogruppe).

Die Reduktion des Nitrats zu Ammonium erfolgt in einem zweistufigen Prozess über Nitrit (NO_2^-) als Zwischenstufe (Oxidiationsstufen in Klammern):

$$NO_3^- \left(+V \right) \xrightarrow{2e^-} NO_2^- \left(+III \right) \xrightarrow{6e^-} NH_4^+ \left(-III \right).$$

Sie erfolgt in grünen und nichtgrünen Pflanzenteilen, überwiegend in Blättern und Wurzeln. Das gebildete Ammonium wird unmittelbar zur Biosynthese von Aminosäuren, primär Glutamin und Glutamat, verwendet. Tiere sind nicht in der Lage, Nitrat zu reduzieren, sie hängen daher auch in der Versorgung mit reduzierten Stickstoffverbindungen von der Stoffwechseltätigkeit der Pflanzen ab.

14.5.1 Photosynthetische Nitratassimilation

In photosynthetisch aktiven Zellen (im Blatt von C_4-Pflanzen ausschließlich im Mesophyll) wird Nitrat durch das cytoplasmatische Enzym **Nitrat-Reduktase** zu Nitrit reduziert (◙ Abb. 14.64). Elektronendonator ist meist NADH+H$^+$. Die Nitrat-Reduktase liegt als Homodimer vor. Das Monomer (Molekülmasse ca. 100 kDa) besteht aus drei Domänen mit je einem anderen, kovalent gebundenen Cofaktor, wodurch eine intramolekulare Elektronentransportkette entsteht (◙ Abb. 14.65). Die Elektronen gelangen vom NADH über FAD und ein b-Typ-Cytochrom zu einem Molybdän, das dabei wahrscheinlich von der Oxidationsstufe +VI nach +IV wechselt. Dieses mit dem NO_3^--Ion wechselwirkende Molybdän des katalytischen Zentrums ist Bestandteil eines Molybdäncofaktors, dem **Molybdopterin**, der ebenfalls in der Sulfit-Reduktase (▶ Abschn. 14.6) sowie in Xanthin-Oxidasen und Aldehyd-Oxidasen vorkommt.

Sowohl die Bildung von NH$_4^+$ aus NO_2^- als auch dessen Weiterverwertung sind direkt lichtabhängig (◙ Abb. 14.66). Das gebildete Nitrit wird in den Chloroplasten durch die in hoher Aktivität im Stroma vorliegende **Nitrit-Reduktase** in einem Sechs-Elektronen-Schritt ohne frei werdende Intermediate zum Ammonium reduziert. Die sehr hohe Affinität des Enzyms für sein Substrat stellt sicher, dass sich das chemisch reaktive Nitrition nicht anhäuft. Die Elektronen werden von reduziertem Ferredoxin bereitgestellt und über einen Fe$_4$S$_4$-Sirohäm-Cofaktor, der das katalytische Zentrum des als Monomer vorliegenden Enzyms darstellt, unter Bildung von NH$_4^+$ auf Nitrit übertragen (◙ Abb. 14.65).

In dem Cofaktor, der auch in der sehr ähnlich aufgebauten Sulfit-Reduktase (▶ Abschn. 14.6) vorkommt, ist das Eisen-Schwefel-Zentrum über eine Cystein-Schwefel-Brücke direkt mit dem Zentralatom (Eisen) des Sirohäms verbunden.

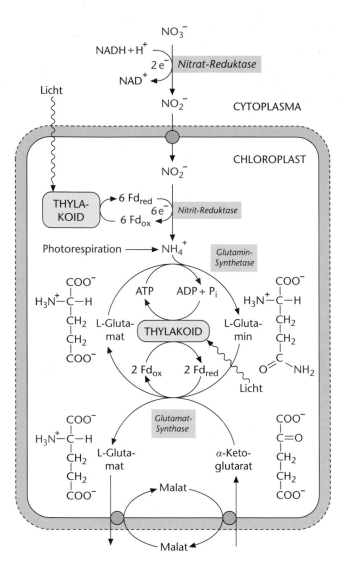

◘ **Abb. 14.64** Photosynthetische Assimilation von Nitrat

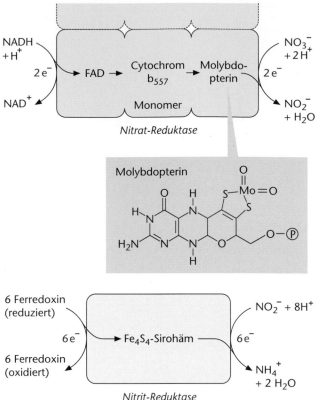

◘ **Abb. 14.65** Aufbau und Reaktionsschemata der Nitrat- und Nitrit-Reduktase (Nitrat-Reduktase: Nur ein Monomer des als Dimer aktiven Enzyms ist dargestellt)

NH_4^+, ein Entkoppler der Photosynthese (▶ Abschn. 14.3.9), wird in einer irreversiblen Reaktionsfolge über Glutamin zur Bildung von Glutamat verwendet (◘ Abb. 14.64) und häuft sich daher nicht in schädlichen Konzentrationen an. Die an der Glutamatsynthese beteiligten Enzyme, **Glutamin-Synthetase** und **Glutamat-Synthase** (auch **Glutamin-α-Ketoglutarat-Aminotransferase**, auch Glutamin-2-Oxoglutarat-Aminotransferase, GOGAT, genannt) katalysieren einen von ATP und reduziertem Ferredoxin getriebenen Kreisprozess, bei dem NH_4^+ zunächst in Amidbindung auf die γ-Carboxylgruppe eines Glutamats und von dort unter Bildung von L-Glutamat auf ein Molekül α-Ketoglutarat übertragen wird. Als Coenzym der Glutamat-Synthase dient, wie bei allen **Transaminasen**, Pyridoxalphosphat, das die Aminogruppe bindet (Pyridoxaminphosphat). L-Glutamat verlässt die Chloroplasten im Austausch gegen α-Ketoglutarat, vermutlich jeweils im Gegentausch mit Malat. Außer dem im Chloroplasten gebildeten NH_4^+ wird so auch das aus der

Photorespiration stammende NH_4^+ in Glutamat überführt (◘ Abb. 14.64).

NO_2^- ist chemisch sehr reaktiv. Es muss daher sichergestellt sein, dass sich in Chloroplasten kein Nitrit anhäuft, z. B. im Dunkeln. Dies wird durch eine strikte Regulation der Nitrat-Reduktase auf transkriptioneller und posttranskriptioneller Ebene erreicht (◘ Abb. 14.66). Transkriptionell wirken Licht, lösliche Kohlenhydrate (wie Glucose) und Nitrat stimulierend, wohingegen Ammonium und Glutamin eine hemmende Wirkung haben.

Da das Enzym eine biologische Halbwertszeit von wenigen Stunden besitzt, erlaubt die transkriptionelle Regulation die Anpassung der Enzymmenge im Stundenbereich. Eine schnelle Inaktivierung der Nitrat-Reduktase erfolgt durch reversible Proteinphosphorylierung. Hierzu wird im Dunkeln ein spezifischer Serinrest von der **Nitrat-Reduktase-Kinase** phosphoryliert. Die phosphorylierte Nitrat-Reduktase wird anschließend von einem 14-3-3-Protein gebunden, wodurch der Elektronentransport zwischen Cytochrom b_{557} und Molybdän unterbrochen und das Enzym inaktiviert wird. Das inaktivierte Enzym wird daraufhin dem Proteinabbau zugeführt.

14-3-3-Proteine sind hoch konserviert Proteine mit zentralen regulatorischen Funktionen, die in allen eukaryotischen Zellen vorkommen. In der Regel binden 14-3-3-Proteine phosphorylierte Zielproteine

Abb. 14.66 Regulation der
Nitrat-Reduktase-Aktivität

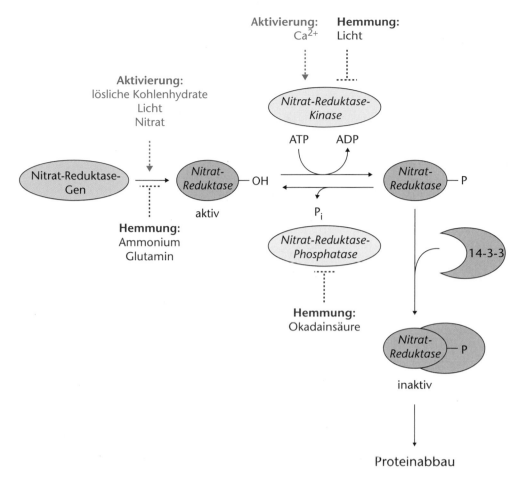

und beeinflussen dadurch deren Aktivität und Stabilität. In Pflanzen ist eine Reihe von 14-3-3-Proteinen bekannt. Hierzu gehören die plasmamembrangebundene H⁺-ATPase der Schließzellen und die Saccharosephosphat-Synthase. Durch Bindung an den autoinhibitorischen C-Terminus der H⁺-ATPase wird die Protonenpumpe aktiviert, was zur Öffnung der Schließzellen führt.

Die Phosphorylierung der Nitrat-Reduktase wird durch Regulation der Kinase und Phosphatase erreicht. Die Kinase wird durch Licht gehemmt und durch Ca^{2+} aktiviert. Die Phosphatase wird durch Licht aktiviert, wodurch das im Dunkeln in inaktiver Form vorliegende Enzym rasch aktiviert wird. Diese Regelmechanismen stellen sicher, dass nur dann Nitrit gebildet wird, wenn Bedarf gegeben und seine Umsetzung im Stoffwechsel gesichert ist. Im Dunkeln wird das anfallende Nitrat in den Vakuolen der Mesophyllzellen gespeichert.

14.5.2 Nitratassimilation in photosynthetisch nicht aktiven Geweben

In chloroplastenfreien Zellen (z. B. in Wurzeln, in Pilzen und Bakterien) wird Nitrat ebenfalls über Nitrit in Ammonium überführt. Die Nitrit-Reduktase-Reaktion läuft in Wurzeln in den Leukoplasten ab, wo das Enzym seine Elektronen aus NADPH+H⁺ erhält. Das

NADPH+H⁺ entstammt dem oxidativen Pentosephosphatzyklus (▶ Abschn. 14.8.3.5). Die nichtphotosynthetische Nitratassimilation findet sich bei Keimpflanzen, aber auch bei Holzgewächsen (Bäumen, Sträuchern), jedoch in nur geringem Ausmaß bei den meisten ausgewachsenen krautigen Pflanzen (Ausnahme: viele Leguminosen). Pflanzen, die überwiegend eine photosynthetische Nitratassimilation durchführen, speichern größere Mengen Nitrat im Stamm und im Wurzelsystem (z. B. *Chenopodium*, *Xanthium*, *Beta*). Der in den Wurzeln gebildete Ammoniumstickstoff wird dort auch in Aminosäuren überführt und überwiegend in Form von Glutamin und Asparagin mit dem Xylemstrom in den Spross transportiert.

14.6 Assimilation von Sulfat

Die Pflanze nimmt Schwefel in Form von Sulfat (SO_4^{2-}, Oxidationsstufe +VI) über die Wurzeln auf (▶ Abschn. 14.1.3.2) und reduziert ihn auf die Stufe des Sulfids (S^{2-}, Oxidationsstufe −II). Diese Reaktion findet vorwiegend in den Chloroplasten statt und ist dann Teil der Photosynthese, sie kann bei Gefäßpflanzen jedoch auch in der Wurzel ablaufen, wobei die intrazelluläre Lokalisation hier nicht geklärt ist. Im Gegensatz zum

Stickstoff, der stets in reduzierter Form in organische Verbindungen eingebaut wird, kann Schwefel auch in oxidierter Form zur Synthese bestimmter organischer Verbindungen herangezogen werden, z. B. der Sulfolipide, der Glucosinolate (▶ Abschn. 14.14.4) und sulfatierter Flavonoide. Der überwiegende Teil des Schwefels wird jedoch als Sulfidschwefel benötigt. Schwefel liegt in dieser Oxidationsstufe in Aminosäuren und Proteinen, dem Reduktionsmittel Glutathion, in einigen Coenzymen und Eisen-Schwefel-Zentren von Redoxproteinen (z. B. Ferredoxin, ◘ Abb. 14.33) vor. Zur Sulfatassimilation sind nur Bakterien, Pilze und Grüne Pflanzen befähigt, während Tiere reduzierte Schwefelverbindungen mit der Nahrung aufnehmen müssen.

Die Reduktion des Sulfats verläuft, wie die des Nitrats, in zwei Schritten:

$$SO_4^{2-}\,(+VI) \xrightarrow{2e^-} SO_3^{2-}\,(+IV) \xrightarrow{6e^-} S^{2-}\,(-II).$$

Entgegen früheren Annahmen wird dabei nicht nur von Bakterien und Pilzen, sondern auch von Grünen Pflanzen intermediär Sulfit (SO_3^{2-}) in freier Form gebildet und auchss als solches zum Sulfid (S^{2-}) reduziert (◘ Abb. 14.67).

Die Reaktionsfolge beginnt mit der Bildung von **„aktivem Sulfat"** aus ATP und Sulfat:

ATP + SO_4^{2-} ⇌ APS (Adenosinphosphosulfat) + PP_i
$\Delta G^{0\prime} = 45$ kJ mol^{-1}

Das Reaktionsgleichgewicht dieser stark endergonischen Reaktion liegt weit auf Seiten der Ausgangsprodukte. Durch die energetische Kopplung an zwei exergonische Reaktionen:

❶ $PP_i + H_2O$ ⇌ 2 Pi $\Delta G^{0\prime} = -33{,}5$ kJ mol^{-1}

APS + ATP ⇌ PAPS + ADP $\Delta G^{0\prime} = -25$ kJ mol^{-1}

wird die Gesamtreaktion der Sulfataktivierung exergonisch:

SO_4^{2-} + 2 ATP ⇌ PAPS + 2 P_i + ADP
$\Delta G^{0\prime} = -13{,}5$ kJ mol^{-1}

Im Gleichgewicht liegt sehr wenig APS (Adenosinmonophosphat, ◘ Abb. 14.67) neben überwiegend PAPS (3′-Phosphoadenosinphosphosulfat, ◘ Abb. 14.67) vor. Die „Aktivierung" des Sulfats im APS und PAPS besteht in der Phosphoanhydridbindung ($\Delta G^{0\prime} = -71$ kJ mol^{-1}). In dieser Form lässt sich die Sulfatgruppe leicht reduzieren. Das dafür verantwortliche Enzym reagiert bevorzugt mit APS, sodass PAPS die Funktion eines Speichers für „aktives Sulfat" zukommt. Die APS-Reduktase überträgt zwei Elektronen auf den Schwefel im APS unter Freisetzung von Sulfit (SO_3^{2-}). Die Elektronen werden über reduziertes Glutathion bereitgestellt. Sulfit wird in einem Sechs-Elektronen-Schritt ohne fassbare Zwischenstufen

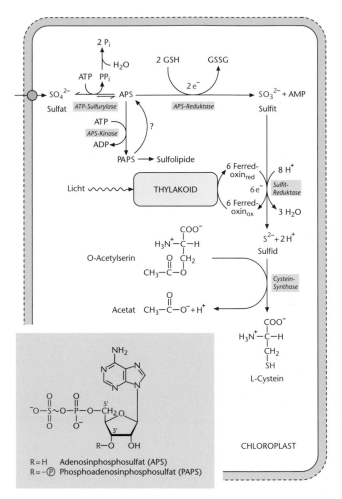

◘ **Abb. 14.67** Photosynthetische Assimilation von Sulfat. – GSH reduziertes Glutathion, GSSG oxidiertes Glutathion (Abb. 14.40). (Grafik: E. Weiler)

bis zum Sulfid reduziert (◘ Abb. 14.67), die Elektronen stammen vom Ferredoxin. Die Reaktion besitzt nicht nur formale Ähnlichkeit zur Nitritreduktion: Die Sulfit-Reduktase ist auch im Aufbau der Nitrit-Reduktase sehr ähnlich und verfügt über den gleichen Fe_4S_4-Sirohäm-Cofaktor für die Übertragung der sechs Elektronen.

Der gebildete Schwefelwasserstoff wird unmittelbar zur Cysteinsynthese verwendet. Die hohe Substrataffinität des Enzyms **Cystein-Synthase** stellt sicher, dass sich Schwefelwasserstoff nicht in der Zelle anhäuft. Die Reaktion verläuft unter Thiolyse des SH-Akzeptormoleküls O-Acetylserin; das Enzym trägt daher auch den Namen O-Acetylserin(thiol)-Lyase (oder O-Acetylserin-Sulfhydrase), es enthält Pyridoxalphosphat als prosthetische Gruppe. Cystein dient als Ausgangsprodukt für die Biosynthese des Methionins und anderer niedermolekularer Thiole wie des Glutathions oder der Phytochelatine (▶ Abschn. 14.4.8). Nach neuesten Befunden soll auch der säurelabile Schwefel in Eisen-Schwefel-Zentren (◘ Abb. 14.33) aus Cystein stammen.

14.7 Transport von Assimilaten in der Pflanze

Die Verteilung der von der Pflanze synthetisierten organischen Substanzen (Assimilate) von den Produktionsorten (Source-Organen; Quelle, engl. *source*) zu Verbrauchsorten (Sink-Organen; Senke, engl. *sink*) erfolgt bei den Kormophyten überwiegend über die Siebelemente des Phloems (▶ Abschn. 2.3.4.1). Zur Überwindung kurzer Distanzen können Assimilate von Zelle zu Zelle auch symplastisch über Plasmodesmen (▶ Abschn. 1.2.8.3 und 11.4.2) oder apoplastisch wandern, der Mechanismus ist die Diffusion; Abgabe und Aufnahme von Assimilaten über die Plasmamembran werden von speziellen Translokatoren bewerkstelligt. Nur ausnahmsweise werden Assimilate im Xylem transportiert. Dies ist im Frühjahr bei laubabwerfenden Bäumen der Fall. Ferner werden in den Wurzeln im Anschluss an die Nitratassimilation die gebildeten Aminosäuren, insbesondere Glutamin und Asparagin, über das Xylem in den Spross befördert, und auch Wirkstoffe wie Phytohormone (▶ Kap. 17) finden sich im Xylemsaft.

14.7.1 Zusammensetzung des Phloeminhalts

Grundsätzlich müssen alle Substanzen (oder deren geeignete Vorstufen) transportiert werden, die nicht in heterotrophen Zellen synthetisiert werden können. Die Haupttransportmetabolite sind Zucker, daneben findet man im Siebröhrensaft auch Aminosäuren, andere Stickstoffverbindungen, Nucleotide (auffallend hohe Konzentrationen an ATP), Vitamine, organische Säuren, Phytohormone und Mineralstoffe. Neben den Metaboliten finden sich im Phloemsaft Ribonucleinsäuren (mRNAs, miRNAs) und Proteine. Einige der Proteine sind nur in Siebzellen bzw. Siebröhren enthalten.

Zucker machen in der Regel über 90 % der Trockensubstanz des Siebröhrensafts aus. Im Hinblick auf die Transportzucker im Phloem kann man drei Hauptgruppen von Pflanzen unterscheiden:

- Arten, die **Saccharose** als Haupttransportzucker haben. Dazu gehören die meisten der untersuchten Arten, z. B. alle bisher untersuchten Farne, Gymnospermen und Monokotyledonen, unter den Dikotyledonen z. B. alle geprüften Fabaceae.
- Arten, die neben Saccharose noch beträchtliche Mengen an Oligosacchariden der **Raffinosefamilie** aufweisen, z. B. Raffinose, Stachyose, Verbascose, Ajugose (dabei handelt es sich um Saccharosegalactoside, ◘ Abb. 14.68). Auch zu dieser Gruppe

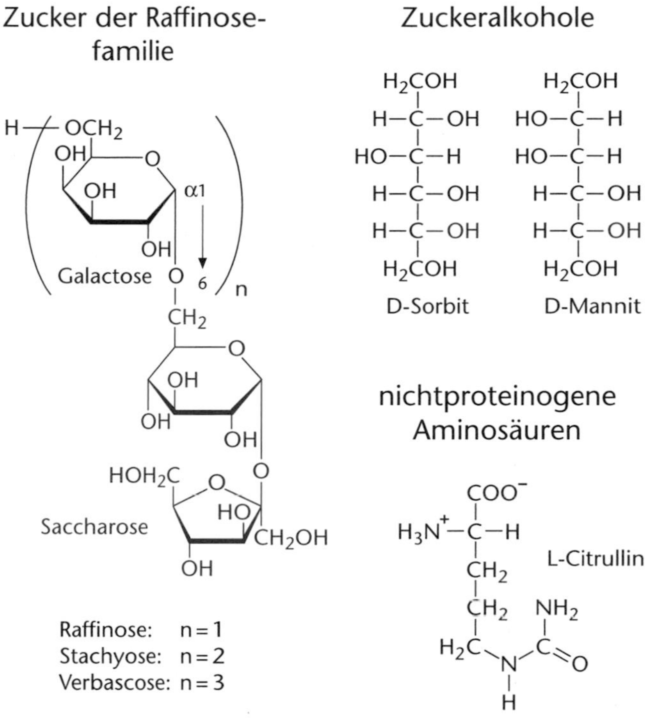

◘ **Abb. 14.68** Strukturen einiger zusätzlicher Transportassimilate, die in bestimmten Pflanzengruppen (s. Text) neben den allgemeinen Transportmetaboliten (Saccharose als Kohlenhydrat, proteinogene Aminosäuren, insbesondere Glutamin, Glutamat, Aspartat) vorkommen

zählen Vertreter zahlreicher Pflanzenfamilien, von den heimischen z. B. Betulaceae, Malvaceae, Ulmaceae und Cucurbitaceae.
- Arten, die in den Siebröhren neben den genannten Zuckern noch größere Mengen an **Zuckeralkoholen** (◘ Abb. 14.68) enthalten, z. B. die Oleaceae Mannit, einige Unterfamilien der Rosaceae Sorbit, Celastraceae Dulcit.

Reduzierter Stickstoff wird im Phloem überwiegend in Form proteinogener Aminosäuren (insbesondere Glutamin, Glutamat, Aspartat) transportiert. Bei den Betulaceen und Juglandaceen ist die nichtproteinogene Aminosäure L-Citrullin die wichtigste Transportform des Stickstoffs (◘ Abb. 14.68), sie dient auch der Stickstoffspeicherung.

14.7.2 Beladung des Phloems

Die in den photosynthetisierenden Geweben des Blatts gebildeten Assimilate (überwiegend Kohlenhydrate und Aminosäuren) gelangen von den Mesophyllzellen in die Siebelemente der feinsten Blattadern und passieren dabei die das Leitbündel umgebenden Bündelscheidenzellen und das Phloemparenchym, also insgesamt nur

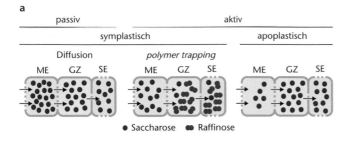

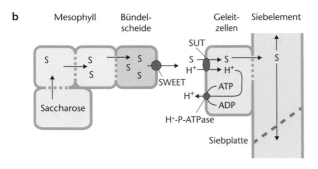

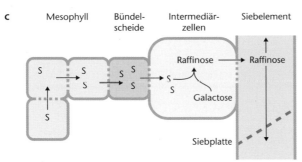

Abb. 14.69 Schematische Darstellung unterschiedlicher Wege der Phloembeladung. **a** Typen der Phloembeladung. **b** Apolastische Beladung. **c** Aktive symplastische Beladung (engl. *polymer trapping*). – ME Mesophyll, GZ Geleitzelle, SE Siebelement, S Saccharose, SUT Saccharose-Protonen-Symporter, SWEET saccharosespezifischer Effluxcarrier

wenige (drei bis fünf) Zellen. Dieser Transport erfolgt durch Diffusion über die zwischen diesen Zellen zahlreichen Plasmodesmen. Die Beladung der Siebelemente (Siebröhren oder Siebzellen) erfolgt von hier aus auf zwei möglichen Wegen: apoplastisch oder symplastisch (Abb. 14.69). Auch Kombinationen beider Beladungswege dürften vorkommen.

Apoplastische Phloembeladung Die apoplastische Phloembeladung überwiegt bei Arten, die Saccharose als Haupttransportzucker verwenden. Saccharose wird auf dem Weg vom Mesophyll über die Bündelscheide in den Apoplasten entlassen (Abb. 14.69b). Der Export der Saccharose in den Apoplasten erfolgt durch saccharosespezifische Effluxcarrier SWEET, die in der Plasmamembran der Bündelscheidenzellen lokalisiert sind. Aus dem Apoplasten wird Saccharose durch einen spezifischen Translokator, den Saccharose-Protonen-Symporter (SUT), in die Geleitzellen (oder deren funktionelle Äqui-

valente) aufgenommen. Ein direkter Transport in die Siebelemente wird ebenfalls diskutiert. Die treibende Kraft für die Aufnahme in das Phloem liefert eine protonentranslozierende ATPase (H^+-P-ATPase); die Saccharoseaufnahme in das Phloem ist also ein sekundär aktiver Prozess, der zur Konzentrierung der Saccharose in den Siebröhren führt. Das benötigte ATP entstammt der mitochondrialen Atmung. Durch Atmungsgifte lässt sich der Prozess der Beladung bei Arten mit apoplastischer Phloembeladung effektiv hemmen. In die Geleitzellen aufgenommene Saccharose soll durch Diffusion über die Plasmodesmen in die Siebröhren gelangen (Abb. 14.69b).

Symplastische Phloembeladung Im Fall der sympastischen Beladung lassen sich zwei Typen unterscheiden: der passive und der aktive Transport (Abb. 14.69a). Die passive symplastische Phloembeladung findet sich bei vielen Baumarten (wie der Apfel) und erfolgt durch Diffusion. Die aktive symplastische Phloembeladung findet sich bei Arten, die neben Saccharose nennenswerte Mengen von Oligosacchariden der Raffinosefamilie (Abb. 14.68) transportieren. Cytologisch lassen sich bei diesen Arten zahlreiche Plasmodesmen finden, die alle Zellen des Transportwegs symplastisch verbinden. Wie die auch hier zu findende Konzentrierung der Kohlenhydrate in den Siebzellen bewerkstelligt wird, ist nicht abschließend geklärt. Nach dem *polymer trapping*-Modell soll die Synthese der Raffinosezucker aus Saccharose und Galactose bei diesen Arten erst in den die Siebelementen umgebenden Zellen erfolgen, sodass die Saccharosekonzentration in diesen Zellen niedrig gehalten wird und Saccharose aus dem Mesophyll nachdiffundieren (Abb. 14.69c). Nach diesem Modell ist zu fordern, dass die Wegsamkeit der Plasmodesmen (▶ Abschn. 11.4.2) sehr selektiv ist, sodass Raffinosezucker zwar in die Siebröhren, aber nicht zurück ins Mesophyll diffundieren können. Dies ist bislang nicht experimentell belegt. Allerdings konnte gezeigt werden, dass ein Schlüsselenzym der Raffinosebiosynthese, die Galactinol-Synthase, spezifisch in den Intermediärzellen exprimiert wird, sodass man davon ausgehen kann, dass der Stoffwechsel die notwendige Zellspezifität aufweist.

Bei Pflanzen mit apoplastischer Phloembeladung werden auch die Aminosäuren wahrscheinlich über sekundär aktive Aminosäure-Protonen-Symporter in die Siebröhren geladen. Diese Translokatoren sind jedoch wenig substratspezifisch, sodass alle am Produktionsort gebildeten Aminosäuren in das Phloem gelangen. Es ist auffällig, dass Pflanzen mit symplastischer Phloembeladung auch über spezielle Transportaminosäuren verfügen – bei Cucurbitaceae z. B. die nichtproteinogene Aminosäure Citrullin (Abb. 14.68), ein Intermediat in der Biosynthese von Arginin. Der Grund mag sein, dass eine effektive symplastische Phloembeladung – wie im Fall der Kohlenhydrate – eine gerichtete Synthese erfordert.

14

14.7.3 Transport der Assimilate im Phloem

Im Bereich der Assimilationsorgane werden durch die Prozesse der Phloembeladung hohe Konzentrationen an osmotisch aktiven Metaboliten erzeugt (ca. 0,2–0,7 M Kohlenhydrate und ca. 0,05 M Aminosäuren). Der passive Einstrom von Wasser aus der Umgebung (letztlich aus dem Xylem) erzeugt am Ort der Phloembeladung einen hohen Turgor. Die Siebröhrenglieder bzw. Siebzellen sind plasmolysierbar, sie besitzen demnach eine intakte Plasmamembran mit selektiv permeablen Eigenschaften. Andererseits erfolgt an Verbrauchsorten eine Entnahme von Assimilaten aus dem Phloem (▶ Abschn. 14.7.4, ◨ Abb. 14.70), gefolgt von einem passiven Ausstrom von Wasser und entsprechender Absenkung des Turgors. Das abgegebene Wasser gelangt ins Xylem. Die enge Nachbarschaft von Xylem und Phloem wird so plausibel.

Zwischen den Be- und Entladungsorten besteht daher ein **Druckgradient** in den Siebröhren bzw. Siebzellen. Dieser Druckgradient führt nach der ursprünglich von Münch formulierten **Druckstromtheorie** zu einer **Massenströmung** des Siebröhreninhalts vom Spender- zum Empfängerort (engl. *source-to-sink*); in diesem Massenstrom werden die gelösten Substanzen mitgetragen. Dabei werden auch über weite Strecken Strömungsgeschwindigkeiten von 0,5–1,5 m h^{-1} erreicht. Bei einer mittleren Strömungsgeschwindigkeit von 0,6 m h^{-1} und 0,5 M Saccharose beträgt der Fluss ca. 100 kg Saccharose h^{-1} m^{-2} Siebröhrenquerschnitt (Lumen).

Ein Turgorgradient in den Siebröhren in der Transportrichtung wurde auf verschiedene Weise experimentell bestätigt. Zur Überwindung des Strömungswiderstands der Siebröhren ist ein Druckgradient von etwa −0,04 MPa m^{-1} erforderlich (unter Zugrundelegung typischer Zelldimensionen und Viskositäten des Siebröhreninhalts), etwa die Hälfte des Strömungswiderstands entfällt auf die Siebplatten der Siebröhren bzw. die schrägstehenden, getüpfelten Querwände der Siebzellen (▶ Abschn. 2.3.4.1). Man nimmt an, dass der Strömungswiderstand der Siebplatten bzw. Querwände die Aufrechterhaltung des massenstromtreibenden Turgorgradienten begünstigt, da ein Druckgradient in einer ununterbrochenen Flüssigkeitssäule rasch abgebaut würde. Triebkraft des Massenstroms können damit sehr viele lokale osmotische Gradienten zwischen den Siebelementen und den umgebenden Spender- oder Empfängerorten sein. Die 1930 aufgestellte Druckstromhypothese wurde immer wieder kritisch diskutiert und insbesondere für Bäume infrage gestellt, da man bezweifelte, dass die Siebelemente eine ausreichend hohe hydraulische Leitfähigkeit besitzen würden. Experimentell konnte die Hypothese erst 2016 bewiesen werden. Hierzu wurden Pflanzen der Blauen Prunkwinde (*Ipomoea nil*) mit unterschiedlichen Abständen zwischen Blättern (Source) und Wurzeln (Sink) herangezogen. Es zeigte sich,

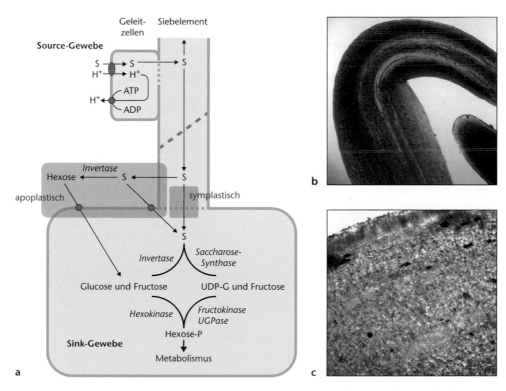

◨ **Abb. 14.70** Darstellung der Phloementladung in Sink-Geweben. **b** Mikroskopische Aufnahme eines Stolons einer transgenen Kartoffelpflanze, die das grün fluoreszierende Protein (GFP) in Geleitzellen exprimiert. Anhand der Begrenzung der Fluoreszenz auf das Leitgewebe lässt sich die Schlussfolgerung ziehen, dass das Phloem symplastisch von den umgebenden Zellen isoliert ist, d. h., die Entladung erfolgt apoplastisch. **c** Mikroskopische Aufnahme einer Kartoffelknolle, die ebenfalls das GFP in Geleitzellen exprimiert. Die homogene Verteilung der GFP-Fluoreszenz im Parenchym zeigt an, dass das Phloem symplastisch mit den umliegenden Zellen verbunden ist, d. h., die Entladung erfolgt symplastisch. Einzelheiten zur Erstellung transgener Pflanzen sind ▶ Abschn. 10.3 und 10.4 zu entnehmen

dass die hydraulische Leitfähigkeit mit dem Abstand von Source zu Sink anstieg und dass dieser Anstieg im Wesentlichen durch die Vergrößerung der Siebporen in den Siebplatten hervorgerufen wurde. Gleichzeitig nahm der Druckgradient zwischen Source und Sink deutlich zu (von etwa 0,15 MPa auf etwa 1,65 MPa). Die Kombination von höherer Leitfähigkeit und höherem Druckgradienten erlaubt es den Pflanzen, die Assimilate über sehr weite Strecken zu transportieren. Damit konnte gezeigt werden, dass Pflanzen den Fluss durch die Siebelemente aktiv regulieren und relevante Parameter den Notwendigkeiten des passiven Massenstroms anpassen können (Knoblauch et al. 2016).

Nach der Druckstromtheorie ist die Richtung des Phloemtransports durch ein osmotisches Gefälle (und damit durch einen Turgorgradienten) vom Spender- zum Empfängerort der Assimilate festgelegt. Als **Spenderorgane (Source)** fungieren z. B. photosynthetisierende, ausgewachsene Blätter oder aber Speicherorgane zur Zeit der Mobilisierung der Speicherstoffe. Ein besonders intensiver Export von stickstoffhaltigen Substanzen setzt bei den Blättern mehrjähriger Pflanzen vor dem Laubfall ein; er führt einen großen Teil des Stickstoffs der Blattproteine nach ihrer Hydrolyse zu Aminosäuren in die perennierenden (überdauernden) Organe zurück. Die Gesamtkonzentration der Aminosäuren im Phloem in dieser Phase kann bis zu 0,5 M betragen; Kohlenhydrate sind dann im Phloeminhalt kaum noch vorhanden.

Als **Empfängerorgane (Sink)** dienen alle wachsenden Pflanzenteile (z. B. Spitzenmeristeme von Spross und Wurzel, das Cambium, sich entwickelnde Blätter; Früchte und vegetative Speicherorgane). Innerhalb einer größeren Pflanze kann es mehrere, zu verschiedenen Zeiten wechselnde Source- und Sink-Organe geben. So versorgen z. B. die unteren Blätter häufig die Wurzeln, die oberen hingegen Sprossspitze, Blüten und Früchte. Daher werden auch gegenläufige Transporte in ein und demselben Sprossachsenabschnitt – jedoch nie in ein und derselben Siebröhre – beobachtet.

14.7.4 Phloementladung

Die Phloementladung kann ebenfalls entweder symplastisch oder apoplastisch erfolgen (◘ Abb. 14.70a). Im ersten Fall erfolgt die Assimilatentnahme über Plasmodesmen zwischen den Siebelementen und Zellen der Empfängerorgane. Durch Metabolisierung der Assimilate in diesen Zellen wird vermutlich das für die Entladung des Phloems erforderliche Konzentrationsgefälle steil gehalten. Bei der apoplastischen Entladung werden die Assimilate zunächst in den Apoplasten entlassen und von dort in die speichernden Zellen aufgenommen. Die Transporter sind im Einzelnen nicht gut charakterisiert. Protonen-Metabolit-Symporter dürften jedoch eine Rolle bei der Aufnahme in die Speicherzellen spielen.

Symplastische und apoplastische Transportwege sind nicht statisch, sondern können sich im Verlauf der Organentwicklung ändern. So findet z. B. während der Kartoffelknollenentwicklung zunächst eine apoplastische Entladung von Assimilaten in den Stolonen (unterirdisch wachsende Stengel, an deren Enden sich Kartoffelknollen bilden) statt (◘ Abb. 14.70b), dies ändert sich nach Knolleninduktion, sodass die wachsende Kartoffelknolle symplastisch mit Assimilaten versorgt wird (◘ Abb. 14.70c).

Der Umsatz der Saccharose im Stoffwechsel erfolgt entweder über die Saccharose-Synthase- oder die Invertase-Reaktion (◘ Abb. 14.70a). Die Saccharose-Synthase ist ein cytoplasmatisches Enzym und wandelt Saccharose und UDP in UDP-Glucose und Fructose um. Die gebildete Fructose wird anschließend durch Fructokinasen phosphoryliert, wodurch Fructose-6-phosphat entsteht. Sowohl UDP-Glucose als auch Fructose-6-phosphat können in Glucosephosphate überführt und anschließend in den Plastiden in Stärke umgewandelt werden (vornehmlicher Weg in stärkespeichernden Sink-Geweben). Andererseits können die aktivierten Zucker für eine Reihe weiterer Stoffwechselwege verwendet werden. Invertasen kommen in vier zellulären Kompartimenten vor, der Zellwand, dem Cytoplasma, Plastiden und der Vakuole. Die zellwandgebundene Invertase spielt eine wichtige Rolle bei der apoplastischen Saccharoseentladung, indem sie die Saccharose in Glucose und Fructose spaltet. Da die gebildeten Hexosen nicht phloemmobil sind, wird ihr Verbleib durch die Hydrolyse im Sink-Gewebe sichergestellt. Die gebildeten Hexosen werden anschließend über Protonen-Hexose-Symporter in die Zellen aufgenommen und nach Phosphorylierung über Hexokinasen in den Stoffwechsel eingespeist. Intrazelluläre Invertasen führen ebenfalls zur Bildung von Hexosen aus Saccharose, wobei der vakuolären Invertase eine Rolle bei der Osmoregulation und dem Streckungswachstum der Zelle zugeschrieben wird. Die Funktionen der cytoplasmatischen und plastidären Invertasen sind noch nicht geklärt, allerdings führt der Ausfall der plastidären Invertasen zu massiven Wachstumseinbußen der betroffenen Pflanzen, was auf eine bedeutende Rolle dieser Isoformen schließen lässt.

Einige Arten speichern Kohlenhydrate in Form von Saccharose (Zuckerrübe, Zuckerrohr) oder Glucose (einige Früchte, z. B. Weintrauben). Die Speicherung dieser löslichen Zucker erfolgt in den Vakuolen. Neben Stärke dienen weitere Polysaccharide als Speicherpolysaccharide (▸ Abschn. 14.15.1.2).

14.8 Energiegewinnung durch den Abbau von Kohlenhydraten

Da das durch die Photophosphorylierung gebildete ATP in der Regel für die CO_2-Reduktion (CO_2-Assimilation) verbraucht wird, muss das für die sonstigen Arbeitsleistungen der Zelle benötigte ATP auch bei den Autotrophen auf andere Weise geliefert werden. Zudem müssen die Photoautotrophen auch in der Dunkelperiode ATP bilden können. Alle Zellen heterotropher und autotropher Organismen verwenden ausschließlich reduzierte Kohlenstoffverbindungen, die letztlich der Photosynthese entstammen, als Ausgangsstoffe für die Synthese ihrer organischen Zellkomponenten und auch als Energiespender.

Die Bereitstellung der Energie aus dem Abbau von reduzierten Kohlenstoffverbindungen (**Dissimilation**) erfolgt stets durch Redoxreaktionen, d. h. durch Elektronenübergänge von einem Elektronendonator auf einen Elektronenakzeptor. Je nach Endakzeptor der Elektronen bei den energieliefernden Abbaureaktionen (= katabolen Reaktionen) unterscheidet man zwei Haupttypen der Dissimilation: Im einen Fall dient O_2 als letzter Elektronenakzeptor (**aerobe Dissimilation** oder **Zellatmung**), im zweiten Fall ist es ein organisches Molekül, das beim Abbau selbst entsteht (**anaerobe Dissimilation** oder **Gärung**). Bei den Gärungsvorgängen erfolgt demnach keine Nettooxidation des Substrats, sondern vielmehr eine interne Oxidoreduktion, also ein Elektronenübergang innerhalb eines Substrats oder zwischen Spaltprodukten eines Substrats.

Organismen, die Sauerstoff nicht verwerten können, obligate Anaerobier (obligate Gärer), sind selten und auf einige wenige Bakterien und Invertebraten beschränkt. Fakultative Anaerobier, d. h. solche, die nur bei Sauerstoffmangel ihre Energie durch Gärungen gewinnen, sind die meisten lebenden Zellen, wenn auch die Leistungsfähigkeit der anaeroben Dissimilation (und damit die Empfindlichkeit gegen Sauerstoffmangel) und ihr Mechanismus unterschiedlich sind. Die meisten Hefen z. B. können sich anaerob durch Gärung am Leben erhalten, sich aber nur aerob, d. h. atmend, vermehren. Die Umschaltung vom aeroben zum anaeroben Katabolismus wird dadurch erleichtert, dass beide Reaktionswege über viele Stufen identisch verlaufen und der aerobe Abbau Verbindungen verwendet, die auch beim anaeroben gebildet werden.

Als Substrate für die Gärungen dienen in der Regel Hexosen, meist Glucose. Auch die Atmung geht meist von Glucose als Substrat aus. Der gemeinsame Reaktionsweg der Glucosegärungen und der Glucoseatmung führt bis zum Pyruvat und wird **Glykolyse** (▶ Abschn. 14.8.1) genannt. In Pflanzen kann die Glykolyse sowohl im Cytoplasma als auch in bestimmten Plastiden der Zelle ablaufen. Hierbei scheint die plastidäre Glykolyse insbesondere während der Entwicklung ölspeichernder Samen eine wichtige Rolle zu spielen. In Chloroplasten hingegen fehlen zwei wichtige Enzyme der Glykolyse, die Phosphoglycerat-Mutase und die Enolase, sodass hier keine Glykolyse ablaufen kann.

14.8.1 Glykolyse

Glucose steht aus dem Abbau von Saccharose durch Invertasen oder aus dem Abbau von Stärke zur Verfügung. Glucose-1-phosphat entsteht beim Saccharoseabbau über Saccharose-Synthase und UDP-Glucose-Pyrophosphorylase oder beim phosphorolytischen Stärkeabbau. Glucose wird unter ATP-Verbrauch durch die Hexokinase und Glucose-1-phosphat durch die Phosphoglucomutase in Glucose-6-phosphat überführt, das mit Fructose-6-phosphat, dem Startmetaboliten der Glykolyse (◘ Abb. 14.71), im Gleichgewicht steht (Hexosephosphat-Isomerase-Reaktion).

Für die Überführung von Fructose-6-phosphat in Fructose-1,6-bisphosphat sind in Pflanzen zwei Enzyme, die PP_i-Fructose-6-phosphat-Kinase und die ATP-Fructose-6-phosphat-Kinase verantwortlich, von denen vermutlich die PP_i-abhängige Kinase eine größere Rolle spielt, da sie unter strikter Metabolitregulation steht (◘ Abb. 14.47 und ◘ Abb. 14.51). Nach der Überführung wird Fructose-1,6-bisphosphat durch die Aldolase in je ein Molekül Glycerinaldehydphosphat und Dihydroxyacetonphosphat gespalten, die in einem durch die Triosephosphat-Isomerase katalysierten Gleichgewicht zueinander stehen. Die energieliefernden Reaktionen der Glykolyse verlaufen unter Bildung von Pyruvat aus Glycerinaldehydphosphat. Die in ◘ Abb. 14.71 gezeigte Reaktionsfolge wird pro eingesetzter Hexose zweimal durchlaufen (mit je einem der beiden Triosephosphate) und liefert pro Triosephosphat 2 ATP, insgesamt also 4 ATP pro Hexose. Geht man in der Bilanz von Glucose aus, so werden zur Bildung von Fructose-1,6-bisphosphat 2 Moleküle ATP verbraucht. Der Nettogewinn der Glykolyse beträgt dann 2 ATP pro Glucose (wird für die Phosphorylierung von Fructose-6-phosphat Pyrophosphat anstelle von ATP verwendet, so verbessert sich die Energieausbeute um 2 ATP, weshalb man der PP_i-abhängigen Kinase eine Rolle bei Sauerstoffmangel zuschreibt).

Die Umsetzungen vom Fructose-1,6-bisphosphat bis zum 3-Phosphoglycerat verlaufen in umgekehrter Richtung als Teil des Calvin-Zyklus (◘ Abb. 14.45). Die beteiligten Isoenzyme unterscheiden sich jedoch z. T. deutlich in ihrem molekularen Aufbau; die Glycerinaldehydphosphat-Dehydrogenase der Chloroplasten ist NADP-abhängig.

Die ATP-Bildung im Verlauf der Glykolyse wird als **Substratkettenphosphorylierung** bezeichnet. Auf Grund des hohen Phosphatgruppenübertragungspotenzials von 1,3-Bisphosphoglycerat und Phosphoenolpyruvat können die Enzyme **Phosphoglycerat-Kinase** und **Pyruvat-Kinase** jeweils einen Phosphatrest auf ADP übertragen und ATP bilden. Die Reaktion der Pyruvat-Kinase ist stark exergonisch und praktisch irreversibel. Etwa 50 % der Energie der Phosphoenolbindung werden unter Standardbedingungen im ATP konserviert.

Abb. 14.71 Glykolytischer Abbau von Glucose zu Pyruvat und (blau unterlegt) Gärungen zur Reoxidation des in der Glykolyse gebildeten NADH+H⁺ unter Sauerstoffmangel. Die Reaktionen innerhalb des gestrichelten Kastens laufen pro Glucose zweimal ab, da zwei Triosephosphate als Produkte der Aldolasereaktion anfallen. (Grafik: E. Weiler)

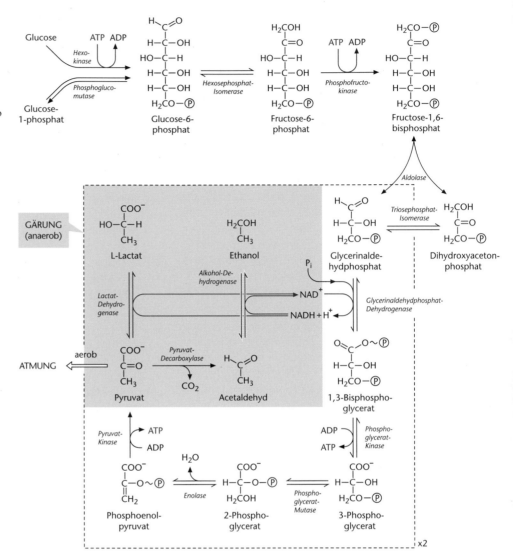

14.8.2 Gärungen

In Gegenwart von Sauerstoff wird Pyruvat letztlich bis zum CO_2 oxidiert und dabei auch das in der Glykolyse gebildete NADH reoxidiert. Bei Sauerstoffmangel ist dies nicht oder nur noch sehr eingeschränkt möglich. Viele Zellen besitzen daher die Möglichkeit, NADH zu reoxidieren, indem die Elektronen auf Metaboliten der Glykolyse, auf Pyruvat oder auf aus diesem gebildeten Acetaldehyd, übertragen werden. Im ersten Fall entsteht Milchsäure (Milchsäuregärung, ► Abschn. 14.8.2.2), im zweiten Fall Ethanol (alkoholische Gärung, ► Abschn. 14.8.2.1). In jedem Fall stellt die Gärung die Aufrechterhaltung der Glykolyse und damit der ATP-Versorgung der Zelle durch Substratkettenphosphorylierung unter Sauerstoffmangel sicher (■ Abb. 14.71).

14.8.2.1 Alkoholische Gärung

Ethanol als Endprodukt des anaeroben Glucoseabbaus tritt nicht nur bei den technisch verwendeten Hefen, sondern auch bei vielen anderen Mikroorganismen und in den Geweben verschiedener Gefäßpflanzen (Samen vieler Arten, z. B. Reis, Erbsen; Wurzeln bei Überflutung, z. B. Reis, Mais) bei Sauerstoffmangel auf. Da Ethanol in höheren Konzentrationen ein Zellgift ist, das infolge seiner hohen Membranpermeabilität nicht durch Kompartimentierung entfernt werden kann, wird es nur von solchen Organismen in größeren Mengen gebildet, die in wässrigen Milieus leben und den Alkohol nach außen abgeben können.

Die Bruttogleichung für die alkoholische Gärung lautet:

$$C_6H_{12}O_6 \rightarrow 2\,C_2H_5OH + 2\,CO_2$$
$$\Delta G^{0'} = -234\,\mathrm{kJ\,mol^{-1}}$$

Im Vergleich dazu beträgt bei einem vollständigen Abbau der Glucose zu CO_2 $\Delta G^{0\prime} = -2877$ kJ mol^{-1}. Die alkoholische Gärung ist daher energetisch ein sehr ineffizienter Prozess, bei dem große Mengen Substrat umgesetzt werden und ein noch sehr energiereiches Substrat (Ethanol) ausgeschieden wird. Das von der Bäckerhefe im Verlauf der alkoholischen Gärung ebenfalls produzierte CO_2 dient beim Backen von Hefeteigen als Treibmittel.

Die Reaktionsfolge vom Pyruvat zum Ethanol ist in ◘ Abb. 14.71 dargestellt. Die irreversible Decarboxylierung des Pyruvats zum Acetaldehyd benötigt Thiaminpyrophosphat als Coenzym. Die ATP-Ausbeute der alkoholischen Gärung ist die der Glykolyse: Ausgehend von Glucose werden netto 2 ATP pro Glucose gebildet. Die Energiekonservierung beträgt somit unter Standardbedingungen $2 \times 30{,}5$ kJ mol^{-1}/234 kJ mol$^{-1} = 0{,}26$ (26 %). In der Zelle, in der die Reaktionspartner nicht unter Standardbedingungen vorliegen, ist die Ausbeute wesentlich höher.

14.8.2.2 Milchsäuregärung und andere Gärungen

Bei der reinen Milchsäuregärung (◘ Abb. 14.71) wird aus Glucose nur Milchsäure gebildet (**Homofermentation**); $C_6H_{12}O_6 \rightarrow 2$ Lactat$^- + 2$ H$^+$; $\Delta G^{0\prime} = -197$ kJ mol^{-1}. Dieser anaerobe Abbau tritt (außer im tierischen Muskel) z. B. bei den Bakterien *Lactococcus lactis* sowie bei manchen Gefäßpflanzen (z. B. Kartoffeln) und verschiedenen Grünalgen (z. B. *Chlorella, Scenedesmus*) auf. Bei der Milchsäuregärung wird Pyruvat, katalysiert durch Lactat-Dehydrogenase (◘ Abb. 14.71), direkt zur L-Milchsäure (L-Lactat) reduziert, wodurch NAD$^+$ für die Glykolyse regeneriert wird. Mit $\Delta G^{0\prime} = -25$ kJ mol^{-1} ist diese Reaktion stark exergonisch und unter den Gegebenheiten der Zelle irreversibel.

Die ATP-Bilanz der Milchsäuregärung entspricht der der alkoholischen Gärung. Die Energieausbeute unter Standardbedingungen beträgt 31 %, dürfte in der Zelle jedoch wieder viel höher liegen.

Es gibt noch andere Gärungsformen, die nach ihren Hauptendprodukten benannt werden, z. B. Propionsäure-, Ameisensäure-, Buttersäure-, Bernsteinsäuregärung; sie verlaufen nach grundsätzlich ähnlichen Mechanismen wie die alkoholische und Milchsäuregärung. Obwohl traditionell so bezeichnet, handelt es sich bei der Essigsäuregärung nicht um eine Gärung, denn sie verläuft unter Sauerstoffverbrauch.

14.8.3 Zellatmung

Unter aeroben Bedingungen wird die im Pyruvat noch vorhandene Energie in Form von ATP für die Zelle nutzbar gemacht und dabei zugleich das für die Glykolyse erforderliche NAD$^+$ aus NADH+H$^+$ regeneriert.

Bei den Eukaryoten laufen diese Prozesse in den Mitochondrien (▶ Abschn. 1.2.10) ab, in die das Pyr-

uvat aus dem Cytoplasma über einen Translokator der inneren Mitochondrienmembran im Gegentausch mit Hydroxylionen importiert wird. Das in der Glykolyse gebildete NADH wird – im Gegensatz zum Tier – von Pflanzenmitochondrien an der inneren Mitochondrienmembran reoxidiert (◘ Abb. 14.76). Die innere Mitochondrienmembran ist wie die der Chloroplasten für Pyridinnucleotide praktisch undurchlässig.

Die Umsetzung des Pyruvats beim oxidativen Abbau in den Mitochondrien erfolgt in drei Stufen:
1. Bildung von Acetyl-Coenzym A aus Pyruvat (▶ Abschn. 14.8.3.1)
2. Umsetzung des Acetyl-Coenzym A im Citratzyklus unter Bildung von CO_2 und Reduktionsmitteln (▶ Abschn. 14.8.3.2)
3. Elektronentransport in der Atmungskette unter Reoxidation der Reduktionsmittel und Ausnutzung der Redoxenergie zur ATP-Synthese (▶ Abschn. 14.8.3.3)

14.8.3.1 Bildung von Acetyl-Coenzym A aus Pyruvat

Das in der Glykolyse gebildete Pyruvat wird in den Mitochondrien zunächst oxidativ decarboxyliert. Im Verlauf der Reaktion wird das gebildete Acetat als **Acetyl-Coenzym A** (**Acetyl-CoA**, ◘ Abb. 14.72) frei. Diese oxidative Umsetzung vollzieht sich in einer komplizierten Reaktionsfolge, an der drei verschiedene Enzyme und fünf verschiedene Coenzyme beteiligt sind, die den **Pyruvat-Dehydrogenase-Komplex** bilden (Einzelheiten s. Lehrbücher der Biochemie). Die Reaktion ist stark exergonisch ($\Delta G^{0\prime} = -33{,}5$ kJ mol^{-1}). Die beiden dem Substrat entzogenen Elektronen dienen zur Reduktion von NAD$^+$ zu NADH+H$^+$.

Der Acetylrest in dem Acetyl-CoA stellt die „aktivierte Essigsäure" dar, die nicht nur im Citratzyklus katabolisch verarbeitet werden kann (◘ Abb. 14.73), sondern auch als Baustein für zahlreiche Synthesen dient. Da nicht nur Zucker, sondern auch Fettsäuren und verschiedene Aminosäuren zu Acetyl-CoA abgebaut werden, kommt dieser Verbindung eine Schlüsselrolle im Stoffwechsel zu. Dies wird eindrucksvoll dadurch belegt, dass von den 4900 beschriebenen Enzymen ca. 8 % CoA-abhängig sind. Cytosolisches CoA, welches z. B. beim Abbau von Patothensäure entsteht, wird über CoA-Transporter in die Mitochondrien transportiert.

14.8.3.2 Citratzyklus

Im Citratzyklus wird der Acetylrest des Acetyl-CoA zu zwei Molekülen CO_2 oxidiert, die dabei anfallenden 8 Elektronen dienen zur Reduktion von 3 NAD$^+$ zu NADH+H$^+$ und 1 FAD zu FADH$_2$ (◘ Abb. 14.73).

Der Citratzyklus wird nach seinen Hauptentdeckern auch **Krebs-Martius-Zyklus** genannt, er benötigt kein

a

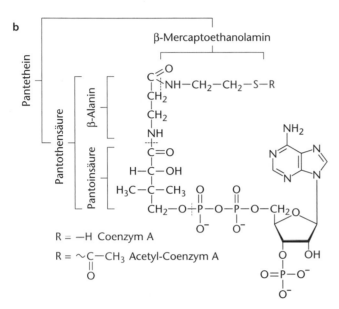

$$\underset{\text{Pyruvat}}{\underset{\overset{|}{C}H_3}{\overset{\displaystyle COO^-}{\underset{|}{\overset{|}{C}=O}}}} + H_2O$$

Coenzym A

$NAD^+ \quad NADH + H^+$

(Thiaminpyrophosphat, Liponsäure, FAD)

Pyruvat-Dehydrogenase-Komplex

$$\underset{\text{Acetyl-Coenzym A}}{\underset{\text{(aktivierte Essigsäure)}}{\overset{\displaystyle O}{\underset{|}{\overset{\|}{C}} \sim S - CoA}}} + CO_2$$

b

β-Mercaptoethanolamin

Pantethein

Pantothensäure

β-Alanin

Pantoinsäure

$$\begin{array}{l}
C \stackrel{O}{\rightleftharpoons} \\
| \quad NH-CH_2-CH_2-S-R \\
CH_2 \\
| \\
CH_2 \\
| \\
NH \\
| \\
C=O \\
| \\
H-C-OH \\
| \\
H_3C-C-CH_3 \\
| \\
CH_2-O-P-O-P-O-CH_2
\end{array}$$

R = —H Coenzym A

R = $\sim$C—CH$_3$ Acetyl-Coenzym A

Abb. 14.72 **a** Pyruvat-Dehydrogenase-Reaktion. **b** Struktur von Coenzym A bzw. Acetyl-Coenzym A

O_2. Wie üblich bei einem Kreisprozess, schließt er auch Reaktionen zur Regeneration des Acetatakzeptormoleküls Oxalacetat ein.

Die beiden Reaktionen, bei denen die CO_2-Moleküle freigesetzt werden, sind oxidative Decarboxylierungen, bei denen jeweils ein Elektronenpaar auf NAD^+ übertragen wird. Die durch den α-Ketoglutarat-Dehydrogenase-Komplex katalysierte oxidative Decarboxylierung des α-Ketoglutarats verläuft in der gleichen komplexen Weise wie bei der Pyruvat-Dehydrogenase. Neben Coenzym A und NAD^+ sind auch hier als weitere Coenzyme Thiaminpyrophosphat, Liponsäure und FAD beteiligt. Die energiereiche Thioesterbindung des Reaktionsproduktes Succinyl-CoA wird zur ATP-Synthese (bei Säugetieren GTP) benutzt (Thiokinasereaktion, **Substratkettenphosphorylierung**).

Die zwei weiteren Elektronenpaare werden bei der Oxidation des Succinats und des Malats freigesetzt. Während als Elektronenakzeptor für die Malat-Dehydrogenase ebenfalls NAD^+ dient, enthält die Succinat-Dehydrogenase kovalent gebundenes Flavinadenindinucleotid (FAD, Abb. 14.74) als Elektronenakzeptor.

14.8.3.3 Mitochondriale Atmungskette

Die bei der Oxidation des Pyruvats zu 3 Molekülen CO_2 anfallenden insgesamt 10 Elektronen sind somit im Verlauf der Pyruvat-Dehydrogenase-Reaktion und des Citratzyklus auf insgesamt 4 NAD^+ und ein FAD übertragen worden. Die reduzierten Coenzyme, 4 $NADH + H^+$ und 1 $FADH_2$, geben ihre Elektronen an die in der inneren Mitochondrienmembran lokalisierte Atmungskette ab, in der sie schließlich auf O_2 unter Bildung von H_2O übertragen werden. Die Energie dieses exergonischen Übergangs wird zum Aufbau eines transmembranen Protonengradienten an der inneren Mitochondrienmembran verwendet. Die dadurch erzeugte **protonenmotorische Kraft** wird zur ATP-Synthese genutzt (**oxidative Phosphorylierung**, **Atmungskettenphosphorylierung**).

Es bestehen Gemeinsamkeiten zwischen der mitochondrialen Atmungskette und der Elektronentransportkette der Lichtreaktion der Photosynthese. Bei Cyanobakterien sind beide Elektronentransportketten in derselben Membran lokalisiert und benutzen als gemeinsame Module den Cytochrom-b_6/f-Komplex sowie Plastochinon als Elektronendonator und Cytochrom c als Elektronenakzeptor des Cytochrom-b_6/f-Komplexes. Als atmungskettenspezifische Komplexe treten lediglich der NADH-Dehydrogenase-Komplex sowie der Cytochrom-a/a_3-Komplex auf. Die Elektronen werden von im Citratzyklus gebildeten NADH über die NADH-Dehydrogenase, Plastochinon, den Cytochrom-b_6/f-Komplex, Cytochrom c auf den Cytochrom-a/a_3-Komplex übertragen, von wo aus sie auf molekularen Sauerstoff unter Bildung von Wasser übergehen. Als ein „Relikt" dieser Situation besitzen auch die Chloroplasten in ihren Thylakoidmembranen noch Untereinheiten des NADH-Dehydrogenase-Komplexes der Atmungskette. Ihre Funktion ist nicht bekannt.

Bei der mitochondrialen Atmungskette ist an die Stelle der bei den Cyanobakterien mit der photosynthetischen Elektronentransportkette gemeinsam genutzten Komponenten (Plastochinon, Cytochrom-b_6/f-Komplex, Cytochrom c) die Sequenz **Ubichinon (= Coenzym Q) →** Cytochrom-b/c_1-Komplex → Cytochrom c getreten, wobei Plastochinon und Ubichinon (Abb. 14.33 und 14.74) hinsichtlich ihrer funktionellen Gruppen äquivalent sind und der Cytochrom-b/c_1-Komplex ebenfalls in Aufbau und Funktion zum Cytochrom-b_6/f-Komplex homolog ist (Cytochrom f ist ein c-Typ-Cytochrom, ► Abschn. 14.3.6). Die gesamte Elektronentransportkette von der NADH-Dehydrogenase bis zum Cytochrom-a/a_3-Komplex (auch **Cytochrom-Oxidase** oder **Endoxidase** genannt) bildet in der inneren Mitochondrienmembran auch strukturell eine Einheit. Bis zu 20.000 solcher Elektronentransportketten können in einem Mitochondrion vorliegen.

14

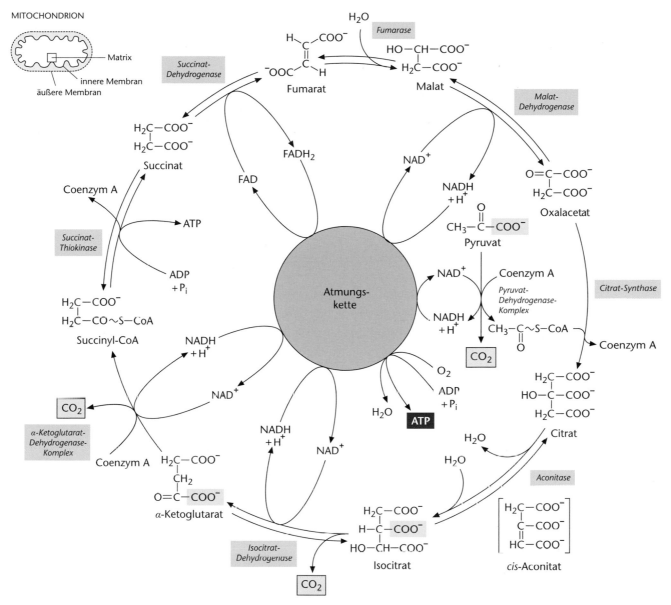

● **Abb. 14.73** Reaktionsfolge der Pyruvat-Dehydrogenase und des Citratzyklus. Pro Citratzyklus werden ein C_2-Körper (Acetat) eingespeist und 2 CO_2-Moleküle freigesetzt, obwohl es nicht die eingespeisten C-Atome sind, die im selben Zyklusumlauf freigesetzt werden (s. rote Markierung der Atome)

Das Struktur- und Funktionsprinzip der Atmungskette ist demnach dem des photosynthetischen Elektronentransports ähnlich. Die Glieder der Atmungskette sind Oxidoreduktasen, ihre sequenzielle Anordnung in der Atmungskette folgt ihrem Redoxpotenzial (● Tab. 14.16, ● Abb. 14.75). Die Elektronen gehen von einem Redoxsystem mit einem negativen Standardpotenzial (NADH+H⁺/NAD⁺ $E^{0'}$ = −0,32 V) auf ein Redoxsystem mit einem sehr positiven Standardpotenzial (½O_2/H_2O $E^{0'}$ = +0,82 V) über; die Reaktion ist demnach stark exergonisch ($\Delta G^{0'}$ = −221 kJ mol⁻¹) und läuft somit freiwillig ab.

Die Anordnung der Atmungskettenkomponenten in der inneren Mitochondrienmembran ist schematisch in ● Abb. 14.75 gezeigt. Die drei transmembranen Komplexe NADH-Dehydrogenase (Komplex I), Cytochrom-b/c₁-Komplex (Komplex III) und Cytochrom-a/a₃-Komplex (Komplex IV) bestehen aus zahlreichen Polypeptiden mit daran gebundenen Redoxsystemen – Flavinen, Eisen-Schwefel-Zentren und Cytochromen –, die von ihrem grundsätzlichen Aufbau her aus der Photosynthese schon geläufig sind (● Abb. 14.74). Die Nummerierung der Komplexe geht auf die ursprüngliche Nomenklatur der isolierten Komplexe zurück, deren

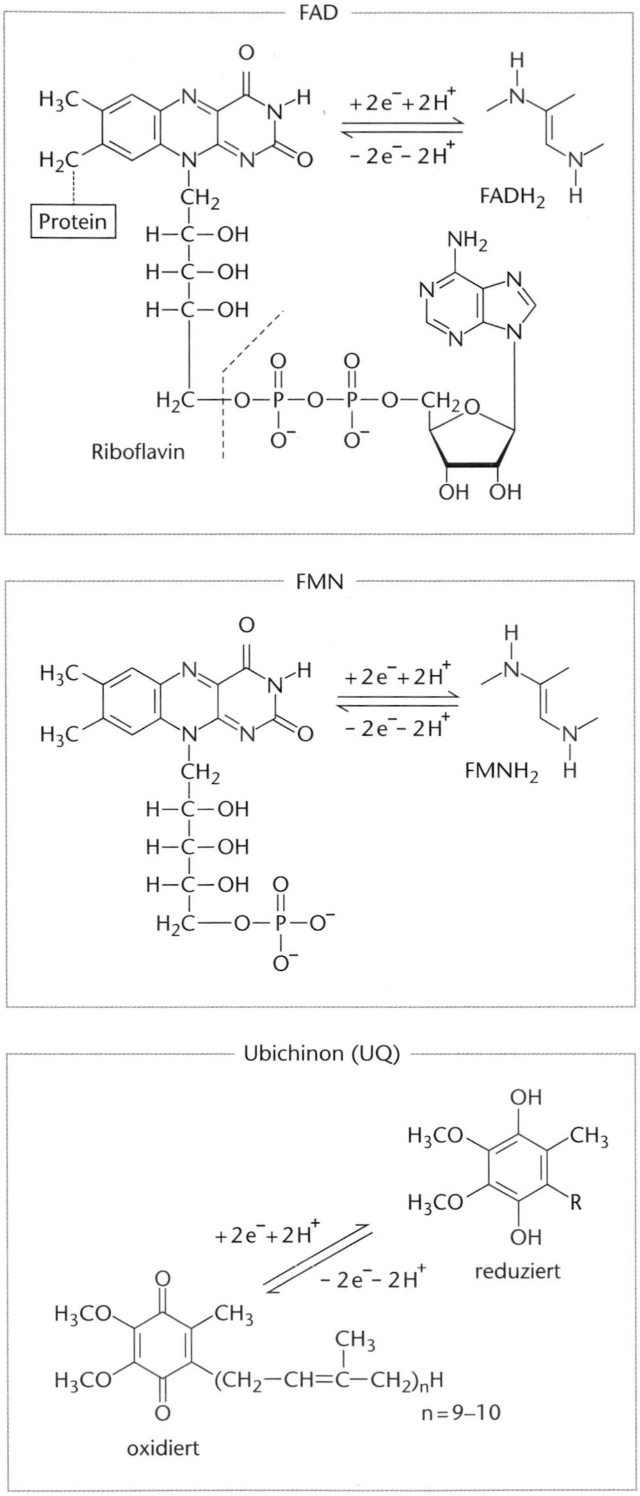

Abb. 14.74 Redoxsysteme der Atmungskette, die als Zwei-Elektronen-/Zwei-Protonen-Überträger dienen. FAD ist Bestandteil der Succinat-Dehydrogenase (kovalent gebunden), FMN ist Bestandteil der NADH-Dehydrogenase (Komplex I) und Ubichinon ist diffusibler Elektronenüberträger zwischen Komplex I und Komplex III (Abb. 14.75). Ubichinon trägt, wie Plastochinon (Abb. 14.33), einen Prenylrest, der bei Mikroorganismen meist aus 6, bei Höheren Pflanzen aus 10 Isopreneinheiten (▶ Abschn. 14.14.2) besteht. Der lipophile Prenylrest verankert das Molekül in der Mitochondrienmembran

Tab. 14.16 Standardredoxpotenziale der Redoxsysteme in der Atmungskette

Redoxpaar	$E^{0\prime}$ (V)
$NAD^+ + 2\,H^+ + 2\,e^- \rightleftharpoons NADH + H^+$	−0,32
$FMN + 2\,H^+ + 2\,e^- \rightleftharpoons FMNH_2$	−0,22
$FAD + 2\,H^+ + 2\,e^- \rightleftharpoons FADH_2$	−0,22
$UQ + H^+ + e^- \rightleftharpoons UQH^{\bullet}$	+0,03
Cytochrom b $(Fe^{3+}) + e^- \rightleftharpoons$ Cytochrom b (Fe^{2+})	+0,05
$UQH^{\bullet} + H^+ + e^- \rightleftharpoons UQH_2$	+0,19
Cytochrom c_1 $(Fe^{3+}) + e^- \rightleftharpoons$ Cytochrom c_1 (Fe^{2+})	+0,23
Cytochrom c $(Fe^{3+}) + e^- \rightleftharpoons$ Cytochrom c (Fe^{2+})	+0,24
Cytochrom a $(Fe^{3+}) + e^- \rightleftharpoons$ Cytochrom a (Fe^{2+})	+0,28
Cytochrom a_3 $(Fe^{3+}) + e^- \rightleftharpoons$ Cytochrom a_3 (Fe^{2+})	+0,35
$O_2 + 4\,H^+ + 4\,e^- \rightleftharpoons 2\,H_2O$	+0,82

Zusammensetzung damals noch unbekannt war, und stellt noch immer eine gebräuchliche Terminologie dar. Als Besonderheit enthält Komplex IV ein Kupfer-Schwefel-Zentrum und ein Kupfer-Cytochrom-a_3-Zentrum. Letzteres bindet den molekularen Sauerstoff (O_2) und überträgt auf ihn wahrscheinlich sequenziell vier Elektronen unter Bildung von zwei Molekülen Wasser. Anstelle von O_2 lagert das Kupfer-Cytochromva$_3$-Zentrum auch Kohlenmonoxid (CO), Azid (N_3^-) oder Cyanid (CN^-) an, und zwar sehr fest, sodass diese Substanzen sehr starke Hemmstoffe der Atmung und damit hochgiftig sind.

Zwischen den transmembranen Komplexen fungieren lösliche Komponenten als Redoxüberträger, und zwar in der inneren Mitochondrienmembran lokalisierte Ubichinonmoleküle (UQ, engl. *ubiquinone*) zwischen Komplex I und Komplex III. Wie auch das Plastochinon in der Lichtreaktion ist Ubichinon ein Zwei-Elektronen-/Zwei-Protonen-Überträger. Cytochrom c, ein löslicher Ein-Elektronen-Überträger, diffundiert im Intermembranraum zwischen Komplex III und IV und schließt so die Elektronentransportkette.

Viele Details, insbesondere die in den drei transmembranen Komplexen an den Elektronentransport gekoppelte Protonentranslokation aus der Matrix in den Intermembranraum, sind noch unverstanden. Die in ◘ Abb. 14.75 angegebenen Stöchiometrien stellen den aktuellen Stand dar, die exakten Werte sind jedoch nicht bekannt. Unter Zugrundelegung des – sehr wahrscheinlichen – Q-Zyklus im Cytochrom-b/c_1-Komplex (s. dazu die entsprechende Reaktion im Cytochrom-b_6/f-Komplex, ◘ Abb. 14.38) werden zehn H^+-Ionen pro NADH+H^+, also pro zwei auf Sauerstoff übertragene Elektronen,

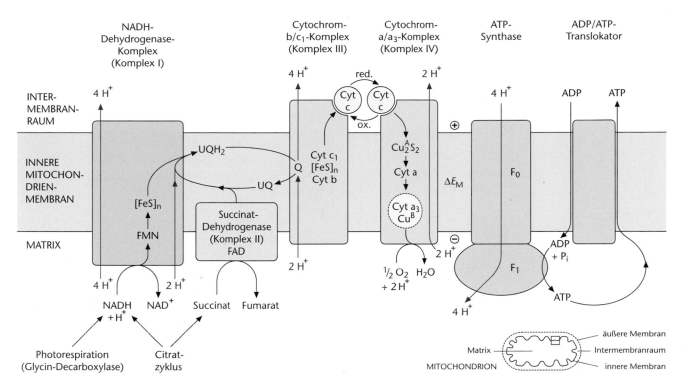

Abb. 14.75 Schematische Darstellung der mitochondrialen Atmungskette, der ATP-Synthese und des ATP-Exports. Die ATP-Synthase besteht aus dem transmembranen F_0-Stiel (dessen Funktion durch Oligomycin gehemmt werden kann) und dem Faktor 1 (F_1-Kopf), der die ATP-Synthese durchführt. Aufbau und Mechanismus der mitochondrialen F_0/F_1-ATP-Synthase entsprechen weitgehend der chloroplastidären CF_0/CF_1-ATP-Synthase (Abb. 14.41). – Cyt Cytochrom, ΔE_M Membranpotenzial, F_0 oligomycinsensitiver Faktor, $[FeS]_n$ mehrere Eisen-Schwefel-Zentren, Q Q-Zyklus (Abb. 14.38), UQ Ubichinon, UQH_2 Ubihydrochinon. (Grafik: E. Weiler)

transportiert, vier durch den NADH-Dehydrogenase-Komplex, vier durch den Cytochrom-b/c$_1$-Komplex und zwei durch den Cytochrom-a/a$_3$-Komplex.

Die Succinat-Dehydrogenase, ein Enzym des Citratzyklus, ist ein peripheres Membranprotein und an der Matrixseite der inneren Mitochondrienmembran lokalisiert. Es überträgt die dem Succinat entzogenen zwei Elektronen direkt auf Ubichinon, daran ist als Coenzym gebundenes FAD beteiligt. Die Succinat-Dehydrogenase wird auch als Komplex II der Atmungskette bezeichnet. Da an dieser Reaktion Komplex I nicht beteiligt ist, werden pro zwei Elektronen aus der Succinatoxidation lediglich sechs Protonen über die innere Mitochondrienmembran transloziert.

Die mitochondriale ATP-Synthese wird durch eine ebenfalls in der inneren Mitochondrienmembran lokalisierte ATP-Synthase bewerkstelligt, die im Aufbau und Reaktionsmechanismus der CF_1/CF_0-ATP-Synthase der Chloroplasten sehr ähnlich ist (Abb. 14.41). Treibende Kraft für die Synthese des ATP aus ADP + P$_i$ ist auch in diesem Fall die protonenmotorische Kraft. Im Unterschied zu den Chloroplasten ist die Protonentranslokation an der inneren Mitochondrienmembran nicht von einem Ladungsausgleich infolge eines gekoppelten Anionentransports begleitet. Der fehlende Ladungsausgleich beim mitochondrialen H$^+$-Transport führt rasch zum

Aufbau einer elektrischen Potenzialdifferenz an der inneren Mitochondrienmembran ($\Delta E_M \approx -200$ mV, Matrixseite negativ), während der Konzentrationsunterschied der H$^+$-Ionen gering bleibt (der pH-Wert im Intermembranraum liegt um nur 0,2 Einheiten niedriger als der der Matrix). Die ATP-Synthese der Mitochondrien wird also hauptsächlich durch das elektrische Teilpotenzial der protonenmotorischen Kraft getrieben.

Im Unterschied zu Chloroplasten, die das im Licht gebildete ATP selbst nutzen, wird das in den Mitochondrien gebildete ATP weitgehend in das Cytoplasma exportiert. Dafür ist ein in der inneren Membran lokalisierter Translokator verantwortlich, der ATP im strikten Austausch gegen ADP in das Cytoplasma transportiert (**ADP/ATP-Translokator**). Das in stöchiometrischen Mengen benötigte anorganische Phosphat soll über einen Phosphat/OH$^-$-Antiporter bereitgestellt werden.

Die mitochondriale Atmungskette der Pflanzen weist Unterschiede zu der der Tiere auf (Abb. 14.76). So wird im Unterschied zum Tier das in der pflanzlichen Glykolyse anfallende NADH+H$^+$ an der Außenseite der inneren Mitochondrienmembran durch eine **externe NADH-Dehydrogenase** reoxidiert. Die beiden Elektronen werden ohne Beteiligung von Komplex I direkt auf Ubichinon übertragen. Die Reaktion ist jedoch nur bedeutsam, wenn die cytoplasmatische Konzentration an

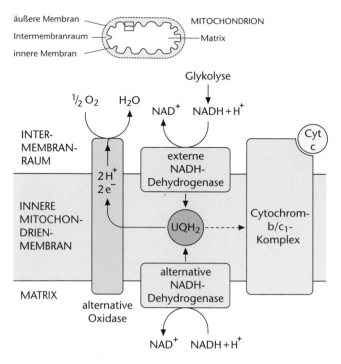

◻ Abb. 14.76 Alternativer Weg zur Reoxidation von Ubihydrochinon (UQH$_2$) durch die alternative Oxidase. Dieser Weg wird insbesondere beschritten, wenn die Konzentration von NADH+H$^+$ im Cytoplasma oder in der Mitochondrienmatrix sehr hoch ist. Die Energie wird als Wärme abgeführt, ohne zur ATP-Synthese beizutragen. In dieser Situation dürfte nur wenig Ubihydrochinon am Cytochrom-b/c$_1$-Komplex reoxidiert werden (gestrichelter Pfeil). (Grafik: E. Weiler)

NADH sehr hoch ist, sie dient also weniger der ATP-Synthese als der Bereitstellung von NAD$^+$. Eine ähnliche Funktion dürfte die an der Matrixseite der inneren Mitochondrienmembran lokalisierte **alternative NADH-Dehydrogenase** besitzen; sie reoxidiert NADH+H$^+$ und überträgt die Elektronen auf Ubichinon, ohne dass ein Protonentransport erfolgt. In dieser Situation (Überangebot an NADH mit der Folge eines sehr hohen NADH/NAD$^+$-Verhältnisses) erfolgt nämlich die Reoxidation des Ubihydrochinons (UQH$_2$) durch eine **alternative Oxidase**, die Elektronen und H$^+$-Ionen aus UQH$_2$ auf Sauerstoff unter Wasserbildung überträgt. Die Energie wird als Wärme frei, ATP wird nicht gebildet. Das Enzym wird zusätzlich durch hohe Pyruvatkonzentrationen in der Matrix (ein Indiz für NAD$^+$-Mangel) aktiviert. Die alternative Oxidase wird nicht durch Cyanid, Azid oder CO gehemmt (ein Hemmstoff ist z. B. Salicylhydroxamsäure, SHAM). Diese **cyanidinsensitive Atmung** überführt die Energie von NADH+H$^+$ in Wärme, ohne dass ATP gebildet wird. Bei *Arum maculatum* und anderen Araceen steht diese Thermogenese durch die alternative Oxidase im Dienst der besseren Verflüchtigung von Blütendüften, bei *Symplocarpus foetidus* bewahrt sie den Blütenstand vor Kälteschäden, bei Früchten erlaubt sie während der Reifung (Respirationsklimakterium, ▶ Abschn. 12.6.3)

einen schnelleren Abbau der organischen Säuren und Kohlenhydrate.

Die **Energieausbeute der Glucoseveratmung**:

$$C_6H_{12}O_2 + 6O_2 + 6H_2O \rightarrow 6CO_2 + 12H_2O$$
$$\Delta G^{0'} = -2877 kJ\,mol^{-1}$$

ergibt bei Zugrundelegung der Änderungen der molaren freien Standardenthalpien bei pH = 7 ($\Delta G^{0'}$) einen Wert von 31,8 %. Dieser ermittelt sich, wie folgt:

Glykolyse:
- Nettogewinn (Substratkettenphosphorylierung) → 2 ATP
- Reoxidation von 2 NADH+H$^+$ durch die externe NADH-Dehydrogenase → 12 H$^+$ → 3 ATP
- 2 × Pyruvat zur Veratmung

Veratmung:
- Oxidation von 2 Pyruvat zu CO$_2$ im Citratzyklus: 8 NADH+H$^+$ → 80 H$^+$ → 20 ATP
- 2 FADH$_2$ → 12 H$^+$ → 3 ATP
- Succinat-Thiokinase-Reaktion (oxidative Phosphorylierung) → 2 ATP

Insgesamt entstehen also im günstigsten Fall, nämlich wenn sämtliche H$^+$-Ionen vollständig zur ATP-Synthese beitragen (was unter den Reaktionsbedingungen in der Zelle nicht der Fall sein dürfte, z. B. diffundieren H$^+$-Ionen durch die äußere Hüllmembran in das Cytoplasma), bis zu 30 ATP pro Glucose. Dies entspricht 915 kJ mol^{-1} in Form von ATP gespeicherter freier Enthalpie. Dies sind 31,8 % von 2877 kJ mol^{-1} Glucose frei gewordener freier Enthalpie (die Differenz geht als Wärme verloren). Unter Berücksichtigung der realen Bedingungen der Zelle, die nicht dem Standardzustand entsprechen, dürfte der Energiegewinn höher liegen.

14.8.3.4 Verknüpfung des Citratzyklus mit anderen Stoffwechselwegen

Der Citratzyklus dient primär der Oxidation von Acetat zu CO$_2$ und der Überführung der Elektronen auf NAD$^+$ bzw. FAD. Darüber hinaus stellt der Citratzyklus Intermediate für die Biosynthese anderer Metaboliten bereit. Der Abfluss dieser Metaboliten würde rasch zum Erliegen des Zyklus führen, wenn dieser Verlust nicht durch auffüllende Reaktionen (**anaplerotische Reaktionen**) kompensiert würde. Schließlich verbindet der Citratzyklus aufbauende (anabole) und abbauende (katabole) Stoffwechselwege, er ist **amphibol**.

Einige der wichtigen Verknüpfungen des Citratzyklus mit anderen Stoffwechselwegen sind in ◻ Abb. 14.77 dargestellt.

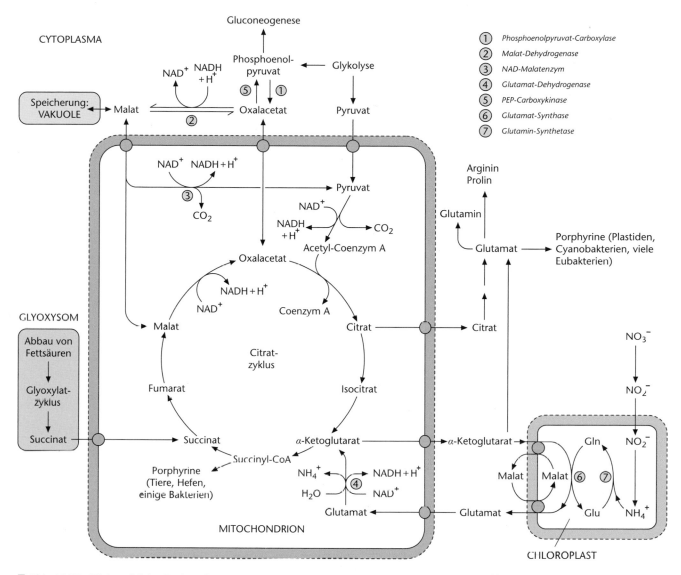

Abb. 14.77 Einige wichtige Verknüpfungen des Citratzyklus mit anderen Stoffwechselwegen. (Grafik: E. Weiler)

Neben der plastidären Glutamatsynthese (▶ Abschn. 14.5 und 14.11) findet eine cytoplasmatische Synthese dieser Aminosäure statt. Der Kohlenstoff stammt zum geringeren Teil aus dem α-Ketoglutarat des Citratzyklus, überwiegend jedoch aus dem Citrat, das von cytoplasmatischen Isoenzymen der Aconitase und NAD-Isocitrat-Dehydrogenase in α-Ketoglutarat überführt wird. Glutamat dient als Vorstufe des Glutamins und von Arginin und Prolin (▶ Abschn. 14.11.1) und ist, im Unterschied zum Tier, Ausgangspunkt für die (bei Pflanzen plastidäre) Tetrapyrrolbiosynthese (▶ Abschn. 14.13). Um den Zyklus mit Kohlenstoffverbindungen aufzufüllen, importieren Mitochondrien Oxalacetat, das durch die cytoplasmatische Phosphoenolpyruvat-Carboxylase bereitgestellt wird oder aus Malat entsteht (Malat-Dehydrogenase). Darüber hinaus verfügen Mitochondrien über einen Malat-

translokator und nehmen aus dem Cytoplasma Malat auf, das direkt in den Citratzyklus eingeschleust oder über ein in der Matrix lokalisiertes Malatenzym unter Decarboxylierung und NADH-Bildung in Pyruvat überführt wird. Diese Reaktionen (◼ Abb. 14.77) sind zugleich ein Mechanismus zur Verteilung von Reduktionsäquivalenten (NADH+H⁺) zwischen Cytoplasma und Mitochondrion. Neben Pyruvat und Malat stellt Glutamat ein drittes wichtiges Substrat der mitochondrialen Atmung dar. Glutamat ist das Hauptprodukt der Nitratassimilation im Chloroplasten und liegt in beträchtlichen Konzentrationen in photosynthetisierenden Zellen vor. Ein Teil dieses Glutamats wird nach Import in die Mitochondrien durch das Enzym **Glutamat-Dehydrogenase** in α-Ketoglutarat (das in den Citratzyklus eingespeist wird) und NH₄⁺ zerlegt, wobei NADH+H⁺ entsteht (◼ Abb. 14.77).

Der Citratzyklus erfüllt eine wichtige Funktion bei der Umwandlung von Fetten in Kohlenhydrate. Dies spielt bei der Keimung fettspeichernder Samen eine Rolle (▶ Abschn. 14.10), aber auch im Verlauf von Alterungsprozessen (z. B. bei der herbstlichen Blattseneszenz), wenn die wasserunlöslichen Membranlipide (insbesondere bei der Chloroplastenseneszenz) zu Transportkohlenhydraten umgewandelt werden, die in Speichergewebe eingelagert werden. Bei dieser Reaktionsfolge, die später im Einzelnen besprochen wird, kommt es zum Abbau der Fettsäuren zu Acetat und daraus zur Synthese von Succinat, eine in **Glyoxysomen** (▶ Abschn. 14.10) ablaufende Reaktionsfolge. Succinat diffundiert in die Mitochondrien und wird im Citratzyklus in Oxalacetat überführt. Dieses wird über einen Translokator in das Cytoplasma transportiert und durch Phosphoenolpyruvat-Carboxykinase in Phosphoenolpyruvat umgewandelt (diese Reaktion wurde bereits in ▶ Abschn. 14.4.8, ◻ Abb. 14.56 vorgestellt). Ausgehend von Phosphoenolpyruvat werden die reversiblen Reaktionen der Glykolyse (◻ Abb. 14.71) bis zur Bildung von Fructose-1,6-bisphosphat durchlaufen (**Gluconeogenese**). Fructose-1,6-bisphosphat wird in einer irreversiblen Reaktion der Fructose-1,6-bisphosphat-Phosphatase (◻ Abb. 14.52) in Fructose-6-phosphat überführt. Von diesem Metaboliten aus ist die Synthese von Struktur- und Speicherkohlenhydraten (▶ Abschn. 14.15.1) sowie anderen zuckerhaltigen Verbindungen (Glykolipide, Glykoproteine) möglich. Im Gleichgewicht mit Fructose-6-phosphat steht Glucose-6-phosphat (Hexose-Isomerase-Reaktion, ◻ Abb. 14.50), der Ausgangsmetabolit für den oxidativen Pentosephosphatweg (▶ Abschn. 14.8.3.5), der neben Pentosephosphaten insbesondere NADPH+H$^+$ für weitere anabole Stoffwechselwege im Cytoplasma bereitstellt.

Die verschiedenen Atmungssubstrate brauchen für ihre vollständige Überführung in CO$_2$ je nach ihrer molekularen Zusammensetzung verschiedene Mengen O$_2$. Das Volumenverhältnis von erzeugtem CO$_2$ zu verbrauchtem O$_2$ wird als **respiratorischer Quotient** (RQ = V_{CO2} : V_{O2}) bezeichnet.

Entsprechend der Bruttogleichung der Glucoseveratmung (▶ Abschn. 14.8.3.3) ist der RQ-Wert bei der Veratmung von Kohlenhydraten gleich 1. Bei Abbau von wasserstoffreicheren Molekülen wie Fetten und Proteinen liegt er unter 1 (Fette ca. 0,7; Proteine ca. 0,8).

14.8.3.5 Oxidativer Pentosephosphatweg

Der oxidative Pentosephosphatweg läuft im Cytoplasma und in den Chloroplasten ab. In den Chloroplasten tritt dabei eine Reihe von Reaktionsschritten als Umkehrung des Calvin-Zyklus auf, der daher auch reduktiver Pentosephosphatzyklus genannt wird (▶ Abschn. 14.4.3). Der oxidative Pentosephosphatweg kann als Zyklus formuliert werden, der bei sechsmaligem Umlauf ein Molekül Glucose zu sechs Molekülen CO$_2$ abbaut. In der Regel dient jedoch die Reaktionsfolge nicht dem Glucoseabbau, sondern der Bereitstellung von NADPH+H$^+$ für anabole Reaktionen (im Chloroplasten z. B. für die Fettsäuresynthese, auch im Dunkeln, ▶ Abschn. 14.9.1) sowie für die Bereitstellung von spezifischen Zuckerphosphaten für andere Synthesewege (z. B. von Ribose-5-phosphat für die Nucleinsäurebiosynthese). Im Pentosephosphatweg werden C$_3$-, C$_4$-, C$_5$-, C$_6$- und C$_7$-Zucker miteinander ins Gleichgewicht gesetzt, wie aus der Übersicht in ◻ Abb. 14.78 hervorgeht.

Die charakteristischen Enzyme des oxidativen Pentosephosphatwegs, die dem reduktiven fehlen, sind die Glucose-6-phosphat-Dehydrogenase und die 6-Phosphogluconat-Dehydrogenase, welche beide irreversible Reaktionen katalysieren, und die Transaldolase, die einen C$_3$-Körper (bestehend aus C$_1$–C$_3$ der Heptose) von Sedoheptulose-7-phosphat auf Glycerinaldehyd-3-phosphat überträgt, wobei Fructose-6-phosphat und Erythrose-4-phosphat gebildet werden.

Im Chloroplasten ist es essenziell, dass oxidativer und reduktiver Pentosephosphatweg nicht gleichzeitig ablaufen. Dies wird zum einen durch die Lichtaktivierung einiger Schlüsselenzyme des Calvin-Zyklus (▶ Abschn. 14.4.5) sichergestellt, zum anderen wird die Glucose-6-phosphat-Dehydrogenase im Licht inaktiviert und bei Dunkelheit aktiviert. Da auch die Fructose-1,6-bisphosphat-Phosphatase von Licht aktiviert wird, ist der zyklische Ablauf des oxidativen Pentosephosphatwegs (◻ Abb. 14.78) im Chloroplasten unwahrscheinlich. Durch die Reversibilität der Transketolase- und Transaldolasereaktionen wird erreicht, dass z. B. die Versorgung der Nucleinsäurebiosynthese mit Ribose-5-phosphat auch im Licht und ohne Bildung von NADPH+H$^+$ stattfinden kann.

14.8.3.6 Abhängigkeit der Atmung von äußeren Faktoren

Die Intensität der Atmung ist je nach Pflanzenart und innerhalb einer Art je nach Organ, Entwicklungszustand und Aktivität sehr verschieden (◻ Tab. 14.17); sie wird außerdem durch die Außenfaktoren beeinflusst. Als wichtigster Außenfaktor ist die **Temperatur** zu nennen. Als enzymatischer Prozess folgt die Atmung in ihrer Temperaturabhängigkeit einer exponentiellen Funktion. Die Lage der Grenzwerte (Minimum, Optimum, Maximum) hängt von der Pflanzenart und innerhalb einer Art auch von deren Vorleben ab (Abhärtung, Verweichlichung).

Der obere Grenzwert der Temperatur der Atmung liegt gewöhnlich höher als der der Photosynthese. Allerdings hält die ATP-Produktion mit der Atmungssteigerung bei höheren Temperaturen nicht Schritt. Dies könnte auf zunehmende Entkopplung von Elektronentransport und oxidativer Phosphorylierung oder

Abb. 14.78 Der oxidative Pentosephosphatweg. Die nicht gezeigten Strukturformeln sind Abb. 14.45 zu entnehmen. Rot dargestellt sind die drei Reaktionen, die im Chloroplasten charakteristisch für den oxidativen Pentosephosphatweg sind, alle übrigen Reaktionen stellen Umkehrungen oder Reaktionen des Calvin-Zyklus (reduktiver Pentosephosphatzyklus) dar. (Grafik: E. Weiler)

① Ribulosephosphat-Isomerase
② Ribulosephosphat-Epimerase
③ Transketolase
④ Triosephosphat-Isomerase
⑤ Aldolase
⑥ Fructose-1,6-bisphosphat-Phosphatase
⑦ Hexosephosphat-Isomerase

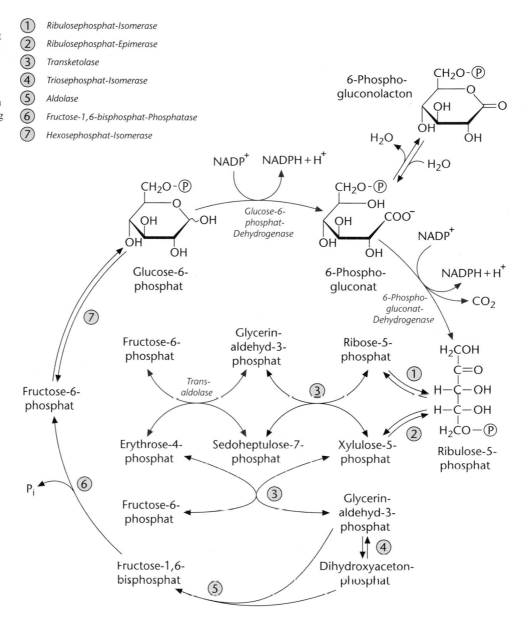

auf eine Verstärkung der cyanidinsensitiven Atmung (► Abschn. 14.8.3.3) zurückgehen.

Es gibt eine Reihe von Hinweisen, dass die Anpassung einer Pflanze an geänderte Temperaturverhältnisse mit einer Zunahme der entsprechend angepassten Isoenzyme einhergeht. Die Zelle hat also je nach den Temperaturbedingungen verschiedene Enzym-„Bestecke".

Nur in Ausnahmefällen ist die Erwärmung von Pflanzenteilen durch die Atmung direkt nachzuweisen (Spadix von *Arum italicum* +17 °C, Blüten von *Victoria amazonica* (=. *V. regia*) +10 °C, Blüten von *Cucurbita* +5 °C über der Umgebungstemperatur). Biologisch nutzbar macht diese Wärmeproduktion der Blütenstand des Aronstabs, um Bestäuber anzulocken. Durch sehr schnellen, von der oxidativen Phosphorylierung entkoppelten Abbau der vorher in großen Mengen im Spadix gespeicherten Stärke werden durch die Wärmeentwicklung massiv Duftstoffe freigesetzt. Als Auslöser (Calorigen) dient, zumin-

dest beim Spadix der Aracee *Sauromatum venosum*, **Salicylsäure** (im *Arum*-Kolben finden sich 1–6 µg g^{-1} Frischgewicht, in den ebenfalls wärmeproduzierenden männlichen Blütenkolben von *Dioon edule* 100 µg g^{-1}.)

Wesentlichen Einfluss auf die Atmungsintensität hat auch die **Wasserversorgung** der Pflanze. Bei Pflanzen unter Wasser oder in wassergesättigten Böden kann Sauerstoffmangel wegen der geringen Löslichkeit des Sauerstoffs in Wasser die Atmungsintensität begrenzen. Dies wird z. B. durch Zuleitung von Sauerstoff durch das Interzellularensystem aus Pflanzenteilen verhindert (► Abschn. 2.3, Abb. 2.9), die sich in der Atmosphäre befinden und womöglich noch in der Photosynthese zusätzlich selbst O_2 freisetzen (bei vielen Sumpfpflanzen). Es haben sich aber auch eigene Organe für diese

◻ Tab. 14.17 Dunkelatmung ausgewachsener Blätter im Sommer bei 20 °C, bezogen auf die Trockenmasse (TM). (Nach W. Larcher)

Pflanzengruppe	CO_2 Abgabe (mg g^{-1} TM h^{-1})
krautige Kulturpflanzen	3–8
krautige Wildpflanzen	
Sonnenkräuter	5–8
Schattenkräuter	2–5
sommergrüne Laubbäume	
Lichtblätter	3–4
Schattenblätter	1–2
immergrüne Laubbäume	
Lichtblätter	um 0,7
Schattenblätter	um 0,3
immergrüne Nadelbäume	
lichtangepasste Nadeln	um 1
Schattennadeln	um 0,2

O_2-Zufuhr entwickelt (Atemwurzeln, Wurzelknie, ► Exkurs 3.5). Die starke Entwicklung des Interzellularensystems bei Wasser- und Sumpfpflanzen allgemein (◻ Abb. 2.10) erleichtert zum einen die O_2-Zufuhr, zum anderen wird Photosynthesesauerstoff für die Dunkelatmung gespeichert.

Bei einer Reihe von Pflanzen können Teile (vor allem Rhizome) auch längere Perioden ohne Sauerstoff (Anoxie) überstehen, z. B. Rhizome der Sumpfbinse (*Schoenoplectus lacustris*) mehr als 90 Tage, und dabei noch neue Sprosse entwickeln. Der Energiebedarf wird dabei durch Gärung gedeckt. Gefahr droht den Organen auch nach Ende der Anoxie, denn bei erneuter Zufuhr von Sauerstoff können Sauerstoffradikale entstehen. Dem wird durch Antioxidantien, z. B. Ascorbinsäure oder Glutathion, begegnet.

Der Entzug von Wasser drosselt die Atmung ab einem bestimmten Wert des Wasserpotenzials dramatisch. Poikilohydre Arten (► Abschn. 22.5.2) oder Stadien (z. B. Samen und Sporen), die hierbei keinen Schaden nehmen, haben im lufttrockenen Zustand (Wassergehalt um 10 % des Frischgewichts) daher nur eine minimale Atmung und damit einen minimalen Stoffverbrauch. Dies ist die Voraussetzung für das Überstehen langer Ruheperioden bei Samen, Sporen und vollständigen trockenen Pflanzen (z. B. Flechten, manche Algen, Moose, Farne und Blütenpflanzen).

Hohe Konzentrationen an **Kohlendioxid** schränken die Atmung ein. Sie finden sich einmal im Holzkörper von Stämmen, zum anderen in Samen mit für CO_2 schwer durchlässigen Samenschalen.

Licht hat verschiedene Wirkungen auf die Atmung. Sieht man von der Photorespiration (► Abschn. 14.4.6) ab, die keine echte Atmung ist, so kann vorhergehende Belichtung photosynthetisch aktiver Pflanzen die Atmung in der nachfolgenden Dunkelphase durch verstärkte Substratanlieferung steigern. Denkbar, aber wenig geklärt, ist die Konkurrenz von Atmung und Photosynthese um verschiedene Coenzyme. Weiter hat der kurzwellige (blaue) Teil des Spektrums eine spezifische steigernde Wirkung auf die Atmung. Schließlich kann das Licht die Atmungsintensität auch über das Phytochromsystem (► Abschn. 13.2.4), also über Beeinflussung der Entwicklung, verändern.

14.9 Bildung von Struktur- und Speicherlipiden

Aufbau und Aufrechterhaltung der Kompartimentierung der Pflanzenzelle erfordern eine ständige Neusynthese von Strukturlipiden zur Verwendung als Membranbausteine. Zudem speichern Pflanzenzellen reduzierten Kohlenstoff in Form von Lipiden, fettspeichernde Samen bis zu 50 %. Im Vergleich zu Reservepolysacchariden benötigt die Speicherung von Kohlenstoff als Lipid nur die Hälfte an Masse und erleichtert dadurch die Ausbreitung der (leichteren) Samen. Weitere Strukturlipide, die Wachse, werden in extrazellulären Schichten auf der äußeren Cuticula abgelagert oder imprägnieren die Wände bestimmter Pflanzenzellen: Cutin (z. B. im Caspary-Streifen) und Suberin (Korkstoff, im Kork). Cutin ist darüber hinaus ein Bestandteil der Cuticula. Da über die Biosynthese von Wachsen, Cutin und Suberin wenig bekannt ist, wird sie nicht weiter berücksichtigt.

Die Membran- und Speicherlipide sind **Glycerolipide**. Sie bestehen aus dem dreiwertigen Alkohol Glycerin und drei mit diesem veresterten Acylresten (Speicherlipide = Triacylglycerine, auch Triglyceride genannt) bzw. sie enthalten im Fall der Membranlipide zwei veresterte Acylreste, wohingegen die dritte Hydroxylgruppe einen polaren Substituenten (Kopfgruppe) trägt (Phospholipide, Glykolipide).

Der Lipidstoffwechsel einer Pflanzenzelle ist ein kompliziertes Reaktionsgefüge, an dem Plastiden, Cytoplasma und endoplasmatisches Reticulum beteiligt sind. Eine Übersicht findet sich in ◻ Abb. 14.79. Die Reaktionen werden in den folgenden Abschnitten näher besprochen.

14.9.1 Biosynthese der Fettsäuren

Nach heutigem Kenntnisstand läuft die *de novo*-Biosynthese von Fettsäuren in Gefäßpflanzen ausschließlich in Plastiden ab, in den grünen Pflanzenzellen demnach in

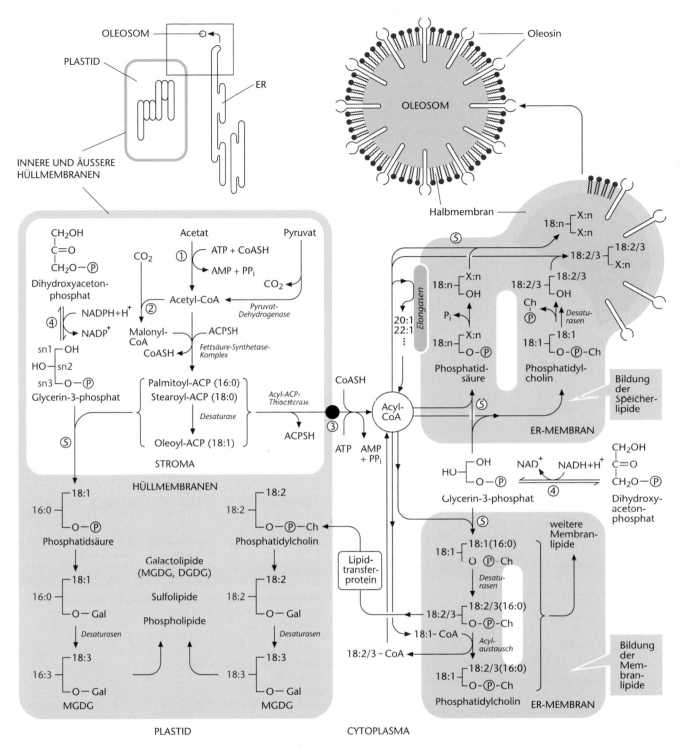

◻ **Abb. 14.79** Schematische Übersicht über den Fettsäure- und Glycerolipidstoffwechsel einer Pflanzenzelle. Die einzelnen Reaktionen sind im Text erläutert. An Membranen ablaufende Reaktionen sind grün bzw. blau unterlegt. ① Acetyl-CoA-Synthetase; ② Acetyl-CoA-Carboxylase; ③ Acyl-CoA-Synthetase; ④ Glycerin-3-phosphat-Dehydrogenase; ⑤ Acyltransferasen. Fettsäurenotierung: Beispiel 18:1, 18 C-Atome, 1 Doppelbindung; X:n, jede beliebige Fettsäure. Die farblich hervorgehobenen Acylreste zeigen die Abstammung eines Glycerolipids aus dem prokaryotischen Biosyntheseweg (16:n in Position 2, so auch bei Cyanobakterien) oder aus dem eukaryotischen Weg (18:n in Position 2). Glycerin-3-phosphat wird definitionsgemäß in der L-Konfiguration (OH-Gruppe am asymmetrisch substituierten, mittleren C-Atom nach links stehend) geschrieben und in Analogie zum strukturell ähnlichen Glycerinaldehyd-3-phosphat angeordnet und nummeriert. Man spricht von stereospezifischer Nummerierung (sn) und bezeichnet die C-Atome mit sn1, sn2 und sn3. In den halbschematischen Konstitutionsformeln trägt die Anordnung der Acylreste der sterischen Konvention Rechnung. Der C- und N-Terminus des Oleosins befindet sich auf der cytoplasmatischen Seite der Halbmembran und bildet eine hydrophile Kopfdomäne, der große Zentralteil des Proteins bildet eine lipophile Domäne, die vermutlich bis in die Triacylglycerinfüllung des Oleosoms hineinreicht. – ACPSH Acylträgerprotein, ACP Acylcarrierprotein, Ch Cholin, Gal Galactose, DGDG Digalactosyldiglycerid, MDGD Monogalactosyldiglycerid. (Grafik: E. Weiler)

den Chloroplasten, sonst in den Chromoplasten, Leukoplasten oder Proplastiden. Startmolekül ist ein Acetyl-CoA, an das sukzessive C$_2$-Einheiten kondensiert werden, die von Malonyl-CoA geliefert werden. Acetyl-CoA entsteht in Plastiden entweder aus Pyruvat unter Beteiligung der **plastidären Isoform der Pyruvat-Dehydrogenase**, aus Citrat katalysiert durch die plastidäre ATP-Citrat-Lyase oder aus Acetat, das aus dem Cytoplasma stammt, dessen Bildungsreaktion jedoch unbekannt ist. Die **Acetyl-CoA-Synthetase** (◘ Abb. 14.79) überträgt unter Abspaltung von Pyrophosphat den AMP-(Adenylat-) Rest auf Acetat unter Bildung eines Phosphorsäureanhydrids der Carboxylgruppe der Essigsäure. In einem zweiten Schritt wird dann der Adenylatrest gegen Coenzym A ausgetauscht. Malonyl-CoA entsteht durch Carboxylierung von Acetyl-CoA an dem Multienzymkomplex **Acetyl-CoA-Carboxylase** mit Biotin als prosthetischer Gruppe (◘ Abb. 14.80).

Der **Fettsäure-Synthetase-Komplex**, ebenfalls ein Multienzymkomplex, besteht aus einzelnen Enzymen, die sich – im Unterschied zur Fettsäure-Synthetase von Pilzen und Tieren – getrennt und funktionsfähig isolieren lassen und einem freien, löslichen **Acylcarrierprotein** (ACP, 10–14 kDa). Dieses bindet sowohl die Ausgangsverbindungen Acetat oder Malonat sowie die als Intermediate der Kettenverlängerung anfallenden Acylreste. Die Fettsäure-Synthetase akzeptiert nur ACP-gebundene Metaboliten. Die Anordnung von ACP und Fettsäure-Synthetase-Komponenten ähnelt sehr der von Bakterien. Die pflanzliche Fettsäure-Synthetase hat demnach einen prokaryotischen Aufbau. Der Ablauf der Reaktion ist in ◘ Abb. 14.80 dargestellt. Die Synthese bricht ab, wenn eine C$_{16}$- bzw. C$_{18}$-Kette erzeugt ist, also Palmitoyl-ACP (16:0-ACP) bzw. Stearoyl-ACP (18:0-ACP) vorliegt (die Notierung einer Fettsäure gibt vor dem Doppelpunkt die Anzahl der C-Atome, hinter dem Doppelpunkt die Anzahl der Doppelbindungen an).

Noch im Stroma der Plastiden bildet eine lösliche **Desaturase** aus Stearoyl-ACP die einfach ungesättigte Verbindung Oleoyl-ACP (18:1-ACP). Die Produkte der plastidären Fettsäuresynthese dienen einerseits zum Aufbau eines Teils der Membranlipide der Plastiden, oder die Fettsäuren werden in das Cytoplasma exportiert (◘ Abb. 14.79). Dabei wird unmittelbar vor bzw. während der Passage der Hüllmembranen das ACP durch eine **Acyl-ACP-Thioesterase** abgespalten. Nennenswerte Mengen an freien Fettsäuren treten jedoch nicht auf, da eine an der äußeren Hüllmembran lokalisierte **Acyl-CoA-Synthetase** unter ATP-Verbrauch daraus Acyl-CoA bildet.

Die nun vorliegenden Acyl-CoAs (Palmitoyl-CoA, Stearoyl-CoA und Oleoyl-CoA) können auf verschiedene Weise weiterreagieren (◘ Abb. 14.79):

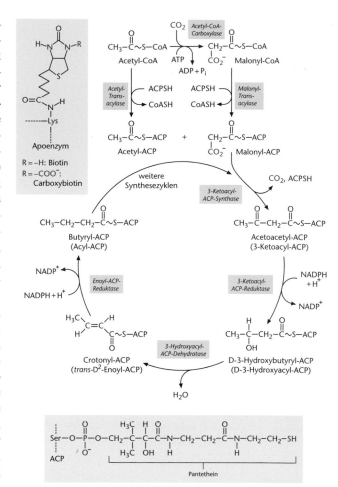

◘ **Abb. 14.80** Ablauf der Neusynthese von Fettsäuren im Stroma der Plastiden. Die prosthetische Gruppe der Acetyl-CoA-Carboxylase, Biotin, ist über einen Lysinrest an das Apoenzym gebunden. Die Struktur des Biotins und des Carboxybiotins sind im Feld oben links dargestellt. Die Bildung von Acetyl-ACP und Malonyl-ACP aus den entsprechenden Coenzym-A-Addukten verläuft energetisch neutral und daher nicht bevorzugt in eine Richtung. Die Decarboxylierung bei der Kondensation der beiden C$_2$-Körper (3-Ketoacyl-Synthase-Reaktion) ist stark exergonisch, damit verläuft diese Reaktion irreversibel. Diese und die nachfolgenden Decarboxylierungen geben der Synthesesequenz die Richtung, denn die übrigen Enzyme katalysieren jeweils prinzipiell reversible Reaktionen. Die ACP-gebundenen Reaktanden liegen als Thioester vor. Die Thiolgruppe wird, wie im Coenzym A auch (◘ Abb. 14.72) von einem Pantetheinrest bereitgestellt, dieser ist beim ACP über ein Phosphat mit einem Serin des Apoenzyms verestert (s. Feld unten). – ACP Acylcarrierprotein, ACPSH freies ACP mit unbesetzter Thiolgruppe (-SH)

— Am endoplasmatischen Reticulum (ER) erfolgt eine Kettenverlängerung durch membrangebundene **Elongasen**. So entstehen die in Speicherlipiden unter anderem anzutreffenden Fettsäuren mit 20 und mehr Kohlenstoffatomen.

— Ebenfalls am ER erfolgt der Einbau in Membranlipide oder Speicherlipide.

— Mehrfach ungesättigte Fettsäuren wie Linolsäure (18:2) und Linolensäure (18:3), die beide vom Menschen nicht synthetisiert und demnach als essenzielle Fettsäuren mit der Nahrung aufgenommen werden müssen, entstehen am ER erst auf der Glycerolipidstufe durch membrangebundene **Desaturasen** und können durch einen **Acylaustausch** gegen Oleoyl-CoA (18:1-CoA) als Linoleyl-CoA (18:2-CoA) oder Linolenyl-CoA (18:3-CoA) freigesetzt werden (Abb. 14.79).

14.9.2 Biosynthese von Membranlipiden

Wie erwähnt, erfolgt die Bildung von Membranlipiden (Abb. 14.79) sowohl an den Hüllmembranen der Plastiden als auch am ER. Der Glycerinbaustein wird im Plastidenstroma bzw. im Cytoplasma durch Reduktion von Dihydroxyacetonphosphat gewonnen und fällt als Glycerin-3-phosphat an (**Glycerin-3-phosphat-Dehydrogenase**). Die Acylreste werden beim plastidären Weg direkt vom Acyl-ACP, beim ER-Weg vom Acyl-CoA, durch **Acyltransferasen** übertragen. Die Spezifität der Enzyme ist unterschiedlich. Charakteristisch für Glycerolipide plastidären Ursprungs ist das obligatorische Vorkommen eines C_{16}-Acylrests in sn2-Position, während am ER gebildete Glycerolipide in dieser Position stets einen C_{18}-Acylrest tragen.

Zunächst entsteht ein Diacylglycerophosphat (= Phosphatidsäure). Aus diesem stellen Plastiden zunächst ein Glykolipid, das Monogalactosyldiglycerid (MGDG) her, das, gegebenenfalls nach Desaturierung der Acylreste, Ausgangspunkt für die Bildung weiterer Glykolipide, Sulfolipide und Phospholipide in den Plastiden darstellt (Abb. 14.79). Jedoch entsteht nur ein Teil der Plastidenmembranlipide komplett im Organell selbst, ein anderer Teil wird durch den Metabolismus des aus dem ER importierten Glycerolipids Phosphatidylcholin gebildet.

Im ER entsteht aus Glycerin-3-phosphat durch zweimaligen Acyltransfer ebenfalls zunächst eine Phosphatidsäure und aus dieser durch Anheftung der Kopfgruppe (Cholinphosphat, über Cytidindiphosphocholin bereitgestellt) Phosphatidylcholin, also ein Phospholipid. Nach Einwirkung von Desaturasen werden aus Phosphatidylcholin die weiteren Membranlipide des ER hergestellt. Ein Teil des Phosphatidylcholins, bevorzugt das Dilinoleylphosphatidylcholin (trägt zwei Linolsäurereste, 18:2), wird unter Mitwirkung von **Lipidtransferproteinen** zu den Plastidenhüllmembranen verfrachtet, dort in MGDG umgewandelt und, nach Einwirkung von Desaturasen, zur Bildung weiterer Membranlipide verwendet. Lipidtransferproteine dürften auch an der Lipiddotierung anderer Membranen mit Lipiden, die dort nicht gebildet werden können, beteiligt sein (Thyla-

koidmembran, Mitochondrienmembranen, Membran der Glyoxisomen, Peroxisomen).

Die Fettsäurezusammensetzung der Membranlipide hat Einfluss auf die physikalischen Membraneigenschaften (z. B. Fluidität bei gegebener Temperatur). Dies scheint eine wichtige Komponente der Kältetoleranz bzw. -empfindlichkeit von Pflanzen zu sein. Besondere Bedeutung wird dabei dem Phosphatidylcholin beigemessen, das bei kältetoleranten Arten vermehrt ungesättigte und bei kälteempfindlichen Arten vermehrt gesättigte Fettsäuren trägt.

14.9.3 Biosynthese von Speicherlipiden

Alle Zellen speichern (zumeist geringe) Mengen an **Triacylglycerinen** (**Triglyceride**, **Neutralfette**). In fettspeichernden Samen kann ihr Anteil 50 % der Samenmasse ausmachen (Erdnuss, Lein). Daneben kommen größere Mengen an Neutralfetten in den Fruchtgeweben bestimmter Arten (z. B. Olive, Avocado) vor. Sie dienen hier jedoch nicht der Wiederverwertung, sondern der Steigerung der Attraktivität der Früchte für Konsumenten, also der Samenausbreitung. Bei vielen Arten bildet das Tapetum größere Mengen an Triacylglycerinen, welche mit Auflösung des Tapetums in das Antherenlumen gelangen und eine extrazelluläre Lipidschicht um die reifen Pollenkörner bilden. Pollenkörner können zudem 20–30 % ihrer Masse an intrazellulären Speicherlipiden enthalten. Triacylglycerine, die einen hohen Anteil an gesättigten Fettsäuren enthalten und bei Raumtemperatur fest vorliegen, werden als **Fette** bezeichnet, solche, die einen hohen Anteil an ungesättigten Fettsäuren enthalten und bei Raumtemperatur flüssig sind, nennt man **Öle**.

Die Biosynthese der Speicherlipide verläuft am endoplasmatischen Reticulum, ausgehend von verschiedenen Acyl-CoAs und Glycerin-3-phosphat. Dabei werden zwei Wege beschritten: einer führt über die Bildung einer Phosphatidsäure, deren Dephosphorylierung zum Diacylglycerin und wird mit dem Transfer des dritten Acylrests auf die freigewordene Hydroxylgruppe abgeschlossen, der andere führt über Phosphatidylcholin zum Diacylglycerin und schließlich zum Triacylglycerin (Abb. 14.79). Auf diesem zweiten Weg scheinen bevorzugt Speicherlipide mit mehrfach ungesättigten Fettsäuren gebildet zu werden.

Es wird angenommen, dass sich die sehr unpolaren Triacylglycerine zwischen den beiden Membranflächen der ER-Lipiddoppelschicht ansammeln und diese auseinandertreiben, bis schließlich ein lediglich von einer halben Elementarmembran (Lipideinzelschicht) umgebenes Lipidtröpfchen abgeschnürt wird (Abb. 14.79). Das fertige Lipidspeicherorganell wird **Oleosom** (bisweilen auch **Sphärosom**) genannt.

Oleosomen von stark austrocknenden Samen enthalten eine große Menge amphipathischer Proteine, **Oleosine**, die am ER synthetisiert werden und sich während der Oleosomenabschnürung in der Halbmembran sammeln (Abb. 14.79). Oleosine verhindern offenbar bei der Wasseraufnahme in trockene Samen während der Keimung ein Zusammenfließen der Oleosomen zu größeren Gebilden und erleichtern so (durch die Aufrechterhaltung großer Oberflächen) die Speicherlipidmobilisierung.

14.10 Mobilisierung von Speicherlipiden

Während der Keimung fettspeichernder Samen werden die in den Oleosomen gespeicherten Neutralfette abgebaut und der Kohlenstoff zur Bildung von Kohlenhydraten verwendet, aus denen dann Bau- und Energiestoffwechsel des Keimlings bestritten werden, solange er sich heterotroph ernährt. An der Reaktionsfolge sind Cytoplasma, Glyoxysomen und Mitochondrien beteiligt. **Glyoxysomen** treten in großer Anzahl in den Speicherzellen während der Mobilisierungsphase auf; im Licht werden sie zu Peroxisomen umgewandelt.

Die Mobilisierung der Speicherlipide beginnt mit der hydrolytischen Freisetzung der Fettsäuren aus den Triacylglycerinen, die von **Lipasen** katalysiert wird. Das zugleich entstehende Glycerin wird von einer **Glycerin-3-Kinase** unter ATP-Verbrauch zunächst in Glycerin-3-phosphat überführt, welches dann durch die **Glycerin-3-phosphat-Dehydrogenase** in Dihydroxyacetonphosphat (Reaktion Abb. 14.79) überführt wird. Dieses Triosephosphat geht in den cytoplasmatischen Zuckerstoffwechsel ein.

Die in das Cytoplasma freigesetzten Fettsäuren gelangen in die Glyoxysomen und werden dort durch **β-Oxidation** in Acetyl-CoA überführt. Pflanzen besitzen, im Unterschied zu Tieren, keine mitochondriale β-Oxidation; diese läuft ausschließlich in Glyoxysomen bzw. Peroxisomen ab. Die Reaktionsfolge (Abb. 14.81) ist derjenigen in Mitochondrien sehr ähnlich mit dem Unterschied, dass in Mitochondrien das an die Acyl-CoA-Dehydrogenase gebundene FAD, das im Verlauf der Reaktion zu FADH$_2$ reduziert wird, nicht durch die Atmungskette (▶ Abschn. 14.8.3.3, Abb. 14.75) reoxidiert wird, sondern durch molekularen Sauerstoff. Das Reaktionsprodukt, H$_2$O$_2$, ist chemisch sehr aggressiv und wird durch die **Katalase**, die in Peroxisomen und Glyoxysomen in großen Mengen vorhanden ist, zu H$_2$O + ½ O$_2$ disproportioniert.

Das weitere Schicksal des gebildeten Acetyl-CoA ist der Übersicht (Abb. 14.82) zu entnehmen. Im **Glyoxylatzyklus** (Abb. 14.83) werden formal zwei Acetateinheiten aus Acetyl-CoA zu Succinat kondensiert.

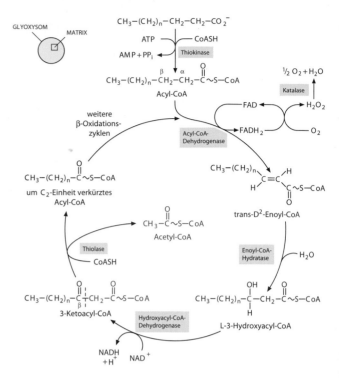

Abb. 14.81 Ablauf der glyoxysomalen β-Oxidation einer gesättigten Fettsäure. Die vollständige β-Oxidation ungesättigter Fettsäuren verlangt mehrere zusätzliche enzymatische Reaktionen, auf die hier nicht eingegangen wird

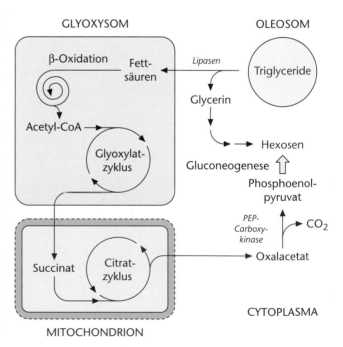

Abb. 14.82 Übersicht über die Umwandlung von Neutralfetten (= Triacylglycerinen) in Hexosen und daran beteiligte Kompartimente. Die Phosphoenolpyruvat-Carboxykinase-(PEP-Carboxykinase-)Reaktion ist ausführlich in Abb. 14.56 dargestellt. (Grafik: E. Weiler)

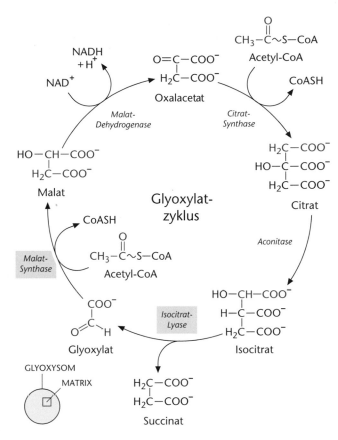

Abb. 14.83 Reaktionsfolge des Glyoxylatzyklus. Blau unterlegt: Leitenzyme der Glyoxysomen

Diese Reaktionsfolge findet sich außer bei grünen Pflanzen auch bei Pilzen und Bakterien (die daher auf Acetat als Kohlenstoffquelle wachsen können), nicht aber bei Tieren. Glyoxysomen kommen aber nur bei Eukaryoten vor.

Die charakteristischen Enzyme des Glyoxylatzyklus sind die **Isocitrat-Lyase** und die **Malat-Synthase**, die übrigen sind aus dem Citratzyklus (◻ Abb. 14.73) bekannt. In Zellkulturen der Gurke wurde gefunden, dass Glucosemangel die Gene der Enzyme des Glyoxylatzyklus aktiviert. Durch einen derartigen Mechanismus würde sichergestellt, dass der Umbau von Fetten in Kohlenhydrate dem Bedarf angepasst werden kann.

Das im Glyoxylatzyklus gebildete Succinat verlässt die Glyoxysomen über Porine und wird in den Mitochondrien über einige Schritte des Citratzyklus (▸ Abschn. 14.8.3.2, ◻ Abb. 14.73 und 14.77) in Oxalacetat überführt. Im Cytoplasma wird durch die **Phosphoenolpyruvat-Carboxykinase** Phosphoenolpyruvat aus Oxalacetat gebildet. Aus Phosphoenolpyruvat entstehen durch die Gluconeogenese (▸ Abschn. 14.8.3.4, ◻ Abb. 14.77) Hexosephosphate, die zur Bildung von Saccharose und anderen Kohlenhydraten verwendet werden können. In der Bilanz können durch die geschil-

derten Reaktionssequenzen theoretisch 75 % des Kohlenstoffs einer Fettsäure (3 von 4 C-Atomen) in Hexosen überführt werden, der Rest (1 von 4 C-Atomen) geht in der Phosphoenolpyruvat-Carboxykinase-Reaktion als CO_2 verloren.

Die Reaktionen der Überführung von Fetten in Kohlenhydrate finden sich außer bei der Keimung fettspeichernder Samen auch in alternden Blättern (Umwandlung der Membranlipide in Kohlenhydrate zwecks Abtransport in den Stamm) und im Frühjahr in Stämmen (Umwandlung der dort im Herbst gespeicherten Lipide in Kohlenhydrate und Abtransport im Xylem) zur Versorgung der Triebe.

14.11 Bildung der Aminosäuren

Pflanzen synthetisieren sämtliche proteinogenen Aminosäuren (▸ Abb. 6.1) selbst, darunter auch die für den Menschen essenziellen aromatischen Aminosäuren (Phenylalanin, Tyrosin, Tryptophan) sowie Valin, Leucin und Isoleucin. Die Kohlenstoffgerüste entstammen letztlich der Photosynthese. Es ist sehr wahrscheinlich – aber nicht abschließend gesichert – dass alle Aminosäuren in Chloroplasten gebildet werden können, darüber hinaus entstehen viele wohl auch in anderen Kompartimenten (z. B. Glycin in Peroxisomen, Serin in Mitochondrien bei der Photorespiration, ◻ Abb. 14.52).

14.11.1 Familien der Aminosäuren

Aufgrund der Herkunft der Kohlenstoffgerüste lassen sich die Aminosäuren in mehrere Gruppen einteilen (◻ Abb. 14.84), die Pyruvat-, α-Ketoglutarat- und Oxalacetatfamilie, die 2-Phosphoglykolatfamilie, die Shikimatfamilie und Histidin, das aus Ribose-5-phosphat entsteht. Die Bildung von Glycin und Serin aus 2-Phosphoglykolat in der Photorespiration wurde bereits behandelt (◻ Abb. 14.52), ebenso die Bildung des Cysteins aus Serin (über O-Acetylserin, ◻ Abb. 14.67). Die Histidinbiosynthese in Pflanzen wurde in den letzten Jahren eingehend untersucht und die enzymatischen Schritte wurden aufgeklärt (◻ Abb. 14.85). Ausgehend von 5-Phosphoribosyl-1-pyrophosphat (PRPP), das aus Ribose-5-phosphat und ATP gebildet wird, entsteht in neun Schritten Histidin (◻ Abb. 14.85) in den Plastiden. Die übrigen Aminosäuren leiten sich entweder ganz oder teilweise vom 3-Phosphoglycerat über Phosphoenolpyruvat ab. Die Bildung von Pyruvat bzw. Oxalacetat aus Phosphoenolpyruvat wurde schon in anderem Zusammenhang besprochen (◻ Abb. 14.56 und 14.71), ebenso die Bildung von Oxalacetat aus Pyruvat in den Mitochondrien (◻ Abb. 14.73). Aus Oxalacetat kann

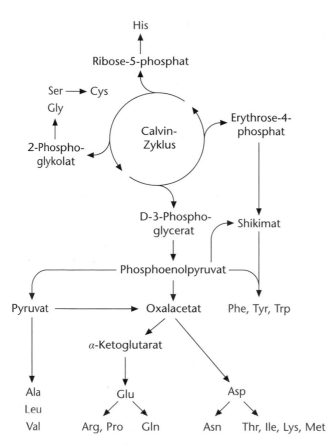

◘ Abb. 14.84   Ableitung des Kohlenstoffgerüsts der unterschiedlichen Aminosäurefamilien aus der photosynthetischen CO_2-Assimilation. (Grafik: E. Weiler)

im Mitochondrion über Citrat α-Ketoglutarat synthetisiert werden (◘ Abb. 14.73), ins Cytoplasma exportiertes Citrat kann aber auch dort, wie bereits erwähnt, in α-Ketoglutarat überführt werden (▶ Abschn. 14.8.3.4).

14.11.2 Aromatische Aminosäuren

Wegen ihrer besonderen Bedeutung für den Stoffwechsel der Pflanzen über die Deckung des Aminosäurebedarfs für die Proteinsynthese hinaus, verdienen die drei aromatischen Aminosäuren (Tryptophan, Phenylalanin und Tyrosin) eine genauere Betrachtung. Der Biosyntheseweg wird, ausgehend vom Phosphoenolpyruvat und Erythrose-4-phosphat (◘ Abb. 14.84), nach einer charakteristischen Zwischenstufe **Shikimatweg** genannt. Er ist in Pflanzen, Pilzen und Bakterien, nicht jedoch in Tieren, verwirklicht und bei den Pflanzen in Plastiden lokalisiert. Der Shikimatweg liefert darüber hinaus Zwischenstufen zur Biosynthese einer Vielzahl weiterer pflanzlicher Verbindungen und stellt eine Schnittstelle zwischen Primär- und Sekundärstoffwechsel dar.

Erythrose-4-phosphat ist ein Intermediat des Calvin-Zyklus und des oxidativen Pentosephosphatzyklus,

Phosphoenolpyruvat entstammt der Glykolyse und wird in die Chloroplasten importiert. Der Ablauf der Reaktionssequenz ist in ◘ Abb. 14.86 dargestellt.

Das Enzym **5-Enolpyruvylshikimat-3-phosphat-Synthase** (EPSP-Synthase) ist Angriffspunkt eines der weltweit am meisten verwendeten Herbizide, des **Glyphosats** (N-Phosphonomethylglycin, ◘ Abb. 14.87), das ein starker kompetitiver Inhibitor ist, der die Anlagerung des Phosphoenolpyruvats an das katalytische Zentrum verhindert. Die Pflanzen sterben jedoch nicht aus Mangel an aromatischen Aminosäuren, sondern an der sich in den Geweben (insbesondere den Meristemen) ansammelnden toxischen Shikimisäure.

Am Beispiel des Shikimatwegs lässt die Endproduktkontrolle verzweigter Stoffwechselwege sehr gut verdeutlichen (◘ Abb. 14.87). Tryptophan hemmt seine eigene Synthese und stimuliert diejenige von Tyrosin und Phenylalanin. Phenylalanin bzw. Tyrosin hemmen jeweils ihre eigene Bildung. So wird eine Akkumulation einer nicht benötigten Aminosäure vermieden, während die übrigen weiter gebildet werden können.

14.11.3 Nichtproteinogene Aminosäuren und Aminosäureabkömmlinge

Neben den 20 proteinogenen Aminosäuren kommen in Pflanzen weit über 400 weitere, **nichtproteinogene Aminosäuren** vor, die sich oft, aber nicht immer, von proteinogenen Aminosäuren ableiten (◘ Abb. 14.88a). Hinzu kommen die ebenfalls oft, jedoch nicht immer, aus Aminosäuren durch Decarboxylierung entstehenden **biogenen Amine** (◘ Abb. 14.88b). Nichtproteinogene Aminosäuren können Transport- und Speichermetaboliten für reduzierten Stickstoff sein, so das bereits erwähnte Citrullin (◘ Abb. 14.68) bei den Betulaceae und den Juglandaceae, das zugleich ein Intermediat in der Argininbiosynthese darstellt. **Transport- und Speicherfunktion** hat auch das Canavanin der Leguminosen (◘ Abb. 14.88a). Zugleich ist diese Substanz, die bisweilen 10 % und mehr der Trockenmasse der Samen ausmacht und bis zu 50 % des gebundenen Stickstoffs enthält – wie viele nichtproteinogene Aminosäuren – ein **Schutzstoff** mit toxischem Potenzial für Pflanzenfresser (Herbivore). Die toxische Wirkung beruht auf der strukturellen Ähnlichkeit zum L-Arginin (▶ Abb. 6.1), wodurch es im Herbivor zur Bildung fehlerhafter Proteine kommen kann, da die Aminoacyl-tRNA-Synthetasen des Herbivors – im Unterschied zu denen der Pflanze – nicht zwischen der natürlichen Aminosäure und dem Analogon unterscheiden. Durch Umsetzung im Tier entsteht aus Canavanin zudem die neurotoxische, nichtproteinogene Aminosäure Canalin. Larven des Käfers *Caryedes brasiliensis*, deren einzige Nahrungsquelle Leguminosensamen darstellen, können das

Abb. 14.85 Reaktionsfolge der Histidinbiosynthese

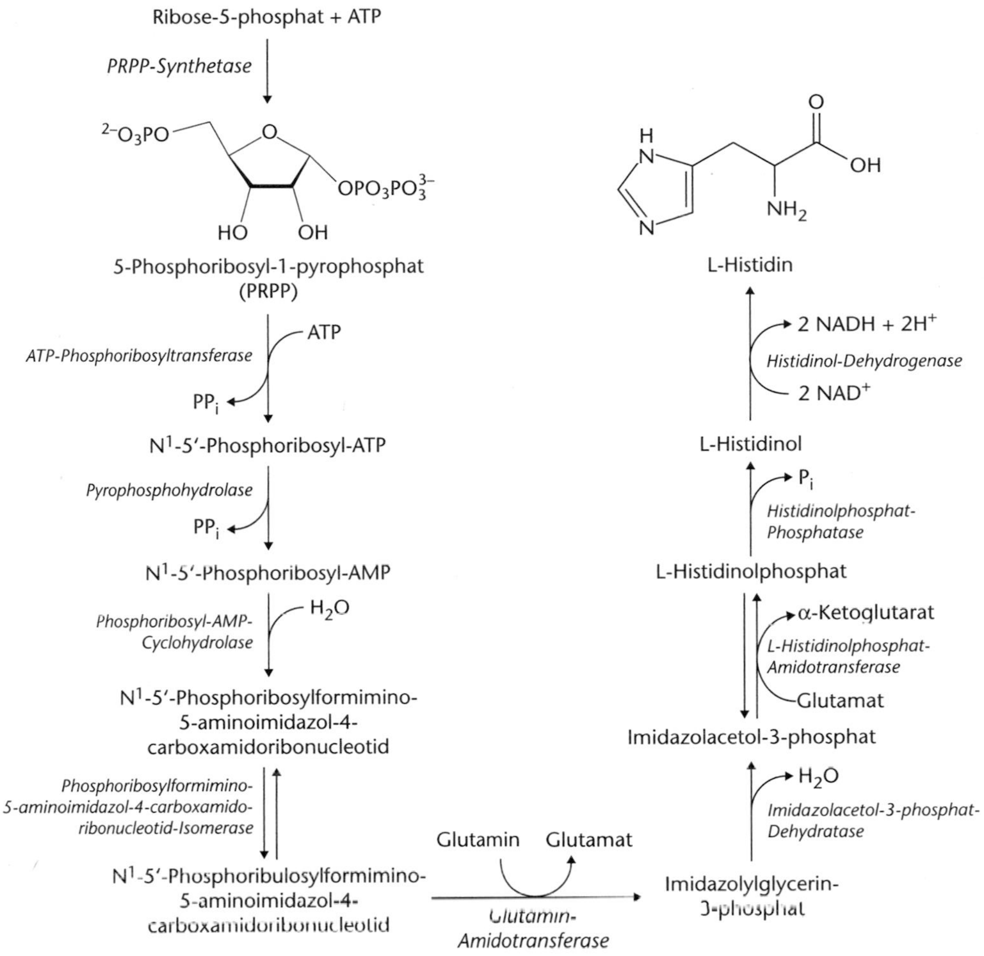

Ribose-5-phosphat + ATP

PRPP-Synthetase

$^{2-}O_3PO$ ... $OPO_3PO_3^{3-}$

HO   OH

5-Phosphoribosyl-1-pyrophosphat (PRPP)

ATP-Phosphoribosyltransferase — ATP

PP_i

N^1-5′-Phosphoribosyl-ATP

Pyrophosphohydrolase

PP_i

N^1-5′-Phosphoribosyl-AMP

Phosphoribosyl-AMP-Cyclohydrolase — H_2O

N^1-5′-Phosphoribosylformimino-5-aminoimidazol-4-carboxamidoribonucleotid

Phosphoribosylformimino-5-aminoimidazol-4-carboxamido-ribonucleotid-Isomerase

N^1-5′-Phosphoribulosylformimino-5-aminoimidazol-4-carboxamidoribonucleotid

Glutamin   Glutamat

Glutamin-Amidotransferase

Imidazolylglycerin-3-phosphat

Imidazolacetol-3-phosphat-Dehydratase — H_2O

Imidazolacetol-3-phosphat

L-Histidinolphosphat-Amidotransferase — α-Ketoglutarat / Glutamat

L-Histidinolphosphat

Histidinolphosphat-Phosphatase — P_i

L-Histidinol

Histidinol-Dehydrogenase — 2 NADH + 2H$^+$ / 2 NAD$^+$

L-Histidin

Canalin durch reduktive Desaminierung zu Homoserin entgiften (Abb. 14.88a), einer natürlichen Zwischenstufe der Threoninbiosynthese.

Bei den nichtproteinogenen Aminosäuren der Zwiebel (*Allium cepa*) und des Knoblauchs (*Allium sativum*), Propenylalliin bzw. Alliin (Abb. 14.88a), handelt es sich um Cysteinderivate und Vorstufen von Schutzstoffen, die der Herbivorabwehr dienen. Bei Verletzung der Zellen, die Alliin (Knoblauch) und Propenylalliin (Zwiebel) in der Vakuole speichern, werden die Verbindungen durch das Enzym Alliin-Lyase in Pyruvat, Ammoniak und Lauchöle gespalten. Das Allicin und Propanthialsulfoxid sind starke Schreckstoffe (Propanthialsulfoxid ist der tränenauslösende Zwiebelfaktor!) und zugleich antimikrobiell wirksam (Eindämmung mikrobiellen Wachstums im verletzten Pflanzengewebe!), Diallyldisulfid ruft den charakteristischen Knoblauchgeruch hervor.

Viele biogene Amine entstehen durch Decarboxylierung aus ihren homologen Aminosäuren, z. B. Cadaverin aus Lysin, Tryptamin aus Tryptophan und Histamin aus Histidin (Abb. 14.88b). Biogene Amine können biosynthetische Vorläufer von Alkaloiden

(Abschn. 14.14.3) darstellen, Tryptamin ist eine der Vorstufen zur Synthese des Phytohormons Indol-3-essigsäure (Abschn. 12.3.1) und Histamin ist, neben Serotonin und Acetylcholin, ein Bestandteil des Inhalts der Brennhaare (Abb. 2.15) der Brennnesseln und für die Auslösung der juckenden und schmerzhaften Gewebereaktion (Quaddelbildung) auf der Vertebratenhaut mit verantwortlich.

14.12 Bildung von Purinen und Pyrimidinen

Purine und Pyrimidine, die Basen der Nucleinsäuren (Abb. 4.1), werden als Nucleosidmonophosphate in Plastiden gebildet, vermutlich aber auch in anderen Kompartimenten. Der Purinkörper wird dabei, ausgehend von 5-Phosphoribosyl-1-pyrophosphat, das auch als Baustein bei der Tryptophan- (Abb. 14.86) und Histidinbiosynthese (Abb. 14.85) dient, schrittweise aufgebaut (Abb. 14.89). Zwei der vier Stickstoffatome des Purinrings stammen vom Glutamin (Transamidierung), eines aus Aspartat (das dabei in Fumarat

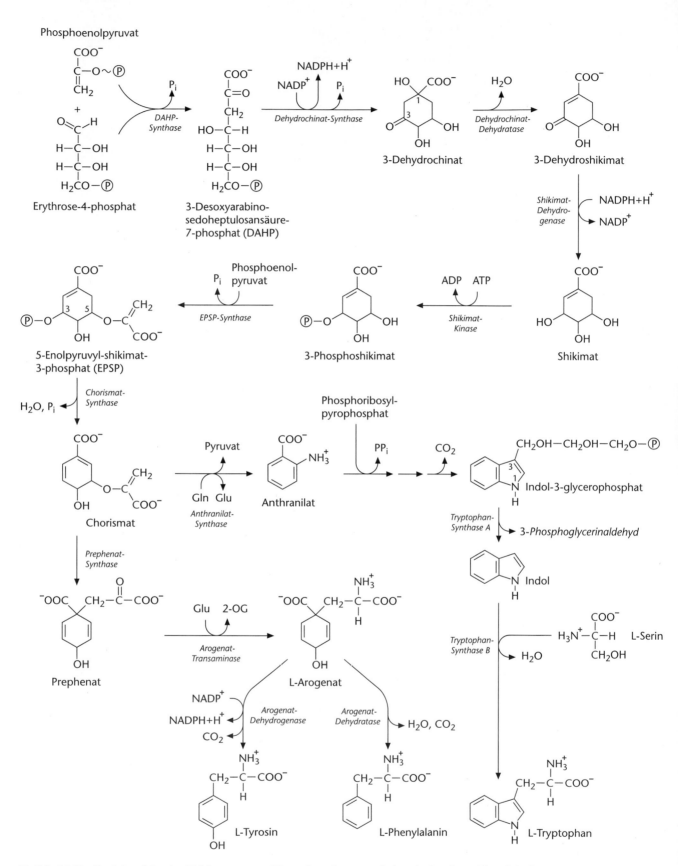

◻ Abb. 14.86 Reaktionsfolge des Shikimatwegs zur Biosynthese der aromatischen Aminosäuren Phenylalanin, Tyrosin und Tryptophan. (Grafik: E. Weiler)

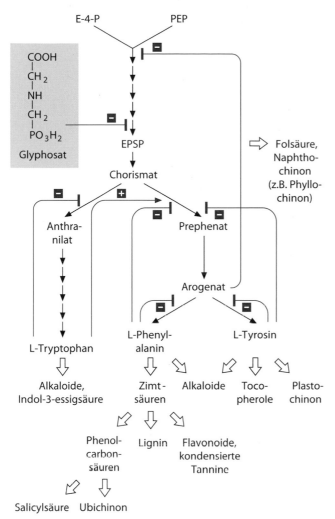

Abb. 14.87 Regulation der Enzymaktivität im Shikimatweg durch Produktkontrolle (rot) und Übersicht über seine Rolle als Vorstufenlieferant für zahlreiche weitere Stoffwechselwege zusätzlich zur (nicht dargestellten) Proteinsynthese. Glyphosat (N-Phosphonomethylglycin), ein Herbizid, ist ein starker kompetitiver Hemmstoff des Enzyms 5-Enolpyruvylshikimat-3-phosphat-(EPSP-)Synthase. (Grafik: E. Weiler)

übergeht) und eines wird mit dem Kohlenstoffskelett des Glycins eingebaut. Eines der übrigen Kohlenstoffatome des Rings wird über Carboxybiotin (■ Abb. 14.80) geliefert und stammt aus CO_2, die beiden anderen werden von dem wichtigen C_1-Gruppen-Überträger Tetrahydrofolsäure in Form von N^{10}-Formyl-Tetrahydrofolat geliefert. Tetrahydrofolat steuert neben Formyl-(−CHO−) auch Methyl-(−CH_3−) und Hydroxymethyl-(−CH_2OH−) gruppen für zahlreiche andere Biosynthesen bei, z. B. bei den Aminosäuren Serin (▶ Abschn. 14.4.6) und Methionin und bei Alkaloiden (▶ Abschn. 14.14.3).

Die Purinbiosynthese liefert zunächst Inosin-5-monophosphat (IMP), das durch Oxidation, gefolgt von einer Transamidierung in Guanosin-5-monophosphat (GMP) bzw. durch Transamidierung in Adenosin-5-monophosphat (AMP) überführt wird (■ Abb. 14.89). Nuc-

leosidmono- und Nucleosiddiphosphat-Kinasen bilden aus den Monophosphaten über die Diphosphatstufe die Triphosphate ATP und GTP. Die Desoxynucleotide werden auf der Diphosphatstufe durch **Ribonucleosiddiphosphat-Reduktase** gebildet. Die Elektronen werden über Dithiol-Disulfid-Konversion geliefert. Das Enzym wird über NADPH+H$^+$ und Thioredoxin wieder reduziert (analog der in ■ Abb. 14.46 gezeigten Reaktion).

Die Pyrimidinbiosynthese (■ Abb. 14.90) liefert aus der Kondensation von Carbamoylphosphat und Aspartat zunächst Orotsäure (Orotat), das unter Beteiligung von 5-Phosphoribosyl-1-pyrophosphat in das 5-Mononucleotid überführt wird. Decarboxylierung liefert Uridin-5-monophosphat (UMP). Dieses wird zunächst in das Triphosphat (UTP) überführt und liefert durch Austausch des Sauerstoffs an C_4 gegen eine Aminogruppe (Amidstickstoff des Glutamins) Cytidin-5-triphosphat (CTP). Die nur in DNA vorkommende Nucleobase Thymin wird ausgehend von 2-Desoxyuridin-5-monophosphat (dUMP) durch Methylgruppentransfer auf C_5 gebildet. Methylgruppendonator ist wieder Tetrahydrofolsäure (N^5,N^{10}-Methylentetrahydrofolat).

14.13 Bildung von Tetrapyrrolen

Sowohl ringförmig geschlossene Tetrapyrrole (**Porphyrine**) als auch offenkettige Tetrapyrrole üben in Pflanzen verschiedenste Funktionen aus. Chlorophylle und Bakteriochlorophylle nehmen die Lichtenergie bei der Photosynthese auf (▶ Abschn. 14.3.2), Häm ist Bestandteil der Cytochrome, von Katalasen und Peroxidasen und findet sich im Leghämoglobin der Wurzelknöllchen. Die Cytochrome sind Elektronenüberträger, z. B. bei der Zellatmung (▶ Abschn. 14.8.3) und bei der Photosynthese (▶ Abschn. 14.3.2), Cytochrom P450 ist Bestandteil von Monooxygenasen (▶ Abschn. 12.4.2), das Häm der Katalasen ist für die Beseitigung von reaktivem Sauerstoff, H_2O_2, in Peroxisomen und Glyoxysomen verantwortlich (▶ Abschn. 14.4.6 und 14.10). Peroxidasen haben vielfältige Funktionen bei Oxidationsreaktionen und sind für die Ligninbildung essenziell (▶ Abschn. 14.15.2). Sirohäm als Bestandteil der Sulfit-Reduktase (▶ Abschn. 14.6) und der Nitrit-Reduktase (▶ Abschn. 14.5.1) ist ebenfalls ein Elektronenüberträger. Das Leghämoglobin der Leguminosenwurzelknöllchen (▶ Abschn. 16.2.1) dient der Speicherung von molekularem Sauerstoff bei der Fixierung des Luftstickstoffs.

Offenkettige Tetrapyrrole sind die chromophoren Gruppen der Phycobiliproteide, akzessorische Photosynthesepigmente der Cyanobakterien und Rotalgen (▶ Abschn. 14.3.2 und 14.3.3). Strukturell eng verwandt mit Phycocyanobilin und Phycoerythrobilin ist das Phy-

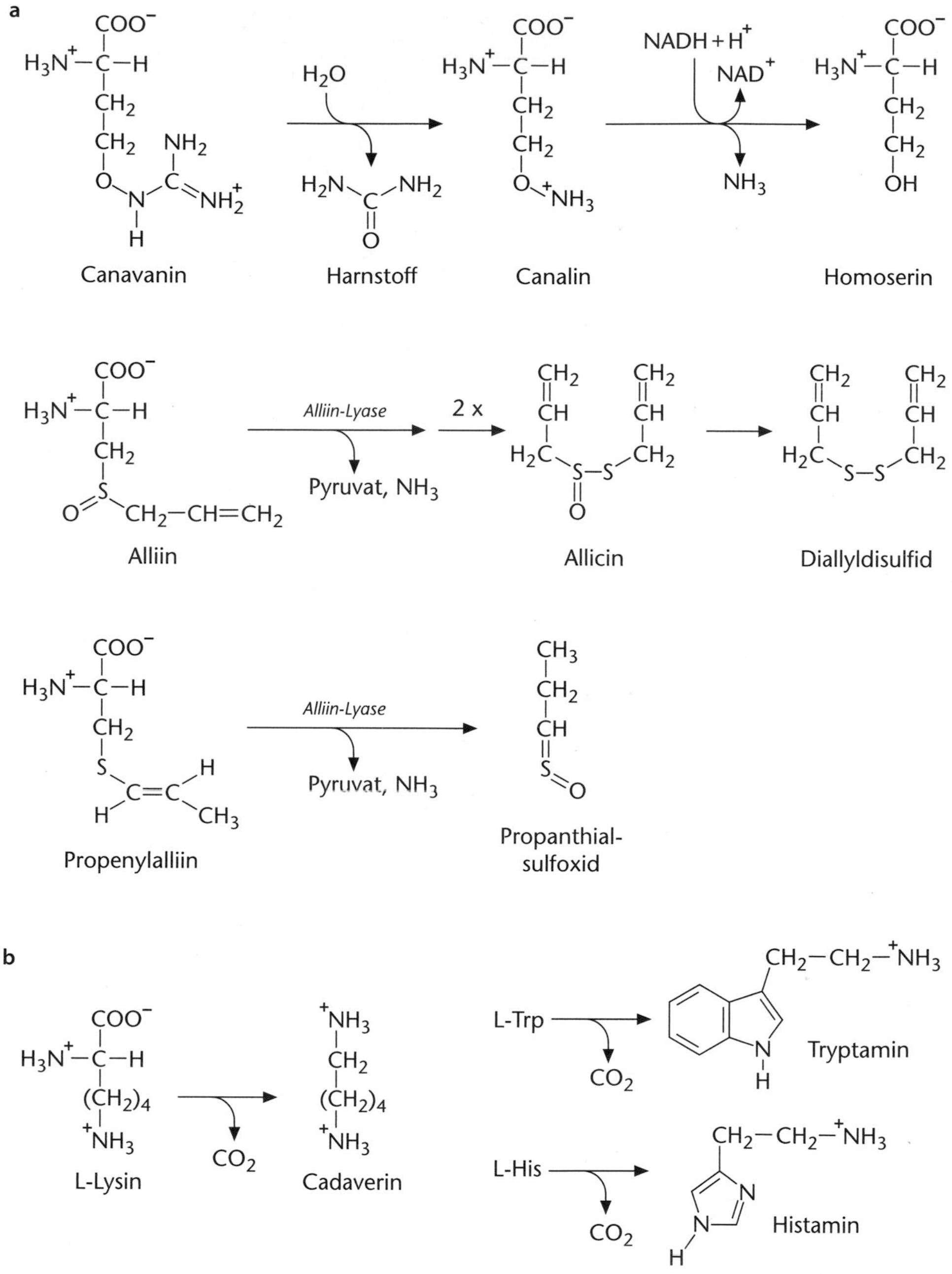

□ **Abb. 14.88** **a** Beispiele
pflanzlicher nichtproteinoge-
ner Aminosäuren und ihres
Stoffwechsels. **b** Bildung bio-
gener Amine durch Decarb-
oxylierung von Aminosäuren.
(Grafik: E. Weiler)

tochromobilin, der Chromophor der pflanzlichen Rot-lichtrezeptoren (Phytochrome, ▶ Abschn. 13.2.4).

Die Biosynthese des Porphyrinringsystems erfolgt bei den grünen Pflanzen in Plastiden, die auch die weiteren Syntheseschritte zu den Chlorophyllen, zum Häm und Sirohäm sowie Phytochromobilin übernehmen. Die mitochondriale Hämsynthese geht von plastidären Vorstufen aus. Vermutlich exportieren Plastiden Häm zur Verwendung als prosthetische Gruppe hämhaltiger Enzyme anderer Kompartimente. Die Zusammenhänge, soweit bekannt, sind in □ Abb. 14.91 veranschaulicht.

Die komplizierte Tetrapyrrolbiosynthese kann hier nur in Grundzügen vorgestellt werden (□ Abb. 14.92).

Der Grundbaustein des Tetrapyrrolsystems, das Porphobilinogen, entsteht durch Kondensation von zwei Molekülen 5-Aminolävulinat. 5-Aminolävulinsäure entsteht bei Pflanzen, Cyanobakterien und vielen anderen Bakterien aus Glutamat, das zum 1-Semialdehyd reduziert wird, welches wiederum durch eine intramolekulare, thiaminpyrophosphatabhängige Transaminierung in 5-Aminolävulinat überführt wird. Interessanterweise dient nicht ein Phosphorsäureanhydrid als aktivierte Vorstufe der Reduktion der Carboxylgruppe, sondern die Glutamyl-tRNA.

Vier Moleküle Porphobilinogen werden unter Desaminierung zu einer offenkettigen Vorstufe, dem

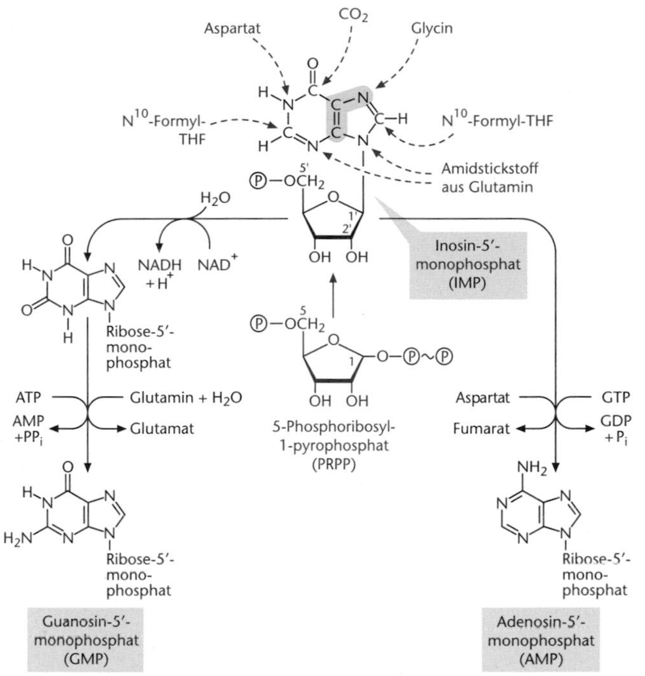

Abb. 14.89 Biosynthetische Ableitung des Purinringsystems und des Zuckerphosphatrests bei der Biosynthese von Adenosin-5-monophosphat bzw. Guanosin-5-monophosphat aus Inosin-5-monophosphat. – THF Tetrahydrofolsäure

Hydroxymethylbilan, kondensiert, das durch die Uroporphyrinogen-Synthase unter Wasseraustritt zum ersten zyklischen Tetrapyrrol, dem Uroporphyrinogen III, zyklisiert wird. Über mehrere Zwischenstufen wird Protoporphyrin IX gebildet, das durch eine Ferrochelatase in Protohäm bzw. durch eine Magnesium-Chelatase in Protochlorophyllid a umgewandelt wird. Die Reduktion des D-Rings führt vom Protochlorophyllid a zum Chlorophyllid a, auf das eine Chlorophyll-Synthetase genannte Prenyltransferase den Phytolrest überträgt (Chlorophyllstruktur, ▪ Abb. 14.22). Chlorophyll b wird aus Chlorophyll a oder Chlorophyllid a synthetisiert, die Details sind nicht bekannt. Die Sirohämsynthese zweigt bereits auf der Stufe des Uroporphyrinogen III ab. Die Bildung der offenkettigen Tetrapyrrole erfolgt durch Ringöffnung aus einer Porphyrinvorstufe, die vom Protohäm abgeleitet ist (▪ Abb. 14.91).

Die meisten Grünalgen, Gymnospermen und photosynthetisch aktiven Bakterien und Cyanobakterien synthetisieren Chlorophyll im Licht und im Dunkeln, die Angiospermen jedoch nur im Licht. Bei ihnen ist die Protochlorophyllid-Reduktase lichtreguliert.

Die Anpassung der Tetrapyrrolsynthese an den Bedarf wird durch weitere Regulationsprozesse sichergestellt (▪ Abb. 14.91). So hemmen die Endprodukte Protochlorophyllid und Protohäm die Bildung von 5-Aminolävulinsäure, die Magnesium-Chelatase wird durch Protochlorophyllid und Chlorophyllid gehemmt.

Die Bildung der 5-Aminolävulinsäure wird durch den Photorezeptor Phytochrom im Licht gesteigert. Durch diese Mechanismen wird eine übermäßige Akkumulation photoreaktiver Protochlorophyllidmoleküle im Dunkeln verhindert.

14.14 Sekundärstoffwechsel

Nicht dem allgemeinen Grundstoffwechsel zugehörige, sondern von diesem Primärstoffwechsel abgeleitete, spezielle Reaktionen bezeichnet man kollektiv als **Sekundärstoffwechsel**, die auftretenden Substanzen als Sekundärmetaboliten oder **sekundäre Pflanzenstoffe** (auch Pflanzeninhaltsstoffe oder pflanzliche Naturstoffe). Diese chemisch sehr verschiedenen Verbindungen – mehr als 200.000 Strukturen sind bereits bekannt – treten häufig nur in bestimmten Pflanzengruppen auf und sind dann von chemotaxonomischer Bedeutung. Jede Art ist durch das Vorkommen eines charakteristischen Spektrums von verschiedenen Pflanzeninhaltsstoffen gekennzeichnet, von denen viele dauernd vorrätig gehalten werden, während die Bildung anderer durch bestimmte biotische oder abiotische Umwelteinflüsse erst induziert wird.

Sekundäre Pflanzenstoffe besitzen eine Vielzahl von ökochemischen Funktionen (▶ Kap. 16, ▶ Abschn. 22.8). Sie wirken als Lockstoffe oder Schreckstoffe, Fraßhemmer, Mikrobizide oder Hemmstoffe gegenüber pflanzlichen Konkurrenten (= **Allelopathika**, ▶ Abschn. 16.5). Die überwiegende Fülle der Sekundärmetaboliten bildet gleichsam einen chemischen Schutzschild, mit dem die Pflanze sich gegen eine Unzahl von Pflanzenfressern (Herbivoren) und mikrobiellen Pathogenen (Viroide, Viren, Bakterien, Pilze) wirksam verteidigen kann. Bedenkt man die Fülle potenzieller Feinde (zwei Drittel aller Tierarten sind Herbivore, 30 % aller Pilzarten, 10–15 % aller Bakterienarten, 45 % aller Viren und sämtliche Viroide sind phytopathogen), dann zeigt der überwiegend ungeschädigte oder gering geschädigte Pflanzenbestand in der Natur die quantitative Wirksamkeit der Schutzmaßnahmen, zu denen neben den Pflanzeninhaltsstoffen auch mechanische Barrieren (Dornen, Stacheln, Zellwände, Cuticulae usw.) zu rechnen sind. Es verwundert daher nicht, dass eine große Zahl von Sekundärmetaboliten toxisch sind (▪ Tab. 14.18): Insgesamt sind bisher mehr als 17.000 Toxine aus Pflanzen isoliert worden, viele von ihnen wirken auf den Menschen. In der Jahrtausende dauernden Auslesezüchtung der Kulturpflanzen zur menschlichen Ernährung hing die Verwertbarkeit in aller Regel auch mit der züchterischen Absenkung oder Eliminierung der für den Menschen schädlichen, für die Pflanze jedoch als Schutzstoffe bedeutsamen Toxine und Bitterstoffe zusammen. Gerade

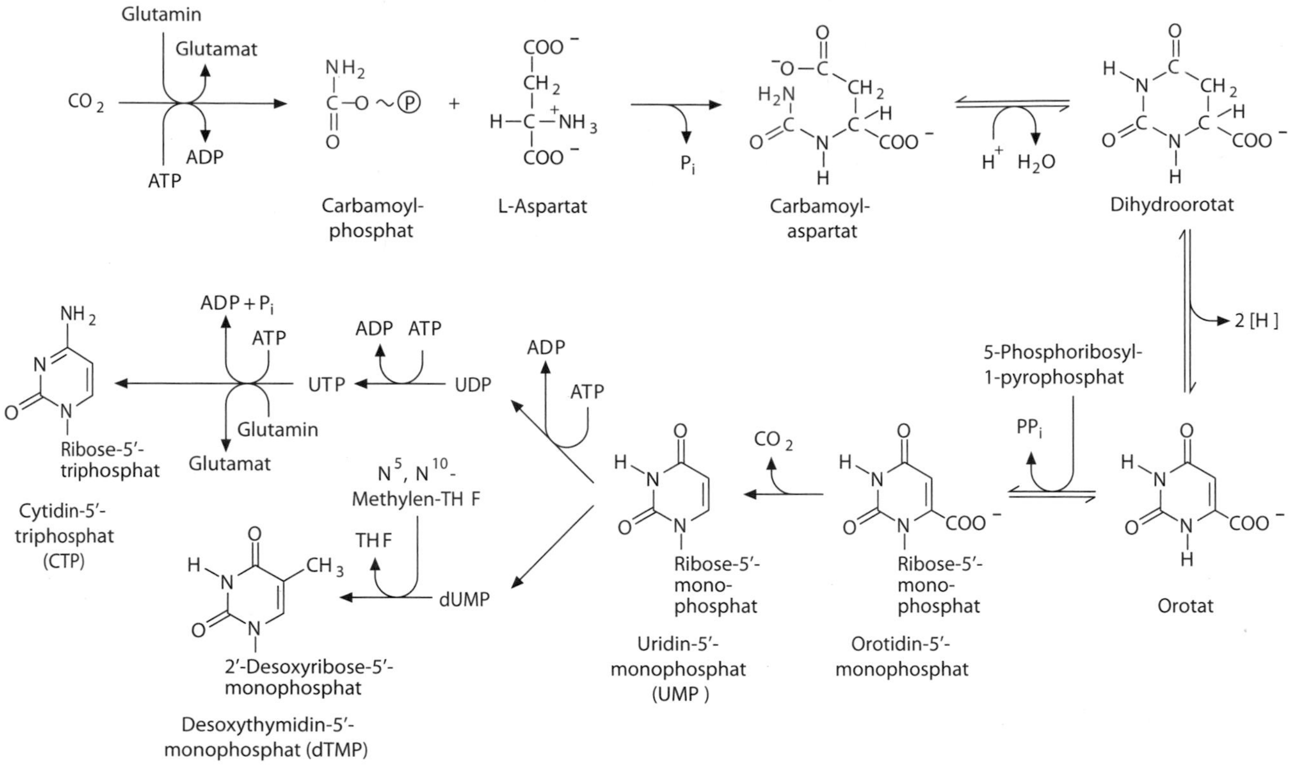

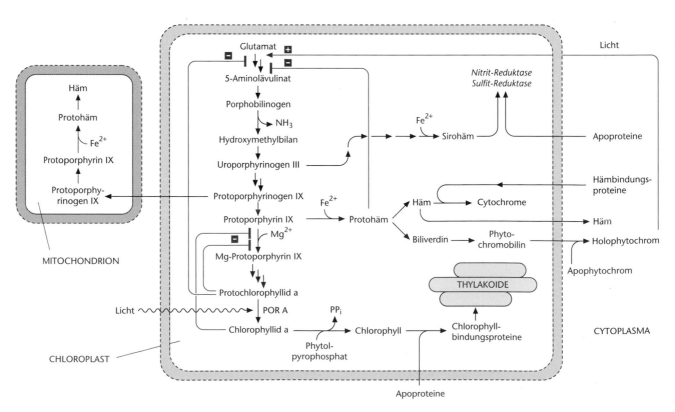

◘ Abb. 14.90 Biosynthese der Pyrimidine. – THF Tetrahydrofolsäure. (Grafik: E. Weiler)

◘ Abb. 14.91 Kompartimentierung und Regulation (rot) des pflanzlichen Tetrapyrrolstoffwechsels. Die Lichtabhängigkeit der Protochlorophyllid-Oxidoreduktase (POR A) ist typisch für Angiospermen, die nur im Licht ergrünen. (Grafik: E. Weiler)

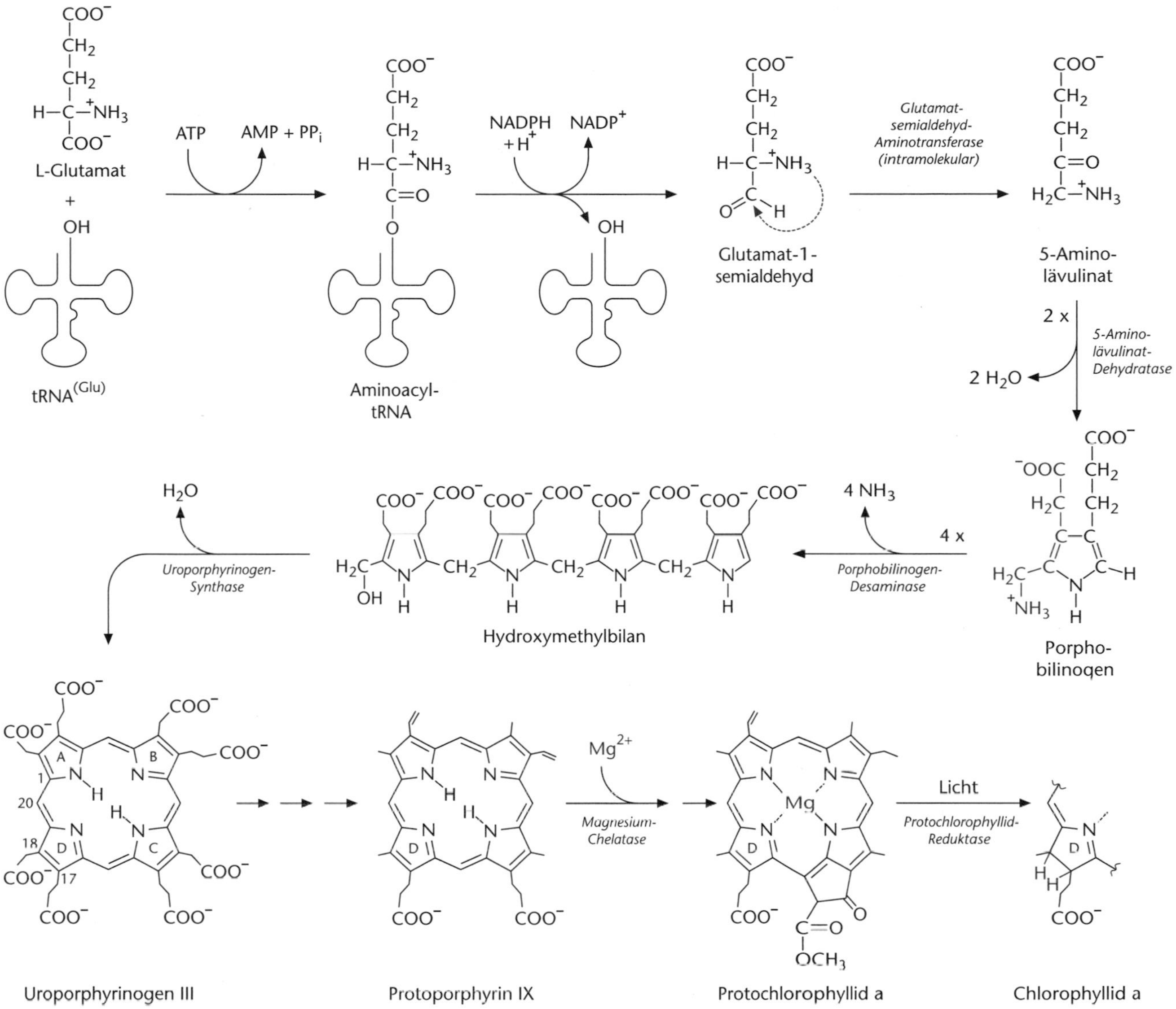

■ **Abb. 14.92** Biosynthese von Tetrapyrrolen aus Glutamat. Die Schritte bis zum Uroporphyrinogen sind allen Tetrapyrrolen gemeinsam, Protoporphyrin IX ist der gemeinsame Vorläufer des Chlorophylls und Häms (■ Abb. 14.91) sowie der offenkettigen Tetrapyrrole, die aus Protohäm durch Ringöffnung hervorgehen

in Monokulturen sind solche landwirtschaftlichen Nutzpflanzen daher Herbivoren und Pathogenen relativ schutzlos ausgeliefert, die Gefahr von Epidemien ist groß. So führte in den Jahren 1845 bis 1846 eine Pilzepidemie (*Phytophthora infestans*) bei Kartoffeln in Irland zu einer Hungersnot, die fast 1 Mio. Tote forderte und einen erheblichen Teil der Bevölkerung – 1,5 Mio. Menschen – zur Auswanderung (vor allem in die USA) zwang. Erst als es im 20. Jahrhundert gelang, die fehlenden natürlichen Schutzmechanismen der Nutzpflanzen zunehmend durch wirksame chemische Maßnahmen zu ersetzen (chemischer Pflanzenschutz), konnte eine gesicherte Nahrungsmittelversorgung bei intensiver Landwirtschaft erreicht werden.

Die vielfältigen Wirkungen von sekundären Pflanzenstoffen auf den menschlichen Organismus (giftig, schmerzstillend, entzündungshemmend, berauschend usw.) wurden sicherlich schon früh in der Evolution des Menschen bemerkt und genutzt. Vermutlich ist die Pharmakologie älter als die Landwirtschaft. Bis heute stellen Pflanzeninhaltsstoffe unersetzliche Arzneimittel oder Vorstufen von solchen dar, z. B. die herzwirksamen Glykoside zur Bekämpfung der Herzinsuffizienz, Vinblastin und Taxol zur Bekämpfung bestimmter Krebsformen, das Hustenmittel Codein und Morphium als hochwirksames Schmerzmittel.

Im Folgenden werden anhand weniger Beispiele Bildung, Strukturen und Funktionen einiger Sekundärmetaboliten vorgestellt. Die vertreterreichsten Strukturgruppen stellen die **Phenole**, die **Terpenoide** und die **Alkaloide** dar.

◘ Tab. 14.18 Hauptgruppen pflanzlicher Toxine. (Nach J.B. Harborne)

Substanzklasse	ungefähre Anzahl bekannter Verbindungen	Beispiel	Vorkommen
Alkaloide	10.000	Senecionin	*Jacobaea vulgaris*
Herzglykoside	200	Digitoxin	*Digitalis purpurea*
cyanogene Glykoside	60	Amygdalin	*Prunus dulcis*
Glucosinolate	150	Sinigrin	*Brassica oleracea*
Furanocumarine	400	Xanthotoxin	*Pastinaca sativa*
Iridoide	250	Aucubin	*Aucuba japonica*
Isoflavonoide	1000	Rotenon	*Derris elliptica*
nichtproteinogene Aminosäuren	400	β-Cyanoalanin	*Vicia sativa*
Polyacetylene	650	Oenanthotoxin	*Oenanthe crocata*
Chinone	800	Hypericin	*Hypericum perforatum*
Saponine	600	Lemmatoxin	*Phytolacca dodecandra*
Sesquiterpenlactone	3000	Hymenoxon	*Hymenoxys odorata*
Peptide	50	Viscotoxin	*Viscum album*
Proteine	100	Abrin	*Abrus precatorius*

14.14.1 Phenole

Phenole besitzen als gemeinsames Strukturmerkmal mindestens einen aromatischen Ring, der durch eine oder mehrere OHGruppen substituiert ist. Diese können ihrerseits substituiert sein (z. B. −OCH$_3$, Methoxygruppe). Verschiedene Stoffwechselwege führen zu Phenolen. Die bedeutsamsten sind:

- der Shikimatweg und davon abgeleitete Stoffwechselwege
- der Acetat-Malonat-Weg
- der Terpenoidsyntheseweg (▶ Abschn. 14.14.2)
- eine Kombinationen dieser Stoffwechselwege

Beispiele für vom Shikimatweg abgeleitete Phenole finden sich in ◘ Abb. 14.93, darunter die Elektronenüberträger der Photosynthese, Plastochinon und Phyllochinon (◘ Abb. 14.33), Ubichinon, ein Redoxsystem der Atmungskette (◘ Abb. 14.74), α-Tocopherol, das in den Plastidenmembranen vorkommt und deren Membranlipide vor Oxidation schützt.

Eine wichtige Rolle im Phenolstoffwechsel kommt der **Zimtsäurefamilie** und ihren zahlreichen Derivaten, von denen in ◘ Abb. 14.93 nur einige wenige dargestellt sind, zu. Zimtsäure entsteht in Plastiden aus Phenylalanin (**Phenylalanin-Ammonium-Lyase-(PAL-)** Reaktion, ◘ Abb. 14.94). Die PAL ist ein durch eine Vielzahl von Faktoren (z. B. Licht, Verwundung, Pathogenbefall) reguliertes Schlüsselenzym des Phenylpropanstoffwechsels.

Durch charakteristische Substitutionen entstehen Derivate der Zimtsäure (◘ Abb. 14.94), die mit Zimtsäure die Mitglieder der Zimtsäurefamilie bilden. Variation einer Grundstruktur durch Substitution ist einer der Gründe für die Vielzahl von Sekundärmetaboliten in Pflanzen. Von Zimtsäure(n) abgeleitete Sekundärmetaboliten sind die **Cumarine**, die als Bitterstoffe fraßhemmende Wirkung zeigen (Vorkommen z. B. im Steinklee, im Waldmeister). Die Cumarinbiosynthese ist in ◘ Abb. 14.95 dargestellt. Der Bitterstoff wird erst bei Verletzung freigesetzt und in der intakten Zelle als Vorstufe in der Vakuole gespeichert.

Durch β-Oxidation entstehen aus Zimtsäuren **Phenolcarbonsäuren**. Aus Zimtsäure selbst entsteht auf diese Weise Benzoesäure und aus dieser durch Hydroxylierung in *ortho*-Stellung Salicylsäure, ein antimikrobiell wirksames Phenol, für das eine zusätzliche Funktion als Signalstoff bei der Induktion systemisch erworbener Resistenz (SAR, ▶ Abschn. 16.3.1 und 16.3.4) diskutiert wird. Zimtalkohole entstehen aus Zimtsäuren durch Reduktion und stellen die monomeren Ligninbausteine dar. Die Ligninbiosynthese wird in ▶ Abschn. 14.15.2 besprochen.

Die **Flavonoide** (Flavanderivate, Grundstruktur, ◘ Abb. 14.93, weitere Strukturen ◘ Abb. 14.96) stellen eine vertreterreiche Sekundärstoffgruppe mit vielfälti-

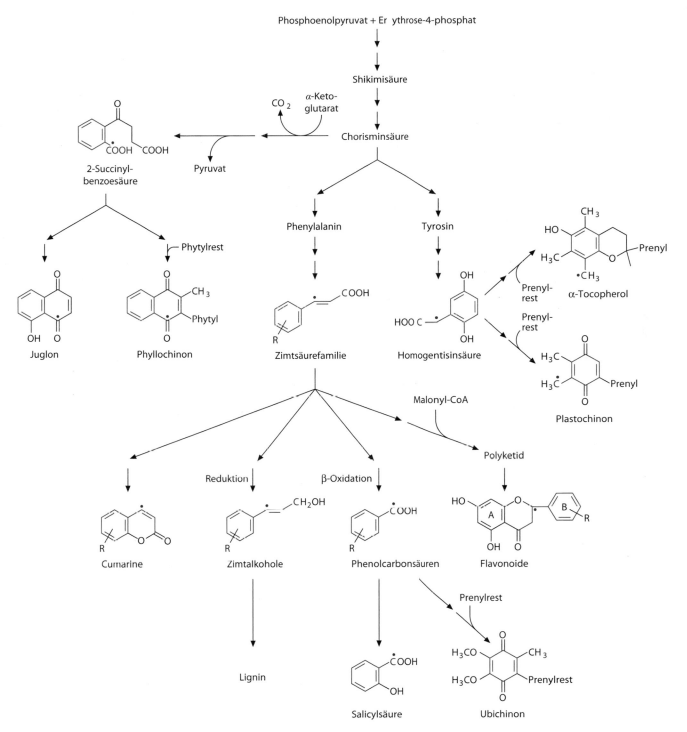

Abb. 14.93 Ableitung einiger verbreiteter Gruppen phenolischer Verbindungen aus dem Shikimatweg. Der Rest R steht stellvertretend für sämtliche vorkommende Substituenten. Zur besseren Orientierung ist die Ableitung einiger C-Atome aus den jeweiligen Vorstufen durch rote Punkte verdeutlicht. (Grafik: E. Weiler)

gen Funktionen dar, die besonders in Angiospermen auftreten und bei Algen und Pilzen, Leber- und Hornmoosen bisher nicht gefunden wurden. Die Flavonoide werden nach der Struktur des sauerstoffhaltigen Heterozyklus in verschiedene Gruppen eingeteilt, deren bio-

synthetische Zusammenhänge in ■ Abb. 14.96 dargestellt sind. Allen gemeinsam ist das Flavangrundgerüst. Die Biosynthese beginnt mit aktivierter *p*-Cumarsäure, *p*-Cumaroyl-Coenzym A. An dieses Startermolekül werden von dem Enzym Chalkon-Syn-

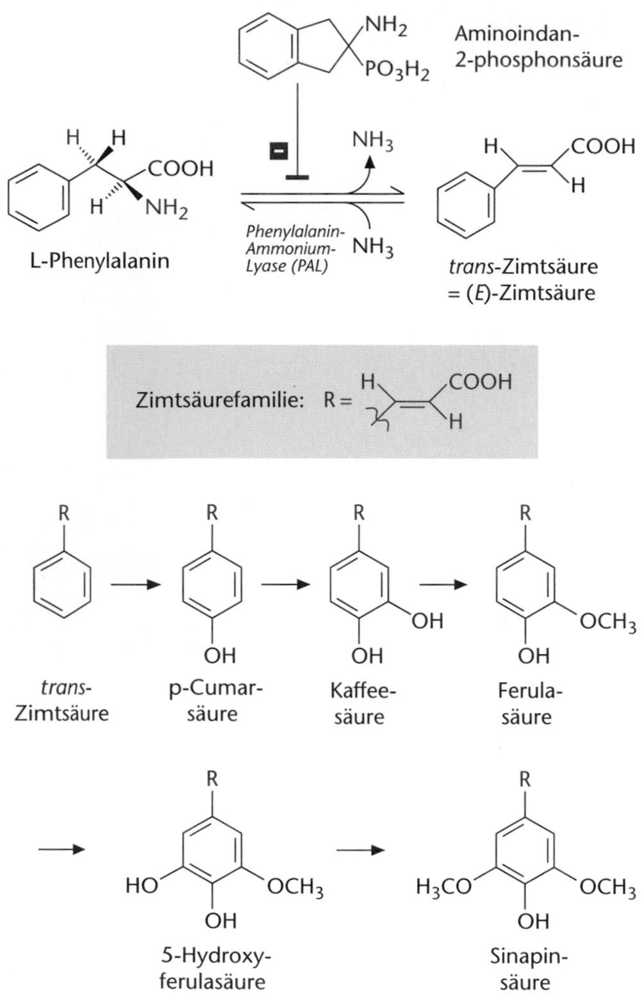

◘ Abb. 14.94 Bildung und Substitution der *trans*-Zimtsäure. 2-Aminoindan-2-phosphonsäure ist ein starker kompetitiver Hemmstoff der Phenylalanin-Ammonium-Lyase

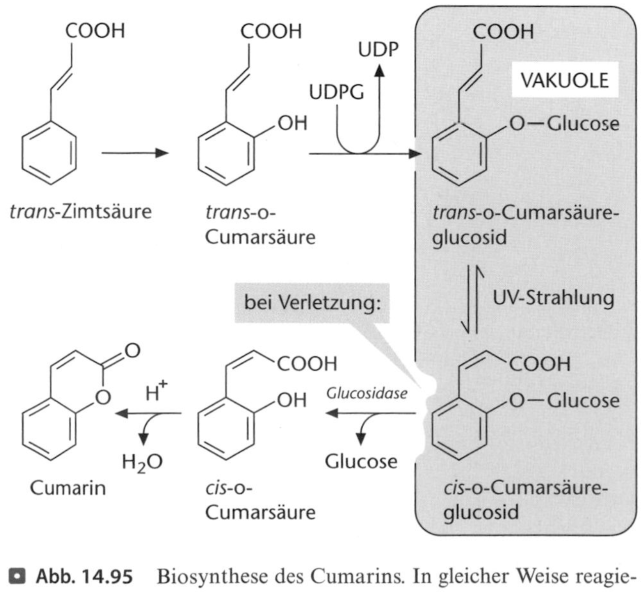

◘ Abb. 14.95 Biosynthese des Cumarins. In gleicher Weise reagieren andere Mitglieder der Zimtsäurefamilie (Abb. 14.94) zu entsprechend substituierten Cumarinen

thase sukzessive drei Einheiten Malonyl-CoA unter Decarboxylierung und Abspaltung von Coenzym A angefügt, sodass sich eine Polyketidzwischenstufe bildet, die unter Abspaltung des vierten Moleküls Coenzym A zum Chalkon zyklisiert wird. Über die Stufe des Flavanons, Dihydroflavonols und Flavan-3,4-diols wird schließlich die Anthocyanidingruppe erreicht, bei der die π-Elektronen-Systeme der aromatischen Ringe A und B über den ungesättigten Heterozyklus miteinander konjugiert sind. Anthocyanidine absorbieren daher sichtbares Licht – ihre Lösungen sind, je nach Substitutionsmuster, zartrosa bis tiefblau gefärbt –, die übrigen dargestellten Flavonoidgruppen absorbieren im Ultravioletten.

Die Flavonoidgrundstrukturen werden durch nachfolgende Substitution des B-Rings (Substitutionsmuster, ◘ Abb. 14.94) sowie durch Glykosylierungen verschiedener Positionen (OH-Gruppen des A-Rings und des Heterozyklus, seltener des B-Rings) weiter variiert, sodass sich eine erhebliche Strukturvielfalt ergibt. Die Flavonoidglykoside werden in den Vakuolen abgelagert. Sie fungieren als UV-Schutzpigmente (hohe Konzentrationen in den Epidermiszellen!), die Anthocyane (Glykoside der Anthocyanidine) als chymochrome (vakuoläre, wasserlösliche) Pigmente in Blüten (z. B. Rosen, Rittersporn, Kornrade, Begonien), Blättern (Rotkohl) und Früchten (z. B. Äpfel), seltener in Wurzeln (Balsaminengewächse). Die Farben reichen von blassrosa über tiefblau bis violett, je nach Substitutionsmuster, vakuolärem pH und Kationenzusammensetzung des Vakuoleninhalts. Daneben können Flavonoide als Antioxidantien oder Siderophore (Flavonoide vom Catecholtyp) dienen. Bakterien der Gattung *Rhizobium* (Symbiont in Wurzelknöllchen) und *Agrobacterium* (Erreger der Wurzelhalstumoren) nutzen exsudierte Wurzelflavonoide als Signalstoffe zum Erkennen von Wirtspflanzen (► Abschn. 16.2.1 und 10.2).

Durch Umlagerung des B-Rings werden aus Flavanonen Isoflavone gebildet (◘ Abb. 14.97). Das Isoflavon Genistein aus *Genista tinctoria* und der Sojabohne ist ein Tyrosin-Kinase-Inhibitor, der in der Leukämietherapie eingesetzt wird. Das ebenfalls zur Isoflavongruppe zählende Daidzein ist die Vorstufe der Pterocarpane (z. B. Glyceolline der Sojabohne, *Glycine max*). Hierbei handelt es sich um **Phytoalexine**. Darunter versteht man allgemein infolge einer Pathogeninfektion von der Pflanze gebildete (= pathogeninduzierte) antimikrobiell wirksame Sekundärmetabolite (► Abschn. 16.3.4). Pterocarpane und Isoflavone, die insbesondere bei den Fabaceae vorkommen, sind Fungizide und Bakterizide.

Wir haben mit der Synthese des A-Rings der Flavanderivate neben dem Shikimatweg eine zweite Möglichkeit der Biosynthese aromatischer Ringe in der Pflanzenzelle kennengelernt, der als **Acetat-Malonat-Weg** bezeichnet wird. Da bei der mehrfachen Kondensation von Acetateinheiten bei diesen Reaktionen – im Gegensatz zur Fettsäurebiosynthese – nicht gleich reduziert wird, entstehen intermediär (nicht frei auftretende) Zwischenprodukte, die man als **Polyketide** bezeichnet und die zu hydroxylierten Benzolringen zyklisiert werden. Derartige, durch Polyketidaromatisierung entstandene

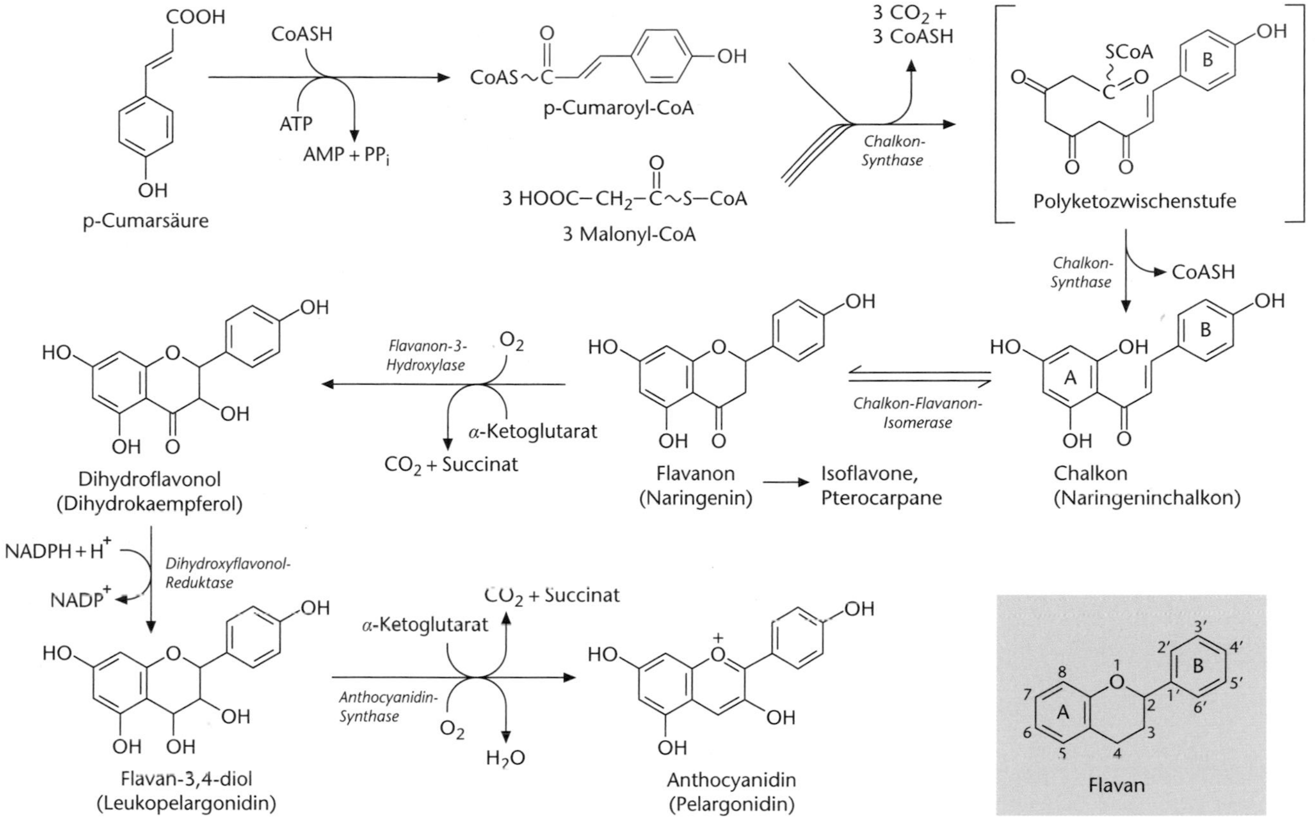

Abb. 14.96 Biosynthese einiger Gruppen von Flavonoiden aus *p*-Cumaroyl-CoA und Malonyl-CoA. Neben den Bezeichnungen der Flavonoidgruppen sind in Klammern die Namen der jeweils dargestellten Substanzen angegeben. Die Flavonoide liegen in der Regel als Glykoside (vgl. Text) in Vakuolen gespeichert vor. Weitere Substitutionen des B-Rings (−OH−, −OCH₃-Gruppen) erfolgen auf der Stufe verschiedener Flavonoidgruppen. Daneben kann die Biosynthese anstelle von *p*-Cumaroyl-CoA auch von einer höher substituierten Zimtsäure (nicht aber von Zimtsäure selbst) ausgehen. Die Flavanon-3-Hydroxylase und die Anthocyanidin-Synthase gehören zur Gruppe der Fe^{2+}- und ascorbatabhängigen Dioxygenasen, welche als Cosubstrat α-Ketoglutarat oxidieren. Reaktionsverlauf. (Grafik: E. Weiler)

Substanzen werden auch **Acetogenine** genannt. Der Biosyntheseweg wird von Pflanzen und Mikroorganismen zur Synthese zahlreicher Benzoesäurederivate beschritten, z. B. von Anthrachinonen, verschiedener Antibiotika (z. B. der Tetracycline aus Streptomyceten oder des Griseofulvins aus *Penicillium*-Arten), und verschiedener Flechtensäuren. Ein Beispiel für eine einfache Acetogeninbiosynthese findet sich in ◘ Abb. 14.98. Das Plumbagin, ein Naphthochinon, kommt in Blättern der Drosophyllaceae *Drosophyllum lusitanicum* in großen Mengen vor und hat mikrobizide Wirkung. Es schützt die schleimreichen Blattorgane dieser insektivoren Pflanze vermutlich vor Pilz- und Bakterienkrankheiten. Man beachte, dass die strukturell sehr nahe verwandte Substanz Juglon ganz anders synthetisiert wird (◘ Abb. 14.93): Strukturelle Ähnlichkeit deutet nicht immer auf biosynthetische Verwandtschaft hin!

Eine dritte Möglichkeit, aromatische Ringe zu synthetisieren, bietet die Terpenbiosynthese, die im folgenden Abschnitt besprochen wird.

14.14.2 Terpenoide

Als **Terpenoide** (bzw. **Isoprenoide**) bezeichnet man alle Verbindungen, die sich formal in Isoprenbausteine zerlegen lassen und sich biosynthetisch vom Isopentenylpyrophosphat (◘ Abb. 14.99) ableiten. Nach der Anzahl der C_5-Bausteine werden die Terpenoide zu Gruppen zusammengefasst (◘ Tab. 14.19), die sehr vertreterreich sind und deren Mitglieder eine Vielzahl von Funktionen, darunter zahlreiche ökochemische, ausüben.

Pflanzen verfügen über zwei Möglichkeiten zur Bildung der C_5-Einheit Isopentenylpyrophosphat (◘ Abb. 14.99):

- die cytoplasmatische Biosynthese, ausgehend von Acetyl-CoA mit Mevalonsäure als Intermediat
- die plastidäre Biosynthese, ausgehend von Pyruvat und D-3-Phosphoglycerinaldehyd mit 1-Desoxy-D-xylulose-5-phosphat als Intermediat

Der Desoxy-D-xylulose-5-phosphat-Weg ist auch bei Cyanobakterien und einigen anderen Bakterien etabliert, während wieder andere Bakterien den Acetat-Mevalonat-Weg benutzen. Bei Grünalgen scheint nur der 1-Desoxy-D-xylulose-Weg zu existieren, bei *Euglena gracilis* werden sowohl cytoplasmatische als auch plastidäre Isoprenoide über den Acetat-Mevalonat-Weg synthetisiert.

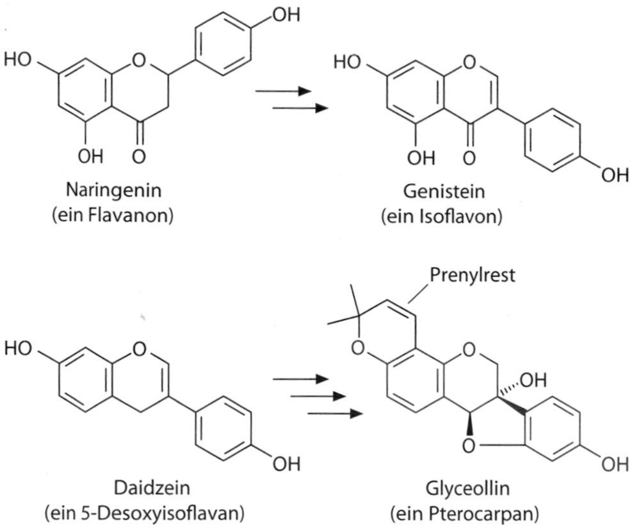

Abb. 14.97 Ableitung der Isoflavone durch oxidative Umlagerung von Flavanonen und Ableitung der Pterocarpane aus Isoflavonen (rot = aus der Isoflavonvorstufe stammende Atome). (Grafik: E. Weiler)

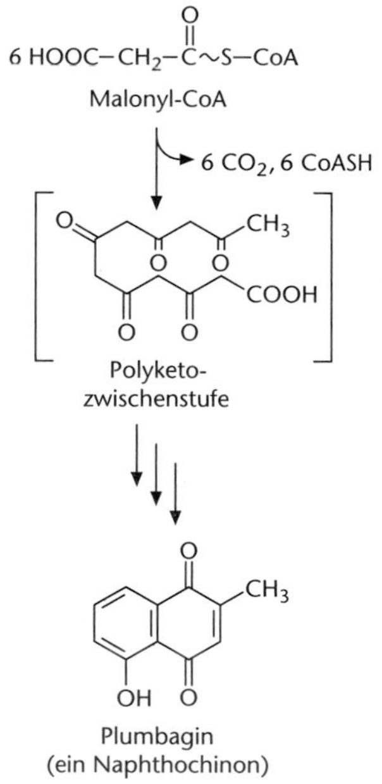

Abb. 14.98 Biosynthese des Plumbagins aus *Drosophyllum lusitanicum* auf dem Acetat-Malonat-Weg. Die Polyketozwischenstufe ist kein fassbares Zwischenprodukt. (Grafik: E. Weiler)

Die Ableitung verschiedener Terpenoidklassen Höherer Pflanzen – soweit bekannt – über den Acetat-Mevalonat-Weg bzw. den 1-Desoxy-D-xylulose-Weg ist in ▢ Abb. 14.100 dargestellt, ▢ Abb. 14.101 veranschaulicht das Reaktionsprinzip der linearen Kondensation von C_5-Einheiten und der Biosynthese der Tri- und Tetraterpenvorläufer.

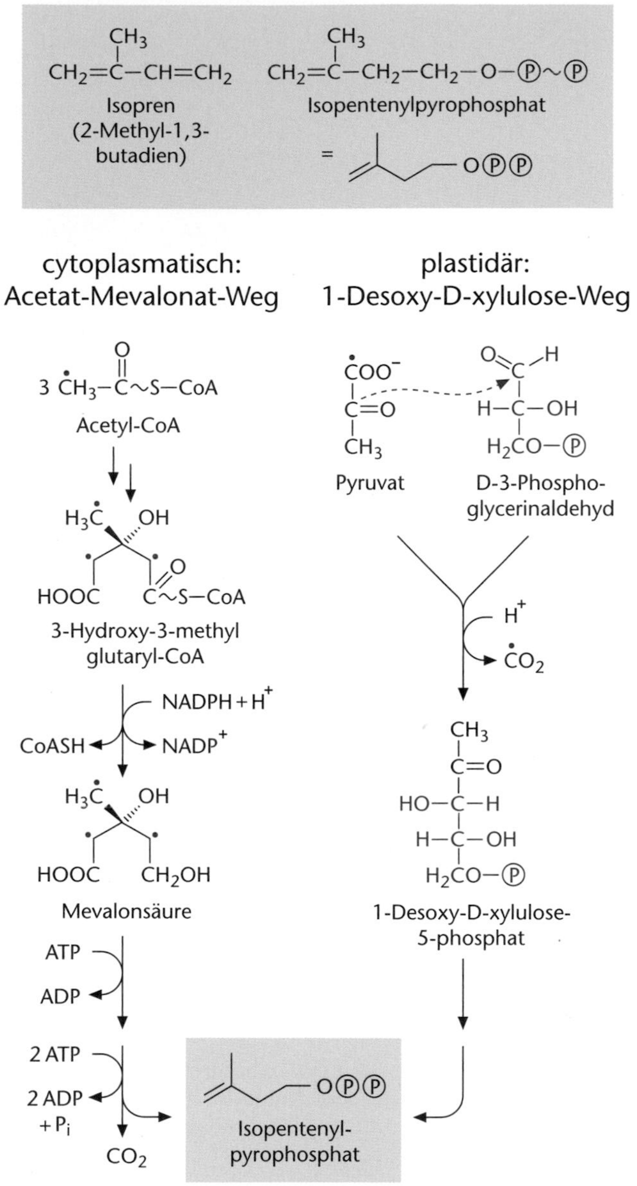

cytoplasmatisch:
Acetat-Mevalonat-Weg

plastidär:
1-Desoxy-D-xylulose-Weg

Abb. 14.99 Bildung der Terpenoidvorstufe Isopentenylpyrophosphat über den cytoplasmatischen Acetat-Mevalonat-Weg und den plastidären 1-Desoxy-D-xylulose-Weg. Zur Verbreitung der beiden Wege bei Niederen Pflanzen und Prokaryoten, s. Text. (Grafik: E. Weiler)

Isopentenylpyrophosphat steht im Gleichgewicht mit der isomeren Form Dimethylallylpyrophosphat. Die Monoterpene (C_{10}) entstehen durch Addition des aus Dimethylallylpyrophosphat nach enzymatischer Spaltung der C–O-Bindung entstehenden Carbokations an C_1 eines Isopentenylpyrophosphats (IPP) (Kopf-Schwanz-Addition). In gleicher Weise werden Sesquiterpene (C_{15}) aus Geranylpyrophosphat und IPP und Diterpene (C_{20}) aus Farnesylpyrophosphat und IPP gebildet (▢ Abb. 14.101). Die diese Reaktionen katalysierenden Enzyme werden **Prenyltransferasen** genannt.

◼ **Tab. 14.19** Übersicht über die Terpenklassen und einige typische Vertreter

Anzahl der C_5-Einheiten	Klasse	Beispiel	Funktion(en) der Substanz(en)
1	Hemiterpene	Isopren	Membranschutz vor Hitzeschäden (?)
		Prenylrest in Cytokininen	Phytohormone
		Prenylrest in Pterocarpanen	Phytoalexine
2	Monoterpene	Thymol, Menthol, Kampfer	Arthropodenschreckstoffe
		1,8-Cineol	Allelopathikum
3	Sesquiterpene	Sirenin	Gametenlockstoff (= Gamon) von *Allomyces*
		Capsidol	Phytoalexin
4	Diterpene	Phytol	Verankerung des Chlorophyllmoleküls im Protein
		Gibberelline	Phytohormone
		Taxol	Fungizid, Zellteilungshemmstoff
6 (2 × 3)	Triterpene	Phytosterole (z. B. Sitosterol)	Membranbausteine
		Herzglykoside (Cardenolide)	Nerven- und Herzgifte
		Saponine (z. B. Digitonin)	Mikrobizide mit Detergenswirkung
		Brassinolide	Wachstumsregulatoren
8 (2 × 4)	Tetraterpene	Carotinoide (Carotine, Xanthophylle)	akzessorische Photosynthesepigmente, Pigmente
6–10	Oligoterpene	Prenylreste von Plastochinon, Ubichinon	Membananverankerung der Redoxsysteme in der Thylakoidbzw. Mitochondrienmembran
15	Oligoterpene	Dolichol	im ER verankerter Akzeptor für Oligosaccharide zur Glykoproteinbiosynthese
18	Polyterpene	Sporopollenine	Strukturpolymer der Pollenexine
ca. 100	Polyterpene	Guttapercha (all-*trans*)	Fraßschutz (im Latex)
3000–10.000	Polyterpene	Kautschuk (all-*cis*)	Fraßschutz (im Latex)

Die linearen Moleküle Geranylpyrophosphat (C_{10}), Farnesylpyrophosphat (C_{15}) und Geranylgeranylpyrophosphat (C_{20}) sind die Ausgangssubstanzen für die mannigfaltigen Molekülumwandlungen der Mono-, Sesqui-und Diterpenreihe (◼ Tab. 14.19, ◼ Abb. 14.101 und 14.102). Allein bei den Asteraceae wurden bisher etwa 1000 Sesqui- und Diterpene gefunden.

Hemiterpene, für die einer oder mehrere an nichtterpenoide Moleküle ankondensierte Prenylreste typisch sind, sind die Pterocarpane (Glyceollin ◼ Abb. 14.97) und die Cytokinine (▶ Abschn. 12.2), eine Gruppe von Phytohormonen. Bei großer Hitze synthetisieren insbesondere Bäume (besonders *Quercus*- und *Populus*-Arten, unter den Koniferen nur *Picea*-Arten), aus Dimethylallylpyrophosphat **Isopren**, das an die Atmosphäre abgegeben wird. Der blaue Dunst über Wäldern bei großer Hitze geht auf Isoprenemission zurück. Global beträgt die pflanzliche Isoprenemission ein Mehrfaches der anthropogenen Kohlenwasserstoffemission. Pyrethrine (aus *Chrysanthemum*-Arten; ◼ Abb. 14.102) stellen sehr wirksame natürliche Insektizide dar.

Monoterpene finden sich reichlich als Bestandteile ätherischer Öle und können Lockstoff-, aber auch Schreckstofffunktion (letztere insbesondere gegenüber Arthopoden) besitzen. 1,8-Cineol und Kampfer sind Bestandteile der von *Salvia leucophylla* im kalifornischen Chaparral abgegebenen flüchtigen Allelopathika, die sich in einer Umgebung von 1–2 m um die Salvien-Büsche am Boden niederschlagen und dort das Wachstum anderer Pflanzen sehr stark hemmen (▶ Abschn. 16.5).

Ein **Sesquiterpen** ist z. B. das Juvabion aus dem Holz der Balsam-Tanne (*Abies balsamea*), das aufgrund seiner juvenilhormonähnlichen Wirkung die Entwicklung von Insekten hemmt.

Beispiele für **Diterpene** sind das Phytol, über das Chlorophyll in den chlorophyllbindenden Proteinen verankert ist (▶ Abschn. 14.3.2) und die Phytohormonklasse der Gibberelline (▶ Abschn. 12.4). Beim Taxol der westpazifischen Eibe (*Taxus brevifolia*) handelt es sich um ein hoch substituiertes Diterpen, das in der Rinde der Bäume abgelagert wird und vermutlich toxisch auf Pilze wirkt. Taxol bindet an Mikrotubuli der Zellteilungsspindel (▶ Exkurs 1.3) und verhindert deren Depolymerisation: Es kommt zum Stillstand der Mitose. Auf diesem Mechanismus beruht die cytostatische Wirkung des Taxols, die

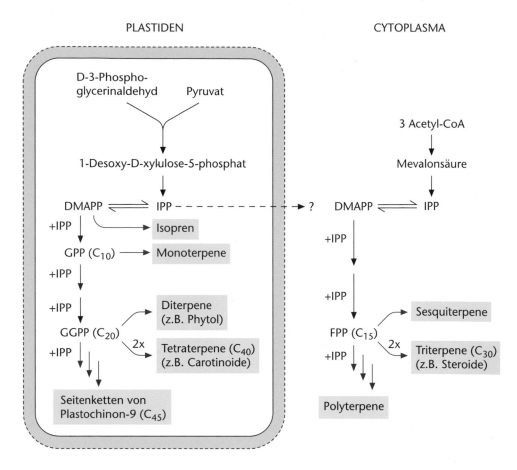

◘ **Abb. 14.100** Kompartimentierung der Terpenoidbiosynthese in Höheren Pflanzen. Es ist noch unklar, in welchem Maß plastidär gebildetes Isopentenylpyrophosphat in das Cytoplasma exportiert wird. – DMAPP Dimethylallylpyrophosphat, FPP Farnesylpyrophosphat, GGPP Geranylgeranylpyrophosphat, GPP Geranylpyrophosphat, IPP Isopentenylpyrophosphat. (Nach H.K. Lichtenthaler)

man sich heute in der Tumortherapie zunutze macht (wirksam z. B. gegen Brustkrebs).

Ebenfalls von den Diterpenen leiten sich die **Tocopherole** und **Tocotrienole** (beide Gruppen zusammen werden als **Vitamin E** bezeichnet) ab. Die Biosynthese startet mit der Kondensation von Homogentisinsäure (HGA) und Phytylpyrophosphat (PPP) durch das Enzym Homogentisinsäure-Phytyltransferase (HPT) in Plastiden (◘ Abb. 14.103). Das aus dem Phenolstoffwechsel stammende HGA dient als Kopfgruppe, wohingegen das aus dem 1-Desoxy-D-xylulose-Stoffwechselweg stammende PPP die hydrophobe Seitenkette bildet. Das entstandene Produkt, 2-Methyl-6-phytyl-1,4-hydrochinon (MPHQ), wird durch die MPHQ-Methyltransferase methyliert, wodurch 2,3-Dimethyl-5-phytylhydrochinoin (DMPHQ) entsteht. Sowohl DMPHQ als auch MPHQ dienen der Tocopherolcyclase als Substrat, wodurch δ- bzw. γ-Tocopherol entstehen. Im letzten Schritt kann die γ-Tocopherol-Methyltransferase δ-Tocoherol in α-Tocopherol und γ-Tocopherol in β-Tocopherol überführen. Die Bildung der Tocotrienole ist der Synthese von Tocopherol sehr ähnlich. Der Unterschied ist, dass die Vorläuferstufe für die hydrophobe Seitenkette nicht PPP, sondern Geranylgeranyl-Pyrophosphat ist. Tocopherole

und Tocotrienole unterscheiden sich also nur in ihrer Seitenkette.

In Pflanzen dient Tocopherol dem Schutz der Thylakoidmembran vor Oxidation (◘ Abb. 14.104). Als lipophiles Antioxidationsmittel schützt es Membranlipide vor Peroxidation. Gebildetes α-Tocopherolradikal wird durch Ascorbat (Vitamin C) reduziert oder abgebaut.

Triterpene werden durch Schwanz-Schwanz-Dimerisierung aus zwei C_{15}-Körpern (Farnesylpyrophosphat) gebildet (◘ Abb. 14.101). Das entstandene Squalen wird unter Bildung des Sterangrundgerüstes zyklisiert und stellt die Ausgangssubstanz für die Biosynthese von Steroiden (z. B. Phytosterolen, Saponinen, Brassinoliden) und anderen Triterpenklassen dar.

Steroidglykoside sind die weit verbreiteten **Saponine**. Sie kommen unter anderem in der Testa vieler Samen, in Wurzeln und Rhizomen vor und schützen wirkungsvoll vor mikrobiellem Befall. Die toxische Wirkung der Saponine geht auf Membranschädigungen zurück, Saponine sind Detergenzien.

Zu den Steroiden gehören auch die herzwirksamen Cardenolide (**Herzglykoside**), z. B. Strophantin und die Digitalisglykoside Digitoxin und Digoxin. Besonders letztere werden zur Bekämpfung der Herzinsuffizienz eingesetzt. Sie verlangsamen bei exakter Dosierung den Herzschlag, sind bei höheren Dosen für Säugetiere jedoch sehr giftig. Die toxische Wirkung beruht auf einer Störung

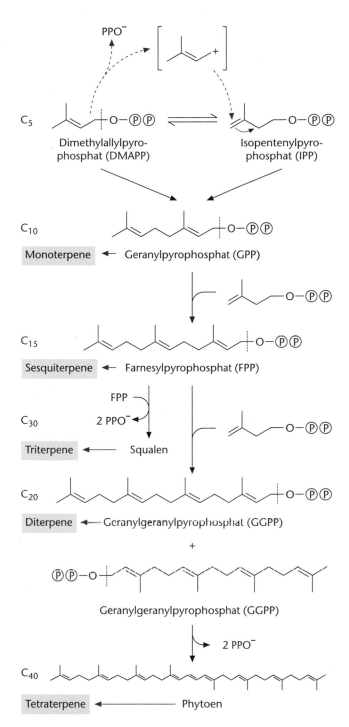

Abb. 14.101 Modulare Synthese der Terpenoide. Durch Kopf-Schwanz-Addition von Vorstufen entstehen die Vorläufer der Mono-, Sesqui- und Diterpene (aber auch, hier nicht gezeigt, der Oligo- und Polyterpene); durch Schwanz-Schwanz-Addition von zwei Molekülen Farnesylpyrophosphat entsteht der C_{30}-Vorläufer der Triterpene, Squalen, und durch Schwanz-Schwanz-Addition von zwei Molekülen Geranylgeranylpyrophosphat entsteht Phytoen, der C_{40}-Vorläufer der Tetraterpene. (Grafik: E. Weiler)

der Reizleitung im Nervensystem (Hemmung der Na^+/K^+-ATPase). Raupen des Monarchfalters (*Danaus plexippus*) leben auf der Seidenpflanze *Asclepias curassavica* (Apocynaceae) und speichern deren Herzglykoside im Abdomen. Die adulten Schmetterlinge sind dadurch für Vögel, ihre Hauptfeinde, ungenießbar.

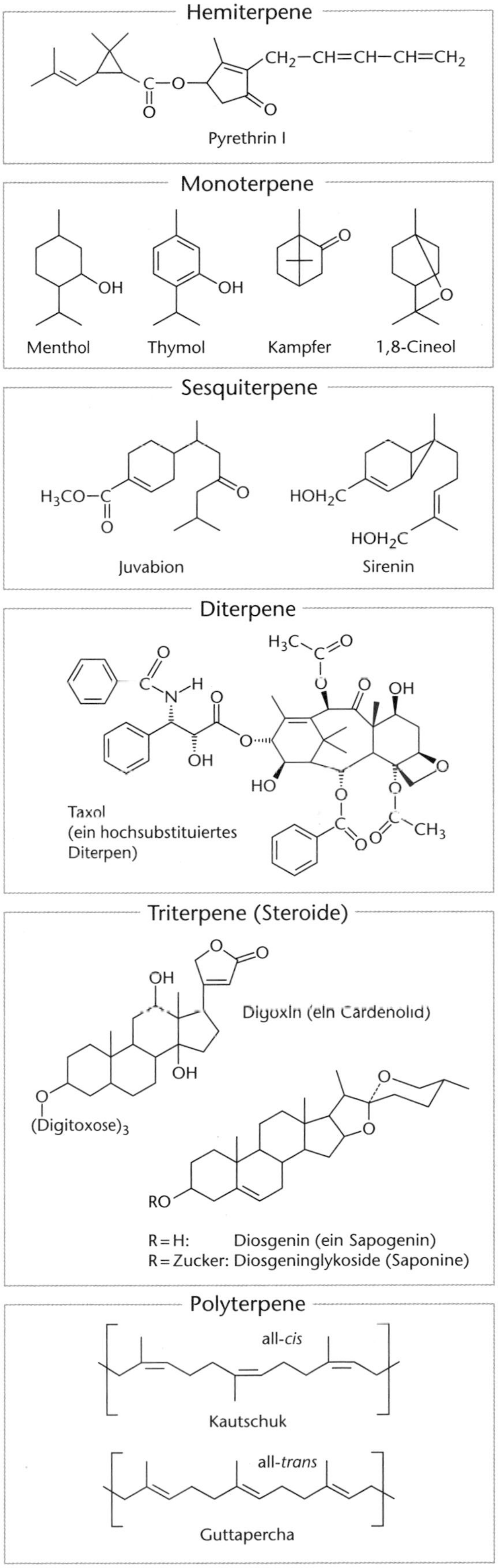

Abb. 14.102 Strukturbeispiele von charakteristischen Vertretern verschiedener Terpenoidklassen. (Grafik: E. Weiler)

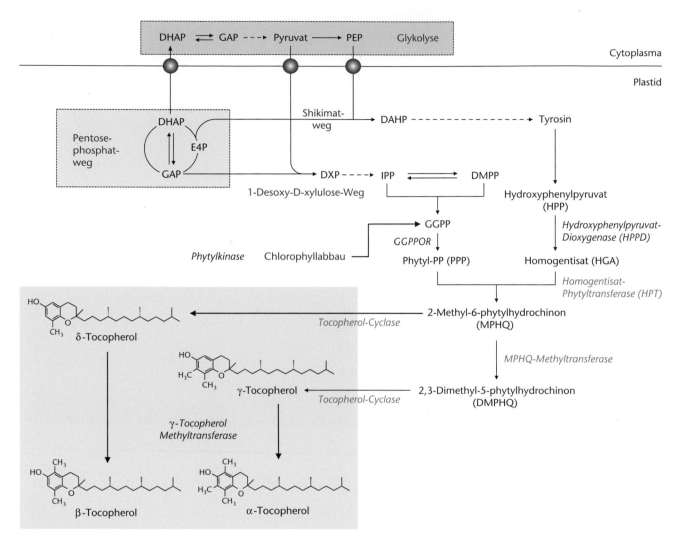

◻ Abb. 14.103 Schematische Darstellung des Tocopherol-Biosynthesewegs. Die eigentliche Synthese beginnt mit der Bildung von MPHQ aus PPP und HGA. Dieser Schritt wird durch die Homogentisat-Phytyltransferase katalysiert. Das HGA entstammt hierbei dem Shikimatweg, der wiederum durch Metaboliten der Glykolyse (PEP) und des Pentosephosphatwegs (E4P) gespeist wird. Das PPP entsteht durch den 1-Desoxy-D-xylulose-Weg in den Plastiden. Die Ausgangsmetaboliten für diesen alternativen Weg zur Herstellung von Isoprenoiden sind Pyruvat und GAP. MPHQ wird anschließend entweder zum δ-Tocopherol zyklisiert oder zum DMPHQ methyliert. DMPQH dient anschließend der Tocopherol-Cyclase als Substrat und wird zum γ-Tocopherol zyklisiert. Sowohl γ- als auch δ-Tocopherol können einer Methyltransferase als Substrat dienen, woraufhin β- und α-Tocopherol entstehen. – DHAP, Dihydroxyacetonphosphat, DXP, 1-Desoxy-D-xylulose-5-phosphat, E4P, Erythrose-4-phosphat, GAP, D-3-Phosphoglycerinaldehyd, GGPOR, Geranylgeranylpyrophosphat-Oxidoreduktase, GGPP, Geranylgeranylpyrophosphat, HGA, Homogentisat, IPP, Isopentenylpyrophosphat, MPHQ, 2-Methyl-6-phytylhydrochinon, PEP, Phosphoenolpyruvat, PPP, Phytylpyrophosphat

Ähnlich wie die Triterpene entstehen **Tetraterpene** durch Schwanz-Schwanz-Dimerisierung von zwei C_{20}-Einheiten (Geranylgeranylpyrophosphat) (◻ Abb. 14.101) unter Bildung von Phytoen. Dies ist die Vorstufe der Biosynthese der Carotinoide (◻ Abb. 14.27), die in ihrer Funktion als akzessorische Photosynthesepigmente bereits eingeführt wurden (▸ Abschn. 14.3.2). Carotinoide dienen darüber hinaus der Pigmentierung von Blüten (z. B. Violaxanthin bei *Viola*) und Früchten (der rote Farbstoff der Tomate, das Lycopin, ist ein offenkettiges Carotinoid), finden sich aber auch in anderen Organen (z. B. das β-Carotin in der rübenförmigen Wurzel der Möhre, *Daucus carota*). Diese plasmochromen (= memb-

rangebundenen) Farbstoffe akkumulieren in Plastiden (Chloroplasten, Chromoplasten).

Oligoterpene bestehen aus 5–15 C_5-Einheiten. Sie finden sich als lipophile Membrananker, z. B. beim Ubichinon, Plastochinon, Phyllochinon (◻ Abb. 14.33 und 14.74). Dolicholpyrophosphat (C_{75}) ist der Oligosacchariddonor für die Biosynthese von Glykoproteinen im endoplasmatischen Reticulum.

Die **Polyterpene** Kautschuk (z. B. im Latex von *Hevea brasiliensis* und *Parthenium argentatum* vorkommend) und Guttapercha (aus *Palaquium gutta*, Sapotaceae) entstehen ebenfalls durch sukzessive Kondensation von C_5-Einheiten, beim Kautschuk bis zu 5000. Die im Milch-

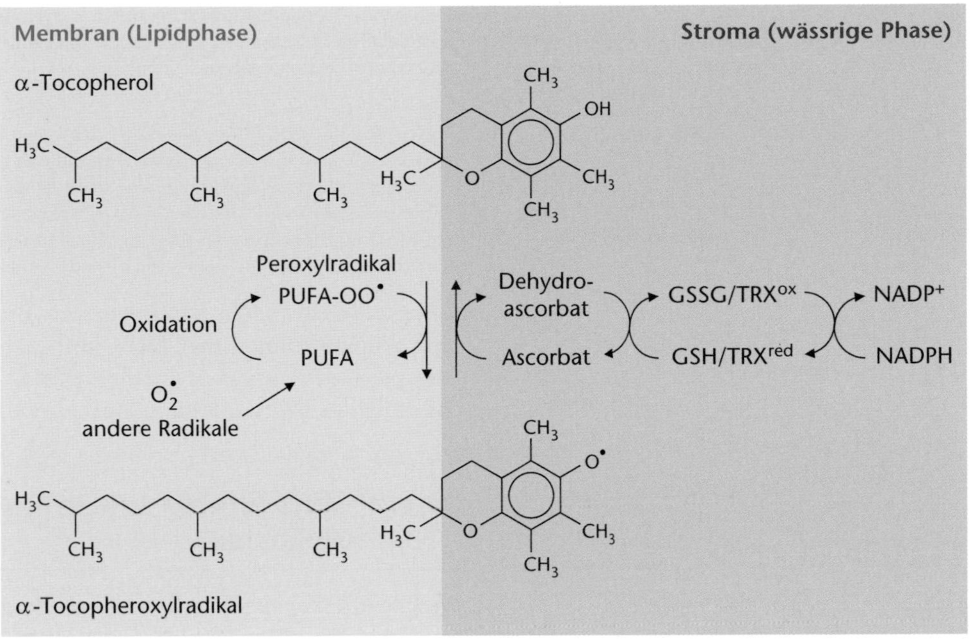

Abb. 14.104 Schematische Darstellung der Einbettung von Tocopherol in die Abwehr von Radikalen in der Thylakoidmembran. α-Tocopherol akkumuliert in der Thylakoidmembran, wo es mehrfachungesättigte Fettsäuren (PUFA, engl. *polyunsaturated fatty acid*) vor der Bildung von Peroxylradikalen (PUFA-OO; Peroxidation) durch Radikale schützt. Hierbei wird α-Tocopherol oxidiert und es entsteht α-Tocopheroxylradikal. Oxidiertes α-Tocopherol wird anschließend entweder abgebaut oder durch Ascorbat-Glutathion-System der Chloroplasten (■ Abb. 14.40) regeneriert. GSSG oxidiertes Glutathion, GSH reduziertes Glutathion, TRX^{ox} oxidiertes Thioredoxin, TRX^{red} reduziertes Thioredoxin

saft (Latex) vorkommenden Polymere dienen den Pflanzen wohl als Fraßschutzstoffe.

14.14.3 Alkaloide

Zu dieser wohl vertreterreichsten Gruppe sekundärer Pflanzenstoffe gehören zurzeit bereits 10.000 bekannte Substanzen (■ Tab. 14.18) sehr unterschiedlicher und teils hoch komplizierter Struktur, die in Nicht-Gefäßpflanzen und Gefäßpflanzen vorkommen (■ Abb. 14.105). Alkaloidreich sind z. B. die Solanaceae, die Papaveraceae, die Apocynaceae und die Ranunculaceae, alkaloidarm sind generell terpenreiche Pflanzen, z. B. die Lamiaceae und Asteraceae. Neben Pflanzen produzieren auch Pilze eine Vielzahl von Alkaloiden.

Als **Alkaloide** im engeren Sinne fasst man alle Substanzen zusammen, die heterozyklisch gebundenen Stickstoff enthalten (daher alkalisch reagieren), in ihrer Biosynthese von Aminosäuren abgeleitet werden können und oft spezifisch auf das Nervensystem von Wirbeltieren wirken. Diesen echten Alkaloiden stellt man die **Pseudoalkaloide** gegenüber, bei denen der Stickstoff nicht aus einer Aminosäure stammt (z. B. Coniin, das Gift des Schierlings, *Conium maculatum*, ■ Abb. 14.105, dessen Stickstoff über Ammoniak bereitgestellt wird). Als **Protoalkaloide** werden von Aminosäuren abstammende Alkaloide bezeichnet, bei denen der Stickstoff

nicht heterozyklisch vorliegt (z. B. Meskalin aus *Lophophora williamsii*, ■ Abb. 14.106).

Alkaloide sind meist Bitterstoffe oder Toxine, die dem Fraßschutz dienen; einige werden verstärkt bei Pathogenbefall gebildet und stellen demnach mikrobizide Phytoalexine dar. Die Fraßschutzwirkung der Alkaloide richtet sich nicht nur gegen Vertebraten, sondern auch gegen wirbellose Tiere: Nicotin aus dem Tabak (*Nicotiana tabacum*) ist ein wirksames Insektizid.

Die **Betalaine** sind zu den Alkaloiden zählende, chymochrome Farbstoffe, zu denen die gelben **Betaxanthine** und die rot bis violett gefärbten **Betacyanine** gehören. Sie finden sich bei den Caryophyllales (z. B. Cactaceae, Amaranthaceae, ▶ Abschn. 19.4.3.2) und anderen als Blütenfarbstoffe und werden nie zusammen mit Anthocyanen angetroffen. Der Farbstoff der Roten Bete (*Beta vulgaris*) ist das Betanidin (■ Abb. 14.105), ein Betalain der Betacyaningruppe. Ein Betalain ist ebenfalls der rote Hutfarbstoff des Fliegenpilzes (*Amanita muscaria*). Der Biosyntheseweg der Betalaine ist offenbar mindestens zweimal in der Evolution entstanden.

Die Wirkung vieler Alkaloide auf das Zentralnervensystem macht sie zu problematischen Rauschdrogen mit erheblichem Suchtpotenzial. Dazu zählt das Morphium des Schlaf-Mohns (*Papaver somniferum*) ebenso wie das Meskalin des Peyote-Kaktus, das Cocain des Kokastrauchs (*Erythroxylum coca*) und die Lysergsäurealkaloide des Mutterkorns (*Claviceps purpurea*), die bereits im antiken Demeterkult eine Rolle spielten. Das in bestimmten Nachtschattengewächsen vor-

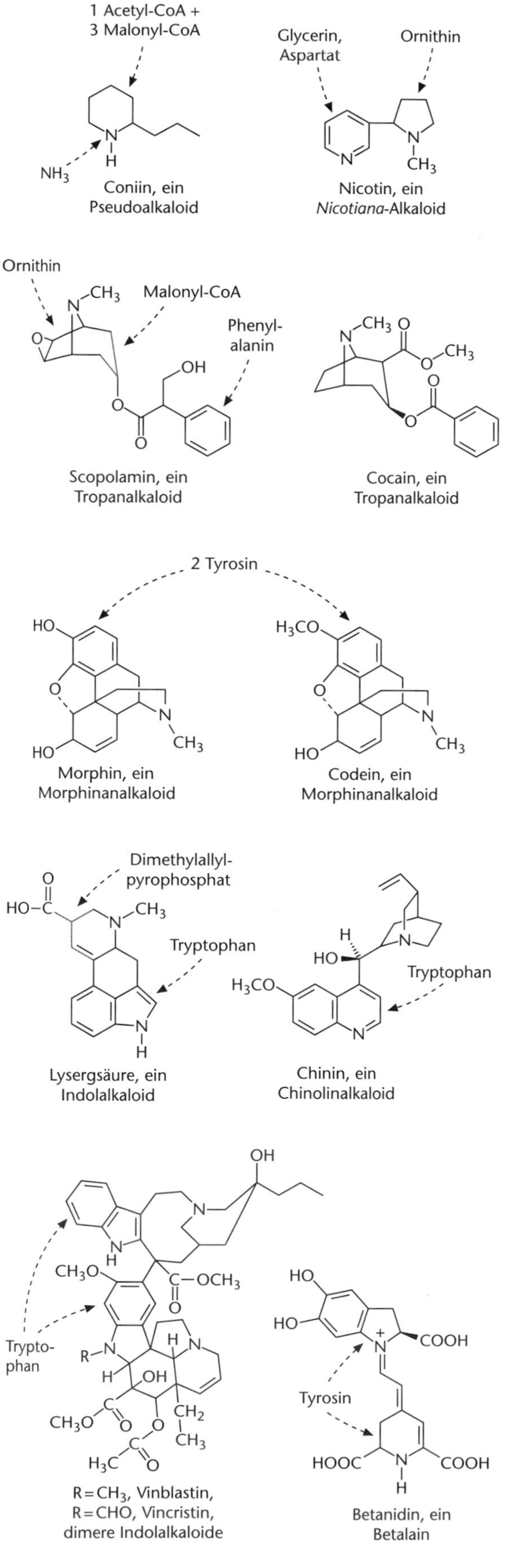

Abb. 14.105 Strukturbeispiele und metabolische Ableitung typischer Vertreter der Alkaloide. (Grafik: E. Weiler)

kommende Tropanalkaloid Scopolamin war Hauptwirkstoff der mittelalterlichen Hexensalben und wird für die Flugvisionen, die sich bei sehr hohen Dosierungen einstellen, verantwortlich gemacht.

Viele Alkaloide sind jedoch eher Segen als Fluch und als Arzneistoffe unersetzlich, so die zur Leukämiebehandlung dienenden dimeren Indolalkaloide Vinblastin und Vincristin des Madagaskar-Immergrüns (*Catharanthus roseus*), das Chinin der Chinarindenbäume (*Cinchona*) zur Malariaprophylaxe oder die dem Morphin sehr ähnliche Substanz Codein aus dem Schlaf-Mohn als wirksames Hustenmittel.

Die teilweise hoch komplizierten Biosynthesen von Alkaloiden können hier nicht besprochen werden. Als Beispiel einer einfachen Synthese gibt ◧ Abb. 14.106 die Bildung des Protoalkaloids Meskalin an.

14.14.4 Glucosinolate und cyanogene Glykoside

Wegen ihrer weiten Verbreitung bedeutsame Pflanzeninhaltsstoffe sind die sich gegenseitig im Vorkommen ausschließenden **cyanogenen Glykoside** und **Glucosinolate**, die dem Fraßschutz dienen. Etwa 60 verschiedene cyanogene Glykoside und 150 verschiedene Glucosinolate sind bekannt. Mehr als 2500 cyanogene Arten unterschiedlichster Familien wurden beschrieben. Glucosinolate kommen insbesondere bei den Familien der Ordnung Brassicales (z. B. Brassicaceae, Capparaceae, Tropaeolaceae) vor. Die Acker-Schmalwand (*Arabidopsis thaliana*, Brassicaceae) enthält über 25 verschiedene Glucosinolate.

Glucosinolate und cyanogene Glykoside leiten sich von Aminosäuren ab und haben die ersten Schritte ihrer Biosynthese, die Bildung des Aldoximintermediats, gemeinsam (◧ Abb. 14.107). Weitere Gemeinsamkeiten bestehen in der Speicherung der Endprodukte in Form von Glykosiden in Vakuolen, wo sie als präformierte Vorstufen von Schutzstoffen gegen Herbivore und Pathogene hohe Konzentrationen erreichen. Bei Zerstörung der Gewebe werden die Glykoside von Enzymen, die in der intakten Zelle von ihrem Substrat getrennt vorliegen, gespalten (◧ Abb. 14.108).

Aus den cyanogenen Glykosiden entsteht dabei neben dem Zucker (oft Glucose oder Gentiobiose) ein Cyanhydrin, welches durch Hydroxynitril-Lyasen in einen Aldehyd und Blausäure (HCN) zerlegt wird. Blausäure ist ein starker Hemmstoff der Cytochrom-Oxidase und vergiftet die mitochondriale Atmung (► Abschn. 14.8.3.3). Pflanzen entgiften Blausäure, die auch stets während der Ethylenbiosynthese in geringen Mengen entsteht (► Abschn. 12.6.1, ◧ Abb. 12.31) durch die β-Cyanoalanin-Synthase und die Umsetzung des β-Cyanoalanins zu Asparagin und Asparaginsäure (◧ Abb. 14.109).

Die enzymatische Spaltung der Glucosinolate durch die Myrosinase liefert neben Glucose ein instabiles Aglykon, das in verschiedene Produkte, insbesondere in Isothiocyanate (Senföle) und Nitrile, zerfällt, deren Bil-

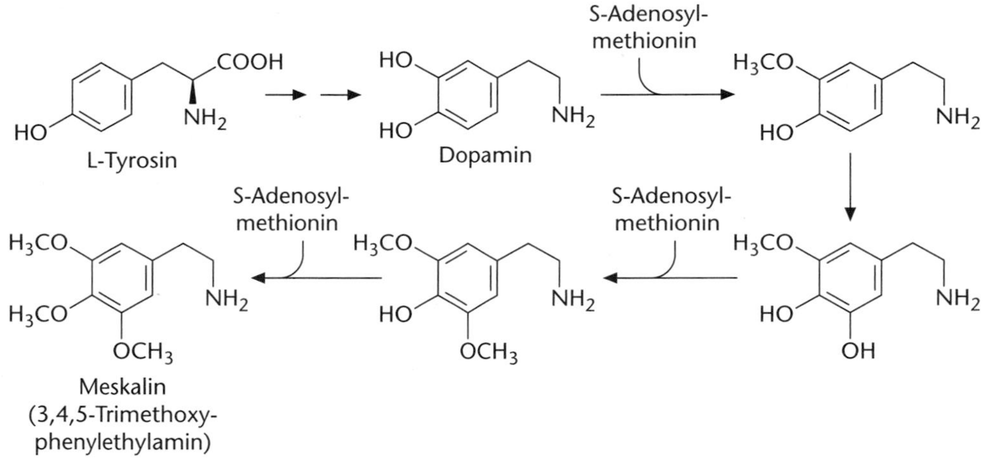

Abb. 14.106 Biosynthese des Meskalins aus L-Tyrosin. (Grafik: E. Weiler)

L-Tyrosin

Dopamin

S-Adenosyl-methionin

S-Adenosyl-methionin

S-Adenosyl-methionin

Meskalin (3,4,5-Trimethoxy-phenylethylamin)

dung ebenfalls enzymatisch kontrolliert wird (■ Abb. 14.108). Senföle haben einen stechenden Geruch und Geschmack (Meerrettich!) und wirken fraßhemmend. Sie rufen Membranschäden hervor und wirken so toxisch auf Bakterien und Pilze. Das Schicksal der Isothiocyanate in der Pflanze ist nicht bekannt. Die gebildeten Nitrile werden hydrolytisch durch Nitrilasen in Ammoniak und die entsprechende Carbonsäure zerlegt.

Sowohl Glucosinolate als auch cyanogene Glykoside unterliegen einem ständigen Auf- und Abbau, sind also nicht ausschließlich als Depotformen von Schutzstoffen anzusehen. Sie stellen, zumindest in bestimmten Situationen, vermutlich auch Speicher für Stickstoff und Schwefel (Glucosinolate) dar, besonders in Wurzeln und Samen, die hohe Gehalte an diesen Sekundärmetaboliten aufweisen können. Bei der Samenkeimung nimmt z. B. der Gehalt an Glucosinolaten rasch ab.

14.14.5 Chemische Coevolution

Es gilt als sicher, dass sekundäre Pflanzenstoffe unter anderem ein wichtiger Bestandteil der pflanzlichen Abwehr von Herbivoren und Pathogenen darstellen (► Abschn. 16.3 und 16.4) und dass gerade die Vielzahl der einzelnen Abwehrmaßnahmen, zu denen auch ein breites Spektrum von Sekundärmetaboliten (Hunderte verschiedene Substanzen können in einer Pflanze vorkommen) zählt, einen wirksamen Breitbandschutz herstellt. Durch chemische Coevolution haben sich allerdings Spezialisten unter den Herbivoren und Pathogenen an bestimmte Pflanzenarten angepasst und deren chemische Schutzmaßnahmen unterlaufen. Sie verwenden bisweilen sogar die Schutzstoffe ihrer Wirtspflanze für eigene Zwecke. So stellen Glucosinolate effektive Fraßhemmstoffe für die meisten Tiere dar, die Raupen des Kohlweißlings (*Pieris brassicae*) nehmen jedoch nur Nahrung zu sich, die Glucosinolate (z. B. Sinigrin) ent-

hält. Erwähnt wurde bereits die Speicherung von Herzglykosiden durch die Raupen des Monarchfalters, die die Verbindungen mit der Nahrung aus den Futterpflanzen der Gattung *Asclepias* aufnehmen (► Abschn. 14.14.2). Die Herzglykoside werden an die Imagines weitergegeben und schützen die Tiere vor ihren Feinden – hauptsächlich Vögeln.

Auf dem Vorkommen von Lupinenalkaloiden (z. B. Spartein) beruht die Toxizität des Besenginsters (*Cytisus scoparius*). Die Aphide *Acyrthosiphon pisum* wird durch Spartein jedoch angelockt und besitzt mit ihrer Futterpflanze eine ökologische Nische, die anderen Tieren nicht zugänglich ist.

Besonders gut ist die chemische Ökologie der Pyrrolizidinalkaloide untersucht (■ Abb. 14.110). Diese Alkaloide kommen bei einigen Gattungen der Asteraceae vor (z. B. *Senecio*, *Eupatorium*), darüber hinaus bei den Boraginaceae, bei der Gattung *Crotalaria* (Fabaceae) und bei der Gattung *Phalaenopsis* (Orchidaceae) sowie vereinzelt auch in anderen Familien. Pyrrolizidinalkaloide (z. B. Senecionin) liegen in der Pflanze als polare, wasserlösliche N-Oxide vor und sind bitter schmeckende, toxische und bei Insekten auch mitogene (= zellteilungeninduzierende) Fraßschutzstoffe. Bei der Darmpassage werden die N-Oxide zu lipophilen, tertiären Aminen reduziert, die leicht in Zellen diffundieren und dort von Cytochrom-P450-enthaltenden Monooxygenasen zu Pyrrolinderivaten oxidiert werden. Diese sind stark hepatotoxisch und pneumatotoxisch und stellen reaktive Alkylierungsmittel dar. Larven des Bärenspinners *Tyria jacobaea* (Arctiidae) nehmen Pyrrolizidinalkaloide mit der Nahrung von ihrer Futterpflanze *Jacobaea vulgaris* auf und speichern sie während aller Stadien der Metamorphose; die Pyrrolizidinalkaloide der Arctiide *Utetheisa ornatrix* (sie stammen von Futterpflanzen der Gattung *Crotalaria,* Fabaceae) werden sogar von den Eltern an die Eier weitergegeben. Die fehlende Toxizität der Alkaloide für die angepassten Arten beruht auf einer erneuten Oxidation der aus dem

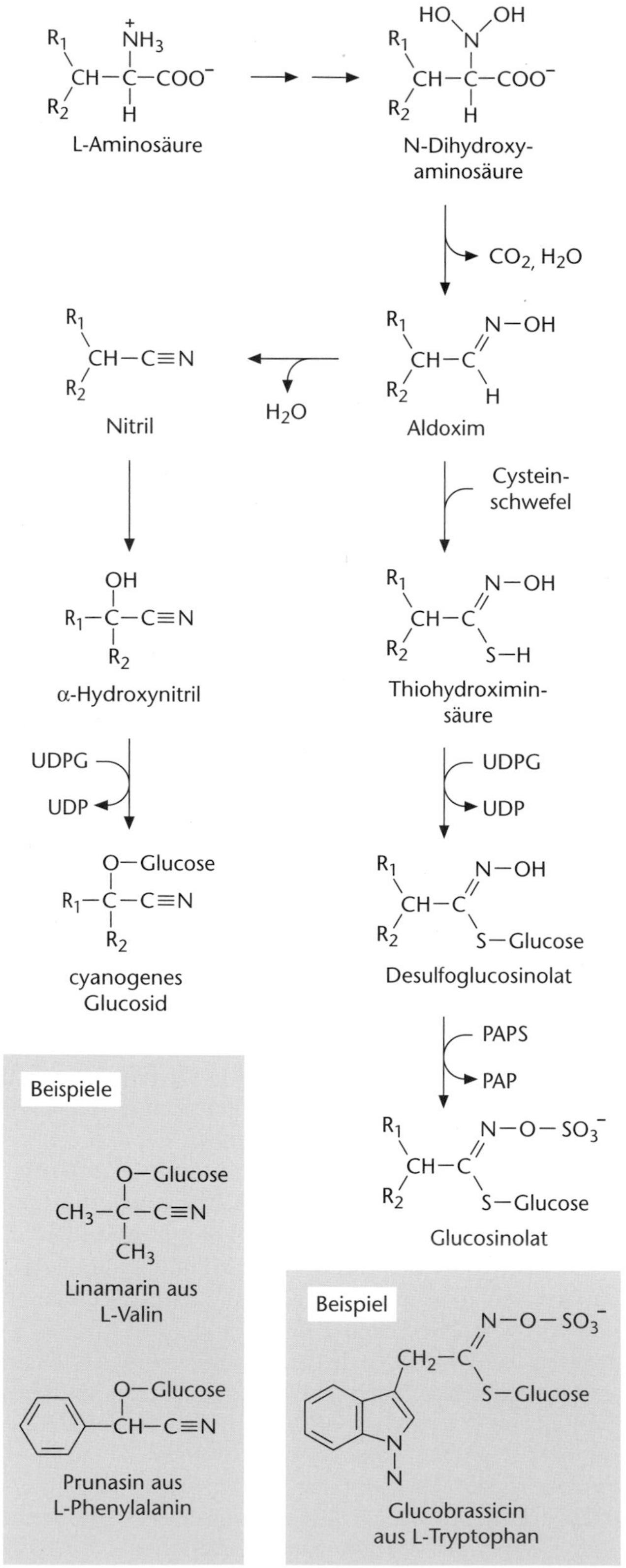

Abb. 14.107 Biosynthese und Beispiele cyanogener Glykoside und Glucosinolate. Obwohl die Biosynthesewege in den ersten Schritten bis zum Aldoxim gleich ablaufen und beide Substanzklassen sich von Aminosäuren ableiten, findet man cyanogene Glykoside und Glucosinolate nie zusammen. Die gezeigten cyanogenen Glykoside enthalten als Zuckerkomponente Glucose. Daneben kommen auch andere Zucker vor, z. B. Gentiobiose im Amygdalin (Aglykon wie Prunasin). (Grafik: E. Weiler)

Darm in die Körperzellen aufgenommenen lipophilen tertiären Amine zu den polaren, salzartigen N-Oxiden (■ Abb. 14.110). Die Arctiiden, Larven und Imagines, sind durch die gespeicherten Alkaloide wirksam gegen ihre Fressfeinde geschützt, ebenso wie die Eier (z. B. gegenüber Ameisen). Dies wird durch eine auffällige Warntracht der Raupen und Imagines unterstützt.

Schmetterlinge der Unterfamilien Danainae (z. B. *Danaus*-Arten) und Ithomiinae werden durch Pyrrolizidinalkaloide angelockt und nehmen sie nur als Adulte, z. B. über den Nektar auf, besonders häufig aber extrahieren sie die Alkaloide aus Pflanzenteilen, indem sie eine Flüssigkeit aus dem Rüssel auf die Pflanzen absondern, die mit den Alkaloiden wieder resorbiert wird. Da die Pflanze hier nicht als Nahrung dient, spricht man von **Pharmacophagie**. Die Alkaloide können 2–20 % der Trockenmasse der Tiere erreichen. Einige der pyrrolizidinalkaloidespeichernden Schmetterlinge (z. B. *Danaus plexippus* und die Arctiide *Creatonotos transiens*) synthetisieren aus den aufgenommenen Alkaloiden ihre männlichen Sexuallockstoffe (Sexualpheromone, z. B. Hydroxydanaidal bei *Creatonotos*).

14.15 Pflanzentypische fundamentale Polymere

Neben den niedermolekularen Primär- und Sekundärmetaboliten synthetisieren Pflanzen polymere organische Verbindungen, von denen einige in allen lebenden Zellen anzutreffen und daher nicht pflanzentypisch sind, andere jedoch bei Tieren nicht (oder nur in seltenen Ausnahmefällen) vorkommen. Diesen pflanzentypischen Polymeren, soweit sie eine allgemeinere Bedeutung haben (fundamentale Polymere), sind die folgenden Abschnitte gewidmet. Pflanzentypische fundamentale Polymere sind die Struktur- und Speicherpolysaccharide, das Lignin, Cutin und Suberin sowie mehrere Klassen von Speicherproteinen.

14.15.1 Polysaccharide

Polymere Glykane (Polysaccharide) dienen als Struktur- oder Speicherstoffe.

14.15.1.1 Strukturpolysaccharide

Pflanzliche Zellwände im primären und sekundären Zustand enthalten eine Reihe von Strukturpolysacchariden (auch Strukturproteine) in wechselnden Anteilen. In Sekundärwänden dominiert **Cellulose** (bis zu 90 % der organischen Substanz), sie ist auch in Primärwänden für die Grundfestigkeit verantwortlich, jedoch in geringeren Anteilen (5–10 %) enthalten.

Die Cellulosemoleküle bestehen aus zahlreichen (bis über 15.000) linear in (β1→4)-glykosidischer Bindung miteinander verknüpften β-D-Glucopyranose-Einheiten, die

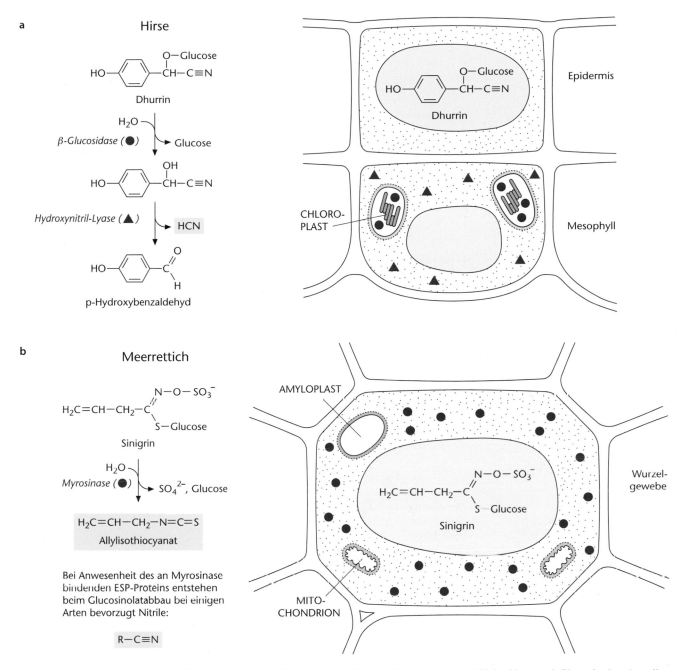

a   Hirse

Dhurrin

H₂O

β-Glucosidase (●) → Glucose

Hydroxynitril-Lyase (▲) → HCN

p-Hydroxybenzaldehyd

Epidermis

CHLORO-
PLAST

Mesophyll

b   Meerrettich

Sinigrin

H₂O

Myrosinase (●) → SO₄²⁻, Glucose

H₂C=CH–CH₂–N=C=S

Allylisothiocyanat

Bei Anwesenheit des an Myrosinase
bindenden ESP-Proteins entstehen
beim Glucosinolatabbau bei einigen
Arten bevorzugt Nitrile:

R–C≡N

AMYLOPLAST

Wurzel-
gewebe

MITO-
CHONDRION

◘ Abb. 14.108 Speicherung und Abbau cyanogener Glykoside und Glucosinolate. Cyanogene Glykoside **a** und Glucosinolate **b** stellen Pro-Toxine dar, aus denen das toxische Prinzip (Blausäure bzw. Isothiocyanat und Nitril) erst bei Zerstörung der Zellstruktur – z. B. infolge von Tierfraß – freigesetzt wird. In der intakten Zelle sind die Substrate von ihren Enzymen durch Kompartimentierung getrennt. Im Fall des Dhurrins der Hirse (*Sorghum bicolor*) wird das cyanogene Glykosid in den Vakuolen der Epidermiszellen gespeichert, die β-Glucosidase in den Chloroplasten und die Hydroxynitril-Lyase im Cytoplasma der darunterliegenden Mesophyllzellen. Das Glucosinolat Sinigrin liegt in Zellen der Meerrettichwurzel (*Armoracia rusticana*) in der Vakuole, die Myrosinase im Cytoplasma derselben Zellen vor. (Nach P. Matile)

unter Ausbildung intermolekularer Wasserstoffbrücken zu pseudokristallinen Aggregaten, den Elementar- und Mikrofibrillen (◘ Abb. 1.60 und 1.63), zusammentreten. Die Cellulosebiosynthese erfolgt gerichtet durch die **Cellulose-Synthase**, ein integrales Membranprotein der Plasmamembran. Dabei sind mehrere Synthasen zu einem

Rosettenkomplex (◘ Abb. 1.62a) oligomerisiert und jede kann Glucoseeinheiten, die über UDP-Glucose vom Cytoplasma her angeliefert werden, auf ein Cellulosemolekül unter Kettenverlängerung übertragen. Es gibt gute Hinweise, dass die UDP-Glucose durch die Spaltung von Saccharose durch eine membrangebundene Saccharose-

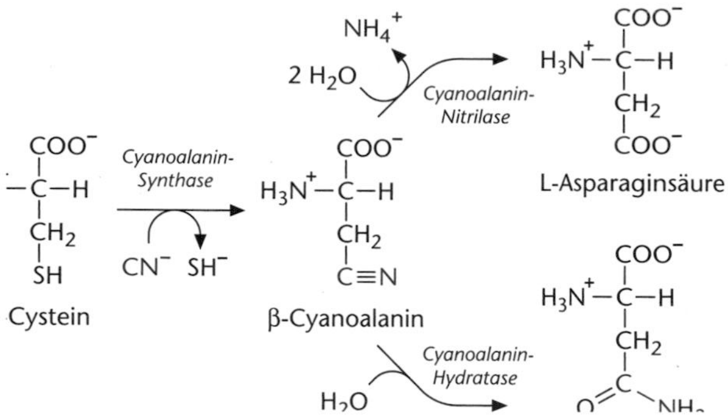

Abb. 14.109 Entgiftung von Cyanid (CN−) durch Höhere Pflanzen. (Grafik: E. Weiler)

Synthase zur Verfügung gestellt wird (■ Abb. 14.111a). Als Primer für die Synthese dient vermutlich das membranständige **Sitosterol** (■ Abb. 14.111b), an das die Glucosereste über eine glykosidische Bindung angeheftet werden. Die ersten Schritte der Kettenverlängerung sollen an der Innenseite der Plasmamembran stattfinden. Nach Erreichen einer kritischen Länge gelangt das Sitosterolglucosid an die Außenseite der Membran, wo die Zuckerkette durch eine Endoglucanase von dem Lipidprimer abgespalten und die freie Zuckerkette anschließend weiter verlängert wird. Dieses Cellulosemolekül wird von der Synthase auf der apoplastischen Membranseite ausgestoßen. Vermutlich bildet jedes Cellulose-Synthase-Monomer eines Rosettenkomplexes ein Cellulosemolekül, sodass ein Rosettenkomplex mehrere Cellulosemoleküle

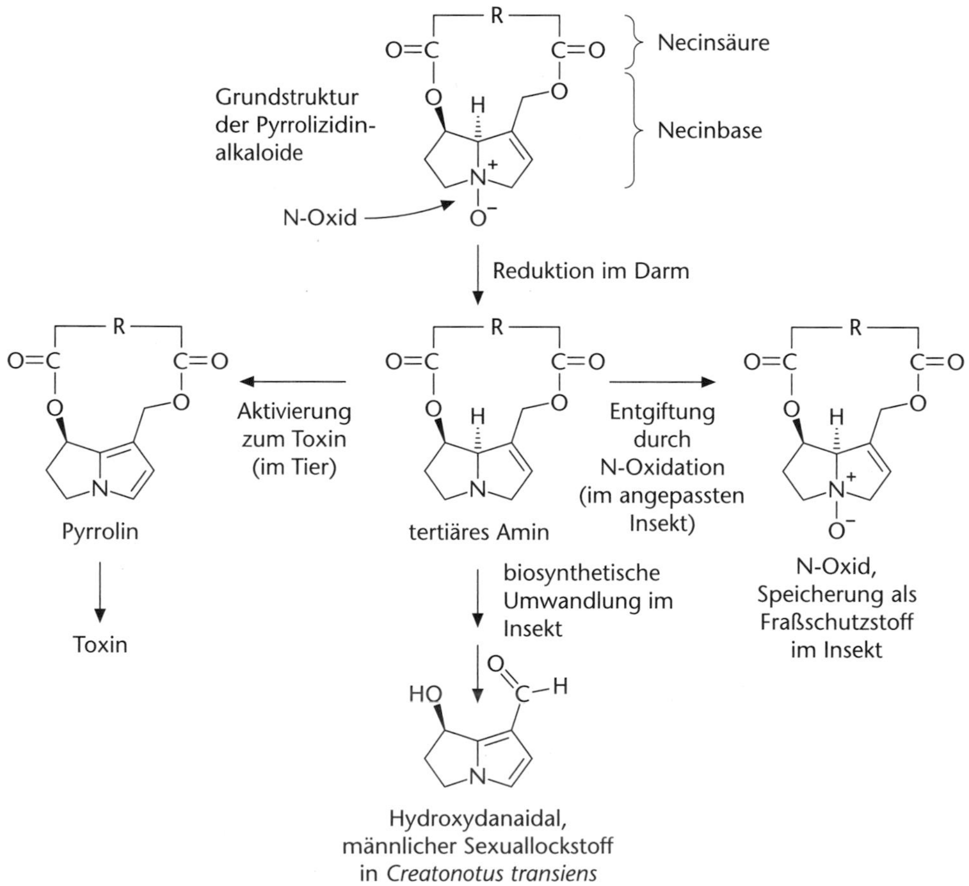

Abb. 14.110 Chemische Ökologie der Pyrrolizidinalkaloide. Nach Aufnahme durch einen herbivoren Organismus wird das polare, als N-Oxid vorliegende Alkaloid im Darm reduziert und das tertiäre, lipophile Amin in die Zellen aufgenommen, wo es zum toxischen Pyrrolinderivat oxidiert wird. Angepasste Insekten (z. B. Arctiidenlarven) entgiften das tertiäre Amin, indem sie es erneut in das polare N-Oxid überführen und speichern. Einige Insektenarten synthetisieren aus aufgenommenen Pyrrolizidinalkaloiden ihre männlichen Sexuallockstoffe, z. B. Hydroxydanaidal. (Nach T. Hartmann)

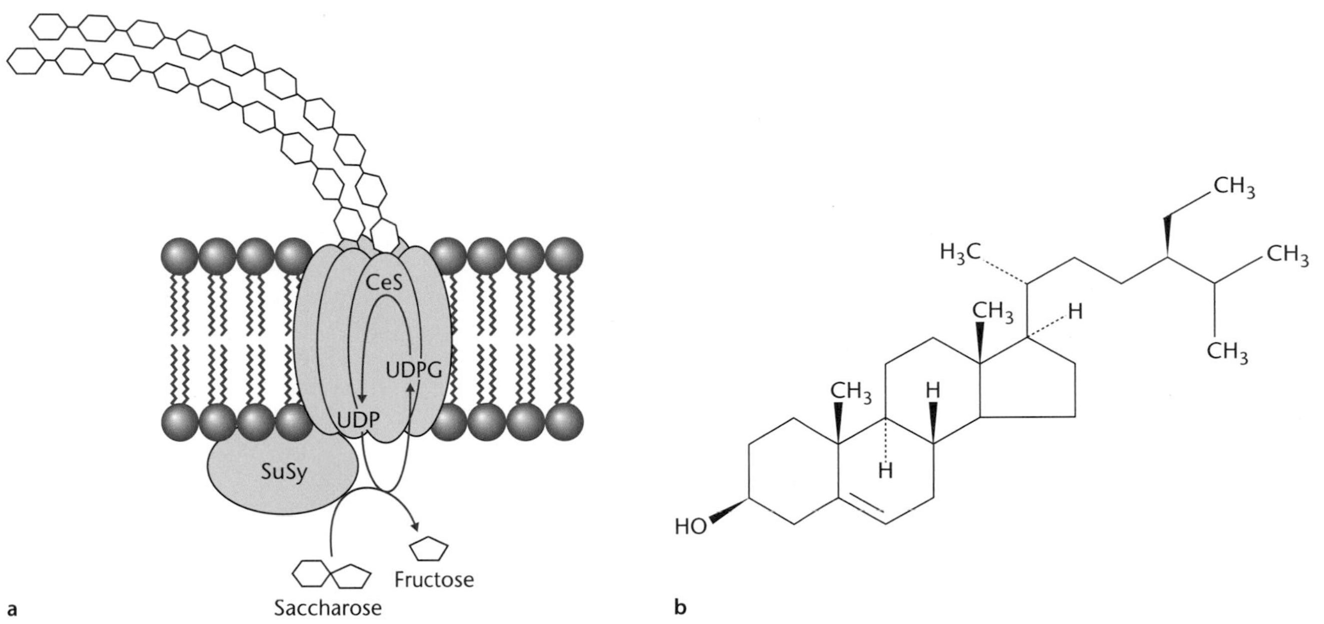

Abb. 14.111 **a** Modell der Cellulosesynthese durch einen Multienzymkomplex, bestehend aus Cellulose-Synthase (CeS) und der Saccharose-Synthase (SuSy). **b** Strukturformel von Sitosterol. – UDPG, UDP-Glucose

parallel erzeugt, die sich zu Fibrillen zusammenlagern. Man nimmt an, dass die arbeitenden Cellulose-Synthase-Komplexe auf der cytoplasmatischen Seite an Mikrotubuli des cortikalen Cytoskeletts entlanggleiten. Damit würde die Ausrichtung der Cellulosefibrillen in der Zellwand durch die Anordnung der cortikalen Mikrotubuli bestimmt (und kontrolliert).

Viel weniger ist über die Biosynthese der übrigen Zellwandpolysaccharide (Hemicellulosen, Pektine, ▶ Abschn. 1.2.8.2) bekannt. Hemicellulosen können in vier Hauptgruppen eingeteilt werden: Xyloglucane, Galactoglucomannane, Glucuronoarabinoxylane und Glucoronoxylane (▪ Abb. 14.112). Pektine sind komplexe Polysaccharide, die sich im Wesentlichen aus Homogalacturonan, Xylogalacturonan und Rhamnogalcturonan zusammensetzen (▪ Abb. 14.113). Im Gegensatz zur Cellulose, die an der Plasmamembran gebildet wird, werden Hemicellulosen und Pektine im Golgi-Apparat synthetisiert und von Golgi-Vesikeln an die Zelloberfläche transportiert. Hier werden sie zu langkettigen Polymeren zusammengefügt. An der Synthese dieser Matrixpolysaccharide ist eine Vielzahl von Glykosyltransferasen beteiligt, die aktivierte Zuckernucleotide als Substrate verwenden. Die meisten Zuckernucleotide werden im Cytoplasma aus UDP-Glucose gebildet (▪ Abb. 14.114). Ausnahmen bilden aktivierte Fucose und Galactose, die aus GDP-Mannose gebildet werden.

14.15.1.2 Speicherpolysaccharide

Von Ausnahmen abgesehen (z. B. Zuckerrohr, Zuckerrübe, die vakuolär Saccharose speichern, sowie Leguminosen und Lamiaceen, die Zucker der Raffinosefamilie, insbesondere Stachyose, speichern), deponieren Pflanzen Speicherkohlenhydrate überwiegend in Form wasserunlöslicher Polysaccharide, bevorzugt in Form von Stärke in den Amyloplasten (▪ Abb. 1.82). Die beiden Stärkekomponenten, **Amylose** und **Amylopektin** stellen Homoglykane dar, die α-D-Glucopyranose als einzigen Baustein enthalten. In der Amylose, einem unverzweigten, zu Helixbildung neigenden Makromolekül liegen 200–1000 Glucosemolekülen (α1→4)-glykosidisch gebunden vor, das Amylopektin enthält zusätzlich (α1→6)-Verzweigungen (etwa 1 pro 25 (α1→4)-glykosidischen Bindungen) und ist mit 2000–10.000 Monomeren deutlich größer als Amylose. Auf der Einlagerung von Jodmolekülen in die Helices der Amylose beruht der Stärkenachweis (Blaufärbung) mit Jod-Kaliumjodid-Lösung. Ähnlich aufgebaut wie Amylopektin ist **Glykogen**, das bevorzugte Speicherkohlenhydrat von Bakterien, Algen und Pilzen, dessen Verzweigungsgrad jedoch mit ca. 1 : 14 größer ist als der des Amylopektins. Biosynthese und Abbau der Stärke wurden bereits in ▶ Abschn. 14.4.4 besprochen.

Weit verbreitete, lösliche und vakuolär gespeicherte Reservepolysaccharide sind die Fructane. Diese Heteroglykane enthalten neben β-D-Fructofuranose pro Molekül ein Molekül α-D-Glucopyranose und kommen z. B. in den Asteraceae (Inulin und inulinähnliche Fructane und in Poaceae und anderen Monokotylen (Phlein und phleinähnliche Fructane vor. Fructane werden, ausgehend von Saccharose, in der Vakuole synthetisiert. Die Saccharose wird in die Vakuole transportiert, wo zunächst ein Fructoserest der Saccharose auf eine zweite Saccharose übertragen wird (Saccharose-Saccharose-Fructosyltransferase) wobei 1-Kestose gebildet wird. Die Kettenverlängerung wird durch die Fructan-Fructan-Fructosyltransferase ausgeführt, die Kestose als Substrat verwendet.

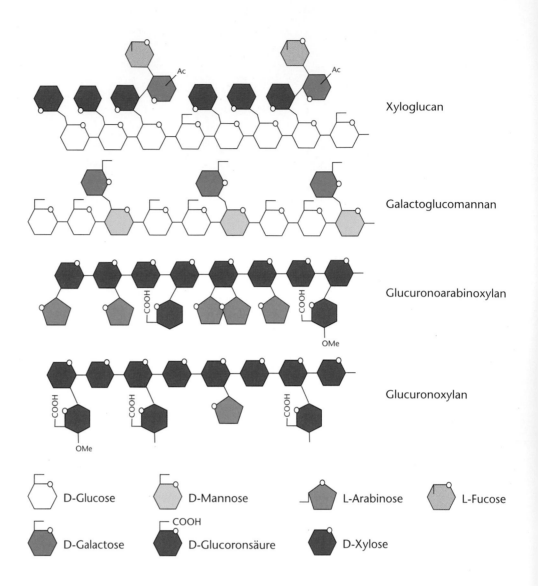

Abb. 14.112 Wichtige Matrixpolysaccharide der pflanzlichen Primärzellwand

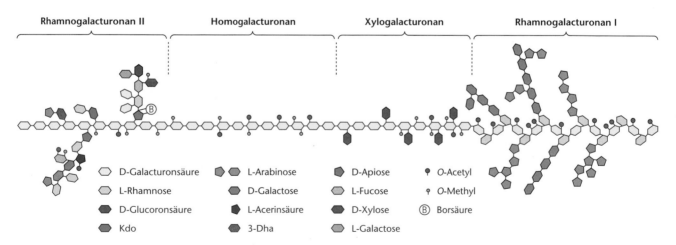

Abb. 14.113 Schematischer Aufbau von Pektin. – Kdo 3-Desoxy-D-manno-2-octulosonsäure, 3-Dha, 3-Desoxy-D-lyxo-2-heptulosansäure. (Nach Harholt et al. 2010)

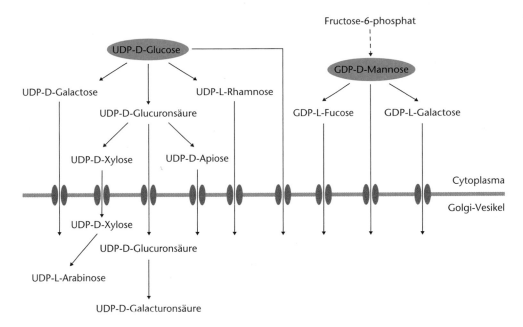

Abb. 14.114 Ausschnitt aus dem Zuckernucleotidstoffwechsel. Unterschiedliche Zuckernucleotide stellen die Vorläuferstufen zur Synthese von Zellwandkomponenten dar. Im Gegensatz zu Cellulose und Callose, die direkt an der Plasmamembran synthetisiert werden, werden Vorstufen der Hemicellulosen und Pektine im Golgi-Apparat gebildet und über Vesikel zur Plasmamembran transportiert. Nach Sekretion in den extrazellulären Raum werden die Vorstufen zu den jeweiligen Zellwandpolymeren verknüpft. Als aktivierte Zucker dienen Zuckernucleotide, die sich entweder von UDP-Glucose oder GDP-Mannose ableiten. Aus den beiden zentralen Zuckernucleotiden entstehen die in der Abbildung dargestellten elf Derivate, die die Grundlage für den Zellwandaufbau bilden. (Nach Seifert 2004)

14.15.2 Lignin

Lignin bildet zusammen mit Cellulose das Holz und ist nach Cellulose die wichtigste organische Substanz in der Natur (Jahresproduktion ca. 2×10^{10} t, gegenüber 2×10^{11} t Cellulose). Bei Verholzung kommt es zur Einpolymerisation von Lignin in das Cellulosegerüst der Sekundärwände. Lignin, Cellulose und andere Zellwandkomponenten werden dabei kovalent verknüpft. Die Ligninpolymerisation ist ein radikalischer Prozess, bei dem zwar die Bildung der Radikale, nicht aber deren Weiterreaktion, enzymatisch gesteuert wird. Lignin weist daher eine statistische Zusammensetzung auf und stellt ein riesiges, in alle Raumrichtungen gleich widerstandsfähiges (druckfestes) Polymer dar, das dem Holz in Verbindung mit der zugstabilen Cellulose seine außergewöhnliche Festigkeit verleiht (Stahlbeton hat eine ähnliche Architektur).

Die monomeren Bausteine des Lignins sind Phenylpropane, aus Mitgliedern der Zimtsäurefamilie (**Abb. 14.94**) durch Reduktion der Carboxylgruppe entstehende Zimtalkohole (**Abb. 14.115**). Der Reduktion geht eine Aktivierung der Vorstufen, *p*-Cumarsäure, Ferulasäure und Sinapinsäure, zu Coenzym-A-Thioestern voraus (**Abb. 14.96**). Diese werden unter Abspaltung von Coenzym A von der **Cinnamoyl-CoA-Reduktase** in Zimtaldehyde überführt, die durch die **Cinnamalkohol-Dehydrogenase** (CAD, ein Mitglied der Familie zinkhaltiger Alkohol-Dehydrogenasen) zu Zimtalkoholen

weiterreduziert werden; Reduktionsmittel für beide Enzyme ist $NADPH+H^+$. Die Substratspezifität der CAD scheint für die unterschiedlichen Monomerverhältnisse im Lignin verschiedener Spezies mitverantwortlich zu sein. Das Enzym aus Angiospermen reduziert alle drei Cinnamaldehyde, während Sinapylaldehyd für die CAD der Gymnospermen ein schlechtes Substrat ist. Das Farnpflanzen- und das Gymnospermenlignin zeichnen sich durch einen überwiegenden Anteil an Coniferylalkohol und geringe Anteile der beiden anderen Alkohole aus, im Dikotyledonenlignin sind Coniferyl- und Sinapylalkohol in etwa gleichen Mengen, Cumarylalkohol nur in Spuren vertreten, während im Monokotylenlignin (vor allem bei Gräsern) neben den beiden anderen Komponenten auch größere Mengen an *p*-Cumarylalkohol eingebaut sind. Der die Bausteine charakterisierende Gehalt an Methoxylgruppen ($-OCH_3$) ist daher eine wichtige Kenngröße für die Herkunft eines Lignins.

Auch innerhalb einer Pflanze können verschiedene Gewebe, z. B. Rinde und Holz, auch Spät- und Frühholz, verschieden zusammengesetzte Lignine aufweisen. So hat z. B. das Spätholz der Eiche einen höheren Methoxylgehalt als das Frühholz.

Die dehydrierende, radikalische Polymerisation des Lignins verläuft extrazellulär. Die Zimtalkoholvorstufen werden als leichter wasserlösliche und nicht spontan polymerisierende β-Glucoside – Glucocumarylalkohol, Coniferin und Syringin (**Abb. 14.115**) – in den

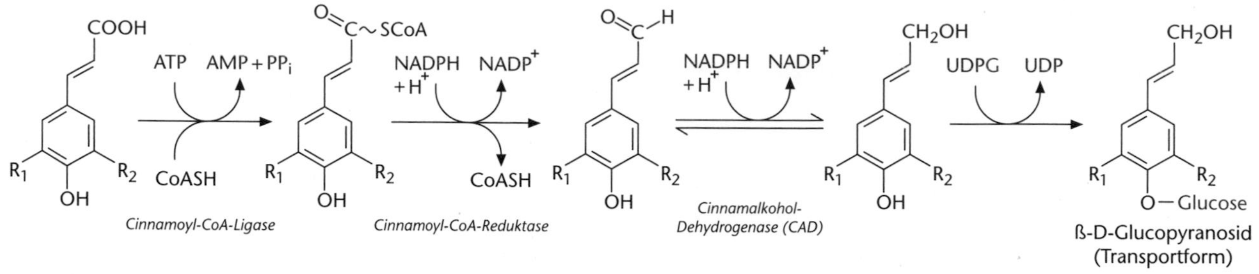

p-Cumarsäure (R₁=R₂=H)	p-Cumaroyl-CoA	p-Cumarylaldehyd	p-Cumarylalkohol	Glucocumaryl-alkohol
Ferulasäure (R₁=OCH₃, R₂=H)	Feruloyl-CoA	Ferulylaldehyd	Coniferylalkohol	Coniferin
Sinapinsäure (R₁=R₂=OCH₃)	Sinapoyl-CoA	Sinapylaldehyd	Sinapylalkohol	Syringin

◘ Abb. 14.115 Aktivierung und Reduktion von Zimtsäuren, die als Ligninvorstufen dienen. Die Zimtalkohole werden als β-D-Glucopyranoside aus der Zelle geschleust. (Grafik: E. Weiler)

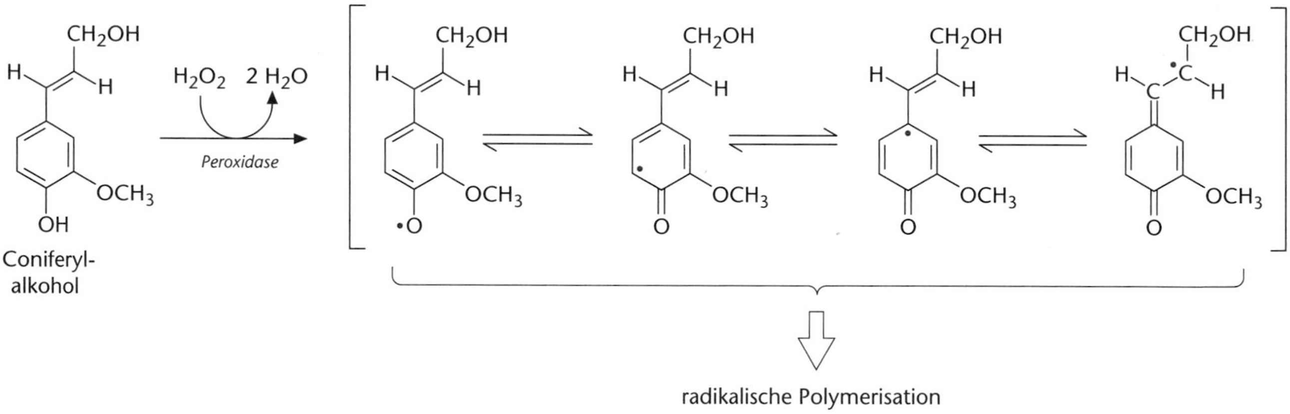

◘ Abb. 14.116 Bildung radikalischer Ligninvorstufen durch Oxidation von Zimtalkoholen (Beispiel: Coniferylalkohol) durch zellwandgebundene Peroxidase. Die ungepaarten Elektronen sind als rote Punkte dargestellt. (Grafik: E. Weiler.)

Zellwandbereich ausgeschieden, wo die Alkohole durch eine β-Glucosidase der Zellwand enzymatisch freigesetzt werden. Die Radikalbildung erfolgt durch **Zellwandperoxidasen** und benötigt H_2O_2 als Cosubstrat (◘ Abb. 14.116). Das sich bildende Lignin, für das lediglich ein Konstitutionsschema (◘ Abb. 14.117) angegeben werden kann, enthält die einpolymerisierten Bausteine in unterschiedlichsten Bindungen. Dies spiegelt die zahlreichen mesomeren Grenzstrukturen der erzeugten Radikale wider (◘ Abb. 14.116). Die gelegentlich auftretenden Carbonylreste im Lignin (◘ Abb. 14.117, rot gezeichnet) sind die Grundlage für die Rotfärbung des Lignins mit Phloroglucin/Salzsäure (Halbacetalbildung der Carbonylreste und der phenolischen Hydroxylgruppen).

Die **Lignifizierung** der Zellwand erfolgt in drei Phasen:
1. Lignineinlagerung in Zellecken und Mittellamelle nach Beendigung der Pektindeposition in die Primärwand (▶ Abschn. 1.2.8.4)
2. langsam fortschreitende Verholzung der S2-Schicht der Sekundärwand (◘ Abb. 1.69b)
3. Hauptlignifizierung nach Ausbildung der Cellulosemikrofibrillen der S3-Schicht; die Ligninzusammensetzung dieser drei Zonen ist unterschiedlich

Der **Ligninabbau** erfolgt vor allem durch die Weißfäulepilze und ist generell ein aerober, energieintensiver und sehr langsam ablaufender Prozess.

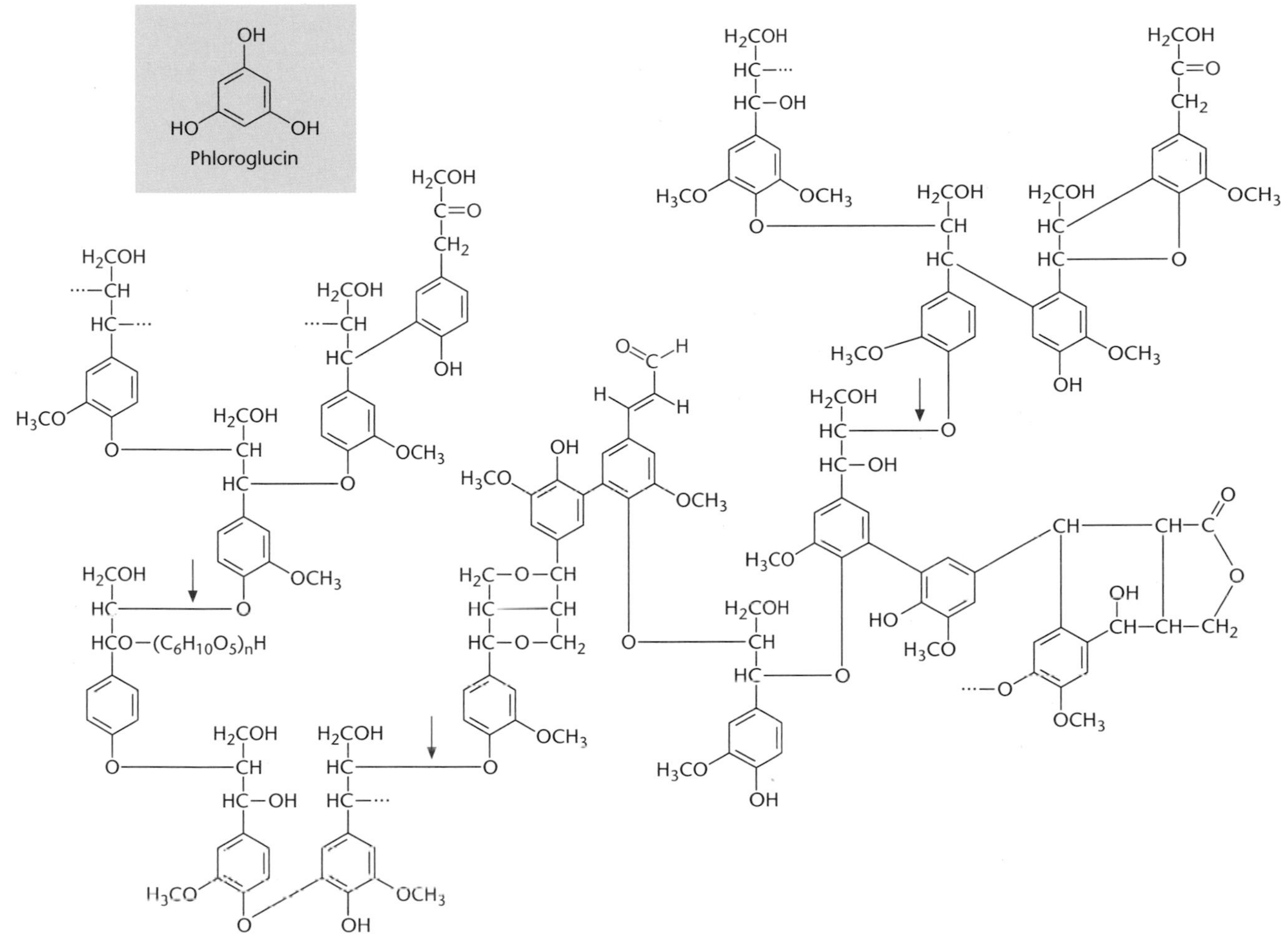

Abb. 14.117 Konstitutionsschema des Fichtenlignins nach Freudenberg. Dargestellt sind mögliche Verknüpfungen der monomeren Bausteine. Das Molekül muss man sich dreidimensional vorstellen. Die Aryletherbindung zwischen dem β-C-Atom der Seitenkette und dem Phenylring des Nachbarn (rote Pfeile) ist der Angriffspunkt der Lignindepolymerisation durch Pilze. Der histochemische Ligninnachweis mit saurem Phloroglucin beruht auf Halbacetalbildung mit Carbonylgruppen (rot) im Lignin. (Nach H. Ziegler)

14.15.3 Cutin und Suberin

Cutin und Suberin sind strukturell verwandte, lipophile Mischpolymerisate, die gas- und wasserundurchlässige, aber auch für Mikroorganismen schwer zu penetrierende, Barrieren bilden und sich biosynthetisch von den Fettsäuren Palmitinsäure und Stearinsäure herleiten.

Cutin ist, neben Zellwandglykanen, ein Hauptbestandteil der pflanzlichen Cuticula, die nach außen von einer Wachsschicht abgeschlossen wird. **Wachse** sind Monoester langkettiger Fettsäuren und ebenfalls langkettiger Monohydroxyalkane, die zur Schichtbildung neigen, aber nicht polymerisieren. Cutin dagegen ist ein Polyester mehrfach hydroxylierter Fettsäuren, mit hohen Anteilen an 10,16-Dihydroxystearinsäure und 9,10,16-Trihydroxystearinsäure und Phenolkörpern als Nebenkomponenten.

Die Fettsäurekomponenten des **Suberins** leiten sich von Stearinsäure ab, aus der sehr langkettige Fettsäuren (bis C_{30}), sehr langkettige Hydroxyalkane (bis C_{30}) und Dicarbonsäuren (bis C_{20}) synthetisiert werden. Diese verestern untereinander und insbesondere mit den aliphatischen Hydroxylgruppen von Zimtalkoholen (überwiegend *p*-Cumarylalkohol). Die Phenylpropane sind in ähnlicher Weise miteinander verknüpft wie im Lignin, sodass Suberin einen Lignangrundkörper darstellt, dessen freie aliphatische Hydroxylgruppen durch die sehr langkettigen Acylkomponenten verestert sind. Suberin kommt neben Lignin im Caspary-Streifen der Wurzelendodermis (▶ Abschn. 14.2.3), als Diffusionsbarriere zwischen den Mesophyllzellen und den Bündelscheidenzellen vieler C_4-Pflanzen (▶ Abschn. 14.4.8) und – neben Wachsen – als Hauptkomponente in den Zellwänden verkorkter Zellen (▶ Abschn. 2.3.2.2) vor.

14.15.4 Speicherproteine

Neben Kohlenhydraten und Lipiden stellen Proteine wichtige pflanzliche Speicherstoffe dar. Speicherproteine finden sich besonders in Samen und dort im Endosperm (z. B. in der Aleuronschicht der Graskaryopsen) oder in Speicherkotyledonen (z. B. bei Leguminosen), aber auch in vegetativen Speicherorganen (z. B. Wurzeln, Knollen) und Speichergeweben des Sprosses (z. B. Phloemparenchym, Cambium). In Aminosäurezusammensetzung und Struktur unterscheiden sich Speicherproteine zumeist wesentlich von Enzym- und Strukturproteinen, sie treten in zahlreichen verschiedenen Molekülformen schon innerhalb einer Art auf, viele konnten bislang nur grob charakterisiert werden.

Die Speicherproteine der Getreidearten werden anhand ihrer Löslichkeit in **Prolamine** (löslich in 60–80 %igem Alkohol) und **Gluteline** (löslich in Alkali oder Säuren) unterteilt; beide Gruppen sind jedoch in ihrem Aufbau verwandt (sie werden heute oft insgesamt als Prolamine bezeichnet) und stellen ein Gemisch verschiedener, teilweise durch Disulfidbrücken miteinander verknüpfter Untereinheiten dar. Die Biosynthese der Untereinheiten erfolgt am endoplasmatischen Reticulum, wohl auch bereits die Aggregation, sodass die der Speicherung dienenden **Proteinkörper** sich als proteingefüllte, membranumschlossene Vesikel direkt vom rauen ER abschnüren.

Zu den Prolaminen gehören das Gliadin und Glutenin des Weizens und Roggens. Ihr Vorhandensein im Mehl ist Voraussetzung für die Backfähigkeit. Die meisten Speicherproteine der anderen Pflanzenarten gehören zu den **Globulinen**. Sie sind (im Unterschied zu **Albuminen**) in destilliertem Wasser unlöslich, löslich aber in verdünnten Salzlösungen, aus denen sie durch höher konzentrierte Salzlösungen (z. B. halbgesättigte Ammoniumsulfatlösung) gefällt werden können. Zu den Globulinen gehören die Legumine und Viciline, Hauptspeicherproteine der Leguminosen. Legumine sind hexamere Komplexe, die Monomere stellen Heteromere aus je einer α- und einer β-Kette dar, die durch Disulfidbrücken kovalent verbunden sind. Viciline sind Trimere, die Monomere bestehen aus nur einer Peptidkette mit Aminosäuresequenzähnlichkeit zum Legumin. Im Gegensatz zu diesen liegen Viciline glykosyliert vor. Die Biosynthese der Globuline verläuft am ER, die Speicherproteine werden von dort über den Golgi-Apparat (hier erfolgen ggf. Glykosylierungen) an Proteinspeichervakuolen weitergeleitet, die schließlich zu membranumschlossenen Proteinkörpern fragmentieren. Leguminosensamen enthalten bis zu 40 % der Trockenmasse Speicherproteine.

Die Aminosäurezusammensetzung der Speicherproteine ist für die menschliche Ernährung meist nicht optimal. So enthalten die Speicherproteine der Leguminosen sehr wenig Methionin, den Prolaminen der Getreide fehlt insbesondere Lysin, sie enthalten auch wenig Tryptophan und Threonin. Bei ausschließlich pflanzlicher Ernährung mit einem hohen Anteil an Körnerfrüchten kann es, insbesondere bei Kindern, zu schwerwiegenden Mangelerscheinungen kommen, da der menschliche Körper diese Aminosäuren nicht selbst bildet.

Die Mobilisierung der Speicherproteine, z. B. bei der Samenkeimung, erfolgt hydrolytisch unter Beteiligung verschiedener Proteinasen. An der Spaltung der Disul-

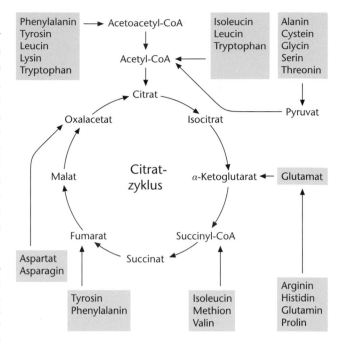

◻ Abb. 14.118 Eintrittsstellen der Kohlenstoffskelette von Aminosäuren in die Pyruvatbildung und den Citratzyklus, wie sie hauptsächlich durch Untersuchungen an Bakterien festgestellt wurden. (Nach H. Ziegler.)

fidbrücken, zumindest bei Getreiden, scheint reduziertes Thioredoxin beteiligt zu sein.

Die Produkte der Proteinhydrolyse, die Aminosäuren, werden entweder wieder zur Synthese von Proteinen – z. B. zur Deckung des Enzymbedarfs bei der Samenkeimung – verwendet oder zur Proteinsynthese nicht benötigte Aminosäuren – z. B. solche Aminosäuren, die aus Strukturgründen in den Speicherproteinen stärker vertreten sind, als dem durchschnittlichen Bedarf der Proteinsynthese entspricht – werden weiter abgebaut, indem sie von Transaminasen in die entsprechenden α-Ketosäuren überführt werden; der Aminostickstoff wird auf andere α-Ketosäuren übertragen, z. B. auf α-Ketoglutarsäure unter Bildung von Glutamat (▶ Abschn. 14.5.1). Die gebildeten α-Ketosäuren werden meist in wenigen enzymatisch kontrollierten Schritten zu Zwischengliedern des glykolytischen Abbaus oder des Citratzyklus umgesetzt. Allerdings ist der Katabolismus der einzelnen Aminosäuren bei Bakterien weit besser bekannt als bei Pflanzen (◻ Abb. 14.118).

Einige Speicherproteine, besonders in Samen, dienen zusätzlich dem Schutz vor Tierfraß. Dazu zählen die **Lectine**. Darunter versteht man allgemein zuckerbindende Proteine oder Glykoproteine, die in Samen oft in großen Mengen vorliegen, vor allem bei Leguminosen. Lectine binden spezifisch an bestimmte Zuckerreste, auch in Glykoproteinen oder Polysacchariden. Darauf geht auch die charakteristische, zum Nachweis verwendete Agglutination von Erythrocyten durch viele Lectine zurück, deren alte Bezeichnung auch Phytohämagglutinine ist. Lectine binden im Darm an Oberflächenglykoproteine und rufen Funktionsstörungen im Verdauungstrakt hervor. Beispiele für Lectine sind das strukturell gut untersuchte Concanavalin A der Fabacee *Canavalia ensiformis* bzw. das Trifoliin von *Trifolium repens*, dem, wie anderen Oberflächenlectinen von Fabaceenwurzeln, eine Rolle bei der spezifischen Bindung der Rhizobien während der Etablierung der Wurzelknöllchensymbiose (▶ Abschn. 16.2.1) zugesprochen wird.

Weitere Speicherproteine mit Schutzwirkung sind die in den Speicherorganen vieler Pflanzen, auch in wichtigen Nahrungsmitteln (z. B. Leguminosensamen, Kartoffeln), anzutreffenden **Proteaseinhibitoren**, die vor allem Proteinasen tierischer oder bakterieller Herkunft hemmen und bei der Abwehr von Herbivoren und pathogenen Mikroorganismen eine Rolle spielen können. Kartoffeln und Leguminosensamen sind daher für den Menschen erst nach Abkochen (Hitzedenaturierung der Proteine) zum Verzehr geeignet. Neben den der Speicherproteinfraktion zuzurechnenden, konstitutiven Proteaseinhibitoren bilden viele Pflanzen bei Bedarf (z. B. bei Herbivorbefall) auch induzierte Proteaseinhibitoren (▶ Abschn. 16.4.1). Zu den toxischen Speicherproteinen zählen weiterhin das **Ricin** von *Ricinus communis* und die Amylaseinhibitoren von *Phaseolus*-Arten. Ricin inaktiviert die 60S-Untereinheit der eukaryotischen Ribosomen.

14.16 Stoffausscheidungen der Pflanzen

Stoffe werden aus dem Protoplasten von Einzelzellen oder von Zellen im Verband einer vielzelligen Pflanze ausgeschieden, wenn sie als Stoffwechselschlacken oder als sonstige Ballaststoffe (z. B. anorganische Substanzen) im Zellstoffwechsel nicht oder nicht mehr gebraucht werden und eventuell sogar stören würden (z. B. hohe NaCl-Konzentrationen; Ca(OH)$_2$ bei submersen Wasserpflanzen). Man bezeichnet eine derartige Schlacken- oder Ballastausscheidung auch als **Exkretion** und die ausgeschiedenen Stoffe als **Exkrete**. Weiterhin werden häufig auch Substanzen ausgeschieden, die außerhalb der Zelle bestimmte Funktionen erfüllen, z. B. Gamone (▶ Abschn. 15.2.1.1), Lock- und Verköstigungsstoffe für bestäubende Tiere (▶ Abschn. 3.5.3), Antibiotika bei Mikroorganismen oder Enzyme bei den carnivoren Pflanzen (▶ Abschn. 16.1.2). Diese Verbindungen werden auch als **Sekrete** bezeichnet.

Nach Ort und Art der Ausscheidung unterscheidet man fünf verschiedene Mechanismen (◻ Abb. 14.119):

— **intrazelluläre Exkretabscheidung:** Die Produkte befinden sich direkt im Cytoplasma oder in den Organellen des Cytoplasmas.

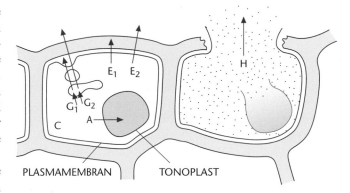

◻ **Abb. 14.119** Einige Möglichkeiten der Stoffausscheidung einer Zelle. A Exkretausscheidung (intrazellulär); C Abscheidung im Cytoplasma; granulokrine Ausscheidung durch die Plasmamembran (G$_1$) und durch Plasmamembran + Zellwand (G$_2$); ekkrine Ausscheidung durch die Plasmamembran (E$_1$) und durch Plasmamembran + Zellwand (E$_2$); H holokrine Ausscheidung infolge von Zelllyse. (Nach E. Schnepf)

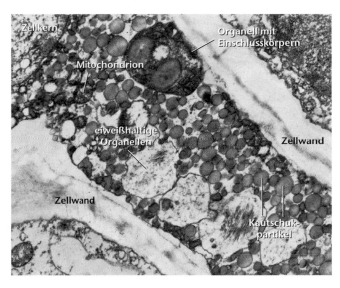

◻ **Abb. 14.120** Kautschukpartikel im Cytoplasma einer Milchröhre von *Hevea brasiliensis*. Neben normalen Zellbestandteilen wie Zellkern, Mitochondrien, Zellwand enthält die Milchröhre noch charakteristische Organellen unbekannter Funktion: Organellen mit Proteinfibrillen und – nach dem Entdecker benannte – Frey-Wyssling-Partikel mit Einschlusskörpern unbekannter Natur (20.000 ×). (Mit freundlicher Genehmigung von H. Ziegler)

Ein Beispiel sind die Kautschukpartikel in den gegliederten Milchröhren von *Hevea* (◻ Abb. 14.120), *Papaver* und *Taraxacum,* die unmittelbar im Grundplasma liegen. Bei *Euphorbia* befinden sie sich dagegen in Vakuolen.

— **intrazelluläre Exkretausscheidung:** Die Stoffe verlassen zwar den Protoplasten, nicht aber die Zelle.

So werden z. B. die ätherischen Öle bei Arten vieler Familien (z. B. Araceae, Zingiberaceae, Piperaceae, Lauraceae, Caprifoliaceae) in eine extraplasmatische Tasche, den Ölbeutel, abgeschieden, der der Zellwand ansitzt. Hierher kann man auch die Substanzen rechnen, die in die Vakuole transportiert werden, da sie durch den Tonoplasten von den Orten aktiven Stoffwechsels abgeschirmt sind.

— **granulokrine Ausscheidung:** Das Sekret oder Exkret (oder deren Vorstufen) tritt nach der Bildung im Cytoplasma oder in Organellen (z. B. Plastiden) durch eine innere cytoplasmatische Membran in Kompartimente, die vom endoplasmatischen Reticulum, dem Golgi-Apparat oder der Vakuole gebildet werden. Es wandert dann (oft nach Umformung in diesen Säckchen) mit den Membranhüllen an die Zelloberfläche und wird dort durch Öffnung des Bläschens nach außen entlassen (Vesikelextrusion, **Exocytose**).

Sehr häufig erfolgt die Ausscheidung durch den Golgi-Apparat (▶ Abschn. 1.2.7.3). Jede bedeutende Gruppe von Makromolekülen kann sezerniert werden. Ein Beispiel für eine granulokrine Ausscheidung durch Vakuolen ist die Flüssigkeitsabscheidung durch pulsierende oder kontraktile Vakuolen bei Euglena und Tieren im Süßwasser, die der Osmoregulation dient.

— **ekkrine Ausscheidung:** Die Substanz wird nicht durch ein Membranvesikel transportiert, sondern tritt direkt durch die Plasmamembran nach außen. Ekkrine Ausscheidungen sind z. B. ein Teil der Zellwandsubstanzen (▶ Abschn. 14.15.1.1, ein anderer wird granulokrin sezerniert), meist auch Nektar (bei den Kelchblattnektarien von *Abutilon* wird der Nektar aber granulokrin durch ER-Vesikel oder durch ein „Sekretionsreticulum" ausgeschieden), Wasser (bei einigen Phytoflagellaten wird Wasser jedoch granulokrin durch den Golgi-Apparat abgegeben) und Salze. Auch die meisten lipophilen Sekrete und Exkrete werden wohl nach diesem Modus abgeschieden.

Die meisten **Nektarien**, **Epithemhydathoden** und **Salzdrüsen** haben vermutlich einen analogen Ausscheidungsmechanismus, da sie durch Übergänge miteinander verbunden sind. Dieser Sekretionsmechanismus ist noch nicht endgültig geklärt. Soweit keine granulokrine Ausscheidung vorliegt, käme ein Translokatortransport der Zucker bzw. Salze durch die Plasmamembran nach außen in Betracht; das Wasser würde dann osmotisch nachgezogen. Ein solcher Sekretionsmechanismus würde zwar die strenge Stoffwechselabhängigkeit des Sekretionsvorgangs verständlich machen, doch wäre damit schwer die oft mannigfaltige Zusammensetzung der Sekrete zu erklären; so enthält der Nektar z. B. in der Regel neben verschiedenen Zuckern auch Aminosäuren, Enzyme, Vitamine, Phytohormone, anorganische Substanzen usw. Dies ist dann leicht verständlich, wenn man als Sekretionsmechanismus eine lokale Durchlässigkeit der Plasmamembran der Drüsenzellen an den Sekretionsorten annimmt, durch die der (durch aktiven Stoffeintritt aus den Nachbarzellen aufrechterhaltene) Turgordruck der Zelle eine wässrige Lösung durch Druckfiltration auspresst. Die festgestellte Veränderung im Stoffbestand z. B. des Nektars gegenüber dem des Drüsengewebes könnte durch die (experimentell nachgewiesene) Rückresorption bestimmter Stoffe zustande kommen.

Für jeden der genannten Mechanismen der ekkrinen Ausscheidung ist eine große Oberfläche der Drüsenzelle von Nutzen. Sie haben deshalb häufig den Charakter von **Übergangszellen** (**Transferzellen**), die sich durch charakteristische zottenartige Wandverdickungen auszeichnen (▶ Abschn. 2.3.5, ▣ Abb. 2.29).

Solche Übergangszellen finden sich außer in bestimmten Drüsen (Nektarien, Hydathoden, Salzdrüsen, Carnivorendrüsen) auch in solchen, die Stoffe aus dem umgebenden Medium aufnehmen (z. B. Epidermiszellen submerser Pflanzen, z. B. bei *Elodea* und *Vallisneria*, oder Hydropoten, z. B. *Nymphaea*), solchen, die Substanzen aus benachbarten Zellen aufnehmen (z. B. Embryozellen, Haustorien parasitischer Angiospermen, z. B. *Orobanche* und *Cuscuta*) und schließlich solchen, die Stoffe an benachbarte Zellen abgeben (z. B. Endospermzellen, Kotyledonenzellen, Tapetumzellen, Geleitzellen und Phloemparenchym in feinen Blattadern, Zellen in Wurzelknöllchen).

Die Leistung derartiger nach außen (exotrop; z. B. Salzdrüsen, Nektarien) oder in das Körperinnere (endotrop; z. B. Geleitzellen, Transferzellen in Wurzelknöllchen, Epithelzellen in Harzkanälen; ▶ Abschn. 2.3.5.2, ▣ Abb. 2.30) absondernden Drüsen ist oft sehr beachtlich. So spielen z. B. Salzdrüsen, die vor allem bei Pflanzen salzreicher Standorte anzutreffen sind (z. B. Arten der Plumbaginaceen und Frankeniaceen), für den Salzhaushalt nicht selten eine wesentliche Rolle.

— **holokrine Ausscheidung:** Bei der holokrinen Ausscheidung wird die Substanz durch Auflösung der Zellen (lysigen) frei. Dieser Prozess kann wieder endotrop (z. B. in den Exkreträumen der Fruchtschale von *Citrus*; ▣ Abb. 2.31) oder exotrop erfolgen, z. B. bei der Abscheidung der Chemotaktika der Archegoniaten durch Auflösung der Hals- und Bauchkanalzellen (▶ Abschn. 19.4) oder bei der Bildung des Bestäubungstropfens der Gymnospermen (▶ Abschn. 19.4.3.1, ▣ Abb. 19.150d) durch Auflösung des Nucellusscheitels.

Außer durch die genannten Ausscheidungsmechanismen können Substanzen aus der Pflanze z. B. durch Ablösen und Auflösen von Zellen in die Umgebung gelangen, z. B. bei der Wurzel, bei der sich dauernd Wurzelhaubenzellen ablösen und neu gebildet werden (▣ Abb. 2.8). Die freigesetzten Inhaltsstoffe, z. B. Zucker, Stickstoffsubstanzen, Hormone, Vitamine, sekundäre Pflanzenstoffe (z. B. Allelopathika), haben einen wesentlichen Einfluss auf die Rhizoplane, die direkte Wurzeloberfläche, und die Rhizosphäre, d. h. den Lebensbereich von Mikroorganismen in der Umgebung der Wurzeln. Große Stoffmengen werden durch den Blattfall abgegeben.

Quellenverzeichnis

Harholt J, Suttangkakul A, Scheller HV (2010) Biosynthesis of pectins. Plant Physiol 153:384–395

Knoblauch M, Knoblauch J, Mullendore DL, Savage JA, Babst BA, Beecher SD, Dodgen AC, Jensen KH, Holbrook NM (2016) Testing the Münch hypothesis of long distance phloem transport in plants. https://doi.org/10.7554/eLife.15341

Seifert GJ (2004) Nucleotide sugar interconversions and cell wall biosynthesis: how to bring the inside to the outside. Curr Opin Plant Biol 7:277–284

Törnroth-Horsefield S, Wang Y, Hedfalk K, Johanson U, Karlsson M, Tajkhorshid E, Neutze R, Kjellbom P (2006) Structural mechanism of plant aquaporin gating. Nature 439:688–694

Weiterführende Literatur

Alberts B, Johnson A, Lewis J, Raff M, Roberts KJ, Walter P (2004) Molekularbiologie der Zelle. Wiley-VCH, Weinheim

Alberts B, Johnson A, Lewis J (2008) Molecular biology of the cell. Taylor & Francis, London

Atkins PW, de Paula J (2006) Physikalische Chemie. Wiley-VCH, Weinheim

Berg JM, Tymoczko JL, Gatto GJ Jr, Stryer L (2017) Styer Biochemie, 8. Aufl. Springer Spektrum, Heidelberg

Bergethon PR (2000) The physical basis of biochemistry. Springer, Berlin

Bowyer JR, Leegood RC (1997) Photosynthesis. In: Dey PM, Harborne JB (Hrsg) Plant biochemistry. Academic, San Diego

Buchanan BB, Gruissem W, Jones RL (2000) Biochemistry and molecular biology of plants. American Society of Plant Physiologists Press, Rockville

Dennis DT, Turpin DH, Lefebvre DK, Layzell DB (1997) Plant metabolism. Longman, Essex

Epstein E, Bloom AS (2004) Mineral nutrition of plants: principles and perspectives. Sinauer, Sunderland

Heldt HW (2003) Pflanzenbiochemie. Spektrum Akademischer, Heidelberg

Lösch R (2003) Wasserhaushalt der Pflanzen. Quelle & Meyer, Stuttgart

Lottspeich F, Engels JW (2006) Bioanalytik. Spektrum Akademischer, Heidelberg

McMurry J, Begley T (2006) Organische Chemie der biologischen Stoffwechselwege. Spektrum Akademischer, Heidelberg

Molnar P, Hickman JJ (2007) Patch-clamp methods and protocols in methods in molecular biology. Springer, Berlin

Murata N, Yamada M, Nishida I, Okuyama H, Sekiya J, Hajime W (2003) Advanced research on plant lipids. Springer, Dordrecht

Nelson DL, Cox MM (2005) Principles of biochemistry. Freeman, New York

Raven PH, Evert RF, Eichhorn SE (2006) Biologie der Pflanzen. De Gruyter, Berlin

Taiz L, Zeiger E (2006) Plant physiology. Sinauer, Sunderland

Vollhardt KPC, Schore NE (2004) Organische Chemie. Wiley-VCH, Weinheim

Bewegungsphysiologie

Uwe Sonnewald

Inhaltsverzeichnis

Sonnewald, U. 2021 Bewegungsphysiologie. In: Kadereit JW, Körner C, Nick P, Sonnewald U. Strasburger –
Lehrbuch der Pflanzenwissenschaften. Springer Berlin Heidelberg, p. 581–614.
▶ https://doi.org/10.1007/978-3-662-61943-8_15

Viele Lebewesen zeigen ein Bewegungsvermögen, um sich in ihrer Umgebung zu orientieren und den Organismus – oder Teile davon – in eine möglichst günstige Position zu bringen. Die meisten Tiere sind in der Lage, frei den Ort zu wechseln (**Lokomotion**) und so ungünstige Umwelteinflüsse zu meiden und günstige aktiv aufzusuchen. Die Fähigkeit zur Lokomotion ist bei den Pflanz auf einige Gruppen (manche Bakterien, Algen) beschränkt, sie tritt jedoch bei bestimmten Zelltypen (Sporen, Gameten) noch bis zu den Gymnospermen auf (z. B. Gameten von *Cycas* und von *Ginkgo biloba*). Die festgewachsenen Pflanzen besitzen häufig die Fähigkeit, bestimmte Organe im Raum nach einwirkenden Umwelteinflüssen auszurichten oder auf induzierende Reize spezielle Bewegungsfolgen durchzuführen, um damit notwendige Anpassungen an die Umwelt zu erreichen. Diese werden in den folgenden Abschnitten ausführlicher besprochen.

15.1 Grundbegriffe der Reizphysiologie

Als **Reiz** wird ein physikalisches oder chemisches Signal bezeichnet, das in der Zelle eine Reaktionsfolge auslöst, deren Energiebedarf aus dem Organismus selbst gedeckt und nicht mit dem Reiz zugeführt wird. Ein chemischer Reiz wird heute oft auch als **Signalstoff** bezeichnet. Endogene (im Organismus selbst entstehende) Signalstoffe sind z. B. die Phytohormone (▶ Kap. 12). Bereits ein nur Sekundenbruchteile dauernder Lichtblitz, der eine zuvor verdunkelte Pflanze trifft, kann eine über Stunden andauernde Wachstumshemmung zur Folge haben und wirkt als Reiz; dagegen dient das Licht, das die Photosynthese der grünen Pflanze speist, als Energiequelle und kann somit nicht als Reiz bezeichnet werden. Ein Reiz ist demnach **Auslöser** eines charakteristischen Ablaufs, nicht dessen Antrieb.

Wird ein Lokomotionsvorgang durch einen Reiz ausgelöst, spricht man von einer **Taxis** (oder **Taxie**, ▶ Abschn. 15.2.1). Die Bewegungen von Organen oder Zellen einer festgewachsenen Pflanze, die durch Reize ausgelöst und in ihrer Richtung bestimmt werden, bezeichnet man als **Tropismen** (▶ Abschn. 15.3.1). Tropismen manifestieren sich zumeist durch Veränderung der Wachstumsrichtung einer Zelle oder durch differenzielles Wachstum gegenüberliegender Flanken eines Organs; solche Wachstumsbewegungen laufen meist relativ langsam (über mehrere Minuten bis viele Stunden) ab. Eine **Nastie** (▶ Abschn. 15.3.2) liegt vor, wenn der Vorgang durch den Reiz ausgelöst, in seinem Ablauf jedoch vom Bauplan des Organs bestimmt wird. Den Nastien liegt vielfach, aber nicht immer, eine Veränderung im osmotischen Potenzial von Zellen zugrunde; es handelt

sich um (meist reversible) **Turgorbewegungen**. Sie laufen oft sehr rasch ab (die durch Berührung ausgelöste Klappbewegung des Gynostemiums der Stylidiacee *Stylidium* z. B. dauert nur 10–30 ms).

Der Gesamtvorgang einer reizausgelösten Antwort, unabhängig davon, ob es sich um eine Bewegung oder eine sonstige Reaktion handelt (s. auch ▶ Kap. 13), lässt sich einteilen in die Phasen **Reizaufnahme** (Perzeption), **Reizwandlung**, **Signalleitung** und **Antwortphase**.

Das den zum **Reizerfolg** führenden Reiz – den adäquaten Reiz – aufnehmende zelluläre System wird als **Rezeptor** bezeichnet. Im einfachsten Fall, z. B. bei Rezeptoren für Lichtreize oder Signalstoffe, handelt es sich dabei um einzelne Proteine oder Proteinoligomere; für andere Reize, z. B. mechanische Reize, Massenbeschleunigungsreize, werden komplexe Zellstrukturen diskutiert. Die Einwirkung des Reizes überführt den Rezeptor in einen **aktivierten Zustand** und veranlasst ihn zu einer charakteristischen **Folgereaktion**, die in der Aktivierung oder Hemmung eines nachgeschalteten zellulären Systems beruht. Diese Reizwandlung in ein **zelluläres Signal** wird mit einem aus der Sinnesphysiologie der Tiere, speziell der Neurophysiologie, stammenden Begriff bisweilen auch „Erregung" genannt, ein Terminus, der bei Pflanzen jedoch besser vermieden werden sollte.

Die durch den aktivierten Rezeptor ausgelöste Folgereaktion kann unter Umständen direkt die Aktivität der die Antwort auf den Reiz hervorbringenden zellulären Zielsysteme modulieren; häufiger jedoch sind vielstufige **Signalwege**, unter Umständen unter Einbeziehung einer **Signalverstärkung**, durch Enzyme und/oder elektrische Prozesse realisiert, die zudem die Möglichkeit vielfältiger **Regulation** und Modulation durch andere zelluläre Signalwege (**Regelnetzwerk**) bieten. Signalwege können innerhalb einer Zelle, aber auch zwischen Zellen ablaufen, wobei bisweilen erhebliche Distanzen überbrückt werden. Man spricht dann auch von **Signalleitung**. Die Aufklärung dieser Vorgänge auf molkularer Ebene steht bei Pflanzen noch ganz am Anfang. Wie auch schon im vorangegangenen Kapitel Entwicklungsphysiologie, muss sich die Darstellung molekularer Abläufe im Folgenden auf wenige (und unvollständig untersuchte) Beispiele beschränken.

Die letztlich reizgesteuerten zellulären **Zielsysteme**, an denen die Signalwege enden, können Proteine oder Gene sein. So liegen den reversiblen Turgorbewegungen veränderte Aktivitäten pflanzlicher Ionenkanäle zugrunde (s. insbesondere ▶ Abschn. 15.3.2), die irreversiblen Wachstumsbewegungen bedingen eine Veränderung nicht allein von Proteinaktivitäten, sondern auch der Proteinausstattung, sie gehen daher stets auch auf eine differenzielle Genaktivität (▶ Abschn. 5.3) zurück.

Um eine Reaktion auslösen zu können, muss die Reizmenge einen bestimmten Schwellenwert überschreiten (**Reizschwelle**). Allerdings können vielfach auch unterschwellige Reize perzipiert werden, was daraus hervorgeht, dass mit kurzen Unterbrechungen (= intermittierend) gebotene, unterschwellige Einzelreize sich summieren können, sodass der reizauslösende Schwellenwert überschritten wird (**Reizsummation**). Die Lage der Reizschwelle kann, z. B. infolge der Wirkung von Außenfaktoren, Veränderungen unterliegen (**Adaptation**). So reagiert z. B. ein etiolierter Keimling viel empfindlicher auf eine einseitige Belichtung als ein in allseitig gleichmäßigem Licht aufgezogener.

Die Mindestzeitdauer, die ein Reiz gegebener Stärke einwirken muss, um eine nachweisbare Reaktion herbeizuführen, bezeichnet man als **Präsentationszeit**. In der Nähe der Reizschwelle gilt das **Reizmengengesetz**, demzufolge der Reizerfolg R durch das Produkt der Reizintensität I und der Reizzeit t bestimmt wird:

$$R = It \tag{15.1}$$

Die Zeit vom Beginn der Reizeinwirkung bis zum nachweisbaren Beginn der Reizantwort wird als **Reaktionszeit**, die Zeit zwischen dem Ende der Reizung und dem nachweisbaren Beginn der Reaktion als **Latenzzeit** bezeichnet.

Ist das Ausmaß der Reaktion unabhängig davon, wie weit die Reizschwelle überschritten wurde, erfolgt also bei Überschreiten der Reizschwelle unabhängig von Dauer und Stärke des Reizes stets die volle Reaktion (z. B. das durch Berührung ausgelöste Zusammenklappen der Blatthälften bei *Dionaea*; ▶ Exkurs 3.4), so spricht man von einer **Alles-oder-Nichts-Reaktion**. Andere (z. B. phototrope, ▶ Abschn. 15.3.1.1) Reaktionen folgen innerhalb weiter Grenzen dem Reizmengengesetz.

15.2 Freie Ortsbewegungen

Sieht man von der Fortbewegung ab, durch die sich manche Keimlinge und Erdsprosse langsam im Substrat bewegen, indem sie am vorderen Ende weiterwachsen und am hinteren Ende absterben (z. B. *Cuscuta*-Keimlinge, ▶ Abschn. 3.2.6, ◘ Abb. 3.38), so finden sich freie Ortsbewegungen (**Lokomotion**) vor allem bei Nicht-Gefäßpflanzen (z. B. Flagellaten, Volvocales, Diatomeen) und Bakterien, daneben bei speziellen Zellstadien, z. B. bei den Schwärmsporen vieler Algen und bei männlichen Gameten, die ja selbst noch bei den Farnpflanzen und einigen Gymnospermen (*Cycas*, *Ginkgo*, ▶ Kap. 19) frei beweglich sind.

Lokomotion wird durch unterschiedliche mechanische Prinzipien erreicht:

– amöboide Bewegung (Kriechen auf dem oder durch das Substrat; Amöben- und Plasmodienstadien von Myxomyceten)
– Stemmbewegung durch einseitige Schleimausscheidung; der im wässrigen Milieu quellende Schleim stemmt die Zelle auf dem Substrat vorwärts (Desmidiaceen)
– Gleiten auf dem Substrat (durchströmendes Plasma im Bereich der Raphe bei pennaten Diatomeen; Raupenkettenprinzip)
– Kriechbewegung vieler Cyanobakterien auf ausgeschiedenem Schleim unter Beteiligung von Mikrofibrillen
– Schwimmen mit Cilien, Geißeln oder Flagellen

Nur bei der Schwimmbewegung mit Cilien, Geißeln oder Flagellen sind Einzelheiten der Bewegungsmechanik bekannt. Der Aufbau der nur bei Eukaryoten vorkommenden Cilien und Geißeln ist prinzipiell gleich (▶ Abschn. 1.2.3.3, ◘ Abb. 1.15 und 1.16). Von **Geißeln** spricht man, wenn sie in Ein- oder Wenigzahl pro Zelle vorliegen und, relativ zur Zellgröße, beträchtliche Länge erreichen, von **Cilien**, wenn sie in Vielzahl vorliegen und kurz sind. Die **Bakteriengeißeln** werden im Folgenden als **Flagellen** bezeichnet. Sie sind gänzlich anders aufgebaut (▶ Abschn. 19.1.1, ◘ Abb. 19.6 und 19.7) und funktionieren nach einem völlig anderen mechanischen Prinzip als Cilien bzw. Geißeln (◘ Abb. 15.1).

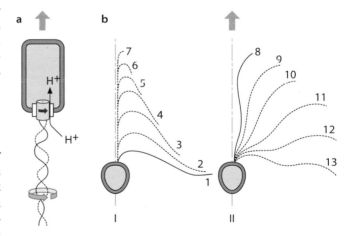

◘ **Abb. 15.1** Mechanik des Flagellen- und des Geißelschlags. **a** Propellerbewegung des Flagellums, das an seiner Basis im Zellkörper rotiert, angetrieben durch die protonmotorische Kraft. Beim Umlauf des Rotors (rot) strömen H^+-Ionen in die Zelle ein. H^+-Ionentranslozierende ATPasen pumpen die H^+-Ionen unter Verbrauch von ATP zur Aufrechterhaltung der protonenmotorischen Kraft wieder aus der Zelle heraus. **b** Ruderschlag bei der Geißelbewegung des Flagellaten *Monas* sp. (Chromulinales). I Vorholen der Geißel; II aktiver Schlag; die arabischen Zahlen geben die Abfolge einzelner Phasen des Geißelschlags an. Pfeile zeigen die Bewegungsrichtung; Zellkörper nicht maßstäblich

Flagellen (Struktur, ◘ Abb. 19.7) rotieren, durch die Energie eines transmembranen Protonengradienten (*Vibrio alginolyticus*: Na⁺-Gradient) getrieben, in der Zellmembran; sie sind umlaufmotorgetriebene Propeller. Das Prinzip eines solchen Umlaufmotors wurde bereits bei der ATP-Synthase der Chloroplasten und Mitochondrien beschrieben (◘ Abb. 14.41), jedoch ist der Flagellarmotor anders aufgebaut und ungleich komplizierter strukturiert. Die durch H⁺-Gradienten angetriebenen Flagellarmotoren rotieren mit einigen Hundert Hertz und erlauben Vortriebsgeschwindigkeiten bis zu 20 µm s⁻¹; von Na⁺-Gradienten getriebene Motoren rotieren noch rascher (bei *Vibrio* mit mehr als 1000 Hz bei einer Vortriebsgeschwindigkeit der Zelle von bis zu 200 µm s⁻¹). Ein Charakteristikum der **Flagellenbewegung** ist die Abfolge von **Lauf- und Taumelphasen**. Während der Laufphase rotiert die Flagelle (bzw. bei mehreren Flagellen das Flagellenbündel durch synchrone Bewegungen der einzelnen Flagellen), sodass die Zelle durch das Medium geschoben wird. Während der nachfolgenden Taumelphase kehren die Flagellen ihren Drehsinn kurzzeitig um. Wegen der geringen Trägheit der Zelle gegenüber der hohen Viskosität des Mediums kommt dadurch die Bewegung sofort zum Stillstand, die Zelle nimmt dabei eine zufällige Neuorientierung im Medium ein und bewegt sich in der nächsten Laufphase in dieser Richtung weiter. Typische Lauf-/Taumelzeiten liegen in der Größenordnung 1 s/0,1 s. Während der Laufphase erreicht z. B. das Bakterium *Escherichia coli*, das mit vier bis acht an verschiedenen Stellen der Zelle inserierten Flagellen schwimmt, eine Geschwindigkeit von etwa 20 µm s⁻¹. Umweltreize verändern die Lauf-/Taumelfrequenzen teilweise und überführen so die Lokomotion in eine Taxis (▶ Abschn. 15.2.1). Zur Fortbewegung mit Flagellen wendet die Zelle nur einen geringen Energiebetrag auf, *Spirillum* ca. 0,1 % der Stoffwechselenergie.

Im Gegensatz zur Propellermechanik der Flagellenbewegung wirkt die **Eukaryotengeißel** (bzw. -cilie) wie ein Ruder. Im einfachsten Fall schlägt eine nach vorne (in die Schwimmrichtung) gerichtete Geißel (**Zuggeißel**) ruderartig in einer Ebene (z. B. *Euglena*, ◘ Abb. 15.2). Sind mehrere Geißeln ausgebildet (z. B. zwei bei *Chlamydomonas reinhardtii*), so müssen die Bewegungen der Einzelgeißeln aufeinander abgestimmt sein, damit es zu einer koordinierten Bewegung der Zelle kommt (◘ Abb. 15.3). Dinophyten, die heterokont begeißelt sind, also zwei verschiedenartige Geißeln besitzen (◘ Abb. 19.39), schwimmen in einer Schraubenbahn mit weiten Windungen bei gleichzeitiger Drehung des Zellkörpers. Bei Eukaryoten mit Cilien (z. B. *Volvox*, Farnspermatozoide) bewegen sich diese in der Regel ru-

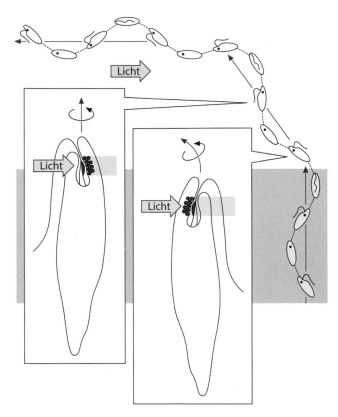

◘ **Abb. 15.2** Positive Phototopotaxis bei *Euglena*. Infolge der Rotation um die Längsachse wird der Photorezeptor an der Geißelbasis (Paraflagellarkörper, rot) durch das Stigma (= Augenfleck, rot) periodisch beschattet (rechter Kasten), was eine Wendung der Zelle in Richtung des Stigmas (= zur Lichtquelle, im Bild nach links) zur Folge hat. Eine dichroitische Orientierung der Photorezeptoren als Ursache für deren vom Einfallswinkel des Lichts abhängige Aktivierung wird in Betracht gezogen. (Nach W. Haupt)

derartig in koordiniertem Ablauf. Auch **Schubgeißeln**, die, am hinteren Zellpol angebracht, die Zelle durch das Medium schieben, kommen vor. Der Geißelantrieb ist sehr effektiv. Schwärmer des Schleimpilzes *Fuligo septica* erreichen Geschwindigkeiten bis zu 1 mm s⁻¹, die zurückgelegte Wegstrecke pro Sekunde entspricht dem Hundertfachen der Körperlänge (ca. 10 µm).

Die „Ruderbewegung" von Cilien und Geißeln erfolgt durch die dyneingetriebene Verschiebung von peripheren Mikrotubulidupletts des Axonemkomplexes gegeneinander (Axonem, ▶ Abschn. 1.2.2, ◘ Abb. 1.16). Da der Axonemkomplex im Basalkörper verankert ist, krümmt sich dabei die Geißel. Die Energie für den Geißelschlag liefert ATP, das unter Konformationsänderung des Dyneins hydrolysiert wird. Die Konzentration von Ca²⁺-Ionen im Geißelinneren ist maßgeblich für die Steuerung der Bewegung verantwortlich. Bei *Chlamydomonas* z. B. ändert die Geißel bei einer inneren Ca²⁺-Konzentration oberhalb von 10⁻⁵ M den Schlagmodus so, dass die Zelle rückwärts schwimmt. Diese Umschaltung von Schub auf Zug geschieht z. B., wenn die Zelle an ein Hindernis stößt. Der Berührungskontakt öffnet Ca²⁺-Kanäle in der Geißelmembran, sodass Ca²⁺-Ionen aus dem Außenmedium in die Geißel einströmen.

15

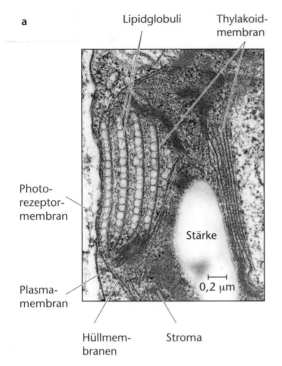

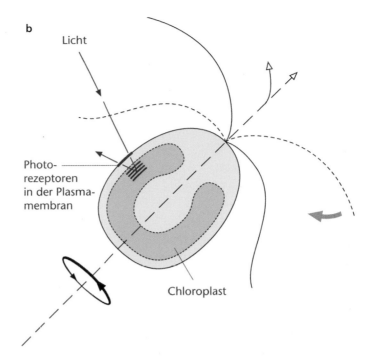

■ Abb. 15.3 Positive Phototopotaxis bei *Chlamydomonas*. **a** Elektronenmikroskopische Aufnahme eines Schnitts durch das Stigma in derselben Anordnung gezeigt wie bei der gezeichneten Zelle (links = nach außen gewandt). Die Lipidglobuli werden nach innen durch ein Thylakoid abgedeckt, in den Zwischenräumen befindet sich Stroma. Das Stigma wirkt als Reflektor **b** und verstärkt die Lichtintensität am Ort der Photorezeptoren, die in der Plasmamembran (roter Bezirk) lokalisiert sind. Die periodische Aktivierung der Photorezeptoren bei einseitiger Beleuchtung kommt durch die Drehung der Zelle während des Schwimmens zustande und führt bei der positiven Phototaxis zu einem kurzzeitigen Aussetzen des Geißelschlags der dem Stigma benachbarten Geißel und dadurch zur Wendung in Richtung der Lichtquelle. (a Original: L.A. Staehelin, mit freundlicher Genehmigung, b nach K.W. Foster und R.D. Smyth, ergänzt)

15.2.1 Taxien

Wird eine freie Ortsbewegung (Lokomotion) durch einen Reiz ausgelöst, so spricht man von **Taxis** (oder Taxie, Plural Taxien). Ist die Bewegung zur Reizquelle hin gerichtet, so liegt eine positive Taxis vor, führt sie von der Reizquelle weg, so handelt es sich um eine negative Taxis. Eine gezielte Bewegung zur Reizquelle hin oder von ihr weg bezeichnet man als **Topotaxis**. Findet ein frei beweglicher Organismus den optimalen Bereich innerhalb eines Reizfeldes aber nur dadurch, dass das Einschlagen der „richtigen" Richtung gegenüber der „falschen" bevorzugt, das umgekehrte Verhalten aber behindert wird, so spricht man von einer **Phobotaxis** oder **Schreckreaktion**. Solche Schreckreaktionen kommen z. B. bei der Bewegung mit Flagellen durch reizabhängige Veränderungen der Lauf-/Taumelfrequenzen zustande (■ Abb. 15.2). Neuerdings wird für die Phobotaxis auch der Begriff **Kinese** gewählt und nur die Topotaxis im engeren Sinne als Taxis bezeichnet. Bei der Phobotaxis (Kinese) werden zeitliche Unterschiede der Reizintensität von der sich im Reizfeld bewegenden

Zelle wahrgenommen, während Organismen, die Topotaxis zeigen, auf örtliche Differenzen der Reizintensität – z. B. zwischen dem anterioren (vorderen) und dem posterioren (hinteren) Zellende – reagieren.

Schließlich lassen sich Taxien nach der Art des auslösenden Reizes unterscheiden (z. B. Chemotaxis, Phototaxis). Oft werden mehrere verschiedene Reize, z. B. Licht und chemische Reize, von derselben Zelle wahrgenommen.

15.2.1.1 Chemotaxis

Die **Chemotaxis** ermöglicht den frei beweglichen Bakterien und Pilzen das Auffinden von Nahrungsquellen bzw. Wirten und das Meiden von Bereichen mit schädigenden Stoffen sowie den pilzlichen Gameten das gezielte Aufsuchen des Geschlechtspartners (■ Tab. 15.1). Im ersten Fall sind meist viele Substanzen chemotaktisch wirksam. Bei Bakterien wurden über 30 verschiedene Chemosensoren gefunden, zwei Drittel davon für Lockstoffe, ein Drittel für Schreckstoffe. Im Fall der **Gametenlockstoffe** (**Gamone**) wirken die auslösenden Substanzen meist hoch spezifisch, sodass Gameten,

◘ Tab. 15.1   Beispiele für chemotaktisch wirksame Verbindungen bei Pro- und Eukaryoten

Organismus (Zelltyp)	Chemotaktikum	Lokomotionsprinzip	Reaktionstyp
Bakterien	Essigsäure, O_2, viele Zucker (z. B. Galactose), stickstoffhaltige Verbindungen, Phosphat, Alkali- und Erdalkaliionen	Bakterienflagellen	negative oder positive Phobotaxis
Pilze			
Myxomyceten (Schwärmer)	Malat	Geißeln	positive Phobotaxis
Dictyostelium (Amöben in der Fressphase)	Folsäure	amöboid	positive Topotaxis
Dictyostelium (hungernde Amöben)	cAMP	amöboid	positive Topotaxis
Allomyces (Gameten)	Sirenin[1]	Geißeln	positive Phobotaxis
Algen (Gameten)			
Chlamydomonas reinhardtii	Glykoproteine[1]	Geißeln	positive Topotaxis
Ch. allensworthii	Lurlensäure[1]		
Braunalgen	u. a. Kohlenwasserstoffe[1]		
Sonstige (Gameten)			
Laubmoose	u. a. Saccharose[2]	Geißeln	positive Topotaxis
Farne	Ca-Malat[2]		
Lycopodium	Citrat[2]		

[1]Gametenlockstoffe (Gamone), die von den – oft schlecht beweglichen oder unbeweglichen – weiblichen Gameten gebildet werden und die männlichen Gameten anlocken
[2]Gametenlockstoffe der Archegoniaten; es ist unklar, welche Gewebe oder Zellen im Archegonium den Lockstoff bilden

selbst bei Anwesenheit von nahe verwandten Arten in demselben Habitat, sehr selektiv den artzugehörigen Geschlechtspartner finden können.

Besonders gut sind die Algengamone untersucht, insbesondere die der Braunalgen (◘ Abb. 15.4). Diese ungesättigten Kohlenwasserstoffe wirken oft bereits in Konzentrationen um 10^{-11} M und werden aus mehrfach ungesättigten Fettsäuren synthetisiert. Einige synchronisieren auch die Gametenfreisetzung. Die meisten Braunalgengameten scheiden mehrere dieser Kohlenwasserstoffe ab, aber nur einer ist der artspezifische Lockstoff von zumeist hoher Stereospezifität. Die anderen können Köder für die Spermatozoide anderer Taxa sein, die zwar keine Befruchtung fremder Gameten durchführen können, aber auf diese Weise zur Befruchtung ihrer eigenen Gameten verloren gehen. Unter dem Einfluss des Lockstoffs beschleunigen die heterokont begeißelten männlichen Gameten ihren Geißelschlag und verankern sich schließlich mit ihrer langen Geißel an den weiblichen Gameten.

15.2.1.2   Phototaxis

Eine lichtgerichtete freie Ortsbewegung (**Phototaxis**) zeigen vor allem photosynthetisch aktive Organismen, die auf diese Weise für sie optimale Lichtintensität auf-

suchen. Phototaxis tritt jedoch auch bei einigen nichtgrünen Flagellaten, ferner bei Plasmodien auf, die zuerst negativ, nach Induktion der Sporangienbildung jedoch positiv phototaktisch reagieren. Auch bei der Phototaxis gibt es phobische und topische Reaktionen. Bei der phobischen Reaktion lassen sich Schreckbewegungen auf eine plötzliche Verringerung (engl. *step down response*) und auf eine plötzliche Erhöhung (engl. *step up response*) der Lichtintensität unterscheiden.

Einzellige, begeißelte Algen (Flagellaten) zeigen neben, bei hohen Lichtintensitäten zumeist negativen, photophobischen Reaktionen auch phototopische Reaktionen, die bei niedrigen Lichtintensitäten in der Regel positiv sind. Das Wirkungsspektrum der Phototaxis unterscheidet sich deutlich von dem der Photosynthese. Das Empfindlichkeitsmaximum dieser Reaktionen liegt im grünen bis blaugrünen Bereich des Lichts. Dies dürfte eine Anpassung an das Leben im Wasser sein, da mit steigender Tiefe das Spektrum immer stärker auf den Blau-Grün-Bereich verengt wird (◘ Abb. 14.21) und in diesem Spektralbereich zudem die Beschattung durch andere photosynthetisch aktive Organismen am geringsten ist. Das gezielte Anschwimmen einer Lichtquelle bei der positiven und das gezielte Wegschwimmen von der Lichtquelle bei der negativen Phototopotaxis setzen vo-

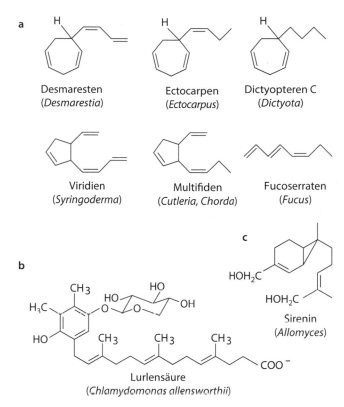

a Desmaresten (*Desmarestia*)

Ectocarpen (*Ectocarpus*)

Dictyopteren C (*Dictyota*)

Viridien (*Syringoderma*)

Multifiden (*Cutleria, Chorda*)

Fucoserraten (*Fucus*)

c Sirenin (*Allomyces*)

b Lurlensäure (*Chlamydomonas allensworthii*)

◻ **Abb. 15.4**   Beispiele für Gametenlockstoffe **a** von Braunalgen, **b** der einzelligen Grünalge *Chlamydomonas allensworthii* und **c** des wasserlebenden Pilzes *Allomyces* (Blastocladiales). Die Braunalgengamone leiten sich von mehrfach ungesättigten Fettsäuren (▸ Abschn. 14.9.1) ab. Sirenin ist ein Sesquiterpen (▸ Abschn. 14.14.2), Lurlensäure entsteht wahrscheinlich aus dem Plastochinon des Chloroplasten (◻ Abb. 14.33); bei dem Zucker handelt es sich um β-D-Xylose

raus, dass der Organismus sowohl zeitliche Intensitätsänderungen des Lichts als auch dessen Einfallsrichtung wahrzunehmen vermag. Die Richtungsempfindlichkeit wird durch teilweise hoch spezialisierte „Augenapparate" erreicht, die aus einem lichtabsorbierende Pigmente tragenden **Stigma** (**Augenfleck**) und aus der eigentlichen **Photorezeptorregion** bestehen, die zueinander und zu den Geißeln in charakteristischer Weise positioniert sind. Zwei Modellorganismen sind besonders gut untersucht: *Chlamydomonas* (charakteristisch für alle lokomotorisch aktiven Grünalgen) und *Euglena* (typisch für die Euglenophyceen). Bei ihnen sind unterschiedliche Prinzipien verwirklicht. Gemeinsam ist allen, dass sich die Zellen während des Vorwärtsschwimmens um ihre Längsachse drehen und dabei eine Schraubenbahn beschreiben – die Längsachse der Zelle vollführt also eine Kreiselbewegung (Gyration) um die Achse der Fortbewegung. Die Augenapparate, zumindest die Augenflecke, liegen an der Zellperipherie, und bei schräg zur Fortbewegungsrichtung einfallendem Licht ändert sich demzufolge die Lage von Augenfleck zu Photorezeptorregion relativ zum Lichteinfall periodisch.

Bei *Euglena* besteht der Augenfleck aus einer lockeren Ansammlung von Lipidtröpfchen im Cytoplasma,

die vor allem das Carotinoid Astaxanthin, das auch im Tierreich vorkommt, enthalten. Der Photorezeptor ist im Paraflagellarkörper der Geißelgrube (Geißeln, ▸ Abschn. 1.2.3.3) lokalisiert. Es handelt sich dabei um eine durch Blaulicht aktivierte Adenylat-Cyclase. Der Photorezeptorkomplex besteht aus zwei Homologen (PACα und PACβ), die als Heterotetramer semikristallin im Paraflagellarkörper vorliegen. Als chromophore Gruppe wird FAD genutzt. Wirkungsspektren deuteten bereits früh auf ein Flavin hin (zur Aufnahme von Wirkungsspektren ▸ Abschn. 13.2.4). Wegen der starken Überlappung der Absorptionsspektren von Carotinoiden und Flavinen kommt es bei seitlichem Lichteinfall periodisch zu einer kurzzeitigen Beschattung des Paraflagellarkörpers durch das Stigma (◻ Abb. 15.2). Dies führt – auf im Einzelnen unbekannte Weise, wahrscheinlich aber unter Beteiligung von Ca^{2+}-Ionen – zu einer kurzzeitigen Änderung des Geißelschlags und damit zu einer Kurskorrektur und zwar so lange, bis die Zelle auf die Lichtquelle zuschwimmt und so der Augenfleck den Paraflagellarkörper nicht mehr beschattet (◻ Abb. 15.2).

Bei *Chlamydomonas* (und wohl allgemein bei begeißelten Chlorophyceen) ist der Augenfleck im Chloroplasten nahe der Zelloberfläche lokalisiert. Er besteht aus bis zu acht Lagen (*Chlamydomonas reinhardtii*: in der Regel zwei bis vier) von parallel zur Zelloberfläche ausgerichteten, hexagonal dicht gepackten, carotinoidreichen Lipidglobuli einheitlicher Größe, die auf Thylakoidmembranen aufsitzen und durch Zwischenlagen ohne Lipidtröpfchen in exaktem Abstand gehalten werden (◻ Abb. 15.3). Die Photorezeptoren sind in der Plasmamembran über dem Augenfleck dichroitisch angeordnet, sodass einfallendes Licht in Abhängigkeit von der Polarisation unterschiedlich stark absorbiert wird.

Die molekulare Aufschlüsselung der Natur des Photorezeptors erbrachte den erstaunlichen Befund, dass es sich dabei um zwei dem Sehpigment **Rhodopsin** verwandte Chromoproteide handelt, die als chromophore Gruppe ein Isomer des bei Tieren vorliegenden **Retinals** tragen (◻ Abb. 15.5), das wohl wie dieses aus Carotin gebildet wird und besonders blaugrünes bis grünes Licht absorbiert. Die Apoproteine der bei *Chlamydomonas* **Kanalrhodopsin** 1 und 2 genannten Sensorrhodopsine weisen nur im Bereich der Bindungsstelle des Retinals Sequenzhomologien zu bekannten Rhodopsinen auf, und zwar zu denen der Prokaryoten (Bakteriorhodopsin, Halorhodopsin). Ferner sind sie im C-Terminus wesentlich länger als alle bisher bekannten Rhodopsine. Die Funktion dieser C-terminalen Extensionen ist bisher noch unbekannt. Daneben gibt es in *Chlamydomonas* noch zwei opsinähnliche Proteine (COP1 und COP2), die eine gewisse Homologie zu den Rhodopsinen der Invertebraten aufweisen. Sie besitzen eine konservierte Bindungsstelle für das Retinal sowie eine G-Protein-aktivierende Domäne und sind kleiner als die Rhodopsine von Tieren. COP1 und COP2 sind jedoch

◨ Abb. 15.5 Struktur des proteingebundenen Retinals, der chromophoren Gruppe des Rhodopsins, bei Halobakterien, Grünalgen und Tieren (Metazoen) in Abwesenheit von Licht. Das Retinal liegt im Rhodopsin mit seiner Aldehydgruppe an die ε-Aminogruppe eines Lysinrests des Apoproteins in Form einer Schiff-Base kovalent gebunden vor (blau unterlegtes Feld: Bildung von Schiff-Basen aus einem Aldehyd und einem Amin). Das Retinal der Halobakterien und Grünalgen liegt im Dunkeln in der all-*trans*-Form vor und isomerisiert bei Belichtung von der 13-*trans*- in die 13-*cis*-Form; das der Tiere liegt in der 11-*cis*-Form vor und isomerisiert bei Belichtung in die all-*trans*-Form. In der Folge soll sich jeweils auch die Konformation der Apoproteine ändern. Bei der Grünalge *Chlamydomonas* sind die aktivierten Sensorrhodopsine (Kanalrhodopsine) selbst Ca²⁺-permeable Kationenkanäle und der Calciumeinstrom in die Zelle modifiziert letztlich den Geißelschlag bei der phototaktischen bzw. photophobischen Reaktion. (Grafik: E. Weiler)

nicht, wie ursprünglich angenommen, an der Phototaxis oder photophobischen Reaktion beteiligt. Während die Augenflecke der Euglenen zur Beschattung des – innenliegenden – Photorezeptors dienen, wirken die hoch strukturierten Augenflecke der begeißelten Grünalgen genau gegenteilig – als Reflektoren, die die Intensität seitlich einfallenden Lichts am Ort der Photorezeptoren verstärken: Interferenzerscheinungen des von der Zelloberfläche eintreffenden und des reflektierten Lichts spielen eine große Rolle, sodass eine maximale Interferenzverstärkung durch senkrecht zur Anordnung der Carotinoidschichten des Augenflecks einfallendes bzw. reflektiertes Licht und bei den Wellenlängen des grünen/blaugrünen Lichts gegeben ist. Durch die Zelle einfallendes Licht wird hingegen durch Interferenzlöschung

am Ort der Sensorrhodopsine stark abgeschwächt. Die periodische Anregung der Photorezeptoren führt – auch bei diesen Zellen unter Beteiligung von Ca²⁺-Ionen – zu einer kurzzeitigen Veränderung des Geißelschlags und entsprechender Kurskorrektur der Zelle und zwar so lange, bis es nicht mehr zu der periodischen Aktivierung des Sensorrhodopsins durch seitlich einfallendes und durch von dem Augenfleck reflektiertes Licht kommt (◨ Abb. 15.5). Die Photorezeptoren sind identisch mit den lichtaktivierten Kanälen. Mit anderen Worten – bei den Kanalrhodopsinen handelt es sich um direkt lichtregulierte Kationenkanäle, die für Ca²⁺ und H⁺ permeabel sind. Diese Photorezeptoren sind dementsprechend sehr schnell in der Lage, Ionen zu leiten und Zellen zu depolarisieren. In den letzten Jahren wird das Kanalrhodopsin 2 daher vermehrt in verschiedenen Typen von Tierzellen exprimiert und zur Auslösung von Aktionspotenzialen in normalerweise nicht lichtempfindlichen Zellen eingesetzt. Auch der Photorezeptor von *Euglena* findet als molekulares Werkzeug zur Manipulation des cAMP-Gehalts von Tierzellen durch Blaulicht Verwendung.

15.2.1.3 Andere Taxien

Außer auf chemische und auf Lichtreize reagieren manche der frei beweglichen Organismen auch noch auf Feuchtigkeitsdifferenzen (**Hygrotaxis**), Berührungsreize (**Thigmotaxis**), auf die Erdanziehung (**Gravitaxis**) oder auf Temperaturänderungen (**Thermotaxis**). Plasmodien von *Dictyostelium* können noch einen Temperaturgradienten von 0,05 °C cm⁻¹ perzipieren. Grundlage für dieses extrem empfindliche „Biothermometer" könnten eventuell Phasenübergänge (flüssig im Gegensatz zu kristallin) von Membranlipiden sein. Falls ein Organismus verschiedene Umweltreize perzipiert und mit Taxis beantwortet, müssen die Zellen die Informationen dieser Reizquellen gegeneinander „verrechnen". So kann bei *Escherichia coli* die durch niedrige Temperaturen ausgelöste negative Thermotaxis durch positiv chemotaktisch wirkende Substanzen kompensiert oder sogar überkompensiert werden und umgekehrt die durch höhere Temperaturen induzierte positive Thermotaxis durch Schreckstoffe.

Eine Besonderheit ist die Fähigkeit von einigen im Schlamm von Süß- und Salzwasser lebenden Bakterien, sich in einem Magnetfeld zu orientieren (**Magnetotaxis**). Im Magnetfeld der Erde führt dies zu einer Bewegung nach unten in den Schlamm, da die vertikale Feldkomponente in der Regel stärker ist als die horizontale. Als Magnetfeldsensor dient eine Kette von bis zu 100 membranumhüllten Magnetitkristallen (Fe_3O_4) von ca. 50 nm Kantenlänge, die ähnlich wie eine Kompassnadel funktionieren (◨ Abb. 15.6).

15

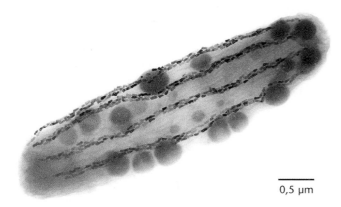

0,5 µm

Abb. 15.6 *Magnetobacterium bavaricum*, ein magnetotaktisches Bakterium aus dem Chiemsee. Das stäbchenförmige, begeißelte Bakterium (Flagellen im Präparat nicht sichtbar) enthält bis zu 1000, zu mehreren Bündeln angeordnete, stäbchenförmige Magnetosomen, die aus Magnetit (Fe_3O_4) bestehen. Die Globuli bestehen aus elementarem Schwefel und sind für das magnetotaktische Verhalten nicht bedeutsam. Die Magnetosomen ermöglichen eine Ausrichtung der Zellen und ihrer Bewegung am magnetischen Feldvektor. Es wird aber auch diskutiert, dass die Abstoßungskräfte zwischen den Magnetosomensträngen zur Stabilisierung des Zellkörpers beitragen. (Original: M. Hanzlik und N. Petersen, mit freundlicher Genehmigung)

15.2.2 Intrazelluläre Bewegungen

Innerhalb der Zelle wechseln Zellplasma, Zellkern und Organellen oft den Ort. Diese intrazellulären Bewegungen lassen sich in vielfacher Hinsicht an die freien Ortsbewegungen der einzelligen Organismen anschließen.

Die in vielen Zellen zu beobachtende **Plasmaströmung** wird oft erst durch Außenreize (z. B. Licht, Temperatur, Verletzung der Zelle, chemische Reize) ausgelöst, ist von einem aktiven Stoffwechsel (u. a. von ATP) abhängig und erreicht Geschwindigkeiten von 0,2–0,6 mm min^{-1} (in Internodialzellen von *Nitella* bis zu 6 cm min^{-1} bei hoher Temperatur). Nicht in Bewegung ist in jedem Fall die an die Plasmamembran anschließende äußerste Plasmaschicht (das **Ektoplasma**). Da durch die Plasmaströmung die Zellpolarität nicht verändert wird, könnte sie im Ektoplasma bzw. auch in der Plasmamembran verankert sein. Verantwortlich für die Plasmaströmung sind Strukturproteine, die ATP-abhängig aneinander entlang gleiten, wie bei der Geißelbewegung, der Plasmodienbewegung oder der Muskelkontraktion. Es ist nicht bekannt, ob der Plasmaströmung (die keineswegs immer und in allen Zellen vorkommt) eine physiologische Bedeutung, etwa beim Stoffaustausch innerhalb der Zelle oder zwischen benachbarten Zellen, zukommt.

Zellkerne können ihren Platz innerhalb der Zelle ändern. Sie bewegen sich meist zu den Orten stärksten Zellwachstums oder besonders erhöhter lokaler Stoffwechselaktivität. So finden sich bei Zellen mit ausgeprägtem Spitzenwachstum (Wurzelhaare, Pollenschläu-che) die Zellkerne nahe der wachsenden Spitze, bei verletzten Zellen liegen sie oft in der Nähe der Zellwand, die der Wunde zugekehrt ist, bei einer Pilzinfektion (► Abschn. 16.3.4) wandern sie zu den Orten der eindringenden Pilzhyphen, wo besonders intensive zelluläre Abwehrreaktionen ablaufen. In direkter Nachbarschaft von Meristemoiden (z. B. Spaltöffnungsinitialen) sind die Zellkerne in Richtung der meristematischen Zellen verlagert und spiegeln vermutlich einen stofflichen Gradienten wider (► Abschn. 11.3).

Charakteristisch sind die von der Lichtintensität abhängigen **Chloroplastenbewegungen** (z. B. bei Algenthalli, Moosblättchen, Farnprothallien und innerhalb der Samenpflanzen besonders bei Wasserpflanzen), die diese Organellen in die Stellung bzw. an die Orte optimaler Belichtung führen. In der **Schwachlichtstellung** finden sich die Chloroplasten an den direkt bestrahlten Vorder- und Hinterwänden der Zellen und wenden dem Licht ihre größte Fläche zu (maximaler Einfangquerschnitt für Lichtquanten), während sie bei Starklicht an die Seitenwände wandern und dem Licht den kleinstmöglichen Einfangquerschnitt bieten, wohl, um Strahlenschäden (► Abschn. 14.3.8) zu vermindern (**Starklichtstellung**) (► Abb. 15.7).

Wirkungsspektren weisen bei Moosen auf ein Flavin oder Flavoproteid als Photorezeptor der Schwach- und Starklichtreaktion hin; bei der besonders gut untersuchten Reaktion des plattenförmigen Chloroplasten der fadenthallibildenden Jochalge *Mougeotia* (► Abschn. 19.3.3.3) ist an der Schwachlichtreaktion Phytochrom beteiligt, an der Starklichtreaktion neben Phytochrom noch ein Blaulichtrezeptor. Man kann demzufolge die Schwachlichtreaktion durch Hellrot induzieren und diese Induktion durch unmittelbar darauf gegebenes Dunkelrot wieder löschen; es handelt sich also um eine Klasse-II-Reaktion (► Abschn. 13.2.4). Bei den Angiospermen wird die Chloroplastenstellung durch die Blaulichtrezeptoren der Phototropingruppe gesteuert: Phototropin 1 steuert die Schwachlichtantwort, Phototropin 2 die Starklichtantwort (**Phototropin,** ► Abschn. 13.2.4), ► Abschn. 15.3.1.1 und 15.3.2.5, ► Exkurs 13.1).

15.3 Bewegungen lebender Organe

Krümmungsbewegungen festgewachsener Organismen oder Organe, die durch einen einseitigen Reiz ausgelöst und in ihrer Richtung bestimmt werden, nennt man **Tropismen** (► Abschn. 15.3.1). Die Krümmungen kommen in der Regel durch verschieden starkes Wachstum gegenüberliegender Flanken eines Organs zustande, sehr selten sind Turgorveränderungen ursächlich beteiligt. Wird dagegen die Art und Richtung der Bewegung allein durch den Bau des reagierenden Organs bestimmt und dient der Reiz lediglich als Auslöser (unabhängig davon, ob er allseitig oder einseitig wirkt), so handelt es sich um eine **Nastie**. Nastien (► Abschn. 15.3.2) liegen meist reversible Turgoränderungen zugrunde, seltener kommen sie durch verschieden starkes Wachstum entgegenge-

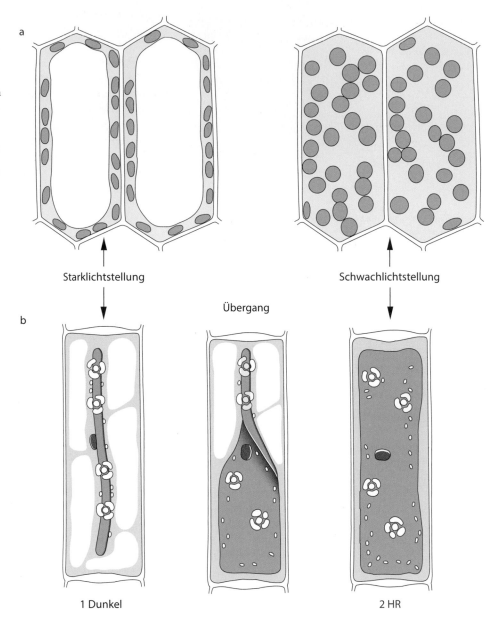

Abb. 15.7 Chloroplastenbewegung. **a** Stellung der Chloroplasten eines Moosblättchens im Stark- bzw. Schwachlicht (Lichtrichtung senkrecht zur Zeichenebene). **b** Stellung des plattenförmigen Chloroplasten in der Zelle von *Mougeotia scalaris*. Belichtet man im Dunkeln gehaltene Zellen (**1**) mit kurzen Pulsen (1 min) von Hellrot (HR), so nimmt der Chloroplast die Schwachlichtstellung ein (**2**). Die Photoreversibilität der Reaktion bei alternierender Bestrahlung mit HR und DR (Dunkelrot) deutet auf die Beteiligung des Phytochromsystems hin; Lichtrichtung senkrecht zur Zeichenebene. Der Chloroplast dreht sich innerhalb von ca. 30 min. (Nach P. Schopfer)

Starklichtstellung

Schwachlichtstellung

Übergang

1 Dunkel

2 HR

setzter Organflanken zustande. Nastien und Tropismen werden den durch innere Mechanismen gesteuerten **autonomen Organbewegungen** (▶ Abschn. 15.3.3) gegenübergestellt.

Sowohl Tropismen als auch Nastien werden zweckmäßig nach der Art des auslösenden Reizes weiter unterschieden.

15.3.1 Tropismen

Eine positiv tropistische Antwort erfolgt zur Reizquelle hin, eine negative Antwort von ihr weg. Wird ein bestimmter Winkel zur Reizquelle eingenommen, so spricht man von **Plagiotropismus**, beträgt dieser Winkel 90°, so handelt es sich um **Diatropismus** (auch Transversaltropismus genannt). Sofern dem Tropismus ein differenzielles Wachstum zugrunde liegt, tritt er auch nur bei wachsenden Organen auf, und die Fähigkeit zur tropistischen Reaktion hört mit dem Wachstum auf. Zumeist ist das Streckungswachstum beteiligt, viel seltener – z. B. bei der Aufkrümmung horizontal gelegter Stämme – sind auch Zellteilungen beteiligt. Bei positiver Krümmung wächst in der Regel die reizabgewandte Organflanke stärker; dies ist sowohl bei Gefäßpflanzen als auch bei manchen einzelligen Systemen (z. B. Sporangienträger von *Phycomyces*, *Pilobolus*) der Fall. Bei Zellen mit sehr ausgeprägtem Spitzenwachstum, z. B. Farnchloronemen und Pollenschläuchen, kann das Spitzenwachstum jedoch durch seitliche Reizung gehemmt und

15

reizzugewandt ein neuer Apex induziert werden, der mit scharfem Knick weiterwächst. Hier wächst also bei positivem Tropismus die reizzugewandte Seite stärker.

15.3.1.1 Phototropismus und Skototropismus

Durch einseitigen Lichteinfall werden viele Organe in eine vorteilhafte Lage gebracht, z. B. zur optimalen Lichtausnutzung bei der Photosynthese. Positiv phototrop reagieren die meisten Sprossachsen (◘ Abb. 15.8) und viele Blattstiele, die einzelligen Sporangienträger einiger Mucoraceen (z. B. von *Phycomyces* und *Pilobolus*) und die Fruchtkörper mancher *Coprinus*-Arten. Negativer Phototropismus findet sich seltener, z. B. bei Haft- und manchen Luftwurzeln (z. B. Efeu, Araceen), den Rhizoiden von Lebermoosen und Farnprothallien, den mit Haftscheiben versehenen Ranken des Wilden

Weins, dem Hypokotyl der Mistel und, in Ausnahmefällen (z. B. bei *Sinapis*, ◘ Abb. 15.8), bei Keimwurzeln; die meisten Wurzeln sind jedoch aphototrop. Plagiophototrop reagieren viele Seitenzweige, diaphototrop Blattspreiten (◘ Abb. 15.8) und Thalli von Lebermoosen. Gelegentlich wird im Lauf der Entwicklung die phototrope Reaktionsweise umgeschaltet. Blütenstiele (z. B. von *Cymbalaria muralis*, *Cyclamen persicum*, *Tropaeolum majus*) reagieren vor Befruchtung positiv, nach Befruchtung jedoch negativ phototrop, sodass die Früchte in Mauerritzen und ähnlichen für die Keimung geeigneten Orten geborgen werden.

Bei Moosprotonemen und Farnchloronemen, deren phototrope Reaktion auf einer Verlagerung des Wachstumspunkts beruht, ist der **Photorezeptor** das **Phytochromsystem**. Aus Belichtungsversuchen mit linear polarisiertem Licht ließ sich, wie im Fall der Chloroplastendrehung (▶ Abschn. 15.2.2), folgern, dass eine hochgradig orientierte Anordnung der Photorezeptormoleküle im Ektoplasma vorliegt. Alle phototropen Reaktionen, die auf differenziellem Wachstum von Licht- und Schattenflanke beruhen, zeigen das gleiche Wirkungsspektrum mit einem Gipfel im ultravioletten (370 nm) und einem dreigipfligen Aktivitätsmaximum im blauen Spektralbereich (◘ Abb. 15.9). Da der Gipfel im UV an eine Flavinabsorption erinnert, der Blaubereich jedoch einer Carotinoidabsorption (◘ Abb. 14.23 und 14.24) ähnelt, war die Natur des beteiligten Chromophors lange unklar. Die Photorezeptoren konnten jedoch kürzlich – unter konsequenter Verwendung von Mutanten – zuerst in *Arabidopsis*

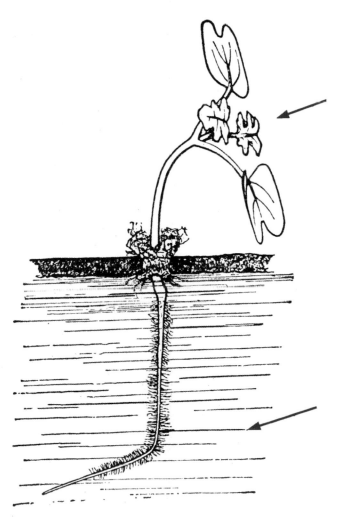

◘ **Abb. 15.8** Senfkeimling in Wasserkultur, von rechts (Pfeile) einseitig beleuchtet. Sprossachse positiv, Wurzel (ausnahmsweise!) negativ phototrop, Blattspreiten senkrecht zum Lichteinfall diaphototrop ausgerichtet. (Nach F. Noll)

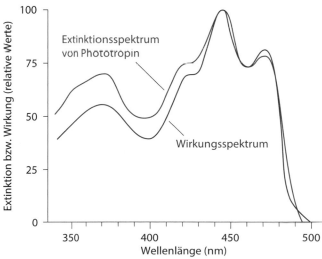

◘ **Abb. 15.9** Wirkungsspektrum des Phototropismus (rote Kurve, erste positive Krümmung von *Avena*-Coleoptilen) sowie Extinktionsspektrum des rekombinanten (in *Escherichia coli* exprimierten) *Avena*-Phototropins nach Hinzufügen (Rekonstitution) des Chromophors Flavinmononucleotid. (Phototropin; nach Daten von J.M. Christie und W.R. Briggs)

thaliana und dann auch in weiteren Arten identifiziert werden.

Es gelang, Mutanten bei *Arabidopsis thaliana* zu isolieren, die zwar keine blaulichtabhängige Hochintensitätsreaktion der Photomorphogenese (Hemmung des Hypokotylwachstums bei etiolierten Keimlingen im Starklicht, *cry*1-Mutante, ▶ Abschn. 13.2.4) mehr zeigten, jedoch noch normalen positiven Phototropismus. Eine andere Mutante zeigte im Schwachlicht keinen Phototropismus mehr, aber noch eine normale Hemmung der Hypokotylstreckung (*nph1*-Mutante, engl. *non phototropic hypocotyl*). Daraus ließ sich folgern, dass mindestens zwei getrennte Blaulichtrezeptoren für die Auslösung der Photomorphogenese einerseits und des Phototropismus andererseits verantwortlich sind, und somit der Phototropismusrezeptor nicht mit dem Cryptochrom identisch sein kann (■ Tab. 13.3). Heute ist bekannt, dass zwei strukturell miteinander verwandte Blaulichtrezeptoren den Phototropismus steuern: Phototropin 1 (codiert von dem Gen *NPH1*) und das strukturell ähnliche Phototropin 2 (codiert von dem Gen *NPL1* für engl. *NPH-like*). Phototropin 1 ist ein Schwachlichtrezeptor, Phototropin 2 ein Starklichtrezeptor. Eine Doppelmutante (*nph1/npl1*) zeigt keinerlei Phototropismus mehr. Phototropine steuern bei Angiospermen auch die Chloroplasten- und Schließzellbewegung.

Bei den Phototropismusrezeptoren **Phototropin 1** und **Phototropin 2** handelt es sich um Chromoproteide, deren Apoproteine als Chromophore nichtkovalent gebundenes Flavinmononucleotid (FMN) enthalten. Die Bindung erfolgt an blaulichtsensitiven LOV-Domänen (engl. *light-oxygen-voltage domains*). Das Absorptionsspektrum der Phototropine entspricht sehr genau dem Wirkungsspektrum des Phototropismus, sodass Carotinoide nicht beteiligt zu sein scheinen (■ Abb. 15.9).

Phototropine sind **Proteinkinasen** und phosphorylieren sich in Gegenwart von ATP in einer direkt blaulichtabhängigen Reaktion an mehreren Serinresten selbst. Phosphorylierte Phototropine stellen den aktivierten Photorezeptor dar. Der weitere Signalweg ist in vielen Fällen noch nicht vollständig aufgeklärt. Es wird jedoch vermutet, dass der Aktivierungszustand der Phototropine die Auxinverteilung im Organ reguliert und das differenzielle Flankenwachstum durch eine entsprechend asymmetrische Auxinverteilung bewirkt wird (s. u.; Auxin, ▶ Abschn. 12.3). Im Dunkeln werden Phototropine durch Proteinphosphatasen des Typs 2A dephosphoryliert und inaktiviert.

Die phototrope Reaktion wurde besonders intensiv an Grascoleoptilen, Hypokotylen und Epikotylen von Keimlingen und dem *Phycomyces*-Sporangienträger untersucht. In allen Fällen ergab sich eine komplexe Abhängigkeit der Reaktion von der verabreichten Lichtmenge (dem Produkt der Lichtintensität in W m^{-2} und der Belichtungszeit in s, Einheit W m^{-2} s = J m^{-2}). Bei der am besten untersuchten *Avena*-Coleoptile (■ Abb. 15.10), die hier als typisches Beispiel dienen kann, tritt bei sehr niedrigen Lichtmengen (im Bereich von ca. 10^{-1} bis 10^{2} J m^{-2}) positiver Phototropismus auf, dessen Intensität jedoch bei weiterer Erhöhung der Lichtmenge wieder auf null zurückgeht, um jenseits von

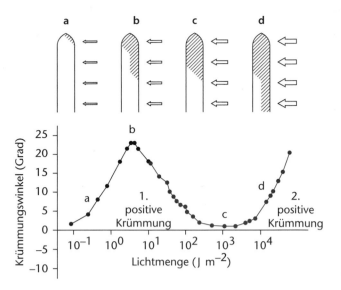

■ **Abb. 15.10** Dosis-Wirkungs-Kurve der phototropen Reaktion von *Avena*-Coleoptilen. Die Pflanzen wurden 1–120 s mit 8×10^{-2} W m^{-2} (schwarzes Kurvensegment) oder 1 s bis 3 h mit 3,5 W m^{-2} (rotes Kurvensegment) belichtet. Lichtmenge in J m^{-2} = W m^{-2} s. Die Schemazeichnungen geben die derzeitige Vorstellung vom Phosphorylierungszustand (schraffiert) des Phototropismusrezeptors Phototropin in Abhängigkeit von der verabreichten Lichtmenge (Bereich a–d) an. Nähere Erläuterungen im Text. (Dosis-Wirkungs-Kurve nach B. Steyer; Phototropinhypothese nach M. Salomon, M. Zacherl und W. Rüdiger)

10^{4} J m^{-2} erneut in positiven Phototropismus umzuschlagen (man spricht von erster und zweiter positiv phototroper Reaktion); bei sehr hohen Lichtmengen schließt sich ein zweiter Indifferenzbereich und jenseits davon eine dritte positive Reaktion an, die jedoch nur im Experiment erscheint und bei den natürlichen Lichtintensitäten keine Rolle spielt. Für den Phototropismus im natürlichen Tageslicht ist der Bereich der zweiten positiven Reaktion relevant; Keimlinge im Boden reagieren unter Umständen auf sehr schwaches und kurzzeitig einfallendes Licht im Bereich der ersten positiven Reaktion. Diese ist experimentell am besten untersucht.

Sieht man vom Phototropismus der Zellen mit Spitzenwachstum (s. o.) ab, so erfolgt eine positiv phototrope Krümmung durch ein gegenüber der Lichtflanke verstärktes Wachstum der Schattenflanke. Der Bereich maximaler Lichtempfindlichkeit liegt in der Regel apikal der Krümmungszone. Bei Coleoptilen (■ Abb. 15.11A) ist für die Auslösung der ersten positiven Reaktion eine Belichtung der äußersten Spitze (etwa 0,25 mm) erforderlich. Da die Reaktion auch erfolgt, wenn nur dieser Bereich belichtet wird, ist eine Signalleitung vom Ort der Lichtperzeption zum Ort der Krümmungsreaktion erforderlich. Die erste positive Krümmung beginnt an der Spitze und schreitet allmählich zur Basis fort (Spitzenreaktion). Die zweite positive Krümmung erfolgt von Anfang an nahe der Coleoptilenbasis (Basisreak-

15

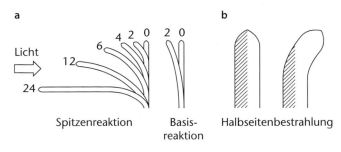

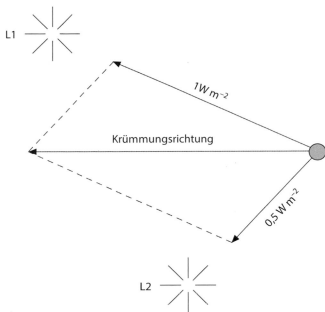

Abb. 15.11 Phototropismus der Coleoptile. **a** Ablauf phototroper Krümmungen bei einseitiger Bestrahlung (Pfeil). Links: erste positive Reaktion (Spitzenreaktion), rechts: zweite positive Reaktion (Basisreaktion) bei der *Avena*-Coleoptile. **b** Halbseitenbestrahlung einer Coleoptile. Das Licht trifft senkrecht zur Papierebene auf die eine Organhälfte, die andere bleibt im Dunkeln (schraffiert). Das Objekt krümmt sich nicht in Richtung der Lichtquelle (zum Betrachter), sondern in der Papierebene entsprechend der Helligkeitsdifferenz zwischen belichteter und unbelichteter Hälfte (stärkeres Wachstum der verdunkelten Flanke). (Nach E. Libbert)

Abb. 15.12 Phototrope Krümmung nach dem Resultantengesetz bei gleichzeitiger Belichtung mit verschieden starken Lichtquellen (L_1, L_2). Die Bestrahlungsstärken, die jede der Lichtquellen allein am Objekt (hier von oben gesehen) erzielt, sind als Vektoren eines Kräfteparallelogramms wiedergegeben

tion); auch hier ist die Coleoptilenspitze besonders empfindlich (ca. 0,5 mm), in geringem Maß jedoch auch die basaleren Teile des Organs. In beiden Fällen ist Phototropin 1 beteiligt, eine durch Phototropin 2 vermittelte Reaktion tritt erst bei noch höheren Lichtmengen auf (dritte positive Krümmung).

Ältere Pflanzen perzipieren einseitige Belichtung in den Spreiten jüngerer Blätter der Sprossspitzen. Bei *Tropaeolum* sind die Blattstiele phototrop empfindlich. Trifft Licht von zwei seitlichen Lichtquellen in unterschiedlichem Winkel und unterschiedlicher Intensität auf ein phototrop reaktionsfähiges Organ, so erfolgt in den meisten Fällen die Krümmung in Richtung der Resultante, die man aus einem Kräfteparallelogramm aus Richtung und Reizmenge bilden kann (Abb. 15.12).

Perzipiert wird beim Phototropismus jedoch nicht die Lichtrichtung, sondern der Helligkeitsunterschied zwischen Licht- und Schattenseite. Dies lässt sich z. B. durch eine Halbseitenbelichtung zeigen (Abb. 15.11B). Die nötigen Helligkeitsunterschiede zwischen beiden Flanken entstehen durch Lichtstreuung oder Lichtabsorption („Schattenpigmente", z. B. Carotinoide in der Coleoptilenspitze) innerhalb des Organs. Die unterschiedliche Lichtintensität an verschiedenen Orten des Organs ließ sich bei Coleoptilen direkt mit dem Phosphorylierungsgrad des Phototropins, das überwiegend in der Coleoptilenspitze und in viel geringerem Ausmaß in der Coleoptilenbasis vorliegt, korrelieren (Abb. 15.10). Die Phosphorylierungshypothese bietet auch eine Erklärungsmöglichkeit für die komplexe Abhängigkeit der phototropen Reaktion von der Lichtmenge. Sehr niedrige Lichtintensitäten und kurze Bestrahlungszeiten reichen nur aus, um genügend Phototropin 1 der Lichtflanke in der Spitzenregion der Coleoptile zu aktivieren. In der Coleoptilenspitze bildet sich ein Phosphorylierungsgradient des Phototropins. Mit zunehmender Intensität oder Dauer der Belichtung wird auch das Phototropin 1 auf

der Schattenflanke der Coleoptilenspitze zunehmend phosphoryliert: Der Phosphorylierungsunterschied verschwindet. Steigert man die Lichtintensität noch weiter, so reagiert schließlich auch das – in viel geringerer Konzentration vorliegende oder stärker abgeschirmte – Phototropin 1 der Coleoptilenbasis, zunächst auf der Licht-, mit weiter zunehmender Intensität bzw. Belichtungsdauer dann auch auf der Schattenflanke: Der sich aufbauende (und schließlich wieder verschwindende) Phosphorylierungsgradient steuert die zweite phototrope Krümmung (Basisreaktion, Abb. 15.11A). Man nimmt nun an, dass der Auxintransport von Phototropin, direkt oder über eine Signalkette, reguliert wird. Ein Phosphorylierungsgradient des Phototropins bewirkt nach dieser Vorstellung eine asymmetrische Verteilung des Auxins im Organ und dies wiederum soll die unterschiedlichen Wachstumsgeschwindigkeiten der Licht- und Schattenflanke bewirken. Bei Coleoptilen konnten für die Auxinhypothese des Phototropismus experimentelle Belege beigebracht werden, bei anderen Organen der Gefäßpflanzen ist die Situation nicht abschließend geklärt, gänzlich unklar ist die Kausalkette bei den Phototropismen der Nicht-Gefäßpflanzen.

Einseitige Belichtung von Coleoptilen etiolierter Gramineenkeimlinge im Bereich der ersten und zweiten positiven Krümmung führt einerseits zu einer Querverschiebung des Auxins von der belichteten Flanke auf die Schattenseite des Organs im Bereich der Coleoptilenspitze und andererseits zu einer Hemmung des basipeta-

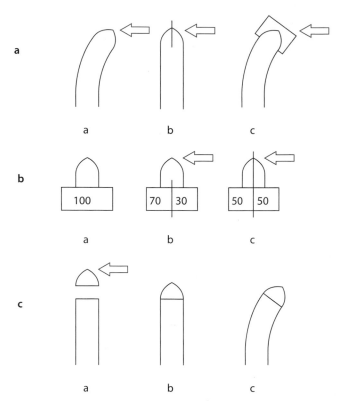

◘ Abb. 15.13 Quertransport von Auxin beim Phototropismus von Coleoptilen. Pfeile: Bestrahlungsrichtung. **a** Nachweis der Notwendigkeit ungehinderten Lateraltransports. Ein senkrecht zur Lichtrichtung eingesetztes Glasplättchen (b) hindert Transport und Krümmung, ein parallel zur Lichtrichtung angeordnetes (c) nicht. **b** Abfangen des aus der abgetrennten Coleoptilenspitze diffundierenden Auxins mithilfe von Agarblöckchen bei der Kontrolle (a), unbehindertem (b) und behindertem (c) Quertransport. Einseitige Belichtung führt bei unbehindertem Quertransport zu einer verstärkten Auxinabgabe auf der lichtabgewandten Flanke. Zu vergleichbarem Ergebnis führt die Versorgung der Spitzen mit einem radioaktiven Auxin (Indol-3-essigsäure) von außen und nachfolgende Messung der Radioaktivität in den Blöckchen. **c** Signalleitung durch Auxinlängstransport; (a) einseitige Belichtung erzeugt in der abgetrennten Spitze Auxinquertransport; (b) Spitze wird der Basis wieder aufgesetzt; (c) die asymmetrische Auxinverteilung teilt sich der Basis mit und führt dort zur Krümmung. Vgl. mit dem Phototropinphosphorylierungsmodell (◘ Abb. 15.10). – Zahlen: relativer Auxingehalt. (Nach E. Libbert)

len Auxintransports (► Abschn. 12.3.3) auf der Lichtflanke (◘ Abb. 15.13). Die in der Coleoptilenspitze verursachte Asymmetrie in der Auxinverteilung pflanzt sich dann durch den polaren Auxintransport bis zur Basis fort und führt zum stärkeren Wachstum auf der auxinreicheren Schattenflanke. Eine Wachstumsdifferenz von nur 2 % auf den gegenüberliegenden Organflanken führt bereits zu einer Krümmung von 10°. Die Signalleitung besteht demnach beim Phototropismus in einem **asymmetrischen Auxintransport**. Hemmstoffe des polaren Auxintransports (z. B. 2,3,5-Trijodbenzoesäure, TIBA) stören deshalb auch die phototrope Reaktion.

Bei tropischen Lianen (z. B. der Aracee *Epipremnum giganteum*) wurde gezeigt, dass sie als Keimlinge ihrem Stützbaum gezielt durch eine Wachstumskrümmung in Richtung des dunkelsten Sektors am Horizont zustreben. Da die Keimlinge von allen Seiten auf einen Stützbaum zuwachsen, handelt es sich nicht um einen negativen Phototropismus, sondern um Wachstum zum Schatten: **Skototropismus**. Hat der Keimling den Stützbaum erreicht, so wandelt sich die skototrope Empfindlichkeit in einen positiven Phototropismus um, der die Pflanze dem Licht im Kronenbereich entgegenführt. Der kausale Mechanismus des Skototropismus ist unbekannt.

15.3.1.2 Gravitropismus

Viele Pflanzen können durch Wachstumskrümmung ihre Organe in eine bestimmte Richtung zur Erdbeschleunigung ($g = 9{,}81$ m s^{-2}) bringen; diese Reaktion bezeichnet man als **Gravitropismus** (früher: Geotropismus). Bäume an einem Steilhang wachsen z. B. so, dass die Stammlängsachse in der Richtung des Lotes, nicht etwa senkrecht zur lokalen Erdoberfläche, steht. Aus der Normallage gebrachte Achsen, z. B. Blütenstiele, krümmen sich so lange, bis sie wieder in der Lotrichtung stehen; Getreidehalme, die durch Wettereinwirkung umgelegt worden sind, können sich durch Krümmung in den Knoten wieder aufrichten.

Positiv gravitrop, d. h. in Richtung auf den Erdmittelpunkt wachsend, sind Hauptwurzeln (◘ Abb. 15.14a), ferner die Rhizoide von Algen, Lebermoosen oder Farnprothallien. **Negativ gravitrop** reagieren die Hauptsprosse (◘ Abb. 15.14b), die Sporangienträger der

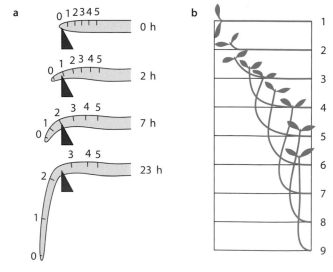

◘ Abb. 15.14 Gravitropismus. **a** Positiver Gravitropismus der Keimwurzel; Zeit nach Beginn der Horizontallage in Stunden. Die auf der Wurzel angebrachten Abstandsmarken 0–5 zeigen den Längenzuwachs der einzelnen Wurzelabschnitte während der Reaktion. Die Gesamtreaktion benötigt je nach Art zwei bis mehrere Stunden. **b** Negativer Gravitropismus des Sprosses einer Keimpflanze. Die Zahlenfolge bezeichnet einzelne Stadien der Reaktion, die je nach Art zwei bis mehrere Stunden benötigen. (a nach J. Sachs; b nach W. Pfeffer)

Mucoraceen und die Fruchtkörper vieler Hutpilze. Seitenwurzeln erster Ordnung wachsen meist horizontal (**Diagravitropismus**) oder in einem bestimmten Winkel schräg abwärts (**Plagiogravitropismus**). Auch viele Seitenzweige und Blätter, ebenso Erdsprosse, reagieren diagravitrop oder plagiogravitrop. Seitenwurzeln zweiter Ordnung sind meist gravitrop unempfindlich (**agravitrop**), ebenso wie die Seitenzweige der „Trauerformen" (z. B. Trauer-Weide). Wie der Phototropismus, so kann auch der Gravitropismus bei manchen Pflanzen im Lauf der Entwicklung oder durch Änderung der Umweltbedingungen eine Umschaltung erfahren.

So ist z. B. der obere Teil des Stengels einer jungen Mohnknospe positiv gravitrop (nickende Knospe), wird aber negativ, sobald die Blüte sich zur Öffnung anschickt. Bei vielen Arten (z. B. *Holosteum umbellatum*, *Calandrinia*, *Arachis* u. a.) sind die Blütenstiele negativ, die Fruchtstiele positiv gravitrop; bei *Lilium martagon* ist es dagegen umgekehrt. Wird, z. B. bei Fichten oder Tannen, der negativ gravitrope Gipfeltrieb gekappt, so richten sich die ursprünglich dia- oder plagiogravitropen oberen Seitenäste negativ gravitrop auf; einer übernimmt dann in der Regel die Funktion und Lage des Haupttriebs, während die anderen wieder in die Ausgangslage zurückkehren (**Apikaldominanz**, ▶ Abschn. 12.3.5).

Die niedrige Temperatur des Winters macht z. B. die im Sommer negativ gravitropen Sprosse mancher unserer Ackerunkräuter (*Senecio vulgaris*, *Sinapis arvensis*, *Lamium purpureum* usw.) diagravitrop; sie kommen so möglicherweise in den Schutz der Schneedecke. Die diagravitropen Rhizome von *Adoxa* oder *Circaea* werden durch Belichtung positiv gravitrop und gelangen so wieder in das Erdreich zurück; bei Erdsprossen von *Aegopodium podagraria* genügt für diese Umstimmung eine Rotlichtbestrahlung von 30 s. Eine Verdunkelung lässt die diagravitropen Sprosse von *Vinca*, *Lysimachia nummularia* und anderen negativ gravitrop werden.

Dass die gravitropen Krümmungen Reaktionen auf eine **Massenbeschleunigung** sind, die normalerweise durch die einseitig wirkende Schwerkraft hervorgerufen werden, kann man auf verschiedene Weise belegen. Einmal wirkt eine Zentrifugalbeschleunigung (*z*) in gleicher Weise wie die Erdbeschleunigung (*g*, ◖ Abb. 15.15b); sind beide Kräfte von gleicher Größenordnung, so gilt wieder das Resultantengesetz (◖ Abb. 15.12): Schwerkraft und Zentrifugalkraft werden demnach von der Pflanze als gleichwertig empfunden. Auf der anderen Seite kann man gravitrope Krümmungen ausschalten, wenn man eine zunächst orthotrop gewachsene Pflanze in der Horizontallage langsam um ihre Längsachse ro-

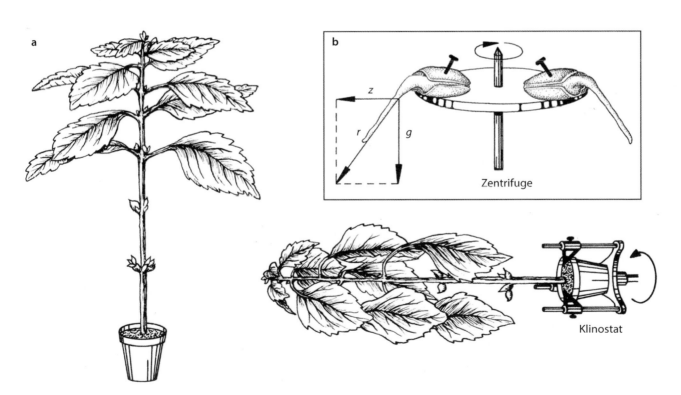

◖ **Abb. 15.15** Nachweis der Massenbeschleunigung als adäquater Reiz beim Gravitropismus. **a** Links normal orientierte, rechts auf dem Klinostat bei langsamer Umdrehung (wenige Umdrehungen pro Minute) um ihre Längsachse gehaltene *Coleus*-Pflanze. Bei Wegfall einseitiger Schwerkraft unterbleibt die negativ gravitrope Krümmung des Sprosses und es kommt zum Auftreten der sonst durch den negativen Gravitropismus kompensierten Epinastie der Blätter. **b** Gültigkeit des Resultantengesetzes bei gleichzeitiger Einwirkung einer Zentrifugalbeschleunigung (*z*) und der Erdbeschleunigung (*g*). Die Wachstumsrichtung folgt der Resultante (*r*). (a aus H. Mohr, b nach E. Libbert)

tiert (auf einem **Klinostat**, 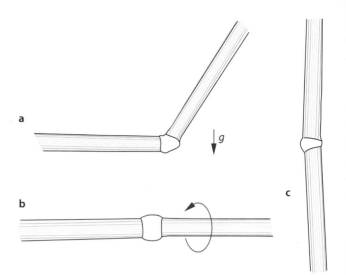 Abb. 15.15a). Ist die Rotationsgeschwindigkeit einerseits groß genug, um eine einseitige Graviperzeption auszuschalten, andererseits klein genug, um Zentrifugalkräfte nicht wirksam werden zu lassen (einige Umdrehungen pro Minute), so ist das Schwerefeld kompensiert.

Auch gravitrope Krümmungen beruhen in der Regel auf einem differenziellen Wachstum gegenüberliegender Organhälften; daher reagieren in diesen Fällen, wie auch bei phototropen Reaktionen, die wachstumsfähigen Zonen: die direkt hinter der Wurzelspitze gelegenen Hauptwachstumszonen der Wurzeln bzw. des Sprosses bzw. Hypokotyle oder Epikotyle der Keimpflanzen (◘ Abb. 15.14). Der Krümmungsverlauf ist bei Wurzeln wegen der kurzen Streckungszone relativ einfach. Bei Sprossen beginnt die Krümmung an der Spitze und schreitet dann immer weiter basalwärts fort; dabei geht die gravitrope Aufkrümmung über die Lotrechte hinaus, worauf eine Rückkrümmung erfolgt, bis der Spross, nach einigen Pendelbewegungen, genau in der Senkrechten eingestellt ist. Diese Pendelbewegungen sind nur teilweise auf die erneute (entgegengesetzte) gravitrope Reizung bei der Überkrümmung zurückzuführen, teilweise erfolgen sie unabhängig von der Schwerkraft (z. B. auch am Klinostat), wobei die Steuerungsmechanismen noch unbekannt sind.

In bestimmten Fällen können auch ausgewachsene Teile ihr Wachstum nach gravitroper Reizung wieder aufnehmen: Bei aus ihrer Ruhelage gebrachten Grashalmen beginnen die Knoten auf ihrer Unterseite verstärkt zu wachsen, sodass sich der Halm wieder aufrichtet (◘ Abb. 15.16). Auf dem Klinostat setzt eine allseitige Wachstumsförderung der Knoten ein, was zeigt, dass auch hier der Schwerereiz noch perzipiert wird. Auch Stämme, Äste und Wurzeln von Bäumen können durch verstärktes Längen- und Dickenwachstum mittels ihrer Cambien gravitrope Reaktionen ausführen, allerdings sehr langsam; dabei bildet das gravitrop gereizte Cambium anatomisch speziell differenziertes **Reaktionsholz** aus, bei Nadelhölzern auf der Unterseite (Druckholz), bei Laubhölzern auf der Oberseite (Zugholz). Zur Bildung von Reaktionsholz kommt es auch, wenn ein Längenwachstum ausbleibt und damit auch eine Aufkrümmung fehlt (z. B. nach Entfernen der Gipfelknospe); seine Entstehung wird also nicht durch den Krümmungszug oder -druck induziert, vielmehr ist die Ausbildung des Reaktionsholzes die Ursache der gravitropen Aufkrümmung.

Die **Präsentationszeiten** für den Gravitropismus können sehr kurz sein und wenige Minuten betragen (z. B. 3 min für Hypokotyle von *Helianthus*). Auch die **Reaktionszeiten** können im Minutenbereich liegen (Hafercoleoptile 14 min, Kressewurzeln unter 20 min), Sprosse fangen jedoch oft erst nach über einer Stunde an, zu reagieren, Grasknoten erst nach mehreren Stunden. Die **Reizschwelle** bei Dauerreizung liegt bei einer Massenbeschleunigung von etwa $10^{-2} \times g$ (g = Erdbeschleunigung), eine **Summation** unterschwelliger Reize kann – wie beim Phototropismus – zu einer sichtbaren Reaktion führen.

Bei Reizen knapp oberhalb der Reizschwelle gilt, wie beim Phototropismus, das **Reizmengengesetz** (◘ Gl. 15.1), innerhalb gewisser Grenzen ist es also gleichgültig, ob ein starker Reiz kurz oder ein

◘ Abb. 15.16 Gravitrope Aufkrümmung eines horizontal gelegten **a** bzw. in Horizontallage um die Längsachse gedrehten **b** Grasknotens im Vergleich zum nichtstimulierten Objekt **c** Die Reaktion wird auch von isolierten Sprossabschnitten – wie gezeigt – durchgeführt. Der Vergleich von B und C macht deutlich, dass Horizontallage bei gleichzeitiger Drehung um die Längsachse das Längenwachstum des Knotens stimuliert. Gravitrope Stimulation (A) führt zu starker Verlängerung der Unterseite des Knotens, die Oberseite wird gestaucht

schwacher Reiz länger einwirkt, die Reizmenge R, das Produkt aus Reizintensität I und Einwirkzeit t, ist entscheidend. Auch sind Reizmenge und Reaktionsgröße bei kleinen Reizmengen proportional. Dies kann man etwa durch Einwirken leicht zu dosierender Zentrifugalkräfte (◘ Abb. 15.15b) oder Auslenkungen aus der Lotrechten in kleinerem Winkel als 90° untersuchen. Im letzteren Fall kommt nur jener Bruchteil der Schwerkraft zur Wirkung, der dem Sinus des Ablenkungswinkels aus der Lotrechten proportional ist (**Sinusgesetz**). In vielen Fällen wird bereits eine Auslenkung von 1–2° aus der Lotrechten durch eine gravitrope Wachstumsreaktion korrigiert. Bäume wachsen z. B. nicht nur an einem Steilhang, sondern auch an sehr flachen Hängen lotrecht, d. h. parallel zum Vektor der Erdbeschleunigung, nicht senkrecht zur lokalen Erdoberfläche.

Die **Perzeption** einer Massenbeschleunigung findet bei den (ebenfalls wieder gut untersuchten) Coleoptilen im Mesophyll der Spitze (ca. 3 mm) statt, bei Wurzeln im zentralen Teil der Wurzelhaube (**Kalyptra**) und bei Sprossen wahrscheinlich in den Streckungszonen aller noch wachsenden Internodien (dort in den Zellen der Stärkescheiden). Entfernt man die Wurzelhaube, so nimmt das Längenwachstum der Wurzel leicht zu, die gravitrope Reizbarkeit verschwindet jedoch völlig (◘ Abb. 15.17a, b), ein Hinweis dafür, dass der Gravitropismus in diesem Fall auf einer Hemmwirkung beruht. Dies zeigt auch die Krümmung von nicht gravitrop stimulierten Wurzeln, denen die Kalyptra lediglich auf einer Flanke entfernt wurde (◘ Abb. 15.17c). Die *Arabidopsis*-Mutante *scarecrow* (engl.; Vogelscheuche) bildet keine Stärkescheide und keine Endodermis mehr

Bewegungsphysiologie

(im Bereich des Wurzelhalses geht die Stärkescheide in die Endodermis über). Der Spross dieser Mutante ist agravitrop, die Wurzel reagiert jedoch normal.

An der Perzeption der Erdbeschleunigung beteiligte Zellen oder Gewebe zeigen in der Regel eine ausgeprägte Asymmetrie in der intrazellulären Organellenverteilung: spezifisch leichte Organellen (z. B. Vakuolen) im oberen Teil und spezifisch schwere Organellen (Zellkerne und insbesondere Amyloplasten, bei *Chara*-Rhizoiden Bariumsulfatkristalle = Glanzkörper) auf der physikalischen Unterseite. Die Sedimentation solcher spezifisch schwerer Partikel (**Statolithen**, bei plastidenführenden Pflanzen sind es die erwähnten Amylo-

plasten, die statolithenführenden Zellen werden **Statocyten**, Statocytengewebe auch **Statenchyme** genannt) innerhalb der Zelle wird ursächlich mit der Perzeption der Massenbeschleunigung in Zusammenhang gebracht (■ Abb. 15.18). Zwar zeigen Pflanzen, die aufgrund längerer Haltung in Dunkelheit oder eines genetischen Defekts wenig bis gar keine Stärke akkumulieren, eine deutlich schwächere gravitrope Antwort, doch schwindet diese nicht völlig; stärkefreie Pflanzen zeigen immer noch eine gewisse Sedimentation der Leukoplasten in den Statocyten. Die Statolithenstärke ist demnach nicht unerlässlich für die Fähigkeit einer Zelle, eine Massenbeschleunigung zu perzipieren; sie dürfte jedoch zur Erhöhung der spezifischen Dichte der Amyloplasten und damit zur Verbesserung der gravitropen Empfindlichkeit beitragen.

Worin der eigentliche **Perzeptionsmechanismus** besteht, ist noch unklar. Verschiedene Hypothesen wurden vorgeschlagen:

- **topografisches Modell:** Die asymmetrische Verteilung der Statolithen in der Zelle ist entscheidend.
- **kinetisches Modell:** Das Entlanggleiten der Statolithen während ihrer Verlagerung in der Zelle infolge einer gravitropen Stimulation ist entscheidend.
- **Deformationsmodell:** Der Druck auf zelluläre Strukturen oder der Zug an zellulären Strukturen ist entscheidend.

Eine abschließende Festlegung ist noch nicht möglich. Beim Rhizoid von *Chara*, einer Zelle mit extremem Spitzenwachstum (■ Abb. 15.19), spricht vieles für das topografische Modell, während für die meisten Zellen, ins-

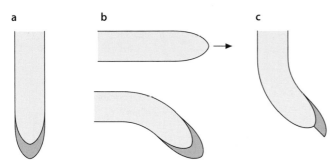

■ Abb. 15.17 Die Wurzelhaube als Ort der Graviperzeption und Ursprung eines Hemmstoffs des Wurzelwachstums. Im Vergleich zu nichtstimulierten Wurzeln **a** zeigen Wurzeln ohne Wurzelhaube (**b** oben) ein etwas verstärktes Längenwachstum, aber keinerlei Gravitropismus, der an das Vorhandensein der Wurzelhaube (Kalyptra) gebunden ist (**b** unten). **c** Einseitige Entfernung der Wurzelhaube führt zur Krümmung der Wurzelspitze. Die Flanke ohne Kalyptra wächst rascher als die intakte Flanke, was auf einen von der Wurzelhaube abgegebenen, das Längenwachstum der Wurzel hemmenden, Faktor oder Faktorenkomplex schließen lässt

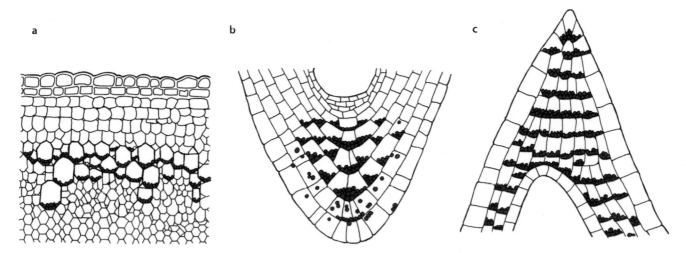

■ Abb. 15.18 Lage der Statenchyme **a** im Spross (Stärkescheide), **b** in der Wurzelhaube und **c** in der Coleoptilenspitze. Die Statocyten enthalten als Statolithen Amyloplasten (rot gezeichnet). Das die Statocyten umfassende zentrale Gewebe der Wurzelhaube wird auch Columella genannt. Es leitet sich, wie das ruhende Zentrum, in der Embryogenese von der Basalzelle des zweizelligen Embryos ab, während die periphere Wurzelhaube und der Rest der Keimpflanze Abkömmlinge der Apikalzelle sind. (Nach F. Rawitscher und W. Hensel, mit freundlicher Genehmigung)

Abb. 15.19 **a** Schema der Feinstruktur eines positiv gravitrop wachsenden Rhizoids von *Chara vulgaris*. Die von den Dictyosomen abgeschnürten Golgi-Vesikel (sekretorische Vesikel) mit Wand- bzw. Membransubstanz wandern im peripheren Bereich um die Gruppe von insgesamt ca. 50 als Statolithen dienenden Barium-sulfat-(BaSO$_4^-$)-Körpern (Glanz-körper) apikalwärts und ermöglichen an der Spitze ein gleichmäßiges Flächenwachstum auf allen Seiten. **b** Horizontal-lage des Rhizoids: Die verlager-ten Statolithen blockieren auf der Unterseite die Wanderung der Golgi-Vesikel, die dadurch gegenüber der stark wachsenden Oberseite im Wachstum zurückbleibt. Dies hat positiven Gravitropismus zur Folge. (Nach A. Sievers)

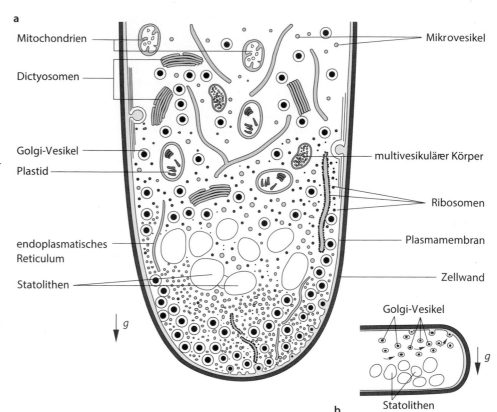

Mitochondrien

Dictyosomen

Golgi-Vesikel

Plastid

endoplasmatisches Reticulum

Statolithen

Mikrovesikel

multivesikulärer Körper

Ribosomen

Plasmamembran

Zellwand

Golgi-Vesikel

Statolithen

b

besondere die Statocyten der Gefäßpflanzen, das Deformationsmodell zutreffen dürfte.

Nach dem topografischen Modell dirigiert bei *Chara* die Lage der Statolithen (Glanzkörper) den Strom der von den Dictyosomen abgeschnürten sekretorischen Ve-sikel (Golgi-Vesikel), die Membranmaterial und Zell-wandmaterial in die Spitzenregion der Zelle liefern, so-dass daraus ein gleichmäßiges Flächenwachstum an der Spitze resultiert. Eine Verlagerung der Statolithen bei Auslenkung aus der Lotrechten (horizontal in **Abb. 15.19b**) bewirkt nach dieser Vorstellung eine Umlenkung des Vesikelstroms auf die physikalische Oberseite, deren Wachstum dadurch gefördert wird.

Zur Kopplung einer Massenbeschleunigung an den Zellstoffwechsel wurden verschiedene Deformations-modelle vorgeschlagen:

— Der Druck der sedimentierenden Organellen, insbe-sondere der Statolithen, auf zelluläre Strukturen wie das endoplasmatische Reticulum (in einigen Wurzel-spitzen, z. B. der Kresse) bzw. Druckentlastung durch Verlagerung der Statolithen bei gravitroper Stimulation steuert den biochemischen Primärpro-zess der Graviperzeption.

— Die Statolithen hängen an Cytoskelettfasern und dehnen bzw. entlasten diese bei Verlagerung in der Zelle; der biochemische Primärprozess wird über die

mechanische Kopplung durch das Cytoskelett gesteuert.

— Der gesamte Protoplast wirkt als Statolith und dehnt die Plasmamembran, der er aufliegt; der biochemi-sche Primärprozess wird durch die Dehnung der Plasmamembran ausgelöst. Die Statolithen wirken als Ballast und erhöhen die gravitrope Empfindlich-keit der Zelle (Plasmamembran-Kontroll-Modell).

Das **Plasmamembran-Kontroll-Modell** wird heute als das mit den ex-perimentellen Daten am besten übereinstimmende Modell angesehen. Es trägt der Tatsache Rechnung, dass auf Massenbeschleunigung re-agierende Zellen ohne erkennbare Statolithen existieren (z. B. *Chara*-Internodialzellen und der Sporangiophor von *Phycomyces*) und, wie erwähnt, stärkefreie Mutanten zwar eine schwächere, aber dennoch deutliche gravitrope Antwort zeigen. Auch ist die Masse des Proto-plasten insgesamt viel größer als die aller Statolithen, entsprechend größer ist die kinetische Energie, die zur Auslösung der zellulären Ant-wort zur Verfügung steht.

In vielen Fällen (z. B. bei Wurzeln) läuft die gravitrope Antwort nur bei Verfügbarkeit von extrazellulären Ca^{2+}-Ionen ab. Es wird disku-tiert, dass die mechanische Deformation der Zellmembran das zellu-läre Calciummilieu beeinflusst (z. B. würde die Öffnung mechanosen-sitiver Kanäle in der gedehnten Plasmamembran zu einem verstärkten Einstrom von Ca^{2+}-Ionen in die Zelle auf der physikalischen Unter-seite führen). In der Lotrechten würde sich in dem radiärsymmetri-schen Organ (Wurzel, Spross) ein bezüglich der Längsachse symmetri-sches Bild ergeben; bei Auslenkung aus der Lotrechten würde sich jedoch eine Asymmetrie ausbilden, die zur Ausrichtung der korrigie-

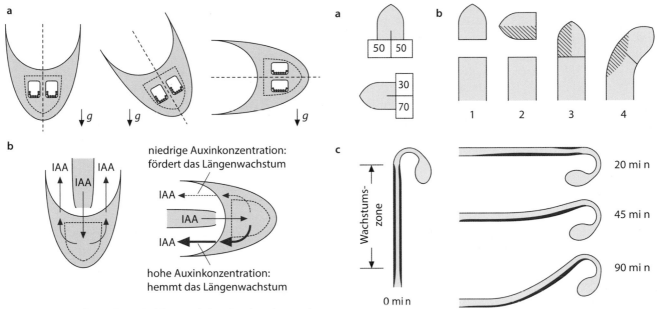

● **Abb. 15.20** Laterale Polarisierung beim Gravitropismus der Wurzel. **a** Hypothetisches Modell eines durch den Schwerkraftvektor gerichteten Prozesses in der Wurzelspitze. Dieser läuft bei Ausrichtung der Organlängsachse in Richtung des Schwerkraftvektors symmetrisch zur Längsachse ab (links), jedoch kommt es bei Auslenkung des Organs aus der Lotrechten (Mitte und rechts) auf entgegengesetzten Organflanken zu einer Asymmetrie. Gedacht wird an einen Ionentransport (wahrscheinlich von Ca^{2+}), der durch das Gewicht des Protoplasten in dem jeweils unteren, belasteten Teil der Plasmamembran, der das Gewicht des Zellkörpers trägt, ausgelöst wird (rot, Statolithen). Dies soll eine Umsteuerung des Auxintransports in der gezeigten Weise zur Folge haben **b** Die erhöhte Auxinkonzentration in der basalen Organhälfte ist nach dieser Vorstellung bereits supraoptimal und führt zur Hemmung des Streckungswachstums. Nähere Erläuterungen im Text. – IAA Indol-3-essigsäure. (b nach M.L. Evans)

● **Abb. 15.21** Belege zur Auxinhypothese des Gravitropismus im Sprossbereich. **a** Nachweis des Längs- und Quertransports beim Gravitropismus der Coleoptile. Die horizontale Platzierung von Coleoptilenspitzen führt zur Verlagerung von Auxin auf die physikalische Unterseite. Angegeben in relativen Einheiten ist die Menge an Auxin (Nachweis mit Biotest), das in Agarblöckchen horizontal gelegter (unten) und lotrecht inkubierter (oben) Coleoptilenspitzen aufgefangen werden konnte. **b** Nachweis des Transports von Auxin aus abgeschnittenen (1), dann horizontal inkubierten (2) und wieder aufgesetzten (3) Coleoptilenspitzen. Das während der Inkubation (2) asymmetrisch in der Coleoptilenspitze verteilte Auxin (Schraffur) bewirkt differenzielles Flankenwachstum der Coleoptile (4). **c** Indirekter Nachweis der Ausbildung asymmetrischer Auxinkonzentrationen im gravitrop stimulierten Hypokotyl von Soja. Der Nachweis erfolgte durch die Bestimmung der Menge der durch Transkription der *SAUR*-Gene (s. Text) gebildeten mRNA. Dazu wurden Hypokotyle lotrecht angezogener Pflanzen bzw. von Pflanzen nach 20, 45 und 90 min in Horizontallage längs geschnitten, die Schnittflächen zur Übertragung der RNA auf eine Nylonmembran gelegt und die an die Membran gebundene *SAUR*-mRNA durch Hybridisierung mit einer radioaktiv markierten, komplementären RNA (*antisense*-RNA) nachgewiesen. Die bei lotrecht gewachsenen Kontrollpflanzen nachgewiesene *SAUR*-mRNA ist im Parenchym der Wachstumszonen gleichmäßig verteilt, jedoch lässt sich bereits nach 20 min viel mehr *SAUR*-mRNA auf der unteren Organflanke nachweisen. Die negativ gravitrope Krümmung wird erst nach 45 min sichtbar. Das Ergebnis wird so interpretiert, dass infolge des Quertransports des Auxins von der oberen in die untere Organhälfte die *SAUR*-Gene auf der unteren Seite des Hypokotyls stärker exprimiert werden und auf der oberen schwächer (es wird also nicht die mRNA transportiert!). (a, b nach E. Libbert; c nach T. Guilfoyle)

renden Wachstumsantwort dienen könnte (● Abb. 15.20a). Dabei wird, wie beim Phototropismus, an eine Umlenkung des Auxinstroms (beeinflusst durch Ca^{2+}-Ionen) gedacht. Die Einzelheiten dieser Vorstellung sind noch stark hypothetisch. Allerdings gibt es zahlreiche Belege für eine Beteiligung von Auxin an der gravitropen Reaktion der Gefäßpflanzen.

Nach der **Auxinhypothese des Gravitropismus** von Gefäßpflanzen kommt es bei gravitroper Stimulation zu einer Verlagerung des Auxinstroms auf die physikalische Unterseite. An Coleoptilen ließ sich dies experimentell direkt belegen (● Abb. 15.21a, b); die Verlagerung findet in der Coleoptilenspitze statt. Die verstärkte Auxinzufuhr auf der physikalischen Unterseite führt in der Wachstumszone der Coleoptile zu verstärktem Längenwachstum, infolge der Verringerung der Auxinzufuhr auf der physikalischen Oberseite wird dort die Wachstumsgeschwindigkeit reduziert. In Sprossachsen ließ sich die Verlagerung des Auxins indirekt zeigen (z. B. bei Sojahypokotylen, ● Abb. 15.21c). Pflanzen besitzen eine Reihe von Genen, deren Aktivität rasch und stark durch Auxine induziert wird (*SAUR*-Gene,

SAUR für engl. *small auxin up-regulated*). In lotrecht wachsenden Keimlingen lässt sich mit geeigneten Methoden (Hybridisierung von Längsschnitten mit einer radioaktiv markierten RNA, die eine zur nachzuweisenden mRNA komplementäre Basenabfolge aufweist, *antisense*-RNA) gleichmäßig im Parenchym der Wachstumszone verteilte *SAUR*-mRNA nachweisen. Bereits nach 20 min horizontaler Ausrichtung zeigen die Präparate eine deutlich höhere mRNA-Menge auf der physikalischen Unterseite und nur noch sehr wenig *SAUR*-mRNA auf der physikalischen Oberseite. Nach 45 min setzt die sichtbare gravitrope Reaktion ein (◨ Abb. 15.21). Diese Befunde zeigen, dass die Auxinverlagerung auf die Unterseite des Organs dem Einsetzen des differenziellen Flankenwachstums vorausgeht. Für eine Beteiligung von Auxin bei gravitropen Reaktionen des Sprosses spricht weiterhin die Tatsache, dass eine Reihe von *Arabidopsis thaliana*-Mutanten, die einen auxinresistenten Phänotyp besitzen (z. B. *aux1*, *axr2*, engl. *auxin resistant*), also nicht mehr auf Auxin reagieren, agravitrop sind. Für das *AUX1*-Gen konnte gezeigt werden, dass es ein Enzym mit Ähnlichkeit zu Aminosäuretranslokatoren codiert. Man nimmt an, dass es sich dabei um einen Auxintransporter handelt, der zum gerichteten Transport des Phytohormons benötigt wird.

Es ist wahrscheinlich, doch experimentell weniger gut belegt, dass auch die positiv gravitrope Reaktion von Hauptwurzeln durch Auxin maßgeblich reguliert wird (◨ Abb. 15.20b) und auf einer Umleitung des Auxinstroms auf die physikalische Unterseite des Organs beruht. In Wurzeln von Keimlingen erfolgt der polare Auxintransport im Zentralzylinder in Richtung Wurzelspitze. Der Auxinstrom wird in der Wurzelhaube umgelenkt, sodass in der Wurzelrinde Indol-3-essigsäure (IAA, ▶ Abschn. 12.3.3) von der Spitze in Richtung Wurzelbasis zurücktransportiert wird. Nach dieser Vorstellung wird IAA bei gravitroper Stimulation verstärkt zur physikalischen Unterseite geleitet. Da Wurzeln sehr empfindlich auf von außen zugeführte IAA reagieren und bei Überdosierung mit starker Wachstumshemmung reagieren (◨ Abb. 12.7), wird angenommen, dass die Steigerung der endogenen IAA-Konzentration auf der physikalischen Unterseite einer Wurzel in der Wachstumszone eine Wachstumshemmung zur Folge hat.

Die plagio- bzw. diagravitropen Reaktionen von Seitenzweigen und Blättern kommen durch eine Überlagerung des negativen Gravitropismus (bewirkt verstärktes Wachstum der Unterseite) und der **Epinastie** (bewirkt verstärktes Wachstum der Oberseite) zustande. Die (autonome?) Epinastie lässt sich z. B. bei Wegfall der gravitropen Stimulation auf dem Klinostat nachweisen (◨ Abb. 15.15), sie wird also nicht durch eine Massenbeschleunigung hervorgerufen.

15.3.1.3 Andere Tropismen

Manche Außenfaktoren, die im Experiment tropische Reaktionen hervorrufen können, wie elektrische Reize (**Galvanotropismus**), Verwundungsreize (**Traumatotropismus**) oder auch Temperaturreize (**Thermotropismus**) dürften in der Natur keine oder allenfalls eine untergeordnete Rolle für die Orientierung pflanzlicher Organe

spielen. Von Bedeutung, zumindest für bestimmte Pflanzengruppen, sind jedoch Berührungsreize (**Thigmotropismus**) und chemische Reize (**Chemotropismus**).

Zahlreiche Pflanzen sind für **Berührungsreize** empfindlich. Viele Keimlinge – vor allem etiolierte – beantworten die Berührung einer Seite (experimentell hervorgerufen z. B. durch Reiben mit einem rauen Holzstäbchen) mit einer Wachstumskrümmung zur berührten Seite hin. Mehrere Tausend Arten von Ranken-, Winde- und Kletterpflanzen existieren weltweit. Bei diesen haben verschiedenste Organe die Aufgabe übernommen, Kontaktreize zu perzipieren und so geeignete Stützen – oft andere Pflanzen – zu erfassen, um an ihnen emporzuwachsen. Sie erreichen so effektiv das Licht und wachsen rasch und über große Strecken (z. B. Lianen), ohne in stabile Festigungsgewebe investieren zu müssen. Kontaktempfindlich können Blattstiele (z. B. von *Tropaeolum*-, *Clematis*- oder *Fumaria*-Arten), Blattspitzen (*Gloriosa*), Luftwurzeln (*Vanilla*), Stengel (z. B. *Ipomoea*), Blütenstände (*Vitis*, *Parthenocissus*) und Blätter oder Achselsprosse (z. B. Ranken der Fabaceen, Cucurbitaceen) sein. Besonders auffallend sind die thigmischen Reaktionen der Ranken. Meist handelt es sich jedoch nicht um thigmotrope, sondern um thigmonastische Bewegungen. Daher wird auf sie bei den Nastien eingegangen (▶ Abschn. 15.3.2.4).

Unter **chemotropen Reaktionen** versteht man Wachstumskrümmungen, die durch inhomogene Verteilung gelöster oder gasförmiger chemischer Substanzen in der Umgebung des wachsenden Organs verursacht werden und deren Richtung durch den Konzentrationsgradienten dieser Stoffe bestimmt wird. Nicht selten wirkt eine chemotrop wirksame Substanz in niedrigen Konzentrationen anlockend, in höheren abstoßend.

Beispiele für chemotrope Reaktionen finden sich zahlreich bei Pilzen und Nicht-Gefäßpflanzen. Bei Hyphenpilzen bewirken von den Geschlechtspartnern ausgeschiedene Gamone (Gametenlockstoffe), dass die Kreuzungspartner chemotrop aufeinander zu wachsen, z. B. bei *Mucor* (Mucorales) flüchtige Verbindungen, bei *Achlya* (Oomycota) das Steroid Antheridiol, das auch die Differenzierung der Sexualorgane bewirkt. Viele Pilzhyphen, vor allem die im Keimstadium, wachsen positiv chemotrop in Richtung eines Nährstoffgradienten (wirksam sind Zucker, Aminosäuren, Proteine, Ammonium- und Phosphationen), reagieren jedoch negativ auf Säuren und auf eigene Stoffwechselprodukte ("Vergrämungssubstanzen"). Auch das Aufeinanderzuwachsen der Kopulationsfortsätze der Grünalge *Spirogyra* (▶ Abschn. 19.3.3.3, ◨ Abb. 19.84b) soll auf Chemotropismus beruhen. Durch körpereigene Substanzen hervorgerufene chemotrope Reaktionen werden als Autochemotropismus bezeichnet. Eine solche Reaktion liegt der Wegkrümmung des *Phycomyces*-Sporangienträgers von benachbarten festen Oberflächen zugrunde, die ohne Berührung erfolgt und auf einer behinderten Diffusion (Anstau) des gasförmigen Ethylens in der unmittelbaren Nähe eines Hindernisses beruhen soll. Ethylen wird in großen Mengen von dem Sporangienträger gebildet.

Bei Sprossachsen der Gefäßpflanzen spielen chemotrope Reaktionen nur in Ausnahmefällen eine Rolle. So wachsen *Cuscuta*-Keimlinge gerichtet auf ihre Wirtspflanzen zu. Chemotrop wirken wahrscheinlich von diesen ausgeschiedene flüchtige Verbindungen (Alkohole, Ester, ätherische Öle, wohl auch Wasserdampf). Auch beim Auffinden spezifischer Wirtsgewebe (z. B. der Siebröhren) durch Haustorien von Parasiten können chemotrope Reaktionen bedeutsam sein.

Das Pollenschlauchwachstum durch das Narben- und Griffelgewebe ist vermutlich vorwiegend anatomisch vorgezeichnet. Bei der Pollenkeimung könnten jedoch neben positiv hydrotropen (in Richtung steigender Wasserkonzentration) auch negativ aerotrope (in Richtung fallender Sauerstoffkonzentration verlaufende) Reaktionen eine Rolle spielen. Nur in unmittelbarer Nähe der Samenanlagen scheinen die Pollenschläuche durch chemotrop wirksame Substanzen, die von den Samenanlagen ausgeschieden werden, ausgerichtet zu werden.

Auch Wurzeln können chemotrop reagieren, positiv z. B. auf Phosphationen, auf steigenden O_2-Partialdruck (positiver **Aerotropismus** in Richtung gut durchlüfteter Bodenbezirke; Bodenstruktur, ▶ Abschn. 14.1.3) und auf steigende Bodenfeuchtigkeit (positiver **Hygrotropismus**). So finden Baumwurzeln oft kleinste Defekte im unterirdischen Wasserleitungsnetz und bilden in den Wasserleitungen dann verstopfende „Wurzelzöpfe". Hygrotrop empfindlich sind außer Wurzeln und Pollenschläuchen auch *Cuscuta*-Keimpflanzen, die so ihre transpirierenden Wirte finden, und Rhizoide von Moosen und Farnprothallien. Manche parasitischen Pilze steuern hygrotrop die Spaltöffnungen an, durch die sie in das Blatt eindringen. Die Infektionshäufigkeit ist demzufolge bei geschlossenen Stomata stark (um bis zu 90 %) reduziert. Schließlich reagieren die radiär gebauten Tentakel von *Drosera*-Blättern (diejenigen auf der Blattfläche) positiv chemotrop, z. B. auf NH_4^+-Ionen, und schließen sich so über der an den Klebdrüsen haftenden Beute (▶ Abschn. 16.1.2). Die Randtentakel des Blatts sind dorsiventral gebaut und reagieren chemonastisch (◘ Abb. 15.24g).

Allen bisher bekannt gewordenen Chemotropismen liegen Wachstumsvorgänge zugrunde. Über die Perzeption der Signalstoffe und die Signalleitung beim Chemotropismus ist nichts bekannt.

15.3.2 Nastien

Auch die von einem Reiz ausgelösten, in ihrem Ablauf – im Unterschied zu den Tropismen (▶ Abschn. 15.3.1) – jedoch vom Bauplan vorgegebenen Bewegungen lebender Organe, die Nastien, lassen sich nach der Art des auslösenden Reizes einteilen: Thermo-, Photo-, Thigmo-, Chemo- und Seismonastien, bei Schließzellen auch Hygronastien. Häufig, aber nicht immer, sind am

Zustandekommen einer Nastie reversible Turgorveränderungen beteiligt.

15.3.2.1 Thermonastie

Manche Blüten (z. B. Tulpen, *Crocus*, Gänseblümchen) öffnen sich bei Erhöhung der Temperatur und schließen sich bei Abkühlung. Die Temperaturempfindlichkeit ist beachtlich: *Crocus*-Blüten beantworten schon Temperaturunterschiede von 0,5 °C, Tulpenblüten solche von 1 °C. Die Thermonastie geht auf die unterschiedliche Beeinflussung des Wachstums der Unter- und Oberseite der Blütenblattbasis zurück (das Temperaturoptimum für das Streckungswachstum der Oberseite liegt höher). Das Ausmaß der Bewegung wird durch die Geschwindigkeit der Temperaturänderung bestimmt, je rascher ein Temperaturwechsel eintritt, desto stärker ist die Bewegung. Die Blütenblätter sind wiederholt reaktionsfähig, sie verlängern sich bei der Tulpe bei einer einzigen Bewegung um etwa 7 %; im Verlauf der gesamten Blütezeit kann durch wiederholte thermonastische Reaktion ein Gesamtzuwachs von über 100 % zustande kommen.

15.3.2.2 Photonastie

Auch Intensitätsschwankungen des Lichts können – vor allem wieder bei Blütenblättern und Laubblättern – zu nastischen Wachstumsbewegungen, daneben aber auch bei Laubblättern einiger Arten (z. B. *Mimosa*) zu turgorgesteuerten Blattbewegungen führen, für die **Blattgelenke** (sog. **Pulvini**) verantwortlich sind. Photonastie zeigen die Blütenblätter vieler Seerosen, Kakteen und Oxalidaceen sowie die Blütenköpfchen vieler liguliflorer Asteraceen (◘ Abb. 15.22), deren zungenförmige Randblüten sich wie einzelne Blütenblätter verhalten. Meist bewirkt Belichtung Öffnung, Beschattung – oft genügt bereits vorüberziehender Wolkenschatten – oder Verdunkelung dagegen Schließen der Blüte; Nachtblüher (z. B. *Silene nutans*) verhalten sich aber umgekehrt. Noch wachsende Blätter reagieren mitunter über eine Wachstumsbewegung photonastisch (z. B. *Impatiens*-Arten); ausgewachsene Blätter jedoch nur dann, wenn sie mit Pulvini versehen sind (z. B. *Oxalis*, *Mimosa*).

Die Wirkweise von Pulvini ist erst ansatzweise verstanden. Es handelt sich um „osmotische Motoren", deren Funktionsprinzip näher bei den Seismonastien erläutert wird (▶ Abschn. 13.3.2.4). Es zeichnet sich ab, dass die durch reversible Turgoränderungen zustande kommenden Nastien, z. B. auch die nastischen Spaltöffnungsbewegungen, auf gemeinsamen biochemischen Grundprinzipien beruhen (s. auch ▶ Abschn. 15.3.2.5).

Belichtungsversuche zeigen, dass viele photonastische Bewegungen unter Beteiligung des Phytochromsystems, und zwar von Klasse-II-Phytochrom (▶ Abschn. 13.2.4) ablaufen und daher klassische Hellrot/Dunkelrot-Photoreversibilität aufweisen. Bei *Mimosa*

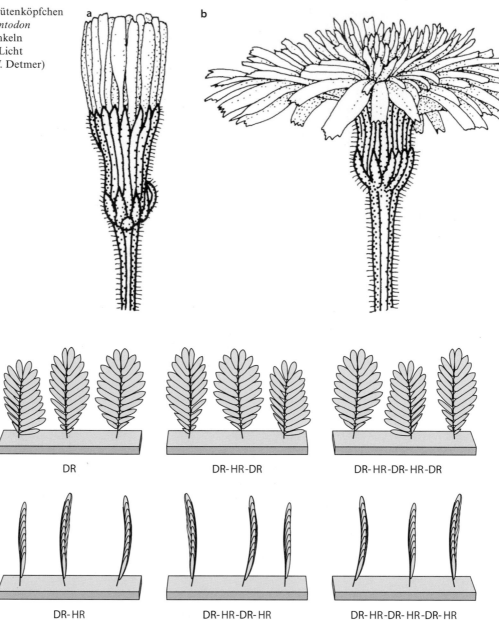

Abb. 15.22 Blütenköpfchen der Asteracee *Leontodon hispidus*. **a** Im Dunkeln geschlossen, **b** im Licht geöffnet. (Nach W. Detmer)

DR   DR-HR-DR   DR-HR-DR-HR-DR

DR-HR   DR-HR-DR-HR   DR-HR-DR-HR-DR-HR

Abb. 15.23 Fiederblättchen erster Ordnung von *Mimosa pudica* 30 min nach Übergang von Weißlicht zu Dunkelheit. Unmittelbar nach Ende der Weißlichtbestrahlung wurden die Blättchen in der angegebenen Reihenfolge jeweils 2 min mit Hellrot (HR) bzw. Dunkelrot (DR) bestrahlt (Phytochromsystem, ▶ Abschn. 13.2.4). Die Fiederblättchen schließen sich nur, wenn bei Eintritt der Dunkelheit vorwiegend aktives Phytochrom (P_{DR}, nach Hellrotbestrahlung) vorhanden ist. (Nach H. Mohr)

(■ Abb. 15.23) wird die Einnahme der Nacht-(Dunkel-)Stellung durch einen Hellrot-(HR-)Puls induziert, durch einen Dunkelrot-(DR-)Puls verhindert. Zur Auslösung der Bewegung ist demnach aktives Phytochrom (P_{DR}) erforderlich. Die molekularen Abläufe bei der durch aktives Phytochrom hervorgerufenen Veränderung der Aktivitäten zellulärer Ionentransporter (wohl von Ionenkanälen, die K^+, Cl^- und unter Umständen auch Ca^{2+} leiten), die die Grundlage für die Turgorbewegung darstellen, sind noch nicht entschlüsselt.

15.3.2.3 Chemonastie

Während die radiär gebauten Mitteltentakel des *Drosera*-Blatts (■ Abb. 15.24g) Chemotropismus zeigen, reagieren die dorsiventral gebauten Randtentakel auf eine lokale Reizung mit einer zur Blattmitte ablaufenden Chemonastie und bringen so die Beute mit anderen Tentakeln, die sich unter Umständen erst später krümmen, in Berührung. Wirksam sind auch hier organische Substanzen, die von der Beute ausgeschieden werden, und NH_4^+-Ionen. Eine Reaktionsverstärkung

Bewegungsphysiologie

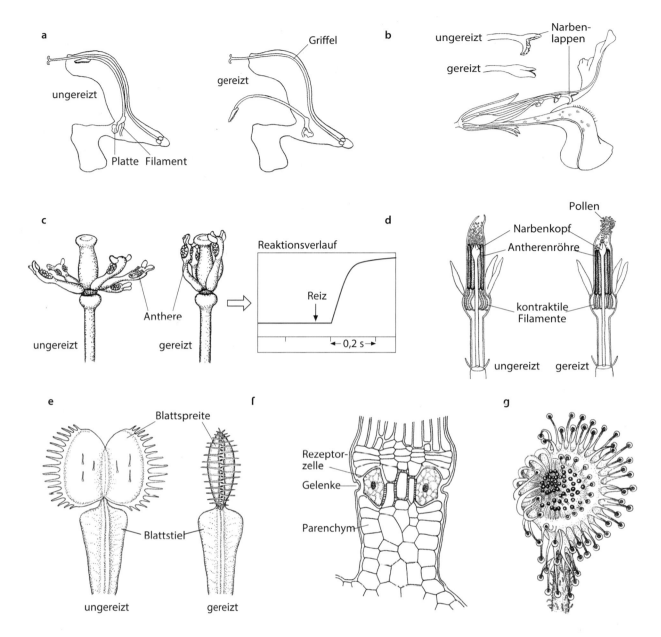

◻ Abb. 15.24 Rasch verlaufende Thigmonastien bei Blüten (**a–d**) und Blättern (**e–i**). **a** Schlagbaummechanismus des Wiesen-Salbeis (*Salvia pratensis*). Die beiden Filamente sind mit der Kronröhre verwachsen. Eines der Konnektive bildet mit den Staubbeuteln eine Platte, das andere ist stark verlängert und ragt mit den Staubbeuteln in die Oberlippe hinein. Berührt ein Insekt die Platte bei der Nektarsuche, schnellt der Hebelarm des langen Konnektivs herab und der Pollen wird auf dem Rücken des Insekts ausgestreut. **b** Blüte von *Mimulus luteus* (aufgeschnitten, sodass die Lage der Staubblätter und der ungereizten Narbe sichtbar ist); darüber Seitenansicht einer ungereizten und einer gereizten Narbe. **c** Blüte von *Berberis vulgaris* (Perianth entfernt). Im gereizten Zustand liegen die Antheren der Narbe an. Diagramm: zeitlicher Verlauf der Reaktion der Filamente. **d** Scheibenblüten von *Centaurea jacea* (aufgeschnitten). Im gereizten Zustand liegen die Filamente um bis zu 30 % kontrahiert vor. Die Kontraktion nach Reizung zieht die verwachsene Antherenröhre abwärts, und der wie ein Kolben im Inneren stehende Griffel mit seinem Narbenkopf schiebt den in der Antherenröhre befindlichen Pollen heraus, der dann von einem Insekt abgebürstet werden kann. **e** Blatt von *Dionaea muscipula* mit je drei Fühlborsten auf jeder Blattspreitenhälfte. **f** Längsschnitt durch die Basis einer Fühlborste. **g** Blatt von *Drosera rotundifolia* in Aufsicht, linke Seite gereizt. Die Randtentakel reagieren nastisch, die inneren Tentakel tropistisch. **h** Spross von *Mimosa pudica*; ein Blatt gereizt. Bei Erschütterung oder Reizung der Fiederblättchen klappen diese paarweise nacheinander schräg nach oben, die sekundären Blattstiele (Fiederstrahlen) nähern sich einander seitlich, und schließlich klappt auch der primäre Blattstiel nach unten. Bei starker Reizung kann die Erregung auch noch die Sprossachse auf- und abwärts fortschreiten, bis über eine Strecke von ca. 50 cm. Die von der Erregung erreichten Blätter reagieren in der Reihenfolge: primäres Blattgelenk, dann Fiederstrahl-, dann Fiederblattgelenke. **i** Längsschnitt durch das primäre Blattgelenk von *Mimosa pudica* und Querschnitte an den mit 1 und 2 bezeichneten Stellen. Der im Gelenkbereich zentral verlaufende Leitbündelstrang erleichtert die Gelenkbewegung. Das bei Reizung den Turgorverlust erleidende Parenchym der Gelenkunterseite (Motorgewebe) wird auch Extensor, das der Oberseite, das an Turgor zunimmt, Flexor genannt, weil eine Turgorzunahme in diesem Gewebe mit der Beugung (Flexion, lat. *flexio*, Biegung) einhergeht, während eine Turgorzunahme im Extensor mit der Aufrichtung des Blattstiels einhergeht (lat. *extendere*, ausweiten). (a nach D. Heß und W. Hensel; b nach W. Schumacher; c nach E. Strasburger; d nach W. Schumacher; e nach Ch. Darwin; f nach G. Haberlandt; g nach Ch. Darwin; h, i nach W. Schumacher)

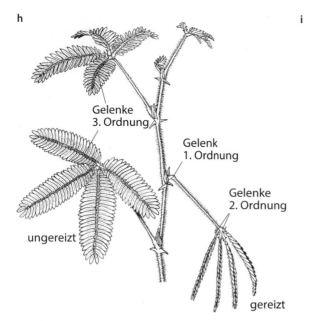

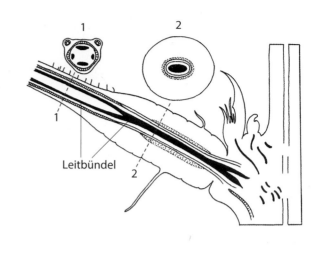

wird durch die gleichzeitig gegebene Berührungsemp-findlichkeit der Tentakel erzielt; die Berührungsreize ge-hen normalerweise vom tierischen Opfer aus, das sich an den Klebdrüsen der Tentakelköpfchen angeheftet hat.

15.3.2.4   Thigmonastie und Seismonastie

Thigmonastien, also durch Berührungsreize (Kontakt-reize) ausgelöste Bewegungen, deren Ablauf vom Bau-plan des jeweiligen Organs bestimmt wird, kommen in großer Zahl im Pflanzenreich vor. Sie lassen sich in zwei Gruppen unterteilen.

Die erste Gruppe umfasst solche, die sehr rasch ab-laufen und auf Turgoränderungen beruhen (◖ Abb. 15.24). Diese Bewegungen können auch kon-taktlos, durch (jedoch meist viel stärkere) Erschütte-rungsreize, ausgelöst werden und werden daher auch als **Seismonastien** bezeichnet. Allerdings dürfte in der Na-tur in der Regel als physiologischer Auslöser der Reak-tion eine Berührung und nicht eine Erschütterung rele-vant sein. In diese Gruppe von Nastien gehören die raschen Blattbewegungen von *Mimosa pudica* (◖ Abb. 15.24h, i), die dem Tierfang dienenden Klapp-bewegungen von *Dionaea muscipula* (◖ Abb. 15.24e, f) sowie durch Bestäuber ausgelöste Staubblattbewegun-gen, die der Pollenabstreifung auf den Bestäuber dienen (z. B. bei *Berberis* und *Opuntia* nach innen, bei *Sparr-mannia* nach außen gerichtet, bei *Centaurea*-Arten kon-traktile Filamente, ◖ Abb. 15.24a, c, d) und reizbare Narben (z. B. bei *Mimulus*-Arten, *Catalpa*, *Torenia*, de-ren Narbenlappen bei Berührung nach innen klappen und dabei dem verursachenden Insekt den Pollen ab-streifen, ◖ Abb. 15.24b).

Die zweite Gruppe umfasst langsamere Reaktionen, die nur durch Berührungsreize, nicht jedoch seismisch, ausgelöst werden können und die neben einer turgorge-steuerten Komponente auch stets Wachstumsprozesse beinhalten. Hierzu gehören insbesondere die Rankenbe-wegungen (soweit es sich nicht um Thigmotropismen handelt, ▶ Abschn. 15.3.1.3).

Charakteristisch für die auch seismisch auslösbaren, raschen Thigmonastien der ersten Gruppe ist, dass es sich um Alles-oder-Nichts-Reaktionen handelt. Wird die Reizschwelle überschritten, so setzt die Reaktion in voller Stärke ein. Es besteht also meist keine Proportionalität zwischen Reiz und Reaktionsgröße (◖ Abb. 15.24c). Die Reaktionszeit (vom Reiz- bis zum Bewegungsbeginn) beträgt bei *Dionaea* und *Berberis* unter optimalen Bedingungen 0,02 s, bei *Mimosa* 0,08 s; die seismonastische Bewegung dauert bei *Dionaea* und *Berberis* weitere 0,1 s, bci *Mimosa* 1 s und bei *Mimulus* 6 s. Die Reizperzeption ist stets mit einer Deformation von Zellstrukturen verbunden. Die reizbaren Zellen lie-gen an der Filamentbasis oder in den Narbenlappen, in Fühlborsten auf den Innenseiten der Spreiten der Blatt-fallen von *Dionaea* oder der Blattgelenke von *Mimosa*. Diese Fühlborsten verstärken als Hebel die Deforma-tion der reizaufnehmenden Zellen an der Borstenbasis. Bei *Mimosa* können aber auch die Fiederblättchen bei Berührung als Hebel wirken und die Reaktion auslösen. Bei seismischer Auslösung wird wohl in allen Fällen durch eine genügend starke Erschütterung genügend Hebelwirkung erzeugt (z. B. auch durch die Filament-bewegung) und so die Auslöseschwelle überschritten. Die **Reaktionsgewebe** (man spricht auch von **Motorge-**

weben, es handelt sich um diejenigen Gewebe, die nach einer Reizung den raschen Turgorverlust erleiden), sind bei den Filamenten und Narbenlappen mit den reizaufnehmenden Zellen identisch. Sie liegen bei *Dionaea* und *Mimosa* jedoch getrennt davon, bei *Dionaea* in der Mittelrippe des Blatts auf der Oberseite, bei *Mimosa* in den Blattgelenken (Pulvini) 1. Ordnung (an der Basis des Blattstiels auf der Unterseite), 2. Ordnung (an der Basis der Fiederstrahlen auf der Oberseite) und 3. Ordnung (an der Basis der Fiederblättchen auf der Oberseite, ◻ Abb. 15.24h). In diesen Fällen muss ein Signal vom Ort der Reizperzeption zum Motorgewebe geleitet werden. Dabei handelt es sich um eine elektrische Signalleitung, bei *Mimosa* wird auch eine chemische Komponente diskutiert (s. u.).

Man geht heute davon aus, dass in den Motorgeweben die Abläufe bei turgorgesteuerten Nastien in allen Fällen grundsätzlich ähnlich oder sogar gleich sind. Die Untersuchungen wurden aber überwiegend an *Mimosa* gemacht. Es kommt zu einem teilweise sehr raschen Ausstrom von KCl aus den Motorzellen, dem ein osmotisch gekoppelter Wasserausstrom folgt. Bei *Mimosa*-Blattgelenken lässt sich die in den Apoplasten austretende und die Interzellularen füllende Flüssigkeit an dem Dunkelwerden der Unterseite des Blattgelenks 1. Ordnung leicht erkennen.

Die Reaktion der Motorzelle beginnt mit einer schlagartigen Erhöhung der Chloridleitfähigkeit der Plasmamembran (◻ Abb. 15.25). Durch den Ausstrom von Cl$^-$-Ionen aus der Zelle wird das stark negative elektrische Membranpotenzial, das je nach Objekt bei etwa −80 bis −160 mV liegt (Zellinneres negativ gegenüber Zelläußerem), um 100 mV und mehr, teilweise bis auf positive Werte depolarisiert. Diese Depolarisierung öffnet K$^+$-Ionen-leitende Kanäle, die auswärts gleichrichtend sind und K$^+$-Ionen aus der Zelle entlassen. Dadurch kommt es zu einer Repolarisierung des elektrischen Membranpotenzials bis auf den Ruhewert. Der Effekt wird womöglich verstärkt durch den gleichzeitigen Verschluss spannungsabhängiger, einwärts gleichrichtender Kaliumkanäle, die nur bei einem genügend negativen Membranpotenzial geöffnet werden können. Der massive KCl-Verlust erniedrigt den osmotischen Wert der Zelle, Wasser strömt in den Apoplasten aus. Die elektrischen Vorgänge weisen alle Charakteristika eines Aktionspotenzials auf. Es wird auch diskutiert, dass bei Systemen, bei denen der Ort der Reizperzeption vom Motorgewebe entfernt liegt (*Dionaea*, *Mimosa*), solche von Chlorid- und Kaliumströmen getragenen Aktionspotenziale die Signalleitung darstellen. Diese Aktionspotenziale könnten sich von Zelle zu Zelle ausbreiten, soweit sie über Plasmodesmenbrücken symplastisch verbunden sind. Es wird auch eine Leitung über die Siebröhren des Phloems diskutiert. Die Geschwindig-

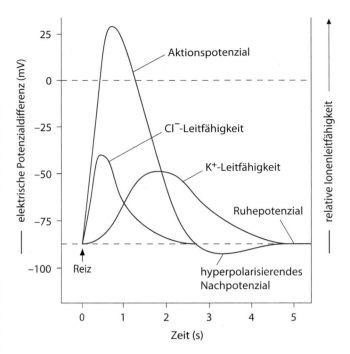

◻ **Abb. 15.25** Schema der Auslösung eines Aktionspotenzials an der Plasmamembran einer reizbaren Zelle. Im Ruhezustand werden ständig K$^+$- und Cl$^-$-Ionen in die Zelle aufgenommen und gehen ihr durch Diffusion wieder verloren. Die Ionenaufnahme wird durch die protonenmotorische Kraft energetisiert. Als Summe aller Ionenströme über die Plasmamembran stellt sich ein Ruhepotenzial von, je nach Zelltyp und physiologischem Zustand, −80 bis −160 mV ein (cytoplasmatische Membranseite negativ gegenüber der Außenseite). Nach Reizung erhöht sich sehr schnell die Leitfähigkeit der Membran für Cl$^-$-Ionen, das Membranpotenzial depolarisiert (wird positiver und unter Umständen sogar positiv). Die Repolarisierung des Membranpotenzials geschieht durch die nachfolgende Erhöhung der K$^+$-Ionen-Leitfähigkeit bei gleichzeitigem Rückgang der Leitfähigkeit für Cl$^-$-Ionen. Dies führt zu einer zeitweiligen, schwachen Hyperpolarisierung des Membranpotenzials (negativer als das Ruhepotenzial). Schließlich wird das Ruhepotenzial wieder erreicht, die Leitfähigkeiten erreichen den Ausgangszustand. (Nach W. Haupt)

keiten der Signalleitung sind jedenfalls erheblich und können bei *Mimosa* 3–10 cm s^{-1} erreichen, bei *Dionaea* 6–20 cm s^{-1}. Diese Werte liegen bereits im Bereich der Leitungsgeschwindigkeiten in den Nerven von Invertebraten (Teichmuschel nur 1 cm s^{-1}).

Unklar ist der Primärprozess der mechanoelektrischen Kopplung. Bei Schließzellen (▶ Abschn. 15.3.2.5) wird die – allerdings viel langsamere – nastische Bewegung über prinzipiell vergleichbare Ionenströme bewerkstelligt. Hier ist bekannt, dass der den Stomaverschluss einleitende, depolarisierende Chloridstrom von Chloridkanälen der Plasmamembran getragen wird, die durch eine Erhöhung der cytoplasmatischen Ca^{2+}-Konzentration geöffnet werden. Im Fall der Schließzellen wird die Calciumfreisetzung z. B. durch Abscisinsäure (▶ Abschn. 12.7) induziert. Es wird vermutet, dass auch bei den reizaufnehmenden Zellen thigmo- bzw. seismonastischer Organe der depolarisierende Chloridstrom über Ca^{2+}-Ionen induziert wird. Diese könnten bei Deformation der Zellen über mechanosensitive Calciumkanäle aus dem Apoplasten oder aus intrazellulären Speichern (ER, Vakuole) in das Cytoplasma gelangen.

An der nastischen Bewegung sind nicht allein die Turgorabsenkungen der Motorzellen beteiligt, sondern auch die gegenüberliegenden Gewebe. Dies ist besonders gut an den Blattgelenken (z. B. bei *Mimosa*, ◘ Abb. 15.24i) zu verdeutlichen. Der Turgorverlust der Motorgewebe führt in den Zellen auf der gegenüberliegenden Organflanke zu einem Absinken des Wasserpotenzials (Ψ, ► Gl. 14.2), da der hydrostatische Druck in diesen Zellen durch das Erschlaffen der Motorgewebe absinkt. Dies führt zu einem Wassereinstrom in die Zellen: Während also die Motorgewebe Wasser abgeben, nehmen die gegenüberliegenden Zellen Wasser auf und schwellen an; die nastische Bewegung wird so verstärkt.

Unterbleibt eine weitere Reizung, so wird das Organ nach einiger Zeit wieder in die Ausgangslage gebracht, indem durch aktive Aufnahmeprozesse die Ionen wieder in die Motorzellen transportiert und der Turgor wiederhergestellt werden (Dauer bei *Mimosa* ca. 15–20 min, bei *Dionaea* einige Stunden, bei Filamenten von *Berberis* oder *Centaurea* nur etwa 1 min). Danach ist eine erneute Reizung und Reaktion möglich. Allerdings bleiben die Klappfallen der tierfangenden Pflanzen im Erfolgsfall viel länger (über Wochen) geschlossen, und der Verschluss wird teilweise (*Dionaea*) durch langsamere Wachstumsprozesse noch verstärkt. Hier wirken organische Substanzen der gefangenen, abgestorbenen Tiere chemonastisch, bis die Leichen durch pflanzliche Verdauungsenzyme völlig ausgelaugt sind. Unter Umständen öffnet sich die Blattfalle danach nicht mehr.

Als Beispiel für die langsamen Thigmonastien, die nicht durch seismische Reize ausgelöst werden können, seien die besonders auffälligen Reaktionen der Rankenkletterer, die auf diese Weise Stützen umklammern können, besprochen. Besonders gut sind die Komplexranken der Cucurbitaceen, insbesondere der Zaunrübe (*Bryonia*), untersucht (◘ Abb. 15.26).

Die im Jugendstadium uhrfederartig eingerollten Ranken von *Bryonia* strecken sich im Verlauf der Entwicklung und sind dann mechanisch reizbar. Sowohl die Sprossspitze als auch die Ranke führen eine autonome Kreisbewegung (**Circumnutation**) aus. Dies erhöht die Chancen der Pflanze, auf ein Hindernis zu treffen. Am berührungsempfindlichsten ist gewöhnlich das oberste Drittel der Ranke. Ranken von *Sicyos* und *Momordica* krümmen sich bei Berührung sowohl der Ober- als auch der Unterseite zur konkaven Unterseite hin, Ranken von *Bryonia* und *Pisum* – wie viele andere – reagieren nach Berührung der Unterseite, nicht aber der Oberseite. Allerdings hebt eine Reizung der Oberseite die Reaktion auf eine Reizung der Unterseite auf. Die Oberseite dieser Ranken ist also ebenfalls berührungsempfindlich, und auch in diesen Fällen liegt eine eindeutig nastische Reaktion vor. Schließlich gibt es Arten (z. B. *Cobaea scandens*, *Cissus*-Arten), deren Ranken morphologisch

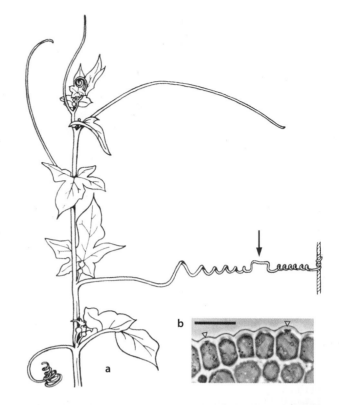
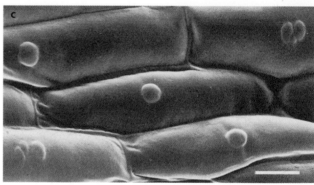

◘ **Abb. 15.26** Zaunrübe (*Bryonia dioica*). **a** Sprossstück mit Ranken in verschiedenen Entwicklungsstadien (ca. 0,33 ×). Oberste (jüngste) Ranke noch uhrfederartig eingerollt, in der Mitte eine Ranke ca. 1 Tag nach dem Erfassen einer Stütze. Die thigmonastische Reaktion ist vollständig abgelaufen. Der Pfeil deutet auf den (in diesem Fall einzigen) Umkehrpunkt; unten links Ranke mit Alterseinrollung. Fühltüpfel in der Epidermisaußenwand. **b** Querschnitt (Maßstab 30 μm). **c** Aufsicht (Maßstab 10 μm). (a nach W. Pfeffer; b Phasenkontrastaufnahme B. Groth; c REM-Aufnahme C. Koppmaier)

und physiologisch radiär gebaut sind und sich daher nach allen Richtungen krümmen können, wobei stets die berührte Seite konkav wird. Hier handelt es sich demnach um Thigmotropismus.

Ranken reagieren nicht einfach auf einen Druckreiz, sondern auf einen Reibungsreiz. Ein Wasserstrahl, auch Regen, oder konstanter Druck oder Berührung mit einem glatten Stab führen zu keiner Reaktion, wohl aber ein Wasserstrahl mit suspendierten Tonpartikeln oder Berührung mit einem rauen Stab. Selbst die Bewegung eines Wollfädchens von nur $2{,}5 \times 10^{-7}$ g (0,25 µg) Gewicht löst eine Krümmung aus; dieser Reiz kann vom menschlichen Tastempfinden nicht mehr wahrgenommen werden.

Die Ranke reagiert demnach nicht auf Druck, sondern auf räumliche und zeitliche Druckdifferenzen. Auffällige bläschenförmige Erhebungen, die im mikroskopischen Präparat als tüpfelförmige Bildungen der äußeren Epidermiszellwand erkennbar sind (Fühltüpfel, ▢ Abb. 15.26) werden mit der Reizperzeption in Verbindung gebracht. Da sie jedoch nicht bei allen Ranken vorkommen bzw. manchmal nur auf deren Unterseite, obwohl auch die Oberseite den Reiz wahrnimmt, handelt es sich eher um Reizverstärker als um unerlässliche Mechanorezeptoren. Dafür spricht, dass Fühltüpfel für die empfindlichsten Ranken charakteristisch sind.

Bei Berührung einer Stütze krümmt sich die Ranke von *Bryonia* wie andere nastisch reagierende Ranken zur morphologischen Unterseite hin. Die Reaktionszeit kann unter günstigen Bedingungen und empfindlichen Ranken (z. B. *Bryonia, Sicyos, Cyclanthera*) weniger als 30 s, bei trägen Arten (z. B. *Ceratocapnos claviculata*) aber auch 18 h betragen. Die raschen Reaktionen beruhen auf einem Turgorverlust der morphologischen Unterseite und einer Turgorerhöhung der Gegenseite. Bei einer kurzzeitigen Reizung, wenn z. B. die Stütze nicht erfolgreich umfasst wird, streckt sich die Ranke innerhalb von 30–60 min wieder gerade (**Autotropismus**) und kann erneut reagieren. Wird jedoch eine Stütze erfasst, so führt die fortgesetzte Krümmung zu einem mehrfachen Umwinden dieser Stütze durch das Rankenende. An dieser Reaktion ist bei jungen Ranken auch das rasche Streckungswachstum der Rankenspitze beteiligt, bei völlig ausgewachsenen Organen jedoch lediglich die turgorbedingte Einkrümmung. Auch die basaleren Teile der Ranke (▢ Abb. 15.26) rollen ein, wodurch die ganze Pflanze elastisch federnd an die Stütze herangezogen wird. Bei *Bryonia* kommt diese Einrollung durch eine Hemmung des Streckungswachstums auf der Rankenunterseite zustande, während die Oberseite weiterwächst, unter Umständen sogar verstärkt. Aus mechanischen Gründen müssen bei dieser Reaktion ein oder mehrere Umkehrpunkte (▢ Abb. 15.26a) zwischen links- und rechtsgängigen Windungen eingeschaltet werden, um Torsionen zu vermeiden. Schließlich kommt es durch den Berührungsreiz auch zur Ausbildung von Festigungselementen und häufig zu Dickenwachstum (**Thigmomorphosen**), wodurch die Verankerung stabilisiert wird.

Über die Signalleitung von der reizperzipierenden Rankenspitze zur Rankenbasis (die auf ihrer gesamten Länge etwa 1,5–2 h nachdem die Spitze erfolgreich eine Stütze ergriffen hat nahezu gleichzeitig mit der Krümmung beginnt) gibt es bislang nur ungenaue Vorstellungen. Die turgeszenzbedingte Kontaktkrümmung der Rankenspitze um die Stütze könnte in einer calciumabhängigen Reaktion auf ähnliche Weise erfolgen, wie bei den raschen Thigmo- und Seismonastien (▢ Abb. 15.25). Mit Oberflächenelektroden gelang es, in den basaleren Teilen der gereizten Ranke elektrische Ströme zu registrieren. Die Signalleitung erfolgt daher unter Umständen elektrisch. An der Auslösung der basalen Krümmung, die durch differenzielles Flankenwachstum zustande kommt, sind wohl wieder Phytohormone beteiligt. Sowohl durch Gabe von Ethylen, Auxin oder von Octadecanoiden (z. B. Jasmonsäure, ▶ Abschn. 12.5) lässt sich die thigmonastische Reaktion der *Bryonia*-Ranke berührungslos auslösen. Es gibt Hinweise

darauf, dass nach mechanischer Reizung in Ranken von *Bryonia* 12-oxo-Phytodiensäure (▶ Abschn. 12.5) ausgeschüttet wird und dass diese Substanz ein endogener Induktor (wohl aber nicht das signalleitende Prinzip) der Wachstumsreaktion ist.

15.3.2.5 Die nastischen Bewegungen der Spaltöffnungen

Eine gesonderte Behandlung erfolgt hier nicht nur wegen der großen Bedeutung, die die Spaltöffnungsbewegungen für den Gasaustausch der meisten Landpflanzen besitzen, sondern auch, weil in den letzten Jahren die molekularen Prozesse, die der nastischen Bewegung zugrunde liegen, besonders intensiv untersucht und gut verstanden worden sind. Auch darf angenommen werden, dass die molekularen Vorgänge der Turgorregulation an Schließzellen denen bei anderen turgorgesteuerten Bewegungen (▶ Abschn. 15.3.2.1, 15.3.2.2, 15.3.2.3, und 15.3.2.4) ähneln und dass sie darüber hinaus unter Umständen auch für die Kontrolle des Turgors der Pflanzenzellen ganz allgemein von Bedeutung sind.

Entsprechend ihrer Aufgabe, den Diffusionswiderstand der Blätter so zu regulieren, dass – je nach verfügbarem Wasserangebot – die CO_2-Aufnahme für die photosynthetische CO_2-Fixierung oder die CO_2-Dunkelfixierung optimal ist, reagieren die **Spaltöffnungen (Stomata)** vorwiegend **photonastisch** und **hygronastisch** (▢ Abb. 14.54, ▶ Abschn. 14.4.7). Auch eine **thermonastische** Reaktion lässt sich nachweisen, die ökologisch zweckmäßig erscheint, da mit steigender Temperatur der Wasserverlust durch Transpiration stark zunimmt. Überlagert werden diese durch Außenbedingungen induzierten Bewegungen durch eine **circadiane Rhythmik**, d. h. eine zu verschiedenen Tageszeiten verschieden starke Bereitschaft, auf exogen induzierende Faktoren zu reagieren: Die Öffnungsreaktionen sind in der Lichtphase auch endogen bevorzugt. Zeitgeber für diese Rhythmik ist der Tag/Nacht-Wechsel (▶ Abschn. 13.2.3).

Die unmittelbare Ursache der Bewegung ist in jedem Falle eine Differenz des Turgors (▶ Gl. 14.2) in den **Schließzellen** und den angrenzenden Epidermiszellen, die auch morphologisch besonders ausgebildet sein können und dann als **Nebenzellen** bezeichnet werden (▶ Abschn. 2.3.2.1, ▢ Abb. 2.14). Die Veränderungen des Turgors kommen meist durch Veränderungen des osmotischen Potenzials und daran gekoppelte Wasserflüsse zustande, sind also auch mit Volumenänderungen der Schließzellen und der angrenzenden Epidermiszellen verbunden, die von den regulierenden Faktoren in beiden Zelltypen gegenläufig beeinflusst werden. Nimmt relativ zur Umgebung der osmotische Wert in den Schließzellen zu (d. h. das osmotische Potenzial wird negativer), strömt Wasser aus den umgebenden Zellen ein, der Turgor steigt an und das Volumen der Schließzelle vergrößert sich, nimmt der osmotische Wert relativ zur Umgebung ab, strömt Wasser aus, der Turgor sinkt und das Schließzellvolumen schrumpft.

Diesen auf Veränderungen des osmotischen Potenzials der Schließzellen relativ zu den umgebenden Zellen beruhenden **aktiven Spaltöffnungsbewegungen** stehen die **passiven Spaltöffnungsbewegungen** gegenüber, die durch unterschiedlichen Wasserverlust oder unterschiedliche Wasseraufnahme zustande kommen, also rein **hydropassiv** sind.

So tritt ein Volumenverlust (absolut und relativ zu den Nachbarzellen) ein, wenn die Transpiration der Schließzellen (peristomatäre Transpiration) höher ist als die der Nachbarzellen. Die Schließzellen wirken dann als Fühler der relativen Luftfeuchte. Für diese Funktion spricht der Befund, dass Blätter gleichen Wassergehalts in trockener Luft viel höhere Transpirationswiderstände aufweisen als in feuchter. Ein derart induzierter Spaltenschluss kann dazu führen, dass in trockener Luft die Transpiration geringer und der Wassergehalt des Blatts höher ist als in feuchter Luft.

Ein hydropassiver Vorgang liegt auch oft dem raschen Welken abgeschnittener Blätter zugrunde: Der transpirationsbedingte Wasserverlust der Epidermiszellen schreitet bei diesen Blättern rascher voran als der der Schließzellen: Die Spalten öffnen sich.

Volumenzunahme der Schließzellen führt zur Öffnung der Spalten, Volumenabnahme zu deren Verschluss. Dies ist bedingt durch den Zellwandbau von Schließzellen und Nachbarzellen, insbesondere durch die spezielle Anordnung der Mikrofibrillen in den Zellwänden, die die Richtung der Zellexpansion bestimmen (◨ Abb. 15.27). Die Volumenänderung der Schließzellen kann beträchtlich sein; das Zellvolumen der Schließzellen von *Vicia faba* beträgt bei geschlossenen Spalten 1,3 pl (Picoliter, 1 pl = 10^{-12} l), bei vollständig geöffneten Spalten 2,4 pl.

Im Folgenden werden lediglich die – der Regulation unterliegenden – aktiven Spaltöffnungsbewegungen weiter behandelt. Ihnen liegen primär Veränderungen des osmotischen Potenzials der Schließzellen zugrunde.

Als Hauptosmotikum der Schließzellen, wie der Pflanzenzellen allgemein, dienen Kaliumionen (K^+, ◨ Abb. 15.28). Die vakuoläre Kaliumkonzentration kann bei geöffneten Stomata über 600 mM betragen, sie liegt bei geschlossenen Spalten bei 100 mM oder niedriger. Als Gegenionen zur Kompensierung der elektrischen Ladung werden Anionen benötigt. Bei dikotylen Angiospermen tritt hier überwiegend die Dicarbonsäure Äpfelsäure auf. Das Anion der Äpfelsäure, Malat (Mal^{2-}) akkumuliert mit dem Kalium zusammen in der Vakuole (K_2Mal). Die Bildung des Malats erfolgt in Schließzellen aus dem Abbau von Stärke zu Phosphoenolpyruvat (PEP), Carboxylierung durch das Enzym **PEP-Carboxylase** und Reduktion des Reaktionsprodukts Oxalacetat zu Malat. Diese Reaktionsfolge wurde bereits im Zusammenhang mit dem CAM-Stoffwechsel behandelt (▶ Abschn. 14.4.9, ◨ Abb. 14.60). Neben or-

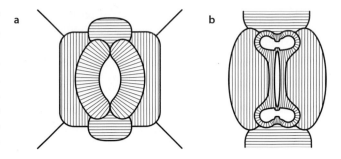

◨ **Abb. 15.27** Schematische Darstellung des Verlaufs von Cellulosemikrofibrillen (rot) in Zellwänden von Schließzellen und ihren Nachbarzellen. **a** Bohnenförmige Schließzellen bei Commelinaceen, Zellwände in Aufsicht. Eine Zellausdehnung ist vorwiegend senkrecht zur Mikrofibrillenausrichtung möglich. Daher wird sich die bohnenförmige Schließzelle bevorzugt in Richtung der Längsachse strecken. Allerdings setzen die quer zur Längsachse der Schließzellen liegenden (kleineren) Nebenzellen der Ausdehnung der Schließzellen einen größeren Widerstand entgegen als die beiden seitlich angeordneten (größeren) Nebenzellen. Die Volumenvergrößerung bewirkt also unter Krümmung der Schließzellen deren Auseinanderweichen und damit die Spaltenöffnung. **b** Hantelförmige Schließzellen der Poaceae, Schließzellen im optischen Schnitt, übrige in Aufsicht. Die radiäre Anordnung der Mikrofibrillen erlaubt eine Vergrößerung des Zellvolumens nur unter Zunahme des Radius: Die Enden der Schließzellen schwellen unter Beibehaltung der Kugelform an; dies drückt den Spalt an den wie starre Leisten wirkenden zentralen Zellabschnitten auseinander. (Nach H. Ziegenspeck, verändert)

ganischen Anionen sind auch anorganische Anionen, insbesondere Chlorid (Cl^-) als Osmotika beteiligt, besonders bei den Monokotylen. Bei diesen wird Malat entweder ganz (z. B. bei *Allium cepa*, der im Blatt das zur Stärkesynthese erforderliche Enzym ADP-Glucose-Pyrophosphorylase fehlt, ◨ Abb. 14.50) oder teilweise (Mais zu etwa 40 %) durch Chloridionen (Cl^-) zur Ladungskompensation ersetzt. Das Chlorid wird mit dem Kalium in die Schließzelle aufgenommen.

Die Aufnahme von K^+ in die Schließzelle geschieht über spannungsabhängige, einwärts gleichrichtende (d. h. Kalium nur in die Zelle, jedoch nicht hinaus transportierende) Kaliumkanäle, deren Wahrscheinlichkeit für den offenen Zustand bei einer genügend großen Differenz des elektrischen Membranpotenzials (Zellinneres negativ gegenüber Zelläußerem, man spricht vereinfacht von hyperpolarisiertem Membranpotenzial) stark zunimmt. Das Membranpotenzial wird durch die ATP-abhängige Aktivität der Plasmamembran-H^+-ATPase erzeugt. Die dadurch an der Plasmamembran anliegende protonenmotorische Kraft treibt auch die Chloridaufnahme in die Schließzelle. Für die Abgabe von K^+-Ionen aus der Zelle ist ein eigener, ganz anders regulierter Kaliumkanal verantwortlich. Er ist strikt auswärts gleichrichtend und seine Wahrscheinlichkeit für den offenen Zustand steigt, wenn das Membranpotenzial depolarisiert (positiver wird); bei hyperpolarisiertem Membranpotenzial bleibt dieser Kaliumkanal ge-

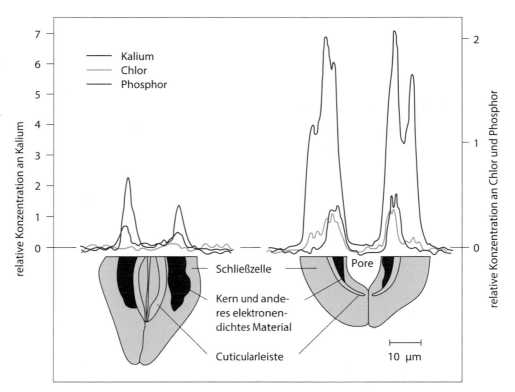

Abb. 15.28 Verteilung der relativen Konzentrationen von Kalium, Chlor und Phosphor über die Fläche eines geschlossenen (links) und eines geöffneten Stomas (rechts) der unteren Blattepidermis von *Vicia faba*. Messungen mit der Röntgenmikrosonde. Von den dargestellten Elementen zeigt nur K$^+$ einen deutlichen Anstieg in den Schließzellen bei deren Öffnung. (Nach G.D. Humble und K. Raschke)

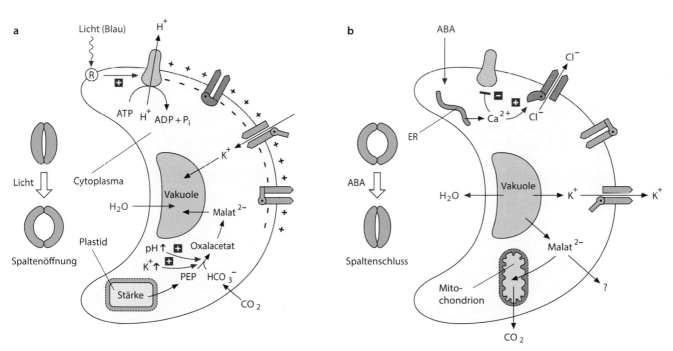

Abb. 15.29 Vereinfachte Darstellung der Reaktionen **a** bei der blaulichtinduzierten Stomaöffnung und **b** beim ABA-induzierten Stomaschluss. Nähere Erläuterungen im Text. – ABA Abscisinsäure. (Grafik: E. Weiler)

schlossen, sodass bei Kaliumaufnahme in die Zelle kein Kaliumkurzschluss entsteht. Durch Veränderungen der Aktivität der beschriebenen Ionentransportsysteme lässt sich die Regulation der Spaltöffnungsbewegung im Prinzip verstehen (Abb. 15.29). Da die osmotisch aktiven Ionen letztlich bei Spaltöffnung in die Vakuole der Schließzelle aufgenommen bzw. bei Spaltenschluss aus dieser entlassen werden, ist auch der Ionentransport am Tonoplasten wichtig.

Licht induziert in der Regel eine Öffnung der stomatären Spalten. Die Lichtempfindlichkeit der Schließzellen ist dabei außerordentlich hoch: Bereits 25–30 pmol

Photonen cm^{-2} s^{-1} genügen, um die Öffnung zu induzieren. Wirkungsspektren dieser **Photonastie** lassen Gipfel im roten und insbesondere im blauen Spektralbereich erkennen. Die durch **Rotlicht** bewirkte Öffnung der Spalten geht auf die **Photosynthese** zurück. Das Rotlicht ist hier nicht Auslöser der Nastie, sondern Energiequelle der Photosynthese. Die eigentliche Regulation geht somit auch nicht auf das Rotlicht zurück, sondern wird über die CO$_2$-Konzentration im Blatt vermittelt, die zwar in den Schließzellen gemessen, jedoch von der Photosyntheseleistung des Mesophylls bestimmt wird. Die Eigenphotosynthese der, von Ausnahmen (z. B. *Paphiopedilum*) abgesehen, chloroplastenhaltigen Schließzellen trägt allenfalls begrenzt zu dieser Erniedrigung der CO$_2$-Konzentration bei. Statt durch Belichtung kann dementsprechend die Stomaöffnung auch durch CO$_2$-Dunkelfixierung (z. B. nachts bei CAM-Pflanzen, ▶ Abschn. 14.4.9) oder durch experimentelle Absenkung der Konzentration in der Außenluft im Dunkeln erreicht werden, während umgekehrt eine Erhöhung der Konzentration in der Außenluft auch im Licht einen Spaltenschluss induziert (**Chemonastie**). In bestimmten Grenzen hält die Änderung des Diffusionswiderstands durch die Spaltöffnungsbewegung demnach die CO$_2$-Konzentration in den Schließzellen und damit proportional auch in den Interzellularen konstant oder verhindert zumindest stärkere Schwankungen. Die Natur des CO$_2$-Sensors und sein Einwirken messen, auf das osmotische Potenzial (bei einem Absinken der Konzentration in den Schließzellen wird das osmotische Potenzial negativer) werden noch nicht im Einzelnen verstanden.

Besonders wirksam bei der photonastischen Spaltöffnungsbewegung ist **Blaulicht**; Schließzellen ohne Chloroplasten reagieren nur auf Blaulicht (z. B. *Paphiopedilum*). Als Blaulichtrezeptoren sind beide **Phototropine** (Phototropin 1 und Phototropin 2) beteiligt. Ob zusätzlich, wie angenommen, Zeaxanthin (◻ Abb. 14.27) eine Rolle spielt, muss bezweifelt werden, da Mutanten mit einem Ausfall in der Carotinoidbiosynthese (bekannt z. B. bei *Arabidopsis thaliana*) noch eine – allerdings schwächere – Blaulichtabhängigkeit der Spaltenöffnung zeigen. Blaulicht aktiviert die H$^+$-ATPase in der Plasmamembran. Dies führt zu einer Hyperpolarisierung des Membranpotenzials und damit zu einer Aktivierung der spannungsabhängigen, einwärts gleichrichtenden Kaliumkanäle. Auch der Chlorideinstrom über die 2 H$^+$/1 Cl$^-$-Symporter wird verstärkt. Die Aktivität der H$^+$-ATPase kann als blaulichtinduzierte Ansäuerung des Apoplasten von Schließzellen gemessen werden (der pH-Wert sinkt von Werten um 7 auf etwa 5 ab). Die ansteigende cytoplasmatische K$^+$-Konzentration und die Alkalisierung des Cytoplasmas (durch die starke H$^+$-Abgabe aus der Zelle steigt der pH-Wert im Cytoplasma) aktivieren vermutlich die PEP-Carboxylase, so-

dass es zu einer verstärkten Bildung von Äpfelsäure kommt. Das Malat gelangt mit dem Kalium in die Vakuole, die bei der Dissoziation der gebildeten Äpfelsäure zu Malat frei werdenden H$^+$-Ionen werden durch die H$^+$-ATPase in den Apoplasten befördert.

Die Blaulichtaktivierung der Protonenpumpe wird über den BLUS1-Kinase-Komplex (BLUS1 für engl. *blue light signaling 1*) vermittelt. BLUS1 wird durch aktiviertes Phototropin phosphoryliert und bewirkt seinerseits die Phosphorylierung der H$^+$-ATPase. Es ist bekannt, dass die Phosphorylierung eines Threoninrests nahe dem C-Terminus der H$^+$-ATPase zu einer Bindung von Adaptorproteinen aus der Gruppe der 14-3-3-Proteine führt (◻ Abb. 16.18a) und dies eine starke Steigerung der Enzymaktivität zur Folge hat (Inoue und Kinoshita 2017).

Bei **Wassermangel** wird die Öffnungsweite der stomatären Spalten reduziert bzw. die Spalten ganz geschlossen. Diese Reaktion wird durch das Phytohormon **Abscisinsäure** (ABA, ▶ Abschn. 12.7, ◻ Abb. 12.37) induziert, das bei Wassermangel im Blatt oder auch in der Wurzel gebildet, dann ausgeschüttet und mit dem Transpirationsstrom an die Schließzellen herangeführt wird. ABA induziert in Schließzellen primär die Freisetzung von Ca^{2+}-Ionen aus intrazellulären Speichern. Der von etwa 100 nM auf Werte bis über 1 μM ansteigende Ca^{2+}-Spiegel

- hemmt die H$^+$-ATPase, wodurch der transmembrane H$^+$-Konzentrationsgradient absinkt und das elektrische Membranpotenzial positiver wird (Depolarisierung),
- bewirkt, dass Ca^{2+}-Ionen an auswärts gleichrichtende Chloridkanäle binden und sie öffnen. Dadurch strömt Chlorid passiv (entlang seines elektrochemischen Gradienten) aus der Zelle und das elektrische Membranpotenzial wird weiter depolarisiert. Dieser Ca^{2+}-induzierte Chloridstrom ist auch bei Schließzellen, die Chlorid nicht als dominantes Gegenion zu K$^+$ speichern, also bei Dikotylen, an der Depolarisierung des Membranpotenzials an der Plasmamembran beteiligt.

Die Depolarisierung hat zwei Konsequenzen:

- Die nur bei Hyperpolarisierung geöffneten, einwärts gleichrichtenden K$^+$-Kanäle schließen sich und
- die bei depolarisiertem Membranpotenzial besonders aktiven, auswärts gleichrichtenden K$^+$-Kanäle sorgen für einen massiven K$^+$-Ausstrom aus der Zelle.

Die Anionen (Cl$^-$ oder Malat^{2-}) folgen nach, die Zelle verliert, osmotisch damit gekoppelt, Wasser. Die abgegebenen Ionen werden in den umliegenden Zellen gespeichert, Wasser strömt wiederum osmotisch nach. Für

K$^+$ (und bei Monokotylen auch für Cl$^-$) lässt sich dies histochemisch leicht zeigen. Das Schicksal des bei den Dikotylen von den Schließzellen abgegebenen Malats ist noch nicht geklärt. Ein Teil des Malats dürfte in den Mitochondrien unter ATP-Bildung zu CO_2 veratmet werden.

15.3.3 Autonome Bewegungen

Bewegungen, die nicht von Außenfaktoren, sondern endogen gesteuert werden, werden als autonom bezeichnet. Sie können entweder durch Wachstums- oder Turgorbewegungen bewirkt werden.

Um Turgorbewegungen handelt es sich bei den der circadianen Rhythmik unterliegenden tagesperiodischen Bewegungen der Blätter, auf die schon hingewiesen wurde (▶ Abschn. 13.2.3), z. B. bei *Mimosa* und *Phaseolus*. Sie erfolgen an Blattgelenken (Pulvini), deren Funktionsweise ebenfalls bereits behandelt wurde (▶ Abschn. 15.3.2.4, ◻ Abb. 15.24i; bei *Phaseolus* jedoch nicht am Grunde des Blattstiels, sondern am Übergang der Blattspreite in den Blattstiel lokalisiert).

Um Wachstumsbewegungen handelt es sich bei den Pendelbewegungen (**Nutationen**) von Keimpflanzen und jungen Spross- und Infloreszenzachsen. Sie gehen auf zeitlich ungleiches Wachstum verschiedener Organflanken zurück und sind wohl nicht Ausdruck physiologischer Anpassungen, sondern zeigen die Feinabstimmung des Streckungswachstums im Sprossbereich.

Beschreibt das Organ kreisende Bewegungen, spricht man von **Circumnutationen**. Sie treten außer bei Keimpflanzen vor allem bei Winde- und Rankenkletterern auf und wurden am Beispiel von *Bryonia* bereits eingeführt (▶ Abschn. 15.3.2.4).

15.3.4 Durch den Turgor vermittelte Schleuder- und Explosionsbewegungen

Während bei den bisher behandelten Turgorbewegungen Turgoränderungen einer bestimmten Flanke zu reversiblen Krümmungen eines Organs führen, wird in anderen, vorwiegend der Ausbreitung von Fortpflanzungseinheiten dienenden Fällen die Turgordifferenz zwischen bestimmten Gewebeschichten für Bewegungen genutzt, die meist nicht mehr als typischer Reizvorgang gedeutet werden können, sondern in der Regel das Ergebnis natürlicher Entwicklungs- und Reifungsvorgänge und nicht reversibel sind. Man unterscheidet Turgorschleudermechanismen von Turgorspritzmechanismen.

Turgorschleudermechanismen beruhen auf Gewebespannungen. Ein **Schwellgewebe** wird durch ein **Widerstandsgewebe** an maximaler Wasseraufnahme und Län-

genausdehnung gehindert. Überschreitet die Spannung einen bestimmten Grenzwert (was vielfach durch Berührung gefördert werden kann), so zerfällt das Organ explosionsartig, wobei es entlang vorgebildeter Rissstellen aufreißt.

Bei Springkraut-(*Impatiens*-)Arten entwickeln die zartwandigen Parenchymzellen der äußeren Fruchtwand (Schwellgewebe) bei der Reife ein hohes osmotisches Potenzial (negativer als −2 MPa bei *I. parviflora*). Dem dadurch bewirkten Ausdehnungsbestreben setzen die innersten Schichten der Fruchtwand, die aus gestreckten Faserzellen bestehen, Widerstand entgegen (Widerstandsgewebe). Solange die fünf Karpelle röhrenförmig verwachsen sind, bleibt die Frucht trotz der herrschenden Gewebespannung (meta-)stabil. Wenn sich aber bei fortschreitender Reifung die Mittellamellen entlang den Verwachsungsnähten der Fruchtblätter auflösen (Trenngewebe), kann es nach Berührung oder auch spontan zum Spannungsausgleich kommen. Dabei reißt die Ansatzstelle der Fruchtblätter am Fruchtstiel durch, die Karpelle rollen sich uhrfederartig nach innen ein und die noch anklebenden Samen werden einige Meter (bei *I. parviflora* etwa 3 m, bei *I. glandulifera* bis etwa 6 m) weit weggeschleudert. Die äußeren Fruchtteile verlängern sich bei der Krümmung um ca. 32 %, während die Faserschichten um etwa 10 % verkürzen. Ähnliche Schleudern wie bei *Impatiens* finden sich z. B. auch bei den Früchten der Cucurbitacee *Cyclanthera brachystachya* und bei der Brassicacee *Cardamine impatiens*, im Bereich der Staubgefäße z. B. bei den Urticaceen (◻ Abb. 15.30). Bei der Orchideengattung *Catasetum* werden die Pollinien (▶ Abschn. 19.4.3.2, ◻ Abb. 19.169c, d) bis zu 80 cm weit geschleudert.

Verbreitet sind **Turgorspritzmechanismen**. Als Beispiel innerhalb der Gefäßpflanzen dient die Spritzgurke (*Ecballium elaterium*). Zartwandige, große Zellen im Fruchtinneren bilden das Schwellgewebe, das bei Reife ein osmotisches Potenzial von etwa −1,5 MPa erreicht. Die äußeren Schichten der Fruchtwand bilden ein Widerstandsgewebe, das stark elastisch gespannt wird. An der Ansatzstelle des Fruchtstiels bildet sich schließlich ein Trenngewebe aus, das aufreißt, wobei der Fruchtstiel durch den Binnendruck der Frucht wie ein Sektpfropfen fortgeschossen wird. Die gespannte Fruchtwand zieht sich gleichzeitig zusammen, wodurch der flüssige Inhalt

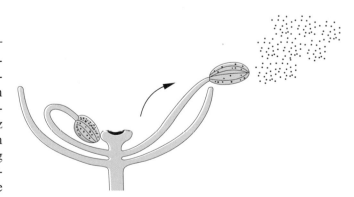

◻ **Abb. 15.30** *Urtica dioica*, Längsschnitt durch eine männliche Blüte. Die Anthere des linken Staubblatts ist noch unter dem Rand des verkümmerten Fruchtknotens eingeklemmt, während rechts das Filament schon nach auswärts geschnellt ist und den Pollen freigibt (ca. 10 ×). (Nach C.T. Ingold)

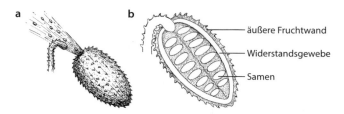

◻ **Abb. 15.31** *Ecballium elaterium*, Spritzgurke. **a** Reife Frucht im Augenblick des Ablösens vom Fruchtstiel und des Ausspritzens des Fruchtfleischs mit den Samen (etwa 0,5 ×). **b** Längsschnitt durch die noch nicht abgelöste Frucht (schematisch). (Nach F. Overbeck und H. Straka)

der Frucht mitsamt den Samen ausgeschleudert wird (◻ Abb. 15.31). Die abgeschossenen Samen fliegen bis über 12 m weit, während die entkernte Fruchthülle durch den Rückstoß in die entgegengesetzte Richtung geschleudert wird.

15.4 Sonstige Bewegungen

Im Pflanzenreich verbreitet sind hygroskopische Bewegungen und Kohäsionsbewegungen. **Hygroskopische Bewegungen** beruhen auf **Quellungsanisotropien** und laufen ab, ohne dass lebende Zellen direkt beteiligt sind. Sie dienen der Sporen-, Pollen-, Samen- und Fruchtausbreitung. Die Bewegung ist rein physikalisch bedingt und beruht auf der unterschiedlichen Ausdehnung bzw. Schrumpfung fibrillärer Schichten bei Quellung bzw. Entquellung. In Zellwänden wird das Quellverhalten durch die Vorzugsrichtung paralleler Lagen von Mikrofibrillen in den sekundären Zellwänden bestimmt. Ausdehnung bzw. Schrumpfung findet bevorzugt senkrecht zum Mikrofibrillenverlauf statt. Liegen Gewebeschichten mit unterschiedlichem Mikrofibrillenverlauf und unterschiedlicher Zellwandzusammensetzung übereinander, so kommt es bei sich veränderndem Feuchtegehalt der Gewebe (z. B. infolge der Austrocknung bei der Reifung und im reifen Zustand bei unterschiedlichem Quellungszustand in trockener bzw. feuchter Umgebung) zu Torsionen. Die wichtigsten Zellwandbestandteile zeigen in folgender Reihenfolge zunehmend starkes Quellungsvermögen:

Lignin < Cellulose < Hemicellulose < Pektin

Die äußeren Peristomzähne an den Sporenkapseln der Laubmoose, die meist nur noch aus Teilen der Zellwände zweier aneinandergrenzender Zellschichten bestehen, krümmen sich beim Eintrocknen je nach ihrer Feinstruktur hygroskopisch nach innen oder außen und fördern bzw. behindern durch diese den Feuchtigkeitsschwankungen der Luft folgenden Bewegungen das Ausstreuen der Sporen. In dem in ◻ Abb. 15.32a dargestellten Beispiel kommt die Bewegung eines Peristomzahns bei Austrocknen dadurch zustande, dass die Mikrofibrillen in der äußeren Lamelle quer zur Längsachse des Zahns liegen, so-

dass sich diese Schicht vorzugsweise in der Längsachse verkürzt. Die Dicke der inneren Lamelle schrumpft dagegen infolge der Achsenlage ihrer Fibrillen lediglich etwas, ohne dass sich die Lamelle verkürzt. Mit der äußeren Wandschicht fest verbunden, verhindert sie daher eine Verkürzung des Zahns und bewirkt dessen Auswärtskrümmung. Der Zellwandbau ist bei den Peristomen der einzelnen Moosgattungen sehr mannigfaltig und die Bewegungsrichtungen infolgedessen – in Anpassung an die jeweiligen ökologischen Bedürfnisse – verschieden.

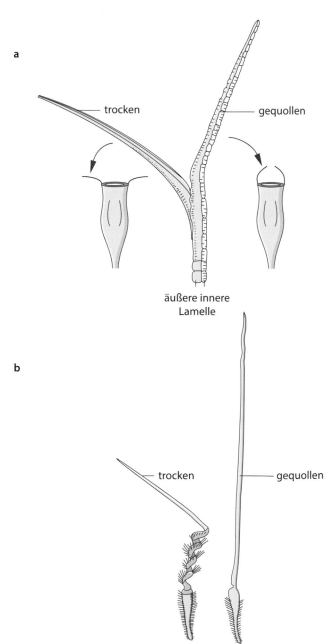

◻ **Abb. 15.32** Hygroskopische Bewegungen. **a** Äußerer Peristomzahn der Kapsel des Mooses *Orthotrichum diaphanum* in trockenem und gequollenem Zustand; äußere und innere Lamelle des Zahns mit schematischer Andeutung der Mikrofibrillenrichtung; daneben Kapseln mit geöffnetem (links) bzw. geschlossenem (rechts) Peristom (schematisch: nur zwei Peristomzähne gezeichnet). **b** Teilfrüchtchen von *Erodium gruinum* in trockenem bzw. gequollenem Zustand. (a nach C. Steinbrinck, verändert; b nach F. Noll)

Ähnliche hygroskopische Bewegungen führen auch die ebenfalls nur aus Wandsubstanz bestehenden Hapteren der *Equisetum*-Sporen (▶ Abschn. 19.4.2.2, ◻ Abb. 19.185h, j) sowie die Capillitien mancher Schleimpilze aus.

Viele Fruchtkapseln öffnen sich, sobald die Protoplasten der Fruchtwandzellen abgestorben sind und die Zellwände auszutrocknen beginnen (**Xerochasie**, z. B. *Saponaria*), andere bleiben im ausgetrockneten Zustand geschlossen und öffnen sich erst bei Benetzung (**Hygrochasie**, z. B. *Mesembryanthemum*-, *Sedum*-, *Veronica*-Arten). Auf anisotrope Quellung der einzelnen Schichten der Schuppen sind auch die Öffnungs- (beim Trocknen) und Schließbewegungen der Zapfenschuppen von Koniferen zurückzuführen (z. B. beim Kiefernzapfen, ▶ Abschn. 19.4.3.1, ◻ Abb. 19.148).

Bei den Teilfrüchten der *Erodium*-Arten (◻ Abb. 15.32b) kommt es beim Eintrocknen zu einer schraubenförmigen Einrollung. Bei Wiederbenetzung versuchen die Grannen sich wieder gerade zu strecken und bohren dabei, wenn ihr freies Ende an ein Widerlager stößt, die Teilfrüchtchen in den Erdboden. Ähnlich wirken auch die Grannen mancher Graskaryopsen (z. B. von *Stipa*). Hygroskopisch beweglich sind auch die Flughaare vieler Samen und Früchte (z. B. beim Löwenzahn).

Bei der nordafrikanischen Brassicacee *Anastatica hierochuntica* (Rose von Jericho) sind die trockenen Äste einwärts gekrümmt, befeuchtet jedoch weit ausgebreitet. Die Vorstellung, dass die kugeligen Trockenpflanzen von *Anastatica* als Bodenroller vom Wind fortgerollt und so die Samen verbreiten würden, hat sich jedoch nicht bestätigt.

Im Unterschied zu den hygroskopischen Bewegungen, beruhen die **Kohäsionsbewegungen** auf den sehr starken Kohäsionskräften von Wassermolekülen selbst in dünnen Wasserschichten (▶ Abschn. 14.2.2.2, ▶ Gl. 14.4).

So besitzen z. B. die Einzelzellen des bogenartig das Farnsporangium (◻ Abb. 15.33) umfassenden **Anulus** verdickte Zwischen- und Innenwände, während die Außenwände unverdickt sind. Bei der Reife des Sporangiums beginnen diese Zellen, langsam ihr Wasser zu verlieren. Da das Wasser aber fest an den wasserdurchtränkten Wänden haftet und die Wasserfüllung wegen der hohen Kohäsionskräfte zwischen den Wassermolekülen zunächst auch nicht in sich reißt (dazu sind hydrostatische Drücke negativer als -25 MPa notwendig!

▶ Abschn. 14.2.5), werden die antiklinen Zellwände beim Schwinden des Wassers aus dem Zellinneren in ihrem äußeren Teil unter Eindellung der dünnen Außenwand zusammengezogen. Hierdurch entsteht an der Oberfläche des Sporangiums ein tangentialer Zug, in dessen Folge zwei Zellen an einer präformierten Stelle (**Stomium**) voneinander weichen, sodass die inzwischen tote Sporangienwand von hier aus langsam aufzureißen und sich nach außen umzustülpen beginnt. Wenn die Deformation der Bogenzellen soweit fortgeschritten ist, dass in den einzelnen Zellen nacheinander die Kohäsion des Füllwassers überwunden wird, gleichen sich die Spannungen in den einzelnen Anuluszellen aus. Jedes „Springen" einer Zelle führt zu einem Ruck; insgesamt kehrt demnach die zurückgebogene Sporangienwand rüttelnd in ihre Ausgangslage zurück und schleudert dabei die Sporen aus. Auf einem ganz ähnlichen Mechanismus beruht auch die Öffnung der Antheren, wo die in der Antherenwand liegenden Faserzellen des Endotheciums aufgrund ihrer Wandaussteifungen ähnlich wie die Anuluszellen wirken. Auch in den Wandungen der Sporenkapseln und bei den Elateren vieler Lebermoose sind ähnliche Kohäsionsmechanismen wirksam (◻ Abb. 15.34).

◻ **Abb. 15.34** Elateren des Lebermooses *Cephalozia bicuspidata*. **a** Aufgesprungene Kapsel (6 ×). **b** Einzelne Elatere mit Sporen (100 ×). **c** Stück aus einer Elatere, links mit Wasser gefüllt, rechts nach teilweiser Verdunstung des Füllwassers (425 ×). (Nach C.T. Ingold)

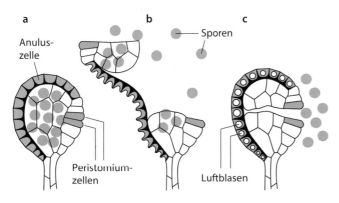

◻ **Abb. 15.33** Kohäsionsmechanismus beim Anulus des Sporangiums von *Dryopteris*. **a** Noch geschlossenes Sporangium. **b** Aufreißen (Zellen durch Kohäsionszug des Wassers außen zusammengezogen). **c** Endzustand nach dem Wiederzusammenschnellen (Spannung durch eingedrungene Luftblasen aufgehoben). (Nach P. Metzner, aus O. Stocker)

Der Fangmechanismus der *Utricularia*-Blasen (▶ Abb. 3.71) beruht ebenfalls auf der Kohäsionskraft des Füllwassers. Durch aktive Abgabe von Na^+-, K^+- und Cl^- Ionen aus dem Füllwasser über die Blasenwand nach außen und osmotischen Wassernachstrom verliert die Blase etwa 40 % des Füllwassers und bildet so einen negativen hydrostatischen Druck gegenüber der Umgebung aus, sichtbar an der Eindellung fangbereiter Blasenfallen. Das Berühren der Antennenborsten führt zur Öffnung der Ventilklappe und Umgebungswasser wird mit der Beute in die Falle gesaugt (Schluckfallenprinzip).

Quellenverzeichnis

Weiterführende Literatur

Assmann SM, Shimazaki K (1999) The multisensory guard cell. Stomatal responses to blue light and abscisic acid. Plant Physiol 119:809–815

Berry RM, Armitage JP (1999) The bacterial flagellar motor. Adv Microb Physiol 41:291–337

Christie JM, Suetsugu N, Sullivan S, Wada M (2018) Shining light on the function of NPH3/RPT2-like proteins in phototropin signaling. Plant Physiol 176:1015–1104

Firtel RA, Chung CY (2000) The molecular genetics of chemotaxis: sensing and responding to chemo-attractant gradients. BioEssays 22:603–615

Foster KW, Smyth RD (1980) Light antennas in phototactic algae. Microbiol Rev 44:572–630

Hanzlik M, Winklhofer M, Petersen N (1996) Spatial arrangement of chains of magnetosomes in magnetotactic bacteria. Earth Planet Sci Lett 145:125–134

Hart JW (1990) Plant tropisms and other growth movements. Unwin Hyman, London

Haupt W (1977) Bewegungsphysiologie der Pflanzen. Thieme, Stuttgart

Hegemann P (1997) Vision in microalgae. Planta 203:265–274

Inoue S-I, Kinoshita T (2017) Blue light regulation of stomatal opening and the plasma membrane H^+-ATPase. Plant Physiol 174:531–538

Jaffe MJ, Galston AW (1968) The physiology of tendrils. Annu Rev Plant Physiol 19:417–434

Jarvis PG, Mansfield TA (1981) Stomatal physiology. Cambridge University Press, Cambridge

Kreimer G (1994) Cell biology of phototaxis in flagellated algae. Int Rev Cytol 148:229–310

Pandey S, Zhang W, Assmann SM (2007) Roles of ion channels and transporters in guard cell signal transduction. FEBS Lett 581:2325–2336

Putz FE, Mooney HA (Hrsg) (1991) The biology of vines. Cambridge University Press, Cambridge

Salomon M, Zacherl M, Rüdiger W (1997) Asymmetric, blue-light dependent phosphorylation of a 116-kilodalton plasma membrane protein can be correlated with the first- and second-positive phototropic curvature of oat coleoptiles. Plant Physiol 115:485–491

Schroeder JI, Allen GI, Hugouvieux V, Kwak JM, Waner D (2001) Guard cell signal transduction. Annu Rev Plant Physiol Plant Mol Biol 52:627–658

Shimazaki K, Doi M, Assmann SM, Kinoshita T (2007) Light regulation of stomatal movement. Annu Rev Plant Biol 58:219–247

Sievers A, Buchen B, Hodick D (1996) Gravity sensing in tip-growing cells. Trends Plant Sci 1:273–279

Strong DR, Ray TS (1975) Host tree location behavior of a tropical vine (*Monstera gigantea*) by skototropism. Science 190:804–806

Thiel G, Wolf AH (1997) Operations of K^+-channels in stomatal movements. Trends Plant Sci 2:339–345

Ueda M, Yamamura S (2000) Chemistry and biology of plant leaf movements. Angew Chem Int Ed 39:1400–1414

15

Allelophysiologie

Uwe Sonnewald

Inhaltsverzeichnis

Sonnewald, U. 2021 Allelophysiologie. In: Kadereit JW, Körner C, Nick P, Sonnewald U. Strasburger – Lehrbuch der Pflanzenwissenschaften. Springer Berlin Heidelberg, p. 615–646.
► https://doi.org/10.1007/978-3-662-61943-8_16

Pflanzen reagieren nicht nur auf physikalische oder chemische Reize aus ihrer unbelebten (abiotischen) Umgebung (▶ Kap. 13), sie treten auch in vielfältige Wechselwirkungen mit anderen Lebewesen. Als ein Beispiel wurden die phytochromgesteuerten Reaktionen auf Laubschatten bzw. auf von benachbarten Pflanzen reflektiertes Licht bereits erwähnt (Abschn. 13.2.1). Die Erforschung der molekularen Abläufe bei der Interaktion von Pflanzen mit anderen Organismen stellt heute ein eigenständiges Gebiet der Physiologie dar, das hier unter dem Begriff **Allelophysiologie** (griech. *allélos*, wechselseitig, gegenseitig) zusammenfassend dargestellt werden soll.

Die Allelophysiologie leitet über zur Pflanzenökologie (Abschn. 22.8). Die mannigfachen Beziehungen von Pflanzen zu ihren Bestäubern werden in ▶ Kap. 19 besprochen. Soweit Bewegungen der Pflanze im Blütenbereich mit Bestäubern in Zusammenhang stehen, wurde darauf im ▶ Kap. 15 „Bewegungsphysiologie" (▶ Abschn. 15.3.2) bereits hingewiesen.

Die engsten Wechselwirkungen von Organismen liegen bei der **Symbiose** vor (▶ Abschn. 16.2). Darunter versteht man das enge Zusammenleben zweier artverschiedener Organismen, die daraus beide wenigstens zeitweilig Nutzen ziehen. Die Symbiose ist damit gegenüber dem **Kommensalismus** (Nutzen eines Partners ohne erkennbare Beeinflussung des anderen) und dem **Parasitismus** (▶ Abschn. 16.1.1, Nutzen des einen zu Lasten des anderen Partners) abgegrenzt. Das symbiotische Zusammenleben lässt meist noch klar erkennen, dass es aus einem wechselseitigen Parasitismus (**Alleloparasitismus**) entstanden ist, bei dem sich in Angriff und Abwehr zwischen den Partnern ein Gleichgewicht eingestellt hat (Coevolution) und sie sich wechselseitig Nähr- und Wirkstoffe entziehen. Dieses Gleichgewicht kann bei Dominantwerden eines Partners im Verlauf der Symbiose verloren gehen und wieder in Parasitismus umschlagen, wie bei der Verdauung der Knöllchenbakterien durch ihre Wirtszellen (▶ Abschn. 16.2.1).

Eine fließende Grenze besteht auch zwischen Parasiten und Pathogenen. Im Allgemeinen werden mikrobielle Parasiten, die ihren Wirtsorganismus so schädigen, dass es zur Ausprägung charakteristischer Schadbilder kommt, als Krankheitserreger (**Pathogene**, ▶ Abschn. 16.3) bezeichnet. Die Schädigung kann zum Absterben des Wirts oder bestimmter Gewebe führen. Falls das Pathogen seine Nährstoffe aus diesen abgestorbenen Bezirken aufnimmt, ernährt es sich saprophytisch (▶ Abschn. 16.1.1).

Zu den Schädlingen zählen auch die Pflanzenfresser (**Herbivore**, ▶ Abschn. 16.4), Tiere, die ihren Bedarf an organischer Substanz ausschließlich oder überwiegend über die autotrophen Pflanzen decken.

Für sämtliche der genannten Wechselwirkungen ist ein – teilweise sehr hoher – Grad der Spezifität im Hinblick auf die interagierenden Organismen festzustellen. Pflanzen sind gegenüber der Mehrzahl der potenziellen Krankheitserreger resistent und nur gegenüber wenigen anfällig; Parasitosen und Symbiosen bilden sich in der Regel nur zwischen bestimmten Partnern aus. Als Basis dieser **Wirtsspezifität** sind Erkennungsprozesse auszumachen, in deren Verlauf es oft zu einem wechselseitigen Austausch von Signalmolekülen der beteiligten Organismen kommt, von denen es z. B. abhängt, ob eine Pflanze resistent oder anfällig gegenüber einem Pathogen ist.

Die chemische Wechselwirkung zwischen Pflanzen, und zwar sowohl zwischen Individuen derselben oder verschiedener Art, wird **Allelopathie** (▶ Abschn. 16.5) genannt.

16.1 Besonderheiten der heterotrophen Ernährung

Die Wechselwirkungen der Pflanzen mit anderen Organismen hängen direkt oder indirekt mit der Ernährung zusammen. Der Allelopathie liegt inner- oder zwischenartliche Konkurrenz unter autotrophen Pflanzen um ein begrenztes Nährstoffangebot zugrunde, bei allen übrigen Interaktionen handelt es sich um Aspekte heterotropher Ernährung entweder der Pflanze selbst und/ oder des mit ihr in Beziehung tretenden anderen Organismus.

Während **autotrophe** Organismen anorganische Nährstoffe aufnehmen (▶ Abschn. 14.3, 14.4, 14.5, 14.6 und 14.7), ernähren sich **Heterotrophe** von organischen Substanzen. Benötigt ein im Wesentlichen autotropher Organismus einzelne einfache organische Verbindungen zum Gedeihen, spricht man von **Mixotrophie** oder **Prototrophie**. Mutanten, die die Fähigkeit zur Bildung einer einzelnen zum Wachstum benötigten organischen Substanz (z. B. einer Aminosäure, eines Cofaktors) verloren haben und denen zum Wachstum diese Verbindung von außen zugeführt werden muss, bezeichnet man als **auxotroph**.

Innerhalb der Heterotrophen unterscheidet man **Saprophyten**, die ihre organische Nahrung toten Substraten entnehmen, und **Parasiten** (Schmarotzer), die lebende Organismen oder Zellen ausbeuten.

16.1.1 Saprophyten und Parasiten

Saprophyten sind die meisten Bakterien und Pilze, dagegen keine Höheren Pflanzen. Ihre Ansprüche an das Nährsubstrat sind im Einzelnen sehr verschieden. Ne-

16

ben anorganischen Stoffen ist eine Kohlenstoffquelle vonnöten; als solche können nicht nur Kohlenhydrate, Fette oder Proteine, sondern auch Alkohole, organische Säuren u. ä., aber auch Erdöl, Paraffin, Benzol und Naphthalin dienen. Häufig werden von den Saprophyten Exoenzyme abgeschieden, die die hochmolekularen Substrate (z. B. Lignin, Cellulose, Protein) extrazellulär zu resorbierbaren Spaltprodukten abbauen. Das aufgenommene organische Material wird dann in den normalen (kata- bzw. anabolischen) Grundstoffwechsel geschleust. Viele Saprophyten benötigen keinen organisch gebundenen Stickstoff, sie können auch auf z. B. Ammonium und Nitrat als einziger N-Quelle wachsen (▶ Abschn. 14.5).

In der Natur arbeiten meist ganze Gruppen verschiedener Organismen zusammen, indem die eine Art die Spalt- oder Abfallprodukte der anderen aufnimmt und sich mit ihnen ernährt, während ihre Abscheidungen wieder weiteren Arten als Nährsubstrat, teilweise auch als „Brennstoff" für energieliefernde Umsetzungen bei der Chemosynthese (H_2S, H_2, NH_3), dienen können. Derartige Vorgänge spielen sich z. B. bei der Fäulnis ab, bei der Bakterien und Pilze organisches Material z. B. aus abgestorbenen Pflanzen, Pflanzenteilen oder Tieren wieder in anorganische Verbindungen überführen (remineralisieren); sie ist damit ein wichtiges Glied des Stoffkreislaufs. Die „biologische Selbstreinigung" von verschmutztem Wasser beruht auf solchen Prozessen.

Parasiten gibt es unter den Bakterien, Pilzen, Flechten und Samenpflanzen. Einige heterotrophe Rotalgen parasitieren auf nahe verwandten Rhodophyceen (**Adelphoparasitismus**). Organismen, die sich in der Natur entweder saprophytisch oder parasitisch ernähren, bezeichnet man als **fakultative Parasiten**, solche, die natürlicherweise stets lebende Organismen als Wirte benötigen, als **obligate Parasiten**. Im Experiment können aber auch die obligaten Parasiten häufig auf geeigneten künstlichen Nährmedien saprophytisch leben.

Mikrobielle Parasiten (Bakterien, Pilze) sind die Ursache vieler Erkrankungen bei Pflanze, Tier und Mensch, sie sind Krankheitserreger (Pathogene). Mikrobielle Pathogene werden wegen ihrer sehr komplexen Wechselwirkungen mit Pflanzen gesondert behandelt (▶ Abschn. 16.3).

Unter den **Gymnospermen** ist nur eine einzige parasitische Art bekannt: die Podocarpacee *Parasitaxus usta*, wie ihr Wirt *Falcatifolium taxoides* aus der gleichen Familie ein Endemit von Neukaledonien. Der Parasit hat Kontakt zum Xylem des Wirts und erhält dadurch Wasser und Nährsalze.

Bei den parasitischen **Angiospermen**, die stets obligate Parasiten sind, unterscheidet man **Hemi**- und **Holoparasiten** (Halb- und Vollschmarotzer). Halbschmarotzer (z. B. die meisten Misteln und die Orobanchaceen

Rhinanthus, Melampyrum, Pedicularis, Euphrasia) sind zur Photosynthese befähigt, nehmen die anorganischen Nährstoffe und das Wasser aber nicht mit den Wurzeln aus dem Boden, sondern mit Haustorien aus dem Xylem des Wirts auf. Da sie in der Regel nur auf spezifischen Wirten gedeihen (verschiedene Rassen von *Viscum album* z. B. auf Tannen, Kiefern und Laubhölzern), scheinen aber auch organische Stoffe eine Rolle zu spielen, die ja auch im Xylem in geringer Konzentration auftreten (▶ Abschn. 14.7). Da diese Hemiparasiten den Inhalt der Wirtswasserleitungsbahnen gegen die Saugspannung des Wirts in ihren eigenen Vegetationskörper ziehen müssen, haben sie in der Regel eine besonders intensive Transpiration pro Einheit der Blattfläche. Handelt es sich um Pflanzen, die während gewisser Entwicklungsstadien (z. B. *Tozzia* und *Bartsia*) oder zeitlebens (*Lathraea*) keine entwickelten, transpirierenden Blätter besitzen, so haben sie an ihren Rhizomschuppen Wasserdrüsen entwickelt, die Wasser abscheiden und auf diese Weise das nötige Wasserpotenzialgefälle zwischen Wirt und Parasit aufrechterhalten. Das Endglied dieser Reihe bei den xylemparasitischen Orobanchaceen stellt *Lathraea*, die Schuppenwurz, dar, die auf ausdauernden Wirten parasitiert und offenbar genügend organisches Material aus dem Xylem des Wirts bezieht, um als Holoparasit leben zu können.

Auch bei den Misteln kennt man eine vollparasitische Art, den blattlosen *Tristerix aphyllus* (Loranthaceae), der auf zwei Kakteenarten, *Echinopsis chiloensis* und *Eulychnia acida*, schmarotzt. Hierbei hat er vermutlich Anschluss an das Phloem des Wirts. Die anderen vollparasitischen Angiospermen, z. B. *Striga, Orobanche* und *Cuscuta* (◨ Abb. 19.237), haben ebenfalls Anschluss an die Siebröhren der Wirte, denen sie mit besonderen Aufnahmezellen (Transferzellen) die Assimilate entnehmen. Im Fall von *Cuscuta* konnte nachgewiesen werden, dass die Aufnahme von Assimilaten symplastisch erfolgt, d. h. bei der Besiedlung bilden sich zwischen *Cuscuta* und Wirtszellen Plasmodesmen, wodurch der Parasit direkt am Assimilatstrom partizipieren kann.

Höhere Pflanzen dienen häufig als Wirte für parasitische Tiere (**Zooparasiten**). Dabei handelt es sich im Sprossbereich meist um Arthropoden, im Wurzelbereich meist um Nematoden (Fadenwürmer). Insbesondere letztere richten alljährlich weltweit in der Landwirtschaft beträchtliche Schäden an. Mit der Ausprägung von charakteristischen Krankheitssymptomen verbundene Zustände parasitenbefallener Pflanzen werden als **Parasitosen** bezeichnet. Zu den parasitischen Arthropoden zählen z. B. die Miniermotten, deren Larven sich in Blättern der Wirtspflanzen von den Mesophyllgeweben ernähren. Meist jedoch ist die Anwesenheit des Parasiten mit der Bildung einer **Cecidie (Pflanzengalle)** verbunden. Allgemein wird darunter jede durch einen fremden, parasitierenden Organismus ausgelöste, aktive Bildungsabweichung begrenzten Wachstums bezeichnet. Bildungsabweichungen unbegrenzten Wachstums nennt man **Tumoren** (▶ Abschn. 12.2.3 und Abschn. 10.2). Symbiotische Strukturen (z. B. Wurzelknöllchen, ▶ Abschn. 16.2.1) werden heute nicht mehr zu den Gallen gerechnet, jedoch gibt es von parasitischen Bakterien oder Pilzen ausgelöste Gallbildungen (z. B. die **Hexenbesen** durch das Bakterium *Rhodococcus fascians*, ▶ Abschn. 12.2.3 und durch Pilze der Gattung *Taphrina*, ▶ Abschn. 19.2.1, ◘ Abb. 19.13).

Organoide Gallen bestehen aus zwar stark veränderten, aber doch noch deutlich erkennbaren Grundorganen der Wirtspflanzen (z. B. die Hexenbesen). **Histoide Gallen** (◘ Abb. 16.1) sind verbreiteter. Sie lassen keine organoide Gliederung erkennen, sondern entstehen als Bildungen aus Teilen von Sprossachse, Blatt oder Wurzel und werden in der Regel von Galltieren verursacht: im Sprossbereich insbesondere von Gallmücken, wespen, läusen oder milben, im Wurzelbereich insbesondere von cystenbildenden Nematoden der Gattungen *Heterodera* und *Globodera* bzw. von Wurzelgallennematoden der Gattung *Meloidogyne* (◘ Abb. 16.2). Da der Parasit dabei in Gewebe der Pflanze eindringt, handelt es sich bei den Galltieren um **Endoparasiten. Ektoparasiten** dringen dagegen nicht zur Gänze in die Wirtspflanzen ein, sondern schmarotzen auf deren Oberfläche (z. B. saugende Insekten wie Blattläuse, pflanzensaugende Wanzen und Zikaden, einige Nematoden).

In den genannten Beispielen werden demnach unter dem Einfluss eines Fremdorganismus Zell- und Organformen produziert, für die zwar die genetische Potenz in der Pflanze vorhanden ist, die aber normalerweise nicht gebildet werden. Es besteht kein Zweifel, dass die verschiedenen Gallen durch die erregerspezifische, räumlich und zeitlich gezielte stoffliche Einwirkung der gallerzeugenden Organismen zustande kommen. Dabei scheinen Phytohormone eine maßgebliche Rolle zu spielen.

16

Schon wegen der landwirtschaftlichen Bedeutung sind in letzter Zeit besonders die von den endoparasitischen Nematoden verursachten pflanzlichen Reaktionen näher untersucht worden (◘ Abb. 16.2). Die Nematoden (im 2. Larvenstadium, L_2) infizieren die Pflanzenwurzeln nahe der Wurzelspitze. Cystennematoden penetrieren mit ihrem Stilettapparat Procambiumzellen, die – durch Sekrete der Speicheldrüsen des Tiers verursacht – zunächst stark anschwellen. Durch teilweise Auflösung der Zellwände und Verschmelzungen der Protoplasten entstehen dann großvolumige **Syncytien** (Cysten) von über 200 Zellen und hoher Stoffwechselaktivität, aus denen der nunmehr immobile Parasit seine Nährstoffe saugt (◘ Abb. 16.2a, c). Gut mit Nahrung versorgte Tiere entwickeln sich zu Weibchen, die beim Absterben zahlreiche bereits embryonenenthaltende Eier tragen, welche mehrere Jahre im Boden überdauern können. Auch Wurzelgallennematoden induzieren drastische Verände

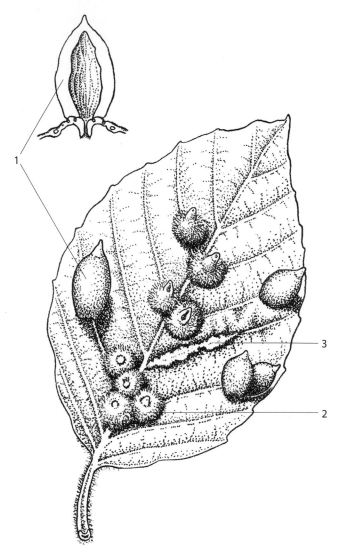

◘ **Abb. 16.1** Verschiedene histoide Gallen auf einem Blatt von *Fagus sylvatica*. Die spezifische Form der Gallen geht auf die Wirkung des Tiers zurück. ① Beutelgalle, verursacht durch die Buchengallmücke *Mikiola fagi*, ② behaarte Beutelgalle der Gallmücke *Hartigiola annulipes*, ③ Filzgalle auf Blattnerven, verursacht durch die Milbe *Aceria nervisequa*. (Nach H. Roß und H. Hedicke)

rungen der Procambiumzellen in der Wurzelspitze. Es bilden sich keine Syncytien, sondern durch Endomitosen vielkernige Riesenzellen (◘ Abb. 16.2a, b) mit bis zu 100 großen Zellkernen und hoher Stoffwechselaktivität, die als Sinks (▶ Abschn. 14.7.3) einen erheblichen Nährstoffimport aus den Produktionsorganen der Pflanze induzieren. Der Parasit bezieht seine Nährstoffe auf symplastischem Weg aus den Riesenzellen. Es ist offenkundig, dass die Reaktionen der Pflanzen durch Effektoren des Tiers hervorgerufen werden. Die Natur dieser Effektoren ist derzeit unbekannt, allerdings wird vermutet, dass es sich hierbei um Proteine handelt, die die Wirtszelle umprogrammieren und so z. B. zu einer erhöhten Auxinkonzentration führen.

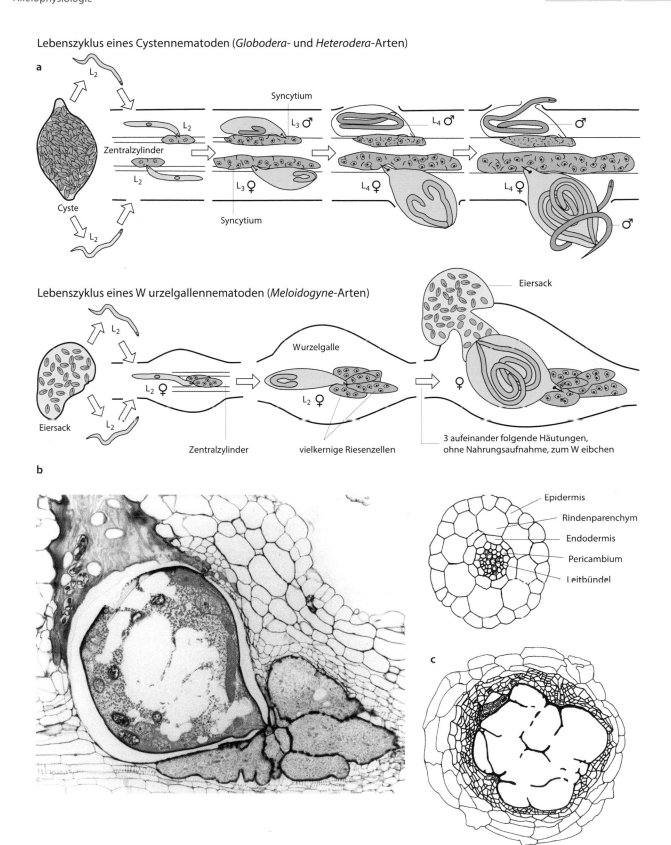

Lebenszyklus eines Cystennematoden (*Globodera*- und *Heterodera*-Arten)

a

L2

Cyste

Zentralzylinder

L2

L2

L2

L2

Syncytium

L3 ♂

L3 ♀

Syncytium

L4 ♂

L4 ♀

♂

L4 ♀

♂

Lebenszyklus eines W urzelgallennematoden (*Meloidogyne*-Arten)

L2

Eiersack

L2

L2

L2 ♀

Zentralzylinder

Wurzelgalle

L2 ♀

vielkernige Riesenzellen

Eiersack

♀

3 aufeinander folgende Häutungen,
ohne Nahrungsaufnahme, zum W eibchen

b

Epidermis

Rindenparenchym

Endodermis

Pericambium

Leitbündel

c

⬛ Abb. 16.2   Gallbildende, endoparasitische Nematoden. **a** Lebenszyklen von Cysten- und Wurzelgallennematoden. **b** Ein adultes Weibchen des Wurzelgallennematoden (*Meloidogyne incognita*) in der Galle einer Gurkenwurzel. **c** Querschnitt durch die Wurzel von *Arabidopsis thaliana* im unbefallenen Zustand (oben) sowie (darunter) Querschnitt durch die syncytiale Region der befallenen Wurzel (Syncytium rot, Cystennematode *Heterodera schachtii*, weibliche Larve im 4. Larvenstadium). – L Larvenstadien. (Nach U. Wyss, mit freundlicher Genehmigung)

16.1.2 Carnivore Pflanzen

Die tierfangenden Pflanzen (**Carnivoren**, ▶ Exkurs 3.4) besitzen stets Chlorophyll, sind zur C_3-Photosynthese befähigt und lassen sich bei ausreichender Mineralsalzernährung leicht ohne jede tierische Nahrung kultivieren. Nur bei unzureichendem Nährstoffangebot, wie es an ihren natürlichen Standorten (z. B. Hochmooren) häufig gegeben ist, haben sie vom Tierfang Nutzen, vor allem wohl hinsichtlich der Stickstoff- und Phosphorversorgung. Bei *Utricularia gibba* wird die Blütenbildung durch tierische Ernährung deutlich gefördert.

Eine Anpassung der Carnivoren an bestimmte Tiere besteht nur insoweit, als diese von den Lockapparaten angezogen und von den Fangstrukturen festgehalten werden müssen (Fangmechanismen, ▶ Exkurs 3.4, ▶ Abschn. 15.3.2.4). Die Verdauung erfolgt durch Exoenzyme, vor allem Proteasen, die durch spezielle Drüsen entweder nach Reizung durch das Beutetier (z. B. bei *Drosera*) oder unabhängig davon (z. B. die pepsinähnliche Protease mit stark saurem pH-Optimum in den *Nepenthes*-Kannen; ◨ Abb. 3.70) abgeschieden werden. Bei den *Sarracenia*-Kannen sollen die Verdauungsenzyme von Bakterien in der Fangflüssigkeit abgeschieden werden. Die Verdauungsprodukte werden von der Pflanze – oft mithilfe von Absorptionshaaren – resorbiert und dem Stoffwechsel zugeführt.

16.2 Symbiose

Neben den drei weit verbreiteten Symbiosen – den N_2-fixierenden Symbiosen (▶ Abschn. 16.2.1), der Mykorrhiza (▶ Abschn. 16.2.3) und den Flechten (▶ Abschn. 16.2.4) – wurden zahlreiche weitere Lebensgemeinschaften mit symbiotischem Charakter gefunden. **Endosymbiose** liegt vor, wenn einer der Partner ganz oder teilweise in Zellen des anderen Partners eindringt. In diesem Fall bleibt jedoch die eindringende Struktur von einer Wirtsmembran umschlossen, die sich von der Plasmamembran herleitet und **Symbiosomenmembran** genannt wird. Sie ist für den Stoffaustausch zwischen beiden Partnern bedeutsam, sorgt aber auch dafür, dass Abwehrreaktionen des Wirts ausbleiben. Parasitische, phytopathogene Pilze (z. B. der obligat biotrophe Oomycet *Peronospora* oder der Mehltaupilz *Blumeria graminis*) dringen mit spezialisierten Hyphen, den **Haustorien** (▶ Abschn. 16.3.2), in die Zellen ihrer Wirtspflanzen ein, wobei die Haustorien ebenfalls von einer Wirtszellmembran umgeben sind, die alle Merkmale einer Symbiosomenmembran aufweist. Die engen Beziehungen zwischen Parasitismus und Symbiose werden hier auch strukturell und funktionell deutlich.

Bemerkenswert sind die Symbiosen zwischen Algen und **Invertebraten**. So finden sich in den Gastrodermiszellen von *Hydra viridissima* oder *Paramecium bursaria Chlorella*-Zellen. Sie werden von einer Vakuolenmembran der Wirtszelle umgeben und geben etwa 30–40 % ihrer gesamten Photosyntheseprodukte an das Tier ab. Ähnlich ergiebig ist der Export (in diesem Fall von Glycerin und organischen Säuren) aus symbiotischen Dinoflagellaten in marinen Invertebraten, z. B. in der Koralle *Pocillopora damicornis* und in der Seeanemone *Anthopleura elegantissima*. Der skelettbildende Kalk der Hartkorallen ist ein Produkt der Symbiose. Korallen beherbergen häufig auch Cyanobakterien, die N_2 zu binden vermögen (▶ Abschn. 16.2.1). Bei dem marinen Plathelminthen *Symsagittifera roscoffensis* müssen die Larven Grünalgen (*Tetraselmis convolutae*) einfangen, wenn sie zur Reife kommen wollen.

Besonders bemerkenswert ist ein Symbiont der koloniebildenden Ascidie *Didemnum*: Es handelt sich um ein Bakterium mit Chlorophyll a und b.

Es gibt auch Fälle, wo nicht ganze Algen, sondern nur deren Chloroplasten von Tierzellen vereinnahmt werden und wenigstens eine gewisse Zeit weiterhin photosynthetisch aktiv sein können. Das gilt für Zellen in der Nachbarschaft des Verdauungstrakts einiger durchsichtiger mariner Molluskenarten. Diese rezenten Algen- und Chloroplastensymbiosen, werden als mögliche Modelle für eine symbiotische Entstehung der Eukaryotenzelle (▶ Abschn. 1.3) betrachtet.

16.2.1 Luftstickstofffixierende Symbiosen

Die Fähigkeit Luftstickstoff (Distickstoff, N_2) zu Ammoniak (NH_3) zu reduzieren (= N_2-Fixierung), ist auf eine Reihe von Prokaryoten aus den Gruppen der Eubakterien und Cyanobakterien beschränkt und an das Vorkommen des Enzyms **Nitrogenase** (s. u.) geknüpft. Die biologische N_2-Fixierung ersetzt den jährlich durch Denitrifikation der Biosphäre verloren gehenden Stickstoff (◨ Tab. 14.15, ◨ Abb. 14.63) und ist damit ein unverzichtbares Element im globalen Stickstoffkreislauf. Frei lebende N_2-Fixierer binden 15–20 kg N_2 pro Hektar und Jahr. Die symbiotische N_2-Fixierung ist leistungsfähiger und bringt es auf 50–200 kg N_2 pro Hektar und Jahr (die *Anabaena/Azolla*-Symbiose z. B. auf 95 kg pro Hektar und Jahr, die *Frankia/Alnus*-Symbiose auf bis zu 200, die *Rhizobium/*Leguminosen-Symbiose auf 55–140 kg N_2 pro Hektar und Jahr).

Während einige N_2-fixierende Bakterien ausschließlich freileben (z. B. *Azotobacter vinelandii*, *Clostridium pasteurianum* und *Rhodospirillum rubrum*), kommen andere assoziiert (z. B. *Klebsiella pneumoniae* mit Pflanzen, Tieren und sogar dem Menschen) oder in Symbiose mit nicht zur N_2-Fixierung befähigten Tieren (z. B. *Citrobacter freundii*, s. u.) oder Pflanzen (z. B. *Rhizobium*-Arten, s. u.) vor, obwohl sie auch frei lebend anzutreffen sind, in diesem Zustand jedoch keinen oder weniger Stickstoff fixieren.

Innerhalb der Cyanobakterien ist N_2-Fixierung verbreitet bei den frei lebenden, heterocystenbildenden Hormogoneae (z. B. Arten der Gattungen *Anabaena*, *Anabaenopsis*, *Cylindrospermum*, *Nostoc*, *Aulosira*, *Calothrix*, *Tolypothrix*, *Trichodesmium* und *Mastigocladus*) und findet in den Heterocysten statt. Einige heterocystenfreie Hormogoneae fixieren N_2 nur unter anaeroben bzw. mikroaeroben Bedingungen, einzellige Cyanobakterien nur ganz vereinzelt (*Gloeocapsa*). In symbiotischen Assoziationen leben Cyanobakterien mit Pilzen, Diatomeen, Bryophyten, Farnpflanzen, Gymnospermen und Angiospermen, aber auch mit Protozoen und Metazoen. Die Cyanobakterien besiedeln dabei Strukturen ihrer Wirte, die auch ohne Anwesenheit der Symbionten ausgebildet werden. Das Zustandekommen der Symbiose wird weitgehend von den Wirten durch Ausscheidung von Substanzen gesteuert. Hierbei spielen Zucker (Arabinose, Galactose und Glucose) eine positive Rolle bei der Chemotaxis, wohingegen Aminosäuren und ausgewählte Flavonoide die Interaktion nicht zu beeinflussen scheinen.

So phagocytiert *Geosiphon pyriformis*, ein mit der Gattung *Glomus* verwandter Pilz, der mit seinem Mycel die oberen Erdschichten durchzieht und darin ca. 1 mm große Blasen ausbildet (�'Abb. 16.3), aus der Umgebung Cyanobakterien (*Nostoc punctiforme*). Diese werden im Wirtsplasma von einer Symbiosomenmembran des Wirts umschlossen und fungieren gleichsam als eingefangene Plastiden, die den Wirt mit Photosyntheseprodukten und reduzierten Stickstoffverbindungen versorgen.

Endosymbiotischer Natur sind auch die Assoziationen von Cyanobakterien und Diatomeen, die in Kultur daher keine Stickstoffquelle im Medium benötigen.

Intrazellulär – und ebenfalls von einer Symbiosomenmembran umgeben – liegen die Cyanobakteriensymbionten (*Nostoc*) auch in den an der Basis der Blattstiele ausgebildeten Schleimdrüsen tropischer *Gunnera*-Arten

(Gunneraceae) vor (�◌ Abb. 16.4). Die Symbionten wandern im Stadium der zu einer Kriechbewegung fähigen Vermehrungseinheiten, der **Hormogonien**, wohl durch Faktoren des Wirts angelockt, also chemotaktisch (▶ Abschn. 14.2.1.1), durch Kanäle in die Schleimdrüsen ein und werden am Grund der Drüsenkanäle durch Phagocytose in Drüsenzellen aufgenommen, deren Zellwände teilweise aufgelöst wurden. Dort differenzieren die *Nostoc*-Symbionten verstärkt die N_2-fixierenden Heterocysten.

In allen übrigen Fällen bleiben die symbiotischen Cyanobakterien in ihren Wirten extrazellulär, so z. B. *Anabaena azollae*, die in den Interzellularräumen der Blätter des Wasserfarns *Azolla* vorkommt und dorthin über die Apikalmeristeme gelangt, also bereits während der Blattentwicklung ständig vorhanden ist; in den „Korallenwurzeln" von Arten der Cycadeengattung *Macrozamia* (*Nostoc*); in schleimgefüllten Hohlräumen der Gametophyten (nicht aber der Sporophyten) von Hornmoosen (z. B. *Anthoceros punctatus*, *Nostoc*-Arten, ◌ Abb. 16.5) und Lebermoosen (z. B. *Blasia pusilla*, *Nostoc*-Arten). Für *Anthoceros punctatus* konnte gezeigt werden, dass die Thalli einen hormogonieninduzierenden Faktor ausscheiden und zugleich diese beweglichen Vermehrungseinheiten chemotaktisch anlocken. Die eingewanderten Cyanobakterien differenzieren, vermutlich ebenfalls von der Wirtspflanze kontrolliert, vermehrt Heterocysten, die den fixierten Stickstoff überwiegend als Ammoniak (NH_3) der Wirtspflanze zur

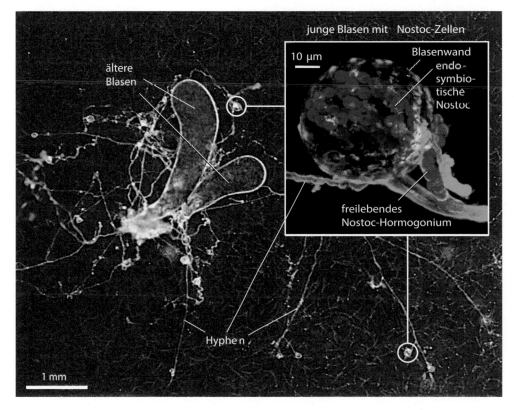

◌ **Abb. 16.3** *Geosiphon pyriformis*. Mycel mit zwei älteren und mehreren jungen Blasen, die *Nostoc*-Endosymbionten enthalten. Kasten: konfokale Laserrastermikroskopie einer jungen *Geosiphon*-Blase fünf Tage nach der Inkorporation der Endosymbionten (in dieser Falschfarbendarstellung rot gezeigt, *Geosiphon* grün). (Nach Originalen von E. Wolf und M. Kluge, mit freundlicher Genehmigung)

junge Blasen mit Nostoc-Zellen

10 μm

Blasenwand

endosymbiotische Nostoc

ältere Blasen

freilebendes Nostoc-Hormogonium

Hyphen

1 mm

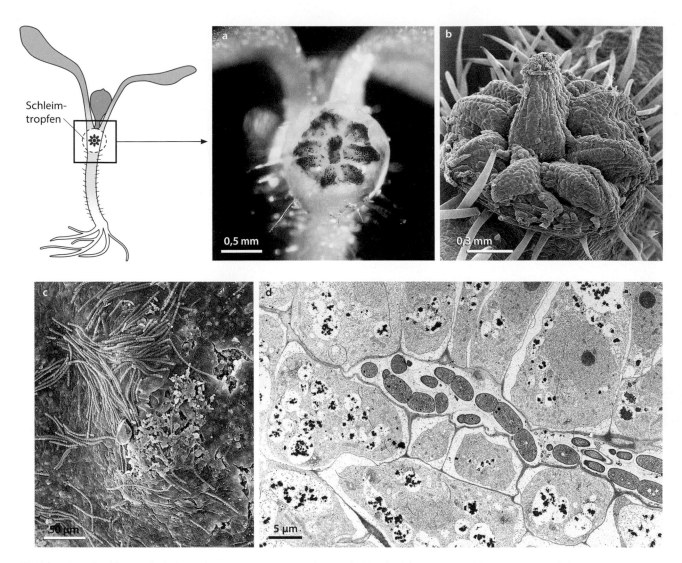

Abb. 16.4 Symbiose zwischen *Gunnera* und *Nostoc*. **a, b** Eine der beiden in dekussierter Position zu den Kotyledonen angeordneten, schleimsekretierenden Drüsen am Hypokotyl eines *Gunnera*-Keimlings. **c** *Nostoc*-Hormogonien auf der Oberfläche einer Drüse. **d** Längsschnitt durch eine Drüse mit *Nostoc*-Hormogonien im Drüsengang, der von schleimsezernierenden Zellen ausgekleidet wird. (Nach C. Johansson, mit freundlicher Genehmigung)

Verfügung stellen. In diesem Zustand ist die photosynthetische CO_2-Fixierung der Cyanobakterien stark unterdrückt, sodass die Symbionten hinsichtlich ihrer Versorgung mit organischen Verbindungen (einschließlich Aminosäuren!) von der Wirtspflanze abhängen und nur sehr langsam wachsen. Der Nutzen, den die Cyanobakterien aus dieser Symbiose ziehen, kann daher kaum in ihrem Aufenthalt in der Pflanze liegen, er dürfte vielmehr die in der Nähe (auf der Oberfläche) der Wirtspflanzen frei lebenden Zellen betreffen, die zur Hormogoniumbildung angeregt und vermutlich auch von Substanzen, die die Wirtspflanzen ausscheiden, in ihrem Wachstum gefördert werden.

Symbiosen N_2-fixierender Bakterien sind mit Tieren (auch dem Menschen) und Angiospermen bekannt. So beherbergen Termiten N_2-fixierende Bakterien im Darm

(*Citrobacter freundii*, *Pantoea agglomerans*) und ergänzen so ihre stickstoffarme Diät. Die Darmflora der Papuas (indigene Einwohner Neuguineas) enthält ebenfalls N_2-fixierende Bakterien. Trotz der einseitigen Ernährung, hauptsächlich durch die eiweißarme Süßkartoffel, haben die Papuas kaum Proteinmangel.

Im Unterschied zu den cyanobakteriellen Symbiosen sind die bei den Pflanzen bestehenden N_2-fixierenden Symbiosen mit Bakterien an die Ausbildung spezieller symbiotischer Strukturen geknüpft: der **Wurzelknöllchen**. Diese kommen z. B. bei Erlen vor und beherbergen den Streptomyceten *Frankia alni*. Mehr als 140 weitere Arten aus neun Familien bilden mit Actinomyceten als Symbiosepartnern N_2-fixierende Wurzelknöllchen (Tab. 16.1). Bisher nahm man an, dass die Fähigkeit zur Ausbildung von Wurzelknöllchen mehrfach

▢ Abb. 16.5 *Anthoceros/Nostoc*-Symbiose. **a** Habitus eines Bestands von *Anthoceros punctatus*. Jeder Gametophyt bildet einen stielförmigen Sporophyten aus. **b** Unterseite eines Gametophyten mit im Bild dunkel erscheinenden *Nostoc*-Kolonien. (Nach J.C. Meeks, mit freundlicher Genehmigung)

▢ Tab. 16.1 Gattungen, die Arten mit Actinomyceten-Wurzelknöllchen aufweisen

Gattung	Familie
Casuarina	Casuarinaceae
Myrica	Myricaceae
Comptonia	Myricaceae
Alnus	Betulaceae
Dryas	Rosaceae
Cercocarpus	Rosaceae
Chamaebatia	Rosaceae
Cowania (evtl. = *Purshia*)	Rosaceae
Purshia	Rosaceae
Rubus	Rosaceae
Coriaria	Coriariaceae
Ceanothus	Rhamnaceae
Colletia	Rhamnaceae
Discaria	Rhamnaceae
Retanilla	Rhamnaceae
Talguenea (evtl. = *Trevoa*)	Rhamnaceae
Trevoa	Rhamnaceae
Elaeagnus	Elaeagnaceae
Hippophae	Elaeagnaceae
Shepherdia	Elaeagnaceae
Parasponia	Cannabaceae
Datisca	Datiscaceae

unabhängig voneinander in unterschiedlichen Arten auftrat. Neuere Untersuchungen deuten allerdings daraufhin, dass die Knöllchenbildung in der Evolution nur einmal vor ca. 100 Mio. Jahren entstand und anschließend in vielen Nachkommen verloren ging (van Velzen et al. 2018). Die Fixierung ist effektiv und beträgt bei *Alnus*-Arten 50–200 kg N_2 pro Hektar und Jahr. Besonders verbreitet, gut untersucht und auch landwirtschaftlich bedeutsam sind jedoch die Wurzelknöllchen der Leguminosen, die Ausdruck der Symbiose mit N_2-fixierenden Bakterien der sehr nahe verwandten Gattungen *Rhizobium*, *Bradyrhizobium*, *Azorhizobium*, *Mesorhizobium* und *Sinorhizobium* sind. Innerhalb der Fabaceen sind die Caesalpinioideae zu weniger als der Hälfte, die Mimosoideae überwiegend, die Faboideae in fast allen der untersuchten Gattungen mit Wurzelknöllchen versehen. Die Hülsenfrüchtler gehören zu den ersten Kul-

turpflanzen der Steinzeit und sind bis heute nach den Poaceae die wichtigsten Kulturpflanzen. Ihre bodenverbessernde Eigenschaft war bereits in der Antike bekannt (Theophrast, 4. Jahrhundert v. Chr.).

Rhizobien kommen weit verbreitet im Boden vor. In der Nähe einer Wirtspflanze bewegen sie sich chemotaktisch auf die Wurzeloberfläche zu. Als Chemotaktika wirken **Flavonoide** (▶ Abschn. 14.14.1), bei *Rhizobium meliloti* z. B. Luteolin (▢ Abb. 16.6). Die Bakterien heften sich im Bereich der jungen Wurzelhaare an deren Spitze, wobei der Kontakt von pflanzlichen **Lectinen** (zuckerbindenden Proteinen, ▶ Abschn. 14.15.4) hergestellt wird, die an bakterielle Oberflächenstrukturen binden. Die Bindung bewirkt eine Einkrümmung des Wurzelhaars und die Bildung eines **Infektionsschlauchs** (den man als ein umgekehrtes, nach innen gerichtetes Spitzenwachstum des Wurzelhaars ansehen kann), der von einer

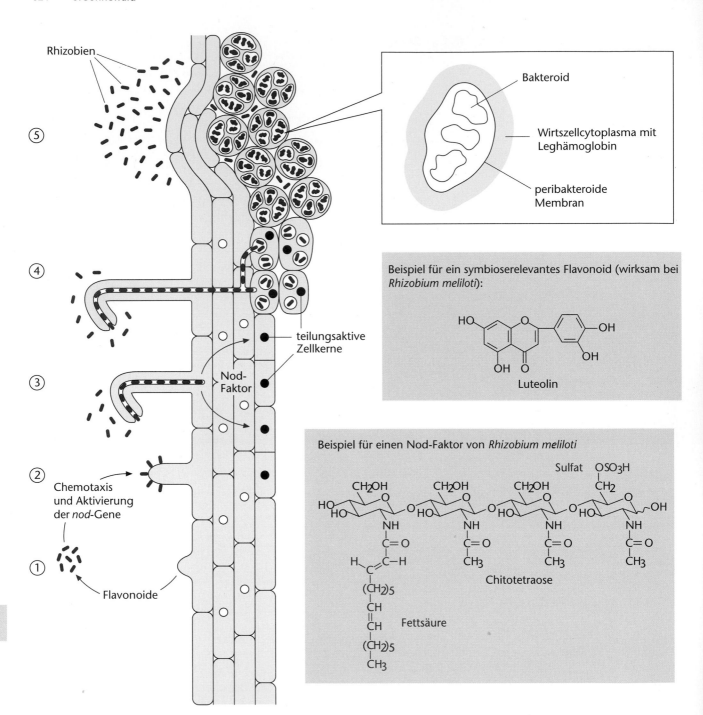

Rhizobien

⑤

Bakteroid

Wirtszellcytoplasma mit Leghämoglobin

peribakteroide Membran

④

teilungsaktive Zellkerne

Nod-Faktor

③

② Chemotaxis und Aktivierung der *nod*-Gene

① Flavonoide

16

Beispiel für ein symbioserelevantes Flavonoid (wirksam bei *Rhizobium meliloti*):

Luteolin

Beispiel für einen Nod-Faktor von *Rhizobium meliloti*

Sulfat OSO₃H

Chitotetraose

Fettsäure

☐ **Abb. 16.6** Schematische Darstellung der Stadien der Etablierung einer *Rhizobium*/Leguminosen-Symbiose. ① Bei Stickstoffmangel scheidet die Wurzel Flavonoide aus. Diese rufen bei den bodenlebenden, begeißelten, stäbchenförmigen Rhizobien eine positive Chemotaxis hervor und aktivieren die Nodulationsgene (*nod*-Gene). ② Die Rhizobien heften sich, durch pflanzliche Lectine vermittelt, an die Spitze von jungen Wurzelhaaren an. ③ Das Wurzelhaar stülpt sich an der Spitze ein und bildet einen Infektionsschlauch, in dem sich die Rhizobien aufhalten und vermehren. Die Rhizobien scheiden Nod-Faktoren aus. Deren Biosynthese wird von Enzymen bewerkstelligt, die von einigen der aktivierten *nod*-Gene codiert werden. Die Nod-Faktoren diffundieren in das Wurzelrindenparenchym und induzieren dort Zellteilungen. Es bildet sich ein Knöllchenprimordium. ④ Nachdem der Infektionsschlauch das Knöllchenprimordium erreicht hat, werden die Rhizobien von diesen Zellen phagocytiert. ⑤ Unter massiver Volumenvergrößerung der Wirtszellen differenzieren die Rhizobien zu Bakteroiden, wobei sie ebenfalls – um das Zehnfache – an Volumen zunehmen. Bakteroide teilen sich nicht mehr und führen die N_2-Fixierung durch. Die rot dargestellten Strukturen des Nod-Faktors (Kasten unten) sind für die Wirkung an der Luzerne unerlässlich. Fehlen sie, so unterbleibt die Induktion eines Knöllchenprimordiums. Fehlt die Sulfatgruppe, so ist der Nod-Faktor zwar bei der Luzerne unwirksam, bei *Vicia* oder *Pisum* jedoch noch aktiv. Fehlt die Fettsäure, so ist der Faktor generell unwirksam. Weitere Erläuterungen im Text. (Grafik: E. Weiler)

Zellwand ausgekleidet wird und durch das Wurzelhaar nach innen wächst. In seinem Inneren befinden sich die Rhizobien. Der Infektionsschlauch durchwächst mehrere Schichten von Rindenparenchymzellen bis zu einem sich unterdessen bildenden **Knöllchenprimordium**, das aus äußeren oder weiter innen gelegenen (s. u.) Rindenparenchymzellen über Protoxylemsträngen angelegt wird, indem die bereits ausdifferenzierten Parenchymzellen erneut in den Zellzyklus (▶ Abschn. 11.2.1) eintreten und sich unter Polyploidisierung teilen. Diese Wiederaufnahme der Zellteilungsaktivität wird durch von den Rhizobien ausgeschiedene **Nod-Faktoren** (Nod = Nodulation, Knöllchenbildung) induziert. Dabei handelt es sich um Lipochitooligosaccharide (◩ Abb. 16.6), deren Grundkörper aus drei bis fünf Molekülen N-Acetylglucosamin besteht, die – wie im Chitin – (β1→4)-glykosidisch miteinander verknüpft sind. Dieses Oligosaccharid trägt eine Reihe weiterer charakteristischer Substituenten. Die Nod-Faktor-Biosynthese wird ebenfalls durch die Flavonoide der Wirtspflanzen induziert. Die dazu erforderlichen Biosyntheseenzyme werden von den *nod*-Genen codiert, die meist auf einem für die Symbiose essenziellen Plasmid, dem **Sym-Plasmid** liegen. Die Nod-Faktoren werden von pflanzlichen Rezeptoren erkannt, die zur Familie der LysM-Proteine gehören. LysM-Proteine enthalten ein ca. 40 Aminosäuren langes Lysinmotiv und wurden in fast allen Lebewesen, mit Ausnahme der Archaeen, gefunden. Die beschriebenen LysM-Proteine erkennen komplexe Kohlenhydratstrukturen bakterieller Zellwände wie Peptidoglucane und Chitooligosaccharide. Die Struktur der Nod-Faktoren bestimmt den Wirtsbereich der Bakterien und entscheidet darüber, ob das Knöllchenprimordium in den äußeren oder inneren Regionen des Wurzelrindenparenchyms gebildet wird. Für die biologische Aktivität ist zudem das Vorkommen einer mittel- bis langkettigen – oft seltenen – Fettsäure anstelle des Acetylrests am ersten Glucosaminbaustein von Bedeutung. Nod-Faktoren, die eine mehrfach ungesättigte Fettsäure tragen, diffundieren tiefer in das Rindenparenchym und bewirken die Bildung indeterminierter Knöllchen. Diese entwickeln ein eigenes Meristem an der Spitze und wachsen beständig weiter (z. B. Erbse, Luzerne). Nod-Faktoren mit gesättigten Fettsäuren diffundieren weniger tief in das Rindenparenchym und bewirken die Bildung determinierter Knöllchen ohne eigenes Meristem, die meist nach wenigen Wochen funktionslos und dann von der Pflanze resorbiert werden (z. B. Bohne, Soja). Rhizobien mit engem Wirtsbereich synthetisieren nur einen oder wenige Nod-Faktoren, solche mit breitem Wirtsspektrum dagegen viele verschiedene. Durch gentechnische Neukombination der Nod-Faktor-Gene lassen sich gezielt Rhizobien mit einem veränderten Wirtsbereich gewinnen.

Im Knöllchenprimordium werden die Zellwände der polyploiden Zellen und des Infektionsschlauchs teilweise aufgelöst und die Rhizobien von den Pflanzenzellen phagocytiert, wobei sie sich anfangs unter Anschwellen der Pflanzenzellen, die zu diesem Zeitpunkt reichlich Auxin ausscheiden, noch vermehren, schließlich jedoch unter Veränderung der Zellform, Umbildung der Zellwand und Anschwellen des Zellkörpers in **Bakteroide** übergehen, die sich nicht mehr teilen und die N_2-Fixierung durchführen. Die dazu benötigten bakteriellen Gene werden als *nif*-Gene oder *fix*-Gene (engl. *nitrogen fixation*) bezeichnet. Sie codieren unter anderem die Untereinheiten des Enzyms **Nitrogenase** (s. u.). Die Bakteroide bleiben ständig von einer pflanzlichen Symbiosomenmembran, die auch als **peribakteroide Membran** bezeichnet wird, umschlossen. Pro Membranvesikel können mehrere Bakteroide vorkommen, ca. 10^{11}–10^{12} pro g Gewebe. Die Symbiosomenmembran samt eingeschlossenen Bakteroiden und dem dazwischenliegenden Raum wird als **Symbiosom** bezeichnet (◩ Abb. 16.7).

Die N_2-fixierenden Gewebe im Inneren eines Wurzelknöllchens lassen sich anhand ihrer roten Färbung erkennen. Diese geht auf das **Leghämoglobin** zurück, das als Gemeinschaftsleistung der Symbiosepartner gebildet wird (die Pflanze synthetisiert das myoglobinähnliche Protein, die Bakteroide bilden vermutlich das Häm). Leghämoglobin bindet – vergleichbar dem Hämoglobin der Wirbeltiere, jedoch etwa zehnmal besser – molekularen Sauerstoff und sorgt damit am Ort der N_2-Fixierung für einen niedrigen Sauerstoffpartialdruck, da die Nitrogenase sehr sauerstoffempfindlich ist und ihre Gene bei Anwesenheit von zu viel O_2 reprimiert werden. Gleichzeitig führt Leghämoglobin den Sauerstoff effektiver der bakteriellen Atmungskette zu, die zur ATP-Synthese dient. Die indeterminierten Knöllchen bilden an der Spitze ständig neue symbiosomenhaltige Zellen, während diese an der Basis absterben. Die determinierten Knöllchen stellen nach vier bis sechs Wochen ihre N_2-Fixierung ein. Die Pflanze resorbiert aus den absterbenden Zellen wertvolle organische Substanzen (insbesondere N-, S- und P-haltige Verbindungen). Obwohl dabei die Bakteroide zugrunde gehen, werden aus den absterbenden Geweben dennoch mehr Rhizobien entlassen, als ursprünglich eingewandert waren; außerdem vermehren sich die Rhizobien nahe der Wurzeloberfläche von Wirtspflanzen stark, sodass ein beiderseitiger Nutzen unverkennbar ist.

In gut mit Stickstoff (NO_3^- oder NH_4^+) versorgten Böden werden nur wenige Wurzelknöllchen ausgebildet. Bei Stickstoffmangel beginnt die Wurzel jedoch, Flavonoide auszuscheiden, und es werden zahlreiche Wurzelknöllchen angelegt. Allerdings unterdrücken ältere Wurzelknöllchen auf noch unbekannte Weise die Bil-

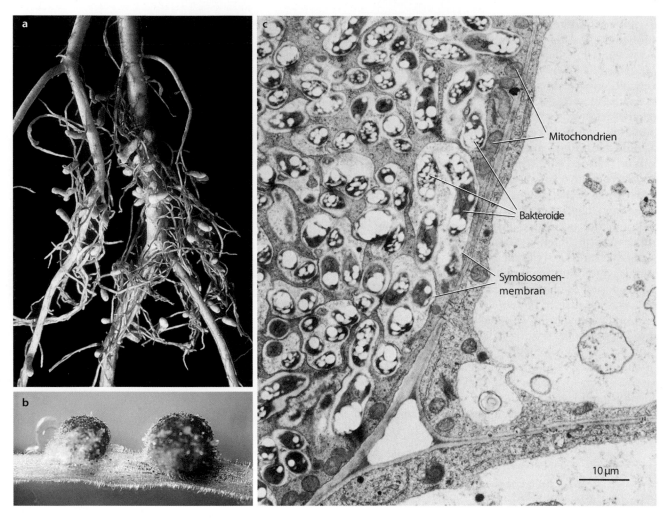

▢ Abb. 16.7 Wurzelknöllchen der Luzerne **a** und von *Lotus presli* **b. c** Elektronenmikroskopische Aufnahme von Wirtszellen der Sojabohne mit Symbiosomen, die die aus den Rhizobien gebildeten Bakteroide enthalten. (b nach H.P. Spaink, mit freundlicher Genehmigung; c nach einem Original von J.G. Streeter, mit freundlicher Genehmigung)

dung neuer Knöllchen, sodass sich auch bei Stickstoffmangel die Anzahl der gebildeten Knöllchen nicht unkontrolliert erhöht. Die N_2-Fixierung reicht aus, um den Leguminosen ein Wachstum auf sehr stickstoffarmen Böden zu ermöglichen, jedoch ist dieses nicht maximal.

16.2.2 Biochemie und Physiologie der N_2-Fixierung

Die von der Nitrogenase katalysierte Reaktion ist sehr energieaufwendig:

$$N_2 + 4\,NADH + 4\,H^+ + 16\,ATP \rightarrow 2\,NH_3 + H_2$$
$$+ 4\,NAD^+ + 16\,ADP + 16\,P_i$$

Die Reaktion erfordert 8 Elektronen, von denen 6 zur Reduktion des N_2 und 2 zur Reduktion von 2 H^+ zu H_2 verwendet werden, eine Nebenreaktion, deren Bedeutung unklar ist. $NADH + H^+$ und ATP werden durch Ci-

tratzyklus und Atmungskette (▶ Abschn. 14.8.3) bereitgestellt. Die Elektronen gehen von NADH zunächst auf Ferredoxin über. Reduziertes Ferredoxin ist der Elektronenlieferant für die Nitrogenase (▢ Abb. 16.8).

Die **Nitrogenase** ist ein komplex gebautes Enzym und besteht aus zwei Komponenten, der eigentlichen Dinitrogenase und der Dinitrogenase-Reduktase. Letztere stellt ein Dimer mit einem einzigen, von beiden Untereinheiten gebildeten, Fe_4S_4-Zentrum (Eisen-Schwefel-Zentren, ▢ Abb. 14.33) dar. Dieser Ein-Elektronen-Überträger nimmt vom reduzierten Ferredoxin 1 Elektron auf und gibt es unter Bindung und Hydrolyse von 2 ATP an die Dinitrogenase weiter (die sukzessive Übertragung von 6 Elektronen auf N_2 benötigt also 12 ATP; die obligat daran geknüpfte Reduktion von 2 H^+ → H_2 benötigt 2 Elektronen und verbraucht somit 4 weitere ATP).

Die Dinitrogenase ist ein tetramerer Komplex mit $\alpha_2\beta_2$-Struktur. Die α- und β-Untereinheiten sind sehr

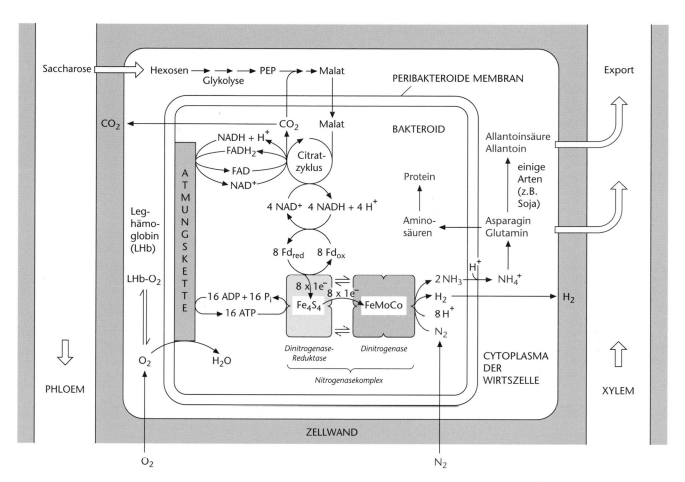

Abb. 16.8 Stoffwechsel der Symbiosomen und Wirtszellen in Wurzelknöllchen einer Leguminose. Die Stöchiometrie ist lediglich für die Nitrogenasereaktion angegeben. Nähere Erläuterungen im Text. (Grafik: E. Weiler)

ähnlich. Der tetramere Komplex besitzt zwei unabhängig voneinander arbeitende katalytische Zentren. Jedes besteht aus einem von den vier Proteinuntereinheiten gebundenen Eisen-Molybdän-Cofaktor (FeMoCo). Der Eisen-Molybdän-Cofaktor besteht aus einem Fe_4S_3-Cluster und einem Fe_3MoS_3-Cluster. N_2 wird wahrscheinlich über je 3 Eisenatome aus jedem dieser Cluster gebunden und zu 2 NH_3 reduziert, ohne dass Zwischenstufen frei werden.

Die Nitrogenase ist nicht sehr substratspezifisch und reduziert neben N_2 und H^+ *in vitro* auch andere Substrate (z. B. $N_2O \rightarrow N_2 + H_2O$; $C_2H_2 \rightarrow C_2H_4$). Bei Molybdänmangel exprimieren manche N_2-Fixierer (z. B. *Azotobacter vinelandii*) alternative Nitrogenasen, die Vanadium oder Eisen enthalten und auch sonst einen anderen Aufbau haben.

Die **Symbiosomen** sind durch einen regen Stoffaustausch über die Bakteroid- und Peribakteroidmembran gekennzeichnet (Abb. 16.8). Die Bakteroide exportieren reduzierten Stickstoff ganz überwiegend in Form von Ammoniumionen (NH_4^+), da sie keine Glutamin-Synthetase exprimieren und Ammoniak daher nicht in Glutamin überführen können (Glutaminbildung, Abb. 14.64). Sie erhalten die Aminosäuren

für ihre eigene Proteinsynthese von den Wirtszellen. Diese exportieren den Überschuss an reduziertem Stickstoff überwiegend in Form der Aminosäuren Glutamin und Asparagin. Einige Wurzelknöllchen, z. B. von Soja, überführen den Stickstoff aus Glutamin und Asparagin zunächst über den Purinbiosyntheseweg (Abschn. 14.12) in Inosinmonophosphat und bilden von dort aus über Xanthin und Harnsäure Allantoin und Allantoinsäure, die als Stickstofftransportmoleküle dienen. Der Export aus dem Wurzelknöllchen in die Wirtspflanze, ebenso wie die Substanzzufuhr zu den Knöllchen, geschieht über Leitbündel, die in der Knöllchenperipherie angelegt werden, der Export über das Xylem, der Import über das Phloem.

Die Bakteroide erhalten reduzierten Kohlenstoff in Form von Malat, das die Wirtszellen aus importierter Saccharose bilden über glykolytischen Abbau der Hexosen zum Phosphoenolpyruvat (Abschn. 14.8.1), Carboxylierung von Phosphoenolpyruvat zum Oxalacetat durch die in den Wurzelknöllchen in hoher Aktivität vorliegende PEP-Carboxylase (Reaktion, Abb. 14.56) und Reduktion des Oxalacetats zum Malat. Die Oxidation des Malats im Citratzyklus (Abb. 14.73) liefert

NADH+H⁺ und FADH₂. Ein Teil des NADH und das gebildete FADH₂ werden über die bakteroide Atmungskette zur ATP-Bildung herangezogen, ein Teil des NADH dient zur Reduktion des Ferredoxins und liefert die Elektronen für den Nitrogenasekomplex. Das im Cytoplasma der Wirtszellen in hoher Konzentration (ca. 3 mM) vorliegende **Leghämoglobin** (▶ Abschn. 16.2.1) bindet O_2 effektiv und senkt dadurch die Konzentration an freiem Sauerstoff so sehr ab, dass die Nitrogenase nicht geschädigt wird. Da die bakteroide Cytochrom-a/a₃-Endoxidase (▶ Abschn. 14.8.3.3) eine sehr hohe Affinität zum Sauerstoff aufweist, reicht die niedrige Sauerstoffkonzentration noch zum Betrieb der Atmungskette aus, zumal verbrauchter Sauerstoff durch den O_2-Puffer des Leghämoglobins rasch nachgeliefert wird.

Bei den frei lebenden N₂-Fixierern dienen verschiedene Mechanismen dem Schutz der sauerstoffempfindlichen Nitrogenase: Viele bilden das Enzym nur unter anaeroben oder mikroaeroben Bedingungen. Obligat aerobe N₂-Fixierer (z. B. *Azotobacter*) besitzen spezielle Schutzproteine, die an die Nitrogenase binden. Die filamentösen Cyanobakterien differenzieren vielfach **Heterocysten** aus, in denen die N₂-Fixierung abläuft. Diese besitzen dicke, lipidreiche Zellwände, die den Eintritt von O_2 behindern und produzieren, da ihnen das Photosystem II fehlt (▶ Abschn. 14.3.5), kein O_2.

16.2.3 Mykorrhiza

Eine besonders wichtige Symbiose hat sich aus dem Nebeneinanderleben von Wurzeln und Pilzen im Bereich der Rhizosphäre ergeben, die **Mykorrhiza**. Es handelt sich um das symbiotische Zusammenleben der Wurzeln sehr vieler Landpflanzen mit Pilzen, das schon im Devon, also vor 450 Mio. Jahren, auftrat. 90 % aller Landpflanzen und etwa 6000 Pilzarten sind zur Mykorrhizabildung befähigt.

Entsprechend der Ausbildungsform unterscheidet man verschiedene Mykorrhizatypen.

Am verbreitetsten ist die **vesikulär-arbuskuläre (VA-) Mykorrhiza**. Sie ist benannt nach der intrazellulären Form der Pilzhyphen in den Wurzelrindenzellen, die zu Vesikeln angeschwollen sind oder bäumchenartige Verzweigungen, die Arbuskeln, bilden (◘ Abb. 16.9). In die Endodermis, das Spitzenmeristem und die Wurzelhaube dringen die VA- und andere Mykorrhizapilze nicht ein.

Die Pilzsymbionten gehören bei der VA-Mykorrhiza alle zu den Glomeromycota, meistens zur Gattung *Glomus*; sie sind obligat symbiotisch. Als Partner dienen Arten aus fast allen Familien der Angiospermen; keine oder nur spärlich entwickelte VA-Mykorrhiza zeigen z. B. die Cyperaceae, Amaranthaceae *s. l.* und Brassicaceae. Bei Bäumen in gemäßigten Zonen ist überwiegend eine Ektomykorrhiza (s. u.) ausgebildet, bei solchen in

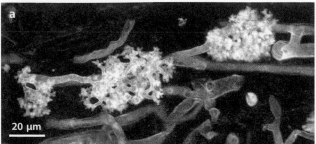
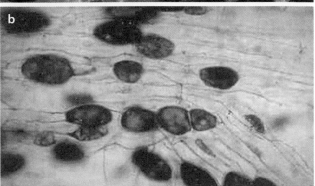

◘ Abb. 16.9 Vesikulär-arbuskuläre (VA-)Mykorrhiza. **a** Arbuskeln von *Funneliformis coronatus* in Wurzelzellen von *Allium ampeloprasum* (Aufnahme mit dem Laserrastermikroskop, die pflanzlichen Zellwände sind nicht sichtbar). **b** Vesikel von *Funneliformis mosseae* in Zellen von *Allium ampeloprasum* (ca. 45×). (**a** nach S. Dickson, mit freundlicher Genehmigung; **b** nach S. Smith, mit freundlicher Genehmigung)

den Tropen aber – soweit untersucht – zumeist eine VA-Mykorrhiza. Bei Gymnospermen ist nur bei *Taxus baccata*, *Sequoia sempervirens*, *Sequoiadendron giganteum* und *Ginkgo biloba* eine VA-Mykorrhiza nachgewiesen.

Bei der VA-Mykorrhiza liefert der Pilz mineralische Nährstoffe (vor allem Phosphat und Spurenelemente), und zwar wesentlich effektiver als die durch ihn ersetzten Wurzelhaare. Der Pflanzenpartner gibt vor allem Kohlenhydrate ab. Die Etablierung einer VA-Mykorrhiza steigert z. B. bei Kulturpflanzen das Wachstum bei Phosphatmangel, wobei außer der besseren Nährstoffversorgung auch die erhöhte Resistenz gegen pathogene Pilze und Nematoden verantwortlich sein kann. Durch die Aufnahme pflanzlicher Kohlenhydrate erhöht der Pilzpartner die Stärke des Sinks (Source-Sink-Verhältnisse, ▶ Abschn. 14.7) im Wurzelbereich. Dies führt zu einem Anstieg der pflanzlichen Nettophotosyntheseleistung, was zur Wachstumssteigerung mykorrhizierter Pflanzen bei Phosphatmangel beiträgt. Die verbesserte Resistenz solcher Pflanzen gegenüber Schädlingen geht vermutlich unter anderem darauf zurück, dass die Etablierung der Mykorrhizasymbiose eine schwache Pathogenabwehr seitens der Wirtspflanze auslöst (▶ Abschn. 16.3.4).

16

Bei den Leguminosen besitzt die Etablierung der VA-Mykorrhiza Ähnlichkeiten zur Symbiose mit Rhizobien (Wurzelknöllchen, ► Abschn. 16.2.1 und 16.2.2). Die Arbuskeln sind gegenüber dem pflanzlichen Cytoplasma durch eine von der Plasmamembran der Wirtszelle abstammende Symbiosomenmembran, die periarbuskuläre Membran, getrennt, die hinsichtlich ihrer Zusammensetzung und Funktion der peribakteroiden Membran ähnelt. Für eine Ähnlichkeit zumindest bestimmter Schritte in der Ausprägung beider Symbiosen spricht auch, dass sämtliche bisher bekanntgewordenen Mutanten, die die Fähigkeit zur Wurzelknöllchenbildung verloren haben, auch keine Mykorrhizierung mehr zeigen.

Es gibt inzwischen zahlreiche Hinweise dafür, dass bei der Etablierung der VA-Mykorrhiza ein intensiver Austausch von Signalstoffen zwischen den beiden Partnern erfolgt. Ähnlich wie bei der Bildung von Wurzelknöllchen spielen hierbei pilzliche Lipochitooligosaccharide (sog. **Myc-Faktoren**) eine Rolle, die von VA-Pilzen produziert und von LysM-Proteinen der Wirtszelle erkannt werden. Die Erkennung der Myc-Faktoren leitet den allgemeinen symbiotischen Weg (engl. *common symbiotic pathway*) ein, der für die Etablierung der Symbiose verantwortlich ist.

Bei der **Ektomykorrhiza** umschließt ein Mantel aus Pilzhyphen die kurz und dick ausgebildeten Seitenwurzeln 2. und 3. Ordnung (◘ Abb. 16.10) und ersetzt funktionell die fehlenden Wurzelhaare. Dabei erschließen die ausstrahlenden Hyphen der Mykorrhizapilze den Boden wesentlich intensiver. Die Pilze bilden zwischen den Wurzelrindenzellen, überwiegend extrazellulär, ein dichtes Geflecht, das als **Hartig-Netz** bezeichnet wird.

Etwa 3 % aller Spermatophyten, darunter, teilweise obligat, viele unserer Waldbäume, z. B. Kiefer, Fichte, Lärche, Eiche und Buche, haben Ektomykorrhizen

(◘ Abb. 16.11). Pilzfreie Aufzucht der Bäume führt in der Regel zu Kümmerwuchs.

Bei etwa 65 Pilzgattungen, überwiegend Asco- und Basidiomyceten, wurde bisher die Fähigkeit zur Bildung einer Ektomykorrhiza nachgewiesen. Manche Gattungen, z. B. Täublinge (*Russula*), Wulstlinge (*Amanita*), Röhrlinge (Boletaceae), Milchlinge (*Lactarius*) leben fast ausschließlich symbiotisch und bilden nur in Verbindung mit einer Baumwurzel Fruchtkörper. Manche Pilze bevorzugen mehr oder weniger streng spezifisch besondere Wirte. Die Bäume scheinen dagegen nicht auf bestimmte Pilze spezialisiert zu sein.

Der Nutzen, den die Bäume aus der Ektomykorrhiza ziehen, wird in der Verbesserung der Mineralsalzernährung und der Wasserversorgung sowie dem Schutz gegen das Eindringen von Pathogenen gesehen, der noch wirksamer ist als bei der VA-Mykorrhiza. Die Pilze erhalten vom Wirt Kohlenhydrate, eventuell noch andere organische Verbindungen. Da speziell für die Fruchtkörperbildung große Stoffmengen benötigt werden, setzt deren Ausbildung meist erst nach Abschluss des Sprosswachstums, in der Speicherphase der Bäume (August–Oktober), ein.

Verbreitet bei Vertretern der Gattungen *Picea* und *Pinus* findet sich eine **Ekt-endo-Mykorrhiza**, bei der sich zu der normalen Ausbildungsform der Ektomykorrhiza intrazelluläre Einwüchse gesellen. Übergänge von Ekto- über Ekt-endo- bis zu reinen Endomykorrhizen finden sich bei verschiedenen Vertretern der Ordnung Ericales. Diese teilweise hoch entwickelte Mykotrophie ermöglicht den Arten das Gedeihen auf phosphat- und stickstoffarmen Böden und ist eine Voraussetzung für die weite Verbreitung der Ericaceen in Heidegebieten, Hochmooren und Nadelwäldern.

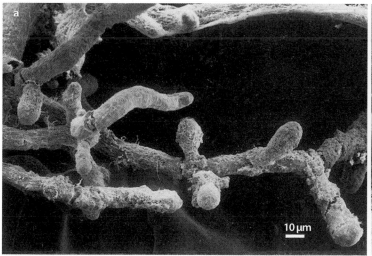
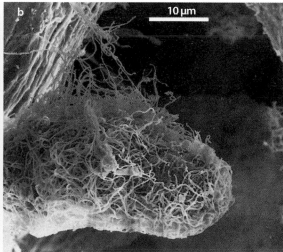

◘ **Abb. 16.10** Rasterelektronenmikroskopische Aufnahme eines Teils einer Tannenwurzel (*Abies alba*) mit Ektomykorrhiza. **a** Übersicht. **b** Einzelne Seitenwurzel. (Nach H. Ziegler, mit freundlicher Genehmigung)

Ein Endglied dieser Entwicklungsreihe innerhalb der Ericaceae ist z. B. *Hypopitys monotropa*, der Fichtenspargel, ein chlorophyllfreier Parasit. Über die Hyphen der obligaten Ekt-endo-Mykorrhiza sind diese Pflanzen direkt mit ektomykorrhizierten Waldbäumen (Konife-

ren und Fagaceen) verbunden. Ein Übergang von ^{14}C-markierten Zuckern von den Bäumen über die Pilze in *Monotropa* und umgekehrt von ^{32}P-markiertem Phosphat von *Monotropa* auf die Bäume ist experimentell nachgewiesen. Zwischen Pflanzen, die durch Mykorrhizapilze verbunden sind, werden, je nach den Source-Sink-Verhältnissen, oft erhebliche Mengen an Kohlenstoffverbindungen ausgetauscht. Diese scheinen jedoch im Pilz zu verbleiben und nicht auf die Wirtspflanzen überzugehen.

Endomykorrhizen finden sich z. B. bei fast allen Orchideen (◘ Abb. 16.12). Deren winzige Samen (0,3–15 µg Masse pro Same) haben nur wenig eigene Reservestoffe und brauchen zur Keimung und Entwicklung zur autarken, autotrophen Pflanze symbiotische Pilze (Basidiomyceten), die ihnen neben Wasser und Nährsalzen auch organisches Material und zum Teil auch Wirkstoffe zuführen („Ammenpilze"). Auch in den erwachsenen Pflanzen findet man in den äußeren Zellen der Wurzelrinde Pilzhyphen (Ausnahme Luftwurzeln). In den tieferen Gewebeschichten aber werden die Hyphen verdaut oder zum Platzen gebracht. Bei den Orchideen, die auch im ausgewachsenen Zustand nicht oder kaum zur Photosynthese befähigt sind, z. B. der Nestwurz (*Neottia*), der Korallenwurz (*Corallorhiza*) oder dem Widerbart (*Epipogium*), muss die Gefäßpflanze alle notwendigen Nutz- und Wirkstoffe als Parasit vom Pilz beziehen.

16.2.4 Flechten

Bei den Flechten (▶ Abschn. 19.2.2) handelt es sich um eine Symbiose, bei der Pilze mit Algen oder Cyanobakterien zu einem äußerlich meist als neue Einheit wirkenden Organismus zusammentreten. Lectine (▶ Abschn. 14.15.4) dienen dabei der Erkennung des Partners. Der Pilz (**Mykobiont**) tritt in verschiedener Weise,

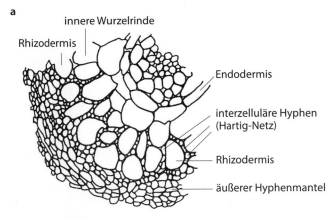

a

Rhizodermis

innere Wurzelrinde

Endodermis

interzelluläre Hyphen (Hartig-Netz)

Rhizodermis

äußerer Hyphenmantel

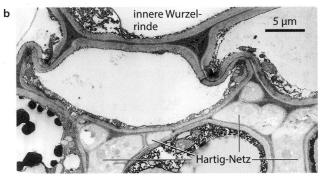

b

innere Wurzelrinde

5 µm

Hartig-Netz

◘ **Abb. 16.11** Ektomykorrhiza. **a** Ausschnitt aus einem Querschnitt durch eine junge Buchenwurzel (Pilzhyphen rot; ca. 50×). **b** Elektronenmikroskopische Aufnahme eines Ausschnitts des Hartig-Netzes einer Mykorrhiza zwischen *Lactarius decipiens* und der Tanne (*Abies alba*). (**b** nach D. Strack, mit freundlicher Genehmigung)

16

◘ **Abb. 16.12** Endomykorrhiza der Orchidee *Platanthera chlorantha*. **a** Ausschnitt eines Tangentialschnitts durch das äußere Wurzelrindenparenchym mit intrazellulären Pilzhyphen sowie zwei Schleimzellen mit Raphiden (115×). **b** Von außen an der Spitze eines Wurzelhaars eindringende Infektionshyphe. Die Penetration der pflanzlichen Zellwand erfolgt unter Ausbildung eines Appressoriums (Penetrationshyphe). Der Prozess hat große Ähnlichkeit mit dem Eindringen phytopathogener Pilze in Pflanzenzellen, doch unterbleibt die pflanzliche Abwehrreaktion. **c** Vom Wurzelhaar in Richtung des Rindenparenchyms einwachsende Infektionshyphen (**b, c** 235×). (Originale H. Burgeff)

a

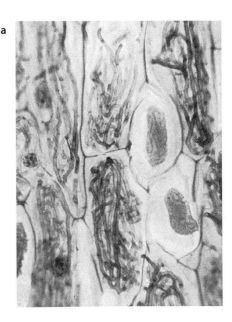

b

c

Zellkern mit Nucleolus

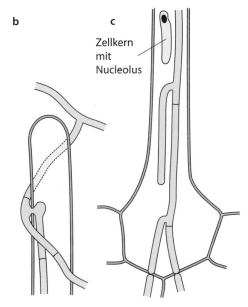

teilweise auch durch Haustorien, mit dem **Photobionten** (Alge bzw. Cyanobakterium) in Beziehung. Letztere werden aber nicht abgetötet, sondern können weiter – zum Teil sogar verstärkt – ihre spezifischen Stoffwechselleistungen (Photosynthese, zum Teil – bei *Nostoc* als Photobiont – auch N_2-Fixierung, ▶ Abschn. 16.2.1) durchführen.

Etwa 25 % der bekannten ca. 65 000 Pilzarten sind an der Bildung von Flechten beteiligt. Flechtenpilze finden sich in allen Verwandtschaftskreisen der Fungi.

Da Flechten 30 verschiedene Cyanobakterien bzw. Algengattungen enthalten können, ist es nicht verwunderlich, dass die Natur der vom Photobionten zum Mykobionten übertretenden Assimilate variiert. Bisher wurden aber bei allen Cyanobakterienphotobionten Glucose, bei allen Grünalgenphotobionten Zuckeralkohole als Transportmetaboliten identifiziert. Enthält eine Flechte sowohl Grünalgen als auch Cyanobakterien (letztere in Cephalodien, z. B. bei *Peltigera aphthosa*), so erhält der Pilz von den Grünalgen Zuckeralkohol, von den Cyanobakterien Glucose; beide Stoffgruppen baut der Mykobiont in Mannit um, eine Hauptspeichersubstanz bei Pilzen. Der Stoffübertritt erfolgt ergiebig und schnell: Bereits 2 min nach Beginn einer Photosynthese in $^{14}CO_2$ sind nachweisbare Mengen von markierten Assimilaten im Pilz vorhanden. Auch der Export organischer Stickstoffverbindungen vom N_2-fixierenden *Nostoc*-Symbionten zum Mykobionten erfolgt rasch, wobei z. B. bei *Peltigera aphthosa* die Cyanobakterien in den Cephalodien wohl den Pilz, kaum aber die Grünalgen in der Flechte mit Stickstoff beliefern. Es gibt Hinweise, dass der Pilzpartner die N_2-Fixierung der symbiotischen Cyanobakterien fördert.

Vermutlich erhalten auch die Photobionten in den Flechten von den Pilzen lebensnotwendige Stoffe, z. B. Mineralsalze und Wasser; andernfalls wären die Flechten nicht als symbiotische Systeme zu betrachten. Allerdings ist über Einzelheiten der Versorgung der Algen durch den Pilz wenig bekannt. Gelegentlich wird die Beziehung zwischen den Flechtenpartnern auch als gemäßigter Parasitismus der Pilze gegenüber den Photobionten aufgefasst.

16.3 Pathogene

Als Anfangsglieder in der Nahrungskette sind insbesondere die photoautotrophen Pflanzen Nahrungsquelle für eine große Vielzahl anderer Organismen, die durch ihren Nahrungserwerb die Pflanze beeinträchtigen (◻ Tab. 16.2).

Als **Pflanzenkrankheit** wird jede Schädigung einer Pflanze bezeichnet, die mit der Ausprägung charakteristischer Schadsymptome einhergeht, die von einem verursachenden Prinzip abiotischer oder biotischer Natur hervorgerufen werden. Die biotischen Krankheitsauslöser werden **Pathogene** (Krankheitserreger) genannt. Die meisten Pathogene sind Mikroorganismen (Bakterien, Pilze, einige Protozoen), aber auch Viren und Viroide) gehören dazu. Schäden, die durch Pflanzenfresser (Herbivore) und solche, die durch andere Pflanzen

◻ Tab. 16.2 Anteil der Pflanzenschädlinge innerhalb bestimmter Organismengruppen

Gruppe	bekannte Arten	davon Pflanzenschädlinge
Viroide	30	30
Viren	2000	>500
Bakterien	1600	100
Pilze	100.000	>10.000
Tiere	1.200.000	800.000

hervorgerufen werden, bezeichnet man meist nicht als Pflanzenkrankheiten. Sie werden getrennt behandelt (▶ Abschn. 16.4 und 16.5).

16.3.1 Grundbegriffe der Phytopathologie

Man schätzt, dass auf jede Pflanzenart bis zu 100 mögliche Pathogene kommen. In anderen Worten ausgedrückt: Jede Spezies ist gegen die große Überzahl potenzieller Krankheitserreger gefeit und jedes Pathogen besitzt offensichtlich nur die Fähigkeit, eine kleine Auswahl an möglichen Wirten erfolgreich zu infizieren. Bricht eine Krankheit aus, so ist die befallene Pflanze anfällig (**suszeptibel**) und das Pathogen **virulent**, in diesem Fall sind Wirt und Pathogen **kompatibel**. Kommt es dagegen nicht zur Erkrankung, so wird die Wirtspflanze als **resistent** und das Pathogen als **avirulent** bezeichnet, Wirt und Pathogen sind in diesem Fall **inkompatibel**. In jedem Fall bestimmen die Genotypen von Wirt und Pathogen den Ausgang der Wechselwirkung. Auf Seiten des Pathogens werden zwei Gruppen von Genen unterschieden: solche, die **Pathogenitätsfaktoren** codieren, die für die sich bei den Wirtspflanzen ausprägenden Krankheitssymptome entscheidend sind, und solche, die den **Wirtsbereich** bestimmen und der Erkennung der Wirtspflanzen dienen. Alle Spezies, für die keine Wirtserkennung möglich ist, sind Nichtwirte, alle Übrigen können befallen werden. Einige Pathogene besitzen einen breiten Wirtsbereich, andere befallen nur einzelne Arten oder sogar nur bestimmte Rassen einer Art. Die rassenspezifischen Interaktionen sind besonders gut untersucht, da sie von großer landwirtschaftlicher Bedeutung sind. Es hat sich gezeigt, dass diesen streng spezifischen Wirt-Pathogen-Beziehungen eine **Gen-für-Gen-Interaktion** beider Partner zugrunde liegt: Auf Seiten der Pathogene handelt es sich um die **Avirulenzgene** (*avr*-Gene, so genannt, weil ihr Vorhandensein zum Verlust der Virulenz führt, ihr Fehlen bzw. ein Funktionsverlust durch Mutation bewirkt Virulenz), auf Seiten der Wirtspflanze handelt es sich um die **Resistenzgene** (*R-*

Gene). Ist ein passendes *R*-Gen vorhanden, so besteht Resistenz gegenüber dem mit dem zugehörigen Avirulenzgen ausgestatteten Pathogen; fehlt es, dann ist die Pflanze suszeptibel (◘ Abb. 16.13). Die *avr*-Gene codieren **rassenspezifische Elicitoren** (= Auslöser, lat. *elicere*, hervorlocken, reizen) der pflanzlichen **Pathogenabwehr** (▶ Abschn. 16.3.4), die *R*-Gene codieren die dazu passenden **Elicitorrezeptoren**. Bindet ein rassenspezifischer Elicitor an den zugehörigen Rezeptor, so wird in den betroffenen Pflanzenzellen eine starke, als **hypersensitiver Zelltod** bezeichnete Abwehrreaktion ausgelöst, in deren Folge mit den lokal zugrunde gehenden Pflanzenzellen auch das angreifende Pathogen abgetötet wird. Es konnten mehrere pflanzliche Resistenzgene sowie die dazugehörigen Avirulenzgene der Pathogene identifiziert werden (▶ Abschn. 16.3.4). Hierbei stellte sich heraus,

dass die Erkennung der Avirulenzgenprodukte in vielen Fällen nicht direkt erfolgt, sondern dass durch das Avirulenzgenprodukt induzierte Veränderungen in der Wirtszelle erkannt werden. Dieser Mechanismus wurde zunächst in der **Guard-Hypothese** postuliert und später experimentell bewiesen.

Ein gut untersuchtes Beispiel in *Arabidopsis thaliana* ist die Wechselwirkung zwischen dem Wirtsprotein RIN4, das von unterschiedlichen Avr-Proteinen angesteuert wird. Die hierdurch hervorgerufenen Veränderungen in der Menge oder in der Phosphorylierung von RIN4-Proteinen werden von Resistenzgenprodukten erkannt und führen zu Abwehrreaktionen.

Ein erst kürzlich entdeckter zusätzlicher Resistenzmechanismus beruht auf der direkten Aktivierung eines Abwehrgens durch DNA-Bindung eines bakteriellen Effektors. Phytopathogene Bakterien synthetisieren spezielle Effektoren, die sie mittels spezifischer Sekretionsmechanismen in Wirtszellen injizieren. In der Wirtszelle angekommen dienen diese Effektoren der Umsteuerung der Zelle und damit der Etablierung der Bakterien. Eine spezielle Gruppe von Effektoren, die **TAL-Effektoren** (transkriptionsaktivatorähnliche Effektoren, TAL von engl. *transcription activator-like*), binden sequenzspezifisch an Promotorbereiche der Wirtszellen und aktivieren Gene, die für die Infektion der Wirtszelle durch die Bakterien notwendig sind. Das Avirulenzprotein AvrBs3 aus *Xanthomonas campestris* ist ein solcher Effektor und unterstützt in der kompatiblen Interaktion das bakterielle Wachstum. In Tomatenpflanzen, die das Resistenzgen *Bs3* tragen, bindet AvrBs3 an den Promotor von *Bs3*, was zur Expression einer Flavinmonooxygenase führt, die in bisher unbekannter Weise die Resistenzreaktion einleitet.

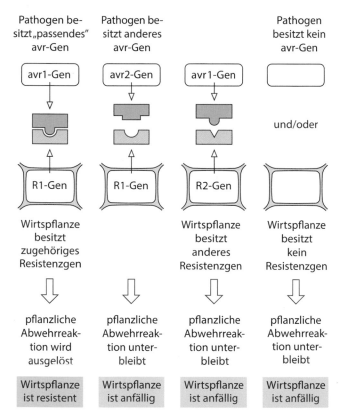

◘ **Abb. 16.13** Gen-für-Gen-Modell der rassenspezifischen Wechselwirkung von Pathogen und Wirtspflanze. Die Coevolution von Pathogen und Wirtspflanze führt zu Gruppen von Resistenz- und Avirulenzgenen. Die Abwehrreaktion der Pflanze wird nur ausgelöst, wenn eine passende Kombination von Avirulenz-(*avr*-)gen und Resistenz-(*R*-)gen gegeben ist. Pflanzen, die viele verschiedene Resistenzgene tragen, sind besonders gut gegen verschiedene Rassen des Pathogens geschützt; das Pathogen befällt umso mehr Rassen der Wirtspflanze, je weniger Avirulenzgene es trägt. Der Wirtsbereich wird durch die Gene zur Wirtserkennung bestimmt und ist bei Pathogenen mit Rassenspezifität in der Regel sehr eng. Die Krankheitssymptome werden durch die Pathogenitätsgene bestimmt bzw. durch deren Genprodukte ausgelöst

Neben lokalen Abwehrreaktionen wie dem hypersensitiven Zelltod rufen Pathogene in vielen Pflanzen auch systemische (d. h. den gesamten Organismus einbeziehende) Reaktionen hervor. So bewirkt die Infektion eines Tabakblatts mit dem Tabakmosaikvirus nach wenigen Tagen eine verstärkte Resistenz der gesamten Pflanze (also auch ihrer nicht mit Viren befallenen Organe) gegen viele pathogene Bakterien und Pilze. Dieser nicht pathogenspezifische Schutz des gesamten Organismus wird als **systemisch erworbene Resistenz** (SAR, engl. *systemic acquired resistance*) bezeichnet. Diese Reaktion zeigt, dass Pflanzen neben den rassenspezifischen auch über viel weniger spezifische, breit wirkende Schutzmechanismen verfügen, die durch Pathogene induzierbar sind und die präformierten, d. h. auch ohne Anwesenheit eines Pathogens errichteten Schutzvorkehrungen ergänzen (▶ Abschn. 16.3.4). Ausgelöst wird der induzierbare Breitbandschutz durch **nichtrassenspezifische Elicitoren**, bei denen es sich oft um kleine Bruchstücke bakterieller oder pilzlicher und/oder pflanzlicher Zellwände oder um Membrankomponenten handelt, die durch lytische Prozesse am Ort des eindringenden Pathogens freigesetzt werden (z. B. um Oligogalacturonide aus der pflanzlichen Primärwand, bakterielle Flagellinbruchstücke, Chitooligomere aus pilzlichen Zellwänden, pilzliche Sterole wie Ergosterol, oder Glykopeptidbruchstücke pilzlicher Glykoproteine).

16

16.3.2 Mikrobielle Pathogene

Der großen Zahl bekannter Pflanzenpathogene (◘ Tab. 16.2) entspricht eine Fülle von Pflanzenkrankheiten, auf die hier nur beispielhaft eingegangen werden kann. Die größte Gruppe stellen die **Pilze** (▶ Abschn. 19.2.1), darunter sowohl obligate als auch fakultative Parasiten. Da obligate Parasiten nur in Gegenwart ihrer Wirte, nicht aber auf künstlichen Nährböden, wachsen, werden sie auch als **biotroph** bezeichnet. Pathogene Pilze gelangen als Sporen auf die Oberflächen der Pflanze und keimen dort – wahrscheinlich durch von der Wirtspflanze gebildete Substanzen stimuliert. Das Mycel dringt, je nach Pathogen, entweder durch natürliche Öffnungen (Stomata, Lenticellen oder Hydathoden), durch Wunden oder Risse (z. B. an Stellen, wo Seitenwurzeln durchbrechen) oder direkt in die Pflanze ein. Im letzten Fall werden durch pilzliche Enzyme (Cutinasen, Cellulasen) zunächst Oberflächenstrukturen der Wirtspflanze aufgelöst, durch die **Haustorien** (**Penetrationshyphen**) einwachsen.

Nekrotrophe Pilze sind Saprophyten, sie dringen in die Pflanze ein, töten und zerstören dabei die Zellen im Bereich des wachsenden Mycels ab und resorbieren aus den zerstörten Bezirken die Nährstoffe.

Die meisten phytopathogenen **Bakterien** sind fakultative Parasiten (sie wachsen auch auf künstlichen Nährböden) und dringen je nach Spezies durch Wunden, Stomata oder Hydathoden oder Drüsengänge von Nektardrüsen in Pflanzen ein. Die wichtigsten bakteriellen Phytopathogene gehören zu den gramnegativen Gattungen *Agrobacterium*, *Erwinia*, *Pseudomonas* und *Xanthomonas*; es handelt sich um begeißelte, stäbchenförmige Bakterien. Hinzu kommen *Clavibacter*-Arten (grampositiv, begeißelte oder unbegeißelte Stäbchen) und um Streptomyceten (*Streptomyces*).

Erst 1967 wurden elektronenmikroskopisch neuartige Krankheitserreger entdeckt, bei denen es sich um zellwandlose, sehr einfach gebaute Bakterien handelt, die entweder eine schraubige Struktur aufweisen und dann **Spiroplasmen** genannt werden oder aber sphärische bis stäbchenförmige Zellen bilden und dann **Phytoplasmen** heißen. Sie sind als Verursacher von über 200 verschiedenen Pflanzenkrankheiten nachgewiesen (z. B. bei Birne, Apfel, Pfirsich, Mais, Tomate und Kokospalme) und rufen ähnliche Befallssymptome wie viele Viren hervor (z. B. Blattvergilbungen, Stauchungen der Internodien, Störungen der Apikaldominanz).

Viren sind infektiöse, zur Vermehrung obligat auf Wirtszellen angewiesene Nucleoproteinpartikel komplexer Struktur und bestehen mindestens aus einem Protein und einer Nucleinsäure. Die Nucleinsäure liegt bei den meisten Pflanzenviren als einzelsträngige RNA vor (z. B. Tabakmosaikvirus), bei einigen (40 Arten) als doppelsträngige RNA, als einzelsträngige DNA (50 Arten) oder als doppelsträngige DNA (30 Arten, z. B. Blumenkohlmosaikvirus). Viren werden zu den mikrobiellen Pathogenen gezählt, obwohl sie nicht den Stellenwert einer Zelle bzw. eines Organismus besitzen. Viren dringen über Wunden in Pflanzen ein, zumeist von saugenden Insekten verursacht, die als Überträger dienen, oder sie werden bei der Befruchtung durch infizierten Pollen übertragen. Die Virusreplikation benötigt eine intakte Zelle und liefert zwischen 10^5 und 10^7 Viruspartikel pro Zelle. Viren dringen durch Plasmodesmen in nichtinfizierte Zellen ein, wobei lediglich die virale Nucleinsäure, vermittelt durch virale Transportproteine (engl. *movement proteins*), von Zelle zu Zelle wandert und das Virus einen Mechanismus ausnutzt, den Pflanzen zum zellulären Transport von Proteinen und mRNA-Molekülen verwenden (▶ Abschn. 11.4). Sobald Viren in die Siebröhren gelangen, verteilen sie sich systemisch innerhalb der Pflanzen, wobei sie sich mit dem Assimilatstrom ausbreiten.

Wegen der Bedeutung des 35S-Promotors des Blumenkohlmosaikvirus (engl. *cauliflower mosaic virus*, CMV) für die Biotechnologie, wird exemplarisch der Replikationszyklus von CMV beschrieben (▶ Exkurs 16.1).

Exkurs 16.1 Blumenkohlmosaikvirus

Das zur Gruppe der **Caulimoviren** gehörende Blumenkohlmosaikvirus (engl. *cauliflower mosaic virus*, CaMV) wird von Aphiden übertragen und ruft mosaikartige Schadbilder an den befallenen Pflanzen hervor, die zudem schlechtes Wachstum und minderen Ertrag mit Qualitätseinbußen zeigen. Das Virus breitet sich über Plasmodesmen in den Parenchymen und sodann über das Phloem systemisch (in der gesamten Pflanze) aus. Das Cytoplasma befallener Zellen ist mit replizierten Viruspartikeln oft dicht gefüllt (Viroplasma). Caulimoviren sind isodiametrische Körper von ca. 50 nm Durchmesser (◘ Abb. 16.14), deren Proteinhülle (Capsid) aus einem

einzigen Baustein mit einer Molekülmasse von 42 kDa aufgebaut wird. Das Genom des Blumenkohlmosaikvirus

├─── 50 nm ───┤

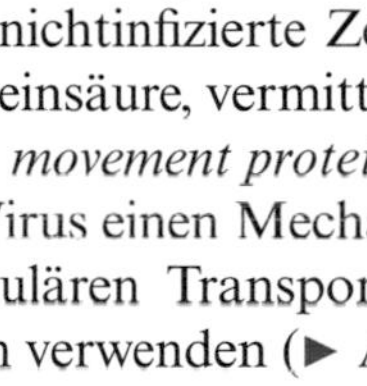

◘ **Abb. 16.14** Gestalt der Caulimoviren

(■ Abb. 16.15) umfasst 8 kbp und besteht aus einer zirkulären doppelsträngigen DNA aus drei einzelsträngigen DNA-Molekülen, dem α-, β- und γ-Strang, die nichtkovalent miteinander verknüpft sind. Es enthält sechs Gene bekannter Funktion (I–VI, ■ Abb. 16.15) und zwei kleinere Gene noch unbekannter Funktion (VII, VIII) sowie zwei Promotoren mit starker Aktivität in der Pflanze, den 19S-Promotor (p19S) und den 35S-Promotor (p35S) (benannt nach den Svedberg-Konstanten der mRNAs, deren Bildung durch die Promotoren kontrolliert wird, s. u.).

Gen	Größe des codierten Polypeptids (kDa)	Funktion des Genprodukts
I	38	vermittelt Transport des Virus durch Plasmodesmen (VMP)
II	18	Virusfreisetzung, Übertragbarkeit des Virus durch Aphiden
III	15	dsDNA-bindendes Protein
IV	57	Vorstufe des 42-kDa-Hüllproteins
V	79	Reverse Transkriptase
VI	58	aktiviert Translation der 35S-mRNA, bestimmt Wirtsbereich, ist an der Ausprägung der Schadsymptome beteiligt, akkumuliert in befallener Zelle

Nach Eintritt des Virus in eine Wirtszelle wird die DNA freigesetzt und in den Zellkern verfrachtet. Dort werden von pflanzlichen Ligasen zunächst die Einzelstrangbrüche repariert. Das nun kovalent geschlossene, zirkuläre DNA-Molekül assoziiert mit Histonen und bildet gleichsam ein „Minichromosom", dessen beide Promotoren von der pflanzlichen DNA-abhängigen RNA-Polymerase II (▸ Abschn. 5.2) effizient erkannt und dessen Gene daher intensiv transkribiert werden. Es werden zwei Transkripte gebildet, die das Gen VI codierende 19S-mRNA sowie die das gesamte virale Genom umfassende, polycistronische 35S-mRNA. Dabei dient der α-Strang (Minus-Strang) als Matrize. Die 19S-mRNA

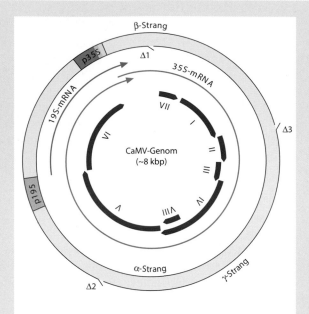

Gen	Größe des codierten Polypeptids (kDa)	Funktion des Genprodukts
I	38	vermittelt Transport des Virus durch Plasmodesmata (VMP)
II	18	Virusfreisetzung, Übertragbarkeit des Virus durch Aphiden
III	15	Doppelstrang-DNA-Bindeprotein
IV	57	Vorstufe des 42kDa-Hüllproteins
V	79	reverse Transkriptase
VI	58	aktiviert Translation der 35S-mRNA, bestimmt Wirtsbereich, ist an der Ausprägung der Schadsymptome beteiligt, akkumuliert in befallener Zelle

■ Abb. 16.15   Genom des Blumenkohlmosaikvirus

und ein Teil der 35S-mRNA (letztere vermutlich erst nach Spleißprozessen) werden im Cytoplasma der Wirtszelle translatiert, wobei das von der 19S-mRNA codierte Protein die Translation der 35S-mRNA verstärkt. Die Funktion der einzelnen Genprodukte kann der Tabelle in ■ Abb. 16.15 entnommen werden. Bei dem Produkt des Gens I handelt es sich um ein Bewegungsprotein (VMP, engl. *viral movement protein*), das für den symplastischen Zell-Zell-Transport des Virus sorgt (zum Mechanismus, ▸ Abschn. 11.4.1). Die vom viralen Gen V codierte Reverse Transkriptase transkribiert den nicht für die Translation benötigten Anteil der 35S-mRNA in DNA, wobei zunächst der α-Strang gebildet wird. Die Transkriptase stoppt an zwei purinreichen Stellen der 35S-mRNA und spaltet die mRNA zu beiden Seiten dieser Sequenzabschnitte; über diesen Bereichen, die den späteren Δ2- und Δ3-Diskontinuitäten zwischen dem β- und dem γ-Strang entsprechen, entstehen so nach Abbau der übrigen mRNA primerähnliche RNA-DNA-Doppelstrangbezirke, an denen die DNA-Polymerase ansetzt, um die beiden komplementären Stränge (β und γ) zu synthetisieren. Die Virusreplikation ist damit abgeschlossen; die Verpackung der DNA in Capside beginnt.

Das Blumenkohlmosaikvirus ist ein effektiver Vektor zum Einschleusen von Fremd-DNA in Pflanzenzellen, heute jedoch weniger gebräuchlich als das *Agrobacterium tumefaciens*-Vektorsystem (▶ Abschn. 10.1, 10.2 und 10.3). Der virale Promotor, der die Bildung der 35S-mRNA steuert (kurz 35S-Promotor genannt) ist einer der stärksten Promotoren, die bei Pflanzen bekannt sind (◉ Abb. 16.16). Er wird daher oft zur **Überexpression von Fremdgenen** in Pflanzen verwendet. Der 35S-Promotor besitzt kaum Gewebespezifität und ist daher in nahezu sämtlichen pflanzlichen Zelltypen sehr aktiv. Die Region von Nucleotid −46 bis Nucleotid +8 (Transkriptionsstart definitionsgemäß +1) stellt einen Minimalpromotor dar, der die TATA-Box (▶ Abschn. 5.2) enthält. Die übri-

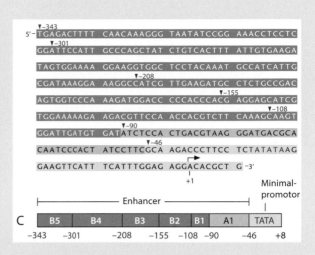

◉ **Abb. 16.16** Basensequenz und Aufbau des 35S-Promotors. In der Sequenz sind die Grenzen der Domänen durch Pfeilköpfe und die Nucleotidnummern kenntlich gemacht

gen Promotorabschnitte (die Domänen A1 und B1–B5) sind starke Enhancer (Enhancer sind transkriptionsverstärkende *cis*-Elemente, die unabhängig von ihrer Orientierung und Position relativ zum Minimalpromotor wirksam sind, ▶ Abschn. 5.1 und 5.2). Jede dieser Enhancer-Sequenzen vermittelt unabhängig von den anderen eine bestimmte Gewebespezifität. Die Kombination von verschiedenen Enhancern bestimmt die Aktivität der betreffenden Promotoren in den Geweben einer Pflanze.

Alle bekannten **Viroide** sind phytopathogen. Es handelt sich um sehr kleine (◉ Abb. 4.5), ringförmige RNA-Moleküle, deren Vermehrung wahrscheinlich über RNA-RNA-Replikation verläuft und die von infizierten auf gesunde Pflanzen wahrscheinlich hauptsächlich durch den Menschen im Zuge landwirtschaftlicher Verrichtungen (z. B. der Stecklingsvermehrung) übergehen. Der Mechanismus der Viroiderkrankungen ist weitestgehend unbekannt. Es wird angenommen, dass Viroide bestimmte pflanzliche Enzyme (z. B. Proteinkinasen) aktivieren, wodurch die Proteinsynthese gestört wird. Auch eine Störung der mRNA-Ribosomen-Wechselwirkung wird vermutet.

16.3.3 Mechanismen der Pathogenese

Auf Seiten des Pathogens sind für eine erfolgreiche Besiedlung von Wirten zwei Prozesse bedeutsam: a) die Wirtserkennung und b) die Etablierung des Pathogens unter Umgehung oder Beseitigung der pflanzlichen Abwehrmechanismen, oft verbunden mit einer Schwächung der Wirtspflanze durch vom Pathogen produzierte **Pathogenitätsfaktoren**. Auf Seiten der Pflanze ist eine erfolgreiche Abwehr eines Pathogens verbunden mit einer Erkennung des Pathogens und einer darauffolgenden, pathogeninduzierten Abwehr, die die präformierten strukturellen und chemischen Abwehrbarrieren verstärkt. Diese Pathogenabwehr wird im folgenden Abschnitt behandelt (▶ Abschn. 16.3.4).

Ein für viele kompatible Wirt-Pathogen-Wechselwirkungen, insbesondere unter Beteiligung von Pilzen, gültiges Schema der Pathogenese ist in ◘ Abb. 16.17 dargestellt. Ein Pathogen muss sowohl die (rassen)spezifische, als auch die allgemeine Pathogenabwehr überwinden bzw. verhindern, dass die induzierbaren Abwehrreaktionen der Pflanze aktiviert werden. Die Auslösung der rassenspezifischen Abwehr unterbleibt bei Vorliegen nichtpassender Kombinationen von Avirulenzgenen und Resistenzgenen der Wirtspflanzen (▶ Abschn. 16.3.1, ◘ Abb. 16.13). Durch Substanzen der Wirtspflanzen (eventuell auch durch Oberflächenstrukturen) wird die Wirtserkennung durch das Pathogen sichergestellt, worauf (in der Regel zahlreiche) Pathogenitätsgene aktiviert werden. Zu deren Genprodukten gehören viele **lytische Enzyme**, die zur Überwindung von Cuticula, Zellwänden und Mittellamellen dienen, wie Cutinasen, Cellulasen und Polygalacturonasen. Enzympräparate aus phytopathogenen Pilzen (z. B. *Trichoderma viride*) werden kommerziell zur Herstellung von Protoplasten (das sind Pflanzenzellen ohne Zellwand) verwendet. Viele Pathogene produzieren **Toxine**, von denen man einige wirtsspezifische und zahlreiche unspezifisch wirkende gefunden hat (◘ Abb. 16.18).

Zu den **wirtsspezifischen Toxinen** gehört das chlorierte Pentapeptid **Victorin** des Pilzes *Bipolaris victoriae*. Victorin hemmt die mitochondriale Glycin-Decarboxylase des Hafers (◘ Abb. 14.52) und stört somit die Photorespiration. Zu den **nichtwirtsspezifischen Toxinen** gehört z. B. das bereits erwähnte **Fusicoccin** (◘ Abb. 16.18a) des Pilzes *Diaporthe amygdali*, ein starker Aktivator der P-Typ-H$^+$-ATPase der Plasmamembran, der auf diese Weise eine gesteigerte protonenmotorische Kraft und dadurch eine starke Öffnung der Stomata auslöst. Fusicoccin wirkt demnach als Welketoxin und bewirkt eine allgemeine Schwächung der Wirtspflanze. **Coronatin**, das chlorosenauslösende Toxin phytopathogener Stämme des Bakteriums *Pseudomonas syringae* (◘ Abb. 16.18b) hat sich als Strukturanalogon der Jasmonate (▶ Abschn. 12.5) herausgestellt und löst – wie in sehr hohen Dosen gegebene Jasmonsäure – eine starke Ethylenbildung und damit Seneszenz aus. Da Coronatin in der Pflanze nicht transportiert wird, entwickeln sich an den Orten bakteriellen Wachstums chlorotische Flecken. In den geschwächten Gewebebezirken (in der Regel auf Blättern) kann sich das Pathogen stark vermehren.

Einige mikrobielle Pathogene produzieren **Phytohormone** und greifen so in den Entwicklungsablauf der Pflanze ein. Erwähnt wurden bereits die durch Cytokinine ausgelösten Hexenbesen (▶ Abschn. 12.2.3). An

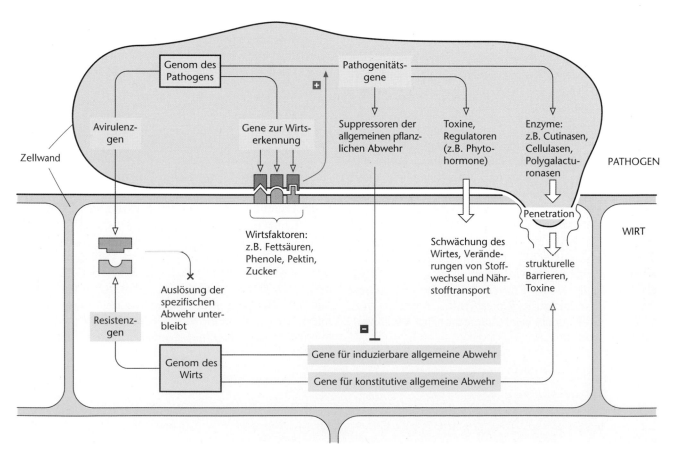

◘ **Abb. 16.17** Schematischer Ablauf der Entwicklung einer kompatiblen Wechselwirkung zwischen einem Pathogen und seinem Wirt, in deren Verlauf es zur Erkrankung der Pflanze kommt. Gene bzw. Gengruppen sind orange bzw. grün unterlegt; von dort verweisen Pfeile mit offenen Spitzen auf deren Genprodukte. Genregulationsereignisse sind rot dargestellt. (Grafik: E. Weiler)

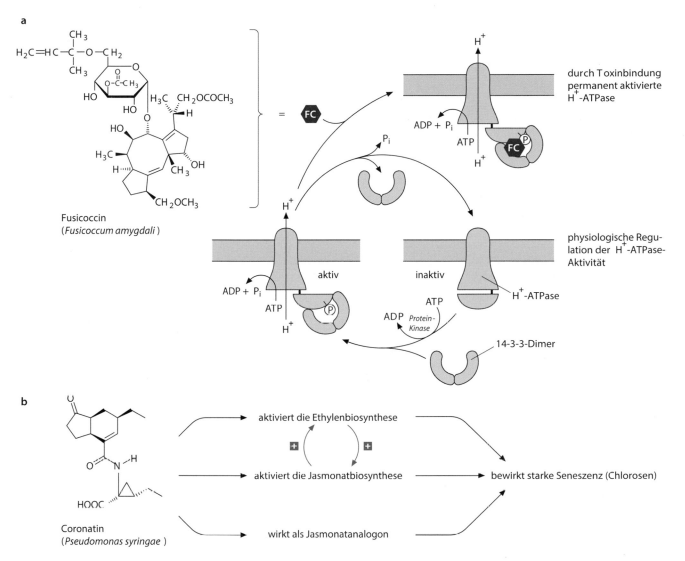

Abb. 16.18 Beispiele für nichtwirtsspezifische Phytotoxine. **a** Fusicoccin, das Welketoxin von *Diaporthe amygdali*. **b** Coronatin, das chloroseninduzierende Toxin phytopathogener Stämme von *Pseudomonas syringae*. (**a** nach C. Oecking, mit freundlicher Genehmigung)

manchen Gallbildungen sind Auxine beteiligt, so z. B. bei den durch Nematoden ausgelösten Cysten und Wurzelknoten (▶ Abschn. 16.1.1), aber auch bei der durch *Plasmodiophora brassicae* (▶ Abb. 19.21) ausgelösten Kohlhernie und der durch den Pilz *Ustilago maydis* ausgelösten Wucherung befallener junger Karyopsen des Mais. Unklar ist indes, ob die Auxine von dem Pathogen bereitgestellt oder auf Signale des Pathogens von der Wirtspflanze selbst gebildet werden. Bereits erwähnt (▶ Abschn. 12.4) wurden die Gibberelline, die von einigen Pilzen ausgeschieden werden und bei den Wirtspflanzen eine übermäßige Internodienstreckung hervorrufen (z. B. *Fusarium fujikuroi* beim Reis, *Elsinoe brasiliensis* beim Maniok). Besonders gut ist die Rolle von Auxinen und Cytokininen bei der Entstehung der Wurzelhalstumoren (▶ Abschn. 10.2) verstanden.

Schließlich setzen einige Pathogene Suppressoren der induzierbaren allgemeinen pflanzlichen Abwehr frei (▶ Abb. 16.17). Diese allgemeine Abwehr wird von nichtwirtsspezifischen Elicitoren (▶ Abschn. 16.3.4) ausgelöst, von denen zumindest einige über spezielle Rezeptoren von der Pflanze erkannt werden. Der Pilz *Mycosphaerella pinodes* bildet Glykopeptide, die an den Glykoproteinelicitorrezeptor der Erbse binden sollen und so die Pathogenerkennung durch die Wirtspflanze behindern.

Neben den in ▶ Abb. 16.17 dargestellten Mechanismen der Pathogenese wenden zahlreiche Pathogene speziellere Strategien an, die jedoch im Rahmen dieses Buchs nicht dargestellt werden können. Die am besten untersuchte Wirt-Pathogen-Wechselwirkung ist die zur Bildung der Wurzelhalstumoren führende zwischen

Agrobacterium tumefaciens und seinen Wirtspflanzen (▶ Abschn. 10.2 und 10.3).

16.3.4 Pathogenabwehr

Neben vorgebildeten (präformierten) Mechanismen zur Abwehr von mikrobiellen Schadorganismen (z. B. Cuticula, Zellwände – insbesondere, wenn verholzt –, Einlagerung toxischer Substanzen in Zellwände und Vakuolen, z. B. von Saponinen, Phenolen und Chinonen, vgl. ▶ Abschn. 14.14), verfügen Pflanzen über zahlreiche induzierbare Abwehrreaktionen, die sich hinsichtlich ihrer Wirkung ebenfalls in strukturelle und chemische Komponenten unterscheiden lassen. Durch Pathogenbefall induzierte, antimikrobiell wirksame organische Substanzen werden **Phytoalexine** genannt; viele leiten sich aus dem Terpen- oder aus dem Phenylpropanstoffwechsel ab (▶ Abschn. 14.14.1 und 14.14.2, ◘ Abb. 16.19). Zu den induzierbaren Strukturkomponenten zählen: die Bildung von Callose – ein (β1→3)-Glucan – am Ort eines eindringenden Pathogens, die Verstärkung des Vernetzungsgrades von Zellwandkomponenten, eine verstärkte Lignifizierung.

Bei der Pathogenabwehr lässt sich, wie erwähnt, eine allgemeine, nicht pathogenspezifische und eine (zum Teil rassen-) spezifische unterscheiden (◘ Abb. 16.17 und 16.20). Bei einer geeigneten Gen-für-Gen-Kombination eines pflanzlichen Resistenzgens und eines Avirulenzgens auf Seiten des Pathogens (rassenspezifische inkompatible Interaktion, ◘ Abb. 16.20) wird die **Hypersensitivitätsreaktion** der Pflanze ausgelöst, die mit einer raschen und massiven Bildung von Toxinen (insbesondere von Phenolen) und einer Freisetzung hochreaktiver Sauerstoffspezies (z. B. O_2^-), aber auch von H_2O_2 eingeleitet wird und einen lokalen, programmierten Zelltod herbeiführt, in dem auch das Pathogen zugrunde geht. Hypersensitiver Zelltod zeigt sich in

Form kleiner, abgestorbener (nekrotischer) Gewebebezirke, häufig auf Blättern.

Die allgemeine oder basale Abwehr wird durch **nichtwirtsspezifische Elicitoren** ausgelöst. Diese sogenannten pathogenassoziierten molekularen Muster (engl. *pathogen associated molecular patterns*, PAMPs) sind hochkonservierte Strukturen oder Moleküle, die essenziell für das Überleben der Pathogene sind und normalerweise nicht in der Wirtszelle vorhanden sind. Hierzu zählen Zellwand- und Membranbestandteile von gramnegativen Bakterien (Lipopolysaccharide) oder Pilzen (Chitin, Ergosterol), Flagellin (die Hauptkomponente bakterieller Flagellen), aber auch modifizierte Nucleinsäuren. Sie lösen teilweise in Konzentrationen $<10^{-9}$ M die allgemeine Pathogenabwehr aus. Die Erkennung der Elicitoren erfolgt in der Regel an der Zelloberfläche durch spezifische Rezeptoren, wodurch die PTI (engl. *PAMP-triggered immunity*) ausgelöst wird. Einige Rezeptoren konnten kloniert und funktionell charakterisiert werden. Hierzu gehört der Flagellinrezeptor FLS2 aus *Arabidopsis thaliana*, der in die Familie der rezeptorähnlichen Kinasen mit extrazellulärer leucinreicher Domäne (engl. *leucine rich repeat-receptor like kinase*, LRR-RLK) gehört. Infolge der Elicitorbindung kommt es zu einer Induktion von MAP-Kinase-Signalkaskaden (MAP von engl. *mitogen-activated protein*), die zur Aktivierung von Transkriptionsfaktoren, zur Bildung von reaktiven Sauerstoffspezies, zur Aktivierung von Ionenkanälen und zur Ablagerung von Callose in Zellwänden führen können. Die Aktivierung der Transkriptionsfaktoren führt unter anderem zur Expression von pathogenresponsiver Gene (PR, engl. *pathogenesis related*), deren Funktion im Einzelnen nicht gut verstanden ist.

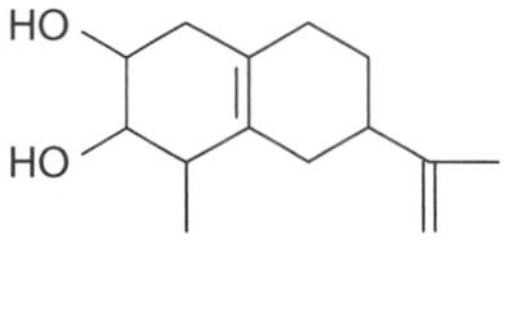

16.4 Herbivorie

Der großen Artenzahl (◘ Tab. 16.2) und der immensen Individuenzahl der Herbivoren stehen im Allgemeinen nicht oder nur mäßig durch Tierfraß geschädigte Pflanzen in der Natur gegenüber. Viele Pflanzen sind für die große Masse an Herbivoren ungenießbar, und Herbivore müssen – wie auch Pathogene – sowohl präformierte als auch induzierbare Abwehrmechanismen einer Pflanze überwinden, um diese als Nahrungsquelle erschließen zu können. Dies gelingt einem Herbivor nur bei wenigen Spezies. Vergleichbar den Wirt-Pathogen-Beziehungen liegt auch der Herbivorie eine **Coevolution** (▶ Abschn. 14.14.5) der beteiligten Parteien zugrunde, in deren Folge Pflanzen ein breites Spektrum an Schutzmechanismen und Herbivore unterschiedlichste Strategien zu deren Überwindung entwickelt haben (Abschn. 22.5.3 und 22.8). Ähnlichkeiten zur

Rishitin, ein Terpenoid
(Solanum tuberosum)

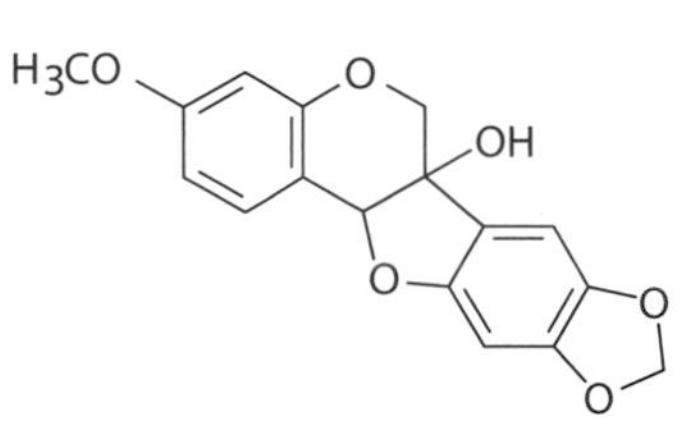

Pisatin, ein Phenolderivat
(Pisum sativum)

◘ **Abb. 16.19** Beispiele für Phytoalexine. Die mikrobizide Wirkung der Phytoalexine konnte besonders deutlich am Beispiel des Pisatins nachgewiesen werden. Die Virulenz des erbsenpathogenen Pilzes *Neocosmospora solani* hängt von seiner Fähigkeit ab, das Pisatin enzymatisch zu entgiften. (Die Strukturformel des Sojaphytoalexins Glyceollin ist in ◘ Abb. 14.97 dargestellt)

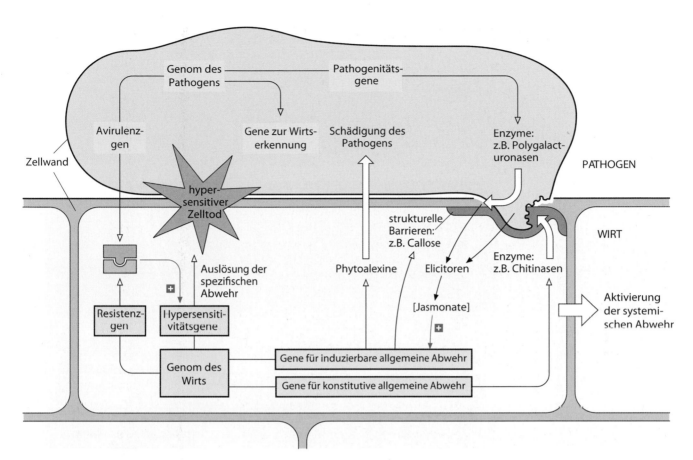

Abb. 16.20 Schematischer Ablauf der Entwicklung einer inkompatiblen Wechselwirkung zwischen einem Pathogen und seinem Wirt, die zur Abwehr des Pathogens führt. Links: rassenspezifische Inkompatibilität (vgl. Abb. 16.13), die einen hypersensitiven Zelltod zur Folge hat. Rechts: nichtwirtsspezifische Resistenz, die durch Elicitierung und – in einigen Fällen – Jasmonate vermittelt wird und allgemeine lokale Abwehrreaktionen der Pflanze sowie systemische Abwehrreaktionen einschließt

Pathogenabwehr (► Abschn. 16.3.4) sind dabei unverkennbar.

16.4.1 Herbivorabwehr

Wie bei der Pathogenabwehr lassen sich präformierte und induzierte Prozesse unterscheiden. Präformierter Schutz umfasst sowohl **strukturelle Barrieren** (Dornen, Stacheln, Brennhaare gegen größere Tiere, derbe Zellwände und Cuticulae gegen kleinere) als auch **chemische Barrieren**. Viele Pflanzeninhaltsstoffe (► Abschn. 14.14) dienen dem Fraßschutz, sie wirken als Giftstoffe (Toxine), Schreckstoffe (Repellents), sie setzen die Qualität der pflanzlichen Nahrung herab (Bitterstoffe) oder greifen gar in die Entwicklungszyklen der Herbivoren – insbesondere von sich rasch vermehrenden Arthopoden – ein (Phytoecdysteroide, Juvenilhormonanaloga). Charakteristische Beispiele dazu wurden bereits in der Stoffwechselphysiologie besprochen (► Abschn. 14.14).

Den niedermolekularen Fraßschutzstoffen treten hochmolekulare an die Seite, insbesondere Proteine, die entweder toxisch wirken (z. B. Ricin in Samen von

Ricinus communis und das verwandte Abrin in Samen der Paternostererbse, die beide die Proteinsynthese von Tieren durch Inaktivierung der 60S-Untereinheit der Ribosomen hemmen) oder – häufiger – die Qualität der Nahrung herabsetzen (z. B. die weit verbreiteten Proteaseinhibitoren, die besonders in Blättern, Früchten und Speicherorganen vorkommen und im Verdauungstrakt von Tieren verschiedene Proteasen wie Trypsin, Chymotrypsin hemmen und so zu Verdauungsstörungen, in großen Mengen sogar unter Umständen zum Tod der Tiere, führen).

Sehr gut untersucht ist die äußerst wirksame **präformierte Insektenabwehr** bei einer insektenresistenten Wildform der Tomate, *Solanum berthaultii* (Abb. 16.21), deren Blätter zwei Arten von Trichomen (► Abschn. 2.3.2.1 und 2.3.5.3) tragen: einzellige vom Typ B, die einen durch Glucoseester klebrigen Saft abscheiden, an dem die Insekten haften bleiben (diese Haare brechen leicht ab und geben dabei noch mehr Flüssigkeit ab) und mehrzellige vom Typ A, die die flüchtige Verbindung β-Farnesen ausscheiden. Hierbei handelt es sich um eine Schrecksubstanz, die von Blattläusen selbst als Alarmpheromon verwendet wird. Die dadurch hervorgerufene Fluchtbe-

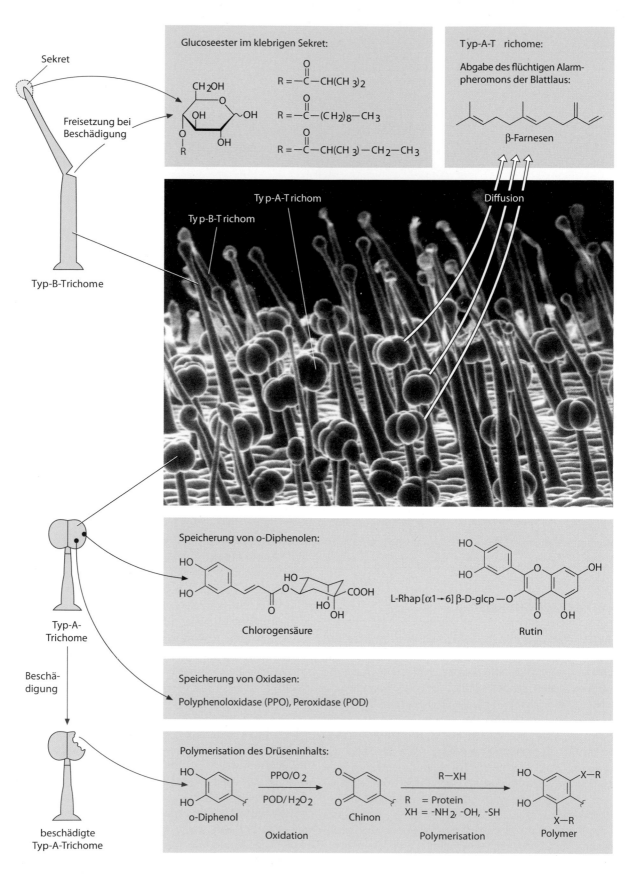

Sekret

Freisetzung bei
Beschädigung

Typ-B-Trichome

Glucoseester im klebrigen Sekret:

$$R = -\overset{\displaystyle O}{\overset{\|}{C}}-CH(CH_3)_2$$

$$R = -\overset{\displaystyle O}{\overset{\|}{C}}-(CH_2)_8-CH_3$$

$$R = -\overset{\displaystyle O}{\overset{\|}{C}}-CH(CH_3)-CH_2-CH_3$$

Typ-A-Trichome:

Abgabe des flüchtigen Alarm-
pheromons der Blattlaus:

β-Farnesen

Typ-B-Trichom

Typ-A-Trichom

Diffusion

Typ-A-
Trichome

Beschä-
digung

beschädigte
Typ-A-Trichome

Speicherung von o-Diphenolen:

Chlorogensäure

L-Rhap[α1→6] β-D-glcp—O

Rutin

Speicherung von Oxidasen:

Polyphenoloxidase (PPO), Peroxidase (POD)

Polymerisation des Drüseninhalts:

o-Diphenol $\xrightarrow[\text{POD}/H_2O_2]{\text{PPO}/O_2}$ Chinon $\xrightarrow[\substack{R = \text{Protein} \\ XH = -NH_2, -OH, -SH}]{R-XH}$ Polymer

Oxidation   Polymerisation

Abb. 16.21 Präformierte Abwehr von Insekten durch Blätter der wilden Tomate *Solanum berthaultii* (rasterelektronenmikroskopische Aufnahme der Blattoberfläche, ca. 90× vergrößert). (Nach W.M. Tingey, mit freundlicher Genehmigung)

wegung der Blattläuse bringt sie in Kontakt mit noch mehr Drüsenhaaren. Werden die Typ-A-Trichome dabei verletzt, so scheiden sie große Mengen wasserlöslicher o-Diphenole und Enzyme (Polyphenoloxidasen und Peroxidasen) ab, die die o-Diphenole zu Chinonen oxidieren. Die sehr reaktiven Chinone polymerisieren leicht und reagieren dabei mit Nucleophilen (z. B. $-NH_2$-, $-$OH- und $-$SH-Gruppen von Proteinen). Der aus den Typ-A-Trichomen austretende Saft polymerisiert in kurzer Zeit zu einer harzartigen Masse, die die Mundwerkzeuge und Tarsen des Tiers verklebt, sodass es immobilisiert wird und verhungert. In der Pflanze sind die o-Diphenole und die Oxidasen durch Kompartimentierung voneinander getrennt.

Pflanzen besitzen jedoch auch eine **induzierbare Herbivorabwehr**, die sich besonders wirksam erweist gegen kleine Herbivore mit individuell begrenzter Nahrungsaufnahme – welche jedoch in großen Individuenzahlen auftreten können – also insbesondere gegen Insekten gerichtet ist. Einige der an der Herbivorabwehr beteiligten Prozesse konnten in jüngster Zeit aufgeklärt werden, vor allem an Blättern der Tomate (*Solanum lycopersicum*). Dabei sind artspezifische, aber auch wohl allgemeingültige Mechanismen zutage getreten (◘ Abb. 16.22).

Bei Verletzung eines Blatts, z. B. durch eine fressende Insektenlarve, wird in der Wundregion (vermutlich durch Hydrolasen oder Lipasen) die dreifach ungesättigte Fettsäure α-Linolensäure aus Membranlipiden freigesetzt. Diese dient als Ausgangssubstanz für die Bildung von Jasmonsäure (► Abschn. 12.5.2, ◘ Abb. 14.49), deren Akkumulation man bereits wenige Minuten nach einer Verwundung (auch einer mechanisch herbeigeführten) nachweisen kann. Jasmonsäure bewirkt auf noch unbekannte Weise in den Zellen, die dem verwundeten Bereich des Blatts benachbart sind, die Aktivierung von Abwehrgenen, bei der Tomate unter anderem der Gene für mehrere Proteaseinhibitoren, die im verletzten Blatt nach wenigen Stunden nachweisbar sind und in der Folge hohe Konzentrationen im Blatt (>100 mg kg^{-1}) erreichen. Das fressende Insekt nimmt mit der Zeit zunehmende Mengen dieser Inhibitoren auf und wird dadurch bei der Verdauung der Nahrung immer stärker behindert.

Gleichzeitig wird durch Proteolyse in den verwundeten Regionen des Tomatenblatts aus einer Vorstufe, dem Prosystemin, ein 18 Aminosäuren umfassendes Peptid, das **Systemin** (◘ Abb. 16.22) abgespalten. Dieses wird als **systemisches Wundsignal** in wenigen Stunden über das Phloem im gesamten Spross verteilt und induziert dort ebenfalls die Bildung von Jasmonsäure und damit die Synthese der Proteaseinhibitoren. Etwa 24 h nach einem Erstbefall mit einem Herbivor ist die gesamte Pflanze durch die hohen Konzentrationen an Inhibitoren wirksam (z. B. gegen einen Zweitbefall) geschützt:

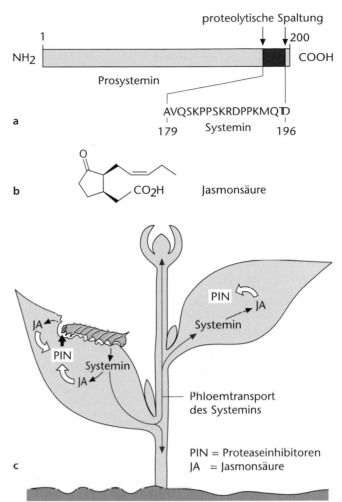

◘ **Abb. 16.22** Lokale und systemische Herbivorabwehr bei der Tomate. Bei Verletzung der Blätter, z. B. durch Raupenfraß, wird durch Proteolyse aus dem Protein Prosystemin das Octadecapeptid Systemin **a** freigesetzt, welches als systemischer Wundfaktor in der Pflanze die Bildung von Jasmonsäure **b** induziert. Jasmonsäure, die in den verletzten Geweben auch direkt freigesetzt wird, induziert die Bildung verschiedenster Proteine, darunter eine Anzahl von Proteaseinhibitoren, die das Blattgewebe für die herbivoren Insektenlarven unverdaulich machen **c**. – JA Jasmonsäure, PIN Proteaseinhibitoren

Bereits 1 cm^2 Blattfläche einer solchen Tomatenpflanze sind für eine Insektenlarve eine tödliche Dosis!

Während sich erwiesen hat, dass Systemin nur bei Tomaten wirkt, gibt es zahlreiche Hinweise darauf, dass auch viele andere Pflanzen bei Verletzung systemische Wundfaktoren noch unbekannter Art freisetzen und sich – induziert durch einen Erstbefall – systemisch gegen Zweitbefall wappnen. Zu den verwundungsinduzierten Substanzen gehören nicht nur Proteaseinhibitoren, sondern auch Proteasen und Polyphenoloxidasen sowie zahlreiche Sekundärmetaboliten (beim Tabak z. B. die insektizide Verbindung Nicotin, bei Brassicaceen die ebenfalls toxischen Glucosinolate). Ganz allgemein scheinen alle bisher untersuchten Pflanzen bei Verwun-

◘ Abb. 16.23 Bedeutung der Jasmonsäure für die Herbivorabwehr der Tomate. Schadbilder an einer Mutante (engl. *defenseless*, wehrlos), die die Fähigkeit zur Jasmonsäureakkumulation nach Verletzung verloren hat (linke Pflanze) im Vergleich zum Wildtyp (rechte Pflanze). Jeder Pflanze wurden im Alter von 8 Wochen acht frisch geschlüpfte Larven des Tabakschwärmers (*Manduca sexta*) aufgesetzt, die 13 Tage auf den Pflanzen belassen und dann fotografiert wurden. Die Mutante bildet keine Proteaseinhibitoren mehr und wird stark beweidet, die Larven wachsen kräftig (unten links). Im Vergleich dazu erleidet der Wildtyp nur einen geringen Fraßschaden; diese Raupen (unten rechts) zeigen Kümmerwuchs. Es sind aus Platzgründen nur wenige typische Individuen gezeigt. (Nach C.A. Ryan, mit freundlicher Genehmigung)

dung Jasmonsäure zu bilden, die in die Aktivierung der Abwehrgene eingreift. Dafür spricht auch, dass man bei über 150 Arten in Zellkultur durch Jasmonate den Sekundärstoffwechsel aktivieren konnte. Die Rolle der Jasmonsäure bei der Herbivorabwehr wurde eindrücklich an Tomatenmutanten, die nach Verletzung keine Jasmonsäure mehr akkumulieren, gezeigt (◘ Abb. 16.23).

16.4.2 Tritrophe Interaktionen

Pflanzen setzen ständig über die Blätter geringe Mengen an flüchtigen Verbindungen frei, neben Ethylen (▶ Abschn. 12.6) und in einigen Fällen Isopren (▶ Abschn. 14.14.2) handelt es sich dabei überwiegend um Produkte des oxidativen Abbaus von Fettsäuren. Herbivoren Arthropoden dienen diese Verbindungen oft zur Lokalisation ihrer Futterpflanzen. Wird eine Pflanze durch ein saugendes oder fressendes Insekt verletzt, so nimmt in der Regel der Ausstoß an flüchtigen Verbindungen zu und – im Gegensatz zu einer rein mechanischen Verletzung – ändert sich die qualitative Zusammensetzung der emittierten Verbindungen drastisch, wobei komplexe Mischungen aus 20 und mehr Komponenten auftreten. Diese durch Herbivorie spezifisch induzierte Produktion von „Duftstoff"-Gemischen, die nach Art, Alter der Pflanzen und physiologischem Zustand jeweils charakteristische Zusammensetzungen aufweisen, tragen alle Merkmale von chemischen Hilferufen. In der Tat sind viele Fälle (einige Beispiele finden sich in ◘ Tab. 16.3) bekannt, in denen parasitische Raubmilben und parasitische Wespen (die ihre Eier in herbivore Wirtslarven ablegen) anhand dieser pflanzlichen Signale zu ihren Wirten geleitet werden. Zu den pflanzlichen Alarmstoffen (**Alarmonen**) gehören insbesondere offenkettige Terpene und in einigen Fällen Aro-

16

◘ Tab. 16.3 Beispiele für tritrophe Wechselbeziehungen zwischen Pflanzen, Herbivoren und deren Parasiten

Herbivor	Parasit	Pflanze(n)	flüchtige Signalstoffe von Pflanzen
Tetranychus urticae (Spinnmilbe)	*Phytoseiulus persimilis* (Raubmilbe)	*Phaseolus lunatus Cucumis sativus*	Terpenoide, insbesondere ①–④ und Methylsalicylat ⑤
Spodoptera exigua (Eulenfalter)	*Cotesia marginiventris* (parasitische Wespe)	*Zea mays, Glycine max, Gossypium*-Arten	Terpenoide, insbesondere ①, ②, ④ und Indol ⑥
Pseudaletia separata (Eulenfalter)	*Cotesia kariyai* (parasitische Wespe)	*Zea mays*	Terpenoide, u. a. ①, ② und Indol ⑥, Oxime, Nitrile
Pieris brassicae (Kohlweißling)	*Cotesia glomerata* (parasitische Wespe)	*Brassica oleracea*	Abkömmlinge oxidierter Fettsäuren, u. a. ⑦–⑨

Die Substanznummerierung bezieht sich auf ◘ Abb. 16.24

Terpenoide

① 4,8-Dimethyl-1,3,7-nonatrien

② 4,8,12-Trimethyl-1,3,7,11-trideca-tetraen

③ β-Ocimen

④ Linalool

Aromaten

⑤ Methylsalicylat

⑥ Indol

Produkte des oxidativen Abbaus von Fettsäuren

⑦ (E)-2-Hexenal

⑧ 3-Pentanon

⑨ (Z)-3-Hexen-1-yl-acetat

◻ Abb. 16.24 Beispiele für flüchtige Substanzen, die von Pflanzen nach Befall durch herbivore Arthropoden abgegeben werden. Substanzen ① und ② wurden sehr weit verbreitet gefunden, ①–⑥ werden spezifisch nur bei Verletzung infolge Herbivorie gebildet, nicht bei mechanischer Verletzung. Substanzen ⑦–⑨ sind Beispiele für Verbindungen, die stets in geringen Mengen gebildet werden, jedoch bei – mechanischer oder durch Herbivore verursachter – Verletzung in sehr viel stärkerem Maße. Sie sind auch Bestandteile des Duftes frisch gemähter Wiesen

maten wie Indol oder Methylsalicylat (◻ Abb. 16.24). Mitunter (so bei *Brassica oleracea*, ◻ Tab. 16.3) genügt auch bereits ein verstärkter Ausstoß der stets gebildeten flüchtigen Fettsäurederivate (einige Strukturbeispiele, ◻ Abb. 16.24), um die Parasiten anzulocken. Solche chemisch koordinierte Dreiecksbeziehungen zwischen Wirtspflanze, Herbivor und dessen Parasiten werden tritrophe Interaktionen genannt.

Die Bildung der herbivorietypischen Alarmone wird durch Komponenten im Speichel der Insekten ausgelöst. Kürzlich konnte die Struktur des ersten solchen Auslösefaktors aufgeklärt werden: Es handelt sich um ein L-Glutaminkonjugat der in Position 17 hydroxylierten α-Linolensäure. Diese bei *Spodoptera exigua* vorkommende, Volicitin (von engl. *volatiles eliciting*) genannte Verbindung löst bereits in sehr geringen Mengen (30–40×10^{-12} mol – das ist die in 2 µl Speichel enthal-

Volicitin
N-(17-Hydroxylinolenoyl)-L-glutamin

◻ Abb. 16.25 Volicitin, eine Komponente des Speichels der Larven von *Spodoptera exigua*, die beim Fressvorgang in die Wunde gelangt und die Bildung pflanzlicher Alarmone induziert. Die Linolensäurevorstufe des Volicitins entstammt der pflanzlichen Nahrung; die weitere Synthese des Volicitins verläuft im Insekt

tene Menge – pro Maispflanze im Alter von 14 Tagen) die Freisetzung des charakteristischen Alarmongemisches aus (◻ Abb. 16.25). Erstaunlicherweise kommt es auch bei lokalem Insektenfraß nicht nur zu lokaler, sondern zu einer systemischen Freisetzung der herbivoriespezifischen flüchtigen Verbindungen. Die Natur der systemischen Aktivierung ist unbekannt.

Man hat diskutiert, dass möglicherweise die von einer insektenbefallenen Pflanze gebildeten Alarmone auf benachbarte, noch nicht befallene Pflanzen einwirken und dort vorbeugend die Herbivorabwehr aktivieren, sie also **Alarmpheromone** darstellen. Für eine derartige Funktion haben sich bislang jedoch keine überzeugenden experimentellen Belege erbringen lassen. Im Labor lässt sich aber erreichen, dass eine den flüchtigen Methylester der Jasmonsäure abgebende Pflanze (z. B. *Artemisia tridentata*) auf eine benachbarte Tomatenpflanze wirkt und die Bildung der Proteaseinhibitoren induziert. Dazu müssen beide Individuen jedoch in geringem Abstand unter einer Glasglocke gehalten werden.

16.5 Allelopathie

Allelopathie ist die chemische Beeinflussung einer Pflanze durch eine andere. Dabei kann es sich um fördernde oder – häufiger – um hemmende Wirkungen handeln. Sie kann einerseits durch flüchtige Verbindungen erfolgen, die im Diffusions- oder Konvektionsraum ausreichende Konzentrationen erreichen, um wirksam zu werden. So besitzt Ethylen prinzipiell den Charakter sowohl eines **Pheromons** (darunter versteht man einen Signalstoff, der zwischen Individuen einer Art koordinierende Aufgaben übernimmt) als auch eines **Kairomons** (darunter versteht man einen Signalstoff, der zwischen Individuen verschiedener Arten wirksam ist). Ob in der Natur jedoch genügend hohe Ethylenkonzentrationen im Luftraum erreicht werden, ist fraglich. Allerdings muss bei Transport und Lagerung von Obst (insbesondere, wenn unterschiedlich empfindliche Sorten/Arten gemeinsam gehalten werden) auf die Seneszenzbeschleunigung durch freigesetztes Ethylen geachtet werden (▶ Abschn. 12.6.3). Fraglich ist auch, ob die im Experiment zu beobachtende Freisetzung von Alarmonen durch insektenbefallene Pflanzen (▶ Abschn. 16.4.2) eine Signalwirkung für benachbarte, noch nicht befallene Pflanzen zur Aktivierung ihrer Herbivorabwehr darstellt.

Andererseits geben viele Pflanzen über das Wurzelsystem wasserlösliche Verbindungen an den Boden ab, die das Wachstum von Konkurrenten behindern können. Schließlich werden bei einigen Arten mit Niederschlägen allelopathisch wirksame Verbindungen ausgewaschen, die mit der Traufe in den Boden gelangen.

Obwohl es als sicher gilt, dass allelopathisch wirksame Hemmstoffe in den durch Konkurrenz gekennzeichneten Pflanzengesellschaften oft eine Rolle spielen, lässt sich ein eindeutiger Nachweis nur schwer führen, da diese Effekte durch andere (z. B. Konkurrenz um Licht und Nährstoffe) stark überlagert werden. Hinzu kommt, dass viele Verbindungen, die als Allelopathika angesprochen wurden, sehr unspezifische Hemmungen auch bei Mikroorganismen und Tieren (zumindest im Experiment) hervorrufen. Dazu gehören viele einfache Phenole (z. B. Zimtsäuren und ihre Derivate, wie Cumarine, ▶ Abschn. 14.14.1) und Terpenoide (▶ Abschn. 14.14.2). Da besonders die Keimung mancher Arten durch diese Verbindungen empfindlich gehemmt wird, erscheint es plausibel, dass bei ihrer Anreicherung in den oberen Bodenschichten (insbesondere durch Auswaschung aus Blättern oder durch Verrottung von Spreu) inner- bzw. zwischenartliche Konkurrenz durch neuen Aufwuchs von den bereits etablierten Individuen vermindert wird.

So wird aus Blättern und Früchten des Walnussbaums (*Juglans regia*) 1,4,5-Trihydroxynaphthyl-4-glucosid ausgewaschen und im Boden durch Hydrolyse und nachfolgende Oxidation in den starken Keimungsinhibitor Juglon überführt (◘ Abb. 16.26). Dadurch werden – zusätzlich zum Lichtfaktor (Kronenschatten) und zur Nährstoffsituation (Auslaugung des Bodens im Bereich des Wurzelraums) – ungünstige Verhältnisse für die Samenkeimung geschaffen, sodass im Kronenbereich des Baums nur wenig krautiger Aufwuchs zu finden ist.

Das eindeutigste Beispiel einer Allelopathie bietet das Chaparral genannte südkalifornische Buschland im Santa-Ynes-Tal (◘ Abschn. 24.2.7). Die Vegetation ist durch dichte Bestände von *Salvia leucophylla* und *Artemisia californica* gekennzeichnet, die die Grasvegetation immer mehr zurückdrängen. In einer ca. 1–2 m breiten

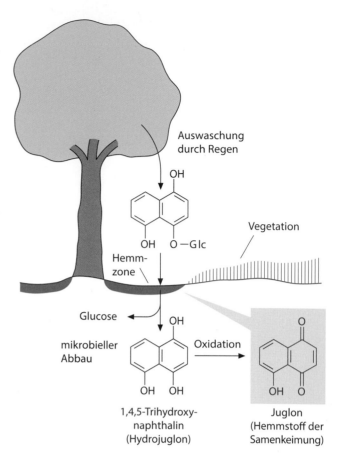

◘ **Abb. 16.26** Allelopathische Wirkung des Juglons der Walnuss (*Juglans regia*). Juglon hemmt Prolyl-Peptidyl-Isomerasen, die an der Faltung von Zellzyklusproteinen beteiligt sind, und unterbricht dadurch den Zellzyklus in der G_2-Phase. Die toxische Wirkung des Juglons gerade auf stark wachsende Keimlinge ist wohl hierauf zurückzuführen. (Grafik: E. Weiler)

Zone um die Büsche findet sich gar keine andere Vegetation, in einem Bereich von 3–8 m Kümmerwuchs und erst in noch weiterem Abstand eine ungehemmt wachsende Vegetation, insbesondere von Gräsern (z. B. *Bromus hordeaceus*, *Vulpia myuros* und *Avena fatua*). Es wird vermutet, dass die Wuchshemmung der Gräser auf die für diese Arten ausgesprochen toxischen Monoterpene, insbesondere Kampfer und 1,8-Cineol (◘ Abb. 14.102) zurückgeht, die von *Salvia leucophylla* und *Artemisia californica* insbesondere bei hohen Lufttemperaturen ausgeschieden werden. Allerdings wird davon ausgegangen, dass weitere Umweltfaktoren die Wachstumshemmung unterstützen. Die Monoterpene reichern sich in den oberen Bodenschichten durch Adsorption an die Bodenkolloide der lehmhaltigen Böden an. Von dort treten die sehr lipophilen Verbindungen (Verteilungsgleichgewichte über die Gasphase!) in die Zellmembranen von keimenden Samen über. In ähnlicher Weise erfolgt eine Anreicherung in den lipophilen Cuticulae der Gräser, von wo aus ein Übertritt in die pflanzlichen Zellmembranen erfolgen soll. Ungeklärt ist der Mechanismus der Toxizität von Kampfer und 1,8-Cineol, ebenso der Schutzmechanismus von *Salvia* bzw. *Artemisia*. Die Anreicherung der Monoterpene in den dichten Beständen der Buschvegetation erhöht bei hohen Temperaturen die Wahrscheinlichkeit einer spontanen Selbstentzündung der Luft-Terpen-Gemische. Der Chaparral unterliegt daher in einem mittleren Abstand von etwa 25 Jahren Feuerzyklen, in deren Verlauf die *Salvia*- und *Artemisia*-Bestände sowie die Terpene im Boden durch Feuer zerstört werden. Danach etabliert sich zunächst die Grasvegetation, gefolgt von einem erneuten Auftreten und zunehmender Ausbreitung der Buschvegetation.

Quellenverzeichnis

van Velzen R, Holmer R, Bu F et al (2018) Comparative genomics of the nonlegume *Parasponia* reveals insights into evolution of nitrogen-fixing rhizobium symbioses. Proc Natl Acad Sci U S A 115(20):E4700–E4709

Weiterführende Literatur

Agerer R (1999) Mycorrhiza: ectotrophic and ectendotrophic mycorrhizae. Progr Bot 60:471–501

Agrawal AA (2000) Mechanisms ecological consequences and agricultural implications of tri-trophic interactions. Curr Opin Plant Biol 3:329–335

Agrios GN (2005) Plant pathology, 5. Aufl. Academic, San Diego

Baldwin IT, Halitschke R, Kessler A, Schittko U (2001) Merging molecular and ecological approaches in plant-insect interactions. Curr Opin Plant Biol 4:351–358

Bird DM, Koltai H (2000) Plant parasitic nematodes: habitats, hormones, and horizontally-acquired genes. J Plant Growth Regul 19:183–194

Cairney JWG (2000) Evolution of mycorrhiza systems. Naturwissenschaften 87:467–475

Cao Y, Halane MK, Gassmann W, Stacey G (2017) The role of plant innate immunity in the legume-rhizobium symbiosis. Annu Rev Plant Biol 68:535–561

Choi J, Summers W, Paszkowski U (2018) Mechanisms underlying establishment of arbuscular mycorrhizal symbioses. Annu Rev Phytopathol 56:135–160

Dangl JL, Jones JDG (2006) The plant immune system. Nature 444:323–329

De Wit PJGM (2007) How plants recognize pathogens and defend themselves. Cell Mol Life Sci 64:2726–2732

Farmer EE (2001) Surface-to-air signals. Nature 411:854–856

Greenberg JT, Yao N (2004) The role and regulation of programmed cell death in plant-pathogen interactions. Cell Microbiol 6:201–211

Hahn M, Mendgen K (2001) Signal and nutrient exchange at biotrophic plant-fungris interfaces. Curr Opin Plant Biol 4:322–327

Hammond-Kosack KE, Jones JDG (1997) Plant disease resistance genes. Annu Rev Plant Physiol Plant Mol Biol 48:573–606

Harrison MJ (1999) Molecular and cellular aspects of the arbuscular mycorrhizal symbiosis. Annu Rev Plant Physiol Plant Mol Biol 50:361–390

Heath MC (2000) Nonhost resistance and nonspecific plant defenses. Curr Opin Plant Biol 3:315–319

Lamb C, Dixon RA (1997) The oxidative burst in plant disease resistance. Annu Rev Plant Physiol Plant Mol Biol 48:251–276

Meeks JC (1998) Symbiosis between nitrogen-fixing cyanobacteria and plants. Bioscience 48:266–276

Paiva NL (2000) An introduction to the biosynthesis of chemicals used in plant-microbe communication. J Plant Growth Regul 19:131–143

Paré PW, Tumlinson JH (2000) Plant volatiles as a defense against insect herbivores. Plant Physiol 121:325–331

Parniske M (2000) Intracellular accomodation of microbes by plants: a common developmental program for symbiosis and disease? Curr Opin Plant Biol 3:320–328

Paul ND, Hatcher PE, Taylor JE (2000) Coping with multiple enemies: an integration of molecular and ecological perspectives. Trends Plant Sci 5:220–225

Rausher MD (2001) Co-evolution and plant resistance to natural enemies. Nature 411:857–864

Takabayashi J, Dicke M (1996) Plant-carnivore mutualism through herbivore-induced carnivore attractants. Trends Plant Sci 1:109–113

Takken FLW, Joosten HAJ (2000) Plant resistance genes: their structure, function and evolution. Eur J Plant Pathol 106:699–713

Tzfira T, Citovsky V (2005) *Agrobacterium*-mediated genetic transformation of plants: biology and biotechnology. Curr Opin Biotechnol 17:147–154

van Velzen R, Holmer R, Bu F et al (2018) Comparative genomics of the nonlegume *Parasponia* reveals insights into evolution of nitrogen-fixing rhizobium symbioses. Proc Natl Acad Sci U S A 115(20):E4700–E4709

Williamson VM (1999) Nematode resistance genes. Curr Opin Plant Biol 2:327–331

Yoder JI (2001) Host-plant recognition by parasitic Scrophulariaceae. Curr Opin Plant Biol 4:359–365

Young ND (2000) The genetic architecture of resistance. Curr Opin Plant Biol 3:285–290

Evolution und Systematik

Die überwältigende Vielfalt der Organismen ist im Laufe der Erdgeschichte durch den Prozess der Evolution entstanden. Die folgenden vier Kapitel beschäftigen sich mit der Diversität der Bakterien, Archaeen, „Pilze", Pflanzen und anderer photoautotropher Eukaryoten. In ▸ Kap. 17 wird der Vorgang evolutionärer Veränderung dargestellt, ▸ Kap. 18 beschäftigt sich mit den Methoden systematischer Forschung und ▸ Kap. 19 diskutiert die Abgrenzung und Zusammensetzung der unterschiedlichen systematischen Gruppen sowie ihre Verwandtschaft. ▸ Kap. 20 schließlich ist ein kurzer Abriss der Entwicklung der Vegetation durch die geologischen Zeitalter.

In ▸ Kap. 17 wird dargestellt, wie das Zusammenwirken genetischer Variation und natürlicher Selektion zur Veränderung des Erbguts aufeinanderfolgender Generationen führt, die schließlich in die Entstehung neuer Arten münden kann. Dabei ist natürliche Selektion das Ergebnis der Konfrontation des Individuums mit seiner abiotischen und biotischen Umwelt. Das Verhältnis von Organismen zu ihrer Umwelt wird ausführlich auch in Teil VI dieses Lehrbuchs besprochen.

Auch wenn Evolution ein kontinuierlicher und damit auch heute stattfindender Prozess ist, entziehen sich viele seiner Elemente der unmittelbaren Beobachtung und müssen aus den Eigenschaften heute lebender Organismen erschlossen werden. Die Evolutionstheorie nimmt dabei an, dass die in der Gegenwart beobachteten oder aus heute lebenden Organismen erschlossenen Prozesse in der Vergangenheit auf gleiche Weise gewirkt haben bzw. in der Vergangenheit keine grundsätzlich anderen Prozesse wirksam waren.

▸ Kap. 18 und 19 stellen dar, wie die heute lebenden Organismen geordnet werden können. Das wichtigste Ziel der Systematik ist, eine Ordnung, d. h. ein System, zu finden, das die Verwandtschaftsverhältnisse zwischen den Organismen und damit ihre Stammesgeschichte (Phylogenie) widerspiegelt. Dabei bedient sich die Systematik einer großen Zahl von Merkmalen, von denen die unmittelbar im Erbgut enthaltene Information (DNA-Sequenz) heute am wichtigsten ist. Gleichzeitig benötigt die Systematik auch komplexe Methoden, um aus den vor allem an heute lebenden Individuen gewonnenen Daten Stammbäume zu konstruieren.

Da der Prozess der stammesgeschichtlichen Diversifizierung weitgehend in der Vergangenheit stattgefunden hat und sich damit – wie schon oben für einige

Aspekte des evolutionären Prozesses dargestellt – der unmittelbaren Beobachtung entzieht, sind die rekonstruierten Stammbäume immer hypothetisch.

Das hier vorgestellte System beschäftigt sich hauptsächlich mit der Vielfalt der Pflanzen (Glaucobionta, Rhodobionta – Rotalgen, Chlorobionta – Grüne Pflanzen) und anderer photoautotropher Eukaryoten. Angesichts ihrer großen Bedeutung für die Evolution und für das heutige Leben von Pflanzen werden aber auch prokaryotische Organismen (Bacteria, Archaea), Chitinpilze (Mycobionta), Flechten und Cellulosepilze (Oomycota) kurz dargestellt.

Die evolutionäre Veränderung von Organismen impliziert, dass sich im Laufe der Zeit auch Lebensgemeinschaften verändern. Die Veränderung der Vegetation durch die Jahrmillionen wird in ▶ Kap. 20 behandelt.

Danksagung

Der vorliegende Text baut auf dem Text der vorangegangenen Auflagen des *Strasburgers* auf. Mein Dank gilt deswegen auch noch einmal all denen, die mir auf verschiedene Weise bei der Verfassung der vorangegangenen Auflagen geholfen haben. Für Literaturhinweise oder die kritische Durchsicht von Textabschnitten der vorliegenden Auflage möchte ich besonders Peter K. Endress (Zürich), S. Robbert Gradstein (Paris), Tom Hankeln (Mainz), Holger Herlyn (Mainz), Martin Lohr (Mainz), Thorsten Lumbsch (Chicago), Michael Melkonian (Köln), Dietmar Quandt (Bonn), Marco Thines (Frankfurt) und Gottfried Unden (Mainz) danken.

Joachim W. Kadereit

Mainz, im Frühjahr 2020

Inhaltsverzeichnis

Evolution

Joachim W. Kadereit

Inhaltsverzeichnis

Kadereit, J.W. 2021 Evolution. In: Kadereit JW, Körner C, Nick P, Sonnewald U. Strasburger – Lehrbuch der Pflanzenwissenschaften. Springer Berlin Heidelberg, p. 649–682.
▶ https://doi.org/10.1007/978-3-662-61943-8_17

Unsere Erde wird von einer enormen Zahl von Organismen unterschiedlichster Form und Lebensweise bewohnt. Allein im Pflanzen- und Pilzreich sind heute mindestens ungefähr 360.000 unterschiedliche Arten bekannt, und eine Vielzahl von Arten ist noch nicht beschrieben. Nach der wohl einmaligen Entstehung des Lebens auf der Erde vor mehr als 3,5 Mrd. Jahren ist diese Vielfalt durch den Prozess der Evolution entstanden, also dadurch, dass sich Arten verändern und Arten voneinander abstammen. *„Nothing in biology makes sense except in the light of evolution"*, eine häufig zitierte Aussage von T.G. Dobzhansky, fasst die zentrale Bedeutung des Evolutionsprozesses für die Biologie treffend zusammen. Im vorliegenden Kapitel werden die wichtigsten Aspekte des Evolutionsprozesses dargestellt.

In einer sehr vereinfachten Darstellung besteht der evolutionäre Prozess aus den folgenden Komponenten. Durch die Erzeugung meist zahlreicher Nachkommen pro Elternteil oder Elternpaar ist jede Art potenziell zu einem **geometrischen Populationswachstum** fähig. So bringt z. B. ein Individuum des Küsten-Mammutbaums (*Sequoia sempervirens*) im Laufe seines Lebens 10^9–10^{10} Samen hervor. Selbst eine kleine und nur wenige Wochen lebende Pflanze wie das Einjährige Rispengras (*Poa annua*) produziert am Ende ihres Lebens im Durchschnitt immerhin noch ca. 100 Samen. Diesem potenziell geometrischen Populationswachstum sind durch die biotische und abiotische Umwelt Grenzen gesetzt, sodass die **Populationsgröße** mehr oder weniger konstant bleibt. Daraus folgt, dass es einen „**Kampf ums Überleben**" (engl. *struggle for existence*) gibt und in der Aufeinanderfolge der Generationen ein Elternindividuum statistisch durch nur einen Nachkommen ersetzt wird (s. auch ▶ Abschn. 23.1). Welche Individuen dabei tatsächlich überleben und sich fortpflanzen können ist meist nicht zufällig, sondern hängt von den Eigenschaften der konkurrierenden Individuen ab. Die Individuen einer Nachkommenschaft sind (bei sexueller Fortpflanzung) nicht identisch, weil durch **Mutation** und vor allem **Rekombination** eine genetische und damit vererbbare **Variation zwischen Individuen** entsteht. Abhängig von ihrer genetischen Beschaffenheit werden unterschiedliche Individuen in ihrer Umwelt mehr oder weniger erfolgreich sein. Größerer „Erfolg", auch als **Fitness** (▶ Abschn. 26.1) bezeichnet, besteht in einer relativ höheren Überlebens- und Reproduktionsrate. Diese differenzielle Fitness unterschiedlicher Individuen bzw. Genotypen in ihrer Umwelt ist die **natürliche Selektion** (engl. *natural selection*) – der entscheidende und von Ch. Darwin erstmals klar erkannte Mechanismus evolutionärer Veränderung. Das Ergebnis dieses Zusammenspiels von Mutation, Rekombination und natürlicher Selektion führt zu Veränderungen in der genetischen Zusammensetzung aufeinanderfolgender Generationen, also zu **Evolution**.

Dass Evolution stattgefunden hat, ist unter Naturwissenschaftlern heute unbestritten und wird durch eine Vielzahl von Beobachtungen belegt. Dazu gehört die direkte Beobachtung der Veränderung von Arten im Laufe der Zeit in der Natur, der Nachweis weit verbreiteter innerartlicher Variation, die Beobachtung homologer Ähnlichkeiten zwischen Organismen in allen Merkmalen, die hierarchische Struktur dieser Ähnlichkeiten (d. h. abnehmende Ähnlichkeit zwischen Arten der gleichen Gattung, Gattungen der gleichen Familie, Familien der gleichen Ordnung usw.), die Dokumentation der allmählichen Entstehung der heute existierenden Formen durch Fossilien und die vom Menschen bei der Züchtung genutzte Möglichkeit, Arten gezielt zu verändern.

Bereits vor der Veröffentlichung von Ch. Darwins epochalem Werk *The Origin of Species by Means of Natural Selection or The Preservation of Favoured Races in the Struggle for Life* im Jahr 1859 war vielfach vermutet worden, dass Arten nicht konstant sind, sondern sich verändern, und alle in der Vergangenheit und heute existierenden Arten von einem gemeinsamen Vorfahren abstammen. Das Verdienst von Darwin bestand vor allem darin, den heute allgemein akzeptierten Mechanismus für evolutionäre Veränderung – die natürliche Selektion – erkannt zu haben. Während das Phänomen der Evolution als Veränderung von Arten schnell akzeptiert wurde, war es gerade der Prozess der natürlichen Selektion, der lange umstritten blieb. Bis zu den Arbeiten von A.F.L. Weismann zum Ende des 19. Jahrhunderts und teilweise noch lange danach blieb die Bedeutung natürlicher Selektion umstritten. Vielfach nahm man an, dass von J.-B. de Lamarck beschriebene „innere Kräfte" sowie die Vererbung erworbener Eigenschaften in der Veränderung von Arten eine große Rolle spielen. Der größte Mangel von Darwins Evolutionstheorie war das Fehlen einer überzeugenden Theorie der Vererbung. Die Darstellung der grundlegenden Mechanismen der Vererbung in G. Mendels *Versuche über Pflanzen-Hybriden* (1866) war Darwin nicht bekannt. Erst mit der Wiederentdeckung der Mendel'schen Vererbungsregeln durch H.M. de Vries, C.E. Correns und A. Edler v. Tschermak-Seysenegg um die Wende zwischen dem 19. und dem 20. Jahrhundert begann die Integration von Evolutionstheorie und Genetik. Dabei lehnten die frühen Genetiker durch ihre Arbeit mit meist großen Merkmalsunterschieden den von Darwin postulierten allmählichen Wandel ab und nahmen an, dass Evolution eher sprunghaft, durch Makromutationen ablaufe. Dass auch kontinuierliche Variation das Ergebnis Mendel'scher Vererbung ist, wurde 1918 zuerst von R.A. Fisher gezeigt, und dass natürliche Selektion auf der Grundlage Mendel'scher Genetik zu genetischen Veränderungen führen kann, von R.A. Fisher, S. Wright und J.B.S. Haldane. Die von diesen Autoren eingeleitete „Modern Synthesis" wurde dann vor allem von T.G. Dobzhansky (1937), J.S. Huxley (1942), E. Mayr (1942), G.G. Simpson (1944) und, im Bereich der Botanik, von G.L. Stebbins (1950; *Variation and evolution in plants*) fortgeführt und einer breiten wissenschaftlichen Öffentlichkeit zugänglich gemacht. Seitdem erfährt die moderne Evolutionstheorie ständige Bestätigung, Verfeinerung und Erweiterung.

17.1 Variation

Fast alle Merkmale von Pflanzen, z. B. Laubblattform und -größe (◻ Abb. 17.1), treten beim Vergleich innerhalb einer Pflanze oder zweier Individuen einer Population meist nicht als unveränderliche Strukturen auf, son-

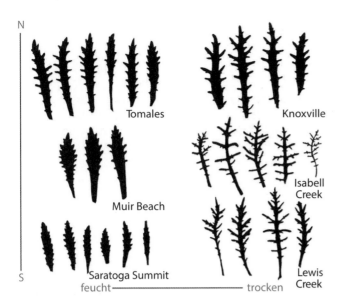

N

Tomales — Knoxville

Muir Beach — Isabell Creek

S

Saratoga Summit — Lewis Creek

feucht ——————————— trocken

◻ Abb. 17.1 Variation der Grundblätter innerhalb und zwischen sechs Populationen eines kalifornischen Korbblütlers, *Layia gaillardioides*. Links: Populationen der feuchten äußeren Küstenberge, rechts: Populationen der trockenen inneren Küstenberge. Pflanzen unter gleichartigen Bedingungen kultiviert; jedes Blatt von einem anderen Individuum. (Nach J. Clausen)

dern unterscheiden sich und zeigen somit **Variation**. Das Gewicht von Samen in einem Bohnenfeld (◻ Abb. 17.2) variiert z. B. **kontinuierlich**, d. h., dass innerhalb bestimmter Grenzen jeder Messwert tatsächlich gefunden werden kann. **Diskontinuierlich** (oder meristisch) dagegen ist die Variation der Zahl der Bohnen in einer Hülse. Hier findet man nur ganzzahlige Werte, aber keine Zwischenwerte.

Eine besondere Form der diskontinuierlichen Variation ist die Ausbildung nur weniger Merkmalsausprägungen in einer Art (z. B. Samen mit glatter oder warziger Oberfläche beim Feld-Spark, *Spergula arvensis*, weiß- oder rotblühende Individuen von *Corydalis cava*, rot- oder blaublühende Individuen von *Anagallis arvensis*). Diese Form der diskontinuierlichen Variation bezeichnet man als **Polymorphismus**.

Die erste Ursache für Variation ist die Wechselwirkung zwischen der genetischen Konstitution eines Individuums (Genotyp) und seiner Umwelt. Diese Wechselwirkung hat zur Folge, dass ein Genotyp abhängig von den Umweltbedingungen unterschiedliche Erscheinungsformen, d. h. unterschiedliche Phänotypen hervorbringen kann. Diese Form der Variation bezeichnet man als **Modifikation**, und die Pflanzen zeigen **phänotypische Plastizität** (s. auch ▶ Abschn. 21.2). Variation entsteht zweitens dadurch, dass sich unterschiedliche Individuen genetisch voneinander unterscheiden (**genetische Variation**).

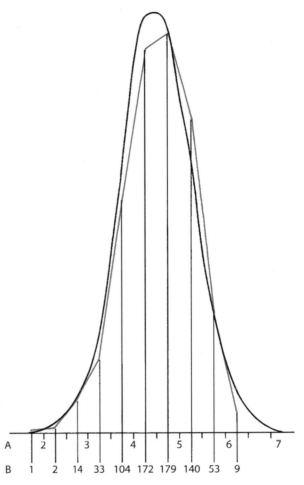

A	2	3	4	5	6	7
B	1	2	14	33	104	172	179	140	53	9

◻ Abb. 17.2 Kontinuierliche Variation (Normalverteilung) des Gewichts von 712 Bohnensamen von mehreren erbgleichen Individuen. **A** Gewicht in 0,1 g. **B** Zahl der Bohnen je 0,05-g-Gewichtsklasse; orange: tatsächliche Variation, schwarz: theoretische Zufallskurve. Die mittleren Werte treten viel häufiger auf als die extremen. (Nach W. Johannsen)

17.1.1 Phänotypische Plastizität und epigenetische Vererbung

17.1.1.1 Phänotypische Plastizität

Phänotypische Plastizität ist die Bezeichnung dafür, dass ein **Genotyp** (d. h. ein Individuum mit fixierter genetischer Konstitution) in Abhängigkeit von den Umweltbedingungen unterschiedliche **Phänotypen** (Erscheinungsformen) hervorbringen kann. Das Zusammenspiel von Genotyp und Umwelt in der Ausbildung des Phänotyps macht deutlich, dass Merkmale (bzw. Merkmalsunterschiede) durch den Genotyp nicht unveränderlich festgelegt sind, sondern dass sie innerhalb festliegender Grenzen (der **Reaktionsnorm**) unterschiedlich realisiert werden können. Phänotypische Plastizität kann leicht experimentell beobachtet werden, wenn man z. B. durch vegetative Vermehrung erhaltene und somit genetisch identische Individuen unter unterschiedlichen Bedingungen kultiviert (◙ Abb. 17.3).

Zahlreiche Experimente haben zu folgenden generellen Erkenntnissen über phänotypische Plastizität geführt:

- Modifikationen sind nicht erblich (s. aber ▶ Abschn. 17.1.1.2). Zieht man die Nachkommen einer z. B. unter schlechten Bedingungen sehr klein gewachsenen Pflanze unter guten Bedingungen auf,

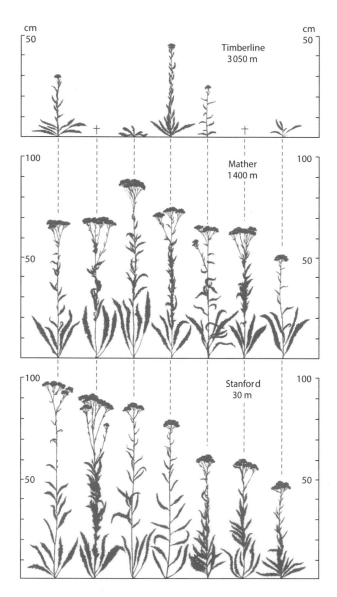

◙ **Abb. 17.3** Experimentell ausgelöste Modifikation bei einer kalifornischen Schafgarbe (*Achillea millefolium* agg.:*A. lanulosa*, tetraploid). Vegetativ vermehrte Teile (Klone) von sieben Individuen aus einer Population der Bergstufe der Sierra Nevada (Mather) in drei Versuchsgärten: Stanford (30 m über dem Meeresspiegel), Mather (1400 m) und Timberline (3050 m). Die sieben Genotypen (übereinanderstehende Pflanzen gehören zum gleichen Genotyp) reagieren sehr unterschiedlich auf die Verpflanzung in unterschiedliche Höhe über dem Meer. (Nach J. Clausen, D.D. Keck und W.M. Hiesey)

werden diese Nachkommen nicht klein sein, sondern sich in den Grenzen ihrer Reaktionsnorm zu großen Individuen entwickeln.

- Die phänotypische Plastizität verschiedener Merkmale einer Pflanze ist unterschiedlich groß und nicht miteinander korreliert. Im Allgemeinen sind vegetative Strukturen (z. B. Wuchshöhe der Pflanze, Form und Größe der Blätter) plastischer als reproduktive Strukturen (z. B. Blütengröße, Samengewicht). Es gibt aber auch Beobachtungen ausgeprägter Plastizität reproduktiver Strukturen. Beispiele hierfür sind die Ausbildung von kleistogamen Blüten beim März-Veilchen (*Viola odorata*) gegen Ende der Vegetationsperiode oder von braunen oder schwarzen Samen in Abhängigkeit von der Tageslänge bei Arten der Sode (*Suaeda*).
- Das Ergebnis eines modifikatorischen Umwelteinflusses kann innerhalb eines Individuums räumlich begrenzt sein. Bei der Buche (*Fagus sylvatica*) führt eine schwache Beleuchtung zur Ausbildung von Schattenblättern (◙ Abb. 13.7). Ändern sich die Beleuchtungsverhältnisse, kann schon das entlang der Achse auf ein Schattenblatt folgende Blatt als Sonnenblatt ausgebildet sein.
- Modifikationen erfordern spezifische Umwelteinflüsse. Bei der Baumwolle ist z. B. die Internodienzahl mit der Verfügbarkeit von Stickstoff korreliert und die Internodienlänge hängt von der Verfügbarkeit von Wasser ab.
- Individuen einer Art können sich im Ausmaß der phänotypischen Plastizität eines analysierten Merkmals unterscheiden. Die gemeinsame Aufzucht von je acht Klonen von 192 Genotypen der Weichen Trespe (*Bromus hordeaceus*) unter hinsichtlich Boden, Düngung und Photoperiode unterschiedlichen Bedingungen hat gezeigt, dass z. B. die Plastizität der Entwicklungsdauer und der Größe des Blütenstands normalverteilt ist; d. h., relativ wenige der 192 Genotypen zeigen geringe oder große Plastizität in den beobachteten Merkmalen und die meisten Genotypen zeigen mittlere Plastizität. Ebenso lassen sich zwischen Populationen einer Art (und stärker noch zwischen Arten) Unterschiede in der Plastizität homologer Merkmale beobachten.
- Das Ausmaß der Plastizität eines Merkmals ist erblich und selektierbar.
- Die letzten beiden Befunde belegen, dass die Fähigkeit zu phänotypischer Plastizität eine genetische Grundlage hat.

Phänotypische Plastizität ist ein wichtiger Mechanismus der Anpassung eines Individuums an seine aktuelle Umwelt. Dies gilt besonders für die meist sessilen Pflanzen, die, anders als die meist mobilen Tiere, weder die Möglichkeit haben, aktiv eine für sich geeignete Umwelt zu suchen, noch in der Lage sind, ihre Nachkommen gezielt in eine geeignete Umwelt zu bringen. Dementsprechend ist die phänotypische Plastizität bei Pflanzen (oder anderen sessilen Organismen) meist deutlich größer als bei Tieren (oder anderen mobilen Organismen).

17.1.1.2 Epigenetische Vererbung

Es ist experimentell nachgewiesen, dass Umwelteinflüsse zu einer Veränderung der Genexpression führen können. Die Genexpression wird dabei durch Histon- und Chromatinmodifikation bzw. durch DNA-Methylierung verändert (► Kap. 9), ohne dass sich die Nucleotidsequenz der DNA verändert. Solche Veränderungen bezeichnet man als epigenetische Veränderungen. Um zu zeigen, dass epigenetische Veränderungen eine evolutionäre Bedeutung haben, muss nachgewiesen werden, dass 1) epigenetische Variation zwischen Individuen einer natürlichen Population oder zwischen natürlichen Populationen mit Umweltfaktoren assoziiert ist, 2) diese Variation erblich ist und 3) sie den Phänotyp bzw. adaptive Eigenschaften des Phänotyps beeinflusst.

Für entlang eines steilen ökologischen Gradienten gesammelte Populationen der Salzwiesenart *Spartina alterniflora* (Schlickgras) konnte gezeigt werden, dass die beobachtete epigenetische Variation mit den Umweltgradienten korreliert. Bei *Quercus lobata* ist die epigenetische Variation vor allem mit der maximalen Temperatur am Standort der untersuchten Populationen korreliert. Solche Beobachtungen implizieren, vor dem Hintergrund der experimentellen Induzierbarkeit epigenetischer Veränderungen, dass die epigenetische Variation auch in der Natur durch Umweltfaktoren beeinflusst wird.

Von den mehreren Möglichkeiten epigenetischer Veränderungen ist wohl nur die Veränderung durch die DNA-Methylierung erblich. Während die DNA-Methylierung häufig besonders während der Gametenbildung und frühen Embryonalentwicklung aufgehoben wird, haben entsprechende Experimente mit *Arabidopsis thaliana* deutlich gezeigt, dass die DNA-Methylierung auch über einige Generationen vererbt werden kann.

Der Einfluss epigenetischer Veränderungen auf den Phänotyp ist z. B. durch *in vivo*-Demethylierung nachgewiesen worden. So konnten z. B. Unterschiede in der Blütezeit unterschiedlicher Löwenzahnklone (*Taraxacum*) – die unterschiedliche Blütezeit wurde hier als adaptives Merkmal interpretiert – durch eine experimentelle Demethylierung aufgehoben werden. Bei in ihrer Fitness reduzierten Inzuchtpopulationen von *Scabiosa columbaria* fand man, dass Demethylierung zur Wiederherstellung eines Phänotyps führte, der für natürlich vorkommende, fremdbefruchtete Populationen typisch ist.

Zusammengefasst scheint es so zu sein, dass epigenetische Veränderungen zur Entstehung von neuen und

vererbbaren Allelen führen und diese Allele einen Einfluss auf selektierbare Eigenschaften des Phänotyps haben können. Damit hätten epigenetische Veränderungen auch eine evolutionsbiologische Bedeutung. Wie groß diese Bedeutung ist, kann angesichts der bisher nur wenigen genau untersuchten Beispiele noch nicht eingeschätzt werden.

Bei der Frage nach der evolutionsbiologischen Bedeutung epigenetischer Variation ist es auch wichtig zu prüfen, ob die epigenetische Variation von der genetischen Variation unabhängig ist. So sind bei *A. thaliana* einerseits Beispiele dafür bekannt, dass die epigenetische Variation wenigstens teilweise mit genetischen Polymorphismen in Methyltransferasegenen assoziiert ist. Das könnte bedeuten, dass sich das Muster der epigenetischen Variation aus dem Muster der genetischen Variation vorhersagen lässt, und die epigenetische Variation wäre dann keine von der genetischen Variation unabhängige Komponente der Variation. Andererseits gibt es für *A. thaliana* aber auch Beispiele von Individuen, die in ihrer DNA-Sequenz quasi identisch sind, jedoch unterschiedliche (erbliche) Muster epigenetischer Variation zeigen.

17.1.2 Genetische Variation

Auch wenn Variation als Ergebnis phänotypischer Plastizität für die Anpassung eines Genotyps an seine Umwelt wichtig ist und damit eine evolutionäre Bedeutung hat, ist die genetische Variation für den Prozess der evolutionären Veränderung am wichtigsten. Man kann die genetische Variation des Phänotyps von Individuen der gleichen Population oder Art feststellen, indem man diese Individuen unter einheitlichen Bedingungen kultiviert (engl. common garden experiment; s. auch ► Exkurs 17.1) und ontogenetisch homologe Strukturen oder Eigenschaften miteinander vergleicht. Nur so lässt sich erkennen, welcher Anteil der in Populationen am natürlichen Standort beobachteten Unterschiede zwischen Individuen auf genetische Unterschiede zurückgeht. Die Hauptquellen für genetische Variation sind Mutation und Rekombination.

Mutation als spontane (oder experimentell induzierte) Veränderung des Erbguts kann in allen Genomen der Pflanzenzelle stattfinden. Es kann zur Veränderung der DNA-Sequenz in einem Gen kommen (**Genmutation**), die Struktur der Chromosomen kann sich verändern (**Chromosomenmutation**) und schließlich kann sich das gesamte Genom verändern (**Genommutation**). Für alle Mutationen gilt, dass sie zufällig sind. Das heißt, es gibt keinerlei Möglichkeit, Art und Ort einer Mutation vorherzusagen, und der phänotypische Effekt steht in keinem Zusammenhang mit den Selektionsbedingungen, denen ein Individuum ausgesetzt ist.

Für den evolutionären Prozess sind hauptsächlich solche Mutationen relevant, die in den Keimzellen auftreten. Natürlich treten Mutationen als somatische Mutationen aber auch in anderen Zellen und Geweben auf,

Genetische Variation entsteht auch durch die Durchmischung des Erbguts unterschiedlicher Individuen. Dieser als **Rekombination** bezeichnete Prozess ist bei eukaryotischen Organismen an die sexuelle Fortpflanzung gebunden, bei Bakterien und Archaeen an andere Prozesse (▶ Abschn. 19.1.1). Die Rekombination des elterlichen Erbguts von Eukaryoten erfolgt einerseits durch die Zufälligkeit der Verschmelzung von Keimzellen (Syngamie) und andererseits durch die Vorgänge der meiotischen Zellteilung bei der Entstehung der Gameten der nächsten Generation. Die Prozesse der Rekombination lassen sich in Erbgängen erkennen.

Die Mechanismen von Rekombination und Mutation sind in ▶ Kap. 7 und 8 dargestellt worden.

17.1.3 Rekombinationssystem

Aus ▶ Gl. 7.1 (▶ Abschn. 7.1) zur Errechnung der Zahl der Rekombinationsmöglichkeiten in Abhängigkeit von der Zahl der betrachteten Gene und Allele er-

gibt sich, dass bei Fehlen allelischer Variation ($r = 1$; jedes Gen ist homozygot) keine neuen Rekombinanten entstehen. Obwohl die zellulären Mechanismen der Rekombination stattfinden, führt die Kreuzung genetisch identischer Elternindividuen nicht zu genetisch neuartigen Nachkommen. In welchem Umfang die genetische Rekombination zur Entstehung genetischer Variation beiträgt hängt demnach davon ab, wie groß die genetische Ähnlichkeit miteinander kreuzender Individuen ist. Die genetische Ähnlichkeit von Individuen einer Reproduktionsgemeinschaft wird vom Befruchtungssystem (Selbst-/Fremdbefruchtung), Bestäubungssystem (Selbst-/Fremdbestäubung), Vermehrungssystem (sexuelle/asexuelle Vermehrung), der Lebensform und der räumlichen Ausbreitung von Pollen und Sporen bzw. Samen oder Früchten (Genfluss) bestimmt. Die Gesamtheit dieser Faktoren bezeichnet man als **Rekombinationssystem** einer Art. Methoden zur quantitativen Erfassung und Analyse phänotypischer und genetischer Variation sind in ▶ Exkurs 17.1 dargestellt.

Exkurs 17.1 Erfassung und Analyse phänotypischer und genetischer Variation

Die genetische Variation einer Art kann auf unterschiedlichen Ebenen mit unterschiedlichen Methoden beobachtet werden. Die Variation des Phänotyps hat sowohl eine genetische als auch eine modifikatorische Komponente (▶ Abschn. 17.1.1). Zur Bestimmung des genetischen Anteils der Variation ist eine experimentelle Anordnung erforderlich, in der alle analysierten Genotypen in der gleichen Umwelt beobachtet werden. Hierzu wird Pflanzenmaterial unterschiedlicher Herkunft in einer für eine statistische Analyse ausreichenden Menge unter einheitlichen Umweltbedingungen und in geeigneter Anordnung kultiviert. In einem solchen vergleichenden Kulturexperiment (engl. *common garden experiment*) lässt sich erkennen, wie sich unterschiedliche Herkünfte einer Art genetisch voneinander unterscheiden, denn die in Kultur unter einheitlichen Bedingungen verbleibenden Unterschiede können nur durch genetische Unterschiede erklärt werden. Dabei kann man alle Merkmale des Phänotyps wie morphologische, anatomische, physiologische oder ökologische Eigenschaften untersuchen. Zu beachten ist, dass – bedingt durch die phänotypische Plastizität von Merkmalen – unter den spezifischen Kulturbedingungen genetische Unterschiede nicht notwendigerweise sichtbar werden, oder dass eventuell auch solche Eigenschaften auftreten können, die am natürlichen Standort nicht vorkommen. Die vergleichende Kultur unter unterschiedlichen Bedingungen und der Vergleich der Variation im Experiment mit der in der Natur beobachteten Variation ermöglicht die Aufdeckung solcher Fälle. Die Variation

phänotypischer Eigenschaften zeigt häufig eine **Normalverteilung**. Hierbei gibt es wenige kleine und wenige große, aber viele mittlere Messwerte (◘ Abb. 17.2). Zur Beschreibung der Variation stehen wichtige statistische Größen wie Mittelwert, Varianz und Standardabweichung zur Verfügung. Dabei errechnet sich der **Mittelwert** aus dem Quotienten der Summe aller Messwerte und der Zahl der Messwerte

$$\bar{x} = \frac{\sum x}{n}$$

Varianz und Standardabweichung sind Maße zur Beschreibung der Streuung von Messdaten, die vom Mittelwert allein nicht erfasst wird. Daten sehr unterschiedlicher Verteilung können den gleichen Mittelwert haben (◘ Abb. 17.4). Die **Varianz** s^2 errechnet sich aus dem Quotienten der Summe der Quadrate der Abweichungen jedes Einzelwertes vom Mittelwert $\sum(x-\bar{x})^2$ und der Zahl der Messwerte minus 1 ($n-1$):

$$s^2 = \frac{\sum(x-\bar{x})^2}{n-1} \tag{17.1}$$

Die **Standardabweichung** s schließlich ist die Quadratwurzel der Varianz: $s = \sqrt{s^2}$. Bei evolutionsbiologischen Fragestellungen ist es häufig wichtig, Beobachtungen wie die Variation eines Merkmals in zwei Populationen zu vergleichen, um das Fehlen oder Vorhandensein eines statistisch signifikanten Unterschiedes zu ermitteln (Varianzanalyse).

Hierbei wird geprüft, ob die Varianz zwischen Populationen signifikant größer ist als die Varianz innerhalb von Populationen. Häufige Abweichungen von einer Normalverteilung sind positiv oder negativ schiefe Verteilungen, in denen hohe oder niedrige Messwerte häufiger sind als der Mittelwert.

Genetische Variation lässt sich auch auf Protein- und DNA-Ebene sichtbar machen. Zur Charakterisierung intraspezifischer Variation in der Vergangenheit häufig untersuchte **Proteine** sind **Allo-** oder **Isoenzyme**.

Dabei handelt es sich meist um in der Pflanze häufige Enzyme des primären Stoffwechsels. Die von unterschiedlichen Allelen eines genetischen Locus gebildeten Enzyme sind Alloenzyme. Sind für ein Enzym in der Zelle mehrere Loci vorhanden, so spricht man von Isoenzymen. Die Allele eines Locus oder unterschiedlicher Loci eines Enzymsystems können sichtbar gemacht werden, indem man sie aufgrund ihrer unterschiedlichen elektrischen Ladung und ihrer unterschiedlichen Molekülmasse elektrophoretisch voneinander trennt und mit geeigneten Methoden färbt.

Ein großer Vorteil der meist unter dem Begriff „Isozyme" zusammengefassten Allo- und Isoenzyme besteht darin, dass die beiden Allele eines Locus meist codominant exprimiert werden, d. h. jedes von ihnen bildet ein Protein. So lassen sich auch heterozygote Individuen ohne Aufzucht von Nachkommenschaften erkennen.

Für intraspezifische Analysen vielfach verwendete Methoden der **DNA-Analyse** gehören zu den **Fingerprintmethoden**. Beispiele hierfür sind **RAPD**s (engl. *random amplified polymorphic DNAs* – eine heute nicht mehr benutzte Technik), **AFLP**s (engl. *amplified fragment length polymorphisms*), **ISSR**s (engl. *inter-simple sequence repeats*) und Mini- und Mikrosatellitenanalyse (auch als **VNTR**s [engl. *variable number tandem repeats*] zusammengefasst). Diese Techniken bedienen sich der Polymerasekettenreaktion

(engl. *polymerase chain reaction*, **PCR**) und/oder der Analyse mit DNA-schneidenden Restriktionsenzymen (Restriktionsfragment-Längenpolymorphismus; engl. *restriction fragment length polymorphism*, **RFLP**). Da sich ganze Genome (oder Teile von Genomen) immer rascher und einfacher sequenzieren lassen, werden immer häufiger auch Polymorphismen einzelner Nucleotide (engl.: *single nucleotide polymorphisms*, **SNP**s) für die Analyse intraspezifischer genetischer Variation genutzt.

In der Beschreibung genetischer Variation werden bei solchen Merkmalen, die die Erkennung genetischer Loci und ihrer Allele erlauben, üblicherweise verschiedene quantitative Größen angegeben, die den Vergleich zwischen Populationen einer Art oder zwischen Arten mit unterschiedlichen Eigenschaften erlauben. Dazu gehören z. B. der Prozentsatz polymorpher Loci und die Zahl der Allele pro Locus. Ein Locus wird als polymorph betrachtet, wenn im Untersuchungsmaterial mehr als ein Allel gefunden wird bzw. wenn das häufigste Allel eine Frequenz von z. B. $\leq 0,99$ aufweist. Eine weitere wichtige Größe ist die erwartete Heterozygotie h (Gendiversität). Für einen einzelnen Locus errechnet sich h nach

$$h = 1 - \sum_i^m x_i^2. \qquad (17.2)$$

wenn x_i die Frequenz des i-ten Allels und m die Zahl der Allele ist. Die erwartete Heterozygotie H aller Loci ist der Mittelwert aller h. Bei der weiteren Analyse der Struktur genetischer Variation innerhalb der Art kann die Gesamtvariation H_T in zwei Anteile gegliedert werden. Davon beschreiben H_S die Variation innerhalb von Populationen und G_{ST} (nach M. Nei) oder F_{ST} (nach S. Wright) die Variation zwischen Populationen.

17.1.3.1 Befruchtungssystem
Diözie und andere Geschlechtsverteilungen

Die große Mehrzahl der Blütenpflanzen hat zwittrige (hermaphrodite) Blüten, in denen grundsätzlich die Möglichkeit der Selbstbestäubung und Selbstbefruchtung besteht. Da hier ein Individuum mit sich selbst kreuzt und fortgesetzte Selbstbefruchtung zu einer zunehmend homozygoten Nachkommenschaft führt (◘ Abb. 17.5), verringert eine Selbstbefruchtung die Möglichkeit genetischer Rekombination. Homozygotisierung führt auch zur Expression von rezessiven Allelen, die einen fitnessreduzierenden Effekt haben können, sobald sie homozygot vorliegen. Dies wird als **Inzucht-**

depression (engl. *inbreeding depression*) bezeichnet. Die effektivste Möglichkeit der Verhinderung von Selbstbefruchtung ist **Diözie**, d. h. die Verteilung eingeschlechtiger Blüten auf unterschiedliche Individuen. Während diese Form der Getrenntgeschlechtigkeit bei der großen Mehrheit tierischer Organismen anzutreffen ist, ist sie bei Blütenpflanzen eher selten und bei nur ca. 5 % der Arten anzutreffen. Die **Geschlechtsbestimmung** bei diözischen Blütenpflanzen ist primär diplogenotypisch, d. h., die genetische Konstitution des Sporophyten ist der entscheidende Faktor für die Bildung von entweder nur männlichen oder nur weiblichen Gametophyten in den Blüten eines Individuums. Geschlechtschromoso-

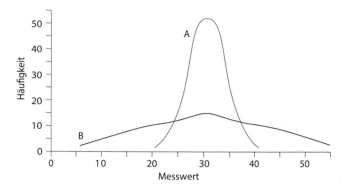

◘ Abb. 17.4 Zwei Populationen (A und B) mit Messwerten unterschiedlicher Verteilung können den gleichen Populationsmittelwert haben. (Nach A.M. Srb und R.D. Owen aus Briggs und Walters 1997)

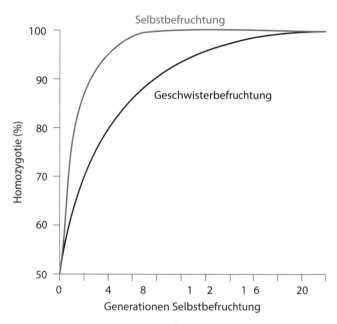

◘ Abb. 17.5 Inzucht und Homozygotisierung. Selbstbefruchtung und Geschwisterbefruchtung führt innerhalb weniger Generationen zu vollständiger Homozygotisierung. (Nach Lewis 1979)

men sind z. B. bei der Weißen Lichtnelke (*Silene latifolia*) ausgebildet (◘ Abb. 17.6), im Allgemeinen aber eher selten. Geschlechtschromosomen werden als **Heterosomen** den übrigen Chromosomen des Genoms (**Autosomen**) gegenübergestellt. Bei *Silene latifolia* haben männliche Pflanzen die chromosomale Konstitution XY und werden als **heterogametisch** bezeichnet, da die Gameten entweder ein X- oder ein Y-Chromosom enthalten. Weibliche Pflanzen haben die chromosomale Konstitution XX und bilden als **homogametisches** Geschlecht nur einen Gametentyp mit einem X-Chromosom. Wie bei vielen Tieren ist auch bei den meisten Pflanzen das männliche Geschlecht heterogametisch und das weibliche Geschlecht homogametisch.

In der Kreuzung zwischen einem weiblichen und einem männlichen Individuum werden männliche und weibliche Nachkommen im Verhältnis 1 : 1 gebildet (◘ Abb. 17.6). Bei den meisten Pflanzenarten beobachtet man allerdings Abweichungen von diesem Zahlenverhältnis. Das zeigt, dass die Geschlechtsbestimmung nicht nur genotypisch ist, sondern auch durch die Umwelt beeinflusst wird. Faktoren wie Temperatur, Tageslänge oder die Verfügbarkeit von Wasser haben einen experimentell nachgewiesenen Einfluss auf die Geschlechtsbestimmung bei diözischen Pflanzen. Ein heterogametisches weibliches Geschlecht ist z. B. bei *Fragaria*, *Potentilla* und *Cotula* bekannt.

Inkompatibilitätssystem

Selbstinkompatibilität (**SI**; Selbstunverträglichkeit), für mehr als 100 Pflanzenfamilien dokumentiert, ist eine Möglichkeit, Selbstbefruchtung in zwittrigen Blüten zu verhindern. Befruchtung eines Individuums durch die Spermazellen des eigenen Pollens ist nicht möglich. Unabhängig davon, wie die unterschiedlichen Selbstinkompatibilitätssysteme im Einzelnen funktionieren, ist das ihnen zugrunde liegende genetische Prinzip immer das Gleiche. Exprimieren das Pollenkorn bzw. der männliche Gametophyt und die Gewebe des Fruchtknotens das gleiche Allel eines **Selbstinkompatibilitätslocus** (S), wird der Befruchtungsvorgang abgebrochen. Abhängig von der Codierung des Pollenverhaltens (Pollenreaktion) durch den Genotyp des männlichen Gametophyten oder den Genotyp des pollenbildenden Sporophyten, und abhängig von der mit dem Inkompatibilitätssystem verbundenen Blütenmorphologie, lassen sich im Wesentlichen drei Formen unterscheiden:

— die **homomorphe gametophytische SI** (**GSI**),
— die **homomorphe sporophytische SI** (**SSI**) und
— die ebenfalls sporophytische aber **heteromorphe SSI**.

Bei der GSI ist die Pollenreaktion durch den Genotyp des Pollenkorns bestimmt, d. h. die von einem heterozygoten Individuum gebildeten Pollenkörner gehören entsprechend dem in ihnen enthaltenen S-Allel zu einer von zwei Reaktionsklassen und die Expression der beiden S-Allele im Griffel ist codominant. Bei Selbstbestäubung eines Individuums mit der allelischen Konstitution S_1S_2 (und genauso bei der Kreuzung zweier Individuen mit diesen beiden Allelen) kann weder S_1- noch S_2-Pollen zur Befruchtung kommen (◘ Abb. 17.7), weil beide Allele auch im Griffel exprimiert werden. In einer Kreuzung S_1S_2 (weiblich) × S_1S_3 (männlich) kommt der S_3-Pollen zur Befruchtung, denn das Allel S_3 ist im Griffel nicht vorhanden. In einer Kreuzung $S_1S_2 × S_3S_4$ können schließlich beide Pollenkorntypen zur Befruchtung kommen.

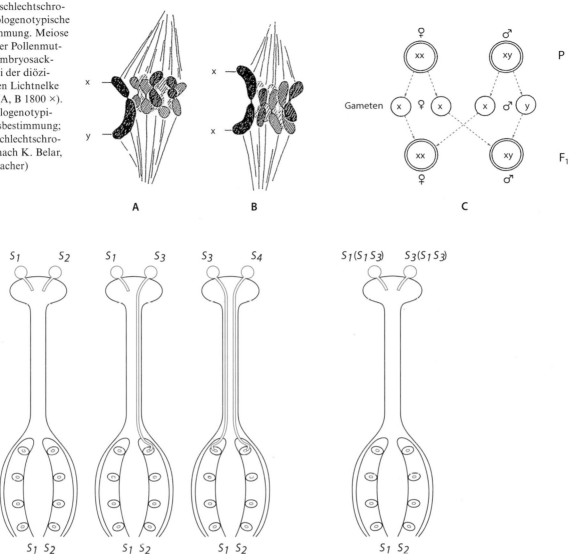

■ **Abb. 17.6** Geschlechtschromosomen und diplogenotypische Geschlechtsbestimmung. Meiose (Metaphase I) einer Pollenmutterzelle (**A**) und Embryosackmutterzelle (**B**) bei der diözischen (♀/♂) Weißen Lichtnelke (*Silene latifolia*). (A, B 1800 ×). **C** Schema der diplogenotypischen Geschlechtsbestimmung; X, Y sind die Geschlechtschromosomen. (A, B nach K. Belar, C nach W. Schumacher)

gametophytische Selbstinkompatibilität   sporophytische Selbstinkompatibilität

■ **Abb. 17.7** Selbstinkompatibilität bei Angiospermen. *S*-Allele (S_1, S_2, S_3, S_4) der Pollenkörner auf der Narbe (oben) und im Gewebe von Griffel und Fruchtknoten (unten), Pollenkörner und -schläuche: orange. Bei der gametophytischen Selbstinkompatibilität hängt die Reaktion vom Genotyp des haploiden Pollenkorns ab. Bei der sporophytischen Selbstinkompatibilität ist der Genotyp des pollenbildenden Individuums (in Klammern) für die Reaktion entscheidend. Im ganz rechts dargestellten Beispiel ist S_1 für die Pollenreaktion dominant (s. Text). (Nach F. Ehrendorfer)

GSI mit einem *S*-Locus ist aus zahlreichen Pflanzenfamilien wie z. B. den Papaveraceae, Rosaceae, Solanaceae und Plantaginaceae bekannt und kommt in ungefähr 30 weiteren Blütenpflanzenfamilien vor. Die Zahl der unterschiedlichen Allele des *S*-Locus variiert zwischen ca. 20 und 70 pro Art.

Bei der SSI ist die Reaktion des Pollenkorns nicht durch das Allel des Pollenkorns selbst, sondern vielmehr durch den Genotyp des pollenbildenden Individuums bestimmt. Das lässt sich damit erklären, dass das Tapetum der Antheren des pollenbildenden Individuums z. B. durch Auflagerung von Proteinen an der Bildung der Pollenkornwand beteiligt ist, wodurch das Pollenkorn Ei-

genschaften des diploiden Pollenelters haben kann. Als Ergebnis zeigen alle Pollenkörner eines Individuums die gleiche Reaktion, auch wenn die in ihnen enthaltenen männlichen Gametophyten unterschiedliche Allele haben. Meist ist eines der Allele für die Pollenreaktion dominant und die zwei Allele im Griffel sind codominant.

In einer Kreuzung S_1S_2 (weiblich) × S_1S_3 (männlich) kommt es bei SSI bei Dominanz von S_1 für die Pollenreaktion abweichend von den Verhältnissen bei GSI zu einer vollständigen Inkompatibilitätsreaktion (bei GSI würde S_3-Pollen zur Befruchtung kommen), da S_1 die Pollenreaktion bestimmt und bei codominanter Expression im Griffel auch zur Reaktion des Griffels beiträgt (■ Abb. 17.7). Wäre S_3 für die Pollenreaktion dominant, würde keine Inkompatibilitätsreaktion auftreten und auch Pollen mit dem Allel S_1 könnte zur Befruchtung kommen, denn die Reaktion des Pollens ist durch S_3 bestimmt.

Die SSI ist am besten für die Brassicaceae und Asteraceae dokumentiert und von weiteren ungefähr zehn Blütenpflanzenfamilien bekannt. Die Zahl der Allele des S-Locus ist ähnlich groß wie bei der GSI.

Homomorphe GSI und SSI sind in den meisten Fällen mit bestimmten anderen Merkmalen korreliert. Bei GSI ist der Pollen zum Zeitpunkt der Bestäubung meist zweikernig (die generative Zelle hat sich noch nicht geteilt), die Narbencuticula ist diskontinuierlich, die Narbe ist feucht und der Befruchtungsvorgang wird durch Abbruch des Pollenschlauchwachstums im Griffelgewebe verhindert, da erst hier der Kontakt zwischen dem männlichen Gametophyt und dem bestäubten Individuum stattfindet. Im Gegensatz dazu ist bei SSI der Pollen bei der Bestäubung meist dreikernig (die generative Zelle hat sich in die zwei Spermazellen geteilt), die Narbencuticula ist kontinuierlich, die Narbe ist trocken und der Pollenschlauch kann nicht in die Narbe eindringen, weil der Genotyp des Pollens schon vorher erkannt wird.

Der S-Locus bei GSI und SSI ist kein einzelnes Gen, sondern besteht aus meist zwei eng gekoppelten Genen, von denen eines in Narbe/Griffel und das andere im Pollen exprimiert wird. Bei GSI werden diese Gene als S-RNase (Narbe/Griffel) bzw. SLF (Pollen) und bei SSI als SRK (Narbe/Griffel) und SCR (Pollen) bezeichnet. Im Falle einer inkompatiblen Kreuzung wird bei GSI Pollen-RNA durch die RNase von Narbe/Griffel abgebaut. Bei einer inkompatiblen Kreuzung bei SSI bindet das SCR-Protein an das SRK-Protein, was letztlich zum Abbruch der Befruchtungsreaktion führt.

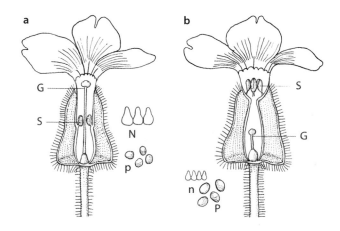

■ **Abb. 17.8** Heterostylie bei *Primula sinensis*, Blüten mit unterschiedlicher Position von Narben und Staubbeuteln. **a** Blüte einer langgriffeligen Pflanze mit großen Narbenpapillen und kleinen Pollenkörnern. **b** Blüte einer kurzgriffeligen Pflanze mit kleinen Narbenpapillen und großen Pollenkörnern. – G Narbe, N/n Narbenpapille, P/p Pollenkorn, S Staubbeutel (P, N, p, n 80 ×; **a**, **b** schwach vergrößert). (Nach F. Noll)

Im heteromorphen Selbstinkompatibilitätssystem sind die genetisch determinierten Kreuzungstypen auch morphologisch erkennbar. Als Beispiel soll die schon von Darwin untersuchte Primel (*Primula*) dienen. In den meisten Arten dieser Gattung findet man zwei Blütentypen (■ Abb. 17.8). Es gibt einerseits Individuen mit Blüten mit langen Griffeln und tief ansitzenden Antheren (eine solche Blüte nennt man auf Englisch *pin*) und andererseits solche mit kurzen Griffeln und hoch ansitzenden Antheren (auf Englisch *thrum*). Gleichzeitig unterscheiden sich diese beiden Formen noch in der Größe der Narbenpapillen und der Pollenkörner. Dieses Phänomen wird auch als **Distylie** bzw. allgemein als **Heterostylie** bezeichnet.

Heteromorphien ähnlicher Art sind aus insgesamt ca. 31 Blütenpflanzenfamilien und ca. 155 Gattungen bekannt. Allein die Rubiaceae enthalten 91 heteromorphe Gattungen. Von der morphologischen Differenzierung der Blütentypen können zusätzlich oder alternativ zu den genannten Merkmalen z. B. auch die Griffelbehaarung (z. B. *Oxalis*) und Farbe (z. B. *Eichhornia*), Antherengröße (z. B. *Lithospermum*, *Pulmonaria*) oder die Struktur der Exineoberfläche (z. B. *Armeria*, *Limonium*, *Linum*) betroffen sein. Nicht nur zwei, sondern drei Blütenformen (Tristylie) findet man z. B. beim Blut-Weiderich (*Lythrum salicaria*), in der Gattung *Eichhornia* (Pontederiaceae) und bei einigen *Narcissus*-Arten.

Heterostylie ist mit einem genetischen Selbstinkompatibilitätssystem verbunden. Bei *Primula* sind die kurzgriffeligen Individuen heterozygot Ss und die langgriffeligen Formen homozygot ss. Bei Dominanz von S und sporophytischer Pollenreaktion sind erfolgreiche Befruchtungen nur zwischen den beiden Blütenmorphen möglich. Die Befruchtung innerhalb einer Blüte oder zwischen zwei Individuen mit Blüten gleicher Morphologie wird dagegen verhindert.

Im Gegensatz zu GSI und homomorpher SSI hat der S-Locus beim heteromorphen System also nur zwei Allele. Dementsprechend ist statistisch nur jede zweite Kreuzung in einer Population erfolgreich, da die beiden Blütenformen im Idealfall im Verhältnis 1 : 1 auftreten. Bei den sehr zahlreichen Allelen in GSI und SSI ist der Prozentsatz der erfolgreichen Kreuzungen in einer Population sehr viel größer.

Die Funktion der Heteromorphie zusätzlich zur Existenz eines genetischen Inkompatibilitätssystems liegt möglicherweise darin, schon die Häufigkeit inkompatibler Bestäubungen (innerhalb einer Blüte oder zwischen zwei Blüten gleicher Morphologie) zu reduzieren. Bei *Primula* wird Pollen beim Besuch einer kurzgriffeligen Blüte auf dem Abdomen des Bestäubers abgelagert. Dieser Pollen wird in einer langgriffeligen Blüte mit größerer Wahrscheinlichkeit die Narbe erreichen als in einer kurzgriffeligen. Durch inkompatible Bestäubungen kann eine Narbe für kompatiblen Pollen blockiert werden, oder der inkompatible Pollen kann die Keimrate kompatiblen Pollens reduzieren. Es ist umstritten, in welcher evolutionären Reihenfolge Heteromorphien und ein genetisches Inkompatibilitätssystem entstanden sind.

Wie bei GSI und SSI ist auch der S-Locus von *Primula* nicht ein einzelnes Gen, sondern umfasst eine Gruppe aus möglicherweise sieben sehr eng gekoppelten Genen. Seltene Rekombination innerhalb dieses Genkomplexes z. B. in den heterozygoten kurzgriffeligen Individuen in Verbindung mit bestimmten Kreuzungen können zu Nachkommen mit tief ansitzenden Antheren und einem kurzen Griffel bzw. hoch ansitzenden Antheren und einem langen Griffel führen. Diese beiden **homomorphen** Rekombinanten sind selbstkompatibel und können sich angesichts der räumlichen Anordnung von Antheren und Narbe auch leicht selbstbestäuben. Dieser Genkomplex von *Primula* ist ein Beispiel dafür, wie eine wahrscheinlich durch Chromosomenmutationen entstandene enge Kopplung von Genen zur Reduktion von Rekombination führen kann. In diesem Beispiel wird damit die Häufigkeit des Auseinanderbrechens eines funktionellen Genkomplexes deutlich reduziert.

Von den bisher untersuchten Blütenpflanzen sind ca. 50 % selbstinkompatibel. Die systematische Verteilung der unterschiedlichen SI-Systeme sowie der Vergleich ihrer Funktion auf der biochemischen Ebene legen nahe, dass die drei beschriebenen Systeme unabhängig voneinander entstanden sind. Weiterhin kann man annehmen, dass GSI, SSI und heteromorphe SI vielfach parallel entstanden sind, möglicherweise meist von selbstkompatiblen Vorfahren ausgehend. Entgegen früheren Annahmen hat sich heute die Meinung durchgesetzt, dass die ersten Angiospermen selbstkompatibel waren. Nicht selten ist allerdings auch der sekundäre Übergang von Selbstinkompatibilität zu Selbstkompatibilität (▶ Abschn. 17.1.3.2).

17.1.3.2 Bestäubung

Auch eine selbstkompatible hermaphrodite Blüte muss nicht notwendigerweise selbstbefruchtend sein. Selbstbefruchtung (**Autogamie**; engl. *selfing*) kann verhindert und Fremdbefruchtung (**Allogamie**; engl. *outcrossing*) gefördert werden, indem Selbstbestäubung unterbunden oder erschwert wird. Erreicht wird das entweder durch eine zeitliche Trennung der Reife von Staub- und Fruchtblättern oder durch deren räumliche Trennung in einer Blüte. Bei der zeitlichen Trennung (**Dichogamie**, ◻ Abb. 17.9) kann entweder das Androeceum vor dem Gynoeceum reifen (**Proterandrie** = Protandrie, Vor-

männlichkeit, z. B. Asteraceae) oder das Gynoeceum vor dem Androeceum (**Proterogynie** = Protogynie, Vorweiblichkeit, z. B. viele Ranunculaceae, *Scrophularia*). Proterandrie ist deutlich häufiger als Proterogynie. Bei der räumlichen Trennung (**Herkogamie**) sind Staub- und Fruchtblätter in der Blüte so angeordnet, dass keine Selbstbestäubung stattfinden kann.

Ein hoch komplexes Beispiel für Herkogamie sind die Teilblüten der Schwertlilie (*Iris*, ◻ Abb. 17.9), in denen die über dem einen Staubblatt einer Teilblüte liegende Narbe durch einen lappenartigen Auswuchs des petaloiden Griffels bedeckt ist. Dieser Lappen wird durch das pollenbeladene Insekt bei Verlassen der Blüte auf die Griffelfläche gedrückt und bedeckt die Narbe. Beim Besuch der nächsten Teilblüte streift der Lappen den Pollen vom Insekt ab, wodurch dieser auf der Narbe zu liegen kommt.

Dicho- und Herkogamie können in einer Einzelblüte (oder Teilblüte) zwar effektiv Selbstbestäubung verhindern, aber die Bestäubung zwischen Blüten eines Blütenstands (oder zwischen Teilblüten einer Blüte z. B. bei der *Iris*) verhindert dieser Mechanismus alleine nicht. Bestäubung zwischen Blüten eines Individuums (**Geitonogamie**) ist genetisch aber ebenfalls eine Selbstbestäubung.

Da die meisten Arten der Blütenpflanzen hermaphrodite Blüten haben, genetische Selbstinkompatibilitätssysteme keineswegs immer ausgebildet sind und blütenbiologische Mechanismen die Selbstbestäubung oder Bestäubung zwischen Blüten eines Individuums nicht immer verhindern können, muss man davon ausgehen, dass Selbstbestäubung und Selbstbefruchtung häufig sind. Es wird geschätzt, dass weltweit ca. 40 % der Blü-

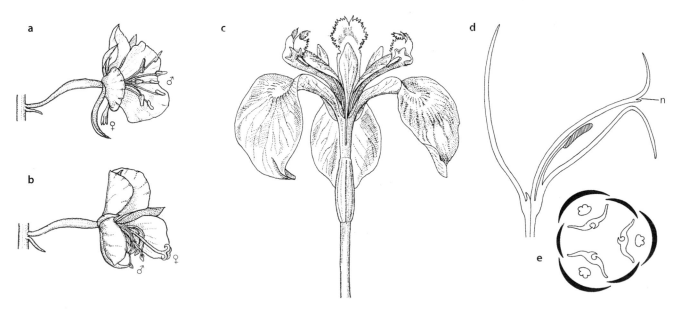

◻ **Abb. 17.9** Dichogamie und Herkogamie. **a, b** Dichogamie. Proterandrie bei *Epilobium angustifolium*. **a** Blüte im ♂, **b** im ♀ Entwicklungszustand (1 ×). **c–e** Herkogamie. In den Blüten von *Iris pseudacorus* sind Antheren und Narbe räumlich voneinander getrennt und die Narbe wird durch eine lappenartige Struktur des Griffels bedeckt. **c** Gesamtansicht. **d** Längsschnitt durch Teilblüte. **e** Schematischer Querschnitt im Bereich der Antheren. – n Narbe. (a, b nach f.e. Clements und f.l. Long, c–e nach W. Troll)

tenpflanzen die Möglichkeit zur Selbstbestäubung und Selbstbefruchtung besitzen. Für Floren temperater Klimate (z. B. Britische Inseln) wird sogar angegeben, dass ca. 2/3 der Arten über diese Möglichkeit verfügen. Da der Effekt fortgesetzter Selbstbefruchtung (Homozygotisierung, Inzuchtdepression) potenziell negativ ist, ist eine Erklärung für die große Häufigkeit selbstbefruchtender Arten notwendig. Der Verlust genetischer Variation in einer Population durch zunehmende Homozygotisierung wird dadurch reduziert, dass eine Population einer selbstbefruchtenden Art meist nicht nur aus der Nachkommenschaft eines Individuums besteht, sondern zahlreiche voneinander verschiedene selbstbefruchtende Genotypen enthält. Außerdem verhindert selbst eine geringe Fremdbefruchtungsrate vollständige Homozygotisierung effektiv. Ist z. B. nur jede zehnte Befruchtung eine Fremdbefruchtung, so bleibt nach einigen Generationen ein ursprünglich mit der Frequenz von 0,5 in einer Population vorhandenes Allel A (50 % aller in der Populationen vorhandenen Allele eines Gens sind A) in einer Gleichgewichtsfrequenz von immerhin fast 0,1 (10 % A) erhalten. Inzuchtdepression kann überwunden werden, indem im Laufe weniger Generationen Genotypen mit homozygot rezessiven Allelen von nachteiligem Effekt durch Selektion eliminiert werden. Mögliche Vorteile der Selbstbefruchtung liegen in erhöhter reproduktiver Effizienz und einer beschleunigten Entwicklung.

Reproduktive Effizienz kann gefährdet sein, weil entweder keine Bestäuber oder keine Kreuzungspartner zur Verfügung stehen. Bestäubermangel findet man häufig an extremen, z. B. ständig kalten und nassen Standorten. Auch Arten mit nur einer Blühperiode in ihrem Leben laufen Gefahr, dass in dieser meist kurzen Zeitspanne keine oder wenige Bestäuber verfügbar sind. Mit dem Problem fehlender Kreuzungspartner sind besonders kolonisierende Arten konfrontiert. Wenn z. B. eine Brachfläche besiedelt wird, beginnt die Populationsentwicklung der dort zuerst wachsenden Arten häufig mit nur einem Individuum. Der Kolonisierungserfolg ist nur dann garantiert, wenn dieses Individuum sich selbst befruchten kann. Dementsprechend sind viele Pionierarten als Kolonisierer gestörter Standorte in hohem Maß selbstbefruchtend. Da habituelle Selbstbefruchtung und die fehlende Notwendigkeit der Anziehung von Bestäubern auch zu einer Reduktion der Blütengröße, der Menge gebildeten Nektars, der Pollenmenge usw. führt, wird die Entwicklung dieser Pflanzen durch eine abgekürzte reproduktive Lebensphase beschleunigt. So können z. B. in einer Vegetationsperiode möglicherweise mehrere Generationen gebildet werden, wodurch die Kolonisierung zusätzlich erfolgreicher wird. Eine erhöhte Entwicklungsgeschwindigkeit kann z. B. auch in einer sehr kurzen Vegetationsperiode erforderlich sein.

17.1.3.3 Fortpflanzungssystem

Pflanzen verfügen, wie viele andere Organismen auch, über die Möglichkeit der sexuellen wie auch **asexuellen Fortpflanzung und Vermehrung**. Von Vermehrung spricht man dann, wenn ein Individuum mehr als einen Nachkommen hervorbringt. Fortpflanzung ist fast immer mit Vermehrung verbunden. Da durch asexuelle Fortpflanzung Nachkommen entstehen, die mit ihren Eltern (von somatischen Mutationen abgesehen) genetisch identisch sind, hängt die genetische Variation in einer Art oder Population stark von der relativen Häufigkeit asexueller Fortpflanzung ab. Asexuelle Fortpflanzung kann entweder durch vegetative Fortpflanzung oder durch asexuelle Samenbildung (Agamospermie/Apomixis) stattfinden.

Vegetative Fortpflanzung besteht in der Erzeugung von Nachkommen aus somatischem Gewebe unter völliger Umgehung sexueller Prozesse. Nachkommen entstehen somit ausschließlich durch mitotische Kernteilungen und damit ohne Veränderung der Kernphase. Diese Form der Fortpflanzung ist bei Pilzen, Algen, Moosen, Farnen und Angiospermen ein häufiges Phänomen. Bei Gymnospermen ist sie dagegen eher selten. Für die Blütenpflanzenflora der Britischen Inseln wird angegeben, dass 46 % der Arten über die Fähigkeit zur vegetativen Fortpflanzung verfügen. Dabei handelt es sich meist um perennierende Kräuter (z. B. Gräser und Seggen), teilweise aber auch um Sträucher. Ein- und zweijährige Pflanzen können sich nicht vegetativ fortpflanzen und bei Bäumen ist die Fähigkeit zu vegetativer Fortpflanzung selten (z. B. Pappel). Aus vegetativer Vermehrung hervorgegangene Individuen werden auch als **Rameten** (engl. *ramet*) bezeichnet. Die Gesamtheit der einem genetischen Individuum (**Genet**, engl. *genet*) zugehörigen Rameten bildet einen **Klon**.

Der Beitrag vegetativer Fortpflanzung zu einer Population kann beträchtlich sein. So schätzt man z. B. für den Kriechenden Hahnenfuß (*Ranunculus repens*), dass bis zu 99 % der Individuen einer Population auf vegetative Fortpflanzung zurückgehen. Durch vegetative Fortpflanzung können genetische Individuen beträchtlicher Größe und teilweise überraschend hohen Alters entstehen.

Die Anwendung von DNA-Techniken zur Bestimmung der genetischen Identität von Individuen hat z. B. für eine nordamerikanische Pappelart (*Populus tremuloides*) ergeben, dass ein Klon im Fish Lake National Forest in Utah/USA eine Fläche von 43 ha bedeckt und insgesamt ca. 47.000 Rameten umfasst. Das Alter dieses Klons wird auf 80.000 bis 2 Mio. Jahre geschätzt. Aber auch bei krautigen Pflanzen wie dem Roten Schwingel (*Festuca rubra*) stellte man fest, dass Individuen eines Klons bis zu 220 m voneinander entfernt stehen können. Bei Beobachtung der aktuellen Wachstumsrate dieser Art lässt sich schätzen, dass ein solcher Klon einige 100 bis ca. 1000 Jahre alt sein kann. Diese Ausführungen machen deutlich, dass in einer Population die Zahl genetischer Individuen (Geneten) sehr viel kleiner sein kann als die Zahl physisch unabhängiger Individuen (Rameten). Es ist offensichtlich, dass das Ausmaß der genetischen Variation in einer Population hiervon stark betroffen ist.

Als **Agamospermie** oder **Apomixis** (der Begriff Apomixis wird meist für das Phänomen der asexuellen Samenbildung, manchmal aber auch allgemeiner für alle Formen asexueller Fortpflanzung benutzt) wird Samenbildung ohne Beteiligung sexueller Vorgänge bezeichnet. Agamospermie kann **fakultativ** sein, d. h., die betroffene Art kann sich auch sexuell fortpflanzen, oder **obligat**, dann ist die betroffene Art nur zu agamospermer Fortpflanzung fähig. Ungeachtet der fehlenden Notwendigkeit der Befruchtung der Eizelle ist Bestäubung als Stimulus für die Samenreifung oder für die Entstehung des Nährgewebes teilweise nötig (**Pseudogamie**). Agamospermie ist aus ca. 34 Familien bekannt und tritt besonders häufig bei den Asteraceae, Poaceae und Rosaceae auf. Da die Meinungen über die Abgrenzung agamospermer Arten sehr unterschiedlich sind, kann keine verlässliche Angabe über ihre Zahl gemacht werden.

Auch wenn man in agamospermen Arten völliges Fehlen genetischer Variation erwartet, ist das meist nicht der Fall. Die beobachtbare genetische Variation kann unterschiedliche Ursachen haben:

— Agamospermie ist selten strikt obligat und wenigstens gelegentliche Sexualität bringt Variation hervor.
— Die Bildung der unreduzierten Embryosäcke bei manchen Arten kann mit einer Meiose beginnen, die allerdings nicht vollständig durchlaufen wird und die in der Bildung unreduzierter sogenannter **Restitutionskerne** resultiert.
— Somatische Mutationen können im Laufe der Generationen akkumulieren.
— Somatische Rekombination als wahrscheinlich meist transposonbedingte Chromosomenumbauten in somatischen Zellen scheint bei agamospermen Arten gehäuft aufzutreten.

Ungeachtet dieser Mechanismen für die Entstehung genetischer Variation ist das Ausmaß der Variation in agamospermen Arten im Vergleich mit ihren engsten sexuellen Verwandten stark reduziert.

Agamospermie mit häufig reduzierter genetischer Variation führt dazu, dass auch kleinste Merkmalsunterschiede im Laufe der Generationen mehr oder weniger konstant erhalten bleiben. Da konstante Merkmalsunterschiede bei Anwendung eines morphologischen Artkonzeptes Grund für die Erkennung von Arten sind (▶ Abschn. 17.3.1), kann in agamospermen Verwandtschaftskreisen eine große Zahl von **Agamospezies** (**Kleinarten**, **Mikrospezies**) anerkannt werden. So umfassen z. B. *Taraxacum* und *Hieracium* in der mitteleuropäischen Flora nach Auffassung einiger Autoren ca. 250 bzw. 190 solcher Kleinarten.

17.1.3.4 Genfluss und Lebensform

Die genetische Ähnlichkeit miteinander kreuzender Individuen wird auch davon abhängen, über welche Distanzen Pollen bzw. Diasporen (Sporen, Samen, Früchte) ausgebreitet werden. Wären diese Entfernungen bei bei-

den stets sehr gering, wäre die Wahrscheinlichkeit der Kreuzung zwischen Eltern und Nachkommen oder Nachkommen eines Individuums miteinander, und damit die Kreuzung genetisch sehr ähnlicher Individuen, sehr groß. Der Effekt der genetischen Rekombination wäre dann gering. Mit zunehmender Distanz von Pollen- und Diasporenausbreitung steigt die Wahrscheinlichkeit der Kreuzung genetisch unterschiedlicher Individuen. Da sich mit Pollen und Diasporen Erbgut bewegt, können diese beiden Phänomene dann, wenn Pollen zur Befruchtung kommt und Diasporen auskeimen und die daraus entstehenden Individuen mit anderen Individuen kreuzen, auch als **Genfluss** zusammengefasst werden. Angesichts der Vielfalt an beobachteten Mechanismen der Bestäubung und Diasporenausbreitung (▶ Abschn. 3.5.3 und 3.5.7) ist es nicht möglich, allgemeingültige Werte für Genflussdistanzen anzugeben.

Für Bestäubungsdistanzen gilt, dass die Häufigkeit der Bestäubung durch Pollen eines Individuums mit zunehmender Entfernung von diesem Individuum exponentiell abnimmt (▣ Abb. 17.10) und dass Bestäubung

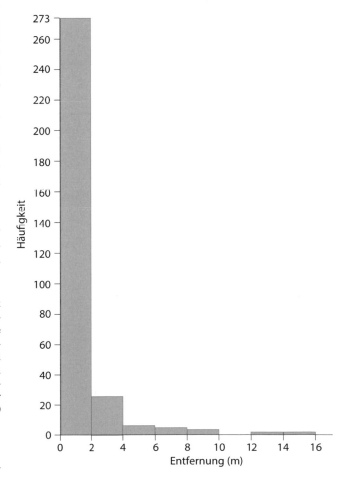

▣ **Abb. 17.10** Häufigkeitsverteilung der Flugdistanzen von *Primula veris* besuchenden Hummeln (*Bombus* sp.) in Northumberland/England. (Nach Richards 1986)

meist zwischen Individuen in einigen Dezimetern bis einigen Zehn oder seltener einigen Hundert Metern Entfernung stattfindet. Man hat aber auch Bestäuber beobachtet, die größere Distanzen zurücklegen. Die Prachtbienen Südamerikas absolvieren Bestäubungsflüge von bis zu 23 km Länge. Gallwespen als Bestäuber von tropischen Feigen legen regelmäßig zwischen ungefähr 6 und 14 km zurück und Wirbeltiere (z. B. Vögel, Fledermäuse) als Bestäuber können im Durchschnitt größere Entfernungen überwinden als Insekten.

Pollenausbreitung lässt sich direkt beobachten, indem man bei Tierbestäubung (Zoophilie) die Tierbewegungen beobachtet oder bei Windbestäubung (Anemophilie) in zunehmender Entfernung von der Pollenquelle Pollenfallen aufstellt. Die direkte Beobachtung gibt aber keine unmittelbare Auskunft darüber, ob der beobachtete Pollen auch zur Befruchtung kommt. Das lässt sich am besten erschließen, wenn man ein Elternindividuum genetisch mit seinen Nachkommen vergleicht und die genetische Konstitution potenzieller anderer Eltern bekannt ist. Untersuchungen dieser Art zeigten, dass Genflussdistanzen bei Tierbestäubung häufig größer sind als die in einem Bestäuberflug zwischen zwei Individuen zurückgelegten Distanzen. Diese Beobachtung findet ihre Erklärung darin, dass häufig nicht der gesamte an einer Blüte aufgenommene Pollen an der nächsten Blüte abgelegt, sondern noch zu weiteren Blüten transportiert wird. Dieses Phänomen wird als *carry over* bezeichnet. Umgekehrt sind die Genflussdistanzen bei Windbestäubung häufig geringer als die Pollenflugdistanzen. Auch hier liegt die Erklärung in der Beobachtungsmethodik, denn der in großer Entfernung von einer Pollenquelle in sehr geringer Dichte aufgefangene Pollen hat eine sehr geringe Wahrscheinlichkeit, auch zur Bestäubung und Befruchtung zu kommen.

Genetisch unähnliche Individuen können dadurch in räumliche Nähe zu Kreuzungspartnern kommen, dass Diasporen über größere Entfernungen ausgebreitet werden. Für die Diasporenausbreitung gilt im Prinzip, was schon für die Pollenausbreitung gesagt wurde. Mit zunehmender Entfernung von einem Individuum nimmt die Dichte der von ihm stammenden Diasporen exponentiell ab (◘ Abb. 17.11), und die Diasporenausbreitung erreicht Entfernungen von einigen Dezimetern bis einigen Hundert Metern. Auch hier gibt es Ausnahmen, die evolutionsbiologisch bedeutend sind.

Das ist z. B. daran erkennbar, dass ozeanische Inseln vulkanischen Ursprungs (z. B. Krakatau, Surtsey) relativ schnell von Pflanzen besiedelt wurden. In der Diskussion von Selbst- und Fremdbefruchtung wurde gezeigt, dass auch gelegentliche Fremdbefruchtung beträchtlich zur Aufrechterhaltung genetischer Variation beitragen kann. Analog gilt hier, dass auch gelegentlicher Genfluss über größere Distanzen entweder als Pollen- oder als Diasporenausbreitung zur Aufrechterhaltung bzw. Erweiterung genetischer Variation beitragen kann. Damit fällt den schwer beobachtbaren Ausnahmeereignissen bei Pollen- und Diasporenausbreitung eine bedeutende Rolle zu.

Ein weiterer Aspekt des Zusammenhangs zwischen Genfluss und der genetischen Variation von Populationen ist die **Lebensform** (► Abschn. 3.2.4) der betrachteten Art. Lebensdauer als ein Aspekt der Lebensform ist wichtig, da Populationen mehrjähriger Arten im Laufe der Jahre mit größerer Wahrscheinlichkeit Erbgut aus

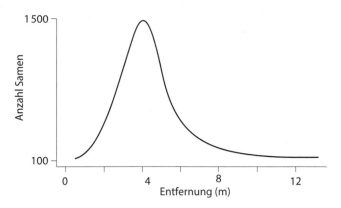

◘ **Abb. 17.11** Häufigkeitsverteilung der Ausbreitungsdistanzen von Samen von *Verbascum thapsus*. (Nach E.J. Salisbury aus Harper 1977)

anderen Populationen aufnehmen oder an andere Populationen abgeben als Populationen z. B. einjähriger Arten. Dies führt (bei sonst gleichen Bedingungen) zu höherer genetischer Variation in Populationen mehrjähriger Arten im Vergleich zu einjährigen Arten.

17.2 Muster und Ursachen natürlicher Variation

17.2.1 Natürliche Selektion

In der Natur beobachtete Muster intraspezifischer genetischer Variation sind meist nicht zufällig, sondern mit Eigenschaften der Umwelt und Eigenschaften der betrachteten Pflanzenart korreliert. Schon seit Beginn des 18. Jahrhunderts ist innerartliche Variation z. B. der Blütezeit von Waldbäumen nördlicher und südlicher Herkunft bekannt. Bis zu den Experimenten des schwedischen Ökologen und Genetikers G. Turesson in den 1920er-Jahren war allerdings umstritten, ob eine solche intraspezifische Variation, sofern ihre Existenz überhaupt akzeptiert wurde, eine genetische Grundlage hat oder vielmehr das Ergebnis von Standorteinflüssen ist. Durch die Kultur weit verbreiteter und an unterschiedlichen Standorten vorkommender Arten unter einheitlichen Bedingungen konnte Turesson zeigen, dass am natürlichen Standort beobachtbare Unterschiede in den meisten Fällen wenigstens teilweise in der Kultur erhalten bleiben. Daraus schloss er, dass genetische Variation der betrachteten Merkmale innerhalb von Arten existiert. Da Material von unterschiedlichen Fundorten vergleichbarer Ökologie (z. B. Dünenpopulationen des Dolden-Habichtskrauts, *Hieracium umbellatum*) immer wieder ähnliche Merkmale aufwies und sich von Material anderer Fundorte mit andersartiger Ökologie (z. B. Küstenklippenpopulationen) konsistent unterschied, schloss er weiterhin, dass die intraspezifische genetische Variation mit den Standortverhältnissen korreliert ist. Die Befunde und Schlussfolgerungen von Turesson konnten in einer großen Zahl vergleichbarer Untersuchungen bestätigt und präzisiert werden. Dementsprechend kann es als gesichert gelten, dass umweltkorrelierte intraspezifische genetische Variation ein sehr weit verbreitetes Phänomen ist.

Entlang eines West-Ost-Transsekts durch Kalifornien von der Küste bis in die Hochgebirgsregionen der kalifornischen Sierra Nevada und das östlich angrenzende Great Basin konnte mit klimatischen Faktoren korrelierte genetische Variation für zahlreiche Arten dokumentiert werden. Herkünfte z. B. von *Achillea lanulosa* aus unterschiedlichen Höhenstufen der Sierra Nevada und aus dem Great Basin unterscheiden sich z. B. in ihrer Wuchshöhe (◘ Abb. 17.12). Die Untersuchung der in Nordamerika weit von Süden nach Norden verbreiteten Grasart *Andropogon scoparius* zeigte, dass nördliche Herkünfte für die Blühinduktion eine längere Beleuchtungsdauer (15 h/Tag) benötigten als südliche Herkünfte (14 h/Tag). Zum Verständnis dieser Beobachtung ist es nötig zu wissen, dass die Tageslänge im Sommerhalbjahr mit zunehmender geografischer Breite zunimmt, und dass viele Pflanzen für die Synchronisierung der Blütenbildung die Tageslänge benutzen. Eine Korrelation genetischer Variation mit unterschiedlichen Bodenverhältnissen konnte z. B. für *Achillea borealis* nachgewiesen werden. Hier sind von Serpentinböden stammende Herkünfte im Experiment gut in der Lage, auf Serpentinböden zu wachsen (Serpentin ist ein Gestein, über den magnesiumreiche und calciumarme Böden entstehen). Solche Herkünfte der gleichen Art, die in der Natur nicht auf Serpentinböden vorkommen, wachsen dagegen in experimenteller Kultur auf Serpentinböden schlecht.

Die detaillierte räumliche Verteilung genetischer Variation in der Natur kann unterschiedliche Muster aufweisen. Ist ein mit einem pflanzlichen Merkmal korrelierter Umweltfaktor in der Natur diskontinuierlich verteilt (z. B. basische und saure Böden über Kalk- bzw. Silikatgestein in den Alpen), können auch die Pflanzen mehr oder weniger diskontinuierliche Variation zeigen. Variiert dagegen ein Umweltfaktor kontinuierlich (z. B. abnehmende Durchschnittstemperatur mit zunehmender Höhe über dem Meeresspiegel), ist auch bei den untersuchten Pflanzen kontinuierliche genetische Variation zu erwarten. Diskontinuierliche und kontinuierliche intraspezifische Variation werden als ökotypische (**Ökotyp**) bzw. ökoklinale Variation voneinander unterschieden.

Ursache der umweltkorrelierten intraspezifischen Variation ist die **natürliche Selektion**. Natürliche Selektion besteht darin, dass sich die Individuen (Genotypen) einer Population hinsichtlich ihres Fortpflanzungserfolgs (**Fitness**) in einer gegebenen Umwelt genetisch voneinander unterscheiden. Das Objekt natürlicher Selektion ist damit das Individuum mit seinem individuellen Genotyp bzw. seinem realisierten Phänotyp. Als Ergebnis unterschiedlicher Fitness verschiedener Genotypen einer Population wird sich die relative Häufigkeit von Allelen (**Allelfrequenz**) im Vergleich aufeinanderfolgender Generationen verändern (▶ Exkurs 17.2), denn ein Genotyp

---

Exkurs 17.2 Populationsgenetik

Evolution als Veränderung von Allel- und Genotypfrequenzen in aufeinanderfolgenden Generationen wird von der Populationsgenetik quantitativ erfasst und erklärt. Ein zentrales Element der Populationsgenetik ist das **Hardy-Weinberg-Gesetz**, das eine Aussage darüber macht, unter welchen Bedingungen Allel- und Genotypfrequenzen in aufeinanderfolgenden Generationen unverändert bleiben. Das ist dann der Fall, wenn

- die Fitness unterschiedlicher Genotypen gleich ist,
- Kreuzung zwischen unterschiedlichen Genotypen zufällig ist,
- keine Mutationen auftreten,
- kein Genfluss stattfindet
- und eine ausreichende Populationsgröße zufällige Fluktuation von Allelfrequenzen (genetische Drift) ausschließt.

Die **Hardy-Weinberg-Gleichung** definiert den Zusammenhang zwischen Allelfrequenzen und Genotypfrequenzen. Ist an einem genetischen Locus p die Frequenz des Allels A und q die Frequenz des Allels a, wobei sich diese beiden Allele zur Gesamtheit der Allele an diesem Locus addieren ($p + q = 1$), ergibt sich die Frequenz des Genotyps AA aus

p^2, die des Genotyps Aa aus $2pq$ und die des Genotyps aa aus q^2. Damit gilt $AA + Aa + aa = p^2 + 2pq + q^2 = 1$. Dieser Zusammenhang erlaubt, aus der beobachtbaren Genotypfrequenz Allelfrequenzen bzw. umgekehrt aus Allelfrequenzen erwartete Genotypfrequenzen zu errechnen.

Weicht die in einer Generation beobachtete Genotypfrequenz von der aufgrund der Allelfrequenz in der Elterngeneration erwarteten Genotypfrequenz ab, befindet sich die Population nicht im Hardy-Weinberg-Gleichgewicht. Gründe hierfür liegen in einer Verletzung der oben im Hardy-Weinberg-Gesetz genannten Bedingungen.

Ein Grund könnte sein, dass die Fitness f der Genotypen ungleich ist. Welchen Effekt ungleiche Fitness auf die Allelfrequenz in aufeinanderfolgenden Generationen hat, lässt sich berechnen: In einem einfachen Beispiel kann angenommen werden, dass die Fitness von AA und Aa gleich und 1 ist, aa aber eine reduzierte Fitness von $1 - s$ hat. Der Buchstabe s bezeichnet den **Selektionskoeffizienten** und $s = 1 - f$. Wenn im Beispiel die Genotypen AA und Aa eine Fitness von 1 haben, könnte die relative Überlebensrate des Genotyps aa bei 90 % von AA und Aa liegen. Die Fitness f wäre dann 0,9 und der Selektionskoeffizient $s = 0,1$. In der Ausgangspopulation ist die Frequenz der Genotypen $AA = p^2$, $Aa = 2pq$ und $aa = q^2$. Nach Selektion sind die relativen Frequenzen der drei Genotypen $AA = p^2$, $Aa = 2pq$ und $aa = q^2(1-s)$. Die Gesamtgröße der Population ist $p^2 + 2pq + q^2(1-s)$. Wird in dieser Formel p durch $1-q$ ersetzt ($p + q = 1$, daraus folgt: $p = 1-q$), lässt sich der Ausdruck für die Gesamtgröße der Population zu $1 - sq^2$ vereinfachen. Die Frequenz der Genotypen als ihre Häufigkeit in der Gesamtpopulation ist dann

$$AA = \frac{p^2}{1-sq^2}, \quad Aa\frac{2pq}{1-sq} \text{ und}$$

$$aa = \frac{q^2(1-s)}{1-sq^2}.$$

Die Frequenz p_1 als Frequenz von p nach Selektion ergibt sich aus

$$p_1 = \frac{p^2 + pq}{1-sq} \tag{17.3}$$

(Häufigkeit AA + halbe Häufigkeit Aa als Anteil der Gesamtpopulation). Der Unterschied Δp zwischen der Frequenz p_1 nach Selektion und der Frequenz p vor Selektion ist:

$$\begin{aligned}\Delta p = p_1 - p &= \frac{p^2 + pq}{1-sq^2} - p \\ &= \frac{p^2 + pq - p + spq^2}{1-sq^2} \\ &= \frac{p(p+q-1+sq^2)}{1-sq^2} = \frac{spq^2}{1-sq^2}.\end{aligned} \tag{17.4}$$

Wenn vor der Selektion $p = q = 0{,}5$ und $s = 0{,}1$ ist, ist

$$\Delta p = \frac{0{,}1 \cdot 0{,}5 \cdot 0{,}5^2}{1 - 0{,}5 \cdot 0{,}5^2} = 0{,}0128.$$

Die Frequenz von p_1 ist also 0,5128 und die Frequenz von q_1 ist 0,4872. Mit dieser Formel kann die Entwicklung der Allelfrequenz in aufeinanderfolgenden Generationen bei zufälliger Kreuzung, aber unterschiedlicher Fitness der Genotypen berechnet und damit vorhergesagt werden. Nimmt man an, dass der Selektionskoeffizient des homozygot rezessiven Genotyps $aa = 1$ ist, d. h. dass Individuen dieses Genotyps nie zur Reproduktion gelangen, lässt sich eine Beziehung zwischen der Ausgangsfrequenz q_0 des Allels a und der Frequenz q_n von a nach n Generationen herstellen:

$$q_1 = \frac{q_0}{1 + nq_0} \tag{17.5}$$

Bei einer Ausgangsfrequenz $q_0 = 0{,}5$ ist die Frequenz q_n des Allels a nach z. B. zehn Generationen ($n = 10$) vollständiger Eliminierung

$$q_{10} = \frac{0{,}5}{1 + 10 \cdot 0{,}5} = 0{,}083.$$

Das macht deutlich, dass auch sehr geringe Fitness eines homozygoten Genotyps nicht zur Eliminierung des ihn bildenden Allels führen kann, da sich dieses Allel in heterozygoten Genotypen erhält. Dies beleuchtet die große evolutionäre Bedeutung der Diploidie der großen Mehrzahl von Organismen und der damit möglichen Heterozygotie. Komplizierter werden solche Berechnungen, wenn Kreuzungen in einer Population nicht zufällig sind, wenn Genfluss zwischen Populationen stattfindet oder wenn sich die Fitness der Genotypen im Lauf der Generationen z. B. in Abhängigkeit von ihrer Häufigkeit verändert. Betrachtet man Selektion nicht nur an einem genetischen Locus, sondern an zwei oder mehreren Loci, die sich gegenseitig beeinflussen, sind die erforderlichen quantitativen Analysen noch komplizierter. Gleichzeitig sind sie aber den natürlichen Verhältnissen angemessener, weil wohl nur wenige phänotypische Eigenschaften von nur einem genetischen Locus codiert werden.

17

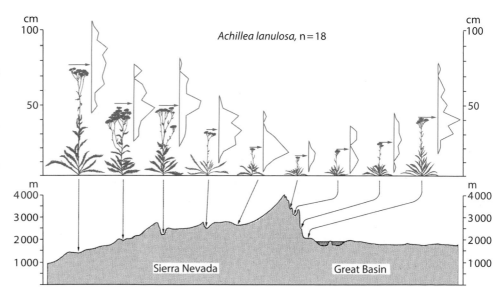

◘ Abb. 17.12 Ökotypen einer kalifornischen Schafgarbe (*A. lanulosa*, tetraploid) aus verschiedener Höhe über dem Meeresspiegel entlang eines etwa 60 km langen Transsekts durch die Sierra Nevada und das angrenzende Great Basin bei etwa 38° nördlicher Breite. Etwa 60 Individuen aus jeder Population wurden in Stanford (30 m) aus Samen herangezogen. Die Diagramme (orange) zeigen die erbliche Variation der Höhe der Pflanzen, den Populationsmittelwert (Pfeil) und ein typisches Individuum aus jeder Population. (Nach J. Clausen, D.D. Keck und W.M. Hiesey)

mit höherer Fitness steuert mehr Nachkommen zur nächsten Generation bei als ein Genotyp mit geringerer Fitness. Die Veränderung von Allelfrequenzen in der Aufeinanderfolge von Generationen ist Evolution.

Natürliche Selektion erklärt aber nicht nur die Veränderung von Allelfrequenzen, sondern gleichzeitig auch genetische Anpassung (**Adaptation**), denn ein Genotyp mit höherer Fitness ist besser an seine konkreten Standortsverhältnisse angepasst. Umweltkorrelierte Variation kann also in den meisten Fällen als **adaptive Variation** verstanden werden.

Als genetische Adaptation kann ein Merkmal dann interpretiert werden, wenn es erblich ist und zur Erhöhung des Fortpflanzungserfolgs, d. h. der Fitness eines Individuums, beiträgt. Mit dem Begriff Adaptation wird sowohl die Selektion besser angepasster Genotypen als auch das Ergebnis, der Zustand der Anpassung, bezeichnet. Der erste Schritt ist eine gänzlich zufällige Mutation. Verleiht die neu entstandene Eigenschaft dem Individuum eine höhere Fitness, wird es in einem zweiten Schritt durch natürliche Selektion zur Ausbreitung dieser Eigenschaft in der Population kommen.

Zum Nachweis natürlicher Selektion als Ursache von Anpassung reicht die Beobachtung einer Korrelation genetischer Variation mit bestimmten Variablen der Umwelt nicht aus. Es ist vielmehr nötig zu zeigen, dass verschiedene Genotypen in unterschiedlichen Umwelten eine unterschiedliche Fitness haben, bzw. dass ein Genotyp in seiner natürlichen Umwelt eine höhere Fitness hat als in einer ihm fremden Umwelt. Dies kann entweder geschehen, indem man unterschiedliche Genotypen dem vermutlich entscheidenden Umweltfaktor aussetzt und ihre Fitness misst oder indem man in der natürlichen Umwelt Material unterschiedlicher Herkunft reziprok verpflanzt (engl. *reciprocal transplantation*). Schließlich kann auch die unterschiedliche Fitness von Individuen einer Population in ihrer natürlichen Umwelt bestimmt werden.

Bei reziproken Verpflanzungsexperimenten werden Populationen einer Art von kontrastierenden Standorten reziprok ausgetauscht. So wurde z. B. Küstenmaterial der kalifornischen *Achillea lanulosa* ins Hochgebirge und Hochgebirgsmaterial an die Küste verpflanzt. In beiden Fällen fand man, dass Populationen am fremden Standort eine geringere Fitness hatten als am natürlichen Standort. Das Experiment erlaubt den Schluss, dass die in der Natur beobachteten Unterschiede zwischen Populationen das Ergebnis natürlicher Selektion sind und als adaptiver Unterschied interpretiert werden können. Die für die Unterschiede verantwortlichen Umweltfaktoren werden damit aber nicht identifiziert.

Es ist keineswegs klar, ob jedes Merkmal eines Organismus als Adaptation interpretiert werden kann. Alternativ besteht z. B. die Möglichkeit, dass durch Mutation entstandene Merkmale selektiv neutral sind und durch bestimmte genetische Prozesse (z. B. Pleiotropie, genetische Kopplung) beibehalten werden.

Abhängig von ihrem Effekt auf ein Merkmal lässt sich zwischen gerichteter, disruptiver und stabilisierender Selektion unterscheiden (■ Abb. 17.13). Im Falle **gerich-**

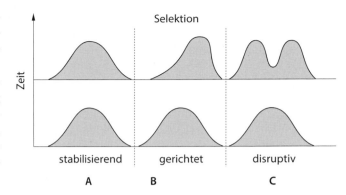

■ **Abb. 17.13** Stabilisierende, gerichtete und disruptive Selektion. Die Variationsbreite (Abszisse) der Ausgangspopulationen (unten) ist durch die Frequenz erbverschiedener Individuen bedingt: Sie wird durch die verschiedenen Formen der Selektion entweder beibehalten, verschoben oder aufgeteilt. (Nach K. Mather)

teter Selektion kommt es infolge höherer Fitness der Genotypen im Randbereich der in einer Population vorhandenen und normal verteilten genetischen Variation in der folgenden Generation zu einer gerichteten Verschiebung der Variation in Richtung auf diesen Randbereich. Bei **disruptiver Selektion** haben die Genotypen beider Randbereiche höhere Fitness als die Genotypen im Populationsmittel. Das Ergebnis ist eine beginnende Zweiteilung der Population. Durch **stabilisierende Selektion** schließlich werden durch genetische Rekombination im Zuge der Fortpflanzung entstandene, außerhalb der Variation der Elternpopulation liegende Genotypen eliminiert. Dadurch verändert sich die genetische Variation in der Abfolge der adulten Generationen nicht. Am Beispiel stabilisierender Selektion wird deutlich, dass natürliche Selektion nicht in Evolution als Veränderung der Allelfrequenzen resultieren muss.

Intraspezifische genetische Variation ist nicht nur umweltkorreliert. Insbesondere die Analyse genetischer Variation auf molekularer Ebene hat gezeigt, dass gefundene Muster genetischer Variation teilweise auch mit denjenigen Eigenschaften korreliert sind und erklärt werden können, die zusammen das Rekombinationssystem einer Pflanzenart ausmachen. Hierbei ist vor allem der Vergleich der Variation innerhalb und zwischen Populationen interessant. Das Befruchtungssystem wirkt sich im Allgemeinen so aus, dass selbstbefruchtende Arten relativ wenig Variation innerhalb, aber relativ viel Variation zwischen Populationen zeigen. Bei fremdbefruchteten Arten sind die Verhältnisse umgekehrt und man findet relativ mehr Variation innerhalb als zwischen Populationen. Die Erklärung dieser Muster liegt einerseits im genetischen Effekt fortgesetzter Selbstbefruchtung und andererseits im unterschiedlichen Ausmaß genetischen Austausches (Genfluss) zwischen Populationen selbst- bzw. fremdbefruchteter Arten. Selbstbefruchtung führt zum Verlust genetischer Variation innerhalb der Population und trägt gleichzeitig zur Isolation von benachbarten Populationen bei. Der Einfluss von Genfluss auf die Struktur intraspezifischer genetischer Variation wird auch deutlich, wenn unterschiedliche Mechanismen des Pollen- und Diasporentransports miteinander verglichen werden. Windbestäubte und windverbreitete Arten haben relativ mehr Variation innerhalb und relativ weniger Variation zwischen Populationen als tierbestäubte und tierverbreitete Arten oder Arten ohne besondere Verbreitungseinrichtungen. Hier kommt zum Ausdruck, dass **Genflussdistanzen**, und damit genetischer Austausch, zwischen Populationen bei windbestäubten und windverbreiteten Arten im Durchschnitt größer ist als bei tierbestäubten und tierverbreiteten Arten. Hinsichtlich der Lebensform findet man, dass annuelle Arten weniger Variation innerhalb von Populationen und mehr Variation zwischen ihnen zeigen als kurzlebige und krautige mehrjährige, und diese wiederum weniger innerhalb von Populationen und mehr zwischen ihnen als langlebige und holzige mehrjährige Arten. Eine mögliche Erklärung für diese Muster liegt in einer gewissen Korrelation von Selbstbefruchtung und geringem Genfluss mit kurzer Lebensdauer und von Fremdbefruchtung und stärkerem Genfluss mit langer Lebensdauer. Eine zweite Erklärung ist, dass Populationen langlebiger Arten im Lauf der Zeit mit größerer Wahrscheinlichkeit durch Genfluss aus fremden Populationen genetisch bereichert werden als die kurzlebiger Arten, weil die Zahl der Reproduktionsereignisse im Leben einer langlebigen Art größer ist. Bei Arten mit asexueller oder teilweise asexueller Fortpflanzung schließlich ist die genetische Variation generell geringer als bei Arten mit nur sexueller Fortpflanzung.

17.2.2 Genetische Drift

Ein weiterer, die genetische Struktur von Arten beeinflussender Faktor ist der Zufall. Zufällige Verschiebungen von Allelfrequenzen in aufeinanderfolgenden Generationen werden als **genetische Drift** bezeichnet. Zu solchen Ereignissen kann es besonders dann kommen, wenn die Populationsgröße stark reduziert wird, wobei die Wahrscheinlichkeit der zufälligen Allelfrequenzverschiebung mit abnehmender Populationsgröße zunimmt. Entscheidend ist hierbei nicht die Populationsgröße im Sinne zählbarer Individuen, sondern die **effektive Populationsgröße**, die nur die Zahl der zur Entstehung der nächsten Generation beitragenden Individuen berücksichtigt. Populationsgröße und effektive Populationsgröße können sich deutlich voneinander unterscheiden. Das Ergebnis genetischer Drift kann der Verlust eines Allels und damit die Homozygotie aller Individuen für das andere Allel (**Fixierung**) eines genetischen Locus sein. Die Populationsgröße kann z. B. dadurch reduziert werden, dass wenige oder gar nur ein

(dann hermaphrodites und selbstbefruchtendes) Individuum z. B. nach Fernausbreitung auf eine Insel oder bei Verschleppung durch den Menschen auf einen anderen Kontinent eine Population neu gründet (**Gründereffekt**, engl. *founder effect*). Auch schnelle Umweltveränderungen können die Individuenzahl einer Population stark reduzieren und zu genetischer Verarmung führen (**Flaschenhalseffekt**, engl. *bottleneck*).

Ein Beispiel für den Gründereffekt ist die vom Menschen von Nordamerika nach Australien eingeschleppte Grasart *Echinochloa microstachya*. Während sich in Nordamerika jede Population dieser Art durch eine ihr eigene Allelkombination von anderen Populationen unterscheidet, waren 18 von insgesamt 20 in Australien analysierten Populationen genetisch identisch. Solche Muster treten aber nicht zwangsläufig auf. So zeigt der von Europa nach Nordamerika eingeschleppte Windhalm (*Apera spica-venti*) auf beiden Kontinenten ein ähnliches Maß an genetischer Variation, möglicherweise als Ergebnis mehrfacher Einschleppung.

Die Tatsache, dass sich Muster genetischer Variation mit Zufallsereignissen erklären lassen, wirft die Frage auf, welche Rolle hierbei der natürlichen Selektion zukommt (▶ Abschn. 17.2.1). Etwas allgemeiner stellt sich die Frage, in welchem Umfang genetische Variation neutral ist, d. h. inwieweit unterschiedliche Genotypen dieselbe Fitness haben. Für den phänotypischen Merkmalsbereich kann man verallgemeinernd festhalten, dass unterschiedliche Genotypen mit unterschiedlichem Phänotyp bei gleichen Umweltbedingungen vielfach auch eine unterschiedliche Fitness besitzen. Damit ist das Muster genetischer Variation in phänotypisch erkennbaren Merkmalen vielfach durch natürliche Selektion erklärbar. Für molekulare Merkmale ist vor allem von M. Kimura postuliert worden, dass die meisten in einer Population vorhandenen Genotypen dieselbe Fitness besitzen und damit selektiv neutral sind. Damit wird nicht bezweifelt, dass der Effekt der meisten neu entstehenden Mutationen nachteilig ist, denn diese Mutationen werden durch Selektion eliminiert. Kimura nahm an, dass genetische Variation auf molekularer Ebene mehr das Ergebnis von genetischer Drift als von natürlicher Selektion ist.

Die Frage nach der relativen Bedeutung von Drift und Selektion kann nicht abschließend beantwortet werden. Als sicher gilt, dass z. B. stille Mutationen oder einige nichttranskribierte DNA-Sequenzen neutral evolvieren und dass damit sowohl Drift als auch Selektion einen Einfluss auf die molekulare Evolution haben. Aber auch an der phänotypischen Evolution kann genetische Drift beteiligt sein.

17.3 Artbildung

17.3.1 Artdefinitionen

Die Diskussion über die genetische Variation innerhalb der Art und die Mechanismen der Artbildung erfordert eine Definition der Art. Diese Definition ist außerordentlich schwierig zu formulieren und umstritten. In der Praxis der Systematik werden die meisten Arten auf der Grundlage der beobachteten morphologischen Variation beschrieben. Damit kommt ein **morphologisches Artkonzept** (taxonomisches, phänetisches Artkonzept) zur Anwendung. Hierbei sucht der Systematiker nach diskontinuierlicher Variation verschiedener phänotypischer, hauptsächlich morphologischer Merkmale (◘ Abb. 17.14), d. h. es werden Merkmale gesucht, mit denen ein Individuum eindeutig entweder einer oder einer anderen Gruppe zugeordnet werden kann. Diese objektiv dokumentierbare Diskontinuität wird als Artgrenze betrachtet. Variation innerhalb der Art ist kontinuierlich und Variation zwischen Arten diskontinuierlich. Hierbei muss berücksichtigt werden, dass in besonderen Fällen auch innerhalb von Arten diskontinuierliche Variation in Form von Polymorphismen (z. B. Heterostylie bei *Primula*, Diözie, ▶ Abschn. 17.1.3.1) existieren kann. In einer solchen Situation sind weitere Kriterien für die Abgrenzung von Arten erforderlich. Die morphologische Art hat vor allem deswegen eine subjektive Komponente, weil es schwierig ist, objektive Kriterien für das erforderliche Maß phänotypischer Diskontinuität festzulegen.

Während die morphologische Artdefinition im Prinzip keine Annahme über den evolutionären Prozess macht, versuchen andere Artdefinitionen, den in Arten resultierenden evolutionären Prozess zu berücksichtigen. Das von E. Mayr formulierte **biologische Artkonzept** definiert Arten als Gruppen von natürlichen Populationen, die einer Reproduktionsgemeinschaft angehören, aber von anderen Gruppen von Populationen (d. h. anderen Arten) reproduktiv isoliert sind. Die reproduktive Isolation hat eine genetische Grundlage. Diese Definition impliziert, dass Arten erkennbar sind, weil sie nicht mit anderen Arten hybridisieren. Hybridisierung als Kriterium der Arterkennung ist schon lange vor Mayr vielfach diskutiert und angewandt worden.

Im biologischen Artkonzept wird die reproduktive Isolation einer Art von anderen Arten betont. Das sehr ähnliche **Erkennungsartkonzept** (engl. *recognition species concept*) betont dagegen mehr die Erkennung von Kreuzungspartnern innerhalb der Art. Das **ökologische Artkonzept** definiert die Art als Gruppe von Populationen, die die gleiche ökologische Nische besetzen. Damit wird angenommen, dass die Integrität von Arten dadurch entsteht, dass die ihr zugehörigen Individuen und Populationen aufgrund ähnlicher Umweltansprüche auch ähnlicher Selektion ausgesetzt sind. Das **genetische Artkonzept** versucht die Existenz von Arten damit zu erklären, dass sie infolge der ihnen eigenen genetischen Struktur nur innerhalb festgelegter Grenzen variieren können. Während sich das biologische, ökologische und genetische Artkonzept und auch das Erkennungsartkonzept in ihren Definitionen auf heute existierende Organismen beschränken, versuchen andere Artkonzepte, die Art auch in ihrer historischen Dimension zu definieren. Das **evolutionäre Artkonzept** von G.G. Simpson definiert die Art als eine Entwicklungslinie (d. h. eine Abfolge von voneinander abstammenden Populationen), die sich unabhängig von anderen solchen Entwicklungslinien entwickelt und ihre eigene evolutionäre Rolle und Tendenz hat. Mit in verschiedenen Abwandlungen existierenden **phylogenetischen** (kladistischen) **Artkonzepten** schließlich werden die Mitglieder einer von einem Vorfahren abstammenden (monophyletischen) Entwicklungslinie von ihrer Entstehung (durch Artbildung) bis zu ihrem Ende (d. h. bis zur nächsten Artbildung) zusammengefasst. Hier wird also die Abstammung von einem letzten gemeinsamen Vorfahren als Grund für die Erkennbarkeit von Arten betont, und wenigstens teilweise wird von solchen Konzepten verlangt, dass Arten sich durch nur ihnen eigene Merkmale (Autapomorphien, ▶ Abschn. 18.3.4) definieren lassen müssen.

Es ist offensichtlich, dass verschiedene Artkonzepte unter Betonung unterschiedlicher und sich keineswegs gegenseitig ausschließender Blickwinkel formuliert worden sind. Unabhängig von ihrem theoretischen Wert sind sie sehr unterschiedlich für die Umsetzung in der Praxis geeignet. Die durch die unterschiedlichen Artkonzepte definierten Einheiten sind vielfach miteinander identisch oder wenigstens einander sehr ähnlich.

Man kann argumentieren, dass morphologisch erkennbare Arten existieren, weil:

– die ihnen zugehörigen Individuen einer Reproduktionsgemeinschaft angehören, jedoch von anderen Ar-

◘ **Abb. 17.14** Schematische Darstellung korrelierter diskontinuierlicher Variation zwischen Arten in qualitativen und quantitativen Merkmalen. Die Arten A und B unterscheiden sich in Blütenfarbe, Blütenstielbehaarung, Blattlänge und Fruchtlänge

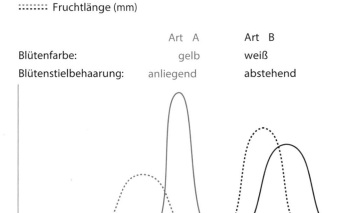

ten reproduktiv isoliert sind (und damit den Kriterien des biologischen Artkonzepts genügen),

— sie ähnlichen Selektionsbedingungen ausgesetzt sind (und damit den Kriterien des ökologischen Artkonzepts genügen),

— sie das Ergebnis unabhängiger Evolution sind (und damit den Kriterien des evolutionären Artkonzepts genügen) und weil

— sie von einem gemeinsamen Vorfahren abstammen (und damit den Kriterien des phylogenetischen Artkonzepts genügen).

Das würde bedeuten, dass man das morphologische Artkonzept als das Konzept maximaler Synthese verschiedenster Beobachtungen betrachten kann.

Molekulare Analysen zeigen immer wieder einmal, dass innerhalb einer morphologisch homogenen und phänotypisch nicht unterteilbaren Art molekular deutlich getrennte Gruppen existieren können. Solche Gruppen werden manchmal als kryptische Arten bezeichnet.

Vor der Definition der Art sollte die Frage beantwortet werden, ob die Zusammenfassung von Individuen und Populationen zu Arten als in der Natur existierende Grundeinheiten biologischer Variation überhaupt berechtigt ist. Abhängig vom Blickwinkel lässt sich diese Frage unterschiedlich beantworten. Da die Grundeinheit evolutionärer Veränderung die Population und damit eine Gruppe von Individuen ist, die an einem Ort leben und einer Reproduktionsgemeinschaft angehören – Verschiebungen von Allelfrequenzen finden in Populationen aufeinanderfolgender Generation statt –, kann man argumentieren, dass diese Eigenschaft des evolutionären Prozesses die Erkennung von Arten als natürliche Einheiten verbietet und Arten genau wie höhere systematische Einheiten (Gattung, Familie usw.) künstliche Kategorien sind. Zu diesem Schluss ist bereits Darwin gelangt. Andererseits ist aber die Existenz einer Reproduktionsgemeinschaft angehörender Populationen und deren reproduktive Isolation von anderen Populationen eine biologische Wirklichkeit. Außerdem sind mehrere Populationen durch ähnliche Umweltansprüche auch ähnlicher Selektion ausgesetzt oder mehrere Populationen mit nur ihnen gemeinsamen Merkmalen stammen von einem gemeinsamen Vorfahren ab. Die Zusammenfassung von Individuen und Populationen zu Arten beruht bei einer solchen Betrachtung auf einer biologischen Realität.

Zusammenfassend lässt sich sagen, dass die systematische Kategorie der Art unabhängig von der Schwierigkeit ihrer befriedigenden Definition ein bisher nicht ersetzbarer Bezugspunkt für die Kommunikation wissenschaftlicher Beobachtungen ist. Da in der Praxis die meisten Arten morphologisch definiert sind (nicht zuletzt auch deswegen, weil die meisten Arten bei der Bearbeitung von Museumsmaterial erkannt werden, bei dem die Beobachtung anderer als morphologischer Merkmale erschwert oder unmöglich ist) und sehr viele morphologische Arten auch die Kriterien verschiedener anderer Artkonzepte erfüllen, sollen Arten hier als morphologische Arten verstanden werden, die in der Natur in der Regel reproduktiv voneinander isoliert

sind. Besondere Probleme der Artdefinition entstehen bei agamospermen Arten (▶ Abschn. 17.1.3.3).

Teile einer Art werden dann als Unterart bezeichnet, wenn sich die Mehrheit der Individuen der einen oder anderen Unterart zuordnen lässt, aber selten auch Übergangsformen existieren. Die Variation zwischen Unterarten ist also nicht vollkommen diskontinuierlich. Darüber hinaus ist es wichtig, dass Unterarten entweder unterschiedliche Verbreitungsgebiete haben oder sich in ihren Umweltansprüchen voneinander unterscheiden.

Die Diskussion des Artbildungsprozesses muss erklären, wie einerseits morphologische Diversität und andererseits reproduktive Isolation in der Evolution entstehen.

17.3.2 Artbildung durch divergente Evolution

17.3.2.1 Allopatrische Artbildung

Intraspezifische Variation entsteht durch Mutation, Rekombination, natürliche Selektion und genetische Drift. Unter der Voraussetzung, dass der genetische Austausch zwischen Populationen oder Populationsgruppen der gleichen Art unterbrochen wird, kann sich der Prozess der intraspezifischen Differenzierung durch unterschiedliche Mutationen, Anpassung an unterschiedliche Umweltverhältnisse durch natürliche Selektion und/oder zufällige Fixierung unterschiedlicher Allele in den voneinander genetisch isolierten Teilen einer Art fortsetzen und zur Entstehung neuer Arten führen (◻ Abb. 23.14). Dieser evolutionäre Prozess der Aufspaltung einer Art in zwei (oder mehrere) Arten wird als **Artbildung** (engl. *speciation*) bezeichnet. Die einfachste Möglichkeit der Unterbrechung des Genflusses zwischen Populationen einer Art ist deren räumliche Trennung. Dementsprechend ist dieser Mechanismus der Artbildung auch als geografische oder **allopatrische Artbildung** bekannt. In dieser Situation ist die fortgesetzte Divergenz der voneinander isolierten Populationen ein allmählicher, gradueller Vorgang und man nimmt an, dass hauptsächlich natürliche Selektion für die Divergenz verantwortlich ist. Die Allmählichkeit der allopatrischen Artbildung kommt darin zum Ausdruck, dass genetische Distanzen zwischen Populationen einer Unterart, zwischen Unterarten einer Art, eng verwandten Arten, weniger eng verwandten Arten usw. mehr oder weniger kontinuierlich zunehmen.

Räumliche Trennung und damit verbundene genetische Isolation von Populationen einer Art kann z. B. dadurch entstehen, dass sich im Zuge der Kontinentalverschiebung Landmassen voneinander trennen, dass Gebirge entstehen, Vereisungen im Quartär vorher kontinuierliche Verbreitungsgebiete fragmentiert haben oder die nacheiszeitliche Klimaerwärmung Landmassen durch Wasserstandshebungen getrennt hat. Geologische und klimatische Veränderungen im Laufe der Erdgeschichte haben so in zahllosen Fällen zur Aufgliederung von zuvor kontinuierlichen Verbreitungsgebieten geführt und damit die erste Voraussetzung für Artbildung geschaffen.

Angesichts der fast immer fehlenden Möglichkeit einer unmittelbaren Beobachtung des Artbildungsprozesses in der Natur liegt der wichtigste Hinweis auf die große Bedeutung allopatrischer Artbildung in dem geografischen Muster intraspezifischer Variation bzw. in der geografischen Verbreitung eng miteinander verwandter Arten. So findet man z. B. bei der im Mittelmeerraum verbreiteten Schwarz-Kiefer (*Pinus nigra*) zahlreiche geografisch nichtüberlappende Unterarten (◘ Abb. 17.15), und innerhalb der Unterarten beobachtet man eine weitere geografische Differenzierung. Die Differenzierung innerhalb der Unterarten bzw. die Unterarten selbst lassen sich als unterschiedliche Stadien der allopatrischen Artbildung als kontinuierlichem Prozess interpretieren. Man muss allerdings kritisch fragen, ob solche Muster geografischer Verbreitung wirklich den Prozess der allopatrischen Artbildung widerspiegeln oder ob sie nicht erst nach der Artbildung (bzw. bei *P. nigra* nach der Entstehung der Unterarten) entstanden sein können und die Artbildung eine ganz andere Ursache hatte.

17.3.2.2 Reproduktive Isolation

Reproduktive Isolation, d. h. die Unterbrechung des Genflusses zwischen divergierenden Populationen, welche bei allopatrischer Artbildung durch geografische Trennung gewährleistet ist, ist eine wichtige Voraussetzung für die Artbildung (und in der Auffassung mancher Autoren ja auch wichtigstes Kriterium für die Definition von Arten). Mechanismen der durch Eigenschaften der Pflanzen bedingten **reproduktiven Isolation** lassen sich in Abhängigkeit vom Zeitpunkt ihrer Wirksamkeit gruppieren. Die relevanten Zeitpunkte hierbei sind die Bestäubung und die Befruchtung. Schon die Belegung der Narbe eines Individuums durch Pollen einer anderen Art kann den Reproduktionserfolg dieses Individuums vermindern. Die Bildung von Zygoten durch die Befruchtung einer Eizelle mit einer artfremden Spermazelle ist ein Verlust reproduktiven Potenzials und damit eine Verminderung der Fitness eines Individuums. Vor der Bestäubung (engl. *pre-mating*) wirksame Mechanismen der reproduktiven Isolation sind:

— **ökologische Isolation:** Die in ihrer Verbreitung sich fast vollständig überlappenden Nelkenwurzarten

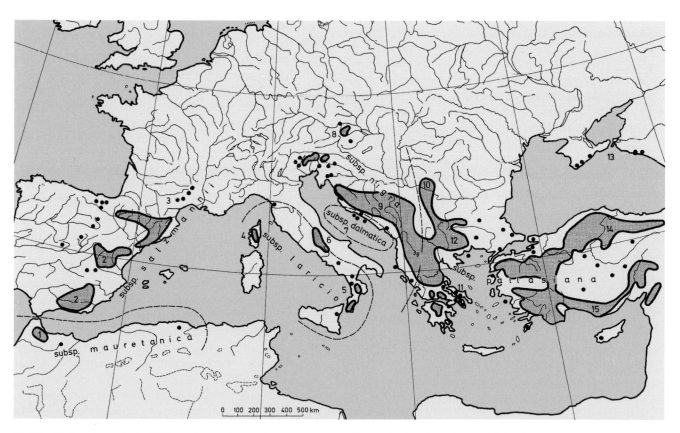

◘ **Abb. 17.15** Geografische Differenzierung des mediterran-montanen Formenkreises der Schwarz-Kiefer (*Pinus nigra*). Subspezies sind namentlich, untergeordnete Lokalrassen durch Zahlen hervorgehoben. (Nach W.B. Critchfield und E.L. Little; H. Meusel, E. Jäger und E. Weinert; H. Niklfeld)

Geum urbanum und *G. rivale* kommen z. B. in Laubmischwäldern, Gebüschen und Säumen (*G. urbanum*) bzw. an Feuchtstandorten (*G. rivale*) unterschiedlicher Art vor. Bei enger räumlicher Nähe dieser Standorte kommt es häufig zur Hybridbildung zwischen den beiden Arten.

- **zeitliche Isolation:** Die Blütezeit eng verwandter und gemeinsam vorkommender Arten kann unterschiedlich sein. Ein Beispiel für eine saisonale Verschiebung der Blüte sind die frühlingsblühende *Lactuca graminifolia* und die sommerblühende *L. canadensis* in den südöstlichen USA. Ein Beispiel für eine tageszeitliche (diurnale) Verschiebung der Blütezeit sind *Silene latifolia* (nachtblühend) und *S. dioica* (tagblühend), die aber auch blütenökologisch voneinander isoliert sind.

- **blütenökologische Isolation:** Eng verwandte Arten können durch blütenspezifische Bestäuber an der Hybridisierung gehindert werden. Ein Beispiel hierfür ist die Orchideengattung Ragwurz (*Ophrys*), in der Blütenstruktur und Blütenduft unterschiedlicher Arten die Weibchen und ihre Pheromone verschiedener Hymenopterenarten imitieren und deswegen von Hymenopterenmännchen unterschiedlicher Arten besucht werden. Die eng verwandten *Mimulus cardinalis* und *M. lewisii* (Gauklerblume, Phrymaceae) in Kalifornien werden von Kolibris bzw. Hummeln bestäubt. Verbunden mit der Differenzierung der Bestäuber ist häufig auch eine Differenzierung der Blütenmorphologie, die den jeweils anderen Bestäuber mehr oder weniger ausschließt. Dieses Phänomen ist auch als mechanische Isolation bezeichnet worden. Blütenökologische Isolation kann auch durch den Wechsel des Befruchtungssystems von Selbstinkompatibilität und Fremdbefruchtung zu Selbstkompatibilität und Selbstbefruchtung entstehen.

Nach der Bestäubung (engl. *post-mating*) und vor der Befruchtung (**präzygotisch**, engl. *prezygotic*) kann zwischenartliche Kreuzung verhindert werden durch:

- **Hybridinkompatibilität:** Dazu gehören Mechanismen wie die Unterbindung der Pollenkeimung, des Pollenschlauchwachstums im Griffel oder der Freisetzung der Spermakerne aus dem Pollenschlauch.

Nach Bildung der Zygote werden **postzygotische** (engl. *postzygotic*) Mechanismen wirksam. Dies sind:

- **reduzierte Lebensfähigkeit der F$_1$-Hybriden:** Von der ersten Teilung der Zygote bis zur blühenden und fruchtenden Pflanze kann die Lebensfähigkeit und Vitalität von Hybridindividuen reduziert sein.

- **Hybridsterilität:** Die Fertilität von Hybriden kann durch genetische, chromosomale oder auch cytoplasmatische Unterschiede zwischen den Elternarten reduziert sein. Ein Unterschied in ein bis vielen Genen

kann bei der Kombination dieser Gene in Hybriden in verminderter Fertilität resultieren (Bateson-Dobzhansky-Muller-Inkompatibilität).

- **Hybridzusammenbruch:** Nicht die erste Hybridgeneration, sondern vielmehr aus dieser hervorgehende Folgegenerationen zeigen Reduktion der Vitalität oder Fertilität.

Die Annahme, dass allopatrische Artbildung der häufigste oder sogar einzige Mechanismus der Artbildung ist, impliziert, dass die genannten Isolationsmechanismen ein Nebenprodukt der zunehmenden genetischen Divergenz von Arten sind, welche in geografischer Isolation entstanden sind.

17.3.2.3 Peripatrische, parapatrische, sympatrische und Gründereffekt-Artbildung

Eine wichtige Kritik am Modell der allopatrischen Artbildung basiert auf der Überlegung, dass es schwierig ist, die Faktoren zu identifizieren, die für die gemeinsame Evolution von Populationen in einem Teilareal einer Art verantwortlich sind. Dieser Zusammenhalt könnte durch Genfluss zwischen den Populationen und ähnliche Selektion im gesamten Teilareal ermöglicht werden. Dem muss man entgegenhalten, dass Genflussdistanzen in der Natur meist klein sind (▶ Abschn. 17.1.3.4) und dass Umweltverhältnisse meist kleinräumig variieren und Populationen an ihre lokalen Verhältnisse angepasst sind. Aus dieser Überlegung heraus sind Modelle der Artbildung postuliert worden, die kleine, aber auch räumlich isolierte Populationen einer Art zum Ausgangspunkt nehmen. Ein Beispiel hierfür ist die **peripatrische Artbildung**. Hier wird postuliert, dass eine oder wenige am Rand des Areals einer Art lebende kleine Populationen isoliert werden und Ausgangspunkt neuer Arten sein können. Wichtig ist hierbei, dass Umweltbedingungen am Arealrand häufig von denen im Arealzentrum abweichen. Die wichtigsten Hinweise auf dieses Modell der Artbildung sind wieder die Muster geografischer Verbreitung von intraspezifischer Variation oder von eng verwandten Arten. Das im Prinzip ähnliche Modell der **Gründereffekt-Artbildung** (engl. *founder effect speciation*) macht keine Aussage darüber, wie Populationen isoliert werden. Hierbei ist es z. B. auch möglich, dass Ausbreitungseinheiten einer Art in ein geografisch isoliertes Gebiet wie z. B. auf eine Insel gelangen. Beiden Modellen ist gemeinsam, dass evolutionäre Vorgänge bei und nach der Entstehung kleiner Populationen betont werden. Dies sind Reduktion der genetischen Variation bei der Entstehung von kleinen Populationen (genetische Drift, ▶ Abschn. 17.2.2) und schnelle Evolution und Entstehung neuer Eigenschaften durch Inzucht. Das impliziert, dass bei der mit kleinen

Populationen beginnenden Artbildung Zufallsprozesse eine große Bedeutung haben.

Ein Beispiel für möglicherweise peripatrische Artbildung sind *Lasthenia minor* und *L. maritima* (Asteraceae). Die selbstinkompatible *L. minor* besiedelt ein Festlandareal in Kalifornien. Im Gegensatz dazu wächst die selbstkompatible *L. maritima* meist auf den der kalifornischen Küste vorgelagerten Seevogelfelsen. Man hat vermutet, dass *L. maritima* aus Randpopulationen von *L. minor* entstanden ist, als diese durch den Anstieg des Meeresspiegels gegen Ende der letzten Eiszeit vom Festland isoliert wurden. *L. maritima* unterscheidet sich auf genetischer Ebene von ihrem vermutlichen Vorfahren *L. minor* vor allem durch den Verlust genetischer Variation. Ein Beispiel für Gründereffekt-Artbildung ist *Sanicula* (Apiaceae) auf Hawaii als einer von zahlreichen Fällen von Artbildung nach einmaliger Besiedlung von Inseln durch wenige Ausbreitungseinheiten. Die vier auf drei Inseln des Hawaii-Archipels vorkommenden *Sanicula*-Arten sind eng mit kalifornischen Arten der Gattung verwandt. Die Beobachtung reduzierter genetischer Variation sowohl in der gesamten Gruppe von vier Arten im Vergleich zu Festlandarten als auch in den einzelnen Arten sowie die molekulare Datierung des Stammbaums von *Sanicula* machen wahrscheinlich, dass das Archipel vor ca. 8,9 Mio. Jahren nur einmal von wenigen oder nur einer Verbreitungseinheit erreicht wurde und dass die weitere Artbildung innerhalb des Archipels vor ca. 0,9 Mio. Jahren nach dem Modell der Gründereffekt-Artbildung erfolgte.

Sollte Artbildung tatsächlich nur in kleinen Populationen stattfinden können, ließen sich die Muster der geografischen Verbreitung z. B. der Unterarten von *Pinus nigra* (◼ Abb. 17.15) auch dadurch erklären, dass durch peripatrische (Unter-)Artbildung oder Gründereffekte in kleinen Populationen entstandene neue Taxa ihr Areal nach der Entstehung vergrößert haben.

Es ist unumstritten, dass geografisch und damit genetisch voneinander isolierte Teile einer Art Ausgangspunkt für die Entstehung neuer Arten sein können. Umstritten ist dagegen, ob auch geografisch unmittelbar aneinandergrenzende (**parapatrische**) oder gemeinsam vorkommende (**sympatrische**) Populationen einer Art zu neuen Arten werden können. Da die Unterbrechung des Genflusses eine wichtige Voraussetzung für divergente Evolution ist, wäre ein Mechanismus der reproduktiven Isolation bei unmittelbarer räumlicher Nachbarschaft erforderlich. Ein solcher Mechanismus ist gegeben, wenn z. B. die aus einer Befruchtung zwischen benachbarten, aber an unterschiedliche Umweltverhältnisse angepassten Populationen hervorgehenden F_1-Individuen in ihrer Fitness stark reduziert sind.

Bei sehr starker Selektion gegen solche Individuen mit stark reduzierter Fitness ist eine para- oder sympatrische Entstehung von Isolationsmechanismen und damit eine para- oder sympatrische Artbildung möglich. Die auf der Lord-Howe-Insel östlich vor Australien vorkommenden Palmenarten *Howea forsteriana* und *H. belmoreana*, die durch unterschiedliche Blütezeit und Bodenpräferenzen voneinander reproduktiv isoliert sind, könnten als Beispiel für sympatrische Artbildung interpretiert werden. Hier könnte z. B. der Genfluss zwischen divergierenden Populationen dadurch zunehmend redu-

ziert worden sein, dass in ihrer Blütezeit zeitlich gegeneinander verschobene Individuen der divergierenden Populationen einen Fitnessvorteil hatten und so die heute beobachtete unterschiedliche Blütezeit entstanden ist. Die Möglichkeit der Evolution von reproduktiver Isolation in Para- oder Sympatrie macht deutlich, dass reproduktive Isolation nicht nur ein Nebenprodukt der evolutionären Divergenz ist, wie vom Modell der allopatrischen Artbildung impliziert, sondern dass sie auch durch natürliche Selektion entstehen kann. Das ist auch wichtig, wenn nicht völlig reproduktiv voneinander isolierte, eng verwandte Arten sekundären Kontakt bekommen. In einer solchen Situation können die bestehenden unvollständigen Genflussbarrieren durch natürliche Selektion verstärkt werden (engl. *reinforcement*).

17.3.2.4 Genetik von Artunterschieden

Artbildung durch die bisher beschriebenen Mechanismen wird aufgrund der Beobachtung einer kontinuierlich abnehmenden phänotypischen und genetischen Ähnlichkeit und kontinuierlich zunehmenden reproduktiven Isolation zwischen zunehmend weniger eng miteinander verwandten Unterarten, Arten usw. meist als gradueller Prozess aufgefasst. Mit dieser Annahme wird impliziert, dass auch morphologische Veränderung ein gradueller Prozess ist. Da genetische Analysen von Artunterschieden häufig zu dem Ergebnis führten, dass die Variation der analysierten Merkmale in einer segregierenden Generation kontinuierlich ist und meist keine eindeutigen Merkmalsklassen erkannt werden konnten, wurde geschlossen, dass morphologische Merkmale durch zahlreiche Gene beeinflusst werden. Mutation einzelner dieser zahlreichen Gene würde dann in einer Veränderung von morphologischen Merkmalen in kleinen Schritten resultieren. Die Methoden der Molekulargenetik haben hier neue Erkenntnisse geliefert. Mittlerweile können morphogenetische Gene identifiziert und analysiert werden. Weiterhin lässt sich durch die Analyse der gemeinsamen Segregation (Cosegregation) morphologischer Merkmale mit molekularen Merkmalen, die in einer genetischen Kopplungskarte lokalisiert sind, ermitteln, wie viele Gene mit welchem relativen Effekt auf den Phänotyp an der Ausprägung eines Merkmals beteiligt sind.

Ein mit diesen Methoden besonders gut untersuchtes Beispiel ist der Mais. Der kultivierte Mais (*Zea mays* subsp. *mays*) stammt von Teosinte (*Z. mays* subsp. *parviglumis*) ab und ist wahrscheinlich vor ca. 10.000 bis 6000 Jahren entstanden. Ein wichtiger Unterschied zwischen den beiden Unterarten ist die Architektur des Achsensystems und die Stellung weiblicher und männlicher Infloreszenzen (◼ Abb. 17.16). Beim kultivierten Mais endet die Hauptachse in einer männlichen Infloreszenz und die Seitenachsen 1. Ordnung haben sehr kurze Internodien und enden in weiblichen Infloreszenzen. Bei Teosinte endet die Hauptachse ebenfalls in einer männlichen Infloreszenz. Die Internodien der Seitenachsen 1. Ordnung sind allerdings nicht gestaucht und diese Seitenachsen enden in männlichen Infloreszenzen.

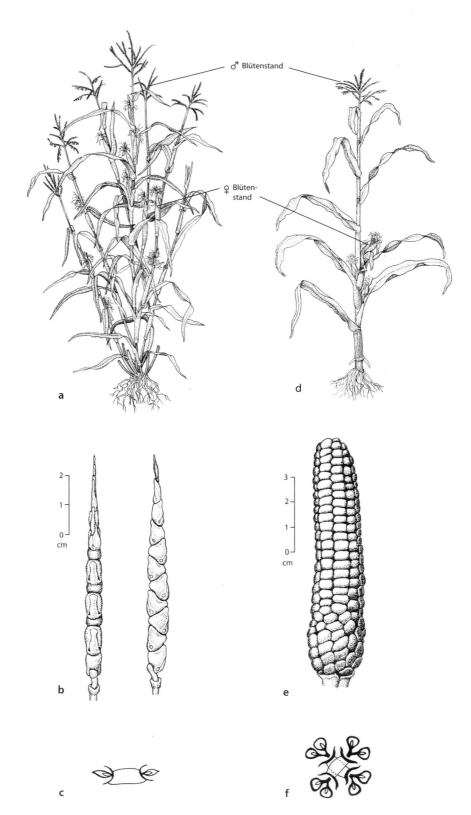

◼ Abb. 17.16   Teosinte (*Z. mays* subsp. *parviglumis*) und kultivierter Mais (*Zea mays* subsp. *mays*) unterscheiden sich in der Architektur des Achsensystems und der Stellung der ♂ und ♀ Infloreszenzen (**a** Teosinte: Seitenachsen mit terminalen ♂ Infloreszenzen. **d** Mais: Seitenachsen mit terminalen ♀ Infloreszenzen) sowie in der Struktur der ♀ Infloreszenzen. **b, c** Teosinte: Ährchen in zwei Reihen, pro Cupula ein Ährchen. **e, f** Mais: Ährchen in zahlreichen Reihen, pro Cupula zwei Ährchen. Diese Unterschiede gehen im Wesentlichen auf zwei Gene (*teosinte branched* 1, *tb*1 und *teosinte glume architecture*, *tga*1) zurück. (Nach Iltis 1983)

Weibliche Infloreszenzen sind terminal an gestauchten Seitenachsen 2. Ordnung zu finden. Die genetische und molekulargenetische Analyse dieser Unterschiede zeigte, dass nur ein Gen für diese Unterschiede verantwortlich ist. Dieses als *teosinte branched* 1 (*tb*1) auch aus einer Maismutante bekannte Gen beeinflusst die Internodienlänge von Seitenachsen und das Geschlecht der Infloreszenzen. *tb*1 wird in Teosinte nur in den Achselknospen der Seitenachsen 2. Ordnung exprimiert, an denen weibliche Infloreszenzen gebildet werden. Die im kultivierten Mais vorhandene Mutation von *tb*1 wird dagegen schon in den Achselknospen der Hauptachse exprimiert. Dies resultiert in gestauchten Seitenachsen 1. Ordnung mit terminalen weiblichen Infloreszenzen. Die Expression des Gens ist in Mais deutlich stärker als in Teosinte. Evolution scheint hier also hauptsächlich in der Veränderung der Genregulation zu bestehen. *tb*1 ist ein regulatorisches Gen, das offenbar einen Einfluss auf die Stärke der Apikaldominanz hat.

Solche Untersuchungen zeigen, dass phänotypische Evolution trotz Beteiligung zahlreicher Gene an der Struktur eines Merkmals z. B. durch die Veränderung regulatorischer Gene in großen Schritten und damit potenziell auch schnell und in nur wenigen Generationen stattfinden kann.

17.3.3 Hybridisierung und Hybridartbildung

17.3.3.1 Hybridisierung

Ungeachtet der Bedeutung reproduktiver Isolation für die Artbildung sind viele Pflanzenarten nicht reproduktiv voneinander isoliert und können miteinander hybridisieren. Der Begriff der **Hybridisierung** (Bastardierung) soll hier auf die Kreuzung zwischen Arten angewandt werden, lässt sich aber in einer erweiterten Definition auch auf die Kreuzung zwischen genetisch differenzierten Populationen, Unterarten usw. innerhalb der Art verwenden.

Die Häufigkeit der Kreuzung zwischen Arten in der Natur lässt sich auf unterschiedlicher Ebene beobachten. Einerseits hat die Analyse

von fünf gut bekannten Floren temperater Klimabereiche zu dem Ergebnis geführt, dass bezogen auf die Gesamtartenzahl Höherer Pflanzen in den analysierten Gebieten zwischen 5,8 % (Intermountain Flora der USA) und 22 % (Britische Inseln) Hybriden vorhanden sind. Andererseits hat die Analyse von gemischten Populationen miteinander hybridisierender Arten gezeigt, dass zwischen <1 % (z. B. *Senecio vernalis* × *S. vulgaris*) und 31 % (z. B. *Quercus*) der Individuen dieser Populationen Hybridindividuen sind.

Das Vorkommen von Hybridisierung ist in starkem Maße mit der Störung der Umwelt entweder durch natürliche Ursachen (z. B. Klimaveränderungen während des Quartärs) oder auch durch den Menschen korreliert. Der Effekt der Störung besteht darin, dass sie erstens ein Zusammentreffen von Arten ermöglicht, die in einer ungestörten Umwelt geografisch oder ökologisch voneinander getrennt sind, und zweitens die Etablierungswahrscheinlichkeit von Hybridindividuen erhöht, da auch ökologisch meist intermediäre Hybridindividuen im Habitat der Elternarten meist unterlegen sind, in einem „**Hybridhabitat**" oder einem neu besiedelbaren Gebiet aber überlegen sein können.

Hybriden der ersten Generation zeigen im morphologischen Merkmalsbereich intermediäre, parentale aber teilweise auch neue, also nicht bei den Elternarten vorkommende Merkmale. Die neuen Merkmale können durch die in den Hybriden teilweise neuartigen und in den Elternarten nicht vorhandenen Genkombinationen, aber auch einfach durch die Heterozygotie einzelner Genloci zustande kommen.

Die Verteilung morphologischer Merkmale einer vermutlichen Hybridpopulation (oder Hybridart) im Vergleich mit den Elternarten in der Darstellung z. B. eines Streudiagramms (◘ Abb. 17.17) kann ein wichtiges Instrument für die Bestätigung der vermuteten hybridogenen Herkunft sein. Bei sekundären Inhaltsstoffen enthalten Hybridindividuen vielfach die Inhaltsstoffe beider Elternarten (◘ Abb. 17.18). Auch hier treten allerdings häufig neue Inhaltsstoffe auf. Auf der Ebene der genetischen Merkmale hängt die Beschaffenheit einer Hybride auch vom Erbgang der betrachteten Merkmale ab. Während man bei biparental vererbter DNA wenigstens in der ersten Hybridgeneration DNA-Merkmale beider Elternarten finden wird, wird die Hybride bei maternal oder paternal vererbter DNA nur die DNA des weiblichen oder männlichen Elternteils besitzen.

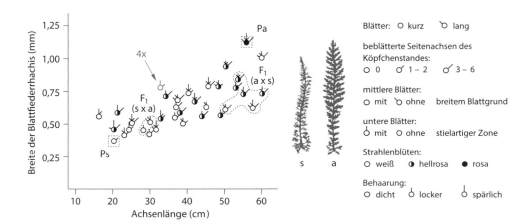

◘ **Abb. 17.17** Hybridanalyse in einem Streudiagramm. Experimentelle Kreuzung der diploiden Arten *Achillea setacea* (Ps) und *A. aspleniifolia* (Pa). Die reziprok verschiedenen F$_1$-Individuen (s × a, a × s) sind von Punktlinien umgeben, die Elternindividuen sind als Ps und Pa bezeichnet (gepunktete Quadrate). Alle übrigen Punkte repräsentieren die subvitale F$_2$. Ein spontan aufgetretenes allotetraploides Individuum ist orange gekennzeichnet. (Nach F. Ehrendorfer)

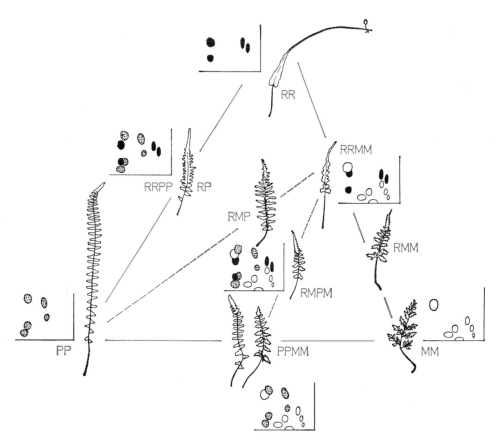

Abb. 17.18 Entstehung und Analyse eines Polyploidkomplexes bei Farnen (nordamerikanische *Asplenium*-Arten). Durch Chromosomenzählungen und Chromosomenpaarung bei Hybriden festgestellte Genomformeln: diploide Grundarten *A. platyneuron* (PP), *A. rhizophyllum* (RR), *A. montanum* (MM), di-, tri- bzw. tetraploide Hybriden: RP, RMM, RMP und RMPM sowie allotetraploide Tochterarten *A. ebenoides* (RRPP), *A. pinnatifidum* (RRMM) und *A. bradleyi* (PPMM); Bestätigung dieser Entstehungsgeschichte durch Morphologie (z. B. Blattwedel), vergleichende Phytochemie (phenolische Inhaltsstoffe: Xanthone, Darstellung in zweidimensionaler Papierchromatografie) sowie durch die Analyse von Iso- und Allozymmustern. (Nach W.H. Wagner, D.M. Smith und D.A. Levin)

Im Lauf der möglichen weiteren Evolution von Hybriden kann aber z. B. bei dem häufig in phylogenetischen Untersuchungen verwendeten ITS (engl. *internal transcribed spacer*) ribosomaler DNA eine Homogenisierung der Sequenz in Richtung auf den einen oder anderen Elternteil stattfinden. Als Ergebnis würde nach einigen Generationen nur die ITS-Sequenz eines Elternteils in der Hybride erkennbar sein. Dieses Phänomen ist ein Aspekt der besonders bei repetitiven Sequenzen anzutreffenden **concerted evolution**, die auch die Homogenisierung der zahlreichen Wiederholungseinheiten umfasst.

Häufig sind F_1-Hybriden zwischen eng verwandten Arten von kräftigerem Wuchs als die Elternindividuen. Dieses als **Heterosis** gut bekannte Phänomen geht hauptsächlich auf die Heterozygotie zahlreicher Loci in den Hybridindividuen zurück.

Diese Beobachtung wird in der Landwirtschaft auf innerartlicher Ebene genutzt. Die Erträge vieler Kulturpflanzen (z. B. Mais, Zuckerrüben, Gemüsearten) konnten gesteigert werden, indem aus der Kreuzung von Inzuchtlinien gewonnenes Saatgut mit starkem Heterosiseffekt verwendet wird. Die Produktion dieses Saatguts wird z. B. durch die Verwendung einer pollensterilen Elternlinie erleichtert.

In Abhängigkeit von der Stärke postzygotischer Isolationsbarrieren weisen F_1-Hybridindividuen meist eine reduzierte Fertilität auf. Da die Fertilität unterschiedlicher aus einer Kreuzung hervorgegangener Hybridindividuen aber variabel ist, besteht auch die Möglichkeit, dass sich einzelne Hybridindividuen in ihrer Fertilität nicht oder wenig von den Elternindividuen unterscheiden.

Häufig ist das Auftreten von Hybriden zeitlich und räumlich begrenzt. Es besteht aber auch die Möglichkeit, dass Hybriden Ausgangspunkt für weitere Evolution und die Entstehung neuer Arten sind. Voraussetzung dafür ist, dass Hybridindividuen nicht völlig steril sind, und es ist für den Etablierungserfolg von Hybridnachkommenschaften wichtig, dass vollständige Fertilität schnell wiedergewonnen wird. Dies kann entweder ohne Veränderung der Chromosomenzahl (introgressive Hybridisierung und homoploide Hybridartbildung) oder in Verbindung mit Polyploidie (allopolyploide Hybridartbildung) erfolgen. Schließlich können sich vollständig sterile homoploide oder polyploide Hybriden vegetativ oder durch Agamospermie fortpflanzen. Der evolutionäre Erfolg von Hybriden und ihren Folgepro-

17

dukten ist überwiegend damit begründet, dass sie durch die Kombination der elterlichen Genome über erhöhte genetische Variation verfügen.

17.3.3.2 Introgressive Hybridisierung

In einem Überlappungsgebiet zweier miteinander hybridisierender Arten werden Hybridindividuen immer seltener sein als Individuen der beiden Elternarten. Dementsprechend ist die Kreuzung eines Hybridindividuums mit einem Elternindividuum der einen oder anderen Art wahrscheinlicher als die Kreuzung zweier Hybridindividuen miteinander. Fortgesetzte Rückkreuzung von Hybriden mit einer der beiden Elternarten kann dazu führen, dass nur relativ wenige Merkmale einer Art permanent in eine andere Art inkorporiert werden. Dieser als **introgressive Hybridisierung** oder **Introgression** bezeichnete Vorgang entspricht im Prinzip dem Vorgehen der traditionellen Pflanzenzucht bei ihrer Bemühung, erwünschte Eigenschaften aus Wildarten (z. B. Resistenz gegen Pilzbefall) in Kulturarten einzukreuzen.

Introgression ist für das Gemeine Greiskraut (*Senecio vulgaris*) in Großbritannien dokumentiert (◨ Abb. 17.19). Von dieser Art mit normalerweise zungenblütenlosen Köpfchen (var. *vulgaris*) wurde 1875 eine Varietät (var. *hibernicus*) mit kurzen Zungenblüten beschrieben. Sowohl durch experimentelle Resynthese als auch durch Anwendung molekularer Methoden konnte gezeigt werden, dass dieses Merkmal durch introgressive Hybridisierung zwischen *S. squalidus* mit großen Zungenblüten und *S. vulgaris* entstanden ist. *Senecio squalidus* ist selbst eine homoploide Hybridart aus den sizilianischen *S. aethnensis* und *S. chrysanthemifolius*.

Der Vergleich plastidärer und nucleärer DNA hat zu der Erkenntnis geführt, dass Introgression plastidärer DNA weitaus häufiger ist als Introgression nucleärer DNA. So findet man häufig, dass Individuen einer Art das plastidäre Genom einer anderen Art besitzen, ohne in ihrer nucleären DNA Zeichen der Hybridisierung zu zeigen.

Dieses Phänomen ist auch als *chloroplast capture* bekannt. Da diese Beobachtung auf Sequenzdaten nur weniger nucleärer Gene beruht, besteht die Möglichkeit, dass sie mit der Sequenzierung von immer mehr Kerngenomen revidiert werden muss.

Hybridisierung und Introgression führen auch zur Reduktion reproduktiver Isolation. So lässt sich die durch Introgression zwischen *Senecio vulgaris* und *S. squalidus* entstandene *S. vulgaris* var. *hibernicus* leichter mit *S. squalidus* kreuzen als die von der Hybridisierung nicht betroffene var. *vulgaris*. Das lässt sich damit erklären, dass var. *hibernicus* durch die Inkorporation genetischen Materials aus *S. squalidus* dieser Art genetisch ähnlicher ist als var. *vulgaris*. Die Verminderung reproduktiver Isolation kann im Endergebnis auch zur Fusion zweier Arten durch Hybridisierung führen. Für den seltenen kanarischen Lokalendemiten *Argyranthemum coronopifolium* konnte man zeigen, dass diese Art durch Hybridisierung mit der sich durch menschlichen Einfluss auf den Kanarischen Inseln schnell ausbreitenden *A. frutescens* bedroht ist. Dieses Phänomen bezeichnet man auch als **genetische Assimilation**. Schließlich spielen Hybridisierung und Introgression auch bei der Diskussion um gentechnisch veränderte Kulturpflanzen eine zentrale Rolle. Hier geht es um die Frage, ob in Kulturpflanzen gentechnisch eingebrachte Gene durch Hybridisierung an verwandte Wildarten weitergegeben werden können. Das ist offenbar dann der Fall, wenn im Kulturgebiet der Kulturarten eng verwandte Wildarten vorkommen und die Möglichkeit der Hybridisierung besteht.

17.3.3.3 Homoploide Hybridartbildung

Anders als bei der Introgression, bei der sich Hybridindividuen mit Individuen ihrer Elternarten kreuzen, können sich Hybridindividuen auch miteinander kreuzen oder sich, bei selbstkompatiblen Hybriden, selbst befruchten. Das kann, wenn sich die Chromosomenzahl der daraus resultierenden Nachkommenschaft nicht verändert, zu **homoploider Hybridartbildung** führen. Der Wiedergewinn vollständiger Fertilität in solchen Hybridnachkommenschaften setzt voraus, dass Rekombination stattfindet. Bei Selektion auf Erhöhung der Fertilität muss das Ergebnis der Rekombination darin

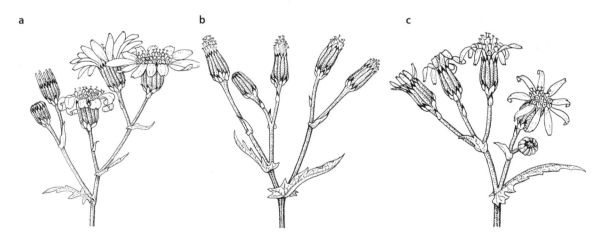

◨ Abb. 17.19 Introgressive Hybridisierung. Die kurzen Zungenblüten in den Köpfchen von *Senecio vulgaris* var. *hibernicus* **c** sind durch introgressive Hybridisierung zwischen *S. vulgaris* var. *vulgaris* **b** ohne Zungenblüten und *S. squalidus* **a** mit langen Zungenblüten entstanden. (Nach Ross-Craig 1961)

bestehen, dass Hybridnachkommen für solche Faktoren homozygot werden, in denen sich die Elternarten voneinander unterscheiden und die als Teil postzygotischer Isolationsmechanismen zur reduzierten Fertilität von Hybriden beitragen. Diese Faktoren sind entweder Gene oder häufig auch Chromosomenmutationen, in denen sich die Elternarten voneinander unterscheiden (▶ Abschn. 11.2). Dementsprechend wird homoploide Hybridartbildung vielfach auch als **Rekombinationsartbildung** bezeichnet. Die Rekombination der parentalen Gene in aufeinanderfolgenden Hybridgenerationen kann zur Entstehung von Merkmalen führen, die bei den Elternarten nicht bekannt und damit neu sind. Diesen Prozess bezeichnet man als **transgressive Segregation**. Homoploide Hybridartbildung ist häufig – als sichtbares Ergebnis einer Rekombination – mit einer offenbar schnellen Veränderung der Chromosomenstruktur verbunden. Diese chromosomale Evolution in der Hybridnachkommenschaft führt gleichzeitig dazu, dass die Hybriden von den Elternarten reproduktiv isoliert sind. Für die Etablierung von fertilen Hybridnachkommenschaften ist weiterhin wichtig, dass ein geeigneter Standort zur Verfügung steht.

Dieser Prozess der homoploiden Hybridartbildung in Verbindung mit Chromosomenumbauten und der Besiedlung neuer Standorte ist besonders gut für Arten der Sonnenblume (*Helianthus*) in Nordamerika dokumentiert. Aus der Hybridisierung zwischen *Helianthus annuus* von meist schweren Tonböden und *H. petiolaris* von sandigen Böden sind drei Hybridarten entstanden: *H. anomalus*, *H. deserticola* und *H. paradoxus*. Im Gegensatz zu den Elternarten besiedeln *H. anomalus* und *H. deserticola* extrem trockene Böden und *H. paradoxus* wächst an salzigen Feuchtstandorten. Die von den Elternarten abweichende Ökologie dieser homoploiden Hybridarten ist durch transgressive Segregation entstanden: Hybridisierung zwischen *H. annuus* und *H. petiolaris*, die sich z. B. in ihren Ansprüchen an die Bodenfeuchtigkeit voneinander unterscheiden, führte zu einer in dieser Hinsicht wahrscheinlich intermediären F_1. Die Kreuzung von F_1-Individuen miteinander resultierte als Ergebnis von Rekombination in einem breiten Spektrum von Genotypen (in der F_2 und späteren Generationen), deren Ansprüche an die Bodenfeuchtigkeit teilweise weit über die Ansprüche der Elternarten hinausgingen. Durch Selektion wurden einige dieser extremen Genotypen als neue Arten (*H. paradoxa*: extrem feucht; *H. anomalus*, *H. deserticola*: extrem trocken) stabilisiert. Die Darstellung der Genfolge in den Chromosomen von *H. annuus* und *H. petiolaris* als Elternarten und *H. anomalus* als Hybridnachkomme hat gezeigt, dass sich die Elternarten bei einer haploiden Chromosomenzahl von $x = 17$ in mindestens zehn Chromosomenmutationen (drei Inversionen, sieben Translokationen) voneinander unterscheiden. Der Hybridnachkomme *H. anomalus* zeigt in sechs Chromosomen die gleiche Genanordnung wie beide Elternarten, vier weitere Chromosomen zeigen die Genanordnung entweder der einen oder der anderen Elternart und sieben der 17 Chromosomen unterscheiden sich von beiden Elternarten (▣ Abb. 17.20). Dieser Prozess scheint potenziell schnell ablaufen zu können. Die experimentelle Synthese von Hybriden zwischen *H. annuus* und *H. petiolaris* gefolgt von einer Selektion auf Fertilität führte ausgehend von einer Fertilität <10 % in den F_1-Hybriden zu einer fast vollständigen Fertilität nach fünf Generationen.

▣ **Abb. 17.20** Rekombination in einer homoploiden Hybridart. *Helianthus annuus* und *H. petiolaris* unterscheiden sich bei einer haploiden Chromosomenzahl von $x = 17$ in mindestens zehn Chromosomenmutationen (drei Inversionen, sieben Translokationen) voneinander. Der homoploide Hybridnachkomme *H. anomalus* zeigt in sechs Chromosomen (A–F) dieselbe Genanordnung wie beide Elternarten, vier weitere Chromosomen (L/M, N, T, U) zeigen die Genanordnung entweder der einen oder der anderen Elternart und die übrigen sieben Chromosomen unterscheiden sich von beiden Elternarten. (Nach Rieseberg et al. 1995)

17.3.3.4 Allopolyploidie

Die durch postzygotische Isolationsmechanismen meist reduzierte Fertilität von Hybriden kann durch Polyploidisierung wiedergewonnen werden. Zur Verdeutlichung dieser Aussage sollen die sich voneinander unterscheidenden haploiden Genome miteinander hybridisierender Arten als A und B (oder A und A′ bei weniger ausgeprägten Unterschieden) bezeichnet werden: Diploide Hybridindividuen haben dann die genomische Zusammensetzung AB (oder AA′). Wegen reduzierter Homologie der Chromosomen entweder durch genetische oder chromosomale Unterschiede ist die Bivalentbildung in der Meiose mehr oder weniger gestört und damit die Fertilität reduziert (▶ Abschn. 1.2.4.7). Kommt es nun im Zuge der Hybridisierung z. B. durch Fusion nichtreduzierter Gameten (▶ Abschn. 11.3) zu einer Verdoppelung der beteiligten Genome, entstehen allotetraploide Hybriden mit der genomischen Zusammensetzung AABB bzw. AAA′A′, in denen jedes Chromosom in der Meiose einen homologen Paarungspartner findet. Das resultiert in regelmäßiger Bivalentbildung und hat meist den Wiedergewinn vollständiger Fertilität zur Folge.

Polyploide Hybriden sind durch die veränderte Chromosomenzahl in gewissem Umfang von ihren Elternarten reproduktiv isoliert. Die Rückkreuzung eines z. B. tetraploiden (4x) Hybriden mit einem diploiden Elternteil (2x) führt zu triploiden Individuen (3x), deren Meiose mangels Paarungsmöglichkeit für eines der drei haploiden Genome erheblich gestört ist und die dementsprechend eine meist stark reduzierte Fertilität aufweisen.

Der Genfluss zwischen unterschiedlichen Ploidiestufen ist aber nicht völlig unmöglich. Beispielsweise können triploide Pflanzen auch einen geringen Prozentsatz diploider Gameten bilden, die bei Fusion mit diploiden Gameten der tetraploiden Elternart zu fertilen Nachkommen führen können. Eines von vielen Beispielen für den Genfluss zwischen Pflanzen unterschiedlicher Ploidiestufe ist die introgressive Hybridisierung zwischen *Senecio vulgaris* und *S. squalidus*, denn *S. squalidus* ist diploid (2n = 20), *S. vulgaris* aber tetraploid (2n = 40; ▶ Abschn. 17.3.3.2).

Wie für die Etablierung homoploider Hybridarten gilt auch für polyploide Hybriden, dass der Etablierungserfolg nach der Entstehung davon abhängt, dass entweder ein Hybridhabitat oder ein neu besiedelbarer Standort zur Verfügung steht. Das lässt sich manchmal in der geografischen Verbreitung diploider und polyploider Arten einer Gattung erkennen.

Ein Beispiel hierfür liefern die nordamerikanischen Schwertlilien *Iris virginica* (2n = 72), *I. setosa* subsp. *interior* (2n = 36) und ihre allopolyploide Hybride *I. versicolor* (2n = 108). Während *I. virginica* und *I. setosa* in weitestgehend eisfreien Gebieten (südöstliches Nordamerika bzw. Alaska) vorkommen, wächst *I. versicolor* fast nur in ehemals vereisten Gebieten des nordöstlichen Nordamerika. Der Effekt der natürlichen Störung durch den sich ständig verändernden Eisstand während des Quartärs bestand wohl einerseits darin, dass klimatisch bedingte Arealveränderungen den Kontakt von schließlich hybridisierenden Taxa erlaubten, und andererseits darin, dass mit Rückzug des Eises riesige Gebiete frei wurden, die von den neu entstandenen polyploiden Taxa besiedelt werden konnten.

Auch wenn letztlich alle Angiospermen angesichts der mehrfachen Vervielfachung der Genome (engl. *whole genome duplication*, WGD) im Laufe ihrer Stammesgeschichte polyploid geworden sind (▶ Abschn. 8.3), wird geschätzt, dass bis ca. 15 % der Artbildungsereignisse mit Polyploidie, meist wohl Allopolyploidie, verbunden waren. Der Grund für diese scheinbare Diskrepanz der

Zahlenwerte liegt darin, dass polyploide Arten vielfach Ausgangspunkt weiterer evolutionärer Diversifizierung ohne Veränderung der Ploidiestufe waren.

Die Entstehung einer polyploiden Hybridart lässt sich nachweisen, indem man unter Verwendung morphologischer, phytochemischer, karyologischer und molekularer Methoden die Kombination elterlicher Merkmale in der Hybride zeigt. Eine weitere Möglichkeit ist die experimentelle Resynthese. So wurde der Bauern-Tabak (*Nicotiana rustica*; 2n = 4x = 48) durch Polyploidisierung mittels Colchicinbehandlung der Hybride zwischen *N. paniculata* und *N. undulata* (beide 2n = 2x = 24) resynthetisiert und Raps (*Brassica napus*; 2n = 4x = 38) durch Polyploidisierung der Hybride zwischen *B. oleracea* (Gemüse-Kohl; 2n = 2x = 18) und *B. rapa* (Rübsen; 2n = 2x = 20).

Stellvertretend für zahlreiche gut untersuchte Beispiele für die Entstehung und weitere Evolution von polyploiden Hybridarten sollen hier der Tüpfelfarn (*Polypodium*), der Saat-Weizen (*Triticum aestivum*) und der Bocksbart (*Tragopogon*) kurz beschrieben werden.

Für *Polypodium* konnte man zeigen, dass insgesamt sieben diploide Arten dieser Gattung an der Entstehung von sechs tetraploiden und einer hexaploiden Art beteiligt waren (◘ Abb. 17.21). Dabei ist z. B. der tetraploide Gemeine Tüpfelfarn (*P. vulgare*) aus der Hybridisierung der diploiden *P. glycyrrhiza* und *P. sibiricum* entstanden und war selbst zusammen mit dem diploiden *P. australe* an der Entstehung des hexaploiden *P. interjectum* beteiligt. Durch die Analyse maternal vererbter plastidärer DNA bei *Polypodium* konnte man weiterhin zeigen, dass einige der Arten (*P. calirhiza*, *P. hesperium*, *P. virginianum*) die plastidäre DNA beider Eltern enthalten und damit offenbar mindestens zweimal entstanden sind.

Der hexaploide (2n = 6x = 42) Saat-Weizen geht auf drei unterschiedliche Arten zurück (◘ Abb. 17.22). In einem ersten Schritt hat *Triticum urartu* (Genomformel AA) mit *Aegilops speltoides* (BB) hybridisiert. Der daraus entstandene *Triticum turgidum* (AABB) wiederum hat um die Wende zum 3. Jahrtausend v. Chr. als weiblicher Elternteil mit *Aegilops tauschii* (DD) zum modernen Saat-Weizen mit der genomischen Zusammensetzung AABBDD hybridisiert. Wie archäologische Funde deutlich zeigen, sind auch schon die diploiden und tetraploiden Arten bzw. eng verwandte Formen als Einkorn bzw. Emmer kultiviert worden.

Von der Gattung Bocksbart (*Tragopogon*) sind drei europäische Arten, *T. dubius*, *T. porrifolius* und *T. pratensis*, nach Nordamerika eingeschleppt worden. In Nordamerika sind aus der Kreuzung zwischen *T. dubius* und *T. porrifolius* bzw. zwischen *T. dubius* und *T. pratensis* die tetraploiden Hybridarten *T. mirus* und *T. miscellus* entstanden. Durch die Analyse sowohl nucleärer als auch plastidärer DNA ließ sich ähnlich wie bei *Polypo-*

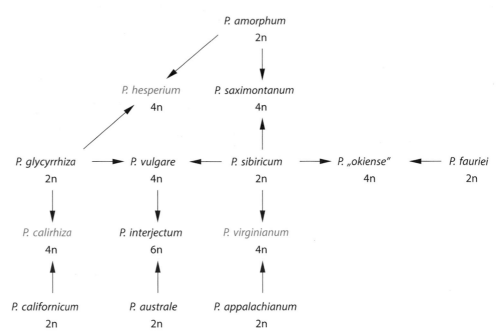

◘ **Abb. 17.21** Polyploidkomplex in der Gattung *Polypodium*. Sieben diploide Arten der Gattung *Polypodium* waren an der Entstehung von sechs tetraploiden und einer hexaploiden Art beteiligt. Der tetraploide Gemeine Tüpfelfarn (*P. vulgare*) ist aus der Hybridisierung der diploiden *P. glycyrrhiza* und *P. sibiricum* entstanden. Die vergleichende Analyse maternal und biparental vererbter Merkmale hat gezeigt, dass einige Arten (orange: *P. calirhiza*, *P. hesperium*, *P. virginianum*) mindestens zweimal entstanden sind. (Nach C.H. Haufler, M.D. Windham und E.W. Rabe)

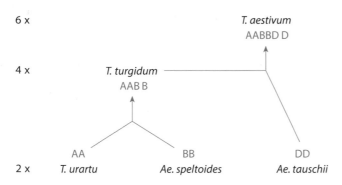

◘ **Abb. 17.22** Entstehung des hexaploiden (2n = 6x = 42) Saat-Weizens durch Allopolyploidie. Hybridisierung von *Triticum urartu* (Genomformel AA) mit *Aegilops speltoides* (BB) führte zu *Triticum turgidum* (AABB), der als ♀ Elter mit *Aegilops tauschii* (DD) zum modernen Saat-Weizen mit der genomischen Zusammensetzung AABBDD hybridisierte. (Nach F. Ehrendorfer)

dium zeigen, dass beide tetraploiden Hybridarten mehrfach entstanden sind. So hat *T. miscellus* in einem Teil seines Verbreitungsgebiets *T. dubius* als weiblichen Elternteil, in anderen Teilen aber *T. pratensis*. Die wiederholte Entstehung allopolyploider Arten konnte man mittlerweile vielfach nachweisen.

Die Beobachtung, dass die allotetraploiden *T. mirus* und *T. miscellus* nur in Amerika, nicht aber im heimischen Eurasien entstanden sind, zeigt eventuell auch, dass die Etablierung von Hybridarten die Existenz einer geeigneten Nische erfordert, die im Einschleppungsgebiet offenbar zur Verfügung stand. Vielleicht geht das Fehlen dieser Hybridarten in Eurasien also nicht darauf zurück, dass die entsprechenden Hybriden nicht entstanden sind, sondern darauf, dass sie sich nicht etablieren konnten.

Ebenso wie diploide Hybridpflanzen zeichnen sich auch polyploide Hybridpflanzen durch größere genetische

Variation aus. Diese besteht in erhöhter Heterozygotie durch (in Abhängigkeit von der allelischen Konstitution der Elternarten) Erhöhung der Zahl der unterschiedlichen Allele pro genetischem Locus und der Zahl der heterozygoten Loci, sowie in der Bildung neuer Genkombinationen. In dieser Erhöhung der genetischen Variation ist wahrscheinlich der offensichtliche Erfolg polyploider Hybridarten in der Evolution fast aller Pflanzengruppen begründet.

Die allotetraploiden Hybridarten *Tragopogon mirus* und *T. miscellus* sind erst zu Beginn des 20. Jahrhunderts entstanden. Damit bieten sie (teilweise in Verbindung mit experimentell resynthetisierten polyploiden Hybriden zwischen den Elternarten) die Möglichkeit, frühe Veränderungen in der weiteren Evolution allopolyploider Hybridarten zu beobachten. Dabei fand man heraus, 1) dass sich die Expression der elterlichen Gene in den Hybriden stark verändern kann (engl. *transcriptomic shock*), wodurch auch neue Eigenschaften entstehen können, 2) dass Allele bzw. Gene oder ihre Funktionalität verloren gehen, 3) dass, ähnlich wie für die Duplikation von Genen durch Chromosomenmutationen beschrieben (▶ Abschn. 8.2), ein Wechsel der Funktion eines der duplizierten Gene stattfinden kann, 4) dass umfangreiche chromosomale Umbauten stattfinden und 5) dass sich beobachtete Muster der DNA-Methylierung verändern. Außerdem wurde der Verlust repetitiver DNA-Sequenzen und manchmal ganzer Chromosomen beobachtet. Der Verlust genetischen Materials (repetitive Sequenzen, Gene, Chromosomen) resultiert letztlich in einer sich an die Vervielfachung des Genoms anschließenden Verkleinerung, die als Diploidisierung bezeichnet wird (▶ Abschn. 8.3). Sehr ähnliche Beobachtungen wurden auch an *Senecio cambrensis* (2n = 60, entstanden aus *S. squalidus* mit 2n = 20 und *S. vulgaris* mit 2n = 40; ▶ Abschn. 17.3.3.2) und dem Englischen Schlickgras (*Spartina anglica*; 2n = 120–124, entstanden aus *S. alternifolia* mit 2n = 62 und *S. maritima* mit 2n = 60) gemacht, die beide erst vor ungefähr 150 Jahren entstanden sind.

Auch wenn die Chromosomenpaarung in polyploiden Hybridpflanzen meist zwischen homologen Chromosomen eines elterlichen Genoms

17

stattfindet, sind die Paarung der sich entsprechenden Chromosomen der unterschiedlichen Eltern (homöologe Chromosomen) und damit die Rekombination zwischen den unterschiedlichen elterlichen Genomen (intergenomische Rekombination) nicht ausgeschlossen. In künstlich hergestellten polyploiden Hybriden unterschiedlicher Kombinationen von *Brassica rapa*, *B. nigra* und *B. oleracea* konnte man mit einem Vergleich von F_2- und F_5-Generationen, die durch Selbstbefruchtung der polyploiden F_1-Hybriden hergestellten worden waren, zeigen, dass sich die Genome dieser Generationen in 38–96 Merkmalen unterschieden. Es wurde postuliert, dass diese mit molekularen Methoden festgestellten Unterschiede auf Chromosomenumbauten durch intergenomische Rekombination zurückgehen. Ähnlich wie bei homoploiden Hybriden kann zusätzliche genetische Variation also auch bei polyploiden Hybriden durch Rekombination freigesetzt werden.

Für *Polypodium* und *Tragopogon* konnte man zeigen, dass einzelne diploide Arten an der Bildung mehrerer polyploider Hybridarten beteiligt sein können. Da somit unterschiedliche polyploide Hybridarten das von derselben diploiden Art übernommene Genom gemeinsam haben, ist die Stärke der reproduktiven Isolationsbarrieren zwischen Allopolyploiden häufig geringer als zwischen den unterschiedlichen diploiden Ausgangsarten. Durch Hybridisierung von Allopolyploiden untereinander oder mit Diploiden kommt es zum Aufbau von **Polyploidkomplexen**. Beispiele hierfür sind die schon genannten Tüpfelfarne (*Polypodium*: 2x, 4x, 6x) und der Weizen (*Triticum*: 2x, 4x, 6x).

Abhängig von der relativen Häufigkeit diploider und polyploider Arten in solchen Polyploidkomplexen nimmt man für die Polyploiden ein unterschiedliches Alter an. Treten in weitestgehend diploiden Verwandtschaftskreisen nur wenige polyploide Arten auf, spricht man von **Neopolyploiden** und nimmt für die Polyploiden ein geringes Alter an. Hat man es dagegen mit vielen Polyploiden eventuell sehr hoher Chromosomenzahl bei völligem Fehlen von Diploiden zu tun, bezeichnet man solche als **Paläopolyploide** und nimmt für sie ein hohes Alter an.

Sowohl homoploide als auch polyploide Hybridartbildung beginnt mit der Hybridisierung der in einem Gebiet vorkommenden Arten. Damit ist Hybridartbildung wenigstens in ihrem ersten Schritt eine Form sympatrischer Artbildung. Da die Etablierung von Hybridarten dann begünstigt ist, wenn sie einen anderen Standort und schließlich ein anderes Gebiet als die Eltern besiedeln, hat die Hybridartbildung möglicherweise häufig auch eine allopatrische Komponente. Die Hybridartbildung unterscheidet sich zumindest in der zu ihrem Beginn vorliegenden Sympatrie von der wohl meist allopatrischen Artbildung durch evolutionäre Divergenz in geografisch separierten Populationen. Sympatrie der Elternarten und der Hybridnachkommen wird dadurch möglich, dass starke (wenn auch nicht immer vollständige) reproduktive Isolation von den Elternarten durch Prozesse der Rekombination im Fall homoploider Hybridartbildung und durch Veränderung der Chromo-

somenzahl im Fall polyploider Hybridartbildung erreicht wird. Besonders polyploide Hybridartbildung zeichnet sich weiterhin dadurch aus, dass dieser Prozess mehr oder weniger abrupt ist und potenziell in nur einer Generation stattfinden kann, und auch für homoploide Hybridartbildung wird eine hohe Geschwindigkeit angenommen. Dies ist ein weiterer Unterschied zur allmählichen evolutionären Divergenz geografisch separierter Populationen.

Es ist offensichtlich, dass die Hybridisierung mit ihren unterschiedlichen Möglichkeiten der Stabilisierung von Hybridnachkommenschaften ein im Pflanzenreich wichtiger Prozess der evolutionären Veränderung und Artbildung ist. Die Möglichkeit der Beteiligung von Hybridisierungsvorgängen an der Evolution von Pflanzen – eine solche Evolution wird auch als **retikulat** bezeichnet – muss bei der Rekonstruktion von stammesgeschichtlicher Verwandtschaft immer berücksichtigt werden (▶ Exkurs 18.3).

In ihrer Fertilität reduzierte Hybriden können auch durch Agamospermie oder vegetative Vermehrung über die erste Hybridgeneration hinaus persistieren. Manche agamosperme Verwandtschaftskreise haben meist polyploide und häufig anorthoploide (z. B. 3x, 5x) Chromosomenzahlen. Hier hat man vielfach vermutet, dass die agamospermen Arten in ihrer Entstehung auf mehr oder weniger sterile Hybriden zurückgehen.

Eine hybridogene Entstehung nimmt man in der Verwandtschaft des Alpen-Rispengrases (*Poa alpina*) mit sexuellen Diploiden und Tetraploiden und apomiktischen (Infloreszenz-Brutsprosse oder Agamospermie) Polyploiden und Aneuploiden (2n = 31–61), für die agamospermen Frühlings-Fingerkräuter (Sammelart *Potentilla neumanniana*; 4–12x) und für viele agamosperme Arten der Gattungen Hahnenfuß (*Ranunculus*), Brombeere (*Rubus*), Frauenmantel (*Alchemilla*), Mehlbeere (*Sorbus*), Habichtskraut (*Hieracium*) und Löwenzahn (*Taraxacum*) an.

Sterile Hybriden können sich auch durch vegetative Vermehrung erhalten. Ein Beispiel hierfür ist die Hybride *Circaea × intermedia* zwischen dem Alpen-Hexenkraut (*C. alpina*) und dem Großen Hexenkraut (*C. lutetiana*), die zwar fast völlig steril ist, aber durch vegetative Vermehrung mit Rhizomen eine weite Verbreitung erreicht hat.

Die Hybride zwischen der europäischen *Spartina maritima* (2n = 60) und der aus Nordamerika eingeschleppten *S. alternifolia* (2n = 62) hat sich einerseits ohne Veränderung der Chromosomenzahl durch vegetative Fortpflanzung (*S. × townsendii*), andererseits aber auch durch Polyploidisierung als fertile Art (*S. anglica*, Englisches Schlickgras; 2n = 120–124) etabliert.

17.4 Makroevolution

Das beschriebene Zusammenwirken zufälliger Mutation, genetischer Rekombination, natürlicher Selektion und genetischer Drift als Komponenten der darwinistischen Auffassung des evolutionären Prozesses reichen für das Verständnis innerartlicher Differenzierung aus. Diese Ebene der Evolution wird manchmal auch als **Mikroevolution** bezeichnet. Der Begriff **Makroevolution** wird einerseits für die Entstehung von Diskontinuitäten in der natürlichen Variation verwendet, also auch die Artbildung, und andererseits bezeichnet er Muster evolutionärer Veränderung über lange geologische Zeiträume, die hauptsächlich mit den Methoden der Paläontologie und vergleichenden Morphologie beobachtet werden.

Immer wieder wird diskutiert, ob Makroevolution mit den Mechanismen der Mikroevolution erklärt werden kann. Meist nimmt man an, dass die Wirksamkeit mikroevolutionärer Prozesse über lange Zeiträume auch die beobachteten makroevolutionären Veränderungen hervorbringen kann. Die in dieser Extrapolation implizite Annahme, dass die heute beobachtbaren Mechanismen sich nicht von den Mechanismen unterscheiden, die auch in der Vergangenheit wirksam waren, geht unter anderem auf den englischen Geologen Ch. Lyell zurück, der mit diesem Prinzip des **Aktualismus** (oder auch Uniformitarianismus) in seinen *Principles of Geology* (1830–1833) die Geologie und Geomorphologie der Erde erklärte und sich damit von der in seiner Zeit populären Katastrophentheorie von G. de Cuvier absetzte. Darwin wurde durch die Lektüre dieses Werkes von Lyell stark beeinflusst.

Auch seltene Einzelereignisse von enormer evolutionärer Tragweite, die sich heute nicht beobachten lassen, wie die Entstehung der photoautotrophen Pflanzenzelle durch Endocytobiose eines heterotrophen eukaryotischen mit einem photoautotrophen bakteriellen Organismus oder das Vorkommen von Massenextinktionen z. B. an der Grenze Kreide/Tertiär (wahrscheinlich durch einen Asteroideinschlag) können als Teil des mikroevolutionären Prozesses interpretiert werden. So kann die Endocytobiose als eine genetische Veränderung (Mutation) einer Zelle mit sehr großer Wirkung aufgefasst werden und die Massenextinktion ist nichts anderes als eine sehr plötzliche und dramatische Veränderung der Selektionsbedingungen. Der für die Evolution so zentrale Prozess der Artbildung, meist als Makroevolution betrachtet, lässt sich mit den innerartlichen Prozessen der Divergenz von Populationen und der Extinktion von Populationen erklären, die zur Entstehung von Diskontinuitäten in der natürlichen Variation und damit zur Entstehung von Arten führen. Divergenz und Extinktion sind das Ergebnis von Anpassung und Konkurrenz. Das macht deutlich, dass die Interaktion von Populationen mit ihrer abiotischen und biotischen Umwelt von großer Bedeutung ist, womit die große Bedeutung der Ökologie für die Evolutionsbiologie offensichtlich wird.

Als Beispiele für Makroevolution im Sinne beobachteter Muster über lange geologische Zeiträume sollen die großen Unterschiede zwischen Organismengruppen höheren systematischen Ranges und evolutionäre Trends dienen.

Die Besiedlung des Lands durch Pflanzen ab dem Ordovicium ist ein Beispiel für einen großen evolutionären Wandel und erforderte zahlreiche morphologische, anatomische und physiologische Veränderungen. Die Pflanzen benötigten eine für Wasser weitestgehend un-

durchlässige Cuticula, um unkontrollierten Wasserverlust zu verhindern. Da die Existenz einer Cuticula auch die Wasseraufnahme über die gesamte Oberfläche verhindert, entstanden erst Rhizoide und dann Wurzeln als besondere Organe der Wasseraufnahme. Die Notwendigkeit des Transports von Wasser von diesen meist im Boden verankerten Organen in andere Pflanzenteile kann ab einer schon sehr geringen Wuchshöhe der Pflanzen effektiv nur durch besondere Leitelemente (Hydroiden, Tracheiden, Tracheen) geleistet werden. Die in den Luftraum ragenden Pflanzenteile benötigen außerdem Festigungsstrukturen. Für den durch die Cuticula ebenfalls erschwerten Gasaustausch entstanden Spaltöffnungen und der Gastransport innerhalb der Pflanze erforderte ein inneres Hohlraumsystem (Interzellularen). Entsprechend diesen Veränderungen in Anpassung an das Landleben ist der morphologisch-anatomische (und natürlich auch physiologische) Unterschied zwischen den heute lebenden engsten Verwandten der Landpflanzen (streptophytische Grünalgen) und den Landpflanzen (Moose, Farne, Samenpflanzen) enorm groß. Die Paläobotanik hat gezeigt, dass die für das Landleben nötigen genannten Strukturen nacheinander im Lauf der Erdgeschichte auftraten (z. B. sind erste Cuticulafragmente aus dem Ordovicium bekannt, Pflanzen mit Spaltöffnungen aus dem Silur und aufrechte Achsen mit Tracheiden aus dem Devon). Weiterhin lassen sich alle genannten Strukturen plausibel als Ergebnis natürlicher Selektion interpretieren. Diese zwei Befunde machen es wahrscheinlich, dass die Entstehung der Landpflanzen ungeachtet ihrer heute großen Verschiedenheit von ihren engsten aquatischen Verwandten ein gradueller Prozess der Anpassung an veränderte Bedingungen war und durch keine anderen als die bekannten Mechanismen mikroevolutionärer Veränderung vorangetrieben wurde.

Die zunehmende Erforschung der Genetik von Entwicklungsprozessen scheint zu zeigen, dass an der Entstehung neuer Entwicklungslinien beteiligte Mutationen sich häufig qualitativ von Mutationen unterscheiden, die z. B. zur Diversifizierung einer Gattung beitragen. Während im letzten Fall beteiligte Mutationen zu quantitativen Veränderungen oder, als heterochrone Mutationen, zu einer zeitlichen Verschiebung der Merkmalsexpression führen, scheint die Entstehung neuer Entwicklungslinien häufig auf heterotope Mutationen zurückzugehen, bei denen ein Entwicklungsprogramm in einer neuen Position im Individuum exprimiert wird. Solche heterotopen Mutationen können als Beispiel für Mechanismen makroevolutionärer Veränderung aufgefasst werden. Auch wenn sie einen großen phänotypischen Effekt haben, sprengen sie aber dennoch nicht den Rahmen der darwinistischen Auffassung evolutionärer Veränderung, in diesem Fall durch Mutation.

Evolutionäre Trends als in nur eine Richtung verlaufende Evolution eines Merkmals oder Merkmalskomplexes über einen langen Zeitraum lassen sich vielfach beobachten. Ein Beispiel für einen evolutionären Trend ist die zunehmende Reduktion der gametophytischen

Generation im Lauf der Evolution der Landpflanzen von den Moosen mit ihrer dominanten Gametophytengeneration über die Farnpflanzen und Gymnospermen bis hin zu den Angiospermen, bei denen der männliche und der weibliche Gametophyt nur noch aus wenigen Zellen bestehen. Eine mögliche Erklärung für evolutionäre Trends besteht darin, eine über lange Zeiträume gerichtete Veränderung der Umwelt und damit gerichtete Selektion zu postulieren. Es ist sehr fraglich, inwieweit eine solche Annahme angesichts der klimatisch und geologisch turbulenten Erdgeschichte mit z. B. starken Klimaoszillationen im Quartär, aber auch in vorangegangenen Perioden, berechtigt ist. Ein anderer Ansatz besteht darin, solche Trends als „Verbesserung" oder evolutionäre Progression aufzufassen. Im Fall der zunehmenden Reduktion der Gametophytengeneration und der damit einhergehenden zunehmenden Dominanz der Sporophytengeneration könnte man argumentieren, dass von einer Gleichförmigkeit der beiden Generationen ausgehend die Generation gefördert wurde, die eine höhere Überlebensrate hat. Das könnte deswegen die Sporophytengeneration gewesen sein, weil sie als diploide Generation im Gegensatz zur haploiden Gametophytengeneration nachteilige rezessive Mutationen nur dann exprimiert, wenn diese homozygot vorliegen. Dass man Trends als evolutionäre Progression auffassen könnte, soll aber nicht implizieren, dass die Vertreter von frühen Phasen eines Trends nicht an ihre Umwelt angepasst gewesen wären oder angepasst sind.

Statt evolutionäre Trends mit natürlicher Selektion zu erklären ist von S.M. Stanley, zurückgehend auf S.J. Gould und N. Eldredge, der von den Evolutionsprozessen des Darwinismus abweichende Prozess der **Artselektion** (engl. *species selection*) postuliert worden. Dabei nimmt man an, dass ein Merkmal, z. B. Größe, mit einer unterschiedlichen Artbildungs- oder Extinktionsrate assoziiert ist. So könnten z. B. Arten mit größeren Individuen eine höhere Artbildungsrate oder eine niedrigere Extinktionsrate haben. Im Lauf der Zeit würde dies in der Zunahme der Zahl von Arten mit größeren Individuen relativ zur Zahl von Arten mit kleineren Individuen und auch zur Zunahme der durchschnittlichen Größe führen. Wichtig hierbei ist, dass Größe nicht direkt von der natürlichen Selektion bevorzugt wird. Die Existenz von Artselektion als ein von der natürlichen Selektion unabhängiger Prozess ist umstritten.

Die genannten Beispiele für große Unterschiede zwischen Organismengruppen und evolutionäre Trends lassen sich ohne größere Probleme als durch natürliche Selektion entstandene und mehr oder weniger allmähliche adaptive Veränderungen verstehen. Auch wenn man sicher nicht für jedes bekannte Beispiel einer makroevolutionären Veränderung leicht eine plausible Erklärung im Rahmen der bekannten evolutionären Prozesse finden kann, sind bisher doch keine überzeugenden oder allgemein akzeptierten Alternativen zu diesen Prozessen beschrieben worden.

Für die Beschreibung des Musters evolutionärer Veränderung über längere geologische Zeiträume haben sich zahlreiche Begriffe etabliert. Zeigt eine Entwicklungslinie im Lauf der Zeit evolutionäre Veränderung, spricht man von **Anagenese**, zeigt sie über längere Zeit Konstanz, von **Stasigenese**. Nur in eine Richtung verlaufende Veränderung im Sinne evolutionärer Trends wird als **Orthogenese** bezeichnet. Die Diversifizierung einer Entwicklungslinie durch Aufspaltung ist als **Kladogenese** bekannt. Als ein Sonderfall der Kladogenese kann die **adaptive Radiation** aufgefasst werden, die als ökologische Diversifizierung einer Entwicklungslinie definiert wird. Bekanntestes Beispiel für adaptive Radiationen ist die Diversifizierung nach Neubesiedlung von Inselarchipelen. Auch wenn adaptive Radiationen häufig relativ schnell verlaufen, ist eine solche Zeitkomponente nicht Teil der Definition adaptiver Radiation. In der fossilen Dokumentation kann man häufig beobachten, dass relativ lange Phasen der Konstanz ohne Diversifizierung mit kurzen Phasen intensiver Kladogenese abwechseln. Ein solches Muster wird als **Punktualismus** (engl. *punctuated equilibrium*) bezeichnet.

Quellenverzeichnis

Briggs D, Walters M (1997) Plant variation and evolution, 3. Aufl. Cambridge University Press, Cambridge

Darwin C (1859) On the origin of species by means of natural selection, or the preservation of favoured races in the struggle for life. John Murray, London

Dobzhansky TG (1937) Genetics and the origin of species. Columbia University Press, New York

Harper JL (1977) Population biology of plants. Academic, London

Huxley JS (1942) Evolution: the modern synthesis. Allen & Unwin, London

Iltis HH (1983) From Teosinte to Maize: the catastrophic sexual transmutation. Science 222:886–894

Lewis D (1979) Sexual incompatibility in plants. Arnold, London

Mayr E (1942) Systematics and the origin of species. Columbia University Press, New York

Mendel G (1866) Versuche über Pflanzen-Hybriden. Verhandl. d. naturf. Vereines, Brünn

Richards AJ (1986) Plant breeding systems. Allen & Unwin, London

Rieseberg LH, van Fossen C, Desrochers A (1995) Hybrid speciation accompanied by genomic reorganization in wild sunflowers. Nature 375:313–316

Ross-Craig S (1961) Drawings of British plants – being illustrations of the species of flowering plants growing naturally in the British isles, Band XVI. Compositae 2. Bell, London

Simpson GG (1944) Tempo and mode in evolution. Columbia University Press, New York

Stebbins GL (1950) Variation and evolution in plants. Columbia University Press, New York

Weiterführende Literatur

Arnold ML (1997) Natural hybridization and evolution. Oxford University Press, Oxford

Avise JC (2000) Phylogeography: The History and formation of species. Harvard University Press, Cambridge, Massachusetts

Avise JC (2004) Molecular markers, natural history and evolution, 2. Aufl. Sinauer, Sunderland

Barton NH, Briggs DEG, Eisen JA, Goldstein DB, Patel NH (2007) Evolution. Cold Spring Harbor Laboratory Press, New York

Briggs D, Walters SM (2016) Plant variation and evolution, 4. Aufl. Cambridge University Press, Cambridge

Coyne JA, Orr HA (2004) Speciation. Sinauer, Sunderland

Endler JA (1986) Natural selection in the wild. Princeton University Press, Princeton

Futuyma DJ, Kirkpatrick M (2017) Evolution, 4. Aufl. Aufl. Sinauer, Sunderland

Grant V (1971) Plant speciation. Columbia University Press, New York

Grant V (1991) The evolutionary process, 2. Aufl. Columbia University Press, New York

Howard DJ, Berlocher SH (1998) Endless forms: species and speciation. Oxford University Press, Oxford

Levin DA (2000) The origin, expansion and demise of plant species. Oxford University Press, Oxford

Mousseau TA, Sinervo B, Endler JA (2000) Adaptive genetic variation in the wild. Oxford University Press, Oxford

Nei M, Kumar S (2000) Molecular evolution and phylogenetics. Oxford University Press, Oxford

Otte D, Endler JA (Hrsg) (1989) Speciation and its consequences. Sinauer, Sunderland

Richards AJ (1997) Plant breeding systems, 2. Aufl. Chapman & Hall, London

Ridley M (2003) Evolution, 3. Aufl. Blackwell, Cambridge, MA

Schluter D (2000) The ecology of adaptive radiation. Oxford University Press, Oxford

Silvertown JW, Charlesworth D (2001) Introduction to plant population biology, 4. Aufl. Blackwell, Oxford

Smith JM (1993) The theory of evolution. Cambridge University Press, Cambridge

Smith JM, Szathmáry E (1995) The major transitions in evolution. Freeman/Spektrum Akademischer Verlag, Oxford/Heidelberg

Smith JM (1998) Evolutionary genetics, 2. Aufl. Oxford University Press, Oxford

Stearns SC, Hoekstra RF (2005) Evolution. An introduction. Oxford University Press, Oxford

Stebbins GL (1950) Variation and evolution in plants. Columbia University Press, New York

Storch V, Welsch U, Wink M (2013) Evolutionsbiologie, 3. Aufl. Springer Spektrum, Heidelberg

Thompson JN (1994) The coevolutionary process. University of Chicago Press, Chicago

Thompson JN (2005) The geographic mosaic of coevolution. University of Chicago Press, Chicago

17

Methoden der Systematik

Joachim W. Kadereit

Inhaltsverzeichnis

Kadereit, J.W. 2021 Methoden der Systematik. In: Kadereit JW, Körner C, Nick P, Sonnewald U. Strasburger – Lehrbuch der Pflanzenwissenschaften. Springer Berlin Heidelberg, p. 683–698.
► https://doi.org/10.1007/978-3-662-61943-8_18

Das Ziel der Systematik besteht darin, die enorme Vielfalt von Organismen unterschiedlichster Form und Lebensweise zu ordnen. Dies erfordert die Erkennung von Arten und deren Zusammenfassung zu systematischen Gruppen höherer Rangstufe (Gattungen, Familien usw.). Zu den Aufgaben der Systematik gehört es auch, Arten und höhere systematische Gruppen zu beschreiben und zu benennen und in Form von Bestimmungsschlüsseln Möglichkeiten für deren Identifizierung zur Verfügung zu stellen. Seitdem bekannt ist, dass alle heute lebenden Organismen von einem gemeinsamen Vorfahren abstammen (s. Evolution, ▶ Kap. 17) ist die Systematik darum bemüht, die Verwandtschaftsverhältnisse zwischen Organismengruppen als einziger objektiver Grundlage der Gruppierung widerzuspiegeln. Dem Ziel der Ordnung nach Verwandtschaft ist die Systematik gerade in den letzten Jahren dadurch beträchtlich näher gekommen, dass sich systematische Analysen immer mehr die in der DNA von Organismen enthaltene Information zunutze machen. Die Interpretation dieser Information, aber auch der Information aus traditionellen Merkmalsbereichen wie der Morphologie, erfolgt heute unter Verwendung stark mathematisierter Verfahren, und die Qualität phylogenetischer Hypothesen kann statistischen Tests unterworfen werden.

Die Systematik ist der erste und wichtigste Schritt in der Erforschung biologischer Diversität. Sie stellt allen übrigen Disziplinen der Biologie und allen mit Organismen oder ihren Produkten befassten Teilen unserer Gesellschaft ein Referenzsystem zur Verfügung, das die eindeutige Identifizierung und Benennung jedes Organismus – und damit unmissverständliche Kommunikation über Organismen – ermöglicht. Die Systematik ist aber auch unentbehrliche Grundlage, um den evolutionären Zusammenhang aller biologischen Phänomene zu verstehen. Wenn z. B. ein Cytologe die evolutionäre Entstehung der Kernmembran erforscht, ein Genetiker nach der Entstehung von Introns fragt, ein Morphologe die Struktur ursprünglicher Blüten zu rekonstruieren versucht, ein Physiologe mit der Evolution unterschiedlicher Photosynthesewege beschäftigt ist oder ein Ökologe die Entstehung der Diversität unterschiedlicher Bodenansprüche analysiert, ist die vom Systematiker rekonstruierte Stammesgeschichte und die damit mögliche Rekonstruktion der Evolution von Merkmalen (▶ Exkurs 18.1) wichtigstes Bezugssystem. Stammbäume können mit einer molekularen Uhr (▶ Exkurs 18.2) auch absolut datiert werden. Dadurch lässt sich z. B. erkennen, ob Verzweigungsereignisse im Stammbaum zeitlich mit geologischen Veränderungen oder Veränderungen des Klimas zusammenfallen.

Im vorliegenden Kapitel werden die Methoden systematischer Forschung dargestellt.

Exkurs 18.1 Evolution von Merkmalen – Biogeografie

Stammbäume können benutzt werden, um die Evolution von Merkmalen zu rekonstruieren (s. auch ▶ Exkurs 19.9, 19.10, und 19.11). Das können z. B. morphologische (z. B. der Bau der ursprünglichen Angiospermenblüte), physiologische (z. B. die C_4-Photosynthese) oder ökologische Eigenschaften (z. B. die Toleranz des Boden-pH-Werts) sein, aber auch die geografische Verbreitung. Ausgangspunkt der Rekonstruktion ist in jedem Fall der vorliegende Stammbaum und die Verteilung der Merkmalsausprägung der betrachteten Eigenschaft unter den heute lebenden und in diesem Stammbaum enthaltenen Arten. Dabei ist es sehr häufig so, dass 1) Stammbäume wenigstens in einigen Bereichen nicht vollständig aufgelöst sind, d. h. diese Bereiche enthalten mehrere Möglichkeiten der Verwandtschaft (engl. *phylogenetic uncertainty*), und dass 2) Stammbäume selten vollständig sind, d. h. nicht alle heute lebenden Arten der Untersuchungsgruppe einschließen. Beides muss bei der Rekonstruktion von Merkmalen berücksichtigt werden. Was die mangelnde Auflösung von Stammbäumen betrifft, können in der Rekonstruktion mehrere alternative Stammbäume berücksichtigt werden, wenn die Stammbaumanalyse in mehreren Bäumen resultierte. Was im Stammbaum fehlende Arten betrifft, können Annahmen über deren wahrscheinliche Position im Stammbaum gemacht werden.

Die meisten heute benutzten Methoden für die Rekonstruktion der Evolution von Merkmalen nutzen Modelle der Merkmalsevolution, in denen bestimmte Vorabannahmen über die Wahrscheinlichkeit der Veränderung von Eigenschaften gemacht werden. Bei der Rekonstruktion von Verbreitungsgebieten (engl. *ancestral area analysis*) sind viele Annahmen möglich und auch mehr oder weniger plausibel. So kann in einem Modell z. B. spezifiziert werden, ob eine Veränderung von Verbreitungsgebieten nur bei Artbildung stattfindet (kladogenetisches Modell) oder ob eine solche Veränderung auch ohne Artbildung stattfinden kann (anagenetisches Modell). Man kann auch annehmen, dass die Ausbreitung in ein unmittelbar benachbartes Gebiet wahrscheinlicher ist als die Ausbreitung in ein entfernteres Gebiet. Auch kann die Wahrscheinlichkeit sympatrischer und allopatrischer Artbildung oder die Wahrscheinlichkeit einer Artbildung

18

nach einem Ausbreitungsereignis (Gründereffekt-Artbildung) festgelegt werden. Bei der Wahl der Modelle kann auch berücksichtigt werden, dass sich die Lage von Verbreitungsgebieten zueinander im Laufe der Erdgeschichte z. B. durch Kontinentalverschiebung verändert hat, oder dass die Erreichbarkeit (durch Ausbreitung) von Gebieten durch Veränderung des Klimas nicht immer gleich gut gewesen ist.

Das Ergebnis der Rekonstruktion einer geografischen Verbreitung sieht häufig so aus, wie in ◙ Abb. 18.1 dargestellt. Hier konnte gezeigt werden, dass zwei in Eurasien artenreiche Linien der großen Gattung *Senecio* aus unter-

schiedlichen Bereichen des südlichen Afrika stammen. Während der *vulgaris*-Klade sein Heimatgebiet wahrscheinlich im Westen des südlichen Afrika hat, stammt der *doria*-Klade eher aus dem Osten des südlichen Afrika. Da die im Osten des südlichen Afrika verbreitete Gruppe nicht monophyletisch, sondern im Verhältnis zum *doria*-Klade paraphyletisch ist, wird sie als *decurrens-grade* bezeichnet. Auf jeden Fall sind die beiden eurasiatischen Gruppen unabhängig voneinander aus dem südlichen Afrika in die Nordhemisphäre gelangt. Die möglichen Herkunftsgebiete einer Linie werden dabei mit ihrer relativen Wahrscheinlichkeit angegeben.

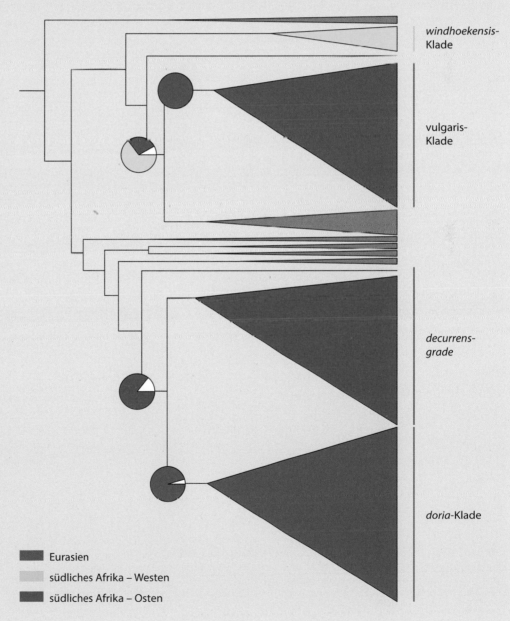

◙ **Abb. 18.1** Vereinfachte Phylogenie von *Senecio*. Die Rekonstruktion der geografischen Verbreitung von *Senecio* zeigte, dass zwei eurasiatische Gruppen (*vulgaris*-Klade, *doria*-Klade) mit großer Wahrscheinlichkeit aus dem Westen bzw. Osten des südlichen Afrika stammen. Die entsprechenden Wahrscheinlichkeiten für die Herkunftsgebiete sind als Anteil der Tortendiagramme an den betreffenden Knoten des Stammbaums angegeben. Blau: Eurasien; gelb: südliches Afrika – Westen; rot: südliches Afrika – Osten. (Nach Kandziora et al. 2017)

windhoekensis-Klade

vulgaris-Klade

decurrens-grade

doria-Klade

◼ Eurasien

◻ südliches Afrika – Westen

◼ südliches Afrika – Osten

Exkurs 18.2   Molekulare Uhr

Schon bald nach der ersten Sequenzierung eines Proteins (Insulin) im Jahr 1955 durch F. Sanger publizierten E. Zuckerkandl und L. Pauling (1965) die Idee der molekularen Uhr: *„for any given protein, the rate of molecular evolution is approximately constant over time in all lineages, or in other words, that there exists a molecular clock"*.

Mithilfe der molekularen Uhr erhält ein Stammbaum, der mit seiner Verzweigungsabfolge das relative Alter von Ästen anzeigt, eine absolute zeitliche Dimension. Die absolute Datierung eines Stammbaums ermöglicht die Beantwortung vieler evolutionsbiologischer Fragen (◘ Abb. 18.2). So lässt sich für eine auf den Südkontinenten verbreitete Pflanzengruppe die Frage beantworten, ob

diese Verbreitung das Ergebnis des Auseinanderbrechens von Gondwana ist (wenn die Gruppe älter ist als die Trennung der Kontinente) oder das Ergebnis von Fernausbreitung (wenn die Gruppe jünger ist als die Trennung der Kontinente). Das zeitliche Zusammenfallen des Beginns der Diversifizierung einer Gruppe z. B. mit einem geologischen (z. B. Gebirgshebung) oder klimatischen (z. B. Aridisierung) Ereignis oder Prozess kann zur Hypothese führen, dass diese Ereignisse oder Prozesse ursächlich für die Diversifizierung verantwortlich sein könnten.

Seit ihrer ursprünglichen Formulierung hat sich die Handhabung der molekularen Uhr sehr stark verändert. Der Hauptgrund dafür besteht darin, dass Mutationsra-

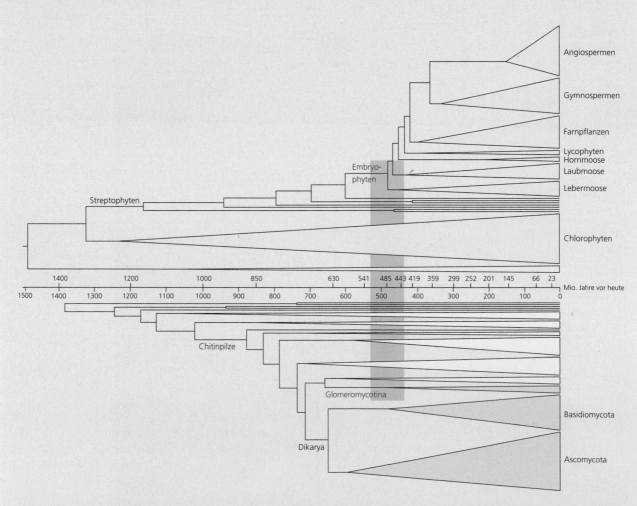

◘ **Abb. 18.2**   Der Vergleich der mit einer molekularen Uhr datierten Stammbäume der Grünen Pflanzen (oben) und Chitinpilze (unten) zeigt, dass der Beginn der Diversifizierung der Landpflanzen und ihrer vesikulär-arbuskulären (VA-)Mykorrhizapilze (Glomeromycotina) in den gleichen geologischen Zeitraum (529–437 Mio. Jahre, farbiger Balken) fällt. Das unterstützt die Vermutung, dass die VA-Mykorrhiza eine Voraussetzung für die Besiedlung des Lands durch Pflanzen gewesen sein könnten (▶ Abschn. 19.2.1). (Nach Lutzoni et al. 2018)

ten nicht, wie ursprünglich angenommen, konstant sind: Es stellte sich rasch heraus, dass die Evolutionsraten (engl. *rate heterogeneity*) unterschiedlicher Gene, Codons oder Codonpositionen in einem Gen oder auch von DNA-Abschnitten wie auch die Evolutionsraten unterschiedlicher Äste eines Stammbaums voneinander abweichen. Ein offensichtlicher Grund für Unterschiede in der Evolutionsrate unterschiedlicher Gene/DNA-Abschnitte ist z. B. die Selektionsstärke: Die Variabilität eines unter starker Selektion stehenden, proteincodierenden Gens ist viel geringer als die eines nichtcodierenden DNA-Abschnitts, da häufige Mutationen die Funktion des codierten Proteins beeinträchtigen können. Damit tickt die molekulare Uhr für Ersteres langsamer als für Letzteres. Die Beobachtung der Heterogenität von Mutationsraten hat zur Entwicklung von Methoden geführt, die trotz dieser Heterogenität in der Lage sind, DNA-Sequenzdaten als molekulare Uhr zu nutzen. Viele dieser Methoden verwenden dabei Modelle der Sequenzevolution, die aus der in der Untersuchungsgruppe beobachteten Sequenzvariation und einem Stammbaum der Untersuchungsgruppe abgeleitet werden.

Um beobachtete bzw. berechnete Sequenzunterschiede zwischen den Ästen eines Stammbaums in absolute Zeit umzurechnen, muss der Stammbaum bzw. die molekulare Uhr kalibriert werden, d. h., mindestens einem Verzweigungspunkt im Stammbaum muss ein absolutes Alter zugeordnet werden. Dazu werden, wenn vorhanden, Fossilien verwendet. Wichtig hierbei ist, dass die Einordnung eines Fossils in den Stammbaum rezenter Organismen gut begründet ist. Im günstigsten Fall erfolgt dies mithilfe von Apomorphien, Merkmalen also, die nur im Fossil und im entsprechenden Stammbaumast vorhanden sind. Ebenso wichtig ist, dass die absolute Datierung des Fossils zuverlässig ist und auf Radioisotopendatierung der geologischen Formation beruht, in der das Fossil gefunden wurde. Diese Voraussetzungen machen deutlich, dass die Verwendung der molekularen Uhr nicht nur einen kompetenten Umgang mit entsprechenden Analyseprogrammen, sondern auch mit paläontologischer und geologischer Information erfordert. Für die Kalibrierung von Stammbäumen werden heute, soweit möglich, mehrere Kalibrierungspunkte eingesetzt. Ist für die Untersuchungsgruppe kein Fossil bekannt, muss mit einem umfangreicheren Stammbaum mit bekannten Fossilien gearbeitet werden. In diesem kann dann der zur Untersuchungsgruppe führende Ast datiert und dieses Alter zur Kalibrierung des Stammbaums der Untersuchungsgruppe benutzt werden (sekundäre Kalibrierung).

Da ein Fossil nur das Mindestalter eines Stammbaumastes kalibriert – der Stammbaumast mit den entsprechenden Merkmalen kann viel älter sein, nur sind keine älteren Fossilien bekannt – sind Altersschätzungen immer Schätzungen eines Mindestalters. Bedingt z. B. durch die Verwendung mehrerer Kalibrierungspunkte oder durch Unsicherheiten in den Verwandtschaftsverhältnissen liefern absolute Datierungen von Stammbäumen mithilfe einer molekularen Uhr heute meist nicht ein Alter, sondern einen Altersbereich. Dessen Angabe, statt der Angabe z. B. eines Mittelwerts, ist für die glaubwürdige Interpretation der Datierungsergebnisse sehr wichtig.

18.1 Arterkennung

Die Art (Spezies; engl. *species*) ist die Grundeinheit der vom Systematiker anerkannten Variation. Das bedeutet nicht, dass die Art auch die Grundeinheit evolutionärer Veränderung ist (▶ Abschn. 17.3). Auch wenn eine Vielzahl von unterschiedlichen Artkonzepten existiert (▶ Abschn. 17.3.1), erkennt man die meisten Arten in der Praxis auf der Grundlage diskontinuierlicher phänotypischer Variation. Wenn sich also eine Gruppe von Individuen z. B. mithilfe der Blattlänge, Blütenstielbehaarung, Blütenfarbe und Fruchtgröße (◨ Abb. 17.14) in zwei eindeutige Untergruppen teilen lässt, kann man diese als unterschiedliche Arten auffassen. Diese Methode der Erkennung von Gruppen ist objektiv, da sich die beobachteten Diskontinuitäten in Mess- oder Zahlenwerten oder eindeutigen Merkmalen ausdrücken lassen und damit reproduzierbar sind. Für die Bewertung der erkannten Gruppen als Arten gibt es allerdings keine objektiven Kriterien. Von so erkannten Arten wird angenommen, dass die ihr zugehörigen Individuen auf einen unmittelbaren gemeinsamen Vorfahren zurückgehen.

Die für die Erkennung von Arten herangezogenen phänotypischen Merkmale stammen hauptsächlich aus dem morphologisch-anatomischen Bereich, denn Arterkennung beruht vielfach auf der Untersuchung von Museumsmaterial, an dem sich diese Merkmale leicht beobachten lassen. Die nach wie vor große Bedeutung von botanischen Museen (Herbarien) liegt vor allem darin, dass dem Bearbeiter einer Pflanzengruppe nur in diesen häufig über Jahrhunderte gewachsenen Sammlungen genügend repräsentatives Material zur Verfügung steht. Die größten Herbarien der Welt enthalten immerhin bis zu ca. 6 Mio. Sammlungsexemplare (engl. *specimens*). Ungeachtet der großen Bedeutung von Herbarmaterial ist auch die Untersuchung von lebendem Material unter anderem deswegen wichtig, weil bestimmte Merkmale wie die Chromosomenzahl nur an solchem Material untersucht werden können. Allein die Untersuchung von lebendem Material am natürlichen Standort ermöglicht auch die Charakterisierung der Ökologie von Arten, die in der Erkennung von Arten auch berücksichtigt werden sollte.

18.2 Monografien, Floren und Bestimmungsschlüssel

Wichtige Produkte systematischer Forschung auf Artebene sind **Monografien**, d. h. systematische Bearbeitungen geschlossener Verwandtschaftskreise (z. B. die Monografie der Gattung *Primula*) und **Floren**, d. h. systematische Bearbeitungen des Pflanzenbestands eines geografischen Gebiets (z. B. Flora von Deutschland). Monografien und Floren enthalten einerseits Beschreibungen von Arten, und andererseits wird die Identität einer Pflanze durch Bestimmungsschlüssel zugänglich gemacht. In Monografien sind zusätzlich alle formalen Aspekte einer systematischen Bearbeitung (Erstbeschreiber = Autor der Arten, Gattungen usw., Zeitpunkt und Publikationsorgan der Erstbeschreibungen, Synonyme usw.) enthalten. Die Beschreibungen können sehr unterschiedlich detailliert sein (und sind in Floren meist sehr viel kürzer als in Monografien), sollten aber sowohl die Variation innerhalb einer Art oder Gruppe als auch ihre Abgrenzung zu anderen Arten oder Gruppen deutlich herausarbeiten.

Für die Bestimmung von Arten können bei entsprechend guter Kenntnis einer Organismengruppe auch diagnostische DNA-Sequenzen, sogenannte DNA-Barcodes, verwendet werden (s. z. B. German Barcode of Life, ▶ https://www.bolgermany.de).

18.3 Verwandtschaftsforschung

Jede systematische Gruppe wird unabhängig von ihrer Rangstufe allgemein als **Taxon** (Plural: Taxa) bezeichnet. Eine nähere oder fernere Verwandtschaft zwischen Taxa ist durch das relative Alter des letzten gemeinsamen Vorfahren definiert. Ein Taxon B ist mit einem Taxon C enger verwandt als mit einem Taxon A, wenn der letzte gemeinsame Vorfahre von B und C jünger ist als der gemeinsame Vorfahre von A und B (◘ Abb. 18.3).

Die Kenntnis von Verwandtschaftsverhältnissen zwischen Taxa ist in vielerlei Hinsicht wichtig. Verwandtschaft, über die letztlich nur eine mehr oder weniger gut begründete Hypothese formuliert werden kann, ist die einzige objektive Grundlage der Klassifikation und somit für den Systematiker selbst von entscheidender Bedeutung. Weiterhin hat eine auf Verwandtschaft basierende Klassifikation eine gewisse Vorhersagekraft, d. h., man findet eine bestimmte Eigenschaft einer Art mit größerer Wahrscheinlichkeit in engen als in fernen Verwandten dieser Art wieder. Schließlich ist die Kenntnis von Verwandtschaft die einzige Möglichkeit, die Evolution von Merkmalen beliebiger Art zu erschließen. Ist z. B. ein Pflanzenphysiologe an der Frage interessiert, ob innerhalb der Chenopodiaceae C_4-Pflanzen nur einmal oder mehrfach aus C_3-Pflanzen entstanden sind, so wird er diese Frage nicht durch die Betrachtung des Merkmals, sondern nur durch die Betrachtung der Verwandtschaft der Taxa mit diesen Eigenschaften beantworten können (▶ Exkurs 19.10).

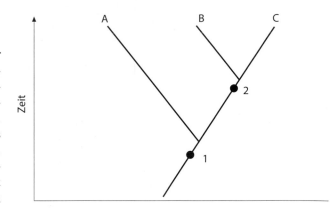

◘ **Abb. 18.3** Verwandtschaft. Der Verwandtschaftsgrad wird durch das relative Alter des letzten gemeinsamen Vorfahren definiert. Taxon B ist mit Taxon C enger verwandt als mit Taxon A, wenn der letzte gemeinsame Vorfahre (2) von B und C jünger ist als der letzte gemeinsame Vorfahre (1) von A und B

18.3.1 Merkmale

Die für die Arterkennung und mehr noch für die Verwandtschaftsforschung, d. h. die Zusammenfassung von Arten zu Taxa höherer Rangstufe, herangezogenen Merkmalsbereiche sind äußerst vielfältig.

Die historische Entwicklung der Systematik zeigt, dass die Erweiterung der verwendeten Merkmale sehr eng an die Entwicklung neuer Beobachtungstechniken gekoppelt ist. Seit der Antike bilden Habitusmerkmale, seit dem 16. und 17. Jahrhundert und weit in das 19. Jahrhundert hinein dann besonders makroskopische Merkmale der Blüten und Früchte die wichtigste Vergleichsbasis. Mit der allgemeinen Verwendung des Mikroskops beginnt im 19. Jahrhundert die Berücksichtigung anatomischer Merkmale. Noch in der zweiten Hälfte des 19. Jahrhunderts hat man auch die Bedeutung der geografischen Verbreitung (Arealkunde) für die Verwandtschaftsforschung erkannt. In den 20er-Jahren des 20. Jahrhunderts begann die Verwertung von Chromosomenzahl und -struktur in der Systematik, und zu Beginn der zweiten Hälfte des 20. Jahrhunderts werden Befunde aus der Phytochemie und Elektronenmikroskopie immer wichtiger. In den drei letzten Jahrzehnten dominiert die Verwendung makromolekularer Daten aus dem Bereich der Proteine und Nucleinsäuren.

Von großer Bedeutung für die Systematik ist die **Morphologie** (▶ Kap. 3), die den äußeren Bau von Pflanzen (und als Entwicklungsmorphologie die Entwicklung dieses Baues) beschreibt. Merkmale des inneren Baus erfasst die **Anatomie**: Dabei beschäftigen sich die **Histologie** (▶ Kap. 3) mit der Struktur von Geweben und die **Cytologie** (▶ Kap. 1) mit dem Feinbau der Zellen. Die **Karyologie** als Teil der Cytologie untersucht die Chromosomen des Zellkerns. Von der **Palynologie** wird die Struktur von Sporen bzw. Pollenkörnern erfasst (◘ Abb. 3.91, 3.92 und 3.93). Die Entwicklung von Sporangien, Gametophyten, Gametangien, Endosperm und Embryonen ist das Thema der **Embryologie**. Pflanzliche Inhaltsstoffe werden von der **Phytochemie** behandelt. Weitere Merkmale kann der Systematiker auch aus den Bereichen der **Physiologie**, **Ökologie**, der die geografische Verbreitung von Taxa erforschenden **Arealkunde** oder der **Phytopathologie** gewinnen, und auch fossile Formen, die durch die **Paläobotanik** erforscht wurden, werden in der Verwandtschaftsforschung berücksichtigt. Die den relativen Kreuzungserfolg als Verwandtschaftskriterium interpretierende **experimentelle Systematik** wird heute nicht mehr angewandt. In der **Proteinanalyse** war die **Isoenzymanalyse** (Erschließung der Zahl der genetischen Loci und Zahl der Allele von Enzymen durch Elektrophorese; ▶ Exkurs 17.1) für die Charakterisierung der genetischen Konstitution von Populationen oder eng verwandter Arten ein wichtiges Werkzeug. Die **DNA-Analyse** hat mit der heute nicht mehr praktizierten **DNA-Hybridisierung** begonnen. Auch die Analyse von DNA mithilfe von Restriktionsenzymen (**RFLP**, Restriktionsfragment-Längenpolymorphismen), die an spezifischen Sequenzabschnitten schneiden, ist in ihrer Bedeutung deutlich hinter die DNA-Sequenzierung zurückgetreten. Bei der **DNA-Sequenzierung** wird die Abfolge der Nucleotide in den Nucleinsäuren bestimmt und jede Nucleotidposition wird als ein Merkmal betrachtet. Heute werden zunehmend ganze Genome oder Transkriptome für die Verwandtschaftsforschung benutzt. Für die DNA-Analyse auf niedriger systematischer Rangstufe stehen heute eine Vielzahl von **Fingerprinttechniken** (▶ Exkurs 17.1) zur Verfügung, mit denen teilweise sogar einzelne Individuen voneinander unterschieden werden können.

18.3.2 Merkmalskonflikte

Für die Diskussion der Merkmalsinterpretation ist es sinnvoll, zwischen Merkmal und Merkmalsausprägung (engl. *character*, *character state*) zu unterscheiden. So ist z. B. die Blütenfarbe ein Merkmal und Rot, Weiß, Blau usw. sind Merkmalsausprägungen. Die Notwendigkeit der Entwicklung von Methoden der Merkmalsauswertung ergibt sich daraus, dass meist nicht alle Merkmale dieselbe Gruppierung unterstützen und man stattdessen bei Betrachtung mehrerer Merkmale eigentlich immer auf Merkmalskonflikte trifft. Bei Betrachtung von z. B. drei Taxa A, B und C und zwei Merkmalen mit den Merkmalsausprägungen 0 oder 1 kann Merkmal 1 für eine Gruppierung A und B gegenüber C sprechen, Merkmal 2 aber für eine Gruppierung von A gegenüber B und C (◘ Abb. 18.4).

Merkmale	Taxa			Gruppierung
	A	B	C	
1	0	0	1	A, B / C
2	0	1	1	A / B, C

◘ **Abb. 18.4** Merkmalskonflikt. Die Merkmale 1 und 2 mit den Merkmalsausprägungen 1–0, 1–1, 2–0 und 2–1 implizieren eine unterschiedliche Verwandtschaft zwischen den Taxa A, B und C. Merkmal 1 zeigt eine Gruppierung von A und B gegenüber C, Merkmal 2 eine Gruppierung von A gegenüber B und C

Merkmalskonflikte beruhen z. B. darauf, dass im Vergleich von zwei (oder mehr) Taxa identische Merkmalsausprägungen das Ergebnis von **Konvergenz** oder **Parallelismus** sein können, d. h. in der Evolution mehrfach unabhängig voneinander entstanden sind, ohne dass dies aus der Struktur der Merkmale allein ersichtlich wäre. Während man bei einem strukturellen Merkmal – beispielsweise aus dem Bereich der Morphologie – zusätzlich zu seiner speziellen Qualität auch seine relative Lage und seine Ontogenie heranziehen kann, um die Homologie des Merkmals in zwei Taxa zu bewerten, stehen solche zusätzlichen Kriterien für ein identisches Nucleotid in gleicher Position in der DNA zweier Taxa nicht zur Verfügung. Merkmalskonflikte entstehen auch dadurch, dass der zwei Taxa gemeinsame Besitz von ursprünglichen Merkmalen keine Aussage über ihre Verwandtschaft zulässt (▶ Abschn. 18.3.4). Auf der Ebene der DNA-Sequenzen gibt es weitere Ursachen für Merkmalskonflikte (▶ Exkurs 18.3).

Für den Umgang mit Merkmalskonflikten gibt es verschiedene Möglichkeiten. Die Erste besteht darin, verschiedene Merkmale unterschiedlich zu gewichten. So sehr außer Frage steht, dass unterschiedliche Merkmale eine unterschiedlich große Bedeutung haben – z. B. würden Blütenmerkmale wohl meist als informativer erachtet als Behaarungsmerkmale –, so schwierig ist es, dies objektiv zu bewerten. Als Ergebnis entstehen Klassifikationsvorschläge, die eine starke subjektive Komponente haben und sich dementsprechend trotz gleichen Merkmalsbestands in der Ausgangssituation stark voneinander unterscheiden können. Um eine Objektivierung der Vorgehensweise bei der Klassifikation von Organismen haben sich z. B. die numerische Systematik und die phylogenetische Systematik bemüht, die sehr unterschiedliche Ansätze für die Lösung von Merkmalskonflikten gewählt haben.

Es gibt eine Vielzahl von Methoden der Datenanalyse in der Systematik/Phylogenetik, von denen hier nur wenige kurz dargestellt werden können. Ein umfassendes Buch zu diesem Thema ist *Inferring Phylogenies* von J. Felsenstein (2004).

Die Rekonstruktion von Stammbäumen beruht heute meist auf DNA-Sequenzen – zunehmend von ganzen Genomen oder Transkriptomen –, die immer schneller und kostengünstiger gewonnen werden können. Die bei solchen Stammbaumanalysen am häufigsten verwendeten Methoden sind *maximum likelihood* und Bayes'sche Analyse (▶ Abschn. 18.3.5). Genauso wie bei phänotypischen Merkmalen Konflikte beobachtet werden (▶ Abschn. 18.3.2), können auch unterschiedliche Teile eines Genoms oder unterschiedliche Gene unterschiedliche Aussagen über Verwandtschaft zulassen. Während in einer Gruppe von drei Taxa (X, Y und Z) ein Gen eine enge Verwandtschaft von X und Y unterstützt, kann ein anderes Gen eine enge Verwandtschaft von Y und Z unterstützen (◘ Abb. 18.5B). Es gibt also in diesem Beispiel zwei sich widersprechende, auf unterschiedlichen Genen beruhende **Genstammbäume** (engl. *gene trees*), von denen nur einer den **Artenstammbaum** (engl. *species tree*) richtig darstellen kann. Dieser häufig gefundene Widerspruch zwischen Genstammbäumen und Artenstammbäumen hat vor allem zwei Gründe: Hybridisierung und *incomplete lineage sorting*. Ein dritter Grund kann in der Duplikation von Genen und der Verwendung unterschiedlicher (paraloger) statt gleicher (orthologer) Kopien in einer phylogenetischen Analyse bestehen.

Wie in ▶ Abschn. 17.3.3 ausführlich dargestellt, ist die **Hybridisierung** zwischen Arten bei Pflanzen häufig und damit von großer Bedeutung für die Evolution von Pflanzen. Dabei kann die Hybridisierung zu Hybridarten führen, die zumindest bei polyploiden Hybridarten die elterlichen Genome in ungefähr gleichem Verhältnis enthalten. Introgressive Hybridisierung (d. h. wiederholte Rückkreuzung einer F_1-Hybriden mit nur einer Elternart) kann dazu führen, dass einzelne Allele einer Art in eine andere Art gelangen. Solche Hybridisierungsereignisse – ein horizontaler Kontakt zwischen den Ästen eines sich im Prinzip gabelig verzweigenden Stammbaums – werden auch als Retikulationen bezeichnet. In ◘ Abb. 18.5A ist dargestellt, wie der horizontale Transfer eines Gens durch Hybridisierung zwischen den Arten X und Y zu einem Genstammbaum führt, der den Artenstammbaum nicht richtig wiedergibt.

Von *incomplete lineage sorting* (**ILS**) spricht man, wenn der letzte gemeinsame Vorfahre von z. B. drei Arten für ein betrachtetes Gen unterschiedliche Allele enthielt und damit polymorph war und diese Allele zufällig an die entstandenen drei Arten weitergegeben wurden. In ◘ Abb. 18.5B ist sichtbar, dass der auf Gen 1 basierende Genstammbaum dem Artenstammbaum entspricht. Bei Gen 2 ist im letzten gemeinsamen Vorfahren aller drei Arten ein Polymorphismus entstanden. Die in diesem Vorfahren vorhandenen drei Allele dieses Gens sind durch Zufallsprozesse so weitergegeben worden, dass der resultierende Genstammbaum nicht dem Artenstammbaum entspricht. Das liegt

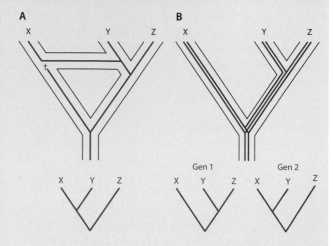

◘ **Abb. 18.5** Hybridisierung **A** und *incomplete lineage sorting* (ILS; **B**) als Ursachen für Konflikte zwischen Artenstammbäumen (oben) und Genstammbäumen (unten). Kreuz: Allel nicht weitergegeben. Weitere Erläuterung im Text

daran, dass das Allel der Art Y mit dem Allel der Art X enger verwandt ist als mit dem Allel der Art Z.

Während sich Konflikte zwischen Gen- und Artenstammbäumen gut in phylogenetischen Netzwerken darstellen lassen – das sind Stammbäume, die sich nicht nur gabelig verzweigen, sondern auch horizontale Verbindungen zwischen Stammbaumästen (Retikulationen) enthalten – ist die Unterscheidung von Hybridisierung und ILS als alternative Ursachen für eine Retikulation eine große Herausforderung in der Stammbaumanalyse. Sollte aus anderen Gründen (z. B. intermediäre Morphologie, Vorkommen im Überlappungsgebiet bei Betrachtung eines Beispiels auf Artebene) die Hybridisierung die für einen Konflikt zwischen Gen- und Artenstammbäumen plausibelste Erklärung sein, sollten die so erkannten Hybriden bzw. Hybridarten von vornherein aus der Stammbaumrekonstruktion ausgeschlossen werden. Im Prinzip lässt sich die Hybridisierung vom ILS dann unterscheiden, wenn eine Aussage über den Zeitpunkt der Entstehung eines Genpolymorphismus in Relation zum Zeitpunkt der Artbildung gemacht werden kann. Ist der Polymorphismus älter als die Artbildung (◘ Abb. 18.5B), kann ein Konflikt nur mit ILS erklärt werden. Ist er dagegen jünger als die Artbildung (◘ Abb. 18.5A), ist die Hybridisierung die Erklärung. Das setzt natürlich voraus, dass man den Artenstammbaum kennt.

Methoden, die bei der Ermittlung von Artenstammbäumen das ILS berücksichtigen können, sind heute meist sogenannte Koaleszenzmethoden. Mit Koaleszenz wird, von heute in die Vergangenheit schauend, die Konvergenz der DNA-Sequenzen von unterschiedlichen Allelen aus verschiedenen Stammbaumästen in einem letzten gemeinsamen Vorfahren der unterschiedlichen Allele bezeichnet.

18

18.3.3 Numerische Systematik

Die **numerische Systematik** (**Phänetik**) bemüht sich darum, im paarweisen Vergleich aller Taxa Ähnlichkeiten zu ermitteln und diese Ähnlichkeiten zu einer Darstellung der Ähnlichkeitsstruktur in der Untersuchungsgruppe zu verrechnen. In der numerischen Systematik bezeichnet man die verwendeten Taxa häufig auch als *operational taxonomic unit* (**OTU**). Die konkrete Vorgehensweise besteht darin, in einem ersten Schritt die Merkmalsausprägungen bei allen Taxa der Untersuchungsgruppe zu erheben. Diese können dann in einer binären Datenmatrix codiert werden, in der die Taxa gegen die Merkmale aufgetragen sind (◘ Abb. 18.6a). Im nächsten Schritt werden im paarweisen Vergleich aller Taxa Ähnlichkeiten (bzw. Distanzen) berechnet. Eine einfache Möglichkeit hierfür besteht z. B. darin, die Zahl der Merkmale, die zwei Taxa gemeinsam sind, durch die Zahl der insgesamt beobachteten Merkmale zu teilen (◘ Abb. 18.6b). Der so berechnete Ähnlichkeitskoeffizient ist auch als *simple matching coefficient* bekannt. Im dritten Schritt schließlich werden unter Verwendung aller paarweisen Ähnlichkeitskoeffizienten die Taxa zu Gruppen abnehmender Ähnlichkeit zusammengefasst. Das in ◘ Abb. 18.6c dargestellte **Phänogramm** ist dabei das Ergebnis einer Clusteranalyse, in der die Taxa hierarchisch angeordnet werden. Die unterschiedlichen von einem Verzweigungspunkt ausgehenden Gruppen oder „Äste" einer Clusteranalyse werden auch als **Cluster** bezeichnet.

Die eben beschriebene Methode kann an vielen Stellen abgewandelt werden bzw. bietet an zahlreichen Punkten unterschiedliche Optionen. So besteht die Möglichkeit, dass ein Merkmal (z. B. Blütenfarbe) nicht nur zwei, sondern mehrere Merkmalsausprägungen (z. B. Rot, Weiß, Blau, Gelb) hat (engl. *multistate character*). Diese können genauso wie Merkmale mit nur zwei Ausprägungen verrechnet werden. Bei quantitativen Merkmalen wie der Blattlänge müsste der Codierung eine Klassenbildung vorausgehen, indem z. B. alle Blätter <10 cm und alle Blätter >10 cm unterschiedlich codiert werden. Eine solche Klassenbildung ist häufig willkürlich. Es gibt aber auch die Möglichkeit, solche kontinuierlich variierenden Merkmale ohne Klassenbildung zu benutzen. Außer dem sehr einfachen *simple matching coefficient* steht eine große Zahl anderer Ähnlichkeits- bzw. Distanzkoeffizienten zur Verfügung. Mit diesen kann man z. B. berücksichtigen, ob eine Gemeinsamkeit zwischen zwei Taxa in einer Merkmalsausprägung besteht, die beiden fehlt oder die in beiden vorhanden ist (Nichtberücksichtigung gemeinsamer fehlender Merkmalsausprägungen: Jaccard-Koeffizient), oder ob, bei Betrachtung z. B. von DNA-Sequenzmerkmalen, die Wahrscheinlichkeit mehrfacher und konvergenter Veränderung eines Nucleotids mit zunehmender Distanz zwischen zwei Taxa immer größer wird (z. B. Jukes-Cantor-, Kimura-Distanzen). Schließlich gibt es viele unterschiedliche Verfahren der Clusteranalyse und auch noch sogenannte Ordinationsverfahren. Ordinationsverfahren wie die **Hauptkomponentenanalyse** (engl. *principal component analysis*, PCA) oder die **Hauptkoordinatenanalyse** (engl. *principal coordinates analysis*, PCoA) resultieren im Gegensatz zu Clusteranalysen in nichthierarchischen Darstellungen der Ähnlichkeitsbeziehungen in einem multidimensionalen Koordinatensystem. Eine häufig angewandte Clusteranalyse insbesondere bei molekularen Daten ist Neighbor Joining (**NJ**).

Es stellt sich grundsätzlich die Frage, ob Ähnlichkeit mit Verwandtschaft gleichgesetzt werden kann, denn Verwandtschaft ist ja das einzige objektive Kriterium der Gruppenbildung. Ähnlichkeit und Verwandtschaft sind nur dann gleichzusetzen, wenn Evolutionsraten in allen Entwicklungslinien gleich sind und keine Parallelismen

a

Merkmale	Taxa					
	A	B	C	D	E	F
1	0	0	0	0	1	1
2	0	0	1	1	1	1
3	0	0	0	0	1	1
4	0	1	1	1	0	0
5	0	0	0	0	0	1
6	0	0	1	1	0	1
7	0	1	1	0	0	0
8	0	0	0	0	1	1
9	1	1	1	1	0	0
10	1	1	0	0	0	0

b

	A	B	C	D	E	F
A		8/10	5/10	6/10	3/10	2/10
B	0,8		7/10	6/10	1/10	0/10
C	0,5	0,7		9/10	2/10	3/10
D	0,6	0,6	0,9		3/10	4/10
E	0,3	0,1	0,2	0,3		9/10
F	0,2	0	0,3	0,4	0,9	

c

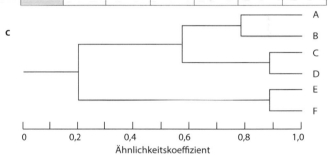

◘ **Abb. 18.6** Numerische Systematik. **a** Datenmatrix mit Taxa A bis F und zehn Merkmalen mit den Merkmalsausprägungen 0 und 1. **b** Paarweise Ähnlichkeiten zwischen Taxa (Zahl gemeinsamer Merkmale/Gesamtzahl Merkmale). **c** Aus Ähnlichkeitskoeffizienten errechnetes Phänogramm. (Nach Spring und Buschmann 1998)

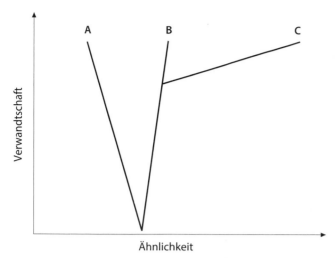

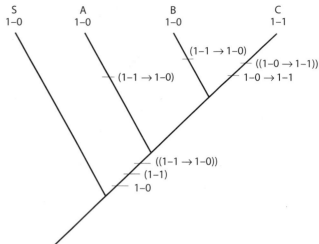

◘ Abb. 18.7 Ähnlichkeit und Verwandtschaft. Bei unterschiedlich schneller Evolution spiegelt die Ähnlichkeit die Verwandtschaft nicht wider. Trotz größerer Ähnlichkeit von A und B im Vergleich zu B und C, sind B und C enger miteinander verwandt. (Nach Ridley 1986)

◘ Abb. 18.8 Schwestergruppenvergleich. Ist in einer Untersuchungsgruppe mit den drei Taxa A, B und C mit den Merkmalsausprägungen A: 1–0, B: 1–0 und C: 1–1 die Merkmalsausprägung 1–0 der Schwestergruppe S der plesiomorphe Zustand, muss nur eine Merkmalstransformation 1–0→1–1 in der zu C führenden Linie postuliert werden. Nimmt man dagegen an, 1–1 sei der Ausgangszustand, müssen zwei Merkmalstransformationen gefordert werden. Entweder hat bei der Entstehung von A und B je eine Merkmalstransformation von 1–1→1–0 stattgefunden oder diese Transformation 1–1→1–0 fand im gemeinsamen Vorfahren von A, B und C nach der Entstehung von S statt und wurde bei der Entstehung von C umgekehrt (1–0→1–1). Der Schwestergruppenvergleich dient auf der Grundlage des Sparsamkeitsprinzips der Erkennung von apomorphen Merkmalen

und Konvergenzen auftreten. Führt eine beschleunigte Evolution in einer Entwicklungslinie, z. B. bei der Eroberung eines völlig neuen Lebensraums (z. B. Wasserpflanzen, parasitische Pflanzen) zu einer starken phänotypischen Divergenz, wird die Ähnlichkeit die Verwandtschaftsverhältnisse nicht mehr richtig erfassen (◘ Abb. 18.7). Ursprünglich hat die Phänetik allerdings auch nicht den Anspruch erhoben, Verwandtschaft zu rekonstruieren.

18.3.4 Phylogenetische Systematik – *maximum parsimony*

Die Methode der **phylogenetischen Systematik (Kladistik)** geht auf den Entomologen W. Hennig zurück. Nach Erfassung aller Merkmale bzw. Merkmalsausprägungen im ersten Schritt der Analyse wird im zweiten Schritt der relative Zeitpunkt ihrer Entstehung ermittelt. Solche Merkmalsausprägungen, die nur innerhalb der Untersuchungsgruppe (engl. *ingroup*) auftreten (◘ Abb. 18.8), werden als relativ abgeleitet oder apomorph (**Apomorphie**) bezeichnet, und solche, die schon außerhalb der Untersuchungsgruppe vorhanden waren, als relativ ursprünglich oder plesiomorph (**Plesiomorphie**). Abhängig davon, ob eine Apomorphie nur bei einem oder mehreren Taxa vorhanden ist, spricht man von **Aut-** bzw. **Synapomorphie**, und bei Plesiomorphien wird entsprechend der Begriff **Symplesiomorphie** benutzt. Die Bewertung einer Merkmalsausprägung als apomorph oder

plesiomorph ist relativ, weil sie sich mit dem Umfang der Untersuchungsgruppe verändert. So ist der Besitz von zwittrigen Blüten (im Vergleich zu eingeschlechtigen Blüten) innerhalb der Angiospermen ein plesiomorphes Merkmal, denn zwittrige Blüten gehören zur Grundausstattung der Angiospermen (▶ Kap. 19). Innerhalb der Samenpflanzen sind zwittrige Blüten aber eine Apomorphie und können zur Begründung der Monophylie der Angiospermen herangezogen werden. Die wichtigste Erkenntnis Hennigs bestand darin, dass für die Erkennung von Verwandtschaft nur apomorphe, aber nicht plesiomorphe Merkmale geeignet sind. Käme man z. B. im Vergleich einer grünen Aster (Asteraceae/Asterales) mit einer grünen Königskerze (Scrophulariaceae/Lamiales) und einer nichtgrünen (parasitischen) Sommerwurz (Orobanchaceae/Lamiales) aufgrund des Vorhandenseins von Chlorophyll in Aster und Königskerze zu dem Schluss, diese seien enger miteinander verwandt, so wäre das falsch. Der Grund liegt darin, dass Chlorophyllbesitz zur Grundausstattung der grünen Pflanzen gehört und in einer kleinen Untergruppe der grünen Pflanzen als Plesiomorphie keine Aussage über die Verwandtschaft zulässt. Der Chlorophyllbesitz ist in Aster und Königskerze erhalten geblieben, in der Sommerwurz aber verloren gegangen.

Zur Beurteilung der Frage, ob ein Merkmalszustand apo- oder plesiomorph ist, hat sich in der phylogenetischen Systematik der **Schwestergruppenvergleich** (engl. *sistergroup comparison*) als wichtigste Methode durchgesetzt. Dabei nimmt man an, dass die beim engsten Verwandten (Schwestergruppe, engl. *sistergroup*) der Untersuchungsgruppe anzutreffende Merkmalsausprägung der plesiomorphe Zustand ist. Diese Annahme ist darin begründet, dass sie sparsamer (engl. *more parsimonious*) ist als die Annahme, dass die alternative, nicht in der Schwestergruppe vorhandene Merkmalsausprägung apomorph ist (◘ Abb. 18.8).

Sparsamkeit (engl. *parsimony*) als Grundlage der Auswahl phylogenetisch informativer Merkmale soll nicht implizieren, dass der Verlauf der Evolution sparsam wäre und immer den kürzesten Weg nähme. Sparsamkeit ist vielmehr ein allgemeines wissenschaftliches Prinzip, das die Verminderung der für eine Erklärung notwendigen Zahl von Hypothesen verlangt.

Selbst wenn der engste Verwandte der Untersuchungsgruppe bekannt ist, sollte zusätzlich zur Schwestergruppe mit weiteren Verwandten der Untersuchungsgruppe gearbeitet werden. Diese weiteren Verwandten bilden die **Außengruppe** (engl. *outgroup*). Die Außengruppe kann die Schwestergruppe einschließen. Der Schwester- oder Außengruppenvergleich ist insofern problematisch, als er annimmt, in der Schwester- oder Außengruppe hätten seit deren Entstehung keine Merkmalsveränderungen mehr stattgefunden. Da die Schwestergruppe aber geologisch ebenso alt ist wie die Untersuchungsgruppe (sie gehen ja beide von einem Verzweigungspunkt im Stammbaum aus) und die übrigen Taxa der Außengruppe geologisch älter sind, hatten sie ebenso viel (Schwestergruppe) oder mehr (andere Taxa der Außengruppe) Zeit für evolutionären Wandel wie die Untersuchungsgruppe selbst. Dadurch ist es eher unwahrscheinlich, dass sich Schwester- bzw. Außengruppe seit Entstehung der Untersuchungsgruppe nicht verändert haben.

Nachdem im zweiten Schritt der Analyse die Merkmalsausprägungen als apomorph bzw. plesiomorph bewertet wurden, zieht man im nächsten Schritt nur noch apomorphe Merkmale zur Erkennung von Verwandtschaft heran. Unter der Voraussetzung, dass bei der primären Erfassung der Merkmale alle Parallelentwicklungen (engl. *parallelism*) und auch Merkmalsumkehrungen (engl. *reversal*) richtig erkannt wurden, sollten die apomorphen Merkmalszustände widerspruchsfrei sein. Das ist aber fast nie der Fall. Die auf Parallelentwicklung oder Merkmalsumkehrung zurückgehenden Merkmalswidersprüche werden als **Homoplasie** (engl. *homoplasy*) bezeichnet, bzw. eine Merkmalsausprägung ist **homoplastisch** (engl. *homoplasious*), wenn sie in der Untersuchungsgruppe mehr als einmal entstanden oder nach

ihrer Entstehung in den Ausgangszustand zurückgekehrt ist. Die bestehenden Merkmalskonflikte werden nun so behandelt, dass mit geeigneten Rechenmethoden, dem Prinzip der Sparsamkeit folgend, die Zahl der insgesamt notwendigen Merkmalstransformationen minimiert wird.

Dieser letzte Schritt ist das wichtigste Prinzip der heute meist angewandten ***maximum parsimony*** (MP), die die phylogenetische Systematik in ihrer ursprünglichen und eben beschriebenen Form weitestgehend ersetzt hat und in Computerprogrammen wie **PAUP** (engl. *phylogenetic analysis using parsimony* von D.L. Swofford) zur Anwendung kommt. Das Prinzip von MP besteht darin, auf eine der Analyse vorangehende Bewertung von Merkmalsausprägungen als apomorph oder plesiomorph, und damit auf den Schwester-/Außengruppenvergleich, zu verzichten und alle Merkmale so zu verrechnen, dass die Zahl der notwendigen Merkmalstransformationen im erhaltenen **Kladogramm** minimal ist. Nichtsdestotrotz wird eine Schwester-/Außengruppe in die Analyse eingeschlossen. Das bevorzugte Ergebnis einer solchen Rechnung ist dann das sparsamste (engl. *most parsimonious*) Kladogramm, das zunächst keinen Basispunkt hat und damit ungewurzelt (engl. *unrooted*) ist. Die Wurzel als Basispunkt eines solchen Kladogramms wird, sofern die Ergebnisse der Analyse das erlauben, zwischen Untersuchungs- und Schwester-/Außengruppe gelegt. Die Bewertung von Merkmalen als apo- oder plesiomorph ergibt sich bei der MP damit erst, nachdem ein Kladogramm errechnet und gewurzelt wurde. Die unterschiedlichen von einem Verzweigungspunkt ausgehenden Gruppen oder Äste eines Kladogramms werden als **Kladen** (engl. *clades*) bezeichnet.

18.3.5 *Maximum likelihood* und Bayes'sche Analyse

Für die Rekonstruktion von Stammbäumen mit DNA-Sequenzmerkmalen werden heute meist als ***maximum likelihood*** (ML) und **Bayes'sche Analyse** (engl. *Bayesian inference*) bezeichnete Methoden eingesetzt. Ausgangspunkt bei der ML-Methode ist die Formulierung eines für die Untersuchungsgruppe spezifischen Modells der Sequenzevolution. Ein solches Modell berücksichtigt einerseits die Sequenzvariation in der Untersuchungsgruppe, indem auf der Grundlage der beobachteten Variation jeder Sequenzposition z. B. deren Substitutionsrate geschätzt oder aus der Sequenzvariation auf die relative Häufigkeit von Transitionen und Transversionen geschlossen wird. Zusätzlich gehen auch allgemeine Annahmen wie die unabhängige Veränderung der einzelnen Sequenzpositionen in das Modell der Sequenzevolution ein. Es wird dann ein Stammbaum errechnet, der die im Alignment der DNA-Sequenzen der Untersuchungsgruppe beobachtete Sequenzvariation auf der Grundlage des für die Untersuchungsgruppe spezifischen Modells der Sequenzevolution mit der größten Wahrscheinlichkeit (engl. *maximum likelihood*) erklärt.

Auch in der Bayes'schen Analyse wird mit einem Modell der Sequenzevolution und den beobachteten Sequenzdaten gearbeitet. Hier können aber zur Berechnung der Wahrscheinlichkeit (in der Bayes'schen Analyse als engl. *posterior probability* bezeichnet) von Stammbäumen bzw. den Ästen eines Stammbaums auch zusätzliche Annahmen (engl. *prior probability* oder einfach *prior*) berücksichtigt werden. Solche *priors*, z. B. Vorkenntnisse über die Struktur des Baums oder eines Teils des Baums, können im Prinzip die Abschätzung der Wahrscheinlichkeit verbessern.

In den heute verfügbaren Programmen resultiert die ML-Methode in einem Baum mit der höchsten Wahrscheinlichkeit (unter den untersuchten Bäumen; das sind nur bei sehr kleinen Datensätzen alle möglichen Bäume!). Das Ausmaß der Unterstützung der gefundenen Äste in diesem Baum kann dann mit einer *bootstrap*-Analyse (▶ Abschn. 18.3.6) berechnet werden. In den meist verwendeten Programmen für Bayes'sche Analysen werden im Gegensatz dazu zahlreiche Bäume mit sehr ähnlicher hoher *posterior probability* gefunden, aus denen ein Konsensbaum erstellt wird. Die Häufigkeit, mit der die Äste dieses Konsensbaums in den Einzelbäumen auftreten, wird als *posterior probability* angegeben. Ein Vorteil dieser Programme (nicht der Bayes'schen Analyse *per se*) besteht darin, dass die enorm große Zahl möglicher Stammbäume mit dem Markov-Chain-Monte-Carlo-Verfahren (MCMC) besser durchsucht werden kann als mit den verfügbaren ML-Programmen und dass deswegen der beste Baum und nicht nur ein guter Baum mit größerer Wahrscheinlichkeit gefunden wird.

18.3.6 Statistische Unterstützung von Verwandtschaftshypothesen

Die errechneten Verwandtschaftshypothesen sind in gewissem Umfang der statistischen Bewertung ihrer Qualität zugänglich. Ein Verfahren hierfür ist z. B. die ***bootstrap*-Analyse**. Hier werden in vielfacher Wiederholung durch zufällige Auswahl aus den Originaldaten neue Datenmatrices zusammengestellt und analysiert. Diese neuen Datenmatrices haben die gleiche Größe wie die Originalmatrix, können sich aber z. B. dadurch von der Originalmatrix unterscheiden, dass ein Merkmal dreimal und dafür zwei andere Merkmale gar nicht einge-

schlossen werden. Ein *bootstrap*-Wert z. B. von 90 für einen Stammbaumast würde bedeuten, dass in 90 % der wiederholten Analysen unterschiedlicher Datenmatrices eine Zugehörigkeit der Taxa zu diesem Ast gefunden wurde. In einer Bayes'schen Analyse ist die *posterior probability* das Maß für die Unterstützung von Ästen (s. o.).

18.4 Phylogenie und Klassifikation

Die oben beschriebenen Möglichkeiten der systematischen Analyse führen zu Hypothesen über die Verwandtschaft zwischen Taxa und sind damit **Taxonphylogenien**. Als besonderes Problem ist letztlich allen Verfahren der Stammbaumrechnung gemeinsam: Die retikulate Evolution (d. h. die Entstehung neuer Taxa durch Hybridisierung divergenter Entwicklungslinien) als ein bei Pflanzen offenbar häufiger evolutionärer Prozess (▶ Abschn. 17.3.3) kann nur schwer berücksichtigt werden (▶ Exkurs 18.3). Sowohl Phänogramme als auch Kladogramme sind keine Stammbäume im Sinne des Stammbaums einer Familie von z. B. Menschen, weil keine Aussagen über Vorfahren oder Nachkommen gemacht werden. Taxonphylogenien können benutzt werden, um die **Merkmalsevolution** zu erschließen (▶ Exkurs 18.1, 19.9, 19.10 und 19.11). Bei der Umsetzung von Kladogrammen in eine formale Klassifikation wird meist akzeptiert, dass nur monophyletische Gruppen anerkannt werden sollten. **Monophylie** (◖ Abb. 18.9) ist dadurch definiert, dass ein Taxon alle Nachkommen eines unmittelbaren gemeinsamen Vorfahren enthält. **Paraphylie** liegt vor, wenn zwar alle in ein Taxon eingeschlossenen Teilgruppen auf einen unmittelbaren gemeinsamen Vorfahren zurückgehen, aber nicht alle Nachkommen dieses Vorfahren in das Taxon einge-

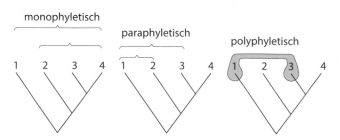

◖ **Abb. 18.9** Mono-, Para- und Polyphylie. Ein monophyletisches Taxon (3–4, 2–4, 1–4) enthält alle Nachkommen eines unmittelbaren gemeinsamen Vorfahren. Paraphylie liegt vor, wenn zwar alle in ein Taxon eingeschlossenen Teilgruppen (1–2, 1–3) auf einen unmittelbaren gemeinsamen Vorfahren zurückgehen, aber nicht alle Nachkommen (3–4, 4) dieses Vorfahren in das Taxon eingeschlossen werden. Ein polyphyletisches Taxon enthält Teilgruppen (1 und 3), die nicht von einem unmittelbaren gemeinsamen Vorfahren abstammen. (Nach Ridley 1986)

schlossen werden. Bei **Polyphylie** schließlich werden solche Gruppen in ein Taxon eingeschlossen, die nicht von einem unmittelbaren gemeinsamen Vorfahren abstammen. Während polyphyletische Taxa allgemein nicht akzeptiert werden, wird die Akzeptanz paraphyletischer Taxa von einigen Autoren verteidigt.

Eines von mittlerweile vielen bekannt gewordenen Beispielen für Paraphylie sind die nordamerikanischen Gattungen *Clarkia* und *Heterogaura* (Onagraceae). Während *Clarkia* zwei fertile Staubblattkreise, geteilte Narben und Kapselfrüchte besitzt, hat *Heterogaura* nur einen fertilen Staubblattkreis, kopfige Narben und Nussfrüchte, weswegen dieses Taxon auch als eigene Gattung beschrieben wurde. Molekulare

Analysen haben eindeutig gezeigt, dass *Heterogaura* mit einigen Arten von *Clarkia* eng verwandt ist und somit aus der Gattung *Clarkia* heraus entstanden ist (◙ Abb. 18.10). Behält man *Heterogaura* als Gattung bei, so ist *Clarkia* im Verhältnis zu *Heterogaura* paraphyletisch, denn alle Vertreter von *Clarkia* gehen zwar auf einen unmittelbaren gemeinsamen Vorfahren zurück, aber durch den Ausschluss von *Heterogaura* sind nicht alle Nachkommen dieses Vorfahren in das Taxon eingeschlossen. Die Ablehnung von paraphyletischen Taxa beruft sich vor allem darauf, dass nicht Ähnlichkeit, sondern nur Verwandtschaft als Klassifikationskriterium gelten soll. Die den Arten von *Clarkia* auffällig unähnliche *Heterogaura* sollte deswegen als *Clarkia* klassifiziert werden, weil ihre engsten Verwandten zu *Clarkia* gehören. Wollte man *Heterogaura* als Gattung beibehalten und gleichzeitig nur monophyletische Taxa anerkennen, müssten mindestens 1) *Clarkia dud-*

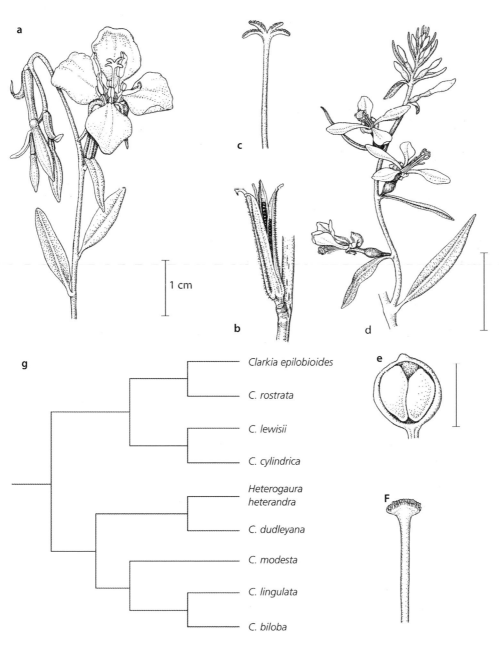

◙ **Abb. 18.10** Paraphylie. *Clarkia* **a–c** und *Heterogaura* **d–f** unterscheiden sich in der Zahl fertiler Staubblätter, der Narbenform und der Frucht. Die Verwandtschaftsanalyse zeigt, dass die Anerkennung von *Heterogaura heterandra* als eigene Gattung zu einer paraphyletischen *Clarkia* führt. (R. Spohn nach Sytsma 1990)

leyana, 2) *C. modesta*, *C. lingulata* und *C. biloba* und 3) *C. epilobioides*, *C. rostrata*, *C. lewisii* und *C. cylindrica* als drei weitere Gattungen behandelt werden. Damit wird deutlich, dass die Umsetzung von Stammbäumen in Klassifikationen auch bei Anerkennung nur monophyletischer Taxa unterschiedlich gehandhabt werden kann. So werden z. B. bei den leptosporangiaten Farnen (▶ Abschn. 19.4.2.6) auf der Grundlage der gleichen Stammbäume von unterschiedlichen Autoren entweder 44 Familien mit 300 Gattungen oder 17 Familien mit 194 Gattungen anerkannt. Auch wenn es für die Umsetzung von Stammbäumen in Klassifikationen keine objektiven Kriterien gibt, sollte berücksichtigt werden, dass leicht diagnostizierbare, also durch einfach zu beobachtende Merkmale erkennbare Einheiten, gebildet werden und dass, mit Blick auf die vielen Nutzer von Pflanzennamen, möglichst wenige Namensänderungen nötig sind.

18.5 Nomenklatur

Für die Benennung und Klassifikation von Pflanzen existieren viele formale Regeln, die im regelmäßig überarbeiteten International Code of Nomenclature for algae, fungi, and plants (▶ https://www.iapt-taxon.org/nomen/main.php) enthalten sind. Die formalen Aspekte systematischer Forschung werden vielfach auch als **Taxonomie** bezeichnet. Wegen der in der Literatur sehr uneinheitlichen Definition dieses Begriffs wird hier auf seine Verwendung völlig verzichtet. Allerdings werden die Begriffe Systematik und Taxonomie häufig als gleichbedeutend betrachtet.

Im System der Pflanzen werden verbindliche taxonomische Rangstufen oder Kategorien verwendet. Dabei handelt es sich um abstrakte Ordnungsbegriffe, denen in einer Hierarchie bestimmte Positionen zugewiesen werden. Der Name einer Art ist ein **Binom** (binäre Kombination) und besteht aus einem Gattungsnamen und dem **Artepithet** (z. B. *Achillea millefolium*). Zu einer unmissverständlichen Verwendung eines Artnamens gehört weiterhin der Autor, der die Art beschrieben hat. Bei *Achillea millefolium* L. steht das L. für Linné. Namen über der Rangstufe der Art sind Uninomiale (z. B. *Achillea*). In ◻ Tab. 18.1 sind die wichtigeren taxonomischen Rangstufen, ihre üblichen Endungen sowie konkrete Taxa am Beispiel der Schafgarbe (*Achillea millefolium*) zusammengefasst. Eine neue Art gilt in der Botanik im aktuellen Code dann als „gültig" veröffentlicht (engl. *validly published*), wenn bestimmte Kriterien erfüllt sind. Dazu gehören die Wahl eines den festgelegten Regeln entsprechenden Namens, eine Beschreibung oder Diagnose, die Publikation in einem allgemein zugänglichen Publikationsorgan sowie die Benennung eines Typus (s. u.), der so hinterlegt werden muss, dass er allgemein zugänglich ist. Alle wissenschaftlichen Pflanzennamen werden in lateinischer Form (vielfach mit griechischen Wortstämmen) gebraucht. Erstbeschreibungen mussten in der Botanik bis vor Kurzem auf Lateinisch verfasst werden, seit dem 1. Januar 2012 ist aber auch die Verwendung von Englisch möglich. Durch die Benennung eines **Typus** (Typifizierung) wird ein Name unwiderruflich mit einem konkreten pflanzlichen Individuum in Verbindung gebracht. Der Typus des Namens einer Art oder eines intraspezifischen Taxons ist dabei meist eine in einem Herbarium deponierte Pflanze. Nur in meist historisch begründeten Ausnahmefällen kann auch eine Illustration als Typus gelten. Ein Typus ist dabei keineswegs immer typisch für ein Taxon. Eine Gattung wird durch eine Art typisiert und eine Familie durch eine Gattung. Existieren für ein Taxon mehrere gültig veröffentlichte Namen, gilt die **Prioritätsregel**. Es wird der Name verwendet, der zuerst gültig veröffentlicht wurde. Diese Regel gilt nicht für Taxa oberhalb des Familienrangs, und gelegentlich können auch andere als die zuerst gültig veröffentlichten Namen als zu benutzende Namen festgelegt (konserviert) werden. Die wegen späterer Veröffentlichung nicht benutzbaren Namen sind **Synonyme** des gültigen Namens.

◻ **Tab. 18.1** Übersicht über die wichtigeren taxonomischen Rangstufen, ihre normierten Endungen sowie die taxonomischen Einheiten am Beispiel der Gewöhnlichen Schafgarbe (*Achillea millefolium* L.)

taxonomische Rangstufen (deutsch, lateinisch, Abk.)	übliche Endungen	taxonomische Einheiten (Beispiele, Synonyme)
Reich (*regnum*)		Eukarya
Unterreich (*subregnum*)	-bionta	Chlorobionta
Abteilung bzw. Stamm (*divisio* bzw. *phylum*)	-phyta, -mycota	Streptophyta
Unterabteilung (*subphylum*)	-phytina, -mycotina	Spermatophytina
Klasse (*classis*)	-phyceae, -mycetes bzw. -opsida	Magnoliopsida
Unterklasse (*subclassis*)	-idae	–
Überordnung (*superordo*)	-anae	–
Ordnung (*ordo*)	-ales	Asterales
Familie (*familia*)	-aceae	Asteraceae (= Compositae)
Unterfamilie (*subfamilia*)	-oideae	Asteroideae
Tribus (*tribus*)	-eae	Anthemideae
Subtribus (*subtribus*)	-inae	Matricariinae
Gattung (*genus*)		*Achillea*
Sektion (*sectio*, sect.)		*Achillea* sect. *Achillea*
Serie (*series*, sec.)		–
[Aggregat (agg.)]		*Achillea millefolium* agg.
Art (*species*, spec. bzw. sp.)		*Achillea millefolium*
Unterart (*subspecies*, subsp. bzw. ssp.)		*A. m.* subsp. *sudetica*
Varietät (*varietas*, var.)		–
Form (*forma*, f.)		*A. m.* subsp. s. f. *rosea*

Die in jüngerer Zeit viel diskutierte „phylogenetische Nomenklatur" mit ihrem mittlerweile vorliegenden PhyloCode (▶ https://www.ohio.edu/phylocode) verzichtet bei der Benennung von Organismen oberhalb des Artrangs auf die Verwendung der herkömmlichen Rangstufen.

Quellenverzeichnis

Kandziora et al (2017) Dual colonization of the Palaearctic from different regions in the Afrotropics by *Senecio*. J Biogeogr 44:147–157

Lutzoni F, Nowak MD, Alfaro ME et al (2018) Contemporaneous radiations of fungi and plants linked to symbiosis. Nature Commun 9:5451

Ridley M (1986) Evolution and classification – the reformation of cladism. Longman, Harlow

Spring O, Buschmann H (1998) Grundlagen und Methoden der Pflanzensystematik. Quelle & Meyer, Wiesbaden

Sytsma KJ (1990) DNA and morphology: inference of plant phylogeny. Trends Ecol Evol 5:104–110

Zuckerkandl E, Pauling L (1965) Molecules as documents of evolutionary history. J Theor Biol 8:357–366

Weiterführende Literatur

Ax P (1988) Systematik in der Biologie. Gustav Fischer, Stuttgart

Davis PH, Heywood VH (1973) Principles of angiosperm taxonomy. Krieger, Huntington

Felsenstein J (2004) Inferring phylogenies. Sinauer, Sunderland

Hall BG (2018) Phylogenetic trees made easy – a how-to manual, 5. Aufl. Sinauer, New York

Hennig W (1982) Phylogenetische Systematik. Paul Parey, Berlin

Hillis DM, Moritz C, Mable BK (1996) Molecular systematics, 2. Aufl. Sinauer, Sunderland

Jeffrey C (1982) An introduction to plant taxonomy, 2. Aufl. Cambridge University Press, Cambridge

Knoop V, Müller K (2009) Gene und Stammbäume, 2. Aufl. Springer Spektrum, Heidelberg

Page RDM, Holmes E (1998) Molecular evolution: A phylogenetic approach. Blackwell, Oxford

Stace CA (1989) Plant taxonomy and biosystematics, 2. Aufl. Arnold, London

Stuessy TF (2009) Plant taxonomy. The systematic evaluation of comparative data, 2. Aufl. Columbia University Press, New York

Swofford DL (2003) PAUP* phylogenetic analysis using parsimony (*and other methods). Sinauer, Sunderland

Turland NJ, Wiersema JH, Barrie FR, Greuter W, Hawksworth DL, Herendeen PS, Knapp S, Kusber W-H, Li D-Z, Marhold K, May TW, McNeill J, Monro AM, Prado J, Price MJ, Smith GF (Hrsg) (2018) International Code of Nomenclature for algae, fungi, and plants (Shenzhen Code) adopted by the Nineteenth International Botanical Congress Shenzhen, China, July 2017. Regnum Vegetabile 159. Koeltz Botanical Books, Glashütten. https://doi.org/10.12705/Code.2018

Wägele J-W (2001) Grundlagen der phylogenetischen Systematik, 2. Aufl. Pfeil, München

Stammesgeschichte und Systematik der Bakterien, Archaeen, „Pilze", Pflanzen und anderer photoautotropher Eukaryoten

Joachim W. Kadereit

Inhaltsverzeichnis

Kadereit, J.W. 2021 Stammesgeschichte und Systematik der Bakterien, Archaeen, „Pilze", Pflanzen und anderer photoautotropher Eukaryoten. In: Kadereit JW, Körner C, Nick P, Sonnewald U. Strasburger – Lehrbuch der Pflanzenwissenschaften. Springer Berlin Heidelberg, p. 699–900.

▶ https://doi.org/10.1007/978-3-662-61943-8_19

Nach der Entstehung des Lebens hat eine evolutionäre Differenzierung der Lebewesen in zwei Hauptgruppen stattgefunden, die **Archaea** (Archaeen) und **Bacteria** (Bakterien). Soweit man das heute weiß, ist eine Teilgruppe der Archaea der engste Verwandte eukaryotischer Organismen (**Eukarya**, Eukaryoten). Ungeachtet dieser Verwandtschaftsverhältnisse werden Archaea, Bacteria und Eukarya meist als Reiche (Regnum/Regna) oder Domänen klassifiziert. Gegenstand der Botanik und damit auch dieses Lehrbuchs sind Pflanzen sowie solche algenähnlichen photoautotrophen Organismen, die durch endocytobiotische Aufnahme von eukaryotischen Grün- oder Rotalgen entstanden sind. Diese Gruppen finden sich im Stammbaum des Lebens an unterschiedlichen Stellen (◘ Abb. 19.1).

Thema dieses Kapitels ist an erster Stelle die Stammesgeschichte und Systematik der genannten Organismengruppen, d. h. der Pflanzen und anderer photoautotropher eukaryotischer Organismen. Wegen ihrer enormen Bedeutung für die Evolution und das heutige Leben der Pflanzen werden auch die Bakterien, Archaeen und „**Pilze**" kurz behandelt, sowie die **Flechten**, die durch Symbiose von Chitinpilzen mit photoautotrophen Organismen entstanden sind.

Die in der Überschrift des Kapitels und im vorangehenden Absatz verwendeten Begriffe Pilze und Flechten bezeichnen keine monophyletischen Verwandtschaftskreise (▶ Abschn. 18.4), in denen alle Teilgruppen auf einen gemeinsamen Vorfahren zurückgehen, sondern **Organisationstypen**, die mehrfach, also polyphyletisch, entstanden sind. Dasselbe gilt auch für z. B. die weiter unten verwendeten Begriffe Algen, Moose und Farnpflanzen, mit denen Gruppen zusammengefasst werden können, welche vergleichbare Struktur und Komplexität haben, aber nicht monophyletisch sind.

Die **Eukaryoten** gliedern sich in fünf Großgruppen (◘ Abb. 19.1, ▶ Exkurs 19.1). Die Pflanzen (Plantae) sind durch Fusion einer heterotrophen Zelle mit einer photoautotrophen cyanobakteriellen Zelle (▶ Abschn. 1.3.2) in der Evolution wohl nur einmal entstanden. Zu ihnen gehören alle photoautotrophen Eukaryoten mit einfachen Plastiden, d. h. Plastiden mit zwei Hüllmembranen. Die wiederholte Aufnahme von einzelligen Algen mit einfachen Plastiden durch heterotrophe Eukaryoten (sekundäre oder tertiäre Endocytobiose) hat dazu geführt, dass auch die Chromalveolatae, Rhizaria und Excavatae photoautotrophe Entwicklungslinien enthalten, deren Plastiden mehr als zwei Membranen (komplexe Plastiden) haben.

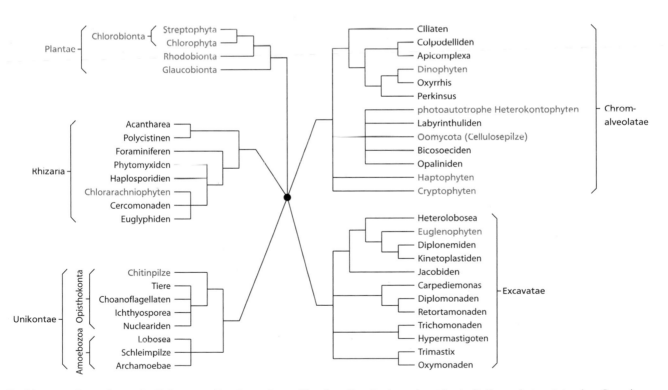

◘ **Abb. 19.1** Stammbaum der Eukaryoten. Der Stammbaum illustriert die teilweise weit entfernte Stellung photoautotropher Organismen (orange: Plantae [Pflanzen], Dinophyten, photoautotrophe Heterokontophyten, Haptophyten, Cryptophyten, Euglenophyten, Chlorarachniophyten) sowie (grün) der Chitinpilze und der Cellulosepilze. (Nach Keeling 2004)

Es ist sehr wahrscheinlich, dass die erste heterotrophe eukaryotische Zelle von den **Archaeen** abstammt. Mitochondrien sind danach durch die endocytobiotische Aufnahme eines α-Proteobakteriums entstanden.

Nach derzeitiger Kenntnis lassen sich die **Eukaryoten in fünf Großgruppen** untergliedern, die sich bereits in ihrer frühen Stammesgeschichte voneinander getrennt haben (◘ Abb. 19.1):

- **Unikontae**: heterotroph; aktiv bewegliche Zellen oft mit einer Geißel; hierzu gehören die Tiere, aber auch Chitinpilze und Schleimpilze; diese Gruppe wird manchmal in die Opisthokonta und die Amoebozoa aufgeteilt
- **Plantae** (= Primoplantae, Archaeplastida): durch primäre Endocytobiose von Cyanobakterien photoautotroph; Plastiden einfach mit doppelter Membran; nur diese Gruppe wird hier als Pflanzen bezeichnet
- **Chromalveolaten**: teilweise photoautotroph durch sekundäre Endocytobiose von Rhodophyten
- **Rhizaria**: teilweise photoautotroph durch sekundäre Endocytobiose von Chlorophyten und
- **Excavatae**: teilweise photoautotroph durch sekundäre Endocytobiose von Chlorophyten.

Von diesen fünf Gruppen sind die Rhizaria und die Chromalveolaten enger miteinander verwandt und werden heute vielfach auch als SAR-Klade (SAR von Stramenopilata, Alveolata, Rhizara) zusammengefasst. Die wohl einmalige Fusion des heterotrophen Vorfahren der Plantae mit einem photoautotrophen Cyanobakterium im Zuge einer primären Endocytobiose (► Abschn. 1.3.2) vor mehr als 2 Mrd. Jahren führte zur **Entstehung der ersten Pflanzenzelle**, indem die Endocytobionten zu Plastiden wurden. Auf diese erste Pflanzenzelle gehen alle pflanzlichen Organismen mit einfachen Plastiden mit zwei Hüllmembranen zurück.

Die **Pflanzen** lassen sich in drei Gruppen gliedern: die **Glaucobionta**, **Rhodobionta** (Rotalgen) und **Chlorobionta**. Innerhalb der Chlorobionta gibt es zwei große Teilgruppen: die **Chlorophyta** (Grünalgen) und die **Streptophyta**, die einerseits ein- bis vielzellige grüne Algen (streptophytische Grünalgen) und andererseits die Landpflanzen (Moose, Farnpflanzen, Samenpflanzen = Embryophyten) enthalten.

Alle übrigen Algengruppen mit Plastiden mit meist drei oder vier Membranen sind in der Evolution mehrfach durch sekundäre (oder tertiäre) Endocytobiosen entstanden, indem unterschiedliche heterotrophe eukaryotische Einzeller unterschiedliche Algen aufgenommen haben. Grünalgen sind die sekundären Endocytobionten der **Chlorarachniophyten** in den **Rhizaria** und der **Euglenophyten** in den **Excavatae**. Rotalgen als sekundäre (oder tertiäre) Endosymbionten sind die Plastiden der photoautotrophen Teilgruppen der **Chromalveolaten**, zu denen Haptophyten, Cryptophyten, Dinophyten und photoautotrophe Heterokontophyten zählen.

Die im Deutschen als **Pilze** zusammengefassten heterotrophen Organismen sind sehr unterschiedlicher stammesgeschichtlicher Herkunft (◘ Abb. 19.1). Die **Oomyceten** (Cellulose-, Algenpilze) sind mit photoautotrophen Heterokontophyten innerhalb der Chromalveolaten verwandt. Innerhalb der **Unikontae** stellen die mit den Protozoen verwandten **Acrasiobionta** (zelluläre Schleimpilze) und **Myxobionta** (Schleimpilze) sowie die mit ursprünglichen mehrzelligen Tieren (Metazoen) verwandten **Mycobionta** (Chitinpilze) weitere Entwicklungslinien dar. Durch Ektosymbiose unterschiedlicher Mycobionta mit Cyanobakterien oder Grünalgen sind schließlich mehrfach unabhängig voneinander die **Lichenes** (Flechten) entstanden.

Die im Ordovicium vor ca. 470 Mio. Jahren auftretenden **Landpflanzen** (**Embryophyten**: Moose, Farn- und Samenpflanzen) sind eng mit den meist im Süßwasser lebenden Zygnematophytina, Coleochaetophytina und Charophytina verwandt. Diese Algen (sowie einige weitere Algengruppen) und die Landpflanzen bilden zusammen die Streptophyta, die sich z. B. durch (falls vorhanden) lateral inserierte Geißeln, Zellteilung häufig unter Bildung eines Phragmoplasten sowie eine besondere Struktur der Cellulose auszeichnen. Es ist sehr wahrscheinlich, dass von den drei genannten Algengruppen die einzelligen oder fädigen Zygnematophytina die engsten Verwandten der Landpflanzen sind. Die großen und morphologisch komplexen Charophytina dagegen stehen den Landpflanzen am fernsten. Möglicherweise ist (von den bisher untersuchten Arten der Zygnematophytina) die einzellige *Spirogloea muscicola* engste Verwandte der Landpflanzen (womit die Zygnematophytina im Verhältnis zu den Landpflanzen paraphyletisch sind). *Spirogloea muscicola* wächst z. B. auf der Oberfläche von auf dem Land liegenden Steinen. Durch die Sequenzierung des Genoms dieser Art konnte gezeigt werden, dass ihr und den Landpflanzen einige Gene gemeinsam sind, die, vermittelt durch horizontalen Gentransfer, von Bodenbak-

19

Stammesgeschichte und Systematik der Bakterien, Archaeen, „Pilze", Pflanzen und anderer...

703

19

terien stammen. Diese Gene werden z. B. mit Austrocknungsresistenz in Verbindung gebracht. Demnach könnte es also sein, dass die Besiedlung des Lands durch bakterienvermittelten horizontalen Gentransfer ermöglicht wurde. Außerdem zeigen diese Beobachtungen, dass wichtige Anpassungen an das Landleben nicht erst im letzten gemeinsamen Vorfahren der Landpflanzen entstanden sind, sondern schon in den Zygnematophytina, von denen auch andere Arten als *Spirogloea muscicola* die genannten Gene enthalten. Wichtige Voraussetzungen für die erfolgreiche Ausbreitung auf dem Land mit limitierter Verfügbarkeit von Wasser und die Eroberung des Luftraums waren auf morphologisch-anatomischer Ebene die Entstehung von Cuticula, Spaltöffnungen, Leit- und Festigungsgeweben, Interzellularen und Organen der Wasseraufnahme. Für die Besiedlung des Lands durch Pflanzen scheint auch deren Symbiose mit VA-Mykorrhizapilzen eine große Bedeutung gehabt zu haben. Die Landpflanzen als Teilgruppe der Streptophyta zeichnen sich weiterhin dadurch aus, dass ihre Gametangien (Antheridien, Archegonien) von einer Hülle kongenital (d. h. während der Entwicklung) entstehender steriler Zellen umgeben sind und die Zygote als Embryo wenigstens anfänglich auf dem Gametophyten bleibt und von diesem ernährt wird. Auch diese beiden Eigenschaften (besonderer Schutz der Keimzellen und der sich entwickelnden Zygote) können als Anpassungen an das Landleben interpretiert werden.

Die ursprünglichsten Entwicklungslinien der Landpflanzen sind die **Moose** – **Marchantiophytina** (Lebermoose), **Bryophytina** (Laubmoose) und **Anthocerotophytina** (Hornmoose) –, bei denen der Gametophyt die anatomisch und morphologisch komplexere und längerlebige Generation ist und der unverzweigte Sporophyt mit nur einem endständigen Sporangium immer mit dem Gametophyten verbunden bleibt und wenigstens teilweise von diesem ernährt wird.

Die paraphyletischen **Farnpflanzen** – **Lycopodiophytina** (Bärlappe, Moosfarne, Brachsenkräuter), **Equisetophytina** (Schachtelhalme), **Psilotophytina** (Gabelblattfarne), **Ophioglossophytina** (Natternzungengewächse), **Marattiophytina** (eusporangiate Farne), **Polypodiophytina** (leptosporangiate Farne) – zusammen mit den monophyletischen Samenpflanzen (**Spermatophytina**) sind aus einer moosähnlichen Ahnengruppe entstanden, die möglicherweise am engsten mit den Anthocerotophytina verwandt war. Farn- und Samenpflanzen haben einen morphologisch-anatomisch komplexen, verzweigten Sporophyten mit den Grundorganen Wurzel, Achse und Blatt (Kormus), zahlreichen blattständigen Sporangien sowie mit Xylem (mit Tracheiden und bei Blütenpflanzen auch Tracheen) und Phloem als Leitgewebe. Dementsprechend kann man Farn- und Samenpflanzen auch als **Kormophyten** bzw. **Tracheophyten** (Gefäßpflanzen) zusammenfassen. Die immer thallose gametophytische Generation wird zunehmend reduziert.

Bei den Farngewächsen kann eine tiefgreifende Zweiteilung in die **Lycopodiophytina** einerseits und die **Equisetophytina**, **Psilotophytina**, **Marattiophytina**, **Ophioglossophytina** und **Polypodiophytina** andererseits beobachtet werden; die fünf zuletzt genannten Gruppen sind zusammen Schwestergruppe der Spermatophytina. Angesichts dieser Verwandtschaftsverhältnisse sind die Farnpflanzen im Verhältnis zu den Spermatophytina paraphyletisch und können dementsprechend auch nur durch das Fehlen der Samenbildung von den Samenpflanzen unterschieden werden.

In den heute fast durchgehend krautigen Teilgruppen der Farnpflanzen, die sich z. B. in ihrer Beblätterung, der Struktur ihrer Sporophylle sowie der Anatomie ihrer Achsen stark voneinander unterscheiden, haben in der Vergangenheit auch viele holzige und baumförmige Vertreter existiert. Ebenso hat der Übergang von Isosporie mit meist hermaphroditen und frei lebenden Gametophyten zu Heterosporie mit endospor gebildeten Gametopyhten (Mikrospore: männlicher Gametophyt; Megaspore: weiblicher Gametophyt) mehrfach parallel stattgefunden.

Die vermutlich vor ca. 350 Mio. Jahren an der Grenze vom Devon zum Karbon entstandenen, heterosporen **Samenpflanzen** zeichnen sich dadurch aus, dass die Megaspore das Megasporangium nicht verlässt. Damit bleibt der sich aus der Megaspore entwickelnde weibliche Gametophyt (**Embryosack**) in einem sich nicht öffnenden Megasporangium (**Nucellus**) mit steriler Hülle (**Integument**) mindestens bis zur Bestäubung auf dem Sporophyten. Diese als Samenanlage (Integument, Nucellus, Embryosack mit Eizelle) bezeichnete Struktur entwickelt sich nach der Befruchtung zum Samen mit Samenschale (**Testa**), Nährgewebe (**Endosperm**) und **Embryo**.

Mit diesem evolutionären Schritt wurde die Befruchtung, die bei den Moosen und Farnpflanzen an das Vorhandensein von Wasser gebunden ist, von Wasser unabhängig.

Innerhalb der Samenpflanzen kann man die **Coniferopsida** (Nadelhölzer inkl. Gnetales), **Cycadopsida** (Palmfarne) und **Ginkgopsida** als monophyletische **Gymnospermen** (Nacktsamer) den **Magnoliopsida** (Blütenpflanzen) als **Angiospermen** gegenüberstellen. Mit dieser Auffassung wird die noch bis vor Kurzem allgemein akzeptierte Vorstellung revidiert, dass die Angiospermen ihren engsten Verwandten in den Gnetales haben und die Gymnospermen damit im Verhältnis zu den Angiospermen paraphyletisch sind. Überraschend ist die sehr enge Verwandtschaft der Gnetales mit den Nadelhölzern, in denen sie möglicherweise sogar engste Verwandte der Pinaceae sind.

Mit mindestens 250.000 Arten sind die Angiospermen heute die bei Weitem artenreichste Pflanzengruppe, die fossil erstmalig in der frühen Kreide vor ca. 132 Mio. Jahren auftrat. Sie zeigen eine enorme Vielfalt in ihrer Ökologie, der Ausbildung verschiedenster holziger und krautiger Wuchsformen, ihrer Bestäubungs- und Ausbreitungsbiologie sowie ihrem Reichtum an sekundären Inhaltsstoffen. Damit sind sie heute dominierender Bestandteil fast aller Vegetationsformen und können auch unterschiedlichste extreme Standorte besiedeln.

An der Basis des Stammbaums der Angiospermen stehen einige als **basale Ordnungen** zusammengefasste, meist zweikeimblättrige Familien, zu denen nur etwa 4 % aller heute lebenden Blütenpflanzenarten gehören. Sie sind eine paraphyletische Basisgruppe, aus der heraus die übrigen Angiospermen entstanden sind. Diese enthalten die einkeimblättrigen **Monokotyledonen** mit ca. 22 % aller Angiospermenarten und die zweikeimblättrigen **Eudikotyledonen** mit den verbleibenden ca. 74 % der Angiospermenarten.

Auch wenn die Rekonstruktion des Stammbaums aller heute lebenden Organismen (engl. *tree of life*) ein wohl nie endender Prozess ist, wurden durch die Analyse von DNA-Sequenzen (früher einzelne Gene aller zellulären Genome, heute zunehmend vollständige Genome) entscheidende Fortschritte erzielt. Die Umgrenzung der im Folgenden vorgestellten Organismengruppen und ihre Verwandtschaft miteinander scheinen in vielen Fällen geklärt zu sein, in anderen aber noch nicht.

Bis heute sind etwa 290.000 rezente Pflanzenarten beschrieben worden. Dazu gehören ca. 13.500 Algen (Glaucophyten, Rotalgen, Grünalgen, streptophytische Algen), ca. 16.000 Moose, ca. 9500 Farnpflanzen, etwa 800 nacktsamige Samenpflanzen (Gymnospermen) und mindestens 250.000 Blütenpflanzen (Angiospermen). Weiterhin gibt es ca. 19.000–21.000 photoautotrophe Eukaryoten anderer Verwandtschaft, die durch die Aufnahme einer rhodophytischen oder chlorophytischen Algenzelle in sekundären Endocytobiosen entstanden sind. Die Zahl der beschriebenen Pilzarten beläuft sich auf etwa 100.000 und die der Flechten auf etwa 20.000. Schließlich sind noch mehr als 9000 Bakterien- und Archaeenarten bekannt. Es ist sicher, dass besonders bei den Bakterien, Archaeen und Pilzen die Zahl der beschriebenen Arten einen wohl nur kleinen Teil der existierenden Arten darstellt. Besonders bei den Bakterien und Archaeen ist die Definition einer Art sehr schwierig (s. u.). ▶ Exkurs 19.1 gibt eine kurze Zusammenfassung der Evolution der im Folgenden vorgestellten Organismen.

19.1 Bakterien und Archaeen

Bakterien und Archaeen können als Organisationstyp „**Prokaryoten**" allen übrigen Organismen, den „**Eukaryoten**", gegenübergestellt werden. Sie stellen die ersten zwei divergierenden Äste im Stammbaum des Lebens dar und sind, da die Eukaryoten aus den Archaeen hervorgegangen sind, keine monophyletische Gruppe. Die ältesten fossil nachgewiesenen Lebewesen hatten eine prokaryotische Zellstruktur.

19.1.1 Zellbau, Vermehrung und genetischer Apparat

Die Zellen der Bakterien und Archaeen (**Protocyte**) haben eine in vielerlei Hinsicht andere und einfachere Struktur als die Zellen der Eukaryoten (**Eucyte**) und es gibt keine Übergangsformen zwischen diesen beiden Zelltypen.

Schon äußerlich wird der grundsätzliche Unterschied von Pro- und Eukaryoten durch die sehr ungleiche Größe von typischen Proto- und Eucyten dokumentiert. Die Abmessungen einer Zelle des Darmbakteriums *Escherichia coli* liegen bei zwei- bis viermal 1 µm, entsprechend einem Volumen von etwa 2,5 µm³. Das Volumen der Plasmamasse durchschnittlicher Eucyten ohne Vakuolen macht dagegen etwa 1500–3000 µm³ aus, liegt also um drei Größenordnungen höher. Dem entspricht eine viel geringere DNA-Menge in Protocyten. Während die Gesamtlänge der Kern-DNA beim Menschen haploid knapp 1 m beträgt, liegt sie bei *E. coli* nur etwas über 1 mm. Dieser Größenunterschied entspricht aber nicht der Zahl codierter Proteine. Dies sind bei *E. coli* ca. 4300, beim Menschen ca. 23.000. Mit der Kleinheit des Protocyten hängt auch zusammen, dass die Zeitdauer für die Zellteilung unter Optimalbedingungen sehr kurz sein kann, bei *E. coli* z. B. 20 min. Eucyten in Bildungsgeweben teilen sich dagegen meist nicht öfter als einmal am Tag. Aus einer einzigen Bakterienzelle könnten schon nach 10 h über 1 Mrd. Zellen entstanden sein. Dies macht einerseits ihre enorme ökologische Bedeutung und andererseits ihre Anpassungsfähigkeit

(u. a. durch Mutationen) verständlich. Echte Vielzeller gibt es bei Bakterien und Archaeen nicht.

Die Kleinheit der Protocyten hat auch eine besonders einfache **Kompartimentierung** zur Folge (◘ Abb. 19.2). Bei den meisten Protocyten ist die Plasmamembran die einzige Biomembran, die Zelle stellt dann ein einziges Kompartiment dar. Intrazelluläre nichtplasmatische Kompartimente sind bei Bakterien nur selten ausgebildet. Die Zusammensetzung der Plasmamembran von Bakterien und Archaeen unterscheidet sich. Während sie bei den Bakterien meist unverzweigte Kohlenwasserstoffe enthält, die über Esterbindungen mit Glycerin verknüpft sind, enthält sie bei Archaeen Kohlenwasserstoffe (Phytanylreste), die über Ätherbindungen mit Glycerin verknüpft sind.

Die Thylakoide der Cyanobakterien (◘ Abb. 19.3a) sind keine Komponenten eigener membranumgrenzter Plastiden wie bei den Pflanzen. Es handelt sich vielmehr um flache Doppelmembranen im Cytoplasma, die Photosynthesepigmente tragen und Lichtreaktionen mit Wasserspaltung ausführen. Sie gehen aus Einstülpungen der Plasmamembran hervor. Bei manchen Bakterien gibt es unterschiedlich geformte Einstülpungen der Plasmamembran (◘ Abb. 19.3b, c), die allerdings mit dieser dauernd verbunden bleiben. Sie werden dennoch als **intracytoplasmatische Membranen** (ICM) bezeichnet. Auch diese Membranvesikel, -taschen oder -röhren tragen Photosynthesepigmente.

Von den genannten Eigenschaften der prokaryotischen Zelle gibt es viele Abweichungen. Beispielsweise erreichen Bakterienzellen vereinzelt Ausmaße, die denen von Eucyten entsprechen. Spitzenwerte wurden bei *Epulopiscium fishelsoni* gefunden, einem grampositiven Darmbakterium tropischer Meeresfische, dessen stabförmige Zellen 600 • 80 μm messen. Noch größer ist das in Meeressedimenten vor Namibia entdeckte, kugelförmige Schwefelbakterium *Thiomargarita namibiensis* mit einem Durchmesser von bis zu 750 μm, das in seinen vakuolisierten Zellen beträchtliche Mengen von Schwefel und Nitrat speichert. Dieses Bakterium bildet Zellketten mit bis zu 50 Einzelzellen. Ähnliche Zellverbände sind bei Cyanobakterien („Blaualgen") die Regel (◘ Abb. 19.4) und bei Myxobakterien kommt es sogar zur Bildung komplex gebauter Fruchtkörper.

Die meisten Protocyten besitzen eine Zellwand, die sehr unterschiedlich aufgebaut sein kann. Sie dient nicht nur dem Schutz der Zelle, sondern auch der osmotischen Stabilisierung, der Formgebung und dem kontrollierten Kontakt mit der Umwelt. Die Wand fungiert als Außenskelett. ◘ Abb. 19.5 zeigt den Schichtaufbau von Zellhüllen bei Bakterien. Eine strukturbestimmende Komponente ist die **Peptidoglykan-** oder **Mureinschicht**. Sie ist aus unverzweigten Polysaccharidketten aufgebaut, die durch Oligopeptidspangen quervernetzt sind. Da die gesamte Mureinschicht einem einzigen Riesenmolekül entspricht, wird sie auch als **Mureinsacculus** bezeichnet. Dieser kann durch lokales Einfügen neuer Bausteine vergrößert werden und verliert so seine Stütz- und Schutzfunktion auch während des Zellwachstums nicht.

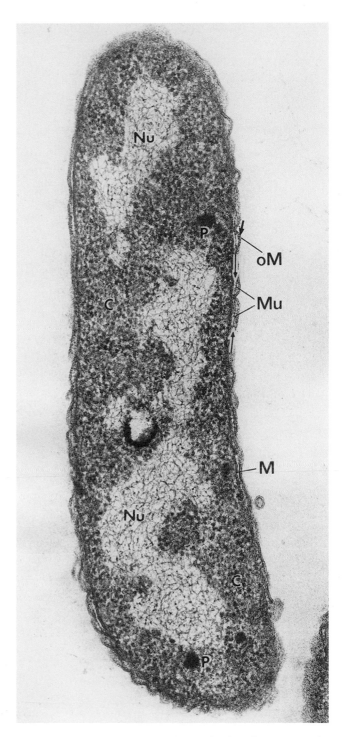

◘ **Abb. 19.2** Feinbau einer typischen Bakterienzelle (gramnegativ): *Rhodospirillum rubrum*. Das unregelmäßig gestaltete Nucleoid, in dem DNA-Stränge deutlich hervortreten, ist von ribosomenreichem Cytoplasma umgeben, in dem sich Polyphosphatgranula befinden. Die Zelle wird von der Plasmamembran gegen die Zellwand abgegrenzt. In dieser liegt außerhalb des dünnen Mureinsacculus (Peptidoglykanschicht, dünne Pfeile) eine membranähnliche Schicht, die äußere Membran (engl. *outer membrane*); sie fehlt bei grampositiven Bakterien, bei denen der Mureinsacculus wesentlich dicker und vielschichtig ist (vgl. ◘ Abb. 19.5) (Maßstab 0,5 μm). – C Cytoplasma, M Plasmamembran, Mu Mureinsacculus, Nu Nuclcoid, oM äußere (*outer*) Membran, P Polyphosphatgranula. (Präparat: R. Ladwig, EM-Aufnahme: R. Marx)

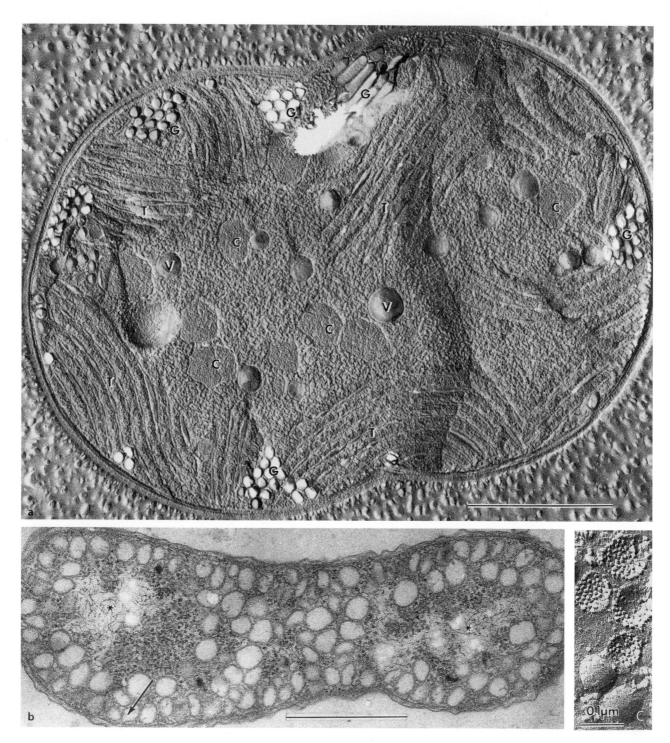

Abb. 19.3 Intracytoplasmatische Membranen (ICM) bei Prokaryoten. **a** *Microcystis aeruginosa*, ein Cyanobakterium – hier nach Gefrierbruch –, enthält mehrere Arten von ICM: Thylakoide, Vakuolen mit Reservestoffen, Carboxysomen als Vorratskompartimente für das Photosyntheseenzym Rubisco (▶ Abschn. 14.4.1); Gasvakuolen, gaserfüllte zylindrische Hohlräume, die das Schweben der Zellen im Wasser ermöglichen, sind nicht von Lipoproteinmembranen umgeben, sondern von Proteinhüllen, die im Plasma *de novo* gebildet werden können. Die Zelle steht am Beginn einer Teilung (Maßstab 1 μm). **b** Beim gramnegativen Bakterium *Rhodospirillum rubrum* bildet sich im Licht unter anaeroben Bedingungen ein System von ICM in Gestalt bläschenförmiger Chromatophoren, die mithilfe von Bakteriochlorophyll Photosynthese betreiben; die Chromatophoren entstehen aus Einstülpungen der Zellmembran (Pfeil) und hängen teils mit dieser, teils untereinander ständig zusammen; * Nucleoide (Maßstab 0,5 μm). **c** Entsprechende Chromatophoren nach Gefrierbruch bei *Rhodobacter capsulatus*. Manche Ansichten erscheinen glatt, in anderen Ansichten sind viele Intramembranpartikel sichtbar; sie entsprechen Proteinpigmentkomplexen für die Photosynthese. – C Carboxysomen, G Gasvakuolen, T Thylakoide, V Vakuolen. (Präparate u. EM-Aufnahmen: J.R. Golecki)

Stammesgeschichte und Systematik der Bakterien, Archaeen, „Pilze", Pflanzen und anderer...

707 19

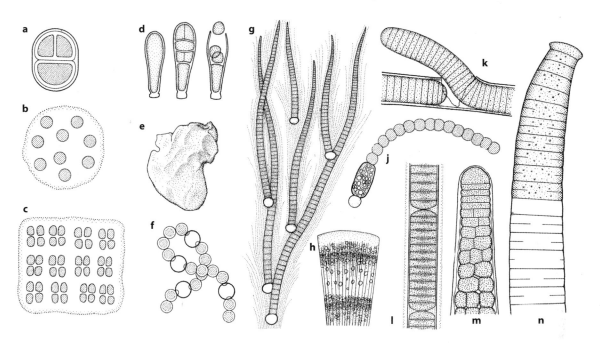

Abb. 19.4 Cyanobakterien. a *Chroococcus turgidus* (400 ×). **b** *Aphanocapsa pulchra* (500 x). **c** *Merismopedia punctata* (600 ×). **d** *Dermocarpa clavata*, Endosporenbildung (450 ×). **e** *Nostoc commune*, Lager (1 ×). **f** Desgl., Zellfaden mit vier Heterocysten (400 ×). **g** *Rivularia polyotis*, Teil eines Lagers (200 ×). **h** *Rivularia haematites*, Teil eines Lagers im Querschnitt, mit Kalkablagerung und Jahresschichtung (15 ×). **j** *Cylindrospermum stagnale*, mit länglicher Dauerzelle und kugeliger Heterocyste nahe dem Fadenende (500 ×) **k** *Plectonema wollei* mit unechter Verzweigung (200 ×). **l** *Lyngbya aestuarii* Hormogonienbildung (500 ×). **m** *Stigonema mamillosum*, Fadenspitze (250 ×). **n** *Oscillatoria princeps*, Fadenspitze; verschiedene Stadien der Zellteilung (300 ×). (a, d, e, j, m nach L. Geitler; b nach K. Mägdefrau; c nach Smith; f, g nach G.G. Thuret; h nach Brehm; k, l nach O. Kirchner; n nach M.M. Gomont)

Die Peptidoglykanbiosynthese wird durch Penicillin blockiert. Dieses Antibiotikum tötet daher Bakterienzellen, nicht aber Eucyten – bei Eukaryoten kommen Peptidoglykane nicht vor. Die Zellwände der Archaeen enthalten nie Murein (mit Muraminsäure als Monomer), sondern z. B. Pseudomurein (mit L-Talosaminuronsäure als Monomer) oder Glykoproteine oder Proteine als parakristalline S-Layer (S für engl. *surface*, Oberfläche) und sind dementsprechend gegen Penicillin resistent.

Bei den besonders kleinen und einfach gebauten Zellen der Mycoplasmen (eine Teilgruppe der Bakterien) fehlen Zellwände ganz.

Im Bau der Zellwand unterscheiden sich grampositive und gramnegative Bakterien deutlich voneinander. Die **Gramfärbung** – Gentianaviolett und Jod – kann bei den gramnegativen Bakterien durch Ethanol wieder ausgewaschen werden, bei grampositiven nicht. Bei grampositiven Bakterien ist die Peptidoglykanschicht derb und besteht aus vielen Mureinlagen. Bei Bakterien mit gramnegativen Zellwänden, hierzu gehören auch die Cyanobakterien, ist der Mureinsacculus dagegen vergleichsweise dünn. Hier findet sich außerhalb des Sacculus aber noch eine weitere charakteristische Schicht, die nach ihrem Aussehen im elektronenmikroskopischen Schnittbild als **äußere Membran** (engl. *outer membrane*) bezeichnet wird. Sie ähnelt in ihrem molekularen Aufbau insoweit einer Biomembran, als sie eine Lipiddoppelschicht darstellt, deren innere Schicht überwiegend aus Phospholipiden besteht. Die äußere Schicht wird aber von **Lipopolysacchariden** gebildet, komplexen Polymeren mit Fettsäureresten als lipophilem Anteil und charakteristischen Oligo- und Polysaccharidketten, die nach außen ragen. Sie bilden insgesamt eine hydrophile Schutzschicht um die Protocyte, die für lipophile Moleküle nicht permeabel ist. Hydrophile Teilchen werden dagegen durchgelassen. In der Lipiddoppelschicht der äußeren Membran befinden sich trimere Komplexe eines Transmembranproteins (**Porin**), die hydrophile Poren mit Durchmessern von ca. 1 nm bilden. Die äußere Membran ist also eine Zellwandschicht und keine echte Biomembran. Im Gegensatz zu Biomembranen kann sie auch neu gebildet werden, z. B. wird sie nach totalem Wandverlust wieder regeneriert. Nirgends grenzt sie an Zellplasma und sie besitzt auch keine klassischen Translokatoren für spezifischen oder gar aktiven Transport. Der Raum zwischen Zellmembran und äußerer Membran wird als periplasmatischer Raum bezeichnet. Viele Bakterien können unter ungünstigen Umständen **Endo-** oder **Exosporen** oder Dauerformen mit besonders festen und undurchlässigen Wänden bilden.

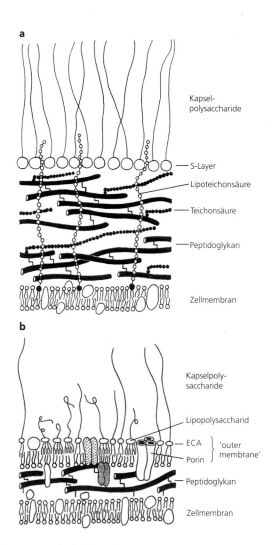

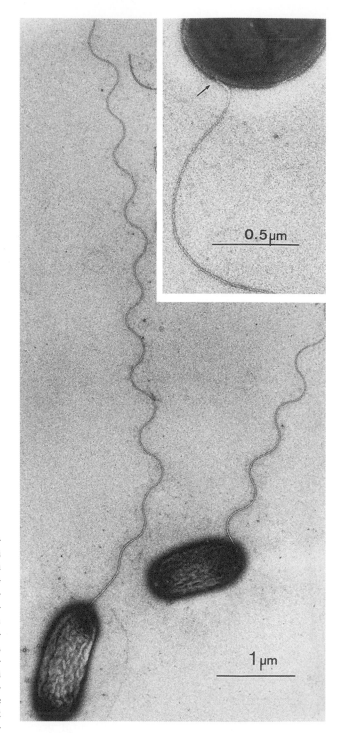

Abb. 19.5 Beispiele für Bakterienzellwände. **a** Schema des Zellwandbaus bei einem grampositiven *Bacillus*. Die Cytoplasmamembran (Zellmembran) ist überlagert von mehrschichtigem Peptidoglykan; in der Zellwandebene verlaufen Teichonsäuren (lineare Polymere aus Glycerinphosphat- oder Ribitolphosphatresten), die kovalent an Peptidoglykan gebunden sind; dagegen sind Lipoteichonsäuren in der Cytoplasmamembran verankert und erstrecken sich senkrecht zur Wandfläche. Der gesamte Zellwandkomplex kann zusätzlich von einem S-Layer bedeckt sein. **b** Entsprechendes Schema für ein gramnegatives Bakterium, z. B. *Escherichia coli*. Das Peptidoglykan ist hier einschichtig. Die äußere Membran (engl. *outer membrane*) ist über Lipoproteineinheiten (grau) darin verankert. Sie ist von trimeren Porinen durchsetzt und enthält Protein A (punktiert) als integrales Strukturprotein. Die äußere Schicht der äußeren Membran besteht aus Lipopolysacchariden mit den nach innen orientierten Fettsäuren von Lipid A und den nach außen hin gewundenen Polysaccharidketten (O-Antigen), sowie aus amphipolaren ECA-Einheiten (engl. *enterobacterial common antigen*) mit längeren gestreckten Polysaccharidketten. Außerdem sind hier Kapselpolysaccharide (K-Antigen) verankert. (Nach U.J. Jürgens)

Abb. 19.6 Bakterienflagellen (*Agrobacterium tumefaciens*, Negativkontrast). Der Pfeil im stärker vergrößerten Teilbild weist auf den Haken der Flagelle, wo sich der Motor der Drehbewegung befindet (**Abb. 19.7**). (EM-Aufnahmen: H. Falk)

Bakterien und Archaeen können begeißelt sein, ihre Geißeln sind aber völlig anders gebaut als die komplexen Geißeln bzw. Cilien der Eukaryoten. Die **Bakteriengeißel** (**Abb. 19.6**) ist nur 20 nm dick und ist aus einem einheitlichen Strukturprotein aufgebaut, dem **Flagellin**. Ihre Form ähnelt der einer Schraube und ist nicht veränderlich, sondern starr. An ihrer Basis ist sie mit einer aus vier coaxialen Ringen bestehenden Lagerstruktur in Plasmamembran und Zellwand drehbar eingefügt (**Abb. 19.7**). Die Geißel selbst liegt extrazellulär und ist im Gegensatz zur zehnmal dickeren, formveränderlichen Eukaryotengeißel nicht von einer Membran über-

Stammesgeschichte und Systematik der Bakterien, Archaeen, „Pilze", Pflanzen und anderer...

709 | **19**

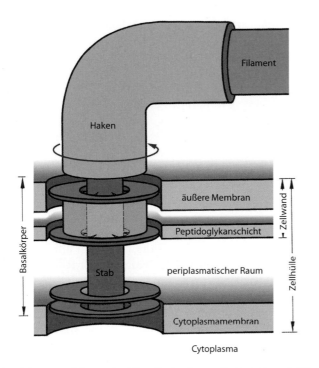

Abb. 19.7 Schema der Flagellenbasis von *Escherichia coli*. Die vier Ringe des Basalkörpers, der als Antriebsapparat fungiert, haben Durchmesser von ca. 20 nm. Die beiden äußeren fehlen bei grampositiven Bakterien. (Nach J. Adler)

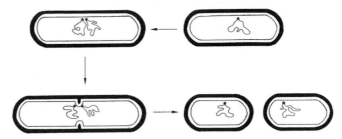

Abb. 19.8 Genomsegregation und Zellteilung bei einem Bakterium, schematisch; zirkuläre DNA und Anheftungskomplex an der Zellmembran blau

zogen. Beim Vorwärts- oder Rückwärtsschwimmen der Bakterienzelle (diese Bewegungsarten wechseln bei vielen Bakterienarten ständig miteinander ab) wird die gesamte Geißel ohne Gestaltveränderung im Uhrzeiger- bzw. Gegenuhrzeigersinn gedreht und wirkt dabei wie eine Schiffsschraube. Der Motor dieser Rotationsbewegung befindet sich an der Geißelbasis. Getrieben wird er nicht von ATP, sondern direkt von einem Protoneneinstrom, der von dem Protonengradienten an der Plasmamembran getrieben wird.

Die **DNA** der Bakterien und Archaeen ist meist zirkulär und liegt in der Regel nicht in mehreren linearen Stücken vor, die den Chromosomen von Eukaryoten entsprächen. Trotzdem werden auch diese DNA-Ringe üblicherweise als Bakterienchromosomen bezeichnet. Diese DNA-Ringe besitzen eine Membrananheftungsstelle und nur einen Replikationsstart. Damit sind sie **monoreplikonisch**. Der Anteil nichtcodierender Sequenzabschnitte ist gering. Trotz ihrer geringen Länge (zwischen 0,2 mm bei Mycoplasmen und ca. 3,7 mm bei einigen Cyanobakterien) muss die DNA in komplexer Weise kompaktiert sein, um in der Zentralzone der Protocyten, dem **Nucleoid**, Platz zu finden. Die Kondensation bakterieller DNA erfolgt durch superhelikale Verdrillung der Ringstruktur und durch DNA-bindende Proteine. Dies sind keine Histone, sondern histonähnliche Proteine. Nucleoide sind nicht durch Membranen vom ribosomenhaltigen Cytoplasma getrennt, aber doch deutlich von ihm abgesetzt. Strukturen, die dem Nucleolus der Eukaryoten ähneln, gibt es in Nucleoiden nicht. Bei den im Vergleich zu den übrigen Protocyten großen Zellen der Cyanobakterien ist das zentral liegende Nucleoid schon im Lichtmikroskop sichtbar und liegt im Centroplasma, das von einem peripheren, durch Thylakoide pigmentierten Chromatoplasma umgeben ist (**Abb.** 19.3a).

Bei Transkription und Translation wird besonders deutlich, dass Nucleoide nicht von einer Membran begrenzt sind. Noch bevor die Transkription eines Gens oder einer Gruppe gemeinsam transkribierter Gene (**Operon**) beendet ist, beginnt am bereits synthetisierten 5′-Ende der mRNA die Translation. Eine Prozessierung dieser RNA findet nicht statt. Die cotranskriptionelle Translation geschieht an **70S-Ribosomen** (Untereinheiten 50S und 30S; **Abb.** 1.40), deren Aktivität durch andere Antibiotika gehemmt werden kann als die der 80S-Ribosomen von Eukaryoten (▶ Abschn. 1.2.5). 70S-Ribosomen sind kleiner und einfacher gebaut als 80S-Ribosomen.

Auch Vorgänge, die Mitose oder Meiose entsprächen, gibt es bei Prokaryoten nicht. Sie verfügen weder über Mikrotubuli noch über Actin oder Myosin, und es gibt bei ihnen nichts, was dem Spindelapparat von Eucyten unmittelbar vergleichbar wäre. Die Verteilung des genetischen Materials auf die Tochterzellen wird dadurch erreicht, dass nach Verdopplung der DNA-Ringmoleküle die Startstellen der Replikation im Nucleoid so weit wie möglich auseinanderrücken und auch die Membrananheftungsstellen durch Membranwachstum auseinandergeschoben werden. Zwischen diesen setzt die Bildung eines **Septums** (Divisom oder Querwand) ein (**Abb.** 19.8). Für die **Zellteilung** schnürt sich das Zellplasma in der Ebene des Septums durch einen kontraktilen Ring ein. Das prokaryotische Cytoskelett aus actin- und tubulinähnlichen Proteinen spielt bei der Chromosomensegregation, der Septumbildung und der Zellteilung eine zentrale Rolle. So hat das tubulinähnliche Protein **FtsZ** eine wichtige Funktion bei der Septumbildung.

◘ Tab. 19.1   Ernährungsformen von Bakterien und Archaeen

	Energiequelle	Kohlenstoffquelle
chemoheterotroph	organische Verbindungen	organische Verbindungen
chemoautotroph	anorganische Verbindungen z. B. H_2S, NH_3, Fe^{2+}	CO_2
photoheterotroph	Licht	organische Verbindungen
photoautotroph	Licht	CO_2

Trotz des Fehlens von Syngamie und Meiose (d. h. Sexualität) kommt es auch bei Bakterien zur Übertragung genetischer Information von einer Zelle in eine andere und auch zu Rekombination. Ein DNA-Austausch kann durch direkten zellulären Kontakt (**Konjugation**), Übertragung über Bakteriophagen (**Transduktion**) oder Übertragung freier DNA (**Transformation**) stattfinden. Diese Prozesse werden auch als **Parasexualität** zusammengefasst.

Ungeachtet ihrer einfachen Zellstruktur zeigen Bakterien und Archaeen eine enorme Vielfalt der Ernährungsformen (◘ Tab. 19.1) und besiedeln sehr verschiedene Standorte. An nahezu allen Orten auf der Erde trifft man Bakterien oder Archaeen an. Dazu gehören z. B. auch extrem heiße (bis 110 °C; hyperthermophile Bakterien und Archaeen), salzhaltige (halophile Archaeen) oder anaerobe Standorte (z. B. methanogene Archaeen). Heute wird geschätzt, dass mit ca. 60 % der Hauptteil der Individuen der Bakterien und Archaeen in terrestrischen und marinen Sedimenten vorkommt, ca. 34 % in tiefer liegenden Gesteinen und ca. 4 % in den oberen Bodenschichten leben.

Die Vielfalt der Ernährungsformen und Standorte spiegelt sich in einer entsprechenden Artenvielfalt wider. Bis heute gültig beschrieben (bei einer jährlichen Zunahme von 600–800 Arten) sind deutlich mehr als 10.000 Arten, von denen ca. 5 % auf die Archaeen entfallen. Der überwiegende Teil (>99,9 %) der bakteriellen Diversität ist jedoch noch nicht systematisch erschlossen.

19.1.2   Lebensweise der Bakterien und Archaeen und ihre Bedeutung für Eukaryoten

Bakterien und Archaeen hatten und haben eine enorme Bedeutung für die Evolution eukaryotischer Organismen und, die Bakterien, für die Existenz der rezenten Pflanzen.

Entstehung der eukaryotischen Zellen und der Pflanzenzelle   Die Eukarya stammen von den Archaea ab, und die Organellen moderner Eukaryoten sind das Ergebnis der endocytobiotischen Aufnahme von Bakterien. So sind die engsten Verwandten der Mitochondrien α-Proteobakterien und die engsten Verwandten der Plastiden Cyanobakterien („**Blaualgen**"; ▶ Abschn. 1.3.2), die sich als photoautotrophe Organismen durch den Besitz von Chlorophyll a sowie Photosystem I und II auszeichnen.

Symbionten   Bakterien sind wichtige Symbionten vieler Pflanzen (▶ Abschn. 16.2). Hier spielen für verschiedene Gefäßpflanzen – z. B. Schmetterlingsblütengewächse (Fabaceae), Erle (*Alnus*), Sanddorn (*Hippophae*) (▶ Abschn. 16.2.1) – die luftstickstofffixierenden Arten unter anderem aus den Familien der Rhizobiaceae (*Rhizobium*, *Phyllobacterium*; ◘ Abb. 16.6 und 16.7) und Actinomycetaceae (*Frankia*) eine bedeutende Rolle. Viele der in Symbiose mit luftstickstofffixierenden Bakterien lebenden Blütenpflanzen gehören in die stickstofffixierende Klade, ein natürlicher Verwandtschaftskreis, zu dem die Fabales, Rosales, Cucurbitales und Fagales (▶ Abschn. 19.4.3) zählen (▶ Exkurs 19.9). Mehrere Gattungen der Cyanobakterien, die meist in besonderen Zellen (Heterocysten) ebenfalls Luftstickstoff fixieren können, leben als Symbionten in Gewebehöhlungen von Pflanzen und tragen zur Stickstoffversorgung ihrer Partner bei. Beispiele hierfür sind *Anabaena* in den Blättern des Wasserfarns *Azolla* (◘ Abb. 19.138d) und *Nostoc* im Thallus mancher Leber- und Hornmoose (*Blasia*, *Anthoceros*, ◘ Abb. 19.108b), in Wurzeln von *Cycas* (Gymnospermen) und im Rhizom und Blattstiel der südhemisphärischen Gattung *Gunnera* (Angiospermen). Auch Pilze können in Symbiose mit Cyanobakterien leben. So gehören die Photobionten mancher Flechten (s. Mycobionta) zu den Cyanobakterien.

Pflanzenpathogene   Bakterien können pflanzenpathogen sein (▶ Abschn. 16.3). Solche Bakterien dringen z. B. durch Stomata in die Pflanze ein (besonders *Pseudomonas*- und *Xanthomonas*-Arten) oder sie infizieren Wunden (Frostrisse, Insektenschädigungen und ähnliches; z. B. *Erwinia carotovora*). Die pathogenen Bakterien vergiften im Allgemeinen durch Toxine. Sie leben meist in den Interzellularen und lösen von hier aus die Mittellamellen des umgebenden Gewebes auf (▶ Abschn. 1.2.8), sodass die dann voneinander isolierten Zellen absterben, wobei gelegentlich auch Toxine beschleunigend wirken. Das Wirtsgewebe wird dabei in eine breiige, faulige Masse verwandelt (Nassfäule). In die lebenden Zellen dringen nur relativ wenige Bakterien ein (u. a. *Pseudomonas tabaci*). Manchmal verstopfen sie die Gefäße und bringen so die Pflanze zum Verwelken und Absterben, wobei zusätzlich auch Welketoxine (Gifte, die die Permeabilität und damit den Turgor beeinflussen, z. B. von *Corynebacterium michiga-*

19

Stammesgeschichte und Systematik der Bakterien, Archaeen, „Pilze", Pflanzen und anderer...

711 | **19**

nense) beteiligt sind. *Agrobacterium tumefaciens*, ein pflanzenpathogenes Bakterium aus der Familie der Rhizobiaceae und von großer Bedeutung für die gentechnische Veränderung von Pflanzen (▶ Abschn. 10.2), besitzt das tumorinduzierende Ti-Plasmid. Dieses wird in Pflanzenzellen übertragen und teilweise in das Pflanzengenom integriert. Als Folge werden Wurzelhalsgallen und Tumoren induziert. Es sind mehr als 200 Bakteriosen an Pflanzen bekannt.

19.2 Chitinpilze, Flechten, Cellulosepilze

Die **Eukaryoten**, deren letzter gemeinsamer Vorfahre wohl vor etwa 1,7–1,9 Mrd. Jahren gelebt hat, dominieren heute die meisten terrestrischen und aquatischen Ökosysteme. Ihnen gemeinsam ist die eukaryotische Zellstruktur, die in früheren Kapiteln ausführlich beschrieben wurde (▶ Kap. 1). In ihrer stammesgeschichtlichen Entfaltung haben sich die Eukaryoten wiederholt vom Einzeller zum Vielzeller fortentwickelt.

Unter dem deutschen Begriff „Pilze" werden heterotrophe und saprophytisch, parasitisch oder symbiotisch lebende Organismengruppen sehr unterschiedlicher Verwandtschaft zusammengefasst. Dies sind:

- **Schleimpilze**: gehören als Echte Schleimpilze (**Acrasiobionta**) und Zelluläre Schleimpilze (**Myxobionta**) zusammen mit vielen Amöben den Amoebozoa innerhalb der Unikontae an, stehen also in dem Stammbaumast, in dem auch die Tiere entstanden sind (◘ Abb. 19.1)
- **Chitinpilze** (**Mycobionta**): gehören ebenfalls zu den Unikontae und damit in die engere Verwandtschaft der Tiere
- **Cellulose-** oder **Algenpilze** (**Oomycota**): gehören zu den Chromalveolaten (◘ Abb. 19.1)

Pilze sind für Pflanzen in vielerlei Hinsicht von großer Bedeutung:

- Von den 162 wichtigsten Infektionskrankheiten der in Mitteleuropa genutzten Pflanzen werden 83 % durch Pilze verursacht. Diese Zahl macht deutlich, dass Pilze wichtige **Parasiten** von Pflanzen sind.
- Der größte Teil der Landpflanzen lebt in Symbiose mit Pilzen. Diese Symbiose wird als **Mykorrhiza** bezeichnet. Aus dieser Symbiose kann auch ein parasitisches Verhältnis entstehen, in dem die Pflanze auf dem Pilz parasitiert. Dies wird, bezogen auf die Pflanze, als **Mykoheterotrophie** bezeichnet.
- Die Symbiose von Pilzen mit Cyanobakterien und Grünalgen hat zur (vielfachen) Entstehung von **Flechten** geführt. Dies sind photoautotrophe Organismen, die in manchen Ökosystemen dominant sein können.

- Eine große Bedeutung für Pflanzen haben auch **endophytische Pilze**, die im Gewebe von Pflanzen leben und pathogen oder nichtpathogen sein können. Die Bedeutung besonders nichtpathogener endophytischer Pilze ist noch nicht vollständig verstanden. Die große Artenvielfalt endophytischer Pilze wird zunehmend durch DNA-Sequenzierung entdeckt.
- Pilze bauen als **Destruenten** Pflanzenreste ab.

Aus diesen Gründen sollen hier für Pflanzen besonders wichtige Gruppen der **Chitin-** und **Cellulosepilze** kurz besprochen werden. Die Wissenschaft der Pilze (Schleimpilze, Chitinpilze und Cellulosepilze) wird als **Mykologie** bezeichnet.

19.2.1 Chitinpilze – Mycobionta (Echte Pilze)

Chitinpilze sind heterotrophe Organismen, deren Zellwände meist aus Chitin (oft zusammen mit Glucanen) bestehen. Cellulose fehlt durchgehend. Bei der großen Mehrzahl der Pilze sind begeißelte Sporen und Gameten verloren gegangen und der Vegetationskörper ist fädig. Der einzelne Pilzfaden wird als **Hyphe**, die Gesamtheit der Hyphen (außerhalb von evtl. vorhandenen Fruchtkörpern) als **Mycel** bezeichnet.

Bis heute sind ca. 100.000 Arten von Chitinpilzen beschrieben worden. Auf der Grundlage der Beobachtung, dass jede Pflanzenart mit mehreren artspezifischen Pilzarten (z. B. als Symbionten oder Parasiten) assoziiert ist, wird manchmal angenommen, dass mindestens ca. 700.000 Pilzarten existieren (von manchen Autoren wird die Zahl noch deutlich höher geschätzt).

Ein vereinfachter Stammbaum der Chitinpilze ist in ◘ Abb. 19.9 dargestellt. Im Stammbaum der Pilze sind die **Cryptomycota** und **Microsporidia** Schwestergruppe zu allen übrigen Vertretern. Beide Gruppen haben keine Chitinzellwände. Zudem haben sie eine parasitische Lebensweise. Daher ist unklar, ob die Chitinzellwand in Anpassung an die Lebensweise verloren gegangen ist oder bereits den Vorfahren dieser Pilze fehlte.

Pflanzenpathogene Vertreter sind z. B. aus den **Chytridiomycota** (*Synchytrium* – z. B. Kartoffelkrebs; *Rhizophydium* als Parasit von Planktonalgen oder Pollenkörnern, ◘ Abb. 19.10; *Polyphagus* als Parasit von *Euglena*;

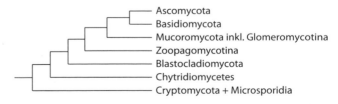

◘ **Abb. 19.9** Stammbaum der Chitinpilze (Mycobionta). (Nach Spatafora et al. 2016)

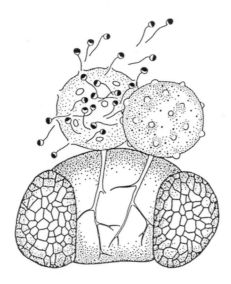

Abb. 19.12   Ascomycota, Pezizomycotina. *Sarcoscypha jurana.* Apothecien auf Lindenästen. (Aufnahme: A. Bresinsky)

Abb. 19.10   Chytridiomycota. *Rhizophydium halophilum.* Zoosporocyste mit Entleerungspapillen und mit austretenden opisthokonten Zoosporen, auf einem Pollenkorn von Pinus mit Haustorien im Inneren. (Nach E.R Uebelmesser)

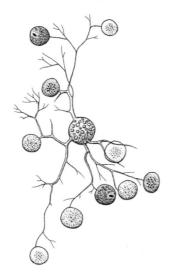

Abb. 19.11   Chytridiomycota. *Polyphagus euglenae* mit zehn kontrahierten Euglenen in verschiedenen Verdauungsstadien (200 ×). (Nach R. Harder und G. Soergel)

Abb. 19.11; *Olpidium brassicae* als Erreger der Umfallkrankheit von Kohlkeimlingen) und aus den **Blastocladiomycota** (*Physoderma* – Braunfleckenkrankheit am Mais) bekannt.

Den immer in Symbiose mit photoautotrophen Organismen lebenden **Glomeromycotina** (als Teilgruppe der **Mucoromycota**) fehlen begeißelte Keimzellen und ihre Hyphen besitzen keine Querwände (außer zur Abgrenzung von Sporen). Fortpflanzung und Vermehrung dieser terrestrischen Pilze erfolgen ausschließlich ungeschlechtlich. Meist werden von Hyphen, die in das Erdreich ausstrahlen, sehr große Sporen gebildet. Diese Sporen sind dickwandig und überdauerungsfähig. Nach Keimung der Sporen dringen schon die Keimhyphen in die Wurzeln des Symbiosepartners.

Eng miteinander verwandt sind die **Ascomycota** und **Basidiomycota**. Sie werden zusammen auch als **Dikarya** bezeichnet, weil beide durch Verschmelzung von einzellkernigen und haploiden Hyphen dikaryotische Hyphen (**Dikaryon**) ausbilden, in denen jede Zelle über zwei Zellkerne verfügt. Dies ist das Ergebnis der zeitlichen Trennung von Zell- und Kernverschmelzung im Zuge der sexuellen Fortpflanzung.

Große ökologische Bedeutung haben die Glomeromycotina (genaue Artenzahl unbekannt, 200 beschriebene Arten) mit z. B. *Glomus* als Symbionten in den Wurzeln von Gefäßpflanzen. Sie bilden dort die VA-Mykorrhiza und sind die weltweit bedeutendsten Mykorrhizapilze. Dabei entwickelt der beteiligte Pilz in den Wirtszellen blasenförmige und/oder bäumchenförmig verzweigte Strukturen, die zur Bezeichnung **vesikulär-arbuskuläre Mykorrhiza** (**VA-Mykorrhiza**; heute vielfach auch einfach als arbuskuläre Mykorrhiza, AM, bezeichnet) führten (Abb. 16.9). Etwa 80 % der Gefäßpflanzen, darunter unsere wichtigsten Kulturpflanzen (nicht aber z. B. die Cyperales, Ericales, Plumbaginales, Brassicaceae, Orchidaceae), haben diesen Typ von Mykorrhiza, wie wahrscheinlich schon die ersten Landpflanzen. So hatte schon die vor ca. 410 Mio. Jahren lebende *Aglaophyton* eine VA-Mykorrhiza. VA-Mykorrhiza-ähnliche Symbiosen findet man auch bei Leber- und Hornmoosen. Der Beginn der Diversifizierung der Glomeromycotina wurde auf ca. 484 (529–437) Mio. Jahre datiert, was mit dem Beginn der Diversifizierung der Landpflanzen zusammenfällt (Exkurs 18.2). Diese offenbar sehr frühe Assoziation von Landpflanzen und Glomeromycotina legt nahe, dass VA-Mykorrhiza eine Voraussetzung für die Besiedlung des Lands durch Pflanzen war. Die VA-Mykorrhiza wird in Abschn. 16.2.3 ausführlicher dargestellt.

Eine andere Form der Symbiose bildet das ebenfalls zu den Glomeromycotina gehörende *Geosiphon pyriforme* (Abb. 16.3). Dieser Organismus ist ein hervorragendes Beispiel einer rezent stattfindenden Endocytobiose zwischen einem blasenförmigen Pilz und einem endosymbiotischen Cyanobakterium vom *Nostoc*-Typ. Hier wird die Lebensgemeinschaft stets aufs Neue etabliert.

19

Stammesgeschichte und Systematik der Bakterien, Archaeen, „Pilze", Pflanzen und anderer...

713   19

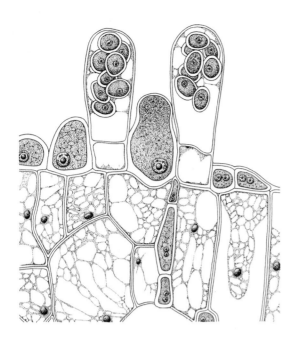

◘ Abb. 19.13 Ascomycota, Taphrinomycotina. Karyogamie und reife Asci von *Taphrina deformans* (800 ×). (Nach E.M. Martin)

◘ Abb. 19.14 Ascomycota, Taphrinomycotina. *Taphrina padi* auf Früchten von *Prunus padus s.* (Aufnahme: A. Bresinsky)

Die Arten der **Ascomycota** (Schlauchpilze) leben überwiegend terrestrisch, einige kommen jedoch sekundär im Süßwasser oder im Meer vor. Es sind meistens Pflanzenparasiten oder Saprobionten auf abgestorbenen pflanzlichen Geweben und in Pflanzensäften, einige Vertreter leben aber auch als Symbionten von Pflanzen (Ektomykorrhiza, Flechten). Der Thallus ist meist ein reich verzweigtes Mycel aus septierten Hyphen, das auch auffällige Fruchtkörper hervorbringen kann (◘ Abb. 19.12). In der Entwicklung der abgeleiteteren Ascomycota tritt eine Paarkernphase (Dikaryon) auf. Diese entsteht dadurch, dass bei der sexuellen Fortpflanzung Plasmogamie (Zellverschmelzung) und Karyogamie (Kernverschmelzung) zeitlich voneinander getrennt sind. Nach der Plasmogamie und vor der Karyogamie findet man dementsprechend Hyphen mit zwei Zellkernen in jeder Zelle. Die Zellwände bestehen aus Chitin und Glucanen (bei den Hefen, Saccharomycotina, ist der Chitinanteil sehr klein oder Chitin fehlt vollständig, und die Zellwände bestehen aus β-Glucan). Sie sind bei starker Vergrößerung im Elektronenmikroskop zweischichtig – die innere Schicht ist hell, dick und strukturlos, die äußere dunkel und dünn. Die Karyogamie, Meiose und endogene Bildung von Meiosporen findet im **Ascus** (= Meiosporangium) statt, einer charakteristischen, oft schlauchförmigen Zelle (◘ Abb. 19.13). Durch Meiose und eine anschließende Mitose entstehen meist 8, aber durch Reduktion auch 1, 2 oder 4 oder durch zusätzliche Mitosen selten viele Ascosporen je Ascus. Begeißelte Keimzellen fehlen vollständig.

Die Ascomycota umfassen ca. 60.000 beschriebene Arten und damit etwa 60 % aller bisher beschriebenen Pilze.

Verschiedene Teilgruppen der Ascomyceten sind für Pflanzen wichtig. Die **Taphrinomycotina** leben parasitisch auf Pflanzen. *Taphrina*-Arten können auf den befallenen Wirtspflanzen verschiedene Missbildungen hervorrufen.

Manche Arten verursachen Hexenbesen auf Kirschbäumen, Birken und Hainbuchen; *T. deformans* erzeugt die Kräuselkrankheit der Pfirsichblätter, und *T. pruni* wandelt den Fruchtknoten der Pflaume in hohle, steinkernlose **Gallen**, sogenannte Narrentaschen (◘ Abb. 19.14), um.

In den **Saccharomycotina** werden hefeartige Ascomyceten vereinigt. **Hefen** sind Pilze, die sich durch **Knospung** nach Art der Bäckerhefe vermehren. Die Asci entstehen direkt aus Zygoten. Der Thallus ist teilweise in Einzelzellen zerfallen; meist bildet er ein Sprossmycel, seltener ein septiert-fädiges Mycel. Die Pilze dieser Gruppe leben oft in zuckerhaltigen Substraten (z. B. im Blutungssaft von Holzpflanzen oder in Nektar). Zu *Saccharomyces* und verwandten Gattungen (*Hansenula* bzw. *Schizosaccharomyces*) gehören die vielfach verwendeten Hefepilze. Bei den meisten Hefen (z. B. Bäcker-, Wein- und Bierhefen) entstehen die Tochterzellen, indem sich die Zellwand der Mutterzelle an einer Stelle knospenförmig nach außen stülpt. Die heranwachsende Tochterzelle, in die ein Kern einwandert, löst sich nach Bildung einer Trennwand von der Mutterzelle. Die Bäckerhefe (*Saccharomyces cerevisiae*) war der erste eukaryotische Organismus, dessen Genom vollständig sequenziert worden ist. *Saccharomyces cerevisiae* findet mit einigen Hundert genetischen Linien (Rassen) als Verursacher der Alkoholgärung vielseitig Verwendung, wobei von den Endprodukten zum einen Alkohol (Wein, Bier usw.) zum anderen CO_2 (zur Lockerung von Teig) genutzt wird. Während die Weinhefen noch Eigenschaften haben, die ihnen ein Leben außerhalb der Kultur durch den Menschen ermöglichen, sind die Bierhefen nur in Kultur bekannt. Für die Herstellung von Lagerbieren wird meist eine andere Art, *S. pastorianus*, verwendet.

■ **Abb. 19.15 Ascomycota, Dothideomycetes.** Durch *Fusicladium* verursachter Apfelschorf. (Aufnahme: A. Bresinsky)

Alle übrigen Ascomyceten gehören zu den **Pezizomycotina**. In die **Dothideomycetes** gehören mehrere Erreger von Pflanzenkrankheiten. *Venturia* (imperfekte Konidienform: *Fusicladium*) ruft den Schorf an Äpfeln (■ Abb. 19.15) und Birnen hervor und erzeugt an befallenen oder heranwachsenden Früchten dunkle Flecken. *Capnodium* bildet den braunschwarzen Rußtau auf Blättern. Als Saprophyt verwertet dieser Pilz Blattausscheidungen oder Blattlaussekret. *Herpotrichia* überzieht Nadelholzzweige im alpinen Bereich mit braunschwarzem Hyphengeflecht und lässt die Nadeln absterben. Auch flechtenbildende Arten haben sich in diesem Verwandtschaftsbereich entwickelt (s. Flechten).

Zu den **Eurotiomycetes** gehören viele Schimmelpilze. „Schimmel" ist keine systematische Gruppe, sondern eine Sammelbezeichnung für oberflächlich wachsende Pilzmycelien. Bei z. B. *Aspergillus* oder *Penicillium* findet man vegetative Vermehrung durch Sporen (Konidien), die sich an rasenartig dichtstehenden Trägern bilden und oft blaugrün gefärbt sind. Beim **Gießkannenschimmel** *Aspergillus* sitzen auf dem kugelig angeschwollenen Träger kurze, allseitig ausstrahlende Zellen, die fortlaufend Sporen abschnüren, welche in Ketten aneinander haften. Beim **Pinselschimmel** *Penicillium* entstehen die ebenfalls perlschnurartig angeordneten Sporen auf verzweigten Trägern (■ Abb. 19.16). Aus *Penicillium notatum*, *P. chrysogenum* und anderen Arten wird das Antibiotikum Penicillin gewonnen, das der Pilz in die Nährlösung abscheidet und das die Synthese von Bakterienzellwänden hemmt. *Penicillium roqueforti* und *P. camemberti* sind für die Herstellung bestimmter Käsesorten erforderlich, *Aspergillus wentii* produziert Amylasen und Proteasen und *A. flavus* bildet krebserregende Aflatoxine.

Der Hauptanteil der Flechtenpilze unserer Breiten gehört zu den **Lecanoromycetes** (s. Flechten).

Teil der **Leotiomycetes** sind die **Erysiphales**, zu denen die auf Pflanzen parasitisch lebenden, an Kulturpflanzen oftmals erhebliche Schäden verursachenden „Ech-

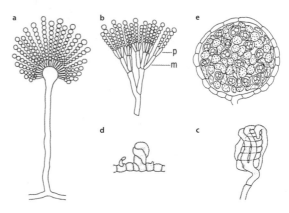

■ **Abb. 19.16 Ascomycota, Eurotiomycetes. a** *Aspergillus glaucus.* Gießkannenschimmel, Konidienträger (300 ×). **b** *Penicillium glaucum.* Pinselschimmel, Konidienträger (300 ×). **c** *Eurotium.* Schraubiges Ascogon vom ♂ Gametangium umgriffen (450 ×). **d** *Talaromyces.* Sich umschlingende Gametangien (500 ×). **e** *Eurotium.* Kleistothecium im Querschnitt (250 ×). – m Metula, p Phialide. (a nach L. Kny; b, d nach O. Brefeld; c, e nach A. De Bary)

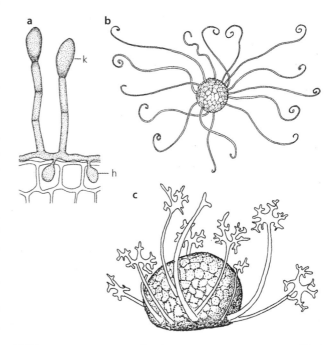

■ **Abb. 19.17 Ascomycota, Leotiomycetes. a** *Uncinula necator.* Konidienbildung (100 ×). **b** Desgl., Kleistothecium mit Anhängseln (30 ×). **c** *Microsphaera alphitoides.* Kleistothecium mit Anhängseln (30 ×). (a, b nach P. Sorauer; c nach S. Blumer)

ten Mehltaupilze" gehören. Die befallenen Organe sehen wie mit Mehl bestäubt aus. Dieser Eindruck rührt vom weißen Oberflächenmycel her, das während des Sommers in großer Menge der asexuellen Vermehrung dienende Sporen bildet (■ Abb. 19.17a). Über Haustorien, die in die Epidermiszellen des Wirts eingesenkt werden (■ Abb. 19.17a: h), entnimmt der Pilz seinem Wirt die Nährstoffe. *Uncinula necator* (■ Abb. 19.17a, b) befällt Blätter und Beeren des Weinstocks. *Sphaerotheca morsuvae* infiziert die Stachelbeere, *Sphaerotheca pannosa* Rosen und *Microsphaera alphitoides* (■ Abb. 19.17c)

19

lebt auf Eichenblättern. *Blumeria graminis* ist ein Parasit auf Getreide und Wildgräsern. Das Eschensterben geht auf *Hymenoscyphus fraxineus* zurück.

Ein Vertreter der **Sordariomycetes** ist der **Mutterkornpilz**, *Claviceps purpurea*. Er wächst parasitisch in jungen Fruchtknoten von Gräsern und bildet dort Sporen aus. (◙ Abb. 19.18a, b). Eine gleichzeitig mit der Sporenbildung abgeschiedene zuckerhaltige Flüssigkeit (Honigtau) lockt Insekten an, die die Sporen auf andere Blüten übertragen. Das Mycel geht nach Aufzehrung des Fruchtknotengewebes in einen festen, knolligen Hyphenverband (Sklerotium) über, in dem die Hyphen dicht zusammenwachsen und vor allem an der Peripherie unter Querteilung ein Pseudoparenchym bilden (◙ Abb. 19.18b). Diese außen schwarzen, aus den Spelzen hervorragenden, harten Sklerotien (◙ Abb. 19.18c, d) werden als Mutterkorn bezeichnet. Sie fallen zu Boden, überwintern und treiben zur Zeit der Grasblüte rötliche, gestielte, kopfförmige Stromata mit Fruchtkörpern, in deren Asci fädige Sporen gebildet werden. Diese Sporen (◙ Abb. 19.18f) werden durch den Wind auf Narben von Gräsern übertragen. Die Sklerotien von *Claviceps purpurea* enthalten giftige Alkaloide (Ergotamin, Ergotoxin), die bei Konsum des in der Vergangenheit häufig infizierten Getreides starke Vergiftungserscheinungen (Kribbelkrankheit, Heiliges Feuer)

verursachten. Auf diesen Alkaloiden beruht auch die frühere Verwendung von *Claviceps purpurea* in der Gynäkologie vor allem als wehenförderndes Mittel (daher der Name Mutterkorn). Auch *Ophiostoma* als Verursacher des Ulmensterbens gehört zu den Sordariomycetes.

Zu den **Pezizomycetes** schließlich gehören z. B. die meist unterirdisch im Waldboden lebenden **Echten Trüffel** (Tuberaceae). Mehrere der mit Waldbäumen in Mykorrhizasymbiose (Ektomykorrhiza) lebenden Trüffelarten (besonders *Tuber magnatum*, Piemonttrüffel, und *T. melanosporum*, Perigordtrüffel) sind wertvolle Speisepilze.

Die **Basidiomycota** (Ständerpilze) bilden im Zuge der sexuellen Fortpflanzung eine **Basidie** (= Meiosporangium), in der Karyogamie und Meiose stattfindet. Im typischen Fall werden dann vier getrennt stehende Meiosporen nach außen abgeschnürt (◙ Abb. 19.19). Die Zellwand der Basidiomycota weist eine lamellär geschichtete Ultrastruktur auf.

Die Basidiomycota umfassen ca. 30.000 beschriebene Arten und damit etwa 30 % aller bisher beschriebenen Pilze. Sie werden in drei große Untergruppen gegliedert: Pucciniomycotina, Ustilaginomycotina und Agaricomycotina.

Zu den **Pucciniomycotina** gehören die Erreger der sehr verbreiteten **Rostkrankheiten**. Rostpilze leben parasitisch, vor allem in den Interzellularräumen, ohne das befallene Gewebe abzutöten. In die Wirtszellen dringen Haustorien ein. Das Mycel durchwuchert selten die ganze Pflanze (*Uromyces pisi*), meist breitet es sich nur nahe der Infektionsstelle aus. Ein typisches Beispiel für die Entwicklung eines Rostpilzes ist der weit verbreitete **Getreiderost** (*Puccinia graminis*; ◙ Abb. 19.20). Die durch Mei-

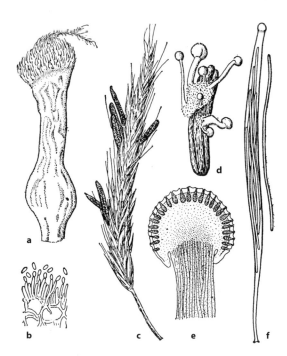

◙ **Abb. 19.18 Ascomycota, Sordariomycetes.** *Claviceps purpurea.* **a** Befallener Roggenfruchtknoten (15 ×); unten beginnende Sklerotienbildung, darüber Konidienmycel, oben Narbenreste. **b** Konidienbildung (300 ×). **c** Roggenähre mit reifen Sklerotien (0,67 ×). **d** Gekeimtes Sklerotium mit gestielten Fruchtkörpern (2 ×). **e** Längsschnitt durch Fruchtkörper mit zahlreichen Perithecien (25 ×). **f** Ascus und Ascospore (400 ×). (a, b, d–f nach L.R. Tulasne; c nach H. Schenck)

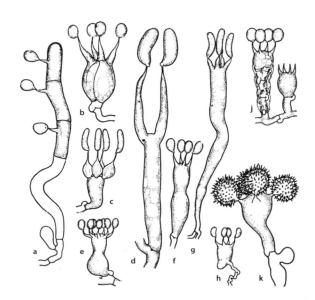

◙ **Abb. 19.19 Basidiomycota.** Basidienformen. **a** *Platygloea.* **b** *Bourdotia.* **c** *Tulasnella.* **d** *Dacrymyces.* **e** *Sistotrema.* **f** *Hyphoderma.* **g** *Exobasidium.* **h** *Xenasma.* **j** *Repetobasidium.* **k** *Scleroderma.* (A–K 750 ×). (Nach F. Oberwinkler)

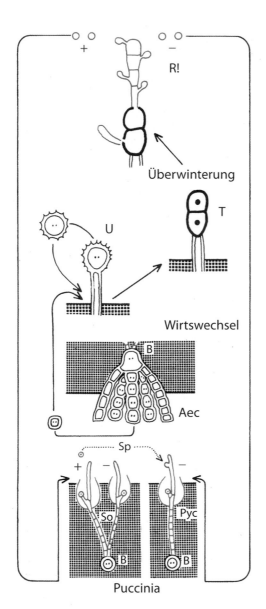

◘ Abb. 19.20 Basidiomycota, Pucciniomycotina. Schema der Entwicklung von *Puccinia graminis*. Orange: haploide Phase; doppelte schwarze Linien: dikaryotische Phase; dicke schwarze Linien: diploide Phase. Fein gerastert: Berberitze, grob gerastert: Gras als Wirt. – Acc Aecidium, B Basalzelle, Pyc Pyknidium, R! Reduktionsteilung, So Somatogamie, Sp Befruchtung durch Spermatien, T Teleutosporenlager (Sporenzahl wie bei U verringert dargestellt), U Uredosporenlager

19

ose entstandenen Basidiosporen keimen im Frühling auf den Blättern der Berberitze aus. Ihre Keimschläuche dringen ein und wachsen zu einem interzellulär parasitierenden Mycel aus, dessen Zellen einkernig-haploid sind. Jedes aus einer Basidiospore hervorgegangene Mycel bildet nahe der Blattoberseite subepidermale krugartige **Pyknidien** (auch Spermogonien genannt) und nahe der unteren Blattepidermis rundliche Hyphenkomplexe, die **Aecidienanlagen**. Die Pyknidien sind die Teile des Mycels, die Geschlechtskerne liefern, die Aecidienanlagen die Be-

reiche, welche in Basalzellen Geschlechtskerne zur Begründung eines Dikaryons aufnehmen. Pyknidien und Aecidienanlagen entwickeln sich am selben Mycel, das somit zugleich als Kernspender und Kernempfänger dient. Selbstbefruchtung ist aber nicht möglich. Aus Basalzellen der Aecidienanlage, die einen Kern erhalten haben, entstehen Paarkernhyphen. Bei der Kernübertragung durch Spermatien spielen die genannten Pyknidien eine wichtige Rolle. Ihre krugförmigen Mycelkörper durchbrechen bei ihrer Reifung als gelbliche Pusteln die obere Epidermis der befallenen Berberitzenblätter. Die Pyknidien bilden in ihrem Zentrum an kurzen, dicht gedrängten Hyphen einkernige elliptische **Spermatien (Pyknosporen)**. Diese übertragen ihren Kern auf Empfängnishyphen, Verzweigungen des haploiden Mycels, die zwischen den Epidermiszellen hindurch über die Blattoberfläche herausragen, indem sie mit diesen verschmelzen. Der in die Empfängnishyphen eindringende Kern wandert von Zelle zu Zelle bis zu der Aecidienanlage, wo in den Basalzellen das Paarkernstadium begründet wird.

Eine zweite Möglichkeit der Kernübertragung ist die Somatogamie, die bei anderen Rostpilzen verwirklicht ist und bei der einfache Hyphen im Wirtsgewebe fusionieren.

Die jetzt dikaryotischen Basalzellen der Aecidienanlagen wachsen zu becherförmigen, die Blattunterseite durchbrechenden, lebhaft orange gefärbten Aecidien aus, in denen sich zahlreiche Ketten mit dikaryotischen **Aecidiosporen** bilden. Durch den Druck der sich an der Basis der Ketten dauernd neu bildenden Sporen (bei *Puccinia graminis* über 10.000 in einem Aecidium) wird die Epidermis gesprengt, wonach die Sporen durch den Wind ausgebreitet werden.

Mit dem Wechsel der Kernphase (von haploid zu dikaryotisch) ändert sich auch das parasitische Verhalten und es kommt zu einem Wirtswechsel. Die Aecidiosporen keimen nur auf Getreide und Wildgräsern. Ihr Keimschlauch dringt durch die Spaltöffnungen in das Gewebe des zweiten Wirts ein und entwickelt sich zu einem interzellulären, lokal beschränkten, paarkernigen Mycel, das bald dikaryotische **Uredosporen** bildet. Diese entstehen einzeln aus den anschwellenden Endzellen ihrer Träger, die sich in kleinen, strichförmigen, rostfarbenen (Rostpilze!), die Epidermis aufbrechenden Lagern befinden. Eine befallene Pflanze bildet Millionen von Uredosporen. Diese sogenannten Sommersporen infizieren sofort weitere Getreidepflanzen, an denen sich schon drei Wochen nach der Infektion neue Uredosporenlager entwickeln. Auf diese Weise breitet sich die Krankheit sehr rasch und über weite Entfernungen aus.

Gegen den Herbst bringt das Paarkernmycel in den Uredosporenlagern oder an anderen Stellen eine weitere Sporenform hervor, die zweizelligen **Teleutosporen**. In ihren Zellen verschmelzen die zwei Kerne eines Paares

Stammesgeschichte und Systematik der Bakterien, Archaeen, „Pilze", Pflanzen und anderer...

717

19

miteinander. Die Teleutosporen sind dickwandig, gegen Trockenheit und Kälte widerstandsfähig und durchlaufen eine winterliche Ruhezeit. Im nächsten Frühjahr keimt jede der beiden diploiden Zellen einer Teleutospore unter Meiose zu einer schlauchförmigen Basidie aus, in der durch Meiose die **Basidiosporen** gebildet werden. Diese werden abgeschleudert und vom Wind auf den ersten Wirt, die Berberitze, verweht. Von diesem kompletten Lebenskreislauf des Getreiderosts gibt es verschiedene gekürzte Varianten.

Rostpilze sind gefährliche Krankheitserreger. Besonders die Getreideernte kann durch sie erheblich beeinträchtigt werden. *Puccinia graminis*, wegen der dunkel gefärbten Teleutosporenlager auch Schwarzrost genannt, ist über die ganze Welt verbreitet. Der Pilz befällt alle unsere Getreidearten und zahlreiche Wildgräser. In Mitteleuropa ist sein Schaden nicht so groß wie in wärmeren Ländern, weil dort die Entwicklung des relativ wärmebedürftigen Pilzes rascher verläuft. Besonders gefährlich ist bei uns der Gelbrost, *P. striiformis*, mit hellgelborangen Uredosporenlagern, der vor allem auf Weizen, aber auch auf Gerste und Roggen und verschiedenen Wildgräsern epidemisch auftritt und dessen Zwischenwirt unbekannt ist. *Puccinia coronata*, der Kronenrost des Hafers und anderer Gräser, hat als Zwischenwirt unter anderem *Rhamnus cathartica*, und *P. hordei*, der Zwergrost der Gerste, bildet seine Aecidien auf *Ornithogalum*-Arten. Andere *Puccinia*-Arten treten auf Spargel, Möhre, Zwiebeln, Stachelbeeren und anderen Kulturpflanzen auf, *Uromyces*-Arten auf Erbsen, Bohnen und *Beta*-Rüben und *Gymnosporangium* auf Birnenblättern (Gitterrost). Andere Rostpilze sind *Melampsora lini*, der Leinrost, der die Bastfasern des Leins zerstört, und die forstwirtschaftlichen Schädlinge *Melampsorella caryophyllacearum* (Hexenbesen und Krebs auf Weißtannen, Uredo- und Teleutosporen auf Caryophyllaceen) und *Cronartium ribicola*. Seine Aecidiengeneration schädigt Weymouthskiefern und bringt sie oft zum Absterben. Die Aecidien brechen als große blasige Lager aus der Baumrinde hervor (Wirtswechsel mit *Ribes*).

Zu den obligat parasitischen **Ustilaginomycotina** gehören die **Brandpilze**, deren Sporen befallenen Pflanzenteilen ein verbranntes Aussehen geben. Am Weizen ist *Tilletia caries* der Erreger des Stein- oder Stinkbrandes, *Urocystis tritici* der des Blattstreifenbrandes. Da eine befallene Getreidepflanze mehrere Millionen Brandsporen enthält, die beim Dreschen des Getreides auf das Saatgut ausstäuben und nach der Aussaat die jungen Keimpflanzen infizieren (Keimlingsinfektion), kann sich die Krankheit leicht auf viele Pflanzen ausbreiten. *Ustilago maydis* ( Abb. 19.21) erzeugt an Blütenständen (und anderen Teilen) von Mais faustgroße, geschwürartige Beulen und Blasen, die mit Brandsporen angefüllt sind; andere *Ustilago*-Arten füllen unter anderem die Frucht-

Abb. 19.21 Basidiomycota, Ustilaginomycotina. *Ustilago maydis.* Verursacher des Beulenbrands auf Mais. (Aufnahme: A. Bresinsky)

knoten, z. T. auch benachbarte Ährenteile von Hafer, Gerste und Weizen mit einem staubartigen Brandsporenpulver (Flug- oder Staubbrand, z. B. *U. avenae*, Haferflugbrand). Beim Flugbrand der Gerste (*U. hordei*) und des Weizens (*U. tritici*) bilden sich die Brandsporen schon vor der Öffnung der Blüten in den jungen Fruchtknoten und stäuben bereits aus, wenn die Pflanzen in voller Blüte stehen. Vom Wind übertragen keimen die Sporen noch im gleichen Jahr zwischen den Spelzen der gesunden Blüten aus.

Die meisten der bekannten Pilze mit großen Fruchtkörpern, z. B. viele Hutpilze des Waldbodens (■ Abb. 19.22), gehören schließlich zu den **Agaricomycotina**, die als Ektomykorrhizapilze wichtig sind (▶ Abschn. 16.2.3).

Vielfach bilden Pilze nur mit bestimmten Mykorrhizawirten Fruchtkörper oder leben ausschließlich mit diesen zusammen. So ist innerhalb der Raufuß-Röhrlinge (*Leccinum*) der Birkenpilz (*L. scabrum*) und die Schwarzschuppige Rotkappe (*L. testaceoscabrum*) an Birke, der Fuchs-Röhrling (*L. vulpinum*) an zweinadelige Kiefern, der Eichen-Rauhfuß (*L. quercinum*) an Eiche, der Kapuziner (*L. aurantiacum*) an Espen und *L. carpini* an Hainbuchen, Hasel oder Espe gebunden. Mykorrhizasymbiosen können sich zu rein parasitischen Verhältnissen entwickeln. Entweder parasitieren dann manche Pilze auf der Wirtspflanze oder die ursprünglich für einen Pilz als Symbiont dienende Pflanze wird zum Parasiten des Pilzes und hat dann eine **mykoheterotrophe** Lebensweise (z. B. *Neottia*, ▶ Abschn. 16.2.3).

19.2.2 Flechten – Lichenes

In den Flechten (◘ Abb. 19.23) bilden Hyphen bestimmter Pilzarten mit photoautotrophen Algen oder Cyanobakterien einen **symbiotischen Verband,** der zu einer morphologischen und physiologischen Einheit geworden ist. Die in den Flechten vorkommenden **Photobionten** sind entweder einzellige oder fädige Cyanobakterien (z. B. *Chroococcidiopsis, Gloeocapsa, Scytonema, Nostoc*) oder

◘ **Abb. 19.22   Basidiomycota, Agaricomycotina.** *Russula veternosa* (Scharfer Honigtäubling). Ein Blätterpilz. (Aufnahme: A. Bresinsky)

Grünalgen (z. B. *Coccomyxa, Cystococcus, Trebouxia, Chlorella* und *Trentepohlia*). Als Pilze (**Mycobionten**) beteiligen sich an der Flechtenbildung in erster Linie Ascomyceten und nur in ganz wenigen Fällen Basidiomyceten (z. B. Corticiaceae, Clavariaceae). Die Zugehörigkeit der Flechtenpilze zu verschiedenen Gruppen im System der Pilze macht deutlich, dass Flechtensymbiosen in der Stammesgeschichte mehrfach entstanden sind. Daraus ist eine neue Organisationsform photoautotropher Organismen mit eigenen Merkmalen hervorgegangen. Aus dem Zusammenleben von Pilz und Alge entwickeln sich bestimmte neue gestaltliche und chemische Merkmale. Die Flechtenpilze verlieren mit wenigen Ausnahmen in der Flechtensymbiose ihre Eigenständigkeit und können in der Natur nur in Verbindung mit der zugehörigen Alge wachsen. Aus diesem Grund wurden die Flechten früher auch als eine eigene systematische Einheit, Lichenes, behandelt. Heute werden die Flechten innerhalb der Chitinpilze klassifiziert.

Die Form der Flechten hängt in seltenen Fällen vom Bau der Alge ab, wie bei den **Fadenflechten** (z. B. *Ephebe*), wo der Pilz ein fädiges Cyanobakterium umspinnt. Bei der überwiegenden Zahl der Gattungen bestimmt der Pilz die Flechtengestalt. Bei den langsam wachsenden **Krustenflechten,** die auf der Oberfläche von Gestein, Erde oder Rinde leben, ist der Thallus mit der Unterlage fest verbunden. Der Thallus durchsetzt diese meist bis zu einem gewissen Grad und besitzt meist eine klar ausgeprägte Gestalt (◘ Abb. 19.24h). Der flächig entwickelte, meist gelappte Thallus der **Laubflechten** (◘ Abb. 19.24g) ist mit dem Substrat durch Hyphenstränge (Rhizinen) verbunden. Bei den **Nabelflechten** (◘ Abb. 19.24e) ist der scheibenförmige Thallus nur in der Mitte befestigt. Die **Strauchflechten** schließlich sitzen mit sehr schmaler Basis der Unterlage auf und

A

B

◘ **Abb. 19.23   Flechten. A** Eine erdbewohnende Strauchflechte (*Cladonia*). **B** Eine Laubflechte (*Xanthoria*) an einem alten Grabstein. (Aufnahmen: A. Bresinsky)

Stammesgeschichte und Systematik der Bakterien, Archaeen, „Pilze", Pflanzen und anderer...

719 **19**

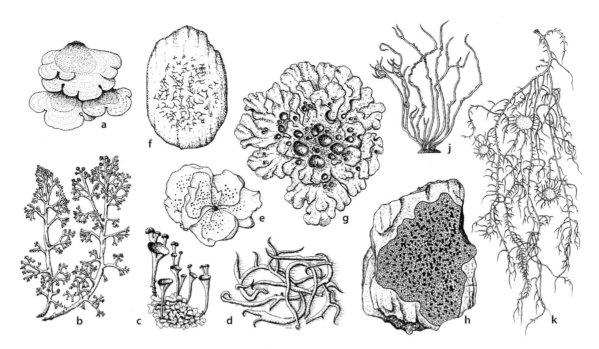

◙ **Abb. 19.24 Flechten. a** *Dictyonema pavonia*. **b** *Cladonia rangiferina*. **c** *Cladonia pyxidata*. Thallus mit becherförmigen Podetien. **d** *Thamnolia vermicularis*. **e** *Dermatocarpon miniatum*. **f** *Graphis scripta*. **g** *Parmelia acetabulum*. **h** *Rhizocarpon geographicum*. **j** *Roccella boergesenii*. **k** *Usnea florida* (A–K 0,5 ×). (Nach K. Mägdefrau)

verzweigen sich strauchähnlich (◙ Abb. 19.24j). Die arktisch-alpine *Thamnolia vermicularis* (◙ Abb. 19.24d) liegt lose auf dem Boden, höchstens mit wenigen Hyphensträngen angeheftet. Bei der Gattung *Cladonia* (◙ Abb. 19.24b, c) erheben sich auf dem meist nur schwach entwickelten, laubartigen Thallus becher- oder strauchförmige Ständer (Podetien), welche die schüsselförmig offenen Fruchtkörper (Apothecien) tragen.

Der Querschnitt durch eine Gallertflechte (◙ Abb. 19.25a) zeigt eine mehr oder weniger gleichmäßige Verteilung von Alge und Pilz im Thallus (**homöomerer Bau**); der Schleim einer *Nostoc*-Kolonie wird hier von Pilzhyphen durchwuchert. Die Pilzhyphen schließen an der Ober- und Unterseite vielfach dichter zusammen und können eine Rindenschicht bilden. Bei den Strauch- und Laubflechten (◙ Abb. 19.25b) sowie bei zahlreichen Krustenflechten liegen die Algen in einer parallel zur Thallusoberfläche verlaufenden Schicht (**heteromerer Bau**). In der oberen Rindenschicht schließen sich die Pilzhyphen oft zu festen Geflechten zusammen. Bei den Laub- und Strauchflechten sind die Rinden meist stärker differenziert als bei den Krustenflechten (◙ Abb. 19.25b, c). Bei den endophlöischen (in der Rinde bzw. Borke von Bäumen lebenden) und endolithischen (im Gestein lebenden) Flechten dringt der Thallus so tief in das Substrat ein, dass er kaum an die Oberfläche tritt.

Pilz und Alge leben in enger **Symbiose** miteinander, wobei der Pilz die Algen umspinnt (◙ Abb. 19.25e, f) und in sie eindringt. Hierbei entstehen vielfach Haustorien, also Ausstülpungen des Pilzes in das Innere der Al-

genzellen (◙ Abb. 19.25g). Der Pilz bleibt in der Regel von den Algenprotoplasten getrennt, weil diese die Haustorien mit Wänden abriegeln. Bei vielen Flechten bilden die Pilze lediglich in die Wände der Algen eindringende Appressorien (◙ Abb. 19.25e), worauf die Alge mit Zellwandverdickung (◙ Abb. 19.25j) abwehrend reagieren kann.

Manche Flechten führen verschiedene Arten von Photobionten, die ganz verschiedenen Gruppen, einerseits den Grünalgen, andererseits den Cyanobakterien angehören. Die luftstickstoffbindenden Cyanobakterien (z. B. Nostoc) sind im Thallus eingebettet (z. B. bei *Solorina crocea* äußerlich unauffällig) oder befinden sich in kleinen Thallusköpfchen, den **Cephalodien** (◙ Abb. 19.25k). Auch kann zur normalen Algen-Pilz-Symbiose noch ein zweiter Pilz treten, der als Parasymbiont oder auch als echter Parasit lebt. Solche Flechtenparasiten sind in großer Zahl bekannt. Möglicherweise sind hefeartige Vertreter der Pucciniomycotina häufige Besiedler von Flechten. Bisher ist unbekannt, ob sie auch ein dritter Partner der Flechtensymbiose sind. Schließlich gibt es Flechten, die sich regelmäßig als Parasiten im Thallus anderer Arten einnisten.

Der Pilz (Mycobiont) ist in seinem **Kohlenhydratstoffwechsel** völlig auf die Alge (Photobiont) angewiesen. Die Pilze erhalten von den Algen meist Zucker oder Zuckeralkohole. Die im Pilzgeflecht eingeschlossenen Algen sind in ihrer **Wasser- und Mineralstoffversorgung** vom Pilz abhängig. Dieser gewährt außerdem Schutz vor zu hohen Lichtintensitäten. In Zusammenhang mit der Symbiose stehen die zahlreichen für die Flechten

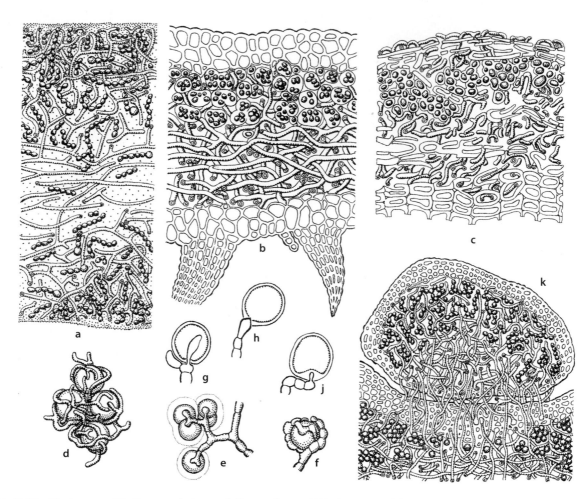

Abb. 19.25   Flechten. a–c Thallusquerschnitte. **a** *Collema pulposum* (200 ×). **b** *Sticta fuliginosa* (250 ×). **c** *Graphis dendritica* (200 ×). **d** Soredium von *Parmelia sulcata* (450 ×). **e–j** Haustorien. **e** Appressorien. **f** Klammerhyphen (E, F 450 ×), **g** intrazelluläres Haustorium, **h** intramembranöses Haustorium, **j** durch Celluloseauflagerung ausgeschaltetes intramembranöses Haustorium (G–J 600 ×). K Cephalodium auf *Peltigera aphthosa* (200 ×). (a nach H. des Abbayes; b nach J. Sachs; c nach Bioret; d, k nach K. Mägdefrau; e, f nach Bornet; g, h nach E. Tschermak; j nach Plessl)

charakteristischen **Flechtenstoffe**, die von den isolierten Partnern nicht gebildet werden. Sie werden vorwiegend an der Außenseite der Hyphen als kleine Kristalle ausgeschieden und verleihen vielen Flechten ihre kennzeichnende Farbe. Es handelt sich um sehr verschiedene Stoffgruppen: aliphatische Säuren, Depside, Depsidone, Chinone, Dibenzofuranderivate usw. Die Wasseraufnahme erfolgt durch die Pilzhyphen. Besonders bei den großen Laubflechten ist vielfach ein Teil der Hyphen unbenetzbar, sodass auch bei voller Durchfeuchtung des Thallus die Durchlüftung gesichert bleibt. Manchmal finden sich auf der Thallusunterseite regelrechte Atemporen (Cyphellen). Die Bewohner sonniger Felsen vertragen nicht nur eine starke Erwärmung (bis 70 °C am Standort), sondern auch ein monatelanges, völliges Austrocknen. Manche Bodenflechten sind fast über die Hälfte eines Jahres ausgetrocknet und dann metabolisch inaktiv. Bei Befeuchtung setzt aber die Photosynthese bereits nach wenigen Minuten wieder ein (poikilohydre

Pflanzen, ▶ Abschn. 14.8.3.6). Flechten mit Cyanobakterien als Photobionten benötigen zur Photosynthese flüssiges Wasser, Flechten mit Grünalgen kommen auch mit Wasserdampf aus.

Die Algen im Flechtenthallus vermehren sich meist nur vegetativ. Ihre Zellen sind hier größer als im frei lebenden Zustand, da sie offenbar als Symbionten in ihrer Teilung gehemmt sind. Die Pilze jedoch entwickeln ihre charakteristischen Fruchtkörper. Das Gewebe, in dem die Asci und Sporen gebildet werden (Hymenium), führt meist keine Algen. Ein neuer Flechtenthallus kann also nur zustande kommen, wenn eine keimende Pilzspore zufällig wieder mit der zugehörigen Alge zusammentrifft. Solche „Flechtensynthesen" sind teilweise auch experimentell gelungen. Nur bei wenigen Flechten (z. B. *Endocarpon*) liegen auch im Hymenium Algen vor, die beim Ausschleudern der Sporen mitgerissen werden, sodass dem keimenden Pilz die richtige Alge sofort zur Verfügung steht. Die Vermehrung der Flechten erfolgt bei den Laub- und Strauchflechten vielfach (bei uns überwiegend) auf vegetativem Wege. In erster Linie dienen hierzu **Soredien** (◧ Abb. 19.25d). Das sind von Pilzhyphen umsponnene Gruppen von Algenzellen, die oft an bestimmten Stellen des Thallus, den **Soralen**, gebildet und durch den Wind ausgebreitet werden, um auf geeigneter Unterlage wieder zu einer Flechte heranzuwachsen. Bei anderen Arten entstehen auf der Thallusoberfläche kleine stift- oder korallenförmige Auswüchse (**Isidien**), die leicht abbrechen und ebenfalls der vegetativen Vermehrung dienen. Schließlich kann bei den Flechten jedes Thallusbruchstück wieder zu einem vollständigen Thallus heranwachsen.

Flechten wachsen auf sehr verschiedenen Unterlagen: auf Fels (epilithisch), Erdboden (epigäisch), Rinden von Laub- und Nadelbäumen (epiphytisch) und totem Holz (epixyl). In den Tropen leben kleine, sogenannte epiphylle Flechten auch auf Blättern. Die felsbewohnenden Krustenflechten, die Kalk (aber nicht Quarz) lösen können, bereiten als Erstbesiedler das Substrat für Pflanzen vor. Einige wenige Flechten leben amphibisch im Süßwasser, andere submers im Meer oder im Spritzgürtel der Meeresküsten (◧ Abb. 19.61). Die größte Üppigkeit erreicht der Flechtenwuchs in den luftfeuchten Bergwäldern der gemäßigten Zonen und den Nebelwäldern der tropischen Hochgebirge sowie in den Tundren, wo der Boden oft über weite Strecken vorwiegend von Flechten besiedelt wird. Sie bilden hier eigene Vegetationsformationen. In den Zentren von Großstädten mit hohen Abgaskonzentrationen (früher vor allem SO_2) und viel Feinstaub sind Flechten selten oder fehlen ganz („Flechtenwüste"). Wegen ihrer unterschiedlichen Empfindlichkeit – einige Krustenflechten sind weitgehend resistent gegen Luftverschmutzung, die Bartflechten dagegen überaus empfindlich – können sie als Indikatoren für den Grad der Verunreinigung dienen. Die Flechten dringen als Vorposten des Lebens am weitesten in die Kältewüsten der Hochgebirge sowie der Arktis und Antarktis vor; manche vermögen eine Abkühlung bis −196 °C ohne Schaden auszuhalten und bei −24 °C noch CO_2 zu binden.

Das **Wachstum** der Flechten ist sehr langsam. Selbst die großen Laub- und Strauchflechten unserer Breiten wachsen im Jahr nicht mehr als 1–2 cm. Bei der auf Felsen der alpinen Region gedeihenden Krustenflechte *Rhizocarpon geographicum* (Landkartenflechte, ◧ Abb. 19.24h) wurde unter bestimmten Bedingungen ein jährlicher Zuwachs von etwa 0,5 mm gemessen. Aus dem Durchmesser solcher felsbewohnenden Krustenflechten hat man das Alter postglazialer Moränen berechnet (Lichenometrie). Die Lebensdauer der Flechten schwankt zwischen einem Jahr (epiphylle Flechten der Tropen) und mehreren Hundert, vielleicht sogar Tausend Jahren (arktisch-alpine, felsbewohnende Krustenflechten).

In den Flechten sind etwa 400 Gattungen mit insgesamt ca. 20.000 Arten bekannt. Die einzelnen Klassen und Ordnungen der Flechten sind in einem phylogenetischen System den entsprechenden bzw. nächstverwandten Taxa der Pilze zuzuordnen. Nach heutigem Kenntnisstand sind Flechten vier- bis siebenmal in den Ascomyceten entstanden (und ein- oder zweimal wieder verloren gegangen) und möglicherweise viermal in den Basidiomyceten. Die Entstehung von Flechten mit Ascomyceten wird auf ca. 467–410 Mio. Jahre datiert.

19.2.3 Cellulosepilze – Oomyceten

Die hier besprochenen **Oomycota** sind heterotrophe Vertreter der Chromalveolaten – eine der fünf großen Teilgruppen eukaryotischer Organismen (◧ Abb. 19.1). Damit ist offensichtlich, dass die Cellulosepilze nur sehr entfernt mit den Chitinpilzen verwandt sind, die ja zu den Unikonta – eine andere der fünf großen Teilgruppen der Eukaryoten – gehören. Eng verwandt sind die Oomycota dagegen mit den photoautotrophen Heterokontophyten, die ihre Plastiden durch sekundäre Endocytobiose erlangt haben und weiter unten beschrieben werden. Die Heterokontophyten zeichnen sich durch meist **heterokonte Begeißelung** ihrer Keimzellen aus, d. h., sie sind mit einer nach vorne schlagenden Flimmergeißel und einer nach hinten gerichteten, glatten Schleppgeißel ausgestattet (◧ Abb. 19.26).

Die etwa 500 Arten der Oomycota unterscheiden sich – obgleich pilzähnlich – in vielen Merkmalen von allen echten Pilzen. So hat der selten einzellig-einkernige und meist siphonale Thallus fast immer Cellulosewände, und die für viele Chitinpilze typischen Flechtthalli und Fruchtkörper werden nicht ausgebildet. Die Arten sind selten Bewohner des Wassers und dort meistens Saprophyten; häufiger handelt es sich um Landbewohner und dort Parasiten von Pflanzen.

Zu den landlebenden Oomycota gehören hauptsächlich solche Parasiten, die als „**Falsche Mehltaupilze**" Pflanzen befallen (◧ Abb. 19.27). Die interzellulär im Wirtsgewebe wachsenden Pilzhyphen senden kurze Fortsätze – Haustorien (◧ Abb. 19.28d) – in die lebenden Zellen. Meist wächst das Mycel aus den Spaltöffnungen der Wirte heraus und bildet hier makroskopisch als Schimmelrasen erkennbare, verzweigte Sporocystenträger (◧ Abb. 19.28a). In den Sporocysten werden begeißelte Zoosporen ausgebildet. Meistens (z. B. bei *Plasmopara*) werden die ganzen Sporocysten durch den Wind auf die Blätter anderer Pflanzen getragen, wo sie in Wassertröpfchen ihren inzwischen aufgeteilten Inhalt in Form einiger Sporen entlassen.

Als vorwiegend auf Landpflanzen parasitierende Organismen (z. B. Peronosporaceae, Pythiaceae) können die

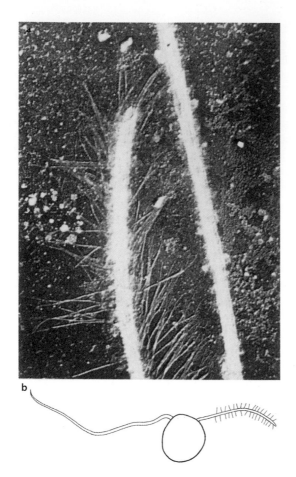

⬛ Abb. 19.26 Oomycota. a Flimmergeißel (links) und Peitschengeißel (rechts) einer Zoospore von *Phytophthora infestans* (8000 ×). **b** *Achlya* (heterokont, mit beflimmerter Zug- und glatter Schleppgeißel). (a nach Kole und Horstra; b, c nach Kole und Gielink; J.N. Couch)

⬛ Abb. 19.27 Oomycota. a *Peronospora bulbocapni* auf Blättern von *Corydalis cava*; links zum Vergleich ein nicht befallenes Blatt. **b** Durch *Phytophthora quercina* nach Wurzelinfektion verursachte Vergilbung von Eichenblättern; rechts normal gefärbtes Blatt. (Aufnahmen: A. Bresinsky)

Oomycota zahlreiche Krankheiten an Kulturpflanzen hervorrufen. Sie können über die ganze Welt verbreitet sein, bleiben jedoch auf hohe Feuchtigkeit angewiesen. Ein gefährlicher Kartoffelschädling ist *Phytophthora infestans* (Pythiaceae). Der Pilz bedingt die Krautfäule der Kartoffel und greift auch auf die Knollen über, da Sporocysten bci Regen von den Blättern in den Boden geschwemmt werden und die Knollen über die Lenticellen infizieren. Die Zoosporen werden von den Wurzeln chemotaktisch angelockt. Dies geschieht bei den verschiedenen wirtspezifischen Arten nur durch den jeweiligen Wirt. Epidemien im 19. Jahrhundert haben der Bevölkerung ganzer Landstriche die Ernährungsgrundlage entzogen. So wurde die Krautfäule 1845/46 zur Ursache einer großen, die Bevölkerung stark dezimierenden Hungersnot in Irland, der eine Auswanderungswelle in die USA folgte. *Phytophthora*-Arten sind auch Ursache für Wurzelkrankheiten, die unter Vergilben der Blätter zum Absterben von Bäumen (Eiche, Erle) führen (⬛ Abb. 19.27b). Ebenfalls wirtschaftlich von Bedeutung ist der durch *Plasmopara viticola* (Peronosporaceae) hervorgerufene „Falsche Mehltau" der Weinrebe (Peronosporakrankheit, ⬛ Abb. 19.28a), der bei feuchtem

Wetter epidemisch auf den Blättern auftritt und sie abfallen lässt; die Beeren werden zu trockenfaulen Lederbeeren. *Peronospora*-Krankheiten treten außerdem an Rüben, Zwiebeln, Hopfen und anderen Kulturpflanzen auf. 1959 trat zum ersten Mal in Europa (vorher in Amerika und Australien) *Peronospora tabacina*, der Blauschimmel an Tabak, auf (so genannt wegen seiner weiß-bläulichen Konidien) und vernichtete bereits ein Jahr später im regenreichen Sommer 1960 große Teile des in Mitteleuropa angebauten Tabaks. *Pythium debaryanum*, weit verbreitet im Boden, ruft an Keimlingen verschiedener Pflanzen eine tödliche Umfallkrankheit hervor.

19.3 „Algen" und andere photoautotrophe Eukaryoten

Durch einmalige Fusion einer heterotrophen eukaryotischen Zelle mit einer photoautotrophen cyanobakteriellen (und damit prokaryotischen) Zelle (► Abschn. 1.3.2) sind in der Evolution die Pflanzen entstanden. Sie um-

19

Stammesgeschichte und Systematik der Bakterien, Archaeen, „Pilze", Pflanzen und anderer...

723   **19**

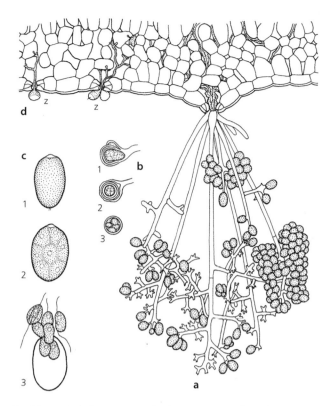

◨ Abb. 19.28   Oomycota. a–d *Plasmopara viticola*. **a** Sporocystenträger, aus einer Spaltöffnung hervortretend. **b** Oogonien (mit ♂ Gametangium) und Zygoten (100 ×). **c** Bildung und Schlüpfen der Zoosporen (600 ×). **d** Keimung der Zoosporen durch die Stomata in die
Interzellularen (250 ×). (a, b nach Millardet; c, d nach Arens)

fassen alle photoautotrophen Organismen mit einfachen
Plastiden, d. h. Plastiden mit zwei Hüllmembranen, sowie
Organismen, die durch den Verlust der Plastiden sekundär heterotroph geworden sind. Die Pflanzen werden in
drei Großgruppen, **Glaucobionta**, **Rhodobionta** (Rotalgen) und **Chlorobionta** (Grüne Pflanzen), gegliedert.

Vertreter der Rhodobionta und Chlorobionta sind
von heterotrophen Einzellern der Rhizaria, Excavata und
Chromalveolaten als sekundäre Endocytobionten aufgenommen worden, wodurch zahlreiche Gruppen photoautotropher Eukaryoten mit komplexen Plastiden entstanden sind, d. h. Plastiden mit meist drei oder vier
Hüllmembranen. Durch Aufnahme von Chlorobionta
sind die Chlorarachniophyten und die Euglenophyten
entstanden (▸ Abschn. 19.3.3.2). Basis für die Entstehung von Cryptophyten, Dinophyten, Haptophyten und
photoautotrophen Heterokontophyten war die Aufnahme von Rhodobionta (▸ Abschn. 19.3.2.2). Für diese
photoautotrophen Eukaryoten mit komplexen Plastiden
wird hier auf eine formale Benennung der Großgruppen
verzichtet (z. B. Euglenophyten statt Euglenophyta), da
diese Organismen sinnvollerweise in den Großgruppen
klassifiziert werden, zu denen die Wirtszelle gehört.

Die Glaucobionta, Rhodobionta und Chlorobionta –
mit Ausnahme der Landpflanzen (Embryophyten) –, aber

auch die photoautotrophen Eukaryoten mit komplexen
Plastiden (Chlorarachniophyten, Euglenophyten, Cryptophyten, Dinophyten, Haptophyten und photoautotrophe Heterokontophyten) gehören zum **Organisationstyp**
der **eukaryotischen Algen**. Die Verwendung des Begriffs
„eukaryotische Algen" berücksichtigt, dass die prokaryotischen Cyanobakterien vielfach als „Blaualgen" bezeichnet werden und somit der Begriff Alge auch hier verwendet wird. Es ist offensichtlich, dass eukaryotische Algen
keine monophyletische Gruppe sind.

Eukaryotische Algen sind ein- bis vielzellige photoautotrophe Organismen, die größtenteils im Wasser leben. Ihre **Plastiden** enthalten Photosynthesepigmente zusammen mit akzessorischen Farbstoffen. Die Plastiden
aller eukaryotischen Algen besitzen Chlorophyll a und
meist eine weitere Chlorophyllkomponente (◨ Tab. 19.2).
Zu den akzessorischen Pigmenten gehören verschiedene Carotinoide und auf einige Gruppen beschränkt
Phycobiline. Vielfach haben die Plastiden Pyrenoide
(▸ Abschn. 1.2.9.1). Die Plastiden werden entweder
durch zwei (**einfache Plastiden**) oder durch drei bis vier
Membranen (**komplexe Plastiden**) begrenzt. Die einfachen Plastiden der Glaucobionta, Rhodobionta und
Chlorobionta sind durch **primäre Endocytobiose** von Cyanobakterien entstanden, die komplexen Plastiden durch
sekundäre Endocytobiosen, bei denen jeweils eine heterotrophe eukaryotische Zelle eine photoautotrophe eukaryotische Zelle aufgenommen hat.

Die **gameten- und sporenbildenden Organe** besitzen
meist keine vielzelligen Wandschichten und sind meist
auch nicht von postgenitalen, also nach Bildung des gameten- und sporenbildenden Organs wachsenden Hüllen umgeben. Die sporenbildenden Organe (**Sporocysten**) sind
immer, die Gametangien meist einzellig. Die nackten Gametangien der Algen werden im Unterschied zu Antheridien und Archegonien der Landpflanzen, die eine vielzellige Wand haben, als **Spermatogonien** (♂: mit begeißelten
Spermatozoiden; ◨ Abb. 19.48e: s) oder **Spermatangien**
(♂: mit unbegeißelten Spermatien; ◨ Abb. 19.35d) und als
Oogonien (♀: mit Eizelle; ◨ Abb. 19.48e: o) bzw. **Karpogone** (♀: mit besonderer Entwicklung nach der Befruchtung; ◨ Abb. 19.35f–i) bezeichnet.

Die **Zygoten** entwickeln sich niemals innerhalb der
weiblichen Sexualorgane zu vielzelligen Embryonen. Bei
den meisten Algengruppen sind die Fortpflanzungszellen
(**Gameten**, **Sporen**) begeißelt, bei einigen Gruppen allerdings nur die männlichen Gameten. Nur wenige Algengruppen bilden keinerlei begeißelte Stadien aus. Die
Geißeln haben die für Eukaryoten charakteristische
2+9-Struktur (◨ Abb. 1.15). Sie sind teils nach vorne gerichtet (Zuggeißeln), teils nach hinten (Schub- oder
Schleppgeißeln), vielfach in Zweizahl (entweder zwei
gleich lange oder eine lange und eine kurze) vorhanden,
glatt und oft am Ende peitschenartig verdünnt (Peitschengeißel) oder mit Flimmerhaaren besetzt (Flimmergeißel).

Tab. 19.2 Pigmente der unterschiedlichen Algengruppen. (Zusammengestellt von M. Lohr [Mainz] nach Roy et al. 2011)

Abteilungen/ Klassen	Chlorophylle			Phycobiline	Carotine		α-Xanthophylle		β-Xanthophylle								
	a	b	c		α	β	Lutein	Croco-xanthin	Zeaxan-thin	Viola-xanthin	9'-*cis*-Neo-xanthin	Alloxan-thin	Diadi-noxant-hin	Hetero-xanthin	Fuco-xan-thin	Vaucheria-xanthin und Vau-cheriaxant-hinester	Peridinin
Glaucophyta	+	–	–	+	–	+	–	–	+	–	–	–	–	–	–	–	–
Rhodophyta	+	–	–	+	(·)	+	(+)	–	(+)	–	–	–	–	–	–	–	–
photoautotrophe Eukaryoten mit Rhodophyten als sekundären Endosymbionten																	
Cryptophyten	+	–	+	+	+	(·)	–	+	–	–	–	+	–	–	–	–	–
Dinophyten	+	–	+	–	–	+	–	–	–	(·)	–	–	+	–	(+)	–	(+)
Haptophyten	+	–	+	–	–	+	–	–	–	(·)	–	–	+	–	+	–	–
Heterokontophyten	+	–	(+)	–	–	+	–	–	(·)	(+)	–	–	(+)	(+)	(+)	(+)	–
Chlorophyta	+	+	–	–	(·)	+	+	–	(·)	+	+	–	–	–	–	–	–
streptophytische Grünalgen	+	+	–	–	(·)	+	+	–	(·)	+	+	–	–	–	–	–	–
photoautotrophe Eukaryoten mit Chlorophyten als sekundären Endosymbionten																	
Chlorarachniophyten	+	+	–	–	(·)	+	+	–	(·)	+	+	–	–	–	–	–	–
Euglenophyten	+	+	–	–	(·)	+	–	–	–	–	+	–	+	–	–	–	–

+ wichtiges Pigment; (+) wichtiges Pigment, das nicht in allen Vertretern der Algengruppe vorkommt; (·) Pigment selten oder nur in geringer Menge; – Pigment fehlt. Die α-Xanthophylle werden aus α-Carotin, die β-Xanthophylle entsprechend aus β-Carotin gebildet. In der Tabelle nicht berücksichtigt wurden die meist nur unter ungünstigen Umweltbedingungen gebildeten Sekundärcarotinoide Canthaxanthin sowie Astaxanthin und dessen Fettsäureester in Vertretern der Chlorophyta (+), Euglenophyten (+), Dinophyten (+) und photoautotrophen Heterokontophyten (+)

19

Stammesgeschichte und Systematik der Bakterien, Archaeen, „Pilze", Pflanzen und anderer...

725 **19**

Die eukaryotischen Algen sind morphologisch vielfältig und umfassen Einzeller bis komplexe Flecht- und Gewebethalli. Sie sind anders als die Mehrzahl der Landpflanzen nicht in echte Blätter, Spross und Wurzeln gegliedert. Oberflächlich ähnliche Strukturen mancher Algen – Phylloide, Cauloide und Rhizoide – enthalten keine Leitgewebe, die mit den Leitbündeln der Gefäßpflanzen vergleichbar wären.

Folgende morphologische **Organisationsstufen** lassen sich unterscheiden:

- **amöboide (= rhizopodiale) Stufe:** Einzellige nackte Algen bilden Pseudopodien, mit denen sie feste Nahrungspartikel aufnehmen. Sind diese Fortsätze dünn und fadenförmig, bezeichnet man sie als Rhizopodien (◼ Abb. 19.46c). Auch Verbände solcher Zellen kommen vor.

- **monadale Stufe:** Einzellige, begeißelte, manchmal mit Augenflecken und kontraktilen Vakuolen ausgerüstete Algen (Flagellaten; ◼ Abb. 19.79), die nach der Zellteilung in mehr- bis vielzelligen Kolonien zusammengeschlossen bleiben können (◼ Abb. 19.69g und 19.46f). Das sogenannte Palmellastadium vermittelt zur kapsalen Stufe: Bei der Zellteilung werden keine neuen Geißeln gebildet und die Tochterzellen sind in Gallerte eingebettet (◼ Abb. 19.45g).

- **kapsale (= tetrasporale) Stufe:** Verschiedene Merkmale der monadalen Stufe sind z. T. noch rudimentär vorhanden. Die Geißeln, falls vorhanden, sind steif oder reduziert und aktive Bewegungsfähigkeit ist, wenn vorhanden, auf Gameten beschränkt. Da die Zellen nach der Teilung in gemeinsamer Gallerte eingebettet bleiben, entstehen Coenobien, die auch fadenförmig gestreckt sein können (◼ Abb. 19.45d). Die Zellwand ist dünn oder fehlt.

- **kokkale Stufe:** Es gibt keine Reste monadaler Organisation in den vegetativen Zellen, die unbegeißelt und von einer Zellwand umgeben sind. Gameten können begeißelt sein. Es handelt sich um Einzeller, Coenobien oder Aggregationsverbände (◼ Abb. 19.41, 19.66a und 19.67a).

- **trichale Stufe:** Die einkernigen (monoenergiden) Zellen bilden unverzweigte oder verzweigte, interkalar oder mit Scheitelzellen wachsende Fäden (◼ Abb. 19.73a).

- **siphonocladale Stufe:** Die fadenbildenden Zellen enthalten jeweils mehrere Zellkerne; vielkernige Zellen nennt man polyenergid.

- **siphonale Stufe:** Der Thallus hat die Form einer einzigen großen, vielkernigen, kugel- oder fadenförmigen oder auch anders gestalteten Zelle, die makroskopisch sichtbar ist und erhebliche Ausmaße erreichen kann (◼ Abb. 19.48d, 19.76 und 19.75d).

- **Filz- und Flechtthallus:** Die Zellfäden sind verfilzt oder miteinander verflochten; die Zellen sind oft auch verklebt oder sogar verwachsen (◼ Abb. 19.31 und 19.32a).

- **Gewebethallus:** Die sich teilenden Zellen bleiben in einem zwei- oder dreidimensionalen Gewebe miteinander verbunden (◼ Abb. 19.50 und 19.51b–d).

Die Evolution von einzelligen zu unterschiedlich komplex gebauten vielzelligen Algen hat vielfach parallel stattgefunden. Vorkommen und Lebensweise von Algen sind in ▶ Exkurs 19.2 dargestellt und ihre wirtschaftliche Nutzung in ▶ Exkurs 19.3.

Exkurs 19.2 Vorkommen und Lebensweise der Algen

Die überwiegende Zahl der Algen ist photoautotroph, aber es gibt auch mixotrophe und heterotrophe Arten. Die Mixotrophie erlaubt photosynthetisierenden Organismen zusätzlich die Aufnahme organischer Stoffe aus dem umgebenden Medium. Heterotrophe Algen haben ihre Assimilationspigmente verloren und resorbieren organische Stoffe für ihre Ernährung; phagotrophe Vertreter unter ihnen „fressen" feste Nahrungspartikel, die über Nahrungsvakuolen aufgenommen werden. Eukaryotische Algen kommen fast überall vor, doch sind die meisten Arten an das Leben im Wasser gebunden, wo sie entweder als Plankton im Wasser schweben oder als Benthos an Gestein, Sand und anderen Unterlagen wie anderen Wasserpflanzen festgewachsen sind. Durch den unterschiedlichen Salzgehalt ist der Lebensraum Wasser in zwei völlig verschiedene Lebensbereiche gegliedert: Meer und Süßwasser.

◼◼ Meeresalgen

Das pflanzliche **Plankton** des Meeres (neben zahlreichen „Blaualgen" = Cyanobakterien) wird in erster Linie von Diatomeen und Dinophyten gebildet, sowie von winzigen (Picoplankton) Haptophyten (Coccolithophorales), Dictyochophyceae (Silicoflagellaten), „Prasinophyceae" (*Micromonas, Ostreococcus, Pycnococcus*), Eustigmatophyceae (*Nannochloropsis*), Pelagophyceae (*Pelagomonas*) und Bolidophyceae (*Bolidomonas*).

Die größte Planktondichte (bis zu 100.000 Zellen pro Liter Wasser) findet sich in der durchleuchteten Wasserschicht. In einem Liter Oberflächenwasser des Atlantiks nahe den Färöer-Inseln hat man 32.000 Dinophyten-, 1600 Diatomeen- und 54.000 Coccolithophoraceenzellen gezählt. Unterhalb von 100 m geht die Zahl der Planktonzellen stark zurück. Doch hat man auch in großen Tiefen (4000–5000 m) noch Coccolithophoraceen gefunden. Die größte Planktondichte findet man in den kälteren Meeren und im Bereich der kühlen Meeresströmungen. Sie ist bedingt durch größeren Reichtum des Wassers an Stickstoff- und Phosphatverbindungen. Diese Stoffe werden in den oberen Wasserschichten verbraucht und reichern sich durch das Absinken von toten Zellen in den tieferen Zonen an. In den kalten Gebieten findet durch die winterliche wie durch die nächtliche Abkühlung der Meeresoberfläche eine bessere Durchmischung der Wasserschichten statt als in den Tropen, was letzten Endes zu einer stärkeren Entwicklung des Planktons führt. Planktonreichtum findet man auch dort, wo kaltes, an Stickstoffverbindungen und Phosphaten reiches Tiefenwasser an die Oberfläche gelangt.

Planktonzellen würden im Wasser mehr oder minder langsam absinken, wenn ihr Schweben nicht über das spezifische Gewicht und Reibungswiderstände sowie durch aktive Geißelbewegung reguliert würde. Dies erklärt Merkmale der Planktonalgen wie das Vorhandensein von Öl als Reservestoff, das Zusammenhängen vieler Zellen in Ketten und Aggregaten (◘ Abb. 19.41) sowie die Regulation der Ionenzusammensetzung in den großen Vakuolen planktischer Kieselalgen. Die Mineralskelette der Planktonalgen sedimentieren, falls vorhanden, auf den Meeresgrund. Da Kalk unterhalb von 4000–5000 m Tiefe aufgelöst wird, finden wir in den größten Tiefen nur Skelette von Diatomeen und Silicoflagellaten (und Radiolarien) im Meeressediment. In geringerer Tiefe (2000–5000 m) kommt es auch zur Kalkablagerung (z. B. Coccolithophoraceen). In 1000 Jahren setzt sich eine Schicht von ca. 1,5 cm Dicke ab.

Das makroskopische pflanzliche **Benthos** im Meer besteht – von relativ wenigen Blütenpflanzen wie z. B. *Zostera* in Mitteleuropa abgesehen – ausschließlich aus Algen, und zwar überwiegend aus Phaeophyceen und Rhodophyceen. Meist sind sie mittels Haftscheiben oder -krallen am festen Untergrund (Fels) angeheftet (◘ Abb. 19.54 und 19.58). Bewegliches Substrat (Schlamm, Sand) wird nur von wenigen Gattungen wie *Caulerpa* (◘ Abb. 19.76a) besiedelt. Benthosalgen wachsen von der Spritzzone der Küsten bis in Tiefen, in denen Photosynthese noch möglich ist (bis ca. 180 m). Im Mikrobenthos findet man aber auch z. B. Kieselalgen und Dinophyceen, die als mikroskopische Algen auf verschiedenen Oberflächen festsitzen.

In **tropischen Meeren** erreicht die Algenvegetation nicht die Üppigkeit wie in den Meeren der gemäßigten und kalten Zonen (vgl. hierzu die für das Plankton angeführten Ursachen). Phaeophyceen sind selten, Rhodophyceen

dagegen sind häufiger, ebenso einige an höhere Wassertemperaturen gebundene Grünalgen wie Caulerpaceen, Dasycladaceen, Codiaceen oder Valoniaceen. Arten- und individuenreich ist auch die Vegetation der tropischen Korallenriffe mit z. B. *Halimeda* (◘ Abb. 19.76b). Eine einmalige Erscheinung ist die Sargassosee, ein östlich von Florida gelegener Bereich des Atlantiks, wo die Braunalge *Sargassum* (◘ Abb. 19.58a) als mit luftgefüllten Blasen schwimmende Hochseealge in großer Dichte vorkommt und (durch Meeresströmungen zusammengetrieben) bis zu 5 t Pflanzenmasse je Quadratseemeile hervorbringt.

In den **warmtemperierten Meeren** wie dem Mittelmeer besteht das Benthos vorwiegend aus Rhodophyceen und kleineren Phaeophyceen. Die häufiger tropisch verbreiteten Grünalgen der Bryopsidales und Dasycladales sind durch einige Arten vertreten. *Lithothamnion*-Arten sind relativ häufig. Die jahreszeitlich bedingt schwankenden Lichtintensitäten haben zur Folge, dass die Hauptvegetationszeit der Algen in der Nähe der Oberfläche in das Frühjahr, in der Tiefe in Sommer und Herbst fällt.

In den **kalttemperierten Meeren** wie der Nordsee überwiegen an Größe wie an Masse bei Weitem die Phaeophyceen. Die Jahreszeiten wirken sich auf viele Arten deutlich aus. So verliert die Braunalge *Desmarestia* im Herbst ihre assimilierenden Haare und die Rotalge *Delesseria* ihre zarten Thallusflächen, sodass nur die Rippen überwintern. Die großen *Laminaria*-Arten (◘ Abb. 19.54) erneuern jährlich ihre Phylloide. ◘ Abb. 19.61 zeigt am Beispiel der Felsküste des Ärmelkanals die ausgeprägte vertikale Gliederung der Algenvegetation in Zusammenhang mit dem Wasserstand der Gezeiten. Die Arten der oberen Zonen (z. B. *Bangia, Porphyra, Fucus*) halten noch Temperaturen bis zu −20 °C aus, während die Bewohner der nie trockenfallenden tieferen Zonen (*Laminaria, Delesseria*) schon bei wenigen Minusgraden absterben. Obwohl die kalten Meere artenarm sind, gibt es hier die größten Vertreter der Phaeophyceen. Beispiele hierfür sind *Macrocystis* (◘ Abb. 19.54e), *Lessonia* (◘ Abb. 19.54d) und *Nereocystis* (◘ Abb. 19.54c), alles Laminariales, sowie *Durvillea* aus den Fucales. Sie stehen in der Größe ihres Vegetationskörpers hinter den großen Landpflanzen nicht zurück. Verschmutzung und Nährstoffgehalt bedingen bei den Algen des marinen Benthos unterschiedliche Verbreitung: So wächst *Ulva* in sehr nährstoffreichem, *Padina* in mäßig nährstoffreichem, *Sargassum* und *Fucus* in nährstoffarmem Meerwasser. Zwischen Meer und Süßwasser liegt der Brackwasserbereich. Die Mündungen von Flüssen fallen in diese Region und haben eine eigene Flora von Plankton- und Benthosalgen (z. B. Characeen).

19

Stammesgeschichte und Systematik der Bakterien, Archaeen, „Pilze", Pflanzen und anderer...

727

19

▪▪ Süßwasseralgen

Im Süßwasser hängt die Artenzusammensetzung der pflanzlichen Planktonalgen stark vom Nährstoffgehalt des Wassers ab; in nährstoffreichen (eutrophen) Gewässern nehmen sie auch organische Stoffe auf (Mixotrophie). In gemäßigten Klimaten haben die jahreszeitlichen Unterschiede der Wassertemperatur, der Einstrahlung, des pH-Wertes usw. beträchtliche Veränderungen in der Zusammensetzung der Planktonarten zur Folge. Im Süßwasser liegen die Temperaturextreme viel weiter auseinander als im Meer; sie reichen von ca. 0 °C in Schmelzwasserpfützen der Gletscher und des Polareises, wo das aus vielfach rot gefärbten z. B. *Chlamydomonas-*, *Mesotaenium-* und *Ancylonema-*Arten bestehende Kryoplankton vorkommt, bis zu Temperaturen heißer Gewässer, in denen noch einige Diatomeen (bis 50 °C) leben können. Das **Benthos des Süßwassers** wird von Blütenpflanzen beherrscht; nur unter besonderen Bedingungen überwiegen Algen (z. B. Characeen). Dem **Neuston**, der Lebensgemeinschaft der Wasseroberfläche, gehören vor allem einzellige Algen an, z. B. die rotgefärbte *Euglena sanguinea* und *Chromulina rosanoffii*.

Von letzterer, die der Wasseroberfläche einen goldenen Schimmer verleiht, hat man bis zu 40.000 Zellen pro Quadratmillimeter gezählt.

▪▪ Luft- und Bodenalgen, Symbionten, Gesteinsbildner

Nur relativ wenige Algen leben als **Luftalgen** außerhalb des Wassers, vor allem an der Schattenseite von Felsen und Baumstämmen (z. B. Algen vom *Pleurococcus*-Typ und *Trentepohlia*, ◨ Abb. 19.78a, c). Am häufigsten sind sie in den feuchten Tropengebieten, wo sie auch Blätter besiedeln. Anstehendes Kalkgestein ist in den obersten Millimetern häufig von Algen durchsetzt. Zum Edaphon, der Lebensgemeinschaft des Bodens, gehören als **Bodenalgen** verschiedene Chlorophyceen, Xanthophyceen und Diatomeen. In 1 g Boden der obersten Schicht hat man bis 100.000 Algenzellen gezählt.

Eine wichtige Rolle kommt verschiedenen Algen als **Symbionten** zu (s. Flechten). Auch als Gesteinsbildner sind sie von großer Bedeutung (z. B. Ulvophyceae; Tuffbildung durch Grünalgen). Algen (und Cyanobakterien) können auch z. B. im Fell von Säugetieren wachsen.

Exkurs 19.3 Wirtschaftliche Nutzung von Algen

In der Asche verschiedener **Braunalgen** (Phaeophyceae: Laminariales) ist **Jod** enthalten, das früher daraus gewonnen wurde. Die dazu geeigneten Braunalgen können Jod in ihren Zellen aus dem Seewasser (Jodgehalt 0,000.005‰) auf bis zu 0,3 % ihres Frischgewichts anreichern. Weiterhin liefern die Zellwände von Braunalgen **Alginate**, die wegen ihrer kolloidalen Eigenschaften in der Medizintechnik und besonders auch in der Textil-, Lebensmittel-, Foto- und kosmetischen Industrie vielseitig eingesetzt werden. Die Weltproduktion von ca. 30.000 t wird z. B. für Speiseeis, Pudding, Salben, Zahnpasta, Schlankheitsdiäten, Medikamentekapseln, Leim, Farbe usw. verwendet. Auch **Soda** und **Mannit** werden aus Braunalgen gewonnen. Als **Kombu** werden Braunalgen (*Saccharina japonica*) in Ostasien gegessen.

Aus den Zellwänden mehrerer **Rotalgen** (Rhodophyceae) werden Polysaccharide zu Arzneimittel- und technischen Zwecken gewonnen, darunter **Carrageen** aus *Chondrus-* (getrocknet auch als Irländisches Moos bezeichnet) *Gigartina-* und *Eucheuma-*Arten, und **Agar** (Weltproduktion ca. 10.000 t) z. B. aus verschiedenen Rotalgen des Pazifischen Ozeans (so *Gelidium-* und *Gracilaria-*Arten). Agar wird für Kulturen von Mikroorganismen, ferner in der Lebensmittel- und pharmazeutischen Industrie ver-

wendet. *Porphyra* (an ostasiatischen Meeresküsten in großem Maßstab auf Netzen kultiviert, die im Wasser hängen) wird besonders in Ostasien gegessen (**Nori**).

Grünalgen (Chlorophyta) haben eine geringere Bedeutung als etwa Braun- und Rotalgen. In Westsibirien werden fädige Grünalgen in Massen geerntet (etwa 1.000.000 t jährlich auf einer Fläche von einigen Tausend Quadratkilometern) und zu Papier bzw. Isolations- und Baumaterial (**Algilit**) verarbeitet. Einige Gattungen (z. B. *Aphanizomenon, Arthrospira, Chlamydomonas, Dunaliella, Haematococcus, Scenedesmus, Desmodesmus, Botryococcus, Chlorella, Teraselmis*) werden biotechnologisch für die Gewinnung von Biomasse, Tierfutter und zahlreiche Substanzen (Farbstoffe, Fettsäuren usw.) verwendet. Auch Rotalgen (z. B. *Porphydium*), Diatomeen und weitere Algengruppen werden biotechnologisch genutzt.

Von Diatomeen (Bacillariophyceae) gebildetes Gestein (Diatomeenerde, Polierschiefer, **Kieselgur**) wurde früher als Baustein, Reinigungs- und Schleifmittel und heute noch als Filtermasse (etwa zur Wasserreinigung) oder als Absorptions- und Füllstoff verwendet. Aus **Coccolithen** (s. Haptophyten) bestehendes Gestein fand früher als Schreibkreide Verwendung.

Die Verwandtschaftsverhältnisse zwischen den drei Untergruppen der Pflanzen mit einfachen Plastiden, Glaucobionta, Rhodobionta und Chlorobionta sind nicht endgültig geklärt. Die meisten Analysen zeigen, dass entweder die Glaucobionta oder die Rhodobionta Schwestergruppe zu den jeweils beiden anderen Gruppen sind.

19.3.1 Glaucobionta

19.3.1.1 Glaucophyta

Die einzige Abteilung der Gruppe der Glaucobionta, die Glaucophyta, enthält mindestens 13 Arten in vier Gattungen. Die Pflanzen sind einzellig und monadal, kokkal oder kapsal und leben im Süßwasser. Die Besonderheit der Glaucophyta sind ihre Plastiden. Erstens besitzen die Plastiden, hier auch als **Cyanellen** bezeichnet (■ Abb. 1.92), zwischen den zwei Membranen eine dünne Peptidoglykanwand, eine Wand also, wie sie für Bakterien und damit auch Cyanobakterien typisch ist. Diese Plastiden wurden früher fälschlicherweise als endosymbiotisch lebende Cyanobakterien interpretiert. Zweitens enthalten die Plastiden wasserlösliche Phycobiliproteide, die mit ihren als akzessorische Pigmente dienenden Phycobilinen (hier Phycocyanobilin) die blau-grüne Farbe hervorrufen. Die Phycocyanine und Allophycocyanine finden sich in **Phycobilisomen**. Dies sind auch bei den Cyanobakterien vorkommende, 30–40 nm große, scheibenförmige oder kugelige Aggregate, die in den Plastiden auf den Thylakoiden liegen. Es kommt nur Chlorophyll a vor (■ Tab. 19.2). Als Reservestoff wird Stärke gebildet, aber nicht innerhalb von Plastiden.

19.3.2 Rhodobionta – Rotalgen, photoautotrophe Eukaryoten mit Rhodophyten als sekundären Endosymbionten

19.3.2.1 Rhodophyta – Rotalgen

Die Rhodobionta mit der einzigen Abteilung Rhodophyta haben meist zahlreiche Plastiden, in denen man wie bei den Glaucobionta Phycobiliproteide in Phycobilisomen findet. Die hier gebundenen Farbstoffe sind von den Phycoerythrinen das stark fluoreszierende Phycoerythrobilin und von den Phycocyaninen und Allophycocyaninen das Phycocyanobilin (■ Abb. 1.79b, c). Diese Pigmente sind Lichtsammler, die die Anregungsenergie an das eigentliche Photosynthesepigment weiterleiten. Das einzige Chlorophyll ist Chlorophyll a (■ Tab. 19.2). Durch ihre Farbstoffe sind die Rotalgen häufig leuchtend rot bis violett gefärbt, selten auch dunkelpurpurrot, braunrot bis nahezu schwarz oder auch blau- bis olivgrün (■ Abb. 19.29). Da die Phycobilisomen den Thylakoiden auf der stromalen Seite aufsitzen, sind die Thylakoide anders als z. B. bei den Landpflanzen nicht stapelweise zusammengefasst, sondern liegen in gleichen Abständen voneinander getrennt vor. Als Reservestoff wird vor allem **Florideenstärke** in Form von rundlichen, unlöslichen, oft geschichteten, sich mit Jod rötlich färbenden Körnchen gespeichert. Es handelt sich hierbei um ein hinsichtlich der Häufigkeit der Verzweigung zwischen Glykogen und Stärke stehendes Polysaccharid. Die Körnchen kondensieren nicht wie die Stärke bei den Grünen Pflanzen innerhalb der Plastiden, sondern an deren Oberfläche und im Cytoplasma. Auch

■ **Abb. 19.29   Rhodophyta. a** Flaschen, die eine Zeit lang im Meer gelegen haben, sind mit einer Rotalge überzogen, die rötliche Kalkkrusten bildet. **b** Blattartige Thalli von *Calophyllis*. (Aufnahmen: A B. Merlin; B A. Bresinsky)

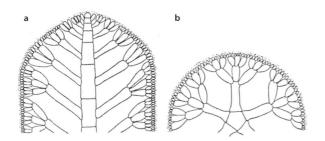

Abb. 19.30 Rhodophyta. Thallus vom Zentralfadentyp. Beispiel: *Chondria tenuissima.* **a** Längs-, **b** Querschnitt. (Nach Falkenberg)

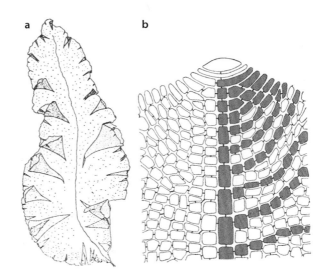

Abb. 19.31 Rhodophyta. a Blattartiger Thallus von *Grinnellia americana* (0,5 ×). **b** Vorderende des einschichtigen Thallus mit großer Scheitelzelle und dem von ihr ausgehenden Zentralfaden; dieser und einige der von ihm unmittelbar ausgehenden Zelllinien dunkel (300 ×). (a nach R.L. Smith; b nach J. Tilden)

andere, auf Rotalgen beschränkte Substanzen wie Floridoside (Galactose-Glycerin-Verbindungen) sowie Öltröpfchen kommen vor. Der fibrilläre Anteil der **Zellwand** besteht meistens und überwiegend aus Cellulose. Deren Mikrofibrillen sind nicht wie bei den Landpflanzen und einigen anderen Streptophyten aus parallel geordneten, sondern aus filzartig verflochtenen Ketten aufgebaut. Der amorphe Teil enthält vielfach verschleimende Galactane (z. B. Agar; Carrageen = Galactansulfate; Galactane sind Polymere der Galactose). Proteinzellwände gibt es bei den Cyanidiophytina als Teilgruppe der Rhodophyta.

Die überwiegend marinen Vertreter der Rhodophyta sind einzellig oder fädig und verzweigtfädig, wobei die Fäden zu einem pseudoparenchymatischem Thallus verflochten sein können. Echte Gewebe fehlen vollständig. Die Flechtthalli und **Pseudoparenchyme** (Plektenchyme) der Rotalgen bilden sich nach dem uniaxialen Zentralfadentyp (◻ Abb. 19.30 und 19.31) oder nach dem multiaxialen Springbrunnentyp (◻ Abb. 19.32). Die entstehenden, dicht gelagerten Zellfäden sind untereinander durch Verklebung und Verwachsung verbunden. Begeißelte Zellen fehlen vollständig.

Für Rhodophyten aus der Klasse Florideophyceae ist ein ungewöhnlicher, dreigliedriger Generationswechsel charakteristisch, bei dem auf den haploiden Gametophyten ein diploider Karposporophyt sowie eine weitere diploide Sporophytengeneration (meist der Tetrasporophyt) folgen (▶ Exkurs 19.4). Bei z. B. *Polysiphonia* sind drei Generationen auf zwei Individuen verteilt (◻ Abb. 19.33a). Der Gametophyt ist eine selbstständige haploide Pflanze. Er bildet das ♀ Gametangium, **Karpogon** genannt. Dieses mündet in eine Trichogyne als ein langes, meist schlankes Empfängnisor-

gan (◻ Abb. 19.34f: t und 19.35f: t). An anderen Teilen oder auf anderen Individuen des Gametophyten entstehen die unbegeißelten männlichen Gameten in Spermatangien (= männliche Gametangien). Die ♂ Gameten (Spermatium, Spermatien) sind einkernig. Sie breiten sich passiv im Wasser aus, setzen sich später an der Trichogyne fest und entleeren ihren ♂ Kern, der zum Eikern wandert und mit diesem verschmilzt. Aus der Zygote entsteht der **Karposporophyt** in Form von diploiden Zellfäden, die aus dem Karpogon herauswachsen, aber mit dem haploiden Gametophyten verbunden bleiben. Hier ist also unter einem Kernphasenwechsel eine neue Generation auf dem Gametophyten entstanden. Der Karposporophyt erzeugt nach ausschließlich mitotischen Kernteilungen diploide **Karposporen**, die damit Mitosporen sind. Aus den Karposporen entsteht eine dem Gametophyten gleichende, jedoch diploide neue Pflanze, an der sich unter Meiose aus je einer Sporenmutterzelle vier haploide Meiosporen bilden (◻ Abb. 19.33 und 19.34b). Diese Generation wird **Tetrasporophyt** genannt. Vom Karposporophyten zum Tetrasporophyten findet damit ohne Änderung der Kernphase der Wechsel von der zweiten zur dritten Generation des Lebenszyklus statt.

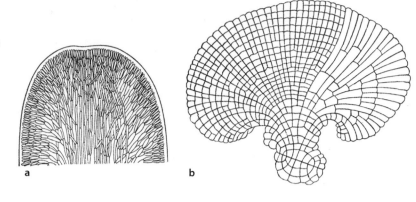

◘ **Abb. 19.32   Rhodophyta.** Thalli vom Spring-
brunnentyp. **a** Scheitel eines Thallusastes von
Furcellaria fastigiata (35 ×). **b** Der einschichtige
Thallus von *Melobesia* wächst durch gelegentliche
Längsteilungen der Randzellen fächerförmig in
die Fläche (45 ×). (a nach F. Oltmanns; b nach
Rosanoff)

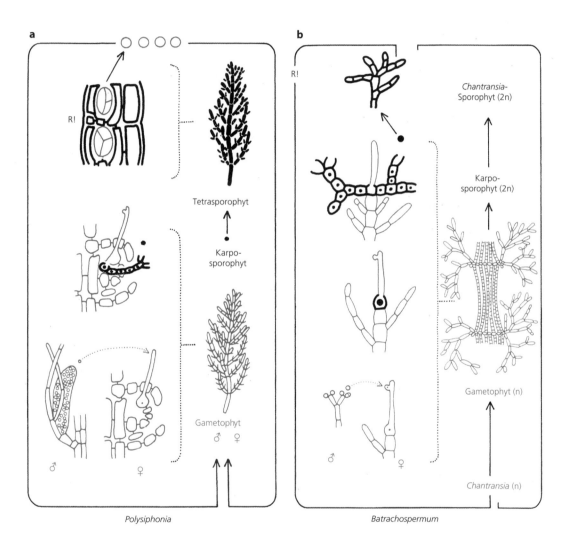

◘ **Abb. 19.33   Rhodophyta.** Generations- und Kernphasenwechsel. *Polysiphonia* und *Batrachospermum*. Orange: Haplophase, schwarz: Diplophase. – R! Reduktionsteilung

Stammesgeschichte und Systematik der Bakterien, Archaeen, „Pilze", Pflanzen und anderer...

731   **19**

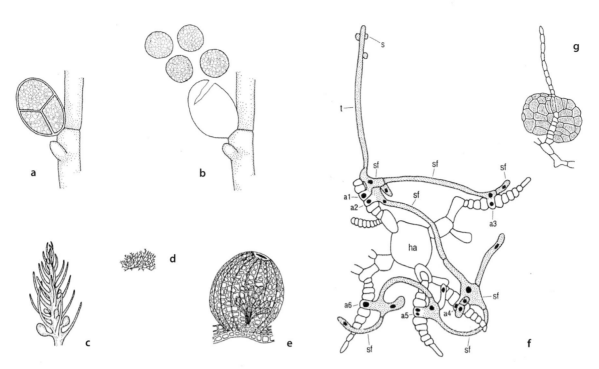

🔲 **Abb. 19.34   Rhodophyta. a, b** *Callithamnion corymbosum*, Tetrasporenbildung (300 ×), **a** geschlossene, **b** entleerte Sporocyste mit den vier Tetrameiosporen. **c, d** *Bonnemaisonia hamifera*, Gametophyt und Tetrasporophyt (5 ×), **c** Gametophyt mit Cystokarpanlagen, **d** Sporophyt, auch als *Trailiella intricata* bekannt. **e** *Platysiphonia miniata*. Cystokarp mit durchschimmerndem Karposporophyten (100 ×). **f, g** *Dudresnaya*. **f** Das befruchtete Karpogon, an dessen Trichogyne noch einige Spermatien haften, ist zum verzweigten sporogenen Faden ausgewachsen, der mit sechs Auxiliarzellen in Verbindung getreten ist. Die Zellen a_1–a_6 sind Ästen eingefügt, die von der Achse ha entspringen (250 ×). **g** Reifes Karposporenknäuel. – a Auxiliarzellen (a_1–a_6), s Spermatien, sf sporogener Faden, t Trichogyne. (a, b nach G.G. Thuret; c, d nach Koch; e nach F. Börgesen; f nach F. Oltmanns; g nach E. Bornet)

Exkurs 19.4 Lebenszyklus der Pilze und Pflanzen – einige Begriffe

Für die Beschreibung des Lebenszyklus haben sich spezifische Begriffe etabliert. Der Zellkern teilt sich bei normaler Zellteilung durch **Mitose**. Die **ungeschlechtliche (asexuelle, vegetative) Fortpflanzung** geschieht ausschließlich unter mitotischen Kernteilungen. Bei der **sexuellen Fortpflanzung** verschmelzen Cytoplasma und haploide Kerne (mit einem einfachen Chromosomensatz) zweier vielfach als **Gameten** spezialisierter Zellen (Plasmo- und Karyogamie = **Syngamie**) zur diploiden **Zygote** (mit doppeltem Chromosomensatz). Die folgende **Meiose** führt von der **Diplophase** wieder zur **Haplophase**. Dieser Wechsel haploider und diploider Zellen wird als **Kernphasenwechsel** bezeichnet.

Bei den Asco- und Basidiomycota als Teilgruppen der Chitinpilze sind Plasmo- und Karyogamie zeitlich voneinander getrennt. Dadurch entsteht eine Entwicklungsphase, in der die Zellen zwei Zellkerne enthalten. Diese Entwicklungsphase wird als **Dikaryon** bezeichnet.

Im Allgemeinen erfolgt die Syngamie durch Fusion von zwei Geschlechtszellen (Gameten; **Gametogamie**). Die Geschlechtszellen können gleichgestaltet und begeißelt sein (**Isogamie**). Sie können aber auch verschieden sein und entweder als kleinere männliche begeißelte und größere ebenfalls begeißelte weibliche Gameten (**Anisogamie**) oder als begeißelte männliche und unbegeißelte weibliche Gameten (**Oogamie**) auftreten. Verschmelzen Gametangien (Zellen, in denen Geschlechtskerne und vielfach auch Gameten entstehen) unmittelbar miteinander, ohne die eventuell entstandenen Gameten freizusetzen, spricht man von **Gametangiogamie**. Fusionieren vegetative Zellen ohne besondere Differenzierung miteinander, nennt man diesen Vorgang **Somatogamie**. Hier fusionieren immer Geschlechtskerne und nicht Gameten.

■■ **Kernphasen- und Generationswechsel**

Haplonten haben einen sich in der Haplophase (alle Zellen sind haploid) vollziehenden Lebenszyklus: Nach der Verschmelzung von Geschlechtszellen (Gameten) oder Geschlechtskernen zur diploiden Zygote durchläuft diese die Meiose ohne sich vorher mitotisch zu teilen. Die daraus entstehenden haploiden Zellen bilden durch mitotische Kern- und Zellteilungen ein haploides Entwicklungsstadium. Diploid ist hier nur die Zygote. Der **Kernphasenwechsel** wird hier als zygotisch bezeichnet, da er an die Zygote gekoppelt ist: der

Übergang von der haploiden zur diploiden Kernphase findet mit der Bildung der Zygote, der Übergang von der diploiden zur haploiden Kernphase bei ihrer Meiose statt. Bei **Haplo-Diplonten** (■ Abb. 19.65b) teilt sich die durch Syngamie entstehende Zygote mitotisch. So entsteht ein diploider Lebensabschnitt, der **Sporophyt**, an dem meist zahlreiche diploide Zellen die Meiose durchlaufen und dabei zahlreiche haploide Zellen (Meiosporen) hervorbringen. Aus diesen entsteht je ein haploider **Gametophyt**, der mitotisch Gameten hervorbringt. Haplo-Diplonten haben damit einen **Generationswechsel**, also eine regelmäßige Abfolge von meiosporenbildenden, diploiden Sporophyten und gametenbildenden haploiden Gametophyten. Beide Generationen können langlebig sein, sodass z. B. bei den Moosen eine Gametophytengeneration zahlreiche Sprorophytengenerationen und bei den Farn- und Samenpflanzen eine Sporophytengeneration zahlreiche Gametophytengenerationen hervorbringen kann. Sind Gametophyt und Sporophyt weitgehend von gleicher Gestalt, spricht man von einem **isomorphen Generationswechsel** (z. B. *Cladophora*, ■ Abb. 19.65b), sind sie verschieden, von einem **anisomorphen** (auch **heteromorphen**) **Generationswechsel** (*Cutleria*, *Laminaria*, ■ Abb. 19.60). Im Allgemeinen besteht der Generationswechsel aus zwei Generationen (**zweigliedrig**), und Gametophyt und Sporophyt können physisch miteinander verbunden sein oder unabhängig voneinander leben. Beim selteneren **dreigliedrigen Generationswechsel** folgen auf den Gametophyten zwei sich verschieden fortpflanzende Sporophytengenerationen (s. Rhodophyta, ■ Abb. 19.33). Bei **Diplonten** vollzieht sich der gesamte Lebenszyklus in der Diplophase (alle Zellen sind diploid). Hier sind nur die nach der Meiose gebildeten Gameten haploid. Der Kernphasenwechsel ist daher gametisch: Der Übergang von der diploiden in die haploide Kernphase findet bei der Entstehung der Gameten durch Meiose, der Übergang von der haploiden zur diploiden Kernphase findet bei der Fusion der Gameten statt. Reine Diplonten gibt es bei Pflanzen nicht, aber z. B. bei *Fucus* (■ Abb. 19.60) und auch bei den Samenpflanzen, besonders bei den Angiospermen, ist die gametophytische Generation sehr reduziert. Die Homologie des „versteckten" Generationswechsels der Samenpflanzen mit dem der Moose und Farnpflanzen ist 1851 von W. Hofmeister entdeckt worden.

Gametophyt und Tetrasporophyt sind sich wie bei *Polysiphonia* meist sehr ähnlich, können aber auch so unähnlich sein (■ Abb. 19.34c, d), dass man sie früher nicht nur verschiedenen Gattungen, sondern sogar entfernt voneinander stehenden Ordnungen zugeordnet hat. Auch wirkt der Karposporophyt (ohne Chlorophyll) in einigen Fällen so fremdartig, dass man ihn für einen Parasiten gehalten und mit einem besonderen Namen belegt hat.

Bei der im Süßwasser vorkommenden Gattung *Batrachospermum* (Florideophyceae, ■ Abb. 19.33b) entsteht nach Meiose des diploiden *Chantransia*-Sporophyten ein haploider Gametophyt, der schließlich einen diploiden Karposporophyten hervorbringt.

Der monözische Gametophyt besteht aus haploiden, verzweigten Fäden (■ Abb. 19.35a). Die zahlreichen Spermatangien entstehen meist in Zweizahl aus den Endzellen der Wirtelzweige. Jedes Spermatangium besteht aus nur einer Zelle, deren gesamtes Plasma in der Bildung eines einzigen rundlichen, farblosen Spermatiums aufgeht, welches einen großen Kern und eine sehr dünne Wand besitzt (■ Abb. 19.35d). Die weiblichen Karpogone sitzen zwischen den spermatangientragenden Ästen ebenfalls an den Zweigenden und bestehen aus einer langen Zelle, die im unteren Teil flaschenförmig angeschwollen ist und im oberen Teil in die keulenförmige Trichogyne ausläuft (■ Abb. 19.35e, f). Das Karpogon mit seiner Trichogyne ist tief in Gallerte eingebettet. Ein passiv mit Wasser angeschwemmtes Spermatium kann diese Gallerte aktiv durchdringen und gelangt so zur Trichogyne, in die es seinen ganzen Inhalt entlässt. Der Spermakern wandert in das Karpogon, wo die Verschmelzung mit dem Eikern stattfindet. Aus der Zygote entsteht der Karposporophyt, der aus verzweigten diploiden Zellfäden besteht, die mit dem Gametophyten verbunden bleiben (■ Abb. 19.35h). Der Karposporophyt erzeugt in seinen anschwellenden Endzellen durch Mitose je eine kugelige, diploide Karpospore. Die Karposporen werden aus den zurückbleibenden Hüllen der Endzellen (■ Abb. 19.35i: k_1, k_2) entlassen. Sie wachsen zum diploiden ***Chantransia***-Sporophyten aus. Er besteht aus sich verzweigenden diploiden Fäden, die auf dem Substrat festsitzen, und wird auch als Mikrothallus bezeichnet. Die Meiose findet in einzelnen Zellen der *Chantransia*-Fäden statt. Diese haploiden Zellen entwickeln sich dann zu den wirtelig verzweigten Gametophyten (■ Abb. 19.35c).

Die Rhodophyta können in zwei Unterabteilungen mit sieben Klassen gegliedert werden. Zu den **Cyanidiophytina** mit der einzigen Klasse **Cyanidiophyceae** gehören einzellige Arten wie *Cyanidium caldarium* und die nahe verwandte *Cyanidioschyzon merolae*, die in extrem sauren Schwefelquellen (pH bis zu 0) bei Temperaturen über 40 °C vorkommen.

Zu den **Rhodophytina** gehören die **Bangiophyceae**, **Compsopogonophyceae**, **Florideophyceae**, **Porphyridiophyceae**, **Rhodellophyceae** und **Stylonematophyceae**. Die Porphyridiophyceae sind einzellig, die Rhodellophyceae und Stylonematophyceae sind einzellig oder bilden einfache Fäden, und die Bangiophyceae, Compsopogonophyceae und Florideophyceae bilden häufig komplexere Flechtthalli. Bei den Bangiophyceae findet man im Generationswechsel nur zwei Generationen, bei den Florideophyceae, wie oben für *Polysiphonia* und *Batrachospermum* beschrieben, sind es drei. Die Rhodophyten leben mit etwa 6000 Arten, von wenigen Ausnahmen (z. B. die in arktischen Meeren Kalkriffe bildende *Lithothamnion glaciale*) abgesehen, in der Litoralzone besonders der wärmeren Meere. Sie besiedeln vielfach tiefere Regionen (maximal bis 180 m), wo nur noch schwaches, kurzwelliges Licht vorhanden ist und wo sie mit ihren Antennenpigmenten (Phycobiliprotei-

Stammesgeschichte und Systematik der Bakterien, Archaeen, „Pilze", Pflanzen und anderer...

733 **19**

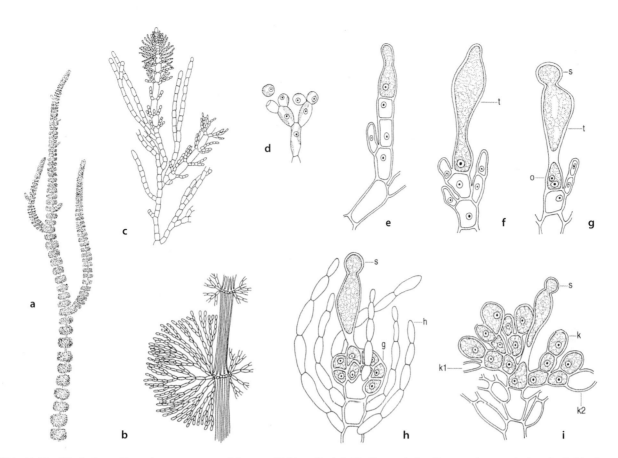

Abb. 19.35 Rhodophyta. *Batrachospermum moniliforme.* **a** Habitus (3 ×). **b** Thallusstück des Gametophyten mit Astwirtel (20 ×). **c** Diploider *Chantransia*-Sporophyt mit zwei darauf sitzenden haploiden Gametophyten (100 ×). **d** Zweigstück des Gametophyten mit vier Spermatangien, links ausgeschlüpftes Spermatium (540 ×). **e** Karpogonanlage. **f** Reifes Karpogon. **g** Karpogon nach Befruchtung durch Spermatium, an der Basis Kopulation der Sexualkerne. **h** Diploider Karposporophyt mit haploiden Hüllfäden. **i** reifer Karposporophyt mit Karposporocysten. – g Karposporophyt, h Hüllfäden, k₁ und k₂ entleerte Karposporocysten, o Sexualkerne, s Spermatium, t Trichogyne. (a–c nach Sirodot; d nach E. Strasburger; e–i nach H. Kylin)

den) das in der Tiefe herrschende, zu ihrer Farbe komplementäre kurzwellige Licht optimal ausnutzen können (▶ Abschn. 14.3.3). Manche Rotalgen sind farblose Parasiten, die häufig auf andere nahe verwandte Rhodophyten als Wirte beschränkt sind („Adelphoparasiten").

Die ältesten sicheren **Fossilien** der Rotalgen sind 1200 Mio. Jahre alt.

19.3.2.2 Photoautotrophe Eukaryoten mit Rhodophyten als sekundären Endosymbionten

Es gibt vier Gruppen photoautotropher Eukaryoten, deren Plastiden auf eine (oder mehrere, s. u.) **Endocytobiose** mit Rhodophyten zurückgehen. Dies sind
- die Cryptophyten,
- die Haptophyten,
- die Dinophyten und
- die photoautotrophen Heterokontophyten.

Die Verwandtschaftsverhältnisse zwischen diesen vier Gruppen bzw. ihre Verwandtschaft zu anderen Eukaryoten ist nicht endgültig geklärt. Von den Dinophyten ist schon länger bekannt, dass sie eng mit den Apicomplexa verwandt sind. Apicomplexa sind photoautotroph oder nicht photoautotroph. Zu ihnen gehört unter anderem der Malariaerreger *Plasmodium falciparum*. Es war eine große Überraschung, als Anfang 1996 in *Plasmodium* sehr reduzierte Plastiden entdeckt wurden. Die Dinophyten und Apicomplexa werden, wieder zusammen mit anderen heterotrophen Linien, auch als **Alveolaten** zusammengefasst (■ Abb. 19.36). Die photoautotrophen Heterokontophyten (manchmal auch als Ochrophyten bezeichnet) sind offenbar mit den nicht photoautotrophen Oomyceten (Cellulosepilze) verwandt (s. Chitinpilze, Flechten, Cellulosepilze). Zusammen mit diesen und einigen weiteren heterotrophen Linien gehören sie zu den Stramenopiles (auch Stramenopilata; ■ Abb. 19.36). Es ist unumstritten, dass die Alveolaten und Stramenopiles eng miteinander verwandt sind und die Rhizaria (▶ Exkurs 19.1) ebenfalls in diesen Verwandtschaftskreis gehören. Unklar ist die Verwandtschaft der Cryptophyten und Haptophyten. Während manche Analysen zu dem Ergebnis kommen, dass sie relativ eng miteinander verwandt sind (das ist in ■ Abb. 19.36 dargestellt; Cryp-

■ **Abb. 19.36** Stammbaum der Chromalveolaten (hier einschließlich Cryptophyten und Haptophyten) und Plantae (Pflanzen). Der Stammbaum illustriert die Chromalveolaten-Hypothese, die die einmalige Aufnahme einer rhodophytischen Zelle durch den letzten gemeinsamen Vorfahren aller Chromalveolaten annimmt. (Nach Archibald 2009)

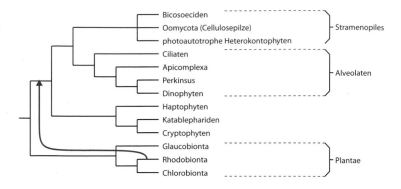

tophyten und Haptophyten werden dann zusammen mit einigen heterotrophen Organismen auch als Hacrobia bezeichnet), ist das Resultat anderer Analysen, dass die Cryptophyten eng mit den Pflanzen verwandt sind, die Haptophyten dagegen mit den Dinophyten, photoautotrophen Heterokontophyten und Rhizaria.

Angesichts dieser unklaren Verwandtschaftsverhältnisse existieren für die Evolution der genannten Organismengruppen verschiedene Hypothesen. 1. In der **Chromalveolaten-Hypothese** wird angenommen, dass der letzte gemeinsame Vorfahre der Cryptophyten, Haptophyten, Dinophyten und photoautotrophen Heterokontophyten in einer einmaligen **sekundären Endocytobiose** eine rhodophytische Zelle aufgenommen hat, die dann zum Plastiden wurde. Das würde implizieren, dass Plastiden in allen heterotrophen Vertretern dieses großen Verwandtschaftskreises sekundär verloren gegangen sind. Diese Hypothese ist in ■ Abb. 19.36 dargestellt. 2. Nach einer weiteren Hypothese wurden rhodophytische Zellen in mehreren unabhängigen sekundären Endocytobiosen aufgenommen. Diese Hypothese wird jedoch meist abgelehnt, weil die phylogenetische Analyse der Plastidengenome der betroffenen Gruppen eindeutig zeigt, dass diese auf einen gemeinsamen Vorfahren zurückgehen. 3. Eine dritte Hypothese geht davon aus, dass eine rhodophytische Zelle in nur einer sekundären Endocytobiose aufgenommen wurde und dass diese Plastiden dann in **tertiären** und evtl. sogar **quartären** Endocytobiosen weitergegeben wurden. So könnten die Cryptophyten durch eine sekundäre, die photoautotropen Heterokontophyten durch eine tertiäre und die Haptophyten durch eine quaternäre Endocytobiose entstanden sein. Nach Ansicht mancher Autoren liefert die Chromalveolaten-Hypothese die beste Erklärung aller bisherigen Beobachtungen, weil das komplexe System für den Import kerncodierter Plastidenproteine in die Plastiden bei Cryptophyten, Haptophyten, Dinophyten und photoautotrophen Heterokontophyten sehr ähnlich ist.

Da die hier behandelten Organismengruppen zu den Chromalveolaten und nicht zu den Pflanzen (Plantae) gehören, wird hier auf die Verwendung formaler Namen (z. B. Crypto**phyta** statt Crypto**phyten**) verzichtet.

■ **Cryptophyten**

Die Vertreter der Cryptophyten (■ Abb. 19.37) sind begeißelte Einzeller. Die asymmetrischen Zellen besitzen keine Zellwand, sondern einen Periplasten, bei dem der Plasmamembran rechteckige oder polygonale Proteinplatten aufliegen. Dem Vorderende entspringen zwei in ihrer Länge etwas verschiedene Geißeln. Beide **Geißeln** tragen Flimmerhaare, die bei der längeren Geißel in zwei Reihen angeordnet sind, bei der kürzeren in einer Reihe. Die Geißeln entspringen am oberen Ende einer tiefen Einstülpung. Die verschieden gefärbten (z. T. blauen, blaugrünlichen, rötlichen) Plastiden enthalten Chlorophyll a und c, α-Carotin als Hauptcarotin, das Xanthophyll Alloxanthin sowie z. T. die Phycobiliproteide Phycoerythrin und Phycocyanin (■ Tab. 19.2). Diese sind hier nicht in Phycobilisomen organisiert, sondern liegen als lösliche Proteine im Lumen der Thylakoide vor. Die Plastiden haben vier Membranen und enthalten einen **Nucleomorph** im periplastidären Kompartiment zwischen den zwei äußeren und den zwei inneren Membranen. Dieser Nucleomorph ist der reduzierte Kern des Endocytobionten (s. auch ▶ Abschn. 19.3.3.2, Chlorarachniophyten). Wichtigster Reservestoff ist Stärke, die zwischen den beiden äußeren und den beiden inneren Plastidenhüllmembranen in Form von Stärkekörnern abgelagert wird. Dieser Raum entspricht dem Cytosol des Endosymbionten. Ungeschlechtliche Fortpflanzung erfolgt durch Längsteilung, geschlechtliche Fortpflanzung ist nicht sicher bekannt. Die ca. 200 Arten leben im Meer- oder Süßwasser.

■ **Haptophyten**

Die Haptophyten (= Prymnesiophyten) sind begeißelte oder unbegeißelte Einzeller (■ Abb. 19.38). Die zwei Geißeln sind meist gleich lang und tragen bei einigen Arten submikroskopische Schüppchen oder Knötchen auf der Oberfläche. Zusätzlich zu diesen Geißeln besitzt jede Zelle zwischen den zwei Geißeln ein weiteres fadenförmiges Anhängsel, das **Haptonema**. Es dient nicht der Bewegung, sondern der Anheftung am Substrat oder auch dem Beutefang bei mixotrophen Arten. Seine submikroskopische Struktur unterscheidet sich deutlich vom Bau der Geißeln. Das Haptonema lässt im Querschnitt meh-

19

735　　19

Stammesgeschichte und Systematik der Bakterien, Archaeen, „Pilze", Pflanzen und anderer...

rere einzelne Mikrotubuli (keine 2+9-Struktur) sowie einen ER-Strang erkennen. Bei manchen Taxa ist das Haptonema reduziert. Die Zellen können nackt sein oder sind häufig von Schuppen besetzt, die aus organischem Material bestehen aber auch Kalk- (**Coccolithen**) oder Silikatkörperchen enthalten können (■ Abb. 19.38b). Die gelben, gelb-braunen oder braunen Plastiden führen Chlorophyll a und c, β-Carotin und Fucoxanthin als dominierendes Xanthophyll (■ Tab. 19.2). Sie sind von vier Membranen umgeben, von denen die äußerste mit dem ER und der Kernhülle in Verbindung steht. Als Reservestoffe werden Chrysolaminarin und Öl abgelagert. Die Thylakoide sind in Stapeln zu jeweils drei geordnet. Ein Augenfleck ist teilweise vorhanden. Die ca. 500 Arten der Haptophyten leben überwiegend im Meer. Vor allem Vertreter der Coccolithophoriden sind wichtige Primärproduzenten, und die kosmopolitisch verbreitete *Emiliania huxleyi* kann ausgedehnte Algenblüten verursachen.

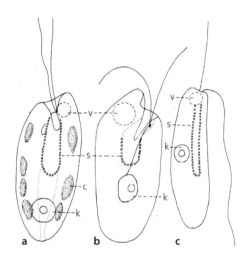

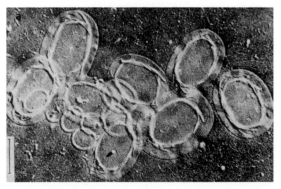

■ **Abb. 19.37** **Cryptophyten.** **a** *Cryptomonas* sp. **b** *Chilomonas paramaecium.* **c** *Katablepharis phoenicoston* mit Zug- und Schleppgeißel. (A–C 1200 ×). – c Chromatophor mit mehreren Pyrenoiden (punktiert), k Kern, s Schlund, v Vakuole. (a nach B. Fott; b nach V. Uhlela; c nach H. Skuja)

▪ Dinophyten

Die Dinophyten (= Dinoflagellaten) sind meist begeißelte Einzeller (■ Abb. 19.39). Typischerweise liegen unterhalb der Plasmamembran in Membranvesikeln polygonale Celluloseplatten (z. B. bei *Peridinium*; ■ Abb. 19.39a), die einen Panzer mit einer Quer- und Längsfurche ausbilden. An der Kreuzung von Quer- und Längsfurche entspringen die beiden je in einer dieser Furchen verlaufenden Geißeln (■ Abb. 19.39a). Die Quergeißel trägt eine Reihe von etwas längeren Flimmerhaaren, die Längsgeißel zwei Reihen mit kürzeren Flimmerhaaren. Die in der Querfurche schlagende Geißel verursacht eine auch nach vorne treibende Drehbewegung um die Längsachse, während die in der Längsfurche bewegte Geißel den Hauptvortrieb der Zelle bewirkt. Eine *Peridinium*-Zelle bewegt sich in einer Sekunde um das Vielfache ihrer Körperlänge in einer Schraubenlinie vorwärts und führt gleichzeitig eine Umdrehung aus.

Etwa die Hälfte aller Arten der Dinophyten ist nicht photoautotroph. Die von drei Membranen umgebenen Plastiden der meisten autotrophen Arten enthalten Chlorophyll a und c. Ihre gelb-braune bis rötliche Farbe verdanken sie akzessorischen Pigmenten wie β-Carotin und verschiedenen Xanthophyllen, von denen Peridinin am wichtigsten ist (■ Tab. 19.2). Die Thylakoide liegen zu dritt in Stapeln. Das Hauptassimilationsprodukt ist Stärke, die in Körnchen außerhalb der Plastiden gespeichert wird.

Die Plastiden der großen Mehrzahl der Dinophyten gehen auf rhodophytische Algen zurück. Die auch bei den meisten autotrophen Arten vorhandene Fähigkeit zur Phagotrophie ist vielleicht der Grund, warum manche Arten eine tertiäre (oder, abhängig von der Herkunft der rhodophytischen Plastiden [s. o.] evtl. sogar quartäre) Endocytobiose durchlaufen haben. Bei der toxischen *Karenia* geht der Plastid auf einen Haptophyten zurück. *Kryptopteridinium* hat eine Diatomee aufgenommen und *Lepidodinium* einen Chlorophyten. Der ursprünglich von den Rotalgen stammende Plastid wurde dabei weitgehend oder völlig zurückgebildet. In einigen Arten sind die Plastiden nicht permanente Bestandteile ihrer Wirtszellen sondern stammen von Beutealgen (sog. **Kleptoplastiden**).

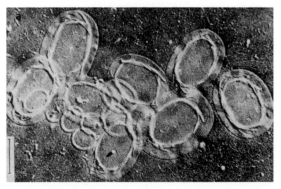

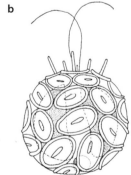

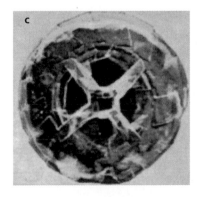

■ **Abb. 19.38** **Haptophyten.** **a** *Chrysochromulina chiton*, Panzerplättchen (10.000 ×). **b** *Syracosphaera pulchra*, reduziertes Haptonema zwischen den Geißeln (1500 ×). **c** Fossiler, aus Calcitrhomboedern aufgebauter Coccolith (*Deflandrtus* sp.); Unterkreide (700 ×). (a nach M. Parke, I. Manton und B. Clarke; b nach H. Lohmann, H.A. von Stosch; c nach W.A.P. Black)

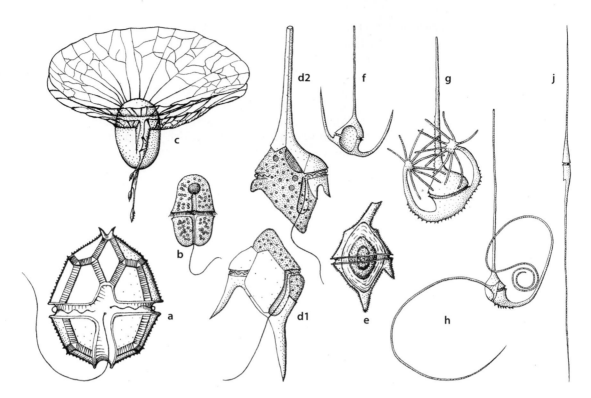

Abb. 19.39 **Dinophyten. a** *Peridinium tabulatum* (600 ×). **b** *Gymnodinium aeruginosum* (300 ×). **c** *Ornithocercus splendidus* (125 ×). **d₁, d₂** *Ceratium hirundinella* nach der Teilung (350 ×). **e** *C. cornutum.* Cyste (150 ×). **f** *C. tripos* (125 ×). **g** *C. palmatum* (125 ×). **h** *C. reticulatum* (65 ×). **j** *C. fusus* (50 ×). (a, e nach A.J. Schilling; b nach Stein; c, j nach Schütt; d nach Lauterborn; f, g, h nach G. Karsten)

Die vegetative Fortpflanzung erfolgt durch schräge Längsteilung. Bei bepanzerten Formen (z. B. *Ceratium*) wird die Hülle in der Regel schräg zur Querfurche gesprengt und die jeweils fehlende Panzerhälfte ergänzt (■ Abb. 19.39). Bei manchen Gattungen (z. B. *Peridinium*) wird jedoch der ganze Panzer vor der Teilung abgeworfen, sodass jede der entstehenden Tochterzellen einen vollständig neuen, eigenen Panzer bilden muss. Geschlechtliche Fortpflanzung erfolgt über Isogamie (*Glenodinium*) oder Anisogamie (*Ceratium*).

Die meisten der 2000–4000 beschriebenen Arten (120 Gattungen) der Dinophyten leben im Meer, wo sie zusammen mit den Diatomeen (photoautotrophe Heterokontophyten) die Hauptmenge des Phytoplanktons bilden. Den größten Artenreichtum erreichen sie in wärmeren Meeren, ihre größte Massenentwicklung dagegen in kühleren Gewässern. Im Süßwasser leben nur wenige Arten, jedoch manchmal in großer Individuenzahl. Viele Arten besitzen auffällige Schwebefortsätze (■ Abb. 19.39c, f–j). *Noctiluca miliaris* (nackt und heterotroph!) sowie *Pyrocystis*- und *Gonyaulax*-Arten bewirken das Meeresleuchten. Massenentwicklungen von Dinophyten in Wasserblüten (z. B. rote Tiden) können Fischsterben verursachen. Hierfür sind die von verschiedenen Arten der Gattungen *Alexandrium*, *Karenia*, *Dinophysis* und *Gambierdiscus* ausgeschiedenen Toxine verantwortlich. Dinophyten als

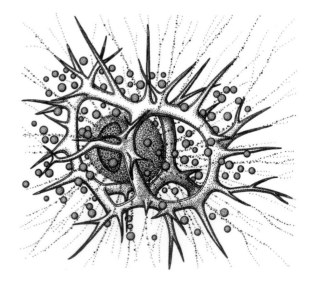

Abb. 19.40 **Dinophyten.** Zooxanthellen (gelb) in einem Radiolar (*Eucoronis challengeri*; 260 ×). (Nach E. Haeckel)

kugelige Endosymbionten verschiedener Meerestiere werden unter dem Begriff Zooxanthellen zusammengefasst (■ Abb. 19.40). Alle riffbauenden Korallen leben mit solchen Dinophyten (z. B. *Symbiodinium*) in Symbiose. Bei Verlust des Endosymbionten (Korallenbleiche) bleiben die Korallen unter Umständen zwar noch mehrere Wo-

737 | **19**

Stammesgeschichte und Systematik der Bakterien, Archaeen, „Pilze", Pflanzen und anderer...

chen lang am Leben, verlieren aber die Fähigkeit, Kalk-skelette zu bilden. Wenn sie keine neuen Symbiodinien aufnehmen, sterben sie schließlich ab. Einige Arten para-sitieren an oder in Meerestieren.

Die ältesten unstrittigen **Fossilien** der Dinophyten sind aus der frühen Trias (245–208 Mio. Jahre) bekannt. In Kreidefeuerstein sind zahlrei-che Arten vorzüglich erhalten.

■ Photoautotrophe Heterokontophyten – Kieselalgen, Braunalgen und andere

Ungeachtet ihrer enormen morphologischen Vielfalt (Einzeller bis morphologisch komplexe, riesige Organis-men, s. u.) haben die **photoautotrophen Heterokontophy-ten** (= Ochrophyta) viele ultrastrukturelle und chemi-sche Gemeinsamkeiten. Begeißelte Zellen dieser Gruppe sind immer heterokont und haben eine lange, beiderseits mit einer Reihe dreigliedriger tubulärer Härchen (Masti-gonemen) gesäumte Flimmergeißel und eine kurze glatte Geißel. Meist ist die lange Flimmergeißel als Zuggeißel nach vorne orientiert und die kurze glatte Geißel als Schleppgeißel nach hinten. Die teils grünen, meist je-doch durch akzessorische Pigmente gelben, gelbbraunen oder braunen Plastiden enthalten Chlorophyll a und c, β-Carotin und verschiedene Xanthophylle (■ Tab. 19.2). Sie sind von vier Membranen umgeben, von denen die äußerste mit der Kernhülle in Verbindung steht. Die

Thylakoide liegen wie bei den Dinophyten zu dritt in Stapeln. Soweit Augenflecken vorhanden sind, liegen sie nahe der Geißelbasis noch innerhalb der Plastiden (au-ßer bei den Eustigmatophyceen). Als Reservepolysac-charide werden Chrysolaminarin und der Zuckeralkohol Mannitol in der Vakuole gespeichert. Vielfach wird auch Öl gespeichert. Die Zellwände sind sehr unterschiedlich. Neben nackten Zellen gibt es Zellen mit Zellwänden aus Cellulose. Häufig gibt es Kieselsäureplättchen, -schalen und -einlagerungen. Manche Teilgruppen der photoau-totrophen Heterokontophyten wie die Bacillariophyceae sind reine Diplonten, d. h., dass nur die Gameten hap-loid sind. Bei den Braunalgen (Phaeophyceae) lässt sich die Förderung des Sporophyten verfolgen.

Die photoautotrophen Heterokontophyten mit ins-gesamt ca. 15.000 Arten werden heute in 15–17 Klassen gegliedert, von denen hier nur die artenreichsten aus-führlicher dargestellt werden.

Die **Bacillariophyceae** (= Diatomeen, Kieselalgen) sind mit ca. 10.000 Arten eine Gruppe äußerst formenreicher, manchmal zu Bändern oder Fächern vereinigter kokkaler Einzeller. Sie zeichnen sich durch den Besitz zweier außer-halb der Plasmamembran liegender **Silikatschalen** aus, von denen eine (**Epitheca**) wie der Deckel einer Schachtel über die andere (**Hypotheca**) greift (■ Abb. 19.41b). Den über-lappenden Bereich der beiden Schalen bezeichnet man als

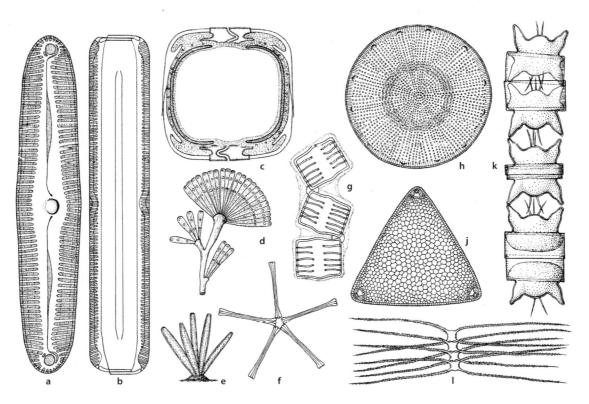

■ **Abb. 19.41   Photoautotrophe Heterokontophyten, Bacillariophyceae. a–g Pennales. a–c** *Pinnularia viridis.* **a** Schalenansicht, mit Raphe (600 ×). **b** Gürtelbandansicht (600 ×). **c** Querschnitt (1200 ×). **d** *Licmophora flabellata* (200 ×). **e** *Synedra gracilis* (200 ×). **f** *Asterionella for-mosa* (200 ×). **g** *Tabellaria flocculosa* (400 ×). **h–l Centrales. h** *Coscinodiscus pantocseki* (200 ×). **j** *Triceratium distinctum* (200 ×). **k** *Odontella* (*Biddulphia*) *aurita* (400 ×). **l** *Chaetoceros castracanei* (250 ×). (a, b nach E. Pfitzer; c nach R. Lauterborn; d, e, k nach Smith; f nach H. van Heurck; g nach B. Schröder; h nach J. Pantocsek; j nach A. Schmidt; l nach G. Karsten)

Gürtelband. Die Zelle sieht in der Schalenansicht, d. h. von oben oder unten (■ Abb. 19.41a), anders aus als in der Gürtelbandansicht, d. h. von der Seite (■ Abb. 19.41b). Nach der Symmetrie ihrer Schalen findet man in den Bacillariophyceae zwei Gruppen, die Centrales mit radiär-symmetrischen Zellen und die Pennales mit bilateralsymmetrischen Zellen. Nur die Pennales sind eine monophyletische Gruppe. Bei den Pennales findet man auf den Schalenoberflächen häufig längs verlaufende Spalten, die Raphen (■ Abb. 19.41a und 19.42), die mit der Fähigkeit dieser Algen zu Kriechbewegungen in Verbindung stehen. Die Plastiden sind aufgrund der hohen Konzentration an Fucoxanthin braun und manchmal nur in Ein- oder Zweizahl vorhanden. Die Assimilationsprodukte werden außerhalb der Plastiden abgelagert. Dabei ist Öl in besonderen Ölvakuolen für die Regulation des Auftriebs von planktischen Kieselalgen wichtig. Nur die männlichen Gameten einiger Arten sind begeißelt und besitzen dann nur eine nach vorne gerichtete Flimmergeißel.

Die Silikatschalen weisen besonders auf ihren Flächen äußerst filigran gebaute, oft in Reihen angeordnete Strukturen auf. Diese bestehen vielfach aus winzigen Kämmerchen, deren Decke oder Boden entweder offen oder geschlossen und dann von feinsten Poren oder Spalten durchsetzt ist (■ Abb. 19.42). Das Silikat ist amorph und polarisationsoptisch isotrop.

Im Silikat sind extrem modifizierte Proteine (**Silaffine**) eingelagert. Diese Proteine tragen langkettige Polyaminmodifikationen, die für die geregelte Ausfällung des Silikats (**Biomineralisation**) verantwortlich sind.

Die Bacillariophyceae vermehren sich vegetativ durch Zweiteilung. Hierbei werden die beiden Schalen durch den sich vergrößernden Protoplasten auseinander geschoben. Von jeder der beiden Tochterzellen wird jeweils nur die Hypotheca zu der von der Mutterzelle übernommenen Schalenhälfte ergänzt. Diejenigen Tochterzellen, die zur ursprünglichen Hypotheca (jetzt Epitheca) eine passende Schale (also die neue Hypotheca) bilden, sind kleiner als die Mutterzelle. Dies führt bei weiteren Teilungen zu einer fortschreitenden Verkleinerung der Zellen bis zu einer bestimmten Minimalgröße, bei der dann die geschlechtliche Fortpflanzung einsetzt. Der Lebenszyklus ist diplontisch mit gametischem Kernphasenwechsel. Die Zelle hat also einen diploiden Zellkern. Bei der Meiose entstehen haploide Gameten. Die Geschlechtsbestimmung erfolgt modifikatorisch. Bei Arten mit begeißelten Gameten (nur bei Centrales) entstehen in den männlich determinierten Zellen vier Spermatozoide (■ Abb. 19.43: d–f). In anderen, meist größeren Zellen bilden sich unbegeißelte weibliche Gameten, die Eizellen. Die Spermatozoiden schwimmen mit ihrer

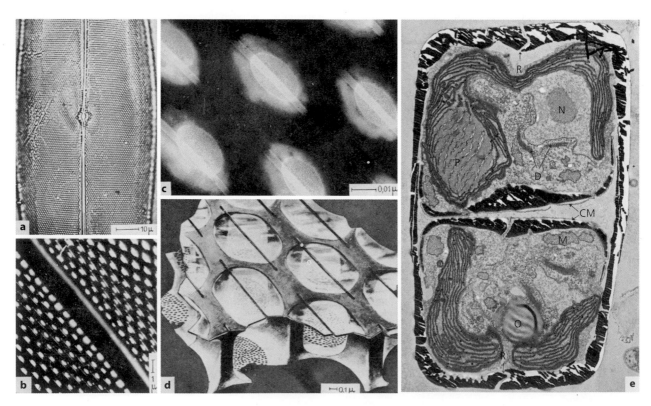

■ **Abb. 19.42   Photoautotrophe Heterokontophyten, Bacillariophyceae, Pennales. a–d** *Pleurosigma angulatum.* Bau der Kieselschale. **a** Übersichtsbild des mittleren Schalenteils mit Raphe. **b** Raphe und Poren. **c** Poren. **d** Rekonstruktion des Schalenbaues nach elektronenmikroskopischen Aufnahmen. **e** *Gomphonema parvulum.* Querschnitt durch eine Zelle am Ende der Teilung (10.000 ×). – CM Cytoplasmamembran, D Dictyosomen, M Mitochondrion, N Nucleolus, O Öltropfen, P Pyrenoid im Chromatophor, R Raphe. (a–d nach J. Helmcke und W. Krieger; e nach W.R. Drum und H.S. Pankratz)

19

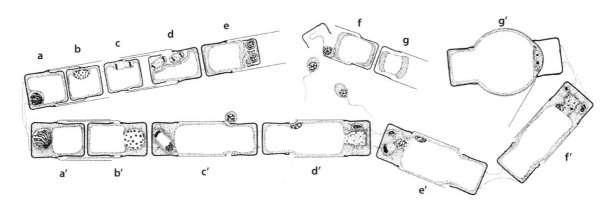

■ **Abb. 19.43 Photoautotrophe Heterokontophyten, Bacillariophyceae, Centrales.** *Melosira varians.* Geschlechtliche Fortpflanzung (Schema). – a–g männlicher, a′–g′ weiblicher Fadenabschnitt, a–e und a′–e′ Meiose, f geöffnetes, g entleertes Spermatogonium, d′ männlicher Kern durch Befruchtungsspalt eingedrungen, f′ Befruchtung, g′ junge Auxozygote. (Nach H.A. von Stosch)

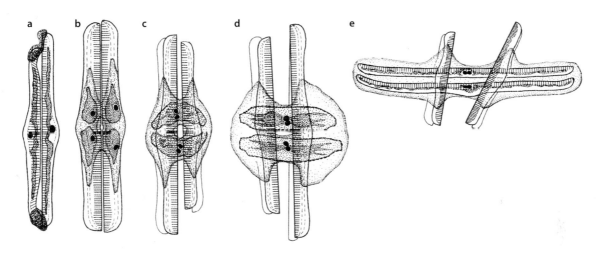

■ **Abb. 19.44 Photoautotrophe Heterokontophyten, Bacillariophyceae, Pennales.** *Rhopalodia gibba.* Geschlechtliche Fortpflanzung. **a** Zwei Zellen mittels Gallertkappen verbunden, **b** Teilung der Mutterzellen (degenerierte Kerne bereits aufgelöst), **c** Zygotenbildung nach der Gametenfusion, **d** Streckung der Auxozygoten (A–D 410 ×), **e** Endstadium und Ausbildung der neuen Schalen (240 ×). (Nach H. Klebahn)

Flimmergeißel zu den Eizellen. Nach der Befruchtung umgibt sich die Zygote mit einer Hülle, in die Silikatschuppen eingelagert sind. Die Zygote wächst unter Dehnung der Wand zur zwei- bis vierfachen Größe der Ausgangszelle heran. Die gegebenenfalls noch an ihr hängenden alten Schalen werden auseinander gedrängt und ein neues Schalenpaar wird gebildet. Damit ist eine neue, diploide „Erstlingszelle" entstanden, aus der dann, wie oben beschrieben, unter schrittweiser Verkleinerung eines Teils der Nachkommenschaft neue diploide Tochtergenerationen vegetativ hervorgehen.

Bei den Pennales findet die geschlechtliche Fortpflanzung ohne Bildung begeißelter Gameten statt. Hierbei fusionieren Isogameten in Form nackter Protoplasten. Zur Paarung kriechen zwei vegetative Zellen zusammen und scheiden meist reichlich Gallerte aus. Der Kern jeder Zelle teilt sich unter Meiose in vier haploide Kerne, von denen jedoch zwei degenerieren. Epi- und

Hypotheca weichen etwas auseinander. Durch diesen Spalt kopulieren je zwei Gameten, sodass zwei Zygoten entstehen, die heranwachsen und je ein Silikatschalenpaar ausbilden (■ Abb. 19.44).

Diatomeen sind im Süßwasser und in den Meeren aller Klimate verbreitet. Sie entwickeln sich besonders stark im Frühjahr und Herbst, weniger im Sommer. Viele Formen leben in feuchten Böden und auf Fels. Die Centrales leben vorwiegend im Meer, bilden einen großen Teil des Phytoplanktons und sind die wichtigsten Primärproduzenten in den Weltmeeren. Viele unter ihnen besitzen auffällige Fortsätze (■ Abb. 19.41l) oder sind durch Gallerte zu Ketten oder anders aufgebauten Kolonien vereinigt (■ Abb. 19.41k). *Melosira*, die kurz-zylindrische Zellen bildet (■ Abb. 19.43), ist sowohl im Meer als auch im Süßwasser verbreitet. *Triceratium* (■ Abb. 19.41j), ebenfalls marin, hat eine drei- bis vieleckige Schalenform. Die büchsenförmige *Ethmodiscus gazellae* (in warmen Meeren) ist mit fast 2 mm Durchmesser die an Volumen größte Diatomee. Die Pennales leben vorwiegend auf dem Grund von Süß-, Brack- und Salzwässern, epiphytisch auf Wasserpflanzen oder im Boden, doch gibt es auch Planktonformen. Die Zellen können auf Gallertpolstern an größeren Algenfäden angeheftet (◐ Abb. 19.41e) oder zu langen Ketten bzw. stern-, fächer- bis kreisförmigen oder auch bäumchenförmigen Kolonien zusammengeschlossen sein (◐ Abb. 19.41d, f, g).

Die ältesten Fossilien der Diatomeen stammen aus dem frühen Jura (190–180 Mio. Jahre). Sie sind wichtige Leitfossilien in der Geologie.

In die engere Verwandtschaft der Bacillariophyceae gehören die nackte Flagellaten umfassenden **Bolidophyceae**, die **Dictyochophyceae** (z. B. *Distephanus*, ◐ Abb. 19.45) und die **Pelagophyceae**, die wenigstens teilweise ebenfalls Kieselsäureskelette bilden.

Die meisten Arten der **Chrysophyceae** und der eng verwandten **Synurophyceae** sind begeißelte Einzeller, die wie *Dinobryon* oder *Uroglena* (◐ Abb. 19.46) auch Kolonien bilden können. Seltener sind kapsale (*Chrysocapsa*) oder kokkale (*Chrysosphaera*) Formen. Die Zellen sind nackt oder haben Zellwände z. B. mit organischen oder Kieselsäureschüppchen (*Synura*, ◐ Abb. 19.46). Es gibt

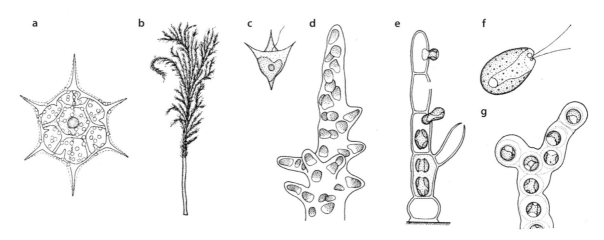

◐ **Abb. 19.45** Photoautotrophe Heterokontophyten. **a** Dictyochophyceae, *Distephanus speculum*. Chromatophoren vor allem im Ektoplasma außerhalb des Kieselskeletts; Geißeln nicht dargestellt (1000 ×). **b–d** Chrysophyceae, *Hydrurus foetidus*. **b** Junge Pflanze (1 ×). **c** Schwärmer (1200 ×). **d** Spitze eines Zweiges (450 ×). **e–g** Phaeothamniophyceae, *Phaeothamnion borzianum*. **e** Thallus mit Zoosporenbildung (400 ×). **f** Zoospore (750 ×). **g** Palmellastadium (400 ×). (a nach K. Gemeinhardt; b nach J. Rostafinski; c nach G. Klebs; d nach G. Berthold; e–g nach A. Pascher)

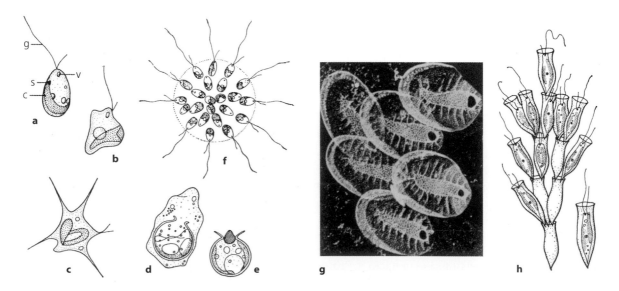

◐ **Abb. 19.46** Photoautotrophe Heterokontophyten, Chrysophyceae. **a–e** *Ochromonas* (1000 ×). **a–c** Übergang von der Normalform mit zwei Geißeln zum amöboiden Zustand mit Pseudopodien. **d** Cystenbildung im amöboiden Protoplasten. **e** Cyste mit Loch und Pfropf (schraffiert). **f** *Uroglena americana* (400 ×). **Synurophyceae g** *Synura glabra*. Kieselschuppen (7200 ×). **Chrysophyceae h** *Dinobryon sertularia* (350 ×). – c gelbbrauner Chromatophor, g Geißel, s Augenfleck, v Vakuole. (a–f nach A. Pascher; g nach J.B. Hansen; h nach G. Klebs)

Stammesgeschichte und Systematik der Bakterien, Archaeen, „Pilze", Pflanzen und anderer...

741   **19**

auch verkieselte Dauerstadien (■ Abb. 19.46e). Die Plastiden sind meist goldbraun bis braun und enthalten Fucoxanthin.

Die Chrysophyceen („**Goldalgen**") enthalten etwa 1000–1200 Arten, die meist im Süßwasser, seltener im Brack- und Salzwasser vorkommen. Die Süßwasserformen bevorzugen nährstoffarmes und kühles Wasser. Die Ernährungsweise ist meist photoautotroph oder mixotroph, allerdings sind wiederholt rein heterotrophe Arten entstanden. Phagotrophe Chrysophyceen können einen beträchtlichen Anteil der in Süßwässern vorkommenden Bakteriengemeinschaften konsumieren.

Mit den Chrysophyceae und Synurophyceae enger verwandt sind offenbar die **Pinguiophyceae** und die amöboiden **Synchromophyceae**, die beide marin sind, sowie die **Eustigmatophyceae**, die im Süßwasser vorkommen.

Die **Xanthophyceae** enthalten Einzeller ohne oder mit Zellwand, aber auch trichale (z. B. *Tribonema*) oder siphonale (z. B. *Vaucheria*, *Botrydium*) Formen (■ Abb. 19.47 und 19.48). Bei mehreren Formen besteht die Zellwand aus zwei ineinandergreifenden Hälften (■ Abb. 19.47e). Die grünen Plastiden enthalten kein Fucoxanthin (■ Tab. 19.2) aber z. B. die Xanthophylle Heteroxanthin und Vaucheriaxanthin.

Die meisten Xanthophyceen pflanzen sich vegetativ fort. Bei einigen *Vaucheria*-Arten schwellen die Fadenenden an und grenzen durch eine Querwand eine Zelle ab, deren gesamter vielkerniger Protoplast nach Aufreißen der Wand als eiförmiger, etwa 0,1 mm großer Schwärmer (■ Abb. 19.48b) austritt. Seine Oberfläche ist mit zahlreichen paarweise stehenden, etwas ungleich langen Geißeln besetzt, die sich synchron bewegen. Der Saum dieses Schwärmers ist farblos und erst weiter innen befinden sich die Plastiden (■ Abb. 19.48c). Dieses Gebilde entspricht der Gesamtheit aller in einer Zelle gebildeten Zoosporen (Synzoospore). Geschlechtliche Fortpflanzung ist nur von *Vaucheria* bekannt. Die Oogonien und Spermatogonien von *Vaucheria* entstehen an den Thallusfäden als seitliche Ausstülpungen, die durch eine Querwand abgegrenzt werden (■ Abb. 19.48e: o, s). Die Oogoniumanlage (■ Abb. 19.48: o) enthält anfangs zahlreiche Kerne, die aber alle bis auf einen, den Eikern, zusammen mit einem Teil der Plastiden in den Tragfaden zurückwandern. Danach erst wird eine Querwand gebildet. Die restlichen Plastiden, Öltröpfchen und der Eikern treten in den hinteren Teil des Oogoniums zurück, während sich in der schnabelartigen Vorstülpung farbloses Plasma ansammelt, das bei der Öffnung des Oogons als Kugel austritt. Das vielkernige Spermatogonium (■ Abb. 19.48: s) ist mitsamt seinem Tragast hornförmig gekrümmt. Auch bei ihm verschleimt die Spitze bei der Reife. Die zahlreichen winzigen Spermatozoide, die heterokont begeißelt sind (■ Abb. 19.48f), schwärmen aus, dringen in die Oogonienöffnung ein und befruchten die Eizelle. Die entstehende ölreiche Zygote bildet eine mehrschichtige Wand und geht in einen Ruhezustand über. Meiose erfolgt bei der Gametenbildung, sodass *Vaucheria* ein Diplont ist.

Die etwa 600 Arten der Xanthophyceae leben meist im Süßwasser, es gibt aber auch zahlreiche terrestrische

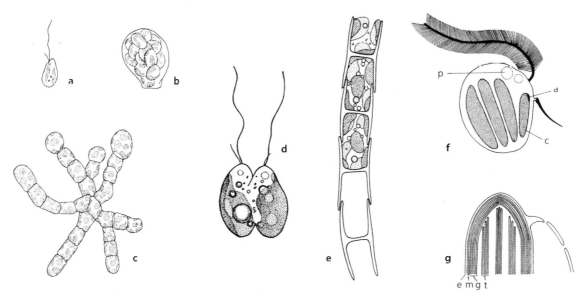

■ **Abb. 19.47**   **Photoautotrophe Heterokontophyten, Xanthophyceae. a–c** *Capitulariella radians* (500 ×). **a** Zoospore. **b** Abgelöste Zoosporocyste. **c** Thallus mit endständigen Sporocystenanlagen. **d** *Ankylonoton pyreniger* in Teilung (1000 ×). **e** Fadenstück von *Tribonema* mit der charakteristischen H-förmigen Zellwandstruktur aus je zwei ineinandergeschobenen Hälften (600 ×). **f** Heterokont begeißelte Zoospore von *Tribonema* (2300 ×). **g** Chloroplast von *Bumilleria* (30.000 ×). – a Augenfleck, c Chloroplast, e Hülle aus ER-Falte, g Gürtellamelle aus drei peripheren Thylakoiden, m doppelte Chloroplastenmembran, p pulsierende Vakuole, t Thylakoidstapel aus je drei Thylakoiden. (a nach A. Luther; b–e nach A. Pascher; f, g nach A. Massalski und G.F. Leedale, C. v. d. Hoek)

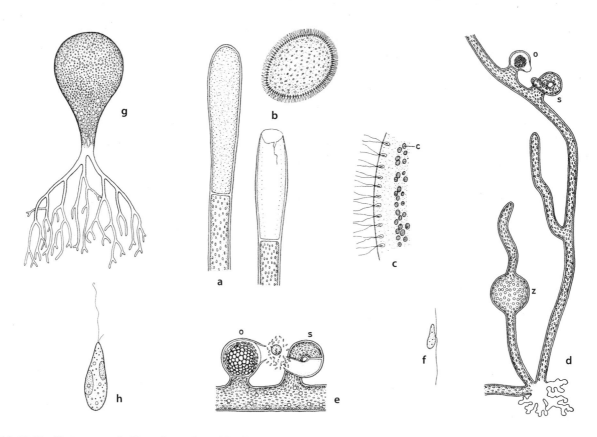

Abb. 19.48 **Photoautotrophe Heterokontophyten, Xanthophyceae. a–f** *Vaucheria*. **a–c** *V. repens*. **a** Anlage einer Sporocyste (150 ×). **b** Aus der Sporocyste ausgeschlüpfte Synzoospore (150 ×). **c** Rand der Synzoospore (500 ×). **d, e** *V. sessilis*. **d** Aus der Synzoospore (B) entstandene Pflanze mit Rhizoid und Gametangien (70 ×). **e** Fadenstück mit Gametangien (150 ×). **f** *V. synandra*, Spermatozoid (700 ×). **g, h** *Botrydium granulatum*. **g** Ganze Pflanze (30 ×). **h** Zoospore (1000 ×). – c Chromatophoren, o Oogonium, s Spermatogonium, z Anlage der Synzoospore. (a, b nach Goetz; c nach E. Strasburger; d nach J. Sachs, verändert; e nach F. Oltmanns; f nach M. Woronin; g nach J. Rostafinsky und M. Woronin; h nach R. Kolkwitz)

Formen wie die epiphytische Luftalge *Capitulariella* (Abb. 19.47c). Die Wände einiger *Vaucheria*-Arten sind mit Kalk inkrustiert und führen so zur Bildung von Kalktuff.

Die **Phaeophyceae** (Braunalgen), mit ca. 1800 weitestgehend im Meer lebenden Arten, sind außer den Rotalgen, Grünalgen und Landpflanzen, Chitinpilzen und Tieren die einzige Gruppe, in der komplex gebaute vielzellige Organismen entstanden sind (Abb. 19.49, 19.53a, 19.54 und 19.58). Sie enthalten keine einzelligen Vertreter. Im einfachsten Fall bilden sie einzellreihige Fäden, aber man trifft auch viele Meter groß werdende und morphologisch komplexe Gewebethalli an (Abb. 19.50). Große Braunalgen werden auch als Tang bezeichnet und lassen häufig eine Gliederung in Organe (Phylloid, Cauloid, Rhizoid) erkennen (z. B. Abb. 19.54d), die an Blatt, Achse und Wurzel der Farn- und Samenpflanzen erinnern. Wachstum findet entweder durch interkalare Zellteilungen statt oder mit einer apikalen Scheitelzelle. Bei Formen mit einem Gewebethallus gliedert diese Scheitelzelle Tochterzellen nach unten ab. Diese Tochterzellen bleiben teilungsfähig und durch die Entstehung von Quer- und Längswänden entsteht der flächige oder räumliche Gewebekörper (Abb. 19.50). Die Zellwände bestehen aus einer festen und einer schleimigen Fraktion. Erstere setzt sich aus Cellulosefibrillen und Alginat, letztere aus Alginat und Fucoidan zusammen. Alginate sind Salze der Alginsäure (Polymer der beiden Zuckersäuren β-D-Mannuronsäure und β-L-Guluronsäure) mit verschiedenen Kationen (wie Ca^{2+}, Mg^{2+}, Na^+). Die in einer Zelle in Vielzahl oder Einzahl vorhandenen braunen Plastiden enthalten vor allem Fucoxanthin als akzessorische, die anderen Farbstoffe überdeckende Komponente. Begeißelte Zellen tragen an ihrem birnen- bis spindelförmigen Körper meist zwei ungleich lange Geißeln (Abb. 19.53a, b, i). Die Braunalgen habe einen Generationswechsel, wobei die Meiosporen immer in unilokulären (= einkammerigen) Sporangien, die Gameten meist in plurilokulären (= vielkammerigen) Gametangien gebildet werden. Der heterophasische Generationswechsel ist isomorph, heteromorph bzw. extrem heteromorph mit (fast) vollständiger Rückbildung des haploiden Gametophyten. Bei der sexuellen Fortpflanzung findet man Iso-, Aniso- und Oogamie.

743   **19**

Stammesgeschichte und Systematik der Bakterien, Archaeen, „Pilze", Pflanzen und anderer...

Abb. 19.49   Photoautotrophe Heterokontophyten, Phaeophyceae. a Braunalgen (*Ascophyllum*) an einem Stein im Gezeitenbereich der Nordostküste von Nordamerika (Maine). **b** Thalli von *Ascophyllum.* (Aufnahmen: B. Merlin)

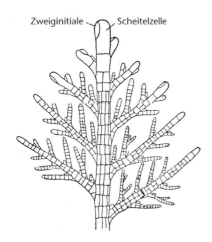

Abb. 19.50   Photoautotrophe Heterokontophyten, Phaeophyceae. Langtrieb von *Halopteris filicina.* Die Scheitelzelle gibt durch inäquale Teilungen Segmente ab, die sich durch Quer- und Längswände weiter untergliedern. Abwechselnd mit der Segmentbildung werden von der Scheitelzelle – zweizeilig alternierend – durch schräggestellte, konkave Wände Zweiginitialen gebildet, aus denen Seitenzweige hervorgehen (40 ×). (Nach K. Goebel)

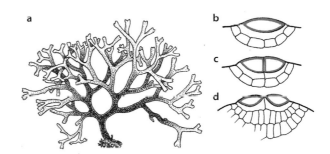

Abb. 19.51   Photoautotrophe Heterokontophyten, Phaeophyceae, Dictyotales. Gabelige Verzweigung der Thalli von **a** *Dictyota dichotoma* durch echte Dichotomie (0,5 ×). **b–d** Die Scheitelzelle teilt sich quer (250 ×). (a nach H. Schenck; b–d nach de Wildeman)

Die Phaeophyceae werden heute in 17 Ordnungen gegliedert, von denen hier nur einige beschrieben werden.

Die etwa handgroßen, flachen Gewebethalli sind bei *Dictyota* als Vertreter der **Dictyotales** mehrfach dichotom verzweigt. Wachstum und Gabelverzweigungen beruhen auf Zellteilungen einer großen einschneidigen Scheitelzelle (Abb. 19.51b), die nach hinten Tochterzellen abgliedert. Diese teilen sich weiter in eine Vielzahl von Zellen, die das Gewebe bilden (Abb. 19.51b–d). Das Gewebe ist in periphere Assimilations- und zentrale Speicherzellen differenziert (Abb. 19.52). Hin und wieder untergliedert eine in Längsrichtung des Thallus verlaufende Zellwand die Scheitelzelle in zwei nebeneinander liegende Tochterscheitelzellen, die das Wachstum fortsetzend die dichotome Verzweigung des Thallus verursachen (Abb. 19.51). Der Generationswechsel ist isomorph (Abb. 19.60b).

Bei *Dictyota* findet man Oogamie. Die pluriloculären Spermatogonien und Oogonien sind auf verschiedene Pflanzen verteilt und immer in Gruppen (Sori) angeordnet (Abb. 19.52a, b). Jedes Oogonium enthält eine große, unbewegliche, braune Eizelle, die in das Wasser entlassen und dort durch ein Spermatozoid befruchtet wird (Abb. 19.52c). Die Gametangien entwickeln sich nur in den Sommermonaten. Die Entleerung findet lunar und solar gesteuert nur an zwei Tagen im Monat, jeweils in der ersten Stunde nach Dämmerung statt. Die am Sporophyten gebildeten Meiosporen (Abb. 19.52d) sind relativ groß und unbegeißelt.

Sehr verbreitet ist *Ectocarpus* (**Ectocarpales**; Abb. 19.53). Mit seinen büschelig verzweigten Fadenthalli bewohnt die Gattung oberflächennahe Regionen z. B. der Nordsee, wo sie mit kriechenden Haftfäden am Substrat (Fels, größere Algen) befestigt ist. Die Fäden wachsen interkalar ohne Scheitelzelle. Der Generationswechsel ist isomorph (oder schwach heteromorph).

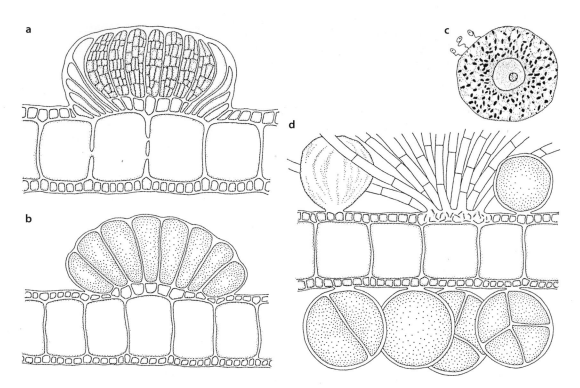

Abb. 19.52 Photoautotrophe Heterokontophyten, Phaeophyceae, Dictyotales. *Dictyota dichotoma.* **a** Querschnitt durch ♂ Thallus mit Spermatogoniengruppe (von einem Becher steriler Umwallungszellen umhüllt, 200 ×). **b** Querschnitt durch ♀ Thallus mit Oogoniengruppe (200 ×). **c** Ei mit drei Spermatozoiden (400 ×). **d** Thallusquerschnitt mit Tetrasporocysten (davon eine entleert) und Phaeophyceenhaaren (200 ×). (a, b, d nach G.G. Thuret; c nach Williams)

Der haploide, büschelig verzweigte Fadenthallus des Gametophyten trägt seitlich und an den Fadenenden pluriloculäre Gametangien, in denen nicht jede Zelle einen Gameten bilden kann. Zur Entlassung der Gameten werden die inneren Wände im Gametangium aufgelöst und die Gameten treten an dessen Spitze ins Freie. Trotz morphologischer Isogamie zeigen viele Arten der Gattung *Ectocarpus* physiologische Anisogamie, indem die weiblichen Gameten bald nach ihrer Entlassung zur Ruhe kommen und ihre Geißeln abwerfen, während sie von den männlichen Gameten, die von dem Lockstoff Ectocarpen chemotaktisch angelockt werden, umschwärmt werden. Mit der Spitze ihrer längeren Geißel heften sich die männlichen Gameten an den weiblichen Ruhegameten fest und verschmelzen schließlich mit ihnen (■ Abb. 19.53b). Nach der Befruchtung wächst die Zygote ohne Ruhestadium zum diploiden Sporophyten aus. An ihm entstehen in großer Zahl eiförmige uniloculäre Sporocysten, in denen nach Meiose zahlreiche Meiozoosporen gebildet werden, aus denen die neue Gametophytengeneration hervorgeht. Die Geschlechtsbestimmung ist haplogenotypisch.

Bei den **Laminariales** ist der Generationswechsel heteromorph mit starker Förderung des diploiden Sporophyten (■ Abb. 19.60c). Die Sporophyten sind morphologisch und anatomisch sehr differenziert und erreichen oft eine beträchtliche Größe (■ Abb. 19.54).

Der Querschnitt durch das Cauloid der Laminariales lässt von außen nach innen eine starke Differenzierung erkennen. Außen ist ein Abschlussgewebe (Meristoderm) sichtbar. Die tieferen Schichten des Meristoderms sind vor allem für das Dickenwachstum verantwortlich. Die Rinde (Cortex) sorgt für die mechanische Festigkeit des Cauloids und ist teilweise Assimilationsgewebe. Das Mark (Medulla) dient der

Speicherung und Leitung von Stoffen. Es setzt sich aus Zellreihen (■ Abb. 19.55a) zusammen, die an ihren Querwänden trompetenartig aufgeschwollen sind. Bei anderen Gattungen (z. B. *Nereocystis* und *Macrocystis*) sind die Querwände solcher Zellreihen siebplattenartig durchbrochen (■ Abb. 19.55b). Die Gametophyten aller Laminariales sind mikroskopisch klein. Männliche und weibliche Individuen unterscheiden sich deutlich im Bau. Die männlichen Gametophyten sind relativ stark verzweigt, raschwüchsig, zellenreich, aber kleinzellig (■ Abb. 19.56g) und tragen an den Zweigspitzen einzellige Spermatogonien mit nur je einem zweigeißeligen Spermatozoid. Die weiblichen Gametophyten (■ Abb. 19.56f) besitzen wesentlich größere Zellen, wachsen aber langsamer und sind zellärmer – im Extrem bestehen sie sogar aus nur einer einzigen schlauchförmigen Zelle – und erzeugen Oogonien mit jeweils einer Eizelle. Die nackte Eizelle tritt durch ein Loch an der Spitze des Oogoniums aus, wo sie meist liegen bleibt (■ Abb. 19.56f: e) und nach der Befruchtung (Oogamie) zum diploiden Sporophyten heranwächst (■ Abb. 19.56f: s_1–s_3). Der Sporophyt erzeugt an seiner Oberfläche außer schlauchförmigen sterilen Zellen (Paraphysen) ausgedehnte Lager von keulenförmigen uniloculären Sporocysten (■ Abb. 19.56d), in denen sich die zweigeißeligen Zoosporen in Vielzahl unter Meiose und gleichzeitiger genotypischer Geschlechtsbestimmung bilden.

Der Generationswechsel von *Cutleria* (**Tilopteridales**) ist heteromorph mit stark geförderter Gametophytengeneration (■ Abb. 19.60a). Der Gametophyt ist aufrecht, gabelig verzweigt, bandförmig und an den Enden geschlitzt. Bei *Cutleria multifida*, einer Alge der wärmeren europäischen Meere, lebt er nahe der Meeresoberfläche, ist etwa 40 cm groß und bildet auf ♂ und

19

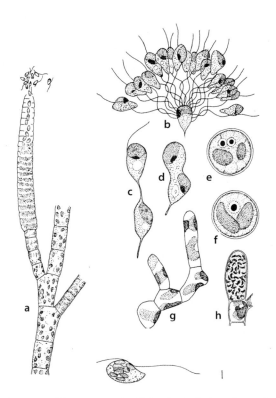

◼ **Abb. 19.53 Photoautotrophe Heterokontophyten, Phaeophyceae, Ectocarpales. a–d** *Ectocarpus siliculosus.* **a** Gametophytenast mit plurilokulärem Gametangium (380 ×). **b–d** Befruchtung (B 1200 ×, C, D 1600 ×). **e–f** *Asperococcus bullosus.* Zygote und Kernverschmelzung (2000 ×). **g** *Nemacystus divaricatus.* Keimling (780 ×). **h–j** *Ectocarpus.* **h** *Ectocarpus lucifugus.* Uniloculäre Meiosporocyste am diploiden Sporophyten (400 ×). **j** *Ectocarpus globifer.* Zoospore, Flimmerhaare nicht gezeichnet. (a nach G. Thuret; b–d nach Berthold; e, f nach H. Kylin; g nach Hygen; h, j nach P. Kuckuck)

♀ Individuen in Mikro- und Megagametangien kleine ♂ und größere ♀ begeißelte Gameten (◼ Abb. 19.57c). Die ♂ Gameten werden von den ♀ mittels des Lockstoffs Multifiden angelockt, worauf sich die Verschmelzung (Anisogamie) anschließt. Der früher als eigene Gattung (*Aglaozonia*) beschriebene Sporophyt ist deutlich kleiner (wenige cm), flach, gelappt, niederliegend und krustenförmig. Er lebt auf Felsen und Muschelschalen in 8–10 m Tiefe. Auf der Oberseite des parenchymatischen Thallus stehen Gruppen aus uniloculären Sporocysten. Nach der Meiose entlassen diese die Zoosporen.

Die **Fucales** sind aufgrund der extremen Reduktion des Gametophyten fast reine Diplonten (◼ Abb. 19.60d). Die Fortpflanzung erfolgt durch Oogamie. Der diploide Sporophyt (◼ Abb. 19.58) bildet damit den einzigen im Lebenszyklus auftretenden Vegetationskörper in Form eines gelegentlich bis über 1 m lang werdenden Thallus. Bei den mehrere Jahre alt werdenden *Fucus*-Arten sind die lederigen, bandförmigen, dichotom verzweigten Thalli durch eine Art Mittelrippe versteift. Sie sitzen mit einer Haftscheibe am Gestein. Wie bei den meisten größeren Laminariales verleihen Schwimmblasen auch vielen Arten der Fucales dem an sich schlaffen Thallus im Wasser eine aufrechte Position und ermöglichen ihm, mit den Wellen hin- und herzuschwingen ohne über den Boden geschleift zu werden. *Fucus*-Arten bilden in den nordeuropäischen Meeren in flachem Wasser wiesenartige, bei Niedrigwasser zeitweise trockenliegende Bestände, die durch Schleimaussonderung (Fucoidan) geschützt sind und Photosynthese betreiben.

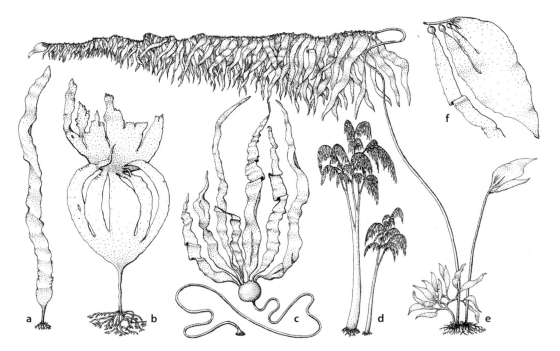

◼ **Abb. 19.54 Photoautotrophe Heterokontophyten, Phaeophyceae, Laminariales. a** *Laminaria saccharina* (1/40 ×). **b** *Laminaria hyperborea,* oben mit vorjährigem Thallusrest (1/40 ×). **c** *Nereocystis luetkeana* (1/200 ×). **d** *Lessonia flavicans* (1/30 ×). **e** *Macrocystis pyrifera* (1/250 ×). **f** Desgl., Thallusspitze (1/20 ×). (a nach K. Mägdefrau; b nach H. Schenck; c nach Postels und Ruprecht; d, e, f nach J.D. Hooker)

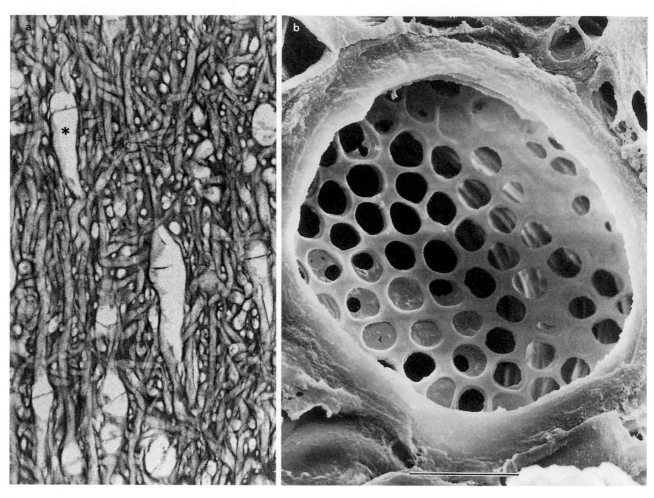

Abb. 19.55   Photoautotrophe Heterokontophyten, Phaeophyceae, Laminariales. a Geflecht aus Zellfäden im Cauloid von *Laminaria*, darin zahlreiche weitlumige Trompetenzellen (eine davon mit * bezeichnet) mit querstehenden Siebplatten (150 ×). **b** Siebplatte im Plektenchym von *Macrocystis integrifolia* in Aufsicht (Maßstab 10 μm). (a nach P. Sitte, b REM-Aufnahme: K. Schmitz)

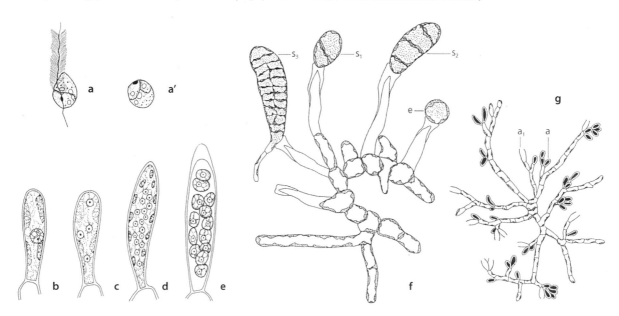

Abb. 19.56   Photoautotrophe Heterokontophyten, Phaeophyceae, Laminariales. a–e *Chorda filum.* **a** Meiozoosporen, (A′) zur Keimung abgerundet (1200 ×). **b–e** Entwicklung der uniloculären Sporocyste (1000 ×), **b** 1-kernig, **c** 4-kernig, **d** 16-kernig. **e** Fast fertige Zoosporen. **f, g** *Laminaria* (300 ×). **f** ♀ Gametophyt. **g** ♂ Gametophyt. – a Spermatogonien (a_1 entleert), e Eizelle, s_1–s_3 junge Sporophyten, noch auf dem entleerten Oogonium sitzend. (a nach P. Kuckuck; b–e nach H. Kylin; f, g nach E. Schreiber)

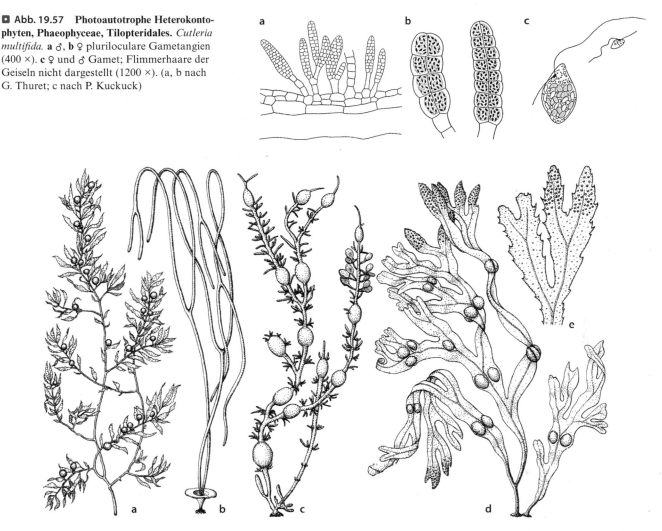

▣ **Abb. 19.57 Photoautotrophe Heterokonto-phyten, Phaeophyceae, Tilopteridales.** *Cutleria multifida.* **a** ♂, **b** ♀ pluriloculare Gametangien (400 ×). **c** ♀ und ♂ Gamet; Flimmerhaare der Geiseln nicht dargestellt (1200 ×). (a, b nach G. Thuret; c nach P. Kuckuck)

▣ **Abb. 19.58 Photoautotrophe Heterokontophyten, Phaeophyceae, Fucales. a** *Sargassum bacciferum.* **b** *Himanthalia lorea.* **c** *Ascophyllum nodosum.* **d** *Fucus vesiculosus.* **e** *Fucus serratus,* Thallusspitze (Λ E 0,25 ×). (Nach K. Mägdefrau)

Die Enden der Thalluszweige sind bei manchen *Fucus*-Arten etwas angeschwollen und tragen dichtstehende krugförmige Einsenkungen, Konzeptakeln (▣ Abb. 19.59a), in denen zwischen sterilen Haaren (Paraphysen) die ♂ und ♀ Gametangien (Spermatogonien, Oogonien) stehen (diese Strukturen werden als Gametangien bezeichnet, obgleich erst in ihnen die Meiose stattfindet; s. u.). Bei manchen Arten kommen Spermatogonien und Oogonien in der gleichen Konzeptakel vor (Monözie z. B. bei *Fucus spiralis,* ▣ Abb. 19.59a), bei anderen Arten befinden sie sich auf unterschiedlichen Individuen (Diözie z. B. *F. serratus* und *F. vesiculosus*). Die Teile des Thallus mit den Konzeptakeln werden jährlich abgeworfen. In den Gametangien erfolgt nach der Meiose eine unterschiedliche Anzahl von Mitosen. Diese Mitosen sind das einzige, was von der extrem reduzierten gametophytischen Generation übrig ist. Ausgehend von jeweils vier nach der Meiose vorhandenen haploiden Zellen entstehen in den Oogonien nach einer Mitose acht Eizellen und in den Spermatogonien nach vier Mitosen 64 Spermatozoide.

Die Oogonien (▣ Abb. 19.59a: o, D) sind große, rundliche, auf einzelligem Stiel sitzende Strukturen. Die Wand des Oogoniums besteht aus drei Schichten. Bei der Reife platzt zunächst nur die äußere Wandschicht, sodass die acht Eizellen von den beiden inneren Wänden umhüllt bleiben, wenn sie die Konzeptakel verlassen (▣ Abb. 19.59e). Im Meerwasser wird schließlich auch die innerste Wandschicht gesprengt, worauf sich die

acht Eizellen (♀) voneinander trennen (▣ Abb. 19.59f). Die Spermatogonien stehen als ovale Zellen dicht gedrängt an reichverzweigten, kurzen Fäden (▣ Abb. 19.59a: a, b). Die Wand des Spermatogoniums setzt sich aus zwei Schichten zusammen. Die innere Wand bleibt erhalten und umschließt die 64 Spermatozoide (♂), wenn das ganze Paket bei der Reife aus dem Konzeptakel durch Schleimsekretion ausgepresst wird. Die Spermatozoide bestehen hauptsächlich aus dem Kern und einem einzigen rudimentären Plastid, dem ein Augenfleck ansitzt; sie sind mit zwei Geißeln versehen. Die Spermatozoide schwärmen dann aus (▣ Abb. 19.59c) und setzen sich – durch den Lockstoff Fucoserraten angelockt – an Eizellen fest (vgl. ► Abschn. 15.2.1.1). Die zuerst nackte Zygote umgibt sich mit einer cellulosehaltigen Wand, setzt sich fest und wächst unter Teilung wieder zum diploiden Sporophyten aus (vgl. ▣ Abb. 11.12).

Einen zusammenfassenden Überblick des Generations- und Kernphasenwechsels bei den Phaeophyceen gibt ▣ Abb. 19.60.

Die meisten der ca. 1800 Arten der Phaeophyceen sind Meeresalgen, die sich am stärksten in den gemäßigten und kälteren Teilen der Ozeane entwickeln. Sie gehören dem Benthos (► Exkurs 19.2) an und leben festgewachsen als Lithophyten auf Felsen,

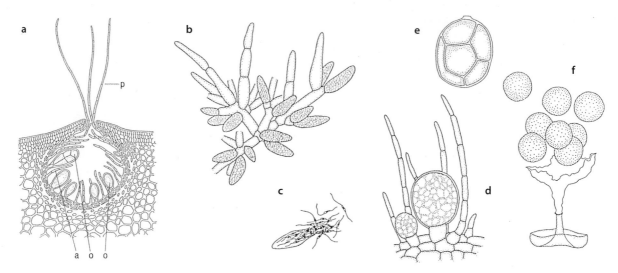

Abb. 19.59   Photoautotrophe Heterokontophyten, Phaeophyceae, Fucales. a *Fucus spiralis.* Zwittriges Konzeptakel mit Oogonien verschiedenen Alters (25 ×). **b–f** *Fucus vesiculosus,* **b** Spermatogonienstand (200 ×), **c** Spermatogonium entlässt seine Spermatozoide (250 ×), **d** junge Oogonien, **e** nach Austritt aus der Oogoniumwand in acht Eizellen geteilt, **f** Befreiung der Eier (D–F 120 ×). – a Spermatogonien, o Oogonium, p Paraphysen. (Nach G. Thuret)

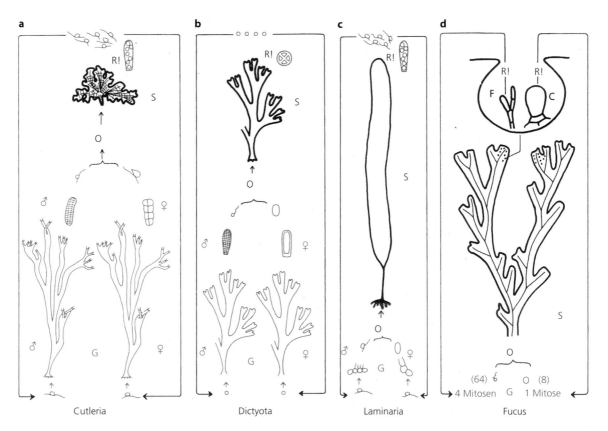

Cutleria   Dictyota   Laminaria   Fucus

Abb. 19.60   Photoautotrophe Heterokontophyten, Phaeophyceae. Generations- und Kernphasenwechsel einiger Braunalgen, Schematische Darstellung. Orange: Haplophase, schwarz: Diplophase. – G Gametophyt, S Sporophyt, ○ Zygote, R! Reduktionsteilung. (Nach R. Harder, ergänzt)

Steinen, Balken usw., manche bei Niedrigwasser freiliegend, oft auch epiphytisch auf anderen Algen. Sie bilden in der Gezeitenzone der Felsküsten eine üppige Vegetation in charakteristischer Zonierung der Arten

(Abb. 19.61). Eindrucksvoll sind an der pazifischen Küste Amerikas unterseeische Wälder, welche von den viele Meter langen Braunalgen *Lessonia, Macrocystis* und *Nereocystis* gebildet werden. Mit einem

Stammesgeschichte und Systematik der Bakterien, Archaeen, „Pilze", Pflanzen und anderer...

749   **19**

◻ Abb. 19.61   Vegetationsprofil an der Kanal-
küste. Chlorophyta: *Prasiola, Urospora, Enter-
omorpha*; Rhodophyta: *Bangia, Porphyra,
Rhodymenia*, Kalkknollen (z. B. *Lithothamnion*);
Phaeophyceae: *Pelvetia, Fucus, Ascophyllum,
Alaria, Laminaria, Halidrys, Cystoseira*; Lichenes:
Verrucaria. – H.W. Hochwasser; N.W. Niedrigwas-
ser. (Nach W. Nienburg)

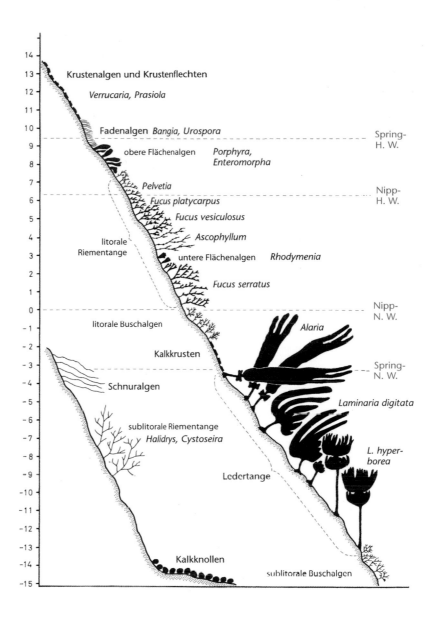

Längenwachstum von bis zu 50 cm pro Tag gehören
die etwa 20 m langen Thalli von *Macrocystis pyrifera*
zu den am schnellsten wachsenden Organismen. Demgegenüber fallen winzige fadenförmige oder scheibenförmige Braunalgen zwar weniger auf, sie sind jedoch
weit verbreitet, unter anderem auf Gestein, Seepo-
cken, Schnecken, Muscheln und epiphytisch auf größeren Algen. Kleine Braunalgen können bis zu einem
gewissen Grad endophytisch in größeren Algen leben.
Im Süßwasser kommen nur fünf Gattungen mit wenigen Arten vor.

Die ältesten unumstrittenen Fossilien der Braunalgen stammen aus
der frühen Kreide (145–99 Mio. Jahre). Nach Anwendung einer molekularen Uhr wurde vermutet, dass die Gruppe im Jura entstanden ist.

In die engere Verwandtschaft der Xanthophyceae und
Phaeophyceae gehören die entweder marin oder im Süßwasser lebenden **Raphidophyceae**, die marinen **Chryso-**

merophyceae und **Schizocladiophyceae**, die im Süßwasser
lebenden **Phaeothamniophyceae** mit z. B. der trichalen
Phaeothamnion (◻ Abb. 19.45) sowie die an sandigen
Stränden vorkommenden **Aurearenophyceae**. Außer den
Raphidophyceae mit nackten Zellen haben alle übrigen
Klassen Zellwände.

19.3.3   Chlorobionta – Grünalgen, photoautotrophe Eukaryoten mit Chlorophyten als sekundären Endosymbionten, streptophytische Grünalgen

Die Chlorobionta (◻ Abb. 19.62) enthalten in ihren
Plastiden **Chlorophyll a** und **b** sowie Carotine (hauptsächlich β-Carotin) und Xanthophylle als akzessorische

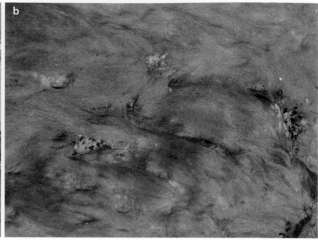

🔳 **Abb. 19.62** **Chlorobionta, Chlorophyta. a** Grünalgen an der Mittelmeerküste (Tunesien). **b** Detailansicht. (Aufnahmen: A. Bresinsky)

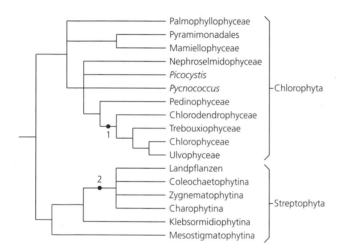

🔳 **Abb. 19.63** Stammbaum der Chlorobionta. Die Markierungen (Punkte) im Stammbaum markieren die Entstehung des Phycoplasten (1; bei den Ulvophyceae fehlend) und des Phragmoplasten (2). (Nach Marin 2012; Leliaert et al. 2016)

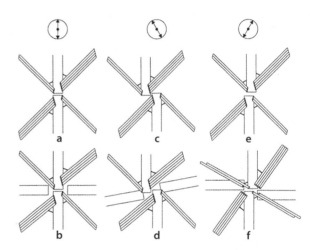

🔳 **Abb. 19.64** **Chlorobionta, Chlorophyta.** Mikrotubuläres Wurzelsystem des Geißelapparats. Aufsicht auf die Basalkörper mit zwei- und viersträngigen mikrotubulären Wurzeln in kreuzförmiger Anordnung. Obere Reihe (**a, c, e**) zweigeißelige, untere Reihe (**b, d, f**) viergeißelige Zellen. **a, b** 12-Uhr–6-Uhr-Typ: hypothetischer ursprünglicher Geißelapparat, bei dem die Basalkörper (jedes gegenüberliegenden Geißelpaares) in einer Linie angeordnet sind. **c, d** 11-Uhr–5-Uhr-Typ: Basalkörper im Vergleich zu A, B im Gegenuhrzeigersinn leicht verschoben. **e, f** 1-Uhr–7-Uhr-Typ: Basalkörper im Uhrzeigersinn leicht versetzt. (Nach O'Kelly und Floyd, Mattox und Stewart aus C. van den Hoek und H.M. Jahns)

Pigmente (🔳 Tab. 19.2). Die Plastiden haben zwei Hüllmembranen und die Thylakoide sind zu Stapeln zusammengefasst.

Die Pyrenoide, falls vorhanden, werden von Stärke als häufigstem Reservepolysaccharid umgeben. Die meist feste Zellwand besteht meist aus Polysaccharidfibrillen (meist Cellulose, z. T. auch Mannan, Xylan), die in einer amorphen Fraktion eingebettet sind. Die amorphe Fraktion setzt sich gewöhnlich aus verschiedenen Polysacchariden – oft als Pektin bezeichnet – zusammen. Die Begeißelung von beweglichen Zellen ist meist isokont, d. h. die Geißeln sind in ihrer Struktur gleich, können allerdings unterschiedlich lang sein. Die möglichen Verwandtschaftsverhältnisse in den Chlorobionta sind in 🔳 Abb. 19.63 dargestellt.

Die Aufteilung der Chlorobionta in die Chlorophyta und die Streptophyta (zu den letzteren gehören die Landpflanzen), bzw. die Aufteilung der Chlorophyta in mehrere Klassen und der Streptophyta in mehrere Un-

terabteilungen wird durch DNA-Sequenzanalysen gestützt, auch wenn besonders in den Chlorophyta die Umgrenzung von Klassen und ihren Untergruppen bzw. die Verwandtschaft zwischen diesen noch nicht endgültig geklärt ist. Viele der unten beschriebenen Algengruppen wurden schon vor der Verwendung von DNA-Sequenzen in der Verwandtschaftsforschung besonders mithilfe ultrastruktureller Merkmale erkannt. Beispiele für solche Merkmale sind die detaillierte Struktur des Geißelapparats, die Struktur der Zelloberfläche, der Ablauf der Mitose und die Art der Zellwandbildung. Der **Geißelapparat** im Insertionsbereich der Geißeln (🔳 Abb. 19.64) besteht aus den Basalkörpern, den mikrotubulären Wurzeln samt assoziierter Strukturen sowie dem Rhizoplast oder den Rhizoplasten. Letztere sind Verbindungen zwischen den Basalkörpern und dem Zellkern. Bei den Chlorophyta sind die Geißeln meist nach dem kreuzförmigen Typ inseriert: Vier kreuzförmig angeordnete mikrotubuläre Wurzeln verankern die Basalkörper der Geißeln in der Zelle. In der 1-Uhr–7-Uhr-Anordnung (verkürzt 1–7-Anordnung oder auch engl. *clockwise*, CW; ◘ Abb. 19.64e, f) liegen die beiden Basalkörper, von oben betrachtet, wie die Uhrziffern 1 und 7. Für die 12–6-(auch engl. *direct opposite*, DO-) oder die häufige 11–5-(auch engl. *counterclockwise*-, CCW-)Anordnung ist die Lage der Basalkörper entsprechend anders (◘ Abb. 19.64a, b bzw. c, d). Diesem, bei den Chlorophyta als symmetrisch (oder kreuzförmig) bezeichneten Geißelapparat steht der unilaterale Geißelapparat der Streptophyta gegenüber, in dem ein mehr oder weniger breites mikrotubuläres Band vom unteren Ende der Geißeln an einer Seite der Zelle von der Geißelbasis bis zum anderen Zellende verläuft. Bei den Streptophyta kann an der Geißelbasis als proximales Ende des mikrotubulären Bands eine im Elektronenmikroskop sichtbare, vielschichtige Struktur (engl. *multilayered structure*, MLS) beobachtet werden. Die **Zelloberfläche** kann aus organischem Material bestehende Schuppen tragen (wie bei vielen frühen Entwicklungslinien der Chlorophyta aber auch bei den Mesostigmatophytina als erstem Ast der Streptophyta); solche Schuppen können aber auch fehlen. Die **Mitose** kann geschlossen sein – die Kernmembran während der Chromosomenreplikation wird nicht aufgelöst – oder offen. Schließlich kann eine **Zellteilung** durch Ausbildung eines **Phycoplasten** oder eines **Phragmoplasten** stattfinden. In einem Phycoplasten sind die Mikrotubuli, die die mit Zellwandmatrix gefüllten Golgi-Vesikel leiten, parallel, in einem Phragmoplasten senkrecht zur Äquatorialebene der sich teilenden Zelle angeordnet (▶ Abschn. 1.2.3.1).

Die ältesten, allerdings umstrittenen Fossilien von einzelligen Chlorobionta werden auf 1200 Mio. Jahre, also das Präkambrium, datiert. Mit Anwendung einer molekularen Uhr wurde für die Chlorobionta ein Alter von 700–1500 Mio. Jahren geschätzt.

19.3.3.1 Chlorophyta – Grünalgen

Die Chlorophyta (◘ Abb. 19.62) umfassen begeißelte oder unbegeißelte Einzeller, die auch Kolonien bilden können, unverzweigt oder verzweigt fädige Formen (◘ Abb. 19.74) sowie komplexer gestaltete Pflanzen, die z. T. mit blattartigen Thalli eine oberflächliche Ähnlichkeit mit Landpflanzen haben. Die Zellen können ein- oder vielkernig sein. Die Zellwandbaustoffe sind sehr verschiedenartig, aber als Polysaccharidwandmaterial kommt teilweise auch Cellulose vor. Die Zellteilung bzw. die Trennung von Tochterzellen durch Querwände verläuft unterschiedlich. In einfachen Fällen folgt auf die Kernteilung eine Zerklüftung des Plasmas und noch innerhalb der Mutterzelle eine simultane Umhüllung aller Teile mit Zellwänden. Bei vielen Chlorophyta ist an der Ausbildung der neuen Zellwand ein Phycoplast beteiligt. Die begeißelten Zellen sind meist birnenförmig, radiärsymmetrisch und haben zwei oder vier (selten mehr) apikal inserierte, gleich lange, d. h. isokonte, flimmerlose Peitschengeißeln. Die Zellen enthalten (bei Süßwasserarten) kontraktile Vakuolen (meist zwei) sowie im unteren Teil einen gebogenen oder auch becherförmigen, wandständigen Chloroplasten, mit oder ohne Augenfleck (Stigma; ◘ Abb. 19.68a).

Bei der sexuellen Fortpflanzung (die bei vielen Gruppen noch nicht beobachtet werden konnte) treten fast immer begeißelte Gameten auf. Dabei kopulieren zwei Gameten (vgl. ◘ Abb. 19.73f), die häufig den vegetativen Schwärmern sehr ähnlich sind und in einzelligen Gametangien entstehen. Die ♂ Gameten sind in der Regel begeißelt, die ♀ können auch unbewegliche Eizellen sein (z. B. ◘ Abb. 19.72e). Dementsprechend findet man **Isogamie**, **Anisogamie** und **Oogamie**. Bei manchen Formen wird die Eizelle nicht entlassen, sondern im Oogonium befruchtet. Die Zygote ist bei den Süßwasserformen meist eine dickwandige, rundliche Dauerzelle, die oft durch Carotinoide rot gefärbt ist. Gewöhnlich sind die Chlorophyten **Haplonten** mit zygotischem Kernphasenwechsel. Diploid sind in diesem Fall nur die Zygoten (◘ Abb. 19.65a). In anderen Fällen kann die Zygote zu einer diploiden Pflanze auswachsen. Damit wird in den Lebenszyklus zusätzlich eine diploide Phase eingeschaltet, die erst durch die Meiose beendet wird. Es ist somit eine Abfolge von haploiden Gametophyten und diploiden Sporophyten, also ein heterophasischer Generationswechsel, entstanden. Einige wenige Vertreter sind durch Gametophytenreduktion weitgehend diplontisch geworden. Der Generationswechsel kann **isomorph** (*Cladophora* sp., ◘ Abb. 19.65b) oder **heteromorph** sein (mit gefördertem Sporophyten, *Derbesia*, ◘ Abb. 19.65c). Die Generationen wechseln sich aber keineswegs regelmäßig ab, sondern jede Generation kann sich auch ungeschlechtlich vermehren.

Die Chlorophyten umfassen ca. 4000 beschriebene Arten, die größtenteils (etwa 90 %) im Plankton oder Benthos (▶ Exkurs 19.2) des Süßwassers leben. Basale Linien der Chlorophyta, die ehemaligen „Prasinophyceae" (s. u.), sind allerdings überwiegend marin, und *Micromonas* als Teil dieser Gruppe ist der häufigste photosynthetische Eukaryot im Meer. Auch manche größere Arten kommen im Meer, und zwar nahe der Küste vor. Viele Grünalgen leben außerhalb des Wassers auf oder in feuchtem Boden, epiphytisch auf Bäumen usw. Gewisse Arten vertragen sogar weitgehende Austrocknung und sind ausgesprochene Landpflanzen. Manche leben symbiotisch in Flechten oder als intrazelluläre Endosymbionten in Niederen Tieren (Zoochlorellen, z. B. in *Hydra*). Einige Vertreter sind heterotroph.

◻ Abb. 19.65 Generations- und Kernphasenwechsel. Schematische Darstellung der Haupttypen. **a** *Ulothrix*. **b** *Cladophora*. **c** *Halicystis-Derbesia*. Schwarze unterbrochene Linien: dikaryotische Phase, schwarze durchgezogene Linien: diploide Phase, orange: haploide Phase. – G Gametophyt, S Sporophyt, ○ Zygote, R! Reduktionsteilung. (Nach R. Harder)

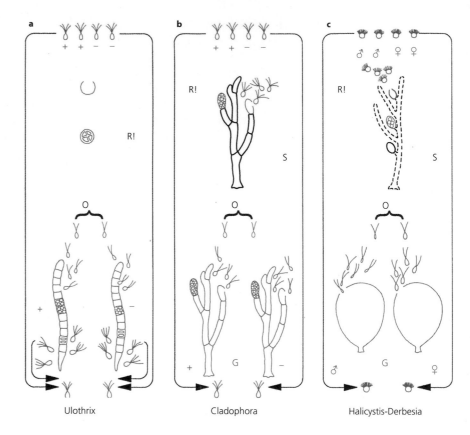

Ulothrix   Cladophora   Halicystis-Derbesia

„Prasinophyceae"

Die basalen Entwicklungslinien der Chlorophyta sind in der Vergangenheit vielfach als „Prasinophyceae" zusammengefasst worden. Es sind meist marine, seltener im Süßwasser lebende Einzeller mit einer häufig aber keineswegs immer schuppigen Zelloberfläche. Es ist aber offensichtlich, dass die „Prasinophyceae" nicht monophyletisch sind. Da die Umgrenzung dieser basalen Entwicklungslinien und vor allem ihre Verwandtschaft miteinander und mit anderen Chlorophyta (Chlorodendrophyceae, Trebouxiophyceae, Chlorophyceae, Ulvophyceae) noch nicht endgültig geklärt ist, und dementsprechend auch noch keine stabile formale Klassifikation existiert, werden einige dieser Linien hier weitestgehend ohne formale Klassifikation besprochen. Als Klasse allgemein anerkannt sind hingegen die **Mamiellophyceae**, in der meist im Meer, manchmal aber auch im Süßwasser lebende Einzeller zusammengefasst werden, die entweder keine oder ein oder zwei lateral ansetzende Geißeln haben, deren Zelloberfläche schuppig sein kann oder nicht, und die alle über das Pigment Prasinoxanthin verfügen. Zu den Mamiellophyceae gehören z. B. *Monomastix*, *Dolichomastix*, *Crustomastix*, *Ostreococcus*, *Mantoniella* und *Micromonas*. *Ostreococcus* ist möglicherweise der kleinste bekannte Eukaryot (0,8 μm). Prasinoxanthin kommt auch in den **Pycnococcaceae** vor, zu denen zweigeißelige (*Pseudoscourfieldia*) und geißellose (*Pycnococcus*) Gattungen gehören. Eng verwandt mit den Mamiellophyceae sind offenbar die **Pyramimonadales** mit z. B. *Pyramimonas* und *Cymbomonas*. Diese Organismen sind viergeißelig und haben eine schuppige Oberfläche. Eine zweite allgemein als Klasse anerkannte Gruppe sind die **Nephroselmidophyceae** mit *Nephroselmis*, einer einzelligen Alge mit zwei ungleichen Geißeln und schuppiger Oberfläche. Eine weitere Entwicklungslinie an der Basis des Chlorophytenstammbaums sind die **Palmophyllophyceae**. Während z. B. *Prasinococcus* und *Prasinoderma* unbegeißelte Zellen haben, bilden *Palmophyllum* und *Verdigellas* makroskopische Thalli, die aus runden Einzelzellen bestehen, welche in einer festen Gallerte verteilt sind. *Picocystis* mit unbegeißelten Zellen ist ein Bewohner von Salzseen und ebenfalls eine sehr distinkte Entwicklungslinie der basalen Chlorophyta.

Die **Pedinophyceae** mit z. B. *Pedinomonas*, *Chlorochytridion* und *Marsupimonas* sind einzellige Organismen mit nur einer Geißel und einer nicht schuppigen Oberfläche. Diese Gruppe ist Schwestergruppe der folgenden Klassen, bei denen die Zellteilung (außer bei den Ulvophyceae, hier wahrscheinlich sekundär verloren gegangen) mit einem Phycoblasten stattfindet.

Chlorodendrophyceae

Die **Chlorodendrophyceae** mit den im Meer oder im Süßwasser lebenden Einzellern *Tetraselmis* und *Scherffelia* mit vier Geißeln und einer Oberfläche, in der die Schuppen zu einer Zellwand verschmolzen sind, und

Stammesgeschichte und Systematik der Bakterien, Archaeen, „Pilze", Pflanzen und anderer...

753   **19**

die früher zu den „Prasinophyceae" gezählt wurden, sind der erste Ast im Stammbaum der Chlorophyta, bei der ein Phycoplast auftritt.

In den folgenden Trebouxiophyceae und Ulvophyceae sind die Geißeln nach dem kreuzförmigen Typ inseriert und der Geißelapparat zeigt eine 11–5-Anordnung (◙ Abb. 19.64). Bei den Chlorophyceae dagegen findet man eine 1–7- oder 12–6-Anordnung.

Trebouxiophyceae

Die **Trebouxiophyceae** umfassen meist unbegeißelte Einzeller oder zellkolonienbildende Einzeller, aber auch fädige und sehr selten blattartige Formen des Süßwassers oder häufiger terrestrischer Standorte. In die Klasse gehören auch Symbionten, z. B. der Flechten, aber auch von heterotrophen Einzellern und Tieren (*Chlorella vulgaris* in Ciliaten, *Chlorohydra* u. a., vgl. ▶ Abschn. 16.2). Zu den **Chlorellales** zählen z. B. *Chlorella* (◙ Abb. 19.66), aber auch einige nichtgrüne parasitische Gattungen (z. B. *Prototheca*). Zu den **Trebouxiales** gehören *Trebou-*

xia und *Asterochloris* als häufige Algenpartner von Flechten, aber auch z. B. *Microthamnion* als verzweigt fädige Form. Einzellige, fädige oder blattartige Formen findet man bei *Stichococcus* oder *Prasiola*.

Chlorophyceae

Die **Chlorophyceae** enthalten begeißelte oder unbegeißelte Einzeller, koloniebildende, und unverzweigt oder verzweigt fädige Arten, die meist im Süßwasser oder an terrestrischen Standorten vorkommen.

Zu den **Sphaeropleales** gehören unbegeißelte Einzeller mit meist einem Kern und einem Chloroplasten und zweigeißeligen Gameten und Zoosporen. *Scenedesmus*, *Desmodesmus* und *Pediastrum* sind z. B. häufige Algen im Süßwasserplankton. Manche Arten bilden charakteristisch gestaltete Aggregationsverbände. Einfache Zellaggregate aus meist vier (oder acht) zu einer Querreihe verbundenen Zellen bildet die im Süßwasser weit verbreitete Gattung *Scenedesmus* (◙ Abb. 19.66l, m). Komplexer ist das ebenfalls häufige *Pediastrum* in Gestalt

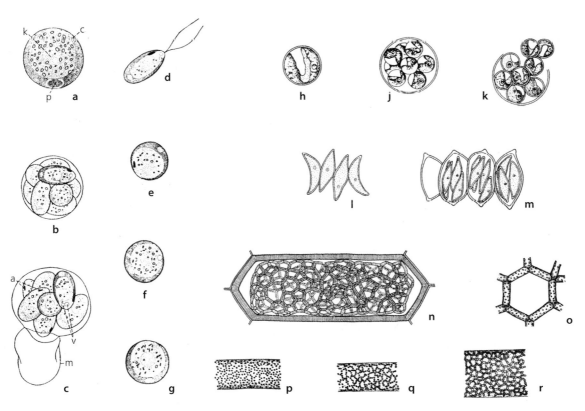

◙ **Abb. 19.66   Chlorophyta, Chlorophyceae. a–g** *Chlorococcum* (1000 ×). **a** Vegetative Zelle mit einem topfförmigen, nur vorne sehr wenig ausgesparten, also offenen Chloroplast mit Pyrenoid und durchschimmerndem Zellkern. **b** Teilung in acht Tochterzellen. **c** Entleerung der Zoosporen in einer später verquellenden Blase aus der inneren Schicht der Mutterzellenmembran. **d** Freie Zoospore mit gleichlangen apikalen Geißeln. **e** Desgl., zur Ruhe gekommen; Augenfleck und Vakuolen noch vorhanden. **f, g** Entwicklung zum Stadium a unter Verlust von Augenfleck und Vakuolen. **h–k** Trebouxiophyceae, Chlorellales. **h–k** *Chlorella vulgaris* (500 ×). **h** Vegetative Zelle. **j, k** Teilung in acht Aplanosporen. **l–m Chlorophyceae. l, m** *Scenedesmus acutus* (1000 ×). **l** Vierzelliger Zellverband. **m** Teilung. **n–r** *Hydrodictyon utriculatum*. **N** Junges Netz in einer Zelle des Mutternetzes (15 ×). **o** Masche des jungen Netzes (80 ×). **p** Teil einer älteren Zelle mit Zoosporen. **q, r** Ordnung der Zoosporen zu einem neuen Netz im wandständigen Protoplasten (P–R 10 ×). – a Augenfleck, c Chloroplast, k Kern, m Mutterzellmembran, p Pyrenoid, v kontraktile Vakuolen. (a–g nach A. Pascher; h–k nach Grintzesco; l, m nach G. Senn; n, o nach G. Klebs; p–r nach R.A. Harper)

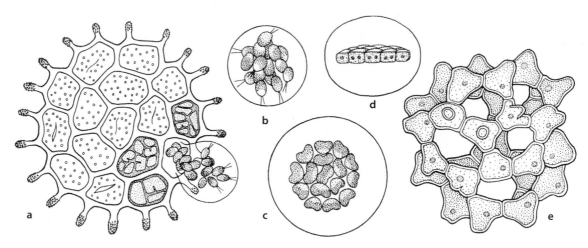

Abb. 19.67   Chlorophyta, Chlorophyceae. a–d *Pediastrum granulatum.* **a** Scheibenförmiger Zellverband, entleert bis auf wenige Zellen, drei davon in Aufteilung begriffen; die vierte Zelle entlässt eine Blase mit 16 Schwärmzellen. **b** Bewegliche Zoosporen in der abgelösten Blase. **c** 4,5 h später: Die Aggregation zu einem der insgesamt 16 Tochterindividuen ist eingetreten. **d** Desgl., in Seitenansicht (300 ×). **e** *Coelastrum proboscideum* (550 ×). (a–d nach A. Braun, verändert; e nach G. Senn)

von zierlichen, frei schwebenden, flachen Täfelchen (Abb. 19.67a). Das Zellaggregat von *Coelastrum* ist dreidimensional aufgebaut, indem die Zellen eine Hohlkugel bilden (Abb. 19.67e). Bei dem Wassernetz *Hydrodictyon reticulatum* stoßen die zylindrischen Zellen zu drei bis vier sternförmig an ihren Enden zusammen und bilden einen sackförmigen, bis zu 2 m langen, vielzelligen Verband in Form eines lang gestreckten, vielmaschigen Hohlnetzes (Abb. 19.66n).

Die geschlechtliche Fortpflanzung der Sphaeropleales erfolgt durch Isogameten, die kleiner sind als die Zoosporen. Bei der Zygotenkeimung entstehen vier Meiozoosporen, die sich nach einer kurzen Schwärmzeit zu unbeweglichen, derbwandigen Polyedern umgestalten. Erst diese keimen zu neuen, bei *Hydrodictyon* zunächst viel kleineren Aggregationsverbänden aus. Bei der vegetativen Fortpflanzung bilden sich bewegliche oder unbewegliche Sporen, die aber nicht einzeln frei werden, sondern sich frühzeitig unter Verkittung ihrer Zellwände miteinander zu einem Verband von der für die betreffende Art charakteristischen Zellzahl und Form zusammenlagern (Abb. 19.66 und 19.67). Diese Vereinigung kann bald nach dem Austritt aus der Mutterzelle in eine Gallertblase erfolgen (Abb. 19.67a) oder sogar schon in der Mutterzelle selbst, sodass nach deren Auflösung eine der Zellzahl nach fertige, wenn auch zunächst noch kleine Pflanze frei wird. Weitere Zellteilungen finden in den Verbänden dann nicht mehr statt (außer bei der Bildung von Fortpflanzungszellen).

Die **Chlamydomonadales** (= Volvocales) umfassen begeißelte oder unbegeißelte Einzeller, koloniebildende (aus zweigeißeligen Einzellern) und fädige Arten des Süßwassers oder terrestrischer Standorte. Manche Arten (z. B. *Polytoma uvella*) sind heterotroph. *Dunaliella salina* lebt in hochprozentigen Salinengewässern und ist durch Carotinoide rot gefärbt und Dauerstadien der sonst im Boden lebenden *Chlamydomonas nivalis* verursachen den roten Schnee des Hochgebirges und der Ark-

tis. Die begeißelten Arten haben zwei oder vier Geißeln (vgl. Abb. 19.68a), die zu beiden Seiten einer apikalen Papille entspringen. Die Zellwände begeißelter Zellen bestehen aus Glykoproteinen.

Vegetative Vermehrung der einzelligen Arten erfolgt durch Zoosporen. Diese werden durch wiederholte Längsteilung des Inhalts einer Zelle gebildet (Abb. 19.68b) und durch Zerreißen der Wand freigesetzt. In der geschlechtlichen Fortpflanzung verschmelzen zweigeißelige Gameten oder Eizellen und Spermatozoide. Bei der Isogamie (Abb. 19.68c) sind die kopulierenden Gameten in Größe, Aussehen und Bewegung völlig gleich und unterscheiden sich meist nicht von den vegetativen Zellen. Bei Arten mit Anisogamie (Abb. 19.68h, j) kopulieren kleinere ♂ mit großen ♀ Gameten. Bei *Chlamydomonas suboogama* sind die Geißeln des ♀ Gameten funktionsuntüchtig. Bei *Chlorogonium oogamum* fehlen die Geißeln am ♀ Gameten ganz, der amöboid aus der Mutterzelle austritt (Abb. 19.69d) und zur Eizelle wird. Die Eizellen werden durch Spermatozoiden befruchtet (Oogamie), die zu 64 oder 128 als blassgrüne, zweigeißelige, nadelförmige Gebilde in ♂ Individuen durch aufeinanderfolgende Teilungen entstehen (Abb. 19.69b).

Einzeller ohne Geißeln an den vegetativen Zellen aber mit begeißelten Zoosporen findet man bei *Chlorococcum* (Abb. 19.66), begeißelte Einzeller in der Gattung *Chlamydomonas*. Der Chloroplast ist zentralständig, bei den meisten *Chlamydomonas*-Arten wandständig, manchmal aber auch netzartig durchbrochen oder in einzelne Scheibchen aufgelöst.

Kolonien werden in unterschiedlicher Größe und Form gebildet. Die *Chlamydomonas* vielfach ähnlichen Einzelzellen sind durch Gallerte oder auch durch Plasmodesmen miteinander verbunden. Bei *Gonium* sind

19

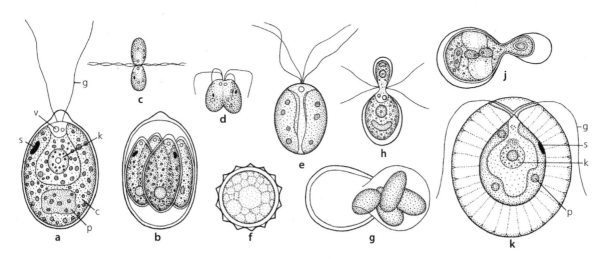

■ **Abb. 19.68   Chlorophyta, Chlorophyceae. a** *Chlamydomonas angulosa* (1100 ×). **b** Desgl., vier Tochterzellen in der Mutterzelle (1100 ×). **c, d** *Chlamydomonas botryoides*. Kopulation zweier Isogameten (250 ×). **e** *Chlamydomonas paradoxa*. Zygote (500 ×). **f** *Chlamydomonas monoica*. Ruhende Cystozygote (500 ×). **g** *Stephanosphaera pluvialis*. Keimende Hypnozygote (300 ×). **h, j** *Chlamydomonas braunii*. Anisogametenkopulation (400 ×). **k** *Haematococcus pluvialis* (Zelle mit dicker Gallertschicht umhüllt, 330 ×). – c Chloroplast, g Geißel, k Zellkern, p Pyrenoid, s Augenfleck, v kontraktile Vakuole. (a, b nach O. Dill; c–g nach Strehlow; h, j nach N. Goroschankin; k nach E. Reichenow)

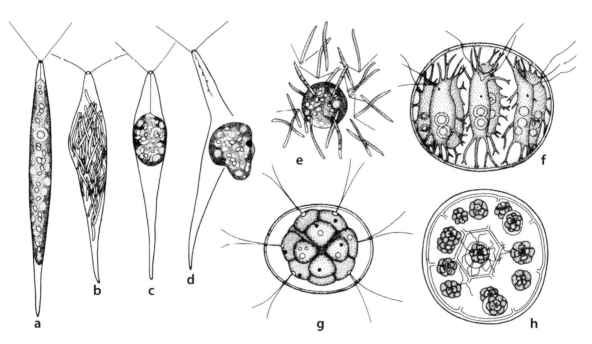

■ **Abb. 19.69   Chlorophyta, Chlorophyceae. a–e** *Chlorogonium oogamum* (240 ×). **a** Vegetative Zelle. **b** ♂ Zelle mit Spermatozoiden. **c** ♀ Zelle mit Ei. **d** Ausschlüpfen des Eies. **e** Von Spermatozoiden umschwärmtes Ei. **f** *Stephanosphaera pluvialis* (250 ×). **g** *Pandorina morum* (160 ×). **h** Desgl., Bildung von Tochterkolonien (die Mutterzellwände bereits z. T. aufgelöst, 150 ×). (a–e nach A. Pascher; f nach G. Hieronymus; g nach Stein; h nach N. Pringsheim)

4–16 Zellen zu einer flachen Tafel vereinigt, wobei die Geißeln alle in dieselbe Richtung weisen. Die Kolonien der in Regenpfützen lebenden *Stephanosphaera* (■ Abb. 19.69f) bestehen aus einem Kranz von 4, 8 oder 16 Zellen mit starren Fortsätzen. Bei *Pandorina* bilden 16 Zellen eine Kugel und bei *Eudorina* und *Pleodorina* sind 32 bzw. 128 solcher Zellen zu einer Hohlkugel verbunden. Von *Pandorina* über *Eudorina* bis

Pleodorina deutet sich eine polare Differenzierung in der Schwimmrichtung (Augenfleckgröße, Zellgröße, Fortpflanzungsfähigkeit u. a.) an. Die Einzelzellen sterben am Ende der individuellen Entwicklung nicht ab, sondern teilen sich oder verbrauchen sich in der Bildung von Gameten. Die höchste Organisation hinsichtlich der Zahl der beteiligten Zellen, der Differenzierung und Polarität hat *Volvox* erreicht (■ Abb. 19.70). Bis zu mehrere Tausend Zellen (bei *V. globator* bis 16.000), die je zwei Geißeln, einen Augenfleck und einen Chloroplasten haben, bilden eine millimetergroße, schleimgefüllte und mit bloßem Auge sichtbare Hohlkugel. Ihre Zellen sind durch breite Plasmodesmen miteinander verbunden (◘ Abb. 19.70b, c). Der vordere Pol der Kugel ist durch die Schwimmrichtung festgelegt. Nur ein geringerer Teil der Zellen in der hinteren Hälfte der Kugel ist fortpflanzungsfähig. Die meisten Zellen dienen nur der Photosynthese und der Bewegung, aber auch sie unterscheiden sich voneinander durch eine graduelle Abnahme der Augenfleckgröße (bei zunehmender Zellgröße) vom vorderen zum hinteren Pol. Die *Volvox*-Kugel ist eigentlich nicht mehr als Kolonie, sondern als vielzelliges Individuum aufzufassen, da die Einzelzellen nicht mehr unabhängig sind. Da nur ein Teil der Zellen fortpflanzungsfähig ist, stirbt der Großteil der Zellen nach der Bildung von Tochterkugeln bzw. von Gameten ab („Leiche" als Rest des Verbands).

Bei der vegetativen Fortpflanzung von *Volvox* (◘ Abb. 19.70d–j) teilen sich einzelne, relativ große Zellen (◘ Abb. 19.70d) am hinteren Pol der Kolonie mehrmals längs und nach innen bildet sich unter Einstülpung ein Hohlnapf (◘ Abb. 19.70f), der sich schließlich zu einer oben offenen Hohlkugel (◘ Abb. 19.70g) formt. Die derart entstandene Tochterkugel löst sich, stülpt sich um (◘ Abb. 19.70h) und versinkt mit jetzt nach außen orientierten Geißeln in das Innere der Mutterkugel. Auf diese Weise entstehen mehrere Tochterkugeln (◘ Abb. 19.70a), die erst nach Zerfall des Mutterindividuums frei werden. Die geschlechtliche Fortpflanzung erfolgt bei *Eudorina* und *Volvox* durch Oogamie. Innerhalb größerer Einzelzellen (sog. generative Zellen) entstehen einerseits grüne Eizellen (eine je Zelle, insgesamt sechs bis

acht), andererseits in Vielzahl kleine, gelbliche, vor dem Freiwerden in einer Platte angeordnete Spermatozoiden (◘ Abb. 19.70k, m). Die Geschlechtsverteilung ist bei den *Volvox*-Arten verschieden: *Volvox globator* ist monözisch, *V. aureus* und *V. carteri* sind diözisch.

In den **Chaetopeltidales** findet man Algen, die dreidimensionale Zellpakete (*Floydiella*) oder scheibenförmige Thalli (*Chaetopeltis*, *Pseudoulvella*) bilden. Die Zoosporen sind immer viergeißelig.

Der Thallus der meist im Süßwasser lebenden **Chaetophorales** bildet verzweigte oder unverzweigte Fäden aus einkernigen und einen Chloroplasten enthaltenden Zellen. Er ist meist heterotrich, d. h. er besteht aus zwei Teilen: einer Sohle aus verzweigten Fäden, die dem Substrat flach aufliegen, und aus mehr oder weniger reich verzweigten, aufrechten, die Reproduktionsorgane tragenden Fäden (◘ Abb. 19.71a). *Chaetophora* bildet Seitenäste, die in zugespitzte, vielzellige und haarförmige Endstücke auslaufen. Bei der terrestrischen *Fritschiella* (Indien, Afrika; ◘ Abb. 19.71c) erheben sich aus im Substrat kriechenden Zellreihen aufrechte, verzweigte Fäden in den Luftraum. Die geschlechtliche Fortpflanzung – soweit bekannt – ist eine Iso- (z. B. *Stigeoclonium*, ◘ Abb. 19.71), Aniso- oder Oogamie.

Die **Oedogoniales** mit z. B. der Gattung *Oedogonium* sind ebenfalls fädig. Sie zeichnen sich durch eine ungewöhnliche Form der Zellteilung und -streckung und durch oogame sexuelle Fortpflanzung aus. Die einkernigen Zellen enthalten einen wandständigen, gitterförmig durchbrochenen Chloroplasten mit zahlreichen Pyrenoiden (◘ Abb. 19.72a).

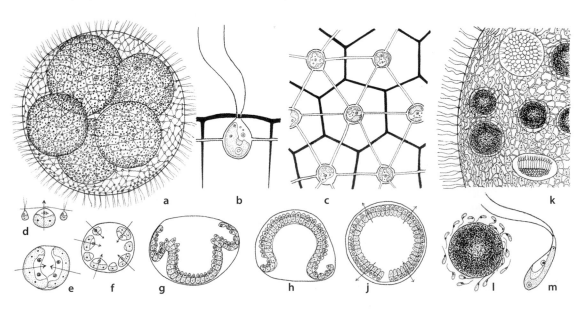

◘ **Abb. 19.70 Chlorophyta, Chlorophyceae.** *Volvox.* **a–j** *V. aureus.* **a** Individuum mit sechs Tochterindividuen (50 ×). **b** Einzelzelle mit seitlich zu den Nachbarzellen verlaufenden Plasmodesmen (1000 ×). **c** Zellverband, Aufsicht (500 ×). In B und C markieren die schwarzen Linien die Grenzen der zu einer Zelle gehörenden und in Aufsicht (C) sechseckigen Gallerthülle. **d–j** Entwicklung und Umstülpung einer Tochterkugel (D 250 ×, E–F 350 ×, G–J 250 ×). **k, l** *V. globator.* **k** Teil eines monözischen Individuums mit fünf Eiern und zwei Spermatozoidenplatten (200 ×). **l** Ei, von Spermatozoiden umschwärmt (265 ×). **m** *V. aureus.* Spermatozoid (1000 ×). (a nach L. Klein; b, c, m nach C. Janet; d–j nach W. Zimmermann; k, l nach F. Cohn)

Stammesgeschichte und Systematik der Bakterien, Archaeen, „Pilze", Pflanzen und anderer...

757 **19**

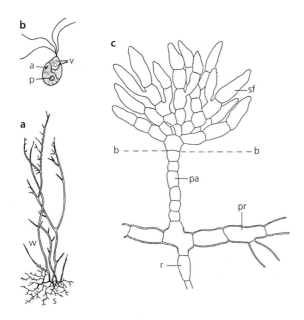

○ **Abb. 19.71 Chlorophyta, Chlorophyceae. a** *Stigeoclonium tenue* (4 ×). **b** *Stigeoclonium subspinosum.* Zoospore (900 ×). **c** *Fritschiella tuberosa.* – a Augenfleck, b Bodenoberfläche, p Pyrenoid, pa aufrechter, oben verzweigter Zellfaden, pr unterirdischer, kriechender Faden, r Rhizoid, s Sohle, sf sekundäre Fadenbüschel, v pulsierende Vakuolen, w Wasserfäden. (a nach J. Huber; b nach F. Juller; c nach R.N. Singh)

Die Teilung und Streckung einzelner Zellen ist mit der Bildung von Kappen am oberen Zellende verknüpft (○ Abb. 19.72h–l). Deren Entstehung wird schon zu Beginn der Kernteilung eingeleitet, indem am oberen Ende der Zelle ein ringförmiger Wulst aus verschmelzenden Vesikeln gebildet wird, der größtenteils aus der amorphen, dehnbaren Zellwandfraktion besteht. Nach Abschluss der Kernteilung erscheint zwischen den Tochterkernen im Phycoplasten ein Septum, aus dem eine zunächst noch verschiebbare Zellplatte – die spätere Querwand – hervorgeht. Im Bereich des oberen Ringwulstes reißt dann die Außenwand der Zelle ringförmig auf, woraufhin sich der Ringwulst zu einem Zylinder streckt. An der Bruchstelle bleibt dabei jeweils eine charakteristische Kappe zurück. Durch Wiederholung dieses Vorgangs am oberen Ende jeweils der gleichen Zelle kommt es zur Anhäufung solcher Kappen, die wie ineinandergesteckt erscheinen (○ Abb. 19.72c).

Der Lebenszyklus ist haplontisch. Die verhältnismäßig großen Zoosporen gehen in Einzahl aus dem gesamten Inhalt einer Fadenzelle hervor. Sie besitzen einen subapikalen Kranz von zahlreichen, nicht in Paaren angeordneten Geißeln (○ Abb. 19.72c) nahe ihrem chloroplastenfreien Vorderende. An anderen Stellen des Fadens schwellen einzelne Zellen tonnenförmig zu Oogonien an. Ihr Inhalt wird zu einer großen Eizelle (○ Abb. 19.72e), die dauernd vom Oogonium umschlossen bleibt. Wiederum andere Fadenabschnitte desselben Individuums oder anderer Pflanzen erzeugen in relativ niedrig bleibenden Zellen meist zwei kleine, gelbliche Spermatozoiden, die ebenfalls vielgeißelig sind. Ein anderer Weg zur Übertragung der ♂ Keimzellen verläuft über Androsporen und sogenannte Zwergmännchen. In Zellen, die den eben beschriebenen ♂ Gametangien ähneln, werden anstelle von Spermatozoiden die etwas größeren Androsporen gebildet. Diese werden chemotaktisch von den Oogonien angelockt. Sie können die Eizellen nicht direkt befruchten,

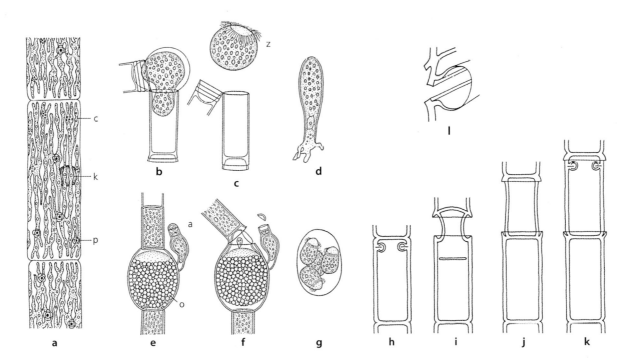

○ **Abb. 19.72 Chlorophyta, Chlorophyceae.** *Oedogonium.* **a** Teil des Fadens (600 ×). **b–d** *O. concatenatum,* Ausschlüpfen einer Zoospore und deren Keimung (300 ×). **e–g** *O. ciliatum* (350 ×). **e, f** Befruchtung. **g** Keimung der Zygote. **h–l** Kappenbildung bei der Zellteilung (200 ×). **l** Aufreißen der Zellwand am Wulst (2000 ×). – a Zwergmännchen, c Chloroplast, k Zellkern, o Oogonium, p Pyrenoid, z Zoospore mit, den einzigen Zellkern (s. D) verdeckenden, Reservestoffen. (a nach W. Schmitz; b–d nach I. Hirn; e, f nach N. Pringsheim; g nach L. Juranyi; h–k nach K. Esser; l nach J.D. Pickett-Heaps, verändert)

sondern setzen sich an den Oogonien oder in ihrer unmittelbaren Nähe fest und wachsen zu kleinen, aus wenigen Zellen bestehenden Pflänzchen, den Zwergmännchen (■ Abb. 19.72e, f) aus, deren obere Zellen dann als Gametangien befruchtungsfähige Spermatozoiden entlassen. Durch eine Öffnung im Oogonium gelangen die Spermatozoiden zur Eizelle und verschmelzen mit dieser. Es entwickelt sich hierauf innerhalb des Oogoniums eine derbwandige, rote Zygote.

Ulvophyceae

Die sehr diversen **Ulvophyceae** umfassen geißellose Einzeller (kokkal), fädige oder blattartige Vielzeller mit einkernigen Zellen, Vielzeller aus Zellen mit mehreren Kernen (siphonocladal) and schließlich makroskopische und morphologisch oft hochdifferenzierte Zellen mit sehr vielen Kernen (siphonal).

Die möglicherweise ursprünglichste Gruppe der Ulvophyceae sind die **Oltmannsiellopsidales**, eine kleine Gruppe einzelliger oder kleine Kolonien bildender Algen des Meer- oder Süßwassers mit entweder vier Geißeln oder ohne Geißeln.

Die Mehrzahl der **Ulotrichales/Ulvales** ist entweder ein- oder vielzellig und fädig. In beiden Fällen haben die Zellen einen Kern und einen Chloroplasten. Bei fädigen Formen kann dieser wandständig und bandartig sein, die Form eines geschlossenen oder längsseits offenen Zylinders haben oder eine gekrümmte Platte mit einem bis mehreren Pyrenoiden sein. Bei fädigen Formen ist Polarität z. T. nur schwach ausgebildet; sie wird z. B. bei *Ulothrix* durch die als einzige Zelle nicht teilungsfähige und farblose Rhizoidzelle (■ Abb. 19.73a) bestimmt. Einen großen, blattartigen, grünen, zweischichtigen Gewebethallus bildet die an der Meeresküste lebende *Ulva lactuca* (Meersalat; ■ Abb. 19.73l) aus. Vegetative Fortpflanzung erfolgt mit Zoosporen, geschlechtliche durch Kopulation von begeißelten Gameten. Der Entwicklungszyklus vollzieht sich teils rein haplontisch mit zygotischem Kernphasenwechsel (*Ulothrix*), teils haplo-diplontisch als heterophasischer, isomorpher Generationswechsel (*Ulva*).

Die Cladophorales umfassen Arten mit meist verzweigten, seltener unverzweigten Fadenthalli aus vielkernigen Zellen (siphonocladal). Die Arten wachsen vorwiegend im Meer, seltener auch im Süßwasser. *Cladophora* hat meist einen isomorphen Generationswechsel (■ Abb. 19.65b). Dabei kann sich jede Generation auch vegetativ vermehren. Die Isogameten sind zweigeißelig, während die Meiozoosporen zwei oder vier Geißeln haben.

Die im Süßwasser (oft in fließenden Gewässern) und im Meer auf festem Substrat häufigen Fadenbüschel der *Cladophora*-Arten (■ Abb. 19.74) sitzen an der Basis mit einer rhizoidartigen Zelle fest und wachsen hauptsächlich an der Spitze. Verzweigungen entstehen durch Ausstülpungen einer Zelle unterhalb einer Querwand.

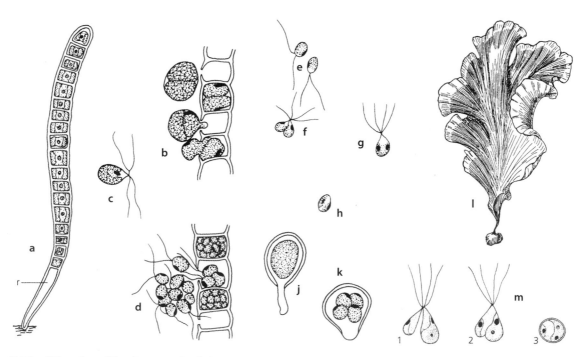

■ **Abb. 19.73** **Chlorophyta, Ulvophyceae. a–k** *Ulothrix zonata.* **a** Junger Faden mit Rhizoidzelle (300 ×). **b** Fadenstück mit ausschlüpfenden Zoosporen, die zu zweit in jeder Zelle entstehen. **c** Einzelne viergeißelige Mitozoospore. **d** Bildung und Entleerung der kleineren zweigeißeligen Gameten aus einem Fadenstück. **e** Gameten, **f** deren Kopulation. **g, h** Zygote. **j** Zygote nach der Ruheperiode keimend, **k** Meiozoosporenbildung in der Zygote (B–K 480 ×). **l** *Ulva lactuca* (Meersalat) auf einem Stein, Randzellen farblos durch Austritt von Zoosporen (0,5 ×). **m** *Enteromorpha intestinalis*, Anisogametenkopulation und Zygote (1800 ×). – r Rhizoidzelle, 1–3 Stadien bis zur Zygotenbildung. (a–k nach Dodel; l nach P. Kuckuck; m nach H. Kylin)

Die Vertreter der in tropischen Meeren wachsenden **Dasycladales** sind siphonal, bestehen also aus einer meist riesigen Zelle mit sehr vielen Kernen. Ihr Thallus ist radiärsymmetrisch (◘ Abb. 19.75) und hat haarartige Fortsätze (◘ Abb. 3.1a), die z. T. abgeworfen werden und dabei Narben hinterlassen. Die Zellwand besteht überwiegend aus Mannan und ist in den äußeren Schichten häufig mit Kalk inkrustiert. Der Thallus setzt sich aus einer langen, durch Rhizoide am Substrat befestigten Struktur und den hieraus abzweigenden wirteligen Seitenästen zusammen (◘ Abb. 19.75b). Diese sind einfach oder verzweigt und enden vielfach mit einem Gametangium.

Acetabularia, die Schirmalge (◘ Abb. 19.75c–g), in der Vergangenheit ein Untersuchungsobjekt der Morphogenetik, trägt auf einem ungeteilten Stiel einen schirmartigen Hut, der aus radialen, dicht aneinandergereihten Kammern besteht. Über und unter dem Schirm bildet sich je ein Kranz aus kurzen Zellen. Aus dem oberen Kranz entsteht zusätzlich ein Wirtel dünner, nach oben verzweigter Äste (◘ Abb. 19.75d), die bei der Reife des Schirms bald zugrunde gehen. Der Thallus hat zunächst nur einen einzigen Kern (Primärkern), der lange unverändert im Rhizoid liegen bleibt. Nach Ausbildung des Schirms teilt er sich in zahlreiche haploide Sekundärkerne, die in die Kammern wandern und hier die Bildung derbwandiger Cysten einleiten. Die Cysten werden nach Zerfall des Schirms frei, öffnen sich mit einem Deckel und entlassen die Gameten (◘ Abb. 19.75e). Die aus der Kopulation von zwei Isogameten hervorgehende Zygote (◘ Abb. 19.75g) setzt sich fest und wächst zu einem neuen diploiden Thallus heran.

Durch Verkalkung der Zellwände bleibt nach Absterben einer Pflanze ein durchlöchertes Kalkröhrchen übrig. Mit dieser Struktur hatten die fossilen Dasycladales eine bedeutende Rolle als Gesteinsbildner z. B. in der Trias der Alpen.

Die besonders in warmen Meeren vorkommenden und ebenfalls siphonalen **Bryopsidales** haben in ihrem Thallus keine Querwände, sondern lediglich ein Maschenwerk aus Stützbalken. Die Zellwand (als Zellwandbaustoffe treten neben Cellulose auch Mannan und Xylan auf) umschließt somit einen einzigen vielkernigen Protoplasten mit zahlreichen kleinen, scheibenförmigen Chloroplasten. Nur die Gametangien werden durch Querwände abgetrennt. Die Schläuche einiger Arten (z. B. *Codium*) sind zu einem Flechtthallus verflochten. *Caulerpa*-Arten bestehen aus einer einzigen, vielkernigen Riesenzelle, die in eine farblose, kriechende, bis 1 m lange Achse mit im Boden verankerten Rhizoiden und blattartige grüne Thalluslappen gegliedert ist. Die Ordnung enthält Siphonaxanthin und Siphonein als charakteristische Pigmente. Die geschlechtliche Fortpflanzung erfolgt anisogam, seltener isogam. Die Gameten haben zwei, vier oder viele Geißeln. Der Lebenszyklus ist überwiegend haplontisch, z. T. aber auch

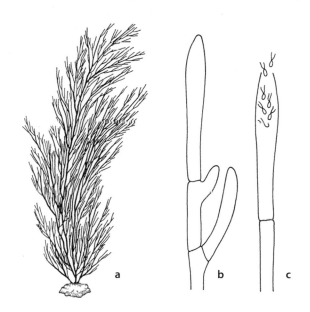

◘ **Abb. 19.74 Chlorophyta, Ulvophyceae.** *Cladophora.* **a** Habitus (0,33 ×). **b** Verzweigung. **c** Gametangium mit Gameten (B, C 250 ×). (Nach F. Oltmanns, ergänzt)

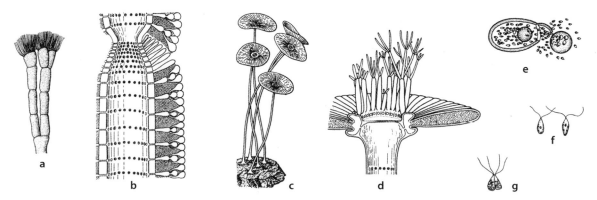

◘ **Abb. 19.75 Chlorophyta, Ulvophyceae.** *Cymopolia barbata.* **a** Oberer Teil einer Pflanze (4 ×). **b** Längsschnitt durch Thallusstück; punktiert: Kalkmantel (40 ×). **c–g** *Acetabularia mediterranea.* **c** Erwachsene Thalli (1 ×). **d** Längsschnitt durch Schirmchen; oben Kranz von sterilen Trieben, unten Narben des abgefallenen Wirtels steriler Triebe (6 ×). **e** Geöffnete Cyste, die Gameten entlassend (100 ×). **f** Gameten (300 ×). **g** Kopulation (300 ×). (a, b nach H. Solms-Laubach; c, d, nach F. Oltmanns; e–g nach A. De Bary und E. Strasburger)

ein heteromorpher Generationswechsel. Ein Beispiel dafür ist *Derbesia*: Der Gametophyt besteht aus blasenförmigen, 0,5–3 cm großen Gametangien, die einem mehrjährigen Rhizoid entspringen. Wegen Unkenntnis des Zusammenhangs zum Sporophyten stellte man diese Pflanzen früher in eine eigene Gattung (*Halicystis* = Gametophyt von *Derbesia*; ◘ Abb. 19.76f). Die getrenntgeschlechtlichen Gametophyten entlassen Anisogameten mit zwei gleichlangen Geißeln (◘ Abb. 19.76g). Aus der Zygote geht der Sporophyt hervor, die verzweigt-schlauchförmige *Derbesia* (◘ Abb. 19.76h). In eiförmigen Sporangien dieser zunächst dikaryotischen, dann stellenweise diploiden Pflanzen entstehen nach der Meiose die mit einem Geißelkranz versehenen Meiozoosporen.

Der ausschließlich terrestrischen und häufig als Epiphyten auf Baumrinden (◘ Abb. 19.77) oder auf Gestein lebenden **Trentepohliales** haben fädige Thalli aus einkernigen Zellen. Der Thallus ist oft heterotrich und in kriechende und in aufrechte Fäden gegliedert, die alle verzweigt sein können (◘ Abb. 19.78c). Bei einigen Formen sind die kriechenden Fäden zu einer flachen Scheibe (*Cephaleuros*) verklebt. Die aus Polysacchariden bestehende Zellwand kann zusätzlich eine Schicht aus Sporopollenin bilden. Die meisten Arten sind terrestrische Luftalgen (z. B. als Epiphyten auf Baumrinden oder Gestein).

Trentepohlia (◘ Abb. 19.78c) findet sich häufig als Symbiont in Flechten oder als Landalge an Felsen (*T. aurea* auf Kalk, die nach Veilchen duftende *T. iolithus* auf Silikatgestein) und Baumstämmen, in den Tropen auch auf ledrigen Blättern.

◘ **Abb. 19.77 Chlorophyta, Ulvophyceae.** *Trentepohlia*, die Borke eines Baumes überziehend. (Aufnahme: A. Bresinsky)

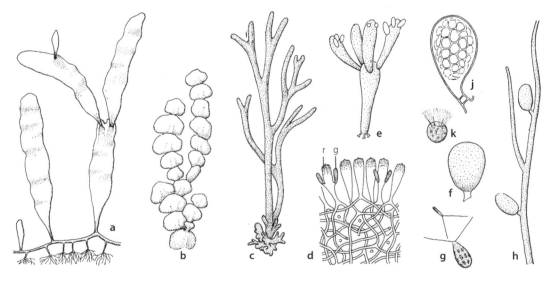

◘ **Abb. 19.76 Chlorophyta, Ulvophyceae. a** *Caulerpa prolifera*. Thallus (12 ×). **b** *Halimeda tuna*. Thallus (0,5 ×). **c, d** *Codium tomentosum*. **c** Thallus (0,5 ×). **d** Thallusquerschnitt (15 ×). **e** *Valonia utricularis*. Thallus (1,5 ×). **f, g** *Derbesia marina* („*Halicystis ovalis*"). **f** Gametophyt (3 ×). **g** ♂ und ♀ Gamet (500 ×). **h–k** *Derbesia marina*. **h** Thallusstück des Sporophyten (30 ×). **j** Sporocyste (120 ×). **k** Zoospore (400 ×). – g Gametangium, r Rindenschlauch. (a nach H. Schenck; b nach F. Oltmanns; c, d nach K. Mägdefrau; e nach W. Schmitz; f, g, j nach P. Kuckuck; h nach R. Harder; k nach J.S. Davis)

19

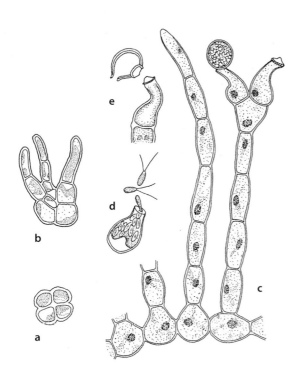

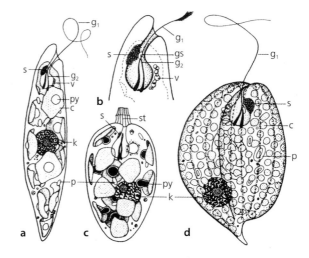

□ **Abb. 19.79** **Euglenophyten. a** *Euglena gracilis* (600 ×). **b** Desgl., Vorderende (1000 ×). **c** *Colacium mucronatum* (500 ×). **d** *Phacus triqueter* (600 ×). – c Chloroplast, g_1 Bewegungsgeißel, g_2 zweite Geißel, gs Geißelanschwellung (Photorezeptor), k Zellkern, p freies Paramylum, py Pyrenoid mit Paramylumhülle, s Augenfleck, st Gallertstiel, v kontraktile Vakuolen. (Nach G.F. Leedale)

□ **Abb. 19.78** **Chlorophyta, Ulvophyceae. a, b** *Pleurococcus naegelii* (600 ×). **c–e** *Trentepohlia*. **c** *T. aurea*. Stück eines kriechenden Fadens mit aufrechten Zweigen (eine Terminalzelle mit Zoosporocyste; an der anderen ist die Sporocyste abgefallen; 500 ×). **d** *T. umbrina*. Zoosporocyste, die Zoosporen entlassend (300 ×), **e** *T. umbrina*. Ablösen der entleerten Sporocyste (300 ×). (a, b nach R. Chodat; c nach K.J. Meyer; d nach G. Karsten; e nach C. Gobl)

19.3.3.2 Photoautotrophe Eukaryoten mit Chlorophyten als sekundären Endosymbionten

Durch die Aufnahme von Vertretern der Chlorophyta als sekundäre Endosymbionten durch eukaryotische heterotrophe Organismen sind zwei Organismengruppen entstanden, die allgemein als Taxon höheren Ranges klassifiziert werden. Da diese beiden Gruppen nicht zu den Pflanzen (Plantae) gehören, wird hier auf die Verwendung formaler Namen (z. B. Euglenophyta statt Euglenophyten) verzichtet.

■ **Chlorarachniophyten**

Bei den einzelligen Chlorarachniophyten hat ein Vertreter der **Rhizaria** eine Grünalge entweder aus der Verwandtschaft der **Chlorodendrophyceae** oder aus der Verwandtschaft der **Ulvophyceae** aufgenommen. Die Plastiden der Chlorarachniophyten haben vier Membranen und einen **Nucleomorph** (s. Cryptophyten) zwischen der zweiten und dritten Membran (von außen). Diese Struktur wird als Kernrest der aufgenommenen Grünalge interpretiert. Die grünen Plastiden enthalten die gleichen Pigmente wie die Plastiden der Chlorophyten (□ Tab. 19.2). Bisher sind in den Chlorarachniophyten

ca. zehn Arten bekannt geworden, die entweder amöboid oder begeißelt sind und im Meerwasser oder im Sand von Meeresküsten leben.

■ **Euglenophyten**

Bei den Euglenophyten hat ein Vertreter der **Excavata** eine Grünalge aus der Verwandtschaft der **Pyramimonadales** aufgenommen. Plastiden, die bei etwa der Hälfte der Arten dieser Gruppe vorhanden sind, werden von drei Membranen begrenzt. Die Euglenophyten sind meist im Süßwasser, seltener im Meerwasser lebende Einzeller mit meist zwei sehr ungleich langen Geißeln (□ Abb. 19.79). Die Vermehrung erfolgt durch Längsteilung, sexuelle Fortpflanzung ist unbekannt. Die grünen Chloroplasten haben einen ähnlichen Farbstoffbestand wie die Chlorophyten (□ Tab. 19.2). Als Reservestoff wird neben Phospholipiden in Bläschen ein Polysaccharid in Körnern oder Scheiben im Plasma abgelagert, das **Paramylon**. Dies ist ein β-1,3-gebundenes Glucan, das sich mit Jod nicht blau färbt. Die Zellen sind vielfach schraubenförmig gewunden und besitzen fast immer eine einfache, vorwiegend aus Proteinen bestehende Hülle, die **Pellicula**. Am Vorderende der Zelle liegt eine flaschenförmige Einstülpung, die als **Reservoir** bezeichnet wird. Diesem benachbart ist eine pulsierende Vakuole, die von mehreren akzessorischen Vakuolen umgeben ist und als Organell der Osmoregulation dient. An der Basis des Reservoirs entspringen fast immer zwei Geißeln aus je einem Basalkörper: eine lange und eine aus dem Reservoir nicht hervortretende kurze Geißel. Eine Geißelanschwellung enthält wahrscheinlich einen

Photorezeptor. In der Nähe des Reservoirs liegt der durch Carotine rot gefärbte **Augenfleck** (◘ Abb. 19.79b), der aus einzelnen, jeweils von einer Membran umhüllten Lipidtropfen besteht (zur Rolle des Augenflecks bei der Phototaxis ▶ Abschn. 15.2.1.2). Die lange Geißel, eine mit Flimmern besetzte Zuggeißel (◘ Abb. 19.26c), beschreibt bei ihrer Bewegung einen Kegelmantel. Unter gleichzeitiger Drehung um die Längsachse bewegt sich z. B. eine Zelle von *Euglena* um das Zwei- bis Dreifache ihrer Körperlänge pro Sekunde vorwärts.

Die Euglenophyten (◘ Abb. 19.79) umfassen mehr als 900 Arten. *Euglena*-Arten kommen häufig in nährstoffreichen, stehenden Gewässern vor. Es gibt aber auch Arten (z. B. *E. mutabilis*), die in extrem sauren Gewässern vorkommen, und Arten (z. B. *E. longa*), die saprotroph leben und einen farblosen Plastiden (Leukoplasten) besitzen. *Phacus* (◘ Abb. 19.79d) bevorzugt nährstoffarmes Wasser. *Colacium* (◘ Abb. 19.79c) heftet sich mithilfe eines Gallertstiels an frei schwimmende Kleinorganismen. Nur bei Vermehrung ist es durch Geißeln frei beweglich. *Eutreptia* ist ein mariner, zweigeißeliger Vertreter der Euglenophyten. Obwohl viele Arten photoautotroph sind, besteht auch bei ihnen die Tendenz, zusätzlich zu den Photosyntheseprodukten organische Stoffe aufzunehmen. Etwa 50 % der Arten der Euglenophyten sind heterotroph und haben keine Plastiden.

19.3.3.3 Streptophyta – streptophytische Grünalgen

Bei den Streptophyta inserieren die zwei Geißeln, wenn vorhanden, nicht an der Spitze der Zelle, apikal, sondern vielmehr subapikal, also etwas an die Seite der Zelle gerückt. Anders als bei den Chlorophyta, wo der Geißelapparat durch die meist kreuzförmig angeordneten mikrotubulären Wurzeln symmetrisch ist (◘ Abb. 19.64), ist der Geißelapparat bei den Streptophyta unilateral. Hier verläuft ein mehr oder weniger breites mikrotubuläres Band (wenige bis 300 Mikrotubuli) an einer Seite der Zelle von der Geißelbasis bis zum anderen Zellende. Das proximale Ende dieses Bands kann im Elektronenmikroskop als vielschichtige Struktur (engl. *multilayered structure*, MLS) beobachtet werden. Manchmal kann eine zweite, kleinere mikrotubuläre Wurzel vorhanden sein. Bei der Zellteilung werden neue Zellwände häufig in **Phragmoplasten** (Mikrotubuli senkrecht zu der sich bildenden Querwand angeordnet; vgl. Phycoplast) angelegt. Die Pigmente der streptophytischen Grünalgen sind die gleichen wie bei den Chlorophyten (◘ Tab. 19.2). Biochemisch sind die Streptophyta z. B. durch nur bei ihnen vorhandene Enzymklassen (z. B. Cu/Zn-Superoxid-Dismutasen, Klasse-I-Aldolasen, Glykolat-Oxidasen) charakterisiert. Unter den streptophytischen Grünalgen findet man zahlreiche terrestrisch lebende Arten. Die Streptophyta (außer Landpflanzen) enthalten ca. 4000 beschriebene Arten.

Die Teilgruppen der Streptophyta werden hier als Unterabteilungen (Mesostigmato**phytina** usw.) klassifiziert. Das weicht sowohl von der Klassifikation der oben beschriebenen Teilgruppen der Chlorophyta als Klassen (Ulvo**phyceae** usw.) als auch von ihrer üblichen Klassi-

fikation in der Literatur ab. Der Grund für diese Abweichung besteht darin, dass mit dieser Erhöhung der taxonomischen Rangstufe für die Landpflanzen ausreichend viele taxonomische Rangstufen zur Verfügung stehen, um diese sehr diverse Gruppe detailliert unterteilen zu können. Beispielsweise sind Mesostigmatophytina und der anderswo verwendete Begriff Mesostigmatophyceae nur unterschiedliche Namen für die gleiche Gruppe.

Mesostigmatophytina

Mesostigma ist eine von zwei Gattungen der Mesostigmatophytina (14 Arten) und eine einzellige Alge des Süßwassers mit einer Zellhülle aus mehrschichtig angeordneten Schuppen. Die zwei Geißeln sind etwas ungleich lang. Der einzige Chloroplast ist flach tassenförmig und hat Pyrenoide sowie einen Augenfleck, der in den Streptophyta nur hier vorkommt. Die zweite Gattung, *Chlorokybus*, bewohnt feuchte Standorte des Festlands. Die vegetativen Zellen von *Chlorokybus* sind unbegeißelt und bilden häufig paketartige Aggregate aus vier bis zu 32 Zellen. Sie bilden aber zweigeißelige Zoosporen mit Schuppen.

Klebsormidiophytina

Die Gattungen der Klebsormidiophytina (39 Arten) leben terrestrisch oder in Süßwasser. Sehr häufig sind meist unverzweigte, mehr oder weniger leicht zerfallende fädige Formen (*Klebsormidium*), aber auch einzellige oder zellaggregatbildende Formen sind bekannt (*Interfilum*).

Charophytina

Die Charophytina umfassen hochentwickelte Grünalgen mit vielzelligen Thalli (◘ Abb. 19.80). Sie leben mit einer Familie (Characeae) mit etwa 700 Arten in sechs Gattungen in Süß- und Brackwasser, wo sie oft mehrere Dezimeter hohe Unterwasserwiesen bilden können. Süßwasserarten wachsen häufig in Gewässern mit hohem pH-Wert (pH 7 und mehr; hartes Wasser).

Haupt- und Seitenachsen wachsen an ihren Spitzen mit einer einschneidigen Scheitelzelle (◘ Abb. 19.80b). Diese gliedert nach unten abwechselnd kurze Knoten- und längere Internodienzellen ab. Letztere teilen sich nicht mehr weiter, sind aber vielkernig, und strecken sich unter Vakuolisierung bis zu einer Länge von mehreren Zentimetern. Die Armleuchteralgen sind also charakterisiert durch die regelmäßige Untergliederung des bis mehrere Dezimeter großen Thallus in Knoten (**Nodi**) und Achsenglieder (**Internodien**). Die Knotenzellen bleiben teilungsfähig und entwickeln sich zu vielzelligen Knotenscheiben, aus denen in Quirlen stehende Seitenachsen auswachsen. Außerdem entspringen hier kurze, pfriemförmige, ungegliederte **Stipular-** und **Rindenzellen**. Diese Rindenzellen (bei *Chara* meist vorhanden, bei z. B. *Nitella* fehlend) bilden einen den Internodien anliegenden Mantel aus schlauchförmigen Zellen. Die Sei-

19

Stammesgeschichte und Systematik der Bakterien, Archaeen, „Pilze", Pflanzen und anderer...

763   **19**

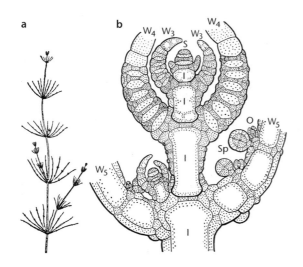

◘ Abb. 19.80 Streptophyta, Charophytina. Thallusbau von *Chara fragilis*. **a** Gliederung in Knoten mit Wirtelästen und Internodien. An jedem Knoten können Seitentriebe gebildet werden (0,5 ×). **b** Längsschnitt durch die Thallusspitze mit Scheitelzelle. Von ihr abgegliederte Zellen teilen sich erneut inäqual in eine apikale Knotenzelle und eine basale Internodialzelle, die von den Knoten aus berindet wird. Aus den äußeren Knotenzellen gehen Wirteläste (W3–W5) hervor, die in Knoten und Internodien gegliedert sind (30 ×). – I Internodialzellen, O Oogonien, S Scheitelzelle, Sp Spermatogonien. (a: nach A.W. Haupt; b: nach J. Sachs)

tenzweige sind ähnlich wie die Hauptachse aufgebaut. Sie sind entweder unverzweigt oder tragen an ihren Knoten wiederum kurze Seitenäste zweiter Ordnung mit gleicher Gliederung in Nodi und Internodien. An ihrer Basis sind die Pflanzen mit farblosen, verzweigten, aus den Knoten entspringenden, fädigen **Rhizoiden** (positiv gravitrop mit Statolithen aus $BaSO_4$, ◘ Abb. 15.19) im Boden verankert. Einige Characeen bilden an den unteren Teilen der Achsen mit Stärke dicht gefüllte Knöllchen als Überwinterungsorgane. Die Zellwände bestehen aus Cellulose mit einem mit den Kormophyten übereinstimmendem Feinbau und sind oft mit Kalk inkrustiert. Manche Characeen gehören zu den wichtigsten Kalktuffbildnern. Die Chloroplasten liegen in größerer Zahl im wandständigen Protoplasma jeder Zelle.

Ein wie eben beschriebener Thallus ist also im Bereich der Achsenglieder siphonal gebaut, im Bereich der Knoten aber ein Gewebethallus.

Die Charophyceen sind oogame Haplonten mit zygotischem Kernphasenwechsel. Die aufrechten *Chara*-Oogonien sind von Hüllfäden schraubig umwunden. Spermatogonien und Oogonien werden an den Knoten von Seitenachsen gebildet.

Die **Spermatogonien** (◘ Abb. 19.81a: s, e) gehen aus einer sich zunächst in (meist) acht Zellen teilenden Mutter-

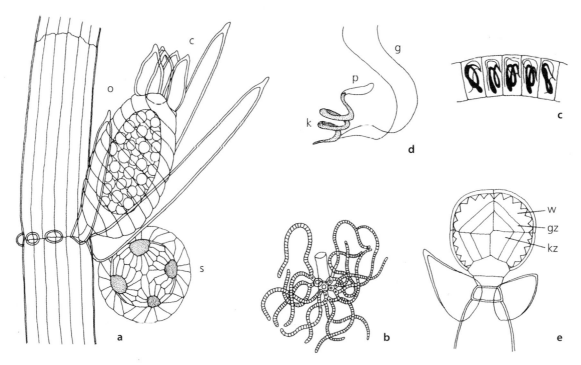

◘ Abb. 19.81 Streptophyta, Charophytina. a *Chara fragilis*. Seitenansicht mit *Chara*-Spermatogonium und *Chara*-Oogonium mit Hüllschläuchen und Krönchen (50 ×). **b, c** *Nitella flexilis*. **b** Griffzelle mit Köpfchen und spermatogenen Fäden. **c** Zellen der spermatogenen Fäden mit je einem Spermatozoid. **d** *Chara fragilis*. Spermatozoid (540 ×). **e** *Nitella flexilis*. Längsschnitt durch ein junges *Chara*-Spermatogonium. – c Krönchen, g Geißeln, gz Griffzelle, k schraubig gewundener langer Kern, kz Köpfchenzelle, o *Chara*-Oogonium, p Plasma, s *Chara*-Spermatogonium, w Wand. (a–c, e nach J. Sachs; d nach E. Strasburger)

zelle hervor. Jeder Oktant wird dann durch zwei tangentiale Wände in drei Zellen zerlegt (◨ Abb. 19.81e). So ergeben sich insgesamt 24 Zellen: acht äußere flache Wandzellen (Schilde), die durch einspringende Wände unvollständig gefächert werden, acht mittlere Zellen (Griffzellen, Manubrien), die sich später radial strecken, und acht innere Zellen (primäre Köpfchenzellen), die schließlich rundliche Form annehmen. Infolge stärkeren Flächenwachstums der acht Schilde entsteht eine Hohlkugel, in welche die Griff- und Köpfchenzellen hineinragen. Die primären Köpfchenzellen entwickeln drei bis sechs sekundäre Köpfchenzellen. Aus diesen sprossen schließlich je drei bis fünf lange, unverzweigte spermatogene Zellfäden in den Hohlraum hinein (◨ Abb. 19.81b, c). Aus ihren zahlreichen scheibenförmigen Zellen entlassen diese je ein schraubig gewundenes, mit zwei Geißeln und einem Augenfleck versehenes, plastidenfreies Spermatozoid (◨ Abb. 19.81d). Das **Oogonium** (◨ Abb. 19.81a: o) enthält eine einzige, mit Öltropfen und Stärkekörnern dicht gefüllte Eizelle; es ragt frei hervor und wird später von fünf Hüllschläuchen in Linksschrauben dicht umschlossen. Ihre Enden bilden – durch Querwände abgegrenzt – das Krönchen (◨ Abb. 19.81: c), zwischen dessen Zellen die Spermatozoide eindringen. Nach der Befruchtung umgibt sich die Zygote mit einer derben farblosen Wand, die Sporopollenin enthält. Auch die Innenwände der Hüllschläuche verdicken sich, werden braun und inkrustieren sich oft mit Kalk, während die äußeren weichen Zellwände der Schläuche bald nach dem Abfallen der Oospore (Dauerorgan) zerfallen. Bei der Keimung der Zygote findet die Meiose statt; von den vier haploiden Kernen degenerieren drei, sodass nur ein Keimling entsteht.

Die ältesten eindeutigen Fossilien der Charophyceen sind ca. 380 Mio. Jahre alt.

Coleochaetophytina

Die entweder unverzweigte oder verzweigte Fäden bildenden oder scheibenförmigen Vertreter der Coleochaetophytina (18 Arten) sind Bewohner des Süßwassers, wo sie auf festem Substrat oder auch auf Wasserpflanzen wachsen. Einige *Coleochaete*-Arten haben eine scheibenförmig ausgebildete Sohle (◨ Abb. 19.82a) mit von den Zellwänden gebildeten Haaren. Ihr flaschenförmiges **Oogon** hat einen farblosen Hals (◨ Abb. 19.82c), der sich an der Spitze zur Aufnahme des völlig farblosen zweigeißeligen Spermatozoids öffnet. Nach der Befruchtung vergrößert sich die kugelige Zygote. Gleichzeitig wachsen von benachbarten Zellen ausgehend Zellfäden um sie herum, sodass sie schließlich in ein Flechtgewebe eingehüllt ist und zur „**Zygotenfrucht**" wird (◨ Abb. 19.82e). Die Wände der Zygote enthalten Sporopollenin. In der Zygote entstehen schließlich zwischen acht und 32 haploide Zoosporen, die freigesetzt werden.

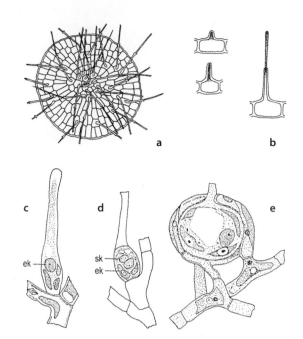

◨ **Abb. 19.82 Streptophyta, Coleochaetophytina. a** *Coleochaete scutata.* Sohle (80 ×). **b** *Aphanochaete repens.* Entwicklung eines Scheidenhaares (250 ×). **c–e** *Coleochaete pulvinata.* **c** Oogonium kurz vor der Öffnung, **d** dasselbe, befruchtet; **e** Zygote durch Umwachsung zur „Frucht" entwickelt (500 ×). – ek Eikern, sk Spermakern. (a nach M. Jost; b nach J. Huber; c–e nach F. Oltmanns)

Zygnematophytina

Die Zygnematophytina (Jochalgen) sind einzellige (teilweise koloniebildend) oder unverzweigt fädige Algen hauptsächlich des Süßwassers. Sie bilden keinerlei begeißelte Zellen. Die geschlechtliche Fortpflanzung erfolgt durch Jochbildung (daher wurde die Gruppe früher als Conjugatae bezeichnet), wobei zwei gleich gestaltete, nackte Protoplasten zweier Zellen zu einer Zygote verschmelzen. Die Zygote keimt nach längerer Ruhe unter Meiose. Der Kernphasenwechsel ist also zygotisch und die Jochalgen sind damit reine Haplonten. Mit ca. 2700 Arten sind sie die artenreichste Teilgruppe der algenartigen Streptophyta.

Stammesgeschichtlich ursprüngliche einzellige Formen (z. B. *Mesotaenium*) leben als Einzelzellen oder in Gallertkolonien (◨ Abb. 19.83a). Ihre Zellwand besteht aus einem einzigen Stück und weist keine Skulpturen auf.

Mesotaenium berggrenii und *Ancylonema nordenskioeldii*, beide mit rotem Zellsaft, haben Anteil an der Bildung des roten Schnees auf Gletschern der Alpen, der Arktis und Antarktis (▶ Exkurs 19.2).

Bei der Mehrheit der einzelligen Zygnematophytina (**Zieralgen**) bestehen die meist skulpturierten, oft eisenhaltigen (daher gelblichen) Zellwände aus zwei gleichen Hälften, die durch eine Naht oder eine Einschnürung (Isthmus) voneinander getrennt sind. Das Innere der Zelle enthält in jeder der beiden genau symmetrischen Hälften je einen

19

Stammesgeschichte und Systematik der Bakterien, Archaeen, „Pilze", Pflanzen und anderer...

765   **19**

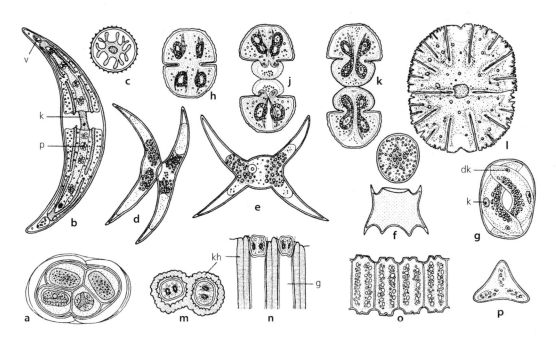

Abb. 19.83   Streptophyta, Zygnematophytina. a *Mesotaenium braunii* (280 ×). **b** *Closterium moniliferum* (200 ×). **c** *Closterium regulare*. Gerippte Chloroplasten, Querschnitt (200 ×). **d, e** *Closterium parvulum*. Kopulation (300 ×). **f** *Closterium rostratum*. Austreten der Zygote aus der Hülle (200 ×). **g** *Closterium* sp. Teilung der Zygote (200 ×). **h** *Cosmarium botrytis* (280 ×). **j, k** Desgl., Teilung (280 ×). **l** *Micrasterias denticulata* (125 ×). **m, n** *Oocardium stratum*, von oben gesehen und im Längsschnitt (320 ×). **o** *Desmidium swartzii*. Teil einer Zellkette. **p** Desgl., Zellquerschnitt (350 ×). – dk degenerierter Zellkern, g Gallertstiel, k Zellkern, kh Kalkhülle, p Pyrenoid, v Vakuole mit Gipskriställchen. (a, d–f, h–k nach A. De Bary; b nach Palla; c, l nach N. Carter; g nach H. Klebahn; m, n nach G. Senn; o, p nach Delponte)

großen zentralen, also nicht wandständigen Chloroplasten mit einem oder mehreren Pyrenoiden (■ Abb. 1.77 und ■ Abb. 19.83b, c). In der Mitte der Zelle liegt der Kern. Die vegetative Fortpflanzung erfolgt durch Zweiteilung, wobei je eine Zellwandhälfte ergänzt werden muss (■ Abb. 19.83j, k). Hierbei entstehen wieder einzellige Individuen. Bei manchen Gattungen bleiben die Tochterzellen jedoch auch miteinander verbunden, sodass Zellketten gebildet werden. Zur geschlechtlichen Fortpflanzung legen sich zwei genotypisch verschiedene Zellen nebeneinander (■ Abb. 19.83d) und umgeben sich mit Gallerte. Die Zellwand öffnet sich dann in der Mitte, die Protoplasten treten als nackte Gameten in den sich vorwölbenden, bald verschleimenden Kopulationsschlauch und vereinigen sich zur Zygote (■ Abb. 19.83e), deren Wand oft Stacheln trägt. Neben der reifen Zygote liegen zunächst noch die vier leeren Zellwandhälften der beiden verschmolzenen Zellen. Bei der Zygotenkeimung gehen von den vier durch Meiose entstandenen haploiden Kernen meist zwei zugrunde, sodass nur zwei haploide Zellen entstehen (■ Abb. 19.83g).

Die Zellen sind z. B. halbmond- (*Closterium*, ■ Abb. 19.83b) oder rund (*Cosmarium*, ■ Abb. 19.83h) bis sternförmig (*Micrasterias*, ■ Abb. 19.83l). An beiden Zellenden von *Closterium* befinden sich Vakuolen mit Gipskristallen, die sich in lebhafter Bewegung befinden (■ Abb. 19.83b). Manche Arten stoßen durch Membranporen Schleimfäden aus, mit denen sie sich langsam fortbewegen. *Oocardium*, in kalkreichen Bächen lebend, sitzt auf einem Gallertstiel, der mit Kalk inkrustiert ist (■ Abb. 19.83m, n; Oocardientuff). Die Zieralgen entwickeln vornehmlich in nährstoffarmen Gewässern mit nie-

derem pH-Wert, z. B. in Torfsümpfen, eine große Artenvielfalt; *Pleurotaenium* und *Staurastrum* leben auch in alkalischen Gewässern. Zu den einzelligen Vertretern der Zygnematophytina gehört auch *Spirogloea muscicola*, deren Zellen einen spiralförmigen Plastiden enthalten. Diese z. B. auf der Oberfläche von auf dem Land liegenden Steinen wachsende Art ist der (von den bisher untersuchten Arten) möglicherweise engste Verwandte der Landpflanzen und spielt damit für das Verständnis der Besiedlung des Lands durch Pflanzen eine besondere Rolle (▶ Exkurs 19.1).

Ein bekannter Vertreter fadenförmiger Zygnematophytina (**Schraubenalgen**) ist die Gattung *Spirogyra* (■ Abb. 19.84a). Ihre zahlreichen Arten treten häufig im Frühjahr in ruhigen Gewässern als frei schwebende, fädige, gelbgrüne Watten auf. Die Fäden wachsen interkalar durch Streckung und Querteilung aller Zellen in die Länge. Sämtliche Zellen sind also gleichwertig, die Fäden besitzen auch keinerlei Polarität. Ihre glatten, porenlosen Cellulosewände verschleimen oberflächlich, weshalb sich die Fäden schlüpfrig anfühlen. Die Querwand bildet sich zentripetal als irisblendenartig wachsendes Septum und zusätzlich als Zellplatte in einem Phragmoplasten. Die Fäden können an den Querwänden in ein- oder mehrzellige Teilstücke zerfallen, die der vegetativen Vermehrung dienen. Der Kern jeder *Spirogyra*-Zelle liegt in der Zellmitte und ist an Protoplasmasträngen aufgehängt. Weiterhin erkennt man ein oder mehrere stets als Linksschraube der Wand anliegende, band- bzw. rinnenförmig gestaltete Chloroplasten (■ Abb. 1.77 und ■ Abb. 19.84a, c: c) mit Pyrenoiden (■ Abb. 19.84: p). Bei der geschlechtlichen Fortpflanzung lagern sich zwei morphologisch meist gleich gestaltete Fä-

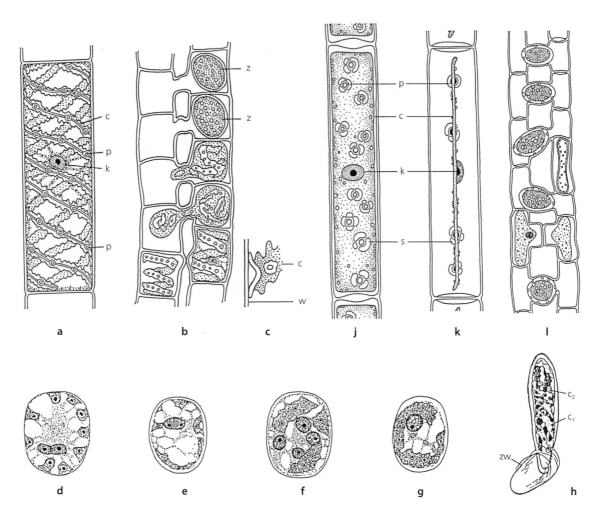

◘ Abb. 19.84 **Streptophyta, Zygnematophyceae. a–h** *Spirogyra*. **a** *S. jugalis*. Zelle (250 ×). **b** *S. quinina*. Anisogame Kopulation (240 ×). **c–h** *S. longata*. **c** Chloroplastenteilstück an der Zellwand (750 ×). **d–h** Junge und alte Zygoten. **d** Die beiden Sexualkerne vor der Kopulation. **e** Nach der Verschmelzung. **f** Teilung des Zygotenkerns in vier haploide Kerne. **g** Die drei kleinen Kerne degenerieren (D–G, 250 ×). **h** Einkerniger Keimling (180 ×). **j–l** *Mougeotia*. **j, k** *M. scalaris*. Chloroplast in Flächenstellung und in Profilstellung (600 ×). **l** *M. calospora*, isogame Kopulation (450 ×). – c Chloroplast(-en), k Zellkern, p Pyrenoid, s Stärke, w Zellwand, z Zygote, zw Zygotenwand. (a, b nach H. Schenck; c nach R. Kolkwitz, d–h nach A. Tröndle; j–l nach Palla)

den parallel aneinander an. An der Berührungsfläche wölben sich zwischen den Zellen Papillen vor, sodass das Fadenpaar auseinandergedrängt wird und eine leiterförmige Struktur annimmt (◘ Abb. 19.84b). Die Papillen werden durch die Auflösung der Wand an der Berührungsstelle zu einem Kopulationskanal zwischen je zwei Zellen. Jede Zelle eines Fadens kann Gameten bilden. Der Protoplast aus der ♂ Zelle tritt als nackter „Wandergamet" in die gegenüberliegende ♀ Zelle und verschmilzt mit deren Protoplast („Ruhegamet") unter Wasserabgabe und Schrumpfung zu einer Zygote (◘ Abb. 19.84b: z). Die Zygote hat eine mehrschichtige, dicke, braune Wand, ist dicht mit Stärke und Öl angefüllt und kann überdauern. Bei der mit Meiose verbundenen Keimung der Zygote degenerieren drei Kerne (◘ Abb. 19.84f, g), sodass nur eine haploide Zelle entsteht, die schlauchförmig auswächst und durch Zellteilungen einen neuen Faden bildet (◘ Abb. 19.84h).

Von *Spirogyra* unterscheiden sich *Zygnema* und *Mougeotia* durch andersförmige Chloroplasten. Bei *Zygnema* sind je Zelle zwei sternförmige Chloroplasten vorhanden und bei *Mougeotia* (◘ Abb. 1.77a und ◘ Abb. 19.84j, k) ein einziger, axial angeordneter, plattenförmiger, auf Lichtreize reagierender Chloroplast (vgl. ▶ Abschn. 15.2.2, ◘ Abb. 15.7b). In beiden Gattungen gibt es Arten, bei denen sich die Zygote mitten im Kopulationskanal (◘ Abb. 19.84l) bildet.

19.4 Chlorobionta: Streptophyta – Landpflanzen (Moose, Farnpflanzen, Samenpflanzen)

Als **Embryophyten** werden die Pflanzen zusammengefasst, deren Sporophyt während wenigstens der frühen Entwicklung als zunehmend mehrzelliger Embryo von der gametophytischen Mutterpflanze ernährt wird und oft in einem Ruhezustand verharrt, wie z. B. im Samen

19

Stammesgeschichte und Systematik der Bakterien, Archaeen, „Pilze", Pflanzen und anderer...

767

19

der Samenpflanzen. Typische Embryophyten (Moose und Gefäßpflanzen) sind primär an das Landleben angepasste Pflanzen mit zunehmend differenzierten Organen, die der Befestigung im Boden, der Wasser- und Nährsalzaufnahme und der Photosynthese dienen (◘ Abb. 3.8, ► Abschn. 3.1.2). Aus ursprünglich thallosen Vegetationskörpern haben sich in Anpassung an das Landleben und in Zusammenhang mit Größenzunahme und Arbeitsteilung verschiedene Organe entwickelt: Am Gametophyt vieler Leber- und der meisten Laubmoose sind es Stämmchen, Blättchen und Rhizoide, am Sporophyt der Gefäßpflanzen Sprossachse, Blatt und Wurzel (► Abschn. 3.1.2). Die Fortpflanzung vollzieht sich als heterophasischer, heteromorpher Generationswechsel, bei dem entweder der Gametophyt (Moose) oder der Sporophyt (Farn- und Samenpflanzen) als (meist) komplexere und längerlebige Generation den Lebenszyklus dominieren. Nach der Befruchtung entwickelt sich die Zygote zu dem vielzelligen, von der Mutterpflanze ernährten Embryo. Die Gametangien, die als **Antheridien** (♂) bzw. **Archegonien** (♀) bezeichnet werden, sind mit einer schützenden Hülle steriler Zellen umkleidet. Auch die Sporangien haben eine solche Zellschicht. Vergleichbare Hüllen finden sich bei den Gametangien der Algen nur vereinzelt.

Embryobildung und Gametangien mit steriler Hülle (die bei einigen Samenpflanzengruppen aber sehr reduziert werden) sind zwei auffällige Symapomorphien der Embryophyten. Auf den Embryo geht der Name **Embryophyten** zurück. Der für diese Pflanzengruppe vielfach auch verwendete Name **Archegoniaten** bezieht sich auf die weiblichen Gametangien.

Entwicklung von Embryonen findet man allerdings schon bei einigen im Wasser lebenden Algen, z. B. bei *Coleochaete*, die eine ruhende und geschützte Zygote ausbildet. Bei den Algengattungen *Chara* und *Coleochaete* wird das Oogonium postgenital (d. h. nach Entstehung des Oogoniums) von auswachsenden Zellschläuchen bedeckt (◘ Abb. 19.81a und 19.82e). Die Wand des Spermatogoniums von *Chara* hat aber eine kongenital (d. h. gleichzeitig mit der Entstehung des Spermatogoniums) entstehende vielzellige Wand. Die Oogonien von *Chara* sind damit den Archegonien der Embryophyten hinsichtlich des Besitzes einer Wand steriler Zellen ähnlich, entwickeln sich aber völlig anders.

Der Vegetationskörper ist aus verschiedenen Geweben aufgebaut, die stark differenziert sind und unterschiedliche Aufgaben erfüllen. Die Verdunstung wird durch eine Cuticula eingeschränkt bzw. durch meist vorhandene Spaltöffnungen reguliert. Der Transport von Wasser und Nährstoffen erfolgt bei Moosen manchmal in einfachen Leitgeweben bzw. bei Farn- und Samenpflanzen in komplexen Leitbündeln.

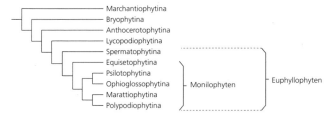

◘ **Abb. 19.85** Stammbaum der Embryophyten (Moose, Farnpflanzen, Samenpflanzen)

Die Embryophyten gliedern sich in die **Moose**, **Farnpflanzen** und **Samenpflanzen** („**Spermatophyten**"). Dabei sind Moose und Farnpflanzen keine monophyletischen Gruppen. Bei den Samenpflanzen sind die Antheridien und Archegonien meist sehr stark reduziert, sodass sie als solche kaum wiederzuerkennen sind. Der Name **Kormophyten** für die Farn- und Samenpflanzen leitet sich vom **Kormus**, dem bei diesen Pflanzen in Sprossachse, Blätter und Wurzeln gegliederten Sporophyten, ab (◘ Abb. 3.8).

Die wahrscheinlichen Verwandtschaftsverhältnisse zwischen den Teilgruppen der Embryophyten sind in ◘ Abb. 19.85 dargestellt. Die engsten Verwandten der Embryophyten innerhalb der Streptophyta sind die Charophytina, Coleochaetophytina und Zygnematophytina, von denen wahrscheinlich Letztere die Schwestergruppe der Embryophyten sind (► Exkurs 19.1).

Der Logik der numerischen Gliederung des Systematikkapitels und den Verwandtschaftsverhältnissen folgend müssten die Landpflanzen als Untergruppe der Streptophyta (► Abschn. 19.3.3.3) dargestellt werden. Durch ihre Einordnung als vierten Abschnitt dieses Kapitels ist es möglich, diese artenreichste aller Pflanzengruppen detaillierter zu gliedern.

19.4.1 Organisationstyp Moose

Moose sind relativ einfach organisierte Landpflanzen. Das Wachstum der Gewebe erfolgt meist mit dreischneidigen (manchmal zwei- oder vierschneidigen) Scheitelzellen (◘ Abb. 19.86), seltener mit mehrzelligen Meristemen (Sporophyt von *Anthoceros*).

Im Generationswechsel der Moose (◘ Abb. 19.87) dominiert der grüne, photoautotrophe Gametophyt, auf dem der Sporophyt als eine in der Regel aus einem unverzweigten Stiel (Seta) mit einem endständigen Sporangium bestehende Pflanze wächst. Aus einem aus der Spore entstehenden thallosen oder fädigen Vorkeim (Protonema; ◘ Abb. 19.95a, b, c, 19.94d und 19.87d) entstehen ein oder mehrere Gametophyten. Der Vorkeim stirbt nach der Entstehung der Gametophyten meist ab. Der Gametophyt ist entweder ein äußerlich wenig gegliederter, ge-

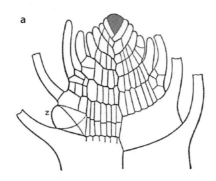

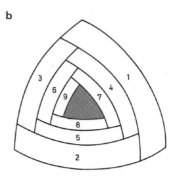

Abb. 19.86 **Bryophytina, Bryopsida.** Scheitelregion des Stämmchens von *Fontinalis antipyretica*. **a** Längsschnitt. **b** Aufsicht; dreischneidige Scheitelzelle (orange). Jedes von ihr gebildete Segment gliedert sich durch eine perikline Wand in eine innere Zelle und eine äußere (Rinden-)Zelle. Diese bildet Rindengewebe und ein Blättchen. Seitenstämmchen entstehen unterhalb der Blättchen durch Ausbildung dreischneidiger Scheitelzellen. Bei *Fontinalis* stehen die Blättchen in drei Längszeilen. Bei den meisten übrigen Laubmoosen sind die Blättchen leicht asymmetrisch, was zu schraubiger (disperser) Blättchenstellung führt. – z Scheitelzelle. (a nach H. Leitgeb; b nach O. Stocker)

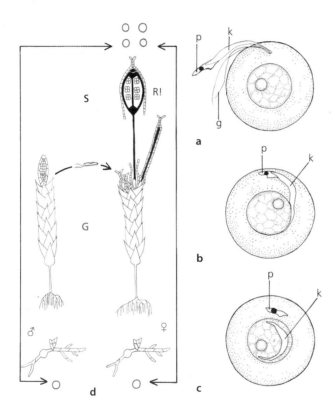

Abb. 19.87 Moose. **a–c** Befruchtung (bei *Phaeoceros laevis*; 900). **a** Spermatozoid erreicht die Eizelle. **b** Eindringen des Spermatozoids. **c** Spermatozoid im Eikern, Cytoplasmarest im Eiplasma zurückgeblieben. **d** Entwicklung eines diözischen Laubmooses (Spore, Protonema, Gametophyt, Befruchtung, Sporophyt, Reduktionsteilung, Sporen). Orange: Haplophase, schwarz: Diplophase. – g Geißeln, G Gametophyt, k Zellkern, p Plastid, R! Reduktionsteilung, S Sporophyt. (a–c nach Yuasa; d nach R. Harder)

lappter und unterseits mit Rhizoiden versehener Thallus (thallose Moose) mit z. T. hoher Gewebedifferenzierung (z. B. assimilierendes und speicherndes Gewebe) oder ein liegendes bis aufrechtes Stämmchen, das Blättchen und

Rhizoide hat (foliose Moose). Die Blättchen sind mit Ausnahme der Mittelrippe, sofern vorhanden, meist einschichtig (Blätter der Farnpflanzen und Samenpflanzen fast immer mehrschichtig). In ihrem äußeren Bau erinnern die foliosen Moose ein wenig an die Gefäßpflanzen. Sie unterscheiden sich jedoch von ihnen unter anderem darin, dass hier der Gametophyt und nicht der Sporophyt morphologisch und anatomisch stärker differenziert ist. Außerdem fehlen den Moosen Leitbündel, in den meisten Fällen auch Leitgewebe. Die Rhizoide sind einzellige (Leber- und Hornmoose) oder vielzellige (Laubmoose) Schläuche und somit nicht mit den hochdifferenzierten Wurzeln der Farnpflanzen und Samenpflanzen vergleichbar. Die Cuticula der Moose ist meist sehr zart, sodass die Pflanzen bei Wassermangel schnell austrocknen (poikilohydre Pflanzen). Spaltöffnungen fehlen dem Gametophyten der Leber- und Laubmoose. Die **Archegonien** (Abb. 19.88j) der Moose sind meist flaschenförmige Organe mit einer Wand aus einer meist einfachen Zellschicht. Der Bauchteil umschließt bei der Reife eine Eizelle und eine am Grund des Halses gelegene Bauchkanalzelle. An diese schließen im Hals Halskanalzellen an (Abb. 19.88j). Die **Antheridien** (Abb. 19.88c) sind meist kugelige oder keulige, auf kurzem Stiel stehende Strukturen. Die sich darin entwickelnden spermatogenen Zellen, die von der einzellschichtigen Antheridienwand umschlossen werden, teilen sich in je zwei Spermatiden, die sich aus dem Gewebeverband lösen und zu je einem Spermatozoid werden. Die **Spermatozoide** sind stets kurze, etwas gewundene Zellen, die hauptsächlich aus dem Zellkern bestehen. Sie tragen nahe dem Vorderende zwei lange, glatte, von ihrem Ansatzpunkt in spitzem Winkel nach rückwärts gerichtete, gedrehte Geißeln (Abb. 19.88f).

Die Befruchtung der Eizelle kann nur in Gegenwart von Wasser vollzogen werden (Regen, Tau). Dazu öffnet sich das Archegonium an seiner Spitze, die Kanalzellen

19

Stammesgeschichte und Systematik der Bakterien, Archaeen, „Pilze", Pflanzen und anderer...

769   **19**

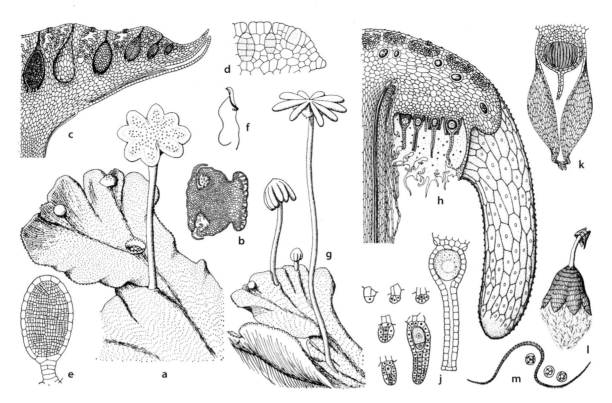

■ **Abb. 19.88   Marchantiophytina, Marchantiopsida, Marchantiales.** *Marchantia polymorpha.* Geschlechtliche Fortpflanzung. **a** ♂ Pflanze mit Brutbecher und Antheridienstand; Punkte auf der Thallusoberfläche: Atemöffnungen (1,5 ×). **b** Querschnitt durch den Stiel des Antheridienstands kurz unterhalb des Schirms (13 ×); rechts Dorsalseite mit Luftkammern, links Ventralseite mit zwei Rhizoidrinnen. **c** Längsschnitt durch Antheridienstand (18 ×). **d** Entwicklung der Antheridien (160 ×). **e** Fast reifes Antheridium im Längsschnitt (160 ×). **f** Spermatozoid (400 ×) **g** ♀ Pflanze mit Archegonienständen (1,5 ×). **h** Längsschnitt durch Archegonienstand; hinter der Archegonienreihe das Involucrum (25 ×). **j** Archegonienentwicklung (160 ×). **k** Längsschnitt durch einen jungen, noch von der Archegonwand umschlossenen Sporophyten, von der Einzelhülle (Perichaetium) umgeben (35 ×). **l** Aufgesprungenes Sporangium, aus dem die Sporen und Elateren austreten; am Grund des Stiels Rest der Archegonwand (10 ×). **m** Sporen und Elatere (160 ×). (a, c–e, g, h, k–m nach L. Kny; b nach K. Mägdefrau; f nach Ikeno; j nach Duran)

verschleimen und entlassen bestimmte Stoffe, welche die Spermatozoide chemotaktisch (▶ Abschn. 15.2.1.1) anlocken. Aus der befruchteten Eizelle entsteht dann ein diploider Embryo (■ Abb. 19.88k), der sich stets ohne Ruhepause zum Sporophyten weiterentwickelt. Die diploide Sporophytengeneration bildet sich also auf dem haploiden Gametophyten und bleibt mit diesem zeitlebens verbunden. Der Stofftransport in den Sporophyten nimmt ab oder wird eingestellt, wenn dieser etwa 2/3 seiner endgültigen Größe erreicht hat. Der Sporophyt der Laub- und Hornmoose hat Spaltöffnungen (■ Abb. 19.98 und 19.108g). Er dringt mit seinem Basalteil (Haustorium, auch Fuß genannt, ■ Abb. 19.108d und 19.94c) meistens in das Gewebe des Gametophyten ein und wächst zur Spitze des Archegoniums hin zu einem kürzer oder länger gestielten, rundlichen oder ovalen Sporenbehälter (Kapsel, Sporangium, ■ Abb. 19.88l und 19.95m) aus. Der ganze Sporophyt wird auch **Sporogon** genannt. Aus dem inneren Gewebe der **Sporenkapsel** (Sporangium), dem Archespor, entstehen durch Meiose der Sporenmutterzellen die Meiosporen in Vierergruppen, Tetra-

den, die sich vor ihrer Reife voneinander lösen und abrunden. Die Ausbreitung der Meiosporen erfolgt durch die Luft. Die Wand der Sporen besteht aus einem inneren zarten Endospor und einem äußeren widerstandsfähigen Exospor, das bei der Keimung gesprengt wird. Die Sporen keimen dann wieder zum Vorkeim aus. Der Generationswechsel der Moose ist am Beispiel eines Laubmooses schematisch in ■ Abb. 19.87 dargestellt.

Bei den Moosen ist eine **vegetative Vermehrung** besonders durch basale Verzweigung und Zerbrechen der Pflanzen sehr häufig. Aber auch Blattfragmente oder Brutkörper (■ Abb. 19.92a und 19.93c, h, ▶ Abschn. 17.1.3.3), die auf verschiedene Weise am Gametophyten entstehen können und die sich ablösen und zu neuen Pflanzen auswachsen, führen zu vegetativer Vermehrung.

Die Moose umfassen etwa 16.000 Arten, die sich in drei Gruppen, die **Marchantiophytina** (Lebermoose), **Bryophytina** (Laubmoose) und **Anthocerotophytina** (Hornmoose), gliedern lassen. Die Verwandtschaftsverhältnisse dieser drei Moosgruppen untereinander bzw. ihre Verwandtschaft mit den Gefäßpflanzen ist nicht endgültig geklärt. Wenn die Hornmoose engste Verwandte (Schwestergruppe) der Gefäßpflanzen wären, wie in ◘ Abb. 19.85 dargestellt, wären die Moose im Verhältnis zu den Gefäßpflanzen paraphyletisch und somit keine monophyletische Gruppe. Einige phylogenomische Analysen kommen allerdings zu dem Ergebnis, dass die Moose monophyletisch sind oder dass Lebermoose und Laubmoose zusammen engste Verwandte der Gefäßpflanzen sind und somit die Hornmoose den ersten Ast im Stammbaum der Landpflanzen bilden. Zu Vorkommen und Lebensweise der Moose siehe ► Exkurs 19.5.

Exkurs 19.5 Vorkommen und Lebensweise der Moose

Die Moose haben das Land erobert und besiedeln es mit der überwiegenden Zahl ihrer Arten. Ihre Anpassungen an diesen Lebensraum sind vielfältig. Dazu gehören ihre starke Resistenz gegenüber Austrocknung (poikilohydrische Pflanzen), die Einschränkung bzw. Regelung der Transpiration (z. B. Cuticula, teilweise Spaltöffnungen, Wuchs in dichten Polstern und Rasen) und ihre Vorrichtungen zur Aufnahme, Leitung und Speicherung von Wasser.

Die Festigkeit des Moosgewebes wird durch Quellungsdruck und nicht durch den Turgor wie bei den Höheren Landpflanzen bewirkt. Daher nehmen vertrocknete Moose, in Wasser überführt, wieder ihre ursprüngliche Gestalt an. Aufnahme und Abgabe von Wasser erfolgen – von wenigen Fällen abgesehen – über die gesamte Oberfläche. Das Kapillarsystem zwischen Stämmchen, Rhizoiden und, soweit vorhanden, Blättchen ermöglicht eine beträchtliche Wasserspeicherung, die bei manchen foliosen Lebermoosen durch Wassersäcke (◘ Abb. 19.93j), dachziegelartige Beblätterung, Bauchblätter, Blattlappen und -zipfel (◘ Abb. 19.93f, h, d) und bei Laubmoosen durch Wuchs in dichten hohen Rasen gesteigert werden kann. Wasserspeicherung erfolgt z. B. bei *Marchantia*, *Sphagnum* und *Leucobryum* auch in Wasserspeicherzellen (◘ Abb. 19.92, 19.94g und 19.105). Die Columella in der Kapsel der Laubmoose dient als Nährstoff- und Wasserspeicher für die sich bildenden Sporen. Bei manchen Moosen (z. B. *Funaria*, *Encalypta*) ermöglicht eine bauchig erweiterte Kalyptra die Wasserspeicherung. Auf der Fähigkeit der Moose, beträchtliche Wassermengen festzuhalten, beruht im Wesentlichen die ausgleichende Wirkung der Wälder im Wasserhaushalt der Landschaft. Der Wasserhaushalt der Hochmoore wird durch die Niederschläge und die sehr große Wasserspeicherkapazität der Torfmoose (verschiedene Arten von *Sphagnum*) bestimmt.

Das erwähnte Kapillarsystem dient zugleich der bei Moosen vorherrschenden äußeren Wasserleitung. Moose mit einem Zentralstrang mit einfachem Leitgewebe – hierzu gehören die meisten akrokarpen Laubmoose und einige wenige Lebermoose – leiten das von den Rhizoiden aufgenommene Wasser in Hydroiden. Besonders gut ausgeprägt ist dieses innere Wasserleitungssystem z. B. bei den Polytrichaceae, wo auch mit dem Zentralstrang verbundene Blattspurstränge die Versorgung der Blättchen mit Wasser gewährleisten.

Während die Befruchtung der Eizelle durch Spermatozoide an flüssiges Wasser geknüpft ist, werden die Sporen meist durch die Luft ausgebreitet. Ihre Freisetzung wird durch Feuchtigkeitsunterschiede ermöglicht (z. B. Elateren, Peristom; ► Abschn. 15.4). Die schirmförmige, auffallend gefärbte Apophyse am Sporogon von *Splachnum*-Arten (◘ Abb. 19.104k) dient der Ausbreitung der zu Ballen verklebten Sporen durch Insekten.

Manche Arten verfügen über hochentwickelte Assimilationsorgane. Der Thallus z. B. von *Marchantia* ähnelt dem anatomischen Bau eines Kormophytenblatts einschließlich seiner – allerdings weniger effektiven und anders strukturierten – Einrichtungen zum Gasaustausch. Die Blättchen von *Polytrichum* bilden auf ihrer Oberfläche frei in die Luft ragende, das Licht zur Photosynthese absorbierende Lamellen. Wo echte Spaltöffnungen bereits vorkommen können (bei den Laubmoosen ausschließlich am Sporophyten, bei den Hornmoosen am Gametophyten und am Sporophyten) sind sie vielfach sekundär funktionslos geworden. Meist liegen sie in der Ebene der Epidermis, sind aber bei manchen Arten tief eingesenkt.

Ihre Hauptentfaltung erreichen die Moose als Hygrophyten in Gebieten höherer Feuchtigkeit, z. B. in Wäldern, Mooren und im Gebirge. Im Allgemeinen sind die Lebermoose feuchtigkeitsbedürftiger als die Laubmoose. Moose sind extremen Bedingungen wie großer Trockenheit, hoher Temperatur und starker Strahlung meist weniger ausgesetzt. Sie kommen mit einer geringeren Lichtintensität aus als Blütenpflanzen. Moose dringen daher in Höhlen sehr weit nach innen vor und können auf dem Waldboden und anderen schattigen Standorten besonders in Form von dichten Rasen wachsen. Den größten Formenreichtum, unter anderem mit bis zu meterlangen Hängemoosen (◘ Abb. 19.104s) und Epiphyten, zeigen die Moose in den Tropen, hier besonders in Nebel- und Bergwäldern. Einrichtungen zum kapillaren Festhalten von Wasser sind bei ihnen vielfältig ausgebildet. In oft erstaunlicher Artenzahl besiedeln sie dort auch die Oberfläche von Blättern anderer Pflanzen (epiphylle Moose). Die Laubmoose der gemäßigten Zone (außer Epiphyten auch Erd- und Gesteinsmoose) zeigen oft einen auffälligen, jahreszeitlich bedingten Wachstumsrhythmus (◘ Abb. 19.104b, q). Sie sind selten einjährig, meist ganzjährig grün (immergrün) und behalten wie die foliosen Lebermoose ihre Blättchen auch im Winter.

19

Stammesgeschichte und Systematik der Bakterien, Archaeen, „Pilze", Pflanzen und anderer...

771   **19**

Xerophytische Moose können Austrocknung sowie hohe Temperaturen gut aushalten und vermögen lange Zeit (*Tortula muralis* bis 14 Jahre) in lufttrockenem Zustand zu überleben. Die Sporen dagegen sind viel weniger resistent. Voll der Sonne und damit oft der Trockenheit ausgesetzte Moose bilden häufig Kurzrasen und dichte Polster (◘ Abb. 19.104h); sie zeigen vielfach ein silbergraues Aussehen, das durch lange tote Blattspitzen bedingt ist. Solche „Glashaare" (◘ Abb. 19.104g) wirken möglicherweise als Lichtschutz und Transpirationshemmer. Die einschichtigen breiten Blattränder von *Polytrichum piliferum* sind über den mehrschichtigen, mit Assimilationslamellen versehenen Teil gewölbt und verzögern so das Austrocknen (wie Rollblätter, ► Abschn. 3.3.3.2). Hinsichtlich der Temperatur vermögen Moose extreme Umweltbedingungen auszuhalten. Sie sind einerseits an Felsen der nivalen Stufe der Hochgebirge sowie in der Arktis und Antarktis, andererseits an sonnenexponierten Standorten, an denen Bodentemperaturen bis zu 70 °C gemessen wurden, zu finden. Im Experiment überlebten einige lufttrockene Laubmoose sogar ein halbstündiges Erhitzen auf 110 °C.

Mehrere Arten sind an das Leben im Wasser (Hydrophyten) angepasst. *Fontinalis antipyretica* und andere Wassermoose sind dabei gegen längere Austrocknung empfindlich. Die in kalkreichen Bächen und Wasserfällen lebenden Moose (z. B. *Eucladium verticillatum*, *Bryum pseudotriquetrum*, *Cratoneuron commutatum*) haben neben verschiedenen Arten von Cyanobakterien (*Oocardium*) und *Chara* einen wesentlichen Anteil an der Bildung von Kalktuffen. Indem sie dem Wasser Kohlendioxid entnehmen, bringen sie das gelöste Hydrogencarbonat als schwer lösliches Calciumcarbonat zur Ausfällung.

Einige wenige Laubmoose (z. B. *Pottia*-Arten) wachsen als Halophyten am Meeresstrand und an Salzstellen des Binnenlands.

Die Thallushöhlen von *Blasia* (◘ Abb. 19.93c) und *Anthoceros* (◘ Abb. 19.108b) sowie die Blattachseln von *Pleurozium* enthalten die Blaualge *Nostoc* als luftstickstoffbindenden Symbionten. Viele Lebermoose führen regelmäßig in ihren Rhizoiden bzw. Thallus- und Stämmchenzellen Pilzhyphen. Das chlorophyllfreie, unter Laubmoosdecken wachsende Lebermoos *Aneura mirabilis* ernährt sich parasitisch von Pilzhyphen. Umgekehrt können die Rhizoide von z. B. *Marchantia*, anderen *Aneura*-Arten und *Tulasnella* von Pilzhyphen besiedelt werden (Mycothallus). Dies ist eventuell mit den Mykorrhiza (► Abschn. 16.2.3) der Gefäßpflanzen vergleichbar.

19.4.1.1 Marchantiophytina – Lebermoose

Eine wichtige Gemeinsamkeit aller Marchantiophytina ist der Besitz von Sporenkapseln, die vor der Streckung des Stiels ausreifen. Während der Reifung sind sie von Gewebe des Gametophyten umhüllt. Außerdem öffnen sich die Kapseln bei der Reife meist mit Klappen und enthalten außer Sporen fadenförmige sterile Elateren (◘ Abb. 19.88l, m). Die wahrscheinlichen Verwandtschaftsverhältnisse innerhalb der Lebermoose sind in ◘ Abb. 19.89 dargestellt.

Der Gametophyt der **Haplomitriopsida** z. B. bei *Haplomitrium* ist ein beblättertes Pflänzchen, das die Gametangien in den Achseln der Blättchen trägt. Der Sporophyt ist relativ groß. Interessanterweise findet man bei den Haplomitriopsida in inneren Zellen des Gametophytenstämmchens bereits eine Assoziation mit Glomeromyceten (s. Mykorrhiza). In dieser Gruppe sind bisher nur ca. 20 Arten bekannt.

Der Gametophyt der **Marchantiopsida** ist meist ein flächiger (sehr selten beblätterter), meist mehr oder weniger gabelig verzweigter Gewebethallus, der wenige Millimeter bis zu 30 cm groß werden kann und typischerweise eine dorsiventrale Differenzierung in Assimilations- und Speichergewebe aufweist. Er hat unterseits meist Ventralschuppen sowie glatte Rhizoide und Zäpfchenrhizoide, die nach innen ragende Wandverdickungen tragen. In einigen Zellen werden von einer Membran umgebene Ölkörper (Tropfenzusammenballungen von Terpenen) gespeichert, die in Einzahl vorliegen (◘ Abb. 19.92g: ök). Im typischen Fall werden die Antheridien und Archegonien auf besonderen Trägern (Gametangienständen; ◘ Abb. 19.90) emporgehoben, sie können aber auch direkt auf der Oberseite des Gametophyten sitzen. Antheridien und Archegonien befinden sich auf unterschiedlichen Gametophyten, womit diese diözisch sind. Die Sporophyten werden meist von einem Involucrum umhüllt (◘ Abb. 19.88) und sind meist kurz- oder ungestielt. Im reifenden Sporangium teilen sich die Archesporzellen jeweils in eine Sporenmutterzelle und eine **Elatere**.

Aus der Sporenmutterzelle entstehen nach der Meiose je vier Sporen. Das 4:1-Verhältnis von haploiden Sporen zu sterilen, diploiden **Elateren** kann durch Mitosen der Sporen zugunsten der Sporenzahl (z. B. 8:1, 128:1) verschoben sein. Sporen- und Elaterenmutterzellen entstehen durch longitudinale, also parallel zur Längsachse des Sporangiums verlaufende Zellwände. Die Elaterenwände besitzen meist Spiralbänder.

◘ **Abb. 19.89** Stammbaum der Lebermoose (Marchantiophytina). (Nach Forrest et al. 2006)

Leitstränge sind im Gametophyten meist nicht und im Sporophyten nie ausgebildet. Die ca. 440 Arten der Marchantiopsida werden zwei Unterklassen zugeordnet.

Der einfach gebaute Thallus (□ Abb. 19.93c) der **Blasiidae** zeigt keine dorsiventrale Differenzierung. Er hat nur glatte Rhizoide und keine spezialisierten Ölzellen, und er verfügt über flaschenförmige Behältnisse, in denen Brutkörper gebildet werden. Der Sporophyt ist lang gestielt.

Der Gametophyt der **Marchantiidae**, zu denen die große Mehrzahl der Marchantiopsida gehört, ist meist flächig und selten beblättert. Meist ist er dorsiventral stark differenziert, hat Luftkammern und Atemöffnungen und glatte und Zäpfchenrhizoide. Die Marchantiidae werden in vier Ordnungen, die **Sphaerocarpales**, **Neohodgsoniales**, **Lunulariales** und **Marchantiales** aufgeteilt.

Die **Sphaerocarpales** bilden kleine, auf Erde wachsende Rosetten (*Sphaerocarpos*, □ Abb. 19.91a) oder aufrechte, im Wasser lebende Achsen mit gewelltem Flügel (*Riella*, □ Abb. 19.91b). Die auf dem Gametophyten sitzenden Archegonien und Antheridien werden von birnenförmigen, oben offenen Hüllen umschlossen. Die Sporangienwand besteht aus einer einzigen, bei der Reife verwitternden Zellschicht. Bei *Sphaerocarpos* wurde 1917 erstmals im Pflanzenreich ein Geschlechtschromosom (vgl. auch □ Abb. 17.6) nachgewiesen. Hier erfolgt die Geschlechtsbestimmung, wie bei manchen anderen Moosen auch, bei der Meiose der Sporenmutterzellen.

Die **Marchantiales** besitzen meist einen hochdifferenzierten Thallus. Als Beispiel soll das an feuchten Orten häufige Brunnenlebermoos (*Marchantia polymorpha*) beschrieben werden. Es bildet bis 2 cm breite, bandartig flache, etwas fleischige, mit Initialzellgruppen wachsende, sich gabelig verzweigende Thalli (□ Abb. 19.88a, g) mit schwachen Mittelrippen. An der Unterseite befinden sich einschichtige Bauch- oder **Ventralschuppen** und die negativ phototropen einzelligen **Rhizoide** (□ Abb. 19.92g), die den Thallus am Substrat befestigen und ihm Wasser zuführen (vorwiegend kapillar zwischen den dochtartig wirkenden Rhizoiden, teils durch Aufnahme von Wasser in die Zellen). Unter der Epidermis der Oberseite liegen große Interzellularräume (□ Abb. 19.92g, j), die **Luftkammern**, die seitlich voneinander durch Wände getrennt sind, welche aus einer oder zwei Zellschichten bestehen. An der Thallusoberfläche sind sie als Grenzen einer rhombischen oder sechseckigen

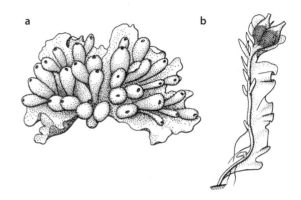

Felderung erkennbar. Vom Boden der Kammern erheben sich zahlreiche kurze, aus rundlichen Zellen bestehende, verzweigte, manchmal mit der Epidermis verbundene **Assimilatoren**, die Chloroplasten enthalten und das Assimilationsgewebe (□ Abb. 19.92g) bilden. Jede Kammer steht mit der Außenluft durch eine tonnenförmige **Atemöffnung** in Verbindung. Diese besteht bei *Marchantia polymorpha* aus vier ringförmigen Stockwerken von je vier Zellen. Die großen, chlorophyllarmen Parenchymzellen auf der Thallusunterseite dienen als Speicherzellen (z. T. mit Ölkörpern, □ Abb. 19.92g: ök). Auf den Mittelrippen der Oberseite bildet der Thallus in der Regel becherförmige Auswüchse mit gezähntem Rand, die **Brutbecher** oder Brutkörbchen (□ Abb. 19.88a und 19.92a), in denen flache Brutkörperchen gebildet werden. Solche Brutbecher kommen nur bei *Marchantia* vor (bei *Lunularia* halbmondförmig) und sind damit charakteristisch für die Gattung. Die Brutkörper entstehen, wie □ Abb. 19.92d–f zeigt, durch Hervorwölbung und weitere Teilung einzelner Oberflächenzellen und sitzen mit einer Stielzelle fest, von der sie sich ablösen. Sie haben an den beiden Einbuchtungen je einen Vegetationspunkt und bestehen aus mehreren Schichten von Zellen, von denen einige farblose die Anlagen der späteren Rhizoide darstellen. Die Brutkörper wachsen zu neuen Thalli aus und dienen der vegetativen Vermehrung der Gametophyten.

Die Gametangien werden von besonderen, aufrechten Thalluszweigen (Ständen) des Gametophyten getragen (□ Abb. 19.88a, g). Im unteren Teil sind diese **Gametangienstände** stielartig zusammengerollt, im oberen Teil ver-

19

Stammesgeschichte und Systematik der Bakterien, Archaeen, „Pilze", Pflanzen und anderer...

773 **19**

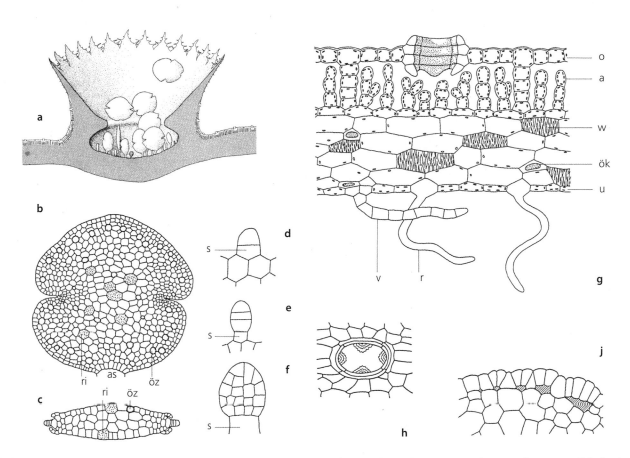

◻ Abb. 19.92 Marchantiophytina, Marchantiopsida, Marchantiales. *Marchantia polymorpha.* **a–f** Vegetative Fortpflanzung. **a** Schnitt durch Brutbecher (12 ×). **b** Brutkörper in Flächensicht (80 ×). **c** Brutkörper, Querschnitt (80 ×). **d–f** Brutkörperentwicklung (300 ×). **g** Thallusquerschnitt (200 ×). **h** Atemöffnung, von oben gesehen (200 ×). **j** Entwicklung der Luftkammern (270 ×). – a Assimilatoren, as Ablösungsstelle, o obere Epidermis mit Atemöffnung, ök Ölkörper, öz Ölzelle, r Rhizoid, ri Rhizoidinitiale, s Stielzelle, u untere Epidermis, v Ventralschuppe, w Wandverdickungen von Wasserspeicherzellen. (a nach K. Mägdefrau, b–f, h nach L. Kny, g nach K. Mägdefrau verändert; j nach H. Leitgeb)

zweigen sie sich durch wiederholte Gabelung zu sternförmigen Schirmen (◻ Abb. 19.90). Antheridien und Archegonien sind diözisch verteilt. Die Geschlechtsbestimmung erfolgt haplogenotypisch durch Geschlechtschromosomen (ähnlich wie in ◻ Abb. 17.6). In den Trägern der Gametangienstände gelangen die auf der Ventralseite entspringenden Rhizoide in den durch Zusammenrollen entstehenden Rinnen (◻ Abb. 19.88b, c) im Lauf ihres Wachstums bis unter die Thallusunterseite und saugen Wasser wie ein Docht kapillar empor.

Die **Antheridienstände** schließen mit einem horizontalen, durch dreimalige dichotome Gabelung achtlappig gerandeten Schirm ab (◻ Abb. 19.88a). In dessen Oberseite sind die Antheridien einzeln in einen flaschenförmigen Hohlraum eingesenkt, der mit einer engen Öffnung nach außen mündet (◻ Abb. 19.88c). Diese Höhlungen sind durch ein luftkammernführendes Gewebe voneinander getrennt. Die Öffnung und Entleerung der Antheridien erfolgt nach Regen durch Verschleimung und Verquellung der Wandzellen. Die Spermatozoide (◻ Abb. 19.88f) sammeln sich auf dem

Antheridienstand in dem Wasser (Tau oder Regen), das durch den etwas aufgebogenen Rand festgehalten wird.

In den **Archegonienständen** (◻ Abb. 19.88g) werden die Archegonien in acht radialen Reihen angelegt. Der Rand des jungen Schirms biegt sich während seiner Entwicklung zunehmend nach unten, sodass die Archegonien auf dessen Unterseite zu stehen kommen. Schließlich wachsen die zwischen Archegoniengruppen liegenden Gewebepartien zu insgesamt neun Schirmstrahlen aus.

Die Befruchtung erfolgt bei Regenwetter, indem Regentropfen das die Spermatozoide enthaltende Wasser von den ♂ auf die ♀ Schirme spritzen. Deren Epidermiszellen springen papillenförmig vor und stellen ein oberflächliches Kapillarsystem dar. In diesem werden die Spermatozoide zu den Archegonien hinabgeleitet, von denen sie dann chemotaktisch angelockt werden (▶ Abschn. 15.2.1.1).

Wenige Tage nach der Befruchtung beginnt die Zygote sich zu einem vielzelligen Embryo zu entwickeln, der zu einem sehr kurz gestielten, kleinen, ovalen, ergrünenden

Sporophyten heranwächst (■ Abb. 19.88k, l). Das Sporangium hat bei *Marchantia* eine einschichtige Wand, deren Zellen Ringfaserverdickungen aufweisen. Nur am Scheitel ist die Wand zweischichtig; hier beginnt auch das Einreißen des Sporangiums, dessen Wand sich schließlich in Form mehrerer Zähne (Klappen) zurückkrümmt. Das reife Sporangium ist anfangs noch von der eine Zeit lang mitwachsenden Archegoniumwand bedeckt (■ Abb. 19.88k), die aber bei der Streckung des relativ kurzen Stiels durchbrochen wird und an der Basis als Scheide zurückbleibt. Außerdem ist jedes Sporangium von einer vier- bis fünfspaltigen, dünnhäutigen Einzelhülle (Perichaetium) umgeben, die schon vor der Befruchtung aus dem kurzen Stiel des Archegoniums ringsum sackartig hervorzuwachsen beginnt (■ Abb. 19.88h, k). Schließlich ist jede radiale Archegonienreihe noch von einer unregelmäßig gezähnten Gruppenhülle (Involucrum) umgeben (■ Abb. 19.88h).

Die Kapsel entlässt mehrere Hunderttausend Sporen (■ Abb. 19.88l, m). Zwischen den Sporen liegen als ungeteilte, zartwandige, faserförmige Schläuche mit schraubenförmigen Wandverdickungsleisten die Elateren (■ Abb. 19.88m), die sich nach der Öffnung der Kapsel durch Austrocknung verlängern (■ Abb. 15.34), wobei sie die Sporen auflockern und ausstreuen (■ Abb. 19.88l). Aus den Sporen bildet sich dann je ein sehr kurzer chloroplastenhaltiger Keimfaden (Protonema), der dann an verschiedenen Stellen Thalli ausbildet.

Die **Jungermanniopsida** enthalten thallose und foliose Formen, die nur glatte Rhizoide haben. Die Pflanzen können wenige Millimeter bis mehrere Dezimeter groß werden. Fast alle Zellen des Gametophyten enthalten Ölkörper, die in Zahl, Form und Größe stark variieren. Vom Gametophyten gebildete Gametangienstände fehlen, der Sporophyt ist lang gestielt, und die Sporenkapseln öffnen sich häufig mit vier Klappen. Leitstränge im Sporophyten fehlen, im Gametophyten sind sie selten und dann einfach, d. h. nur mit Hydroiden. Die ca. 5000 Arten der Jungermanniopsida werden in drei (oder vier) Unterklassen gegliedert.

Zu den **Pelliidae** und **Metzgeriidae** zählen meist thallose Pflanzen. Der Thallus ist meist gabelig verzweigt. besteht aus einer oder mehreren Schichten gleichartiger Zellen und hat keine Luftkammern. Bei vielen Arten findet man eine aus verlängerten Zellen bestehende Mittelrippe (■ Abb. 19.93a, b). Bei foliosen Vertretern dieser beiden Unterklassen entstehen die Blättchen aus einer

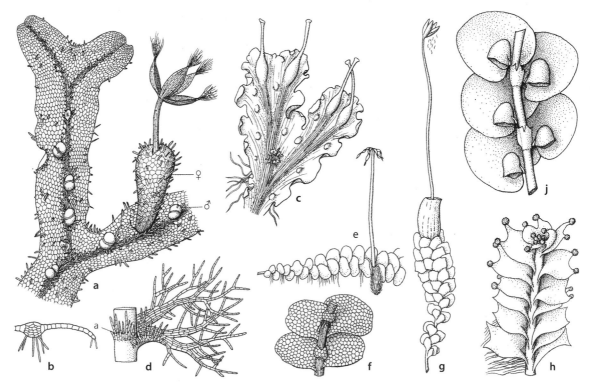

■ **Abb. 19.93** **Marchantiophytina, Jungermanniopsida. a–b Metzgeriidae. a** *Metzgeria conjugata* (Unterseite) mit mehreren ♂ und einem ♀ Thallusast; an den vier Kapselklappen Elaterenbüschel; Sporogonstiel vom Perichaetium umschlossen (15 ×). **b** *M. conjugata.* Thallusquerschnitt (30 ×). **c Blasiidae. c** *Blasia pusilla* mit flaschenförmigen Brutkörperbehältern und zahlreichen, von *Nostoc* besiedelten Öhrchen auf der Thallusoberseite (4 ×). **d–j Jungermanniidae. d** *Trichocolea tomentella.* Blatt und Amphigastrium (7 ×). **e, f** *Calypogeia trichomanis.* **e** Pflanze von oben gesehen, mit Marsupium und reifem Sporogon (2 ×). **f** Teilstück mit vier Blättchen und zwei Amphigastrien, von unten gesehen (6 ×). **g** *Scapania undulata* mit Perianth und reifem Sporogon (2 ×). **h** *Lophozia ventricosa* von oben gesehen, mit Brutkörperhäufchen an den Blattspitzen (10 ×). **j** *Frullania dilatata* von unten gesehen, mit Wassersäcken (25 ×). – a Amphigastrium. (a, c nach Schiffner; b nach S.O. Lindberg; d–g nach W.J. Hooker; h, j nach K. Müller)

oder drei Initialzellen und sind in der unteren Hälfte mehrzellschichtig. Von manchen Autoren werden die Metzgeriidae in zwei Unterklassen aufgeteilt: Metzgeriidae und Pleuroziidae.

Bei den immer foliosen **Jungermanniidae** sind die Stämmchen mit ihren in zwei Zeilen angeordneten, meist mit ihren Spreiten schief ansitzenden Blättchen dorsiventral (d. h. mit Rücken- und Bauchseite; ◨ Abb. 19.93d–j). Die Blättchen entstehen aus zwei Initialzellen, besitzen keine Mittelrippe und bestehen fast immer aus einer einzelligen Schicht.

Die Gametophyten sind **oberschlächtig** beblättert, wenn der untere Rand eines jeden Blättchens vom oberen des nächsten, tieferstehenden bedeckt wird (◨ Abb. 19.93e, f) und **unterschlächtig**, wenn der untere Rand, von oben betrachtet, nicht verdeckt wird (◨ Abb. 19.93h).

Die Blättchen sind einfach (◨ Abb. 19.93g), zwei- und mehrzipfelig (◨ Abb. 19.93f), zweilappig (◨ Abb. 19.93h) oder in fädige Zipfel zerteilt (◨ Abb. 19.93d). Bei der epiphytischen *Frullania* (◨ Abb. 19.93j) und verwandten Gattungen ist einer der beiden Blattlappen zu einem becher- oder flaschenförmigen Gebilde umgestaltet, das zum Festhalten von Wasser dient (Wassersack). Bei den meisten Gattungen tritt zu den zwei Zeilen seitlich angeordneter Blätter noch eine bauchständige Reihe von kleineren und anders beschaffenen Blättchen, **Amphigastrien** oder **Unterblätter**, hinzu (◨ Abb. 19.93f, j). Die endständigen (akrogynen) **Archegonien** und der reifende Sporophyt sind von einer Hülle (◨ Abb. 19.93g) umgeben, die entweder aus drei miteinander verwachsenen Blättchen (= Perianth) oder aus fleischigem Stämmchengewebe (= Marsupium) besteht.

Vegetative Vermehrung kann durch leicht abbrechende Brutsprosse und Brutblätter oder durch vorwiegend an Blatträndern oder Blattspitzen gebildete, wenigbis einzellige Brutkörper (◨ Abb. 19.93h) stattfinden.

19.4.1.2 Bryophytina – Laubmoose (Musci)

Diese Unterabteilung vereint beblätterte Moose. Ihr Gametophyt ist in Stämmchen, Blättchen und Rhizoide gegliedert und variiert in der Größe von wenigen Millimetern bis über 50 cm (bei Wassermoosen, z. B. *Fontinalis*, bis über 1 m). Die Rhizoide sind meist verzweigt und durch schräge Querwände vielzellig. Die Blättchen sind im Gegensatz zu den beblätterten Arten der Lebermoose nicht in zwei Zeilen, sondern meist schraubig angeordnet. Seitenzweige bilden sich unterhalb der Blättchen. Die mit einer zweischneidigen Scheitelzelle wachsenden Blättchen besitzen vielfach eine mehrzellschichtige Mittelrippe, während Ölkörper fehlen. Auch im Sporophyten unterscheiden sich die Bryophytina von den übrigen Moosen. Er besitzt meist Spaltöffnungen, ist häufig lang gestielt, und der Stiel streckt sich schon vor der Reifung der Kapsel. Die Sporenkapsel hat eine Columella, d. h.

eine zentrale Säule sterilen Gewebes, die vom sporenbildenden Gewebe umgeben wird. Elateren fehlen.

Die Struktur des Sporophyten bzw. besonders der Sporenkapsel ist für die Klassifikation der Laubmoose besonders wichtig. So wird die Sporenkapsel in den ursprünglichen Klassen häufig nicht von einem sporophytischen Stiel (**Seta**), sondern vielmehr von einem vom Gametophyten gebildeten **Pseudopodium** in die Höhe gestreckt. Den ursprünglichen Klassen fehlt auch das für die meisten Laubmoose im engeren Sinn (s. u.) typische **Peristom** (◨ Abb. 19.95n), ein hygroskopisch beweglicher Zahnkranz an der Kapselöffnung. Die Details der Struktur dieses Peristoms sind für die Gliederung innerhalb der Laubmoose von Bedeutung. Die ca. 10.000 Arten der Bryophytina werden in acht Klassen (Sphagnopsida, Takakiopsida, Andreaeopsida, Andreaeobryopsida, Oedipodiopsida, Polytrichopsida, Tetraphidopsida, Bryopsida) gegliedert, deren wahrscheinliche Verwandtschaft zueinander in ◨ Abb. 19.107 dargestellt ist.

Die **Takakiopsida** enthalten nur die Gattung *Takakia* mit zwei nordhemisphärisch (amphipazifisch) verbreiteten Arten. Ihr winziger Gametophyt hat in fädige Abschnitte gegliederte Blätter. Der Sporophyt ist lang gestielt und hat keine Spaltöffnungen. Das Sporangium öffnet sich mit einem spiralig verlaufenden Schlitz und hat kein Peristom.

Zu den **Sphagnopsida** (Torfmoose) gehört unter anderem die artenreiche Gattung *Sphagnum* (über 200 Arten). Ihre Arten leben an sumpfigen, meist kalkarmen Orten mit oft niedrigem pH-Wert und bilden große Polster und Decken, die an ihrer Oberfläche von Jahr zu Jahr weiterwachsen, während die tieferen Schichten absterben und schließlich zu Torf werden. Die Sporen keimen in Gegenwart von Mykorrhizapilzen zu einem Protonema aus, das zunächst fadenförmig ist, dann einen kleinen, gelappten, einschichtigen Thallus bildet, auf dem schließlich meist ein Gametophyt mit einem Rhizoidbüschel am Grund wächst (◨ Abb. 19.94d). Die aufrechten Stämmchen stehen fast immer in dichten Polstern und tragen in regelmäßigen Abständen Büschel von Seitenästen, von denen jeweils einige abstehen und einige nach unten gerichtet dem Stämmchen dicht anliegen (◨ Abb. 19.94a). Am Gipfel bilden die Äste eine dichte Rosette. Manche *Sphagnum*-Arten (besonders die Hochmoorbewohner) sind durch Zellwandfarbstoffe braun oder leuchtend rot gefärbt. Ein Zweig unter dem Gipfel entwickelt sich alljährlich ebenso stark wie der Mutterspross, der sich damit verzweigt. Indem die Stämmchen von unten her allmählich absterben, werden die nacheinander erzeugten Tochterzweige zu selbstständigen Pflanzen. Die Rinde der Stämmchen besteht aus einem ein- oder mehrschichtigen Mantel toter, leerer Zellen, die kapillar Wasser aufsaugen; ihre Längs- und Querwände sind häufig mit rundlichen

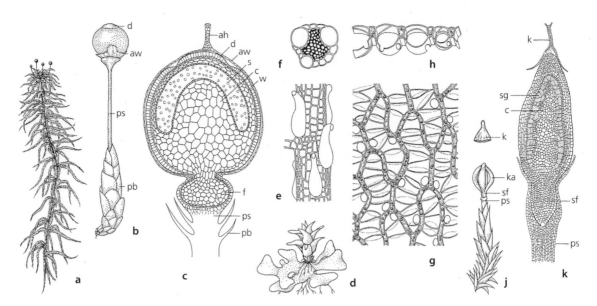

Abb. 19.94   Bryophytina, Sphagnopsida. a–h *Sphagnum.* **a** *S. nemoreum.* Pflanze mit Sporogonen (0,67 ×). **b** *S. squarrosum.* Reifes Sporogon am Ende eines Zweiges (10 ×). **c** *S. acutifolium.* Junges Sporogon im Längsschnitt (17 ×). **d** *S. acutifolium.* Protonema mit jungem Pflänzchen (100 ×). **e** *S. tenellum.* Entblättertes Zweigstück mit flaschenförmigen Wasserspeicherzellen (10 ×). **f** Desgl., im Querschnitt (10 ×). **g** *S. nemoreum.* Ausschnitt eines einschichtigen Blatts; große Wasserzellen mit Ringverdickungen und Löchern, dazwischen schmale Chlorophyllzellen (300 ×). **h** Desgl., im Querschnitt (300 ×). **j–k Andreaeopsida.** *Andreaea rupestris.* **j** Ganze Pflanze (8 ×). **k** Längsschnitt durch jungen Sporophyten (40 ×). – ah Archegoniumhals, aw Embryotheca, c Columella, d Deckel, f Sporogonfuß, k Kalyptra, ka Kapsel, pb Perichaetialblätter, ps Pseudopodium, s Sporen, sf Sporogonfuß, sg sporogenes Gewebe, w Sporogonwand. (a, e–h nach K. Mägdefrau; b, d nach W.Ph. Schimper; c nach Waldner; j nach H. Schenck; k nach Kühn)

Löchern versehen. Die Stämmchen haben kein Leitgewebe. Die Blättchen haben keine Mittelrippe und zeigen ein regelmäßiges Muster schmaler, plastidenführender lebender Zellen, welche größere wasserspeichernde, tote Zellen (Hyalinzellen) umgeben. Die Hyalinzellen haben große Poren sowie ring- oder schraubenförmige Versteifungen. Diese Struktur der Stämmchen und Blättchen führt dazu, dass Torfmoose ein Vielfaches ihres Trockengewichts an Wasser festhalten können.

Einzelne Zweige der Rosette fallen durch ihre besondere Form und Färbung auf. Sie bilden die Geschlechtsorgane. Die ♂ Zweige bilden in den Blattachseln die lang gestielten runden Antheridien. Die ♀ Zweige tragen an ihrer Spitze die Archegonien. Der Sporophyt hat nur einen sehr kurzen Stiel mit angeschwollenem Fuß. Er ist längere Zeit von der Archegonienwand (= Embryotheca) eingeschlossen und sprengt diese an der Spitze, lässt sie also an der Basis als Scheide zurück (Abb. 19.94b: aw). In der kugeligen Sporenkapsel wird die halbkugelige Columella vom sporenbildenden Gewebe (Abb. 19.94c: s) kuppelförmig überlagert. Der Sporophyt ist mit seinem verbreiterten Fuß in das angeschwollene obere Ende seines Tragsprosses eingesenkt. Dieser streckt sich nach der Ausbildung des Sporophyts als Pseudopodium beträchtlich in die Länge und hebt den Sporophyten empor (Abb. 19.94b: ps). Bei der Reife wird ein Deckel abgesprengt und die Sporen werden ausgeschleudert.

Die Sporenkapsel hat kein Peristom und der Sporophyt besitzt nichtfunktionelle Spaltöffnungen.

Die **Andreaeopsida** (Klaffmoose; ca. 120 Arten) und **Andreaeobryopsida** (eine Art) bilden kleine, dichte, dunkelbraune Rasen. Sie leben auf Felsen. Der Sporophyt wird entweder wie bei *Sphagnum* auf einem Pseudopodium emporgehoben (Andreaeopsida) oder bildet einen eigenen Stiel (Andreaeobryopsida). Er hat keine Spaltöffnungen. Die anfangs von einer mützenförmigen Kalyptra bedeckte Kapsel öffnet sich durch vier Längsspalten, wobei die vier Klappen bei den Andraeopsida an der Spitze miteinander verbunden bleiben (Abb. 19.94j). Ein Peristom fehlt.

Die bisher behandelten Klassen sind allesamt aperistomat, d. h. die Sporenkapseln bilden kein Peristom. Die bei Weitem größte Zahl der Laubmoosarten fällt in die Gruppe der peristomaten Moose, die fast immer ein Peristom ausbilden. Hierzu gehören die **Oedipodiopsida**, **Polytrichopsida**, **Tetraphidopsida** und **Bryopsida**, die als Laubmoose in engerem Sinne bezeichnet werden. Ihr Sporophyt hat immer einen langen und von ihm gebildeten Stiel (auch schon die Andreaeobryopsida) und von nur ganz wenigen Ausnahmen abgesehen haben die Sporenkapseln dieser Klasse ein Peristom.

Die Sporen der Laubmoose keimen zum Gametophyten, und zwar zunächst zu einem sich reich verzweigenden, positiv phototropen grünen Faden – dem Protonema (Abb. 19.95a) – aus, das bei massenhaftem Vorkom-

19

777　19

Stammesgeschichte und Systematik der Bakterien, Archaeen, „Pilze", Pflanzen und anderer...

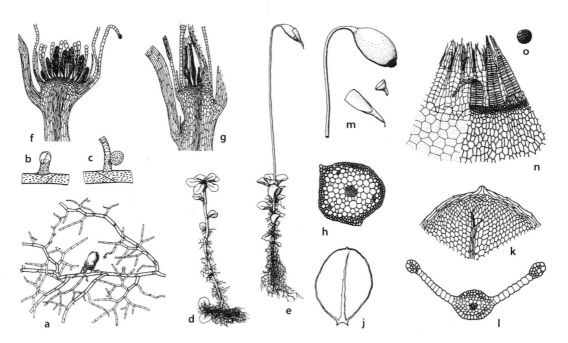

◼ **Abb. 19.95** **Bryophytina, Bryopsida.** *Rhizomnium punctatum.* **a** Protonema mit Knospe (20 ×). **b** Entstehung der Knospe am Protonema; Chloroplasten in den oberen Zellen nicht gezeichnet (80 ×). **c** Anlage der dreischneidigen Scheitelzelle (85 ×). **d** ♂ Pflanze (1 ×). **e** ♀ Pflanze mit Sporophyt (1 ×). **f** Antheridienstand im Längsschnitt (15 ×). **g** Archegonienstand im Längsschnitt (15 ×). **h** Stämmchenquerschnitt mit Zentralstrang und drei Blattspursträngen (40 ×). **j** Blatt (4 ×). **k** Blattspitze (25 ×). **l** Querschnitt durch den unteren Teil eines Blatts (50 ×). **m** Reife Kapsel nebst Deckel und Kalyptra (4 ×). **n** Peristom; links äußeres Peristom entfernt; einer der drei äußeren Peristomzähne in Trockenstellung zurückgekrümmt (30 ×). **o** Spore (100 ×). (Nach K. Mägdefrau)

men als grüner Filz sichtbar ist. Zunächst entwickeln sich chloroplastenreiche Fäden mit senkrecht zur Fadenachse stehenden Querwänden, die als **Chloronema** bezeichnet werden. Dieses geht allmählich in das chloroplastenärmere **Caulonema** mit schräggestellten Querwänden über. An diesem entwickeln sich bei ausreichender Beleuchtung die Knospen der Moospflänzchen (◼ Abb. 19.95a) und zwar meist an kurzen Seitenzweigen.

Der Gametophyt erreicht eine große Mannigfaltigkeit und Differenzierung. In nur wenigen Fällen ist er fast auf das Protonemastadium beschränkt (z. B. *Buxbaumia*, *Ephemerum*, *Ephemeropsis tjibodensis*, *Viridivellus pulchellum*). Die Stämmchen wachsen entweder aufrecht und tragen an der Spitze die Archegonien und später die Sporophyten – solche Moose bezeichnet man als **akrokarp** (◼ Abb. 19.95e) – oder sie sind niederliegend und häufig verzweigt, und die Archegonien und später die Sporophyten werden auf kurzen Seitenzweigen gebildet. Solche Moose bezeichnet man als **pleurokarp** (◼ Abb. 19.104r). Das Stämmchen wird meist von einem Zentralstrang durchzogen, der z. B. bei *Polytrichum* eine beträchtliche anatomische Differenzierung zeigt. Diese Leitstränge (◼ Abb. 19.96b) können sowohl im Gametophyten als auch im Sporophyten auftreten. Wie in den Leitbündeln der Gefäßpflanzen erfolgt die Stoffleitung in verschiedenen Zellen.

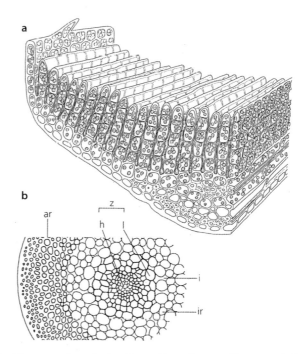

◼ **Abb. 19.96** **Bryophytina, Bryopsida.** **a** Bau des Blatts von *Polytrichum formosum*; auf der Oberseite chloroplastenführende Zellbänder (250 ×). **b** *P. juniperinum.* Querschnitt durch das Stämmchen. (120 ×). – ar äußere Rinde, h Hydroiden, i Interzellularen, ir innere Rinde, l Leptoiden, z Zentralstrang. (a nach K. Mägdefrau; b nach Vaisey, C. Hébant)

Dem Transport von Wasser und Nährsalzen dienen **Hydroiden**. Dies sind gestreckte tote Zellen, im voll entwickelten Zustand ohne Kern und Plasma, mit verdickten Längswänden und steilen Querwänden. Im Unterschied zu den Tracheiden der Gefäßpflanzen sind ihre Zellwände weder verholzt noch durch Ring- oder Spiralverdickungen verstärkt. Die Leitung von Assimilaten geschieht in ebenfalls gestreckten Zellen, **Leptoiden**, die in Entwicklung und Bau an die Siebelemente der Gefäßpflanzen erinnern. Die Seitenwände sind oft verdickt und in geringerem Grad als die manchmal schrägen Querwände durch Siebporen mit Plasmodesmen durchbrochen. Die Leptoiden enthalten in ihrem Plasma, wenn auch rückgebildet, Kerne und Plastiden. Meist liegen die Hydroiden auf der Innen- und die Leptoiden auf der Außenseite des Zentralstrangs. **Stereide** sind den Hydroiden benachbarte lebende, gestreckte Zellen mit Zellkern und Plastiden, die mit ihren verdickten, aber unverholzten Wänden der mechanischen Festigung dienen. Von so aufgebauten Strängen gibt es verschiedene Abweichungen mit einfacherem Bau (z. B. Fehlen von Leptoiden), oder sie können auch ganz fehlen. Der Zentralstrang kann sich durch Verzweigung in die Blättchen fortsetzen und ist dort am Aufbau einer eventuell vorhandenen Mittelrippe beteiligt.

Die Blättchen bestehen weitgehend aus einer einzigen Zellschicht. Vielfach bilden die Randzellen der Lamina einen besonderen Saum (◧ Abb. 19.95k außen) oder sind zu Zähnchen ausgezogen. Die Blattzellen sind bei den akrokarpen Moosen oft parenchymatisch (isodiametrisch, ◧ Abb. 19.95k innen), bei den pleurokarpen dagegen vielfach prosenchymatisch (gestreckt wie in ◧ Abb. 19.94g).

Die Antheridien und Archegonien stehen bei den Laubmoosen in Gruppen an den Enden der Hauptachsen oder kleiner Seitenzweige, umgeben von den obersten Blättchen, die oft als besondere Hüllblätter (Perichaetialblätter, ◧ Abb. 19.97) ausgebildet sind. Zwischen den Gametangien stehen häufig einige mehrzellige, oft mit kugeligen Endzellen versehene Safthaare (Paraphysen). Die Laubmoose sind entweder monözisch oder diözisch.

Die Laubmoose sind außerordentlich regenerationsfähig. So können abgebrochene Stämmchen und Blättchen unmittelbar oder auf dem Umweg über Protonemen zu neuen Pflanzen auswachsen. Bei manchen Arten wachsen aus Blattachseln und Sprossspitzen Zellkomplexe hervor, die als Brutkörper abgestoßen werden (◧ Abb. 19.104o).

Der Sporophyt besteht aus einem dünnen Stiel, der **Seta** (◧ Abb. 19.95e und 19.104) und aus der Sporenkapsel. Die Seta hebt die Kapsel empor, sodass der Wind die Sporen über größere Entfernungen ausbreiten kann. Der oberste Teil der Seta unter der Kapsel wird auch Apophyse genannt. Hier ist der bevorzugte Bereich für die Ausbildung der **Spaltöffnungen**. Sie gehören dem auch bei den Farnen verbreiteten *Mnium*-Typ (◧ Abb. 19.98a, b) an, weisen aber bei den einzelnen Familien hinsichtlich Anzahl (3–300 an einer Kapsel), Form und Größe beträchtliche Unterschiede auf. Die Sporenkapsel, die radiär (◧ Abb. 19.95e) oder dorsiventral (◧ Abb. 19.99c) gebaut ist, wird anfangs oft von der später abfallenden **Kalyptra** bedeckt. Die Kalyptra entsteht dadurch, dass der junge Sporophyt anfangs noch von einer Hülle (**Embryotheca**) umschlossen ist, die vom Archegoniumbauch, vom Gewebe des Archegoniumstiels und sogar vom Gewebe des Stämmchens gebildet wird. Mit zunehmender Streckung des Sporophyten kann die Embryotheca im Wachstum nicht mehr Schritt halten. Sie reißt schließlich quer durch, wobei der obere Teil oft als Kalyptra vom Sporophyten emporgehoben wird, während der untere als Vaginula stehen bleibt (◧ Abb. 19.100b). Die Kalyptra besteht also nicht aus diploidem Sporophyten, sondern aus haploidem Gametophytengewebe (◧ Abb. 19.87d).

Im Laufe der Entwicklung der Sporenkapsel entsteht eine zelluläre Struktur, bei der im Querschnitt vier Quadranten (◧ Abb. 19.101c) erkennbar sind. Durch

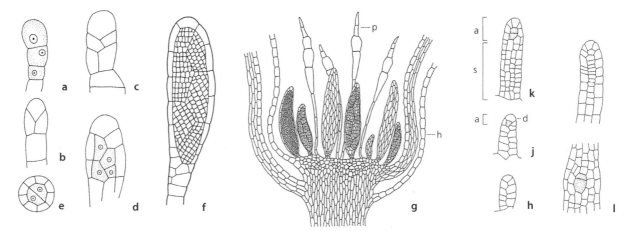

◧ **Abb. 19.97 Bryophytina, Bryopsida. a–g** Antheridiumentwicklung von *Funaria hygrometrica*. **a** Querteilung der Anlage. **b** Bildung und **c** Teilung der Scheitelzelle. **d** Scheidung in Wandung und Anlage des spermatogenen Gewebes. **e** Desgl., im Querschnitt (A–E 650 ×). **f** Fast reifes Antheridium (300 ×). **g** Längsschnitt durch den Antheridienstand von *Mnium hornum*, Antheridien teils in Seitenansicht, teils im Längsschnitt (100 ×). **h–l** Archegoniumentwicklung von *Plagiomnium undulatum* (250 ×). **h** Stiel noch ohne Archegoniumanlage. **j** Archegonium angelegt durch Bildung der Zentralzelle (punktiert), Deckelzelle und Wandzellen. **k** Zentralzelle in Eizelle und Bauchkanalzelle geteilt. **l** Zahlreiche Halskanalzellen von der Deckelzelle abgegliedert. – a Archegonium, d Deckelzelle, h Hüllblätter, p Paraphysen, s Stiel. (a–f nach D.H. Campbell; g nach R. Harder; h–l nach K. von Goebel)

19

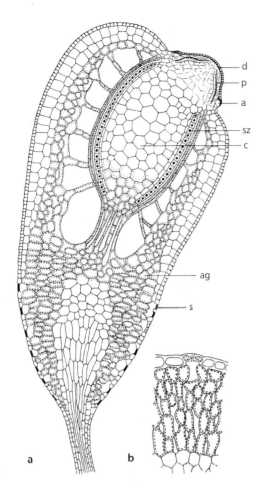

Abb. 19.98 Bryophytina, Bryopsida. a Längsschnitt durch das Laubmoossporogon von *Funaria hygrometrica* (25 ×). **b** Assimilationsgewebe mit Spaltöffnung (90 ×). – a Anulus, ag Assimilationsgewebe, c Columella, d Deckel, p Peristom, s Spaltöffnung, sz sporogene Zellen. (Nach G. Haberlandt, verändert durch K. Mägdefrau)

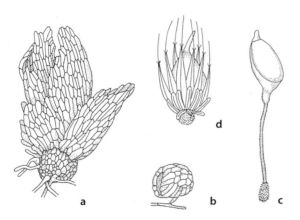

Abb. 19.99 Bryophytina, Bryopsida. a–c *Buxbaumia aphylla.* **a** ♀, **b** ♂ Gametophyt (A, B 35 ×), **c** Sporophyt. **d** *Diphyscium sessile.* (a nach Dening; b nach K. von Goebel; c, d nach K. Mägdefrau)

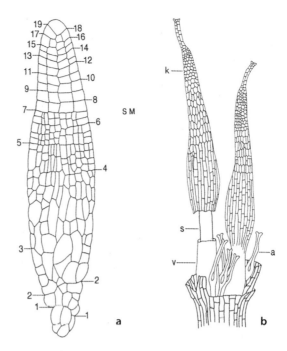

Abb. 19.100 Bryophytina, Bryopsida. a Längsschnitt durch jungen Laubmoossporophyten (*Pogonatum urnigerum*) (150 ×). Die Zahlen geben die aufeinanderfolgenden Segmente an. Die Segmente 1–7 bilden den Fuß des Sporophyten. **b** Pottiales. *Pottia lanceolata* (40 ×). Oberer Teil eines Stämmchens, Blätter entfernt. Zwei Archegonien sind befruchtet: Der Embryo des links stehenden hat durch Streckung der Seta den oberen Teil der Embryotheka als Kalyptra emporgehoben und den unteren Teil als Vaginula zurückgelassen. Die Hülle rechts ist noch intakt. – a unbefruchtetes Archegonium, k Kalyptra, s Seta, v Vaginula, SM Beginn des Setameristems. (a nach D. Roth; b nach Leunis und Frank)

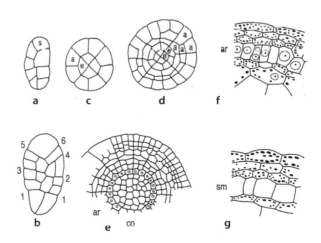

Abb. 19.101 Bryophytina, Bryopsida. Sporogonentwicklung von *Funaria hygrometrica.* **a, b** Längsschnitt, erste Teilungen der Zygote. **c–e** Querschnitt. **c** Teilungen in Endothecium und Amphithecium. **d** Weitere Teilungen. **e** Älteres Sporogon; im Endothecium die äußerste Zellschicht, das Archespor, abgeteilt von der Columella. (A–E 300 ×). **f, g** Querschnitt durch das Archespor und die aus ihm hervorgegangenen, noch nicht isolierten Sporenmutterzellen (250 ×). – a Amphithecium, ar Archespor, c Columella, e Endothecium, s Scheitelzelle, sm Sporenmutterzelle. (a–e nach D.H. Campbell; f, g nach J. Sachs)

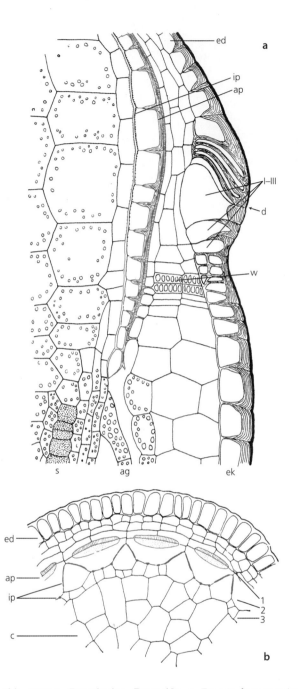

◨ Abb. 19.102 Bryophytina, Bryopsida. a *Funaria hygrometrica.*
Längsschnitt durch den oberen Teil der Sporenkapsel vor der Öff-
nung (200 ×). **b** *Rhizomnium punctatum.* Querschnitt durch die Peris-
tomzone (orange) (120 ×). – ap äußeres Peristom, ag Assimilations-
gewebe, c Columella, d Dehiszenzstelle, ed Epidermis des Deckels, ek
Epidermis der Kapsel, ip inneres Peristom, s Sporenmutterzellen, w
Widerlager des Peristoms, I–III Anuluszellen, 1–3 die drei innersten
Schichten des Amphitheciums. (a nach J. Sachs, verändert durch
K. Mägdefrau; b nach K. Mägdefrau)

perikline Zellteilung entstehen dann äußere (**Amphithecium**) und innere Zellen (**Endothecium,** ◨ Abb. 19.101c:
a, e), die sich weiter teilen (◨ Abb. 19.101d). Die äußerste
Schicht des Endotheciums wird meist zum **Archespor**

(◨ Abb. 19.101e, f: ar), das sich restlos in Sporenmutterzellen aufteilt (◨ Abb. 19.101g: sm). Die Sporenmutterzellen bilden durch Meiose je vier haploide Sporen. Die
inneren Zellen des Endotheciums bilden einen Strang
sterilen Gewebes, die **Columella** (◨ Abb. 19.101e: co
und 19.98a: c). Alle übrigen Gewebe gehen aus dem Amphithecium hervor.

Die Columella dient als Nährstoffzuleiter und Wasserspeicher für
die sich bildenden Sporen. In der jungen Sporenkapsel liegt außerhalb des Sporenraums ein Assimilationsgewebe. Columella und Spo-
renraum können außerdem von Interzellularräumen umgeben sein
(◨ Abb. 19.98).

In der reifen Kapsel ist der obere Teil der Kapselwand
als **Deckel** (Operculum) ausgebildet (◨ Abb. 19.98a: d
und 19.95m). Unterhalb des Deckelrandes liegt oft eine
schmale, ringförmige Zone, der **Anulus** (◨ Abb. 19.98a:
a und 19.102), dessen Struktur das Ablösen des Deckels
bei der Reife bewirkt (die Kalyptra ist bereits vorher abgefallen). Am Rand der nach Abfallen des Deckels nun
mit einer großen Pore offenen Sporenkapsel findet man
meist das von Zähnen gebildete **Peristom** (◨ Abb. 19.98a:
p und 19.95n). Die Struktur des Peristoms ist sehr unterschiedlich. Besteht es aus ganzen Zellen, wird es als
nematodont bezeichnet. Besteht es dagegen nur aus Zell-
wandresten, bezeichnet man es als **arthrodont**. Weiterhin
können zwei (**diplostom**) oder nur ein Kreis (**haplostom**)
von Peristomzähnen ausgebildet sein. In sehr seltenen
Fällen fehlt ein Peristom (**gymnostom**). Wichtig für die
Charakterisierung der Großgruppen der Laubmoose im
engeren Sinne ist der Aufbau der Peristomzähne und die
relative Größe und Anordnung der Kreise. Die Zahl der
Peristomzähne in einem Kreis kann zwischen 4 und 64
variieren, bei Moosen mit einem arthrodonten Peristom
sind es meist 16 Zähne im äußeren Peristomkreis.

Die Entstehung eines diplostomen Peristoms ist
im Längsschnitt (◨ Abb. 19.102a) und Querschnitt
(◨ Abb. 19.102b) durch den oberen Bereich einer Sporenkapsel dargestellt. Die tangentialen Wände zwischen
der vierten und fünften Zelllage des Amphitheciums (von
außen gezählt) werden stark, die Wände zwischen der fünften und sechsten Zelllage schwächer verdickt. Die radialen
und auch die unverdickten Teile der tangentialen Wände
der drei Zelllagen werden schließlich aufgelöst, sodass allein die verdickten Tangentialwände übrig bleiben. Sie
stellen dann das Peristom dar, das hier also doppelt ist
(◨ Abb. 19.95n).

Die äußeren Peristomzähne führen **hygroskopische
Bewegungen** aus (◨ Abb. 15.32, ► Abschn. 15.4) und verschließen oder öffnen die Kapsel. Bei Trockenheit sind sie
nach außen und bei Nässe nach innen gekrümmt.

Die Sporangien der **Oedipodiopsida** (1 Art) haben kein Peristom. Die
Polytrichopsida (1 Familie) und **Tetraphidopsida** (1 Familie) haben ein
nematodontes Peristom mit meist 32 kurzen Zähnen in den Polytrichopsida (selten ohne Peristom) und vier massiven Zähnen in den Tetraphi-

Stammesgeschichte und Systematik der Bakterien, Archaeen, „Pilze", Pflanzen und anderer...

781

19

◘ Abb. 19.103 Bryophytina, Bryopsida. *Polytrichum commune.* Gametophyt grün und beblättert; Sporophyt und die darauf sitzende, gestielte Sporenkapsel. (Aufnahme: O. Dürhammer)

dopsida. Ein häufiger Vertreter der Polytrichopsida ist *Polytrichum* (◘ Abb. 19.103 und 19.104t), dessen nadelförmige Blättchen oberseits Assimilationslamellen bilden. Das sind chloroplastenreiche, längs verlaufende Zellbänder (◘ Abb. 19.96). Bei der auf morschem Holz häufigen *Tetraphis pellucida* (Tetraphidopsida) bestehen die vier Peristomzähne aus Bündeln von Zellreihen (◘ Abb. 19.104m–o). Alle übrigen Arten gehören zu den **Bryopsida**, die ein arthrodontes Peristom haben. Ein Peristom fehlt nur selten. Die Bryopsida können in sechs Unterklassen eingeteilt werden: Buxbaumiidae (1 Familie), Diphysciidae (1 Familie), Timmiidae (1 Familie), Funariidae (5 Familien), Dicranidae (24 Familien) und Bryidae (71 Familien). Zu den **Buxbaumiidae** und **Diphysciidae** gehören *Buxbaumia* (◘ Abb. 19.99a–c) und *Diphyscium* (◘ Abb. 19.99d) mit stark reduzierten Gametophyten. Ein Vertreter der **Funariidae** ist das auf Brandstellen häufig anzutreffende *Funaria hygrometrica* (◘ Abb. 19.104j). In diese Unterklasse gehört auch *Physcomitrella patens* als wichtiger Modellorganismus. Zu den **Dicranidae** gehört z. B. *Leucobryum*, bei dem die das Blättchen fast ganz ausfüllende Rippe zweierlei Zellen erkennen lässt: grüne lebende und tote wasserspeichernde (◘ Abb. 19.105). Auch in diese Unterklasse gehören *Archidium* (◘ Abb. 19.104a), *Fissidens* (◘ Abb. 19.104c, d), *Tortula* mit gedrehten Peristomzähnen (◘ Abb. 19.104e–g), *Grimmia* (◘ Abb. 19.104h) sowie das Leuchtmoos *Schistostega pennata* (◘ Abb. 19.106). Diese Art ist an lichtarme Standorte wie Höhlen angepasst. Ihr ausdauerndes Protonema bildet kugelförmige Zellen aus, durch die das einfallende Licht gesammelt und teilweise reflektiert wird (◘ Abb. 19.106e, h). Die sekundär zweizeilig gestellten Blättchen des Gametophyten sind senkrecht zum einfallenden Licht orientiert (◘ Abb. 19.106a, b). Die akrokarpe *Splachnum luteum* (◘ Abb. 19.104k) als Vertreter der **Bryidae** hat eine auffällig gefärbte, scheibenförmige Apophyse am Sporophyten, die offenbar Insekten zur Sporenausbreitung anlockt. Weitere akrokarpe Gattungen der Bryidae sind z. B. *Rhodobryum* (◘ Abb. 19.104l), *Mnium* (bzw. *Rhizomnium*, ◘ Abb. 19.95) oder *Orthotrichum* (häufig, epiphytisch oder saxicol). Pleurokarpe Vertreter wären z. B. die auf Waldböden recht häufige Gattung *Hylocomium* (◘ Abb. 19.104q), die tropische Hängemoosgattung *Papillaria* (◘ Abb. 19.104s), *Climacium* mit bäumchenartigem Habitus und mit meist reduziertem Endostom (◘ Abb. 19.104p) sowie die in Quellgewässern kalktuffbildende *Cratoneuron*-Arten (◘ Abb. 19.104r).

Die wahrscheinlichen Verwandtschaftsverhältnisse zwischen den Teilgruppen der Laubmoose sind in ◘ Abb. 19.107 dargestellt. Dieser Stammbaum illustriert, dass das Peristom als für die meisten Laub-

moose typische Struktur wahrscheinlich erst im letzten gemeinsamen Vorfahren der Oedipodiopsida, Polytrichopsida, Tetraphidopsida und Bryopsida entstanden ist (das Fehlen eines Peristoms bei den Oedipodiopsida wäre dann ein sekundärer Verlust) und ein arthrodontes Peristom mit Peristomzähnen nur aus Zellwänden im letzten gemeinsamen Vorfahren der Bryopsida.

19.4.1.3 Anthocerotophytina – Hornmoose

Die Hornmoose (◘ Abb. 16.5 und 19.108) haben einen meist scheibenförmigen und gelappten thallösen Gametophyten, der wenige Millimeter bis einige Zentimeter groß werden kann. Dieser auf den ersten Blick manchen Lebermoosen ähnliche Gametophyt hat aber eine in vielerlei Hinsicht andere Struktur. Die Zellen des Gametophyten enthalten keine Ölkörper und meist jeweils nur einen großen, schüsselförmigen Chloroplasten mit oder ohne Pyrenoid. Der Gametophyt hat glatte Rhizoide auf der Unterseite und kann Spaltöffnungen haben. Häufig findet man durch Auseinanderweichen von Zellen entstandene (schizogene) schleimgefüllte Höhlen, in denen z. B. *Nostoc* als luftstickstoffbindender Symbiont leben kann. Die Antheridien entstehen endogen aus subepidermalen Zellen und liegen in Kammern, wobei die Zahl der Antheridien pro Kammer sehr variiert. Auch wenn die Archegonien aus epidermalen Zellen entstehen, sind sie in den Thallus eingesenkt und allseitig von vegetativen Zellen umgeben. Antheridien und Archegonien befinden sich meist auf einem Gametophyten, der damit monözisch ist.

Der 1–7 cm lange Sporophyt ist eine ungestielte hornförmige, schotenartig mit zwei Längsklappen von oben nach unten allmählich aufreißende Kapsel (◘ Abb. 19.108a). In seiner Längsachse befindet sich eine aus wenigen Zellreihen bestehende sterile Gewebesäule, die Columella (◘ Abb. 19.108c, d: c). Diese wird von der dünnen sporenbildenden Zellschicht (Archespor, ◘ Abb. 19.108: a) umhüllt, die außer Meiosporen auch **Elateren** erzeugt, welche aber ganz anders als bei den Lebermoosen entstehen. Die diploiden Sporenmutterzellen und Elateren bzw. zu Elateren bestimmten Zellen sind Schwesterzellen, die durch eine senkrecht zur Längsachse des Sporangiums (transversal; ◘ Abb. 19.108e) verlaufende Zellwand gebildet werden. Auf jede Sporenmutterzelle kommt eine fertige Elatere oder eine noch teilungsfähige sterile Zelle, durch deren mitotische Teilungen die Zahl der Elateren schließlich ein Vielfaches der Sporenzahl ausmachen kann. Anders als bei allen übrigen Moosen wächst der Sporophyt mit einem interkalaren Meristem an der Basis, wodurch er sich dauernd verlängert. Das bedeutet auch, dass nicht alle Sporen gleichzeitig reifen. Der Sporophyt kann Spaltöffnungen haben. Die Hornmoose enthalten ca. 215 Arten.

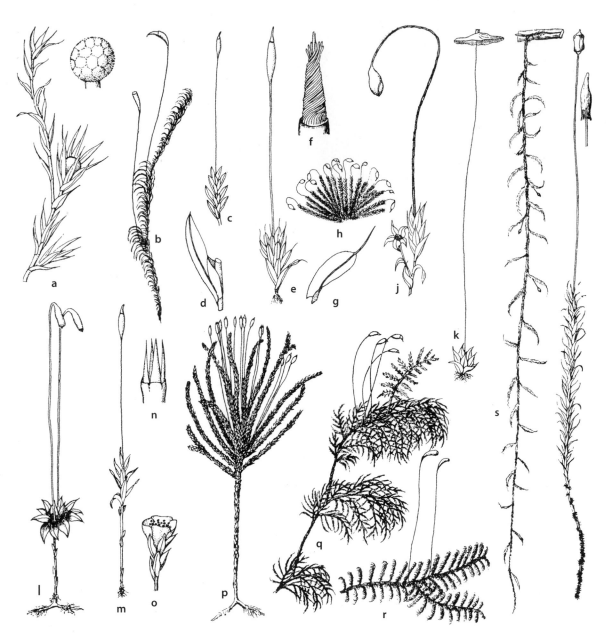

Abb. 19.104   Bryopsida. Wuchsformen. **a** *Archidium alternifolium*. Ganze Pflanze (5 ×) und Kapsel (20 ×). **b** *Dicranum scoparium*. Dreijährige Pflanze (1 ×). **c** *Fissidens bryoides* (4 ×). **d** Desgl., Blatt (15 ×). **e–g** *Tortula muralis* (4 ×), **f** Peristom (30 ×). **g** Blatt mit Glashaar (10 ×). **h** *Grimmia pulvinata* (1 ×). **j** *Funaria hygrometrica* (2 ×). **k** *Splachnum luteum* (1 ×). **l** *Rhodobryum roseum* (1 ×). **m** *Tetraphis pellucida* (2 ×). **n** Peristom; **o** Brutkörperbehälter (8 ×). **p** *Climacium dendroides* (1 ×). **q** *Hylocomium splendens*, vierjährige Pflanze (0,5 ×). **r** *Cratoneuron commutatum* (0,5 ×). **s** *Papillaria deppei* (0,5 ×). **t** *Polytrichum commune* nebst jungem, von der Kalyptra bedecktem Sporogon (0,5 ×). (Nach K. Mägdefrau)

19

19.4.2   Organisationstyp Farnpflanzen

Alle folgenden Unterabteilungen haben gemeinsam, dass ihr Sporophyt im Generationswechsel die dominierende Generation und vom Gametophyten unabhängig ist. Der Sporophyt besteht aus Achse (Spross), Blättern und Wurzeln, wobei eine aus diesen drei Organen bestehende Pflanze ein Kormus ist. Die Farn- und Samenpflanzen werden deshalb auch als **Kormophyten** bezeich-net. Weiterhin haben Farnpflanzen und Samenpflanzen echte Leitbündel, in denen das Xylem (mit Tracheiden und teilweise Tracheen) dem Wasser- und Mineralstofftransport und das Phloem (mit Siebzellen oder Siebröhren) dem Assimilattransport dient. Sie werden daher auch als **Gefäßpflanzen** (engl. *vascular plants*) oder **Tracheophyten** bezeichnet. Die Tracheiden und Tracheen haben in ihren Zellwänden Lignineinlagerungen und charakteristische Wandverdickungen. Die Gesamtheit

Stammesgeschichte und Systematik der Bakterien, Archaeen, „Pilze", Pflanzen und anderer...

783

19

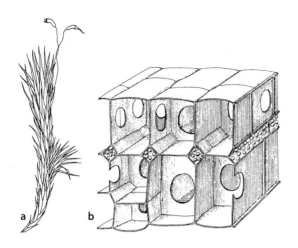

Abb. 19.105 Bryophytina, Bryopsida. *Leucobryum glaucum.* **a** Gametophyt mit Sporophyten (1 ×). **b** Bau des Blatts: zwei Schichten plasmaleerer, durch große Wanddurchbrechungen miteinander verbundener Zellen; dazwischen kleine, lang gestreckte, chloroplastenführende Zellen (300 ×). (b nach K. Mägdefrau)

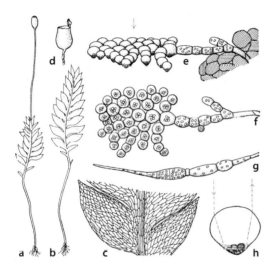

Abb. 19.106 Bryophytina, Bryopsida. *Schistostega pennata.* **a** Kapseltragendes Pflänzchen (10 ×). **b** Steriles Pflänzchen (10 ×). **c** Ausschnitt aus vorherigem (50 ×). **d** Geöffnete Kapsel (25 ×). **e** Protonema („Leuchtmoos"), von der Seite gesehen; Pfeil gibt die Richtung des Lichteinfalls an (150 ×). **f** Desgl. von oben gesehen (150 ×). **g** Protonemabrutkörper (150 ×). **h** Strahlengang in einer Protonemazelle. (a, b, d nach W. Ph. Schimper; c, e–g nach K. Mägdefrau; h nach F. Noll)

der Leitbündel im Spross der Gefäßpflanzen wird auch als Stele bezeichnet, deren Struktur sehr unterschiedlich sein kann (► Exkurs 3.3).

Die Gefäßpflanzen werden hier in sieben Unterabteilungen gegliedert: die **Lycopodiophytina** (Bärlappe, Moosfarne und Brachsenkräuter), **Equisetophytina** (Schachtelhalme), **Psilotophytina** (Gabelblattfarne), **Ophioglossophytina** (Natternzungengewächse), **Marattiophytina** (eusporangiate Farne) und **Polypodiophytina** (lep-

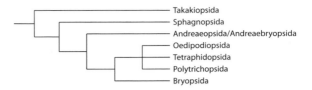

Abb. 19.107 Stammbaum der Laubmoose (Bryophytina). (Nach Liu et al. 2019)

tosporangiate Farne) und **Spermatophytina** (Samenpflanzen). Die Lycopodiophytina sind Schwestergruppe zu den sechs übrigen Gruppen (Equisetophytina, Psilotophytina, Ophioglossophytina, Marattiophytina, Polypodiophytina, Spermatophytina), die in ihrer Gesamtheit wegen des Besitzes von Blättern mit komplexer Nervatur, d. h. mit verzweigten Blattnerven, auch als **Euphyllophyten** bezeichnet werden. Innerhalb der Euphyllophyten sind die Equisetophytina, Psilotophytina, Ophioglossophytina, Marattiophytina und Polypodiophytina, die zusammen auch als **Monilophyten** bezeichnet werden, Schwestergruppe zu den Samenpflanzen, den Spermatophytina (■ Abb. 19.85).

Die eben dargestellten Verwandtschaftsverhältnisse machen deutlich, dass die Farnpflanzen (Lycopodiophytina, Equisetophytina, Psilotophytina, Ophioglossophytina, Marattiophytina, Polypodiophytina) keine monophyletische Gruppe sind. Die Gemeinsamkeiten aller Farnpflanzen sind damit plesiomorph. Dennoch werden die Farnpflanzen hier kurz zusammenfassend charakterisiert.

Im Generationswechsel dominiert der Sporophyt (■ Abb. 19.109h). Ein möglicher evolutionärer Vorteil der Dominanz der Sporophytengeneration liegt in ihrer Diploidie. Durch Diploidie ist ein Individuum genetisch besser gepuffert, da eine eventuell fitnessmindernde Mutation eines Allels bei Anwesenheit eines zweiten Allels bei Dominanz/Rezessivität nicht exprimiert werden muss. Der Sporophyt ist eine selbstständige grüne Pflanze und als Kormus in Achse (Spross), Blätter und Wurzeln (außer bei den Psilotophytina, s. u.) mit Leitgewebe gegliedert. Während der Entwicklung entsteht bald nach den ersten Zellteilungen der befruchteten Eizelle außer einem Haustorium (Fuß) meist eine Wurzel-, eine Achsen- und eine Blattanlage. Diese entwickeln sich beim heranwachsenden, erst noch mit dem Gametophyten verbundenen Embryo (■ Abb. 19.109b und 19.133) weiter zur ersten Wurzel, der Achse und dem ersten Blatt. Das dem Sprosspol (Achsenanlage) gegenüberliegende Ende der Embryoachse könnte man als Wurzelpol bezeichnen. Aus ihm entwickelt sich aber nur bei den Samenpflanzen die Primärwurzel (■ Abb. 2.3), während bei den Pteridophyten die erste Wurzel als endogenes, sprossbürtiges Gebilde seitlich am Achsenkörper entsteht (■ Abb. 19.133b: w). Der Embryo der Farnpflanzen ist also nicht bipolar wie

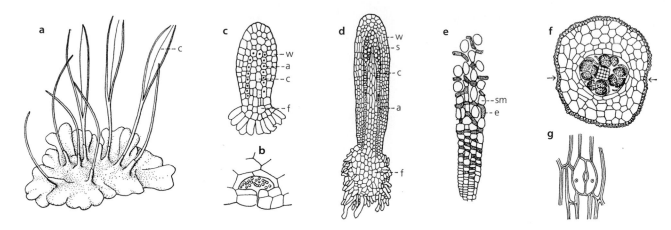

Abb. 19.108   Anthocerophytina. a *Phaeoceros laevis.* Thallus mit jungen und geöffneten Sporogonen; Columella (2 ×). **b** *Anthoceros vincentianus.* Spaltöffnung der Thallusunterseite, Atemhöhle von *Nostoc* besiedelt (270 ×). **c** *Anthoceros punctatus.* Längsschnitt durch junges Sporogon (130 ×). **d** *Dendroceros crispus.* Längsschnitt durch fast reifes Sporogon (80 ×). **e** *Anthoceros punctatus.* Inäquale Zellteilungen im Archespor (100 ×). **f** *Anthoceros husnoti.* Sporogonquerschnitt mit Sporentetraden und Columella; Pfeile = Dehiszenzstellen der Sporogonwand (100 ×). **g** *Anthoceros pearsoni.* Spaltöffnung des Sporogons (125 ×). – a Archespor, c Columella, e Elateren, f Sporogonfuß, s Sporen, sm Sporenmutterzellen, w Sporogonwand. (a nach K. Mägdefrau; b, c, d nach H. Leitgeb; e nach K. von Goebel; f nach K. Müller; g nach D.H. Campbell)

der der Samenpflanzen, sondern unipolar. Schon die erste Wurzel ist sprossbürtig (Abb. 19.109b: w). Sie geht meist schnell zugrunde und es entstehen zahlreiche weitere sprossbürtige Wurzeln (**primäre Homorrhizie**; ▶ Abschn. 3.4.1). Die Achsen, Blätter und Wurzeln wachsen häufiger mit Scheitelzellen (▶ Abschn. 2.1, Abb. 2.4a und 2.8a) als mit mehrzelligen Meristemen. In der Struktur der Leitbündel gibt es eine große Vielfalt und alle der in Abb. 3.42 dargestellten Leitbündelformen lassen sich bei den Farnpflanzen beobachten. Die Sporangien (Abb. 19.109g, h: 6) werden an Blättern gebildet, die als **Sporophylle** bezeichnet werden. Sie sind manchmal einfacher gebaut als die assimilierenden Blätter (**Trophophylle**) und sind häufig zu mehreren in Sporophyllständen vereinigt. Wenn man eine Blüte als Kurztrieb mit lateralen Sporophyllen definiert, können diese Sporophyllstände auch als Blüten bezeichnet werden. Der Begriff Blüte im engeren Sinn ist aber den Angiospermen vorbehalten. Die Sporangien haben unterschiedliche Struktur. **Eusporangien** entwickeln sich aus mehreren epidermalen Zellen, haben eine mehrzellschichtige Wand und sind meist ungestielt. Nach einer ersten oberflächenparallelen (periklinalen) Teilung der an der Entstehung des Eusporangiums beteiligten epidermalen Zellen geht das sporogene Gewebe (Archespor) durch weitere Teilungen aus den inneren Zellen hervor. **Leptosporangien** entwickeln sich aus einer epidermalen Zelle, haben eine Wand aus einer einzelnen Zellschicht und meist einen deutlichen Stiel. Das sporogene Gewebe entsteht durch weitere Teilungen der äußeren der beiden entstandenen Zellen, die durch periklinale Teilung der Epidermiszelle entstanden

sind. Das **Tapetum** (Abb. 19.109e: t) umgibt ein- oder mehrschichtig das sporenbildende Gewebe. Es spielt in der Entwicklung der Sporen eine große Rolle. Die Zellen eines **Sekretionstapetums** sondern ihren Inhalt durch die Wände hindurch ab. Beim **Plasmodialtapetum** werden die Zellwände aufgelöst und die Protoplasten freigesetzt, die sich zum Periplasmodium vereinigen, das zwischen die sich entwickelnden Sporen wandert. Die **Sporenwand** gliedert sich in ein inneres Endospor und ein widerstandsfähiges äußeres Exospor, dem das Perispor (als Produkt des Tapetums) aufgelagert ist. Die Farnpflanzen sind meist **isospor**. Es gibt nur einen Typ von Sporen, die zu einem freien und meist monözischen Gametophyten auswachsen. Bei **heterosporen** Farnpflanzen gibt es große **Megasporen** und kleine **Mikrosporen**. Hier entwickeln sich die Gametophyten immer innerhalb der Sporenwand (**endospor, Endosporie**) und sind eingeschlechtig. Die Megaspore entwickelt sich zu einem weiblichen und die Mikrospore zu einem männlichen Gametophyten. Der haploide **Gametophyt**, der bei den Farnpflanzen auch Prothallium genannt wird (Abb. 19.109a), ist immer eine vom Sporophyten unabhängige Pflanze. Seine Struktur, Lebensweise und Lebensdauer sind bei den unterschiedlichen Teilgruppen der Farnpflanzen sehr unterschiedlich (s. u.). Bei isosporen Farnpflanzen mit freilebendem Gametophyten ist er häufig ein einfacher grüner, auf der Unterseite mit einzelligen, schlauchförmigen Rhizoiden am Boden befestigter Thallus. An ihm entstehen in größerer Zahl Antheridien und Archegonien. Die Befruchtung ist nur in Anwesenheit von Wasser möglich. Vorkommen und Lebensweise der Farnpflanzen sind in ▶ Exkurs 19.6 beschrieben.

19

Stammesgeschichte und Systematik der Bakterien, Archaeen, „Pilze", Pflanzen und anderer...

785 **19**

◻ **Abb. 19.109 Polypodiophytina. a, b**
Dryopteris filix-mas. **a** Prothallium (Unterseite)
mit Archegonien, Antheridien und Rhizoiden.
b Prothallium mit jungem Sporophyten (5 ×).
c–g Entwicklung des Farnsporangiums. **c–e**
Asplenium (300 ×). **c** Erste Teilungen der aus
einer Epidermiszelle hervorgehenden Anlage. **d**
Teilung in periphere Wandschicht und zentrale
Zelle (Archespor), die bereits eine Tapetumzelle
abgeteilt hat. **e** Archespor hat sich in Tapetumzellen und sporogenes Gewebe geteilt. **f, g**
Polypodium (200 ×). **f** Wandzellen zum Anulus
verdickt, Tapetumzellen aufgelöst, Sporenmutterzellen bilden Sporentetraden. **g** Reifes
Sporangium mit Sporen. **h** Entwicklungsschema eines Farns. Orange: Haplophase,
schwarz: Diplophase. 1 Spore, 2 Prothallium
mit ♀ und ♂ Gametangien, 3 Prothallium mit
jungem Sporophyten, 4 Sporophyt (stark
verkleinert) mit Sporangiensori, 5 unreifes
Einzelsporangium (stark vergrößert) aus einem
Sorus, 6 reifes Sporangium mit Sporentetraden,
7 Sporen. – an Antheridium, ar Archegonium,
as Archespor, b erstes Blatt, r Rhizoide, s
Sporen, sg sporogenes Gewebe, sm Sporenmutterzellen, t Tapetumzelle, w Wurzel, wa
periphere Wandschicht, Wandzellen, (Anulus),
1–5 nacheinander gebildete Wände, G
Gametophyt, S Sporophyt, R! Reduktionsteilung. (a, b nach H. Schenck; c–e nach
R. Sadebeck; f–h nach R. Harder)

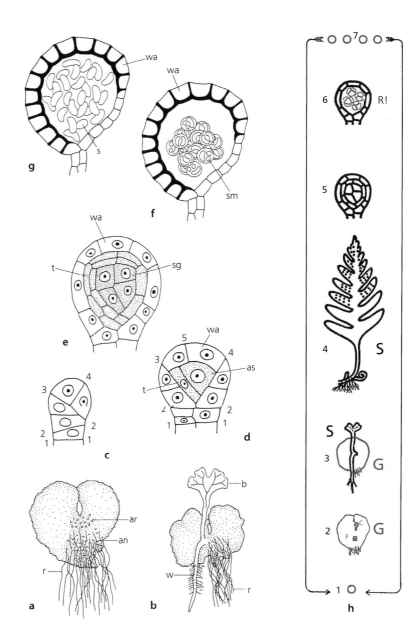

Die Farnpflanzen sind über alle Klimazonen verbreitet,
erreichen aber vor allem mit den Lycopodiophytina, Marattiophytina und Polypodiophytina ihre bedeutendste
Größe (z. B. Baumfarne der Polypodiophytina) und ihre
höchste Artenzahl in den Tropen. Sie bevorzugen wie die
Moose feuchtere Standorte, dringen aber mit einzelnen
Arten in trockenere Gebiete vor. Salzstandorte werden ge-
mieden. Lediglich der Farn *Acrostichum aureum* bewohnt
Mangrovensümpfe aller Tropengebiete. Auch wenn die Gametophyten vieler Farnpflanzen gegenüber Austrocknung
wenig widerstandsfähig sind und die Befruchtung Wasser
erfordert, ist der Sporophyt der meisten Arten homoiohy-
drisch und reguliert seinen Wasserhaushalt selbst. Poikilohydrische Arten von *Selaginella* (Lycopodiophytina) oder

z. B. *Asplenium*, *Notholaena* und *Cheilanthes* (Polypodiophytina) können ihre immergrünen Blätter nach völliger
Lufttrockenheit und mehrmonatiger Austrocknung unter
Wasseraufnahme wieder aufleben lassen. Die verhältnismäßig wenigen **Xerophyten** z. B. der Polypodiophytina
sind durch Wachsbelag, Spreuschuppen oder Haare oder
auch durch Sukkulenz im Spross (*Davallia*) oder in den
Blättern (z. B. manche *Polypodium*-Arten) vor zu schneller
Austrocknung geschützt. Bei Bewohnern feuchter Standorte (**Hygrophyten**) findet man Guttation z. B. durch Hydathoden an den Blattscheidenzähnchen von *Equisetum*
oder durch eigentümliche Wassergruben bei manchen
Farnen (◻ Abb. 19.110). Neben immergrünen Arten der
Gattungen *Lycopodium*, *Selaginella* (Lycopodiophytina),

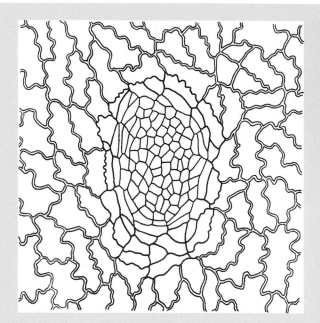

Abb. 19.110   Polypodiophytina. *Polypodium vulgare.* Wassergrube (80 ×). (Nach K. Mägdefrau)

Equisetum (E. hyemale; Equisetophytina) und *Polypodium* (Polypodiophytina) ist ein großer Teil der Farnpflanzen der gemäßigten und kühlen Zonen sommergrün. Die Farnpflanzen haben sehr unterschiedliche Wuchsformen. Dazu gehören baumförmige Farne (*Cyathea*, ▪ Abb. 19.129), Lianen, Spreizklimmer (Gleicheniaceae), *Lygodium* und *Salpichlaena* mit windender, bis zu 15 m langer Rhachis und einzelne Arten der Gattung *Polypodium* als Wurzelkletterer an Baumstämmen. *Platycerium* und einige Arten von *Aglaomorpha* sind Epiphyten, die mit Nischenblättern Humus sammeln (▪ Abb. 19.111). Einjährige Arten sind sehr selten (z. B. *Anogramma*). Einige Vertreter leben als Hydrophyten im Wasser. Beispiele aus den Polypodiophytina sind *Salvinia* und *Azolla* als Schwimmpflanzen sowie *Ceratopteris* mit teilweise schwimmender bis submerser Lebensweise. Die in Aquarien kultivierten *Bolbitis heudelottii* und *Microsorum pteropus* bilden submers nur sterile Wedel, während sich Sori ausschließlich an aus dem Wasser ragenden Blättern entwickeln. Die Arten der Gattung *Isoetes* (Lycopodiophytina) leben meist entweder auf periodisch nassem Boden oder untergetaucht in Seen, oft in 1–3 m Tiefe.

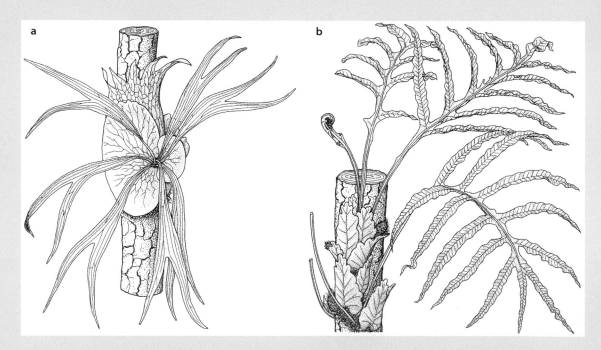

Abb. 19.111   Epiphytische Farne mit Blattdimorphismus (Heterophyllie: humussammelnde Nischenblätter und Sporotrophophylle). **a** *Platycerium alcicorne.* **b** *Aglaomorpha quercifolia* (0,16 ×). (Nach K. Mägdefrau)

19

19.4.2.1 Lycopodiophytina – Bärlappe, Moosfarne, Brachsenkräuter

Der oft gabelig verzweigte Sporophyt der Lycopodiophytina (Bärlappe, Moosfarne und Brachsenkräuter) hat einfache, ungegliederte, meist sehr kleine bzw. schmale Blätter (= Mikrophylle) in meist schraubiger Stellung.

Die Blätter haben nur eine Mittelrippe. Die Sporangien stehen einzeln adaxial auf oder am Grund von Blättern (Sporophyllen), die häufig zu endständigen Sporophyllständen vereinigt sind. Die Mikrophylle und Sporophylle sind anderen phylogenetischen Ursprungs als die Blätter der übrigen Gruppen der Farnpflanzen (und

Samenpflanzen) und gehen wahrscheinlich auf Emergenzen der Sprossachse zurück (s. Telomtheorie, ▶ Exkurs 19.7). Die Lycopodiophytina sind isospor oder heterospor. Die Spermatozoide sind selten vielgeißelig (*Isoetes*), meist jedoch zweigeißelig und darin von denen aller anderen Farnpflanzen verschieden.

Die Vertreter der **Lycopodiales** werden in einer einzigen Familie (Lycopodiaceae) zusammengefasst. Sie enthält krautige, immergrüne Pflanzen (ca. 400 Arten; zehn davon heimisch) mit dicht stehenden, mehr oder minder nadelförmigen Blättern. Sekundäres Dickenwachstum der Sprossachsen fehlt. Beim Bärlapp (*Lycopodium*; ◻ Abb. 19.112 und 19.113) wird der gabelige Spross durch Übergipfelung jeweils eines Triebs scheinbar monopodial (▶ Abschn. 3.2.5). Der Spross kriecht weit über den Boden hin. Auf der Unterseite tragen die Sprossachsen gabelig verzweigte Wurzeln. Die Verzweigung der Achsen ist nicht an Blätter gebunden.

Das Leitsystem des Sprosses ist eine reichgegliederte Plektostele (◻ Abb. 3.42) mit Siebzellen im Phloem, die an den Längswänden Siebfelder aber noch keine Siebplatten besitzen. Diese Plektostele ist nach außen von einer Scheide aus unverholzten Zellen umgeben, deren

äußerste Lage Stärke enthält. Es folgt eine ein- bis zweischichtige Endodermis mit Lignin in den dünnen Zellwänden. Die äußere Rinde besteht aus stark verholzten Sklerenchymzellen (◻ Abb. 19.112l).

Ein Teil der Achsen wächst nach oben. Ihre **Sporophylle** stehen oft oberhalb einer blattärmeren Region in dichten, ährenförmigen Sporophyllständen (◻ Abb. 19.112g), die das Ende der Sprossachse bilden. Es ist aber auch möglich, dass die Achse nach Bildung der Sporophylle weiterwächst und somit keine abgesetzten Sporophyllstände gebildet werden (*Huperzia*). Die Sporophylle (◻ Abb. 19.112h) sind schuppenförmig und tragen am Grund ihrer Oberseite je ein großes, abgeflachtes, nierenförmiges **Sporangium**, das zahlreiche Meiosporen gleicher Größe (Isosporen) entlässt (◻ Abb. 19.112j, k). Vom Rand der Sporophylle hängen hautartige Lappen herunter, die das benachbarte untere Sporangium bedecken. Die Wand des Sporangiums besteht aus mehreren äußeren Zellschichten (= eusporangiat). An sie schließt sich nach innen ein Sekretionstapetum an. Das Sporangium öffnet sich durch einen Längsriss auf dem Scheitel an einer schon am Bau der Zellen erkennbaren Linie. Die

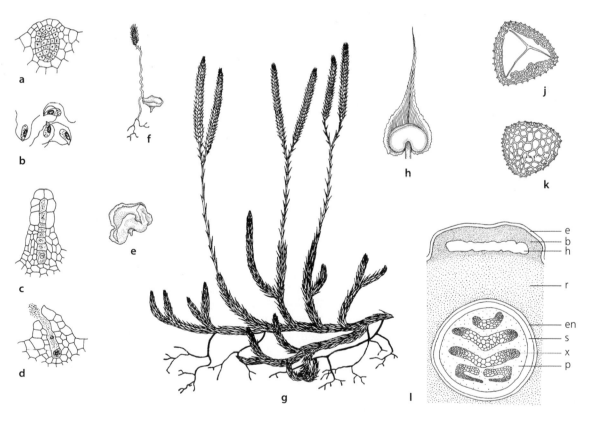

◻ **Abb. 19.112 Lycopodiophytina, Lycopodiales.** *Lycopodium clavatum*. **a** Antheridium, noch geschlossen, Längsschnitt (75 ×). **b** Spermatozoide (400 ×). **c** Jüngeres, noch geschlossenes, **d** befruchtungsreifes, geöffnetes Archegonium (75 ×). **e** Älteres Prothallium (2 ×). **f** Prothallium mit junger Pflanze (0,75 ×). **g** Pflanze mit Sporophyllständen (0,33 ×). **h** Sporophyll mit aufgesprungenem Sporangium (8 ×). **j, k** Sporen in zwei Ansichten (400 ×). **l** Querschnitt durch den Spross (100 ×). – b Blattbasis mit Hohlraum, e Epidermis, en Endodermis, h Hohlraum, p Phloem, r Rinde, s Stärkescheide, x Xylem. (a–f nach H. Bruchmann; g, h nach H. Schenck)

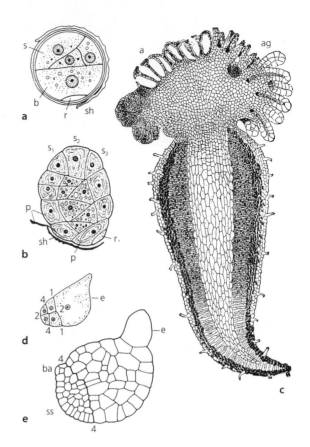

☐ **Abb. 19.113   Lycopodiophytina, Lycopodiales.** Sprossender Bärlapp (*Lycopodium annotinum* [= *Spinulum a.*]). Die Sporophyllähren
sitzen ohne Stiel unmittelbar auf dem beblätterten Teil. (Aufnahme:
A. Bresinsky)

☐ **Abb. 19.114   Lycopodiophytina, Lycopodiales. a**, **b** *Lycopodium annotinum* (= *Spinulum a.*). Prothalliumentwicklung. **a** Fünfzelliger farb-
loser Sporenkeimling mit Sporenhaut, Rhizoidzelle, Basalzelle, Scheitelzelle (580 ×). **b** Junger Keimling, in dessen unteren Zellen der
endophytische Pilz lebt. Die Scheitelzelle hat sich in drei Scheitelmeris-
temzellen geteilt (470 ×). **c–e** *Diphasiastrum complanatum*. **c** Reifes Prothallium mit Antheridien, Archegonien und pilzführenden Zellen (tief
schwarz) (24 ×). **d, e** Embryoentwicklung. **d** Embryo mit den ersten Teilungen; die Basalwand (1) teilt die Anlage des Embryoträgers von der
Anlage des Embryokörpers ab; die Transversalwände (2 und 3; letztere
in der Schnittebene) sowie die Querwand (4) liefern zwei vierzellige
Stockwerke, von denen das zwischen 1 und 4 gelegene das Haustorium
bildet, das unterste den Sprossteil. **e** Mittleres Stadium. (112 ×). – a
Antheridium, ag Archegonium, b Basalzelle, ba Blattanlage, e Embryoträger, p Pilz, r Rhizoidzelle, s1–s3 Scheitelzelle, Scheitelmeristemzelle,
sh Sporenhaut, ss Sprossscheitel. (Nach H. Bruchmann)

Sporen bleiben bis zu ihrer Reife in Tetraden verbunden. Ihr mehrschichtiges Exospor ist mit netzförmigen
Verdickungsleisten bedeckt (☐ Abb. 19.112j, k). Die
Sporen keimen in der Natur erst nach 6–7 Jahren und
bilden einen fünfzelligen Keimling (☐ Abb. 19.114a:
p). Dieser entwickelt sich erst dann weiter, wenn
symbiotische Pilze in seine unteren Zellen eingetreten sind (☐ Abb. 19.114b). Die **Gametophyten**
(☐ Abb. 19.112e, f und 19.114) leben als heterotrophe,
weißliche Knöllchen unterirdisch. Sie bilden bis etwa
2 cm große Gewebekörper, die mit langen, der Wasseraufnahme dienenden Rhizoiden besetzt sind. Ihre
Ernährung erfolgt durch die in ihren peripheren Zelllagen lebenden Pilze (☐ Abb. 19.114b, c). Unter natürlichen Bedingungen tritt die Geschlechtsreife erst
nach 12–15 Jahren ein und die gesamte Lebensdauer
der Gametophyten beträgt etwa 20 Jahre. Bei manchen
Arten ragen die Gametophyten mit ihrem oberen Teil
über den Erdboden heraus, wo sie dann ergrünen. Sie
sind monözisch und die zahlreichen Antheridien und
Archegonien befinden sich meistens in ihrem apikalen
Teil (☐ Abb. 19.112a–d und 19.114c: a, ag). Die **An-**

theridien (☐ Abb. 19.114: a) sind etwas in das Gewebe
eingesenkt und vielzellig; jede Zelle, außer den Wandzellen, entlässt ein ovales, unter seiner Spitze zwei
Geißeln tragendes Spermatozoid (☐ Abb. 19.112b).
Die **Archegonien** (☐ Abb. 19.112c, d und 19.114c: ag),
ebenfalls eingesenkt, haben oft zahlreiche Halskanalzellen (bis 20), doch kommt auch eine Reduktion bis
auf eine Zelle vor. Die obersten Wandzellen werden
beim Öffnen abgestoßen. Aus der befruchteten Eizelle
entsteht nach mehreren Zellteilungen ein Embryo, dessen Suspensor (☐ Abb. 19.114: e) ihn in das Gewebe
des Gametophyten hineindrückt. Die Entwicklung eines aus dem Gametophyten Nährstoffe aufsaugenden

Stammesgeschichte und Systematik der Bakterien, Archaeen, „Pilze", Pflanzen und anderer...

789　19

Haustoriums und des ersten schuppenförmig bleibenden Blatts (ba) zeigt ◨ Abb. 19.114. Die erste Wurzel ist, wie bei allen Farnpflanzen, bereits sprossbürtig.

Bei *Lycopodium* stehen die Sporophylle in Ähren zusammen, die sich auf kurzen Seitenzweigen erheben. Bei *Huperzia* werden im jahreszeitlichen Wechsel an aufrechten, gabeligen Sprossen nacheinander vegetative Mikrophylle und Sporophylle gebildet. *Diphasium* und *Diphasiastrum* besaßen Sporophyllähren wie *Lycopodium*, aber flache, dorsiventrale Sprosse mit schuppenartigen Blättern.

Die *Lycopodites*-Arten des Oberdevons waren den rezenten Vertretern der Familie sehr ähnlich. Die Morphologie der Bärlappe hat sich also mehr als 300 Mio. Jahre hindurch unverändert erhalten.

Die beiden folgenden Ordnungen sind heterospor und haben auf der Blattoberseite einen kleinen zungenförmigen Auswuchs, die Ligula (◨ Abb. 19.115c).

Die **Selaginellales** (1 Familie) mit der meist tropisch verbreiteten Gattung *Selaginella* (Moosfarn) als einziger Gattung (ca. 700 Arten) kommt in Mitteleuropa mit zwei Arten vor. Die Beblätterung ist entweder isophyll oder anisophyll. Bei **Isophyllie** sind die Blätter schraubig angeordnet. Bei **Anisophyllie** rücken die gegenständig angeordneten Blätter an horizontal wachsenden Achsen in vier Zeilen: zwei seitliche Reihen größerer Unterblätter und zwei auf der Oberseite der Achse sitzende Reihen kleinerer Oberblätter (◨ Abb. 3.68b und ◨ Abb. 19.115a). Bei manchen Arten enthalten die Mesophyllzellen nur einen großen, schüsselförmigen Chloroplasten. Die Blätter tragen eine am Grund der Blattoberseite aus der Epidermis entspringende kleine, häutige, chlorophyllfreie Schuppe, die **Ligula** (◨ Abb. 19.115c). Sie ermöglicht ein sehr rasches Aufsaugen von Niederschlägen durch die beblätterten Sprosse und ist bei manchen Arten durch Tracheiden mit dem Leitbündel verbunden. An den Gabelungsstellen der Sprosse entstehen bei vielen Arten exogen zylindrische, gestreckte, abwärts wachsende, gabelig verzweigte, aber meist farb- und blattlose Sprosse, die **Wurzelträger** (Rhizophore, ◨ Abb. 19.115a: w), an deren Enden bei Bodenkontakt endogen Büschel von Wurzeln entspringen. Die Wurzelträger können unter geeigneten Bedingungen wie typische Sprosse Blätter bilden. Sekundäres Dickenwachstum fehlt. *Selaginella* zeichnet sich durch **Heterosporie** und sehr stark reduzierte Gametophyten

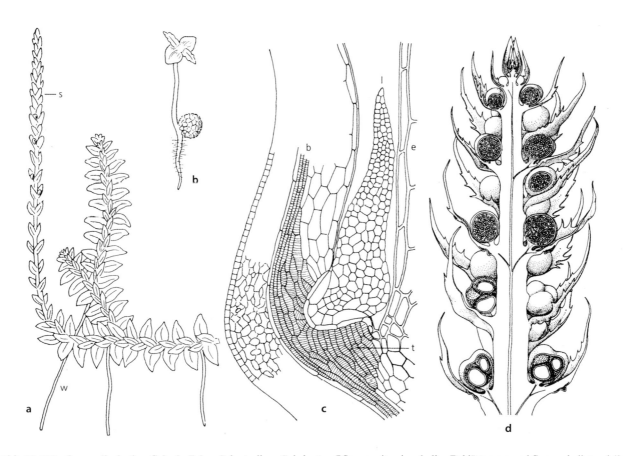

◨ **Abb. 19.115** **Lycopodiophytina, Selaginellales.** *Selaginella.* **a** *S. helvetica.* Pflanze mit anisophyller Beblätterung und Sporophyllstand (2 ×). **b** *S. kraussiana,* Megaspore mit Keimpflanze (10 ×). **c** *S. lyallii.* Längsschnitt durch die Blattbasis (250 ×). **d** *S. selaginoides.* Längsschnitt durch Sporophyllstand mit Megasporangien (unten) und Mikrosporangien (oben); an den median getroffenen Sporangien oberhalb ihrer Ansatzstelle ist die Ligula erkennbar (6 ×). – b Blattbasis, e Epidermis des Stengels, l Ligula, s Sporophyllstand, t Tracheiden, w Wurzelträger. (a nach C. Luerssen; b nach G.W. Bischoff; c nach Harvey-Gibson; d nach F. Oberwinkler)

aus. Die **Sporophyllstände** (■ Abb. 19.115a, d) stehen endständig und sind vierkantig oder abgeflacht. Die **Sporangien** mit einer mehrschichtigen Wand und einem Sekretionstapetum enthalten entweder große **Megasporen** oder kleine **Mikrosporen** in Mega- und Mikrosporangien (■ Abb. 19.116a, b). Beide Arten von Sporangien befinden sich in einem Sporophyllstand, wobei die Megasporangien häufig unter den Mikrosporangien stehen (■ Abb. 19.115d). Die Geschlechtsbestimmung erfolgt also bereits in der Diplophase auf modifikatorischem Wege. In den Megasporangien gehen alle außer einer Sporenmutterzelle zugrunde, welche unter Reduktionsteilung die vier großen, mit buckeliger Wand versehenen Megasporen (♀) bildet (■ Abb. 19.116a). In den Mikrosporangien entstehen unter Reduktionsteilung

zahlreiche kleine Mikrosporen (♂) (■ Abb. 19.116b). Die Mikrosporen beginnen ihre Weiterentwicklung schon innerhalb des Sporangiums. Die Spore teilt sich dabei zunächst in eine kleine linsenförmige Zelle (■ Abb. 19.116c: p) und eine große Zelle, die sich nacheinander in acht sterile Wandzellen und zwei oder vier zentrale Zellen teilt (■ Abb. 19.116c). All diese Zellen stellen den männlichen Gametophyten dar, der die Spore nicht verlässt und damit **endospor** ist. Nur die kleine linsenförmige Zelle ist als vegetativ aufzufassen. Die übrigen Zellen betrachtet man als ein Antheridium, aus dessen von den Wandzellen (■ Abb. 19.116: a) umschlossenen zentralen Zellen durch weitere Teilungen eine größere Anzahl von sich abrundenden Spermatiden entsteht (■ Abb. 19.116d–f: s). Der Gametophyt ist bis

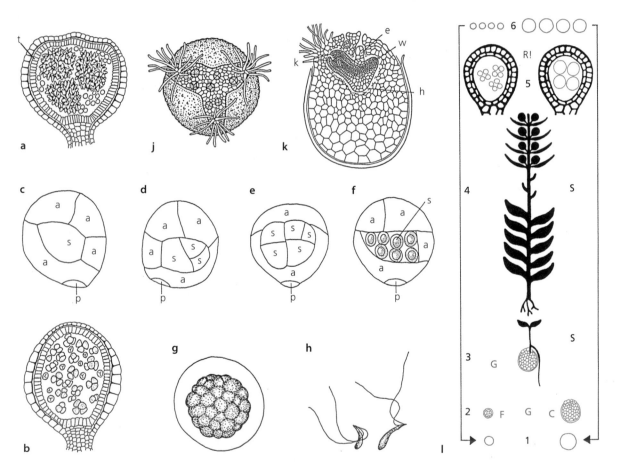

■ **Abb. 19.116 Lycopodiophytina, Selaginellales. a, b** *Selaginella inaequalifolia.* **a** Megasporangium mit einer einzigen Megasporentetrade und verkümmerten Sporenmutterzellen (70 ×); **b** Mikrosporangium mit Mikrosporentetraden. **c–g** *S. plumosa* (640 ×); Keimung der Mikrosporen, aufeinanderfolgende Stadien; Prothalliumzelle, als Rhizoidzelle aufzufassen. **c, d, f** von der Seite, **e** vom Rücken; in **g** die Prothalliumzelle nicht sichtbar, die Wandzellen aufgelöst. **h** *S. pallescens.* Spermatozoide. (780 ×). **j, k** *S. martensii.* **j** Aufgesprungene Megaspore, Prothallium mit drei Rhizoidhöckern und mehreren Archegonien in Aufsicht (112 ×). **k** Längsschnitt, zwei Archegonien mit sich entwickelnden Embryonen, Embryoträger, Haustorium, Wurzelträger, Keimblätter mit Ligula (150 ×). **l** Entwicklungsschema von *Selaginella.* Orange: Haplophase, schwarz: Diplophase; 1 Meiosporen. 2 desgl. nach Prothallienbildung; 3 Megaspore und Prothallium mit gekeimtem Sporophyten; 4 Sporophyt; 5 Sporangien; 6 Meiosporen nach ihrer Freisetzung. – a Antheridiumwandzellen, e Embryoträger, h Haustorium, k Keimblätter, p Prothalliumzelle, s spermatogene Zelle, t Tapetum, w Wurzelträger, G Gametophyt, R! Reduktionsteilung, S Sporophyt. (a, b nach J. Sachs verändert; c–h nach W.C. Belajeff; j, k nach H. Bruchmann; l nach R. Harder)

zu diesem Stadium noch von der Mikrosporenwand umschlossen. Diese bricht schließlich auf und die sich aus den Spermatiden entwickelnden ♂ Gameten werden als schwach gekrümmte, keulenförmige, mit zwei langen Geißeln versehene Spermatozoide (◘ Abb. 19.116h) entlassen. In der Megaspore (◘ Abb. 19.116j) entsteht der weibliche Gametophyt. Die Arten unterscheiden sich etwas in dieser Entwicklung. Der Kern der Sporenzelle teilt sich frei in viele Tochterkerne, die sich im Plasma am Sporenscheitel verteilen. Danach bilden sich hier, später auch weiter unten, die Zellwände. So wird von oben nach unten fortschreitend meistens die ganze Spore mit großen Zellen angefüllt. Zugleich beginnt aber auch in derselben Richtung die weitere Teilung dieser Zellen in kleinzelliges Gewebe. Im oberen Teil des Gametophyten werden einige wenige Archegonien angelegt. Die Megasporenwand springt an den drei Sporenkanten auf (◘ Abb. 19.116j) und das kleinzellige, farblose Prothallium tritt etwas hervor und bildet auf drei Gewebehöckern einige Rhizoide, die der Aufnahme von Wasser dienen. Die Befruchtung der Eizelle(n) in einem oder wenigen Archegonien resultiert in der Zygote, die

sich zum Embryo weiterentwickelt. Der Embryo liegt anfangs im Gametophyten, der wiederum in der Megaspore liegt, sodass auch hier Endosporie vorliegt.

Die meisten *Selaginella*-Arten leben als Bodenbewohner in feuchten Tropenwäldern. Nur wenige Arten sind an trockene Standorte angepasst, wie die mittelamerikanische *S. lepidophylla*, deren zu einer Rosette angeordnete Sprosse sich bei Trockenheit einrollen. Bei Befeuchtung nehmen die Pflanzen wieder ihre ursprüngliche Gestalt und Funktionsfähigkeit an (Wiederauferstehungspflanzen, falsche „Rose von Jericho"). Die krautigen *Selaginellites*-Arten des Karbons waren bereits heterospor. Sie sahen vor etwa 300 Mio. Jahren schon aus wie heutige *Selaginella*-Arten.

Die **Isoetales** sind rezent durch die Familie der Isoetaceae mit einer Gattung vertreten. Die etwa 250 Arten von *Isoetes*, die Brachsenkräuter (◘ Abb. 19.117), sind teils untergetaucht, teils auf feuchtem Boden lebende, ausdauernde Kräuter mit knolliger, gestauchter, selten gabelig verzweigter Achse. Der selten bis 15 cm langen, aber meist viel kürzeren Achse entspringen aus zwei bis drei Längsfurchen Reihen von gabelig verzweigten Wurzeln. Oben sitzen eine Rosette bildende Blätter an, die bei einigen Arten bis zu 1 m lang sein können, aber wie alle Lycopodiophytina nur einen Mittelnerv haben. Die von vier Luftkanälen durch-

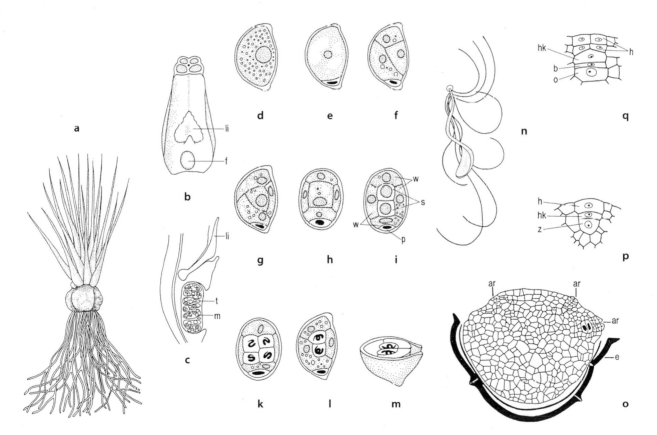

◘ **Abb. 19.117** Lycopodiophytina, Isoetales. **a–m** *Isoetes lacustris*. **a** Ganze Pflanze (0,5 ×). **b** Basaler Blattabschnitt mit Ligula und Fovea (2 ×). **c** Längsschnitt (4 ×). **d–m** Mikroprothallienentwicklung mit Spermatozoidbildung (500 ×). **n** *I. malinverniana*. Spermatozoid (1100 ×). **o–q** Megaprothallium. O *Isoetes andicola*. ♀ Prothallium in den aufgeplatzten Sporenhüllen mit Archegonien, das rechte mit Bauchkanal- und Eizelle (60 ×). **p, q** *I. echinospora*. Entwicklung des Archegoniums aus einer Oberflächenzelle (250 ×). – ar Archegonium, b Bauchkanalzelle, e Exine, darin die Intine, f Fovea, h Halswandzellen, hk Halskanalzelle, li Ligula, m Mikrosporen, o Eizelle, p Prothalliumzelle, s spermatogene Zellen, t Trabeculae, w Wandzellen, z Zentralzelle, liefert die Bauchkanalzelle b. (a–c nach R. von Wettstein; d–m nach Liebig; n nach W.C. Belajeff; o nach W. Rauh und Falk; p, q nach D.H. Campbell)

zogenen Blätter haben auf der Oberseite ihres verbreiterten Grunds eine längliche, grubenartige Vertiefung (**Fovea**). Über der Fovea befindet sich die Ligula als dreieckiges Häutchen mit eingesenkter Basis (◨ Abb. 19.117b, c). Die meisten Blätter sind Sporophylle mit je einem Sporangium in der Fovea. Lediglich die obersten Blätter der Rosette sind steril. Die unteren Blätter der Rosette bilden Megasporangien mit zahlreichen Megasporen, die nach oben folgenden Blättern Mikrosporangien mit jeweils sehr vielen Mikrosporen. Die Gametophyten sind sehr reduziert und entstehen endospor in den Mikro- (♂) bzw. Megasporen (♀). Die ♂ Gametophyten (◨ Abb. 19.117d-m) ähneln denen von *Selaginella*, bilden aber nur vier schraubig gewundene Spermatozoide mit einem Geißelbündel am vorderen Ende. Auch der ♀ Gametophyt (◨ Abb. 19.117o) ist dem von *Selaginella* ähnlich. Wo die Sporenwand reißt bildet er wenige Archegonien.

Die in den Familien Pleuromeiaceae und Nathorstianaceae zusammengefassten ausgestorbenen Vertreter der Isoetales waren wesentlich größer als die heute lebenden Arten. Dies gilt in beschränktem Maß für *Nathorstiana* aus der Unterkreide und ausgeprägter für *Pleuromeia* aus dem Buntsandstein. Bei ihr erreichten die etwa armdicken, unverzweigten Stämme mit kurzen Blättern und einem endständigen, heterosporen Sporophyllzapfen 2 m Höhe.

Die im Silur erstmals auftretenden Lycopodiophytina waren besonders im Karbon mit zahlreichen baumförmigen Gattungen wesentlich diverser als heute (▶ Exkurs 20.1). Diese Bärlappbäume zusammen mit baumförmigen Schachtelhalmen (Calamiten, s. Equisetophytina) und einigen Farnbäumen dominierten die Steinkohlewälder (▶ Abschn. 20.2, ◨ Abb. 20.4). Die Bärlappbäume (Lepidophyten) waren bis 40 m hoch und bis 5 m dick (◨ Abb. 19.118). Sie erreichten ihre Hauptentfaltung im Karbon und hatten an der Steinkohlebildung wesentlichen Anteil. Ihre linealischen, schraubig angeordneten Blätter (mit nur einer Mittelrippe aber bis zu 1 m lang) hatten ihre Spaltöffnungen in zwei Längsrillen auf der Unterseite. Nach dem Abfallen ließen sie charakteristische Narben und Blattpolster an der Stammoberfläche zurück (◨ Abb. 19.118b, d). Die Bäume waren mit flach streichenden, wiederholt gabelig verzweigten Wurzelträgern (◨ Abb. 19.118a, c) im nassen Boden verankert, die wie der Stamm sekundäres Dickenwachstum aufwiesen. Ihnen entsprangen exogen sehr viele relativ schwache Wurzeln von eigentümlichem Bau (sog. Appendices), die später abbrachen und zahlreiche Narben hinterließen, weshalb die Wurzelträger Stigmarien genannt werden.

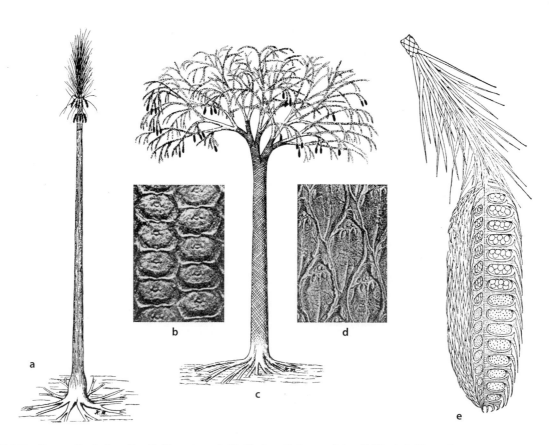

◨ **Abb. 19.118 Lycopodiophytina.** Fossile Vertreter.**a, b** *Sigillaria*. **a** Rekonstruktion (1/80 ×). **b** Blattpolster (2,5 ×). **c–e** *Lepidodendron*. **c** Rekonstruktion (1/200 ×). **d** Blattpolster (1 ×). **e** Sporophyllzapfen (1 ×). (a–c, e nach K. Mägdefrau; d nach Stur)

Stammesgeschichte und Systematik der Bakterien, Archaeen, „Pilze", Pflanzen und anderer...

793 **19**

Die auf der Blattnarbe neben dem Leitbündelmal in einem (■ Abb. 19.118b) oder in zwei Paaren (■ Abb. 19.118d) erkennbaren Male kennzeichnen die Austrittstellen der Durchlüftung dienender Interzellularstränge, die parallel zu den Blattspuren die primäre Rinde durchliefen. Ein nicht sehr tätiger Cambiumring bildete durch sekundäres Dickenwachstum neue Gewebe. Die Stämme hatten auch ein dem Korkcambium entsprechendes Meristem. Es sonderte besonders nach aussen sehr lebhaft Zellen ab, sodass eine im Verhältnis zum Holz außerordentlich mächtige Rinde gebildet wurde (bei *Lepidodendron* bis 99 % des Querschnitts, deshalb die Bezeichnung Rindenbäume; ■ Abb. 19.119a). Die Rinde bestand hauptsächlich aus Festigungsgewebe. Sie war möglicherweise mittels der sogar nach dem Blattabfall noch längere Zeit erhalten bleibenden Ligulae auch mit an der Wasserversorgung beteiligt. Die Stämme der Sigillariaceen, **Siegelbäume** (■ Abb. 19.118a), waren mit Längsreihen mehr oder weniger sechseckiger Blattpolster (■ Abb. 19.118b) bedeckt. Ihre bis 1 m langen und bis 10 cm breiten, einfachen Blätter standen gehäuft am Ende der säulenförmigen, unverzweigten oder schwach gabelig verzweigten Stämme. Im unteren Teil der Krone hingen an sehr kurzen Seitenzweigen die großen Sporophyllzapfen. Bei den Lepidodendraceen, den **Schuppenbäumen** (■ Abb. 19.118c), saßen die schraubig angeordneten, bis einige Dezimeter langen Blätter auf rhombischen Blattpolstern (■ Abb. 19.118d). Ihre Stämme waren reich gabelig verzweigt und trugen endständig an den Zweigen bis 75 cm lange Sporophyllzapfen (■ Abb. 19.118c, e), deren sehr zahlreiche, schuppenförmig verbreiterte und schraubig-dachziegelig angeordnete Sporophylle die Sporangien bedeckten. Die Lepidodendren waren fast alle heterospor und hatten im Megasporangium teilweise nur eine einzige Megaspore mit einem Durchmesser von bis 6 mm. Die Gametophyten waren denen von *Selaginella* ähnlich (■ Abb. 19.119b). Einige karbonische Formen (*Miadesmia*, Selaginellales, krautig, und *Lepidocarpon*, Lepidodendrales, baumförmig) bildeten samenähnliche Strukturen. Das Megasporophyll legte sich bei diesen Bärlappen als eine Hülle rings um das Sporangium (■ Abb. 19.119c; h). Die Hülle war an der Spitze offen und konnte hineinstäubende Mikrosporen aufnehmen, von denen aus dann in noch unbekannter Weise die Befruchtung der Eizellen im weiblichen Gametophyten (■ Abb. 19.119c; pt) stattfand. Das ganze Organ blieb auf der Mutterpflanze sitzen und entwickelte sich hier zu einer Struktur, an deren Schalenbildung außer der Megasporangienwand auch das Megasporophyll beteiligt war.

Alle folgenden Gruppen zeichnen sich durch den Besitz von Blättern mit komplexer Nervatur (oder Reduktionsformen) aus und werden deshalb auch als **Euphyllophyten** bezeichnet. Die grundsätzliche Verschiedenheit der Lycopodiophytina von den Euphyllophyten wurde schon 1992 mit einem molekularen Merkmal untermauert. Während alle Euphyllophyten in ihrem plastidären Genom eine 30 kb große Inversion tragen, fehlt diese bei den Lycopodiophytina und auch den Moosen.

19.4.2.2 Equisetophytina – Schachtelhalme

Den Equisetophytina (Schachtelhalmgewächse, s. ■ Abb. 19.120 und 19.121k) sind folgende Merkmale gemeinsam: ihre im Vergleich zum Stamm kleinen Blätter sind wirtelig angeordnet und bei den rezenten Vertretern miteinander zu einer Scheide verwachsen, die meist wirtelig verzweigten Achsen zeigen eine deutliche Gliederung in Nodi und lange Internodien und die von den assimilierenden Blättern verschiedenen Sporophylle, welche meist die Form eines einbeinigen Tischchens haben, an dessen Unterseite eine Vielzahl von Sporangien hängt, sind wie die Laubblätter wirtelig angeordnet und stehen in zapfenförmigen, endständigen Ähren.

Zu den Schachtelhalmen gehört rezent nur die Gattung *Equisetum*, die mit 15 Arten weltweit aber natürlicherweise nicht in Australien und Neuseeland vorkommt. Aus im Boden oft in beträchtlicher Tiefe kriechenden, ausdauernden Erdsprossen entspringen aufrechte Luftsprosse mit meist nur einjähriger Lebensdauer. Sie bleiben entweder einfach oder verzweigen sich in wirtelige Äste zweiter, dritter usw. Ordnung (■ Abb. 19.121e, k). Die meist deutlich längsgerippten Achsen sind aus gestreckten Internodien zusammengesetzt. An den Knoten sitzen Wirtel (► Abschn. 3.2.2) von zugespitzten zähnchenförmigen Blättern, die ein Leitbündel haben und an ihrer Basis zu einer den Spross umschließenden Scheide verwachsen sind (■ Abb. 19.121e). Die Internodien sind an ihrem Grund, wo sie interkalar wachsen, von diesen Scheiden umhüllt.

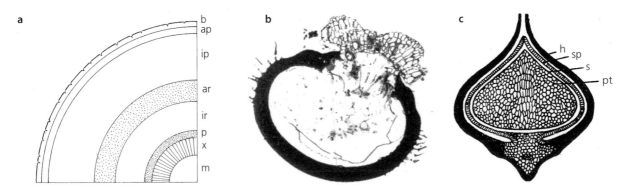

■ **Abb. 19.119 Lycopodiophytina.** Fossile Vertreter. **a** *Lepidodendron.* Stammquerschnitt (Schema). **b** *Bothrostrobus mundus.* Längsschliff durch eine Megaspore mit Prothallium (35 ×). **c** *Lepidocarpon lomaxi.* Längsschliff durch Megasporangium (8 ×). – ap äußeres Periderm, ar äußere primäre Rinde, b Blattpolster, h Hülle, ip inneres Periderm, ir innere primäre Rinde, m Mark, p Phloem, pt Prothallium, s Sporenwand, sp Sporangienwand, x Xylem. (a nach M. Hirmer; b nach McLean; c nach D.H. Scott)

Abb. 19.120 Teich-Schachtelhalm (*Equisetum fluviatile*) mit Sporophyllähren. (Aufnahme: A. Bresinsky)

Bei der geringen Größe der Blattspreiten, die ihr Chlorophyll verlieren können, übernehmen die grünen Achsen die Assimilation. Die Leitbündel sind sehr xylemarm. Die ältesten (d. h. zuerst gebildeten) Xylemteile werden durch Interzellulargänge ersetzt, die im Sprossquerschnitt als Kreis von **Carinalhöhlen** erscheinen (■ Abb. 19.121l). Auch im ausgedehnten Mark entsteht ein großer, luftführender Interzellularraum (**Zentralkanal**) und ebenso in der Rinde ein Kreis von **Vallecularkanälen**.

Die äußeren Zellwände der Sprossepidermis sind bei den Schachtelhalmen mehr oder weniger stark mit Kieselsäure imprägniert (daher früher als Zinnkraut zum Putzen metallener Gefäße verwendet).

Die Sporangien, mit mehrschichtiger Wand und einem Periplasmodialtapetum, werden von besonders gestalteten Sporophyllen gebildet. Sie haben die Form eines einbeinigen Tischchens, an dessen Unterseite fünf bis zehn sackförmige Sporangien sitzen (■ Abb. 19.121f, g). Die Sporophylle sind in mehreren alternierenden Wirteln an den Enden der Sprosse zu zapfenförmigen Sporophyllständen vereinigt (■ Abb. 19.121e). Die Sporangien springen durch den Kohäsionszug des verdunstenden Wassers der Wandzellen mit einem Längsriss an der Innenseite auf. Die zahlreichen grünen Sporen haben auf der Sporenwand ein mehrschichtiges Perispor, das vom Periplasmodialtapetum aufgelagert wurde. Die äußerste Schicht besteht aus zwei schmalen, parallel laufenden, in feuchtem Zustand schraubig um die Spore gewundenen, an ihren Enden verbreiterten Bändern (**Hapteren**; ■ Abb. 19.121h, j). Beim Austrocknen der Sporen rollen sich die Hapteren ab, bleiben aber an einer Stelle in ihrer Mitte miteinander und mit dem Exospor verbunden (■ Abb. 19.121j). Die so gestreckten Hapteren rollen sich bei Feuchtigkeit wieder ein (▶ Abschn. 15.4). Ihre hygroskopischen Bewegungen dienen dazu, die Sporen nicht nur auszubreiten, sondern auch gruppenweise zu verketten. Dementsprechend wachsen die Gametophyten oft in dichten Gruppen nebeneinander. Die Sporen sind nur einige Tage keimfähig. Sie sind alle gleich (Isosporie) und keimen zu thallosen, stark gelappten, grünen Gametophyten aus (■ Abb. 19.121a).

Die Gametophyten sind relativ stark verzweigte, krause Lappen, die monözisch oder diözisch sein können. Die Geschlechtsbestimmung der potenziell bisexuellen Gametophyten erfolgt phänotypisch. Die Geschlechtsreife tritt in nur drei- bis fünfwöchiger Entwicklung ein. Die **Antheridien** sind in das Prothallium eingesenkt, die **Archegonien** ragen aus seiner Oberfläche heraus. Die schraubenförmigen Spermatozoide entstehen zu ca. 250–1000 je Antheridium und besitzen zahlreiche Geißeln (■ Abb. 19.121b).

Die meisten Arten der von den Tropen bis in die kalten Zonen verbreiteten Gattung *Equisetum* bevorzugen feuchte Standorte. Das südamerikanische *E. giganteum* und einige andere tropische Vertreter erreichen als Spreizklimmer bis zu 12 m Länge, während unsere heimischen Arten maximal 2 m (*E. telmateia*) hoch werden. Bei *E. arvense*, dem Acker-Schachtelhalm (■ Abb. 19.121), sowie anderen Arten, die ihre oberirdischen Teile im Winter einziehen, werden seitliche kurze Erdsprossäste zu rundlichen, reservestoffhaltigen Überwinterungsknollen. Es gibt aber auch immergrüne Arten (z. B. *E. hyemale*). Bei manchen Schachtelhalmarten bleibt ein Teil der Achsen steril und verzweigt sich, andere zunächst nichtgrüne Achsen tragen an ihren Enden die Sporophyllstände und verzweigen sich später oder überhaupt nicht in unfruchtbare Seitenachsen (■ Abb. 19.121e, k). Bei anderen Arten (z. B. *E. arvense*) beobachtet man eine Differenzierung in nichtgrüne fertile und grüne sterile Achsen.

Wichtige fossile Vertreter der im Devon erstmals auftretenden Equisetophytina waren die Sphenophyllaceae und Calamitaceae.

19

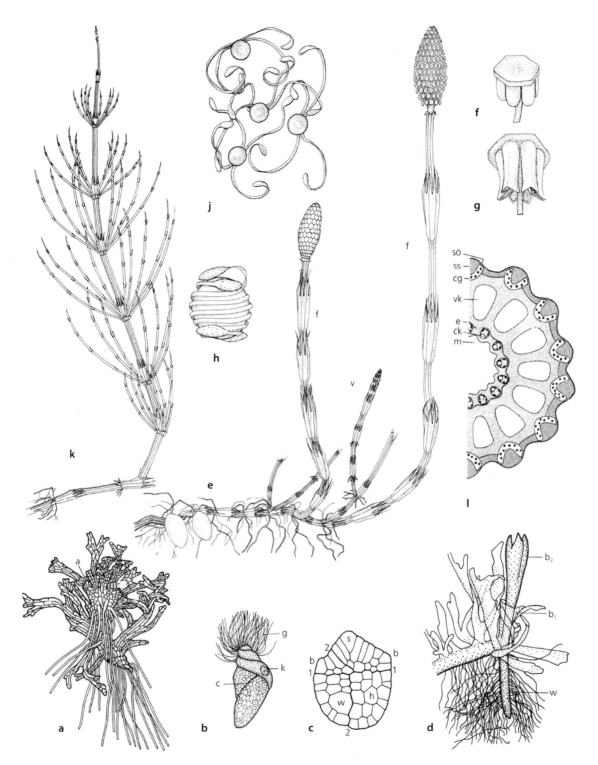

☐ **Abb. 19.121   Equisetophytina.** *Equisetum.* **a** ♀ Prothallium von der Unterseite, mit Archegonien (17 ×). **b** Spermatozoid (1250 ×). **c** Embryo; 1, 2 Quadrantenwände; aus der über der Basalwand (1) liegenden Hälfte entsteht der Stamm und der erste Blattquirl, aus der unteren Hälfte die Wurzel und das Haustorium (165 ×). **d** ♀ Prothallium mit Keimpflanze (diese dunkler gezeichnet) von der Seite mit ersten Blattwirteln und Wurzel. **e–l** *Equisetum arvense.* **e** Fertile Halme, die dem knollentragenden Erdspross entspringen, mit vegetativem Halm noch in der Knospe (0,5 ×). **f** und **g** Sporophylle mit Sporangien, in **g** aufgesprungen. (6 ×). **h** Spore mit den beiden Schraubenbändern (Hapteren) des Perispors (360 ×). **J** Sporen mit den im trockenen Zustand ausgebreiteten Sporenbändern, schwächer vergrößert als in **h** (100 ×). **k** Unfruchtbarer, vegetativer Halm (0,5 ×). **l** Stengel quer; in den Leitbündeln das Xylem schwarz; mit Sklerenchymsträngen in den Riefen und Rippen (16 ×). – a Archegonium, b Blattquirl, b₁, b₂ die ersten Blattwirtel, c Cytoplasma, cg chlorophyllführendes Gewebe, ck Carinalkanal, e Endodermis, f fertile Halme, g Geißeln, h Haustorium, k Zellkern, m lysigene Markhöhle, sö Spaltöffnungsreihe, ss Sklerenchymstränge, s Stamm, v vegetative Halme, vk Vallecularkanal, w Wurzel. (a, d nach K. von Goebel; b nach L.W. Sharp; c nach R. Sadebeck; e–k nach H. Schenck)

Die **Sphenophyllaceae** (Keilblattgewächse) mit z. B. *Sphenophyllum* aus dem Paläozoikum (vom Oberdevon bis Perm) hatten meist sechszählige Wirtel aus gabelteiligen oder zu keilförmigen Flächen mit vielen Gabelnerven verwachsene Blätter (◨ Abb. 19.122a). Die Struktur der Blätter dieser Gruppe macht deutlich, dass die sehr einfachen Blätter der heutigen Schachtelhalme durch Reduktion von Blättern mit komplexer Nervatur entstanden sind. Die Sphenophyllen waren krautige, etwa 1 m lange, vermutlich als Spreizklimmer lebende Pflanzen. Die Sporophyllstände waren bei manchen Arten isospor, bei anderen vermutlich heterospor. Die **Calamitaceen** unterscheiden sich durch folgende Merkmale von den Equisetaceae. An den reproduktiven Achsen wechselten Wirtel von schildförmigen Sporophyllen und lanzettlichen Brakteen miteinander ab (◨ Abb. 19.123c). Neben isosporen Arten gab es auch heterospore (◨ Abb. 19.123d). Die Sporen besaßen keine Hapteren.

Die im Oberkarbon und Perm weit verbreitete Gattung *Calamites* (◨ Abb. 19.122c) bildete einen wichtigen Bestandteil der Steinkohlewälder und hatte mit den Lepidodendren und Sigillarien einen wesentlichen Anteil an der Kohlebildung. Manche Arten erreichten 30 m Höhe und infolge der mächtigen Sekundärholzbildung einen Durchmesser von bis zu 1 m (◨ Abb. 19.122c, d) mit, wie bei *Equisetum*, einer großen zentralen Markhöhle (Röhrenbäume). Die Stämme waren bei den meisten Arten wirtelig verzweigt, bei einigen jedoch unverzweigt.

In den zwei folgenden Unterabteilungen ist der Gametophyt heteromykotroph und die Blätter sind in der Entwicklung nicht an der Spitze eingerollt. Beide Gruppen sind isospor.

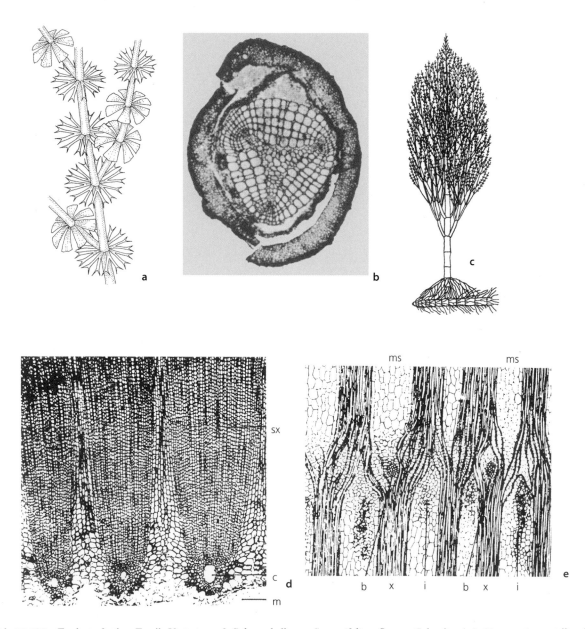

◨ **Abb. 19.122   Equisetophytina.** Fossile Vertreter. **a, b** *Sphenophyllum*. **a** *S. cuneifolium*. Sprossstück mit gabelteiligen und ungeteilten Blättern (0,33 ×). **b** *S. plurifoliatum*. Querschliff durch Sprossachse; innen dreieckiges Primärxylem mit drei Protoxylemgruppen, rings umgeben von Sekundärxylemen (7 ×). **c** *Calamites carinatus*. Rekonstruktion (1/200 ×). **d, e** *Arthropitys communis*. **d** Querschliff durch einen Teil des Holzkörpers (10 ×). **e** Tangentialschliff durch jungen Spross (10 ×). – b Blattspur, c Carinalkanal, i Infranodalkanal, m Mark, ms Markstrahl, sx Sekundärxylem, V Xylem. (a, c nach M. Hirmer; b nach K. Mägdefrau; d nach Knoell, e nach D.H. Scott)

Stammesgeschichte und Systematik der Bakterien, Archaeen, „Pilze", Pflanzen und anderer...

797   **19**

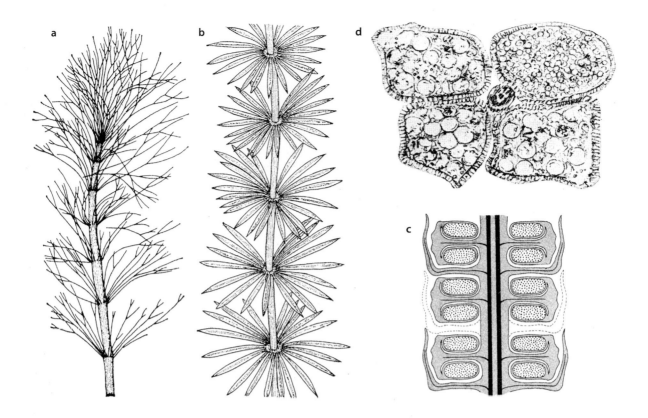

○ **Abb. 19.123   Equisetophytina.** Fossile Vertreter. **a** *Archaeocalamites radiatus* (0,33 ×). **b** *Annularia stellata* (0,5 ×). **c** *Calamostachys binneyana*. Sporangienstand im Längsschliff, mit sterilen Blättern (4 ×). **d** *Calamostachys casheana*. Tangentialschliff durch Sporangienträger, der drei Megasporangien und ein Mikrosporangium trägt (22 ×). (a, b nach D. Stur; c nach M. Hirmer, verändert; d nach W.C. Williamson und D.H. Scott)

19.4.2.3 Psilotophytina – Gabelblattfarne

Die ca. 17 Arten der Gabelblattfarne (1 Familie) sind niedrige, ausdauernde, gabelig verzweigte Kräuter (○ Abb. 19.124 und 19.125a), deren Sporophylle gabelig geteilt sind (○ Abb. 19.125c). Die blattlosen Rhizome sind wurzellos (auch der Embryo hat keine Wurzelanlage), haben aber Rhizoide und leben in Symbiose mit Mykorrhizapilzen. Die Blätter (bei *Psilotum* sehr klein, bei *Tmesipteris* größer) stehen locker und sind schraubig angeordnet. Ihre Sporangien haben eine mehrschichtige Wand und sind zu je zwei (*Tmesipteris*) oder drei (*Psilotum*) miteinander zu einem **Synangium** verwachsen (○ Abb. 19.125c), das sich auf der Blattoberseite befindet. Die Gametophyten werden einige Zentimeter lang, sind walzenförmig und verzweigt (○ Abb. 19.125h), farblos und parasitieren unterirdisch auf Pilzen (○ Abb. 19.125j: my). An ihrer Oberfläche tragen sie Antheridien, die viele Spermatozoide mit zahlreichen Geißeln entlassen. Die kleinen Archegonien sind etwas eingesenkt. Besonders kräftige Gametophyten haben Leitbündel.

19.4.2.4 Ophioglossophytina – Natternzungengewächse

Die ca. 112 Arten der Natternzungengewächse (1 Familie) haben Blätter, die in einen flächigen, assimilierenden und einen senkrecht dazu stehenden sporangientra-genden Teil differenziert sind (○ Abb. 19.126a, d). Am meist kurzen, unterirdischen Stamm mit Mykorrhizapilzen wird häufig jährlich nur ein einziges, lang gestieltes Blatt mit einer nebenblattartigen Scheide an der Basis ausgebildet. Der assimilierende Teil des Blatts von *Botrychium* (Mondraute) ist gefiedert. Die rundlichen Sporangien stehen am Rand des verzweigten sporangientra-genden Blattteils und sind nicht miteinander verwachsen (○ Abb. 19.126d, e). Bei *Ophioglossum* (Natternzunge) ist der assimilierende Teil des Blatts zungenförmig und netzadrig. Der sporangientragende Teil hat zwei Reihen eingesenkter Sporangien (○ Abb. 19.126a, b). Die Sporangien haben eine mehrschichtige Wand (○ Abb. 19.126f). Die unterirdischen, nur einige Millimeter langen, zylindrischen Gametophyten sind chlorophyllfrei und mykoheterotroph und können oft jahrelang leben. Die Antheridien und Archegonien sind in das Gewebe eingesenkt (○ Abb. 19.126c). *Ophioglossum* hat mit bis zu $n \approx 660$ Chromosomen die höchste bei Pflanzen bekannte Chromosomenzahl.

19.4.2.5 Marattiophytina – eusporangiate Farne

Die ca. 111 Arten der Marattiophytina (1 Familie) haben einen kurzen Stamm mit häufig großen, mehrfach gefiederten Blättern, die mehrere Meter lang werden können.

◘ Abb. 19.124   Psilotophytina. Habitus von *Psilotum.* (Aufnahme: A. Bresinsky)

Die Blätter sind während der Entwicklung an der Spitze eingerollt und sind am Grund nebenblattartig verbreitert. Die Sporangien befinden sich auf der Blattunterseite und die Sporangienwand ist mehrschichtig (eusporangiat). Die isosporen Sporangien sind bei manchen Gattungen seitlich zu kapselartigen, gefächerten, später aufspringenden Synangien verwachsen, bei anderen frei und in Gruppen (Sori) zusammengefasst. Die langlebigen Gametophyten leben in Symbiose mit Mykorrhizapilzen, wachsen aber oberirdisch als grüne, autotrophe, mehrschichtige, lebermoosähnliche Thalli mit unterseits eingesenkten Antheridien und Archegonien. Die Marattiophytina leben überwiegend in tropischen Wäldern mit z. B. *Angiopteris* in Asien (Wedellänge bis 5 m!), *Danaea* in Südamerika, und der pantropischen *Marattia.*

19.4.2.6   Polypodiophytina (Filicophytina, Pteridophytina) – leptosporangiate Farne

Die Polypodiophytina, die Farne in engeren Sinn (◘ Abb. 19.127), haben große Blätter (Megaphylle) mit komplexer Aderung, die auch als Wedel bezeichnet werden. Die meist gestielten Blätter sind häufig gefiedert (z. B. zwei- bis vierfach bei *Pteridium aquilinum*, Adlerfarn; doppelt bei *Dryopteris filix-mas*, Wurmfarn, ◘ Abb. 19.128; einfach gefiedert bei *Polypodium vulgare*, Tüpfelfarn), aber auch ungeteilte Blätter kommen vor (*Asplenium scolopendrium*, Hirschzunge; ◘ Abb. 19.140c).

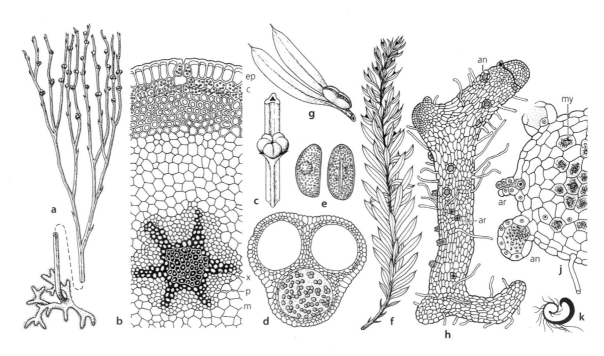

◘ Abb. 19.125   Psilotophytina. a–e *Psilotum nudum.* **a**, Habitus (12 ×). **b** Stengelquerschnitt mit Aktinostele (40 ×). **c** Sprossstück mit Synangium in der Achsel eines Gabelblatts (2,5 ×). **d** Querschnitt durch Synangium (8 ×). **e** Sporen (250 ×). **f, g** *Tmesipteris tannensis.* **f** Habitus (12 ×), **g** Sporophyll (2,5 ×). **h–k** *Psilotum nudum.* **h** Prothallium (15 ×). **j** Querschnitt durch Prothallium (40 ×). **k** Spermatozoid (990 ×). – an Antheridien, ar Archegonien, c äußere grüne Rindenschicht, ep Epidermis, m innere Rinde, my Mykorrhizazellen, p Phloem, x Xylem. (a nach R. von Wettstein, Pritzel; b, c, e, f nach Pritzel; d, g nach R. von Wettstein; h–k nach Lawson)

■ **Abb. 19.126   Ophioglossophytina. a–c** *Ophioglossum vulgatum.* **a** Sporophyt (0,5 ×). **b** Längsschnitt durch die Spitze des fertilen Blattabschnitts (2 ×). **c** Prothallium mit Antheridien, Archegonien, mit jungem Sporophyt und erster Wurzel, darin Pilzhyphen (10 ×). **d–g** *Botrychium lunaria.* **d** Sporophyt (0,5 ×). **e** Sporangien von unten gesehen. **f** Längsschnitt durch ein unreifes Sporangium mit mehrschichtiger Wand; innen Sporenmutterzellen, umgeben von Tapetumzellen (10 ×), **g** Schnitt durch Prothallium (35 ×). – a Antheridium, ag Archegonium, e Embryo, h Pilzhyphen, s junger Sporophyt. (a, b, d, e nach K. Mägdefrau; c, g nach H. Bruchmann; f nach K. von Goebel)

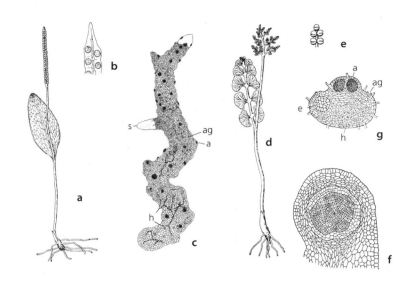

■ **Abb. 19.127   Polypodiophytina.** Grüne Wedel des Straußfarns (*Matteuccia struthiopteris*); die Sporophylle hier nicht sichtbar. (Aufnahme: A. Bresinsky)

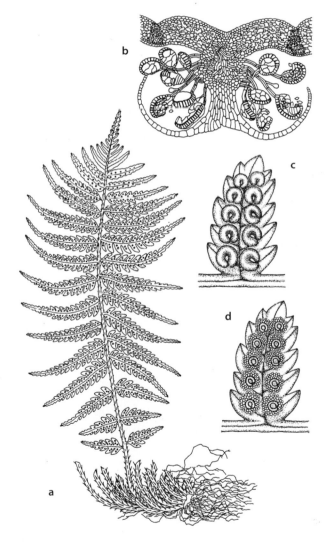

■ **Abb. 19.128   Polypodiophytina.** *Dryopteris.* **a** Habitus (0,25 ×). **b** Schnitt durch Sorus; Placenta mit Sporangien und schirmförmigem Indusium (30 ×). **c** Fiederchen mit jungen, noch vom Indusium bedeckten Sori. **d** Desgl., im älteren Stadium mit geschrumpften Indusien (3 ×). (a, c, d nach H. Schenck; b nach L. Kny)

In frühen Entwicklungsstadien sind die Blätter an der Spitze nach oben eingerollt. Die Einrollung entsteht durch rascheres Wachstum der Unterseite junger Blattanlagen und gleicht sich erst später aus. Die oberirische Achse, die bei tropischen Baumfarnen bis zu 20 m hoch werden kann und etwa armdick sein kann (■ Abb. 19.129), bei den mitteleuropäischen Farnen aber sehr kurz ist, ist

▣ Abb. 19.129 **Polypodiophytina.** *Cyathea* sp. Baumfarn aus Ceylon. (1/100 ×). (Nach H. Schenck)

meist nicht verzweigt. Viele Farne sind krautig und haben ein im Boden wachsendes waagerechtes oder aufsteigendes, wenig verzweigtes Rhizom, das bei *Pteridium* 40 m lang und 70 Jahre alt werden kann. Sekundäres Dickenwachstum fehlt und die Stabilität der großen Baumfarne wird unter anderem durch einen Mantel von steifen, sprossbürtigen Wurzeln erhöht. Selten werden Tracheen gebildet (so bei *Pteridium aquilinum*, ▣ Abb. 19.130). Die Sporangien sitzen manchmal dicht am Blattrand, meist aber deutlich auf der Blattunterseite, und sind sehr häufig in Gruppen angeordnet, die als **Sori** (Sorus) bezeichnet werden. Die Sporangien entstehen auf einem hervortretenden Gewebehöcker, der Placenta (▣ Abb. 19.128b; auch Receptaculum genannt), und werden bei vielen Arten vor der Reife von einem häutigen Auswuchs, dem Schleier (**Indusium**; ▣ Abb. 19.128b–d) bedeckt. Außer bei den Osmundales (s. u.) handelt es sich um Leptosporangien. Die Sporangien entwickeln sich aus einer epidermalen Zelle, haben eine Wand aus einer einzelnen Zellschicht und meist einen deutlichen Stiel. Das sporogene Gewebe entsteht durch weitere Teilungen der äußeren der beiden aus der periklinalen Teilung der Epidermiszelle entstandenen Zellen. Die Sporangien besitzen meist ei-

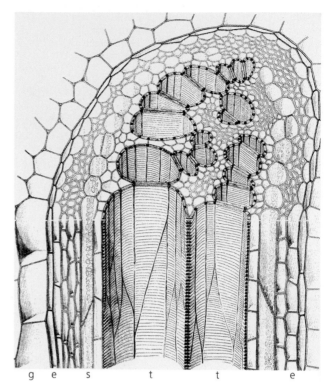

g e s   t   e

▣ Abb. 19.130 **Polypodiophytina.** *Pteridium aquilinum*. Leitbündel, Quer- und Längsschnitt (100 ×). – e Endodermis, g parenchymatisches Grundgewebe, s Siebzellen, t Treppengefäße. (Nach K. Mägdefrau)

nen **Anulus**, d. h. eine Reihe toter Zellen mit stark verdickten Radial- und Innenwänden (▣ Abb. 19.134), der durch einen Kohäsionsmechanismus die Öffnung und das Ausschleudern der Sporen bewirkt (▣ Abb. 15.33). Außer den heterosporen Salviniales sind die Polypodiophytina fast immer (außer *Platyzoma microphyllum = Pteris m.*) **isospor**. Die Sporophylle unterscheiden sich meist wenig von den sterilen Laubblättern (Trophophyllen). Bei einigen Gattungen sind sie aber vor allem durch Reduktion der Spreitenfläche ganz anders gebaut (z. B. *Matteuccia*, *Blechnum*, *Osmunda*). Der kurzlebige Gametophyt (▣ Abb. 19.109a, b und 19.131) wird höchstens einige Zentimeter groß und besitzt meist Antheridien und Archegonien. Die australische *Platyzoma microphyllum* (= *Pteris m.*) bildet Sporen in zwei Größenklassen aus, die sich zu eingeschlechtigen Gametophyten sehr unterschiedlichen Aussehens entwickeln (▣ Abb. 19.131d, e). Antheridien und Archegonien entstehen auf der dem einfallenden Licht abgewandten Seite, normalerweise also auf der boden- und feuchtigkeitsnahen Unterseite. Sie sind nach Abschluss ihrer Entwicklung nicht oder wenig in das Gewebe eingesenkt.

In der Entwicklung des Gametophyten entsteht erst ein fadenförmiges Protonema mit Rhizoiden, das aber nur selten stark ausgebildet ist und dann z. B. bei *Trichomanes* und *Schizaea* an seinen Fäden die An-

Stammesgeschichte und Systematik der Bakterien, Archaeen, „Pilze", Pflanzen und anderer...

801 **19**

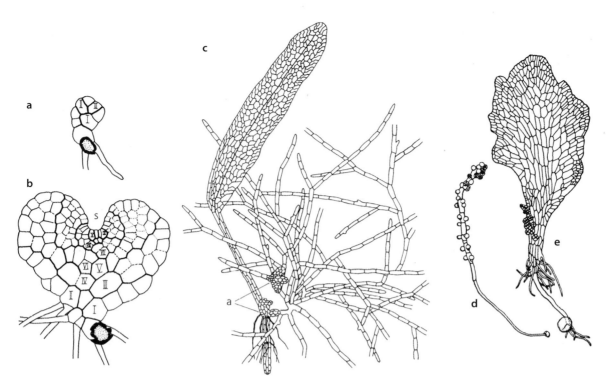

■ **Abb. 19.131** **Polypodiophytina. a, b** Entwicklung des Prothalliums von *Matteuccia struthiopteris* aus der Spore (70 ×). **a** 11, **b** 21 Tage alt, mit Scheitelzelle s und von ihr abgesonderten Segmenten (I–X). **c** *Trichomanes rigidum*. Fadenprothallium mit Archegoniumträgern, davon einer mit Keimpflanze. **d, e** *Platyzoma microphyllum* (= *Pteris m.*) (20 ×). **d** ♂ Prothallium. **e** Desgl., ♀ Prothallium. – a Archegoniumträger, s Scheitelzelle. (a, b nach Döpp; c nach K. von Goebel; d, e nach P. Tryon)

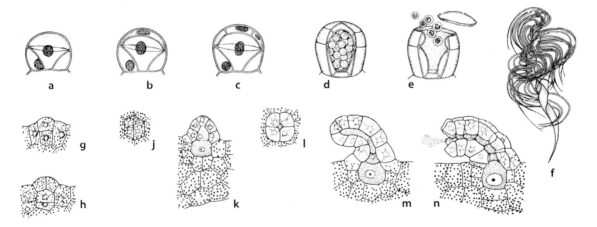

■ **Abb. 19.132** **Polypodiophytina. a–e** Entwicklung des Antheridiums von *Dryopteris filix-mas* (250 ×). **f** Spermatozoid von *Thelypteris palustris* (3000 **g–n** Entwicklung des Archegoniums von *Dryopteris filix-mas* (200 ×), (a–e nach L. Kny, ergänzt nach Schlumberger und Schraudolf; f nach Dracinschi; g–n nach L. Kny)

theridien und auf besonderen mehrzelligen Seitenfäden die Archegonien trägt (■ Abb. 19.131c). Meist ist dieses Fadenstadium aber nur sehr kurzlebig und geht zur Bildung des häufig herzförmigen, dem Substrat flach anliegenden, nur wenige Zellschichten dicken Gametophyten über (■ Abb. 19.151a).

Die Antheridien sind kugelig vorgewölbte Gebilde, die ohne Stiel mitten auf einer Epidermiszelle sitzen, aus der sie durch papillenartige Vorwölbung und Abgrenzung

durch eine Querwand entstanden sind (■ Abb. 19.132). Die Wand eines reifen Antheridiums besteht aus drei Zellen, zwei Ringzellen und einer Deckelzelle (■ Abb. 19.132d, e). Die Spermatozoide sind korkenzieherartig gewunden und vielgeißelig (■ Abb. 19.132f). Die Archegonien entstehen ebenfalls aus einer Epidermiszelle. Das reife Archegonium hat eine einzellschichtige Wand, die zuunterst eine Eizelle, darüber eine Bauchkanalzelle und schließlich unterschiedlich viele Halskanalzellen umschließt (■ Abb. 19.132m). Das Archegonium ist nach Öffnung an der Spitze und dem Platzen und Quellen der Bauch- und Halskanalzelle(n) (■ Abb. 19.132n) befruchtungsbereit. Nach den ersten Wandbildungen in der Zygote (■ Abb. 19.133a) ist der Achsenscheitel (■ Abb. 19.133: s) des Embryos dem Gametophyten zugewandt. Die Anlagen des ersten Blatts (■ Abb. 19.133: b) und der Wurzel (■ Abb. 19.133: w) sind gegen den Archegoniumhals gewendet. Schon die erste Wurzel ist wie bei allen Farnpflanzen sprossbürtig.

Eine vegetative Vermehrung kann bei wenigen Arten durch Brutknospen an den Blättern stattfinden, sonst vielfach über Ausläuferbildung. Die Farne sind meist schattenliebende Pflanzen und weltweit verbreitet. Der größte Artenreichtum findet sich in den Tropen, wo sie als nur wenige Millimeter große Zwergformen (z. B. *Didymoglossum*) aber auch als bis zu 20 m hohe Schopfbäume wachsen.

Die ca. 10.300 Arten der Polypodiophytina werden heute in sieben Ordnungen mit 44 Familien und 300 Gattungen gegliedert.

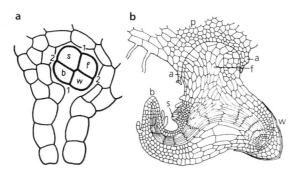

■ **Abb. 19.133** **Polypodiophytina.** *Pteridium aquilinum*, Embryobildung. **a** Nach den ersten Wandbildungen im Archegonium. **b** In fortgeschrittenem Stadium, der Fuß im erweiterten Archegoniumbauch steckend. – a Archegoniumbauch, b erstes Blatt, f Fuß, p Prothallium, s Stammscheitel, w Wurzel. (a nach W. Zimmermann; b nach W. Hofmeister)

Die Klassifikation der Polypodiophytina (aber auch der übrigen Teilgruppen der Farnpflanzen) ist zur Zeit sehr umstritten. Dabei geht es um die Frage, wie die Phylogenie am besten in eine Klassifikation umgesetzt wird (► Abschn. 18.4). Während die Pteridophyte Phylogeny Group (2016), der hier gefolgt wird, für die Polypodiophytina die genannte Klassifikation in 44 Familien mit 300 Gattungen vorschlägt, erkennen andere Autoren nur 17 Familien mit 194 Gattungen an (Schuettpelz et al. 2018, Christenhusz und Chase 2018).

Die **Osmundales** (1 Familie) sind Schwestergruppe aller übrigen Polypodiophytina. Ihre Sporangien unterscheiden sich von den für die übrigen Ordnungen typischen Leptosporangien dadurch, dass sie aus mehreren Epidermiszellen entstehen. Die Sporangien sind nicht zu Sori zusammengefasst und ein typischer Anulus fehlt. Eine Gruppe verdickter Zellen bewirkt das Aufreißen der Sporangien am Scheitel (■ Abb. 19.134a). Beim in Mitteleuropa heimischen Rispen- oder Königsfarn (*Osmunda regalis*) sind die oberen Teile grüner Blätter als sporangientragender Teil ohne grüne Spreitenfläche ausgebildet. Die Blätter der **Hymenophyllales** (1 Familie) sind von einigen Ausnahmen abgesehen zwischen den Blattnerven nur eine Zellschicht dick und haben keine Spaltöffnungen. Sie kommen mit *Hymenophyllum* (Hautfarn) auch in Mitteleuropa vor. Von *Trichomanes* (Dünnfarn) findet man in Mitteleuropa nur den sich vegetativ vermehrenden fädigen, watteartigen Gametophyten. Die **Gleicheniales** (3 Familien; ■ Abb. 19.135) sind mit drei Familien meist tropisch verbreitet. Die Sporangien der **Schizaeales** (3 Familien) sind nicht in scharf umgrenzten Sori angeordnet und haben einen dicht unter dem Scheitel quer verlaufenden Anulus (■ Abb. 19.134b). Die sporangientragenden Teile der Blätter sind meist deutlich anders gebaut als die assimilierenden Blattteile. Die **Salviniales** (2 Familien), Wasserfarne (■ Abb. 19.136), sind heterospor. Zu ihnen gehören ca. 80 wasser- oder sumpfbewohnende Arten, die fünf Gattungen in zwei Familien zugeordnet werden. Zu den **Salviniaceae** mit den beiden Gattungen *Azolla* und *Salvinia* gehören meist frei schwimmende Wasserfarne. Der in eutrophen Gewässern Mitteleuro-

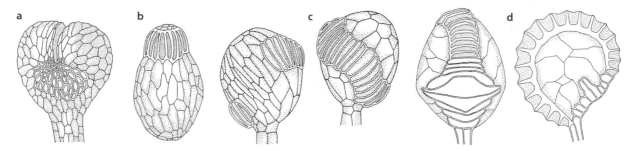

■ **Abb. 19.134** **Polypodiophytina.** Sporangien von a *Osmunda regalis* (Osmundales, Stomium geöffnet, 40 ×). **b** *Anemia* sp. (Schizaeales). **c** *Hymenophyllum dilatatum* (Hymenophyllales). **d** *Dryopteris filix-mas* (Polypodiales, Anulus und Stomium in Aufsicht und Seitenansicht). (B–D 70 ×). (a, b nach C. Luerssen; c nach F.O. Bower)

19

Stammesgeschichte und Systematik der Bakterien, Archaeen, „Pilze", Pflanzen und anderer...

803   **19**

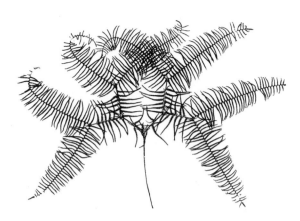

◨ Abb. 19.135   Polypodiophytina. *Gleichenia* sp. Australien (0,2 ×). (Nach K. Mägdefrau)

◨ Abb. 19.136   Polypodiophytina. Schwimmfarn (*Salvinia*), mit seinen Schwimmblättern die Wasseroberfläche bedeckend. (Aufnahme: A. Bresinsky)

pas vorkommende *Salvinia natans*, der Schwimmfarn (◨ Abb. 19.136 und 19.137), trägt an jedem Knoten seiner wenig verzweigten Achse drei Blätter. Die zwei oberen (◨ Abb. 19.137a), grünen, ovalen Schwimmblätter haben auf ihrer Oberseite zahlreiche Gliederhaare, wodurch die Blätter unbenetzbar sind. Außerdem findet man auf der Oberseite auch kleine Stomata. Das untere Blatt (◨ Abb. 19.137: wb) ist in zahlreiche, in das Wasser herabhängende, fadenförmige und behaarte Zipfel geteilt und übernimmt die Funktion der fehlenden Wurzeln.

An der Basis dieser Wasserblätter sitzen mehrere kugelige Sporangienbehälter (**Sorokarpien**, ◨ Abb. 19.137a). Sie umschließen die Sporangien, die auf einer säulenförmigen Placenta stehen (◨ Abb. 19.137c). Die Hülle jedes Sorokarpiums wird von einem zweischichtigen, hohlkugelförmigen Indusium gebildet. Jedes Sorokarpium enthält einen **Sorus** mit entweder vielen Mikrosporangien oder weniger vielen Megasporangien (◨ Abb. 19.137c: mi, ma). Beiderlei Sporangien sind gestielt. Die **Mikrosporangien** enthalten 64 in Tetraden gebildete Mikrosporen, die im Perispor eingebettet sind (◨ Abb. 19.137e). Die Mikrosporen entwickeln sich anfangs noch innerhalb des Sporangiums zu einem kurzen, schlauchförmigen, aus wenigen Zellen beste-

henden männlichen Gametophyten. Dieser durchbricht pollenschlauchähnlich die Sporangienwand. Subapikal werden zwei stark vereinfachte Antheridien (◨ Abb. 19.137h) mit je zwei spermatogenen Zellen und schließlich vier Spermatozoiden gebildet, die nach Aufbrechen der Wandzellen ins Wasser gelangen. In den **Megasporangien** entstehen aus den acht Sporenmutterzellen 32 haploide Kerne, von denen sich nur einer weiterentwickelt, sodass jedes Sporangium nur eine einzige große mit Proteinkörnern, Öltröpfchen und Stärkekörnern dicht gefüllte Megaspore enthält (◨ Abb. 19.137f). An ihrem Scheitel ist der Kern in dichteres Plasma eingebettet. In der Megaspore bildet sich scheitelständig ein kleinzelliger weiblicher Gametophyt (◨ Abb. 19.137k), der mit seiner Spitze das blasigschaumige, feste Perispor an drei vorgebildeten apikalen Spalten durchbricht. Dabei reißt die Sporangienwand unregelmäßig auf. Am chloroplastenreichen Gametophyten entstehen nur wenige Archegonien und nur eine befruchtete Eizelle entwickelt sich zum Embryo weiter. Der nährstofffreie basale Teil der Megasporen (◨ Abb. 19.137: s) bleibt im Sporangium und ist für die Ernährung des Embryos verantwortlich.

In der in Mitteleuropa eingeschleppten Gattung *Azolla* (Algenfarn) tragen die zierlichen, reichverzweigten Achsen dicht aufeinanderfolgende Blättchen in zweizeiliger Anordnung und an der Unterseite lange Würzelchen (◨ Abb. 19.138a). Jedes Blatt ist in einen schwimmenden, assimilierenden oberen Lappen und einen ins Wasser getauchten unteren Lappen geteilt. In Höhlungen des Oberlappens lebt das luftstickstoffbindende Cyanobakterium *Anabaena azollae* als Symbiont (◨ Abb. 19.138c), weshalb *Azolla* in Reisfeldern zur Gründüngung benutzt wird.

Die Mikrosporen sind nach Freisetzung in ein schaumiges Periplasmodium gebettet, wodurch schwimmfähige Ballen, Massulae, entstehen. Jede **Massula** ist mit gestielten Widerhäkchen, den **Glochidien** (◨ Abb. 19.138d), besetzt. Die Glochidien dienen der Verankerung an der Megaspore, die mit einem lufthaltigen Schwimmkörper im Wasser treibt.

Die Marsileaceae sind in Mitteleuropa (mit dem heute in freier Natur ausgestorbenen) *Marsilea quadrifolia* (Kleefarn, ◨ Abb. 19.139a) und *Pilularia globulifera* (Pillenfarn, ◨ Abb. 19.139h) vertreten, die beide auf nassen Böden wachsen. Der Kleefarn hat eine kriechende, verzweigte Achse mit einzelstehenden, lang gestielten Blättern, deren Spreite aus zwei sehr nahe beieinander stehenden Fiederblattpaaren besteht.

Über der Basis des Blattstiels entspringen paarweise, bei anderen Arten in größerer Anzahl, die gestielten ovalen **Sorokarpien**. Im Gegensatz zu den Salviniaceae geht deren Hülle aus einem assimilierenden Blattteil hervor, bei dem durch Förderung des Wachstums der Unterseite die Sorusanlagen eingesenkt werden. Jedes Sorokarp umschließt hier viele Sori (◨ Abb. 19.139c) mit Mikro- und Megasporangien. Der Pillenfarn unterscheidet sich von *Marsilea* durch einfache lineare Blätter, an deren Grund die kugeligen Sorokarpien einzeln entspringen.

Zu den **Cyatheales** (8 Familien) gehören die oben erwähnten Baumfarne z. B. der Cyatheaceae (◨ Abb. 19.129) und Dicksoniaceae. Die große Mehrzahl der Farne (mehr als ca. 8700 Arten) gehören zu den **Polypodiales** (26 Fami-

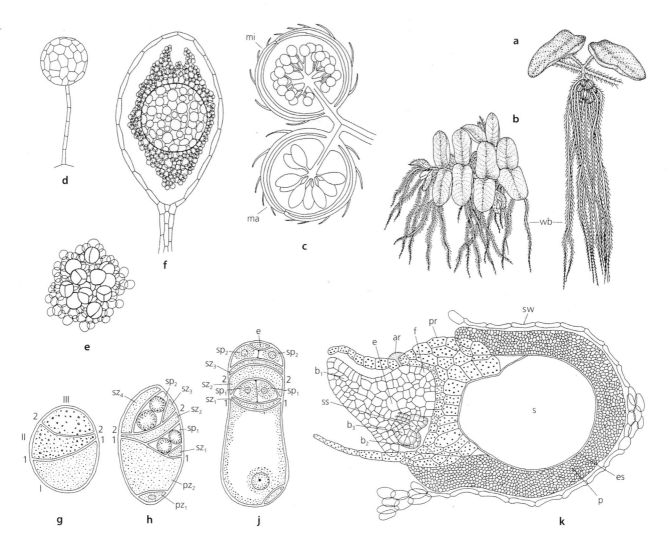

◘ Abb. 19.137   Polypodiophytina. *Salvinia natans.* **a** Sprossstück, von der Seite, mit rundlichen Sporangienbehältern (0,75 ×). **b** Desgl., von oben (0,75 ×). **c** Megasporangienbehälter und Mikrosporangienbehälter im Längsschnitt (8 ×). **d** Mikrosporangium (55 ×). **e** In schaumige Zwischensubstanz eingebettete Mikrosporen (250 ×). **f** Megasporangium mit Megaspore, letztere vom Perispor umgeben, im Längsschnitt (55 ×). **g–j** ♂ Prothallium. **g** Teilung der Mikrospore in die drei Zellen I–III (860 ×). **h** Fertiges Prothallium von der Flanke, **J** von der Bauchseite. Zelle I hat sich in die Prothalliumzellen pz_1 und pz_2 (pz_1 funktionslose Rhizoidzelle) geteilt, Zelle II in die sterilen Zellen sz_1, sz_2 und in die beiden spermatogenen Zellen sp_1, von denen jede zwei Spermatozoide bildet; Zelle III in die sterilen sz_3, sz_4 und in die beiden spermatogenen Zellen sp_2. Die Zellen sp_1 sp_1 und sp_2 sp_2 sind zwei Antheridien, die Zellen sz_1–sz_4 deren Wandungszellen; die Ziffern 1–1 und 2–2 markieren die Lage der ersten Zellwände (640 ×). **K** Embryo im Längsschnitt, Prothallium mit Chloroplasten, b_1–b_3 die ersten Blätter (100 ×). – ar Archegoniumrest, b_1–b_3 Blatt, e Embryo, es Exospor, f Haustorium, ma Megasporangienbehälter, mi Mikrosporangienbehälter, p Perispor, pr Prothallium, pz_1, pz_2 Prothalliumzelle, s Sporenzelle, sp_1, sp_2 spermatogene Zelle, ss Stammscheitel, sw Sporangiumwand, sz_1–sz_4 sterile Zelle, wb Wasserblatt. (a, b nach G. W. Bischoff; c–f nach E. Strasburger; g–j nach W. C. Belajeff; k nach N. Pringsheim)

19

lien; ◘ Abb. 19.140 und 19.128), deren Sporangien meist einen langen, ein bis drei Zellreihen dicken Stiel und einen vertikalen, durch Stielansatz und Öffnungsstelle (Stomium) unterbrochenen Anulus haben (◘ Abb. 19.134). Innerhalb der Polypodiales wiederum gehört, von relativ wenigen Arten abgesehen (z. B. *Pteridium aquilinum*, Adlerfarn, Dennstaedtiaceae), die Mehrzahl der Arten zu einer informell als Eupolypodien bezeichneten Gruppe, die in die Eupolypodien I (= Polypodiineae) und Eupolypodien II (= Aspleniineae) gegliedert wird. Zu den Eupo-

lypodien I gehören z. B. der Tüpfelfarn (*Polypodium*, Polypodiaceae) und der Wurmfarn (*Dryopteris*, Dryopteridaceae; ◘ Abb. 19.128), und zu den Eupolypodien II (mit häufig zwei Leitbündeln im Blattstiel) der Rippenfarn (*Blechnum*, Blechnaceae), der Streifenfarn (*Asplenium*, Aspleniaceae; ◘ Abb. 19.140) und der Frauenfarn (*Athyrium*, Athyriaceae).

Es konnte gezeigt werden, dass die Hauptphase der Diversifizierung der Polypodiophytina und besonders der Polypodiales in der späten Kreide stattfand

Stammesgeschichte und Systematik der Bakterien, Archaeen, „Pilze", Pflanzen und anderer...

805   **19**

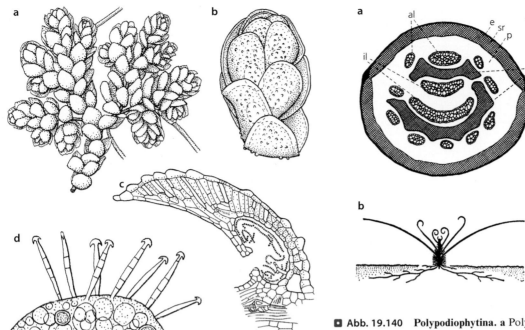

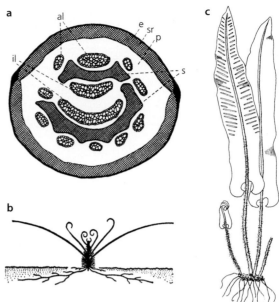

◘ Abb. 19.138 Polypodiophytina. *Azolla.* **a** *A. caroliniana.* Pflanze von oben gesehen (4 ×). **b** *A. filiculoides.* Sprossspitze, von oben (12 ×). **c** Längsschnitt durch den Oberlappen eines Blatts; in der Höhle *Anabaena azollae.* **d** *A. caroliniana.* Teil einer Massula mit Glochidien (160 ×). (a, c nach E. Strasburger; b nach K. von Goebel)

◘ Abb. 19.140 Polypodiophytina. a Polypodiales, *Pteridium aquilinum.* Rhizomquerschnitt (7 ×). **b** *Asplenium nidus.* Wuchsschema. **c** *Asplenium scolopendrium* (0,25 ×). – al äußere Leitbündel, e Epidermis, il innere Leitbündel, p Parenchym, s Sklerenchymplatten, sr Sklerenchymring. (a, c nach K. Mägdefrau; b nach W. Troll)

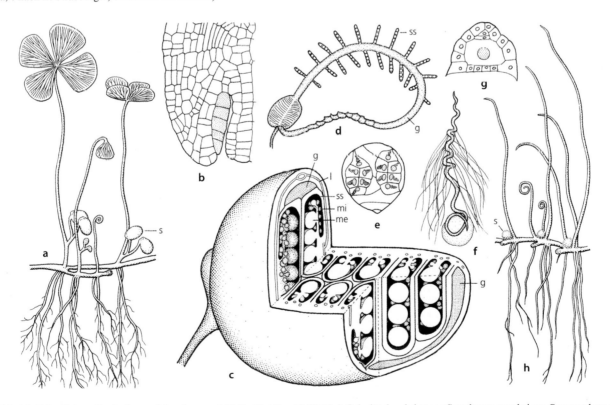

◘ Abb. 19.139 Polypodiophytina. a *Marsilea quadrifolia.* Habitus (0,67 ×). **b** Schnitt durch junges Sorokarp; punktiert: Sorusanlage (200 ×). **c** Reifes Sorokarp (8 ×). **d** Geöffnetes Sorokarp von *Marsilea* sp. (1 ×). **e** Gekeimte Mikrospore mit zwei Antheridien (150 ×). **f** Spermatozoid (700 ×). **g** Archegonium (150 ×). **h** *Pilularia globulifera,* Habitus (0,67 ×). – g Gallertring, l Leitbündel, me Megasporangium, mi Mikrosporangium, s Sorokarp, ss Sorussäckchen. (a, h nach G.W. Bischoff; b nach Johnson; c nach K. Mägdefrau; d nach J. Hanstein; e nach W.C. Belajeff; f nach L.W. Sharp; g nach D.H. Campbell)

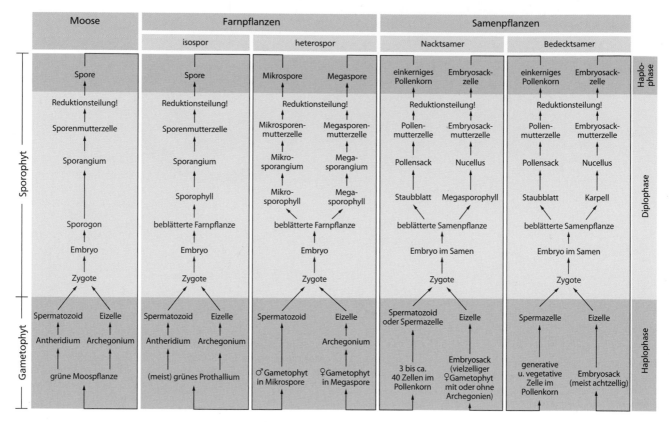

Abb. 19.141 Vergleich der Generations- und Kernphasenwechsel bei den Embryophyten. Dargestellt sind die Verhältnisse bei den Moosen, iso- und heterosporen Farnpflanzen sowie den Samenpflanzen. Homologe Entwicklungsphasen, Fortpflanzungszellen und -organe stehen jeweils auf gleicher Höhe (vgl. dazu auch ▪ Abb. 19.87, 19.109, 19.116 und 19.144)

und damit nach der Diversifizierung der Blütenpflanzen erfolgte. Das ist so interpretiert worden, dass durch die Diversifizierung der Blütenpflanzen zahlreiche neue Nischen entstanden sind, die von den Farnen besetzt werden konnten. Somit hätten die expandierenden Blütenpflanzen also nicht alle Nichtblütenpflanzen verdrängt, sondern vielmehr, bei den Farnen, deren weitere Diversifizierung, großteils im Unterwuchs, ermöglicht.

Der Generationswechsel der Moose, Farnpflanzen und Samenpflanzen ist vergleichend in ▪ Abb. 19.141 dargestellt.

Um die sehr unterschiedlichen Formen der oben dargestellten rezenten Farnpflanzen (und auch der Samenpflanzen) auf die einfache Morphologie der ersten Landpflanzen zurückzuführen, hat W. Zimmermann 1930 in seiner Telomtheorie eine kleine Zahl einfacher Elementarprozesse postuliert (▶ Exkurs 19.7).

Exkurs 19.7 Telomtheorie

Alle Gefäßpflanzen, und damit auch die vorangehend dargestellten Farnpflanzen, gehen auf sehr viel einfacher gebaute Vorfahren zurück, die aus gabelig verzweigten und unbeblätterten Achsen (Telome) mit oder ohne endständigen Sporangien aufgebaut waren. Beispiele hierfür sind die devonischen Gattungen *Rhynia* und *Aglaophyton*. Diese beiden in Schottland gefundenen Gattungen sind in ▪ Abb. 19.142 dargestellt. Die Pflanzen waren 1–2 m hoch. Die Achsen besaßen eine Cuticula und Spaltöffnungen. Das Leitbündel bestand bei *Aglaophyton* aus Hydroiden, bei *Rhynia gwynne-vaughanii* aus Tracheiden mit Ring- und Schraubenverdickungen. Es

bildete eine Protostele (▶ Exkurs 3.3, ▪ Abb. 19.142c). Sekundäres Dickenwachstum war nicht vorhanden. Die relativ großen, zylindrischen bis keulenförmigen Sporangien standen endständig an den Sprossachsen, hatten eine aus mehreren Zelllagen bestehende Wand und öffneten sich mit einem Längsriss. Sie waren dicht mit Tetraden von Isosporen gefüllt (▪ Abb. 19.142d, e). Der Gametophyt ähnelte wohl dem von *Zosterophyllum* (▪ Abb. 19.142f) und war eine kleine, sternförmig verzweigte Pflanze (▪ Abb. 19.142f), die an bogig aufsteigenden Gametangienträgern Schirme mit zentralen Archegonien und peripheren Antheridien ausbildete.

Stammesgeschichte und Systematik der Bakterien, Archaeen, „Pilze", Pflanzen und anderer...

807   19

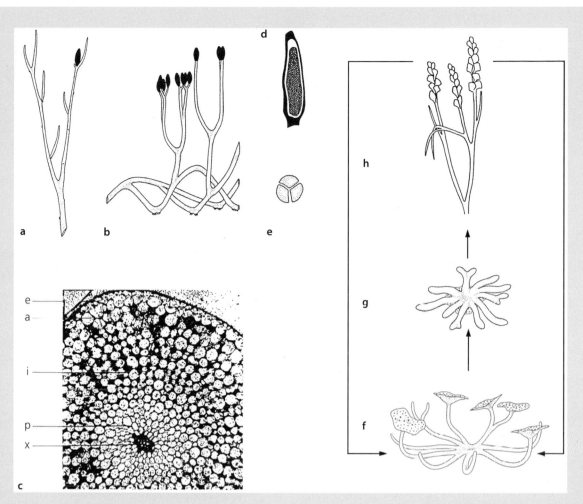

◻ Abb. 19.142   Frühe Landpflanzen. **a** *Rhynia gwynne-vaughanii*. Rekonstruktion (0,25 ×). **b** *Aglaophyton (Rhynia) major*. Rekonstruktion (0,2 ×). **c–e** *Rhynia*. **c** Sprossquerschliff, die Protostele zeigend (50 ×). **d** Sporangium, Längsschliff (2 ×). **e** Sporentetrade (100 ×). **f–h** *Zosterophyllum rhenanum*. **f** Gametophyt (= *Sciadophyton*). **g, h** Sporophyt, **g** jung, in Verbindung mit Gametangienstand, **h** adult mit Sporangien. – a Außenrinde, e Epidermis, i Innenrinde, p Phloem, V Xylem. (a, b nach Edwards; c–e nach R. Kidston und W.H. Lang; F, g nach W. Remy et al.; h nach R. Kräusel und H. Weyland)

Um die sehr unterschiedlichen Formen der rezenten Farnpflanzen auf einfach gebaute Organismen wie *Rhynia* zurückzuführen, hat W. Zimmermann 1930 erstmalig die **Telomtheorie** formuliert. Danach sind die für die Gefäßpflanzen typischen Organe durch einige Elementarprozesse entstanden, nämlich durch Übergipfelung, Planation, Verwachsung, Reduktion und Einkrümmung (◻ Abb. 19.143). Durch Übergipfelung (◻ Abb. 19.143a, b) soll aus gleichwertigen Telomen eine Differenzierung in Hauptachsen und Seitenachsen entstanden sein. Bei der **Planation** wird das dreidimensionale Achsensystem in eine Ebene gebracht (◻ Abb. 19.143c). Durch kongenitale **Verwachsung** (d. h. Verwachsung während der Entwicklung) können die in eine Ebene eingerückten Telome zu flachen, blattartigen Anhangsorganen werden (◻ Abb. 19.143d). So sollen Blätter mit komplexer Nervatur (Megaphylle) entstanden sein. Der Vorgang der **Einkrümmung** könnte z. B. die Entstehung der Sporophylle der Schachtelhalmgewächse erklären (◻ Abb. 19.143l–n). Zimmermann nahm weiterhin an, dass die Mikrophylle der Lycopodiophytina durch **Reduktion** (◻ Abb. 19.143f, g) entstanden sind. Abweichend von dieser Vorstellung über die Entstehung der Mikrophylle nimmt man heute der Enationstheorie von F.O. Bower (1935) folgend an, dass die Mikrophylle der Lycopodiophytina aus Achsenemergenzen entstanden sind, die dann von Leitbündeln versorgt wurden. Ein früher aber noch blattloser Vertreter der Lycopodiophytina ist *Zosterophyllum* (◻ Abb. 19.142) mit seitenständigen Sporangien.

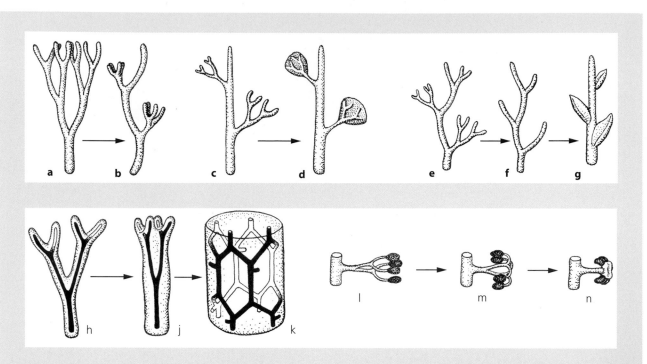

◻ Abb. 19.143 Schematische Darstellung der fünf Elementarprozesse, die nach der Telomtheorie zur Ausbildung des Kormus heutiger Prägung geführt haben. **a, b** Übergipfelung. **c, d** Planation. **e–g** Reduktion. **h–k** Verwachsung (auch D, N). **l–n** Einkrümmung. (a–k nach G. Smith; l–n nach W. Zimmermann, verändert)

19.4.3 Spermatophytina – Samenpflanzen

Die vermutlich vor ca. 350 Mio. Jahren an der Grenze vom Devon zum Karbon entstandenen Samenpflanzen haben wie Moose und Farnpflanzen einen heteromorphen Generationswechsel und einen diplohaplontischen Kernphasenwechsel mit diploidem Sporophyt und haploidem Gametophyt (◻ Abb. 19.144). Ebenso wie bei den rezenten Farnpflanzen ist der ursprünglich holzige aber bei vielen rezenten Blütenpflanzen krautige Sporophyt aus Wurzel, Achse und Blättern aufgebaut. Der Gametophyt ist im Vergleich zu den meisten rezenten Farnpflanzen sehr reduziert. Die Samenpflanzen bilden zusammen mit den Moosen und Farnpflanzen die Embryophyten und zusammen mit den Farnpflanzen die Kormophyten (Sprosspflanzen) bzw. Tracheophyten (Gefäßpflanzen).

Erst 1851 hat W. Hofmeister den „versteckten" Generationswechsel der Samenpflanzen und damit deren enge Verwandtschaft mit Moosen und Farnpflanzen erkannt. Damals waren für die Fortpflanzungsorgane der Samenpflanzen bereits eigene Bezeichnungen entstanden. Obwohl ihre Homologie mit den entsprechenden Organen der Moose und Farnpflanzen feststeht, haben sich die beiden Begriffsgruppen bis heute nebeneinander erhalten (◻ Abb. 19.144).

Wie einige Farnpflanzen sind die Samenpflanzen heterospor. Im **Megasporangium** (= **Nucellus**) entsteht meist nur eine **Megasporenmutterzelle** (= **Embryosackmutterzelle**), aus deren Meiose vier **Megasporen** (= **einkernige Embryosackzellen**) hervorgehen. An der Entwicklung des **weiblichen Gametophyten** (= **Embryosack**) ist häufig nur eine Megaspore beteiligt. Der weibliche Gametophyt entwickelt sich **endospor**, ist sehr reduziert und bildet die Eizelle oder Eizellen. Archegonien können vorhanden sein oder fehlen. Anders als bei den Farnpflanzen, bei denen die Sporen aus dem sich öffnenden Sporangium entlassen werden, bleibt die Megaspore der Samenpflanzen im sich nicht öffnenden Megasporangium und damit auf der sporophytischen Mutterpflanze. Damit entwickelt sich auch der weibliche Gametophyt auf der sporophytischen Mutterpflanze. Diese Veränderung in der Entwicklung des Megasporangiums – das Sporangium der Farnpflanzen öffnet sich, das Megasporangium der Samenpflanzen bleibt geschlossen – ist der wichtigste Schritt in der Entstehung der Samenpflanzen. Darüber hinaus ist das Megasporangium der Samenpflanzen von einer bei Farnpflanzen nicht vorhandenen sterilen Gewebehülle, dem **Integument**, umgeben. Integument, Nucellus und darin eingebetteter Embryosack mit Eizelle(n) werden in ihrer Gesamtheit als **Samenanlage** bezeichnet. Im **Mikrosporangium** (= **Pollensack**) entstehen zahlreiche **Mikrospo-**

19

Stammesgeschichte und Systematik der Bakterien, Archaeen, „Pilze", Pflanzen und anderer...

809   **19**

◘ Abb. 19.144 Generations- und Kernphasenwechsel der Gymnospermen und Angiospermen.
a–f Gymnospermen (Coniferopsida, *Pinus*). **a**
Keimender Same mit Testa, primärem Endosperm
(haploid) und Embryo. **b** Sprosse mit Achsen,
Blättern sowie ♂ und ♀ Blütenständen. **c** ♂ Blüte
und ♀ Blütenstand (junger Zapfen). **d** Staubblatt
mit Pollenmutterzellen, ein- und mehrzelligen
Pollenkörnern (Luftsäcke nicht gezeichnet) sowie
Entwicklung des ♂ Gametophyten; Tragblatt der
♀ Blüte (= Deckschuppe), darüber Samenschuppe
und darauf freiliegende Samenanlage mit
Embryosackzelle (nur eine von vier Megasporen
entwickelt). **e** ♀ Blüte und Samenanlage zur Zeit
der Befruchtung mit keimendem Pollenkorn (♂)
und ♀ Gametophyten mit zwei großen Eizellen. **f**
Reife Samenschuppe mit (geflügeltem) Samen und
Embryo im (primären) Endosperm. **g–k Angio-
spermen. g** Keimender Same. **h** Ganze Pflanze mit
Wurzel, Achse, Blättern und zwittriger Blütenknospe. **j** Offene Blüte mit Blütenhülle (Kelch-
und Kronblätter) sowie Staubblättern (mit
Pollenkörnern) und Karpellen (Fruchtknoten,
Griffel, Narbe, eingeschlossene Samenanlage):
bestäubt (Pollenschläuche!) und unmittelbar vor
der Befruchtung der Eizelle im Embryosack. **k**
Same mit Testa, sekundärem Endosperm und
Embryo, sich aus der hier einsamigen Frucht
lösend. – Kreuzschraffur: ♀ Gametophyt und
primäres Endosperm, punktiert: triploides
Endosperm, schwarz: Diplophase (2n), orange:
Haplophase (n), g Gametophyt, R! Reduktionsteilung, s Sporophyt. (Nach F. Firbas)

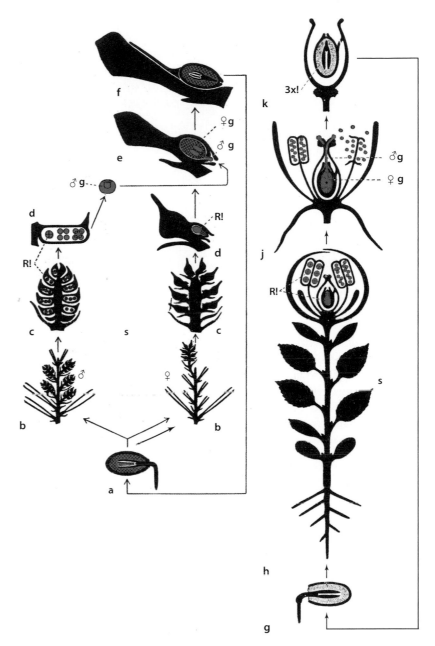

renmutterzellen (= **Pollenkornmutterzellen**), aus deren
Meiose die **Mikrosporen** (= **einkernige Pollenkörner**) hervorgehen. Der männliche **Gametophyt** (= **mehrzelliges
Pollenkorn**) entsteht endospor im Pollenkorn und bildet
begeißelte Spermatozoide oder unbegeißelte Spermazellen. Antheridien werden nie gebildet. Im Zuge der **Bestäubung** wird der männliche Gametophyt aus dem sich öffnenden Mikrosporangium entlassen und z. B. durch
Wind oder Tiere zu den Samenanlagen oder in ihre Nähe
transportiert. Er keimt mit einem **Pollenschlauch** aus, der
entweder mit Geißeln eigenbewegliche Spermatozoide
entlässt oder unbewegliche Spermazellen in die Nähe der
Eizelle(n) bringt. Aus der von flüssigem Wasser unabhängigen **Befruchtung** der Eizelle durch Spermatozoid (**Zoidiogamie**) oder Spermazelle (**Siphonogamie**) entsteht die

Zygote, die sich zum **Embryo** weiterentwickelt. Die befruchtete Samenanlage entwickelt sich zum **Samen** der
Samenpflanzen. Er besteht aus der **Samenschale (Testa)**,
dem Embryo und fast immer einem **Nährgewebe** (meist
Endosperm). Der Same hat die Spore der Farnpflanzen
als Ausbreitungseinheit ersetzt.

Mega- bzw. Mikrosporangien sitzen einzeln oder zu
mehreren an einfachen oder mehr oder weniger komplex
gebauten Trägern, die als Mikrosporophylle (Staubblätter) bzw. Megasporophylle (Karpelle bzw. Fruchtblätter
bei den Blütenpflanzen) bezeichnet werden können.

Auch wenn die Begriffe Mikro- und Megasporophyll die Homologie
der Mikro- und Megasporangienträger mit Blattorganen implizieren,
ist Blattartigkeit der Mikro- und Megasporophylle bei einigen rezenten Samenpflanzengruppen nicht erkennbar.

Die Sporophylle stehen bei den Spermatophytina fast immer an unverzweigten Kurzsprossen mit begrenztem Wachstum. Solche auch schon bei einigen Farnpflanzen vorhandenen Strukturen können als **Blüten** bezeichnet werden, auch wenn dieser Begriff meist nur für die primär zwittrigen Sporophyllstände der Angiospermen verwendet wird.

Mit mindestens ca. 240.000 (und evtl. bis ca. 400.000) Arten sind die Samenpflanzen die heute bei Weitem artenreichste Pflanzengruppe und beherrschen die terrestrische Vegetation in fast allen Teilen der Welt. Für uns Menschen haben die Samenpflanzen deswegen eine herausragende Bedeutung, weil die meisten unserer Nutzpflanzen zu ihnen, und hier besonders zu den Angiospermen gehören. Von den zahlreichen seit dem spätesten Devon entstandenen Samenpflanzengruppen trifft man in der rezenten Flora der Erde nur noch vier Entwicklungslinien an. Dies sind die Cycadopsida (Palmfarne), Ginkgopsida (*Ginkgo*) und Coniferopsida inkl. Gnetales (Nadelbäume inkl. Gnetumgewächse), die als Gymnospermen (Nacktsamer) zusammengefasst werden, und die Magnoliopsida (Blütenpflanzen) als Angiospermen (Bedecktsamer). Während die Nacktsamer heute nur relativ wenige Arten enthalten und nur die Nadelbäume in bestimmten Vegetationstypen dominant sind, sind die spätestens seit der Kreide existierenden Bedecktsamer sehr artenreich und wichtigster Bestandteil großer Teile der terrestrischen Vegetation. Bis vor relativ kurzer Zeit betrachtete man die Gnetales als engste Verwandte der Angiospermen und man nahm an, dass damit die Gymnospermen im Verhältnis zu den Angiospermen paraphyletisch sind. Verschiedene DNA-Sequenzanalysen haben aber gezeigt, dass im Gegensatz zu dieser Vorstellung die heute lebenden Gymnospermen als monophyletische Gruppe Schwestergruppe der Angiospermen sind. Die engsten Verwandten der Samenpflanzen unter den heute lebenden Farnpflanzen sind die Schachtelhalme, Gabelblattfarne/Natternzungengewächse und eu- und leptosporangiaten Farne.

19.4.3.1 Gymnospermen – Nacktsamer

Cycadopsida – Palmfarne

Die rezenten Cycadopsida sind immergrüne Holzpflanzen mit einem meist (scheinbar) unverzweigten Stamm, an dem gefiederte Blätter schraubig angeordnet sind und einen Blattschopf bilden (◘ Abb. 19.145). Der Stamm ist entweder unterirdisch und knollenartig oder er kann eine Höhe von bis zu 15 m erreichen.

Das Holz hat sehr breite Holzstrahlen. Im Zentrum des Stammes befindet sich ein stärkehaltiges Mark; in allen Pflanzenteilen finden sich Schleimgänge. Bei vielen Arten findet man zusätzlich zum unterirdischen Wurzelsystem über der Erdoberfläche wachsende koralloide Wurzeln, in denen teilweise Cyanobakterien der Gattungen *Nostoc*, *Calothrix* und *Anabaena* leben und Luftstickstoff fixieren. Es ist nachgewiesen, dass der fixierte Stickstoff von den Pflanzen genutzt werden kann.

Die Blätter sind entweder als Schuppenblätter oder als einfach oder selten doppelt gefiederte (*Bowenia*) Laubblätter ausgebildet. Sie haben eine sehr dicke Cuticula, meist eingesenkte Stomata und sind sehr hart. Ihre Länge liegt zwischen 5 cm und 3 m. Sie zeichnen sich durch lang anhaltendes Spitzenwachstum aus und kön-

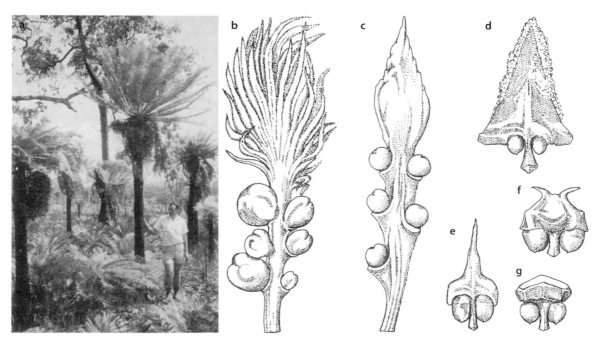

◘ **Abb. 19.145 Cycadopsida. a** Habitus von *Cycas rumphii* in Neuguinea. Megasporophylle von **b** *C. revoluta*, **c** *C. circinalis*, **d** *Dioon edule*, **e** *Macrozamia* sp., **f** *Ceratozamia mexicana* und **g** *Zamia skinneri*. (a von F. Ehrendorfer; b, d–g nach F. Firbas u. a.; c nach J. Schuster)

Stammesgeschichte und Systematik der Bakterien, Archaeen, „Pilze", Pflanzen und anderer...

811   **19**

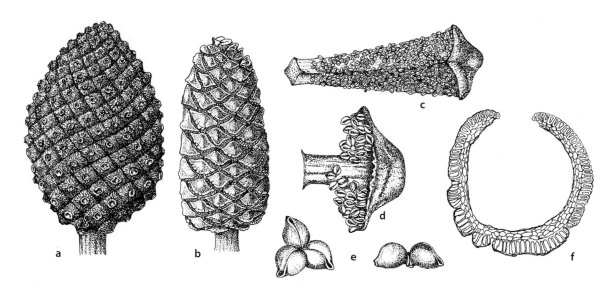

Abb. 19.146   Cycadopsida. a, b ♀ und ♂ Blüte von *Encephalartos altensteinii* (verkleinert). Staubblätter von **c** *Cycas circinalis* (etwa 2 ×) und **d** *Zamia integrifolia* (etwa 5 ×) mit Pollensackgruppen (**e**, etwa 15 ×). **f** Querschnitt durch die Wand eines aufgesprungenen Pollensacks von *Stangeria paradoxa* mit Exothecium (etwa 80 ×). (a nach Takhtajan; b nach W. Troll; c–e nach L.C. Richard; f nach Goebel)

nen bei einigen Arten während der Entwicklung entweder als Ganzes oder im Bereich der einzelnen Fiedern farnartig eingerollt sein.

Der deutsche Name „Palmfarne" für die Cycadopsida geht auf die oft palmenartige Wuchsform und die manchmal eingerollten Blätter oder Blattfiedern zurück.

Die Pflanzen sind immer diözisch. Die männlichen Blüten (❑ Abb. 19.146) zeigen determiniertes Wachstum und bestehen aus zahlreichen schraubig angeordneten, meist schuppenförmigen Staubblättern (Mikrosporophyllen), auf deren Unterseite zwischen fünf und ca. 1000 Pollensäcke zu finden sind. Diese sind häufig in Gruppen angeordnet und öffnen sich durch ein Exothecium. Der männliche Gametophyt, der sich teilweise vor und teilweise nach der Freisetzung der Pollenkörner aus den Pollensäcken entwickelt, enthält neben der spermatogenen Zelle drei weitere Zellen. Die spermatogene Zelle teilt sich in zwei Spermatozoide mit einem schraubigen Flagellenband. Mit einem Durchmesser von bis zu 400 μm sind das die größten bekannten Spermatozoide im Pflanzen- und Tierreich.

Der Pollenschlauch hat eine haustoriale Funktion und wächst in den Nucellus hinein. Die Befruchtung ist eine Zoidiogamie. Die männlichen Blüten haben fast immer eine an den Achsen endständige Stellung. Nach Ende der Blüte werden sie durch eine auswachsende Seitenknospe zur Seite gedrückt. So entsteht der scheinbar unverzweigte Stamm, der tatsächlich aber sympodial verzweigt ist.

Die weiblichen Blüten (❑ Abb. 19.146) bestehen aus ebenfalls schraubig angeordneten Megasporophyllen und können eine Größe von bis zu 70 cm erreichen. In der Gattung *Cycas* bestehen die Sporophylle aus einem Stielbereich (❑ Abb. 19.145), an dessen Rändern sich zwischen zwei und acht Samenanlagen befinden, und einem Endabschnitt, der blattartig gefiedert, kammartig eingeschnitten oder gesägt sein kann. Bei den übrigen Gattungen haben die Megasporophylle einen Stiel und eine schuppen- oder schildförmige Spreite, an deren unterem Rand immer zwei Samenanlagen sitzen. Auch die weiblichen Blüten zeigen meist determiniertes Wachstum, sind am Ende der Achsen angeordnet und werden wie auch die männlichen Blüten nach der Samenreife durch eine Verzweigung übergipfelt. Nur bei *Cycas* wird der Vegetationspunkt in der Zapfenbildung nicht aufgebraucht, sodass hier die weiblichen Blüten durchwachsen. Die Samenanlagen (❑ Abb. 3.95) haben ein Integument, das sich bei Samenreife in eine äußere, rosa, orange oder rot gefärbte Sarcotesta und eine innere Sclerotesta differenziert. Der Nucellus hat eine Pollen- und eine Archegonienkammer.

Fossil dokumentiert sind die Cycadopsida ab der Grenze vom Karbon zum Perm. Frühe Vertreter der Gruppe wie die jurassische Gattung *Beania* hatten weibliche Blüten, in denen die Megasporophylle sehr viel lockerer angeordnet waren als bei rezenten Vertretern.

Der Pollen wird bei der Bestäubung durch den Wind, teilweise aber auch durch Käfer übertragen. Der Pollen gelangt in den an der Spitze der Mikropyle ausgeschiedenen Bestäubungstropfen und wird durch Eintrocknen dieses Tropfens in die Pollenkammer gezogen. Diese wird nach außen verschlossen und nach innen entsteht eine Verbindung zur Archegonienkammer. Zwischen Bestäubung und Befruchtung können bis zu sechs Monate verstreichen.

Die Cycadopsida umfassen ca. 300 Arten in zehn oder elf Gattungen und zwei Familien: die Cycadaceae (Tropen der Alten Welt, meist Asien) und die Zamiaceae inkl. Stangeriaceae (Australien, Afrika, Amerika). Die meisten Arten wachsen an tropischen oder subtropischen Wald- oder Savannenstandorten.

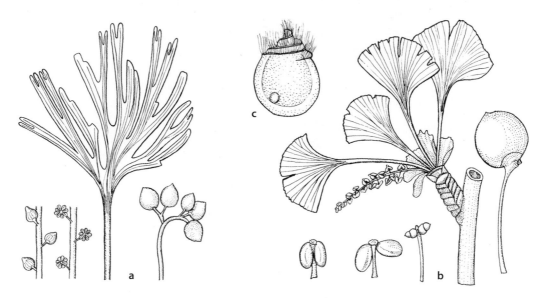

◘ Abb. 19.147   Ginkgopsida. a *Baiera muensterana* (Rhät-Lias): Laubblatt; Samenanlagen an ♀ Blütenachse (etwas verkleinert); radiäre, geschlossene bzw. geöffnete Pollensackgruppen an ♂ Blütenachsen (etwa 2 ×). **b, c** *Ginkgo biloba* (rezent). **b** Kurztrieb mit Blüte und jungen Blättern (1 ×), dorsal reduzierte, zweiteilige Pollensackgruppen (Staubblätter; vergrößert), Samenanlagen (Blüten) bzw. Samen (etwas verkleinert). **c** Spermatozoid (etwa 200 ×). (a nach A. Schenk; b nach L.C. Richard und A.W. Eichler; c nach T. Shimamura, verändert und etwas schematisiert)

Ginkgopsida – *Ginkgo*

Ginkgo biloba als einziger lebender Vertreter der Ginkgopsida ist ein stark verzweigter, in Lang- und Kurztriebe gegliederter sommergrüner Baum. Sein Holz hat schmale Holzstrahlen. Die fächerförmigen Laubblätter (◘ Abb. 19.147) mit gabeliger Aderung sind schraubig angeordnet. Die Art ist diözisch und besitzt Geschlechtschromosomen. Zahlreiche Staubblätter entlang einer Achse bilden die kätzchenartige aber steife männliche Blüte, die in der Achsel von Schuppenblättern an Kurztrieben steht. Das einzelne Staubblatt besteht aus einem Stiel und zwei an dessen Spitze hängenden Pollensäcken (◘ Abb. 19.147). Im weiblichen Bereich sind an den Enden der sich gabelnden Spitze eines Stiels meist zwei Samenanlagen anzutreffen (◘ Abb. 19.147). Wie die männliche Blüte ist auch diese Struktur in der Achsel von Schuppenblättern an Kurztrieben zu finden. Die Samenanlagen haben ein Integument, das sich bei Samenreife in eine äußere, sehr stark nach Buttersäure riechende Sarcotesta und eine innere harte Sclerotesta differenziert. Innerhalb der Sclerotesta findet sich noch einmal eine weiche Testaschicht. Der weibliche Gametophyt ist durch den Besitz von Chlorophyll grün gefärbt. Die Bestäubung erfolgt bei *Ginkgo* durch den Wind.

Die Ginkgopsida sind z. B. mit den Gattungen *Trichopitys* und *Sphenobaiera* bis in das Unterperm fossil dokumentiert. Die größte Formenfülle wurde in Jura und Kreide ausgebildet. Die Gattung *Ginkgo*, mit dem rezenten *G. biloba* bereits sehr ähnlichen Arten, ist erstmals im Unterjura aufgetreten, und von *Ginkgo biloba* nicht unterscheidbare Fossilien sind aus dem frühen Tertiär bekannt. Die Art ist damit ein Beispiel für ein „lebendes Fossil". Bei ausgestorbenen Vertretern der Ginkgopsida (z. B. *Baiera*) waren die Blätter vielfach stärker geteilt. Die Pollensäcke waren in radiären Gruppen angeordnet und die weiblichen Blüten enthielten eine größere Zahl von Samenanlagen. *Ginkgo biloba* ist wahrscheinlich in China beheimatet. Da die Art seit mindestens 1000 Jahren hauptsächlich in China und Japan in Tempelanlagen kultiviert wird und sich auch als Kulturflüchtling etablieren kann, sind ihr natürliches Verbreitungsgebiet und ihre Ökologie nicht sicher bekannt. Als Verbreitungsgebiet wird die Provinz Zhejiang vermutet, wo die Art in feuchten Mischwäldern wächst.

Coniferopsida (inkl. Gnetales) – Nadelbäume (inkl. Gnetumgewächse)

Im Folgenden werden zunächst die **Coniferopsida im engeren Sinne**, d. h. ohne die Gnetales, dargestellt. Sie entwickeln sich aus Keimlingen mit zwei bis zahlreichen Keimblättern zu verzweigten Bäumen oder seltener Sträuchern mit einem monopodialen Stamm. Das sekundäre Holz enthält meist Harzkanäle und die Holzstrahlen sind wenigreihig. Eine Differenzierung in Lang- und Kurztriebe ist häufig und bei einigen Gattungen (z. B. *Phyllocladus*, *Sciadopitys*) können Achsen als mehr oder weniger flächige Phyllokladien ausgebildet sein. Die Blätter stehen schraubig, kreuzgegenständig oder wirtelig, haben eine parallele Aderung oder nur eine Mittelrippe und sind meist band-, nadel- oder schuppenförmig. Es gibt sowohl immergrüne als auch sommergrüne Arten. Die eingeschlechtigen Blüten sind monözisch oder diözisch verteilt.

Die zapfenartigen männlichen Blüten stehen einzeln oder in lockeren Gruppen (◘ Abb. 19.148). Die Staubblätter sind schraubig oder selten kreuzgegen-

19

Stammesgeschichte und Systematik der Bakterien, Archaeen, „Pilze", Pflanzen und anderer...

813   **19**

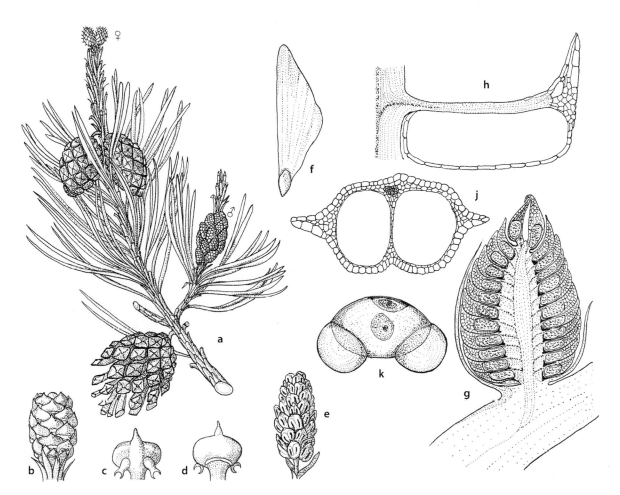

◘ **Abb. 19.148 Pinaceae.** *Pinus.* **a–f** *P. sylvestris.* **a** Blühender und fruchtender Spross, in der Achsel abfälliger Schuppenblätter zweinadelige Kurztriebe (etwas verkleinert). **b** ♀ Blütenstand mit Deck-/Samenschuppen-Komplexen (**c** von oben, **d** von unten), daraus einjährige, noch grüne und zweijährige, reife und sich öffnende Zapfen **a** mit je zwei geflügelten Samen **f** auf der Oberseite der nun holzigen Schuppenkomplexe (**d–f** vergrößert). **e** ♂ Blüten, Staubblätter mit zwei Pollensäcken. **g–j** *P. mugo.* **g** Längsschnitt durch die Blüte (10 ×), **h** Längsschnitt durch Staubblätter mit Pollensäcken (20 ×). **j** Querschnitt durch Staubblätter mit Pollensäcken (27 ×). **k** *P. sylvestris,* Pollenkorn mit zwei Luftsäcken (400 ×). (a, b–f nach O.C. Berg und C.F. Schmidt; g, h, j, k nach E. Strasburger)

ständig angeordnet und haben 2–20 häufig miteinander verwachsene Pollensäcke auf ihrer Unterseite. Selten sind die Pollensäcke am Ende eines Stiels radiär angeordnet (*Taxus*). Die Pollenkörner können durch die Entstehung von Hohlräumen innerhalb der Ektexine Luftsäcke besitzen (◘ Abb. 19.148). Spermatozoide werden nicht ausgebildet, sondern die zwei aus der spermatogenen Zelle entstehenden Spermazellen werden durch einen Pollenschlauch zu den Archegonien gebracht (Pollenschlauchbefruchtung = Siphonogamie).

Die weiblichen Blüten sind meist zu Zapfen zusammengefasst, die für die Nadelbäume charakteristisch sind (◘ Abb. 19.149). Diese Zapfen bestehen in den meisten Fällen aus einer Achse, an der die Tragblätter der Einzelblüten als **Deckschuppen** (Zapfenschuppen) schraubig oder kreuzgegenständig angeordnet sind. Die weiblichen Blüten selbst sind als **Samenschuppen** ausgebildet. Die Samenschuppen sind flächige Organe, auf deren Oberseite eine unterschiedliche Zahl von Samenanlagen (eine bis ca. 20) zu finden ist. Ungeachtet ihrer meist blattartig-flächigen Struktur muss man diese Samenschuppen als modifizierte Kurztriebe verstehen, und der weibliche Zapfen der rezenten Coniferopsida ist damit ein Blütenstand. Samenschuppen in der eben beschriebenen Form gibt es bei den Taxaceae und Cephalotaxaceae nicht.

Die Interpretation der Samenschuppe als weibliche Blüte und damit des weiblichen Zapfens als Blütenstand ergibt sich sowohl aus dem Vergleich mit fossilen Vertretern (Voltziales) der Coniferopsida als auch, bei Annahme generell axillärer Verzweigung der Samenpflanzen, aus der Stellung der Samenschuppe in der Achsel der Deckschuppen.

Die Samenanlagen haben ein Integument, das beim Samen Teil einer harten Sclerotesta ist.

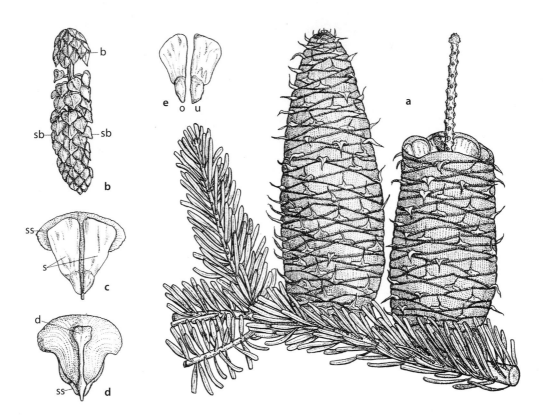

Abb. 19.149 Pinaceae. *Abies.* **a** *A. nordmanniana.* Spross mit reifen, zum Teil schon zerfallenden Zapfen (etwas verkleinert). **b–e** *A. alba.* **b** ♂ Blüte mit Schuppen- und Staubblättern (etwa 2 ×). **c, d** Reife ♀ Blüte mit Deckschuppe, Samenschuppe und zwei Samen, **e** von der Ober- bzw. Unterseite (etwas verkleinert). – b Schuppenblatt, d Deckschuppe, o Oberseite, s Samen, sb Staubblatt, ss Samenschuppe, u Unterseite. (a nach O.C. Berg und C.F. Schmidt; b–d nach F. Firbas; e nach A.W. Eichler)

Die **Samen** können von einer fleischigen Hülle umschlossen sein (Cupressaceae, Podocarpaceae, Cephalotaxaceae, Taxaceae, s. u.), die aber nie aus der Samenschale entsteht. Solche Samen sind damit an Ausbreitung durch Tiere, vor allem wohl Vögel, angepasst. Soweit bekannt, sind alle Vertreter der Nadelbäume windbestäubt. Dabei gelangt der Pollen entweder in einen an der Mikropyle der Samenanlagen ausgeschiedenen Bestäubungstropfen und wird durch dessen Eintrocknen in die Mikropyle hineingezogen oder er erreicht das Innere der Samenanlagen durch Wachstum des Integuments. Fossil lassen sich die Nadelbäume bis in das späte Karbon zurückverfolgen; die meisten der rezenten Familien sind in der Trias oder im Jura bereits fossil dokumentiert.

Die rezenten Coniferopsida (außer den Gnetales) enthalten sieben Familien. Die **Pinaceae** (11 Gattungen/ca. 225 Arten, meist nordhemisphärisch temperat) haben schraubig gestellte nadelförmige Blätter und sind immer- oder sommergrün. Die Staubblätter besitzen zwei Pollensäcke. Die Pollenkörner können Luftsäcke haben. Die von den Deckschuppen mehr oder weniger freien und bei der Reife meist deutlich größeren Samenschuppen haben zwei zur Basis gekehrte Samenanlagen. Die Pflanzen sind immer monözisch. Die Familie ist in der mitteleuropäischen Flora mit den Gattungen Tanne (*Abies*), Lärche (*Larix*), Fichte (*Picea*) und Kiefer (*Pi-*

nus) vertreten. Die Gattungen der Pinaceae haben entweder nur Langtriebe (z. B. *Abies*, *Picea*) oder Lang- und Kurztriebe (z. B. *Larix*, *Pinus*).

Wenn der Pollen zu den Samenanlagen gelangt, ist in diesen der weibliche Gametophyt noch nicht entwickelt und manchmal ist noch nicht einmal die Megaspore entstanden. Zwischen Bestäubung und Befruchtung liegt dementsprechend eine längere Zeitspanne, während der die Mikropyle zuwächst und den keimenden Pollen in der Samenanlage einschließt. Bei den meisten *Pinus*-Arten verstreicht zwischen Bestäubung und Befruchtung ein Jahr und die Samen werden erst im dritten Jahr aus den reifen Zapfen entlassen. Die Entwicklung von der Bestäubung bis zur Samenreife findet bei der Fichte innerhalb einer Vegetationsperiode statt. Bei der Samenreife kann entweder der Zapfen zerfallen (z. B. *Abies*) oder die Samen werden aus dem intakt bleibenden Zapfen entlassen (z. B. *Picea*, *Pinus*). Die Samen haben häufig einen häutigen Flügel, der allerdings nicht von der Samenschale, sondern von der Samenschuppe gebildet wird. Die **Araucariaceae** (3 Gattungen/ca. 40 Arten, südhemisphärisch außer Afrika) haben meist breite, schraubig oder kreuzgegenständig angeordnete Blätter. Sie sind entweder monözisch oder diözisch. Die Staubblätter tragen zwischen vier und 20 Pollensäcke, und die mit den Deckschuppen fest verwachsenen Samenschuppen haben nur eine Samenanlage. Die erst 1995 beschriebene Gattung *Wollemia* aus Australien als vermutlich ursprünglichste Gattung der Familie hat große Ähnlichkeit mit schon im Tertiär ausgestorbenen Vertretern der Familie und kann damit als lebendes Fossil betrachtet werden.

Stammesgeschichte und Systematik der Bakterien, Archaeen, „Pilze", Pflanzen und anderer...

815   **19**

Die **Podocarpaceae** (19 Gattungen/ca. 180 Arten, südhemisphärisch, tropisch bis temperat) haben teilweise sehr große Blätter. Die meist diözischen Pflanzen zeichnen sich insbesondere dadurch aus, dass die weiblichen Zapfen häufig bis auf wenige oder manchmal nur einen Deck-/Samenschuppen-Komplex reduziert sind, in dem die Samenschuppe den Samen als fleischiges Organ (**Epimatium**) umhüllt. Weiterhin können sterile Samenschuppen mit der Zapfenachse zu einem fleischigen Stielbereich verwachsen sein. Die Familie enthält mit der neukaledonischen Gattung *Parasitaxus* den einzigen Parasiten unter den Nadelbäumen. Der Wirt (*Falcatifolium*) von *Parasitaxus* gehört ebenfalls zu den Podocarpaceae.

Die **Cupressaceae** (inkl. Taxodiaceae; 29 Gattungen/ca. 140 Arten, weltweit, meist temperat) haben schraubig, kreuzgegenständig oder wirtelig angeordnete Nadel- oder Schuppenblätter. Die Pflanzen sind monözisch oder diözisch. Die Staubblätter haben zwei bis sechs Pollensäcke und die mit den Deckschuppen verwachsenen Samenschuppen zwischen zwei (selten einer) und 20 Samenanlagen.

In Mitteleuropa sind die Cupressaceae durch den diözischen Wacholder (*Juniperus communis*) vertreten. Dessen weibliche Zapfen (◙ Abb. 19.150) bestehen aus zahlreichen sterilen Schuppenblättern. Die drei Samenanlagen sind offenbar nicht mit Schuppenblättern assoziiert, sondern sitzen unmittelbar der Achse an. Die obersten drei Schuppenblätter werden bei der Reife fleischig und bilden den kugeligen Beerenzapfen des Wacholders. Die Mammutbäume (*Sequoiadendron giganteum*) Kaliforniens erreichen Stammdurchmesser von mehr als 8 m und ein Alter von über 3000 Jahren. *Sequoia sempervirens* aus den Küstengebirgen Kaliforniens wird über 100 m hoch. Die um 1940 in China entdeckte *Metasequoia glyptostroboides* war vorher nur fossil bis in das Tertiär hinein bekannt und ist ein weiteres Beispiel für ein lebendes Fossil. Diese sommergrüne Art wirft im Herbst ihre gesamten Kurztriebe ab. Ähnlich sommergrün und in ihrer Verbreitung reliktär ist die Sumpfzypresse (*Taxodium distichum*), die an der Nordküste des Golfs von Mexiko ausgedehnte Sumpfwälder bildet. Sie hat aus dem Wasser oder Schlamm ragende und als Wurzelknie bezeichnete Wurzelabschnitte. Die Verbreitung der Cupressaceae mit der überwiegend nordhemisphärischen Unterfamilie Cupressoideae und der überwiegend südhemisphärischen Unterfamilie Callitroideae spiegelt wahrscheinlich das Zerbrechen des Superkontinents Pangaea in das nördliche Laurasien und das südliche Gondwana vor ca. 160–138 Mio. Jahren wider.

Die **Sciadopityaceae** (1 Gattung/1 Art, Japan) mit nur einer Art (*Sciadopitys verticillata*) zeichnen sich durch den Besitz wirtelig angeordneter nadelförmiger Phyllokladien aus.

Abgewandelt ist der für die bisher beschriebenen Familien charakteristische Bau der weiblichen Zapfen mit Deck- und Samenschuppen mit Samenanlagen bei den Cephalotaxaceae und insbesondere bei den Taxaceae.

Die weiblichen Zapfen der diözischen **Cephalotaxaceae** (1 Gattung/ca. 6 Arten, temperates Ostasien; diese Familie wird vielfach auch in die Taxaceae eingeschlossen) bestehen aus wenigen Paaren kreuzgegenständig angeordneter Schuppenblätter, in deren Achsel jeweils zwei aufrechte Samenanlagen stehen, von denen sich meist nur eine entwickelt. Der reife Same ist von einem fleischigen Gewebe umhüllt, das aus dem Stielbereich der Samenanlage hervorgeht. Samenschuppen sind bei den Cephalotaxaceae nicht erkennbar.

Bei den ebenfalls diözischen **Taxaceae** (5 Gattungen/ca. 25 Arten, nordhemisphärisch temperat) mit Holz ohne Harzkanäle findet man einzelne Samenanlagen an gestauchten Seitenachsen oberhalb einiger dekussiert angeordneter Brakteenpaare (◙ Abb. 19.151). Wie bei den Cephalotaxaceae ist auch bei den Taxaceae der reife Same von einem fleischigen Gewebe umgeben, das aus dem Stielbereich der Samenanlage entsteht.

Die Interpretation der weiblichen Strukturen der Taxaceae ist umstritten. Insbesondere angesichts der offensichtlich engen Verwandtschaft zwischen Cephalotaxaceae und Taxaceae bzw. der auch durch DNA-Sequenzdaten gut gestützten Stellung dieser beiden Familien als engste Verwandte der Cupressaceae kann als sicher gelten, dass die weiblichen Strukturen der Taxaceae auf eine Zapfenstruktur mit Deck- und Samenschuppen zurückgehen. Auch die Staubblätter der Taxaceae weisen einige Besonderheiten auf. So sind bei *Taxus* zahlreiche Pollensäcke radiär um den Staubblattstiel herum angeordnet und bei *Pseudotaxus* sind die Staubblattwirtel durch Brakteen voneinander getrennt. In Mitteleuropa sind die Taxaceae durch die Eibe (*Taxus baccata*) vertreten, die an ein wintermildes Klima gebunden ist und an lichten Stellen in Wäldern vorkommt. Die Eibe ist in allen Teilen außer dem fleischigen Samenmantel durch Besitz von Taxanderivaten hochgiftig und ihr Holz ist unter den mitteleuropäischen Bäumen eines der dichtesten. Taxol als Inhaltsstoff von z. B. *Taxus brevifolia* wird wegen seiner mitosehemmenden Wirkung in der Krebstherapie eingesetzt.

◙ **Abb. 19.150 Cupressaceae.** *Juniperus communis.* **a** Spross einer ♀ Pflanze mit Blütenständen (**d** mit Bestäubungstropfen) sowie ein- bis zweijährigen Beerenzapfen **e**. **b** Spross einer ♂ Pflanze mit Blüten **c**. (a, b etwa 0,67 ×, **c–e** vergrößert). (a, b nach F. Firbas; c–e nach O.C. Berg und C.F. Schmidt)

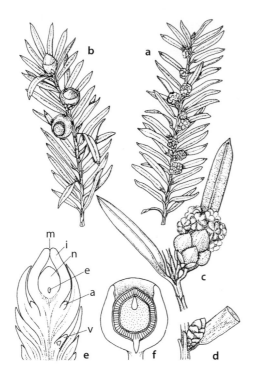

Die genaue Verwandtschaft der **Gnetales** ist auch nach Analyse ganzer Transkriptome nicht eindeutig geklärt. Es besteht die Möglichkeit, dass sie in die Coniferopsida fallen und evtl. sogar Schwestergruppe der Pinaceae sind. Der hier verwendete Name „Gnetales" sollte dann nicht als formaler Ordnungsname verstanden werden. Stellt sich heraus, dass die Gnetales Schwestergruppe zu allen übrigen Coniferopsida oder sogar zu allen anderen Gymnospermen sind, wie in manchen Analysen gefunden wurde, sollten sie als eigene Klasse Gnetopsida klassifiziert werden.

Ephedra (54 Arten, Trockengebiete Eurasiens und Amerikas), *Gnetum* (ca. 40 Arten, tropisch weltweit) und *Welwitschia* (1 Art, Südwestafrika) als rezente Gattungen der Gnetales sind immergrüne holzige Pflanzen sehr unterschiedlicher Morphologie. Ihr Holz hat schmale Holzstrahlen und enthält in allen drei Gattungen Tracheen, die denen der Magnoliopsida aber nicht homolog sind. *Ephedra* wächst als Strauch, kleiner Baum oder selten auch als Liane. Bei *Gnetum* findet man meist Lianen, aber auch Sträucher und kleine Bäume (**Abb.** 19.152). *Welwitschia* ist mit einem unverzweigten Stamm von bis zu 1 m Durchmesser weitestgehend in den Boden eingesenkt (**Abb.** 19.152). *Ephedra* hat sehr kleine und schuppenförmige Blätter in dekussierten Paaren oder in Wirteln aus drei Blättern. Die den dikotylen Blütenpflanzen ähnlichen einfachen Blätter mit Fiedernervatur von *Gnetum* sind dekussiert. Bei *Welwitschia* ist an erwachsenen Pflanzen nur ein gegenständiges Paar (von zwei während der Entwicklung gebildeten Paaren) bandförmiger Laubblätter mit Parallelnervatur ausgebildet, das zeitlebens an der Basis wächst und an der Spitze abstirbt. Die Gnetales sind überwiegend diözisch.

Die männlichen Blüten der Gnetales haben eine Hülle aus ein oder zwei Brakteenpaaren sowie zwischen ein und sechs Staubblättern (**Abb.** 19.152). Die weiblichen Blüten enthalten eine aufrechte Samenanlage mit einem in eine lange Mikropyle ausgezogenem Integument. Die Samenanlage ist von einem oder zwei meist miteinander verwachsenen Brakteenpaaren umgeben (**Abb.** 19.152).

Bei *Ephedra* und *Gnetum* kommt es zu einer doppelten Befruchtung, die in zwei Zygoten resultiert, von denen sich aber nur eine zu einem Embryo weiterentwickelt. Auch wenn die meisten Arten der Gnetales wohl windbestäubt sind, ist die Bestäubung durch unterschiedliche Insekten für alle drei Gattungen belegt. Insekten werden dabei offenbar hauptsächlich durch den zuckerhaltigen Bestäubungstropfen an den Samenanlagen angelockt.

Fossil sind die Gnetales nicht gut dokumentiert. Während Pollenfossilien aus der oberen Trias bekannt sind, stammen eindeutigere Samenfossilien aus der frühen Kreide.

19.4.3.2 Angiospermen – Bedecktsamer

Die Kenntnis der Verwandtschaftsbeziehungen innerhalb der Blütenpflanzen (und natürlich auch anderer Pflanzengruppen) und damit vom System der Blütenpflanzen (▶ Exkurs 19.8) erweitert sich ständig. Diese Aussage gilt für die Vergangenheit ebenso wie für die Gegenwart, in der die Verwandtschaftsforschung hauptsächlich auf DNA-Sequenzen beruht. Die Hauptgründe für diesen Wandel liegen in der ständig zunehmenden Zahl analysierter Taxa und DNA-Sequenzen, heute immer häufiger ganzer Genome oder Transkriptome, aber auch in der kontinuierlichen Weiterentwicklung von Analysemethoden.

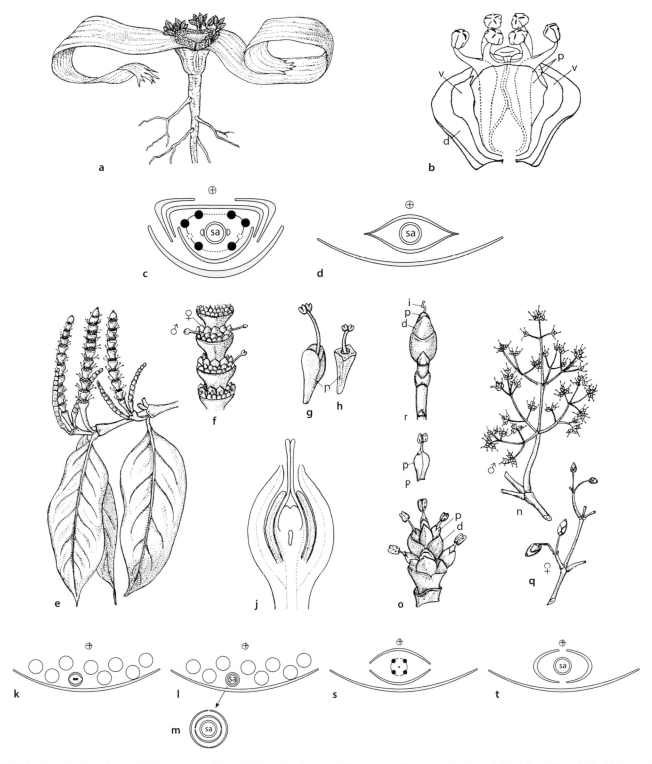

◻ **Abb. 19.152   Gnetales. a–d** *Welwitschia mirabilis.* **a** Habitus einer jüngeren Pflanze mit ♀ Blütenständen (etwa 1/20 ×). **b** ♂ Blüte mit Deckblatt und zwei Brakteenpaaren, miteinander verwachsenen Staubblättern und steriler Samenanlage (etwa 7 ×). **c, d** Diagramme einer ♂ und ♀ Blüte. **e, f** *Gnetum gnemon.* **e** Spross mit ♂ Blütenständen (0,38 ×). **f** wirtelige Teilblütenstände, außen mit fertilen ♂, innen mit sterilen ♀ Blüten (1,5 ×). **g** *G. costatum.* ♂ Blüten mit einem Brakteenpaar. **h** *G. montanum.* ♂ Blüten mit einem Brakteenpaar. **j** *G. gnemon;* Längsschnitt durch ♀ Blüte mit zwei Brakteenpaaren, verlängertem Integument, Nucellus und Embryosack (vergrößert). **k–m** Diagramme von ♂ und ♀ Blütenständen und Blüten von *Gnetum.* **n–r** *Ephedra altissima.* **n** ♂ Spross (0,67 ×), **o, p** ♂ Teilblütenstand und ♂ Blüte (7,5 ×), **q, r** ♀ Spross mit unreifen Samen (0,67 ×) und endständige ♀ Blüte (2 ×). **s, t** Diagramme einer ♂ und ♀ Blüte von *Ephedra.* – d Deckblatt, b Brakteen, i röhrenförmig verlängertes Integument. (a nach A.W. Eichler, b nach A.H. Church, e, f nach G. Karsten und W. Liebisch, verändert; g, h nach F. Markgraf, j nach W.H. Pearson, verändert; n, q nach G. Karsten; o, p nach O. Stapf, r nach R. von Wettstein, c, d, k–m, s, t nach Crane 1988)

Mit mindestens ca. 240.000 (und evtl. bis ca. 400.000) Arten sind die Angiospermen heute die bei Weitem artenreichste Pflanzengruppe. Zu den wichtigsten Synapomorphien der Angiospermen zählen aus einer gemeinsamen Mutterzelle hervorgehende Siebröhren und Geleitzellen im Phloem, Staubblätter mit zwei lateralen Pollensackpaaren, Pollensäcke mit einem hypodermalen Endothecium, Pollenkörner fast immer ohne laminierte Endexine, ein dreikerniger männlicher Gametophyt, der Einschluss der Samenanlagen in geschlossene Karpelle mit einer Narbe, Megasporenwände ohne Sporopollenin sowie doppelte Befruchtung und Bildung eines sekundären Endosperms.

Generell ist Artenreichtum eines Verwandtschaftskreises das Ergebnis hoher Artbildungs- und/oder niedriger Extinktionsraten. Der Artenreichtum der Angiospermen hat wahrscheinlich verschiedene Ursachen. An erster Stelle kann hier Insektenbestäubung bzw., allgemeiner, Tierbestäubung aufgeführt werden. Eine gewisse Spezifität der Bestäuber führt zu reproduktiver Isolation, die ihrerseits in einer erhöhten Artbildungsrate resultieren kann. Die sehr artenreichen Orchideen sind sicher ein Beispiel für den engen Zusammenhang von ausgeprägter bestäubungsbiologischer Spezialisierung und Artenreichtum.

Zur reproduktiven Isolation und damit zur Erhöhung der Artbildungsrate trägt möglicherweise auch der Einschluss der Samenanlagen in Karpelle und die damit vom Zeitpunkt der Befruchtung auf den Zeitpunkt der Bestäubung der Narbe vorverlegte Erkennung fremden Pollens bei. Dadurch wird die Möglichkeit der Befruchtung durch artfremden Pollen und die Wahrscheinlichkeit des daraus resultierenden Zusammenbruchs von Artgrenzen reduziert. Da sich vielfach beobachten lässt, dass die Geschwindigkeit des Pollenschlauchwachstums mit der genetischen Ähnlichkeit von Pollen- und Samenelter korreliert ist, kann die relative Hemmung des Pollens genetisch divergenter Populationen auch zur reproduktiven Isolation innerhalb einer Art führen und damit zur Erhöhung der Artbildungsrate beitragen.

Einen Einfluss auf die Artbildungsrate hat sicher auch die enorme Vielfalt sekundärer Metaboliten der Angiospermen. Da diese Substanzen meist eine Funktion in der Abwehr von herbivoren oder pathogenen Organismen haben, kann die Entstehung neuartiger sekundärer Metaboliten bestimmte Schädlinge ausschließen. Das ermöglicht eine divergente Evolution und damit die Entstehung neuer Arten. Eventuell lässt sich der Artenreichtum der Asteraceae mit ihrem Reichtum an sekundären Metaboliten erklären.

Schließlich ist es Angiospermen durch die Ausbildung sehr unterschiedlicher Wuchsformen möglich geworden, solche Lebensräume zu erobern, die baum- oder strauchförmigen Pflanzen nicht zugänglich sind. So erlaubt z. B. Krautigkeit in Verbindung mit Kurzlebigkeit die Besiedlung relativ instabiler Standorte. Die Vielfalt vegetativer Morphologie und vielleicht auch Anatomie kann so ebenfalls zu einer Erhöhung der Artbildungsrate beigetragen haben.

Pollen- und teilweise Blattfossilien der Angiospermen treten erstmalig in der frühen Kreide vor ca. 132 Mio. Jahren

auf. Dominanter Bestandteil der terrestrischen Vegetation wurden die Angiospermen aber wahrscheinlich erst in der mittleren bis oberen Kreide.

Verschiedene Versuche der Altersbestimmung von Angiospermen mit einer molekularen Uhr haben zu recht unterschiedlichen Ergebnissen geführt. Ergebnis war jedoch fast immer, dass die Angiospermen älter sind, als durch Fossilien belegt ist, und viele schätzen das Alter der Gruppe auf 140–180 oder sogar 200 Mio. Jahre. Das ist angesichts ihres Schwestergruppenverhältnisses zu den fossil erheblich früher belegten Gymnospermen plausibel.

An der Basis des Stammbaums der Angiospermen (◘ Abb. 19.153) stehen einige hier als **basale Ordnungen** (früher Magnoliidae) zusammengefasste Familien, zu denen weniger als 4 % aller heute lebenden Arten gehören. Die Vertreter dieser Familien sind meist holzig, teilweise auch krautig, haben meist einfache Blätter und enthalten häufig ätherische Öle in kugeligen Idioblasten. Die Blüten bestehen aus nur wenigen oder auch vielen schraubig oder seltener wirtelig angeordneten Organen, die Pollenkörner sind monosulcat (◘ Abb. 19.154) und die Karpelle sind meist frei oder nur in Einzahl vorhanden. Als erster Ast im Stammbaum der heute lebenden Angiospermen wurden die auf Neukaledonien mit nur einer Art heimischen Amborellaceae identifiziert. Die Beobachtung sehr kleiner Blüten (<5 mm) mit nicht besonders vielen Organen in den Amborellaceae passt gut zu den Ergebnissen der Paläobotanik, die sehr kleine Blüten als älteste Blütenfossilien identifiziert. Somit ist es sehr wahrscheinlich, dass die ursprünglichsten Angiospermen kleinblütig waren. Dicht an der Basis des Stammbaums finden sich auch die Nymphaeaceae mit den auch in Mitteleuropa vorkommenden See- (*Nymphaea*) und Teichrosen (*Nuphar*). Ein größerer Verwandtschaftskreis wird durch die Magnolien (*Magnolia*), den Lorbeer (*Laurus*) und den Pfeffer (*Piper*) repräsentiert.

Die basalen Ordnungen sind eine paraphyletische Basisgruppe, aus der die übrigen Angiospermen entstanden sind. Der Charakter dieser basalen Ordnungen als Rest einer ehemals artenreicheren Gruppe zeigt sich auch in ihrer sehr fragmentierten geografischen Verbreitung überwiegend in tropisch-subtropischen Gebieten aller Kontinente.

Die **Monokotyledonen** (Einkeimblättrige) als erster großer Block der übrigen Angiospermen enthalten ca. 22 % aller Angiospermenarten. Durch ihre überwiegende Krautigkeit, den Besitz meist nur eines Keimblatts, die im Achsenquerschnitt meist zerstreut angeordneten geschlossenen Leitbündel, meist paralleladrigen Blätter, meist dreizähligen Blüten und monosulcaten Pollenkörner sind die Monokotylen ein gut charakterisierter und schon lange erkannter Verwandtschaftskreis. Basale Linien der Monokotylen sind die Acoraceae mit dem in Mitteleuropa ein-

19

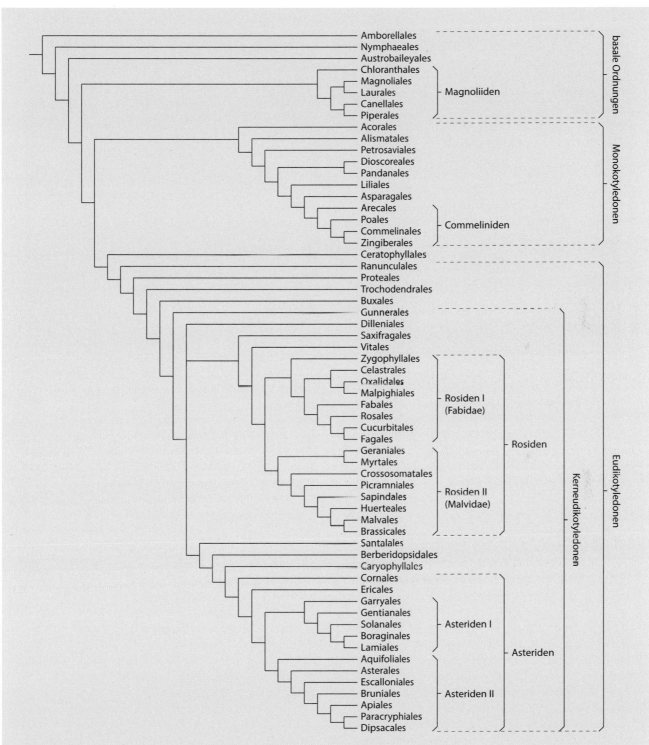

◘ Abb. 19.153 Stammbaum der Angiospermen. (Nach Stevens 2001 onwards)

geschleppten Kalmus (*Acorus*) und die Alismatales z. B. mit Schwanenblume (*Butomus*), Froschlöffel (*Alisma*), Laichkraut (*Potamogeton*), Aronstab (*Arum*) und Wasserlinse (*Lemna*). Zu den verbleibenden Monokotylen gehören in der mitteleuropäischen Flora z. B. die Lilie (*Lilium*), Einbeere (*Paris*), Orchideen, Spargel (*Asparagus*), Mai-glöckchen (*Convallaria*) und Schmerwurz (*Tamus*) und in den Tropen z. B. die Schraubenbäume der Gattung *Pandanus*. Zu einer als Commeliniden zusammengefassten Ordnungsgruppe gehören z. B. die Palmen (Arecaceae), Gräser (Poaceae) und Riedgräser (Cyperaceae), aber auch Banane (*Musa*) und Ingwer (*Zingiber*).

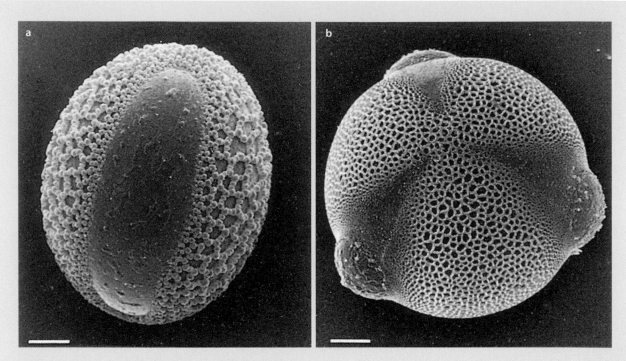

◘ Abb. 19.154   Die beiden Pollenkorngrundtypen der Angiospermen. **a** Monosulcat (*Lilium martagon*) mit einer distalen Keim-öffnung. **b** Tricolpat (hier die Sonderform tricolporat: *Ecballium elaterium*) mit drei äquatorialen Keimöffnungen; hydratisierter Zustand; Balken 10 μm. (REM-Aufnahmen: H. Halbritter und M. Hesse)

Die verbleibenden ca. 74 % der Angiospermenarten ge-hören zu der hier als **Eudikotyledonen** (engl. *eudicots*) be-zeichneten Gruppe, die im Unterschied zu den Ordnungen an der Basis des Angiospermenstammbaums und zu den Monokotylen Pollenkörner mit drei oder mehr Keimöff-nungen haben (◘ Abb. 19.154).

Zu den basalen Linien der Eudikotyledonen gehören so unterschiedliche Taxa wie Lotosblume (*Nelumbo*), Pla-tane (*Platanus*), Berberitze (*Berberis*), Hahnenfuß (*Ranun-culus*), Mohn (*Papaver*) und Buchsbaum (*Buxus*). Wäh-rend man in diesen Gruppen noch Variation in der Zahl und Anordnung der Blütenorgane beobachten kann, hat mit der Entstehung der Hauptgruppe der Eudikotyledo-nen (engl. *core eudicots*) eine weitgehende Festlegung auf Blüten mit meist fünfzähligen Organwirteln und aus Kelch und Krone bestehenden Blütenhüllen stattgefunden. Die große Mehrzahl der Eudikotyledonen zerfällt in zwei große Blöcke, die Rosiden und die Asteriden.

Zu den **Rosiden** mit meist freien Blütenkronblättern, zwei Staubblattkreisen, crassinucellaten Samenanlagen mit zwei Integumenten und nucleärer Endospermbildung gehö-ren in Mitteleuropa z. B. Storchschnabel (*Geranium*), Johan-niskraut (*Hypericum*), Wolfsmilch (*Euphorbia*), Weide (*Sa-lix*), Veilchen (*Viola*), Klee (*Trifolium*), Brennnessel (*Urtica*), Rose (*Rosa*), Zaunrübe (*Bryonia*), Buche (*Fagus*), Birke

(*Betula*), Blut-Weiderich (*Lythrum*), Hirtentäschelkraut (*Capsella*), Linde (*Tilia*) und Ahorn (*Acer*). Die **Asteriden** haben meist verwachsene Kronblätter, häufig nur einen Staubblattkreis und tenuinucellate Samenanlagen mit einem Integument und zellulärer Endospermbildung. Zu ihnen ge-hören in Mitteleuropa z. B. der Hartriegel (*Cornus*), Heide-kraut (*Calluna*), Primel (*Primula*), Enzian (*Gentiana*), Lab-kraut (*Galium*), Minze (*Mentha*), Königskerze (*Verbascum*), Wegerich (*Plantago*), Tollkirsche (*Atropa*), Winde (*Convol-vulus*), Vergissmeinnicht (*Myosotis*), Stechpalme (*Ilex*), Kümmel (*Carum*), Karde (*Dipsacus*), Glockenblume (*Cam-panula*) und Flockenblume (*Centaurea*).

Auch wenn die mitteleuropäischen Vertreter der Rosi-den und Asteriden in ihrer großen Mehrzahl krautige Pflanzen sind, existieren auch in diesen beiden Großgrup-pen der Eudikotyledonen zahlreiche Verwandtschafts-kreise mit vielen holzigen Arten.

Dieser kurze Überblick über die Entfaltung der Angio-spermen macht deutlich, dass sich im vegetativen Bereich eine deutliche Tendenz zur Krautigkeit beobachten lässt. Im Blütenbereich ist es im Lauf der Stammesgeschichte zu einer zunehmenden Fixierung einer eher kleinen Zahl von wirtelig angeordneten Blütenorganen gekommen und im Bereich der Samenanlagen hat eine Verkleinerung und Ver-einfachung stattgefunden.

19

C. v. Linné begründete die moderne Bezeichnungsweise der Pflanzen mit einem Gattungsnamen und einem die Art kennzeichnenden Zusatz (Artepithet). Sein System, das sich vor allem an der Zahl und Anordnung der Staubblätter orientierte, war sehr künstlich. Nach Linné wurden meist unter Berücksichtigung aller zu ihrer jeweiligen Zeit beobachtbaren Merkmale verschiedene Systeme z. B. von M. Adanson, A.L. de Jussieu, A.P. de Candolle, J. Lindley, S.L. Endlicher, G. Bentham und J.D. Hooker, A. Braun, A. Engler, C.E. Bessey, H. Hallier, J.B. Hutchinson und R. v. Wettstein publiziert. Bis in die frühen 90er-Jahre des vergangenen Jahrhunderts wurde vor allem mit den Systemen von A. Cronquist (1981), R.M.T. Dahlgren (1980), A. Takhtajan (1980, 1997) und R.F. Thorne (1992, 2001) gearbeitet.

Das hier vorgestellte System folgt weitestgehend der „Angiosperm Phylogeny Website" (APG) von P.F. Stevens (2001 onwards; http://www.mobot.org/MOBOT/Research/APweb/) und berücksichtigt die neueste Klassifikation von The Angiosperm Phylogeny Group (2016).

Mit der ständigen Zunahme der Zahl analysierter Arten und Berücksichtigung einer zunehmend großen Zahl von Sequenzbereichen aus den drei Genomen der Pflanzenzelle (Kern, Mitochondrien, Plastiden) findet eine Konsolidierung der erkannten Verwandtschaftsbeziehungen statt. Die hier dargestellten Verwandtschaftsbeziehungen sind meist auch bezüglich anderer Merkmale überzeugend. Dennoch wird sich auch das hier dargestellte System sicher weiter verändern.

Das vorliegende System ist weitestgehend um Monophylie der anerkannten Taxa bemüht. Das hat z. B. zur Folge, dass einige seit Langem etablierte Familien nicht mehr anerkannt werden (z. B. werden die Aceraceae in die Sapindaceae eingeschlossen, die Lemnaceae in die Araceae usw.), wenn sie ungeachtet ihrer Abgrenzbarkeit als morphologisch gut charakterisierte Gruppen als eine Linie innerhalb andere Familien identifiziert wurden. Würden z. B. die Lemnaceae weiterhin als eigene Familie anerkannt, wären die Araceae paraphyletisch im Verhältnis zu den Lemnaceae (▶ Kap. 18).

Es wird hier darauf verzichtet, oberhalb der Ordnungsebene (z. B. Magnoliales) formale Namen zu verwenden. Dies ist damit begründet, dass die sehr aufwendige Formalisierung der Namensgebung, wenn überhaupt, erst dann stattfinden sollte, wenn eine weitgehende Stabilität des Systems erreicht ist. Ein Vorschlag zur Gliederung der Angiospermenordnungen in 16 Überordnungen (Amborellanae, Nymphaeanae, Austrobaileyanae, Magnolianae, Lilianae, Ceratophyllanae, Ranunculanae, Proteanae, Buxanae, Trochodendranae, Myrothamnanae, Rosanae, Berberidopsidanae, Santalanae, Caryophyllanae, Asteranae) wurde von Chase und Reveal (2009) unterbreitet.

Die hier anerkannten Ordnungen und informellen Gruppen oberhalb der Ordnungsebene lassen sich mit klassischen Merkmalen unterschiedlich gut nachvollziehen. Die Schwierigkeit, klassische Merkmale für bestimmte, auf molekularer Ebene erkannte Verwandtschaftskreise zu finden, kann im Prinzip drei unterschiedliche Gründe haben. So besteht die Möglichkeit, dass sich eine auf molekularer Ebene erkannte Gruppe nach weiteren Untersuchungen wie einer Analyse zusätzlicher Taxa als nicht haltbar erweist. Weiterhin kann es sein, dass z. B. durch eine rasche phänotypische Evolution gemeinsame Merkmale nicht mehr erkennbar sind bzw. gemeinsame Merkmale durch divergente Evolution großer und alter Verwandtschaftskreise verloren gingen. Schließlich sind die Merkmale vieler Gruppen nicht immer gut bekannt. Hier sind molekulare Verwandtschaftshypothesen also auch eine Herausforderung für die klassisch arbeitende Systematik, neue Merkmale zu identifizieren oder alte Merkmale eventuell anders zu interpretieren. Die hier für Ordnungen und Ordnungsgruppen genannten Merkmale sind keineswegs immer Synapomorphien. Umfangreiche Beschreibungen aller Ordnungen (und der in ◘ Abb. 19.153 benannten größeren Gruppen findet man in Soltis et al. (2018).

Die für alle Familien angegebenen Verbreitungsgebiete und Gattungs- und Artenzahlen sind dem unterschiedlichen Bearbeitungsstand der verschiedenen Familien entsprechend sehr unterschiedlich genau und zuverlässig.

Basale Ordnungen

Die hier als basale Ordnungen zusammengefassten zweikeimblättrigen Familien mit ca. 8600 Arten an der Basis des Angiospermenstammbaums sind zwar keine monophyletische Gruppe, aber dennoch haben diese Familien zahlreiche Gemeinsamkeiten. Meist handelt es sich um holzige Pflanzen mit ätherischen Ölen (Phenylpropane, Terpene) in kugeligen Idioblasten und einfachen Blättern ohne Nebenblätter. Die Blüten sind sehr unterschiedlich. So können zahlreiche Blütenorgane schraubig angeordnet sein, häufig sind die Blütenorgane in dreizähligen Kreisen anzutreffen, und manchmal sind die Blüten sehr einfach und bestehen nur aus wenigen Organen. Die Pollenkörner sind meist monosulcat (◘ Abb. 19.154) und die Karpelle meist frei (chorikarp). Die Pflanzen dieser Gruppe enthalten vielfach Benzylisochinolinalkaloide und/oder die biosynthetisch damit eng verwandten Neolignane.

Amborellales
Amborellaceae 1 Gattung/1 Art, Neukaledonien

Der erste Ast im Angiospermenstammbaum sind wahrscheinlich die nur mit einer Art (*Amborella trichopoda*) auf Neukaledonien vorkommenden **Amborellaceae** (**Amborellales**). *Amborella trichopoda* ist ein zweihäusiger, immergrüner, tracheenloser Strauch ohne Ölzellen und mit sehr kleinen eingeschlechtigen Blüten (<5 mm) mit schraubiger Anordnung der Blütenorgane und einfacher Blütenhülle aus 7–11 Tepalen. Die männlichen Blüten enthalten 10–14 Staubblätter und die weiblichen Blüten einige freie Karpelle, die sich zu Steinfrüchtchen entwickeln (◘ Abb. 19.155).

Nymphaeales
Cabombaceae 2 Gattungen/6 Arten, kosmopolitisch; Nymphaeaceae 3/58, kosmopolitisch; Hydatellaceae 1/10, Australien, Neuseeland, Indien

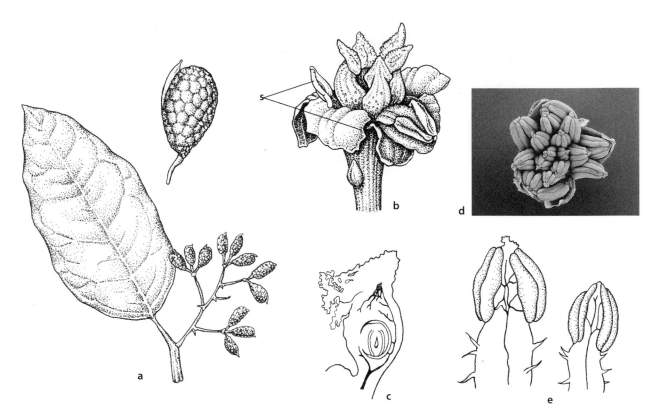

Abb. 19.155 Amborellales, Amborellaceae, *Amborella trichopoda*. **a** Ast mit Steinfrüchten und Frucht. **b** ♀ Blüte mit Staminodien. **c** Längsschnitt Karpell. **d** ♂ Blüte. **e** Staubblätter. – s Staminodien. (R. Spohn, a, c, e nach A. Takhtajan; b nach Vorlage P.K. Endress, D Aufnahme: P.K. Endress)

Die **Cabombaceae** und **Nymphaeaceae** als Familien der **Nymphaeales** sind Sumpf- und Wasserpflanzen ohne Ölzellen und ohne Benzylisochinolinalkaloide. Die neben submersen Blättern vorhandenen Schwimmblätter können bei *Victoria amazonica* einen Durchmesser von bis zu 2 m erreichen (**Abb. 3.61**). Die zwittrigen Blüten (**Abb. 19.156**) haben entweder meist dreizählige Organkreise (Cabombaceae) oder die Blütenorgane sind in meist großer Zahl wirtelig angeordnet. Die Karpelle mit meist laminaler Placentation sind frei oder teilweise verwachsen. In Mitteleuropa sind die Nymphaeaceae mit jeweils zwei Arten der Teichrose (*Nuphar lutea, N. pumila*) und der Seerose (*Nymphaea alba, N. candida*) in oligo- bis eutrophen Gewässern vertreten.

Zu den Nymphaeales gehören auch die früher in die Poales (Monokotyledonen) gestellten Hydatellaceae als kleine, einjährige Kräuter aquatischer Standorte mit eingeschlechtigen Blüten mit entweder einem Staubblatt oder einem Fruchtknoten.

Austrobaileyales

Austrobaileyaceae 1 Gattung/2 Arten, NO-Australien; Schisandraceae 3/92, SO-Asien, östl. N-Amerika, Große Antillen; Trimeniaceae 1/6, Neuguinea, SO-Australien, Fiji

Zu den **Austrobaileyales** gehören die **Austrobaileyaceae**, **Trimeniaceae** und **Schisandraceae** (inkl. Illiciaceae). Die Austrobaileyaceae sind Lianen mit gegenständiger Beblätterung und großen, zwittrigen Blüten. Eingeschlechtige oder zwittrige Blüten findet man bei den ebenfalls vielfach als Lianen wachsenden Schisandraceae und Trimeniaceae, wobei die weiblichen oder zwittrigen Blüten der Trimeniaceae nur ein Karpell haben. Zu den Schisandraceae gehören der Sternanis (*Illicium verum*) und die sehr ähnliche, aber giftige Shikimifrucht (*I. anisatum*).

In den bisher genannten Familien sind durch Sekrete verschlossene ascidiate Karpelle sehr häufig. Amorellales, Nymphaeales und Austrobaileyales werden in der Literatur auch als ANA- oder ANITA-Grade bezeichnet (ANA für Amborellales, Nymphaeales, Austrobaileyaceae; ANITA für Amborellales, Nymphaeales, Illiciaceae [jetzt in Schisandraceae eingeschlossen], Trimeniaceae, Austrobaileyaceae).

Die verbleibenden Familien der basalen Ordnungen gehören zu den Chloranthales, Magnoliales, Laurales, Canellales und Piperales. Diese fünf Ordnungen werden als **Magnoliiden** zusammengefasst, für die besonders ätherische Öle in kugeligen Idioblasten charakteristisch sind.

Die Magnoliiden und alle folgenden Gruppen werden auch als Mesangiospermen bezeichnet, für die eine plicate Entwicklung der Karpelle mit postgenitaler Verwachsung der Ränder typisch ist.

19

Stammesgeschichte und Systematik der Bakterien, Archaeen, „Pilze", Pflanzen und anderer...

823   **19**

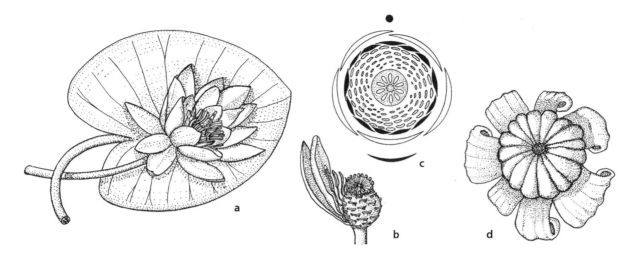

◘ Abb. 19.156   Nymphaeales, Nymphaeaceae. a, b *Nymphaea alba.* **a** Schwimmblatt. **b** Blüte und Fruchtknoten mit schraubig angeordneten Ansatzstellen der (abgelösten) Kron- und Staubblätter (0,5 ×). **c, d** *Nuphar luteum.* **c** Blütendiagramm (Nektarblätter schwarz, Achsengewebe punktiert); **d** Frucht (das Achsengewebe löst sich von den freien Karpellen). (a, b nach G. Karsten; c nach A.W. Eichler; d nach W. Troll)

Chloranthales

Chloranthaceae 4 Gattungen/75 Arten, Subtropen und Tropen, Amerika, Madagaskar, Asien

Die **Chloranthaceae** als einzige Familie der **Chloranthales** haben sehr kleine und meist perianthlose ein- oder zweigeschlechtige Blüten mit 1–5 Staubblättern und nur einem Karpell (◘ Abb. 19.157).

Magnoliales

Annonaceae 107 Gattungen/2398 Arten, pantropisch; Degeneriaceae 1/2, Fiji; Eupomatiaceae 1/3, O-Australien, Neuguinea; Himantandraceae 1/2, NO-Australien, Neuguinea; Magnoliaceae 2/227, tropisch bis temperat, O bis SO-Asien, Amerika; Myristicaceae 20/475, pantropisch

Bei den **Magnoliales** sitzen die wechselständigen Blätter an tri- bis multilakunären Knoten und die häufig vielzähligen und großen Blüten (◘ Abb. 19.158) haben Karpelle mit meist mehr als nur einer Samenanlage. Bei den **Magnoliaceae** sind die zahlreichen Blütenorgane häufig schraubig angeordnet. Bei den Früchten der großen Gattung *Magnolia* öffnen sich die Karpelle an Bauch- und Rückennaht und die Samen haben eine Sarcotesta. Als Zierbäume häufig angepflanzt werden verschiedene Magnolien (*Magnolia*) und der Tulpenbaum (*Liriodendron tulipifera*).

Die **Annonaceae** haben häufig eine Blütenhülle aus dreizähligen Wirteln. Die einzelnen Karpelle entwickeln sich meist zu Beeren. Als sehr schmackhafte Frucht dieser Familie wird z. B. der Rahmapfel (*Annona squamosa*) gegessen. Die **Degeneriaceae** haben nur ein Karpell pro Blüte, und bei den **Eupomatiaceae** fehlt eine Blütenhülle. Nur eine Samenanlage haben die Karpelle der **Myristicaceae** bzw. **Himantandraceae**. Die Myristicaceae (◘ Abb. 19.158) haben darüber hinaus kleine eingeschlechtige Blüten mit nur einem Karpell in den weiblichen Blü-

◘ Abb. 19.157   Chloranthaceae. Blütenstand von *Sarcandra chloranthoides* mit Zwitterblüten mit je einem Staubblatt (gelb) und einem Karpell (grün). (Aufnahme: P.K. Endress)

ten. In den männlichen Blüten sind die zahlreichen Staubblätter zu einer Säule verwachsen. In diese letzte Familie gehört die Muskatnuss (*Myristica fragrans*), in der der innere Teil der Samenschale tief in das Endosperm dringt (Rumination).

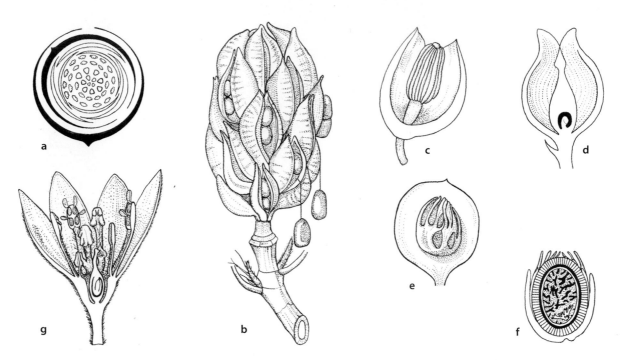

Abb. 19.158 **Magnoliales a–f** und **Laurales g. a, b** Magnoliaceae. **a** Blütendiagramm von *Michelia* (Hochblatthülle schwarz; Perianth weiß). **b** Sammelfrucht von *Magnolia virginiana* mit an Leitbündeln aus den Teilfrüchten pendelnden roten Samen (1 ×). **c–f** Myristicaceae, *Myristica fragans*. **c** ♂ und **d** ♀ Blüten (4 ×). **e, f** Fleischige aber aufspringende Einblattfrucht im Schnitt (etwa 0,5 ×), ein roter Arillus (Macis: Gewürz, Droge) umgibt den dunkelbraunen Samen, darin infolge Wucherung durchfurchtes (ruminiertes) Endosperm und kleiner Embryo (etwa 0,67 ×). **g** Lauraceae, *Cinnamomum verum*, Blüte im Längsschnitt, perigyn, mit pseudomonomerem Fruchtknoten und sich klappig öffnenden Antheren (etwa 5 ×). (a–d, f nach A. Engler's Syllabus; e nach G. Karsten; g nach H. Baillon)

Laurales
Atherospermataceae 6–7 Gattungen/16 Arten, Neuguinea, O-Australien, Neuseeland, Neukaledonien, Chile; Calycanthaceae 5/11, temperates China und N-Amerika, NO-Australien; Gomortegaceae 1/1, Chile; Hernandiaceae 5/55, pantropisch; Lauraceae ca. 50/2500, pantropisch; Monimiaceae 22/200, pantropisch; Siparunaceae 2/75, S-Amerika, W-Afrika

Die **Laurales** haben häufig gegenständige (sonst wechselständige) Blätter an unilakunären Knoten. Ihre Blüten haben meist einen deutlichen Blütenbecher und die Karpelle enthalten nur eine Samenanlage. Von den **Calycanthaceae** abgesehen haben die Familien dieser Ordnung meist kleine Blüten, ihre Staubblätter besitzen meist ein basales Drüsenpaar und die Antheren haben häufig eine klappige Öffnungsweise.

Die **Atherospermataceae**, **Siparunaceae** und **Monimiaceae** haben häufig eingeschlechtige Blüten mit zahlreichen Staubblättern oder Karpellen in einem verbreiterten oder auch krugförmigen Blütenbecher. Die Bestäubung findet z. B. in der Gattung *Siparuna* mit krugförmigen Blütenbechern durch sehr kleine Gallwespen statt, die ihre Eier in den weiblichen Blüten ablegen. Die Griffel der freien Karpelle haben im Ausgangsbereich des Blütenbechers so engen Kontakt, dass der Übertritt eines Pollenschlauchs von einem in einen benachbarten Griffel möglich ist. Diese funktionelle Synkarpie kann auch durch ausgeprägte Schleimbildung im Griffelbereich erreicht werden.

Die pantropisch verbreiteten, aber mit dem Lorbeerbaum (*Laurus nobilis*) auch im Mittelmeerraum vorkommenden **Lauraceae** haben meist aus dreizähligen Wirteln aufgebaute Blüten (**Abb.** 19.158). Das eine Karpell entwickelt sich zu einer Beere oder Steinfrucht.

Wichtige Kulturpflanzen der Lauraceae sind der Kampferbaum (*Cinnamomum camphora*), aus dessen Holz durch Sublimation Kampfer gewonnen wird, und die Zimtbäume (*C. verum* und enge Verwandte), deren Rinde den Zimt liefert. Ein fettreiches, essbares Fruchtfleisch hat die Avocado (*Persea americana*). Mit der aus drahtartigen Achsen mit Schuppenblättern aufgebauten *Cassytha* gibt es in den Lauraceae auch eine hemiparasitisch lebende Gattung.

Canellales
Canellaceae 5 Gattungen/13 Arten, Madagaskar, Afrika, Amerika; Winteraceae 5/105, M- und S-Amerika, Madagaskar, SO-Asien, Australien, Neuseeland, Neukaledonien

Zu den **Canellales** gehören die **Canellaceae** und **Winteraceae**. Trachenloses Holz findet man bei den Winteraceae; die Canellaceae haben ein zu einer Röhre verwachsenes Androeceum und ein synkarp unseptiertes Gynoeceum. Ein synkarp unseptiertes Gynoeceum hat auch die Gattung *Takhtajania* (Winteraceae).

Die **Piperales** sind häufig krautig mit vielfach palmater Blattnervatur. Die Blütenorgane sind meist in dreizähligen Wirteln angeordnet. Bei den in Mitteleuropa mit

19

Stammesgeschichte und Systematik der Bakterien, Archaeen, „Pilze", Pflanzen und anderer...

825   **19**

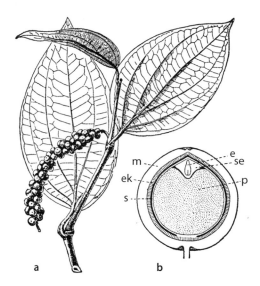

Abb. 19.160 Piperales, Piperaceae. *Piper nigrum.* **a** Spross mit Fruchtstand (0,33 ×). **b** Steinfrucht längs (5 ×), mit fleischigem Mesokarp, holzigem Endokarp, Samenschale, Embryo, sekundärem Endosperm und Perisperm. – e Embryo, ek Endokarp, m Mesokarp, p Perisperm, s Samenschale, se sekundäres Endosperm. (a nach G. Karsten; b nach H. Baillon)

Die kleinen, perianthlosen und zwittrigen oder eingeschlechtigen Blüten der **Piperaceae** sind in Ähren angeordnet. Die Steinfrüchte enthalten einen aus einer orthotropen Samenanlage hervorgehenden Samen hauptsächlich mit Perisperm (**Abb. 19.160**). Die Früchte und Samen von *Piper nigrum* werden als Pfeffer benutzt.

Die Beschreibung der im Stammbaum der Blütenpflanzen basal stehenden Familien macht deutlich, dass ungeachtet zahlreicher Gemeinsamkeiten auch eine große Vielfalt der Morphologie und besonders der Blütenmorphologie beobachtet werden kann. So findet man einerseits z. B. in den Magnoliaceae große und vielgliedrige Blüten. Andererseits haben z. B. die Chloranthaceae sehr kleine und extrem einfache Blüten. Diese Vielfalt der Blütenmorphologie ist mit einer enormen Vielfalt der Reproduktionsbiologie verbunden. Die jüngsten Bemühungen um die Rekonstruktion der ursprünglichen Angiospermenblüte haben zu folgender Hypothese geführt: Die Blüte war radiärsymmetrisch und zwittrig, die Blütenhülle bestand aus mehr als 10 in dreizähligen Wirteln angeordneten Tepalen, das Androeceum bestand aus mehr als 10 in dreizähligen Wirteln angeordneten Staubblättern und das oberständige Gynoeccum aus mehr als fünf schraubig angeordneten Karpellen. Dabei waren alle Organe voneinander frei.

Im Ganzen kann die bisher beschriebene Gruppe von Familien und Ordnungen am besten als eine paraphyletische Basisgruppe der Blütenpflanzen verstanden werden, aus der heraus sowohl die Monokotyledonen als auch die Eudikotyledonen entstanden sind.

Abb. 19.159 Aristolochiaceae. Blüte und Knospen von *Aristolochia arborea.* (Aufnahme: I. Mehregan)

Haselwurz (*Asarum europaeum*) und der windenden Osterluzei (*Aristolochia clematitis*) vorkommenden **Aristolochiaceae** ist die meist einfache Blütenhülle verwachsen und bildet bei *Aristolochia* (**Abb. 19.159**) eine gebogene und zygomorphe Röhre, die bei einigen tropischen Arten beeindruckende Größe, Form, Farbe und Geruch haben kann. Der meist synkarpe Fruchtknoten ist meist unterständig und bei *Aristolochia* sind Staubblätter und Karpelle zu einem Gynostemium verwachsen.

In der Familie ist Bestäubung durch Fliegen und damit zusammenhängend die Ausbildung von Fallenblüten mit trübroter oder brauner Farbe und unangenehmem Duft sehr häufig. Zu den Aristolochiaceae gehören auch die blattlosen und chlorophyllfreien wurzelparasitischen ehemaligen Hydnoraceae mit nur 7 Arten.

Piperales

Aristolochiaceae (inkl. Hydnoraceae) 7–9 Gattungen/587 Arten, kosmopolitisch; Hydnoraceae 2/7, Arabische Halbinsel, Afrika, Madagaskar, M- und S-Amerika; Piperaceae 5/3615, pantropisch; Saururaceae 4/6, SO- bis O-Asien, N-Amerika

Monokotyledonen

Die Monokotyledonen oder Einkeimblättrigen sind ein seit Langem erkannter und sehr gut charakterisierter Verwandtschaftskreis. Es sind sehr häufig krautige Pflanzen mit meist sympodialer Verzweigung. Eine Primärwurzel wird meist nicht ausgebildet, sondern die Bewurzelung besteht aus oft einheitlichen sprossbürtigen Wurzeln (sekundäre Homorrhizie). Die im Achsen- und Wurzelquerschnitt meist zerstreut liegenden Leitbündel (Ataktostele) haben kein Cambium. Dementsprechend sind die Einkeimblättrigen nicht zu einem normalen sekundären Dickenwachstum fähig. Die meist paralleladrigen Blätter sind häufig wechselständig angeordnet, haben meist keine Nebenblätter und keinen Blattstiel und sind an der Basis häufig scheidig. An den Seitenachsen findet man in der Regel nur ein der Abstammungsachse zugewandtes (adossiertes) Vorblatt. Tracheen sind häufig nur in den Wurzeln zu finden. Die Siebröhrenplastiden enthalten fast immer keilförmige Proteinkristalle, gelegentlich findet man zusätzlich Stärkekörner und/oder Proteinfilamente. Die Blüten sind häufig dreizählig und pentazyklisch. Das Endothecium der Antheren entwickelt sich direkt aus der subepidermalen Zellschicht. Die Pollenkörner sind monosulcat (◨ Abb. 19.154). Die Endospermbildung erfolgt meist helobial oder nucleär und die Keimlinge haben meist nur ein Keimblatt (◨ Abb. 19.161).

In den Einkeimblättrigen werden elf Ordnungen anerkannt. Dies sind die Acorales, Alismatales, Petrosaviales, Dioscoreales, Pandanales, Liliales, Asparaga-les, Arecales, Poales, Commelinales und Zingiberales, von denen die vier zuletzt genannten sowie die Dasypogonaceae zu den Commeliniden zusammengefasst werden können.

Acorales

Acoraceae 1 Gattung/2–4 Arten; O-Asien, synanthrop weit verbreitet

Die **Acorales** sind Schwestergruppe zum Rest der Monokotylen und zeichnen sich wie viele Familien an der Basis des Angiospermenstammbaums durch den Besitz von ölhaltigen Idioblasten aus. Anders als bei allen anderen Monokotylen entsteht das Endothecium nicht direkt aus der subepidermalen Schicht der Antherenwand. Diese subepidermale Schicht durchläuft vielmehr eine perikline Teilung und das Endothecium entsteht aus der äußeren der zwei so gebildeten Schichten. Diese Vorgänge sind so auch bei den meisten nichtmonokotyledonen Blütenpflanzen anzutreffen. Die Endospermbildung ist zellulär und weicht damit von der Endospermbildung der Mehrzahl der übrigen Monokotylen ab. Die einzige Gattung der **Acoraceae**, *Acorus* (◨ Abb. 19.162), hat schwertförmige Blätter. Die unscheinbaren Zwitterblüten sind durchgehend dreizählig und in Kolben angeordnet. Da die grüne Spatha als Tragblatt des Kolbens die abgeflachte Achse fortsetzt, scheint der Kolben seitenständig zu stehen.

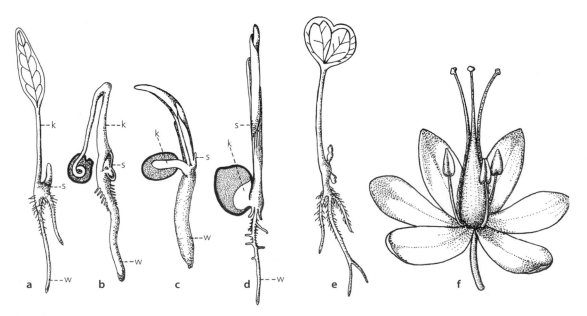

◨ **Abb. 19.161** Keimlinge der Monokotyledonen. **a** *Paris quadrifolia*. **b** *Allium cepa*, Längsschnitt. **c** *Clivia miniata*, Längsschnitt. **d** *Zea mays*, Längsschnitt. Samen- (bzw. Frucht-)schale schwarz, Endosperm punktiert, Keimblatt, seine Scheide, Hauptwurzel. Das Keimblatt ist bei **b–d** teilweise oder gänzlich zu einem Saugorgan umgestaltet. **e** Merkmale der Ein- bei Zweikeimblättrigen: Keimling von *Ranunculus ficaria* mit einem Keimblatt. **f** Blüte von *Cabomba aquatica* (Nymphaeaceae), P3+3 A3 G3 (3 ×). – k Keimblatt, s Scheide, w Hauptwurzel. (a–e nach J. Sachs und R. von Wettstein, verändert; f nach H. Baillon)

19

Stammesgeschichte und Systematik der Bakterien, Archaeen, „Pilze", Pflanzen und anderer...

827   **19**

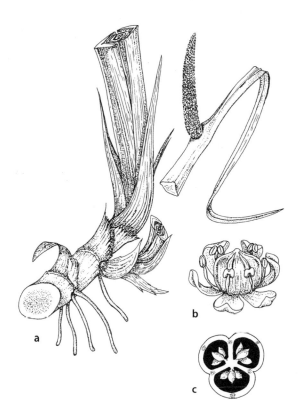

Abb. 19.162   Acorales, Acoraceae. *Acorus calamus.* **a** Blühende Pflanze mit Blütenstand (0,25 ×). **b** Einzelblüte. **c** Fruchtknoten, quer (stark vergrößert). (a nach G. Karsten, b, c nach J. Graf)

Der Kalmus (*Acorus calamus*) ist dank seiner ätherischen Öle eine alte Arzneipflanze, die vermutlich im 16. Jahrhundert von Asien nach Europa eingeführt wurde. In Mitteleuropa ist *Acorus calamus* triploid und steril und vermehrt sich nur vegetativ.

Alismatales

Alismataceae inkl. Limnocharitaceae 15 Gattungen/88 Arten, kosmopolitisch; Aponogetonaceae 1/50, südhemisphärisch, Alte Welt; Araceae inkl. Lemnaceae 123/4365, weltweit, meist tropisch; Butomaceae 1/1, temperates Eurasien; Cymodoceaceae 5/16, W-Pazifik, Karibik, Mittelmeer, Australien; Hydrocharitaceae inkl. Najadaceae 18/116, kosmopolitisch; Juncaginaceae 3/30, subkosmopolitisch, temperat; Maundiaceae 1/1, Australien; Posidoniaceae 1/9, Australien, Mittelmeer; Potamogetonaceae inkl. Zannichelliaceae 4/102, kosmopolitisch; Ruppiaceae 1/1–10, subkosmopolitisch; Scheuchzeriaceae 1/1, nordhemisphärisch, arktisch-temperat; Tofieldiaceae 3–5/31, nordhemisphärisch-temperat, nördl. S-Amerika; Zosteraceae 2/14, nord- und südhemisphärisch, temperat

Bei den **Alismatales** handelt es sich häufig um krautige Pflanzen feuchter oder aquatischer Standorte. Die Antheren haben ein Periplasmodialtapetum mit einkernigen Tapetumzellen, und die Embryonen sind häufig grün und speichern Nährstoffe. Außer bei den meist terrestrischen oder epiphytischen Araceae findet man in den Blattscheiden kleine Schuppen (Intravaginalschuppen, Squamulae), das Gynoeceum ist häufig chorikarp und die Endospermentwicklung verläuft helobial (Abb. 19.163).

Die **Butomaceae** mit der Schwanenblume (*Butomus umbellatus*) haben eine doppelte Blütenhülle mit allerdings petaloiden Kelchblättern und Balgfrüchte. Die Placentation ist laminal. Die Blütenhülle der **Alismataceae** ist in Kelch und Krone differenziert (Abb. 19.164), die Zahl der Staubblätter kann von sechs auf drei reduziert oder zu einer größeren Zahl vermehrt sein, und man findet ein- bis wenigsamige Nussfrüchte. Während die Blüten des Froschlöffels (*Alisma*) zwittrig sind, sind sie beim Pfeilkraut (*Sagittaria*) eingeschlechtig. In dieser häufig aquatisch lebenden Familie findet man vielfach morphologisch sehr unterschiedliche Unterwasser-, Schwimm- und Luftblätter. Bei den teilweise vollständig submers lebenden (z. B. Nixkraut: *Najas*), über die Wasseroberfläche hinauswachsenden (z. B. Froschbiss: *Hydrocharis*) oder auch ohne Bodenkontakt an der Wasseroberfläche schwimmenden (z. B. Krebsschere: *Stratiotes aloides*) **Hydrocharitaceae** findet man vielfach eingeschlechtige Blüten.

Diözisch ist dabei die ca. 1836 von Nordamerika nach Europa eingeschleppte Wasserpest (*Elodea canadensis*), deren explosive Ausbreitung allein durch vegetative Vermehrung anfangs das Kanalsystem in Großbritannien vollständig blockierte. Bei der subtropisch-tropischen *Vallisneria spiralis* (Abb. 19.163) gelangen die weiblichen Blüten durch einen schraubigen Blütenstiel an die Wasseroberfläche. Die männlichen Blüten lösen sich unter Wasser von der Pflanze ab. Sobald sie die Oberfläche erreicht haben, öffnen sie sich und werden an die weiblichen Blüten herangetrieben, wo es zur Bestäubung kommt.

Zwitterblüten findet man bei den **Juncaginaceae**, die an durch Süß- oder Salzwasser feuchten Standorten leben, wie dem Dreizack (*Triglochin*). Zu den **Potamogetonaceae** gehören die Laichkräuter (*Potamogeton*;   Abb. 19.163). Dies sind wurzelnde Wasserpflanzen mit oder ohne Schwimmblätter, deren vierzählige und in Ähren angeordnete Blüten wohl meist windbestäubt sind. In diese Familie gehört auch der submerse Teichfaden (*Zannichellia*) mit eingeschlechtigen Blüten (Abb. 19.163). Die marinen Seegräser (**Zosteraceae**) haben ebenfalls eingeschlechtige Blüten mit nur einem Staubblatt bzw. einem Fruchtknoten. Die Pollenkörner von *Zostera* haben keine Exine, sind schlauchförmig und können bis zu 0,5 mm lang werden (Abb. 19.163). Durch diese Form und Größe wird ihre Sinkgeschwindigkeit im Wasser reduziert und ihre Aussicht, auf eine Narbe zu treffen, vergrößert.

Eine marine Lebensweise findet man auch in den **Cymodoceaceae**, **Ruppiaceae** (Brackwasser), **Posidoniaceae** und teilweise auch in den Hydrocharitaceae.

Die große Familie der **Araceae** enthält meist krautige, gelegentlich aber auch holzige Pflanzen meist terrestrischer Standorte. Die meist kleinen ein- oder zweigeschlechtigen Blüten sind in einem kolbigen Blütenstand (Spadix) angeordnet, an dessen Basis ein häufig großes

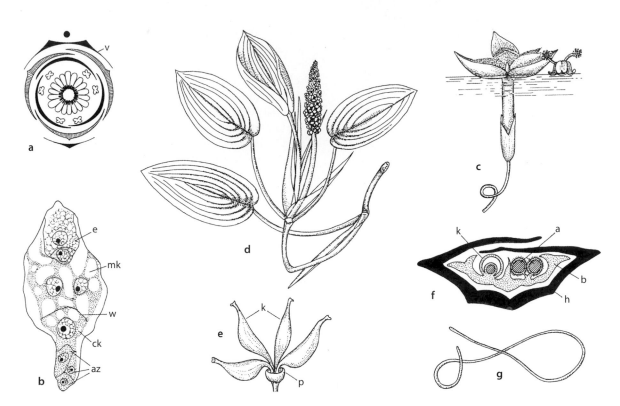

⬛ Abb. 19.163   Alismatales. a Alismataceae, Blütendiagramm von *Alisma plantago-aquatica,* Vorblatt zweikielig und adossiert, Staubblätter dédoubliert, Karpelle frei, einsamig. **b** Butomaceae, helobialer Typ der Endospermentwicklung bei *Butomus umbellatus* ca. 600 ×). **c** Hydrocharitaceae, *Vallisneria spiralis* ♀ und losgelöste, herandriftende ♂ Blüte (5 ×). **d, e** Potamogetonaceae. **d** Blühender Spross von *Potamogeton natans* (0,25 ×). **e** ♀ Blüte von *Zannichellia palustris,* mit Perigonsaum und vier heranreifenden freien Karpellen (6 ×). **f, g** Zosteraceae. *Zostera marina.* **f** Querschnitt durch den flach-kolbenartigen Blütenstand und Hüllblatt: nackte ♀ und ♂ Blüten mit einem Karpell bzw. einer Anthere (20 ×), **g** fädiges Pollenkorn (1 ×, etwa 0,5 mm). – a Anthere, az Antipodenzellen, b Blütenstand, ck chalazale Kammer, e Embryo, h Hüllblatt, k Karpell, mk mikropylare Kammer, p Perigonsaum, v Vorblatt, w Querwand. (a nach A.W. Eichler, verändert; b nach A. Engler's Syllabus; c nach A. Kerner; d nach G. Karsten; e nach J. Graf; f, g nach G. Hegi)

⬛ Abb. 19.164   Alismataceae. Männliche Blüten von *Sagittaria sagittifolia.* (Aufnahme: I. Mehregan)

und auffällig gefärbtes Hochblatt ansetzt (Spatha), das den Spadix einhüllen kann (⬛ Abb. 19.164 und 19.165). Bei Eingeschlechtigkeit der Blüten sind die Pflanzen meist monözisch und die männlichen Blüten befinden sich im oberen Teil der Infloreszenz. Diözie ist selten (z. B. *Arisaema*). Eine Blütenhülle kann vorhanden sein oder fehlen, die Zahl der Staubblätter reicht von einem bis zwölf, Karpelle können ein bis viele vorhanden sein und das Gynoeceum ist synkarp und septiert oder unseptiert. Meist werden Beeren ausgebildet.

Stammesgeschichte und Systematik der Bakterien, Archaeen, „Pilze", Pflanzen und anderer...

829

19

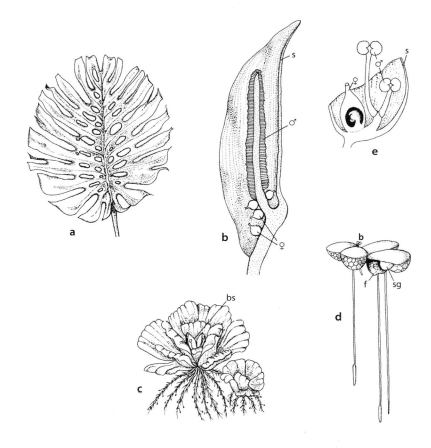

◘ Abb. 19.165 Alismatales, Araceae. a
Monstera deliciosa. Blatt (mit sekundär gebildeten
Löchern und Buchten) (ca. 0,1 ×). **b** *Aglaonema
marantifolium,* Blütenstand mit Spatha sowie mit
nackten ♀ und ♂ Blüten (ca. 8 ×). **c** *Pistia
stratiotes,* schwimmende Gesamtpflanze mit zwei
Blütenständen und vegetativ entstandener
Tochterpflanze (0,33 ×). **d** *Lemna gibba,*
schwimmende Pflanzen, junges Sprossglied, ♂
Blüte und Frucht. **e** *Lemna trisulca,* Blütenstand
längs, mit Spatha, eine ♀ und zwei ♂ Blüten (stark
vergrößert). – b Blüte, bs Blütenstand, f Frucht, s
Spatha, sg Sprossglied. (a nach W. Troll; b, e nach
J. Graf; c nach A. Engler's Syllabus; d nach
Ch.F. Hegelmaier)

Die Vertreter dieser vorwiegend tropisch verbreiteten Familie spielen in den Regenwäldern als großblättrige Rosettenpflanzen oder als Epiphyten oder wurzelkletternde Lianen eine große Rolle. Ihre Blätter sind meist breit, herz- oder pfeilförmig, und häufig netzadrig. Beim in Europa heimischen Aronsstab (*Arum maculatum*) bilden Spadix und Spatha zusammen eine Gleitfalle. Die Araceae werden überwiegend durch Käfer, Aasfliegen oder Kleinfliegen bestäubt.

Bei den in der Vergangenheit vielfach als Lemnaceae (◘ Abb. 19.165) zusammengefassten, aber heute in die Araceae eingeschlossenen Gattungen *Landoltia,
Lemna, Spirodela, Wolffia* und *Wolffiella* ist der vegetative Bau und der Bau des Blütenstands sehr einfach. Die Pflanzen bestehen aus frei schwimmenden oder submersen, kaum differenzierten Gliedern, die entweder bewurzelt sind (Teichlinse: *Spirodela*, Wasserlinse: *Lemna*) oder denen Wurzeln fehlen (Zwergwasserlinse: *Wolffia, Wolffiella*). Die Vermehrung findet vielfach durch Sprossung statt. Den Blütenständen fehlt eine Spatha oder diese ist nur sehr unscheinbar, und es sind ein bis drei eingeschlechtige Blüten mit einem Staubblatt oder einem Fruchtknoten vorhanden. Dieser reduzierte Blütenstand ist auch schon als zwittrige Einzelblüte interpretiert worden. Mit ca. 1,5 mm Größe ist *Wolffia arrhiza* die kleinste bekannte Blütenpflanze. Die ebenfalls frei schwim-

mende und in ihrem Blütenstand reduzierte *Pistia
stratiotes* (◘ Abb. 19.165) ist parallel zu den eben beschriebenen Gattungen entstanden.

Petrosaviales

Petrosaviaceae 2 Gattungen/3 Arten, O-, SO-Asien

Zu den **Petrosaviales** gehören nur die in Ost- bis Südostasien verbreiteten und teilweise mykoheterotrophen und dann chlorophyllfreien **Petrosaviaceae.**

Dioscoreales

Burmanniaceae 9 Gattungen/95 Arten, tropisch-warmtemperat, kosmopolitisch; Dioscoreaceae 4/870, pantropisch; Nartheciaceae 4–5/41, nordhemisphärisch; Taccaceae 1/12, pantropisch; Thismiaceae 5/85, tropisch, zerstreut

Bei den **Dioscoreales** sind die Blätter häufig netzadrig und die Leitbündel sind meist nicht zerstreut, sondern wie bei den Petrosaviaceae in einem oder in mehreren Kreisen angeordnet. Zu den **Nartheciaceae** mit meist schwertförmigen Blättern gehört der auch in Mitteleuropa an nassen, nährstoffarmen Standorten wachsende Beinbrech (*Narthecium ossifragum*). Die häufig windenden **Dioscoreaceae** haben meist eingeschlechtige Blüten und unterständige Fruchtknoten. Die in dieser Familie anzutreffenden Steroidsaponine sind Ausgangsstoffe für die halbsynthetische Herstellung vieler Hormone (z. B. Sexual-, Nebennierenrindenhormone). Essbare Wurzelknollen (Yam) haben verschiedene *Dioscorea*-Arten. Im Südwesten Mitteleuropas ist die Familie mit der Schmerwurz (*Dioscorea communis = Tamus c.*) vertreten. Die **Burmanniaceae** sind häufig mykoheterotroph und haben kein Chlorophyll.

a

Pandanales

Cyclanthaceae 12 Gattungen/225 Arten, neotropisch; Pandanaceae 5/885, paläotropisch; Stemonaceae 4/27, SO-Asien, Australien, SO–N-Amerika; Triuridaceae 11/50, pantropisch; Velloziaceae 9/240, Mittel- und S-Amerika, Afrika, Madagaskar, S-Arabien, China

Die Ordnung der **Pandanales** ist hauptsächlich mit molekularen Ergebnissen fassbar. Die krautigen **Cyclanthaceae** haben häufig palmartige Blätter. Zu den **Pandanaceae** gehören häufig Stelzwurzeln besitzende und gabelig verzweigte Bäume (Schraubenbaum) oder kletternde Sträucher. Zu den Pandanales gehören auch die mykoheterotrophen und chlorophyllfreien **Triuridaceae**. In der mexikanischen *Lacandonia schismatica* ist die Stellung von Androeceum und Gynoeceum umgekehrt, indem hier zahlreiche freie Karpelle die drei zentralen Staubblätter der Blüte umgeben. In diesen in den Angiospermen einmaligen Blüten, die auch als Blütenstand interpretiert worden sind, ist möglicherweise eine homöotische Mutation fixiert worden. Es ist aber auch denkbar, dass die Vermehrung der Zahl der Karpelle aus Platzgründen zu einer Veränderung ihrer Position in der adulten Blüte geführt hat.

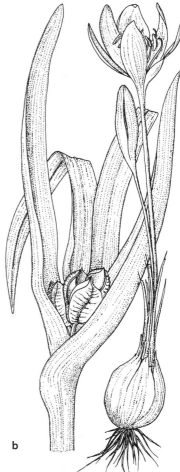

b

Liliales

Alstroemeriaceae inkl. Luzuriagaceae 5 Gattungen/170 Arten, Mittel- und S-Amerika, Australien, Neuseeland; Campynemataceae 2/4, Neukaledonien, Tasmanien; Colchicaceae 15/255, temperat-tropisch, nicht S-Amerika; Corsiaceae 3/30, S-China, SO-Asien, S-Amerika; Liliaceae 15/610, nordhemisphärisch; Melianthaceae inkl Trilliaceae 17/170, nordhemisphärisch, selten S-Amerika; Petermanniaceae 1/1, Australien; Philesiaceae 2/2 Chile; Rhipogonaceae 1/6 Australien, Neukaledonien, Neuseeland, Neuguinea; Smilacaceae 1/210 temperat-tropisch weltweit

◘ **Abb. 19.166   Liliales. a** Liliaceae, choripetale Blüte von *Tulipa sylvestris* (1 ×). **b** Colchicaceae, *Colchicum autumnale*, blühend und fruchtend (0,4 ×). (a nach H. Baillon; b nach F. Firbas)

19

Die Familien der **Liliales** haben meist Nektarsekretion am Grunde der Tepalen oder Staubblätter. Während die **Liliaceae** (◘ Abb. 19.166) z. B. mit Tulpe (*Tulipa*), Gelbstern (*Gagea*), Schachblume (*Fritillaria*) und Lilie (*Lilium*) als Überdauerungsorgane häufig Zwiebeln haben, sind dies bei den Colchicaceae (◘ Abb. 19.166) Knollen und bei den Melanthiaceae Rhizome.

Die Herbstzeitlose (*Colchicum autumnale*) als Vertreter der **Colchicaceae** enthält das hochgiftige Colchicin. Dies ist ein Tropolonalkaloid, das

z. B. die Ausbildung der Kernspindel unterdrückt und daher zur Polyploidisierung von Geweben eingesetzt werden kann. Die Herbstzeitlose hat eine ungewöhnliche Phänologie. Die Knolle bildet im Herbst einen Blütenspross, von dem oberirdisch nur die Blüten mit ihrer langen Perigonröhre zu sehen sind. Erst im Frühjahr folgen die Laubblätter und Früchte, die als Kapseln ausgebildet sind. Die Giftigkeit des Germer (*Veratrum album*) als Vertreter der **Melanthiaceae** geht auf Steroidalkaloide zurück. Die ebenfalls giftige Einbeere (*Paris quadrifolium*) hat vierzählige Blüten, wirtelige Blattstellung mit zwischen den Hauptnerven netznervigen Blättern und Beerenfrüchte (◘ Abb. 19.167).

Stammesgeschichte und Systematik der Bakterien, Archaeen, „Pilze", Pflanzen und anderer...

831   **19**

☐ **Abb. 19.167   Melanthiaceae.** Blüte von *Paris quadrifolia.* (Aufnahme: P.K. Endress)

Asparagales

Amaryllidaceae inkl. Alliaceae 73/1605, kosmopolitisch; Asphodelaceae inkl. Xanthorrhoeaceae 35/ca. 1000, weltweit; Asparagaceae inkl. Agavaceae, Dracaenaceae, Convallariaceae, Hyacinthaceae, Ruscaceae 153/2525, weltweit; Asteliaceae 3/36, südhemisphärisch; Blandfordiaceae 1/4, Australien; Boryaceae 2/12, Australien; Doryanthaceae 1/2, Australien; Hypoxidaceae 7–9/100–220, tropisch, meist südhemisphärisch; Iridaceae 66/2120, kosmopolitisch; Ixioliriaceae 1/3, Ägypten bis Zentralasien; Lanariaceae 1/1, S-Afrika; Orchidaceae 880/26000, kosmopolitisch; Tecophilaeaceae 7/25, Afrika, Chile, Kalifornien; Xeronemataceae 1/2, Neuseeland, Neukaledonien

Anders als bei den Liliales erfolgt die Nektarsekretion bei den Familien der **Asparagales** meist in Septalnektarien und die Samen sind häufig durch Phytomelane schwarz gefärbt. Familiengrenzen innerhalb der Asparagales sind häufig unklar.

Familien der mitteleuropäischen Flora mit unterständigem Fruchtknoten sind die Iridaceae und Orchidaceae. Die **Iridaceae** sind durch den Besitz nur eines Staubblattkreises charakterisiert. Bei der mit Sprossknollen überdauernden Gattung *Crocus* sind die Blüten radiär und alle Blütenhüllblätter gleichartig und petaloid. Die Schwertlilien (*Iris*) haben meist kriechende Rhizome und schwertförmige Blätter. In den radiären Blüten (☐ Abb. 19.168) sind der äußere und innere Blütenhüllblattkreis verschieden. In jeder Blüte bilden ein Perigonblatt, ein Staubblatt und ein verbreiterter Griffelast eine lippenförmige Teilblüte (Meranthium), in der Staubbeutel und Narbe effektiv räumlich voneinander getrennt sind. Die Gladiole (*Gladiolus*) hat zygomorphe Blüten. Die **Orchidaceae**, die artenreichste Familie der Blütenpflanzen, ist durch zygomorphe Blüten, Reduktion des Androeceums von drei auf zwei oder ein Staubblatt, seine häufige Verwachsung mit Griffel und Narbe, sowie die häufig in Tetraden oder Pollinien zusammenbleibenden Pollen gut charakterisiert.

Die Orchidaceae sind in temperaten Breiten terrestrische, in den Subtropen und Tropen aber meist epiphytische Kräuter, selten auch Lianen. Sie haben eine Endomykorrhiza oder können auch auf Pilzen parasitieren (Mykoheterotrophie) und sind dann nicht grün (z. B. Nestwurz: *Listera* (= *Neottia*) *nidus-avis*, Korallenwurz: *Corallorhiza*). Die Achsen epiphytischer Orchideen sind häufig angeschwollen (Pseudobulben) und haben Luftwurzeln mit einem Velamen. Grüne Luftwurzeln können auch als Photosyntheseorgane dienen. Die Blüten (☐ Abb. 19.169) sind zygomorph und drehen sich während ihrer Entwicklung meist um 180° (**Resupination**). Dadurch kommt das meist als Lippe (Labellum) ausgebildete mediane Blütenhüllblatt des inneren Kreises in die Lage einer Unterlippe. Das Labellum kann häufig auch in einen Sporn verlängert sein. Die Zahl fertiler Staubblätter beträgt sehr selten drei (das mediane des äußeren und die lateralen des inneren Staubblattkreises), meist zwei (die lateralen des inneren Staubblattkreises; das mediane des äußeren ist staminodial) oder eins (das mediane des äußeren Staubblattkreises; die lateralen des inneren sind staminodial), und die Staubblätter können mit Griffel und Narbe zu einem Säulchen (**Gynostemium**) verwachsen sein. Die Pollenkörner werden einzeln, in Tetraden oder größeren Gruppen (Massulae) oder meist als **Pollinien** oder **Pollinarien** entlassen. In den Pollinien sind alle Pollenkörner eines Pollensacks durch Sporopollenin zu einer zusammenhängenden Pollenmasse verbunden. Die Pollinien haben einen Stiel, der entweder vom Pollinium selbst (dann als **Caudicula** bezeichnet) oder von einem sterilen Narbenlappen (**Rostellum**) gebildet wird (dann als **Stipes** bezeichnet). Am Ende des Stiels befindet sich der Klebkörper (**Viscidium**), der vom Rostellum gebildet wird und der Anheftung an den Bestäuber dient. Sind die Pollinien der zwei Pollensäcke einer Antherenhälfte (durch Auflösung der Trennwand zwischen den Pollensäcken) miteinander verschmolzen und haben einen gemeinsamen Stiel und Klebkörper, oder sind alle vier Pollinien des Staubblatts z. B. mit einem gemeinsamen Klebkörper versehen, spricht man von einem Pollinarium. Es gibt auch Orchideen mit zwei Pollinarien. Der unterständige dreiblättrige Fruchtknoten ist meist unseptiert, selten aber auch septiert. Die sehr vielen Samenanlagen wachsen zu winzigen Samen ohne Endosperm und mit einem wenigzelligen und undifferenzierten Embryo heran. Die Samen können aus den Kapsel-

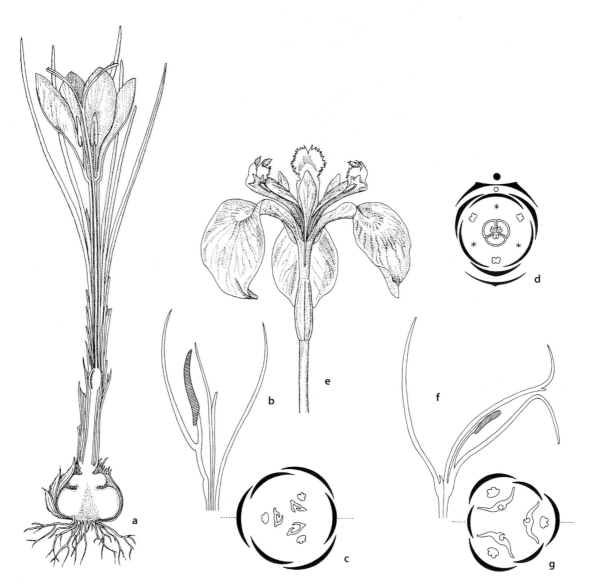

□ Abb. 19.168   Asparagales, Iridaceae. a–c *Crocus sativus*. **a** Blühende Pflanze, längs (etwa 1 ×). **b** Längsschnitt und **c** Grundriss vom oberen Teil der Blüte mit Perigon, Staubblatt und Griffelästen. **d–g** *Iris*. **d** Diagramm; *I. pseudacorus*. **e** Gesamte Blüte (etwa 1 ×). **f** Längsschnitt und **g** Grundriss vom oberen Teil; durch die funktionelle Verbindung von je einem äußeren Perigonblatt, Staubblatt und corollinischem Griffelast entstehen drei Lippenblumen. (a nach H. Baillon; b, c und e–g nach W. Troll; d nach A.W. Eichler, etwas verändert)

früchten sehr leicht durch den Wind ausgebreitet werden. Die Samen entwickeln sich nur, wenn sie von Mykorrhizapilzen infiziert sind. Durch diese schon mit der Keimung beginnende Symbiose ist auch der Verzicht auf Reservestoffe und die damit verbundene Kleinheit der Samen möglich. Mit der engen Bindung an Mykorrhizapilze und auch mit der Langsamwüchsigkeit z. B. temperater terrestrischer Orchideen ist ihre Seltenheit zu erklären.

Die Unterfamilien unterscheiden sich hauptsächlich in der Struktur des Androeceums und des Pollens. Bei den Apostasioideae mit zwei in Südostasien bis Australien verbreiteten Gattungen sind die drei (*Neuwiedia*) oder zwei (*Apostasia*) vorhandenen Staubblätter kaum mit dem Griffel verwachsen. Die Pollenkörner werden einzeln entlassen und das Gynoeceum ist septiert. Die Blüten von *Apostasia* sind nicht resupiniert. Die Cypripedioideae mit insgesamt fünf meist nordhemisphärisch boreal bis tropisch verbreiteten Gattungen (z. B. Frauenschuh:

Cypripedium calceolus) haben immer eine sackförmige Unterlippe und besitzen zwei Staubblätter, die wie bei allen verbleibenden Unterfamilien mit dem Griffel zu einem Säulchen verbunden sind (□ Abb. 19.170). Auch in dieser Unterfamilie werden die Pollenkörner einzeln entlassen, aber der Fruchtknoten ist unseptiert. Die verbleibenden Unterfamilien schließlich haben nur ein fertiles Staubblatt. Solche Blüten mit nur einem Staubblatt sind aber offenbar in den Vanilloideae einerseits und den Orchidoideae und Epidendroideae andererseits unabhängig entstanden. Bei den Vanilloideae werden die Pollenkörner als Tetraden verbreitet, bei den Orchidoideae und Epidendroideae als Massulae, Pollinien oder Pollinarien.

Die Diversität der Orchideen steht in engem Zusammenhang mit bestäubungsbiologischer Spezialisierung, die häufig auch mit sehr spezifischen Blütendüften verbunden ist. Bei *Orchis* (Knabenkraut) und anderen mitteleuropäischen Gattungen besitzt die Lippe einen Sporn

19

Stammesgeschichte und Systematik der Bakterien, Archaeen, „Pilze", Pflanzen und anderer...

833 | **19**

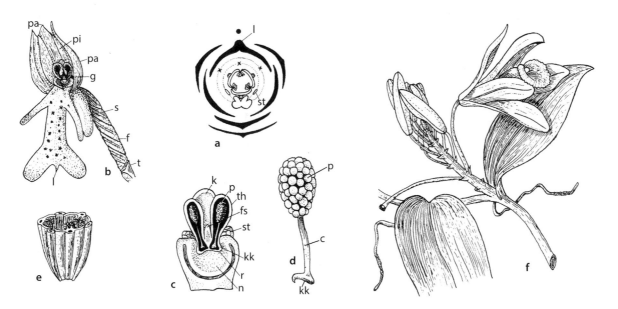

◻ Abb. 19.169   Asparagales, Orchidaceae. a Blütendiagramm der Orchidoideae (etwa von *Orchis*, vor der Resupination), Labellum, im äußeren Kreis nur ein fertiles Staubblatt, im inneren zwei Staminodien. **b–e** *Orchis militaris.* **b** Blüte, durch Drehung des Fruchtknotens resupiniert: Tragblatt, äußere und innere Perigonblätter, Labellum mit Sporn und Gynostemium (etwa 2,5 ×). **c** Gynostemium mit Narbenfläche, Rostellum mit Fortsatz, fertiles Staubblatt mit Konnektiv, zwei Theken, darin Pollinien mit Caudiculae und Klebkörpern, Staminodien (etwa 10 ×). **d** Pollinarium mit gegliedertem Pollinium, Caudicula und Klebkörper (etwa 15 ×); **e** Kapsel quer (etwa 8 ×). **f** *Vanilla planifolia,* blühender Spross mit rankenden Wurzeln (verkleinert). – c Caudicula, f Fruchtknoten, fs Fortsatz, g Gynostemium, kk Klebkörper, k Konnektiv, l Labellum, n Narbenfläche, p Pollinium, pa äußere Perigonblätter, pi innere Perigonblätter, kk Klebkörper, r Rostellum, s Sporn, st Staminodien, t Tragblatt, th Theken. (a nach A.W. Eichler, etwas verändert; b–f nach O.C. Berg und C.F. Schmidt)

◻ Abb. 19.170   Orchidaceae. Blüte von *Cypripedium calceolus.* (Aufnahme: M. Kropf)

(mit oder ohne Nektar), dessen Öffnung unmittelbar vor dem Gynostemium liegt. Versucht nun ein Insekt, das sich auf der Lippe niedergelassen hat, mit seinen Mundwerkzeugen in den Sporn zu gelangen, stößt es mit dem Kopf oder Rüssel an die Klebkörper der Pollinarien, zieht sie aus der Anthere heraus und trägt sie fort. Besucht es die nächste Blüte, so haben sich inzwischen die rasch welkenden Stielchen der Pollinarien nach vorne oder nach unten gebogen, und die Pollenmassen werden nun auf der klebrigen Fläche des einen fertilen Narbenlappens abgestreift. Bei der sporn- und nektarlosen Gattung *Ophrys* (Ragwurz) ist dieser Bestäubungsmodus mit der Anlockung von männlichen Hymenopteren durch die Weibchenattrappen darstellenden Blüten verbunden.

Die unreifen Kapseln des neotropischen Wurzelkletterers *Vanilla planifolia* (◻ Abb. 19.170) liefern die Vanille. Viele tropische Orchideen werden wegen ihrer komplexen, farbenprächtigen und oft stark duftenden Blüten als Zierpflanzen kultiviert (z. B. *Cattleya, Laelia, Vanda, Dendrobium, Stanhopea* u. a.). Viele Zierformen sind durch Hybridisierung entstanden, die bei den Orchideen auch in der Natur häufig ist.

Weitere Familien der Asparagales der mitteleuropäischen Flora sind die Amaryllidaceae und Asparagaceae. Die **Amaryllidaceae** (◻ Abb. 19.171) z. B. mit Schneeglöckchen (*Galanthus*) und Narzisse (*Narcissus*) haben unter-

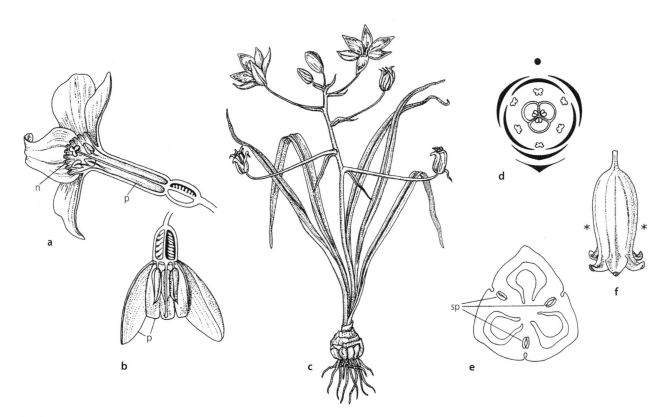

⬛ Abb. 19.171   Asparagales. a, b Amaryllidaceae. **a** Blütenlängsschnitt von *Narcissus poeticus* (1 ×), **b** von *Galanthus nivalis* (2 ×): unterständiger Fruchtknoten, Griffel, freies bzw. röhrenförmig verwachsenes Perigon, „Nebenkrone". **c–e** Hyacinthaceae. **c** *Ornithogalum umbellatum*, ganze Pflanze (verkleinert). **d** Blütendiagramm. **e** *Muscari racemosum*, Fruchtknoten quer mit Septalnektarien (15 ×). **f** Convallariaceae, syntepale Blüte von *Polygonatum latifolium* (* Ansatzstelle der Staubblätter; 2,5 ×). – n Nebenkrone, p Perigon, sp Septalnektarien. (a, b nach J. Graf, c nach A.F.W. Schimper, d nach A.W. Eichler, etwas verändert; e nach A. Fahn aus D. Frohne; f nach W. Troll)

ständige Fruchtknoten und charakteristische Phenanthridinalkaloide. In diese Familie gehört auch *Allium* mit Zwiebeln als Überdauerungsorgan, scheindoldigen Blütenständen und charakteristisch riechenden schwefelhaltigen Lauchölen. Die große Gattung *Allium* (Lauch) enthält z. B. mit Zwiebel (*A. cepa*), Knoblauch (*A. sativum*), Porree (*A. porrum*) und Schnittlauch (*A. schoenoprasum*) zahlreiche Nutzpflanzen. Zu den **Asparagaceae** gehört die Graslilie (*Anthericum*) mit Rhizomen. Beim diözischen, beerenfrüchtigen Spargel (*Asparagus officinalis*) findet man eine Gliederung in Lang- und Kurztriebe, von denen die Kurztriebe als nadelförmige Phyllokladien ausgebildet sind. Beerenfrüchte haben auch Maiglöckchen (*Convallaria*), Schattenblume (*Maianthemum*) und Salomonssiegel (*Polygonatum*; ⬛ Abb. 19.171). Träubelhyazinthe (*Muscari*) und Milchstern (*Ornithogalum*; ⬛ Abb. 19.171) haben Zwiebeln, basale Blätter und traubige Blütenstände.

Die folgenden vier Ordnungen (Arecales, Poales, Commelinales, Zingiberales) werden als **Commeliniden** zusammengefasst. Ihnen gemeinsam sind in den Zellwänden gebundene und die UV-Strahlung reflektierende Ferulasäure, Silikateinschlüsse meist in den Epidermiszellen, teilweise aber auch in anderen Geweben, sowie die Ausbildung epicuticularer Wachsstäbchen eines bestimmten Typs.

Arecales

Arecaceae 188 Gattungen/2585 Arten, subtropischtropisch, kosmopolitisch; Dasypogonaceae 4/18, Australien

Die **Arecaceae** (= Palmae, Palmen) sind meist holzige Pflanzen mit häufig unverzweigten Stämmen (⬛ Abb. 19.172), die durch ein starkes primäres Dickenwachstum entstehen. Es gibt aber auch Arten mit dünnen, kriechenden oder kletternden Achsen (z. B. die Rotang-Palmen: *Calamus* und andere Gattungen). Die häufig in einem den Stamm abschließenden Schopf angeordneten Blätter sind in der Knospe gefaltet und reißen bei Entfaltung entlang der Faltkanten meist mehr oder weniger auf. Sie können eine Länge von bis zu 25 m erreichen und die Blattaderung ist pinnat (Fiederpalmen) oder palmat (Fächerpalmen; ⬛ Abb. 19.172). Die

19

Stammesgeschichte und Systematik der Bakterien, Archaeen, „Pilze", Pflanzen und anderer...

835

19

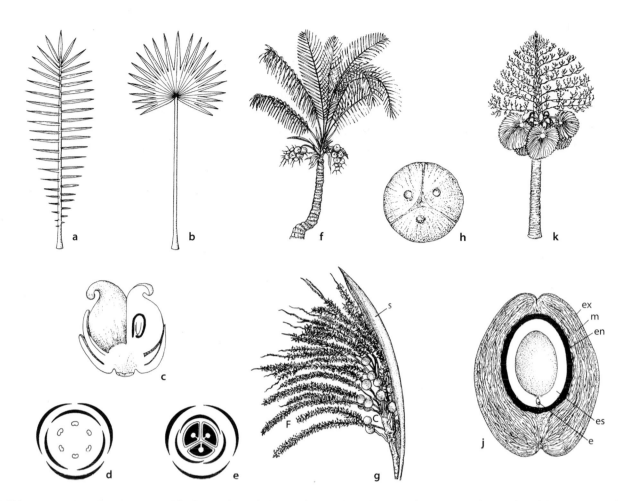

◼ **Abb. 19.172** **Arecales, Arecaceae.** Blattbau **a** einer Fieder-, **b** einer Fächerpalme (ca. 1/20 ×). **c–e** *Phoenix dactylifera*. **c** ♀ Blüte längs, chorikarpes Gynoeceum (vergrößert), **d** ♂ und **E** ♀ Blütendiagramm. **f–j** *Cocos nucifera*. **f** Gesamtpflanze (ca. 1/150 ×). **g** Blütenstand mit Spatha sowie jungen Früchten, ♀ und Resten von ♂ Blüten (ca. 1/20 ×). **h** Steinkern von unten mit den drei Keimlöchern (verkleinert). **j** Steinfrucht längs, mit Exo-, Meso- und Endokarp, Endosperm und Embryo (verkleinert). **k** *Corypha taliera*, Gesamtpflanze (ca. 1/150 ×). – e Embryo, en Endokarp, es Endosperm, ex Exokarp, m Mesokarp, s Spatha. (a, b nach W. Troll; c nach H. Baillon; d, e nach J. Graf; f, k. nach A. Engler's Syllabus; g nach G. Karsten; h, j nach R. von Wettstein)

Blüten sind in von einem Hochblatt umgebenen Ähren oder Rispen angeordnet und häufig eingeschlechtig. Die Pflanzen können ein- oder zweihäusig sein. Einige Palmen sind monokarp und sterben nach der ersten und einzigen Blüte und Fruchtbildung ab. Die Blüten sind meist dreizählig gebaut (◼ Abb. 19.172), aber die Zahl der Staubblätter und gelegentlich auch die der Karpelle kann vermehrt sein. Die oberständigen Gynoeceen sind chori- oder synkarp und jedes Karpell enthält nur eine Samenanlage. Käferbestäubung ist in der Familie häufig. Die Früchte sind Beeren oder Steinfrüchte.

Während viele Palmen im Unterwuchs von Wäldern vorkommen, dominieren andere Arten (z. B. *Nypa fruticans*) die Vegetation. In Europa sind die Palmen heute nur durch *Phoenix theophrasti* (Kreta) und die Zwergpalme (*Chamaerops humilis*; südwestmediterran) vertreten. Die wirtschaftliche Bedeutung der Palmen ist groß. Sie werden als Quelle von Baumateralien verschiedenster Art und als Nahrungsquelle (z. B. Sagostärke: *Metroxylon sagu*, Indomalaysia) verwendet. Besondere Bedeutung kommt auch den Früchten zu. Aus dem Fruchtfleisch der Ölpalme (*Elaeis guineensis*, ursprünglich Afrika) wird Öl gewonnen. Die Dattelpalme (*Phoenix dactylifera*) kann aus jedem ihrer drei freien Karpelle eine Beere bilden, von denen sich allerdings meist nur eine bis zur Reife entwickelt. Der Same liegt im zuckerreichen Fruchtfleisch und ist durch die Speicherung von Hemicellulose sehr hart. Das ebenfalls sehr harte Endosperm der amerikanischen Elfenbeinpalme (*Phytelephas macrocarpa*) dient als „vegetabilisches Elfenbein". Die wohl im westlichen Pazifik beheimatete, heute aber an allen tropischen Küsten verbreitete Kokospalme (*Cocos nucifera*) bildet sehr große, aus einem synkarpen Fruchtknoten hervorgehende Steinfrüchte (◼ Abb. 19.172). Diese haben ein glattes Exokarp, ein dickes, faseriges Mesokarp und ein steiniges Endokarp. Das Endosperm ist außen fest und ölreich (Kopra), innen flüssig (die trinkbare Kokosmilch). Das lufthaltige Mesokarp verleiht den Früchten eine ausgeprägte Schwimmfähigkeit. Die zweilappigen Samen von *Lodoicea callipyge* sind mit bis zu 50 cm Länge die größten bekannten Samen überhaupt.

Poales

Bromeliaceae 69/3403, subtropisch-tropisch, Amerika, 1 Art W-Afrika; Cyperaceae 98/5695, kosmopolitisch; Ecdeiocoleaceae 2/3, Australien; Eriocaulaceae 7/1160, pantropisch-subtropisch, teilweise nordhemisphärisch temperat; Flagellariaceae 1/5, paläotropisch; Joinvilleaceae 1/2, SO-Asien, Pazifik; Juncaceae 7/430, kosmopolitisch; Mayacaceae 1/4–10, tropisches Amerika, 1 Art W-Afrika; Poaceae 707/11337, kosmopolitisch; Rapateaceae 16/94, S-Amerika, W-Afrika; Restionaceae inkl. Anarthriaceae, Centrolepidaceae 58/500 südhemisphärisch, meist SW-Afrika und Australien, auch SO-Asien, S-Amerika; Thurniaceae 2/4, S-Amerika, S-Afrika; Typhaceae inkl. Sparganiaceae 2/25, kosmopolitisch; Xyridaceae 5/ca. 300, pantropisch, teilweise temperat

In den **Poales** werden zahlreiche häufig windbestäubte und mehr oder weniger grasähnliche Familien zusammengefasst, aber auch z. B. die tierblütigen Bromeliaceae gehören in diese Ordnung.

Die **Bromeliaceae** sind meist kurzachsige Kräuter mit einer Rosette meist steifer Blätter. Sträucher von bis zu 3 m Höhe (*Puya*) sind selten. Häufig ist eine epiphytische Lebensweise in Verbindung mit Wasseraufnahme durch Schuppenhaare. Flechtenartig reduziert ist *Tillandsia usneoides*. Die meist zwittrigen und dreizähligen Blüten mit häufig in Kelch und Krone differenzierter Blütenhülle und ober- oder unterständigem Fruchtknoten sind in Ähren, Trauben oder Rispen angeordnet. Die Früchte sind Beeren oder Kapseln und die Samen können geflügelt oder behaart sein. Da Vogelbestäubung in der Familie häufig ist, sind die Blüten, Tragblätter, Infloreszenzachsen und teilweise auch oberen Laubblätter häufig auffällig in unterschiedlichen Rottönen gefärbt.

Die **Typhaceae** haben eingeschlechtige Blüten und sind monözisch. Die weiblichen Blütenstände stehen unter den männlichen. Beim Igelkolben (*Sparganium*; ◘ Abb. 19.173) sind sie kugelig und die Blüten haben eine häutige Blütenhülle, beim Rohrkolben (*Typha*) sind sie walzenförmig und die Blütenhülle wird von Haaren gebildet.

Die Cyperaceae, Juncaceae und Thurniaceae haben Chromosomen mit einem sogenannten diffusen Centromer (d. h. die Fasern der Kernspindel setzen an zahlreichen Punkten an) und Pollentetraden. Die **Juncaceae** mit meist kalt-temperater und häufig an feuchte Standorte gebundener Verbreitung haben fast immer durchgehend dreizählige Blüten (◘ Abb. 19.174). Bei den in Mitteleuropa heimischen Binsen (*Juncus*) enthalten die synkarpen Fruchtknoten zahlreiche, bei den Hainsimsen (*Luzula*) dagegen nur drei Samen. Die **Cyperaceae** mit meist mehrjährigen Kräutern aber auch einigen Lianen, Sträuchern und sehr kleinen Bäumen sind ebenfalls bevorzugt an feuchten Standorten kalten Klimas verbreitet. Die Pollentetraden sind hier Pseudomonaden, in denen bei der Meiose die Zellteilung unterbleibt und drei der vier Zellkerne abortieren, sodass nur ein Pollenkorn resul-

◘ **Abb. 19.173   Typhaceae.** Ein männlicher (oben) und zwei weibliche (unten) Blütenstände von *Spargania natans*. (Aufnahme: I. Mehregan)

tiert. Die Morphologie der Blüten ist variabel. Bei Teichsimse (*Schoenoplectus*), Simse (*Scirpus*), Sumpfsimse (*Eleocharis*) und anderen haben die Zwitterblüten vielfach sechs widerhakig-raue Borsten (◘ Abb. 19.174), die als Blütenhülle verstanden werden können und an der Frucht verbleibend zu deren Ausbreitung beitragen. Auch die Wollgräser der Moore (*Eriophorum*) haben Zwitterblüten (◘ Abb. 19.174). Die Blütenhülle ist hier aber als Saum weißer Haare ausgebildet, die ebenfalls zur Fruchtausbreitung beitragen. Viel stärker vereinfacht sind die eingeschlechtigen Blüten der Seggen (*Carex s.str.*; *s.str.* für lat. *sensu stricto*, im engeren Sinne), ca. 2000 Arten). Man findet männliche und weibliche Blüten in denselben oder verschiedenen Ähren und in der Achsel von Tragblättern. Die männlichen Blüten haben nur drei Staubblätter, die weiblichen bestehen aus einem zwei- oder dreikantigen Fruchtknoten, der noch von einer zusätzlichen Hülle, dem Schlauch (Utriculus), eingeschlossen ist (◘ Abb. 19.174). Wie genauere morphologische Analysen und der Vergleich z. B. mit dem arktisch-alpinen Nacktried (*Kobresia*) oder der afrikanisch/madagas-

19

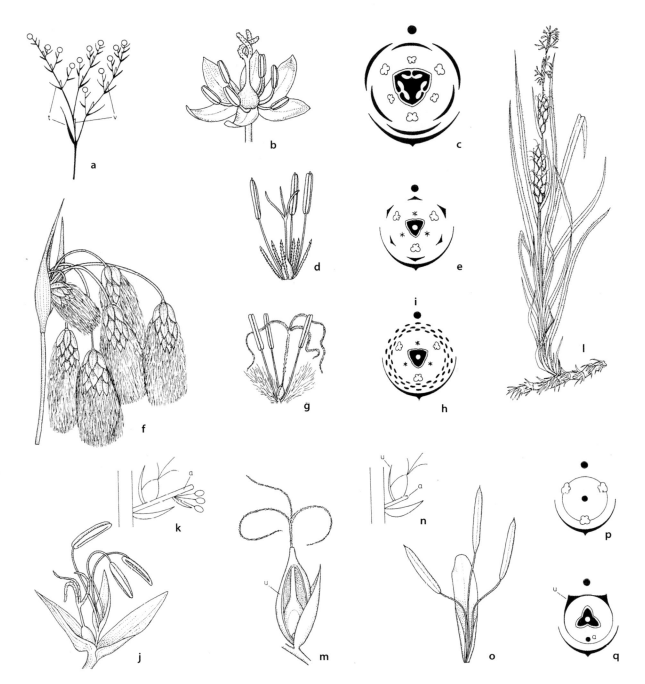

☐ **Abb. 19.174   Poales. a–c** Juncaeae. **a** Blütenstand von *Juncus bufonius* mit mehreren Sicheln. **b** Blüte von *Luzula campestris* (12 ×). **c** Diagramm von *Juncus*. **d–q** Cyperaceae. **d** Blüte von *Schoenoplectus lacustris* (4 ×). **e** Diagramm von *Scirpus sylvaticus*. **f–h** *Eriophorum angustifolium,* **f** Fruchtstand (1 ×), **g** Blüte (vergrößert), **h** Diagramm. **j, k** *Kobresia myosuroides.* **j** Teilblütenstand mit Tragblatt, **k** ♀ und ♂ Blüte. **l–q** *Carex.* **l** Habitus von *C. hirta* mit ♀ und ♂ Blütenständen (0,5 ×). **m** ♀ Blüte von *Carex.* **n** Schema. **q** Diagramm; der Utriculus ist mit dem Tragblatt der ♀ Blüte von *Kobresia* vergleichbar, die Achse des Teilblütenstands wird reduziert; **o, p** ♂ Blüte von *Carex* sp. (15 ×) und Diagramm. – a Achse des Teilblütenstands, t Tragblätter, u Utriculus, v Vorblätter. (a nach A. Engler's Syllabus; b nach J. Graf; c, e, h, k, n, p, q nach A.W. Eichler; d nach F. Firbas; f, g nach Hoffmann; j, l nach G. Hegi, verändert; m, o nach H. Walter)

sischen Gattung *Schoenoxiphium* (beide heute in *Carex* eingeschlossen = *Carex s. l.; s. l.* für lat. *sensu lato*, im weiteren Sinne) zeigen, ist der Utriculus das um die weibliche Blüte verwachsene Blütentragblatt (☐ Abb. 19.174). Darunter steht das Tragblatt des Teilblütenstands, der bei *Carex s. str.* nur aus einer weiblichen Blüte besteht.

Die **Ecdeiocoleaceae**, **Flagellariaceae**, **Joinvilleaceae**, Poaceae und **Restionaceae** haben eine Pollenapertur mit einem erhabenen Rand (Anulus) und einem Deckel (Operculum) gemeinsam. Die als Nutzpflanzen und als Bestandteil der natürlichen Vegetation äußerst bedeutenden **Poaceae** (= Gramineae, Süßgräser) sind meist mehrjährige Kräuter, seltener einjährig oder holzig. Ihre Achsen (Halme) sind meist stielrund und außer an den verdickten Nodien meist hohl. Basal sind die Internodien meristematisch und damit zu interkalarem Wachstum fähig, wodurch sich umgeknickte Halme wieder aufrichten können. Die zweizeilig angeordneten Blätter bestehen aus einer den Halm umschließenden und meist verwachsenen Scheide und der meist schmalen, bis zu 5 m lang werdenden Spreite. An der Grenze dieser beiden Blattabschnitte ist ein Häutchen (**Ligula**) ausgebildet, das auch in Haare aufgelöst sein oder ganz fehlen kann. Die Einzelblüten sind zu Ährchen zusammengefasst, die wiederum in Ähren oder Rispen angeordnet sind. Jedes Ährchen (◘ Abb. 19.175) besitzt am Grund meist zwei **Hüllspelzen** (engl. *glume*). Darauf folgen in zweizeiliger Anordnung die **Deckspelzen** (engl. *lemma*) als Tragblätter der Einzelblüten. Deckspelzen und seltener Hüllspelzen können an ihrer Spitze eine steife Borste (**Granne**; engl. *awn*) haben. An der Blütenachse sitzt eine meist zweikielige **Vorspelze** (engl. *palea*) und darauf folgend zwei oder selten drei Schüppchen, die als **Schwellkörper (Lodiculae)** durch Vergrößerung infolge einer Wasseraufnahme die Öffnung der Blüten bewirken, indem Vor- und Deckspelze auseinandergedrückt werden. Die Vorspelze ist entweder als Vorblatt oder als Rest eines äußeren Blütenhüllblattkreises aufgefasst worden, die Lodiculae als Teile eines äußeren oder inneren Blütenhüllblattkreises. Entwicklungsgenetische Befunde deuten darauf hin, dass die Interpretation der Vorspelze als Teil des äußeren und der Lodiculae als Teile des inneren Blütenhüllblattkreises wahrscheinlich richtig ist. Meist ist nur ein dreizähliger Kreis (selten zwei Kreise) von Staubblättern ausgebildet. Der synkarpe und einfächrige Fruchtknoten besteht aus zwei oder drei Karpellen mit nur einer Samenanlage. Die Blüten können zwittrig oder eingeschlechtig (z. B. Mais: *Zea mays*) sein. In der Grasfrucht

(**Karyopse**) liegt der Embryo dem stärkereichen Endosperm seitlich an (◘ Abb. 19.176). Er besitzt ein schildförmiges Saugorgan (**Scutellum**) und der Vegetationspunkt ist von der **Coleoptile** umschlossen. Auch der Wurzelvegetationspunkt wird von einer Scheide (**Coleorrhiza**) umgeben.

Die Poaceae werden heute in 12 Unterfamilien gegliedert. Ursprünglich in der Familie sind z. B. die waldbewohnenden südamerikanischen Gattungen *Anomochloa*, *Streptochaeta* (Anomochlooideae) und *Pharus* (Pharoideae) sowie die afrikanische *Puelia* (Puelioideae). Zu den Bambusoideae gehören vielfach holzige Pflanzen tropischer Verbreitung, die eine Höhe von bis zu 40 m erreichen können. Die Blüten haben häufig drei Lodiculae und zwei dreizählige Staubblattkreise. Mit z. B. Savannen, Steppen und Wiesen bilden heute grasdominierte Ökosysteme ca. 31–43 % der terrestrischen Vegetation und Gräser sind darüberhinaus in fast allen anderen terrestrischen Ökosystem vertreten. Dieser große Erfolg der Gräser lässt sich evtl. besonders auf ihre Fähigkeit zur Kolonisierung und ihre Robustheit gegenüber Störungen unterschiedlichster Art zurückführen. Für den Menschen hat erst der Anbau von Gräsern und die damit verbundene Produktion haltbarer Nahrungsmittel die Entstehung städtischer Hochkulturen ermöglicht. Die Domestizierung von Gräsern begann, etwas unterschiedlich für verschiedene Arten, vor etwa 10.000 Jahren. Gegenüber ihren Wildformen unterscheiden sich die Kulturgetreide besonders in der erhöhten Zahl und Größe der Früchte, dem Verlust der Brüchigkeit von Ähren- bzw. Ährchenachse und teilweise auch im Lösen der Früchte von den Spelzen. Ob die Brüchigkeit von Ähren- bzw. Ährchenachse (engl. *shattering*) in allen Gräsern die gleiche genetische Grundlage hat oder nicht, ist unklar. Die wichtigsten Getreide der Kulturen (◘ Abb. 19.176) des Mittelmeerraums und Vorderasiens sind Weizen (*Triticum*) mit dem hexaploiden Saat-Weizen (*T. aestivum*) und dem tetraploiden Hart-Weizen (*T. durum*), Gerste (*Hordeum vulgare*), Roggen (*Secale cereale*) und Hafer mit dem Saat-Hafer (*Avena sativa*). Diese vier Gattungen gehören zu den Pooideae. In Südostasien ist der heute weltweit angebaute Reis (*Oryza sativa*; Ehrhartoideae) das traditionell wichtigste Getreide (◘ Abb. 19.176). In den Trockengebieten Ostasiens, Indiens und Afrikas sind dies verschiedene Hirsen, besonders Rispenhirse (*Panicum miliaceum*), Kolbenhirse (*Setaria italica*), Perlhirse (*Cenchrus americanus*) und Mohren-Hirse oder Durra (*Sorghum bicolor*), die alle zu den Panicoideae gehören. In Amerika ist Mais (*Zea mays*: Panicoideae) mit endständigen, rein männlichen und seitenständigen, rein weiblichen Blütenständen seit ca. 9000 Jahren in Kultur.

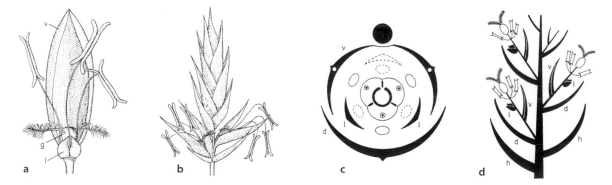

◘ **Abb. 19.175   Poales, Poaceae.** *Festuca pratensis*. **a** Einzelne Blüte nach Entfernen der Deckspelze (6 ×). **b** Ährchen mit zwei Hüllspelzen, zwei offenen und einigen geschlossenen Blüten (3 ×). **c** Theoretisches Diagramm der Grasblüte (fehlende Blütenglieder gestrichelt). **d** Schema eines Grasährchens mit drei entwickelten Blüten. – d Deckspelze, f Fruchtknoten, h Hüllspelze, l Lodiculae, v Vorspelze. (a, b nach H. Schenck; c nach J. Schuster stark verändert; d nach F. Firbas)

19

Stammesgeschichte und Systematik der Bakterien, Archaeen, „Pilze", Pflanzen und anderer...

839　19

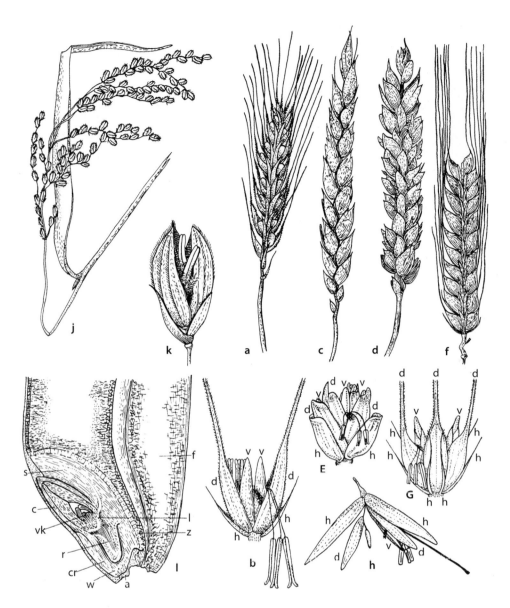

Abb. 19.176　Poales, Poaceae. Getreide, Ähren und Ährchen von **a, b** Roggen, *Secale cereale* (bei **b** Grannen nur teilweise dargestellt). **c–e** Weizen, *Triticum aestivum* mit **c** Spelt und **d, e** Saat-Weizen. **f, g** Gerste, *Hordeum vulgare* mit **f** zweizeiligen und **g** sechszeiligen Formen (Grannen nur teilweise dargestellt). **h** Hafer, *Avena sativa*. **j, k** Reis, *Oryza sativa*. **l** Weizenkorn, medianer Längsschnitt durch den unteren Teil, Seitenwand der Fruchtfurche, links unten der Embryo mit Scutellum, Leitbündel und Zylinderepithel, Coleoptile, Vegetationskegel des Sprosses, Coleorrhiza, Radicula mit Wurzelhaube und Austrittstelle (14 ×). – a Austrittstelle, c Coleoptile, cr Coleorrhiza, d Deckspelze, f Fruchtfurche, h Hüllspelze, l Leitbündel, r Radicula, s Scutellum, v Vorspelze, vk Vegetationskegel, w Wurzelhaube, z Zylinderepithel. (a, c, d, f, j, k nach G. Karsten; b, e, g, h nach F. Firbas; l nach E. Strasburger)

Commelinales

Commelinaceae 40 Gattungen/652 Arten, weltweit tropisch warmtemperat; Haemodoraceae 13/116, Amerika, S-Afrika, Neuguinea, Australien; Hanguanaceae 1/14, Sri Lanka, SO-Asien, Australien; Philydraceae 4/5, SO-Asien, Australien; Pontederiaceae 2/33, tropisch, meist neuweltlich

In den **Commelinales** sind zygomorphe Blüten häufig und die Zahl fertiler Stamina kann bis auf eines (z. B. **Philydraceae** mit zweizähliger Blütenhülle) reduziert sein. Zu den **Commelinaceae** zählen die häufig als Zimmerpflanzen gezogenen *Tradescantia* und *Zebrina* mit in Kelch und Krone differenzierter Blütenhülle. Die **Pontederiaceae** sind aquatisch. Die mit ihren aufgeblasenen Blattstielen frei schwimmende Wasserhyazinthe (*Eichhornia crassipes*) ist ein ursprünglich neotropisches Wasserunkraut. Sie hat drei Blütentypen, in denen die zwei Staubblattkreise und der Griffel abwechselnd in drei Etagen angeordnet sind (Tristylie).

Zingiberales

Cannaceae 1 Gattung/10 Arten, neotropisch; Costaceae 6/110, pantropisch; Heliconiaceae 1/200, neotropisch, Melanesien; Lowiaceae 1/20, SO-Asien; Marantaceae 31/550, pantropisch; Musaceae 2/41, paläotropisch; Strelitziaceae 3/7, Amerika, Afrika, Madagaskar; Zingiberaceae 56/1075–1300, pantropisch

Die Blüten der **Zingiberales** haben meist eine in Kelch und Krone gegliederte Blütenhülle, sind zygomorph oder asymmetrisch und haben ein unterständiges Ovar. Der Pollen ist meist inaperturat, und die Samen besitzen meist einen Deckel (Operculum) und häufig einen Arillus. Die Blätter sind in der Knospe eingerollt. Ein Teil der Staubblätter ist häufig staminodial und kronblattähnlich, und auch der Griffel kann kronblattartig ausgebildet sein. Bestäubung durch Vögel, Fledermäuse und andere Säuger, aber auch durch Bienen ist häufig. Fünf oder sechs Staubblätter findet man bei den Heliconiaceae, Lowiaceae, Musaceae und Strelitziaceae. Die **Musaceae** mit der als Nutzpflanze wichtigen Banane (*Musa* mit mehreren Arten und Hybriden, z. B. *M.* × *paradisiaca*) und dem Manilahanf (*M. textilis*) bilden aus Blattscheiden bestehende Scheinstämme von bis zu 13 m

Höhe. Die einfachen Blätter können bis zu 6 m lang werden. Die bei *Musa* eingeschlechtigen Blüten stehen in doppelten Querreihen in der Achsel von großen Tragblättern. Nur ein fertiles Staubblatt haben die **Costaceae** und **Zingiberaceae**. Bei den Zingiberaceae (◻ Abb. 19.177) sind die zwei Staminodien des inneren Staubblattkreises zu einer Lippe verwachsen. Die Vertreter der Familie sind reich an ätherischen Ölen (z. B. Ingwer: *Zingiber officinale*, Cardamon: *Elettaria cardamomum*). Bei **Cannaceae** (z. B. Blumenrohr: *Canna*) und **Marantaceae** (z. B. Pfeilwurz: *Maranta*) treten asymmetrische Blüten mit nur einem halben fertilen Staubblatt (eine Theka) auf (◻ Abb. 19.177). Die übrigen Staubblätter, die sterile Hälfte des fertilen Staubblatts und der Griffel sind kronblattartig. In beiden Familien wird der Pollen am Griffel deponiert und dort von den Bestäubern aufgenommen (sekundäre Pollenpräsentation). Bei den Marantaceae (◻ Abb. 19.178) kommt es dabei zu einer explosiven Griffelbewegung.

Eudikotyledonen

Die Eudikotyledonen (engl. *eudicots*), die wie die Ordnungen an der Basis des Angiospermenstammbaums fast immer zweikeimblättrig sind, unterscheiden sich von diesen durch das Fehlen der charakteristischen ätherischen Öle in Idioblasten, durch Blüten mit meist wirteliger Anordnung

◻ **Abb. 19.177   Zingiberales. a–c** Zingiberaceae. **a** *Zingiber officinale,* blühende Pflanze mit Rhizom (0,67 ×). **b** Blüte von *Curcuma australasica.* **c** Diagramm von *Kaempferia ovalifolia,* mit Tragblatt, Vorblatt, Kelch und Blumenkrone, seitliche Staminodien, staminodiales Labellum, einziges fertiles Staubblatt, Fruchtknoten. **d** Cannaceae, asymmetrische Blüte von *Canna iridiflora,* drei Staminodien, halb fertiles Staubblatt, Griffel (0,5 ×). – c Blumenkrone, f Fruchtknoten, fs fertiles Staubblatt, g Griffel, k Kelch, l staminodiales Labellum, sb halb fertiles Staubblatt, ss seitliche Staminodien, st¹–st³ Staminodien, t Tragblatt, v Vorblatt. (a nach O.C. Berg und C.F. Schmidt; b nach J.D. Hooker; c nach A.W. Eichler; d nach H. Schenck)

Stammesgeschichte und Systematik der Bakterien, Archaeen, „Pilze", Pflanzen und anderer...

841

19

der Organe, vor allem aber durch den Besitz tricolpater (▣ Abb. 19.154) oder davon abgeleiteter Pollenkörner.

Engster Verwandter der Eudikotyledonen sind die **Ceratophyllales**, deren Pollen inaperturat ist.

▣ **Abb. 19.178** **Marantaceae.** Blüte von *Hylaeanthe hoffmannii*. Explosive Griffelbewegung ausgelöst. (Aufnahme: R. Claßen-Bockhoff)

Ceratophyllales

Ceratophyllaceae 1 Gattung/6 Arten, kosmopolitisch

Ihre einzige Familie, die **Ceratophyllaceae**, sind als submers in stehenden Gewässern lebende Kräuter weltweit verbreitet. Die auch in Mitteleuropa (Hornblatt: *Ceratophyllum*) vorkommenden Pflanzen haben keine Wurzeln, sondern sind mit Rhizomen im Boden verankert. Man trifft sie allerdings häufig frei schwimmend an. Die eingeschlechtigen und monözisch verteilten Blüten mit entweder zahlreichen Staubblättern oder nur einem Karpell mit einer Samenanlage stehen jeweils einzeln im Bereich der wirtelig angeordneten und mehrfach gabelig verzweigten Blätter (▣ Abb. 19.179).

Ranunculales

Berberidaceae 14 Gattungen/701 Arten, nordhemisphärisch temperat, Anden; Circaeasteraceae 2/2, N-Indien, China; Eupteleaceae 1/2, O-Asien; Lardizabalaceae 7/40, O-Asien, S-Amerika; Menispermaceae 71/442, pantropisch; Papaveraceae inkl. Fumariaceae, Pteridophyllaceae 44/825, nordhemisphärisch temperat, S-Afrika; Ranunculaceae 62/2525, kosmopolitisch temperat

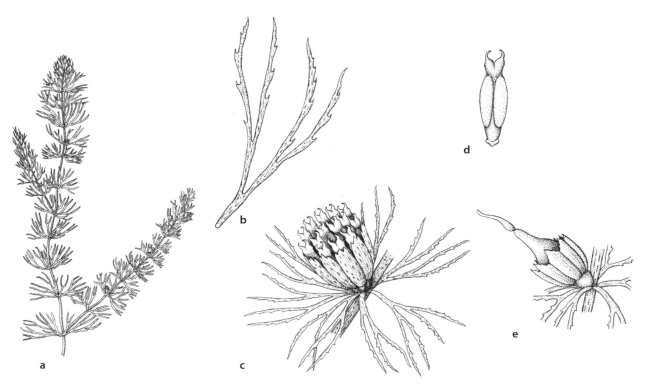

▣ **Abb. 19.179** **Ceratophyllales, Ceratophyllaceae,** *Ceratophyllum*. **a** Habitus. **b** Gegabeltes Blatt. **c** ♂ Blüte, **d** Staubblatt. **e** ♀ Blüte. (R. Spohn nach Takhatajan 1980)

An der Basis der Eudikotyledonen stehen die Ranunculales, Proteales, Trochodendrales und Buxales. Die Familien der **Ranunculales** sind holzige oder krautige Pflanzen mit vielfältig differenzierten Benzylisochinolinalkaloiden. Die oft zahlreichen Blütenorgane sind schraubig oder wirtelig angeordnet, die Karpelle sind häufig frei. Aufgrund dieser Merkmale sind die Ranunculales in der Vergangenheit auch vielfach mit den basalen Ordnungen zusammengefasst und als hauptsächlich krautige Entwicklungslinie dieses Verwandtschaftskreises aufgefasst worden. Die Ranunculales unterscheiden sich aber durch das Fehlen von Ölzellen, durch die häufig geteilten Laubblätter sowie durch die für die Eudikotyledonen charakteristischen tricolpaten (oder davon abgeleiteten) Pollenkörner.

Die größte und auch in der mitteleuropäischen Flora mit zahlreichen Arten vertretene Familie der Ranunculales sind die **Ranunculaceae** (Hahnenfußgewächse). Sie umfassen vorwiegend Stauden mit wechselständigen, oft geteilten Blättern. Die oft großen Blüten (◻ Abb. 19.180) sind meist hermaphrodit mit vielen Staubblättern und zahlreichen (selten nur eines) bis vielen meist freien Karpellen.

Die Karpelle enthalten entweder mehrere oder nur eine Samenanlage und entwickeln sich dementsprechend entweder zu mehrsamigen Balgfrüchten oder zu einsamigen Schließfrüchten, meist Nüsschen. Eher selten in der Familie sind Beeren (Christophskraut: *Actaea*) und, bei Gattungen mit verwachsenen Karpellen, Kapseln (Schwarzkümmel: *Nigella*). Ansonsten ist die Blütenmorphologie der Ranunculaceae sehr vielfältig. Die Blüten können entweder radiärsymmetrisch oder zygomorph (Eisenhut: *Aconitum*; Rittersporn: *Delphinium* inkl. *Consolida*) sein, und die Blütenorgane sind in großer oder kleiner Zahl

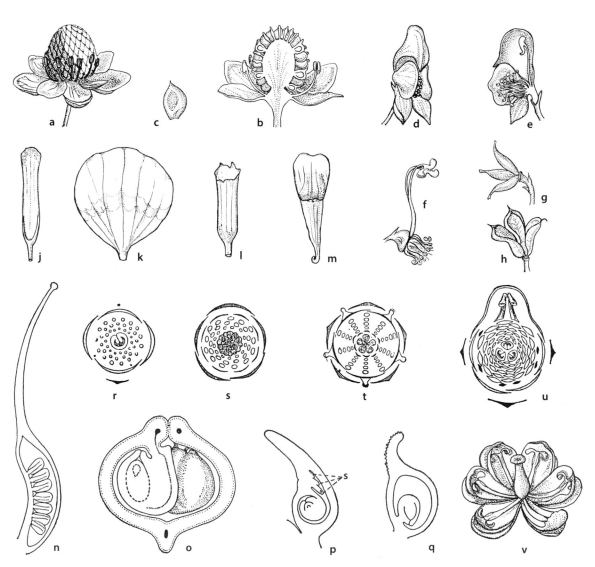

◻ **Abb. 19.180   Ranunculales. a–u** Ranunculaceae. **a–c** *Ranunculus* sp., Blüte gesamt, längs; Einblattnuss (etwa 4 ×). **d–h** *Aconitum napellus,* Blüte schräg von vorne und längs, nach Entfernung des Perigons, die beiden Nektarblätter freigelegt; junges und reifes chorikarpes Gynoeceum (0,6 ×). Nektarblätter von **j** *Trollius giganteus* (2,5 ×), **k** *Ranunculus auricomus* (3 ×), **l** *Helleborus foetidus* (4,5 ×), **m** *Aquilegia vulgaris* (1 ×). Karpelle von *Helleborus orientalis,* **n** längs (5 ×); **o** quer (18 ×); **p** *Anemone nemorosa* und **q** *Ranunculus auricomus* (längs; teilweise noch mit verkümmerten Samenanlagen; 10 ×). Blütendiagramme von **r** *Cimicifuga racemosa,* **s** *Adonis aestivalis,* **t** *Aquilegia vulgaris,* **u** *Aconitum napellus.* (Perigon- bzw. Kelchblätter weiß bzw. schraffiert, Nektar- bzw. Kronblätter schwarz). **V** Berberidaceae, *Berberis vulgaris,* Blüte (3 ×). – s Samenanlagen. (a–c, v nach H. Baillon; d–h nach G. Karsten; j–o, q nach F. Firbas; p nach E. Rassner; r–u nach A.W. Eichler)

19

Stammesgeschichte und Systematik der Bakterien, Archaeen, „Pilze", Pflanzen und anderer...

843

19

schraubig oder in fünf-, drei- oder zweizähligen Kreisen angeordnet. Die Blütenhülle ist z. B. bei der Dotterblume (*Caltha*), beim Buschwindröschen (*Anemone nemorosa*) und bei der Küchenschelle (*Pulsatilla*) ein einfaches Perigon. Aus Staubblättern sind in vielen Gattungen sterile Nektarblätter entstanden (◘ Abb. 19.180). Diese enthalten Nektar in Gruben oder in einem spornartigen Auswuchs und sind teilweise unauffällig (z. B. *Trollius, Helleborus*), aber teilweise auch kronblattartig entwickelt (z. B. Hahnenfuß: *Ranunculus*; Akelei: *Aquilegia*). So kann ein doppeltes Perianth entstehen, bei dem die ursprünglichen Perigonblätter Kelchblatt-, die Nektarblätter aber Kronblattfunktion übernehmen. Die Ranunculaceae sind besonders in den extratropischen Gebieten der Nordhemisphäre verbreitet. Neben Stauden gibt es auch einjährige Arten (z. B. *Myosurus minimus, Ranunculus arvensis*) oder selten Holzpflanzen wie die gegenständig beblätterte und oft als Liane wachsende Waldrebe (*Clematis*).

Eng verwandt mit den Ranunculaceae sind die holzigen oder krautigen **Berberidaceae** mit wirteligen Blüten. Die meist doppelte Blütenhülle mit zusätzlich häufig kronblattartig ausgebildeten Nektarblättern und das Androeceum bestehen aus meist mehreren drei- oder seltener zweizähligen Kreisen (◘ Abb. 19.180). Das Gynoeceum besteht aus nur einem oberständigen Karpell, das sich zu einer Beere entwickelt. In Mitteleuropa kommt die Berberitze (*Berberis vulgaris*) vor, die Blattdornen (◘ Abb. 3.7) und reizbare Staubblätter hat und Zwischenwirt des Getreiderostes ist.

Die **Lardizabalaceae** und die tropischen **Menispermaceae** sind meist Lianen mit häufig eingeschlechtigen, monözisch oder diözisch verteilten vielfach dreizähligen Blüten. Windbestäubte Bäume mit perianthlosen Blüten findet man in der Gattung *Euptelea* (**Eupteleaceae**).

Den bisher genannten Familien stehen die **Papaveraceae** (inkl. Pteridophyllaceae, Fumariaceae) mit zwei- oder seltener dreizähliger, wirteliger Blütenhülle und verwachsenblättrigen Gynoeceen mit parietaler Placentation gegenüber. In der Unterfamilie Fumarioideae (◘ Abb. 19.181) mit meist klarem Milchsaft in Schlauchzellen sind meist ein oder zwei der vier Kronblätter gespornt, wodurch monosymmetrische (z. B. Erdrauch: *Fumaria*; Lerchen-

sporn: *Corydalis, Pseudofumaria*) oder disymmetrische (z. B. Herzblume: *Dicentra*) Blüten entstehen. Das Androeceum besteht aus vier Staubblättern, von denen zwei geteilt und mit den ungeteilten Staubblättern verwachsen sein können. Das Gynoeceum besteht aus zwei Karpellen. In der Unterfamilie Papaveroideae (◘ Abb. 19.181) mit meist milchigem und häufig gefärbtem Milchsaft in Schlauchzellen oder Milchröhren und radiären Blüten, folgen auf den fast immer hinfälligen Kelchblattkreis zwei Kronblattkreise mit häufig zerknittert erscheinenden Petalen, meist zahlreiche Staubblätter und ein oberständiges Gynoeceum aus zwei bis zahlreichen Karpellen, das sich zu einer Kapsel entwickelt. Porenkapseln findet man z. B. beim Mohn (*Papaver*).

Die wichtigste und seit mindestens 3500 Jahren als Droge bekannte Nutzpflanze der Familie ist der Schlaf-Mohn (*Papaver somniferum*), aus dessen traditionellerweise durch Anritzen der sich entwickelnden Kapsel (◘ Abb. 19.181) gewonnenem Milchsaft das Opium mit den Morphinalkaloiden Thebain, Codein und Morphin gewonnen wird. Die alkaloidfreien Samen dieser Art werden zur Ölgewinnung und zum Backen verwendet.

Proteales

Nelumbonaceae 1 Gattung/1–2 Arten, O-Asien, östl. N-Amerika; Platanaceae 1/10, SO-Asien, östl. Mittelmeer, N-Amerika; Proteaceae 80/1615, Australien, SO-, S-Asien, südliches Afrika, S- bis Mittelamerika; Sabiaceae 4/119, SO-Asien, tropisches Amerika

---

Die in ihrer Gesamterscheinung sehr unterschiedlichen Familien der **Proteales** sind durch ein oder zwei Samenanlagen pro Karpell und Samen mit wenig oder ohne Endosperm charakterisiert. Die Zusammengehörigkeit der Nelumbonaceae, Platanaceae und Proteaceae ist eine der überraschendsten Erkenntnisse der molekularen Systematik.

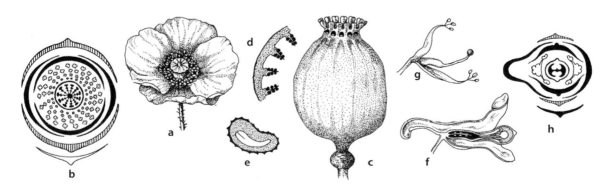

◘ **Abb. 19.181** **Ranunculales, Papaveraceae. a–e** Papaveroideae. **a, b** *Papaver rhoeas*. **a** Blüte (0,75 ×). **b** Diagramm. **c–e** *P. somniferum*. **c** Porenkapsel mit Narben und fensterartig geöffneter Fruchtwand (0,5 ×). **d** Partieller Fruchtquerschnitt mit parietalen Placenten (0,67 ×). **e** Same, längs mit Testa, Endosperm und Embryo (8 ×). **f–h** Fumarioideae, *Corydalis cava*. **f** Blütenlängsschnitt sowie Staubblätter (innere gespalten, Hälften mit den äußeren verwachsen: 1/2 + 1 + 1/2) und **g** Fruchtknoten (1 ×), **h** Blütendiagramm. (a, f, g nach J. Graf, b, h nach A.W. Eichler, c–e nach F. Firbas)

Die oberflächlich an die Nymphaeaceae erinnernden **Nelumbonaceae** mit dem Lotos (*Nelumbo*) sind Wasserpflanzen mit an langen Stielen über die Wasseroberfläche emporgehobenen schildförmigen Blättern. Durch die als hohle Röhrchen ausgebildeten, epicuticularen Wachskristalle ist die Blattoberfläche auffällig wasser- und schmutzabweisend. In der Technik werden Metalloxide ähnlicher Struktur zunehmend auch zur Imprägnierung von Oberflächen verwendet. Die sehr großen Blüten haben zwei Kelchblätter, zahlreiche Kron- und Staubblätter und die 2–30 freien Karpelle sind in die Blütenachse eingesenkt, die einen auf der Spitze stehenden Kegel bildet.

Bei den baumförmigen **Platanaceae** mit der einzigen Gattung Platane (*Platanus*) sind die kleinen eingeschlechtigen Blüten in dichten kugeligen Blütenständen angeordnet. Die weiblichen Blüten enthalten zwischen fünf und neun freie Karpelle. *Platanus x hispanica* wird als immissionsresistenter Alleebaum vielfach angepflanzt.

Die radiärsymmetrischen oder zygomorphen Blüten der holzigen, strauch- oder baumförmigen **Proteaceae** als deutlich artenreichste Familie der Proteales haben eine einfache Blütenhülle aus vier Blütenhüllblättern, vier Staubblätter und nur ein Karpell mit ein bis mehreren Samenanlagen (Abb. 19.182). Viele Arten dieser besonders in Australien und im südlichen Afrika sehr artenreichen Familie sind an extreme Trockenheit und teilweise auch an natürliches Feuer angepasst. Dazu gehört auch, dass Arten z. B. von *Banksia*, *Hakea* und *Grevillea* stark verholzte und jahrelang in den Fruchtständen verbleibende Früchte ausbilden, die sich erst nach der Einwirkung von Feuer öffnen. Die Proteaceae werden vielfach von kleinen Säuge- oder Beuteltieren bestäubt und ihre Samen oft durch Vögel ausgebreitet. Während einige interkontinentale Disjunktionen in der Familie wohl durch das Auseinanderbrechen von Gondwana entstanden sind, sind andere solche Disjunktionen jüngeren Alters.

 Abb. 19.182 Proteaceae. Blütenstand von *Banksia coccinea*. (Aufnahme: P. Schubert)

Trochodendrales
Trochodendraceae 2 Gattungen/2 Arten, SO-Asien

Buxales
Buxaceae 7 Gattungen/120 Arten, kosmopolitisch, zerstreut

Die **Trochodendrales** und **Buxales** sind meist holzig und haben oft (außer den Trochodendraceae) kleine, eingeschlechtige Blüten. Die **Trochodendraceae** besitzen tracheenloses Holz, Blüten mit oder ohne Blütenhülle, ein vier- oder vielzähliges Androeceum und 4–17 miteinander verwachsene Karpelle. Die **Buxaceae** mit dem mediterran-atlantisch verbreiteten Buchsbaum (*Buxus sempervirens*) haben häufig zweizählige Blüten. Die Stamina stehen in beiden Familien in zweizähligen Quirlen.

Alle folgenden Familien können auch als Kerneudikotyledonen (engl. *core eudicots*) zusammengefasst werden. Während in den bisher genannten Gruppen der Eudikotyledonen noch Variation in der Zahl, Art und Anordnung der Blütenorgane zu beobachten ist, die Pollenkörner meist tricolpat sind und Ellagsäure fehlt, hat mit der Entstehung der Kerneudikotyledonen eine weitgehende Festlegung auf Blüten mit fünfzähligen Organwirteln und aus Kelch und Krone bestehenden Blütenhüllen stattgefunden; die Pollenkörner sind tricolporat, Ellagsäure ist vorhanden.

Gunnerales
Gunneraceae 1 Gattung/60 Arten, südhemisphärisch; Myrothamnaceae 1/2, Afrika, Madagaskar

Erster Ast der Kerneudikotyledonen sind die **Gunnerales** mit meist eingeschlechtigen und teilweise zweizähligen Blüten. Bemerkenswert sind die teilweise sehr großblättrigen Stauden (Blattspreite bis 2 m Durchmesser) der meist an feuchten und sauren Standorten wachsenden Gattung *Gunnera* (**Gunneraceae**), bei denen schleimgefüllte Drüsen im Bereich der Blattknoten die stickstofffixierende Cyanobakteriengattung *Nostoc* als Symbiont enthalten.

19

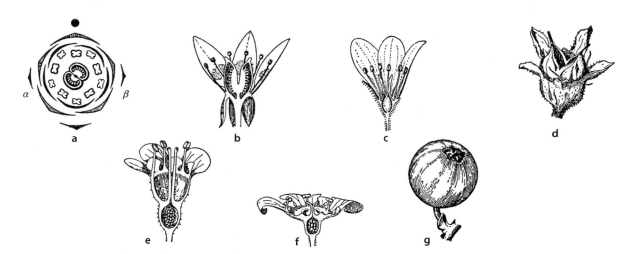

Abb. 19.183 Saxifragales. a–d Saxifragaceae. **a** Blütendiagramm von *Saxifraga granulata* mit Vorblättern (α, β). **b** *Saxifraga stellaris* (2,5 ×) und **c** *S. granulata* (1,5 ×), Blüten. **d** *S. cespitosa,* Kapsel mit Kelch (3 ×). **e–g** Grossulariaceae. **e** *Ribes uva-crispa* (2,5 ×). **f, g** *R. rubrum,* Blüten bzw. Beere (3,5 × bzw. 2 ×). (a nach A.W. Eichler; b–g nach F. Firbas)

Dilleniales

Dilleniaceae 10 Gattungen/300–500 Arten, pantropisch

Saxifragales

Altingiaceae 1 Gattung/13 Arten, SW- bis O-Asien, N- bis Mittelamerika; Aphanopetalaceae 1/2, Australien; Cercidiphyllaceae 1/2, China, Japan; Crassulaceae 34/1400, kosmopolitisch, häufig an ariden Standorten; Cynomoriaceae 1/2, Mittelmeer, SW- bis Z-Asien; Daphniphyllaceae 1/30, O- bis SO-Asien; Grossulariaceae 1/150, Nordhemisphäre, Anden; Haloragaceae 9/145, kosmopolitisch, hauptsächlich Australien; Hamamelidaceae 27/82, kosmopolitisch-disjunkt; Iteaceae 2/21, O-, SO-Asien, östliches N-Amerika, Mexiko; Paeoniaceae 1/33, Eurasien, selten N-Amerika; Penthoraceae 1/2, östliches N-Amerika, O- bis SO-Asien; Peridiscaceae 4/11, S-Amerika, W-Afrika; Saxifragaceae 33/600, meist nordhemisphärisch, Anden, temperat bis arktisch; Tetracarpaeaceae 1/1, Tasmanien

Durch DNA-Sequenzdaten werden in den **Saxifragales** Familien zusammengefasst, die sich in ihrer Morphologie beträchtlich voneinander unterscheiden und dementsprechend in älteren Systemen an sehr unterschiedlichen Stellen standen. Möglicherweise können die Struktur an den Blattzähnen vorhandener Drüsen, Pollenkörner mit häufig striater Oberfläche und das häufige Auftreten von halb- bis vollständig unterständigen Fruchtknoten als morphologische Gemeinsamkeiten dieser Ordnung betrachtet werden.

Die **Altingiaceae, Cercidiphyllaceae** und **Daphniphyllaceae** mit eingeschlechtigen, windbestäubten Blüten zusammen mit den **Hamamelidaceae** mit meist zwittrigen und insektenbestäubten Blüten wurden früher in die „Hamamelidae" gestellt. Die **Paeoniaceae** mit der einzigen Gattung *Paeonia* (Pfingstrose) haben schraubig angeordnete Blütenhüllorgane, ein zentrifugal-polyandrisches Androeceum und freie Karpelle, aus denen Balgfrüchte entstehen. Die **Cynomoriaceae** sind holoparasitisch.

Die **Grossulariaceae** mit der einzigen Gattung *Ribes* (Abb. 19.183) sind Sträucher. Ihr unterständiger Fruchtknoten entwickelt sich zu einer Beere (Stachelbeere: *Ribes uva-crispa,* Rote und Schwarze Johannisbeere: *R. rubrum, R. nigrum*). Die krautigen **Crassulaceae** sind blattsukkulent und haben meist fünf bis zahlreiche fast freie Karpelle in einem Wirtel (Abb. 19.184). In Mitteleuropa gehören die Fetthenne (*Sedum*) und die Hauswurz (*Sempervivum*) in diese Familie, in die auch die tropische *Kalanchoe* (photoperiodische Versuchspflanzen; inkl. „*Bryophyllum*", mit am Blattrand gebildeten Brutknospen) gehört. Die **Saxifragaceae** haben meist ein Gynoeceum aus zwei häufig nur basal miteinander verwachsenen Karpellen (Abb. 19.183), die mehr oder weniger tief in den Blütenboden eingesenkt sind. Arten der großen Gattung *Saxifraga* (Steinbrech) dringen im arktisch-alpinen Bereich mit verschiedenen Lebensformen (besonders Polster- und Rosettenpflanzen) bis an die äußersten klimatischen Grenzen der Gefäßpflanzen vor. Zu den insgesamt meist an Süßwasser gebundenen **Haloragaceae** gehört in Mitteleuropa das aquatische Tausendblatt (*Myriophyllum*) mit fein zerteilten quirligen Blättern und unauffälliger Blütenhülle.

Vitales

Vitaceae 17 Gattungen/955 Arten, kosmopolitisch

■ **Abb. 19.184 Crassulaceae.** Blütenstand von *Sedum sarmentosum.* (Aufnahme: I. Mehregan)

■ **Abb. 19.185 Vitales,** **Vitaceae. a, b** *Vitis vinifera.* **a** Achsensystem mit Sprossranken. **b** Sich öffnende Blüte mit reduziertem Kelch, abgehobener Krone, Diskus, Staubblättern und Fruchtknoten (vergrößert). **c** *Parthenocissus quinquefolia,* Blütendiagramm. – c Krone, d Diskus, f Fruchtknoten, k Kelch, s Staubblätter. (a R. Spohn nach W. Troll, b nach O.C. Berg und C.F. Schmidt, c nach A.W. Eichler)

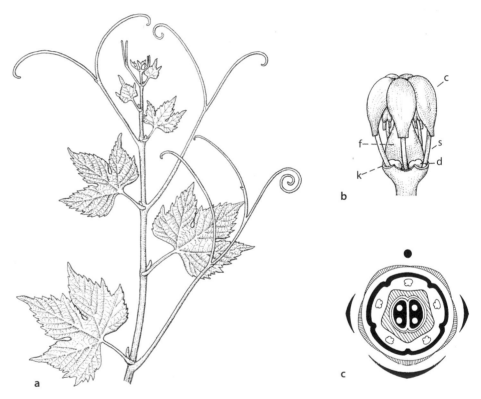

Die meist als Lianen wachsenden **Vitaceae** (**Vitales**) haben blattgegenständige Sprossranken, die als Enden der einzelnen Glieder eines sympodialen Achsensystems aufgefasst werden können (■ Abb. 19.185). Die Blütenstände finden sich in der gleichen Position wie die Ranken. Die in der Blütenhülle und im Androeceum vier- oder fünfzähligen Blüten haben ein Gynoeceum aus zwei miteinander verwachsenen Karpellen (■ Abb. 19.185), das sich zu einer Beere entwickelt. Die Petalen sind an der Spitze durch Papillen miteinander verklebt und werden beim Aufblühen gemeinsam hochgehoben. Der ökonomisch wichtigste Vertreter der Vitaceae ist die Weinrebe (*Vitis vinifera*), die bereits seit der frühen Bronzezeit kultiviert wird aber schon lange vorher gesammelt wurde. Ausgangsform der Kulturpflanze mit zwittrigen Blüten ist *V. vinifera* subsp. *sylvestris* mit eingeschlechtigen und diözisch verteilten Blüten, die an feuchten Standorten in Wäldern des Mittelmeergebiets hei-

misch ist. *Vitis vinifera* wird heute nur auf reblausresistenten Unterlagen kultiviert. Bei einigen als Wilder Wein kultivierten Arten von *Parthenocissus* sind die Rankenenden als Haftscheiben ausgebildet. Die große Gattung *Cissus* enthält auch stammsukkulente Arten.

■ **Rosiden**

Die folgenden 16 Ordnungen (Crossosomatales, Geraniales, Myrtales, Picramniales, Zygophyllales, Celastrales, Malpighiales, Oxalidales, Fabales, Rosales, Cucurbitales, Fagales, Huerteales, Brassicales, Malvales, Sapindales) werden zu den Rosiden zusammengefasst. Diese Gruppe hat meist Blüten mit einer doppelten Blütenhülle mit oft

847　**19**

Stammesgeschichte und Systematik der Bakterien, Archaeen, „Pilze", Pflanzen und anderer...

freien Kronblättern, entweder zwei Staubblattkreise oder häufig auch ein zentripetal oder zentrifugal vermehrtes Androeceum und ein vielfach septiertes Gynoeceum mit crassinucellaten Samenanlagen mit zwei Integumenten und nucleärer Endospermbildung. Häufig sind von der Blütenbasis gebildete Discusnektarien anzutreffen.

Zygophyllales, Celastrales, Malpighiales, Oxalidales, Fabales, Rosales, Cucurbitales und Fagales bilden eine von zwei durch molekulare Analysen gefundenen Hauptlinien der Rosiden – die Rosiden I (= Fabiden) –, für die bisher keine überzeugenden Synapomorphien genannt werden können.

Zygophyllales

Krameriaceae 1 Gattung/18 Arten, Amerika; Zygophyllaceae 22/325, pantropisch, meist arid

Celastrales

Celastraceae inkl. Parnassiaceae 94 Gattungen/1410 Arten, kosmopolitisch; Lepidobotryaceae 2/2–3, O-Afrika, Mittel-, S-Amerika, zerstreut

Zu den **Celastraceae** als größere der zwei Familien der **Celastrales** gehört in der mitteleuropäischen Flora das Pfaffenhütchen (*Euonymus europaeus*), bei dem die rosarot gefärbte Kapsel vier oder fünf vollständig von einem orangeroten Arillus umhüllte Samen freigibt. In die Familie gehört auch das nordhemisphärisch-temperat weit verbreitete Herzblatt (*Parnassia*). In dieser Gattung findet man mit dem einen Staubblattkreis alternierende und vor den Petalen stehende, meist stark verzweigte Staminodien, deren Verzweigungen an den Enden glänzende Köpfchen tragen, die offenbar Nektarsekretion vortäuschen.

Malpighiales

Achariaceae 30 Gattungen/145 Arten, pantropisch; Balanopaceae 1/9, südwestlicher Pazifik; Bonnetiaceae 3/35, SO-Asien, Kuba, S-Amerika; Calophyllaceae 13/460, pantropisch; Caryocaraceae 2/27, S-Amerika; Centroplacaceae 2/6, W-Afrika, SO-Asien; Chrysobalanaceae 18/530, pantropisch, hauptsächlich S-Amerika; Clusiaceae 14/800, pantropisch; Ctenolophonaceae 1/3, W-Afrika, SO-Asien; Dichapetalaceae 3/165, pantropisch; Elatinaceae 2/35, kosmopolitisch; Erythroxylaceae 4/240, pantropisch; Euphorbiaceae 218/6745, kosmopolitisch; Euphroniaceae 1/1–3, S-Amerika; Goupiaceae 1/2, S-Amerika; Humiriaceae 8/50, S-Amerika, W-Afrika; Hypericaceae 9/477, kosmopolitisch; Irvingiaceae 4/12, paläotropisch; Ixonanthaceae 3/21, pantropisch; Lacistemataceae 2/14, tropisches Amerika; Linaceae 7/300, kosmopolitisch; Lophopyxidaceae 1/1, SO-Asien; Malpighiaceae 68/1250, pantropisch, hauptsächlich S-Amerika; Ochnaceae 33/542, pantropisch, hauptsächlich S-Amerika; Pandaceae 3/15, paläotropisch; Passifloraceae inkl. Turneraceae 27/1035, kosmopolitisch, tropisch bis warmtemperat; Peraceae 5/135, pantropisch; Phyllanthaceae 59/2330, pantropisch; Picrodendraceae 24/96, pantropisch; Podostemaceae 54/300, pantropisch; Putranjivaceae 3/210, pantropisch; Rafflesiaceae 3/26, SO-Asien; Rhizophoraceae 16/149, pantropisch; Salicaceae incl. Flacourtiaceae 54/1200, kosmopolitisch, temperat bis arktisch; Trigoniaceae 5/28, pantropisch, nicht Afrika; Violaceae 34/985, kosmopolitisch

In der großen und morphologisch heterogenen Ordnung der **Malpighiales** findet man häufig dreizählige Gynoeceen mit trockenen Narben und Blätter mit Zähnen, die von einem Nerv versorgt werden.

Die **Hypericaceae** mit meist gegenständigen oder wirteligen Blättern mit schizogenen Sekretbehältern oder -kanälen und Blüten mit sich zentrifugal entwickelnden Staubblattbündeln (◘ Abb. 19.186) und meist zentralwinkelständiger Placentation sind z. B. mit der großen Gattung *Hypericum* (Johanniskraut, ca. 500 Arten) auch in Mitteleuropa vertreten. Zu den **Salicaceae**, in die ein Teil der tropischen Flacourtiaceae mit meist zahlreichen Staubblättern eingeschlossen wird, gehören z. B. *Populus* (Pappel) und *Salix* (Weide). Charakteristisch für diesen Teil der Familie (Salicaceae im engeren Sinne) sind die fast immer eingeschlechtigen, zweihäusig verteilten und mehr oder weniger perianthlosen Blüten, die zu kätzchenartigen Blütenständen vereinigt sind (◘ Abb. 19.187). Bei Pappeln und Weiden handelt es sich um Bäume oder Sträucher. Die Blätter sind wechselständig und haben oft hinfällige Nebenblätter. Die Pflanzen blühen oft vor der Blattentfaltung. Die in der Achsel von Tragblättern sitzenden Blüten sind sehr einfach gebaut: Außer einem becherartigen Blütenboden bei den windblütigen Pappeln und ein bis zwei nektarbildenden Schuppen bei den meist insektenblütigen Weiden finden sich in den männlichen Blüten nur einige Staubblätter (bei *Populus* mehrere, bei *Salix* häufig nur zwei), in den weiblichen nur ein zweiblättriges Gynoeceum. In den Kapseln entwickeln sich sehr viele winzige Haarschopfsamen ohne Endosperm, die meist nur wenige Tage keimfähig sind.

☐ Abb. 19.186   Malpighiales. a, b Hypericaceae. **a** *Hypericum quadrangulum,* drei dédoubliert-aufgespaltene Staubblätter, Nektarium und Fruchtknoten. **b** *H. perforatum,* Blütendiagramm. **c–g** Violaceae. **c** *Viola alpina* (Alpen-Stiefmütterchen), Blüte in Vorderansicht (1 ×). **d, e** *V. odorata* (März-Veilchen), Blüte im Längsschnitt (2,3 ×) und Blütendiagramm (beachte Sporn und Staubblätter, davon zwei mit Nektaranhängseln). **f, g** *V. tricolor,* aufgesprungene dorsizide Kapsel (1,5 ×) und Samen mit Elaiosom (10 ×). (a, c, g, nach J. Graf; b, e nach A.W. Eichler; d nach F. Firbas; f nach A.F.W. Schimper)

☐ Abb. 19.187   Malpighiales, Salicaceae. a–f *Populus nigra.* **a** Blühender ♂ und **b** fruchtender ♀ Spross (0,75 ×). **c** ♂ und **d** ♀ Blüten mit ihren Tragblättern; **e** Früchte und **f** Same (vergrößert). **g–n** *Salix viminalis.* **g** Blühender Spross und **j** ♀ Kätzchen (1 ×). **h** ♂ und **k** ♀ Blüten mit ihren Tragblättern. **l, m** Früchte und **n** Same (vergrößert). (a–f nach G. Karsten; g–n nach A.F.W. Schimper)

Viele Weiden (z. B. *S. viminalis, S. fragilis, S. alba*) und Pappeln (z. B. Schwarz-Pappel: *P. nigra,* Silber-Pappel: *P. alba*) ertragen Böden mit hoch stehendem Grundwasser und gehören zu den wichtigsten Gehölzen der Auwälder und Ufergebüsche. Verschiedene niederliegende Kriechweiden (z. B. *S. retusa, S. herbacea*) sind charakteristische Pflanzen der Hochgebirge und der Arktis. Die Weidenrinde enthält verschiedene Salicylsäurederivate.

Die **Violaceae** haben meist schwach bis stark zygomorphe Blüten und dreizählige Fruchtknoten mit parietaler Placentation. In der großen Gattung *Viola* (Veilchen, Stiefmütterchen, ca. 500–600 Arten) bildet das vordere Kronblatt einen Sporn (☐ Abb. 19.186), in den nektarsekretierende Fortsätze der beiden vorderen Staubblätter hineinragen. Die Samen haben Elaiosomen (☐ Abb. 19.186). *Viola* ist andinen Ursprungs.

Die häufig kultivierte Passionsblume (*Passiflora caerulea;* **Passifloraceae**) ist eine mit Sprossranken windende Pflanze mit einer aus zahlreichen fädigen Anhängseln bestehenden Nebenkrone, Androgynophor und dreizähligem Fruchtknoten mit parietaler Placentation. Der Arillus der Samen von z. B. *Passiflora edulis* ist sehr schmackhaft (Passionsfrucht, Maracuja).

Stammesgeschichte und Systematik der Bakterien, Archaeen, „Pilze", Pflanzen und anderer...

849   **19**

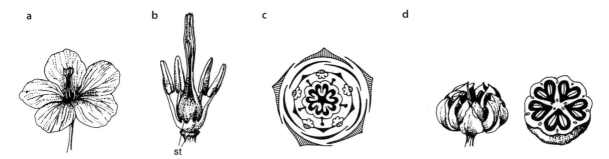

☐ **Abb. 19.188   Malpighiales, Linaceae,** *Linum usitatissimum.* **a** Blüte (1 ×). **b** Androeceum (vgl. Staubblätter und Staminodien) und Gynoeceum (3 ×). **c** Blütendiagramm. **d** Frucht septizid aufgesprungen und quer (2 ×). – st Staminodien. (a, b, d nach G. Dahlgren, c nach A.W. Eichler)

Die Vertreter der **Podostemaceae** besiedeln häufig schnell fließende Gewässer mit steinigem Boden und zeichnen sich durch ihren häufig moos- oder flechtenähnlichen Vegetationskörper meist ohne klare Gliederung in Wurzeln, Achsen und Blätter aus.

Bei den folgenden Familien findet man häufig nur ein bis zwei Samenanlagen pro Karpell (☐ Abb. 19.188). Zu den **Linaceae** gehört der einjährige, schmalblättrige und blaublütige Lein oder Flachs (*Linum usitatissimum*), dessen Verwendung als Kulturpflanze seit mindestens 6000 v. Chr. dokumentiert ist. Die Bastfasern seiner Sprossachsen werden zur Leinenherstellung aufbereitet und die zehn in der septierten Kapsel vorhandenen Samen enthalten das Leinöl.

Die **Erythroxylaceae** liefern mit *Erythroxylum coca* und *E. novogranatense* das Alkaloid Cocain. Die **Malpighiaceae** haben an der Außenseite der Kelchblätter häufig paarige Öldrüsen, die ölsammelnde Bienen als Bestäuber anlocken. Zu den **Rhizophoraceae** (☐ Abb. 19.189, ▶ Abschn. 24.2.16) gehören einige der wichtigsten Gattungen der Mangroven, *Rhizophora*, *Bruguiera*, *Kandelia* und *Ceriops*. Stelzwurzeln, Atemwurzeln und Viviparie sind wahrscheinlich Anpassungen an die besonderen Standortverhältnisse dieser tropischen Küstengesellschaften.

Die **Euphorbiaceae** haben eingeschlechtige Blüten mit oberständigem, meist dreiblättrigem Gynoeceum mit ein oder zwei hängend anatropen Samenanlagen pro Fach. Es sind holzige oder krautige Pflanzen mit Laubblättern, meist mit Stipeln, teilweise aber auch Pflanzen mit sehr reduzierten Blättern, bei denen die Sprossachsen die Photosynthese übernehmen. Stammsukkulent sind viele Vertreter der großen Gattung *Euphorbia* (ca. 2000 Arten) der afrikanischen Savannen und Halbwüsten (☐ Abb. 19.190). Sie ähneln oberflächlich Kakteen und sind Musterbeispiele für Konvergenz. Die Blätter sind hier oft reduziert und die Nebenblätter als Stachelpaar ausgebildet. Sehr variabel in der Familie sind auch die Blüten und Blütenstände. Eine doppelte Blütenhülle hat z. B. die tropische Ölpflanze *Jatropha curcas* (☐ Abb. 19.190). Blüten mit einfacher Blütenhülle findet man z. B. bei den mitteleuropäischen Bingelkräutern (*Mercurialis*). Die Blütenhülle dieser

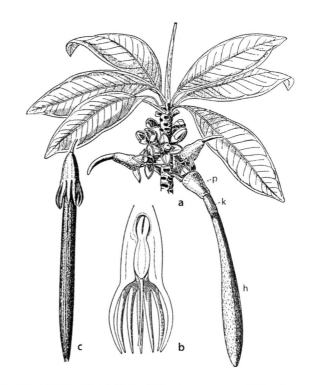

☐ **Abb. 19.189   Malpighiales, Rhizophoraceae. a–c** Rhizophoraceae mit Viviparie. **a** *Rhizophora mucronata*, Spross mit Blüten und Früchten (0,2 ×). **b, c** *Bruguiera gymnorhiza*, junge bzw. reife Frucht längs bzw. gesamt. – h Hypokotyl, k Keimblätter, p Perikarp. (a nach G. Karsten; b nach K. von Goebel; c nach W. Troll)

windbestäubten Arten ist dreiteilig. Die männlichen Blüten haben eine größere Zahl von Staubblättern und in den weiblichen Blüten befinden sich außer dem Fruchtknoten noch drei Staminodien. Blüten mit meist fünfteiliger Blütenhülle und bäumchenartig verzweigten Staubblättern hat der einhäusige *Ricinus communis* (☐ Abb. 19.190), ein Baum des tropischen Afrikas mit großen, handförmig geteilten Blättern, der in Mitteleuropa als einjährige Zierpflanze kultiviert werden kann. Die Samen liefern das auch technisch wichtige Ricinus- oder Kastoröl und enthalten giftige Proteine (Ricin).

■ **Abb. 19.190   Malpighiales, Euphorbiaceae. a, b** ♂ und ♀ Blüten von *Jatropha curcas* und **c, d** *Mercurialis annua* mit Diskusschuppen, Androphor, Staminodien. **e, f** *Ricinus communis*, Blütenstand (0,5 ×) und junge Frucht längs. **g–n** *Euphorbia*. **g** *E. resinifera*, blühender sukkulenter Spross
(1 ×). **h–k** Cyathium, total, längs und Diagramm (punktierte Drüse allenfalls fehlend). **l** ♂ Blüte von *E. platyphyllos* mit Stiel und Filament. **m**
Fruchtknotenfach (längs) von *E. myrsinites* mit Samenanlage, Funiculus, Caruncula und Obturator (schematisch). **n** Frucht septizid, dorsizid und
septifrag aufspringende Kapsel mit stehen bleibendem Mittelsäulchen von *E. lathyris* (vergrößert). **o** (♂) Blüte von *Anthostema senegalense* mit Perigon (vergrößert; vgl. L). – a Androphor, c Caruncula, d Diskusschuppen, f Filament, fu Funiculus, m Mittelsäulchen, o Obturator, p Perigon, s
Staminodien, sa Samenanlage, st Stiel. (a, b nach F. Pax; c, d nach R. von Wettstein, verändert; e, f nach G. Karsten; g nach O.C. Berg und
C.F. Schmidt; h, j, n, o nach H. Baillon; k nach A.W. Eichler, verändert; m nach J. Schweiger)

Äußerst einfache Blüten (■ Abb. 19.190) zeichnen
die Wolfsmilch (*Euphorbia*) aus. Diese sind zu komplizierten Pseudanthien vereinigt, die als Cyathien bezeichnet werden. Jedes Cyathium besteht aus einer
lang gestielten, häufig nach unten gebogenen, bei den
meisten Arten perianthlosen weiblichen Gipfelblüte,

die von fünf Gruppen gestielter und perianthloser, offenbar in Wickeln angeordneter männlicher Blüten
umgeben wird. Jede einzelne männliche Blüte besteht
nur aus einem einzigen, vom Blütenstiel durch eine
Einschnürung abgesetzten Staubblatt. Der ganze Blütenstand wird perianthartig von fünf Hochblättern –

851 **19**

Stammesgeschichte und Systematik der Bakterien, Archaeen, „Pilze", Pflanzen und anderer...

den Tragblättern der männlichen Teilblütenstände – umschlossen, zwischen denen häufig elliptische oder halbmondförmige Nektardrüsen sitzen. Diese Cyathien sind ihrerseits wieder zu Gesamtblütenständen zusammengefasst. Dass es sich bei den Cyathien tatsächlich um Blütenstände handelt, geht unter anderem aus der Abgliederung des Staubblatts vom Blütenstiel hervor. Bei anderen Gattungen (z. B. *Anthostema*) sitzt an dieser Stelle ein einfaches Perianth. Das Cyathium zeigt also, wie aus der Integration eingeschlechtiger Blüten Pseudanthien entstehen können, die als Blume wie eine Zwitterblüte von Insekten bestäubt werden. Die Früchte sind häufig Kapseln, deren Wände sich von einem Mittelsäulchen völlig loslösen und die Samen ausschleudern.

Viele Euphorbiaceae haben oft giftigen Milchsaft, der Kautschuk enthält. Daher gehören die wichtigsten Kautschukbäume in diese Familie, insbesondere die ursprünglich am Amazonas beheimatete, heute überall in den Tropen kultivierte *Hevea brasiliensis*, von der der im Welthandel bedeutendste Kautschuk, der Pará-Kautschuk, stammt. Der brasilianische *Manihot glaziovii* liefert den Ceara-Kautschuk. Als Nutzpflanze ist außerdem noch der ebenfalls ursprünglich neotropische Maniok (*Manihot esculenta*) zu nennen. Seine stärkereichen Knollen (Cassava, Yuca, Tapioka, Maniok-Stärke) müssen wegen der Bildung von Blausäure vor dem Verzehr erhitzt werden. Einige *Euphorbia*-Arten liefern auch Fisch- und Pfeilgifte.

Die **Rafflesiaceae**, engste Verwandte der Euphorbiaceae, sind Endoparasiten, deren vegetatives Gewebe mycelartig den Wirt (nur die Gattung *Tetrastigma*/Vitaceae) durchwächst. Die durch dessen Oberfläche brechenden Blüten (◼ Abb. 19.191) können bei *Rafflesia arnoldii* einen Durchmesser von bis zu 1 m erreichen und sind damit die größten bei den Angiospermen bekannten Blüten.

Brunelliaceae 1 Gattung/57 Arten, trop. Amerika; Cephalotaceae 1/1, SW-Australien; Connaraceae 12/180, pantropisch; Cunoniaceae 29/280, meist südhemisphärisch; Elaeocarpaceae 12/635, pantropisch, nicht Afrika; Huaceae 2 /3, Afrika; Oxalidaceae 6/570-770, tropisch bis subtropisch, selten temperat

Die hauptsächlich molekular charakterisierten **Oxalidales** haben vielfach Samen mit einer faserigen Außenepidermis des inneren Integuments sowie mit einem kristallführenden äußeren Integument. Zu den **Oxalidaceae** mit häufig heterostylen Blüten gehört der mitteleuropäische Sauerklee (*Oxalis acetosella*) als Vertreter der sehr großen (ca. 500 Arten) Gattung *Oxalis*.

Der Sauerklee hat bewegliche, kleeartig zusammengesetzte Blätter. Bei der Fruchtreife werden bei Öffnung der Kapseln die Samen herausgepresst und/oder durch explosives Aufreißen und Umstülpen ihrer fleischigen äußeren Zellschichten fortgeschleudert. Essbar in der Familie ist die Sternfrucht (Carambola, *Averrhoa carambola*). Bei dem insektivoren *Cephalotus follicularis* (**Cephalotaceae**) sind einige der Rosettenblätter als den Nepenthaceae und Sarraceniaceae erstaunlich ähnliche Kannen ausgebildet.

In den folgenden vier Ordnungen (Fabales, Rosales, Cucurbitales, Fagales) mit sehr reduziertem Endosperm findet man häufig Symbiosen mit luftstickstoffbindenden Bakterien (z. B. *Frankia*, *Rhizobium* und verwandte Gattungen), weswegen diese vier Ordnungen auch als *nitrogen-fixing clade* bezeichnet werden (▶ Exkurs 19.9).

◼ **Abb. 19.191 Rafflesiaceae.** Blüte und Blütenknospe (vorne links) von *Rafflesia schadenbergiana*. (Aufnahme: J. Barcelona)

Exkurs 19.9 Die stickstofffixierende Klade – Evolution der Symbiose mit luftstickstofffixierenden Bakterien

Betrachtet man Symbiosen im Wurzelbereich, findet man Symbiosen mit luftstickstofffixierenden Bakterien ausschließlich in der stickstofffixierenden Klade (engl. *nitrogen fixing clade*), d. h. den Fabales, Rosales, Cucurbitales und Fagales (zum Begriff „Klade" ▶ Abschn. 18.3.4). Die beteiligten Bakterien sind zum einen *Rhizobium* und verwandte Gattungen in den Fabaceae (und in *Parasponia*, eine Gattung der Cannabaceae:) und zum anderen die Gattung *Frankia* in den Rosales, Cucurbitales und Fagales. Dabei findet man solche Symbiosen nur in zehn der insgesamt 28 Familien dieser vier Ordnungen, und in neun dieser zehn Familien kommen sie nicht bei allen Gattungen und Arten vor. Diese Beobachtung hat zu der schon lange diskutierten Frage geführt, ob die Symbiose mit luftstickstofffixierenden Bakterien in der Evolution des *nitrogen fixing clade* einmal entstanden und vielfach verlorengegangen ist, oder ob sie vielmehr mehrfach parallel entstanden ist. Da sowohl Wurzelknöllchenmor-

phologie als auch Infektionsmechanismen beträchtlich variieren, galt Letzteres bei vielen Wissenschaftlern als wahrscheinlicher.

Unter Verwendung einer Phylogenie von 3467 Arten aus dem *nitrogen fixing clade* haben Werner et al. (2014) die Evolution der Symbiose rekonstruiert. Dabei kamen sie zu dem Ergebnis, dass eine Prädisposition (Vorveranlagung) für die Symbiose wohl nur einmal im letzten gemeinsamen Vorfahren des *nitrogen fixing clade* entstanden ist, die eigentliche Symbiose dann aber achtmal entstand und zehnmal wieder verloren ging.

Einen ganz anderen und direkteren Zugang zur Frage der ein- oder mehrmaligen Entstehung der Symbiose wählten Griesmann et al. (2018), indem sie die Genomsequenzen bzw. den Genbestand von insgesamt 37 Arten verglichen. Davon gehörten neun Arten nicht zum *nitrogen fixing clade* und von den 28 Arten des *nitrogen fixing clade* wiesen 15 eine Symbiose auf und 13 nicht (◼ Abb. 19.192).

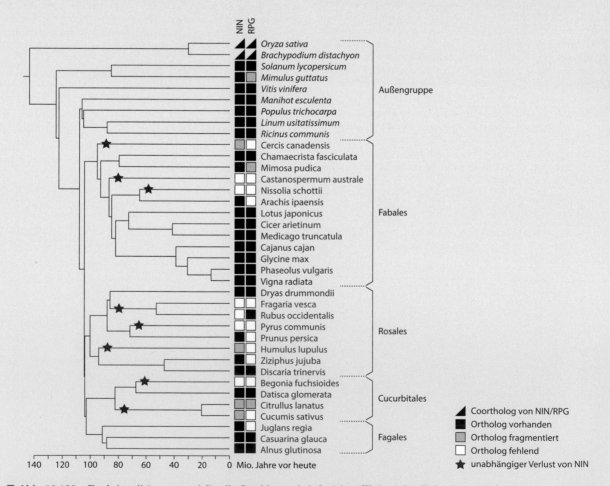

◼ **Abb. 19.192** Funktionalität von zwei für die Symbiose mit luftstickstofffixierenden Bakterien wichtigen Genen – *NIN* und *RPG* – in 28 Arten des *nitrogen fixing clade* sowie einigen Außengruppenarten. In den meisten Arten des *nitrogen fixing clade* ohne Symbiose (Artnamen rot) ist *NIN* nicht oder nur teilweise vorhanden. Ist es vorhanden (z. B. in *Prunus persica*, *Ziziphus jujuba*), fehlt *RPG*. – *NIN nodule inception, RPG rhizobium-directed polar growth*. (Nach Griesmann et al. 2018)

Stammesgeschichte und Systematik der Bakterien, Archaeen, „Pilze", Pflanzen und anderer...

853   **19**

Die zwei bedeutendsten Ergebnisse dieser Analyse lassen sich wie folgt zusammenfassen. 1) Es wurden keine Gene identifiziert, die nur im *nitrogen fixing clade*, also nicht außerhalb dieser Klade vorhanden sind. Das trifft auch auf 22 Gene zu, die für die Symbiose besonders wichtig sind. Damit kann nicht entschieden werden, ob die Symbiose im *nitrogen fixing clade* ein- oder mehrmal entstanden ist. 2) Es wurden zwei Gene identifiziert, die außerhalb des gesamten *nitrogen fixing clade* und in Arten des *nitrogen fixing clade* mit Symbiose vorhanden sind, in den Arten des *nitrogen fixing clade* ohne Symbiose aber ganz oder teilweise fehlen. Dies sind *NIN* (*nodule inception*), ein Gen, das zu Beginn der Knöllchenentwicklung und bei der intrazellulären Aufnahme der symbiotischen Bakterien eine große Rolle spielt, und *RPG* (*rhizobium-directed polar growth*), das für die Bildung des Infektionsschlauchs wichtig ist. In den meisten Arten des *nitrogen fixing clade* ohne Symbiose ist *NIN* nicht oder nur teilweise vorhanden. Ist es vorhanden (z. B. in *Prunus persica*, *Ziziphus jujuba*, ◨ Abb. 19.192), fehlt *RPG*. Damit haben die Autoren gezeigt, dass die Fähigkeit zur Ausbildung der Symbiose mit Sicherheit mehrfach verlorengegangen ist.

Fabales

Fabaceae 765 Gattungen/19 500 Arten, kosmopolitisch; Polygalaceae 21/965, kosmopolitisch; Quillajaceae 1/2, S-Amerika; Surianaceae 5/8, Mexiko, Australien

Die **Fabales** haben häufig Nebenblätter, ein meist chorikarpes und häufig aus nur einem Karpell bestehendes Gynoeceum sowie Samen mit einem großen und meist grünen Embryo. Die **Fabaceae** (= Leguminosae) sind besonders durch den Besitz eines einzelnen oberständigen Karpells gekennzeichnet, aus dem häufig eine vielsamige, an Bauch- und Rückenseite aufspringende Hülse wird (Hülsenfrüchtler). Die Samen sind meist endospermlos und die Embryonen speichern Stärke, Protein und z. T. auch Fett, insbesondere in den Keimblättern. Die Fabaceae sind holzig oder krautig mit meist wechselständigen, unterschiedlich gefiederten Blättern mit meist sehr auffälligen Nebenblättern. Die Wurzeln haben vielfach Wurzelknöllchen mit symbiotischen, luftstickstoffbindenden Bakterien von *Rhizobium* und verwandten Gattungen (▶ Exkurs 19.9).

Die Fabaceae werden heute in sechs Unterfamilien aufgeteilt: Duparquetioideae (1 Gattung/1 Art), Cercidoideae (12/335), Detarioideae (84/760), Dialioideae (17/85), Caesalpinioideae inkl. Mimosoideae (148/4400) und Papilionoideae (503/14000). In der Blütenmorphologie findet man beträchtliche Variation. Beispielsweise haben *Cercis* (Cercidoideae) und *Cassia* (Caesalpinioideae) zygomorphe Blüten mit meist aufsteigender Knospendeckung der Krone (◨ Abb. 19.193). Die beiden unteren Kronblätter greifen über die beiden seitlichen und diese über das obere Kronblatt. Die Staubblätter sind in der Regel frei.

Bei *Mimosa* und *Acacia* (Mimosengewächse im heutigen Sinne [engl. *mimosoid clade*], Teil der Caesalpinioideae) sind die Blüten radiär und die Staubblätter häufig sekundär vermehrt (◨ Abb. 19.193 und 19.194). In diese Teilgruppe der Caesalpinioideae gehören tropische oder subtropische Holzpflanzen und Kräuter mit meist doppelt und paarig gefiederten Blättern und kleinen, zu köpfchen- oder ährenförmigen Blütenständen vereinigten Blüten. Die Blüten sind häufig vierzählig und fallen durch die langen, gefärbten Filamente auf. Die Pollenkörner werden häufig in größeren Verbänden (Polyaden) verbreitet. *Mimosa pudica* (Sinnpflanze), ein pantropisches Unkraut, ist durch ihre schnelle Blattbewegung bekannt. Die sehr große, aber nicht monophyletische Gattung *Acacia* enthält viele Arten mit blattartigen Phyllodien sowie einige Ameisenpflanzen (◨ Abb. 19.194). Die Rinden einiger Arten liefern Gummi oder Gerbstoffe.

Die Papilionoideae haben zygomorphe Blüten mit absteigender Knospendeckung der Kronblätter. Ihre meist in traubigen Blütenständen angeordneten Schmetterlingsblüten haben einen fünfzähligen und meist verwachsenblättrigen Kelch. In der fünfzähligen, meist freiblättrigen Krone überlappt das adaxiale Kronblatt (in der Knospe) als Fahne (engl. *standard*) die seitlichen als Flügel (engl. *wings*) bezeichneten Kronblätter und diese wiederum die beiden abaxialen, die durch häufige Verklebung an den Innenrändern das Schiffchen (engl. *keel*) bilden. Dieses schließt die meist im Bereich der Filamente verwachsenen Staubblätter (alle zehn oder neun verwachsen und eines frei) ein, die wiederum das Gynoeceum umfassen (◨ Abb. 19.195).

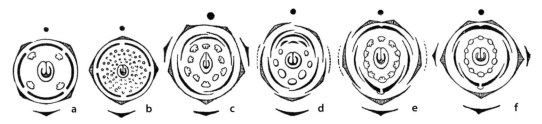

◨ **Abb. 19.193** **Fabales, Fabaceae.** Blütendiagramme. **a** *Mimosa pudica*. **b** *Acacia lophantha*. **c** *Cercis siliquastrum*. **d** *Cassia caroliniana*. **e** *Vicia faba* (Kelchblätter an der Basis ± verwachsen). **f** *Laburnum anagyroides*. (Nach A.W. Eichler)

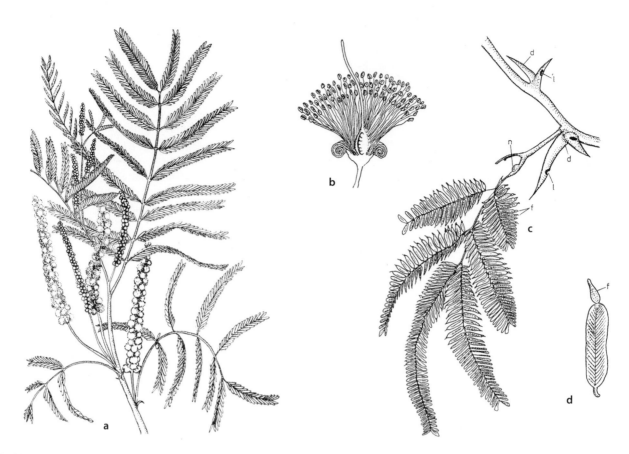

Abb. 19.194   Fabales, Fabaceae. *Senegalia* (= *Acacia*). **a, b** *S. catechu,* blühender Spross (0,5 ×) und Einzelblüte (5 ×). **c, d** *Acacia cornigera* aus Costa Rica. Spross (verkleinert) mit hohlen, von Ameisen angebohrten und bewohnten Nebenblattdornen; Blätter mit extrafloralen Nektarien und Futterkörpern (Belt'sche Körperchen) an den Blattfiederchen (**d** vergrößert). – d Nebenblattdornen, f Futterkörper, l von Ameisen angebohrte Nebenblattdornen, n Nektarien. (a nach O.C. Berg und C.F. Schmidt; b nach H. Baillon; c, d nach F. Noll)

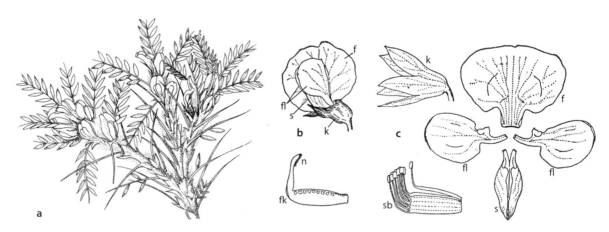

19

Abb. 19.195   Fabales, Fabaceae. a *Astragalus gummifer,* blühender Spross mit Blattdornen (0,5 ×). **b, c** *Pisum sativum.* **b** Blüte gesamt (1 ×) und **c** zerlegt (1,2 ×); Kelch, Krone aus Fahne, Flügeln und Schiffchen, Staubblätter (9+1) sowie einblättriger Fruchtknoten mit Narbe und Samenanlagen (punktiert). – f Fahne, fk Fruchtknoten, fl Flügel, k Kelch, n Narbe, s Schiffchen, sb Staubblätter. (Nach F. Firbas)

Die Blätter können unpaarig oder paarig gefiedert, gefingert (*Lupinus*), dreizählig (*Trifolium*) oder einfach sein. Anstelle der Endfiedern und oft auch der oberen Fiederpaare treten bei verschiedenen Gattungen (z. B. *Vicia, Pisum*) Ranken. Als Hauptorgane der Photosynthese können auch die Nebenblätter (*Lathyrus aphaca*) oder bei manchen blattarmen Ruten- und Dornsträuchern (Besenginster: *Cytisus scoparius*, Ginster: *Genista*, Stechginster: *Ulex*) die Sprossachse dienen.

Die Blüten werden besonders von Bienen und Hummeln bestäubt und besitzen verschiedene Einrichtungen, die ein Heraustreten oder Herausschnellen der Antheren oder ein Herausquetschen des Pollens aus dem Schiffchen bewirken, wenn die als Anflugstelle dienenden Flügel bzw. das Schiffchen heruntergedrückt werden. Die Hülsen können selten als Gliederhülsen (in einsamige Stücke zerfallend, z. B. *Hippocrepis*) oder als einsamige Nüsschen (z. B. *Trifolium*) ausgebildet sein.

Die sehr artenreiche Unterfamilie der Papilionoideae ist kosmopolitisch verbreitet, wobei in den Tropen holzige, in den extratropischen Gebieten krautige Formen überwiegen. Als Pflanzen, die Luftstickstoff binden, bevorzugen sie trockene, stickstoffarme bzw. kalkreiche Böden und sind so besonders in den eurasiatischen Steppen und Halbwüsten häufig. Hier finden sich z. B. auch viele der wohl über 2500 Arten des Tragants (*Astragalus*). Schmetterlingsblütler spielen aber auch in verschiedenen Pflanzengesellschaften Mitteleuropas eine große Rolle. Die Papilionoideae haben eine herausragende wirtschaftliche Bedeutung. Einige sind wichtige Futterpflanzen, die auch auf stickstoffarmen Böden gut wachsen, und, untergepflügt, zur Gründüngung verwendet werden (verschiedene Kleearten: *Trifolium pratense*, *T. hybridum*, *T. repens*, *T. incarnatum*; Luzerne: *Medicago sativa*; Esparsette: *Onobrychis viciifolia*; Serradella: *Ornithopus sativus*; Lupinen: *Lupinus angustifolius*, *L. luteus*). Andere liefern mit ihren protein-, stärke- und manchmal ölreichen Samen wichtige Nahrungsmittel (Pferde- oder Saubohne: *Vicia faba*; Erbse: *Pisum sativum*; Kichererbse: *Cicer arietinum*; Linse: *Lens culinaris*; Garten- und Feuer-Bohnen: *Phaseolus vulgaris*, *P. coccineus*; Sojabohne: *Glycine max*; Erdnuss: *Arachis hypogaea*). Bei der Erdnuss werden die sich nicht öffnenden Früchte durch Verlängerung des unteren Teils des Gynoeceums in die Erde geschoben, um dort zu reifen. Unter den holzigen Vertretern ist die für die Aufforstung von Trockengebieten und Ödland verwendete, aus dem östlichen Nordamerika stammende Robinie (*Robinia pseudoacacia*) wichtig, die im Einführungsgebiet zu einer sehr invasiven Art geworden ist. Als Zierpflanzen werden der giftige südeuropäische Goldregen (*Laburnum anagyroides*) und der ostasiatische Blauregen (*Wisteria sinensis*) gepflanzt.

Durch zwei kronblattartig ausgebildete Kelchblätter sowie die kahnförmige Gestalt des abaxialen Kronblatts mit einem zerschlitzten Spitzenanhängsel haben die Blüten vieler **Polygalaceae** (z. B. Kreuzblume: *Polygala*; ◻ Abb. 19.196) eine oberflächliche Ähnlichkeit mit denen der Papilionoideae.

Rosales

Barbeyaceae 1 Gattung/1 Art, Afrika, Arabien; Cannabaceae 11/170, nordhemisphärisch; Dirachmaceae 1/2, Somalia, Sokotra; Elaeagnaceae 3/45, meist nordhemisphärisch temperat; Moraceae 39/1125, kosmopolitisch; Rhamnaceae 52/1055, kosmopolitisch, meist tropisch bis subtropisch, Rosaceae 90/2520, kosmopolitisch, häufig temperat bis subtropisch; Ulmaceae 6/35–45, kosmopolitisch; Urticaceae 54/2625, kosmopolitisch, meist tropisch bis subtropisch

Die **Rosales** sind durch die Ausbildung eines Hypanthiums (das allerdings in vielen Familien verloren geht) und Samen mit wenig oder ohne Endosperm gekennzeichnet. Viele Vertreter der Ordnung sind Holzpflanzen mit Stipeln.

Die in der europäischen Flora mit vielen Arten vertretenen **Rosaceae** enthalten holzige und krautige Pflanzen mit wechselständigen, einfachen oder zusammengesetzten Blättern mit Nebenblättern. Die radiären Blüten haben vielfach ein durch sekundäre Staubblattvermehrung vielzähliges Androeceum. Variation findet man vor allem im Bereich des chorikarpen Gynoeceums und der Frucht (◻ Abb. 19.197 und 19.198). Die früher übliche Unterteilung der Familie in vier Unterfamilien mit unterschiedlichen Früchten (Bälge, zahlreiche einsamige Nüsschen oder Steinfrüchte, eine Steinfrucht, Apfelfrucht) lässt sich angesichts molekularer Befunde nicht aufrechterhalten.

Die Rosoideae (als eine von heute drei Unterfamilien) haben meist zahlreiche, sich zu Nüsschen oder einsamigen Steinfrüchtchen entwickelnde Karpelle (◻ Abb. 19.197 und 19.198), eine Chromosomengrundzahl von meist x = 7 sowie einige ihnen eigene chemische Merkmale. Bei der Nelkenwurz (*Geum*) sind zu hakigen Anhängseln auswachsende Griffel an der Ausbreitung der Teilfrüchte beteiligt. Durch die fleischig werdende Blütenachse können Nüsschen auch verbunden bleiben. Bei der Rose (*Rosa*) sind sie in den krugförmigen Blütenboden eingesenkt (Hagebutte) und bei der Erdbeere (*Fragaria*) ist die kegelige und fleischige Blütenachse außen mit Nüsschen besetzt. Bei Himbeere (*Rubus idaeus*) und Brombeere (*R. fruticosus* agg.) sind Steinfrüchtchen vereinigt. Einige Amydaloideae (Amygdaleae) haben ein sich zu einer Steinfrucht entwickelndes Karpell und eine Chromosomengrundzahl von x = 8. In der Gattung *Prunus* entwickelt das einzige, mit dem vertieften Blütenboden nicht verwachsene Karpell außen Fruchtfleisch, innen aber einen sehr festen, meist einsamigen Steinkern (◻ Abb. 19.197 und 19.198), wie bei der Süßkirsche (*Prunus avium*), der Sauerkirsche oder Weichsel (*P. cerasus*), der Pflaume und Zwetschge (*P. domestica*), dem Pfirsich (*P. persica*), der Aprikose (*P. armeniaca*) und der Mandel (*P. amygdalus*, mit ledrigem Mesokarp). Auffällig sind hier auch die blausäurehaltigen Glykoside in den Samen und auch anderen Pflanzenteilen. Die Amydaloideae-Malinae (früher Maloideae; Kernobstgewächse) haben zwischen zwei und fünf unterständige Karpelle und eine Chromosomengrundzahl von meist x = 17. Die Frucht ist meist eine Apfelfrucht (◻ Abb. 19.197 und 19.198).

◻ **Abb. 19.196 Polygalaceae.** Blüte von *Polygala myrtifolia*. Abaxiales Kronblatt mit zerschlitztem Anhängsel. Blütendiagramm von *Polygala* mit Kelch, Krone, acht Staubblättern, Diskus und Fruchtknoten. – c Krone, d Diskus, fk Fruchtknoten, k Kelch, sb Staubblatt. (Nach A.W. Eichler; Aufnahme: C. Erbar)

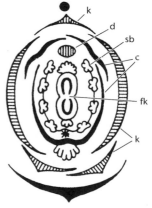

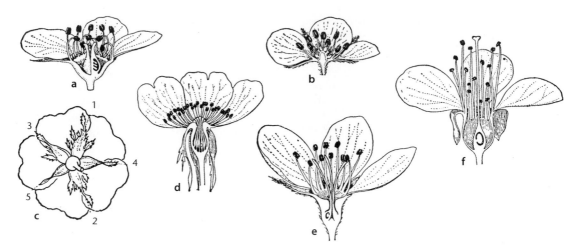

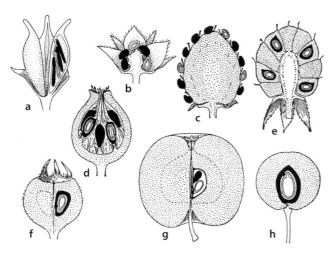

Abb. 19.197   Rosales, Rosaceae. Blütenlängsschnitte von **a** *Spiraea lanceolata*, **b** *Fragaria vesca* (1,5 ×), **d** *Rosa canina* (0,75 ×), **e** *Pyrus communis* (1,5 ×) und **f** *Prunus avium* (1,5 ×). **c** Schraubige Aufeinanderfolge (1–5) der fortschreitend vereinfachten Kelchblätter im quincuncialen Kelchwirtel von *Rosa* (vgl. auch Abb. 3.6). (a, b, d–f nach F. Firbas; c nach K. von Goebel)

Abb. 19.198   Rosales, Rosaceae. Fruchtlängsschnitte (schematisch) von **a** *Spiraea*, **b** *Potentilla*, **c** *Fragaria*, **d** *Rosa*, **e** *Rubus*, **f** *Mespilus*, **g** *Malus* und **h** *Prunus*. Fruchtfleisch punktiert, Leitbündel gestrichelt, Hartschichten der Fruchtwand bzw. Samenschale schwarz. (Nach F. Firbas)

Beim Weißdorn (*Crataegus*) und der Mispel (*Mespilus germanica*; heute manchmal in *Crataegus* eingeschlossen) ist das Endokarp holzig und die Frucht enthält eine der Zahl der Karpelle entsprechende Zahl einsamiger Steinkerne. Bei der Quitte (*Cydonia oblonga*), der Birne (*Pyrus*), dem Apfel (*Malus*) und in der Gattung *Sorbus* (z. B. *S. aucuparia*, Eberesche; *S. domestica* = *Cormus domestica*, Speierling) ist das mehrteilige Endokarp pergamentartig und umschließt mehrere Samen. Hier enthält das Fruchtfleisch nur vereinzelte Gruppen von Steinzellen. Andere Gattungen der Amydaloideae (z. B. *Spiraea*) haben vielsamige Balgfrüchtchen (Abb. 19.197 und 19.198).

Zu den Rosaceae gehören die durch Agamospermie artenreichen Gattungen *Rubus* und *Alchemilla* (Frauenmantel). Windblütigkeit findet man teilweise bei *Sanguisorba*.

Wirtschaftlich von Bedeutung sind neben dem Beerenobst der Erd-, Him- und Brombeeren die zahlreichen Obstbäume. Von diesen besitzen Äpfel, Birnen und Süßkirschen auch in Mitteleuropa Wild-

formen, die hier schon in der jüngeren Steinzeit zusammen mit Schlehen (*Prunus spinosa*), Trauben-Kirschen (*P. padus*) und anderen Arten gesammelt wurden. Quitten, Mispeln, Mandeln, Sauerkirschen sowie die meisten Pflaumen und Zwetschgen stammen aus Vorderasien, wo auch die Wildformen der Äpfel, Birnen und Süßkirschen am vielfältigsten sind. Die Aprikose stammt aus Turkestan bis Westchina, der Pfirsich aus China. Ihre Kulturformen wurden seit griechisch-römischer Zeit in Europa verbreitet. Die Blüten der **Rhamnaceae** haben nur einen antepetalen Staubblattkreis und mittel- bis unterständige Fruchtknoten. In dieser Familie sowie den **Elaeagnaceae** findet man Symbiosen mit *Frankia*, sodass die Assimilation von molekularem Stickstoff möglich ist. Bei den holzigen, mit Schuppenhaaren bedeckten und daher oft silbrig glänzenden Elaeagnaceae ist der Kelch kronblattartig, die Krone fehlt und das Gynoeceum besteht aus einem oberständigen Karpell mit einer Samenanlage. Zu dieser Familie gehört der besonders auf Dünen und Flussschottern wachsende, windblütige Sanddorn (*Hippophaë rhamnoides*).

Alle übrigen Familien der Rosales (außer den Dirachmaceae) wurden in der Vergangenheit vielfach auch als Ordnung Urticales zusammengefasst. Sie sind durch häufig runde Calciumcarbonatcystolithen in einzelnen Zellen, unauffällige Blüten mit höchstens fünf Staubblättern sowie ein uniloculäres Gynocceum aus zwei Karpelle mit nur einer Samenanlage gekennzeichnet. Zwittrig sind die Blüten der **Ulmaceae** (Abb. 19.199). Es sind Holzpflanzen ohne Milchsaft und in Mitteleuropa durch die Ulmen (Rüster) vertreten. Sie haben zweizeilig angeordnete, an der Basis der Blattspreite auffällig asymmetrische Blätter und doldig angeordnete Blüten, aus denen schon während der Blattentfaltung Flügelnüsse entstehen.

Das 1919 erstmals in den Niederlanden beobachtete Ulmensterben geht auf einen Pilz (*Ceratocystis ulmi*) zurück, der durch den Kleinen Ulmensplintkäfer übertragen wird.

Alle weiteren Familien haben eingeschlechtige Blüten. Die **Moraceae** (Abb. 19.200) sind meist Holzpflanzen mit Milchsaft. Dieser dient besonders bei der mexikanischen *Castilla elastica* und der asiatischen

19

Stammesgeschichte und Systematik der Bakterien, Archaeen, „Pilze", Pflanzen und anderer...

857   **19**

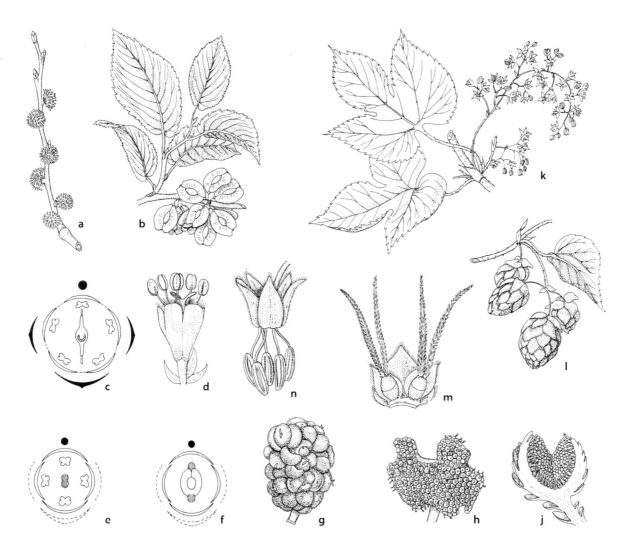

◘ Abb. 19.199   Rosales. a–d Ulmaceae, *Ulmus minor.* **a** Blühender, **b** fruchtender Spross (etwa 0,33 ×). **c** Blütendiagramm. **d** zwittrige Einzelblüte (vergrößert). **e–j** Moraceae. Diagramme der **c** ♂ und **f** ♀ Blüte von *Morus alba.* **g** Fruchtstand von *Morus nigra*, Blütenstände von **h** *Dorstenia contrayerva* und **j** *Castilla elastica* (längs) (alle etwa 1 × bzw. etw. vergrößert; vgl. dazu auch ◘ Abb. 3.109h–l). **k–n** Cannabaceae, *Humulus lupulus.* **k** Blühender ♂, **l** fruchtender ♀ Spross (0,5 ×) sowie **m** ♀ Teilblütenstand mit Tragblatt und zwei ♀ Blüten mit saumförmigem Perigonrudiment (vergrößert), **n** ♂ Blüte von *Cannabis sativa* (vergrößert). (a, b, k–m nach G. Karsten; c, e, f nach A.W. Eichler; d, h, j nach A. Engler's Syllabus; g nach P.E. Duchartre; n nach J. Graf)

Ficus elastica der Gewinnung von Kautschuk. Vielfach sind eigenartige Blüten- und Fruchtstände entstanden. So werden z. B. die kleinen Einzelfrüchte eines jeden weiblichen Blütenstands der ein- oder zweihäusigen Maulbeerbäume (*Morus*) durch die bei der Reife fleischig werdenden Perianthblätter zu den essbaren Maulbeeren verbunden (◘ Abb. 19.199). Der Weiße Maulbeerbaum (*M. alba*) ist Futterpflanze der Seidenraupen. Die essbaren Fruchtstände des indomalaiischen Brotfruchtbaums (*Artocarpus*, ◘ Abb. 19.200) sind ähnlich gebaut wie bei *Morus.* In den Gattungen *Dorstenia* und *Castilla* sind Blüten und Einzelfrüchte auf einem teller- oder becherförmigen Achsenorgan vereinigt und bei *Ficus* (mit ca. 750 Arten) sind sie schließlich in ein krugförmig ausgehöhltes, zusammen mit den Perianthblättern fleischig werdendes Achsengebilde eingesenkt. Beim mediterranen Feigenbaum (*F. carica*, ◘ Abb. 19.200) werden diese Fruchtstände als Feige gegessen. Viele *Ficus*-Arten sind immergrüne Gehölze tropischer Wälder, oft mächtige Bäume. Der asiatische Banyan (*F. bengalensis*) keimt auf Baumästen und entwickelt sich dort erst zu einem stattlichen Epiphyten. Dieser schickt Wurzeln bis zum Boden herab. In dem

Maß, wie sich diese zu säulenähnlichen Stämmen entwickeln, erdrosselt die Pflanze als Baumwürger schließlich ihre Unterlage. Da immer neue Wurzeln, auch von den horizontalen Ästen aus, den Boden erreichen, entsteht zuletzt aus dem einen Keimling ein ganzer „Wald". Ein solches Verhalten findet man auch bei anderen Arten. *Ficus benjamini* ist eine häufige Zimmerpflanze. *Ficus* hat ein sehr enges Verhältnis zu den ihn bestäubenden Gallwespen, die ihren Lebenszyklus im Wesentlichen innerhalb der Blüten- und Fruchtstände durchlaufen.

Zu den krautigen **Cannabaceae** (◘ Abb. 19.199) ohne Milchsaft gehören Hopfen und Hanf. Der Hopfen (*Humulus lupulus*) ist eine zweihäusige, ausdauernde, mit widerhakig-rauen Achsen windende Pflanze der Auen- und Bruchwälder. Seine zapfenähnlichen Fruchtstände haben auffällige Tragblätter, die von harz- und bitterstoffreichen Drüsen besetzt sind, auf deren Inhalt die Verwendung der Pflanze in der Brauerei und Heilkunde

Abb. 19.200 Moraceae. Fruchtstände von *Ficus carica* **a** und *Artocarpus heterophylla* **b**. (Aufnahmen: C. Erbar)

zurückgeht. Wahrscheinlich aus dem temperaten Asien stammt der Hanf (*Cannabis sativa*). Er ist ebenfalls zweihäusig, aber einjährig. Er wird vor allem wegen seiner 1–2 m langen Bastfaserstränge, weniger wegen der ölreichen Samen angebaut. Die getrockneten Triebspitzen werden als Marihuana, das Harz als Haschisch geraucht. Zu den Cannabaceae gehört auch *Parasponia* als einzige bekannte Gattung mit einer Symbiose mit luftstickstoffbindenden Bakterien der Rhizobiaceae (*Bradyrhizobium*) außerhalb der Fabaceae. Orthotrope Samenanlagen haben die **Urticaceae**. In ihren männlichen Blüten sind die Staubblätter in der Knospenlage unter Einwärtskrümmung gespannt, schnellen beim Aufblühen elastisch zurück und schleudern dabei den pulverigen Pollen aus. Bei manchen Gattungen (z. B. *Pilea*) werden in ähnlicher Weise auch die Früchte durch Staminodien fortgeschleudert. Manche Urticaceae, wie die Brennnesseln (*Urtica*), besitzen Brennhaare. Als Faserpflanzen sind *Urtica dioica*, vor allem aber die asiatische *Boehmeria nivea* (Ramiefaser) wichtig.

Cucurbitales

Anisophylleaceae 4 Gattungen/71 Arten, pantropisch; Apodanthaceae 2/10, Amerika, O-Afrika, SW-Asien, Australien; Begoniaceae 2/1870, pantropisch; Coriariaceae 1/5, Mexiko bis Chile, westliches Mediterrangebiet, Himalaja bis Japan, Neu Guinea, Neuseeland; Corynocarpaceae 1/6, Neuseeland, NO-Australien, Neu Guinea; Cucurbitaceae 98/ca. 1000, kosmopolitisch; Datiscaceae 1/2, westliches N-Amerika, SW-, C-Asien; Tetramelaceae 2/2, S-, SO-Asien, Australien

Die **Cucurbitales** sind meist krautig und haben häufig Blätter mit palmatem Verlauf der sekundären Blattnerven, charakteristischen Blattzähnen und ohne epicuticulare Wachskristalle. Die Blüten sind häufig eingeschlechtig und einige der Familien haben ein unterständiges Gynoeceum mit freien Griffeln und parietaler Placentation mit allerdings stark in das Ovar hineinwachsenden

Placenten bzw. Karpellflanken, die sich dann im Zentrum des Ovars sogar berühren können. Die **Cucurbitaceae** besitzen eine verwachsenblättrige Krone und Sprossranken (■ Abb. 19.201). Ihre Leitbündel sind bikollateral. Die eingeschlechtigen Blüten sind ein- oder zweihäusig (z. B. bei den mitteleuropäischen Zaunrüben *Bryonia alba* bzw. *B. doica*) verteilt. In den männlichen Blüten haben die fünf Staubblätter häufig nur eine Theka (monothezisch), sind meist gruppenweise (z. B. 2+2+1) angeordnet oder alle verwachsen und sind häufig gekrümmt oder s-förmig gebogen. Aus dem meist dreifächrigen unseptierten Fruchtknoten entwickeln sich dickschalige und vielsamige Beeren (■ Abb. 19.201).

Bekannte Vertreter der Familie sind der aus dem tropischen Amerika stammende Kürbis (*Cucurbita pepo* mit gemüse- und ölsamenliefernden Kultivaren), die zu einer asiatisch/australischen Artengruppe gehörende Gurke (*Cucumis sativus*), die gelbfleischige Zuckermelone (*Cucumis melo*), die rotfleischige Wassermelone (*Citrullus lanatus*), der in den Tropen z. B. als Gefäß verwendete Flaschenkürbis (*Lagenaria siceraria*), welcher in Afrika heimisch ist aber offenbar durch Meeresströmungen in vorhistorischer Zeit auch nach Amerika gelangte, die als pflanzlicher Schwamm verwendete *Luffa aegyptiaca* und die mediterrane Spritzgurke (*Ecballium elaterium*). Die **Begoniaceae** mit auffällig asymmetrischen Blättern werden häufig als Zierpflanzen kultiviert.

Fagales

Betulaceae 6 Gattungen/145 Arten, temperat nordhemisphärisch, Anden; Casuarinaceae 4/95, Australien, SO-Asien, Madagaskar; Fagaceae 7/730, temperat bis tropisch, meist nordhemisphärisch; Juglandaceae 9/51, temperates und tropisches Eurasien und Amerika; Myricaceae inkl. Rhoipteleaceae 4/57, kosmopolitisch; Nothofagaceae 1/35, südhemisphärisch; Ticodendraceae 1/1, Mittelamerika

Die Familien der **Fagales** sind meist windbestäubte Sträucher oder Bäume mit Drüsen- oder Sternhaaren. Die häufig eingeschlechtigen, aber meist einhäusig verteilten Blüten haben nur eine einfache, häufig sehr redu-

19

Stammesgeschichte und Systematik der Bakterien, Archaeen, „Pilze", Pflanzen und anderer...

859

19

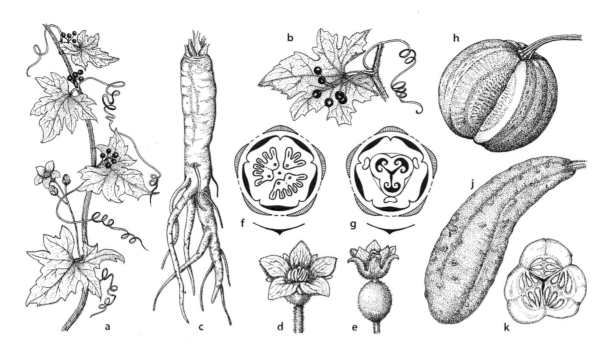

■ **Abb. 19.201** **Cucurbitales, Cucurbitaceae. a–e** *Bryonia alba.* **aa** Blühender, **b** fruchtender Spross. **c** Rübenartige Wurzel (etwa 0,25 ×). **d** ♂ und **e** ♀ Blüte (etwa 2 ×). **f, g** *Citrullus colocynthis,* Diagramme einer ♂ und ♀ Blüte. Früchte von **h** *Cucurbita pepo* (etwa 0,17 ×) und **j, k** *Cucumis sativus* (etwa 0,33 ×). (a–e, h–k nach G. Hegi; f, g nach A.W. Eichler)

■ **Abb. 19.202** **Cucurbitaceae.** Blüte von *Trichosanthus cucumeria* mit zerschlitzten Kronblättern. (Aufnahme: I. Mehregan)

zierte Blütenhülle und ein meist unterständiges Ovar mit sehr wenigen Samenanlagen pro Karpell. Der Pollenschlauch dringt über die Chalaza in die (unreifen) Samenanlagen, und die Früchte sind meist einsamige Nüsse ohne Endosperm.

Bei den **Fagaceae** sind drei (selten mehr) Karpelle vorhanden (■ Abb. 19.203). Die weiblichen Blüten haben in der Regel zwei dreizählige Blütenhüllblattkreise und in den männlichen Blüten variiert die Zahl der Blütenhüll- und Staubblätter. Die Früchte sind von einem verholzenden und mit Schuppen oder Stacheln versehenen Fruchtbecher, der Cupula, umgeben, die möglicherweise durch die Fusion steriler Infloreszenzteile entstanden ist.

Bei der Esskastanie (*Castanea sativa*) findet man teilweise Insektenbestäubung, die männlichen Blüten sind in steifen, aufrechten Blütenständen angeordnet und die Cupula enthält bis zu drei essbare Früchte (Maronen). Wegen ihrer Früchte wurde diese Art von den Römern in die wärmeren Teile Mitteleuropas eingeführt. Bei der windblütigen Rotbuche (*Fagus sylvatica*) stehen die männlichen Blüten zu mehreren in Köpfchen, die weiblichen in zweiblütigen Dichasien. Die sich mit vier Klappen öffnende Cupula enthält dementsprechend zwei dreikantige und ölreiche Nüsse (Bucheckern). Die männlichen und weiblichen Dichasien der Eiche (*Quercus*) sind einblütig. Dementsprechend sitzen ihre Früchte (Eicheln) einzeln in der becherförmigen, beschuppten Cupula. Neben dem hochwertigen, harten Tischler- und Bauholz findet auch die Borke der Eichen Verwendung in der Gerberei. Die Kork-Eiche (*Q. suber*) als Lieferant des Flaschenkorks wächst im Mediterraneum.

⊡ Abb. 19.203   Fagales, Fagaceae. a–c Diagramme der ♀ Dichasien von **a** *Castanea*, **b** *Fagus*, **c** *Quercus* (Deck- u. Vorblätter schwarz, Cupula punktiert, Perigon weiß, ausgefallene Blüten bzw. Deck- und Vorblätter * bzw. gestrichelt; vgl. auch das Schema ⊡ Abb. 19.204a). **d–h** *Fagus sylvatica*. **d** Blühender Spross. **e** ♂ und **f** ♀ Blüten mit Perigon. **g** Cupula mit zwei Nüssen. **h** Nuss quer, mit den gefalteten Kotyledonen des Embryos. (D, G 1 ×; E, F, H vergrößert). **j–p** *Quercus robur*. **j** Blühender Spross. **k** ♂ Blüte mit Staubblättern. **l** ♀ Blüte gesamt und **m** längs (mit Narben, Griffel, Perigon, Fruchtknoten, Samenanlagen und Cupula) (**k–m** vergrößert). **n** Fruchtstand. **o** Reife Cupula. **p** Samen, längs und quer. – α,α′, β, β′ Vorblätter, b Deckblatt, c Cupula, f Fruchtknoten, g Griffel, n Narbe, p Perigon, s Samenanlage. (a, b nach A.W. Eichler; c nach K. Prantl und W. Troll; d–h nach G. Karsten; j–p nach A.F.W. Schimper bzw. O.C. Berg und C.F. Schmidt)

19

Die **Nothofagaceae** mit *Nothofagus* unterscheiden sich von den Fagaceae durch ihre Pollenmorphologie und den Besitz von Samenanlagen mit nur einem Integument. *Nothofagus* ist auf den südhemisphärischen Kontinenten außer Afrika verbreitet und fossil aus der Antarktis bekannt. Die Familie wird heute als Schwestergruppe aller übrigen Familien der Fagales betrachtet.

Die **Betulaceae** haben nur zwei Karpelle. Ursprüngliche Blüten sind durchgehend zweizählig, werden aber weiter reduziert. Die Staubblätter sind häufig gespalten. Die Nüsse sind nackt oder werden von einer Hülle umgeben.

Bei Birke (*Betula*; ⊡ Abb. 19.204) und Erle (*Alnus*; ⊡ Abb. 19.204) sitzen die Früchte in der Achsel von Schuppen, die aus der Verwachsung der Vorblätter mit dem Tragblatt hervorgehen und bei der Birke zur Fruchtreife abfallen, bei der Erle aber verholzen und an dem zapfenartigen Fruchtstand verbleiben. Bei Hasel (*Corylus*), Hainbuche (*Carpinus*) und Hopfenbuche (*Ostrya*) sind die Früchte von einer Fruchthülle umgeben, die aus den Vorblättern und dem Tragblatt besteht. Bei der Hainbuche dient diese Fruchthülle als Flugorgan.

Stammesgeschichte und Systematik der Bakterien, Archaeen, „Pilze", Pflanzen und anderer...

861   **19**

□ Abb. 19.204   Fagales, Betulaceae. a Diagramme der dichasialen ♂ (links) und ♀ (rechts) Teilblütenstände; oben Schema: in der Achsel von Tragblatt (b) Blüte (A), in der Achsel ihrer Vorblätter α und β die Blüten B′ und **B**, mit den Vorblättern α′, β′ und α, β; ausgefallene Blüten bzw. Perigonblätter: * bzw. gestrichelt. **b–g** *Alnus glutinosa*, blühender Spross und Laubblatt (b). ♂ (c) und ♀ Dichasium mit Trag- und Vorblättern (e). ♀ Kätzchen (d). Fruchtstand (f). Nuss (g) (b 1 ×, c–g vergrößert). **h–n** *Betula pendula*. Blühender Spross und Laubblätter (h). **j** ♂ und **l** ♀ Dichasium. **k** Gespaltenes Staubblatt. **m** Fruchtstand und **n** Flügelnuss (h, m 0,67 ×, sonstige vergrößert). (a nach A.W. Eichler, verändert; b–n nach G. Karsten)

Die Erlen leben in Symbiose mit dem luftstickstoffbindenden Bakterium *Frankia*. Schon an vorjährigen Zweigen angelegt werden die Blütenstände der frühblühenden, in Wäldern und Gebüschen über den größten Teil Europas verbreiteten Gemeinen Hasel (*Corylus avellana*). Aus den kurzen, von Knospenschuppen umschlossenen weiblichen Blütenständen ragen nur die roten Narben. Die schweren, durch Vögel und Eichhörnchen verbreiteten Haselnüsse enthalten einen fettreichen Embryo.

Die **Juglandaceae** haben im Gegensatz zu den bisher genannten Familien gefiederte Blätter. Die Juglandaceae haben wie der Walnussbaum (*Juglans regia*) eingeschlechtige Blüten. Die Walnüsse (□ Abb. 19.205) sind von modifizierten Blattorganen eng umschlossene Nüsse, deren Steinkern sich bei der Keimung längs einer

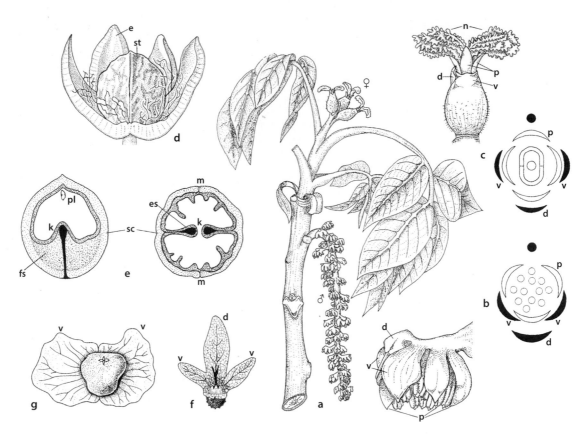

◘ Abb. 19.205   Fagales, Juglandaceae. a–e *Juglans regia.* **a** Blühender Spross mit ♂ und ♀ Blütenständen. **b** ♂, **c** ♀ Blüte und dazugehörige Diagramme mit Deck-, Vor- und Perigonblättern sowie Narbe. **d** Nuss bei Ablösung der ledrigen Hülle (vorne entfernt). **e** Steinkern quer und längs (median) mit Endokarp (Sclerokarp), falscher Naht und Öffnungslinie in der Mediane, transversalem Septum (= echte Scheidewand) und medianem Septum (= falsche Scheidewand) sowie Embryo mit Kotyledonen und Plumula. Früchte von **f** *Engelhardtia* sp. und **g** *Pterocarya* sp., mit Deck- und Vorblättern als Flugorganen. – d Deckblätter, e Exokarp, es echte Scheidewand, fs falsche Scheidewand, k Kotyledonen, m Mediane, n Narbe, p Perigonblätter, pl Plumula, sc Sclerokarp, st Steinkern, v Vorblätter. (a nach G. Hegi; b, c, e nach O. von Kirchner, F. Firbas bzw. A.W. Eichler; d nach W. Troll; f–g nach P. Hanelt; alle leicht verändert)

vorgebildeten Trennungslinie öffnet. In den essbaren Samen sind die Reservestoffe in den ölreichen und vielfach gelappten Keimblättern gespeichert.

Zu den Rosiden II (= Malviden) gehören die Geraniales, Myrtales, Crossosomatales, Picramniales, Huerteales, Brassicales, Malvales und Sapindales. Das Gynoeceum dieser Gruppe hat häufig einfache Griffel und die Samen haben meist nur sehr wenig Endosperm.

Geraniales

Francoaceae inkl. Greyiaceae, Ledocarpaceae, Melianthaceae, Vivianiaceae 9 Gattungen/31 Arten, Südamerika, südl. Afrika; Geraniaceae 7/866, kosmopolitisch temperat bis warmtemperat

Die durch molekulare Daten im Vergleich zu älteren Systemen ganz neu umgrenzten **Geraniales** werden durch meist gelappte Fruchtknoten und außerhalb der Staubblätter befindliche Nektarien zusammengehalten. Die Karpelle stehen auf den gleichen Radien wie die Kronblätter. Ein großer Teil der **Geraniaceae** hat bemerkenswerte Früchte (◘ Abb. 19.206). Die Karpelle enthalten am Grund je zwei Samenanlagen, von denen sich nur eine entwickelt. Der obere Teil der Karpelle wird zu einem sterilen Schnabel. Bei der Fruchtreife bleiben nur die inneren Teile der verwachsenen Karpelle als Mittelsäule stehen, während sich die Außenwände, die unten je einen Samen enthalten, abheben. Sie bleiben dabei entweder an der Spitze mit der Mittelsäule verbunden und katapultieren die Samen ab (z. B. viele Arten des Storchschnabels: *Geranium*) oder sie lösen sich mitsamt dem Samen als Teilfrüchte ab, wobei die oberen Teile als hygroskopische Grannen dem Einbohren in den Boden dienen (z. B. beim Reiherschnabel: *Erodium*). Zygomorphe Blüten mit einem im Blütenstiel eingesenkten Nektarium finden sich bei den meist südafrikanischen, vielfach als Zierpflanzen (Geranien) verwendeten *Pelargonium*-Arten.

19

Stammesgeschichte und Systematik der Bakterien, Archaeen, „Pilze", Pflanzen und anderer...

863   **19**

Myrtales

Alzateaceae 1 Gattung/2 Arten, S-Amerika; Combretaceae 14/500, pantropisch; Crypteroniaceae 3/10, Sri Lanka, SO-Asien; Lythraceae 31/650, kosmopolitisch; Melastomataceae inkl. Memecylaceae 188/4960, pantropisch, selten temperat; Myrtaceae 131/5900, kosmopolitisch, meist tropisch bis warmtemperat; Onagraceae 22/656, kosmopolitisch; Penaeaceae 9/29, Afrika, St. Helena; Vochysiaceae 7/190, tropisches Amerika, eine Art W-Afrika

Die **Myrtales** haben häufig gegenständige und ganzrandige Blätter mit oder ohne Stipeln, bikollaterale Leitbündel, vielfach vierzählige Blüten mit meist einem deutlichen Hypanthium, in der Knospe oft nach innen eingebogene Staubblätter, nur einen Griffel und häufig sehr viele Samenanlagen.

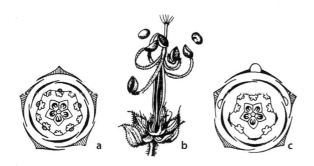

Abb. 19.206 Geraniales, Geraniaceae. a *Geranium pratense,* Blütendiagramm. **b** Aufspringende Frucht (1,5 ×). **c** *Pelargonium zonale,* Blütendiagramm. (a, c nach A.W. Eichler, b nach J. Graf)

Die **Myrtaceae** haben meist einen unterständigen Fruchtknoten. Es sind vielfach immergrüne subtropische bis tropische Holzpflanzen, die häufig lysigene Sekretbehälter mit ätherischen Ölen haben und dadurch als Gewürz- und Heilpflanzen Bedeutung besitzen. Die zahlreichen Staubblätter (◨ Abb. 19.207) erhöhen mit ihren oft auffällig gefärbten Filamenten die Attraktivität der Blüten. Von den vielen Arten der tropischen Gattungen *Eugenia* und *Syzygium* ist besonders der von Sri Lanka bis Borneo verbreitete Gewürznelkenbaum (*S. aromaticum* = *E. caryophyllata*; ◨ Abb. 19.207) erwähnenswert. In Australien dominiert die Gattung *Eucalyptus* mit etwa 500–700 baum- bis buschförmigen Arten in den meisten Trockenwäldern. Als Blütenbestäuber von *Eucalyptus* findet man besonders Vögel, aber auch Fledermäuse und kleine Beuteltiere. Manche Arten können bis zu 100 m hoch werden (z. B. *E. regnans*) und gehören damit zu den größten Bäumen unter den Blütenpflanzen. Wegen ihres schnellen Wuchses werden verschiedene Arten, besonders *E. globulus*, in wärmeren Gegenden wie dem Mittelmeergebiet viel gepflanzt. Hier findet man auch die einzige europäische Myrtacee, die in Mitteleuropa gelegentlich kultivierte Myrte (*Myrtus communis*).

Besonders häufig in den neuweltlichen Tropen und Subtropen sind die holzigen bis krautigen **Melastomataceae**, die häufig hebelartige Konnektivanhängsel und porizide Antheren haben (◨ Abb. 19.208). Die bestäubenden Bienen entleeren die Antheren durch Vibration (engl. *buzz pollination*).

Bei den vorherrschend krautigen **Onagraceae** sind die Blütenbecher fast immer über den unterständigen Fruchtknoten hinaus auffällig verlängert (◨ Abb. 19.207). Zu dieser Familie gehören die ursprünglich amerikanischen, heute als Unkräuter weltweit verbreiteten Nachtkerzen (*Oenothera*), sowie die vor allem in Süd- und Mittelamerika, aber auch in Neuseeland heimischen und andernorts vielfach kultivierten, meist vogelbestäubten *Fuchsia*-Arten, bei denen Blütenbecher und Kelchblätter auffällig gefärbt sind. In Mitteleuropa heimisch sind Weidenröschen (*Epilobium*), Hexenkraut (*Circaea*) und Heusenkraut (*Ludwigia*).

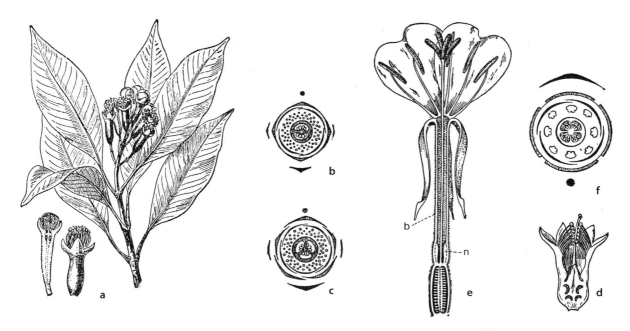

Abb. 19.207 Myrtales. a–c Myrtaceae. **a, b** *Syzygium aromaticum,* blühender Spross (0,44 ×), Knospe, längs, offene Blüte (etwa 0,67 ×) und Diagramm. **c** *Myrtus communis,* Blütendiagramm. **d** Lythraceae, *Punica granatum,* Blütenlängsschnitt (0,8 ×). **e, f** Onagraceae, *Oenothera biennis.* **e** Blütenlängsschnitt mit Blütenbecher und Nektarium (1,2 ×). **f** Diagramm. – b Blütenbecher, n Nektarium. (a, d, nach G. Karsten; b, c, f nach A.W. Eichler; e nach F. Firbas)

Sapindales

Anacardiaceae 81 Gattungen/873 Arten, pantropisch, selten temperat; Biebersteiniaceae 1/5, Griechenland bis W-Sibirien, W-Tibet; Burseraceae 19/755, pantropisch; Kirkiaceae 1/8, Afrika und Madagaskar; Meliaceae 50/641, pantropisch, meist altweltlich; Nitrariaceae 3/13, Südeuropa bis Asien, N-Afrika, Australien, N-Amerika; Rutaceae 161/2085, kosmopolitisch, meist tropisch; Sapindaceae inkl. Aceraceae, Hippocastanaceae 144/1900, pantropisch, seltener temperat; Simaroubaceae 19–22/110, pantropisch

Abb. 19.208   Melastomataceae. Blüte von *Dissochaeta annulata* mit Staubblattdimophismus und fädigen Konnektivanhängseln. (Aufnahme: G. Kadereit)

Holzig oder krautig mit einem häufig zweizähligen Gynoeceum sind die **Lythraceae**. Hier ist besonders der durch trimorphe Heterostylie bekannte Blut-Weiderich (*Lythrum salicaria*) zu nennen.

In die Lythraceae werden auch die holzigen und teilweise mangrovenbewohnenden Sonneratiaceae, die ebenfalls holzigen Punicaceae und die Trapaceae eingeschlossen. Zu den ehemaligen Punicaceae gehört als einzige Gattung *Punica* mit dem aus dem Orient stammenden Granatapfelbaum (*P. granatum*) mit seinen in zwei bis drei Stockwerken angeordneten Karpellen (❑ Abb. 19.207). Zu *Trapa* als einziger Gattung der ehemaligen Trapaceae gehört als einjährige Schwimmpflanze die Wassernuss (*Trapa natans*), deren sehr harte Nüsse aus den Kelchblättern entstehende hornartige Fortsätze tragen.

Crossosomatales

Aphloiaceae 1 Gattung/1 Art, O-Afrika, Madagaskar; Crossosomataceae 4/12, westliches N-Amerika; Geissolomataceae 1/1, S-Afrika; Guamatelaceae 1/1, Mittelamerika; Stachyuraceae 1/5, SO-Asien; Staphyleaceae 2/45, kosmopolitisch, zerstreut; Strasburgeriaceae 2/2, Neukaledonien, Neuseeland

Zu den **Crossosomatales** gehören z. B. die auch in Mitteleuropa vorkommende Pimpernuss (*Staphylea pinnata*: **Staphyleaceae**), ein Strauch mit gegenständigen Fiederblättern und auffällig aufgeblasenen Kapseln, und die **Strasburgeriaceae**, deren einzige Art, die baumförmige *Strasburgeria calliantha*, auf Neukaledonien heimisch ist.

Picramniales

Picramniaceae 3 Gattungen/49 Arten, tropisches Amerika

Die meist tropisch-subtropischen **Sapindales** sind meist Gehölze mit häufig gefiederten oder geteilten Blättern. Das Holz enthält häufig Silikateinschlüsse. Die meist fünfzähligen und radiärsymmetrischen Blüten haben vielfach einen gut ausgebildeten, nektarsezernierenden und häufig intrastaminalen Diskus.

Bittere Triterpenoide und schizolysigene Sekretbehälter mit ätherischen Ölen und Harzen findet man bei den Rutaceae, Simaroubaceae und Meliaceae. Die ökonomisch wichtigste Gattung der **Rutaceae** ist *Citrus* (❑ Abb. 19.209). Ihre ursprünglich in S-Asien/Australien heimischen Arten – kleine, immergrüne Bäume – werden heute in zahlreichen Formen in allen wärmeren Ländern kultiviert. Hierzu gehören *C. sinensis* (Apfelsine, Orange), *C. maxima* (Pampelmuse), *C. paradisi* (Grapefruit), *C. limon* (Zitrone), *C. medica* (Zitronat-Zitrone) und *C. deliciosa* (Mandarine). Da in der offenbar schon seit mindestens 2000 Jahren kultivierten Gattung viel Hybridisierung stattgefunden hat – so ist die Grapefruit eine Hybride aus Pampelmuse und Apfelsine – ist eine Artabgrenzung (und auch Artbennenung) nicht einfach. *Citrus*-Früchte sind Beeren. Das Fruchtfleisch wird von saftigen Emergenzen gebildet, die an der Innenseite der Fruchtwand entstehen und in die Fächer hineinwachsen (Pulpa). Baumförmig ist *Phellodendron* in O-Asien, und Halbsträucher und Stauden sind der wärmeliebende heimische Diptam (*Dictamnus albus*) mit leicht zygomorphen Blüten und die gelbgrün blühende mediterrane Weinraute (*Ruta graveolens*; ❑ Abb. 19.209).

Bittere Triterpenoide dominieren in den **Simaroubaceae** und bedingen die pharmazeutische Bedeutung der Rinden und Hölzer von *Quassia*, *Simarouba* und *Picrasma*. Häufig kultiviert wird der ostasiatische Götterbaum (*Ailanthus altissima*), der in wärmeren Teilen Mitteleuropas eingebürgert ist. Wichtige tropische Edelhölzer (z. B. *Swietenia*: Mahagoni) liefern die **Meliaceae**. Harzkanäle haben die **Anacardiaceae** (z. B. mit *Anacardium occidentale*: Cashewnuss, *Pistacia*: Pistazie, Mastixharz, *Rhus*: Farbstoffe und Lacke, teilweise Berührungsgifte, *Mangifera indica*: Mango) und **Burseraceae** (z. B. mit *Commiphora*: Myrrhe, *Boswellia*: Weihrauch).

In die weitestgehend tropischen **Sapindaceae** mit meist leicht zygomorphen und häufig eingeschlechtigen Blüten werden heute auch die Hippocastanaceae und Aceraceae

Stammesgeschichte und Systematik der Bakterien, Archaeen, „Pilze", Pflanzen und anderer...

865   **19**

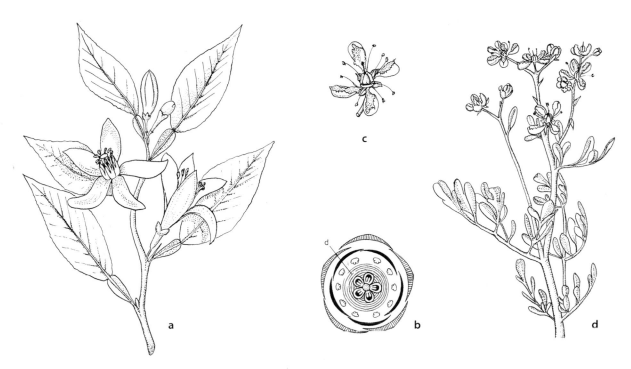

◉ **Abb. 19.209 Sapindales, Rutaceae. a** *Citrus sinensis,* blühender Spross (0,5 ×). **b–d** *Ruta graveolens,* blühender Spross (0,5 ×), vierzählige Seitenblüte und Diagramm einer fünfzähligen Gipfelblüte mit Diskus. – d Diskus. (a–c nach G. Karsten; d nach A.W. Eichler)

(zusammen als Hippocastanoideae) eingeschlossen. Dazu gehört *Aesculus* mit der in den Gebirgen der Balkanhalbinsel heimischen und anderswo viel gepflanzten Rosskastanie (*A. hippocastanum*). Für den Ahorn (*Acer*) mit ca. 110 Arten ist ein sich zu einer Spaltfrucht entwickelndes Gynoeceum aus zwei Karpellen typisch (◉ Abb. 19.210). Die meist handförmig gelappten Blätter sind gegenständig.

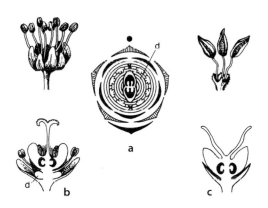

◉ **Abb. 19.210 Sapindales, Sapindaceae. a–c** *Acer.* **a, b** *A. pseudoplatanus,* Blütendiagramm (vgl. extrastaminalen Diskus); ♀ und ♂ Blüte (im Längsschnitt, etwa 2 ×). **c** *A. negundo,* ♂ und ♀ Blüte mit reduzierter Blütenhülle und ohne Diskus (etwa 2 ×). – d Diskus. (a nach A.W. Eichler, b, c nach G. Karsten und J. Graf)

Huerteales

Dipentodontaceae 2 Gattungen/16 Arten, SO-Asien, Mexiko bis Peru; Gerradinaceae 1/2, O-Afrika; Petenaeaceae 1/1, Mittelamerika; Tapisciaceae 2/5, China, Karibik, S-Amerika

Brassicales

Akaniaceae 2 Gattungen/2 Arten, Australien, China; Bataceae 1/2, Amerika, Neuguinea, Australien; Brassicaceae 353/4010, kosmopolitisch, meist temperat; Capparaceae 16/480, kosmopolitisch, meist tropisch bis subtropisch; Caricaceae 6/34, tropisches Amerika, Afrika; Cleomaceae 20/270, meist Amerika; Emblingiaceae 1/1, W-Australien; Gyrostemonaceae 5/18, Australien; Koeberliniaceae 1/2, Amerika; Limnanthaceae 2/8, N-Amerika; Moringaceae 1/12, Afrika bis Indien; Pentadiplandraceae 1/1, W-Afrika; Resedaceae 8/96, W-Eurasien, China, Afrika, N-Amerika; Salvadoraceae 3/11 paläotropisch; Setchellanthaceae 1/1, Mexiko; Tovariaceae 1/2, tropisches Amerika; Tropaeolaceae 1/105, Amerika

Das herausragende Ordnungsmerkmal der **Brassicales** ist der Besitz von Senfölglykosiden und dem Enzym Myrosinase. Bei Verletzungen kommt die im Cytoplasma vorliegende Myrosinase in Kontakt mit den in der Vakuole befindlichen Senfölglykosiden und setzt aus diesen das der Abwehr von Herbivoren dienende Senföl frei. Außerhalb der Brassicales werden Senfölglykoside nur in der Gattung *Drypetes* (Putranjivaceae) gebildet. Weitere Merkmale der Ordnung sind die parietale Placentation sowie häufig grüne Embryonen.

Ursprünglich in der Ordnung sind Familien mit fünfzähligen Blüten und geraden Embryonen wie die Caricaceae, **Moringaceae** und Tropaeolaceae. Die **Caricaceae** sind durch die Papayafrucht (*Carica papaya*) bekannt und zu den **Tropaeolaceae** mit zygomorphen und gespornten Blüten gehört die vielfach kultivierte Kapuzinerkresse (*Tropaeolum majus*). Die meisten übrigen Familien sind durch vierzählige Blüten und gebogene und gefaltete Embryonen charakterisiert. Leicht zygomorphe Blüten haben die **Resedaceae**, die in Mitteleuropa mit Arten der Gattung *Reseda* (Wau) vertreten sind. Die **Capparaceae** sind ein überwiegend holziger Verwandtschaftskreis. Bei *Capparis spinosa*, deren Knospen als Kapern verwendet werden, besteht das Androeceum aus zahlreichen Staubblättern. Die **Cleomaceae** sind Schwestergruppe der Brassicaceae.

Die **Brassicaceae** (= Cruciferae, Kreuzblütler) sind durch ihre Blütenstruktur besonders gut gekennzeichnet. Es sind meist krautige, mehr- bis einjährige Pflanzen mit traubigen Blütenständen ohne Endblüte und meist ohne Tragblätter. Ihre disymmetrischen Blüten besitzen einen vierzähligen Kelch, vier mit dem Kelch alternierende Kronblätter, zwei äußere, kürzere und vier innere, längere Staubblätter und einen oberständigen, aus zwei Karpellen gebildeten und oft gestielten Fruchtknoten mit einer aus den Placenten wachsenden falschen Scheidewand (◨ Abb. 19.211). Die Frucht ist meist eine Schote. Bei ihrer Öffnung ist die häutige Scheidewand mit den ihr aufliegenden Samen zwischen den Placenten als Rahmen (Replum) eingespannt und verbleibt am Fruchtstiel. Die Samen gehen aus campylotropen Samenanlagen hervor; der Embryo ist ölhaltig.

Für die Gliederung dieser artenreichen Familie waren in der Vergangenheit die Fruchtform (neben sich öffnenden Schoten gibt es auch Schließfrüchte, z. B. Bruchschoten, Spaltfruchtschoten und ein- oder wenigsamige Nussschoten), die Form und Lage des Embryos im Samen und die Anordnung der Nektardrüsen von Bedeutung. DNA-analytische Ergebnisse haben gezeigt, dass das auf diesen Merkmalen basierende System vielfach sehr künstlich war.

Die Kreuzblütler sind vorwiegend in den nicht tropischen Gebieten der Nordhalbkugel verbreitet, haben durch Fernausbreitung aber auch die Südhemisphäre besiedelt. Zahlreiche Arten sind als Ackerunkräuter und Ruderalpflanzen weit verbreitet (z. B. *Capsella bursa-pastoris*, *Lepidium*-, *Thlaspi*- und *Microthlaspi*-Arten). Als Nutzpflanzen von Bedeutung sind die verschiedenen Formen des Kohls (*Brassica oleracea*), Weiße Rübe (*B. rapa* subsp. *rapa*), Kohlrübe (*B. napus* subsp. *rapifera*), Rettich und Radieschen (*Raphanus sativus*), Öl- und Gewürzpflanzen wie Raps (*Brassica napus* subsp. *napus*), Rübsen (*B. rapa* subsp. *oleifera*), der Schwarze und Weiße Senf (*Brassica nigra* und *Sinapis alba*), Meerrettich (*Armoracia rusticana*) und zahlreiche Zierpflanzen, z. B. Goldlack (*Erysimum = Cheiranthus cheiri*), Levkoje (*Matthiola*), Schleifenblume (*Iberis*) und andere. *Arabidopsis thaliana* (◨ Abb. 19.211) ist mit einer sehr kurzen Generationsdauer und einem sehr kleinen und vollständig sequenzierten Genom heute das wichtigste Untersuchungsobjekt der pflanzengenetischen Forschung. Die im Jahr 2000 publizierte Kerngenomsequenz von *A. thaliana* war die erste vollständig sequenzierte Kerngenomsequenz für Blütenpflanzen überhaupt.

Malvales

Bixaceae 4 Gattungen/21 Arten, pantropisch; Cistaceae 8/207, kosmopolitisch, meist temperat bis warmtemperat; Cytinaceae 2/10, Mexiko, Mediterraneum, S-Afrika, Madagaskar; Dipterocarpaceae 17/680, pantropisch, insbesondere Asien; Malvaceae *s. l.* inkl. Bombacaceae, Sterculiaceae, Tiliaceae 243/4225, kosmopolitisch; Muntingiaceae 3/3, tropisches Amerika; Neuradaceae 3/10, Afrika bis Indien; Sarcolaenaceae 10/79, Madagaskar; Sphaerosepalaceae 2/18, Madagaskar; Thymelaeaceae 46–50/891, kosmopolitisch

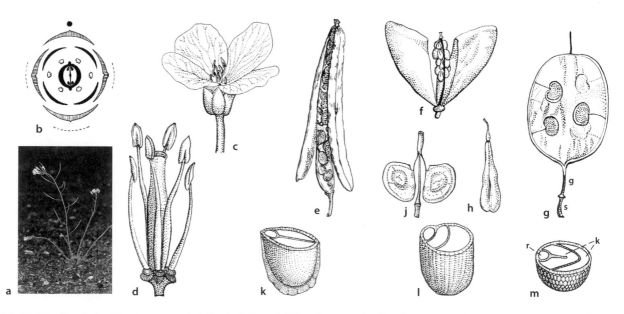

◨ **Abb. 19.211   Brassicales, Brassicaceae. a** *Arabidopsis thaliana*. **b** Blütendiagramm der Brassicaceae. **c, d** Blüte mit (2 ×) und ohne Perianth (am Blütengrund Nektardrüsen; 4 ×) (*Cardamine pratensis*). **e–j** Früchte von **e** *Erysimum cheiri* (Schote), **f** *Capsella bursa-pastoris* (Schötchen), **g** *Lunaria annua* (Schötchen, Fruchtklappen entfernt, hyaline Scheidewand sichtbar), **h** *Isatis tinctoria* (ein- bis zweisamige geflügelte Nuss), **j** *Biscutella laevigata* (Spaltfrucht). **k–m** Samenquerschnitte, verschiedene Lage des Embryos mit Kotyledonen, Hypokotyl und Radicula, von **k** *Erysimum cheiri* (pleurorrhiz; 8 ×), **l** *Alliaria petiolata* (notorrhiz; 7 ×), **m** *Brassica nigra* (orthoplok; 9 ×). – c Kotyledonen, g Gynophor, r Radicula, s Fruchtstiel. (a Aufnahme: R. Greissl, b nach A. W. Eichler und J. Alexander; c, h, j, m nach F. Firbas; d, e–g, k–l nach H. Baillon)

Die **Malvales** sind durch ihr häufig geschichtetes Phloem (abwechselnd harte und weiche Schichten), den Besitz von Schleimkanälen und -höhlen, Blätter mit häufig palmater Nervatur, Sternhaare und ihr häufig zentrifugal vermehrtes Androeceum eine gut charakterisierte Ordnung. Zu den **Thymelaeaceae** mit einem häufig auffällig gefärbten Blütenbecher und Kelch und sehr reduzierten Kronblättern gehört unter anderem als Laubwaldpflanze des westlichen Eurasiens der giftige Seidelbast (*Daphne mezereum*), dessen rosaviolette Blüten sich schon vor den Blättern öffnen. Die **Cistaceae** mit zahlreichen freien Staubblättern sind in den mediterranen Macchien durch zahlreiche Arten der durch aromatische Harze duftenden, strauchigen Gattung *Cistus* mit großen, bunten und rasch vergänglichen Blüten vertreten (◻ Abb. 19.212). Arten von *Helianthemum* (Sonnenröschen), *Fumana* (Nadelröschen) und *Tuberaria* (Sandröschen) kommen auch in Mitteleuropa vor. In den asiatischen Tropen sind die als Harz- und Holzlieferanten intensiv genutzten **Dipterocarpaceae** (z. B. *Dipterocarpus*, *Shorea*) wichtige Bestandteile der Wälder.

Molekulare Analysen haben deutlich gezeigt, dass die schon in der Vergangenheit schwer abgrenzbaren Malvaceae, Tiliaceae, Bombacaceae und Sterculiaceae keine monophyletischen Familien sind. Dem momentanen Kenntnisstand wird man dadurch am besten gerecht, dass man die zuletzt genannten drei Familien in die damit deutlich erweiterten **Malvaceae** einschließt. Diese Familie ist dann durch Blätter mit häufig palmater Nervatur, aus Drüsenhaaren bestehenden Nektarien meist auf der Innenseite der Blütenhüllblätter und durch die klappige Lage der Kelchblätter (Ränder benachbarter Kelchblätter aneinanderstoßend) und vielfach gedrehte Knospenlage der Kronblätter (◻ Abb. 19.213) charakterisiert. Die Zahl der Staubblätter ist häufig durch zentrifugales Dédoublement vermehrt. Vielfach entsteht durch gemeinsa-

mes Hochwachsen der Staubblattbündelbasen eine den Griffel umschließende und mit der Krone verbundene Röhre. Dadurch werden die Antheren wie auf einer Säule (Columna) emporgehoben, worauf der alte Ordnungsname „Columniferae" zurückgeht (◻ Abb. 19.213). Die Malvaceae werden in neun Unterfamilien unterteilt.

Mehr oder weniger freie Staubblätter haben z. B. die Vertreter der Tilioideae. Von den Tilioideae kommt in Mitteleuropa nur die Linde (*Tilia*) mit der kleinblättrigen Winter- (*Tilia cordata*) und der großblättrigen Sommer-Linde (*T. platyphyllos*) vor (◻ Abb. 19.213).

Bei den übrigen Vertretern der Malvaceae im weiteren Sinne sind die Staubblätter mehr oder weniger miteinander verwachsen. Zu den Bombacoideae gehören z. B. die Gattung *Ceiba*, deren Fruchtwandhaare eine nicht verspinnbare Wolle liefern (Kapok), und *Adansonia* z. B. mit *A. digitata*, dem afrikanischen Affenbrotbaum oder Baobab, der einen wasserspeichernden Stamm hat und von Fledermäusen bestäubt wird. Der wichtigste Vertreter der Byttnerioideae ist der in Amerika heimische, aber heute überall in den Tropen kultivierte Kakaobaum (*Theobroma cacao*) mit großen, einfachen Blättern und stammbürtigen (caulifloren) Blüten (◻ Abb. 19.213). Seine großen Schließfrüchte enthalten zahlreiche Samen (Kakaobohnen), die aus den sehr großen Keimblättern Fett (Kakaobutter) und Kakaopulver sowie das Alkaloid Theobromin liefern. Tropisch-westafrikanische *Cola*-Arten (Sterculioideae) enthalten in ihren Samen Coffein.

Während ein Teil der ehemaligen Bombacaceae und Sterculiaceae tetrasporangiate Antheren hat, sind die Antheren anderer Teile dieser Gruppen sowie der Malvaceae im engeren Sinne disporangiat. Die häufig krautigen Malvaceae im engeren Sinne (Malvoideae) sind durch häufig pantoporate Pollenkörner mit stachliger Oberfläche und ihre disporangiaten Antheren charakterisiert. Der Fruchtknoten kann aus drei bis fünf, aber auch aus bis zu 50 Karpellen bestehen (◻ Abb. 19.213). Er entwickelt sich zu einer vielsamigen Kapsel oder spaltet sich in eine der Zahl der Karpelle entsprechende Zahl von einsamigen Teilfrüchten auf.

◻ **Abb. 19.212   Cistaceae.** Blüten und Früchte von *Cistus creticus*. (Aufnahme: P. Vargas)

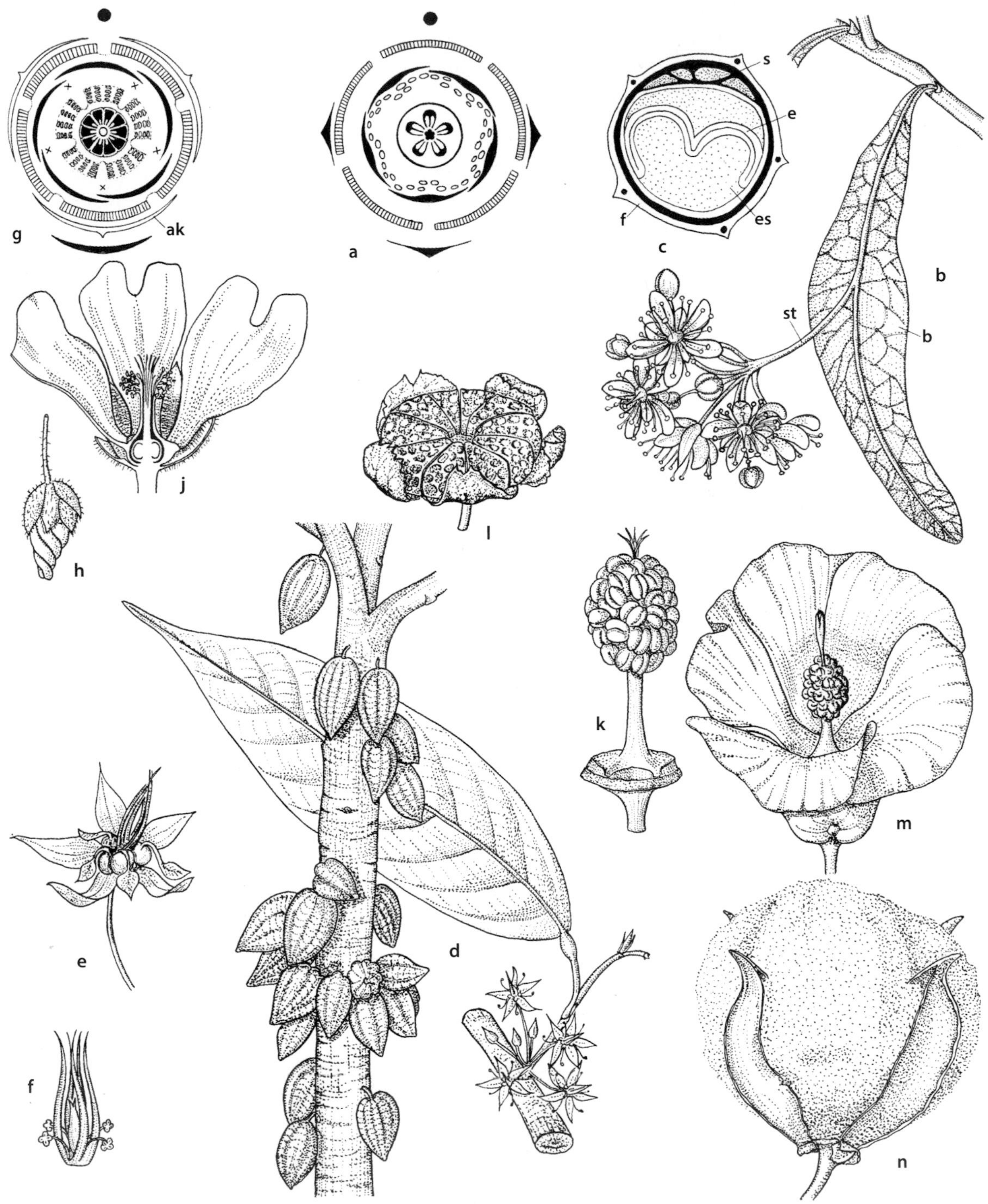

Abb. 19.213 Malvales, Malvaceae. a–c *Tilia.* **a** Blütendiagramm. **b** Blütenstand (1 ×), sein Stiel mit einem flügeligen Vorblatt verwachsen. **c** Nussfrucht (quer) mit Fruchtwand, verkümmerten und einem ausgereiften Samen, darin Endosperm und Embryo (4 ×). **d–f** *Theobroma cacao.* **d** Blühender und fruchtender Stamm (letzt. stark verkleinert). **e** Blüte und **f** Androeceum mit langen Staminodien (etwa 2 ×). **g** Blütendiagramm von *Malva* mit Außenkelch. **h** Knospe (1 ×). **j** Offene Blüte, längs (1,5 ×) mit **k** säulenförmig verwachsenen Staubblättern und oben herausragenden Griffeln (5 ×). **l** Spaltfrucht (4 ×) von *Malva sylvestris.* **m** Blüte und **n** aufgesprungene Kapsel mit den Samenhaaren von *Gossypium herbaceum* bzw. *G. vitifolium* (0,75 ×). – ak Außenkelch, b Vorblatt, e Embryo, es Endosperm, f Fruchtwand, s Samen, st Stiel (a nach A.W. Eichler; b nach O.C. Berg und C.F. Schmidt; c, m, n nach R. von Wettstein; d–f nach G. Karsten; g nach F. Firbas; h nach H. Schenck; j–l nach H. Baillon)

Stammesgeschichte und Systematik der Bakterien, Archaeen, „Pilze", Pflanzen und anderer...

869   **19**

Die Baumwollpflanze (*Gossypium*), deren strauchförmige oder einjährige, durch Allopolyploidisierung entstandene Kulturarten auf einige asiatische, afrikanische und amerikanische Arten zurückgeführt werden können, besitzt Kapseln. Die Baumwolle besteht aus den bis zu 60 mm langen, einzelligen Haaren der Samenschale. Von großer Bedeutung ist auch das Samenöl für die Herstellung von Margarine. Spaltfrüchte besitzen die auch in Mitteleuropa heimischen, krautigen Malven (*Malva*) sowie der Eibisch (*Althaea officinalis*), eine alte, halophile Heilpflanze, und die Stockrose (*Alcea rosea*).

Zu den Malvales gehören auch die wurzelparasitischen und chlorophyllfreien **Cytinaceae** z. B. mit dem mediterranen *Cytinus*.

Die Santalales, Berberidopsidales und Caryophyllales sind, in dieser Reihenfolge, engste Verwandte der Asteriden als zweiten großen Ast der Kerneudikotyledonen. Diese drei und alle folgenden Ordnungen werden auch als Superasteriden bezeichnet.

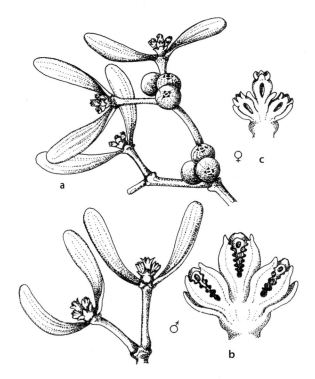

Abb. 19.214 Santalales, Santalaceae. *Viscum album,* **a** Sprosse mit ♂ und ♀ Blüten bzw. Früchten (0,5 ×). **b** ♂ und **c** ♀ dreiblütige Dichasien (längs), die Periantblätter sind mit den Staubblättern bzw. Fruchtknoten und Samenanlagen verwachsen: (P4 A4) bzw. (P4 G(2)) (etwa 3 ×). (Nach F. Firbas)

Santalales

Aptandraceae 8 Gattungen/34 Arten, pantropisch; Balanophoraceae 16/42, pantropisch; Coulaceae 3/3, pantropisch; Erythropalaceae 4/40, pantropisch; Loranthaceae 77/950, kosmopolitisch; Misodendraceae 1/8, temperates S-Amerika; Octonemaceae 1/14, Afrika; Olacaceae 3/57, pantropisch; Opiliaceae 12/36, pantropisch; Santalaceae inkl. Viscaceae 44/990, kosmopolitisch; Schoepfiaceae 3/55, tropisches Amerika, SO-Asien; Strombosiaceae 6/18, pantropisch; Ximeniaceae 4/13, pantropisch

Bei den Familien der **Santalales** handelt es sich um (meist) hemiparasitische holzige oder seltener krautige Pflanzen. In den ober- oder häufiger unterständigen Blüten ist der Kelch oft reduziert, und der meist nur eine Kreis von Staubblättern steht vor den Petalen und ist mit diesen verwachsen. Die Samenanlagen haben zwei oder häufiger nur ein Integument und sind tenuinucellat. Vielfach (z. B. *Viscum*) sind Samenanlagen mit Integument und Nucellus jedoch gar nicht erkennbar (Abb. 19.214), sondern die Embryosäcke liegen im Placentagewebe. Die Früchte sind häufig klebrige Beeren mit nur einem oder ohne Samen (bei den Vertretern ohne differenzierte Samenanlagen gibt es keine Samenschale). Solche Früchte werden durch Vögel ausgebreitet und ermöglichen z. B. bei *Viscum* die Besiedlung von Ästen. In Mitteleuropa kommt als Vertreter der **Santalaceae** neben der Mistel (*Viscum*) als Sprossparasit auch das meist krautige Leinblatt (*Thesium*) als Wurzelparasit vor. In mitteleuropäischem *Viscum* findet man Wirtsspezifität und Misteln auf Tanne, Kiefer und Laubbäumen (*V. album s.str.*) lassen sich genetisch voneinander unterscheiden und werden auch als unterschiedliche Arten oder Unterarten klassifiziert. Die in Mitteleuropa ebenfalls heimische Riemenblume (*Loranthus*) mit der Eichenmistel *L. europaeus* gehört zu den **Loranthaceae**.

Berberidopsidales

Aextoxicaceae 1 Gattung/1 Art, Chile; Berberidopsidaceae 2/3, Chile, O-Australien

Caryophyllales

Ancistrocladaceae 1 Gattung/12 Arten, paläotropisch; Asteropeiaceae 1/8, Madagaskar; Dioncophyllaceae 3/3, Afrika; Droseraceae 3/205, kosmopolitisch; Drosophyllaceae 1/1, Spanien, Portugal; Frankeniaceae 1/90, kosmopolitisch, zerstreut; Nepenthaceae 1/160, Madagaskar, SO-Asien, N-Australien; Physenaceae 1/2, Madagaskar; Plumbaginaceae 29/836, kosmopolitisch, meist Mittelmeerraum und SW-Asien; Polygonaceae 55/1110, kosmopolitisch; Rhabdodendraceae 1/3, trop. S-Amerika; Simmondsiaceae 1/1, SW-Nordamerika; Tamaricaceae 5/90, Eurasien, Afrika

Achatocarpaceae 2/7, Amerika; Aizoaceae 124/1180, Tropen und Subtropen der Südhemisphäre, hauptsächlich südliches Afrika; Amaranthaceae inkl. Chenopodiaceae 183/2050–2500, kosmopolitisch; Anacampserotaceae 3/36, Amerika, Afrika, Australien, zerstreut; Barbeuiaceae 1/1, Madagaskar; Basellaceae 4/19, meist Amerika, Afrika; Cactaceae 139/1866, Amerika, eine Art in Afrika; Caryophyllaceae 101/2200, kosmopolitisch; Didiereaceae 7/16, Madagaskar, O- und S-Afrika; Gisekiaceae 1/1–7, Afrika, Asien; Halophytaceae 1/1, Argentinien; Kewaceae 1/8, Afrika, Madagaskar; Limeaceae 1/21, Afrika, S-Asien; Lophiocarpaceae 2/6, Afrika bis Indien; Macarthuriaceae 1/10, Australien; Microteaceae 1/9, trop. Amerika; Molluginaceae 11/87, kosmopolitisch; Montiaceae 14/225, Amerika, Eurasien, Australien, Neuseeland; Nyctaginaceae 31/405, pantropisch bis warm temperat; Petiveriaceae 9/13, Amerika; Phytolaccaceae 5/32, Amerika, Afrika, Asien; Portulacaceae 1/40–115, kosmopolitisch, meist Amerika; Sarcobataceae 1/2, N-Amerika; Stegnospermataceae 1/3, Amerika; Talinaceae 3/27, Afrika, Madagaskar

Die heute sehr weit gefassten **Caryophyllales** sind durch die Entstehung des Endotheciums direkt aus der subepidermalen Schicht der Antherenwand und durch Pollen mit häufig fein stacheliger Oberfläche charakterisiert. In diesem Verwandtschaftskreis häufig ist anomales sekundäres Dickenwachstum durch die Ausbildung zusätzlicher Cambien sowie das Vorkommen an sehr trockenen oder salzhaltigen Standorten.

Fruchtknoten mit zentralwinkelständiger, parietaler oder basaler Placentation haben die Dioncophyllaceae, Droseraceae, **Drosophyllaceae** und Nepenthaceae. Diese Familien kommen meist an nährstoffarmen Standorten vor und sind carnivor (► Exkurs 3.4). Bei den **Dioncophyllaceae** mit an der Blattspitze ausgebildeten Ranken und einem Teil der **Droseraceae** (Sonnentau: *Drosera*) werden Insekten mit meist von den Blättern gebildeten klebrigen Emergenzen gefangen. Andere Droseraceae (Venusfliegenfalle: *Dionaea*, *Aldrovanda*) haben reizempfindliche und entlang der Mittelrippe zuschnappende Blätter. Bei den diözischen **Nepenthaceae** mit dem Kannenblatt (*Nepenthes*) ist die schlauchförmige Blattspreite mit ihrer sehr glatten Innenseite als Tierfalle ausgebildet.

Die **Polygonaceae** haben eine aus zwei gleichartigen, dreizähligen oder aus einem fünfzähligen Kreis bestehende Blütenhülle, die Staubblätter sind in zwei oder einem Kreis angeordnet, und der sich meist nicht öffnende (indehiszente) Fruchtknoten enthält nur eine basale Samenanlage (⬛ Abb. 19.215). Die Blätter sind wechselständig, ihre Nebenblätter sind zu einer den Vegetationspunkt einschließenden Tüte, der Ochrea (⬛ Abb. 19.215), verwachsen, die beim weiteren Wachstum durchbrochen wird und die Basis der Internodien als häutige Scheide umgibt. Die Blütenhülle der meist kleinen, zwittrigen oder eingeschlechtigen Blüten ist in Verbindung mit Windblütigkeit teils unscheinbar, teils kronblattartig wie beim Buchweizen (*Fagopyrum esculentum*), bei insektenblütigen Knötericharten (*Polygonum* und verwandte Gattungen) und bei einigen tropischen Gattungen

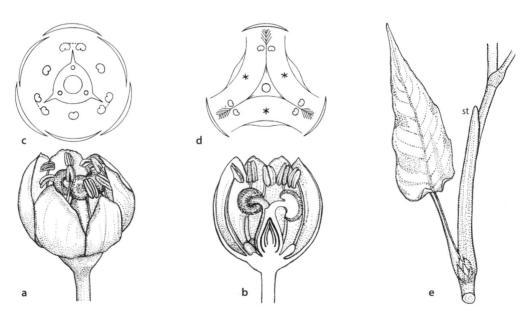

⬛ **Abb. 19.215 Caryophyllales, Polygonaceae. a, b** *Rheum officinale*, Blüte gesamt und längs (vergrößert). **c, d** Blütendiagramme von *Rheum* und *Rumex*. **e** Sprossstück mit Blatt und Ochrea von *Polygonum amplexicaule* (0,33 ×). – st Ochrea (a, b nach H. Baillon; c, d nach A. W. Eichler; e nach G. Karsten)

Stammesgeschichte und Systematik der Bakterien, Archaeen, „Pilze", Pflanzen und anderer...

871 **19**

(*Coccoloba*). Bei den Ampfern (*Rumex*) bleibt der innere Blütenhüllkreis als Flug-, Schwimm- oder Haftorgan an der Frucht erhalten. Der einfächrige Fruchtknoten ist aus drei (zwei bis vier) Karpellen verwachsen und entwickelt sich zu einer einsamigen Nuss. Wegen des stärkehaltigen Nährgewebes wurde früher besonders auf armen Böden vielfach Buchweizen angebaut. Aus den zentral- und ostasiatischen Gebirgen stammen die als Gemüse-und Heilpflanzen bekannten Rhabarberarten (*Rheum*). Eine fünfzählige und in Kelch und Krone differenzierte Blütenhülle, ein epipetaler Staubblattkreis und ein fünfblättriger unseptierter Fruchtknoten mit einer basalen Samenanlage kennzeichnet die **Plumbaginaceae**. Hierher gehören besonders Xero- und Halophyten der Steppen, Halbwüsten und des Meeresstrandes, in Mitteleuropa der sich sehr häufig durch Agamospermie fortpflanzende Strandflieder (*Limonium*; ◨ Abb. 19.216) und die Grasnelke (*Armeria*) mit vielfach heteromorphen Blüten.

Die sonst vielfach an salzhaltigen Standorten vorkommenden **Tamaricaceae** sind in Mitteleuropa durch den im Schotter alpiner Flüsse wachsenden Rispelstrauch (*Myricaria germanica*) sowie durch die häufig kultivierten Tamarisken (*Tamarix*) vertreten. Die Samen von *Simmondsia chinensis* (**Simmondsiaceae**) enthalten das für die Herstellung von Kosmetika heute sehr wichtige Jojobaöl.

Die in den als „**Kerncaryophyllales**" zusammengefassten Familien haben zahlreiche Merkmale gemeinsam. Dementsprechend sind sie schon früh als natürlicher Verwandtschaftskreis erkannt und als Caryophyllales im engeren Sinne zusammengefasst worden. Sie haben meist radiäre und fünfzählige Blüten mit einfacher oder doppelter Blütenhülle, und ein oder zwei Staubblattkreise oder ein durch zentrifugales Dédoublement vielzähliges Androeceum. Besonders charakteristisch für diese Gruppe sind die stickstoffhaltigen Betacyane und Betaxanthine (= Betalaine), die statt der Anthocyane als

Blütenfarbstoffe vorhanden sein können, Siebröhrenplastiden mit meist ringförmig um einen Proteinkristall und gelegentlich auch Stärkekörner angeordneten Proteinfilamenten, Nektarien an den Staubblattbasen, campylotrope Samenanlagen mit einem gebogenen Embryo, Samen mit stärkehaltigem Perisperm und Pollenkörner mit häufig zahlreichen über die gesamte Oberfläche verteilten Aperturen.

Anthocyane statt Betalaine haben die Macarthuriaceae, Molluginaceae und Caryophyllaceae. Die **Molluginaceae** sind teilweise holzig und kaum sukkulent, haben häufig eine einfache Blütenhülle, tricolpate Pollenkörner und ein Gynoeceum mit zentralwinkelständiger Placentation. Fast immer krautig sind die **Caryophyllaceae**. Häufig sind thyrsische Blütenstände (◨ Abb. 19.217). Manche Gattungen haben eine einfache Blütenhülle (z. B. Bruchkraut: *Herniaria*), andere eine doppelte Blütenhülle mit Kelch und Krone (z. B. Hornkraut: *Cerastium*, Kornrade: *Agrostemma githago*, Pechnelke: *Silene viscaria*; ◨ Abb. 19.217). Die Blüten sind obdiplostemon und die Staubblätter können auf einen Kreis reduziert und selbst in diesem nicht vollständig sein (z. B. Vogelmiere: *Stellaria media*; ◨ Abb. 19.217). Die Zahl der Karpelle ist häufig auf drei (z. B. Lichtnelke: *Silene*, *Stellaria*) oder zwei (Nelke: *Dianthus*) reduziert. Gelegentlich (z. B. bei *Silene dioica* und *S. latifolia*) ist auch Diözie entstanden. Die Früchte sind in der Regel vielsamige, mit Zähnen aufspringende Kapseln, in denen im Lauf der Entwicklung durch Auflösung der Septen eine Zentralplacenta entstehen kann (◨ Abb. 19.217). In kleinen Blüten ist die Zahl der Samenanlagen häufig bis auf eine verringert und anstelle von Kapseln treten dann einsamige Nüsse (z. B. Knäuel: *Scleranthus*, *Herniaria*). Die betalainhaltigen ehemaligen Chenopodiaceae haben meist zwittrige, teilweise aber auch eingeschlechtige Blüten mit einer einfachen und unscheinbaren, meist drei- bis fünfzähligen Blütenhülle, einem epipetalen Staub-

◨ **Abb. 19.216 Plumbaginaceae.** Blütenstand von *Limonium sinuatum*. Blüten mit violettem Kelch und weißer Krone. (Aufnahme: I. Mehregan)

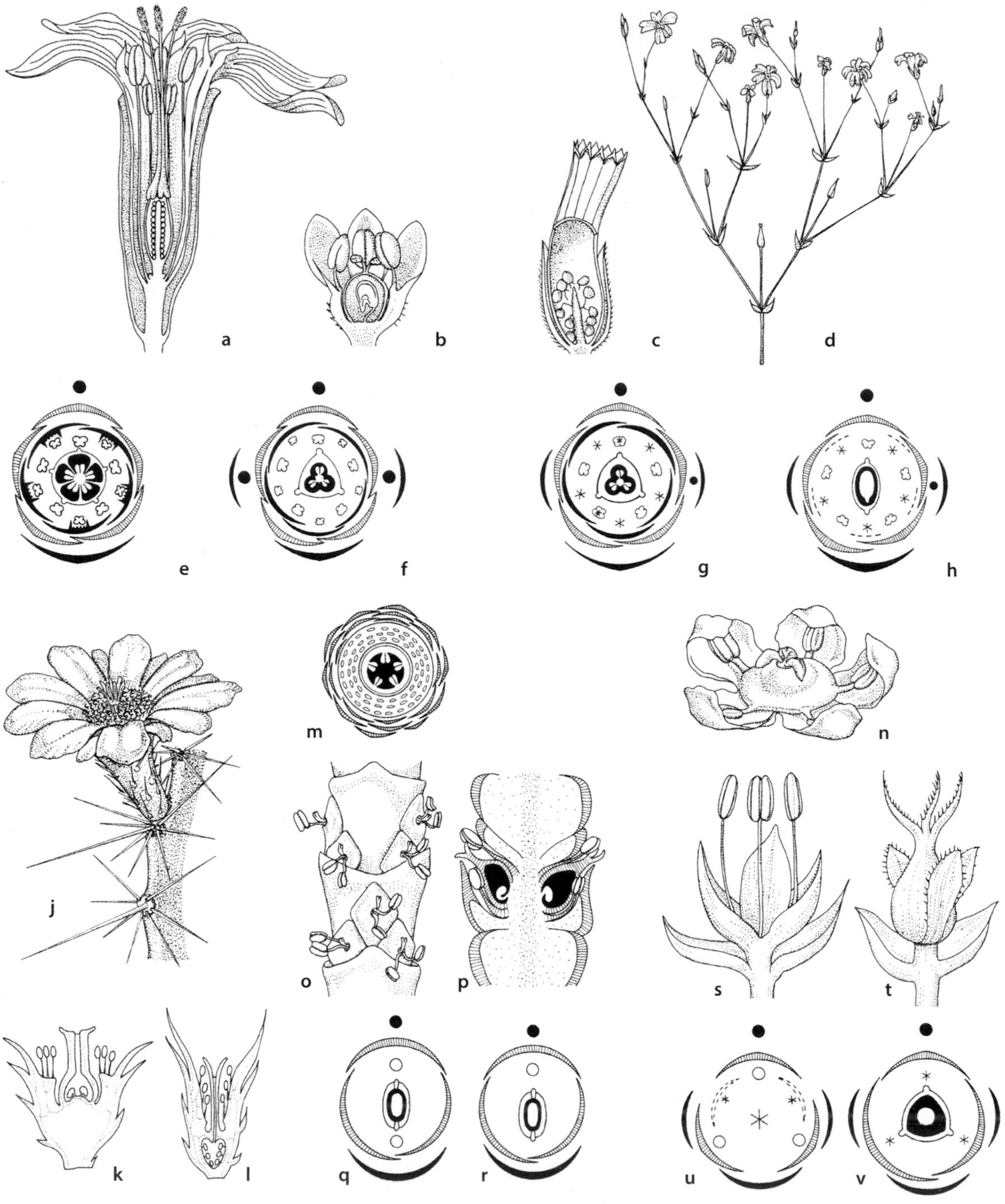

◨ Abb. 19.217   Caryophyllales. a–h Caryophyllaceae. **a, b** Blütenlängsschnitte von *Silene nutans* und *Herniaria glauca* (etwa 4 ×). **c** Kapsel von *Cerastium holosteoides* (unten aufgeschnitten) (etwa 4 ×). **d** Blütenstand von *Cerastium* sp.: Dichasium (vgl. auch ◨ Abb. 3.23c) (etwa 1 ×); Blütendiagramme von **e** *Silene viscaria,* **f** *Silene vulgaris,* **g** *Stellaria media* und **h** *Paronychia* sp. **j–m** Cactaceae. **j** *Echinocereus dubius,* Rippe des Vegetationskörpers mit Areolen und Blüte (etwa 0,5 ×). **k, l** Blütenlängsschnitte einer ursprünglichen (*Pereskia*) und einer abgeleiteten Kaktee mit trichterförmigem Receptaculum und eingesenktem Gynoeceum. **m** Blütendiagramm von *Opuntia* sp. **n–v** Amaranthaceae. **n** Blüte von *Beta trigyna* (vergrößert). **o–r** sukkulenter Spross mit Blüten, gesamt und längs (vergrößert), sowie Blütendiagramme von *Salicornia europaea* mit zwei oder einem Staubblatt. **s–v** *Amaranthus* sp., ♂ und ♀ Blüten (vergrößert), sowie Blütendiagramme. (a–c nach G. Beck-Managetta; d nach P.E. Duchartre; e–h, m, q, r, u, v nach A.W. Eichler, etwas verändert; j nach Th.W. Engelmann; k, l nach F. Buxbaum; n nach H. Baillon; o, p, s, t nach J. Graf)

19

Stammesgeschichte und Systematik der Bakterien, Archaeen, „Pilze", Pflanzen und anderer...

873   **19**

◩ Abb. 19.218   Amaranthaceae. *Salicornia europaea* (links) und *S. procumbens* (rechts). (Aufnahme: G. Kadereit)

blattkreis und einem zwei- oder dreizähligen Gynoeceum mit einer basalen Samenanlage, aus dem sich einsamige Nüsse oder sehr selten Deckelkapseln entwickeln (◩ Abb. 19.217). Diesem Bauplan entsprechen z. B. der Gänsefuß (*Chenopodium*) und die Runkelrübe (*Beta*; ◩ Abb. 19.217). Mehrfach wird die Zahl der Blütenhüll- und Staubblätter noch weiter reduziert und die Blüten werden eingeschlechtig. So besitzt der Queller (*Salicornia*; ◩ Abb. 19.218) meist nur drei oder vier Blütenhüllblätter und ein oder zwei Staubblätter (◩ Abb. 19.217), und bei den öfter zweihäusigen Melden (*Atriplex*) treten auch Blüten ohne Blütenhülle auf. Die ehemaligen Chenopodiaceae sind häufig an salzhaltigen, ariden bis semiariden Standorten, entlang der Meeresküsten und an gestörten Standorten anzutreffen, und sind nicht selten blatt- oder stammsukkulent. Die hygrohalophytischen Stammsukkulenten der Gattung *Salicornia* sind für die Anlandung in schlickreichen Wattenmeeren von Bedeutung. Von der Strand- und Klippenpflanze *Beta vulgaris* subsp. *maritima* stammen die wichtigsten Kulturformen der Runkelrübe (Zuckerrübe, Futterrübe, Rote Rübe, Mangold) ab. Als Gemüsepflanze wird der Spinat verwendet (*Spinacia oleracea*). Die ehemaligen Chenopodiaceae (▸ Exkurs 19.10) werden heute als acht Unterfamilien der **Amaranthaceae** betrachtet, von denen sie sich weder morphologisch noch molekular leicht abgrenzen lassen. Die Amaranthaceae enthalten weiterhin verschiedene Zier-, Nutz- und Ruderalarten der Gattung *Amaranthus* (Fuchsschwanz), bei denen die Blüten teilweise eingeschlechtig sind (◩ Abb. 19.217).

Exkurs 19.10   Amaranthaceae – Evolution der C$_4$-Photosynthese

Mit ca. 550 C$_4$-Arten in 45 Gattungen enthalten die ehemaligen Chenopodiaceae, heute als acht Unterfamilien in die Amaranthaceae eingeschlossen, ungefähr ein Drittel aller Eudikotyledonen mit C$_4$-Photosynthese. Diese große Zahl wird angesichts des Vorkommens der Mehrzahl der Vertreter dieser Pflanzengruppe an häufig salzhaltigen, ariden bis semiariden Standorten und entlang der Meeresküsten, und der Tatsache, dass die C$_4$-Photosynthese der C$_3$-Photosynthese bei hohen Temperaturen und Wassermangel (und damit verbundenem Nährstoffmangel) überlegen ist (▸ Abschn. 14.4.8), leicht verständlich. Phylogenetische Analysen haben gezeigt, dass in diesem Verwandtschaftskreis Entwicklungslinien mit C$_4$-Photosynthese mindestens zehnmal unabhängig aus Vorfahren mit C$_3$-Photosynthese entstanden sind (◩ Abb. 19.219). Dieser erstaunliche Parallelismus ist auch an der enormen Diversität der C$_4$-Blatt-Anatomie und am Vorhandensein von zwei unterschiedlichen biochemischen Untertypen der C$_4$-Photosynthese erkennbar (NAD-ME [*NAD-dependent malic enzyme*]: Aspartatbildner; NADP-ME [*NADP-dependent malic enzyme*]: Malatbild-

ner; ▸ Abschn. 14.4.8). Neben unterschiedlichen Typen der Kranzanatomie mit den sehr charakteristischen und von den Mesophyllzellen deutlich verschiedenen Bündelscheidenzellen (◩ Abb. 19.219) findet man auch sehr ungewöhnliche anatomische Verhältnisse. So sind in der stammsukkulenten und blattlosen *Tecticornia indica* die entsprechenden Zelltypen in der Achsenrinde anzutreffen und in *Suaeda aralocaspica* wie auch Arten der Gattung *Bienertia* finden die sonst in Mesophyll und Bündelscheide getrennt stattfindenden Reaktionen der C$_4$-Photosynthese (▸ Abschn. 14.4.8) in einem Zelltyp statt (*single-cell* C$_4$ in ◩ Abb. 19.219). Unter Anwendung einer molekularen Uhr ist geschätzt worden, dass die C$_4$-Photosynthese in dieser Pflanzengruppe erstmals vor 30–25 Mio. Jahren (Ende Oligozän) entstanden sein könnte, eine Phase der Erdgeschichte, in der die CO$_2$-Konzentration unter 500 ppm gesunken ist und das Klima trockener und saisonaler wurde. Die meisten Linien sind jedoch im späten Miozän entstanden als die weltweite Aridisierung weiter zunahm und sich von C$_4$-Arten dominierte Vegetationstypen stark ausbreiteten.

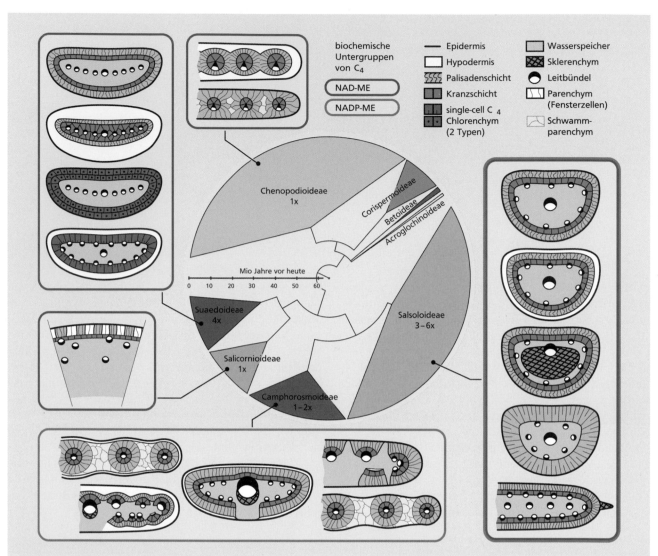

Abb. 19.219 Die Rekonstruktion der Phylogenie von acht Unterfamilien der Amaranthaceae (ehemals Chenopodiaceae) hat gezeigt, dass die C_4-Photosynthese mindestens zehnmal unabhängig voneinander entstanden ist (Chenopodioideae: 1 ×; Salsoloideae: 3–6 ×; Camphorosmoideae: 1–2 ×; Salicornioideae: 1 ×; Suaedoideae: 4 ×). Einige Beispiele für die Diversität der Blatt- oder Achsenanatomie sind dargestellt. – NAD-ME (*NAD-dependent malic enzyme*) Aspartatbildner, NADP-ME (*NADP-dependent malic enzyme*) Malatbildner. (Original: G. Kadereit, Grafik: D. Franke)

Die übrigen Familien der Caryophyllales im engeren Sinne bilden nur Betalaine. Eng miteinander verwandt sind die **Portulacaceae** und Cactaceae. Die **Cactaceae** (Kakteen) sind meist stammsukkulent. Ihr säulenförmiger oder abgeflachter (z. B. *Opuntia*), längsgerippter (z. B. *Cereus*) oder kugeliger und höckerig gegliederter (z. B. *Mamillaria*) Stamm trägt fast immer Blattdornen, häufig ganze Dornenbüschel (Areolen) als modifizierte Achselsprosse und Blattanlagen (◘ Abb. 19.217). Nur die in der Familie sehr ursprüngliche Gattung *Pereskia* besitzt normale Laubblätter. Kleine schuppen- oder pfriemenförmige Laubblätter findet man aber auch bei vielen Jugendstadien (z. B. *Opuntia*). Die sitzenden Blüten haben eine vielzählige und schraubig angeordnete Blütenhülle, die außen kelch- und innen kronblattartig ist, zahlreiche Staubblätter und eine größere Zahl von Karpellen, die zu einem unterständigen Fruchtknoten verwachsen sind (◘ Abb. 19.217). Dieser entwickelt sich zu einer beerenartigen Frucht. Häufig in der Familie ist Bestäubung durch Vögel, Fledermäuse oder

Nachtfalter. Die Kakteen sind fast ausschließlich in Amerika, hauptsächlich in den Wüsten und Halbwüsten im Südwesten der USA, in Mexiko und in den Andenländern heimisch. Neben vielen kleineren Formen gibt es auch Arten von bis zu 15 m Höhe (*Carnegiea gigantea*). Manche Gattungen (z. B. *Rhipsalis, Epiphyllum, Zygocactus*) leben auch epiphytisch in Wäldern. Der im Mittelmeergebiet verwilderte Feigenkaktus (*Opuntia ficus-indica*) hat essbare Früchte. Die hauptsächlich in Trockengebieten Madagaskars wachsenden **Didiereaceae** mit eingeschlechtigen Blüten sind ebenfalls stammsukkulent mit Blattdornen, haben aber auch normal entwickelte Laubblätter.

Zu den **Phytolaccaceae** gehört z. B. die in Mitteleuropa verwilderte Kermesbeere (*Phytolacca americana*), die einen in der Vergangenheit für die Rotweinfärbung benutzten roten Farbstoff liefert. Bei den **Nyctaginaceae** ist die Blütenhülle röhrenförmig verwachsen und es ist nur ein Karpell vorhanden. In diese Familie gehört die aus genetischen

19

Stammesgeschichte und Systematik der Bakterien, Archaeen, „Pilze", Pflanzen und anderer...

875

19

Experimenten bekannte Wunderblume (*Mirabilis jalapa*) und die in den Subtropen und Tropen kultivierte Kletterpflanze *Bougainvillea*, bei der drei Blüten von drei großen und auffällig gefärbten Hochblättern umschlossen werden.

Die **Aizoaceae** sind blattsukkulent und haben Blüten mit sehr vielen Staubblättern und oft zahlreichen aus Staubblättern hervorgegangenen Kronblättern. Sie bilden teilweise mehr oder weniger in den Boden eingesenkte, Kieseln ähnliche Vegetationskörper (Lebende Steine: *Lithops*). Die Früchte sind meist Kapseln, die sich bei Befeuchtung öffnen. *Mesembryanthemum crystallinum* ist entlang warmer Küsten ein aggressives Unkraut.

■ Asteriden

Die Vertreter der Asteriden haben meist fünfzählige Blüten mit Kelch und meist verwachsenen Kronblättern und häufig nur einem Staubblattkreis. Das Gynoeceum ist meist synkarp, die Zahl der Karpelle ist häufig reduziert. Die Samenanlagen haben nur ein Integument, sind tenuinucellat, und die Endospermbildung ist zellulär. Als sekundäre Inhaltsstoffe findet man häufig Iridoide, Indol- und Steroidalkaloide, Polyacetylene und Sesquiterpenlactone.

■ **Abb. 19.220 Cornales, Cornaceae.** *Cornus mas.* **a** Blühender, **b** fruchtender Spross (0,5 ×); Blüte **c** von oben, **d** längs (vergrößert). (Nach G. Karsten)

Cornales

Cornaceae 2 Gattungen/85 Arten, meist nordhemisphärisch temperat, seltener tropisch oder südhemisphärisch; Curtisiaceae 1/1, S-Afrika; Grubbiaceae 1/3, S-Afrika; Hydrangeaceae 9/270, Amerika, SO-Asien; Hydrostachyaceae 1/20, Afrika, Madagaskar; Loasaceae 20/265, Amerika, selten Arabien, Afrika; Nyssaceae 5/22, SO-Asien, N-Amerika

---

Die Familien der **Cornales** besitzen meist Iridoide, ihre Blüten haben oft einen reduzierten Kelch, das Gynoeceum ist meist unterständig oder halbunterständig, jedes Karpell enthält ein oder zwei apikale Samenanlagen und ein intrastaminaler Diskus ist vorhanden.

Zu den **Cornaceae** mit häufig vierzähligen Blüten, nur einem Staubblattkreis und einem aus zwei oder drei Karpellen bestehenden unterständigen Gynoeceum (■ Abb. 19.220 und 19.221) zählt in Mitteleuropa der weißblühende Blutrote Hartriegel (*Cornus sanguinea*) als Strauch lichter Laubwälder und die wärmeliebende, schon vor dem Laubaustrieb gelb blühende Kornelkirsche (*C. mas*), deren Steinfrüchte essbar sind. Die krautigen *C. suecica* und *C. canadensis* sind Arten mit vier großen, weißen Hochblättern, die den kompakten Blütenstand umgeben.

Die **Hydrangeaceae** mit den häufig kultivierten Gattungen *Hydrangea* (Hortensie; mit in den Infloreszenzen am Rend stehenden sterilen Blüten mit vergrößerten Kelchblättern) und *Philadelphus* (Falscher Jas-

min) haben meist unterständige oder halbunterständige Fruchtknoten und ein zweikreisiges oder sekundär vermehrtes Androeceum. Die mit dieser Familie eng verwandten **Loasaceae** (■ Abb. 19.222) z. B. mit *Loasa* (Blumennessel) haben Brennhaare. Die **Hydrostachyaceae** sind Bewohner fließender Gewässer mit stark modifizierten vegetativen Strukturen und sehr reduzierten, eingeschlechtigen und wahrscheinlich windbestäubten Blüten.

Ericales

Actinidiaceae 3 Gattungen/430 Arten, trop. Amerika, SO-Asien; Balsaminaceae 2/1001, meist Eurasien, Afrika, selten Amerika; Clethraceae 2/75, pantropisch, Kanarische Inseln, nicht Afrika; Cyrillaceae 2/2, trop. Amerika; Diapensiaceae 6/18, nordhemisphärisch arktisch bis temperat; Ebenaceae 4/553, pantropisch; Ericaceae 126/4010, kosmopolitisch; Fouquieriaceae 1/11, südwestliches N-Amerika; Lecythidaceae 25/353, pantropisch; Marcgraviaceae 7/130, tropisches Amerika; Mitrastemonaceae 1/2, SO-Asien, Mittel-, S-Amerika; Pentaphylacaceae 12/345, pantropisch, selten Afrika; Polemoniaceae 18/385, meist temperat, besonders westliches N-Amerika; Primulaceae 58/2590, kosmopolitisch; Roridulaceae 1/2, S-Afrika; Sapotaceae 53/1100, pantropisch; Sarraceniaceae 3/32, N-Amerika bis nördliches S-Amerika; Sladeniaceae 2/3, SO-Asien, O-Afrika; Styracaceae 11/160, Amerika, Mittelmeergebiet, SO-Asien; Symplocaceae 2/320, pantropisch, nicht Afrika; Tetrameristaceae 3/5, S-Amerika, SO-Asien; Theaceae 9/195, SO-Asien, trop. Amerika

◨ **Abb. 19.221   Cornaceae.** Blütenstände von *Cornus canadensis*. (Aufnahme: P.K. Endress)

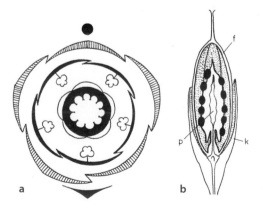

◨ **Abb. 19.222   Loasaceae.** Blüte von *Nasa dyeri* subsp. *australis*. (Aufnahme: M. Weigend)

Die sehr weit gefassten **Ericales** lassen sich morphologisch kaum charakterisieren. Wenigstens einige Vertreter aller untersuchten Familien haben aber eine charakteristische Anatomie der Blattzähne, da ein Blattnerv in den Blattzahn hineinzieht und der Blattzahn eine häufig abfallende Kappe hat. Bei den Ericaceae selbst findet man anstelle dieser Kappe ein vielzelliges und häufig drüsiges Haar.

Durch den Besitz einer freien, häufig kugeligen Zentralplacenta und das häufige Fehlen des episepalen Staubblattkreises (◨ Abb. 19.223) sind die **Primulaceae** gut gekennzeichnet. Die in Mitteleuropa vorkommende und krautige Salzbunge (*Samolus*) hat einen episepalen Staubblattkreis in Form von Staminodien, der bei anderen mitteleuropäischen Primulaceen fehlt. Dies sind z. B. Gilbweiderich (*Lysimachia*) und Acker-Gauchheil (*Anagallis arvensis*) mit beblätterten Sprossachsen, *Cyclamen* (Alpenveilchen) mit Hypokotylknollen und einem mediterran-

◨ **Abb. 19.223   Ericales, Primulaceae. a** Blütendiagramm von *Primula vulgaris:* nur der innere, epipetale Staubblattkreis vorhanden, der äußere rudimentär (und nicht eingezeichnet). **b** Fast reife Frucht von *P. elatior* längs, mit Kelch, Fruchtwand, Zentralplacenta und Samen (1,5 ×). – f Fruchtwand, k Kelch, p Zentralplacenta. (a nach A.W. Eichler; b nach F. Firbas)

19

Stammesgeschichte und Systematik der Bakterien, Archaeen, „Pilze", Pflanzen und anderer...

877   **19**

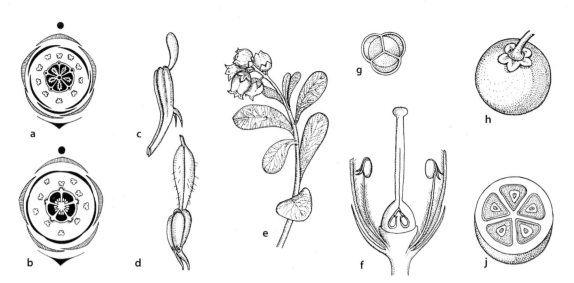

🔲 **Abb. 19.224   Ericales, Ericaceae.** Blütendiagramme von **a** *Pyrola rotundifolia*, **b** *Vaccinium vitis-ideae*. Staubblätter (in natürlicher Position) von **c** *Vaccinium myrtillus*, **d** *Andromeda polifolia* (10 ×). **e–j** *Arctostaphylos uva-ursi*. **e** Blühender Spross. **f** Blüte längs. **g** Pollentetrade. **h, j** Steinfrucht, gesamt und quer, mit fünf Steinkernen (**f–j** + vergrößert). (a, b nach A.W. Eichler; c, d nach F. Firbas; e–j nach O.C. Berg und C.F. Schmidt)

südwestasiatischen Verbreitungsschwerpunkt, Milchkraut (*Glaux*) ohne Krone und Siebenstern (*Trientalis*) mit siebenzahligen Blüten. *Primula* (Primel) hat häufig heterostyle Blüten und eine weite Verbreitung, besonders in den Hochgebirgen der Nordhemisphäre, *Soldanella* (Alpenglöckchen) ist eine Schneetälchenpflanze europäischer Gebirge und zu *Androsace* (Mannsschild) gehören Polsterpflanzen der nivalen Stufe.

Zur Kerngruppe der Ericales gehören unter anderem die Actinidiaceae und Ericaceae. Diese Gruppe ist dadurch gekennzeichnet, dass sich die Antheren während der Entwicklung so drehen, dass das obere Ende nach unten weist (🔲 Abb. 19.224) und die Griffel meist hohl sind.

Zu den **Actinidiaceae** mit einem häufig vielzähligen Androeceum, poriziden Antheren und teilweise Pollentetraden gehört der Kiwistrauch (*Actinidia chinensis*).

In die **Ericaceae** werden heute die Epacridaceae, Empetraceae, Pyrolaceae und Monotropaceae eingeschlossen. Die Ericaceae sind meist holzige, häufig zwergstrauchige Pflanzen mit oft immergrünen, sehr kleinen, schuppen- oder nadelförmigen, xeromorphen Blättern, doch finden sich große Bäume (z. B. einige Arten von *Rhododendron*) mit normalen Laubblättern ebenso in der Familie. In den subarktischen und arktischen Zwergstrauchheiden, in Hochmooren und rohhumusreichen Nadelwäldern, nahe der Baumgrenze der Gebirge, in den mediterranen Macchien und in den Heiden der südafrikanischen Kapprovinz spielen die Ericaceae eine große Rolle. Dank ihrer Mykorrhiza sind sie zur Besiedlung extrem mineralstoffarmer Böden fähig. Die Krone ist meist verwachsen (frei z. B. beim Sumpfporst, *Rhododendron tomentosum*), die Antheren haben häufig zwei

basale Anhängsel, und die Pollenkörner werden häufig als Tetraden ausgebreitet (🔲 Abb. 19.224). Der Fruchtknoten ist bei den meisten Gattungen oberständig und entwickelt sich dann meist zu einer vielsamigen loculiciden Kapsel, wie bei den Alpenrosen (*Rhododendron*), der Rosmarinheide (*Andromeda*), bei *Erica* (z. B. der atlantischen Glocken-Heide: *E. tetralix* oder der gebirgsbewohnenden Schnee-Heide: *E. carnea*) und dem Heidekraut (*Calluna vulgaris*), selten zu einer Beere oder bei der Bärentraube (*Arctostaphylos uva-ursi*) zu einer Steinfrucht (🔲 Abb. 19.224). Bei manchen Gattungen ist der Fruchtknoten unterständig und entwickelt sich zu einer Beere (z. B. *Vaccinium myrtillus*: Heidelbeere, *V. vitis-idaea*: Preiselbeere). Die ehemaligen Epacridaceae sind ausschließlich südhemisphärisch verbreitet. Zu den ehemaligen Empetraceae mit einer bipolaren Verbreitung und einer freien Krone gehört die Krähenbeere (*Empetrum*). Krautig innerhalb der Ericaceae sind die ehemaligen Pyrolaceae (🔲 Abb. 19.224) mit immergrünen Stauden wie dem in Nadelwäldern weit verbreiteten Wintergrün (*Pyrola*) und die mykoheterotrophen und chlorophyllfreien ehemaligen Monotropaceae mit dem Fichtenspargel (*Monotropa hypopitys*).

Relativ eng verwandt mit der Kerngruppe der Ericales sind die **Theaceae** mit einem vielzähligen, zentrifugalen Androeceum. Zu dieser Familie zählt der Teestrauch (*Camellia sinensis*) und die Kamelie (*C. japonica*).

Zu den **Lecythidaceae** gehören besonders in den Neotropen wichtige Regenwaldbäume mit oft großen und stark verholzten Deckelkapseln. Ein Beispiel hierfür ist die Paranuss (*Bertholletia excelsa*) mit sehr hartschaligen Samen. Zu den **Sapotaceae** gehören z. B. *Palaquium* und *Payena*, aus deren Milchsaft die für die Isolierung von Kabeln, aber auch für medizinische Zwecke verwendete Guttapercha gewonnen

Abb. 19.225 Sarraceniaceae. Oberer Teil eines Kannenblatts von *Darlingtonia californica*. (Aufnahme: I. Mehregan)

wird. *Diospyros*-Arten (**Ebenaceae**) liefern Ebenholz und die Kakipflaume (*D. kaki*). Die neuweltlichen **Sarraceniaceae** (■ Abb. 19.225) haben insektenfangende Kannenblätter, die den Kannenblättern der Nepenthaceae und Cephalotaceae sehr ähnlich sind. Eng verwandt mit den Sarraceniaceae sind die mit klebrigen Drüsenhaaren wohl ebenfalls insektivoren **Roridulaceae**. Zu den **Polemoniaceae** zählen z. B. die Himmelsleiter (*Polemonium caeruleum*) und die vorwiegend nordamerikanische Zierpflanzengattung *Phlox*. Die **Fouquieriaceae** mit auffälligen Dornsträuchern und Stammsukkulenten teilweise bizarrer Wuchsform sind im ariden Südwesten Nordamerikas verbreitet. Die **Balsaminaceae** mit hauptsächlich der sehr großen Gattung *Impatiens* (Springkraut, ca. 1000 Arten) haben zygomorphe und teilweise wie bei den Orchideen resupinierte, d. h. um 180° um ihre Längsachse gedrehte Blüten mit einem kronblattartig ausgebildeten Kelch. Ein Kelchblatt ist gespornt. Die Samen werden aus den berührungsempfindlichen Explosionskapseln ausgeschleudert.

Familien unklarer Verwandtschaft in den Asteriden I

Icacinaceae 23 Gattungen/200 Arten, S-, SO-Asien, Madagaskar; Metteniusaceae 10/49, pantropisch; Oncothecaceae 1/2, Neukaledonien; Vahliaceae 1/8, Afrika, Madagaskar, Indien (diese Familien werden in The Angiosperm Phylogeny Group [2016] als Icacinales [Icacinaceae, Oncothecaceae], Metteniusales und Vahliales eingeordnet)

Die Asteriden I (= Lamiiden) haben häufig gegenständige und ganzrandige Blätter, zeigen häufig späte Sympetalie, d. h. die gemeinsame Kronröhre wird erst nach der Anlage freier Kronzipfel gebildet, und haben häufig oberständige Fruchtknoten, aus denen häufig Kapselfrüchte entstehen.

Garryales

Eucommiaceae 1 Gattung/1 Art, China; Garryaceae 2/17, westliches N-Amerika, Große Antillen, O-Asien

Die Vertreter der holzigen und milchsaftführenden **Garryales** sind häufig windblütig mit eingeschlechtigen und zweihäusig verteilten, häufig vierzähligen Blüten. Im häufig unilokulären Gynoeceum sind ein oder zwei apikal inserierende Samenanlagen pro Karpell zu finden. Die immergrüne insektenblütige *Aucuba japonica* (**Garryaceae**) mit leuchtend roten Steinfrüchten wird in Mitteleuropa hauptsächlich mit einer durch Virusbefall panaschierten Varietät kultiviert.

Boraginales

Boraginaceae 94 Gattungen/ca. 1800 Arten, kosmopolitisch; Codonaceae 1/2, SW-Afrika; Cordiaceae 3/330, pantropisch; Ehretiaceae 9/500, pantropisch, westl. N-Amerika; Heliotropiaceae 4/425, pantropisch; Hydrophyllaceae 12/250, Amerika; Namaceae 4/71, Amerika; Wellstediaceae 1/5, Afrika

Zu den **Boraginales** gehören in Mitteleuropa die **Boraginaceae**. Die europäischen Vertreter der Familie sind krautige Pflanzen mit wechselständigen, einfachen und häufig borstig rau behaarten Blättern. Ihre Blüten sind meist in auffälligen Wickeln oder Schraubeln angeordnet und überwiegend radiärsymmetrisch. Gelegentlich (z. B. *Echium*: Natternkopf) sind sie auch schwach zygomorph. Ihre Krone ist häufig nach innen zu fünf Schlundschuppen eingestülpt (■ Abb. 19.226), wodurch der Eingang zur Kronröhre verengt ist. Der zweiblättrige Fruchtknoten wird durch falsche Scheidewände vierfächrig und entwickelt sich zu vier einsamigen Klausen (■ Abb. 19.226). Diese unterscheiden sich von den sonst ähnlichen Klausen vieler Lamiaceae dadurch, dass die Mikropyle der Samenanlagen und damit auch die Radicula nach oben gerichtet ist. Lungenkraut (*Pulmonaria*), Vergissmeinnicht (*Myosotis*), Beinwell (*Symphytum*), Ochsenzunge (*Anchusa*) und Boretsch (*Borago*) sind bekannte europäische Vertreter der Familie. Zu den **Hydrophyllaceae** mit Kapseln gehört z. B. die ursprünglich nordamerikanische, bei uns als Bienenfut-

19

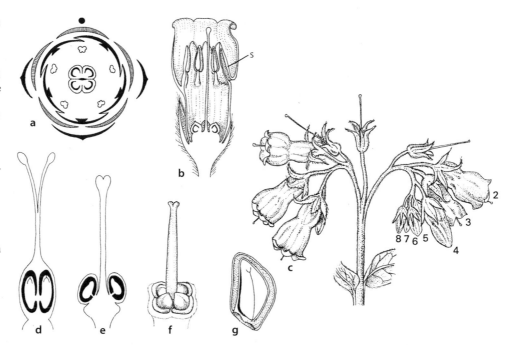

Abb. 19.226   Boraginaceae. a Blütendiagramm von *Anchusa officinalis*. **b, c** *Symphytum officinale*. **b** Blüte, längs, mit Schlundschuppen (etwa 3 ×) und **c** Blütenstand: Doppelwickel (die Zahlen weisen auf die Aufblühfolge; etwa 1 ×). **d–f** Allmähliche Herausbildung der Klausenfrüchte: ursprünglicher (D *Bourreria*) und abgeleiteter (E *Anchusa*; F *Onosma*) Fruchtknotenbau. **g** Klause von *Onosma visianii*, längs (8 ×). – s Schlundschuppen. (a nach A.W. Eichler, b nach H. Baillon, c, g, nach R. von Wettstein; d, e nach A. Engler's Syllabus; f nach F. Firbas)

terpflanze kultivierte *Phacelia*. In den Tropen ist die Ordnung auch durch Gattungen mit baumförmigen Vertretern repräsentiert (Heliotropiaceae, Ehretiaceae), und die Gattung *Lennoa* (Ehretiaceae) enthält chlorophyllfreie Wurzelparasiten.

Gentianales

Apocynaceae inkl. Asclepiadaceae 378 Gattungen/5350 Arten, kosmopolitisch; Gelsemiaceae 3/13, pantropisch; Gentianaceae 102/1750, kosmopolitisch; Loganiaceae 16/460, pantropisch; Rubiaceae 611/13150, kosmopolitisch

Die **Gentianales** besitzen besondere Iridoide (Seco-Iridoide) und davon abgeleitete Indolalkaloide und haben meist Nebenblätter, die auch zu einer die gegenständigen Blätter verbindenden Leiste reduziert sein können. Sie haben Drüsenhaare in den Achseln der Blätter und häufig auch auf der Innenseite des Kelches, bikollaterale Leitbündel (nicht Rubiaceae), eine in der Knospenlage häufig contorte Krone und die Endospermentwicklung ist nucleär.

Zu den meist holzigen **Loganiaceae** mit oberständigem Fruchtknoten gehören verschiedene Giftpflanzen z. B. aus der Gattung *Strychnos*. Zahlreiche ihrer Arten liefern Pfeilgifte (z. B. das südamerikanische Curare); aus den Samen von *Strychnos nux-vomica*, dem asiatischen Brechnussbaum, stammt das Indolalkaloid Strychnin.

Die holzigen oder krautigen **Gentianaceae** ohne Nebenblätter und mit intensiven Bitterstoffen (Gentiopikrin) sind z. B. mit den artenreichen Gattungen *Gentiana* und *Gentianella* in den Hochgebirgen der Nordhemisphäre repräsentiert. *Gentianella* hat auch die Anden erreicht und ist von dort wahrscheinlich durch Fernausbreitung

nach Australien und Neuseeland gelangt. Zu einer anderen temperaten Entwicklungslinie der besonders in den Tropen gut repräsentierten Gentianaceae gehören die Gattungen *Centaurium* (Tausendgüldenkraut) und *Blackstonia* (Bitterling), wovon letztere eine vermehrte Kelch-, Staub- und Kronblattzahl hat.

Die **Apocynaceae** inkl. Asclepiadaceae haben ungegliederte Milchröhren mit Milchsaft und zahlreichen, häufig giftigen Alkaloiden. Die Fruchtknoten zeigen eine starke Förderung der oberen, unverwachsenen Teile (Abb. 19.227) und sind dadurch fast chorikarp. Griffel und Narben sind allerdings bei vielen Taxa zur Blütezeit postgenital verwachsen. Die Früchte sind bei diesen Taxa chorikarp. Bei einem Teil der Apocynaceae im engeren Sinne sind die Antheren frei und die Pollenkörner einzeln. Zu den Apocynaceae im engeren Sinne zählen als holzige Vertreter z. B. der mediterrane Oleander (*Nerium oleander*), afrikanische *Strophanthus*-Arten (mit Cardenoliden als wichtigen Herzglykosiden und Pfeilgiften), *Rauvolfia* (mit dem blutdrucksenkenden Indolalkaloid Reserpin) und verschiedene Kautschukpflanzen (z. B. die afrikanischen *Funtumia*, *Landolphia* und die brasilianische *Hancornia*). Krautig ist das auch in Mitteleuropa wachsende Immergrün (*Vinca minor*). Bei den Asclepiadoideae, ehemals Asclepiadaceae (Abb. 19.227 und 19.228), sind die Antheren mit dem Narbenkopf zu einem **Gynostegium** verklebt, und die Pollenkörner einer Theke sind meist zu Pollinarien verbunden (Abb. 19.227). Gewöhnlich sind meist zwei solcher Pollinarien aus benachbarten Antheren durch vom Narbenkopf gebildete, nichtzelluläre Strukturen (bügelartige **Translatoren** mit **Klemmkörper**) miteinander verbunden. Bestäubende Insekten verfangen sich bei der Nektarsuche mit dem Rüssel oder den Beinen in einer zwischen den Antheren verlaufenden Rinne und ziehen bei ihrer Befreiung die Pollinien am Klemmkörper aus den Antheren heraus. Anhängsel am Rücken der Staubblätter können eine Nebenkrone bilden. Bei *Ceropegia* ist diese Bestäubungsart mit der Ausbildung von Gleitfallenblumen kombiniert. Außer Holzpflanzen gibt es in dieser Gruppe Lianen (z. B. *Marsdenia*), manchmal in enger Gemeinschaft mit Ameisen lebende Epiphyten (z. B. *Dischidia*), Stauden (z. B. die auch mitteleuropäische Schwalbenwurz, *Vincetoxicum hirundinaria* und *Asclepias*-Arten) sowie Stammsukkulente (z. B. die Stapeliinae mit Fliegenblumen, besonders in den afrikanischen Trockengebieten).

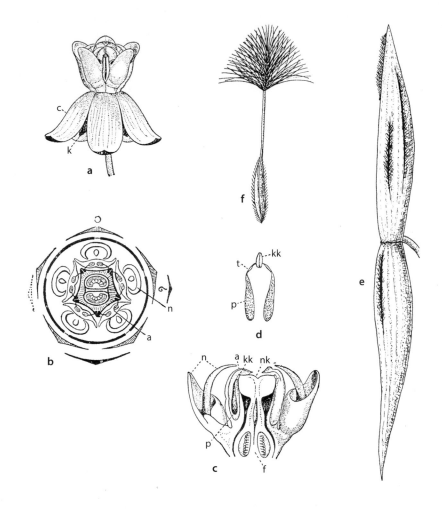

Abb. 19.227   Gentianales, Apocynaceae.
a–d *Asclepias syriaca.* **a** Blüte mit Kelch und
Krone. **b** Blütendiagramm (Vorblattachsel mit
Seitenspross). **c** Blütenlängsschnitt mit
Fruchtknoten, Narbenkopf, Antheren,
Nebenkrone, Pollinien und Klemmkörper. **d**
Zwei Pollinien, durch Translatoren und
Klemmkörper miteinander verbunden. **e, f**
Strophanthus hispidus. **e** Frucht. **f** Same. – a
Antheren, c Blütenkrone, f Fruchtknoten, k
Kelch, kk Klemmkörper, n Nebenkrone, nk
Narbenkopf, p Pollinien, t Translatoren. (a, c,
d nach A. Engler, b nach A.W. Eichler, e, f
nach K. Schumann)

Abb. 19.228   Apocynaceae. Blüte und sukkulente
Achse von *Duvalia tanganyikensis.* (Aufnahme:
R. Omlor)

Die **Rubiaceae** haben interpetiolare Stipeln, kollaterale
Leitbündel und unterständige Fruchtknoten (● Abb.
19.229). Als Früchte findet man entweder Kapseln mit
zahlreichen Samenanlagen oder Stein- und Spaltfrüchte.

Zu dieser besonders in den Tropen sehr artenreichen und dort meist
holzigen Familie gehören wirtschaftlich bedeutende Pflanzen wie die
Chinarindenbäume (*Cinchona*, Chinin und andere Indolalkaloide als
Fiebermittel) und die ursprünglich paläotropischen Kaffeesträucher
(*Coffea*, besonders *C. liberica* und *C. arabica*). Die Kaffeebohnen als

Stammesgeschichte und Systematik der Bakterien, Archaeen, „Pilze", Pflanzen und anderer...

881 **19**

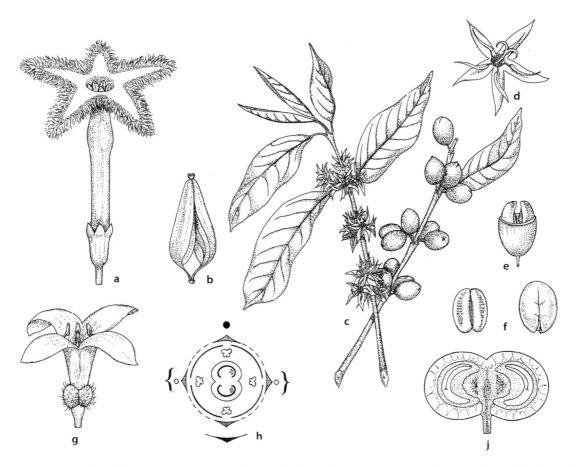

◨ **Abb. 19.229   Gentianales, Rubiaceae. a, b** *Cinchona calisaya.* **a** Blüte (4 ×). **b** Von unten her aufspringende septizide Kapsel (1 ×). **c–f** *Coffea arabica.* **c** Blühende bzw. fruchtende Sprosse (0,38 ×). **d** Blüte. **e** Steinfrucht, Fruchtfleisch teilweise entfernt. **f** Samen ohne bzw. im pergamentartigen Endokarp (0,75 ×). **g** Blüte von *Galium odoratum,* Waldmeister (7 ×). **h** Blütendiagramm von *Sherardia arvensis.* **j** Fleischige Spaltfrucht von *Rubia tinctorum* (längs; 2,7 ×). (a, b, g, j nach H. Baillon; c–f nach G. Karsten; h nach A.W. Eichler)

zwei in Steinfrüchten enthaltene Samen (◨ Abb. 19.229) bestehen zum großen Teil aus dem Endosperm und enthalten das alkaloidähnliche Purinderivat Coffein. Ökologisch bemerkenswert sind die Epiphyten *Myrmecodia* und *Hydnophytum,* in deren Sprossknollen Ameisen wohnen, sowie die tropischen *Psychotria-* und *Pavetta*-Arten, die in kleinen, knötchenartigen Anschwellungen der Blätter symbiotische Bakterien bergen. Bei den vorwiegend temperaten und krautigen Gattungen *Galium* (Labkraut) und *Asperula* (Meier) sind die Nebenblätter den Blattspreiten ähnlich und stehen mit ihnen in vier- bis mehrzähligen Wirteln. Alkaloide fehlen hier; außerdem enthält *Galium odoratum* (Waldmeister; ◨ Abb. 19.229) Cumarin. Verwandt mit *Galium* ist die Färberröte (*Rubia tinctoria*), die früher häufig als Farbpflanze (Krapprot) angebaut wurde. Gattungsgrenzen in dieser Untergruppe der Rubiaceae, den Rubieae, und besonders auch von *Galium,* sind vielfach künstlich und müssen überarbeitet werden.

Lamiales

Acanthaceae 220 Gattungen/4000 Arten, pantropisch; Bignoniaceae 110/790, pantropisch; Byblidaceae 1/8, Australien, Neuguinea; Calceolariaceae 2/260, Mittel-, S-Amerika; Carlemanniaceae 2/5, SO-Asien; Gesneriaceae 147/346, pantropisch; Lamiaceae 236/7203, kosmopolitisch; Lentibulariaceae 3/350, kosmopolitisch; Linderniaceae 17/255, pantropisch; Martyniaceae 5/16, tropisches Amerika; Mazaceae 3/33, O-Asien, Australien, Neuseeland; Oleaceae 24/615, kosmopolitisch; Orobanchaceae 99/2060, kosmopolitisch; Paulowniaceae 2/8, O-Asien; Pedaliaceae 15/70, paläotropisch; Peltantheraceae 1/1, Mittel- bis S-Amerika; Phrymaceae 13/188, Asien, Amerika, Afrika, Australien, Neuseeland; Plantaginaceae 90/1900, kosmopolitisch; Plocospermataceae 1/1, Mittel-Amerika; Schlegeliaceae 4/28, tropisches Amerika; Scrophulariaceae 59/1880, kosmopolitisch, besonders Afrika, Australien; Stilbaceae 11/39, Afrika. Arabien; Tetrachondraceae 2/3, Neuseeland, Australien, temperates S-Amerika; Thomandersiaceae 1/6, trop. Afrika; Verbenaceae 31/918, kosmopolitisch

Die **Lamiales** haben gegenständige Blätter, Drüsenhaare, in denen die Köpfchenzellen meist nur durch antikline Zellteilungen entstehen, und ein meist auf vier oder zwei Staubblätter reduziertes Androeceum. Das

Staubblattkonnektiv wächst häufig als Pollensackplacentoid in die Pollensäcke hinein. Außer bei den Oleaceae (und Tetrachondraceae) findet man als Speicherkohlenhydrate meist statt Stärke andere Oligosaccharide (z. B. Stachyose) und zygomorphe Blüten. Die Ordnung ist weiterhin durch einige chemische Merkmale wie bestimmte Iridoide charakterisiert.

Radiärsymmetrische und meist vierzählige Blüten mit allerdings nur zwei Staubblättern haben die **Oleaceae** (■ Abb. 19.230). Die Früchte in dieser Familie sind sehr unterschiedlich. Der südosteuropäische Flieder (*Syringa vulgaris*) hat Kapseln. Der mediterrane, durch seine einfachen, silbergrauen Blätter auffällige Ölbaum (*Olea europaea*) hat Steinfrüchte (Oliven) mit ölhaltigem Fruchtfleisch und Endosperm (■ Abb. 19.230). Die fiederblättrigen Eschen (*Fraxinus*) schließlich haben einsamige Flügelnüsse. In *Fraxinus* findet man z. B. bei der submediterranen Manna-Esche (*F. ornus*) stark duftende, insektenbestäubte Blüten mit tiefgeteilten weißen Kronen. Die auch in Mitteleuropa heimische Esche (*F. excelsior*) ist dagegen windblütig, und ihre vor den Blättern erscheinenden Blüten haben keine Blütenhülle. Bekannte Ziersträucher der Familie sind *Jasminum*, *Forsythia* und *Ligustrum*.

Insbesondere molekulare Analysen haben deutlich gemacht, dass die traditionellen Familiengrenzen im Bereich der Lamiaceae/Verbenaceae und Scrophulariaceae im weiteren Sinne nicht aufrechterhalten werden können.

Während in der Vergangenheit die **Lamiaceae** (= Labiatae) durch den Ansatz des Griffels zwischen den Karpellen an der Basis des Fruchtknotens (■ Abb. 19.231) und durch den Besitz von Klausenfrüchten von den Verbenaceae mit auf dem Scheitel des Fruchtknotens sitzendem Griffel getrennt wurden, werden die Lamiaceae heute weiter gefasst und enthalten durch den Einschluss eines großen Teils der Verbenaceae in ihrer traditionellen Umgrenzung Fruchtknoten beiderlei Art. Gemeinsam sind den Lamiaceae in der neuen Umgrenzung Infloreszenzen mit meist cymös verzweigten Seitenachsen, schlanke Narbenlappen und meist colpate Pollenkörner. Die in dieser neuen Umgrenzung baumförmigen, strauchigen, halbstrauchigen oder krautigen Lamiaceae haben häufig deutlich vierkantige Achsen. Die Blätter sind gegenständig und die Pflanzen haben einen aromatischen Geruch, da sie über ätherische Öle in Drüsenhaaren verfügen. Die Blüten sind meist zygomorph. Ihr fünfzähliger Kelch ist verwachsenblättrig und radiärsymmetrisch oder zweilippig. Die meist zweilippige Krone hat häufig eine dreiteilige Unter- und eine zweiteilige Oberlippe. Von den vier Staubblättern (das mediane Staublatt fehlt) ist häufig ein Paar länger als das andere. Bei z. B. Salbei (*Salvia*) und Rosmarin (*Rosmarinus*) sind nur die beiden abaxialen Staubblätter ausgebildet bzw. fertil. Aus dem zweiblättrigen Fruchtknoten mit falscher Scheidewand und zwei Samenanlagen pro Karpell entsteht eine Steinfrucht, eine viersamige Nuss

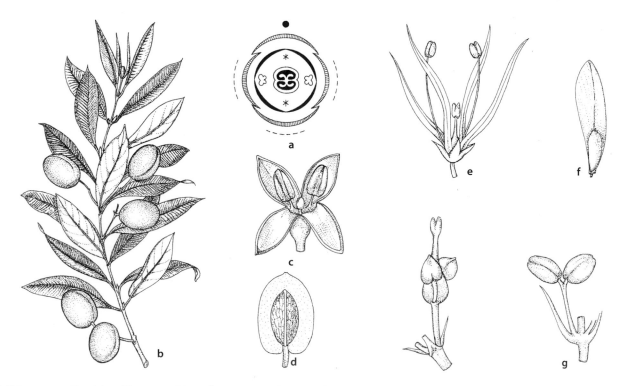

■ **Abb. 19.230   Lamiales, Oleaceae. a** Blütendiagramm von *Syringa vulgaris*. **b–d** *Olea europaea*. **b** Fruchtender Spross (0,2 ×). **c** Blüte (vergrößert). **d** Frucht längs, Steinkern freigelegt (1 ×). **e–g** *Fraxinus*. **e–f** ♂ Blüte und geflügelte Nuss der entomophilen *F. ornus* (etwas vergrößert). **g** zwittrige und ♂ Blüte der anemophilen *F. excelsior* (vergrößert). (a, b nach F. Firbas; c, d nach G. Hegi; e, f nach G. Karsten; g nach G. Hempel und K. Wilhelm)

19

Stammesgeschichte und Systematik der Bakterien, Archaeen, „Pilze", Pflanzen und anderer...

883   **19**

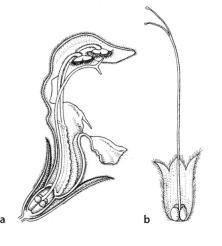
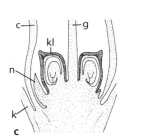

■ **Abb. 19.231 Lamiales, Lamiaceae. a** Blütenlängsschnitt von *Lamium album*. **b** Fruchtknoten im geöffneten Kelch von *Galeopsis segetum* (2 ×). **c** Längsschnitt durch den Blütengrund von *Lamium maculatum* mit Kelch, Krone, Nektarium, Klausen mit Samenanlagen und Griffel (10 ×). **d** Reife Klause von *Lamium album,* längs (vergrößert). – c Krone, g Griffel, k Kelch, kl Klausen, n Nektarium. (a R. Spohn, b nach H. Schenck, c nach F. Firbas, d nach H. Baillon)

■ **Abb. 19.232 Lamiales. a, b** Scrophulariaceae. **a** *Verbascum thapsus,* **b** *Scrophularia nodosa.* **c–e** Orobanchaceae. **c** *Pedicularis palustris.* **d** Der chlorophyllfreie, gelblich-bräunliche Vollparasit *Orobanche minor* auf *Trifolium repens* (0,67 ×). **e** Einzelblüte (vergrößert). (a, c nach H. Baillon, b nach F. Firbas, d, e nach G. Karsten)

oder die für die Lamiaceae in ihrer traditionellen Umgrenzung charakteristische Klausenfrucht, die in vier einsamige Teilfrüchte (Klausen) zerfällt.

Der Gehalt an ätherischen Ölen bedingt die Verwendung vieler Arten als Küchenkräuter oder Heilpflanzen (z. B. Majoran: *Majorana hortensis*; Basilikum: *Ocimum basilicum*; Bohnenkraut: *Satureja hortensis*; Lavendel: *Lavandula angustifolia*; Rosmarin: *Rosmarinus officinalis*; Salbei: *Salvia officinalis*; Thymian: *Thymus vulgaris*; Zitronen-Melisse: *Melissa officinalis*, Minze: z. B. Pfefferminze, *M. piperata* x *spicata*). Weitere in Mitteleuropa heimische Gattungen sind etwa *Ajuga* (Günsel), *Galeopsis* (Hohlzahn), *Glechoma* (Gundermann), *Lamium* (Taubnessel), *Stachys* (Ziest) und *Teucrium* (Gamander).

Zu den **Verbenaceae** im engeren Sinne mit traubigen, ährigen oder kopfigen Blütenständen, immer am Scheitel des Fruchtknotens ansetzenden Griffeln mit zweiteiliger und verdickter Narbe und colporaten oder poraten Pollenkörnern gehören z. B. das Eisenkraut (*Verbena officinalis*) und das Wechselröschen (*Lantana camara*).

Die **Bignoniaceae** sind eine weitestgehend tropische Familie mit holzigen Vertretern. Hierzu gehören die Zierpflanzen *Catalpa bignonioides* (Trompetenbaum) und die Liane *Campsis radicans*. Die meist krautigen **Acanthaceae** sind ebenfalls meist tropisch verbreitet.

Die Gattungen der ehemaligen **Scrophulariaceae** werden heute zahlreichen Familien unterschiedlicher Verwandtschaft zugerechnet. In die Scrophulariaceae im engeren Sinne (■ Abb. 19.232) gehören in Mitteleuropa nur *Verbascum* (Königskerze) mit fast radiärsymmetrischen Blüten und fünf Staubblättern, *Scrophularia* (Braunwurz), bei der das mediane Staubblatt als Staminodium erkennbar bleibt, und der in Mitteleuropa eingebürgerte Sommerflieder (*Buddleja davidii*). Ein großer Teil der Scrophulariaceae in ihrer traditionellen Umgrenzung (z. B. *Veronica*: Ehrenpreis, mit ca. 450 Arten; *Digitalis*: Fingerhut; *Antirrhinum*: Löwenmaul) werden zusammen mit den ehemaligen

Callitrichaceae (mit dem aquatischen Wasserstern *Callitriche* mit eingeschlechtigen Blüten mit nur einem Staubblatt bzw. einem in vier Teilfrüchte zerfallendem Fruchtknoten; ◘ Abb. 19.233), den ehemaligen Hippuridaceae (mit der Sumpf- und Wasserpflanze *Hippuris vulgaris*: Tannenwedel) und den ehemaligen Globulariaceae (mit der köpfchenblütigen und nussfrüchtigen *Globularia*: Kugelblume) mit den Wegerichen (*Plantago*) als **Plantaginaceae** (◘ Abb. 19.233) zusammengefasst. Scrophulariaceae und Plantaginaceae in dieser neuen Umgrenzung lassen sich bisher noch nicht morphologisch charakterisieren. Als **Orobanchaceae** (◘ Abb. 19.232 und 19.234) werden alle auf Wurzeln parasitierenden Halb- und Vollparasiten aus den ehemaligen Scrophulariaceae herausgenommen. Grüne Halbparasiten sind z. B. *Pedicularis* (Läusekraut), *Euphrasia* (Augentrost), *Rhinanthus* (Klappertopf) und *Melampyrum* (Wachtelweizen); Vollparasiten sind *Lathraea* (Schuppenwurz) und *Orobanche* (Sommerwurz). In den Orobanchaceae ist nur die Gattung *Lindenbergia* nicht parasitisch.

Aus den Scrophulariaceae im weiteren Sinne als eigene Familien ausgegliedert werden z. B. auch die als Zierbaum häufig gepflanzte Gattung *Paulownia* (**Paulowniaceae**), die ebenfalls häufig kultivierte Pantoffelblume (*Calceolaria*: **Calceolariaceae**) und die Gauklerblume (*Mimulus*: **Phrymaceae**).

Die **Gesneriaceae** (◘ Abb. 19.235) z. B. mit den ein riesiges Keimblatt ausbildenden *Streptocarpus*-Arten, den mediterran-montanen Reliktgattungen *Ramonda*, *Jankea* und *Haberlea* sowie dem als Zierpflanze häufig anzutreffenden ostafrikanischen Usambara-Veilchen *Saintpaulia ionantha* haben einen nur teilweise gefächerten Fruchtknoten mit parietaler Placentation. In der Familie findet man viele epiphytische und viele vogelbestäubte Arten. Die carnivoren **Lentibulariaceae** z. B. mit dem terrestrischen Fettkraut (*Pinguicula*) und dem aquatischen Wasserschlauch (*Utricularia*), der mit an den Blättern ausgebildeten Schluckfallen kleine Wassertiere fängt, haben Fruchtknoten mit einer freien Zentralplacenta. In dieser Familie ist bei der im tropischen Afrika und Südamerika wachsenden *Genlisea* die chemotaktische Attraktion und der Fang von Protozoen durch stark modifizierte unterirdische Blätter nachgewiesen worden. Bei *Genlisea tuberosa* wurde mit 61 Mbp (Megabasenpaare) das bisher kleinste Kerngenom bei Angiospermen gefunden. Zu den **Pedaliaceae** mit teilweise hoch spezialisierten Klettfrüchten gehört die Sesam liefernde Ölpflanze *Sesamum indicum*.

> **Solanales**
>
> Convolvulaceae 59 Gattungen/1880 Arten, kosmopolitisch; Hydroleaceae 1/12, pantropisch; Montiniaceae 3/5, Afrika, Madagaskar; Solanaceae 102/2460, kosmopolitisch; Sphenocleaceae 1/2, pantropisch

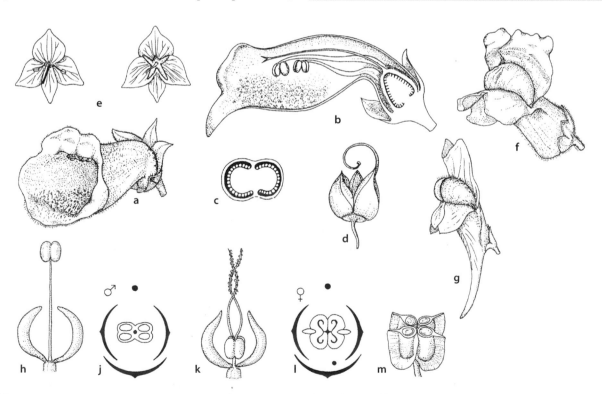

◘ **Abb. 19.233   Lamiales, Plantaginaceae. a–d** *Digitalis purpurea*. **a, b** Blüte schräg und längs (etwa 0,75 ×). **c, d** Fruchtknoten, quer, Kapsel septizid und teilweise dorsizid aufspringend (etwa 1 ×). **e** *Veronica teucrium*, von vorne und hinten (1,5 ×). **f** *Antirrhinum majus* (1 ×). **g** *Linaria vulgaris* (1,5 ×). **h–m** *Callitriche stagnalis*. **h** ♂, **k** ♀ Blüte mit Vorblättern (vergrößert). **j, l** Blütendiagramme. **m** Frucht quer (vergrößert). (a, e–g nach F. Firbas, b nach H. Baillon, c, d nach G. Karsten, h, j, m nach A. Engler's Syllabus, k, l nach A.W. Eichler)

Stammesgeschichte und Systematik der Bakterien, Archaeen, „Pilze", Pflanzen und anderer...

885 | **19**

Die **Solanales** haben pharmazeutisch bedeutsame Steroid- und Tropanalkaloide, wechselständige, ungeteilte Blätter ohne Nebenblätter, radiärsymmetrische Blüten mit einer in der Knospe häufig längsgefalteten Krone

◘ Abb. 19.234 Orobanchaceae. Blütenstand von *Rhynchocoris orientalis* (Aufnahme: D. Albach)

◘ Abb. 19.235   Gesneriaceae. Blüten von *Columnea gloriosa* **a** und *Lysionotus heterophyllus* **b**. (Aufnahmen: A. Weber)

sowie einen zur Fruchtzeit häufig persistierenden Kelch. Weiterhin sind sie teilweise durch bikollaterale Leitbündel charakterisiert. Bei den wirtschaftlich bedeutenden **Solanaceae** ist der Sprossaufbau infolge von Verwachsungen und Verschiebungen der Achsen und Blätter oft schwer durchschaubar. Die Blüten stehen häufig in Wickeln, die meist zweiblättrigen Fruchtknoten sind vielfach schräggestellt (◘ Abb. 19.236), und die zahlreichen Samenanlagen werden an dicken Placenten gebildet.

Kapseln findet man z. B. beim Virginischen Tabak, *Nicotiana tabacum*, der allotetraploid und wahrscheinlich in Südamerika aus den diploiden Wildarten *N. sylvestris* als mütterlichem und wahrscheinlich *N. tomentosiformis* als väterlichem Elter entstanden ist. Kapseln haben auch die als Zierpflanze beliebte südamerikanische *Petunia* sowie die giftigen Ruderalpflanzen der Gattungen Bilsenkraut (*Hyoscyamus*) und Stechapfel (*Datura*). Beeren kennzeichnen z. B. die sehr artenreiche Gattung *Solanum*, zu der auch die allotetraploide Kartoffel (*S. tuberosum*) gehört. Diese wurde im 16. Jahrhundert aus den Anden Südamerikas nach Europa eingeführt. Die ursprünglich altweltliche Aubergine (*S. melongena*) und die ursprünglich neuweltliche Tomate (*S. lycopersicum*) gehören ebenfalls in die Gattung *Solanum*. Auch die aus dem tropischen Amerika stammende Paprikapflanze (*Capsicum annuum*) und die giftige mitteleuropäische Tollkirsche (*Atropa bella-donna*) haben Beeren. Pharmazeutisch wichtig sind vor allem Drogen mit Tropanalkaloiden (Hyoscyamin, Atropin, Belladonnin, Scopolamin usw.)

Die häufig windenden (◘ Abb. 19.237) **Convolvulaceae** mit meist trichterförmigen, in der Knospenlage gedrehten Kronen wie bei der Acker-Winde (*Convolvulus arvensis*) und der Zaun-Winde (*Convolvulus (= Calystegia) sepium*) haben meist viersamige Kapseln. Eine wichtige, ursprünglich wohl neotropische Nutzpflanze ist die Batate oder Süßkartoffel (*Ipomoea batatas*) mit stärkereichen Wurzelknollen. In die Convolvulaceae eingeschlossen wird auch die Gattung *Cuscuta* (Teufelszwirn). Dabei handelt es sich um einen wurzel- und blattlosen, mehr oder weniger chlorophyllfreien, auf verschiedenen Gefäßpflanzen wachsenden Parasiten.

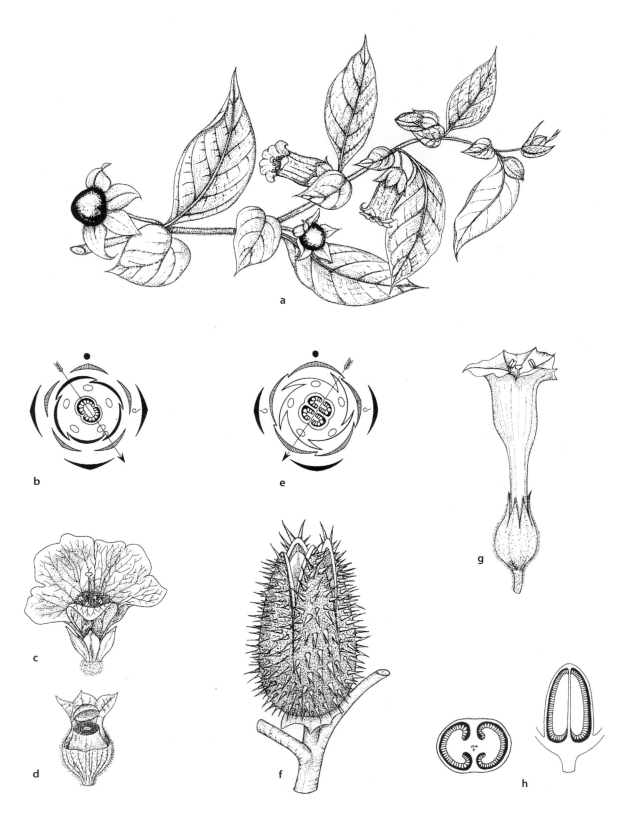

■ **Abb. 19.236   Solanales, Solanaceae. a** *Atropa bella-donna*, sympodialer Sprossverband mit Blüten und Beeren (0,5 ×). **b–d** *Hyoscyamus.*
b Blütendiagramm von *H. albus.* **c** Blüte und **d** Deckelkapsel von *H. niger* (Kelch z. T. entfernt; etwa 1 ×). **e, f** *Datura stramonium.* **e** Blütendiagramm. **f** Bestachelte Kapsel (etwa 1 ×). **g, h** *Nicotiana tabacum.* **g** Blüte (1 ×). **h** Junge Kapseln, längs und quer (2 ×). (a, f–h nach G. Karsten; b, e nach A.W. Eichler; c, d nach G. Beck-Mannagetta)

Stammesgeschichte und Systematik der Bakterien, Archaeen, „Pilze", Pflanzen und anderer...

887

19

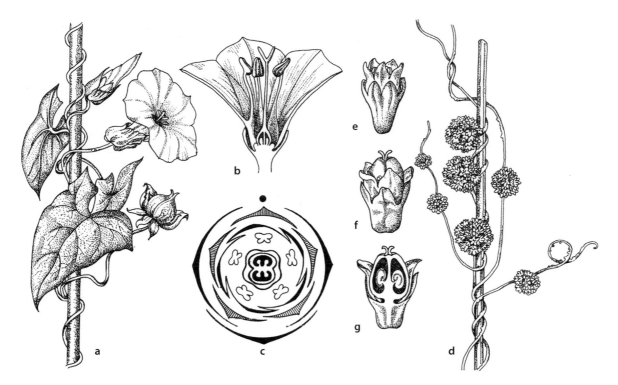

▣ Abb. 19.237 Solanales, Convolvulaceae. a *Convolvulus sepium,* blühender und fruchtender Spross (0,33 ×). **b** *Convolvulus arvensis,* Blüte längs (1,5 ×). **c** Blütendiagramm (mit Vorblättern). **d–g** *Cuscuta europaea.* **d** Blattloser Spross mit Haustorien und Blütenknäueln (1,5 ×). **e–g** Blüte und junge Frucht gesamt bzw. längs (20 ×). (a nach F. Firbas; b nach J. Graf; c nach A.W. Eichler; d–g nach G. Dahlgren)

Die Asteriden II (= Campanuliden) besitzen häufig wechselständige Blätter mit gesägtem oder gezähntem Blattrand, zeigen immer frühe Sympetalie, d. h. eine Kronröhrenanlage kann vor Anlage der Kronzipfel beobachtet werden, und haben häufig unterständige Fruchtknoten aus denen häufig Schließfrüchte entstehen.

Aquifoliales

Aquifoliaceae 1 Gattung/405 Arten, kosmopolitisch, zerstreut; Cardiopteridaceae 5/43, Amerika, Asien, tropisch; Helwingiaceae 1/3, Himalaja bis Japan; Phyllonomaceae 1/4, Mittel- bis S-Amerika; Stemonuraceae 12/95, S-Amerika, Afrika, Madagaskar, S-, SO-Asien, Australien

Asterales

Alseuosmiaceae 4 Gattungen/10 Arten, Australien, Neuseeland, Neuguinea, Neukaledonien; Argophyllaceae 2/21, Australien, Neuseeland, Neukaledonien; Asteraceae 1620/25040, kosmopolitisch; Calyceraceae 4/60, S-Amerika; Campanulaceae 84/2380, kosmopolitisch; Goodeniaceae 12/430, südhemisphärisch, meist Australien; Menyanthaceae 5/58, kosmopolitisch; Pentaphragmataceae 1/30, SO-Asien, Neuguinea; Phellinaceae 1/10, Neukaledonien; Rousseaceae 4/13, Australien, Neuseeland, Neuguinea, Mauritius; Stylidiaceae 6/245, Australien, Neuseeland, selten SO-Asien, S-Amerika

Die holzigen **Aquifoliales** haben wechselständige Blätter. Die meist kleinen Blüten bilden Steinfrüchte mit umfangreichem Endosperm und sehr kleinen Embryonen. Die **Aquifoliaceae** mit nur der großen Gattung *Ilex* haben schwach sympetale Kronen und ein vierzähliges Gynoeceum. Ein mitteleuropäischer Vertreter von *Ilex* ist die Stechpalme (*I. aquifolium*), ein immergrüner, mediterran-atlantischer Strauch oder Baum mit roten Steinfrüchten. Die Blätter des südamerikanischen *I. paraguariensis* werden als Mate-Tee verwendet. Die Blüten der **Helwingiaceae** und **Phyllonomaceae** befinden sich auf den Blättern (epiphyll).

Von den kosmopolitischen Asteraceae, Campanulaceae und Menyanthaceae abgesehen haben die **Asterales** einen deutlichen Verbreitungsschwerpunkt in der Südhemisphäre. Die Asterales sind vielfach (soweit untersucht) durch den Besitz des aus Fructoseeinheiten bestehenden Polysaccharids Inulin (statt der aus Glucoseeinheiten bestehenden Stärke) als Speicherstoff charakterisiert. Die Knospenlage der Kronblätter ist klappig. Die in der Ordnung häufig anzutreffenden Mechanismen der sekundären Pollenpräsentation sind offenbar mehrfach entstanden (▶ Exkurs 19.11).

Exkurs 19.11 Asterales – Evolution sekundärer Pollenpräsentation

In den Asterales findet man eine Vielzahl von Mechanismen sekundärer Pollenpräsentation, bei denen der Pollen nicht von den Antheren selbst präsentiert, sondern auf andere Teile der Blüte übertragen und dort von den Bestäubern abgenommen wird (◫ Abb. 19.238). In den Campanulaceae-Lobelioideae findet man einen Pumpmechanismus, bei dem der Pollen der miteinander verklebten Antheren in die so von den Antheren gebildete Röhre abgegeben und durch Griffelwachstum herausgeschoben wird. In der Mehrzahl der Campanulaceae-Campanuloideae dagegen wird der Pollen auf der von einzelligen Haaren besonderer Struktur bedeckten Außenseite des Griffels abgeladen (Abademechanismus, ◫ Abb. 19.238a). Nach Welken der Antheren wird der Pollen durch eine handschuhfingerartige Einstülpung der Haare in ihre eigene, blasenförmig erweiterte Basis dann von der Griffelaußenseite präsentiert. Im Verwandtschaftskreis der Asteraceae besitzen die Goodeniaceae unterhalb der Griffelspitze eine becherförmige Erweiterung, in die der Pollen entleert wird. Durch Griffelwachstum wird der Pollen aus dem Becher herausgeschoben (Bechermechanismus, ◫ Abb. 19.238b). In den Calyceraceae wird der Pollen auf der Griffelspitze abgelegt und

durch Griffelwachstum aus der Blüte geschoben (Abademechanismus, ◫ Abb. 19.238c). In den Asteraceae schließlich findet man die Ablage des durch große Mengen Pollenkitts recht klebrigen Pollens auf der Griffelaußenseite (Barnadesieae), sowie einen Pumpmechanismus, wie oben für die Campanulaceae-Lobelioideae beschrieben (z. B. Senecioneae, ◫ Abb. 19.238d), und einen Bürstenmechanismus, bei dem Pollen auf der behaarten Außenseite des Griffels abgeladen wird (z. B. Lactuceae, ◫ Abb. 19.238e). In jedem Fall wird der Pollen auch bei den Asteraceae letztlich durch Griffelwachstum präsentiert.

Die Betrachtung des Vorkommens dieser unterschiedlichen Mechanismen im Stammbaum der Asterales (◫ Abb. 19.238) macht deutlich, dass sekundäre Pollenpräsentation in den Asterales wahrscheinlich zweimal entstanden ist, einmal in den Campanulaceae und einmal in den Goodeniaceae-Calyceraceae-Asteraceae. Eine wichtige Voraussetzung ist in beiden Fällen die Existenz einer Röhre dicht zusammenstehender oder sogar miteinander verklebter Antheren sowie eine Blütenentwicklung, in der auf die Verlängerung der Stamina (entweder durch Filamentwachstum oder durch Wachstum der Kronröhre un-

◫ **Abb. 19.238** Phylogenie der Asterales (nach Stevens [2001 onwards]) und unterschiedliche Mechanismen sekundärer Pollenpräsentation in der Ordnung. Die Kronblätter sind blau dargestellt, die Staubblätter rot und der Pollen orange. (a–e nach C. Erbar und P. Leins)

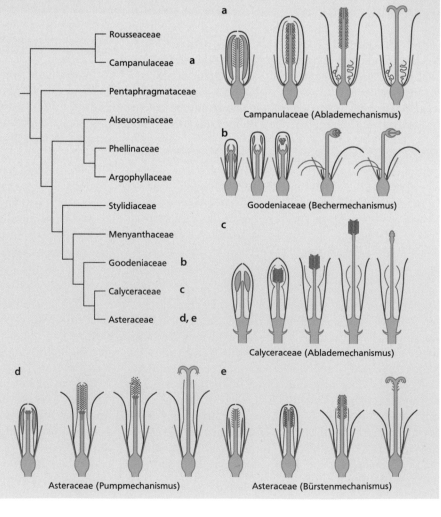

Campanulaceae (Abademechanismus)

Goodeniaceae (Bechermechanismus)

Calyceraceae (Abademechanismus)

Asteraceae (Pumpmechanismus)   Asteraceae (Bürstenmechanismus)

Rousseaceae
Campanulaceae   a
Pentaphragmataceae
Alseuosmiaceae
Phellinaceae
Argophyllaceae
Stylidiaceae
Menyanthaceae
Goodeniaceae   b
Calyceraceae   c
Asteraceae   d, e

19

terhalb des Ansatzes der Filamente) die Entleerung der Antheren und eine Verlängerung des Griffels folgen. Eine Antherenröhre findet man nur in den Campanulaceae-Lobelioideae und den Goodeniaceae (teilweise), Calyceraceae (teilweise) und Asteraceae, während die übrigen Vertreter der Ordnung freie Antheren haben.

Die milchsaftführenden **Campanulaceae** haben meist unterständige Fruchtknoten aus zwei bis fünf Karpellen und zentralwinkelständige Placentation mit meist zahlreichen Samenanlagen (◻ Abb. 19.239). Ihre Früchte sind Kapseln oder Beeren. In der Unterfamilie Campanuloideae als eine von fünf Unterfamilien sind die Blüten radiär und protandrisch. Bei der Glockenblume (*Campanula*) entleeren die dem Griffel angedrückten Antheren noch vor der Öffnung der Blüten den Pollen auf die mit Sammelhaaren versehene Außenseite des Griffels. Noch in der Knospe wird der Pollen vom Griffel durch Einstülpung der Sammelhaare in die eigene Basis freigesetzt und die Staubblätter welken. Erst dann öffnen sich die Blüten und schließlich die Narbenäste (◻ Abb. 19.239). Die in der Unterfamilie häufig dreiblättrigen Fruchtknoten entwickeln sich meist zu Kapseln, die sich z. B. bei *Campanula* häufig mit Poren öffnen. In den Blüten der Teufelskrallen (*Phyteuma*) bleiben die Kronzipfel an der Spitze postgenital verwachsen. Die Blüten sind hier zu dichten, am Grund von Hüllblättern umgebenen Blütenständen verbunden und erinnern wie die Blütenstände des Sandknöpfchens (*Jasione*) an die Köpfchen der Asteraceae.

In der meist tropischen Unterfamilie Lobelioideae sind die Blüten zygomorph (◻ Abb. 19.240), der Fruchtknoten ist zweiblättrig, und der in eine durch postgenitale Verwachsung entstandene Antherenröhre entleerte Pollen wird durch den sich verlängernden Griffel aus dieser geschoben. *Lobelia dortmanna* (Wasser-Lobelie) als temperater Vertreter dieser Unterfamilie ist eine seltene, auch in Mitteleuropa in oligotrophen Gewässern anzutreffende Pflanze.

Die wahrscheinlich in Südamerika außerhalb des Amazonasbeckens entstandenen **Asteraceae** (= Compositae) als nach den Orchideen zweitgrößte Familie der Blütenpflanzen sind durch eine Vielzahl von Merkmalen gut charakterisiert (◻ Abb. 19.239). An der Basis der köpfchenförmigen Blütenstände sind zahlreiche Hochblätter als Köpfchenhülle (**Involucrum**) angeordnet. Der Köpfchenboden ist entweder kegelig verlängert oder abgeflacht. Tragblätter der Einzelblüten als schuppenförmige Spreublätter sind vorhanden oder fehlen. In den Köpfchen der Asteraceae der mitteleuropäischen Flora findet man meist entweder zygomorphe, weibliche oder sterile Zungenblüten aus drei vergrößerten Kronblättern am Rand des Köpfchens und radiäre und zwittrige fünfzählige Röhrenblüten im inneren des Köpfchens oder nur zwittrige Zungenblüten aus fünf vergrößerten Kronblättern. Der Kelch ist in Form von Schuppen, Borsten oder Haaren (**Pappus**) ausgebildet und dient der Fruchtausbreitung, oder er ist völlig reduziert. Die fünf Staubblätter sitzen mit freien Filamenten an der Krone. Ihre Antheren sind zu einer Röhre verklebt, in die der Pollen entleert wird. Bei Verlängerung des Griffels wird der Pollen entweder durch die oft mit Haaren besetzten Spitzen der Narbenäste oder durch auf der Außenseite der Narbenäste und des Griffels vorhandene Fegehaare aus der Antherenröhre geschoben. Erst danach spreizen die beiden Narbenlappen auseinander und die rezeptive Innenseite wird für Pollen zugänglich. Damit sind die Blüten protandrisch. Der unterständige Fruchtknoten ist zweiblättrig und einfächrig und enthält am Grund nur eine anatrope Samenanlage. Daraus entsteht fast immer eine Nuss mit mehr oder weniger dicht aneinander gepresster Frucht- und Samenwand (**Achäne**). Der Embryo ist protein- und ölhaltig.

Die Familie wird in zwölf Unterfamilien und 43 Tribus gegliedert. Die Stellung der südamerikanischen Unterfamilie Barnadesioideae als Schwestergruppe zum Rest der Asteraceae ist erstmalig durch das Fehlen einer sonst in der Familie immer vorhandenen Inversion im plastidären Genom erkannt worden. Die Blüten sind hier häufig radiärsymmetrisch. Bei Zygomorphie stehen dem einen verbleibenden adaxialen Kronzipfel häufig vier abaxiale gegenüber (pseudobilabiat). Zur Unterfamilie der Mutisioideae, deren Köpfchen häufig nur Blüten mit drei großen abaxialen und zwei kleineren adaxialen Kronzipfeln haben (bilabiat), zählen hauptsächlich die Mutisieae, zu denen z. B. die Gattung *Gerbera* gehört. Zur Unterfamilie Carduoideae mit häufig nur radiärsymmetrischen Blüten gehören die Cardueae (◻ Abb. 19.241) z. B. mit den Disteln der Gattungen *Cirsium* und *Carduus* und den Flockenblumen (*Centaurea* mit *C. cyanus*: Kornblume), bei denen die Randblüten der Köpfchen vergrößert und steril sind. Bei den Kletten (*Arctium*) dienen die widerhakigen Hüllblätter der Köpfchen der epizoochoren Ausbreitung. Bei der Kugeldistel (*Echinops*) sind einblütige Köpfchen zu kugeligen Köpfchen zweiter Ordnung zusammengefasst. Als Nutzpflanzen gehören zu den Cardueae die mediterrane Artischocke (*Cynara scolymus*) und der Saflor (*Carthamus tinctorius*, Farb- und Ölpflanze). Die Unterfamilie Cichorioideae hat meist Köpfchen mit nur entweder Zungen- oder Röhrenblüten. Zu dieser Unterfamilie gehören als große Tribus die Cichorieae (= Lactuceae) und die Vernonieae. Die Cichorieae haben nur aus fünf Kronzipfeln bestehende Zungenblüten (ligulat) und Milchsaft. Vertreter der Cichorieae sind z. B. *Cichorium* (mit *C. intybus*: Wegwarte, und *C. endivia*: Endiviensalat), *Scorzonera* (Schwarzwurzel), *Taraxacum* (Löwenzahn), *Hieracium* (Habichtskraut), *Crepis* (Pippau) und *Lactuca* (z. B. *L. sativa*: Kopfsalat). Die nicht in Mitteleuropa vertretenen Vernonieae aus dieser Unterfamilie haben in ihren Köpfchen meist nur radiärsymmetrische Blüten. Die Unterfamilie Asteroideae hat meist Köpfchen mit entweder nur radiärsymmetrischen Blüten oder mit radiärsymmetrischen und randständigen Zungenblüten, die oberhalb der Kronröhre nur aus drei abaxialen Kronzipfeln bestehen. Zu den Astereae gehören z. B. die Gattungen *Aster* und *Bellis* (Gänseblümchen) und zu den Inuleae z. B. der mitteleuropäische Alant (*Inula*). Das Edelweiß (*Leontopodium*) mit weißwolligen Hochblättern als Hülle mehrerer Köpfchen sowie die Strohblumen (*Helichrysum*) mit gefärbten trockenhäutigen Hüllblättern sind Vertreter der Gnaphalieae. Viele Heil- und Gewürzpflanzen mit ätherischen Ölen und bitteren Sesquiterpenlactonen findet man in den Anthemideae. Beispiele sind die Echte Kamille (*Matricaria recutita*), die Römische Kamille (*Chamaemelum nobile*), die Schafgarben (*Achillea millefolium* agg.) und verschiedene Arten der windblütigen Gattung *Artemisia* (Beifuß, z. B. *A. absinthium*: Wermut, *A. dracunculus*: Estragon). Auch die Chrysanthemen (*Chrysanthemum*) als Zierpflanzen gehören in diese Tribus. Bei den Senecioneae sind die Hüllblätter der Köpfchen in einer oder nur wenigen Reihen angeordnet. Vertreter dieser Tribus sind z. B. Huflattich

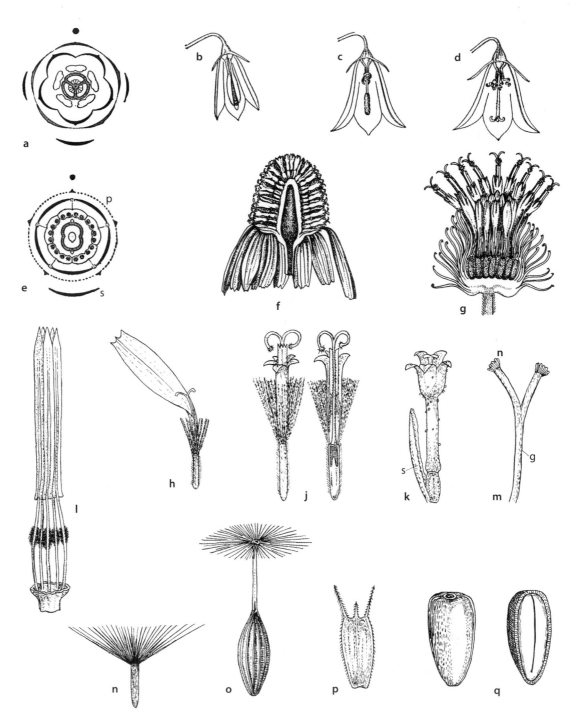

□ **Abb. 19.239   Asterales. a–d** Campanulaceae. **a** Blütendiagramm von *Campanula* sp. **b–d** Phasen des Aufblühens bei *Campanula rotundifolia* (vordere Kronblätter entfernt): Staubblätter entleeren ihren Pollen auf den Griffel (B) und schrumpfen (C), Pollen abgestreift, Narben entfaltet (D) (1 ×). **e–q** Asteraceae. **e** Blütendiagramm einer Röhrenblüte mit Tragblatt und Pappus. **f–g** Köpfchenlängsschnitte von *Matricaria recutita* (Hüllblätter einreihig, Köpfchenboden hohl, Zungenblüten zurückgeschlagen, keine Spreublätter) und *Arctium lappa* (Hüllblätter mehrreihig und widerhakig, nur Röhrenblüten, Spreublätter) (vergrößert). **h, j** *Arnica montana.* **k** *Chamaemelum nobile:* Zungen- und Röhrenblüten (gesamt bzw. längs, vergrößert). **l** Androeceum von *Carduus crispus* (10 ×). **m** Griffel und Narbe von *Achillea millefolium* (vergrößert). **n–q** Früchte (Achänen) von **n** *Hieracium villosum* und **o** *Lactuca virosa*, mit haarförmigem Pappus, von **p** *Bidens tripartitus* mit widerhakigen Pappusborsten und von **q** *Helianthus annuus* (gesamt und längs, mit Embryo) ohne Pappus. – g Griffel, n Narbe, p Pappus, s Spreublatt. (a, e nach A.W. Eichler, verändert; b–d nach F.E. Clements und F.L. Long, etwas vereinfacht; f–k, m nach O.C. Berg und C.F. Schmidt; l, n, o, q nach H. Baillon; p nach F. Firbas)

(*Tussilago farfara*) und die große Gattung *Senecio* (ca. 1000 Arten). Die Ringelblume (*Calendula*) mit heterokarpen Früchten ohne Pappus gehört zu den Calenduleae. Zu den hauptsächlich neuweltlichen Heliantheae gehört die Gattung *Helianthus* z. B. mit *H. annuus* (Sonnenblume) und *H. tuberosus* (Topinambur). Häufig gegenständige Blätter findet man bei den Coreopsideae z. B. mit *Bidens* (Zweizahn) und der häufig kultivierten *Dahlia* (Dahlie), den Millerieae z. B. mit dem aus Südamerika eingeschleppten *Galinsoga* (Franzosenkraut), den Tageteae (z. B. *Tagetes* als Zierpflanze) und den Eupatorieae mit dem mitteleuropäischen Wasserdost (*Eupatorium cannabinum*).

Stammesgeschichte und Systematik der Bakterien, Archaeen, „Pilze", Pflanzen und anderer...

891 | **19**

□ **Abb. 19.240 Campanulaceae.** Blüte von *Monopsis decipiens.* (Aufnahme: C. Erbar)

Die engsten Verwandten der Asteraceae sind die Calyceraceae und Goodeniaceae. In den einzeln stehenden Blüten der **Goodeniaceae** wird der Pollen in einen unterhalb der Narbe vom Griffel gebildeten Becher entleert, der sich dann fast völlig verschließt. Durch Wachstum der Narbe wird der Pollen aus dem Becher geschoben und ist dem Bestäuber am Becherrand zugänglich. Bei den **Calyceraceae** mit zu Köpfchen zusammengefassten Einzelblüten wird der Pollen auf der Griffelspitze deponiert und durch Griffelwachstum präsentiert.

Die mit den Asteraceae, Calyceraceae und Goodeniaceae engst verwandten **Menyanthaceae** (□ Abb. 19.242) mit oberständigen Fruchtknoten haben keine sekundäre Pollenpräsentation. In diese Familie gehören in Mitteleuropa der Fieberklee (*Menyanthes trifoliata*), eine Sumpfpflanze mit dreizähligen Blättern, und die Seekanne (*Nymphoides peltata*), eine kleine Schwimmblattpflanze mit seerosenähnlichen Blättern.

Escalloniales

Escalloniaceae 7 Gattungen/135 Arten, Mittel-, S-Amerika, Himalaja bis China, Australien, Neuseeland

□ **Abb. 19.241 Asteraceae.** Blütenköpfchen von *Serratula tinctoria.* (Aufnahme: I. Mehregan)

Bruniales

Bruniaceae 6 Gattungen/81 Arten, S-Afrika; Columelliaceae 2/5, S-Amerika

Die Apiaceae, Araliaceae und **Pittosporaceae** als die größeren Familien der **Apiales** besitzen häufig ätherische Öle in schizogenen Exkretgängen. Als Reservekohlenhydrat findet man häufig Hemicellulose. In der ganzen Ordnung sind die Blätter wechselständig und haben vielfach palmate Nervatur und scheidige Blattbasen. Die meist kleinen Blüten sind radiärsymmetrisch und fünfzählig.

Apiales

Apiaceae 466 Gattungen/3820 Arten, kosmopolitisch, meist nördlich temperat; Araliaceae 40/1900, pantropisch, selten temperat; Griseliniaceae 1/7, temperates S-Amerika, Neuseeland; Myodocarpaceae 2/17, SO-Asien, Australien, Neukaledonien; Pennantiaceae 1/4, Australien, Neuseeland, Norfolk-Inseln; Pittosporaceae 9/250, tropisch bis warmtemperat, Alte Welt; Torricelliaceae 3/10, Madagaskar, SO-Asien

Bei den Araliaceae und Apiaceae sind die Blätter meist gelappt bis gefiedert, die Blütenstände sind doldig, und

Abb. 19.243   Araliaceae. Knospen, Blüten und junge Früchte von *Aralia elata*. (Aufnahme: I. Mehregan)

Abb. 19.242   Menyanthaceae. Blüten von *Menyanthes trifoliata*. Kronblätter am Rand gefranst. (Aufnahme: P. Leins)

in den unterständigen Fruchtknoten entwickelt sich meist nur eine hängende Samenanlage pro Fach. Bei den vorwiegend holzigen **Araliaceae** (■ Abb. 19.243) besteht der Fruchtknoten aus zwei bis fünf Karpellen (■ Abb. 19.244). Die sich daraus entwickelnden Steinfrüchte haben keine Ölgänge. Zu den Araliaceae zählt der auch in Mitteleuropa heimische, immergrüne und heterophylle Efeu (*Hedera helix*) mit im Herbst von Fliegen oder Wespen bestäubten Blüten und im nächsten Frühjahr reifenden Früchten, aber auch der krautige Wassernabel (*Hydrocotyle*), der früher in eine separate Unterfamilie der Apiaceae oder eine eigene Familie gestellt wurde. Die **Apiaceae** (= Umbelliferae, Doldenblütler) umfassen fast nur krautige Pflanzen. Das zweizählige Gynoeceum entwickelt sich zu einer Spaltfrucht mit schizogenen Ölgängen. Die Apiaceae haben einen charakteristischen Habitus (■ Abb. 19.244). Ihre auffällig in Knoten und hohle Internodien gegliederten Achsen tragen wechselständige Blätter, die fast immer zerteilt sind und die Achse mit einer verbreiterten Blattscheide umfassen. Als Blütenstände (■ Abb. 19.244) findet man meist zusammengesetzte Dolden (Dolden und Döldchen). Ihre Tragblätter sind zu Hülle und Hüllchen zu-

sammengedrängt. Die kleinen, meist weißen, seltener rosa oder gelben Blüten sind außer im Gynoeceum fünfzählig und der Kelch fast immer stark reduziert. Die Kronblätter haben häufig eine nach innen gebogene Spitze und sind scheinbar frei. Dem Fruchtknoten sitzt häufig ein als Nektarium funktionierendes Griffelpolster auf (■ Abb. 19.244). In jedem Fruchtknotenfach hängt von der Scheidewand eine anatrope Samenanlage herab. Eine zweite verkümmert frühzeitig. Der Same enthält in seinem umfangreichen, fett- und proteinhaltigen Endosperm einen kleinen Embryo. Die Samenschale verklebt mit der Fruchtwand zu einer trockenen Spaltfrucht, die entlang der gemeinsamen Wand zu zwei einsamigen Teilfrüchten zerfällt. Diese hängen zunächst noch an einem Fruchthalter (Karpophor), von dem sie sich schließlich ablösen (■ Abb. 19.244).

Infolge Vereinfachung bzw. Reduktion sind bei wenigen Apiaceae ungeteilte Blätter entstanden, z. B. bei *Bupleurum*-Arten. Die Blüten mancher Gattungen, z. B. bei dem Bärenklau (*Heracleum*), sind durch Vergrößerung der nach außen gerichteten Kronblätter zygomorph. Bei manchen Gattungen wird die optische Wirkung des Blütenstands auch durch gefärbte Hochblätter verstärkt, z. B. durch die weiße Hülle der einfachen Dolden von *Astrantia* oder durch gelbe Hüllchen bei *Bupleurum*. Fliegen, Käfer und andere kurzrüsselige Insekten sind die wichtigsten Bestäuber der fast immer protandrischen Blüten.

Die Doldenblütler sind besonders in den extratropischen Teilen der Nordhemisphäre als Steppen-, Sumpf-, Wiesen- und Waldpflanzen in großer Artenzahl verbreitet. Mehrere Meter hohe Stauden findet man besonders in den zentralasiatischen Steppen (z. B. *Ferula*) und Polsterpflanzen im Bereich der Antarktis. Der hohe Gehalt an ätherischen Ölen macht die große Zahl der Gewürz- und Heilpflanzen, aber auch

Stammesgeschichte und Systematik der Bakterien, Archaeen, „Pilze", Pflanzen und anderer...

893　　19

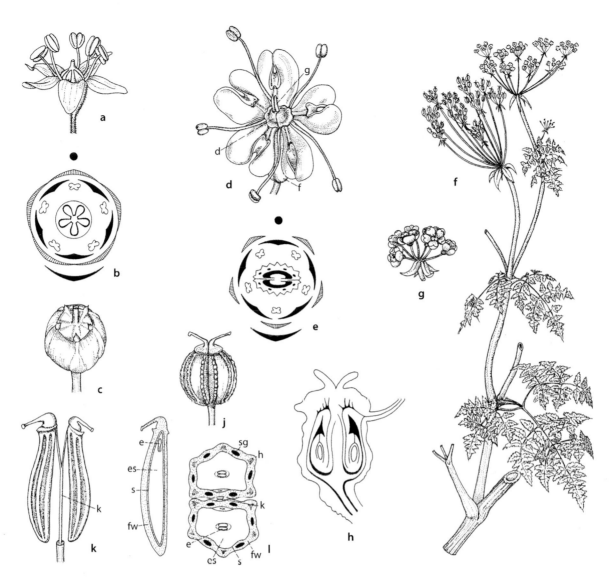

Abb. 19.244　Apiales, Araliaceae. a–c *Hedera helix.* **a** Blüte (etwa 4 ×). **b** Blütendiagramm. **c** Frucht (Beere, etwa 2 ×). **d–l** Apiaceae. **d** Blüte (*Ammi majus*) und **e** Blütendiagramm (*Laser trilobum*). **f–j** *Conium maculatum.* **f** Spross (0,5 ×). **g** Döldchen. **h** Blüte (längs, mit zwei hängenden Samenanlagen). **j** Frucht, gesamt (alle vergrößert). **k, l** Spaltfrucht von *Carum carvi*, gesamt, längs (10 ×) und quer (25 ×), mit Karpophor, Fruchtwand, Hauptrippen mit Leitbündeln, Riefen mit darunterliegenden Sekretgängen, Samenschale, Endosperm und Embryo. – d Diskus, e Embryo, es Endosperm, f Fruchtknoten, fw Fruchtwand, g Griffel, h Hauptrippen, k Karpophor, s Samenschale, sg Sekretgänge. (a und c nach G. Hegi; b nach A.W. Eichler; d nach Thellung; e nach F. Noll und H.A. Froebe, veränd.; f, g, j nach G. Karsten; h nach A. Tschirch und O. Oesterle; k, l nach O.C. Berg und C.F. Schmidt, etwas verändert)

Gemüsepflanzen in der Familie verständlich. Genutzt werden dabei Früchte, Blätter und Wurzeln. Beispiele sind Kümmel (*Carum carvi*), Anis (*Pimpinella anisum*), Koriander (*Coriandrum sativum*), Dill (*Anethum graveolens*), Liebstöckel (*Levisticum officinale*), Fenchel (*Foeniculum vulgare*), Petersilie (*Petroselinum crispum*), Möhre (*Daucus carota*), Pastinak (*Pastinaca sativa*) und Sellerie (*Apium graveolens*). Sehr giftig sind z. B. der gefleckte Schierling (*Conium maculatum*) und der Wasserschierling (*Cicuta virosa*).

Paracryphiales

Paracryphiaceae 3/36, Philippinen, Neuseeland, Neukaledonien

Dipsacales

Adoxaceae 5 Gattungen/200 Arten, kosmopolitisch, meist nordhemisphärisch temperat; Caprifoliaceae inkl. Diervilleaceae, Dipsacaceae, Linnaeaceae, Morinaceae, Valerianaceae 31/890, meist nordhemisphärisch temperat, seltener tropische Gebirge

Bei den überwiegend nordhemisphärisch temperat verbreiteten **Dipsacales** findet man Seco-Iridoide, gegenständige Blätter, die häufig zusammengesetzt, geteilt oder wenigstens gezähnt sind, cymöse Blütenstände und

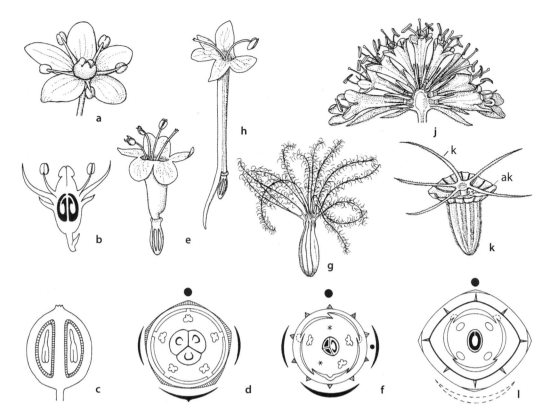

■ **Abb. 19.245** **Dipsacales, Adoxaceae. a, c, d** *Sambucus ebulus.* **a** Blüte (etwa 10 ×). **c** Steinfrucht, längs (etwa 5 ×). **d** Blütendiagramm. **b** *S. nigra,* Blüte, längs (etwa 10 ×). **e–l** Caprifoliaceae. Valerianaceae. **e, f** *Valeriana officinalis.* **e** Blüte (etwa 10 ×). **f** Blütendiagramm. **g** *Valeriana tripteris,* Frucht und Pappus (etwa 3 ×). **h** *Centranthus ruber,* Blüte (etwa 10 ×). **j, k** *Scabiosa columbaria.* **j** Blütenköpfchen längs (vergrößert). **k** Frucht mit Außenkelch und Kelch (vergrößert). **l** *Dipsacus pilosus,* Blütendiagramm. – ak Außenkelch, k Kelch. (a nach J. Graf; b nach G. Dunzinger; d, f, l nach A.W. Eichler; e, g, h nach F. Weberling; j, k nach G. Hegi)

meist unterständige Fruchtknoten mit meist drei oder mehr Karpellen mit nur wenigen Samenanlagen und oft sterilen Fächern.

Die **Adoxaceae** mit radiären Blüten und Steinfrüchten sind in Mitteleuropa durch den holzigen und fiederblättrigen Holunder (*Sambucus*; ■ Abb. 19.245), den ebenfalls holzigen aber einfachblättrigen Schneeball (*Viburnum*) sowie das krautige Moschuskraut (*Adoxa moschatellina*) vertreten.

Während die ersten beiden Gattungen schirmartige Thyrsen haben – z. B. sind die Randblüten des Schneeballs (*Viburnum opulus*) steril und vergrößert und haben eine Schaufunktion – hat *Adoxa* fünf bis sieben in einem fast würfelförmigen Köpfchen angeordnete Blüten.

Zygomorphe Blüten und Beeren, Kapseln oder Nussfrüchte findet man bei den **Caprifoliaceae** im weiteren Sinne (*s. l.*), in die heute die ehemaligen Valerianaceae und Dipsacaceae sowie drei weitere Familien eingeschlossen werden. Die Caprifoliaceae im engeren Sinne (*s. str.*; Caprifolioideae) haben Beeren oder Steinfrüchte. Zu *Lonicera* mit zu zweit angeordneten Blüten mit teilweise verschmolzenen Fruchtknoten zählen heimische Sträucher und Lianen, z. B. das Jelängerjelieber *L. caprifolium*; die Gattung *Symphoricarpos* ist mit der ein-

geführten weißbeerigen Schneebeere (*S. albus*) vertreten. Die Valerianoideae haben schwach zygomorphe Blüten mit einer meist fünfzähligen, oft gespornten Krone und nur ein bis vier Staubblättern. Aus ihrem häufig dreizähligen Fruchtknoten mit nur einem fruchtbaren Fach entsteht eine Nuss. Die auch in Mitteleuropa vertretene Gattung *Valeriana* (Baldrian), eurasiatischen Ursprungs aber auch z. B. in den Anden mit vielen Arten vertreten, ist meist ausdauernd, hat drei Staubblätter und bildet zur Fruchtzeit aus dem Kelch eine Haarkrone (■ Abb. 19.245). Pharmazeutische Bedeutung hat besonders *V. officinalis* als Quelle beruhigender Substanzen (z. B. Valerensäure, Valepotriate, ätherische Öle). Verschiedene Arten der einjährigen *Valerianella* werden als Feldsalat gegessen. Bei den Dipsacoideae sind die Blüten zu kopfigen Blütenständen vereint (■ Abb. 19.245), deren Randblüten oft vergrößert sind. Die einfächrigen und einsamigen Fruchtknoten sind von einer vierblättrigen Hochblatthülle (Außenkelch) umgeben (■ Abb. 19.245). Mitteleuropäische Gattungen sind etwa *Scabiosa*, *Knautia* und *Dipsacus*. Die trockenen Köpfchen von *D. fullonum* (Weber-Karde) mit ihren harten und spitzen Blütentragblättern wurden zum Aufrauen von Wollstoffen verwendet.

19

Stammesgeschichte und Systematik der Bakterien, Archaeen, „Pilze", Pflanzen und anderer...

895   19

19.4.4 Abstammung und Verwandtschaft der Samenpflanzen und Entstehung der Blütenpflanzen

Man kann davon ausgehen, dass die Samenpflanzen (Spermatophytina), Schachtelhalme (Equisetophytina), Gabelblattgewächse (Psilotophytina), Natternzungengewächse (Ohioglossophytina), eusporangiaten Farne (Marattiophytina) und leptosporangiaten Farne (Polypodiophytina) auf einen gemeinsamen Vorfahren zurückgehen, der z. B. wie die unterdevonische Gattung *Psilophyton* ausgesehen haben könnte (◼ Abb. 19.246). Schwestergruppe zu dieser Entwicklungslinie (Euphyllophyten) sind die Bärlappgewächse (Lycopodiophytina). Frühe Repräsentanten der zu den Samenpflanzen führenden Entwicklungsglinie sind die mitteldevonischen Gattungen *Tetraxylopteris* (◼ Abb. 19.246) und *Archaeopteris* (◼ Abb. 19.246), die zusammen mit zahlreichen weiteren Gattungen vielfach auch als Progymnospermen zusammengefasst werden. Dabei waren die reproduktiven Strukturen von *Archaeopteris* den Farnen ähnlich (mit Mikro- und Megasporangien), aber das Holz dieser Pflanzen ähnelte dem von modernen Nadelbäumen. Aus den Progymnospermen gingen dann im späten Devon (vor ca. 370 Mio. Jahren) die Samenpflanzen als monophyletische Entwicklungslinie hervor. Das eine Integument der neu gebildeten Samenanlage ist wahrscheinlich durch zunehmende Sterilisierung und Verwachsung aller Megasporangien außer einem fertil bleibenden entstanden (◼ Abb. 19.247).

Angesichts der Anordnung der Sporangien in nur sporangienenthaltenden Achsensystemen bei *Tetraxylopteris* und *Archaeopteris* ist diese auch als **Neosynangialtheorie** bekannte Vorstellung über die Entstehung des Integuments plausibler als die von der **Telomtheorie** (► Exkurs 19.7) postulierte Verwachsung eines gemischt steril/fertilen Achsensystems um ein einziges fertil verbleibendes Megasporangium (◼ Abb. 19.247).

Fast alle molekularen Analysen der Verwandtschaftsverhältnisse zwischen den rezenten Samenpflanzengruppen (Gymnospermen: Cycadopsida, Ginkgopsida, Coniferopsida inkl. Gnetales; Angiospermen: Magnoliopsida) zeigen, dass die heute lebenden Gymnospermen monophyletisch sind und die Schwestergruppe der Angiosper-

◼ **Abb. 19.246** Vorfahren der Samenpflanzen. **A** *Psilophyton* (Unterdevon). **B** *Tetraxylopteris* (Mitteldevon). **C** *Archaeopteris* (Mitteldevon; 1 Habitus: Baum von ca. 6 m Höhe, 2 Seitenast mit vegetativen und sporangientragenden Blattabschnitten, 3–6 fortschreitend flächig-laminare Ausbildung der Blattabschnitte bei verschiedenen Arten, 7 Mikro- und Megasporangien, 8 Mikro- und Megasporen). *Tetraxylopteris* und *Archaeopteris* repräsentieren die Progymnospermen. (a, B R. Spohn, a nach H.P. Banks, S. Leclercq und F.M. Hueber aus Kenrick und Crane 1997; b nach P.M. Bonamo und H.P. Banks aus Kenrick und Crane 1997; c nach C.B. Beck und C.A. Arnold aus Stewart und Rothwell 1993)

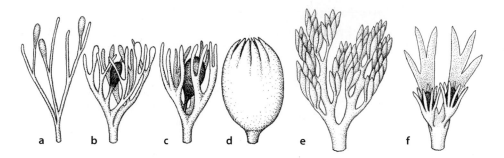

◻ Abb. 19.247   Entstehung der Samenanlagen. **a–d** Aus einem teils vegetativen, teils sporangientragenden Telomsystem differenzieren sich ein fertiler Nucellus (dunkel) und als sterile Hülle ein Integument (hell) (Telomtheorie, ▶ Exkurs 19.7). **e, f** Das Integument der Samenanlage entsteht durch zunehmende Sterilisierung und Verwachsung aller außer einem fertil bleibenden Megasporangium in einem nur sporagientragenden Telomsystem (Neosynangialtheorie). (R. Spohn, a–d nach J. Walton aus H.N. Andrews; e, f nach Kenrick und Crane 1997)

◻ Abb. 19.248   Hypothesen über die Entstehung der zwittrigen Angiospermenblüte. **a** Die Euanthientheorie geht davon aus, dass schon der Vorfahre der Angiospermen über zwittrige Blüten verfügte und die Blüte der Angiospermen dementsprechend ein einachsiges System mit lateralen Mikro- und Megasporophyllen ist. **b** Die Pseudanthientheorie dagegen nimmt an, dass die Blüte aus einem Blütenstand eingeschlechtiger Blüten und damit durch Kondensation eines Achsensystems mit Haupt- und Seitenachsen entstand. (a nach A. Arber und J. Parkin; b nach R. von Wettstein)

men darstellen, und dass die Gnetales am engsten mit den Coniferopsida verwandt sind.

Bei der Frage nach der Entstehung der Blüte der Magnoliopsida muss vor allem geklärt werden, wie erstens die Zwittrigkeit der Blüte, zweitens das die Samenanlagen einschließende Karpell und drittens das zweite Integument der Samenanlagen entstanden sind. Schließlich verlangt auch die Entstehung der Blütenhülle eine Erklärung.

Grundsätzlich gab und gibt es zwei sehr unterschiedliche Hypothesen zur Entstehung der Blüte. Während die **Euanthientheorie** (A. Arber und J. Parkin) davon ausgeht, dass schon der Vorfahre der Angiospermen über zwittrige Blüten verfügte und die Blüte der Magnoliopsida dementsprechend ein einachsiges System mit lateralen Mikro- und Megasporophyllen ist, nimmt die **Pseudanthientheorie** (R. von Wettstein) an, dass die Blüte aus einem Blütenstand eingeschlechtiger Blüten hervorgegangen ist und damit durch Kondensation eines Achsensystems mit Haupt- und Seitenachsen entstand (◻ Abb. 19.248).

Die **Pseudanthientheorie** geht davon aus, dass die Angiospermen von den Gnetales abstammen. Dabei wird postuliert, dass die zwittrige Blüte der Angiospermen durch Kondensation eines komplexen Achsensystems mit männlichen und weiblichen Blüten entstanden

ist. Das Karpell der Angiospermen ist in dieser Theorie aus dem Tragblatt der weiblichen Blüte und das zweite Integument der Samenanlagen aus unterhalb der weiblichen Blüte stehenden Brakteen entstanden. Eine Pseudanthientheorie wird in dieser Form nicht durch molekulare Verwandtschaftsanalysen bestätigt, da die Gnetales und Angiospermen nicht enger miteinander verwandt sind.

Ein mögliches Modell für die Entstehung der Blüte im Sinne der **Euanthientheorie** liefert die Gattung *Caytonia*. Während die molekularen Verwandtschaftsanalysen angesichts der Monophylie der rezenten Gymnospermen keine Aussage über den engsten Verwandten der Angiospermen ermöglichen, wird diese Gattung in manchen morphologischen Analysen als engster Verwandter und damit möglicher Vorfahre der Angiospermen identifiziert. *Caytonia* hatte gefiederte Mikro- und Megasporophylle, die allerdings noch nie miteinander verbunden (d. h. in einer zwittrigen Blüte) gefunden wurden. Die Megasporophylle bestanden aus einer Rhachis mit seitlichen und nach unten gekrümmten Cupulae mit jeweils mehreren orthotropen Samenanlagen mit einem Integument (◻ Abb. 19.249), und auch die Mikrosporophylle waren gefiedert und trugen seitliche Gruppen von jeweils vier miteinander verwachsenen Pollensäcken (◻ Abb. 19.249). Die Karpelle der Magnoliopsida

Stammesgeschichte und Systematik der Bakterien, Archaeen, „Pilze", Pflanzen und anderer...

897   19

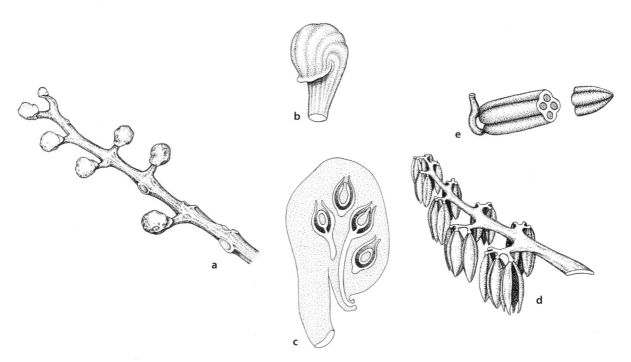

■ **Abb. 19.249** *Caytonia* als möglicher Vorfahre der Angiospermen. **a** Gefiedertes Megasporophyll mit seitlichen Cupulae (5 ×). **b** Cupula, **c** Längsschnitt durch Cupula mit mehreren Samenanlagen. **d** gefiedertes Mikrosporophyll mit seitlichen Pollensackgruppen (7 ×). **e** Gruppe miteinander verwachsener Pollensäcke im Querschnitt. (R. Spohn, a, d nach T.M. Harris aus Crane 1985; b, c, e nach T M Harris aus Stewart und Rothwell 1993)

könnten dadurch entstanden sein, dass die Rhachis der Megasporophylle flächig wurde und damit die Samenanlagen einschloss. Das zweite Integument der Samenanlagen der Magnoliopsida geht bei dieser Vorstellung auf die Cupula zurück, in der sich die Zahl der Samenanlagen bis auf eine verminderte. Die anatrope Position dieser Samenanlage würde dabei auf die nach unten gekrümmte Position der Cupulae zurückgehen. Im Bereich der Mikrosporophylle hätte es in der Evolution der Magnoliopsida zur Reduktion auf einen Stiel mit zwei Synangien mit je zwei Pollensäcken kommen müssen.

Zusammenfassend kann man nur schließen, dass die Entstehung der Blüte der Magnoliopsida und damit die Entstehung der Zwittrigkeit, des Karpells und des zweiten Integuments der Samenanlagen nicht endgültig geklärt sind. Die meisten Autoren nehmen dennoch eine Entstehung der Blüte im Sinne der Euanthientheorie an.

Die in der Blüte der Angiospermen für die Bestimmung der Organidentität verantwortlichen regulatorischen Gene bzw. Genfamilien sind zunehmend gut bekannt (▶ Abschn. 11.4). Diese Gene wurden z. B. auch in den Coniferopsida gefunden. Hier wird die Bildung männlicher Blüten (genauso wie die Bildung von Staubblättern in den Blüten der Angiospermen) durch Expression von Klasse-B- und Klasse-C-Genen determiniert, und die Bildung weiblicher Blüten (genauso wie die Bildung der Karpelle in den Blüten der Angiospermen) durch die Expression von Klasse-C-Genen. Die Entstehung der zwittrigen Blüten mit zuerst gebildeten Staubblättern und dann gebildeten Karpellen ließe sich dann z. B. durch Reduktion der Expression von Klasse-B-Genen im Spitzenbereich der männlichen Blüte erklären. Die für die Blütenhülle der Angiospermenblüte wichtigen Klasse-A-Gene sind in Gymnospermen nicht bekannt.

Quellenverzeichnis

Angiosperm Phylogeny Group, Chase M, Christenhusz M, Fay M, Byng JW, Judd W, Soltis DE, Mabberley DJ, Sennikov AN, Soltis PS, Stevens PF (2016) An update of the Angiosperm Phylogeny Group classification for the orders and families of flowering plants: APG IV. Bot J Linn Soc 181:1–20

Archibald JM (2009) The puzzle of plastid evolution. Curr Biol 19:R81–R88

Bower FO (1935) Primitive land plants. Macmillan, London

Chase MW, Reveal JL (2009) A phylogenetic classification of the land plants to accompany APG III. Bot J Linn Soc 161:122–127

Christenhusz MJM, Chase MW (2018) PPG recognises too many fern genera. Taxon 67(3):481–487

Crane PR (1988) Major clades and relationships in the „higher" gymnosperms. In: Beck C (Hrsg) Origin and evolution of gymnosperms. Columbia University Press, New York

Cronquist A (1981) An integrated system of classification of flowering plants. Columbia University Press, New York

Dahlgren RMT (1980) A revised system of the classification of the angiosperms. Bot J Linn Soc 80: 91–124

Forrest LL, Davis EC, Long DG, Crandall-Stotler BJ, Clark A, Hollingworth ML (2006) Unraveling the evolutionary history of the liverworts (Marchantiophyta): multiple taxa, genomes and analyses. Bryologist 109:303–334

Griesmann M, Chang Y, Liu X et al (2018) Phylogenomics reveals multiple losses of nitrogen-fixing root nodule symbiosis. Science 361. https://doi.org/10.1126/science.aat1743

Keeling PJ (2004) Diversity and evolutionary history of plastids and their hosts. Am J Bot 91:1481–1493

Kenrick P, Crane PR (1997) The origin and early diversification of land plants – a cladistic study. Smithsonian Institution Press, Washington

Leliaert F, Tronholm A, Lemieux C et al (2016) Chloroplast phylogenomic analyses reveal the deepest-branching lineage of the Chlorophyta, Palmophyllaceae class. nov. Sci Rep 6:25367

Liu Y, Johnson MG, Cox CJ et al (2019) Resolution of the ordinal phylogeny of mosses using targeted exons from organellar and nuclear genomes. Nat Commun 10:1485

Marin B (2012) Nested in the Chlorellales or independent class? Phylogeny and classification of the Pedinophyceae (Viridiplantae) revealed by molecular phylogenetic analyses of complete nuclear and plastid-encoded rRNA operons. Protist 163:778–805

Pteridophyte Phylogeny Group (2016) A community-derived classification for extant lycophytes and ferns. J Syst Evol 54(6):563–603

Roy et al (Hrsg) (2011) Phytoplankton pigments – Characterization, chemotaxonomy and applications in oceanography. Cambridge University Press, Cambridge

Schuettpelz E, Rouhan G, Pryer KM, Rothfels CJ, Prado J, Sundue MA, Windham MD, Moran RC, Smith AR (2018) Are there too many fern genera? Taxon 67(3):481–487

Soltis D, Soltis P, Endress P, Chase M, Manchester S, Judd W, Majure L, Mavrodiev E (2018) Phylogeny and evolution of the angiosperms. University of Chicago Press, Chicago

Spatafora JW, Chang Y, Benny GL et al (2016) A phylum-level phylogenetic classification of zygomycete fungi based on genome-scale data. Mycologia 108:1028–1046

Stevens PF (2001 onwards) Angiosperm Phylogeny Website Version 14, Juli 2017 http://www.mobot.org/MOBOT/research/APweb/. Zugegriffen am 26.03.2019

Stewart WN, Rothwell GW (1993) Paleobotany and the evolution of plants, 2. Aufl. Cambridge University Press, Cambridge

Takhtajan A (1980) Outline of the classification of flowering plant (Magnoliophyta). Bot Rev 46:225–359

Thorne RF (1992) An updated phylogenetic classification of the flowering plants. Aliso 13: 365–389

Thorne RF (2001) The classification and geography of the flowering plants: Dicotyledons of the class Angiospermae. Bot Rev 66: 441–647

Werner GDS, Cornwell WK, Sprent JI, Kattge J, Kiers T (2014) A single evolutionary innovation drives the deep evolution of symbiotic N_2-fixation in angiosperms. Nat Commun 5:4087. https://doi.org/10.1038/ncomms5087

Weiterführende Literatur

Für alle im Strasburger behandelten Organismen kann im Tree of Life Web Project (Madison und Schulz 2007; http://tolweb.org) nach Information gesucht werden. In der unten angegebenen Literatur finden sich auch zahlreiche ältere Werke mit wichtigen Informationen über Morphologie, Anatomie, Ökologie, Verbreitung usw. Es ist jedoch zu beachten, dass die Klassifikation in diesen älteren Werken veraltet ist, sodass die dort behandelten Taxa vielfach nicht den Taxa gleichen Namens nach heutiger Auffassung entsprechen.

Madison DR, Schulz K-S (2007) The tree of life web project. http://tolweb.org. Zugegriffen am 26.03.2019

Bakterien und Archaeen

Bergey's Manual of Systematic Bacteriology (2001–2012), 2. Aufl. Springer, Berlin

Börner H (2009) Pflanzenkrankheiten und Pflanzenschutz, 8. Aufl. Springer, Berlin

Frey W (Hrsg) (2012) Syllabus of plant families – A. Engler's Syllabus der Pflanzenfamilien, Teil 1/1: Blue-green algae, Myxomycetes and Myxomycete-like organisms, phytoparasitic protists, heterotrophic Heterokontobionta and Fungi p.p. Aufl. Borntraeger, Stuttgart, S 13

Fuchs E (Hrsg) (2017) Allgemeine Mikrobiologie, 10. Aufl. Thieme, Stuttgart

Madigan MT, Martinko JM, Stahl DA, Clark DP (2015) Brock Mikrobiologie kompakt, 13. Aufl. Pearson, Hallbergmoos

Chitinpilze, Flechten, Cellulosepilze

Beakes GW, Thines M (2017) Hyphochytridiomycota and Oomycota. In: Archibald JM et al. (Hrsg) Handbook of the protists. Springer, Berlin, S 1–71

Begerow D, McTaggart A, Agerer A, Frey W (Hrsg) (2018) Syllabus of plant families – A. Engler's Syllabus der Pflanzenfamilien, Teil 1/3: Basidiomycota and Entorrhizomycota, 13. Aufl. Borntraeger, Stuttgart

Börner H (2009) Pflanzenkrankheiten und Pflanzenschutz, 8. Aufl. Springer, Berlin

Frey W (Hrsg) (2012) Syllabus of plant families – A. Engler's Syllabus der Pflanzenfamilien, Teil 1/1: Blue-green algae, Myxomycetes and Myxomycete-like organisms, phytoparasitic protists, heterotrophic Heterokontobionta and Fungi p.p. Aufl. Borntraeger, Stuttgart, S 13

Jaklitsch WM, Baral HO, Lücking R, Lumbsch HT (Hrsg) (2016) Syllabus of plant families – A. Engler's Syllabus der Pflanzenfamilien, Teil 1/2: Ascomycota. Borntraeger, Stuttgart

Kirk PM, Cannon PF, David JC, Stalpers JAE (2009) Ainsworth & Bisby's dictionary of the fungi, 10. Aufl. CAB International, Wallingford

McLaughlin DJ, Spatafora JW (Hrsg) (2014) Systematics and evolution, the Mycota VII Teil A, 2. Aufl. Berlin, Springer

McLaughlin DJ, Spatafora JW (Hrsg) (2015) Systematics and evolution, the Mycota VII Teil B, 2. Aufl. Berlin, Springer

Nash TH (2008) Lichen biology, 2. Aufl. Cambridge University Press, Cambridge, UK

Internetadressen

Assembling the Fungal Tree of Life Project: Mushrooms, molds and much more (2005) https://www2.clarku.edu/faculty/dhibbett/TFTOL/content/1introprogress.html. Zugegriffen am 26.03.2019

Blackwell M, Vilgalys R, James TY, Taylor JW (2012) Fungi. Eumycota: mushrooms, sac fungi, yeast, molds, rusts, smuts, etc. Version 30 January 2012, http://tolweb.org/Fungi/2377/2012.01.30, in The tree of life web project, http://tolweb.org/. Zugegriffen am 26.03.2019

Leacock PR (2018) Kingdom Fungi – MycoGuide: http://www.mycoguide.com/guide/fungi. Zugegriffen am 26.03.2019

899　19

Stammesgeschichte und Systematik der Bakterien, Archaeen, „Pilze", Pflanzen und anderer...

Phylogenie der Pflanzen

Cheng S, Xian W, Fu Y, Marin B, Keller J, Sun W, Li X, Xu Y, Zhang Y, Wittek S, Reder T, Günther G, Gontcharov A, Wang S, Li L, Liu X, Wang J, Yang H, Xu X, Delaux P-M, Melkonian B, Wong GK, Melkonian M (2019) Genomes of Subaerial Zygnematophyceae. Cell 179:1057–1067

One Thousand Plant Transcriptomes Initiative (2019) One thousand plant transcriptomes and the phylogenomics of green plants. Nature 574:679–685

Algen und andere photoautotrophe Eukaryoten

Archibald JM, Simpson AGB, Slamovits CH (Hrsg) (2017) Handbook of the protists, 2. Aufl. Berlin, Springer

Frey W (Hrsg) (2015) Syllabus of plant families – A. Engler's Syllabus der Pflanzenfamilien, Teil 2/1: Photoautotrophic eukaryotic algae – Glaucocystophyta, Cryptophyta, Dinophyta/Dinozoa, Haptophyta, Heterokontophyta/Ochrophyta, Chlorarachniophyta/Cercozoa, Euglenophyta/Euglenozoa, Chlorophyta, Streptophyta p.p, Bd 13. Aufl. Borntraeger, Stuttgart

Graham LE, Graham JM, Wilcox LW, Cook ME (2016) Algae, 3. Aufl. LJLM Press

Karniya M, Lindstrom SC, Nakayama T et al. (2017) Syllabus of plant families – A. Engler's Syllabus der Pflanzenfamilien, Teil 2/2: Photoautotrophic eukaryotic algae – Rhodophyta 13. Aufl. Borntraeger, Stuttgart

Wehr JD, Sheath RG, Kociolek JP (2015) Freshwater algae of North America – ecology and classification, 2. Aufl. Academic, Amsterdam

Moose

Cole TCH, Hilger HH, Goffinet B (2019) Bryophyte phylogeny poster. PeerJ Preprints 7:e27571v1

Frey W, Stech M, Fischer E (Hrsg) (2009) Syllabus of plant families – A. Engler's Syllabus der Pflanzenfamilien, Teil 3: Bryophytes and seedless vascular plants: Marchantiophyta, Bryophyta, Anthocerotophyta, Protracheophyta (Horneophytopsida), Tracheophyta p.p.: Rhyniophytina, Lycophytina, Trimerophytina, Moniliformopses (Pteridophyta), Radiatopses (Progymnospermopsida), 13. Aufl. Borntraeger, Stuttgart

Goffinet B, Shaw J (2009) Bryophyte biology, 2. Aufl. Cambridge University Press, Cambridge, UK

Vanderpoorten A, Goffinet B (2009) Introduction to Bryophytes. Cambridge University Press, Cambridge, UK

Internetadressen

De Luna E, Newton AE, Mishler BD (2003) Bryophyta. Mosses. Version 25 March 2003, http://tolweb.org/Bryophyta/20599/2003.03.25, in The tree of life web project, http://tolweb.org/. Zugegriffen am 26.03.2019

Farnpflanzen

Christenhusz MJM, Chase MW (2014) Trends and concepts in fern classification. Ann Bot 113:571–594

Cole TCH, Bachelier JB, Hilger HH, Goffinet B (2018) Tracheophyte phylogeny poster. PeerJ Preprints 7:e2614v3

Foster AA, Gifford EM (1989) Morphology and evolution of vascular plants, 3. Aufl. Freeman, San Francisco

Frey W, Stech M, Fischer E (Hrsg) (2009) Syllabus of plant families – A. Engler's Syllabus der Pflanzenfamilien, Teil 3: Bryophytes and seedless vascular plants: Marchantiophyta, Bryophyta, Anthocerotophyta, Protracheophyta (Horneophytopsida), Tracheophyta p.p.: Rhyniophytina, Lycophytina, Trimerophytina, Moniliformopses (Pteridophyta), Radiatopses (Progymnospermopsida), 13. Aufl. Borntraeger, Stuttgart

Kramer KU, Schneller JJ, Wollenweber E (1995) Farne und Farnverwandte. Thieme, Stuttgart

Kubitzki K, Kramer KU, Green PS (1990) The families and genera of vascular plants. Bd 1 Pteridophytes and gymnosperms. Springer, Berlin

Sporne KR (1975) The morphology of Pteridophytes. Hutchinson, London

The Pteridophyte Phylogeny Group (2016) A community-derived classification for extant lycopyhtes and ferns. J Syst Evol 54:563–603

Tyron RM, Tyron AF (1982) Ferns and allied plants. Springer, New York

Samenpflanzen

Carlquist S (2001) Comparative wood anatomy, 2. Aufl. Springer, Berlin

Chase MW, Reveal JL (2009) A phylogenetic classification of the land plants to accompany APG III. Bot J Linn Soc 161:122–127

Christenhusz MJM, Reveal JL, Farjon A, Gardner MF, Mill RR, Chase MW (2011) A new classification and linear sequence of extant gymnosperms. Phytotaxa 19:55–70

Cole TCH, Bachelier JB, Hilger HH, Goffinet B (2018) Tracheophyte phylogeny poster. PeerJ Preprints 7:e2614v3

Cole TCH, Hilger HH, Stevens PF (2019) Angiosperm phylogeny poster (APP) – flowering plant systematics. Peer J Preprints 7:e2320v5

Corner EJH (1976) The seeds of the dicotyledons. Cambridge University Press, Cambridge, UK

Cronquist A (1981) An integrated system of classification of flowering plants. Columbia University Press, New York

Dahlgren RMT, Clifford HT (1982) The monocotyledons: a comparative study. Academic, London

Dahlgren RMT, Clifford HT, Yeo PF (1985) The families of the monocotyledons; structure, evolution and taxonomy. Springer, Berlin

Davis GL (1966) Systematic embryology of the angiosperms. Wiley, New York

Endress PK (1996) Diversity and evolutionary biology of tropical flowers. Cambridge University Press, Cambridge

Engler A (1900–1968) Das Pflanzenreich. Engelmann, Leipzig

Engler A, Prantl K (Hrsg) (1879–1915, 1924–1995) Die natürlichen Pflanzenfamilien, 1. und 2. Aufl. Engelmann, Leipzig; Duncker & Humblot, Berlin

Erdtman G (1966) Pollen morphology and plant taxonomy: angiosperms. Almqvist & Wiksell, Stockholm

Farjon A (2017) A handbook of the world's conifers, 2. Aufl. Brill, Leiden

Fischer E, Frey W, Theisen I (Hrsg) (2015) Syllabus of plant families – A. Engler's Syllabus der Pflanzenfamilien, Teil 3: Pinopsida (gymnosperms) Magnoliopsida (angiosperms) p.p.: subclass Magnoliidae [Amborellanae to Magnolianae, Lilianae p.p. (Acorales to Asparagales)]. Orchidaceae, 13. Aufl. Borntraeger, Stuttgart

Foster AA, Gifford EM (1989) Morphology and evolution of vascular plants, 3. Aufl. Freeman, San Francisco

Frohne D, Jensen U (1998) Systematik des Pflanzenreichs unter besonderer Berücksichtigung chemischer Merkmale und pflanzlicher Drogen, 5. Aufl. Wissenschaftliche Verlagsgesellschaft, Stuttgart

Hegnauer R (1962–2001) Chemotaxonomie der Pflanzen. Birkhäuser, Basel

Heywood VH, Brummitt RK, Culham A, Seberg O (2007) Flowering plant families of the world. Royal Botanic Gardens, Kew

Hill KD, Stevenson DW, Osborne R (2004) The world list of cycads. Bot Rev 70:274–298

Ickert-Bond SM, Renner SS (2015) The Gnetales: recent insights on their morphology, reproductive biology, chromosome numbers, biogeography, and divergence times. J Syst Evol 54:1–16

Johri BM, Ambegaokar KB, Srivastava PS (1992) Comparative embryology of angiosperms. Springer, Berlin

Judd WS, Campbell CS, Kellogg EA, Stevens PF, Donoghue MJ (2015) Plant pystematics: a phylogenetic approach, 4. Aufl. Oxford University Press, Oxford

Kubitzki K (Hrsg) (1990–2019) The families and genera of vascular plants. Springer, Berlin

Lieberei R, Reisdorff C (2012) Nutzpflanzen, 8. Aufl. Thieme, Stuttgart

Mabberley DJ (2017) Mabberley's plant-book: a portable dictionary of the vascular plants, 4. Aufl. Cambridge University Press, Cambridge

Metcalfe CR et al. (1960 ff) Anatomy of the monocotyledons. Clarendon, Oxford

Metcalfe CR, Chalk L (1950) Anatomy of the dicotyledons. Clarendon, Oxford

Metcalfe CR, Chalk L (1979 ff) Anatomy of the dicotyledons, 2. Aufl. Clarendon, Oxford

Soltis D, Soltis P, Endress P, Chase M, Manchester S, Judd W, Majure L, Mavrodiev E (2018) Phylogeny and evolution of angiosperms. Revised and updated edition. University of Chicago Press, Chicago

Sporne KR (1974a) The morphology of gymnosperms, 2. Aufl. Hutchinson, London

Sporne KR (1974b) The morphology of angiosperms. Hutchinson, London

Takhtajan A (1997) Diversity and classification of flowering plants. Columbia University Press, New York

Internetadresse

Stevens PF (2001 onwards). Angiosperm Phylogeny Website Version 14, July 2017 http://www.mobot.org/MOBOT/research/APweb/. Zugegriffen am 26.03.2019

19

Vegetationsgeschichte

Joachim W. Kadereit

Inhaltsverzeichnis

Kadereit, J.W. 2021 Vegetationsgeschichte. In: Kadereit JW, Körner C, Nick P, Sonnewald U. Strasburger –
Lehrbuch der Pflanzenwissenschaften. Springer Berlin Heidelberg, p. 901–918.
► https://doi.org/10.1007/978-3-662-61943-8_20

Die Flora und damit auch die Vegetation der Erde haben sich seit Entstehung des Lebens vor wahrscheinlich mehr als 3,5 Mrd. Jahren bzw. seit Entstehung der Pflanzen vor ca. 2,1 Mrd. Jahren ständig verändert. Aussterben und Neuentstehung von Arten waren jedoch kein kontinuierlicher Prozess (▶ Exkurs 20.1). Das heutige Pflanzenkleid der Erde kann also nur als das Ergebnis einer langen Entwicklung verstanden werden. Um die Rekonstruktion dieser Entwicklung bemüht sich die Floren- und Vegetationsgeschichte. Die Veränderung der Flora und Vegetation der Erde beruht auf der Evolution der Pflanzen, der Veränderung der Erdoberfläche (Lage von Kontinenten und Ozeanen, Gebirgsbildung) z. B. durch plattentektonische Prozesse, der Veränderung der Zusammensetzung der Atmosphäre (O_2- und CO_2-Konzentration, UV-absorbierende Ozonschicht, Temperatur, Niederschläge usw.), sowie der Veränderung aller Interaktionen von Pflanzen mit der sich verändernden Umwelt, untereinander und mit anderen, sich ebenfalls verändernden Organismen.

Exkurs 20.1 Massenextinktionen

Im Lauf der Erdgeschichte haben sich Flora und Vegetation fortwährend verändert, und Pflanzengruppen sind ausgestorben und neu entstanden (◘ Abb. 20.1). Das Aussterben und die Neuentstehung von Organismen ist dabei allerdings kein kontinuierlicher Prozess gewesen, sondern es lassen sich Perioden mit erhöhten Extinktions- und solche mit erhöhten Artbildungsraten erkennen. Perioden mit stark erhöhten Extinktionsraten werden auch als Massenextinktionen bezeichnet. Offenbar haben Massenextinktionen bei Gefäßpflanzen, terrestrischen Vertebraten und marinen Invertebraten nur zu einem kleinen Teil zur gleichen Zeit stattgefunden. Für die marine Fauna werden häufig fünf Perioden (engl. *the big five*) der Massenextinktion unterschieden (Ende Ordovicium: 443 Mio. Jahre; Devon: 359 Mio.; Grenze Perm/Trias: 251 Mio. Jahre; Grenze Trias/Jura: 200 Mio. Jahre; Grenze Kreide/Tertiär: 65 Mio. Jahre; die Zahlen geben jeweils das Ende der Massenextinktion an). Viele Autoren argumentieren, dass wir heute Zeugen einer vom Menschen verursachten sechsten Massenextinktion sind. Für Gefäßpflanzen erkennen einige Autoren neun solcher Massenextinktionen

an (Devon: 391, 378 und 363 Mio. Jahre; Karbon: 290 Mio. Jahre; Trias: 241 Mio. Jahre; Jura: 152–155 Mio. Jahre; Kreide: 132 Mio. Jahre; Neogen: 29 und 16 Mio. Jahre). Diese Extinktionen sind aber in jedem Fall viel weniger deutlich als bei Tieren und ihre statistisch belegbare Existenz wird dementsprechend von anderen Autoren ganz bezweifelt. Dieser offensichtliche Unterschied zwischen Pflanzen und Tieren wird meist auf die größere Regenerationsfähigkeit von Pflanzen (z. B. aus Bodensamenbanken) nach ökologischen Katastrophen zurückgeführt.

Die wegen ihrer möglichen Verbindung zum Aussterben der Dinosaurier vielleicht bekannteste (aber nicht bei Pflanzen beobachtbare) Massenextinktion an der Grenze Kreide/Tertiär scheint durch einen Asteroideinschlag auf der Erdoberfläche verursacht worden zu sein. Durch diesen Einschlag gelangten gewaltige Staubmengen in die Atmosphäre, die die Erdoberfläche erreichende Menge an Sonnenenergie verringerte sich über Jahre und das Klima kühlte deutlich ab. Nachdem zunächst eine weltweit vorhandene Iridiumschicht auf einen Einschlag hingewiesen hatte (Iridium ist ein auf der Erde seltenes, in Asteroiden

◘ **Abb. 20.1** Relative Artenvielfalt der wichtigsten Landpflanzengruppen seit dem Beginn des Ordoviciums. – A Angiospermen, E Equisetophytina, G Gymnospermen, L Lycopodiophytina, P Marattiophytina und Polypodiophytina. (Nach Niklas 1997)

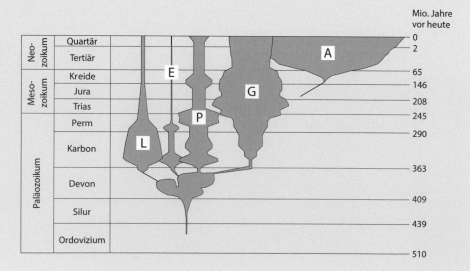

20

und Kometen aber häufiges Element), fand man schließlich den Krater auf dem Kontinentalschelf vor der Küste Yucatans (Mexiko). Es wird aber auch diskutiert, dass die Kreide/Tertiär-Massenextinktion ihre Hauptursache in verstärktem Vulkanismus hatte. Auch wenn für diese Massenextinktion eine extraterrestrische Ursache wahrscheinlich erscheint, gilt das kaum für alle Massenextinktionen der Erdgeschichte.

20.1 Methoden

Fossilisierung von Pflanzenresten findet meist nur unter sehr beschränkten Bedingungen statt, vor allem in marinen und limnischen Sedimenten und Torfen und aus diesen entstandenen Kohlen. Manche Algengruppen sowie Sprossfragmente, Blätter, Sporen, Pollen, Samen und Früchte von Gefäßpflanzen sind am besten fossil bekannt. Nur Skelettelemente z. B. einiger Algengruppen (Diatomeen: Kieselsäure; Coccolithophorales: ◘ Abb. 19.38, Corallinaceae, Dasycladaceae: Kalk) bleiben vielfach dirckt als Fossilien erhalten. Ansonsten entstehen Fossilien durch **Versteinerung, Inkohlung** oder als **Abdrücke** bzw. **Innenausgüsse**. Fossile Pflanzen werden so gut wie möglich rezenten Taxa zugeordnet oder als ausgestorbene Taxa beschrieben.

Bei der Versteinerung (◘ Abb. 19.142 und 19.119) wird das organische Material der Zellwände und des Zellinneren durch Mineralstoffe (z. B. Kieselsäure, Carbonate) ersetzt und es entstehen stark strukturierte Fossilien. Luftabschluss, fehlende Feuchtigkeit und die Einwirkung von mechanischem Druck führen zu stark komprimierten Fossilien und einer Inkohlung. Bei Abdrücken und Innenausgüssen lagern sich Bestandteile des Sediments entweder an der Oberfläche eines Pflanzenteils zusammen oder füllen einen Hohlraum aus. So bleiben ein Abdruck der Oberfläche oder eine innere Form bestehen. Bernsteinfossilien sind meist Hohlräume, die aber auch organisches Material enthalten können. Auch organische Moleküle können fossil erhalten geblieben sein und, wenn sie für bestimmte Organismen spezifisch sind, Auskunft über deren Vorkommen geben. Gleiches gilt für DNA (aDNA; engl. *ancient DNA*), die aus der jüngsten geologischen Vergangenheit stammt und z. B. in Permafrostböden konserviert wurde. Wenn solche DNA nicht mehr dem erkennbaren Rest einer Pflanze (oder eines anderen Organismus) zugeordnet werden kann, spricht man auch von Umwelt-DNA (eDNA; engl. *environmental DNA*). Es wird angenommen, dass solche DNA bis einige Hundertausend oder evtl. sogar 1 Mio. Jahre alt sein kann.

Fossilien von besonderer Bedeutung, vor allem für die jüngere geologische Vergangenheit, sind die durch ihre widerstandsfähige Exine sehr haltbaren Sporen und Pollenkörner der Landpflanzen. Sie lassen sich außerdem wegen ihrer starken strukturellen Differenzierung (▸ Abschn. 3.5.1.2, Pollen) besonders gut systematisch zuordnen. Vor allem Sporen und Pollen windblütiger Pflanzen werden in großer Menge verweht. In Mitteleuropa fallen jährlich auf einen Quadratzentimeter Boden mehrere Tausend Pollenkörner und Sporen und werden in Ablagerungen (z. B. Seekreiden, Torfe, Rohhumusbö-

den usw.) eingebettet. Für die Untersuchung der Floren- und Vegetationsentwicklung im Quartär lassen sich aus geeigneten Ablagerungen Bohrungen in Profilform entnehmen, schichtweise aufbereiten und quantitativ analysieren. Die grafische Darstellung als **Pollendiagramm** (◘ Abb. 20.17) zeigt dann das Auftreten und die wechselnde Menge der Sporen und Pollenkörner verschiedener Arten über den im Bohrungsprofil erfassten Zeitabschnitt. Bei quantitativer Kenntnis des rezenten Pollenniederschlags unterschiedlicher Vegetationseinheiten ist sogar die Rekonstruktion der Veränderung der quantitativen Zusammensetzung der Vegetation in der Nähe des Bohrungspunktes möglich.

Die Kenntnis des Alters fossiler Pflanzenreste ist für die Floren- und Vegetationsgeschichte von zentraler Bedeutung. Abgesehen von der relativen Chronologie der Erdgeschichte (◘ Abb. 20.2), die sich auf das Vorkommen tierischer und pflanzlicher **Leitfossilien** stützt, stehen auch verschiedene Methoden der **absoluten Altersbestimmung** zur Verfügung.

Das Alter von Gesteinen wird mit radiometrischen Methoden bestimmt. Dabei macht man sich zunutze, dass der Zerfall radioaktiver Mineralien eine konstante Halbwertszeit hat, in der sich die Menge radioaktiven Materials halbiert. Mit Uran ($^{238}U \rightarrow {}^{206}Pb$) oder radioaktivem Kalium ($^{40}K \rightarrow {}^{40}Ca$ bzw. ^{40}Ar) lassen sich z. B. Fossilalter von >100.000 Jahren gut bestimmen. Für die Bestimmung jüngerer Fossilien (<50.000 Jahre) wird meist die Radiocarbonmethode angewandt. Sie beruht darauf, dass sich bei der Bindung von Kohlenstoff in biologischem Material das ursprüngliche Verhältnis von $^{12}C:^{14}C$ im CO_2 der Luft durch Zerfall von ^{14}C zu ^{14}N (Halbwertszeit 5730 ± 40 Jahre) zugunsten von ^{12}C verschiebt. Andere Methoden der absoluten Datierung von Fossilien jüngeren Alters basieren auf unterschiedlichen Prozessen mit jahreszeitlichem Rhythmus. Dazu gehört die Altersbestimmung von Holz mittels jährlicher Zuwachsringe (Dendrochronologie), mit der teilweise ein Alter von bis zu 8000 Jahren genau bestimmt werden kann.

Nicht nur Fossilien, sondern auch Verwandtschaft und Verbreitung rezenter Taxa, erlauben indirekte Schlussfolgerungen über die Floren- und Vegetationsgeschichte eines Gebiets. Viele Taxa zeigen eine disjunkte Verbreitung, bei der die Lücken zwischen den Teilarealen normalerweise nicht durch Ausbreitung überbrückbar und meist groß sind. Die Disjunktion z. B. zwischen Ostasien und dem östlichen Nordamerika wiederholt sich in vielen Pflanzengruppen (◘ Abb. 23.19). Schließt man Fernausbreitung als Erklärung dieses Verbreitungsmusters aus, lässt es sich nur mit der Existenz eines ehemals

Känozoikum	Quartär (2,5)	Anthropozän Holozän Pleistozän	Neophytikum
	Neogen (23)	Pliozän Miozän	
	Paläogen (66)	Oligozän Eozän Paläozän	
Mesozoikum	Kreide (145)	Maastricht Campan Senon Turon Cenoman	Mesophytikum
		Alb Apt Barrême Neokom	
	Jura (201)	Malm Dogger Lias	
	Trias (252)	Keuper Muschelkalk Buntsandstein	
Paläozoikum	Perm (299)	Zechstein	Paläophytikum
		Rotliegendes	
	Karbon (359)	Oberkarbon Unterkarbon	
	Devon (419)	Oberdevon Mitteldevon Unterdevon	
	Silur (443)		Proterophytikum
	Ordovizium (485)		
	Kambrium (541)		
Präkambrium	Proterozoikum (2500)		
	Archaikum (4000)		

◻ **Abb. 20.2** Die Zeitalter der Erdgeschichte (Beginn vor Mio. Jahren)

durchgängigen Verbreitungsgebiets erklären. Das liefert Hinweise auf Klima und Vegetation der Vergangenheit in den zwischen Ostasien und dem östlichen Nordamerika liegenden Gebieten. Die heute vielfach auf DNA-Sequenzen beruhende Verwandtschaftsforschung erlaubt in gewissem Umfang auch die absolute Datierung mit einer molekularen Uhr (▶ Exkurs 18.2). Wenn sich die stammesgeschichtliche Trennung z. B. der ostasiatisch/nordamerikanischen Verwandten datieren lässt, muss – Fernausbreitung ausgeschlossen – mindestens bis zu diesem Zeitpunkt ein zusammenhängendes Verbreitungsgebiet existiert haben.

20.2 Präkambrium und Paläozoikum (ca. 4600–252 Mio. Jahre)

In der Zeit von der Entstehung des Lebens vor wahrscheinlich mehr als 3,5 Mrd. Jahren bis zur Besiedlung des Lands durch mehrzellige Pflanzen wahrscheinlich im Ordovicium (vor ca. 450 Mio. Jahren) haben ein- bis vielzellige Organismen sehr unterschiedlicher Organisation und Lebensweise und mit sehr unterschiedlichen Formen der Energiegewinnung hauptsächlich die damals wahrscheinlich warmen Meere der Erde besiedelt.

In diesem Zeitraum entstanden Bakterien und Archaeen als prokaryotisch organisierte Organismen, heterotrophe Eukaryoten und schließlich durch eine Endocytobiose zwischen heterotrophen Eukaryoten und photoautotrophen Cyanobakterien auch photoautotrophe Eukaryoten.

Der Nachweis von eindeutig zellulär gebauten Prokaryoten ist heftig umstritten. Während einerseits behauptet wird, dass sich solche Organismen erstmalig in Kieselschiefern der ca. 3,5 Mrd. Jahre alten Apex Chert Westaustraliens nachweisen lassen, stellt man diese Nachweise andererseits auch infrage und interpretiert die ca. 1,9 Mrd. Jahre alte Gunflint-Formation im kanadischen Ontario als erste eindeutig zelluläre Fossilien führende Gesteinsschicht. In 1,5–0,9 Mrd. Jahre alten Formationen Australiens gibt es erstaunlich gut konservierte einzellige Algen (*Caryosphaeroides*, den Chlorococcales ähnlich), an denen sich verschiedene Stadien der Zellteilung und sogar Reste des Zellkerns erkennen lassen. Diese Lebensgemeinschaften enthielten auch Bakterien, aquatische Pilze und Protozoen. Bis zum Ordovicium kommt es dann zu einer reichen Differenzierung von Grün- und Rotalgen als den zwei Hauptlinien der frühen Pflanzenevolution.

Das anfängliche Fehlen von Sauerstoff in der Atmosphäre erforderte Energiegewinnung durch verschiedene Formen der anaeroben Auto- und Heterotrophie. Frühe Prokaryoten haben teilweise vermutlich auch eine den heutigen extrem thermophilen Arten der Archaeen ähnliche Lebensweise gehabt. Die oxygene Photosynthese ist wahrscheinlich schon vor ca. 2,8 Mrd. Jahren entstanden. Seitdem hat die Sauerstoffkonzentration der Atmosphäre, die heute 21 % beträgt, zugenommen. Unter solchen Bedingungen ging die Verfügbarkeit der Standorte für anaerobe Organismen zurück und erlaubte die Diversifizierung aerober Organismen und die Evolution einer effizienten Atmung. Zum Zeitpunkt der Entstehung eukaryotischer Algen betrug die Sauerstoffkonzentration der Atmosphäre ca. 10 %. Mit der zunehmenden Sauerstoffkonzentration der Atmosphäre verbunden entstand auch eine UV-absorbierende Ozonschicht als wichtige Voraussetzung der Besiedlung des Lands.

Die Besiedlung des Lands vor ca. 450 Mio. Jahren im **Ordovicium** (485–443 Mio. Jahre; hier und im Folgenden bedeuten reine Zahlen immer Jahre vor heute) fällt mit einer starken Vereisung zusammen, durch die der Meeresspiegel um ca. 70 m sank. Zu diesem Zeitpunkt waren offenbar die Voraussetzungen für die Besiedlung des Lands durch Pflanzen gegeben. An erster Stelle gehörte dazu die Existenz von Böden mit pflanzenverfügbaren Mineralien. Bodenbildung hatte durch Verwitterung von Gesteinen stattgefunden, wobei die Sekretion organischer Säuren durch prokaryotische Organismen, Algen, Pilze und Flechten diesen Prozess beschleunigte. Die anfänglich hohe CO_2-Konzentration (10- bis 20-mal höher als heute) hat sich durch Bindung bei der Verwitterung silikatischer Gesteine ($CO_2 + CaSiO_3 \rightleftharpoons CaCO_3 + SiO_2$) deutlich reduziert. Dadurch sank auch die anfänglich (durch die hohe CO_2-Konzentration bedingt)

20

hohe Lufttemperatur. Die schon angesprochene Vereisung impliziert die Existenz eines latitudinalen Temperaturgradienten, in dem auch für die Besiedlung des Lands durch Pflanzen geeignete Temperaturbereiche existierten.

Aus einer ersten Phase der Landbesiedlung (mittleres **Ordovicium** bis frühes **Silur**) sind nur Sporentetraden bekannt. Daran anschließend (frühes **Silur** bis frühes **Devon**) traten zunehmend trilete Einzelsporen, Tracheiden, Cuticulafragmente und Spaltöffnungen auf. Im mittleren bis späten **Devon** schließlich entwickelten sich verschiedenste Gefäßpflanzen, weswegen das Devon auch als Anfangspunkt des **Paläophytikums** betrachtet wird. Zu diesen ersten Gefäßpflanzen gehörten als häufige Vertreter *Cooksonia*, *Aglaophyton major*, *Rhynia gwynne-vaughanii*, *Zosterophyllum divaricatum*, *Baragwanathia longifolia* und *Psilophyton dawsonii*. Diese frühesten terrestrischen Lebensgemeinschaften waren lockere, niedrige (<50 cm) und meist wohl amphibische Bestände am Ufer von Gewässern oder in feuchten Senken.

Fossilien der unterschiedlichen Entwicklungslinien der Moose treten im Devon nur spärlich auf.

Der Nachweis von Zersetzern (Bakterien, Pilze) an den Pflanzen zeigt, dass die ersten Landökosysteme grundsätzlich schon so funktioniert haben wie die heutigen. Es ist sehr wahrscheinlich, dass schon die frühesten Landpflanzen vesikulär-arbuskuläre (VA-)Mykorrhiza

(▶ Abschn. 19.2.1, Mykorrhiza) hatten, was bei der Erschließung der ersten Böden wichtig gewesen sein mag. Damit spielte diese Symbiose möglicherweise eine entscheidende Rolle bei der Besiedlung des Lands.

Vom mittleren **Devon** bis zum späten **Karbon** entstand der Superkontinent Pangaea. Das warme, feuchte und eisfreie Klima änderte sich in dieser Zeit in der Südhemisphäre zu einem kühleren und trockeneren Klima mit Vereisungen, in den Tropen entstand jedoch ein enger Gürtel mit erhöhten Niederschlägen. Die CO_2-Konzentration ging bis zum Ende des Karbons bis auf heutige Werte zurück. Im Karbon traten im damaligen Bereich des feucht-warmen Tropengürtels (■ Abb. 20.3) die ersten umfangreicheren Wälder auf, aus denen Steinkohle entstanden ist. Wichtige Vertreter in diesen Steinkohlewäldern waren z. B. *Lepidodendron* und *Sigillaria* (Schuppen- und Siegelbäume) als Vertreter der Lycopodiophytina, *Calamites* (Riesenschachtelhalm) als Vertreter der Equisetophytina, die Gattungen *Psaronius*, *Archaeopteris* und *Aneurophyton* als Progymnospermen und z. B. *Medullosa* als Vertreter der Pteridospermen (Samenfarne). Diese Lebensgemeinschaften waren artenreich und hinsichtlich Schichtung und Zonierung stark differenziert (■ Abb. 20.4). Im frühen Karbon lassen sich zusätzlich zu den tropischen Steinkohlewäldern vier weitere Biome unterscheiden (■ Abb. 20.3).

Im frühen **Perm** lässt sich eine ausgedehnte Vereisung der Südkontinente feststellen. Das mittlere Perm war eine wärmere Klimaperiode, und im späten

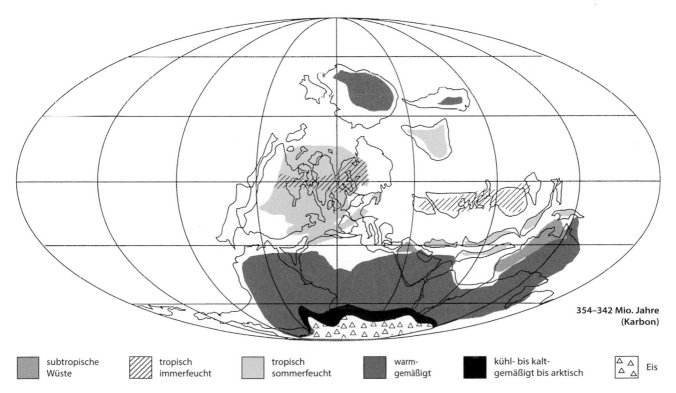

354–342 Mio. Jahre
(Karbon)

subtropische Wüste	tropisch immerfeucht	tropisch sommerfeucht	warm-gemäßigt	kühl- bis kalt-gemäßigt bis arktisch	Eis

■ **Abb. 20.3**   Hypothetisches Klima (Vegetation) der Erde vor 354–342 Mio. Jahren (Karbon). (Nach Willis und McElwain 2002)

◘ Abb. 20.4 Rekonstruktion eines Steinkohlewalds. Links oben: Zweige mit Blättern und Sporophyllähren von *Lepidodendron*; nach rechts: Stämme davon sowie von *Sigillaria*; dazwischen: Wedel mit Samenbildung von *Neuropteris* sowie die dünnen Sprosse von *Lyginopteris* (beide Pteridospermen); Mitte vorn: *Sphenophyllum*; hinten: Farne mit riesiger Urlibelle sowie weitere Bärlappbäume; rechts: *Calamites*. (Museum of Natural History, Chicago)

Perm ist eine ausgeprägte Aridisierung im Inneren der Kontinente zu beobachten. Der Temperaturverlauf zeigte starke saisonale Schwankungen und in beiden Hemisphären herrschte ein Monsunklima. Im Perm verschwinden die Steinkohlewälder, viele der dort dominanten Arten (Schuppen- und Siegelbäume, Sphenophyllen) sterben aus und viele Entwicklungslinien der Samenpflanzen entstehen. Dies ist der Beginn des **Mesophytikums**. Zu diesen Samenpflanzen gehören die heute noch existierenden Palmfarne (Cycadopsida) und Ginkgopsida, aber auch die ausgestorbenen Bennettitales und *Glossopteris*. *Glossopteris* (◘ Abb. 20.5) ist eine Leitform der in Südafrika, Indien, Australien, der Antarktis und im südlichen Südamerika anzutreffenden Gondwana-Flora.

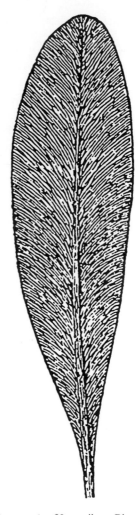

◘ Abb. 20.5 *Glossopteris*. Ungeteiltes Blatt mit Netzaderung (0,33 ×). (Nach W. Gothan)

20.3 Mesozoikum (252–66 Mio. Jahre)

In der zunehmend warmen **Trias** (252–201 Mio. Jahre) und dem anschließenden **Jura** (201–145 Mio. Jahre) kam es zur Diversifizierung der Nadelbäume (aber auch anderer Gymnospermen), und alle heute noch existierenden Familien der Nadelbäume treten erstmalig auf. Im frühen Jura lassen sich fünf Biome unterscheiden (◘ Abb. 20.6). In der **Kreide** (145–66 Mio. Jahre), insbesondere zwischen ca. 124 und 83 Mio. Jahren, drifteten die Kontinentalplatten schnell auseinander und es entstand die Tethys, das Meer, das Nord- und Südkontinente trennte. Der Meeresspiegel stieg um ca. 100 m an und die CO_2-Konzentration war, bedingt durch vulkanische Aktivität in Verbindung mit den Plattenbewegungen, vier- bis fünfmal so hoch wie heute. Das hatte im Vergleich zu heute um bis zu 8 °C höhere Lufttemperaturen und das Fehlen polaren Eises zur Folge.

Ein wichtiger Zeitpunkt für die Floren- und Vegetationsgeschichte der Erde ist die Entstehung der Angiospermen, die vor ca. 132 Mio. Jahren in der unteren Kreide erstmalig fossil auftreten (aber früher entstanden sind). Die Angiospermen sind möglicherweise als Sträucher gestörter Standorte im Unterwuchs feuchter Wäldern in niedrigen geografischen Breiten entstanden. Neben vielen die Artbildungsrate erhöhenden Eigenschaften der Angiospermen (▶ Abschn. 19.4.3.2) ist ein Grund für die rasche Diversifizierung in dieser Epoche und ihren großen Artenreichtum auch in den gewaltigen tektonischen und klimatischen Veränderungen der Erde während der Kreide zu suchen. Bereits in der mittleren Kreide waren die Angiospermen weltweit die in den meisten Vegetationseinheiten dominante Pflanzengruppe, und die meisten der heute noch existierenden Ordnungen scheinen bereits spätestens zum Ende der Kreide existiert zu haben. In der mittleren Kreide liegt der Beginn des **Neophytikums**, das mit dem Aussterben oder deutlichen Rückgang der im Mesophytikum dominierenden Taxa verbunden ist.

20

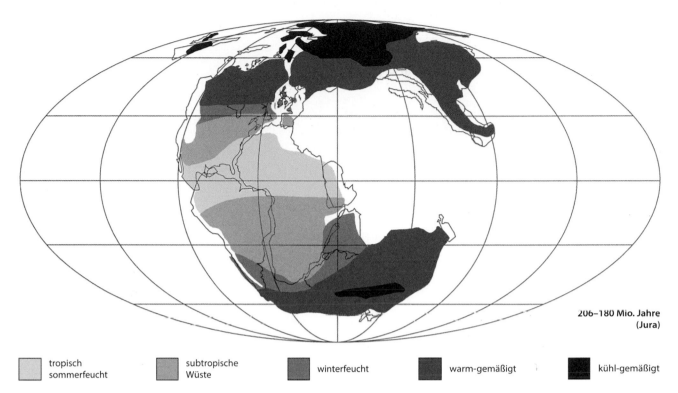

tropisch sommerfeucht | subtropische Wüste | winterfeucht | warm-gemäßigt | kühl-gemäßigt

206–180 Mio. Jahre (Jura)

Abb. 20.6 Hypothetisches Klima (Vegetation) der Erde vor 206–180 Mio. Jahren (Jura). (Nach Willis und McElwain 2002)

Unter heute beobachtbaren Verbreitungsmustern bei Angiospermen lassen sich zumindest einige südhemisphärische Disjunktionen bis in die späte Kreide zurückverfolgen. So ist unumstritten, dass die Verbreitung der fossil sehr gut bekannten Gattung *Nothofagus* in Südamerika, Neukaledonien, Australien, Neuseeland und Neuguinea wenigstens teilweise mit dem Auseinanderbrechen des südhemisphärischen Teils des Superkontinents Pangaea erklärt werden kann, das vor ca. 80 Mio. Jahren begonnen hat.

20.4 Känozoikum (66 Mio. Jahre bis heute)

20.4.1 Paläozän bis Holozän

Das **Känozoikum** (66 Mio. Jahre bis heute) ist eine Zeit sehr ausgeprägten klimatischen Wandels. Während die Zeit vom **Paläozän** (66–56 Mio. Jahre) bis zum mittleren **Eozän** (56–34 Mio. Jahre) offenbar eine der wärmsten Epochen der Erdgeschichte war, fand vom mittleren Eozän über **Oligozän** (34–23 Mio. Jahre), **Miozän** (23–5 Mio. Jahre) und **Pliozän** (5–2,5 Mio. Jahre) eine mehr oder weniger kontinuierliche Abkühlung (mit Erwärmungsphasen im Miozän) und Aridisierung des Klimas statt, die sich in den Eiszeiten des **Quartärs** fortsetzte (Abb. 20.11).

Paläozän, Eozän und Oligozän werden auch als **Paläogen** zusammengefasst, und Miozän und Pliozän als **Neogen**. Paläogen und Neogen sind in der Vergangenheit als **Tertiär** zusammengefasst worden.

Ein wesentlicher Grund für diesen klimatischen Wandel ist die Veränderung der Erdoberfläche. Durch die Hebung z. B. des Himalajas und der amerikanischen Kordillera ab ca. 55 Mio. Jahren und der Pyrenäen, des Kaukasus, der Karpaten usw. ab ca. 35 Mio. Jahren entstanden im Regenschatten dieser neuen Gebirge ausgedehnte Trockengebiete. Die Bewegung der Landmassen in höhere geografische Breiten führte zur Ausbildung polarer Eiskappen, wobei diese Eisbildung in der Antarktis offenbar Folge der Entstehung einer circum-antarktischen Strömung war. Das Verschwinden großer Meere wie der Europa von Asien trennenden Turgaistraße oder der Tethys durch Entstehung einer Landverbindung zwischen Afrika und Asien durch die arabische Halbinsel (dadurch entstand das Mittelmeer vor ca. 21,5 Mio. Jahren) führte zur Ausbildung kontinentalen Klimas in dann meerferneren Gebieten. Die CO_2-Konzentration ging bis auf Werte zurück, wie sie noch in vorindustrieller Zeit herrschten (s. auch Abb. 22.44). Die Entwicklung der Flora und Vegetation wurde von diesen atmosphärischen und geomorphologischen Veränderungen stark beeinflusst.

Im Eozän (Abb. 20.7) waren selbst in den heute temperaten Bereichen der Nordhemisphäre subtropisch-sommerfeuchte Floren mit Lauraceae (z. B. *Cinnamomum*), Moraceae (*Artocarpus*, *Ficus*), Juglandaceae (*Engelhardtia*), Palmen (*Sabal*, *Elaeis*,

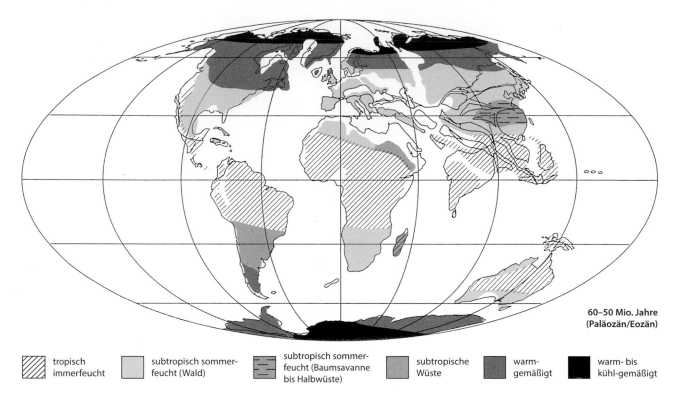

tropisch immerfeucht	subtropisch sommer-feucht (Wald)	subtropisch sommer-feucht (Baumsavanne bis Halbwüste)	subtropische Wüste	warm-gemäßigt	warm- bis kühl-gemäßigt

Abb. 20.7 Hypothetisches Klima (Vegetation) der Erde vor 60–50 Mio. Jahren (Paläozän/Eozän). (Nach Willis und McElwain 2002)

Abb. 20.8 Rekonstruktion der Vegetationszonierung eines mitteltertiären Braunkohlemoo-res in Zentraleuropa. (Nach M. Teichmüller aus P. Duvigne-aud)

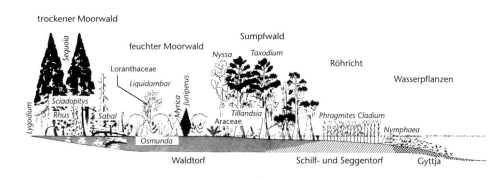

Nypa) und tropischen Farnen (z. B. *Matonia*) weit ver-breitet. Nach Norden schlossen sich teilweise bis in die heute arktischen Regionen von z. B. Alaska und Grönland reichende warm-temperate Floren mit im-mergrünen und sommergrünen Blütenpflanzen (auch z. B. Palmen) und Nadelbäumen an, und artenreiche sommergrüne Laub- und Nadelmischwaldfloren waren bis nach Spitzbergen und Grinell-Land (81°45′ nördl. Breite, heutige mittlere Jahrestemperatur −20 °C) ver-breitet. Da die nördlichen Kontinente damals noch dichter beieinander lagen als heute, muss zu dieser Zeit ein reger Florenaustausch zwischen Amerika und Eu-rasien sowohl über Beringia als auch über den Atlantik möglich gewesen sein. Das Ergebnis war die Ausbil-dung einer der Nordhemisphäre der Alten und Neuen Welt gemeinsamen Flora als Grundstock der rezenten Flora der Holarktis.

Für Mitteleuropa nimmt man im Eozän eine durchschnittliche Jahres-temperatur von 22 °C an. Für die Nordhemisphäre ergibt sich im Ver-gleich zur Gegenwart eine Verschiebung der polaren Waldgrenze um 10–15 und der nördlichen Palmengrenze um ca. zehn Breitengrade nach Norden. Fossile Reste dieser Floren können in Mitteleuropa z. B. in Eckfeld/Eifel, Messel bei Darmstadt und im Geiseltal bei Halle ge-funden werden. Auch die baltische Bernsteinflora stammt aus dieser Zeit. Die damalige Vegetation ist wahrscheinlich den heute an Vertre-tern der Lauraceae reichen Bergregenwäldern Südostasiens ähnlich gewesen. Die drei europäischen Gattungen (*Ramonda*, *Jancaea*, *Ha-berlea*) der pantropischen Gesneriaceae sind möglicherweise Relikte dieser tropischen Tertiärflora.

Vom Eozän bis zum Miozän sind in Mitteleuropa aus den organischen Ablagerungen von verlandenden Seen und angrenzenden Moorwäldern ausgedehnte Braun-kohlenlager entstanden. Leitformen dieser Braunkoh-lenwälder (☐ Abb. 20.8) sind die heute nur noch in Nordamerika verbreiteten Koniferengattungen

20

Taxodium und *Sequoia* sowie die in Amerika und Asien heimische Gattung *Nyssa* (Cornaceae).

Durch zunehmende Abkühlung und Aridisierung waren im Oligozän die Vegetationszonen bereits deutlich nach Süden verschoben (Abb. 20.9) und fast alle tropischen Sippen starben in Europa aus. In Mitteleuropa findet man nun sommergrüne Laub- und Nadelmischwaldfloren und weiter nördlich nimmt der Anteil an Nadelbäumen zu.

Die paläobotanischen Befunde zum Vegetationswandel werden durch einige auf molekularen Phylogenien basierende und unter Anwendung einer molekularen Uhr durchgeführte biogeografische Analysen gut unterstützt. So wurde z. B. für die Melastomataceae und Lauraceae gefunden, dass die großen Disjunktionen in diesen weitestgehend tropischen Familien wenigstens teilweise in das Oligozän zurückreichen. Man nimmt an, dass bis zu dieser Epoche interkontinentaler Austausch über eine in hohen geografischen Breiten verbreitete boreotropische Flora möglich war, deren zusammenhängendes Areal dann aber im Oligozän unterbrochen wurde. In Europa stellten die von Ost nach West verlaufenden Hochgebirge und das Mittelmeer für die paläo- und neogenen (und auch quartären) Florenwanderungen entscheidende Hindernisse dar. Damit wird verständlich, warum Europa heute viel artenärmer ist als klimatisch vergleichbare Bereiche in Ostasien und Nordamerika.

Ab dem Miozän (Abb. 20.10), unterbrochen von kurzen Phasen der Erwärmung im frühen und mittleren Miozän, kommt es zur weiteren Abkühlung und Aridisierung des Klimas in hohen geografischen Breiten. Damit wurden spätestens im Pliozän auch die zwischen Eurasien und Nordamerika kontinuierlich verbreiteten temperaten Wälder fragmentiert.

Dementsprechend ließ sich zeigen, dass die Mehrzahl der bisher unter Anwendung einer molekularen Uhr datierten Disjunktionen zwischen Ostasien und dem östlichen Nordamerika (es sind über 200 Pflanzentaxa mit einem solchen Verbreitungsmuster bekannt) im Miozän, aber hauptsächlich im Pliozän entstanden sind.

Die Entstehung warmkontinentaler und sommertrockener Klimate (z. B. in den Mittelmeerländern, im westlichen Nordamerika, aber auch auf der Südhalbkugel, z. B. in Chile) hat ab dem Oligozän allmählich zur Veränderung der dortigen immergrünen Regenwaldfloren zu Hartlaubfloren geführt. In Europa wurde diese Entwicklung durch das mehrmalige Austrocknen des Mittelmeeres im Miozän beschleunigt. Beispiele für diesen Florenwandel sind das Auftreten von *Myrtus communis* und *Smilax aspera* aus überwiegend tropischen Familien sowie *Quercus ilex*, *Nerium oleander* und *Olea europaea*. Mediterrane Klimabedingungen sind aber frühestens vor ca. 10 Mio. Jahren entstanden, möglicherweise aber auch erst vor ca. 3 Mio. Jahren.

Mit der zunehmenden Austrocknung und Kontinentalisierung der meerfernen Gebiete stand offenbar auch die fortschreitende Entstehung und Differenzierung der Trockenfloren waldfreier Savannen, Steppen, Halbwüsten und Wüsten sowie ihre weltweite Ausbreitung in direktem Zusammenhang. Mit der Ausbreitung der

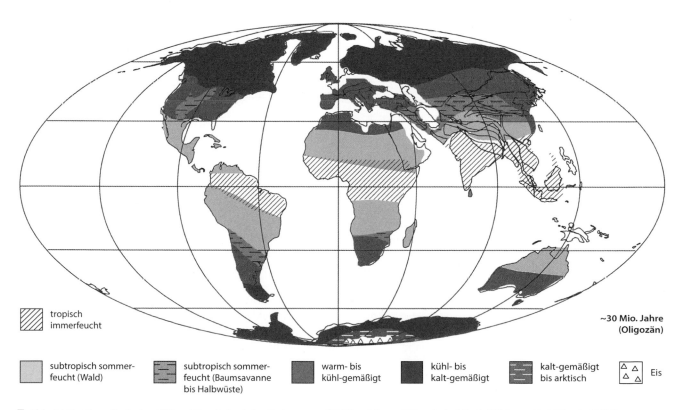

tropisch immerfeucht

~30 Mio. Jahre (Oligozän)

subtropisch sommerfeucht (Wald)

subtropisch sommerfeucht (Baumsavanne bis Halbwüste)

warm- bis kühl-gemäßigt

kühl- bis kalt-gemäßigt

kalt-gemäßigt bis arktisch

Eis

 Abb. 20.9 Hypothetisches Klima (Vegetation) der Erde vor ca. 30 Mio. Jahren (Oligozän). (Nach Willis und McElwain 2002)

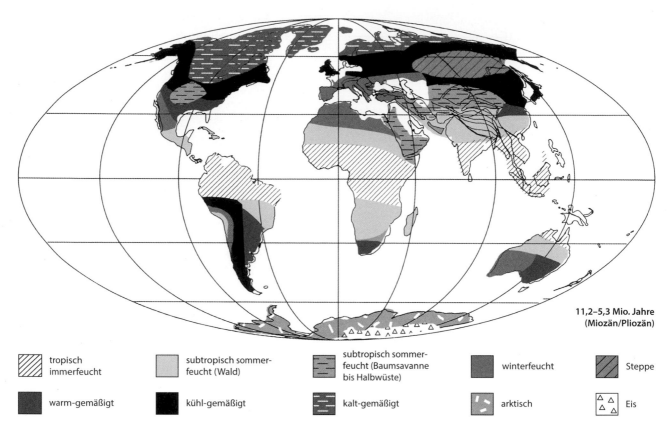

11,2–5,3 Mio. Jahre
(Miozän/Pliozän)

tropisch immerfeucht	subtropisch sommerfeucht (Wald)	subtropisch sommerfeucht (Baumsavanne bis Halbwüste)	winterfeucht	Steppe
warm-gemäßigt	kühl-gemäßigt	kalt-gemäßigt	arktisch	Eis

Abb. 20.10   Hypothetisches Klima (Vegetation) der Erde vor 11,2–5,3 Mio. Jahren (Miozän/Pliozän). (Nach Willis und McElwain 2002)

Abb. 20.11 Klimaschwankungen im Tertiär und Quartär. Geschätzte Jahresmitteltemperaturen für West- und Mitteleuropa. Der Zeitmaßstab für das Pleistozän und das Holozän ist gedehnt und die Zahl der Kalt- und Warmzeiten geringer als sie tatsächlich war. (Aus Lang 1994)

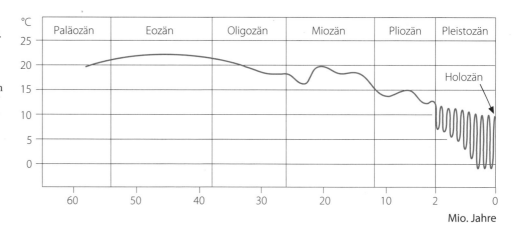

Savannen und Steppen wiederum war die Evolution vieler grasfressender Herdentiere verbunden.

Die im Miozän/Pliozän fortschreitende Gebirgsbildung war für die Entstehung der alpinen Flora der Holarktis von entscheidender Bedeutung. Die Lage der Diversitätszentren charakteristischer Hochgebirgsgattungen (z. B. *Saxifraga*, *Draba*, *Primula*, *Gentiana*, *Pedicularis*, *Leontopodium*, *Crepis*) legt nahe, dass die zentralasiatischen Gebirge (z. B. östlicher Himalaja, Westchina, Altai) Ausgangspunkt der Evolution wenigstens einiger dieser Gattungen waren. Von dort haben viele Taxa offenbar über die Beringstraße auch ein

circumpolar-arktisches Verbreitungsgebiet besiedelt und sind (auch noch im Quartär) teilweise sogar über Mittelamerika bis nach Südamerika (z. B. *Gentianella*) gelangt.

Die im mittleren Eozän beginnende Abkühlung des Klimas (Abb. 20.11) setzt sich in den starken Klimaoszillationen und den damit verbundenen Eiszeiten des **Quartär** fort (ca. 2,5 Mio. Jahre. bis heute). Die Ursachen für die starken Klimaschwankungen im Quartär sind einerseits regelmäßige Veränderungen des Umlaufverhaltens der Erde (Milankovic-Zyklen) und andererseits die Beschaffenheit der Erdoberfläche.

Das Umlaufverhalten der Erde verändert sich regelmäßig in der Exzentrizität der elliptischen Umlaufbahn (Periode: ca. 100.000 Jahre), in der Neigung der Erdachse (Periode: ca. 41.000 Jahre) und in der Präzession, der zeitlichen Verschiebung des Perihels als sonnennächstem Punkt der Umlaufbahn (Periode: ca. 23.000 Jahre). Da diese regelmäßigen Veränderungen offenbar während der gesamten Erdgeschichte stattgefunden haben, sind sie allein als Erklärung der Klimaschwankungen des Quartärs nicht ausreichend. Diese Klimaschwankungen konnten erst entstehen, weil Landmassen durch die plattentektonische Verschiebung der Kontinente an oder in die Nähe der Pole gelangten. Dadurch wurden Meeresströmungen als wichtige Träger von Wärmeenergie so beeinflusst, dass sich polare Eismassen bilden konnten. Für den Beginn des Quartärs ist dabei offenbar die Eisbildung im Bereich der Arktis besonders wichtig, denn die Antarktis war schon länger von Eis bedeckt. Ein weiterer offenbar wichtiger Faktor für die quartären Klimaschwankungen war die Veränderung von Luftströmungen und Windrichtungen durch die im Quartär weit fortgeschrittene Gebirgshebung.

Im Verlauf des Quartärs gab es zahlreiche Kaltzeiten (Glaziale) und Warmzeiten (Interglaziale) wie ◘ Abb. 20.12 zeigt. Während der Kaltzeiten haben sich in Nordwesteuropa, im angrenzenden Nordwestsibirien und in weiten Gebieten Nordamerikas (nach Süden bis ca. 40° nördlicher Breite) gewaltige Inlandeismassen mit einer Dicke von bis zu 3000 m gebildet. Auch die Alpen waren von einer fast geschlossenen Eisdecke bedeckt (◘ Abb. 20.13), während die Gebirge Südeuropas, Asiens, Alaskas und der Tropen weniger ausgedehnte Gletscher trugen. Während der Warmzeiten lagen die Temperaturen teilweise über denen der Gegenwart. Gleichzeitig mit den Kaltzeiten der höheren geografischen Breiten waren die wärmeren und trockeneren Gebieten im Süden (z. B. Mittelmeergebiet, Sahara) von Regenzeiten (Pluvialzeiten) geprägt, während sich dort in den Warmzeiten die Trockenheit verschärfte. Im tropischen Flachland war das Klima in den Kaltzeiten kühler und deutlich trockener, wodurch die tropischen Regenwälder deutlich schrumpften und fragmentiert wurden.

Die mittleren Jahrestemperaturen sanken im Verlauf der Kaltzeiten in Mitteleuropa um 8–12 °C, in eisferneren und tropischen Gebieten um 4–6 °C. Die Alpengletscher dehnten sich ins Vorland aus und näherten sich dem nordischen Eis bis auf ca. 500 km. Das eiszeitliche Klima wirkte aber auch außerhalb der vereisten Gebiete vegetationsfeindlich. Hier wurden unter anderem in einem breiten Saum um das Inlandeis Flugstaubdecken als Löss abgelagert. Bis nahe an den Nordrand der Mittelmeerländer blieb der Boden in einiger Tiefe während des ganzen Jahres gefroren (Dauer-, Permafrost). Durch die Bindung großer Wassermengen im Eis senkte sich der Meeresspiegel (bis ca. 120 m) und das Festland dehnte sich aus. So gehörten die Britischen Inseln und die südliche Nordsee noch während des letzten Eisrückgangs zum Festland.

Die zahlreichen Klimaoszillationen des Quartär werden manchmal in 12 (bis 13) Glazial- und Interglazialkomplexe gegliedert (◘ Abb. 20.12), denen in unterschiedlichen Teilen Europas und in Nordamerika unterschiedliche Namen gegeben werden. Dies sind der Prätegelen-Glazialkomplex (GL-Komplex; Brüggen; ca. 2,3 Mio. Jahre), Tegelen-Interglazialkomplex (IG-Komplex), Eburon-GL-Komplex (Donau; ca. 1,6 Mio. Jahre), Waal-IG-Komplex,

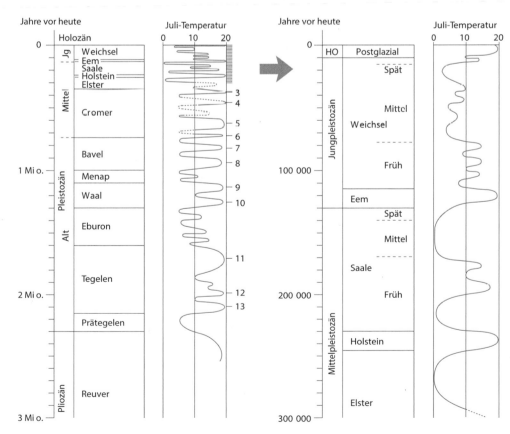

◘ **Abb. 20.12** Klimastratigrafische Gliederung und geschätzte Juli-Mitteltemperaturen des gesamten Quartärs (links) sowie des Mittel- und Jungpleistozäns und des Holozäns (rechts) am Beispiel der Niederlande. – Arabische Zahlen bezeichnen Interglaziale: 3 Cromer IV, 4 Cromer III, 5 Cromer II, 6 Cromer I, 7 Leerdam, 8 Bavel, 9 Waal C, 10 Waal A, 11 Tegelen TC5, 12 Tegelen TC3, 13 Tegelen A. (Aus Lang 1994, leicht verändert)

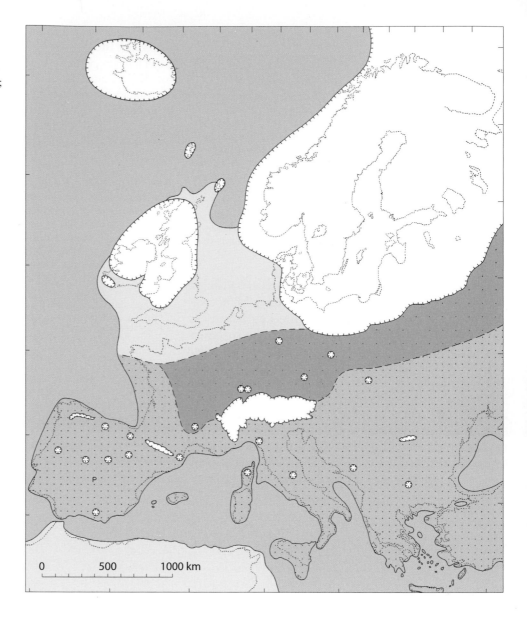

◨ **Abb. 20.13** Vegetation Europas um 20.000 vor heute (Weichsel-Glazial zur Zeit maximaler Eisausdehnung). – Weiß: Gletscher; gelb: Tundra; rot: Steppentundra; grün: Steppen mit isolierten Gehölzvorkommen. (Nach Lang 1994)

Menap-GL-Komplex (Günz; ca. 1,1 Mio. Jahre), Bavel-IG-Komplex (inkl. Dorst-GL-Komplex), Cromer-IG-Komplex, Elster-GL-Komplex (Mindel; ca. 0,35 Mio. Jahre), Holstein-IG-Komplex, Saale-GL-Komplex (Riss; ca. 0,23 Mio. Jahre), Eem-IG-Komplex und Weichsel-GL-Komplex (Würm; ca. 0,11 Mio. Jahre). Während die Warmzeiten zu Beginn des Quartärs länger als die Kaltzeiten andauerten, waren sie im späten Quartär deutlich kürzer als die Kaltzeiten (Holstein und Eem als die letzten zwei Warmzeiten dauerten je nur ca. 15.000 Jahre, der Weichsel-Glazialkomplex dagegen ca. 100.000 Jahre). Der Höhepunkt der letzten Kaltzeit liegt erst ca. 18.000 Jahre zurück.

Die quartären Kalt-, Regen- bzw. Trockenzeiten haben die Vegetation der Erde stark beeinflusst und führten zur drastischen Veränderung von Verbreitungsgebieten und zur Verschiebung von Vegetationszonen. Zahlreiche tertiäre Taxa starben aus, und neue Taxa entstanden durch geografische Isolation, Hybridisierung und Polyploidie als Folge der ständigen Veränderungen der Ver-

breitungsgebiete und der immer wieder neuen Verfügbarkeit von fast oder ganz unbesiedelten Lebensräumen. Besonders intensiv betroffen waren dabei die gletschernahen Gebiete in Europa und Nordamerika.

Eine Rekonstruktion der Vegetation Europas während des Höchststands der letzten Eiszeit ist in ◨ Abb. 20.13 dargestellt. Bis auf lokale Waldsteppen bzw. Waldtundren mit Birken, Kiefern und anderen kältefesten Gehölzen z. B. am relativ warmen Alpenostrand war Mitteleuropa damals nahezu baumlos. Diese fossilen Floren werden nach dem heute arktisch-alpin verbreiteten Silberwurzkomplex (*Dryas* spp.) auch als Dryas-Floren bezeichnet. In ihnen wird erkennbar, dass damals Zwergstrauchtundren und Kältesteppen, vielfach mit Lössablagerungen, dazu staudenreiche Matten, Seggenmoore und artenarme Wasserpflanzengesellschaften weit verbreitet waren.

20

Von den Arten der Dryas-Floren haben z. B. *Dryas* spp., *Salix herbacea*, *Kalmia* (= *Loiseleuria*) *procumbens*, *Saxifraga oppositifolia*, *Silene acaulis*, *Bistorta* (= *Polygonum*) *vivipara*, *Oxyria digyna* und *Eriophorum scheuchzeri* heute eine arktisch-alpine Verbreitung. *Salix polaris* und *Ranunculus hyperboreus* sind heute nur arktisch, und *Potentilla aurea* und *Salix retusa* nur alpin verbreitet. Zusammen mit diesen Arten lebten aber auch solche, die heute noch zwischen Arktis und Alpen z. B. in den Mittelgebirgen vorkommen (*Betula nana*, *Empetrum nigrum*) oder weiter verbreitet sind und weniger enge Klimaansprüche haben (*Filipendula ulmaria*, *Menyanthes trifoliata*, *Potamogeton* spp.). An trockeneren Standorten wuchsen Arten der Kältesteppe, die heute überwiegend östlich verbreitet sind (*Artemisia*, *Helianthemum*, *Ephedra*, *Stipa*, *Leontopodium*). Auf Rohböden fanden sich heute als Unkräuter wachsende Arten wie *Chenopodium album* und *Centaurea cyanus*. Typische Tiere dieser Kältesteppen waren z. B. Mammut, Ren, Moschusochse, Murmeltier und Lemming.

Für den Süden Europas zeigt ◨ Abb. 20.13 das weite Zurückweichen anspruchsvollerer Gehölze. Galerie- und Saumwälder hielten sich im Bereich der südlicheren Kältesteppen, weiter verbreitet waren offene Waldsteppen und Waldtundren, und die Refugien sommergrüner Laubbäume oder anspruchsvollerer Nadelbäume waren klein, disjunkt und häufig küstennah. Immergrüne Vegetation konnte sich wahrscheinlich nur außerhalb Europas in Nordwestafrika und Südwestasien erhalten.

Die Identifizierung quartärer Refugien durch pollenanalytische Befunde wird heute durch den Einsatz DNA-analytischer Methoden ergänzt. Dabei nimmt man an, dass während der Wanderung aus Refugien heraus, als Folge nur weniger an der Wanderung beteiligter Genotypen, genetische Variation verloren geht und dass dementsprechend in Refugialgebieten in aller Regel mehr genetische Variation angetroffen wird als in Gebieten, die von diesen ausgehend neu besiedelt

wurden (▶ Abschn. 17.2.2). Unerwartet viel genetische Variation in postglazial besiedelten Gebieten findet man aber dort, wo es bei der Besiedlung zur Durchmischung von Genotypen aus unterschiedlichen Refugialräumen kam.

Die großräumige Analyse der Variation plastidärer DNA und kerncodierter Isoenzyme vor dem Hintergrund von Pollenfossilien hat für die Buche (*Fagus sylvatica*) gezeigt, dass die Besiedlung von Mittel- und Nordeuropa wahrscheinlich aus Refugialgebieten in Südfrankreich, den Ostalpen und dem Gebiet von Slowenien und Istrien stattgefunden hat (◨ Abb. 20.14). Die so identifizierten Refugialgebiete liegen damit viel weiter nördlich als bisher angenommen. Für die Buche ging man bisher davon aus, dass sie aus Süd- und Südosteuropa (oder nur aus Südosteuropa) nach Mitteleuropa gelangt ist. Auch für andere Pflanzenarten wird zunehmend deutlich, dass neben den großräumigen Refugialgebieten des südwestlichen, südlichen und südöstlichen Europas unter kleinräumig klimatisch günstigen Bedingungen kleine, sogenannte kryptische Refugien auch viel weiter nördlich existiert haben und Ausgangspunkt der holozänen Expansion waren.

Während der Kaltzeiten wichen viele Arten der Gebirge und der Arktis in tiefere bzw. südlichere Lagen aus. Allerdings haben, wie man z. B. für *Dryas integrifolia* und *Saxifraga oppositifolia* zeigen konnte, im Bereich der Arktis vor allem das nordöstliche Eurasien und das nordwestliche Nordamerika (zusammen auch als Beringia bezeichnet) als großräumiges Refugialgebiet gedient. Durch Rückzug in zusammenhängende Tieflagen entstanden gute Möglichkeiten für weite Wanderungen. Das hatte einen intensiven Florenaustausch zwischen den ursprünglichen Verbreitungsgebieten zur Folge. Davon waren nicht nur die Floren der Alpen, Pyrenäen, Karpaten und anderer europäischer Hochgebirge be-

◨ **Abb. 20.14** Vermutete Lage von Refugialgebieten (Kreise) während der letzten Eiszeit, holozäne Einwanderungswege (Pfeile) und heutiges Areal (grün) der Buche (*Fagus sylvatica*). (Nach Magri et al. 2006)

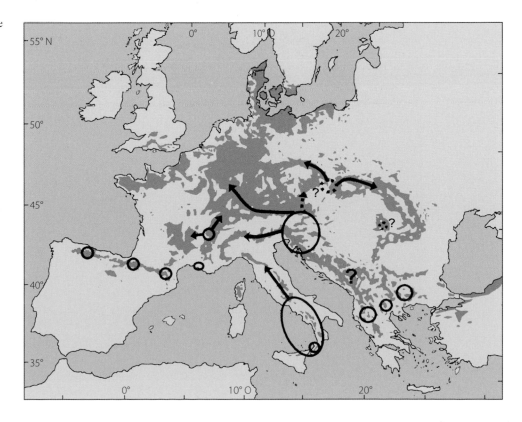

troffen, sondern es konnten z. B. ursprünglich asiatische Gebirgstaxa über die landfeste Beringstraße nach Nordamerika oder in die Alpen gelangen oder alpine in die Arktis und umgekehrt. In den Warmzeiten haben diese Arten einerseits die Lebensräume der Gebirge und der Arktis zurückerobert, andererseits wurden ihre zusammenhängenden Kaltzeitareale aber durch die Ausdehnung der Waldvegetation wieder zerrissen. Diese Vorgänge erklären die zahlreichen alpinen, arktisch-alpinen und asiatisch-alpinen Disjunktionen in der rezenten Flora sowie das Vorkommen von arktisch-alpinen und borealen Arten als Glazialrelikte außerhalb ihrer Hauptverbreitungsgebiete.

Die Kraut-Weide (*Salix herbacea*, ◨ Abb. 20.15) hat im Lauf des Quartär ein arktisches Areal (nordöstliches Nordamerika, Grönland, Island, Spitzbergen, Nordeuropa) besiedelt und während der Kaltzeiten von dort über Mitteleuropa die Alpen, Karpaten, Pyrenäen, Abruzzen und die balkanischen Gebirge erreicht. Fossilfunde dokumentieren das kaltzeitlich zusammenhängende Areal, das heute stark disjunkt ist und zwischen den arktischen und alpinen Hauptvorkommen nur einige sehr isolierte Reliktfundorte (z. B. in den Sudeten) aufweist. Ein ähnliches Bild zeigt auch *Betula nana*.

Montane bis alpine Gefäßpflanzen konnten die Kaltzeiten einerseits in Refugialgebieten außerhalb der Vergletscherung, andererseits aber auch innerhalb der Eismassen auf eisfreien Graten oder Gipfeln (Nunataks) überdauern. Bisher ließ sich aus der Häufung von reliktären oder disjunkten Verbreitungsgebieten unterschiedlicher Arten bzw. aus der Überlappung von Verbreitungsgebieten und geomorphologisch erkennbaren Nunataks auf die Lage dieser Refugien schließen. Da hier anders als für die Identifizierung der Refugialgebiete windblütiger Waldbäume häufig keine Pollenfossilien existieren, hat die Anwendung DNA-analytischer Methoden in diesem Bereich große Bedeutung.

Während der quartären Warmzeiten war die Pflanzendecke jeweils der heutigen ähnlich. Allerdings kamen in den frühen Interglazialen Mitteleuropas noch einige Arten vor, die hier heute ausgestorben sind.

In Mitteleuropa waren verschiedene Arten teilweise bis zum Beginn des Weichsel-Glazialkomplexes und dem damit beginnenden Jungpleistozän noch weit verbreitet. Beispiele sind die heute in Nordamerika und Ostasien lebende Seerose *Brasenia schreberi*, die auf dem Balkan lokalisierte

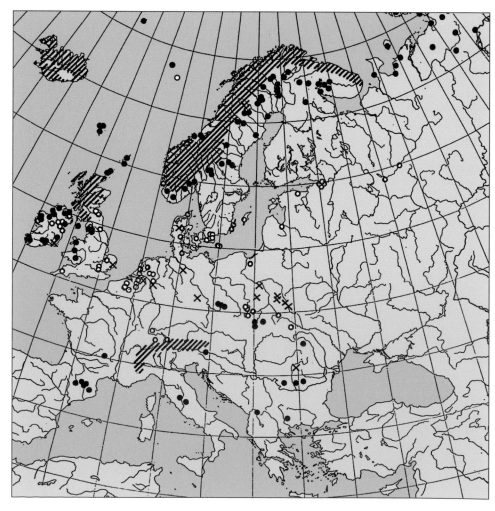

◨ **Abb. 20.15** Verbreitung von *Salix herbacea* in Europa in der Gegenwart (///●) bzw. nach Fossilfunden im Postglazial, in der Würm-Kaltzeit (○) und in früheren Kaltzeiten (×). (Nach H. Tralau aus H. Walter und H. Straka)

20

Picea omorika, die heute auf Nordafrika und Südwestasien beschränkten Zedern (*Cedrus*) und die großblütigen Alpenrosen der *Rhododendron ponticum*-Gruppe, die heute nur noch im Kaukasus, Nordanatolien, dem Libanon, der Balkan-Halbinsel und auf der südwestlichen Iberischen Halbinsel in weit disjunkten Teilarealen vorkommen.

Den vor 10.000 Jahren beginnenden jüngsten Abschnitt des Quartärs bezeichnet man als **Holozän** oder Nacheiszeit (Postglazial). Nach dem letzten Höhepunkt der Vereisung vor ca. 18.000 Jahren wurde das Klima allmählich und unter Rückschlägen wieder wärmer. Der Großteil der Eismassen schmolz im Verlauf der nächsten 10.000 Jahre. Dadurch konnten viele Arten der Wälder und anderer klimatisch anspruchsvoller Pflanzengesellschaften die vorher waldfreien oder eisbedeckten Gebiete z. B. Europas und Nordamerikas wieder besiedeln (◘ Abb. 20.14). In den Gebirgen stieg die Waldgrenze an, entsprechende Vegetationsstufen entwickelten sich und alpine Tundren zogen sich in höhere Lagen zurück.

Das Holozän beginnt mit einer Klimaerwärmung in der Vorwärmezeit (Präboreal, vor ca. 10.000–8500 Jahren), erreicht über die frühe Wärmezeit (Boreal, ca. 8500–7500 Jahre) in der mittleren (Atlantikum, ca. 7500–4500 Jahre) und späten Wärmezeit (Subboreal, ca. 4500–2500 Jahre) ein Temperaturmaximum und zeigt in der Nachwärmezeit (Subatlantikum, ca. 2500 bis heute) eine erneute Abkühlung (◘ Abb. 20.16).

Dem entspricht die Vegetationsentwicklung (◘ Abb. 20.17). Nach einer kurzen, plötzlichen Abkühlung am Ende der Vorwärmezeit (jüngere Dryas) beginnt die frühe Wärmezeit mit einer erneuten Ausbreitung von Birken und Kiefern. In der mittleren Wärmezeit beginnt eine Massenausbreitung der Hasel, die zuerst zur Entstehung von Hasel-Kiefer-Wäldern führt. Durch Abnahme von Birken und Kiefern

Südschweden (Nilsson)	Dänemark (Jessen, Iversen)	Britische Inseln (Jessen, Godwin)	Mitteleuropa (Firbas)	T	
I / II Subatlantic (SA)	IX Subatlantic	VIII Subatlantic	IX / X Nachwärmezeit (Subatlantikum)		Holozän
——— 2300 ———	——— 2500 ———	——— 2700 ———	——— 2800/2500 ———		
III / IV Subboreal (SB)	VIII Subboreal	VIIb Subboreal	VIII späte Wärmezeit (Subboreal)	w	
——— 5300 ———	——— 5000 ———	——— 5000 ———	——— 4500 ———		
V / VI Atlantic (AT)	VII Atlantic	VIIa Atlantic	VI / VII mittlere Wärmezeit (Atlantikum)	w	
——— 8200 ———	——— 8000 ———	——— 7500 ———	——— 7500 ———		
VII / VIII Boreal (BO)	V / VI Boreal	V / VI Boreal	V frühe Wärmezeit (Boreal)	w	
——— 9900 ———	——— 9000 ———	——— 9500 ———	——— 8800/8500 ———		
IX Preboreal (PB)	IV Preboreal	IV Preboreal	IV Vorwärmezeit (Präboreal)		
——— 10300 ———	——— 10300 ———	——— 10300 ———	——— 10100 ———		
X younger Dryas (DR 3)	III younger Dryas	III upper Dryas	III jüngere subarktische Zeit	k	Spätglazial
——— 11100 ———	——— 11000 ———	——— 10800 ———	——— 11000 ———		
XI Allerød (AL)	II Allerød	II Allerød	II mittlere subarktische Zeit	w	
——— 12000 ———	——— 11700 ———	——— 12000 ———	——— 12000 ———		
	Ic older Dryas		Ib ältere subarktische Zeit	k	
	——— 12000 ———			w	
XII older Dryas	Ib Bølling	I lower Dryas			
	——— 12500 ———		Ia älteste waldlose Zeit	k	
	Ia oldest Dryas				

◘ **Abb. 20.16**   Klimatostratigrafische Feingliederung des Spätglazials und Holozäns in Nord-, West- und Mitteleuropa. Abschnittsgrenzen in Radiocarbonjahren vor heute. – T Temperatur, w warm bzw. wärmer, k kalt bzw. kühler. (Nach Lang 1994)

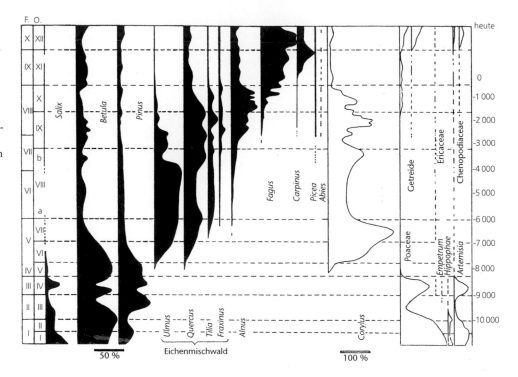

Abb. 20.17 Spätquartäres Pollendiagramm vom Ende der Eiszeit bis zur Gegenwart (vom Luttersee, 160 m, östlich Göttingen; Pollenzonen I–XII nach F = Firbas und O = Overbeck). Schematisiert, Anteile von Baumpollen schwarz (*Acer* nicht berücksichtigt), *Corylus* und Nichtbaumpollen weiß (nur die wichtigsten Typen, beide relativ zur Baumpollensumme = 100 %). (Nach K. Steinberg und A. Bertsch aus H. Walter und H. Straka)

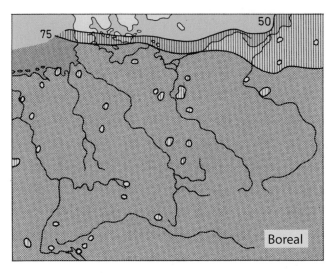

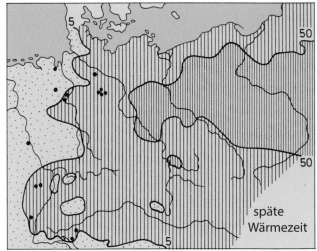

Abb. 20.18 Ausbreitung und Rückgang der Wald-Kiefer im Postglazial Mitteleuropas: Gebiete gleichen Pollenniederschlags (<5 %, 5–50 %, 50–75 %, >75 %) im Boreal und in der späten Wärmezeit. (Nach F. Firbas)

(Abb. 20.18) sowie einer verstärkten Einwanderung von Ulmen und Eichen entstehen dann Hasel-Eichen-Mischwälder. Mit dem verstärkten Hervortreten der anspruchsvolleren Laubbäume Linde, Ahorn und Esche entstehen in der mittleren bis späten Wärmezeit Eichenmischwälder. In den immer stärker versumpfenden Niederungen breiten sich Erlenbruchwälder aus und Fichten bedecken die östlichen Mittelgebirge bis zum Harz sowie die Ostalpen und Karpaten. Kiefernwälder waren ähnlich wie heute auch damals hauptsächlich an eher trockenen und warmen Standorten anzutreffen. An noch trockeneren und baumfeindlichen Standorten hatte sich eine artenreiche Trockenrasen- und Steppenvegetation entwickelt.

In der Nachwärmezeit machen sich eine Abnahme der Temperaturen und eine Vermehrung der Niederschläge bemerkbar. Rotbuche, Hainbuche und Tanne treten erstmals auf und drängen Eichen und Hasel zurück. Schließlich kommt in tieferen Lagen sowie in den niedrigen nordwestlichen Mittelgebirgen die Rotbuche zur Herrschaft, im Osten die Hainbuche. Die Gebirgswälder werden weitgehend zu Mischwäldern mit Buche, Tanne und Fichte. Damit wird der in Abb. 20.19 wiedergegebene und potenziell heute noch gültige Zustand erreicht.

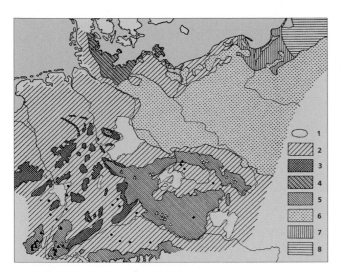

Abb. 20.19 Rekonstruktion der natürlichen Vegetation Mitteleuropas zu Beginn unserer Zeitrechnung aufgrund pollenanalytischer Befunde. – 1 Trockengebiete mit aufgelockerten Eichenmischwäldern (ohne Buche, Jahresniederschläge unter 500 mm); 2 Buchenmischwaldgebiete der tieferen Lagen (z. T. Eiche überwiegend); 3 Buchenbergwaldgebiete; 4 kiefernarmes Buchengebiet; 5 Gebirgswaldgebiete mit Buchen, Tannen und Fichten; (▲) subalpin aufgelockert; (△) Fichte dominierend; 6 Kiefernwaldgebiete mit Eiche auf Sandböden; 7 Hainbuchenmischwaldgebiete; 8 Hainbuchenmischwaldgebiet mit Fichte; (●) Kiefer lokal dominierend. (Nach F. Firbas aus H. Ellenberg)

20.4.2 Anthropozän

Der moderne Mensch hat die Klima- und Vegetationsveränderungen in Mitteleuropa seit vermutlich mindestens ca. 40.000 Jahren miterlebt, der Neandertaler seit ca. 300.000 (bis maximal vor ca. 25.000) Jahren. Der Einfluss des Menschen auf die Flora und Vegetation Mitteleuropas wird aber erst ab der Jungsteinzeit (ca. 7000 Jahre vor heute) mit der Sesshaftigkeit und dem Beginn des Ackerbaus im Pollenprofil fassbar. Umgekehrt hatten aber auch holozäne Klimaveränderungen möglicherweise einen entscheidenden Einfluss auf die kulturelle Evolution des Menschen. So wird z. B. postuliert, dass der Beginn des Anbaus von Pflanzen in Südwestasien vor ca. 11.500 Jahren entweder durch die Verknappung sammelbarer Nahrung durch eine vorübergehende Abkühlung und Aridisierung des Klimas eingeleitet oder erst mit Erreichen einer atmosphärischen CO_2-Konzentration von ca. 270 ppm in dieser Zeit lohnend wurde.

In Bodenprofilen zeugen Ascheschichten von der Brandrodung und Pollen von Getreide und Unkräutern (*Plantago*, *Rumex*, *Centaurea cyanus*) vom Ackerbau. Die Zunahme von Getreide- und Unkrautpollen deutet auf eine zunehmende Bewirtschaftung der Natur durch den Menschen hin. Unkräuter als Begleiter menschlicher Kultur sind durch den Menschen teilweise weltweit verbreitet worden. Als **Archäophyten** werden Arten bezeichnet, die vor der Entdeckung Amerikas in Europa eingeschleppt wurden, darunter z. B. die Kornrade (*Agro-*

stemma githago) und der Klatschmohn (*Papaver rhoeas*), die bereits in der Jungsteinzeit zusammen mit den damals eingeführten Getreiden nach Mitteleuropa gekommen sind, während Acker-Senf (*Sinapis arvensis*) und Acker-Gauchheil (*Anagallis arvensis*) Mitteleuropa in der Bronzezeit erreichten. **Neophyten** sind Neuankömmlinge aus der Zeit nach der Entdeckung Amerikas. Hierzu gehören z. B. *Impatiens glandulifera* aus dem Himalaya, *Senecio vernalis* aus Südwestasien, *Elodea canadensis*, *Conyza canadensis* und einige *Solidago*-Arten aus Nordamerika, und *Galinsoga parviflora* und *G. ciliata* aus Südamerika. Aus neuweltlichen Trockengebieten stammen die im Mittelmeergebiet manchmal landschaftsbestimmenden Opuntien (*Opuntia ficus-indica*) und Agaven (*Agave americana*). *Heracleum mantegazzianum* (Kaukasus) und *Senecio inaequidens* (Südafrika) sind Neophyten, die sich erst in der zweiten Hälfte des letzten Jahrhunderts in Europa etabliert haben.

Der Einfluss des Menschen auf seine Umwelt hat heute eine weit über jede natürliche Veränderung im Lauf der Erdgeschichte hinausgehende Dimension erreicht. So sind z. B. in Europa als einem Gebiet langer und zunehmend dichter Besiedlung nur letzte Urwaldreste, kleine Bereiche der Tundren- und Hochgebirgsvegetation, unzugängliche Felsspaltengesellschaften, einige Flach- und Hochmoore, unberührte Wasser- und Ufervegetationsbereiche, Salzwiesen und Dünen vom Menschen nicht oder kaum direkt berührt. Diese Gebiete nehmen nur eine sehr kleine Fläche ein und werden darüber hinaus durch den Eintrag z. B. von Stickstoffverbindungen aus der Luft indirekt vom Menschen beeinflusst. Für das Gebiet von Deutschland wird geschätzt, dass von den 3880 bewerteten Farn- und Blütenpflanzenarten 76 Arten verschollen oder ausgestorben sind. 27,5 % (und knapp 31 % aller Pflanzenarten) gelten als gefährdet und stehen auf der Roten Liste des Bundesamts für Naturschutz (► https://www.bfn.de/themen/rote-liste.html). Davon sind 212 (5,5 %) vom Aussterben bedroht („nur noch in geringen, kaum überlebensfähigen Restpopulationen vorhanden") und 378 Arten (9,7 %) stark gefährdet („in starkem Rückgang begriffen, vielerorts schon verschwunden"). Eine ähnliche Bedrohung von Flora und Fauna durch den Menschen sieht man auch in anderen Gebieten der Erde. Die wichtigste Ursache für den Artenrückgang ist die Zerstörung von Standorten durch land- und forstwirtschaftliche Nutzung sowie durch Baumaßnahmen wie die Eindeichung großer Flüsse und der Meeresküste. Eine große Rolle spielt auch der Eintrag von Stickstoffverbindungen (und anderen Substanzen) durch Düngung und durch die Luft. Die große Geschwindigkeit der vom Menschen verursachten zunehmenden Erwärmung der Atmosphäre kann auch dazu führen, dass Arten nicht ausreichend schnell mit einer Veränderung ihrer Verbreitungsgebiete reagieren können. Es ist abzusehen, dass auch das zur Extinktion von Arten führen wird.

Das Ausmaß des globalen Artensterbens ist so groß, dass viele Autoren von der sechsten Massenextinktion sprechen (► Exkurs 20.1). Um das zu rechtfertigen muss gezeigt werden, dass die momentane Aussterberate signifikant größer ist als die Hintergrundrate, d. h. ein Aussterben im „normalen" evolutionären Prozess. In diesem Zusammenhang hat sich z. B. gezeigt, dass die momentane (und hauptsächlich durch den Menschen verursachte) Aussterberate bei Wirbel- und Säugetieren ungefähr 100-mal so groß ist wie die Hintergrundrate.

Vor dem Hintergrund des enormen Einflusses des Menschen auf alle Komponenten des Erdsystems schlugen Paul J. Crutzen (Nobelpreisträger für Chemie) und Eugene F. Stoermer im Jahr 2000 erstmals die Verwendung des Begriffs „**Anthropozän**" als geologische Periode vor. Auch wenn dieses geologische Zeitalter von der International Commission on Stratigraphy noch nicht offiziell anerkannt worden ist (seine Anerkennung wurde mittlerweile jedoch von der Anthropocene Working Group empfohlen), wird der Begriff Anthropozän vielfach benutzt. Während Crutzen und Stoermer den Beginn der Industrialisierung im späten 18. Jahrhundert als Beginn des Anthropozäns sehen, andere Autoren jedoch den Beginn der Landwirtschaft vor ca. 11.500 Jahren befürworten, konvergiert die aktuelle Diskussion auf die Mitte des 20. Jahrhunderts. Ungefähr zu diesem Zeitpunkt beginnt das Atomzeitalter (nach Zündung der ersten Kernwaffe am 16. Juli 1945), das durch entsprechende Ablagerungen auch geologisch definierbar ist. Dieser Zeitpunkt entspricht auch dem Beginn der sogenannten großen Beschleunigung (engl. *great acceleration*). Damit wird das steile Ansteigen verschiedenster sozioökonomischer (z. B. Bruttosozialprodukt, Transport) und Erdsystemparameter (z. B. stratosphärische Ozonbildung, Versauerung der Ozeane, Methanemission) bezeichnet. Welcher Zeitpunkt auch immer für den Beginn des Anthropozäns gewählt wird – der auch geologisch und geomorphologisch erkennbare Einfluss des Menschen auf das System Erde geht weit in vorhistorische Zeiten zurück und die Anerkennung dieses Zeitalters angesichts des extrem großen Einflusses des Menschen auf natürliche Prozesse ist sicher gerechtfertigt.

Quellenverzeichnis

Lang G (1994) Quartäre Vegetationsgeschichte Europas – Methoden und Ergebnisse. Gustav Fischer, Jena

Magri D, Vendramin GG, Comps B, Dupanloup I, Geburek T, Gömöry D, Latalowa M, Litt T, Paule L, Roure JM, Tantau I, van der Knaap WO, Petit RJ, de Beaulieu J-L (2006) A new scenario for the Quaternary history of European beech populations: palaeobotanical evidence and genetic consequences. New Phytol 171:199–221

Niklas KJ (1997) The evolutionary biology of plants. University of Chicago Press, Chicago

Willis KJ, McElwain JC (2002) The evolution of plants. Oxford University Press, Oxford

Weiterführende Literatur

Bennett KD (1997) Evolution and ecology. The pace of life. Cambridge University Press, Cambridge

Crutzen PJ, Stoermer EF (2000) The „Anthropocene". Global Change Newsletter 41:17–18

Frenzel B, Pécsi M, Velichko AA (1992) Atlas of paleoclimates and paleoenvironments of the northern hemisphere. Gustav Fischer, Stuttgart

Huntley B, Birks HJB (1983) An atlas of past and present pollen maps for europe: 0–13.000 years ago. Cambridge University Press, Cambridge

Kenrick P, Crane PR (1997) The origin and early diversification of land plants – a cladistic study. Smithsonian Institution Press, Washington, DC/London

Kenrick P, Davis P (2004) Fossil plants. Natural History Museum, London

Lang G (1994) Quartäre Vegetationsgeschichte Europas. Gustav Fischer, Stuttgart

Mai DH (1995) Tertiäre Vegetationsgeschichte Europas. Gustav Fischer, Stuttgart

Niklas KJ (1997) The evolutionary biology of plants. University of Chicago Press, Chicago

Stewart WN, Rothwell GW (1993) Paleobotany and the evolution of plants, 2. Aufl. Cambridge University Press, Cambridge

Taylor TN, Taylor EL, Krings M (2009) Paleobotany – the biology and evolution of fossil plants, 2. Aufl. Elsevier/Academic, Burlington

Willis KJ, McElwain JC (2013) The evolution of plants, 2. Aufl. Oxford University Press, Oxford

Ökologie

Die vorangegangenen Teile dieses Lehrbuchs beschäftigten sich mit Stoffwechsel, Entwicklung und Bau der Pflanzen, mit ihrer Evolution und der daraus resultierenden großen Vielfalt ihrer Erscheinungsformen. Aufgabe der abschließenden Kap. 26–29 ist es, die Pflanze in Beziehung zu den Lebensbedingungen am Wuchsort zu setzen. Es geht um die Mechanismen der Standortbewältigung, die Möglichkeiten der Pflanze, sich ändernden äußeren Bedingungen – abiotischen wie biotischen – anzupassen, Extreme zu überdauern, in Konkurrenz zu bestehen und mit all diesen Reaktionen und Eigenschaften Populationen und Artengemeinschaften aufzubauen. Diese prägen, als Ganzes genommen, den Charakter der Ökosysteme der Erde.

Die ökologische Botanik beschäftigt sich mit jenen Reaktionen von Pflanzen, die dazu führen, dass die elementarsten Lebensprozesse wie die Photosynthese oder die mitochondriale Atmung trotz schier unüberblickbar vielfältiger Lebensbedingungen überall in einem ähnlichen Zellmilieu ablaufen können. Neben physiologischen Reaktionen spielen dabei vor allem Anpassungen des Lebensrhythmus und der Morphologie eine wichtige Rolle, also Merkmale, die artspezifisch sind. Letztlich ist es die Selektion von Genotypen oder der Austausch ganzer Arteninventare, mit dem in der Natur unterschiedliche Lebensbedingungen bewältigt werden. Die Fundamente einer funktionellen, also auf Erklärungen ausgerichteten ökologischen Botanik sind Physiologie, Morphologie, Reproduktionsbiologie, Genetik und Vegetationskunde. Auch klimatologische und bodenkundliche (speziell auch mikrobiologische) Grundkenntnisse sind erforderlich.

Die wissenschaftliche Ökologie ist neben der Molekulargenetik die jüngste der biologischen Wissenschaften. Bezeichnenderweise sind es die Bereiche der kleinsten und größten Dimensionen, auf denen (wie in der Atom- und Astrophysik) in den vergangenen Jahrzehnten die größten Fortschritte erzielt wurden. Das Herantasten an die unvorstellbar komplex vernetzten Wechselbezüge zwischen den Organismen schuf ein neues Naturverständnis.

Die nun folgenden Kapitel sind so gegliedert, dass an einen konzeptionellen Überblick und einige allgemeine Grundlagen (Kap. 26) zunächst eine Zusammenfassung der Reaktionsweisen der Pflanzen auf Klima und Bodenfaktoren folgt (Kap. 27). Kap. 28 beschäftigt sich dann mit pflanzlichen Populationen und Lebensgemeinschaften (Populationsbiologie, biotische Interaktionen, Vegetationskunde). Am Schluss steht das Resultat aller Einflüsse und Reaktionen – die Vegetation der Erde (Kap. 29).

Das Interesse der ökologischen Botanik konzentriert sich auf terrestrische Lebensräume und damit besonders auf die hier dominierenden Samenpflanzen.

Hinsichtlich der landbewohnenden Moose und Farne sei auf ▶ Kap. 24 verwiesen. Den Lebensbereich der Gewässer behandelt die Hydrobiologie (für die Meere die Meeresbiologie, für das Süßwasser die Limnologie); ihre Probleme können hier nur kurz gestreift werden. Informationen über Vorkommen und Lebensweise von Algen finden sich auch in ▶ Kap. 24.

Danksagung

Während die „etablierten" Teile des *Strasburgers* wie ein guter Wein durch die Jahre der Reife und Pflege trotz allem Neuen doch unverkennbar Generationenarbeit und viel konsolidiertes Wissen reflektieren, war in der Pflanzenökologie um die Jahrtausendwende in vielen Bereichen ein Neuanfang zu machen. In dieser jungen Teildisziplin der Biologie ist vieles noch sehr im Fluss und die Komplexität der Materie in starkem Konflikt mit einer knappen didaktischen Aufbereitung, die angesichts des Volumens dieses Lehrbuchs zwingend war. Wo der Platz für die Sprache knapp ist, können sprechende Bilder helfen. Die meisten nicht von älteren Auflagen übernommenen Grafiken entstanden im Laufe der Jahre im Vorlesungsbetrieb an der Universität Basel und spiegeln das Talent meiner Mitarbeiterin Susanna Riedl wider, aus oft sehr fragmentarischen Vorlagen eine klare Signatur zu destillieren. Für ihre Geduld und das gestalterische Mitdenken danke ich ihr von Herzen.

Die Kapitel dieses Buchteils berühren auf wenigen Seiten, was sonst ganze Lehrbücher füllt. Stoffauswahl und Beschränkung auf das Wesentliche ist naturgemäß immer etwas Subjektives. Um Platz für Neues zu schaffen, wurden auch in dieser Auflage besonders dort Kürzungen vorgenommen, wo sie der angestrebten Internationalität des Lehrbuchs entgegenkommen (bes. Kap. 28 und 29). Die taxonomische Nomenklatur wurde mit Bedacht aktualisiert. Dort, wo sehr vertraute Namen ersetzt werden mussten, werden Synonyme genannt. Wo es möglich und sinnvoll war, wurden grafische Darstellungen durch Fotos ergänzt. Die bewährte Substanz dieser Kapitel blieb jedoch erhalten. Diese revidierte Fassung profitierte von zahlreichen Rückmeldungen aus der Leserschaft. Weitere Hinweise auf Fehler oder nötige Ergänzungen sind sehr willkommen (e-mail: ▶ https://duw.unibas.ch/en/koerner/).

Christian Körner

Basel, im Frühjahr 2014

Inhaltsverzeichnis

Grundlagen der Pflanzenökologie

Christian Körner

Inhaltsverzeichnis

Körner, C. 2021 Grundlagen der Pflanzenökologie. In: Kadereit JW, Körner C, Nick P, Sonnewald U. Strasburger – Lehrbuch der Pflanzenwissenschaften. Springer Berlin Heidelberg, p. 923–946.
▶ https://doi.org/10.1007/978-3-662-61943-8_21

Die wissenschaftliche Ökologie beschäftigt sich mit den **Wechselwirkungen** zwischen Organismen und ihrer lebenden und unbelebten Umgebung. Sie umspannt alle Integrationsebenen vom Einzelorganismus bis zur Biosphäre. Entsprechend vielfältig sind die Forschungsansätze und Teildisziplinen (▶ Abschn. 21.6).

Als relativ junge Wissenschaft bemüht sich die Ökologie immer noch um ein konzeptionelles Gedankengebäude, das ähnlich wie in der Physik auf einigen allgemeingültigen Grundaussagen basiert. Solche **Prämissen** wurden von Autoren wie T.R. Malthus, C. Darwin, G.F. Gause, R.L. Lindemann und R.M. May formuliert. Von P. Grubb (1998; s. auch Loehle 1988) stammt die folgende Zusammenfassung:

- Jede ungestört wachsende Population von Individuen erreicht eine Ressourcenlimitierung.
- In einem gemeinsamen Lebensraum wird eine Art durch eine andere ersetzt, falls diese eine höhere Reproduktionsrate oder eine geringere Mortalität hat.
- Daraus folgt, dass zwei Arten nur dann auf Dauer coexistieren können, wenn sie unterschiedliche funktionelle Nischen (s. u.) besetzen.
- Die Bestandsdichte beeinflusst Populationen oder Artengemeinschaften so, dass sich die Individuenzahl stabilisiert oder zyklischen Änderungen unterliegt.
- Die verfügbare Energie verringert sich entlang der Nahrungskette.

Der Begriff „Art" kann auch durch Genotyp, in gewissen Fällen auch durch ein höheres Taxon (z. B. Gattung) oder eine funktionell ähnliche Gruppe von Arten ersetzt werden. Diese „Hauptsätze der Ökologie" gelten nur für lange Beobachtungszeiträume (viele Generationen). Der rote Faden, der sich durch diese Prämissen zieht, ist die Ressourcen- und Raumlimitierung. Dabei können Störungen die enge Kopplung von Ressourcenangebot und Raumbesetzung durch Individuen durchbrechen.

Für Pflanzen schließt der Begriff **Ressource** nicht nur Bodennährstoffe und Wasser, sondern auch Sonnenstrahlung, ja sogar Symbionten und Bestäuber ein. Es wird diskutiert, ob nicht auch Temperatur (Wärmeenergie), Raum (Platz) und Zeit (z. B. Entwicklungsnischen, wie etwa Zeitpunkt und mögliche Dauer der Blüte) Ressourcen sein können. Die zentrale Aussage obiger Prämissen ist, dass Limitierung ein allgegenwärtiges Phänomen des Lebens und damit der Evolution ist. Limitierung ist der Angelpunkt der Ökologie, des Haushaltens mit Ressourcen, des Ressourcenhaushalts.

Dieses Kapitel behandelt einleitend das Begriffssystem und die spezifischen Herausforderungen der wissenschaftlichen Pflanzenökologie. Es erklärt konzeptionelle Aspekte (▶ Abschn. 21.1 und 21.2 und Teile von ▶ Abschn. 21.3 und 21.4), Konventionen (z. B. Phäno-

metrie, Bodenkunde, Ökosystemstruktur) und geophysikalische Grundlagen, und diskutiert den Umgang mit räumlich und zeitlich stark variierenden Gegebenheiten (▶ Abschn. 21.3, 21.4 und 21.5). Daraus ergeben sich unterschiedliche Forschungsansätze (▶ Abschn. 21.6).

21.1 Limitierung, Fitness und Optimum

Limitierung impliziert „zu wenig" (lat. *limes*, Grenze). Zu wenig wovon? Zu wenig wofür? Das Wovon ist häufig offensichtlich. In der Wüste ist zu wenig Wasser, im Unterwuchs des Walds zu wenig Licht (Konkurrenz), in einem Moor zu wenig pflanzenverfügbarer Stickstoff. Auch weniger offensichtliche Limitierungen kann man durch entsprechende Experimente und Analysen meist herausfinden. Oft interagieren mehrere Limitierungen (z. B. sind bei Trockenheit auch Bodennährstoffe schlecht verfügbar). Problematisch ist hingegen die Definition einer Zielvariablen: Limitierend bzw. zu wenig wofür? Hier gibt es zwei grundsätzlich verschiedene Ansatzpunkte:

- zu wenig für die Produktion von Biomasse, also **Wachstum**, unabhängig davon, welche Arten von Pflanzen dafür verantwortlich sind
- zu wenig für die **Existenz** (das Fortbestehen) von Arten in einem Lebensraum

Bringt man z. B. Stickstoffdünger auf eine artenreiche Naturwiese, so wird die Ressourcenlimitierung in Bezug auf Biomasseproduktion aufgehoben, der Heuertrag wird sich erhöhen. Mehrere Jahre wiederholt, führt diese Behandlung aber dazu, dass die ursprünglich als limitiert betrachteten Pflanzenarten mit wenigen Ausnahmen verschwinden und sich das Heu größtenteils aus neuen Arten zusammensetzt. Für den Fortbestand der Mehrzahl der Arten in diesem Lebensraum war also die Stickstoffversorgung sicher nicht existenzlimitierend, sondern eine Voraussetzung für ihre Präsenz.

Das aus den Agrarwissenschaften übernommene, biomasseorientierte Limitierungskonzept ist in der Ökologie wenig hilfreich. In Bezug auf maximalen Massezuwachs sind fast alle Pflanzengemeinschaften durch den Mangel an irgendeiner Ressource limitiert. Betrachtet man hingegen die charakteristische Artengarnitur eines Standortes, die **Biodiversität**, wird „Limitierung" zu einem problematischen (◘ Abb. 21.1) . In der Regel ist es gerade der wachstumsbegrenzende Mangel an bestimmten Ressourcen, der das Vorkommen bestimmter Arten erst ermöglicht. Trockenrasen sind zwar periodisch in ihrem Wachstum durch Trockenheit limitiert. Würde man jedoch wässern, würden die typischen Arten rasch verschwinden. Solche Rasen sind durch Trockenheit bedingt, weil die sie aufbauenden Arten trockenheitsresistent sind, also für diesen Standort Fitness mitbringen (▶ Abschn. 22.8). Langfristig bedeutet evolutive **Fitness**, als Taxon (zumeist Art) im Raum präsent zu bleiben und erfolgreiche (also vermehrungsfähige) Nachkommen zu erzeugen (▶ Abschn. 17.2.1). Dies kann, aber muss nicht, mit großer individueller Biomasse einhergehen. Wegen ihres modularen Aufbaus sind Pflanzen in dieser Hinsicht wesentlich flexibler als Tiere mit ihrem meist unitären Bau. In ihrer Existenz limitiert sind nur solche Arten, die für einen bestimmten Lebensraum keine Fitness mitbringen. Die Voraussetzungen für artspezifische Fitness und den Weg zu ihr (Mechanismen) herauszufinden, sind wichtige Arbeitsfelder der Pflanzenökologie.

In ähnlicher Weise unterscheiden sich auch der agronomische und der ökologische Begriff der **Optimierung**. Für jede Pflanzenart lassen sich die Umweltbedingungen ermitteln, unter denen die Art das stärkste Wachstum erreicht und daher in Bezug auf Produktivität ihr **Leistungsoptimum** hat. Dies sagt jedoch nichts über ihren Erfolg in freier Natur, selbst an Standorten mit dieser Faktorenkombination aus. Häufig dominieren dort andere Arten, die mit diesen Bedingungen noch besser zurechtkommen oder dort z. B. keine Fressfeinde haben. Mindestens ebenso schwerwiegend ist, dass optimiertes (im obigen Sinne maximiertes) Wachstum oft mit verminderter Widerstandsfähigkeit gegenüber Störungen (mechanische Festigkeit), Stress und oft auch gegenüber Pathogenen einhergeht. Was im Lebensraum optimal ist, ist das Resultat der Interaktion einer Vielzahl von abiotischen und biotischen Faktoren und kann nicht in monofaktoriellen Laborexperimenten ermittelt werden. Das **ökologische Optimum** spiegelt das Resultat einer optimalen Harmonisierung vieler Lebensfunktionen (also nicht nur der Biomasseproduktion) wider. Es kann am ehesten aus der relativen Häufigkeit (Abundanz) einer Art abgelesen werden, wobei historische Effekte (z. B. weit zurückliegende Störungen) eine sehr große Rolle spielen und der Reifezustand (junge oder späte Sukzessionsstadien, ▶ Abschn. 23.3.2 und 23.4) von Artengemeinschaften einen starken Einfluss haben kann. Man kann aber nicht davon ausgehen, dass dort, wo Arten ihr Häufigkeitsmaximum haben, einzelne ausgewählte Umweltfaktoren für diese Art im Optimalbereich für ihre Biomasseproduktion liegen (◻ Abb. 21.1). So findet sich *Pinus sylvestris*, die Waldföhre, in Westeuropa gehäuft auf sehr sauren (moorigen) oder leicht basischen (kalkigen) Böden. Viel besser würde sie aber an Standorten mit leicht sauren Böden wachsen, wo sie aber meist von Buche oder Eiche verdrängt wird.

Ein anderer, erweiterter Ansatz, diese Diskrepanz zwischen potenzieller Wuchs- und Verbreitungsmöglichkeit

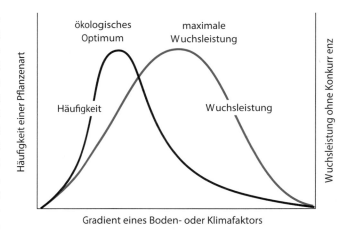

◻ **Abb. 21.1** Natürliches Vorkommen und maximale Wuchsleistung von isolierten Individuen einer Pflanzenart entlang eines Umweltgradienten. Zwischen der größten Häufigkeit des Vorkommens einer Art (ökologisches Optimum) und jenen Bedingungen, unter denen im Experiment ohne Konkurrenz von anderen Arten die höchste Wuchsleistung erzielt wird, besteht meist ein deutlicher Unterschied. Diese Diskrepanz wird durch die Wechselwirkung abiotischer und biotischer Faktoren und Störungen am Wildstandort erklärt (Konkurrenz, Herbivore, Pathogene, Symbionten, Feuer, mechanische Beeinträchtigung) oder hat historische Gründe (Ausbreitungsgeschwindigkeit). Häufig sind unter physiologisch optimalen Wachstumsbedingungen für eine Art andere Arten konkurrenzstärker, weil sie mit irgendeinem der Standortfaktoren besser zurechtkommen oder zuerst da waren. Die Häufigkeitsverteilung kann auch mehrgipfelig, extrem schmal oder sehr breit sein

und dem tatsächlichen Vorkommen einer Art zu erklären, ist das **Nischenkonzept**. Die ökologische Nische entspricht einer bestimmten Konstellation von Klima, Ressourcenangebot und Störung (ist also nicht nur räumlich zu sehen). Jede Art hat eine **fundamentale Nische** (engl. *fundamental niche*), das ist der Lebensraum, den sie aus physiologischen Gründen maximal erschließen könnte. Seine Grenze wird von der Schwelle markiert, ab der die Lebensbedingungen biologisch absolut unverträglich werden (z. B. eine bestimmte Frosttemperatur oder Trockenheitsbelastung). Ob eine Art diesen potenziellen Lebensraum ausfüllt, wird von anderen Faktoren bestimmt (z. B. Konkurrenz durch andere Arten, Pathogene, Störungen) und davon, ob die Art in ihrer Ausbreitungsgeschichte überhaupt in den Lebensraum gelangen konnte. Diese anderen Faktoren bestimmen die **realisierte Nische** (engl. *realized niche*), die deutlich kleiner ist als die fundamentale. In der Regel ist der Raum der fundamentalen Nische vieldimensional, wenn alle Klima- und Bodenbedürfnisse einer Art berücksichtigt werden. Monofaktorielle, fundamentale Verbreitungsgrenzen gibt es dann, wenn ein einziger Faktor entscheidend wird, wie etwa bei der kältebedingten alpinen oder arktischen Baumgrenze (▶ Abschn. 24.1.2). Die realisierte Nische ist synonym mit dem Verbreitungsareal einer Art (▶ Abschn. 23.2).

Die Grenzen der fundamentalen Nische einer Art zu erklären, gehört zu den zentralen Aufgaben der Pflanzenökologie. Allerdings fehlt eine solche funktionelle Erklärung für die allermeisten Arten. Für einige europäische Laubbäume lässt sich deren Kältegrenze aus einem Wechselspiel von Frostresistenz in der Austriebsphase und der für die Trieb- und Fruchtreifung nötigen Saisonlänge erklären, wobei die Austriebsphänologie (► Abschn. 22.2.1) eine Schlüsselrolle beim Abgleich der beiden Bedürfnisse spielt (für eine Zusammenfassung s. Körner et al. 2016). Für die globale Ausbreitungsgrenze der tropischen Palmen gilt die Frostgrenze (Larcher 2003).

21.2 Stress und Anpassung

Nicht jede Abweichung vom physiologischen Wachstumsoptimum gilt als **Stress**. Ohne periodische Auslenkungen vom „günstigsten" Lebensbereich würden die meisten Organismen Belastungsspitzen gar nicht überleben. Bei Pflanzen sind solche aufbauenden, konditionierenden Belastungen z. B. ein periodischer Wassermangel, Temperaturschwankungen, Windbelastung, starke Strahlungsschwankungen: Sie alle haben einen Trainings- oder Abhärtungseffekt, sind also konditionierende Belastungen, auch wenn sie die Biomasseproduktion etwas reduzieren. Von diesen lebensnotwendigen Belastungsschwankungen unterscheidet sich der destruktive Stress. Es ist häufig schwierig, die negative Wirkung von Stress zu beweisen, wenn man nicht alle Lebensumstände einbezieht. So kann Stress,

der einem Baum alle Blätter, dem Nachbarn aber das Leben kostet, durchaus zum Erfolg des ersten beitragen (und damit die evolutive Fitness erhöhen), weil er danach mehr Platz zu seiner eigenen Entfaltung findet. Stress ist also etwas Subjektives. Derselbe Stressor (z. B. vermindertes Wasserangebot) kann für eine Art destruktiv, für eine andere etwas Alltägliches, sogar vorteilhaftes sein. Ebenso unterschiedlich sind die Stressantworten (Reaktionen), da diese von der Pflanzenart (und ihrer Vorgeschichte) und der Art des Stressors abhängen, weshalb es kein allgemeines Schema der Stressbewältigung gibt. ◘ Abb. 21.2 beschreibt beispielhaft die Bewältigung von Minustemperaturen und Trockenheit.

Die evolutive Wirkung von Stress hat zur Folge, dass letztlich schwerwiegende Belastungen besser vertragen oder gar nicht mehr als Stress wirksam werden: Es entsteht der Zustand der **Angepasstheit**. Ob dieser Zustand im Fall einer genetischen Merkmalsfixierung tatsächlich das Resultat von **Anpassung**, also selektiver Prozesse ist, oder ein „mitgebrachtes" Merkmal darstellt, das plötzlich Erfolgswert erhält, lässt sich meist nicht entscheiden. Sprachlich werden diese kausal wichtigen Nuancen selten differenziert. Korrekterweise sollte man daher vom Besitz **adaptiver Merkmale** sprechen und nicht von Anpassung. Wird eine Widerstandsfähigkeit offensichtlich durch Konditionierung im Lebensraum erreicht, wie etwa die Ausbildung einer dickeren Blattcuticula bei

◘ Abb. 21.2 Reaktionen von Pflanzen auf Stress. Wegen der Vielfalt von Stressoren und Stressantworten der Pflanzen gibt es kein allgemeingültiges Schema zur Stressbewältigung. Hier als Beispiel eine schematische Darstellung der Möglichkeiten, mit Frost- oder Trockenheitsstress umzugehen. Wenn eine Pflanze solchen Stresssituationen nicht ausweichen kann, muss sie, um zu überleben, die Folgen im Gewebe minimieren (vermeiden) oder sie ertragen (► Abschn. 22.3.1)

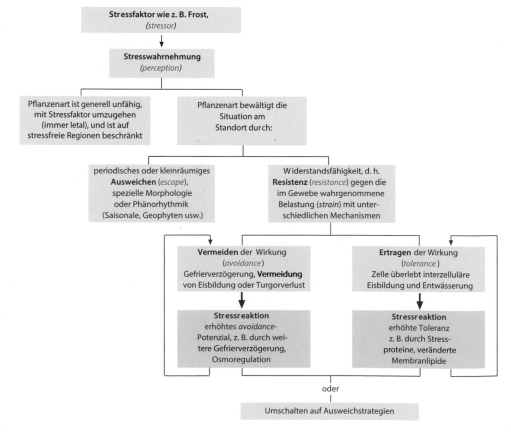

Sonnenblättern, so spricht man von **Anpassung**. Um solchen funktionellen Unterschieden gerecht zu werden, unterscheidet man drei Kategorien adaptiver Merkmale:

- modulative oder akklimative Merkmale,
- modifikative Merkmale,
- evolutive, also genetisch fixierte Merkmale.

Auch wenn die Fähigkeit, die ersten beiden Typen adaptiver Merkmale auszubilden, ebenfalls genetisch gegeben sein muss, bestehen doch wesentliche Unterschiede. Modulative oder akklimative Anpassung (Akklimatisierung) bezeichnet im Lauf des Lebens eines Organs oder einer ganzen Pflanze **reversible Veränderungen** des Phänotyps, also z. B. den Erwerb von Frosthärte unter dem Einfluss niedriger Temperaturen. Modifikative Anpassung bezieht sich auf zumeist morphologische Veränderungen, die für ein Organ **irreversibel** sind. Aus einem ausgereiften Sonnenblatt wird normalerweise nie mehr ein Schattenblatt. Evolutive (genotypische) Anpassung schließlich bezieht sich auf **erbliche Eigenschaften** wie etwa Sukkulenz oder Photoperiodismus, die nicht oder nur in engen Grenzen moduliert oder modifiziert werden können. Diverse adaptive Reaktionen und Merkmale von Pflanzen werden in ▶ Kap. 14, 15, 17 und 22 behandelt.

21.3 Zeit und Raum in der Pflanzenökologie

Zeit und Raum sind die beiden Eckpfeiler des Lebens und stellen Rahmenbedingungen dar, welche die Wirkung aller anderen Lebensbedingungen und Ressourcen beeinflussen. Während der Platzbedarf einer Pflanze und die Ausdehnung des Areals von Populationen und Arten noch ablesbar und einsichtig sind, sind die vielfältigen Facetten der Wirkung des Faktors Zeit nicht immer offensichtlich. Verfügbare Zeit und verfügbarer Raum berühren fundamentale Fragen des Lebens und damit der Pflanzenökologie. Im Folgenden wird beispielhaft die Bedeutung unterschiedlicher Zeit- und Raumskalen vorgestellt.

21.3.1 Der Faktor Zeit

Sekundenbruchteile Wenn der Wind die Blätter bewegt, geraten Blattteile schlagartig vom tiefsten Schatten in volle Sonnenstrahlung und umgekehrt. Das Photosystem im Chloroplasten (▶ Abschn. 14.3.8) muss mit Schwankungen im Photonenstrom fertig werden, vergleichbar mit einem Auto, das stark beschleunigt und abrupt stoppt. Die photochemische Bewältigung solcher blitzartiger Energieschübe gehört zu den ökologisch zentralen Errungenschaften des Landlebens.

Minuten Die Stomata der Blätter verrechnen Lichtangebot, CO_2-Konzentration im substomatären Raum, Dampfdruckdefizit in Blattnähe und die Gewebespannung in der Epidermis so, dass die Öffnungsweite der Poren mit turgorgetriebenem Tempo von etwa 1 μm pro Minute optimiert wird. Ein kompletter Stomataschluss benötigt bei 15 μm maximaler Porenweite 15 min. Gräser sind mit ihren hantelförmigen Stomata (▶ Abschn. 2.3.2.1) deutlich schneller. Diese hoch komplexe Steuerung des Wasserverbrauchs operiert mit einer Zeitkonstanten, die nicht notwendigerweise jener der Umweltschwankungen (z. B. Wolkenfrequenz, Sonnenflecken am Waldboden) entspricht. Voraussetzungen dafür sind hoch komplexe Optimierungsalgorithmen.

Stunden Bei Temperaturen über 25 °C verdoppelt sich die Zahl der Zellen in einem Meristem in 10 h. Bei 0 °C bleibt der Zellzyklus bei Blütenpflanzen stehen, die Zellverdopplungszeit tendiert gegen unendlich. Bei 5 °C dauert eine Verdopplung 140 h. Bei 5 °C erreicht die Photosyntheseleistung kälteadaptierter Pflanzen aber noch 50–70 % der maximalen Leistung, bei 0 °C noch 30 %. Solche Zusammenhänge erklären, warum bei Kälte nicht die Photosyntheseleistung, sondern die Geschwindigkeit der Zellproduktion die Grenzen des Wachstums bestimmt.

Tage Die Organbildung bei Pflanzen hat zwar eine zelluläre (meristematische) Basis, aber diese Entwicklungsprozesse werden erst innerhalb von Tagen ablesbar (▶ Abschn. 21.3.3.1). Das Verhältnis von Tag- zu Nachtlänge (Photoperiode) ist der pflanzliche Kalender, der gleichzeitiges Blühen und damit bei vielen Arten die sexuelle Fortpflanzung sicherstellt (Synchronisierung). Dieser astronomische Kalender erlaubt es frostgefährdeten Arten, zu warme Wetterbedingungen zum falschen Zeitpunkt (im zeitigen Frühjahr) zu erkennen und sich nicht zum Austrieb verlocken zu lassen, bevor die Frostgefahr vorüber ist (▶ Abschn. 22.2.1 und 22.3.1).

Wochen und Monate Wochen und Monate sind die Zeitskala, auf der sich Saisonalität abspielt, also die im Jahresgang wechselnden Wachstums- und Ruhephasen. Bei ausreichender Feuchtigkeit bestimmt die Länge der Wachstumsperiode die jährliche Biomasseproduktion stärker als jeder andere Klimafaktor. Bezogen auf die Dauer der Saisonlänge unterscheiden sich die Produktivitäten eines temperaten Laubwalds und äquatorialer Tropenwälder nicht (also pro Tag oder Monat; ◩ Abb. 22.40). Den Rest an klimatischem Unterschied kompensiert die physiologische Anpassung. Global gesehen, ist „Zeit", also die Länge des Zeitfensters mit günstigen Temperaturen und ausreichender Wasserverfügbarkeit (Wachstumsperiode), der wichtigste Faktor für die Biomasseproduktion pro Jahr.

Jahre Pflanzengesellschaften und Ökosysteme sind in stetem Wandel. Ein Stadium folgt dem nächsten (▶ Abschn. 23.4.2). Nach umfangreichen Störungen kehren Artengemeinschaften nicht zum gleichen Ausgangszustand zurück. Das Jahr ist die Basis aller Produktionsberechnungen und die Recheneinheit der großen biogeochemischen Zyklen (Kohlenstoffkreislauf, Wasserbilanz).

Jahrzehnte bis Jahrhunderte Der Lebenszyklus von Bäumen drückt Wäldern ein langes Gedächtnis auf. Durch Analysen von Jahresringen lässt sich die Waldgeschichte weit zurückverfolgen (◻ Abb. 23.3). Die Demografie (Altersverteilung) der Bäume bestimmt das Ausmaß der Kohlenstoffspeicherung im Wald. Es gilt: Je älter im Durchschnitt die Bäume bei einer ausgewogenen Altersverteilung sind, desto größer ist die Kohlenstoffspeicherung.

Jahrtausende Jahrtausende sind der Zeitrahmen, in dem Arten neue Regionen besiedeln (z. B. nach der Eiszeit) und in dem genotypische Differenzierungen stattfinden, die regionenspezifische Anpassungen darstellen (z. B. Photoperiodismusökotypen). Über Jahrtausende entstehen unter dem Einfluss von Pflanzen, Klima und Untergrund strukturierte Böden. Einmal zerstört, kann man dieses „Kapital" des Ökosystems nicht wieder herstellen. Pollen in Mooren bezeugen die Vegetation vergangener Epochen.

Hunderttausende Jahre bis Jahrmillionen Eiszeitlicher Wandel der Natur, große Ausbreitungswellen von Biomen, Evolution neuer Arten; Der Zyklus kurzer Warm- und langer Kaltzeiten bewirkt im Takt von etwa 100.000 Jahren in eisfreien Gebieten ein Kommen und Gehen von landschaftsprägender Vegetation. So folgte einer eiszeitlichen Kältesteppe der letzten Eiszeit in Mitteleuropa vor rund 8000 Jahren der heutige Laubwald. Im Laufe der letzten Million Jahre gab es etwa acht solcher Zyklen, denen auch die CO_2-Konzentration in der Atmosphäre folgte (◻ Abb. 22.44).

Viele Mio. Jahre Gebirgsbildung, Fragmentierung der Erdkruste und Tennung phylogenetischer Linien, Evolution von Gattungen und Familien, Stammbaum der Pflanzen (▶ Kap. 19 und 20).

21.3.2 Der Faktor Raum

Analog zur Zeit wirkt die räumliche Verteilung von Geweben, Organen (Morphologie), ganzen Pflanzen (Populationen) und Pflanzengemeinschaften in alle Bereiche des Pflanzenlebens und überdeckt oft die Wirkungen der spezifischen Stoffwechselaktivität. Zum Beispiel kann ein höherer Blattanteil an der Gesamtbiomasse

eine geringere photosynthetische Leistung kompensieren (▶ Abschn. 22.7.3) und eine standortgerechte Verbreitung (angepasster) Arten kann ungünstige Lebensbedingungen ausgleichen (Stresstoleranz) und die Produktivität aufrechterhalten.

Mikrometer bis Millimeter Die Anatomie von Blatt, Wurzel und Leitungsgewebe bestimmt die Stresstoleranz und die Fähigkeit, bestimmte Licht- und Bodenverhältnisse zu nutzen. Die ökologische Anpassung ist in wesentlichen Teilen eine Anpassung von Gewebestrukturen (z. B. spezifische Blattfläche, spezifische Wurzelänge).

Zentimeter Die Größe und Form von Blättern bestimmen ihren Energiehaushalt, ihre aerodynamischen Eigenschaften und damit die Klimatoleranz der Arten. Auf wenige Zentimeter dicht gepackte Blätter erklären, warum Pflanzen im Hochgebirge ein eigenes Klima erzeugen können, das sich stark von dem der freien Atmosphäre unterscheidet (◻ Abb. 21.12 und 21.13).

Dezimeter bis Meter Die räumliche Verteilung von Blättern und Wurzeln entscheidet über die Ressourcennutzung in Boden und Luftraum (z. B. ◻ Abb. 22.25). Die Bestandsstruktur, also die vertikale Verteilung von Blättern, bestimmt die Lichtverteilung (◻ Abb. 22.4) und damit den Photosyntheseertrag. Die individuelle Größe der Arten bestimmt ihre Konkurrenzkraft. In Graslandökosystemen entsteht horizontal auf dieser Skala das Artengefüge.

Zehn Meter bis Hektar Die Dimension auf der Artenvielfalt (Biodiversität) sich in Graslandsystemen manifestiert. Populationen erreichen überlebensfähige Größen. Auf dieser Skala wird aus einzelnen Bäumen ein Wald. Dies ist die Skala auf der Artengemeinschaften im Feld definiert werden (▶ Abschn. 23.4.1).

Quadratkilometer Die Skala, auf der sich Metapopulationen innerhalb von Arten etablieren und auf der sich der Wasserhaushalt von Pflanzen hydrologisch manifestiert und das Regionalklima beeinflusst. Die meisten globalen Landbedeckungsmodelle operieren auf der Skala.

Hunderte Qudaratkilometer Regionale Verfügbarkeit von Arten (regionaler Artenpool), Lebensraum von landschaftsprägenden Großherbivoren; die Dimension großflächiger Störungen (Feuer, Windwurf, Insektenkalamitäten)

Kontinentale Skala Ausbildung von Biomen, Klimazonen, überregionaler Artenpool. Auf dieser Skala sind auch Florenreiche definiert (▶ Abschn. 23.2.4).

21

Globale Skala Dies ist die Skala, auf der man die Tragfähigkeit der Erde für die menschliche Zivilisation berechnet. Grob 135 Mio km² misst die Landfläche ausserhalb der Antarktis. Die globale Vegetation interagiert mit der Atmosphäre so, dass die bekannten Jahreszyklen der CO_2-Konzentration am Mauna-Loa-Observatorium entstehen (wegen der Flächendominanz der N-Hemisphäre findet man eine hohe Konzentration im Nordwinter, niedrige im Nordsommer). Auf dieser Skala berechnet man auch große geochemische Kreisläufe wie etwa den Kohlenstoffkreislauf (■ Abb. 22.43) und den Biomassevorrat der Erde (■ Abb. 22.38).

21.3.3 Zeitliche Dynamik und nichtlineare Reaktionen

21.3.3.1 Phänologie und biologische Zeitmaße

Für pflanzenökologische Beobachtungen ist die Verwendung eines festen, linearen Zeitmaßes (Uhr, Kalender) dann problematisch, wenn Reaktionen von Organismen verglichen werden, die an die Entwicklungsdynamik gekoppelt sind. Unter bestimmten Umständen blühen z. B. Individuen einer Pflanzenart schon 40 Tage, unter anderen Bedingungen aber erst 80 Tage nach der Saat. Für Vergleiche wird dann besser ein bestimmter Zeitpunkt der Entwicklung oder Zustand des Phänotyps (z. B. das Öffnen der ersten Blüte) gewählt und nicht ein festes Datum. Man nimmt damit auf die **Phänologie** (also die sichtbare Veränderung des Entwicklungszustands) Rücksicht und macht die Beobachtungen an phänologischen Zeitpunkten fest. Charakteristische phänologische Ereignisse sind Keimung oder Laubaustrieb, Blüte, Fruchtreife, Laubfall oder beginnende Seneszenz (Physiologie der Entwicklung, ▶ Kap. 13; Phänologie, ▶ Abschn. 22.2.1). Die Abfolge dieser Ereignisse steht zwar fest, die Intervalldauer ist jedoch variabel.

Die **Phänometrie** misst die Veränderungen bestimmter Parameter im zeitlichen Ablauf der Entwicklungsphasen einer Pflanze. Phänologische Zeitreihen stellen das Resultat integrativer Wirkungen äußerer Einflüsse und innerer Disposition der Pflanze dar, sind also eine Art biologischer Kalender. Wegen des Wertes derart biologisch integrierter Maßzahlen zur Charakterisierung des Witterungsverlaufs erfassen meteorologische Dienste phänologische Daten. Retrospektiv sind diese Daten von enormer Bedeutung für die Beurteilung von Klimaänderungen, da keine der üblichen meteorologischen Messgrößen über eine solche Sensitivität verfügt. Der Temperaturwirkung auf Lebensprozesse am nächsten kommt (unter nicht durch Trockenheit begrenzten Bedingungen) die **Thermalzeit** (engl. *thermal time*), das aufsummierte Produkt von Temperatur (häufig der Tagesmitteltemperatur) und Zeitdauer (Anzahl der Tage) also z. B. Tagestemperatursummen (engl. *degree days*; °d); auch Stundenmittelwerte können aufsummiert werden (engl. *degree hours*; °h). Als untere Schwelle für die Summenbildung nimmt man entweder 0 oder 5 °C (letztere Temperatur wird oft als Annäherung an den Nullpunkt des Wachstums betrachtet). Häufig lassen sich zwischen solchen gewichteten Zeitmaßen und der phänologischen Entwicklung enge Korrelationen finden.

Oft ist es von besonderem Interesse, die vegetative Dynamik der pflanzlichen Entwicklung zwischen zwei phänologischen Großereignissen wie Keimung und Blüte zu erfassen. Ein vielfach genutztes Zeitmaß für das Fortschreiten der vegetativen Entwicklung ist das **Plastochron**. Ein Plastochron entspricht dem zeitlichen Abstand zwischen dem Erscheinen von zwei aufeinanderfolgenden Blättern an einer Achse. Das Entwicklungsalter eines Sprosses kann auch grob durch die Zahl der erschienenen Blätter seit einem definierten Ausgangszeitpunkt festgelegt werden (Fünfblattstadium = ca. fünf Plastochron alt). Besonders in der Agrarforschung spielen solche Maßzahlen zum Sprossalter eine große Rolle. Bloße Angaben über das Alter in Tagen hätten wenig Vergleichswert.

21.3.3.2 Nichtlinearität und Häufigkeit

Nichtlinearität von Prozess-Umwelt-Beziehungen ist die Regel und nicht die Ausnahme. Typische Beispiele sind die Auswirkung der Temperatur auf Atmung und Wachstum oder die Licht- bzw. CO_2-Wirkung auf die Photosynthese (Abschn. 27.7). Messdaten für einen Reaktionsbereich können daher nicht wie bei linearen Beziehungen (innerhalb bestimmter Vertrauensgrenzen) in einen anderen Bereich extrapoliert werden, solange die Kurvenform nicht bekannt ist.

Bei zeitlich **stark und unregelmäßig schwankenden Umweltbedingungen** (z. B. Licht, Temperatur, Wasserangebot) haben niedrige und hohe Messwerte keine proportionalen Wirkungen (z. B. bedeutet mehr Licht nicht notwendigerweise mehr Photosynthese). Neben der Kenntnis der Abhängigkeitsfunktion der Prozess-Umwelt-Beziehung benötigt man daher für Rekonstruktionen oder Prognosen auch die Umweltdaten in hoher zeitlicher Auflösung und nicht als Mittelwert. Je nach Kurvatur der Abhängigkeitsfunktion geben Mittelwerte von Umweltzuständen, die in der Zeit variabel sind, ein falsches Bild von deren tatsächlicher Wirkung auf den Prozess.

An der Lichtwirkung auf die Photosynthese lässt sich dies besonders anschaulich demonstrieren (■ Abb. 21.3). Die Blattphotosynthese der meisten Pflanzenarten ist bei 25 % der vollen Sonnenstrahlung nahezu lichtgesättigt. Strahlungsintensitäten zwischen diesem Sättigungswert und dem Maximum von 100 % haben somit für ein quer zur einfallenden Strahlung orientiertes Blatt keinen zusätzlichen Wert. Bei

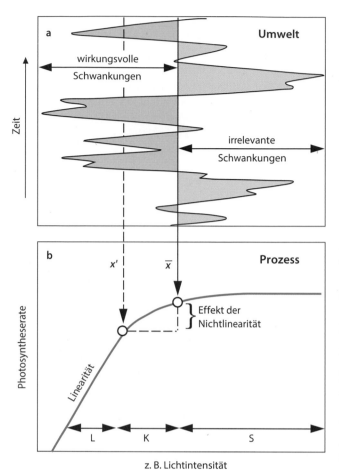

Abb. 21.3 Nichtlineare Reaktionen auf eine variable Umwelt Die meisten Lebensprozesse – hier z. B. die Nettophotosyntheserate **b** – reagieren nichtlinear auf Umweltveränderungen – hier z. B. die zeitlich variable Lichtintensität **a**. Mittelwerte ($\bar{x}$) solcher Umweltzustände sind daher ungeeignet, die Prozessrate aufgrund von Reaktionsnormen (wie in **b**) vorherzusagen. In diesem Beispiel sind zeitliche Änderungen der Werte im Bereich S irrelevant, da in diesem Bereich der betrachtete Prozess gesättigt ist. Änderungen links von $\bar{x}$ (nichtgesättigter Bereich) wirken sich aus, sind aber im Bereich K nichtlinear. x' steht für das Ende des linearen Bereiches. Bei sehr niedrigen Werten der Umweltvariablen kann es eine lineare Anfangsbeziehung geben (L, von engl. *initial slope*). Um Summen oder Durchschnittswerte der Prozessrate zu errechnen, muss man in diesem Beispiel entweder jedem einzelnen Lichtwert den passenden Photosynthesewert zuordnen oder die Umweltzustände in Form einer Häufigkeitsverteilung zusammenfassen und klassenweise multiplizieren

sehr schwachem Licht reagiert die Photosynthese hingegen sehr empfindlich auf jede Änderung. Eine hohe zeitliche Auflösung der variablen Strahlungsintensität hat daher im Schwachlichtbereich sehr großen, im Sättigungsbereich hingegen keinen Vorhersagewert. Eine arithmetische Mittelung aller Messwerte würde jedoch alle Intensitäten, die im Sättigungsbereich und die im Schwachlichtbereich, gleich gewichten.

Da also Zeitreihen von Umweltvariablen für Wirkungsanalysen meist nicht gemittelt werden dürfen, benutzt man für Vorhersagen entweder Daten in originaler zeitlicher Auflösung, die detailliert genug sein muss (bei Strahlung z. B. weniger als zwei Minuten),

oder man tabelliert die Resultate nach Intensitätsklassen. Aus praktischen Gründen wird meist das zweite Verfahren gewählt. Die Darstellung der Häufigkeitsverteilung von Umweltzuständen ist daher der beste Weg, um zeitlich variable Wirkungen auf Pflanzen zu beurteilen. Bei jeder Beurteilung von Umwelteinflüssen auf Pflanzen ist vom „zeitlichen Gewebe" (daher „Histogramm") der Intensitäten oder der Konzentrationen der betrachteten Einflussgröße auszugehen. Das Häufigkeitsdiagramm ist gewissermaßen das Emblem einer wohlverstandenen funktionellen Ökologie (► Abschn. 21.4).

21.4 Biologische Variation

Seit wissenschaftliche Beobachtungen und Experimente durchgeführt werden, „stört" die Variation der erfassten Daten. Auch in der Pflanzenökologie sind eindeutige, klare Ergebnisse, enge Funktionszusammenhänge, im Idealfall strenge Beziehungen zwischen **Ursache und Wirkung**, wie sie aus den „exakten Wissenschaften" bekannt sind, gewünscht. Diesem Idealbild kann man auch mit Pflanzen erstaunlich nahe kommen, wenn bestimmte Anfangs- und Randbedingungen eingehalten werden. Dazu wählt man möglichst einheitliches Pflanzenmaterial (z. B. Klone eines Genotyps), hält alle äußeren Variablen, bis auf die eine interessierende, konstant oder nichtlimitierend und bezieht die Resultate auf streng definierte Reaktionsbereiche. So erreicht man die höchstmögliche Präzision und Reproduzierbarkeit.

Solche Resultate lassen sich allerdings häufig nicht in die Natur übertragen, da entweder die lediglich monofaktorielle Abhängigkeit gar nicht existiert, es die gewählten optimalen Wachstumsbedingungen nicht gibt oder der gewählte Genotyp zufällig keine besondere Rolle spielt. Unter naturnahen Beobachtungs-und Versuchsbedingungen gewonnene Resultate haben diesen Mangel nicht, sind jedoch meist sehr variabel und daher statistisch schwer abzusichern und beinhalten häufig auch keine mathematisch eindeutige Aussage. In diesem **Spannungsfeld zwischen Präzision und Relevanz** bewegt sich die ökologische Forschung. Die Übertragbarkeit der Resultate von einer Stichprobe auf einen möglichst großen Ausschnitt der realen Welt erfordert immer die **Einbeziehung biologischer Variation** in das Versuchs-oder Beobachtungsprotokoll (also verschiedene Genotypen einer Art, mehrere Standorte, mehrere Arten), was in der Regel auch die Streuung der erfassten Daten, auf jeden Fall aber den Arbeitsaufwand beträchtlich erhöht.

Nach heutigem Verständnis der Evolution kommt es sehr auf diese biologische Variation an. Der Erfolg einer Art unter veränderten Umweltbedingungen wird häufig von Individuen getragen, die von der Norm (vom Mittelwert) abweichen. Es ist also wünschenswert, dass ein Experiment oder eine Beobachtung eine möglichst große Variation erfasst.

Je größer die abgedeckte Bandbreite, umso nützlicher und aussagekräftiger sind die Resultate. Die Variation der Erscheinungsformen und Reaktionsmuster hat einen hohen wissenschaftlichen und praktischen Wert, sie darf nicht mit den aus der Unzulänglichkeit der Beobachtungs- und Messmethodik resultierenden Unschärfen verwechselt werden. Die biologische Variation wird am besten wiederum durch die Dokumentation von Häufigkeitsverteilungen sichtbar gemacht.

Materieller, zeitlicher und messtechnischer Aufwand setzen der Erfassung biologischer Variation innerhalb und zwischen den Arten und Lebensräumen Grenzen. Es muss der Erkenntnisgewinn durch großen Tiefgang an wenigen Proben/Beobachtungen gegen den durch geringeren Tiefgang an zahlreichen Proben/Beobachtungen abgewogen werden. Erzielbare Messgenauigkeit alleine ist ein unzureichendes Kriterium, wenn diesem die Erfassung der biologischen Variation oder die Einbeziehung naturnaher Wachstumsbedingungen geopfert werden muss. Wenig Information über viele hat oft mehr Wert als viel (exakte) Information über wenige, wenn es um die Untermauerung bestehender oder die Formulierung neuer Theorien geht. Vor dem Einsatz technisch besonders anspruchsvoller und aufwendiger Verfahren wird man daher abklären, ob sich nicht weniger aufwendige Methoden so intelligent einsetzen lassen, dass größtmögliche, breit abgestützte Aussagen erzielt werden können, die zwar unschärfer sind, denen aber nicht der Makel des exakt dokumentierten und statistisch abgesicherten biologischen Zufallstreffers anhaftet. Gute Beispiele für mit wenig Aufwand gewinnbare, aber oft sehr aussagekräftige Merkmale (engl. *traits*) sind morphologische oder chemische Eigenschaften oder Signale stabiler Isotopenverhältnisse von C, N, O, und H (▶ Exkurs 22.1).

Die wissenschaftliche Ökologie ist mit dem Problem konfrontiert, dass es für die mathematisch-statistische Aussagekraft von Resultaten klare und international anerkannte Regeln gibt, nicht jedoch für Realismus und Relevanz von Versuchs- und Beobachtungsbedingungen sowie die Objektauswahl. Diese bedürfen in jedem Fall einer expliziten Rechtfertigung, vor allem in der Experimentalökologie. Abgesehen von der notwendigen Erfassung der biologischen Variation gibt es die folgenden fünf wichtigsten Kriterien für das Erzielen realitätsnaher und somit übertragbarer und im Idealfall generalisierbarer Resultate:

- die Kopplung der Pflanze an eine definierte oder (im Idealfall) natürliche Lebewelt im Boden (Bodenorganismen, insbesondere Mykorrhiza, natürliche Nährstoffverfügbarkeit)
- die Wahl von Pflanzen in einer für die gestellte Frage relevanten Entwicklungsphase (z. B. Sämling oder Baum)
- ausreichende Beobachtungsdauer
- ein repräsentatives, d. h. zeitlich (klimatische Zyklen) und räumlich (Spross – Wurzel) differenziertes Klimaregime
- in bestimmten Fällen die Nachbarschaft von anderen Pflanzen (Konkurrenz, Mutualismen)

Die immer erforderliche, unabhängige, individuelle und/oder räumliche Wiederholung der Beprobung oder Beobachtung ist – wie in jeder naturwissenschaftlichen Forschung – selbstverständlich. Die damit erreichbare Präzision allein kann aber einen Mangel an biologischer Vielfalt nicht wettmachen und sie gleicht ihn auch nicht aus, wenn eines der obigen fünf Kriterien nicht erfüllt wird.

21.5 Das Ökosystem und seine Struktur

Unter **Ökosystem** versteht man die Gesamtheit an interagierenden abiotischen und biotischen Komponenten in einem abgegrenzten Gebiet. Die abiotische Matrix, gemeinhin der Standort, wird oft als **Biotop** bezeichnet, das lebende Inventar als **Biozönose** (Lebensgemeinschaft). Dieses stark vereinfachende Schema trennt, was eigentlich nicht trennbar ist, da die Biozönose das Biotop nachhaltig verändert und prägt, ja erst ihre Anwesenheit den eigentlichen Lebensraum (Biotop) schafft, den es in unbelebter Form gar nicht gibt. Fichtenwälder wachsen ja nicht von Anfang an auf Fichtenwaldböden, sondern dort, wo lange genug Fichten wachsen, entsteht ein Fichtenwaldboden. Diese Biotop-Biozönose-Dichotomie symbolisiert jedoch das Wechselspiel physikalisch-chemischer Voraussetzungen mit den in dieses eingebundenen Organismen. Mit dem Begriff „Struktur" eines Ökosystems werden sehr unterschiedliche Sachverhalte assoziiert, die im Folgenden erläutert werden.

21.5.1 Die Struktur der Biozönose

21.5.1.1 Hierarchische Struktur

Die Biozönose ist die Gesamtheit aller Organismen in einem Ökosystem, also der Pflanzen, Tiere, Pilze und Mikroorganismen. Für die Gesamtheit aller Pflanzen (◻ Abb. 21.4) wurde der Begriff der **Phytozönose**, also der Artengemeinschaft an einem Standort (engl. *plant community*) geprägt.

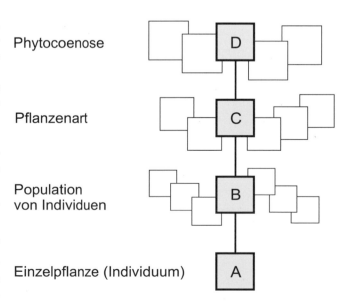

◻ **Abb. 21.4** Die hierarchische Struktur von Pflanzenbeständen

Jede **Art** einer solchen Sozietät (Pflanzensoziologie, ▶ Kap. 23) ist in der Regel durch mehrere Individuen vertreten, deren Gesamtheit als **Population** (Fortpflanzungsgemeinschaft) bezeichnet wird. Die Population schließt alle Altersstufen einer Art ein, auch die als Samen im Boden befindlichen Individuen. Eine Population besteht aus genetisch verschiedenen Individuen oder genetisch verschiedenen Gruppen klonal entstandener (erbgleicher) Individuen (Triebe, Rameten; engl. *ramets*). Ein Individuum verkörpert dabei einen bestimmten **Genotyp** oder, im Fall genetisch identischer aber getrennter Individuen (Rameten), den Teil eines **Genets** (engl. *genet*, Synonym für Klon). Da auch aus Samen hervorgegangene Individuen erbgleich sein können (Agamospermie, Apomixis, ▶ Abschn. 17.1.3.3), treten Klone, also erbgleiche Individuen, häufiger auf, als die Morphologie vermuten lässt (ein Beispiel ist die Agamospermie von *Taraxacum officinale*).

21.5.1.2 Taxonorientierte Struktur

Ein Taxon (Plural: Taxa) ist eine phylogenetische Einheit (Art, Gattung, Familie). Die Anwesenheit bestimmter Pflanzenarten prägt den Charakter eines Ökosystems (◘ Abb. 21.5). Sie lässt aber auch Rückschlüsse auf die örtlichen Lebensbedingungen zu, weshalb die Aufnahme von Artenlisten häufig am Anfang der Ökosystemanalyse steht (Zeigerarten, ▶ Abschn. 21.5.2.2; Zeigerwerte, ▶ Abschn. 23.4.3). Die **Artenzahl** und die relative **Abundanz** (Häufigkeit) der einzelnen Arten, also ein gewichtetes biologisches Inventar, werden in der Pflanzensoziologie (▶ Abschn. 23.4.1) des deutschen Sprachraums häufig als Bestandsstruktur bezeichnet. Da sich das englische Wort *structure* jedoch ausschließlich auf die räumliche Struktur bezieht, ist es ratsam, Begriffe wie „Artengefüge", „Gemeinschaftsstruktur" oder „phylogenetische Biodiversität" zu verwenden. **Biodiversität** wird meist durch Artenzahlen quantifiziert. Der Begriff schließt jedoch auch die innerartliche genetische Diversität und die überartliche Ebene, die Vielfalt der Artengemeinschaften, ein (▶ Abschn. 23.3.1).

21.5.1.3 Funktionelle Struktur

Alle photosynthetisch aktiven Organismen werden unter dem Begriff der **Primärproduzenten** zusammengefasst. Ihnen stehen Konsumenten (Lebendfresser) und Destruenten (Zersetzer) gegenüber. Konsumenten treten entweder direkt als **Herbivore** (Phytophage, Pflanzenfresser) oder indirekt als **Carnivore** (Räuber erster, zweiter oder weiterer Ordnung) in Funktion. Die toten organischen Rückstände werden schließlich durch verschiedenste **Destruenten** abgebaut. Zu diesen zählt man insbesondere **Detritophage** (Detritus = toter Abfall; Abfallfresser wie Milben und Würmer) und **Mineralisierer** (Bakterien und spezielle Pilze). Derartige Nahrungsketten oder besser **Nahrungsnetze** (engl. *food webs*) verknüpfen, ebenso wie die Energieflüsse und Stoffkreisläufe, die Glieder jedes Ökosystems miteinander. Diese Verbindungen sind rückgekoppelt und ermöglichen in begrenztem Ausmaß eine **Selbstregulation** gegenüber Veränderungen von außen (◘ Abb. 21.6).

Innerhalb einer Artengemeinschaft lassen sich **funktionelle Gruppen** oder funktionelle Typen (engl. *plant functional types*) unterscheiden. Theoretisch gibt es davon so viele wie Arten (s. dritte Prämisse der Einleitung von ▶ Kap. 21), wenn man die funktionell sehr unterschiedlichen Lebensphasen von Individuen betrachtet (z. B. Sämling und Baum), sogar mehr als Arten. Das Konzept der funktionellen Gruppen wurde aber gerade deshalb eingeführt, um die oft riesige Vielfalt von Arten auf wenige ähnlich funktionierende Kategorien zu reduzieren, ein Bedarf, der sich vor allem seitens der ökosystemorientierten Modellierung und der Theoriebildung (Generalisierung) ergab. Es gibt viele solche Gruppierungsversuche; hier einige wichtige: Der älteste und einfachste, möglicherweise immer noch nützlichste, ist der nach **Morphotypen** (Kraut, Strauch, Baum usw. oder Flach- gegenüber Tiefwurzler, Rosettenpflanzen gegenüber Graminoiden usw., also Wuchsformen) und **Phänotypen** (annuell, perennierend, sommergrün, immergrün usw.; Phänologie, ▶ Kap. 13, ▶ Abschn. 21.3.1). Bei ei-

◘ **Abb. 21.5** Beispiel für die taxonomische Struktur von Pflanzenbeständen

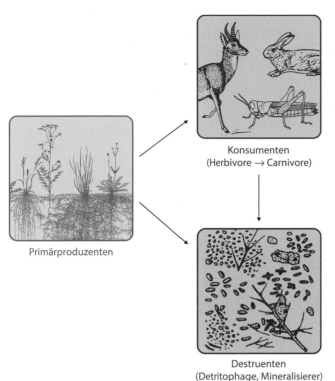

Konsumenten
(Herbivore → Carnivore)

Primärproduzenten

Destruenten
(Detritophage, Mineralisierer)

Abb. 21.6 Die funktionelle Struktur eines Ökosystems orientiert sich am Nahrungsnetz zwischen Primärproduzenten und unterschiedlichen Formen des Konsums und Abbaus (engl. *recycling*) von Pflanzenmasse. Jede dieser drei übergeordneten Funktionsgruppen lässt sich weiter in funktionelle Gruppen aufteilen (z. B. Gräser und Kräuter; Wirbeltiere, Insekten sowie deren Konsumenten, die Carnivoren; Bodenmikro- und -mesofauna, Bakterien, Pilze)

ner Gruppierung nach **Physiotypen** geht man von besonderen Merkmalen des Stoffwechsels aus, wie etwa nach der Benutzung des C_3-, C_4- oder CAM-Wegs der Photosynthese (▶ Abschn. 14.4.7, 14.4.8 und 14.4.9), nach Lichtbedarf bzw. Position im Bestand (Schatten und Sonnenpflanzen), speziellen Bodenansprüchen (kalkliebend oder -meidend) oder Resistenzmerkmalen (Dürre, Bodenversalzung, Frost, Hitze). **Symbiosetypen** fußen auf der Fähigkeit, eine Symbiose mit stickstofffixierenden Bakterien oder Mykorrhizapilzen einzugehen. Auch verschiedene andere Formen von Mutualismus und der Parasitismus sind Gruppierungskriterien.

Ein Konzept, das zunächst stark von der Zoologie inspiriert wurde, ist die Gruppierung nach vorherrschenden **Lebensstrategien** (engl. *life strategies*; klassisch ist die Unterscheidung von *r*- und *K*-Strategen für betont reproduktive gegenüber einer betont persistenten, kompetitiven – also vorherrschend vegetativen – Lebensweise). Im Lauf der Jahre wurden verschiedene auf Pflanzen abgestimmte Strategiekonzepte entwickelt. Besonders bekannt ist das Dreiecksystem von CSR-Strategen von Grime (für engl. *competitors, stress tolerators, ruderals*; Grime et al. 2007). Es leitet sich von einer zweidimensionalen Matrix ab, in der Pflanzen nach ihrer

Toleranz von Stress und Störung (wenig oder viel) gruppiert werden, und eine der vier Kombinationen, nämlich viel Stress und gleichzeitig viel Störung als nicht existent betrachtet wird, womit drei Kategorien übrig bleiben. Sie markieren als Eckpunkte des Dreiecks die Extreme. Jeder Pflanze wird nun graduell ein Platz zwischen diesen Extremen zugeordnet. Die Distanz zu einem Eckpunkt wird Radius genannt; so sagt z. B. der Stressradius wie stresstolerant eine Art ist. Wie jeder Versuch, die Vielfalt der Lebenserscheinungen zu gruppieren, wurde auch dieses Konzept wegen seiner Vereinfachung kritisiert.

Grubb (1998) hält z. B. dagegen, dass die Kategorie der stresstoleranten Pflanzen eigentlich drei unterschiedlichen Strategien zugeordnet werden müsse, weil sich ihr Verhalten im Lauf des Lebens ändern kann. Er unterscheidet Arten, die die Strategie vom Sämling zur adulten Pflanze beibehalten (engl. *low flexibility strategy*), solche, die als Sämling hart im Nehmen sind, später aber nicht mehr (engl. *switching strategy*), und schließlich solche, die sich umstellen können und quasi die Strategie wechseln und in eine andere Kategorie springen, wenn sehr günstige Bedingungen herrschen (engl. *gearing strategy*). Attribute von Stresstoleranz sind u. a. langsames Wachstum, langlebige Organe, geringe reproduktive Anstrengungen, vergleichsweise dicke Blätter mit niedrigem Stickstoffgehalt.

Die Liste von Gruppierungs- und Typisierungsansätzen ließe sich noch lange weiterführen. Die Erfahrung hat gezeigt, dass funktionelle Gruppen oft nur sehr beschränkt die vermeintlich gemeinsamen Funktionen aufweisen und artspezifische Unterschiede innerhalb funktioneller Gruppen häufig größer sind als die zwischen funktionellen Gruppen. Je nach Gruppierung kann es vorkommen, dass Individuen unterschiedlichen Alters unterschiedlichen funktionellen Gruppen zugeordnet werden müssen, was Gruppierungsversuche mit Arten schwierig macht. Für unterschiedliche Fragen werden auch unterschiedliche Gruppierungen bevorzugt oder auch neue Gruppen geschaffen (z. B. Gruppen ozon-, schwermetall-, staunässeresistenter Arten). Morpho- und Phänotypen dürften nach wie vor die praktischsten funktionellen Gruppen zur nichttaxonomischen Beschreibung der Struktur einer Phytozönose darstellen.

21.5.1.4 Stoffliche Struktur

Für die Bezeichnung und Aufgliederung der Pflanzensubstanz in einem Ökosystem hat sich folgende internationale Konvention etabliert (alle Angaben beziehen sich ausnahmslos auf die Masse nach Trocknung bei 80–100 °C): Das lebende ober- und unterirdische pflanzliche Inventar eines Ökosystems wird als pflanzliche **Biomasse** bezeichnet. Biomasse schließt dabei auch tote Innengewebe (verholzte Strukturen) der sonst jedoch lebenden Pflanze ein. Äußerlich anhaftende tote Pflanzenteile, sowohl ober- wie unterirdisch, werden als **Nekromasse** bezeichnet (engl. *standing dead*). Die Gesamtheit aller lebenden und anhaftend toten Pflanzenteile nennt man **Phytomasse**. Ihr gegenübergestellt werden die losen

Abb. 21.7 Die stoffliche Struktur von Pflanzenbeständen (die Verteilung der Trockensubstanz auf unterschiedliche Komponenten am Beispiel eines Alpenrasens). Links Biomasse (alles Lebende), rechts die noch an der Pflanze anhaftende, tote Pflanzensubstanz, genannt Nekromasse (zu unterscheiden von der lose am Boden liegenden Trockensubstanz, der Streu [engl. *litter*])

toten Pflanzenteile im Ökosystem, die **Streu** (engl. *litter*), wobei zwischen Bodenstreu (auf der Bodenoberfläche) und unterirdischem „Abfall" (z. B. abgestorbene Wurzeln) unterschieden wird (◘ Abb. 21.7). Organische Reste, die mit freiem Auge keine Organstruktur mehr erkennen lassen, werden dem **Humuskomplex** (organische Bodensubstanz, engl. *soil organic matter*, SOM) zugeordnet, wobei dieser alle Übergänge vom Rohhumus bis hin zu den Komplexmolekülen der Huminsäuren in der organischen Bodenmatrix umfasst. Die organische Substanz von Tieren (großteils kleine Bodentiere) und Mikroorganismen ist vergleichsweise sehr gering (<0,1 %) und wird in Kohlenstoffinventaren üblicherweise dem Boden zugeschlagen oder ignoriert, was natürlich nichts über die wichtige Funktion dieser Organismen im Ökosystem aussagt.

21.5.1.5   Räumliche Struktur

Die Art der Erschließung des Luft- und Bodenraums bestimmt das Erscheinungsbild, aber auch die Eigenschaften eines Ökosystems. Spross- und Wurzelmorphologie der dominanten Pflanzenarten, vor allem die Geometrie oder die **Architektur des Bestands**, verleihen jedem Ökosystem seine unverwechselbare Identität, bestimmen aber auch, wo der Energieumsatz stattfindet, woher Wasser und Nährstoffe bezogen werden (◘ Abb. 21.8). Die wichtigsten Strukturmerkmale sind oberirdisch die Bestandshöhe, der Blattflächenindex und die vertikale Verteilung der Blattfläche und unterirdisch der Wurzeltyp (z. B. Pfahlwurzel, homorhizes Wurzelsystem), die maximale Wurzeltiefe und die vertikale Verteilung der Wurzeln im Bodenprofil.

Der **Blattflächenindex LAI** (engl. *leaf area index*) ist eine dimensionslose Maßzahl, die angibt wie viel m² Blattfläche pro m² Bodenfläche ausgebildet sind (tatsächliche Blattfläche, ungeachtet der Orientierung im Raum; bei di-

cken oder nichtflachen Blättern deren größte Projektionsfläche). Geschlossene Pflanzenbestände auf gut entwickelten Böden mit ausreichender Wasserversorgung erreichen LAI-Werte zwischen fünf und acht. Für die meisten Ackerpflanzen wird ein maximaler LAI von etwa vier angestrebt. Die **Blattflächendichte LAD** (engl. *leaf area density*) mit der Dimension m⁻¹ ergibt sich für den gesamten Bestand, wenn man den LAI durch die Bestandshöhe dividiert (oder, auf einzelne Bestandsschichten bezogen, aus m² Blattfläche pro m³ Bestandsvolumen). LAI und LAD bestimmen das Lichtprofil (▶ Abschn. 23.1.3) im Bestand. Wenn von Bestandsstruktur gesprochen wird, wird häufig auf die vertikale Verteilung der Blattfläche Bezug genommen (◘ Abb. 22.4). Darin unterscheiden sich Wiesen und Wälder und bestimmte Ackerkulturen deutlich.

Der Großteil der Feinwurzeln befindet sich meist nahe der Bodenoberfläche (<1 m), oft sogar in den obersten 20 cm des Bodenprofils, was damit zu tun hat, dass dort die Mineralisierer und Mykorrhizapilze die Bodennährstoffe bereitstellen. Ein Teil des **Wurzelsystems** kann aber beträchtliche Tiefen erreichen (◘ Tab. 22.3). Dieses tief liegende Wurzelsystem dient hauptsächlich der Wasserversorgung. Die stockwerkartige Verteilung der Wurzeln einzelner Arten im Bodenprofil ist ein klassisches Beispiel der Nischendifferenzierung, die wesentlich die Biodiversität mitbestimmt (◘ Abb. 22.24). Tief liegende Wurzeln können auch zur Befeuchtung oberer Bodenhorizonte beitragen (engl. *hydraulic lift*, ▶ Abschn. 22.6.4). Die Vielfalt der Wurzeltypen übersteigt oft die Vielfalt der Sprosstypen und ist ein wesentliches Strukturmerkmal jedes Ökosystems.

Abb. 21.8 Die räumliche Verteilung von Blätter und anderen Strukturen in Pflanzenbeständen (Bestandsstruktur, ▶ Abschn. 22.1.3) bestimmt die Lichtausnutzung (schematisches Lichtprofil). Analog lässt sich die Wurzelverteilung im Boden als Struktur (oder Architektur) der Bodenerschließung darstellen (◘ Abb. 22.35)

21

21.5.2 Biotop: Standort- und Umweltfaktoren

21.5.2.1 Standort und Wuchsort

Als **Standortfaktoren** (über gewisse Zeiträume fixe Gegebenheiten im Gelände) werden Klima, Relief, Boden sowie biotische Einflüsse durch die Anwesenheit andere Organismen (z. B. beschattende Waldbäume) bezeichnet. Ihnen stehen unmittelbar wirksame und kurzfristig stark variable **Umweltfaktoren** gegenüber: das aktuelle Strahlungsangebot, Wärme, Feuchtigkeit, chemische Faktoren, aber auch mechanische und biologische Störgrößen. Auf diese reagieren die Pflanzen mit Wachstum, Entwicklung, struktureller Ausprägung und Resistenz (◘ Abb. 21.9).

Unter **Standort** versteht man eine Fläche, die durch einheitliche Standortfaktoren charakterisiert ist. Der Begriff **Wuchsort** bezeichnet die konkrete Stelle, an der eine Pflanze tatsächlich wächst (= Fundort). Durch Mikroklima, lokale Mikrorelief- und Bodeneigenschaften, durch andere Pflanzenarten in unmittelbarer Nachbarschaft und durch Tiere können die tatsächlichen Lebensbedingungen am Wuchsort innerhalb desselben Standortes beträchtlich variieren. Stellt man fest, dass die Wuchsorte nicht zufällig sind, sondern Pflanzenarten regelmäßig an ähnlichen Wuchsorten vorkommen, dort gleichsam „zuhause" sind, spricht man von ihrem **Habitat**. Habitat ist also der engere Begriff und bezieht sich auf eine bestimmte Pflanzenart oder Gruppe von Arten, während Standort der weitere Begriff ist und sich

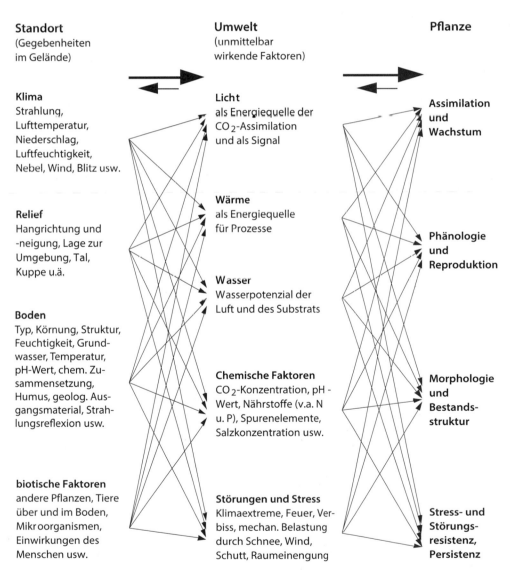

Standort
(Gegebenheiten
im Gelände)

Umwelt
(unmittelbar
wirkende Faktoren)

Pflanze

Klima
Strahlung,
Lufttemperatur,
Niederschlag,
Luftfeuchtigkeit,
Nebel, Wind, Blitz usw.

Relief
Hangrichtung und
-neigung, Lage zur
Umgebung, Tal,
Kuppe u.ä.

Boden
Typ, Körnung, Struktur,
Feuchtigkeit, Grund-
wasser, Temperatur,
pH-Wert, chem. Zu-
sammensetzung,
Humus, geolog. Aus-
gangsmaterial, Strah-
lungsreflexion usw.

biotische Faktoren
andere Pflanzen, Tiere
über und im Boden,
Mikroorganismen,
Einwirkungen des
Menschen usw.

Licht
als Energiequelle der
CO_2-Assimilation
und als Signal

Wärme
als Energiequelle
für Prozesse

Wasser
Wasserpotenzial der
Luft und des Substrats

Chemische Faktoren
CO_2-Konzentration, pH-
Wert, Nährstoffe (v.a. N
u. P), Spurenelemente,
Salzkonzentration usw.

Störungen und Stress
Klimaextreme, Feuer, Ver-
biss, mechan. Belastung
durch Schnee, Wind,
Schutt, Raumeinengung

**Assimilation
und
Wachstum**

**Phänologie
und
Reproduktion**

**Morphologie
und
Bestands-
struktur**

**Stress- und
Störungs-
resistenz,
Persistenz**

◘ **Abb. 21.9** Standort- und Umweltfaktoren. Die im Gelände erkennbaren sekundären Standortfaktoren erweisen sich als Komplex aus primären Standort- bzw. Umweltfaktoren, welche direkt auf die unterschiedlichen Strukturen und Prozesse der Pflanze wirken; sie beeinflussen sich auch wechselweise. Weiterhin lassen sich auch vielfach Rückwirkungen zwischen Pflanze und Umwelt feststellen

an den örtlichen Gegebenheiten orientiert, unabhängig davon, welche Arten vorkommen. Pflanzenarten können auch mehrere verschiedene Habitattypen besiedeln. Die drei Begriffe werden oft vermischt oder als Synonyme gehandhabt; eine eindeutige Übersetzung von Standort ins Englische gibt es nicht (meist einfach *site*).

21.5.2.2 Klima und Mikroklima

Als **Klima** bezeichnet man den mittleren Zustand der Atmosphäre und den durchschnittlichen Ablauf der Witterung über viele Jahre. Das **Wetter** beschreibt die augenblickliche Situation. Die verschiedenen Klimate der Erde sind vor allem durch das Ausmaß und die jahreszeitliche Verteilung von Wärmezufuhr und Niederschlag bedingt. Diese Unterschiede lassen sich anschaulich in Form von **Klimadiagrammen** darstellen (◘ Abb. 21.10).

Die Anschaulichkeit von Klimadiagrammen beruht auf der an sich willkürlichen 2 : 1-Skalierung für Niederschlag und Temperatur und den, ebenfalls auf Erfahrung basierenden, Grenzwertabstufungen (Punktraster, Schraffur). Für die Biologie liegt der Wert in der Visualisierung der jahreszeitlichen Dynamik anstelle von Jahresmittelwerten oder Summen. Die Temperatur steht nicht nur für Wärme, sondern auch für potenzielle Verdunstung, weshalb Rückschlüsse auf die saisonale Wasserbilanz (z. B. Trockenperioden) möglich sind. Die Angabe von Niederschlagssummen, Temperaturextremen und Standortkoordinaten komplettiert die Information. In den Tropen ändert sich die Monatsmitteltemperatur kaum (Tageszeiten- statt Jahreszeitenklima in Bezug auf Temperatur), eine Saisonalität, wenn vorhanden, resultiert aus dem Niederschlagsangebot.

Abhängig von der geografischen Breite ändert sich die Sonneneinstrahlung, mit ihr die Temperatur, die temperaturbedingte **Saisonalität** und die potenzielle Evapotranspiration (mögliche Verdunstung aus Boden- und Pflanzenoberflächen bei guter Wasserversorgung). Wo der jährliche Niederschlag die potenzielle Evapotranspiration deutlich übertrifft, herrscht humides Klima, bleibt der Niederschlag jedoch deutlich hinter der potenziellen Evapotranspiration zurück, semiarides oder arides Klima. Dabei ist die zeitliche Verteilung der Niederschläge für die Vegetation wichtiger als die Summe, wie an Klimatypen mit Regenzeit deutlich wird.

Neben der geografischen Breite wird das Klima von der globalen **Luftzirkulation** (◘ Abb. 21.11) und Meeresströmungen beeinflusst. Die äquatoriale Tiefdruckzone mit aufsteigender Luftbewegung (führt zu Kondensation und Zenitalregen) ist feucht, der subtropische Hochdruckgürtel mit fallender Luftbewegung ist im Kontinentalbereich trocken (führt zu Wüstengebieten). Durch die zum Äquator zurückströmende bodennahe Luft entstehen die Passatwinde, die vor allem in Südasien durch die Monsunzirkulation verändert werden (führt zu Regenmaximum im Nordsommer, die Luftströmung ist vom Meer zum Land gerichtet). In der temperaten Zone der nördlichen und südlichen Hemisphäre bilden sich durch Mischung von warmer und kalter Luft Zyklone, die infolge der Erdrotation als vorherrschende Westwinde nach Osten ziehen (führt zu zyklonalen Niederschlägen und Steigungsregen an Gebirgen in Randgebieten der Kontinente und trockenen Innenräumen der Kontinente). Die Luft der Polargebiete enthält wenig Feuchtigkeit, entsprechend sind die Niederschläge sehr gering, übersteigen jedoch meist die noch geringere potenzielle Evapotranspiration. Küstennahe (maritime = ozeanische) Gebiete zeichnen sich durch geringe, küstenferne (kontinentale) durch große Jahresamplituden des Klimas aus.

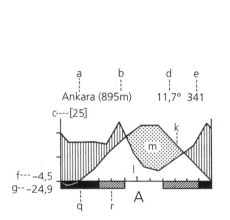

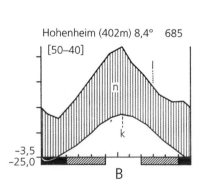

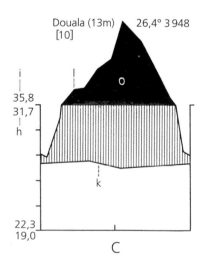

◘ **Abb. 21.10** Klimadiagramme. Beispiele für **A** warm-gemäßigtes Klima mit kontinentalem Einfluss (mit Winterregen und Sommertrockenheit), **B** gemäßigtes Klima mit ozeanischem Einfluss (Niederschläge zu jeder Jahreszeit) und **C** tropisch humides Klima mit ausgeprägter Regenzeit und (relativer) Trockenzeit. Temperaturen gelten für die Luft, 2 m über Grund und im Schatten. Abszisse: Monate, Ordinate: ein Teilstrich = 10 °C bzw. 20 mm Niederschlag. **a** Station (Ort), **b** Höhe über Meer, **c** Zahl der Beobachtungsjahre, **d** Jahresmitteltemperatur in °C, **e** mittlerer Jahresniederschlag in mm, **f** mittleres Tagesminimum der Temperatur des kältesten Monats, **g** absolutes Temperaturminimum (= tiefste je gemessene Temperatur), **h** mittleres Tagesmaximum des wärmsten Monats, **i** absolutes Temperaturmaximum (höchste je gemessene Temperatur), **k** Jahresverlauf der Monatsmitteltemperatur, **l** Jahresverlauf der mittleren Niederschläge pro Monat, **m** Dürreperioden (grob punktiert), **n** humide Perioden (vertikal schraffiert), **o** Perioden mit mittleren Monatsniederschlägen >100 mm (schwarz, im Maßstab auf 1/10 reduziert), **q** „kalte" Jahreszeit (schwarz, Monate mit mittlerem Tagesminimum unter 0 °C), **r** Monate mit absolutem Minimum unter 0 °C, d. h. auch Spät- oder Frühfröste kommen vor (schräg schraffiert). (Nach Walter und Lieth 1967)

21

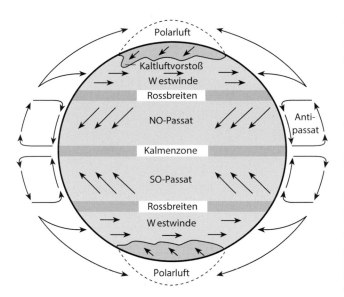

Abb. 21.11 Schema der Luftströmungen auf der Erde zur Zeit der Tag- und Nachtgleiche

Ein wichtiger Faktor für das Feuchteangebot ist die saisonale Verschiebung des Zenitalstands der Sonne. Das Mittelmeergebiet gerät dadurch im Nordwinter in die Westwindzone und im Nordsommer in die subtropische Hochdruckzone. In den Tropen verlagert sich der Schwerpunkt der Niederschläge im Nordsommer nach Norden, im Nordwinter nach Süden, wodurch vor allem in den Randtropen ausgeprägte **Regen- und Trockenzeiten** entstehen.

Meeresströmungen modifizieren das zonale Klima stark. Norddeutschland hätte ein Klima wie Labrador, gäbe es nicht den Golfstrom. Der kalte Humboldtstrom ist für relativ geringe Niederschläge an der Westküste Südamerikas südlich des Äquators verantwortlich (Atakamawüste als Extrem). Analoges gilt für den Südwesten Afrikas (Namibwüste). Eine periodisch wiederkehrende Druck- und Temperaturanomalie im äquatorialen Pazifik (El Niño) kehrt etwa alle fünf Jahre den stetigen, westgerichteten Passateinfluss und die zugehörigen Meeresströmungen um und führt zu Überflutungen an der Westküste Südamerikas und zu Trockenheit in den sonst überwiegend humiden Gebieten Indomalaysiens. Die ökologischen Auswirkungen sind jeweils groß.

Das Klima ändert sich auch in charakteristischer Weise mit der **Höhe über dem Meeresspiegel** (= Höhe über Normalniveau, NN). In den Gebirgen sinken die mittleren Temperaturen mit zunehmender Höhe um etwa 0,55 °C je 100 m (Ursachen dafür sind besonders die geringere Erwärmung der Luft durch die Bodenoberfläche, die geringere Luftdichte und die vermehrte Wärmeausstrahlung). Dadurch bilden sich die charakteristischen Höhen-und Vegetationsstufen aus. Der Luftdruck sinkt pro 1000 m über NN um etwa 10 %, womit auch die Partialdrücke für CO_2 und O_2 abnehmen und die Diffusivität von Gasen steigt. Alle übrigen Klimaparameter weisen kein einheitliches Höhenprofil auf. Das Strahlungsklima wird stark von der Bewölkung beeinflusst. Es gibt Gebirge in feuchten Regionen mit stark abnehmendem Strahlungsangebot mit der Höhe (z. B. Neuguinea). In den Alpen halten sich die Zunahme der Strahlungsintensität bei wolkenfreiem Himmel und die Zunahme der Bewölkung etwa die Waage, weshalb die Dosis (In-

tensität mal Zeitdauer) nicht zunimmt. Weder Wind noch Niederschlag folgen global einheitlichen Mustern, sind also nicht höhenspezifisch verändert, auch wenn es regional charakteristische Gradienten gibt (in den Alpen und Rocky Mountains nimmt der Niederschlag mit der Höhe zu, in Teilen der südlichen Anden nimmt er ab). Zentrale Gebirgsketten haben meist ein anderes (trockeneres, wärmeres) Klima als randständige, daher sind dort auch die Höhenstufen der Vegetation nach oben verschoben (Massenerhebungseffekt).

Relief, Exposition, Bodenstruktur und Pflanzendecke modifizieren das von den Pflanzen erlebte Klima im Vergleich zu dem von einer Wetterstation erfassten (▪ Abb. 21.12). Dieses **Mikroklima** kann so weit vom Makroklima abweichen, dass die Klimazonenunterschiede auf dem Niveau der Pflanze periodisch verschwinden. Besonders stark sind solche Effekte im Gebirge ausgebildet (▪ Abb. 21.13), wo niedrige, sehr dichte Pflanzenbestände den Wärmeaustausch mit der frei zirkulierenden Atmosphäre so weit bremsen, dass bei Tag durch Strahlungswärme tropische Bestandstemperaturen entstehen können. Je niedriger und dichter der Pflanzenbestand, desto ausgeprägter ist diese klimatische Abkopplung (ein Rasen ist stärker abgekoppelt als ein Wald). Durch Abstrahlung in klaren Nächten sinken die Oberflächentemperaturen unter die Lufttemperatur, was zu unerwarteten Frostschäden führen kann. Wesentlich ist, dass die Pflanzendecke selbst ihr Mikroklima mitgestaltet. Alle Komponenten des Klimas werden dabei modifiziert. Besonders auffällig ist, dass Bäume immer kühler (enger an die Lufttemperatur gekoppelt) erscheinen als flachwüchsige Pflanzen, was unter anderem das globale Waldgrenzenphänomen im Gebirge erklärt (▶ Abschn. 24.1).

Die räumliche Verteilung der Pflanzenarten spiegelt die unterschiedlichen Habitatbedingungen wider. Daher kann man Pflanzenarten auch als **ökologische Zeigerarten** (▶ Abschn. 23.4.3) verwenden und ihnen Indikatorwerte für bestimmte Umweltbedingungen zuordnen. Damit lassen sich für Pflanzengemeinschaften und ihre Biotope auch ohne aufwendige Messungen halbquantitative Angaben über die dort wirksamen Umweltbedingungen machen.

Auch in **aquatischen Ökosystemen** weichen Strahlungsgenuss und Temperatur stark von den Klimadaten einer Wetterstation ab (▪ Abb. 21.13). Im Frühjahr und Sommer werden bevorzugt die oberen Wasserschichten erwärmt. Infolge seiner geringen Dichte bleibt dieses warme Wasser im Sommer als **Epilimnion** an der Oberfläche, während das kalte und dichtere als **Hypolimnion** darunter liegt (▪ Abb. 21.13B). Die Abkühlung in Herbst und Winter ermöglicht zusammen mit der Windwirkung eine Durchmischung, was für die O_2- und Nährstoffversorgung aller Gewässer von entscheidender Bedeutung ist (▪ Abb. 21.14).

21.5.3 Klimafaktoren

Alle Lebensprozesse werden von Klimafaktoren wie Sonnenstrahlung, Temperatur Luftfeuchtigkeit, Wind und Feuchteangebot beeinflusst. Die Pflanzenwissenschaften können gar nicht umhin, sich damit auseinan-

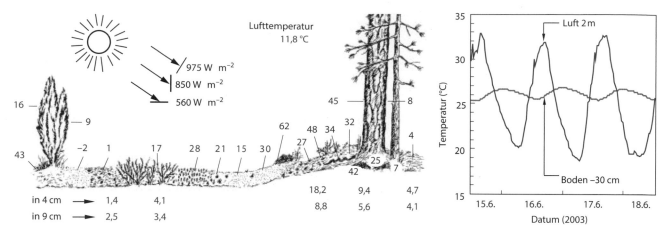

Abb. 21.12   Links: Mikroklima in einem terrestrischen Lebensraum. Eine Frühjahrssituation an einem Waldrand in den Niederlanden; mittags, nach klarer Nacht, am 03.03.1976. Beispiel für die starke kleinräumige Variation des von Pflanzen erlebten Temperaturklimas (Mikroklima) im Vergleich zur Lufttemperatur (Makroklima). Die Intensität der Sonneneinstrahlung differiert mit dem Einfallswinkel auf die bestrahlte Fläche. Rechts: Tagesgänge der Lufttemperatur in 2 m Höhe und in 30 cm Tiefe im Boden unter einer Wiese in Basel zeigen zeitlich stark unterschiedliche thermische Lebensbedingungen. (Links: Stoutjesdijk und Barkmann 1987)

Abb. 21.13   Thermalbilder der Landschaft zeigen bei sonnigem Wetter starke Abweichungen zwischen Mikro- und Makroklima. Exposition und pflanzliche Lebensform bestimmen die tatsächlichen Temperaturen im Ökosystem. Oben: Talschluss in 2500 mNN (Furkapass, schweizer Zentralalpen). Bei Lufttemperaturen um 10 °C erleben Pflanzen Temperaturen zwischen 8 und 24 °C. Unten: Am Ursprung der Rhone in der Schweiz in ca. 2000 mNN; der Lärchenwald ist hier durch Lawinen auf schmale Streifen reduziert. Bäume sind aerodynamisch eng an die Lufttemperatur (hier ca. 11 °C) gekoppelt, Alpenrasen und Zwergsträucher heizen sich in der Sonne auf. (Daten von Ch. Körner)

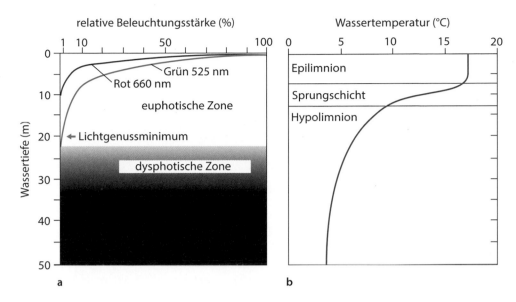

Abb. 21.14 Die klimatischen Verhältnisse in einem aquatischen Lebensraum. **a** Sonnenstrahlung und **b** Temperaturschichtung während der Sommermonate in einem eutrophen See der temperaten Zone (Mondsee, Salzkammergut). (Nach Findenegg 1969)

derzusetzen. In jedem Experiment gilt es, die Faktoren mit Sachverstand zu definieren, daher hier ein ganz knapper Exkurs.

Sonnenstrahlung und Licht   Sonnenstrahlung und Licht sind nicht das Gleiche: Licht ist der sichtbare Teil, der etwa die Hälfte der Gesamtenergie der Sonnenstrahlung repräsentiert (▶ Abschn. 22.1.1). Eine neue Herausforderung für die Pflanzenwissenschaften ist die Einführung von Leuchtdioden (LEDs), durch die ein Standard für die Beleuchtungsintensität in Experimenten fehlt.

Sobald LEDs zum Einsatz kommen, fehlen auch entsprechende Geräte, die die Lichtintensität korrekt messen. Um die Intensität der LED-Wellenlängen zu ermitteln, ist ein Spektralphotometer erforderlich, doch lassen sich die gemessenen Werte nicht mit denen für Sonnenlicht vergleichen. Beim üblichen Einsatz von roten und blauen LEDs sind die Pflanzen möglicherweise wesentlich mehr Rotlicht ausgesetzt, als bei voller Sonnenstrahlung. Da die Pigmente der Pflanzen fast alle Wellenlängen zwischen 380 und 710 nm nutzen können (eben nicht nur rote und blaue), entstehen beim Einsatz von LEDs schwerwiegende spektrale Verzerrungen im Lichtangebot, deren biologische Wirkungen noch weitgehend unerforscht sind. Daher liegt die Zukunft in LED-Kombinationen die das Sonnenlicht nachbilden.

Temperatur   Temperatur ist an Materie gebunden, wie Luft, Wasser, Boden oder auch ein Blatt. Biologen sollten sich dessen bewusst sein, dass die Lufttemperatur (wie sie Wetterdienste melden) in den seltensten Fällen gleichbedeutend ist mit der relevanten Pflanzentemperatur (▶ Abb. 21.12 und 21.13). Es gibt mehr als 90 Wege, Temperaturen anzugeben, manche davon sind biologisch sinnlos aber sehr populär (wie die Jahresmitteltemperatur, MAT; engl. *mean annual temperature*), andere

können entscheidend sein, aber werden nicht erwähnt, wie das absolute Minimum der Organtemperatur, wenn es um potenzielle Frostgefährdung geht (▶ Abb. 21.15). Es ist wichtig, dass Temperatursensoren nie der Sonnenstrahlung ausgesetzt werden (Vermeidung von Strahlungsfehlern). Um Lufttemperaturen zu messen ist eine doppelte Abschattung und sehr gute Belüftung des Sensors nötig.

Luftfeuchtigkeit   Es gibt unterschiedliche Wege, den Wasserdampfgehalt der Luft zu beschreiben, der unsinnigste aber populärste ist die relative Luftfeuchtigkeit (RF). Sie drückt das Verhältnis von aktuellem Dampfdruck (e_a) zu Sättigungsdampfdruck (e_o) in Prozent aus. Da der Sättigungsdampfdruck (in hPa) sehr stark von der Lufttemperatur abhängt (warme Luft kann sehr viel, kalte Luft sehr wenig Wasserdapf aufnehmen), sagt das prozentuelle Verhältnis e_a/e_o ohne Temperaturangabe nichts über die Verdunstungskraft der Luft aus. Die Verdunstungskraft wird besser als Dampfdruckdefizit beschrieben (vpd; engl. *vapour pressure deficit*) und ist die Differenz $e_o - e_a$.

Um die Wachstumsbedingungen von Pflanzen zu bewerten ist es wichtig, den Unterschied zwischen RF und vpd verstanden zu haben. Eine RF von 50 % bedeutet bei 0, 10, 20 bzw. 30 °C ein vpd von ca 3, 6, 12 bzw. 21 hPa. Bei einem Temperaturanstieg von 10 auf 20 °C verdoppelt sich also bei gleicher RF die Verdunstungskraft der Luft (und damit der potenzielle Wasserverlust von Pflanzen), bei einem Anstieg von 0 auf 30° versiebenfacht sich die Kraft. Die Angabe einer mittleren RF ist daher unsinnig, die eines mittleren vpd ist hingegen sinnvoll.

Wind   Die Wingeschwindigkeit auf Blattniveau beeinflusst den Gasaustausch der Blätter und ihre Temperatur (auch abhängig von der Wasserverfügbarkeit;

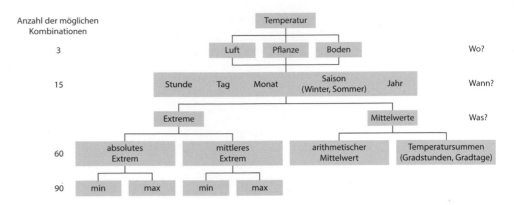

Abb. 21.15 Die 90 Wege, in der Pflanzenbiologie Temperaturen zu beschreiben. In den wenigsten Fällen wird die Angabe der mittleren Lufttemperatur pflanzenbiologischen Fragestellungen gerecht. (Körner und Hiltbrunner 2018)

▶ Abschn. 22.1.2). Größe und Form von Blättern sind die evolutive Antwort darauf (◧ Abb. 22.1). Die Windgeschwindigkeit sinkt exponentiell mit abnehmendem Abstand von rauen Flächen, also auch der Oberfläche eines Blatts oder eines Pflanzenbestands. Der aerodynamische Austauschwiderstand zwischen Blatt und Luft für Wärme und Wasserdampf folgt der Quadratwurzel des Verhältnisses von Blattbreite d zur Windgeschwindigkeit (d/v). Je breiter ein Blatt, also je länger der Windweg entlang seiner Oberfläche, desto stärker die Windbremsung. Große Blätter werden daher bei direkter Sonnenbestrahlung im Zentrum sehr heiß und kommen daher nur im Schatten oder auf sehr nassen Böden vor (Transpirationskühlung). In trockenen und heißen Regionen sind die Blätter daher schmal. Auch die Summe der Blätter bremst den Wind im Inneren des Bestands, weshalb es für Pflanzenbestände wichtig ist nicht aufgebrochen zu werden. Die meisten Arten benötigen für ihre normale Funktion Nachbarn und den wechselseitigen Windschutz, weshalb es für viele Arten einer Stressbehandlung gleichkommt, sie isoliert aufzuziehen.

Niederschlag und Bodenfeuchte Ob eine bestimmte Niederschlagsmenge für das Ökosystem hoch oder niedrig ist, hängt von der im selben Zeitraum stattfindenden Ökosystemverdunstung (Evapotranspiration; ▶ Abschn. 22.5.4) und der Größe des Bodenwasserspeichers ab, der seinerseits von der Profiltiefe, Feinkörnigkeit (Korngrößenverteilung) und Steingehalt bestimmt wird. Für Feldökologen ist die durchwurzelte Bodentiefe die Schlüsselgröße, die darüber entscheidet, wie lang Niederschlagsintervalle sein dürfen, bevor Trockenstress auftritt.

Gemessen wird die **Bodenfeuchte** entweder mithilfe von Drucksensoren, die über feinporöse, keramische Körper (Saugkerzenprinzip) den Gleichgewichtsdruck gegenüber dem Kapillarwasser im Boden anzeigen (Bodenwasserpotenzial), oder durch die Bestimmung des Wassergehalts in Volumenprozenten, entweder mithilfe der TDR (engl. *time domain reflectrometry*; ein elektromagnetisches Signal) oder durch die gravimetrische Bestimmung mit volumengetreu entnommenen Bodenkernen (Stechzylinder). Eine nicht volumengetreu erfasste Bodenfeuchte sagt wenig aus, da sie die Lagerungsdichte des Bodens unberücksichtigt lässt. Indirekte Signale mit hygroskopischen Leitfähigkeitssensoren liefern bestenfalls relative Hinweise, die eine Kalibrierung mit den vorgenannten Methoden erfordern.

Ein beachtlicher Teil des Bodenwassergehalts (5–15 % je nach Bodentyp) ist nicht pflanzenverfügbar (permanenter Welkepunkt), also stark an die Bodenmatrix gebunden. Zu viel Wasser (Bodensättigung, Staunässe) verhindert den Gasaustausch und kann Wurzeln absterben lassen (Sauerstoffmangel, anaerobe Verältnisse).

21.5.4 Boden

Böden entstehen durch das Zusammenwirken der Bodenbildungsfaktoren Muttergestein, Organismen, Klima und Relief, welche im Lauf der Zeit auf die Bodenbildung einwirken. Die wichtigsten Bodenbildungsprozesse sind Verwitterung, Verlagerung, Humusbildung, Mineralneubildung und Gefügebildung. Je nach topografischer Lage bildet sich auf diese Weise die belebte **Pedosphäre**, die ein Teil der Biosphäre ist. Die besondere Organismenwelt im Boden bezeichnet man als **Edaphon**. Die **Rhizosphäre** umfasst den gesamten Wurzelraum und stellt die Schnittstelle zwischen Pflanzen und Boden dar. Böden sind offene poröse Systeme, bestehend aus Fest-, Flüssig- und Gasphasen, in denen ein Stoff- und Energieaustausch mit der Lithosphäre, der Atmosphäre, der Hydrosphäre und der Biosphäre stattfindet. Von großer Bedeutung, insbesondere für die Bodenfruchtbarkeit, sind die aus Gesteinsverwitterung entstehenden, fein geschichteten Tonminerale und die organische Bodensubstanz (SOM; engl. *soil organic matter*). Aus der Aggregation der Tonminerale mit SOM entsteht ein Gefüge, das gewachsene Böden von künstlichen Substraten unterscheidet. Diese als Ton-**Humus**-Komplex bezeichneten Aggregate entstehen unter der Wirkung der Bodenorganismen (des Edaphons) durch Ab- und Umbau von organischen Abfällen und deren Vermischung mit mineralischen Bestandteilen (◧ Abb. 21.16).

A   B   C   D   E   F   G

⬛ Abb. 21.16   Abbau der Laubstreu und Bildung von Humus (Mull) in einem Braunerdebuchenwald. **A** Laubfall. **B** Fensterfraß (Spring-schwänze u. a.) und Eröffnung der Epidermis (Beginn der Bakterien- und Pilzbesiedlung). **C** Übergang zum Lochfraß. **D** Loch- und Skelett-fraß (Asseln, Tausendfüßer u. a.), Tierlosung. **E** Höhepunkt der mikrobiellen Verwesung (Bakterien, Pilze), weiterer Fraß durch saprophage Tiere (Moosmilben u. a.). (A–E etwa 1/3 ×). **F** Aufnahme der verwesenden Masse, Mischung mit Mineralien und Bildung von Ton-Hu-mus-Komplexen durch Detritusfresser (Regenwürmer u. a.). **G** Zustand nach wiederholter Darmpassage (dabei geförderter bakterieller Ab-bau!) und Krümelbildung: Mull. (F–G etwa 150 ×.) (Nach Zachariae 1965.)

Bezogen auf Masse und Umsätze sind in der gemä-ßigt-humiden Zone Regenwürmer und Bakterien die wichtigsten **Bodenlebewesen**. Regenwürmer können mit einer Körpermasse von 20–80 g m^{-2} etwa 10–40 t Fein-erde pro Hektar und Jahr umsetzen. In den saisontro-ckenen Tropen und Subtropen sind Termiten die domi-nanten tierischen Destruenten (200 Termitenburgen pro km^2 wurden z. B. in Tansania gezählt), die auch maß-geblich an der Bodendurchmischung und am Bodenauf-trag (beim Zerfall der Burgen) beteiligt sind. In den Steppengebieten sorgen diverse wühlende Nager (Wühl-mäuse, Erdhörnchen u. a.) für eine stetige Bodenbewe-gung.

Die Anreicherung von organischer Substanz im Bo-den führt in Abhängigkeit vom Basenangebot zu einer Absenkung des **pH-Wertes**, im Extremfall bis in den Be-reich von pH 3. Alle Faktoren, die den Abbau von Pflan-zenmaterial hemmen, wie etwa eine schwerzersetzbare Nadelstreu, ungünstige (kalte, nasse) klimatische Bedin-gungen oder basenarme Gesteine, fördern die Rohhu-musbildung und damit die **Bodenversauerung**. Eng da-mit verbunden ist die Mobilisierung und Verfügbarkeit von mineralischen Nährstoffen. Die meisten Pflanzen vermögen mithilfe von Mykorrhizapilzen das Nähr-stoffangebot im Boden besser zu nutzen und dadurch die Biomasseproduktion zu erhöhen.

Die Wechselwirkungen zwischen Boden und Pflan-zen sind vielfältig und sehr komplex, sodass sich keine einfachen Ursache-Wirkungs-Beziehungen herleiten lassen. Bestimmende Faktoren dieses Wirkungsgefüges sind Ausgangsgestein und Klima. Pflanzen kommen nicht nur auf bestimmten Böden vor, sondern sie beein-flussen umgekehrt auch die Bodenbildung. Dieser Pro-zess läuft oft über eine Artensukzession. Qualität und Menge der Streu (z. B. Nadeln oder Laub) sind wesent-lich für die Oberbodendynamik.

Ökologisch wichtiger als der aktuelle pH-Wert ist die Basenverfügbarkeit, die wegen der **Säurepufferung** in-nerhalb einer pH-Stufe eines Puffersystems stark variie-ren kann. Wichtige Puffersysteme decken folgende pH-Bereiche ab: Carbonat 8,6–6,2, Kationentausch 5–4,2, Aluminium <4,2, Eisen <3,8 und Silikatverwitte-rung über den ganzen pH-Bereich. Der Kalkgehalt ist besonders wichtig. Neben der großen Pufferwirkung be-einflusst er u. a. physikalische Eigenschaften der Böden wie die Gefügebildung (Krümelstruktur) und damit den Wasser-, Luft- und Wärmehaushalt.

Der pH-Wert der Böden liegen im Oberboden im Be-reich von etwa 2,6–4,5 in stark sauren Hochmooren und Zwergstrauchheiden, 3,5–4,5 in bodensauren Wäldern, 4,5–6,0 in reicheren, mäßig bis schwach sauren Laub-mischwäldern und Ackerböden, 5,0–6,5 in Flachmoo-ren, 6,0–7,5 in Kalkbuchenwäldern im Neutralbereich, 6,5–8 in Auwäldern, 7,0–8,5 in mehr oder weniger alka-lischen Kalkfelssteppen und bis über 10,0 unter arider Halophytenvegetation (stark alkalische Böden = So-lontschak, Solonetz).

Die Versauerung ist nicht nur auf die Bildung von Humussäuren, sondern auch auf die Ausscheidung von Säuren durch Wurzeln und Mikroorganismen, die Dis-soziation von Kohlensäure und das Auswaschen von Ba-sen zurückzuführen. Da das Pflanzenwachstum und die Aktivität der Bodenorganismen durch die jahreszeitli-chen Schwankungen von Niederschlag und Temperatur beeinflusst werden, unterliegt auch der pH-Wert einem typischen jahreszeitlichen Rhythmus. Eine Alkalisierung von Böden ist vor allem durch Anreicherung von Salzen starker Basen und schwacher Säuren bedingt (z. B. Na$_2$CO$_3$, CaCO$_3$).

In Wäldern fällt der Großteil des organischen Ab-falls oberirdisch an (Streu). Dieser gerichtete Eintrag führt zu einer sehr starken vertikalen Differenzierung des Bodenprofils (⬛ Abb. 21.17). Unter Grasvegetation und in typischen Steppenböden wird der organische Ab-fall überwiegend durch den Feinwurzelumsatz eingetra-gen, was zusammen mit der Aktivität von Wühltieren

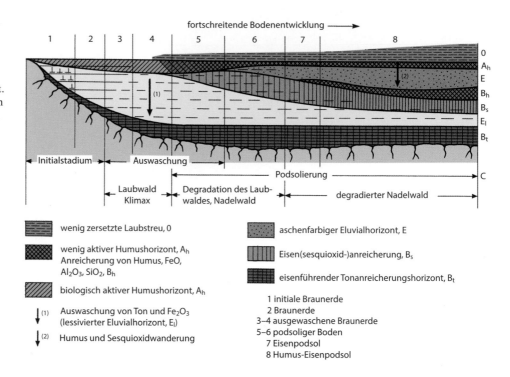

Abb. 21.17 Bodenentwicklung im atlantischen Klimabereich Europas. Die Schichtung eines Bodens wird durch sein Profil veranschaulicht. Es verändert sich im Lauf der Zeit. Böden reifen, können aber auch wieder degradieren. Die Grafik zeigt eine Sequenz von Stadien der Bodenbildung. (Nach P. Duchaufour aus J. Braun-Blanquet, mit aktualisierter Bodennomenklatur)

fortschreitende Bodenentwicklung →

- wenig zersetzte Laubstreu, 0
- wenig aktiver Humushorizont, A_h Anreicherung von Humus, FeO, Al_2O_3, SiO_2, B_h
- biologisch aktiver Humushorizont, A_h
- (1) Auswaschung von Ton und Fe_2O_3 (lessivierter Eluvialhorizont, E_l)
- (2) Humus und Sesquioxidwanderung
- aschenfarbiger Eluvialhorizont, E
- Eisen(sesquioxid-)anreicherung, B_s
- eisenführender Tonanreicherungshorizont, B_t

1 initiale Braunerde
2 Braunerde
3–4 ausgewaschene Braunerde
5–6 podsoliger Boden
7 Eisenpodsol
8 Humus-Eisenpodsol

Tab. 21.1   Korngrößenklassen in Deutschland

Bodenfraktion	Korngröße[1] (μm)
Bodenskelett	>2000
Feinerde	<2000
Sand	63–2000 (50–2000)
Schluff/Silt	2–63 (2–50)
Ton	<2

[1]in Klammern: internationale Klassen

Tab. 21.2   Porengrößenklassen.

Bezeichnung	Größe (μm)	Merkmal
weite Grobporen	>50	Wasser versickert rasch
enge Grobporen	10–50	Wasser leicht verfügbar
Mittelporen	0,2–10	Wasser mittel bis schwer verfügbar
Feinporen	<0,2	Wasser nicht pflanzenverfügbar

und reduzierter Infiltration infolge Trockenheit die wesentlich geringere vertikale Differenzierung des Humusgehaltes erklärt. Die mittlere Verweildauer von Kohlenstoff im Boden geht für bestimmte Komponenten in die Jahrtausende, und humusreiche Böden haben oft ein sehr hohes Alter. Ihre Zerstörung ist daher endgültig und in relevanten Zeiträumen unumkehrbar.

Die **Typisierung des Bodensubstrats** orientiert sich
- am Ausgangsmaterial (z. B. Kalk, Silikat),
- an der Textur, der **Korngrößenverteilung** (Tab. 21.1) und
- am Humusgehalt.

Neben der Korngröße ist das Bodengefüge, die Struktur, ökologisch besonders bedeutend, denn beide zusammen bestimmen das Porenvolumen und die Klassen von **Porengrößen**, die für die Wasserspeicherung entscheidend

sind (Tab. 21.2). Sandige Böden haben große Poren, sind gut durchlüftet, drainieren rasch und haben daher eine geringe (Abb. 21.18) (leichte, warme Böden); für Lehm- und Tonböden gilt das Umgekehrte (schwere, kalte Böden). Die Verbindung von kolloidalen Tonmineralen und Huminstoffen (sehr komplexe Riesenmoleküle aus zahlreichen aromatischen Kernen, teilweise mit eingebundenem Stickstoff und aliphatischen Seitenketten) bilden **Ton-Humus-Komplexe**, an deren negativ geladenen Oberflächen austauschbare Kationen gebunden sind. In ungestörten Böden sind Wurzelhaare, Mykorrhiza und Mikroorganismen mit diesen Aggregaten so eng assoziiert, dass eine Nährstoffauswaschung weitgehend verhindert wird. Durch die chemische Einbindung von **Stickstoff** in die zum Teil extrem reaktionsträgen **Huminstoffe** werden große Stickstoffmengen in einer für

21

Pflanzen nicht verfügbaren Form festgelegt (C/N-Verhältnis im Humus 10–20, in grünen Blättern 30–50; ▶ Abschn. 22.6.1), weshalb Angaben über Gesamtstickstoffvorräte in Böden nichts über die Stickstoffversorgung der Pflanzen aussagen. Die maximale Beladung von Böden mit pflanzenverfügbaren, mineralischen Nährstoffen wird weitgehend von den Ton-Humus Komplexen bestimmt.

Die **Bodentypisierung** orientiert sich stark am Profilaufbau, d. h. an der Ausbildung von Horizonten, welche mit Großbuchstaben gekennzeichnet werden (▶ Exkurs 21.1). Generell unterscheidet man zwischen Auflage- und Mineralbodenhorizonten.

Wichtige **Auflagehorizonte**:

L Streu, weitgehend unzersetzte Vegetationsrückstände (engl. *litter*), F Fermentations- oder Vermoderungshorizont, Gewebestrukturen erkennbar, H Humusstoffhorizont, organische Rückstände ohne Gewebestrukturen

Wichtige **Mineralbodenhorizonte**:

A Oberbodenhorizont (stark humushaltig), E Auswaschungshorizont (Eluvialhorizont), B Mineralerde-Verwitterungs-Horizont (gekennzeichnet durch Mineralneubildung und Anreicherungen), G von Grundwasser beeinflusster Horizont, S von Stauwasser beeinflusster Horizont, C Ausgangsmaterial im Untergrund, aus dem der Boden entstanden ist

Die Benennung der **Bodentypen** richtet sich nach auffälligen Eigenschaften wie der Farbe (Braunerden, Schwarzerden) oder der Abfolge von erkennbaren Bodenhorizonten. Bodentypensequenzen entstehen, wenn sich ein Bodenbildungsfaktor ändert. Ändert sich im gemäßigt-humiden Klima in der Zeit keiner der Bodenbildungsfaktoren, so entstehen aus wenig strukturierten Rohböden (A–C) später Verwitterungsböden (Braunerden A–B–C) oder Bodentypen, die stark durch Verlagerungsprozesse geprägt sind (Podsole A–E–B–C). Bei den meist jungen A–C-Böden (z. B. Rendzinen, entstanden aus kalkhaltigem Ausgangsgestein oder Ranker aus silikatischem Ausgangsgestein) liegt der A-Horizont direkt auf dem Ausgangsmaterial. Die bodenbildenden Faktoren können kleinräumig stark variieren, was zu Bodenmosaiken führt (◻ Abb. 21.18). Der A-Horizont gilt als Quelle, der B-Horizont als Senke für die bei der Bodenentwicklung mobilisierten Stoffe.

Eine häufige Horizontabfolge in kühl-temperaten Nadelwäldern sowie unter Tundravegetation ist folgende: Die Humusform ist ein **Rohhumus** (engl. *mor*), der dem Mineralboden aufliegt und in dem sich L-, F- und H-Horizonte unterschiedlicher Mächtigkeit erkennen lassen. Im A-Horizont, dem die Rohhumusformen aufliegen, macht sich die Vermischung von Humusstoffen und mineralischen Bodenbestandteilen durch Einschlämmung bemerkbar. In kalten und feuchten Gegenden folgt auf den A-Horizont ein mehr oder minder ausgebleichter und humusarmer bzw. -freier **Auswaschungshorizont** (E), der für Podsole charakteristisch ist. In diesem Horizont sind die Tonminerale weitestgehend verwittert und ihre Verwitterungsprodukte wurden als Ei-

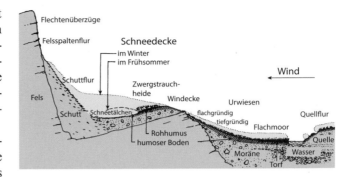

◻ **Abb. 21.18**   Beispiel für die Entstehung von Vegetationsmosaiken aufgrund von stark variabler Bodenbeschaffenheit im Zusammenspiel mit Klima und Relief. Wegen der besonders kleinräumigen Variabilität wurde hier wie schon in ◻ Abb. 21.13 ein Beispiel aus der alpinen Stufe gewählt. (Nach Ellenberg 1996)

sen- und Aluminiumhumussole verlagert. Im Extremfall besteht der E-Horizont nur noch aus Quarzsand. In podsolierten Böden ist der B-Horizont deshalb nicht nur ein **Verwitterungshorizont**, sondern er zeigt deutlich Merkmale der Stoffanreicherung, insbesondere von Eisenhumuskolloiden. Dieser Horizont kann unter Umständen so stark mit diesen Stoffen verkittet sein (Ortstein), dass die Durchwurzelung erschwert ist. Der Übergang vom B- zum C-Horizont ist meistens fließend.

Unter temperat-humiden Laubmischwäldern, findet man häufig eine Humusform, die als **Moder** bezeichnet wird und die durch nur geringmächtige L-, F- und H-Horizonte charakterisiert ist. Bei sehr günstigen Abbaubedingungen entsteht eine als **Mull** bezeichnete Humusform, in der die F- und H-Horizonte vollständig fehlen. Der Mull ist also keine Auflagehumusform, denn einer zeitweise vorhandenen Streuschicht folgt der mineralische A-Horizont, in welchem Humusstoffe und mineralische Feinerde innig vermischt sind. Unter solchen Bedingungen finden sich auch keine Podsole mehr, sondern es dominieren Böden der Braunerdeserie, in denen keine Sesquioxide und organo-metallischen Verbindungen verlagert werden.

In niederschlagsreichen Gebieten und in Böden mit gehemmter Sickerung bilden sich staunasse Böden, sogenannte Pseudogleye, im Gegensatz zu den **Gley**böden, die sich durch eine permanente Grundwasservernässung auszeichnen.

In den trockenen, warm-kontinentalen (Wald-) Steppen- und Prärieklimaten entstehen hauptsächlich Schwarzerdeböden (Tschernosem). Dies sind sehr nährstoffreiche, fruchtbare A–C-Böden mit einem mächtigen, schwarzen Humushorizont, der direkt in das mineralische Substrat (vielfach Löss) übergeht. Bis in jene Tiefe, in die das Niederschlagswasser eindringt, findet in diesen Böden eine Auswaschung von Kalk statt, der in den tieferen Horizonten wieder ausgefällt wird. In ariden (Halb-) Wüstengebieten ist der Humusanteil am Boden sehr gering. Hier entstehen z. B. kastanienfarbige und graue Böden (Kastanosems, Aridisole). In Senken (■ Abb. 21.18) Gebiete, wo sich das geringe Wasser sammeln und versickern kann, kommt es infolge der starken Verdunstung zu einem aufsteigenden Transport gelöster Salze (z. B. Na_2CO_3, Na_2SO_4, NaCl, $MgSO_4$ usw.), die an der Bodenoberfläche ausblühen und sich anreichern können. In solchen meist stark alkalischen Böden (Solontschak) kann der pH-Wert bis über 10 ansteigen. In den feuchten Tropen wird die Streu sehr rasch abgebaut und es bilden sich nahezu humusfreie, nährstoffarme Lateritböden. Aus diesen tief verwitterten Mineralböden werden Alkali- und Erdalkaliionen sowie Kieselsäure ausgewaschen, wogegen sich Eisen- und Aluminiumoxide neben Kaolinit im Rückstand anreichern. Diese meist sehr harten, rötlichen Böden enthalten kaum mehr verwitterbare Silikate (► Exkurs 21.1).

Exkurs 21.1   Klassifikation von Böden

Die große Zahl von verschiedenen Bodentypen macht eine Gruppierung in **Bodenklassen** notwendig. Eine solche Klassifikation vereinfacht die Kommunikation unter Fachleuten und erlaubt eine Kartierung von Böden mit ähnlichen Eigenschaften (■ Tab. 21.3). Bis heute gibt es noch kein international anerkanntes einheitliches Bodenklassifikationssystem. Grundsätzlich erfolgt die Klassifikation nach drei verschiedenen Methoden, wobei entweder die bodenbildenden Faktoren, die Bodenbildungsprozesse oder die Bodeneigenschaften als Grundlagen für die Klassifikation dienen. Die Gruppierung basierend auf den Bodenbildungsfaktoren führt zu einer Einteilung entsprechend den Klima- und Vegetationszonen (zonale Böden) oder entsprechend dem Ausgangsgestein und der Topografie (azonale Böden). Typische **zonale** Böden sind boreale Podsole, Braunerden der gemäßigten Zonen sowie tropische Lateritböden. Typische **azonale** Böden sind Schwemmlandböden, staunasse Böden oder Rohböden.

■ **Tab. 21.3**   Klassifikationssystem in Deutschland (Auszug).

Bodentyp	Merkmale/andere Bezeichnung
Landböden (terrestrische Böden)	
terrestrische Rohböden	Regosole[1] und Lithosole[1]
A–C-Böden	Böden ohne verlehmten Unterboden
Ranker	auf carbonatfreiem bis -armem Festgestein
Rendzina	auf Carbonat- oder Gipsgestein
Pararendzina	auf Mergelgestein
Steppenböden	A-C Böden (Löss-Lehme) bis zu Tschernosem[1]
A–B–C-Böden	Böden mit Verwitterungshorizont und Verlehmung
Braunerden	Cambisol[1], typische Braunerde ohne bzw. Parabraunerde (Lessivé) mit Tonverlagerung
Podsole	FAO-Klassifikation, Böden mit gebleichtem Auswaschungshorizont
Terrae calcis	plastische Böden aus Carbonatgestein trocken-warmer Standorte; Terra fusca und Terra rossa
Stauwasserböden	Stagnosole: Pseudogleye oder Stagnogleye
anthropogene Böden	Kolluvium oder Kolluvisole, Hortisol, Rigosol; Anthrosole[1]
Grundwasserböden (semiterrestrische Böden)	
Auenböden	Fluvisole[1]
Gleye	Gleysole[1] (typische Gleye, Anmoorgleye, Moorgleye)
Marschen	Schlickböden
Moore	Böden mit über 0.3 m Torflage

[1]FAO (Food and Agriculture Organization der Vereinten Nationen)

21

Die Klassifikation nach Bodeneigenschaften basiert auf genau definierten Merkmalen diagnostischer Bodenhorizonte. Dieses System wurde 1960 in den USA entwickelt (engl. *soil taxonomy*) und ist heute eine der gebräuchlichsten Methoden der Klassifikation, obschon eine große Menge von Feld- und Labordaten erforderlich ist. Dagegen werden in den meisten europäischen Ländern die Böden nach morphogenetischen Gesichtspunkten klassifiziert, wobei Bodenbildungsprozesse und Standortfaktoren gleichzeitig berücksichtigt werden. Dieses System ist für die pedogenetische Interpretation der einzelnen Böden am besten geeignet und wurde in den einzelnen Ländern entsprechend den Gegebenheiten und Bedürfnissen leicht modifiziert.

Ein weiteres sehr gebräuchliches Klassifikationssystem ist jenes der FAO-UNESCO, das zum Zweck einer weltweiten Bodenkartierung entwickelt wurde. In diesem System erfolgt die Klassifikation nach diagnostischen Bodenmerkmalen sowie nach den Bodenbildungsprozessen und den Standortfaktoren.

Aufgrund sehr unterschiedlicher Klassifikationsansätze ist eine streng logische Gegenüberstellung der Klassifikationseinheiten der unterschiedlichen Systeme nicht möglich und auch nicht immer sinnvoll.

21.6 Pflanzenökologische Forschungsansätze

Die Pflanzenökologie fragt, was, wo, wie und warum wächst und wie dieser Zustand sich in Abhängigkeit von Standort- und Umweltfaktoren (◘ Abb. 21.9) ändert. Wie jede Wissenschaft geht sie von der Beobachtung von Mustern aus (sowohl strukturellraumlichen als auch prozessualzeitlichen). Kausal wird sie durch die **funktionelle Verknüpfung** von mindestens zwei Beobachtungsebenen oder die Verknüpfung der Muster mit Umweltbedingungen. Dabei spielt es keine Rolle, ob das Funktionieren der Biosphäre aus Merkmalen der großen Biome (► Abschn. 24.2), das des Walds aus Merkmalen der Bäume, die Photosynthesereaktion eines Blatts aus Merkmalen der Chloroplasten erklärt, oder jede einzelne dieser Stufen mit Umweltfaktoren in Beziehung gebracht wird. Eine Beschränkung auf eine Beobachtungsebene ohne Erklärungsversuch, also z. B. das Erstellen einer Artenliste oder einer Vegetationskarte, das Sammeln von Umweltdaten oder von chemischen Inhaltsstoffen, wird als deskriptiver Ansatz verstanden und ist häufig der Ausgangspunkt.

Die messende Ökologie hat keine absoluten Bezugsgrößen (Referenzen). Es gibt keinen ökologischen Urmeter. Das bedeutet, dass jede Beobachtung nur relativ zu einer anderen beurteilt werden kann. Nachdem die andere Beobachtung oft auch unter (sehr) anderen Bedingungen erfolgte, hat die Ökologie – mehr als jede andere Naturwissenschaft – das Problem der Vergleich barkeit ihrer Resultate. Ein vergleichender Versuchs- oder Beobachtungsansatz, eine konsequente **Komparatistik** (engl. *comparative ecology*), ist daher nötig, um zu schlüssigen Resultaten zu gelangen. Die früher oft betonte Trennung zwischen Aut- und Synökologie (Forschung an einer Art gegenüber der Betrachtung mehrerer Arten oder ganzer Gemeinschaften) wird heute kaum mehr vorgenommen. Entsprechend der gewählten Methodik kann man unterscheiden zwischen

- beobachtender Pflanzenökologie (greift nicht ein),
- experimenteller Pflanzenökologie (greift ein) und
- theoretischer Pflanzenökologie (modelliert).

Die **beobachtende Pflanzenökologie** geht von den Mustern und Reaktionen in freier Natur aus und leitet ihre Aussagen aus der Verknüpfung verschiedener Muster unter Einbeziehung der Standort- und Umweltbedingungen ab. Der Charakter ihrer Resultate ist stets korrelativ, statistisch – eine Schwäche, die durch den starken Realitätsbezug zum Teil ausgeglichen wird. Zu diesem Bereich zählen sehr unterschiedliche Teildisziplinen: die vor allem im deutschen Sprachraum etablierte **Pflanzensoziologie** (Pflanzenassoziationen), die **Chorologie** oder Arealkunde (Pflanzenvorkommen, floristische Geobotanik, Biogeografie), die quantitative **Vegetationskunde** (Artengefüge und Dynamik in Pflanzengesellschaften; engl. *community ecology*), die ökologische **Geobotanik** (Standortlehre, korrelative Erklärung der Verbreitung), die **Populationsbiologie** (Fortpflanzungs- und Verbreitungsdynamik), feldorientierte Teile der **Ökophysiologie** (umweltbezogene Stoffwechsel-, Wachstums- und Entwicklungsreaktionen) und der **Systemökologie** (Stoffumsätze auf Ökosystemebene, biogeochemisch Kreisläufe) mit unmittelbarem Bezug zur **Bodenökologie**, Bereiche der historischen Ökologie (**Paläoökologie**, Vegetationsgeschichte), mit Fachgebieten wie der vegetationsgeschichtlichen Pollenanalyse und Dendroökologie (Jahrringforschung). Quer dazu stehen Untergliederungen nach Lebensräumen (Stadt-, Tropen-, Polar-, Forst-, Küsten-, Gewässer- usw. Ökologie).

Die **experimentelle Pflanzenökologie** versucht, Ursache-Wirkungs-Beziehungen durch Eingriffe aufzudecken. Dazu zählen die gezielte **Manipulation** im Feld (z. B. Düngen, Wässern, Beschatten, Entfernen von Konkurrenten, Eingriffe in Blütenbestäubung, Wärmen des Bodens, Behandlung mit einer erhöhten CO_2-

Konzentration oder Schadgasen) und die **Simulation** von Lebensbedingungen unter kontrollierten Bedingungen (Gewächshaus, Klimasimulator, Phytotron). Eine spezielle, besonders wertvolle Facette, die in gleicher Weise den beobachtenden Disziplinen als Forschungsmöglichkeit dient, sind steile **Umweltgradienten**, die es ermöglichen, unter sonst sehr ähnlichen Standortbedingungen (Substrat, Großklima, oft auch Artengarnitur) die Wirkung einzelner Umweltfaktoren zu analysieren. Beispiele sind Höhen-, Expositions-, Feuchtigkeits-, Nährstoff-, Lichtprofile (Transektforschung), aber z. B. auch natürliche (d. h. geologische) CO_2-Quellen. Derartige **Experimente der Natur** sind von unschätzbarem Wert, da ihnen ein elementarer Mangel aller künstlichen Experimente nicht anhaftet – die Kurzfristigkeit. Dafür sind sie leider häufig nicht in großer Zahl verfügbar (mangelnde Wiederholung im statistischen Sinn) und die starke Variation der Witterung von Jahr zu Jahr (Stochastizität) erfordert lange Beobachtungszeiträume.

Der theoretischen Ökologie fällt die Rolle des Nachvollziehens und des konzeptionellen Vorausdenkens zu. Sie arbeitet mit mathematischen **Modellen**. Beim Nachvollziehen benutzt sie die Resultate obiger Forschungsarbeiten und integriert sie in ein modellhaftes Wirkungsgefüge. Sie zeigt dabei Forschungslücken auf und überbrückt diese mit plausiblen Annahmen, womit sie Vorreiter der Theoriebildung ist. Sie versucht einerseits retrospektiv die Vegetationsverbreitung und die Vegetationsveränderung und andererseits das heutige Funktionieren der Ökosysteme und ihrer Teile zu erklären. Unter Ausnutzung dieser Erfahrungen kann sie Projektionen möglicher zukünftiger Entwicklungen liefern. Ihr großer Vorteil ist, dass ihre Simulationen und Modellierungen – im Gegensatz zu denen der praktischen Forschung – zeitlich und räumlich unbegrenzt sind; der Nachteil ist, dass sie fiktiv sind. Eine Rückkopplung mit den beobachtenden und experimentellen Disziplinen ist daher unerlässlich (Modellkalibrierung oder -validierung).

Quellenverzeichnis

Ellenberg H (1996) Vegetation Mitteleuropas mit den Alpen in ökologischer, dynamischer und historischer Sicht, 5. Aufl. Ulmer, Stuttgart
Findenegg J (1969) Die Eutrophierung des Mondsees im Salzkammergut. Z Wasser- und Abwasserforsch 2:139–144. Aus Larcher W (1976) Ökologie der Pflanzen, 2. Aufl. Ulmer, Stuttgart
Grime JP, Hodgson JG, Hunt R (2007) Comparative plant ecology, 2. Aufl. Castlepoint, Thundersley
Grubb PJ (1998) A reassessment of the strategies of plants wich cope with shortages of resources. Perspect Plant Ecol Evol Syst 1:3–331
Körner C, Hiltbrunner E (2018) The 90 ways to describe plant temperature. Perspect Plant Ecol Evol Syst 30:16–21
Larcher W (2003) Physiological plant ecology. Ecophysiology and stress physiology of functional groups, 4. Aufl. Springer, Berlin
Loehle C (1988) Problems with the triangular model for representing plant strategies. Ecology 69:284–286
Stoutjesdijk P, Barkmann JJ (1987) Microclimate, vegetation and fauna. Opulus, Knivsta
Walter H, Lieth H (1967) Klimadiagramm-Weltatlas. Fischer, Jena
Zachariae G (1965) Spuren tierischer Tätigkeit im Boden des Buchenwaldes. Forstwiss Forsch 20:1–68

Weiterführende Literatur

Grundlagen der Pflanzenökologie
Chapin FS III, Matson PA, Mooney HA (2002) Principles of terrestrial ecosystem ecology. Springer, New York
Gurevitch J, Scheiner MS, Fox GA (2006) The ecology of plants, 2. Aufl. Sinauer, Sunderland
Körner C (2018) Concepts in empirical plant ecology. Plant ecol divers 11:405–428
Nentwig W, Bacher S, Beierkuhnlein C, Brandl R, Grabherr G (2004) Ökologie. Elsevier/Spektrum Akademischer Verlag, Heidelberg
Odum EP (1999) Ökologie, 3. Aufl. Thieme, Stuttgart
Ricklefs RE, Miller GL (2000) Ecology, 4. Aufl. Freeman, New York
Schäfer M (2003) Wörterbuch der Ökologie. Spektrum Akademischer Verlag, Heidelberg
Wardle DA (2002) Communities and ecosystems. Princeton University Press, Princeton

Ökophysiolgie
Körner C, Basler D, Hoch G, Kollas C, Lenz A, Randin CF, Vitasse Y, Zimmermann NE (2016) Where, why and how? Explaining the low-temperature range limits of temperate tree species. J Ecol 104:1076–1088
Lambers H, Chapin FS III, Pons TL (2008) Plant physiological ecology. Springer, Berlin
Larcher W (2003) Physiological plant ecology. Springer, Berlin
Schulze E-D, Beck E, Buchmann N, Clemens S, Müller-Hohenstein K, Scherer-Lorenzen M (2019) Plant ecology, 2. Aufl. Springer, Heidelberg

Bodenökologie
Bargett RD (2005) The biology of soils. Oxford University Press, Oxford
Gisi U (1997) Bodenökologie, 2. Aufl. Thieme, Stuttgart
Kuntze H, Roeschmann G, Schwerdtfeger G (2004) Bodenkunde, 5. Aufl. Ulmer, Stuttgart
Scheffer F, Schachtschabel P (2002) Lehrbuch der Bodenkunde, 15. Aufl. Spektrum Akademischer Verlag, Heidelberg

Ökologische Klimatologie
Lauer W, Rafiqpoor MD (2002) Die Klimate der Erde. Steiner, Stuttgart
Malberg H (2007) Meteorologie und Klimatologie, 5. Aufl. Springer, Berlin
Weischert W (2002) Einführung in die Allgemeine Klimatologie, 6. Aufl. Borntraeger, Stuttgart

Gewässerökologie
GewässerökologieBarnes RSK, Hughes RN (1999) Introduction to marine ecology, 3. Aufl. Blackwell, Oxford
Lampert W, Sommer U (1999) Limnoökologie, 2. Aufl. Thieme, Stuttgart
Schönborn W (2003) Lehrbuch der Limnologie. Schweizerbart, Stuttgart
Schwoerbel J (1999) Einführung in die Limnologie, 8. Aufl. Fischer, Stuttgart
Uhlmann D, Horn W (2001) Hydrobiologie der Binnengewässer. Ulmer, Stuttgart

Pflanzen im Lebensraum

Christian Körner

Inhaltsverzeichnis

Körner, C. 2021 Pflanzen im Lebensraum. In: Kadereit JW, Körner C, Nick P, Sonnewald U. Strasburger – Lehrbuch der Pflanzenwissenschaften. Springer Berlin Heidelberg, p. 947–1012.
▶ https://doi.org/10.1007/978-3-662-61943-8_22

Das Strahlungsangebot, die Versorgung mit Wasser und Mineralstoffen sowie, auf der Basis dieser Voraussetzungen, der Einbau von Kohlenstoff für Wachstum und Biomasseproduktion sind die wichtigsten Bindeglieder zwischen Pflanzen und ihrer physikochemischen Umwelt. Die biochemischen und physiologischen Grundlagen hierzu wurden in früheren Kapiteln behandelt. Im vorliegenden Kapitel werden die Reaktionen von Einzelpflanzen, Pflanzengemeinschaften und Ökosystemen auf die natürliche Variabilität des Strahlungs-, Wasser- und Nährstoffangebots dargestellt und der Kohlenstoffhaushalt in seiner ökologischen Dimension erörtert. Biologische Wechselwirkungen und der Einfluss des Menschen auf die Vegetation sowie die Nutzung von Pflanzen werden abschließend besprochen.

22.1 Strahlung und Energiehaushalt

Strahlungs- und Energiehaushalt bestimmen das Klima direkt und indirekt über Verdunstung, Wolkenbildung und Niederschlag und den lokalen und globalen Einfluss auf das Temperaturgeschehen. Bei voller Mittagssonne im Sommer treffen in Mitteleuropa auf die Erdoberfläche bis zu 900 W pro Quadratmeter an Sonnenenergie. Was mit dieser enormen Energiemenge im Ökosystem, aber auch in jedem einzelnen Blatt passiert, ist von entscheidender Bedeutung für das Verständnis des Pflanzenlebens.

22.1.1 Strahlungsmaße und Strahlungsbilanz

Die Gesamteinstrahlung an Sonnenenergie auf die Erdoberfläche bezeichnet man als **Globalstrahlung**. Sie hat direkte und diffuse Anteile und ist wegen Reflexion und Absorption in der Atmosphäre in mittleren geografischen Breiten im Durchschnitt um gut ein Drittel kleiner als die Strahlung, die außerhalb der Atmosphäre in Richtung Sonne gemessen wird (Solarkonstante = ca. 1400 W m^{-2}). Etwa die Hälfte der Globalstrahlung entfällt auf den Bereich der sichtbaren Strahlung (Licht, 380–780 nm), was weitgehend dem Spektralbereich der **photosynthetisch aktiven Strahlung** im Wellenlängenbereich von 380–710 nm entspricht (**PAR** oder PhAR, von engl. *photosynthetic active radiation*, meist für 400–700 nm angegeben; W m^{-2}). Wegen der direkten stöchiometrischen Beziehung zwischen absorbierten Photonen im Bereich von 400–700 nm und der photosynthetischen CO_2-Bindung wurde die **Photonenflussdichte** in der Biologie zum Standard (engl. *photosynthetically active photon flux density*, PPFD oder kurz **PFD**, meist in µmol Photonen m^{-2} s^{-1}).

Die diffuse Komponente der Globalstrahlung dringt wesentlich tiefer in Pflanzenbestände ein, als die direkte Strahlung, die harte Schatten

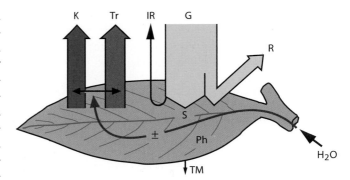

Abb. 22.1 Energiebilanz eines Blatts. Vermindert um die reflektierte (*R*), abgestrahlte (*IR*) und photochemisch benutzte Energie (*Ph*) muss der große Rest der einfallenden Globalstrahlung (*G*), die Energie der Strahlungsbilanz (*S*), vom Blatt abgegeben werden, da seine Masse viel zu gering ist, um nennenswert Energie zu speichern. Abhängig von der Wasserversorgung kann dies entweder über den Verbrauch von Verdunstungswärme (Transpiration, *Tr*; „nicht fühlbarer Wärmestrom") oder über konvektive Wärmeabgabe (*K*, „fühlbarer Wärmestrom") an die Luft erfolgen. Die Strahlungstransmission (*TM*) ist meist kleiner als 1 % von *S*

erzeugt. Pflanzen erhöhen je nach Form und Größe der Blätter den Anteil diffuser Strahlung im Bestand (z. B. erhöhen Nadeln oder feine Fiederblätter von Akazien den Streulichtanteil). Ein Teil der Globalstrahlung wird von den getroffenen Oberflächen reflektiert, worauf die Pflanzendecke einen wesentlichen Einfluss hat. Hellblättrige Wüstensträucher haben eine **Reflexion** von etwa 20 %, ein Fichtenwald nur etwa 10 %, kahler Boden kann bis zu 30 %, frisch gefallener Schnee mehr als 80 % der auftreffenden sichtbaren Strahlung reflektieren. Der Rest, die **Strahlungsbilanz**, stellt jene Energiemenge dar, die vom Blatt bzw. Bestand absorbiert wird (**Abb. 22.1**). Am Tag ist die Bilanz immer positiv, in der Nacht ist sie Null oder negativ. Eine negative nächtliche Strahlungsbilanz entsteht durch thermische Abstrahlung. Für Pflanzen unter freiem Himmel kann der Wärmeverlust bei klarer Nacht durch Abstrahlung gegenüber dem kalten Weltraum beträchtlich sein und die Blätter um 3–5 K gegenüber der Luft abkühlen, was zu Strahlungsfrost führen kann (K, das Kelvin, ist für die Angabe von Temperaturdifferenzen angebracht, selbst dann, wenn die Temperatur in °C angegeben wird; auch um Verwechselungen zu vermeiden). Wolken oder Nebel verhindern diesen Effekt.

22.1.2 Energiebilanz und Mikroklima

Ein Blatt hat prinzipiell vier Wege, um die aus der Strahlungsbilanz (*S* = *G* [Globalstrahlung] − *R* [Reflexion]; **Abb. 22.1**) resultierende und absorbierte Energiemenge (Q_{ab}) größtenteil an die Umgebung abzugeben:

- thermische Abstrahlung (Q_{th})
- photochemische Energiebindung (Q_{ph}); maximal 1–2 % von PAR
- Energieverlust durch Verdunstung (Q_{Tr}); Transpiration (Tr) von Wasser
- Energieabgabe durch Erwärmung der Umgebungsluft (Q_K); Wärmekonvektion (K) über die Luft

Am Tag haben nur die letzten beiden Komponenten für die **Energiebilanz des Blatts** (ΔQ) Gewicht (die Wärmespeicherung ist wegen der geringen Blattmasse unbedeutend). Nimmt man statt der Transpirationsrate (mmol H_2O m^{-2} s^{-1}) die für die Verdunstung verbrauchte Energie Q_{Tr} so ergibt sich für die Energiebilanz:

$$\Delta Q = Q_{ab} - \left(Q_{th} + Q_{ph} + Q_{Tr} + Q_K \right)$$

Für die Transpirationrate gilt:

$$Tr = g \, \Delta w \, \nu$$

Für die Rate der Wärmeabgabe durch Wärmekonvektion gilt:

$$K = h \, \Delta T \, q$$

Dabei ist g die Diffusionsleitfähigkeit der Blattepidermis für Wasserdampf (im Wesentlichen die Leitfähigkeit der Stomataporen in mmol m^{-2} s^{-1}), Δw ist der Gradient (also die Differenz) des molaren Mischungsverhältnisses (eine dimensionslose Relativzahl) von Wasserdampf und Luft zwischen Blattinnerem und der freien Umgebungsluft (auf Meeresniveau, bei 1000 hPa Luftdruck, entspricht das numerisch dem Dampfdruckgradienten), ν ist die Verdampfungswärme von Wasser (2,45 kJ g^{-1} bei 20 °C), h ist die Wärmeleitfähigkeit der Blattgrenzschicht zur Luft (eine Funktion der Blattbreite und der Windgeschwindigkeit), ΔT ist die Differenz zwischen Blatt- und Lufttemperatur und q ist die Wärmekapazität der Luft. Die Leitfähigkeiten g und h sind die Kehrwerte der entsprechenden Widerstände (Wasserdampfdiffusions- und Wärmeaustauschwiderstand). Die aerodynamische Grenzschicht kann man sich als dünne, fast unbewegte Luftschicht unmittelbar an der Blattoberfläche vorstellen in der der Gas- und Wärmeaustausch vornehmlich durch Diffusion, also sehr langsam, erfolgt. Je größer ein Blatt ist, umso dicker wird diese Grenzschicht. Ihre Dicke nimmt vom Rand zur Mitte des Blatts zu. Eine feine Behaarung erhöht sie, eingeschnittene oder gezähnte Blattränder reduzieren sie.

Über g und h nehmen Pflanzen mit ihren Blättern physiologisch und morphologisch-anatomisch Einfluss auf ihr eigenes Klima, aber auch auf das Klima der Umgebung, wobei sie von der Wasserversorgung abhängig sind. Kühl (also durch Transpiration) kann die Energie nur bei hoher Bodenfeuchte entsorgt werden (latenter Wärmstrom; die **Blatttemperatur** bleibt nahe der Lufttemperatur oder 1–2 K darunter). Bei Wassermangel und geschlossenen Stomata geht der Energiefluss zwangsweise Richtung Wärmekonvektion (fühlbarer Wärmestrom), wobei sich die Blätter erwärmen, was bis zum Hitzetod führen kann, wenn die Blattmorphologie die Wärmeabfuhr nicht erleichtert. Pflanzen heißer und trockener Standorte haben oft steil gestellte und stark reflektierende und kleine Blätter. Damit erreichen sie verminderte Strahlungsabsorption und eine gute thermische Kopplung an die Luft (einen niedrigen aerodynamischen Grenzschichtwiderstand) und vermeiden so Überhitzung. Kennt man ΔQ, Luftfeuchte, Lufttemperatur und Windgeschwindigkeit (meteorologische Daten) sowie g und die Blattbreite, lässt sich die Blatttemperatur berechnen.

In **Pflanzenbeständen** kommen noch zusätzliche aerodynamische Behinderungen für Wärme und Gasaustausch hinzu. Je dichter und niederwüchsiger ein Bestand, desto stärker ist die Entkopplung von den atmosphärischen Bedingungen und desto größer ist daher der Wärme- und Feuchterückhalt. Am deutlichsten zeigen dies flachwüchsige Gebirgspflanzen (bes. Polsterpflanzen), in deren Blattschicht bei Sonnenbestrahlung feucht-tropische Bedingungen herrschen können, die nichts mehr mit Messdaten einer Wetterstation gemein haben. Durch derartige Bestandseffekte wird der direkte Einfluss der Stomata auf die Transpiration gedämpft. Die Bestandsstruktur selbst wird zu einer maßgeblichen Einflussgröße.

Für die Energiebilanz des ganzen **Ökosystems** gelten analoge Zusammenhänge. Anstelle der Blatt- oder Bestandstranspiration steht hier die Evapotranspiration (ET), die sich aus der Transpiration, der Evaporation vom Boden (E) und der Evaporation von benetzten Oberflächen (Interzeption, I) zusammensetzt. Die Summe dieser Verdunstungsströme wird auf Ökosystemebene auch als Gesamtverdunstung (V) bezeichnet. In geschlossenen Pflanzenbeständen erreicht die Transpiration der Blätter selbst bei feuchtem Boden mehr als 80 % von ET. Bei hoher Verdunstung bleibt das Ökosystem vergleichsweise kühl, bei geringer erwärmt es sich. Das in Energieäquivalenten ausgedrückte Verhältnis von $K:V$ nennt man **Bowen-Verhältnis** (β; engl. *Bowen ratio*). Ist β kleiner als 1, handelt es sich um gut wasserversorgte Vegetation. Bei Trockenheit oder über versiegeltem Boden (z. B. Beton, Asphalt) tendiert β gegen unendlich, d. h., wenn alles Wasser verbraucht ist, muss die Energie fast vollständig über die Erwärmung der Luft abgeführt werden (ein kleiner Teil der Energie geht vorübergehend über den Bodenwärmestrom in die Bodenwärmespeicherung; ◻ Abb. 22.2).

Die Bodenoberfläche trocknet nach einem Niederschlag in wenigen Tagen ab, womit die Verdunstung vom Boden sehr klein wird. Über die Erschließung des tieferen Bodens durch die Wurzeln (◻ Tab. 22.3 in ▶ Abschn. 22.7.5.1) gelangt Verdunstungswasser in die Atmosphäre, welches ohne Pflanzen unerreichbar bliebe. Pflanzen koppeln also tief liegende Wasserreserven an die Atmosphäre, wobei sie über ihre Stomata die Kontrolle über das Geschehen bewahren (▶ Abschn. 22.5.2). Diese Zusammenhänge machen klar, warum Parkanlagen in Städten kühle Inseln darstellen und warum die Temperatur nach Waldrodung steigt, was großflächig sogar das Klima verändern kann (warme aufsteigende Luft kann Niederschläge vermindern; ◻ Abb. 22.3). Eine grüne Pflanzendecke beeinflusst sowohl den Wasserhaushalt (▶ Abschn. 22.5) als auch den Energiehaushalt der Landschaft. Über Morphologie und Regulierung der Transpiration beeinflussen Pflanzen ihr eigenes Klima und das des Ökosystems.

Ein Beispiel für die klimaregulatorische Wirkung der pflanzlichen Transpiration sind die Studien von Rosenfeld und Romm (1996) über das Stadtklima von Los Angeles. Durch das stetige Wachsen der Ballungs-

22

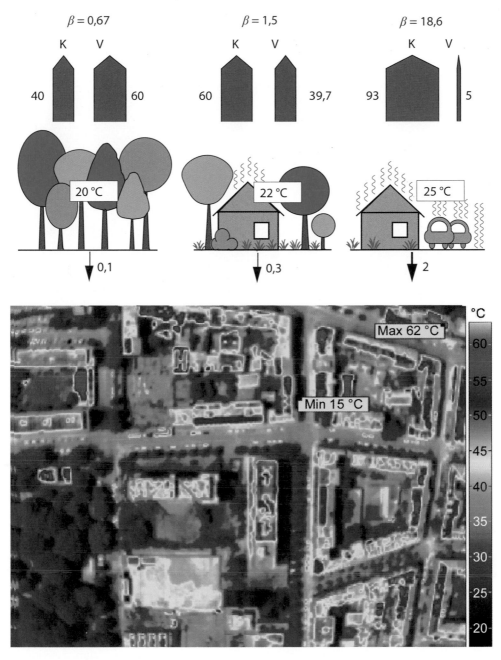

◻ Abb. 22.2 Transpirierende Pflanzen beeinflussen die Umgebungstemperatur. Beispielhaft sind drei Situationen dargestellt, in denen durch abnehmenden Bewuchs immer größere Anteile der eingestrahlten Sonnenenergie durch Wärmekonvektion (K) an die Umgebung abgegeben werden müssen. Bei einer geschlossenen Pflanzendecke und feuchtem Boden wird mehr als die Hälfte der Energie durch den Wärmebedarf für die Wasserverdunstung, V, „kalt" entsorgt; die Luft bleibt kühl, das Bowen-Verhältnis, $\beta = K/V$, ist <1, und der Boden-wärmestrom ist vernachlässigbar. Mit zunehmender Bodenversiegelung durch nichttranspirierende Oberflächen steigt K, β wird >1, Luft und Boden werden stark erwärmt. Die Abbildung veranschaulicht auch, warum die Luft in städtischen Grünanlagen kühler ist als in der bebauten, versiegelten Umgebung (Zahlen in Prozent der eingestrahlten Energie). Unten: Das Infrarotthermalbild einer Stadtlandschaft (Basel) im Hochsommer (Lufttemperatur ca. 27 °C) zeigt, wo an abgeschirmten/feuchten Stellen mittags noch die gespeicherte Kühle der Nacht nachwirkt (15 °C) und wo sich Oberflächen überhitzen (hier bis 62 °C) und das Stadtklima beeinträchtigen. Bäume sind mit ihrer hohen Fähigkeit, Wärme konvektiv mit der Luft auszutauschen und durch Transpirationskühlung zu verbrauchen, bei starker Sonneneinstrahlung ganz offensichtliche „Kühlrippen" in der Stadt. (Daten aus S. Leuzinger et al. 2010)

gebiete und damit verbundene Bodenversiegelung steigt die Lufttemperatur im Stadtgebiet im Mittel alle 15 Jahre um 1 K. Würden zwischen die Häuser mehr schattenwerfende Bäume gepflanzt (Transpirationskühlung) und die Dächer heller gestrichen (Reflexion), könnten pro Jahr 0,5 Mrd. Dollar an Kosten für die Raumkühlung und Smogfolgen gespart werden. Auf alle Städte der südlichen Teile der USA hochgerechnet machten das 5–10 Mrd. Dollar pro Jahr, ohne die Lebensqualitätsverbesserung einer durchgrünten Stadt in Rechnung zu stellen. Pflanzen wirken, abgesehen von der Beschattung, wegen des Energieverbrauchs für die Transpiration wie eine kühlende Klimaanlage.

Abb. 22.3   Regionale Klimafolgen der Entwaldung. Zwischen **a** und **b** liegen rund 400 Jahre Geschichte. Von Exploratoren des 16. Jahrhunderts noch als grüner Dschungel beschrieben (**a** nahe Valencia), dominiert in diesem Teil Venezuelas heute, als Resultat von Entwaldung, Überweidung, Bodendegradation und wiederholten Bränden, Dornbusch (**b** nahe Barquisimeto). Der weitgehende Wegfall der Transpirationskühlung (▣ Abb. 22.2) bewirkte regionale Erwärmung und semiarides Klima. Ein Bowen-Verhältnis (β) von etwa 1 hält das Ökosystem links vergleichsweise kühl (<30 °C), ein β von weit über 1 lässt im System rechts die Temperaturen auf >40 °C steigen, was starke Thermik und reduzierte Niederschläge nach sich zieht

22.1.3   Licht im Pflanzenbestand

Beim Durchtritt durch die Laubkrone einer Pflanze oder eines Pflanzenbestands, ebenso wie in Gewässern (▣ Abb. 21.14), schwächt sich die Photonenflussdichte sukzessive ab. Das Ausmaß dieser Abschwächung bestimmt, wie groß der **Blattflächenindex** (**LAI**, engl. *leaf area index*, Summe der einfachen, projizierten Blattflächen pro Bodenfläche; dimensionslos) in einem Pflanzenbestand werden kann, da Blätter, die zu wenig Licht für eine positive Kohlenstoffbilanz haben, von der Pflanze abgeworfen oder an solchen Stellen gar nicht erst gebildet werden. Analoges gilt für die Tiefenverteilung des photosynthetisch aktiven Planktons in Gewässern. Für Blütenpflanzen liegt die Grenze für photosynthetischen Nettogewinn eines schwachlichtadaptierten Blatts bei etwa 0,2 % maximaler mittäglicher Photonenstromdichte (PFD ca. 3–5 µmol m^{-2} s^{-1}). Unter Einrechnung der Kohlenstoffverluste eines Blatts in der Nacht und des Kohlenstoffbedarfs der nichtphotosynthetischen Organe erhöht sich der minimale Bedarf an PFD für eine positive Kohlenstoffbilanz auf im Tagesmittel 0,5–1 % der über dem Bestand messbaren Intensität.

Für homogene Bestände gilt in Analogie zum **Extinktionsgesetz** nach Lambert-Beer in der Photometrie die von Monsi und Saeki (1953, s. auch Übersetzung ins Englische 2005) adaptierte exponentielle Beziehung (▣ Abb. 22.4) der Form

$$I = I_{\mathrm{o}}\, e^{-k\,\mathrm{LAI}}$$

wobei I und I_{o} die PFD unter und über der betrachteten Bestandsschicht und k den Extinktionskoeffizient repräsentieren. Der variable Extinktionskoeffizient hängt von der mittleren Blattgröße, vom mittleren Blattwinkel und ein wenig auch von der Blatttransmission ab, und wird stark vom Sonnenstand wie auch dem Anteil diffuser Strahlung beeinflusst. Typische k-Werte liegen bei 0,4–0,5 für Bestände mit sehr steil gestellten oder sehr kleinen Blättern (z. B. Graminoide, Koniferen; kleine Blätter erzeugen viel Streulicht) und 0,7–0,8 bei flachgestellten, großen Blättern (z. B. manche Hochstauden, breitlaubige Laubbäume).

Kennt man k und I_{o} (letzteres aus Daten von einer Klimastation), lässt sich für einen bestimmten LAI der entsprechende Wert für I, also die an dieser Stelle näherungsweise von einem Blatt erlebte Photonenstromdichte, vorhersagen. Kennt man sowohl I und I_{o} als auch den k-Wert, erhält man den LAI, vorausgesetzt gewisse Randbedingungen sind erfüllt, vor allem eine homogene, zufällige Blattverteilung.

Typische LAI-Werte sind 3–4 für *Pinus*-Wälder, etwa 5,5 für temperate Laubmischwälder, 7–8 für dichte, hochwüchsige Wiesen, 8 für die Summe aller Bestandsschichten feuchttropischer Tieflandwälder, Werte bis zu 10 für dichte Fichtenplantagen. Geschlossene landwirtschaftliche Kulturen erreichen zum vegetativen Höhepunkt art- und sortenabhängig Werte um 4, Naturrasen im Hochgebirge etwa 2.

Durch Bestimmung des LAI in verschiedenen Bestandsschichten lässt sich die für viele Pflanzenbestände sehr charakteristische, vertikale **Blattflächenverteilung** und damit modellhaft auch die Kennlinie der Lichtabsorption

22

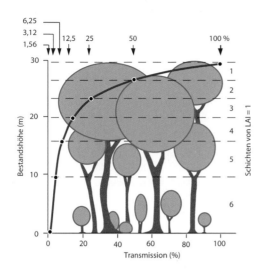

Abb. 22.4 Modellhafte Darstellung der Lichtextinktion in einem Wald. Der Einfachheit halber wurde angenommen, dass sich in jeder der sechs Bestandsschichten eine Blattfläche von 1 m² pro m² Grundfläche befindet (Blattflächenindex inkl. Astwerk, LAI = 6), diese Blattfläche homogen verteilt ist und sich die Photonenflussdichte PFD pro Laubschicht halbiert (Extinktionskoeffizient $k = 0{,}69$). Die exponentielle Abschwächung der PFD nach dem Lambert-Beer-Gesetz lässt erkennen, ab welcher Zahl von Blattschichten (ab welchem Gesamt-LAI) die kritische Grenze für eine positive Kohlenstoffbilanz eines Blatts in der untersten Schicht erreicht ist (minimale PFD für eine positive Kohlenstoffbilanz eines Blatts). Der größtmögliche LAI wird hauptsächlich vom Extinktionskoeffizienten bestimmt, der in der Regel zwischen 0,4 und 0,8 liegt

im Bestand ermitteln. Wälder zeigen häufig ein ausgeprägtes Absorptionsmaximum im oberen Kronenraum (etwa 50 % der einfallenden PFD werden im obersten Quadratmeter Blattfläche pro Quadratmeter Grundfläche absorbiert), während in Wiesen die Absorption größtenteils in der Tiefe (im Bestandsinneren) erfolgt (vgl. Bestandsstruktur, ◘ Abb. 21.8).

Dazu trägt auch die Tiefenstaffelung der Blattwinkel bei: steilere Winkel in oberen Bestandsstockwerken, flachere in bodennahen Schichten (z. B. Rosettenkräuter). Der tatsächliche Strahlungsgenuss eines Blatts sinkt mit dem Cosinus des Einfallswinkels der Strahlung zur Blattnormalen (Cosinusgesetz). Zwischen Blattwinkel und Blattanatomie besteht ein enger Zusammenhang. Je steiler ein Blatt gestellt ist, desto seitensymmetrischer ist das Mesophyll, d. h., bei schmalen sehr steil gestellten Blättern verschwindet häufig die Differenzierung in Palisaden- und Schwammparenchym. Selbst bei ausgeprägten Sonnenblättern ist die Photosynthese in der Regel bei deutlich weniger als der Hälfte der vollen Mittagssonne lichtgesättigt. Blätter der Deckschicht des Bestands sind daher häufig überoptimaler Strahlung ausgesetzt. Es wurde mehrfach gezeigt, dass Vertikalprofile der Strahlungsverteilung im Pflanzenbestand mit der Stickstoffverteilung und damit der maximalen Photosyntheserate, A_{max}, korrelieren (mehr Stickstoff und höheres A_{max} in oberen Bestandsschichten; ▶ Abschn. 22.6.3). Durch Stickstoffdüngung kann A_{max} so weit gesteigert werden, dass sehr schattenbedürftige Arten wie Kakao keine Beschattung mehr brauchen und die obersten Blätter die volle Tropensonne ertragen.

22.2 Licht als Signal

In diesem Abschnitt geht es um qualitative Wirkungen, also Signalwirkungen des Lichts (physiologische Grundlagen hierzu in ▶ Kap. 11, quantitative Lichtwirkung ▶ Abschn. 22.7.1).

22.2.1 Photoperiodismus und Saisonalität

Pflanzen saisonaler Klimazonen beziehen über ihr Phytochromsystem (▶ Kap. 11) sehr präzise Informationen zum aktuellen Zeitpunkt im Jahresverlauf – die aktuelle Photoperiode. Über sie werden alle wesentlichen Entwicklungsabläufe mitgesteuert (Photoperiodismus). Die Wirkung der Photoperiode geht jedoch weit über die bekannte Blühinduktion hinaus (vgl. Kurztag- und Langtagpflanzen, ▶ Abschn. 11.5).

Die wichtigste evolutive Rolle des Photoperiodismus ist die Synchronisierung des Blühens über weit verstreute Populationen (eine Reproduktionsgemeinschaft). Diese oft als selbstverständlich erachtete Gleichzeitigkeit des Blühens ist die Voraussetzung für erfolgreichen Genaustausch und damit genetische Fitness und evolutive Weiterentwicklung. Selbst die geringen Schwankungen der Photoperiode in den Sub- und Randtropen funktionieren noch als astronomische Uhr, während in Äquatornähe zunehmend das Feuchteregime eine Rolle bei der Synchronisierung spielt (z. B. auch für die Kaffeeblüte).

In Lebensräumen mit Gefahr von **Frost** bewahrt die Photoperiodiksensitivität Pflanzen vor Schäden durch Spätfröste im Frühjahr oder auch Frühfröste im Herbst, indem Austrieb und Seneszenz, auch unabhängig von der momentanen Temperatur, in relativ sichere Perioden verlegt werden. So verhindert der Photoperiodismus, dass angepasste einheimische Pflanzen durch ungewöhnlich warmes Spätwinterwetter vorzeitig austreiben und dann Schaden nehmen. Da die Photoperiode im Herbst und im Frühjahr gleich lang ist, müssen Pflanzen jedoch zuerst, ausgelöst durch ein Kälteerlebnis (durch ein erfülltes Chilling-Bedürfnis), ihre Winterruhe beenden, bevor sie für Photoperiodiksignale empfänglich werden. Die hemmende Wirkung einer zu kurzen Photoperiode auf die weitere Entwicklung ist umso stärker ausgeprägt, je früher im Jahr sie durch die Zufälligkeiten des Wetters hohen Temperaturen ausgesetzt sind. Je weiter fortgeschritten die Saison ist, desto stärker wird der direkte Temperatureinfluss auf den Austrieb. Diese drei Steuergrößen des Austriebs (Chilling-Erlebnis, Photoperiode und aktuelle Temperatur) sind also nichtlinear miteinander verknüpft, wodurch Prognosen sehr erschwert werden. Der ökologisch angepasste Photoperiodismus ist jedenfalls einer der Gründe dafür, warum sich der Austrieb im Zuge der laufenden Klimaerwärmung nicht proportional zur Temperatur verfrüht. Die Einleitung der herbstlichen Abhärtung (und damit die Beendigung des saisonalen Wachstums) wird fast ausschließlich von der Photoperiode bestimmt, da die Pflanzen vor den ersten Kälteeinbrüchen bereit sein müssen.

Für mitteleuropäische Laubbäume konnte gezeigt werden, dass ihre obere Verbreitungsgrenze im Gebirge von einem fein abgestimmten Wechselspiel von Austriebsphänologie (einschließlich Photoperiodismussteuerung) und der erblichen, maximalen Frosthärte des Jungtriebs bestimmt wird. Arten, die früh austreiben, halten in dieser Entwicklungsphase stärkere Fröste aus als solche, die spät austreiben (Körner et al. 2016). Die Frosthärte kann also nur im Lichte der Phänologie bewertet werden.

In Regionen mit starker Niederschlagssaisonalität (z. B. Monsungebiete) garantiert die Photoperiodiksensitivität im Ackerbau auch dann **Blüte und Fruchtansatz**, wenn verspätete oder geringe Niederschläge nur kleinwüchsige Pflanzen hervorbringen (Blühinduktion trotz suboptimaler vegetativer Entwicklung), worin die bekannte Ertragsstetigkeit der Indica-Sorten von Reis (photoperiodiksensitiv) gegenüber Japonica-Sorten (photoperiodikinsensitiv) begründet ist. Bei verspätetem Monsun versagen Japonica Sorten (nur Stroh, keine Ernte), während Indica-Sorten dank ihrer Photoperiodismussteuerung zwar wenig, aber dennoch einen Ertrag liefern.

Der Photoperiodismus ist stark **ökotypisch (genetisch) differenziert** (sowohl innerhalb als auch zwischen Arten), was latitudinale oder altitudinale Verpflanzungsexperimente belegen. Arktische Pflanzen kommen in temperaten Breitengraden nur mühsam zum Blühen, temperate blühen in polnahen Gebieten früher und werfen die Blätter verspätet ab, sie warten gewissermaßen auf kürzere Tage. Sämlinge, aus Samen von Bäumen an der alpinen Waldgrenze ins Tal verpflanzt, verharren trotz günstiger Temperaturen bis Juni in Winterruhe, umgekehrt brachten Forstpflanzen aus tiefen Lagen an der Waldgrenze auch deshalb Misserfolge, weil ihr Photoperiodismus nicht im Einklang mit dem lokalen Temperaturklima war. Dies sind auch gewichtige Barrieren für die Ausnutzung längerer Wachstumsperioden im Fall einer Klimaerwärmung. An krautigen Neophyten (Zuwanderern) wurde beobachtet, dass einige Generationen notwendig sind, bis sich neue, an die lokale Photoperiode angepasste Genotypen (also Ökotypen) herausgebildet haben – beachtliche Zeiträume, wenn man dies auf Waldbäume überträgt. Eine gewisse innerartliche Variation im

Photoperiodismus und damit im Austriebs- und Blühverhalten stellt dabei ein evolutives Vorsorgeprinzip dar (z. B. vernichtet ein Frostereignis nicht alle Blüten gleichzeitig).

Als Faustregel gilt, dass die Photoperiodismussteuerung der herbstlichen Seneszenz- und Resistenzeinleitung präziser und witterungsunabhängiger abläuft als die Aufgabe der Winterruhe im Frühjahr. Viele Gebirgspflanzen sind im Frühjahr „Opportunisten", im Herbst aber „stur", wodurch die gesicherte Rückverlagerung von mobilen Ressourcen aus den Blättern gewährleistet wird, bevor diese von Frost geschädigt werden.

22.2.2   Rotlichtsignale in Pflanzenbeständen

Strahlung, die durch grüne Blätter dringt oder von grünen Strukturen reflektiert wird, ist reicher an Dunkelrot (700–800 nm) und ärmer an Hellrot (620–680 nm), d. h., das Hellrot/Dunkelrot-Verhältnis (z. B. I_{660}/I_{730}) wird kleiner (engl. *red/far red ratio*; **R/FR**). Die Tatsache, dass Pflanzen mit ihrem Rotlichtsensorium (Phytochrom, ▶ Abschn. 18.2.4) ihre Position gegenüber Nachbarn feststellen können, hat weitreichende Konsequenzen für die Entwicklung von Beständen und die **Konkurrenz** zwischen Pflanzen. Es wurde an einzelnen Testpflanzen gezeigt, dass sie mit ihren Trieben bereits „grünbesetzte" Stellen vermeiden und damit ihre Investitionen in neue Triebe optimieren.

Novoplansky et al. (1990) stellten flach in mehrere Richtungen wachsenden Jungpflanzen von *Portulaca oleracea* grüne und graue Kärtchen ringsum in den Weg. Die Triebspitzen suchten den Weg zu den grauen, weg von den grünen Kärtchen, die Hellrot absorbieren. Auch das Höhenwachstum von in Konkurrenz wachsenden Sämlingen wird, noch bevor gegenseitige Beschattung eintritt, durch sehr schwache Rotlichtverschiebungen aus der Richtung von Nachbarpflanzen angeregt. Ballare et al. (1988) schirmten Sprossachsen von *Datura ferox* und *Sinapis alba* mit Rotlichtfiltern ab, wodurch sie „blind" wurden, ihre Nachbarn nicht mehr wahrnahmen und sich im Vergleich zu Kontrollpflanzen nicht mehr streckten. Man darf annehmen, dass derartige Mechanismen zusätzlich zum „normalen" Phototropismus zum Sensorium vieler Pflanzen gehören.

Die Regeneration in dichten Pflanzenbeständen durch Sämlinge wird unter einem geschlossenen Blätterdach durch die Verschiebung des Rotlichtspektrums von Hellrot zu mehr Dunkelrot so beeinflusst, dass die Keimung, trotz teilweise angequollenem Zustand, erst ausgelöst wird, wenn eine Lücke im Kronendach (ein Hellrotsignal) die Chancen auf photosynthetischen Stoffgewinn und damit das Überleben anzeigt. Die Regeneration von Wäldern durch Sämlinge wird daher sehr stark von der Dynamik von Bestandslücken geprägt (engl. *gap dynamics*). Ein dichtes Kronendach reduziert das Hellrot/Dunkelrot-Verhältnis unabhängig von der Intensität der

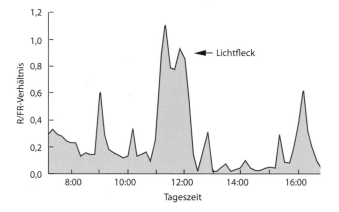

Abb. 22.5 Der tageszeitliche Verlauf des Hellrot/Dunkelrot-(R/FR-)Verhältnisses (engl. *R/FR ratio*) am Boden eines subtropischen Walds in Nordostaustralien. Das R/FR-Verhältnis am Waldboden erreicht ein Minimum, wenn die Reststrahlung, die das Kronendach durchdringt, noch von breiten Unterwuchsblättern abgeschirmt wird, und sie erreicht ein Maximum, wenn ein Lichtfleck, also ein direkter Sonnenstrahl durch eine Lücke im Kronendach, auf den Sensor trifft. Werte über dem Bestand liegen allgemein bei etwa 1,2. (Nach Chazdon et al. 1996)

Strahlung von etwa 1,2 bei direktem Sonnenlicht auf 0,2 im Unterwuchs (■ Abb. 22.5). Damit ist die Bestimmung des R/FR-Verhältnisses ein weiteres, indirektes Verfahren zur Quantifizierung der Dichte des Kronendachs (LAI, ▶ Abschn. 22.1.3).

Die Rotlichtverschiebung durch das Blattgrün drückt sich auch im reflektierten Licht ganzer Bestände aus, was man sich zur Bestimmung der Vegetationsbedeckung in der **Fernerkundung** (engl. *remote sensing*) zunutze macht. Mit dem **NDVI** (engl. *normalized differential vegetation index*) lässt sich aus Fernerkundungsdaten die Grünbedeckung der Landschaft abschätzen. Bis zu einem Blattflächenindex (LAI) von etwa 3 m^2 m^{-2} besteht sogar eine gewisse (nichtlineare) Proportionalität zum NDVI-Signal, die bei höherem LAI schwindet (Signalsättigung). Der NDVI fußt auf Strahlungsmessungen im hellroten (R) und dunkelroten Bereich des Spektrums und errechnet sich aus dem reflektierten Anteil in jedem der beiden Wellenlängenbereiche (I_{FR} und I_R). Die R- und FR-Reflexion wird dabei relativ zur Intensität der einfallenden R- und FR-Strahlung definiert.

$$NDVI = \frac{I_{FR} - I_R}{I_{FR} + I_R}$$

I_R ist üblicherweise kleiner oder gleich I_{FR}. Je dichter der Boden mit photosynthetisch aktiven Strukturen bedeckt ist, desto mehr wird die Hellrotreflexion im Verhältnis zur Dunkelrotreflexion vermindert. NDVI-Signale ermöglichen es, das Ergrünen der nördlichen Breiten der Kontinente im Frühjahr oder in periodisch trockenen Regionen nach dem Einsetzen einer Regenperiode von Fernerkundungssatelliten aus zu erfassen (kontinentale Phänologie).

22.3 Temperaturresistenz

22.3.1 Frostresistenz

Unter den klimatischen Faktoren, die die Pflanzenverbreitung auf der Erde bestimmen, sind Wasserangebot und Resistenz gegenüber niedrigen Temperaturextremen die Entscheidenden. **Frost** ist das erste „Umweltsieb", das eine Pflanzenart passieren muss, bevor sie sich außerhalb der frostfreien Gebiete etablieren kann. Jene Pflanzen, die diese evolutive Selektion durchlaufen haben, sind resistent, also im Allgemeinen nicht weiter existenziell gefährdet (die heimische Flora). Pflanzen, deren Spross nicht genügend resistent ist, können die kritische Zeit als Same (Annuelle) oder mit Überdauerungsorganen unter der Erde (z. B. Geophyten) überleben. Dieses Ausweichen wird oft als *escape*-**Strategie** der Frostbewältigung bezeichnet (■ Abb. 21.2). **Frostresistenz** bedeutet das Verhindern der in jedem Fall tödlichen Eiskristallbildung im Cytoplasma. Zum Verständnis der Frostresistenz sei in Erinnerung gerufen, dass Wasser im Pflanzengewebe in zwei Kompartimenten vorkommt: außerhalb der Protoplastenmembran (Plasmalemma), im Apoplasten, also im Xylem und vor allem in den Zellwänden und allenfalls in den Zellzwischenräumen (mit sehr wenigen gelösten Substanzen), und innerhalb des Symplasten (mit osmotischen Potenzialen im turgeszenten Zustand zwischen etwa −1,5 und −2,5 MPa). Die zwei **Mechanismen** der Frostresistenz sind Gefrierverhinderung und Gefriertoleranz.

Gefrierverhinderung Gefrierverhinderung oder Unterkühlbarkeit (engl. *super cooling*) ist die persistente Unterbindung von Eisbildung bei Minusgraden. Sie reicht bei Blättern vieler Pflanzen bis −5 °C, bei manchen Hochgebirgspflanzen bis etwa −12 °C, und kann im Xylemparenchym von Holzpflanzen der temperaten Zone ca. −40 °C erreichen. Entscheidend für diese Gefrierverzögerung sind das Fehlen eines Kristallisationskeims und die Versetzung des Wassers in einen metastabilen Zustand. Wird die kritische Temperatur unterschritten, gefriert das Gewebe schlagartig, was für die Zellen letal ist. Eine wichtige Erkenntnis der letzten Jahre ist, dass nicht nur tropische Gebirgspflanzen *super cooling*, sondern auch Trieb- oder Blütenknospen der temperaten Zone diesen physikalischen Trick der Eisverhinderung im Spätwinter/Frühjahr einsetzen.

Gefriertoleranz Gefriertoleranz stellt funktionell eine spezielle Form der Austrocknungstoleranz dar. Im Gewebe beginnt die Eisbildung dort, wo das Wasser den niedrigsten osmotischen Druck hat, also im Apoplasten. Dabei füllen sich die Zellzwischenräume (ohne das Gewebe zu schädigen) mit Eis, wobei dem Symplasten sukzessive Wasser entzogen wird. Dieser Prozess setzt eine hohe Wasserdurchlässigkeit der Plasmamembran, also offene (aktive) Wasserkanäle, bei sehr niedrigen Temperaturen voraus. Dies ist ein genotypisches Merkmal, das jedoch starkes Akklimatisierungsverhalten zeigt (Frostabhärtung; Rolle von Membranlipiden). Für das Ausmaß der Zellentwässerung und die Entwässerungstoleranz des Protoplasten spielen Osmotika und vor allem membranstabilisierende Schutzsubstanzen (lösliche Kohlenhydrate und Stressproteine) eine Rolle – ein gemeinsames Erfordernis der Frost- und Austrocknungsresistenz.

Ist für die Gefrierverhinderung das Fehlen von Kristallisationskeimen wichtig, ist für die Gefriertoleranz ein wenig verzögertes Einsetzten der Eisbildung vorteilhaft. Die **Gefrierpunkterniedrigung** durch Ansammeln von Osmotika spielt erst in Zusammenhang mit der eisinduzierten Zellentwässerung eine Rolle. Für sich allein genommen hat sie im turgeszenten Zustand einen sehr geringen Effekt, da ein Mol Osmotikum notwendig ist, um den Gefrierpunkt um nur 1,9 K zu senken, was einem zusätzlichen osmotischen Druck von 2,24 MPa entspricht (bei den meisten Pflanzen entspräche das grob einer Verdopplung des osmotischen Drucks ohne nennenswerte Senkung des Gefrierpunkts).

Von besonderer ökologischer und praktischer Bedeutung ist, dass die Frosthärte der Pflanzen stark von äußeren und inneren Faktoren mitbestimmt wird, sich also nicht in Form einer einzigen kritischen Temperatur für eine bestimmte Art charakterisieren lässt. Die folgenden fünf

Einflussgrößen bestimmen, wieviel Frost eine Pflanze bei gegebenem Resistenzpotenzial tatsächlich erträgt:
— Akklimatisierungszustand (Jahreszeit, thermische Vorgeschichte; ☐ Abb. 22.6)
— Entwicklungszustand (aktives, wachsendes, unfertiges oder junges Gewebe verträgt weniger als ausgereiftes, wenig aktives, altes)
— betroffenes Organ (Wurzeln ertragen viel weniger Temperaturerniedrigung als Blätter)
— Wasserversorgung (dauernd feucht gehaltene Pflanzen vertragen weniger Frost als solche, die Trockenheit erlebten)
— Nährstoffversorgung (optimal nährstoffversorgte Pflanzen vertragen mehr als überdüngte Pflanzen oder Pflanzen mit Mineralstoffmangel)

In der temperaten Zone liegt die **Grenztemperatur für Frostschäden** an Blattgewebe während der Vegetationszeit zwischen −2 und −8 °C. Die gefährlichsten Situationen sind das späte Frühjahr nach erfolgtem Austrieb und ganz allgemein extreme Temperaturschwankungen (Temperatursturz nach mildem Vorwetter). Gefrierschäden an heimischen, standorttypischen Pflanzen betreffen in erster Linie Blüten und Blätter, selten das Cambium, gefährden aber so gut wie nie das Überleben einer Pflanze. Strahlungsfröste in klaren Nächten nach Durchzug einer Schlechtwetterfront sind besonders gefährlich. Die maximale winterliche Frosttoleranz (bei

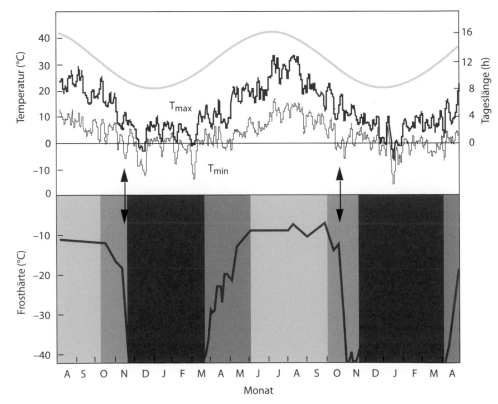

☐ **Abb. 22.6** Jahresgang der Tageslänge und der täglichen Minimum- und Maximumtemperatur (oben; dreitägig übergreifende Mittelwerte für Bayreuth) und der Frosthärte einjähriger Nadeln von *Pinus sylvestris* (unten). Die Pfeile markieren das erste Auftreten von Nachtfrösten. Die Blautöne markieren von links nach rechts die frostsensitive Phase, die Frosthärtungsphase, die Phase voller (maximaler) Frosthärte und die Enthärtungsphase im Frühjahr. (Nach Hansen 2000)

22

voller Abhärtung) oberirdischer Organe von Arten der temperaten Zone liegt zwischen −25 und −40 °C, jene von erwachsenen mediterranen Holzpflanzen zumeist zwischen −10 und −14 °C. Schnee und unterirdische Lage der Überdauerungsknospen schützen empfindliche Arten. Manche tropische Pflanzen sind schon bei Temperaturen zwischen 0 und +7 °C dauerhaft geschädigt; hier spricht man von Verkühlungs- oder **Chilling-Schäden** (z. B. bei Kaffee, Kakao, Bananen und Usambara-Veilchen *Saintpaulia* sp.).

22.3.2 Hitzeresistenz

Die **Hitzeresistenz** ist weit weniger variabel und liegt bei Höheren Pflanzen bei etwa 50–55 °C (hohe Werte bei Rosetten- und flachwüchsigen Pflanzen, Sklerophyllen und Sukkulenten; maximal 60 °C bei einigen C_4-Gräsern, Palmen in Savannen, Kakteen). Hitzeschäden werden stark von der Morphologie, dem Abstand zum Boden, der Selbstbeschattung der Sprossbasis und dem Wasserangebot bestimmt. Besonders gefährdet sind Sämlinge auf trockenen, dunklen, kahlen Böden, die bei starker Sonnenstrahlung oberflächlich mehr als 75 °C heiß werden können. In solchen Habitaten sind eine rasche Sämlingsentwicklung in der kühlen Jahreszeit und nachfolgende Beschattung des Bodens durch Blätter oder die Schattenspende anderer Pflanzen essenziell. Viele Pflanzen können extrem heiße Situationen durch Transpirationskühlung (bis zu 10 K, ▶ Abschn. 22.1.2) bewältigen. Erreichen ihre Wurzeln nur unzureichende Bodenwasservorräte (bis zu 30 m tiefe Wurzeln sind keine Seltenheit; ▶ Abschn. 22.7.5.1), werfen sie die Blätter ab oder überdauern nur als Same. (Zur Wirkung von chemischem Stress und Strahlungsstress ▶ Abschn. 14.1.2.4 und 14.3.8, zu Fragen der Ökologie der UV-Wirkung s. Rozema et al. 1997.)

22.3.3 Feuerökologie

In vielen Teilen der Erde ist Feuer ein wichtiger ökologischer Faktor für die Entwicklung von Ökosystemen und die Etablierung des charakteristischen Arteninventars. Große Biome verdanken dem Feuer ihr bekanntes Erscheinungsbild (Savanne, semiarides Buschland, mediterrane Vegetation, Prärie, aber auch boreale Wälder). Natürliche Auslöser sind hauptsächlich Blitze. Das breite Spektrum von typischen Anpassungen an das Leben mit Feuer belegt, dass Feuer schon lange bevor der Mensch die Feuerhäufigkeit erhöhte, ökologisch wirksam war (◘ Abb. 22.7). **Pyrophyten** (Feuerspezialisten) haben oft langlebige Samenbanken im Boden oder in der Krone (Serotonie), die Fähigkeit zu Stockausschlägen (unterirdische und zur Regeneration befähigte Stammkörper, sog.

Xylopodien), eine schützende Borke (Bäume) oder generell unterirdische Apikalmeristeme (Gräser, Geophyten). Bei Horstgräsern und Schopfrosettenpflanzen (z. B. *Xanthorrhoea, Yucca, Espeletia*) wirkt auch häufig eine „Strohtunica" aus abgestorbenen Blattbasen als Feuerschutz. Vielfach ist die Phänorhythmik eng mit dem Auftreten von Feuer gekoppelt (z. B. Laubabwurf während der kritischen Trockenzeit). Bei vielen Arten von *Pinus, Eucalyptus*, bei Proteaceen usw. öffnen sich die Früchte nur nach Feuereinwirkung; erst dann erreichen die Samen ihre volle Keimfähigkeit und werden ausgestreut. Damit ist eine Verjüngung zum günstigsten Zeitpunkt gewährleistet, wenn die Licht- und Wurzelkonkurrenz vermindert und der hinderliche Bestandsabfall in nährstoffreiche Asche umgewandelt ist.

Obligatorische Feuerzyklen variieren zwischen jährlich (Savanne), wenige Jahre (übrige Grasländer), 30–40-jährig (mediterraner Busch) und mehrere Hundert Jahre im borealen Wald. Eine entzündbare, mächtige Streuschicht begünstigt das Entflammen. In trockenen Lockerwäldern und Savannen entstehen meist keine destruktiven **Kronenfeuer** (mit Temperaturen von über 1000 °C und Vernichtung aller Holzgewächse), sondern bloß rasch durchziehende **Grundfeuer** (Temperaturen in der Streu- und Bodenschicht kurzfristig um 70–100 °C, darüber in 0,5–1 m Höhe kaum mehr als 500 °C; ◘ Abb. 22.8). Dabei werden die Überdauerungsorgane einigermaßen feuerresistenter, dominanter Arten von Gehölzen und krautigen Pflanzen kaum beschädigt. Entsprechendes gilt für die Grasbrände der Steppen und tropischen Grasländer. Entscheidend ist die mittlere Verweildauer einer Feuerfront an einem Ort. Bei Grundfeuern liegt diese oft unter zwei Minuten, was nicht ausreicht, dass letale Hitzespitzen die empfindlichen Meristeme im Boden erreichen.

Im Management von Naturreservaten ist man, in Kenntnis der ökologische Bedeutung des Feuers, dazu übergegangen, Brände zu tolerieren oder sogar zu legen, statt sie zu bekämpfen (es sei denn bei Brandstiftung). Ökosysteme, in denen Feuer natürlicherweise nicht oder sehr selten vorkommt, leiden stark unter Bränden (▶ Abschn. 22.6.1). Da die Artengarnitur in solchen Lebensräumen nicht feuerresistent ist, bleiben stark degradierte Ersatzgesellschaften zurück. Aus feuchttropischen Wäldern entstanden so riesige, künstliche, tropische Grasländer, deren Brandanfälligkeit verhindert, dass der Wald zurückkehrt. Eine über das natürliche Maß hinausgehende Feuerfrequenz führt auch in feuerangepassten Ökosystemen zu Degradation.

Das hohe Alter großer Waldbäume ist in vielen Gegenden ein Resultat ihrer Feuerresistenz. Ein bekanntes Beispiel sind die Mammutbäume (*Sequoiadendron giganteum*) in Kalifornien, die ihr bis über 2000 Jahre betragendes Alter hauptsächlich ihrer dicken Borke verdanken, die als hoch effektiver Brandschutz wirkt (◘ Abb. 22.9). Neben der Steuerung des Arten- und Lebensformenspektrums in einem Ökosystem liegt die

☐ **Abb. 22.7** Auf vielfältige Weise vermögen Pflanzen auf Feuer zu reagieren: Feuerschutz durch dicke Borke (**a** *Pinus halepensis*, westl. Mittelmeer), durch einen dichten Mantel abgestorbener Blattbasen (**b** *Xanthorrhoea* sp., Westaustralien, rechts im Hintergrund) oder durch Versenken der Meristeme unter die Erde, wie bei den meisten Gräsern (**c** 10 Tage nach dem Feuer). Regeneration nach Feuer durch Samenbanken in der Krone und Bersten verholzter Früchte erst unter Hitzeeinwirkung (**b** *Hakea* sp.) gefolgt von rascher Keimung im nun nährstoffreichen und unbeschatteten Keimbett (**d** *Eucalyptus* sp., Ostaustralien) oder durch Stockausschläge unterirdisch (**e** *Arbutus andrachne*, östl. Mittelmeer) bzw. oberirdisch. Grundfeuer, die nur die Streuschicht mineralisieren, schädigen die Vegetation kaum und sind für den Nährstoffhaushalt des Ökosystems besonders günstig (**f**)

größte Bedeutung des Feuers im Aufrechterhalten des Mineralstoffkreislaufs in Lebensräumen, in denen ein geringes Feuchteangebot den biologischen Abbau hemmt oder Bodendecker zunehmend zu Nährstofffallen für höherwüchsige Vegetation werden (z. B. Moose im borealen Wald, ▶ Abschn. 24.2.14).

22.4 Mechanische Einflüsse

Das Ertragen der eigenen Last, von Schnee- oder Epiphytendruck, der Widerstand gegen Biege- und Scherkräfte, verursacht durch Wind und Wasser, die Toleranz gegen Verschüttetwerden durch Falllaub, Flugsand oder Hang-

22

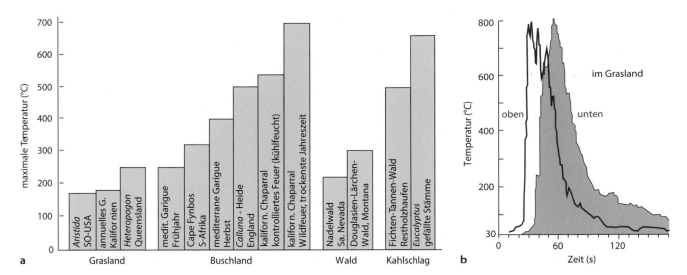

Abb. 22.8 Maximale Bodenoberflächentemperaturen in unterschiedlichen Vegetationstypen beim Durchgang einer Feuerfront. Die Verweildauer des Feuers an einem Ort und damit die Spitzentemperaturen steigen mit zunehmendem Holzanteil. Trockene Verhältnisse erhöhen die maximale Hitzebelastung ebenfalls. **b** Temperaturaufzeichnungen im Sekundentakt während des zweiminütigen Durchzugs einer Flammenfront durch trockenes Grasland. Die Temperaturspitzen verweilen nur wenige Sekunden, erreichen niedrige Bestandsschichten später (s. Kurven „oben" und „unten"). In den Boden dringt die Hitze nicht so weit vor (nicht gezeigt), dass das Überleben der Überdauerungsorgane der Pflanzen gefährdet wäre. (**a** Rundel 1981, **b** Stronach und McNaughton 1989)

erosion und Bodenbewegungen als Folge der Schwerkraft oder von Eisbildung sind Kriterien, die in vielen Lebensräumen das Sein oder Nichtsein von Arten oder bestimmten Lebensformen bestimmen (**Abb. 22.10**).

Über die Elastizität und Bruchfestigkeit von Strukturen, die Ursachen der Anfälligkeit auf Windwurf und die Mechanismen, mit denen Pflanzen sich auf anderen abstützen, um „kostengünstig" ans Licht zu klettern (Winden, Haften, Spreizen), gibt die **Biomechanik** Auskunft. Die Bodenstabilität an Hängen wird wesentlich von den mechanischen Eigenschaften von Wurzeln und Rhizomen bestimmt. Nur durch dichte und morphologisch vielfältige Durchwurzelung des Bodens kann eine Bodenerosion dauerhaft verhindert werden (**Abb. 22.11**). Je steiler das Gelände, umso wichtiger ist dieser mechanische Bodenschutz (Gebirge). Desgleichen garantiert ein mechanisch robustes, unterirdisches Organsystem, dass Pflanzen bei Beweidung nicht entwurzelt werden. Zahlreiche Pflanzen können ihre Wurzeln kontrahieren und damit den empfindlichen Vegetationspunkt nach der Keimung in die Tiefe ziehen (**Abb. 3.79**). Große ökologische Bedeutung haben die Kräfte, die durch die Entladung mechanischer Spannungen beim Austrocknen entstehen (Sprengen von Fruchtkapseln, Ausschleudern von Samen). Mit dem Turgordruck (2 MPa und mehr) vermögen Pflanzen massive Strukturen zu sprengen und ihre Wurzeln in Klüfte des Untergrunds zu zwängen. Mit Gewebedruck können Baumwurzeln sogar dicke Asphaltschichten sprengen, wobei sich Schwielen aus verholztem Verschleißgewebe ausbilden (**Abb. 22.11**). Enorme mechanische Leistungen vollbringen Feinwurzeln, die (an der Spitze geschützt durch die Kalyptra) auch sehr dichtes

Substrat erschließen. Die Derbheit (engl. *toughness*) von Blättern ist eine wesentliche Komponente in der Abwehr von Herbivoren, der auch zahlreiche Verteidigungsstrukturen (Dornen, Stacheln, Korkleisten) dienen. Mechanische Belastbarkeit, die Entwicklung physikalischer Kräfte und die erwähnten Abwehrstrukturen tragen vielfach zum Erfolg einer Art bei und bestimmen die Stabilität ganzer Ökosysteme. Ihre ökologische Bedeutung übersteigt oft die der physiologischen Anpassungsfähigkeit eines Organismus.

Ein Beispiel ist die nicht etwa durch Kältetoleranz, sondern durch Sprossplastizität erklärbare Ablösung der Waldföhre (*Pinus sylvestris*) durch die Zirbe (auch Arve genannt, *Pinus cembra*) in der oberen Bergwaldstufe der Alpen. Die Waldföhre hat sprödes Holz, das unter Schneelast bricht. Außerdem werden junge Bäume wegen ihrer Steifheit von Rotwild und Hirsch zum Fegen der Geweihe benutzt und dabei schwer geschädigt. Die Zirbe hat hoch elastische Stämme und Äste, die gummiartig jeder mechanischen Belastung ausweichen, der Schneelast besser standhalten und für das Fegen eines Geweihs ungeeignet sind.

22.5 Wasserhaushalt

Das Landleben wurde nur durch die Entwicklung effizienter Wurzeln, von druckfestem, kapillarem Leitungssystem (Xylem, ▶ Abschn. 2.3.4), einer Kombination aus variablem (Stomata) und statischem (Cuticula, ▶ Abschn. 2.3.2) Verdunstungsschutz und vakuolisierten, variabel turgeszenten Zellen (Wasserpotenzial, ▶ Abschn. 14.2.2.1) möglich. Bei Wassermangel kann die Pflanze die Wasseraufnahme und den Schutz gegen Wasserverluste und deren Folgen verstärken. Bau und Funktion der Komponenten zur Regulierung des Was-

Abb. 22.9 Dicke Borke garantiert ein langes Leben (s. den 15 cm dicken Borkenrest Bo in **b**). Der rund 2000 Jahre alte Stamm eines *Sequoiadendron giganteum* (Mammutbaum, **a**, **c**, Sierra Nevada von Kalifornien) dokumentiert ein erfolgreiches Leben mit Feuer. Schwarze Pfeile in kleines b markieren verkohlte und wieder eingewachsene Stellen. Die weißen Marken weisen auf historische Ereignisse hin (1 Krönung von Karl dem Großen, 2 Kolumbus in Amerika, 3 Ende erster Weltkrieg)

serhaushalts vorausgesetzt, wird hier deren Reaktion auf Wassermangel behandelt und gezeigt, wie Pflanzen das Zusammenspiel von Wasserpotenzial, Wassertransportwiderstand und Wasserfluss steuern und dabei auch den Wasserhaushalt des Ökosystems mit beeinflussen.

22.5.1 Wasserpotenzial und Transpiration

Analog dem Ohm'schen Gesetz in der Elektrizitätslehre, ist das Wasserpotenzial an einer bestimmten Stelle in der Pflanze das Resultat von Flüssen und Leitungswiderständen. Thermodynamisch zeigt es die gegenüber dem freien Wasser reduzierte Verfügbarkeit an der Messstelle

an, was auch als Spannung, Sog oder negativer Druck beschrieben werden kann. Sind das osmotische Potenzial und der Gegendruck der Zellwand im Zustand maximaler Zellwanddehnung gleich groß, ist das Gesamtwasserpotenzial der Zelle (und damit auch das eines Blatts) Null, man spricht von **Turgeszenz**. Das Wasserpotenzial wird umso negativer, je weiter es abfällt. Solange ein kritischer Wert nicht unterschritten wird (im Blatt je nach Pflanzenart $-1{,}5$ bis $-2{,}0$ MPa, Megapascal), sagt das Wasserpotenzial wenig über den tatsächlichen Grad der Wasserversorgung der Pflanze aus. Bei ausreichender Bodenfeuchte ist das Blattwasserpotenzial in einem Trieb oder Blatt umso niedriger (negativer), je größer die Transpirationsrate ist. Die Potenzial-

Abb. 22.10 Beispiele für mechanische Belastungen von Pflanzen: Eislast (**a**, *Eucalyptus pauciflora*, 2050 m Snowy Mountains, Südostaustralien), Schneedruck (**b**, Birkenwaldgrenze in Nordschweden, 700 m), Verschüttung durch Sand (**c**, Düne in Ostaustralien), Hangschutt (**d**, *Cerastium uniflorum* in den Alpen), Falllaub (**e**, mit Buchenkeimlingen); Windbruch/-wurf (**f**, *Picea abies*, nach Sturm Lothar am 26.12.1999 im Schwarzwald). Weitere Beispiele wären Bodenbewegungen, Zugbelastung durch Weidetiere, Tritt, Last von Epiphyten und Lianen (■ Abb. 24.8f) usw

verminderung mit steigendem Durchsatz ist vergleichbar mit dem Druck in einer Wasserleitung, der umso mehr fällt, je weiter man den Hahn aufdreht. Herrscht Wassermangel im Boden, kann selbst eine sehr geringe Transpiration (auch vollkommener Stomataschluss) nicht verhindern, dass das Wasserpotenzial auf sehr niedrige Werte fällt. Je nach Versorgungszustand kann also das Gleiche niedrige Blattwasserpotenzial entweder bei sehr hoher Transpirationsrate oder bei nahezu sistierter Transpiration auftreten. Ohne Kenntnis des gleichzeitigen Transpirationsstroms lässt sich das Wasserpotenzial eines Blatts oder eines Triebs bezüglich der Frage, ob eine Pflanze an Wassermangel leidet, also nicht interpretieren (jedenfalls nicht bei Werten oberhalb −2 MPa).

Abb. 22.11 Ohne ein dichtes Wurzelwerk würden solche Erosionskanten sehr schnell ganze Hänge erfassen (oben). Mit Turgordruck und Schwielen vermögen Baumwurzeln Asphalt zu sprengen (*Pinus sylvestris*; unten)

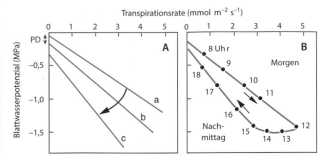

Abb. 22.12 Beziehung zwischen Blattwasserpotenzial und Transpirationsrate. Die in der Regel lineare Beziehung beschreibt die Summe aller hydraulischen Widerstände im Boden-Blatt-Kontinuum (Steigungen a, b, c in A markieren zunehmend höhere Leitungswiderstände). Das Potenzial bei einer Transpiration = 0 markiert den Gleichgewichtszustand zwischen Pflanze und Boden in den frühen Morgenstunden (PD, engl. *pre dawn water potential*). **A** Normalfall ohne Hysterese. **B** Hysterese im Tagesgang (Uhrzeiten eingetragen) verweist auf zunehmend erschwerten Wassertransport (Xylemkavitation oder Entwässerung des feinwurzelnahen Bodens). Bei feuchtem Boden gibt eine größere Steilheit der Regression auch Auskunft über pathologische Veränderungen im Xylem oder Schäden an den Feinwurzeln (z. B. Befall durch Welkepilze, Wurzelfäule)

potenzial im Blatt oder Trieb unter eine artspezifische Schwelle sinkt (bei den meisten europäischen Waldbaumarten knapp unter oder bei –2 MPa; isohydrische Arten). Jenseits (unterhalb) dieser Schwelle droht das Risiko von Luftembolien, die Leitungsbahnen außer Funktion setzen. Pflanzen mit sehr tiefen Wurzeln und entsprechender Xylemanatomie gehen ein höheres Risiko ein und lassen stärkere Schwankungen des Wasserpotenzials zu (anisohydrische Arten), ohne Schaden zu nehmen.

Der Schlüssel zu einer Beurteilung der Wasserversorgung einer Pflanze ist daher das **Transpirations-Wasserpotenzial-Diagramm** (■ Abb. 22.12). Es erlaubt über die Steigung der in der Regel linearen Beziehung sowohl die Größe der hydraulischen Nachleitwiderstände abzulesen als auch, nach mehrstündiger Null-Transpiration, das Gleichgewichtspotenzial mit dem Boden in den frühen Morgenstunden festzustellen (engl. *predawn water potential*). Nummeriert und verbindet man die Punkte im Transpirations-Wasserpotenzial-Diagramm im Lauf eines Tages chronologisch, so lässt die Verbindungslinie oft eine sehr aufschlussreiche Hysterese erkennen (die Nachmittagswerte laufen bei sinkender Transpiration auf einer tieferen Potenzialstufe zur Null-Transpiration zurück als sie am Morgen bei steigender Transpiration fielen). Dies zeigt im Tagesgang verschlechterte hydraulische Bedingungen an, die entweder mit Xylemkavitation (Luftembolie, s. u.) oder mit im Tagesverlauf erhöhten Transportwiderständen im Wurzelraum zu tun haben (Bodenaustrocknung).

Das Wasserpotenzial im Blatt ist meist niedriger als das Potenzial im Xylem der Sprossachse oder des Stammes. Der mit der Druckkammermethode (■ Abb. 14.19) an der Schnittstelle eines Triebs oder Blattstiels festgestellte Gleichgewichtsdruck ist ein Mischwert für alle

22

Im physiologischen Bereich (Normalbetrieb ohne Stress), spiegelt das Blatt- oder Triebwasserpotenzial also den Wasserfluss (Transpirationsrate) wider. Viele Pflanzen verhindern durch stomatäre Regulation, dass der Fluss einen Grenzwert übersteigt, bei dem das Wasser-

distalen Gewebe, hauptsächlich des Blattgewebes, weshalb die Bezeichnung Blatt- oder Triebwasserpotenzial (nicht Xylemwasserpotenzial) angebracht ist. Bei intensiver Transpiration erfolgt von der Sprossachse über den Blattstiel ein steiler Potenzialabfall in Richtung Blattspreite. Der tatsächliche Unterdruck in den Leitungsbahnen der Spossachse bleibt in der Regel unbekannt, dürfte aber deutlich weniger negativ sein als das Wasserpotenzial in den Blättern.

Die Elastizität der Zellwände ist dafür verantwortlich, dass Wasserdefizite überhaupt entstehen können (Zellen aus Beton hätten kein Wasserdefizit, da Wasser nicht dehnbar ist). Die Elastizität der Zellwände ist auch ein Maß dafür, wie direkt (oder stark) der Verdunstungssog der Atmosphäre über die Wurzeln dem Boden mitgeteilt wird. In Gegenden mit wiederkehrender Trockenheit finden sich daher vermehrt Pflanzen mit sehr steifen, wenig elastischen Zellwänden. Dies ist auch einer der Gründe für Sklerophyllie in periodisch trockenen Regionen.

Das oben schon erwähnte Phänomen der **Kavitation**, also von Luftembolien in Teilen des Xylems, tritt auf, wenn Wasserkapillaren bei starker Transpiration unter so große Spannung geraten, dass es zu Lufteinbrüchen und Luftblasenbildung (Gasembolie, ▶ Abschn. 14.2.5) kommt, wodurch – nach gängiger Vorstellung – das hydraulische Kontinuum unterbrochen wird. Allerdings sind Kavitationen, vor allem bei Bäumen, bei schönem Wetter die Regel, womit der Verdacht besteht, dass es sich dabei nicht immer um ein für den Baum langfristig ungünstiges Phänomen handelt. Es wurde auch beobachtet, dass Pflanzen den Wasserfluss bis zur beginnenden Kavitation ansteigen lassen, also mittels stomatärer Steuerung unmittelbar an die Kavitationsgrenze manövrieren (Buckley 2005). Das Wasserpotenzial in den Blättern sinkt dadurch rascher als das im Xylem. Es gibt erste Hinweise, dass Embolien schnell wieder aufgelöst werden können, wobei eine aktive Rolle des Xylemparenchyms anzunehmen ist und die Tüpfelmembran eine Schlüsselrolle spielt. Ein Modell geht von hydrophoben (passiver Luftaustritt) und hydrophilen (erzwungener Wassereintritt) Nanoporen aus, deren Wechselwirkung quasi eine Entlüftungseinrichtung darstellt. Auch ein Einfluss des Phloems ist denkbar. Entfernt man das Phloem, ist die „Reparatur" des Xylems deutlich verlangsamt. Dies ist ein noch im Fluss befindliches Forschungsgebiet, in dem noch manche Überraschung bevorsteht. Dabei steht nicht so sehr die Debatte um die Kohäsionstheorie (die im Prinzip kaum anfechtbar ist) im Zentrum, sondern das Wechselspiel von Kavitationen und stomatärer Regulierung, die Frage nach dem realen Spannungszustand im Xylem, der Funktion von Tüpfel und Holzparenchym und der Art und Weise, wie das Xylem imstande ist, Kavitationen rasch rückgängig zu machen.

Deutliche Unterschiede der kritischen Wasserpotenziale für das Auftreten erster Embolien zwischen unterschiedlichen Arten konnten mit dem Querschnitt der Leitungsbahnen korreliert werden (bei großen Querschnitten sind Embolien wahrscheinlicher), was wiederum mit der spezifischen Wurzeltiefe (der erreichbaren Bodenfeuchte) und saisonaler Entwicklungsrhythmik (feuchte/trockene Perioden) zusam-

menzuhängen scheint. Welche Arten von Holzpflanzen an Trockenstandorten vorkommen, dürfte von diesen Merkmalen des Xylems mitbestimmt werden.

Im vergangenen Jahrzehnt wurde der Ausfall von Teilen des Xylems bei starker Trockenheitsbelastung von Bäumen, der *hydraulic failure*, zu einem zentralen Forschungsthema. Es wurden Emboliegrenzwerte in Prozent der Leitungsquerschnittsfläche (engl. *percent loss of hydraulic conductivity*, PLC) definiert, ab denen Bäume mangels Xylemleitfähigkeit sterben (häufig 50 % für Nadelbäume und 88 % für Laubbäume). Dabei wurde übersehen, dass nach Stomataschluss oder gar nach teilweisem, trockenheitsinduziertem Laubabwurf höchstens 1–2 % der vollen Leitfläche benötigt werden, um den Bedarf der nach Stomataschluss verbleibenden, hauptsächlich cuticulären Transpiration zu decken. Es kann also gar nicht an der Leitungskapazität liegen, wenn Bäume wegen Dürre sterben. Vielmehr ist dieser Emboliegrad eine Begleiterscheinung des Abreißens der Wasserkapillaren zwischen Boden und Wurzel und Ausdruck einer allgemeinen Dehydrierung des Baums. In einem embolierten Xylem bricht die physikalische Spannung, unter der die Kapillaren normalerweise stehen, zusammen und lebende Gewebe beziehen das Reservewasser, bis die allgemeine Austrocknungsgrenze von Parenchymen erreicht ist und der Baum an Gewebeentwässerung stirbt. Bei etwa 50 % Entwässerung sterben Zellen ab.

Eine andere weit verbreitete Annahme ist, dass Bäume bei Trockenheit an Kohlenhydratmangel sterben, da bei geschlossenen Stomata die Photosynthese zum Stillstand kommt. Auch diese Annahme ist, abgesehen von Extremfällen mit jahrelanger Dürre, unhaltbar. Bei Wassermangel und geringem Turgordruck stoppen die Meristeme ihre Aktivität (und damit das Wachstum) lange bevor die Stomata eine markante Reduktion des Gasaustausches erzwingen. In dieser Phase häufen sich Photosyntheseprodukte an, die nicht in Strukturen verbaut werden können (z. B. Speicherstärke). Bei Trockenheit steigt also der Vorrat an Kohlenhydratreserven. Selbst an Dürre sterbende Bäume enthalten noch Reservekohlenhydrate. Von Verhungern kann also keine Rede sein. Die Ursache für das Absterben von Teilen von Baumkronen oder ganzen Bäumen ist also das Überschreiten der Entwässerungstoleranz in den aktiven Geweben (s. Muller et al. 2011 und Körner 2019).

22.5.2 Reaktionen auf Wassermangel

Das Haushalten der Pflanzen mit Wasser durchläuft mit zunehmender Belastung mehrere Phasen. In freier Natur lassen sich vereinfacht folgende sechs Stufen unterscheiden, wobei Stufe 1 und vor allem Stufe 2 erst für eine begrenzte Zahl von Pflanzenarten nachgewiesen wurden und die Mechanismen immer noch nicht vollständig geklärt sind.

Stufe 1 Reaktion der Stomata auf die **Transpirationsrate** bei hoher Bodenfeuchte. Von Lange et al. (1971) in Würzburg entdeckt und von Schulze et al. (1972) in der Negev-Wüste im Freiland nachgewiesen, wurde dieses Phänomen zunächst noch als Luftfeuchteempfindlichkeit gedeutet. Ohne signifikanten Stress begrenzen die Stomata den Wasserfluss im Xylem und damit das Absinken des Wasserpotenzials unter einen bestimmten Wert, der nahe an der Kavitationsgrenze liegt (Meinzer 1993; Franks und Brodribb 2005). Bei trockener Luft

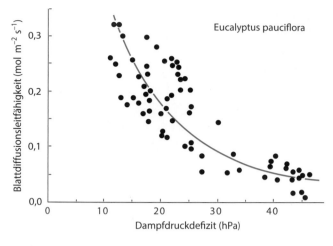

Abb. 22.13 Stomatareaktionen auf Luftfeuchtigkeit. Viele Pflanzen, langlebige besonders, reduzieren auch bei hoher Bodenfeuchtigkeit die Stomataöffnung (Blattdiffusionsleitfähigkeit), wenn die Luft trocken wird. Sie verzögern so die Bodenaustrocknung. Das Beispiel für diese Feedforward-Reaktion stammt von *Eucalyptus pauciflora* in Südostaustralien (nur Daten für Blattwasserpotenzial >–1,5 MPa). (Nach Körner und Cochrane 1985)

sind die Stomataporen weniger weit geöffnet als bei feuchter Luft (■ Abb. 22.13). Als auslösendes Signal werden heute hydraulische Druckänderungen in der Umgebung der Schließzellen diskutiert.

Diese Stomatareaktion auf die Transpirationsrate kann also als Begrenzung des Kavitationsrisikos angesehen werden. Ein Nebeneffekt dieses Verhaltens auf ökosystemarer Ebene ist, dass zu Zeiten reichen Wasserangebots die Bodenwasserreserven nicht übermäßig beansprucht werden. Dieser zurückhaltende Wasserkonsum wird vor allem an Bäumen und unter diesen besonders den langlebigen und perennierenden beobachtet. Das kritische Dampfdruckdefizit der Luft für das Auslösen der Reaktion liegt zwischen 8 hPa (= mbar) bei humidadaptierten Pflanzen und 15 hPa bei trockenadaptierten Pflanzen. Bei 20 °C entspricht das 65 bzw. 35 % relativer Luftfeuchtigkeit (bei 30 °C 80 bzw. 65 %). Oberhalb dieser Schwelle sinkt die stomatäre Diffusionsleitfähigkeit mit steigendem Dampfdruckdefizit und prägt das Stomataverhalten vieler Pflanzen (der meisten Bäume) ab Mitte des Vormittags. An Wüstenpflanzen wurde gezeigt, dass das Blattwasserpotenzial an trüben, weniger lufttrockenen Tagen wegen der verzögerten Stomatareaktion sogar stärker sinkt als an klaren Tagen, an denen das Dampfdruckdefizit höhere Werte erreicht und die Stomata die Transpiration überproportional drosseln. Diese Stomatareaktion wird auch als Feedforward-Reaktion bezeichnet.

Stufe 2   Reaktion der Stomata auf ein **Wurzelsignal**, das durch Feuchtedefizite in der unmittelbaren Umgebung der Feinwurzeln ausgelöst wird. Lässt man Pflanzen experimentell die Erde in einem Topf langsam austrocknen, hält aber das Wasserpotenzial in der Pflanze künstlich hoch, indem man den Wurzelraum in einer Druckkammer einem entsprechenden Überdruck aussetzt, reduziert sich die Spaltöffnungsweite auch bei hoher Luftfeuchtigkeit stetig, wobei die Weite mit dem sinkenden Wassergehalt des Bodens eng korreliert. Dieses noch wenig erforschte Verhalten wird mit einer verstärkten ABA-Produktion der Feinwur-

zeln als Reaktion auf ihre trockener werdende Umgebung interpretiert. Auch diese Reaktion führt zu einer stomatakontrollierten Einschränkung der Transpiration, ohne dass eine kritische Anspannung der Wasserversorgung der Blätter wirksam würde. Wegen der oft langen Wegstrecken zwischen Wurzel und Baumkrone dürften solche Reaktionen für Bäume wenig relevant sein, aber für krautige Pflanzen einschließlich Gräser sind solche Signalketten wahrscheinlich wichtig. Es gibt Hinweise, dass die Konzentration von ABA im Xylemsaft und nicht die passive Akkumulation von ABA im Apoplasten der transpirierenden Blätter entscheidend ist.

Stufe 3   Reaktionen der Stomata auf **Turgorverlust**. Nähert sich das Blattwasserpotenzial trotz der Vorsichtsmaßnahmen aus Stufe 1 und 2 dem osmotischen Potenzial des Zellsafts, wird der Gegendruck der Zellwand auf den Protoplasten Null. Weichlaubige Blätter welken schon, bevor dieser Punkt erreicht ist. In der Nähe des Turgorverlustpunkts liegt auch das kritische Wasserpotenzial, bei dem Stomataschluss aufgrund von Dehydration (passiv) stattfindet. Anhaltend niedriger Turgor (niedriges *pre dawn water potential*) erhöht die stomatäre Empfindlichkeit für trockene Luft (Stufe 1).

Stomataschluss infolge von Turgorverlust tritt in der Natur relativ selten auf. Am Turgorverlustpunkt sind die Möglichkeiten, mit raschen physiologischen Reaktionen den Wasserhaushalt zu kontrollieren, erschöpft. Das weitere Verhalten hängt von der Austrocknungstoleranz ab. Wiederholter Wassermangel führt zu einer Absenkung des osmotischen Potenzials (Akkumulation von Osmotika, also Osmoregulation), was sowohl den Turgorverlustpunkt hinausschiebt als auch die Austrocknungsresistenz erhöht.

Stufe 4   **Biomasseallokation**. Pflanzen, die länger dauerndem und wiederholtem Wassermangel ausgesetzt sind, reagieren mit verstärktem Wurzelwachstum, was auf Kosten der Biomasseverlagerung in Richtung Blätter geht. Dadurch wird das Gleichgewicht zugunsten der Wasseraufnahme erhöht (Erschließung tieferer Bodenschichten, geringerere Blattfläche). Reichen Mechanismen 1–4 nicht aus, wird Stufe 5 durchlaufen.

Stufe 5   **Blattabwurf und Bestandsausdünnung**, auch **Tod einzelner Pflanzen**. Viele Pflanzen periodisch trockener Regionen werfen unter Dürrebelastung ihr Laub ab (die Pflanzen sind engl. *drought deciduous*, „trockenheitsbedingt laubabwerfend“). Individuen, die mit ihren Wurzeln keine tief liegenden Feuchtigkeitsreserven erreichen, sterben ab. Ist der Wassermangel durch die Reduktion des LAI über diese Mechanismen ebenfalls nicht aufzufangen, folgt Stufe 6.

Stufe 6   **Ersatz des bestehenden Arteninventars** durch neue, trockenheitsresistentere Arten. Das können Arten mit besonderer Phänorhythmik (Flucht, engl. *escape*), mit besonders tiefen Wurzeln oder Sukkulenz (Vermeidungs-strategie, engl. *avoidance strategy*) oder mit echter Aus-trocknungstoleranz sein.

Die wirksamsten Ausweichmethoden sind obligatorischer Laubab-wurf in der Trockenzeit und/oder das Überdauern von Dürre als Same, Zwiebel oder Erdspross. Sukkulente und Tiefwurzler vermeiden physiologischen Stress, wobei letztere unter lang anhaltender Dürre wesentlich erfolgreicher sind. Sukkulente brauchen wenig aber regel-mäßig wiederkehrende Feuchte, da sie ganz auf das körpereigene De-pot angewiesen sind. Bei Bodentrockenheit geben die Wurzeln von Sukkulenten den Kontakt zum Boden auf und isolieren sich so vom Substrat. Das Ertragen von Gewebewasserverlusten variiert stark; 50 % Wasserverlust ertragen aber die meisten Pflanzengewebe. Echte Dürreresistenz bis hin zum völligen Austrocknen ist unter Blüten-pflanzen selten (Wiederauferstehungspflanzen, engl. *resurrection plants*, z. B. *Vellozia*- und *Cyperus*-Arten in den gleichnamigen Fami-lien), unter Flechten, Luftalgen und Moosen aber die Regel und kommt auch bei den Farnpflanzen vor (z. B. Rose von Jericho, *Selagi-nella lepidophylla*). Man spricht von **poikilohydren** Pflanzen, im Ge-gensatz zu den **homoiohydren**, deren Strategien zur Vermeidung von Austrocknung oben beschrieben wurden.

In der Natur ist die 6. Stufe die bedeutendste Reaktion von Pflanzen auf Wassermangel. Eine gut angepasste Ar-tengarnitur hat den geringsten Bedarf an Reaktionen 1–5, was bedeutet, dass nicht in eine photosynthetische Maschinerie investiert wird, die zeitweilig stillgelegt oder sogar abgeworfen werden muss. Das erklärt, warum ent-lang natürlicher Gradienten des Wasserangebots auf dem Einzelblattniveau relativ geringe Unterschiede in den Wasserhaushaltsparametern gefunden werden. Blätter von Wüstenpflanzen transpirieren (ausgenommen ex-tremste Dürre) nicht viel anders als die Pflanzen humider Gebiete, aber es werden eben nur sehr wenige, dafür aber voll leistungsfähige Blätter ausgebildet. Der ökosyste-mare Wasserhaushalt wird langfristig über den Blattflä-chenindex, also die Bestandsdichte, und die Artengarni-tur reguliert. Die Ökonomie der Investitionen in leistungsfähige Blätter ist eng mit deren Mineralstoffaus-stattung und somit mit dem Mineralstoffstoffhaushalt des Ökosystems verknüpft (▶ Abschn. 22.6.3).

Es ist eine Erkenntnis vor allem der letzten drei Jahrzehnte, dass Stoma-tareaktionen, die früher negativ (im Sinne von Stresssymptom) bewertet wurden, in Wirklichkeit über den Augenblick hinauswirkende, vorbeu-gende Reaktionen auf Systemebene darstellen (Reaktionsstufen 1 und 2). Ebenso ist eine deutliche Absenkung des Wasserpotenzials nicht not-wendigerweise ein Stresssignal, sondern tritt auch als Folge hoher Akti-vität auf (vermindertes Wasserpotenzial als Begleiterscheinung hoher Transpiration), sie hat jedenfalls über weite Bereiche nichts mit unmit-telbaren Stresswirkungen zu tun. Die stomatäre Regulierung bezieht auch die windabhängige, aerodynamische Behinderung des Gasaus-tauschs in der Blattgrenzschicht ein, was letztlich auf eine Art Gesamt-regulation der Transpiration hinausläuft. Fast alle oben diskutierten Reaktionen sind nur über die Auswirkungen auf Ökosystemniveau zu erklären. Das Abstandhalten der Pflanzen kann zum alles entschei-den den Faktor werden. Ein schönes Beispiel dafür sind die Horstgräser in der semiariden Hochebene des Altiplano Boliviens. Die Entfernung der Horste von *Festuca chrysophylla* (= *F. orthophylla*) voneinander ist so groß, dass ihre Wurzelteller das Fünffache der vom Horst besetzten Flä-che bedecken, ohne mit Nachbarn zu überlappen. Statt des kargen Jah-resniederschlags von 270 mm steht jedem Horst ein Äquivalent von 1350 mm im Boden gespeichertes Wasser zur Verfügung, was erklärt, weshalb diese Horste auch in der Trockenzeit wachsen. Wie Pflanzen in offenen Pflanzengesellschaften ihre Abstände zu Nachbarn regulieren, ist ein noch wenig erforschtes Gebiet.

22.5.3 Stomataverhalten in freier Natur

Neben den oben beschriebenen Einflüssen des Wasserhaus-halts wird die stomatäre Öffnungsweite vor allem vom Lichtangebot und damit von der Photosyntheserate (und dem CO_2-Spiegel im Blattinneren) bestimmt. Die Photo-synthese entzieht der Luft im Blatt CO_2, das durch die Stomata von außen nachdiffundiert (▶ Abschn. 14.4.7). Solange der Wasserhaushalt dies zulässt, stellen die Sto-mata eine Diffusionsleitfähigkeit ein, bei der in den Inter-zellularen des Blatts (c_i) etwa 70 % der Außenkonzentration (c_a) von CO_2 erhalten bleiben. Je höher die Photosynthese-rate (A), desto größer muss die Diffusionsleitfähigkeit sein, um diese interzelluläre Konzentration (das c_i/c_a-Verhältnis) aufrechtzuerhalten. CO_2-Gaswechsel und Wasserdampf-diffusion sind also sehr eng miteinander verbunden, was auch in der engen Beziehung zwischen maximaler Photo-syntheserate bei normalem CO_2-Spiegel (A_{max}) und **maxi-male r stomatärer Diffusionsleitfähigkeit** für Wasserdampf (g_{max}) zum Ausdruck kommt. Je höher die Photosynthese-kapazität, desto höher die maximale stomatäre Leitfähig-keit für Wasserdampf (◻ Abb. 22.14).

Der Vergleich in ◻ Abb. 22.14 schließt Extreme wie raschwüchsige krautige Pflanzen und sehr langsamwüchsige, wenig aktive Arten ein. Dies verdeckt, dass sich die Mittelwerte für die dominanten Arten von Holzpflanzen der großen Biome der Erde in diesen Eckparametern am natürlichen Standort kaum unterscheiden, sofern man ausreichend viele Arten in den Vergleich einbezieht. Der globale Mittelwert für g_{max}, bezogen auf die einfache projizierte Blattfläche, beträgt für 151 Holzpflanzenarten 218 ± 24 mmol H_2O m^{-2} s^{-1}. Krautige Pflanzen und Agrarpflanzen haben im Durchschnitt nahezu doppelt so hohe Werte, CAM-Pflanzen deutlich niedrigere. Die **minimale Diffusions-leitfähigkeit** von Blättern (g_{min}) für Wasserdampf wird stark von der Leckrate geschlossener Stomata bestimmt, weshalb es nicht korrekt ist, von cuticulärer Diffusionsleitfähigkeit zu sprechen. Bezogen auf g_{max} variiert g_{min} zwischen 1/20 (krautige Schattenpflanzen) und 1/300 oder noch weniger bei Sukkulenten (1/40–1/60 bei den meisten Bäu-men und Sträuchern, also zwischen etwa 3–6 mmol m^{-2} s^{-1}). Die Dif-fusionsleitfähigkeit der Stomata oder des Blatts sind zwei synonym verwendete Begriffe, da der Unterschied zwischen dem nur durch die Stomataporen und dem durch Stomata plus dazwischenliegender Cuti-cula diffundierenden Transpirationswasser meist vernachlässigbar ist. Die Diffusionsleitfähigkeit g ist der Kehrwert des Diffusionswider-stands r. Beide ergeben sich in Analogie zum Ohm'schen Gesetz aus flächenbezogener Transpiration Tr (Strom) und dem Wasserdampfge-fälle Blatt-Luft Δw (Spannung; Fick'sches Diffusionsgesetz). Man nimmt dabei an, dass die Luft im Inneren des Blatts wasserdampfge-sättigt ist, womit der Dampfdruck im Blatt zu einer bloßen Funktion der Blatttemperatur wird. Es sind zwei **Dimensionen** gebräuchlich. Be-nutzt man für $g = Tr/\Delta w$ Angaben in $(g\ H_2O\ m^{-2}\ s^{-1})/(g\ H_2O\ m^{-3})$, so erhält man für g die Einheit m s^{-1}. Setzt man für Δw (hPa H_2O/hPa

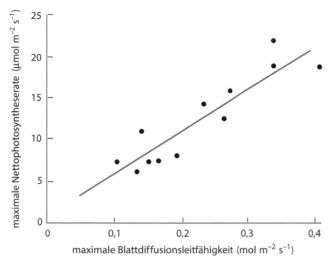

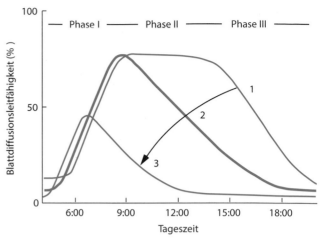

☐ **Abb. 22.14** Zusammenhang zwischen maximaler Photosynthese-rate (A_{max}) und Transpirationsvermögen bei C_3-Pflanzen. Bei guter Was-serversorgung besteht eine lineare Korrelation zwischen maximaler Diffu-sionsleitfähigkeit der Blattepidermis (Stomata; g_{max}) und A_{max} pro Blattflächeneinheit (A_{cap}), unabhängig von der Lebensform (die Punkte stehen für Nadelbäume, Laubbäume, Sträucher, krautige Pflanzen, Grä-ser, Sukkulente usw.). Das bedeutet, dass das Verhältnis von CO_2-Interzel-lularenkonzentration zu CO_2-Außenkonzentration (c_i/c_a) bei allen C_3-Pflanzen im selben Bereich (0,7–0,8) gehalten wird. Dies wird als Re-sultat der evolutiven Optimierung von Wasserverlust und CO_2-Aufnahme über ein Porensystem betrachtet. (Nach Körner et al. 1979)

☐ **Abb. 22.15** Schematische Tagesgänge der Blattdiffusionsleitfähig-keit. Bei schönem Wetter und nicht zu tiefer Bodenfeuchte (Blattwasser-potenzial vor Sonnenaufgang höher als −0,2 MPa) folgt die Blattdiffu-sionsleitfähigkeit g (≈ stomatäre Leitfähigkeit, da die cuticuläre Transpiration sehr klein ist) am Morgen dem zunehmenden Lichtange-bot (Phase I) bis zum Maximalwert von g. Wird ein kritisches Dampf-druckdefizit (engl. *vapor pressure deficit*, VPD) der Luft erreicht (VPD, >8 hPa), sinkt g mit weiter steigendem VPD (Phase II). Am Nachmittag ist g auch bei gleicher Konstellation von Klimafaktoren wie am Morgen immer etwas niedriger und sinkt (zeitabhängige Faktoren, Endprodukt-akkumulation in Blättern, passiv erhöhte ABA-Konzentration, aktiv erhöhte ABA-Konzentration als Wurzelsignal wegen Entwässerung der unmittelbaren Wurzelumgebung, Xylemkavitation usw., Phase III). Da sich im Tagesgang die Determinanten von g substituieren, sind statisti-sche Analysen zur Aufklärung der Faktorenabhängigkeit ohne Tren-nung solcher Phasen ungeeignet. Kurve 1: hohe Boden- und Luftfeuch-tigkeit, Kurve 2: hohe Boden-, aber erniedrigte Luftfeuchte (VPD >8 hPa), Kurve 3: Situationen mit Bodenwassermangel; Pfeil: zuneh-mende Trockenheitsbelastung

Luft) ein, erhält g, wegen dieser dimensionslosen Beschreibung des Luftfeuchtigkeitsgradienten, die gleiche (in dem Fall luftdruckunab-hängige) Dimension wie die Transpirationsrate, also mmol m^{-2} s^{-1}.

Das Resultat der Interaktion von Feuchte-, Strahlungs- und Temperaturbedingungen sind charakteristische **Ta-gesgänge** der stomatären Öffnungsweite (Diffusionsleit-fähigkeit; ☐ Abb. 22.15). In den Morgenstunden wird die stomatäre Öffnung in erster Linie von Licht und Photosynthese gesteuert. Bei einer bestimmten Photo-nenstromdichte (PFD bei Sonnenpflanzen von ca. 20–25 % des vollen Sonnenlichts) ist g_{max} erreicht. Wird ein kritisches Dampfdruckdefizit überschritten (mindestens etwa 8 hPa oder ca. 65 % relative Feuchte bei 20 °C), wird dieses bei den meisten Holzpflanzen zur bestim-menden Einflussgröße und g sinkt (bei Schönwetter ab den mittleren Vormittagsstunden).

Bei gleicher Konstellation der Klimaparameter werden am Nachmit-tag in der Regel niedrigere Werte als am Vormittag gemessen. Solche zeitabhängigen Reaktionen lassen sich mit der Akkumulation von Endprodukten der Photosynthese und erhöhtem ABA-Spiegel erklä-ren. Der Tagesgang von g ist bei Holzpflanzen also meist eingipfelig mit einem Maximum am Vormittag. Krautige Pflanzen folgen der Witterung meist auch am Nachmittag, d. h., es kann ein zweites Maxi-mum von g geben, wenn die Beanspruchung der Transpiration wieder zurückgeht. Bei trübem, feuchtem Wetter ist die PFD allein bestim-mend. Die Diffusionsleitfähigkeit bestimmt auch die Eindiffusion von **Schadgasen** (z. B. Ozon), weshalb bei trockener Luft bzw. Wasserman-gel geringere Schäden beobachtet werden.

Änderungen der Öffnungsweite der Stomataporen haben bei gegebener Luftfeuchtigkeit immer proportionale Änderun-gen der Transpiration zur Folge, jedoch ist der Einfluss auf die Photosynthese bei weiter Porenöffnung vergleichsweise gering. Deshalb können Pflanzen die Transpiration über ei-nen weiten Bereich regulieren, ohne proportionale Auswir-kungen auf die Photosynthese zu erfahren. Erst bei geringer Porenweite werden die Auswirkungen auch auf die Photo-synthese groß. Diese Asymmetrie in der Stomatawirkung auf Photosynthese und Transpiration kommt daher, dass der Transpirationsfluss innerhalb des Blatts einzig durch die Stomata nennenswert behindert wird, während die CO_2-Aufnahme, zusätzlich zur Gasdiffusion, noch eine bei voller Stomataöffnung etwa vier- bis fünfmal größere Behinderung in den Mesophyllzellen erfährt (bei C_3-Pflanzen; bei C_4-Pflan-zen ist der Mesophyllwiderstand wesentlich geringer). Bei weit geöffneten Stomataporen stellt der stomatäre Wider-stand also – vor allem bei den C_3-Pflanzen – nur einen klei-nen Teil des Gesamtwiderstands der CO_2-Aufnahme dar.

Bei weiter Stomataöffnung kommt jedoch der Behin-derung des Gasaustauschs in der **aerodynamischen Grenzschicht** des Blatts eine große Bedeutung zu. Blatt-

22

größe und Behaarung erhöhen den mit dem stomatären Widerstand in Serie liegenden Grenzschichtwiderstand und reduzieren damit die Effektivität der Stomataregulation bei weiter Porenöffnung. Bei geringer Porenöffnung, also auch bei Trockenstress, werden diese aerodynamischen Faktoren hingegen für die Wasserdiffusion vergleichsweise unwichtig, steuern aber über die Wärmekonvektion die Blatttemperatur und damit das Dampfdruckgefälle und können so indirekt zu einer günstigeren Wasserbilanz beitragen.

22.5.4 Wasserhaushalt des Ökosystems

Bei hoher Bodenfeuchte geben ein Wald oder eine Wiese an einem sommerlichen Schönwettertag in der temperaten Zone 4–5 mm Verdunstungswasser an die Atmosphäre ab (1 mm entspricht 1 Liter m^{-2}). Um diesen Betrag wird der Vorrat an für Pflanzen verfügbarem **Bodenwasser** reduziert. Wie oft sich das im Laufe einer Schönwetterperiode wiederholen lässt, hängt vom Bodenwassergehalt im durchwurzelten Bodenprofil ab (vgl. ◘ Tab. 22.3 in ▶ Abschn. 22.7.5.1). Die Tiefe des Profils, eventuell vorkommende Toträume durch das Bodenskelett (Steine) und der Volumenanteil von mittelgroßen Poren bestimmen den potenziell verfügbaren Vorrat. Als grober Richtwert für gut entwickelte, nichtsandige Böden kann ein Gesamtporenvolumen von 50 % angenommen werden (mehr im Oberboden, bedeutend weniger in tiefen Horizonten). Grob die Hälfte dieses Volumens, also etwa 250 mm Wasser pro 1 m skelettfreiem Profil, kann als gut verfügbar angesehen werden. Der Rest des Bodenporenvolumens entfällt auf raschdrainierende Grobporen (z. B. Regenwurmgänge) oder sehr kleine, durch Pflanzen nicht entwässerbare Feinporen. Ein solches Modellprofil würde nach gründlicher Durchfeuchtung die obige Tagesverdunstung für etwa eineinhalb Monate decken können. Ein weniger mächtiges Profil, ein großer Anteil von Steinen oder ein Sandboden mit weniger Speicherkapazität verkürzen den Zeitraum, in dem ein Ökosystem ohne Niederschlag auskommen kann (◘ Abb. 22.16). Ausgeprägte Feedforward-Reaktionen der Stomata (▶ Abschn. 22.5.2 Stufe 1 und 2) verlängern ihn. Niederschlagswasser, das abrinnt oder im Blätterdach als Benetzungswasser hängen bleibt (Interzeption), ist für das Ökosystem verloren.

Diese Zusammenhänge beschreibt die **Wasserhaushaltsgleichung**:

$$N = E + Tr + I + A + dB$$

N, die Niederschlagssumme, ist gleich der Summe aus Evaporation von der Bodenoberfläche E, Transpiration der Pflanzen Tr, Interzeptionsverlust (Benetzungswasser) I, allen Abflüssen (oberflächlich und in die Tiefe als Sickerwasser) A und der Änderung im Bodenfeuchtevorrat dB. Über lange Zeiträume (z. B. ein ganzes Jahr) ist die

◘ **Abb. 22.16** Bei unregelmäßigem Wasserangebot ist die Tiefe des durchwurzelten Bodenprofils die entscheidende Größe für den Wasserhaushalt des Ökosystems. Machen Steine einen großen Teil des Bodenvolumens aus (Bodenskelett) oder ist das Bodenvolumen gar auf Klüfte im felsigen Untergrund beschränkt, wie auf diesem Foto einer mediterranen Zwergstrauchgesellschaft (Garrigue) zu sehen, müssen Pflanzen viele Meter tief in den Boden vordringen, um Bodenfeuchtereserven zu erreichen und Trockenperioden zu überleben. Diese tiefen Bodenfeuchtereserven sind messtechnisch nicht erfassbar

Nettoänderung der Bodenfeuchte gleich Null. E, Tr und I können als Evapotranspiration, kurz ET, zusammengefasst werden. Dann ist $N = ET + A$.

In geschlossenen Pflanzenbeständen beeinflusst die Interzeption des Niederschlags den Wasserhaushalt maßgeblich. Vor allem bei häufigen aber wenig ergiebigen Regenfällen wird sehr viel Niederschlagswasser von den Blättern zurückgehalten (pro Benetzungsereignis des Bestands sind es 1–2 mm). Im Amazonasbecken entfällt etwa ein Viertel des Gesamtniederschlags von rund 2000 mm pro Jahr auf die Deckung solcher Interzeptionsverluste, was ungefähr gleich viel ist wie der Abfluss des Amazonasstroms. Die Art der Beblätterung und der LAI beeinflussen die Interzeption. Dichte Nadelwälder interzipieren doppelt so viel Wasser wie eine Wiese. Nach Waldrodung oder Mahd fällt die Interzeption weg, der Abfluss erhöht sich.

Im humiden Teil der temperaten Zone beträgt die jährliche Summe an Verdunstungswasser (Evapotranspiration, ET) etwa 500 mm (Maxima in warmen Gebieten bis 650 mm a^{-1}). Etwa 70 % des gesamten Verdunstungswassers, das die Kontinente verlässt, verlässt sie über Blattporen, was die überragende Rolle der Pflanzendecke für den Wasserhaushalt unterstreicht. Besonders in Trockenperioden tragen Pflanzen stark zur Verdunstung bei, da sie durch ihr Wurzelsystem an Wasserreserven gelangen, die ohne Bewuchs nicht verdunsten würden (◘ Tab. 22.3 in ▶ Abschn. 22.7.5.1, s. auch ▶ Abschn. 22.1.2). Andererseits fördert die Vegetation die Ausbildung von Böden mit hoher Wasserspeicherfähigkeit und reduziert den Oberflächenabfluss. Geschlossene, gut wasserversorgte Pflanzenbestände verdunsten wegen ihrer großen Oberfläche, oft höherer Temperatur und allenfalls besserer aerodynamischer Kopplung an die Atmosphäre pro Grundflächeneinheit mehr Wasser als freie Wasserflächen (etwa Seen).

Die Wasserquellen der Vegetation lassen sich mithilfe von Deuterium, das stabile, schwere Isotop des Wasserstoffs (im schweren Wasser) nachweisen. Schweres Wasser verdunstet etwas langsamer als normales Wasser, wodurch Wasserdampf (und damit auch Wolken und Regen) weltweit stets etwas weniger D_2O enthalten als Grundwasser. Pflanzen mit vergleichsweise wenig Deuterium im Gewebe (Nachweis im Massenspektrometer) beziehen ihr Wasser aus oberflächennahem, frischem Bodenwasser, im Gegensatz zu Pflanzen mit Grundwasserkontakt. Analoges gilt für das schwere und ebenfalls stabile Sauerstoffisotop ^{18}O gegenüber dem „normalen" ^{16}O. $H_2^{18}O$ verdunstet langsamer und akkumuliert daher auch in Seen, in deren Sedimenten sich das ^{18}O-Signal proportional zur seinerzeitigen Intensität der Verdunstung und damit der Temperatur befindet, was in der Paläoökologie zur Klimarekonstruktion benutzt wird.

Pflanzenwachstum und Wasserverbrauch sind aufs Engste miteinander gekoppelt. Um 1 kg Pflanzenmasse (Trockensubstanz) zu erzeugen werden 500–1000 l Wasser verbraucht, bei C_4-Pflanzen 250–400 l. In Trockengebieten brauchen CAM-Pflanzen besonders wenig Wasser, der Preis für den auf die Nacht beschränkten Gaswechsel ist aber sehr geringes Wachstum. Der Begriff der **Wasserausnutzungseffizienz**, (engl. *water use efficiency*; WUE) ist nicht einheitlich definiert. Die klassische Definition kommt aus der Landwirtschaft. Dort ist die WUE der nutzbare Ertrag (z. B. Korn, Heu) pro verbrauchter Wassereinheit, bezogen auf Bodenfläche (g Trockensubstanz/l Wasser). Der unvermeidliche Wasserverbrauch durch Evaporation von der Bodenoberfläche und Interzeptionsverluste sind hier eingerechnet (wichtig für die Bewässerungswirtschaft). WUE wurde viel später als Terminus von den Gaswechselphysiologen übernommen und neu definiert als Quotient von Blattphotosynthese und gleichzeitiger Blatttranspiration (mmol/mol). Die parallele Existenz von zwei Definitionen hat viel Verwirrung ausgelöst und erfordert stets eine Standpunktbestimmung. Der Begriff Effizienz ist überdies ambivalent, da im ökologischen Sinn wieder zwischen der Bedeutung für die Biomasseproduktion und der Persistenz einer bestimmten Artengemeinschaft (durch Fitness, ▶ Abschn. 22.1) unterschieden werden müsste. Schließlich kam durch die Bestimmung des $^{13}C/^{12}C$-Isotopenverhältnisses (▶ Exkurs 22.1) in Pflanzengeweben eine weitere, besonders irreführende Größe in Gebrauch, die intrinsische WUE (iWUE), die wenig mit Effizienz zu tun hat, sondern sich arithmetisch als Quotient von Transpiration und stomatärer Leitfähigkeit (Tr/g) ergibt. Ohne Kenntnis der tatsächlichen Verdunstungsverhältnisse lässt die iWUE keine Rückschlüsse auf eine effiziente Wassernutzung zu.

22.6 Nährstoffhaushalt

Alle Eukarioten, so auch Pflanzen, benötigen zumindest 22 chemische Elemente zum Leben. Von manchen dieser Elemente genügen Spuren, von anderen sind große Mengen erforderlich. Das Element Kohlenstoff stellt rund 48 % der pflanzlichen Trockensubstanz. Für ein gesundes Pflanzenleben müssen diese chemischen Elemente in einem ausgewogenen Verhältnis im Pflanzenkörper vertreten sein. Diese Stoichiometrie des Pflanzenlebens (Sterner und Elser 2002) muss durch entsprechende Nährstoffaufnahme eingestellt werden. Der Mangel an einem Nährelement kann nicht durch ein Mehr eines anderen ausgeglichen werden, auch wenn die hohe Verfügbarkeit von Schlüsselelementen die Aufnahme anderer Elemente erleichtern kann.

Die Nährelemente der Pflanzen, ausgenommen die in H_2O und CO_2 enthaltenen Atome, teilen sich in zwei Gruppen: zum einen die Mineralstoffe, also Elemente, die primär aus dem anorganischen Ausgangsmaterial des Bodens (oder aus Flugstaub) stammen, und zum anderen Stickstoff, der primär aus der Atmosphäre stammt, aber durch den Nährstoffkreislauf letztlich in derselben Bodenlösung auftritt wie die eigentlichen Mineralstoffe. Häufig umfasst der Begriff Mineralstoff daher auch den Stickstoff in seinen löslichen, anorganischen (mineralischen) Formen (NO_x^- und NH_4^+). Im Mangel kann jedes Nährelement wachstumslimitierend werden. Meist sind es jedoch Stickstoff und Phosphor, deren Verfügbarkeit in der Natur kritisch ist. Daher wird sich dieser Abschnitt vor allem mit der Rolle dieser beiden Elemente im Ökosystem beschäftigen, dem Stickstoff im Besonderen. Die Bedeutung der übrigen Pflanzennährstoffe und die dem Stickstoffkreislauf zugrundeliegenden chemischen Prozesse wurden in ▶ Abschn. 14.1.

22.6.1 Verfügbarkeit von Bodennährstoffen

Wie viele Nährstoffe einer Pflanze oder einem ganzen Pflanzenbestand tatsächlich zur Verfügung stehen, ist nicht eine Frage das Vorrats im Boden, sondern der Verfügbarkeit. Oft liegt nur ein sehr kleiner Teil in pflanzenverfügbarer Form vor. In künstlichen Substraten (oder in Hydrokultur) ist die Verfügbarkeit oft gleichzusetzen mit der Konzentration in der Substratlösung, aber nicht so in Systemen mit natürlichem Mineralstoffkreislauf und natürlichem Bewuchs. Unter diesen Bedingungen sagt auch eine Analyse der Nährstoffe in einem wässrigen Bodenauszug (Boden in Wasser aufgeschüttelt) sehr wenig bis nichts über die tatsächliche Verfügbarkeit aus. Ingestad (1982) wies in Nährlösungsversuchen nach, dass Wurzeln in der Lage sind, Nährsalze in Lösungskonzentrationen aufzunehmen, die nahe der Nachweisgrenze konventioneller Analyseverfahren liegen. Ersetzt man jedoch in der Nährlösung kontinuierlich die von einer Pflanze aufgenommenen Nährsalzmengen, so kann man bei derart niedrigen Konzentrationen trotzdem nahezu exponentielles Pflanzenwachstum erzielen.

Damit war der ökologisch höchst relevante Beweis erbracht, dass es die **Rate der Nährstoffzufuhr** (engl. *nutrient addition rate*) und – oberhalb eines relativ niedrigen unteren Grenzwerts – nicht die Konzentration im Substrat ist, die die Wachstumsrate bestimmt. Ingestad (1982) demonstrierte, dass sich mit der Rate der Nährstoffzufuhr in einem Chemostaten die Wachstumsrate einstellen lässt, und dass die Konzentration in der Lösung erst steigt, wenn man mehr zuführt als die Pflanze aufnehmen kann. Diese Beziehungen gelten nicht für alle Mineralstoffe in gleichem Maße, aber das Prinzip ist der Angelpunkt zum Verständnis des Nährstoffkreislaufs in der Natur, und gleichzeitig eine wichtige Quelle für Missverständnisse beim Vergleich von Agrar- und Natursystemen. In ersteren sind Versorgung und Bedarf aus praktischen Gründen phasenweise entkoppelt, weshalb Überschüsse in der **Bodenlösung** und im Grundwasser auftreten. In letzteren sind Angebot (im Wesentlichen die biologische Bereitstellung durch mikrobiellen Abbau) und Aufnahme eng gekoppelt, weshalb üppiges Wachstum stattfinden kann, obwohl die Bodenlösung sehr arm an Nährstoffen ist und ein agrarischer Analysenbericht Nährstoffmangel im Boden diagnostizieren würde. Im Brutversuch, bei konstanter Feuchte und Temperatur, lässt sich für jeden Boden die mikrobiell gesteuerte Freisetzung von löslichen Bodennährstoffen erfassen. Dabei entstehen als Produkt der **Mineralisierung** im Fall des Stickstoffs in schwach sauren bis neutralen und gut durchlüfteten Böden bevorzugt Nitrat-(NO_3^--) Ionen, in sauren Rohhumus- und Moderböden dagegen besonders Ammonium-(NH_4^+-)Ionen.

Das beste Beispiel für die enge Kopplung von Nährstofffreisetzung und -aufnahme sind primäre, feuchttropische Wälder auf alten, stark ausgelaugten Böden, deren Abflusswasser im Amazonasgebiet nach heftigen Regengüssen nahe der Qualität von destilliertem Wasser liegt. Das System ist „dicht". Der Nährstoffkreislauf ist derart perfekt geschlossen, dass eventuell bestehende Lecks des Systems im Fall von bodenbürtigen Mineralstoffen durch Spuren von aus der Sahara verfrachtetem Staub ausreichend ausgeglichen werden können, wie durch Bergametti und Dulac (1998) bewiesen wurde. Die enge Kopplung zwischen Freisetzung und Aufnahme von Mineralstoffen besorgen frei lebende und symbiotische Mikroorganismen (Mykorrhiza). Sie stellen gewissermaßen den „Kitt" des Systems dar. In stark saisonalem Klima ist diese Kopplung zeitweise aufgebrochen, da Angebot und Nachfrage nicht synchronisiert sind. In diesen Fällen spielen intermediäre Nährstoffpools im Boden eine große Rolle (Ionenaustauscher, Komplexbildung, mikrobielle Biomasse).

Die Ausstattung eines Ökosystems mit allen Elementen außer Stickstoff ist abgesehen von Flugstaubeinträgen endlich, d. h. durch die verbliebenen Reserven im durchwurzelten Untergrund und in der Biomasse gegeben. Wenn sich der größte Teil in der Biomasse befindet, wie in manchen tropischen Wäldern, besteht nach einem Brand ein sehr großes Risiko, dass das über Jahrtausende akkumulierte Mineralstoffkapital des Systems verloren geht. Die Stickstoffversorgung kann hingegen durch mikrobielle Fixierung von Luftstickstoff theoretisch aus einem unendlichen Vorrat schöpfen. Die Stickstofffixierer brauchen aber beträchtliche Mengen Phosphat, weshalb Stickstoff- und Phosphathaushalt schon auf dieser Ebene gekoppelt sind.

Abgesehen vom Vorhandensein austauschbarer Bodennährstoffe hängt deren Verfügbarkeit auch von der Bodenfeuchtigkeit ab. Bodentrockenheit blockiert nicht nur die mikrobielle Bereitstellung von Nährstoffen, sondern auch deren Transport in der Bodenmatrix. Trockenheit erzeugt Nährstoffmangel und es ist meist schwer zu beurteilen, ob der Wassermangel selbst oder die Nährstoffblockade das größere Problem darstellt. Mithilfe der *hydraulic redistribution* (HR; ▶ Abschn. 22.6.4) können geringe Nährstoffmengen nahe der Feinwurzeloberfläche mobilisiert werden. Für den Nährstofftransport in der Pflanze ist die Transpiration entgegen früherer Annahmen unerheblich. Der nötige Massenfluss im Xylem kann durch die Phloembeladung mit Zucker und den dadurch induzierten Gegenstrom von Wasser im Xylem gewährleistet werden (Schurr 1999; Tanner und Beevers 2001). Dies erklärt, warum Pflanzen wie viele Farne, Arten feuchter Wolkenwälder oder submerse Makrophyten (Pedersen und Sand-Jensen 1993) in dauerfeuchter Umgebung (ohne Transpiration) keinen Nährstoffmangel leiden.

In den **Gewässern** ist die Menge, Zusammensetzung und jahreszeitliche Rhythmik der benthischen und planktischen Pflanzenwelt entscheidend vom Nährstoffgehalt im Wasser – besonders Stickstoff und Phosphor – abhängig.

Als Beispiele für nährstoffreiche, **eutrophe** Gewässer mit hoher Produktivität können genannt werden: im marinen Bereich die grünen Ozeane (besonders vor den Westküsten der Kontinente, z. B. Peru, Westafrika, wo der Wind das nährstoffarme Oberflächenwasser abdrängt und nährstoffreiches Tiefenwasser nachströmt, oder in den [ant]arktischen Meeren mit starker temperaturbedingter und jahreszeitlicher Wasserbewegung), Korallenriffe, küstennahe Mangroven, das Watt und Flussmündungen (Schwemmvorland) mit guter Nährstoffzufuhr vom Festland; im Süßwasserbereich die wechselwarmen Seen tieferer Lagen mit Wasserdurchmischung im Frühjahr und Herbst oder die schwebstoffreichen Flüsse. Dem kann man nährstoffarme meso- bis **oligotrophe** Gewässer mit mittlerer bis geringer Produktivität gegenüberstellen, z. B. die blauen Ozeane ohne aufquellendes Tiefenwasser (z. B. Teile des Mittelmeers oder zentraler, südlicher Atlantik), die kalten Gebirgsseen, dystrophen Moorgewässer (mit hohem Humusstoffgehalt und pH 3,5–5) und kalte Gebirgsbäche.

In wechselwarmen Gewässern (z. B. temperate Meere und Seen) erreicht das Phytoplankton nach der Frühjahrszirkulation aufgrund der guten Nährstoffzufuhr (sowie der günstigen Licht- bzw. Temperaturverhältnisse) Spitzenwerte, sinkt dann im Sommer wegen des Nährstoffverbrauchs ab und steigt dann vor dem winterlichen Tiefstand mit der herbstlichen Wasserbewegung nochmals etwas an.

In Wasserkörpern mit starkem Organismenbesatz und unzureichender Durchmischung entstehen infolge der Tätigkeit von heterotrophen Zersetzern vielfach sauerstoffarme bis sauerstofffreie Tiefenschichten bzw. Faulschlammablagerungen, in denen nur wenige anaerobe Spezialisten (besonders Bakterien) existieren können.

22.6.2   Quellen und Senken für Stickstoff

Der Stickstoffhaushalt nimmt eine Sonderstellung im Mineralstoffhaushalt ein. Pflanzen enthalten etwa zehnmal so viel Stickstoff wie Phosphor. Die Stickstoffmenge im Gewebe ist der Proteinmenge proportional. Man erhält diese näherungsweise, wenn man den prozentualen Stickstoffgehalt auf Basis der Trockenmasse mit 6,25 multipliziert. Die Proteinkonzentration in ofentrockenem Gewebe schwankt zwischen etwa 1 % in Holzproben und 25 % in Blättern raschwüchsiger krautiger Pflanzen. Im Laub sommergrüner Bäume liegt der Gehalt bei 13–15 % (2–2,5 % N), in immergrünen Blättern (Nadeln) meist nur halb so hoch (◘ Tab. 22.1). Im Endosperm von Getreidekörnern (Brotmehl) liegt die Proteinkonzentration bei ca. 13 % (also bei ca. 2 % N).

Außer auf ganz jungen Rohböden stammt der größte Teil des Stickstoffs für das jährliche Pflanzenwachstum aus dem **Recycling**, d. h. aus dem mikrobiellen Abbau toter Pflanzensubstanz.

Dabei werden die reduzierten Formen des Stickstoffs in mäßig sauren bis neutralen und gut durchlüfteten Böden schrittweise oxidiert (durch *Nitrosomonas* und *Nitrobacter*) und wieder als Nitrat bereitgestellt oder in sehr kleinen Mengen auch als Lachgas, N_2O, oder N_2 vom System ausgeschieden (◘ Abb. 22.17).

In stark sauren und nassen Böden liegt löslicher Stickstoff großteils in der Ammoniumform vor. Viele Pflanzen sind auch in der Lage, unter solchen Verhältnissen freie organische Stickstoffverbindungen aufzunehmen (z. B. in alpinen Böden und in der arktischen Tundra). **Atmosphärische Quellen** für lösliche Stickstoffverbindungen sind Oxidationsprozesse in der Atmosphäre (Blitze, Feuer) und in jüngster Vergangenheit anthropogene NO_x-Verbindungen aus Verbrennungsprozessen. Ammoniak aus der Tierhaltung wurde zu einer gewichtigen atmosphärischen Quelle, die die Verringerung des NO_x-Eintrags seit der Einführung der Abgaskatalysatoren zum Teil wieder wettmacht. Eine dritte Quelle stellen **frei lebende Cyanobakterien** dar und eine vierte symbiotische Systeme (▶ Abschn. 16.2, Knöllchenbakterien [Rhizobien] der Leguminosen, *Frankia*-Bakterien bei *Alnus*-Arten [Erlen]

und **Symbiosen** mit speziellen Pilzen). In reifen Systemen (späte Sukzessionsstadien) spielt Luftstickstofffixierung für die Deckung des jährlichen Bedarfs eine sehr geringe Rolle, selbst wenn Leguminosen vorhanden sind; sie ist aber für den längerfristigen Bestand der Stickstoffpools wichtig. Gemessen am Stickstoffrecycling sind alle übrigen Stickstoffquellen in wenig anthropogen beeinflussten Ökosystemen von vergleichsweise geringer Bedeutung und müssen lediglich eventuell vorhandene Lecks im System (die genannte Freisetzung gasförmigen Stickstoffs, Verluste ans Sickerwasser und an Herbivore) und die Festlegung im Bodenhumus ausgleichen. In temperaten Wäldern liegt der jährliche Neubedarf für eine langfristig ausgeglichene Stickstoffbilanz bei durchschnittlich 5–6 kg N ha^{-1}. Dem stehen heute in industriellen Gebieten anthropogene Einträge aus der Luft von 20–30 kg N ha^{-1} a^{-1} gegenüber (Extreme bis 100), einer der Gründe, warum in solchen Regionen heute im Grundwasser so viel Nitrat gefunden wird und in vielen Wäldern Stickstoffzeigerpflanzen wie Brennnessel (*Urtica dioica*) und Brombeere (*Rubus* sp.) überhand nehmen (▶ Abschn. 22.6.5).

◘ **Tab. 22.1**   Blattstickstoffkonzentration und spezifische Blattfläche in wichtigen Biomen. (Nach E.-D. Schulze et al. 1972)

Pflanzen-/Vegetationstyp	N (% der Trockenmasse)	SLA (m² Blattfläche pro kg Blatttrockenmasse)
krautige Pflanzenarten		
dikotyle Ackerpflanzen	3,8	24
Getreide	3,4	25
temperates Grasland	2,6	17
tropisches Grasland	1,1	–
Holzpflanzen		
tropisch-saisongrüner Wald	2,7	14
temperater Laubwald	2,0	12
tropisch-immergrüner Wald	1,7	10
temperat-immergrüner Wald	1,3	6
subtropischer Laurophyllenwald	1,1	4
Sklerophyllenbusch	1,1	7
immergrüne Koniferen	1,1	4

Mittelwerte für 5–40 (meist etwa zehn) charakteristische Arten (Standardfehler etwa ±8 % bei N und ±15 % bei SLA)

22

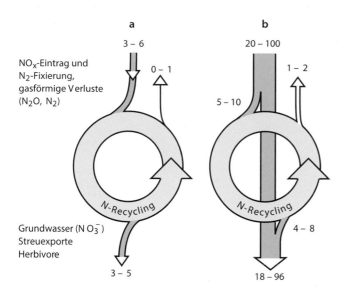

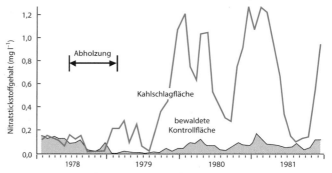

Abb. 22.18 Stickstofffreisetzung ins Abflusswasser nach einem Kahlschlag in New Brunswick (USA). Die Spitzenwerte der Nitratstickstoffkonzentration des die Fläche entwässernden Bachs entsprechen einem monatlichen Verlust von rund 5 kg N ha^{-1}. Die Summe für das erste Jahr nach Kahlschlag erreicht etwa 70 kg N ha^{-1}. (Nach Krause 1982)

Abb. 22.17 Stickstoff im Ökosystem. **a** System ohne anthropogen erhöhten Stickstoffeintrag mit natürlicher Einbindung von N$_2$ durch freie und symbiotische Stickstofffixierung sowie im Regen gelöstes NO$_x$ aus Blitzen, Wildfeuern und Vulkanismus. Eintrag und Austrag halten sich fast die Waage. **b** Ökosystem mit stark erhöhtem Stickstoffeintrag aus anthropogenen Quellen. Hier wurde angenommen, dass das System schon weitgehend stickstoffgesättigt ist und nur ein kleiner Teil des zusätzlichen Stickstoff in den Stickstoffkreislauf integriert wird (wachsende Biomasse, erhöhter Humus-Stickstoffpool). Der Großteil verlässt das System (Grundwasser, erhöhte Stickstoff-Treibhausgasemission). Der angenommene Stickstoffeintrag in B deckt grob die derzeitige Spanne in industrialisierten Regionen ab. Zahlen in kg N ha^{-1} a^{-1}

Eine wesentliche Mineralstoff- (und Stickstoff-)quelle (engl. *source*) bzw. Senke (engl. *sink*) ist der **horizontale Nährstofftransfer** in der Landschaft. Dieser kann gerichtet oder diffus sein. Ein gerichteter Transfer ist z. B. die Streuverfrachtung von Kuppen in Mulden bzw. das Verwehen mit dem Wind aus der Hauptwindrichtung oder die systematische Verfrachtung von Nährstoffen durch Tiere und den Menschen (z. B. durch Wild von Lichtungen in den Wald oder historisch durch Streunutzung aus dem Wald über den Stall auf die Felder). Die diffuse Verfrachtung folgt aus der größeren Wahrscheinlichkeit, dass ein nährstoffreiches Partikel aus einem gut versorgten System in einem armen System landet als umgekehrt. Über viele Jahre summieren sich solche Stoffflüsse von Nähr- zu Zehrgebieten und tragen zum Mosaik der Nährstoffverfügbarkeit in der Landschaft bei.

Viele langlebige Pflanzen wachsen schubweise und beziehen dann den Großteil ihrer mineralischen Nährstoffe und des Stickstoffs aus **Speichern** im eigenen Gewebe, wie das auch für den Frühjahrsaustrieb in winterkalten Regionen gilt. In diesen Fällen liegen Nährstoffinvestition und Nährstoffaufnahme zeitlich weit auseinander.

Die wichtigsten Senken für Stickstoff im Ökosystem sind die Biomasse und der Bodenhumus. Die Bedeutung des **Humus als Stickstoffspeicher** steigt polwärts und erreicht in feuchttropischen Wäldern allein wegen der geringeren Humusmenge pro Quadratmeter ein Minimum. Die Stickstoffkonzentration im Humus ist etwa dreimal höher als in Blättern und 10–20-mal höher als im Holz. Diese erstaunliche Tatsache hat damit zu tun, dass der Großteil des Bodenstickstoffs in aromatische Kohlenstoffgerüste und Bodenpeptide eingebaut ist, in denen das C/N-Verhältnis etwa 15 beträgt. Derart chemisch gebundener Stickstoff ist nicht pflanzenverfügbar und auch für Mikroorganismen kaum zugänglich. Wenn Stickstoff einmal in der Humusfraktion gebunden ist, ist er auf lange Zeit dem Kreislauf entzogen. Humifizierung, also Festlegung von Kohlenstoff im Boden in Form von Huminsäurekomplexen und Peptiden, steht somit in Konkurrenz zum Stickstoffbedarf der Pflanzen. Solche Reserven können durch massive mechanische Störung des Bodens oder Kalkdüngung (Basenzufuhr) aktiviert werden. Auch bei Waldrodung setzen Abbauprozesse ein, die den Stickstoffeintrag in Bäche und Flüsse erhöhen (**Abb. 22.18**), aber auch dem Stickstoffbedarf des wieder aufkommenden Walds zugute kommen (**Abb. 22.19**).

22.6.3 Strategien der Stickstoffinvestition

Die Ökonomie der Stickstoffinvestitionen ist einer der Angelpunkte der funktionellen Pflanzenökologie. Wie viel Stickstoff wo und für wie lange eingesetzt wird, bestimmt zusammen mit äußeren Einflüssen den Erfolg einer Art. Gewebe mit hohem Stickstoff-(= Protein-)gehalt zeichnen sich durch hohe metabolische Aktivität aus (Photosynthese, Respiration, Bildung neuer Gewebe; **Abb. 22.20**), sind aber gleichzeitig, aus genau demselben Grund, sehr attraktiv für Herbivore. Der vorzeitige Verlust solcher Gewebe durch Störungen wiegt schwer. Die Beziehung zwischen **maximaler Photosyntheserate** A_{max} und Stickstoffgehalt pro Blattflä-

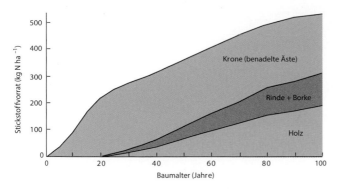

Abb. 22.19 Wiederaufbau der Stickstoffvorräte in der Biomasse in einem Fichtenwald in Österreich nach Kahlschlag. Ab Kronenschluss (ca. 25 Jahre) bleibt der Kronenvorrat konstant, der Vorrat in den Stämmen steigt weiter. Die Grafik veranschaulicht, dass sich in einem 100-jährigen Wald etwa die Hälfte des Gesamtvorrates an Biomasse-N in den benadelten Trieben befindet. (Nach Glatzel 1990)

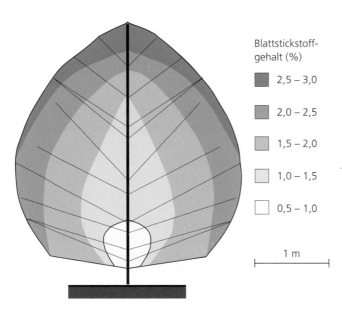

Abb. 22.20 Verteilung von Stickstoff in den Blättern der Krone von *Eucalyptus grandis*. Die Zonierung hat folgende Gründe: Oben bzw. generell außen ist mehr Licht verfügbar, solche in der Regel jüngeren Sonnenblätter haben eine höhere Photosynthesekapazität und daher mehr Protein. Blätter im Inneren der Krone erhalten weniger Licht, sind älter, oft deshalb auch skleromorpher, der Stickstoff ist durch mehr Kohlenstoff „verdünnt", auch ist die spezifische Blattfläche (SLA) niedriger und der Bedarf an Ribulose-1,5-bisphosphat-Carboxylase/Oxygenase geringer. (Nach Leuning et al. 1991)

cheneinheit ist innerhalb bestimmter Blattmorphotypen so eng (und linear), dass A_{max} aus Daten für Stickstoff mit relativ kleiner Irrtumswahrscheinlichkeit vorhergesagt werden kann (■ Abb. 22.21). Wegen des engen und ebenfalls linearen Bezugs zwischen A_{max} und g_{max} (maximale stomatäre Diffusionsleitfähigkeit für Wasserdampf; ■ Abb. 22.14), ergibt sich also eine doppelte Abhängigkeit.

Die Stickstoffausstattung pro Blattflächeneinheit ist auch eng mit dem **SLA** (engl. *specific leaf area*) oder des-

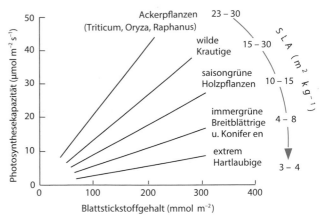

Abb. 22.21 Beziehung zwischen Photosynthesekapazität, Blattstickstoffgehalt und spezifischer Blattfläche. Zwischen Stickstoffgehalt pro Blattflächeneinheit und höchster flächenbezogener Photosyntheserate bei normalem CO_2-Gehalt der Luft besteht ein enger, linearer Zusammenhang. Die Steilheit der Beziehung sinkt aber mit abnehmender Blattfläche pro Gramm Trockengewicht (SLA, m^2 kg^{-1}). Blätter mit kleinerem SLA sind in der Regel dicker und/oder derber und langlebiger. In ihnen ist eine relativ größere Kohlenstoffmenge in nichtphotosynthetischen Strukturen gebunden. (Nach Ch. Körner, zusammengestellt nach Angaben diverser Autoren)

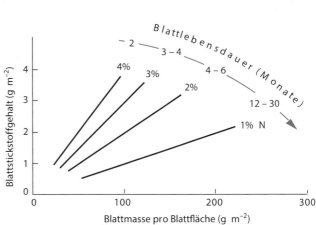

Abb. 22.22 Beziehung zwischen Stickstoff- und Kohlenstoffinvestition in Blättern. Innerhalb bestimmter Blattmorphotypen ist die Beziehung zwischen Stickstoff pro Blattfläche und Trockensubstanz pro Blattfläche (LMA = 1/SLA) unabhängig von der Pflanzenart linear. Diese Gruppierung entlang diskreter Regressionen hat mit ähnlicher Lebensdauer dieser Blatttypen zu tun (ähnliche Stickstoffkonzentration in Prozent Trockenmasse und Amortisationsdauer, d. h. Zeitdauer, bis ein Blatt seine eigenen Konstruktionskosten hereingeholt hat). Das Sinken von %-N-Werten mit steigender Blattlebensdauer kann zwei Ursachen haben: reduzierter Stickstoffgehalt pro Protoplast oder größere Zellwandmasse pro gleich gut mit Stickstoff ausgestattetem Protoplast. In der Regel trifft beides zu. (Nach Körner 1989)

sen Kehrwert LMA (engl. *leaf mass per area*, g m^{-2}) korreliert (■ Abb. 22.22). Blätter, die pro Gramm Trockensubstanz eine kleine Blattfläche entwickeln, enthalten (in % Trockensubstanz) wenig Stickstoff und viel Kohlenstoff, sind damit für Herbivore wenig attraktiv, leisten aber auch weniger Assimilation und sind in Bezug auf die

22

Kohlenstoffinvestition pro Fläche „teuer". Dickere Blätter (kleinerer SLA) haben aber in der Regel eine größere innere Oberfläche (mit Chloroplasten besetzte Zellwände, die an die Interzellularluft grenzen) als dünnere Blätter.

Es ist offensichtlich, dass Investitionsunterschiede in Blättern (SLA, N) nur über die **Funktionsdauer** ausgeglichen werden können. Blätter mit wenig prozentualem Gehalt an Stickstoff und viel Kohlenstoff pro Fläche müssen lange aktiv sein, um mit den niedrigen Photosyntheseraten die eigenen Kohlenstoffkosten auszugleichen und Assimilate für andere Investitionen an die Gesamtpflanze liefern zu können. Solche Blätter sind also langlebig (sklerophylle Blätter, immergrüne Koniferennadeln). Umgekehrt sind Blätter mit großem SLA und hoher Stickstoffkonzentration (in Prozent; ◻ Tab. 22.1 in ▶ Abschn. 22.6.2) kurzlebig und bereits nach wenigen Tagen amortisiert (krautige Pflanzen). Derart unterschiedlich ausgestattete Blätter werden auch nach der natürlichen Seneszenz als Streu sehr unterschiedlich schnell abgebaut. Der Blatttyp bestimmt somit auch die Geschwindigkeit des Stickstoffrecyclings im System. Hierdurch ergibt sich eine multidimensionale Abhängigkeit von Photosynthese, Wasserhaushalt, Funktionsdauer, **Herbivoricrisiko**, Streuabbau von Blättern und ökosystemarem Stickstoffkreislauf (◻ Abb. 22.23).

Einzelne dieser Beziehungen sind so robust, dass sie quer durch alle Lebensräume und Lebensformen Gültigkeit haben, wie Reich et al. (1998) an vielen Beispielen demonstrierte (◻ Abb. 22.24). Als Faustregel gilt, dass Blätter des langlebigen, kohlenstoffaufwendigen, assimilationsschwachen Typs mit zunehmend reiferem Sukzessionsstadium häufiger werden, sofern dem nicht Saisonalität Grenzen setzt (laubabwerfende Arten in winterkalten Gebieten). Je länger die Nährstoffe im Blatt gebunden sind, desto geringer sind auch die Risiken für Systemverluste an Nährstoffen. So bedeutet jeder Blattabwurf ein Risiko für Nährstoffverluste aus dem System. Auch die zunehmende Selbstbeschattung der Pflanze setzt der Blattlebensdauer Grenzen. Lange Funktionsdauer von Blättern ist häufig mit insgesamt langsamem Wachstum oder niedrigem maximalen LAI verknüpft. Junge (ruderale) Pflanzengemeinschaften bestehen aus raschwüchsigen, kurzlebigen Pflanzen mit stickstoffreichen, dünnen, rasch amortisierenden Blättern, die nach dem Absterben auch sehr rasch abgebaut werden. Manche Arten mit sehr langlebigen Blättern (z. B. Nadelbäume) behalten ihre alten Blätter auch dann noch einige Zeit in der Krone, wenn sie wegen Beschattung durch jüngere Blätter eigentlich keinen nennenswerten Netto-C-Ertrag mehr liefern. In diesem Stadium stellen solche Blätter eine lebende Nährstoffkonserve dar, aus der bei Bedarf Nährstoffe abgezogen werden können (z. B. Austrieb im Frühjahr, Blattverluste durch Herbivore, Nährstoffmangel durch ausgetrockneten Oberboden). Bei der Fichte (*Picea abies*) gehören alle Nadeln, die älter als vier bis fünf Jahre sind, zu dieser Kategorie.

Die meisten Arten recyceln („retten") etwa die Hälfte des Blattstickstoffgehalts während der Seneszenz vor dem natürlichen Blattabwurf. Baumarten, die in Symbiose mit stickstofffixierenden Bakterien leben (z. B. *Alnus*-Arten), tun das meist nicht und können daher in winterkalten Gebieten bis zum ersten letalen Frost noch Photosynthese betreiben. Der dabei erwirtschaftete Kohlenstoffertrag kann ein Mehrfaches der Kohlenstoffkosten für die Fixierung der so zusätzlich

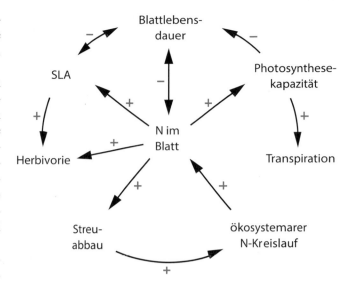

◻ **Abb. 22.23** Die zentrale Rolle von Stickstoff für Blatteigenschaften. Die Blattstickstoffkonzentration steuert oder bedingt zahlreiche Veränderungen im Blatt selbst, in der Pflanze und im Ökosystem. Hier sind einige besonders wichtige Beziehungen dargestellt. Die Pfeilspitzen zeigen die Wirkungsrichtung; die Vorzeichen markieren die Reaktionsrichtung, wenn die Stickstoffkonzentration erhöht (!) wird, und die Wachstumsrate der Pflanze steigt. Die Vorzeichen kehren sich um, wenn die Stickstoffkonzentration und damit die Wachstumsrate sinken, wobei der Bezug zur Wachstumsrate nur innerhalb eines Blattmorphotyps gilt, wie gleich schnell wachsende sommergrüne und immergrüne Holzpflanzen belegen. Der oft angenommene Einfluss der Transpirationsrate auf die Blatternährung ist nicht erwiesen und unwahrscheinlich, daher gibt es keinen entsprechenden Pfeil. Hohe Bodenfeuchte kann sowohl die Stickstoffverfügbarkeit als auch die Transpiration fördern, aber das ist eine Koinzidenz (d. h. das Erstere ist nicht eine kausale Folge des Letzteren). Pflanzen gedeihen in immerwährend wasserdampfgesättigter Luft bestens ohne Transpiration (Wasserbewegung und damit Nährstofftransport im Xylem durch gekoppelte Phloempumpe)

verlorenen Stickstoffmenge beim Abfrieren der grünen Blätter erreichen (Tateno 2003). Bis zu einem gewissen Grad kann die beschriebene Beziehung zwischen Blattstickstoffkonzentration und Herbivorie mit Verteidigungssubstanzen durchkreuzt werden. Pflanzen können durch Synthese von Alkaloiden, Glykosiden, Phenolen und Terpenen, von Öl, Latex oder Harz gewisse Herbivore abhalten. Allerdings haben diese Schutzmechanismen auch ihren Preis und Herbivore sind vielfach resistent. Proteinarmut und Hartblättrigkeit scheinen immer noch das wirksamste Mittel für eine lange Blattlebensdauer zu sein. Der Nettoertrag aus kurzer Lebensdauer und hoher Aktivität und langer Lebensdauer bei geringer Aktivität kann gleich groß sein, was auch erklärt, warum diese komplementären Blattstrategien sehr erfolgreich nebeneinander existieren können, ohne dass dies unterschiedliche Wuchsleistung und Fitness zur Folge haben muss. Beispiele sind die sommergrüne *Larix decidua* und die immergrüne *Pinus cembra* (Lärche und Zirbe) in den Alpen, *Vaccinium myrtillus* und *Vaccinium vitis-idaea* (Heidel- und Preiselbeere) in der subpolaren Birkenwaldtundra oder saison- und immergrüne Arten in mediterranen Buschwäldern.

Ähnlich wie der Begriff Wasserausnutzungseffizienz (engl. *water use efficiency*, ▶ Abschn. 22.5.4), ist auch **Stickstoffausnutzungseffizienz** (engl. *nitrogen use efficiency*, NUE) ein gebräuchlicher und ebenso missver-

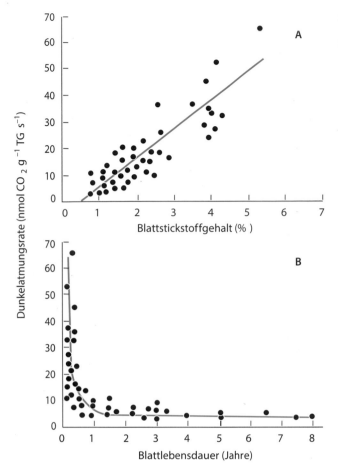

◘ Abb. 22.24 Mitochondriale Atmung und Blattstickstoffkonzentration. **a** Mit zunehmender Stickstoffkonzentration in den Blättern steigt deren Dunkelatmung (vgl. Abb. 22.21). **b** Mit zunehmender Dunkelatmung sinkt die Blattlebensdauer. Dieser Vergleich schließt Blätter von Pflanzenarten aus allen Klimazonen ein. Jeder Punkt steht für eine andere Art. (Nach Reich et al. 1998)

ständlicher Begriff. Der Begriff NUE wird sehr uneinheitlich gehandhabt, häufig werden das N/C-Verhältnis oder einfach %N als Synonyme für NUE benutzt, in der Vorstellung, eine Pflanze sei effizient, wenn sie mit wenig Stickstoff auskommt. Dabei kann die NUE für Blätter allein oder für den Stickstoffgehalt in der ganzen Pflanze stehen. Bezogen auf A_{max} wird vielfach auch eine NUE der Photosynthese definiert, ohne dass zumeist die Blattlebensdauer und damit der photosynthetische Ertrag während der ganzen Funktionsdauer berücksichtigt werden. Eine sinnvolle Definition bezieht sich daher auf die Gesamtpflanze und die Verweildauer (Arbeitsdauer) von Stickstoff in der Pflanze wie Berendse und Aerts (1987) vorschlugen.

Diese Definition fußt bei angenommenem Steady State (z. B. systemtypischem, maximalem LAI) auf Ingestads Stickstoffproduktivität (Np, Rate des Trockensubstanzzuwachses pro in der Pflanze insgesamt gebundenem Stickstoff) und der mittleren Verweildauer von Stickstoff

in der Pflanze (R, Gesamtvorrat von Stickstoff in der Pflanze/jährliche Stickstoffverluste). Dabei kürzt sich die Dimension Zeit und es bleibt für NUE = Np · R, die Dimension g Trockensubstanz pro Pflanze/ Gesamtstickstoff pro Pflanze. Durch das Verhältnis von (z. B. jährlich) verlorenem zu im Durchschnitt vorhandenem Stickstoffvorrat steckt im Zahlenwert dieser NUE der Faktor Zeit, also die Geschwindigkeit, mit der der Stickstoffpool in der Pflanze erneuert wird (externer Stickstoffbedarf). Eine langsame Erneuerung (große Stickstoffretention) schlägt sich in einer hohen NUE nieder.

Häufig bleibt verborgen, was mit Effizienz wirklich gemeint ist (effizient wofür?). Daher sollte wie bei der Wasserausnutzungseffizienz (▶ Abschn. 22.5.4) besser von einem Stickstoffausnutzungskoeffizienten gesprochen werden.

Wie in ▶ Abschn. 21.1 dargelegt, gibt es in natürlicher Vegetation, in Habitaten, in denen sich über lange Zeit eine angepasste Vegetation entwickelt hat, in Bezug auf die Artengemeinschaft keinen **Mineralstoffmangel**, auch wenn die Wachstumsrate jedes Individuums für sich genommen nahezu immer nährstofflimitiert ist, was auch für die Biomasseproduktion pro Landflächeneinheit gilt. Die in ▶ Abschn. 14.1.2 erwähnte, sehr elementspezifische Symptomatik bei Nährelementmangel stellt Kurzzeitreaktionen dar bzw. ist für Agrarpflanzen relevant. Im Wettbewerb der Arten und Genotypen um Standraum bleiben jedoch langfristig in der Regel nur jene Taxa präsent, die mit der Mangelsituation so umgehen können, dass keine derartigen Symptome entstehen. Erstaunlicherweise lassen Elementanalysen an Wildpflanzen selten erkennen, ob und welcher Mineralstoff im Mangel sein könnte. Diese Pflanzen wachsen derart, dass es zu keiner Verdünnung essenzieller Nährstoffe kommt und dass die unter Umständen in geringerer Zahl und Größe gebildeten Organe voll funktionstüchtig sind. In diesen Fällen steht das Wachstum im Einklang mit dem Ressourcenangebot. Ein Wachstum über das Ressourcenangebot hinaus würde über mangelnde Vitalität die betroffene Art oder den betroffenen Genotyp rasch eliminieren. Pflanzen sehr kalter Lebensräume (Hochgebirge, polare Gebiete), in denen die Bereitstellung von Stickstoff stark gehemmt ist, haben zumeist sogar höhere Stickstoffkonzentrationen im Blatt als vergleichbare Taxa aus wärmeren Gebieten, was von Chapin et al. (1986) als *luxurious consumption* bezeichnet wurde. Solche Lebensräume erlauben es nicht, mit schlecht ausgestatteten, wenig produktiven Blättern zu überleben. Es ist kontrolliertes Wachstum, das den optimalen (haushaltenden) Einsatz der begrenzten Ressourcen bei diesen angepassten Arten sichert. Analysen von Gewebekonzentrationen von Mineralstoffen haben daher nur begrenzten Wert, wenn es darum geht, den Versorgungsgrad der Pflanzen zu beurteilen. Elementverhältnisse (z. B. N/P, N/Mg usw.) können hingegen auf ein spezifisches Missverhältnis im Angebot hindeuten (Güsewell 2004).

22.6.4 Bodenheterogenität, Konkurrenz und Symbiosen im Wurzelraum

Bodennährstoffe sind nicht gleichmäßig verteilt und jede Pflanzenart erschließt andere Bodenbereiche mit ihren Wurzeln (◘ Abb. 22.25). Diese Heterogenität ist von umso größerer Bedeutung, je unbeweglicher ein Nährelement ist, was besonders auf Phosphat zutrifft. Die Heterogenität hat dabei vier Komponenten:

- die tatsächliche ungleichmäßige Verteilung im Bodenraum
- die ungleichmäßige (Hindernisse im Boden) und sehr artspezifische Durchwurzelung des Bodens
- ungleiche Akquisitionsprozesse unterschiedlicher Arten (z. B. Typen von Mykorrhiza und offene Symbiosen)
- ein ungleichmäßiges Feuchteangebot im Boden

Bodennährstoffe sind nur verfügbar, wenn der Boden ausreichend feucht ist. In trockenem Boden ist nicht nur der mikrobielle Mineralisierungsprozess blockiert, sondern es sind auch der Transport (Diffusion) und die Aufnahme unterbunden. Viele Entwicklungsstörungen und sogar Schäden (z. B. Waldschäden) die als Folge von **Bodentrockenheit** interpretiert werden, sind in Wirklichkeit Ernährungsmängel. Auch viele Flachwurzler haben einen kleinen Teil ihrer Wurzeln in beträchtlicher Tiefe (◘ Tab. 22.3 in ► Abschn. 22.7.5.1), womit sie den Bedarf der cuticulären Transpiration (bei geschlossenen Stomata) auch bei großer Trockenheit zumeist decken können und damit echte Trockenschäden vermeiden. Es ist die Nährstoffblockade im biologisch besonders aktiven Oberboden, die Wassermangel zu einem Ernährungsproblem macht.

Dies lässt den in den 1980er-Jahren in Utah entdeckten die *hydraulic redistribution* (HR, früher *hydraulic lift*, HL; Caldwell et al. 1998) in einem neuen Licht erscheinen. Die über die Wurzeln erfolgende, nächtliche Verlagerung von Wasser aus dem nährstoffarmen feuchten Tiefboden in den nährstoffreichen aber wasserarmen Oberboden schafft

◘ Abb. 22.25 Die artspezifisch unterschiedliche Durchwurzelung des Bodens am Beispiel einer naturnahen mitteleuropäischen Glatthafer-Wiese (Arrhenatheretum). Von links nach rechts: *Dactylis glomerata, Knautia arvensis, Arrhenatherum elatius, Pastinaca sativa, Bromus hordeaceus, Carum carvi, Holcus lanatus, Crepis biennis.* (Nach Kutschera und Lichtenegger 1997)

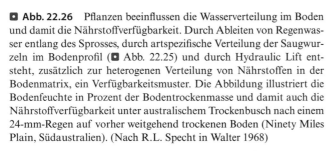

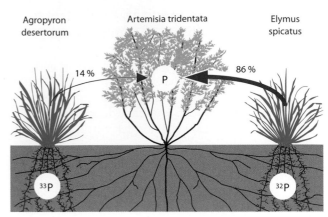

Abb. 22.26 Pflanzen beeinflussen die Wasserverteilung im Boden und damit die Nährstoffverfügbarkeit. Durch Ableiten von Regenwasser entlang des Sprosses, durch artspezifische Verteilung der Saugwurzeln im Bodenprofil (■ Abb. 22.25) und durch Hydraulic Lift entsteht, zusätzlich zur heterogenen Verteilung von Nährstoffen in der Bodenmatrix, ein Verfügbarkeitsmuster. Die Abbildung illustriert die Bodenfeuchte in Prozent der Bodentrockenmasse und damit auch die Nährstoffverfügbarkeit unter australischem Trockenbusch nach einem 24-mm-Regen auf vorher weitgehend trockenen Boden (Ninety Miles Plain, Südaustralien). (Nach R.L. Specht in Walter 1968)

Abb. 22.27 Wurzelkonkurrenz um Bodennährstoffe. Der typische Great-Basin-Zwergstrauch *Artemisia tridentata* (eine Beifußart) wächst in Konkurrenz mit *Agropyron desertorum* (aus Eurasien eingeschleppt) und *E. spicatus* (= *A. spicatum*; heimisch). Die Phosphorquellen des Beifußes sind am Mengenverhältnis der absorbierten, radioaktiven $^{32}P/^{33}P$-Isotope erkennbar. Die zwei verschiedenen Phosphorisotope wurden zufallsverteilt in den Wurzelbereich jeweils einer der beiden Grasarten injiziert (die Grafik zeigt einen solchen Fall). *A. tridentata* erreicht fast nur Phosphor unter dem heimischen Gras; Phosphor im Wurzelraum des Neophyten ist dem Beifuß kaum zugänglich, obwohl alle Pflanzen mykorrhiziert sind. (Nach Caldwell et al. 1985)

der Pflanze Zugang zu Bodennährstoffen. Da die Feuchtigkeit von den oberen Feinwurzeln in ihre bereits erschlossene Rhizosphäre abgegeben wird, haben bereits kleine Wasserverlagerungen einen großen Effekt.

Die Pflanzen beeinflussen durch Ableiten von Niederschlagswasser an ihren oberirdischen Strukturen und räumlich differenzierte Nutzung von Bodenwasser selbst die Heterogenität im Nährstoffangebot, besonders während Trockenperioden (■ Abb. 22.26).

Die unterschiedliche Nutzung von Stickstoffquellen im Boden drückt sich in artspezifisch unterschiedlicher Isotopenzusammensetzung der Pflanzen aus. Bei Ab- und Umbauprozessen im Boden wird das stabile ^{15}**N-Isotop** (gegenüber ^{14}N-Verbindungen) etwas langsamer metabolisiert, weshalb sich ^{15}N einerseits im Boden anreichert und gleichzeitig der pflanzenverfügbare Stickstoff meist etwas ^{15}N-ärmer ist als der in der Luft. Dabei kommt es auch zu einer vertikalen Differenzierung des ^{15}N-Gehaltes im Boden. Es spielt daher eine Rolle, aus welcher Fraktion (Bodentiefe) dieser Stickstoff mikrobiell bereitgestellt wird.

Neben diesen zwei isotopenmäßig unterschiedlichen Stickstoffkompartimenten schaffen Leguminosen ein drittes, indem sie mit ihren Symbionten ein gegenüber der Atmosphäre weitgehend unverändertes ^{15}N/^{14}N-Verhältnis in ihrem Stickstoffpool schaffen (keine Diskriminierung von ^{15}N durch Rhizobien). Studien in der Tundra und im Hochgebirge ergaben, dass Erikagewächse, Seggen, Leguminosen und als vierte Gruppe alle übrigen Pflanzenarten stark unterschiedliche Stickstoffpools im Boden nutzen. Erikagewächse nutzen extrem ^{15}N-arme Stickstoffpools,

Cyperaceen haben Zugang zu besonders ^{15}N-reichen Stickstoffpools und unterscheiden sich nicht von Leguminosen. ^{15}N-markierter Dünger erlaubt es, den Weg des Stickstoffs im Ökosystem zu verfolgen (andere stabile Isotope ▶ Abschn. 22.5.4 und 22.7.4).

Wenn unterschiedliche Pflanzenarten denselben Nährstoffpool im Boden nutzen, kommt es zu zwischenartlicher **Nährstoffkonkurrenz** und in der Folge zu ungleicher räumlicher Nährstoffverteilung im Ökosystem. Eine solche konkurrenzbezogene Heterogenität sei am Beispiel der Phosphoraufnahme demonstriert. Von Phosphor gibt es leider keine stabilen Isotope, jedoch radioaktive, die in hoher Verdünnung die Wege des Phosphors aus bestimmten Phosphorquellen im Boden in die Pflanze verfolgen lassen. In einem klassischen Experiment (■ Abb. 22.27) verglichen Caldwell et al. (1985), woher der im Great Basin (USA) dominante Zwergstrauch *Artemisia tridentata* seinen Phosphor bezieht, wenn er sich mit zwei Grasarten der Gattungen *Agropyron* und *Elymus* den Bodenraum teilen muss. *Agropyron desertorum* ist ein aggressiver Neophyt, der *A. tridentata* zu verdrängen droht, und *Elymus spicatus* (= *A. spicatum*) ein einheimisches, traditionelles Element der Great-Basin-Flora. ^{32}P- und ^{33}P-markierte Phosphordüngerpakete wurden im Wurzelraum der zwei Gräser platziert und nach einiger Zeit das Verhältnis der beiden Phosphorisotope in *Artemisia* überprüft. Das Resultat: *Artemisia* hat geringe Chancen an Phosphor im Bereich von *A. desertorum* heranzukommen, der Phosphor in *A. tridentata* stammt fast zur Gänze aus dem Wurzelraum von *E. spicatus*. Der Neophyt *A. desertorum* ist in diesem Lebensraum ein Phosphorräuber.

22

Symbiosebedingte, enorme Chancenungleichheit unterschiedlicher Arten im Zugang zu Bodennährstoffen wurde von Van der Heijden et al. (1998) an Rasengemeinschaften demonstriert. Sie gaben in artenreichen Modellökosystemen auf sterilem Substrat Inokulat von **Mykorrhiza** zu, das aus einzelnen Sporen unterschiedlicher *Glomus*-Genotypen gezüchtet wurde. Je nach Mykorrhizagenotyp wurden andere Pflanzenarten dominant bzw. unterdrückt. Einige Pflanzenarten gingen zugrunde, wenn sie nicht „ihren" Genotyp erhielten. Die Anwesenheit bestimmter Mykorrhizapilze entschied also darüber, ob sich eine Art ernähren konnte oder nicht und bestimmte damit auch die pflanzliche Biodiversität in diesem Rasen. Solche Resultate lassen an der Sinnhaftigkeit der gängigen Praxis, Versuchspflanzen in Einheitserde aufzuziehen, Zweifel aufkommen.

22.6.5 Stickstoff und Phosphor in globaler Betrachtung

In großen räumlichen Maßstäben und über lange Zeit ist die Produktivität der Erde im Wesentlichen von drei Faktoren limitiert. Temperatur, Wasser und **Phosphor**, wenn Sonnenstrahlung und CO_2-Konzentration der Luft als gegeben betrachtet werden. Ein erhöhtes CO_2-Angebot kann die Photosyntheseleistung anheben, aber solange die Nährstoffversorgung nicht proportional steigt (was sehr unwahrscheinlich ist), kann der derzeitige anthropogene CO_2-Anstieg die Wachstumsrate nicht steigern. In der Regel setzt das Phosphatangebot die langfristigen Grenzen. Es ist nicht nur in vielen terrestrischen Ökosystemen, sondern noch mehr in großen Teilen des Ozeans die wichtigste Einflussgröße der Produktivität, weil es eine der Voraussetzungen für die Stickstofffixierung ist. Abgesehen von speziellen Regionen in südlichen Ozeanen, wo Eisenmangel eine Rolle spielt, ist ausreichende Phosphorverfügbarkeit vor allem im Pazifik die Voraussetzung dafür, dass marine Cyanobakterien Stickstoff ins System schleusen können, was wiederum die Voraussetzung für die Kohlenstoffbindung ist. Falkowski et al. (1998) dokumentierten, dass damit letztlich Staubverfrachtungen vom Festland (die Nachlieferung von Phosphor) zur treibenden Kraft der **Ozeanproduktivität** fernab der Küsten werden.

Je trockener und somit staubiger das Festland ist, von wo der Wind weht, desto größer ist die ozeanische Produktivität. Da große Festlandteile während der Eiszeiten trocken fielen, lässt sich sogar das eiszeitliche Tief der CO_2-Konzentration in der Atmosphäre (180 ppm) mit dem Phosphorkreislauf und der daran gekoppelten marinen Produktivität erklären. Auch wenn astronomische Auslöser für die Eiszeiten als sicher gelten, ist nicht auszuschließen, dass derartige Land-Meer-Wechselwirkungen die Intensität beträchtlich verstärkten (▶ Kap. 20).

Auf regionaler Ebene, im küstennahen Ozean, auf jungen Alluvionen bzw. generell auf jungen Böden ist die Versorgung mit Phosphor meist besser; auf alten Böden, auf Landmassen mit geringer tektonischer Aktivität (z. B. Australien) oder generell auf stark verwitterten Böden ist sie häufig schlecht, wobei dies der **Vegetation** – wie oben erwähnt – meist nicht im Sinn von Mangelsymptomen anzumerken ist. Die Pflanzen reagieren mit langlebigen Blättern und sind unter solchen Bedingungen in besonders hohem Maß mykorrhizaabhängig oder benutzen spezielle Wurzelsysteme wie die pelzartigen Proteoidwurzeln (die insbesondere von den Proteaceae ausgebildet werden; engl. *cluster roots*). Die Pflanze-Pilz-Symbiose ist so alt wie das Landleben selbst und so lange dürfte die pflanzliche Phosphorversorgung auch entscheidend von den Bodenpilzen geprägt sein (▶ Abschn. 16.2).

Mit dem **Stickstoff** verhält es sich grundsätzlich anders, da er in der Luft unbegrenzt vorhanden ist und es nur eine Frage der mikrobiellen Aktivität ist (welche wieder Phosphor und Kohlenstoff benötigt), wie viel davon ins Ökosystem eingebunden wird. Die anthropogene Freisetzung löslicher Stickstoffverbindungen hat heute global ein solches Maß erreicht, dass sie nach Berechnungen von Vitousek (1994) bereits das Ausmaß der natürlichen Stickstofffixierung im Jahr 1987 überschritten hat. Dicht besiedelte Gebiete der Erde sind heute aus ökologischer Sicht Stickstoffüberschussgebiete, auch wenn diese anthropogenen Einträge aus der Atmosphäre in naturnahe Vegetation mit 15–25 kg N ha^{-1} a^{-1} „nur" 1/10 der in der Intensivlandwirtschaft üblichen Aufwandmengen an Stickstoffdünger erreichen.

22.6.6 Calcium, Schwermetalle, „Salz"

Neben den Hauptnährstoffen Phosphor und Stickstoff beeinflussen andere mineralische Komponenten im Boden Wachstum und Vorkommen von Arten stark (▶ Abschn. 14.1). Am bekanntesten ist die Wirkung von Calciumcarbonat, das wegen seines starken Einflusses auf den Boden-pH auch über die Wechselwirkung mit anderen Bodenmerkmalen (Elementverfügbarkeit, Mykorrhiza) indirekt das Wachstum modifiziert. Vielfach ist aber auch ein unterschiedliches Verhalten gegenüber dem Ca^{2+}-Ion selbst feststellbar. Viele Arten können zwar auf kalkarmem oder kalkreichem Substrat wachsen, fällen aber im zweiten Fall Calcium als zellphysiologisch unwirksames Oxalat aus (z. B. *Silene* und andere Caryophyllaceae). Echte Kalkpflanzen (**calcicole** Pflanzen) tolerieren im Zellsaft große Mengen an gelöstem Calcium (z. B. *Gypsophila* als Ausnahme bei den Caryophyllaceae). Kalkmeidende (**calcifuge**) Pflanzen – z. B. das Borstgras der Alpen, *Nardus stricta* – sind für

Ca^{2+} überempfindlich. Flora und Vegetation über kalkreichem bzw. kalkarmem, silikatischem Gestein unterscheiden sich immer deutlich (Kalk- und Kieselpflanzen). In sauren, silikatischen Böden kommt im Gegensatz die toxische Wirkung von Al^{3+} oder Fe^{3+} zum Tragen. Das Vorkommen von Arten auf diesen Bodentypen hat meist weniger mit einer Präferenz als mit einer Toleranz der speziellen Bodenchemie zu tun.

Die lokale Anreicherung anderer potenziell toxischer Kationen aber auch von **Schwermetallen** (Kupfer, Cobalt, Nickel, Mangan, Uran, Magnesium, Zink, Selen und anderen) schränkt das Pflanzenwachstum vielfach auf eine scharf selektierte Auswahl ökophysiologischer Spezialisten ein, die solche Verbindungen tolerieren und sogar manchmal akkumulieren (▶ Abschn. 14.1.2.4; dort auch Hinweise auf ihre Bedeutung als Indikatorpflanzen).

Die Anreicherung von leicht löslichen **Salzen** (besonders NaCl, Na$_2$SO$_4$, Na$_2$CO$_3$, aber auch von entsprechenden K- und Mg-Verbindungen) im Bereich der Meeresküsten und arider Beckenlandschaften des Binnenlands hat einschneidende Wirkungen auf das Pflanzenleben. Darauf wurde bei der Besprechung der morphologischen, anatomischen und physiologischen Eigentümlichkeiten der **Halophyten** (Salzpflanzen) schon mehrfach hingewiesen (▶ Abschn. 14.1.2.4).

Die höchste **Salzresistenz** entwickeln gewisse Algen und Flechten der litoralen Spritzwasserzone; sie überleben das Eintrocknen konzentrierter Salzlösungen wie auch das Auslaugen durch Regenwasser. Dagegen werden Süßwasserpflanzen (Glykophyten) schon durch geringe Mengen von Na-Salzen (etwa 50 % Meerwasser) geschädigt. Fakultative Halophyten können solche Konzentrationen noch gut ertragen. Obligate Halophyten (viele Vertreter der Chenopodiaceae, jetzt Amaranthaceae, ◻ Abb. 22.22) erreichen überhaupt erst bei entsprechenden Salzgaben ihre optimale Wuchsleistung (z. B. *Salicornia* bei 75–100 % Meerwasser).

An humiden **Küsten** nimmt die Salzkonzentration der Böden vom Meer zum Land hin ab; dem entspricht eine abnehmende Salzresistenz der obligaten und fakultativen Halophyten, die einander vom Meer zum Land hin ablösen (z. B. an der schwedischen Westküste, ◻ Abb. 22.28). Wo aber aride Jahreszeiten vorkommen, reichern sich die Salze besonders in den nur kurzfristig mit Salzwasser durchtränkten landnahen Randzonen an, weil sich hier die Bodenlösungen durch Verdunstung in der Trockenzeit am stärksten konzentrieren. Solche Bedingungen herrschen z. B. in manchen **Mangrove-Ökosystemen** (◻ Abb. 22.29, ▶ Exkurs 3.5, ▶ Abschn. 24.2.16), wo die Böden vom offenen Meer zur landnahen Lagune hin einen zunehmenden Salzgehalt aufweisen und die Arten dementsprechend nach ihrer zunehmenden Salzresistenz aufeinanderfolgen.

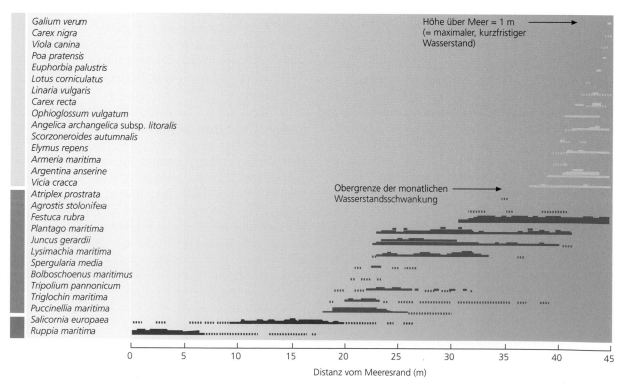

22

◻ **Abb. 22.28** Vegetationsprofil entlang eines Salzgradienten an einer Flachküste in Westschweden. Häufigkeit des Vorkommens von Individuen unterschiedlicher Arten über ein 45 m langes Profil vom Meeresrand bis zum kaum mehr salzbeeinflussten Weiderasen. Es sind in der Grafik von oben nach unten drei voneinander abgesetzte ökologische Gruppen erkennbar. Die maximale Höhendifferenz entlang des Profils beträgt 1 m, die Wasserstandsschwankungen im Laufe des Jahres betragen in den meisten Monaten <0,5 m, nur einmal wurde im Herbst der höchste Punkt des Profils erreicht. Die Artnamen wurden aktualisiert. (Nach Gillner 1960)

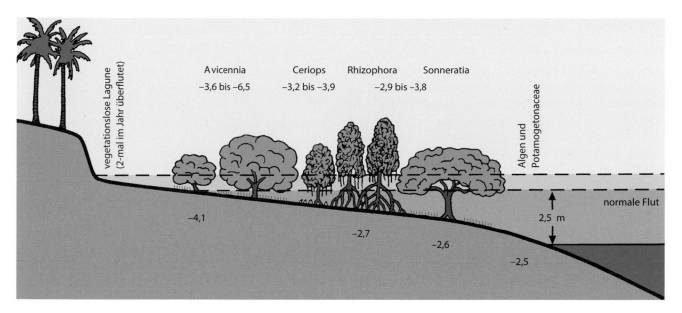

Abb. 22.29 Zonierung einer Mangrove an der ostafrikanischen Küste. Durch periodische Austrocknung wird am meeresfernsten Punkt des Profils die größte Salzkonzentration gemessen. Salzkonzentrationen in der Bodenlösung, 10 cm unter der Boden-(Schlick-)obergrenze und im Presssaft von Blättern sind als osmotisches Potenzial in MPa angegeben (1 MPa = 10 bar). Die vier Mangrovegattungen besetzen charakteristische Zonen entlang des durch die Meeresspiegelschwankung erzeugten Gradienten. (Nach Walter 1960)

22.7 Wachstum und Kohlenstoffhaushalt

Der Erfolg einer Pflanzenart bei der Besiedlung eines Lebensraums hängt letztlich von ihrer Fähigkeit ab, eine beständige Population aufzubauen und zu erhalten. Dies setzt vier Leistungen der Pflanze voraus:

- standorttypische Stresssituationen (Klima- und Bodenextreme) zu tolerieren
- die Fähigkeit, unter der gegebenen Ressourcenlage zu wachsen, also Biomasse zu erzeugen
- Störungen durch Herbivore, Pathogene oder mechanische Faktoren zu ertragen
- sich erfolgreich zu reproduzieren

Die Wuchskraft einer Pflanze bestimmt die Chancen, nach Stress und Störung zu regenerieren, in Konkurrenz um Ressourcen mit anderen zu bestehen sowie Nachkommen oder klonale Ausbreitungseinheiten zu erzeugen. In der Pflanzenökologie wird deshalb dem Verständnis von Prozessen, die am Wachstum direkt beteiligt sind, eine hohe Priorität eingeräumt. Nach einer Betrachtung der Ökologie des Wachstums folgen Abschnitte über Biomasseproduktion und ökosystemare Kohlenstoffbilanz. Die physiologischen und biochemischen Grundlagen von Photosynthese und Respiration werden hier vorausgesetzt (▶ Abschn. 14.4 und 14.8).

22.7.1 Ökologie von Photosynthese und Respiration

Photosynthetische CO_2-Bindung und respiratorische CO_2-Freisetzung sind die zwei wichtigsten Prozesse des

Kohlenstoffkreislaufs der Erde (▶ Abschn. 22.7.6). Beide Prozesse werden neben pflanzeninternen Faktoren stark von Umweltfaktoren beeinflusst. Bezieht man die Respiration beim Abbauprozess nach dem Tod einer Pflanze ein, setzen Photosynthese und Respiration ähnliche Kohlenstoffmengen um, weshalb ihnen für die Kohlenstoffbilanz gleiche Bedeutung zukommt. Dennoch ist über die Photosynthese sehr viel und über die Respiration vergleichsweise wenig bekannt. Dies mag auch damit zu tun haben, dass die Photosynthese in gut definierten und leicht zugänglichen Organen (in der Regel den grünen Blättern) abläuft, wogegen die Respiration der Pflanze alle Organe, auch die unter der Erde, betrifft und zudem in starkem Maß vom Organtyp abhängt.

Da die Photosynthese vom Vektor Licht, genauer der photosynthetisch aktiven Photonenflussdichte (PFD), abhängt, ist es sinnvoll, die Raten auf die projizierte Fläche (die größtmögliche Fläche des Schattens auf eine parallele, ebene Unterlage) der assimilierenden Organe zu beziehen. Bei flachen Blättern entspricht das der einfachen Blattfläche. Die **Respirationsrate** *R* ist unabhängig von gerichteten Größen und wird deshalb bevorzugt auf die Gewebemenge (häufig die Trockenmasse) bezogen. Auf Ökosystemebene wird auch bei der Respiration häufig der Flächenbezug (m^2 Landfläche) gewählt. Die Wahl von Bezugsgrößen hat entscheidenden Einfluss auf die Resultate und die davon abgeleiteten Schlussfolgerungen.

Der CO_2-Bindung stehen gleichzeitige CO_2-Verluste durch Photorespiration und mitochondriale Atmung des Blattgewebes gegenüber. Dem Beobachter ist in der Regel nur das Nettoresultat, die **Nettophotosyntheserate A** (von Assimilation) zugänglich. Da ein Teil der mitochondrialen Atmung im Licht unterdrückt ist, ist es unangebracht und ohne ökologischen Wert, im Dunkeln gemessene Respirationsraten der Nettophotosynthese zuzuschlagen und so eine Bruttophotosynthese zu berechnen. Auf Ökosystemebene ist diese Vorgehensweise allerdings üblich und weniger fehlerbehaftet, da ein Großteil der ökosystemaren Respiration (die aber auch einen diurnalen Zyklus zeigt) im Boden stattfindet und die lichtbedingte Reduktion der Blattatmung nicht so stark ins Gewicht fällt.

Eine große Schwierigkeit bei der Charakterisierung der Umweltabhängigkeit von Nettophotosynthese- und Respirationsrate ist, dass diese Abhängigkeit zeitlich stark variabel ist. Es gibt also keine für eine Art gültige Reaktionsnorm, sondern ganze Schwärme solcher Funktionen, die in raschem Wandel den Umweltbedingungen folgen.

Die Funktionen in ◨ Abb. 22.30 und 22.45 sind durch Grenzwerte und spezielle Kurvenabschnitte charakterisiert. Den Durchtritt durch die Abszisse nennt man im Fall der **PFD- bzw. CO_2-Abhängigkeit** Licht- und CO_2-Kompensationspunkt (beide bei Sonnenblättern von C_3-Pflanzen und 20 °C zufällig numerisch ähnlich, im Bereich von etwa 20–30 µmol Photonen m^{-2} s^{-1} oder ppm CO_2). Der lineare Anfangsteil (engl. *initial slope*) dieser beiden Sättigungsfunktionen wird meist Quantenausnutzungseffizienz (engl. *quantum use efficiency*, QUE) bzw. CO_2-Aufnahmeeffizienz (engl. *CO_2 uptake efficiency*, CUE) bezeichnet. Der lineare Anstieg repräsentiert im Fall der PFD-Kurve die Ratenlimitierung durch die **Lichtreaktion** der Photosynthese (Regeneration des CO_2-Akzeptors Ribulosebisphosphat), das Plateau (Sättigung) die Limitierung durch die **Dunkelreaktion** (CO_2-Bindung, Carboxylierung). Bei der CO_2-Kurve (◨ Abb. 22.45) ist es genau umgekehrt. Die Anfangssteigung zeigt die Limitierung durch die Dunkelreaktion, das Plateau die Limitierung durch die Bereitstellung von Reduktionsäquivalenten (Lichtreaktion). CO_2-Konzentration und PFD interagieren so, dass der Lichtkompensationspunkt mit zunehmender CO_2-Konzentration nach links (gegen Null) verschoben wird und die PFD-Sättigung der Nettophotosyntheserate bei höheren PFD-Werten eintritt. Ökologisch bedeutend ist dabei die bessere Lichtausnutzung bei erhöhtem CO_2-Gehalt der Luft, besonders im Schatten (▸ Abschn. 22.7.6). Lichtkompensationspunkt und Lichtsättigung sind stark adaptiv. Schattenpflanzen kompensieren bei PFD <10 (bis 3) µmol Photonen m^{-2} s^{-1} und sättigen bei 100–150 µmol Photonen m^{-2} s^{-1} (ca. 5–8 % der vollen Mittagssonne). Die meisten Sonnenpflanzen erreichen 90 % PFD-Sättigung bei 400–600 PFD, bei besonders dickblättrigen und leistungsstarken Blättern tritt die PFD-Sättigung erst bei PFD >1000 µmol Photonen m^{-2} s^{-1} ein (▸ Abschn. 14.4, dort auch Hinweise auf C_4- und CAM-Pflanzen). Auch die CO_2-Abhängigkeit von der Nettophotosyntheserate zeigt Akklimatisierungsverhalten, bleibt also bei längerer Exposition in erhöhtem CO_2 nicht konstant (◨ Abb. 22.45).

Die **Temperaturabhängigkeit** der Nettophotosyntheserate (A) ist eine Komplexfunktion aus förderndem (Carboxylasefunktion der Rubisco) und hemmendem Einfluss (Oxygenasefunktion der Rubisco plus mitochondriale Atmung) mit einer Glocken- oder Optimum-

22

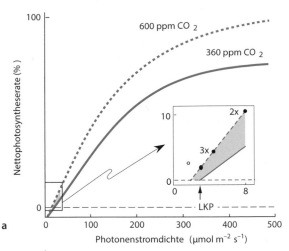

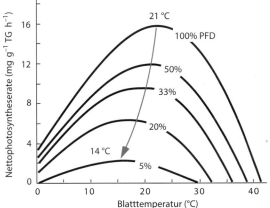

◨ **Abb. 22.30** Interaktive Abhängigkeit der Blattphotosynthese von Licht, Temperatur und CO_2 bei C_3-Pflanzen (schematisiert). **a** Die Veränderung der Abhängigkeit von der Photonenflussdichte (PFD), wenn statt 360 ppm 600 ppm CO_2 angeboten werden. **b** Die Veränderung der Abhängigkeit von der Temperatur bei schrittweise auf 5 % von PFD$_{sat}$ abnehmender PFD (bei normalem CO_2). Die CO_2-Abhängigkeitskurve ist in der Form identisch mit der PFD-Abhängigkeitskurve (vgl. ◨ Abb. 22.45). – LKP Lichtkompensationspunkt bei 360 ppm CO_2 für ein schattenadaptiertes Blatt. Weitere Erläuterungen im Text

kurve als Resultat. Unterer und oberer Grenzwert ($A = 0$) und Optimum (A = maximal) sind klimatypisch. In temperaten, borealen und arktisch-alpinen Regionen liegen bei voll aktiven Blättern der Grenzwert der Frosttoleranz und die untere Grenztemperatur der Nettophotosyntheserate nahe beisammen (zwischen −2 und −8, im Gebirge häufig um −5 °C). Das heißt, die Nettophotosyntheserate erreicht erst Null, wenn sich die Interzellularräume im Blatt mit Eis gefüllt haben. Die obere Grenztemperatur liegt zwischen ca. 40 °C (kaltadaptierte) und 45 °C (warmadaptierte Pflanzen), also einige Grad unter der letalen Hitzegrenze (▸ Abschn. 22.3.2). Das Optimum schwankt zwischen 15 °C bei extrem kälteadaptierten und fast 30 °C bei hitzeadaptierten Höheren Pflanzen. Noch niedrigere Optima kommen bei Kryptogamen kalter Lebensräume vor.

Das Optimum kann innerhalb kurzer Zeit (wenige Tage) um 5 Kelvin (und mehr) akklimatorisch verschoben werden. Maßgeblich für diese Adaptierung ist das erlebte (Mikro-)Klima. Da flachwüchsige Gebirgspflanzen bei Sonne relativ hohe Bestandstemperaturen erreichen, ist es nicht verwunderlich, dass ihr photosynthetisches Temperaturoptimum dem von Pflanzen der Niederung sehr ähnlich ist (20–25 °C). In temperaten und kühlen Regionen ist das Temperaturoptimum der Nettophotosyntheserate A sehr breit (90 % der maximalen Nettophotosyntheserate über einen Bereich von >10 K). Bei tropischen Pflanzen ist $A = 0$ mit der Chilling-Grenze (▶ Abschn. 22.3.1) erreicht (ca. +3 bis +7 °C) und das Temperaturoptimum ist vergleichsweise eng.

Von großer ökologischer Bedeutung ist die **Licht-Temperatur-Interaktion**. Der Photosyntheseapparat ist darauf so eingestellt, dass bei niedriger PFD das Temperaturoptimum der Nettophotosyntheserate auch bei niedrigen Temperaturen erreicht wird (z. B. bei 12 statt 22 °C). Die Photosynthese ist deshalb fast nie temperatur- aber häufig lichtlimitiert. Die bei Lichtsättigung, optimaler Temperatur und normaler CO_2-Konzentration gemessene Blattphotosynthese wird heute meist als **maximale Photosyntheserate** A_{max} bezeichnet. Der früher dafür benutzte Begriff **Photosynthesekapazität** A_{cap} wird heute häufig für die maximal mögliche Photosynthese bei CO_2-Sättigung benutzt, was gelegentlich Verwirrung stiftet.

Die **Respiration** realitätsnah zu erfassen und geeignete Bezugsgrößen zu finden, die nicht ihrerseits Unterschiede erzeugen wo keine sind, gehört zu den schwierigsten Aufgaben in der funktionellen Ökologie. Je nach ihrer Aufgabe lassen sich drei Arten von mitochondrialer Respiration unterscheiden: die Erhaltungs- oder Betriebsatmung (engl. *maintenance respiration*; nur sie wird im Folgenden behandelt), die Wachstumsatmung (engl. *growth respiration*) im Dienste der Neubildung von Gewebe und die Atmung bei der Nährstoffaufnahme in den Wurzeln (engl. *nutrient uptake respiration*). Die Rate der **Betriebsatmung** R hängt stark von der generellen Gewebeaktivität ab. Bei Bezug auf die Trockenmasse wird jedoch der Kohlenstoffgehalt des Gewebes, also die räumliche Dichte, zur Bezugsgröße. Je dichter ein Gewebe, desto geringer sind rein rechnerisch die Atmungsraten pro Protoplast. Blüten, feine Wurzeln und Blätter (im Dunkeln) haben pro g Trockenmasse hohe R, Stengel und dickere Wurzeln geringere und verholzte Strukturen oder Speicherorgane sehr geringe. Auf Stickstoffbasis (als Maß für die Proteinausstattung) verschwinden diese Unterschiede häufig oder werden klein. Als Faustregel kann gelten, dass eine aktive Pflanze etwa die Hälfte ihrer täglichen CO_2-Assimilation wieder veratmet und dass weiche Gewebe pro investiertem Kohlenstoff (Trockenmasse) am meisten zu diesem Verlust beitragen.

Die wichtigste klimatische Variable für die Respiration aktiver Pflanzen ist die Temperatur (▶ Abschn. 14.8.3). Im Allgemeinen steigt die Respirationsrate mit zunehmender Temperatur – wie die Rate der meisten enzymatischen Prozesse – um etwa das Zweifache, wenn man die Temperatur in einem mittleren Bereich (z. B. 10–20 °C) um 10 K erhöht ($Q_{10} = 2$). Für Blätter gilt ein Q_{10} von 2,3 als globaler Mittelwert (Larigauderie und Körner 1995). Damit ist die **Temperaturwirkung auf die Respiration** ökologisch sehr ungenügend charakterisiert. Was hier beschrieben wurde, ist eine Momentaufnahme. Kaum ein anderer Lebensprozess reagiert derart akklimativ wie die mitochondriale Atmung. Der Begründer der modernen freilandorientierten Ökophysiologie in Deutschland, O. Stocker, war vermutlich der Erste, der mit Erstaunen feststellte, dass die Anpassung der Respiration an die vorherrschende Temperatur so weit geht, dass selbst globale Temperaturamplituden (Arktis-Tropen) ausgeglichen werden (Stocker 1935). Auch saisonale Schwankungen der Temperatur können akklimativ abgefangen werden, wie Lange und Green (2005) für Krustenflechten belegten.

Stocker verglich die sommerliche (Dunkel-)Atmung von Weiden (*Salix*) an ihrem natürlichen Standort in Grönland mit der Atmung von Trieben von Bäumen im feucht-tropischen Wald Indonesiens und fand so gut wie keinen Unterschied. Misst man jedoch die Atmung von Pflanzen oder Geweben aus warmen und kalten Gegenden gleich nach der Entnahme bei derselben Temperatur (also nicht der am jeweiligen Naturstandort vorherrschenden, sondern z. B. bei einheitlich 20 °C), so sind die Raten der kaltadaptierten Gewebe stets deutlich höher als die der warmadaptierten (Pisek et al. 1973). In der Literatur wurde dies immer falsch als „höhere Atmung in kalten Gegenden" interpretiert. In Wirklichkeit ist die Atmung in kalten Gegenden, vor allem wegen der kalten Nächte, unter den realen Standortbedingungen eher niedriger. Dass die Pflanzen versuchen, den ungünstigen Temperaturbedingungen mit höherer spezifischer Aktivität zu begegnen, lässt sich auch daran erkennen, dass die Zahl der Mitochondrien mit abnehmender Standorttemperatur steigt (Miroslavov und Kravkina 1991).

Die Respiration darf nicht nur als eine Belastung der Kohlenstoffbilanz gesehen werden, sondern ist ein lebensnotwendiger Prozess (ein Bedarf). Ihre akklimative Anpassung an neue Umgebungstemperaturen (◻ Abb. 22.31) erfolgt relativ rasch (ein bis wenige Tage), ist aber nicht immer vollständig. Die Grafik veranschaulicht, dass es unangebracht ist, aufgrund der bekannten kurzfristigen Temperaturabhängigkeit metabolischer Prozesse, Prognosen für tatsächliche Prozessraten in einer thermisch veränderten Umwelt anzustellen (z. B. globale Klimaerwärmung). Solche Prognosen müssen das akklimatorische Vermögen der Pflanzen berücksichtigen (Larigauderie und Körner 1995). Die einfache Formel „höhere Temperatur = höhere Atmung" ist ökologisch nicht haltbar. Die Atmungsrate ist zudem immer an der gleichzeitigen Wachstumsintensität und Produktivität zu messen (die meist mit der Temperatur steigen) und darf nicht isoliert betrachtet werden. Auf Ökosystemebene kann langfristig nur veratmet werden, was vorher produziert wurde (▶ Abschn. 22.7.5.2).

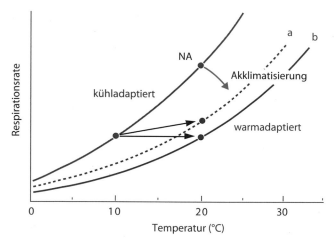

Abb. 22.31 Temperaturabhängigkeit der Respiration vor und nach Akklimatisierung. Der grüne Pfeil zeigt die Richtung der Akklimatisierung an eine, für die Pflanzen neue, höhere Wachstumstemperatur (20 statt 10 °C). Jede dieser Kurven zeigt die kurzfristige Reaktion der Atmung auf unterschiedliche Temperaturen (innerhalb einer Experimentierperiode von 1–2 h) für eine kühladaptierte und eine warmadaptierte Gruppe von Pflanzen der gleichen Art. Im gewählten Beispiel ist die Wärmeakklimatisierung entweder partiell **a** oder vollständig **b**. Im Fall **b** heißt das, die in die Wärme gebrachte Pflanzengruppe atmet bei der neuen Aufwuchstemperatur, nach Akklimatisierung, gleich intensiv wie vorher in ihrem kühlen Lebensraum. Bei identischer Messtemperatur atmet die an 20 °C akklimatisierte Gruppe sehr viel weniger als die kühl akklimatisierte Gruppe, was aber ökologisch wenig relevant ist. NA markiert die theoretische Atmungsrate in der neuen Aufwuchstemperatur, wenn keinerlei Akklimatisierung stattgefunden hätte. Kurve **a** ist der häufigste Fall

22.7.2 Ökologie des Wachsens

Das Wachstum einer Pflanze ist letztlich die in der Trockensubstanz zum Ausdruck kommende Bilanz aus Einnahmen und Ausgaben, also im Wesentlichen eine Summe der Kohlenstoffassimilation minus der Summe aller respiratorischen und anderen Verluste. Die Rate der Nettokohlenstoffbindung einer ganzen Pflanze zu einem bestimmten Zeitpunkt ergibt sich aus dem Zusammenspiel folgender Faktoren:

— Photosyntheserate pro Blattflächeneinheit (integriert über alle Blätter)
— gesamte Blattfläche pro Gesamtbiomasse der Pflanze (LAR, engl. *leaf area ratio*)
— Respiration aller Organe (organspezifisch sehr unterschiedlich)
— Exporte von Kohlenstoff (z. B. an Symbionten)
— Aktivität von Kohlenstoffsenken (strukturelles Wachstum oder Speicherung)

Jeder dieser fünf Faktoren ist seinerseits von zahlreichen externen und internen Einflüssen abhängig. Es ist nicht möglich, die Kohlenstoffbindung oder das Wachstum nur von einem dieser Faktoren ausgehend vorherzusagen. Diese simple Einsicht steht der lange Zeit dominie-

renden Vorstellung gegenüber, das Wachstum sei eine unmittelbare Konsequenz der Blattphotosynthese und sei durch deren Leistungskraft begrenzt. Diese unglückliche Einengung der Sicht hatte zur Folge, dass sehr viel über die Photosynthese in freier Natur bekannt ist, jedoch wenig bis fast nichts über die anderen Determinanten des Wachstums und deren Umweltabhängigkeit, obwohl alle diese Cofaktoren im Prinzip gleich wirkungsvoll den Nettokohlenstoffertrag beeinflussen können. Die durch die Verfügbarkeit anderer Ressourcen als Kohlenstoff gesteuerte **Senkenaktivität** (also des Massezuwachses selbst) ist enorm variabel und in den meisten Fällen (ausgenommen Lichtmangel) die eigentliche steuernde Kraft der Kohlenstoffassimilation einer Pflanze. Dies erklärt sich aus der einfachen Tatsache, dass die Photosynthese nur so lange ungehindert läuft, wie die produzierten Assimilate auch irgendwo in der Pflanze gebraucht, d. h. investiert werden können. Andernfalls muss die Leistung sofort zurückgenommen werden, da sonst die Transportwege rasch blockiert bzw. die Chloroplasten mit Assimilaten überfüllt würden (Endprodukthemmung). Aus ökologischer Sicht ist dies der zentrale Punkt zum Verständnis des Pflanzenwachstums.

Hohe Senkenaktivität induziert hohe Photosyntheseraten, geringe senkt sie. Wenn man Kohlenstoffsenken, wie etwa wachsende Kartoffelknollen oder Äpfel, von der Pflanze trennt, sinkt die Photosyntheserate der Blätter. Wenn eine Pflanze eines Teils ihrer Blätter beraubt wird, steigt die Photosyntheserate im verbliebenen Rest der Blätter an.

Die Aktivität von Kohlenstoffsenken in der Pflanze hängt vom Ressourcenangebot im Boden (Wasser und Nährstoffe), von der Temperatur und vom Entwicklungszustand der Pflanze ab, der wiederum von den beiden vorherigen Faktoren und zahlreichen weiteren (z. B. Photoperiode) bestimmt wird. Eine umfangreiche Literatur belegt, dass die Senkenaktivität auf alle natürlichen Umwelteinflüsse, ausgenommen Licht, sensibler (früher) reagiert als die Blattphotosynthese. Wachstumsprozesse (Zellteilung, Zellstreckung und Zelldifferenzierung) reagieren, lange bevor die Photosynthese nennenswert beeinträchtigt wird, auf Wasserentzug, Nährstoffmangel und niedrige Temperatur. Daher ist es nicht übertrieben festzuhalten, dass in den meisten Fällen, ausgenommen wiederum Lichtlimitierung (und natürlich Situationen nach Blattverlusten), das Wachstum, also der **Assimilatbedarf**, die Photosynthese steuert und nicht umgekehrt das Assimilatangebot das Wachstum (Körner 2015).

Es ist erstaunlich, wie alt dieses Wissen ist und wie wenig dies Eingang in Bücher und Lehrgänge fand. 1869 veröffentlichte G. Kraus in der Zeitschrift *Flora* die Resultate eines klassischen Experiments hierzu, das er im Labor von J. Sachs in Würzburg durchgeführt hatte. Damals schätzte man die photosynthetische Aktivität von Blättern noch durch die Beobachtung der Intensität der Gasblasenbildung untergetauchter Sprosse ab. Es war rund um Sachs schon bekannt, dass die Photosyntheserate zeitweilig dem Assimilatbedarf bzw. der Geschwindigkeit des Assimilatexports davonläuft und zu vermehrter Bildung von Assimilationsstärke führt, die man mit Jod-Kaliumjodid-Lösung nachweisen konnte. Kraus stellte sich nun die überaus moderne Frage, welcher der beiden Prozesse stärker durch niedrige Temperaturen beeinflusst wird: die Photosynthese (Gasblasenbildung) oder die Assimilatverwendung (Stärkeakkumulation). Er gab Eiswürfel in das Wasserbad. Im kühlen Bad war die Bläschenbildung kaum reduziert, die Stärkemenge nahm gegenüber warm gehaltenen Kontrollen aber eher zu. Trotz aller berechtigter Einwände gegen solche Experimente aus heutiger Sicht, illustriert der Gedankengang und die Beobachtung doch vortrefflich das Dilemma: Ist die Kohlenstoffaufnahme senken- oder quellenlimitiert? Neuere Ergebnisse für Pflanzen kühler Regionen fügen sich in dieses Bild: Bei 0 °C erreicht die Blattphotosynthese noch rund ein Drittel der maximalen Leistung und kommt erst bei etwa −6 °C zum Stillstand (◘ Abb. 22.30b), das Wachstum, also die Senkenaktivität, wird jedoch bereits bei Temperaturen zwischen 3–5 °C weitgehend eingestellt. Das erklärt auch, warum im Gewebe von Bäumen an der alpinen Baumgrenze mehr und nicht weniger Kohlenhydrate akkumulieren (Hoch und Körner 2003). Entsprechend akkumulieren in Pflanzen kalter Lebensräume Kohlenhydrate, die nicht strukturgebunden sind (Stärke, Fructane), und längerfristig auch Lipide. Analoges gilt für saisonale Trockenheit, da das Wachstum auch gegenüber Wassermangel viel empfindlicher ist als die Photosynthese (Körner 2003; Muller et al. 2011).

Auch die Respiration reagiert vielfach sensibler auf Umwelteinflüsse (besonders auf Temperatur) als die Photosynthese, ist teilweise an die Senkenaktivität gekoppelt (Wachstumsatmung) und wegen ihrer Organspezifität sehr schwer zu bestimmen. So ist es praktisch unmöglich, die Wurzelatmung, die meist den größten Posten des Kohlenstoffverlusts stellt, unter realistischen Bedingungen zu messen. Sobald man Feinwurzeln von ihrem Mikromilieu und den Symbionten trennt, ändert sich auch die Atmung.

Nicht nur für ökologische Fragen, auch in der Agrarforschung sind die Bedeutung der Senken und damit auch die Art der Assimilatinvestitionen von zentraler Bedeutung. Abgesehen vom ackerbaulichen Management ist die Ertragssteigerung im Getreidebau im Wesentlichen auf die Lenkung der Assimilatströme hin zum gewünschten Produkt und nicht auf eine höhere Quellenaktivität der Blätter zurückzuführen. Namhafte Agrarwissenschaftler wiesen wiederholt darauf hin, dass im Sortenvergleich erhöhter Kornertrag nicht mit erhöhter Photosynthesekapazität der Blätter einhergeht (Gifford und Evans 1981; Wardlaw 1990), weshalb auch gentechnische Veränderungen des Photosyntheseapparates, in der Absicht den Ertrag zu steigern, nicht sinnvoll sind.

Eine bloße Einnahmenrechnung ist also selbst über kurze Zeitspannen ökologisch wenig hilfreich, um Wachstum zu verstehen. Noch schwieriger wird dies über längere Zeiträume, wenn die Funktionsdauer aller Organe und Gewebe (Amortisationsfragen) zum Tragen kommt. Die Einnahmen, die ein Blatt erwirtschaftet, ergeben sich aus der Bilanz von Lebensleistung an photosynthetischer CO_2-Bindung minus den Konstruktionskosten des Blatts nach Abzug von Substanzrückverlagerungen vor dem Blatttod. Die energetischen Kosten der Gewebebildung vernachlässigt, ist der Ertrag das Produkt von Leistung mal Leistungsdauer – beide sind in ihrer Bedeutung gleichrangig.

Wo und in welcher Form die Kohlenstoffassimilate im Pflanzenkörper investiert werden, bestimmt also die Wachstumsrate (◘ Abb. 22.32). Eine Reinvestition von Photoassimilaten in neue Blattfläche erzeugt eine Art Zinseszins (mit täglicher Verzinsung!). Eine Investition in grüne Stengel mag bilanzmäßig neutral sein, während Speicherorgane niedrige und Feinwurzeln hohe Kosten (vor allem Betriebsausgaben durch Atmung) zur Folge haben. Die Entscheidung, welche Strategie verfolgt wird, ist nicht frei, sondern unterliegt drei Triebkräften: dem Bauplan, also dem ererbten Morphotyp, dem Entwicklungsplan und damit der Änderung der Investitionsschwerpunkte im Lauf des Lebens und Umweltfaktoren. Die Assimilatströme werden innerhalb der bauplan-und entwicklungsbedingten Grenzen vom Ressourcenangebot gelenkt (◘ Abb. 22.33, ► Abschn. 22.7.3): viel Licht – wenig Blätter; wenig Licht – viele Blätter; hohes Stickstoffangebot – große Blatt- und kleine Wurzelmasse usw.

Durch das Ausmaß von Kohlenstoffinvestitionen in Blätter kann die Pflanze mehr oder weniger Kohlenstoff erwerben, sie steuert damit den photosynthetischen Ertrag der Gesamtpflanze, ohne notwendigerweise die spezifische Photosyntheseleistung zu verändern. Temperatur, Wasser- und Nährstoffangebot bestimmen, wie viel Photosynthese die gesamte Pflanze sich leisten kann oder wie viele Assimilate überhaupt investierbar sind. Dies ist das Bild einer vom Bedarf gesteuerten Assimilataufbringung, was im Gegensatz zur bisher gängigen Vorstellung steht, nämlich dass das Angebot, also die Photosyntheseleistung das Wachstum allein bestimmt. Letzteres ist nur der Fall, wenn andere Wachstumsfaktoren nicht limitierend sind. Das gibt es nur unter speziellen Bedingungen in der Intensivlandwirtschaft oder im tiefen Schatten, wo die CO_2-Bindung zur alleinig bestimmenden Komponente werden kann. Es ist bezeichnend, dass viele immergrüne Pflanzen im Verlauf von Trockenperioden trotz eingeschränkter CO_2-Aufnahme Reserven ansammeln (engl. *stored growth*) und in dieser Zeit in der Regel nicht „hungern". Mit einsetzenden Niederschlägen werden diese Reserven für den Austrieb mobilisiert.

Trotz zumeist höherer Photosyntheseleistung von C_4- gegenüber C_3-Pflanzen ist deren landwirtschaftlicher Ertrag bei hoher Bodenfeuchte keineswegs immer höher. Einen Vorteil erzielen sie wegen des geringeren Wasserverbrauchs vor allem bei Trockenheit. Durch kompensatorisches Wachstum der Wurzeln können zwar Wasser- und Nährstoffmangel vorübergehend reduziert werden, aber dem sind auf Ökosystemebene natürliche Grenzen gesetzt. Auch eine Stimulation der Photosynthese durch erhöhte CO_2-Konzentration führt nur zu sehr geringer Wachstumssteigerung, sofern die Wachstumslimitierung durch andere Ressourcen nicht künstlich aufgehoben wird (► Abschn. 22.7.6).

22.7.3 Funktionelle Wachstumsanalyse

Die funktionelle Wachstumsanalyse (Lambers et al. 1998) geht von einigen Grundparametern aus, die hauptsächlich damit zu tun haben, wie die Assimilate in der

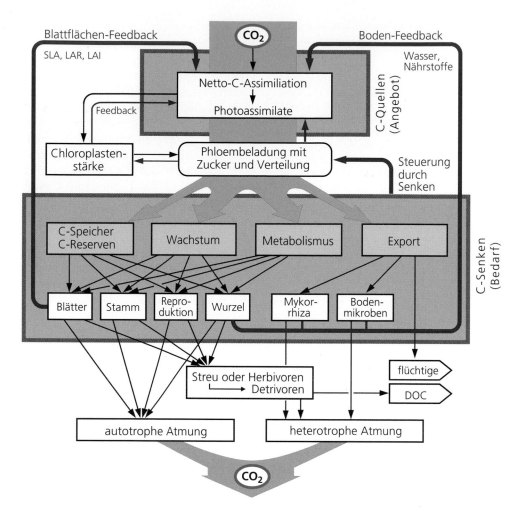

Abb. 22.32 Stark vereinfachtes Schema des Pflanzenwachstums. Kohlenstoff wird von den Quellen (z. B. photosynthetisch aktive Blätter) zu den Senken (z. B. Strukturen oder metabolischer Verbrauch, sowie Ausscheidungen) verlagert. Die Senkenaktivität wird ihrerseits durch die Bereitstellung von Bodennährstoffen durch Mikroben, Wasserangebot und Temperatur gesteuert (nicht gezeigt) und bestimmt damit im Regelfall den Bedarf an Photoassimilaten. Je nach Art der Investition neuer Assimilate entstehen so Kohlenstoffverluste (z. B. durch Respiration) oder vermehrter Kohlenstoffgewinn (z. B. durch Reinvestition in Blätter). Komplexe Rückkopplungsprozesse steuern Angebot und Nachfrage in Analogie zu ökonomischen Systemen. Veränderungen in der Umwelt und Entwicklungsprozesse (Onthogenese), ebenso wie die Funktionsdauer (Amortisation) von Organen sind hier ausgeblendet. Das Schema verdeutlicht, dass die Photosyntheseleistung nur eine von vielen Steuergrößen des Wachstums ist, was auch erklärt, warum über die photosynthetische Leistungskraft von Blättern die Wachstumsrate von Pflanzen nicht vorhergesagt werden kann. In der landwirtschaftlichen Züchtung wurden daher bewusst oder unbewusst primär die Kohlenstoffverteilung und Entwicklungsabläufe selektioniert. – SLA Blattfläche pro Trockenmasse des Blatts, LAR Gesamtfläche aller Blätter bezogen auf die gesamte Biomasse einer Pflanze, LAI Blattflächenindex, DOC gelöste organische Kohlenstoffverbindungen (z. B. Exsudation von Zucker oder organischen Säuren)

Pflanze auf unterschiedliche Organe verteilt und in diesen eingesetzt werden. Die Umwelt kann diesen Verteilungsprozess so beeinflussen, dass Assimilate bevorzugt dort investiert werden, wo Mangel herrscht: Bei Bodentrockenheit in Wurzeln, bei Lichtmangel in Blätter usw. Zur Beschreibung der Trockensubstanzverteilung in der Pflanze werden am besten die relativen Anteile (%) der Organe an der Gesamttrockenmasse benutzt und nicht deren Verhältnis zueinander (also nicht engl. *root/shoot ratio* [Wurzel/Spross-Verhältnis], sondern engl. *root mass fraction* usw.; Abb. 22.34):

- LMF (engl. *leaf mass fraction*): der Blattanteil an der Gesamttrockenmasse

- SMF (engl. *stem mass fraction*): der Anteil aller Sprossachsen an der Gesamttrockenmasse
- RMF (engl. *root mass fraction*): der Wurzelanteil an der Gesamttrockenmasse

Auf der Ebene Blatt und Wurzel interessieren die Biomassekosten für die Schaffung einer funktionellen Einheit. Da die Funktion des Blatts vor allem in der Lichtabsorption liegt, ist die Funktion am besten mit der Blattfläche umschrieben. Bei der Wurzel ist es die Intensität der Bodendurchdringung, also die Laufmeter Feinwurzeln, die mit einer Biomasseeinheit gebildet werden. Es ist zwar die Wurzeloberfläche, die mit dem Boden in

22

Kontakt tritt, allerdings sinkt die Aktivität dieser Oberfläche mit dem Alter der Wurzel. Ein Bezug auf Wurzeloberfläche würde nicht mehr absorptive (vorwiegend axial leitende) dicke Altwurzeln über- und sehr aktive, absorptive Feinwurzeln unterbewerten. Es wird daher unabhängig von der Dicke häufig die Länge als funktionelles Maß benutzt. Die entsprechenden Parameter sind:

- SLA (engl. *specific leaf area*): spezifische Blattfläche; m^2 Blattfläche pro g Trockenmasse Blatt, aus Anschaulichkeitsgründen meist $dm^2\,g^{-1}$ oder $m^2\,kg^{-1}$
- SRL (engl. *specific root length*): spezifische Wurzellänge; m Wurzellänge pro g Trockenmasse Wurzel

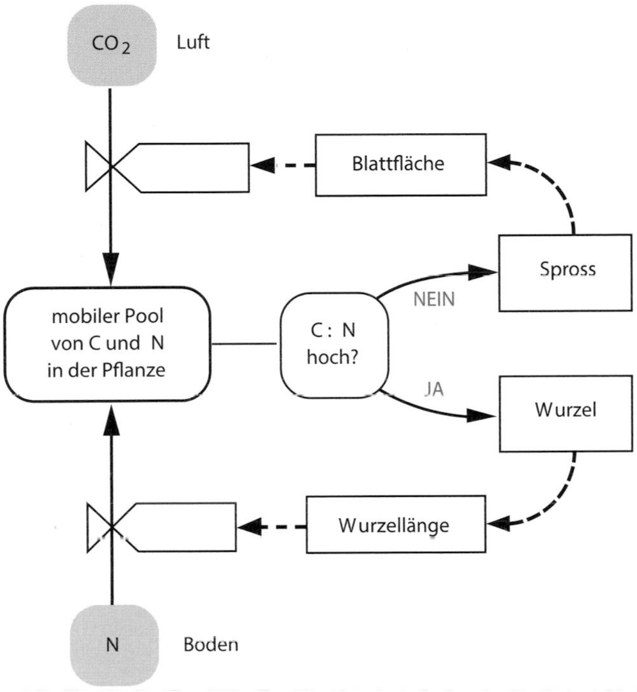

Statt des SLA wird oft dessen Kehrwert LMA (engl. *leaf mass per area*) benutzt. Aus der Verknüpfung von Masseanteil und spezifischen „Organkosten" ergeben sich zwei wichtige Gleichungen der funktionellen Wachstumsanalyse:

$$LAR = LMF \times SLA$$

LAR (engl. *leaf area ratio*): die Gesamtfläche aller Blätter bezogen auf die gesamte Biomasse einer Pflanze, $m^2\,g^{-1}$

$$RLR = RMF \times SRL$$

RLR (engl. *root length ratio*): gesamte Wurzellänge pro Gesamtpflanzenmasse, $m\,g^{-1}$

Zahlreiche Untersuchungen belegen inzwischen, dass die LAR die wichtigste Wachstumsdeterminante ist (◘ Abb. 22.35), wobei sowohl LMF als auch SLA die maßgeblichen Variablen für die LAR darstellen können.

Die LAR ist zunächst eine statische Größe und bedarf noch einer Gewichtung durch die spezifische Kohlenstofffixierungsleistung der Blattfläche. Sie wird als ULR (engl. *unit leaf rate*) bezeichnet und beschreibt den Trockensubstanzzuwachs der gesamten Pflanze pro m^2 Blattfläche und Tag ($g\,m^{-2}\,d^{-1}$). Daraus ergibt sich die **relative Wachstumsrate** RGR einer Pflanze:

$$RGR = ULR \times LAR$$

◘ Abb. 22.33 Einfaches Modell für die Verknüpfung von Kohlenstoff- und Stickstoffhaushalt in der Pflanze. Ausgehend davon, ob eine Kohlenstofflimitierung (investierbare, noch nicht strukturgebundene Photoassimilate) oder eine Stickstofflimitierung (verfügbare Stickstoffverbindungen), also dem C/N-Verhältnis mobiler Bausteine, vorliegt, wird die Investition mehr in Blätter oder mehr in Wurzeln gelenkt. Durchgezogene Pfeile symbolisieren Massenflüsse, gestrichelte weisen auf Einflüsse hin. (Nach Grace 1997)

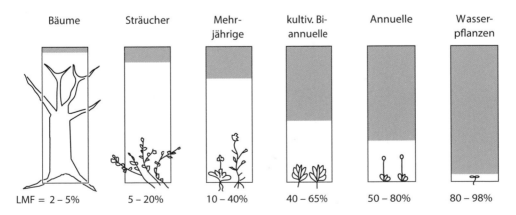

Bäume	Sträucher	Mehrjährige	kultiv. Biannuelle	Annuelle	Wasserpflanzen
LMF = 2 – 5%	5 – 20%	10 – 40%	40 – 65%	50 – 80%	80 – 98%

◘ Abb. 22.34 Biomasseverteilung und pflanzliche Lebensstrategie. Sehr unterschiedliche Anteile der Gesamtbiomasse einer Pflanze finden sich in den Photosyntheseorganen. Hier die LMF, also der Anteil der Blattbiomasse an der Gesamtbiomasse (% Trockenmasse, grüne Fläche) adulter Pflanzen unterschiedlichen Morphotyps bzw. unterschiedlicher Lebensstrategie. Die LMF für die gezeigten Lebensformen würde sich deutlich weniger unterscheiden, wenn nur die aktiven Gewebe berücksichtigt würden (also bei Holzpflanzen nur der parenchymatische, lebende Teil). Die niedrige LMF von Bäumen und Sträuchern entsteht durch das Einbeziehen des gesamten Stammes, obwohl dessen größter Teil nicht mehr aktiv ist. (Nach Körner 1993)

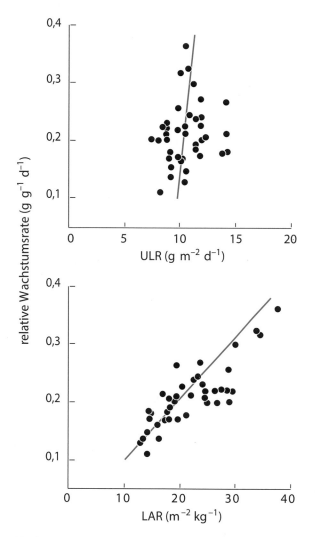

Abb. 22.35 Steuerung des Wachstums durch Assimilation und Investition. Die relative Wachstumsrate variiert unabhängig von der CO_2-Assimilationsrate der Summe aller Blätter (ULR), aber korreliert linear mit der Blattfläche pro Gesamtbiomasse (LAR). Die Abhängigkeit von LAR stammt hauptsächlich von der SLA-Komponente (der Blattfläche pro Blatttrockenmasse) und nicht von der Blattmasse pro Gesamtbiomasse (LMF). (Daten für 51 verschiedene krautige Pflanzenarten unter optimalen Wachstumsbedingungen, zusammengestellt von Poorter und Van der Werf 1998)

RGR, also die relative Änderung der Gesamtmasse M der Pflanze pro Ausgangsmasse und Tag, ergibt sich aus:

$$\mathrm{RGR} = \frac{1}{M} \times \frac{\mathrm{d}M}{\mathrm{d}t} \left(\mathrm{g\,g^{-1}\,d^{-1}}, \text{auch in \% d}^{-1} \right)$$

ULR repräsentiert ein integrales Maß für die Assimilationsleistung der Blätter in Bezug auf den damit erzielten Nettozuwachs der Pflanze und bildet die Kohlenstoffassimilation realistischer ab als eine kurzzeitige Blattphotosynthesemessung. Der Nachteil von ULR ist, dass sie nur destruktiv bestimmbar ist (Massezuwachs in relativ kurzen, z. B. wöchentlichen Intervallen) und daher nur für krautige oder jedenfalls kleine Pflanzen ermittelbar ist. Ein in der Landwirtschaft übliches Maß für die Wuchsleistung von Pflanzen über längere Perioden (einige Wochen, Monate) ist die zu ULR synonyme Nettoassimilationsrate (NAR, engl. *net assimilation rate*), der Biomassezuwachs bezogen auf die mittlere Blattfläche während eines in der Regel längeren Beobachtungszeitraums. Der Bezug auf eine sich jedoch laufend ändernde Blattfläche ist bei längeren Intervallen problematisch. RGR variiert artabhängig um zwei Größenordnungen. Bei Bäumen sind LMF und RMF etwas problematisch, da die Werte nur durch die Einbeziehung des großen, inaktiven Kernholzbereichs so klein werden (■ Abb. 22.34). Bezieht man LMF und RMF auf die leitungsaktiven Holzteile, dann erreichen sie die Nähe der Werte langlebiger krautiger Pflanzen. Wegen der täglichen „Verzinsung" des Blattzuwachses kann RGR sehr rasch sehr hohe Werte erreichen. Ein Zuwachs von 20 % pro Tag bei jungen krautigen Pflanzen ist keine Seltenheit. Viele Analysen belegen inzwischen, dass sich **schnell- und langsamwüchsige Pflanzen** hauptsächlich in der Biomasseinvestition pro Blattfläche und pro Wurzellänge unterscheiden. Rasch wachsende Pflanzen haben im Gegensatz zu langsam wachsenden einen hohen SLA (■ Tab. 22.1 in ▶ Abschn. 22.6.2) und eine hohe SRL. Typische Werte für diese Größen zeigt ■ Tab. 22.2.

■ Abb. 22.36 illustriert schematisch das Zusammenspiel der wichtigsten Determinanten der funktionellen Wachstumsanalyse und spannt dabei den Bogen vom Einzelblatt zum Kohlenstoffgewinn einer Monokultur. Dieses Funktionsschema würde noch um einiges komplizierter, versuchte man, die vielfältigen (weitgehend unbekannten) Interaktionen mit Symbionten, Herbivoren, Pathogenen und Destruenten einzubeziehen, und würden Auslöser für Entwicklungsprozesse der Pflanze (z. B. Blühen) berücksichtigt. Die Komplexität erhöht sich abermals, wenn auf Bestandsebene auch noch die oberirdischen und unterirdischen Wechselwirkungen unterschiedlicher Pflanzenarten und Altersstufen in Rechnung gestellt würden. Deshalb ist das Wachstum eines Pflanzenbestands auf einer mechanistischen Basis, die von der Funktion eines Blatts ausgeht, nicht vorhersagbar (modellierbar). Jede Vorhersage des Pflanzenwachstums ist daher statistischer Natur und beruht

Tab. 22.2 Kennzahlen[1] der funktionellen Wachstumsanalyse

Vegetationstyp	LMF	SMF	RMF	SLA	SRL	LAR	RGR
krautige Pflanzen	0,25	0,45	0,30	25	50	6	0,15
saisongrüne Bäume	0,02	0,85	0,13	12	5-20	0,24	0,02
immergrüne Nadelbäume	0,04	0,83	0,13	3	5-20	0,12	0,02

[1]grobe Richtwerte für bereits weit entwickelte, aber noch nicht seneszente Individuen von Wildpflanzen; in der Sämlings- und frühen Jugendphase, ebenso wie in der Seneszenzphase, können die Werte stark von diesen Zahlen abweichen. LMF, SMF, RMF in g g^{-1}, LAR in m^2 kg^{-1} und RGR in g g^{-1} d^{-1}, jeweils auf die Trockensubstanz der ganzen Pflanze bezogen; SLA in m^2 kg^{-1} und SRL in m g^{-1} (bei Bäumen abhängig von Ectomykorrhiza, s. Ostonen et al. 2007) auf eine Gewichtseinheit trockenen Gewebes (Blatt oder Wurzel) bezogen

22

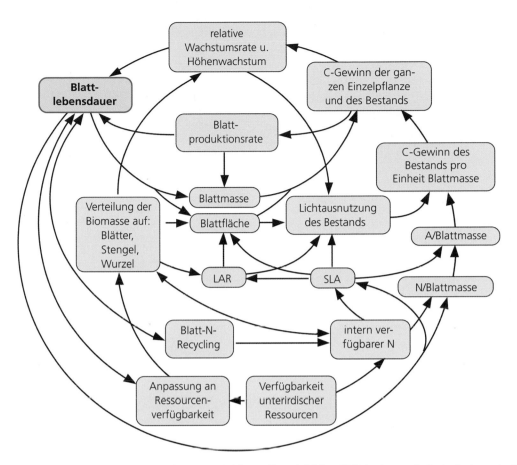

◘ Abb. 22.36 Modell der funktionellen Verknüpfung von Kohlenstoff- und Stickstoffallokation und -Assimilation mit der Blattlebensdauer. Nur interne Steuergrößen des Pflanzenwachstums und der Nährstoffverfügbarkeit sind berücksichtigt, nicht dagegen andere externe Einflussgrößen wie Klima und Bodenfeuchte sowie Entwicklungsprozesse und biotische Interaktionen. – A Photosyntheseleistung, LAR Gesamtfläche aller Blätter bezogen auf die gesamte Biomasse einer Pflanze, SLA spezifische Blattfläche. (Nach Reich et al. 1992)

auf Erfahrungswerten (in der Forstwirtschaft z. B. auf artspezifischen Wachstumstabellen; engl. *growth tables*). Die hier aufgezeigte Komplexität macht auch klar, warum durch genetische Eingriffe in irgendeinen Teilprozess (z. B. in die Prozesse der CO_2-Fixierung im Chloroplasten) ein prognostizierbares Resultat im Wachstum unter Feldbedingungen nicht zu erwarten ist.

22.7.4 Das stabile Isotop ^{13}C in der Ökologie

Neue Methoden sind oft der Ausgangspunkt für einen Wissensschub. Keine andere Erkenntnis hat die Forschung in der funktionellen, prozessorientierten Ökologie seit Mitte der 1970er-Jahre mehr beeinflusst als die, dass stabile, in der Natur allgegenwärtige Isotope wichtiger chemischer Elemente wie Wasserstoff, Stickstoff, Sauerstoff und Kohlenstoff in Pflanzen, gegenüber ihrer Umwelt, entweder angereichert oder verdünnt sind (Ehleringer et al. 2002). Solche Signale pflanzen sich in der Nahrungskette fort, weshalb neben der Pflanzen- auch die Tierökologie profitierte. Das ^{13}C-Isotop ist das be-

deutendste. Es repräsentiert etwa 1,1 % allen Kohlenstoffs in Gesteinen, der Atmosphäre und in Organismen, 98,9 % entfallen auf das Isotop ^{12}C. Das in Spuren in der oberen Atmosphäre laufend neu entstehende, radioaktive (also instabile) Isotop ^{14}C, dessen relativ rascher Zerfall zur Altersbestimmung von organischem Material benutzt wird und welches auch als Markierungssubstanz (engl. *tracer*) in der analytischen Forschung eingesetzt wird, ist hier nicht das Thema.

Verbindungen, die ein schweres Isotop enthalten, haben die Eigenschaft, etwas langsamer zu diffundieren als solche mit der leichteren Variante desselben Elements, und in vielen Fällen ist auch die Prozessgeschwindigkeit verlangsamt. Man spricht von einer **physikalischen und biochemischen Fraktionierung** (Auftrennung) stabiler Isotope. Im Fall des Kohlenstoffs betrifft dies hauptsächlich die Umsetzung von $^{13}CO_2$. Hier verläuft die Fraktionierung so, dass CO_2 mit dem schwereren ^{13}C-Isotop im Pflanzengewebe gegenüber dem mit dem leichteren ^{12}C diskriminiert wird, d. h. es wird weniger ^{13}C eingebaut als dessen Gehalt in der Luft entspricht (▶ Exkurs 22.1).

Exkurs 22.1 Mit $\delta^{13}C$ dem Kohlenstoff- und Wasserhaushalt auf der Spur

R. Siegwolf

Das Messinstrument, mit dem sich Isotopenverhältnisse identifizieren lassen und das zu einem Standardwerkzeug der Biologie wurde, ist das Massenspektrometer. Die Probengröße liegt bei wenigen Milligramm. Es müssen damit 0,1 ‰ Unterschiede im Isotopenverhältnis $^{13}C/^{12}C$ aufgelöst werden. Statt Absolutkonzentrationen wird in der Regel die relative Abweichung des $^{13}C/^{12}C$-Verhältnisses in einer Probe vom $^{13}C/^{12}C$-Verhältnis eines Standards betrachtet. Die internationale Referenzsubstanz, auf die alle anderen $^{13}C/^{12}C$-Verhältnisse bezogen werden, ist ein Belemnitenkalk der PeeDee-Formation, dessen $\delta^{13}C$-Wert definitionsgemäß 0 ‰ ist. Gegenüber dieser Referenz errechnet sich der $\delta^{13}C$-Wert irgendeiner anderen Substanz nach folgender Gleichung:

$$\left[\delta^{13}C \left[\frac{\left(\frac{^{13}C}{^{12}C}\right)_{Probe}}{\left(\frac{^{13}C}{^{12}C}\right)_{Standard}} - 1 \right] \times 1000 \, (‰) \right]$$

Das CO_2 der Atmosphäre, von dem ausgehend das $\delta^{13}C$ der Pflanzen zu verstehen ist, hat heute einen Wert von -8 ‰ gegenüber dem Belemnitenkalk-standard. Dieser Wert wird wegen der Verbrennung fossiler Kohlenstoffvorräte langsam immer negativer. Im 19. Jahrhundert lag der Wert bei weniger als -7 ‰ (Rekonstruktion aus im Polareis eingefrorener Luft). Statt das Isotopenverhältnis gegenüber Belemnitenkalk als negativen $\delta^{13}C$-Wert anzugeben, wird als Alternative auch die ^{13}C-Diskriminierung (positiv), Δ, gegenüber Luft angegeben:

$$\Delta = \frac{\delta^{13}C_{Probe} - \delta^{13}C_{Luft}}{1 + \delta^{13}C_{Probe}}$$

Das Ausmaß der Diskriminierung von $^{13}CO_2$ beim Photosyntheseprozess öffnet Einblick in wichtige Teilschritte der CO_2-Aufnahme (stomatäre Diffusion und Carboxylierung). Da die Assimilate die Signatur über die Zeit integrieren und in der Struktursubstanz der Pflanze dauerhaft speichern, sind $\delta^{13}C$-Werte ein Spiegelbild der Assimilationsbedingungen während des Pflanzenwachstums, heute genauso wie vor Tausenden oder Millionen von Jahren. Der Zusammenhang zwischen Gaswechsel und ^{13}C-Diskriminierung wurde von G. Farquhar formuliert und mehrfach experimentell bestätigt:

$$\Delta = a + (b - a) \frac{p_i}{p_a}$$

bzw.

$$\delta^{13}C_{Probe} = \delta^{13}C_{Luft} + a + (b - a) \frac{p_i}{p_a}$$

($a = 4,4$ ‰, Fraktionierung durch Diffusion; $b = 28$ ‰, Fraktionierung durch Carboxylierung; p_i und p_a sind der blattinterne und der äußere CO_2-Partialdruck). Da p_a bekannt ist, lässt sich mit Δ der Wert von p_i errechnen, womit man aus einer winzigen Gewebeprobe Hinweise auf die stomatäre Behinderung des Gaswechsels zur Zeit der Assimilatbildung erhält. Ein niedriges p_i zeigt verengte Stomata und damit ungünstige Wasserversorgung an.

Die physikalische Isotopendiskriminierung im Zuge der CO_2-Aufnahme, im Wesentlichen die Diffusion durch die Stomataporen, ist schwach und führt zu einer 4,4 ‰ geringeren Präsenz von ^{13}C unterhalb der Epidermis. Dieses an ^{13}C verarmte CO_2 steht nun für die Kopplung an Ribulosebisphosphat durch die Rubisco zur Verfügung, ein Prozess, bei dem ^{13}C wesentlich stärker, nämlich um 28 ‰ diskriminiert wird. Erfolgt die erstmalige Bindung durch die PEP-Carboxylase (C_4- und CAM-Pflanzen), kommt es zu keiner solchen zusätzlichen Diskriminierung, da dieses Enzym $^{13}CO_2$ nicht benachteiligt. In diesem Fall beschränkt sich somit die Gesamtdiskriminierung auf die durch die Stomata (4,4 ‰). Kleinere Unschärfen entstehen bei C_3-Pflanzen dadurch, dass intern veratmetes CO_2 aus bereits ^{13}C-verarmtem Substrat wieder fixiert wird, was besonders bei geringer Spaltöffnungsweite eine Rolle spielt. In groben Zügen wird die Gesamtdiskriminierung immer dann groß sein (stark ne-

gatives $\delta^{13}C$), wenn die Diskriminierung durch die Rubisco dominiert wird (C_3-Pflanzen bei weit offenen Stomata), und sie wird immer klein sein (weniger negative $\delta^{13}C$-Werte), wenn die Stomata stark verengt sind und die CO_2-Aufnahme stark behindern oder eben bei C_4- und CAM-Pflanzen. Da der Ausgangswert der Luft -8 ‰ ist, kann $\delta^{13}C$ theoretisch nie weniger negativ als -12 ‰ (-8 plus -4; C_4-Pflanzen) und nie negativer als -36 ‰ (-8 plus -28) sein. Tatsächlich liegen die Werte bei gut mit Wasser versorgten C_3-Pflanzen im Durchschnitt bei $-28,5$ ‰ (meist -25 ‰ bis -32 ‰) und bei C_4-Pflanzen zwischen -12 ‰ und -14 ‰. Bei CAM-Pflanzen kommt es darauf an, ob sie CAM voll aktiviert haben oder bei feuchter Witterung auch am Tag im C_3-Weg assimilieren (meist Werte zwischen -13 ‰ und -20 ‰). Der ökologische Nutzen solcher Information ist offenkundig.

Mithilfe des $\delta^{13}C$-Wertes lassen sich an winzigen Proben toten Pflanzenmaterials (auch an Herbarbelegen und fossilisierten Pflanzen) C_3- und C_4-Pflanzen unterscheiden und, was besonders interessant ist, herausfinden, ob diese Strukturen im Fall von C_3-Pflanzen unter Wassermangel (wenig negatives $\delta^{13}C$) oder bei reichlicher Wasserversorgung (stark negatives $\delta^{13}C$) entstanden. An Fett, Knochen oder Zähnen von Tieren lässt sich erkennen, ob sie/wann sie Weidegründe mit C_4-Pflanzen beweidet haben. Im Bodenhumus lässt sich nachweisen, ob er aus Abfall von C_3- oder C_4-Pflanzen entstand (Beleg für historische Vegetationsveränderungen). Es gelang mit dieser Methode z. B. nachzuweisen, dass sich fossile Schnecken in der heutigen Negev-Wüste vor Tausenden von Jahren von gut wasserversorgten C_3-Pflanzen ernährten (feuchtes Klima), dass über erdgeschichtliche Zeiträume C_4-Pflanzen immer dann häufig wurden, wenn der CO_2-Gehalt der Atmosphäre niedrig war, und dass Blätter von Hochgebirgspflanzen weltweit eine relativ geringere Carboxylierungslimitierung aufweisen als vergleichbare Pflanzenarten aus tiefer liegenden Regionen (weniger negatives $\delta^{13}C$, sofern nur Höhenprofile ohne Wassermangel verglichen werden), was sich auch auf den Bodenhumus überträgt (◘ Abb. 22.37). Auch den ersten Nachweis photosynthetischer Organismen auf der Erde verdanken wir Isotopenanalysen an Milliarden Jahre alten, fossilisierten Bakterienlagern. Da ^{13}C auch als völlig gefahrlose Markierungssubstanz (engl. *tracer*) in unterschiedlichen chemischen Verbindungen zur Verfügung steht, bietet sich dieses Isotop auch als Ersatz für das radioaktive ^{14}C an.

22.7.5 Biomasse, Produktivität, globaler Kohlenstoffkreislauf

22.7.5.1 Biomassevorrat

Der größte Teil des biologisch gebundenen Kohlenstoffs befindet sich auf dem Land, und da wiederum zu etwa 27 % in Pflanzenmasse und zu etwa 73 % im Bodenhumus (◘ Abb. 22.43). Die **globale Biomasse** besteht zu etwa 85 % aus Bäumen (◘ Abb. 22.38).

Gemäß der Definition in ▶ Abschn. 21.5.1.4 schließt Biomasse tote Pflanzenmasse aus. Eine strikte Trennung zwischen Bio- und Nekromasse ist in der Praxis bei derartigen globalen Statistiken jedoch unmöglich. Was hier aus Gründen der Konsistenz mit den Literaturquellen als Biomasse bezeichnet wird, ist in Wahrheit Phytomasse (also inkl. Nekromasse). Baumstämme sind ein evolutives Resultat des Wettbewerbs um Licht, zum Teil auch um Standraum (Flucht vor Herbivoren und Feuer). Der größte Teil der globalen Biomasse stellt somit, in die Alltagssprache übersetzt, „Werbungskosten" dar.

Etwa 40 % der globalen Biomasse befinden sich noch in tropischen und subtropischen Wäldern. Die Summe der mittleren Biomassevorräte in Agrarkulturen erreicht etwa 1,6 %; nur 0,2 % der globalen Biomasse finden sich in den Ozeanen. In Wäldern ist der größte Teil der Biomasse oberirdisch (ca. 80 %), in Grasland befindet sich der Großteil der Biomasse unter der Erde (>60 %, Extreme bis 90 %). 60–80 % der gesamten Wurzelbiomasse finden sich üblicherweise in den obersten 30 cm des Bodenprofils, ein kleiner Teil der Wurzeln reicht aber in der Regel mehrere Meter tief in den Boden, ausgenommen Vegetation kalter Lebensräume und Nassstandorte (◘ Tab. 22.3 in ▶ Abschn. 22.7.5.1).

Der Vorrat an **toter Pflanzensubstanz** kann in manchen Grasländern 50–90 % der gesamten Pflanzenmasse erreichen (abgestorbene Blätter und Blattbasen). Für Wälder gilt Analoges, wenn man das physiologisch nicht mehr aktive Kernholz (gegenüber dem aktiven Splint) als tot betrachtet, was aber Statistiken nicht so ausweisen. Die tote Pflanzenmasse am Boden, die Bodenstreu, ist im Grasland meist gering, umfasst aber in temperaten Wäldern 5–10 t ha^{-1} (der untere Wert gilt für Laub-, der obere für Nadelwald), wobei die jährliche Streuproduktion zwischen 4 und 5 t ha^{-1} liegt, was ungefähr dem jährlichen Holzzuwachs gleichkommt.

Der Biomassevorrat in einem Ökosystem kann stark variieren, ohne dass dies in Unterschieden des LAI (▶ Abschn. 21.5.1.5) zum Ausdruck kommt. Eine mähreife Wiese und ein Buchenwald guter forstlicher Bonität haben beide einen LAI von nahe 6. Entsprechend ähnlich sind die **Chlorophyllmengen** geschlossener Vegetation pro Landflächeneinheit weltweit (2–3 g m^{-2}).

Vorratsgrößen sagen auch nichts über Stoffumsätze aus. Obwohl nur ein verschwindend kleiner Teil der Biomasse der Erde im Ozean ist (im Wesentlichen Plankton),

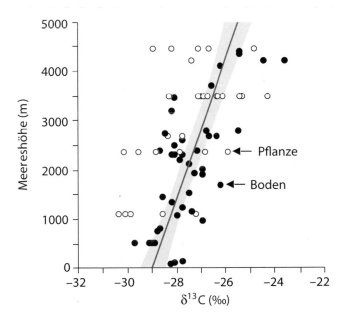

◘ **Abb. 22.37** Die Änderung des $\delta^{13}C$-Wertes von Pflanzen (Blättern) und zugehörigem Bodenhumus entlang eines 3000-m-Höhenprofils in Neuguinea (schattiert: 95 % Vertrauensbereich). Der Boden trägt die Isotopensignatur der Pflanzen. Pflanzen integrieren die Diskriminierung über Monate bis wenige Jahre, der Boden speichert die Information über Jahrhunderte bis Jahrtausende. Gebirgspflanzen diskriminieren ^{13}C weniger als Pflanzen im Tal. (Nach versch. Autoren aus Körner 2021)

Kohlenstoffvorrat der Phytomasse (%)[1]	Fläche[2]	C-Vorrat[3]	NPP[4] (Jahr)	NPP[5] (Tag)	(Veg. zeit)[6]
tropische Wälder — 340 Gt	12	19	21,9	4,4	300
temperate Wälder — 139	7	13	8,1	4,8	170
trop. Savannen u. Grasland — 79	18	3	14,9	4,5	130
boreale Wälder — 57	9	4	2,6	1,6	150
mediterrane Hartlaubwälder — 17	2	6	1,4	3,8	130
Wüsten und Halbwüsten — 10	19	0,36	3,5	3,2	50
temperates Grasland — 6	10	0,40	5,6	2,8	150
Agrarland — 4	9	0,30	4,1	1,9	180
Tundra — 2	4	0,36	0,5	1,2	80
eisbedeckte Flächen — 0	10	0	0	0	
Wälder gesamt 552 (85 %)	30 %				
andere Vegetation gesamt 100 (15 %)	60 %				
Landfläche gesamt 652 Gt (= Pg; 100 %)	149 Mio. km²		62,6	28,2	
Ozeane 1 Gt (= Pg; 0,15 %)	335 Mio. km²				

[1] globaler terrestrischer Vorrat in Gt = 10^{15} g

[2] Flächenanteil in % der gesamten Landfläche von 149 Mio. km² (große Inlandwasserflächen abgezogen)

[3] Mittlerer Kohlenstoffvorrat in der Phytomasse (global) in kg C m^{-2}. Diese Zahlen spiegeln auch schlecht besetzte Areale innerhalb einer Kategorie wider.

[4] Nettoprimärproduktion global (Summe) auf Jahresbasis in Gt C a^{-1}

[5] Nettoprimärproduktion pro Flächeneinheit und bezogen auf die tatsächliche Wachstumsperiode in g C m^{-2} d^{-1}

[6] mittlere Dauer der Wachstumsperiode (Anzahl Tage pro Jahr)

Abb. 22.38 Verteilung des in der Biomasse festgelegten Kohlenstoff-(C-)vorrats der Erde auf die großen Biome. Die Relativangaben beziehen sich auf einen geschätzten Gesamtvorrat von 652 Mrd. t C (trockene Biomasse enthält ca. 46–50 % C). Die Biomassekohlenstoffvorräte pro Fläche sind kalkulatorische Durchschnittswerte. Betrachtet man nur ungestörte, reife Vegetation, können die Flächenvorräte wesentlich höher liegen. Auf Feuchtgebiete entfallen nach einer älteren Abschätzung 3,5 Mio. km² bzw. 15 Gt C Biomasse (2,3 % des globalen Biomassekohlenstoffvorrats) und 4 Gt C a^{-1} an NPP. Diese sind in der obigen Zusammenstellung vor allem im Grasland (z. B. Sümpfe, Moore, Ästuarien) enthalten. Die Dauer der Wachstumsperiode ist eine grobe Annäherung, da jede dieser Kategorien gute und weniger gute Klimabereiche einschließt; so umfasst der Begriff „tropische Wälder" auch periodisch trockene Gebiete. Die globale Biomasse dürfte in dieser Zusammenstellung zu hoch sein, da solche Daten in der Regel an intakten Beständen erhoben werden, während die globalen Referenzflächen pro Biom auch weniger gut entwickelte oder gestörte Flächen enthalten. Neuere Schätzungen von Bar-On et al. 2018 (vgl. Abb. 22.39) auf Basis von Fernerkundungsdaten liegen um rund ein Drittel tiefer (bei ca 450 Gt C), wobei nicht anzunehmen ist, dass sich dadurch die Relationen zwischen den Biomen verändern. (Nach Roy et al. 2001)

setzen diese Organismen in Summe auf dieser viel größeren Fläche etwa gleich viel Kohlenstoff pro Jahr um wie die terrestrische Vegetation. Dieser Vergleich zeigt, dass die Unterscheidung von Vorräten (Pools) und Flüssen (Umsätzen) essenziell ist für ein Verständnis des Kohlenstoffhaushalts, vor allem auch in Hinblick auf das später zu diskutierende CO_2-Problem (► Abschn. 22.7.6). Die vergleichsweise hohe Produktivität des Ozeans bei einer sehr geringen Planktonmenge erklärt sich aus der Kurzlebigkeit dieser Einzeller von wenigen Tagen (hoher Umsatz) im Vergleich zur über 100-jährigen Lebensdauer der meisten Bäume.

22

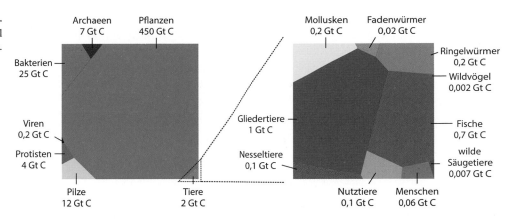

Abb. 22.39 Der globale Biomassevorrat der Pflanzen als Teil aller Organismen auf der Erde. (Nach Bar-On et al. 2018)

Tab. 22.3 Wurzelmasse (Trockensubstanz) in den großen Biomen, insgesamt und pro Flächeneinheit, sowie mittlere maximale und absolute maximale Wurzeltiefe. 1 Gt entspricht einer Milliarde Tonnen. (Nach Jackson et al. 1996)

Biom	Landfläche(10^6 km^2)	Wurzelmasse(kg m^{-2})	Anteil bis 30 cm Tiefe		maximale Wurzeltiefe[1](m)	
			(Gt)	(%)	mittlere	absolute
feucht-tropische Wälder	17	4,9	83	69	7,3	18
saisonale sub-/tropische Wälder	7,5	4,1	31	70	3,7	4,7
temp. immergrüne Wälder	5	4,4	22	52	3,9	7,5
temp. laubabwerfende Wälder	7	4,2	29	65	2,9	4,4
boreale Nadelwälder	12	2,9	35	83	2,0	3,3
offene Wald-/Buschländer	8,5	4,8	41	67	5,2	40
trop. Grasland (Savanne)	15	1,4	21	57	15,0	68
temp. Grasland (Steppe, Prärie u. a.)	9	1,4	14	83	2,6	6,3
Tundra/alpine Vegetation	8	1,2	10	93	0,5	0,9
heiße Wüsten	18	0,8	6,6	53	9,5	53
kultiviertes Land	14	0,2	2,1	70	2,1	3,7

Die resultierende Gesamtwurzelmasse der Erde beträgt nach dieser Aufstellung ca. 295 Gt (= 10^9 t) Trockensubstanz oder ca. 140 Gt Kohlenstoff. Die Daten stammen aus Quellen, die sich auf die Wurzel beziehen. Die vorliegende Tabelle umfasst daher, im Gegensatz zu klassischen Gesamtbiomassetabellen für die Erde, auch die normalerweise nicht erfasste, unterhalb von 30 cm Bodentiefe befindliche Wurzelbiomasse. Dadurch erhöht sich der Biomassevorrat der Erde um ca. 85 Gt Trockenmasse oder ca. 40 Gt C, und der globale Kohlenstoffvorrat steigt auf 600 Gt C (vgl. ■ Abb. 22.38 und 22.40). Die Unterschiede in den Flächenanteilen im Vergleich zu ■ Abb. 22.38 ergeben sich aus unterschiedlicher Zuordnung von Vegetationsformationen

[1]Generell betrachtet, beträgt die mittlere maximale Wurzeltiefe für Bäume 7 m, Sträucher 5 m, krautige Pflanzen (inkl. Gräser) 2,6 m und Ackerpflanzen 2 m. Ohne weitere Angaben kann man in erster Näherung davon ausgehen, dass diese Lebensformen mit ihren äußersten Wurzelspitzen die genannten Tiefen erreichen (in kühl-feuchten Regionen geringere, in heißen, trockenen Regionen tendenziell größere Tiefen)

22.7.5.2 Biomasseproduktion

Wenn Pflanzen wachsen, vermehrt sich über die Zeit die Biomasse pro Landflächeneinheit, man spricht von **Biomasseproduktion** oder (als Rate pro Zeiteinheit ausgedrückt) von **Produktivität**. Da die Produktion pflanzlicher Biomasse am Anfang der Nahrungskette steht, bezeichnet man sie als **Primärproduktion**. Man unterscheidet zwischen **Bruttoprimärproduktion**, BPP, also der Menge an Biomasse, die pro Landflächeneinheit insgesamt synthetisiert wurde, und der **Nettoprimärproduktion**, NPP, die resultiert, wenn man die über die Zeit aufsummierten respiratorischen Verluste des Ökosystems, R, abzieht.

$$NPP = BPP - \Sigma R$$

Diese aus dem Wirtschaftsleben bekannten und in der Biologie viel benutzten Produktionsbegriffe sind allerdings mehr theoretischer Natur und in der Praxis kaum fassbar, da die Verlustgrößen, insbesondere jene unter der Erde und die durch Respiration in der Regel unbekannt sind. Abschätzungen der NPP sind also mit großen Fehlern behaftet.

Als groben Richtwert kann man annehmen, dass etwa die Hälfte des via Pflanzen aufgenommenen Kohlenstoffs von diesen noch während ihres Lebens als respiratorisches CO_2 wieder abgegeben wird. Der andere Teil kehrt großteils über mikrobiellen Abbau des Pflanzenabfalls in die Atmosphäre zurück.

Die NPP, die am häufigsten benutzte Größe, wurde noch nie gemäß obiger Formel genau bestimmt. Man müsste dazu über den gesamten Beobachtungszeitraum die integrale photosynthetische Kohlenstoffbindung und alle respiratorischen **Verluste** kennen. Dem weicht man aus und betrachtet üblicherweise die Änderung der Biomassevorräte (ΔB) zwischen zwei Zeitpunkten als Ersatz (g m^{-2} a^{-1}). Das Problem dabei ist, dass von der im Beobachtungsintervall produzierten Biomasse ein Teil laufend wieder verschwindet. Abgestorbene Sprossteile (V_o) ließen sich noch aufsammeln und zum Schluss addieren (natürlich ohne Verluste flüchtiger Substanzen wie etwa Isopren; Ex_o); schwieriger ist es schon, jene produzierte Biomasse zu rekonstruieren, die Herbivore und Pathogene konsumiert haben (K_o), und bei den unterirdischen Organen ist es so gut wie unmöglich, den laufenden **Biomasseverlust und -konsum** (V_u, K_u) zu bestimmen. In Grasländern entfallen mehr als zwei Drittel auf unterirdische Organe, ein Großteil Feinwurzeln von kurzer Lebensdauer. Es gibt Abschätzungen, nach denen 5–10 % der Assimilate in Mykorrhizapilze gelangen und dort transitorisch verweilen, jedenfalls auch nicht mehr fassbar sind. Die Menge an Wurzelexsudaten, die in die Rhizosphäre abgegeben wird (Zucker, Aminosäuren), ist weitgehend unbekannt, wie zumeist auch der Verlust an gelösten organischen Verbindungen (DOM, engl. *dissolved organic matter*) im Sickerwasser (Ex_u). NPP auf Basis von Biomassevorratsänderungen, ΔB, kann daher bis zu 100 % falsch sein, die Gleichung

$$NPP = \Delta B + V_o + V_u + K_o + K_u + Ex_o + Ex_u$$

(V für abgestorbene, verlorene Biomasse; K für konsumierte Biomasse, Ex für Exporte, jeweils ober- und unterirdisch)

ist praktisch nicht auflösbar. Nur in dem Fall, dass alle diese Verlustgrößen in allen Ökosystemen etwa gleich groß sind, was recht unwahrscheinlich ist, wären NPP-Daten auf der Basis von Biomasseernten (ΔB) vergleichbar. Ein zusätzliches Problem ist die Biomasseallokation im Verlauf des Beobachtungszeitraums. Neue oberirdische Strukturen, die aus Reserven in tief im Boden liegenden Organen aufgebaut werden, wurden in Wirklichkeit im Beobachtungszeitraum gar nicht produziert (engl. *stored growth*), die Biomasse wurde lediglich (mit metabolischen Kosten) von unten nach oben verlagert.

Wegen der unbekannten Verlustgrößen sollte daher statt der sehr populären NPP korrekt von **Nettophytomassezuwachs** gesprochen werden, oder wie in der Landwirtschaft, von **Ertrag** (engl. *harvestable yield*). Etwa 46–50 % der Trockensubstanz entfallen auf **Kohlenstoff**. Der mittlere **Energiegehalt** (Brennwert) der Biomasse von Landpflanzen beträgt ca. 18,1 kJ, bei Ozeanplankton 19,3–20,6 kJ.

Vergleicht man nun den um erfassbare Verluste (z. B. Laubstreu) vermehrten Biomassezuwachs als praktikable Annäherung an die wahre Produktivität der großen Biome der Erde, so hängt das Resultat ganz vom gewählten Zeitmaßstab ab. Bezieht man die unproduktive Zeit des Jahres in den polnäheren Gebieten (Winterruhe) ein, d. h., bezieht man den Biomassezuwachs auf ein Jahr, ungeachtet der echten produktiven Zeitdauer, so sinkt die Produktivität gegen die Pole hin. Vergleicht man nur Perioden aktiven Wachstums, ist die Produktivität überall auf der Erde ungefähr die gleiche, solange genug Wasser vorhanden ist. Dies ist ein sehr erstaunliches, oft übersehenes Resultat, das zeigt, wie hervorragend die physiologische Anpassung klimatische Unterschiede global ausgleicht. Die **latitudinalen Produktionsunterschiede** auf der Erde sind (abgesehen von einer Fülle regionaler und lokaler Unterschiede in den Wachstumsbedingungen) fast ausschließlich das Resultat unterschiedlicher **Saisonlänge**, haben also sehr wenig mit dem Klima während der wachstumsaktiven Zeit zu tun. Bezogen auf einen Durchschnittsmonat der Wachstumsperiode (statt auf ein Jahr) produzieren Hochgebirgspflanzen der temperaten Zone nicht weniger Biomasse als die meisten anderen humiden Biome der Erde (◘ Abb. 22.40).

Die Primärproduzenten bilden mit ihrer lebenden und abgestorbenen Masse die Grundlage für den weiterführenden Stoffaufbau durch Konsumenten und Zersetzer, also für die **Sekundärproduktion.** Entsprechend dem Verlauf der Nahrungsketten in terrestrischen Ökosystemen ist die Masse der Pflanzen immer um das 100-Fache größer als die der Sekundärproduzenten. Innerhalb der Konsumenten bilden die Herbivoren immer die Hauptmasse, während Carnivore und Übercarnivore bzw. Parasiten und Überparasiten mit fortschreitend geringerem Anteil an der Zoomasse die Spitze der **Nahrungspyramide** mit ihren verschiedenen trophischen Stufen einnehmen. ◘ Tab. 22.4 und ◘ Abb. 22.41 illustrieren die Verteilung der Biomasse und die Produktionsgrößen am Beispiel eines zentraleuropäischen Eichen-Hainbuchen-Mischwalds. Dabei wird erkennbar, dass der Nahrungspyramide eine **Produktionspyramide** entspricht, denn die Nettoprimärproduktion erreicht hier ebenso wie in anderen Ökosystemen die zehn-(bis 100-)fachen Werte der Sekundärproduktion.

◘ Abb. 22.41 zeigt auch, dass die Konsumenten nur einen geringen Anteil an der Sekundärproduktion haben, denn von der Primärproduktion der Pflanzen werden in diesem Eichen-Hainbuchen-Mischwald nur etwa 2 % (in anderen Landbiozönosen kaum mehr als 15 %, im Mittel etwa 7 %) durch Herbivore direkt genutzt. Dagegen sammeln sich jährlich etwa 25 % der Primärproduktion als **tote organische Substanz** an, in fester Form (Detritus: Laubstreu, Humus usw.) oder im Bodenwasser gelöst (DOC, engl. *dissolved organic carbon*).

22

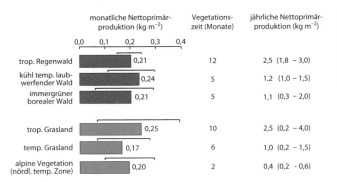

Abb. 22.40 „Biomasseproduktion" unterschiedlicher Ökosysteme. Bezogen auf ein Jahr (rechts, einschließlich Perioden mit Wachstumsruhe in außertropischen Gebieten) oder bezogen auf einen Durchschnittsmonat der Wachstumsperiode (Balken links) ergeben sich sehr unterschiedliche Werte (nur Daten für humide Gebiete). Dies veranschaulicht, dass die globalen Differenzen in der jährlichen Biomasseakkumulation kaum vom Temperaturklima während der Wachstumsperiode beeinflusst werden. Die mittleren Produktionsdaten für Wälder und Grasländer unterscheiden sich nicht. Die Streuungsbalken geben ein Bild von der großen regionalen und lokalen Variabilität. Rechnet man die hier angegebenen Werte gemäß ◘ Abb. 22.38 auf die Einheit g C m^{-2} d^{-1} um, entstehen etwas andere Zahlen, da hier nur humide Gebiete (keine nennenswerte Einschränkung durch Wasser) und Bestände mit voller Bodendeckung berücksichtigt wurden. Am stärksten wirkt sich das auf die Werte für den borealen Wald und alpine Ökosysteme aus, da diese in ◘ Abb. 22.38 riesige Gebiete mit sehr geringer Deckung oder Kahlflächen einschließen. Die Vergleichszahlen in denselben Einheiten wie in ◘ Abb. 22.38 (g C m^{-2}d^{-1}) sind: trop. Regenwald 3,5 (2,5–4,2), temperater Wald 4,0 (3,3–5,0), boreater Wald 3,7 (1,0–6,7), trop. Grasland 4,2 (0,3–6,7), temperates Grasland 2,8 (0,6–4,2), alpine Vegetation 3,3 (1,7–5,0). (Nach Körner 1998)

Diesem mengenmäßig wichtigen Kompartiment dieses Ökosystems entspricht die große Bedeutung und Leistung der saprovoren und mineralisierenden Zersetzer (▶ Abschn. 16.1.1); ihr Anteil an der Sekundärproduktion beträgt daher über 95 %.

Trotz der mit den obigen Unsicherheiten belasteten Datenbasis sind NPP-Abschätzungen im globalen Vergleich sehr illustrativ (◘ Abb. 22.38, 22.40 und 22.42). Obwohl die **Ozeane** wegen der sehr kurzen Lebensdauer des photosynthetischen Planktons nur 0,2 % der globalen Biomasse beherbergen, erreichen sie mit ihrem globalen Flächenanteil von 70 % etwa gleich hohe NPP-Werte wie das gesamte Festland. Diese Produktivität konzentriert sich jedoch auf nährstoffreiche, d. h. küstennahe Gebiete und Regionen mit aufsteigendem, kaltem Tiefenwasser (engl. *upwelling regions*). Küstenferne, tropische und subtropische Regionen der großen Ozeane sind Produktivitätswüsten (weiße Flächen in der Karte). Es ist bemerkenswert, dass die maximale natürliche Produktivität im Meer (spezielle Küstengebiete) und am Land gleich hoch werden kann, nämlich 2000–3000 g m^{-2} a^{-1} (punktuelle Spitzenwerte der NPP bis 6000 g m^{-2} in Wasser-Land-Übergangszonen wie etwa tropisch/subtropischen Sümpfen). Am **Festland** variiert die mittlere jährliche NPP einer geschlos-

Tab. 22.4 Biomassen eines mitteleuropäischen Eichen-Hainbuchen-Mischwalds. (Nach Zahlenangaben von P. Duvigneaud aus H. Ellenberg; vgl. dazu auch ◘ Abb. 22.41)

Organismen	Masse Trockensubstanz (t ha^{-1})
Grüne Pflanzen	275
Blätter der Holzpflanzen	4
Zweige	30
Stämme	240
Kräuter	1
Tiere (oberirdisch)	>0,004 (3–5 kg ha^{-1})
Vögel	0,0007
Großsäuger	0,006
Kleinsäuger	0,0025
Insekten	?
Bodenorganismen	ca. 1
Regenwürmer	0,5
übrige Bodentiere	0,3
Bodenflora	0,3

senen Vegetation je nach geografischer Breite, bei ausreichendem Wasserangebot zwischen 200 (alpine und subpolare Gebiete) und 2500 g m^{-2} (feuchttropische Wälder; alles ofentrockene Biomasse). Wälder der temperaten Zone kommen auf etwa 1000–1500 g m^{-2} (s. auch ◘ Abb. 22.40). Etwa 25 % der Landfläche (ca. 33 Mio. km^2) weisen eine jährliche NPP von mehr als 500 g m^{-2} auf. In der Intensivlandwirtschaft können unter sehr günstigen Bedingungen 5000 g m^{-2} erreicht werden (Obergrenze knapp unter 7000 g m^{-2} in bewässerter Intensivkultur von Zuckerrohr). Algenkulturen (z. B. *Scenedesmus*) können im Labor bis 10.000 g m^{-2} erreichen, doch der technische Aufwand ist groß und die praktische Nutzung schwierig.

Bei der Extrapolation von punktuellen Messdaten auf globale, durchschnittliche Biomassevorräte und Produktivitätszahlen gibt es gravierende Probleme. Für diese sehr aufwendigen Analysen werden bevorzugt intakte und reife Bestände ausgesucht. Daten trockener Varianten der diversen Biome oder extreme Nährstoffmangelsituationen fehlen in solchen Analysen (extrem karge Grasland- und Buschwaldvarianten, boreale Kümmerwälder auf nassem, extrem ausgelaugten Böden). Deshalb dürfte die globale Biomasse niedriger sein, als die Abschätzungen aus der Zeit des Internationalen Biologischen Programms (1968–1974) ergeben haben. Der globale Biomassevorrat wurde damals auf 840 Gt (Mrd. Tonnen) Kohlenstoff geschätzt. Neuere Berechnungen (in ◘ Abb. 22.38; Roy et al. 2001), die auch Flächen mit nichtidealer Vegetation berücksichtigen, ergeben 650 Gt Kohlenstoff. Schätzt man Biomassevorräte aus Satellitenbildern in Kombination mit klimagetriebenen Vegetationsmodellen, kommt man wegen des beträchtlichen Flächenanteils suboptimaler Flächen auf noch niedrigere Gesamtzahlen (ca. 450 Gt C; ◘ Abb. 22.39). Wasser- und Nähr-

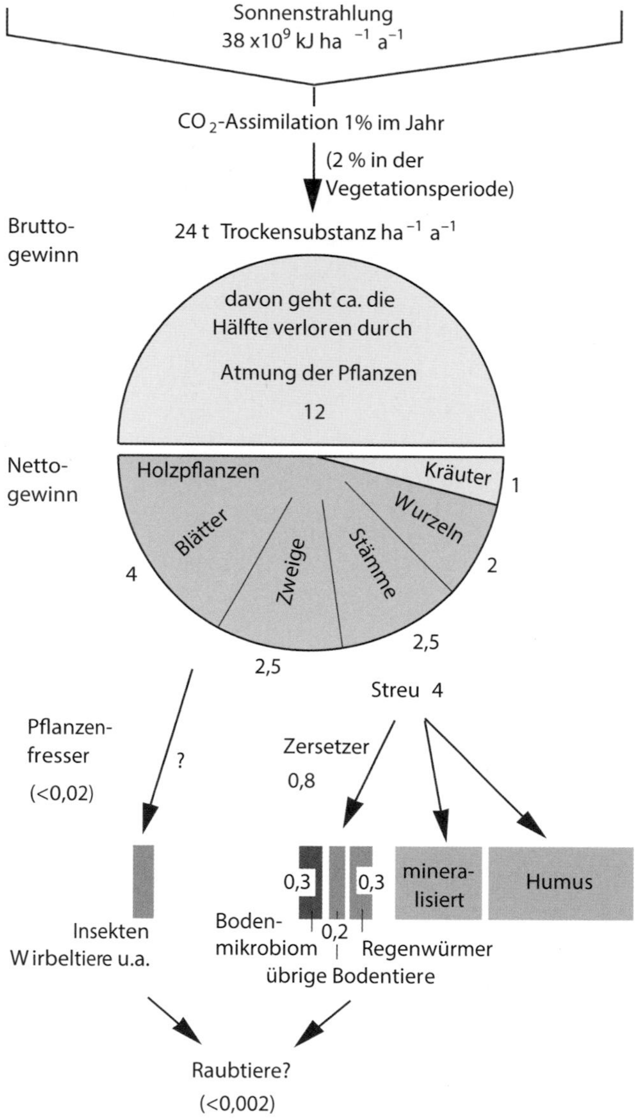

Abb. 22.41 Jährliche Sonneneinstrahlung und primäre sowie sekundäre Produktion in einem mitteleuropäischen Eichen-Hainbuchen-Mischwald. Gewichtsangaben in Tonnen Trockensubstanz pro Hektar (vgl. Tab. 22.4). (Nach Zahlenangaben von Duvigneaud 1971)

stoffmangel sowie Störungen können den Biomassevorrat und die Produktivität überall in die Nähe von Null führen.

Die **globale NPP** beträgt nach solchen Berechnungen jährlich etwa 200–220 Gt (1 Gt = 1 Mrd. t = 1 Pg = 10^{15} g) Biomasse oder 100–110 Gt Kohlenstoff (ca. 46–50 % der Biomasse ist Kohlenstoff), also rund 60 Gt C an Land und rund 45 Gt C in den Ozeanen. Am Land entfallen etwa 60 % der NPP auf die Tropen (Wälder, Savannen, tropische Landwirtschaft). Von der derzeit besten Abschätzung der terrestrischen Primärproduktion von 63 Gt C pro Jahr (Roy et al. 2001, Abb. 22.38) produzieren Wälder 54 % auf 30 % der Landfläche. Sie stellen 85 % des globalen Biomassevorrats. Nimmt man

an, dass auch Savannen zu einem Viertel Bäume tragen, rückt der Biomassevorrat der Erde in Form von Bäumen in die Nähe von 90 % und der NPP-Anteil von Bäumen nähert sich 60 %. Die mittlere Verweildauer des Kohlenstoffs beträgt am Land 10,4 Jahre (Maximum 22 Jahre in borealen Wäldern), im Ozean (im Wesentlichen Plankton) knapp eine Woche. Von der globalen NPP entfallen 6,5 % auf die Landwirtschaft (sog. *crops*, ohne Weidewirtschaft).

Die mittlere Verweildauer des Kohlenstoffs in den Biomen der Erde ist eine Schlüsselgröße für die Berechnung der Kohlenstoffsenken in Abhängigkeit von der NPP. Sie wird bestimmt vom relativen Anteil kurzlebiger (z. B. Gras) und langlebiger (Bäume) Pflanzen an der Vegetation und innerhalb dieser vom Anteil kurzlebiger (Blätter, Feinwurzeln) und langlebiger Organe (Baumstämme >100 Jahre). Die längste Verweildauer hat Kohlenstoff im Bodenhumus. Dividiert man den geschätzten globalen Kohlenstoffvorrat in Vegetation und Böden von etwa 2200 Gt C durch die mittlere jährliche globale NPP der Landflächen von 63 Gt, ergibt sich eine mittlere Verweildauer von 35 Jahren, ein Mischwert aus wenige Wochen und Jahrtausende langer Verweilzeit. Es kommt also ganz darauf an, in welche Pools der in der NPP festgelegte Kohlenstoff gelangt, wenn Einflüsse der NPP auf die biotisch gebundenen Kohlenstoffvorräte abgeschätzt werden sollen. Wie man aus dem 10,4-Jahre-Mittel und der gleichzeitigen Dominanz von Bäumen (>85 % der Biomasse) erkennen kann, entfällt der überwiegende Teil der globalen NPP auf sehr kurzlebige Produkte, auch in Wäldern. Die zentrale Größe für die Kohlenstoffvorratsbildung terrestrischer Systeme ist daher die mittlere Verweildauer des Kohlenstoffs im Ökosystem und nicht die Rate mit der der Kohlenstoff im Zuge von Wachstum und Mortalität durch das System fließt.

22.7.5.3 Nettoökosystem- und Nettobiosphärenproduktion

Ein Produktionsparameter, der viel weniger von Unschärfe belastet ist als die NPP und in großer Annäherung an die Realität auch messbar ist, ist die **Nettoökosystemproduktion** (**NEP**, engl. *net ecosystem production*). Die NEP stellt die Netto-C-Bilanz eines Ökosystems dar, also die Differenz aus Kohlenstoffaufnahme und -abgabe, ohne dass gefragt wird, wo bzw. wie der Kohlenstoff periodisch im System gebunden wird.

Die NEP wird sinnvollerweise auf lange Zeiträume (mindestens ein Jahr) und große Flächen (>1 ha) bezogen. Die Datenbasis sind CO_2-Fluss-Messungen (Input-Output) mit meteorologischen Verfahren (Messtürme über homogenen, flachen Landschaftsausschnitten). Die *eddy covariance*-Methode (*eddy* engl. für Wirbel) liefert aus Messdaten eines dreidimensionalen Ultraschallwindmessgeräts den vertikalen Nettofluss von Luftpaketen und verknüpft diesen mit den ohne Zeitverzug und mit sehr hoher zeitlicher Auflösung gemessenen CO_2-Konzentrationen, die mithilfe eines *open path*-Infrarot-Gasanalysators bestimmt werden. Eine Schwierigkeit mit der so bestimmten NEP ist, dass die sehr kleine Differenz zwischen sehr großen Flüssen zu erfassen ist. Der Nachweis, dass die NEP nicht Null ist, erfordert eine sehr hohe analytische Präzision. Die Wahl homogener und gut wachsender Bestände führt in der Regel zu einer Überschätzung der Nettoflüsse auf Landschaftsebene. Kohlenstoffexporte in anderer Form als CO_2 werden auch in NEP üblicherweise nicht erfasst ebenso wie singuläre Kohlenstoffexportereignisse wie Feuer und Windwurf oder Kahlschlag (s. NBP unten).

22

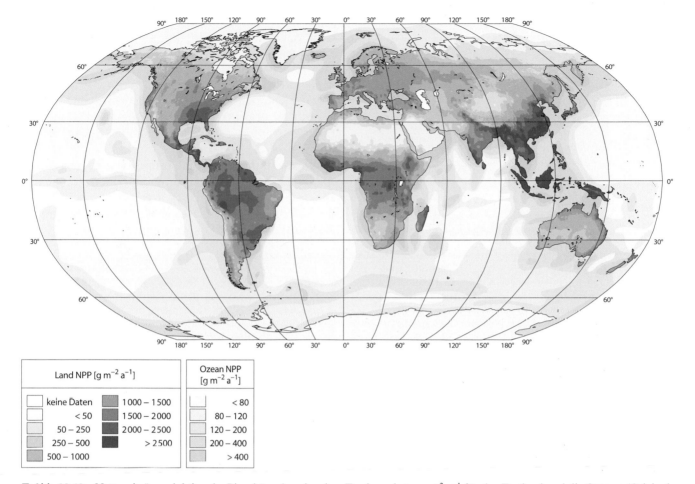

◘ Abb. 22.42 Nettoprimärproduktion der Biosphäre. Angaben in g Trockensubstanz m^{-2} a^{-1} für das Festland und die Ozeane. (Original: Lieth et al., nach verschiedenen Quellen; als Rio Model 95 auch unter ▶ http://www.usf.uos.de/~hlieth/npp)

Je reifer ein Ökosystem ist, desto mehr nähert sich die NEP Null. Bei solchen Kohlenstoffbilanzen spielen die **Kohlenstoffvorräte im Boden** (meist 10–20 kg C m^{-2}) eine große Rolle. Sie stellen in den humiden Tropen oft nicht mehr als 10–20 %, in borealen Nadelwäldern oft 60–70 % und in der Tundra >90 % des Ökosystemvorrats an Kohlenstoff dar. Wenn unter einer raschwüchsigen Aufforstung Bodenhumus anfangs abgebaut wird (Drainage, Düngung, Kalkung), kann die NEP trotz stark positiver NPP negativ sein. In jungen Ökosystemen ist die NEP meist positiv, in reifen nahe Null, in alten, degradierenden ist sie negativ. Nur die Erfassung aller dieser Entwicklungsstufen in einer Landschaft (einem Waldgebiet) gibt darüber Auskunft, ob eine Netto-C-Fixierung stattfindet oder nicht.

Ein Wald in der Aufbauphase, auch ein Ertragswald bis zum Fällen, hat immer eine positive NEP. Das weitere Schicksal der Bäume bestimmt die langfristige NEP-Entwicklung. Reichern sich Totholz, Rohhumus und Humus an, während nach einem Zusammenbruch die nächste Generation von Bäumen aufwächst, kann die NEP über Jahrhunderte positiv sein. Wird das Nutzholz verarbeitet und letztlich wiederverwertet (Papier, Abfall, Brand, Verrottung), nähert sich die NEP kalkulatorisch wieder Null. Holzbauwerke u. a. stellen intermediäre Kohlenstoffpools dar.

Diese Betrachtung zeigt bereits, dass eine objektive Beurteilung der landschaftlichen Kohlenstoffbilanz den Ökosystemrahmen sprengt, weshalb für sehr große Skalen und lange Zeiträume die NEP ersetzt wird durch die **NBP, die Nettobiomproduktion**. Die NBP beinhaltet Prozesse auf Landschaftsebene, wie Feuer, Windwurf, Insektenkalamitäten, berücksichtigt alle Entwicklungsstufen der Vegetation, einschließlich Lücken, und schließt auch die Konsequenzen allen menschlichen Wirkens ein. In großen Teilen der Welt ist die NBP heute negativ, d. h., Biome verlieren netto Kohlenstoff (Waldrodung, intensive Bodenbearbeitung, Expansion von Siedlungs-und Industrieflächen), obwohl stellenweise expandierende Ökosysteme mit positiver NEP existieren.

Der nächste Schritt führt zur **Biosphäre** insgesamt. Ihre Kohlenstoffbilanz ist nahezu ausgeglichen, d. h., die Ökosysteme der Erde binden im Schnitt gleich viel Kohlenstoff wie sie abgeben. Die laufende **Entwaldung** in den Tropen liefert jährlich etwa 1–2 Gt C an die Atmosphäre, derzeit noch unbekannte biotische Senken binden allerdings wieder 2–3 Gt C, wobei oft vermutet wird, dass dies mit einem Düngeeffekt des erhöhten CO_2

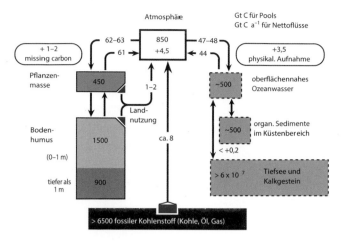

◻ Abb. 22.43 Der globale Kohlenstoffkreislauf in einer vom Menschen beeinflussten Welt (rot, anthropogene Kohlenstoffquellen). Die Größe der Kästchen symbolisiert die Größe der Kohlenstoffvorräte. Nur etwa 40 % des emittierten fossilen Kohlenstoffs verbleiben derzeit in der Atmosphäre, der Rest wird im Ozean gelöst und in terrestrischen Ökosystemen festgelegt (engl. *missing carbon*; 1–2 Gt C). Dieser Betrag ist ungefähr so groß wie die jährliche Kohlenstofffreisetzung durch Entwaldung. Die großen Kohlenstoffpools im Tiefenwasser der Ozeane und in den Carbonatgesteinen spielen erst bei Betrachtung sehr großer Zeitmaßstäbe eine Rolle für die atmosphärische CO_2-Konzentration (Ausgleich mit dem Tiefenwasser >200 Jahre, signifikante Interaktion mit der Carbonatgeochemie >1000 Jahre). (Daten von 2016, aus Le Quéré et al. 2016; Schema aus Körner 2003)

in der Atmosphäre und mit einer Extensivierung der Landnutzung in Teilen Nordamerikas und Europas zu tun hat (Sekundärwälder, unternutzte Forste). Dass heute dennoch vermehrt Kohlenstoff in die Luft verlagert wird, hat damit zu tun, dass der Mensch fossile Kohlenstoffvorräte im Ausmaß von ca. 8–9 Gt C in die Atmosphäre entlässt, von denen ein Teil vom Meerwasser gelöst wird, sodass jährlich netto „nur" etwa 4 Gt zusätzlich in der **Atmosphäre** verbleiben. Dies erhöht den atmosphärischen Kohlenstoffpool (in CO_2) von derzeit bereits ca. 850 Gt C jährlich um 0,4 % oder etwa 1,5 ppm CO_2 (2019 etwa 412 ppm). Eine Fortsetzung dieser Entwicklung wird gegen Ende des 21. Jahrhunderts den globalen CO_2-Spiegel gegenüber vorindustrieller Zeit mehr als verdoppelt haben (▶ Abschn. 22.7.6). Die im **globalen Kohlenstoffkreislauf** involvierten Pools und Flüsse, einschließlich der derzeitigen anthropogenen Kohlenstoffflüsse, illustriert ◻ Abb. 22.43.

22.7.6 Biologische Aspekte des „CO_2-Problems"

Dadurch, dass fossile Kohlenstoffquellen, die großteils vor mehr als 100 Mio. Jahren über die Dauer von vielen Millionen Jahren gebildet wurden, im Lauf von etwa 200 Jahren (grob von 1900–2100, wenn die leicht zugänglichen Reserven erschöpft sein werden) vom Men-

schen als CO_2 in die Atmosphäre gepumpt werden, entsteht eine völlig neue Situation für die Vegetation. Die Biosphäre erhält – in geologischen Zeitmaßstäben quasi über Nacht – eine neue Diät. Da CO_2 die stoffliche Basis der Photosynthese ist, von der (abgesehen von chemo-autotrophen Bakterienarten im terrestrischen Untergrund und in der Tiefsee) alles weitere Leben auf der Erde abhängt, ist das CO_2-Problem für die ökologische Botanik in das Zentrum des Interesses gerückt. Die Möglichkeit, dass eine CO_2-Anreicherung in der Atmosphäre auch klimawirksam wird (der erhöhte Treibhauseffekt) und so **indirekt** die Pflanzen beeinflussen könnte, wird hier nicht diskutiert; es geht ausschließlich um die **direkte Wirkung** auf Pflanzen und Ökosysteme.

Im Silur sank der atmosphärische CO_2-Gehalt erstmals auf 2–3 %, als die Sauerstoffkonzentration nahezu heutiges Niveau erreichte. Die zweite Reduktion auf wenige Hundert ppm CO_2 Ende des Karbons folgte üppigem Pflanzenwuchs auf dem Festland und der Düngung der Ozeane durch beschleunigte Landerosion. Im Mesozoikum stiegen die Werte wieder etwas an, bis sie vor 20–25 Mio. Jahren (Oligozän-Miozän) auf die seitdem herrschende Bandbreite von 180–300 ppm, im Mittel etwa 240 ppm CO_2 sanken, wodurch die erste Massenausbreitung von C_4-Pflanzen zu erklären ist. Der CO_2-Konzentrierungsmechanismus der C_4-Pflanzen bringt nur unter sehr niedrigem CO_2-Regime einen Vorteil gegenüber C_3-Pflanzen. So gut wie alle heute existierenden Pflanzenarten kamen in den eisfreien Gebieten mit Perioden mit 180 ppm zurecht (sonst wären sie ausgestorben; letztmals war die CO_2-Konzentration vor etwa 18.000 Jahren so niedrig, ◻ Abb. 22.44). Um 1990 erlebte die Vegetation die Verdopplung dieses Wertes (im Jahr 2019 wurden ca. 412 ppm erreicht). Ohne einschneidende Maßnahmen oder Ereignisse wird die CO_2-Konzentration im Laufe der kommenden 100 Jahre die 600-ppm-Schwelle überschreiten.

Die Ausgangsbasis aller Überlegungen zu den biologischen Konsequenzen der Erhöhung der CO_2-Konzentration ist die CO_2-Abhängigkeit der Nettophotosynthese (▶ Abschn. 14.4.11.2, ◻ Abb. 22.45). Sie zeigt, dass C_3-Pflanzen noch weit über die heutige CO_2-Konzentration hinaus mit mehr CO_2 auch mehr Photosynthese betreiben können. Allerdings sind solche Kurven Momentaufnahmen, die nur belegen, dass der Carboxylierungsprozess selbst bei der momentanen Ausstattung mit Rubisco und ohne dass Senkenlimitierung wirksam werden kann noch nicht CO_2-gesättigt ist. Wie in ▶ Abschn. 22.7.2 und 22.7.3 dargelegt, ist eine Wachstumsförderung außerdem von vielen anderen Umständen abhängig. Wenn eine Senkenlimitierung existiert (z. B. wegen Mineralstoffmangel), ist langfristig mit keiner Wachstumsstimulation durch ein erhöhtes CO_2-Angebot zu rechnen.

Die Ertragszuwächse in der Gewächshausgärtnerei liegen bei etwa 30 % pro Saison, wenn den Pflanzen eine CO_2-Konzentration von 600 ppm oder mehr angeboten wird, was schon vor dem Zweiten Weltkrieg in deutschen und holländischen Gewächshäusern genutzt wurde. Gedüngte und ausreichend feuchte Weizenfelder in Arizona und Reiskulturen in Ostasien lieferten 7–12 % mehr Ertrag, wenn sie im Freiland unter ca. 600 ppm kultiviert wurden (Kimball et al. 2002). Solche Zahlen sind vor dem Hintergrund zu sehen, dass die Weizenerträge durch neue Sorten und optimiertes Management (Dünger, Pestizide) in den vergangenen 100 Jahren um etwa 300–500 % zunahmen.

22

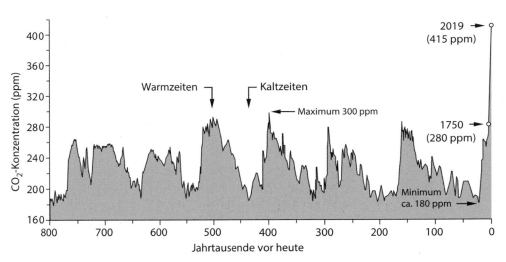

Abb. 22.44 Die CO_2-Konzentration in der Atmosphäre während der letzten 0,8 Mio. Jahre aufgrund von Analysen von Luftbläschen im antarktischen Eisschild (EDC3-Bohrung). Maxima liegen in den Warmzeiten, Minima bei den Höhepunkten der Vereisung. Ab etwa 1800, also mit dem Beginn der Kohlefeuerung, verlässt die Kurve diese Bandbreite und steigt ab etwa 1900 so rapide, dass der CO_2-Gehalt der Luft heute bereits um 40 % höher ist. (Nach Lüthi et al. 2008, basierend auf Parrenin et al. 2007)

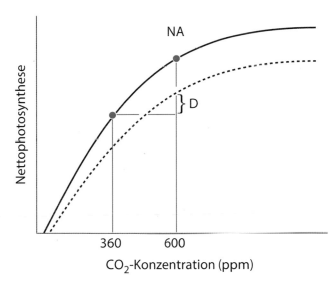

Abb. 22.45 Die Adjustierung der photosynthetischen CO_2-Abhängigkeit unter dem länger dauernden Einfluss von erhöhtem CO_2 (engl. *down regulation*; punktierte Kurve) hängt von den Wachstumsbedingungen (Senkenaktivität) und dem Alter der Pflanzen ab. NA markiert die Steigerung der Nettophotosynthese bei einer Erhöhung auf 600 ppm ohne eine derartige Adjustierung, D markiert den verbliebenen Nettogewinn nach Adjustierung, der jedoch nichts über eine Wachstumssteigerung aussagen kann

Wann immer andere Ressourcen als CO_2 wachstumslimitierend sind, was unter natürlichen Verhältnissen fast immer gilt, bleiben drei Möglichkeiten für eine längerfristige Reaktion auf ein erhöhtes CO_2-Angebot:

— Reduktion der Photosynthesekapazität (weniger Rubisco und damit weniger Stickstoff pro Blattfläche, oder weniger Blätter, also kleinerer LAR, ▶ Abschn. 22.7.3)

— größere Kohlenstoffexporte (z. B. rascherer Feinwurzelumsatz, Wurzelexsudation, Exporte an Bodenmikroben und Mykorrhizen, Isoprenabgabe)

— Wachstumssteigerung durch Nährstoffverdünnung, insbesondere Stickstoff, also Produktion von Biomasse mit größerem C/N-Verhältnis

Alle drei Wege werden in der Regel parallel beschritten, wobei die Zurücknahme der Photosynthesekapazität nur bei krautigen Pflanzen und Topfpflanzen beobachtet wurde. An Pflanzen in freier Natur, Bäumen im Besonderen, wurde keine solche Akklimatisierung an ein erhöhtes CO_2-Angebot beobachtet, sodass mehrheitlich pro Blattflächeneinheit tatsächlich mehr CO_2 photosynthetisch aufgenommen wird (■ Abb. 22.45).

Zahlreiche Experimente belegen allerdings, dass die Kohlenstoffexporte der Pflanzen bei erhöhter CO_2-Konzentration steigen. Es wurde beobachtet, dass das erhöhte Angebot löslicher Kohlenhydrate in der Rhizosphäre zu einer verstärkten Stickstoffbindung durch Bodenmikroben führt, was bis zu Stickstoffmangelsymptomen bei Pflanzen führen kann. Eine Vergrößerung des C/N-Verhältnisses in den Blättern wurde hauptsächlich an krautigen Pflanzen beobachtet, weniger an Bäumen. Häufig ist der gesamte Gehalt an nicht strukturgebundenen Kohlenhydraten erhöht (z. B. Stärke, Zucker; engl. *non structural carbohydrates*, NSC). Mit sinkendem Protein-(N-)Gehalt und steigendem NSC-Gehalt verändert sich die Nahrungsqualität für Herbivore, was nachweislich deren Wachstum und Reproduktion beeinträchtigt. Die Wirkungen erhöhten CO_2-Angebots sind also hoch komplex und Erfahrungen aus der Gewächshausgärtnerei dürfen keinesfalls in die freie Natur übertragen werden. Vor allem wegen der Gesetze der Stöchiometrie (lebensnotwendiger Anteil chemischer Elemente im Pflanzenkörper; ▶ Abschn. 22.6) ist ein CO_2-Düngeeffekt in freier Natur weitgehend auszuschließen (▶ Exkurs 22.2).

Exkurs 22.2 Die CO$_2$-Wirkung auf das Pflanzenwachstum

Die Wirkung von CO$_2$ auf das pflanzliche Wachstum hängt von der Verfügbarkeit anderer Ressourcen und von der Lebensspanne der Pflanzen ab. Ohne Erhöhung der Nährstoffzufuhr, also bei einem gegebenen, von Mikroben getriebenen Nährstoffkreislauf in freier Natur, verhindern die Gesetze der Stöchiometrie einen vermehrten Einbau von Kohlenstoff und damit ein beschleunigtes Wachstum. In großem Abstand gepflanzte Pflanzen, denen also künstlich freie Expansionsmöglichkeiten im Luft- und Bodenraum geboten werden, können durch das Erschließen zusätzlicher freier Ressourcen vorübergehend von einem Erhöhten CO$_2$-Angebot profitieren. Erhöht man hingegen das CO2-Angebot für Pflanzen in bereits geschlossenen Beständen bei nahe maximalem Blattflächenindex, LAI und im Gleichgewicht befindlicher Bodendurchwurzelung, hat das keine Auswirkungen auf das Wachstum. Annuelle Pflanzen mit determiniertem Wachstum, wie viele Ackerpflanzen, reagieren weniger stark als junge, anfangs vereinzelt wachsende Bäume, bei denen sich die Effekte Jahr für Jahr akkumulieren, ja im Sinne eines Zinseszinseffekts sogar potenzieren können, bis sich die Unterschiede nach Erreichen des Kronenschlusses langsam verlieren (◘ Abb. 22.46). Ob es einen CO$_2$-Effekt gibt, hängt also sehr stark von den Versuchsbedingungen und der Versuchsdauer ab (Körner 2006). CO$_2$-Anreicherungsexperimente in natürlichen Wäldern ergaben keinerlei CO$_2$-Wirkung auf das Baumwachstum (Bader et al. 2013; Klein et al. 2016; Ellsworth et al. 2017). Der durch die Photosynthese vermehrt aufgenommene Kohlenstoff wird entweder veratmet oder in den Boden ausgeschieden (erhöhte Bodenatmung; Jiang et al. 2019).

Sollte dennoch eine Beschleunigung des Baumwachstums (z. B. durch ein wärmeres Klima) auftreten, bedeutet dies keineswegs, dass sich die ökosystemaren Kohlenstoffvorräte erhöhen. Viel wahrscheinlicher ist, dass lediglich der Kohlenstoffumsatz steigt. Beschleunigtes Wachstum führt zu früherem Blühen und Fruchten und zu früherer Seneszenz. Raschwüchsigere Bäume haben meist eine kürzere Lebensdauer (Brienen et al. 2020; in der Forstwirtschaft spricht man von kürzerer Umtriebszeit). Vorratsänderungen in Wäldern sind also eine Frage der landschaftsweiten Altersstruktur (Baumdemografie) und damit der Verweildauer des Kohlenstoffes im Ökosystem. Die Verwechslung von Raten (C-Umsätzen) mit Vorräten (C-Kapital) hat in der CO$_2$-Diskussion zu vielen Missverständnissen geführt (Körner 2017; Büntgen et al. 2019; ◘ Abb. 23.4).

Bei allen Reaktionen von Pflanzen auf CO$_2$ ließ sich immer wieder feststellen, dass verschiedene Arten sehr unterschiedlich reagieren. Vereinzelt wurde beobachtet, dass sogar die Reaktionen verschiedener Genotypen einer Art voneinander abweichen. Dies bedeutet, dass die Erhöhung der CO$_2$-Konzentration in der Atmosphäre auch die Biodiversität beeinflussen kann indem sie den Wettbewerb zwi-

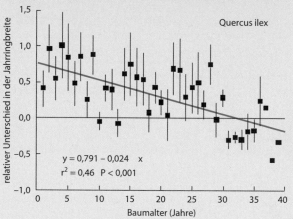

◘ **Abb. 22.46** Die Wirkung eines erhöhten CO$_2$-Gehalts auf das langfristige Wachstum von Bäumen in der Umgebung von geologischen CO$_2$-Quellen in der Toskana (Rapolano). Am Beispiel dieser Jahresringanalyse an Steineichen (*Quercus ilex*) ist zu ersehen, dass die Bäume in der Jugendphase in der Nähe der Quellen, im Vergleich zu weiter entfernten Kontrollbäumen, deutlich rascher wuchsen (die Abbildung zeigt die Zuwachsdifferenz zu Bäumen abseits der Quelle). Ab einem Alter von etwa 30 Jahren verschwindet das Signal (der relative Unterschied zwischen Behandlung und Kontrolle wird Null; grüne Regressionslinie). Die Streuungsbalken zeigen die Varianz für jeweils zehn einzelne Bäume an. Durch ^{14}C-Analysen des Holzes der Jahresringe ist sichergestellt, dass die exponierten Bäume tatsächlich immer etwa doppelt so hohen CO$_2$-Konzentrationen ausgesetzt waren wie die Kontrollen (geologisches CO$_2$ ist ^{14}C-frei, durch seine Mischung mit normaler Luft lässt sich die mittlere CO$_2$-Konzentration, der die Bäume waren, rekonstruieren). (Nach Hättenschwiler et al. 1997)

schen den Arten verschiebt und das wiederum von den Bodenbedingungen abhängt (z.B. Spinnler et al. 2002).

Die Erwartung, dass bestimmte, sogenannte funktionelle Gruppen (engl. *plant functional types*, PFT) wie etwa stickstofffixierende Leguminosen stärker, oder wie C$_4$-Gräser weniger als andere Typen von Pflanzen auf CO$_2$-Erhöhung reagieren, hat sich aber nicht bestätigt.

22

Bei Leguminosen hängt ein stimulierender Effekt stark von reichlicher Phosphatverfügbarkeit ab und ist daher in freier Natur selten, zudem ist er stark artspezifisch. Die CO_2-Wirkung auf Gräser ist zumeist auf stomatäre Wasserspareffekte zurückzuführen (s. u.), die C_4-Gräser ebenso begünstigen. Junge Lianen und generell Pflanzen in tiefem Schatten gehören hingegen zu einer Gruppe, für die bisher immer eine starke Förderung durch erhöhtes CO_2-Angebot beobachtet wurde, solange sie stark vom Lichtangebot limitiert sind. Im Fall tropischer Lianen kann das zu einer erhöhten Lianenpräsenz im Kronenraum und zunehmender Walddynamik führen (kürzere Lebensdauer von Bäumen, geringere Kohlenstoffspeicherung). Derartige Biodiversitätseffekte können also unerwartete, negative Folgen für den Kohlenstoffvorrat haben (reduzierte mittlere Verweildauer von Kohlenstoff im Ökosystem; Körner 2004).

Neben der direkten Wirkung von CO_2 auf die Photosynthese und die anschließende Assimilatverwendung gibt es auch eine **indirekte CO_2-Wirkung** über den Wasserhaushalt. Die Stomata reagieren auf erhöhte CO_2-Konzentration häufig mit reduzierter Öffnungsweite (▶ Abschn. 15.3.2.5). Die Reaktion ist von Luft- und Bodenfeuchte abhängig, nicht bei allen Arten gleich stark (z. B. bei Nadelbäumen geringer als bei Laubbäumen) und bei Baumarten in der

Sämlingsphase ausgeprägter als bei adulten Individuen. Diese Stomatareaktion bewirkt ein langsameres Absinken der Bodenfeuchte in niederschlagsarmen Perioden, was vor allem im Grasland zu vermehrter Biomasseakkumulation führt. Der Großteil dessen, was in naturnaher Grasvegetation an CO_2-Wirkung dokumentiert wurde, dürfte auf diesen indirekten Effekt zurückzuführen sein. In trockenen Jahren ist der Effekt dementsprechend stärker als in feuchten Jahren (▶ Abb. 22.47). Eine Voraussetzung dafür, dass dieser Wasserspareffekt in einer CO_2-reicheren Welt tatsächlich Realität wird, ist allerdings, dass sich die Verdunstungsbedingungen gegenüber heute nicht ändern (gleiche Luftfeuchtigkeit, Niederschläge). Durch diverse Feedback-Mechanismen reduziert sich (unabhängig von großräumigen Klimaänderungen) der Wasserspareffekt: Geringere Verdunstung erhöht die Blatttemperatur (▶ Abschn. 22.1.2), reduziert die Luftfeuchtigkeit und erhöht die Bodenfeuchte, was wiederum erhöhte Verdunstung ermöglicht. Bei einer Verdoppelung der vorindustriellen CO_2-Konzentration darf bei unverändertem Großklima mit einer Verminderung der Evapotranspiration um 5–10 % gerechnet werden. In humiden Regionen kann dies den Abfluss erhöhen, in trockenem Klima Dürreeffekte reduzieren (Morgan et al. 2004; Leuzinger und Körner 2007).

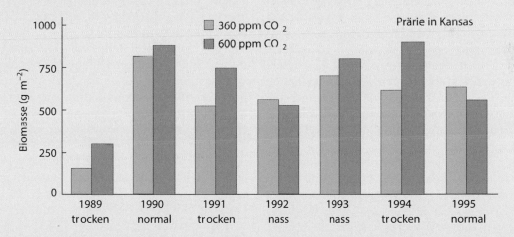

■ **Abb. 22.47** Die Wirkung von erhöhtem CO_2 auf Ausschnitte der Langgrasprärie. Nur in trockenen Jahren stimuliert erhöhtes CO_2 die Biomasseansammlung, ein Resultat der CO_2-Wirkung auf Stomata, Transpiration und damit auf die Bodenfeuchte (600 statt 360 ppm in großen *open top*-Kammern). (Nach Owensby et al. 1997)

Der anthropogene CO_2-Ausstoß ist mit derzeit rund 10 Gt C a^{-1} so groß (und wird eher steigen), dass die Vegetation dieses Mehrangebot im Lauf der nächsten 100 (oder mehr) Jahre sicher nicht binden wird. Dies schließt den Nettoausstoß durch die Landnutzung (Waldrodung, Humuserosion, abzüglich der Wiederbewaldung in Teilen der temperaten Zone) von 1–2 Gt C

ein. In der globalen Kohlenstoffbilanz fehlen nach Einrechnen aller bekannter Quellen und Senken etwa 2 Gt C, die am Land vermutet werden. Diese Menge könnte auch eine vorübergehende, CO_2-induzierte Senke infolge der derzeit um rund 40 % erhöhten CO_2-Konzentration (gegenüber vorindustrieller Zeit) darstellen (3 % der globalen terrestrischen NPP (■ Abb. 22.43). Wegen der stöchiometrischen Bindung des Baumwachstums an Stickstoff und Phosphor und anderen Limitierungen ist dies aber eher unwahrscheinlich. Eine Erklärung ist die nutzungsbedingte Verjüngung von Wäldern seit dem späten 19. Jahrhundert, deren Regeneration zurzeit immer noch zu einer in den Berechnungen fehlenden Erhöhung der Bestockung führt. Dieser Effekt sollte mit der Zeit schwächer werden, wenn diese Sekundärwälder ihren natürlichen Gleichgewichtszustand zwischen Zuwachs und Abbau (Mortalität) gefunden haben werden. Weitere Erklärungen sind aktive Aufforstungen, Kunststoffe in Mülldeponien, Asphalt und Kohlenstoffexport vom Land ins Meer. Es ist sehr schwierig, eine komplette terrestrische Kohlenstoffbilanz zu erstellen. Aufgrund eines CO_2-Experiments mit einer raschwüchsigen *Pinus*-Plantage erachten Hamilton et al. (2002) eine Steigerung der Nettokohlenstoffbindung von 10 % im Jahr 2050 als oberste Grenze, der jedoch mögliche Folgen der Klimaerwärmung und Landnutzungseffekte entgegenwirken. Realitätsnahe Experimente in naturnahen Wäldern zeigen keinen CO_2-Düngeeffekt.

Ein **Biomanagement** zur verstärkten Kohlenstoffbindung (Kohlenstoffsequestrierung) durch Pflanzen ist sinnvoll und ökologisch nützlich, aber man sollte sich dabei keine Illusionen machen, was die Absolutmengen in Relation zu den Kohlenstoffemissionen anbelangt. Nur eine substanzielle Ausdehnung bewaldeter Flächen könnte langfristig mehr Kohlenstoff in Biomasse binden. Momentan wird die Waldfläche aber massiv reduziert. Die **Aufforstung** von Rodungsflächen substituiert allmählich den vorherigen Verlust, stellt aber keinen Nettozuwachs, sondern eben nur eine Wiederherstellung des vorherigen Zustands mit 100- bis 200-jähriger Verzögerung dar. Alte Wälder enthalten wesentlich mehr Kohlenstoff als junge, weshalb ein Ersatz von Altbeständen durch jüngere immer (!) einen Kohlenstoffverlust darstellt. Es sei daran erinnert, dass für die langfristige Kohlenstoffbilanz nicht der Umsatz (d. h. die Wachstumsrate), sondern die Vorratsgröße entscheidend ist (▶ Exkurs 22.2, ◘ Abb. 23.4). Plantagen mit raschwüchsigen Bäumen leisten also keinen Beitrag zur Entlastung der Kohlenstoffschuld eines Lands, können aber eine wertvolle Quelle für erneuerbare Ressourcen darstellen (Ersatz von fossilen Kohlenstoffquellen). Um die Größenordnungen des Substitutionspotenzials deutlich zu machen, zeigt ◘ Abb. 22.48, wie viel fossiler Kohlenstoff theoretisch durch Biomassekohlenstoff ersetzt werden könnte, wenn der gesamte (!) jährliche, handelsstatistisch erfasste Rundholzertrag von Deutschland, Österreich oder der Schweiz dafür eingesetzt würde (Annahmen: keine andere Verwendung für Holz, technische Machbarkeit, energetische Gleichwertigkeit von Holz und fossilen Energieträgern). Die Zahlen unterstreichen, dass das Problem weder so noch durch spezielle **Biomasseplantagen** lösbar oder in einem über wenige Prozent hinausgehenden Ausmaß reduzierbar ist. Wenn nachhaltig (also ohne Vorratsverlust) betrieben, ist die Nutzung von Holzbiomasse statt fossilem Kohlenstoff zwar zu begrüssen (kann die C Bilanz verbessern und volkswirtschaftliche Vorteile haben), sie bleibt aber weit hinter dem Reduktionspotenzial selbst kleiner (<5 %) Sparquoten beim Brenn- und Treibstoffkonsum zurück. Bioenergie (engl. *bio-fuel*) vom Acker tritt mit der Nahrungsmittelproduktion in Konkurrenz und trägt potenziell zur Zerstörung anderer, meist natürlicher Ökosysteme (Tropenwald) bei. Technisch mögliche Einsparungen zusammen mit solchen, die aus menschlichem Verhalten resultieren, können ohne nennenswerten Verzicht an Lebensqualität und ohne grundsätzlich neue Technologien 50 % übersteigen. Es gilt also die Größenordnungen zu erkennen, wenn die Pflanze in diesem Kontext als Problemlöser ins Spiel gebracht wird (Schulze et al. 2021, für missbräuchliche Biomassenutzung s. Norton et al. 2019).

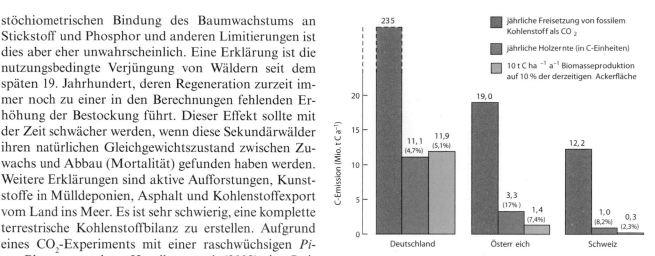

◘ **Abb. 22.48** Das Substitutionspotenzial von fossilem Kohlenstoff durch biologische Kohlenstoffquellen. Dem jährlichen Kohlenstoffausstoß (fossil) sind der Kohlenstoffgehalt des handelsstatistisch erfassten Rundholzertrages der nationalen Forstwirtschaften oder alternativ, die Kohlenstoffmenge aus Biomasseplantagen (z. B. Chinaschilf, Ethanolquellen) auf 10 % der heutigen Agrarflächen gegenübergestellt. Bei diesem Substitutionspotenzial sind Fragen der Nutzbarkeit und Nutzungseffizient unberücksichtigt. (Nach Körner 1997)

22.8 Biotische Wechselwirkungen

Die Biozönosen der Erde werden nicht nur durch die grundlegenden Nahrungsketten von Produzenten zu Konsumenten und Zersetzern, sondern auch durch viele andere Aspekte des Zusammenlebens und des Wettbewerbs geprägt. Biotische Wechselwirkungen – allgemein als **Interferenzen** bezeichnet – können sich zwischen den Individuen einer Population (Art), zwischen Individuen verschiedener Arten oder zwischen

22

funktionellen Gruppen von Pflanzen (engl. *plant func-tional types*, PFT; z. B. Baum gegenüber Gras) ergeben. Zwischen ökologisch selbstständigen Arten sind sie oft nur sehr locker, sie können sich aber (z. B. bei Symbiose oder Parasitismus) bis zur völligen Abhängigkeit vertiefen. Mutualismus beschreibt einen wechselseitigen Vorteil (beide Partner profitieren), während Kommensalismus für einen Partner einen Vorteil bringt für den anderen ist die Interaktion unbedeutend oder neutral. Zu den sehr engen Mutualismen gehören Symbiosen. Für die Populationsbiologie, Populationsgenetik und Vegetationsökologie (engl. *community ecology*) sind sie von grundlegender Bedeutung. Im Folgenden sind einige wichtige biotische Wechselwirkungen (Pfeilrichtung) zusammengestellt; ausschlaggebendes Kriterium ist dabei der positive (+), negative (−) oder fehlende (0) Einfluss auf die Vermehrungsrate, den zwei Partner (A und B) aufeinander ausüben:

A → B	B → A	Wirkungsrichtung
–	–	Konkurrenz
+	–	Parasitismus, Fraß
+	+	Mutualismus, Symbiose
+	0	Kommensalismus
0	0	Neutralismus

Die biotischen Wechselwirkungen **zwischen autotrophen Pflanzen** reichen von Konkurrenz bis zur Kooperation, wobei Raumverdrängung und Kampf ums Licht oder um Nährstoffe bzw. Wasser im Boden ebenso eine Rolle spielen wie Veränderungen des Bestandsklimas (▸ Abschn. 22.1.3) oder chemische Wirkstoffe. Manche dieser komplexen Verhältnisse lassen sich aufgrund von Kulturversuchen mit zwei oder wenigen Arten erfassen (◨ Abb. 22.49), andere hängen so stark von weiteren Umwelteinflüssen ab, dass sie nur grob durch Beobachtung (räumlich-zeitliche Muster) oder manipulative Eingriffe im Feld eingegrenzt werden können.

Während sich z. B. die Wasserlinse *Spirodela (Lemna) polyrhiza* allein stärker vermehrt als *Lemna gibba*, wird *Spirodela* von *L. gibba* in dichter Mischkultur aufgrund von Lichtkonkurrenz verdrängt (◨ Abb. 22.49). Wie stark die Wurzelkonkurrenz hinsichtlich der Nährstoffaufnahme ist, zeigen Versuche, bei denen man Fichtenjungpflanzen im Birkenwald mit markierten Phosphorverbindungen gedüngt hat. Sticht man die Birkenwurzeln ab, so können die Fichten fünf- bis neunmal mehr Phosphor aufnehmen als vorher. Solche *root trenching*-Experimente im Tropenwald dokumentieren ebenfalls massive Wurzelkonkurrenz zwischen Sämlingen und Adulten (s. auch ◨ Abb. 22.27).

Zahlreich sind die Beispiele für vorteilhafte mikroklimatische und mechanische Kooperation (Mutualismen) und Kommensalismus (engl. *facilitation*; Callaway und Walker 1997). Der Teppiche bildende Spa-

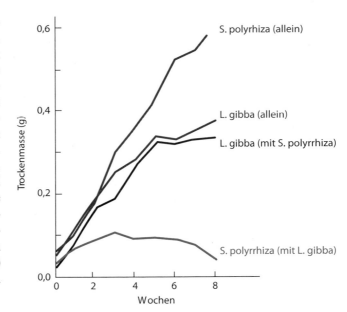

◨ **Abb. 22.49** Vermehrung von zwei auf der Wasseroberfläche frei schwimmenden Araceae (*Spirodela polyrhiza* und *Lemna gibba*) in Einzelkultur und bei gegenseitiger Konkurrenz in Mischkultur. (Nach I. Harper)

lierstrauch *Kalmia* (= *Loiseleuria*) *procumbens* ist an arktisch-alpinen Windecken oft mit Strauchflechten (*Cetraria* u. a.) vergesellschaftet, denen er eine feste Verankerung bietet und die umgekehrt mit ihren über den Blätterteppich aufragenden Thalli den Wind abbremsen, was diesem „Windeckenstrauch" kleinklimatische Vorteile bringt. Der bis zu 12 m hohe Kandelaber-Kaktus *Carnegiea gigantea* (Saguaro, ◨ Abb. 24.18b) überlebt das erste Lebensjahrzehnt in der Sonorawüste nur im Schutz von schattenspendenden Sträuchern. Keimlinge und Jungpflanzen sind im Kokurrenzkampf generell viel stärker gefährdet als etablierte Altpflanzen.

Bei der **allelopathischen Behinderung** (▸ Abschn. 16.5) des Aufwuchses von Individuen anderer Arten (aber teilweise auch der eigenen Art) sind Stoffwechselprodukte von Bedeutung. Beispiele dafür hat man etwa bei den Algen *Chlorella* und *Nitzschia*, bei terpenoidreichen Lamiaceae (z. B. Hemmzonen im Umkreis von *Salvia*-Arten in Kalifornien) und Myrtaceae (z. B. fast unterwuchsfreie *Eucalyptus*-Aufforstungen) gefunden. Auffällig unterwuchsfeindlich sind auch *Robinia*, *Juglans* und viele Nadelhölzer.

Zu den Beziehungen zwischen heterotrophen Organismen und Pflanzen gehört die Allelopathie von antibiotikaproduzierenden Actinomyceten und **Pilzen** gegenüber Bakterien und die von Clay (1990) gezeigte Schutzwirkung von endophytischen Pilzen im Blattgewebe gegen Herbivore. Wichtig sind die Wechselwirkungen zwischen autotrophen Pflanzen und pilzlichen **Symbionten** in Flechten (▸ Kap. 19) und bei der Mykorrhiza, als **Kommensalen** (z. B. die zahlreichen saprophytischen Bakterien und Pilze, die vom Bestandsabfall der Pflanzen leben oder als **Parasiten** (viele Bakterien und Pilze, einige Angiospermen; ▸ Kap. 19).

Bedeutsame Vegetationsveränderungen können sich ergeben, wenn Pilzkrankheiten bestimmte Gehölzarten weitgehend oder völlig eliminieren. Während der letzten Jahrzehnte davon betroffen waren z. B. die europäische Feld-Ulme (*Ulmus minor*; Pilz: *Ophiostoma ulmi*), die östlich-nordamerikanische *Castanea dentata* (Pilz: *Cryphonectria parasitica*, 1904 aus China eingeschleppt) und neuerdings die Esche (*Fraxinus excelsior*; Pilz: *Hymenoscyphus fraxineus* [= *H. pseudoalbidus*, = *Chalara fraxinea*]; ein in den 1990er-Jahren aus Asien nach Mitteleuropa eingeschleppter Welkepilz, der 2008 erstmals auch in der Schweiz und 2012 auf den Britischen Inseln auftrat). Über die Jahre kommt es vielfach zur Auslese resistenter Genotypen dieser Bäume (bei der Esche rechnet man mit 5–10 % aller Individuen), welche die verlorenen Lebensräume zurückerobern können – ein sehr gutes Beispiel für die evolutive Bedeutung der genetischen Vielfalt.

Besonders vielfältig und ökologisch bedeutend sind die biotischen **Wechselwirkungen zwischen Pflanzen und Tieren**. An erster Stelle sind hier die phytophagen bzw. herbivoren Tiere als Primärkonsumenten zu nennen. Dabei können etwa Insekten (z. B. Blattläuse, Borkenkäfer, Spanner), Schnecken oder Säugetiere (Kleinnager, Kaninchen, Wiederkäuer) durch Fraß oder Saugen an vegetativen Organen, Blüten und vielfach auch Samen sehr beachtliche Schäden und Veränderungen an der Pflanzendecke verursachen. Der dadurch bedingte Selektionsdruck hat zur Ausbildung vielfältiger Abwehrmechanismen geführt (Dornen, Stacheln, Brennhaare, Kristallnadeln, Bitter- und Giftstoffe usw.; ▶ Abschn. 2.3.2 und 16.4.1). Ein Sonderfall sind die von Tieren verursachten Gallenbildungen (▶ Abschn. 16.1.1). Symbiotische Beziehungen mit Tieren bestehen bei Samenpflanzen besonders im Bereich der Blüten-, Frucht- und Samenbiologie, aber auch bei Niederen Pflanzen. Auf Tieren parasitieren viele Bakterien und Pilze. Einige wenige Pilze und Angiospermen haben sich als Tierfänger spezialisiert (▶ Abschn. 16.1.2).

Weidetiere schädigen durch Fraß vor allem den Jungwuchs von Holzpflanzen und fördern damit die regenerationskräftigen Gräser und Kräuter. Weitere Standortveränderungen ergeben sich durch Tritt (Bodenverdichtung, mechanische Schädigung) und Düngung. Als Folge davon nehmen vielfach vom Vieh gemiedene „Weideunkräuter" überhand (z. B. Arten von *Carduus*, *Cirsium*, *Rumex*, *Ranunculus*, *Euphorbia*, etliche Apiaceae, Lamiaceae, Liliales mit Bitter-, Aroma- oder Giftstoffen, in den Alpen fördert intensive Beweidung den Bürstling, *Nardus stricta*). Es wird sogar diskutiert, ob nicht auch die Massenausbreitung von C_4-Gräsern im Miozän durch Großäuger gefördert wurde, da diese Gräser weniger Blattprotein enthalten als C_3-Gräser und daher einem geringeren Beweidungsdruck unterliegen.

Viele Verwandtschaftsgruppen der Angiospermen sind offenkundig deshalb stammesgeschichtlich erfolgreich und formenreich geworden, weil sie wirksame chemische Abwehrstoffe **gegen Tierfraß** entwickelt haben, z. B. die Brassicales mit ihren Senfölglykosiden, viele Gentianales mit Indolalkaloiden oder die Solanaceae mit Tropanalkaloiden (▶ Abschn. 14.14). Nur be-

stimmte phytophage Tiergruppen können diese Abwehrstoffe unschädlich machen und haben sich dann vielfach geradezu auf die entsprechenden Trägerpflanzen spezialisiert (z. B. die Pierinae unter den Schmetterlingen auf die Brassicales). Der Monarchfalter (*Danaus plexippus*) baut die aus seinen Futterpflanzen (Apocynaceae) übernommenen giftigen Cardenolidglykoside sogar im Körper der Raupen und adulten Tiere ein und wird dadurch für seine Feinde ungenießbar.

Als Beispiel für die noch ungenügend erforschten Wechselwirkungen zwischen **Pflanzen und Ameisen** (▶ Abschn. 3.5.7) sei auf neotropische Arten der Gattung *Acacia s.l.* (z. B. *A. cornigera* [= *Vachellia cornigera*]) verwiesen. Diese Regenwaldbäume haben eine Symbiose mit aggressiven Ameisen (*Amblyopone ferruginea*) entwickelt: Sie bieten ihnen Wohnräume, Futterkörper und extrafloralen Nektar (◻ Abb. 19.194) und werden dafür von den Ameisen sehr erfolgreich gegen alle herbivoren Tiere verteidigt. Die Ameisen kappen und entfernen sogar überwachsende Lianen und konkurrierende Nachbargewächse, sodass sich ihre Wirtspflanzen besser entwickeln können. Die Wirksamkeit dieser Symbiose zeigt sich an Akazien, die nicht von Ameisen besiedelt sind: Sie werden stark angefressen, unterdrückt und verkümmern. Eine analoge Beziehung besteht zwischen Ameisen und Vertretern der tropischen Pionierholzgattung *Cecropia*.

Sehr wesentlich ist bei vielen Pflanzen der **Verlust an Samen durch Tiere**. *Fagus sylvatica* vermag sich nur in Mastjahren mit verstärkter Samenproduktion erfolgreich zu vermehren. Diese Mastjahre folgen in drei- bis fünfjährigen Abständen aufeinander; dies hat zur Folge, dass sich in den Samen parasitierende Insekten in ihrem Entwicklungszyklus nicht auf die Mastjahre einstellen können. Neotropische Leguminosen haben zwei verschiedene Abwehrstrategien gegen samenverzehrende Käfer (Bruchidae) entwickelt: Entweder produzieren sie ungiftige, aber zahlreiche und kleine Samen, von denen zumindest ein Teil verschont bleibt, oder sie bilden wenige und größere Samen, die durch ihre Giftstoffe geschützt sind (▶ Abschn. 14.14 und 16.4.1, Fabales).

Alle diese positiven oder negativen Wechselwirkungen beeinflussen das Wachstum der am Aufbau einer Biozönose beteiligten Populationen. Manche Arten werden dominant, andere bleiben untergeordnet oder verschwinden; es ergeben sich labile oder mehr oder minder stabile **Gleichgewichtszustände**. Solche Vorgänge lassen sich auch mathematisch beschreiben und mithilfe von Computermodellierung simulieren.

Der Konkurrenzkampf zwischen zwei Arten wird umso schärfer, je ähnlicher ihre ökologischen Ansprüche sind. Auf Dauer ist ihre Coexistenz in ein- und derselben ökologischen Nische nicht möglich (▶ Abschn. 21.1) wenn Störungen (z. B. Tierfraß) ausbleiben. Daher finden wir bei negativen biotischen Wechselwirkungen vielfach, dass die beteiligten Arten der Konkurrenz ausweichen: Innerhalb der genetisch festgelegten Bandbreite der Reaktionsnorm bei Reinkultur, verschieben die Arten bei Mischkultur (d. h. unter dem Einfluss biotischer Interaktionen), ihre Verbreitung so, dass sich eine möglichst

22

geringe Überlappung mit den Amplituden und Optimalbereichen der Konkurrenten ergibt.

Dieses Prinzip wurde schon in ▶ Abschn. 21.1 erörtert. Es kommt z. B. auch bei wichtigen Wiesengräsern Mitteleuropas zum Tragen: In Reinkultur und bei hoher Bodenfeuchte weisen sie sehr ähnliche Wuchsleistung auf, während der Erfolg bei Mischkultur und variabler Bodenfeuchte stark vom Wasserangebot abhängt. *Bromus erectus* und viele andere xerophile Arten sind nicht wirklich trockenheitsliebend, sondern nur besser trockenheitsertragend. Viele typische Unterwuchsarten (in Mitteleuropa z. B. *Oxalis acetosella*) sind nicht schattenliebend, sondern schattenertragend. Viele mediterrane Reliktarten sind nur deshalb auf unzugängliche Felsspalten beschränkt, weil sie an allen anderen Standorten von Ziegen und Schafen abgefressen werden.

Die ökologische Position und eine weite bzw. enge Amplitude der Umweltansprüche einer Art (euryök bzw. stenök) hängt also sehr von ihren biozönotischen Partnern ab, sie ist relativ. Jedenfalls sind diese biotischen Wechselbeziehungen zwischen den Arten sehr unterschiedlich, komplex und kybernetisch untereinander und mit den anderen Standortfaktoren gekoppelt; das trägt entscheidend zur Stabilität und Selbstregulation der Ökosysteme bei.

Arten, die in ihren ursprünglichen Ökosystemen nur untergeordnet und unter Kontrolle gehalten sind, können in fremden Ökosystemen zu aggressiven „Unkräutern" werden, soweit es diesen **Neophyten** dort an natürlichen Feinden fehlt. Das gilt etwa für den europäisch-atlantischen *Ulex europaeus* in Neuseeland, das europäische *Hypericum perforatum* in Nordamerika oder die neotropische *Opuntia stricta* in Australien. Erst das absichtliche Einbringen der auf *Opuntia* parasitierenden venezolanischen Motte *Cactoblastis cactorum* hat diese Unkrautplage dort innerhalb weniger Jahre über eine Fläche von mehr als 120 Mio. ha hinweg beseitigt. Ähnliches gilt auch für die Wasserpest, *Elodea canadensis*, in Europa. Umgekehrt haben eingeführte Tiere (z. B. Ziegen und Kaninchen) vielfach wenig weidefeste Inselfloren (z. B. auf Hawaii, St. Helena und Galapagos) weitgehend zerstört. Die meisten Arten einer Biozönose spielen mehrere ökologische Rollen.

Der Druck von Parasiten und anderen Feinden auf eine Art wird oft umso stärker, je mehr diese Art zur Dominanz kommt und große geschlossene Populationen aufbaut. So sind z. B. monotone naturfremde Fichtenforste viel anfälliger gegen epidemischen Schädlingsbefall (z. B. Borkenkäfer, Spanner) als naturnahe Mischbestände der Fichte mit anderen Gehölzen. Der große Artenreichtum vieler warmtemperater bis tropischer Wälder geht wahrscheinlich auch darauf zurück, dass hier jede Baumart, die sich auf Kosten der anderen stärker vermehrt, durch die artenreiche Parasitenfauna und -flora sofort wieder reduziert wird.

22.9 Biomasse- und Landnutzung durch den Menschen

Die **Weltbevölkerung** hat sich sprunghaft entwickelt: von ca. 10 Mio. Menschen vor 10.000 Jahren wuchs sie auf ca. 160 Mio. vor 2000 Jahren, erreichte 1850 etwa 1,2, 1988 schon 5 Mrd. und im Jahr 2011 überschritt sie die

Zahl von ca. 7 Mrd. Die Menschheit und ihre Nutztiere stellen selbst hinsichtlich ihrer Biomasse eine beachtliche Größe dar: Im Jahr 2018 gab es mit ca. 0,06 Gt C viel mehr Menschen als alle wildlebenden Säugetiere zusammen (0,007 Gt C; ▢ Abb. 22.39) und immerhin 0,1 Gt C Nutztiere, die von Pflanzen und Pflanzenprodukten leben. Alle Tiere auf der Erde zusammen (inkl. der marinen) erreichen 2 Gt C (Bakterien und Achaeen erreichen, hauptsächlich im Untergrund, zusammen ca. 29 Gt C [in ▢ Abb. 22.39 77 Gt C]). Insgesamt lenkt der Mensch durch seine Landnutzung heute bereits rund 24 % (15,6 Gt C pro Jahr) der gesamten terrestrischen Primärproduktion (62 Gt C Biomasse pro Jahr) durch seine antropogenen Ökosysteme. Diese Zahlen setzen sich zusammen aus 53 % Ernteprodukten, 40 % als direkte Folge landnutzungsbedingter Reduktionen der natürlichen Produktivität und aus 7 % durch vom Menschen verursachte Feuer (Haberl et al. 2007). Der ackerbauliche Ertrag von jährlich etwa 6,4 Gt trockenen Ernteguts (▢ Tab. 22.5) stammt von etwa 14 Mio km² (rund 10 % der Landoberfläche außerhalb der Antarktis oder 14 % der vegetationsbedeckten Fläche der Erde). Von den global etwa 10 Mio km² der vegetationsbedeckten Fläche wird periodisch rund die Hälfte von Nutztieren beweidet, 28 Mio km² davon intensiv. Der Trockensubstanzertrag an Weidefutter liegt bei knapp 4 Gt pro Jahr (zusammen mit den Ackerprodukten ergibt das 10,4 Gt Trockensubstanz pro Jahr). Wollte man das Weidefutter durch Futter vom Acker ersetzen entspräche das wegen der unterschiedichen Futterqualität einer Futtermenge von rund 2,6 Gt pro Jahr. Der globale jährliche Wirtschaftsholzbedarf entspricht einer Phytomasse von fast 3 Gt (1,4 Gt C), was in Kohlenstoffeinheiten allerdings nur 16 % des jährlichen Konsums der Menschheit an fossilen Brenn- und Treibstoffen von 8–9 Gt C; ▢ Abb. 22.43 entspricht.

Diese Zahlen illustrieren, dass der Mensch die Pflanzendecke der Erde enorm beansprucht und beeinflusst. Der heutige und noch weniger der zukünftige Energiebedarf werden niemals auch nur annähernd aus Pflanzen gedeckt werden können. Hinsichtlich seiner Ernährung ist der Mensch jedoch völlig abhängig von der Nutzung grü-

▢ **Tab. 22.5** Die weltweite Ernte an trockenen Ernteprodukten von Ackerland (gesamt: ca. 6,4 Gt Trockensubstanz pro Jahr)

Ernteprodukt	relativer Anteil
Tierfutter	47 %
Ernährung des Menschen	28 %
Verluste auf dem Acker	11 %
Rohstoff für die Industrie	10 %
Saatgut	3 %

ner Pflanzen; unmittelbar ist diese Nutzung bei Nahrungspflanzen, mittelbar über pflanzliche Futterquellen bei Nutztieren. Soweit diese Nutztiere Weidefutter in menschliche Nahrung verwandeln, ist diese Nahrungsressource unersetzlich, da der Mensch Gras und anderes Rauhfutter nicht verzehren kann. Ganze Kulturen bauen auf dieser Nutzung von Weideland (große Steppengebiete, Grasland in Berggebieten, viele semiaride Gebiete) auf. Auch Genuss- und Heilmittel (z. B. Wein, Bier, Kaffee; Tabak, Herzglykoside, Alkaloide) sowie Rohstoffe (z. B. Holz, Fasern, Kautschuk) sind pflanzlichen Ursprungs.

Betrachtet man die Absolutzahlen der **Nahrungsmittelproduktion** (◻ Tab. 22.6), so erstaunt, dass der Mensch selbst im Wesentlichen nur von einigen wenigen Vertretern einer Pflanzenfamilie lebt, nämlich den Gräsern (Poaceae), die mit Reis, Weizen, Mais und Hirse die vier ursprünglich kontinentspezifischen Hauptnahrungspflanzen stellen. Mit Weide- und Futtergras sind die Poaceae auch noch über Rind, Schaf, Ziege und Geflügel indirekt die Basis unserer Ernährung. Sämtliche anderen Kulturpflanzen zusammen folgen mengenmäßig (auf Basis der Trockenmasse) in weitem Abstand.

◻ **Tab. 22.6** Weltweite Erträge an Pflanzenprodukten für den menschlichen Gebrauch. (FAO 1999, 2005, 2011 und 2017; in Mio. t erntereifes Frischgewicht)

	1999	2005	2011	2017
Getreide	**2064**	**2239**	**2587**	**2941**
Mais	600	702	883	1135
Reis	596	618	723	770
Weizen	584	629	704	772
Gerste	130	139	134	147
Hirsen	89	87	82	58
Hafer	25	24	23	16
Roggen	20	16	13	14
Sonstige (Triticale, Buchweizen u. a.)	19	24	25	61
Stärkeknollen u. -wurzeln	**650**	**713**	**807**	**887**
Kartoffel	294	323	374	388
Maniok	168	203	252	292
Batate	135	129	104	113
Sonstige (Yams, Taro, u. a.)	52	58	76	94
Zuckerpflanzen	**1538**	**1534**	**2067**	**2143**
Zuckerrohr	1275	1292	1794	1842
Zuckerrübe	263	241	272	301

◻ **Tab. 22.6** (Fortsetzung)

	1999	2005	2011	2017
Sonstige (Zuckerahorn, Sorghumhirse u. a.)	1	1	1	1
Hülsenfrüchte	**59**	**61**	**68**	**96**
Bohnen	19	19	23	31
Erbsen	12	11	13	16
Kichererbsen	9	9	12	15
Linsen	3	4	4	8
Sonstige (Kuhbohnen, Saubohnen u. a.)	16	19	19	26
Öl- u. Fettfrüchte (bzw. -samen)	**483**	**654**	**780**	**1017**
Sojabohnen	154	214	261	353
Ölpalmfrüchte	98	173	234	318
Baumwollsamen	52	68	49	74
Kokosnüsse	47	55	59	61
Raps	43	47	62	76
Erdnüsse	33	36	39	47
Sonnenblumenkerne	28	31	40	48
Oliven	13	14	20	21
Sonstige (Leinsamen, Sesam u. a.)	13	14	16	20
Gemüse	**559**	**757**	**956**	**1095**
Tomaten	95	123	159	182
Kohl u. Kraut	49	70	69	71
Zwiebel	44	57	85	98
Gurken	29	42	65	84
Eierfrüchte	21	30	47	52
Karotten	18	25	36	43
Paprika	18	25	30	36
Sonstige (Salate, Kürbisse, Blumenkohl, Süßmais, Spinat u. v. a.)	284	385	465	528
Obst	**515**	**630**	**768**	**865**
Zitrusfrüchte	98	105	129	147
Bananen (Obst- u. Kochbananen)	89	106	145	153
Weintrauben	61	66	70	74

(Fortsetzung)

22

Tab. 22.6 (Fortsetzung)	1999	2005	2011	2017
Äpfel	60	59	76	83
Wassermelonen	52	96	104	118
Mangos	24	28	39	51
Zuckermelonen	19	28	27	32
Birnen	16	20	24	24
Ananas	13	17	22	27
Pfirsiche und Nektarinen	12	16	22	25
Sonstige (Pflaumen, Papayas, Datteln, Erdbeeren, Aprikosen, Kirschen, Avocados u. v. a.)	71	88	110	131
Nüsse Cashew-Nüsse, Mandeln, Walnüsse, Haselnüsse, Echte Kastanien u. v. a.	7	10	16	17
Genussmittel	**48**	**52**	**54**	**57**
Wein	28	29	29	29[2]
Tabak	7	7	8	7
Kaffee	6	8	8	9
Kakao	3	4	4	5
Tee, Mate	3	4	5	7
Gewürze	**5**	**7**	**9**	**13**
pflanzliche Fasern	**25**	**30**	**32**	**31**
Baumwolle	18	23	26	25[1]
Jute	3	3	3	4
Sonstige (Flachs, Sisal, Hanf u. a.)	4	4	3	3
Kautschuk	**7**	**9**	**11**	**14**
tierische Produkte	**843**	**960**	**1133**	**1251**
Fleisch	226	265	297	334
Milch	562	629	727	828
Eier	54	65	71	87
Honig	1	1	2	2

[1]Daten aus 2013
[2]Daten aus 2014

22.9.1 Nutzung und Umgestaltung der Vegetation

Die **Landnutzung** durch den Menschen wird heute als die schwerwiegendste Einflussnahme auf den Planeten gesehen, noch wesentlich einschneidender für künftige Generationen als die atmosphärischen Veränderungen (z. B. ▶ Abschn. 22.7.6). Sie geht einher mit einem Verlust an Lebensraum und in der Folge an Organismenarten (Biodiversitätsverlust) sowie an Boden. Der Verlust von Arten und Boden ist unumkehrbar. Die gegenwärtige Veränderung der Biosphäre wird in geologischen Zeitmaßstäben den Folgen eines jener Meteoriteneinschläge gleichgesetzt, die erdgeschichtlich große Epochen der Evolution beendet haben dürften (etwa die Zeit der Saurier). Wo und wie die Menschheit sich Nahrungs- und Futterpflanzen und andere pflanzliche Rohstoffe beschafft, prägt heute und in Zukunft den Zustand und die Funktion der Biosphäre. Eine Trennung von Natur- und Nutzlandschaft ist heute zunehmend schwierig, da auch auf den ersten Blick noch natürlich anmutende Landschaft auf oft sehr subtile Weise bereits anthropogen verändert ist. Die Haupteinflussgrößen sind:

- Entnahme von Biomasse – selektiv oder flächig (sukzessive Veränderung des Ökosystems)
- Umgestaltung des Ökosystems: Wald (Rodung) → Savanne, Weide
- Invasion exotischer Pflanzen, Tiere und Mikroben (z. B. Pathogene)
- Fernwirkungen von Luftschadstoffen, Überernährung (CO_2, NO_x), Klimaveränderung
- planmäßiger Anbau von Nutzpflanzen (Ackerbau, Forstplantagen)
- Ersatz der Biosphäre durch stark bodenversiegelnde Anthroposphäre (Siedlungen, Verkehrsflächen, Industrieflächen)

Eine Voraussetzung für das Überleben der Menschheit ist dabei eine auf ökologische **Nachhaltigkeit** (engl. *sustainability*) und nicht auf Ausbeutung (engl. *exploitation*) sowie unbegrenztes Wachstum hin orientierte Nutzung und Gestaltung der Biosphäre, unter Rücksicht auf Natur- und Umweltschutz. Abb. 22.50 zeigt, welch ein verheerendes Ausmaß die Waldzerstörung (besonders in den Tropen) während der letzten 100 Jahre erreicht hat. So sind naturnahe oder gar natürliche Biozönosen in den dichter besiedelten Lebensräumen der Erde (z. B. in Mitteleuropa) auf winzige Flecken geschrumpft oder völlig verschwunden. Daher ist die Rekonstruktion der potenziellen Ökosysteme (unter Ausschluss von menschlichen Einflüssen) heute in weiten Gebieten kaum mehr möglich.

22.9.2 Waldnutzung und Waldrodung

Um in natürlichen Waldgebieten Raum für Pflanzenbau und Weidetiere zu schaffen, wurde und wird vom Menschen überall auf der Erde gerodet und gebrannt. Da be-

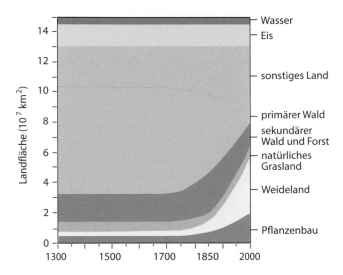

Abb. 22.50 Veränderung der Flächenanteile von naturnahen Ökosystemen (bes. primäre Wälder, natürliche Grasländer) zu extensiv genutzten Ökosystemen (bes. sekundäre Wälder, Forste, Weideländer) und intensiv genutzten Ökosystemen (bes. Pflanzenbau) vom Mittelalter bis zur jüngsten Vergangenheit. Die Zerstörung der Wälder verläuft viel rascher als die Erschließung neuen Kulturlands. (Nach Buringh und Dudal 1987)

waldete Hänge mehr Regenwasser verbrauchen, es länger zurückhalten und den Boden besser vor Abtragung schützen, erhöht **Entwaldung** die Überschwemmungs- und Erosionsgefahr sowie die Nährstoffauswaschung (▶ Abschn. 22.6.2, ◻ Abb. 22.18). Wo die Böden sehr humus- und nährstoffarm sind (wie in vielen Gebieten der Tropen), ist auf dem durch **Brandrodung** gewonnenen Kulturland nur eine dürftige und kurzfristige Nutzung möglich: Der Hauptanteil des Nährstoffpotenzials ist dort nämlich in der Pflanzendecke selbst enthalten; wird sie abgebrannt und die Asche abgeschwemmt, ist die Grundlage der Produktivität verloren. In den humiden Tropen ist daher vielfach Wanderackerbau notwendig.

Einer großflächigen Brandrodung auf guten Böden der humiden Tropen folgt häufig eine Dominanz schwerverdaulicher, hochwüchsiger Horstgräser, die nur durch regelmäßiges Abbrennen ein verwertbares Weidefutter abgeben. Solche Grasländer brennen durch Blitzschläge auch spontan ab, womit die Rückkehr des Walds auf lange Zeit verhindert wird (erhöhte Feuerfrequenz; ▶ Abschn. 22.3.3). Wiederholte Brandrodung hat in den meisten wechselfeuchten Lebensräumen der Erde dazu geführt, dass sich anstelle feuerempfindlicher Wälder feuerresistente Savannen, Grasländer oder sogar feuerfördernder Pyrophytenbusch sehr stark ausgebreitet haben. Zusammen mit der Erosion hat diese Entwicklung vielfach zu irreversiblen Formen der Boden- und Vegetationsdegradation geführt (z. B. in weiten Bereichen der Mittelmeerländer, ◻ Abb. 22.51).

Das Anlegen von Gräben und Kanälen, Dämmen und Deichen für die **Entwässerung** sowie die Regulierung und Begradigung der Wasserläufe haben den Grundwasserstand und die Überschwemmungsverhältnisse tiefgrei-

Abb. 22.51 Degradation des mediterranen Hartlaubwalds und seines Bodenprofils infolge übermäßiger menschlicher Nutzung (Waldschlag, Brand, Weide) und Erosion: **a** Niederwald (Macchie) mit Stein-Eiche (*Quercus ilex*), **b** Garigue mit Kermes-Eiche (*Q. coccifera*), **c** Felsheide (mit *Brachypodium retusum* = *B. ramosum*), **d** Karstweide (mit der giftigen *Euphorbia characias*). Das vollständige Bodenprofil (unter a) besteht aus A_0 (Laubstreu), A_1 humusreiche, schwärzliche Feinerde (rendzinaähnlich), A_2 humusarme Übergangsschicht, A_3 fast humusfreier Rotlehm (fossile Terra rossa) und C kompakter Jurakalk; diese Bodenschichten werden im Verlauf der Degradation bis auf das Ausgangsgestein abgetragen und zerstört. (Nach J. Braun-Blanquet)

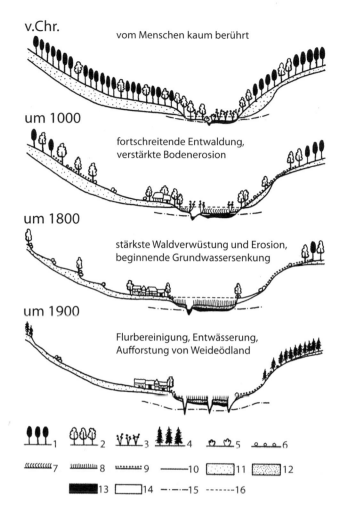

v.Chr.   vom Menschen kaum berührt

um 1000   fortschreitende Entwaldung, verstärkte Bodenerosion

um 1800   stärkste Waldverwüstung und Erosion, beginnende Grundwassersenkung

um 1900   Flurbereinigung, Entwässerung, Aufforstung von Weideödland

◻ **Abb. 22.52** Veränderungen einer mitteleuropäischen Landschaft (Oberlauf eines Flusses in der submontanen Stufe) seit 2000 Jahren: Besiedlung, Entwaldung, Weide, Ackerbau, Erosion, Entwässerung, Aufforstung u. a. 1 Buchenwald, 2 Laubmischwald mit Eichen u. a., 3 Erlenbruch, 4 Nadelholzaufforstung, 5 Weidengebüsch, 6 sonstige Gebüsche, 7 Nasswiesen, 8 Frischwiesen, 9 Trockenwiesen, 10 Äcker, 11 Lösslehm, 12 Aulehm, 13 Moor, 14 andere Bodenarten, 15 mittlerer Grundwasserstand, 16 mittlerer Hochwasserstand. (Nach Ellenberg 1996)

fend verändert (◻ Abb. 22.52). Durch die **Regulierung der Flüsse** sind Flächen mit Schottern und Sanden sowie die damit verknüpften Auwälder (◻ Abb. 23.28) stark zurückgegangen. In der Tiefebene des nördlichen Zentraleuropas wurden riesige Moor- und Auwaldgebiete trockengelegt und in Wiesen und Weiden umgewandelt. Das Artengefüge bestehender Wälder spiegelt noch nach Jahrhunderten solche Eingriffe des Menschen wider.

Für die Herstellung von Holzkohle in Meilern bevorzugte man in Mitteleuropa die Rotbuche (*Fagus sylvatica*). Die Bestände der Eibe (*Taxus baccata*) wurden wegen ihres festen und elastischen Holzes (Herstellung von Waffen) sehr stark dezimiert. Eichen (*Quercus* sp.) förderte man früher wegen ihrer Bedeutung für die Schweinemast. Durch Waldweide wurde besonders die Tanne (*Abies alba*) in Mitleidenschaft gezogen. Zu ho-

her Bestand an jagdbarem Rotwild reduziert die natürliche Waldregeneration (Wildverbiss!).

Eine planmäßige Holznutzung führte noch im Mittelalter in großen Teilen Europas zur Wirtschaftsform des **Niederwalds**, indem man den Wald durch Abhieb alle 20–40 Jahre in seiner produktivsten Entwicklungsphase nutzt (engl. *coppicing*) und schlankes, leicht zu bearbeitendes Nutz- und Brennholz erhält (Regeneration aus Stockausschlägen). Für die Bewirtschaftung des **Mittelwalds** werden im Niederwald alte „Überständer" als Samenspender und für Bauholz belassen. Der Niederwaldbetrieb förderte die ausschlagfreudigen Hainbuchen (*Carpinus betulus*) und Eichen gegenüber Rotbuchen und Nadelbäumen.

Mit dem planmäßigen Aufbau der Forstwirtschaft entstanden durch großflächigen Kahlschlag und synchrone Aufforstung produktive Wirtschaftswälder (z. T. Plantagen, im reifen Zustand **Hochwald**). Anstelle naturnaher Laubmischwälder traten in Europa seit dem 19. Jahrhundert vielfach standortfremde forstliche **Monokulturen** von Fichte und Kiefer. Plantagen von *Eucalyptus*-Arten und *Pinus radiata* entstanden in vielen mediterranen und subtropischen Gebieten, Teak- und *Araucaria*-Plantagen in den Tropen. Solche einheitlichen Kunstwälder verschlechtern den Boden und sind besonders schädlingsanfällig. In Europa werden deshalb in jüngster Zeit wieder naturnähere Mischwälder bevorzugt, aus denen das Nutzholz kleinflächig oder einzeln (Femel- oder Plenterschlag) und nicht im Kahlschlag entnommen wird.

22.9.3 Weide- und Wiesenwirtschaft

Die Weidenutzung durch ganzjährig grasende Nutztierherden gehört zu den ältesten Formen landwirtschaftlicher Nutzung. Im temperaten und südlichen Europa und weiten Teilen Asiens wurde dadurch auf Kosten von Wäldern die Ausdehnung von Trocken- und Halbtrockenrasen, Magerwiesen, Zwergstrauchheiden und offenem Buschland stark gefördert. In Gebieten, wo im Winter Stallfütterung notwendig ist, haben sich – besonders seit dem Mittelalter – die Mähwirtschaft und damit die Futterwiesen entwickelt (s. Kulturgrasland, Dierschke und Briemle 2002). Jünger sind die intensive Nutzung mit streng geregeltem Weidegang (Zäune, Koppel), die Umwandlung von Mager- in Fettwiesen durch Düngung sowie die durchgehende Stallfütterung der Tiere gekoppelt mit Futterpflanzenanbau. Das heute in allen potenziellen Waldgebieten der Erde verbreitete und vielfach dominierende **Dauergrünland** ist also fast ausschließlich als Produkt der menschlichen Tierhaltung zu verstehen (Kulturlandschaft, ◻ Abb. 22.53).

Beweidung, Mahd oder periodisches Abbrennen verhindern das Aufkommen von Holzpflanzen und fördern regenerationskräftige Gräser und ausdauernde krautige Arten, besonders niedrigwüchsige bzw. rosettenbildende Pflanzen wie Arten von *Plantago* oder *Cirsium*, da diese

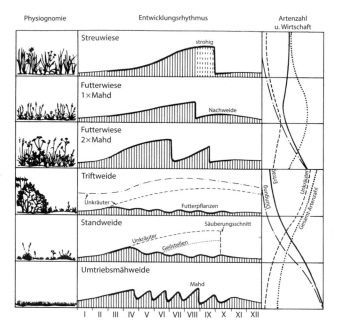

Physiognomie   Entwicklungsrhythmus   Artenzahl u. Wirtschaft

Streuwiese — strohig

Futterwiese 1×Mahd — Nachweide

Futterwiese 2×Mahd

Triftweide — Unkräuter — Futterpflanzen

Standweide — Unkräuter — Geilstellen — Säuberungsschnitt

Umtriebsmähweide — Mahd

I II III IV V VI VII VIII IX X XI XII

◨ **Abb. 22.53** Bewirtschaftungsformen des Kulturgrünlands: Mähwiesen und Weiden. Dargestellt ist die Bestandshöhe im Laufe des Jahres (Monate I–XII), die durch Mahd bzw. Viehfraß beeinflusst wird. Triftweiden werden großflächig und extensiv, Stand- bzw. Umtriebsweiden kleinflächig und intensiv genutzt, wobei der Viehbestand länger bleibt bzw. rotiert. Düngung und Ertrag sind bei Streuwiesen und Triftweiden am niedrigsten, bei zwei- und mehrmals gemähten Futterwiesen (Fettwiesen) und Umtriebsmähweiden am höchsten. (Nach Ellenberg 1996)

dem Schnitt oder dem Abweiden leichter entgehen. Auch die von den Tieren nicht gefressenen Weideunkräuter und trittresistente Arten profitieren, während gegen Düngung empfindliche Magerwiesenpflanzen wie viele Orchideen zurückgehen. Die heutigen Arten des Kulturgraslands stammen aus sehr unterschiedlichen naturnahen Pflanzengesellschaften, z. B. lichten Wäldern, natürlichen Störflächen (Windwurf, Muren, Ufer), trockenen Felsfluren, Flachmoorwiesen u. a. In der Intensivlandwirtschaft werden vermehrt Kunstwiesen mit speziellen Saatgutmixturen und Düngeraufwandmengen zwischen 200 und 400 kg N ha⁻¹ angebaut (z. B. spezielle Sorten von *Lolium perenne* gemischt mit *Trifolium repens* oder *T. pratense*). Die weltweit verbreitetste Futterpflanze der warmtemperaten und mediterranen Gebiete, *Medicago sativa* (Saat-Luzerne, engl. *afalfa*), ersetzte im Anbau vielfach die traditionelle Graswirtschaft.

22.9.4 Nutzpflanzenbau

Die intensive Nutzungsform des Pflanzenbaus (Ackerbau, Gartenbau) durch sesshafte Bauern bildete seit der mittleren Steinzeit die Voraussetzung für alle menschlichen Hochkulturen und ist bis heute die Grundlage für die Existenz der Menschheit geblieben. Voraussetzungen dafür waren und sind Rodung und Bodenbearbeitung, dann Fruchtwechsel und Düngung, vielfach auch Bewässerung oder Entwässerung und die laufende Verbesserung der Nutzpflanzen durch **Züchtung**. Zu den traditionellen Methoden der Züchtung, Auswahl besse-

rer (spontan entstandener) Sorten und gezielter Kreuzung vielversprechender Sorten, kam in der Mitte des 20. Jahrhunderts die künstliche Erhöhung der Mutationsrate (z. B. durch dosierte Röntgenbestrahlung von Saatgut). Mit Ende des 20. Jahrhunderts trat das gezielte Einschleusen von erwünschter genetischer Information mit gentechnischen Methoden hinzu. Eine spezielle Form der genetischen Ertragsteigerung ist die Nutzung von Hybridsaatgut (besonders erfolgreich beim Mais, aber auch vielen Gemüsepflanzen). Dabei werden in speziellen Saatgutfarmen Elternpaare gekreuzt, deren F₁-Generation sich durch hohe Ertragskraft auszeichnet, während die Leistung der F₂-Generation wieder stark abfällt. Der Preis für diesen Ertragsgewinn ist, dass eine Selbstversorgung mit Saatgut (Nachbau) nicht möglich ist und viele robuste, aber ertragsschwächere alte Sorten verschwinden. Um deren Erhalt bemühen sich eigene Saatguterhaltungsanstalten (z. B. das IPK in Gatersleben).

Die Züchtung orientiert sich am Ertrag. Dies schließt hohe Wuchskraft und hohe Qualität der gewünschten Produkte ebenso ein wie Resistenz gegen Pathogene und abiotischen Stress. Neben der Resistenz spielen morphologische Merkmale (weniger dafür größere und einheitlichere Früchte, Ähren usw., für die Ernte günstige Pflanzengestalt, Standfestigkeit), Entwicklungsmerkmale (gleichzeitige Keimung, Blüte und Reife) und Inhaltsstoffe (z. B. Backfähigkeit des Getreides, Giftfreiheit, Geschmack) die entscheidende Rolle. Obwohl der *harvest index*, also der nutzbare Teil der Pflanze, zunahm, blieben bei Nutzpflanzen, bei denen die reproduktiven Teile genutzt werden (wie beim Getreide), die Grundmuster der Trockensubstanzallokation (Wurzel, Spross, Frucht, Blatt) und die photosynthetische Leistungskraft im Zuge der Domestizierung erstaunlich unverändert (Beispiele für Getreide: Evans und Dunstone 1970; Wardlaw 1990). Bei Wildgetreide gibt es viele, aber sehr ungleich große und in der Entwicklung stark gestaffelte Ähren, bei Kulturformen wenige, große, gleichzeitig reife Ähren, wobei die Summe der Trockensubstanz aller Ähren pro Pflanze durchaus gleich sein kann (Wacker et al. 2002).

Für die zukünftige Züchtungs- und Anbauforschung kann die Anwendung pflanzenökologischer Erkenntnisse neue Wege weisen. So ergaben Experimente mit Getreide, dass der mittlere Abstand zwischen Nutzpflanzenindividuen und Ackerunkräutern darüber entscheidet, wer die Oberhand behält. Traditionelle, große Reihenabstände fördern Ackerunkräuter. Randomisiert man die Abstände, entfällt der Freiraumvorteil der Unkräuter, wodurch sogar der Einsatz von Herbiziden unnötig werden kann (Weiner et al. 2010). Ein zweites Beispiel ist die Zucht von Hochertragssorten unter Einbeziehung des in der Ökologie so wichtigen Trade-off-Konzepts: Auf höchste Leistung gezüchtete Sorten erzeugen als Trade-off starke Konkurrenz innerhalb desselben Genotyps. Eine Mischung nur mittelmäßig ertragreicher Sorten (Genotypen) erreichte im Experiment einen höheren Ertrag als eine Monokultur der leistungsfähigsten Sorte aus dieser Mischung (Weiner et al. 2017), wobei gleichzeitig zudem das Risiko einer epidemischen Pathogenausbreitung reduziert wird. Jede genetische Homogenisierung der Agrarlandschaft erhöht das Ausfallrisiko (analog der Portfoliodiversifizierung an der Börse). Biodiversitätskonzepte zur Komplementarität und Absicherung durch Diversifizierung sowie die Einbeziehung der Konkurrenztheorie öffnen bisher unbegangene Wege in der Nutzpflanzenforschung.

Die Grüne Revolution der vergangenen 150 Jahre beruhte nur zu einem relativ kleinen Teil auf züchterischen Erfolgen. Der größte Beitrag zur Steigerung der durchschnittlichen **Erträge** um das Vier- bis Sechsfache gegenüber der vorindustriellen Landwirtschaft stammte von der Anbaupraxis, insbesondere dem Einsatz von stickstoffreichem Dünger, chemischen Mitteln zur Unkrautbekämpfung und für den Pflanzenschutz sowie der maschinellen Landbearbeitungstechnik. Ein großes Potenzial besteht noch bei der Ertragssicherung nach der Ernte (enorme Ernteverluste in vielen Ländern durch Lagerschädlinge). Die großflächige Intensivlandwirtschaft hat auch negative Auswirkungen: nitrat- und herbizidverunreinigtes Grundwasser, Rückgang der nachhaltigen Bodenfruchtbarkeit, Bodenverluste durch Wind- und Wassererosion, anfällige Kulturpflanzen, Ausräumung der früher vielfältigen Landschaft, große Abhängigkeit der Produktion von Energie- sowie Dünger- und Agrochemiezulieferung. Eine nachhaltigere, umweltverträglichere Pflanzenproduktion ist wirtschaftlich nur tragfähig, wenn die Gesellschaft den Mehraufwand honoriert. Die Entwicklung der modernen Landwirtschaft ist auch vor dem Hintergrund zu sehen, dass bis vor 150 Jahren 80 % der Bevölkerung mit der Nahrungsmittelerzeugung beschäftigt waren, während es heute in den industrialisierten Ländern weniger als 5 % sind.

Wie die vorangegangenen Abschnitte zeigen, nimmt der Mensch durch seine Ernährungsgewohnheiten umfangreichen Einfluss auf Landschaft und Agrarökosysteme. Einerseits führte die Trennung von Ackerbau und industrieller Tierhaltung zu einer Unterbrechung geschlossener Nährstoffkreisläufe (ein Urprinzip des Naturhaushalts), andererseits führt die dauerhafte ackerbauliche Nutzung (oft sogar mit nur einer Sorte von Ackerpflanzen, wie Mais) zu einer (dann einseitigen) Abnahme der natürlichen Bodenfruchtbarkeit und der Etablierung von Schädlingen. Ein gezielter Fruchtwechsel mit Integration einer Graslandphase ist die klassische Methode, um diese Probleme einzudämmen, setzt aber wegen der Zwischennutzung als Grasland eine Kombination von Ackerbau und Tierhaltung voraus. Eine grünlandbasierte Tierhaltung kann nachhaltig (sich selbst erhaltend) betrieben werden. Da auf Flächen, auf denen Futtermittel (häufig Getreide, Soja) erzeugt werden, auch Lebensmittel produziert werden könnten, steht der Futtermittelanbau immer in Konkurrenz zur Lebensmittelproduktion und erfolgt in der Regel mithilfe von Kunstdünger. Werden Futtermittel importiert, wird andernorts dafür Ackerland verbraucht, oft zulasten natürlicher Ökosysteme (z. B. tropische Wälder). Für die Schweiz wurde berechnet, dass die Umstellung auf eine Agrarwirtschaft, die ohne Verfütterung potenzieller Lebensmittel auskommt, eine deutliche Reduktion des Schweine- und Hühnerbestands erfordern würde (für Schweine blieben als Futterbasis Abfälle der Lebensmittelerzeugung und von Molkereien sowie allenfalls Produkte einer Zwischenfrucht in der Fruchtfolge). Die Grünlandwirtschaft (Rinder, Schafe, Ziegen) und die daran gebundene Molkereiwirtschaft würden von einer gemischten Flächennutzung (Fruchtwechsel mit Grünlandphase) wenig tangiert. Da etwa die Hälfte der globalen Landfläche beweidet wird und ein Großteil dieser Fläche für Ackerbau ungeeignet ist, wäre eine völlige Abkehr von der Nutzung tierischer Lebensmittel ökologisch nicht sinnvoll. Oft basieren ganze Kulturen auf extensiver Weidenutzung weiter Landstriche. Vorausgesetzt die Weidewirtschaft wird nachhaltig, bodenschonend und ohne Waldzerstörung betrieben, hat sie auch naturschützerische und landschaftspflegerische Vorteile und sie

kommt in der Regel mit sehr wenig Agrarchemie aus, liefert also sehr naturnahe Lebensmittel.

Quellenverzeichnis

Bader MKF, Leuzinger S, Keel SG, Siegwolf RTW, Hagedorn F, Schleppi P, Körner C (2013) Central European hardwood trees in a high-CO_2 future: synthesis of an 8-year forest canopy CO_2 enrichment project. J Ecol 101:1509–1519

Ballare CL, Sanchez RA, Scopel AL, Ghersa CM (1988) Morphological responses of *Datura ferox* L. seedlings to the presence of neighbours. Their relationships with canopy microclimate. Oecologia 76:288–293

Bar-On YM, Phillips R, Milo R (2018) The biomass distribution on Earth. Proc Natl Acad Sci U S A 115(25):6506–6511. https://doi.org/10.1073/pnas.1711842115

Berendse F, Aerts R (1987) Nitrogen-use-efficiency: a biologically meaningful definition? Funct Ecol 1:293–296

Bergametti G, Dulac F (1998) Mineral aerosols: renewed interest for climate forcing and tropospheric chemistry studies. IGBP Newsl 33:19 23

Braun-Blanquet J (1964) Pflanzensoziologie. Grundzüge der Vegetationskunde, 3. Aufl. Springer, Wien

Brienen RJW and 14 co-authors (2020) Forest carbon sinks neutralized by pervasive growth-lifespan trade-offs. Nature communications 11: 4241. https://doi.org/10.1038/s41467-020-17966-z

Buckley TN (2005) The control of stomata by water balance. New Phytol 168:275–291

Büntgen U, Krusic PJ, Piermattei A, Coomes DA, Esper J, Mygan VS Kirdyanov AV, Camarero JJ, Crivellaro A, Körner C (2019) Limited capacity of tree growth to mitigate the global greenhouse effect under predicted warming. Nature Com 10. https://doi.org/10.1038/s41467-019-10174-4

Buringh P, Dudal R (1987) Agricultural land use in space and time. In: Wolman MG, Fournier FGA (Hrsg) Land transformation in agriculture. Scope, Wiley, Chichester

Caldwell MM, Eissenstat DM, Richards JH, Allen MF (1985) Competition for phosphorus: differential uptake from dual-isotope-labelled soil interspaces between shrub and grass. Science 229:384–386

Caldwell MM, Dawson TE, Richards JH (1998) Hydraulic lift: consequences of water efflux from the roots of plants. Oecologia 113:151–161

Callaway RM, Walker LR (1997) Competition and faciliation: a synthetic approach to interactions in plant communities. Ecology 78:1958–1965

Chapin FS III, Shaver GR, Kedrowski RA (1986) Environmental controls over carbon, nitrogen and phosphorus fractions in Eriophorum vaginatum in Alaskan tussock tundra. J Ecol 74:167–195.

Chazdon RL, Pearcy RW, Lee DW, Fetcher N (1996) Photosynthetic responses of tropical forest plants to contrasting light environments. In: Mulkey SS, Chazdon RL, Smith AP (Hrsg) Tropical plant ecophysiology. Chapman & Hall, New York

Clay K (1990) Fungal endophytes of grasses. Annu Rev Ecol Syst 21:275–297

Dierschke H, Briemle G (2002) Kulturgrasland. Ulmer, Stuttgart

Duvigneaud P (1971) Productivity of forest ecosystems. Unesco, Paris

Ehleringer JR, Cerling TE, Dearing MD (2005) A history of atmospheric CO_2 and its effects on plants, animals, and ecosystems. Springer, New York

Ellenberg H (1996) Vegetation Mitteleuropas mit den Alpen in ökologischer, dynamischer und historischer Sicht, 5. Aufl. Ulmer, Stuttgart

Ellsworth DS, Anderson IC, Crous KY, Cooke J, Drake JE, Gherlenda AN, Gimeno TE, Macdonald CA, Medlyn BE, Powell JR, Tjoelker MG, Reich PB (2017) Elevated CO_2 does not increase eucalypt forest productivity on a low-phosphorus soil. Nat Clim Chang 7:279–283

Evans LT, Dunstone RL (1970) Some physiological aspects of evolution in wheat. Aust J Biol Sci 23:725–741

Falkowski PG, Barber RT, Smetacek V (1998) Biogeochemical controls and feedbacks on ocean primary production. Science 281:200–206

Franks P, Brodribb TJ (2005) Stomatal control and water transport in the xylem. In: Holbrook NM, Zwieniecki MA (Hrsg) Vascular transport in plants. Elsevier, Amsterdam

Gifford RM, Evans LT (1981) Photosynthesis, carbon partitioning, and yield. Annu Rev Plant Physiol 32:485–509

Gillner V (1960) Vegetations-und Standortsuntersuchungen in den Strandwiesen der schwedischen Westküste. Acta Phytogeogr Suec 43:1–198

Glatzel G (1990) The nitrogen status of Austrian forest ecosystems as influenced by atmospheric deposition, biomass harvesting and lateral organomass exchange. Plant Soil 128:67–74

Grace J (1997) Toward models of resource allocation by plants. In: Bazzaz FA, Grace J (Hrsg) Plant resource allocation. Physiological ecology – A series of monographs texts and treatises. Academic, San Diego

Güsewell S (2004) N:P ratios in terrestrial plants: variation and functional significance. New Phytol 164:243–266

Haberl H, Erb KH, Krausmann F, Gaube V, Bondeau A, Plutzar C, Gingrich S, Lucht W, Fischer-Kowalski M (2007) Quantifying and mapping the human appropriation of net primary production in earth's terrestrial ecosystems. Proc Natl Acad Sci U S A 104:12942–12945

Hamilton JG, DeLucia EH, George K, Naidu SL, Finzi AC, Schlesinger WH (2002) Forest carbon balance under elevated CO_2. Oecologia 131:250–260

Hansen J (2000) Überleben in der Kälte – wie Pflanzen sich vor Froststress schützen. Biol Unserer Zeit 30:24–34

Hättenschwiler S, Miglietta F, Raschi A, Körner C (1997) Thirty years of in situ tree growth under elevated CO_2: a model for future forest responses? Glob Chang Biol 3:436–471

Hoch G, Körner C (2003) The carbon charging of pines at the climatic treeline: a global comparison. Oecologia 135:10–21

Ingestad T (1982) Relative addition rate and external concentration driving variables used in plant nutrition research. Plant Cell Environ 5:443–453

Jackson RB, Canadell J, Ehleringer JR, Mooney HA, Sala OE, Schulze ED (1996) A global analysis of root distributions for terrestrial biomes. Oecologia 108:389–411

Jiang M, Medlyn BE, Drake JE et al. (2019) The fate of carbon in a mature forest under carbon dioxide enrichment. BioRxiv preprint, https://doi.org/10.1101/696898

Kimball BA, Kobayashi K, Bindi M (2002) Responses of agricultural crops to free-air CO_2 enrichment. Adv Agron 77:293–368

Klein T, Bader MKF, Leuzinger S, Mildner M, Schleppi P, Siegwolf RTW, Körner C (2016) Growth and carbon relations of mature Picea abies trees under 5years of free-air CO_2 enrichment. J Ecol 104:1720–1733

Körner C (1989) The nutritional status of plants from high altitudes. A worldwide comparison. Oecologia 81:379–391

Körner Ch (1993) Scaling from species to vegetation: the usefulness of functional groups. In: Schulze ED, Mooney HA (Hrsg) Biodiversity and ecosystem function. Springer, Berlin, S 117–140

Körner C (1997) Die biotische Komponente im Energiehaushalt: lokale und globale Aspekte. Verh Ges dt Naturf Ärzte 119:97–123

Körner Ch (1998) Alpine plants: stressed or adapted? In: Press MC, Scholes JD, Barker MG (Hrsg) Physiological plant ecology. Blackwell, Oxford

Körner C (2003) Alpine plant life, 2. Aufl. Springer, Berlin

Körner C (2004) Through enhanced tree dynamics carbon dioxide enrichment may cause tropical forests to lose carbon. Philos Trans R Soc Lond Ser B-Biol Sci 359:493–498

Körner C (2006) Plant CO_2 responses: an issue of definition, time and resource supply. New Phytol 172:393–411

Körner C (2015) Paradigm shift in plant growth control. Curr Opin Plant Biol 25:107–114

Körner C (2017) A matter of tree longevity. Science 355:130–131

Körner C (2019) No need for pipes when the well is dry: a comment on hydraulic failure in trees. Tree Physiol 39:695–700

Körner C (2021) Alpine plant life (3. Aufl.) Springer, Cham

Körner C, Cochrane PM (1985) Stomatal responses and water relations of Eucalyptus pauciflora in summer along an elevational gradient. Oecologia 66:443–455

Körner C, Scheel JA, Bauer H (1979) Maximum leaf diffusive conductance in vascular plants. Photosynthetica 13:45–82

Körner C, Basler D, Hoch G, Kollas C, Lenz A, Randin CF, Vitasse Y, Zimmermann NE (2016) Where, why and how? Explaining the low-temperature range limits of temperate tree species. J Ecol 104:1076–1088

Krause HH (1982) Nitrate formation and movement before and after clear-cutting of a monitored watershed in central New Brunswick, Canada. Can J For Res 12:922–930

Kutschera U, Lichtenegger E (1997) Bewurzelung von Pflanzen in den verschiedenen Lebensräumen. Wurzelatlas Reihe 5. OÖ Landesmuseum, Linz

Lambers H, Poorter H, Van Vuuren MMI (1998) Inherent variation in plant growth. Physiological mechanisms and ecological consequences. Backhuys, Leiden

Lange OL, Green TGA (2005) Lichens show that fungi can acclimate their respiration to seasonal changes in temperature. Oecologia 142:11–19

Lange OL, Lösch R, Schulze ED, Kappen L (1971) Responses of stomata to changes in humidity. Planta 100:76–86

Larigauderie A, Körner C (1995) Acclimation of leaf dark respiration to temperature in alpine and lowland plant species. Ann Bot 76:245–252

Le Quéré C, Andrew RM, Canadell JG et al (2016) Global carbon budget 2016. Earth Syst Sci Data 8:605–649

Leuning R, Cromer RN, Rance S (1991) Spatial distribution of foliar nitrogen and phosphorus in crowns of Eucalyptus grandis. Oecologia 88:504–551

Leuzinger S, Körner C (2007) Water savings in mature deciduous forest trees under elevated CO_2. Glob Chang Biol 13:1–11

Leuzinger S, Vogt R, Körner C (2010) Tree surface temperature in an urban environment. Agric For Meteorol 150:56–62

Lüthi D, Le Floch M, Bereiter B, Blunier T, Barnola JM, Siegenthaler U, Raynaud D, Jouzel J, Fischer H, Kawamura K, Stocker TF (2008) High-resolution carbon dioxide concentration record 650.000–800.000 years before present. Nature 453:379–382

Meinzer FC (1993) Stomatal control of transpiration. Trends Ecol Evol 8:289–294

Miroslavov EA, Kravkina IM (1991) Comparative analysis of chloroplasts and mitochondria in leaf chlorenchyma from mountain plants grown at different altitudes. Ann Bot 68:195–200

Monsi M, Saeki T (1953) Über den Lichtfaktor in den Pflanzengesellschaften und seine Bedeutung für die Stoffproduktion. Jpn J Bot 14:22–52

Morgan JA, Pataki DE, Körner C, Clark H, Del Grosso SJ, Grünzweig JM, Knapp AK, Mosier AR, Newton PCD, Niklaus PA, Nippert JB, Nowak RS, Parton WJ, Polley HW, Shaw MR (2004)

Water relations in grassland and desert ecosystems exposed to elevated atmospheric CO_2. Oecologia 140:11–25

Muller B, Pantin F, Genard M, Turc O, Freixes S, Piques M, Gibon Y (2011) Water deficits uncouple growth from photosynthesis, increase C content, and modify the relationships between C and growth in sink organs. J Exp Bot 62:1715–1729

Norton M und 15 Ko-Autoren (2019) Serious mismatches continue between science and policy in forest bioenergy. Global Change Biology - Bioenergy, https://doi.org/10.1111/gcbb.12643

Novoplansky A, Cohen D, Sachs T (1990) How portulac seedlings avoid their neighbours. Oecologia 82:490–493

Ostonen I, Püttsepp Ü, Biel C, Alberton O, Bakker MR, Löhmus K, Majdi H, Metcalfe D, Olsthoorn AFM, Pronk A, Vanguelova E, Weih M, Brunner I (2007) Specific root length as an indicator of environmental change. Plant Biosystems 141:426–442.

Owensby CE, Ham JM, Knapp AK, Bremer D, Auen LM (1997) Water vapour fluxes and their impact under elevated CO_2 in a C_4-tallgrass prairie. Glob Chang Biol 3:189–195

Parrenin F, Barnola JM, Beer J et al (2007) The EDC3 chronology for the EPICA dome C ice core. Clim Past 3:485–497

Pedersen O, Sand-Jensen K (1993) Water transport in submerged macrophytes. Aquat Bot 44:385–406

Pisek A, Larcher W, Vegis A, Napp-Zinn K (1973) The normal temperature range. In: Precht H, Christophersen J, Hensel H, Larcher W (Hrsg) Temperature and life. Springer, Berlin

Poorter H, Van der Werf A (1998) Is inherent variation in RGR determined by LAR at low irradiance and NAR at high irradiance? A review of herbaceous species. In: Lambers H, Poorter H, van Vuuren MMI (Hrsg) Inherent variation in plant growth. Backhuys, Leiden

Reich PB, Walters MB, Ellsworth DS (1992) Leaf life-span in relation to leaf, plant, and stand characteristics among diverse ecosystems. Ecol Monogr 62:365–392

Reich PB, Walters MB, Ellsworth DS, Vose JM, Volin JC, Gresham C, Bowman WD (1998) Relationships of leaf dark respiration to leaf nitrogen, specific leaf area and leaf life-span: a test across biomes and functional groups. Oecologia 114:471–482

Rosenfeld AH, Romm JJ (1996) Policies to reduce heat islands: magnitudes of benefits and incentives to achieve them. In: Proc 1996 ACEEE Summer Study on Energy Effieciency in Buildings. Pacific Grove, S 14

Roy J, Saugier B, Mooney HA (Hrsg) (2001) Terrestrial global productivity. Academic, San Diego

Rozema J, van de Staaij J, Bjorn LO, Caldwell M (1997) UV-B as an environmental factor in plant life: stress and regulation. Trends Ecol Evol 12:22–28

Rundel PW (1981) Fire as an ecological factor. In: Lange OL, Nobel PS, Osmond CB, Ziegler H (Hrsg) Encyclopedia of plant physiology, New Series 12 A, Physiological Plant Ecology I. Springer, Berlin

Rundel PW, Ehleringer JR, Nagy KA (1989) Stable isotopes in ecological research. Springer, New York

Schulze ED, Lange OL, Buschbom U, Kappen L, Evenari M (1972) Stomatal responses to changes in humidity in plants growing in the desert. Planta 108:259–270

Schulze ED, Rok J, Kroiher F, Egenolf V, Wellbrock N, Irslinger R (2021) Klimaschutz mit Wald. Biologie in unserer Zeit 51 (1):46–54

Schurr U (1999) Dynamics of nutrient transport from the root to the shoot. In: Lüttge U (Hrsg) Progress in botany, vol. 60, Cell biology and physiology. Springer, Berlin, S 234–253

Spinnler D, Egli P, Körner C (2002) Four-year growth dynamics of beech-spruce model ecosystems under CO_2 enrichment on two different forest soils. Trees 16:423–436.

Sterner RW, Elser JJ (2002) Ecological stoichiometry. Princeton University Press, Princeton

Stocker O (1935) Assimilation und Atmung westjavanischer Tropenbaume. Planta 24:402–445

Stronach NRH, McNaughton SJ (1989) Grassland fire dynamics in the serengeti ecosystem, and a potential method of retrospectively estimating fire energy. J Appl Ecol 26:1025–1033

Tanner W, Beevers H (2001) Transpiration, a prerequisite for long-distance transport of minerals in plants? Proc Natl Acad Sci U S A 98:9443–9447

Tateno M (2003) Benefit to N-2-fixing alder of extending growth period at the cost of leaf nitrogen loss without resorption. Oecologia 137:338–343

Van der Heijden MGA, Klironomos J, Ursic M, Moutoglis P, Streitwolf-Engel R, Boller T, Wiemken A, Sanders I (1998) Mycorrhizal fungal diversity determines plant biodiversity, ecosystem variability and productivity. Nature 396:69–72

Vitousek PM (1994) Beyond global warming: ecology and global change. Ecology 75:1861–1876

Wacker L, Jacomet S, Körner C (2002) Trends in biomass fractionation in wheat and barley from wild ancestors to modern cultivars. Plant Biol 4:258–265

Walter H (1960) Grundlagen der Pflanzenverbreitung. I. Standortlehre, 2. Aufl. Ulmer, Stuttgart

Walter H (1968) Die Vegetation der Erde II. Gustav Fischer, Jena

Wardlaw IF (1990) Tansley Review No.27. The control of carbon partitioning in plants. New Phytol 116:341–381

Weiner J, Andersen SB, Wille WKM, Griepentrog HW, Olsen JM (2010) Evolutionary Agroecology: the potential for cooperative, high density, weed-suppressing cereals. Evol Appl 3:473–479

Weiner J, Du YL, Zhang C, Qin XL, Li FM (2017) Evolutionary agroecology: individual fitness and population yield in wheat (*Triticum aestivum*). Ecology 98:2261–2266

Weiterführende Literatur

Bergametti G, Dulac F (1998) Mineral aerosols: renewed interest for climate forcing and tropospheric chemistry studies. IGBP Newsl 33:19–23

Canadell JG, Pataki DE, Pitelka LF (2007) Terrestrial ecosystems in a changing world. The IGBP series. Springer, Berlin

Chabot BF, Mooney HA (1985) Physiological ecology of North American plant communities. Chapman & Hall, London

Ehleringer JR, Bowling DR, Flanagan LB, Fessenden J, Helliker B, Martinelli LA, Ometto JP (2002) Stable isotopes and carbon cycle processes in forests and grasslands. Plant Biol 4:181–189

Fageria NK, Baligar VC, Clark RB (2006) Physiology of crop production. Harworth, Binghamton

Fitter AH, Hay RKM (2002) Environmental physiology of plants, 3. Aufl. Academic, San Diego

Goldammer JG (1993) Feuer in Waldökosystemen der Tropen und Subtropen. Birkhäuser, Basel

Goldammer JG, Furyaev V (1996) Fire in ecosystems of boreal eurasia. Kluwer, Dordrecht

Givnish TJ (1986) On the economy of plant form and function. Cambridge University Press, Cambridge

Gregory PJ (2006) Plant roots. Growth, activity and interaction with soils. Blackwell, Oxford

Hall AE (2001) Crop responses to environment. CRC Press, Boca Raton

Johnson EA, Miyanishi K (2001) Forest fires: behavior and ecological effects. Academic, London

Jones HG (2014) Plants and microclimate. Cambridge University Press, Cambridge

Körner C (2003) Alpine plant life. Springer, Berlin

Lambers H, Chapin FS, Pons TL (1998) Plant physiological ecology. Springer, New York

Lambers H, Poorter H, VanVuren MMI (1998) Inherent variation in plant growth. Physiological mechanisms and ecological consequences. Backhuys, Leiden

Lange OL, Nobel PS, Osmond CB, Ziegler H (1981–1983) Physiological plant ecology, encyclopedia of plant physiology, New Series, vols 12 A–D. Springer, Berlin

Larcher W (2003) Physiological plant ecology, 4. Aufl. Springer, Berlin

Loomis RS, Connor DJ (1992) Crop ecology: productivity and management in agricultural systems. Cambridge University Press, Cambridge

Lösch R (2001) Wasserhaushalt der Pflanzen. Quelle & Meyer, Wiebelsheim

Lüttge U (1997) Physiological ecology of tropical plants. Springer, Berlin

Malhi Y, Phillips OL (2005) Tropical forests & global atmospheric change. Blackwell, Oxford

Morison JIL, Morecroft MD (2006) Plant growth and climate change. Blackwell, Oxford

Pearcy RW, Ehleringer JR, Mooney HA, Rundel PW (1989) Plant physiological ecology. Chapman & Hall, London

Roy J, Mooney HA, Saugier B (2001) Terrestrial global productivity. Academic, San Diego

Sakai A, Larcher W (1987) Frost survival of plants. Responses and adaptation to freezing stress. Ecol studies 62. Springer, Berlin

Populations-und Vegetationsökologie

Christian Körner

Inhaltsverzeichnis

Körner, C. 2021 Populations-und Vegetationsökologie. In: Kadereit JW, Körner C, Nick P, Sonnewald U. Strasburger – Lehrbuch der Pflanzenwissenschaften. Springer Berlin Heidelberg, p. 1013–1054.
▶ https://doi.org/10.1007/978-3-662-61943-8_23

Dieses Kapitel beschäftigt sich mit der Entwicklung und Zusammensetzung der Vegetation. Die Pflanzengemeinschaft an einem bestimmten Standort ist zwar letztlich das Resultat enorm komplizierter Wechselwirkungen von erdgeschichtlich jüngeren, historischen und aktuellen Prozessen mit der abiotischen Umwelt (Klima und Ausgangssubstrat; ▶ Kap. 21 und 22), ist aber ohne Kenntnisse der in ihr selbst ablaufenden Umbauprozesse und des Einflusses von Störungen nicht zu verstehen (◻ Abb. 23.1).

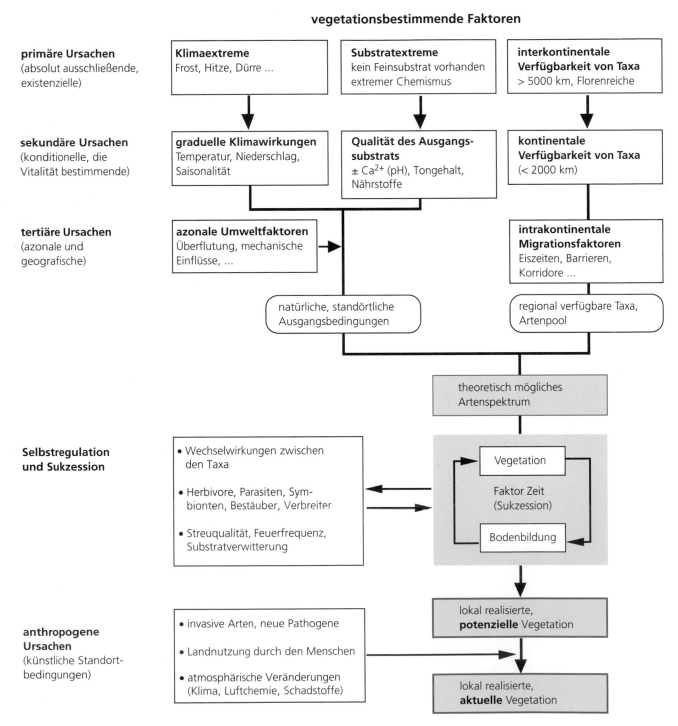

vegetationsbestimmende Faktoren

primäre Ursachen
(absolut ausschließende, existenzielle)

Klimaextreme
Frost, Hitze, Dürre …

Substratextreme
kein Feinsubstrat vorhanden
extremer Chemismus

interkontinentale Verfügbarkeit von Taxa
> 5000 km, Florenreiche

sekundäre Ursachen
(konditionelle, die Vitalität bestimmende)

graduelle Klimawirkungen
Temperatur, Niederschlag, Saisonalität

Qualität des Ausgangssubstrats
± Ca^{2+} (pH), Tongehalt, Nährstoffe

kontinentale Verfügbarkeit von Taxa
(< 2000 km)

tertiäre Ursachen
(azonale und geografische)

azonale Umweltfaktoren
Überflutung, mechanische Einflüsse, …

intrakontinentale Migrationsfaktoren
Eiszeiten, Barrieren, Korridore …

natürliche, standörtliche Ausgangsbedingungen

regional verfügbare Taxa, Artenpool

theoretisch mögliches Artenspektrum

Selbstregulation und Sukzession

• Wechselwirkungen zwischen den Taxa

• Herbivore, Parasiten, Symbionten, Bestäuber, Verbreiter

• Streuqualität, Feuerfrequenz, Substratverwitterung

Vegetation

Faktor Zeit
(Sukzession)

Bodenbildung

lokal realisierte, **potenzielle** Vegetation

anthropogene Ursachen
(künstliche Standortbedingungen)

• invasive Arten, neue Pathogene

• Landnutzung durch den Menschen

• atmosphärische Veränderungen (Klima, Luftchemie, Schadstoffe)

lokal realisierte, **aktuelle** Vegetation

23

◻ **Abb. 23.1** Schema der Entstehung von Pflanzengemeinschaften über eine Kaskade von äußeren Einflüssen oder Gegebenheiten und innerer Dynamik und deren Wechselwirkungen

Zahlreiche Komplexitätsebenen greifen bei dieser Thematik ineinander:

- Populationen von Individuen einer Art
- Pflanzenarten
- einzelne Vegetationseinheiten
- Mosaike von Vegetationseinheiten in der Landschaft
- Vegetationsformationen
- klimatische Vegetationszonen und Höhenstufen

Diese Elemente sind jeweils eingebettet in große evolutive Schicksalsgemeinschaften, die Florenreiche der Erde (▶ Abschn 23.3.1). Ob eine Art an einem bestimmten Standort existiert und dort auch verbleiben kann hängt davon ab, ob sie erfolgreiche Nachkommen erzeugt. Die Grundlagen der Populationsökologie sind daher der Ausgangspunkt dieses Kapitels. Das Kommen, Verweilen und Verschwinden von Arten in einem bestimmten Lebensraum mündet in großräumige Verbreitungsmuster (Areale) von Arten und Artengruppen, das Thema des zweiten Abschnitts. Im dritten Abschnitt geht es um das zu einem bestimmten Zeitpunkt lokal beobachtbare Resultat all dieser Vorgänge, die Pflanzengemeinschaft.

23.1 Populationsökologie

Auf vielfältige Weise beeinflusst die Umwelt das Schicksal von Individuen und damit die Dynamik von Populationen und deren Größe. Die Populationsökologie beschäftigt sich mit der Erfassung dieser Dynamik und der Aufklärung ihrer abiotischen und biotischen Ursachen. Innerartliche Prozesse, insbesondere die genetische (evolutive) Weiterentwicklung von Populationen wurden in ▶ Kap. 17 behandelt. Fragen der Blütenbiologie und Diasporenausbreitung sind Gegenstand von ▶ Abschn. 3.5. Hier wird das Wachstum von Populationen, Fragen der Konkurrenz sowie der Reproduktionsökologie und Vermehrungsstrategie von Pflanzen behandelt.

23.1.1 Wachstum von Populationen

Wie viele Individuen N zu einem gegebenen Zeitpunkt t in einer gegebenen Fläche vorhanden sind, ist das Resultat von **Geburten B** (engl. *birth*) und **Todesfällen D** (engl. *death*). In offenen Systemen besteht noch die Möglichkeit, dass Individuen von außen in eine definierte Bezugsfläche einwandern oder sie verlassen (Import oder Export von Diasporen). Dies führt zur allgemeinen Gleichung für die Änderung der Populationsgröße zwischen den Zeitpunkten t und $t + 1$:

$$N_{t+1} = N_t + B - D + I - E$$

I und E stehen für **Immigration und Emigration** und können durch ΔM, Nettomigration, ersetzt werden. Im Fol-

genden wird der Einfachheit halber angenommen, es gäbe keine Migration. Hat eine Pflanze einmal Wurzeln geschlagen, ist ihre Mobilität (im Gegensatz zu den meisten Tieren) nahe null. Dies hat auf die Populationsökologie der Pflanzen weitreichende Auswirkungen. Die Raumbesetzung ist definitiv (räumlich strukturierte Phytozönosen) und nur noch durch Reproduktion veränderbar, wobei Nachkommen und Eltern häufig geklumpt vorkommen. Manche klonale Pflanzen (▶ Abschn. 23.1.3) und frei schwimmende Wasserpflanzen sind beschränkt mobil. Die Änderung der Populationsgröße λ ergibt sich aus

$$\lambda = \frac{N_{t+1}}{N_t}$$

wobei t üblicherweise in Jahren gerechnet wird. λ kann größer, gleich oder kleiner als 1 sein. Bei $\lambda = 1$ bleibt die Populationsgröße stabil. Ist λ über längere Zeit größer als 1, dann wächst die Population exponentiell, was durch ein **exponentielles Wachstumsmodell** beschrieben werden kann. Bezogen auf eine feste Zeiteinheit (z. B. ein Jahr) ergibt sich eine Geburtenrate b und eine Todesrate d, woraus folgt, dass die Rate, mit der sich die Individuenzahl in diesem Zeitraum verändert (Wachstums- oder Schrumpfungsrate) $r = b - d$ ist, oder ausgedrückt als Änderung der Individuenzahl pro Zeiteinheit:

$$dN / dt = rN$$

Für einen bestimmten Zeitpunkt t gegenüber einem Zeitpunkt null ergibt sich daraus die Populationsgröße als

$$N_t = N_0\, e^{rt}$$

Dabei ist r die absolute Wachstumsrate (engl. *intrinsic growth rate*) und t die Dauer des Beobachtungszeitraums, $e = 2,718$. Dieses Modell gilt für Populationen mit überlappenden Generationen (im Gegensatz zu Annuellen, die jedes Jahr eine neue Population aufbauen). Eine Population von Individuen, die dieser Funktion folgt (also r konstant hält), wächst geometrisch (◘ Abb. 23.2), d. h., die Zahl ihrer Individuen verdoppelt sich mit konstanter Geschwindigkeit. Dies stößt an natürliche Grenzen (Nährstoffe oder auch nur Platz), für die der Begriff maximale **Tragfähigkeit C** (oder engl. *carrying capacity*) steht. C ist die maximal mögliche Individuenzahl pro Flächeneinheit. In dieser einfachsten Form des Modells bleibt die Biomasse der Individuen, die ja unterschiedlich sein kann, unberücksichtigt. Die Wachstumsrate der Population wird durch den Faktor $(C - N)/C$ abgeschwächt, bis sie beim Erreichen von $C = N$ null wird:

$$dN / dt = rN (C - N) / C$$

Diese Gleichung beschreibt ein **sigmoides Wachstumsmodell** (*Sigma* = griech. S; ◘ Abb. 23.2). Dieses ist zwar viel realistischer als das geometrische Modell, da es Grenzen des Wachstums berücksichtigt, geht aber von einer Reihe stark vereinfachender Annahmen aus, die

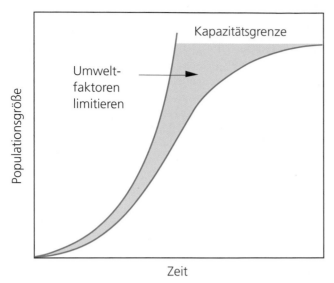

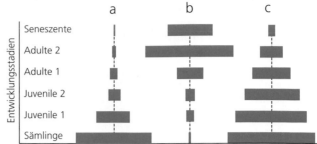

◘ Abb. 23.3 Die Altersstruktur von Populationen als Alterspyramiden dargestellt. Die Breite der horizontalen Balken steht für die Anzahl von Individuen (oder deren prozentualen Anteil an der Gesamtpopulation) pro Altersklasse. Die Beispiele sind hypothetisch und symbolisieren A eine Population mit enormer Nachkommenschaft bei wenig alten Individuen, was entweder den Beginn einer Expansion oder hohe Mortalität der älteren Individuen anzeigen kann, B schlechte Reproduktion (fehlende Individuen in jüngsten Altersklassen) mit erhöhtem Aussterberisiko und C eine ausgewogene Altersstruktur mit gleichmäßig verteiltem Mortalitätsrisiko. Das momentane Fehlen von Keimlingen und Jungpflanzen darf bei langlebigen Arten (Bäumen) nicht leichtfertig als „Aussterbeindiz" interpretiert werden, da viele Arten nur periodisch reproduzieren. Analoges gilt für kurzlebige Arten, deren ruhende, aber vitale Samenbank vielfach unbekannt ist. Bei getrenntgeschlechtlichen Arten werden häufig die Geschlechter getrennt, also z. B. Anzahl der weiblichen Individuen links und der männlichen rechts, aufgetragen

◘ Abb. 23.2 Wachstumskurven. Geometrisch wächst die Zahl der Individuen einer Population nur, wenn weder Raum noch Ressourcen begrenzt sind; die sigmoide Funktion sättigt an der Kapazitätsgrenze (Tragfähigkeit) des Systems

bestenfalls für monospezifische Zellkulturen in einem homogenen Medium gelten. Insbesondere gehen solche Modelle davon aus, dass alle Individuen identisch sind. Man spricht daher auch von unstrukturierten Modellen.

Bei höher organisierten Organismen ist es unrealistisch anzunehmen, dass sich alle Individuen ständig mit gleicher Rate reproduzieren. In Wirklichkeit werden nur in einem bestimmten Lebensabschnitt Nachkommen (Samen) produziert und die Zahl überlebender, reproduktiver Individuen, die aus solchen Samenpopulationen hervorgeht, ist im langfristigen Mittel winzig, bei stabilen Populationen theoretisch gleich der Zahl der sterbenden Individuen, die ein reproduktives Alter erreichten. Das heißt, aus dem überwiegenden Teil der Samen wird nie ein sich reproduzierendes Individuum. Alle Phasen des Lebenszyklus (engl. *life cycle*) der Individuen bestimmen somit die **Populationsgröße** und nicht nur die Produktion der Diasporen, die nur einen Schritt des Reproduktionszyklus darstellt. Es sind die Lebensumstände in jenen Lebensphasen, in denen die wachstumslimitierenden Einflüsse besonders stark wirken („Flaschenhalssituationen" der Populationsentwicklung), die den größten Erklärungswert für das Vorkommen und die Abundanz von Arten haben. Dies ist ein oftmals übersehener Aspekt, orientiert sich doch der Großteil der ökophysiologischen Forschung am Verhalten erwachsener Pflanzen, ohne dass immer klar ist, ob dieser Lebensabschnitt den Erfolg der betreffenden Art entscheidend bestimmt.

Populationen einer Art umfassen alle individuellen Entwicklungsstadien oder Altersklassen. Die **Demografie** beschreibt die zahlenmäßige Besetzung dieser Le-

bensphasen, den Altersaufbau einer Population, die **Populationsstruktur** (◘ Abb. 23.3). Dazu ist die Bestimmung des Individualalters nötig. Bei Bäumen aus saisonalen Regionen kann das tatsächliche Alter in Jahren über die Jahresringe ermittelt werden (analog zur Altersstruktur menschlicher Populationen). Sonst werden charakteristische Entwicklungsstadien zur Bestimmung der demografischen Struktur herangezogen (Zahl oder % von Individuen pro Entwicklungsstadium). Auch die Individualgröße (z. B. Höhe, Durchmesser, Masse) kann mangels Altersangaben zur Beschreibung der Populationsstruktur dienen.

Die Alters- und Größenklassenverteilung von Baumpopulationen bestimmt auch den Kohlenstoffvorrat von Wäldern. Je höher der Anteil großer, alter Bäume ist, desto größer ist auch der Vorrat. Dabei erreichen Bäume ein weniger hohes Alter, wenn sie rasch wachsen, weshalb eine hohe Produktivität kein brauchbares Maß für Kohlenstoffspeicherung ist (◘ Abb. 23.4). Wegen der grossen Zeitspanne über die Altersstrukturen entstehen, ist der Einfluss der Umwelt auf die Demografie leider nicht experimentell bestimmbar, obwohl dies die entscheidende Größe ist für die Kohlenstoff-Vorratsbildung ist.

Durch die Wiederholung einzelner demografischer Aufnahmen erhält man Einblick in die Dynamik der Populationsentwicklung. Man erkennt daraus, mit welcher Wahrscheinlichkeit Individuen von einer bestimmten Lebensphase (oder Größenklasse) in die nächste überwechseln (◘ Abb. 23.5). Die **Übergangswahrscheinlichkeit** zwischen den einzelnen Lebensabschnitten bestimmt die Form der demografischen Pyramide der Population und das Populationswachstum. Tabellen alters- und entwicklungsphasenspezifischer Überlebenswahrscheinlichkeiten nennt man Lebenstafeln (engl. *life tables*). Im Gegensatz zu unstrukturierten Modellen bezeichnet man Modelle,

23

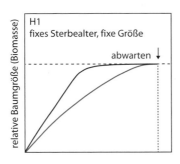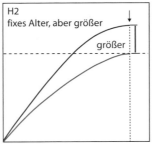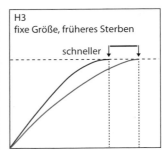

Baumalter (relative Einheiten)

◨ **Abb. 23.4** Schematische Darstellung der drei möglichen Zusammenhänge (Hypothesen H1–H3) zwischen mittlerem maximalem Baumalter (Sterbealter, schwarze Pfeile) und Baumbiomasse bei unterschiedlicher Wüchsigkeit (Jahreszuwachs). Der Normalfall ist grün dargestellt, das stimulierte Wachstum durch verbesserte Wachstumsbedingungen (Dünger, Klimaerwärmung, Feuchtigkeit usw.) rot. H1: Die Hypothese ist unrealistisch und nur der Vollständigkeit halber aufgeführt. Hier wird angenommen, dass die Bäume nur bis zu einer bestimmten Größe wachsen, danach aber mit dem Absterben „warten", bis sie ein bestimmtes mittleres Alter erreicht haben. H2: Wüchsigere Bäume sind an ihrem Lebensende größer als normalwüchsige Vergleichsbäume, sie erreichen ihr Ende aber gleichzeitig mit den Vergleichsbäumen. H3: Wüchsigere Bäume erreichen ihr Lebensende bei einer fixen mittleren Größe, sterben somit also früher als normalwüchsige Vergleichsbäume (sie durchlaufen den Lebenszyklus, also ihre bauplanmäßige Entwicklung rascher). Empirische Daten sprechen für H3. (Büntgen et al. 2019; Brienen et al. 2020)

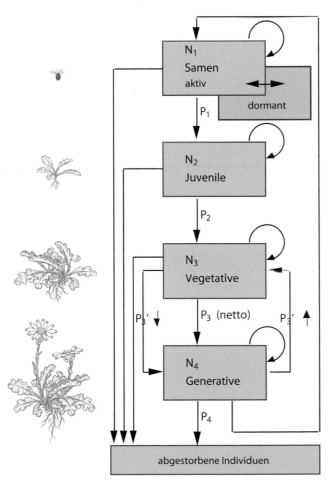

◨ **Abb. 23.5** Der Lebenszyklus von Pflanzen (ihre [engl.] *life history*) kennt charakteristische Abschnitte, die mit einer gewissen Wahrscheinlichkeit (Werte zwischen 0 und 1) in den jeweils folgenden Abschnitt übertreten. Diese Übertrittswahrscheinlichkeit P ist stark vom Lebensabschnitt und der Umwelt abhängig (Umweltsieb). N ist die Anzahl Individuen pro Altersklasse. Zwischen N_3 und N_4 kann die Entwicklung in beide Richtungen gehen. Sterben können Individuen in jeder Altersklasse

welche diese Alters- bzw. Größenstruktur berücksichtigen, als strukturierte Modelle.

Die zahlenmäßige Besetzung der einzelnen Entwicklungsstadien oder Altersklassen und die aus wiederholten Aufnahmen resultierenden Übergangswahrscheinlichkeiten lassen sich in eine Tabelle (*Matrix*) eintragen. Derartige **Übergangsmatrices** (engl. *transition metrices*) ermöglichen es, die zukünftige Entwicklung von Populationen zu modellieren. Dabei werden Klassen von Individuen gleicher Lebensphase in die nächste Lebensphase, mit einer klassenspezifischen Übergangswahrscheinlichkeit, übertragen. Über viele Zyklen ergibt sich daraus die zeitliche Veränderung der Populationsgröße und Populationsstruktur. Nachdem jede einzelne dieser Übertrittswahrscheinlichkeiten (anders) umweltabhängig ist und die Übergänge zwischen zwei Lebensstufen auch zeitlich gestaffelt sind und innerartliche Wechselwirkungen auslösen, werden solche Modelle rasch sehr kompliziert. Kommen zwischenartliche Interaktionen ins Spiel und variieren die Umweltbedingungen, wird die Vorhersagbarkeit weiter erschwert. Zudem spielt die Stochastizität (das Eintreten zufälliger Ereignisse) eine große Rolle. Beispiele für solche Ereignisse sind Feuer, Überschwemmung, Windwurf, Erosion, ein epochales Trockenereignis, das Auftauchen neuer Herbivore oder Epidemien (z. B. Borkenkäfer, Heuschreckenschwärme) aber auch sich plötzlich öffnende Lichtungen durch umstürzende Bäume sowie Eingriffe des Menschen. Aus verständlichen Gründen sind daher in den meisten Populationsmodellen die Umweltwirkungen nur ungenügend einbezogen. Die empirisch erhobenen Übergangswahrscheinlichkeiten schließen als Blackbox die Wirkung sämtlicher Umweltfaktoren mit ein. Die Populationsentwicklung ist überdies dichteabhängig, unterliegt also einer Selbstregulation, und kann natürlicherweise durch speziell getaktete Ereignisse (Mastjahre von Bäumen) oder wellenartige Reproduktionsschübe beeinflusst werden (► Abschn. 23.1.2). In Wäldern ist die schubweise Regeneration besonders ausgeprägt. Viele Arten benötigen eine Störung (eine Lücke, engl. *gap, gap dynamics*), um eine neue Generation zu etablieren. Im Extremfall ist sogar ein Feuer erforderlich (z. B. bei manchen borealen Wäldern, ► Abschn. 24.2.14). Sogenannte Pyrophyten der mediterranen und anderer, periodisch trockener Ökosysteme (Macchia, Matorral, australisches Buschland, Savanne; ► Abschn. 24.2.5) sind in ihrer Reproduktion stark von Feuer abhängig (► Abschn. 22.3.3).

Der Wert solcher Populationsmodelle liegt neben der mit vielen Unsicherheiten behafteten Prognose der weiteren Populationsentwicklung auf Basis gleichbleibender Übergangswahrscheinlichkeiten auch bei der Simulation möglicher Entwicklungen bei veränderten Übergangswahrscheinlichkeiten (Wenn-dann-Aussagen). Einmalige demografische Aufnahmen im Feld haben den Nachteil, dass sie keinen Einblick in die Dynamik der Populationsentwicklung geben, sie vermitteln aber immerhin ein grobes Bild der momentanen Nachwuchssituation und können frühzeitig anzeigen, wo Populationen Gefahr laufen auszusterben (fehlender oder ungenügender Nachwuchs) oder wo eine massive Expansion oder Invasion einer Art im Gange ist.

Am Schicksal von Samen lassen sich die vielfältigen Einflüsse auf Übergangswahrscheinlichkeiten gut illustrieren (◻ Abb. 23.6 und 23.7). Auf dem Weg von der Samenproduktion über die **Samenbank** im Boden bis zur etablierten Sämlingspopulation gehen aus unterschiedlichsten Gründen die meisten Individuen verloren.

Im Beispiel für eine kleinsamige krautige Pflanzenart (◻ Abb. 23.6) ist das Produkt aller Übergangswahrscheinlichkeiten eines eben gereiften Samenindividuums, den Zustand der etablierten, wieder reproduktiven Pflanze zu erreichen, 0,0002, d. h., nur zwei von 10.000 Samen

schaffen die Summe dieser einzelnen Phasenübertritte. Von den 400 Samen, die in einem Frühjahr zur Keimung ansetzen, kommt die Mehrzahl wegen ungünstiger Witterung um (z. B. durch Trockenfallen des Keimbettes bevor genügend Wurzeln gebildet wurden). Von den restlichen 150 Keimpflanzen werden in diesem Modell in den ersten Wochen 140 von Schnecken abgeweidet. Was wäre die Konsequenz für die Population, wenn allein der Schneckenfraß ausbliebe (z. B. durch das Auftreten eines Räubers wie Igel oder Kröte oder durch Parasitenbefall an Schneckeneiern)?

Im Verbreitungsgebiet einer Art gibt es viele Populationen (▸ Abschn. 23.2). In der Regel hat man es jedoch nur mit Populationen in einer bestimmten Region, also nur einem Teil aller Populationen zu tun. Für solche Gruppen von Populationen eines abgegrenzten Gebiets (ähnliches Klima, potenzieller Genfluss zwischen den Populationen) hat sich der Begriff Metapopulation eingebürgert (▸ Exkurs 23.1).

Da Pflanzen modular aufgebaut sind, kann man auch jedes Individuum als **Population von Modulen** be-

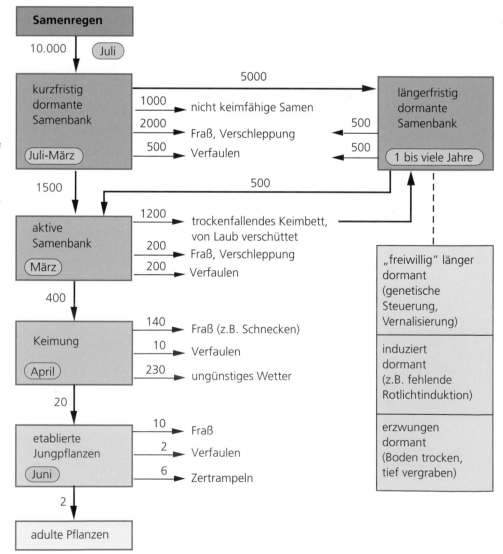

◻ **Abb. 23.6** Schicksal einer Samenpopulation auf 10 m² einer Wiese. Das Schema illustriert ein plausibles, allerdings hypothetisches Szenario, da es in der Praxis unmöglich ist, alle diese Samenschicksale zu quantifizieren. Lediglich die Pools (Kästchen) können zu bestimmten Zeitpunkten näherungsweise durch Auszählen von Samen in Bodenstichproben unter dem Präpariermikroskop und Keimversuche mit Bodenproben bestimmt werden

J. Stöcklin

Individuen einer Art sind selten kontinuierlich im Raum verteilt, sondern kommen als Populationen in geeigneten Habitaten vor, die in unterschiedlichem Ausmaß durch Diasporen und Pollenaustausch miteinander in Verbindung stehen. Wegen dieser räumlichen Struktur sind die Dynamik und die genetische Struktur von Populationen nicht nur das Produkt von lokalen Bedingungen, sondern auch durch Prozesse auf der regionalen Ebene mitverursacht. Das Metapopulationskonzept trägt dieser **räumlichen Dimension** Rechnung („Meta"- steht für „Über"-Population, also für die nächsthöhere räumliche Ebene). Nach Hanski (1999) ist eine Metapopulation eine Population von Subpopulationen, die lokal aussterben und ein Habitat wieder besiedeln kann. Dabei ist der Anteil besetzter Habitate, die für die jeweils betrachtete Art geeignet sind, das Resultat von **Aussterbe- und Kolonisierungsereignissen**. Typischerweise finden sich Metapopulationen in strukturierter Landschaft mit zahlreichen kleineren Habitatinseln, umgeben von für sie ungeeignetem Terrain. Eine Metapopulation kann auf Dauer nur überleben, wenn die Rate der Neugründung lokaler Subpopulationen größer ist als die lokale Aussterberate. Diese an und für sich banale Feststellung erlaubt, die Dynamik von Metapopulationen mit der Struktur der Umwelt, insbesondere mit der Größe und Isolation geeigneter Habitate in Beziehung zu setzen. Dieser Idee ist es zu verdanken, dass Metapopulationsmodelle besonders in der Naturschutzbiologie auf großes Interesse gestoßen sind. Pflanzen sind für Metapopulationsstudien wegen ihrer Sesshaftigkeit, der ausgeprägten räumlichen Struktur ihres Vorkommens und der begrenzten Ausbreitungsfähigkeit gut geeignet. Konkrete Metapopulationsstudien von Pflanzen sind rar, weil die dazu notwendigen Parameter wie Aussterbe- und Kolonisierungsrate sowie Migrationsereignisse schwierig zu messen sind. Dabei dürften diese Prozesse für das langfristige Überleben vieler Arten mindestens so wichtig sein, wie die herkömmliche Populationsregulation auf der lokalen Ebene.

trachten (z. B. alle Phytomere, ▶ Abschn. 3.2.1). Sehr erfolgreich sind derartige Ansätze bei der Analyse von klonalen Pflanzen, deren Triebe (engl. *ramets*; Rameten) eines genetischen Individuums (engl. *genet*) unterschiedliche Altersgruppen darstellen. Die Altersstruktur der Rameten gibt Hinweise auf die Wachstumsdynamik des Klons. Auch die Blätter einer Pflanze oder Äste an Bäumen können als altersstrukturierte Populationen betrachtet werden. Wie Individuen, werden Blätter „geboren" und sie sterben und durchlaufen charakteristische Lebensphasen. Resultate der **Blattdemografie** sind für die Produktionsbiologie essenziell (z. B. der Lebenszyklus von Blättern des Weizens) und übertreffen vielfach den Erklärungswert physiologischer Messungen an adulten Blättern. Ohne ihre Kenntnis sind Leistungsdaten (Photosyntheseleistung) nicht produktionsrelevant interpretierbar (Blattlebensdauer, ▶ Abschn. 22.6.3 und 22.7.3). Überdies sind solche Daten ohne technischen Aufwand durch Markieren und Wiederbesuchen gewinnbar. Für die meisten Lebensräume der Erde sind solche blattdemografischen Daten trotz ihrer großen ökologischen Relevanz unbekannt. Mit einfachen Streufallen (Auffangen frisch gefallener Blätter) lassen sich oft erstaunliche Einblicke in die Blattdynamik (engl. *leaf dynamics*, *leaf turnover*) im Kronenraum von Wäldern gewinnen. Die Produktivität natürlicher, nichtsaisonaler Graslandes, wie etwa in tropischen Gebirgen, lässt sich nur über blattdemografische Ansätze bestimmen.

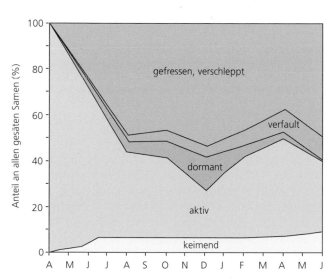

❑ **Abb. 23.7** Schicksal von Samen des Kriechenden Hahnenfußes (*Ranunculus repens*). Unter Ausschluss von natürlichem Sameneintrag wurden jeweils 100 keimfähige Samen in Testquadraten in einer Wiese vergraben (künstliches Keimbett), wovon in regelmäßigen Abständen immer wieder einige Testquadrate ausgegraben und das Boden-Samen-Gemisch unter dem Mikroskop analysiert wurde. (Nach Sarukhan 1974)

23.1.2 Konkurrenz und Coexistenz

Subpopulationen gleichen Alters werden üblicherweise mit römischen Militärbegriffen bezeichnet. Innerhalb einer Population stellen gleichzeitig produzierte Samen, gleichzeitig keimende Samen oder gleich alte Jungpflanzen, ebenso wie Blätter desselben Austriebstermins, **Kohorten** dar. Fällt eine Samenkohorte auf eine noch unbesiedelte Stelle und keimen dort viele Samen auf engem Raum gleichzeitig, entsteht eine Keimlingskohorte, in der sich mit zunehmender Größe der Individuen Platzprobleme einstellen. Gegenseitige Lichtkonkurrenz und Konkurrenz um Bodenressourcen setzen in **Synchronpopulationen** massive innerartliche Selektionsprozesse in Gang. Demografische Prozesse sind immer dichteabhängig; dies betrifft nicht nur die im nächsten Absatz beschriebene Mortalität in einmal etablierten Initialpopulationen, sondern auch die Fruchtbarkeit (Fekundität). Häufiger wachsen von jeder Samenkohorte nur sehr wenige, oft weit verstreute und auf Lücken zwischen schon etablierten Individuen der eigenen und fremden Arten beschränkte Keimlinge auf (◘ Abb. 23.6). Durch zeitliche Wiederholung dieses Vorgangs entstehen alters- oder größenmäßig strukturierte Populationen, bei denen nicht nur die Individuen altersgleicher Kohorten miteinander konkurrieren, sondern **asynchrone Populationen** in komplexe Wechselwirkung mit der bestehenden Vegetation treten. Die Grundproblematik lässt sich jedoch an Synchronpopulationen, wie sie nach Feuer- oder Sturmkatastrophen, in Initialgesellschaften auf frischen Anlandungen und in der Land- und Forstwirtschaft üblich sind, am besten illustrieren.

Ausgangspunkt ist eine Kohorte von Samen, aus Anschaulichkeitsgründen Baumsamen, die in die **Samenbank** des Bodens eingebracht wird und aus der eine ansehnliche Sämlingspopulation ohne **Konkurrenz** durch andere Arten synchron heranreift. Es ist höchst unwahrscheinlich, dass alle diese Sämlinge erwachsene Bäume werden (dazu fehlt der Platz) und dass alle Sämlinge vollkommen identisch wachsen (in Form und Geschwindigkeit). Geringste Unterschiede in der Samengröße und Entwicklungsunterschiede (z. B. wenige Stunden frühere Keimung) erzeugen zunächst kaum wahrnehmbare Größenunterschiede, die jedoch rasch zunehmen (vergleichbar einem Zinseszinseffekt; ◘ Abb. 23.8). Aus dieser innerartlichen Ungleichheit entsteht ein Auslese- und Unterdrückungsprozess, der **Selbstausdünnung** (engl. *self-thinning*) genannt wird und, wegen seiner fundamentalen Bedeutung für die Biologie, Forschungsgegenstand Hunderter von Publikationen wurde, ohne dass der Mechanismus bis heute vollständig aufgeklärt ist.

Die Selbstausdünnung läuft nämlich erstaunlicherweise nicht zufällig oder bei jeder Art nach völlig anderen Mustern, sondern folgt einer wiederkehrenden Beziehung, dem **−3/2-Gesetz der Selbstausdünnung** (engl. *−3/2-self-thinning law*; gesprochen *minus three over two* …), nach dem die Individuendichte mit steigender mittlerer Individuenmasse, doppeltlogarithmisch aufgetragen, linear sinkt, und zwar mit der Steigung −1,5 (ent-

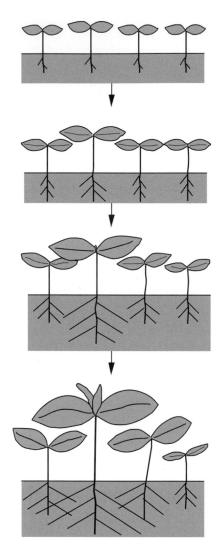

◘ **Abb. 23.8** Die innerartliche Konkurrenz in synchronen Monokulturen wird durch Zinseszinseffekte rasch verstärkt und führt zu einer schiefen Größenverteilung der Individuen, welche in den Selbstausdünnungsprozess (◘ Abb. 23.9) mündet

wickelt von Reineke, Yoda und Kira, s. Pretzsch 2002; ◘ Abb. 23.9).

In jüngster Zeit wurde zwar auch von einer Steigung nahe bei −4/3 berichtet, das −3/2-Gesetz wurde jedoch bisher nicht ernsthaft widerlegt. Erst in reifen Beständen, die ihre volle Höhe erreicht haben, verflacht die Beziehung auf −1 (engl. *constant final yield*, s. u.). Die Steigung der **Selbstausdünnungslinie** (engl. *self-thinning line*), an der der Ausdünnungsprozess spätestens stattfindet, gilt für dicht gesäte, von Seitenlicht abgeschirmte Blumensämlinge in einer Aufzuchtschale genauso wie für Forstplantagen oder synchronisierten Aufwuchs nach einem Wildfeuer. Was sich verändert, ist der Schnittpunkt mit der Abszisse (Parallelverschiebung). In der Forstwirtschaft kommt man der Selbstausdünnung zuvor, indem man rechtzeitig auslichtet. In der

23

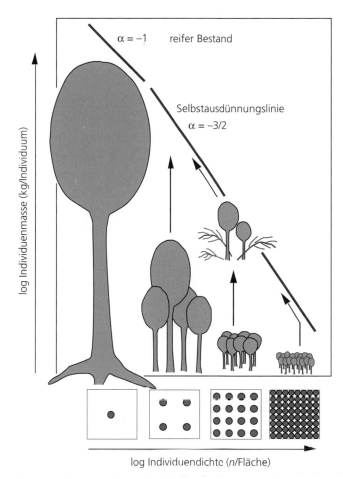

Abb. 23.9 Die Selbstausdünnung in synchronen Monokulturen folgt dem −3/2-Gesetz der Selbstausdünnung. – *n* Zahl der Individuen

Landwirtschaft vermeidet man Selbstausdünnung durch angemessenen Saatgutaufwand.

Die Dichte ährentragender Halme auf einem Feld ist ab einem bestimmten Grenzwert durch dichtere Einsaat nicht mehr zu erhöhen. Dichtere Einsaat würde nur eine Zunahme tauber Halme und einen Rückgang der Bestockung (Halmzahl) pro Saatkorn erzeugen (größere Zahl, dafür aber kleinere Individuen). Man spricht von einem *constant final yield*, einem bei gegebener Bodenfruchtbarkeit nicht mehr zu steigernden Biomasseertrag pro Fläche. Bei zu hoher Dichte kann der Kornertrag gegen Null gehen, obwohl die insgesamt produzierte Biomasse pro Fläche (im Wesentlichen Stroh) unverändert hoch ist. In einem reifen Wald kann die Biomasse pro Fläche unabhängig von der Dichte nahezu stationär sein, d. h., die jährliche Biomasseproduktion kompensiert nur die Verluste (einschließlich der durch Selbstausdünnung weiterhin verloren gehenden Individuen).

Die Steigung −3/2 wird gewöhnlich mit der Tatsache erklärt, dass Pflanzen festgewachsen sind und daher die Grundfläche (m²), auf der eine Population aufwächst, festgelegt und die Höhe morphologisch bzw. statisch limitiert ist, womit auch das insgesamt zur Verfügung stehende maximale Volumen (m³) feststeht. „Biomasse pro Individuum" steht hier stellvertretend für „Volumen pro Individuum". Analog einer Kiste mit Bauklötzen haben in einem gegebenen Gesamtvolumen nur viele kleine oder wenige große Klötze (Pflanzen) Platz; die Beziehung folgt dem Quotienten einer kubischen und einer quadrati-

schen Funktion der Kantenlänge (daher in logarithmischer Darstellung 3/2). Hinter der konkreten Position der Selbstausdünnungslinie müssen aber auch biologische Konstanten stehen, wie etwa die Lichtausnutzung durch die Photosynthese und das autotroph/heterotroph-(Blatt-Biomasse/Nicht-Blatt-Biomasse-)Verhältnis im Pflanzenorganismus. Ein Wald aus dicht an dicht stehenden Stämmen mit nur einzelnen Blättern an den Wipfeln ist nicht denkbar. Versuche, die Selbstausdünnungslinie experimentell zu verändern, ergaben eine Verflachung bei starker Beschattung.

Die dichteabhängige Selbstausdünnung von Populationen, also die Unterdrückung und das Absterben zurückgebliebener Individuen zugunsten größerer (die das meiste Sonnenlicht absorbieren; ◘ Abb. 23.9), ist ein Beispiel für eine **asymmetrische Konkurrenz**. Asymmetrisch deshalb, weil die Chancen, die Ressource Licht zu nutzen, zwischen den Individuen zunehmend asymmetrisch verteilt sind (Licht ist eine vektorielle Ressource) und der Wettbewerb zu einer stark asymmetrischen Verteilung der Individuengröße führt. Im Gegensatz dazu ist das von mehreren Individuen genutzte Nährstoffangebot im Boden eher diffus, die Wurzeln haben (wenigstens theoretisch) die gleiche Chance an die Nährstoffe heranzukommen, weshalb dies als **symmetrische Konkurrenz** bezeichnet wird. In der realen Welt gibt es natürlich zwischen diesen Extrempositionen alle Übergänge. Sprossinteraktionen sind in der Regel deutlicher asymmetrisch als Wurzelinteraktionen. Eine Interpretation von Konkurrenzeffekten erfordert immer eine Analyse sowohl **oberirdischer** als auch **unterirdischer Prozesse** (z. B. Entfernung von Nachbarn, Transplantation, *common garden-* oder *common pot-*Experimente wie in ◘ Abb. 23.10).

Der in ◘ Abb. 23.10 dargestellte Versuch illustriert die unterschiedliche Bedeutung von Spross- und Wurzelkonkurrenz am Beispiel einer Winde. Die Biomasse der Individuen zeigt das Ausmaß der gegenseitigen Behinderung, die (relative) Varianz der Individuenmasse (Varianzkoeffizient) innerhalb einer Behandlungsvariante zeigt, wie stark asymmetrisch die Wirkung ist. Große Varianz bedeutet einen großen Unterschied zwischen dem kleinsten und größten Individuum jeder Gruppe und weist somit auf Unterdrückungstendenzen hin. Während nur oberirdische Konkurrenz (◘ Abb. 23.10: a im Vergleich zu b) die Biomasse wenig reduziert, steigt die Asymmetrie zwischen den Individuengrößen stark an. Ausschließlich unterirdische Konkurrenz (◘ Abb. 23.10: c) reduziert die Biomasse dramatisch (wie bei dieser Verminderung des verfügbaren Wurzelraums nicht anders zu erwarten), die Zunahme der Größenvarianz zwischen den Individuen von 14 % auf etwa 19 % ist aber gering und statistisch nicht signifikant. Die Addition beider Effekte (◘ Abb. 23.10: d) führt zu einer weiteren Reduktion der Individuenmasse und die Varianz steigt auf 25 %, dasselbe Niveau wie bei bloßer Sprosskonkurrenz, wobei die Biomasse nur 1/5 so groß ist. Das heißt, die Biomasseeinbußen sind in diesem Experiment primär durch Wurzelkonkurrenz bedingt, die Asymmetrie der Individuenmasse jedoch hauptsächlich durch Sprosskonkurrenz.

Langfristig würden solche Konkurrenzsituationen immer das Unterdrücken und letztlich Absterben der schwächerwüchsigen Individuen oder Arten bewirken. Warum gibt es dann überhaupt diverse Populationen

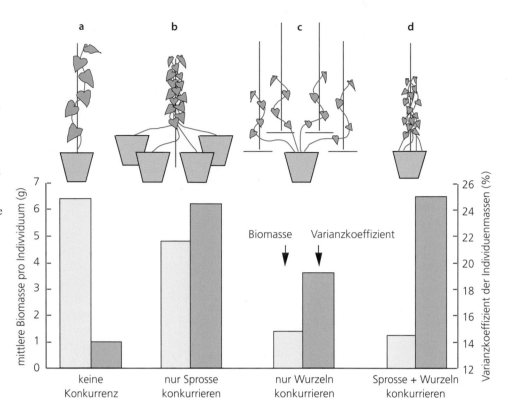

■ **Abb. 23.10** Oberirdische und unterirdische Kompetition um Ressourcen am Beispiel der Winde *Ipomoea tricolor*. Hellgrüne Balken zeigen den Effekt auf die mittlere Individuenbiomasse: große unterirdische, kleine oberirdische Effekte. Dunkelgrüne Balken zeigen die durch die unterschiedlichen Wuchsbedingungen induzierte Verschiedenheit (Asymmetrie) in der Biomasse der Individuen einer Versuchskategorie: große oberirdische, kleine unterirdische Effekte. (Nach Weiner 1990)

und artenreiche Pflanzenbestände? Dies ist eine der zentralen Fragen der **Coexistenz** von Arten und der Biodiversitätsforschung (▶ Abschn. 23.3).

23.1.3 Reproduktionsökologie

In diesem Abschnitt geht es um unterschiedliche Strategien von Pflanzen, erfolgreiche Nachkommen zu erzeugen (zu Evolutionsbiologie, Blütenbiologie und Diasporenausbreitung ▶ Kap. 17, ▶ Abschn. 3.5).

Die Sicherung des Bestands und der Fortentwicklung des eigenen Genoms sind die allen anderen übergeordneten Lebensfunktionen. Es gibt verschiedene Lebenswege oder **Lebensstrategien** (engl. *life strategies* oder *life history strategies*), dieses Ziel zu erreichen. Welche erfolgreich sind, hängt stark von den Umweltbedingungen und der Konkurrenzsituation ab. Jeder Pflanze stellt sich auch das grundsätzliche Problem, wie viele (und in welchem zeitlichen Rhythmus) Assimilate in **Reproduktion** und in vegetatives **Wachstum** investiert werden können (engl. *reproductive allocation*). Tut sie das eine, kann sie nicht gleichzeitig im selben Ausmaß das andere tun, man spricht von einem *trade-off*, also von einem Kompromiss mit Nachteilen für den jeweils alternativen Prozess. Diese Investitionsstrategien sind eng an die **Lebensdauer** der Pflanze und an den Ablauf des **Lebenszyklus** (engl. *life cycle*) gebunden.

Manche Pflanzenarten können ihren Lebenszyklus in sechs Wochen abschließen (z. B. *Arabidopsis thaliana*), andere brauchen ein bis drei Jahre bis zur Reproduktionsreife und sterben danach (viele krautige Pflanzen mit Pfahlwurzeln), und manche Baumarten können über mehr als 2000 Jahre lang reproduktiv bleiben (*Sequoiadendron giganteum, Cryptomeria japonica*). Die klassische Einteilung in annuelle, bienne und perenne Arten wird diesem Kontinuum nicht gerecht. Manche Annuelle durchlaufen mehrere Lebenszyklen in einem Jahr, manche der nur einmal reproduzierenden, monokarpen oder hapaxanthen Arten brauchen bis zur ersten (und gleichzeitig letzten) Blüte 20–30 Jahre und erschöpfen sich dann darin (z. B. *Agave americana*).

Den Nachweis zu erbringen, wie viel eine Pflanze in die Reproduktion investiert, ist sehr schwierig. Zwischen den zwei extremen Positionen 1) nur die Samenmasse zählt und 2) die gesamte produzierte Biomasse steht im Dienst der Sicherung der Nachkommen, gibt es keine scharfen Grenzen. Üblicherweise rechnet man in die **Kosten der Reproduktion** die Bildung der gesamten Infloreszenz samt den zugehörigen Achsenteilen, Nektar und Pollen, Früchte und Samen und die metabolischen Aufwendungen ein. Quantifizierbar sind diese Kosten kaum, weshalb pragmatisch oft doch die Samen- oder Fruchtproduktion als Maßzahl benutzt wird, auch wenn diese nur einen Bruchteil der effektiven Reproduktionskosten darstellt (■ Abb. 23.11). Bei manchen kurzlebigen krautigen Pflanzen und bei Getreide (dort der Ernte- oder *harvest*-Index genannt) stecken rund 50 % der insgesamt produzierten Biomasse in den Diasporen. Bei langlebigen Pflanzen kann der Wert unter 1 % sinken oder über lange Zeit sogar null sein.

23

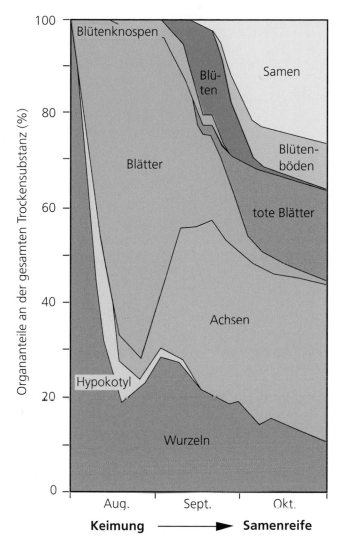

Daraus lassen sich zwei konträre Lebensstrategien, die **r-** und die **K-Strategie**, ableiten (◻ Abb. 23.12). *r*-Strategen setzen auf rasche und zahlreiche Samenproduktion auf Kosten aller anderen Organe und auf Kosten der Lebensdauer. Dies sind Pioniere stark gestörter Lebensräume, z. B. Ruderalpflanzen (engl. *ruderals*, ► Abschn. 21.5.1.3), also Arten der frühesten Sukzessionsphase (► Abschn. 23.3.2). Ein hohes allgemeines Mortalitätsrisiko begünstigt *r*-Strategen. Für *K*-Strategen hat vegetatives Wachstum und individuelle Persistenz (Sicherung eines langen Lebens) die größte Priorität. Sie besetzen den einmal eroberten Standraum für möglichst lange Zeit und erreichen dies durch eine insgesamt konservative, risikominimierende Wachstums- und Entwicklungsstrategie. In der Typologie von Grime (1977) und Grime et al. (2007; ► Abschn. 21.5.1.3) sind dies kompetitive Arten (engl. *competitors*), also Arten

der späten Sukzession. Die meisten Pflanzenarten sind zwischen diesen extremen Strategien einzuordnen.

Es ist auffällig, dass die **Eigenschaften der Diasporen** in charakteristischer Weise mit diesen Strategien korrespondieren. Im großen Durchschnitt haben *r*-Strategen viele, kleine, „billige" Samen, oft mit Vorrichtungen der Fernausbreitung ausgestattet und vielfach mit stark gestaffelter Dormanz (variable Keimverzögerung; große, ruhende Samenbanken). Bei annuellen Pionierpflanzen können Samen auch noch nach 100 Jahren keimen (aus Ausgrabungen wurden Extremfälle von 1600 Jahren berichtet). Bekannt sind sogenannte Ephemere der Wüstenflora, die viele Jahre als Samen im Boden ruhen und die Wüste nur bei den sehr seltenen Intensivregen zum unerwarteten Blütenmeer machen.

K-Strategen tendieren zur Produktion weniger, aber schwerer, reichlich mit Reserven ausgestatteter Samen. Letzteres erklärt sich aus der Tatsache, dass in späten Sukzessionsstadien die Regeneration aus Samen stark lichtlimitiert ist. Der Same muss so viele Ressourcen mitbringen wie der Sämling benötigt, um sich mit ausreichend tiefen, das Überleben sichernden Wurzeln auszustatten und lange Perioden des Lichtmangels zu überdauern, bis die junge Pflanze autotroph wird. Die maximale Lebensdauer der Samen solcher Arten dauert selten länger als zwei Jahre. In der Regel keimen die Samen dieser Arten nach kurzer Ruhe in der nächsten günstigen Saison (in der temperaten Zone im nächsten oder spätestens übernächsten Frühjahr). Statt Samenbanken bilden *K*-Strategen oft Sämlingsbanken, die lange ausharren können, bis eine Bestandslücke die weitere Entwicklung ermöglicht (typisch für primäre feucht-tropische Wälder).

Die Samenmasse ist sehr konservativ. Bei ungünstigen Umweltbedingungen wird in erster Linie die Samenzahl, nicht jedoch die Größe reduziert. Bei krautigen Pflanzen humider Gebiete ändert sich z. B. die mittlere Samengröße mit der Höhe im Gebirge nicht (Körner 2021), während die Zahl pro Individuum zurückgeht. Berühmt ist die geringe Variabilität des Samengewichts von *Ceratonia siliqua* (Johannisbrotbaum), die sogar dazu führte, dass der Einzelsame als Gewichtseinheit benutzt wurde (Karat).

Eine Folge dieser Ausstattungsunterschiede der einzelnen Diasporen ist, dass *K*-Strategen häufig für **Herbivore** attraktive Diasporen produzieren. Würden laufend kleine Mengen dieser Diasporen gebildet, könnten sich die Herbivoren darauf einstellen und die Reproduktion verhindern. Daher tendieren extreme *K*-Strategen zu langen Reproduktionspausen gefolgt von **Mastjahren**, in denen die vorhandene Herbivorpopulation übersättigt ist (z. B. Eiche, Buche, viele Nadelbäume). Dies erfordert einen speziellen Reservestoffhaushalt. Alternativen sind die Ausstattung der Samen mit Giftstoffen oder die Ausbildung von Früchten (z. B. Beeren oder Steinfrüchte), deren Samen durch Herbivore verbreitet werden (oft nach Darmpassage).

◩ Abb. 23.12 Unterschiedliche Lebens- und Reproduktionsstrategien von Pflanzen dominieren unterschiedliche Sukzessionsphasen. **a, b** Holzpflanzen. **a** Junger Weiden- und Pappelanflug auf einer Schotterbank. **b** 300-jähriger Koniferenurwald (*Pseudotsuga menziesii* = Douglasie, Oregon). **c, d** Krautige Pflanzen. **c** Ruderalgesellschaft auf einer Schwemmfläche. **d** Reife, Jahrtausende alte Klimaxrasengesellschaft (*Caricetum curvulae*, 2500 m Westalpen). In **a** und **c** überwiegen rasche Reproduktion und hohe Samenproduktion; in **b** und **d** dominieren langsames vegetatives Wachstum und, in **d**, klonale Ausbreitung

Großfrüchtige Eichen produzieren in natürlich dichten Wäldern auch in guten Jahren meist nicht mehr als 2000 Eicheln pro Baum und Jahr. Eher ruderale Baumarten wie Birke und Wald-Kiefer zeigen hingegen geringes Mastverhalten und die Zahl der sehr kleinen Samen kann 50.000–300.000 pro Baum erreichen. Beim krautigen Fingerhut (*Digitalis purpurea*) wurden 0,5 Mio. Samen pro Individuum ermittelt.

Bei Pflanzen viel häufiger als bei Tieren ist die vegetative Vermehrung oder Verbreitung durch **klonales Wachstum**, also unter Umgehung der Risiken der sexuellen Reproduktion (◩ Abschn. 17.1.3.3). Viele Pflanzen können je nach Lebensbedingungen klonale oder reproduktive Vermehrung betreiben oder beide gleichzeitig einsetzen. Die Bedeutung klonaler Ausbreitung nimmt generell zu, wenn die Lebensbedingungen ungünstig werden.

Vegetative Ausbreitungsmöglichkeiten bieten Ausläufer, Rhizome, Ablegerzwiebeln, Wurzelknollen, Sprossstücke, adventiv bewurzelnde niederliegende Sprossachsen oder wurzelbürtige Sprosse. Den Diasporen vergleichbare klonale Verbreitungseinheiten sind Brutknospen (Bulbillen, ◩ Abb. 3.29) und die sekundär asexuelle Fortpflanzung (Apomixis, ◩ Abschn. 17.1.3.3), die in ihrer Agamospermievariante klonale Samen hervorbringt (z. B. bei *Taraxacum officinale*). Die meisten Hochgebirgspflanzen, Dünenpflanzen, viele sehr erfolgreiche Pflanzen aus semiariden Gebieten (z. B. *Larrea tridentata*, der Kreosotbusch in den neuweltlichen Halbwüsten), aber auch Pflanzen in Überschwemmungszonen (*Salix*, *Hippophae*) und sogar Waldbäume (*Populus*, viele *Ficus*-Arten) sind klonal. In häufig geschnittenen Rasengesellschaften werden klonale Arten begünstigt (*Bellis perennis*, *Trifolium repens*) und fast alle mehrjährigen krautigen Monokotyledonen (vor allem Gräser, Bambus, Zwiebel- und Rhizompflanzen) wachsen klonal. Gerade wegen ausgeprägter klonaler Ausbreitungstendenzen sind viele mehrjährige Acker- und Weideunkräuter kaum ausrottbar, und viele der erfolgreichsten ausdauernden Ruderalpflanzen nutzen dieselbe Strategie (z. B. die Kanadische Goldrute [*Solidago canadensis*], das Schmalblättrige Weidenröschen [*Epilobium angustifolium*] und das klonale Gras Gewöhnliche Quecke [*Elytrigia repens* = *Elymus repens*]). Alle Moose, Schachtelhalme und Flechten und viele Farne wachsen klonal (berüchtigt ist der Adlerfarn [*Pteridium aquilinum*]). Es gibt nur wenige ausdauernde Pflanzenarten, die keine klonale Alternative zur sexuellen Reproduktion haben. Dies ist mit ein Grund, warum populationsbiologische Konzepte der Zoologie nur begrenzt auf Pflanzen übertragbar sind.

23

Warum spielt die klonale Vermehrungsalternative eine so große Rolle? Im Grunde genommen stellt sie eine „Bremse" der Evolution dar. Sie wird dann vorteilhaft, wenn der Erfolg einer Art weniger von der Zahl der reproduktiven Nachkommen als von deren Chance, langfristig zu überleben, abhängt. Klonale Ausbreitung ermöglicht einer Art, enorme **Raumdominanz** zu erreichen, ohne den riskanten Prozess der Sämlingsetablierung durchlaufen zu müssen. Besonders erfolgreiche Genotypen können konserviert werden und sich durchsetzen, wie dies bei den Angiospermen in extremer Form die agamospermen Apomikten (▶ Abschn. 17.1.3.3) und bei Kryptogamen z. B. die Flechten verwirklichen, deren klonale Verbreitungseinheiten beliebig weite Strecken überwinden können. Dies ist vergleichbar mit der klonalen Verbreitung einmal „für gut befundener" Genotypen in der Landwirtschaft wie bei Obst-, Reben- oder Blumensorten (Veredelung bzw. Pfropfung, Stecklingsvermehrung, ▶ Abschn. 11.2.4).

In Konkurrenz mit anderen können sich klonal ausbreitende Pflanzen auf zwei Wegen durchsetzen. Die Ausbreitung kann in kleinen Schritten, aber mit geschlossener Ausbreitungsfront vor sich gehen, wie bei horst- und girlandenbildenden Klonen, wofür der Begriff der **Phalanxstrategie** geprägt wurde (analog der antiken Kampfform in geschlossener Formation; ◪ Abb. 23.13).

Häufiger anzutreffen ist das punktuelle Unterwandern fremder Populationen durch Suchtriebe, die sogenannte **Guerillastrategie**. Diese zweite Ausbreitungsform ermöglicht viel rascheren Raumgewinn und kann durch exploratives Abtasten des Umfelds schneller günstige Mikrohabitate erreichen, an denen sich Klonmodule etablieren können. Es wurde an einer kriechenden *Portulaca*-Art und an *Trifolium repens* gezeigt, dass

◪ **Abb. 23.13** Klonale Ausbreitung nach dem Phalanxmuster. Jahrhunderte alte Klone von *Festuca chrysophylla* (= *F. orthophylla*) „pflügen" in geschlossenen Fronten über die Hochflächen der nordwestargentinischen Anden (4250 m, Cumbres Calchaquíes)

sich solche Triebe auch an der Rotlichtverschiebung in ihrem Umfeld orientieren (Hinweis auf ein bereits „grün besetztes" Terrain; ▶ Abschn. 22.2.2).

Bleiben **Klonsysteme** vernetzt, können Ressourcen innerhalb des Systems so verschoben werden, dass periodisch benachteiligte Module am Leben bleiben, oder dass „Außenposten", die besonders erfolgversprechendes Terrain erreicht haben (z. B. eine Bestandslücke), rasch Mineralstoffe an sich ziehen können, was mit Isotopenmarkierungen nachgewiesen werden konnte. Durch klonales Wachstum erreichen Pflanzen ein gewisses Maß an Beweglichkeit und können so das heterogen im Raum verteilte Ressourcenangebot besser nutzen.

Klonale Systeme können ein enormes **Alter** erreichen und sind potenziell unsterblich. Trotzdem herrscht in von Klonen beherrschter Vegetation nicht notwendigerweise genetische Einheitlichkeit. Abgesehen von der Möglichkeit somatischer Mutationen an Teilmodulen innerhalb eines Klons wurde mehrfach festgestellt, dass raumdominante klonale Pflanzen wie Schilfgürtel oder alpine Seggenrasen eine erstaunlich hohe genetische Vielfalt aufweisen, die auf die Diversität während der Besiedlungsphase zurückgeht. Unterschiedliche Klone (Geneten) können sich ineinander verzahnen, womit genetisch unterschiedliche Triebgruppen (Gruppen von Rameten) nebeneinander zu stehen kommen. Mit genetischen Markern konnten solche Klone der alpinen Krumm-Segge *Carex curvula* kartiert werden, und zusammen mit der radialen Wachstumsgeschwindigkeit aus der Klongröße ließ sich ein mehrtausendjähriges Alter postulieren (de Witte et al. 2012).

Ziel dieses ersten Abschnitts war es, deutlich zu machen, dass Populationen sämtliche Entwicklungsstadien, nicht nur die großen und auffälligen Lebensabschnitte, umfassen. Vielfach entscheidet sich in den unscheinbaren Lebensphasen, ob eine Population wächst oder schrumpft. Die Dynamik der Populationsentwicklung hängt dabei vom Ressourcenangebot und damit von Individuendichte und Konkurrenz ab und wird entscheidend durch Störungen geprägt. Die evolutive Antwort auf häufige Störung ist Raschwüchsigkeit verbunden mit Kurzlebigkeit und großer Samenproduktion. Dem stehen in stabilen Lebensräumen Langlebigkeit und vergleichsweise geringe Investitionen in Reproduktion gegenüber. Durch ihren modularen Bau vermögen viele Pflanzen, klonale Vermehrungs- und Ausbreitungsstrategien einzusetzen und damit empfindlichen frühen Abschnitten des Lebenszyklus aus dem Weg zu gehen. Diese Vorgänge bestimmen nicht nur den lokalen Erfolg einer Population, sondern auch ihre Fähigkeit, sich über große Areale auszubreiten, Thema des folgenden Abschnitts.

23.2 Pflanzenareale

Pflanzenareale beschreiben das Verbreitungsgebiet von Arten oder höheren Taxa. Sie sind das Ergebnis von stammesgeschichtlicher und raum-zeitlicher Entfaltung oder Arealschrumpfung (▶ Abschn. 17.3.2,

Abb. 23.14). Bestimmt werden diese Areale durch morphologische und ökophysiologische Konstitution (bzw. Anpassungsfähigkeit), Konkurrenzkraft, Ausbreitungschancen im Lauf der Erdgeschichte und durch das Vorkommen geeigneter Standorte. Auch expansive Taxa haben ihren möglichen Lebensraum (das potenzielle Areal im Gegensatz zum aktuellen Areal, also die fundamentale gegenüber der realisierten Nische, ► Abschn. 21.1) vielfach noch nicht besetzt, weil Wanderungen und dauerhafte Besiedlung langsam vor sich gehen oder von Ausbreitungsschranken (z. B. Meeren, Gebirgen oder Wüstengebieten) behindert werden. Die spektakuläre und gegenwärtig andauernde Ausbreitung vieler durch den Menschen verschleppter Arten (Anthropochorie, ► Abschn. 3.5.7) bezeugt dies in eindrucksvoller Weise. Bei der Entstehung heutiger Areale kommen also genetische, ökologische und historische Faktoren ins Spiel. Die **Arealkunde** beschreibt und vergleicht die Verbreitungsareale von Taxa (meist Arten, auch Gattungen oder Gruppen nah verwandter Arten). Auf dieser Grundlage können dann die komplexen Zusammenhänge zwischen Arealformen und Umweltbedingungen in Gegenwart und Vergangenheit erhellt werden.

23.2.1 Arealtypen

Areale ergeben sich durch die Summierung der Fundorte eines Taxons und lassen sich am besten in Form von **Arealkarten** darstellen (z. B. Abb. 17.15, Abb. 23.15, 23.16, 23.17 und 23.18). Die Aussagekraft der Arealdarstellung hängt von der richtigen systematischen Abgrenzung eines Taxons oder der Gliederung einer nah verwandten Artengruppe ebenso wie von der Vollständigkeit der floristischen Fundortangaben ab. Selbst für die Gefäßpflanzenflora Mitteleuropas sind die systematischen und floristischen Grundlagen für eine arealkundliche Analyse noch nicht vollständig.

Eine kartografische Darstellung der Verbreitung eines Taxons nötigt zur Abstraktion, weil Häufigkeit und räumliche Verteilung von Individuen auf kleinere und größere Teilareale mit dazwischenliegenden Lücken gewöhnlich sehr ungleichmäßig sind. Sehr gebräuchlich sind Punkt- und Umrisskarten oder Kombinationen davon (z. B. Abb. 17.15 und Abb. 23.20). Bei modernen arealkundlichen Erhebungen mit Einsatz von elektronischer Datenverarbeitung (geografische Informationssysteme, GIS) bewähren sich besonders Rasterkarten, auf denen das Vorkommen oder Fehlen eines Taxons jeweils für bestimmte Kartierungsfelder angegeben wird. Auf Höhenprofilen lässt sich auch die Vertikalverbreitung eines Taxons darstellen.

Durch vergleichende Beurteilung zahlreicher Areale nach diesen Gesichtspunkten lassen sich verschiedenartige Arealtypen erkennen (Abb. 23.14). Für solche Analysen werden heute große Datenbanken benutzt (z. B. die Global Biodiversity Information Facility [GBIF] oderMap of Life [MOL]). Der Wert solcher Daten basiert auf einer korrekten Georeferenzierung. Leider fehlt diese sehr oft, sie ist falsch oder unglaubwürdig, da bei alten Belegen oft nur Flurnamen benutzt wurden. Die zur Beurteilung des Klimas entscheidenen Höhenangaben fehlen oft oder sind zu ungenau.

Zwischen weltweit nur an einem Standort vorkommenden Taxa und solchen, die innerhalb ihrer Habitatansprüche weltweit vorkommen, gibt es alle Zwischenformen. Taxa, die auf ein einziges, meist kleines Areal beschränkt sind, nennt man endemisch, wobei der Begriff relativ vage gehandhabt wird. Neben tatsächlichen Raritäten zumeist auf Artniveau, den **Lokalendemiten**, werden gelegentlich auch regionale (z. B. nur in den Alpen vorkommend) oder sogar kontinentale Endemiten (z. B. nur in Australien vorkommend) unterschieden, wobei die letztere Kategorie nur auf Familienniveau sinnvoll ist. Es gibt alte oder reliktäre **Paläoendemiten** und junge **Neoendemiten**. Der Anteil endemischer Taxa nimmt offenbar mit dem Alter und der Isoliertheit der Lebensräume zu. Die global verbreiteten **Kosmopoliten** sind überwiegend Kulturfolger, aber es gibt auch natürliche Kosmopoliten, vor allem unter den Moos- und Farnpflanzen.

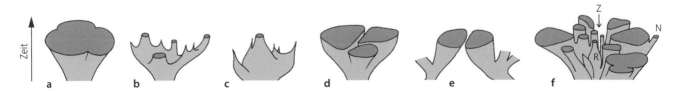

Abb. 23.14 Arealentstehung und Arealtypen von Pflanzenarten. (Verbreitung horizontal, Zeit von unten nach oben, gegenwärtiger Zustand als Schnittebene, ausgestorbene Populationen enden unterhalb dieser Gegenwartsebene). **a** Arealerweiterung (z. B. *Trifolium repens*). **b** Aussterben von Populationen und Schrumpfung zu disjunkten Arealen (Abb. 17.15), oder **c** reliktär-paläoendemisches Areal (z. B. *Ginkgo biloba*, Abb. 23.16). **d** Allopatrische Differenzierung einer Abstammungsgemeinschaft zu (drei) vikariierenden Taxa. **e** Pseudovikariismus zweier nicht nächstverwandter, aber doch ökologisch bzw. geografisch stellvertretender Taxa. **f** Formenkreis mit Mannigfaltigkeitszentrum. Das Schema verdeutlicht, dass zwischen dem Alter eines Taxons, seiner Formenmannigfaltigkeit und seiner Arealgröße keine unmittelbaren Zusammenhänge bestehen. – Z Entstehungszentrum, R Reliktendemiten, N Neoendemiten. (Nach F. Ehrendorfer)

23

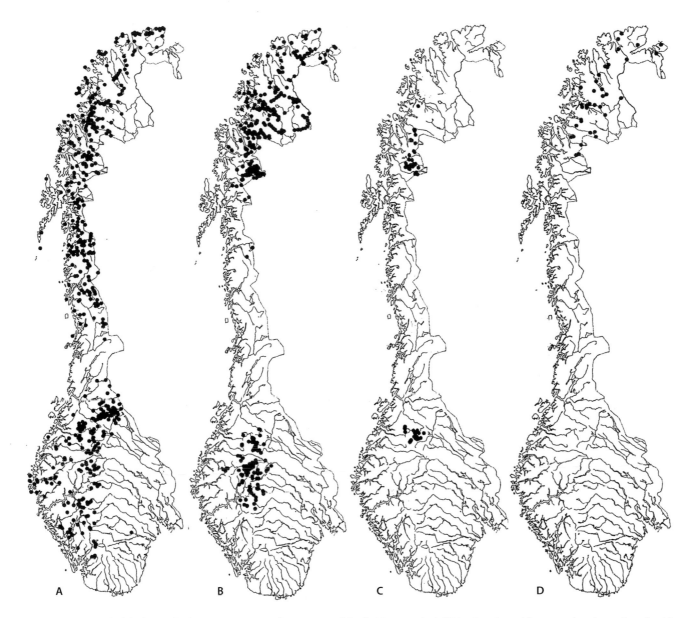

◘ Abb. 23.15 Beispiele für Verbreitungsmuster von Pflanzenarten (hier in Norwegen). **A** Weitgehend geschlossenes Areal von *Pseudorchis albida* subsp. *straminea*. **B** Große disjunkte Areale von *Luzula parviflora*. **C** Disjunkte Reliktareale von *Luzula arctica*. **D** Beschränktes Regionalvorkommen (regionaler Endemismus) von *Potentilla chamissonis*. (Aus Gjaerevoll 1990)

Bekannte Reliktendemiten, die einst weit verbreitet waren, sind *Ginkgo biloba* (heute nur noch in Westchina; ◘ Abb. 23.16), *Sequoiadendron giganteum* (Kalifornien) und *Welwitschia mirabilis* (Südwestafrika). Kosmopolitisch sind z. B. unter den Sporenpflanzen das Lebermoos *Marchantia polymorpha* oder der Adlerfarn *Pteridium aquilinum*, als Sumpf- und Wasserpflanzen mit guten Ausbreitungsmöglichkeiten durch Wasservögel der Tannenwedel *Hippuris vulgaris*, das Schilf *Phragmites australis*, und zahlreiche, vom Menschen verschleppte „Unkräuter", die sich auf gestörten Flächen (Ruderalstandorten, häufig Wegrändern) rund um den Globus finden (z. B. Arten der Gattungen *Plantago, Poa, Rumex, Senecio, Stellaria, Trifolium*). Auf der Ebene von Pflanzenfamilien sind besonders artenreiche natürlicherweise auf der ganzen Welt vertreten (z. B. Orchidaceae, Poaceae, Asteraceae, Fabaceae).

Eine Landschaft ist nur selten vollständig besiedelt. Zumindest gegen die Arealränder hin ist die Verbreitung der meisten Taxa vielfach zu vereinzelten Vorposten (oder Rückzugsposten) aufgelockert. Wenn die Areallücken so groß werden, dass sie mit den üblichen Ausbreitungsmitteln des Taxons nicht mehr überbrückt werden können, spricht man von Exklaven bzw. **Disjunktionen**. Zu Disjunktionen kann es also durch Reduktion ehemals geschlossener Verbreitungsgebiete oder durch außergewöhnliche Fälle von Fernausbreitung kommen.

Hohe Besiedlungsdichte weist auf den ökologischen Optimalbereich einer Art. Vielfach wird hier auch die

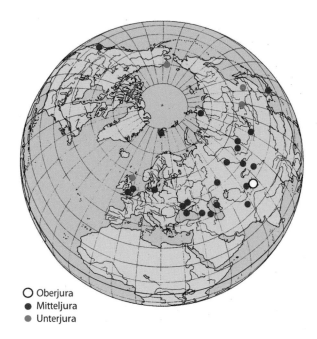

○ Oberjura
● Mitteljura
● Unterjura

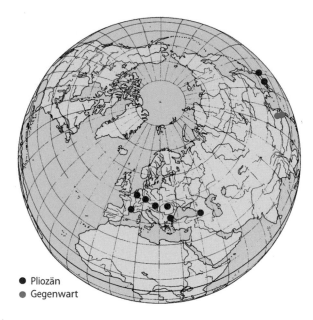

● Pliozän
● Gegenwart

■ **Abb. 23.16** Ausbreitung der Gattung *Ginkgo* über die Nordhemisphäre nach Fossilfunden vom Unterjura bis zum Jungtertiär (Pliozän) und zur Gegenwart. Den Karten sind die heutigen Oberflächenverhältnisse der Erdoberfläche zugrunde gelegt. Die Veränderungen seit dem Jura (etwa 200 Mio. Jahre) haben die potenziellen Wanderwege auf der Nordhemisphäre nicht grundlegend beeinflusst. (Nach Tralau 1967)

stärkste Expansion in unterschiedliche Standorte (maximale ökologische Amplitude) und die größte genetische Diversität erreicht (Formenmannigfaltigkeit, Variabilitätszentrum). Analoges gilt für Gattungen und Familien, bei denen Regionen mit besonders großem Artenreichtum als **Mannigfaltigkeitszentrum** bezeichnet

werden. Dies sind Entfaltungs- bzw. Erhaltungsräume der jeweiligen Taxa, stellen jedoch nicht notwendigerweise ein Entstehungszentrum dar. Mit all diesen Kriterien lassen sich die Arealschwerpunkte feststellen.

Latitudinale Zonen   Viele Verbreitungsareale lassen eine etwa den Breitengraden folgende und mehr oder minder zonale Form erkennen. Daher haben sich als Bezugssystem für die Gliederung und Beschreibung der Areale streifenförmig vom Äquator zu den Polen aufeinanderfolgende und dem allgemeinen Temperaturgefälle entsprechende Florenzonen bewährt (■ Abb. 23.17). Dabei kann man von der tropischen und den angrenzenden subtropischen Zonen ausgehend unterscheiden: nach Norden eine meridionale, submeridionale, temperate, boreale und arktische Zone; nach Süden eine australe und eine antarktische Zone, die der meridionalen bis temperaten bzw. der borealen bis arktischen Zone im Norden entsprechen.

Kontinentalität–Ozeanität   Eine weitere Differenzierung lässt sich erreichen, wenn man nach der jahres- und tageszeitlichen Ausgeglichenheit von Feuchtigkeit und Temperatur Sektoren der Ozeanität unterscheidet und die Areale nach ihrer diesbezüglichen Lage als euozeanisch, ozeanisch, subozeanisch, subkontinental, kontinental und eukontinental charakterisiert („ozeanisch" steht für küstennahes, also stark vom Meer beeinflusstes, humides Klima mit geringer Temperaturamplitude im Jahresgang; „kontinental" steht für ein küstenfernes, trockeneres Inlandklima mit großer Temperaturamplitude). Küstennähe alleine reicht für diese Typisierung jedoch nicht aus. Kalte Meeresströmungen (Namib-Wüste, Atacama-Wüste, Baja California) oder dominante, vom Land zum Meer gerichtete Luftströmungen können auch küstennah ein trockenes, quasikontinentales Klima erzeugen.

Altitudinale Gliederung   Bei Berücksichtigung der **Höhenstufen** (■ Abb. 23.36, ▶ Abschn. 24.1.2) wie planar, collin, montan, subalpin, alpin und nival ergeben sich schließlich Möglichkeiten für eine dreidimensionale Beschreibung.

23.2.2 Ausbreitung

Die festgewachsenen Pflanzen können nur dann ein Areal bilden und erweitern, wenn sie Ausbreitungseinheiten, **Diasporen**, bilden (z. B. Sporen, Samen, Schließfrüchte, vegetative Verbreitungseinheiten wie Brutknospen usw.: ▶ Abschn. 3.5.5 und 3.5.6, Samen, Früchte), mit deren Hilfe sie sich in neuen Habitaten einbürgern. Derartige Ausbreitungseinheiten werden häufig in großer Zahl produziert und sind für Autochorie oder den Transport durch Wind, Wasser und Tiere spezialisiert (▶ Abschn. 3.5.7, Spermatophytina). Normaler-

23

Populations-und Vegetationsökologie

Abb. 23.17 Latitudinale Florenzonen der Biosphäre. (Nach Jäger und Müller-Uri 1981, 1982)

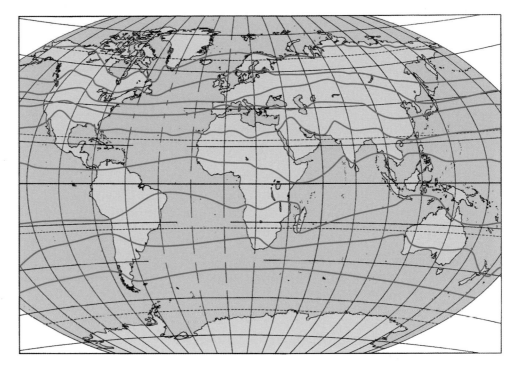

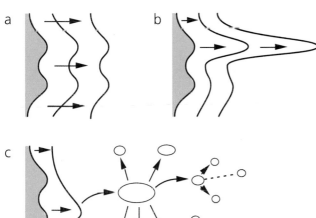

Abb. 23.18 Die Migration von Pflanzen kann in Form von **a** breiten oder **b** schmalen Ausbreitungsfronten (kleinen Schritten) oder in Form von **c** Vorposten bzw. Inseln (auch aus Relikthabitaten), also in großen Sprüngen erfolgen. Letzteres ist der häufigere Fall, wobei alle Übergänge existieren und die Typisierung skalenabhängig ist

weise erfolgt die Ausbreitung nur über geringe Entfernungen, doch gelegentlich kommt es auch zu **Fernausbreitung**.

Die Ausbreitung einer Art (Migration) kann somit in Form einer Dispersionsfront in kleinen Schritten oder in großen Sprüngen, als stochastisches Phänomen, durch Vorposten erfolgen (**Abb.** 23.18).

Durch Sturmwinde können kleine oder gut flugfähige Diasporen hochgerissen und über Hunderte von Kilometern verfrachtet werden.

Zug- und Wasservögel transportieren Verbreitungseinheiten gelegentlich über transozeanische Entfernungen. Eine Reihe von jungen Disjunktionen zwischen Südamerika und Afrika ist offenbar so entstanden (z. B. bei der epiphytischen und beerenfrüchtigen Cactaceengattung *Rhipsalis*, die sogar noch Madagaskar und Sri Lanka erreicht). Die Kokospalme (*Cocos nucifera*) kann aufgrund ihrer gut schwimmfähigen und mit einem wasserdichten Steinkern und Fettendosperm ausgestatteten Früchte auch im Salzwasser lange keimfähig bleiben und hat so ein Areal erobert, das die Küstenräume der gesamten Tropen umfasst (► Abschn. 24.2.16).

Ganz allgemein stellen Ketten von Inselhabitaten **Dispersionskorridore** dar (engl. *island* oder *mountain hopping*). So diente die indomalayische Inselwelt in zahlreichen Fällen als Wanderweg zwischen Ostasien und dem australisch-westpazifischen Raum. Analog kam es entlang der Kordilleren im westlichen Nord- und Südamerika oder über das ostafrikanische Vulkanhochland vielfach zu einem bis in die jüngste erdgeschichtliche Vergangenheit andauernden Florenaustausch zwischen der Nord- und Südhemisphäre (z. B. die Gattung *Alnus*, die es so über Mittelamerika bis in die südlichen Anden schaffte).

In den vergangenen Jahrhunderten wurden diese natürlichen Mechanismen der Fernausbreitung von Arten zunehmend durch den Menschen marginalisiert. Die Diasporen einer Art brauchen heute nur den Weg bis zum nächsten Flughafen oder ins Touristengepäck zu schaffen und schon stehen alle Gegenden der Erde offen. Pflanzenliebhaber betreiben die Verbreitung aktiv. So droht der natürliche *Metrosideros*-Wald von Hawaii in wenigen Jahrzehnten der Invasion von *Myrica faya* von den Kanarischen Inseln zum Opfer zu fallen, eine Art, die um 1970 ausgepflanzt wurde und seitdem völlig außer Kontrolle geriet. Die Gattung *Eucalyptus* erobert heute alle warmen Regionen der Erde.

Vor allem bei raschen Umweltveränderungen, wie zu Beginn und nach den Eiszeiten oder im Fall einer anthropogenen Klimaerwärmung, rechnet man mit raschen Arealveränderungen. Unter den vielen Gründen, die die Migration von Arten und Artengemeinschaften selbst bei aufgehobenen Klimagrenzen und physikalischen Ausbreitungsbarrieren dennoch bremsen, sind drei besonders wichtig:

— **Nicht „die Vegetation" breitet sich aus.** Stattdessen sind es die einzelnen Arten, die sich in einer völlig neuen biotischen Umwelt etablieren müssen. Nur unter den höchst unwahrscheinlichen Annahmen, dass sich alle Arten einer Phytozönose gleich schnell ausbreiten oder sie so voneinander abhängen, dass sie sich nur im Verband bewegen können, würde eine Phytozönose als Ganzes „verschoben".

— **Dispersion braucht Partner.** Bei zweihäusigen oder selbststerilen Pflanzen sind zur Fortpflanzung immer mindestens zwei verschiedene Exemplare notwendig. So sind auf ozeanischen Inseln selbstbefruchtende Angiospermen auffällig überrepräsentiert, da sie auch als Einzelpflanzen Populationen aufbauen können (▶ Abschn. 17.1.3). Häufig (z. B. in Hawaii) wird eine sekundäre Diözie beobachtet, die als ein Ausweg aus der Inzucht angesehen wird. Aber selbst bei überwiegend autogamen Arten ist die Anwesenheit mehrerer genetisch verschiedener Individuen der eigenen Art aus Gründen der langfristigen Fitness günstig. Weiterhin sind mehr als 90 % aller Pflanzenarten mykorrhiziert, und wie zunehmend klar wird, ist diese Pflanze-Pilz-Beziehung hoch spezialisiert und die Kompatibilität der Partner genetisch sehr eng abgegrenzt. Viele Pflanzenarten benötigen spezielle Bestäuber oder sogar Pathogene, die mögliche Konkurrenten unterdrücken usw.

— **Böden und (ganz allgemein) Habitate wandern nicht.** Böden entstehen unter dem Einfluss von Ausgangssubstrat, Klima und Pflanze. Sie sind somit auch die Antwort auf eine langfristige Anwesenheit bestimmter Pflanzengesellschaften, die sich ihrerseits wieder mit dem Boden verändern (Sukzession; ◘ Abb. 23.1 und 23.29, ▶ Abschn. 23.4.2). Pflanzen verändern auch das Mikroklima und schaffen so Lebensraum für andere Arten (z. B. den Lebensraum „Unterwuchs" im Wald).

Diese Umstände führen selbst bei „offenen Ausbreitungskanälen" und klimatisch sowie vom Ausgangssubstrat her geeigneten Zielhabitaten zu Dispersionsraten, die wesentlich langsamer sind, als man dies von der Diasporenverbreitung her erwarten könnte. Bei bestehenden Landverbindungen ist die Ausbreitung in den seltensten Fällen diasporenlimitiert. Die dauerhafte **Einbürgerung** einer neuen Pflanzenart stößt ganz allgemein auf größere Schwierigkeiten als der Transport ihrer Ausbreitungseinheiten. Den Tausenden gelegentlich in Europa eingeschleppten Arten (Neophyten) stehen nur wenige Hundert tatsächlich eingebürgerte, fremdländische Angiospermen gegenüber. Im neuen Lebensraum wird man auch nie (oder sehr lange nicht) die gleichen Pflanzengemeinschaften antreffen wie am Ausbreitungsursprung. Dispersion erzeugt in der Regel neue Pflanzengemeinschaften, die eine Mischung von Elementen unterschiedlicher Einwanderungszeit und unterschiedlichen Ursprungsgebiets darstellen.

Sowohl der Stengellose Enzian (*Gentiana acaulis*) als auch das Edelweiß (*Leontopodium nivale* [= *L. alpinum*]) gehören zur heutigen mitteleuropäischen Gebirgsflora. Während aber *Gentiana acaulis* in diesem Raum bodenständig (autochthon) ist und zum spättertiären Grundstock der Alpenflora zählt, ist *Leontopodium nivale* im Alpenraum ein eiszeitlicher Einwanderer, der aus einem in Zentralasien entfalteten Formenkreis stammt und mit dem Rückzug der Gletscher aus dem während der Eiszeit trocken-kalten Gebirgsvorland in die Hochalpen migrierte und durch die heutigen Lebensverhältnisse im Tiefland von seinen Verwandten im fernen Osten isoliert ist.

Die Anforderungen für eine gute Samenausbreitung und eine ausreichende Ausstattung der Keimlinge mit Reserven stehen im Widerspruch (▶ Abschn. 23.1.3). Pionierpflanzen haben meist viele und kleine, aber nur im Licht und kurzfristig keimfähige Samen (bei Bäumen z. B. Weiden und Kiefern), bei Arten später Sukzessionsphasen dominieren häufig weniger zahlreiche, dafür aber große und gut mit Reservematerial versorgte, auch im Schatten (also unter Konkurrenz) und keimfähige Samen (z. B. bei Buchen und Eichen). Alle diese migrationsbestimmenden Faktoren selektionieren Allrounder, Elemente der frühen **Sukzession**, weshalb die Welt von ruderalen **Invasoren** überschwemmt wird, die nur selten – aber leider gelegentlich doch – in intakte (natürliche) lokale Vegetation einbrechen, sofern diese genügend „offen" ist. Beispiele sind die Einwanderung von neuweltlichen Sukkulenten (*Agave*, *Opuntia*) ins Mittelmeergebiet oder die Okkupation der *Artemisia*-Steppe des Great Basin im Westen Nordamerikas durch das eurasiatische Gras *Agropyron desertorum*, das dort die Feuerfrequenz erhöht und damit das ganze System verändert (◘ Abb. 22.26).

Schließlich sind Organismen mit rascher Generationsfolge (z. B. Bakterien oder annuelle Arten) eher zu schneller Ausbreitung befähigt als solche, bei denen bis zum Fruchtbarwerden viele Jahre vergehen müssen (z. B. bei langlebigen Holzpflanzen). Die Wandergeschwindigkeit einer Art hängt also von ihrer Fortpflanzungsbiologie und Generationsdauer, von biotischen Interaktionen und den Gegebenheiten des neuen Lebensraums ab.

23

Fagus sylvatica hat für die postglaziale Wanderung vom Alpenrand bis zur Ost- und Nordsee (700 km) etwa 3000 Jahre, für die Eroberung der Vorherrschaft gegenüber den anderen Laubhölzern in diesem Raum aber nochmals etwa 2000 Jahre gebraucht (▶ Abschn. 20.4); in Westskandinavien dürfte ihre Ausbreitung nach Norden noch immer nicht abgeschlossen sein. Ausschließlich durch vegetative Vermehrung hat sich seit 1836 (Irland) und 1859 (Berlin) die Kanadische Wasserpest (*Elodea canadensis*) in europäischen Gewässern explosionsartig und auf Kosten bodenständiger Wasserpflanzen ausgebreitet, doch macht sich seit einigen Jahrzehnten wieder ein deutlicher Rückgang bemerkbar (Ursache ist ein Nematode, der die Vegetationskegel zerstört).

Auf Phasen der Ausbreitung von Pflanzenarten folgen vielfach Phasen des Stillstands oder sogar der Rückläufigkeit, es kommt zur **Arealschrumpfung**. Dies kann nicht nur aus der heutigen Arealgestalt abgelesen werden, sondern ist auch durch Fossilfunde belegt. Viele Arten, die durch die Klimaschwankungen des späten Känozoikums (Spättertiär) und der pleistozänen Eiszeiten in Refugialräume abgedrängt wurden, haben ihre ursprünglichen Areale trotz der Wiederkehr günstiger Klimaverhältnisse nicht oder nur teilweise zurückerobern können. Vielfach dürfte dafür auch ein Verlust an innerartlicher genetischer Diversität und somit Anpassungsfähigkeit verantwortlich sein. Von der tertiären Waldflora (◻ Abb. 20.8) sind z. B. in Europa nur in Restarealen des Balkans *Picea omorika* oder *Aesculus hippocastanum* erhalten geblieben. Die Gattungen *Ginkgo* und *Magnolia* sind in Europa völlig ausgestorben. Erstere hat nur in Ostasien, letztere im östlichen

Nordamerika und in Ostasien überlebt (von wo zahlreiche Arten wieder in europäische Gärten eingeführt wurden; ◻ Abb. 23.16 und 23.19).

Die Arealentfaltung und Arealschrumpfung der Gattung *Ginkgo* ist ein besonders eindrucksvolles Beispiel dieser Dynamik von Arealen in geologischen Zeitmaßstäben (◻ Abb. 23.16). Im Unterjura war *Ginkgo* auf Zentralasien beschränkt. Vom Oberjura bis ins Alttertiär erreichte die Gattung Spitzbergen und Alaska und größte Formenfülle. Ihr Aussterben begann im Jungtertiär in Nordamerika und dann in Europa und führte zum heutigen Reliktareal in dem die einzige überlebende Art, *Ginkgo biloba*, als lebendes Fossil nur noch wenige naturnahe Fundorte in China besiedelt (▶ Abschn. 19.4.3.1).

23.2.3 Ursachen für Arealgrenzen und Arealbesetzung

Arealgrenzen sind nicht nur historisch oder physisch (z. B. durch die Anordnung von Land und Meer) bedingt, sondern haben viele ökologische Ursachen und stehen dadurch mit den heutigen Klima- und Bodenbedingungen (◻ Abb. 21.9 und ◻ Abb. 23.1) und der ökophysiologischen Konstitution der Pflanzenarten in Zusammenhang. Viele Arealgrenzen lassen sich **temperaturbedingten** Vegetationszonen zuordnen oder folgen dem Grad der **Ozeanität** und den damit verbundenen milderen Wintern (▶ Abschn. 21.5.2.2). Man hat daher vielfach versucht, Arealgrenzen mit bestimmten Isolinien von Klimafaktoren in Deckung zu bringen und

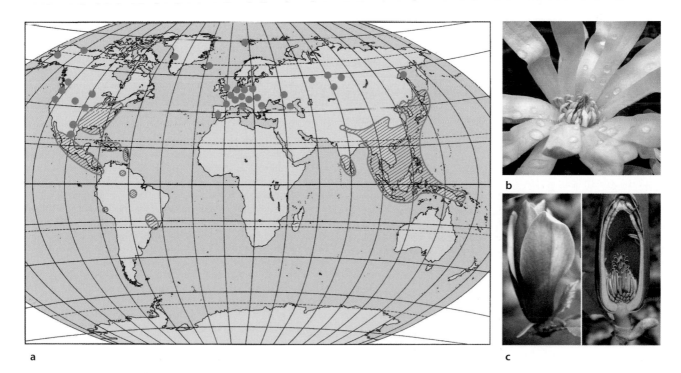

a **c**

◻ **Abb. 23.19 a** Verbreitung der Magnoliaceae in der Gegenwart (schraffierte Flächen) und der erdgeschichtlichen Vergangenheit. ● Fossilfunde außerhalb des heutigen Areals, von der Oberkreide über das Tertiär bis zum Pleistozän. **b** *Magnolia stellata*. **c** *M. liliiflora*. (a nach Dandy, Takhtajan, Tralau u. a)

◧ Abb. 23.20   Verbreitung der Stechpalme (*Ilex aquifolium*) und nahe verwandter Arten im westlichen Eurasien. Als Vergleich dazu die Januar 0 °C Isotherme. Rechts Zweig mit Blütenknospen und Früchten. (Karte nach Meusel et al. 1965–1992)

letztere dann als **klimatische Grenzfaktoren** anzusprechen (◧ Abb. 23.20). Angesichts der komplexen Natur von Klima- und Bodenfaktoren sowie ihrer Verflechtung mit Konkurrenzphänomenen bleiben derartige rein statistische Versuche, die sich nicht an der fundamentalen, sondern an der realisierten Nische orientieren, jedoch problematisch.

Die gestaffelten Ostgrenzen der Rotbuche (*Fagus sylvatica*) und der Stiel-Eiche (*Quercus robur*) sind zwar offenkundig klimatisch bedingt (◧ Abb. 20.14), wobei die Eiche wesentlich widerstandsfähiger gegenüber Extremtemperaturen und Trockenheit ist als die Buche, aber eine kausale Erklärung liefern solche Korrelationen nicht. Bei der atlantischen Stechpalme (*Ilex aquifolium*, mit verwandten Arten nicht nur im westlichen, sondern auch im östlichen Eurasien und mit Brückentaxa im Himalaya, ◧ Abb. 23.20) sind Süd- wie auch Ostgrenze vermutlich durch die zunehmende Sommertrockenheit bzw. Härte der Winter (Kontinentalität!) bedingt, aber nicht direkt durch die angegebene Klimalinie. Es ist zwar anzunehmen, dass extreme Tieftemperaturen (weniger als −15 °C), deren Auftrittswahrscheinlichkeit mit dieser Isolinie korreliert, eine Rolle spielen, aber ein kausaler Zusammenhang müsste experimentell nachgewiesen werden. Der Extremwinter 1928/29 hat das *Ilex*-Areal merklich eingeengt, die warmen Jahrzehnte in jüngster Zeit führten zu einer Arealausdehnung (Walther et al. 2005)

Eine erst kürzlich abgeschlossene Studie zur Erklärung der Ausbreitungsgrenzen wichtiger europäischer Laubbaumarten kam zum Schluss, dass deren Kältegrenze im Gebirge einer Interaktion zwischen Frostempfindlichkeit des Austriebs und dem Bedarf ausreichender Reifezeit bis zum Ende der Wachstumsperiode zuzuschreiben ist. Dabei spielt der Zeitpunkt des Austriebs (Phänologie) eine Schlüsselrolle. Winterliche Fröste erwiesen sich als bedeutungslos für diese Arealgrenzen (Körner et al. 2016).

Selbst wenn ein Artareal aus rein pragmatischen Gründen als „geschlossen" bezeichnet wird, ist die Art immer auf die für sie geeigneten Habitate beschränkt, womit Habitatgröße und -häufigkeit die innere **Besetzungsdichte** des Areals bestimmen. In der Flächenprojektion weitgehend überlappende Areale verschiedener Taxa bedeuten daher keinesfalls, dass diese Arten oder Artengruppen gleiche Umweltansprüche haben. Das Areal deckt ja zwangsläufig ein vielfältiges Spektrum von **Habitattypen** einer Landschaft in Bezug auf Höhenlage, Exposition, Feuchtigkeit und Substrat ab.

Rotbuche (*Fagus sylvatica*), Stiel-Eiche (*Quercus robur*) und Wald-Kiefer (*Pinus sylvestris*) haben zwar in Mitteleuropa weithin überlappende Areale, besiedeln jedoch innerhalb des gleichen Gebiets meist verschiedene Standorte. Sie sind daher oft nicht miteinander vergesellschaftet, sondern bestimmen als Charakterarten den Aufbau typischer Buchen-, Eichen- und Kiefernwälder. Wenn man die in Reinkultur feststellbaren Optimalbereiche etwa der Bodenfeuchte und des Boden-pH vergleicht, findet man nur sehr geringe Unterschiede zwischen den drei Arten. In Mischkultur wird jedoch die lichtbedürftigere Eiche von der schattenresistenten Buche an den Randbereich ihrer bevorzugten Standortbedingungen gedrängt und die noch lichtbedürftigere Kiefer fast vollständig unterdrückt. Die Wald-Kiefer bevorzugt in Mitteleuropa keineswegs trockene oder feucht-moorige oder nährstoffarm-bodensaure Standorte, wie man aus der realen Verbreitung schließen könnte, sondern sie kann sich nur an solchen Extremstandorten halten, weil dort die Konkurrenz der anspruchsvolleren Laubhölzer fehlt (▶ Abschn. 21.1 und 23.1.2). Manche Arten haben erstaunlich breite Klimaansprüche und finden sich in sehr unterschiedlichen Klimazonen innerhalb des Areals, was häufig mit einer deutlichen ökotypischen Differenzierung der Populationen einher-

23

geht. Auch dafür sind Waldbäume ein gutes Beispiel: Die Wald-Kiefer deckt ein Areal von Südspanien bis Lappland, die Rotbuche von Sizilien bis Südskandinavien (◖ Abb. 20.14). Dies wird einerseits ermöglicht durch ökologische Kompensation (im Süden werden Nordhänge statt Südhänge oder höhere Höhenstufen besiedelt), andererseits durch die Ausbildung verschiedener Ökotypen.

Das bereits in ▶ Abschn. 21.1) vorgestellte Nischenkonzept unterscheidet zwischen zwei Arealen. Eines ist das Areal, das eine Art ohne den Einfluss anderer Arten (Konkurrenz, Pathogene) und ohne Begrenzung der Ausbreitung besiedeln könnte, also das Areal, welches bis an die Grenzen der physiologischen Existenzfähigkeit reicht und oft als **fundamentale Nische** bezeichnet wird. Das andere Areal ist das tatsächlich besiedelte Areal, das man **realisierte Nische** nennt (in der Realität füllen Arten ihr potenzielles Areal nicht aus, sondern besiedeln nur Teilflächen davon, innerhalb derer sie ihre physiologische Existenzgrenze oft nicht erreichen). Die aktuell realisierte Nischenbesetzung erlaubt es also grundsätzlich nicht, physiologisch bedingte Verbreitungsgrenzen zu prognostizieren. Allerdings lassen sich häufig innerhalb des besiedelten Areals Standorte finden, an denen Arten ohne Konkurrenzdruck sichtbare Grenzsituationen erfahren, also nahe am Limit der fundamentalen Nische operieren (z. B. höchster oder nördlichster Standort, trockenster Standort usw.). Solche Standorte können helfen, das ökophysiologische **Anspruchsprofil** und die **Belastbarkeit einer Art** oder Artengruppe abzuschätzen und testbare Hypothesen zu formulieren. Auf welcher Ebene man sich der Kausalität nähert, ist eine Frage der Skala: Grobe Erfassungsraster ergeben, wenn überhaupt, Bezüge zum Großklima. Feine Erfassungsraster spiegeln dagegen mit größerer Wahrscheinlichkeit auch bodenbedingte Verbreitungsursachen wider (Mikroklima, Salz-, Sand-, Kalkpflanzen).

Als Beispiel sei hier auf Salzpflanzen wie *Salicornia* sp. und Sandpflanzen wie *Salsola kali* der Küsten und des Binnenlands verwiesen. Serpentinböden tragen weltweit eine ganz spezifische Flora. Wo sich Kalk- und Silikatböden treffen gibt es nah verwandte, pseudovikariierende Artenpaare (◖ Abb. 23.14e) wie etwa in den Alpen *Rhododendron hirsutum* und *R. ferrugineum*.

Im Hochgebirge oder generell in baumlosen Gebieten versagen Korrelationen von Verbreitungsgrenzen mit den in Datenbanken dokumentierten Klimadaten, da das tatsächlich von den niederwüchsigen Pflanzen erlebte, bodennahe Klima sehr wenig mit dem von einer Wetterstation erfassten Klima zu tun hat. So wurde für arktische und alpine Standorte gezeigt, dass die saisonale Durchschnittstemperatur bei einer in 2 m Höhe standardisiert gemessenen saisonalen Mitteltemperatur der Luft von etwa 8 °C an ein und demselben Hang topographiebedingt auf der Ebene der Sprossmeristeme mindestens 4 K kälter oder 4 K wärmer sein kann (Temperaturdifferenzen werden vorzugsweise in Kelvin angegeben) – eine Spanne, die einem Höhenunterschied von ca. 1500 m entspricht (0,55 °C pro 100 m; Scherrer und Körner 2009). Unter solchen Verhältnissen wird das Mosaik der Kleinstandorte zum entscheidenden Faktor und Artgrenzen manifestieren sich darin auf der Zentimeter- oder Meterskala (Scherrer und Körner 2011). Bei Bäumen, deren Kronentemperatur nur wenig von der Lufttemperatur der Luft abweichen kann, sind Korrelationen mit Lufttemperaturen hingegen vielversprechend, sofern die ökologisch maßgeblichen Temperaturen verwendet werden (z. B. kritische Schwellenwerte für Frostschäden, nach Saisonlänge gewichtete Temperaturen, keinesfalls aber Jahresmittelwerte; ▶ Kap. 21). Die globale, kältebedingte Baumgrenze findet sich bei einer Durchschnittstemperatur der Wachstumsperiode über mindestens drei Monate von etwa 6 °C (Paulsen und Körner 2014).

23.2.4 Florengebiete und Florenreiche

Untersucht man die Verteilung der Arealgrenzen einer größeren Anzahl von Taxa, dann findet man, dass sie nicht gleichmäßig verteilt sind, sondern manchenorts geradezu gebündelt erscheinen. Dem entspricht, dass zwischen Gebieten mit homogener Flora und charakteristischem Artenbestand (A bzw. B) Grenzgebiete mit starkem **Florengefälle** und heterogenem Artenbestand (A/B) liegen. Meist fallen solche Grenzgebiete mit wirksamen Ausbreitungsschranken oder mit Zonen von entscheidendem Klimawechsel zusammen. Zwei Florengebiete kann man hinsichtlich der gemeinsamen bzw. verschiedenen und der jeweils endemischen Taxa vergleichen und den Unterschied als **Florenkontrast** quantifizieren. So lässt sich auf floristischer und arealkundlicher Grundlage eine räumliche Gliederung der Biosphäre erstellen (◖ Abb. 23.21). Die am weitesten gefasste Einheit dieser Florengebiete ist das **Florenreich** (◖ Abb. 23.23). Es werden sechs Florenreiche der Landflora mit für sie charakteristischen Pflanzenfamilien und besonders wichtigen Gattungen unterschieden:

- **Holarktis**: das größte, die gesamte Nordhemisphäre umspannende Florenreich mit der arktischen, borealen, temperaten, submeridionalen und meridionalen Florenzone; Pinaceae, Betulaceae, Fagaceae, Salicaceae und mehrheitlich Ranunculaceae und Rosaceae
- **Neotropis**: das subtropisch-tropische Amerika; charakterisiert durch Bromeliaceae (*Tillandsia*), Cactaceae und das Mannigfaltigkeitszentrum der Solanaceae (*Solanum*)
- **Paläotropis**: das subtropisch-tropische Afrika und Asien samt Indomalaysia; Dipterocarpaceae (Südostasien), Combretaceae (Afrika), Pandanaceae (Schraubenpalmen), Zingiberaceae (Ingwergewächse) und die Mannigfaltigkeitszentren der Moraceae (*Ficus*, Indomalaysia) und sukkulenter Euphorbiaceae (Afrika, Indien)
- **Kapensis (auch Capensis)**: kleines, aber sehr charakteristisches Florenreich im Süden Afrikas; Proteaceae, die sukkulenten Aizoaceae (*Lithops*; *Mesembryanthemum*, Mittagsblumengewächse) sowie eines der Verbreitungszentren von Ericaceae und Restionaceae (den Cyperaceae ähnliche Monokotyle)
- **Australis**: sich weitgehend mit Australien deckend; Myrtaceae (*Eucalyptus*, *Leptospermum*), Proteaceae (*Banksia*, *Hakea*), Casuarinaceae (*Casua-*

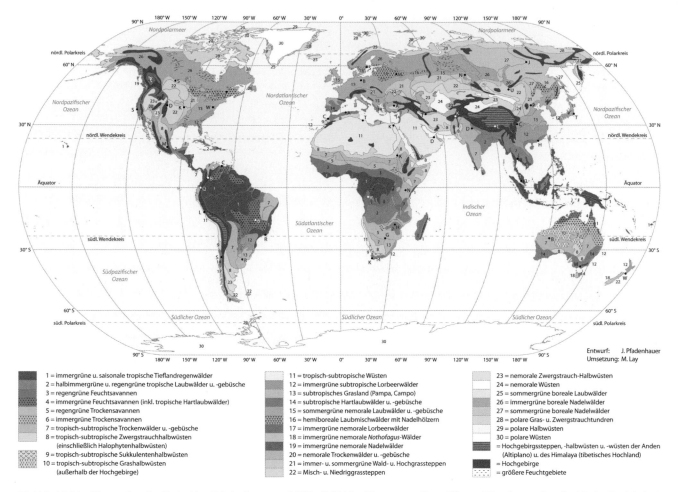

1 = immergrüne u. saisonale tropische Tieflandregenwälder
2 = halbimmergrüne u. regengrüne tropische Laubwälder u. -gebüsche
3 = regengrüne Feuchtwälder
4 = immergrüne Feuchtsavannen (inkl. tropische Hartlaubwälder)
5 = regengrüne Trockensavannen
6 = immergrüne Trockensavannen
7 = tropisch-subtropische Trockenwälder u. -gebüsche
8 = tropisch-subtropische Zwergstrauchhalbwüsten
    (einschließlich Halophytenhalbwüsten)
9 = tropisch-subtropische Sukkulentenhalbwüsten
10 = tropisch-subtropische Grashalbwüsten
    (außerhalb der Hochgebirge)

11 = tropisch-subtropische Wüsten
12 = immergrüne subtropische Lorbeerwälder
13 = subtropisches Grasland (Pampa, Campo)
14 = subtropische Hartlaubwälder u. -gebüsche
15 = sommergrüne nemorale Laubwälder u. -gebüsche
16 = hemiboreale Laubmischwälder mit Nadelhölzern
17 = immergrüne nemorale Lorbeerwälder
18 = immergrüne nemorale *Nothofagus*-Wälder
19 = immergrüne nemorale Nadelwälder
20 = nemorale Trockenwälder u. -gebüsche
21 = immer- u. sommergrüne Wald- u. Hochgrassteppen
22 = Misch- u. Niedriggrassteppen

23 = nemorale Zwergstrauch-Halbwüsten
24 = nemorale Wüsten
25 = sommergrüne boreale Laubwälder
26 = immergrüne boreale Nadelwälder
27 = sommergrüne boreale Nadelwälder
28 = polare Gras- u. Zwergstrauchtundren
29 = polare Halbwüsten
30 = polare Wüsten
= Hochgebirgssteppen, -halbwüsten u. -wüsten der Anden
    (Altiplano) u. des Himalaya (tibetisches Hochland)
= Hochgebirge
= größere Feuchtgebiete

Abb. 23.21   Vegetation der Erde (Aus Pfadenhauer und Klötzli 2014). Kartengrundlage (Natural Earth pseudozylindrische Projektion) aus ► www.shadedrelief.com/world (Kartographie Tom Patterson Marz 2008 für detaillierte Quellen siehe Pfandenhauer und Klötzli).

rina), Asphodelaceae (*Xanthorrhoea*, Grasbäume) sowie ein Mannigfaltigkeitszentrum der Gattung *Acacia*

— **Antarktis**: ein großteils erloschenes, aber in Resten noch im südlichen Südamerika, der Südspitze Neuseelands und auf den subantarktischen Inseln weiter existierendes Florenreich; den Fagaceae nahe stehende Nothofagaceae (*Nothofagus*), polsterbildende *Azorella* (Apiaceae); am antarktischen Festland leben heute nur zwei einheimische Angiospermenarten: *Deschampsia antarctica* (Poaceae) und *Colobanthus quitensis* (Caryophyllaceae)

— **ozeanisches Florenreich** der Weltmeere und der pazifischen Inseln mit den weltweit verbreiteten tropischen Küstengattungen/-arten *Cocos nucifera* und *Rhizophora* sp. (Mangrove)

Diese Florenreiche bilden die Grundlage für die Besprechung der Floren- und Vegetationsgebiete der Erde (► Abschn. 23.2). Florenreiche können noch weiter in hierarchisch untergeordnete **Florenregionen**, **-provinzen**, **-bezirke** und **-distrikte** gegliedert werden.

Es wurde mehrfach postuliert (► Abschn. 23.3.1), dass langfristige Coexistenz von Arten oder Genotypen innerhalb einer Art nur möglich ist, wenn ihr Ressourcenbedarf in qualitativer Hinsicht nicht identisch ist und sie damit, wenigstens teilweise, der Konkurrenz ausweichen (funktionelle **Nischendifferenzierung** nach Gause 1934). Fehlt diese Nischendifferenzierung, kommt es zu einem **kompetitiven Ausschluss** (engl. *competitive exclusion*). Auf klassische Ressourcen wie Bodennährstoffe, Wasser und Licht beschränkt, hat das Nischenkonzept heute an Bedeutung verloren, da die meisten Pflanzen an einem gegebenen Standort dieselben Ressourcen benötigen und gemäß dem Strategiekonzept von Grime et al. (2007) ähnliche Bedingungen ähnliche Merkmale selektionieren. Durch räumliche und zeitliche Differenzierung der Lebensaktivität ist jedoch eine gewisse Nischendifferenzierung möglich (Nutzung unterschiedlicher Bodenhorizonte, Bestandspositionen, Jahreszeiten). Schließt man in ein erweitertes Nischenkonzept auch die Widerstandsfähigkeit gegen Pathogene und Herbivore oder sogar differenzielle mutualistische Beziehungen mit Mykorrhizapilzen und Bestäubern ein,

23

dann wird der Begriff Nische zum Synonym für die Summe aller Eigenschaften einer Pflanze.

Die heftigen Diskussionen rund um das **Nischenkonzept**, bis hin zu dessen totaler Ablehnung in der Neutraltheorie von Hubbell (2001), nach der alle Arten eines Habitats gleichwertig und Artengemeinschaften Zufallsprodukte sind, entspringen zum Teil einem Skalenproblem. Es ist unbestritten, dass auch innerhalb eines Habitats lebende Arten unterschiedliche Lebensraumansprüche haben (fundamentale Nische). Ob diese sich aber in ihrer lokalen Abundanz manifestieren (realisierte Nische) hängt auch von zufälligen Ereignissen ab (z. B. Herbivorie in der Sämlingsphase, Pathogene, in Nachbarschaft lebende Arten). Wenn solche Ereignisse dominieren, hat es den Anschein, als ob keine Nischendifferenzierung bestünde (es ist bemerkenswert, dass es solche Bedingungen gibt). In ihrer extremen Auslegung ist die Neutraltheorie aber vielfach widerlegt worden (Silvertown 2004). Schon allein der Umstand, dass es in einem Wald dominante Bäume, Unterwuchsarten, Epiphyten und Lianen gibt, widerlegt sie auf der Ebene der funktionellen Typen (engl. *plant functional types*, PFT). Innerhalb eines PFT (z. B. Bäume, Kräuter) und in Beständen mit geringer dreidimensionaler Strukturierung und/oder regelmäßiger Störung (z. B. Trockenrasen), werden die Ansprüche ähnlicher. Ändert man jedoch die Umweltbedingungen nur geringfügig (mehr Wasser oder Nährstoffe, Beschattung) so ändert sich die Artengemeinschaft sofort, im Fall von Rasen in einer Saison, was allein schon beweist, dass die vorherige Coexistenz sehr wohl eine differenzierende Umweltkomponente (Nischendifferenzierung) widergespiegelt hat und die Artenabundanz nicht rein zufällig aus dem vorhandenen regionalen Artenpool entstanden ist.

Es wäre also zu simpel, den oft fehlenden Nachweis einer funktionellen Nischendifferenzierung einfach der mangelnden Genauigkeit und Treffsicherheit der Analytik (Nischendefinition) zuzuschreiben. Hier hat die mathematische Modellierung von Populationen und Artengemeinschaften eine entscheidende neue Sichtweise gebracht, indem eine instabile Umwelt einbezogen wurde. Theoretische Modelle haben hier den enormen Vorteil, dass sie zeitlich nicht limitiert sind, was Experimente immer sind. Modelliert man am Computer eine klassische Wettbewerbssituation (z. B. eine Pflanzenart, die im Kampf ums Licht immer schneller wächst als eine andere), wird am Schluss von zwei Arten stets nur eine Art übrig bleiben. Fügt man ein Element der Störung ein, z. B. die regelmäßige Entfernung von 50 % der Individuen jeder Population, wird das Überhandnehmen einer der beiden Arten sehr lange verzögert, aber letztlich bleibt auch nur eine übrig. Lässt man statt zwei sechs Arten zusammen wachsen und stört sie in unregelmäßigen Abständen durch gleichmäßige Entnahme von Individuen, so können sie zeitlich unbeschränkt coexistieren, sofern es sich um Arten handelt, deren Populationswachstum relativ langsam ist, und die Störung nicht zu oft auftritt (Huston 1994).

Obwohl mathematische Modelle nicht alle Unregelmäßigkeiten der realen Welt abbilden können, zeigen Simulationen, dass Arten auch ohne Nischendifferenzierung coexistieren können, wenn sie regelmäßig gestört werden. **Störung**, in Kombination mit artspezifischen Reaktionen auf diese Störung, kann die Coexistenz von Arten mit weit überlappenden ökologischen Nischen ermöglichen ▶ Abschn. 23.3.1). Pflanzenbestände sind immer irgendwie gestört: Natürliche Grasländer werden beweidet, mediterraner Trockenbusch brennt in regelmäßigen Abständen und natürliche Wälder erleben ein permanentes Öffnen und Schließen der Bestände durch umstürzende Bäume. Die dadurch ausgelöste Lückendynamik (engl. *gap dynamic*) bestimmt auch wesentlich die hohe Biodiversität tropischer Wälder (▶ Abschn. 23.4.1). Das Ausmaß der Störungstoleranz ist ein Schlüsselmerkmal für die Erklärung der Abundanz und Coexistenz von Arten. Die Stochastizität solcher Störungsereignisse und des Etablierungserfolgs der Arten (welche Art zufällig zuerst ein Habitat besetzt, der Gründereffekt) kann dazu führen, dass die Wirkung solcher Zufälligkeiten am realisierten Bestand dominiert und der Eindruck entsteht, die vorhandenen Arten hätten gleiche oder unbedeutend unterschiedliche Ansprüche, die somit neutral sind (die intensiv diskutierte Neutralizitätstheorie von Hubbell 2001, s. Diskussion in Harte 2003).

23.3 Biodiversität und ökosystemare Stabilität

Organismische Variabilität und Vielfalt sind Antrieb und Resultat der Evolution und zentrales Merkmal des Lebens. Das Tempo des gegenwärtigen anthropogenen Verlustes an biologischer Vielfalt kommt dem der großen erdgeschichtlichen Massensterben (engl. *great extinctions*) gleich, deren Ursachen teilweise große Meteoriteneinschläge waren. Dank der Konvention von Rio de Janeiro (1992) rückte der Begriff „Biodiversität" und ihre Gefährdung auch in das öffentliche Interesse.

Es gibt mehrere Motive für die Erhaltung biologischer Vielfalt, von denen jedes für sich ausreichenden Eigenwert hat: Ethik (Schutz des Lebens *per se*), ökologischer Wert (▶ Abschn. 23.3.2), ökonomischer Wert (Nahrung, Sicherheit, reines Trinkwasser, Naturstoffe), kulturelles Erbe (alte, vom Menschen geschaffene Ökosysteme, Rassen, Sorten), ästhetischer Wert (Schönheit) u. a. In diesem Abschnitt sollen einige Grundlagen vermittelt werden, die die biologisch-ökologischen Motive stützen. Man muss hier voranstellen, dass die Biologie kein Primat in der Rechtfertigung hat, es also zur Erhaltung der Biodiversität keiner naturwissenschaftlichen Rechtfertigung bedarf, diese jedoch wertvolle Zusatzargumente liefern kann, auch wenn die Faktenlage teilweise noch sehr mangelhaft ist (▶ Exkurs 23.2).

23.3.1 Biodiversität

Die biologische Vielfalt, kurz Biodiversität genannt, umfasst die Vielfalt biologischer Einheiten in einem bestimmten Zeitfenster und innerhalb eines definierten Raums. Biologische Einheiten können genetisch unter-

---

Exkurs 23.2 Globale Biodiversitätskrise

E. Spehn

Forum Biodiversität Schweiz, SCNAT (Akademie der Naturwissenschaften Schweiz) mit IPBES (Intergovernmental Science-Policy Platform on Biodiversity and Ecosystem Services der Schweiz; ▶ https://ipbes.net)

Die Biodiversität sinkt weltweit in einem Ausmaß, das an den Beginn eines neuen Massenaussterbens erinnert. Fast alle Indikatoren für Biodiversität zeigen dies, wie die Anzahl und die durchschnittliche Populationsgröße von Arten, die Anzahl von lokalen Varietäten domestizierter Arten, die Diversität von ökologischen Gemeinschaften und die Fläche und Qualität vieler terrestrischer und aquatischer Ökosysteme. Der enorme Verlust an Diversität wird durch ein bisher ungekanntes Maß an Nutzung natürlicher Ressourcen verursacht. Nie zuvor hat eine einzelne Spezies das Erdsystem derart massiv und unumkehrbar verändert, wie derzeit der Mensch. Man spricht deshalb von einem neuen Erdzeitalter, dem Anthropozän. Seit etwa 1950 nimmt der Einfluss des Menschen auf die Natur stark zu. Der globalisierte Handel trägt dazu bei, Angebot und Nachfrage von natürlichen Ressourcen geografisch zu entkoppeln, wobei sich die Belastung der Natur stark von den Industrie- in die Entwicklungsländer verlagerte. Die Landnutzungsänderung und Übernutzung durch den Menschen sind die wichtigsten Treiber des Verlusts an biologischer Vielfalt, gefolgt vom Klimawandel, von der Umweltverschmutzung und invasiven Organismen (Diaz et al. 2019).

Intensivierung und Extensivierung von Landwirtschaft, Waldzerstörung und Ausbreitung von Siedlungsgebieten verändern die Landbedeckung global dramatisch. So hat sich die Biomasse der gesamten Vegetation der Erde in geschichtlicher Zeit halbiert und die Wälder der Erde haben nur noch 68 % der Ausdehnung von vor der Industrialisierung (Erb et al. 2018). Die Entwaldungsrate hat sich zwar seit 1980 insgesamt verlangsamt und in einigen außertropischen Gebieten hat die Waldfläche sogar stark zugenommen (z. B. in Russland um 35 %), in den meisten tropischen Regionen ist der Verlust an Waldfläche jedoch immer noch sehr hoch (Song et al. 2018).

Der globale Verlust von Pflanzenarten ist eng an den Habitatverlust gekoppelt. Solange die Habitate selbst intakt bleiben, verändert sich die lokale Anzahl an Pflanzenarten durch menschliche Nutzung nur wenig, häufig werden jedoch Arten ausgetauscht: Seltene, oft besondere Arten, deren Verbreitungsgebiet im Allgemeinen eher klein ist, werden durch die Ausbreitung relativ häufiger Arten mit größerem Verbreitungsgebiet oder durch Einwanderung invasiver Arten ersetzt. Dies führt zu einer Angleichung (Trivialisierung) der ökologischen Gemeinschaften sowie zu einer Homogenisierung der Vegetation (Newbold et al. 2018).

Seit dem Jahr 1500 sind erwiesenermaßen weltweit 571 Pflanzenarten ausgestorben. Man schätzt jedoch, dass weltweit etwa 10 % aller Pflanzenarten aufgrund ihrer heutigen geringen Populationsgrößen, der unzureichenden Qualität und Größe ihres Habitats und der Verschiebung ihrer Verbreitungsgebiete durch den Klimawandel ziemlich sicher zum Aussterben verurteilt sind (IPBES 2019). Der vom Menschen verursachte Klimawandel gilt schon jetzt als Verursacher von Vegetationsänderungen wie der Zunahme der Verbuschung von arktischen und alpinen Systemen und dem Vegetationsverlust in semiariden Regionen (Song et al. 2018).

Die Einschätzung der Anzahl bedrohter Pflanzenarten wird immer nur eine grobe Annäherung bleiben, da die Vorkommen nicht vollständig erfasst werden können. Man geht davon aus, dass der Anteil gefährdeter Arten unter den Arten, deren Daten nur unzureichend erfasst sind, derselbe ist wie unter den gut untersuchten Arten (◨ Abb. 23.22; Diaz et al. 2019). Von den 180.000 Pflanzenarten, deren Erhaltungszustand bewertet werden konnte (▶ https://www.plants2020.net), ist weltweit eine von drei Arten gefährdet. Bei den Bäumen konnte weltweit die Hälfte (60.000 Baumarten) in ihrem Schutzzustand bewertet werden und es zeigte sich, dass ca. 20 % von ihnen gefährdet sind. 67 % aller gefährdeten Arten haben jedoch wenigstens eine Population in einem Schutzgebiet und 41 % aller gefährdeten Pflanzenarten sind in einer *ex situ*-Sammlung (z. B. botanische Gärten) aufbewahrt, allerdings kann der Bestand auf diese Weise nicht gesichert werden. Zu bedenken sind auch die großen Lücken in unserem Kenntnisstand wie auch die enormen geografischen Lücken beim Artenschutz, vor allem in den Tropen.

Von den geschätzten 400.000 Pflanzenarten der Erde werden derzeit mindestens 28.000 medizinisch genutzt und zwei Drittel gelten als essbar. Weltweit verzehren die Menschen jedoch von nur etwa 200 Arten die essbaren Anteile und nur vier Pflanzenarten (Weizen, Reis, Mais und Kartoffel) liefern 60 % der vom Menschen über die Nahrung aufgenommenen Energie. Auch die domestizierten und gezüchteten Varietäten unserer Kulturpflanzen sind von einem starken Verlust an Diversität betroffen. Hinzu kommt, dass die wilden Verwandten dieser Pflanzen und viele Re-

23

gionen, die reich an Agrobiodiversität sind, meist nur unzureichend geschützt sind (Diaz et al. 2019).

Als Folge dieser Veränderungen verringert sich die Kapazität vieler Ökosysteme, Ökosystemleistungen für den Menschen zu erbringen. Ein transformativer Wandel unserer Gesellschaft und ihres Umgangs mit der Natur (also eine tiefgreifende Veränderung in allen verantwortlichen

Gesellschaftsbereichen wie dem Naturschutz und vor allem auch in der Ökonomie, dem Finanzwesen, der Landwirtschaft und dem Tourismus) wären daher dringend nötig, um den Gesamtverbrauch von natürlichen Ressourcen und ihre Verschwendung zu senken und die Lebensgrundlagen der Menschheit langfristig zu sichern (Diaz et al. 2019).

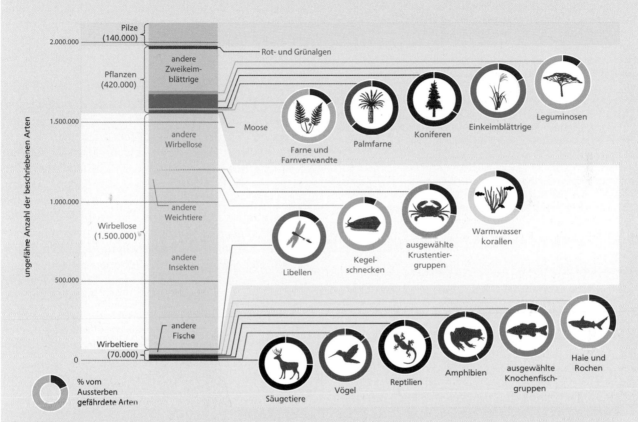

☐ **Abb. 23.22** Aussterberisiko und Diversität verschiedener taxonomischer Gruppen. Ungefähre Anzahl der beschriebenen Tier-, Pflanzen und Pilzarten, die global in der Roten Liste der IUCN (International Union for Conservation of Nature) erfasst sind (Balken) und der Anteil der vom Aussterben gefährdeten Arten pro Gruppe (▸ https://www.iucnredlist.org), die entweder umfassend oder durch eine Stichprobe (bei Leguminosen, Monokotyledonen, Farnen, Libellen, Reptilien) untersucht wurden. Der Anteil der Arten mit unzureichender Datenlage ist sehr variabel und beträgt bei Säugetieren 15 %, Vögeln 0,5 %, Reptilien 21 %, Amphibien 23 %, Knochenfischen 12 %, Haien und Rochen 42 %, Libellen 35 %, Kegelschnecken 14 %, Krebsen 40 %, Korallen 17 %, Farnen 0,4 %, Palmfarnen 1 %, Koniferen 1,2 %, Einkeimblättrigen 12,1 % und Leguminosen 7,9 %. (Pflanzendaten aus Brummitt et al. 2015; Grafik aus Diaz et al. 2019)

schiedliche Individuen einer Population sein, ebenso wie Taxa (Art, Gattung, Familie), Lebensformen (▸ Abschn. 23.4.1s, ☐ Abb. 3.19) und funktionelle Typen (▸ Abschn. 21.5.1.3), Artengemeinschaften und Ökosysteme als Spiegelbild der Vielfalt von Biotopen in der Landschaft (z. B. ☐ Abb. 21.3 und 21.18). Dieses Thema kann hier nur exemplarisch behandelt werden. Botanische Taxa (meist Arten) werden im Vor-

dergrund stehen, ohne dass dies die Bedeutung anderer Ebenen oder Kategorien schmälern soll. Die Wichtigkeit der innerartlichen Diversität wurde in mehreren vorangegangenen Kapiteln diskutiert (▸ Abschn. 17.1 und 21.4).

Der globale Bestand an Angiospermenarten wird heute auf mehr als 300.000 Arten geschätzt (in der Literatur finden sich Angaben zwischen 240.000 und

400.000, ▶ Exkurs 19.8), der an Moosarten auf etwa 16.000, der von Arten an Farnpflanzen auf ca 12.000 und der der Gymnospermenarten auf rund 1000. Im Lauf der Erdgeschichte hat die Biodiversität zugenommen (▶ Kap. 19 und 20).

Die Artendiversität innerhalb einer Pflanzengesellschaft bezeichnet man auch als α-Diversität, die Variation der Artenkombination zwischen den einzelnen Gesellschaften eines bestimmten Gebiets nennt man β-Diversität (Vielfalt der Artengemeinschaften). Selbst innerhalb relativ einheitlicher Standortbedingungen kann es zur Differenzierung von Artengemeinschaften kommen, allein dadurch, dass Arten mit kleinem Radius der Diasporenverbreitung dazu tendieren, lokal geklumpt aufzutreten, was meist in kleiner α- und großer β-Diversität resultiert. Arten mit großer Ausbreitungsreichweite produzieren tendenziell große α- und kleine β-Diversität. Auf einer Fläche von 100 m^2 können je nach Morphotypen (Größe der Pflanzen) bis zu 200 (in dem Fall meist krautige) Arten zusammenleben. Die typische Artenzahl auf dieser Fläche für naturnahe Mähwiesen liegt bei 30, für besonders artenreiche Kalkmagerrasen zwischen 80 und 100. Einer der artenreichsten Wälder der Erde, der Pasoh-Wald in Malaysia, weist allein 276 Baumarten auf 2 ha Fläche auf (nur Stämme dicker als 10 cm, wovon es 1169 auf dieser Fläche gibt; Arten der Strauch- und Staudenschicht, Epiphyten und die meisten Lianenarten sind demnach nicht einbezogen; nach Kira 1978). Neben der bloßen Artenzahl *S* wurden eine Reihe mathematischer **Diversitätsindices** entwickelt, von denen der Simpson-Index *D* einer der gebräuchlichsten ist. Er ist wie folgt definiert:

$$D = 1 / \Sigma x_i^2$$

Dabei stellt x_i den relativen Anteil (Abundanz, Deckung) der *i*-ten Art dar. *D* ist gleich *S*, wenn alle Arten gleich häufig sind bzw. die gleichen Flächenanteile beanspruchen. *D* ist viel kleiner als *S*, wenn ein paar wenige Arten die Vegetation dominieren. *D* drückt somit auch die Asymmetrie in der Abundanz der Arten aus. Arten, die zwar vorhanden sind, aber nahezu keinen Beitrag zur Gesamtdeckung (Biomasse, Ökosystemfunktion) leisten, tragen dementsprechend nur minimal zur funktionellen Diversität bei, was jedoch nicht ihre Bedeutung aus Sicht des Naturschutzes widerspiegeln muss.

Die biologische Vielfalt ist auf der Erde nicht gleichmäßig verteilt. Die Artenzahl bzw. phylogenetische Diversität bezogen auf große Flächeneinheiten (>1 km^2) nimmt global gesehen zu, und zwar:

- von erdgeschichtlich klimatisch instabilen (während der Eiszeiten) zu stabilen Regionen
- von den Polen zum Äquator oder vom Hochgebirge zum Tal
- von Gebieten mit biologisch ungünstigem (übermäßig kaltem bzw. trockenem) zu solchen mit günstigem (warmem und feuchtem) Klima
- von extrem nährstoffarmen oder extrem nährstoffreichen zu mäßig mit Nährstoffen versorgten Böden
- von gar nicht oder sehr stark gestörten Flächen zu mäßig gestörten Flächen
- von kleinen Landflächeneinheiten (z. B. Inseln, isolierten Bergen) zu großen, zusammenhängenden Flächen

- von standörtlich einheitlichen (flachen) zu topographisch stark differenzierten Räumen mit hoher Biotopdiversität

Zusammenfassend kann man sagen, dass große, erdgeschichtlich vergleichsweise stabile, mäßig gestörte Gebiete ohne klimatische Extreme eine hohe Artenzahl begünstigen. Bemerkenswert ist, dass besonders wachstumsfördernde Lebensbedingungen und das Fehlen von Störungen für die Artenvielfalt nicht vorteilhaft sind, weil dann einige wenige besonders wüchsige Arten andere Arten verdrängen, also die Coexistenz erschwert wird. Eine hohe Geodiversität fördert in jedem Fall die Biodiversität.

Diese Einflüsse auf die Artenvielfalt kommen auch in einem Entwurf zu einer **Weltkarte der Biodiversität** (Artenzahlen von Gefäßpflanzen pro 10.000 km^2; ◻ Abb. 23.23) gut zum Ausdruck. Einer der Gründe, warum in dieser Darstellung viele äquatornahe Gebiete mit Hochgebirgen als Zentren der Biodiversität erscheinen, ist die Skala des Bezugsrasters von 100 × 100 km, bei der sich ganze Gebirgsmassive in ein Bezugsfeld des Dokumentationsrasters fügen. Bei Tropengebirgen bedeutet dies neben der Einbeziehung der tropischen Tieflanddiversität auch die Einbeziehung der biologischen Vielfalt aller übrigen Temperaturzonen bis zum ewigen Schnee in einem einzigen Rasterfeld. Dies verdeutlicht die Wirkung großer Biotopvielfalt auf die regionale biologische Vielfalt. Nirgends sonst kann man auf relativ kleiner Fläche so viel biologische Vielfalt finden, aber auch durch Unterschutzstellung erhalten, als an den Flanken von Gebirgen, insbesondere tropischen.

Zu den Ursachen der globalen Biodiversitätsunterschiede existiert eine sehr umfangreiche Literatur in der das Flächenangebot und erdgeschichtliche Faktoren, besonders die Zeit, die seit der ersten Besiedlung durch Pflanzen vergangen ist (Eiszeiten, Öffnen und Schließen von Ausbreitungskorridoren), traditionell die größte Rolle spielen (z. B. die Übersicht in Rosenzweig 2003). Der Faktor Zeit dürfte jedoch auch noch über die effektiv pro Jahr zur Verfügung stehende Zeit für Lebensprozesse ins Spiel kommen. Zu geringes Wasserangebot oder zu niedrige Temperaturen engen das Zeitfenster für evolutive Prozesse ein. Gewichtet man die global verfügbaren Landflächen mithilfe von Klimadatenbanken „pixelweise" (also pro standardisiertem Kartenausschnitt) nach der Länge der Wachstumsperiode, entsteht ein latitudinales Muster der Lebensmöglichkeiten (engl. *opportunities for life*), mit dem z. B. das latitudinale Diversitätsmuster der Pflanzenfamilien viel besser korreliert als mit der bloßen Landflächenverteilung auf der Erde (◻ Abb. 23.24).

Die verfügbare Lebensraumgröße spielt für die Reichhaltigkeit von Flora und Fauna auf allen Skalen, also auch regional, eine wichtige Rolle. Schon früh wurde erkannt, dass die Artenzahlen auf Inseln mit der Inselgröße gesetzmäßig zunehmen (biogeografische **Inseltheorie**, McArthur und Wilson 1967, Brown und Lomolino 1998). Egal ob es sich um echte Inseln oder um Seen oder andere isolierte Landschaftsteile (z. B. Berge) handelt, steigt die Artenzahl mit wachsender Fläche anfangs rasch und strebt bei sehr großen Inseln einem Sättigungswert zu.

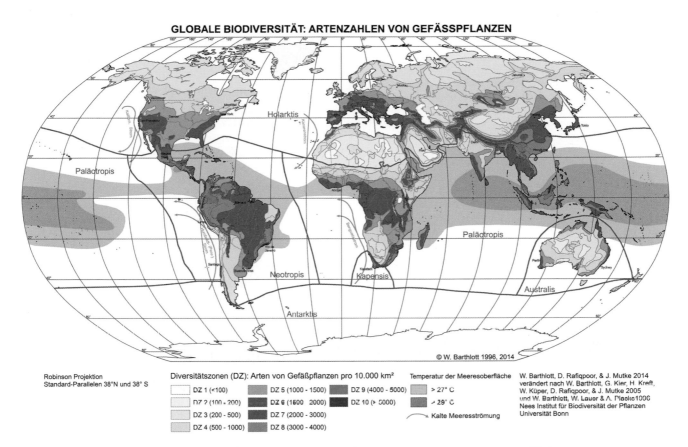

Robinson Projektion
Standard-Parallelen 38°N und 38° S

Diversitätszonen (DZ): Arten von Gefäßpflanzen pro 10.000 km²

Temperatur der Meeresoberfläche

DZ 1 (<100)	DZ 5 (1000 - 1500)	DZ 9 (4000 - 5000)
DZ 2 (100 - 200)	DZ 6 (1500 - 2000)	DZ 10 (> 5000)
DZ 3 (200 - 500)	DZ 7 (2000 - 3000)	
DZ 4 (500 - 1000)	DZ 8 (3000 - 4000)	

> 27° C

> 29° C

Kalte Meeresströmung

W. Barthlott, D. Rafiqpoor, & J. Mutke 2014
verändert nach W. Barthlott, G. Kier, H. Kreft,
W. Küper, D. Rafiqpoor, & J. Mutke 2005
und W. Barthlott, W. Lauer & A. Placke 1996
Nees Institut für Biodiversität der Pflanzen
Universität Bonn

■ **Abb. 23.23**   Globale Biodiversität: Artenzahlen von Gefäßpflanzen. Mit freundlicher Genehmigung von Wilhelm Barthlott

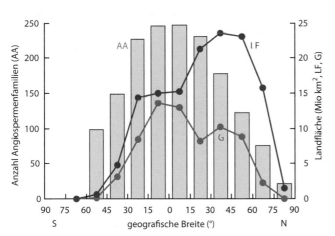

■ **Abb. 23.24**   Die globale latitudinale Verteilung der Landflächen (LF) im Vergleich zur Zahl der Angiospermenfamilien pro 15°-Breitenklasse (AA, nach Woodward 1987). G ist die nach der relativen Saisonlänge (RSL) gewichtete Landfläche. Die Werte für die RSL liegen zwischen 0 und 1 für eine 0–365 Tage dauernde Wachstumsperiode. Jede 2,5′-Rasterfläche der Erdoberfläche wird mit ihrer spezifischen RSL multipliziert und alle so gewichteten Rasterflächen pro Breitengürtel aufsummiert. (Nach Ch. Körner und J. Paulsen, unveröff)

Die Artenzahl/Flächen-Beziehung (S/A) ist in doppeltlogarithmischer Darstellung in der Regel linear. Bei der häufigen Darstellung der realen Artenzahl gegen über dem Logarithmus der Landfläche entstehen Sättigungsfunktionen. In der einfachsten Beziehung $S = c \, A^z$ stehen spezifische c- und z-Werte für bestimmte Organismengruppen und Regionen, die sich aus den Feldbeobachtungsdaten ergeben und deren mechanistische Bedeutung zumeist unbekannt bleibt. Da hinter diesen Koeffizienten immer auch ein Stück Evolutionsgeschichte steckt, kommen das Alter eines Lebensraums und seine klimatische Gunst ins Spiel, weshalb solche Analysen auch phylogenetischen Wert haben (Wiens und Donoghue 2004).

23.3.2 Biodiversität und Ökosystemfunktion

Der Versuch, die Bedeutung der Anzahl von Pflanzenarten (die Diversität der am häufigsten studierten biologischen Einheit) für ökosystemare Prozesse zu quantifizieren, führte in der jüngeren Literatur zu heftigen Kontroversen, die ihre gemeinsame Ursache letztlich darin haben, dass man sich nicht auf eine gemeinsame Zeitskala verständigte. Umgekehrt bedeutet dies auch, dass die Wechselwirkung von Biodiversität und ökosystemaren Prozessen skalenabhängig ist. Der Einfachheit halber wird stellvertretend für andere Prozesse (wegen ihrer integrierenden Funktion) gerne die Produktivität betrachtet.

Die Fakten scheinen zunächst kontrovers: Auf einem homogen besetzten Experimentierfeld nimmt im Durchschnitt mit der Zahl synchron aufgezogener Arten in gemischten Beständen die Produktivität zu. Der Effekt ist in Beständen mit ein bis vier Arten am größten und flacht dann mit weiter zunehmender Artenzahl ab (Hector et al. 1999; Tilman et al. 2001). Andererseits weisen feuchttropische Wälder den höchsten Artenreichtum auf, ohne dass dort die Produktivität größer wäre als in vielen artenarmen temperaten oder borealen Wäldern, wenn man die Produktivität auf die tatsächlich zur Verfügung stehende Zeit pro Jahr umrechnet (Huston 1993; ◘ Abb. 22.37). Auch zeichnen sich naturnahe, nährstoffarme, gering produktive terrestrische Ökosysteme oft durch hohen Artenbestand aus (Grime et al. 2007). In Wahrheit besteht zwischen diesen Experimenten und den Feldbeobachtungen gar kein Widerspruch. Die Experimente zeigen ja nur, dass unter sonst identischen Bedingungen (Boden) und in homogenen Beständen mit an sich niedriger Artendiversität eine größere Zahl von Arten eine zusätzliche Biomasseproduktion ermöglicht. Hier wird der Effekt der Artenzahl bei vorgegebener Ressourcenlage betrachtet. In den Beobachtungsbeispielen ist jedoch die tatsächliche (!) Diversität die langfristige Antwort der Natur auf eine gegebene Ressourcenlage und Störungsdynamik. Die Experimente zeigen, dass ein Verlust von Arten in artenarmen Ökosystemen funktionelle Konsequenzen haben kann. Die Feldbeobachtungen zeigen, dass die sich von selbst einstellende Diversität ressourcen- und störungsabhängig ist und bei geringer Ressourcenverfügbarkeit und/oder mäßiger Störung häufig ein Maximum erreicht. Unter natürlichen Verhältnissen sind Pflanzenbestände, die eine volle Bodendeckung erreichen, mit weniger als acht Arten sehr selten. Ausnahmen sind Nassstandorte mit Schilf oder Seggen sowie arktische oder alpine Zwergstrauchbestände. Das weitgehende Fehlen derart artenarmer Bestände in der Natur erklärt, warum man die oft postulierte Beziehung zwischen Biodiversität und Produktivität in der Natur nicht findet.

Große Vielfalt an Biotopen, geringe Klimaextreme und hohes erdgeschichtliches Alter einer Landschaft erhöhen, bei globaler Betrachtung, die Chancen für eine hohe biologische Diversität. Dies sagt jedoch nichts über einen Zusammenhang zwischen Biodiversität und Ökosystemfunktion in ausgewählten Parzellen innerhalb einer bestimmten Zone der Biosphäre. Produktivität ist zwar leicht messbar, ist aber ökologisch von geringerer funktioneller Bedeutung als **Stabilität**. Produktivität kann zusammen mit Klima- und Bodenmerkmalen zu Stabilität beitragen, dies muss aber nicht so sein. Stabilität (im Sinne von Beharren, wenig verändern) ist allerdings ein leicht missverständlicher Begriff, da die Vegetation nicht etwas statisch Fixiertes ist, sondern dauerndem Wandel unterliegt (z. B. Sukzessionszyklen).

Ein verlässliches und weniger missverständliches Kriterium ist die Aufrechterhaltung ökosystemarer **Integrität**. Sie orientiert sich an der langfristigen Erhaltung des Bodens mit seiner Wasserspeicherfähigkeit und dem Mineralstoffkapital des Ökosystems, also an der Bewahrung der Optionen für zukünftiges Pflanzenwachstum, dem **Nachhaltigkeitsprinzip**. Ob eine hohe Biodiversität tatsächlich die ökosystemare Integrität besser sichert als eine niedrige, hängt stark von den funktionellen Eigenschaften der vertretenen Taxa ab. Dazu wurden einige Modellvorstellungen entwickelt:

- Funktionell diverse Gemeinschaften von Taxa nutzen Ressourcen gleichmäßiger und umfänglicher (**Nischenkomplementarität**, engl. *niche complementarity*; ▶ Abschn. 23.3.1). Dadurch entsteht (in Abwesenheit von Störungen) eine Artengemeinschaft mit mehr Biomasse und anderen Vorzügen, wie einem Wurzelgeflecht, das den Boden intensiver und insgesamt gleichmäßiger erschließt und damit auch besser vor Erosion schützt.

- Durch Vielfalt funktionell unterschiedlicher Pflanzentypen sowie deren mehrfache Vertretung durch Arten, d. h. **funktionelle Redundanz**, kann ein breiteres Spektrum von Störungen so aufgefangen werden, dass der Bodenschutz und damit die Bewahrung des Mineralstoffkapitals auch bei Ausfall einzelner Arten gewährleistet bleibt (**Versicherungshypothese**).

- Eine Sonderform der Versicherungshypothese ist die *rivet*-Hypothese (engl. *rivet*, Niete). Sie geht davon aus, dass viele Arten das Ökosystem so „zusammenhalten", wie viele Nieten ein Flugzeug. Je mehr Nieten, desto mehr können herausfallen, bevor das System auseinanderfällt. Das Spezielle an dieser Hypothese ist, dass es erst ab einer kritischen Zahl verlorener Nieten bzw. Arten zur Katastrophe kommt, vorher merkt man den Verlust an Funktionalität nicht.

- Hochdiverse Systeme besitzen eine erhöhte Fähigkeit zur ökosystemaren **Selbstregulation**. Das relative Stabilwerden eines Ökosystems gegenüber Umweltschwankungen und biotischen (bzw. menschlichen) Belastungen beruht nach dieser Hypothese stark auf den mannigfaltigen biotischen Wechselwirkungen (Interferenzen, Rückkopplungen), welche alle Glieder des Ökosystems miteinander verbinden (z. B. Nahrung mit Konsument). Aufgrund von Rückkopplungen werden Populationsschwankungen von Primärproduzenten und Primär- bzw. Sekundärkonsumenten gegenseitig gedämpft.

Zu diesen plausiblen und in Computermodellen weit entwickelten Erklärungen ist aber für natürliche Ökosysteme die Beweislage dünn bis inexistent. Mithilfe künstlicher Modellsysteme krautiger Pflanzen wurde das Nischenkomplementaritätsmodell gestützt. Einsaaten mit größerer Artenvielfalt (mehr als vier Arten) erreichen mit weit größerer Wahrscheinlichkeit eine rasche und hohe Bodendeckung (engl. *cover*) und damit auch einen höheren Grad an Bodenschutz. Ein Vergleich solcher Einsaaten mit unterschiedlicher Artenzahl, die vollständige Bodendeckung erreichten, zeigt, dass bei guter Bodenfruchtbarkeit mit der Artenzahl das saisonale Maximum an Biomasse steigt (Mischungen aus einer, zwei, vier, acht oder auch 32 Arten wurden in einem paneuropäischen Test verglichen; Hector et al. 1999; s. auch die Zusammenfassung der Ergebnisse des „Jena-Experiments" in Weisser et al. 2017; ◘ Abb. 23.25c). An derartigen Resultaten sind also zwei sehr unterschiedliche Effekte beteiligt, nämlich der Etablie-

23

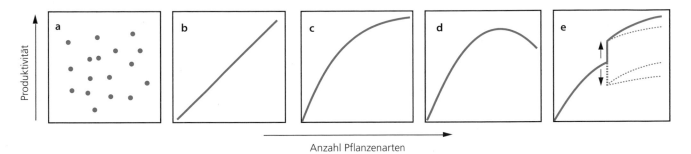

Anzahl Pflanzenarten

◼ **Abb. 23.25** Zwischen Biodiversität und Ökosystemfunktionen kann ein Zusammenhang bestehen. Dieser kann sich z. B. in biodiversitätsabhängiger Produktivität (Biomasse) manifestieren. Die fünf Diagramme symbolisieren fünf von vielen möglichen Beziehungsmustern. Die Beziehungen **b–d** gelten nur innerhalb einheitlicher Formationen (Rasen, Wald). **a** Kein, **b** ein linearer, **c** ein sättigender Zusammenhang. **d** zeigt eine Optimumsfunktion (engl. *humpback response*). **e** Ein Beispiel, in dem entweder das Dazukommen oder der Wegfall einer einzigen Art (engl. *keystone species*, z. B. eine Leguminose in einem Rasen) oder der Wechsel von einer späten zu einer frühen Sukzessionsphase (etwa nach einem Feuer oder Windwurf) die Funktion sprunghaft verändert. Nur für **b** gibt es keine Beispiele aus der Natur; in naturnahem Grasland ist **d** besonders häufig (hoch produktives Grasland ist meist artenarm. (Grace et al. 2007)

rungserfolg und die Wirkung der Artenzahl auf Leistungen voll etablierter Bestände. Geschlossene Wiesenbestände mit großer Artenzahl und einem diversen Spektrum an Sprossgestalten und Blattpositionierungen nutzen das Sonnenlicht nachweislich besser als Monokulturen oder artenarme Bestände. Ebenso werden von artenreichen Beständen Bodennährstoffe besser erschlossen als in wenig diversen (Spehn et al. 2000). Diese Effekte werden aber auch von der mangelnden Vitalität von in Mono- oder Bikultur gezogenen Arten getrieben, die normalerweise nie alleine vorkommen würden, also experimentell gezwungen werden unter recht unnatürlichen Bedingungen zu wachsen. In seit Langem etablierten, extensiv genutzten Wiesenökosystemen besteht kein Zusammenhang zwischen Artenzahl und Produktivität (Kahmen et al. 2005, Grace et al. 2007), für sehr hohe Artenzahlen werden auch negative Korrelationen berichtet, was zu einer Optimumkurve der Biodiversitäts-/Produktivitäts-Beziehung führt (engl. *hump shape response*, s. Diskussion in Schmid 2002)

Bei einer Besetzung der „Arbeitsplätze" im Ökosystem durch eine oder wenige Arten fehlen die versichernde Redundanz und die komplementäre Ressourcennutzung. Die Besetzung mit vielen Arten wird aber mit hoher Konkurrenz erkauft und hohe Konkurrenzkraft geht in der Regel mit geringer **Stress- und Störungstoleranz** einher. Auch sehr simple, spezialisierte (stress- oder störungstolerante) Artengemeinschaften können eine ökosystemare Stabilität (im Sinne von Integrität) gewährleisten (borealer Wald, manche Graslandsysteme kühler Regionen, Schilf). Gegenüber mechanischen Eingriffen (z. B. Sturmschäden, Beweidung) oder Feuer sind solche artenarmen Systeme oft sogar viel unempfindlicher als hoch komplexe Artengemeinschaften, bei denen derartige Störungen Lücken schlagen und in ein frühes Sukzessionsstadium zurückführen.

Schließlich ist ökosystemare Integrität häufig an das Vorhandensein von **Schlüsselarten** (engl. *key-stone species*) gebunden; d. h., der Ausfall einer einzigen Art (z. B. einer dominanten Baumart) führt zu massiven Veränderungen. Es ist also nicht nur die Frage, wie viele Arten ausfallen dürfen/müssen, bis ein System kippt (*ri-*

vet-Hypothese), sondern welche. Der **Identität der Arten** kommt eine sehr große Bedeutung zu. Die oben erwähnte Beziehung zwischen Biodiversität und Produktivität Beziehung in künstlichen Wiesensystemen (◼ Abb. 23.25) wurde stark durch die Ab- oder Anwesenheit von Leguminosen (Fabaceae) beeinflusst. Die bloße Artenzahl ist somit ein ungenügendes Kriterium für den Erhalt ökosystemarer Integrität und Funktionalität! Eine erdgeschichtlich lange und ungestörte Entwicklung (große zeitliche Umweltstabilität) wie in den Kerntropen führt zwar oft zu einer hohen Biodiversität, aber diese trägt nicht notwendigerweise zu hoher Stabilität und Integrität bei. Das Argument ist also nicht umkehrbar. Bei von vornherein niedrigdiversen und regelmäßig gestörten Systemen hat die Versicherungshypothese einen besonders hohen Erklärungswert für den Bodenschutz und damit für die Sicherung der Lebensgrundlage kommender Organismengenerationen. Der ersatzlose Ausfall einer Art kann solche Systeme schlagartig verändern und zu Ressourcen-(Boden-)verlust führen.

Die mehr theoretisch denn faktisch untermauerte Vorstellung von kybernetisch getrimmter Stabilität bei hoher Diversität durch Selbstregulation steht im Widerspruch zur besonderen Empfindlichkeit mancher hoch komplexer Ökosysteme wie etwa tropischer Savannen, in denen das Überhandnehmen oder die Entfernung einer einzigen Art (z. B. von Elefanten oder eines Topcarnivoren) das ganze System in eine Sukzession treibt (etwa durch die Ankurbelung oder Reduktion von Feuerzyklen, die mit der Streuproduktion zusammenhängen; ▶ Abschn. 24.2.5).

Zusammenfassend lässt sich sagen, dass eine große Zahl funktioneller Gruppen (engl. *plant functional types*) in einem Ökosystem dessen Funktionen wie Produktivität, Nährstoffrückhalt und Bodenschutz zum gegenwärtigen Zeitpunkt optimiert, eine große Zahl von Arten (und Genotypen) innerhalb funktioneller Gruppen hingegen die Absicherung der Funktionsfähigkeit für die Zukunft bedeutet (Schmid 2002, 2003). Die Zahl und

Art der funktionellen Gruppen hat also großen Einfluss auf ökosystemare Prozesse, die Besetzung der funktionellen Gruppen mit zahlreichen Arten und innerhalb der Arten mit großer genetischer Variabilität sichert die langfristige Integrität des Systems, vor allem wenn extreme Störungsereignisse ins Spiel kommen (Roy et al. 2001).

23.4 Vegetationsökologie

Analysiert man einzelne, örtlich begrenzte Pflanzengemeinschaften, dann findet man immer wieder ein Zusammenleben charakteristischer Taxa. Es handelt sich meist nicht um ein zufälliges Nebeneinander, sondern um eine bestimmte, standortbedingte Auslese aus dem regional verfügbaren Artenbestand (◘ Abb. 23.1). Die qualitative und quantitative Zusammensetzung eines Bestands spiegelt dabei oft in erstaunlich feiner Weise die jeweiligen Umweltbedingungen wider.

Pflanzengemeinschaften (engl. *plant communities*) sind von ihrer abiotischen Umwelt und von biotischen Wechselwirkungen abhängige Kombinationen von Populationen unterschiedlicher Arten. Ihre Entstehung folgt einer gesetzmäßigen Abfolge (Sukzession) von Pioniergemeinschaften bis zu reifen Endgesellschaften, nach deren Zusammenbruch (flächig oder punktuell) die Entwicklung, von charakteristischen Zwischenstufen ausgehend, neuerlich der standorttypischen Endgesellschaft (**Klimax**) zustrebt. Störungen (Sturm, Feuer, Überflutung, Beweidung usw.) können die Sukzession in andere Bahnen lenken oder auf Zwischenstufen verharren lassen. Obwohl die Biosphäre ein zusammenhängendes Ganzes darstellt, heben sich benachbarte Pflanzengemeinschaften doch meist gut erkennbar an Grenz- bzw. Übergangszonen voneinander ab (engl. *ecotone*; für graduelle Übergänge entlang ökologischer Gradienten, auch engl. *ecocline*; die deutschen Ausdrücke Ökoton und Ökokline sind nicht gebräuchlich). Beispiele sind der Übergang von Wald zu Grasland oder von Nass- zu Trockenvegetation. Die Ursachen für Erfolg (Anwesenheit) oder Misserfolg (Abwesenheit) von Arten liegen in deren Vermögen, unter den gegebenen Umständen erfolgreiche Nachkommen zu erzeugen, wobei die kritische Lebensphase irgendwo zwischen Keimlingsetablierung und erfolgreicher Diasporenproduktion liegen kann – das Arbeitsfeld der Populationsökologie (▶ Abschn. 23.1.3). Die Vegetationsökologie versucht das räumliche und zeitliche Ordnungsgefüge in Pflanzengesellschaften zu erfassen und darin funktionell bedeutsame Muster und Beziehungen zu erkennen. Dies ist auch eine Voraussetzung für eine prozessorientierte Erklärung des Wirkungsgefüges zwischen und innerhalb der Arten (▶ Kap. 22). Eine wichtige Aufgabe ist allein schon die Beschreibung der Vegetation und ihre Kartierung. Je nach Bedarf, Skala und Gelände und je nach räumlicher und zeitlicher Betrachtung gibt es verschiedene Möglichkeiten, um aus Feldaufnahmen abstrakte **Vegetationstypen** unterschiedlicher Rangstufe zu definieren:

- nach dem Artenbestand (Taxonomie): Pflanzengesellschaften
- nach der vorherrschenden Physiognomie (Morphotypen): Pflanzenformationen
- nach der räumlichen Beziehung (Standortähnlichkeit/Nachbarschaft): Vegetationskomplexe
- nach der zeitlichen Abfolge (Entwicklungszustand): Sukzessionsreihen

23.4.1 Zusammensetzung von Pflanzengemeinschaften

Ausgangspunkt der Vegetationsanalyse ist die Inventarisierung bestimmter Vegetationsausschnitte. Die Auswahl und Größe solcher Aufnahmeflächen hängt davon ab, welche (Teil-)Biozönose erfasst werden soll. Um alle charakteristischen Gehölze eines homogenen, temperaten Laubwalds zu erfassen, wird ein **Minimumareal** von vielleicht 500 m² notwendig sein, für artenreiche feucht-tropische Wälder können es hektargroße Flächen sein. Dagegen genügen bei der Aufnahme von Wiesen und Rasen meist schon 10–100 m² und bei Moos- und Flechtengemeinschaften 0,1–4 m². In einem alpinen Rasen auf Granatschiefer in Nordskandinavien ist es möglich, auf 1 m² 50 Arten von Angiospermen zu finden. Würde man die Fläche auf 100 m² erhöhen, käme man vielleicht auf 60, bei 1 km² auf 80 Arten. Die 1 m² große Fläche repräsentierte bereits 2/3 des regionalen Arteninventars. Artenzahl/Flächen-Diagramme (◘ Abb. 23.26) lassen erkennen, ab welcher Flächengröße eine repräsentative Stichprobe (Minimumareal) mit >95 % des Gesamtinventars zu erhalten ist.

Innerhalb der Aufnahmefläche lassen sich Individuendichte oder **Abundanz** (Zahl Individuen pro Einheitsfläche), **Deckungsanteile** (prozentuale Bodenbedeckung in senkrechter Projektion, d. h. **Raumdominanz**) und **Frequenz** (wiederholtes Auffinden der Art, wenn man die Aufnahmefläche in Teilflächen absucht, in Prozent) abschätzen oder sogar messen. Eine hohe Frequenz wichtiger (abundanter) Arten zeigt eine hohe **Homogenität** (Gegenteil: Heterogenität) des Pflanzenbestands an. An qualitativen Merkmalen können die **Geselligkeit** (Soziabilität, Auftreten truppweise oder einzeln) und die **Dispersion** (regelmäßige oder unregelmäßige Verteilung; verwandt mit Frequenz; ◘ Abb. 23.27) festgestellt werden. Als Schätzmaß für die Wüchsigkeit (engl. *vigor*) mit Bezug zur Produktivität einer Art kann auch ein **Vitalitätsindex** angemerkt werden.

23

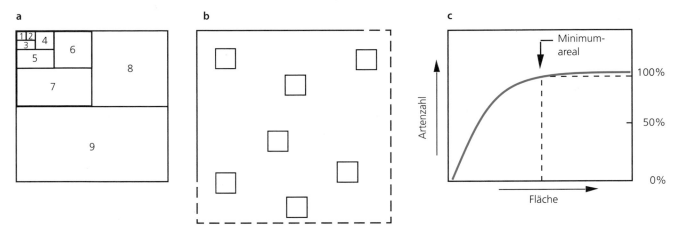

◘ Abb. 23.26 Das Minimumareal, also die kleinstmögliche Fläche, die die Artengarnitur einer Pflanzengesellschaft enthält (>95 % aller Arten) lässt sich durch fortwährendes Verdoppeln der Aufnahmefläche (**a** Einflächenmethode) oder das Akkumulieren der Daten zusätzlicher, aber gleich großer Teilflächen (**b** Mehrflächenmethode) ermitteln. Das Resultat sind Sättigungskurven (**c**), die anzeigen, ab welcher Flächengröße oder Wiederholung von Teilflächen keine wesentliche (>5 %) Vermehrung der Artenzahl zu erwarten ist. Typische Einflächenminimumareale bei Magerrasen oder alpinen Matten sind 10–25 m², für die Krautschicht von Wäldern 100–200 m², für naturnahe temperate Wälder 500–1000 m² und für feucht tropische Wälder auch >1 ha. Die Kurvatur der Artenzahl-Flächen-Beziehung gibt Auskunft über die Homogenität der Pflanzengesellschaft

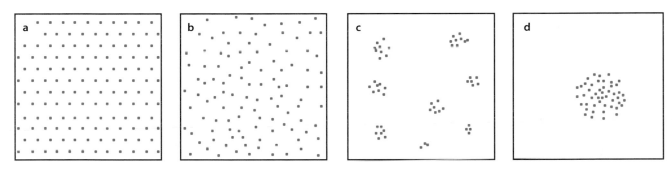

◘ Abb. 23.27 Beispiele für Verteilungsmuster von Arten in Pflanzengesellschaften, die sich in unterschiedlicher Frequenz innerhalb von Aufnahmeflächen niederschlagen. **a** Regelmäßige Verteilung (gelegentlich in Trockengebieten durch „Abstandhalten", in monoklonalen und anthropogenen Beständen). **b** Zufällige Verteilung (z. B. auf unstrukturierten Ruderalflächen, sonst eher selten). **c** Verteilung truppweise oder geklumpt (häufig in Naturwiesen oder primären Wäldern). **d** Herdenartige, auf einzelne Flecken (engl. *patches*) beschränkte Verteilung (oft an punktuellen Störflächen oder Klone)

Aus dem Vergleich mehrerer solcher Aufnahmen lässt sich die **Stetigkeit** von Arten (Wiederantreffenswahrscheinlichkeit, also das wiederholte Auftreten in Aufnahmeflächen, analog zur Frequenz innerhalb einer Aufnahmefläche) erkennen. Der Grad der Bindung einzelner Arten an bestimmte Gesellschaften wird als **Treue** bezeichnet. Arten mit sehr hoher Treue (und zumeist hoher Abundanz) sind dann charakteristisch und werden **Charakterarten** oder Kennarten genannt.

Am häufigsten werden Artenlisten (franz. *relevés*) mit Schätzungen der Dominanz (Deckung) oder Individuendichte der einzelnen Arten verbunden (Dominanz und Abundanz werden zusammengefasst als **Artmächtigkeit**). Diese Alternative ergibt sich aus der Notwendigkeit, zwischen Arten mit schmalen, steilgestellten Blättern und solchen mit breiten, flachgestellten zu differenzieren. Eine Rosettenart kann trotz großer Deckung nur eine vergleichsweise geringe Individuendichte erreichen. Manche Gräser erreichen mit hoher Triebdichte vergleichsweise kleine Deckungen. Bei klonalen oder mehrtriebigen Pflanzen werden aus rein praktischen Gründen die Triebe (engl. *ramets*; Rameten) und nicht die genetischen Individuen (engl. *genets*; Geneten) gewertet. Die Abundanz-(= Dichte-)Werte werden meist über eine Grobklassifikation vermerkt (**◘** Tab. 23.1). Diese aufgrund von Schätzungen erstellte Rangskala wird in der Praxis im unteren Abundanzbereich oft noch verfeinert oder für spezielle Zwecke modifiziert. Sie entspricht im Wesentlichen einer Wurzeltransformation der Deckungswerte, wodurch dominante Arten etwas unter- und seltene etwas überbewertet werden. Die Angaben lassen sich auch exakt quantifizieren, indem man Bestände erntet, die Individuen zählt und wiegt. Eine sehr gute Quantifizierung der Deckung liefert die *point quadrat*-Methode, bei der in einem festen, mit Koordinaten versehenen Rahmen eine Nadel abgesenkt wird und die erste Berührung mit einem Individuum einer Art pro Gitterpunkt vermerkt wird. Bei sehr niederwüchsiger Vegetation (mit geringer wechselseitiger Überdeckung) können solche Analysen auch digital mithilfe hochauflösender Fotos durchgeführt werden.

Tab. 23.1 Grobklassifikation der Abundanzwerte

Klasse	Deckung (%)	Abundanz
5	>75	Individuenzahl beliebig
4	50–75	Individuenzahl beliebig
3	25–50	Individuenzahl beliebig
2	5–25	Individuen von kleiner Wuchsform sehr zahlreich
1	<5	reichlich vorhanden
+	spärlich	sehr wenige, kleine Wuchsformen
r	rar	ganz vereinzelt, auch außerhalb der Testparzelle sehr selten

Jede Vegetationsaufnahme wird mit Standortdaten wie geografische Koordinaten, topografische Lage, Höhe über Meer, Exposition (Himmelsrichtung), Hangneigung, Bodentyp (allenfalls auch pH-Wert), Art der Gesteinsunterlage (Carbonat, Silikat), Landnutzung, Datum der Aufnahme u. a. versehen. Die allmähliche oder abgestufte Veränderung der Artenzusammensetzung entlang bestimmter Umweltgradienten (z. B. Höhe über Meer, Wasserangebot, Grad der Versalzung, pH, Licht) kann am besten durch **Vegetationstransekte** dargestellt werden (▪ Abb. 23.27). Daraus ergeben sich auch Anhaltspunkte für eine möglichst objektive Begrenzung von Pflanzengesellschaften. Der Wert der oft nur grob geschätzten Attribute liegt einerseits darin, dass diese (besonders Deckung/Abundanz) eine Gewichtung der Artenpräsenz erlauben und dass andererseits die relative Unschärfe der Einzelfälle durch hohe Wiederholungszahlen doch zu einem recht genauen Gesamtbild zusammenwächst, das auch quantitative Vergleiche ermöglicht.

Entscheidend für das Erscheinungsbild jeder Pflanzengemeinschaft ist die Morphologie (Gestalt) der Arten, also ihre **Wuchs- und Lebensform** (▶ Abschn. 3.2.4). Nach W. Rauh ist die Wuchsform das Organisationsprinzip, der Bauplan; Lebensform ist das, was von Fall zu Fall im Lebensraum, innerhalb der Bandbreite, die der Bauplan zulässt, realisiert wird. Die Wuchsform Baum kann also durchaus von der Umwelt in die Lebensform Strauch „gepresst" werden. Allerdings spielt diese Unterscheidung in der Literatur kaum eine Rolle; die beiden Begriffe werden meist wie Synonyme gebraucht (im deutschen Sprachraum überwiegt Lebensform, im englischen *growth form*). Die verschiedenen Zonen und Haupttypen der Vegetation der Erde haben sehr unterschiedliche Anteile an Lebens- und Wuchsformen (▪ Abb. 23.34), deren Beteiligung am Aufbau der Vegetation bewirkt eine **vertikale Schichtung**. Nur gewisse Pionier- und Extrembiozönosen sind wenig oder nicht geschichtet. Die meisten natürlichen Wälder haben folgende Schichten:

— Baumschicht oft mit Lianen und/oder Epiphyten, auch mehrere Stockwerke

— Strauchschicht, einschließlich der Jungbäume
— Krautschicht mit Stauden und Halbstauden, einschließlich Baumsämlinge
— Moos-, Flechten-(Boden-)schicht

Dieser oberirdischen Vegetationsschichtung entspricht eine viel weniger untersuchte unterirdische **Wurzelschichtung** (▪ Abb. 23.27). Es ist offenkundig, dass eine differenzierte Erschließung des Luft- und Bodenraums eine bessere Ressourcennutzung (Licht, Wasser, Bodennährstoffe) ermöglicht (▶ Abschn. 23.3.2).

Die traditionelle Einteilung von Pflanzen in Flach- und Tiefwurzler ist eine starke Vereinfachung und funktionell schlecht untermauert. Fast alle ausdauernden Pflanzen besitzen sowohl flache, als auch tiefe Wurzeln, aber die relativen Anteile variieren artspezifisch und hängen zudem stark vom Wasser- und Nährstoffangebot ab. Eine geringe Zahl tiefer Wurzeln (die oft übersehen werden) sichert auch während kritischer Perioden eine minimale Wasserversorgung (zumindest zur Deckung der sehr geringen cuticulären Wasserverluste nach Stomataschluss), oberflächennahe Wurzeln besorgen den Großteil der Nährstoffaufnahme in den biologisch besonders aktiven Oberbodenschichten. In periodisch trockenen Regionen korreliert die Durchwurzelungstiefe auch eng mit dem Jahresrhythmus der Sprossaktivität. Arten, die während Trockenperioden aktiv (grün) bleiben haben tiefere Wurzeln als laubabwerfende. Im mitteleuropäischen Halbtrockenrasen auf Kalk finden sich mehr als 80 % aller Wurzeln in den obersten 20 cm des Bodenprofils, einzelne Wurzeln gehen aber mehr als 6 m in die Tiefe, was an Hanganschnitten zu sehen ist. Maximale **Wurzeltiefen** von mehr als 15 m dürften in den meisten periodisch trockenen Gebieten der Erde eher die Regel als die Ausnahme darstellen (▶ Tab. 22.3).

Auch in horizontaler Richtung ist die Vegetationsdecke strukturiert. Je nach dem Ausmaß von vegetationsfreien Flächen unterscheidet man eine **offene oder geschlossene Vegetation**. Auch innerhalb scheinbar einheitlicher Bestände lässt sich häufig eine differenzierte **horizontale Verteilung** der Arten in Form von Verteilungsmustern, Mosaiken und Koalitionen (bestimmte Arten gehäuft nebeneinander oder weit separiert; ▪ Abb. 23.27) erkennen. Schon geringfügige Erhebungen oder Senken im Kleinrelief (▪ Abb. 21.18) bedingen Unterschiede in der Wasser und Nährstoffversorgung (▶ Abschn. 22.6.2) und damit in der Artenabundanz. Auch die Pflanzendecke selbst schafft unterschiedliche Mikrobiotope (▪ Abb. 21.12 und 21.18). Von besonderer Bedeutung sind **Bestandslücken** durch Ausfall von Individuen (engl. *gaps*), da dort Freiräume für die Etablierung neuer Individuen entstehen. Die erfolgreichste modellhafte Beschreibung der Waldentwicklung orientiert sich ganz an der **Dynamik in solchen Lücken** (engl. *gap dynamics, gap models*). Dabei geht es vor allem um die mittlere Verweildauer solcher Lücken und die Sukzession, die sich in ihnen abspielt. ▪ Abb. 23.28 illustriert den Zyklus von Verjüngung zu Optimum und Zerfall in einem Waldbestand. Dieser Zyklus wird von der Lebensdauer der dominanten Individuen geprägt. In den Übergangsphasen erfolgt die **Regeneration** nicht direkt, sondern läuft über kurzlebige Pioniere, dann raschwüchsige, überleitende Arten (Folgearten) und erst zuletzt mit Jungpflanzen der ursprünglichen Dominanten (▶ Abschn. 23.4.2). Umgekehrt kann die Etablierung von Jungpflanzen gerade im Schutz anderer Individuen erfolgreicher sein (engl. *facilitation*; z. B. kommen Kakteen besser im Schutz von Wüstensträuchern auf, was z. B. für *Carnegiea gigantea*, den Saguaro-Kaktus in der Sonora-Wüste, gut belegt ist).

Schließlich ist noch die zeitliche Staffelung, die **Periodizität** der Individual- und Bestandsentwicklung ein stark ordnendes, strukturierendes Element. Wichtig sind vor allem die Phänophasen wie Blattaustrieb, Blüte, Fruchtreife, Blattseneszenz. In ihrer Gesamtheit führen sie zu jahreszeitlich unterschiedlichen **Aspekten** (Ansichten, Erscheinungsbildern) einer Pflanzengemeinschaft.

23.4.2 Entstehung und Veränderung von Pflanzengemeinschaften

Die Pflanzendecke befindet sich in dauerndem Wandel (vgl. ◨ Abb. 23.28) und tritt am selben Standort je nach Phase der **Sukzession** mit unterschiedlichen Artenspektren, Lebensformspektren und Dominanzverhältnissen in Erscheinung. Gut lässt sich das durch in längeren Zeitabständen durchgeführte Analysen derselben **Dauerbeobachtungsfläche** belegen (engl. *permanent plots, permanent quadrats*; ◨ Abb. 23.29). Aber auch der Vergleich unterschiedlich reifer Vegetation an sehr ähnlichen Standorten gibt ein Bild der Sukzession (◨ Abb. 23.30).

Der längerfristige Wandel der Vegetation lässt sich oft aus Fossilien (Pollen) und aus Merkmalen des Bodenprofils (fossile Bodenhorizonte

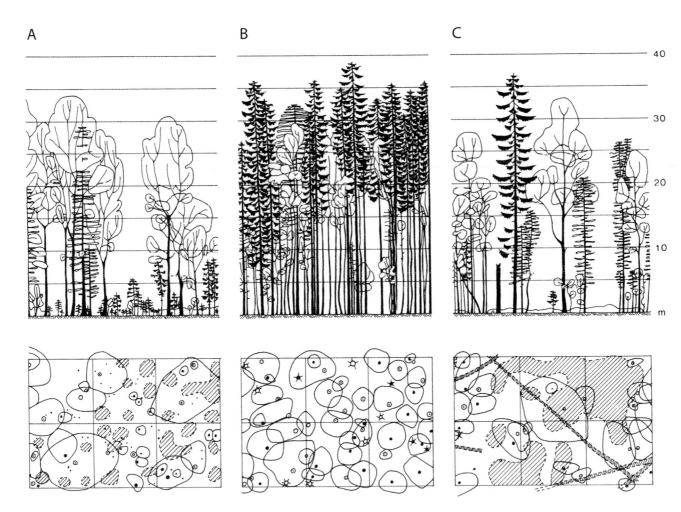

◨ **Abb. 23.28** **A** Zyklische Regeneration eines montanen Fichten-Tannen-Rotbuchen-Urwalds der Ostalpen (Rothwald bei Lunz, 1000 m). **A** Verjüngungsphase mit reichlichem Jungwuchs in Bestandslücken (z. B. Windwurfstellen). **B** Optimalphase mit dichtem Kronenschluss und überwiegendem Nadelholzanteil. **C** Zerfallsphase eines Altbestands mit viel stehendem und liegendem totem Holz, hoher Rotbuchenanteil, neuerliches Aufkommen von Jungwuchs. Vegetationsprofile im Auf- und Grundriss: ● Fichte, Seitenäste schwarz; ○ Tanne, Seitenäste weiß; Rotbuche, Laubkronen schematisch; gefallene Stämme; Jungwuchs schraffiert. (Nach Zukrigl et al. 1963)

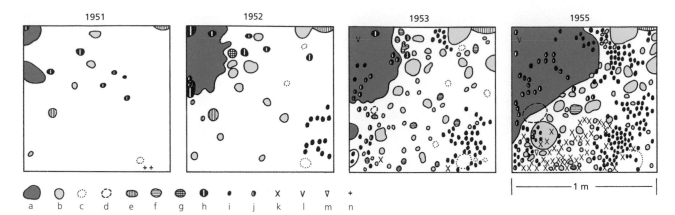

Abb. 23.29   Vegetationsabfolge (Sukzession) auf einer zuerst unbewachsenen Dauerfläche (1 m²) im Verlauf von vier Jahren; austrocknender Torf eines Heidemoores (Hilden, Rheinland): **a** *Agrostis* sp., **b** *Molinia caerulea*, **c** *Sphagnum papillosum*, **d** *S. auriculatum*, **e** *Erica tetralix*, **f** *Juncus bulbosus*, **g** *J. squarrosus*, **h** *Dicranella cerviculata*, **i** *Carex panicea*, **j** *Juncus acutiflorus*, **k** *Eriophorum angustifolium*, **l** *Cerastium* sp., **m** *Polygala serpyllifolia*, **n** *Rhynchospora alba*. (Nach S. Woike aus Knapp 1965)

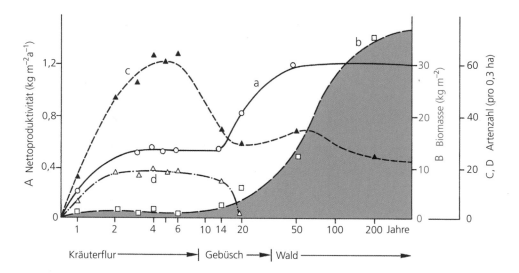

Abb. 23.30   Wiederbewaldung von Brachland (engl. *old fields*) in der temperaten Zone (Nordamerika: Brookhaven, New York). Nach etwa acht Jahren werden Krautige und Grasartige durch sommergrüne Gebüsche abgelöst, diesen folgen nach etwa 30 Jahren Mischwälder, die sich nach etwa 150 Jahren als Klimax mit sommergrünen Eichen und Kiefern stabilisieren. Im Verlauf dieser progressiven Sukzession steigen **a** die primäre Nettoproduktivität ○–○ und **b** die Biomasse □–□ der Pflanzengemeinschaften bis zur Klimaxphase; dagegen sinkt **c** die Artenzahl aller Gefäßpflanzen ▲–▲ nach einem Höhepunkt in der Spätphase der Kräuterflur wieder ab, und **d** die Adventivarten △–△ werden in der Gebüschphase durch Konkurrenz eliminiert. (Nach Holt und Woodwell aus Whittaker 1975)

und Brandhorizonte) rekonstruieren. In den semiariden Gebieten gibt das Kohlenstoffisotopenverhältnis (▶ Abschn. 22.7.4) im Humus Auskunft über die historisch wechselnde Dominanz von C₃- und C₄-Pflanzen. Aufschlussreich sind Experimente, in denen die Sukzession nach Ausschalten von Störungen beobachtet werden kann (Auszäunen von Großherbivoren, Unterbinden von Feuer).

Für die Erstbesiedlung bzw. Veränderung des Artenbestands müssen entsprechende Ausbreitungseinheiten (s. Diasporen) von außen eingebracht werden oder in der **Samenbank** als ruhender Vorrat vorhanden sein. Auf 1 m² Ackerboden wurden bis zu 50.000 lebensfähige Samen festgestellt. Je nach Reife des Systems können sich aber nur Populationen bestimmter Arten etablieren. Auf offenen Rohböden entsteht zunächst eine typische **Pio-**

niervegetation (z. B. im Gletschervorfeld, auf Schotterbänken, Dünen). Auf Störflächen siedeln anfangs **Ruderalarten** (Schuttplätze, Wegränder; ▶ Abschn. 23.1.3), auf regelmäßig gestörten, landwirtschaftlich genutzten Flächen eine **Segetalflora** (Acker- und Bracheflora). Jede Sukzession ist mit einer Veränderung des Habitats verbunden. Die Ursachen können exogen sein (allogene Sukzession) oder innerhalb der Pflanzengemeinschaft liegen (autogene Sukzession; ❏ Abb. 23.1). Sobald sich die Vegetation geschlossen hat, treten zunehmend Art-Art-Interaktionen als Sukzessionsmotor auf. Gewisse Arten können ihre Population nicht mehr verjüngen, sobald andere Arten dominieren. Sie sind nur noch als

23

überalterte Relikte vorhanden, während sich die nächste Sukzessionsphase bereits durch Jungpflanzen im Unterwuchs ankündigt. Typische Beispiele sind Birke und Wald-Kiefer in Laubmischwäldern. Sie sind in solchen Wäldern zumeist ein Relikt aus der frühesten Sukzession (somit Störungszeiger) und können als Lichtholzarten unter einem geschlossenen Kronendach nicht mehr regenerieren. Erst in der Spätphase der Vegetationsentwicklung (**Klimaxvegetation**) entsteht ein relativ stabiles Gleichgewicht in der Artenzusammensetzung (◐ Abb. 23.30) und damit zwischen Regeneration und Absterben der beteiligten Arten. Ein völlig stabiler Zustand wird jedoch nie erreicht. Reife Pflanzengesellschaften, die nicht durch Landnutzung oder Katastrophen synchronisiert wurden (Kahlschlag, Weidenutzung, Feuer, Überschwemmung), stellen immer ein Mosaik unterschiedlicher Sukzessionsphasen dar.

So steht bei der sukzessiven Etablierung der Auenvegetation entlang von Gebirgsströmen (◐ Abb. 23.31) die Ablagerung von Kies, Sand und Lehm im Vordergrund (Anlandung), also eine allogene Sukzession.

In der borealen Zone und in der oberen montanen Stufe der humid-temperaten Gebirge der nördlichen Hemisphäre tendiert jede ungestörte Sukzession zu Nadelwald, im temperaten Flachland zu Laubwald. Man unterscheidet primäre Sukzession – auf neu entstandenen Landflächen (nach Gletscherrückzug, Flussaufschüttungen) – und sekundäre Sukzession (z. B. auf landwirtschaftlichem Brachland oder nach rezentem Feuer). Dementsprechend hat sich bei Wäldern auch eingebürgert, zwischen **Primär- und Sekundärwald** zu unterscheiden, was nicht heißt, dass ein Primärwald nie natürlicherweise gestört wurde, aber die Störung liegt sehr weit zurück. Die Sukzessionsreihen konvergieren über sehr lange Zeit (bei Wäldern mehrere Hundert Jahre), und der Einfluss des Großklimas wird zunehmend dominant, während andere Faktoren zurücktreten (zonale Vegetation). In Mitteleuropa existieren mit ganz wenigen Ausnahmen nur noch Sekundärwälder unterschiedlicher „Natürlichkeit" (das Gegenteil von Kulturabhängigkeit oder **Hemerobie**). In nicht vom Menschen geprägten Landschaften entscheidet die Frequenz natürlicher **Störungen**, auf welchem Entwicklungsstand die Sukzession stehen bleibt (Schutthalden, Lawinenstriche, Überschwemmungszonen, Dünen, Feuer, Invasion von Herbivoren usw.).

Zonale Vegetationstypen können auch extrazonal, also außerhalb ihres angestammten Großraums auftreten, wenn das Lokalklima dem Großklima des Hauptverbreitungsgebiets entspricht (z. B. das Auftreten von submeridionalen Flaumeichenwäldern an trockenen Südhängen im westlichen Europa).

Ein Ökosystem kann sich umso rascher ändern, je geringer seine Biomasse (*B*) und je intensiver sein Stoff- und Energiefluss ist. Wenn ΔB den Biomassezuwachs pro Zeiteinheit (häufig eine Saison oder ein Jahr) charakterisiert, so ergibt sich die Dauer für eine volle Umwälzung (engl. *turn over*) der Biomasse bei $B/\Delta B = 1$. Plankton- oder Annuellengemeinschaften können sich dementsprechend schon in Tagen oder einigen Wochen, Waldgemeinschaften erst in Jahrzehnten oder Jahrhunderten ändern.

Beim Aufwachsen eines einheitlichen Pflanzenbestands kann man parallel mit der Abfolge von **Aufbau-, Reife- und Altersphase** charakteristische Veränderungen von *B*, ΔB, der Atmung (*R*) und der Produktivität (P_n) feststellen (◐ Abb. 23.32). Diese Veränderungen hängen damit zusammen, dass sich, wenn keine Verjüngung

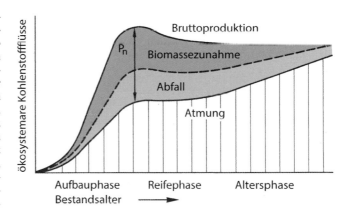

◐ Abb. 23.32 Phasen beim Aufwachsen eines einheitlichen Baumbestands. Verhältnis von Atmung, Abfall (engl. *litter*), Biomassezunahme, Netto-(P_n) und Bruttoproduktion. Tierfraß ist hier nicht berücksichtigt. (Nach Kira und Shidei 1967)

◐ Abb. 23.31 Schema der Vegetationsabfolge am Mittellauf eines Flusses im Alpenvorland in Abhängigkeit von Wasserhöhe und Sedimentation (Anlandung)

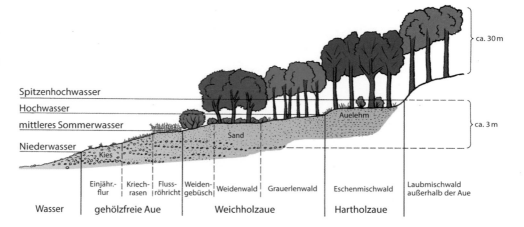

mehr erfolgt, das Verhältnis von autotrophen Komponenten (Blättern) zu heterotrophen Komponenten (Achsen und Wurzeln) mit fortschreitendem **Bestandsalter** (Individualalter) immer mehr zugunsten der heterotrophen verschiebt, bis der Bestand schließlich abstirbt. Bei Baumbeständen spielt die Altersstruktur (Demografie) eine entscheidende Rolle für die Vitalität (Regenerationsfähigkeit) und Kohlenstoffspeicherung. Stark vom Menschen oder durch großflächige Störungen (Feuer, Windwurf) geprägte Bestände weisen gleich alte Bäume auf. Dadurch sind solche Bestände anfällig für neuerliche Störungen und Pathogene mit epidemischen Ausfällen (eng. *wave mortality*). Eine natürliche Lückendynamik (einzelne Bäume stürzen um; engl. *gap dynamic*,) schafft demografisch diverse Bestände. Je größer der Anteil alter Bäume, desto größer ist auch der Kohlenstoffvorrat (▶ Abschn. 23.1.1).

23.4.3   Klassifikation von Vegetationstypen

Die Lebensgemeinschaften der Biosphäre stellen zwar ein Kontinuum dar, durch räumliche Unterschiede in den Standortbedingungen und unterschiedliche Sukzessionsphasen entstehen jedoch häufig sehr deutliche Grenzen zwischen unterschiedlichen Vegetationseinheiten. Eine Typisierung von konkreten Pflanzengemeinschaften ist daher im Rahmen einer **Vegetationssystematik**, möglich und nützlich. Auch zeigen statistische Analysen, dass nur ganz bestimmte Artenkombinationen gehäuft auftreten. Diese charakteristischen Artengruppen lassen sich als abstrakte, gegen andere deutlich abgegrenzte Vegetationstypen erkennen. Im Luftbild einer vom Menschen noch ganz ungestörten Wald- und Moorlandschaft Alaskas (▣ Abb. 23.33) lassen sich die

auf der entsprechenden Vegetationskarte unterschiedenen Vegetationseinheiten auch optisch erkennen. In den Übergangszonen (Ökoton, engl. *ecotone*) ändert sich die Artengarnitur sehr rasch, innerhalb eines Vegetationstyps aber wenig.

In der **floristischen Vegetationsgliederung** werden Artengemeinschaften nach ihrer Ähnlichkeit hierarchisch in Rangstufen zusammengefasst. Diese Gruppen von miteinander in Bezug auf Umweltansprüche nahe stehenden Arten sind standorttypische Gesellschaften. Meist gibt es in solchen Gesellschaften dominante oder sehr typische Arten (Kenn- oder Charakterarten), die für eine Nomenklatur benutzt werden können. So entwickelte J. Braun-Blanquet das syntaxonomische System der Pflanzengesellschaften, das zu einem wichtigen Instrument der vegetationskundlichen Kartierung und der Kommunikation wurde (▣ Tab. 23.2).

Als syntaxonomische Bezugseinheiten werden dabei vor allem die Assoziation und der Verband benutzt (z. B. Fagetum, Abietetum, Pinetum für Buchen-, Tannen- und Kiefernwälder). Die Endungen bei Gattungskombinationen werden sprachlich angepasst (-etum = lat. Kollektivsuffix). So gibt es z. B. ein Larici-Pinetum (Lärchen-Zirben-Wald) oder ein Erico-Pinetum (Erika-Kiefern-Wald).

Zur syntaxonomischen Charakterisierung einer bestimmten Pflanzengesellschaft verwendet man:

- **Charakterarten** (Kennarten): Arten, deren Hauptvorkommen auf syntaxonomische Hauptrangstufen (Assoziations-, Verbands-, Ordnungs- oder Klassencharakterart) beschränkt sind und diese dadurch floristisch besonders gut charakterisieren
- **Differenzialarten** (Trennarten): Arten, die ein Syntaxon besonders gut gegenüber nächstähnlichen Syntaxa abtrennen, aber selbst nicht auf dieses Syntaxon (diese Rangstufe) beschränkt sind und auch in anderen, entfernter stehenden Syntaxa vorkommen können.

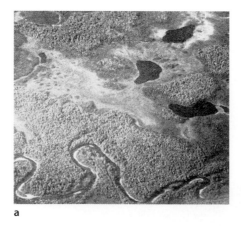
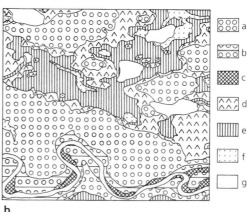

a   b

▣ **Abb. 23.33**   Gegenüberstellung von **a** Luftbild und **b** Vegetationskarte (Tiefland nördlich Anchorage, Alaska; Fläche 400 × 370 m). a Mischwald mit Birken (*Betula resinifera* usw.) außerhalb der Moore und Flussauen; b Auenmischwälder mit Balsam-Pappeln (*Populus balsamifera*) und Birken; c Flussufer mit Weidengebüsch (*Salix* sp.); d Moorwälder mit Fichten (*Picea mariana*); e Moosheiden mit Zwergsträuchern (*Vaccinium uliginosum, Rhododendron tomentosum* [= *Ledum decumbens*]) und *Sphagnum*; f Moorwiesen mit Cyperaceen (*Carex, Eriophorum* usw.); g offenes Wasser und Sandbänke. (Nach R. Knapp)

23

Charakterarten der Edellaubmischwälder (Klasse Querceo-Fagetea) sind z. B. *Daphne mezereum* und *Anemone nemorosa*, für die Ordnung Fagetalia z. B. *Ficaria verna* und *Mercurialis perennis* und für den Fagion-Verband *Cardamine bulbifera* und *Hordelymus europaeus*.

Die hohe standortliche Korrelation bestimmter Artengruppen (**◘** Abb. 23.29) erlaubt eine ökologische Charakterisierung eines Standorts, da den Arten vielfach eine Zeigerwertfunktion zukommt. Selten ist eine auf Messdaten gegründete ökophysiologische Charakterisierung von Arten verfügbar. Die Erfahrung von Generationen von Feldbotanikern erlaubt es aber doch, jeder Art ein bestimmtes Profil zuzuordnen. Ein solches halbquantitatives Verfahren sind **Zeigerwerttabellen** (Systeme von H. Ellenberg oder E. Landolt), in denen je nach der charakteristischen Bindung an ein bestimmtes, von kleinen nach großen Werten steigendes Ressourcenangebot, Zahlen von (0)1– bis 9(10) oder von 1–5 zugeteilt werden. Eine hohe Feuchtigkeitszahl bedeutet, dass das Vorkommen einer Art mit hohem Feuchteangebot korreliert ist. Typische Zeigerpflanzen für stark saure Böden (Reaktionszahl R1 bis R2, s. u.) sind z. B. *Avenella flexuosa* (= *Deschampsia flexuosa*), *Vaccinium myrtillus*. Eine kausale Verknüpfung im Sinne eines „Anspruchs" wird damit nicht zum Ausdruck gebracht, eine Präferenz darf aber in vielen Fällen vermutet werden. Derartige Zeigerwerte gelten auch nicht für isolierte Individuen, sondern für Pflanzen, die in einem Bestand den biotischen Interaktionen ausgesetzt sind. Eine weitere Schwierigkeit ist, dass das Konzept aus rein praktischen Gründen an das taxonomische Niveau der Art gebunden ist, wobei sich Ökotypen einer Art hinsichtlich ihrer ökologischen Ansprüche stärker unterscheiden können als zwei verschiedene Arten. Trotzdem haben solche Bewertungsmethoden, vor allem wegen ihrer Einfachheit und meist erstaunlichen Treffsicherheit, großen praktischen Wert (**◘** Tab. 23.3). Pflanzenarten mit ähnlichen Kennzahlenkombinationen bilden eine ökologische Gruppe. Mögen die Zeigerwerte für einzelne Arten noch sehr grob sein, die Mittelwerte für mehrere Arten sind recht aussagekräftig und erlauben die Bewertung der ganzen Pflanzengesellschaft (vor allem, wenn Arten nach ihrer Deckung gewichtet werden).

23.4.4 Korrelative Analyse von Vegetationsmustern

Ausgehend von Vegetationsinventaren und deren Klassifikation, wie sie in ► Abschn. 23.4.3 beschrieben wurden, und zusammen mit den zugehörigen Standortdaten und Zeigerwerten lässt sich eine Reihe ordnender und korrelativer Analysen durchführen, die letztlich alle das Ziel haben, in der beobachteten Verbreitung von Arten und Pflanzengesellschaften wiederkehrende Muster zu erkennen und diese mit äußeren Gegebenheiten zu erklären.

◘ Tab. 23.2 Syntaxonomisches System der Pflanzengesellschaften am Beispiel von Wiesen mit Glatthafer. (Nach J. Braun-Blanquet.)

Rangstufe	Endung	Beispiel
Klasse	-etea	Molinio-Arrhenatheretea
Ordnung	-etalia	Arrhenatheretalia
Verband	-ion	Arrhenatherion
Assoziation	-etum	Arrhenatheretum
Subassoziation	-etosum	Arrhenatheretum brizetosum
Variante	keine Endung	*Salvia*-Variante des A.
Fazies	keine Endung	Fazies mit *Bromus erectus*

◘ Tab. 23.3 Zeigerwerte nach Ellenberg, für mitteleuropäische Verhältnisse. Das System von E. Landolt benutzt für die gleichen Zeigerwerte Kennzahlen von 1–5 (Landolt 2010)

Umweltgröße	Symbol	Erklärung im Sinne von „Art zeigt an"
Lichtzahl	I	1 Tiefschatten, 5 Halbschatten, 9 Vollicht
Temperaturzahl	T	1 alpin-subnival, 5 submontan-temperat, 9 mediterran
Kontinentalitätszahl	K	1 euozeanisch, 5 intermediär, 9 eukontinental
Feuchtezahl	F	1 starke Bodentrockenheit, 5 frisch, 9 nass, 10 Wasser
Reaktionszahl (pH)	R	1 stark saurer Boden, 5 mäßig sauer, 9 basisch (Kalk)
Stickstoffzahl	N	1 geringste, 5 mäßige, 9 übermäßige Verfügbarkeit
Salzzahl	S	0 keinerlei, 1 schwache, 5 mäßige, 9 extreme Salzbelastung

Die **Gradientenanalyse** orientiert sich an der Änderung der Vegetation mit sich ändernden Umweltbedingungen (Ökokline, engl. *ecocline*). Im Idealfall, aber nicht notwendigerweise, bilden die Aufnahmeflächen einen zusammenhängenden Gradienten. Ordnet man z. B. die Artenabundanz dem Umweltgradienten zu, sortiert sie also nach steigenden oder fallenden Umweltwerten, so bezeichnet man den Prozess als direkte **Ordination**. Wählt man nur eine Umweltvariable, ist die Ordination eindimensional (anschauliche Vegetationsprofile, z. B. Distanz vom Meeresrand bzw. Versalzungsgrad des Bodens in ◨ Abb. 23.29). Bei zweidimensionalen Darstellungen spricht man von **Ökogrammen** (ähnlich wie in ◨ Abb. 23.34), wobei die zwei Umweltvariablen als zwei Achsen benutzt werden und die am Fund- bzw. Standort der Pflanzenart oder Gesellschaft aufgenommenen Werte zu *x*- und *y*-Koordinaten werden. Dabei entstehen Muster (z. B. Häufungen, Korrelationen), die sich als Standortpräferenz bestimmter As-

soziationen interpretieren lassen. Da in der Regel viele Umweltvariablen wirken und nicht von vornherein klar ist, welche, oder welche Kombination, die wichtige ist, wird der Ordinationsraum bei einer umfassenden Analyse mehrdimensional und ist nur noch mit Computerhilfe fassbar. Man spricht dann von korrelativer (auch mathematischer, numerischer, statistischer, multivariater oder quantitativer) Vegetationsanalyse.

Es gibt zahlreiche komplexe Ordinationsverfahren und Rechenprogramme, die spezifisch auf mit Standortdaten verknüpfte Vegetationsdaten abgestimmt sind (z. B. CA, engl. *correspondence analysis*; CCA, engl. *canonical correlation analysis*) und als Varianten der bekannten **Hauptkomponentenanalyse** (PCA, engl. *principal component analysis*) gelten können.

Jede der im Gelände erfassten Artengemeinschaften wird dabei zum Objekt (Komponente), das durch sein Arteninventar (Attribute) charakterisiert ist. Dass eine Art in einer bestimmten Artengemeinschaft vorkommt, wird für diese Art zu einem ganz spezifischen Merkmal, so wie in einem zweiten Schritt auch die dort herrschenden Umweltbe-

◨ **Abb. 23.34** Formationstypen des Festlands: Versuch einer Gliederung der Klimaxvegetation nach mittleren Jahrestemperaturen und Niederschlagsmengen. Die Signaturen kennzeichnen einige charakteristische Lebensformen. Da die mittlere Jahrestemperatur in höheren Breiten den Winter (Vegetationsruhe) gleich gewichtet wie den Sommer (Wachstumsperiode), spiegeln solche Mittelwerte auch die Dauer der Wachstumsperiode wider. Besonders im mittleren Bereich des Diagramms sind die Grenzlinien unscharf, da sich die relative Lage der Formationen zu den Klimadaten gebietsweise nicht unerheblich verschiebt, was zumindest teilweise der biologisch wenig relevanten Jahresmitteltemperatur zuzuschreiben ist. (Nach R. Dansereau und R.H. Whittaker, stark verändert und erweitert)

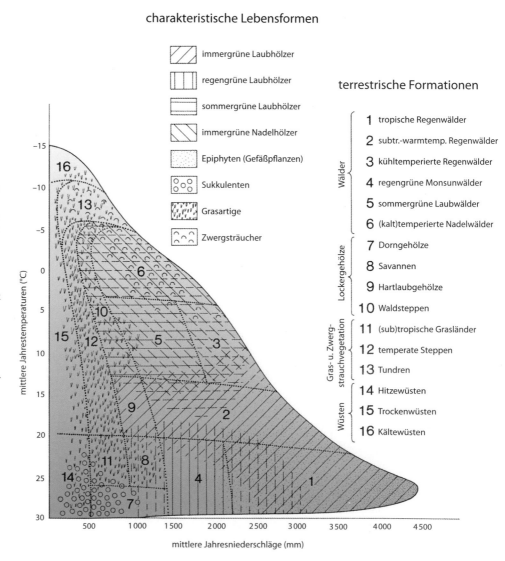

charakteristische Lebensformen

immergrüne Laubhölzer

regengrüne Laubhölzer

sommergrüne Laubhölzer

immergrüne Nadelhölzer

Epiphyten (Gefäßpflanzen)

Sukkulenten

Grasartige

Zwergsträucher

terrestrische Formationen

Wälder
1 tropische Regenwälder
2 subtr.-warmtemp. Regenwälder
3 kühltemperierte Regenwälder
4 regengrüne Monsunwälder
5 sommergrüne Laubwälder
6 (kalt)temperierte Nadelwälder

Lockergehölze
7 Dorngehölze
8 Savannen
9 Hartlaubgehölze
10 Waldsteppen

Gras- u. Zwergstrauchvegetation
11 (sub)tropische Grasländer
12 temperate Steppen
13 Tundren

Wüsten
14 Hitzewüsten
15 Trockenwüsten
16 Kältewüsten

mittlere Jahrestemperaturen (°C)

mittlere Jahresniederschläge (mm)

dingungen als Merkmal dieser Art herangezogen werden können. Diese korrelativen Verfahren begnügen sich in der Regel nicht mit Ja-Nein-Einträgen (Art vorhanden bzw. nicht vorhanden), sondern bilden die Art durch ihre Abundanz ab (▶ Abschn. 23.4.1). Es gibt also für jede einzelne Art eine Achse, die bei der Abundanz 0 beginnt und üblicherweise bei der Abundanz 5 (>75 % Deckung) endet. Die Artengemeinschaften (Vegetationsaufnahmen) sind dann in einem solchen Diagramm entsprechend ihrer floristischen Ähnlichkeit (bzw. Distanz) zueinander angeordnet. Ein solches Diagramm zeigt häufig Gruppenbildungen der Aufnahmen (Objekte), sogenannte Cluster. Diese entsprechen dann Gesellschaftstypen. Die Punktwolken der Cluster lassen auf den ersten Blick erkennen, wie scharf die Gruppen (Vegetationstypen) voneinander abgegrenzt sind oder ob sie mehr oder weniger kontinuierlich ineinander übergehen.

Belädt man den Korrelationsraum statt mit Nummern von Vegetationsaufnahmen mit dem dort gemessenen pH-Wert, Bodentyp, Feuchtigkeit, Höhenlage usw., lassen sich mit derselben Prozedur Korrelationen zwischen Abundanz und Standortbedingungen feststellen.

Komponentenanalysen sind dimensionsreduzierende Verfahren, durch die sich eine mehrdimensionale Punktwolke im zwei- oder dreidimensionalen Raum darstellen lässt. Mit solchen Verfahren kann man auch herausfinden, unter welchen Standortbedingungen zwei Arten gehäuft zusammen vorkommen (ihre gemeinsame Standortpräferenz). Dies lässt sich dank der Rechenleistung von Computern auf Vergleiche ganzer Arteninventare anwenden, woraus sich Beziehungsnetze errechnen und darstellen lassen. Solche Ähnlichkeitsanalysen lassen sich auch zur numerischen **Klassifikation** verwandter Pflanzengesellschaften benutzen und münden dann in **Dendrogramme** (Verwandtschaftsanalysen, Clusteranalysen).

23.4.5 Physiognomische Vegetationsgliederung

Ohne Rücksicht auf die Artenzusammensetzung lassen sich Pflanzenbestände nach der dominanten Wuchsform und Physiognomie (Gestalt, Erscheinungsbild) gruppieren. Durch die dominante Wuchsform charakterisierte, aber in sich komplexe Vegetationstypen nennt man **Formationen**, wie feucht-tropische Wälder, boreale Nadelwälder, immergrüne Hartlaubgebüsche, Zwergstrauchheiden, Wiesen usw. Demgegenüber bezeichnet man einfache, nur aus einer Wuchsform aufgebaute Vergesellschaftungen als **Synusien**, wie Krustenflechtenüberzüge auf Felsen, die Zwergstrauchschicht in einem Nadelwald oder die herbstliche Hutpilzgemeinschaft in den Laubwäldern. Berücksichtigt man die gesamte mit einer Pflanzenformation verbundene Lebenswelt, so spricht man von Bioformationen, kurz **Biomen**, die nach dominanten Formationen benannt sind. Typische Biome sind die arktische Tundra, der borale Nadelwald, temperate Laubwälder oder feucht-tropische Wälder.

Es gibt auch gewisse Überlappungen mit der syntaxonomischen Vegetationsgliederung. Trotz unterschiedlicher Artengarnituren kommen innerhalb des gleichen Bioms häufig dieselben Gattungen vor, so z. B. in den sommergrünen Laubwäldern der winterkalten temperaten Gebiete Nordamerikas und Eurasiens die Gattungen *Quercus*, *Fagus*, *Carpinus*, *Acer*, *Tilia* usw. Umgekehrt kommt konvergente, durch ähn-

liche Umweltbedingungen herbeigeführte, physiognomische Ähnlichkeit bei Formationen vor, die aus ganz unterschiedlichen Pflanzenfamilien aufgebaut werden. Beispiele dafür sind die Hartlaubgebüsche des mediterranen Klimatyps rund um den Erdball oder manche alt- und neuweltliche Sukkulentenhalbwüsten (Euphorbiaceae in der Paläotropis vs. Cactaceae in der Neotropis). Manche Formationen haben eine geringe Beziehung zum Standortklima, wie Grasländer, die sowohl in den kontinentalen Steppengebieten der temperaten Zone wie in den Tropen zu finden sind.

Ein klassischer Versuch, die Pflanzendecke der terrestrischen Lebensräume der gesamten Biosphäre als Formationstypen (nur späte Sukzessionsstadien) in ein zweiachsiges Schema zu fügen, ist in ◙ Abb. 23.34 dargestellt. Als Koordinaten dienen mittlere Jahresniederschläge und Jahresmitteltemperaturen, wobei Letztere wegen der Einbeziehung der Ruhephase (Winter, Trockenzeit) eine eher diffuse Aussagekraft haben. So kann die Jahresmitteltemperatur entlang des 47. Breitengrades (München) von Irland nach Zentralasien konstant bleiben, obwohl sich die Spanne zwischen sommerlicher Hitze (Wachstumsperiode) und winterlicher Kälte verdoppelt. Wie in Klimadiagrammen steht bei solchen Darstellungen die Temperatur auch als Maß für die potenzielle Verdunstung. Die einzelnen Formationen werden in ▶ Kap. 29 näher beschrieben.

23.4.6 Räumliche Standort- und Vegetationsgliederung

Bedingt durch Geländeform (Topografie) und Boden (edaphische Bedingungen) ergibt sich innerhalb eines bestimmten Regionalklimas eine horizontale Gliederung der natürlichen Vegetation (oder Resten davon), die mit der vom Menschen beeinflussten Vegetation (Kulturlandschaft) verzahnt ist. Häufig unterscheidet sich die **aktuelle** (anthropogene) **Vegetation** sehr von der **potenziellen** (natürlichen; z. B. Weideland statt Wald). Die Darstellung dieser räumlichen Vegetationsgliederung erfolgt mit Vegetationskarten. Diese können jedoch Pflanzengesellschaften im Rang von Assoziationen nur bei sehr großem Maßstab abbilden. Bei regionalen oder gar überregionalen Karten können nur umfassendere Vegetationskomplexe dargestellt werden. Solche Karten stellen in der Regel nur die potenzielle Vegetation dar – also jene Vegetation, die sich langfristig einstellen würde, wenn der menschliche Einfluss wegfiele, wobei auch natürliches Feuer und Großherbivore dieses Muster stark verändern können. In kontinentalem oder globalem Maßstab entspricht die räumliche Gliederung der Vegetation den Großklimazonen, also dem Temperaturgefälle vom Äquator zu den Polen (◙ Abb. 23.17), und den überlagerten Ozeanitäts-Kontinentalitäts-Gradienten. Berücksichtigt man im Gegensatz zum Ansatz in ◙ Abb. 23.34 die tatsächliche Dauer der Wachstumsperiode und die tatsächlich saisonal wirksamen Temperaturen und Niederschläge, so lässt sich die potenzielle Vegetation der Erde relativ verlässlich abbilden. Dabei wird die Dauer der Wachstumsperiode über Temperaturschwellenwerte und ein Minimum an pflanzenverfügbarem Bodenwasser berechnet (◘ Abb. 23.35).

Eine feiner abgestufte, aber immer noch rein potenzielle Vegetationskarte der Erde ergibt sich, wenn man in Kenntnis der realen natürlichen Vegetation der Erde aus den vorhandenen Resten der natürlichen Vegetation unter Berücksichtigung des Regionalklimas deren potenzielles Verbreitungsgebiet rekonstruiert (◘ Abb. 23.21).

Die **Höhenstufen der Vegetation** (◘ Abb. 23.36) spiegeln das sich mit zunehmender Höhe (altitudinal) ändernde Klima wider. Einheitliches klimatisches Merkmal von **altitudinalen Gradienten** ist global gesehen nur die Abnahme der Temperatur (im Durchschnitt 5,5 K pro km Höhe). Alle anderen Klimafaktoren ändern sich in Abhängigkeit von der geografischen Breite (die altitudinale Verkürzung der Vegetationsperiode ist ein Phänomen äquatorferner Breitengrade) oder mit regionalen Besonderheiten des Großklimas (in manchen Regionen der Erde nehmen Wolken, Niederschlag oder Wind mit der Höhe zu, in anderen ab). Auch gibt es starke Unterschiede zwischen Außenketten von Gebirgssystemen und den meist kontinentaleren Innenräumen (der sog. Massenerhebungseffekt) sowie zwischen der Hauptwindrichtung zugewandten (Luv) und abgewandten (Lee) Gebirgsketten.

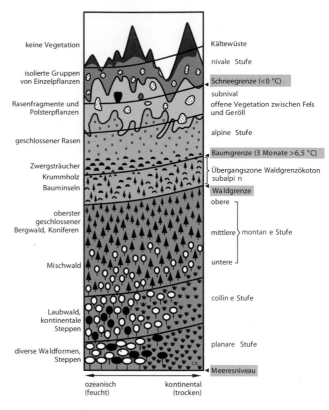

◘ **Abb. 23.36** International gebräuchliche Bezeichnung der Höhenstufen der Vegetation vom Tiefland bis ins Hochgebirge. Die Ausprägung der Vegetation variiert zwar regional, die Abfolge der Lebensformen gilt aber global, wobei die Grenzen in trockenem, kontinentalem Klima höher liegen als in feuchtem Klima

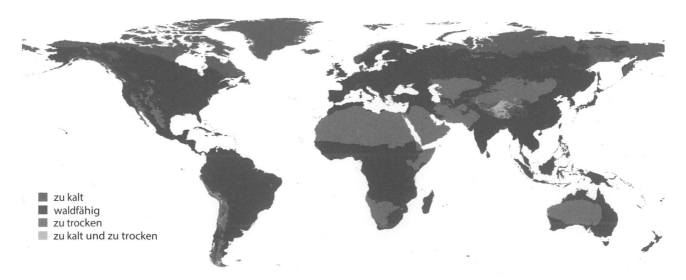

◘ **Abb. 23.35** Die potenzielle Vegetationsdecke der Erde. Die Karte wurde allein über die für das Pflanzenwachstum erforderlichen Mindesttemperaturen und Bodenfeuchteschwellenwerte und die Klimagunst innerhalb dieser so definierten Wachstumsperiode berechnet, ohne die Wirkung natürlicher Feuer zu berücksichtigen. Als Referenzlinie dient die globale Kältegrenze von Bäumen, von der ausgehend die Erde stufenweise in kältere (alpine und arktische) und wärmere Zonen eingeteilt wird. Gebiete, die wegen Wassermangel nicht „baumfähig" sind, werden als arid ausgewiesen, auch wenn dort gewisse (kleinere oder kurzlebige) Pflanzen leben können. (Nach Paulsen und Körner 2014)

23

Leider ist der Gebrauch dieser Höhenstufennomenklatur in der Literatur nicht ganz einheitlich. Dies betrifft insbesondere den Begriff subalpin, der weite Interpretationsspielräume zulässt. Die in ◨ Abb. 23.36 gewählte Position ist die weltweit gebräuchlichste und deckt sich mit der Verzahnungszone des sich öffnenden oberen Bergwalds mit der alpinen Vegetation (oft besser auch als Waldgrenzökoton, engl. *treeline ecotone* bezeichnet). Die Begriffe „nival" und „subnival" werden außerhalb Europas wenig gebraucht. Der Begriff „alpin" bezieht sich nicht nur auf die Alpen, sondern beschreibt weltweit die (natürlicherweise baumlose) Vegetation oberhalb der klimatischen Waldgrenze (auch dann, wenn diese durch menschliche Eingriffe oder natürliche Störungen lokal nicht mehr sichtbar ist). Die umgangssprachliche Verwendung des Begriffs „alpin" für „Gebirge schlechthin" („alpine Landschaft", „alpiner Wirtschaftsraum", „alpine Kultur") deckt sich also nicht mit der biogeografischen Definition. In den Anden ist für die alpine Stufe auch „andin" und in Afrika „afroalpin" gebräuchlich.

Quellenverzeichnis

Brown JH, Lomolino MV (1998) Biogeography. Sinauer, Sunderland

Brienen RJW and 14 co-authors (2020) Forest carbon sinks neutralized by pervasive growth.lifespan trade-offs. Nature communications 11:4241. https://doi.org/10.1038/s41467-020-17966-z

Brummitt NA, Bachman SP, Griffiths-Lee J et al (2015) Green plants in the red: a baseline global assessment for the IUCN sampled red list index for plants. PLoS ONE 10:e0135152. https://doi.org/10.1371/journal.pone.0135152

Büntgen U, Krusic PJ, Permattei A, Coomes DA, Esper J, Myglan VS, Kirdyanov AV, Camarero JJ, Crivellaro A, Körner C (2019) Limited capacity of tree growth to mitigate the global greenhouse effect under predicted warming. Nature Com 10:2171. https://doi.org/10.1038/s41467-019-10174-4

Diaz S, Settele J, Brondizio ES et al (2019) Pervasive human-driven decline of life on Earth points to the need for transformative change. Science 366:6471. https://doi.org/10.1126/science.aax3100

Erb KH, Kastner T, Plutzar C, Bais ALS, Carvalhais N, Fetzel T, Gingrich S, Haberl H, Lauk C, Niedertscheider M, Pongratz J, Thurner M, Luyssaert S (2018) Unexpectedly large impact of forest management and grazing on global vegetation biomass. Nature 553:73–76

Gause FG (1934) The struggle for existence. Williams & Wilkins, Baltimore

Gjaerevoll O (1990) Alpine plants. The Royal Norwegian Society of Sciences and Tapir Publishers, Trondheim

Grace JB, Anderson TM, Smith MD, Seabloom E, Andelman SJ, Meche G, Weiher E, Allain LK, Jutila H, Sankaran M, Knops J, Ritchie M, Willig MR (2007) Does species diversity limit productivity in natural grassland communities? Ecol Lett 10:680–689

Grime JP (1977) Evidence for the existence of three primary strategies in plants and its relevance to ecological and evolutionary theory. Am Nat 111:1169–1194

Grime JP, Hodgson JG, Hunt R (2007) Comparative plant ecology, 2. Aufl. Castlepoint, Thundersley

Hanski I (1999) Metapopulation ecology. Oxford University Press, Oxford

Harper JL, Ogden J (1970) Reproductive strategy of higher plants. 1. Concept of strategy with special reference to *Senecio vulgaris*. J Ecol 58:681–998

Harte J (2003) Tail of death and resurrection. Nature 424:1006–1007

Hector A, Schmid B, Beierkuhnlein C et al (1999) Plant diversity and productivity experiments in european grasslands. Science 286:1123–1127

Hubbell SP (2001) The unified neutral theory of biodiversity and biogeography. Princeton University Press, Princeton

Huston MA (1993) Biological diversity, soils, and economics. Science 262:1676–1680

Huston MA (1994) Biological diversity. Cambridge University Press, Cambridge

IPBES (2019) Global assessment report on biodiversity and ecosystem services of the Intergovernmental Science-Policy Platform on Biodiversity and Ecosystem Services, Chapter 2.2. IPBES Secretariat, Bonn. https://ipbes.net/sites/default/files/ipbes_global_assessment_chapter_2_2_nature_unedited_31may.pdf. Zugegriffen am 20.01.2020

Jäger EJ, Müller-Uri Ch (1981, 1982) Wuchsform und Lebensgeschichte der Gefäßpflanzen. Universitäts- und Landesbibliothek Sachsen-Anhalt, Halle (Saale)

Kahmen A, Perner J, Audorff V, Weisser W, Buchmann N (2005) Effects of plant diversity, community composition and environmental parameters on productivity in montane European grasslands. Oecologia 142:606–615

Kira T, Shidei T (1967) Primary production and turnover of organic matter in different forest ecosystems of the western Pacific. Jpn J Ecol 17:70–87

Knapp R (1965) Die Vegetation von Nord- und Mittelamerika und der Hawaii-Inseln. (The vegetation of North- and Central America and of the Hawaiianislands.) Vegetationsmonographien der einzelnen Großräume, Bd 1. Gustav Fischer, Stuttgart

Körner C (2021) Alpine plant life (3. Aufl.) Springer, Cham

Körner C, Basler D, Hoch G, Kollas C, Lenz A, Randin CF, Vitasse Y, Zimmermann NE (2016) Where, why and how? Explaining the low-temperature range limits of temperate tree species. J Ecol 104:1076–1088

Landolt E (2010) Flora indicativa. Haupt, Bern

McArthur RH, Wilson EO (1967) The theory of island biogeography. Princeton University Press, Princeton

Meusel H, Jäger E, Weinert E (1965–1992) Vergleichende Chorologie der zentraleuropäischen Flora, 3 Bde. Gustav Fischer, Jena

Newbold T, Hudson LN, Contu S, Hill SLL, Beck J, Liu Y, Meyer C, Philips HRP, Scharleman JPW, Purvis A (2018) Widespread winners and narrow-ranged losers: land use homogenizes biodiversity in local assemblages worldwide. PLoS Biol 16:e2006841. https://doi.org/10.1371/journal.pbio.2006841

Paulsen J, Körner C (2014) A climate-based model to predict potential treeline position around the globe. Alp Bot 124:1–12

Pfadenhauer JS, Klötzli FA (2014) Vegetation der Erde. Springer Spektrum, Heidelberg

Pretzsch H (2002) A unified law of spatial allometry for woody and herbaceous plants. Plant Biol 4:159–166

Rosenzweig ML (2003) How to reject the area hypothesis of latitudinal gradients. In: Blackburn TM, Gaston KJ (Hrsg) Macroecology: concepts and consequences. Blackwell, Oxford

Roy J, Saugier B, Mooney HA (2001) Terrestrial global productivity. Academic, San Diego

Sarukhan J (1974) Studies on plant demography – *Ranunculus repens* L., *R. bulbosus* L., and *R. acris* L. II Reproductive strategies and seed population dynamics. J Ecol 62:151–177

Scherrer D, Körner C (2009) Infra-red thermometry of alpine landscapes challenges climatic warming projections. Glob Chang Biol 16:2602–2613

Scherrer D, Körner C (2011) Topographically controlled thermal-habitat differentiation buffers alpine plant diversity against climate warming. J Biogeogr 38:406–416

Schmid B (2002) The species richness-productivity controversy. Trends Ecol Evol 17:113–114

Schmid B (2003) Biodiversität – die funktionelle Bedeutung der Artenvielfalt. Biol unserer Z 6:356–365

Silvertown J (2004) Plant coexistence and the niche. Trends Ecol Evol 19:605–611

Song X-P, Hansen MC, Stehman SV, Potapov PV, Tyukavina A, Vermote EF, Townshend JR (2018) Global land change from 1982 to 2016. Nature 560:639–643. https://doi.org/10.1038/s41586-018-0411-9

Spehn EM, Joshi J, Schmid B, Diemer M, Ch K (2000) Aboveground resource use increases with plant species richness in experimental grassland ecosystems. Funct Ecol 14:326–337

Tilman D, Reich PB, Knops J, Wedin D, Mielke T, Lehman C (2001) Diversity and productivity in a long-term grassland experiment. Science 294:843–845

Tralau H (1967) The phytogeographic evolution of the genus *Ginkgo* L. Bot Notiser 120:409–422

Walther GR, Berger S, Sykes MT (2005) An ecological ‚footprint‘ of climate change. Proc R Soc Lond Ser B-Biol Sci 272:1427–1432

Weiner J (1990) Asymmetric competition in plant populations. Trends Ecol Evol 5:360–364

Weisser WW, Roscher C, Meyer ST et al (2017) Biodiversity effects on ecosystem functioning in a 15-year grassland experiment: patterns, mechanisms, and open questions. Basic Appl Ecol 23:1–73

Whittaker RH (1975) Communities and ecosystems, 2. Aufl. MacMillan, New York

Wiens JJ, Donoghue MJ (2004) Historical biogeography, ecology and species richness. Trends Ecol Evol 19:639–644

de Witte LC, Armbruster GFJ, Gielly L, Taberlet P, Stocklin J (2012) AFLP markers reveal high clonal diversity and extreme longevity in four key arctic-alpine species. Mol Ecol 21:1081–1097

Woodward FI (1987) Climate and plant distribution. Cambridge University Press, Cambridge

Zukrigl K, Eckhardt G, Nather J (1963) Standortskundliche und waldbauliche Untersuchungen in Urwaldresten der niederösterreichischen Kalkalpen. Mitt Forstl Bundesversuchsanst Mariabrunn 62

Weiterführende Literatur

Beierkuhnlein C (2006) Biogeographie. Ulmer, Stuttgart

Crawley MJ (1997) Plant ecology, 2. Aufl. Blackwell, Oxford

Cox CB, Moore PD (2005) Biogeography – an ecological and evolutionary approach. Blackwell, Oxford

Fenner M (1985) Seed ecology. Chapman & Hall, London/New York

Frey W, Lösch R (2004) Lehrbuch der Geobotanik, 2. Aufl. Spektrum Akademischer, Heidelberg

Gibson DJ (2002) Methods in comparative plant population ecology. Oxford University Press, Oxford

Hastings A (1997) Population Biology – concepts and models. Springer, New York

Keddy PA (2001) Competition, 2. Aufl. Kluwer Academic Publishers, Dordrecht

Kratochwil A, Schwabe A (2001) Ökologie der Lebensgemeinschaften. Ulmer, Stuttgart

Pott R (2005) Allgemeine Geobotanik: Biogeosysteme und Biodiversität. Springer, Berlin

Pott R, Hüppe J (2007) Spezielle Geobotanik: Pflanze, Klima, Boden. Springer, Heidelberg

Rabotnov TA (1995) Phytozönologie: Struktur und Dynamik natürlicher Ökosysteme. Ulmer, Stuttgart

Schroeder FG (1998) Lehrbuch der Pflanzengeographie. Quelle & Meyer, Wiesbaden

Silvertown JW, Charlesworth D (2001) Introduction to plant population biology, 4. Aufl. Blackwell, Oxford

Walter H (1986) Allgemeine Geobotanik als Grundlage einer ganzheitlichen Ökologie, 3. Aufl. Ulmer, Stuttgart

Whittaker RJ, Fernàndez-Palacios JM (2007) Island biogeography – ecology, evolution and conservation, 2. Aufl. Oxford University Press, Oxford

Woodward FI (1987b) Climate and plant distribution. Cambridge University Press, Cambridge

Internetadresse

https://ipbes.net/global-assessment-report-biodiversity-ecosystem-services

Vegetation der Erde

Christian Körner

Inhaltsverzeichnis

Körner, C. 2021 Vegetation der Erde. In: Kadereit JW, Körner C, Nick P, Sonnewald U. Strasburger – Lehrbuch der Pflanzenwissenschaften. Springer Berlin Heidelberg, p. 1055–1098.

▶ https://doi.org/10.1007/978-3-662-61943-8_24

24

Die Pflanzendecke der Erde ist das Spiegelbild des Klimas, modifiziert durch regional wirksame Einflüsse des geologischen Untergrunds und von Störungen (◻ Abb. 24.1). So, wie das Klima keine scharfen geografischen Grenzen kennt, gibt es auch keine scharfen Grenzen zwischen den **Vegetationszonen**, die durch die Dominanz bestimmter Lebensformen geprägt sind (sog. **Formationen**, ◻ Abb. 23.34, ▶ Abschn. 23.4.5). Dieses Kapitel beschäftigt sich mit der **zonalen** natürlichen **Vegetation**, also jener Landbedeckung durch Pflanzen, wie sie ohne Zutun des Menschen aus den Klimabedingungen resultiert, wobei in diese eingebundene Boden- und Störfaktoren mitberücksichtigt werden (Ausnahmen s. ▶ Abschn. 24.2.16). Dies ist ein Idealbild, da menschliche Einflüsse über Jagd, Weidewirtschaft und Feuer seit Urzeiten bestehen, ohne dass deren nachhaltige Wirkung immer erkannt wird. Es würde jedoch den Rahmen dieses Kapitels sprengen, alle Abstufungen anthropogener Einflüsse, vom Waldnomadentum bis zum Ackerbau, einzubeziehen. Aus analogen Gründen werden hauptsächlich reife Stadien der Sukzession, sogenannte Endgesellschaften, also die Klimaxvegetation (▶ Abschn. 23.4.2), vorgestellt.

Neben den festen Gegebenheiten wie geografische Breite und Höhe über Meer, die beide die Temperatur beeinflussen, spielt das von den Strömungsverhältnissen in Atmosphäre und Meer mitbestimmte Wasserangebot eine entscheidende Rolle. Für die Wasserverfügbarkeit ist jedoch nicht die absolute Niederschlagsmenge, sondern die Relation Niederschlag zu Verdunstungskraft der Atmosphäre maßgeblich, wobei letztere wiederum eine Funktion der Temperatur ist. Die geografische Breite bewirkt (astronomisch bedingt) eine bestimmte Saisonalität der Temperatur, die ihrerseits direkt oder über Sekundäreffekte eine Saisonalität im Wasserangebot induzieren kann. In hohen Breiten dominiert die Saisonalität der Temperatur, in niedrigen Breiten die des Wasserangebots. Wichtig ist, dass die Temperatur selbst graduell (mehr oder weniger warm) und als Schwellenwert (Frost) wirkt. In kühlen aber frostfreien Gebieten (z. B. an manchen temperaten Küsten) können tropische Arten gedeihen, nicht aber in durchschnittlich viel wärmeren, jedoch kontinentalen und damit gelegentlich auch frostigen Gebieten. Die Meeresnähe spielt also eine große Rolle. Zonal typische Störungen wie Wirbelstürme und Feuer, aber auch Tiere wie grasende (engl. *grazer*) oder strauch- oder baumabweidende (engl. *browser*) Großsäuger und zonal typische Bodenprozesse, an denen alle biotischen und abiotischen Faktoren beteiligt sind, haben prägenden Einfluss. Trotz der Vielfalt an Umweltwirkungen (◻ Abb. 24.1) konnte die heutige Vegetation der Erde (◻ Abb. 23.21) mithilfe mathematischer Modelle – aufgrund sehr weniger Parameter (meist nur Temperatur und Niederschlag) – mit erstaunlicher Treffsicherheit vorhergesagt werden (s. z. B. Prentice et al. 1992). Dies spricht für den überragenden Einfluss des Klimas auf die Vegetation (◻ Abb. 23.34) und öffnet Möglichkeiten für Zukunftsprojektionen.

Da also den Klimazonen Vegetationszonen zugeordnet werden können, werden letztere zumeist auch mit Begriffen aus der Klimatologie bezeichnet. H. Walter hat für die klimatischen Großräume der Erde **Zonobiome** definiert (▶ Abschn. 24.2). Diese haben unterschiedliche globale Ausdehnung, sind in einigen Fällen klar umrissen (z. B. boreale Nadelwaldzone) und in anderen Fällen ein Sammelbecken für ähnliche, aber bei genauer Betrachtung doch sehr unterschiedliche Vegetationstypen. Diese Einteilung, der auch hier gefolgt wird, ist somit ein praktisches, aber notgedrungen grobes Hilfsmittel.

Der erste Abschnitt dieses Kapitels ist ein knapper Abriss der Verhältnisse in der temperaten Zone, großteils an Beispielen aus Europa. Die grundlegenden Muster sind jedoch in Nordamerika und vielen Teilen Ostasiens sehr ähnlich. Der zweite Abschnitt beschreibt in 16 doppelseitigen „Steckbriefen" die Vegetation der Erde, nach neun Zonobiomen gruppiert, wobei innerhalb einzelner Zonobiome Untergruppen nach Höhe über Meer (Gebirgs- bzw. Orobiome) oder nach Aridität gebildet werden.

24.1 Vegetation der temperaten Zone

Die temperate Zone deckt weltweit winterkalte-sommerwarme Gebiete ab, die sowohl humid-maritimes wie semiarid-kontinentales Klima einschließen. In Europa reicht diese Zone im phytogeografischen Sinn von Irland und Nordwestspanien nach Osten, allmählich verengt bis zum Ural, einschließlich der steppenartigen Regionen im Südosten. Im Norden umfasst sie die südlichen Teile Skandinaviens. Alpen und Karpaten bilden Grenzbereiche gegen die meridionale Florenregion im Süden (Klima, ▶ Abschn. 24.2.9).

24.1.1 Vom Tiefland zur untersten Bergwaldstufe

Die Klimaxformation der humiden, kühl-temperaten Zone sind sommergrüne Laubwälder (◻ Abb. 23.34, ▶ Abschn. 24.2.9). Während der Wachstumsperiode von fünf bis sechs Monaten (Ende April bis Anfang Oktober) ist die Produktivität dieser Laubwälder etwa gleich groß wie die feuchttropischer Wälder (also auf ein ganzes Jahr gerechnet etwa halb so groß). Synchroner Austrieb und Laubabwurf, winterharte Knospen und eine an die jahreszeitliche Schwankung des Lichtangebots am Waldboden angepasste Begleitflora charakterisieren diese Wälder. Nur im kontinentaleren Klima und in der kühleren Bergwaldstufe haben Nadelhölzer am Aufbau naturnaher Wälder einen stärkeren oder gar überwiegenden Anteil (▶ Abschn. 24.1.2).

Vor Beginn der intensiven menschlichen Landnutzung waren diese Gebiete weitgehend bewaldet (◻ Abb. 20.19). Nur im Gebirge findet der Wald eine obere klimatische (temperaturbedingte) Waldgrenze. Eine klimatische untere Trockengrenze des Walds ist auch in den wärmsten und trockensten Binnenlandschaften Europas nicht festzustellen, existiert jedoch im kontinentalen Bereich Nordamerikas und Asiens. Natürlich waldfrei sind Standorte, die für den Baumwuchs zu trocken sind (<250 mm a^{-1}) oder zu wenig Boden aufweisen (und deshalb zu trocken sind) oder die zu nass oder zu salzreich sind sowie Landschaften, die durch Feuerzyklen in Wechselwirkung mit herbivo-

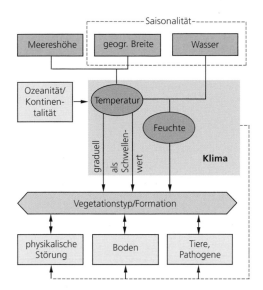

◘ Abb. 24.1 Treibende Faktoren für die Ausprägung der zonalen Vegetation der Erde. Aus Anschaulichkeitsgründen sind nicht alle Wechselwirkungen eingezeichnet (s. auch ◘ Abb. 23.1)

ren Großsäugern (z. B. Bison), also durch Störung, waldfrei sind (große Teile der Prärien und Steppen). Der ursprüngliche Wald außerhalb solcher Flächen war aber auch nicht vollkommen geschlossen. Natürliche Entwicklungszyklen, Insektenkalamitäten, Wildfeuer, Windwurf und in deren Folge weidende Großsäuger (z. B. Wisent in Europa) dürften ein Mosaik unterschiedlich offener Flächen geschaffen haben, aus denen viele unserer heutigen Wiesenpflanzen stammen. Es ist großteils menschlichen Eingriffen zuzuschreiben, dass heute im Schnitt nur noch etwa ein Drittel Europas bewaldet ist (und das vielfach nur in Form bewirtschafteter Forste).

Der mitteleuropäische sommergrüne Wald der planaren und collinen Stufe ist durch Leitarten wie *Quercus robur*, *Fagus sylvatica*, *Acer platanoides*, *Fraxinus excelsior*, Sträucher wie *Corylus avellana* und Waldbodendecker wie *Anemone nemorosa* geprägt. Der enge, florengeschichtlich bedingte Zusammenhang mit den anderen Teilgebieten des holarktischen Laubwaldgürtels (▶ Abschn. 24.2.9) ist daran erkennbar, dass die gleichen oder nah verwandte Arten auch in der sino-japonischen und in der atlantisch-nordamerikanischen Florenregion vorkommen (z. B. *Fagus*). Infolge der quartären Vergletscherungen ist die Flora der mitteleuropäischen Region jedoch sehr verarmt, die Mehrzahl der heute hier lebenden Arten konnte erst im Spät- und Postglazial aus südlichen (bzw. östlichen) Refugialräumen rückwandern (▶ Kap. 20). Das ist ein wichtiger Grund für die engen Florenbeziehungen mit der (sub)mediterranen Region. In Nordamerika und Ostasien standen der Nord-Süd-Migration keine Ost-West-Barrieren im Weg, was deren wesentlich reichhaltigere Gehölzflora erklärt.

Zu den mitteleuropäischen **Laub- und Nadelwäldern** der unteren Höhenstufen zählen:

1. Rotbuchenwälder und rotbuchenreiche Mischwälder (◘ Abb. 24.4a, b) mit Esche, Berg-Ahorn, Linde, im Süden teilweise auch Tanne und anderen. Es sind dies die vorherrschenden Wälder der westlichen Mit-

telgebirge und darüber hinaus der tieferen Lagen aller Mittelgebirge und am Fuß der Alpen. In der Ebene treten sie besonders im nährstoffreichen jungen Endmoränengebiet hervor.

2. Eichen-Hainbuchen-Mischwälder sind in tieferen Lagen auf besseren Böden vor allem dort zu finden, wo die Rotbuche, die sie sonst verdrängt, an ihre Verbreitungsgrenze gelangt oder sich ihr nähert (z. B. in Nordwestdeutschland und in den trockenen Binnenlandschaften).

3. Wärmeliebende Eichenmischwälder überziehen oft die südexponierten und trockeneren Berglehnen. In ihnen finden sich auch submediterrane Arten wie *Quercus pubescens* (Flaum-Eiche), *Acer monspessulanum*, *Cornus mas* und viele krautige Pflanzen südlicher oder östlicher Herkunft.

4. Auf nährstoffarmen, sauren Böden tieferer Lagen gedeihen Eichenwälder mit *Calluna vulgaris* (Heidekraut) und anderen anspruchslosen Pflanzen im Unterwuchs.

5. Im Bergland steigen die Eichen und ihre Begleiter weniger hoch als die Buche. Eichen- und Eichenmischwälder haben lichtere Kronen als Buchenwälder und sind daher reicher an Sträuchern und sommerlichem Unterwuchs. Die Eiche ist eine Lichtholzart, die Buche eine Schattholzart.

Auwälder werden im Folgenden separat behandelt. Unter den Nadelwäldern finden sich:

1. Kiefernwälder (mit *Pinus sylvestris*) in erster Linie auf armen, trockenen Sandböden des Flach- und Hügellands

2. Die Fichte (*Picea abies*) ist in der Niederung nur im Nordosten Europas häufig, in Mitteleuropa ist sie ein Baum des mittleren und oberen Bergwalds (◘ Abb. 24.25d), wurde aber bis ins Tiefland angepflanzt.

Unter dem Einfluss bewegten oder stehenden Wassers entwickeln sich **Flussauen**, **Verlandungsreihen**, **Bruchwälder** und **Moore** (◘ Abb. 23.31, ◘ Abb. 24.2 und 24.4e, f). Ihre ökologische Differenzierung entspricht dem Ausmaß an Überflutung, dem Nährstoffgehalt und der Anreicherung organischer Stoffe unter Luftabschluss (Torfbildung). Bei zu großer Nässe können sich schließlich keine Bäume mehr entwickeln (s. Moore).

Die Lebenswelt der **Flussauen** entlang von Bächen und Strömen ist an stark und unregelmäßig schwankenden Wasserstand angepasst (◘ Abb. 23.31 und ◘ Abb. 24.4d, e). Sedimentation (Anlandung) und Erosion (Abtragung) verändern natürliche Aulandschaften fortwährend. Überflutungen beeinträchtigen die Wurzelatmung und verursachen mechanische Schäden (besonders durch Treibeis, die Ablagerung von Kies, Sand und Aulehm), sie führen den Auen aber auch Nährsalze

24

und organische Abfallprodukte zu. Bei Niedrigwasser können sich offene Kies- und Sandböden oberflächlich stark erhitzen und bis in große Tiefen austrocknen. Die Intensität dieser Einflüsse nimmt vom Ober- zum Unterlauf der Fließgewässer und vom tiefliegenden Flussbett zum überschwemmungsfreien hochliegenden Auenrand stufenweise ab (s. Vegetationszonierung, ◨ Abb. 23.31).

An **Stillwässern** tritt die Ablagerung von anorganischem Material zurück; dafür bildet sich aus den abgestorbenen Resten der Pflanzen- und Tierwelt organogener Schlamm (Mudde) oder Torf, was die Wassertiefe mit der Zeit immer mehr verringert. Da die Wasser- und Ufervegetation der Wassertiefe entspricht, führt das zu einer zentripetalen Verschiebung der einzelnen Pflanzengesellschaften und schließlich zum Verschwinden des Gewässers (Verlandung, ◨ Abb. 24.4f). In einem nährstoffreichen (eutrophen) Stillwasser bildet sich aus dem hier reich entwickelten Plankton eine als Gyttja bezeichnete Mudde, die bei reichlichem Anteil von Carbonat auch als weiße Seekreide entwickelt sein kann, welche mit den darin eingeschlossenen Pflanzen-, Tier- und Planktonresten ein wertvolles Klimaarchiv darstellt.

Als **Moore** bezeichnet man die Lagerstätten von Torf und ihre Vegetationsdecke; Torfe sind die Ablagerungen der Reste von Moosen und Höheren Pflanzen, die sich mangels Sauerstoff in allmählicher Inkohlung befinden, wobei ihre Gewebestruktur lange erhalten bleibt. Bei der Verlandung von Gewässern oder über versumpfendem Mineralboden entstehen so **Flachmoore**. Sie sind entsprechend der Zusammensetzung des Stauwassers mehr oder weniger nährstoffreich, ihr Torf reagiert oft nur schwach sauer oder neutral (Schilf-, Seggen- oder Waldmoore und Bruchwälder). In niederschlagsreichem Klima können sich Decken dauernd feuchter Torfmoose (*Sphagnum*-Arten) ausbilden, deren abgestorbene untere Teile vom Wasser durchtränkt bleiben, wobei die Oberfläche immer höher wächst und die vorherige Vegetation (auch der Baumbestand) abstirbt. Solche, nur über das Niederschlagswasser und durch Flugstaub ernährte, also sehr nährstoffarme **Hochmoore** (◨ Abb. 24.2 und 24.4h, i) können sich uhrglasförmig einige Meter über ihre Umgebung empor wölben. Rings um die Hochfläche verläuft ein Randsumpf, der einem Flachmoor entspricht. Auf der Hochfläche wechseln häufig kleine, meist von Ericaceen besiedelte Hügel, die Bülten, mit nassen Senken, den Schlenken. Nur wenige Arten von Blütenpflanzen können am Hochmoor gedeihen, z. B. *Calluna vulgaris*, *Vaccinium oxycoccos*, *V. uliginosum*, *Andromeda polifolia* (alles Ericaceen), *Eriophorum vaginatum*, *Trichophorum cespitosum* u. a. Cyperaceen und die insektivoren *Drosera*-Arten (Sonnentau).

An den Meeresküsten (unter Steppenklima stellenweise auch im Binnenland) wird die Pflanzendecke durch die Anreicherung von Salz beeinflusst (Halophytenvegetation). In der nordwesteuropäischen Florenregion sind dies die **Salzmarschen** (◨ Abb. 24.39i) und **Küstendünen** an der Nord- und Ostseeküste.

An der deutschen Nordseeküste geht die Vegetationsentwicklung vielfach von der Besiedlung der **Watten** aus. Das sind seichte Meeresteile, in denen ein nährstoffreicher, sandig-toniger Schlick abgelagert wird, der bei Ebbe größtenteils trocken liegt. Eine typische Artenabfolge entlang eines Salzgradienten illustriert ◨ Abb. 22.29. Unter dem Wasserspiegel wachsen Seegräser (*Zostera*, *Ruppia*). Im Schlick bis zur Mittelhochwassergrenze gedeihen Quellerarten (*Salicornia europaea* agg.). An nicht mehr regelmäßig überfluteten Stellen der Strandterrasse entwickeln sich Andelwiesen mit dem vorherrschenden Gras *Puccinellia maritima* (Andel). Auf noch höherem Terrain folgen zunächst noch salzige Rotschwingelwiesen mit *Festuca rubra* agg., *Armeria maritima* und anderen und zuletzt fast salzfreie Trockenwiesen und Pioniere der Waldvegetation. Die durch die Ablagerung von Schlick (◨ Abb. 24.4k, l) entstandenen Wiesen heißen **Marschen** (◨ Abb. 24.4j). Die künstliche Förderung dieser Vegetationsentwicklung durch Eindeichen ermöglicht den Gewinn von fruchtbarem Neuland.

An sandigen Meeresküsten bilden sich **Dünen** (◨ Abb. 24.3 und 24.39). Den noch stark durchfeuchteten, salzreichen Sandstrand besiedeln Spülsaumgesellschaften mit den Annuellen *Cakile maritima*, *Salsola kali*, *Atriplex prostrata* und anderen. Dann kann die Binsenquecke, früher Strandquecke (*Elytrigia juncea* = *Elymus farctus*), mit ihren Ausläufern Fuß fassen. In ihrem Windschatten schlägt sich der verwehte Sand nieder, es entstehen kleine Primärdünen. Diese Sandanhäufungen werden nun durch die Niederschläge entsalzt und dienen dann vor allem dem Strandhafer (*Ammophila arenaria*) als Standort. Dadurch setzt sich die Dünenbildung fort. Durch den neu aufgewehten Sand vermögen die meisten Dünenpflanzen immer wieder (klonal) hindurchzuwachsen, womit diese sekundären Weißdünen immer größer und höher werden (◨ Abb. 24.3 oben, ◨ Abb. 24.39k). Wenn die Düne dem Wind nicht mehr so stark ausgesetzt ist (etwa durch Bildung neuer Dünen vor ihr), wird sie von der Vegetation ganz ersetzt und zur tertiären zur tertiären Graudüne. Auf den Nordseeinseln sind dann Zwergstrauchgesellschaften mit *Salix repens* und *Hippophae* oder mit *Empetrum* und *Calluna*, an der Ostsee Kiefernwälder vorherrschend. Fortschreitende Bodenbildung leitet zur Braundüne über. Wird die feste Pflanzendecke zerstört, kann die Dünenbildung neu aufleben (Wanderdünen, z. B. auf Sylt; Beispiel aus Oregon s. ◨ Abb. 24.3 und 24.39j).

Auf flachgründigen, wasserarmen Böden entstehen in Südlagen **Trockenrasen** mit vielen östlichen und südlichen Taxa (z. B. *Pulsatilla*, *Stipa*, *Artemisia*, *Astragalus*, *Fumana*, *Teucrium*). Wird der Boden tiefergründig, siedeln sich Sträucher an (z. B. *Cornus sanguinea*, *Viburnum lantana*), und zuletzt folgen die bereits erwähnten, wärmeliebenden **Eichenmischwälder**. Auf Silikatfelsen, kalkarmen Sandböden, aber auch im schmalen waldfreien Saum längs der Küsten (und örtlich über extrem sauren Anmoorböden) liegen in den unteren Hö-

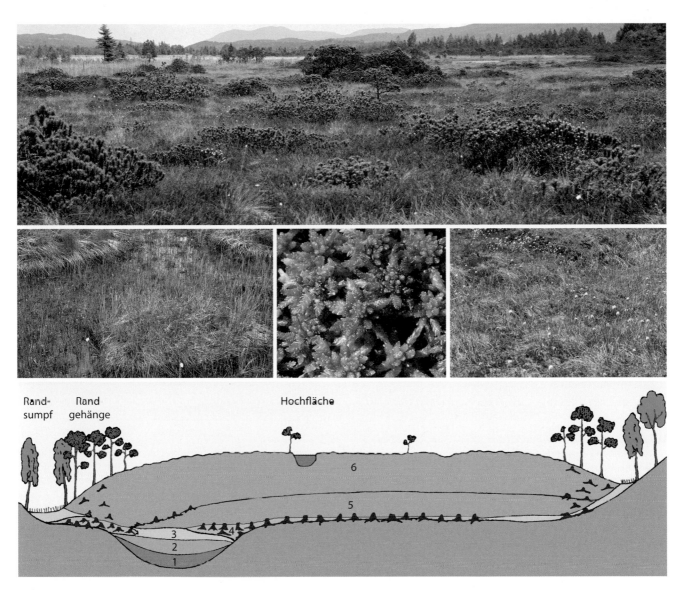

Randsumpf Rand gehänge Hochfläche

◘ Abb. 24.2 Das Hochmoor. Oben: Hochmoorfläche mit Zwergföhren (*Pinus mugo* aggr., Murnauer Moos, Bayern; Aufnahme A. Krebs, ETH Zürich Bildarchiv) mit Moor-Schlenke und Beispiel für Torfmoos (*Sphagnum* sp., Aufnahmen M. Küchler) und Moor-Bülten (Aufnahme A. Trebsch). Fast alle ursprünglichen Hochmoore wurden durch historischen Torfstich verändert oder ganz zerstört (◘ Abb. 24.4i). Unten: Schema des Schichtbaus eines mitteleuropäischen Hochmoors (Schnittbild). Entstehung teilweise über einem verlandeten See: 1 Mudde; 2 Schilftorf; 3 Seggentorf, teilweise durch Versumpfung eines Walds; (◘ Abb 24.4h) 4 Waldtorf; 5 älterer, 6 jüngerer *Sphagnum*-Torf; in der Mitte der Hochfläche ein wassergefüllter Kolk (Moorauge); mineralischer Untergrund grau. (Nach F. Firbas)

henstufen die natürlichen Standorte der **Zwergstrauchheiden**, in denen niedrige Ericaceen wie *Calluna vulgaris* die Pflanzendecke bilden. Besonders typisch sind die an ein ozeanisches Klima gebundenen und durch Weide- und Feuerwirtschaft anthropogen entstandenen nordwestdeutschen **Heiden** auf armen Sand- und Podsolböden (z. B. Lüneburger Heide). Hier kommt neben der dominanten *Calluna* (Besenheide, auch Heidekraut genannt), als einzige baumartige Holzpflanze der gegen Verbiss unempfindliche Wacholder (*Juniperus communis*) vor. Heute ist der größte Teil dieser Heidelandschaft wieder bewaldet oder in Ackerland verwandelt.

Noch stärker vom Menschen geprägt sind die **Wiesen** und **Weiden**. Dieses Kulturgrünland nimmt in Deutschland und Österreich über 20 % der Gesamtfläche ein und bildet die Grundlage für die Vieh- und Milchwirtschaft (▶ Abschn. 22.9.3). Die meisten Wiesen befinden sich auf ehemaligen Waldstandorten und werden durch regelmäßige Mahd (**Mähwiesen**) oder Beweidung (**Weiden**) gehölzfrei gehalten. Je nach Bodenverhältnissen und der Art der Nutzung entstehen unterschiedliche Wiesentypen: **Magerwiesen** (auf armen Böden) werden nur einmal im Jahr gemäht und kaum gedüngt (Leitarten auf kalkarmen Böden *Agrostis capillaris* [= *A. tenuis*], auf kalkreichen *Bromus erectus*). Artenreiche **Fettwiesen** (auf reicheren Böden) werden im Jahr zwei- bis dreimal gemäht und danach oft noch beweidet. Sie erfordern eine dauernde kräftige Düngung (Leitarten in tieferen Lagen *Arrhenatherum elatius*, in höheren *Trisetum flavescens*). **Sumpfwiesen** werden in der Regel nicht gedüngt und oft nur zur Stallstreugewinnung genutzt. In ihnen herrschen auf

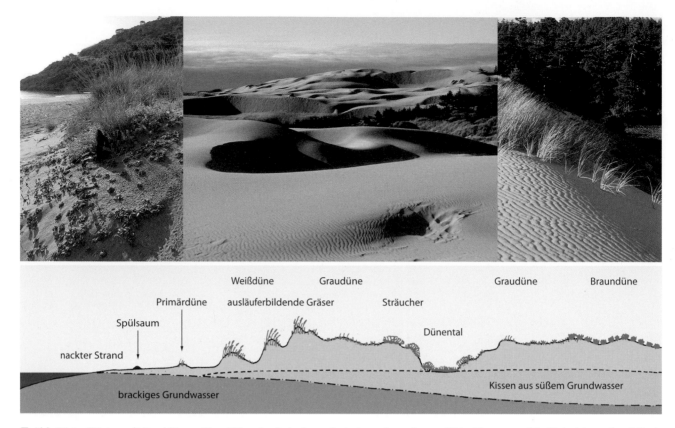

◘ Abb. 24.3   Küsten mit Sanddünen. Oben Dünenlandschaften mit stark grasbewachsener Weissdüne meerseitig (Beispiel aus dem Mittelmeergebiet) und ausgeprägtem Dünental und bewaldeten Dünen landeinwärts an der Pazifikküste (Oregon Dunes). Unten: Schema zur Bildung und Besiedlung von Dünen an der Nordseeküste: vom Meer zum Land hin abnehmende Salzkonzentration und zunehmende Bodenbildung; die Braundüne ist unter natürlichen Bedingungen bereits bewaldet. (Nach H. Ellenberg)

dauernassen Böden verschiedene Seggen-(*Carex*-)Arten (‚saure' Wiesen), auf wechselfeuchten Böden das Pfeifengras (*Molinia caerulea*). Auf trockenen Böden finden sich beweidete, artenreiche **Halbtrockenrasen** (Triften) mit *Festuca ovina* agg., *Bromus erectus*, *Brachypodium pinnatum*. Vielfach werden heute artenarme Kunstwiesen (Einsaaten) angelegt, in denen *Lolium perenne* (Rye-Gras) und *Trifolium pratense* (Wiesenklee) dominieren. Das intensiv genutzte **Kulturland** (Äcker, Gärten) und die zugehörigen **Unkrautfluren** bedecken heute ein Drittel der Gesamtfläche Mitteleuropas und den Großteil ackerfähiger Böden (◘ Abb. 22.50 und ◘ Abb. 24.4m–o).

24.1.2 Oberer Bergwald und alpine Stufe

Die vertikale Gliederung der Vegetation in den Berggebieten der temperaten Zone ist im gesamten holarktischen Florenreich sehr ähnlich, oft sogar durch dieselben Gattungen geprägt, die hier vorgestellte Situation in Europa hat daher Beispielcharakter. Die Alpen und Karpaten beherbergen in ihren oberen Vegetationsstufen (hochmontan, subalpin, alpin, nival) eine charakteristische **Flora** von an die tausend, teilweise endemischen, Gefäßpflanzenarten. Ihre Verwandtschaftsbeziehungen deuten auf eine Herkunft aus Formenkreisen der unteren Höhenstufen im südlichen Europa, der übrigen europäischen bzw. asiatischen Gebirge oder auch der Arktis. Die Endemiten bezeugen die relativ selbstständige Entwicklung der Alpenflora und ihre Überdauerungsmöglichkeiten am Rand der eiszeitlichen Gletscher. Die weiter verbreiteten und heute vielfach disjunkten boreal-montanen bis arktisch-alpinen Arten schließlich dokumentieren den intensiven Florenaustausch, der während der quartären Kaltzeiten (dem jüngsten Abschnitt des Känozoikums) und im Postglazial bestanden hat. Dieser Austausch fand einerseits zwischen den Alpen und Karpaten statt und andererseits mit den südeuropäischen (*Crocus*, *Dianthus*, *Helianthemum*) bzw. asiatischen (*Primula*, *Leontopodium*) Gebirgen sowie dem circumarktischen (*Oxyria*, *Saxifraga*) und -borealen

■ **Abb. 24.4** Kultur- und Naturlandschaften Mitteleuropas. **a–c** Artenreicher Rotbuchen-Eichen-Hainbuchen-Laubwald am Oberrhein in Grund- und Aufriss als Beispiel für ein hoch diverses, mitteleuropäisches Waldökosystem der collinen Stufe (zwölf Baumarten); **a** Austriebsphase im Frühjahr. **b** Hochsommer. **c** Beginnende Laubverfärbung im Herbst. Junge **d** und reife **e** Weichaue an einem Fließgewässer und ein Teich **f** als Beispiel für die Vegetation an einem stehenden Gewässer. **g–i** Atlantische Heide mit *Ulex europaeus* und Hochmoor mit Torfstich in Westirland. Der freigelegte Baumstumpf einer Kiefer **h** bezeugt Wald vor 1600 Jahren. Eingedeichte Marsch **j** und Landgewinnung im Watt vor dem Deich **k, l** an der jütländischen Nordseeküste (Ribe). **m** Reich strukturierte Kulturlandschaft im Südelsass (Leimental). **n** „Ausgeräumte" Agrarflächen im Marchfeld bei Wien. **o** Halbnatürliches Grasland und Salzwiesen der pannonischen Tiefebene (südwestlich von Kesckemet, Ungarn)

(*Empetrum, Vaccinium*) Raum. Europäisch-(montan-) alpin sind z. B. *Soldanella, Aster* und *Geum*.

Maßgeblich für die **Höhenstufengliederung** der Vegetation (= Vegetationsstufen, ◻ Abb. 23.36) sind die Abnahme der Temperatur, die Verkürzung der Vegetationszeit, die Verlängerung der Schneebedeckung und andere Eigenschaften des Gebirgsklimas.

In den Alpen, und zum Teil auch in den höheren Mittelgebirgen, kann man folgende Höhenstufen unterscheiden (die Untersten wurden schon in ▶ Abschn. 24.1.1 behandelt, die Höhenangaben für das Bergland in Metern gelten für die Alpen):

- planar-collin: Ebenen- und Hügellandstufe, bis ca. 300–500 m
- submontan: unterste Bergwald-(Übergangs-)stufe, bis ca. 400–700 m
- montan: untere (600–1100 m), mittlere (1000–1500 m) und obere Bergwaldstufe (1400– ca. 2000 m)
- subalpin: Kampfwald- und Krummholzstufe, ca. (1700) 1900–2200 (2300) m; Waldgrenzökoton
- alpin: geschlossene Zwergstrauch- und Grasheiden, auch offene Geröll und Felsfluren bis ca. 2500–3000 m
- subnival: Vegetationsfragmente und Einzelpflanzen bis ca. 3000–3300 m
- nival: Schneestufe, offene Stellen oberhalb der klimatischen Schneegrenze; Gefäßpflanzenpioniere an günstigen Mikrohabitaten bis 4500 m

Die Grenzen der einzelnen Höhenstufen schwanken auch innerhalb eines Gebirgszugs mit der Topografie, der Exposition und dem Substrat. Im Inneren der Gebirge liegen die Vegetationsstufen höher als an den Außenketten (Massenerhebungseffekt). Die **Waldgrenze**, also die obere Grenze des geschlossenen, hochmontanen Bergwalds (engl. früher *timberline*, besser *forest line*) ist keine eigentliche Grenze, sondern der untere Rand einer Übergangszone in der der Wald zunehmend lückenhaft wird und sich mit der baumlosen, alpinen Vegetation verzahnt (◻ Abb. 24.25b). Die Verbindungslinie der letzten Baumgruppen wird als Baumgrenze (engl. *treeline*) und der obere Rand der Verbreitung verkrüppelter oder verzwergter Einzelindividuen als Baumartgrenze (engl. *tree species line*) bezeichnet. Diese gesamte Übergangszone wird auch Waldgrenzökoton (engl. *treeline ecotone*) genannt. Der sehr uneinheitlich gebrauchte Begriff „subalpin" passt am ehesten zu dieser Übergangszone, die weder Wald noch alpin ist, sondern ein Mosaik aus beiden Elementen darstellt. Wo Bäume nicht durch lokale Störung (Lawinen, Hanginstabilität) oder menschliche Landnutzung (Weidewirtschaft) zurückgedrängt wurden, folgt die natürliche Baumgrenze in den Alpen heute grob der 7 °C-Isotherme der Durchschnittstemperatur während der Wachstumsperiode (120–150 Tage), was etwas höher ist als der weltweite Mittelwert von ca. 6,4 °C, weil die Klimaerwärmung in den Alpen schneller voranschritt als im globalen Mittel und die Baum-

grenze dem nur verzögert folgen kann (Körner 2021). Die niedrige Temperatur bestimmt also die obere Grenze ungestörter Wälder weltweit. Bäume erreichen diesen Grenzwert in geringerer und einheitlicher Höhe über Meer als alpine Pflanzen, da sie durch ihren aufragenden Wuchs eng an die atmosphärischen Bedingungen gekoppelt sind. Die niederwüchsige alpine Vegetation entzieht sich expositionsabhängig, periodisch (unter Sonnenbestrahlung) der Kälte durch ihren Einfluss auf das Mikroklima (▶ Abschn. 24.2.11).

In den Nadelmischwäldern der (ozeanisch-)**montanen Stufe** dominieren Fichte und Tanne (*Picea abies* und *Abies alba*). In den kontinentaleren oder höheren Lagen (meist auf nährstoffarmen Podsolböden mit stark saurer Rohhumusauflage) tritt die Tanne zurück. Typische Unterwuchsarten sind dann Heidel- und Preiselbeere (*Vaccinium myrtillus, V. vitis-idaea*), Farne (z. B. *Blechnum spicant*), Gräser (z. B. *Calamagrostis villosa*). Im hoch montanen Wald der Zentralalpen wird die Fichte mit zunehmender Höhe durch die Zirbe (= Arve, *Pinus cembra*) und die sommergrüne Lärche (*Larix decidua*) ersetzt.

In der **subalpinen Übergangszone** treten in die Lücken des fragmentierten Walds Zwergstrauchbestände mit *Rhododendron* und *Vaccinium*, Hochstaudenfluren, natürliche Wiesen, lawinenbedingte Rasen, aber auch Gebüsche der Grünerle (*Alnus viridis* = *A. alnobetula*) oder Legföhre (*Pinus mugo*). Die zunehmend von Verletzungen verformten Einzelbäume bilden häufig gemeinsam mit diesen Gebüschen sogenanntes Krummholz (auch Kampfzone genannt).

Alpine Pflanzengesellschaften (◻ Abb. 24.27a, b) sind außerhalb der Alpen und Karpaten noch verarmt in den Sudeten ausgebildet. In der unteren alpinen Stufe herrschen zunächst noch Zwergstrauchheiden, besonders mit *Vaccinium*-Arten und an Windecken (◻ Abb. 21.18) mit der sehr widerstandsfähigen Gämsheide oder Alpenazalee (*Kalmia procumbens* = *Loiseleuria procumbens*; eine kleinblättrige, niederliegende Ericacee). Daneben und darüber finden sich Rasengesellschaften, die sich mit zunehmender Höhe immer mehr auflockern und verarmen: Auf sauren Böden dominiert nahe der Waldgrenze (auf Weiden auch tiefer) häufig Bürstlingsrasen (*Nardus stricta*), oberhalb der Zwergstrauchstufe die Krumm-Segge (*Carex curvula*), auf Kalkböden das Blaugras (*Sesleria caerulea*) bzw. an Windkanten die Polster-Segge (*Carex firma*). Wichtige Gattungen der Fels- und Schuttgesellschaften sind *Androsace, Draba, Gentiana, Minuartia, Oxyria, Saxifraga, Silene* und andere (▶ Abschn. 24.2.11). In lange von Schnee bedeckten Mulden, den Schneetälchen, gedei-

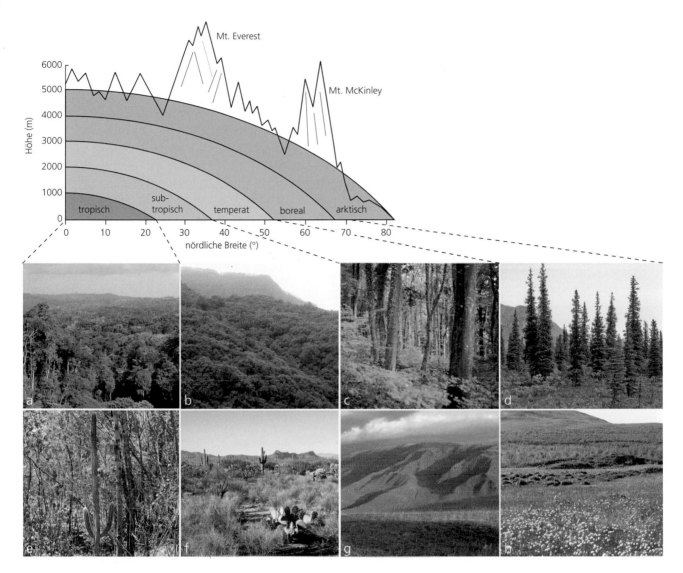

▣ Abb. 24.5 Oben: Mit geografischer Breite und Höhe über Meer ändern sich die Vegetations- und Klimazonen in ähnlicher Weise, wenn man nur humide Regionen vergleicht. In diesem Beispiel wurde von einem tropischen Hochgebirge ausgegangen, das vom feucht-tropischen Wald bis in die nivale Stufe ragt. 1 km in der Höhe entspricht einer latitudinalen Distanz von fast 2000 km, d. h. 4 km vertikal zur tropisch-alpinen Waldgrenze entsprechen der latitudinalen Distanz von fast 8000 km vom Äquator zur polaren Waldgrenze bei 68–70° nördlicher Breite in Europa. Unten: Temperatur (geografische Breite) und Wasserangebot prägen die Vegetation der Erde. **a, e** Humide und semiaride Tropen. **b, f** Humide und semiaride Subtropen. **c, g** Humide (ozeanische) und semiaride (kontinentale) temperate Zone. **d** Boreale Zone. **h** Subarktische Zone

hen sehr bezeichnende Pflanzengesellschaften mit niedrigen Kriechweiden (besonders *Salix herbacea*) und *Soldanella*-Arten. In die **nivale Stufe** schließlich dringen nur noch wenige Blütenpflanzen vor, z. B. *Ranunculus glacialis*, *Saxifraga*-Arten (Höhenrekord der Alpen: *Saxifraga oppositifolia* auf 4505 m, am Dom de Mischabel, Wallis).

24.2 Die Biome der Erde

Die klimazonentypischen Biome (daher Zonobiome) treten rund um den Erdball in charakteristischen Breitengraden auf. Innerhalb einer Breitengradzone werden

humide (feuchte, regenreiche), semiaride (periodisch aride) und aride (sehr trockene, regenarme) Zonen unterschieden. In allen diesen Temperatur- und Feuchtezonen gibt es charakteristische Gebirgs- oder Orobiome. Die latitudinale Zonierung der Biome entspricht von der Temperatur her (nicht von der Tageslänge und Saisonalität) der Höhenzonierung im Gebirge (▣ Abb. 24.5). Man kann in einem feucht-tropischen Gebirge über kurze Distanz alle humiden Temperaturzonen der Erde durchstreifen. Wegen der unterschiedlichen Saisonalität (Frostgefährdung) entsprechen sich aber die Vegetationszonen nur sehr grob. Diese **Kompression der Lebenszonen** in tropischen Gebirgen erklärt jedoch deren

24

Artenreichtum, wenn man bei großmaßstäblicher Betrachtung alle Höhenstufen zusammenfasst. Die einzelnen Lebenszonen (Höhenstufen) sind nicht notwendigerweise artenreicher als anderswo (◨ Abb. 23.21).

Im Folgenden werden 16 Biome behandelt. Die Lage dieser Biome folgt im Wesentlichen den Temperatur- und Niederschlagsbedingungen auf den Kontinenten (◨ Abb. 24.6).

Die Gebirgsbiome, obwohl in allen Klimazonen vertreten, werden hier nur für die temperate und subtropisch/tropische Zone separat behandelt (jeweils montane und alpine Stufe). Die vorgestellten Biome entsprechen nach folgendem Schlüssel den Zonobiomen (ZB) von H. Walter:

- ZB I ▶ Abschn. 24.2.1, 24.2.2 und 24.2.3
- ZB II ▶ Abschn. 24.2.4 und 24.2.5
- ZB III ▶ Abschn. 24.2.6
- ZB IV ▶ Abschn. 24.2.7
- ZB V ▶ Abschn. 24.2.8
- ZB VI ▶ Abschn. 24.2.9, 24.2.10 und 24.2.11
- ZB VII ▶ Abschn. 24.2.12 und 24.2.13
- ZB VIII ▶ Abschn. 24.2.14
- ZB IX ▶ Abschn. 24.2.15

Die abschließend ausgewählten Beispiele für die nur begrenzt zonale Vegetation der Küsten (▶ Abschn. 24.2.16) fallen in ZB I, II, IV und VI.

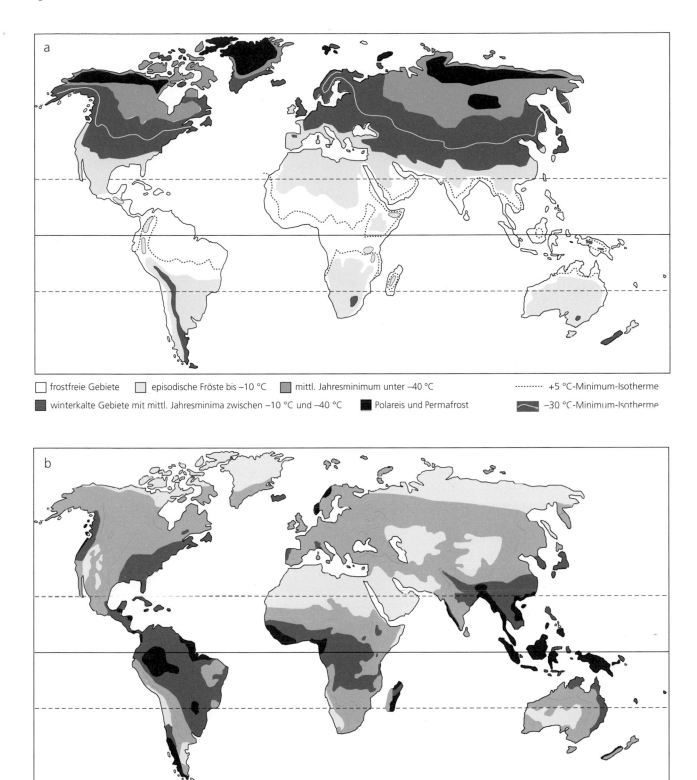

a

frostfreie Gebiete ☐ episodische Fröste bis –10 °C ☐ mittl. Jahresminimum unter –40 °C ⬚ ·········· +5 °C-Minimum-Isotherme

■ winterkalte Gebiete mit mittl. Jahresminima zwischen –10 °C und –40 °C ■ Polareis und Permafrost ～ –30 °C-Minimum-Isotherme

b

☐ < 250 mm ■ 250 – 500 mm ■ 500 – 1 000 mm ■ 1 000 – 2 000 mm ■ > 2 000 mm Niederschlag

◘ **Abb. 24.6** Die globale Verteilung der beiden wichtigsten meteorologischen Größen, die die Vegetation der Erde bestimmen. **a** Maximale Abkühlung der Luft (Frost). **b** Jahressumme des Niederschlags. Die Gebirge und die so bedeutungsvolle Saisonalität des Niederschlags bleiben hier unberücksichtigt. (**a** aus Larcher 1994, **b** aus Walter und Breckle 1999)

24

24.2.1 Feucht-tropische Tieflandwälder

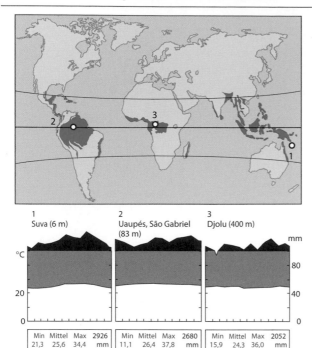

1 Suva (6 m)	2 Uaupés, São Gabriel (83 m)	3 Djolu (400 m)

Min	Mittel	Max	2926		Min	Mittel	Max	2680		Min	Mittel	Max	2052
21,3	25,6	34,4	mm		11,1	26,4	37,8	mm		15,9	24,3	36,0	mm

Die Wälder der perhumiden, äquatornahen Tiefländer (◨ Abb. 24.8); heute noch 16–17 Mio. km², etwa die Hälfte aller geschlossenen Wälder, (ca. 11 % der Landfläche) sind keineswegs einheitlich, wie der unscharfe Begriff Regenwald suggeriert. Sowohl floristisch wie auch klimatisch und bodenbedingt bestehen regional deutliche Unterschiede. Die drei tropisch-humiden Großregionen sind das nördliche Südamerika und Amazonien, das westliche Zentralafrika (Kongobecken und Küstengebiete) und Südostasien (Südindien, Malaysia und Malaysischer Archipel, Neuguinea, Nordspitze Australiens).

Die Tropen (zwischen den Wendekreisen) sind im Tiefland frostfrei (◨ Abb. 24.5) und stellen flächenmäßig die größte Klima- und Vegetationszone der Erde dar, was sich schon allein aus der Kugelform der Erde ergibt. Der immerfeuchte Bereich ist jedoch nur ein Teil der innersten, ca. ±10 Breitengrade vom Äquator gelegenen Kernzone. Die Jahresmitteltemperatur liegt zwischen 24 und 30 °C, der Jahresniederschlag zwischen 2000 und 4000 mm, regional auch darüber. Kurze, regenlose Perioden bedeuten für Epiphyten Stress (daher häufig Sukkulenz, CAM-Gaswechsel, Austrocknungstoleranz) und liefern Signale zur innerartlichen Synchronisierung des Blühens in einem am jahreszeitenfreien Klima. Zyklische Klimaphänomene wie El Niño (alle 3–7, meist 5 Jahre) können in Ostasien längere Trockenperioden bewirken (gleichzeitig Katastrophenregen an der Westküste Südamerikas).

Wärme und hohe Feuchtigkeit begünstigen die Stoffumsätze im Boden derart, dass sich kaum Humus anreichert und die Böden stark ausgelaugt sind (Oxisols, das sind rotbraune Lateritböden; Quarzsandböden). Das Mineralstoffkapital des feucht-tropischen Walds befindet sich großteils in der Pflanzenmasse selbst (bei Kalium bis über 90 % des Ökosystemvorrates), was die katastrophalen Folgen des Abbrennens dieser Wälder erklärt. Über Jahrtausende im Biomassekreislauf akkumuliertes Mineralstoffkapital wird dabei schlagartig mineralisiert und dem Regen preisgegeben. Natürlicherweise werden die Mineralstoffe aus pflanzlichem Abfall sofort via Mikroben und Mykorrhizapilze gebunden und den Wurzeln zugeführt (geschlossener

Kreislauf; bestens nährstoffversorgte Wälder, obwohl der Boden fast keine Nährstoffe enthält). Die geringen Mineralstoffverluste an das Abflusswasser werden laufend durch Ferntransport von Flugstaub ersetzt, im Amazonasbecken nachweislich aus der Sahara.

Bestandsstruktur. Baumkronen zwischen 30 und 50 (70) m hoch, mit **Epiphyten** (Bromeliaceae, Orchidaceae, Farne), bilden das stark zerklüftete oberste Stockwerk, darunter stehen subdominante oder jüngere Bäume, darunter eine **Strauch-** (z. B. *Piper*) und **Großstaudenschicht** (z. B. *Musa*, *Heliconia*) und Bodendecker. **Lianen** (Winder, Ranker, Haftwurzler, Spreizklimmer; ▶ Tab. 3.1; ◨ Abb. 24.7) durchziehen alle Stockwerke. Manche Lianen (Würger) erstarken nach Erreichen der Kronenschicht so stark, dass sie selbstständig werden (typisch für *Ficus*). **Epiphylle** (Algen, Moose, Flechten) besiedeln Blätter. Tropische Urwälder sind ein Mosaik unterschiedlich alter Bestände. Die Regeneration wird stark von Epiphyten und Lianen beeinflusst, unter deren Last Bäume umstürzen. Frische Bestandslücken werden von raschwüchsigen Taxa dominiert (*Cecropia*, *Ochroma* = Balsa, *Musanga*, *Macaranga*). Bäume der späten Sukzession werden ähnlich alt wie in der temperaten Zone (150–250 Jahre). Oft ist der Wurzelansatz am Stammfuß als Stütze verbreitert (Brettwurzeln, adventive Stelzwurzeln bei Palmen). Die Blätter der Kronenschicht sind leicht ledrig (und als Antwort auf die Nährstoffkonkurrenz langlebig, ▶ Abschn. 22.6.3), meist elliptisch und ganzrandig und werden oft schubartig in so großer Masse gebildet, dass sie zunächst noch unfertig rötlich und schlapp erscheinen (Schüttellaub), was als Trick zur kurzfristigen Überforderung von Herbivoren verstanden wird. Viele tropische Arten erleiden bereits bei niedrigen Plusgraden (<7 °C) irreversible Schäden (Chilling, ▶ Abschn. 22.6.3). Lichtkonkurrenz ist der entscheidende ökologische Faktor.

Pantropisch wichtige Familien sind die Araceae (z. B. *Monstera*), **Arecaceae** (Palmen), Araliaceae (*Schefflera*), Bignoniaceae, Caesalpinioideae (Unterfamilie der Fabaceae), Lauraceae, **Moraceae** (*Ficus*), Piperaceae, Zingiberaceae und andere. Typische paläotropische Familien sind die **Dipterocarpaceae** (geflügelte Früchte; ◨ Abb. 24.7) und die Pandanaceae (Schraubenpalmen), neotropische die Bromeliaceae (*Tillandsia*). Auf 1 ha finden sich 60–100 (Rekord in Peru 300) Baumarten, wovon zwei Drittel nur mit einem Individuum vertreten sind. Die große Artenvielfalt erklärt sich aus der geringen Störung (keine Eiszeiten, keine Dürre), dem Fehlen von Frost, dem großen Alter der Ökosysteme und den ursprünglich großen, zusammenhängenden Arealen.

◨ **Abb. 24.7** *Dipterocarpus*-Samen, Borneo (links). Lianen: Winder, Ranker, Spreizklimmer, Haftklimmer u. a. (rechts)

Abb. 24.8 a–d Wälder der humiden Tropen (**a–c** pazifisches Panama, **d** Papua-Neuguinea) mit ausgeprägten Regenerationslücken. **e, f** Brettwurzeln stabilisieren und Lianen dynamisieren. **g** Epiphylle erzwingen Blatterneuerung. **h** Große Verluste an Herbivore (hier verursacht von Blattschneiderameisen)

24

24.2.2 Feucht-tropische Bergwälder

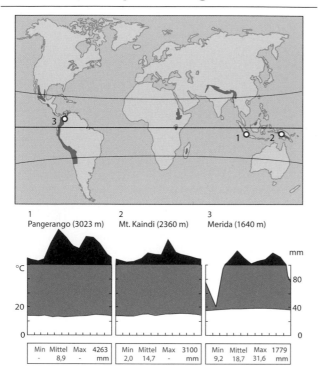

1
Pangerango (3023 m)

2
Mt. Kaindi (2360 m)

3
Merida (1640 m)

	Min	Mittel	Max	4263
	-	8,9	-	mm

	Min	Mittel	Max	3100
	2,0	14,7	-	mm

	Min	Mittel	Max	1779
	9,2	18,7	31,6	mm

Oberhalb 1000–1800 m, bis in Höhen von 3000–4000 m, liegt die Zone der tropisch-montanen Wälder (auch Bergregenwälder, Nebel- und (Passat-)Wolkenwälder, ☐ Abb. 24.10). Höhenbedingt erhalten sie noch mehr Regen bzw. ist die Verdunstung bei gleichem Niederschlag geringer. Sie geraten fast täglich vormittags in die konvektive **Kondensationszone** (Nebel ab ca. 1800 m), in der sie bis zum späten Nachmittag bleiben, oder befinden sich im Stau permanent andriftender Passatwolken. Am unteren Rand erreichen diese Wälder bis zu 45 m Höhe, nahe der tropischen **Waldgrenze**, die bei ausreichend hohen Bergen zwischen 3600 und 4000 m liegt, nur noch 3–5 m (Krummholz).

Die Jahresmitteltemperaturen liegen in 2000 m bei ca. 17 °C (also nahe dem Mittelwert für Juli in Mitteleuropa), in 3000 m bei 11 °C, und erreichen an der Baumgrenze etwa 6 °C. Leichte Fröste sind ab ca. 2500 m möglich aber sehr selten, ab 3000 m häufiger, ab 4000 m treten sie fast jede Nacht auf (▶ Abschn. 24.2.3). Die Niederschläge übersteigen in der unteren Bergwaldstufe 2000 mm deutlich, was bei der stark erniedrigten Verdunstung ein Überangebot an Wasser bedeutet und an Hängen ein großes Erosionsrisiko darstellt. Eine intakte Vegetationsdecke ist daher zum Bodenschutz in dieser Höhenlage unabdingbar. Oberhalb der Kondensationszone gehen die Niederschläge zurück, biologisch relevanter Wassermangel herrscht aber zumeist nicht.

Mit zunehmender Höhe bilden sich mächtige Rohhumus und Moderauflagen, in denen viele Nährstoffe festgelegt und den Pflanzen nicht unmittelbar verfügbar sind. Die kühleren und dauernd nassen Bedingungen verlangsamen den Streuabbau, was auch die Bodenvegetation und die Regeneration zunehmend behindert. Zum Teil treten Wurzeln und Mykorrhizapilze aus dem Boden heraus und durchweben bereits die frisch gefallene Laubstreu (kurzgeschlossener Nährstoffkreislauf).

Das gleichmäßige Feuchteangebot und das völlige Fehlen von Frost im unteren Bergwaldbereich ermöglichen einen ähnlichen Bestandsaufbau wie im Tiefland, die Unterschiede sind hier mehr floristischer Natur. Die mittleren Höhen (etwa 1800–2500 m) weisen den üppigsten **Epiphytenbesatz** auf (☐ Abb. 24.9 und 24.10g). Im oberen Bergwald treten epiphytische Angiospermen zurück und werden ersetzt durch Kryptogamen. Der Lianenreichtum sinkt mit der Höhe über Meer, wie überhaupt die Stockwerkgliederung allmählich verschwindet und zuletzt nur noch niedrige Bäume oder hohes Buschwerk ein geschlossenes Kronendach mit wenig Unterwuchs bilden. Der Auflösungsbereich des obersten Bergwalds ist fast überall stark vom Menschen beeinflusst und meist mehrere Hundert Meter unter die potenzielle Baumgrenze abgesenkt. Hoch gelegene **Reliktwälder** (meist auf feuerabweisenden Felsblockfluren, ohne andere mikroklimatische Besonderheiten) zeugen regional von der Waldfähigkeit bis über 4000 m. Die in ▶ Abschn. 24.2.3 behandelten Schopfrosetten stehen großteils auf potenziellem Waldland.

Tropische Bergwälder sind im unteren Bereich ungemein artenreich (z. B. der berühmte Wolkenwald von Rancho Grande in 1100 m bei Valencia, Venezuela; s. Vareschi 1980). In tiefen Lagen dominieren noch die üblichen tropischen Pflanzenfamilien; Palmen, Moraceae, Rubiaceae und andere treten in der mittleren Bergwaldstufe deutlich zurück und fehlen in der obersten Stufe. Mit zunehmender Höhe werden baumförmige Vertreter folgender Familien wichtiger: **Fagaceae** (*Castanopsis* in Ostasien, *Quercus* in Zentralamerika und Südostasien), Nothofagaceae in Neuguinea, **Ericaceae** (*Erica* in Afrika, *Rhododendron*, *Vaccinium* in Süd- und Südostasien), Lauraceae, Primulaceae (früher Myrsinaceae); nahe der Waldgrenze **Rosaceae** (*Polylepis* in Südamerika, *Hagenia* in Afrika) und generell Asteraceae. Koniferen und Baumfarne nehmen mit der Höhe stark zu (**Podocarpaceae** wie *Dacrydium*, *Podocarpus*; Baumfarne wie *Cyathea*), sind aber nicht überall vertreten, werden nie dominant und erreichen meist nicht die Waldgrenze. In Costa Rica geht die Zahl der Familien bzw. Arten verholzter Pflanzen von 82 bzw. 349 in 2000 m auf 34 bzw. 74 in 3200 m zurück. In den höchsten Lagen (waldgrenzenbildend) treten meist weniger als fünf Arten auf, wobei Rosaceae (Südamerika und Afrika) und Ericaceae (Afrika und Südostasien) auffällig gehäuft vorkommen. Berühmt sind vor allem die inselartigen *Polylepis*-Wäldchen auf 4000–4800 m Höhe in den tropischen Anden (☐ Abb. 24.9), denen der *Hagenia*-Busch in Äquatorialafrika entspricht (beides Rosaceae).

☐ **Abb. 24.9** *Tillandsia usneoides* (Bromeliaceae, Venezuela l.o.). Falllaub im Nebelwald Mt. Kaindi 2200 m, Papua-Neuguinea (r.o.). Details von *Polylepis besseri* (= *P. incana*), Ecuador, 3800 m (unten)

◘ Abb. 24.10 **a** *Gynoxys*-Bergwald, Paso de La Virgen, 4000 m, Ecuador. **b** Reliktwald von *Polylepis sericea*, Merida, 4050 m, Venezuela. **c** Der artenreiche Wolkenwald von Rancho Grande, 1100 m, Nordvenezuela. **d** Nebelwald, Mt. Kaindi, Papua-Neuguinea (Nebelgrenze 1800 m); **e** Nebelwald von Las Nubes mit *Quercus*, 2200 m, Panama. **f** Bergregenwald nahe Paso de La Virgen, 1900 m, Ecuador. **g** *Tillandsia usneoides* im Bergnebelwald von Merida, 1800 m, Venezuela. **h** Epiphytenbaum im Pasochoa Bergregenwald nahe Quito, 2800 m, Ecuador (► https://www.alpandino.org/en/course/10/10k.htm)

24

24.2.3 Tropische und subtropische Hochgebirgsvegetation

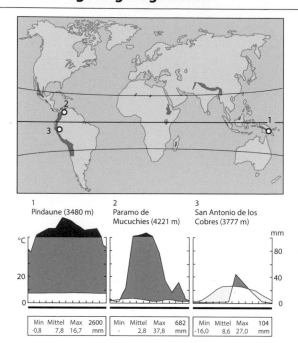

Pindaune (3480 m) | Paramo de Mucuchies (4221 m) | San Antonio de los Cobres (3777 m)

| Min | Mittel | Max | 2600 |
| -0,8 | 7,8 | 16,7 | mm |

| Min | Mittel | Max | 682 |
| - | 2,8 | 37,8 | mm |

| Min | Mittel | Max | 104 |
| -16,0 | 8,6 | 27,0 | mm |

Die natürliche obere Grenze des Bergwalds und damit die untere Grenze der natürlicherweise baumlosen, alpinen (= andinen, = afroalpinen) Stufe liegt in den äquatorialen Tropen meist zwischen 3600 und 4000 m, in den Subtropen regional auch höher. In besonders feuchten Regionen und auf Inseln ist die Baumgrenzisotherme abgesenkt (bis 3100 m). In Hochgebirgswüsten, auf niedrigen, aber von Wind gefegten Bergen, wenn Boden fehlt (z. B. Kinabalu) oder bei Feuer- oder Landnutzungseinfluss erreichen Bäume oft nicht die natürliche Baumgrenze. Ein großer Teil der hoch gelegenen tropischen **Grasländer** (Páramos) liegt deshalb deutlich unter der potenziellen Waldgrenze.

Das Klima der tropischen Hochgebirge ist ein Tageszeitenklima, mit regelmäßigen Nachtfrösten und Monatsdurchschnittstemperaturen in der unteren alpinen Stufe zwischen 5 und 7 °C. In den subtropischen Hochgebirgen gibt es deutliche thermische Jahreszeiten, mit frostigen schneearmen oder schneelosen Wintern und etwas wärmeren Sommern, in denen auch der Niederschlag fällt. Die Niederschläge sind meist geringer als in der Bergwaldstufe (auch in den perhumiden Gebieten), meist deutlich unter 1500 mm, regional, vor allem in den südlichen Anden, unter 500 mm, in Südostasien regional in Staulagen aber auch in dieser Höhe über 3000 mm (z. B. Mt. Wilhelm in Neuguinea). Die Böden unter geschlossener Vegetation in den feuchten Gebieten sind anmoorig, schwarz. In den trockeneren Gebieten bei offener Vegetation sind es meist wenig entwickelte Rohböden (Schutt mit Schluff oder Sandböden). Entgegen früherer Annahme sind die in dieser Höhe etablierten Pflanzen vom Wasserhaushalt her physiologisch kaum limitiert, solange mehr als ca. 350 mm Jahresniederschlag fallen. Die Ausdünnung der Vegetation in solchen Gebieten (LAI deutlich unter 1) scheint einen allfälligen Überkonsum an Wasser zu verhindern, wobei unklar ist, wie die Bestandsdichte gesteuert wird. Ein wichtiges Etablierungshindernis für Jungpflanzen auf offenen Bodenflächen ist die regelmäßige, nächtliche Nadel- oder Kammeisbildung in den obersten Zentimetern des Bodens.

Die vorherrschende Vegetation (■ Abb. 24.12) ist von Horstgräsern und Zwergsträuchern geprägt (■ Abb. 24.11;

in den nördlichen Anden die sogenannte **Páramos**-Formation). In den trockeneren Gebieten können diese Horstgräser entweder sehr mächtig und solitär sein (z. B. *Festuca chrysophylla* (= *F. orthophylla*) im andinen Altiplano, engl. *giant tussocks*) oder girlandenartig, klonal (■ Abb. 24.12h). In den sehr trockenen Inner-Anden weichen diese Grasländer fast reinen Zwergstrauchfluren (**Puna**). Ein bezeichnendes (konvergentes) Element der tropischen (nicht der subtropischen) Hochgebirge sind Riesenrosetten, oft auch als baumförmige **Schopfrosetten** ausgebildet: in Afrika *Dendrosenecio* (Asteraceae) und *Lobelia* (Campanulaceae), in den Anden *Espeletia* (Asteraceae) und *Puya* (Bromeliaceae), in Hawaii *Argyroxiphium* (Asteraceae). Die baumförmigen Arten können über 6 m hoch werden. Manche Blattrosetten können sich bei Nacht schließen (Schutz des Apikalbereichs vor Strahlungsfrost), abgestorbene Blattbasen schützen zumindest bei jüngeren Exemplaren das Wasser im Stamm vor nächtlichem Durchfrieren. Nachdem ältere Individuen ohne diesen Schutz auskommen, scheint dies nicht essenziell zu sein. Auch wird diese „Tunica" als Feuerschutz interpretiert. Die Schopfrosetten der Asteraceen sind dicht, weißfilzig behaart, was sie mit Wollkerzenpflanzen der Gattungen *Lupinus* (Anden) und *Saussurea* (Himalaja) gemeinsam haben. Die Haare werden als Strahlungs- und Benetzungsschutz betrachtet, wobei die Mehrzahl der Gebirgspflanzen in den Tropen und Subtropen ohne diesen Schutz auskommt. Durch massive Schutzstoffanreicherung in der Epidermis (z. B. Flavonoide) ist das Organinnere von UV-Strahlung gut geschützt. Viele tropisch-alpine Pflanzen sind durch Unterkühlbarkeit (engl. *super-cooling*, ▶ Abschn. 22.3) von bis −12 °C vor Gefrieren geschützt. Polsterpflanzen sind erstaunlich selten und spielen nur in Teilen der südlichen Anden (z. B. *Azorella*, Apiaceae) regional eine Rolle, was mit der generellen Windarmut der tropischen und subtropischen Gebirge erklärt wird.

Floristisch wird die Vegetation weltweit ähnlicher, je höher man in die Berge steigt. **Poaceae** und **Asteraceae** sind in allen Hochgebirgen, die tropischen und subtropischen eingeschlossen, die wichtigsten Familien. Vertreter der Gattungen *Festuca* und *Poa*, *Carex*, *Gentiana*, *Gentianella*, *Senecio* und etliche nah verwandte Gattungen der **Ericaceae** (z. B. *Vaccinium*, *Gaultheria*, *Pernettya*) findet man überall. Unter den Zwergsträuchern spielt die Gattung *Hypericum* (Afrika, Anden) eine wichtige Rolle, während im südlichen Himalaja und in Indonesien die Gattung *Rhododendron* ähnliche Nischen besetzt.

■ **Abb. 24.11** Ein Kleinstrauch von *Vaccinium* sp., Mt. Wilhelm, 3500 m, Papua-Neuguinea (links). Alpine Horstgräser, Pico de Orizaba, 4100 m, Mexiko (rechts)

■ **Abb. 24.12** **a**, **b** *Coespeletia*-Schopfrosetten, Paramo El Angel, 3600 m, Nordecuador. **c** Wollkerzenpflanzen, hier z. B. *Lupinus alopecu-roides*, Guagua Pichincha, 4300 m, Quito, Ecuador. **d** *Echinopsis atacamensis* subsp. *pasacana*, Cumbres Calchaquies, 3050 m, Nordwestar-gentinien. **e** *Gentianella nevadensis*, nahe Pico Bolivar, 4150 m, Venezuela. **f** Paramos mit *Coespeletia timotensis* und *Hypericum ericoides*, Paso Aguila, 3900 m, Venezuela. **g** Hartpolster von *Azorella compacta* (Apiaceae). **h** Klonale Girlanden von *Festuca chrysophylla* = *F. orthophylla*, beides Cumbres Calchaquies, 4250 m, Nordwestargentinien (▶ https://www.alpandino.org/en/course/07/07.htm)

24.2.4 Tropische halbimmergrüne Wälder

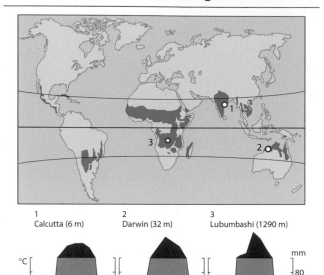

1 Calcutta (6 m)	2 Darwin (32 m)	3 Lubumbashi (1290 m)
Min Mittel Max 1598 6,5 26,1 43,9 mm	Min Mittel Max 1538 8,3 28,1 40,6 mm	Min Mittel Max 1383 3,4 20,3 35,5 mm

Besonders die Randtropen weisen ein typisch saisonales Niederschlagsangebot auf, was auch den saisonalen Charakter der Vegetation bestimmt (regengrüne Wälder, Monsunwälder, Trockenwälder; ◧ Abb. 24.14). Der Wechsel von **Regenzeit** und **Trockenzeit** führt zu periodischer Belaubung. Wären sie noch intakt, würden die saisongrünen tropischen Wälder in großen Teilen der Erde dominieren (potenziell 42 % aller Tropenwälder, ca. 7 Mio. km²). Die lokale Abschirmung durch Berge kann in den Tropen **Trockenwälder** hervorbringen. Savannen (mit ähnlichem Klimarhythmus) werden in ▶ Abschn. 24.2.5 behandelt.

Das wechselfeuchte Klima resultiert aus der jahreszeitlichen Verschiebung des thermischen gegenüber dem geografischen Äquator. Im nördlichen Sommer verschiebt sich die äquatoriale Regenzone nach Norden, im südlichen Sommer nach Süden. Regional verstärkt wird dieser astronomische Auslöser durch daran gekoppelte atmosphärische Strömungen, die feuchte Luftmassen polwärts bzw. ostwärts lenken. Temperatur- (und Druck-)gradienten zwischen dem Meer (kühl) und der großen Inlandfläche Asiens (heiß) lenken im nördlichen Sommer Feuchtigkeit Richtung Festland (Monsun). Der Beginn (etwa im Juni) und die Intensität des Monsuns variieren, was große ökologische und landwirtschaftliche Folgen hat. Das Winterhalbjahr ist regenarm oder völlig trocken. Die Jahressummen des Niederschlags würden bei gleichmäßiger Verteilung zumeist für dauernd grüne Wälder reichen. In einigen Regionen sinkt jedoch auch die Jahressumme unter 1500 mm, was bei der hohen Verdunstungskraft der Atmosphäre in diesen Breiten nur Trockenwald zulässt. Die Jahresmitteltemperaturen im Tiefland entsprechen denen der perhumiden Tropen (24–30 °C), unterliegen aber mit zunehmender Distanz zum Äquator einer stärkeren Saisonalität (Trockenzeit kühler, Regenzeit wärmer).

Die Böden sind vom charakteristischen Wechsel zwischen übermäßiger Nässe und großer Trockenheit geprägt, sind aber, ausgenommen von Schwemmländern, wie in den perhumiden Kerntropen meist stark verwitterte Oxisole. Mit zunehmender Trockenheit wird die Wasser-

haltefähigkeit der Böden immer entscheidender. Sand- und Rohböden verstärken die Wirkung der Trockenzeit enorm (z. B. Caatinga in Venezuela). Verkrustete Stauhorizonte sind häufig (Eisen- und Siliziumoxide sowie diverse Carbonate). Da der meiste Bestandsabfall zu Beginn der Trockenzeit anfällt und somit nicht bis zum Beginn der nächsten Regenzeit auf dem üblichen Weg mikrobiell abgebaut werden kann, wird die Mineralisierung durch Termiten und Feuer mit zunehmender Trockenheit immer wichtiger.

Da es alle Übergänge vom feuchttropischen Wald zum ariden Dornbusch gibt – oft über kurze Distanz – ist eine einheitliche Charakterisierung nicht möglich. Die Ausprägung des Waldcharakters wird sowohl von der Dauer der Trockenzeit als auch der Höhe der Niederschläge bestimmt. Mit zunehmender Trockenheit nimmt die Baumhöhe ab, geht der Epiphyten- und Lianenbesatz zurück und kommt es zu einer stärkeren Differenzierung in der **Phänorhythmik**. Der Laubfall tritt gestaffelt auf, mit obligat (und frühzeitig) laubabwerfenden Arten (z. B. Bombacaceae) und solchen, die das Laub erst spät, in Einzelfällen gar nicht abwerfen. In vielen **Monsunwäldern** bleibt das Unterholz immer belaubt. Das Blühen ist zwar ganz an die Regenperiodizität gekoppelt, es gibt aber für jede Phase des Jahreszyklus charakteristische Blühspektren. Einige Arten blühen sogar mitten in der Trockenperiode. Wurzeln reichen bis 30 m und mehr in die Tiefe. Tropische halbimmergrüne Wälder sind heute noch mehr durch den Menschen gefährdet als die Wälder der perhumiden Tropen und sehr stark dezimiert. Ihre leichte Brennbarkeit während der Trockenzeit macht die Rodung einfach. Zudem befinden sich viele dieser weitestgehend vernichteten Waldgebiete in besonders bevölkerungsreichen Regionen (z. B. Indien, afrikanische Randtropen).

Die Artenvielfalt tropischer Halbtrockenwälder ist überaus hoch, betrachtet man die Vielfalt funktionell unterschiedlicher Typen von Arten, teilweise noch höher als in den perhumiden Gebieten. Das Spektrum wichtiger Familien ist aber deutlich verschoben. Südamerika: die flaschenstämmigen **Malvaceae** (*Ceiba,* früher *Chorisia;* ◧ Abb. 24.13), dann **Burseraceae**, **Bignoniaceae** (*Tabebuia*), Anacardiaceae (Gran Chaco, *Schinopsis* = Quebracho). Südostasien: Monsunwälder mit **Verbenaceae** (*Tectona grandis* = Teak), **Dipterocarpaceae** (*Shorea robusta*), **Combretaceae** (*Terminalia* sp.). Afrika: z. B. Miombowald, späte Sukzession, **Fabaceae** (*Julbernardia*, *Brachystegia*); frühe Sukzession *Terminalia*.

◧ **Abb. 24.13** *Tillandsia streptocarpa* im saisongrünen nordwestargentinischen Dornbusch (links). *Ceiba insignis* (aus dem Gran Chaco; rechts)

Abb. 24.14 Derselbe Wald in Panama in der Regenzeit **a** und in der Trockenzeit **b**. **c** Saisongrüner Tropenwald in Nordvenezuela, Massenblüte von *Tabebuia* (Bignoniaceae). **d** Miombowald in Westzambia mit *Brachystegia spiciformis*. **e, f** Trockenwald von Guanaca, Puerto Rico (200 Tage ohne Regen) mit *Bursera* **e**, Epiphyten (*Tillandsia*, **g**), sukkulenten Lianen (*Vanilla*, **g**) und Kakteen **h**

24

24.2.5 Tropische Savannen

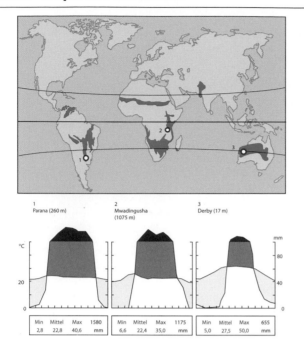

Ähnlich wie die tropischen halbimmergrünen Wälder sind die Savannengebiete der Erde (ca. 15 Mio. km²) von der saisonalen Rhythmik des Wasserangebots geprägt. Durch **Wechselwirkungen von Klima, Boden, Feuer und Wildtieren** entstehen jedoch charakteristische Grasländer, unterbrochen von offenem Waldland, Dickichten und **Galeriewäldern** an den Wasserläufen. In der südlichen Hemisphäre reichen die Savannen von den Tropen bis an den südlichen Rand der Subtropen und erreichen die größte Ausdehnung in Afrika. Analoge Vegetationsformen sind die **Llanos** am Orinoco, die Cerrados und Teile des Gran Chaco Brasiliens und des Parana sowie Teile Nordaustraliens (◘ Abb. 24.16).

Das Savannenklima entspricht weitgehend der trockenen Ausprägung des halbimmergrünen Saisonwalds (▶ Abschn. 24.2.4), jedoch mit Jahresniederschlägen meist unter 1500 mm, regional unter 1000 mm und viel ausgeprägterer Variabilität von Jahr zu Jahr, was am Klimadiagramm nicht zu erkennen ist. Bei weniger als 500 mm geht die Savanne in Halbwüste über. In Afrika gibt es wegen der teilweise hoch gelegenen, alten Gondwanatafel in den südlichen Randgebieten Fröste. Die Nachttemperaturen liegen dort im Winterhalbjahr regelmäßig unter 10 °C.

Die Bodeneigenschaften und damit das Vegetationsmosaik der Savanne ist entscheidend von der Mikrotopografie geprägt (◘ Abb. 24.15). Im südlichen Afrika schafft das unendliche Auf und Ab von flachen Hügeln und Senken (oft nur ein bis wenige Meter Höhenunterschied) ein immer wiederkehrendes Muster von 1) trockenen, nährstoffarmen, stark verwitterten und sauren Böden auf den Erhebungen; 2) feuchteren, lehmigen, nährstoffreichen Mulden mit einem pH-Wert bis 9 und mehr und 3), am Halbhang, völlig ausgelaugten Sanden an den Austrittsstellen des Sickerwassers am Oberrand der Lehmpfanne (engl. *seepline*) oder lateritischer Stauhorizonte. Auch in den brasilianischen Cerrados, venezolanisch/kolumbischen Llanos und den Savannen Nordaustraliens prägen solche kleinräumige Muster der Wasserverfügbarkeit und Bodenverkrustungen (Arecife in Südamerika) das Nährstoffangebot und die Vegetation. Termiten und Feuer spielen eine entscheidende Rolle im Nährstoffkreislauf.

Die afrikanische Savanne ist ein offenes Waldland, das ohne Feuer, **Elefanten- und Huftierherden** in kurzer Zeit zuwachsen würde. Lokale Waldverwüstungen durch Elefanten öffnen das System für die Äsung an niedrigen Gehölzen (z. B. Impalas) und Beweidung von aufkommendem Grasbewuchs (z. B. Zebras, Gnus). Das wiederum unterbindet die Regeneration des Walds und ist gleichzeitig die Voraussetzung für Grasbrände, die prägend für die Savanne sind. Je mehr Gras, desto häufiger sind **Feuer** (alle 2–3 Jahre, oft aber auch jährlich), desto geringer der Baumbewuchs. Großteils natürliche Savannenbrände tragen mit etwa 1,4 Gt C (= 10^9 t) jährlich mehr CO_2 in die Atmosphäre ein als tropische (0,5 Gt C) und sonstige Wälder (0,2 Gt C) zusammengenommen (im Fall der Savanne sind sie Teil des natürlichen C-Kreislaufs, bei tropischen Wäldern großteils ein Nettoverlust Richtung Atmosphäre). Fehlt dem Boden feuerbedingt eine Streuschicht, verkrustet er stärker, was die Infiltration von Regenwasser reduziert und den Abfluss erhöht. Die Populationsgröße der Huftiere (eine Funktion des Futterangebotes, also des Regens, und der Raubtiere wie Löwe und Leopard) steuert das Wald/Grasland-Verhältnis. Von Hominiden (vermutlich seit mehr als 1 Mio. Jahre) gelegte Brände, ebenso wie in jüngster Zeit, aus falsch verstandenem Naturschutz, die Unterdrückung von Savannenbränden oder Eingriffe in die Raubtier- und Elefantenbestände, können die Balance in diesem delikaten System zwischen reinem Grasland und geschlossenem Trockenwald verschieben.

Abgesehen von den artenreichen Galeriewäldern sind die drei Hauptkomponenten der afrikanischen Savanne C_4-**Gräser** (z. B. *Pennisetum*), die hier stark bedornte Gattung *Acacia s.l.* (**Fabaceae**) in der Ebene und in Senken und verschiedenste **Combretaceae** (*Combretum* sp., charakteristisch: vierflügelige Früchte) auf den Erhebungen. Wichtige Elemente in den Llanos sind *Curatella*, *Byrsonima* und andere, im Gran Chaco-Gebiet *Prosopis*, *Aspidosperma*, *Schinopsis*, Palmen der Gattung *Copernicia* und andere, in Nordaustralien immergrüner *Eucalyptus* und unbedornte *Acacia s.l.* mit Phylloiden statt Fiederblättern (also blattlos). Typisch (konvergent) sind auch stammsukkulente Bäume wie *Brachychiton* (Malvaceae) in Australien, *Adansonia* (Baobab, Malvaceae) bzw. *Dracaena* (Drachenbaum, Asparagaceae) in Afrika bzw. auf der Insel Sokotra und *Ceiba* (früher *Chorisia*, Malvaceae, ▶ Abschn. 24.2.4) in Südamerika.

◘ **Abb. 24.15**   Das Feinrelief bestimmt den Bodentyp und die Vegetation (oben). Großherbivore prägen die Savanne (unten)

Abb. 24.16 **a–d** Unterschiedlich offene Savannenformen im Krüger-Nationalpark, Südafrika. **b** Fluss mit Galeriewald. **e** *Combretum hereroense*-Früchte. **f** *Acacia tortilis* (= *Vachellia tortilis*). **g** Nordaustralische Savanne mit Termitenburgen. **h** Mulgabusch, Westaustralien

24.2.6 Vegetation der heißen Wüsten

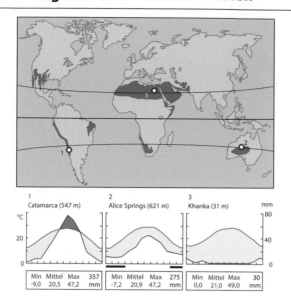

1 Catamarca (547 m)	2 Alice Springs (621 m)	3 Khanka (31 m)	mm

Min	Mittel	Max	357 mm	Min	Mittel	Max	275 mm	Min	Mittel	Max	30 mm
-9,0	20,5	47,2		-7,2	20,9	47,2		0,0	21,0	49,0	

In beiden Hemisphären liegen zwischen den Wendekreisen und der temperaten Zone (bzw. den mediterranen Winterregengebieten) große Trockengebiete, die heißen Halb- und Vollwüsten (◻ Abb. 24.18). Sie verdanken ihr Entstehen dem äquatorgerichteten Rückfluss der im Zuge der äquatorialen Zenitalregen aufsteigenden und entwässerten Luftmassen (◻ Abb. 21.11). Im Wesentlichen umfassen diese Gebiete die Wüsten von Mexiko und Arizona (Sonora), die Halbwüsten Südwestbrasiliens und Nordwestargentiniens, die Sahara und die arabische Wüste, Teile Nordwestindiens und Pakistans, die Karoo im südlichen Afrika sowie die Trockengebiete Zentralaustraliens. Spezielle Trockenzonen infolge kalter Küstenströmungen gibt es in Südperu/Nordchile (Atacama) und in Südwestafrika (Namib).

Diese subtropischen Trockengebiete weisen Niederschläge zwischen 0 (Atacama) und ca. 250 mm auf. Regional gibt es gewisse saisonale Häufungen von Regenfällen, wie im südlichen Teil der Sahara im nördlichen Sommer oder im nördlichen Teil im nördlichen Winter (selten mehr als 100 mm). Es gibt klimatologische Hinweise, dass die fast vollständige Zerstörung der Tropenwälder in Westafrika das Trockenfallen der Südsahara mitverursacht hat. In der Sonora-Wüste überschneiden sich monsunale (sommerliche) und mediterrane (winterliche) Einflüsse. Das Temperaturklima zeigt eine ausgeprägte Saisonalität mit sehr heißen Sommern und kühlen Wintertemperaturen mit gelegentlichem Frost. Die Böden sind wenig entwickelt oder roh. Durch die Verdunstung reichern sich oberflächlich Alkalisalze (oder auch Gips) an, was besonders in Senken zu extrem basischen (pH >10) Böden führt. Nach der Substratstruktur werden in der Sahara traditionell folgende Haupttypen unterschieden: Steinwüste (Hammada), Kieswüste (Reg), Sandwüste (Erg) sowie unterschiedliche Formen der Salzwüste bis hin zu den vegetationslosen Salzpfannen (den Schotts). Die Übernutzung der an die Wüsten angrenzenden Gebiete kann zu anthropogener Desertifikaton führen (Sahelsyndrom). Ein wesentlicher Faktor ist die Grundwassertiefe. Das Auftreten von Bäumen in der Wüste zeigt Grundwasseranschluss an, wobei die Wurzeln bis >50 m tief gehen (z. B. *Prosopis* in der Neotropis, *Acacia s.l.* in Afrika; ◻ Tab. 22.3 in ▶ Abschn. 22.7.5.1).

Abhängig von den Feuchtigkeitsverhältnissen variiert die Vegetation der Wüstengebiete von fast null bzw. Flechtenwüste oder Ephemerenvegetation (kurzlebige Annuelle,

die nur in Jahren mit überdurchschnittlichem Regen auftreten) bis zu lockerem Buschwald der früher den Mimosaceae zugeordneten Gattungen *Prosopis* oder *Acacia s.l.* (heute Fabaceae, maximal 8 m hoch) und bei hochstehendem Grundwasser zu *Tamarix*-(Tamarisken-) und *Phoenix*-(Dattelpalmen-)Wald (Oasen). Die biomassenmäßig wichtigste Komponente sind, global gesehen, **niedrigwüchsige Holzpflanzen** (Sträucher) mit sehr tiefem Wurzelwerk, wobei je nach Grundwasseranschluss nur periodisch belaubte (viele Fabaceae) oder dauergrüne Formen vorkommen, z. B. *Larrea* sp., der von Nord- (*L. tridentata*) bis Südamerika (*L. divaricata*) verbreitete Kreosotbusch, Zygophyllaceae. Diese Wüstenspezialisten sind nicht notwendigerweise speziell gestresst, ihre Anwesenheit ist die Folge von Wassermangel (sonst wären andere Arten vorhanden). Starke Ausdünnung der Bestände und angepasste Phänorhythmik regulieren den Wasserhaushalt. Im aktiven Zustand assimilieren und transpirieren diese Pflanzen zum Teil mehr als solche humiden Gebiete. **Sukkulente**, deren Leben auf eigenen Wasserreserven beruht (nur relativ flache Wurzeln), sind eher auf die feuchteren Bereiche dieser Trockengebiete beschränkt. Der größte Sukkulentenreichtum findet sich in den Wüsten von Mexiko und Arizona, wo es zwar sehr wenig, aber regelmäßig regnet (s. o.). Wichtig sind auch Geophyten und Therophyten, die nur nach Regenfällen kurz ergrünen und blühen, sowie klonal wachsende Gräser in Sandwüsten (z. B. *Stipagrostis pungens*, das Drin-Gras in der Sahara).

Floristisch nicht so reich, ist die Vielfalt der Lebensformen dieser Wüstengebiete aber enorm. Auffällig ist die weltweite Präsenz von **Fabaceae** (*Acacia s.l.*, *Prosopis*, *Cercidium*), **Zygophyllaceae** (Jochblattgewächse, *Larrea*, *Zygophyllum*), Solanaceae (*Lycium*) und, unter Salzeinfluss, Amaranthaceae (*Atriplex*, *Suaeda*). Ein Kuriosum stellt die urtümliche *Welwitschia mirabilis* in der Namib dar (◻ Abb. 20.6). Bei den Sukkulenten gibt es eine auffällige Konvergenz zwischen den stammsukkulenten Cactaceae der Neotropis (◻ Abb. 24.18) und den Euphorbiaceae der Palaeotropis, und analog zwischen Asparagaceae und Asphodelaceae (Liliales, *Aloe* sp.) bei den Blattsukkulenten. Sowohl **Cactaceae** (z. B. *Carnegiea*, *Cereus*) als auch **Euphorbiaceae** (*Euphorbia* sp.) bilden mehr als 10 m hohe, verholzte Individuen. Im südlichen Afrika erreichen Sukkulente Apocynaceae (*Ceropegia*, *Stapelia* u. a.) und Aizoaceae (*Mesembryanthemum*, Mittagsblumen; *Lithops*, lebende Steine) große Artenzahlen.

◻ **Abb. 24.17** *Carnegiea gigantea*, Sonora-Wüste (Arizona; oben links, Mitte, rechts; rechts skelettiert). *Ferocactus* sp., Sonora-Wüste (unten links). *Lithops* sp., Südafrika (unten rechts)

■ **Abb. 24.18**   *Larrea tridentata* **a** und *Carnegiea gigantea* **b** in der Sonora-Wüste, Arizona. **c** *Jatropha* (Euphorbiaceae) und *Opuntia*, Nordwestargentinien. **d** Flaschenbaum *Beaucarnea* (Asparagaceae) und Säulenkaktus *Cephalocereus* (Cactaceae), Mexiko. **e, f** Sukkulentenbusch mit *Euphorbia canariensis* und anderen auf Teneriffa. Nordsahara mit *Acacia raddiana* (= *Vachellia tortilis* subsp. *raddiana*; Grundwasserzeiger, **g**) und Sanddünen mit klonalen Gräsern (*Drin-Gras, Stipagrostis =Aristida pungens*) **h**

24.2.7 Winterregengebiete des mediterranen Klimatyps

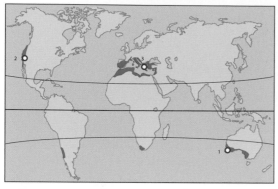

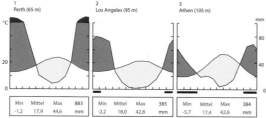

1 Perth (65 m)			883 mm
°C			
Min	Mittel	Max	883
-1,2	17,9	44,6	mm

2 Los Angeles (95 m)			
Min	Mittel	Max	385
-2,2	18,0	42,8	mm

3 Athen (105 m)			mm
Min	Mittel	Max	384
-5,7	17,4	42,6	mm

Der Grenzbereich zwischen temperatem und subtropischem Klima wird dem mediterranen Klimatyp zugeordnete und ist von immergrüner **Hartlaubvegetation** geprägt. Diese Klimazone hat ihre größte Ausdehnung im Mittelmeergebiet (MM), mit analogen Zonen in Kalifornien (CA) und Chile, in der Kapregion und in Südaustralien (◘ Abb. 24.19).

Im Sommer gerät diese Zone in den polwärts verschobenen, subtropischen Trockengürtel, im Winter in das temperate Westwindklima. Die Jahresniederschläge liegen meist zwischen 400 und 1100 mm (häufig 500–800 mm), wovon im MM der größte Teil zwischen November und Februar fällt. Im Winter sind auch auf Meeresniveau Fröste bis −6 °C möglich (im Norden bis −14 °C, Olivensterben in der Toskana). Die Sommertemperaturen erreichen regelmäßig ≥35 °C. Das westliche MM steht noch unter Atlantikeinfluss, das östliche MM (Griechenland, Türkei, Levante) ist kontinentaler geprägt (weniger Niederschlag, im Sommer höhere Temperaturen). Regionale Windsysteme prägen das Klima mit – so z. B. die kalten, auch im Sommer regenbringenden Fallwinde aus Ost in der nördlichen Adria (Bora) und die trocken-heißen, sehr heftigen Nordwinde im östlichen MM (Etesien im Hochsommer), die als Gegenströmung zum vorderasiatischen Monsun verstanden werden (MM-Klima wird oft als Etesienklima bezeichnet).

Neben Alluvionen in den Niederungen sind fossile Verwitterungsböden häufig. Sie gehören zur Gruppe der Braunerden (Cambisols) oder Parabraunerden (Luvisols durch Tonverlagerung, ► Abschn. 21.5.4) und sind auf Kalk rot gefärbt (sog. Terra rossa). Auch dünne Humusböden direkt auf felsigem Untergrund (Rendzina und Ranker) sind häufig. Wesentlich für das Überleben der Vegetation während der Trockenperiode sind tiefreichende Klüfte mit Feinmaterial (Wurzeln bis >20 m Tiefe).

Derbe, langlebige Blätter (Hartlaub) sind typisch für diesen Vegetationstyp. Ohne erwiesenen kausalen Zusammenhang werden diese Blätter gerne als xeromorph (= trockenheitsbedingt) bezeichnet, obwohl es skleromorphe Blätter eigentlich in jeder Klimazone, auch in der Arktis, gibt. Vielmehr dürfte die **Sklerophyllie** hier mit der Langlebigkeit der Blätter, der Nährstoffversorgung (damit indirekt auch der Bodendurchfeuchtung) und dem Herbi-

voriedruck zusammenhängen (► Abschn. 22.6.3). Auch die Hartlaubigkeit des westaustralischen Buschs wird mit Nährstoffmangel (P!) erklärt. Sommergrüne Arten (z. B. im MM *Fraxinus ornus*, *Paliurus spina-christi* u. a.) belegen, dass auch dieser Belaubungstypus trotz Trockenheit funktioniert. In den nordhemisphärischen Mediterrangebieten ist die Klimaxvegetation immergrüner **Eichenwald** (z. B. *Quercus agrifolia* in CA, *Q. ilex* u. a. im MM; ◘ Abb. 24.20). Durch (teilweise anthropogen) erhöhte **Feuerfrequenz** (Zyklen von 40–100 Jahren) werden im MM pyrophile *Pinus*-Arten stark begünstigt. Bei Feuerzyklen <40 Jahren breitet sich Hartlaubbusch aus (**Macchia** im MM, **Chaparral** in CA, **Matorral** in Chile, **Fynbos** am Kap), was hauptsächlich mit der Fähigkeit zur Regeneration über Stockausschläge zu tun hat. Siedlungsnah werden z. B. in CA absichtlich in kürzeren Intervallen beherrschbare Winterfeuer gelegt (engl. *prescribed burning*). Als floristisches Erbe der laurophyllen Tertiärvegetation (► Abschn. 24.2.8) ist die Macchia am üppigsten an feuchten Standorten und Nordhängen. Da dies auch bevorzugtes Agrarland ist, entsteht der falsche Eindruck, die Macchia sei typisch für trockene Fels- und Schuttstandorte. Weitere **Degradation** führt zu offenen Zwergstrauchfluren wie **Gar(r)igue** oder, mit Halbkugelsträucher im östlichen MM, **Phrygana** (Feuerfrequenz <10 Jahre oder intensive Beweidung).

Floristisch zählt die Vegetation des mediterranen Klimatyps zu den reichsten Gebieten der Erde. Auf engem Raum finden sich unzählige Winterannuelle (bes. Asteraceae, Fabaceae, Poaceae), Geophyten (im MM Orchidaceae, Iridaceae, Liliaceae), perennierende Stauden (im MM z. B. *Salvia*) und Gräser, niedrige Sträucher (im MM *Cistus*, diverse Ginster, Lamiaceae wie *Thymus*, *Lavandula*; überall **Ericaceae**), Lianen (im MM *Asparagus*, *Smilax*), Buschwaldelemente bis ca. 10 m, im MM mit *Quercus*, *Juniperus*, *Laurus*, *Pistacia* (Anacardiaceae), *Arbutus* (Ericaceae), *Rhamnus*, *Myrtus* und wilde *Olea*; in CA *Quercus*, *Adenostoma* (Rosaceae), *Ceanothus* (Rhamnaceae), *Rhus* (Anacardiaceae), *Arctostaphylos* (Ericaceae); in Chile **Lauraceae** wie *Beilschmiedia* und *Persea* und wiederum Anacardiaceae; am Kap und in Westaustralien (*Banksia*, *Hakea*) **Proteaceae** sowie Fabaceae und Ericaceae. Auch der Großteil der südwest- und südostaustralischen *Eucalyptuswoodlands* mit *Leptospermum*, *Callistemon* und anderen (alle **Myrtaceae**) repräsentiert diesen Vegetationstyp.

◘ **Abb. 24.19** Lange Generationszyklen und immergrün: *Quercus ilex* (links). Kurzlebig, hohe Reproduktion: annueller *Ornithopus compressus* (rechts); der Finger markiert den Wurzelhals

◘ Abb. 24.20 **a**, **b** Macchia mit *Arbutus unedo* (Erdbeerbaum), Samos. **c**, **d** Garigue mit *Cistus creticus*, Kreta. **e**, **f** Chaparral-Busch und Beispiel für eine der vielen *Arctostaphylos*-Arten in Kalifornien. **g** Westaustralischer Sklerophyllenbusch mit *Banksia prionotes*. **h** Offenes *Eucalyptus*-Waldland, Südostaustralien

24.2.8 Lorbeerwaldzone

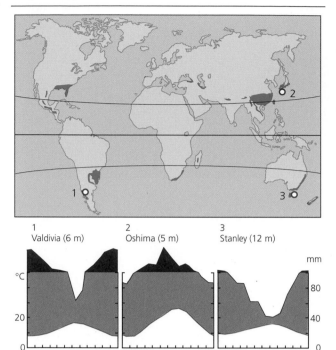

1 Valdivia (6 m)	2 Oshima (5 m)	3 Stanley (12 m)

Min	Mittel	Max	2676
-4,2	11,6	36,6	mm

Min	Mittel	Max	2244
-6,7	16,6	37,0	mm

Min	Mittel	Max	908
-2,2	12,6	-	mm

Im Tertiär eines der großen, weltumspannenden Biome ist die Lorbeerwaldzone heute zerstreut und anthropogen dezimiert auf kleinere Reliktareale beschränkt, aber dennoch weltweit vertreten. Sie vereint **immergrüne Wälder** in weitgehend **frostfreien, humiden Gebieten** vom äquatorfernen Rand der heutigen Subtropen bis in die temperate Zone, also auf ähnlichen Breitengraden wie die mediterranen Gebiete, aber eben ohne ausgeprägte Trockenperioden und vergleichsweise geringe jahreszeitliche Temperaturamplitude (◻ Abb. 24.22). In den Subtropen finden sich Lorbeerwälder auf Höhen oberhalb etwa 1400 m bis etwa 2000 m.

Das typische Lorbeerwaldklima ist perhumid mit Niederschlägen zwischen 1000 und 2000 (bis 6000) mm. Frost fehlt weitgehend (Winterminima meist über −2 °C, absolute langjährige Minima nie unter −10 °C), während die Monatstemperaturen in Anbetracht der riesigen Amplitude von mehr als 25 Breitengraden von recht kühl bis subtropisch heiß variieren.

Den eher mäßigen Jahresmitteltemperaturen und gleichzeitig hohen Niederschlägen entsprechend, sind die Böden humos, gelegentlich fast torfig, meist dicht mit Laubstreu bedeckt. Ein lehmig-schluffiger Verwitterungshorizont ist meist gut entwickelt. Die Böden werden gern in Kultur genommen.

Laurophyllie ist ein Sammelbegriff, der nicht von der spezifischen klimatischen Situation abgetrennt definierbar ist, das Wort schließt also neben der Charakterisierung der Blätter als meist „fest, oval und ganzrandig" (◻ Abb. 24.21) auch den oben beschriebenen Klimatyp ein, wobei selbst dieser Blatttyp nur auf bestimmte Wälder des Lorbeerwaldklimas zutrifft. In fast allen Weltgegenden sind auch typische Koniferen eingeschlossen (s. u.). Laurophylle Wälder können über 40 m hoch werden (in tieferen Lagen der Coastal Sierra von Kalifornien, valdivianischer Re-

genwald in Chile, *Eucalyptus*-Wälder an der Südwestspitze Australiens, *Castanopsis*-Wälder in Südostasien und *Nothofagus-Dacrydium*-Wälder in Südwestneuseeland). Häufig sind solche Reliktwälder aber nicht über 25 m hoch. Immer sind es sehr dichte Wälder, mit spärlichem Unterwuchs. Kühltemperate Vorposten dieser Vegetationszone sind die küstennahen Regenwälder der Westwindzone auf der Olympiahalbinsel nahe Seattle und in Westtasmanien.

Floristisches Bindeglied der laurophyllen Wälder sind ursprüngliche Vertreter der Angiospermen, besonders der **Lauraceae** und anderer Laurales-Familien, aber auch Magnoliaceae und Aquifoliaceae (mit der Gattung *Ilex*), welche mit hoher Stetigkeit, aber geringer Abundanz vertreten sind. Leitgattung der südostasiatischen Lorbeerwälder ist *Castanopsis*; in Neuseeland, Tasmanien und Chile dominieren immergrüne *Nothofagus*-Arten; in Tasmanien und Chile zusätzlich *Eucryphia*, die die alte südhemisphärische Landverbindung unterstreicht; in perhumiden südlichen Küstenklimazonen Australiens *Eucalyptus*, in Florida der immergrüne *Quercus virginiana*-Wald, aber auch dort Lauraceae (*Persea*) und Magnoliaceae. Auch die Heimat der *Citrus*-Gewächse in Südostasien sind laurophylle Wälder. Wildstandorte dieser Rutaceae sind aber nicht erhalten. Bezeichnende **Koniferenvertreter** dieses feucht-milden Klimas sind *Sequoia sempervirens* in Kalifornien, *Fitzroya* und *Araucaria* in Chile, Podocarpaceae am Fuß der Drakensberge und *Dacrydium* (Podocarpaceae) in Neuseeland, *Phyllocladus* in Tasmanien und *Cryptomeria* in Japan. Der Lorbeerwald auf den Kanarischen Inseln ist das Zentraleuropa nächstgelegene Relikt. *Laurus nobilis* in der mediterranen Macchia weist auf die tertiäre Vergangenheit zurück. Im Unterwuchs des pontischen Laubwalds am Schwarzen Meer (Nordanatolien) sind die Laurophyllen *Rhododendron ponticum* und *Prunus laurocerasus* zu Hause – beide in Westeuropa gerne gepflanzt. Die laurophyllen Bergwälder an der Südabdachung des Himalaja (Nepal) markieren die alte West-Ost-Verbindung dieses Bioms. Viele der Laurophyllen „brechen" seit einigen Jahrzehnten aus süd-mitteleuropäischen Gärten aus. Am Nordufer des Lago Maggiore (Tessin) entsteht derzeit im Schutz von *Castanea* ein neophytischer Lorbeerwald (◻ Abb. 24.21) mit bereits 25 m hohen Kampferbäumen (*Cinnamomum*), Lorbeer und Hanfpalmen (*Trachycarpus* aus Ostasien). *Rhododendron ponticum* etablierte sich schon vor geraumer Zeit im Süden von England und Irland und wird dort zunehmend zur Plage; die Folgen der Einschleppung von *Myrica faya* aus dem Lorbeerwald der Kanaren (mit N_2-fixierenden Symbionten) sind für die *Metrosideros*-Wälder Hawaiis eine Katastrophe.

◻ **Abb. 24.21** *Castanea*-Lorbeerwald mit *Trachycarpus* im Tessin, Schweiz (oben links). Details von *Castanopsis indica* (Nepal; oben rechts). 20 m hoher Bambuswald, Japan (unten links). *Ilex canariensis* (Teneriffa; unten rechts)

◻ **Abb. 24.22   a**, **b** Lorbeerwald mit *Persea indica* auf Teneriffa. **c**, **d** Lorbeerwald mit *Castanopsis* und *Alnus* in Nepal, 1800 m. **e** Perhumider *Eucalyptus*-Wald in Queensland. **f** Valdivianischer Regenwald in Chile. **g** *Podocarpus latifolius* im Gudu-Lorbeerwald **h**, am Fuß der Drakensberge, Südafrika (umgeben von feuerbedingtem Grasland)

24.2.9 Laubabwerfende Wälder der temperaten Zone

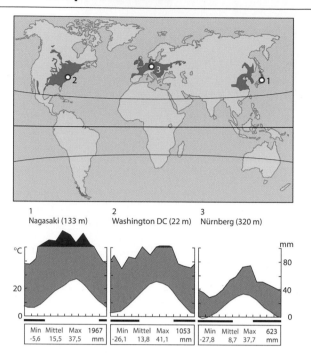

1	2	3
Nagasaki (133 m)	Washington DC (22 m)	Nürnberg (320 m)

Min	Mittel	Max	1967
-5,6	15,5	37,5	mm

Min	Mittel	Max	1053
-26,1	13,8	41,1	mm

Min	Mittel	Max	623
-27,8	8,7	37,7	mm

Die typische Vegetation der humiden mittleren Breiten der nördlichen Hemisphäre (nemorale Zone) sind laubabwerfende, sommergrüne Wälder (auf der südlichen Hemisphäre nur kleine Areale laubabwerfender *Nothofagus*-Wälder). Ihren größten Artenreichtum erreichen sie in Ostasien (China, Korea, Japan) und entlang der Ostküste Nordamerikas. Vergleichsweise dürftig ist die Artenausstattung der dritten Großregion dieses Vegetationstyps, Mitteleuropa (► Abschn. 24.1.1), was mit der wiederholten Verdrängung während der Eiszeiten, der Barrierefunktion der Alpen und Karpaten für die Rückwanderung und mit dem Trockenfallen der mediterranen Refugialräume in den Eiszeiten (Steppenklima) zu tun hat.

Klimatisch sind die unteren Höhenstufen dieses Raums durch eine Vegetationszeit von 5–8 Monaten (davon 4–6 Monate mit Mitteltemperaturen von mehr als 10 °C), im Winter durch länger andauernde Kälteperioden (<0 °C, Fröste bis ca. −25 °C) sowie durch Niederschlagsmaxima im Sommer gekennzeichnet. Die mittleren Jahrestemperaturen liegen meist zwischen 5 und 15 °C, die mittleren Niederschlagswerte zwischen 500 und 1000 mm.

Die vorherrschenden Waldböden sind schwach saure Braunerden (Cambisol) mit unterschiedlich mächtigen Verwitterungshorizonten. Ausgangsmaterial ist vielfach Löß. Die tiefgründigeren Varianten sind fast ausnahmslos in Kulturland umgewandelt, sodass die heutigen Wälder dieses Typs oft auf für sie marginalen Böden stocken (Rendzina oder Ranker). Große Teile der Laubwälder im Osten Nordamerikas stehen heute auf Böden, die vor 150–100 Jahren aus wirtschaftlichen Gründen wieder aus der ackerbaulichen Nutzung genommen wurden. Die jährlich anfallende Laubstreu wird meist zwischen 1 und 1,5 (2) Jahren vollständig abgebaut, weshalb Rohhumusbildung selten ist (Ausnahme sind saure, *Quercus*- oder *Castanea*-dominierte Böden); typisch ist hingegen die Bildung von Mull- und Moderauflagen.

Die kühl-temperaten Laubwälder (◘ Abb. 24.24) sind im reifen Zustand 30–35 m hoch und relativ licht (LAI um 5),

weshalb sie eine vielfältige Stauch- und Krautflora im Unterwuchs aufweisen. Auch einige immergrüne Arten kommen vor, wie etwa die in fast allen Laubwaldgebieten der Erde vertretene Gattung *Ilex*. Die Waldbodenflora ist großteils frühjahrsaktiv (viele Geophyten), d. h. der Lebenszyklus ist weitgehend abgeschlossen, wenn die Baum- und Strauchschicht voll belaubt sind. Eine Ausnahme sind Laubwälder in Ostasien mit Bambusunterwuchs, der so dicht sein kann, dass andere Arten nicht aufkommen. Für Sämlinge von Holzpflanzen ist das jährliche Verschüttetwerden mit im Schnitt fünf Blattschichten ein ernstes Überlebensproblem. Die Arten der späten Sukzession haben daher vielfach große Samen (kräftige Sämlinge). Rund die Hälfte der Arten ist windbestäubt. Der Austrieb, und noch ausgeprägter der Laubabwurf (mit dem diese Wälder dem Frost und Schneedruck aus dem Weg gehen), sind photoperiodisch gesteuert, womit Spät- und Frühfrostschäden minimiert werden.

Global die wichtigste und artenreichste Einzelgattung dieses Vegetationstyps ist *Quercus*. Allen Laubwaldgebieten sind des Weiteren Vertreter der Gattungen *Acer*, *Fagus*, *Tilia*, *Betula* und *Prunus* eigen. In Ostamerika kommen noch eine Reihe in Europa fehlender Gattungen hinzu, z. B. *Carya* (Hickory, Juglandaceae), *Liriodendron* (Tulpenbaum, Magnoliaceae; ◘ Abb. 24.24), *Liquidambar* (Hamamelidaceae), *Diospyros* (Kaki-Gattung, Ebenaceae), in Ostasien, vornehmlich im temperaten Mittel- und Nordchina, sind alle in Europa vertretenen Gattungen mit deutlich mehr Arten vertreten. Viele der in Europa gepflanzten Zierbäume und -sträucher, so auch an die 200 Azaleenarten (sommergrüne *Rhododendron*-Arten) stammen aus diesen ostasiatischen Wäldern. Falls Koniferen auftreten, sind dies fast immer *Pinus*-Arten, in sehr trockenen Regionen auch *Juniperus* (z. B. in Nordostchina). Großräumige Gemeinsamkeiten dieser drei Laubwaldzonen kommen auch in Gattungen zum Ausdruck, die in Europa nur noch im Südosten heimisch sind, wie *Aesculus* und *Platanus*. Ebenso sind Wasserbegleiter wie *Salix*, *Alnus* und *Populus* allen drei Regionen eigen. Das ostasiatische und das europäische Verbreitungsgebiet sind durch ein schmales Band von auf Gattungsniveau ähnlich zusammengesetzten Bergwäldern am südlichen Fuß von Himalaja, Hindukusch und Kaukasus verbunden (in Nepal z. B. zwischen 2300 und 2800 m Höhe mit *Carpinus*, *Acer*, *Betula*).

◘ **Abb. 24.23** *Liriodendron tulipifera* (North Carolina, insektenbestäubt, oben links). *Fagus sylvatica* (Europa, windbestäubt, oben rechts). Bambusunterwuchs im laubabwerfenden Bergwald in Nepal, 2600 m (unten links). Buchenkeimlinge durchdringen die Streuschicht (unten rechts)

◻ Abb. 24.24 **a**, **b** Eichen-Hickory-Wald in North-Carolina. **c**, **d** Laubwald mit *Nothofagus alpina* in Mittelchile. **e**, **f** Laubwald mit wilder Kiwi (*Actinidia*) in Sechuan, Westchina. **g**, **h** Mitteleuropäischer Buchen-Eichen-Wald mit *Anemone nemorosa*

24 24.2.10 Bergwälder der temperaten Zone

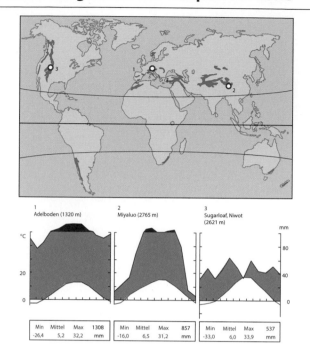

1			
Adelboden (1320 m)			

Min	Mittel	Max	1308
-26,4	5,2	32,2	mm

2			
Miyaluo (2765 m)			

Min	Mittel	Max	857
-16,0	6,5	31,2	mm

3			
Sugarloaf, Niwot (2621 m)			

Min	Mittel	Max	537
-33,0	6,0	33,9	mm

Als zweite Gruppe von Gebirgsbiomen (Orobiomen) werden hier und im folgenden Kapitel, neben den schon behandelten tropisch/subtropischen (▶ Abschn. 24.2.2 und 24.2.3) die temperaten vorgestellt (einschließlich Hochlagen mediterraner Randgebiete). Die temperaten Bergwälder, je nach geografischer Breite und Meeresnähe zwischen etwa 1000–1500 und 2000–3500 m Höhe angesiedelt, sind zwar flächenmäßig nicht so bedeutend, bergen aber eine überaus reichhaltige Flora: Laub-Nadel-Mischwälder in tieferen, oft reine Nadelwälder in höheren Lagen.

Als Übergangszone vom temperaten Tiefland (▶ Abschn. 24.2.9 und 24.2.12) zum temperat-alpinen Klima (▶ Abschn. 24.2.11) und angesichts des breiten Spektrums von warm- bis kühl-temperat und ozeanisch bis kontinental und der Höhendifferenz von 1000–2000 m ist eine Klimacharakterisierung schwierig. Gemeinsam sind diesen Wäldern, mit wenigen kontinentalen Ausnahmen, ausreichende Wasserversorgung und generell kühle Saisonmitteltemperaturen zwischen 7 und 12 °C (vgl. die Wachstumsperiode im Tiefland mit 12–18 °C). Die Wachstumsperiode dauert zwischen 3 und 6 Monaten, die Winter sind meist schneereich und kalt (wegen Temperaturinversion in kontinentalen Gebieten aber nicht notwendigerweise kälter als im Tal), mit der Möglichkeit von Frösten, je nach Höhenlage während 6–12 Monaten.

Die Böden werden mit zunehmender Höhe humusreicher und saurer. Die Tendenz geht von Braunerden in tieferen Lagen zu Podsolen in den höchsten Lagen, wobei letztere sich auf feuchte und kühl-temperate Gebiete beschränken. Mächtige Streu- und Rohhumusauflagen sind für die Hochlagen typisch.

Das Spektrum dieser Bergwälder ist enorm vielfältig (◙ Abb. 24.26). Zu den mächtigsten Bäumen der Erde gehören *Sequoiadendron giganteum* (Riesenmammutbäume mit 7 m Stammdurchmesser, 100 m Höhe und einem Alter von 2000 Jahren, auf ca. 1500 m über Meer; ◙ Abb. 24.25) aus Kalifornien ebenso wie die auch dort (auf der trockenen Inlandseite der Sierra Nevada) beheimateten und möglicherweise ältesten lebenden Bäume *Pi-*

nus aristata, (Bristlecone pine, 3500 m über NN, ◙ Abb. 24.25; nahe verwandt mit *P. longaeva*). Die Regeneration von Stammpartien und bei einigen Arten auch Stockausschläge ein und desselben Geneten machen die Diskussion über älteste Bäume aber fragwürdig. *Abies-Picea-Pinus*-dominierte Wälder finden sich in allen Gebirgen der Holarktis. Im Nordwesten der Vereinigten Staten (z. B. Mt. Rainier) und regional an humiden Waldgrenzen Nordostasiens (z. B. Mt. Fuji) dominiert die in Europa während der Eiszeiten ausgestorbene Gattung *Tsuga* (Hemlock). In den Trockenzonen kommen *Juniperus*- und *Cupressus*-Bergwälder hinzu (Kaskaden, Atlas und Hochlagen im Mittelmeergebiet, Karakorum, Tibet). In der temperat-montanen Stufe der Südhemisphäre sind Koniferen rar (*Phyllocladus* und *Athrotaxis* in Tasmanien und *Podocarpus*-Vertreter in Südostaustralien, *Austrocedrus* in Chile). Breitlaubige Gattungen in den holarktischen Bergwäldern sind *Betula*, *Sorbus*, *Alnus* und *Populus*, in Asien auch *Crataegus*, auf der Südhemisphäre im Antarktisumfeld *Nothofagus*-Vertreter (immergrüne und laubabwerfende), in Australien frostharte *Eucalyptus*-Arten. Zu den höchsten Bäumen der Erde (>110 m) gehört *Eucalyptus regnans* (engl. *Mountain ash*) in der montanen Stufe am Südrand der Snowy Mountains Australiens.

Die Bergwälder sind für den Schutz der tiefer liegenden Regionen enorm wichtig, da sie auf steilen Hängen Erosion verhindern und in schneereichen Hochlagen vor Lawinen schützen. Vielerorts fehlt der Wald im Bereich der potenziellen oberen **Waldgrenze** durch Holznutzung oder Weidelandgewinnung (▶ Abschn. 24.2.2). Ihre natürliche obere Verbreitungsgrenze erreichen temperate Bergwälder überall auf der Welt bei saisonalen Mitteltemperaturen von etwa 6–7 °C (an Hängen mit fehlendem oder losem Substrat, in Lawinenstrichen oder infolge von Landnutzung fehlen Bäume häufig an der biologischen Baumgrenze). Angesichts der weltweit großen Variabilität der Wintertemperaturen an der Baumgrenze kommt diesen keine entscheidende Rolle zu. Die störungsbedingte Abwesenheit von Bäumen im obersten Bergwald bedeutet nicht, dass die klimatische Baumgrenze tiefer liegt. Die Lebensform Baum ist eng an das Makroklima gekoppelt, weshalb ab dieser (vermutlich allgemeinen) Grenztemperatur für das Wachstum nur mehr niederwüchsige Pflanzen vorkommen können, die sich ihr eigenes (wärmeres) Mikroklima erzeugen (▶ Abschn. 24.2.11).

◙ **Abb. 24.25** Bergwald in Kalifornien: *Sequoiadendron giganteum* (Mammutbaum, links), 1500 m, und *Pinus aristata* (Bristlecone pine, rechts), 3350 m

◼ **Abb. 24.26** Oberste Bergwaldstufe, **a** in Australien, Snowy Mountains, 1900 m, mit *Eucalyptus pauciflora* und **b** in den Alpen, Tirol, 1950 m, mit *Pinus cembra*. **c, d** Montaner Mischwald in der Zentralschweiz, 1200 m, mit *Fagus, Acer, Abies* und *Picea*. **e** Bergwald in Tasmanien, 1100 m, mit *Nothofagus, Eucalyptus, Athrotaxis* und Riesenrosetten von *Richea* (Ericaceae) **f** Bergwald in Kasachstan, Tien-Shan, 1900 m, mit *Picea schrenkiana* sowie *Sorbus, Crataegus* und *Populus*. Bergwälder in Chile (38° Süd): **g** *Nothofagus* mit Bambusunterwuchs, 1850 m, **h** *Araucaria araucana*, 1400 m (▸ https://www.alpandino.org/en/course/10/10k.htm)

24.2.11 Alpine Vegetation der temperaten Hochgebirge

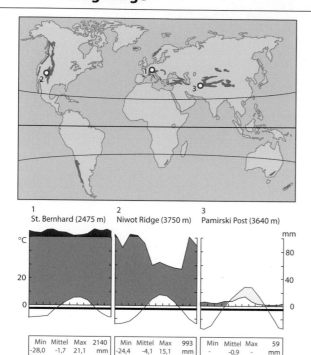

1	2	3
St. Bernhard (2475 m)	Niwot Ridge (3750 m)	Pamirski Post (3640 m)

Min	Mittel	Max	2140
-28,0	-1,7	21,1	mm

Min	Mittel	Max	993
-24,4	-4,1	15,1	mm

Min	Mittel	Max	59
-	-0,9	-	mm

Mit etwa 3 % der Landfläche stellt die Flora der Hochgebirge oberhalb der natürlichen Waldgrenze (**alpines Orobiom**) ca. 4 % aller Blütenpflanzenarten. Große Gebirgssysteme der temperaten Zone sind Rocky Mountains, Sierra Nevada Kaliforniens, Alpen, Karpaten, Kaukasus, nördliche Teile von Hindukusch und Himalaja und dessen Ausläufer bis Korea, die zentralasiatischen Gebirge, die japanischen Gebirge, die Anden südlich von etwa 35°, die Drakensberge in Südafrika, die Snowy Mountains von Australien, Cradle Mountains in Tasmanien und die Neuseeländischen Alpen. Der global benutzte Terminus „alpin", im phytogeografischen Sinn „über der Baumgrenze", unterscheidet sich vom volkstümlichen Gebrauch im Sinne von „in den Bergen".

Die Mittelwerte der Temperatur liegen während der kurzen (6–16 Wochen dauernden) Wachstumsperiode im Bereich der bodennahen oder unterirdischen Meristeme zwischen 5 und 10 °C, mit Mittagswerten bei Schönwetter um 20 °C. Die entscheidende mikroklimatische Situation wird durch Daten von Wetterstationen nicht abgebildet. Durch ihren niedrigen Wuchs und die kompakte Lebensform entzieht sich diese Vegetation während der Wachstumsperiode, zumindest während der Tagesstunden, der Kälte (morphologische „Fallen" für Strahlungswärme). Wo immer sorgfältig nachgemessen wurde, erwies sich auch der oft angenommene Wassermangel der alpinen Pflanzen als inexistent; so etwa im meteorologisch sehr trockenen Pamir und in Teilen der südlichen Anden (Felsbänder mit dünner Substratauflage sind lokale Ausnahmen). Niederschlagssummen (ebenso wie Jahresmitteltemperaturen) sind für das tatsächliche Leben in dieser Zone wenig aussagekräftig, weil sie die langen Perioden der kältebedingten Inaktivität einschließen. Durch Schneeschmelze und Sommerregen steht in der kurzen Wachstumsperiode fast der ganze Jahresniederschlag zur Verfügung, sofern die Böden tief genug sind.

Im unteren Bereich der alpinen Stufe (besonders unter Zwergsträuchern und Horstrasen) dominieren wegen der gebremsten Abbaurate sehr humose Böden mit meist dicker Rohhumusauflage. Oberflächliches Austrocknen des Bodens kann periodisch den Mineralisierungsprozess stoppen und die Nährstoffverfügbarkeit erschweren. Mit zunehmender Höhe werden unstrukturierte Rohböden immer häufiger. Wichtig sind kryogene und steilheitbedingte mechanische Bodenprozesse. Schutt oder Schlacke bergen in der Tiefe oft unerwartet viel Feuchtigkeit. Die Bodenstabilität und damit die Sicherheit tieferer Regionen werden entscheidend durch die alpine Pflanzendecke bestimmt.

Die definitionsgemäß baumlose alpine Vegetation (die subnivale und nivale wird hier eingeschlossen; ◘ Abb. 24.28) besteht in der Hauptsache aus 1) **Zwergsträuchern**, 2) klonal wachsenden **Graminoiden** (Gräser und Seggen; ◘ Abb. 24.27), 3) perennierenden, vielfach ebenfalls klonalen, krautigen Pflanzen, die **Rosetten** bilden, 4) **Polsterpflanzen** im weitesten Sinn (Teppich, Flachpolster, Halbkugelpolster) und 5) Kryptogamen (bes. Moose und Flechten). Die höchste Artendiversität erreichen krautige Rosetten und Kryptogamen. Kaum oder nicht vertreten sind Geophyten und Annuelle (mit Ausnahmen an der Grenze zu den Subtropen und Mediterrangebieten). Die morphologische, phänorhythmische und physiologische Anpassung ist so weitgehend, dass die Produktivität geschlossener alpiner Vegetation, pro wachstumsaktivem Monat (!), der aller übrigen humiden Lebensräume, einschließlich der Tieflandtropen, entspricht (◘ Abb. 22.40). Die Dauer der wachstumsaktiven Zeit ist die einzige gewichtige Einschränkung für die Produktivität, weshalb die für diesen Lebensraum gerüsteten Pflanzen in der Wachstumsperiode nicht notwendigerweise mehr „gestresst" sind als Pflanzen anderer Lebensräume. Während der Winterruhe sind Fröste ungefährlich. Kritisch sind frühsommerliche Spätfröste und verfrühte Herbstfröste, wobei diese nie eine existenzielle Gefährdung darstellen, sondern partielle Blattverluste und den Ausfall einer Samengeneration verursachen können. Klonales Wachstum dominiert.

Die bedeutendsten Familien des alpinen Gürtels in der temperaten Zone sind **Asteraceae, Poaceae, Cyperaceae, Caryophyllaceae**, Ericaceae, Gentianaceae, Rosaceae und Ranunculaceae. Die ersten vier sind meist mehr als 50 % der lokalen Flora. Regional wichtig sind Saxifragaceae, Primulaceae, Campanulaceae, Polygonaceae und Scrophulariaceae. Da Hochgebirge – gleich Inseln im Meer – vielfach isoliert sind, sind sie meist reich an endemischen (lokalen) Arten. Die Flora der Alpen umfasst ca. 650 Blütenpflanzenarten mit alpinem Verbreitungsschwerpunkt, ca. 150 Arten steigen über 3000 m. Den Höhenweltrekord hält *Saussurea gnaphalodes* mit 6400 m im Everest Gebiet. In Europa erreicht *Saxifraga oppostifolia* in den Zentralalpen 4505 m (◘ Abb. 24.27).

◘ **Abb. 24.27** *Carex curvula* (Krummsegge), Alpen, 2500 m. Die typischen abgestorbenen Blattenden sind der Rest des vorjährigen Teils der mehrjährigen, basal wachsenden Blätter (links). *Saxifraga oppositifolia* (gegenblättriger Steinbrech), Alpen, 3000 m. Die im Vorjahr „vorgefertigten Blüten" erscheinen sofort nach der Schneeschmelze (rechts)

◨ **Abb. 24.28** **a** Polsterpflanzen: *Silene acaulis*, Zentralalpen, 2600 m. **b** Zwergsträucher: *Rhododendron ferrugineum*, Zentralalpen, 2100 m. **c** Bergwiese mit Edelweiß (*Leontopodium*) und Germer (*Veratrum*), Sechuan, China, 3400 m. **d** Bergwiese in den Snowy Mountains, 2100 m, Australien mit *Craspedia* sp. **e** Grasheide, Drakensberge, 3050 m; Südafrika. **f** Zwergstrauchpolsterfluren, Cradle Mountains, 1600 m, Tasmanien. **g** Hochgebirgsrasen mit *Kobresia* (=*Carex*), Niwot Ridge, Rocky Mountains, 3600 m. **h** Gebirgsheide mit *Pinus pumila*, Mt. Nurikura, 2800 m, Japan (▶ https://www.alpandino.org/en/course/07/07.htm)

24.2.12 Steppen und Prärien

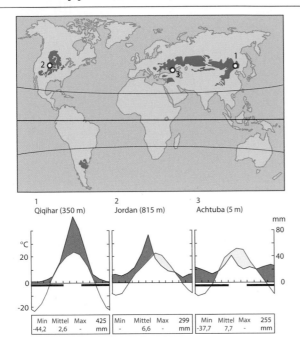

| | 1
Qiqihar (350 m) | 2
Jordan (815 m) | 3
Achtuba (5 m) | |

Min	Mittel	Max	425
-44,2	2,6	-	mm

Min	Mittel	Max	299
-	6,6	-	mm

Min	Mittel	Max	255
-37,7	7,7	-	mm

In den kontinentalen Gebieten der temperaten Zone bilden sich riesige **Grasländer** (◘ Abb. 24.29), wobei neben dem Klima regional auch Huftiere und Feuer, zum Teil auch der Mensch, diese Ökosysteme formten. Neben den eurasiatischen Steppen und nordamerikanischen Prärien (und der Vegetation des Great Basin) finden sich analoge Vegetationsformen auch in Argentinien (Pampa), im warm-temperaten Süden Afrikas und im Atlasgebirge, und in Ansätzen im temperaten Australien und im Lee der Gebirge Südneuseelands.

Jahresklimadaten (Mittelwerte, Summen) sagen sehr wenig über die Lebensbedingungen in diesem Lebensraum. Im Inneren der großen Landmassen sind in der Nordhemisphäre zwischen 35 und 55° Breite die Winter zum Teil extrem kalt (bis −50 °C), die Sommer zum Teil extrem heiß (häufig >40 °C). Die Bodenfeuchtigkeit während der Wachstumsperiode resultiert zu einem wesentlichen Teil aus der Schmelze des winterlichen Schnees, aus den vorherrschenden Frühjahrsregen und, in den feuchteren Gebieten, aus Sommergewittern (Jahressummen meist zwischen 250 und 500 mm).

Die Böden basieren meist auf Löß, Lößlehm oder Sand und sind vielfach sehr tiefgründig. Da ein großer Teil der pflanzlichen Primärproduktion unterirdisch zurückbleibt (in den Grasländern mehr als 2/3), entstehen tiefe Humusprofile oft dunkler Färbung (Schwarzerden, Tschernosem). Wühlende Nagetiere (Hamster, Präriehund) bewirken eine Profildurchmischung.

Grob lassen sich in dieser Klimazone vier Vegetationstypen unterscheiden: 1) Grasbestände niedriger als ca. 50 cm, **Kurzgrasprärie**, typische **Steppe**, Hochlandsteppe der Mongolei (trockenere und kältere Gebiete), 2) Grasbestände höher als 1 m, mächtige Horstgräser, **Langgrasprärie**, **Pampa**, südafrikanische „Prärie" (feuchtere, klimatisch mildere Gebiete), 3) *Artemisia*-Steppe, dominiert von an der Basis oder ganz verholzten *Artemisia*-Zwergsträuchern (Beifuß; besonders kalte Gebiete im Great Basin und Zentralasien); in Hochlagen Mittel- und Vorder-

asiens werden sie durch 4) **Dornpolster** ersetzt (*Astragalus, Acantholimon, Noaea*). Viele dieser kontinentalen Trockengebiete liegen sehr hoch, was die niedrigen Temperaturen trotz mittlerer Breitengrade erklärt. Die Kurzgrasprärie von Wyoming und Montana und das Great Basin liegen auf etwa 2000 m Höhe, die mongolische Steppe auf ca. 2500 m, jene im temperaten Südafrika (westlich der Drakensberge) auf 1600 m. Wegen der günstigen Boden- und Klimaeigenschaften für den Getreidebau und Weidenutzung („Wilder Westen") sind natürliche Steppen und Prärien fast zur Gänze verschwunden. Die Beweidung durch Huftiere war aber auch natürlicherweise ein prägender Faktor (z. B. Bisonherden). Teile der kontinentalen Graslänler wären klimatisch gesehen waldfähig (Gebiete mit >400 mm Niederschlag), doch verhindern dort, ähnlich wie in der Savanne, natürliche **Feuer** durch Blitzschlag das Aufkommen von Baumbewuchs. Die Meristeme der Gräser liegen geschützt mehrere Zentimeter unter der Erde. Der ursächliche Einfluss von Huftieren ist nicht so offensichtlich wie in der Savanne. Horstgräser, wie in der Langgrasprärie und der Pampa, können Baumwuchs auch durch Konkurrenz unterbinden.

Die Charaktergattung der eurasiatischen Grassteppe, zum Teil auch der Kurzgrasprärie, ist *Stipa*, das Federgras. *Stipa* kommt als Relikt aus dem niederschlagsarmen, kalten Vorland der eiszeitlichen Vereisung heute noch in trockenen Lagen Mitteleuropas vor (z. B. Kaiserstuhl, Wallis, Vintschgau, Wachau), im pannonischen Raum finden sich die westlichen Vorposten. *Stipa tenacissima*, das Halfagras, dominiert im Atlashochland. In der Kurzgrasprärie ist *Bouteloua gracilis* (Blue Grama) besonders wichtig. Die amerikanische Langgrasprärie wird dominiert von C$_4$-Gräsern der Gattungen *Andropogon*, *Sorghastrum* und andere (mittlerer Süden Nordamerikas, typisch etwa Kansas, mit attraktiven dikotylen Begleitarten wie *Echinacea* und *Rudbeckia*), *Hyparrhenia* und *Pennisetum* dominieren in Südafrika und *Cortaderia* in der Pampa Argentiniens (◘ Abb. 24.29). *Artemisia tridentata* beherrscht große Teile des westlichen Nordamerikas, *Seriphidium sieberi* (oft als Subgenus von *Artemisia* eingestuft) den für Gräser zu trockenen Teil Zentralasiens. Die kontinentalen Trockengebiete Vorderasiens sind auch die Heimat von **Weizen**, Gerste und Roggen, die südlichen, submontanen Randgebiete der zentralasiatischen Steppe die der Rosaceen-Obstgehölze (Apfel, Aprikose; Alma Ata – heute Almati – die Stadt der Äpfel).

◘ **Abb. 24.29** *Muhlenbergia capillaris* (2000 m, Kasachstan, Zentralasien; oben links). *Seriphidium terrae-albae* (800 m, nahe Alma Ata; oben rechts). *Cortaderia* (Pampasgras), Beispiel für Riesenhorstgras, Argentinien (unten)

☐ **Abb. 24.30** **a** Bergsteppe mit *Stipa* und *Leontopodium*, Tien-Shan, 2500 m, Zentralasien. **b** Kurzgrasprärie in Wyoming, 2000 m. **c, d** Hochgrasprärie in Missouri, 500 m, mit *Rudbeckia*. **e** *Seriphidium terrae-albae*-Steppe, 800 m, Kasachstan. **f** Patagonische Steppe (500 m MH) mit *Mulinum spinosum* (Apiaceae) und *Stipa speciosa* (Aufnahme: O. Sala). **g** *Artemisia tridentata*-Steppe, 2300 m, in Nevada. **h** Halfa-Grasland, Atlasgebirge, 1500 m

24.2.13 Wüsten der temperaten Zone

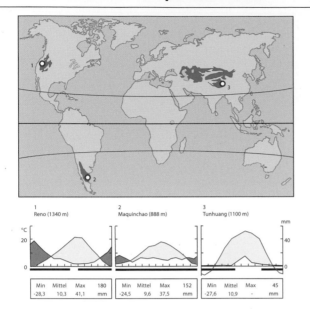

	Reno (1340 m)			Maquinchao (888 m)			Tunhuang (1100 m)		
	Min	Mittel	Max 180	Min	Mittel	Max 152	Min	Mittel	Max 45
	-28,3	10,3	41,1 mm	-24,5	9,6	37,5 mm	-27,6	10,9	- mm

Auch die temperate Zone kennt Trockenwüsten und Halbwüsten. Frostiges Winterklima mit regenlosem Sommer, in der Regel noch verschärft durch **Bodenversalzung**, schafft extreme Lebensbedingungen auf demselben Breitengrad, auf dem im ozeanischen Klima Buchenwälder gedeihen. Die Grenzen zu den subtropischen Trockengebieten sind fließend. So wird die, wegen ihrer Höhenlage winterkalte, Mojave-Wüste hier behandelt. Wegen der Depression unter Meeresniveau im Sommer der heißeste Ort der Erde, sind trotzdem die Flanken des Tals des Todes, Death Valley, im Nordosten Kaliforniens ein temperates, d. h. winterkaltes Wüstengebiet. Die Vegetation rund um den großen Salzsee findet eine Entsprechung am Kaspischen Meer und am Aralsee. Temperate Halbwüsten gibt es im zentralasiatischen Tiefland, in der Gobi und in einigen Innentälern des Hindukusch und östlichen Himalaja, auf der Südhemisphäre in Patagonien und ansatzweise in Südaustralien.

Das Klima dieser Zone ist von der Temperatur her dem der kontinentalen Grasländer (▶ Abschn. 24.2.12) sehr ähnlich, allerdings mit höheren Maxima im Sommer, die Niederschläge sind geringer als 250 mm (in der Takla-Makan-Wüste Zentralasiens unter 60 mm, in der Gobi unter 100 mm). Die Böden sind, wie in Trockengebieten üblich, wenig entwickelt. Wo Versalzung ins Spiel kommt, entstehen extrem basische Solontschak (Salz- oder Gipsböden) oder Solonetz-Böden (Sodaböden, ▶ Abschn. 21.5.4). Durch Gipsanreicherung können harte, für Wurzeln nahezu undurchdringbare Sperrschichten im Boden entstehen. Versalzung oder Gipsanreicherung entstehen immer dann, wenn langfristig die Verdunstung (durch im Boden aufsteigende Feuchtigkeit) die Niederschläge übersteigt.

Die Vegetation dieser ariden bis semiariden, winterkalten Gebiete reicht von vergleichsweise üppigen Arten- und Lebensformgarnituren wie in der Mojave-Wüste oder den südaustralischen, auch edaphisch (Sand) bedingten Trockeninseln, zu Einzelartbeständen sukkulenter Halophyten (◻ Abb. 24.32). Mit wenigen Ausnahmen (z. B. an Hanglagen), spielt Bodenversalzung immer eine Rolle. Flächenmäßig der größte Teil dieser Zone

wird daher von **Halophyten** dominiert. Die Mojave ist berühmt durch ihre halbsukkulenten Schopfbäume der Art *Yucca brevifolia*, hat aber auch eine reiche, frostharte *Opuntia*-Garnitur, Zwergsträucher und eine annuelle Gras- und Krautflora. Die den Kern des im Sommer glühend heißen Talbodens des Death Valley (absolutes Maximum 56 °C im Schatten, täglich über 45 °C) umschließenden Hochflächen sind dominiert von *Atriplex*-Busch (Salzdrüsen machen die Blätter weiß und reflektierend). Viele Arten haben aus demselben Grund auch weißfilzige Blätter (z. B. die Asteraceae *Encelia farinosa*). Wie an Meeresküsten ist die Vegetation im Umfeld versalzter Senken graduell unterschiedlich salztolerant. So reduziert sich eine mäßig salztolerante, asteraceenreiche Zwergstrauch- und Staudenflora rund um den großen Salzsee (Utah; ähnlich die Situation rund um Kaspisches Meer und Aralsee) im anstehenden, kristallinen Salz, wohl einem der unwirtlichsten Lebensräume des Globus, auf eine Art, *Suaeda depressa* (CAM-Typ des photosynthetischen Gaswechsels, aktive Salzabscheidung, osmotische Drücke im Zellsaft bis 7 MPa). Gipsböden wie in der zentralkasachischen Wüste sind zwar chemisch nicht so aggressiv (immerhin pH 11), machen aber den Zugang zum Grundwasser mechanisch unmöglich. Nur selten gelingt es einer Pflanze diese in 1–2 m Tiefe liegende Sperrschicht zu durchstoßen. Die Vegetation dieser Zone besteht überwiegend aus teilweise verholzten Zwergsträuchern (aber *Haloxylon*-„Wälder" am Balkasch-See erreichen bis 12 m Höhe, meist jedoch nicht mehr als 3 m). Mitteleuropäische Vorposten der Halophytenvegetation der Salzsteppe finden sich in der pannonischen Tiefebene (z. B. am Ostufer des Neusiedler Sees).

Floristisch ist dies das einfachste Teilzonobiom, da nirgends sonst eine Familie, nämlich die **Amaranthaceae** (ehemals Chenopodiaceae: *Atriplex*, *Suaeda*, *Salicornia*, u. a., ◻ Abb. 24.31), derart dominiert. Regional spielen Vertreter der **Zygophyllaceae**, Solanaceae, Polygonaceae und Asteraceae eine Rolle. Außerhalb der Versalzungsgebiete ist die Flora reichhaltiger und in den wärmeren Gebieten dem Spektrum mancher, subtropischer Trockengebiete ähnlich.

◻ **Abb. 24.31** *Salicornia quinqueflora* (Amaranthaceae), Salzlake, Südaustralien

◘ Abb. 24.32 **a, b** Großer Salzsee (Utah) mit *Suaeda depressa.* **c** Mojave-Wüste (Kalifornien) mit *Yucca brevifolia.* **d** *Atriplex*-Wüste am Rand des Death Valley, Nevada. **e, f** *Haloxylon aphyllum*-Busch am Balkash-See, Zentralasien. **g, h** Fels- und Sandwüste mit *Ephedra* und *Aristida*-Gras in Kasachstan

24.2.14 Boreale Wälder

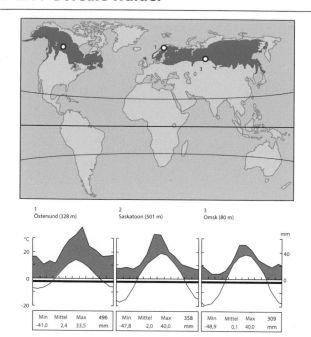

1 Östersund (328 m)	2 Saskatoon (501 m)	3 Omsk (80 m)

Min −41,0	Mittel 2,4	Max 33,5	496 mm

Min −47,8	Mittel 2,0	Max 40,0	358 mm

Min −48,9	Mittel 0,1	Max 40,0	309 mm

Boreal, also nördlich der temperaten Zone, umschließt ein breiter, **von Nadelbäumen dominierter Waldgürtel** die gesamte Holarktis (Taiga). Es sind dies die Waldgebiete Nordeuropas (Skandinavien, nördliches Russland mit Sibirien), Kanadas und Alaskas, die bis an den Polarkreis heranreichen und ihn stellenweise deutlich überschreiten (in Ostsibirien bis fast 73° nördlicher Breite; ◘ Abb. 24.34).

Auch in dieser Zone gibt es starke Feuchtigkeitsgradienten von küstennah zu innerkontinental, doch ist wegen der kurzen Wachstumsperiode (3–5 Monate) und der generell niedrigen Temperaturen die Feuchtigkeit selten ein limitierender Faktor. Sehr niedrige Wintertemperaturen (in Sibirien bis −70 °C) lassen oft übersehen, dass der Sommer heiß und schwül sein kann.

Die Böden reichen von rohhumusreichen Braunerden über Podsole (Bleichböden mit Auswaschungszone) bis hin zu Moorböden oder schlecht entwickelten Böden der Rendzina- oder Ranker-Serie. Auch Rohböden (Sand) werden von Wald besiedelt. Die sich langsam abbauende Nadelstreu fördert die Bodenversauerung. Permafrost im Boden schließt geschlossenen Wald aus, wobei ein Wechselspiel zwischen Wald und Bodentemperatur herrscht. Schließt sich der Wald wegen abschmelzendem Permafrost, sinkt die Bodentemperatur (die wärmende Sonnenstrahlung erreicht den Boden nicht mehr) und der Permafrost kommt zurück, die Bäume sterben ab, worauf die Sonne den Boden wieder stärker wärmt und so fort. Wenige Zentimeter Unterschiede der Höhe der Wassertafel können darüber entscheiden, ob Wald aufkommt. Dadurch werden schwache topografische Unterschiede optisch stark überhöht (in Staunässe kommt der Wald nicht auf).

Die scharfen Winterfröste schließen die meisten Laubbaumgattungen der temperaten Zone im borealen Wald aus. Es ist aber bemerkenswert, dass gerade in den extrem kalten Gebieten die sommergrüne Lärche dominant wird, ja teilweise Einzelartbestände bildet. Der typische boreale Wald ist offener als ein temperater Wald, da meist noch natürlich, voll von Totholz, auch Jahrzehnte alten stehenden Baumleichen, und unterliegt natürlichen Ent-

wicklungszyklen, bei denen periodische Feuer (200–300 Jahre) eine wichtige Rolle spielen. In den vergangenen Jahrzehnten nahm als Folge der Klimaerwärmung die Feuerfrequenz in der kanadischen Taiga deutlich zu. Zur polaren Baumgrenze hin werden die Baumkronen spitzer und die Abstände zwischen den Bäumen weiter. An der Baumgrenze selbst wird der Nadelwald regional durch kleinwüchsige Birken abgelöst (Birkenwaldtundra). Die Nadelbäume sind häufig bis an den Boden beastet und schlank, was bei flach stehender Sonne und dem meist lückenhaften Bestand gute Lichtausnützung ermöglicht, die Schneelast verringert und sich positiv auf den Bodenwärmestrom (und damit die eigenen Wurzeln) auswirkt. Dicke Moosdecken im Unterwuchs können zu Nährstofffallen werden und den Wald aushungern (daher die günstige Wirkung von Grundfeuer). Ektomykorrhiza (Hutpilze) trägt wesentlich zur Baumernährung bei. Das Aufkommen von Jungwuchs wird regional stark vom Äsungsdruck im Winter beeinflusst (◘ Abb. 24.33). Die riesige Ausdehnung dieser Waldgebiete macht sie zu einem wichtigen Klimafaktor, da sie wegen ihrer geringen Albedo (Reflexion) viel mehr Strahlung absorbieren als waldfreie, im Winter weiße Flächen. Zudem speichern sie in ihrem Holz und Humus sehr viel Kohlenstoff. 40 % allen Holzes für die globale Papierherstellung stammt aus diesen Wäldern, weshalb sie akut bedroht sind.

Die dominanten Gattungen des borealen Walds sind *Picea*, *Pinus*, *Abies*, regional auch *Larix*. In Nordskandinavien dominiert im Westen *Pinus sylvestris*, aber bereits in Ostfinnland beginnt das riesige Areal von *Picea obovata* (einer Unterart von *P. abies*, mit kleineren Zapfen, ◘ Abb. 24.33). In Nordamerika spielt *Picea glauca* eine ähnliche Rolle. *Abies balsamea* in Nordamerika entspricht *A. sibirica* in Sibirien. Unter schlechten Bodenverhältnissen setzt sich generell *Pinus* durch. *Larix* ist vor allem in Ostsibirien dominant (Helle Taiga, *L. gmelinii* u. a.; ihnen entspricht *L. laricina* in Nordamerika). *Betula*, *Populus* (*P. tremula*, Zitterpappel, in Europa; *P. tremuloides*, Aspen, in Nordamerika), *Betula*, *Salix* und *Sorbus*-Arten sind die wichtigsten Nichtkoniferen-Begleitgattungen. Im Unterwuchs dominieren neben Moosen und Flechten Zwergsträucher, zumeist der Gattung *Vaccinium*.

◘ **Abb. 24.33** *Picea obovata*, Ostfinnland (oben links). Moosteppiche (hier *Polytrichum*) als Nährstoffkonkurrenten für Bäume (oben rechts). Wildverbiss (hier durch Elche) kann den Wald unterdrücken (unten links). Mykorrhizabildende Pilze und Zwergstrauchunterwuchs (unten rechts)

⦿ Abb. 24.34   **a** Typischer borealer Wald mit *Picea obovata* (Nordostfinnland). **b** Das Relief entscheidet über Wald oder Moor (Nordschweden). **c, d, f** Borealer Birken- und Weidenbruchwald. **e** Üppige Hochstaudenfluren. **g** Strauchflechten. **h** Trockener *Pinus-Betula*-Mischwald

24.2.15 Subarktische und arktische Vegetation

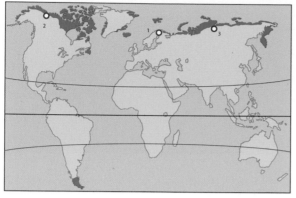

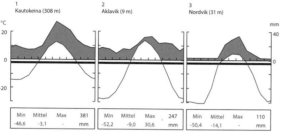

1 Kautokeina (308 m)				2 Aklavik (9 m)				3 Nordvik (31 m)			
Min	Mittel	Max	381	Min	Mittel	Max	247	Min	Mittel	Max	110
-46,6	-3,1	-	mm	-52,2	-9,0	30,6	mm	-50,4	-14,1	-	mm

Während die Antarktis nur zwei heimische Pflanzenarten und ein kleines eisfreies Areal aufweist, nimmt der zirkumpolare Vegetationsgürtel auf der Nordhemisphäre, nördlich der polaren Waldgrenze, 5 % der Landoberfläche der Erde ein und ist Lebensraum für etwa 1000 Angiospermenarten. Die geschlossene Vegetationsdecke in der Subarktis wird als **Tundra** bezeichnet (zw. 62 und 75° nördlicher Breite, in Europa und Grönland wegen des Golfstromeinflusses um ca. 5–8° nördlicher als im östlichen Nordamerika). Der Begriff leitet sich vom finnischen *tunturi* für baumloses Hügelland ab. In höheren Breiten ist die Vegetation stark fragmentiert und auf günstige Mikrohabitate beschränkt (bis 83° Nord).

Das Klima des arktischen Lebensraumes ist geprägt von einer kurzen, 6–16 Wochen dauernden Wachstumsperiode, zum Großteil mit 24 h Tageslicht. In dieser Zeit kann die Temperatur in den südlichen Teilen der Tundra deutlich über 20 °C ansteigen. Im langen Winter bildet sich, wegen der generell geringen Niederschläge (<400 mm) oft nur eine dünne Schneedecke, was zur Folge hat, dass die arktische Kälte tief in den Boden eindringt. Trotz niedriger Niederschlagssummen ist der arktische Lebensraum (mit kleineren Ausnahmen) ein nasser Lebensraum, da die Verdunstung sehr niedrig ist. Überdies verhindert Permafrost vielerorts die Versickerung (s. u.). Das lokale Wasserangebot wird stark von windverfrachtetem Schnee (Relief) mitbestimmt.

Kälte und Staunässe und die dadurch verursachte Hemmung der Abbauprozesse prägen die meisten arktischen Böden. Sie sind vielfach moorig, sehr sauer, nur für Spezialisten (Ericaceae, Cyperaceae) besiedelbar. Gefrieren und Tauen gestalten die Bodenstruktur (Solifluktion, Polygonböden, Frosthöcker). Die Topografie und, damit die Staunässe bestimmen das Vegetationsmosaik. Gut drainierte Böden an Hanglagen führen meist zu einer großen Zunahme der Artenzahl und Wuchsleistung. Wie tief der Boden im Sommer auftaut, wird von der Vegetationsdecke mitbestimmt.

Die Hauptformen der arktischen Vegetation sind: 1) **Zwergstrauchtundra**, 2) **Seggen- und Wollgrastundra**, 3)

Moore, 4) offene Rohbodengesellschaften Höherer Pflanzen, 5) Moos- und Flechtenvegetation (◘ Abb. 24.36). Am südlichen Rand der Tundra gibt es regional eine offene Birkenwaldtundra, die zum borealen Wald überleitet. Fast alle Pflanzen dieses Lebensraumes haben die Fähigkeit zu vegetativer (klonaler) Ausbreitung. Kryptogamen (Moose und Flechten) spielen als Bodendecker überall eine große Rolle. In der Hocharktis werden Rohböden von blaualgenreichen Kryptogamenkrusten überzogen. Offene Assoziationen mit Bodenmikroben (Seggen) und Symbiosen mit Pilzen (Ericaceenmykorrhiza) spielen eine große Rolle in der Nährstoffversorgung. In den vorwiegend sauren Böden werden neben Ammoniumstickstoff auch freie Aminosäuren als Stickstoffquelle genutzt. Die langen Tage gleichen die Kürze der Wachstumsperiode etwas aus. Die Phänorhythmik der Pflanzen ist stark photoperiodisch gesteuert, d. h. warmes Wetter kann Pflanzen nicht über den tatsächlichen Zeitpunkt im Jahreslauf täuschen. Zahlreiche Untersuchungen haben, wie in der alpinen Stufe, ergeben, dass während der Wachstumsperiode die Temperatur nicht (wie oft angenommen) wachstumsbegrenzend ist. Der begrenzende Faktor ist die Dauer der Wachstumsperiode.

Die Flora der subarktisch-arktischen Zone ist relativ artenarm (<1/10 der Artendiversität der globalen alpinen Flora). Selbst diese Diversität resultiert hauptsächlich aus kleinen, topografisch stark strukturierten Habitaten ohne Staunässe. Wie das Land flach und damit nass wird, reduziert sich das Artenspektrum, sodass der Großteil der Primärproduktion von deutlich weniger als 100 Arten stammt. Unter diesen spielen drei Familien eine herausragende Rolle: **Ericaceae** (bes. *Vaccinium*, *Empetrum*), **Cyperaceae** (*Carex*, *Eriophorum*), **Salicaceae** (*Salix*). Wichtige weitere Familien sind die Betulaceae (*Betula nana*, ◘ Abb. 24.35), Rosaceae (*Rubus*) und Poaceae (*Deschampsia* u. a.). Wichtige Moosgattungen sind *Sphagnum* (Torfmoose) und *Hylocomium* (Stockwerkmoos), weit verbreitete Strauchflechten gehören zu den Gattungen *Cladina*, *Cladonia* und *Cetraria*. Die arktisch-alpine Flora weist viele Ähnlichkeiten mit jener der alpinen Stufe der temperaten Zone auf (gemeinsame Arten wie *Ranunculus glacialis* und *Oxyria digyna*), es ist jedoch nicht angebracht, den Begriff Tundra für alpine Vegetation zu gebrauchen.

◘ **Abb. 24.35** *Betula nana*, die nur 50 cm hohe Zwergbirke (oben links). Das Auftauen von Permafrost lässt Torf erodieren (Thermokarst; oben rechts). *Rubus chamaemorus* (unten links). Lemminggang (unten rechts)

◘ **Abb. 24.36**   **a**, **b** Flachmoor mit *Eriophorum* (Wollgras) und unmittelbar dahinter (in **b**) aufgewölbtes Palsenmoor. Seggentundra, nach der Schneeschmelze **c** und mit Frosthöckern **d**. **e**, **f** Zwergweidentundra. **g**, **h** *Empetrum nigrum* und *Carex bigelowii*, zwei dominante zirkumpolare Arten (alle Beispiele aus Nordschweden)

24.2.16 Küstenvegetation

Die Küstenvegetation hat zonale und azonale Merkmale. Die zonalen, also klimatypischen Formen überspannen eine wesentlich breitere Amplitude von Breitengraden als die übrigen zonalen Vegetationstypen. Das Klima ist sehr ausgeglichen. Pflanzen von Strandhabitaten erleben wesentlich geringere Temperaturamplituden mit nahezu frostfreiem Winter auch in höheren Breitengraden der temperaten Zone.

In allen Fällen prägen **Salzeinfluss** und **mechanische Faktoren** (Wind, Bodenstabilität, Überflutung) diese Vegetation. Pflanzen der Steilküsten müssen im Spritzwasserbereich extrem salztolerant sein, da durch die Verdunstung reine Salzablagerungen entstehen können. Die vermeintlich heißen und extrem trockenen Sanddünen sind dagegen oft nicht wirklich trocken. Grobporiger **Sand** verhindert ein kapillares Aufsteigen von **Feuchtigkeit** und konserviert diese somit in tieferen Schichten, die die Pflanzen gut erschließen können. Die dadurch ermöglichte starke Transpirationskühlung und Selbstbeschattung verhindern **Hitzeschäden** an der Sandoberfläche. Eine Überhitzung der Blätter an derart strahlungsintensiven Standorten verhindern viele Pflanzen auch durch 1) Schmalblättrigkeit (gute thermische Kopplung an die Luft), 2) reflektierende Oberflächen (Woll- oder Schildhaare) oder 3) steilgestellte Blattspreiten, die dem Sonnenstand folgen, wie bei der heute kosmopolitisch verbreiteten *Hydrocotyle bonariensis* (◨ Abb. 24.37). Pflanzen im **Schlick** müssen mit einem **anoxischen** (anaeroben) Wurzelmileu fertig werden. Dies, kombiniert mit direktem Meerwassereinfluss bei starker Strahlung, setzt eine Vielfalt von Anpassungen voraus, die unter anderem die Mangrove (s. u.) auszeichnet.

Gemeinsam ist allen küstenbewohnenden Pflanzen die **mechanische Belastung** durch Sturm, Brandung und/oder instabilen Grund. Dies erklärt, warum **klonale Lebensformen** und sturmresistente Blätter so häufig sind. Samen und Früchte sind speziell angepasst, was der Bau der Kokosnuss veranschaulicht: Den drei Wandschichten der Steinfrucht, der ledrigen Hülle (Exocarp), dem faserigen Schwimmkörper (Mesokarp) und dem wasserdichten Steinkern (Endokarp) folgt innen ein riesiger Same mit fettreichem, abermals wasserabweisendem

Endosperm (die Copra) und darin eine Nährlösung (flüssiges Endosperm), die der gestrandeten Diaspore nach einigen Tausend Kilometern Seereise noch das Keimen ermöglicht. Mit einer senkbleiartigen Wurzel und verlängertem Hypokotyl verankern sich Embryonen von *Rhizophora* (Mangrove) im bewegten Schlick, ◨ Abb. 24.38).

Fünf global wichtige Typen an Küstenvegetation

- **Tropische Flachküsten mit Sand oder Korallenschutt** entstehen im Schutz von Riffen und sind von *Cocos nucifera* (Kokospalme, ◨ Abb. 24.39a) und – in der Palaeotropis bzw. Australis – von *Pandanus* (Schraubenpalme, ◨ Abb. 24.39b) und *Casuarina* (◨ Abb. 24.39c) geprägt. *Ipomoea pes-caprae* (Convolvulaceae) ist eine verbreitete Strandpflanze. Eutrophierung durch brütende Seevögel ist häufig.

- **Tropische und subtropische Schlickküsten im Gezeitenbereichen** sind der Lebensraum der **Mangrovewälder**: salztolerante, bis zu 20 m hohe, breitblättrige Dickichte von Arten mit adventiven Stelzwurzeln (◨ Abb. 24.39d, *Rhizophora* sp., s. o.; ◨ Abb. 19.189) oder mit Styloidwurzeln (Pneumatophoren; *Avicennia* sp.), welche die Schlickanlagerung fördern (F, ◨ Abb. 22.29). In ruhigem Wasser kann die Mangrove zu einem sehr artenreichen Ökosystem reifen.

- **Temperat bis mediterrane Flachküsten** mit Sand sind von klonalen Gräsern (◨ Abb. 24.39j, k, *Ammophila*, *Agropyron*, *Cyperus*) und Dikotylen (◨ Abb. 24.39l, Convolvulaceae, Brassicaceae, Plantaginaceae, Asteraceae u. a.) geprägt, die die Ufer(Dünen-)stabilität gewährleisten (◨ Abb. 24.3). Im Brackwasser flacher Gezeitenzonen (◨ Abb. 24.39h, i) dominieren salztolerante Schlickpflanzen aus der Familie der Amaranthaceae und Cyperaceae (für Marschland und Dünen ▶ Abschn. 24.1.1, ◨ Abb. 24.4j–l).

- **Temperate bis mediterrane Steilküsten** weisen eine typische Garnitur spritzwasser-(salz-)toleranter Felsbesiedler auf (◨ Abb. 24.39m–o). Verbreitet

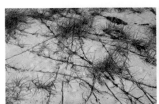

◨ **Abb. 24.37** Bodenstabilisierung durch klonal wachsende Grasarten (ober- und unterirdische Ausläufer; links). Strahlungs- und Hitzevermeidung durch steile Blattstellung, hier bei *Hydrocotyle bonariensis* (Apiaceae, alle warm-temperaten Küsten; rechts)

◨ **Abb. 24.38** Keimende Kokosnuss (links). Embryo von *Rhizophora mangle* (rechts)

◻ **Abb. 24.39** **a** *Cocos nucifera*, Karibik. **b, c** *Pandanus* und *Casuarina*, Great Barrier Reef. **d** *Rhizophora mangle* mit **e** Blüte, Florida. **f** Pneumatophoren (Luftwurzeln) von *Avicennia marina*, Queensland. **g** Windgeformter Strandwald südlich von Sydney. **h** Lagune mit *Tamarix* (griechische Inseln). **i** Salzmarsch, Camarque, Südfrankreich. **j** Wanderdünen begraben den Küstenwald (Oregon, USA). **k** Dünenlandschaft an der Nordsee. **l** *Calystegia soldanella*, Korsika. **m–o** Mediterrane Steilküsten (**m, n** Ischia, **o** Samos; **n, o** *Euphorbia dendroides*). **p–r** Litoral, Nordatlantik: diverse Makroalgen (Tange, **p**) und Reinbestand von *Fucus* **r**

sind Apiaceae (*Crithmum*), Brassicaceae (*Cakile*), Plumbaginaceae (*Armeria, Limonium*), Amarantha- ceae (*Beta vulgaris*, Ahne vieler Kulturpflanzen der *Beta*-Verwandtschaft), einige Asteraceae, Fabaceae und Euphorbiaceae.

- **Kühl-temperate bis polare Felsküsten** haben eine üp- pige Litoralflora dominiert von Tang (◻ Abb. 24.39p– r; z. B. die Phaeophyceen *Ulva, Fucus, Laminaria*). Vor allem die Gattung *Fucus* (◻ Abb. 24.39r, Bla- sentang) tritt bis an die obere Gezeitengrenze auf. Diese Braunalgen enthalten bis zu 40 % der Trocken- substanz stark quellbare Polysaccharide (Alginat; ▶ Exkurs 19.3, Phaeophyceae), die ein Austrocknen bei Ebbe verhindern. Mit ledrigen Thalli und mit Rhizoiden verankert, widerstehen diese **Tange** auch dem Wellenschlag starker Stürme.

Quellenverzeichnis

Körner C (2021) Alpine plant life. Springer, Cham

Larcher W (1994) Ökophysiologie der Pflanzen, 5. Aufl. Ulmer, Stuttgart

Prentice IC, Cramer W, Harrison SP, Leemans R, Monserud RA, Solomon AM (1992) A global biome model based on plant phy- siology and dominance, soil properties and climate. J Biogeogr 19:117–134

Vareschi V (1980) Vegetationsökologie der Tropen. Ulmer, Stuttgart

Walter H, Breckle SW (1999) Ökologie der Erde. UTB Ulmer, Stuttgart

Weiterführende Literatur

Archibold OW (1995) Ecology of world vegetation. Chapman & Hall, London

Barbour MG, Billings WD (2000) North American terrestrial vege- tation, 2. Aufl. Cambridge University Press, Cambridge

Bliss LC, Heal OW, Moore JJ (1981) Tundra ecosystems, a compara- tive analysis. Cambridge University Press, Cambridge

Breckle SW (2002) Walter's vegetation of the earth. The ecological systems of the geo-biosphere. Springer, Berlin

Burga C, Klötzli F, Grabherr G (2004) Gebirge der Erde. Landschaft, Klima, Pflanzenwelt. Ulmer, Stuttgart

Cole MM (1986) The savannas: biogeography and geobotany. Academic, London

Coupland RT (1993) Natural grasslands. Ecosystems of the world. Elsevier, Amsterdam

Deshmukh I (1986) Ecology and tropical biology. Blackwell, Palo Alto

Dierssen K (1996) Vegetation Nordeuropas. Ulmer, Stuttgart

Ellenberg H, Leuschner C (2010) Vegetation Mitteleuropas mit den Alpen. 6. Auflage. Eugen Ulmer/UTB, Stuttgart

Goldstein M, DellaSala D (2019ff) Encyclopedia of biomes. Reference module in earth systems and environmental sciences. Elsevier, Amsterdam. https://doi.org/10.1016/B978-0-12-409548-9.11998-0

Hofrichter R (2002) Das Mittelmeer: Fauna, Flora, Ökologie. Spek- trum Akademischer Verlag, Heidelberg

Körner C (2021) Alpine plant life. Springer, Cham

Körner C (2012) Alpine treelines. Springer, Berlin

Little C (2000) The biology of soft shores and estuaries. Oxford Uni- versity Press, Oxford

Nagy L, Grabherr G (2009) The biology of alpine habitats. Oxford University Press, Oxford

Pfadenhauer JS, Klötzli (2014) Vegetation der Erde. Springer Heidelberg

Richards PW (1996) The tropical rain forest: an ecological study, 2. Aufl. Cambridge University Press, Cambridge

Silvertown J (2007) Introduction to plant population biology, 4. Aufl. Blackwell Science, Oxford

Vareschi V (1980) Vegetationsökologie der Tropen. Ulmer, Stuttgart

Walter H, Breckle SW (1991–2019) Ökologie der Erde, 4 Bände (neu- este Auflagen), Gustav Fischer, Stuttgart, bzw. Schweizerbart, Stuttgart

Walter H, Breckle SW (1999) Ökologie der Erde. UTB, Gustav Fischer, Stuttgart

Walter H, Harnickell E, Mueller-Dombois D (1975) Klimadiagramm- Karten der einzelnen Kontinente und die ökologische Klimaglie- derung der Erde. Gustav Fischer, Stuttgart

Wielgolaski FE (1997) Polar and Alpine Tundra. Ecosystems of the world, Bd 3. Elsevier, Amsterdam

Wilmanns O (1998) Ökologische Pflanzensoziologie: eine Einfüh- rung in die Vegetation Mitteleuropas, 6. Aufl. Quelle & Meyer, Wiesbaden

Whitmore TC (1998) An introduction to tropical rain forests, 2. Aufl. Oxford University Press, Oxford

Serviceteil

Stichwortverzeichnis – 1101

Stichwortverzeichnis

O